U0942834

现代混凝土实用技术丛书

# 现代混凝土施工技术实用手册

张应立　周玉华　主　编
张　梅　主　审

人民交通出版社股份有限公司
China Communications Press Co.,Ltd.

## 内 容 提 要

本书共25章，在介绍混凝土施工基本知识和混凝土施工常用机械设备的基础上，较系统全面地阐述了混凝土工程施工程序，普通混凝土施工，常见构筑物的混凝土施工，大型、异型结构混凝土施工，大模板、滑升模板、爬升模板与升板法混凝土施工，交通建筑工程混凝土施工，轻集料混凝土施工，泵送混凝土施工，预应力混凝土施工，商品混凝土施工，海洋混凝土施工，高强混凝土施工，高性能混凝土施工，耐火混凝土施工，水工混凝土施工，水下浇筑混凝土施工，常见其他特种混凝土施工，季节性混凝土施工等混凝土施工技术知识。同时，还对混凝土施工过程的质量控制、混凝土质量的检验评定、混凝土预制构件质量的检验评定、混凝土工程质量验收与评定、混凝土质量缺陷的防治与修补等作了扼要介绍。

本书文笔流畅，内容深入浅出、图文并茂、理论联系实际，立足实用，可作为混凝土施工企业的管理者、技术人员和操作人员案头实用工具书，亦可供相关专业的大专院校师生、科研院所的研究人员参考。

**图书在版编目(CIP)数据**

现代混凝土施工技术实用手册 / 张应立，周玉华主编. — 北京 : 人民交通出版社股份有限公司，2018.12

ISBN 978-7-114-15273-3

Ⅰ. ①现… Ⅱ. ①张… ②周… Ⅲ. ①混凝土施工—技术手册 Ⅳ. ①TU755-62

中国版本图书馆 CIP 数据核字(2018)第 293979 号

现代混凝土实用技术丛书

**书　　名**：**现代混凝土施工技术实用手册**
**著 作 者**：张应立　周玉华
**责任编辑**：李　喆　刘永超
**责任校对**：宿秀英
**责任印制**：张　凯
**出版发行**：人民交通出版社股份有限公司
**地　　址**：(100011)北京市朝阳区安定门外外馆斜街3号
**网　　址**：http://www.ccpress.com.cn
**销售电话**：(010)59757973
**总 经 销**：人民交通出版社股份有限公司发行部
**经　　销**：各地新华书店
**印　　刷**：北京虎彩文化传播有限公司
**开　　本**：787×1092　1/16
**印　　张**：79.25
**字　　数**：2025千
**版　　次**：2018年12月　第1版
**印　　次**：2018年12月　第1次印刷
**书　　号**：ISBN 978-7-114-15273-3
**定　　价**：150.00元
(有印刷、装订质量问题的图书，由本公司负责调换)

# 前　言

混凝土是现代主要建筑材料之一，也是目前世界上生产量最大的人造材料。据有关部门初步估计，目前全世界每年生产的混凝土材料已超过100亿吨，预计今后每年生产混凝土将达到120亿~150亿吨。混凝土将成为21世纪用量最大、用途最广的建筑材料，这已是人们的共识。其原因是混凝土材料丰富易得，施工简便，可浇筑成各种形状，能适应各种环境，能配制成所需强度，具有耐久、防渗、保温、耐火、耐蚀、防射线、节约能源、减少环境污染、成本较低等特点。混凝土工程，不仅可以创造良好的居住条件，还可利用结构群体构成现代化城市优美的风貌。

专家预测，21世纪以后的更长时期，混凝土材料仍是隧道、大桥、大坝、电站、河堤、河坝、房屋等工业与民用建筑工程的主要建筑材料。因混凝土质量低劣造成桥梁、河堤、房屋等建筑工程垮塌的安全事故时有发生，给国家和人民生命产财产造成了重大损失，教训深刻，必须认真汲取。影响混凝土质量的因素是多方面的，混凝土施工是其中重要原因之一。因此，必须高度重视混凝土施工技术。随着现代建筑对功能的要求更广泛，对混凝土的施工质量要求也更高。为此，我们在相关领导、专家的帮助下，结合生产实践，并收集大量资料，编写了《现代混凝土施工技术实用手册》一书，旨在大力推广、应用先进的混凝土施工方法，为促进新型混凝土施工工艺的发展作出更大贡献。

本书在编写过程中，注意理论与实践相结合，特别注重突出混凝土工程的科学性、先进性与实用性。本书可作为混凝土施工企业的管理者、技术人员和操作人员的案头实用工具书。相信本书会受到广大读者的欢迎。

本书由张应立、周玉华主编，参加编写的人员有张莉、耿敏、周玉良、钱璐、薛安梅、徐婷、李守银、王海、梁润琴、甘敏、周琳、周玥、李家祥、王丹、张峥、刘军、程世明、吴兴莉、吴兴惠、王正常、杨再书、谢美、车宣雨、陈洁、邓尔登、贾晓娟、张军国、黄德轩、王登霞、连杰、陈明德、张举素、张应才、唐松惠、王正荣、张举容、杨雪梅、李祥云、候勇、程力、黄月圆、方汪健、郭会文、王杰、王美玲、智日宝、王仕婕、王威振、韩世军、蹇东宏、杨晓娅、罗栓、唐猛、陈南余、王明会、张思品、李新民、杨忠英、陈蓉、张宝春、周竞兰、周亮、傅伟伟、贾进力、夏继东、王祥明等。本书由张梅高级工程师审定，在编写过程中得到中国建筑业混凝土协会、贵州路桥工程有限公司的领导和专家的大力支持与帮助，值此出版之际，特向各位领导、专家、审稿者和参考文献的著作者表示由衷的感谢！

由于作者水平有限、经验不足，书中缺点在所难免，恳请业内专家和广大读者批评指正。

作　者

**2017年6月**

# 前　言

# 目　　录

# 第一章　混凝土施工基本知识

## 第一节　混凝土施工组织与施工方案

### 一、混凝土施工组织设计

混凝土工程施工的根本目的在于多、快、好、省地把混凝土分部分项工程迅速建成，尽早进入下道施工程序。因此，做好施工组织与施工方案，是非常必要的，也是必需的。施工组织设计是在施工准备阶段对施工过程进行详细的施工计划，从施工技术、施工资源配备、施工进度计划、施工平面布置、质量安全保证体系等方面做好准备，确保人、财、物、环境达到施工要求。在拟订单位工程的施工方案时，应着重考虑其施工程序、施工起点及流向、施工段划分及分部分项工程施工顺序等。

1. 施工组织设计的原则

1）工艺先进性

在制订施工组织设计方案时，要根据调查材料、情报信息，了解国内外施工技术的发展情况；要充分利用施工工艺的最新科学技术成果，广泛采用新的发明创造、合理化建议和各地的先进经验。

2）经济合理性

在一定的生产条件下，要对各种工艺方法和施工措施进行对比，尤其要对关键部位的施工工艺和施工方法进行方案论证，选择经济上最合理的方法，在保证质量的前提下力求成本最低。

3）技术可行性

制订施工方案和工艺规程，必须从本企业、本单位、本车间的实际条件出发，依据现有的设备、人力、技术水平、场地等条件来进行。使制订出来的方案和规程在生产中具有可行性，真正成为指导生产的技术文件。否则，过高的条件和要求是难以保证和实现的。

4）安全可靠性

制订的施工方案必须要保证生产者和设备的安全。因此在制订过程中一定要充分考虑施工中的各种不安全因素，并加以分析，以制订切实有效的安全防护措施。安全生产是第一重要的，没有安全，就谈不上生产。如深槽作业应防止塌方、高空作业应防止坠落以及交通安全等，都是要考虑的内容。

另外，在方案的制订过程中还应考虑改善操作者的劳动条件，尽可能采用较先进的工装。

2. 施工组织设计编制的依据

编制施工组织设计必须具有充分的原始资料，这些资料包括如下内容：

1）施工工程的设计说明书

设计说明书是编制施工组织设计最主要的资料。设计说明书包含：施工位置、工程工作量、各项技术要求以及施工中要求注意的事项。所有这些都是编制施工组织设计时重要的依据，要根据设计说明书中提出的各种要求，制订切实可行的施工方案。

2)施工中的有关技术标准

对于施工中的各项要求，目前都有相应的国家标准和行业标准。因此，编制时必须依据并符合这些标准。当同一内容同时有两种以上标准时，原则上应该按高标准执行。各企业也可按本企业实际情况制订本企业的有关技术标准，但在技术上应不低于相应的行标和国标。

3)工程验收的质量标准

编制方案时一定要满足工程验收的国家质量标准，并在方案中明确地表示出来。如各工序的质量要求、检查方法及合格标准等，都应作为施工过程中技术要求的依据。

4)施工环境及条件

在编制施工组织设计前，必须对施工现场及周围环境和条件做深入细致的调查研究，以掌握现场的第一手资料，并作为编制方案时的依据。

(1)施工现场的地形地貌，施工是否穿越河流、水渠、水塘及山丘，是否穿越道路、铁路等；周围有多少建筑物，是商用住房还是居民住宅，距离工地的距离有多少；是否有树木，其中是否有古树；若穿越道路，交通流量有多大，是否能断路；现场是否有水源、电源等。所有这些问题都是在编制施工组织设计时需要考虑和解决的问题，以便在施工中妥善地安排，保证施工得以顺利进行。

(2)除上述地面上的条件外，还应掌握地下的情况，如地质情况、地下水的状况以及地下管线的分布情况，以便在编制施工方案时考虑选择施工方法和采取保护措施。

(3)另外，还要了解施工所处的季节，是否经过冬季和雨季，以便在方案中考虑是否需要制订冬季施工措施和雨季施工及防洪措施等。

5)施工队伍的实际生产条件

为了使所编制的施工组织设计真正可行，确实起到指导生产的目的，一定要从施工队伍的实际情况出发，要依据自身实力来编制施工方案。如必须根据现有设备能力、人力的情况来安排施工部署，如确定多少工作面、分几个段落同时施工，都要依据实际条件来确定。

3.施工组织设计的编制程序

施工企业编制施工组织设计的程序是：

(1)熟悉、审查图纸，进行调查研究。

(2)计算工程量。

(3)选择施工方案和施工方法。

(4)编制施工进度计划。

(5)编制机具、设备需用量计划，材料、构件、加工品需用量计划，劳动力需用量计划。

(6)制订生产、生活临时设施计划；制订临时供水、供电、供热计划。

(7)编制施工准备工作计划。

(8)布置施工总平面图。

(9)计算技术经济指标。

(10)审批。

4.施工组织设计编制的内容

施工组织设计是指导生产的重要文件，它所包括的内容是很广泛的。一般来说，应包含以下内容。

1)工程简介

(1)工程概况。说明工程的基本情况,如工程名称、工程类型、结构、所处的位置、建设单位、监理单位以及工程中需要交代的事宜。

(2)工程量。说明工程项目的混凝土工程量以及辅助设施工作量。

(3)工程特点。简要描述该工程的特点,如有什么特殊的要求、所处的环境条件对施工的要求以及给工程带来的困难等。

(4)开、竣工日期。

2)质量目标设计

(1)质量目标。提出对该项工程总的质量承诺,即该工程要达到的水平。

(2)质量目标分解。提出工程中各工序的质量要求。

(3)检验标准和检验方法。

(4)质量保证措施。对各工序要求都应有保证质量的具体措施。

(5)质量记录清单。各种质量检验和记录表格名称的清单。

3)文件资料和检验标准

编制施工方案所依据的资料及质量检验标准都要明确地表示出来。

4)总体施工部署

(1)组织机构。项目经理及管理部门的组成人员。

(2)工、料、机计划。说明工程中各阶段所需人力数量、材料供应要求和所需的机械设备。

(3)拆迁工作量。

(4)生产及生活用水、用电的安排。

(5)排降水工程。

(6)土方工程。

(7)模板制作。

(8)钢筋加工及焊接。

(9)施工部署及工程进度控制。

(10)其他有关施工项目的安排。

5)技术措施

对施工过程中可能遇到的各种情况和问题,都应有具体的技术措施,以保证工程顺利进行和满足质量的要求。如具体的施工方法、施工降水方法、打桩工艺措施、钢结构工艺措施、交通措施、地下管线保护措施、地上各种情况的保护措施等。

6)安全保证措施

对工程中各种不安全因素,都应有切实可行的规定和保证措施,以确保生产安全。

7)环保及文明措施

对工程中各种造成环境污染的因素,都制订相应的管理办法,确保施工作业文明有序地进行。

8)冬(雨)季施工措施

冬(雨)季施工措施应依据施工过程中所处的季节来制订。若没有冬(雨)季施工,则可省略。

9)必要的附表和附图

其是指劳动力计划表、材料计划表、机械设备计划表、质量目标分解表、工程进度表及网络图、拆迁综合情况表、总平面图及其他必要的图样。

10)附件

对各单项技术措施的详细说明和具体方案。

施工组织设计包括的内容很多,但是由于各种工程的性质和特点不同,所编制的项目内容会有所增减。

5.施工组织设计的施工现场平面布置

单位工程施工平面图是对拟建工程的施工现场所做的平面规划和布置,是施工组织设计的重要内容,是现场文明施工的基本保证。

施工平面图设计表明单位工程施工所需机械、加工场地,材料、成品、半成品堆场,临时道路,临时供水、供电、供热管网和其他临时设施的合理布置场地位置。绘制施工平面图一般用1:500~1:200的比例。

对于一些工程量大、工期较长或场地狭小的工程,往往按基础结构、装修分不同施工阶段绘制施工平面图。

1)施工平面图设计的内容

建筑施工平面图中规定的内容要因时、因需要,结合实际情况来决定。

(1)地上、地下的一切建筑物、构筑物和管线位置。

(2)测量放线标桩、杂土及垃圾堆放场地。

(3)垂直运输设备的平面位置,脚手架、防护棚位置。

(4)材料、加工成品、半成品、施工机具设备的堆放场地。

(5)生产、生活用临时设施(包括搅拌站,木工棚,仓库,办公室,临时供水,供电,供暖线路和现场道路等)并附一览表。一览表中应分别列出名称、规格、数量及面积大小。

(6)安全、防水设施。

2)施工平面图设计的依据

上述内容可根据建筑总平面图,现场地形地貌,现有水源、电源、热源、道路、四周可以利用的房屋和空地、施工组织总设计、本工程的施工方案与施工方法、施工进度计划及各临时设施的计算资料来绘制。

3)施工平面图设计的要点

(1)垂直运输设备(如外用电梯、施工电梯、井架)的位置、高度,须结合建筑物的平面形状、高度和材料、设备的质量、尺寸大小,考虑机械的负荷能力和服务范围,做到便于运输,便于组织分层分段流水施工。

(2)混凝土、砂浆搅拌机、木工棚、仓库和材料、设备堆场的布置。

①木工棚、水电管道及铁活的加工棚宜布置在建筑物四周的较远处,并有相应的木材、钢材、水电材料及其成品的堆场。

②混凝土、砂浆搅拌站应靠近使用地点,附近要有相应的砂石堆场和水泥库;砂石堆场和水泥库必须考虑运输车辆的道路。

③仓库、堆场的布置,要考虑材料、设备使用的先后,能满足供应多种材料堆放的要求。易燃易爆物品及怕潮怕冻物品的仓库须遵守防火、防爆安全距离及防潮、防冻的要求。

④沥青熬制地点必须离开易燃品库并布置在下风向。

⑤临时供水、供电线路一般是将已有的水电源接到使用地点，力求线路最短。消防用水一般利用城市或建设单位的永久性消防设施，如水压不够，可设置加压泵、高位水箱或蓄水池；建筑材中易燃品较多，除按规定设置消火栓外，在室内应根据防火需要设置灭火器。

⑥井架、外用电梯、脚手架等高度较大的施工设施，在雨季应加设避雷设施。高井架顶部应装有夜间红灯，现场的井、坑、孔洞应加堵盖或设围栏。地下室、电梯间等阴暗部分应设临时照明。

⑦石材堆放场，应考虑室外运输及使用时便于查找，同时应考虑加设防雨措施。

⑧木制品堆放场，应考虑防雨、防潮和防火。

在实际设计中，各种因素往往互相牵连，互相影响。要反复酝酿，考虑平面和空间的可能性和合理性。

6. 施工组织设计的施工方案选择

选择施工方案主要是选择施工机械类型；确定移动施工机械行驶路线；选用机械施工方法。

选择施工机械类型，应根据分部分项工程的工作内容、工程量、企业自备机械或采购能力、现场施工条件等因素决定。主要是选择施工机械名称、机型及规格型号。机型有特大、大、中、小四种；规格型号各有不同。例如：混凝土搅拌应选用混凝土搅拌机，混凝土搅拌机又分有滚筒式、涡桨式、双锥反转出料式、单卧轴式、双卧轴式等，其机型有中、小两种，规格型号以出料容量表示。

施工机械分成12大类，每个分类中的常用机械列于表1-1。施工机械的机型、规格型号可从《全国统一施工机械台班费用定额》中查得。

施工机械所需要台班数可按下式计算：

$$施工机械台班数 = 工程量 \times 施工机械台班定额$$

**施工机械分类** 表1-1

| 序号 | 机械分类 | 常用机械 |
|---|---|---|
| 1 | 土方机械 | 推土机；铲运机；平地机；装载机；挖掘机；压路机；夯实机；强夯机；灰土拌和机 |
| 2 | 打桩机械 | 柴油打桩机；打拔桩机；钻孔机；静力压桩机；螺旋钻机；潜水钻机 |
| 3 | 起重机械 | 履带式起重机；轮胎式起重机；汽车式起重机；塔式起重机；桅杆式起重机；龙门式起重机 |
| 4 | 水平运输机械 | 载重汽车；自卸汽车；平板拖车组；长材运输车；自卸汽车；机动翻斗车；轨道平车 |
| 5 | 垂直运输机械 | 电动卷扬机；皮带运输机；单、双笼施工电梯；电动葫芦 |
| 6 | 混凝土及砂浆机械 | 混凝土搅拌机；砂浆搅拌机；散装水泥车；混凝土搅拌运输车；混凝土输送泵车；混凝土输送泵；砂浆输送泵；混凝土喷射机；筛洗石子机；混凝土振动台；振动筛；混凝土搅拌站 |
| 7 | 加工机械 | 钢筋调直机；钢筋切断机；钢筋弯曲机；钢筋镦头机；预应力钢筋拉伸机；木工锯机；木工刨床；木工开榫机；木工打眼机；木工裁口机；车床、磨床；刨床；铣床；钻床；剪板机；剪管机；钢材煨弯机；型钢剪断机；卷板机；冲剪机；刨边机；管子切断机；套丝机；咬口机；坡口机；手提圆锯机；砂轮机；卷圆机；电锤；压力机；空气锤 |
| 8 | 泵类机械 | 清水泵；吸水泵；污水泵；真空泵；潜水泵；高压油泵；试压泵；射流井点泵 |
| 9 | 焊接机械 | 交流电焊机；直流电焊机；对焊机；硅整流焊机；弧焊机；切割机；电渣焊机；缝焊机；点焊机 |

续上表

| 序号 | 机械分类 | 常用机械 |
|---|---|---|
| 10 | 动力机械 | 发电机;空气压缩机;工业锅炉 |
| 11 | 地下工程机械 | 盾构掘进机;抓斗成槽机;反循环钻机;泥浆制作循环设备;注浆泵;顶管掘进机 |
| 12 | 其他机械 | 风机;锻钎机;修纤机;千斤顶;磨砖机;磨石机;喷砂机;电瓶车;泥浆拌和机;灌浆机;升降机;除尘机;探伤机;电焊条烘干箱;冷缠机;打洞立杆机;通井机;抓管机;吊管机;压风机车;水泥车;横穿孔机;轻便钻机;滤油机;对口机;喷射机;热熔焊接机;多角焊接机;电熔焊接机;工程修理车 |

施工机械台班定额可从《全国统一建筑工程基础定额》相应的定额表中查得。工程量的计量单位应与定额表上所示计量单位相一致。

施工机械所需台班数可按下式计算:

$$施工机械台班数=\frac{施工机械台班数}{施工机械工作班数}$$

移动施工机械行驶路线,取决于分部分项工程机械工作内容,机械施工方法,现场施工条件以及施工机械自身的技术性能等因素。施工机械行驶路线应尽可能短,宜直少弯折。

分部分项的施工方法,取决于分部分项工程的工作内容,除必须采用人工操作外,应尽量用机械作业。机械作业应采用高效、省时、低耗的施工方法。

7. 施工组织设计的施工进度计划

单位工程施工进度计划是反映单位工程中各个分部分项工程的施工进度。

单位工程施工进度计划表格式见表1-2。

**单位工程施工进度计划** 表1-2

| 序号 | 分部、分项工程名称 | 工程量 | | 时间定额 | 工日数或台班数 | 机械名称 | 施工天数 | 进度计划 | | | | | | | | | | | |
|---|---|---|---|---|---|---|---|---|---|---|---|---|---|---|---|---|---|---|---|
| | | | | | | | | 月 | | | | | | | | | | | |
| | | 单位 | 数量 | 工日/台班 | | | | 1 | 2 | 3 | 4 | 5 | 6 | 7 | 8 | 9 | 10 | 11 | 12 |
| | | | | | | | | | | | | | | | | | | | |

单位工程施工进度计划编制步骤;

1)填写分部、分项工程名称

按照《建筑工程劳动定额》中划分的分部分项工程名称,对照本单位工程,填写出本单位工程的分部分项名称。

2)计算工程量

逐个计算出分部分项工程的工程量,工程量计算方法可参考本章第八节中有关内容。

3)填写时间定额

根据各分部分项工程的施工条件,在《建筑工程劳动定额》相应的定额表上查出该工程的时间定额。人工定额单位为"工日";机械定额单位为"台班"。

4)计算工日数或台班数

$$工日数=工程量\times时间定额(工日)$$

$$台班数=工程量\times时间定额(台班)$$

工程量计量单位应与相应的定额表上所示计量单位相一致。

5)填写机械名称

填写出该分部分项工程所使用的机械名称及其规格型号。

6)填写施工天数

$$人工施工天数=\frac{工日数}{工作人数}$$

$$机械施工天数=\frac{台班数}{机械台班}$$

以上算式为一天一班,如一天两班工作,则计算出的施工天数再除以2。

7)安排进度

根据各分部、分项工程的施工天数、工艺过程要求,安排各分部、分项工程施工的起讫日期,在进度日期内画出进度横道。安排进度时,要考虑到劳力均衡、合理调配;前一项目施工为后一项目施工创造条件;分段流水作业。

单位工程施工进度不得超过施工总进度计划中该单位工程的施工进度。

8.施工组织设计的资源配置

单位工程施工进度计划确定之后,可以根据单位工程施工进度计划,编制各主要工种劳动力需要量的计划以及施工机械、机具、主要材料、构配件等的需要量计划,以利于及时组织劳动力和技术物资的供应,保证施工进度计划的顺利进行。

1)主要劳动力需用量计划

主要劳动力需用量计划,就是将各施工过程所需要的主要工种的劳动力,根据施工进度计划的安排进行叠加,编制出主要工种劳动力需要量的计划,见表1-3。它的作用是为施工现场劳动力的调整提供依据。

**劳动力需用量计划表** 表1-3

| 序号 | 工程名称 | 总工作量(工日) | 每月需用量(工日) | | | | |
|---|---|---|---|---|---|---|---|
| | | | 1 | 2 | 3 | …… | 12 |
| | | | | | | | |
| | | | | | | | |

2)施工机械需用量计划

根据施工进度和施工方案确定施工机械的类型、数量及进退场时间。施工机械的需用量计划,一般是将单位工程施工进度表中的每一个施工过程、每天所需用的机械类型、数量和施工日期进行汇总,见表1-4。

**施工机械需用量计划表** 表1-4

| 序号 | 机械名称 | 机械型号 | 需用量 | | 使用起止时间 | 备注 |
|---|---|---|---|---|---|---|
| | | | 单位 | 数量 | | |
| | | | | | | |
| | | | | | | |

3)主要材料及构配件需用量计划

材料需要量计划的编制方法,是将施工预算中或进度表中各施工过程的工程量,按照材料的名称、规格、使用时间并考虑到各种材料消耗定额进行计算汇总,即为每天(或旬、月)所需的材料数量。材料需用量计划,主要是为组织备料、确定仓库、堆场面积、组织运输之用。材料需用量计划表格式,见表1-5。

主要材料需用量计划表 表 1-5

| 序号 | 材料名称 | 规格 | 需用量 | | 供应时间 | 备注 |
|---|---|---|---|---|---|---|
| | | | 单位 | 数量 | | |
| | | | | | | |

对于一些构配件及其他加工品的需用量计划，同样可按编制主要材料需用量计划的方法进行编制，见表 1-6。它是同加工单位签订供应协议或合同、确定堆场面积、组织运输工作的依据。

构件需用量计划表 表 1-6

| 序号 | 品名 | 规格 | 图号 | 需用量 | | 使用部位 | 加工单位 | 供应日期 | 备注 |
|---|---|---|---|---|---|---|---|---|---|
| | | | | 单位 | 数量 | | | | |
| | | | | | | | | | |

## 二、编制大型结构混凝土施工方案

大型结构混凝土施工方案是大型混凝土组织施工的核心。所确定的施工方案是否合理，不仅影响到施工进度计划的安排和施工平面图的布置，而且将直接关系到工程的施工效率、质量、工期和技术经济效果，因此，必须引起足够的重视。为了防止施工方案的片面性，必须对拟定的几个施工方案进行技术经济分析比较，使选定的施工方案在施工上可行，技术上先进，经济上合理，而且符合施工现场的实际情况。

1. 施工方案的基本要求

(1)编制混凝土施工方案，应在施工组织设计或单位工程施工方案的原则指导下进行。施工顺序、工期等应满足总安排、总进度的要求。

(2)要尽量提高劳动生产率，改善劳动条件，降低劳动强度，充分利用和发挥机械效率，减少机械费用。

(3)合理组织立体交叉和平行流水作业。

(4)认真贯彻施工技术规范和操作规程。

(5)根据不同工程项目，选择适宜的施工工艺，合理使用各工序的机械、工具，并要相互配套。

(6)明确浇筑顺序；分层高度、入模点和入模方法、振捣方法和养护方法，明确分段、工作班次，明确施工缝的位置。

(7)拟订季节性施工措施。

(8)详细计算所需劳力与材料、机具数量，合理安排使用人力物力。

2. 施工方案的编制依据、程序及内容

1)编制依据

(1)施工图样。

(2)主要规范、规程。

(3)施工组织设计。

(4)工程概况。

2)编制程序

(1)熟悉施工图纸，进行现场调查研究。

(2)计算分部分项工程量并选择施工方案。

(3)编制分部分项工程施工进度计划。

①编制施工机具需要量计划。

②编制原材料需要量计划。

③编制劳动力需要量计划。

(4)确定施工现场平面布置图。

(5)做好施工前各项准备工作。

(6)制订技术组织措施。

3)编制内容

编制大型混凝土施工方案是把单位工程施工组织设计进一步具体化,是专业工程的具体施工组织设计。它的主要内容有:

(1)工程概况和特点。

(2)分层或分段情况,各层各段的工程量、材料用量、劳力需用量。

(3)编制混凝土浇筑进度计划。

(4)绘制现场搅拌混凝土生产工艺示意图,明确商品混凝土的运输路线。

(5)绘制流水顺序示意图。

(6)机械、工具、材料需用量与供应计划。

(7)劳力需用量计划和劳动组合形式。

(8)提出保证质量和安全生产的技术措施。

(9)提出节约降低成本的技术措施。

### 3.施工方案的特点

混凝土施工方案应突出本工种的特点,这些特点应与工程项目的特点相协调,无特点的施工方案易流于形式。在单位工程中,混凝土工程有时是配合性质,例如砖混住宅中,仅有一些过梁、圈梁等是现浇混凝土,这种情况可以用本工种的施工工艺卡代替施工方案,不需另行编制。对于以混凝土为主导工序的框架工程、大体积混凝土、以混凝土为主体的构筑物、大量的混凝土预制构件的制作等,必须编制施工方案。是否编制施工方案,应由施工组织设计要求而定。

混凝土施工方案应围绕浇筑工序编制。浇筑工序的分段、分层厚度、浇筑强度、浇筑方法、浇筑的难易程度等,决定了后台上料、搅拌设备、运输道路和运输方式。

充分掌握混凝土水化作用的条件,使施工方法和措施满足这些条件是混凝土施工方案的另一特点。例如混凝土受初凝和终凝时间的限制,是否需要采取缓凝、早强等措施;又如混凝土凝结与气温有关。是否在养护上采取措施;在酷热条件下是否要有降温措施等。

混凝土工程与模板和钢筋是分不开的,加强工种之间的配合是施工方案的重要环节。实践证明,三个工种的密切配合是提高整体钢筋混凝土质量的重要保证,施工方案要特别强调大力协同,密切配合,并提出必要的技术措施。

混凝土浇筑后,必须有养护这一特殊工序,而且养护随着水泥品种不同、气温条件不同,有着不同要求。养护的方法很多,也要进行比较,这也是混凝土工程特点之一。

### 4.混凝土施工技术方案

大型结构混凝土浇筑,主要解决下述问题:粗钢筋接头的连接,钢筋绑扎时支撑上皮钢筋的钢筋支架设计；模板形式的选择和组装，后浇带模板的形式和选择；混凝土的浇筑方法和浇筑工艺；防止产生温度裂缝的技术措施（包括混凝土原材料选择和配合比决定、浇筑和养护方式、测量温度方案等）。

1）粗钢筋的连接和钢筋支架

基础面积较大时，钢筋长度较长，一般都需要连接。粗钢筋的连接以对焊最经济，速度也快，但不能把整根板钢筋都在地面上对焊后再吊下坑去绑扎。由于长度过长无法吊运，人工搬动更困难，因此，有些接头必须要在坑内进行连接。这些接头的连接目前应用较多的是套筒冷压连接和锥螺纹套筒连接。前者要用液压设备使套筒冷压变形，紧紧扣住变形钢筋进行连接；后者要用测力扳手拧动钢筋旋入锥螺纹套筒达一定的扭矩值。这两种连接方式皆能满足要求，但要注意使接头错开，使接头不要在同一截面上。

钢筋支架的作用是支撑上皮钢筋和施工荷载。多用粗钢筋或型钢制作，底端与已绑扎好的下皮钢筋定位焊接固定，隔一定距离彼此间用剪刀撑固定，以防倾倒。

2）模板形式的选择

大型混凝土基础模板只有侧模，再就是电梯井等深坑的模板以及后浇带模板。

基础侧模多用定型组合钢模板进行组拼，或在地面上拼成一定尺寸的大块模板再进行组装。有时基础边线距离红线较近，施工支护结构后往往不再留有施工间隙（一般0.8m左右），这时采用砖模，即砌筑一砖至一砖半（基础高时）的砖墙，内表面抹以水泥砂浆，用作基础侧模。用砖模时，浇筑基础混凝土后不再拆除，因而无法从侧面观察混凝土浇筑质量，为此需事先取得建设单位和监理的认可。有时连砌筑砖模也不可能，就用木板隔离后浇筑基础混凝土，侧压力直接传给支护结构的挡墙。

后浇带模板多用钢板网模或专用模HY-Rib模板。前者较经济，但后者效果好。后浇带可设凹槽，目的主要是为了延长地下水渗透路线长度。后浇带的浇筑时间，需在主体结构施工至一定高度根据沉降观测结果来确定，并取得设计单位的认可。

3）大型混凝土的浇筑方法

目前我国大力发展商品混凝土，有条件时大型结构混凝土基础浇筑，应尽可能采用商品混凝土，利用混凝土泵进行浇筑。这有利于加快浇筑速度，保证基础的整体性。

利用混凝土泵浇筑，要事先计算混凝土浇筑强度等级，确定混凝土数量。如用多台混凝土泵同时浇筑，则需划分各台泵的浇筑区域和交接方式，避免产生冷缝，保证其整体性。

基础底板是高层建筑的一种承重基础。其特点是整体性要求高，混凝土质量要求密实均匀，施工时要求连续浇筑，既要分层施工，又要成为整体。设备基础也有同样的要求，而且其外形较为复杂，预埋件及地脚螺栓预留孔较多。

大型结构混凝土施工具体内容，参见本书第六章相关内容。

5. 混凝土浇筑方案和方法的选择

拟订混凝土浇筑施工方案时，应着重考虑施工起点及流向、施工段划分、分部分项工程施工顺序及确定施工流程等。

1）单位工程的施工起点和流向

施工起点和流向是指单位工程在平面或空间上开始施工的部位及其流动方向，这主要取决于生产需要、缩短工期和保证质量等要求。一般来说，对单层建筑物，只要按其工段、跨间分区分段地确定平面上的施工流向；对多层建筑物，除了确定每层平面上的施工流向外，还要确定其层间或单元空间上的施工流向，如多层房屋的内墙是采用自上而下，还是采用自下而上。

施工流向的确定,牵涉一系列施工过程的开展和进程,是组织施工的重要环节,为此应考虑以下几个因素。

(1)生产工艺或使用要求。这往往是确定施工流向的基本因素,一般生产工艺上影响其他工段施工的或生产、生活使用上要求急的工段、部位先安排施工。

(2)施工的繁简程度。一般说来,技术复杂、施工进度较慢、工期较长的工段或部位,应先施工。

(3)选用的施工机械。根据工程条件,选择合理施工机械与设备。

(4)施工组织的分层分段。划分施工层、施工段的部位,也是决定其施工流向时应考虑的因素。

(5)分部工程或施工阶段的特点。工程竖向的施工流向比较复杂,一般有自上而下、自下而上及自中而下再自上而中三种流向。

2)施工段的划分

划分施工段目的是为了适应流水施工的需要,但在单位工程上划分施工段时,还应注意以下几点要求:

(1)要使各段工程量大致相等,以便组织有节奏流水施工,使劳动组织相对稳定、各班组能连续均衡施工,减少停歇和窝工。

(2)施工段数应与施工过程数相协调,尤其在组织楼层结构流水施工时,每层的施工段数应大于或等于施工过程数。段数过多可能延长工期使工作面过窄,段数过少则无法流水,而使劳动力窝工或机械设备停歇。

(3)分段的大小应与劳动组织(或机械设备)及其生产能力相适应,保证足够的工作面,以便于操作,发挥生产效率。

3)分部分项工程的施工顺序

组织单位工程施工时,应将其划分为若干个分部工程(或施工阶段),每一分部工程(或施工阶段)又划分为若干个分项工程(施工过程),并对各个分部分项工程的顺序做出合理安排。

(1)确定施工顺序的基本原则。

①必须符合施工工艺的要求。这种要求反映施工工艺上存在的客观规律和相互制约关系,一般是不能违背的。例如,梁柱的模板没有安装好,混凝土浇筑就不能开始。

②必须与施工方法协调一致。

③必须考虑施工组织的要求。

④必须考虑施工质量的要求。

⑤必须考虑当地气候条件。

⑥必须考虑安全施工的要求。

(2)施工顺序的确定。要安排好立体交叉平行搭接施工,合理确定其施工顺序。通常有“先深后浅”“先大后小”“先远后近”“先检查后浇筑”的原则。

“先深后浅”指的是地下基础或设备基础的混凝土浇筑,先浇筑深基础,后浇筑浅基础,这样能较好的保证工程质量。

“先大后小”指的是某些工程中混凝土结构有混凝土浇筑量大的也有混凝土浇筑量小的,施工时应先浇筑混凝土量大的,后浇筑混凝土量小的,这样有利于施工组织和施工进度的安排，也能确保工程质量。

“先远后近”指的是混凝土浇筑时，先浇筑离垂直运输机械远的地方的混凝土，后浇筑离垂直运输机械近的混凝土。

“先检查后浇筑”是指在混凝土工程施工中，都应先对模板、钢筋、水电的预埋进行仔细检查，确认与施工图纸没有差错后方可进行混凝土的浇筑，这样可避免遗漏或错误发生。

(3)处理好混凝土工程与其他工种工程施工的先后顺序。混凝土工种工程施工一般都处在其他工种工程施工之后。但在组织流水施工时，由于时间紧迫，各工种都在自己的工作面上抢时间，那么混凝土的浇筑既不能等，也不能在其他工种施工内容未完成的情况下就浇筑混凝土。在这种情况下，混凝土工种的施工人员可先做好混凝土浇筑的辅助准备工作，另一方面要向施工负责人员提出采取技术组织措施，保证本工种的施工能按施工程序顺利进行。

混凝土施工是有时间性，混凝土拌和物一旦从搅拌机卸出，就不能停放在模板外面不浇筑。所以，混凝土浇筑前要与各工种建立起“自检、互检、专业检查”的三检制度，与各工种进行工序交接，并认真填写工序交接单，使工程质量得以保证。

4)确定分部分项工程的施工流程

施工流程是指分部分项工程在平面或空间上施工的开始部位及其展开方向，它着重强调分部分项工程的施工流程。这个施工流程决定了整个分部分项工程施工的方法步骤。确定分部分项工程施工流程，一般应考虑以下几点：

(1)施工方法是确定施工流程的关键因素。例如，一幢高层建筑物的箱形基础施工，混凝土运输是采用人工运输还是采用泵送混凝土，其施工流程就不一样。采用人工运输混凝土时，应先搭设脚手架，布置好混凝土运输通道，确定好混凝土浇筑的起点和终点，然后运输混凝土、浇筑、施工缝的留设、混凝土养护等；如果采用泵送混凝土时，则应首先确定混凝土浇筑的起点和终点，铺设运送管道，泵送混凝土、浇筑、留设施工缝、养护等。

(2)工业厂房的施工方法也是确定施工流程的主要因素。例如有的工业厂房采用封闭式施工（即先施工厂房，后施工设备基础），有的则采取开蔽式施工（即先施工柱、墙基础和设备基础，土方回填整平后就可凭借大型起重设备安装设备，然后施工厂房），这两者的混凝土施工流程是不一样的。

(3)建设单位对生产和使用的需要。一般应考虑建设单位对生产或使用要求急的工段或部位先施工。

(4)分部分项工程的繁简程度。一般对技术复杂，施进度较慢。工期较长的工段或部位应先施工。如工业厂房的柱基础和设备基础施工，有时因设备基础既大又复杂，所以先施工，然后施工柱基础。

(5)工程现场条件和施工方案。施工场地大小，道路布置和施工方案所采用的施工方法和机械也是确定施工流程的主要因素。

(6)施工进度计划安排也是确定施工流程的主要因素。

5)施工方法的选择

单位建筑工程各主要施工过程的施工，一般有几种不同的施工方法可供选择。这时，应根据建筑结构特点，平面形状、尺寸和高度，工程量大小及工期长短，劳动力及资源供应情况，气候及地质情况，现场及周围环境，施工单位技术、管理水平和施工习惯等，进行综合分析考虑，选择合理的、切实可行的施工方法。

(1)应考虑主导施工过程的要求。应从单位工程施工全局出发,着重考虑影响整个建筑工程施工的几个主导施工过程的施工方法,而对一般的、常见的、工人熟悉的或工程量不大的及与全局施工和工期无多大影响的施工过程,可不必详细拟订,只要提出若干应注意的问题和要求就可以了。

主导施工过程一般是指:工程量大,占地工工期长,在施工中占据重要地位的施工过程;施工技术复杂或采用新技术、新工艺、新结构,对工程质量起关键作用的施工过程;对施工单位来说,某些特殊或不熟悉、缺乏施工经验的施工过程。

(2)应符合施工组织总设计的要求。如果是建设项目或建筑群中的一个单位工程,则其施工方法的选择应符合施工组织总设计中的有关规划要求。

(3)应满足施工技术的要求。施工方法和机械的选择应满足设计、施工的技术要求和进度要求。

(4)应符合提高工厂化、机械化程度的要求。应最大限度地实现工厂化预制,现场实装,减少现场作业。要提高机械化施工的程度,还要充分发挥机械效率,减少繁重的人力劳动操作。

(5)应符合先进、合理、可行、经济的要求。选择施工方法时,除要求先进、合理之外,还要考虑对施工单位是可行的,经济上是节约的。必要时,要进行分析比较,从施工技术水平和实际情况考虑、研究,做出选择。

(6)应满足工期、质量、成本和安全的要求。所选施工方法应尽量满足缩短工期、提高质量、降低成本、保证安全的要求。

施工方案和施工方法的拟订,要根据工期要求,材料、设备、机具和劳动力的供应情况以及协作单位配合条件和其他现场条件进行周密的考虑。

6. 编制施工进度计划

大型结构混凝土施工进行计划是在确定了施工方案的基础上,根据规定的工期和各种资源供应条件,按照施工过程的合理施工顺序及组织施工原则,用图表的形式(横道图或网络图)表示工程从开始到完成的全过程施工进度计划,并确定其在时间上的安排和与其他工种相互间的搭接关系。所以,施工进度计划是大型混凝土结构施工方案编制设计中一项非常重要的内容。

1)施工进度计划的编制依据和程序(图 1-1)

编制大型混凝土施工进计划,主要依据下列资料:

(1)总平面图和单位工程平面布置图及相关的施工图纸。

(2)单位工程施工组织设计对大型混凝土结构浇筑的有关规定。

(3)施工工期要求及开始到完成的日期要求。

(4)施工条件和资源供应情况(即劳动力、材料和机械的供应情况)。

(5)本方案的施工方法、施工顺序、施工段的划分、技术组织措施等。

(6)预算定额、施工定额。

(7)其他有关要求和资料,如施工合同。

2)施工进度计划的表示方法

施工进度计划一般用图表来表示,通常有两种形式,一种是横道图,另一种是网络图。横道图的表示形式如表 1-7 所示。

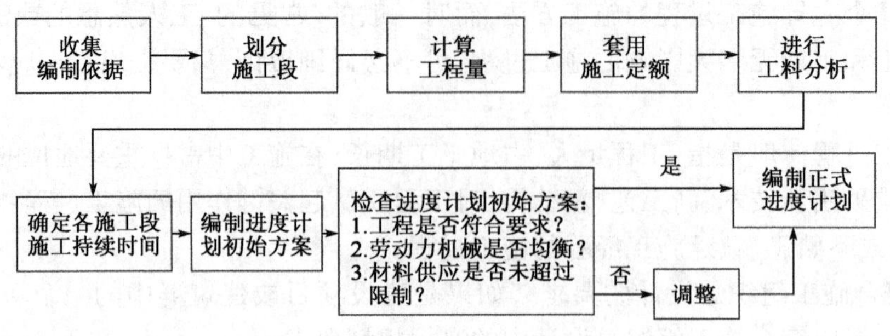


图 1-1　施工进度计划编制程序图

**施 工 进 度 计 划**　　表 1-7

| 序号 | 分部分项工程名称 | 工程量 | | 定额 | 劳动量 | | 需用机械 | | 每天工作班次 | 每班工人数 | 工作天数 | 施工进度 | |
|---|---|---|---|---|---|---|---|---|---|---|---|---|---|
| | | 单位 | 数量 | | 工种 | 数量（工日） | 机械名称 | 台班数 | | | | 月 | 日 |
| | | | | | | | | | | | | | |
| | | | | | | | | | | | | | |
| | | | | | | | | | | | | | |
| | | | | | | | | | | | | | |
| | | | | | | | | | | | | | |

从表 1-7 中可以看出，它由左、右两部分组成。左边部分列出各种计算数据，如分部分项名称、相应的工程量、采用的定额、需要的劳动量或机械台班量、每天工作班次、每班工人数及工作持续时间等；右边部分是从规定的开工之日起到完成之日止的进度指示图表，用不同线条形象地表现各个分部分项工程的施工进度和相互的搭接配合关系，有时在其下面汇总每天的资源需用量，绘出资源需用量的动态曲线，其中的格子根据需要可以是一格表示一天或表示若干天。

网络图的表示如图 1-2 所示。

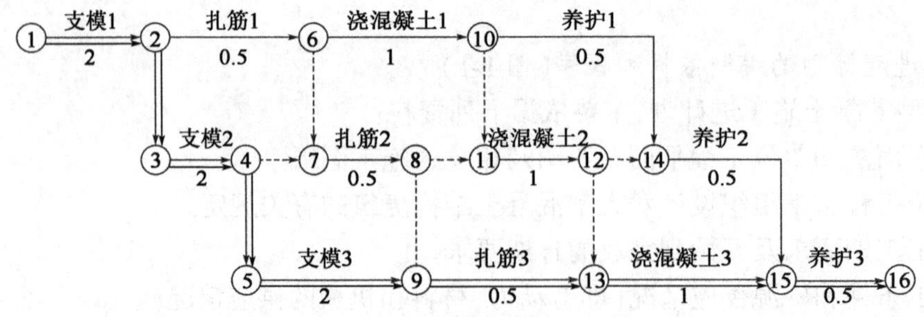


图 1-2　某钢筋混凝土基础施工网络计划图

3）施工进度计划的编制

根据施工进度计划的编制程序（图 1-1），现将其编制的主要步骤和方法叙述如下：

（1）划分施工段

编制施工进度计划时，首先应根据施工图纸所示的混凝土工程结构特征划分出若干个施工段,使施工段数 $m$ 大于或等于施工过程数 $n$,这样便于组织流水施工。施工过程是有一定的施工内容的,它是大型混凝土施工进度计划的基本组成单位,在编制施工进度计划时它占有一定的时间。所以在划分施工段时,应注意以下几个问题:

①施工段的数目要适宜。施工段数过多,势必要减少人数,工作面不能充分利用,拖长工期;施工段数过少,则会引起劳动力、机械和材料供应的过分集中,有时还会造成断流的现象。

②施工段的分界与施工对象的结构界限(温度缝、沉降缝或单元尺寸)或后浇带一致,以便少留或不留混凝土施工缝,确保工程质量。

③各施工段的劳动量,应尽可能大致相等,以保证各施工班组连续、均衡的施工。

④当组织流水施工对象有层间关系时,应保证各施工班组能连续施工。即各施工过程的施工班组做完第一段,能立即转入第二段;做完第一层的最后一段,能立即转入第二层的第一段。因而每层最少施工段数目 $m$ 应满足:$m \geqslant n$。

当 $m = n$ 时,工作班组能连续施工,施工段上始终有施工班组,工作面能充分利用,无停歇现象,也不会产生工人窝工现象,比较理想。

当 $m > n$ 时,施工班组仍是连续施工,虽然有停歇的工作面,但并非没有利处,有时还是必要的,如利用停歇的时间做养护、备料、弹线等工作。

当 $m < n$ 时,施工班组不能连续施工而窝工。因此,对一个大型混凝土组织流水施工是不适宜的。

(2)计算工程量

工程量计算是一项烦琐的工作,应根据施工图纸、有关计算规则及相应的施工方法进行,而且往往是重复劳动。如设计概算、施工图预算、施工预算等文件中,均需计算工程量,如果分段情况可套用,则不必再进行计算,只需直接套用施工预算的工程量,否则须根据施工图和分段范围重新计算工程量。计算工程量应注意以下几个问题。

①各分项或分段的工程量计算单位,应与采用的施工定额中相应项目的单位相一致,以便计算劳动量及材料需用量时可以直接套用定额,不再进行换算。

②工程量计算,应与施工预算文件的工程计算相符合,如有不符处,应查明原因,找出错误所在,最终要取得一致。

③工程量计算要避免重复,避免弄虚作假。

(3)套用施工定额

根据所划分的施工段以及计算的工程量来套用施工定额(当地实际采用的劳动定额及机械台班定额),以确定劳动量和机械台班量。

套用国家或地方颁发的定额,必须注意结合本单位工人的技术等级、实际施工操作水平、施工机械情况和施工现场条件等因素,确定完成定额的实际水平,使计算出来的劳动量、机械台班量符合实际需要,为准备制订施工进度计划打下基础。

有些采用新技术、新材料、新工艺或特殊施工方法的项目,如施工定额中尚未编入,这时可参考类似项目的定额、经验资料或按实际情况确定。

(4)确定劳动量和机械台班数量

劳动量和机械台班数量,应根据各分项分段工程量、施工方法或现行的施工定额,并结合当地的具体情况加以确定。一般应按下式计算。

$$P = \frac{Q}{S} \tag{1-1}$$

或

$$P = QH \tag{1-2}$$

式中：$P$——完成某施工过程所需的劳动量（工日）或机械台班数量（台班）；

$Q$——完成某施工过程的工程量；

$S$——某施工过程所采用的产量定额；

$H$——某施工过程所采用的时间定额。

**【例 1-1】** 已知某单层工业厂房的桩基坑土方量为 3 240m$^3$，采用人工挖土，每工日产量定额为 3.9m$^3$

**解**：完成挖基坑所需劳动量为：

$$P = \frac{Q}{S} = \frac{3\ 240}{3.9} = 830(\text{工日})$$

若已知时间定额为 0.256 工日/m$^3$，则完成挖基坑所需劳动量为：

$$P = QH = 3\ 240 \times 0.256 = 830(\text{工日})$$

（5）确定各施工段的施工持续时间

各分项分段工程量计算后，可按施工定额来确定各分项分段工程施工的持续时间，如果与单位工程所规定的时间有出入，应进行适当地调整，使时间安排上统一。

当遇到新工艺、新技术、新材料无定额可循的工程时，可根据过去的施工经验并按照实际的施工条件来估算各分项分段工程的施工持续时间，但必须与单位工程施工组织设计文件中的工期要求一致或有所提前，这样才不会影响全局。

（6）编制施工进度计划的初始方案

流水施工是组织施工、编制施工进度计划的主要方式（表 1-8）。编制施工进度计划时，必须考虑各分项分段工程的合理施工顺序，尽可能组织流水施工，力求各施工班组在施工作业中能连续均衡施工，其编制方法为：

①首先列项。划分的施工过程，既不要太细，也不要太粗，符合施工现场和工程的实际情况即可，但切记不可漏项。

②初排各施工段的施工进度。在编排施工进度计划时，要考虑不利因素（如天气情况、材料供应情况等），留有较充分的余地，有利于今后的调整。初排施工进度计划时，应按横道图规定的表示方法表达清楚，有利于后面对施工进度计划的检查与调整。

③流水施工是先进的施工组织方法，在编制初始施工进度计划时，一定要安排好各施工段、各工序的搭接，不能编制成看起来可以，干起来不行的一纸空文。

**施工进度计划的主要方式** 表 1-8

| 方式过程 | 班组人数 | 方式进度（天） | | | | | | | | | | | | | | | | | | | |
|---|---|---|---|---|---|---|---|---|---|---|---|---|---|---|---|---|---|---|---|---|---|
| | | 1 | 2 | 3 | 4 | 5 | 6 | 7 | 8 | 9 | 10 | 11 | 12 | 13 | 14 | 15 | 16 | 17 | 18 | 19 | 20 |
| 基坑挖土 | 16 | | | | | | | | | | | | | | | | | | | | |
| 混凝土垫层 | 20 | | | | | | | | | | | | | | | | | | | | |
| 混凝土基础 | 20 | | | | | | | | | | | | | | | | | | | | |
| 基础回填土 | 10 | | | | | | | | | | | | | | | | | | | | |

（7）施工进度计划的检查与调整

检查与调整的目的在于使施工进度计划的初始方案满足规定的目标，使其与实际情况相符合。一般从以下几方面进行检查与调整。

①各施工过程的施工顺序是否正确,流水施工的组织方法应用得是否正确,技术方案是否合理。

②工期方面,初始方案的总工期是否满足单位工程施工组织或合同工期要求。

③劳动力方面,主要工种工人是否连续施工,劳动力消耗是否均衡。为了反映劳动力消耗情况,通常采用劳动力消耗动态图表示。对于大型混凝土施工的劳动力消耗动态图,一般绘制在施工进度计划表表格右边部分的下方。劳动力消耗动态图如图 1-3 所示。

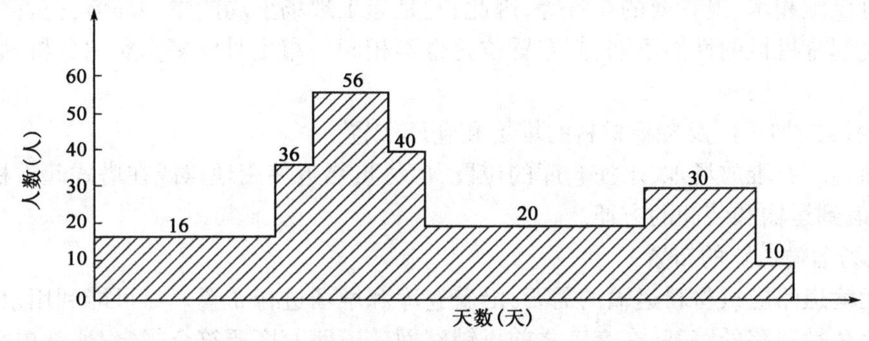


图 1-3　劳动力消耗动态图

劳动力消耗的均衡情指标可以采用劳动力均衡系数(K)来评估:

$$K = \frac{高峰期工人数}{日平均工人数}$$

式中:日平均工人数——每天工人数之和被总工期除所得之商。

最为理想的情况是劳动力均衡系数 $K$ 接近 1。劳动力均衡系数在 2 以内为好,超过 2 则属不正常。

④物资方面,主要机械、设备、材料等的利用是否均衡,施工机械是否充分利用。

初始方案经过检查,对不符合要求的部分需进行调整。调整方法一般有:增加或缩短某些施工过程的施工持续时间;在符合工艺关系的条件下,将某些施工过程的施工时间向前或后移动。必要时还可以改变施工方法。

应当指出,上述编制施工进度计划的步骤不是孤立的,而是相互依赖、相互联系的,有的可以同时进行。还应看到,由于建筑施工是一个复杂的生产过程,受周围客观条件影响的因素较多,在施工过程中,由于劳动力和机械、材料等物资的供应及自然条件等因素的影响,使其经常不符合原计划的要求,因而在工程进展中应随时掌握施工动态,经常检查,不断调整计划。

7. 施工现场平面布置图

施工平面布置图,既是施工现场布置的依据,也是施工准备工作的一项重要依据,它是实现文明施工、节约并合理利用土地、减少临时设施费用的先决条件。因此,它是施工组织设计的重要组成部分。施工平面布置图,不但要在施工时周密考虑,而且还要认真贯彻执行,这样才会使施工现场井然有序,施工顺利进行,保证施工进度,提高效率和经济效果。

一般大型混凝土施工平面布置图的绘制比例为 1∶500～1∶200。

1)施工平面布置图的设计内容

(1)已建和周围建筑物、构筑物,周围的交通道路等的位置和尺寸。

(2)垂直运输机械及平行路线的布置。

(3)混凝土搅拌机,砂、石、水泥仓库的位置及尺寸(采用商品混凝土则不需要)。

(4)脚手架和混凝土运输通道的搭设位置及尺寸。

(5)临时道路,水、电线线路等的布置。

(6)各工种需要的工具房和办公室、食堂、开水房、临时宿舍、卫生间等的位置及尺寸。

2)施工现场平面布置图的设计步骤

(1)首先确定起重运输机械的位置

起重运输机械的位置直接影响搅拌站、加工厂及各种材料,构件的堆场或仓库等位置和道路以及临时设施和水、电管线的布置等,因此,它是施工现场全局的中心环节,应首先确定。由于各种垂直起重机械的性能不同,其布置位置也不相同。布置时要多作对比分析,确定最好的布置方案。

(2)搅拌站、加工厂及各种材料的堆场和仓库布置

搅拌站、砂、石堆放场地、水泥仓库的位置,应尽量靠近使用地点或在塔式起重机服务范围之内,并考虑到运输和装卸的方便。

(3)现场运输道路的布置

现场运输道路应按材料运输的需要,沿着仓库和堆场进行布置。尽可能利用永久性道路,或先做好永久性道路的路基,在交工之前再铺路面。道路宽度要符合规定,通常单行道应不小于3m,双行道应不小于5.5m。现场运输道路布置时,应保证车辆行驶通畅,有回转的可能,因此,最好围绕建筑物布置成环形道路,以便运输车辆回转、掉头方便。道路两侧应结合地形设置排水沟,沟深不小于0.4m,底宽不小于0.3m。

(4)办公室、工具房、生活、福利用临时设施的布置

办公室、工人休息室、门卫室、开水房、食堂、浴室、厕所等非生产临时设施的布置,应考虑使用方便,不妨碍施工,符合安全、防火的要求。工具房应考虑工人上下班使用方便,要尽量利用已有设施或已建工程,必须修建时要经过计算,合理确定面积,努力节约临时设施费用。通常,办公室的布置应靠近施现场,宜设在出入口处;工人休息室应设在工人作业区,开水房、食堂、浴室、厕所均应布置在安全处,并有利于工人的生产、生活。

(5)水、电管网的布置

水、电管线的布置要由专业技术人员负责进行,首先要经过计算,确定了用水量、用电量,选择好管径和导线截面积,然后进行设计和布置。布置时首先确定水源、电源的位置。然后根据施工现场各处所需用水、用电量的大小进行布置。布置时尽量节约,不要布置重复线路,简单适用即可。

图1-4是一个单位工程施工平面图设计实例,可以作为参考。

8.制定保证工程质量和安全生产的技术措施

制定技术措施是为了组织施工时,对保证工程质量、安全生产、节约和文明施工所采用的方法。制定这些方法是编制大型混凝土施工方案者带有创造性的工作。

1)保证工程质量措施

(1)建筑工程设计、施工的质量、必须符合国家有关建筑工程安全标准的要求,具体管理办法由主管部门规定。

(2)国家对从事建筑活动的单位推行质量体系认证制度。从事建筑活动的单位根据自愿原则可以向国务院产品质量监督管理部门或者国务院产品质量监督管理部门授权的部门认可的认证机构申请质量体系认证。经认证合格的,由认证机构颁发质量体系认证证书。

(3)建筑工程实行总承包的,工程质量由工程总承包单位负责,总承包单位将建筑工程分包给其他单位的,应当对分包工程的质量与分包单位承担连带责任。分包单位应当接受总承包单位的质量管理。

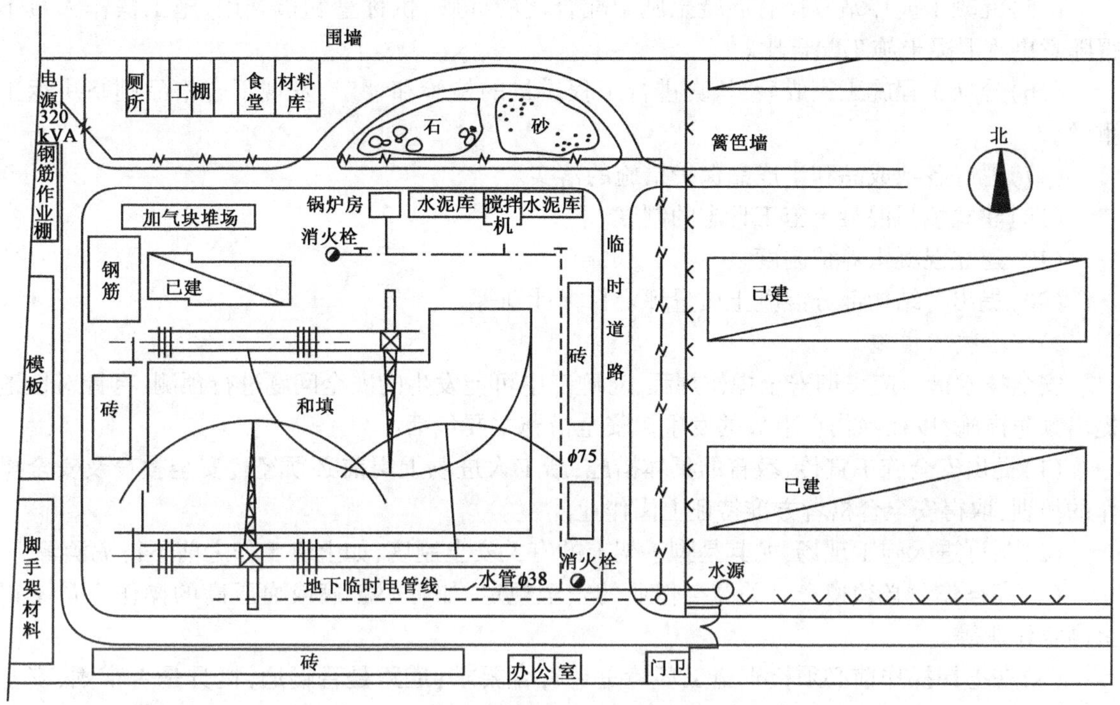


图 1-4 某农贸大厦主体施工平面布置图

(4)建筑施工企业对工程的施工质量负责。建筑施工企业必须按照工程设计图样和施工技术标准施工,不得偷工减料。工程设计的修改由原设计单位负责,建筑施工企业不得擅自修改工程设计。

(5)建筑施工企业,必须按照工程设计要求、施工技术标准和合同的约定,对建筑材料、建筑构配件和设备进行检验,不合格的不得使用。

(6)建立健全岗位责任制与奖惩制度,通过落实各级人员的岗位责任制,与奖惩制度保证各项技术管理制度的贯彻执行,严格按技术管理程序开展工作。

(7)健全分公司、项目经理部、班组三级质量监督组织体系,项目经理部设专职质检组,班组设兼职质检员。

(8)用全面质量管理的观点和方法,指导各项施工管理活动的开展,积极提倡和开展 TQC 小组活动。

(9)严格执行有关规范、规程和施工工艺标准,严守合同,准确把握设计图样的各项要求。

(10)所有进场的原材料,必须经质检员检查验收合格后方可使用,不合格的砂子、石子、水泥坚决不用。

(11)大型混凝土浇筑前,必须对模板、钢筋、预埋件、预留洞等进行全面检查,填写工序检查验收交接卡,对不合格处应提出立即整改,直到检查合格为止。

(12)坚持做好施工前的技术交底工作,使每位施工人员在作业前就了解并掌握设计要求、操作工艺和质量标准。

(13)必须建立健全"三检制度"(即自检、互检和专业检查)及时做好隐蔽工程的记录和验收,这在大型混凝土施工中尤为重要。

(14)混凝土的搅拌、运输、浇筑、预留混凝土试块、养护等施工过程,应严格按施工操作规程进行。班组应设立不脱产的质检员,对混凝土施工的全过程进行直接监督。

(15)混凝土搅拌站应挂有混凝土施工配合比的标牌,供称量和检查用,施工操作人员不得随意更改混凝土施工配合比。

(16)分项工程施工完成后,认真进行工程质量的检验和评定,发现不合格品则坚决返工重做。

(17)抓好各项成品和半成品保护措施的落实。

(18)建立填写混凝土施工日志的制度。

(19)建立混凝土养护制度。

(20)提出各结构部分混凝土质量评定目标计划等。

2)安全技术措施

安全技术措施应贯彻安全操作规程,对施工中可能发生的安全问题进行预测,有针对性地提出预防措施,以杜绝伤亡事故的发生。安全措施主要包括:

(1)提出安全施工宣传、教育的具体措施;新工人进场上岗前必须经过安全教育及安全操作的培训,取得安全合格者方准持证上岗作业。

(2)制订进入施工现场,尤其是脚手架上的有关安全制度,如上班工作之前不得喝酒等。

(3)高空作业必须遵守有关高空作业的安全规定,如有心脏病或血压高的操作人员不得上高空作业等。

(4)在上岗操作前必须检查施工环境是否符合要求;道路是否畅通,机具是否牢固,安全措施是否配套,"三安"(安全帽、安全带、安全网)"四口"(通道口、预留洞口、楼梯口、电梯井口)防护用品是否安全。经检查符合要求后,才能上岗操作。

(5)操作用的台、架,经安全检查部门验收合格后才准使用,经验收合格后的台、架,未经批准不得随意改动。

(6)大、中、小机电设备,必须由持证上岗人员专职操作、管理和维修,非操作人员一律不准启动使用。

(7)在同垂直面,遇有上下交叉作业时,必须设有安全隔离层,下方操作人员必须戴安全帽。垂直交叉作业应注意上下呼应,必要时应设观察人员,负责提醒、疏散处于下方的施工人员。

(8)在深基础或夜间施工时,应设有足够的照明设备,照明灯应有防护罩,并不得用超过36V的电压。

(9)在浇筑混凝土前、对各项安全设施,要认真检查其是否安全可靠及有无隐患,尤其是楼板支撑、操作脚手、架设运输道路及指挥、联络信号等。对于重要的施工部件其安全要求应详细交底。

(10)少量混凝土采用人工搅拌时,要采取两人对面翻拌作业,防止铁锹等手工工具碰伤;由高处向下推拔混凝土时,要注意不要用力过猛,以免惯性作用发生人员摔伤事故。

(11)用手推车运输混凝土时,用力不得过猛,不准撒把;向坑、槽内倒混凝土时,必须沿坑、槽边设置高度不低于10cm的车轮挡装置;推车人员倒料时要站稳,保持身体平衡,并通知下方人员躲开。

(12)在架子上推车运送混凝土时,两车之间必须保持一定距离,并右侧通行,混凝土装车容量不得超过车斗容量的3/4。

(13)电动振动器的使用者在操作时,必须戴绝缘手套、穿绝缘鞋,停机后,要切断电源,锁好开关箱。

(14)电动振动器须用按钮开关,不得用插头开关;电动振动器的扶手,必须套上绝缘橡胶管。

(15)雨天作业时,必须将振捣棒加以遮盖,避免雨水浸入电动机导电伤人。

(16)振捣棒不准在初凝混凝土、板、脚手架、道路和干硬的地方试振。

(17)移动振捣棒时,应切断电源,否则不准搬、抬或移动。

(18)平板振捣棒与平板,应保持紧固,电源线必须固定在平板上,电气开关应装在便于操作的地方。

(19)各种振捣棒,在做好保护接零的基础上,还应设漏电保护器。

(20)使用吊罐(斗)浇筑混凝土时,应经常检查吊罐(斗)、钢丝绳和卡具,如有隐患要及时处理,并设专人指挥。

(21)浇筑混凝土使用的溜槽及串筒节间必须连接牢固,操作部位应有防护栏杆,不准直接站在溜槽帮上操作。

(22)浇筑框架、梁、柱混凝土时,应设操作台,不得直接站在模板或支撑上操作。

(23)浇筑拱形结构,应自两边拱脚对称同时进行;浇筑圈梁、雨篷、阳台时,应设防护设施;浇筑料仓时,下口应先行封闭,并铺设临时脚手架,以防人员下坠。

(24)应重视抓好用电安全和消防安全。施工用电的线路和设施的设置,均必须符合有关安全操作规程的要求,严禁"乱拉乱搭",并制订消防预案,组织兼职消防队,合理配备灭火装置,在施工作业区内严禁吸烟。

(25)认真做好狂风、暴雨、雷电等各种特殊天气发生前后的安全检查及安全维护。

(26)奖惩分明,纠正违章作业及不文明施工人人有责。

## 三、编制商品混凝土施工方案

编制商品混凝土施工方案与编制大型结构混凝土方案基本相同,现根据商品混凝土施工特点,仅将一工程实例的施工技术方案、质量保证措施与安全技术措施简要介绍于下。

1.施工技术方案

1)施工部署

本工程全部采用商品混凝土。根据施工顺序及工期安排,混凝土浇筑尽量安排在白天进行,若混凝土浇筑量较大,白天不能浇筑完成又不能留置施工缝时,现场管理人员要分成两班,每班12h,负责检查,同时做好各方协调工作。

2)准备工作(表1-9)

**主要机具准备表** 表1-9

| 规　格 | 单位 | 数量 | 单耗量(kW) | 总功率(kW) |
|---|---|---|---|---|
| 塔吊36B | 台 | 2 | | |
| ZN-50型振捣棒 | 台 | 24 | 1.1 | 26.4 |
| 平板振捣棒 | 台 | 6 | 2.2 | 13.2 |
| 铁锹 | 把 | 40 | | |
| 铁抹子 | 个 | 40 | | |
| 木抹子 | 个 | 40 | | |

(1)钢筋的隐检工作已经完成,并已核实预埋件、线管、孔洞的位置、数量及固定情况无误。

(2)模板的预检工作已经完成,确定模板高程、位置、尺寸准确符合设计要求,支架稳定,支撑棚板固定可靠,模板拼缝严密,符合规范要求。

(3)由商品混凝土搅拌站实验室确定配合比及外加剂用量。

(4)混凝土浇筑前组织施工人员进行方案的学习,由技术部门讲述施工方案,对重点部位单独交底,设专人负责,做到人人心中有数。

(5)浇筑混凝土用架子、走道及工作平台,安全稳固,能够满足浇筑要求。

(6)混凝土浇筑前,仔细清理泵管内残留物,确保泵管畅通,仔细检查井字架加固情况。

(7)各流水段结合部位施工缝均采用多层板(根据钢筋保护层厚度及钢筋间距切口)分隔。

(8)提前签订商品混凝土供货合同,签订时由技术部门提供具体供应时间、强度等级、所需车辆数量及其间隔时间,特殊要求如抗渗防冻剂、入模温度、坍落度、水泥及预防混凝土碱集料反应所需提供的资料等。

3)主要措施

(1)商品混凝土供应商编制预防混凝土碱集料反应的技术措施,必须确保20年内不发生含混凝土碱集料反应损害;浇筑每部位混凝土前预先上报配合比及所选用各种材料的产地、碱活性等各级各项指标检测及混凝土碱含量的评估结果。混凝土要用低活性集料配制,其混凝土含碱量不得超过5kg/m$^3$。

(2)底板混凝土浇筑采用汽车泵连续浇筑。在浇筑混凝土前,对模板内的杂物和钢筋上的油污等清理干净;对模板的缝隙和孔洞予以堵严。

4)混凝土浇筑和振捣一般要求

(1)在混凝土浇筑前先用一台12m$^3$ 空压机将模板内杂物吹扫干净。

(2)工程分区流水施工,每一流水段内混凝土连续浇筑,如必须间歇,间歇时间尽量缩短,并在下层混凝土初凝前将上层混凝土浇筑完毕。

(3)浇筑混凝土时,为防止混凝土分层离析,混凝土由料斗、泵管内卸出时,其自由倾浇高度不得超过2m,超过时采用串筒或斜槽下落,混凝土浇筑时不得直接冲击模板。

(4)浇筑竖向结构混凝土前,底部先填以50~100mm厚的同配合比的水泥砂浆。

(5)浇筑混凝土时,设专人看模,经常观察模板、支架、钢筋、预埋件和预留孔洞的情况,当发生变形移位时,应立即停止浇筑,并在已浇筑的混凝土初凝前修整完好。

(6)使用30棒或50棒插入式振捣棒要快插慢拔,插点呈梅花形布置,按顺序进行,不得遗漏。移动间距不大于振捣棒作用半径的1.5倍(50棒应为52.5cm,取50cm;30棒应为40.5cm,取40cm)振捣上一层时插入下一层混凝土5cm以消除两层间的接缝。平板振捣棒的移动间距,保证振捣棒的平板能够覆盖已振实部分的边缘。振捣时间以混凝土表面出现浮浆及不出现气泡、下沉为宜。

(7)混凝土浇筑完毕及浇筑过程中设专人清理落地灰及沾污在成品上的混凝土颗粒(配水管接消防立管)。

5)垫层混凝土浇筑

基槽验收合格后,钉控制桩(8m×8m)用泵车进行混凝土浇筑。混凝土振捣采用平板式振捣棒,混凝土振捣密实后,以钢筋棍上高程及水平高程小棉线为准检查平整度,高的铲掉,凹的补平，用水平刮杠刮平，表面要再用木抹子修平，最后用铁抹子压光。混凝土养护采用蓄热法养护，在已浇筑混凝土表面覆盖一层塑料薄膜，两层阻燃草帘被。

6）底板混凝土浇筑

（1）底板混凝土采用商品混凝土，罐车运输，汽车泵浇灌输送混凝土的泵管采用 $\phi$100mm 的无缝直管，为保证底板整体性，混凝土一次连续浇筑完毕，不留垂直施工缝。

（2）底板商品混凝土强度等级 C40，坍落度 160 ~ 180mm，要求使用水化热较低的矿渣水泥，并掺入膨胀剂、缓凝剂、减水剂，以保证底板混凝土的各性能指标。

（3）尽量降低混凝土配合比中的用水量和水泥用量。

（4）本工程基础底板厚分别为 1 200mm 和 1 600mm，根据设计图样，后浇带分区进行浇筑，分三层和四层浇筑，每层 0.4m，采用全面分层浇筑方法。在浇筑区域内全面分层浇筑混凝土时，要做到最上层混凝土浇筑完毕回来浇筑最下层时，最下层混凝土还未初凝，如此逐层推进，直至整个底板浇筑完毕。

（5）混凝土若为矿渣水泥拌制，要求边振捣边排出泌水，并在初凝前 1 ~ 2h 用木抹子抹平，以消除早期有可能产生的收缩裂缝。

7）泵送混凝土要求

（1）泵送混凝土时，混凝土泵的支腿完全伸出，并插好安全销。

（2）混凝土泵起动后，先泵送适量水以湿润混凝土泵的料斗、网片及输送管的内壁等直接与混凝土接触部位。

（3）泵送混凝土前，先泵送混凝土内除粗集料外的其他成分相同配合比的水泥砂浆。

（4）开始泵送时，混凝土泵处于慢速、匀速并随时可反泵的状态。泵送速度，先慢后快，逐步加速。同时，观察混凝土泵的压力和各系统的工作情况，待各系统运转顺利后，方可以正常速度进行泵送。

（5）混凝土泵送连续进行，如必须中断时，其中断时间超过 2h 必需留置施工缝。

（6）泵送混凝土时，活塞保持最大行程运转；混凝土泵送过程中，不得把拆下的输运管内的混凝土撒落在未浇筑的地方。

（7）当输送管被堵塞时，采取下列方法排除：重复进行反泵和正泵，逐步收出混凝土至料斗中，重新搅拌后泵送；或用木棍敲击等方法，查明堵塞部位，将混凝土击粉后，重复进行反泵和正泵，排除堵塞；当上述两两种方法无效时，在混凝土卸压后，拆除堵塞部位的输送管，排出混凝土堵塞物后方可接管。重新泵送前，先排除管内空气后，方可拧紧接头。

（8）向下泵送混凝土时，先把输送管上气阀打开，待输送管下段混凝土有了一定压力时，方可关闭气阀。

（9）泵送过程中，废弃的和泵送终止时多余的混凝土，按预先确定的处理方法和场所，及时进行妥善处理。

（10）排除堵塞，重新泵送或清洗混凝土时，布料设备的出口朝安全方向，以防堵塞物或废浆高速飞出伤人。

8）混凝土养护

（1）打完垫层、底板后，立即铺设塑料薄膜对混凝土进行养护并且在上面铺设两层阻燃草帘被，柱子拆模后立即用塑料薄膜将柱子包裹好进行养护。

（2）一般混凝土养护时间不少于 7d，其中有抗渗要求的（≥1.2MPa）混凝土养护不少于 14d，大体积混凝土养护不少于 15d。

2. 质量保证措施

1) 一般要求

(1) 商品混凝土要有出厂合格证,混凝土所用的水泥、集料、外加剂等必须符合规范及有关规定,使用前检查出厂合格证及有关试验报告。

(2) 混凝土的养护和施工缝处理,必须符合施工质量验收规范规定及本方案的要求。

(3) 混凝土强度的试块取样、制作、养护和试验要符合规定。

(4) 混凝土振捣密实,不得有蜂窝、孔洞、露筋、缝隙、夹渣等缺陷。

(5) 在预留洞宽度大于 1m 的洞底,在洞底平模处开振捣口和观察口,避免出现缺灰或漏振现象。

(6) 钢筋、模板工长跟班作业,发现问题及时解决,同时设专人看钢筋、模板。

(7) 浇筑前,由生产部门经常注意天气变化,如有大雨及时通知搅拌站。如正在施工天气突然变化,原则是小雨不停,大雨采取防护措施。其措施是:已浇筑完毕的混凝土面用塑料薄膜覆盖,正在浇筑的部位搭设防水棚。

(8) 浇筑时,要有专门的铺灰人员指挥浇筑,切忌"天女散花",分配好清理人员和抹面人员。楼板必须用 1.5 ~4m 刮杆刮平。

(9) 做好混凝土浇筑记录。

2) 质量通病及防治措施

(1) 蜂窝:混凝土结构局部出现疏松、砂浆少、石子多、石子之间形成空隙类似蜂窝状的窟窿。

①防治措施:认真设计、严格控制混凝土配合比,经常检查,做到计量准确;混凝土拌和均匀,坍落度适合;混凝土下料高度超过 2m 时设串筒或溜槽;浇筑应分层下料,分层捣固,防止漏振;模板缝应堵塞严密,浇筑中,随时检查模板支撑情况防止漏浆;基础、柱、墙根部在下部浇完间歇 1 ~1.5h,沉实后再浇上部混凝土,避免出现"烂脖子"。

②处理方法:小蜂窝,洗刷干净后,用 1∶2 或 1∶2.5 水泥砂浆抹平压实;较少大蜂窝,凿去蜂窝处薄弱松散颗粒,洗刷干净后,支模用高一级细石混凝土仔细填塞捣实;较深蜂窝,如清除困难,可埋压浆管、排气管、表面抹砂浆或浇灌混凝土封闭后,进行水泥砂浆处理。

(2) 混凝土局部表面出现缺浆和许多小凹坑、麻点。

防治措施:模板表面清理干净,不得黏有干硬水泥砂浆等杂物;浇筑混凝土前,模板浇水充分湿润,模板缝隙,用油毡纸、腻子堵严;选用长效的模板隔离剂,涂刷均匀,不得漏刷;混凝土分层均匀振捣密实,至排除气泡为止。

处理方法:表面作粉刷的,可不处理,表面无粉刷的,在麻面部位浇水充分湿润后,用原混凝土配合比去石子砂浆,将麻面抹平压光。

(3) 孔洞:混凝土结构内部有尺寸较大的空隙,局部没有混凝土或蜂窝特别大,钢筋局部或全部裸露。

防治措施:在钢筋密集处及复杂部位,采用高一强度等级的细石子混凝土浇灌,在模板内充满,认真分层振捣密实或人工捣固;预留孔洞,两侧同时下料,侧面加开浇灌口,严防漏振;砂石中混有黏土块、模板工具等杂物掉进混凝土内,及时清除干净。

处理方法:将孔洞周围的松散混凝土和软弱浆膜凿除,用压力水冲洗,支设带托盒的模板,洒水充分湿润后的高强度等级细石混凝土仔细浇灌、捣实。

(4) 露筋:混凝土内部主筋、副筋或箍筋局部裸露在结构构件表面。

防治措施：浇筑混凝土，保证钢筋位置和保护层厚度正确，并加强检查；钢筋密集时选用适当粒径的石子，保证混凝土配合比准确并有良好的和易性；浇筑高度超过2m，用串筒或溜槽进行下料，以防止离析；模板充分湿润并认真堵好缝隙；混凝土振捣时严禁撞击钢筋，在钢筋密集处，可采用刀片或振捣棒进行振捣；操作时，避免踩踏钢筋，如有踩弯或脱扣等应及时调直修正；保护层混凝土要振捣密严；正确掌握脱模时间，防止过早拆模，碰坏棱角。

处理方法：表面露筋，刷洗干净后，在表面抹1:2或1:2.5水泥砂浆，将充满筋部位抹平；露筋较深，凿去薄弱混凝土和突出颗粒，洗刷干净后，用比原来高一级的细石混凝土填塞压实。

(5)缝隙、夹层：混凝土内成层存在水平或垂直的松散混凝土。

防治措施：认真按有关要求处理施工缝及变形缝表面；接缝处锯屑、泥土砖块等杂物清理干净并洗净；混凝土浇筑高度大于2m设串筒或溜槽；接缝处浇筑前先浇50~100mm厚原配合比无石子砂浆或100~150mm厚减半石子混凝土，以利结合良好，并加强接缝处混凝土的振捣密实。

处理方法：缝隙夹层不深时，可将松散混凝土凿去，洗刷干净后，用1:2或1:2.5水混砂浆强力填嵌密实；缝隙夹层较深时清除松散部分和内部夹杂物，用压力水冲洗干净后支模，强力灌细石混凝土或将表面封闭后进行压浆处理。

(6)缺棱掉角：结构或构件边角处混凝土局部掉落不规则，棱角有缺陷。

防治措施：木模板在浇筑混凝土前充分湿润，混凝土浇筑后认真浇水养护；拆除侧面非承重模板时，混凝土应具有1.2MPa以上强度；拆模时注意保护棱角，避免用力过猛过急；吊运模板，防止撞击棱角；运输时将成品阳角用草袋等材料保护好，以免碰损。

处理方法：缺棱掉角，可将该处松散颗粒凿除，冲洗充分湿润后，视破损程度用1:2或1:2.5水泥砂浆抹补齐整，或支模用比原来高一级混凝土捣实补好，认真养护。

(7)表面不平整：混凝土表面凸凹不平，或板厚薄不一，表面不平。

防治措施：严格按施工要求操作，浇筑混凝土后，根据水平控制标志或弹线用抹子找平、压光，终凝后浇水养护；模板有足够的强度、刚度和稳定性，支在坚实地基上，有足够的支承面积，并防浸水，以保证不发生下沉；在浇筑混凝土时，加强检查；混凝土强度达到1.2MPa以上，方可在已浇结构上走动。

处理方法：将表面不平整处凿毛，冲洗充分润湿后，用1:2或1:2.5水泥砂浆抹补平整，认真养护。

(8)强度不够：同批混凝土试块的抗压强度平均值低于设计要求强度等级。

防治措施：水泥有出厂合格证，新鲜无结块，过期水泥经试验合格才可使用；砂、石子粒径、级配、含混量等符合要求；严格控制混凝土配合比，保证计量准确；混凝土按顺序拌制，保证搅拌时间和拌匀；防止混凝土早期受冻，冬期施工用普通水泥配制混凝土，强度达到30%以上，矿渣水泥配制的混凝土，强度达到40%以上，始可遭受冻结，按施工规定要求认真制作混凝土试块，并加强对试块的管理和养护。

处理方法：当混凝土强度偏低，可用非破损方法(如回弹仪法、超声波法)来测定结构混凝土实际强度，如仍不能满足要求，可按实际强度校核结构的安全度，研究处理方案，采取加固或补强措施。

3.安全技术措施

(1)雪天要注意防滑，及时清除钢筋上、模板内及脚手架、马道上的冰雪冻块。

(2)进入施工现场，要正确系戴安全帽，高空作业要正确系安全带。

(3)现场严禁吸烟。

(4)严禁上下抛掷物品。

(5)泵车后台及泵臂下严禁站人,按要求操作,泵管支撑牢固。

(6)振捣和拉线人员必须穿胶鞋、戴绝缘手套,以防触电。

(7)在混凝土泵出口的水平管道上安装单向阀,防止泵送突然中断而产生混凝土反向冲击。

(8)泵送系统受压力,不得开启任何输送管道和液压管道,液压系统的安全阀不得任意调整,蓄能器只能充入氮气。

(9)作业后,必须将料斗和管道内混凝土全部都输出,然后对泵机、料斗、管道进行清洗。

用压缩空气冲洗管道时,管道出口端前方10m内不得站人,并用金属网篮等收集冲出的泡沫橡胶及砂石粒。

(10)严禁用压缩空气冲洗布料杆配管。布料杆的折叠收缩,应按顺序进行。

(11)将两侧活塞运转到清洗室,并涂上润滑油。

(12)作业后,各部位操纵开关、调整手柄、手轮、旋塞等复回零位。液压系统卸荷。

(13)混凝土振捣棒安全使用,必须遵守以下规定:

①作业前,检查电源线路无破损漏电,漏电保护装置灵活可靠,机具各部件连接紧固,旋转方向正确。

②振捣棒不得放在初凝的混凝土、楼板、脚手架、道路和干硬的地面上进行试振。如检修或作业间断时,必须切断电源。

③插入式振捣棒操作时应自然垂直地插入混凝土,不得用力硬插、斜推或使钢筋夹住棒头,也不得全部插入混凝土中。

④振棒器应保持清洁,不得有混凝土黏结在电动机外壳上,妨碍散热。发现温度过高时,停歇降温后后方可使用。

⑤作业转移时,电动机的电源线应保持足够的长度和松度,严禁用电源线拖拉振捣棒。

⑥电源线路要悬空移动,注意避免电源线与地面和钢筋相摩擦及车辆的辗压。经常检查电源线的完好情况,发现破损,立即进行处理。

⑦用绳拉平板振捣棒时,拉绳应干燥绝缘,移动或转向不得用脚踢电动机。

⑧振捣棒与平板保持紧固,电源线必须固定在平板上,电器开关装在把手上。

⑨人员必须穿绝缘胶鞋和戴绝缘手套。

⑩作业后,必须切断电源,做好清洗、保养工作。振捣棒要放在干燥处,并有防雨措施。

(14)凝土泵送设备安全使用须遵守以下规定:

①泵送设备放置离基坑边缘保持一定距离。在布料杆动作范围内无障碍物,无高压线,设置布料杆动作的地方,必须具有足够的支承力。

②水平泵送的管道敷设线路接近直线,少弯曲,管道及管道支撑必须牢固可靠,且能承受输送过程所产生的水平推力,管道接头处密封可靠。

③严禁将垂直管道直接装接在泵的输出口上,在垂直管架设的前端装接长度不小于10m的水平管,水平管近泵处装单向阀。敷设向下倾斜的管道时,下端装接一段水平管,其长度至少为倾斜高低差的5倍,否则采用弯管等方法,增大阻力。如倾斜度较大,必要时,在坡道上端装置排气活阀,以利排气。

④砂石粒径、水泥强度等级及配合比,按原厂规定满足泵机可泵性的要求。

⑤泵车的停车制动和锁紧制动同时使用,轮胎楔紧,水源供应正常和水箱储满清水,料斗内无杂物,各润滑点润滑正常。

⑥泵送设备的各部位螺栓紧固,管道接头紧固密封,防护装置齐全可靠。各部位操纵开关、调整手柄、手轮、控制杆、旋塞等均在正确位置。液压系统正常无泄漏。

⑦准备好清洗管、清洗用品、接球器及有关装置。作业前,必须先用同配比的水泥砂浆润管道。无关人员必须离开管道。

⑧布料杆支腿全部伸出并支固,未支固前不得起动布料杆,布料杆升高支架后方可回转。布料杆伸出时,按顺序进行,严禁用布料杆起吊或拖拉物件。

⑨当布料杆处于全伸状态时,严禁移动车身。布料杆不得使用超过规定直径的配管,装接的软管系防脱安全绳带。

⑩随时监视各种仪表和指示灯,发现不正常及时调整或处理。如出现输送管堵塞时,进行逆向运转(反抽)使混凝土返回料斗,必要时拆管排除堵塞。

## 四、特种混凝土与高强混凝土的施工方案

### 1.特种混凝土施工方案

特种混凝土是相对于使用面广、量大的普通混凝土而言的。近几年来,由于建筑工程对材料的特殊需要,对一些特种混凝土也开展了大量的研究工作,许多特种混凝土已经得到了实际应用。值得注意的是,最近提出的复合材料的概念,包括金属材料和非金属材料的复合,有机材料与无机材料的复合,通过复合,各种材料的性能可以扬长避短,从而大幅度提高材料的性能。

特种混凝土按照特殊使用功能、特种组成材料及特别施工工艺分为三类,其主要品种:防水混凝土、耐热(耐火)混凝土、抗冻混凝土、耐低温混凝土、耐酸混凝土、耐碱混凝土、耐油混凝土、防辐射混凝土、不发火花混凝土、补偿收缩混凝土、流态混凝土、纤维混凝土、钢屑混凝土、聚合物混凝土、特细砂混凝土、大孔混凝土、轻集料混凝土以及各种特种工艺混凝土等。

一般来说,特种混凝土施工方案,包括编制依据、施工技术方案、质量保证措施和安全措施等内容。

1)编制依据

编制依据包括施工图样、主要规范规程、施工组织设计和工程概况等。

2)施工技术方案

一般包括施工部署、准备工作、主要措施等。

在编制施工技术方案时,要注意针对特种水泥的施工特点制订出适用的施工技术方案。比如,纤维混凝土施工要考虑其可泵性好,坍落度损失小,混凝土表面光滑平整,抗压、抗裂、抗折强度和抗渗透性高等特点。近几年,钢纤维混凝土应用于道面工程比较多,它可以充分发挥其弯拉强度高、抗裂、抗疲劳、耐磨、抗冲击性能好的特点,可取代钢筋,减薄道面厚度,加大缩缝间距,缩短施工周期,提高工程质量,降低工程维修费用,延长工程使用寿命。再比如改性水玻璃酸混凝土系采用水玻璃掺入适当的固化剂、外掺剂和一定数量的耐酸填料、粗细集料配制而成,它与普通水玻璃耐酸混凝土相比,具有机械强度高、抗渗性能好等特点。它具有耐酸、耐水、耐高温、强度高、耐腐性等优良的材料性能和可以整体浇筑的施工特点。

3)质量保证措施

见本章第一节相关内容。

4)安全技术措施

见本章第一节相关内容。

2. 高强混凝土施工方案

由于建筑施工的要求,近年来,不仅在提高混凝土的强度方面进行了大量的研究,而且在改善混凝土工作性能方面也开展了大量的研究。高压力的泵送混凝土、流态混凝土、自应力混凝土也已经得到了实际应用。值得注意的是,混凝土的耐久性已经引起人们的普遍重视,而且认识到所谓高性能混凝土,不仅仅是指应具有较高的强度,更重要的是应具有较高的工作性和耐久性。对于这些,在实际混凝土的设计中应该加以考虑,特别是混凝土抗冻耐久性问题和碱集料反应问题。

一般来说,高强混凝土施工方案,包括编制依据、施工技术方案、质量保证措施和安全技术措施等内容。

1)编制依据

编制依据,包括施工图样、主要规范规程、施工组织设计和工程概况等。

2)施工技术方案

一般包括施工部署、准备工作、主要措施等。在编制施工技术方案时要解决下列技术问题。

(1)低水灰比,大坍落度

高强混凝土一般要求低水灰比,这种低水灰比的混凝土早在20世纪60年代末,我国就有过研究与应用,但由于混凝土在低水灰比的情况下,坍落度很小,甚至没有坍落度,其成形和捣实都很困难,无法在现浇混凝土施工中应用。

(2)坍落度损失问题

现代城市混凝土施工,一般采用预搅或商品混凝土。施工工地往往与搅拌站相距很远,要把混凝土从搅拌站运到工地需用较长的时间。混凝土在运输的过程中,其坍落度随时间的增加而减小,这对高强混凝土来说无疑又增加了难度。

(3)混凝土可泵性问题

泵送混凝土几乎是高层建筑施工的唯一方法。所以高强和泵送几乎是不可分割的。所以对高强混凝土要解决混凝土可泵送的要求。要解决这一系列技术难题,关键是研制一种高性能的外加剂:

①对原材料的选择,配置C60级高强混凝土,不需要用特殊的材料,但必须对本地区所能得到的所有原材料进行优选,它们除了要有比较好的性能指标外,还必须质量稳定,即在施工期内主要性能不能有太大的变化。

②工时的质量控制和管理,一般来说,在实验室配置符合要求的高强混凝土相对比较容易,但是要在整个施工过程中,混凝土都要稳定在要求的质量水平功能上就比较困难了。一些在普通情况下不太敏感的因素,在低水灰比的情况下会变得相当敏感,而对高强混凝土,设计时强度富余度又不可能太大,可供调节的余量较小,这就要求在整个施工过程中必须注意各种条件、因素的变化,并且要根据这些变化随时调整配合比和各种工艺参数。对于高强混凝土,一般检测技术,如回弹、超声等在强度大于50MPa后已不能采用。唯一能进行检测的钻心取样法来检验高强混凝土,也有一定的困难(主要是研究资料较少和标准不完善)。这说明加强现场施工质量控制和管理的必要性。

③超细活性掺和料的应用,对于强度等级为C80或更高的混凝土需要采取一些特殊的技

术措施——掺入超细活性掺合料。

混凝土强度达到一定极限后就不可能再增加了,因为混凝土强度在水化时不可避免地会在其内部形成一些细微的毛细孔。如果要使其强度进一步提高,就必须采取措施把这些孔隙填满,进一步增加混凝土的密实性。最常用的方法是用极细(微米级)的活性颗粒掺入混凝土,使它们在水浆中的细微孔隙中水化,减少和填充混凝土中的毛细孔,达到增密和增强的作用。但是这些极细的颗粒需水量很大,就需要大量高效减水剂加以塑化,否则难以施工。再者,超细活性颗粒在混凝土搅拌时,到处飞扬,很难加入混凝土中,故必须对超细活性颗粒进行增密处理后才能使用。

3)质量保证措施

见本章第一节相关内容。

4)安全技术措施

见本章第一节相关内容。

## 第二节　混凝土工程施工准备

### 一、概述

混凝土的施工准备工作是混凝土施工工艺过程中的首要工作,由于混凝土中水泥有一定的凝结时间,并且水化作用要求一定的条件,在组织混凝土施工时,更突出了准备工作的必要性。

准备工作有两个方面:一方面是技术准备,其中包括在熟悉施工对象,熟悉自身施工条件,选择生产工艺,确定施工方案;另一方面是现场施工物质准备,包括材料、机具、人工的落实。

混凝土施工的准备工作,还应提前做出混凝土配合比的试配,混凝土试配要等28d才能出结果(7d和15d可以得到参考配合比),尽管近期发展了水泥和混凝土的快测技术,但是还存在一些问题,只能提供参考,一般规定还是以28d强度为准。

混凝土浇筑在支模板和绑扎钢筋完成后才能开始,前面工序存在问题,必然影响混凝土工程质量。因此,应强调工种的交接检查。对交接检查的意义,内容和方法具体见本节六所述。

### 二、技术准备工作

1.熟悉施工对象

对施工对象的熟悉可从图纸、预算、合同等技术文件中得到,也要通过图纸会审、设计交底、施工交底、现场考察等形式熟悉。混凝土工程施工是多工种协同工作的过程,了解施工对象、了解施工全局是必要的,从本工种角度出发,应有以下几个方面:

(1)工程概况。工程名称、规模、地位与等级、工程性质、工程造价、承包方式、技术要求、质量要求、工期要求等。

(2)混凝土工程的部位。应掌握哪些部位是钢筋混凝土工程、哪些分项工程应以混凝土工程为主、哪些分部工程需要混凝土工的配合等。

(3)工序互检工作。模反、钢筋、骨架、保护层厚度等经技术主管验收合格签证。

(4)现浇和预制工程量。应掌握各分项工程中现浇工程量,预制件的数量,要列出列称、部位、规格、数量一览表,做到“心中有数”。土建施工的工程量是一切数据之本,混凝土工程也不例外。

(5)混凝土性能要求、强度要求。两者是有共性的,但是应区别强度等级。其他如抗渗要求、防水要求、耐火要求、耐腐蚀要求也要明确。同时也要根据气象、部位、工期、做法等因素提出早强、抗冻、缓凝等要求。此外,对混凝土的流动性、可泵性、石子砂子粒径要求等都要提前通知试验部门。如不提前通知试验部门,到关键时向试验部门要配合比,会严重影响工作进程。

(6)预埋与预留要求。预埋件要提前制作,预留孔要支模板,在施工准备阶段要提出数量规格和使用日期等要求,在浇筑前应检查落实。在操作中要保证位置正确,应有专人负责。

2. 熟悉施工条件

熟悉施工条件就是要知道自身的施工技术装备条件、自身的组织能力、协调能力、管理能力,主观客观相适应才能顺利完成任务。应熟悉下列施工条件:

(1)熟悉施工单位的起重、运输、搅拌能力。其中,起重运输能力是指吊装混凝土预制构件和垂直运输的能力,例如起重机的吨位、可以参加此项施工的汽车数量等;搅拌能力是指搅拌机台数量和生产率以及后台上料部分的技术装备能力。

(2)有些大体积混凝土工程、高层建筑、场地狭窄地区等,需要选用商品混凝土、泵送混凝土,混凝土的场外输送要用搅拌车,场内的输送用管道和布料杆等,需要事先向商品混凝土供应单位签订供应合同,场地内应考虑混凝土管道的输送路线等。

(3)劳动组织的适应性、工人的人数、技术等级、自身素质,了解有无必要调整劳动组织,有无必要组织专业施工队等。

(4)材料的储备和供应、工具的储备和供应是准备工作中必须落实的内容。混凝土浇筑一般应连续进行,若材料不能保证,必然会造成不应有的施工缝。实践证明,振动器具极易发生故障,若无必要的备用件,则将影响施工的正常进行。

(5)水电必须保证供应,尤其对经常停水停电地区,必须做出应急准备,也要对用水量和用电量做出计划,保证供应。

(6)对实验室的试验能力、质检部门的技检能力、预制件的生产能力、木工、钢筋工、水电管道预埋的配合能力等,在准备工作期间,都应熟悉并做出安排。

(7)确定施工方案。设计图纸告诉你“干什么”,施工方案告诉你“怎么干”。在了解施工对象和自身技术装备条件的基础上,经过努力才能编出切实可行的施工方案,这也是技术准备工作的最终结果。

(8)掌握气象规律。混凝土对温度、湿度很敏感,在暑期、雨期、冬期施工,都有不同的要求和措施。这些要求和措施必须是在掌握气象规律的基础上制定。

(9)严格执行安全操作规程及规章制度,做好安全生产。

## 三、材料、机具、人工的准备

1. 材料落实

混凝土的组成材料要一一落实。主要是检查其质量是否符合规定、品种及规格是否与试验配合比相同,数量是否满足要求。

(1)对于水泥的检查应该有足够的重视,因为不能用直观的办法判断其某些质量要求。例如,散装水泥的等级、品种以及一般水泥的安全性等。所以,一般要检验水泥出厂合格证明;要直观地检验水泥是否结块,颜色是否一致,每袋水泥质量是否够50kg,过期水泥是否已重新检验。必须避免水泥的混用，把不同品种、不同等级、不同批量的水泥存放在一起易于造成混用。

(2)对于外加剂，应该熟悉其作用、用量、用法、使用在什么部位。外加剂的使用量必须严格控制，超量应用会造成质量事故，用量不足起不到应有的作用。因此，应该准备一定的专用工具和称量器具，以保证其准确性。

(3)对于集料的直观检查，主要是查看粒径、级配，含泥量和有害杂质的含量，石子中片状、针状石子的含量，从而决定是否需要挑选和筛洗。此外，切记石子和砂子的堆放场地要远离石灰堆放场地，石子中掺入生石灰块，会出现混凝土爆裂事故。

(4)对于材料质量的检查，可参见本章第十节一。

2. 机具设备落实

机具设备主要检查其运转是否正常，应该储备一定的易耗件，必要时要备用一定数量的机具，一般情况下应该进行试车，确保能连续运转，方能开工。

一般混凝土班组都配备一定数量的工具，应根据工程任务情况对工具作适当的调整与补充。

充分发挥机具的效能，以减轻工人工劳动强度和提高工效。

3. 人工落实

人工的数量主要依据劳动定额或施工定额计算出来。在施工准备阶段也要根据流水段计算出分段人数，若是等量分段可以每段配备相等的人数，不等量分段应调整人数，因为混凝土的接槎和施工缝在部位上有一定要求，人数应与其相对应。大体积混凝土的连续施工一般是三班制，每班应该配备相应的人数。

在工人班组中，技术等级和操作经验是不同的，施工组织者对此应有所了解，尤其浇筑重要部位和构件，应指定技术等级高的工人把关，并对浇筑工序中前台后台安排负责人，例如有人负责配合比的正确性、有人负责混凝土的运输、有人负责入模、有人负责振捣、有人专门负责预埋件和预留孔洞等。

在混凝土施工中，要有一定数量的配合作业者，例如，看钢筋的、看模板的、维修电工、机械工、驾驶员、试验工等。施工组织者必须事先作好安排，要做到分工明确，大力协同，各司其职。

## 四、混凝土的试配

混凝土的配合比是混凝土本身质量好坏的内部因素。配合比的选择应满足强度等级要求，也要满足施工的和易性要求，有的还要满足抗冻性、抗渗性等耐久性和特殊性的要求，在满足这些要求的基础上，应遵循合理使用材料、节省水泥的原则。

普通混凝土的配合比，应通过试配确定；实验室配出的混凝土配合比，应考虑与现场实际施工条件的差异。

混凝土的配合比设计和试配，实质上就是确定四项材料用量之间的三个对比关系：即水与水泥之间的对比关系，用水灰比（即水与水泥用量的质量比）来表示；砂与石之间的对比关系，用砂率（即砂的质量占砂石总质量的百分比）来表示；水泥浆与集料之间对比关系，用单位用水量（即 $1m^3$ 混凝土的用水量）来表示。水灰比、砂率、单位用水量是混凝土配合比的三个重要参数。

确定混凝土配合比三个参数的原则如图 1-5 所示。

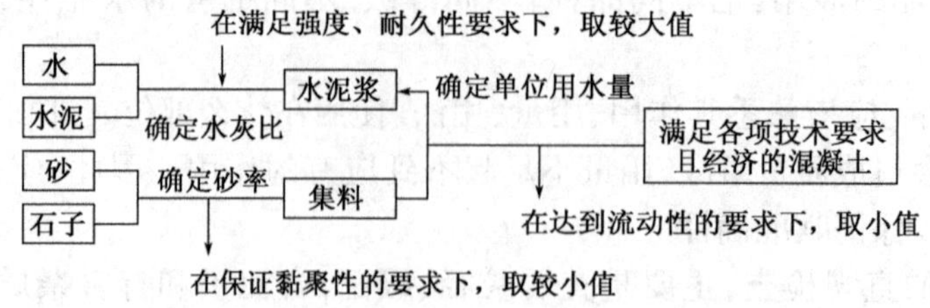


图1-5　混凝土配合比的三个参数

## 五、施工现场准备

工程项目部有关人员进驻施工现场后,应做好以下几项施工前准备工作:

1. 施工现场清理

彻底清理存留在施工现场的旧房拆迁后剩余建筑垃圾;除草拔树根;消除障碍物。

2. 地下坑穴钻探

曾是建立古都的场地,应进行地下坑穴钻探,并根据钻探结果,采取相应的处理措施。

3. 现场"三通一平"

平整施工场地;接通给水管线,架通电气线路上;修筑施工道路。

4. 材料、机械进场

建筑材料进场后,应按施工总平面图上所示堆放位置予以堆放,并对建筑材料进行验收和必要的材质检验;机械设备进场后,亦按指定的位置停放,并对机械设备进行验收和试运行;采用塔式起重机时,应铺设好轨道。

5. 施工测量放线

根据测量部门所设的国家水准点,用水准仪转测到施工现场,在已有的固定处定出拟建建筑物室内地面高程线;根据现场坐标网及建筑物的平面定位轴线,用经纬仪在施工场地上测定出定位轴线桩,并加以保护。

6. 施工现场其他准备

在施工现场四周设置围墙,设立工地出入口警卫;在现场布置消防器材。

## 六、交接检查的内容和方法

在混凝土施工准备工作中,交接检查是重要内容之一,交接检查是"三检制"(自检、互检、专检)中的互检。

互检是生产工人之间对生产加工的产品相互进行检验,这里主要是指下道工序对上道工序的检查,通过交接检查可以避免由于自检所没有发现的差错,影响下一工序,并把差错消除在专职检查人员检验之前,对提高产品质量有积极作用。交接检查对混凝土工程有着特殊意义,浇筑混凝土的前道工序一般有两个,即模板和钢筋,它们如果出了差错,会影响到混凝土工程的质量。例如,模板的轴线位移,缝隙过大,预留孔洞或预埋件的丢失或位移等等,这些差错应纠正在混凝土浇筑之前。表1-10~表1-12是《混凝土结构工程施工质量验收规范》(GB 50204—2015)中允许的偏差项目。混凝土工程施工前,应依据检查项目进行交接检查,确保混凝土工程质量。

**预埋件和预留孔洞的允许偏差** 表 1-10

| 项　　目 | | 允许偏差(mm) |
|---|---|---|
| 预埋钢板中心线位置 | | 3 |
| 预埋管、预留孔中心位置 | | 3 |
| 插筋 | 中心线位置 | 5 |
| | 外露长度 | +10<br>0 |
| 预埋螺栓 | 中心线位置 | 2 |
| | 外露长度 | +10<br>0 |
| 预留洞 | 中心线位置 | 10 |
| | 尺寸 | +10<br>0 |

注:检查中心线位置时,应沿纵、横两个方向量测,并取其中的较大值。

**现浇结构模板安装的允许偏差及检验方法** 表 1-11

| 项　　目 | | 允许偏差(mm) | 检 验 方 法 |
|---|---|---|---|
| 轴线位置 | | 5 | 钢尺检查 |
| 底模上表面高程 | | ±5 | 水准仪或拉线、钢尺检查 |
| 截面内部尺寸 | 基础 | ±10 | 钢尺检查 |
| | 柱、墙、梁 | +4<br>-5 | 钢尺检查 |
| 层高垂直度 | 不大于 5m | 6 | 经纬仪或吊线、钢尺检查 |
| | 大于 5m | 8 | 经纬仪或吊线、钢尺检查 |
| 相邻两板表面高低差 | | 2 | 钢尺检查 |
| 表面平整度 | | 5 | 2m 靠尺和塞尺检查 |

注:检查轴线位置时,应沿纵、横两个方向量测,并取其中的较大值。

**预制构件模板安装的允许偏差及检验方法** 表 1-12

| 项　　目 | | 允许偏差(mm) | 检 验 方 法 |
|---|---|---|---|
| 长度 | 板、梁 | ±5 | 钢尺量两角边,取其中较大值 |
| | 薄腹梁、桁架 | ±10 | |
| | 柱 | 0<br>-10 | |
| | 墙板 | 0<br>-5 | |
| 宽度 | 板、墙板 | ±5 | 钢尺量一端及中部,取其中较大值 |
| | 梁、薄腹梁、桁架、柱 | +2<br>-5 | |

续上表

<table>
<tr><th colspan="2">项　目</th><th>允许偏差(mm)</th><th>检验方法</th></tr>
<tr><td rowspan="3">高(厚)度</td><td>板</td><td>+2<br>-3</td><td rowspan="3">钢尺量一端及中部,取其中较大值</td></tr>
<tr><td>墙板</td><td>0<br>-5</td></tr>
<tr><td>梁、薄腹梁、桁架、柱</td><td>+2<br>-5</td></tr>
<tr><td rowspan="2">侧向弯曲</td><td>梁、板、柱</td><td>$l$/1 000 且≤15</td><td rowspan="2">拉线、钢尺量最大弯曲处</td></tr>
<tr><td>墙板、薄腹梁、桁架</td><td>$l$/1 500 且≤15</td></tr>
<tr><td colspan="2">板的表面平整度</td><td>3</td><td>2m 靠尺量最大弯曲处</td></tr>
<tr><td colspan="2">相邻两板表面高低差</td><td>1</td><td>钢尺检查</td></tr>
<tr><td rowspan="2">对角线差</td><td>板</td><td>7</td><td rowspan="2">钢尺量两个对角线</td></tr>
<tr><td>墙板</td><td>5</td></tr>
<tr><td>翘曲</td><td>板、墙板</td><td>$l$/1 500</td><td>调平尺在两端量测</td></tr>
<tr><td>设计起拱</td><td>薄腹梁、桁架、梁</td><td>±3</td><td>拉线、钢尺量跨中</td></tr>
</table>

注:$l$ 为构件长度(mm)。

交接检验的内容,应依据工程具体项目有所侧重,常见检查项目和内容详见本章第十节。

## 第三节　混凝土模板工程

### 一、一般规定

(1)模板(含支架、拱架)应优先采用钢材制作,也可因地制宜,经过试验鉴定,选用其他材料制作。模板应符合下列规定:

①保证混凝土结构和构件各部分设计形状、尺寸和相互间位置正确。

②具有足够的强度、刚度和稳定性,能承受新浇筑混凝土的重力、侧压力及施工中可能产生的各项荷载。

③接缝不漏浆,制作简单,安装方便,便于拆卸和多次使用。

④能与混凝土结构和构件的特征、施工条件和浇筑方法相适应。

(2)模板与混凝土相接触的表面应涂刷隔离剂。钢模板用隔离剂同时具有防锈作用。模板使用后应按规定修整保存。

(3)为保证钢筋的混凝土保护层质量,必要时可使用带透水衬里的模板。混凝土养护期间,当混凝土与环境之间的温差大于20℃时,宜采用保温模板。

(4)模板、支架及其他用途的钢材(条钢、钢板)宜采用 Q235 钢,其材质应符合现行国家标准《碳素结构钢》(GB/T 700—2006)的规定。

(5)焊接用电焊条应与钢材强度相适应,焊条质量应符合现行国家标准《非合金钢及细晶粒钢焊条》(GB/T 5117—2012)的规定。

### 二、模板设计

(1)设计模板时,应计算下列荷载。

①竖向荷载：

a. 模板自身的重力；

b. 新浇筑混凝土的重力；

c. 钢筋（包括预埋件）的重力；

d. 施工人员和机具设备的重力；

e. 振捣混凝土时产生的荷载；

f. 其他荷载（如隧道超挖、混凝土集中存放等）。

②水平荷载：

a. 新浇筑混凝土对模板的侧压力；

b. 倾倒混凝土时因振动产生的荷载。

（2）计算时，应根据实际情况确定模板最不利荷载的组合。

①竖向荷载计算应符合下列规定：

a. 模板及支架的密度：按设计图纸计算，钢材的密度可取 7 800kg/m$^3$，木材的密度可取 750kg/m$^3$。

b. 新浇筑混凝土的密度：细集料为卵石或碎石时可取 2 500kg/m$^3$，为其他集料时可根据实际确定。

c. 钢筋混凝土的密度可取 2 600kg/m$^3$。

d. 人及运输机具作用在模板或支架铺板上的荷载。

a）对模板及直接支承模板的拱架（或梁的楞木），可取 2.5kPa；

b）对支承拱架（或梁的楞木），可取 1.5kPa；

c）对支架立柱或支承拱架的其他结构构件，可取 1.0kPa；

d）对模板、铺板的板材或直接支承这些板材的梁，除上述规定外，还应加算双轮手推车的荷载 2.5kN，或其他运输机具的荷载不小于 1.3kN。

e. 振捣混凝土时产生的荷载［在没有本节二、（2）①d. 款荷载时才计算，例如在计算梁的底模板时］，可采用 2kPa。

f. 滑升模板与混凝土之间的摩阻力：钢模板可按 1.5～2.0kPa 计；木模板可按 2.5kPa 计。

②水平荷载计算应符合下列规定：

a. 新浇筑混凝土对模板的侧压力，可按表 1-13 的规定计算。

**浇筑混凝土侧压力**（单位 MPa） 表 1-13

<table>
<tr><th rowspan="2">序号</th><th rowspan="2">施 工 条 件</th><th colspan="4">混凝土浇筑速度 $v$（m/h）</th></tr>
<tr><th>0</th><th>0.81</th><th>0.57</th><th>1.80</th></tr>
<tr><td>1</td><td>大体积及一般混凝土工程</td><td>190</td><td colspan="3">$72v/(v+1.6)$</td></tr>
<tr><td>2</td><td>柱、墙混凝土工程，坍落度大于 10cm 或泵送混凝土一次浇筑到顶，并用强力振捣</td><td>19.0</td><td colspan="2">$61v/(v+0.4)$</td><td rowspan="2">$72v/(v+1.6)$</td></tr>
<tr><td>3</td><td>外部振捣器</td><td colspan="2">50.0</td><td>$61v/(v+0.4)$</td></tr>
<tr><td>4</td><td>水下混凝土</td><td colspan="4">$28v$（$v\geqslant0.25$m/h）</td></tr>
<tr><td>5</td><td>液压滑升模板</td><td colspan="4">$72v/(v+1.6)$</td></tr>
</table>

b. 倾倒混凝土时因振动产生的荷载，可按表 1-14 的规定计算。

**倾倒混凝土时因振动产生的水平荷载** 表 1-14

| 序号 | 浇筑混凝土的方法 | 作用于侧模的水平荷载(kPa) |
|---|---|---|
| 1 | 用溜槽、串筒或导管直接流出 | 2.0 |
| 2 | 用容积为 0.2m$^3$ 以下的运输器具直接倾倒 | 2.0 |
| 3 | 用容积为 0.2～0.8m$^3$ 的运输器具直接倾倒 | 4.0 |
| 4 | 用容积为 0.8m$^3$ 以上的运输器具直接倾倒 | 6.0 |

承重钢结构及木结构的强度设计值、弹性模量及设计计算方法，应符合现行国家标准《钢结构设计规范》(GB 50017—2003)及《木结构设计规范》(GB 50005—2003)的规定。

(3)验算模板的倾覆稳定性时，其侧面所受风荷载可采用原铁道部现行《铁路桥涵设计基本规范》(TB 10002.1—2005)的规定，其受风面积可按实际情况计算，风速可按工期内当地预计的最大风速计算。倾覆稳定系数不得小于1.5。

(4)模板的计算挠度，应符合下列规定：

①建筑物外露表面和直接支承混凝土重力的模板(纵梁、横梁等)不得大于构件跨度的1/400；

②建筑物隐蔽表面的模板不得大于构件跨度的 1/250；

③模板的弹性压缩或下沉量不得大于构件跨度的 1/1 000；跨度大于 4m 的钢筋混凝土梁式构件，其底模板应计算起拱高度。

(5)设计预应力混凝土构件用模板时，应考虑施加预应力后构件与模板、支架间位置的相互影响，如梁体的弹性压缩、徐变、上拱及支座螺栓或预埋件的位移等。

(6)先张法预应力混凝土构件台座的端横梁，受力后的挠度不得大于 2mm。

(7)模板组装设计时，除应计算本节二、(1)条的荷载外，尚应计算组拼后的吊装、拆模荷载，并应注明支点及吊点位置。吊环应经计算确定。

(8)隧道衬砌模板宜采用走行式模板台车。台车长度不宜大于 12m，台车模板厚度不宜过低，内部支架应根据隧道跨度、衬砌厚度等因素综合确定。

## 三、组合钢模板现场安装

组合钢模板，由模板、连接件、支承件等组成。钢模板有平面模板、阴角模板、阳角模板、连接角模、倒棱模板、梁腋模板、柔性模板、搭接模板、双曲可调模板、变角可调模板、嵌补模板等。连接模板有 U 形卡、L 形插销、钩头螺栓、紧固螺栓、扣件、对拉螺栓。支承件有钢楞、柱箍、钢支柱、早拆柱头、斜撑、桁架、钢管支架、门式支架、碗扣式支架、方塔式支架等。

现场安装组合钢模板时，应遵守下列规定：

(1)按配板图与施工说明循序拼装，保证模板系统的整体稳定性。

(2)配件必须装插牢固。支柱和斜撑下的支承面应平整垫实，并有足够的受压面积。支撑件应着力于外钢楞。

(3)预埋件与预留孔洞必须位置准确，安设牢固。

(4)基础模板必须支拉牢固，防止变形，侧模斜撑的底部应加设垫木。

(5)墙和柱模板的底面应找平，下端应与事先做好的定位基准靠紧垫平，在墙、柱上继续安装模板时，模板应有可靠的支承点，其平直度应进行校正。

(6)楼板模板支模时,应先完成一个格构的水平支撑及斜撑安装,再逐渐向外扩展,以保持支撑系统的稳定性。

(7)墙柱与梁板同时施工时,应先支设墙柱模板,调整固定后,再在其上架设梁板模板。

(8)当墙柱混凝土已经浇筑完毕时,可以利用已浇筑的混凝土结构支承梁、板模板。

(9)预组装模板吊装就位后,下端应垫平,紧靠定位基准;两侧模板均应利用斜撑调整和固定,以确保其垂直度。

(10)支柱在高度方向所设的水平撑与剪力撑,应按构造与整体稳定性布置。

(11)多层及高层建筑中,上下层对应的模板支柱,应设置在同一竖向中心线上。

(12)曲面结构如采用平面模板组装时,应使模板面与设计曲面的最大差值不得超过设计的允许值。

## 四、木模板现场安装

木模板所用树种可根据各地区实际情况选用,材质不低于Ⅲa 级。

木模板由木底板、木侧板、托木、木搁栅、木支柱或钢支柱、木斜撑、木拉杆或钢拉杆等组成。底板厚度不小于50mm;侧板厚度不小于30mm。

现场组装木模应遵守以下规定:

(1)基础模板必须支设牢固,侧模斜撑的底部应加垫木。阶梯形基础的上阶模板应利用轿杠支设于下阶模板上,杯型基础的杯口模板宜无底模。

(2)柱模板安装应与钢筋安装相配合,宜先安装三面模板,钢筋安装后再安装另一面模板,并在适当位置留在混凝土灌口。

(3)墙模板安装,宜先安装一侧模板,钢筋安装后再安装另一侧模板,并在适当位置留出混凝土浇灌口。

(4)梁模板安装时,应侧模包底模,即底模宽度等于梁的底宽。梁模中间应起拱。

(5)楼板模板安装时,应在梁侧模外侧钉上托木,再在相对两托木之间均匀布置木搁栅,再在木搁栅上铺设定型楼板底模。

(6)梁底模板高程及楼板底模板高程,应用水准仪及水平尺观测,如不符,可打动支柱下的木楔,予以调整。

(7)多层及高层建筑中,上下层对应的模板支柱应上下对齐。

## 五、模板安装质量

1. 模板安装主控项目

(1)安装现浇结构的上层模板及其支架时,下层楼板应具有承受上层荷载的承载能力,或加设支架;上、下层支架的立柱应对准,并铺设垫板。

检查数量:全数检查。

检验方法:对照模板设计文件和施工技术方案观察。

(2)在涂刷模板隔离剂时,不得沾污钢筋和混凝土接槎处。

检查数量:全数检查。

检查方法:观察。

2. 模板安装一般项目

(1)模板安装应满足下列要求:

①模板的接缝不应漏浆,在浇筑混凝土前,木模板应浇水湿润,但模板内不应有积水。

②模板与混凝土的接触面应清理干净并涂刷隔离剂,但不得采用影响结构性能或妨碍装饰工程施工的隔离剂。

③浇筑混凝土前,模板内的杂物应清理干净。

④对清水混凝土工程及装饰混凝土工程,应使用能达到设计效果的模板。

检查数量:全数检查。

检验方法:观察。

(2)用作模板的地坪、胎膜应平整光洁,不得影响构件质量的下沉、裂缝、起砂或起鼓。

检查数量:全数检查。

检验方法:观察。

(3)对跨度不小于4m的现浇钢筋混凝土梁、板,其模板应按设计要求起拱;当设计无具体要求时,起拱高度宜为跨度的1/1 000~3/1 000。

检查数量:在同一检验批内,对梁,应抽查构件数量的10%,且不少于3件;对板,应按有代表性的自然间抽查10%,且不少于3间;对大空间结构,板可按纵、横轴线划分检查面,抽查10%,且不少于3面。

检验方法:水准仪或拉线、钢尺检查。

(4)固定在模板上的预埋件、预留孔和预留洞,均不得遗漏,且应安装牢固,其偏差应符合表1-10的规定。

检查数量:在同一检验批内,对梁、柱和独立基础,应抽查构件数量的10%,且不少于3件;对墙和板,应按有代表性的自然间抽查10%,且不少于3间;对大空间结构,墙可按相邻轴线间高度5m左右划分检查面,板可按纵横轴线划分检查面,抽查10%,且均不少于3面。

检查方法:钢尺检查。

(5)现浇结构模板安装的偏差,应符合表1-11的规定。

检查数量:在同一检验批内,对梁、柱和独立基础,应抽查构件数量10%,且不少于3件;对墙和板,应按有代表性的自然间抽查10%,且不少于3间;对大空间结构,墙可按相邻轴线间高度5m左右划分检查面,板可按纵、横轴线划分检查面,抽查10%,且均不少于3面。

(6)预制构件模板安装的偏差,应符合表1-12的规定。

检查数量:首次使用及搭修后的模板应全数检查;使用中的模板应定期检查,并根据使用情况不定期检查。

## 六、模板拆除质量

模板拆除主控项目:

(1)底模及其支架拆除时的混凝土强度,应符合设计要求;当设计无具体要求时,混凝土强度应符合表1-15的规定。

**底模拆除时的混凝土强度要求** 表1-15

| 构件类型 | 构件跨度(mm) | 达到设计的混凝土立方体抗压强度标准值的百分率(%) |
|---|---|---|
| 板 | ≤2 | ≥50 |
| | >2,≤8 | ≥75 |
| | >8 | ≥100 |

续上表

| 构件类型 | 构件跨度(mm) | 达到设计的混凝土立方体抗压强度标准值的百分率(%) |
| --- | --- | --- |
| 梁、拱、壳 | ≤8 | ≥75 |
|  | >8 | ≥100 |
| 悬臂构件 | — | ≥100 |

检查数量:全数检查。

检验方法:检查同条件养护试件强度试验报告。

(2)对后张法预应力混凝土结构构件,侧模宜在预应力张拉前拆除;底模支架的拆除应按施工技术方案执行,当无具体要求时,不应在结构构件建立预应力前拆除。

检查数量:全数检查。

检验方法:观察。

(3)后浇带模板的拆除和支顶,应按施工技术方案执行。

检查数量:全数检查。

检验方法:观察。

模板拆除一般项目:

(1)侧模拆除时的混凝土强度,应能保证其表面及棱角不受损伤。

检查数量:全数检查。

检验方法:观察。

(2)模板拆除时,不应对楼层形成冲击荷载。拆除的模板和支架宜分散堆放并及时清运。

检查数量:全数检查。

检验方法:观察。

## 第四节　混凝土钢筋工程

### 一、一般规定

(1)钢筋混凝土结构用钢筋的品种,应符合下列现行国家标准的规定:

①《低碳钢热轧圆盘条》(GB/T 701—2008);

②《钢筋混凝土用钢》(GB 1499—2008);

③《钢筋混凝土用余热处理钢筋》(GB 13014—2013)。

(2)预制构件的吊环,必须采用未经冷拉处理的Ⅰ级热轧光圆钢筋制作。

(3)余热处理钢筋严禁用于铁路桥梁内。

(4)热处理钢筋不得用作焊接和点焊钢筋。

(5)钢筋的牌号、级别、强度等级、直径,应符合设计要求。

当需要代换时,应经设计单位同意,并符合下列规定:

①不同级别、强度等级、直径的钢筋的代换,应按钢筋受拉承载力设计值相等的原则进行。

②当构件受抗裂、裂缝宽度和挠度控制时,代换后应进行抗裂、裂缝宽度或挠度的验算。

③钢筋间距、锚固长度、最小钢筋直径、根数等,应满足有关专业设计规范要求。

④重要受力构件不宜用Ⅰ级热轧光圆钢筋代换Ⅱ级热轧带肋钢筋。

⑤有抗震要求的结构,应符合抗震的有关规定。

(6)钢筋在运输、储存过程中,应防止锈蚀、污染和避免压弯。装卸钢筋时不得从高处抛掷。

钢筋(含加工完毕待安装的钢筋)应按厂名、级别、规格分批架空堆置在仓库(棚)内,并分类设立标牌。

## 二、钢筋加工

(1)钢筋在加工弯制前应调直,并应符合下列规定:

①钢筋表面的油渍、漆污、水泥浆和用锤敲击能剥落的浮皮、铁锈等均应清除干净。

②钢筋应平直,无局部折曲。

③加工后的钢筋,表面不应有削弱钢筋截面的伤痕。

④当利用冷拉方法矫直钢筋时,钢筋的矫直伸长率:Ⅰ级钢筋不得大于2%;Ⅱ级、Ⅲ级钢筋不得大于1%。

(2)钢筋的弯制和末端的弯钩,应符合设计要求。当设计无要求时,应符合下列规定:

①所有受拉热扎光圆钢筋的末端应做成180°的半圆形弯钩,弯钩的弯曲直径 $d_m$ 不得小于2.5$d$,钩端应留有不小于3$d$ 的直线段(图1-6)。

②受拉热轧带肋(月牙肋、等高肋)钢筋的末端应采用直角形弯钩,钩端的直线段长度不应小于3$d$,直钩的弯曲直径 $d_m$ 不应小于5$d$(图1-7)。

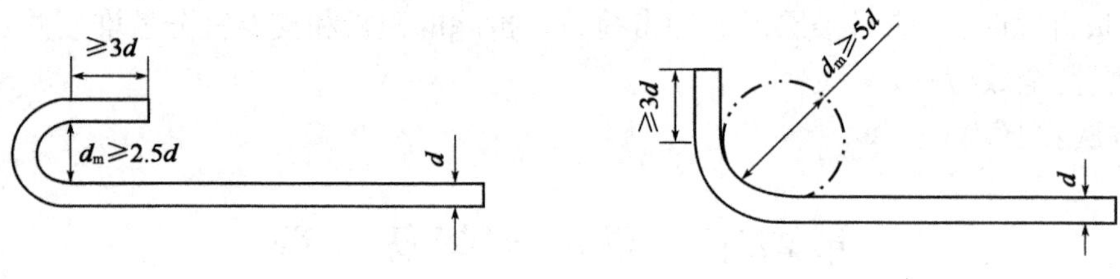


图1-6　半圆形弯钩　　　　图1-7　直角形弯钩

③弯起钢筋应弯成平滑的曲线,其曲率半径不宜小于钢筋直径的10倍(光圆钢筋)或12倍(带肋钢筋)(图1-8)。

(3)用光圆钢筋制成的箍筋,其末端应有弯钩(半圆形、直角形或斜弯钩)(图1-9)。弯钩的弯曲内直径应大于受力钢筋直径,且不应小于箍筋直径的2.5倍;弯钩平直部分的长度:一般结构不宜小于箍筋直径的5倍,有抗震要求的结构不应小于箍筋直径的10倍。

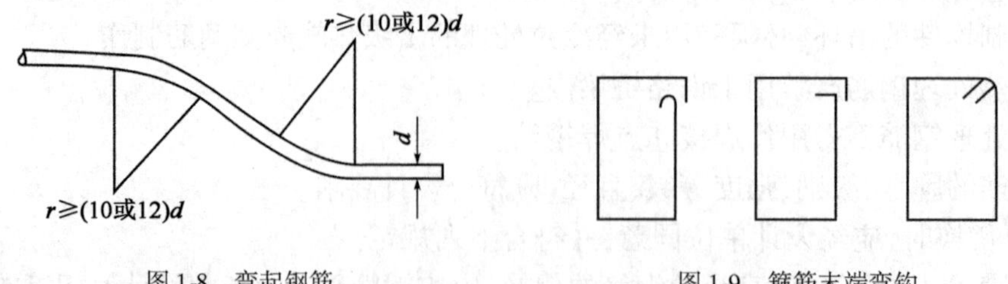


图1-8　弯起钢筋　　　　图1-9　箍筋末端弯钩

(4)钢筋宜在常温状态下加工,不宜加热(梁体横隔板锚固钢筋若采用Ⅱ级钢筋,应采用热弯工艺)。弯制钢筋宜从中部开始,逐步弯向两端,弯钩应一次弯成。

(5)钢筋加工的允许偏差,应符合表1-16的规定。

钢筋加工的允许偏差　　表 1-16

| 序号 | 名　　称 | 允许偏差(mm) |
|---|---|---|
| 1 | 受力钢筋顺长度方向的全长 | ±10 |
| 2 | 弯起钢筋的弯起位置 | ±20 |

## 三、钢筋焊接

(1)热轧钢筋的接头,应符合设计要求;当设计无要求时,应符合下列规定:

①接头应采用闪光对焊或电弧焊连接,并以闪光对焊为主。以承受静力荷载为主的直径为 28 ~ 32mm 带肋钢筋,可采用冷挤压套筒连接。

②拉杆中的钢筋,不论其直径大小,均应采用焊接接头。

③仅在无条件施行焊接时,对直径 25mm 及以下的钢筋方可采用绑扎搭接。

④在钢筋密列的结构内,当钢筋间净距小于其直径的 1.5 倍或 30mm(竖向)和 45mm(横向)时,不得使用搭接接头。搭接接头的配置,在任何截面内都应与邻近的钢筋保持适当距离,并应符合本节三、(10)条和本节三、(11)条的规定。

⑤跨度大于 10m 的梁不得采用搭接接头。

⑥钢筋接头类型,应符合表 1-17 的规定。

钢 筋 接 头 类 型　　表 1-17

| 序号 | 接头类型 | 接 头 简 图 | 适 用 范 围 | |
|---|---|---|---|---|
| | | | 钢筋类别 | 钢筋直径(mm) |
| 1 | 闪光对焊 | 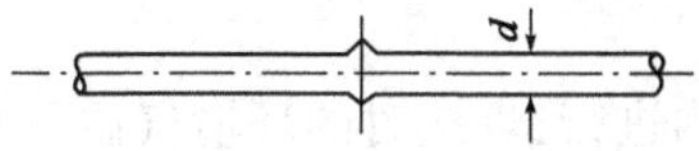  | Ⅰ ~ Ⅲ级钢筋<br>Ⅳ级钢筋 | 10 ~ 40<br>10 ~ 25 |
| 2 | 双面焊缝帮条焊 | 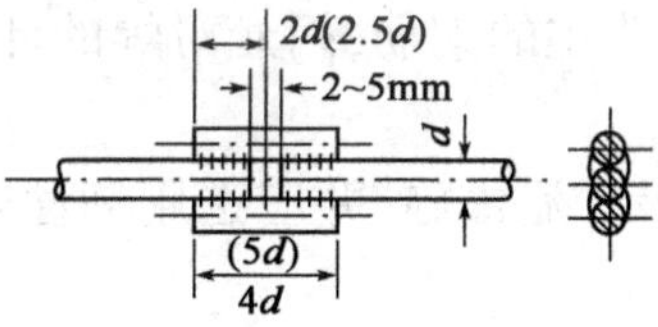  | Ⅰ ~ Ⅲ级钢筋 | 10 ~ 40 |
| 3 | 单面焊缝帮条焊 | 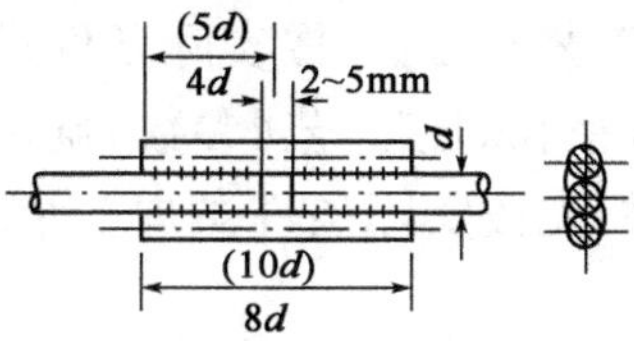  | Ⅰ ~ Ⅱ级钢筋 | 10 ~ 40 |
| 4 | 双面焊缝搭接焊 | 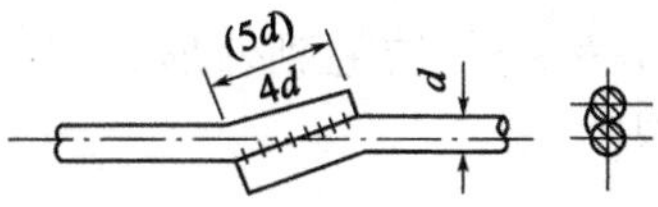  | Ⅰ ~ Ⅱ级钢筋 | 10 ~ 40 |
| 5 | 单面焊缝搭接焊 | 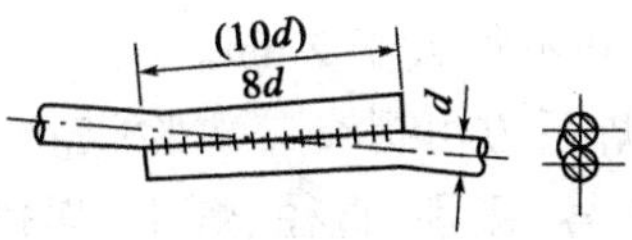  | Ⅰ ~ Ⅱ级钢筋 | 10 ~ 40 |

续上表

| 序号 | 接头类型 | 接头简图 | 适用范围 | |
|---|---|---|---|---|
| | | | 钢筋类别 | 钢筋直径(mm) |
| 6 | 钢筋与钢板搭接焊 | d (5d) 4d | Ⅰ～Ⅱ级钢筋 | 10～40 |
| 7 | 冷挤压套筒连接 | a b a | Ⅱ～Ⅲ级钢筋 | 28～32 |

注:1. 在无条件进行序号2、4的双面焊缝电弧焊时,可采用序号3、5的单面焊缝电弧焊。

2. 表中的帮条或搭接长度值,不带括弧的数字适用于Ⅰ级钢筋,括弧中的数字适用于Ⅱ、Ⅲ级钢筋。

3. 采用序号2～5的电弧焊时,焊缝长度不应小于帮条或搭接长度,焊缝高度 $h$ 及适宽度 $b$ 应按图1-10测量;当采用序号6焊接时,$h$ 及 $b$ 应按图1-11测量。

4. 采用冷挤压套筒连接时,环境气温不应低于－10℃。待接钢筋端部伸进套筒内的长度 $a$ 需经试验确定,两根待接钢筋在套筒内的间距一般为4～6mm。

(2)对于钢筋焊接接头的焊接工艺、参数、质量以及操作人员的培训、考试等要求,凡本手册未作规定的,均应符合国家现行标准《钢筋焊接及验收规程》(JGJ 18—2012)的有关规定。钢筋冷挤压套筒连接的技术要求应符合《钢筋机械连接技术规程》(JGJ 107—2010)的有关规定。

(3)冬期钢筋的闪光对焊宜在室内进行,焊接时的环境气温不宜低于0℃。

钢筋应提前运入车间,焊毕后的钢筋,应待完全冷却后才能运往室外。

在困难条件下,对以承受静力荷载为主的钢筋,闪光对焊的环境气温可适当降低,最低不应低于－10℃。

冬期电弧焊接时,应有防雪、防风及保温措施,并应选用韧性较好的焊条。焊接后的接头严禁立即接触冰雪。

(4)采用闪光对焊接头时,应符合下列规定:

①每批钢筋焊接前,应先选定焊接工艺和参数,按实际条件进行试焊,并检验接头外观质量及规定的力学性能。仅在试焊质量合格和焊接工艺(参数)确定后,方可成批焊接。

②每个焊工均应在每班工作开始时,先按实际条件试焊2个对焊接头试件,并做冷试验,待其结果合格后方可正式施焊。

③每个闪光对焊接头的外观应符合下列要求:

a. 接头周缘应有适当的镦粗部分,并呈均匀的毛刺外形。

b. 接头表面不应有明显的烧伤或裂纹。

c. 接头弯折的角度不得大于4°。

d. 接头轴线的偏移不得大于0.1$d$,并不得大于2mm。

外观检查不合格的接头,经剔出重焊后方可提交二次验收。

④在相同条件下(指钢筋生产厂、批号、级别、直径、焊工、焊接工艺和焊机等均相同)完成并经外观检查合格的焊接接头,以200个作为一批(不足200个也按一批计),从中切取6个试

件,3 个做拉力试验,3 个做冷弯试验,进行质量检验。

⑤对焊接头的抗拉强度不应低于该级别钢筋的规定值,并至少应有 2 个试件断于焊缝以外,且呈塑性断裂。

3 个拉力试件中,当有 1 个抗拉强度低于该级别钢筋的规定值,或有 2 个试件在焊缝处或热影响区(按接头每边 $0.75d$ 计算)脆性断裂时,应另取 2 倍数量(6 个)的接头试件重做试验。复验中当有 1 个试件的抗拉强度低于该级别钢筋的规定值,或有 3 个试件在焊缝处或热影响区脆性断裂时,则该批对焊接头应判为不合格。预应力钢筋与螺丝端杆闪光对焊接头拉伸试验结果,3 个试件应全部断于焊缝之外,呈延性断裂。当试验结果有一个试件在焊缝或热影响区发生脆性断裂时,应从成品中再切取 3 个试件进行复验。当复验结果仍有一个试件在焊缝或热影响区发生脆性断裂时,应确认该批接头为不合格。

⑥对焊接头的冷弯试验可用万能试验机、钢筋弯曲机或人工弯曲进行,芯棒直径应符合表 1-18 的规定。冷弯试验时,应将接头内侧的毛刺、卷边削平,焊接点应位于弯曲中心,绕芯棒弯曲至 90°。

**对焊接头冷弯试验的芯棒直径** 表 1-18

| 钢筋级别 | Ⅰ级 | Ⅱ级 | Ⅲ级 | Ⅳ级 |
|---|---|---|---|---|
| 芯棒直径 | $2d$ | $4d$ | $5d$ | $7d$ |

注:1. $d$ 为钢筋直径(mm)。
2. 直径大于 25mm 的钢筋,芯棒直径应增加 $1d$。

当试件经冷弯后,在弯曲背面不出现裂缝,可判为冷弯试验合格。当 3 个冷弯试验中有 1 个试件不合格,应另取 6 个试件重做试验。当复试中仍有 1 个不合格时,则该批对焊接头应判为不合格。

(5)热轧光圆钢筋和热轧带肋的接头采用搭接、帮条电弧焊接时,除应满足强度要求外,尚应符合下列规定:

①搭接接头的长度、帮条的长度和焊缝的总长度,应符合《铁路混凝土工程施工技术技术指南》(TZ 210—2005)附录 E 的规定。

②搭接接头的钢筋的端部应预弯,搭接钢筋的轴线应位于同一直线上。

③帮条电弧焊的帮条,宜采用与被焊钢筋同级别、同直径的钢筋。当采用同级别、不同直径的钢筋作帮条,且被焊钢筋与帮条钢筋均为Ⅰ级钢筋时,两帮条钢筋的直径应大于或等于被焊钢筋的 $0.8d$;当被焊钢筋与帮条钢筋为Ⅱ、Ⅲ级钢筋时,两帮条钢筋的直径应大于或等于 $0.9d$。

帮条和被焊钢筋的轴线应在同一平面上。

④焊缝高度 $h$ 应等于或大于 $0.3d$;并不得小于 4mm;焊缝宽度 $b$ 应等于或大于 $0.7d$;并不得小于 8mm(图 1-10)。

⑤钢筋与钢板进行搭接焊时,搭接长度应等于或大于网筋直径的 4 倍(Ⅰ级钢筋)或 5 倍(Ⅱ级钢筋)。焊缝高度 $h$ 应等于或大于 $0.35d$,并不得小于 4mm;焊缝宽度 $b$ 应等于或大于 $0.5d$,并不得小于 6mm(图 1-11)。

⑥在工厂(场)施行电弧焊接时,均应采用双面焊缝,仅在脚手架上施焊时,方可采用单面焊接。

⑦电弧焊接用的焊条,应符合设计要求。当设计无要求时,可按表 1-19 选用。

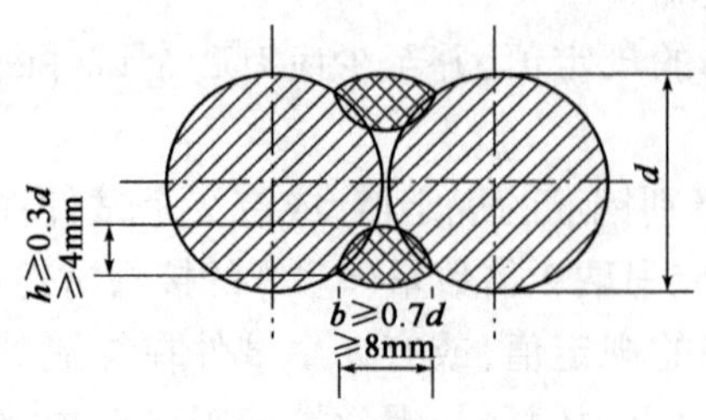

图 1-10　钢筋搭接、帮条焊接的焊缝

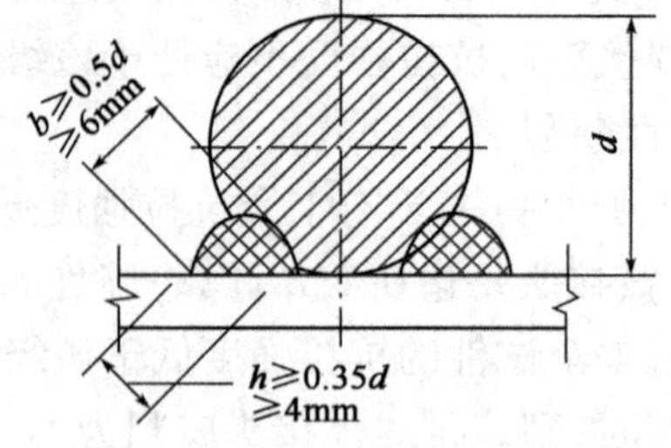

图 1-11　钢筋与钢板焊接的焊缝

**电弧焊接焊条**　　表 1-19

| 焊条型号 | 药皮类型 | 电流种类 |
|---|---|---|
| E4301 | 钛铁矿型 | 交流或直流正、反接 |
| E4303 | 铁钙型 | |
| E4313 | 高钛钾型 | |
| E4315 | 低氢钠型 | 直流反接 |
| E4316 | 低氢钾型 | 交流或直流反接 |
| E5001 | 铁钛矿型 | 交流或直流正、反接 |
| E5003 | 钛钙型 | |
| E5015 | 低氢钠型 | 直流反接 |
| E5016 | 低氢钾型 | 交流或直流反接 |

⑧焊接地线应与钢筋接触良好，不得因接触不良而烧伤主筋。

⑨帮条与被焊钢筋间应采用 4 点固定。搭接焊时，应采用 2 点固定。定位焊缝应离帮条端部或搭接端部 20mm 以上。

⑩焊接时，应在帮条或搭接钢筋的一端引弧，并应在帮条或搭接钢筋端头上收弧，弧坑应填满。钢筋与钢板间进行搭接焊时，引弧应在钢板上进行。第一层焊缝应有足够的熔深，主焊缝与定位焊缝应熔合良好。

(6)每次改变钢筋级别、直径、焊条型号或换焊工时，应预先用相同材料、相同焊接条件和参数，制作 2 个拉力试件，当试验结果均大于该级别钢筋的抗拉强度时，方可正式施焊。

(7)采用电弧搭接焊、帮条焊的接头，应逐个进行外观检查，并应符合下列规定：

①用小锤敲击接头时，钢筋发出与基本钢材同样的清脆声。

②电弧焊接接头的焊缝表面，应平顺，无缺口、裂纹和较大的金属焊瘤，其缺陷及尺寸的允许偏差，应符合表 1-20 的规定。

**电弧焊接钢筋接头的缺陷和尺寸偏差允许值**　　表 1-20

| 序号 | 名　　称 | 单位 | 允许偏差值 |
|---|---|---|---|
| 1 | 帮条对焊接头中心的纵向偏移 | mm | $0.5d$ |
| 2 | 接头处钢筋轴线的弯折 | ° | 4 |
| 3 | 接头处钢筋轴线的偏移 | mm | $0.10d$ |
| | | mm | 3 |
| 4 | 焊缝高度 | mm | $+0.10d$<br>0 |

续上表

| 序号 | 名　　称 | 单位 | 允许偏差值 |
|---|---|---|---|
| 5 | 焊缝宽度 | mm | +0.10$d$<br>0 |
| 6 | 焊缝长度 | mm | −0.50$d$ |
| 7 | 咬肉深度 | mm | 0.05$d$ |
| | | mm | 0.5 |
| 8 | 在长 2$d$ 的焊缝表面上，焊缝气孔及夹渣的数量和大小 | 个 | 2 |
| | | $mm^2$ | 6 |

注：1. $d$ 为钢筋的直径（mm）。
2. 当表中的允许偏差在同一项目内有 2 个值时，应按其中较严格的数值进行控制。

（8）采用电弧搭接焊、帮条焊的接头，经外观检查合格后，应取样进行拉伸试验，并应符合下列规定：

①在相同条件下（指钢筋生产厂、批号、级别、直径、焊工、焊接工艺和焊机等均相同）的焊接接头，以 200 个作为一批（不足 200 个也按一批计），从中切取 3 个试件做拉伸试验。

②3 个钢筋接头试件的抗拉强度，均不得小于该级别钢筋规定的抗拉强度。

③3 个接头试件均应断裂于焊缝之外，并至少应有 2 个试件呈延性断裂。

当有 1 个试件的抗拉强度小于规定值，或有 1 个试件断裂于焊缝，或有 2 个试件发生脆性断裂时，应再取 6 个试件进行复验。当有 1 个试件的复验抗拉强度小于规定值，或有 1 个试件断裂于焊缝，或有 3 个试件呈脆性断裂时，应确认该批接头为不合格。

（9）不同钢厂生产的不同批号、不同外形的钢筋相互之间或与预埋件（钢板、型钢、预留钢筋）焊接时，应预先进行焊接试验，以检验合格后方可正式施焊。

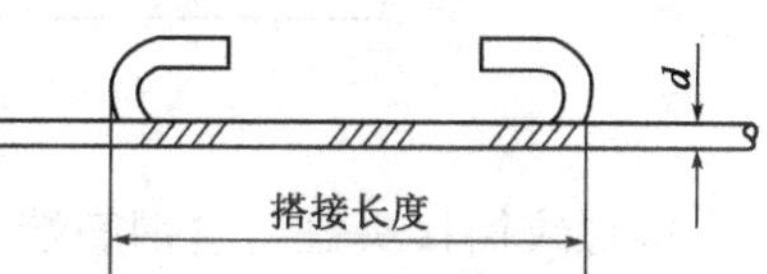

图 1-12　钢筋的绑扎接头

（10）钢筋绑扎接头应符合下列规定：

①受拉区内的Ⅰ级光圆钢筋末端，应做成彼此相对的弯钩（图 1-12），Ⅱ级带肋钢筋应做成彼此相对的直角弯钩。绑扎接头的搭接长度（由两钩端部切线算起）应符合表 1-21 的规定。在钢筋搭接部分的中心及两端共 3 处，应采用铁丝绑扎结实。

**钢筋绑扎接头的最小搭接长度**　　表 1-21

| 序号 | 钢筋级别 | 受拉区 | 受压区 |
|---|---|---|---|
| 1 | Ⅰ级钢筋 | 30$d$ | 20$d$ |
| 2 | Ⅱ级钢筋 | 35$d$ | 25$d$ |

注：1. 绑扎接头的搭接长度除应符合本表规定外，在受拉区不得小于 250mm，在受压区不得小于 200mm。
2. $d$ 为钢筋直径（mm）

②受压光圆钢筋的末端以及轴心受压构件中任意直径的纵向钢筋末端，可不做弯钩，但钢筋的搭接长度不应小于 30$d$。

（11）钢筋接头应设置在钢筋承受应力较小处，并应分散布置。配置在“同一截面”内的受力钢筋接头的截面面积，占受力钢筋总截面面积的百分率，应符合下列规定：

①闪光对焊的接头在受弯钩构件的受拉区不得超过 50%，在轴心受拉构件中不得超过 25%，在受压区可不受限制。

②电弧焊接的接头可不受限制,但应错开。

③绑扎接头在构件的受拉区不得超过25%,在受压区不得超过50%。

④钢筋接头,应避开钢筋弯曲处,距弯曲点不应小于10$d$。

注:①两钢筋接头相距在30$d$以内,或两焊接接头相距在50cm以内,或两绑扎接头的中距在绑扎长度以内,均视为同一截面,并不得小于50cm。

②在同一根钢筋上应少设接头。"同一截面"内同一根钢筋上接头不得超过1个。

(12)钢筋接头采用本手册未涉及的其他形式时,应经过试验论证并经有关部门认可,且其施工应符合《钢筋机械连接技术规程》(JGJ 107—2010)的相关规定。

(13)当施工中分不清受拉区或受压区时,接头设置应符合受拉区的规定。

## 四、钢筋机械连接

钢筋机械连接是通过连接件的机械咬合作用或钢筋端面的承压作用,将一根钢筋中的力传递至另一根钢筋使之连接的方法。

常用的机械连接接头类型有挤压套筒接头、锥螺纹套筒接头、直螺纹套筒接头等。

挤压套筒接头是通过挤压力使连接用钢套筒塑性变形与带肋钢筋紧密咬合形成的接头(图1-13)。

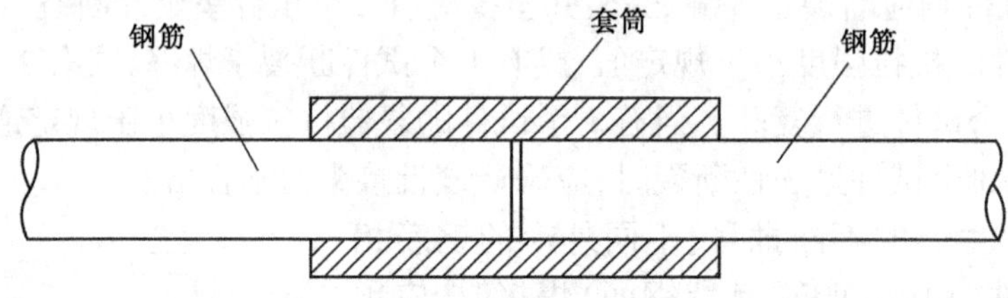


图1-13 挤压套筒接头

锥螺纹筒接头是通过钢筋端头特制的锥形螺纹和锥螺纹套管咬合形成的接头(图1-14)。

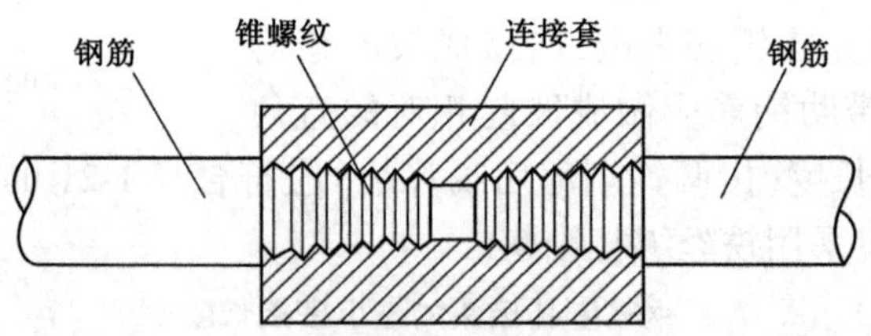


图1-14 锥螺纹套筒接头

直螺纹套筒接头是通过钢筋端头特制的直螺纹和直螺纹套管咬合形成的接头(图1-15)。

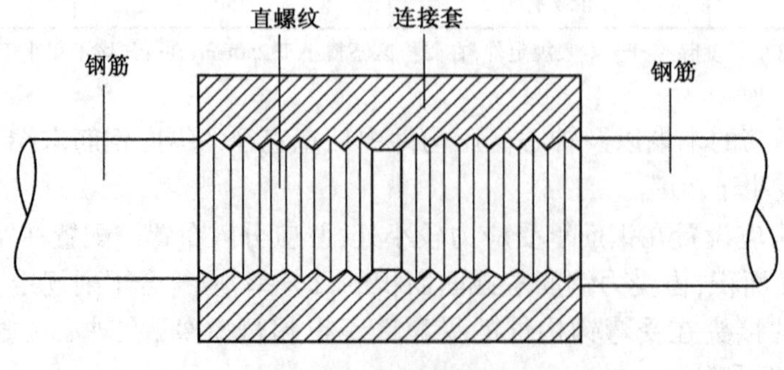


图1-15 直螺纹套筒接头

## 五、钢筋绑扎

钢筋的交叉点应采用钢丝扎牢。

板和墙的钢筋网，除靠近外围两行钢筋的相交点全部扎牢外，中间交叉点可间隔交错扎牢，相邻两绑扎点的绑扎方向应八字错开。

梁和柱的箍筋，应与受力钢筋垂直设置，箍筋弯钩叠合处，应沿受力钢筋方向错开设置。

在柱中竖向钢筋搭接时，角部钢筋的弯钩平面与模板面的夹角，对矩形柱，应为45°；对多边形柱，应为模板内分角；对圆形柱钢筋弯钩平面，应与模板的切平面垂直。

## 六、钢筋安装

(1)安装钢筋时，钢筋的位置和混凝土保护层的厚度，应符合设计要求。

在多排钢筋之间，必要时可垫入短钢筋头或其他适当的钢垫，但短钢筋头或钢垫的端头不得伸入混凝土保护层内。

(2)安装钢筋时，应采取有效措施，确保钢筋的混凝土保护层厚度满足设计要求。为此，可在钢筋与模板之间采用垫块支垫。垫块的强度、密度不应低于本体混凝土的设计强度和密实度。垫块应互相错开，分散布置，并不得横贯保护层的全部截面。

(3)绑扎和焊接的钢筋骨(网)架，在运输、安装和浇筑混凝土过程中不得有变形、开焊或松脱现象，并应符合下列规定：

①在钢筋的交叉点处，应用直径0.7~2.0mm的铁丝，按逐点改变绕丝方向(八字形)的方式交错扎结，或按双对角线(十字形)方式扎结。

②除设计有要求外，梁、柱等结构中钢筋骨架的箍筋应与主筋垂直围紧(图1-16)；箍筋与主筋交叉点处应以铁丝绑扎；梁柱等构件拐角处的交叉点应全部绑扎；中间平直部分的交叉点可交错扎结。

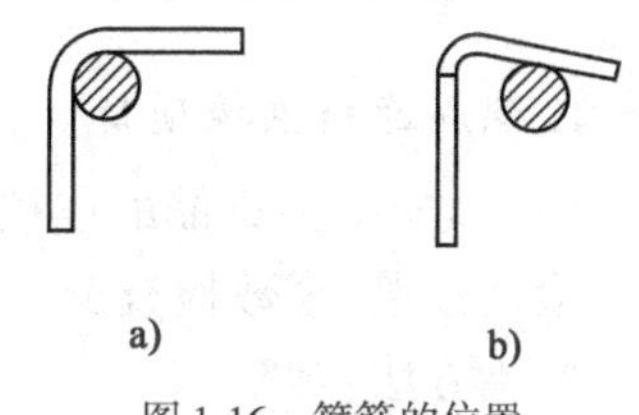


图1-16　箍筋的位置

a)箍筋位置正确；b)箍筋位置不正确

③根据安装需要可配以必要数量的架立钢筋。

④当柱中竖向钢筋采用搭接接头时，角部钢筋的弯钩面应与模板成45°角，其余部位钢筋的弯钩面应与模板成90°角。使用内部振动器浇筑小截面混凝土柱时，弯钩与模板的夹角不得小于15°。

⑤柱中箍筋接头的两端应向柱内弯曲。柱中箍筋的接头应设在与柱的角部主筋相交处，并应沿竖直方向交错布置。

(4)钢筋骨(网)架宜先行预制，并应有足够的刚度，必要时可补入辅助钢筋或在钢筋的某些交叉处焊牢，但不得在主筋上起弧。

(5)安装钢筋骨(网)架时，应保证其在模型中的正确位置，不得倾斜、扭曲，也不得变更保护层的规定厚度。在混凝土浇筑过程中安装钢筋骨(网)架时，不应妨碍浇筑工作正常进行，不应造成施工接缝。

(6)钢筋骨(网)架经预制、安装就位后，应进行检查，做出记录并善加保护，不得在其上行走或递送材料。

(7)当设计或专业施工规范无规定时，钢筋安装的允许偏差应符合表1-22的规定。

钢筋安装的允许偏差　　表 1-22

<table>
<tr><th>序号</th><th colspan="2">名　称</th><th>允许偏差</th></tr>
<tr><td>1</td><td colspan="2">钢筋总截面面积的偏差（指更换钢筋规格时）</td><td>−2%</td></tr>
<tr><td>2</td><td colspan="2">双排钢筋，其排与排间距的局部偏差</td><td>±5mm</td></tr>
<tr><td rowspan="2">3</td><td rowspan="2">同一排中受力钢筋间距的局部偏差</td><td>板、墙、大体积</td><td>±20mm</td></tr>
<tr><td>柱、梁</td><td>±10mm</td></tr>
<tr><td>4</td><td colspan="2">分布钢筋间距偏差</td><td>±20mm</td></tr>
<tr><td rowspan="2">5</td><td rowspan="2">箍筋间距偏差</td><td>绑扎骨架</td><td>±20mm</td></tr>
<tr><td>焊接骨架</td><td>±10mm</td></tr>
<tr><td>6</td><td colspan="2">弯起点的偏差（加工偏差 20mm 包括在内）</td><td>±30mm</td></tr>
<tr><td rowspan="3">7</td><td rowspan="3">最外层钢筋的位置偏差</td><td>$c \geqslant 35mm$</td><td>+10mm<br>−5mm</td></tr>
<tr><td>$25mm < c < 35mm$</td><td>+5mm<br>−2mm</td></tr>
<tr><td>$c \leqslant 25mm$</td><td>+3mm<br>−1mm</td></tr>
</table>

注：$c$ 为钢筋的混凝土保护层厚度。

## 七、钢筋连接质量

1. 钢筋连接主控项目

（1）纵向受力钢筋的连接方式，应符合设计要求。

检查数量：全数检查。

检验方法：观察。

（2）在施工现场，应按国家现行标准《钢筋机械连接技术规程》（JGJ 107—2010）、《钢筋焊接及验收规程》（JGJ 18—2012）的规定，抽取钢筋机械连接接头、焊接接头试件作力学性能检验，其质量应符合有关规程的规定。

检查数量：按有关规定。

检验方法：检查产品合格证、接头力学性能试验报告。

2. 钢筋连接一般项目

（1）钢筋的接头宜设置在受力较小处。同一纵向受力钢筋不宜设置两个或两个以上接头。接头末端至钢筋弯起点的距离，不应小于钢筋直径的 10 倍。

检查数量：全数检查：

检验方法：观察、钢尺检查。

（2）在施工现场，应按国家现行标准《钢筋机械连接技术规程》（JGJ 107—2010）、《钢筋焊接及验收规程》（JGJ 18—2012）的规定，对钢筋机械连接接头、焊接接头的外观进行检查，其质量应符合有关规程的规定。

检查数量：全数检查。

检验方法：观察。

（3）当受力钢筋采用机械连接接头或焊接接头时，设置在同一构件内的接头宜相互错开。

纵向受力钢筋机械连接接头及焊接接头连接区段的长度为 $35d$（$d$ 为纵向受力钢筋的较大直径），且不小于 500mm，凡接头中点位于该连接区段长度内的接头均属于同一连接区段。同一连接区段内，纵向受力钢筋机械连接及焊接的接头面积百分率为该区段内有接头的纵向受力钢筋截面面积与全部纵向受力钢筋截面面积的比值。

同一连接区段内，纵向受力钢筋的接头面积百分率，应符合设计要求；当设计无具体要求时，应符合下列规定：

①在受拉区不宜大于 50%。

②接头不宜设置在有抗震设防要求的框架梁端、柱端的箍筋加密区；当无法避开时，对等强度高质量机械连接接头，不应大于 50%。

③直接承受动力荷载的结构构件中，不宜采用焊接接头；当采用机械连接接头时，不应大于 50%。

检查数量：在同一检验批内，对梁、柱和独立基础，应抽查构件数量的 10%，且不少于 3 件；对墙和板，应按有代表性的自然间抽查 10%，且不少于 3 间；对大空间结构，墙可按相邻轴线间高度 5m 左右划分检查面，板可按纵横轴线划分检查面，抽查 10%，且均不少于 3 面。

检验方法：观察，钢尺检查。

(4)同一构件中相邻纵向受力钢筋的绑扎搭接接头宜相互错开。绑扎搭接接头中钢筋的横向净距不应小于钢筋直径，且不应小于 25mm。

钢筋绑扎搭接接头连接区段的长度为 $1.3L_1$（$L_1$ 为搭接长度），凡搭接接头中点位于该连接区段长度内的搭接接头均属于同一连接区段。在同一连接区段内，纵向钢筋搭接接头面积百分率为该区段内有搭接接头的纵向受力钢筋截面面积与全部纵向受力钢筋截面面积的比值。

同一连接区段内，纵向受拉钢筋搭接接头面积百分率应符合设计要求；当设计无具体要求时，应符合下列规定：

①对梁类、板类及墙类构件，不宜大于 25%。

②对柱类构件，不宜大于 50%。

③当工程中确有必要增大接头面积百分率时，对梁类构件，不应大于 50%；对其他构件，可根据实际情况放宽。

纵向受力钢筋绑扎搭接接头的最小搭接长度，应符合表 1-23 的规定。

**纵向受拉钢筋的最小搭接长度** 表 1-23

| 钢筋类型 | | 混凝土强度等级 | | | |
|---|---|---|---|---|---|
| | | C15 | C20～C25 | C30～C35 | ≥C40 |
| 光圆钢筋 | HPB235 级 | $40d$ | $35d$ | $30d$ | $25d$ |
| 带肋钢筋 | HRB335 级 | $55d$ | $45d$ | $35d$ | $30d$ |
| | HRB400 级、RRB400 级 | — | $55d$ | $40d$ | $35d$ |

注：$d$ 为纵向受拉钢筋直径。两根直径不同钢筋的搭接长度，以较细钢筋的直径计算。

检查数量：在同一检验批内，对梁、柱和独立基础，应抽查构件数量的 10%，且不少于 3 件；对墙和板，应按有代表性的自然间抽查 10%，且不少于 3 间；对大空间结构，墙可按相邻轴线间高度 5m 左右划分检查面，板可按纵、横轴线划分检查面，抽查 10%，且均不少于 3 面。

检验方法：观察，钢尺检查。

(5)在梁、柱类构件的纵向受力钢筋搭接长度范围内，应按设计要求配置箍筋，当设计无

具体要求时,应符合下列规定:

①箍筋直径不应小于搭接钢筋较大直径的0.25倍。

②受拉搭接区段的箍筋间距不应大于搭接钢筋较小直径的5倍,且不应大于100mm。

③受压搭接区段的箍筋间距不应大于搭接钢筋较小直径的10倍,且不应大于200mm。

④当柱中纵向受力钢筋直径大于25mm时,应在搭接接头两个端面外100mm范围内各设置两个箍筋,其间距为50mm。

检查数量:在同一检验批内,对梁、柱和独立基础,应抽查构件数量的10%,且不少于3件;对墙和板,应按有代表性的自然间抽查10%,且不少于3间;对大空间结构,墙可按相邻轴线间高度5m左右划分检查面,板可按纵、横轴线划分检查面,抽查10%,且均不少于3面。

检验方法:钢尺检查。

## 八、钢筋安装质量

### 1.钢筋安装主控项目

钢筋安装时,受力钢筋的品种、级别、规格和数量必须符合设计要求。

检查数量:全数检查。

检验方法:观察、钢尺检查。

### 2.钢筋安装一般项目

钢筋安装位置的偏差,应符合表1-24的规定。

**钢筋安装位置的允许偏差和检验方法** 表1-24

<table>
<tr><th colspan="3">项 目</th><th>允许偏差(mm)</th><th>检 验 方 法</th></tr>
<tr><td rowspan="2">绑扎钢筋网</td><td colspan="2">长、宽</td><td>±10</td><td>钢尺检查</td></tr>
<tr><td colspan="2">网眼尺寸</td><td>±20</td><td>钢尺量连续三档取最大值</td></tr>
<tr><td rowspan="2">绑扎钢筋骨架</td><td colspan="2">长</td><td>±10</td><td>钢尺检查</td></tr>
<tr><td colspan="2">宽、高</td><td>±5</td><td>钢尺检查</td></tr>
<tr><td rowspan="5">受力钢筋</td><td colspan="2">间距</td><td>±10</td><td rowspan="2">钢尺量两端、中间各一点,取最大值</td></tr>
<tr><td colspan="2">排距</td><td>±5</td></tr>
<tr><td rowspan="3">保护层厚度</td><td>基础</td><td>±10</td><td>钢尺检查</td></tr>
<tr><td>柱、梁</td><td>±5</td><td>钢尺检查</td></tr>
<tr><td>板、墙、壳</td><td>±3</td><td>钢尺检查</td></tr>
<tr><td colspan="3">绑扎箍筋、横向钢筋间距</td><td>±20</td><td>钢尺量连续三档取最大值</td></tr>
<tr><td colspan="3">钢筋弯起点位置</td><td>20</td><td>钢尺检查</td></tr>
<tr><td rowspan="2">预埋件</td><td colspan="2">中心线位置</td><td>5</td><td>钢尺检查</td></tr>
<tr><td colspan="2">水平高差</td><td>+3,0</td><td>钢尺和塞尺检查</td></tr>
</table>

注:1.检查预埋件中心线位置时,应沿纵、横两个方向量测,并取其中的较大值。

2.表中梁类、板类构件上部纵向受力钢筋保护层厚度的合格点率应达到90%及以上,且不得有超过表中数值1.5倍的尺寸偏差。

检查数量:在同一检验批内,对梁、柱和独立基础,应抽查构件数量的10%,且不少于3件;对墙和板,应按有代表性的自然间抽查10%,且不少于3间;对大空间结构,墙可按相邻轴线间高度5m左右划分检查面,板可按纵、横轴线划分检查面,抽查10%,且均不少于3面。

# 第五节　混凝土原材料与配合比设计及选定

## 一、混凝土原材料的选用

1. 水泥

(1)水泥应选用硅酸盐水泥、普通硅酸盐水泥。在有充分实践经验证明可行的情况下,大体积混凝土也可选用矿渣硅酸盐水泥。水泥的混合材宜为粉煤灰或矿渣。有耐硫酸盐侵蚀要求的混凝土也可选用中级抗硫酸盐硅酸盐水泥或高级抗硫酸盐硅酸酸盐水泥。

(2)水泥的技术要求除应满足国家标准的有关规定外,还应满足表1-25的规定。

**水泥的技术要求**　　表1-25

| 序号 | 项　目 | 技术要求 | 备　注 |
|---|---|---|---|
| 1 | 比表面积 | ≤350m²/kg(硅酸盐水泥、抗硫酸盐硅酸盐水泥) | 按《水泥比表面积测定方法　勃氏法》(GB/T 8074—2008)检验 |
| 2 | 80μm方孔筛筛余 | ≤10.0%(普通硅酸盐水泥) | 按《水泥细度检验方法　筛板法》(GB/T 1345—2005)检验 |
| 3 | 游离氧化钙含量 | ≤1.0% | 按《水泥化学分析方法》(GB/T 176—2008)检验 |
| 4 | 碱含量 | ≤0.80% | |
| 5 | 熟料中的 $C_3A$ 含量 | 非氯盐环境下≤8%,氯盐环境下≤10% | 按《水泥化学分析方法》(GB/T 176—2008)检验后计算求得 |
| 6 | $Cl^-$ 含量 | 不宜大于0.10%(钢筋混凝土) | 按《水泥原料中氯离子的化学分析方法》(JC/T 420—2006)检验 |
| | | ≤0.06%(预应力混凝土) | |

注:1. 当集料具有碱—硅酸反应活性时,水泥的碱含量不应超过0.60%。

2. C40及以上混凝土用水泥的碱含量不宜超过0.60%。

2. 矿物掺合料

(1)矿物掺合料应选用品质稳定的产品,其品种宜为粉煤灰、磨细粉煤灰、磨细矿渣粉或硅灰。

(2)粉煤灰的技术要求,应满足表1-26的规定。

**粉煤灰的技术要求**　　表1-26

| 序号 | 名　称 | 技术要求 | | 备　注 |
|---|---|---|---|---|
| | | C50以下混凝土 | C50及以上混凝土 | |
| 1 | 细度(%) | ≤20 | ≤12 | 按《用于水泥和混凝土中的粉煤灰》(GB/T 1596—2005)检验 |
| 2 | $Cl^-$ 含量(%) | 不宜大于0.02 | | 按《水泥原料中氯离子的化学分析方法》(JC/T 420—2006)检验 |
| 3 | 需水量比(%) | ≤105 | ≤100 | 按《用于水泥和混凝土中的粉煤灰》(GB/T 1596—2005)检验 |
| 4 | 烧失量(%) | ≤5.0 | ≤3.0 | 按《水泥化学分析方法》(GB/T 176—2008)检验 |
| 5 | 含水率(%) | ≤1.0(对干排灰而言) | | 按《用于水泥和混凝土中的粉煤灰》(GB/T 1596—2005)检验 |
| 6 | $SO_3$ 含量(%) | ≤3 | | 按《水泥化学分析方法》(GB/T 176—2008)检验 |
| 7 | CaO含量(%) | ≤10(对于硫酸盐侵蚀环境) | | |

(3)磨细矿渣粉的技术要求,应满足表1-27的规定。

**磨细矿渣粉的技术要求**

表1-27

| 序号 | 名称 | | 技术要求 | 备注 |
|---|---|---|---|---|
| 1 | MgO含量(%) | | ≤14 | 按《水泥化学分析方法》(GB/T 176—2008)检验 |
| 2 | $SO_3$含量(%) | | ≤4 | |
| 3 | 烧失量(%) | | ≤3 | |
| 4 | $Cl^-$含量(%) | | 不宜大于0.02 | 按《水泥原料中氯离子的化学分析方法》(JC/T 420—2006)检验 |
| 5 | 比表面积($m^2/kg$) | | 350~500 | 按《水泥比表面积测定方法 勃氏法》(GB/T 8074—2008)检验 |
| 6 | 需水量比(%) | | ≤100 | 按《高强高性能混凝土用矿物外加剂》(GB/T 18736—2002)检验 |
| 7 | 含水率(%) | | ≤1.0 | 按《用于水泥和混凝土中的粒化高炉矿渣粉》(GB/T 18046—2008)检验 |
| 8 | 活性指数(%) | 28d | ≥95 | 按《用于水泥和混凝土中的粒化高炉矿渣粉》(GB/T 18046—2008)检验 |

(4)硅灰的技术要求,应满足表1-28的规定。

**硅灰的技术要求**

表1-28

| 序号 | 名称 | | 技术要求 | 备注 |
|---|---|---|---|---|
| 1 | 烧失量(%) | | ≤6 | 按《水泥化学分析方法》(GB/T 176—2008)检验 |
| 2 | $Cl^-$含量(%) | | 不宜大于0.02 | 按《水泥原料中氯离子的化学分析方法》(JC/T 420—2006)检验 |
| 3 | $SiO_2$含量(%) | | ≥85 | 按《高强高性能混凝土用矿物外加剂》(GB/T 18736—2002)检验 |
| 4 | 比表面积($m^2/kg$) | | ≥18 000 | |
| 5 | 需水量比(%) | | ≤125 | |
| 6 | 含水率(%) | | ≤3.0 | 按《水泥化学分析方法》(GB/T 176—2008)检验 |
| 7 | 活性指数(%) | 28d | ≥85 | 按《高强高性能混凝土用矿物外加剂》(GB/T 18736—2002)检验 |

3.细集料

(1)细集料应选用级配合理、质地均匀坚固、吸水率低、空隙率小的洁净天然河沙,也可选用采用专门磨机机组生产的人工砂,不宜使用山砂,在不具备可靠冲洗条件的情况下不得使用海砂。

(2)细集料的颗粒级配(累计筛余百分率)应满足表1-29的规定。

除5.00mm和0.63mm筛档外,细集料的实际颗粒级配与表1-29中所列的累计筛余百分率相比允许稍有超出分界线,但其总量不应大于5%。

(3)细集料的粗细程度按细度模数分为粗、中、细3种规格,其细度模数分别为:

粗砂3.1~3.7;

中砂2.3~3.0;

细砂1.6~2.2。

配制混凝土时宜优先选用中砂。当采用粗砂时,应提高砂率,并保持足够的水泥用量,以满足混凝土的和易性;当采用细砂时,宜适当降低砂率。

当所用细集料的颗粒级配不符合表1-29的要求时,应采取经试验证明能确保工程质量的技术措施后,方允许使用。

细集料的累计筛余百分率(%)　　表1-29

| 筛孔尺寸(mm) | 级配区 | | |
|---|---|---|---|
| | Ⅰ区 | Ⅱ区 | Ⅲ区 |
| 10.0 | 0 | 0 | 0 |
| 5.00 | 10~0 | 10~0 | 10~0 |
| 2.50 | 35~5 | 25~0 | 15~0 |
| 1.25 | 65~35 | 50~10 | 25~0 |
| 0.63 | 85~71 | 70~41 | 40~16 |
| 0.315 | 95~80 | 92~70 | 85~55 |
| 0.160 | 100~90 | 100~90 | 100~90 |

(4)细集料的吸水率应不大于2%。细集料的坚固性用硫酸钠深溶液循环浸泡法检验。经5次循环后,试样的质量损失率应不超过8%。

(5)采用天然砂配制混凝土时,砂的有害物质的含量,应符合表1-30的规定。

砂中有害物质含量限值　　表1-30

| 项目 | 强度等级 | | |
|---|---|---|---|
| | <C30 | C30~C45 | ≥C50 |
| 含泥量(%) | ≤3.0 | ≤2.5 | ≤2.0 |
| 泥块含量(%) | ≤0.5 | | |
| 云母含量(%) | ≤0.5 | | |
| 轻物质含量(%) | ≤0.5 | | |
| $Cl^-$含量(%) | ≤0.02 | | |
| 硫化物及硫酸盐含量(折算成$SO_3$)(%) | ≤0.5 | | |
| 有机物含量(用比色法试验) | 颜色不应深于标准色。如深于标准色,则应按水泥胶砂强度试验方法,进行强度对比试验,抗压强度比不应低于0.95 | | |

如发现砂中含有颗粒状的硫酸盐或硫化物杂质,应进行专门检验,确认其能满足混凝土的耐久性要求时方能采用。

(6)细集料应采用砂浆棒法检验其碱活性,且砂浆棒的膨胀率应小于0.10%,否则应按本节四、(2)条要求采取抑制碱—集料反应的技术措施。

(7)人工砂或混合砂的压碎指标值应小于25%。经亚甲蓝试验判定后,人工砂或混合砂的石粉含量,应符合表1-31的规定。

人工砂或混合砂中石粉含量限值　　表1-31

| 混凝土强度等级 | | <C30 | C30~C45 | ≥C50 |
|---|---|---|---|---|
| 石粉含量(%) | MB<1.40 | ≤10.0 | ≤7.0 | ≤5.0 |
| | MB≥1.40 | ≤5.0 | ≤3.0 | ≤2.0 |

4. 粗集料

(1)粗集料应选用级配合理、粒形良好、质好均匀坚固、线膨胀系数小的洁净碎石,也可采用碎卵石,不宜采用砂岩碎石。

(2)粗集料的最大公称粒径不宜超过钢筋混凝土保护层厚度的2/3,且不得超过钢筋最小间距的3/4。配制强度等级C50及以上预应力混凝土时,粗集料最大公称粒径(圆孔)不应大于25mm。

(3)粗集料应采用二级或多级级配,其松散堆积密度应大于1 500kg/m$^3$,紧密空隙率宜小于40%,吸水率应小于2%(用于干湿交替或冻融环境条件下的混凝土应小于1%)。

(4)当粗集料为碎石时,碎石的强度用岩石抗压强度表示,且岩石抗压强度与混凝土强度等级之比不小于1.5。施工过程中碎石的强度可用压碎指标值进行控制,且应符合表1-32的规定。

若粗集料为碎卵石,碎卵石的强度用压碎指标值表示,且应符合表1-32的规定。

**粗集料的压碎指标值(单位:%)** 表1-32

| 混凝土强度等级 | <C30 | | | ≥C30 | | |
|---|---|---|---|---|---|---|
| 岩石种类 | 沉积岩(水成岩) | 变质岩或深成的火成岩 | 火成岩 | 沉积岩(水成岩) | 变质岩或深成的火成岩 | 火成岩 |
| 碎石 | ≤16 | ≤20 | ≤30 | ≤10 | ≤12 | ≤13 |
| 碎卵石 | ≤16 | | | ≤12 | | |

注:沉积岩(火成岩)包括石灰岩、砂岩等,变质岩包括片麻岩、石英岩等,深成的火成岩包括花岗岩、正长岩、闪光岩和橄榄岩等;喷出的火成岩包括玄武岩和辉绿岩等。

(5)粗集料的坚固性用硫酸钠溶液循环浸泡法进行检验。经5次循环后,试样的质量损失率,应符合表1-33的规定。

**粗集料的坚固性** 表1-33

| 结构类型 | 混凝土结构 | 预应力混凝土结构 |
|---|---|---|
| 质量损失率(%) | ≤8 | ≤5 |

(6)粗集料的有害物质含量,应符合表1-34的规定。

**粗集料的有害物质含量限值** 表1-34

| 项 目 | 强 度 等 级 | | |
|---|---|---|---|
| | <C30 | C30~C45 | ≥C50 |
| 含泥量(%) | ≤1.0 | ≤1.0 | ≤0.5 |
| 泥块含量(%) | 0.25 | | |
| 针、片状颗粒总含量(%) | ≤10 | ≤10 | ≤8 |
| $Cl^-$含量(%) | ≤0.02 | | |
| 硫化物及硫酸盐含量(折算成$SO_3$)(%) | ≤0.5 | | |
| 碎卵石中有机质含量(用比色法试验) | 颜色不应深于标准色。当深于标准时,应配制成混凝土进行强度对比试验,抗压强度比不应小于0.95 | | |

(7)粗集料的碱活性首先应采用岩相法进行检验。若粗集料含有碱—硅酸反应活性矿物,其砂浆棒膨胀率应小于0.10%,否则应按本节四、(2)条要求采取抑制碱—集料反应的技术措施。不得使用具有碱—碳酸盐反应活性的集料。

5.外加剂

(1)外加剂应采用减水率高、坍落度损失小、适量引气、能明显改善或提高混凝土耐久性能的质量稳定产品。外加剂与水泥之间应有良好的相容性。

(2)外加剂的性能,应满足表1-35的要求。

**外加剂的性能指标** 表1-35

<table>
<tr><th>序号</th><th colspan="2">项　目</th><th>指标</th><th>备　注</th></tr>
<tr><td>1</td><td colspan="2">水泥净浆流动度(mm)</td><td>≥240</td><td rowspan="4">按《混凝土外加剂匀质性试验方法》(GB/T 8077—2012)检验</td></tr>
<tr><td>2</td><td colspan="2">$Na_2SO_4$ 含量(%)</td><td>≤10.0</td></tr>
<tr><td>3</td><td colspan="2">$Cl^-$ 含量(%)</td><td>≤0.2</td></tr>
<tr><td>4</td><td colspan="2">总碱量($Na_2O+0.658K_2O$)(%)</td><td>≤10.0</td></tr>
<tr><td>5</td><td colspan="2">减水率(%)</td><td>≥20</td><td rowspan="3">按《混凝土外加剂》(GB 8076—2008)检验</td></tr>
<tr><td rowspan="2">6</td><td rowspan="2">含气量(%)</td><td>用于配制非抗冻混凝土时</td><td>≥3.0</td></tr>
<tr><td>用于配制抗冻混凝土时</td><td>≥4.5</td></tr>
<tr><td rowspan="2">7</td><td rowspan="2">坍落度保留值(mm)</td><td>30min</td><td>≥180</td><td rowspan="2">按《混凝土泵送剂》(JC 473—2001)检验</td></tr>
<tr><td>60min</td><td>≥150</td></tr>
<tr><td>8</td><td colspan="2">常压泌水率比(%)</td><td>≤20</td><td>按《混凝土外加剂》(GB 8076—2008)检验</td></tr>
<tr><td>9</td><td colspan="2">压力泌水率比(%)</td><td>≤90</td><td>按《混凝土泵送剂》(JC 473—2001)检验</td></tr>
<tr><td rowspan="3">10</td><td rowspan="3">抗压强度比(%)</td><td>3d</td><td>≥130</td><td rowspan="6">按《混凝土外加剂》(GB 8076—2008)检验</td></tr>
<tr><td>7d</td><td>≥125</td></tr>
<tr><td>28d</td><td>≥120</td></tr>
<tr><td>11</td><td colspan="2">对钢筋锈蚀作用</td><td>无锈蚀</td></tr>
<tr><td>12</td><td colspan="2">收缩率比(%)</td><td>≤135</td></tr>
<tr><td>13</td><td colspan="2">相对耐久性指标(%,200次)</td><td>≥80</td></tr>
</table>

注:坍落度保留值、压力泌水率比仅对于泵送混凝土用外加剂而言。

(3)外加剂的匀质性,应满足国家标准《混凝土外加剂》(GB 8076—2008)的规定。

6. 水

(1)混凝土拌和水,应满足表1-36的规定。

**拌和用水的品质指标** 表1-36

| 项　目 | 预应力混凝土 | 钢筋混凝土 | 素混凝土 |
|---|---|---|---|
| pH值 | >4.5 | >4.5 | >4.5 |
| 不溶物(mg/L) | <2 000 | <2 000 | <5 000 |
| 可溶物(mg/L) | <2 000 | <5 000 | <10 000 |
| 氯化物(以$Cl^-$计)(mg/L) | <500 | <1 000 | <3 500 |
| 硫酸盐(以$SO_4^{2-}$计)(mg/L) | <600 | <2 000 | <2 700 |
| 碱含量(以当量$Na_2O$计)(mg/L) | <1 500 | <1 500 | <1 500 |

(2)用拌和水和蒸馏水(或符合国家标准的生活饮用水)进行水泥净浆试验所得的水泥初凝时间差及终凝时间差均不得大于30min,其初凝和终凝时间应符合水泥国家标准的规定。

(3)用拌和水配制的水泥砂浆或混凝土的28d抗压强度不得低于用蒸馏水(或符合国家标准的生活饮用水)拌制的对应砂浆或混凝土抗压强度的90%。

(4)拌和水不得采用海水。当混凝土处于氯盐环境时,拌和水中$Cl^-$含量应不大于200mg/L。对于使用钢丝或经热处理钢筋的预应力混凝土,拌和水中$Cl^-$含量不得超过350mg/L。

(5)养护用水除不溶物、可溶物可不作要求外,其他项目应符合表1-36的规定。不得采用海水养护混凝土。

## 二、混凝土原材料的储存与管理

(1)混凝土用水泥、矿物掺合料等,宜采用散料仓分别存储。袋装粉状材料在运输和存放期间应用专用库房存放,不得露天堆放,且应特别注意防潮。

(2)水泥储运过程中,应符合下列规定:

①装运水泥的车、船应有篷盖。

②储存水泥的仓库应设在地势较高处,周围应设排水沟。

③袋装水泥在装卸、搬移过程中不得抛掷。

④水泥应按品种、强度等级分批堆垛,堆垛高度不宜大于1.5m。堆垛应架离地面0.2m以上,并距离四周墙壁0.2~0.3m,或预留通道。

⑤水泥不宜露天堆放,临时露天堆放时应上盖下垫。

⑥储存散装水泥过程中,应取措施降低水泥的温度或防止水泥升温。

(3)当混凝土采用多级配粗集料时,粗集料应实行分级采购、分级运输、分级堆放、分级计量。

(4)不同混凝土原材料应有固定的堆放地点和明确的标识,标明材料名称、品种、生产厂家、生产日期和进厂(场)日期。原材料堆放时应有堆放分界标识,以免误用。集料堆场地面应进行硬化处理,并设置必要的排水设施。

(5)混凝土原材料进场(厂)后,应及时建立"原材料管理台账"。台账内容包括进货日期、材料名称、品种、规格、数量、生产单位、供货单位、"质量证明书"编号、"试验检验报告"编号及检验结果等。"原材料管理台账"应填写正确、真实、项目齐全。

## 三、混凝土配合比设计

1.概述

混凝土配合比是指混凝土中水泥、水、砂及石子四种材料用量之间的比例关系。常用的表示方法有两种,一种是以每立方米混凝土中各项材料的质量来表示,例如:水泥(C)300kg、水(W)180kg、砂(S)720kg、石(G)1 200kg,每立方米混凝土材料的总质量为2 400kg;另一种表示方法是以各项材料间的质量比来表示,如上例换算成质量比为:

$$水泥:砂:石=300:720:1\,200=1:2.4:4.0$$

$$水灰比=\frac{180}{300}=0.6$$

混凝土配合比设计就是要根据原材料的技术性能及施工条件,确定出能满足工程所要求的各项组成材料的用量。

1)基本要求

(1)要使混凝土拌和物具有良好的和易性。和易性是保证便于施工,以达到质量要求的重要条件。

(2)保证混凝土具有满足工程结构设计或施工进度所要求的强度。

(3)具有良好的耐久性,满足工程使用及气候条件所要求的强度。

(4)在保证工程质量前提下,应尽量地节约水泥,合理地使用材料,降低成本。

2)设计步骤

混凝土配合比的设计步骤可分三个阶段:

第一阶段是了解原始条件,第二阶段是决定主要参数,第三阶段是计算、试配、调整。其具体步骤如图 1-17 所示。

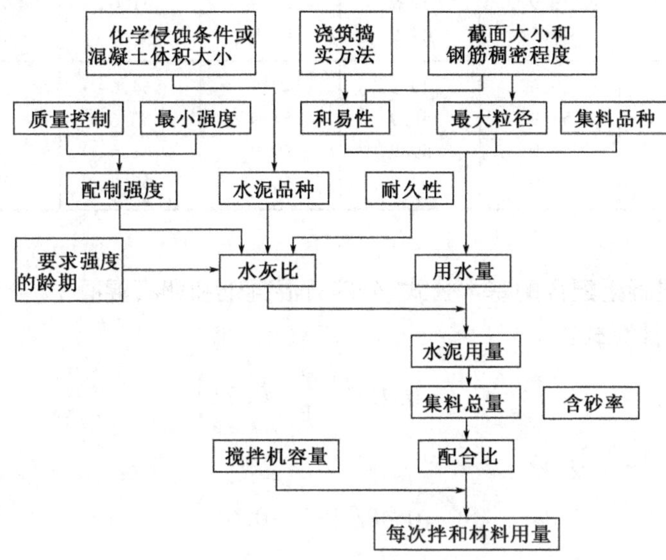


图 1-17 普通混凝土配合设计步骤图解

2. 设计参数

1)强度

混凝土的施工配制强度,可按式(1-3)确定:

$$f_{cu,o}=f_{cu,k}+1.645\sigma \tag{1-3}$$

式中:$f_{cu,o}$——混凝土的施工配制强度(MPa);

$f_{cu,k}$——混凝土的设计强度标准值(MPa);

$\sigma$——施工单位的混凝土强度标准差(MPa)。

施工单位的混凝土强度标准差,反映了施工制作混凝土和管理的水平,由实验室统计计算,当施工单位不具有近期的同一品种混凝土强度资料时,$\sigma$ 可按表 1-37 选用。

**$\sigma$ 值** (MPa) 表 1-37

| 混凝土强度等级 | 低于 C20 | C20 ~ C35 | 高于 C35 |
|---|---|---|---|
| $\sigma$ | 4.0 | 5.0 | 6.0 |

注:在采用本表时,施工单位可根据实际情况,对 $\sigma$ 值作适当调整。

混凝土的施工试配强度,亦可根据混凝土强度等级和强度标准差,采用插值法直接由表 1-38 确定。

**混凝土施工配制强度**(MPa) 表 1-38

| 强度标准差(MPa) | | 2.0 | 2.5 | 3.0 | 4.0 | 5.0 | 6.0 |
|---|---|---|---|---|---|---|---|
| 强度等级 | C7.5 | 10.8 | 11.6 | 12.4 | 14.1 | 15.7 | 17.4 |
| | C10 | 13.3 | 14.1 | 14.9 | 16.6 | 18.2 | 19.9 |
| | C15 | 18.3 | 19.1 | 19.9 | 21.6 | 23.2 | 24.9 |
| | C20 | 24.1 | 24.1 | 24.9 | 26.6 | 28.2 | 29.9 |

续上表

| 强度标准差(MPa) | | 2.0 | 2.5 | 3.0 | 4.0 | 5.0 | 6.0 |
|---|---|---|---|---|---|---|---|
| 强度等级 | C25 | 29.1 | 29.1 | 29.9 | 31.6 | 33.2 | 34.9 |
| | C30 | 34.9 | 34.9 | 34.9 | 36.6 | 38.2 | 39.9 |
| | C35 | 39.9 | 39.9 | 39.9 | 41.6 | 43.2 | 44.9 |
| | C40 | 44.9 | 44.9 | 44.9 | 46.6 | 48.2 | 49.9 |
| | C45 | 49.9 | 49.9 | 49.9 | 54.6 | 53.2 | 54.9 |
| | C50 | 54.9 | 54.9 | 54.9 | 56.6 | 58.2 | 59.9 |
| | C55 | 59.9 | 59.9 | 59.9 | 61.6 | 63.2 | 64.9 |
| | C60 | 64.9 | 64.9 | 64.9 | 66.6 | 68.2 | 69.9 |

2)水灰比

水灰比公式是混凝土配合的基本公式,分碎石混凝土和卵石混凝土,分别计算:

(1)碎石混凝土计算式:

$$f_{cu,o}=0.46f_c^o\left(\frac{C}{W}-0.52\right) \tag{1-4}$$

(2)卵石混凝土计算式:

$$f_{cu,o}=0.48f_c^o\left(\frac{C}{W}-0.61\right) \tag{1-5}$$

式中:$f_{cu,o}$——混凝土的配制强度($N/mm^2$);

$f_c^o$——水泥实际强度($N/mm^2$);如未测出,$f_c^o=\lambda f_{ck}^o$;

$\lambda f_{ck}^o$——水泥标准抗压强度($N/mm^2$);

$C/W$——灰水比,其倒数即为水灰比。

混凝土的最大水灰比和最小水泥用量,应符合表1-39的要求。

**混凝土的最大水灰比和最小水泥用量** 表1-39

| 混凝土所处的环境条件 | 最大水灰比 | 最小水泥用量($kg/m^3$) | | | |
|---|---|---|---|---|---|
| | | 普通混凝土 | | 轻集料混凝土 | |
| | | 配筋 | 无筋 | 配筋 | 无筋 |
| 不受雨雪影响的混凝土 | 不作规定 | 250 | 200 | 250 | 225 |
| 受雨雪影响的露天混凝土;<br>位于水中或水位升降范围内的混凝土;<br>在潮湿环境中的混凝土 | 0.70 | 250 | 225 | 275 | 250 |
| 寒冷地区水位升降范围的混凝土;<br>受水压作用的混凝土 | 0.65 | 275 | 250 | 300 | 275 |
| 严寒地区水位升降范围内的混凝土 | 0.60 | 300 | 275 | 325 | 300 |

注:1.本表中的水灰比,对普通混凝土是指水与水泥(包括外掺混合材料)用量的比值,对轻集料混凝土是指净用水量(不包括轻集料1h吸水量)与水泥(不包括外掺混合材料)用量的比值。

2.本表中的最小水泥用量,对普通混凝土包括外掺混合材料,对轻集料混凝土不包括外掺混合材料;当采用人工捣实混凝土时,水泥用量应增加$25kg/m^3$,当掺用外加剂且能有效地改善混凝土的和易性时,水泥用量可减少$25kg/m^3$。

3.当混凝土强度等级低于C10时,可不受本表的限制。

4.寒冷地区系指最冷月份平均气温在-5~-15℃之间;严寒地区系指最冷月份平均气温低于-15℃。

3）稠度

稠度即坍落度，干硬性混凝土叫工作度，是混凝土和易性的重要指标。不同的坍落度见表1-40。

**混凝土浇筑时的坍落度** 表1-40

| 结构种类 | 坍落度(mm) |
|---|---|
| 基础或地面等的垫层、无配筋的大体积结构（挡土墙、基础等）或配筋稀疏的结构 | 10～30 |
| 板、梁和大型及中型截面的柱子等 | 30～50 |
| 配筋密列的结构（薄壁、斗仓、筒仓、细柱等） | 50～70 |
| 配筋特密的结构 | 70～90 |

注：1. 本表是采用机械振捣混凝土时的坍落度，当采用人工捣实混凝土时，其值可适当增大；

2. 当需要配制大坍落度混凝土时，应掺用外加剂；

3. 曲面或斜面结构混凝土坍落度应根据实际需要另行选定；

4. 轻集料混凝土的坍落度，宜比表中数值减少10～20mm。

一般情况下，流动性混凝土的选择坍落度100～150mm为宜。泵送高度较大以及在炎热气候下施工时可采用150～180mm或更大的大流动性混凝土。

混凝土拌和物按坍落度及允许偏差分级，见表1-41。

**混凝土按坍落度及允许偏差分级** 表1-41

| 级别 | 名　称 | 坍落度(mm) | 允许偏差(mm) |
|---|---|---|---|
| $T_1$ | 低塑性混凝土 | 10～40 | ±10 |
| $T_2$ | 塑性混凝土 | 50～90 | ±20 |
| $T_3$ | 流动性混凝土 | 100～150 | ±30 |
| $T_4$ | 大流动性混凝土 | >160 | ±30 |

4）砂率

细集料在集料总量中所占的比例称为砂率。砂率对混凝土拌和物的流动性及黏聚性有较大的影响。

合理的砂率值可用以下几种方法确定：

(1)计算法

砂率亦可按下式计算：

$$\beta_s = \alpha \frac{\rho_s p_g}{\rho_s p_g + \rho_g} \tag{1-6}$$

式中：$\beta_s$——砂率(%)；

$\rho_s$——砂的表观密度($kg/m^3$)；

$\rho_g$——石子的表观密度($kg/m^3$)；

$p_g$——石子的空隙率(%)；

$\alpha$——拨开系数，采用机械振捣时为1.1～1.2；采用人工捣实时为1.2～1.4。

(2)查表法

在具有一定工程实践经验并对所采用的原材料性能比较了解的情况下，可以按表1-42选取合理砂率值。

混凝土的砂率(单位:%)　　表 1-42

| 水灰比(W/C) | 卵石最大粒径(mm) | | | 碎石最大粒径(mm) | | |
|---|---|---|---|---|---|---|
| | 10 | 20 | 40 | 16 | 20 | 40 |
| 0.40 | 26~32 | 25~31 | 24~30 | 30~35 | 29~34 | 27~32 |
| 0.50 | 30~35 | 29~34 | 28~33 | 33~38 | 32~37 | 30~35 |
| 0.60 | 33~38 | 32~37 | 31~36 | 36~41 | 35~40 | 33~38 |
| 0.70 | 36~41 | 35~40 | 34~39 | 39~44 | 38~43 | 36~41 |

注:1. 本表数值是中砂的选用砂率,对细砂或粗砂,可相应地减小或增大砂率。

2. 只用一个单粒级粗集料配制混凝土时,砂率应适当增大。

3. 对薄壁构件砂率取偏大值。

4. 本表中的砂率是指砂与集料总量的质量比。

选取的砂率值经试配,如所得到的混凝土黏聚性及保浆保水性能均良好,且坍落度值也能达到要求,则此选定的砂率值就可以定为合适;否则,可根据试配结果予以适当调整。

如确有必要,可按下列原则,经试验确定合理的砂率值。

①混凝土拌和物的合理砂率是指在用水量及水泥用量一定的情况下,使混凝土拌和物获得最大流动性,且能保持黏聚性及保水性能良好时的砂率值。

②进行确定合理的砂率试验时,至少应拌制五组不同砂率的拌和物。各组的用水量及水泥用量应相同,而砂率值应以每组相差 2% ~3% 的间隔变动。分别测定每组的坍落度值,并同时检验其黏聚性及保水性情况,然后,各制作强度试块备用。对坍落度值小于 10mm 的干硬性或半干硬性混凝土,应以维勃稠度值作为合理砂率值的基础。

③用坐标纸作坍落度值—砂率关系图,一般情况下如砂率过大,集料的总表面积和空隙率都增大,混凝土拌和物显得干稠,流动性较小。如砂率过小,则砂浆量不足,也将降低拌和物的流动性。因此,在关系图上将出现一个坍落度的极大值,与此相应的砂率值即为合理砂率值。在水灰比及用水量比较大的情况下,砂率过小会引起混凝土的离析及泌水。此时,坍落度值大而不稳定,以致在关系图上反映不出极大值点来。因此,合理砂率值应为黏聚性及保水性保持良好,且混凝土坍落度值为最大时所相应的砂率值。

④砂率对混凝土强度的影响,在一定的范围内并不明显。因此,合理的砂率值主要由黏聚性、保水性、坍落度来确定,各组强度试验结果作为分析时参考之用。

5)用水量

用水量指 $1m^3$ 混凝土的用水量,它与集料的品种、规格及坍落度有关,一般可按下式计算:

$$W = \frac{10(T+K)}{3} \tag{1-7}$$

式中:$W$——$1m^3$ 混凝土的用水量(kg);

$T$——坍落度(cm);

$K$——集料常数,见表 1-43。

流动性混凝土用水量的集料常数　　表 1-43

| 粗集料最大粒径(mm) | | 10 | 20 | 40 | 80 |
|---|---|---|---|---|---|
| K | 碎石 | 57.5 | 53.0 | 48.5 | 44.0 |
| | 卵石 | 54.5 | 50.0 | 45.5 | 41.0 |

注:采用火山灰质水泥时,K 增加 4.5~6.0;采用细砂时,K 增加 3.0。

用水量也可参照表 1-44 选用。

**混凝土用水量选用表(kg/m³)** 表 1-44

| 所需坍落度(mm) | 卵石最大粒径(mm) | | | 碎石最大粒径(mm) | | |
|---|---|---|---|---|---|---|
| | 10 | 20 | 40 | 15 | 20 | 40 |
| 10～30 | 190 | 170 | 160 | 205 | 185 | 170 |
| 30～50 | 200 | 180 | 170 | 215 | 195 | 180 |
| 50～70 | 210 | 190 | 180 | 225 | 205 | 190 |
| 70～90 | 215 | 195 | 185 | 235 | 215 | 200 |

注:1. 本表用水量是采用中砂时的平均值。如采用细砂,1m³ 混凝土用水量可增加 5～10kg;采用粗砂则可减少 5～10kg。

2. 掺用各种外加剂或掺合料时,可相应增减用水量。

3. 混凝土坍落度小于 10mm 时,用水量按各地有经验取用。

4. 本表不适用水灰比小于 0.4 或大于 0.8 的混凝土。

6)水泥用量

水泥用量可根据已定的用水量和水灰比按下式计算:

$$m_{CO} = \frac{m_{wo}}{\frac{W}{C}} \tag{1-8}$$

式中:$m_{CO}$——每立方料混凝土的水泥用量(kg/m³);

$m_{wo}$——每立方料混凝土的用水量(kg/m³);

$\frac{W}{C}$——水灰比。

当计算所得的水泥用量小于表 1-39 所规定的最小水泥用量时,则应按表 1-39 取用。混凝土的最小水泥用量不宜大于 550kg/m³。

3. 计算方法

混凝土配合比设计的计算方法有两种:假定质量法和绝对体积法。

1)假定质量法

假定质量法的依据是假定混凝土制成后的质量等于所投放材料的总重。用计算式表示如下:

$$r_n = C + S + G + W \tag{1-9}$$

式中: $r_n$——1m³ 混凝土的质量(kg/m³),按表 1-45 选用;

$C$、$S$、$G$、$W$——依次是水泥、砂、石子、水投放在 1m³ 混凝土中的用量(kg/m³)。

**混凝土的假定质量 $r_n$** 表 1-45

| 混凝土强度等级 | ≤C10 | C15～C30 | ≥C40 |
|---|---|---|---|
| 假定质量(kg/m³) | 2 360 | 2 400 | 2 450 |

(1)计算砂、石总质重。

$$(S + G) = r_n - C - W$$

(2)分别计算砂、石质重。将参数计算所得的砂率($S_p$)按下式计算便得:

$$S = S_p(S + G)$$

$$G = (S + G) - S$$

(3)列出配合比。设水泥用量为1,则各种用料的配合比可列如下式:

$$\frac{W}{C}:1:\frac{S}{C}:\frac{G}{C}$$

2)绝对体积法

绝对体积法是指所投放的材料的总体积等于$1m^3$(1 000L),可用下式表示:

$$V_C + V_S + V_G + V_W = 1\ 000(L) \tag{1-10}$$

式中:$V_C + V_S + V_G + V_W$——依次为水泥、砂、石子、水的体积(L)。

(1)计算材料密度:用测试或查表法求得材料的密度,参见表1-46。

**$1m^3$ 砂、石子质量、密度及空隙率** 表1-46

| 名称 | 质量(kg) | 密度($g/cm^3$) | 空隙率(%) |
|---|---|---|---|
| 砂 | 1 400 ~ 1 600 | 2.6 ~ 2.7 | 38 ~ 48 |
| 碎石 | 1 400 ~ 1 600 | 2.65 ~ 2.75 | 40 ~ 48 |
| 卵石 | 1 550 ~ 1 700 | 2.65 ~ 2.75 | 36 ~ 44 |

(2)计算砂、石子的总体积:将计算所得水和水泥的质量代入下式,便得砂和石子的体积:

$$V_S + V_G = 1\ 000 - \left(\frac{C}{\rho_c} + W\right)$$

式中:$\rho_c$——水泥的密度,硅酸盐水泥是(0.3 ~ 3.15)$g/cm^3$,矿渣水泥、火山灰质水泥、粉煤灰水泥是(2.8 ~ 3.0)$g/cm^3$。

(3)计算砂的实际体积和质量:

$$V_S = S_\rho(V_S + V_G)$$

$$S = V_S \cdot \rho_S$$

式中:$\rho_S$——砂的密度,见表1-46。

(4)计算石子的体积和质量:

$$V_G = (V_S + V_G) - V_S$$

$$G = V_G \cdot \rho_G$$

式中:$\rho_G$——石子的密度,见表1-46。

(5)可列出混凝土配合比:

$$\frac{W}{C}:1:\frac{S}{C}:\frac{G}{C}$$

4. 设计实例

1)假定质量法

某工程要求给出强度等级为C20的混凝土配合比,坍落度为30 ~ 50mm,用P·O42.5水泥、石子最大粒径为30mm,用假定质量法计算。

(1)混凝土的配制强度

$$f_{cu,o} = f_{cu,k} + 1.645\sigma = 20 + 1.645 \times 4 = 26.6(\text{MPa})$$

式中,$\sigma$ 按表1-37取4.0MPa,$f_{cu,k} = 20$MPa。

(2)水灰比计算

由 $f_{cu,o} = 0.46fW_c^o\left(\frac{C}{W} - 0.52\right)$求得:

$$\frac{C}{W} = \frac{f_{cu,o}}{0.46f_c^o} + 0.52$$

式中:$f_{cu,o} = 26.6(\text{MPa})$,$f_c^o = \lambda f_{ck}^o = 1.13 \times 41.7 = 47.1(\text{MPa})$。

得：
$$\frac{W}{C}=0.57$$
(3)用水量
$$W=\frac{10(T+K)}{3}=\frac{10(4+50)}{3}=180(\text{kg})$$
(4)水泥用量
$$C=\frac{W}{0.57}=\frac{180}{0.57}=316(\text{kg})$$
符合表1-39最小水泥用量要求。

(5)砂率

可根据表1-42计算得砂率为36%。

(6)集料用量

混凝土假定密度 $r_n=2\ 400\text{kg/m}^3$，则集料总重为：
$$S+G=r_n-C-W=2\ 400-316-180=1\ 904(\text{kg})$$
砂重：
$$S=S_\rho(S+G)=36\%\times1\ 904=685(\text{kg})$$
石重：
$$G=1\ 904-685=1\ 219(\text{kg})$$
(7)配合比

根据以上材料质量可计算得配合比为：
$$\frac{W}{C}:1:\frac{S}{C}:\frac{G}{C}=0.57:1:2.17:3.86$$
2)绝对体积法

条件同上例，取水灰比 $W/C=0.6$，用绝对体积法计算如下：

(1)用水量

$W=180(\text{kg})$(表1-44)。

(2)水泥用量

$C=W/0.6=180/0.6=300(\text{kg})$，符合表1-39的要求。

(3)砂率

$S_\rho=36\%$(表1-42)。

(4)水泥实体积
$$V_C=\frac{C}{P_C}=\frac{300}{3.1}=96.77(\text{L})$$
(5)水泥浆实体积
$$V_C+W=96.77+180=276.77(\text{L})$$
(6)石子和砂的实体积
$$\begin{aligned}V_S+V_G&=1\ 000-\left(\frac{C}{P_C}+W\right)\\&=1\ 000-(96.77+180)\\&=723.23(\text{L})\end{aligned}$$
(7)砂的实体积的质量
$$V_S=36\%\times723.23=260.36(\text{L})$$

$$S=V_S\rho_S=260.36\times2.65=690(\text{kg})$$

(8)石子的实体积和质量

$$\begin{aligned}V_G&=(V_S+V_G)-V_S\\&=726.23-260.36\\&=462.87(\text{L})\end{aligned}$$

$$G=V_G\rho_G=462.87\times2.67=1\ 236(\text{kg})$$

(9)配合比

$$\frac{W}{C}:\frac{C}{C}:\frac{S}{C}:\frac{G}{C}=0.6:1:2.3:4.12$$

5.试配调整确定

1)试配

通常计算出的初步配合比的各种材料用量,是借助于一些经验公式、表格算得或查出的,能否满足设计要求和符合现场材料实际情况,需要经过试配,进行调整。

当初步配合比确定后,试配时应采用工程中实际使用的材料,砂、石的称量均以干燥状态材料为基准。试配用拌和量应根据集料最大粒径不小于表1-47的建议值。

**混凝土试配用拌和量** 表1-47

| 集粗最大粒径(mm) | 拌和物数量(L) | 集粗最大粒径(mm) | 拌和物数量(L) |
|---|---|---|---|
| 30或以下 | 15 | 40 | 20 |

如需进行抗冻、抗渗或其他项目的试验,则应根据试验项目的需要计量用量。

采用机械搅拌时,拌和量应不小于搅拌机额定拌和量的1/4。

2)调整

(1)和易性调整。按计算量取称各种材料进行试拌,搅拌方法应尽量与生产时使用的方法相同。拌和均匀后测出坍落度,并观察有无分层、泌水等情况。

若坍落度过小,可保持水灰比不变,增加适量的水泥浆,并相应减小砂石用量。对于普通混凝土,增加1cm坍落度,约需增加水泥浆2%~5%。然后重新进行拌和试验,直到坍落度符合要求为止。

若坍落度过大,且拌和物黏聚性不足,可减小水泥浆用量,并保持砂石总质量不变,适当提高砂率,在增加砂用量的同时,相应地减少石子的用量,以保持砂石总质量不变。试验直到满足坍落度要求为止。

另外,为简化起见,也可以只增减水泥浆数量,不相应改变砂石数量,使和易性合格。

坍落度的调整时间不宜过长,一般不超过20min为宜。

经过调整后,应重新计算$1m^3$水泥、砂、石、水的用量,提出供检验混凝土强度用的基准配合比。

(2)水灰比调整。检验混凝土强度时至少应采用三个不同配合比。除基准配合比以外,另外两个配合比的水灰比值应较基准配合比分别相应增加及减少1%,其用水量应该与基准配合比相同,但砂率值可作适当调整。

应调整使不同水灰比的三组混合物均满足和易性要求,制作混凝土强度试块。每种配合比应至少制作一组(三块)试块,标准养护28d后试压。

据试验得出的强度值$f_{cu,o}$,做出$f_{cu,o}$与$C/W$值图,由图求出或计算出最适宜的水灰比值,以满足$f_{cu,o}$,$W/C$小者为最好。

至此,即可定出经调整后混凝土所需配合比,其值为:用水量取基准配合比中用水量值,并根据制作强度试块时测得的坍落度(或工作度)值,加以调整。

水泥用量取用水量乘以经试验定出的为达到$f_{cu,o}$所必需的水灰比值。

砂、石用量取基准配合比中砂、石用量,并按定出一水灰比值作适当调整。

(3)质量调整。初步定出的混凝土配合比,还应以实测的混凝土质量再作必要的校正。

$$混凝土计算质量值 = W + C + S + G$$

将混凝土的实测质量除以计算质量,得出校正系数$K$,即:

$$K = \frac{混凝土实测质量值}{混凝土计算质量值} \tag{1-11}$$

再定出的混凝土配合比中的每项材料用量并均乘以校正系数$K$。经乘以$K$值后的配合比,即为最终定出的混凝土配合比设计值。

## 四、混凝土配合比的选定

(1)混凝土的配合比,应符合混凝土原材料品质、设计强度等级、耐久性以及施工工艺对工作性的要求,通过试配、调整等步骤选定。配制的混凝土拌和物应满足施工要求,配制成的混凝土应满足设计强度、耐久性等质量要求。

(2)选定混凝土配合比应遵循下列基本规定:

①为提高混凝土的耐久性,改善混凝土的施工性能和抗裂性能,混凝土中应适量掺加优质的粉煤灰、磨细矿渣粉或硅灰等矿物掺和料。不同矿物掺和料的掺量应根据混凝土的性能通过试验确定。一般情况下,矿物掺和料掺量不宜小于水泥总量的20%。当混凝土中粉煤灰掺量大于30%时,混凝土的水灰比不宜大于0.45。预应力混凝土以及处于冻融环境中的混凝土的粉煤灰的掺量不宜大于30%。

②C30及以下混凝土的水泥总量不宜高于400kg/m³,C35~C40混凝土不宜高于450kg/m³,C50及以上混凝土不宜高于500kg/m³。

③不同环境条件下钢筋混凝土及预应力钢筋混凝土结构的混凝土的水灰比、水泥用量应满足表1-48的规定。

**混凝土的最大水灰比和最小水泥用量(kg/m³)** 表1-48

| 环境类别 | 环境作用等级 | 设计使用年限级别 | | | | | |
|---|---|---|---|---|---|---|---|
| | | 一(100年) | | 二(60年) | | 三(30年) | |
| | | 最大水灰比 | 最小水泥用量 | 最大水灰比 | 最小水泥用量 | 最大水灰比 | 最小水泥用量 |
| 碳化环境 | T1 | 0.55 | 280 | 0.60 | 260 | 0.65 | 260 |
| | T2 | 0.50 | 300 | 0.55 | 280 | 0.60 | 260 |
| | T3 | 0.45 | 320 | 0.50 | 300 | 0.50 | 300 |
| 氯盐环境 | L1 | 0.45 | 320 | 0.50 | 300 | 0.50 | 300 |
| | L2 | 0.40 | 340 | 0.45 | 320 | 0.45 | 320 |
| | L3 | 0.36 | 360 | 0.40 | 340 | 0.40 | 340 |
| 化学侵蚀环境 | H1 | 0.50 | 300 | 0.55 | 280 | 0.60 | 260 |
| | H2 | 0.45 | 320 | 0.50 | 300 | 0.50 | 300 |
| | H3 | 0.40 | 340 | 0.45 | 320 | 0.45 | 320 |
| | H4 | 0.36 | 360 | 0.40 | 340 | 0.40 | 340 |

续上表

| 环境类别 | 环境作用等级 | 设计使用年限级别 | | | | | |
|---|---|---|---|---|---|---|---|
| | | 一(100 年) | | 二(60 年) | | 三(30 年) | |
| | | 最大水灰比 | 最小水泥用量 | 最大水灰比 | 最小水泥用量 | 最大水灰比 | 最小水泥用量 |
| 冻融破坏环境 | D1 | 0.50 | 300 | 0.55 | 280 | 0.60 | 260 |
| | D2 | 0.45 | 320 | 0.50 | 300 | 0.50 | 300 |
| | D3 | 0.40 | 340 | 0.45 | 320 | 0.45 | 320 |
| | D4 | 0.36 | 360 | 0.40 | 340 | 0.40 | 340 |
| 磨蚀环境 | M1 | 0.50 | 300 | 0.55 | 280 | 0.60 | 260 |
| | M2 | 0.45 | 320 | 0.50 | 300 | 0.50 | 300 |
| | M3 | 0.40 | 340 | 0.45 | 320 | 0.45 | 320 |

④不同环境条件下素混凝土结构的混凝土的水灰比、水泥用量应满足表 1-49 的规定。

**混凝土的最大水灰比和最小水泥用量**($kg/m^3$)　　表 1-49

| 环境类别 | 环境作用等级 | 设计使用年限级别 | | | | | |
|---|---|---|---|---|---|---|---|
| | | 一(100 年) | | 二(60 年) | | 三(30 年) | |
| | | 最大水灰比 | 最小水泥用量 | 最大水灰比 | 最小水泥用量 | 最大水灰比 | 最小水泥用量 |
| 碳化环境 | T1、T2、T3 | 0.60 | 280 | 0.65 | 260 | 0.65 | 260 |
| 氯盐环境 | L1、L2、L3 | 0.60 | 280 | 0.65 | 260 | 0.65 | 260 |
| 化学侵蚀环境 | H1 | 0.50 | 300 | 0.55 | 280 | 0.60 | 260 |
| | H2 | * | * | 0.50 | 300 | 0.50 | 300 |
| | H3 | * | * | * | * | * | * |
| | H4 | * | * | * | * | * | * |
| 冻融破坏环境 | D1 | 0.50 | 300 | 0.55 | 280 | 0.60 | 260 |
| | D2 | * | * | 0.50 | 300 | 0.50 | 300 |
| | D3 | * | * | * | * | * | * |
| | D4 | * | * | * | * | * | * |
| 磨蚀环境 | M1 | 0.55 | 280 | 0.60 | 260 | 0.65 | 260 |
| | M2 | 0.50 | 300 | 0.55 | 280 | 0.60 | 260 |
| | M3 | * | * | 0.50 | 300 | 0.50 | 300 |

注:“*”号表示不宜采用素混凝土结构。

⑤当化学侵蚀介质为硫酸盐时,除了配合比参数应满足表 1-48 和表 1-49 的规定外,混凝土的水泥还应满足表 1-50 的规定,且水泥的抗蚀系数按《铁路混凝土工程施工技术指南》(TZ 210—2005)附录 F 检验,不得小于 0.8。

**硫酸盐侵蚀环境下混凝土水泥的要求**　　表 1-50

| 环境作用等级 | 水 泥 品 种 | 水泥熟料中的 $C_3A$ 含量(%) | 粉煤灰磨细矿渣粉的掺量(%) | 最小水泥用量($kg/m^3$) |
|---|---|---|---|---|
| H1 | 普通硅酸盐水泥 | ≤8 | ≥20 | 300 |
| | 中抗硫酸盐硅酸盐水泥 | ≤5 | — | 300 |

续上表

| 环境作用等级 | 水 泥 品 种 | 水泥熟料中的 $C_3A$ 含量(%) | 粉煤灰磨细矿渣粉的掺量(%) | 最小水泥用量($kg/m^3$) |
|---|---|---|---|---|
| H2 | 普通硅酸盐水泥 | ≤8 | ≥25 | 300 |
| | 中抗硫酸盐硅酸盐水泥 | ≤5 | ≥20 | 300 |
| | 高抗硫酸盐硅酸盐水泥 | ≤3 | — | 300 |
| H3、H4 | 普通硅酸盐水泥 | ≤6 | ≥30 | 360 |
| | 中抗硫酸盐硅酸盐水泥 | ≤5 | ≥25 | 360 |
| | 高抗硫酸盐硅酸盐水泥 | ≤3 | ≥20 | 360 |

⑥混凝土中宜掺加符合本手册要求且能提高混凝耐久性能的混凝土外加剂,优先选用多功能复合外加剂。

⑦当集料的碱—硅酸反应砂浆棒膨胀率为0.10%~0.20%时,混凝土的碱含量应满足表1-51的规定;当集料的碱—硅酸反应砂浆棒膨胀率为0.20%~0.30%时,除了混凝土的碱含量应满足表1-51的规定外,还应在混凝土中掺加具有明显抑效能的矿物掺合料和外加剂,并应按《铁路混凝土工程施工技术指南》(TZ 210—2005)附录G的方法一或方法二试验,证明抑制有效。

**混凝土最大碱含量($kg/m^3$)** 表1-51

| 设计使用年限级别 | | 一(100年) | 二(60年) | 三(30年) |
|---|---|---|---|---|
| 环境条件 | 干燥环境 | 3.5 | 3.5 | 3.5 |
| | 潮湿环境 | 3.0 | 3.0 | 3.5 |
| | 含碱环境 | * | 3.0 | 3.0 |

注:1."*"号表示混凝土必须换用非碱活性集料。

2.混凝土的总碱含量包括水泥、矿物掺合料、外加剂及水的碱含量之和。其中,矿物掺和料的碱含量以其所含可溶性碱计算。粉煤灰的可溶性碱量取粉煤灰总碱量的1/6,矿渣粉的可溶性碱量取矿渣粉总碱量的1/2,硅灰的可溶性碱量取硅灰总碱量的1/2。

3.干燥环境是指不直接与水接触、年平均空气相对湿度长期不大于75%的环境;潮湿环境是指长期处于水下或潮湿土中、干湿交替区、水位变化区以及年平均相对湿度大于75%的环境;含碱环境是指直接与高含盐碱地、海水、含碱工业废水或钠(钾)盐等接触的环境;干燥环境或潮湿环境与含碱环境交替变化时,均按含碱环境对待。

4.处于含碱环境中的设计使用寿命为30年、60年的混凝土结构,在限制混凝土碱含量的同时,应对混凝土表面作防水、防碱涂层处理。否则应换用非碱活性集料。

⑧钢筋混凝土结构的混凝土氯离了总含量不应超过水泥总量的0.10%,预应力混凝土结构的混凝土氯离子总含量不应超过水泥总量的0.06%。

⑨混凝土的入模含气量宜满足表1-52的规定。

**混 凝 土 含 气 量** 表1-52

| 环境条件 | 混凝土无抗冻要求 | 混凝土有抗冻要求 | | |
|---|---|---|---|---|
| | | D1 | D2、D3 | D4 |
| 含气量(%) | ≥2.0 | ≥4.0 | ≥5.0 | ≥5.5 |

⑩混凝土的坍落度宜根据施工工艺要求确定。在条件许可的条件下,应尽量选用低坍落度的混凝土施工。坍落度测定方法应符合现行国家标准《普通混凝土拌和物性能试验方法》(GB/T 50080—2002)的规定。

(3)混凝土的配合比可按下列步骤计算(以干燥状态集料为基准,矿物掺和料和外加剂的掺量均以水泥总量百分率计)试配和调整。

①核对供应商提供的水泥熟料的化学成分和矿物组成、混合材种类和数量等资料,并根据设计要求,初步选定混凝土的水泥、矿物掺和料、集料、外加剂、拌和水的品种以及水灰比、水泥总用量、矿物掺合料和外加剂的掺量。当设计无明确要求时,可根据本节四、(2)条的要求进行选定。

②参照《普通混凝土配合比设计规程》(JGJ 55—2011)的规定计算单方混凝土中各原材料组分用量,并核算单方混凝土的总碱含量和氯离子含量是否满足本节四、(2)条的要求。如不满足,应重新选择原材料或调整计算配合比,直至满足要求为止。

③采用工程中实际使用的原材料和搅拌方法,通过适当调整混凝土外加剂用量或砂率,调配出坍落度、含气量、泌水率、表观密度符合要求的混凝土配合比。试拌时,每盘混凝土的最小搅拌量应在15L以上。该配合比作为基准配合比。

④适当改变基准配合比的水灰比、水泥用量、矿物掺和料掺量、外加剂掺量或砂率等参数,调配出拌和物性能与要求值基本接近的配合比3~5个。

⑤按要求对上述不同配合比混凝土制作力学性能和抗裂性能对比试件,按规定养护到规定龄期时进行试验。其中,抗压强度试件每种配合比宜制作4组,标准养护至1d、3d、28d、56d时试压,试件的边长可选择150mm或100mm(强度等级C50及以上的混凝土试件边长应采用150mm);抗裂性对比试验可参照《铁路混凝土工程施工技术指南》(TZ 210—2005)附录H规定的方法进行。

⑥从上述配合比中优选出拌和物性能和抗裂性优良、抗压强度适宜的一个或多个配合比各成型一组或多组耐久性试件,按规定养护至规定龄期时进行试验。混凝土耐久性试件的制作及试验按《普通混凝土长期性能和耐久性能试验方法》(GB/T 50082—2009)进行(其中抗冻性按快冻法),电通量试验方法参见《铁路混凝土工程施工技术指南》(TZ 210—2005)附录J。

⑦根据上述不同配合比,对应混凝土拌和物的性能、抗压强度、抗裂性以及耐久性能试验结果,按照工作性能优良、强度和耐久性满足要求、经济合理的原则,从不同配合比中选择一个最适合的配合比作为理论配合比。

⑧采用工程实际使用的原材料拌和混凝土,测定混凝土的表观密度。根据实测拌和物的表观密度,求出校正系数,对理论配合比进行校正(即以理论配合比中每项材料用量乘以校正系数后获得的配合比作为混凝土配合比)。校正系数按下式计算:

$$\text{校正系数}=\frac{\text{实测拌和物表观密度}}{\text{理论配合比拌和物表观密度}}$$

⑨当混凝土的力学性能或耐久性能试验结果不满足设计或施工要求时,应重新根据本节四、(2)条的要求选择混凝土配合比参数,并按照上述步骤重新试拌和调整混凝土配合比,直至满足要求为止。

⑩当混凝土的原材料品质、施工环境气温发生较大变化时,应及时对混凝土的配合比进行调整。

## 第六节　混凝土施工缝与混凝土后浇带

### 一、混凝土施工缝的设置

1.施工缝的定义

为了保证现浇钢筋混凝土结构的整体性,在安排施工时,最好是连续浇筑。但由于结构或构件的多样性以及劳力、时间、设备、工种配合等客观上的限制,连续浇筑往往有困难,使结构或构件造成接缝,称为施工缝。

目前大量应用的装配式、装配整体式结构,各混凝土构件之间接缝,实际上也属于施工缝性质。

施工缝不是人为造成的薄弱点,也不是结构或构件的必然薄弱点。

施工缝的位置不当或处理不妥,对结构的受力、防水、抗震、防腐都是不利的,尤其会影响结构的整体性。

2. 施工缝留置的原则

施工缝在整个结构上来讲,是一条薄弱带,而这条薄弱带主要是由混凝土失去连续性造成的。通常都强调施工缝应该选择在剪力或拉力小的部位,这是针对混凝土的力学性能而言,混凝土的抗拉强度比其抗压强度低很多,约 1/18 ~ 1/9,且混凝土的抗剪取决于其抗拉强度。一般在结构计算上不考虑混凝土的抗拉能力,施工缝避开这些地方无疑是正确的。但是应该综合考虑其他因素,其中主要因素就是施工的可能性。例如,柱子等构件的施工缝,并不是结构上剪力或拉力较小的部位,而是照顾施工中必须分层的问题。所以,施工缝的部位应该是结构受力较明确,剪力或拉力较小,且施工方便的部位。

从整体结构上讲,施工缝应尽量分散错开,避免把施工缝安排在同一个水平面或垂直面上。例如,某宿舍是三层混合结构,现浇钢筋混凝土楼板的施工缝,都留在各层的同一部位,同一房间内,使整个结构一分为二,施工缝处楼板开裂从而波及外墙,严重地损害了房屋的整体性。

材料力学表明,凡有集中力的地方,都有较大的剪力。所以,施工缝应避开有集中力的部位,例如有主次梁的结构,主梁要承受次梁传递来的集中力,施工缝不应留在主梁上,宜顺着次梁方向浇筑。

因此,施工缝的位置,应在混凝土浇筑前按设计要求和施工技术方案确定。施工缝的处理应按施工技术方案执行。施工技术方案要考虑到施工的方便与可能,同时也应注意施工顺序。

例如,当设计要求柱子的施工缝留置在基础的顶面时,如图 1-18a) 中的 Ⅰ-Ⅰ 所示。但有的柱子埋深较大,若把施工缝留在基础顶面,势必影响柱基坑的回填;若柱子的钢筋要求深入基础内锚固,则柱子钢筋的预留长度(层高 + 埋深 - 基础高度)过长,钢筋易错位,产生轴线位移,施工不方便。若经过设计许可,把施工缝移到地面厚度的中间,如图 1-18b) 的 $A$-$A$ 所示,可以使刚性地面的混凝土对柱子起一定的嵌固作用,甚至可以有意识地加厚柱子周围的混凝土地面,在受力上、施工上都有利,等于减少了柱子的计算长度。

又如,楼梯混凝土施工缝的位置,按要求应留在楼梯段长度中间的 1/3 范围内,可是多层住宅的楼梯往往是随着建筑物的主体同时施工,当浇筑下层梁板及楼梯时,上层尚无法支模,因此,不能考虑在上折楼梯长度的 1/3 范围内留施工缝。如果留在下一折楼梯上,那就不能使梁板现浇混凝土与楼梯混凝土相衔接,一般把施工缝留在楼梯梁的水平面上是错误的。如果把施工缝留在楼梯梁和楼梯间的平台板上,如图 1-19 所示,按规定单向板可在平行于板的短边任何位置留施工缝,楼梯梁的施工缝也留在中间的 1/3 长度内。

据以上所述,对于施工缝留置的原则,归纳以下四点:

(1)施工缝不应设置在结构的薄弱处或受力不明确处,宜留在受剪力较小的部位。

(2)施工缝不宜设置在整个结构的同一垂直面上或水平面上。

(3)施工缝的位置应考虑结构的布置和荷载的具体状况。

(4)施工缝的位置应考虑施工的可能与方便。

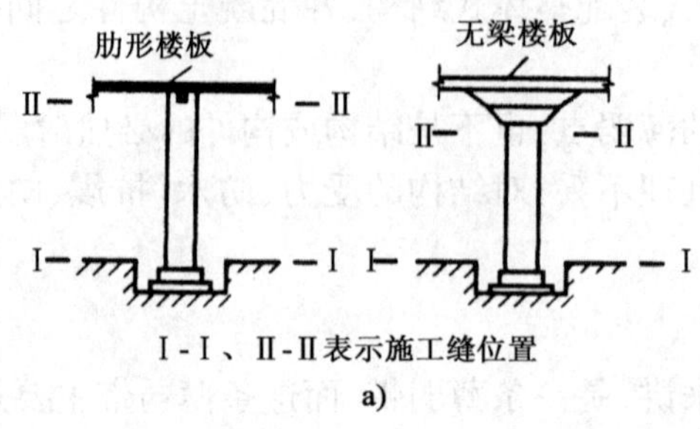


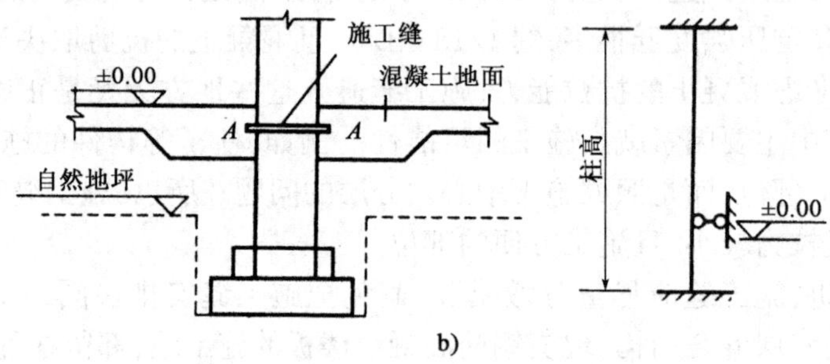


图1-18　柱的施工缝

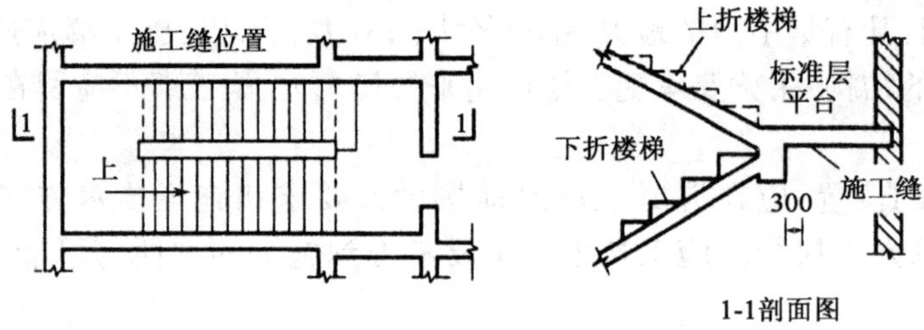


图1-19　楼梯平面图(尺寸单位:mm)

3.施工缝的允许留置部位

按以上原则和规范要求,一般结构的施工缝允许留置部位如下:

1)水平施工缝

(1)基础与基础梁间、基础梁与柱间的施工缝,宜留置在基础梁的下面和上面的水平面上,如图1-20a)所示。

(2)柱与基础间的施工缝,宜留在基础上面的水平面上,如图1-18所示。

(3)无梁楼板与柱间的施工缝,宜留在柱帽下面的水平面上,如图1-18所示。

(4)板与梁应一起浇筑。当梁的载面尺寸很大时(大于1m),施工缝可留在板底面以下2~3cm的水平面上,如图1-20b)所示。

(5)烟囱、水塔、水池的施工缝,可每隔1.5~2.0m留一道。但水塔结构中水箱的施工缝,应避免留在支托斜底部分,如图1-20c)所示。

(6)地上室钢筋混凝土墙的水平施工缝,下面可留在地下室地面上的“止水”处或基础梁上皮;上面可留在楼面梁的下面某处,其距离视梁或板深入墙内钢筋的高度而定,如图1-20d)

所示。

(7)设备基础在地脚螺栓底端至以下 150mm 范围内。当地脚螺栓直径小于 30mm 时,水平施工缝可留在不小于地脚螺栓埋入混凝土部分长度的 3/4 处。

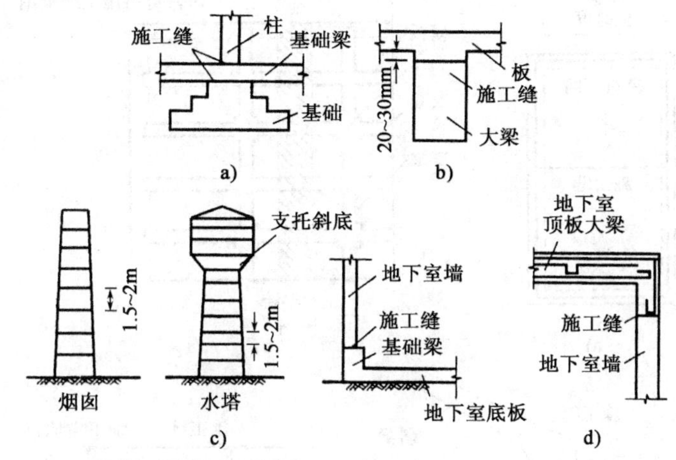


图 1-20 水平施工缝

(8)防水混凝土结构的底板应连续施工,不得在底板任何位置留施工缝。墙体上也不允许留置垂直施工缝,因在整体的底板与墙体垂直施工缝的交接处,很难做好防水处理,结构在受力后容易产生裂缝,导致渗水或漏水。墙体水平施工缝一般宜留在高出底板上皮 200mm 处,这是考虑到如果施工缝位置过高,墙体支模不好处理,这样可以避害开八字脚,也有利于墙体模板的固定。施工缝有三种形式:企口缝、高低缝、金属止水片,如图 1-21 所示,可根据墙体的厚薄、钢筋的疏密采用。

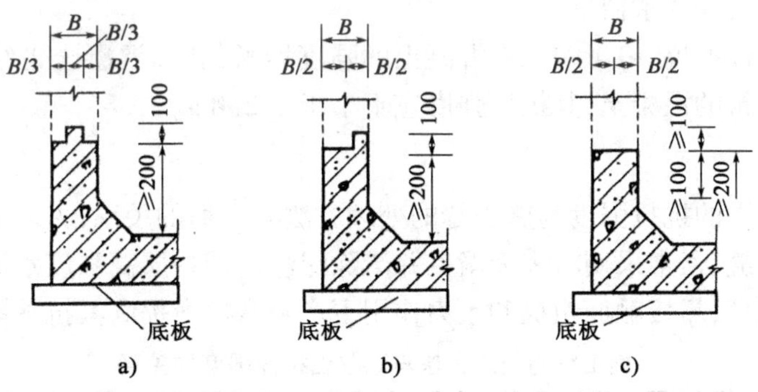


图 1-21 施工缝的形式(尺寸单位:mm)

a)企口缝;b)高低缝;c)金属止水片

2)垂直施工缝

(1)浇筑单向板时,施工缝可留在与板跨平行的任何位置,如图 1-22a)所示。

(2)肋形楼板应顺着次梁方向浇筑,施工缝留在次梁跨度的中间 1/3 范围内,如图 1-22b)所示。

(3)现浇的有斜梁的框架、梁、柱应连续浇筑。如必须分开浇筑时,施工缝宜留在斜梁加腋的上部,如图 1-22c)所示。

(4)地上室墙体的施工缝,必要时可留在两根横梁之间,如图 1-22d)所示。

(5)承受力的设备基础,在高程不同的两个水平施工缝,其高低接合处应留成台阶形,台阶的高宽比不得大于1。

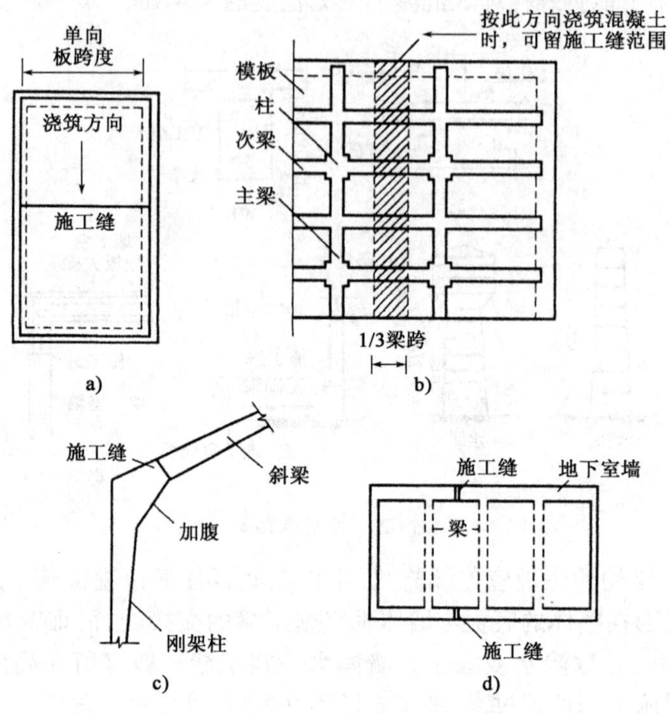


图1-22　肋形楼盖的施工缝位置

双向板、厚大结构、拱、穹拱、薄壳、蓄水池、斗仓、水池、多层刚架及其他结构复杂的工程,施工缝的位置应按设计要求留置。

由于新混凝土被振捣,将影响原有混凝土的强度增长,新旧混凝土也结合不好。因此,在施工缝临近的已浇筑的混凝土,其抗压强度应不小于1.2MPa。

4.施缝的处理

施工缝处混凝土的抗拉强度与施工缝的处理方法有密切的关系,见表1-53。

对于水平施工缝,通常采用将表面凿毛并清除浮渣后铺一层高强度水泥砂浆,然后按浇筑新混凝土的方法处理,靠接触面粗糙和重力作用下产生摩擦力提高其抗剪能力。

**施工缝的处理方法与混凝土拉伸强度的关系**　　表1-53

| 水平施工缝 | | 垂直施工缝 | |
|---|---|---|---|
| 处理方法 | 拉伸强度 | 处理方法 | 拉伸强度 |
| 不作任何处理 | 约45% | 不作任何处理 | 约57% |
| 将连接面表面削去1mm | 约77% | 连接面抹砂浆 | 约72% |
| 将连接面表面削去1mm再抹水泥浆 | 约93% | 在连接面抹水泥浆 | 约77% |
| 将连接面表面削去1mm再抹砂浆 | 约96% | 在连接面表面削去1mm再抹砂浆 | 约83% |
| 将连接面表面削去1mm抹水泥浆,3h后浇混凝土并振捣,再次凝固 | 约100% | 将连接面表面削去1mm抹水泥浆,3h后浇混凝土,振捣,再次凝固 | 约98% |

注:表中以混凝土本身的抗体强度为100%,砂浆系指强度等级与混凝土强度等级相同或略高的砂浆。

对于垂直施工缝，无从考虑其摩擦力，只能采取能避则避的办法，或者要考虑新老混凝土的黏结力及凹凸不平表面产生的咬合力。

施工缝的处理，受很多因素影响，我们应当因时制宜、因地制宜地处理好施工缝的接触。主要有以下几个因素：

(1)时间与温度因素。在施工中停歇时间超过水泥的初凝时间才构成施工缝，小于初凝时间不作施工缝处理。水泥的凝结和硬化与气温关系很大，温度高则时间短，温度低则时间长，所以最好由水泥和混凝土的硬化试验决定。一般水泥按2h掌握初凝时间，夏天、冬天的气温不相同，这一点在现场施工时应予注意。

混凝土的线膨胀系数是在$(0.01 \sim 0.014) \times 10^{-3}$之间，由于温差使混凝土开裂，一般集中于混凝土的薄弱处，因此施工缝是敏感的地方。有的地区日温差较大、露天连续浇筑的混凝土结构应该采取相应措施，防止由于温差引起的施工缝处裂纹。

(2)混凝土收缩对施工缝的影响。混凝土收缩应变是$(0.2 \sim 0.4) \times 10^{-3}$，此值超过了混凝土的抗拉极限应变$(0.1 \sim 0.15) \times 10^{-3}$，因此，极易出现收缩裂纹。收缩变形，一般发生在前半年，达全部收缩量的80% ~90%，前两个月可达70%以上。一般施工缝处理，正值其剧烈收缩时期，新旧混凝土收缩量的不同，再加上施工缝接缝处水泥量较大，必然容易从施工缝处裂开。影响收缩的因素很多，其中环境相对湿度最重要，相对湿度90%与50%的干缩率相差可达25% ~50%，由此可知，加强对混凝土和施工缝的养护是很重要的。

为了减少收缩的影响，有的工程对于预制构件间的接缝，采取预留缝隙，等待初期收缩变形完毕，最后用类似水管接头捻口的办法二次堵缝，取得了好的效果。

(3)湿润程度对施工缝的影响。新旧混凝土能否结合一起？答案是肯定的，否则很多装配式结构的节点处理以及装配整体式结构将不能成立。同时，实践证明，关键在于正确的结合方法。在施工中，往往忽略了旧混凝土的湿润程度，只在处理前洒些水了事，这是不行的，必须保证旧混凝土不吸收新混凝土的水分，以利于新混凝土的硬化，否则新旧混凝土之间将有一个强度不高的接触面。因此，处理施工缝或者浇筑预制构件间的接触，至少提前5 ~6h浇水，使旧混凝土含水率达到“干饱和”状态(工人们称之为“泅醉”)才行。再者，对于模板的湿润程度也应保持一致，模板胀缩不同，也会影响接缝的质量。

(4)泛浆与泛白。混凝土经过振捣，集料下沉，水泥浆上浮，称为泛浆。形成了上下强度不同的状况，尤其是混凝土水灰比较大时，更为严重。若在此处留置施工缝，容易出问题，在施工中可在泛浆部位掺入洗净的粗集料，并加以振捣，或适当调整混凝土的配合比，解决泛浆现象。

所谓泛白问题是混凝土在凝固后，表面上析出一层白色粉状物，也叫“泛碱”或“起霜”，在水泥中掺和料较多时，比较严重。这一层白色粉状物无强度也无胶结力，在处理施工缝时必须加以清除。

(5)施工缝表面的相对角度。柱和梁的施工缝表面，应垂直于构件的轴线；板和墙的施工缝，则应与其表面垂直。这样，在传递压力时是有利的，不宜做成斜坡形，尤其是混凝土自然塌落形成的斜坡。

在留置垂直施工缝时，应先作一块隔块，并在隔板上留出钢筋位置的缺口，满插到底。可用细网眼的凹凸不平度约1cm的镀锌薄钢板作垂直施工缝的隔板，这种隔板漏浆少，且能形成凹凸不平的表面。

在留置垂直施工缝时，也可以增加一些插筋，避免收缩和加强结合能力。插筋的直径、间距应由设计单位提供,例如双向板,可由 $\phi6 \sim \phi10$ 的钢筋,其总断面积约为施工缝断面积的 0.2% ~0.3%,两端应加弯钩,插入新旧混凝土,其插入长度各为直径的 30 倍,一般放在板的上部,必要时上下都放。又加梁或柱的施工缝,也可以增加 $\phi12$ 以上直径的钢筋,加强其抗剪能力。

## 二、混凝土的后浇带

后浇带亦称后浇缝,是一种设计中的临时性的变形缝,在结构的一定部位暂时不浇筑,待对构变形基本完成后,再用膨胀性混凝土浇筑,使之成为整体,用以取代伸缩缝、沉降缝、地震缝的作用,使设计简化,施工进度加快,也有较明显的经济效益。近年来在许多重大工程中采用了后浇缝的做法,证明是行之有效的。随着高层建筑的发展,裙房与高层建筑之间的沉降差,用后浇缝去解决,较之沉降缝的一般做法,省事而有效。

### 1. 后浇缝的作用与位置

后浇缝的作用可以分为三种:

(1)后浇收缩缝用以解决钢筋混凝土收缩变形。

(2)后浇温度缝用以解决钢筋混凝土温度应力。

(3)后浇沉降缝用以解决因层高、荷载、结构不同造成的沉降差。

实际上,后浇缝的设置可以同时起到以上两种或三种作用。

后浇缝的位置应选择在内力较小的部位,一般应从梁、板的 1/3 跨部位通过,或从纵横墙相交的部位或门洞口的连接处通过,并能使断开后,几个独立部分能自由地变形。

### 2. 后浇缝的构造

后浇收缩缝和后浇温度缝理论宽度只需 10mm 即能保证温度收缩变形。但考虑施工方便,并避免应力集中,使后浇缝在补充后承受第二部分温差及收缩作用下的约束变形,缝宽多为 700 ~1 000mm。后浇沉降缝的宽度应根据沉降差来确定,并反算出内力,在配筋上予以加强。一般高层建筑与裙房之间的后浇沉降缝,缝宽为 1 000mm,做法如图 1-23 所示。

后浇缝的钢筋可以断开,也可以连接,断开的钢筋在混凝土补齐前予以搭接或焊接。后浇缝应贯通地上地下结构,设计时要说明留缝的具体位置和缝宽,施工中要注意后浇缝处拆模后的支撑。

在补齐混凝土前,一定将接缝面凿毛,钢筋除锈,清洗干净。为使接缝结合更好,或有防火要求时,后浇缝宜做成企口式,如图 1-24 所示。

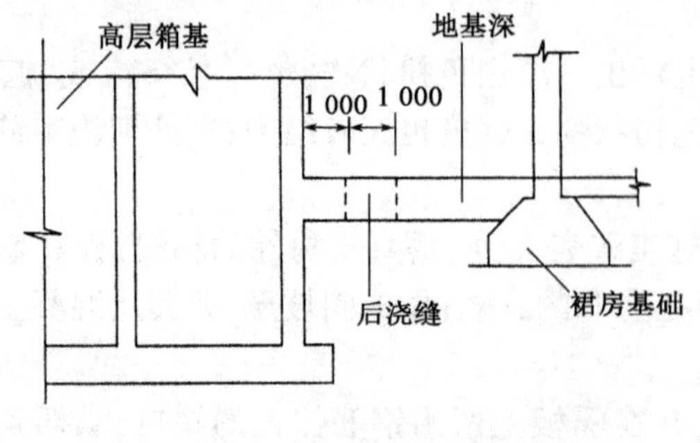


图 1-23　建筑的后浇沉降缝(尺寸单位:mm)

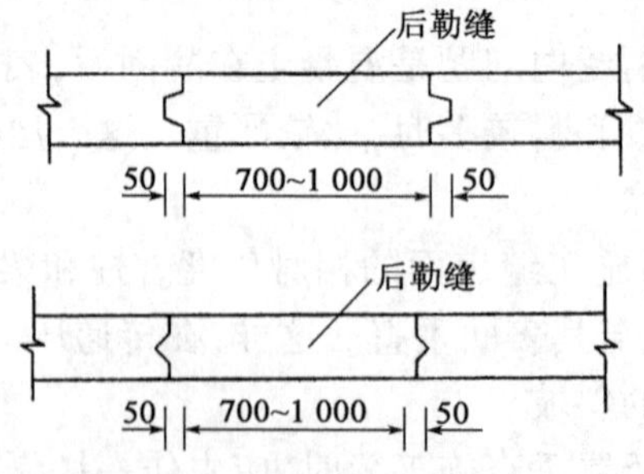


图 1-24　后浇缝的断面形式(尺寸单位:mm)

### 3. 后浇缝的保留时间

后浇缝保留时间越长,收缩、温差、沉降的变形越充分,但尽量在施工期间内完成,以免影响设备安装和地面施工。后浇收缩缝宜在 2 个月后补齐(此期间可完成混凝土收缩量的 60%),后浇温度缝则宜选择在温度较低时浇筑,以免产生大的温度应力;后浇沉降缝应待主体结顶后不少于 1 个月浇筑,以减少残余沉降差引起的内力。

## 第七节　混凝土坍落度的测定与混凝土试块制作

### 一、混凝土坍落度的测定

坍落度为表示混凝土拌和物稠度的一种指标,以此确定混凝土拌和物浇筑时的流动性。根据坍落度不同,混凝土拌和物可分为:塑性混凝土(坍落度大于 30mm)、低流动性混凝土(坍落度 10 ~ 30mm)和干硬性混凝土(坍落度小于 10mm)。干硬性混凝土应以“维勃稠度”来评定拌和物的流动性。

本节介绍的方法只适用于坍落度在 1 ~ 15cm 塑性混凝土。

混凝土坍落度是以“mm”为单位表示的。坍落度值小,说明混凝土拌和物的流动性小,会给施工带来不便,影响工程质量,甚至造成工程质量事故。坍落度过大,又会使混凝土分层,造成上下不匀。所以,混凝土拌和物的坍落度值应在一个适宜范围内。

1. 使用工具

铁板一块、锹、坍落度筒、捣棒、馒刀(抹子)、30cm 钢刀。

2. 操作程序

放平铁板和坍落度筒→湿润坍落度筒→装混凝土拌和料→捣实→刮平→提筒→测量→记录。

1) 放平铁板和坍落度筒

在混凝土搅拌机前,找一块平整场地,将铁板放平放好,并将坍落度筒放在铁板上一边。

2) 湿润坍落度筒

在放入混凝土拌和料之前,将坍落度筒用清水湿润,然后将铁板上的水扫净。

3) 装混凝土拌和料

在混凝土搅拌机出料时,随机抽取一份试样,并分三次三层装入筒内,每次装料高度应稍大于筒高的三分之一。

4) 捣实

每装一层用捣棒垂直插捣 25 次,直到第三层插捣完毕。

5) 刮平

三层捣实完毕后,将筒上端溢出的混凝土用馒刀刮去,并抹平表面。

6) 提筒

将圆锥筒小心垂直向上慢提起,并将锥筒放在锥体混凝土试样一旁。

7) 测量

用一根较长的木水平尺,放在锥筒上并保持水平,然后用钢尺量出木尺底面至试样顶面中心的垂直距离,以 cm 计,准确至 0.5cm。混凝土坍落度测量方法如图 1-25 和图 1-26 所示。

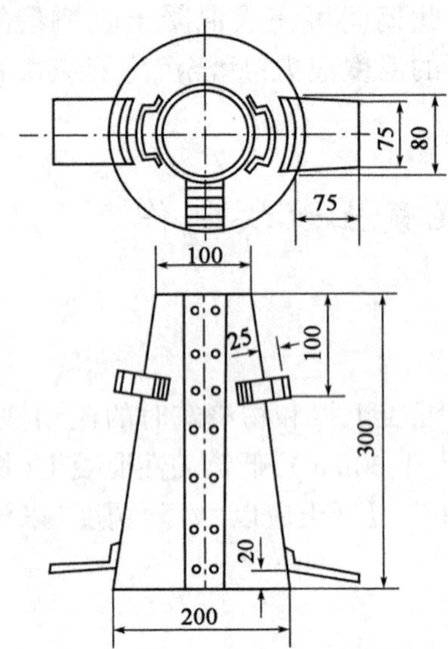

图 1-25　坍落度筒图(尺寸单位:cm)

8)记录

用事先准备好的表格纸,将每次测量的混凝土坍落度详细记录下来,以便鉴定混凝土坍落度是否符合设计要求。

3. 结果评定

(1)混凝土坍落度以两次测试结果之算术平均值表示,每次须换用新的拌和物作用测试材料。

(2)做坍落度测试的同时,可用目测方法测定混拌和物的下列性质,并记在记录本上。

①棍度。按插捣混凝土拌和物时难易程度评定,分"上"、"中"、"下"三级。

"上"表示插捣很容易;

"中"表示插捣时稍有石子阻滞的感觉;

"下"表示很难插捣。

②含砂情况。按混凝土拌和物外观含砂多少而评定。分"多"、"中"、"少"三级。

"多"表示用抹刀抹混凝土表面时,一、二次即可将混凝土表面抹平,砂浆含量十分富余;

"中"表示用抹刀抹混凝土表面时,要抹五、六次可将混凝土表面抹平;

"少"表示抹平很困难,表面有麻面状态。

③黏聚性。观察混凝土拌和物各组成成分相互黏聚情况,评定方法用捣棒在已坍落的混凝土锥体一侧轻轻敲打,如果锥体在敲打后渐渐下沉,表示黏聚性好,如果锥体突然倒坍,部分崩裂或发生石子离析现象,即表示黏聚性不好。

④析水情况。指水分从拌和物中析出情况,分"多量"、"少量"、"无"三级评定。

"多量"表示提起坍落度圆锥筒后,有较多的水分从底部析出;

"少量"表示提起坍落度圆锥筒后,有少量的水分从底部析出;

"无"表示提起坍落度圆锥筒后,没有水析出。

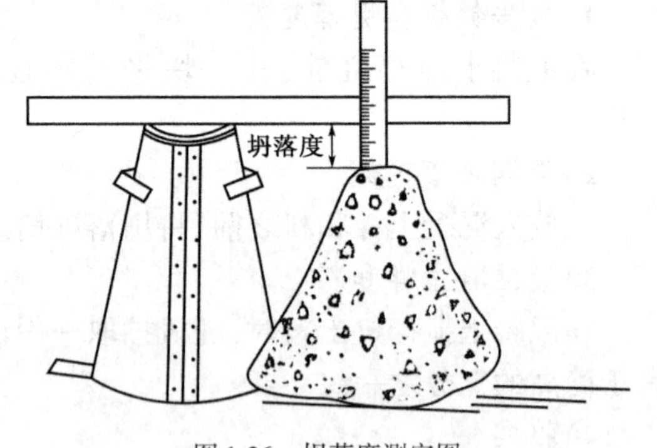

图 1-26　坍落度测定图

4. 注意事项

(1)每次测量混凝土坍落度前,应将坍落度筒内外擦净,用水湿润,放置在经水润湿的平板上,用双脚踏紧踏板。

(2)装料时应注意不要将混凝土拌和料掉落在铁板上,散落的拌和料应立即掺入到坍落度筒内,保持铁板上干净。装料分三层装入筒内,每次装入量略高于三分之一筒高,切不可一次装得太多。

(3)插捣时应在全部面积上进行,沿螺旋线由边缘向中心,插捣底层混凝土时,捣棒应插捣至底部,插捣其他两层时,应插捣至下层表面为止。插捣时,捣棒需垂直(弹头形捣棒用直径16mm、长650mm的全层棒制作)。

(4)三层捣实完毕后,应立即将筒上端溢出的混凝土用馒刀刮去,并抹平表面,筒周围平板上的混凝土刮净,以免影响坍落度的测定。

(5)提起坍落度筒时,应小心垂直向上提起,不得歪斜。坍落度筒提起后应将筒放在锥体混凝土试样一旁后,立即进行坍落度测量。测量时水平尺应放置水平(可用长木水平尺进行),然后用钢尺量出筒顶面与坍落后混凝土试体最低之间的高度差时,钢尺要垂直,不可歪斜,应保证测量数据准确。

## 二、混凝土试块的制作

制作混凝土试件,主要是用来测定混凝土强度,为拆模和鉴定混凝土的强度等级做好准备混凝土立方体试件(试块)制作详见第二十二章第三节所述,本处仅作简要介绍。

1.使用工具

标准试模、捣棒、锹、铁抹子、刷子。

2.操作程序

清理试模→涂刷隔离剂→装1/2料→插捣→再装料→插捣→表面抹平→养护。

1)清理试模

试模是用厚钢板加工制作的,使用前用刮刀或小铲清除试模内外灰尘或锈迹,保证试模内外洁净。

2)涂刷隔离剂

将事先准备好的隔离剂(废机油等),用小刷子将试模内壁、底板全部刷满机油,保证混凝土试块能顺利脱模。

3)装1/2料

将搅拌机搅拌好的混凝土拌和料取足够的数量分别给每个试模装至试模高的1/2(一组三个试模)。

4)插捣

用插棒按操作要点及规定先将装入的混凝土拌和料插捣密实。

5)再装料

当前一半料插捣密实后,应立即将剩下的一半混凝土拌和料迅速装入试模中。

6)继续插捣

当第二次装料完毕后,再继续用捣棒按照上次操作方法和要求将混凝土试模中拌和料插捣密实。

7)抹面

面层插捣完毕后,用抹刀沿四边模壁插捣数下,再将表面多余的混凝土刮去并将试块表面抹光,使混凝土试块面稍高于试模。静置0.5h后,对试块表面进行第二次抹面,抹光抹平。

8)养护

试块成型后,应将试块放在现浇结构某一位置,按现场实际的养护情况进行养护,以求客观和比较真实地反映了施工现场的实际养护情况。

3. 评定结构或构件混凝土强度质量试块的要求

评定结构或构件混凝土强度质量的试块,应在浇筑处随机抽样制成,不得挑选。试块留置规定:

(1)每拌制100盘且不超过100m$^3$的同配合比的混凝土,其取样不得少于一次。

(2)每工作班拌制的同配合比的混凝土不足100盘时,其取样不得少于一次;同一单位工程每一验收项目中同配合比的混凝土,其取样不得少于一次。

(3)每一现浇楼层同配合比的混凝土,其取样不得少于一次;同一单位工程每一验收项目中同配合比的混凝土,其取样不得少于一次。

每次取样应至少留置一组标准试块,同条件养护试件的留置组数根据实际需要确定。预拌混凝土除应在预拌混凝土厂内规定取样外,混凝土运到施工现场后,尚应按上述规定留置试块。若有其他需要,如为了抽查结构或构件的拆模、出厂、吊装、预应力筋张拉和放张,以及施工期间临时负荷的需要,还应留置与结构或构件同条件养护的试块,试块组数可按实际需要确定。

每组三个试块养护28d后,立即进行抗压强度的检测,其结果按下列规定确定该组试块的混凝土强度代表值:

①取三个试块强度的平均值;

②当三个试块强度中的最大值或最小值之一与中间值之差超过中间值的15%时,取中间值;

③当三个试块强度中的最大值和最小值之差均超过中间值的15%时,该组试件不应作强度评定的依据。

4. 注意事项

(1)混凝土抗压试块以三个为一组,制作每组试块后用的混凝土应从同一盘或同一车运道的拌和物中取出。

(2)试块试模的选择,应根据混凝土拌和物中粗集料的粒径来确定,可按表1-54确定。

**试块尺寸的选择** 表1-54

| 集料最大颗粒粒径(mm) | 试块尺寸(mm) | 集料最大颗粒粒径(mm) | 试块尺寸(mm) |
|---|---|---|---|
| ≤30 | 100×100×100 | ≤60 | 200×200×200 |
| ≤40 | 150×150×150 | | |

边长150mm的立方体试块为标准试块,100mm、200mm试块为非标准试块。当采用非标准尺寸试块确定强度时,必须将其抗压强度乘以表1-55的折算系数,折算成标准试块强度值。

**试块尺寸的折算系数** 表1-55

| 试块尺寸(mm) | 系数 | 试块尺寸(mm) | 系数 |
|---|---|---|---|
| 100×100×100 | 0.95 | 200×200×200 | 1.05 |
| 150×150×150 | 1 | | |

从表1-55中可以看出,试块形状、尺寸的不同,会影响混凝土的抗压强度值。试块尺寸愈小测得抗压强度值愈高;反之,则愈低。

(3)在试模内涂刷隔离层时,不要将机油涂刷过多,只需在模内涂刷薄薄的一层机油即可。如果用其他材料作隔离剂时,也只能按要求薄薄的涂刷一层即可。

(4)往试块试模中装料分两层装入,其厚度约相等,每层插捣次数如表1-56所示。

**各种试块每层插捣次数** 表1-56

| 试块尺寸(mm) | 每层插捣次数(次) | 试块尺寸(mm) | 每层插捣次数(次) |
|---|---|---|---|
| 100×100×100 | 12 | 200×200×200 | 50 |
| 150×150×150 | 25 | | |

每层插捣应在混凝土全面积上均匀进行,由边缘渐向中心。插捣应达到试模底面,捣上层时捣棒应插入该层底面以下2~3cm处。

(5)面层插捣完毕后,再用抹刀沿四边模壁插捣数下,以消除混凝土与试模接触面的气泡,并可避免蜂窝麻面现象,然后用抹刀刮去表面多余的混凝土,将表面抹光,使混凝土稍高于试模。静置0.5h后,对试块进行第二次抹面,将试块仔细抹光抹平,以使试块与标准尺寸的误差不超过±1mm。

(6)试块成型后,用麻袋或草袋覆盖表面,在温度为20℃±3℃条件下静放一昼夜,但不得超过两昼夜,然后进行拆模和编号。拆除试模后,将试块放在现浇结构某一位置进行浇水养护,从而达与施工现场养护的相同。

## 第八节 混凝土工程工程量计算

### 一、制定统一工程量计算规则的意义与作用

1.意义

1995年12月15日,建设部以建标〔1995〕736号文发布了《全国统一建筑工程预算工程量计算规则》。该规则的发布有以下意义:

(1)有利于统一各地的工程量计算规则,打破了各自为政的局面,为该领域的交流提供了良好条件。

(2)有利于"量价分离"。固定价格不适用于市场经济,因为市场经济的价格是变动的。必须进行价格的动态计算,把价格的计算依据动态化,变成价格信息。因此,需要把价格从定额中分离出来;使时效性差的工程量、人工量、材料量、机械理的计算与时效性强的价格分离开来。统一的工程量计算规则的产生,既是量价分离产物,又是促进量价分离的要素,更是建筑工程造价计价改革的关键一步。

(3)有利于工料消耗定额的编制。这种编制是建立在工程量计算规则统一化、科学化的基础之上的。工程量计算规则和工料消耗定额的出台,共同形成了量价分离后完整的"量"的体系。

(4)有利于工程管理信息化。统一的计量规则,有利于统一计算口径,也有利于统一划项口径;而统一的划项口径,又有利于统一信息编码,进而可实现统一的信息管理。

《建设工程工程量清单计价规范》(GB 50500—2003)附录中的工程量计算规则已明确到了每个项目。

2.作用

(1)用以进行工程计价前的工程量计算。

(2)用以进行工程计划的编制和统计计量。

(3)作为建立 WBS(工作分解结构)的依据。

(4)作为建立工程信息管理大系统的编码、划项和计量依据。

## 二、计算施工图工程数量的基础数据

1. 三线一面计算

(1)$L_{中}$(外墙中心线长度)

一层：　(12.30+13.80)×2=52.20(m)

二层：　(12.30+13.80)×2=52.20(m)

三层：　(14.10+13.80+1.80)×2=59.40(m)

四层：　(14.10+13.80+1.80)×2=59.40(m)

五层：　(14.10+13.80+1.80)×2=59.40(m)

(2)$L_{内}$(内墙净长线长度)

一层：

1/A　(1.20-0.24)×4=3.84(m)

B　1.80×2+1.50×2 =6.60(m)

C　=2.40m

1/1　(1.80+1.20-0.24)×4=11.04(m)

2、6　(12.30-0.24)×2=24.12(m)

3、5　(5.10-0.12)×2=9.96(m)

4　7.20-0.24=6.96(m)

Σ=64.92(m)

二层：

B　(3.00-0.24+2.7-0.24)×2=10.44(m)

2、6　(12.30-0.24)×2=24.12(m)

3、5　(5.10-0.12)×2=9.96(m)

4　7.20-0.24 =6.96(m)

C　=2.40(m)

Σ=53.88(m)

三~五层：

B　(5.70-0.24)×2 =10.92(m)

C　=2.40(m)

D　(3.00-0.12)×2=5.76(m)

E　7.80-0.24×2=7.32(m)

2、6　(3.00-0.24)×2=5.52(m)

2、6　(4.20-0.12)×2=8.16(m)

2/2、1/5　(2.40-0.24)×2=4.32(m)

3、5　(5.10-0.12)×2=9.96(m)

4　7.20-0.24=6.96(m)

Σ=61.32(m)

(3)$L_{外}$:(外墙外边线长度)

一层: $(12.54+14.04)\times 2=53.16(m)$

二层: $(12.54+14.04)\times 2=53.16(m)$

三~五层: $(14.34+14.04+1.8)\times 2=60.36(m)$

2. 建筑面积计算

建筑面积计算,见表1-57。

建筑面积计算表　　表1-57

| 项目名称 | 工程数量计算式 | 计量单位 | 工程量 |
|---|---|---|---|
| 建筑面积 | | $m^2$ | 929.88 |
| 一层 | 14.04×12.54=176.06 | | |
| 二层 | 14.04×12.54=176.06 | | |
| 三~五层 | (14.04+12.54+3.24×1.8×2)×3=563.18 | | |
| 三~五层阳台 | (2.7×1.8×2×3)÷2=14.58 | | |

3. 门窗洞口计算

门窗洞口工程量计算,见表1-58。

门窗洞口工程量计算表　　表1-58

| 类型 | 编号 | 门窗洞口尺寸(mm) | 数量(樘) | 面积($m^2$) | 外墙 | | 内墙 | |
|---|---|---|---|---|---|---|---|---|
| | | | | | 樘数 | 面积($m^2$) | 樘数 | 面积($m^2$) |
| 窗 | C1 | 1 800×1 800 | 30 | 3.24 | 30 | 97.20 | | |
| | C2 | 1 200×1 500 | 4 | 1.80 | 4 | 7.20 | | |
| | C3 | 900×1 500 | 6 | 1.35 | 6 | 8.10 | | |
| | C4 | 1 200×600 | 6 | 0.72 | | | 6 | 4.32 |
| | C5 | 1 200×1 800 | 6 | 2.16 | 6 | 12.96 | | |
| 门 | M1 | 2 400×2 700 | 4 | 6.48 | 4 | 25.92 | | |
| | M2 | 960×2 100 | 10 | 2.016 | | | 10 | 20.16 |
| | M3 | 700×2 100 | 14 | 1.47 | | | 14 | 20.58 |
| | M4 | 900×2 100 | 22 | 1.89 | | | 22 | 41.56 |
| | M5 | 1 500×2 100 | 2 | 3.15 | | | 2 | 6.30 |
| | M6 | 1 500×2 700 | 6 | 4.05 | | | 6 | 24.30 |
| | M7 | 1 800×2 700 | 6 | 4.86 | | | 6 | 29.16 |
| 洞口 | 梯口 | 2 160×2 100 | 1 | 4.536 | | 4.536 | | |
| | | 合计 | | | | 155.916 | | 146.38 |

## 三、建筑面积计算规则

1. 计算建筑面积的范围

(1)单层建筑物不论其高度如何,均按一层计算建筑面积,其建筑面积按建筑物外墙勒脚以上结构的外围水平面积计算。单层建筑物内设有部分楼层者,首层建筑面积已包括在单层建筑物内,二层及二层以上应计算建筑面积。高低联跨的单层建筑物,需分别计算建筑面积时,应以结构外边线为界分别计算。

(2)多层建筑物建筑面积,按各层建筑面积之和计算,其首层建筑面积按外墙勒脚以上结构的外围水平面积计算,二层及二层以上按外墙结构的外围水平面积计算。

(3)同一建筑物,如结构、层数不同时,应分别计算建筑面积。

(4)地下室、半地下室、地下车间、仓库、商店、车站、地下指挥部等相应的出入口建筑面积,按其上口外墙(不包括采光井、防潮层及其保护墙)外围水平面积计算。

(5)建于坡地的建筑物利用吊脚空间设置架空层和深基础地下架空层设计加以利用时,其层高超过2.2m,按围护结构外围水平面积计算建筑面积。

(6)穿过建筑物的通道,建筑物内的门厅、大厅,不论其高度如何,均按一层建筑面积计算。门厅、大厅内设有回廊时,按其自然层的水平投影面积计算建筑面积。

(7)室内楼梯间、电梯井、提物井、垃圾道、管道井等均按建筑物的自然层计算建筑面积。

(8)书库、立体仓库设有结构层的,按结构层计算建筑面积,没有结构层的,按承重书架层或货架层计算建筑面积。

(9)有围护结构的舞台灯光控制室,按其围护结构外围水平面积乘以层数计算面积。

(10)建筑物内设备管道层、储藏室,其层高超过2.2m时,应计算建筑面积。

(11)有柱的雨篷、车棚、货棚、站台等,按柱外围水平面积计算建筑面积;独立柱的雨篷、单排柱的车棚、货棚、站台等,按其顶盖水平投影面积的一半计算建筑面积。

(12)屋面上部有围护结构的楼梯间、水箱间、电梯机房等,按围护结构外围水平面积计算建筑面积。

(13)建筑物外有围护结构的门斗、眺望间、观望间、电梯间、阳台、橱窗、挑廊、走廊等,按其围护结构外围水平面积计算建筑面积。

(14)建筑物外有柱和顶盖走廊、檐廊,按柱外围水平面积计算建筑面积;有盖无柱的走廊、檐廊挑出墙外宽度在1.5m以上时,按其顶盖投影面积一半计算建筑面积。无围护结构的凹阳台、挑阳台,按其水平面积一半计算建筑面积。建筑物间有顶盖的架空走廊,按其顶盖水平投影面积计算建筑面积。

(15)室外楼梯,按自然层投影面积之和计算建筑面积。

(16)建筑物内变形缝、沉降缝等,凡缝宽在300mm以内者,均按其缝宽、按自然层计算建筑面积,并入建筑物建筑面积之内计算。

2.不计算建筑面积的范围

(1)突出外墙的构件、配件、附墙柱、垛、勒脚、台阶、悬挑雨篷、墙面抹灰、镶贴块材、装饰面等。

(2)用于检修、消防等的室外爬梯。

(3)层高2.2m以内的设备管道层、储藏室、设计不利用的深基础空层及吊脚架空层。

(4)建筑物内操作平台、上料平台、安装箱或罐体平台;没有围护结构的屋顶水箱、花架、凉棚等。

(5)独立烟囱、烟道、地沟、油(水)罐、气柜、水塔、储油(水)池、储仓、栈桥、地下人防通道等构筑物。

(6)单层建筑物内分隔单层房间,舞台及后台悬挂的幕布、布景天桥、挑台。

(7)建筑物内宽度大于300mm的变形缝、沉降缝。

3. 其他

(1)建筑物与构筑物连接成一体的,属建筑物部分按本章计算建筑面积的范围和不计算建筑面积的范围规定计算。

(2)本规则适用于地上、地下建筑物的建筑面积计算,如遇有上述未尽事宜,可参照上述规则处理。

## 四、混凝土工程预算工程量计算规则

1. 现浇混凝土及钢筋混凝土模板工程量计算规定

(1)现浇混凝土及钢筋混凝土模板工程量,除别有规定者外,均应区别模板的不同材质、按混凝土与模板接触面的面积,以 $m^2$ 计算。

(2)现浇钢筋混凝土柱、梁、板、墙的支模高度(即室外地坪至板底在至板底之间的高度)以3.6m以内为准,超过3.6m以上部分,另按超过部分计算增加支撑工程量。

(3)现浇钢筋混凝土墙、板上,单孔面积在0.3$m^2$以内的孔洞,不予扣除,洞侧壁模板亦不增加;单孔面积在0.3$m^2$以上时,应予扣除,洞侧壁模板面积并入墙、板模板工程量之内计算。

(4)现浇钢筋混凝土框架分别按梁、板、柱、墙有关规定计算,附墙柱并入墙内工程量计算。

(5)杯形基础杯口高度大于杯口大边长度的,套高杯基础定额项目。

(6)柱与梁、柱与墙、梁与梁等连接的重叠部分,以及伸入墙内的梁头、板头部分,均不计算模板面积。

(7)构造柱外露面均应按图示外露部分计算模板面积。构造柱与墙接触面不计算模板面积。

(8)现浇钢筋混凝土悬挑板(雨篷、阳台)按图示外挑部分尺寸的水平投影面积计算。挑出墙外的牛腿梁及板边模板不另计算。

(9)现浇钢筋混凝土楼梯,以图示露明面尺寸的水平投影计算,不扣除小于500mm楼梯井所占面积。楼梯的踏步、踏步板、平台梁等侧面模板,不另计算。

(10)混凝土台阶不包括梯带,按图示台阶尺寸的水平投影面积计算,台阶端头两侧不另计算模板面积。

(11)现浇混凝土小型池槽,按构件外围体积计算,池槽内、外侧及底部的模板不应另计算。

2. 预制钢筋混凝土构件模板工程量计算规定

(1)预制钢筋混凝土模板工程量,除另有规定者外,均按混凝土实体体积,以 $m^3$ 计算。

(2)小型池槽按外形体积,以 $m^3$ 计算。

(3)预制桩尖按虚体积(不扣除桩尖虚体积部分)计算。

3. 构筑物钢筋混凝土模板工程量计算规定

(1)构筑物工程的模板工程量,除另有规定者外,区别现浇、预制和构件类别,分别按第1条和第2条的有关规定计算。

(2)大型池槽等分别按基础、墙、板、梁、柱等有关规定计算并套相应定额项目。

(3)液压滑升钢模板施工的烟筒、水塔塔身、储仓等，均按混凝土体积，以 $m^3$ 计算。预制倒圆锥形水塔罐壳模板，按混凝土体积，以 $m^3$ 计算。

(4)预制倒圆锥形水塔罐壳组装、提升、就位，按不同容积，以座计算。

4. 现浇混凝土工程量计算规定

(1)混凝土工程量除另有规定者外，均按图示尺寸实体体积，以 $m^3$ 计算。不扣除构件内钢筋、预埋铁件及墙、板中 $0.3m^2$ 以内的孔洞所占体积。

(2)基础：

①有肋带形混凝土基础，其肋高与肋宽之比在4:1以内的按有肋带形基础计算；肋高与肋宽之比超过4:1时，其基础底按板式基础计算，以上部分按墙计算。

②箱式满堂基础，应分别按无梁式满堂基础、柱、墙、梁、板有关规定计算，套相应定额项目计算。

③设备基础除块体以外，其他类型设备基础分别按基础、梁、柱、板、墙等有关规定计算，套相应的定额项目计算。

(3)柱：按图示断面尺寸乘以柱高，以 $m^3$ 计算。柱高按下列规定确定：

①有梁板的柱高，应自柱基上表面(或楼板上表面)至上一层楼板上表面之间的高度计算。

②无梁板的柱高，应算柱基上表面(或楼板上表面)至柱帽下表面之间的高度计算。

③框架柱的柱高，应自柱基上表面至柱顶高度计算。

④构造柱按全高计算，与砖墙嵌接部分的体积并入柱身体积内计算。

⑤依附柱上的牛腿，并入柱身体积内计算。

(4)梁：按图示断面尺寸乘以梁长，以 $m^3$ 计算。梁长按下列规定确定：

①梁与柱接时，梁长算至柱侧面。

②主梁与次梁连接时，次梁长算至主梁侧面。

③伸入墙内的梁头、梁垫体积并入梁体积内计算。

(5)板：按图示面积乘以板厚，以 $m^3$ 计算，其中：

①有梁板包括主、次梁与板，按梁、板体积之和计算。

②无梁板按板和柱帽体积之和计算。

③平板按板实体体积计算。

④现浇挑檐天沟与板(包括屋面板、楼板)连接时，以外墙为分界线，与圈梁(包括其他梁)连接时，以梁外边线为分界线。外墙边线以外或梁外边线以外为挑檐天沟。

⑤各类板伸入墙内的板头并入板体积内计算。

(6)墙：按图示中心线长度乘以墙高及厚度，以 $m^3$ 计算，应扣除门窗洞口及 $0.3m^2$ 以上孔洞的体积，墙垛及突出部分并入墙体积内计算。

(7)整体楼梯，包括休息平台，平台梁、斜梁及楼梯的连接梁，按水平投影面积计算，不扣除宽度小于500mm的楼梯井，伸入墙内部分不另增加。

(8)阳台、雨篷(悬挂板)，按伸出外墙的水平投影面积计算，伸出外墙的牛腿不另计算。带反挑檐的雨篷按展开面积并入雨篷内计算。

(9)栏杆按净长度以延长料计算。伸入墙内的长度已综合在定额内。栏板以 $m^3$ 计算，伸入墙内的栏板，合并计算。

(10)预制板补现浇板缝时，按平板计算。

(11)预制钢筋混凝土框架柱现浇接头(包括梁接头),按设计规定的断面和长度,以 $m^3$ 计算。

5. 预制混凝土工程量计算规定

(1)混凝土工程量均按图示尺寸实体体积,以 $m^3$ 计算,不扣除构件内钢筋、铁件及小于 300mm×300mm 以内的孔洞面积。

(2)预制桩按桩全长(包括桩尖)乘以桩断面(空心桩应扣除孔洞体积),以 $m^3$ 计算。

(3)混凝土与钢杆件组合的构件,混凝土部分按构件实体积以 $m^3$ 计算,钢构件部分按 t 计算,分别套相应的定额项目计算。

6. 构筑物钢筋混凝土工程量计算规定

(1)构筑物混凝土除另规定者外,均按图示尺寸扣除门窗洞口及 0.3$m^2$ 以外孔洞所占体积,以实体体积计算。

(2)水塔:

①筒身与槽底以槽底连接的圈梁底为界,以上为槽底,以下为筒身。

②筒式塔身及依附于筒身的过梁、雨篷挑檐等,并入筒身体积的内计算;柱式塔身,柱、梁合并计算。

③塔顶及槽底,塔顶包括顶板和圈梁,槽底包括底板挑出的斜壁板和圈梁等合并计算。

(3)储水池不分平底、锥底、坡底均按池底计算。壁基梁、池壁不分圆形壁和矩形壁,均按池壁计算;其他项目均按现浇混凝土部分相应项目计算。

7. 钢筋混凝土构件接头灌缝计算规定

(1)钢筋混凝土构件接头灌缝:包括构件座浆、灌缝、堵板孔、塞板梁缝等,均按预制钢筋混凝土构件实体积,以 $m^3$ 计算。

(2)柱与柱基的灌缝,按首层柱体积计算;首层以上柱灌浆按各层柱体积计算。

(3)空心板堵孔的人工材料,已包括在定额内。如不堵孔时,每 10$m^3$ 空心板体积应扣除 0.23$m^3$ 预制混凝土块和 2.2 工日。

## 五、工程量清单项目设置及计算规则

1. 现浇混凝土基础工程

工程量清单项目设置及工程量计算规则,应按表 1-59 的规定执行。

**现浇混凝土基础**(编码:010401) 表 1-59

| 项目编码 | 项目名称 | 项 目 特 征 | 计量单位 | 工程量计算规则 | 工 程 内 容 |
|---|---|---|---|---|---|
| ~001 | 带形基础 | 1. 垫层材料种类、厚度;<br>2. 混凝土强度等级;<br>3. 混凝土拌和料要求;<br>4. 砂浆强度等级 | $m^3$ | 按设计图示尺寸以体积计算。不扣除构件内钢筋、预埋铁件和伸入承台基础桩头所占体积 | 1. 铺设垫层;<br>2. 混凝土制作、运输、浇筑、振捣、养护;<br>3. 地脚螺栓二次灌浆 |
| ~002 | 独立基础 | | | | |
| ~003 | 满堂基础 | | | | |
| ~004 | 设备基础 | | | | |
| ~005 | 桩承台基础 | | | | |

2. 现浇混凝土柱工程

工程量清单项目设置及工程量计算规则,应按表 1-60 的规定执行。

现浇混凝土柱(编码:010402) 表1-60

| 项目编码 | 项目名称 | 项目特征 | 计量单位 | 工程量计算规则 | 工程内容 |
|---|---|---|---|---|---|
| ~001 | 矩形柱 | 1.柱厚度;<br>2.柱截面尺寸;<br>3.混凝土强度等级要求;<br>4.混凝土拌和料要求 | $m^3$ | 按设计图示尺寸以体积计算。不扣除构件内钢筋、预埋铁件所占体积。<br>1.有梁板的柱高,应自柱基上表面(或楼板上表面)至上一层楼板上表面之间的高度计算;<br>2.无梁板的柱高,应自柱基上表面(或楼板上表面)至柱帽下表面之间的高度计算;<br>3.框架柱的柱高,应自柱基上表面至柱顶高度计算;<br>4.构造柱按全高计算,嵌接墙体部分并入柱身体积;<br>5.依附柱上的牛腿和升板的柱帽,并入柱身体积计算 | 混凝土制作、运输、浇筑、振捣、养护 |
| ~002 | 异形柱 | | | | |

3.现浇混凝土梁工程

工程量清单项目设置及工程量计算规则,应按表1-61的规定执行。

现浇混凝土梁(编码:010403) 表1-61

| 项目编码 | 项目名称 | 项目特征 | 计量单位 | 工程量计算规则 | 工程内容 |
|---|---|---|---|---|---|
| ~001 | 基础梁 | 1.梁底高程;<br>2.梁截面;<br>3.混凝土强度等级;<br>4.混凝土拌和料要求 | $m^3$ | 按设计图示尺寸以体积计算。不扣除构件内钢筋、预埋铁件所占体积,伸入墙内的梁头、梁垫并入梁体积内。<br>1.梁与柱连接时,梁长算至柱侧面;<br>2.主梁与次梁连接时,次梁长算至主梁侧面 | 混凝土制作、运输、浇筑、振捣、养护 |
| ~002 | 矩形梁 | | | | |
| ~003 | 异形梁 | | | | |
| ~004 | 圈梁 | | | | |
| ~005 | 过梁 | | | | |
| ~006 | 弧形、拱形梁 | | | | |

4.现浇混凝土墙工程

工程量理清单项目设置及工程量计算规则,应按表1-62的规定执行。

现浇混凝土墙(编码:010404) 表1-62

| 项目编码 | 项目名称 | 项目特征 | 计量单位 | 工程量计算规则 | 工程内容 |
|---|---|---|---|---|---|
| ~001 | 直形墙 | 1.墙类型;<br>2.墙厚度;<br>3.混凝土强度等级;<br>4.混凝土拌和料要求 | $m^3$ | 按设计图示尺寸以体积计算。不扣除构件内钢筋、预埋铁件所占体积,扣除门窗洞口及单个面积0.3$m^2$以外的孔洞所占体积,墙垛及突出墙面部分并入墙体体积内计算 | 混凝土制作、运输、浇筑、振捣、养护 |
| ~002 | 弧形墙 | | | | |

5.现浇混凝土楼梯工程

工程量清单项目设置及工程量计算规则,应按表1-63的规定执行。

**现浇混凝土楼梯**(编码:010405)　　表 1-63

| 项目编码 | 项目名称 | 项目特征 | 计量单位 | 工程量计算规则 | 工程内容 |
|---|---|---|---|---|---|
| ~001 | 直形楼梯 | 1. 混凝土强度等级;<br>2. 混凝土拌和料要求 | $m^3$ | 按设计图示尺寸以水平投影面积计算。不扣除宽度小于 500mm 的楼梯井,伸入墙内部分不计算 | 混凝土制作、运输、浇筑、振捣、养护 |
| ~002 | 弧形楼梯 | | | | |

6. 现浇混凝土板工程

工程量清单项目设置及计算规则,应按表 1-64 规定执行。

**现浇混凝土板**(编码:010406)　　表 1-64

| 项目编码 | 项目名称 | 项目特征 | 计量单位 | 工程量计算规则 | 工程内容 |
|---|---|---|---|---|---|
| ~001 | 有梁板 | 1. 板底高程;<br>2. 板厚度;<br>3. 混凝土强度等级;<br>4. 混凝土拌和料要求 | $m^3$ | 按设计图示尺寸以体积计算。不扣除构件内钢筋、预埋铁件及单个面积 0.3$m^2$ 以内的孔洞所占体积。有梁板(包括主、次梁与板)按梁、板体积之和计算,无梁板按板和柱帽体积之和计算,各类板伸入墙内的板头并入板体积内计算,薄壳板的肋、基梁并入薄壳体积内计算 | 混凝土制作、运输、浇筑、振捣、养护 |
| ~002 | 无梁板 | | | | |
| ~003 | 平板 | | | | |
| ~004 | 拱板 | | | | |
| ~005 | 薄壳板 | | | | |
| ~006 | 栏板 | | | | |
| ~007 | 天沟、挑檐板 | 1. 混凝土强度等级;<br>2. 混凝土拌和料要求 | | 按设计图示尺寸以体积计算 | |
| ~008 | 雨篷、阳台板 | | | 按设计图示尺寸以墙外部分体积计算。包括伸出墙外的牛腿和雨篷板挑檐的体积 | |
| ~009 | 其他板 | | | 按设计图示尺寸以体积计算 | |

7. 现浇混凝土其构件工程

工程量清单项目设置及工程量计算规则,应按表 1-65 的规定执行。

**现浇混凝土其他构件**(编码:010407)　　表 1-65

| 项目编码 | 项目名称 | 项目特征 | 计量单位 | 工程量计算规则 | 工程内容 |
|---|---|---|---|---|---|
| ~001 | 其他构件 | 1. 构件类型;<br>2. 构件规格;<br>3. 混凝土强度等级;<br>4. 混凝土拌和料要求 | $m^3$<br>($m^2$、m) | 按设计图示尺寸以体积计算。不扣除构件内钢筋、预埋铁件所占体积 | 混凝土制作、运输、浇筑、振捣、养护 |
| ~002 | 散水、坡道 | 1. 垫层材料种类、厚度;<br>2. 面层厚度;<br>3. 混凝土强度等级;<br>4. 混凝土拌和料要求;<br>5. 填塞材料种类 | $m^2$ | 按设计图示尺寸以面积计算。不扣除单个 0.3$m^2$ 以内的孔洞所占面积 | 1. 地基夯实;<br>2. 铺设垫层;<br>3. 混凝土制作、运输、浇筑、振捣、养护;<br>4. 变形缝填塞 |
| ~003 | 电缆沟、地沟 | 1. 沟截面;<br>2. 垫层材料种类、厚度;<br>3. 混凝土强度等级;<br>4. 混凝土拌和料要求;<br>5. 防护材料种类 | m | 按设计图示中心线长度计算 | 1. 挖运土石;<br>2. 铺设垫层;<br>3. 混凝土制作、运输、浇筑、振捣、养护;<br>4. 刷防护材料 |

8. 后浇带工程

工程量清单项目设置及工程量计算规则,应按表 1-66 的规定执行。

**后浇带**(编码:010408)　　表 1-66

| 项目编码 | 项目名称 | 项目特征 | 计量单位 | 工程量计算规则 | 工程内容 |
| --- | --- | --- | --- | --- | --- |
| ~001 | 后浇带 | 1. 部位;<br>2. 混凝土强度等级;<br>3. 混凝土拌和料要求 | $m^3$ | 按设计图示尺寸以体积计算 | 混凝土制作、运输、浇筑、振捣、养护 |

9. 预制混凝土柱工程

工程量清单项目设置及工程量计算规则,应按表 1-67 的规定执行。

**预制混凝土柱**(编码:010409)　　表 1-67

| 项目编码 | 项目名称 | 项目特征 | 计量单位 | 工程量计算规则 | 工程内容 |
| --- | --- | --- | --- | --- | --- |
| ~001 | 矩形柱 | 1. 柱类型;<br>2. 单件体积;<br>3. 安装高度;<br>4. 混凝土强度等级;<br>5. 砂浆强度等级 | $m^3$<br>(根) | 1. 按设计图示尺寸以体积计算。不扣除构件内钢筋、预埋铁件所占体积;<br>2. 按设计图示尺寸以"数量"计算 | 混凝土制作、运输、浇筑、振捣、养护,构件制作、运输、安装,砂浆制作、运输,接头灌缝、养护 |
| ~002 | 异形柱 | | | | |

10. 预制混凝土梁工程

工程量清单项目设置及工程量计算规则,应按表 1-68 的规定执行。

**预制混凝土梁**(编码:0104010)　　表 1-68

| 项目编码 | 项目名称 | 项目特征 | 计量单位 | 工程量计算规则 | 工程内容 |
| --- | --- | --- | --- | --- | --- |
| ~001 | 矩形梁 | 1. 单件体积;<br>2. 安装高度;<br>3. 混凝土强度等级<br>4. 砂浆强度等级 | $m^3$(根) | 按设计图示尺寸以体积计算。不扣除构件内钢筋、预埋铁件所占体积 | 1. 混凝土制作、运输、浇筑、振捣、养护;<br>2. 构件制作、运输;<br>3. 构件安装;<br>4. 砂浆制作、运输;<br>5. 接头灌缝、养护 |
| ~002 | 异形梁 | | | | |
| ~003 | 过梁 | | | | |
| ~004 | 拱形梁 | | | | |
| ~005 | 鱼腹式 | | | | |
| | 吊车梁 | | | | |
| ~006 | 风道梁 | | | | |

11. 预制混凝土屋架工程

工程量清单项目设置及工程量计算规则,应按表 1-69 的规定执行。

**预制混凝土屋架**(编码:0104011)　　表 1-69

| 项目编码 | 项目名称 | 项目特征 | 计量单位 | 工程量计算规则 | 工程内容 |
| --- | --- | --- | --- | --- | --- |
| ~001 | 折线型屋架 | 1. 屋架的类型、跨度;<br>2. 单件体积;<br>3. 安装高度;<br>4. 混凝土强度等级;<br>5. 砂浆强度等级 | $m^3$<br>(榀) | 按设计图示尺寸以体积计算。不扣除构件内钢筋、预埋铁件所占体积 | 1. 混凝土制作、运输、浇筑、振捣、养护;<br>2. 构件制作、运输;<br>3. 构件安装;<br>4. 砂浆制作、运输;<br>5. 接头灌缝、养护 |
| ~002 | 组合屋架 | | | | |
| ~003 | 薄腹屋架 | | | | |
| ~004 | 门式刚架屋架 | | | | |
| ~005 | 天窗架屋架 | | | | |

12. 预制混凝土板工程

工程量清单项目设置及工程量计算规则,应按表 1-70 的规定执行。

**预制混凝土板**(编码:0104012)　　表 1-70

| 项目编码 | 项目名称 | 项目特征 | 计量单位 | 工程量计算规则 | 工程内容 |
|---|---|---|---|---|---|
| ~001 | 平板 | 1. 构件尺寸;<br>2. 安装高度;<br>3. 混凝土强度等级;<br>4. 砂浆强度等级 | $m^3$(块) | 按设计图示尺寸以体积计算。不扣除构件内钢筋、预埋铁件及单个尺寸 300mm × 300mm 以内的孔洞所占体积,扣除空心板空洞体积 | 1. 混凝土制作、运输、浇筑、振捣、养护;<br>2. 构件制作、运输;<br>3. 构件安装;<br>4. 升板提升;<br>5. 砂浆制作、运输;<br>6. 接头灌缝、养护 |
| ~002 | 空心板 | | | | |
| ~003 | 槽形板 | | | | |
| ~004 | 网架板 | | | | |
| ~005 | 折形板 | | | | |
| ~006 | 带肋板 | | | | |
| ~007 | 大型板 | | | | |
| ~008 | 沟盖板、井盖板、井圈 | 1. 构件尺寸;<br>2. 安装高度;<br>3. 混凝土强度;<br>4. 砂浆强度等级 | $m^3$(块、套) | 按设计图示尺寸以体积计算。不扣除构件内钢筋、预埋铁件所占体积 | 同上 |

13. 其他预制构件工程

工程量清单项目设置及工程量计算规则,应按表 1-71 的规定执行。

**其他预制构件**(编码:0104013)　　表 1-71

| 项目编码 | 项目名称 | 项目特征 | 计量单位 | 工程量计算规则 | 工程内容 |
|---|---|---|---|---|---|
| ~001 | 烟道、垃圾道、通风道 | 1. 构件类型;<br>2. 单件体积;<br>3. 安装高度;<br>4. 混凝土强度等级;<br>5. 砂浆强度等级 | $m^3$ | 按设计图示尺寸以体积计算。不扣除构件内钢筋、预埋铁件及单个尺寸 300mm × 300mm 以内的孔汇聚洞所占体积,扣除烟道垃圾道、通风道的孔洞所占体积 | 1. 混凝土制作、运输、浇筑、振捣、养护;<br>2.(水磨石)构件制作、运输;<br>3. 构件安装;<br>4. 砂浆制作;<br>5. 接头灌缝、养护;<br>6. 酸洗、打蜡 |
| ~002 | 其他构件 | 1. 构件类型;<br>2. 单件体积;<br>3. 水磨石面层厚度;<br>4. 安装高度;<br>5. 混凝土强度等级;<br>6. 水泥石子浆配合比;<br>7. 石子品种、规格、颜色;<br>8. 酸洗、打蜡要求 | | | |
| ~003 | 水磨石构件 | | | | |

14. 混凝土构筑物工程

工程量清单项目设置及工程量计算规则,就按表 1-72 的规定执行。

**混凝土构筑物**(编码:0104014)　　表 1-72

| 项目编码 | 项目名称 | 项目特征 | 计量单位 | 工程量计算规则 | 工程内容 |
|---|---|---|---|---|---|
| ~001 | 储水(油)池 | 1. 池类型;<br>2. 池规格;<br>3. 混凝土强度等级;<br>4. 混凝土拌和料要求 | $m^3$ | 按设计图示尺寸以体积计算。不扣除构件内钢筋、预埋铁件及单个面积 $0.3m^2$ 以内的孔洞所占体积 | 混凝土制作、运输、浇筑、振捣、养护 |
| ~002 | 储仓 | 1. 类型、高度;<br>2. 混凝土强度等级;<br>3. 混凝土拌和料要求 | | | |

续上表

| 项目编码 | 项目名称 | 项目特征 | 计量单位 | 工程量计算规则 | 工程内容 |
| --- | --- | --- | --- | --- | --- |
| ～003 | 水塔 | 1. 类型;<br>2. 支筒高度、水箱容积;<br>3. 倒圆锥形罐壳厚度、直径;<br>4. 混凝土强度等级;<br>5. 混凝土拌和料要求;<br>6. 砂浆强度等级 | $m^3$ | 按设计图示尺寸以体积计算。不扣除构件内钢筋、预埋铁件及单个面积0.3$m^2$ 以内的孔洞所占体积 | 1. 同上;<br>2. 预制倒圆锥形罐壳、组装、提升、就位;<br>3. 砂浆制作、运输;<br>4. 接头灌缝、养护 |
| ～004 | 烟囱 | 1. 高度;<br>2. 混凝土强度等级;<br>3. 混凝土拌和料要求 | | | 混凝土制作、运输、浇筑、振捣、养护 |

15. 预制混凝土楼梯工程

工程量清单项目设置及工程量计算规则,应按表1-73的规定执行。

预制混凝土楼梯(编码:0104015)　　表1-73

| 项目编码 | 项目名称 | 项目特征 | 计量单位 | 工程量计算规则 | 工程内容 |
| --- | --- | --- | --- | --- | --- |
| ～001 | 楼梯 | 1. 楼梯类型;<br>2. 单件体积;<br>3. 混凝土强度等级;<br>4. 砂浆等级 | $m^3$ | 按设计图示尺寸以体积计算。不扣除构件内钢筋、预埋铁件所占体积,扣除空心踏步板空洞体积 | 1. 混凝土制作、运输、浇筑、振捣、养护;<br>2. 构件制作、运输;<br>3. 构件安装;<br>4. 砂浆制作、运输;<br>5. 接头灌缝、养护 |

## 六、混凝土工程常用项目工料定额

1. 混凝土工程定额项目内容

混凝土部分按现浇混凝土、预制混凝土和构筑物混凝土三个部分列项,每个部分又按不同构件分别列项,共列175个子项。

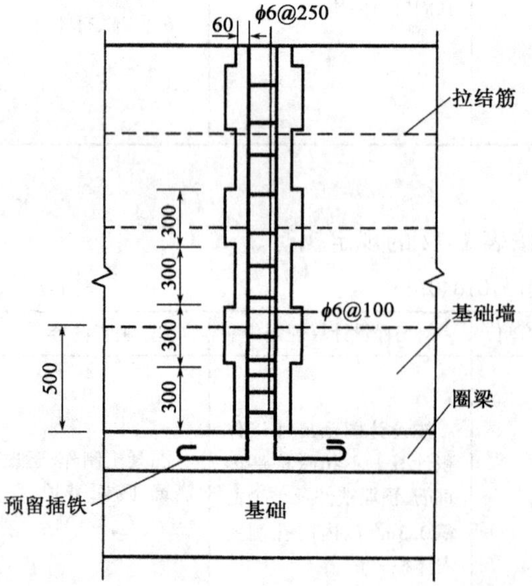

1)现浇混凝土

(1)基础

定额主要按基础构造形式列项,包括带形基础、独立基础、杯形基础、满堂基础和承台桩基础,此外,列有人工挖土桩井壁混凝土,共列10个子项。

(2)柱

定额按柱断面形状和柱的作用列项,共列矩形柱、圆形柱、多边柱及构造柱和开板柱帽等4个子目。构造柱的一般形式如图1-27所示,构造柱是地震地区墙体内的抗震加强柱,为使柱与墙体连接牢固,立面做成马牙状,与砖墙咬搓连接,柱下端与混凝基础或基础梁(地震梁)连接。

图1-27　构造柱(尺寸单位:cm)

(3)梁

①定额中的梁,按两种方式分类列项,共列 6 个子项。按梁的结构部位分为基础梁、圈梁、过梁、单梁、连续梁;按断面和外形分为矩形梁、异形梁、弧形、拱形梁。

②梁的简要说明。

a. 基础梁:是位于地面以下,基础之间或现浇柱之间的现浇钢筋混凝土梁,一般用于承担两柱之间墙体的质量,如图 1-28 所示。

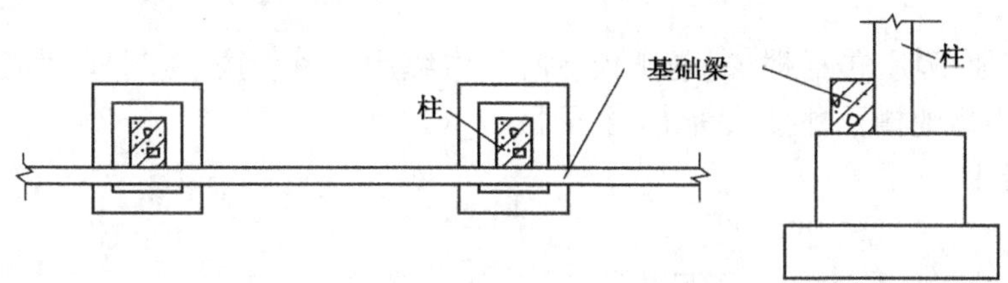


图 1-28 现浇基础梁

b. 单梁、过梁:单梁一般为跨越两个支座的柱间或墙间的梁,如开间梁、进深梁;跨越门窗洞口或空留洞口顶部的单梁就称为过梁。

c. 连续梁:当梁连续跨越 3 个或 3 个以上支座的柱间或墙间时,就称其为连续梁。

d. 矩形梁和异形梁:矩形梁和异形梁的断面形状,如图 1-29 所示。其中异形梁有 L 形、T 形、十字形、工字形等。

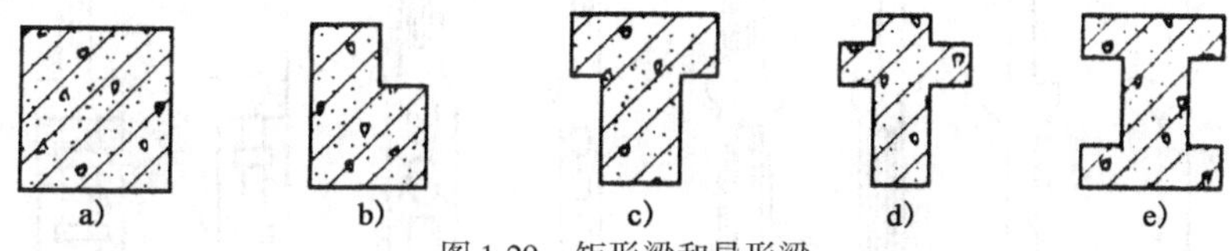


图 1-29 矩形梁和异形梁

e. 叠合梁:现浇叠合梁如图 1-30 所示。它是在已安装的预制梁上再浇筑一预定高度的现浇梁,此现浇梁即称叠合梁,叠合梁与预制梁之间以预留钢筋连接。预制梁上的叠合梁如图中 1-30a)所示,空心板端头叠合如图 1-30b)所示,它是指两空心板端头间所浇灌的混凝土梁。

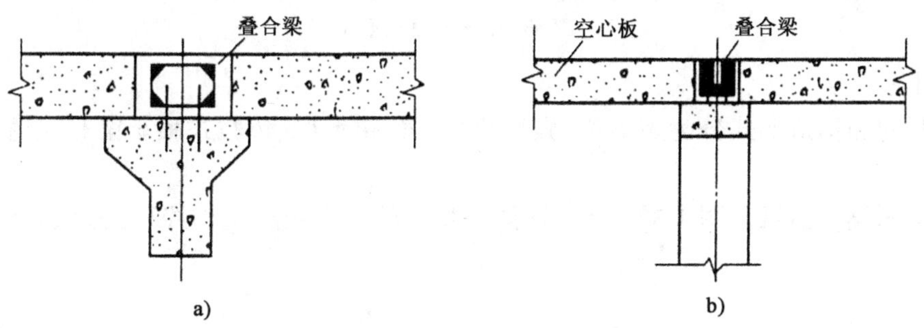


图 1-30 叠合梁

a)预制梁上部叠合梁;b)空心板端部叠合梁

f. 弧形、拱形梁。

(4)墙

钢筋混凝土墙按混凝土集料类型分为普通混凝土和毛石混凝土。普通混凝土按所用石子粒径分为两类,即碎石和砾石,每一类又按级配分成三档:砾石分为 10mm、20mm、40mm,碎石分为 15mm、20mm、40mm。按用途分为一般混凝土墙,电梯井壁,大钢模板墙,滑模墙体。按墙体形状可分为直形墙和弧形墙。本分项综合列项 6 个。

(5)板

钢筋混凝土板是房屋的水平承重构件,按其构造形式可分为有梁板、无梁板、平板和拱板,共列 4 个子目。其中有梁板系指梁(包括主梁、次梁)与板构成整体的结构形式,它包括肋形板、密肋板和井字楼板。无梁板系指不带梁,直接由柱头(帽)为中间支承的板,这种板的厚度大于一般的普通平板,常用于各类大厅。

(6)其他

定额所列其他子项,包括楼梯、悬挑板、地沟、电缆沟、栏板、扶手、门框、小型构件、天沟、挑檐、台阶、压顶、小型池槽及柱接头等 13 个子目。

2)预制混凝土

(1)预制桩

包括方桩、空心桩、桩尖 3 个子目。

(2)预制柱

包括矩形柱和异形柱两个子目,异形柱主要有工字形柱、双肢柱和管柱等,如图 1-31 所示。方形或矩形柱,外形简单,多见于民用建筑;工字形柱结构合理,应用较广;双肢柱是由两根实体肢杆用腹杆连成的;管柱是由若干节在离心制管机上生产的钢筋混凝土圆管拼接而成的。

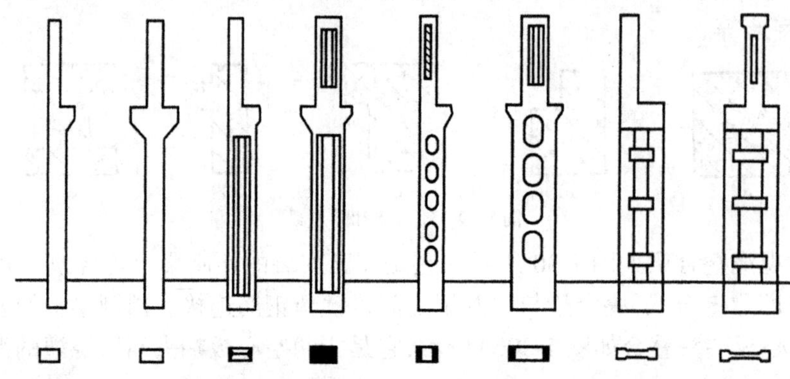

图 1-31 钢筋混凝土柱的形式

(3)预制梁

定额按断面和构造形式分为矩形梁、异形梁、过梁、拱形梁、鱼腹式吊车梁和风道梁等 6 个子目。

鱼腹式吊车梁构造示意图 1-32 所示,该梁是将梁的腹部做成抛物线形,似鱼腹状,故取名鱼腹式吊车梁。

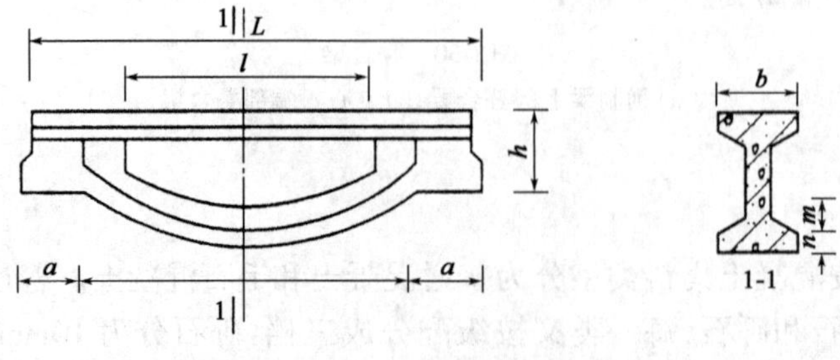


图 1-32 鱼腹式吊车梁

(4)预制屋架

钢筋混凝土屋架一般均为预制,按结构形式可分为组合屋架,薄腹屋架,门式刚架等;按外形可分为三角形、梯形、拱形(或折线形)屋架。定额依上述分类综合列为6个子项。

薄腹屋架的构造,其腹板厚度较薄,断面是工字形;拱形屋架,上弦受力均匀,腹杆应力小,应用广泛;把拱形屋架的上弦杆做成直线杆件,便成拆线形屋架。

组合屋架的受拉杆件用型钢制作,受压杆件仍采用钢筋混凝土制作。

门式刚架的外形似门,它是将刚架的两根边柱与上部的人字架浇筑在一起,形成刚性结合。

(5)预制板

预制板,包括:F形板、平板、空心板、槽形板、大型屋面板、拱形屋面板、大楼板、大墙板、折板、双T板、桃檐板、天沟板等各种形式,各种用途的预制板,共20个子项。

几种预制板的构造简图,如图1-33所示。

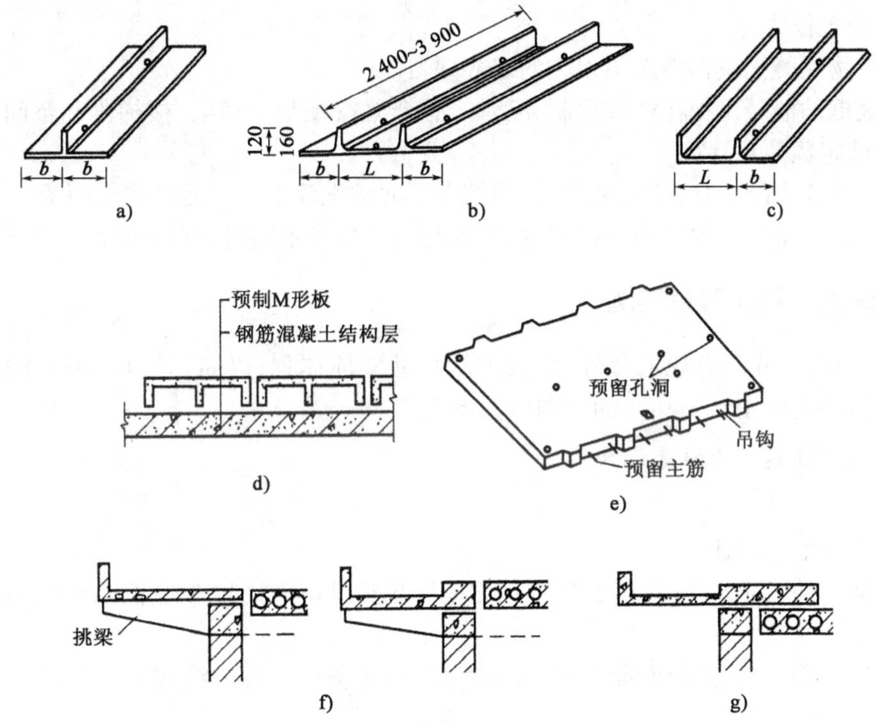


图1-33 几种预制板的构造形式(尺寸单位:mm)

(6)其他预制构件

其他预制构件有檩条、雨篷、阳台、楼梯段、梁、踏步、漏空花格、门窗框、水磨石池槽板以及小型构件等15个子目。

3)构筑物混凝土

与模板工程相对应,构筑物混凝土浇筑也分储水(油)池、储仓、水塔、倒锥壳水塔、烟囱、筒仓6个分项,每种构筑物浇筑混凝土的列项如下:

(1)储水(油)池分池底、池壁和池盖3个子项。

(2)储仓分立壁、漏斗、底板、顶板4个子项。

(3)水塔分塔身、塔顶、槽底及水箱、回廊平台5个子项。

(4)倒锥壳水塔按支筒、水箱分 7 个子项。

(5)烟囱,钢筋混凝土筒身按不同高度分 7 个子项。

(6)筒仓按不同内径分 4 个子项。

4)钢筋混凝土构件接头灌缝

混凝土灌缝除全装配壁板用 C25 混凝土外,所有项目均按 C25 或 C30 细石混凝土列项,项目包括各种柱、梁、屋架、板及小型灌缝共列 21 个子项。

2. 混凝土工程定额编制有关说明

(1)混凝土的工作内容包括:筛砂子、筛洗石子、后台运输、搅拌,前台运输、清理、润湿模板、浇灌、捣固、养护。

(2)毛石混凝土,系按毛石占混凝土体积分数 20% 计算。如设计要求不同时,可以换算。

(3)小型混凝土构件,系指每件体积在 $0.05m^3$ 以内的未列出定额项目的构件。

(4)预制构件厂生产的构件,在混凝土定额项目中考虑了预制厂内构件运输、堆放、码垛、装车运出等的工作内容。

(5)构筑物混凝土按构件选用相应的定额项目。

(6)轻板框的混凝土梅花柱按预制异型柱,叠合梁按预制异型梁,楼梯段和整间大楼板按相应预制构件定额项目计算。

(7)现浇钢筋混凝土柱、墙定额项目,均综合了底部灌注 1:2 水泥砂浆的用量。

(8)混凝土已按常用项目列出强度等级,如与设计要求不同时,可以换算。

## 七、混凝土工料计算及实例

混凝土工程量,除另有规定者外,均按图示尺寸实体体积,以 $m^3$ 计算。不扣除构件内钢筋、预埋铁件及墙、板中 $0.3m^2$ 内的孔洞所占体积。

1. 常见现浇混凝土工程量计算

1)基础

(1)带形混凝土基础

凡在墙体下的长条形基础,或在柱和柱之间把单独基础连接起来的带形结构,均称为带形混凝土基础。

带形基础工程量,按其断面面积乘以长度,以 $m^3$ 计算。计算方法如下:

$$V = FL \tag{1-12}$$

式中:$V$——混凝土带形基础体积($m^3$);

$F$——基础断面面积($m^2$),其断面高度以基础扩大顶面为界,向下算至基础底面;

$L$——基础计算长度(m),外墙部分按外墙基中心线长度,内墙部分按净长线,连接柱独立基础的外墙,按独立基础间净长度计算。

有肋带形混凝土基础,基肋高与肋宽之比在 4:1 以内的;按有肋带形基础计算。其比超过 4:1 时,其基础底按板式基础计算,以上部分按墙计算。

(2)独立基础

独立基础的底面积一般为方形或矩形,按其外形一般有锥形基础、阶梯形基础、矩形基础(亦称平浅柱垫形基础)和杯形基础。

独立基础工程量,应按不同构造形式分别计算。以下是锥形独立基础的计算公式。一般

情况下,锥形独立基础的下部为矩形,上部为截头锥体,如图 1-34 所示,可分别计算相加后得其体积,即:

$$V = ABh_1 + h - \frac{h_1}{b}[AB + ab + (A + a)(B + b)] \quad (1\text{-}13)$$

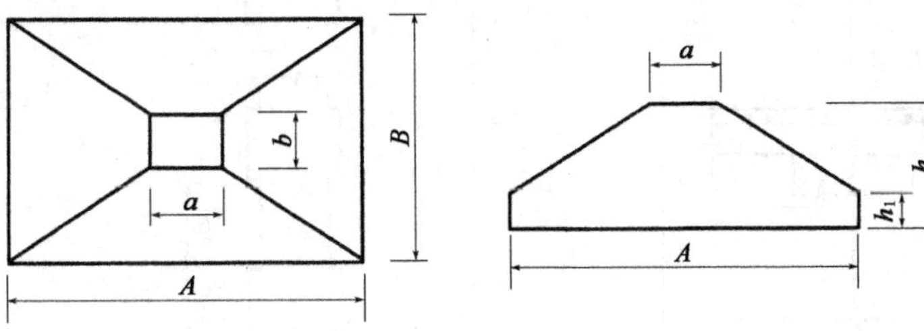


图 1-34　锥形独立基础

(3)满堂基础

按不同构造形式满堂基础可分为无梁式(即板式)满堂基础、有梁式(筏式)满堂基础和箱式满堂基础。

①无梁式满堂基础,形似倒置的无梁楼板。如有扩大或锥形柱墩(脚)时,其工程量应按板的体积加柱脚的体积计算,柱脚高度按设计尺寸,无设计尺寸则算至柱墩的扩大面。其基础体积为:

$$V = F_B d + 柱墩体积 \quad (1\text{-}14)$$

式中:$F_B$——满堂基础板的底面积($m^2$);

$d$——满堂基础板厚(m)。

②有梁式满堂基础,形似倒置的肋形楼板或井字楼板,其工程量应分别计算板和梁的体积,再相加而得。

有梁式满堂基础体积 = (基础板面积 × 板厚) + (梁截面面积 × 梁长)　(1-15)

③箱式满堂基础,箱式满堂基础上有盖板,下有底板,中间有纵、横墙及柱连成整体。其工程量应分别按无梁式满堂基础(底板)、柱、墙、梁、板有关规定计算,套有关定额项目。

2)柱

柱的工程量:按柱断面乘以柱高,以 $m^3$ 计算。即:

$$V = Fh \quad (1\text{-}16)$$

式中:$h$——柱高,按图 1-35 ~ 图 1-38 所示规定确定。

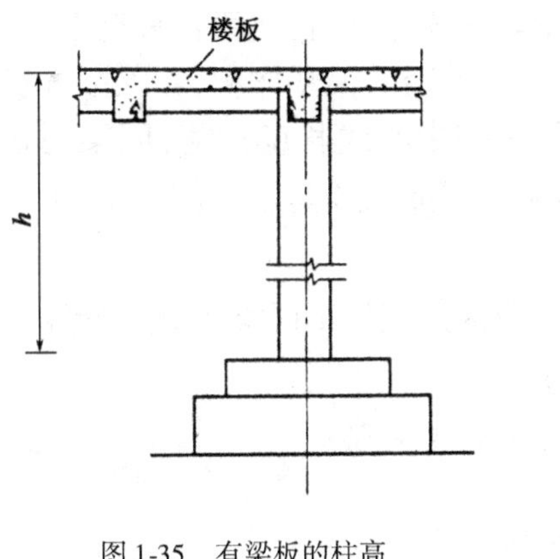


图 1-35　有梁板的柱高

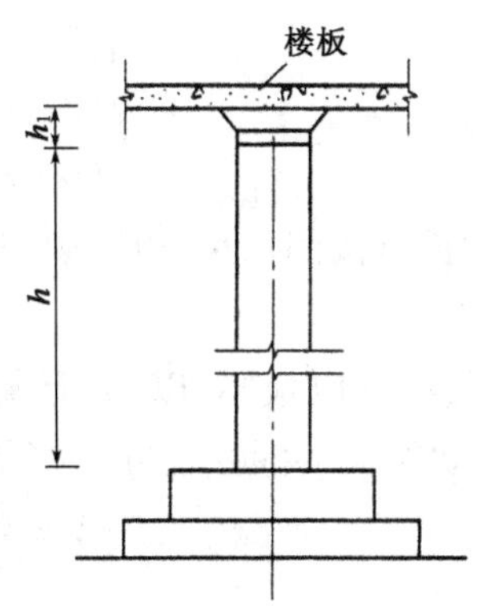


图 1-36　无梁板的柱高

(1)构造柱与砖墙嵌接部分的体积应并入柱身体积内计算。

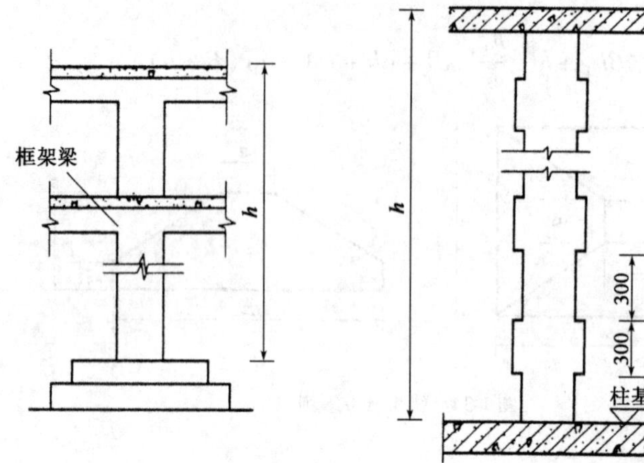


图 1-37　框架柱的柱高　　　图 1-38　构造柱的柱高(尺寸单位:cm)

(2)依附在柱上的牛腿与柱的界线以下柱柱边为分界线,如图 1-39 所示中虚线,牛腿体积可按宽为 $b$ 的四棱柱计算,其公式为:

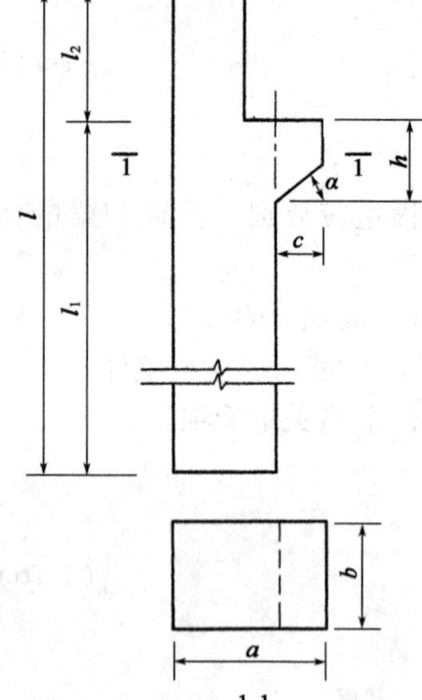


图 1-39　带牛腿的钢筋混凝土柱

$$V_t = \left(h - \frac{c}{2}\tan\alpha\right)cb \tag{1-17}$$

式中:$V_t$——柱上牛腿体积($m^3$);

$h$——牛腿高度(m);

$c$——牛腿突出下柱的高度(m);

$\alpha$——牛腿斜边的水平面的夹角;

$b$——牛腿宽度(m)。

3)梁

梁的体积按图示断面尺寸乘以梁长,以 $m^3$ 计算。算式可表示为:

$$V = FL \tag{1-18}$$

式中:$F$——梁的图示断面积;

$L$——梁长。

(1)梁与柱连接时,梁长算至柱侧面。

(2)主梁与次梁连接时,次梁长算至主梁侧面。

(3)伸入墙内梁头、梁垫体积,并入梁体积内计算。

(4)圈梁长按中心线长度计算,圈梁与过梁连接时,应分别计算,过梁的梁长可按图示尺寸或按门窗洞口宽度两端共加 500mm 计算。

4)板

板的体积按面积乘以板厚,以 $m^3$ 计算。应区别板的不同类型分别计算。

(1)有梁板(肋形板、密肋板、井字楼板)

$$V = V_{主梁} + V_{次梁} + V_{板} \tag{1-19}$$

(2)无梁板

无梁板的工程量按板和柱帽体积之和计算。

$$V = V_{柱帽} + V_{板} \tag{1-20}$$

(3)平板

平板工程量按实体体积计算。

(4)现浇挑檐天沟

按图示实体积计算,当其与板(包括屋面板、楼板)连接时,以外墙为分界线,与圈梁(包括其他梁)连接时,以梁外边线为分界线。外墙边线以外或梁外连线以外为挑檐天沟。

(5)各类板伸入墙内的板头

并入板体积内计算。

5)墙

现浇混凝土墙(间壁墙、电梯井壁、挡土墙、地下室墙)的体积计算为:

$$V = LHd \tag{1-21}$$

式中:$V$——现浇钢筋混凝土墙体积($m^3$);

$H$——墙高(m);

$L$——墙的长度(m);

$d$——墙厚(m)。

2. 混凝土工料计算实例

【例 1-2】 某工程用带牛腿的钢筋混凝土柱(图 1-39),20 根。其下柱长 $L_1 = 6.5$m,断面尺寸 600mm × 500mm;长柱长 $L_2 = 2.5$m,断面 400mm × 500mm,牛腿参数:$h = 700$mm,$c = 200$mm,$a = 56°$。试计算该柱工程量及工料用量。

(1)该钢筋混凝土柱的体积是上柱、下柱及牛腿三部分计算后相加。

$$\begin{aligned} V &= [0.6 \times 0.5 \times 6.5 + 0.4 \times 0.5 \times 2.5 + \\ &\quad (0.7 - 1/2 \times 0.2 \times \tan 56°) \times 0.2 \times 0.5] \times 20 \\ &= (1.95 + 0.5 + 0.055) \times 20 = 50.1(m^3) \end{aligned}$$

(2)工料用量。按定额 5-401,该工程的工料用量见表 1-74。

工 料 用 量 表 表 1-74

| 人工(工日) | C25 现浇混凝土($m^3$) | 草袋子($m^2$) | 水泥砂浆 1:2($m^3$) | 水($m^3$) | 混凝土搅拌机(400L)(台班) | 混凝土振捣器(台班) | 灰浆搅拌机(200L)(台班) |
|---|---|---|---|---|---|---|---|
| 108.42 | 49.40 | 5 | 1.55 | 45.5 | 3.11 | 6.21 | 0.2 |

## 第九节 混凝土工程结算

### 一、混凝土施工隐蔽工程记录

建筑工程施工过程中,在各道工序隐蔽前,必须进行中间检查验收,并做出隐蔽工程验收记录。隐蔽工程验收必须符合施工验收规范的规定。

隐蔽工程验收记录,为工程质量评定提供依据,为建筑工程的合理使用、维护、改造、扩建提供重要的技术资料,因此必须归入工程技术档案。

隐蔽工程验收是在上一工序的工作结果将被下一工序掩盖前，认证是否符合质量要求的检查验收。隐蔽工程验收，应以施工图、施工验收规范、操作规程及其验评标准为依据，对所检查验收的隐蔽工程部位作出评定，并作好隐蔽工程检查验收记录。

隐蔽工程验收工作，应结合技术复核、质量检查工作进行，其结论必须有科学的依据，以定量、定性语言做结论。文字要简明、清晰，并具有真实性，必要时应绘制示意图。对于重要部位，也可摄影或录像以备查考。

1. 混凝土隐蔽工程内容

混凝土隐蔽工程内容，一般包括地面以下的工程，与砖墙连接在一起的构造柱，混凝土施工缝、后浇带、变形缝等，箱形基础或地下室混凝土施工时所留施工缝处的止水措施，对拉螺栓、穿墙管道、预埋件等止水措施，均应详细记录，并应请工程监理检查签证。

地面以上的混凝土工程，如果有大部分不可见的，均应属隐蔽工程（如刚性防水层细石混凝土的施工），施工时仍应填写工程隐蔽记录。

2. 隐蔽工程验收记录表

1）隐蔽工程验收记录表

隐蔽工程验收记录表根据地区不同，可以有不同的使用习惯，但主要内容大致相同，样表见表1-75、表1-76。

**隐蔽工程验收记录**　　表1-75

编号：

<table>
<tr><td>工程名称</td><td colspan="2">综合楼</td><td>分部分项<br>工程名称</td><td>BC-2<br>层×B-3</td><td>图号</td><td>结施02</td></tr>
<tr><td colspan="2">部位(轴线、高程)</td><td>数量</td><td colspan="4">简图及说明</td></tr>
<tr><td colspan="2"></td><td></td><td colspan="4" rowspan="4">见下页附图<br><br>自检人签字：　　　　年　月　日</td></tr>
<tr><td colspan="2"></td><td></td></tr>
<tr><td colspan="2"></td><td></td></tr>
<tr><td colspan="2"></td><td></td></tr>
<tr><td colspan="7">以上项目业经我单位自检完毕，请建设、设计单位和质监站于××××年××月××日前来现场检查核验</td></tr>
<tr><td>核验意见</td><td colspan="6">经核验钢筋绑扎符合设计要求同意浇混凝土</td></tr>
<tr><td>建设单位</td><td colspan="2">设计单位</td><td colspan="2">质量监督站</td><td colspan="2">施工单位</td></tr>
<tr><td>（签章）</td><td colspan="2">（签章）</td><td colspan="2">（签章）</td><td colspan="2">施工负责人：<br>专职质量检查员：<br>施工班(组)长：<br>（签字盖章）</td></tr>
</table>

注：本页无法绘图时，必须另加附图。

**隐蔽工程验收记录** 表1-76

编号：

| 工程名称 | 综合楼 | 分部分项工程名称 | 构造柱 | 图号 | 结施03 |
|---|---|---|---|---|---|

| 部位(轴线、高程) | 数量 | 简图及说明 |
|---|---|---|
| 设计规定的轴线中所定构造柱$\frac{\pm000}{\triangleleft}\sim\frac{+3.5}{\triangleleft}$ | $\delta_1$ | φ6@200；4@14；240；240；640；500；500；±000；@100；@100；@200；@100；@200（尺寸单位：cm） |
| | | |
| | | |
| | | 自检人签字： 年 月 日 |

| 以上项目业经我单位自检完毕，请建设、设计单位和质监站于××××年××月××日前来现场检查核验 | |
|---|---|
| 核验意见 | 经检查构造柱部位轴线数量符合设计要求，其二层至天沟底均按此设置，同意进行浇混凝土 |

| 建设单位 | 设计单位 | 质量监督站 | 施工单位 |
|---|---|---|---|
| （签章） | （签章） | （签章） | 施工负责人：<br>专职质量检查员：<br>施工班(组)长：<br>（签字盖章） |

注：本页无法绘图时，必须另加附图。

2）隐蔽工程验收记录表的填写要求

（1）隐蔽工程验收记录填写要求四定，即定时、定位、定量、定性。

（2）填写依据。包括施工图、技术说明和设计资料；施工规范、验评标准及相关技术标准的规定；材料证件；检验报告的数据反馈信息；施工实际情况。

## 二、预算定额、劳动定额的基本知识

### 1. 预算定额的基本知识

1）预算定额的概念

建筑安装工程预算定额，包括建筑工程预算定额和设备安装工程预算定额。

预算定额是在编制施工图预算时，计算工程造价和计算工程中人工、材料、机械台班需要量使用的一种定额。预算定额是一种计价性的定额。在工程委托承包的情况下，它是确定工程造价的主要依据。在招标承包的情况下，它是计算标底和确定报价的主要依据。所以，预算定额在建筑工程定额中占有重要的地位。

预算定额是指在正常施工条件下,确定完成一定计量单位、分项工程或结构构件的人工、材料和机械台班消耗量的标准。例如北京市现行《建筑安装工程预算定额》中规定,完成 $10m^3$ 砖砌外墙需用:

砖瓦工:12.30 工日;

其他工:3.48 工日;

标准机砖:51 千块;

M2.5 混合砂浆:$2.6m^3$;

机械台班(2 ~6t 塔吊):0.55 台班。

预算定额,除表示完成一定计量单位、分项工程或结构构件的人工、材料、机械台班消耗量标准外,还规定完成定额所包括的工程内容。例如完成砌砖工程预算定额规定的工程内容有:运砂浆、运砌砖、安放木砖、铁件、安放 60kg 以内混凝土预制构件,基础砌砖包括清理基槽等内容。

预算定额是在施工定额的基础上,适当合并相关施工定额的工序内容,进行综合扩大而编制的。例如模板、钢筋、混凝土工程内容,在施工定额中按上述三道工序分别编制三个定额,而在预算定额中将三道工序合并为一个分项工程,即钢筋混凝土分项工程。

预算定额与施工定额不同。施工定额只适用于施工企业内部作为经营管理的工具,而预算定额是用来确定建筑安装产品计划价格并作为对外核算的依据。但从编制程序看,施工定额是预算定额的编制基础,而预算定额则是概算定额或概算指标的编制基础。可以说,预算定额在计价定额中也是基础性定额。

预算定额是工程建设中一项重要的技术经济文件。预算定额的各项指标,反映了建筑企业单位,在完成施工任务中消耗劳动力、材料、机械台班的数量限度。国家和建设单位按预算定额的规定,为建筑工程提供必要的人力物力和资金供应;施工企业则在预算定额范围内,通过自已的施工组织管理,按质按量地完成施工任务。可见,预算定额不仅正确地反映了工程建设和各种消耗之间的客观规律,而且在一定程度上有利于理顺工程建设有关各方的经济关系和利益关系。

预算定额是由国家或被授权单位统一组织编制和颁发的一种法令性指标。在执行中具有很大的权威性。

2)预算定额的作用

(1)预算定额是编制地区单位估价表、确定分项工程直接费、编制施工图预算的依据。

按预算定额规定的完成一定计量单位、分项工程所需要的人工、材料、机械台班消耗量,再根据相应的工资标准、材料预算价格和施工机械台班使用费,就可以编制单位估价表,确定分项工程直接费并汇总,即为单位工程直接费。

在工资标准、材料预算价格和施工机械台班单价不变的情况下,工程预算费用的高低,完全取决于预算定额的水平。预算定额起着控制人工、材料、机械台班消耗数量的作用,进而起着控制建筑工程预算费用的作用。

(2)预算定额是编制施工组织设计、进行工料分析、实行经济核算的依据。

施工组织设计的重要任务之一,就是确定施工中所需人力、物力和机械设备的供求量,并做出最佳安排。根据预算定额能够比较精确地计算出施工需求量,这为有计划地组织材料采购、劳动力和施工机械的调配,提供了可靠的计算数据。

另外,施工企业在完成工程任务时,为了降低工程成本和创造更多的盈利,就必须以预算定额标准,加强企业经济核算,努力提高劳动生产率,以取得较好的经济效益。

(3)预算定额是建筑工程拨款、竣工决算的依据。

符合预算规定工程内容的已完分项工程,是按施工进度预付工程价款的。单位工程竣工验收后,再根据预算定额并在施工图预算的基础上进行结算,以保证国家基建投资合理使用。

(4)预算定额是编制概算定额、概算指标和编制招标标底、投标报价的基础资料。

为了适应和满足不同设计阶段投资估价和设计与施工招投标的需要,现行的概算定额和概算指标,是以预算定额为基础,进行综合扩大而编制的。利用预算定额编制概算定额和概算指标,可以节省编制工作中的大量人力、物力和时间,也可以使概算定额和概算指标在水平上与预算定额一致。

3)预算定额的编制原则

(1)平均合理的原则。平均合理,指在定额适用区域现阶段范围内的社会正常的生产条件下,在社会的平均劳动熟练程度和劳动强度下,确定建筑工程预算定额水平。定额水平与各项消耗成反比,与劳动生产率成正比。定额水平高,完成单位产品的人工、材料和机械台班消耗少,劳动生产率高。

(2)简明实用的原则。简明实用,是指在编制预算定额时,对于那些主要的、常用的、价值量大的项目,分项工程的划分宜细;次要的、不常用的,价值量相对较小的项目则划分可以放粗一些。

预算定额要项目齐全。要注意补充那些因采用新技术、新结构、新材料面出现的新的定额项目。如果项目不全,缺项多,就会使计价工作缺少充足的、可靠的依据。补充定额,一般因受资料所限,费时费力,可靠性较差,容易引起争执。

简明适用,还要求合理确定预算定额计量单位,简化工程量的计算,尽可能避免同一种材料用不同的计量单位和一量多用。尽量减少定额附注和换算系数。

4)预算定额的编制依据

(1)现行劳动定额和施工定额。

(2)现行的建筑设计规范、施工及验收规范、质量评定标准等。

(3)典型的建筑工程施工图样和有关的标准图。

(4)新技术、新结构、新材料和先进的施工方法等。

(5)有关试验、技术测定和统计、经验资料。

(6)现行的预算定额、材料预算价格及有关文件规定等。

5)预算定额的编制步骤

预算定额的编制,大致可分为准备工作阶段、收集资料阶段、编制定额阶段、报批阶段和修改定稿整理资料阶段五个工作阶段。各阶段工作互有交叉,有些工作甚至还有多次反复。

(1)准备工作阶段。

(2)收集资料阶段。

①普遍收集资料;

②专题座谈;

③收集现行规定、规范和政策法规资料;

④收集定额管理部门积累的资料;

⑤专项查定及试验。

(3)定额编制阶段。

①确定编制细则。主要包括:统一编制表格及编制方法;统一计小数点位数的要求;有关统一性规定,名称统一,用字统一,专业用语统一,用字要规范化,文字要简练明确。

②确定定额的项目划分和工程量计算规则。

③定额人工、材料、机械台班耗用量的计算、复核和测算。

④撰写编制说明。为顺利地贯彻执行定额,需要撰写新定额编制说明。其内容包括:项目、子目数量;人工、材料、机械的内容范围;资料的依据和综合取定情况;定额中允许换算和不允许换算规定的计算资料;人工、材料、机械单价的计算和资料;施工方法、工艺的选择及材料运距的考虑;各种材料损耗量的取定资料;调整系数的使用;其他应说明的事项与计算数据、资料。

⑤立档、成卷。定额编制资料是贯彻执行定额中需查对资料的唯一依据,也为修编定额提供历史资料数据,应作为技术档案永久保存。

(4)定额报批阶段。

(5)修改定稿、整理资阶段。

6)预算定额编制中的主要工作

(1)定额项目划分

预算定额的项目划分是根据各个分项工程项目的工、料、机消耗水平的不同和工种、材料品种以及使用的机械类型不同而划分的,一般有以下几种划分方法。

①按工程的现场条件划分。

②按施工方法的不同划分。

③按照具体尺寸或质量的大小划分。

(2)确定预算定额的计量单位

预算定额的计量单位,一般依据以下建筑结构构件形状的特点确定。

①凡建筑结构构件的断面有一定形状和大小,但长度不定时,可按长度以延长米为计量单位。如踢脚线、楼梯栏杆、木装饰条、管道线路安装等。

②凡建筑结构构件的厚度有一定规格,但长度和宽度不定时,可按面积以 $m^2$ 为计量单位。如地面、楼面、墙面和天棚面抹灰等。

③凡建筑结构构件的长度、厚(高)度和宽度都变化时,可按体积以 $m^3$ 为计量单位。如土方、钢筋混凝土构件等。

④钢结构由于质量与价格差异很大,形状又不固定,采用质量以 t 为计量单位。

⑤凡建筑结构构件无一定规格,而其构造又较复杂时,可按个、台、座、组为计量单位,如铸铁水斗、卫生洁具安装等。

定额单位确定之后,往往会出现人工、材料或机械台班量很小,即小数点后好几位。为了减少小数位数和提高预算定额的准确性,采取扩大单位的办法,把 $1m^3$、$1m^2$、1m 扩大 10、100、1 000倍。这样,相应的消耗量也加大了倍数,取一定小数位四舍五入后,可达到相对的准确性。

预算定额中各项人工、机械按“工日”、“台班”计量,各种材料的计量单位与产品计量单位基本一致,精确度要求高、材料贵重,多取三位小数。如钢材,吨以下取三位小数;木材,立方米以下取三位小数。一般材料则取两位小数。

2.预算定额的组成及应用

建筑安装工程预算定额分两大类,一类是建筑工程预算定额,一类是设备安装预算定额。

1981 年国家建委编制了《建筑工程预算定额》(修改稿)。鉴于各地区人工工资标准、材料预算价格的差别,各地区参照该定额,并结合本地区实际情况,分别编制了本地区的建筑预算定额。这样,不同地区的建筑工程预算定额,在其内容、工程量计算方法、定额项目表形式以及定额水平等方面就有一些差别。

为了对现行建筑工程预算定额有个比较深入的了解,现以北京市××××年❶编制的《建筑安装工程预算定额》为例,加以介绍。

1)预算定额的组成

该预算定额共十三册,有土建工程(上、下册);炉窑砌筑工程;通风安装工程;机械设备及安装工程;电气安装工程;管道安装工程,自动化仪表工程预算定额以及钢筋混凝土预制构件预算组合价格;门窗预算组合价格;建筑配件、施工安装图册、材料做法综合单价;建筑安装工程管理费及其他费用定额;土建工程常用项目单位估价汇总表。

每册预算定额又按建筑结构、施工顺序、工程内容及使用材料等分成若干章。例如土建工程册(上、下册)共分人工土石方工程、机械土石方工程、桩基础工程、脚手架工程、砖石工程、混凝土及钢筋混凝土工程、机械化吊装及运输工程、木结构及木装修工程、楼地面工程、屋面工程、装饰工程、金属结构制作工程、厂院道路及排水工程、构筑物工程及其他直接费项目等十五章。

每一章又按工程内容、施工方法、使用材料等分成若干节,例如,砖石工程一章又分为砌砖、砌石、细石安装和预制品安装等四节。每一节再按工程性质、材料类别等分成若干定额项目(定额子目)。

为了查阅方便,章、节、子目都按固定编号。章按一、二、三……顺序排列。节在相应章后面用 1、2、3……阿拉伯数字排列,并与章的编号连接。子目在每章按统一的阿拉伯数字编号表示,并与节的编号连接,例如,砖砌内墙子目在预算定额手册的编号形式为:

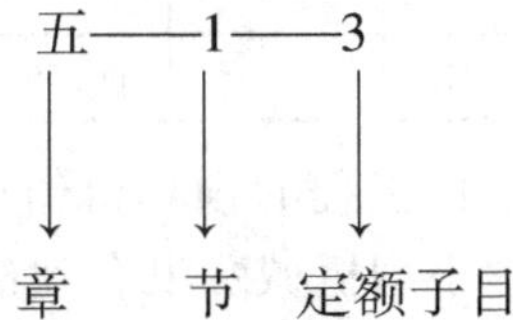


预算定额手册一般由总目录、总说明及各章说明,定额项目表以及有关附录组成。

(1)总说明、各章说明

预算定额手册的总说明,介绍了预算定额的编制依据、定额的适用范围、编制定额时已考虑的和没有考虑因素。另外,也指出了预算定额实际应用中应注意的事项和有关规定。

各章说明,介绍了部分工程预算定额的统一规定,包括子目数量以及使用中的有关规定,定额的换算方法,同时也规定了各分项工程量计算规则。

(2)定额项目表

定额项目表,一般由工程内容、计量单位、项目表组成。

工程内容是规定分项工程预算定额所包括的工作内容以及各工序所消耗的人工、材料、机械台班消耗量。

项目表是定额手册的主要组成部分,它反映了一定计量单位、分项工程的预算价值(定额基价)以及其中人工费、材料费、机械使用费,人工、材料和机械台班消耗量标准。有些地区的

❶引用文件没有年月日,系因预算定额是随时间变动的,该处引用旨在介绍文件的基本内容和计算方法,读者在使用时,须按现行预算定额进行计算。

预算定额在项目表下面列有附注,说明当设计项目与定额不符时,如何调整和换算定额。北京市预算定额把附注并入各章说明中而不另外列出。

表1-77是北京市《建筑安装工程预算定额》土建部分第五章砖石工程第二节砌砖项目工程的定额项目表。

砌　　砖　　表1-77

工程内容:1. 砌砖包括:调运砂浆、运砌砖、安放木砖、铁件、安装60kg混凝土预制构件,基础上包括了清理基槽等。

2. 勾缝包括:调运砂浆、清扫墙面、刻瞎缝、堵脚手眼、缺角修补等。

| 定额编号 | | | | 5-1 | 5-2 | 5-3 | 5-4 | 5-5 | 5-6 |
|---|---|---|---|---|---|---|---|---|---|
| 项目 | | 单位 | 单价 | 砖 | | | 圆弧形砖墙 | 1/2砖墙 | 1/4砖墙 |
| | | | | 基础 | 外墙 | 内墙 | | | |
| 预算价值 | | 元 | | 475.01 | 520.12 | 515.08 | 527.54 | 555.11 | 636.07 |
| 其中 | 人工费 | 元 | | 29.58 | 39.45 | 36.13 | 42.30 | 54.45 | 106.43 |
| | 材料费 | 元 | | 445.43 | 449.20 | 449.20 | 449.20 | 456.04 | 485.02 |
| | 机械费 | 元 | | | 31.47 | 29.75 | 36.04 | 44.62 | 44.62 |
| 人工 | 基本工 | 工日 | | 9.72 | 12.30 | 11.15 | 13.03 | 17.15 | 36.05 |
| | 其他工 | 工日 | | 2.11 | 3.48 | 3.3 | 3.89 | 4.63 | 6.52 |
| | 合计 | 工日 | | 11.83 | 15.78 | 14.45 | 16.92 | 21.78 | 42.57 |
| | 工资等级 | 级 | | 3.4 | 3.4 | 3.4 | 3.4 | 3.4 | 3.4 |
| 材料 | 机砖 | 千块 | 73.14 | 5.07 | 5.10 | 5.10 | 5.10 | 5.35 | 6.02 |
| | M2.5砂浆 | $m^3$ | 28.61 | (2.06) | (2.60) | (2.60) | (2.60) | (2.20) | (1.50) |
| | 其他材料费 | 元 | | 0.22 | 1.80 | 1.80 | 1.80 | 1.80 | 1.80 |
| 机械 | 2~6t塔吊 | 台班 | 57.21 | | (0.55) | (0.52) | (0.63) | (0.78) | (0.78) |

项目表中反映了用砖工程各子目工程的预算价值(定额基价)以及人工、材料、机械台班消耗量指标。项目表中各子目的中小型机械费没有列出,在第十五章其他直接费项目中另外计算。材料消耗只列出主要建筑材料,而项目中的次要材料和零星材料以"其他"材料费按"元"为单位表示。

定额项目表中,各子目工程的预算价值(定额基价)、人工费、材料费、机械台班消耗量指标之间的关系,可用下列公式表示:

$$预算价值 = 人工费 + 材料费 + 机械费$$

$$人工费 = 定额合计用工量 \times 定额日工资标准$$

$$材料费 = \sum(定额材料用量 \times 材料预算价格) + 其他材料费$$

$$机械费 = \sum(定额机械台班用量 \times 机械台班使用费)$$

查表1-77,以5-2定额为例:

$$预算价值 = 39.45 + 449.20 + 31.47 = 520.12(元/10m^3)$$

$$人工费 = 15.78 \times 2.50 = 39.45(元/10m^3)$$

$$材料费 = 5.1 \times 73.14 + 2.60 \times 28.61 + 1.80 = 449.20(元/10m^3)$$

$$机械费 = 0.55 \times 57.21 = 31.47(元/10m^3)$$

(3)附录

附录一般在各册预算定额的后面,通常包括各种砂浆、混凝土配合比表(表1-78~表1-80),

各种材料、机械台班选价表等有关资料,供不同材料预算价格的预算和编制施工计划使用。

**水泥砂浆配合比表**($m^3$)　　表1-78

| 名称 | 单位 | 单价 | 1:1(抹灰用) | 1:2 | 1:2.5 | 1:3 | 1:3.5 | 1:4 |
|---|---|---|---|---|---|---|---|---|
| 水泥 | kg | 0.069 9 | 792 | 544 | 458 | 401 | 350 | 322 |
| 砂子 | kg | 0.010 4 | 1 052 | 1 442 | 1 517 | 1 593 | 1 605 | 1 707 |
| 合价 | 元 | | 65.30 | 53.03 | 47.79 | 44.60 | 41.16 | 40.26 |

**砌筑砂浆配合比表**($m^3$)　　表1-79

| 名称 | 单位 | 单价 | 混合砂浆 | | | | | 水泥砂浆 | | | 勾缝水泥砂浆 |
|---|---|---|---|---|---|---|---|---|---|---|---|
| | | | M10 | M7.5 | M5 | M2.5 | M1 | M10 | M7.5 | M5 | 1:1 |
| 水泥 | kg | 0.069 9 | 281.00 | 229.00 | 182.00 | 126.00 | 77.00 | 311.00 | 256.00 | 200.00 | 823.00 |
| 石灰膏 | $m^3$ | | (0.072) | (0.091) | (0.111) | (0.131) | (0.149) | | | | |
| 石灰 | kg | 0.025 5 | 49.00 | 62.00 | 75.00 | 89.00 | 101.00 | | | | |
| 天然砂子 | kg | 0.010 4 | 1 586.00 | 1 652.00 | 1 685.00 | 1 686.00 | 1 686.00 | 1 666.00 | 1 686.00 | 1 686.00 | 1 090.00 |
| 合价 | 元 | | 37.38 | 34.77 | 32.15 | 28.61 | 25.49 | 39.07 | 35.42 | 31.51 | 68.87 |

**普通混凝土配合比表**($m^3$)　　表1-80

| 项目 | 单位 | 单价 | 混凝土强度等级(石子粒径0.5~3.2) | | | | | | |
|---|---|---|---|---|---|---|---|---|---|
| | | | C10 | C15 | C20 | C25 | C30 | C35 | C40 |
| 合价 | 元 | | 38.79 | 40.82 | 44.95 | 50.58 | 54.12 | 56.19 | 60.42 |
| 水泥42.5MPa | kg | 0.076 2 | 202 | 233 | 294 | 342 | 395 | 426 | |
| 水泥52.5MPa | kg | 0.088 5 | | | | | | | 414 |
| 砂子 | kg | 0.010 4 | 836 | 824 | 775 | 715 | 937 | 588 | 630 |
| 石子 | kg | 0.011 0 | 1 337 | 1 318 | | | | | |
| 石子 | kg | 0.011 2 | | | 1 294 | | | | |
| 石子 | kg | 0.013 1 | | | | 1 304 | 1 328 | 1 344 | 1 315 |

2)预算定额的应用

预算定额是编制施工图预算,确定工程造价的主要依据,定额应用的正确与否,直接影响建筑工程造价。在编制施工图预算应用定额时,通常会遇到以下三种情况:定额的套用、换算和补充。

(1)预算定额的直接套用

在应用预算定额时,要认真地阅读掌握定额的总说明、各分部工程说明、定额的适用范围,已经考虑和没有考虑的因素,以及附注说明等。当分项工程的设计要求与预算定额条件完全相符时,则可直接套用定额。这种情况是编制施工图预算中的大多数情况。

根据施工图纸,对分项工程施工方法、设计要求等了解清楚,选择套用的定额项目。对分项工程与预算定额项目,必须从工程内容、技术特征、施工方法及材料规格上进行仔细核对,然后才能正式确定相应的预算定额套用项目。这是正确套用定额的关键。

例如,《北京市建筑安装工程预算定额》土建分册第十一章第十节一玻一纱木门窗油漆工程项目,有两个定额子目,一个是底油加二遍调和漆,另一个是底油加三遍调和漆,则需根据施工图纸中门窗油漆做法，才能决定定额的套用项目。

又如，25 级砂浆砖砌水池腿工程项目。第五章第一节砖工程中没有砖砌水池腿这个项目，但在分部工程说明中规定池槽、蹲台、水池腿、花台、台阶、垃圾箱等砌砖应套用小型砌砖定额，则砖砌水池腿工程项目可直接套用小型砖砌体定额项目。

再如，某工程墙裙贴规格为 152mm×152mm×5mm 白瓷砖。土建分册预算定额第十一章装饰工程第八节镶贴瓷砖项目中有三个定额子目，即砖墙贴瓷砖、混凝土墙贴瓷砖和加气混凝土板贴瓷砖，而每一子目同时又有中级、高级之区别。在套用定额时，则需根据建筑等级、施工方法等设计要求，定出分项工程符合哪个子目，然后才能决定定额的套用项目。

(2) 预算定额的换算

当设计要求与定额的工程内容、材料规格、施工方法等条件不完全相符时，则不可直接套用定额，可根据编制总说明、分部工程说明等有关规定，在定额规定范围内加以调整换算。

定额换算的实质就是按定额规定的换算范围、内容和方法，对某些分项工程预算单价的换算。通常只有当设计选用的材料品种和规格同定额规定有出入，并规定允许换算时，才能换算。在换算过程中，定额单位产品材料消耗量一般不变，仅调整与定额规定的品种或规格不相同材料的预算价格。经过换算的定额编号在下端应写个“换”字。

定额的换算主要有以下几个方面：

①砂浆强度等级的换算

砂浆一般分为砌筑砂浆和抹灰用砂浆。砌体工程的抹灰工程各子项工程预算价格（定额基价），通常是按某一强度等级砌筑砂浆或按某一配合比砂浆的预算单价编制的。如果设计要求与定额规定的砂浆强度等级或配合比不同时，预算定额基价需要经过换算才可套用。其换算公式如下：

$$\begin{matrix}\text{换算后的}\\\text{定额基价}\end{matrix}=\begin{matrix}\text{换算前的}\\\text{定额基价}\end{matrix}\pm\left(\begin{matrix}\text{应换算砂浆}\\\text{定额用量}\end{matrix}\times\begin{matrix}\text{不同强度等级}\\\text{的砂浆单价差}\end{matrix}\right)$$

式中正负号的规定：当设计要求的砂浆强度等级高于定额子目中取定的砂浆强度等级时，则取正值；反之取负值。

**【例 1-3】** 试求 M5 混合砂浆砌筑砖内墙工程子目的预算价值（采用北京市××××年建筑安装工程预算定额）。

**解**：查表 1-77 定额编号 5-3，计量单位 $10m^3$。

换算前定额基价 = 515.08 元/$10m^3$

应换算砂浆定额用量 = 2.60($m^3$)

M5 与 M2.5 混合砂浆单价差 = 32.15 − 28.61 = 3.54 元/$m^3$（查表 1-78）则

$$\text{五-1-3}_{\text{换}}=515.08+2.06\times3.54=524.28(\text{元}/m^3)$$

其中：

$$\text{人工费}=36.13(\text{元}/10m^3)$$

$$\text{材料费}=449.20+2.6\times3.54=458.40(\text{元}/10m^3)$$

$$\text{机械费}=29.75(\text{元}/10m^3)$$

**【例 1-4】** 某工程砖砌内墙抹水泥砂浆。设计要求底层为 1:2.5 水泥砂浆，厚 13mm；面层为 1:2 水泥砂浆，厚 5mm。试求此子目定额基价。

**解**：从表 1-81 查出预算定额规定的水泥砂浆分层厚度及砂浆配合比：

**定额规定砂浆分层厚度及砂浆配合比表(mm)**　　表 1-81

| 项目 | | | | 底层 | | 中层 | | 面层 | | 总厚度 | 备注 |
|---|---|---|---|---|---|---|---|---|---|---|---|
| | | | | 砂浆种类 | 厚度 | 砂浆种类 | 厚度 | 砂浆种类 | 厚度 | | |
| 抹水泥砂浆 | 天棚 | 钢板网、铅丝网 | | 1:1:2<br>混合砂浆 | 3 | | | 1:0.3:3<br>混合砂浆 | 11 | 14 | |
| | | 现制 | 混凝土板 | 素水泥浆一道,<br>1:3 水泥砂浆 | 5 | | | 1:2.5<br>水泥砂浆 | 5 | 10 | |
| | | | 井字梁、密肋梁 | 素水泥浆一道,<br>1:3 水泥砂浆 | 5 | | | 1:2.5<br>水泥砂浆 | 5 | 10 | |
| | | 预制 | 混凝土板 | 1:1:4 混合<br>砂浆(抹缝)<br>素水泥浆一道,<br>1:3 水泥砂浆 | 5 | | | 1:2.5<br>水泥砂浆 | 5 | 10 | |
| | | | 勾缝抹平 | | | | | 1:1:4<br>混合砂浆 | | | |
| | 墙面 | 砖墙 | 内墙 | 1:3 水泥砂浆 | 13 | | | 1:2.5<br>水泥砂浆 | 5 | 18 | |
| | | | 外墙 | 1:3 水泥砂浆 | 12 | | | 1:2.5<br>水泥砂浆 | 6 | 18 | |
| | | 混凝土墙 | 内墙 | 素水泥浆一道,<br>1:3 水泥砂浆 | 13 | | | 1:2.5<br>水泥砂浆 | 5 | 18 | |
| | | | 外墙 | 素水泥浆一道,<br>1:3 水泥砂浆 | 10 | | | 1:2.5<br>水泥砂浆 | 6 | 16 | |
| | | 钢板网、铅丝网 | | 1:1:6 混合砂浆<br>(略掺麻刀) | 15 | | | 1:1:2<br>混合砂浆 | 5 | 20 | |

底层采用 1:3 水泥砂浆,厚度 13mm

面层采用 1:2.5 水泥砂浆,厚度 5mm

定额编号十一-2-34,计量单位 $10m^3$

换算前定额基价 = 13.83(元/$10m^3$)

其中:

人工费 = 3.85(元/$10m^3$)

材料费 = 9.98(元/$10m^3$)

应换算砂浆定额用量:

底层 $10 \times 0.013 = 0.13(m^3)$

面层 $10 \times 0.005 = 0.05(m^3)$

配合比砂浆单价差:查表 1-78

底层单价差:　　47.79 − 44.60 = 3.19(元/$m^3$)

面层单价差:　　53.03 − 47.79 = 5.24(元/$m^3$)

则:

$$十一\text{-}2\text{-}34_{换} = 13.83 + (0.13 \times 3.19 + 0.05 \times 5.24) = 14.51(元/10m^3)$$

其中：

$$人工费 = 3.85(元/10m^3)$$

$$材料费 = 9.98 + (0.13 \times 3.19 + 0.05 \times 5.24) = 10.66(元/10m^3)$$

②混凝土强度等级的换算

现浇和预制钢筋混凝土工程，由于混凝土强度等级不同而引起定额基价的变化。目前，各地区确定混凝土及钢筋混凝土工程各子目定额基价，通常采用两种形式。一种是定额基价按某一强度等级混凝土单价确定的，其换算方法同砂浆强度等级的换算；另一种是定额基价用不完全价格来表示。即定额基价不含混凝土单价，其换算方法可用下式表示：

$$\begin{matrix}换算后的\\定额基价\end{matrix} = \begin{pmatrix}定额不完\\全价格\end{pmatrix} + \begin{pmatrix}应补充混凝\\土定额用量\end{pmatrix} \times \begin{pmatrix}相应混凝土强度\\等级预算单价\end{pmatrix}$$

**【例 1-5】** 试求 $10m^3$ C20 级混凝土构造定额基价。

**解**：查表 1-82。

定额编号六-3-33，计算单位 $10m^3$

定额不完全价格 = 823.17(元/$10m^3$)

应补充混凝土定额用量 = 10.15($m^3$)

C20 级混凝土预算单价 = 44.95(元/$m^3$)(查表 1-80)

则：

$$六\text{-}3\text{-}33_{换} = 823.17 + 10.15 \times 44.95 = 1\ 279.41(元/10m^3)$$

其中：

$$人工费 = 119.53(元/10m^3)$$

$$材料费 = 667.88 + 10.15 \times 44.95 = 1\ 124.12(元/10m^3)$$

$$机械费 = 0.625 \times 57.21 = 35.76(元/10m^3)$$

$$机械费 = 2.17(元/10m^3)$$

③定额其他换算

定额其他换算是根据定额说明的有关规定进行的。

**柱、梁、板**（$10m^3$） 表 1-82

| 定额编号 | | | | 6-30 | 6-31 | 6-32 | 6-33 | 6-34 | 6-35 |
|---|---|---|---|---|---|---|---|---|---|
| 项目 | | 单位 | 单价 | 矩形柱(周长在) | | | 构造柱 | 圆形柱(直径在) | |
| | | | | 1.20m 内 | 1.80m 内 | 1.80m 外 | | 0.50m 内 | 0.50m 外 |
| 预算价值 | | 元 | | (1 763.73) | (1 684.84) | (1 694.40) | (823.17) | (1 803.10) | (1 778.17) |
| 其中 | 人工费 | 元 | | 216.06 | 141.34 | 124.79 | 119.53 | 252.06 | 146.42 |
| | 材料费 | 元 | | (1 511.91) | (1 507.74) | (1 533.85) | (667.88) | (1 515.28) | (1 595.99) |
| | 机械费 | 元 | | 35.76 | 35.76 | 35.76 | 35.76 | 35.76 | 35.76 |
| 人工 | 木工 | 工日 | | 44.60 | 22.41 | 18.43 | 17.82 | 60.11 | 25.34 |
| | 钢筋工 | 工日 | | 6.86 | 6.58 | 6.12 | 2.73 | 5.84 | 7.05 |
| | 混凝土工 | 工日 | | 9.40 | 9.40 | 8.40 | 13.00 | 9.60 | 8.60 |
| | 其他工 | 工日 | | 22.56 | 16.18 | 15.23 | 12.60 | 21.77 | 15.54 |
| | 合计 | 工日 | | 83.42 | 54.57 | 48.18 | 46.15 | 97.32 | 56.53 |
| | 工资等级 | 级 | | 3.6 | 3.6 | 3.6 | 3.6 | 3.6 | 3.6 |

【例 1-6】 试求 $10m^3$ 砖墙裙镶贴带色锦砖面层定额基价。

解:第十一章装饰工程分部说明规定:镶贴锦砖(马赛克)面层,以白色为准。如镶贴带色者,每 $10m^2$ 增加材料费 38.45 元,人工不变。

查定额十一-8-148,计量单位 $10m^3$

换算前定额基价 = 120.39(元/$10m^3$)

其中

$$人工费 = 19.49(元/10m^3)$$

$$材料费 = 100.90(元/10m^3)$$

按第十一章分部说明规定,则:

$$\begin{aligned}十一\text{-}8\text{-}148_{换} &= 19.49 + (100.90 + 38.45)\\ &= 158.84(元/10m^3)\end{aligned}$$

其中:

$$人工费 = 19.49(元/10m^3)$$

$$材料费 = 100.09 + 38.45 = 139.35(元/10m^3)$$

(3)预算定额的补充

当分项工程的设计要求与定额条件完全不相符合时,或者由于设计采用新结构、新材料及新工艺施工方法,在预算定额中没有这类项目,属于定额缺项时,可编制补充预算定额。

编制补充预算定额的方法,通常有两种。一种是按照本章第三节预算定额的编制方法,计算人工、各种材料和机械台班消耗量指标,然后乘以人工工资标准、材料预算价格及机械台班使用费并汇总,即得补充预算定额基价。另一种方法是补充项目的人工、机械台班消耗量,可以用同类型工序、同类型产品定额水平消耗的工时、机械台班标准为依据,套用相近的定额项目,而材料消耗量按施工图纸进行计算或实际测定(可按第二章第二节材料消耗定额的制订方法来确定)。补充定额的编号一般写成章—节—补$_{1、2、}$……

编制好的补充定额,如果是多次使用的,一般要报有关主管部门审批,或与建设单位进行协商,经同意后再列入工程预算表正式使用。

【例 1-7】 某仓库工程地面垫层为 1:3:6 碎砖三合土,计量单位 $10m^3$。试作此工程项目的补充定额基价。

解:这是××××年《北京市建筑安装工程预算定额》中缺少的定额项目,作补充定额如下:

在××××年《北京市建筑安装工程预算定额》中有这个定额项目,详见表 1-83。

经讨论审定,1:3:6 碎砖三合土垫层定额水平基本没变。则可借用此定额中的人工、材料消耗量指标,乘以××××年《北京市建筑安装工程预算定额》规定的相应人工工资标准、材料预算价格,即为补充预算定额基价。

$$人工费 = 0.989 \times 2.50 \times 10 = 24.73(元/10m^3)$$

$$\begin{aligned}材料费 &= (92 \times 0.0255 + 616 \times 0.0104 + 0.94 \times 8.25) \times 10\\ &= 165.07(元/10m^3)\end{aligned}$$

则:

$$\begin{aligned}九\text{-}1\text{-}补_1 &= 人工费 + 材料费\\ &= 24.73 + 165.07\end{aligned}$$

$$=189.80(元/10m^3)$$

**垫　层**　　　　表 1-83

工作内容:包括底层平整及原材料处理,洒水拌和,分层铺设,找平压实,养护,调制砂浆以及现场内材料运输等全部操作过程。

| 定额编号 | | | | 9-1 | 9-2 | 9-3 | 9-4 | 9-5 | 9-6 | 9-7 | 9-8 |
|---|---|---|---|---|---|---|---|---|---|---|---|
| 项　目 | | 单位 | 单价 | 素土 | 灰土(3:7) | 粗砂 | 三合土 | | 级配砂石 | | 碎砖 |
| | | | | | | | 碎(砾)石 | 1:3:6 碎砖 | 天然 | 人工 | 干铺 |
| 预算价值 | | 元 | | 2.46 | 9.56 | 14.89 | 27.17 | 16.51 | 21.00 | 19.86 | 13.29 |
| 其中 | 人工费 | 元 | | 0.60 | 1.54 | 0.92 | 2.27 | 2.27 | 0.86 | 1.20 | 1.14 |
| | 材料费 | 元 | | 1.86 | 8.02 | 13.97 | 24.90 | 14.24 | 20.14 | 18.66 | 12.15 |
| 人工 | 基本工 | 工日 | | 0.213 | 0.585 | 0.35 | 0.885 | 0.885 | 0.30 | 0.389 | 0.437 |
| | 其他工 | 工日 | | 0.049 | 0.083 | 0.049 | 0.104 | 0.104 | 0.076 | 0.131 | 0.058 |
| | 合计 | 工日 | 2.30 | 0.262 | 0.668 | 0.399 | 0.989 | 0.989 | 0.376 | 0.52 | 0.495 |
| 材料 | 黄土 | $m^2$ | 5.30 | 0.35 | 0.60 | | | | | | |
| | 石灰 | kg | 0.022 4 | | 216 | | 92 | 92 | | | |
| | 砂子 | kg | 0.008 2 | | | 1 703 | 692 | 616 | | 432 | 262 |
| | 碎(砾)石 | kg | 0.11 | | | | 1 561 | | | | |
| | 碎砖 | $m^2$ | 7.58 | | | | | 0.94 | | | 1.32 |
| | 天然级配砂石 | kg | 0.007 97 | | | | | | 2 527 | | |
| | 卵石 | kg | 0.009 1 | | | | | | | 1 661 | |

3. 劳动定额的基本知识

1)概念

劳动定额,也称工时定额或人工定额,是指在正常的劳动组织条件下,工人以社会平均熟练程度和劳动强度在单位时间内生产合格产品的数量。

建筑安装工程劳动定额是反映建筑产品生产中活劳动消耗量的标准数量,是指在正常的施工组织和施工技术条件下,为完成单位合格产品或完成一定量的工作所预先规定的必要劳动消耗量的标准数额。

劳动定额是建筑安装工程定额的主要组成部分,反映建筑安装工人劳动生产率的社会平均先进水平。

2)劳动定额的表现形式

劳动定额有两种基本表现形式,即时间定额和产量定额。

(1)时间定额

时间定额是指某种专业的工人班组或个人,在合理的劳动组织与合理使用材料的条件下,完成符合质量要求的单位产品所必须的工作时间(工日)。

时间定额一般采用工日为计量单位,即工日/$m^3$、工日/$m^2$、工日/t、工日/块等。每个工日工作时间,按法定制度规定为 8h。

时间定额计算公式如下:

$$单位产品时间定额(工日)=\frac{1}{每天产量}$$

或

$$单位产品时间定额(工日)=\frac{小组成员工日数总和}{台班产量(班组完成产品数量)}$$

(2)产量定额

产量定额是指某种专业的工人班组或个人,在合理的劳动组织与合理使用材料的条件下,单位工日应完成符合质量要求的产品数量。

产量定额的计量单位是多种多样的,通常是以一个工日完成合格产品数量来表示,即m/工日、$m^2$/工日、$m^3$/工日、t/工日、块/工日等。

产量定额计算公式如下:

$$每工产量=\frac{1}{单位产品时间定额}$$

$$台班产量=\frac{小组成员工日数总和}{单位产品时间定额}$$

(3)时间定额与产量定额的关系

在实际应用中,经常会碰到要由时间定额推算出产量定额,或由产量定额折算出时间定额。这就需要了解两者的关系。

时间定额与产量定额在数值上互为倒数关系。即:

$$时间定额=\frac{1}{产量定额}$$

$$时间定额\times产量定额=1$$

例如表1-83,定额规定了砌1½砖厚砖墙(单面清光),每砌1$m^3$需要1.08工日,而每一工日产量为0.926$m^3$。

从时间定额与产量定额的关系公式可得出:

$$\frac{1}{1.08}=0.926(m^3/工日)$$

$$\frac{1}{0.926}=1.08(工日/m^3)$$

定额表1-84采用复式表形式。横线上面数字表示单位产品时间定额,横线下方数字表示单位时间产量定额。

时间定额和产量定额,虽然以不同的形式表示同一个劳动定额,但却有不同的用途。时间定额是以工日为计量单位,便于计算某分部(项)工程所需要的总工日数,也易于核算工资和编制施工进行计划。产量定额是以产品数量为计量单位,便于施工小组分配任务,考核工人劳动生产率。

现举例说明时间定额和产量定额的不同用途。

**【例1-8】** 某工程有120$m^3$一砖基础,每天有22名专业工人投入施工,时间定额为0.89工日/$m^3$。试计算完成该项工程的定额施工天数。

**解:** 完成砖基础需要的总工日数 $=0.89\times120=106.80$(工日)

需要的施工天数 $=106.80\div22\approx5$(天)

即完成该项工程定额施工天数为5天。

**【例1-9】** 某抹灰班有13名工人,抹某住宅楼白灰砂浆墙面,施工25天完成抹灰任务。产量定额为10.20$m^2$/工日。试计算抹灰班应完成的抹灰面积。

**解:**抹灰班完成的工日数量:

$$13 \times 25 = 325(\text{工日})$$

抹灰班应完成的抹灰面积：

$$10.2 \times 325 = 3\,315(m^2)$$

**砖　　墙**　　　　表 1-84

工作内容：包括砌墙面艺术形式、墙垛、平顶及安装平顶模板，梁板头砌砖，梁板下塞砖，楼楞间砌砖，留楼梯踏步斜槽，留孔洞，砌各种凹进处，山墙泛水槽，安放木砖、铁件，安放 60kg 以内的预制混凝土门窗过梁、隔板、垫块以及调整立好后的门窗框等。

| 项目 | | 每 $1m^3$ 砌体的劳动定额 | | | | | | | | | 序号 |
|---|---|---|---|---|---|---|---|---|---|---|---|
| | | 双面清水 | | | | 单面清水 | | | | | |
| | | 0.5 砖 | 1 砖 | 1.5 砖 | 2 砖及 2 砖以外 | 0.5 砖 | 0.75 砖 | 1 砖 | 1.5 砖 | 2 砖及 2 砖以外 | |
| 综合 | 塔吊 | $\frac{1.49}{0.671}$ | $\frac{1.2}{0.833}$ | $\frac{1.14}{0.877}$ | $\frac{1.06}{0.943}$ | $\frac{1.45}{0.69}$ | $\frac{1.41}{0.709}$ | $\frac{1.16}{0.862}$ | $\frac{1.08}{0.926}$ | $\frac{1.01}{0.99}$ | 一 |
| | 机吊 | $\frac{1.69}{0.592}$ | $\frac{1.41}{0.709}$ | $\frac{1.34}{0.746}$ | $\frac{1.26}{0.794}$ | $\frac{1.64}{0.61}$ | $\frac{1.61}{0.621}$ | $\frac{1.37}{0.73}$ | $\frac{1.28}{0.781}$ | $\frac{1.22}{0.82}$ | 二 |
| 砌砖 | | $\frac{0.996}{1}$ | $\frac{0.69}{1.45}$ | $\frac{0.62}{1.62}$ | $\frac{0.54}{1.85}$ | $\frac{0.952}{1.05}$ | $\frac{0.908}{1.1}$ | $\frac{0.65}{1.54}$ | $\frac{0.563}{1.78}$ | $\frac{0.494}{2.02}$ | 三 |
| 运输 | 塔吊 | $\frac{0.412}{2.43}$ | $\frac{0.418}{2.39}$ | $\frac{0.418}{2.39}$ | $\frac{0.418}{2.39}$ | $\frac{0.412}{2.43}$ | $\frac{0.415}{2.41}$ | $\frac{0.418}{2.39}$ | $\frac{0.418}{2.39}$ | $\frac{0.418}{2.39}$ | 四 |
| | 机吊 | $\frac{0.61}{1.64}$ | $\frac{0.619}{1.62}$ | $\frac{0.619}{1.62}$ | $\frac{0.619}{1.62}$ | $\frac{0.61}{1.64}$ | $\frac{0.613}{1.63}$ | $\frac{0.619}{1.62}$ | $\frac{0.619}{1.62}$ | $\frac{0.619}{1.62}$ | 五 |
| 调制砂浆 | | $\frac{0.081}{12.3}$ | $\frac{0.096}{10.4}$ | $\frac{0.101}{9.9}$ | $\frac{1.102}{9.8}$ | $\frac{0.081}{12.3}$ | $\frac{0.085}{11.8}$ | $\frac{0.096}{10.4}$ | $\frac{0.101}{9.9}$ | $\frac{0.102}{9.8}$ | 六 |
| 编号 | | 4 | 5 | 6 | 7 | 8 | 9 | 10 | 11 | 12 | |

注：此表摘自城乡建设部××××年颁发的《全国建筑安装工程统一劳动定额》砖石工程分册。

3）现行统一使用的劳动定额中的表示方式

（1）单式表示法

仅列出时间定额，不列每工产量。在耗工量大，计算单位为台、件、座、套，不能再做量上分割的项目以及一部分按工种分列的项目中，都采用单式表示法。

（2）复式表示法

同时表示出时间定和产量定额，以分子表示时间定额，分母表示产量定额。

（3）综合表示法

为完成同一产品各单项（工序）定额的综合，定额表内以“综合”或“合计”表示。

4）劳动定额的使用

劳动定额是企业的一项工作标准，具有严肃性，一旦制定，就必须认真贯彻执行，这样才能发挥它的积极作用。在使用中也需要根据实际情况做修正工作。做好日常的定额执行情况的统计、检查和分析工作，对于劳动定额的维护是很重要的。首先要加强班组的实际工时消耗的原始记录，原始记录反映工人的生产成绩、工时利用和定额任务完成情况，是定额统计工作的基础。然后要做好定额的统计分析工作，主要内容有实做工时的统计、完成定额情况的统计、工时利用的统计。根据统计资料就可以分析定额的执行情况，主要分析劳动定额与实做工时之间的差距，工人能够达到定额水平的人数比例，影响工时利用的各种因素等。

利用劳动定额,可以确定建筑工程预算中的各施工过程或单位建筑产品的劳动力耗用量。还可以据此编制施工单位的年、季、旬生产计划、作业计划、施工进度计划、劳动工资计划等。

## 三、混凝土工程量计算

2003 年,中华人民共和国建设部和国家质量监督检验检疫总局联合发布并推行《建设工程工程量清单计价规范》(GB 50500—2003)。全国各省、自治区、直辖市等地方政府建设主管部门随即组织编制了与之配套工程计价表。本书有关混凝土工程量的计算规则参照《江苏省建筑与装饰工程计价表》。

1. 混凝土工程量计算规则

1)说明

(1)混凝土构件分为自拌混凝土构件、商品混凝土泵送构件、商品混凝土非泵送构件三部分,各部分又包括了现浇构件、现场预制构件、加工厂预制构件、构筑物等。

(2)混凝土石子粒径取定,设计有规定的按设计规定,设计无规定按表 1-85 规定计算。

**混凝土石子粒径取定表** 表 1-85

| 石子粒径(mm) | 构件名称 |
|---|---|
| 5 ~ 16 | 预制板类构件、预制小型构件 |
| 5 ~ 31.5 | 现浇构件:矩形柱(构造柱除外)、圆柱、多边形柱(L、T、十字形柱除外)、框架梁、单梁、连续梁、地下室防水混凝土墙预制构件:柱、梁、桩 |
| 5 ~ 20 | 除以上构件外均用此粒径 |
| 5 ~ 40 | 基础垫层、各种基础、道路、挡土墙,地下定墙、大体积混凝土 |

(3)毛石混凝土中的毛石掺量是按 15% 计算的,如设计要求不同时,可按比例换算毛石、混凝土数量,其余不变。

(4)现浇柱、墙子目中,均已按规范规定综合考虑了底部铺垫 1:2 水泥砂浆的用量。

(5)室内净高超过 8m 的现浇柱、梁、墙、板(各种板)的人工工日分别乘以以下系数:净高在 12m 以内为 1.18;净高在 18m 以内为 1.25。

(6)现场预制构件,如在加工厂制作,混凝土配合比按加工厂配合比计算;加工厂构件及商品混凝土改在现场制作,混凝土配合比按现场配合比计算;其工料、机械台班不调整。

(7)加工厂预制构件其他材料费中已综合考虑了掺入早强剂的费用,现浇构件和现场预制构件未考虑使用早强剂费用,设计费使用或建设单位认可时,其费用可按每立方米混凝土增加 4.00 元计算。

(8)加工厂预制构件采用蒸汽养护时,立窑、养护池养护每立方米构件增加 64 元。

(9)小型混凝土构件,系指单体体积在 0.05$m^3$ 以内的未列出子目的构件。

(10)混凝土养护中的草袋子改用塑料薄膜。

(11)构筑物中混凝土、抗渗混凝土,已按常用的强度等级列入基价,设计与子目取定不符综合单价调整。

(12)构筑物中毛石混凝土的毛石掺量是按 20% 计算的,如设计要求不同时,可按比例换算毛石、混凝土数量,其余不变。

(13)钢筋混凝土水塔、砖水塔基础采用毛石混凝土,混凝土基础按烟囱相应项目执行。

(14)构筑物中的混凝土、钢筋混凝土地沟是指建筑物室外的地沟,室内钢筋混凝土地沟按现浇构件相应项目执行。

(15)泵送混凝土子目中已综合考虑了输送泵车台班、清洗人工、泵管摊销费、冲洗费。当输送高度超过30m时,输送泵车台班乘以1.10,当输送高度超过50m时,输送泵车台班乘以1.25。

2)现浇混凝土工程量计算规定

(1)一般规定

混凝土工程量除另有规定者外,均按图示尺寸实体积,以$m^3$计算。不扣除构件内钢筋、支架、螺栓孔、螺栓、预埋铁件及墙、板中$0.3m^2$内的孔洞所占体积。留洞所增加工、料不再另增费用。

(2)基础

①有梁带形混凝土基础上,其梁高与梁宽之比在4:1以内的,按有梁式带形的基础计算(带形基础梁高是指梁底部到上部的高度)。超过4:1时,其基础底按无梁式带形基础计算,上部按墙计算。

②满堂(板式)基础有梁式(包括反梁)、无梁式应分别计算,仅带有边肋者,按无梁式满堂基础套用子目。

③设备基础除块体以外,其他类型设备基础分别按基础、梁、柱、板、墙等有关规定计算,套相应的项目。

④独立柱基、桩承台:按图示尺寸实体积,以$m^3$计算至基础扩大顶面。

⑤杯形基础套用独立柱基项目。杯口外壁高度大于杯口外长边的杯形基础,套"高颈杯形基础"项目。

(3)柱

按图示断面尺寸乘以柱高,以$m^3$计算。柱高按下列规定确定。

①有梁板的柱高,自柱基上表面(或楼板上表面)算至楼板下表面处(如一根柱的部分断面与板相交,柱高应算至板顶面,但与板重叠部分应扣除)。

②无梁板的柱高,自柱基上表面(或楼板上表面)至柱帽下表面的高度计算。

③有预制板的框架柱,柱高自柱基上表面至柱顶高度计算。

④构造柱按全高计算,应扣除与现浇板、梁相交部分的体积,与砖墙嵌接部分的混凝土体积并入柱体积内计算。

⑤依附柱上的牛腿,并入相应柱身体积内计算。

(4)梁

按图示断面尺寸乘以梁长,以$m^3$计算,梁长按下列规定确定:

①梁与柱连接时,梁长算至柱侧面。

②主梁与次梁连接时,次梁长算至主梁侧面。伸入砖墙内的梁头、梁垫体积并入梁体积内计算。

③圈梁、过梁应分别计算,过梁长度按图示尺寸,图样无明确表示时,按门窗洞口外围宽另加500mm计算。平板与砖墙上混凝土圈梁相交时,圈梁高应算至板底面。

④依附于梁(包括阳台梁、圈过梁)上的混凝土线条(包括弧形线条)按延长米另行计算(梁宽算至线条内侧)。

⑤现浇挑梁按挑梁计算,其压入墙身部分按圈梁计算;挑梁与单、框架梁连接时,其挑梁应

并入相应梁内计算。

⑥花篮梁二次浇捣部分执行圈梁子目。

(5)板

按图示面积乘以板厚，以 $m^3$ 计算(梁板交接处不得重复计算)。其中：

①有梁板按梁(包括主、次梁)、板体积之和计算，有后浇板带时，后浇板带(包括主、次梁)应扣除。

②无梁板按板和柱帽之和计算。

③平板按实体积计算。

④现浇挑檐、天沟与板(包括屋面板、楼板)连接时，以外墙面为分界线，与圈梁(包括其他梁)连接时，以梁外边线为分界线。外墙边线以外或梁外边线以外为挑檐、天沟。

⑤各类板伸入墙内的板头并入板体积内计算。

⑥预制板缝宽度在100mm以上的现浇板缝按平板计算。

⑦后浇墙、板带(包括主、次梁)按设计图样，以 $m^3$ 计算。

(6)墙

外墙按图示中心线(内墙按净长)乘以墙高及墙厚，以 $m^3$ 计算，应扣除门、窗洞口0.3$m^2$ 外的孔洞体积。单面墙垛其突出部分并入墙体体积内计算，双面墙垛(包括墙)按柱计算。弧形墙按弧线长度乘墙高、墙厚计算，地下室墙有后浇墙带时，后浇墙带应扣除。梯形断面墙按上口与下口的平均宽度计算。墙高的确定：

①墙与梁平行重叠，墙高算至梁顶面：当设计梁宽超过墙宽时，梁、墙分别按相应项目计算。

②墙与板相交，墙高算至板底面。

(7)整体楼梯包括休息平台、平台梁、斜梁及楼梯梁

按水平投影面积计算，不扣除宽度小于200mm的楼梯井，伸入墙内部分不另增加，楼梯与楼板连接时，楼梯算至楼梯梁外侧面。圆弧形楼梯包括圆弧形梯段、圆弧形边梁及与楼板连接的平台。按楼梯的水平投影面积计算。

(8)阳台、雨篷

按伸出墙外的板底水平投影面积计算，伸出墙外的牛腿不另计算。水平、竖向悬挑板按立方米计算。

(9)阳台、沿廊栏杆的轴线柱、下槛、扶手

以扶手的长度按延长米计算。混凝土栏板、竖向挑板以 $m^3$ 计算。栏板的斜长如图样无规定时，按水平长度乘系数1.18计算。地沟底、壁应分别计算，沟底按基础垫层子目执行。

(10)预制钢筋混凝土框架的梁、柱现浇接头

按设计断面，以 $m^3$ 计算，套用“柱接柱接头”子目。

(11)台阶按水平投影面积

以 $m^2$ 计算，平台与台阶的分界线以最上层台阶的外口减300mm宽度为准，台阶宽以外部分并入地面工程量计算。

3)现场、加工厂预制混凝土工程量计算规定

(1)混凝土工程量均按图示尺寸实体积，以 $m^3$ 计算，扣除圆孔板内圆孔体积，不扣除构件内钢筋、铁件、后张法预应力钢筋灌浆孔及板内小于0.3$m^2$ 孔洞面积所占的体积。

(2)预制桩按桩全长(包括桩尖)乘以设计桩断面积(不扣除桩尖虚体积)，以 $m^3$ 计算。

(3)混凝土与钢杆件组合的构件,混凝土按构件实体积,以 $m^3$ 计算,钢拉杆按金属结构工程中相应子目执行。

(4)漏空混凝土花格窗、花格芯按外形面积,以 $m^2$ 计算。

(5)天窗架、端壁、桁条、支撑、楼梯,板类及厚度在 50mm 以内的薄型构件按设计图样加定额规定的场外运输、安装损耗,以 $m^3$ 计算。

4)构筑物工程

(1)烟囱

①烟囱基础。砖基础以下的钢筋混凝土或混凝土底板基础,按烟囱基础上相应子目执行。钢筋混凝土烟囱基础,包括基础底板及筒座,筒座以上为筒身,按实体积计算。

②混凝土烟囱筒身。烟囱筒身不分方形、圆形均按 $m^3$ 计算,应扣除孔洞所占体积。筒身体积应以筒壁平均中心线长度乘厚度。圆筒壁周长不同时,可按下式分段计算,即

$$V = \pi \sum HGD \tag{1-22}$$

式中:$V$——筒身体积($m^3$);

$H$——每段筒身垂直高度(m);

$G$——每段筒壁厚度(m);

$D$——每段筒壁中心线的平均直径(m)。

砖烟囱的钢筋混土圈梁和过梁,按实体积算,套用现浇构件分部的相应项目执行。烟囱的钢筋混凝土集灰斗(包括分隔墙、水平隔墙、柱、梁等)应按现浇构件分部相应项目计算。

③烟道中的钢筋混凝土构件,应按现浇构件分部相应子目计算。钢筋混凝土烟道,可以按分部地沟子目计算,但架空烟道不能套用。

(2)水塔

①各种基础均以实体积计算(包括基础底板和筒座),筒座以上为塔身,以下为基础。

②钢筋混凝土筒式塔身以筒座上表面或基础底板上表面为分界线;柱式塔身以柱脚与基础底板或梁交界处为分界线,与基础底板相连的梁并入基础内计算。

钢筋混凝土筒式塔身与水箱的分界是以水箱底部的圈梁为界,圈梁底以下为筒式塔身。水箱的槽底(包括圈梁)、塔顶、水箱(槽)壁工程量均应分别按实体积计算。

钢筋混凝土筒式塔身以实体积计算。应扣除门窗洞口体积,依附于筒身的过梁、雨篷。挑檐等工程量并入筒壁体积内按筒式塔身计算;柱式塔身不分斜柱、直柱和梁,均按实体积合并计算按柱式塔身子目执行。

钢筋混凝土、砖塔身内设置的钢筋混凝土平台,回廊以实体积计算。平台、回廊上设置的钢栏杆及内部爬梯,按金属结构工程相应项目执行。

砖砌筒身设置的钢筋混凝土圈梁以实体积计算,按现浇构件相应项目执行。

③钢筋混凝土塔顶及槽底的工程量合并计算。塔顶包括顶板和圈梁;槽底包括底板、挑出斜壁和圈梁。回廊及平台另行计算。槽底不分平底、拱底,塔顶不分锥形、球形,均按本定额执行。

④水槽内、外壁与塔顶、槽底(或斜壁)相连的圈梁之间的直壁为水槽内、外壁;设保温水槽的外保护壁的为外壁;直接承受水侧压力的水槽壁为内壁。非保温水箱的水槽壁按内壁计算。

水槽内、外壁以实体积计算;依附于外壁的柱、梁等并入外壁体积中计算。

⑤倒锥壳水塔基础,按相应水塔基础的规定计算,其筒身、水箱、环梁按混凝土的体积以

$m^3$ 计算。

(3)储水(油)池

①池底为平底的,执行平底子目,其平底体积应包括池壁下部的扩大部分;池底有斜坡的,执行锥形底子目。均按图示尺寸的实体积计算。

②池壁有壁基梁时,锥形底应算至壁基梁底面,池壁应从壁基梁上口开始,池壁基梁应从锥形底上表面算至池壁下口;无壁基梁时,锥形底算至坡上表面,池壁应从锥形底的上表面开始算。

③无梁池盖柱的柱高,应由池底上表面算至池盖的下表面,包括柱帽、柱座的体积。

④池壁应分别按不同厚度计算,其高度不包括池壁上下处的扩大部分,无扩大部分时,则自池底上表面(或壁基梁上表面)至池盖下表面。

⑤无梁盖应包括与池壁相连的扩大部分的体积;肋形盖应包括主、次梁及盖板部分的体积;球形盖应自池壁顶面以上,包括边侧梁的体积在内。

⑥各类池盖中的进入孔、透气管、水池盖以及与盖相连的结构,均所括在子目内,不另计算。

⑦沉淀池水槽系指池壁上的环形溢水槽及纵横、U 形水槽,但不包括与水槽钢相连接的矩形梁;矩形梁可按现构件分部的矩形梁子目计算。

(4)储仓

①矩形仓:矩形仓分立壁和斜壁,各按不厚度计算体积,立壁和斜壁按相互交点的水平线为分界线;壁上圈梁并入斜壁工程量内。基础、支撑漏斗的柱和柱间的连系梁分别按混凝土分部的相应子目计算。

②圆筒仓:本计价表适用于高度在 30m 以下、库壁厚度不变、上下断面一致、采用钢滑模施工工艺的圆形储仓,如盐仓、粮仓、水泥库等。

圆形仓工程量应分仓底板、顶板、仓壁三部分计算。圆形仓底板以下的钢筋混凝土柱、梁和基础,按现浇构件结构分部的相应项目计算。仓顶板的梁与仓顶板合并计算,按仓顶板子目执行。仓壁高度应自仓壁底面算至顶板底面计算,扣除 $0.05m^2$ 以上的孔洞。

(5)地沟及支架

①本计价表适用于室外的方形(封闭式)、槽形(开口式)、阶梯形(变截面式)的地沟。底、壁、顶应分别按立方米计算。

②沟壁与底的分界,以底板上表面为界。沟壁与顶的分界以顶板下表面为界。上薄下厚的壁按平均厚度计算;阶梯形的壁按加权平均厚度计算;八字角部分的数量并入沟壁工程量内。

③地沟预制顶板,按预制结构分部相应子目计算。

④支架均以实体积计算(包括支架各组成部分)框架型或 A 字型支架应将柱、梁的体积合并计算;支架带操作平台者,其支架与操作台的体积亦合并计算。

⑤支架基础应按现浇构件结构分部的相应子目计算。

(6)栈桥

①柱、连系梁(包括斜梁)体积合并,肋梁与板的体积合并均按图示尺寸以实体积计算。

②栈桥斜桥部分不论板顶高度如何,均按板高在 12m 内子目执行。

③板顶高度超过 20m,每增加 2m 仅指柱、连系梁的体积(不包括有梁板)。

2. 混凝土工程量计算方法

工程量计算所耗用的工作量,约占全部工程造价编制工作量的60%~70%。尤其在现在,建筑工程造价软件得到了广泛的应用,除计算工程量外,其余造价计算程序的各个步骤都能用建筑工程造价软件很快得出结果,因此工程量计算的快慢,直接影响和决定工程预算书的编制进度。当然,现在也有一些建筑工程造价软件能够对工程量计算进行操作,但由于种种因素的限制,没有普及开来。

混凝土工程量计算要做到“少看”(减少翻图、看图和翻阅其他预算资料的时间)、“少算”(避免重复计算),以达到工程量的快速计算。

需要说明的是,这些方法要得到实施,必须以预算编制人员具有一定的基本功为前提。如熟悉本地区、本专业建筑工程造价工程量的计算规则和定额单价说明;熟练掌握本地区定额单价中各分项(子目)定额的具体内容;掌握当地建设政主管部门对工程造价中各项费用、费率的计算规定以及有关贯彻定额的解释和更正附件;熟悉一般施工技术操作规程和建筑物构造等。

一般而言,要做到以下几点:

(1)熟悉施工图样与施工说明,主要指工程竣工图。

(2)合理安排工程量计算顺序。具体指混凝土工程分部内的分项工程量计算顺序,应该基本上与混凝土工程施工顺序一致。这样做,不仅有利于工程量清单表中的分部、分项工程量列项排列,而且有利于根据施工经验审核是否有漏项或重项。

(3)正确灵活运用三线一面。三线分别指外墙中心线、内墙中心线和外墙边线。一面指建筑物的底层建筑面积。一般工业与民用建筑工程,都可以在三线一面的基数上,连续计算出它的工程量。

(4)合理组排分部分项工程量计算表。在造价编制过程中,在不同分部分项工程量计算或工作阶段往往多次翻阅同一张图样,占去许多时间。如果能合理组排分部分项工程量计算表,就能做到举一反三,事半功倍,能够减少或避免重复翻阅图样和翻阅定额的时间。在分项工程量列式计算之前,要认真完整填写分项工程的内容,不能为了当时的简单,给以后的计算工作带来麻烦。比如“现浇过梁”,在后来的工程量套价时,势必再翻图样,则要查清这个现浇过梁的混凝土强度等级是多少,才能确定单价项目。因此,在分项工程量列式计算前,要按定额单价要求、材料分析要求和图示内容,写出分项工程全称、材料和做法。

(5)在计算工程量时,对于工程构件,要按照定额单价的要求和区别,标出构件的形状、类型等。如预制钢筋混凝土梁,要分别标出“矩形”、“异形”、“薄腹”、“起重机”、“梁带板”;现浇钢筋混凝土柱要标出“矩形高3m”,“周长1.8m”或“异形”等;预制或现浇钢筋混凝土平板要标出“厚110mm”等。至于构件形状特殊,套价又有特定说明者,可标出“套某某项”。这样,可以直接确定套哪个定额单价,不需再次翻阅。

(6)对于非常见项目,在计算分项工程量之前,可能要翻阅一下定额说明、计算规则或定额单价,才开始计算。对于此种情况,要将所选定的定额单价编号抄录在本工程量计算式之前,以备后来直接套价。

(7)充分利用工程量计算手册和计算表格。工程量计算手册和计算表格,是加快预算编制的有力工具,必须充分利用。许多地区为推广使用“统筹法计算”和方便预算编制,陆续编制了适用于本地区的预算工程量计算手册(以下简称“手册”)。这种手册,是将本地区常用的定型构件、通用构配件和常用系数,按预算工程量的计算要求,经计算或整理汇总而成的。这就使该部分的工程量计算，由手算变成了查表形式，从而大大加快计算速度。比如砖砌大放脚折加高度表的应用。

对手册中的工程量表和计算公式要注意灵活运用，不一定有表必用，有公式必套。对于实际计算快于查表的，就不要硬去查表；对于用其他公式能够快速计算的，就不要硬去套手册中的公式，否则，可能走弯路。

## 四、混凝土工程结算

混凝土工程价款结算，应按合同约定办理，合同未作约定或约定不明的，发、承包双方应依照下列规定与文件协商处理。

(1)国家有关法律、法规和规章制度。

(2)国务院建设行政主管部门、省、自治区、直辖市或有关部门发布的工程造价计价标准、计价办法等有关规定。

(3)建设项目的合同、补充协议、变更签证和现场签证以及经发、承包人认可的其他有效文件。

(4)其他可依据的材料。

### 1. 计算工程量

所谓工程量，是指分部、分项工程的实物工程量。工程量应依据施工图样，按照工程量计算规则进行计算，是估工估料、预算结算的重要依据。

混凝土工程量计算规则前面已有详细介绍，这里不再叙述。

混凝土工程量的计算，对于一般简单的混凝土构件，体积用长乘以宽乘以高即可算出。对于较复杂或变截面的构件体积，可利用数学公式或将复杂的图形分解成若干基本图形，分别计算出各自的体积后，再加以组合。

承包人应当按照合同约定的方法和时间，向发包人提交已完工程量的报告。发包人接到报告后 14 天内核实已完工程量，并在核实前 1 天通知承包人，承包人应提供条件并派人参加核实，承包人收到通知后不参加核实，以发包人核实的工程量作为工程价款支付的依据。发包人不按约定时间通知承包人，致使承包人未能参加核实，核实结果无效。

发包人收到承包人报告后 14 天内未核实完工程量，从第 15 天起，承包人报告的工程量即视为被确认，作为工程价款支付的依据，双方合同另有约定的，按合同执行。对承包人超出设计图样(含设计变更)范围和因承包人原因造成返工的工程量，发包人不予计量。

根据确定的工程计量结果，承包人向发包人提出支付工程进度款申请，14 天内，发包人应按不低于工程价款的 60%，不高于工程价款的 90% 向承包人支付工程进度款。按约定时间发包人应扣回的预付款，与工程进度款同期结算抵扣。

发包人超过约定的支付时间不支付工程进度款，承包人应及时向发包人发出要求付款的通知，发包人收到承包人通知后仍不能按要求付款，可同承包人协商签订延期付款协议，经承包人同意后可延期支付，协议应明确延期支付的时间和从工程计量结果确认后第 15 天起计算应付款的利息(利率按同期银行贷款利率计)。发包人不按合同约定支付工程进度款，双方又未达成延期付款协议，导致施工无法进行，承包人可停止施工，由发包人承担违约责任。

### 2. 编制分部分项工程工料分析表

要编制分部分项工程工料分析表，则先要计算用工量和材料用量。其步骤如下：

(1)按照工程项目从施工定额中查出该项目定额单位的用工、用料数量。

(2)用工、用料数量分别乘以该工程项目的工程量进行计算。基本方法就是工程量乘以人工耗用定额和工程量乘以材料耗定额。

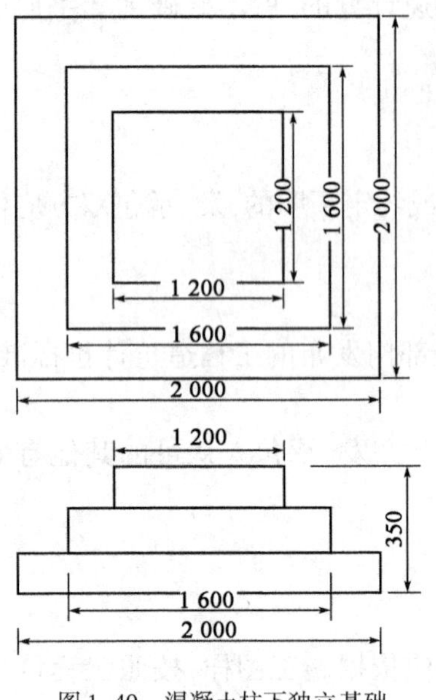

图 1-40　混凝土柱下独立基础（尺寸单位：mm）

人工用量 = Σ(分项工程量 × 各工种时间定额)

材料耗用量 = Σ(分项工程量 × 各种材料消耗定额)

计算时要根据分部、分项工程顺序进行,并按分部工程各自消耗的材料和人工分别进行计算和汇总,得出每一分部工程中材料和各工种综合工日耗用总数量。每一分部工程汇总后,就得到该工程的工日及各种材料的总耗用量。未编制施工定额的地方,可采用劳动定额和材料消耗定额分别计算。

(3)将分部分项工程的名称、单位、工程量、人工和材料消耗定额以及计算出来的人工用量和各种材料的耗用量,分别填入工料分析表内,以便分析和考核。

3. 工料分析实例

**【例 1-10】**　某框架结构办公楼,共六层,建筑面积 6 000$m^2$,采用现浇钢筋混凝土柱下独立基础,如图 1-40 所示,混凝土自拌,混凝土强度等级为 C20,求该现浇钢筋混凝土柱下独立基础上混凝土工程量、人工消耗量和材料消耗量,并制作出该混凝土工程的工料分析表。相关数据见表1-86、表 1-87。

**工 程 计 价 表 (一)**　　表 1-86

| 项　目 | 计量单位 | 人工(工日) | 材　料 | | |
|---|---|---|---|---|---|
| | | | 塑料薄膜($m^2$) | 水($m^3$) | 现浇 C20 混凝土($m^3$) |
| C20 柱下独立基础 | $m^3$ | 0.75 | 0.81 | 0.89 | 1.015 |

注:表内容摘自《江苏省建筑与装饰工程计价表》定额子目 5-7。

**自拌 C20 混凝土 1m³ 材料用量表**　　表 1-87

| 序号 | 材料 | 单位 | 数量 |
|---|---|---|---|
| 1 | 水泥 32.5 级 | kg | 337 |
| 2 | 中砂 | t | 0.682 |
| 3 | 碎石 5 ~ 40mm | t | 1.347 |
| 4 | 水 | $m^3$ | 0.18 |

**解:**(1)混凝土工程量计算

现浇钢筋混凝土独立基工程量 $= 0.35 \times (1.2 \times 1.2 + 1.6 \times 1.6 + 2.0 \times 2.0)$

$= 2.80(m^3)$

(2)人工计算

查表 1-86 得　　人工消耗量 $= 2.80 \times 0.75 = 2.10$(工日)

(3)材料计算

塑料薄膜消耗量 $= 2.80 \times 0.81 = 2.268(m^2)$

$$水消耗量 = 2.80 \times (0.89 + 1.105 \times 0.18) = 3.004(m^3)$$

$$水泥32.5级消耗量 = 2.80 \times 1.105 \times 337 = 957.754(kg)$$

$$中砂消耗量 = 2.80 \times 1.105 \times 0.682 = 1.938(t)$$

$$碎石5 \sim 40mm消耗量 = 2.80 \times 1.105 \times 1.347 = 3.828(t)$$

(4)工料分析表(表1-88)

**混凝土分项工程工料分析表** 表1-88

| 项目 | 计量单位 | 工程量 | 人工(工日) | 材料 | | | | |
|---|---|---|---|---|---|---|---|---|
| | | | | 32.5级水泥(kg) | 塑料薄膜($m^2$) | 碎石(t) | 中砂(t) | 水($m^3$) |
| C20柱下独立基础 | $m^3$ | 2.80 | 2.10 | 957.754 | 2.268 | 3.828 | 1.938 | 3.004 |

4. 混凝土分部分项工程结算方法

工程结算,是指施工单位将已完成的部分工程,向建设单位结算工程价款,其目的是用以补偿施工过程中的资金和物资的耗用,保证工程施工的顺利进行。

由于建筑工程施工周期长,如果等到工程竣工后再结算价款,显然会使施工单位的资金周转发生困难。施工单位在工程施工过程中消耗的生产资料和支付的工人工资所需要的周转资金,必须要通过向建设单位预收备料款和结算工程款的形式,定期予以补充和补偿。

## 第十节 混凝土施工前的检查

### 一、混凝土原材料质量检查

1. 水泥的质量检查

1)进场水泥的检查

水泥进场时应对其品种、级别、包装或散装仓号、出厂日期等进行检查,应对其强度、安定性及其他必要的性能指标进行复验,其质量必须符合国家标准。

检查数量:按同一生产厂家、同一等级、同一品种、同一批号且连续进场的水泥,袋装不超过200t为一批,散装不超过500t为一批,每批抽样不少于一次。

检验方法:检查产品合格证、出厂检验报告和进场复验报告。

(1)出厂合格证验收

水泥出厂质量合格证应由生产厂家质检部门提供给使用单位,作为证明产品质量性能的依据,生产厂家应在水泥发出日起7d内寄发并在32d内补报28d强度。水泥出厂合格证中应含品种、强度等级、出厂日期、抗压强度、抗折强度、安定性、试验强度等级等项内容和性能指标,各项应填写齐全,不得错漏。水泥强度应以标养28d试件试验结果为准。故生产厂家28d强度合格证是一项重要内容,不可缺少。

如果批量较大,而厂方提供合格证少时,可制作复印件备查或做抄件,抄件应注明原件证号、存放处,并有抄件人签字及抄件日期。水泥质量合格证备注栏内由施工单位填明单位工程名称及工程使用部位,并加盖水泥厂印章。

(2)进场水泥外观检查

①标志。水泥袋上应清楚标明:产品名称、代号、净含量、生产许可证编号、生产者名称和

地址、出厂编号、执行标号、强度等级、包装年、月、日。掺火山灰质混合材料的普通水泥应标上“掺火山灰”字样,散装水泥应提交与袋装标志相同内容的卡片和散装仓号,设计对水泥特殊要求时,应检查是否与设计要求相符。

②质量。抽检水泥质量是否符合规定。绝大部分水泥每袋净重为(50±1)kg,但以下品种的水泥每袋净重略有不同:

快凝快硬硅酸盐水泥:每袋净重为(45±1)kg。

砌筑水泥:每袋净重为(40±1)kg。

硫铝酸盐早强水泥:每袋净重为(46±1)kg。

应注意每袋水泥的净重,以保证水泥的合理运输和掺量。

③外观检查。进场水泥应查看是否受潮、结块、混入杂物或有不同品种、强度等级的水泥混在一起,检查合格后入库储存。

2)水泥抽样检验

(1)水泥检查取样方法和数量

①水泥试验应以同一水泥厂、同强度等级、同品种、同一生产日期、同一进场日期的水泥400t为一批。散装水泥500t、袋装水泥200t为一验收批,不足吨数也按一验收批计算。

②每一验收批取样一组,数量为12kg。

③取样应有代表性,一般可从20个以上的不同部位或20袋中取等量试样总数至少12kg。拌和均匀后分成两等份,一份按标准进行试验,一份密封保存复验时用。

(2)五种常用水泥抽样后必试项目

①水泥胶砂强度(抗压强度、抗折强度)。

②水泥安定性。

③水泥凝结时间。

必要时的试验项目:水泥细度。

2.砂、石质量检查

1)一般检查

普通混凝土用砂、石集料的质量,应符合现行国家标准《普通混凝土用碎石或卵石质量标准及检验方法》、《普通混凝土用砂质量标准及检验方法》的规定。检查数量:按进场的批次和产品的抽样检验的方案确定。检验方法:检查进场的复验报告。

混凝土用石子,其最大颗粒粒径不得超过构件截面最小尺寸的1/4,且不得超过钢筋最小净间距的3/4。对混凝土实心板,集料的最大粒径不宜超过板厚的1/3,且不得超过40mm。

2)砂、石取样试验的内容

(1)砂、石使用前,应按产地、品种、规格、批量取样进行试验,内容包括:颗粒级配、密度、表观密度、含泥量、泥块含量。

(2)用于配置有特殊要求的混凝土用砂、石,还需做相应的项目试验。

(3)砂、石的质量必须合格,应先试验后再使用,要有出厂质量合格证或试验报告单。需采取技术处理措施的,应满足技术要求并以有关技术负责人(签字)批准后,方可使用。

3)砂、石的复试规定

有下列情况之一者,砂、石必须进行复试,混凝土应进行重新试配。

(1)用于承重结构的砂石;

(2)无出厂证明的;

(3)对砂、石质量有怀疑的;

(4)进口石子。

3. 混凝土外加剂质量检查

1)混凝土外加剂的应用检查

(1)混凝土中掺用外加剂的质量应用技术,应符合现行国家标准《混凝土外加剂》(GB 8076—2008)、《混凝土外加剂应用技术规范》(GB 50119—2013)等及有关环境保护的规定。

(2)外加剂的品种及掺量,必须根据对混凝土性能的要求、施工及气候条件、混凝土所采用的原材料及配合比等因素,经试验确定。

(3)采用蒸汽养护的混凝土和预应力混凝土,不宜掺用引气剂或引气减水剂。

(4)掺用含氯盐的外加剂时,对素混凝土氯盐掺量不得大于水泥质量的3%。在钢筋混凝土中作防冻剂时氯盐掺量不得超过水泥质量的1%,且应用范围应符合规范规定。

(5)预应力混凝土结构中,严禁使用含氯化物的外加剂。钢筋混凝土结构中,当使用含氯化物的外加剂时,混凝土中氯化物的总含量,应符合现行国家标准《混凝土质量控制标准》(GB 50164—2011)的规定。

(6)检查数量:按进场批次和产品的抽样检验方案确定。

(7)检验方法:检查产品合格证、出厂检验报告和进场复验报告。

(8)混凝土中氯化物和碱总含量,应符合现行国家标准《混凝土结构设计规范》(GB 50010—2010)和设计要求。检验方法:检查原材料试验报告、氯化物和碱总含量计算书。

2)混凝土外加剂掺和方法

(1)外加剂直接掺入水泥中。采用这种掺外加剂的水泥拌制混凝土或砂浆,即可达到预定效果和目的,但目前这种方法应用很少。

(2)把外加剂先用水配制成一定浓度的水溶液,搅拌混凝土时,取规定掺量,直接加入搅拌机中进行拌和,这种方法目前使用较多。

(3)把外加剂直接投入搅拌机内的混合料中,通过混凝土搅拌机拌和均匀。

(4)将外加剂、粉煤灰、石料等,以过烘干配料、研磨、计量,装袋等主要工序生产形成干掺料。搅拌混凝土时,用干掺料按规定数量掺入混凝土干料中,一起投料搅拌均匀。

4. 矿物掺合料质量检查

混凝土用矿物掺合料的种类主要有粉煤灰、粒化高炉矿渣粉、沸石粉、硅灰及复合掺合料等。

混凝土用矿物掺合料的质量,应符合现行国家标准《粉煤混凝土应用技术规范(GB/T 50146—2014)》、《用于水泥与混凝土中的粒化高炉矿渣粉》等规定。矿物料的掺入混凝土量应通过试验确定。检查数量:按进场批次和产品的抽样检验方案确定。检验方法:检查出厂合格证和进场复验报告。

5. 混凝土拌和用水检查

拌制混凝土宜用饮用水,当采用其他水源时,水质应符合现行国家标准《混凝土拌和用水标准》(JGJ 63—2006)的规定。检查数量:同一水源检查不应少于一次。检验方法:检查水质试验报告。

对于材料质量的检查,可参见表1-89。

**材料质量的检查** 表 1-89

| 材料名称 | | 检查项目 |
|---|---|---|
| 水泥 | 散装 | 查验水泥品种、强度等级、出厂或进仓时间 |
| | 袋装 | 1. 检查袋上标注的水泥品种、强度等级、出厂或进仓时间；<br>2. 抽查质量，允许误差 2%；<br>3. 仓库内水泥品种、不同强度等级有无混放 |
| 砂、石子 | | 目测（有怀疑时再通知试验部门检验）：<br>1. 有无杂质；<br>2. 砂的细度模数；<br>3. 粗集料的最大粒径、针片状及风化集料含量 |
| 外加剂 | | 溶剂是否搅拌均匀，粉剂是否已按量分装好 |

## 二、混凝土配合比的检查

混凝土应按现行国家标准《普通混凝土配合比设计规程》(JGJ 55—2011)的有关规定，根据混凝土强度等级、耐久性和工作性等要求进行配合比设计。检查方法：检查混凝土配合比设计资料。

## 三、地基清理检查

如浇筑基础、地平等，混凝土直接浇筑在地基上时，首先应校正地基的设计高程及轴线，复核其各部尺寸，并清除地基上的淤泥、浮土、杂物和积水，如有不平，应加以修整。

如在基槽或基坑中有地下水渗出，或地表水流到基槽或基坑中，应设法排除，并要考虑到混凝土浇筑及硬化过程中的防水措施。对于较深的基槽或基坑，还要检查有无塌方的可能。

## 四、模板检查

模板的位置、高程、截面尺寸以及预留拱度是否与设计相符、拼缝是否严密、支撑结构是否牢固，以免在浇筑过程中发生变形走动等现象。

对于组合式钢模，应严格检查各部位的紧固情况、U 形卡上足、背杠和支撑的安装间距能否承受振捣混凝土时的侧压力、支撑的系统是否与脚手架分开等，对栓子模板还要检查是否有扭曲现象，对拼缝不严密的，要用腻子补平。

## 五、钢筋检查

主要是检查的钢筋的位置、型号、规格、数量、间距是否与设计相符，钢筋上的油污老锈等要清除干净。控制混凝土保护层厚度的水泥垫块要垫好。如果有预埋铁件或预留孔时，应检查其牢固程度和方向位置，尤其要注意预埋件和预留孔的模板是否影响混凝土的入模和振捣。

## 六、设备、管线的检查与清理

主要检查设备管线的数量、型号、位置和高程，并将其表面的油污清理干净。

对于设备的检查，可参见表 1-90。

设备的检查　　表1-90

| 设备名称 | 检查项目 |
|---|---|
| 送料装置 | 1.散装水泥管道及气动吹送装置；<br>2.送料拉铲、皮带、链斗、抓斗及其配件；<br>3.龙门起重机、桥式起重机等起重设备；<br>4.上述设备间的相互配合 |
| 计量装置 | 1.水泥、砂、石子、水、外加剂等计量装置的灵活性和准确性；<br>2.磅秤底部有无阻塞；<br>3.盛料容器有否黏附残渣，卸料后有无滞留；<br>4.下料时冲量的调整 |
| 搅拌机 | 1.进料系统和卸料系统的顺畅性；<br>2.传动系统是否紧凑；<br>3.筒体内有无积浆残渣；衬板是否完整；<br>4.搅拌叶片的完整和牢靠程度 |

### 七、供水、供电的检查

主要检查水、电供应情况，并与水、电供应部门联系，防止施工中水、电中断。

### 八、机具的检查

对机具主要检查其种类、规格、数量是否符合要求，运转是否正常。

### 九、道路与脚手架的检查

对运输道路主要检查其是否平坦，运输工具能否直接到达各个浇筑部位，浇筑用脚手架是否牢固、平整。

### 十、其他配套工作的检查

(1)要及时掌握当天的气象资料，切实做好冬季、雨季的防冻、防雨工作。

(2)要准备好施工机械维修所需的零配件和工具，备好夜间施工用的照明设备。

(3)做好施工现场各项安全技术、安全设施检查。

交接检查应由施工员或项目经理组织，有关班组长或班组质检员、专职质检员等参加。一般是利用上班前下班后进行，应该做必要的文字记录，应反映在施工日志上。

## 第十一节　混凝土施工技术交底

技术交底的目的，是使参加混凝土施工任务的全体人员对工程的技术要求有所了解，以便科学地组织施工和按合理的工序、工艺进行施工。

技术交底的内容有：设计图纸交底、施工组织设计交底、分部工程技术交底。

设计图纸交底：由设计单位的主要设计人员向施工单位的有关人员交底，详细说明工程的设计思想、构造做法、抗震处理等内容。

施工组织设计交底：重点工程、大型工程和技术复杂的工程，由施工企业总工程师组织有关科室向分公司和有关施工单位交底。凡由分公司编制的施工组织设计，由分公司主任工程师向分公司有关职能人员及项目经理部交底。交底内容是施工方案、施工进度、施工平面布置以及施工方法、各项管理措施、任务划分等。

分部工程交底:由项目经理部的技术负责人向工长及职能人员进行交底;工长接受交底后,向班组长交底,班组长接受交底后,向工人交底。交底的内容是分部工程的操作要点、质量要求、注意事项以及新技术的施工要求等。分部工程交底,除口头和文字交底外,必要时可用图表、样板、示范操作等方法进行交底,交底要求细致、齐全。

# 第二章　混凝土施工常用机械设备

混凝土机械设备是工程建设机械的重要组成部分，是完成搅拌、输送、浇筑成形和养护硬化各个工艺过程必需的机械设备，主要包括混凝土搅拌机（含计量设备）、混凝土搅拌站（楼）、混凝土搅拌输送车、混凝土泵及泵车和混凝土振动机械等。而且，随着建设施工机械化程度的提高，混凝土施工机械在品种、规格、型号等方面已有很大的发展；有的机械设备还同时具有两种功能，如搅拌运输、运输和浇筑等。目前，混凝土施工机械设备已形成了一个比较完善的体系，它所包括的主要机种分类，如图 2-1 所示。

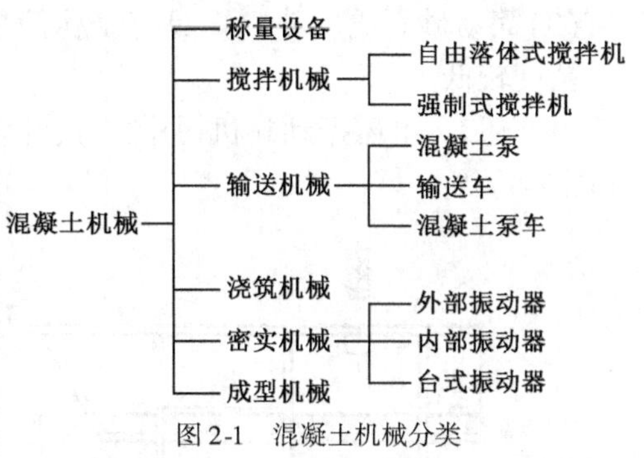

图 2-1　混凝土机械分类

## 第一节　材料称量设备

材料称量设备，严格说，是混凝土搅拌机的一部分，它是由给料设备、称量设备和卸料设备三部分组成。

给料设备是指物料从料仓（堆）供到称量斗进行称量所使用的设备。一般情况下，水泥采用电磁给料机和螺旋给料机供料，而砂石集料则常用气动扇形斗门和胶带输运机供料。

称量设备是配料称量系统中的主要设备。常用的称量设备有自动杠杆秤和应变电子秤。应变电子秤与其他称量设备相比，具有体积小、质量轻、结构简单、使用方便、称量精度能满足要求等优点。但如管理不当，会出现失灵情况。

卸料设备是指将称量好的物料从称量斗中卸出集料的设备。一般多采用气动闸门，对于水泥，也可采用电磁给料机进行卸料。

原材料的自动称量是靠自动控制线路将供料设备、称量设备和卸料设备相互联锁起来实现的。故对整个配料称量装置联锁系统的要求有如下几个方面：

（1）给料气动斗门或给料器必须在卸料门关闭之后才能开启。

（2）称量过程中，在规定称量质量尚未达到之前，给料气动门或给料器不能自行关闭。

（3）卸料门必须在称量过程完毕后，停止给料的条件下才能开启。

（4）卸料气动门必须保证物料卸完以后才能闭合。

配料称量系统的联锁装置有不同的形式。在给料气动斗门或给料器与称量设备之间的联锁有电量联锁、水银触点和光电管联锁等几种形式。

材料的称量过程，宜分为粗称和精称两个阶段。在粗称阶段，材料大量落入称量斗，待约占规定称量值的 90% 的材料进入称量斗后，即转入精称阶段。在精称阶段，材料则缓慢落入称量斗。精称就是靠供料设备的联锁作用来完成的。其过程是用自动继续启闭给料的方法，将少量材料徐徐投入称量斗，直到达到规定的称量值为止。

## 一、给料设备

给料设备类型很多,常有的砂石给料设备有以下几种:

(1)胶带给料机。宜作砂子的给料设备,其运行稳定,无噪声、磨损小、使用寿命长,能满足一定称量精度要求;也可用于石子给料。

(2)给料闸门。可作精、细集料给料设备,其结构简单、操作方便,但误差较大,但如用二级气缸控制闸门开启大小进行称量,误差就较小。闸门的开启有气动及电磁启动两种方式。

(3)简易砂石给料斗门。具有结构简单、维修简便、产量可随时调整、操作方便等优点,但称量精度较低。

另外还有:电磁振动料机(图 2-2)、叶轮给料机(图 2-3)、螺旋给料机(图 2-4)、弹簧给料机(图 2-5)等。

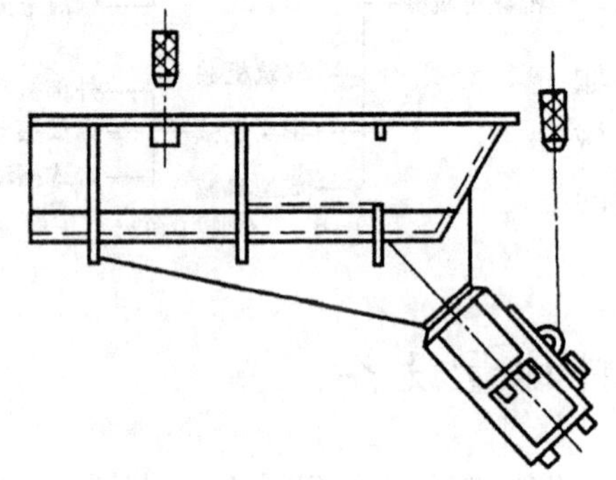

图 2-2 $DZ_{1\sim5}$型电磁振动给料机示意图

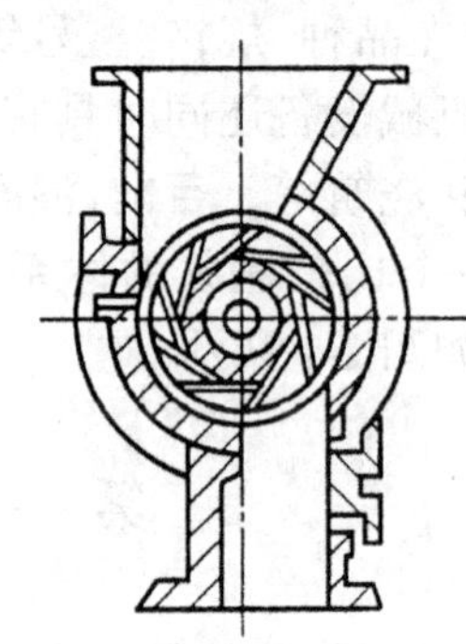

图 2-3 弹性叶轮给料机示意图

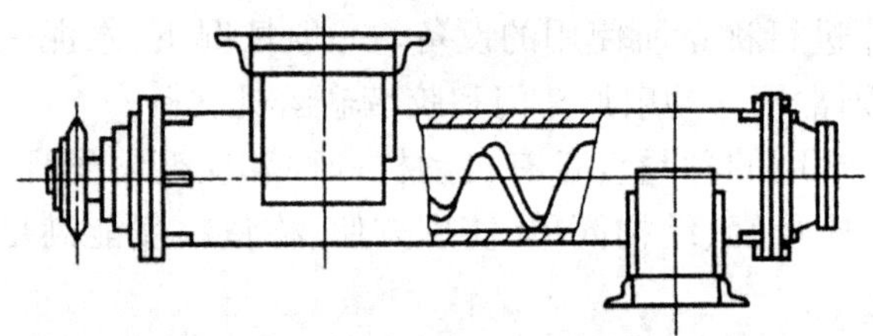

图 2-4 $\phi200\times750$ 单管螺旋给料机示意图

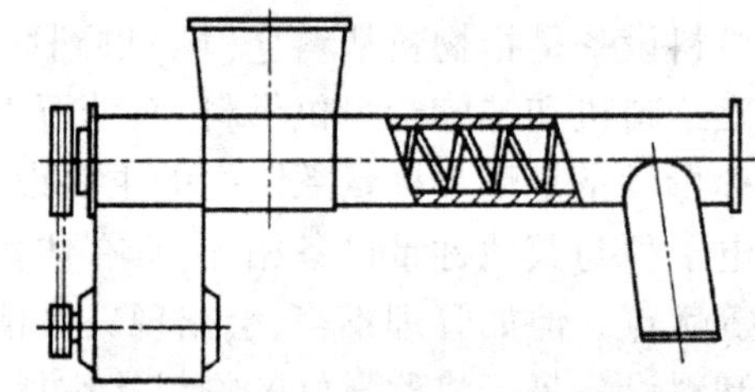

图 2-5 弹簧给料机示意图

## 二、称量设备

1. 对称量设备的基本要求

混凝土是由水泥、砂、石和水等材料,按一定比例配合并经搅拌而成的建筑材料。拌制混凝土时,对各组成材料进行精确、高效的称量,不仅能提高制备混凝土的生产率,而且是生产符合规定质量的混凝土的可靠保证。因此,原材料的称量设备必须满足下列基本要求。

(1)称量的精度或误差,应符合混凝土施工技术规范的要求。称量装置的容许误差规定是:水、水泥及其他水泥状物料(如粉煤灰、火山灰等),为所需材料质量的 ±2%;粗、细集料为 ±3%;外加剂为 ±2%。

(2)称量多种材料的每组称量装置,其工作循环延续时间要小于搅拌机的工作循环延续时间,若一组称量装置需为 $n$ 台搅拌机配料,则其工作循环时间应小于搅拌机工作循环时间的 $1/n$。

(3)称量值调整方便,以适应制备多种强度等级混凝土的需要。

(4)结构简单、坚固耐用、操作方便、动作可靠。

2. 称量设备的类型

目前,混凝土生产中所采用的称量方法主要是重量定量法,对水则多采用体积定量法。重量定量的称量装置主要有杠杆式、电子式和穿孔卡式三种;体积定量的配水装置有配水箱和自动水表等。

1)杠杆式秤

杠杆式秤的特点是:使用可靠、维修方便,既可手动操作,又能自动控制,因而大多数搅拌机械都配用这类称量装置。但杠杆秤的体积较大、耗钢量大、制造费用高,而且自动化程度难于提高。基本结构如图2-6所示。

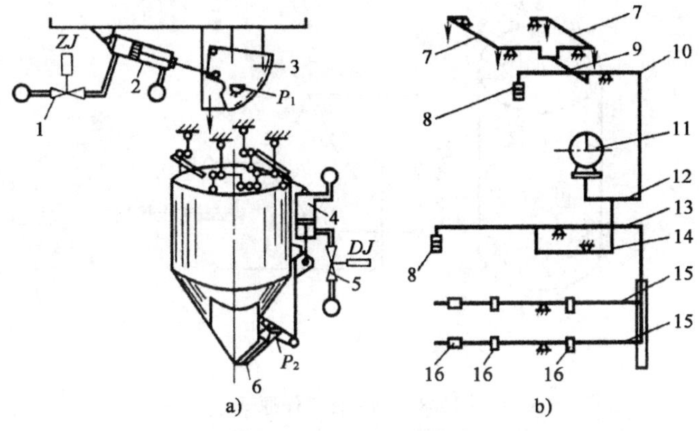


图2-6 杠杆秤基本结构

1-进料闸门电风阀;2、4-气缸;3-进料闸门;5-卸料闸门电风阀;6-卸料闸门;7-主要杠杆;8-平衡锤;9、10、12、14-第1、2、3、4传递杠杆;11-指示仪;13-主要秤杆;15-刻度秤杆;16-砝码

自动化杆秤常采用"水银接点"作为控制元件,其结构和原理如图2-7所示。它可装成常闭或常开,当旋转一角度时,便改变其断开和接通状态。

2)电子秤

电子秤与杠杆秤相比,没有复杂的杠杆系统,而是采用电阻拉力传感器来测定料重,所以体积小、质量轻、结构简单,测量、控制、安装都很方便。电子秤的应用,可以使材料称量环节的自动化程度大大提高。

电子秤主要由传感器和二次仪表两部分组成。其工作原理见图2-8。电子秤的测量指示机构在信号微弱的情况下,有较高的测量精度,同时具有测量范围较大,指示迅速而准确等优点。又因传感器可作远距离传输,所以可把若干台电子秤的测量与显示部分集中在操纵台上,易于实现集中控制或遥控。

3)穿孔卡式计量装置

当混凝土的搅拌量很大,且配合比的种类很多,又需要连续计量多种配合比强度等级的混凝土时,为缩短转换配合比的时间,提高效率,排除配料定量错误,目前已经采

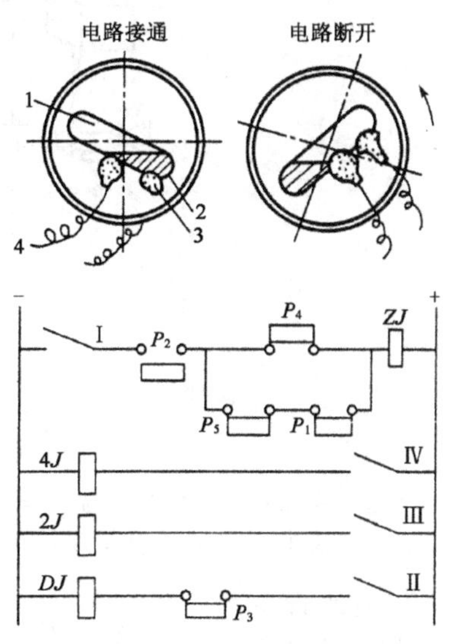


图2-7 杆秤工作原理

1-玻璃外壳;2-内装水银;3-两触头;4-电路

用电子控制的穿孔卡式计量装置。该装置由读数器、放大器、测量电桥和伺服电动机等组成。其工作原理见图2-9。

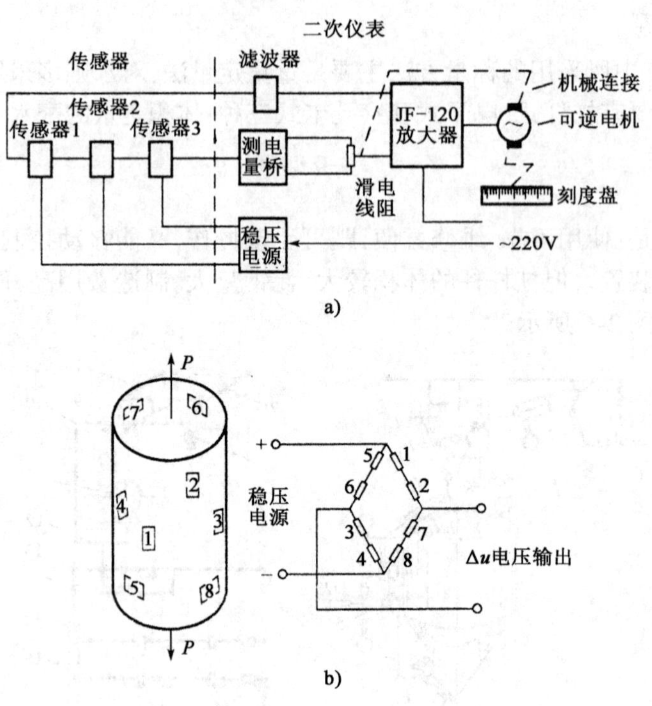


图2-8　电子秤工作原理

a)电子秤组成;b)传感器原理

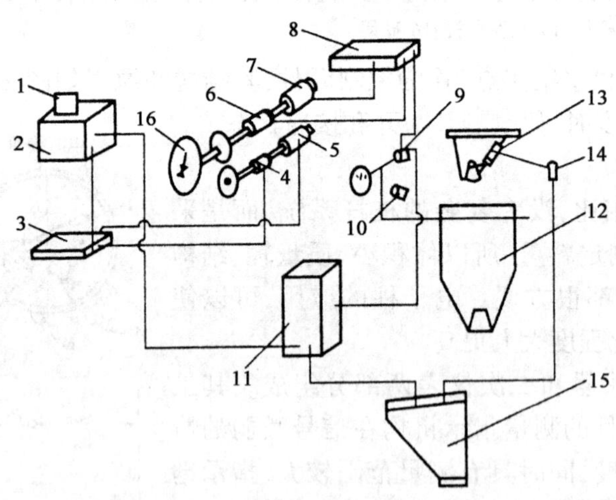

图2-9　穿孔卡式计量装置工作原理

1-程序单;2-穿孔卡片读出器;3-伺服放大器;4、6-给定电位计;5、7-给定用伺服电动机;8-伺服放大器;9-电位计;10-锤;11-比测仪;12-计量槽;13-气动闸门;14-电磁阀;15-操作盘;16-指示仪

4)量水设备

水在温度等外界条件变化时,其体积变化很小,所以称量水(或其他液态外加剂)时,可用体积定量法。常用的量水设备有配水箱、自动水表和量水秤等几种。

(1)配水箱:是以体积定量的量水设备,其构造简单、使用可靠,通常用在移运式搅拌机上。在固定式搅拌装置中,也可采用气缸控制五通阀的配水箱量水。配水箱系统由水泵、五通阀和水箱组成,其相互连接和工作原理见图 2-10。

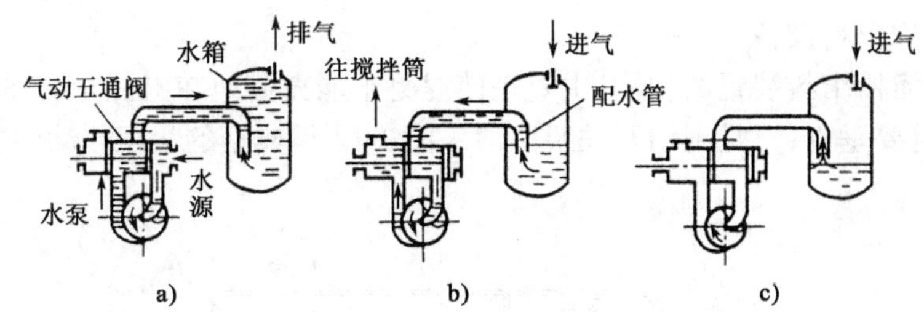


图 2-10 配水箱工作原理

a)水源向水箱装水;b)从水箱向搅拌筒供水;c)达到定量,停止供水

(2)自动水表:自动水表也是以体积定量的量水设备。由于其体积小、构造简单、安装使用方便,因而常用在固定式搅拌装置中。它由计量水表和电磁式水阀两部分组成,串联在供水管路中。

(3)量水秤:在自动化搅拌装置中,水的称量也采用杠杆秤和电子秤,以质量法进行定量,其装置称为量水秤。量水秤的原理与其他材料的称量装置基本相同,只是对秤斗斗门作特殊密封处理,以防泄漏。另外,还采用特殊的给水阀,并由一个高水位水箱向阀内供水,以使进入水阀的水保持一定压力,从而保证水的称量精度。

(4)定量水表:搅拌混凝土所用定量水表,通常用于自动化搅拌站,定量水表如图 2-11 所示,其技术参数见表 2-1。

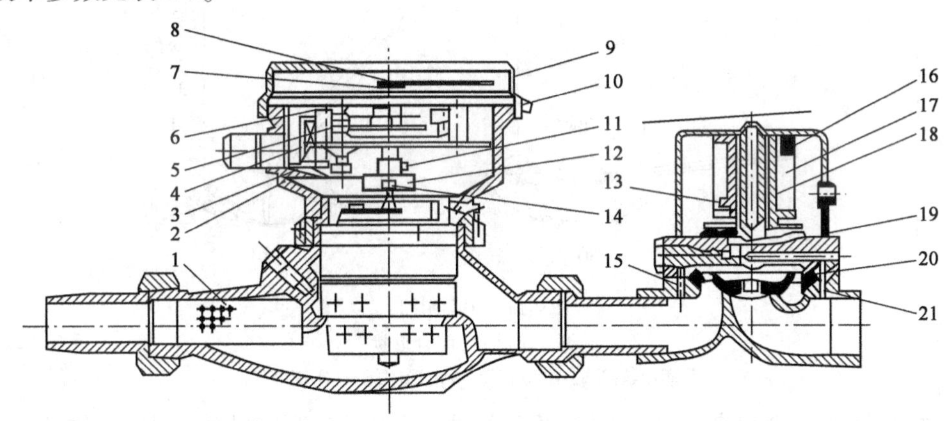


图 2-11 定量水表装置图

1-虑水网;2、16-铁芯;3-衔铁;4-下离合器;5-上离合器;6-支簧片;7、11-紧定螺钉;8-指针;9-防护圈;10-固定螺钉;12-联轴器;13-压缩弹簧;14-拨板;15-分流孔(进水);17-磁力线圈;18-动铁芯;19-小阀口;20-膜片;21-分流孔(出水)

**定量水表主要技术参数** 表 2-1

| 名 称 | 型 号 | 通径(mm) | 额定流量($m^3/h$) | 最小流量($m^3/h$) | 最大流量($m^3/h$) | 生 产 厂 |
|---|---|---|---|---|---|---|
| 旋翼式定量水表 | LXD-25N | 25 | 3.5 | 2.45 | 3.5 | 宁波水表厂 |
| | LXD-32 | 32 | 5.0 | 1.0 | 5.0 | 天津自动化仪表三厂 |
| | LXD-40 | 40 | 10.0 | 2.0 | 10.0 | |
| 水平螺翼式定量水表 | LXLD-32 | 32 | 10.0 | 一次供水 30 ~ 100L | | 宁波水表厂 |
| | LXLD-40 | 40 | 20.0 | 一次供水 60 ~ 200L | | |

## 三、卸料设备

卸料设备又称出料设备。

新拌混凝土溜槽出料装置的功能，主要是使混凝土能充分地卸出，消除残渣堆积。其要求有二：一是出口管要垂直；二是闸门开关要灵活。图2-12是典型的气压传动闸门，图2-13是轻便式手动闸门。

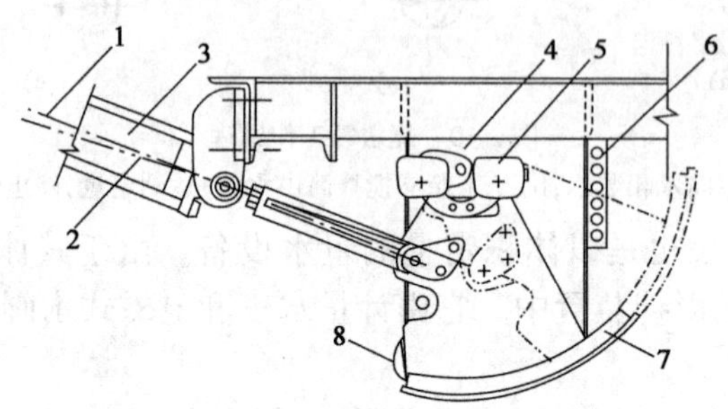

图2-12　气压传动闸门

1-闸门闭合时中线；2-闸门开启时中线；3-气缸；4-出口直管；5-开关或连锁控制的水银接点；6-控制闸门开启幅度的销子；7-扇形闸门；8-挡块

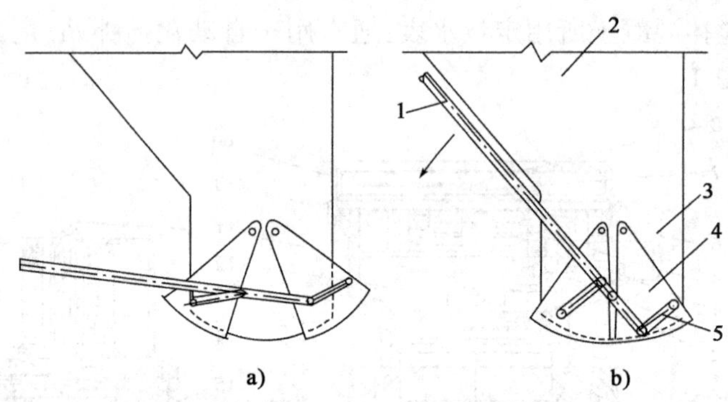

图2-13　手动闸门

a）开启形状；b）闭合形状

1-手柄；2-料斗；3-出口直管；4-扇形闸门；5-连锁装置

大型搅拌站的卸料设备有中心漏斗及分料器；回转料斗及回转给料器，其构造如图2-14和图2-15所示。

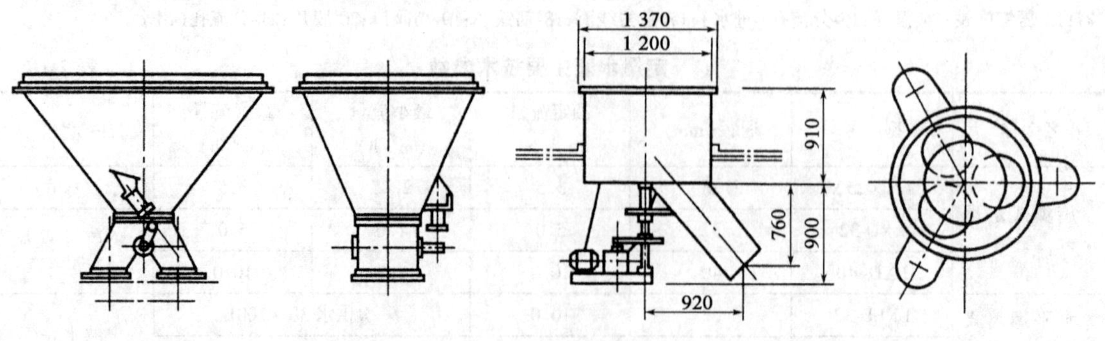

图2-14　中心漏斗及分料器　　图2-15　回转给料器示意图（尺寸单位：mm）

# 第二节　混凝土搅拌机

混凝土搅拌机是对混凝土的组成材料进行拌和的专用设备。混凝土的强度不仅与组成材料的性能和配合比有关,同时还取决于拌和的均匀性。采用机械搅拌和人工搅拌相比,不仅能提高搅拌速度和拌和料的均匀度,而且可使混凝土强度提高20%～30%,而且能大大地减轻劳动强度和提高生产率。尤其在混凝土浇筑量大的水坝、桥梁等大型工程中,大量混凝土只有机械搅拌才能完成。因此,搅拌机械是制备混凝土的必要设备。

## 一、混凝土搅拌机的分类、型号及其基本参数

1.混凝土搅拌机的分类

1)按工作原理分类

(1)连续作业式

其作业过程,无论装料、搅拌和卸料,都是连续不断进行的,因而生产率高,但混凝土的配合比和拌和质量难以控制,一般建筑施工中很少采用,多用于混凝土需要量大的路桥和水坝工程中。

(2)周期作业式

装料、搅拌和卸料等工序是周而复始分批进行的。构造简单,容易控制配合比和拌和质量,是建筑施工中常用的类型。

2)按搅拌方式分类

(1)自落式

如图2-16a)、b)所示,搅拌机搅拌筒旋转,筒内壁固定的叶片将物料带到一定高度,然后物料靠自重自由坠落,周而复始,使物料得到均匀拌和。

(2)强制式

如图2-16c)～g)所示,搅拌机搅拌筒固定不动,筒内物料由转轴上的拌铲和刮铲强制挤压、翻转和抛掷,使物料拌和。这种搅拌机生产率高,拌和质量好,但耗能大。

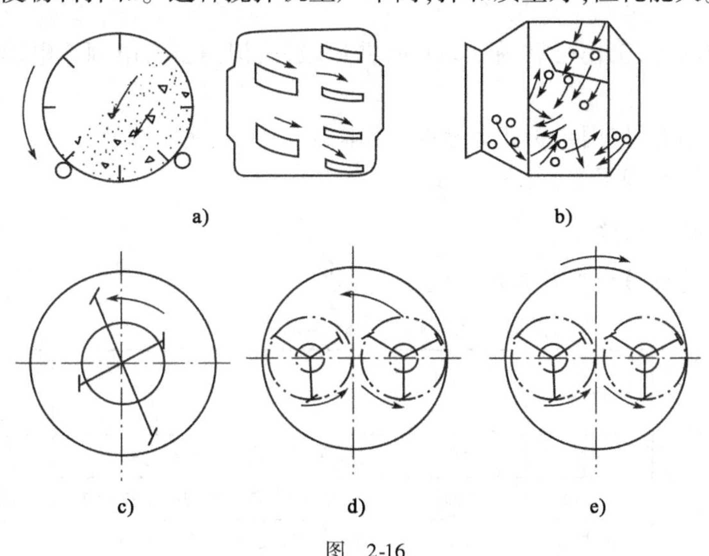


图　2-16

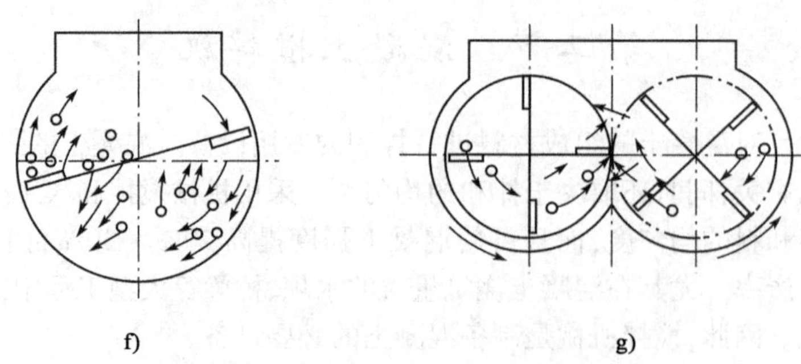


图2-16　各类搅拌机工作原理示意

a)鼓形;b)锥形反转出料;c)涡桨式;d)、e)行星式;f)单卧轴式;g)双卧轴式

3)按卸料方式分类

(1)倾翻式

搅拌机搅拌筒的轴线位置是可变的,卸料时须将搅拌筒倾翻至一定角度,使拌和料从筒内卸出。根据搅拌筒的形状不同,又可分为单锥形和双锥形两种。

(2)不倾翻式

搅拌筒的旋转轴线固定不变。搅拌筒为鼓形或双锥形,两端各有一个开口供装料和卸料用。根据出料方式不同,又可分为反转卸料式和斜槽卸料式两种。

4)按移动方式分类

(1)固定式

搅拌机和基础固定,这种搅拌机的容量大,一般出料容量都在 0.35$m^3$ 以上,多在搅拌楼、站中使用。

(2)移动式

移动式搅拌机有牵引式和自行式两种。牵引式由汽车牵引移动,多用于中、小型工程;自行式是装在汽车底盘的混凝土搅拌运输车。

5)按使用动力分类

(1)电动式

采用电动机作动力,工作可靠,使用简便,费用较低,但需要有电源。电动式使用较普遍。

(2)内燃式

采用内燃机作动力,使用维护比较复杂,成本高,适用于无电源处。

各类搅拌机工作原理示意,见图2-16。

2.混凝土搅拌机的型号

混凝土搅拌机的型号分类及表示方法见表2-2。

**混凝土搅拌机型号分类及表示方法**　　表2-2

| 组 | 型 | 特性 | 代号 | 代号含义 | 主参数 | |
|---|---|---|---|---|---|---|
| | | | | | 名称 | 单位 |
| 混凝土搅拌机J(搅) | 锥形反转出料式Z(锥) | — | JZ | 锥形反转出料混凝土搅拌机 | 出料容量 | L |
| | | C(齿) | JZC | 齿圈锥形反转出料混凝土搅拌机 | | |
| | | M(摩) | JZM | 摩擦锥形反转出料混凝土搅拌机 | | |

续上表

| 组 | 型 | 特性 | 代号 | 代号含义 | 主参数 | |
|---|---|---|---|---|---|---|
| | | | | | 名称 | 单位 |
| 混凝土搅拌机J(搅) | 锥形倾翻出料式F(翻) | — | JF | 锥形倾翻出料混凝土搅拌机 | 出料容量 | L |
| | | C(齿) | JFC | 齿圈锥形倾翻出料混凝土搅拌机 | | |
| | | M(摩) | JFM | 摩擦锥形倾翻出料混凝土搅拌机 | | |
| | 立轴涡桨式W(涡) | — | JW | 立轴涡桨式混凝土搅拌机 | | |
| | 行星式N(行) | — | JN | 行星式混凝土搅拌机 | | |
| | 单卧轴式D(单) | — | JD | 单卧轴式混凝土搅拌机 | | |
| | | Y(液) | JDY | 单卧轴式液压上料混凝土搅拌机 | | |
| | 双卧轴式S(双) | — | JS | 双卧轴式混凝土搅拌机 | | |
| | | Y(液) | JSY | 双卧轴式液压上料混凝土搅拌机 | | |

3. 各类混凝土搅拌机的特点

1)锥形反转出料式

它的主要特点为搅拌筒轴线始终保持水平位置,筒内设有交叉布置的搅拌叶片,在出料端设有一对螺旋形出料叶片,正转搅拌时,物料一方面被叶片提升、落下,另一方面强迫物料作轴向窜动,搅拌运动比较强烈。反转时由出料叶片将拌和料卸出。这种结构运用于搅拌塑性较高的普通混凝土和半干硬性混凝土。

2)锥形倾翻出料式

它的主要特点是搅拌机的进、出料为一个口,搅拌时锥形搅拌筒轴线具有15°仰角,出料时搅拌筒向下旋转50°~60°俯角。这种搅拌机卸料方便,速度快,生产率高,适用于混凝土搅拌站(楼)作主机使用。

3)立轴强制式(又称涡桨式)

它是靠搅拌筒内的涡桨式叶片的旋转将物料挤压、翻转、抛出而进行强制搅拌的,具有搅拌均匀,时间短,密封性好的优点,适用于搅拌干硬性混凝土和轻质混凝土。

4)卧轴强制式

有单卧轴和双卧轴两种。它兼有自落式和强制式的优点,即搅拌质量好,生产率高,耗通少,能搅拌干硬性、塑性、轻集料等混凝土以及各种砂浆、灰浆和硅酸盐等混合物,是一种多功能的搅拌机械。

4. 混凝土搅拌机的主要参数

周期式混凝土搅拌机的主要参数是额定容量、工作时间和搅拌转速。

1)额定容量

有进料容量和出料容量之分,我国规定出料容量为主参数,表示机械型号。进料容量是指装进搅拌筒的物料体积,单位用 $L$ 表示;出料容量是指卸出物料体积,用 $m^3$ 表示。两种容量的关系如下:

(1)搅拌筒的几何体积 $V_0$ 和装进干料容量 $V_1$ 的关系如下式:

$$\frac{V_0}{V_1}=2\sim4$$

(2)拌和后卸出的混凝土拌和物体积 $V_2$ 和捣实后混凝土体积 $V_3$ 的比值 $\varphi_2$ 称为压缩系数,它和混凝土的性质有关。

对于干硬性混凝土:

$$\varphi_2 = \frac{V_2}{V_3} = 1.45 \sim 1.26$$

对于塑性混凝土:

$$\varphi_2 = \frac{V_2}{V_3} = 1.25 \sim 1.11$$

对于软性混凝土:

$$\varphi_2 = \frac{V_2}{V_3} = 1.10 \sim 1.04$$

2)工作时间

以 s 为单位,可分为:

上料时间——从给拌筒送料开始到上料结束;

出料时间——从出料开始至少 95% 以上的拌和物卸出;

搅拌时间——从上料结束到出料开始;

循环时间——在连续生产条件下,先一次上料过程开始至紧接着的后一次上料开始之间的时间;也就是一次作业循环的总时间。

3)搅拌转速 $n$

搅拌筒的转速,单位 r/min。

自落式搅拌机拌筒旋转 $n$ 值一般为 14 ~ 33r/min;

强制式搅拌机拌筒旋转 $n$ 值一般为 28 ~ 36r/min。

4)各类混凝土搅拌的基本参数

各类混凝土搅拌机基本参数见表 2-3 ~ 表 2-6。

**锥形反转出料混凝土搅拌机基本参数** 表 2-3

| 基本参数 | 型号 | | | | | |
|---|---|---|---|---|---|---|
| | JZ150 | JZ200 | JZ250 | JZ350 | JZ500 | JZ750 |
| 出料容量(L) | 150 | 200 | 250 | 350 | 500 | 750 |
| 进料容量(L) | 240 | 320 | 400 | 560 | 800 | 1 200 |
| 搅拌额定功率(kW) | 3 | 4 | 4 | 5.5 | 10 | 15 |
| 每小时工作循环次数 不少于 | 30 | 30 | 30 | 30 | 30 | 30 |
| 集料最大粒径(mm) | 60 | 60 | 60 | 60 | 80 | 80 |

**锥形倾翻出料混凝土搅拌机基本参数** 表 2-4

| 基本参数 | 型号 | | | | | | | | | |
|---|---|---|---|---|---|---|---|---|---|---|
| | JF50 | JF100 | JF150 | JF250 | JF350 | JF500 | JF750 | JF1000 | JF1500 | JF3000 |
| 出料容量(L) | 50 | 100 | 150 | 250 | 350 | 500 | 750 | 1 000 | 1 500 | 3 000 |
| 进料容量(L) | 80 | 160 | 240 | 400 | 560 | 800 | 1 200 | 1 600 | 2 400 | 4 800 |

续上表

| 基本参数 | 型号 | | | | | | | | | |
|---|---|---|---|---|---|---|---|---|---|---|
| | JF50 | JF100 | JF150 | JF250 | JF350 | JF500 | JF750 | JF1000 | JF1500 | JF3000 |
| 搅拌额定功率(kW) | 1.5 | 2.2 | 3 | 4 | 5.5 | 7.5 | 11 | 15 | 20 | 40 |
| 每小时工作循环次数,不少于 | 30 | 30 | 30 | 30 | 30 | 30 | 30 | 25 | 25 | 20 |
| 集料最大粒径(mm) | 40 | 60 | 60 | 60 | 80 | 80 | 120 | 120 | 150 | 250 |

**立轴涡桨式混凝土搅拌机基本参数**　　表 2-5

| 基本参数 | 型号 | | | | | | | | | |
|---|---|---|---|---|---|---|---|---|---|---|
| | JW50 | JW100 | JW150 | JW200 | JW250 | JW350 | JW500 | JW750 | JW1000 | JW1500 |
| 出料容量(L) | 50 | 100 | 150 | 200 | 250 | 350 | 500 | 750 | 1 000 | 1 500 |
| 进料容量(L) | 80 | 160 | 240 | 320 | 400 | 560 | 800 | 1 200 | 1 600 | 2 400 |
| 搅拌额定功率(kW) | 4 | 7.5 | 10 | 13 | 15 | 17 | 30 | 40 | 55 | 80 |
| 每小时工作循环次数,不少于 | 50 | 50 | 50 | 50 | 50 | 50 | 50 | 45 | 45 | 45 |
| 集料最大粒径(mm) | 40 | 40 | 40 | 40 | 40 | 40 | 60 | 60 | 60 | 80 |

**单、双卧轴式混凝土搅拌机基本参数**　　表 2-6

| 基本参数 | 型号 | | | | | | | | | | |
|---|---|---|---|---|---|---|---|---|---|---|---|
| | JD50 | JD100 | JD150 | JD200 | JD250 | JD350<br>JS350 | JD500<br>JS500 | JD750<br>JS750 | JD1000<br>JS1000 | JD1500<br>JS1500 | JD3000<br>JS3000 |
| 出料容量(L) | 50 | 100 | 150 | 200 | 250 | 350 | 500 | 750 | 1 000 | 1 500 | 3 000 |
| 进料容量(L) | 80 | 160 | 240 | 320 | 400 | 560 | 800 | 1 200 | 1 600 | 2 400 | 4 800 |
| 搅拌额定功率(kW) | 2.2 | 4 | 5.5 | 7.5 | 10 | 15 | 17 | 22 | 33 | 44 | 95 |
| 每小时工作循环次数,不少于 | 50 | 50 | 50 | 50 | 50 | 50 | 50 | 45 | 45 | 45 | 40 |
| 集料最大粒径(mm) | 40 | 40 | 40 | 40 | 40 | 40 | 60 | 60 | 60 | 80 | 120 |

## 二、典型搅拌机的构造与技术性能

### 1. 锥形反转出料搅拌机

锥形反转出料搅拌机是我国当前产量最大的一种搅拌机。这种搅拌机的特点是搅拌筒设计合理,拌筒内交叉布置有两块低叶片和两块高叶片,由于高、低叶片均与拌筒圆柱体母线呈40°~45°的夹角,因此拌和料除了有提升自落作用之外,还增加了一个拌筒前后料流的轴向窜动,因此,能在较短时间将物料拌和成匀质混凝土。

锥形反转出料搅拌机由:搅拌筒、轨道、电动机、机架等组成,见图 2-17a)、b)。主要技术性能见表 2-7。

**锥形反转出料混凝土搅拌机主要技术性能**　　表 2-7

| 型号 | JZ150 | JZ200 | JZ250 |
|---|---|---|---|
| 出料容量(L) | 150 | 200 | 250 |
| 进料容量(L) | 240 | 320 | 400 |
| 生产率($m^3$/h) | 4.5 | 6~8 | 8~10 |

续上表

| 型　号 | JZ150 | JZ200 | JZ250 |
| --- | --- | --- | --- |
| 搅拌筒转速(r/min) | 19 | 17 | 15 |
| 最大集料粒径(mm) | 60 | 60 | 60 |
| 搅拌电动机功率(kW) | 4 | 4 | 5.5 |
| 提升电动机功率(kW) | 3 | 4 | 5.5 |
| 水泵电动机功率(kW) | 0.55 | 0.55 | 0.55 |
| 型　号 | JZ350 | ZJ500 | JZ750 |
| 出料容量(L) | 350 | 500 | 750 |
| 进料容量(L) | 560 | 800 | 1 200 |
| 生产率($m^3$/h) | 10～12 | 15～18 | 23 |
| 搅拌筒转速(r/min) | 14 | 14 | 13 |
| 最大集料粒径(mm) | 60 | 80 | 80 |
| 搅动电动机功率(kW) | 5.5 | 11 | 2×7.5 |
| 提升电动机功率(kW) | 5.5 | 5.5 | 7.5 |
| 水泵电动机功率(kW) | 0.55 | 0.75 | 0.75 |

注:混凝土搅拌机生产厂众多,其基本性能参数相同,尺寸、质量等稍有差异。

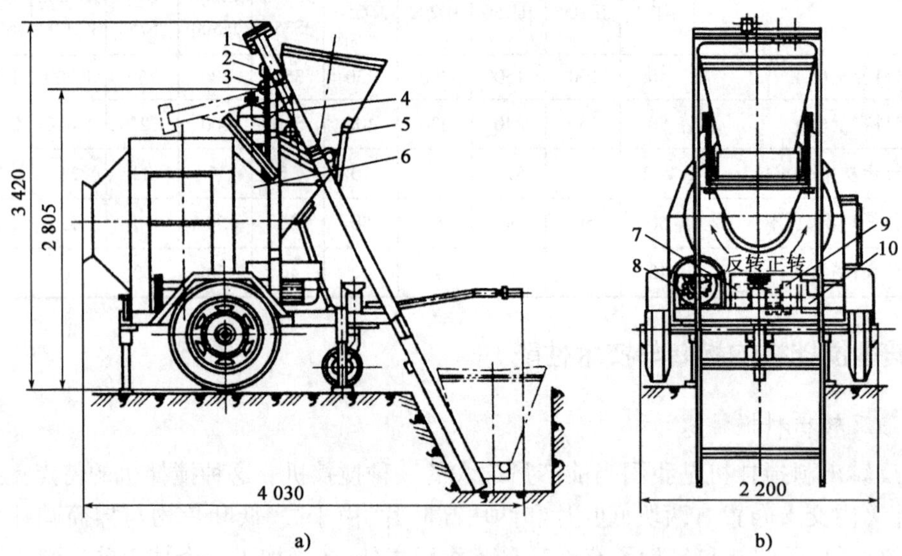


图 2-17　JZ350 型锥形反转出料搅拌机(尺寸单位:mm)

1-料斗下降终点行程开关;2-料斗上限位行程开关;3-限位开关;4-水箱;5-料斗;6-搅拌筒;7-提升料斗电动机;8-搅拌用电动机;9-行星摆线针轮减速器;10-绳轮

2. 锥形倾翻出料搅拌机

锥形倾翻搅拌机能耗和机重等技术性能指标方面优于反转出料搅拌机。其特点是:卸料迅速、拌筒容积利用系数高、拌和物的提升高度低;物料在拌筒内靠滚动自落而搅拌均匀,能耗低,磨损小,能搅拌大粒径集料,在水利大坝工程中得到广泛使用,大容量的机型主要用作搅拌楼的主机,如图 2-18 所示。其主要技术性能见表 2-8。

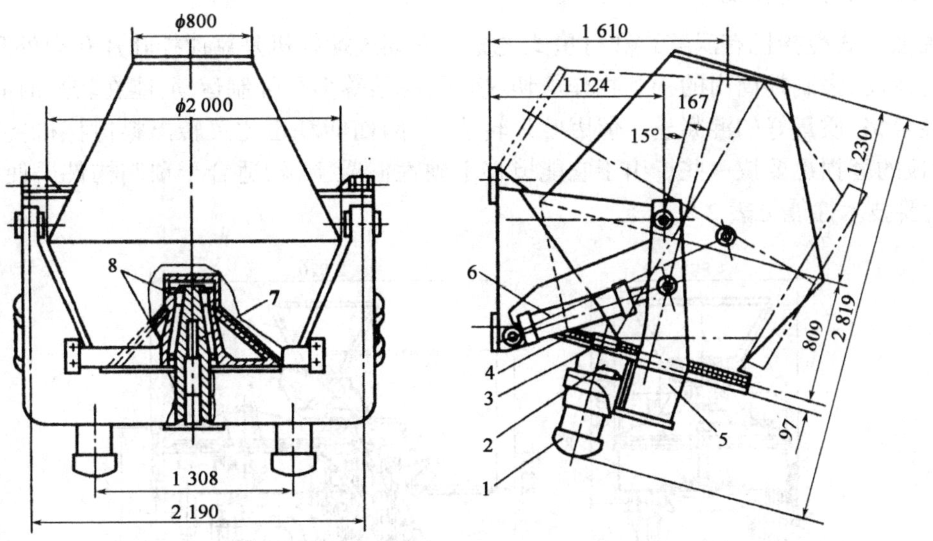


图 2-18　JF1000 型锥形倾翻搅拌机(尺寸单位:mm)

1-电动机;2-行星摆线减速器;3-小齿轮;4-倾翻机架;5-大齿轮;6-倾翻气缸;7-锥轴;8-单列圆锥滚柱轴承

**锥形倾翻出料混凝土搅拌机主要技术性能**　　表 2-8

| 型　号 | JF200 | JF250 | JF750 |
|---|---|---|---|
| 出料容量(L) | 20 | 25 | 750 |
| 进料容量(L) | 320 | 400 | 1 200 |
| 搅拌筒转速(r/min) | 18 | 18 | 16 |
| 搅拌电动机功率(kW) | 4 | 2 ×3 | 2 ×5.5 |
| 最大集料粒径(mm) | 60 | 60 | 80 |
| 搅拌最少时间(s/次) | 60 ~90 | 60 ~90 | 60 ~90 |
| 工作时倾角(°) | 15 | 15 | 15 |
| 倾料时倾角(°) | 55 | 55 | 55 |
| 搅拌筒叶片数 | 4 | 4 | 4 |
| 型　号 | JF1000 | JF1500 | JF3000 |
| 出料容量(L) | 1 000 | 1 500 | 3 000 |
| 进料容量(L) | 1 600 | 2 400 | 4 800 |
| 搅拌筒转速(r/min) | 14 | 13 | 10.5 |
| 搅拌电动机功率(kW) | 2 ×7.5 | 2 ×7.5 | 2 ×17 |
| 最大集料粒径(mm) | 120 | 150 | 250 |
| 搅拌最少时间(s/次) | 60 ~90 | 60 ~90 | 60 ~90 |
| 工作时倾角(°) | 15 | 15 | 15 |
| 倾料时倾角(°) | 55 | 55 | 55 |
| 搅拌筒叶片数 | 3 | 3 | 3 |

注:混凝土搅拌机生产厂众多,其基本性能参数相同,尺寸、质量等稍有差异。

3. 立轴涡桨式搅拌机

立轴强制式搅拌机有涡桨式和行星式之分。涡桨式搅拌机是靠搅拌叶片和内外刮板对拌筒的相对运动，强制拌筒内的拌和物作剪切、挤压、翻滚等多种强制运动，能在较短时间内搅拌出匀质性合格、质量好的混凝土。但因叶片转速高，因而能耗也比反转出料搅拌机要高一些，叶片、衬板的磨损也要快一些。由于它能搅拌干硬性混凝土，较适合于预制构件厂使用，见图2-19。主要技术性能见表2-9。

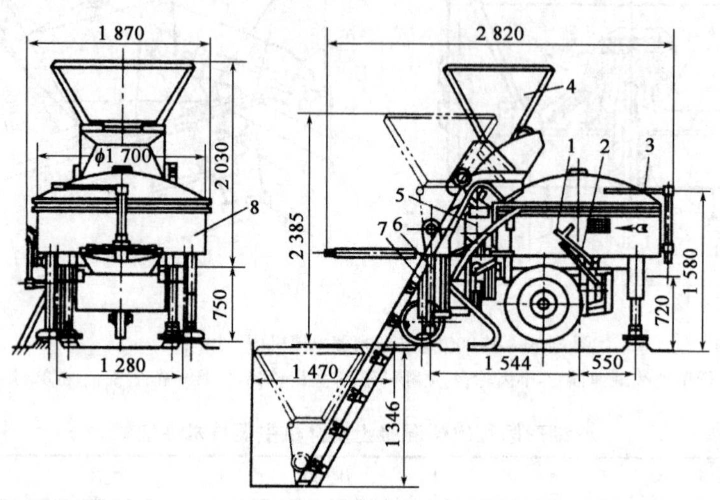


图2-19 JQ250型涡桨式搅拌机(尺寸单位:mm)

1-上料手柄;2-料斗下降手柄;3-出料手柄;4-上料斗;5-水箱;6-水泵;7-上料斗导轨;8-搅拌筒

**立轴涡桨式混凝土搅拌机主要技术性能** 表2-9

| 型 号 | JW250 | JW350 | JW375 | JW500 | JW1000 |
|---|---|---|---|---|---|
| 出料容量(L) | 250 | 350 | 375 | 500 | 1 000 |
| 进料容量(L) | 400 | 500 | 550 | 800 | 1 600 |
| 搅拌叶片转速(r/min) | 36 | 32 | 32 | 28.5 | 20 |
| 搅拌时间(s/次) | 72 | 90 | 90 | 90 | 120 |
| 最大集料粒径(mm) | 60 | 60 | 60 | 60 | 60 |
| 生产率($m^3$/h) | 10~12 | 14~21 | 15~22 | 20~25 | 40 |
| 搅拌电动机功率(kW) | 11 | 18.5 | 22 | 30 | 55 |
| 液压泵电动机功率(kW) | 0.25 | 0.25 | 0.25 | 0.25 | 0.25 |
| 水泵电动机功率(kW) | 0.55 | 0.55 | 0.55 | 0.55 | 0.55 |

注:混凝土搅拌机生产厂众多，其基本性能参数相同，尺寸、质量稍有差异。

4. 单卧轴强制式搅拌机

单卧轴强制式搅拌机，其搅拌机理与立轴强制式相似，不同之处是卧轴式搅拌机的拌筒容积利用系数较高，因而拌筒直径可以设计得比较小，即搅拌叶片的回转线速度低，一般只有1.3~1.6m/s。拌筒直径小不仅能节约钢材，减轻机重；还可以降低能耗，提高叶片、衬板的使用寿命，见图2-20，因而在技术指标方面优于立轴式搅拌机。单卧轴强制式搅拌机主要技术性能见表 2-10。

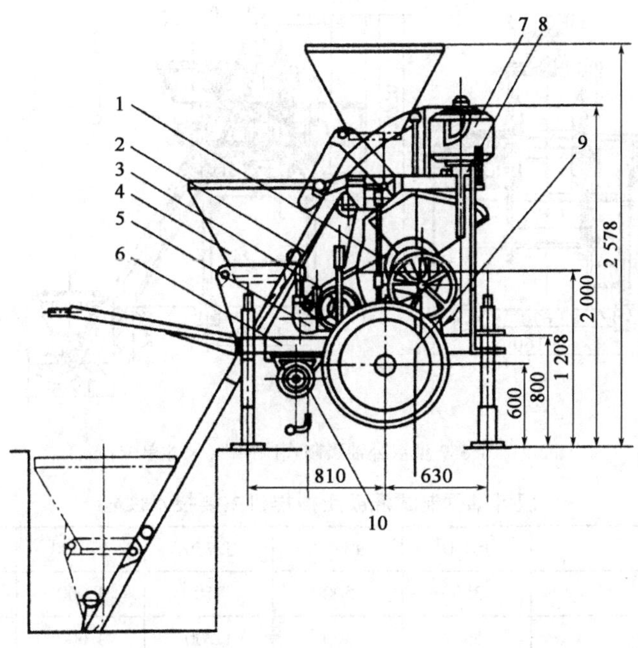


图 2-20　JD150 型单卧轴强制式搅拌机结构示意(尺寸单位:mm)

1-搅拌装置;2-上料架;3-料斗操纵手柄;4-料斗;5-水泵;6-底盘;7-水箱;8-供水装置操纵手柄;9-车轮;10-传动装置

**单卧轴强制式混凝土搅拌机主要技术性能**　　表 2-10

| 型　号 | JD150 | JD200 | JD250 | JD350 | JD500 | JD750 |
|---|---|---|---|---|---|---|
| 出料容量(L) | 150 | 200 | 250 | 350 | 500 | 750 |
| 进料容量(L) | 240 | 300 | 400 | 560 | 800 | 1 200 |
| 搅拌轴转速(r/min) | 38.6 | 36.3 | 30 | 29.34 | 23.8 | 19.55 |
| 搅拌时间(s/次) | 30 | 30 | 30 | 30 | 30 | <30 |
| 最大集料粒径(mm) | 60 | 60 | 60 | 60 | 80 | 80 |
| 生产率($m^3$/h) | 7.5~9 | 10~14 | 12~15 | 15~20 | 20~30 | 30~40 |
| 料斗提升速度(m/s) | 0.34 | 0.3 | 0.27 | 0.27 | | |
| 搅拌电动机功率(kW) | 5.5 | 7.5 | 11 | 15 | 18.5 | 30 |
| 提升电动机功率(kW) | 2.2 | 3 | 4.5 | 4.5 | 5.5 | 7.5 |
| 水泵电动机功率(kW) | 0.55 | 0.55 | 0.55 | 0.75 | 1.1 | 1.1 |

注:混凝土搅拌机生产厂众多,其基本性能参数相同,尺寸、质量稍有差异。

5. 双卧轴强制式搅拌机

双卧轴强制式搅拌机是随着混凝土施工工艺的改进而发展起来的新机型。能搅拌塑性、低塑性、干硬性以及各种轻质混凝土和砂浆,是一种多功能的搅拌机械。其搅拌质量好、效率高、能耗低、噪声小,搅拌效果比单卧轴好,但结构复杂,如图 2-21 所示。适于较大容量的混凝土搅拌作业,一般用于搅拌楼、站的配套主机,或用于大、中型混凝土预制厂。

双卧轴强制式搅拌机主要技术性能见表 2-11。

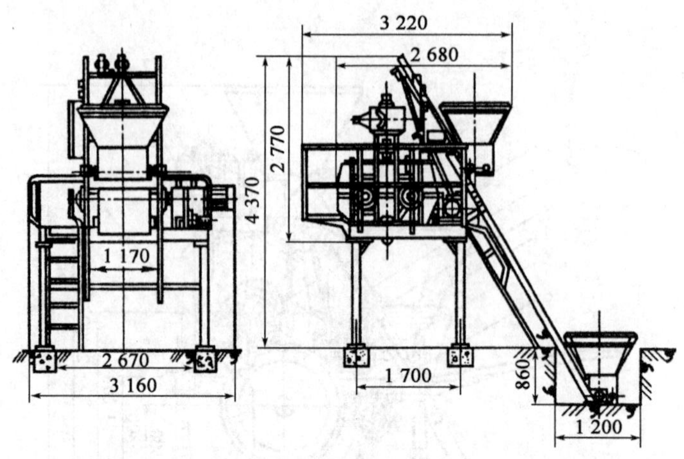


图 2-21　JS359 型双卧轴强制式搅拌机(尺寸单位:mm)

双卧轴强制式混凝土搅拌机主要技术性能　　　表 2-11

| 型　号 | JS350 | JS500 | JS750 | JS1000 | JS1500 | JS2000 |
|---|---|---|---|---|---|---|
| 出料容量(L) | 350 | 500 | 750 | 1 000 | 1 500 | 2 000 |
| 进料容量(L) | 560 | 800 | 1 200 | 1 600 | 2 400 | 3 200 |
| 生产率($m^3$/h) | 14～21 | 15～25 | 25～45 | 40～60 | 60～75 | 80～110 |
| 搅拌时间(s/次) | 30 | 30 | 30 | 30 | 30 | 30 |
| 最大集料粒径(mm) | 60 | 60 | 60 | 60 | 80 | 80 |
| 搅拌轴转速(r/min) | 36 | 35 | 30 | 26 | 23 | 21 |
| 搅拌电动机功率(kW) | 15 | 18.5 | 30 | 37 | 45 | 2×37 |
| 提升电动机功率(kW) | 4 | 5.5 | 11 | 15 | 22 | 30 |
| 水泵电动机功率(kW) | 1.1 | 1.1 | 1.1 | 3 | 7.5 | 11 |

注:混凝土搅拌机生产厂众多,其基本性能参数相同,尺寸、质量稍有差异。

## 三、混凝土搅拌机的使用

1. 混凝土拌搅机的选择

1)按工程量和工期要求选择

混凝土工程量大且工期长时,宜选用中型或大型固定式混凝土搅拌机群或搅拌站。如混凝土工程量小且工期短时,宜选用中小型移动式搅拌机。

2)按设计的混凝土种类选择

搅拌混凝土为塑性或半塑式时,宜选用自落式搅拌机。如搅拌混凝土为高强度、干硬性或为轻质混凝土时,宜选用强制式搅拌机。

3)按混凝土的组成特性和稠度方面选择

如搅拌混凝土稠度小且集料粒度大时,宜选用容量较大的自落式搅拌机。如搅拌稠度大而集料粒度大的混凝土时,宜选用搅拌筒转速较快的自落式搅拌机。如搅稠度大而集料粒度小时,宜选用强制式搅拌机或中、小容量的锥形反转出料的搅拌机。不同容量搅拌机和适用范围见表 2-12,自落式搅拌机容量和集料最大粒度的关系见表 2-13。

不同容量搅拌机的适用范围　　表 2-12

| 进料容量(L) | 出料容量(L) | 适用范围 |
|---|---|---|
| 100 | 60 | 实验室制作混凝土试块 |
| 240 | 150 | 修缮工程或小型工地拌制混凝土及砂浆 |
| 320 | 200 | |
| 400 | 250 | 一般工地,小型移动式搅拌站和小型混凝土制品厂的主机 |
| 560 | 350 | |
| 800 | 500 | |
| 1 200 | 750 | 大型工地,拆装式搅拌站和大型混凝土制品厂搅拌楼主机 |
| 1 600 | 1 000 | |
| 2 400 | 1 500 | 大型堤坝和水工工程的搅拌楼主机 |
| 4 800 | 3 000 | |

**自落式搅拌机容量和集料最大粒度的关系**　　表 2-13

| 搅拌机容量($m^3$) | 0.35 以下 | 0.75 | 1.00 |
|---|---|---|---|
| 拌和料最大粒度(mm) | 60 | 80 | 120 |

2. 混凝土搅拌机每盘投料量

每拌投料量总重,按搅拌机主参数(即出料容量)而定。其计算式如式(2-1)所示。当混凝土的计算密度为 2 400kg/$m^3$ 时,搅拌机的最大投料量如表 2-14。

投料量计算公式:

$$Q_{投} = V_{出} \cdot \gamma_h' \tag{2-1}$$

式中:$Q_{投}$——每拌投料总重(kg);

$V_{出}$——搅拌机的出料容量(L);

$\gamma_h'$——混凝土的计算容重(kg/L)。

**常用搅拌机每拌的最大投料量($\gamma_h' = 2.4$kg/L)**　　表 2-14

| 项　　目 | 符　号 | 参　　数 | | | | |
|---|---|---|---|---|---|---|
| 搅拌机出料容量(L) | $V_{出}$ | 150 | 250 | 350 | 500 | 1 000 |
| 搅拌机进料容量(L) | $V_{进}$ | 240 ~ 250 | 375 ~ 400 | 500 ~ 560 | 750 ~ 800 | 1 500 ~ 1 600 |
| 每拌最大投料量(kg) | $Q_{投}$ | 360 | 600 | 840 | 1 200 | 2 400 |

3. 混凝土搅拌机的生产率(生产能力)

搅拌机生产率的高低,取决于每拌制一罐混凝土所需要的时间和每罐的出料体积,其计算公式如下:

$$Q = 3\,600 \frac{V}{t_1 + t_2 + t_3} K_1 \tag{2-2}$$

式中:$Q$——生产率($m^3$/h);

$V$——搅拌机的额定出料容量($m^3$);

$t_1$——每次上料时间(s),使用上料斗进料时,一般为 8 ~ 15s;通过漏斗或链斗提升机上料时,可取 15 ~ 26s;

$t_2$——每次搅拌时间(s),随混凝土坍落度和搅拌机容量大小而异,可根据实测确定,或参考表2-15;

$t_3$——每次出料时间(s),倾翻出料时间一般为10~15s;非倾翻出料时间约为40~50s;

$K_1$——时间利用系数,根据施工组织而定,一般为0.9。

**拌和物在自落式搅拌机中延续的最短时间(s)** 表2-15

| 出料容量/$m^3$ | 坍落度≤60mm | 坍落度>60mm |
|---|---|---|
| ≤0.25 | 60 | 45 |
| 0.75 | 120 | 90 |
| 1.50 | 150 | 120 |

搅拌楼小时产量可按下式计算:

$$Q_s = \frac{Q_f}{n} \tag{2-3}$$

式中 $Q_s$——混凝土小时计算产量($m^3/h$);

$Q_f$——混凝土日计算产量($m^3/d$);

$n$——日工作小时数(h)。

$$Q_f = K\frac{Q}{T}$$

式中:$Q$——年设计产量($m^3$);

$K$——日产量不平衡系数,永久性工厂 $K=1.2$,临时性工厂 $K=1.4 \sim 1.6$;

$T$——年工作天数(d)。

搅拌机台数按下式计算:

$$N = \frac{Q_f}{q}$$

式中:$N$——搅拌机台数,取整数;

$q$——每台搅拌机小时生产能力($m^3/h$)。

*4.混凝土搅拌机的安装*

(1)搅拌机安装位置的选择。

①搅拌机安装位置应尽量靠近现场浇筑地点,并应有能保证进料、出料的通道。

②安装处应地形合适,地质坚实,地面平整,并有足够的面积,周围有良好的排水沟渠。

③供电、供水方便。

(2)搅拌机就位后,放下支脚将机架顶起,使轮胎离地,并将搅拌机调到水平位置,用插销固定,以增强作业的稳定性。如需较长时间使用时,应用垫木将机架垫实后卸下轮胎及牵引杆另行保存。

(3)大容量的固定式搅拌机,应按使用说明书要求,进行基础设计并按规范进行安装。安装时,主机和辅机都应用水平尺校正水平。

(4)自落式搅拌机由于重心偏于进料口一侧,安装时,进料口侧可稍高一点,以利于出料。

(5)采用导轨升降上料斗的搅拌机,应挖出料斗地坑,接长导轨,地坑深度应使料斗放到坑底时,其斗口高于地面150~200mm。料斗停放在地面上的搅拌机,应架设上料台,其高度应和料斗放下时的平面平齐。在料斗和地面之间,应加设一层缓冲垫木。

5. 混凝土搅拌机的技术试验

新购、大修或重新装配的搅拌机，在投入使用前应进行技术试验，以考核整机基本性能和安全可靠性。

1) 试验前检查

(1) 各部零件、部件、供水系统、行走机构、防护罩板等应配备齐全，安装牢固。

(2) 自落式搅拌筒叶片平整，搅拌筒轮箍(滑道)磨损量不应超过原厚度的30%。强制式搅拌叶片和滚筒的间隙应在20～30mm范围内。

(3) 各机件安装牢固，操纵杆转动灵活，不松旷。传动V带松紧度适宜。

(4) 传动齿轮和齿圈啮合正确，侧向间隙为1.5～3mm，径向间隙4～6mm。

(5) 各铆、焊接处不应有裂缝和松动现象，螺栓、垫片齐全紧固。

(6) 装有胶轮的移动式搅拌机轮轴不松旷，牵引杆安装牢固，行走轮安装符合规定。

(7) 电动机和电气系统接线牢固，接地良好。

2) 空载试验

(1) 机械架设平稳后，检查动转方向是否符合要求，并进行不少于15min空载运转。

(2) 传动系统运转灵活可靠，减速箱轴端应无甩油、漏油现象。

(3) 搅拌筒轮箍和托轮的接触应均匀无跳动、跑偏现象。传动齿轮运转平稳无异响。

(4) 上料斗进行不少于3～4次的提升、下降，应无偏摆和位移现象，料斗限位杆工作正常，离合器、制动器灵敏可靠。

(5) 移动式搅拌机应进行牵引试验。按20km/h的速度，在三级或二级路面上牵引，行驶时机身平稳。

3) 额定载荷试验

(1) 做2～3次额定容量的拌和。

(2) 搅拌筒不得漏浆，运转时不跳动、跑偏或摆动。

(3) 上料斗应能保证在任意位置可靠地制动。

(4) 出料机构操纵灵活、可靠；出料后，搅拌筒内残留拌和料量应低于额定出料容量的5%。

(5) 传动部分应无异常响声，各部轴承温度正常。

(6) 供水装置的水泵、水箱、管路、闸阀、压力表等应工作正常，无漏水现象。

6. 混凝土搅拌机的使用操作要点

1) 使用前的检查

(1) 移动式搅拌机的停放位置必须选择平整坚实的场地，周围应的良好的排水沟渠。

(2) 搅拌机就位后，放下支脚将机架顶起，使轮胎离地。在作业期较长的地区使用时，应用垫木将机器架起，卸下轮胎和牵引杆，并将机器调平。

(3) 料斗放到最低位置时，在料斗与地面之间应加一层缓冲垫木。

(4) 接线前检查电源电压，电压升降幅度不得超过搅拌机电气设备规定的5%。

(5) 作业前先进行空载试验，观察搅拌筒或搅拌叶片旋转方向是否和箭头所示方向一致。如方向相反，则应改变电动机接线。反转出料的搅拌机，应使搅拌筒正反运转片刻，察看有无冲击抖动现象，如有异常噪声，应停机检查。

(6) 搅拌筒或搅拌叶片运转正常，进行料斗提升试验，观察离合器、制动器应灵活可靠。

(7)检查和校正供水系统的指示水量和实际水量应一致,如误差超过2%,应检查管路是否漏水,必要时调整节流阀。

2)起动和加料

(1)搅拌机必须空载起动,并在运转中加料,否则会引起动力矩过大而损坏电动机。

(2)必须按规定的配料和水灰比计算进料量,应先测定粗细集料的湿度,并将理论配合比换算成施工配合比,然后按施工配合比及搅拌机出料容量计算出每次需加的各组成物料的质量。加料量计算确定后必须严格执行,其质量偏差:水泥不得超过±2%;粗、细集料不得超过±3%;水或氧化钙水溶液不得超过±2%;最大集料的粒径应符合规定,强制式搅拌机对最大集料的要求应更为严格。

(3)为减少黏罐,投料的顺序可采用一次投料法与二次投料法两种。

一次投料法:向搅拌机加料时应先装砂子,然后装入水泥,使水泥不直接与料斗接触,避免水泥黏附在料斗上,然后装入石子。提升料斗将全部材料倒入搅拌机中进行搅拌机中进行搅拌,同时开启水阀,使定量的水均匀洒布于拌和料中。

二次投料法:混凝土搅拌二次投料法,也称先拌水泥浆法,或称水泥裹砂法。即制备混凝土时,水泥和水首先进行充分搅拌,制成水泥净浆;或水泥、砂、水首先搅拌约1~1.5min(强制式搅拌机),制成水泥砂浆,然后再投入石子,再进行搅拌,约1~1.5min,这种方法称为二次投料法。二次投料法搅拌出的混凝土比一次投料法搅拌出的混凝土,强度可提高10%~15%。

另外,还有多次投料搅拌法,详见第三章第三、四节所述。

(4)加料容量应符合搅拌机额定容量,过少将降低生产率;过大不仅使电动机超载运行,还会使水浆外溢飞溅,反而降低效率。在上一次拌和物未完全卸出时,不应装入新的物料。

3)安全操用要点

(1)电动机外壳、机架及电气控制箱等均应接地,其接地电阻不应大于4Ω。

(2)搅拌运转过程中不宜停机,如因故必须停机,应全部卸出拌和料,并清洗搅拌筒内部,不可带载起动。

(3)料斗提升时,严禁任何人在料斗下停留或通过。如必须在料斗下检修时,应将料斗提升后用铁链锁住。

(4)搅拌机运转过程中,不可进行检修、调整和加注润滑油。

(5)操作过程中,切勿使砂石等物落入搅拌机传动机构内。

(6)以内燃机为动力的搅拌机,在停机前先脱开离合器,停机后仍应合上离合器。

(7)搅拌机在场内移动或远距离运输时,应将进料斗提升到上止点,用保险铁链锁住。

(8)固定式搅拌机安装时,主机与辅机都应用不平尺校正水平。有气动装置的,风源气压应稳定在0.6MPa左右。作业时不得打开检修孔,入孔检修先把空气开关关闭,并派人监护。

(9)料斗底部黏住的物料应及时清理,以免影响斗门启闭。

(10)搅拌机转移场地时,应将料斗提升到上止点,插上固定销,并用保险铁链锁住。

4)冬季使用要点

(1)搅拌机应有防寒设施,面棚内温度应保持在10℃左右,物料和用水要适当加温。

(2)搅拌前要先用热水冲洗搅拌筒。

(3)加料时应先加砂石集料,然后再加入水泥,以防止水泥和热水直接接触,降低质量。

(4)搅拌时间应较常温情况延长50%左右。

(5)停机后应将供水系统的积水放尽。使用内燃机为动力的,应放尽冷却水。

## 四、混凝土搅拌机的维护及故障排除

1. 混凝土搅拌机的检查和调整

1)综合检查

(1)电动机驱动前应检查安全熔丝、开关、线路和接地装置是否可靠,定期测试电动机绝缘电阻,其电阻值应不小于0.5MΩ。

(2)内燃机驱动前应检查燃料、润滑油、冷却水是否合适;主离合器手柄应在脱开位置,仪表读数应在规定范围内,内燃机运转正常,无异响。

2)传动系统的检查

(1)采用V带传动的,其松紧度以能用手按下10~15mm并在运转时不打滑为宜。调整时,可放松电动机底座螺栓,将电动机移位达到合适的松紧度。

(2)空载运转使搅拌筒作正、反向旋转,观察是否平稳。变更转向时应无冲击现象,电动机减速器、制动器等噪声、温升应正常,如有异状,应及时调整或修理。

3)上料、卸料机构的检查和调整

(1)试验上料、进料操纵杆应灵敏有效,如上料斗在升降过程中发生滑移、摆振或起升不稳甚至不能起升以及出料槽不能在上、下止点处稳定停留等现象时,应调整离合器摩擦带的松紧度,并应检修操纵杆的传动部分。

(2)采用导轨升降的料斗,其滚轮和轨道应接触良好,以保证运行时的平稳性。卸料门应保持启闭灵活,封闭严密,其松紧度可由卸料底板下方的螺母进行调整。

(3)反转出料式搅拌机的上料斗到达加料高度时,行程开关应及时动作使料斗停留在斗门全开位置,否则应检查行程开关及轨架岔道的倾斜度。料斗下降时应平稳无卡滞现象。检查下降止点行程开关灵敏度时,可用旋具推动开关摇杆,当摇杆偏转时,能使电动机停转。

(4)上料斗升降离合器的内、外摩擦带的松紧度要调整适当,过紧将使离合器分离不开而发热,增加减速齿轮的荷载,加速齿轮磨损;过松将使离合器接合不良或制动失灵。

4)搅拌系统的检查和调整

(1)自落式搅拌机的搅拌叶片和进料叶片应安装在搅拌筒内壁的预定位置,以保证进料和搅拌的作用。当搅拌叶片的边缘磨损超过50mm或发生较大变形时,物料很难带到预定的高度并影响出料,应及时修理或镶补。搅拌叶片和筒内壁的连接必须严密,不应发生漏浆现象。

(2)强制式搅拌机的搅拌叶片、刮板和搅拌筒的筒底、筒壁均应保持一定间隙(一般为5mm),如间隙超过标准时,可通过放松搅拌叶片或刮板的紧固螺栓来调整,间隙调整合适后再将螺栓紧固。如叶片磨损,可用耐磨焊条进行堆焊修复。

上述检查、调整和紧固作业,应在班前或班后设备已经过清洗后进行。

5)供水系统的检查

(1)水泵在使用前应检查传动是否良好,动转中如发现漏水,一般是由于水泵轴填料密封不严所致,可以旋紧压盖螺母,重新压紧填料。

(2)供水系统的水量控制,一般由时间继电器控制给水时间,节流阀控制水的流量(出厂时流量已调整合适)。在使用一定时间后(结合定期维护),应检查供水量的准确性。检查时可给定某一供水量,然后起动水泵供水,再称量所供水量是否和给定值相同,如误差超过2%,

应进行调整、检修。

6)润滑系统的检查

经常保持各润滑部位有良好的润滑。使用前应检查减速器内的油位高度,一般约在大齿轮直径的1/3处。

各部位油嘴、油杯应齐全、有效。

2. 混凝土搅拌机的维护

混凝土搅拌机属于中、小型电动机械,结构较简单,其定期维护一般分为每班维护和定期维护两级。

1)每班维护(作业前、中、后进行)

(1)作业前检查

①各部螺栓应完整齐全,无松动。

②钢丝绳无变形或断丝超限,各连接处牢固可靠,润滑良好。

③电气系统接线牢固,保护装置齐全,接地良好。

④在搅拌筒内加水空转1~2min以润滑内筒壁,并应检查传动、制动、上料、供水等机构的可靠性。

⑤移动式搅拌机的轮胎气压应保持在规定值。轮胎螺栓应旋紧。

⑥料斗钢丝绳如有松散现象,应排列整齐并收紧钢丝绳。

(2)作业中检查

①电动机、减速器、传动齿轮等运转平稳,无异响。

②搅拌装置运转正常,上料、出料机构工作良好。

(3)作业后清洗、润滑

①停机前在搅拌筒内放入少量石子和水,转动5~10min后放出,再用水冲净。

②清除机体各部积灰和黏附的混凝土。

③按规定的润滑部位及周期表进行润滑作业。

④用气压装置的搅拌机,作业后应将储气筒及分路盒内积水放出。

2)定期维护(每隔一个月或工作200h后进行)

(1)进行每班维护的全部作业。

(2)检查减速器,油面不足时要及时添加,消除漏油。

(3)检查离合器和制动器,调整间隙,更换磨损超限的制动带。

(4)调整V皮带松紧度。检查并紧固钢板卡子、螺栓。

(5)料斗提升钢丝绳磨损超过规定时,应予更换;如尚能使用,应进行除尘润滑。

(6)内燃搅拌机的内燃机部分应按内燃机保养有关规定执行;电动搅拌机应清除电器的积尘,并进行必要的调整。

(7)检查供水系统,消除渗漏,如供水量误差超限时,应予调整。

(8)检查上料机构运转情况,视需要予以调整,达到运转灵活,位置正确。

强制式搅拌机还应进行以下项目:

(9)检查搅拌叶片和衬板的间隙,应控制在2~6mm以内。

(10)拧进搅拌轴端密封放淤塞,如发现有砂浆时,应及时调整或更换已失效的第一道密封。

(11)检查出料门漏浆情况,必要时应及时调整橡胶条的位置。

(12)检查并紧固衬板连接螺栓,对磨损超限的搅拌叶片、支承臂及其螺栓,应及时更换。

(13)按规定的润滑部位及周期表进行润滑作业。

表2-16系JZ350型搅拌机润滑部位及周期,其他机型可参照执行。

**JZ350型搅拌机润滑部位及周期** 表2-16

| 润滑部位名称 | 润滑点数 | 润滑剂种类 | 润滑周期(h) | 润滑方法 |
|---|---|---|---|---|
| 传动减速器 | 1 | A-LAN68 | 600 | 换油 |
| 上料斗减速器 | 1 | A-LAN68 | 600 | 换油 |
| 托轮轴承座 | 4 | 钙基润滑脂 | 500 | 油杯加注 |
| 上料斗滑轮 | 3 | 钙基润滑脂 | 50 | 油枪加注 |
| 上料斗滚轮 | 4 | 钙基润滑脂 | 50 | 油枪加注 |
| 钢丝绳 | 2 | 钙基润滑脂 | 500 | 涂抹 |
| 支腿丝杠 | 4 | 润滑油 | 500 | 涂抹 |
| 轮胎轴承 | 2 | 钙基润滑脂 | 每次大修 | 更换 |
| 全部铰接点及滑动面 | | 润滑油 | 每个工作班 | 涂抹 |
| 全部电动机轴承 | | 钙基润滑脂 | 1 000 | 换油 |

3.混凝土搅拌机的故障排除

自落式搅拌机常见故障及排除方法见表2-17。

**自落式搅拌机常见故障及排除方法** 表2-17

| 故　障 | 原　因 | 排除方法 |
|---|---|---|
| 推压上料手柄后料斗不起升或起升困难 | 1.离合器制动带接合不良;<br>2.制动带磨损;<br>3.制动带上有油污;<br>4.上料手柄与水平杆的连接螺栓松动或拨叉紧固螺栓松动;<br>5.制动带脱落或松紧撑变形;<br>6.拨叉滑头脱落或磨坏 | 1.调整松紧撑触头螺栓,使制动带抱紧。消除制动带翘曲,使接合面不少于70%;<br>2.更换制动带;<br>3.清洗油污并擦干;<br>4.重新紧固;<br>5.检修离合器;<br>6.补焊或换新滑头 |
| 拉动下降手柄时料斗不落 | 1.离合器外制动带太紧;<br>2.料斗起升太高,超过180°,重心靠向内侧;<br>3.下降手柄不起作用;<br>4.钢丝绳卷筒轴发生干磨;<br>5.钢丝绳变形重叠而夹住 | 1.调整制动带的间隙;<br>2.调整振动装置的触头螺栓的高度,使其提早松开离合器;<br>3.紧固手柄螺栓;<br>4.清洗并加油;<br>5.整理或更换钢丝绳 |
| 减速器有异响 | 1.齿轮损坏;<br>2.齿轮啮合不正常;<br>3.缺少润滑油;<br>4.齿轮键松旷 | 1.更换齿轮;<br>2.调整齿轮轴线,侧隙≤1.8mm;<br>3.添加到规定;<br>4.换键 |
| 搅拌筒运转不稳或振动 | 1.托轮串位或不正;<br>2.大齿圈和小齿轮啮合不良 | 1.检修、调整托轮位置;<br>2.调整啮合情况 |
| 轴承过热 | 1.轴承磨损发生松旷;<br>2.轴承内套与轴发生滑动,或外套与轴承座孔发生滑动;<br>3.缺少润滑油;<br>4.轴承内污脏 | 1.圆锥滚柱轴承可在内套外侧加垫,滚珠轴承则应更换;<br>2.内套与轴松动,在轴颈处堆焊再加工,外套与轴承座松动,在座孔处堆焊再加工;<br>3.添加;<br>4.清洗轴承,更换润滑脂 |

续上表

| 故　障 | 原　因 | 排除方法 |
| --- | --- | --- |
| 振动装置不起作用 | 1. 振动辊轮磨损过大,辊轮轴承磨损严重;<br>2. 搅拌筒上的三角楔铁磨平;<br>3. 振动触头太低 | 1. 补焊辊轮或更换新辊轮,更换新轴承;<br>2. 补焊楔铁;<br>3. 调高触头并紧固 |
| 量水器不上水 | 1. 水泵密封填料漏气;<br>2. 水泵不上水;<br>3. 水泵转速太低;<br>4. 三通阀水孔堵塞 | 1. 旋紧压盖螺母,压紧石棉填料;<br>2. 加满引水排除腔中空气,必要时检修叶轮;<br>3. 调紧 V 带;<br>4. 检修三通阀 |
| 量水器下水缓慢或根本不下水 | 1. 空气阀被锈蚀或卡住,或被污物堵住;<br>2. 量水器内有污物,堵塞套管和吸水管间的水路;<br>3. 三通阀水孔堵塞 | 1. 检修空气阀;<br>2. 消除堵塞的污物;<br>3. 检修三通阀 |
| 量水器供水不准 | 1. 指针松动、活动套管下降;<br>2. 外杠杆和轴滑动使套不连动;<br>3. 活动套管歪斜或卡住或锈住 | 1. 将指针固定;<br>2. 紧固连接螺栓;<br>3. 检修量水器,使外杠杆和套管能连动 |
| 三通阀漏水 | 皮碗或橡胶垫圈磨损 | 更换皮碗或垫圈 |
| 水泵轴漏水 | 密封填料不起作用 | 压紧或更换填料 |

强制式搅拌机除参照表 2-17 的有关内容外,还应执行表 2-18 所列的内容。

**强制式搅拌机常见故障及排除方法**　　表 2-18

| 故障现象 | 故障原因 | 排除方法 |
| --- | --- | --- |
| 搅拌轴不转 | 1. 严重超载;<br>2. 叶片和筒体有异物卡牢;<br>3. 传动带松动;<br>4. 电源缺相 | 1. 按规定容量加料;<br>2. 短时点动两次,如仍不能排除,应停机清除;<br>3. 调紧张紧装置达到合适;<br>4. 检查开关箱,接通断线 |
| 搅拌时碰撞声 | 拌铲或刮板松脱或翘曲致使和搅拌筒碰撞 | 紧固拌铲或刮板的连接螺栓,检修调整拌铲、刮板之间的间隙 |
| 拌铲转动不灵运转有异常声 | 1. 搅拌装置缓冲弹簧失效;<br>2. 拌和料中有大颗粒物料卡住拌铲;<br>3. 加料过多,动力超载 | 1. 更换弹簧;<br>2. 消除卡塞的物料;<br>3. 按规定进料容量投料 |
| 运转中卸料门漏浆 | 1. 卸料门封闭不严;<br>2. 卸料门周围残存的黏结物过厚 | 1. 调整卸料底板下方的螺栓,使卸料门封闭严密;<br>2. 消除残存的黏结物 |
| 上料运行不平稳 | 上料轨道翘曲不平,料斗滚轮接触不良 | 检查并调整两条轨道,使轨道平直,轨面平行 |
| 上料上行时越过上止点而拉坏牵引机构 | 1. 自动限位装置失灵;<br>2. 自动限位挡板变形而不起作用 | 1. 检修或更换限位装置;<br>2. 调整限位挡板 |
| 料斗上料时卡死 | 1. 导轨安装不平;<br>2. 料斗卸料门有异物 | 1. 重新调平;<br>2. 清除异物 |
| 上料时料斗下口不下料 | 1. 钢丝绳拉长;<br>2. 钢丝绳卡子松动 | 1. 调整绳扣使之拉紧;<br>2. 扭紧钢丝绳卡子 |

# 第三节　混凝土搅拌站(楼)

混凝土搅拌站(楼)是用来集中搅拌混凝土的联合装置,又称混凝土预制厂。由于它的机械化、自动化程度较高,所以生产率也很高,并能保证混凝土的质量和节省水泥,常用于混凝土工程量大、工期长、工地集中的大、中型水利、电力、桥梁等工程。随着市政建设的发展,采用集中搅拌、提供商品混凝土的搅拌站(楼)具有很大的优越性,因而得到迅速发展,并为推广混凝土泵送施工,实现搅拌、输送、浇注机械联合作业创造条件。

搅拌站和搅拌楼的区别是:搅拌站生产能力较小,结构容易拆装,能组成集装箱转移地点,适用于建筑工程现场;搅拌楼体积大,生产率高,只能作为固定式的搅拌装置,适用于大型水利工程或产量大的商品混凝土供应。

## 一、混凝土搅拌站(楼)的分类与型号

### 1. 混凝土搅拌站(楼)的分类

(1)按其结构不同,可分为移动式的搅拌站和固定式的搅拌楼。前者适用于施工现场;后者则适用于永久性的搅拌站(楼)了。

(2)按其作业形式不同,可分为周期式和连续式两类。周期式的进料和出料系统按一定周期循环进行。连续式的进料和出料则为连续进行的。当前普遍使用的是周期式。

(3)按其工艺布置形式不同,可分为简易搅拌站、单阶式和双阶式三类。

①简易搅拌站

简易搅拌站适用于小型或流动性大的临时工地。其工艺布置见图2-22,其机具配套见表2-19。

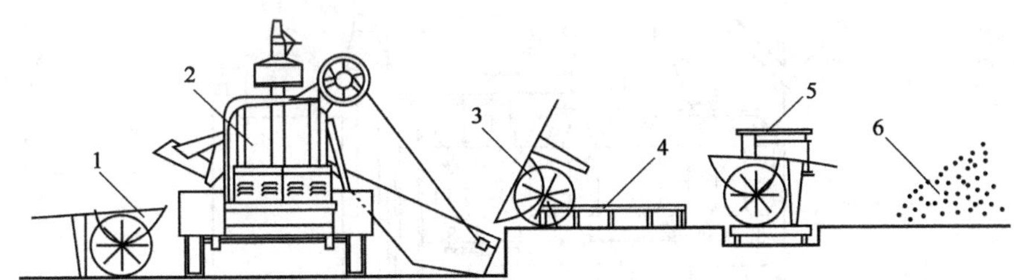


图2-22　简易搅拌站工艺布置示意图

1-送浆车;2-搅拌机;3-砂、石上料车;4-袋装水泥平台;5-磅秤;6-砂、石堆场

**简易搅拌站设备配套表**　　表2-19

| 序号 | 设备名称 | | 规格 | 最少数量 | 说明 |
|---|---|---|---|---|---|
| 1 | 手推车 | 上料用 | | 10 | |
| 2 | | 送浆 | | 5 | |
| 3 | 磅秤 | | 500kg | 3 | 砂、石、水泥各一台 |
| 4 | 水桶 | | | 1 | 桶内绘有容量表尺 |
| 5 | 搅拌机 | | $V_{出}$ = 150 ~ 250L | 1 | |
| 6 | 水电设备、其他工具 | | | | 按需要 |

②单阶搅拌楼

单阶搅拌楼适用于大型工地、大中型混凝土制品厂、商品混凝土供应站等。混凝土年产量为30 000$m^3$以上(标准设计为年产50 000$m^3$),其主要措施是将材料一次升至顶层。通常做法是砂、石子用皮带机;如场地狭小可用链斗提升机。水泥则用压缩空气吹送,在空气相对湿度经常处于60%以下的地区,也可采用链斗提升机。顶层为配料层,逐层利用重力自然下降。经储料层、计量层、搅拌层而至出料层。可集中由一至二人操作,或用微机控制。其工艺流程见图2-23;其设备布置见图2-24。

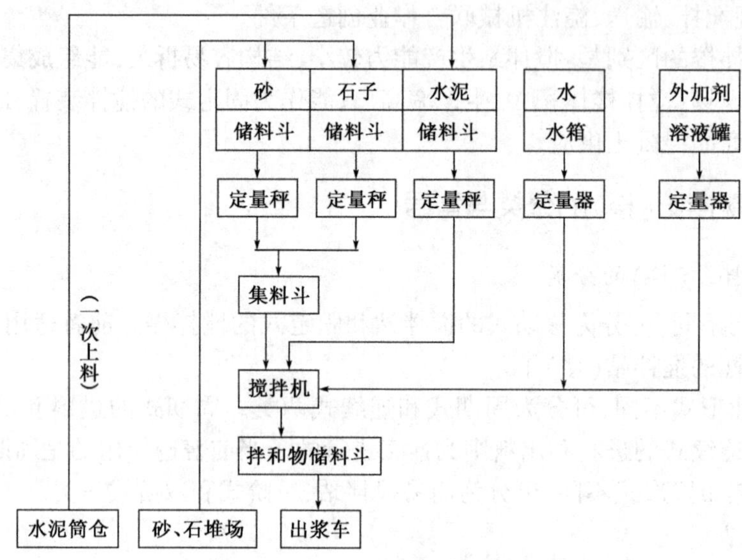


图2-23 混凝土单阶搅拌楼工艺流程图

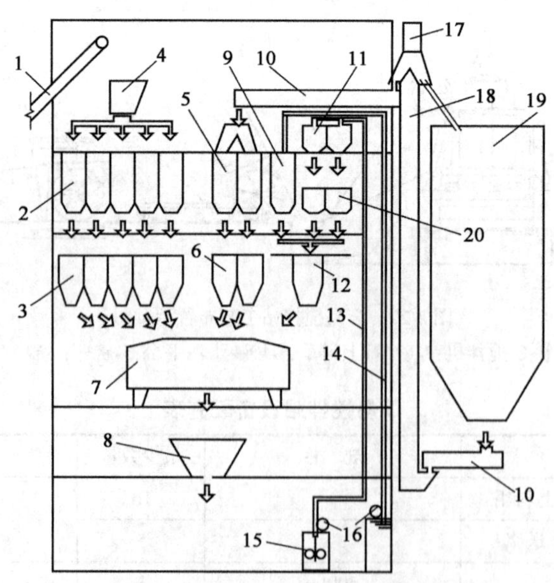


图2-24 单阶搅拌楼设备布置图

1-上料胶带斜廊;2-砂、石储料斗;3-砂、石称量器;4-旋转配料器;5-水泥储料斗;6-水泥称量器;7-搅拌机;8-新拌混凝土溜槽;9-水箱;10-水泥螺旋输送机;11-外加剂罐;12-水称量器;13-外加剂溶液管;14-水管;15-外加剂搅拌器;16-泵;17-换向器;18-斗式(或气动管道)输送器;19-水泥罐;20-外加剂称量器

③双阶搅拌站

双阶搅拌站适用于中型工地，中、小型混凝土制品厂，小型商品混凝土供应站等。混凝土年产量为3 000～30 000m³。其主要措施是将材料分两次提升，工艺流程见图2-25。其第一次提升机具又决定于现场条件。通常有四种措施，见表2-20及如图2-26～图2-28。第二次提升则多利用搅拌机的上料系统，其提升高度则视出浆口而定。出浆口的高度又决定于送浆车的种类（手推车、前倾翻斗车、后倾翻斗车等）而定。

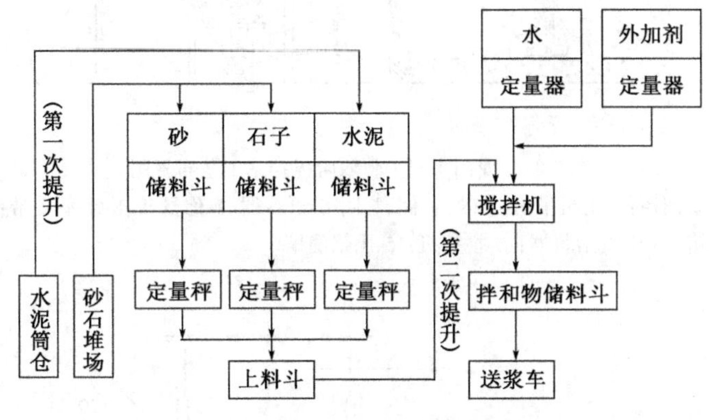


图2-25　混凝土双阶搅拌站工艺流程图

双阶搅拌站第一次上料机具的几种方法　　表2-20

| 序号 | 现 场 条 件 | 选 用 机 具 |
|---|---|---|
| 1 | 场地较宽敞，能以搅拌机为中心，组成纵向或横向或扇形平面的砂、石堆场的工地或构件厂 | 拉铲上料，如图4-26所示 |
| 2 | 永久性或半永久性而场地较狭小的工地或构件厂 | 龙门起重机或桥式起重机，用抓斗将砂石提至储料斗，如图2-27所示 |
| 3 | 场地狭小，工期不长的工地 | 装载机上料，如图2-28所示 |
| 4 | 场地有落差，工期不长的工地 | 砂、石用后倾翻斗车运来，直接卸入储料斗 |

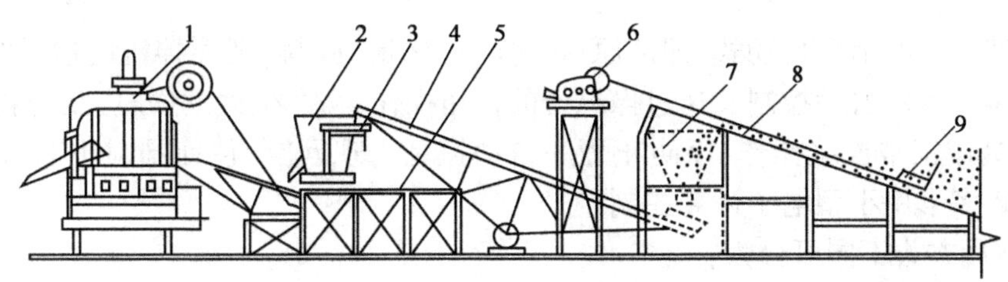


图2-26　拉铲上料双阶搅拌站工艺布置图

1-搅拌机；2-砂、石称量斗；3-磅秤；4-皮带运输机；5-工作平台（可停放袋装水泥）；6-卷扬机；7-储料斗；8-砂石坡道；9-拉铲

（4）按操作方式不同可分为手动式、半自动式和全自动式三种。

①手动式。各料斗、搅拌机等的闸门开闭，均由人工进行操作，这是搅拌楼中最简单的一种形式，主要用于小型施工现场。

②半自动式。半自动式操作方式各异，目前使用最多的操作方式为：各种材料从料仓卸出时，采用机械控制（如通过压缩空气由电磁气阀门启闭闸门），材料的称量自动进行，而卸料由手动控制，搅拌机的启动自动进行，出料则由手动控制。

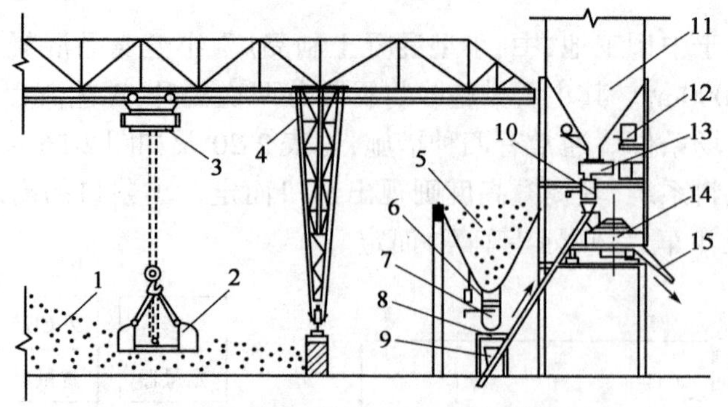


图 2-27 龙门吊机上料双阶搅拌站工艺布置图

1-砂石堆场;2-抓斗;3-电动葫芦;4-龙门吊机;5-砂、石储料斗;6-给料器;7-称量斗;8-水平皮带;9-上料斗;10-水泥称量斗;11-散装水泥库;12-水箱;13-螺旋给料器;14-搅拌机;15-出浆溜槽

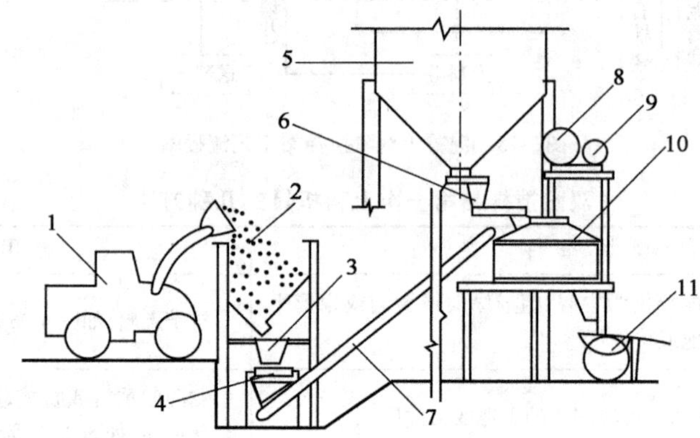


图 2-28 装载机上料双阶搅拌站工艺布置图

1-装载机;2-砂石料斗;3-砂石称量斗;4-水平皮带;5-散装水泥库;6-水泥称量斗;7-上料皮带;8-水箱;9-外加剂罐;10-搅拌机;11-出浆车

③全自动式。所谓全自动式,即从原材料投料、称量、放料,到搅拌机的启动搅拌和出料,整个操作的实现程序自动控制。通过操纵台的按钮操作,当产生误动作时,联动装置能自动停止。为保证机械正常连续操作,以防止程序自动控制出现问题,往往同时也兼有手动操作按钮。全自动式多采用小型电子计算控制。

(5)按称量方式不同可分为:

①个别称量方式。混凝土的各项材料均单独设置称量器,分别在短时间内进行称量。这种称量方式适用于需要高精度称量,或组成材料种类较多的情况。这是目前搅拌楼设计中主要采纳的方式。

②累计称量方式。在一个称量斗中,依次称量各种材料,但水泥是在单独的料斗中进行称量,水也通过另外的系统称量,最后同时投入混凝土搅拌机内。这种称量方式结构简单,布置紧凑,主要适用于小型施工现场。

(6)按生产能力不同可分为大、中、小型三类。一般认为:年产在 3 万 $m^3$ 以上为大型,年产在 1 万 $m^3$ 以下为小型,两者之间为中型。用于商品混凝土工厂的搅拌楼,也分为大、中、小型 3 类。一般认为:年产在 50 万 $m^3$ 以上为大型,年产在 15 万 $m^3$ 以下为小型,两者之间为中型。

(7)大型搅拌楼按搅拌机平面布置形式不同,可分为巢式和直线式两种。巢式是数台搅拌机环绕着一个共同的装料和出料中心布置,其特点是数台搅拌机共用一套称量装置,但一次只能搅拌一个品种的混凝土。直线式系指数台搅拌机排列成一列或两列,此种布置形式的每台搅拌机均需配备一套称量装置,但能同时搅拌几个品种的混凝土(图2-29)。

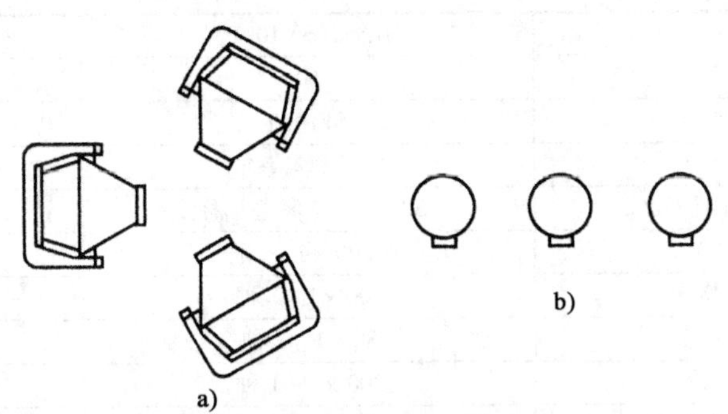


图2-29　搅拌机布置形式

a)巢式;b)直线式

(8)按使用对象不同可分为预拌混凝土(商品混凝土)工厂用搅拌楼、混凝土制品用搅拌楼以及大体积混凝土施工用搅拌楼等数种。此外,还有小型工地用临时性搅拌站等。

2. 搅拌站(楼)的型号

混凝土搅拌站(楼)的型号及表示方法,按照有关标准,见表2-21。

**混凝土搅拌站(楼)型号分类及表示方法**　　表2-21

| 类 | 组 | 型式 | 特性 | 代号 | 代号含义 | 主参数 | |
|---|---|---|---|---|---|---|---|
| | | | | | | 名称 | 单位表示法 |
| 混凝土机械 | 混凝土搅拌楼 HL(楼混) | 锥形反转出料式 Z(锥) | 2(台) | 2HLZ | 锥形反转出料混凝土搅拌楼 | 生产率 | $m^3/h$ |
| | | 锥形倾翻出料式 F(翻) | 2(台) | 2HLF | 锥形倾翻出料混凝土搅拌楼 | | |
| | | | 3(台) | 3HLF | | | |
| | | | 4(台) | 4HLF | | | |
| | | 涡浆式 W(涡) | — | HLW | 涡浆式混凝土搅拌楼 | | |
| | | | 2(台) | 2HLW | | | |
| | | 单卧轴式 D(单) | — | HLD | 单卧轴式混凝土搅拌楼 | | |
| | | | 2(台) | 2HLD | | | |
| | | 双卧轴式 S(双) | — | HLS | 双卧轴式混凝土搅拌楼 | | |
| | | | 2(台) | 2HLS | | | |
| | 混凝土搅拌站 HZ(混站) | 锥形反转出料式 Z(锥) | — | HZZ | 锥形反转出料混凝土搅拌站 | | |
| | | 锥形倾翻出料式 F(翻) | — | HZF | 锥形倾翻出料混凝土搅拌站 | | |
| | | 涡浆式 W(涡) | — | HZW | 涡浆式混凝土搅拌站 | | |
| | | 单卧轴式 D(单) | — | HZD | 单卧轴式混凝土搅拌站 | | |
| | | 双卧轴式 S(双) | — | HZS | 双卧轴式混凝土搅拌站 | | |

## 二、混凝土搅拌站(楼)的技术性能

(1)搅拌楼的主要技术性能分别见表2-22～表2-24。

华建 HLS60 型混凝土搅拌楼主要技术性能　　表2-22

| 型　号 | | HLS60(SS-100P) | HLS60(S4S-100P) |
|---|---|---|---|
| 生产率 | | 60 | 60 |
| 搅拌机型号 | | SF1000 | SF1000 |
| 称量系统 | | 电子称量系统 | 电子称量系统 |
| 称量装置最大称量值×分度值 | 石1、石2 | 1 500×2　2种叠加称量 | 1 500×2　2种叠加称量 |
| | 砂 | 1 200×1　1种 | 1 200×1　1种 |
| | 水泥 | 500×1　1种 | 500×1　1种 |
| | 粉煤灰 | 80×1　1种 | 80×1　1种 |
| | 水 | 300×1　1种 | 300×1　1种 |
| | 添加剂 | 16×0.02　2种累计 | 16×0.02　2种累计 |
| 控制系统 | | 微机全自动控制系统 | 工控微机全自动手动控制系统+摄像监视系统 |
| 混凝土存料容量($m^3$) | | 2.2 | 2.2 |
| 存料仓容量($m^3$) | | — | 40 |
| 砂石供料系统 | 石1、石2上料皮带机 | B500mm×28m×2,>100t/h | B500mm×22m×1 |
| | 砂上料皮带机 | B500mm×28m×1,>90t/h | B500mm×22m×1,>180t/h |
| | 砂石存料仓 | — | $36m^3$ |
| | 旋转喂料机 | — | 有 |
| 水泥供料系统 | 水泥筒仓 | 100t×2.250×1 | 10t×2 |
| | 水泥螺旋输送机 | $\phi$273×10m×2,倾角45° | $\phi$273×2m×1,$\phi$273×4.3m×1 |
| | 粉煤灰筒仓 | 60t×1 | 60t×1 |
| | 粉煤灰螺旋输送机 | $\phi$219×10m | $\phi$219×2m×1+$\phi$219×12m×1 |
| | 斗式提升机 | — | TD250×20.5m×1 |
| 外形尺寸 | 卸料高度(m) | 3.8 | 3.8 |
| | 主楼高度(m) | 10 | 16 |
| | 设备长(m)×宽(m)×高(m) | 18.4×15×39.2 | 20.6×26×64 |
| 生产厂 | | 华东建筑机械厂 | |

郑州水工系列混凝土搅拌楼主要技术性能　　表2-23

| 型　号 | | HL20-2Q500 | HL50-2F1000 | HL75-2F1500 | HL75-3F1000 | HL75Y-2F1500 | HL115-3F1500 | HL150W-2F3000 | HL236W-4F3000 |
|---|---|---|---|---|---|---|---|---|---|
| 生产率($m^3$/h) | | 15～20 | 48～60 | 72～90 | 72～90 | 72～90 | 105～135 | 120～160 | 228～270 |
| 料仓 | 容量($m^3$) | 25 | 132 | 366 | 240 | 338 | 356 | 450 | 600 |
| | 格数 | 3 | 6 | 9 | 8 | 8 | 8 | 8 | 8 |
| 粉煤灰装置 | | 另加 | 有 | 有 | 有 | 有 | 有 | 有 | 有 |
| 温控设备 | | — | — | — | — | — | — | 附壁式 | 附壁式 |
| 二次筛分 | | — | — | — | — | — | — | 有 | 有 |
| 输送机(t/h) | | 自备 | 240 | 240 | 240 | 310 | 410 | 2条 | 自备 |
| 配料机构 | | 自动电子传感器称量 | | | | | | | |
| 控制方法 | | 机、电、气联合自动顺序控制 | | | | 全液压控制 | 机、电、气联合控制 | | 微机控制 |

续上表

| 型号 | | HL20-2Q500 | HL50-2F1000 | HL75-2F1500 | HL75-3F1000 | HL75Y-2F1500 | HL115-3F1500 | HL150W-2F3000 | HL236W-4F3000 |
|---|---|---|---|---|---|---|---|---|---|
| 称量器台数 | | 3 | 8 | 12 | 9 | 10 | 9 | | 11 |
| 搅拌机 | 型式 | 单卧轴式 | 双锥倾翻 | | | | | | |
| | 型号 | $W_1Q500D$ | $JF_g1000$ | $JF_g1500$ | JF1000 | $JF_g1500$ | $JF_g1500$ | JF3000 | JF3000 |
| | 台数 | 2 | 2 | 2 | 3 | 2 | 3 | 2 | 4 |
| | 出料容量($m^3$) | 0.5 | 1.0 | 1.5 | 1.0 | 1.5 | 1.5 | 3.0 | 3.0 |
| | 允许粒径(mm) | 60 | 80 | 120 | 120 | 120 | 150 | 150 | 250 |
| | 功率(kW) | 2×2.2 | 2×7.5 | 2×7.5 | 2×7.5 | 2×7.5 | 2×7.5 | 2×22 | 2×18.5 |
| 总功率(kW) | | 50 | 83 | 72 | 109 | 141 | 127.9 | | 628 |
| 外形尺寸(m) | | 70×5.5×15.5 | 66×8×21 | 74×12×27 | 87×9×28.5 | 74×12×27 | 88×11×28 | 主楼10×13×37 | 主楼18×17×46 |
| 生产厂 | | 郑州水工机械厂 | | | | | | | |

**山东建机系列混凝土搅拌楼主要技术性能** 表2-24

| 型号 | HLS60 | HLS90 | HLS120 | HLS150 | HLS200 |
|---|---|---|---|---|---|
| 生产率($m^3$/h) | 60 | 90 | 120 | 150 | 200 |
| 配套主机 | JS1000B | JS1500 | JS2000 | JS3000 | JS4000 |
| 储料斗容量($m^3$) | 3×12 | 3×12 | 4×20 | 30×4 | 30×4 |
| 集料料径(碎石/卵石)(mm) | 60/80 | 60/80 | 60/80 | 60/80 | 60/80 |
| 卸料高度(m) | 3.8 | 3.8 | 3.8 | 3.86 | 3.86 |
| 上料高度(m) | 3.8 | 3.8 | 4.4 | 5.0 | 5.0 |
| 集料计量精度(%) | ±2 | ±2 | ±2 | ±2 | ±2 |
| 水泥计量精度(%) | ±1 | ±1 | ±1 | ±1 | ±1 |
| 粉谋灰计量精度(%) | ±1 | ±1 | ±1 | ±1 | ±1 |
| 水计量精度(%) | ±1 | ±1 | ±1 | ±1 | ±1 |
| 外加剂计量精度(%) | ±1 | ±1 | ±1 | ±1 | ±1 |
| 集料运送量($m^3$/h) | 160 | 210 | 400 | 700 | 800 |
| 水泥运送量(t/h) | 40 | 90 | 90 | 108 | 144 |
| 整机功率(kW) | 136 | 185 | 259 | — | — |
| 整机质量(kg) | 30 000 | 45 000 | 6 000 | — | — |
| 生产企业 | 山东建设机械公司 | | | | |

(2)搅拌站的主要技术性能分别见表2-25～表2-33。

**BETOMIX 系列混凝土搅拌站主要技术性能** 表2-25

| 型号 | 1.0S | 1.0R | 2.0S | 2.0R | 3.0RW |
|---|---|---|---|---|---|
| 生产率(搅拌时间30s)($m^3$/h) | 55 | 55 | 90 | 90 | 120 |
| 螺旋输送机能力(t/h) | 45 | 45 | 75 | 75 | 90 |
| 搅拌机容量(L) | 1 000/1 500 | 1 000/1 500 | 2 000/3 000 | 2 000/3 000 | 3 000/4 500 |

续上表

| 型　　号 | 1.0S | 1.0R | 2.0S | 2.0R | 3.0RW |
|---|---|---|---|---|---|
| 集料最大称载量(kg) | 2 500 | 2 500 | 5 000 | 5 000 | 7 500 |
| 水泥最大称载量(kg) | 600 | 600 | 1 200 | 1 200 | 1 750 |
| 水最大称载量(kg) | 250 | 250 | 500 | 500 | 750 |
| 出料口高度(m) | 4 | 4 | 4 | 4 | 4 |
| 搅拌站所需水压(kPa) | 25 | 25 | 25 | 25 | 25 |
| 总装机容量(kW) | 75 | 75 | 130 | 130 | 220 |
| 星形料仓容积($m^3$) | 950 | — | 1 500 | — | — |
| 串联料仓容积($m^3$) | — | 140 | — | 140 | 200 |
| 集料仓数 | 5 | 4 | 5 | 4 | 4 |
| 生产企业 | 徐州利勃海尔混凝土机械有限公司 | | | | |

**HZ25　型混凝土搅拌站主要技术性能**　　表 2-26

| 类　　别 | 项　　目 | 数　　据 |
|---|---|---|
| 搅拌站 | 最大生产率($m^3$/h) | 25 |
| | 外形尺寸(m) | 7.25×2.45×2.47 |
| | 整机自重(t) | 7.5 |
| 搅拌机组 | 出料容量(L) | 500 |
| | 涡轮转速(r/min) | 35 |
| | 搅拌主电动机功率(kW) | 22 |
| | 主电动机转速(r/min) | 1 460 |
| | 工作循环时间(s) | — |
| | 容许集料最大粒径 | — |
| | 碎石(mm) | 60 |
| | 卵石(mm) | 80 |
| 带式输送机 | 输送能力(t/h) | 250 |
| | 带宽(mm) | 745 |
| | 裙边边挡高度(mm) | 136 |
| | 电动机功率(kW) | 4 |
| | 电动机转速(r/min) | 720 |
| 螺旋输送机(投料) | 输送能力(t/h) | 30 |
| | 输送长度(m) | 2.55 |
| | 倾斜角度(°) | 45 |
| | 螺旋叶片直径(mm) | 250 |
| | 螺旋轴转速(r/min) | 180 |
| | 电动机功率(kW) | 2.2 |
| | 电动机转速(r/min) | 720 |

续上表

| 类　别 | 项　目 | 数　据 |
| --- | --- | --- |
| 螺旋输送机(计量) | 输送能力(t/h) | 30 |
| | 输送长度(m) | 2.25 |
| | 倾斜角度(°) | 55 |
| | 螺旋叶片直径(mm) | 250 |
| | 螺旋轴转速(r/min) | 180 |
| | 电动机功率(kW) | 4 |
| | 电动机转速(r/min) | 720 |
| 称量系统 | 水泥杠杆称 | ±1/100 |
| | 砂石杠杆称 | ±2/100 |
| 供水系统 | 水泵型号 | BG50-12 |
| | 电动机功率(kW) | 1.1 |
| | 流量计型式 | Dg = 50LW 型 |
| | 供水范围(L) | 0 ~ 99.9 |
| 供给外加剂系统 | 外加剂泵 JQS 型 | 增强塑料泵 |
| | 电动机功率(kW) | 1.5 |
| | 流量计型式 | Dg = 15LW 型 |
| | 供外加剂范围(L) | 0 ~ 99.9 |
| 气路系统 | 空压机型号 | 2V-0.3/7 型 |
| | 额定排气压力(MPa) | 0.7 |
| | 排气量($m^3$/min) | 0.3 |
| | 电动机功率(kW) | 3 |
| | 储气筒容量($m^3$) | 0.15 |
| 生产厂 | 中国建设第二工程局建筑机械厂 | |

**徐州 EZA(HZW)30 型混凝土搅拌站主要技术性能**　　表 2-27

| 项　目 | 单　位 | 参　数 | 项　目 | 单　位 | 参　数 |
| --- | --- | --- | --- | --- | --- |
| 生产率 | $m^3$/h | 30 | 存储水泥种数 | | 2 |
| 出料口高度 | m | 3.8 | 水泥仓容量 | t | 2 × 50 |
| 搅拌机容量 | L | 500/750 | 螺旋输送机能力 | t/h | 25 |
| 搅拌时间/工作周期 | s | 30/60 | 扇形集料仓储料种数 | | 4 |
| 水泥计量精度 | % | ≤ ±1 | 扇形集料仓容积 | $m^3$ | 700 |
| 集料计量精度 | % | ≤ ±2 | 添加剂量缸容量 | L | 6 |
| 水及添加剂计量精度 | % | ≤ ±1 | 空气压缩机排量 | L/min | 230 |
| 水泥秤计量范围 | kg | 0 ~ 250 | 安装场地面积 | $m^2$ | 20 × 13 |
| 集料秤计量范围 | kg | 0 ~ 1 500 | 总质量 | t | 19 |
| 水计量范围 | L | 0 ~ 200 | 总装机容量 | kW | 46 |
| 生产厂 | 徐州混凝土机械厂 | | | | |

华建系列混凝土搅拌站主要技术性能 表 2-28

| 型　号 | | HZS70 | HZS75 | HZS90 | HZS120 |
|---|---|---|---|---|---|
| 生产率($m^3$/h) | | 70 | 75 | 90 | 120 |
| 总装机容量(kW) | | 180 | 210 | 206 | 230 |
| 搅拌主机型号 | | DKX1.25 | JS1500 | DKX1.67 | DKX2.0 |
| 出料高度(m) | | 3.85 | 3.80 | 3.85 | 3.85 |
| 称量精度 | | 集料±2%,水泥、添加剂±1% | | | |
| 集料 | 储存 | $20m^3$×4 隔仓 | | | |
| | 输送 | 集料仓→称量皮带机→倾斜皮带机→集料储料斗→搅拌机 | | | |
| | 称量 | 称量皮带机,称量范围 500~5 000kg | | | |
| 水泥 | 储存 | 水泥筒仓(1~4 个) | | | |
| | 输送 | 水泥筒仓→螺旋输送机→水泥称斗→搅拌机 | | | |
| | 称量 | 水泥称斗,称量范围 100~1 200kg | | | |
| 水 | 泵送 | 称量范围 50~500kg | | | |
| 添加剂 | 泵送 | 称量范围 0~20kg×2 | | | |
| 生产厂 | | 华东建筑机械厂 | | | |

方域牌 **DW** 系列混凝土搅拌站主要技术性能 表 2-29

| 型　号 | DW90 | DW120 | DW150 | DW200 |
|---|---|---|---|---|
| 生产率($m^3$/h) | 90 | 120 | 150 | 200 |
| 水泥秤计量范围(kg) | 0~2 500 | 0~3 500 | 0~4 000 | 0~4 500 |
| 集料秤计量范围(kg) | 0~10 000 | 0~20 000 | 0~20 000 | 0~20 000 |
| 粉煤灰秤计量范围(kg) | 0~500 | 0~1 000 | 0~1 200 | 0~1 500 |
| 水泥秤动态计量范围(kg/min) | 150~500 | 200~800 | 350~900 | 500~1 000 |
| 水泥秤动态计量精度(%) | 1 | 1 | 1 | 1 |
| 集料秤动态计量范围(kg/min) | 300~1 200 | 600~2 000 | 600~2 000 | 600~2 000 |
| 集料秤动态计量精度(%) | 2 | 2 | 2 | 2 |
| 粉煤灰秤动态计量范围(kg/min) | 40~100 | 80~200 | 100~250 | 120~300 |
| 粉煤灰秤动态计量精度(%) | 2 | 2 | 2 | 2 |
| 水计量范围(t/h) | 1.5~10 | 3~20 | 3~30 | 6~40 |
| 水计量精度(%) | 1 | 1 | 1 | 1 |
| 添加剂计量范围(t/h) | 1~2 | 1~2 | 1~2 | 1~2 |
| 添加剂计量精度(%) | 2 | 2 | 2 | 2 |
| 总装机容量(kW) | 70 | 100 | 120 | 150 |
| 生产企业 | 广州多维机电技术有限公司 | | | |

山东建机系列混凝土搅拌站主要技术性能 表 2-30

| 型　号 | HZS50A/B | HZS50C | HZS50E/F | HZS75A/B | HZS75C | HZS75D/E |
|---|---|---|---|---|---|---|
| 生产率($m^3$/h) | ≥50 | ≥50 | ≥50 | ≥75 | ≥75 | ≥75 |
| 配套主机 | JS1000A | JS1000A | JS1000A | JS1500A/D | JS1500A | JS1500A/B |

续上表

| 型　号 | HZS50A/B | HZS50C | HZS50E/F | HZS75A/B | HZS75C | HZS75D/E |
|---|---|---|---|---|---|---|
| 储料斗容量($m^3$) | -/3×12 | 4×13 | 3×6 | -/4×12 | 4×20 | 3×10/3×6 |
| 集料粒径(碎石/卵石)(mm) | 60/80 | 60/80 | 60/80 | 60/80 | 60/80 | 60/80 |
| 卸料高度(m) | 3.8 | 3.8 | 3.8 | 3.8 | 3.8 | 3.8 |
| 上料高度(m) | -/3.76 | 2.9 | 2.9 | -/2.9 | 2.9 | 2.9 |
| 集料计量精度(%) | ±2 | ±2 | ±2 | ±2 | ±2 | ±2 |
| 水泥计量精度(%) | ±1 | ±1 | ±1 | ±1 | ±1 | ±1 |
| 粉煤灰计量精度(%) | ±1 | ±1 | ±1 | ±1 | ±1 | ±1 |
| 水计量精度(%) | ±1 | ±1 | ±1 | ±1 | ±1 | ±1 |
| 外加剂计量精度(%) | ±1 | ±1 | ±1 | ±1 | ±1 | ±1 |
| 整机功率(kW) | 155/157 | 138.5 | 122 | 179/181 | 150 | 163/140 |
| 整机质量(kg) | 24 000 | 22 000 | 19 000 | 35 000 | 22 000 | 35 000 |
| 生产企业 | 山东建设机械公司 | | | | | |

**新宇建机系列混凝土搅拌站主要技术性能**　　表2-31

| 型　号 | HZS25 | HZS35<br>HZD35 | EMC45 | HZS50<br>HZD50 | EMC60<br>HZS60 | HZS75 | HZS100<br>HZD100 | HZS150<br>HZD150 |
|---|---|---|---|---|---|---|---|---|
| 生产率($m^3$/h) | 25 | 35 | 45 | 50 | 60 | 75 | 100 | 150 |
| 主机公称容量(L) | 500 | 750 | 750 | 1 000 | 1 000 | 1 500 | 2 000 | 3 000 |
| 总装机容量(kW) | 47 | 91 | 91 | 109 | 109 | 145 | 190 | 250 |
| 主电机功率(kW) | 18.5 | 30 | 30 | 37 | 37 | 45 | 37×2 | 55×2 |
| 集料计量范围(kg) | 1 800 | 2 500 | 2 500 | 2 500 | 2 500 | 3 800 | 5 000 | 7 500 |
| 水泥计量范围(kg) | 250 | 600 | 600 | 600 | 600 | 1 000 | 1 200 | 1 800 |
| 集料计量精度 | ±2% | ±2% | ±2% | ±2% | ±2% | ±2% | ±2% | ±2% |
| 水泥计量精度 | ±1% | ±1% | ±1% | ±1% | ±1% | ±1% | ±1% | ±1% |
| 水计量精度 | +2% | +2% | +2% | +2% | +2% | +2% | +2% | +2% |

PLJ 配料机主要技术性能

| 型　号 | PLJ1200 | PLJ1600 | PLJ2400 | PLJ3200 | PLJ800 | PLJ1200A | PLJ1600A |
|---|---|---|---|---|---|---|---|
| 称量斗容量(L) | 1 200 | 1 600 | 2 400 | 3 200 | 800 | 1 200 | 1 600 |
| 储料容量($m^3$) | 15×2 | 15×3 | 15×4 | 15×4 | 8×2 | 8×3 | 8×4 |
| 配料种类数 | 2 | 3 | 4 | 4 | 2 | 3 | 4 |
| 电动滚筒功率(kW) | 7.5 | 11 | 11 | 15 | 5.5 | 7.5 | 7.5 |
| 输送带速度(m/s) | 1.25 | 1.25 | 1.25 | 1.25 | 1.25 | 1.25 | 1.25 |
| 输送带宽度(mm) | 1 000 | 1 000 | 1 000 | 1 000 | 800 | 800 | 800 |
| 最大配料量(kg) | 2 000 | 3 000 | 3 500 | 5 000 | 1 500 | 2 500 | 3 000 |
| 上料高度(mm) | 3 500 | 3 500 | 3 500 | 3 500 | 2 800 | 2 800 | 2 800 |
| 适合搅拌站型号 | 25 | 35、45、50 | 50、60、75 | 75、100、150 | 25 | 35、45 | 50、60 |
| 生产企业 | 韶关新宇建设机械有限公司 | | | | | | |

**阜新建机系列混凝土搅拌站主要技术性能** 表 2-32

| 型　号 | HZS25 | HZS30 | HZS50 | HZS60 | HZS75 | HZS90 |
|---|---|---|---|---|---|---|
| 最大生产率($m^3/h$) | 25 | 30 | 50 | 60 | 75 | 90 |
| 搅拌机型号 | JS500 | | JS1000 | | JS1500 | |
| 搅拌机进料容量(L) | 800 | | 1 600 | | 2 400 | |
| 搅拌机出料容量(L) | 500 | | 1 000 | | 1 500 | |
| 混凝土出料高度(m) | 3.8 | | 3.8 | | 3.8 | |
| 拉铲生产率($m^3/h$) | 30 | | 43 | | 60 | |
| 砂石储料仓容积($m^3$) | 4×3 | | 6×3 | | 8×3 | |
| 皮带输送能力(t/h) | 200 | | 300 | | 360 | |
| 集料粒度(mm)(卵/碎) | 60/40 | | 80/60 | | 80/60 | |
| 水泥储存能力(t) | 50 | | 50×2 | | 100×3 | |
| 螺旋输送能力(t/h) | 20 | | 40 | | 60 | |
| 螺旋输送距离(m) | 5.8 | | 5.8 | | 7.3 | |
| 集料计量范围及精度 | 1 500kg ±2% | | 2 500kg ±2% | | 3 500kg ±2% | |
| 水泥计量范围及精度 | 350kg ±1% | | 700kg ±1% | | 1 000kg ±1% | |
| 水计量范围及精度 | 200kg ±1% | | 500kg ±1% | | 660kg ±1% | |
| 附加剂计量范围及精度 | 16kg ±1% | | 20kg ±1% | | 50kg ±1% | |
| 计量形式 | 电子秤 | | 电子秤 | | 电子秤 | |
| 控制形式 | PLC 或计算机 | | PLC 或计算机 | | PLC 或计算机 | |
| 整机装机容量(kW) | 67 | | 87 | | 120 | |
| 整机质量(t) | 22 | | 35 | | 60 | |
| 生产厂 | 阜新建筑工程机械厂 | | | | | |

**华建系列混凝土搅拌站主要技术性能** 表 2-33

| 型　号 | | HZS70 | HZS75 | HZS90 | HZS120 |
|---|---|---|---|---|---|
| 生产率($m^3/h$) | | 70 | 75 | 90 | 120 |
| 总装机容量(kW) | | 180 | 210 | 206 | 230 |
| 搅拌主机型号 | | DKX1.25 | JS1500 | DKX1.167 | DKX2.0 |
| 出料高度(m) | | 3.85 | 3.80 | 3.85 | 3.85 |
| 称量精度 | | 集料±2%,水泥、添加剂±1% | | | |
| 集料 | 储存 | $20m^3$×4 隔仓 | | | |
| | 输送 | 集料仓→称量带式输送机→倾斜带式输送机→集料储料斗→搅拌机 | | | |
| | 称量 | 称量皮带机,称量范围 500~5 000kg | | | |
| 水泥 | 储存 | 水泥筒仓(1~4 个) | | | |
| | 输送 | 水泥筒仓→螺旋输送机→水泥称斗→搅拌机 | | | |
| | 称量 | 水泥称斗,称量范围 100~1 200kg | | | |
| 水 | 泵送 | 称量范围 50~500kg | | | |
| 添加剂 | 泵送 | 称量范围(0~20kg)×2 | | | |
| 生产厂 | | 华东建筑机械厂 | | | |

## 三、混凝土搅拌站(楼)的构造

1. 小型混凝土搅拌站(楼)构造

小型混凝土搅拌站(楼),是将制备混凝土工艺过程中所用设备,有机地联系在一起,构成一套混凝土机械的联合设备,常见的小型搅拌站由供料系统、配料机构、搅拌设备、操纵机构和机架等组成,均按双阶式布置,如图 2-26、图 2-27、图 2-28 所示。

砂、石和水泥等物料从堆场或料仓运至配料机构。砂、石供料可采用小型装载机、扒石子机、小型翻斗车、皮带输送机、斗车提升机或卷扬机配提升料斗等。也有采用小型塔式、门式、履带式或桅杆式等起重机配拉铲式或抓斗将砂石送至储料斗。水泥从储料罐运送至配料斗一般采用密封式螺旋输送机。配料机构所采用的装置有各种类型的配料斗、体积称量器或质量称量器以及配水专用的量水罐等。搅拌设备一般采用一台或多台强制式混凝土搅拌机。操纵机构用以控制各台设备按一定程序和范围工作。根据工艺特点有集中操纵式和分散操纵式两种。操纵控制形式为电—气集中自动控制;电接触集中程序控制;光电自动控制等。机架一般为钢结构,以安装有关设备。有些移动式搅拌站在机架上配有行走轮,以便转场之用。

2. 大型混凝土搅拌站(楼)的构造

大型混凝土搅拌楼是一种将水泥、砂、石和水按一定配比周期地和自动地拌制成混凝土的成套设备。其组成设备以垂直分层单阶式布置,形似一座楼,如图 2-30 所示,高达 24 ~ 35m。除基础外,全部采用装配式钢结构,以便建设工程结束后,可以拆散,运往他处再行组装。

国产大型混凝土搅拌楼现有 HL3F90、HL3F135、HL4F270 型三种型号。它们的构造基本相同,其金属结构作垂直分层布置,机电设备分装各层,集中控制。搅拌楼自上而下分为进料、储料、配料、搅拌、出料五层。图 2-30 为 HL3F90 型搅拌楼。

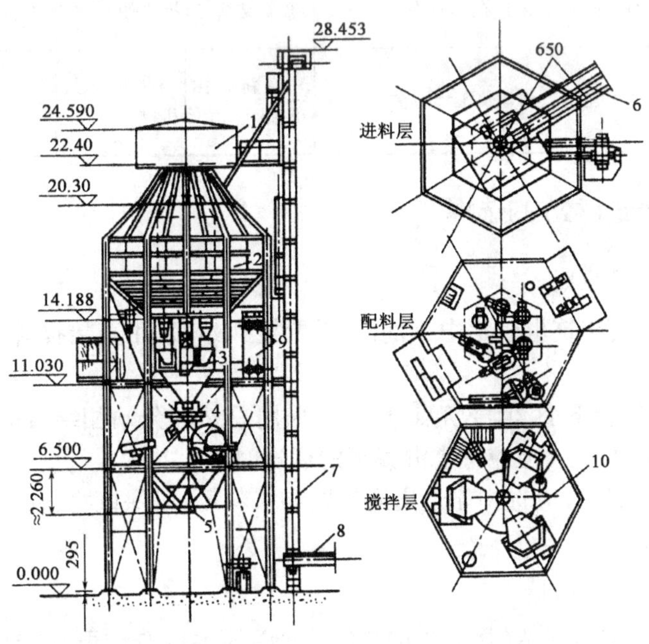


图 2-30 单阶大型混凝土搅拌楼外形结构(高程单位:m)

1-进料层;2-储料层;3-配料层;4-搅拌层;5-出料层;6-胶带输送机;7-斗式提升机;8-螺旋输送机;9-吸尘器;10-搅拌机

进料层布置有砂、石和水泥的进料装置。它包括输送集料的带式输送机，分料用的电动回转料斗，输送水泥或掺合料用的斗式提升机。

储料层装有六角（或八角）形金属结构装配式储料仓，料仓中央布置有双锥圆筒形水泥储仓，沿储仓轴线用钢板分隔成格，可同时存两种不同强度的水泥。水泥仓周围为砂石集料储仓，彼此以钢板隔开，可同时分别储存各种不同粒径集料和掺合料。

配料层内设料仓给料器、供水管路和储水箱、称料斗、电子配料装置、控制室、吸尘装置和集料斗等。由控制室控制的电子自动称量装置按混凝土生产的配合比要求，分批地将砂、石、水和外加剂等称量好，并将配好的砂、石料汇集料斗，待下料时与水和外加剂同时卸入搅拌筒，即可进行搅拌。

出料层设出料斗，卸出的混凝土由专用的混凝土吊罐工自卸车等运往施工浇筑现场。

3. 搅拌站成套设备

将搅拌系统几个工序的设备组装成为一套整机的，称为搅拌站成套设备。国产搅拌站成套设备见表2-34。

国产搅拌站成套设备　　表2-34

| 类　别 | 移动搅拌站 | 双阶搅拌站 | | 单阶搅拌楼 |
|---|---|---|---|---|
| 型号 | HZ25 | HZQ25 | HZ15 | HL50 |
| 生产能力($m^3$/h) | 25 | 25 | 15 | 50 |
| 搅拌机 | JW500 | JW500 | JZ500 | JF1 000 |
| 设备组成 | 各种材料储仓、配料、计量、搅拌，自动化控制系统均组装在一个机架上，可安装在汽车上。砂石上料由皮带机或装载机供应，可随车移动，未包在本机内 | 砂石上料，散装水泥储罐，各种材料配料、计量、搅拌，均自动控制。全部金属结构，装拆方便 | | 由皮带机上砂石；有散装水泥罐两个，气动输送。配料、计量及搅拌均自动控制。全部金属结构，装拆方便 |
| 生产厂 | 中国建筑二局建筑工程机械厂 | 阜新矿山机械厂 | 华东建筑机械厂 | 华东建筑机械厂 |

## 四、混凝土搅拌站（楼）的选择

1. 搅拌站（楼）设置原则

(1) 如果工程量大，浇筑也较集中，可就近设置搅拌站，采用直接搅拌浇筑的方式，有利于保证质量和降低成本。

(2) 如果总的工程量不小，但浇筑点分散，可采用总站和分站相结合的办法或采用总站下设运输线至各浇筑点的办法，但应考虑混凝土的运送时间。

(3) 搅拌站（楼）的位置应选择靠近交通道路和采料场，以保证物料的运输和供应，并能满足供电、供水的要求。

2. 搅拌站（楼）主机的选择

主机的选择，决定了搅拌站（楼）的生产率。常用的主机有锥形反转出料式、立轴涡浆式和双卧轴强制式等种形式。搅拌机的规格可按搅拌站（楼）的生产率选用，其搅拌性能与效用见表2-35，可供选用时参考。

**三种搅拌机性能和效用比较表** 表 2-35

| 性能和效用名称 | 搅拌机型式 | | |
|---|---|---|---|
| | 锥形反转出料式(JZ) | 立轴涡浆式(JW) | 双卧轴强制式(JS) |
| 适用坍落度范围 | 15~25cm | 4~15cm | 10~25cm |
| 适用最大集料 | 8cm | 5cm | 8cm |
| 进料时间 | 中 | 中 | 快 |
| 搅拌时间 | 最长 | 最短 | 较短 |
| 搅拌筒或叶片转速 | 慢 | 最快 | 中 |
| 所需功率 | 小 | 大 | 中 |
| 材料损耗 | 最少 | 最大 | 中 |
| 搅拌效果 | 较差 | 最好 | 好 |
| 保养维修 | 简单 | 中 | 较繁 |
| 生产速度 | 慢 | 快 | 最快 |
| 耗用水泥 | 较多 | 最少 | 中 |
| 混凝土塑性 | 较差 | 最佳 | 中 |
| 对环境污染 | 大 | 小 | 小 |
| 价格 | 低 | 高 | 高 |

### 3. 搅拌站(楼)运输设备的选择

混凝土运输设备必须根据施工地点的地形、工程情况和运输距离进行选择。各种运输设备的适用范围和主要特点,见表 2-36。

**混凝土运输设备的特点及适用范围** 表 2-36

| 运输设备 | 主 要 特 点 | 适 用 范 围 |
|---|---|---|
| 滑槽 | 结构简单、经济 | 结构物比搅拌机出料口低 |
| 起重机 | 机动性好,并有多种用途 | 结构物在搅拌站附近,并比搅拌机出料口高 10m 以内 |
| 提升机 | 不便移动;高度可达 60m 占地面积小 | 结构物在搅拌站附近,并比搅拌机出料口高 10m 以上 |
| 皮带输送机 | 运量大,运输连续,但易发生离析现象 | 结构物与搅拌机出料口的高低差,一般皮带输送机的安装倾角为 20°以下 |
| 混凝土泵 | 可连续运输,结构物工作面可以很小 | 混凝土给料粒度必须符合混凝土泵性性能 |
| 轨道斗车 | 需铺设轨道,上坡可用卷扬机牵引 | 运量大、运距长,人力推车一般在 500m 以内,机车牵引可达 1 500m 以上 |
| 自卸汽车 | 机动性好。如途中颠簸,混凝土容易发生分层现象 | 运量大,运距在 2~2.5km 以上 |
| 架空索道 | 需要架设索道设施 | 跨越山沟或河流运输 |
| 人力推车 | 劳动强度大,效率低 | 运量小;运距在 70m 以内 |
| 混凝土搅拌运输车 | 在运输过程中能连续缓慢搅拌,防止混凝土产生分层离析现象,从而保证混凝土质量 | 适合于混凝土远距离运输 |

## 五、混凝土搅拌站(楼)的使用和维护

混凝土搅拌站(楼)由多种通用机械配套组成。包括:混凝土搅拌机、空气压缩机、电动卷扬机、水泵、料斗提升机、带式输送机、螺旋输送机等,这些通用机械的使用和维护,可参照各机械的有关规定。

1. 混凝土搅拌站(楼)使用、操作要点

(1)搅拌站(楼)的操作人员必须熟悉设备的性能特点,并认真执行操作和维护规程。

(2)搅拌站(楼)的安装,应由专业人员按使用说明书规定进行。并应在技术人员主持下,组织试调,在各项技术性能指标全部符合规定并经验收合格后,方可投产使用。

(3)电源电压、频率、相序必须和搅拌设备的电器相符。电气系统的熔丝必须按照电流大小的规定使用,不可任意加大或用其他非熔丝代替。

(4)操作盘上的主令开关、旋钮、按钮、指示灯等应经常检查其准确性和可靠性。操作人员必须熟悉操作程序和各旋钮、按钮的作用后,方可独立进行操作。

(5)应按搅拌机的技术性能准备合格的砂、石集料,粒径超出许可范围的不可使用。

(6)机组各部分应逐步起动。起动后,各部件运转情况和仪表指示情况应正常,油、气、水的压力应符合要求,方可开始作业。

(7)搅拌筒起动前应盖好仓盖。机械运转中,严禁将手、脚伸入料斗探摸。作业过程中,在储料区内和提升斗下,严禁人员进入。

(8)控制器的室温应保持在25℃以下,以免电子元件因温度而影响灵敏和精确度。

(9)搅拌机不具备满载起动的性能。在满载搅拌时不得停机。如发生故障或停电时,应立即切断电源,锁好开关箱,将搅拌筒内的混凝土清除干净,然后排除故障或等待电源恢复。

(10)搅拌站各机械不可超载作业。应检查电动机运转情况,当发现异常或温升过高时,应立即停机检查。电压过低时,不可强制运行。

(11)停机前应先卸载,然后按顺序关闭各部开关和管路。应将螺旋管内的水泥全部输送出来,管内不可残留任何物料。

(12)作业后,应清理搅拌筒、出料门及出料斗,并用水冲洗,同时冲洗附加剂及其供给系统。称量系统的刀座、刀口应清洗干净,并应确保称量精度。

(13)冰冻季节,应放尽水泵、附加剂泵、水箱及附加剂箱内的存水,并应起动水泵和附加剂泵运转1~2min。

(14)当搅拌站转移或停机时,应将水箱、附加剂箱、水泥、砂、石储存料斗及称量斗内的物料排净,并清洗干净。转移中,应将杆杠秤表头平衡砣秤杆固定,传感器应卸载。

2. 混凝土搅拌站(楼)的维护

搅拌站的维护主要是检查、紧固、清洁、润滑等作业内容。组成搅拌站的都属于中、小型通用机械,可参照各该机械的相关规定进行维护,如搅拌主机可参照本章第二节相关要求进行。

1)日常维护(作业前、作业中进行)

(1)供料及称量系统的传动、运动部件及仓门、斗门、轨道等运转正常,应无异物卡住。

(2)各润滑油箱的油面应符合规定,不足时添加,变质时更换。

(3)气路系统中气水分离器积水情况,积水过多时应打开阀门排放;打开储气筒排污塞,

放出油水混合物。

(4)提升斗或拉铲的钢丝绳安装、卷筒缠绕应正确,钢丝绳及滑轮无过度磨损,料斗或拉铲的制动器灵敏有效。

(5)各部螺栓应紧固,各进、排料阀门应无超限磨损,各输送带张紧度适当,不跑偏。

(6)称量装置的所有控制和显示部分工作正常有效,其精度应符合规定。

(7)各电气装置均能有效控制机械动作;各接触点和动、静触点无过度损伤。

2)定期维护(每月或200工作小时后进行)

(1)各润滑点。如出料门轴、各储料斗和称量斗门轴、带式输送机托轮、压轮、张紧轮、轴承和传动链条、螺旋输送机各部轴承,以及铲臂固定座润滑点等,必须按润滑周期要求进行润滑。

(2)检查搅拌叶片、内外刮板和铲臂保护环等磨损情况,必要时调整间隙或更换;叶片和底衬板的间隙一般应保持2.5mm。

(3)检查带式运输机如有跑偏现象,应调整主动轮、从动轮等,使各轮轴线相互平行,且平行于水平面。

(4)检查称量装置,如读数盘不在"0"位时,应先设法清除称量斗内附着的水泥。如读数盘指针仍有偏差,可通过游砣紧定螺栓进行微调。

(5)检查出料门密封情况,如有漏浆,应松开调节螺栓将密封胶条下移到合适位置,然后拧紧调节螺栓。

(6)检查各传动部分V带的张紧程度,必要时调整合适。

(7)检查电气系统各触点和中间继电器的静、动触头,如有损伤或烧坏,应及时修复或换新。

(8)检查全机各机构的连接件并进行紧固,缺损者补齐。

(9)清除全机外表积污,并用水冲洗干净。

3.混凝土拌和料的运送

搅拌站向施工现场运送混凝土拌和料必须注意下列事项:

(1)混凝土拌和料从搅拌站卸出到施工现场浇筑完毕,必须在拌和料初凝前完成。一般运送时间不得超过45min。如超过时,应在浇筑前检查其流动性,以确定能否浇筑。

(2)混凝土拌和料运输损失的坍落度不可超过30%,并应避免发生成分离析、灰浆流失等现象。为此,运送道路应保持良好,运送途中不可受太阳曝晒、大风吹、大雨淋及受寒冻,必要时加以遮盖。如采用带式输送机,带速以1~1.25m/s为宜(过快容易发生离析)。安装倾斜角最大为15°~20°(向上输送)和10°~12°(向下输送)。

(3)当混凝土拌和料运送到达浇筑地点,经检查不符合浇筑要求时,应重新搅拌合格后,才允许浇筑。

(4)寒冷季节混凝土拌和料运送时应有保温措施:

①运送拌和料的设备应有适当的保温措施,如加装保温套等装置。

②运送设备的装料容器,每班使用前用热水洗刷一次。

③装料地点应有挡风设施,装料要快,装好后立即运走,避免途中转运或受阻。

④运送设备完毕后,应冲洗擦拭干净。

(5)混凝土拌和料运送设备的特点及适用范围见表2-37。

**混凝土运送设备的特点及适用范围** 表 2-37

| 运送设备 | 主要特点 | 适用范围 |
|---|---|---|
| 滑槽 | 结构简单、经济 | 结构物比搅拌机出料口低 |
| 起重机 | 机动性好,并有多种用途 | 结构物在搅拌站附近,并比搅拌机出料口高 10m 以内 |
| 提升机 | 不便移动,高度可达 60m,占地面积小 | 结构物在搅拌站附近,并比搅拌机出料口高 10m 以上 |
| 带式输送机 | 运量大,运输连续,但易发生离析现象 | 结构与搅拌机出料口的高低差,一般皮带输送机的安装倾角为 20°以下 |
| 混凝土泵 | 可连续运输,结构物工作面可以很小 | 混凝土给料粒度必须符合混凝土泵性能 |
| 轨道斗车 | 需铺设轨道,上坡可用卷扬机牵引 | 运量大、运距长,人力推车一般在 500m 以内,机车牵引可达 1 500m 以上 |
| 自卸汽车 | 机动性好,如途中颠簸,混凝土容易发生分层现象 | 运量大,运距在 2 ~ 2.5km 以上 |
| 架空索道 | 需要架设索道设施 | 跨越山沟或河流运输 |
| 人力推车 | 劳动强度大,效率低 | 运量小,运距在 70m 以内 |
| 混凝土搅拌运输车 | 在运输过程中能连续缓慢搅拌,防止混凝土产生分层离析现象,从而保证混凝土质量 | 适合于混凝土远距离运输 |

# 第四节 混凝土输送机具

混凝土输送机具的类型很多,现将常用的水平运输机具、垂直运输机介绍如下,可根据不同的施条件选用。

## 一、一般车辆

各种车辆的适用范围见表 2-38。后倾翻斗车(自卸汽车)的技术参数见表 2-39。前倾翻斗车的技术参数见表 2- 40。

**常用的混凝土运输车及适用范围** 表 2-38

| 车辆种类 | 容积($m^3$) | 单行线宽度(m) | 适宜运距(m) | 适用范围 |
|---|---|---|---|---|
| 胶轮手推车 | 0.1 ~ 1.2 | 1.0 | <100 | 小型工地或预制场 |
| 前倾翻斗车 | 0.4 ~ 1.5 | 2.0 | 100 ~ 150 | 中型工地或预制场 |
| 后倾翻斗车 | 1.5 ~ 3.0 | 3.0 | 500 ~ 2 000 | 大型工地 |
| 搅拌运输车 | 3.0 ~ 6.0 | 3.0 | <15 000 | 大型工地、商品混凝土 |

**常用后倾翻斗车技术参数** 表 2-39

| 项目 | 单位 | 型号 | | |
|---|---|---|---|---|
| | | 解放 CA340 | 黄河 QD351 | 交通 SH361 |
| 载质量 | t | 3.5 | 7.0 | 15.0 |
| 自重 | t | 4.2 | 7.6 | 13.0 |

续上表

| 项　目 | 单　位 | 型　号 | | |
|---|---|---|---|---|
| | | 解放 CA340 | 黄河 QD351 | 交通 SH361 |
| 翻斗几何容积 | $m^3$ | 2.4 | 4.4 | 6.0 |
| 功率 | 马力 | 90 | 160 | 180 |
| 最高车速 | km/h | 75 | 63 | 68 |
| 最小转弯半径 | m | 9.2 | 6.7 | 9.5 |
| 自卸倾角 | ° | 48 | 62 | 55 |

**常用前倾翻斗车技术参数**　　表 2-40

| 项　目 | 单　位 | 型　号 | | | | |
|---|---|---|---|---|---|---|
| | | FC10 | FC15 | FC20 | FC25 | FC30 |
| 载质量 | t | 1.0 | 1.5 | 2.0 | 2.5 | 3.0 |
| 质重 | t | 1.1 | 1.5 | 2.0 | 2.3 | 2.5 |
| 翻斗几何容积 | $m^3$ | 0.50 | 0.75 | 1.00 | 1.25 | 1.50 |
| 发动机功率 | 马力 | 10～15 | 15～20 | 20～25 | 25～30 | 30～35 |
| 最大爬坡长 | % | — | — | 21 | — | — |
| 最高车速 | km/h | 15～24 | 15～24 | 17～30 | 17～30 | 17～30 |
| 外侧轮转弯半径(不大于) | m | 4.0 | 4.5 | 4.5 | 4.7 | 5.0 |

注:型号 FC 代表机械操纵翻斗,FCY 代表液压操纵翻斗。

胶轮手推车(图 2-31)有单轮、双轮两种。单轮手推车容量为 0.05～0.06$m^3$,双轮手推车容量为 0.1～0.12$m^3$。手推车操作灵活、装卸方便,适用于楼地面水平运输。

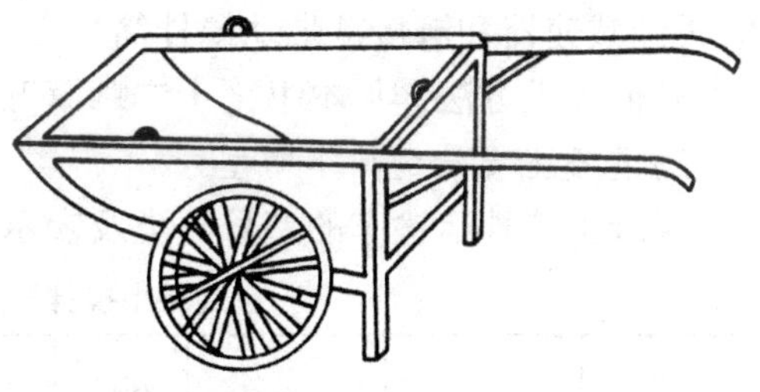

图 2-31　双轮手推车

## 二、搅拌运输车

搅拌运输车除在短距离输送低强度混凝土采用机动翻斗车或自卸汽画外,一般都应采用混凝土搅拌输送车。因为这种专用车在运输途中,车上的搅拌筒能进行低速旋转,从而使搅拌筒内的拌和料不停地进行搅动,这样就能保证被输送的混凝土拌和料不会产生初凝和分层离析。

混凝土搅拌运输车实际上就是在载重汽车或专用运载底盘上,安装着一种独特的混凝土搅拌装置的组合机械,它兼有载运和搅拌混凝土的双重功能,可以在运送混凝土的同时对其进行搅拌或扰动。基于搅拌输送车具上述特点,通常可以根据对混凝土拌和料的运距长短,现场的施工条件以及对混凝土的配比和质量等不同情况,采取不同的工作方式,主要有以下几种用法(表 2-41)。

**混凝土搅拌运输车的工作方式**　　表 2-41

| 项　目 | 工 作 方 式 |
|---|---|
| 预拌混凝土的搅动运输 | 装进已经搅拌好的混凝土,在路上行走时低速搅动 |
| 对拌和物的搅拌运输 | 干料投入,在运输途中注水,按搅拌速度搅拌湿料投入,在运输途中按搅拌速度搅拌 |

续上表

| 项　目 | 工 作 方 式 |
| --- | --- |
| 装料<br>搅拌<br>搅动<br>卸料 | 正转，装料转速6～10r/min；<br>正转，搅拌转速8～12r/min；<br>正转，搅动转速2～4r/min；<br>反转，转速6～8r/min，时间2～4min |

混凝土搅拌运输车作为搅拌站的配套运输设备，通过它将集中预拌的混凝土输送到各施工现场，通过混凝土泵或泵车的配合，进行混凝土料的"接力"输送，就可以完全不需人力的中间周转将混凝土拌和料连续不断地直接进入浇筑点，实现混凝土工程的全部机械化。

1. 混凝土搅拌运输车的分类与型号

1）混凝土搅拌运输车的分类

按运载底盘结构形式的不同，可分为普通载重汽车底盘和专用半拖挂式底盘两类。一般采用载重汽车底盘。

按搅拌装置传动方式的不同，可分为机械传动和液压传动两类。早期国产的采用机械传动，现普遍采用液压传动。

按搅拌筒的动力供约方式的不同，可分为共用运载底盘发动机和增加搅拌筒专用发动机两类。

搅拌筒使用运载底盘发动机的，按发动机的动力引出方式不同，有由飞轮取力和由轴前端取力，也可从运载底盘传动系统中的分动箱或专设的动力输出轴引出。国产输送车都采用曲轴前端取力，即由发动机曲轴的前端加装取力齿轮箱和液压泵连接，输出压力油，驱动液压马达，再经减速器和链传动带动搅拌筒。

其他分类方法详见本书第十二章第五节。

2）混凝土搅拌运输车的型号

混凝土搅拌运输车的型号分类及表示方法见表2-42。

**混凝土搅拌输送车型号分类及表示方法**　　表2-42

| 类 | 组 | 型 | 特性 | 代号 | 代 号 含 义 | 主要参数 名称 | 主要参数 单位表示法 |
| --- | --- | --- | --- | --- | --- | --- | --- |
| 混凝土机械 | 混凝土搅拌输送车 J（搅） C（车） | 飞轮取力 | — | JC | 飞轮取力混凝土搅拌输送车 | 搅拌容量 | $m^3$ |
| | | 前端取力 | Q（前） | JCQ | 前端取力混凝土搅拌输送车 | | |
| | | 单独驱动 | D（单） | JCD | 单独驱动混凝土搅拌输送车 | | |
| | | 前端卸料 | L（料） | JCL | 前端卸料混凝土搅拌输送车 | | |

2. 混凝土搅拌运输车的技术性能

混凝土搅拌运输车的主要技术性能，分别见表2-43～表2-48。

**徐州-利勃海尔系列混凝土搅拌输送车主要技术性能**　　表2-43

| 搅拌机构 | | | 底盘 | | |
| --- | --- | --- | --- | --- | --- |
| 型　号 | HTM604 | HTM704 | 型　号 | MITSUBISHI FV415J | NISSIN CWA54 |
| 搅拌筒几何容积（$m^3$） | 11 | 12.3 | 发动机最大输出功率（PS） | 310 | 340 |

续上表

| 搅拌机构 | | | 底　盘 | | |
|---|---|---|---|---|---|
| 型　号 | HTM604 | HTM704 | 型　号 | MITSUBISHI FV415J | NISSIN CWA54 |
| 有效容积($m^3$) | 6 | 7 | 发动机最大输出扭矩 | | |
| 搅拌容积($m^3$) | 6 | 7 | (kN·m/1 400r/min) | 107 | 120 |
| 填充率(%) | 54.5 | 56.7 | 最小转弯半径(m) | 7.2 | 7.75 |
| 搅拌筒倾斜角(°) | 14 | 13 | 长度(mm) | 7 280 | 7 090 |
| 搅拌筒转速(r/min) | 0~14 | 0~14 | 宽度(mm) | 2 490 | 2 475 |
| 减速机型号 | HPM51.2 | HPM51.2 | 轴距(mm) | 3 200 | 3 300 |
| 摆动角(°) | 6 | 6 | 前轮距(mm) | 2 045 | 2 015 |
| 最大输出扭矩(N·m) | 48.000 | 48.000 | 后轮距(mm) | 1 845 | 1 860 |
| 液压冷却器工作压力(kPa) | 10 | 10 | 底盘自重(kg) | 7 510 | 7 870 |
| 液压冷却器油液流量(L/min) | 45 | 45 | 底盘载质量(kg) | 29 000 | 26 000 |
| 液压冷却器电动机参数(V/r/min) | 24/2 400 | 24/2 400 | | | |
| 液压泵排量($cm^3$) | 69.8 | 69.8 | | | |
| 液压马达排量($cm^3$) | 69.8 | 69.8 | | | |
| 上车质量(kg) | 3 340 | 3 520 | | | |
| 液压安全阀压力(MPa) | 4.2 | 4.2 | | | |
| 水箱容积(L) | 450~500 | 450~500 | | | |
| 生产厂 | 徐州混凝土机械厂 | | | | |

**混凝土搅拌运输车主要技术性能**　　表2-44

| 型　号 | 拌筒几何容量($m^3$) | 拌筒搅动容量($m^3$) | 水箱容量(L) | 拌筒转速(r/min) | 供水方式 |
|---|---|---|---|---|---|
| JC6 | 9.3 | 6.16 | 250 | 0~15 | 电动水泵供水 |
| JCQ7 | 10.5 | 7 | 700 | 16 | 气压供水 |
| JCQ8 | 12 | 8 | 800 | 14 | 水泵供水 |
| JCD10 | 16 | 10 | 900 | 14 | 水泵供水 |
| (TZ5321GJB-B) | 11.3 | 8.3 | 513 | 0~8 | 压力水泵 |

**混凝土搅拌车主要技术性能**　　表2-45

| 产品规格 | NR5320GJB 8$M^3$ | NR5280GJB 7$M^3$ | NR5262GJB 6$M^3$ | NR5260GJB 6$M^3$ |
|---|---|---|---|---|
| 底盘型号 | 斯太尔 1491/280/6×4 | 五十铃 CXZ81K | 五十铃 CXZ81K | 北方·奔驰 2629B/6×4 |
| 满装最高车速(km/h) | 70 | 92 | 92 | 90 |
| 搅拌容积($m^3$) | 8 | 7 | 6 | 8 |
| 水箱容积(L) | 450 | 500 | 450 | 250 |
| 进料口尺寸(mm) | 900×850 | 1 020×840 | 900×850 | 900×850 |

续上表

| 产品规格 | | NR5320GJB 8M³ | NR5280GJB 7M³ | NR5262GJB 6M³ | NR5260GJB 6M³ |
|---|---|---|---|---|---|
| 底盘型号 | | 斯太尔<br>1491/280/6×4 | 五十铃<br>CXZ81K | 五十铃<br>CXZ81K | 北方·奔驰<br>2629B/6×4 |
| 整车空载质量(kg) | | 13 200 | 12 000 | 11 500 | 11 000 |
| 整车满载质量(kg) | | 32 000 | 28 000 | 26 000 | 26 000 |
| 最大爬坡度(%) | | 24 | 38 | 38 | 25 |
| 最小转弯半径(mm) | | 9 800 | 7 000 | 7 000 | 9 000 |
| 填充化(%) | | 58 | 59 | 58 | 58 |
| 搅拌筒转速(r/min) | | 0~±14 | 0~±14 | 0~±14 | 0~±14 |
| 搅拌筒倾角(°) | | 12 | 15 | 15 | 15 |
| 轴距长度(mm) | | 3 800+1 350 | 3 225+1 310 | 3 225+1 310 | 3 800+1 350 |
| 外形尺寸 | 长(mm) | 9 610 | 7 850 | 8 000 | 7 500 |
| | 宽(mm) | 2 480 | 2 490 | 2 500 | 2 480 |
| | 高(mm) | 3 710 | 3 800 | 3 700 | 3 750 |
| 生产企业 | | 包头北方专用汽车有限责任公司 | | | |

**混凝土搅拌输送车主要技术性能** 表2-46

| 型 号 | | SDX5265GJBJC6 | QDZ5270GJBS6 | JGX5270GJB | JCD6 | JCD7 |
|---|---|---|---|---|---|---|
| 拌筒几何容量(L) | | 12 660 | 11 200 | 9 500 | 9 050 | 11 800 |
| 最大搅动容量(L) | | 6 000 | 7 000 | 6 090 | 6 090 | 7 000 |
| 最大搅拌容量(L) | | 4 500 | 6 000 | | 5 000 | |
| 拌筒倾卸角(°) | | 13 | 14 | 16 | 16 | 15 |
| 拌筒转速(r/min) | 装料 | 0~16 | 0~16 | 0~16 | 1~8 | 6~10 |
| | 搅拌 | — | — | — | 8~12 | 1~3 |
| | 搅动 | — | — | — | 1~4 | |
| | 卸料 | — | — | — | — | 8~14 |
| 供水系统 | 供水方式<br>水箱容量(L) | 水泵式<br>250 | 水泵式<br>200 | 压力水箱式<br>250 | 压力水箱式<br>250 | 气送或电泵送<br>800 |
| 搅拌驱动方式 | | 液压驱动 | 液压驱动 | 液压驱动 | F4L912<br>柴油机驱动 | 液压驱动<br>前端取力 |
| 底盘型号 | | 尼桑NISSAN<br>CWA45HWL | 斯太尔<br>WD615.67 | T815P<br>13208 | T815P<br>13208 | FV413 |
| 底盘发动机功率(kW) | | 250 | 260 | — | — | — |
| 外形尺寸(mm) | 长 | 7 550 | 7 920 | 8 570 | 8 570 | 8 220 |
| | 宽 | 2 495 | 2 480 | 2 500 | 2 500 | 2 500 |
| | 高 | 3 695 | 3 500 | 3 630 | 3 630 | 3 650 |
| 质量(kg) | 空车 | 12 300 | 12 100 | 11 655 | 12 775 | — |
| | 重车 | 26 000 | 26 500 | 26 544 | 27 640 | — |
| 生产企业 | | 山东建设<br>机械公司 | 重汽集团 | 吉林工程<br>机械厂 | 陕西建工<br>机械厂 | 北京城建<br>机械厂 |

**新宇建机系列混凝土搅拌输送车主要技术性能** 表 2-47

| 型　号 | $6m^3$ 三菱<br>FV415JMCLDUA | $7m^3$ 三菱<br>FV415JMCLDUM | $7m^3$ 斯太尔<br>1491H280/B32 | $8m^3$ 斯太尔<br>1491H310/B38 |
|---|---|---|---|---|
| 发动机 | 8DC9-2A | 8DC9-2A | WD615.67 | WD615.67 |
| 发动机额定功率 | 300PS/r/min<br>(220kW/r/min) | 300PS/r/min<br>(220kW/r/min) | 280PS/r/min<br>(206kW/r/min) | 310PS/2400r/min<br>(228kW/2400r/min) |
| 输送车外形尺寸(mm) | 7 910×2 490×3 790 | 8 240×2 490×3 920 | 8 413×2 490×3 768 | 9 317×2 490×3 797 |
| 空车质量(kg) | 10 280 | 10 550 | 11 960 | 12 070 |
| 重车总质量(kg) | 25 130 | 25 400(装 $6m^3$)<br>27 800(装 $7m^3$) | 26 740(装 $6m^3$)<br>29 140(装 $7m^3$) | 31 090 |
| 搅拌筒容量($m^3$) | 8.9 | 10.5 | 10.2 | 13.6 |
| 搅拌容量($m^3$) | 5 | 6 | 6 | 7 |
| 搅动容量($m^3$) | 6 | 7 | 7 | 8 |
| 搅拌筒进料(r/min) | 1～17 | 1～17 | 1～17 | 1～17 |
| 搅拌筒搅拌(r/min) | 8～12 | 8～12 | 8～12 | 8～12 |
| 搅拌筒搅动(r/min) | 1～5 | 1～5 | 1～5 | 1～5 |
| 搅拌筒出料(r/min) | 1～17 | 1～17 | 1～17 | 1～17 |
| 液压泵 | PV22 | PV22 | PV22 | PV22 |
| 液压马达 | MF22 | MF22 | MF22 | MF22 |
| 液压油箱容量(L) | 80 | 80 | 80 | 80 |
| 水箱容量(L) | 250 | 250 | 250 | 250 |
| 生产企业 | 韶关新宇建设机械有限公司 | | | |

**JY-3000 型混凝土搅拌运输车主要技术性能** 表 2-48

| 技术性能 | | 指　标 | 技术性能 | 指　标 |
|---|---|---|---|---|
| 搅拌筒几何容量(L) | | 5 700 | 水箱容量(L) | 250 |
| 额定装干料容量(L) | | 3 000 | 搅拌筒转速(r/min) | — |
| 混凝土成品最大载量(kg) | | 4 500 | 进料和混合 | 8～12 |
| 搅拌筒尺寸(直径×长)(mm) | | $\phi$2 020×2 813 | 搅拌 | 2～4 |
| 外形尺寸(mm) | 长 | 7 440 | 卸料 | 6～8 |
| | 宽 | 2 400 | 卸料时间(min) | 2～4 |
| | 高 | 3 400 | 全机质量(空车)(kg) | 9 500 |
| 进料口尺寸(长×宽)(mm×mm) | | 1 000×1 000 | | |

3. 混凝土搅拌运输车的结构

混凝土搅拌运输车除载重汽车底盘外,主要由传动系统、搅拌装置、供水系统及操作系统等组成。图 2-32 为全液压驱动中型搅拌输送车的结构外形。

4. 混凝土搅拌运输车的选用原则

在商品混凝土机械设备的总投资中,混凝土搅拌运输车的购置费用所占比例很大,一般可占到40%左右。因此,对混凝土搅拌运输车的选用应当高度重视,除要考虑一次性投资多少外,还必须注意考察混凝土搅拌运输车的构造性能、制造质量、可靠性、备件供应、维修条件和使用寿命等方面。在考察搅拌运输车的构造性能时,必须认真注意以下几个方面。

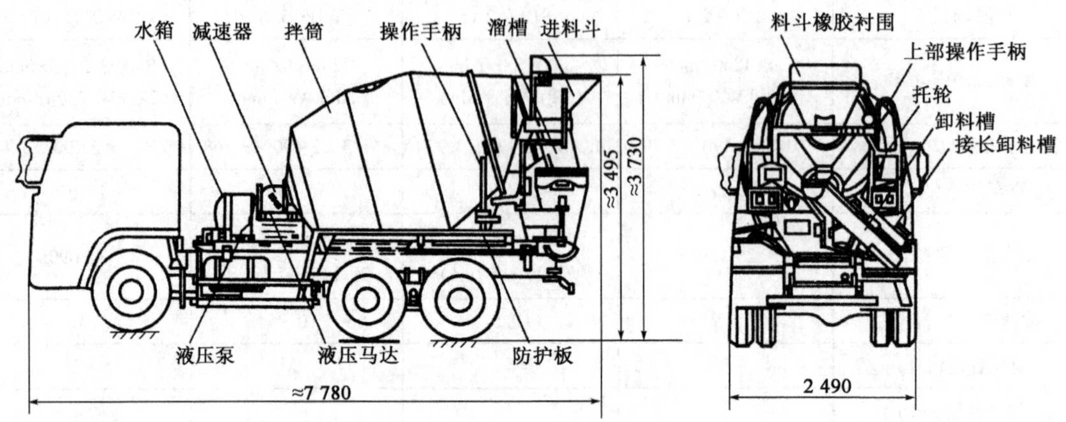


图 2-32　MR4500 型搅拌输送车外形结构(尺寸单位:mm)

(1)装、卸料比较迅速,以利于提高生产效率。$6m^3$ 混凝土搅拌运输搅拌车的装料时间为40~60s,卸料时间为90~180s,搅拌筒头端开口宽度应大于1 050mm,卸料溜槽宽度应大于450mm。

(2)混凝土搅拌运输车的装料高度应低于集中搅拌站出料漏斗的卸料高度,以便于顺利向搅拌运输车内卸料。

(3)混凝土搅拌筒的筒壁及搅拌叶片,必须用耐磨损和耐腐蚀的优质低合金钢材制作,并要有适当的厚度。

(4)混凝土搅拌运输车上必须有完善的安全防护装置。

(5)操纵比较简单,清洗比较方便。

(6)性能可靠,维修保养容易。

5. 混凝土搅拌运输车的使用和维护

搅拌运输汽车底盘的使用和维护可参照载重汽车的相关规定,本节以搅拌工作装置为主要介绍内容。

1)使用、操作要点

(1)新车开始使用时,必须进行全面技术试验,以考核整机的基本性能和安全可靠性,确认一切正常后,方可使用。

(2)各部液压油的压力应按规定要求调定,不可随意改动。液压油的油量、油质、油温应达到规定要求,所有油路各部件无渗漏现象。

(3)搅拌车露天停放时,装料前应先将搅拌筒反转几圈,使筒内积水和杂物排出,以免混入混凝土拌和料中,影响质量。

(4)起动发动机时,操纵杆应在停止位置。当发动机低速运转加温时,应保持搅拌筒在低盘转动,直至油温达到要求。

(5)搅拌车用作搅拌运输时,装载混凝土拌和料的质量不能超过允许载质量。

(6)装料前,最好先向筒内加少许水,使进料流畅,并可防止黏罐。

(7)装料时,将操纵杆放在“装料”位置,并调节搅拌筒转速使进料顺利。

(8)输送前,排料槽应锁定在“行驶”位置,防止自由摆动。如有加长排料槽装置,应翻转在排料槽上并固定。

(9)输送中,搅拌筒应保持低速旋转,不可停转。运送混凝土拌和料时间不可超过搅拌规定的时间,一般规定为:冬季60min内、夏季40min内必须运达现场并卸料。

(10)搅拌筒由正转改为反转时,必须先将操纵手柄放在中间位置,待搅拌筒停转后,再将操纵手柄放到反转位置。搅料筒应尽可能避免满载起转。

(11)搅拌车在公路上行驶时,加长斗必须翻转,放置在出料斗上并固定,再转至与车身垂直部位,用销轴与机架固定,防止由于不固定而引起摆动,打伤行人或影响车辆运行。

(12)行驶在不平路面或转弯处应降低车速。通过桥、洞、库等时,应注意通过高度及宽度,防止发生碰撞。

(13)运输混凝土途中,搅拌筒不得停转,以防止混凝土产生初凝及离析。搅拌筒连续运转时间不宜超过8h。

(14)水箱的水量应经常保持装满。冬季停车时,要将水箱和供水系统的存水施净。

(15)出料斗根据需要使用,不够长时可自行接长。

(16)如用作搅拌混凝土使用时,应按下列步骤进行:

①进料、搅拌先注入总用水量的2/3,再按配合比设计的粗集料的1/2和细集料的1/2以及全总水泥顺次装入搅拌筒,随后将余下的细集料的1/2装入,再后将余下粗集料的1/2和1/3的水装入。

②搅拌筒转速及搅拌时间。进料时搅拌筒转速应为6~10r/min;搅拌时间为进料完毕后5~10min。

③搅动、出料。在输送途中,搅拌筒应以1~3r/min的速度搅动;出料时,搅拌筒转速应为2~10r/min。

2)维护保养要点

(1)检查

①起动前检查。搅拌筒及排料槽的外观应无裂痕和损伤,制动器应无松弛和损坏;搅拌机构缓冲件应无裂痕或损伤;动力取出装置及传动系统应无螺栓松动及轴承漏油现象;液压系统各管道无泄漏。如发现异常,应排除后方可起动。

②作业中注意搅拌装置运转情况,如有异常情况,应及时处理。并消除各管路漏损现象。

③定期检查搅拌筒的托轮、滚道以及搅拌叶片的磨损情况,及时进行修补或更换。

④定期检查传动系统的减速器、传动轴、链轮链条等的工作情况,对磨损件及时修复或更换。

(2)清洁

①每装运一次混凝土,当装料完毕后,在装料现场冲洗搅拌筒外壁及进料斗;在卸料完毕后,在卸料现场冲洗搅拌筒口及卸料槽,并加水清洗搅拌筒内部。

②每天工作完毕后,除冲洗搅拌筒内外,还要清除各机件外表的积留灰浆及杂物。

③露天停放时,要盖好应防护的部位,以防生锈、失灵。

(3)润滑

严格按照表2-49的润滑部位及周期进行润滑作业,并保持加油处清洁。

(4)调整

**搅拌运输车搅拌装置润滑部位及周期** 表2-49

| 润滑部位 | 润滑剂 | 润滑周期 |
|---|---|---|
| 斜槽销<br>加长斗连接销<br>升降机构连接销<br>操纵机构连接点 | 钙基脂<br>ZG-1 | 每日 |
| 斜槽销支承轴 | | 每周 |
| 万向节十字轴<br>托轮轴 | 钙基脂<br>ZG-1 | 每周<br>每月 |
| 操纵软轴 | 齿轮油<br>HL-20 | 每月 |
| 减速器 | | 每年 |

①搅拌筒转速的调整,可通过调整液压泵伺服调节器上的调整螺栓,以搅动转速2～4r/min为调整标准。

②当传动链太紧或太松时,可通过调节螺栓调整链条的下垂度,其规定值为15～20mm。

③压缩空气经减压阀进入水箱,减压阀的调定压力应为0.20MPa.

(5)液压系统

①清洗液压油滤清器,每两个月清洗一次。清洗时把球形阀关闭,松开螺帽,取出滤芯,用汽油清洗滤芯,待干净后再装上。

②更换液压油,每六个月检查液压油,油量不足时添加,油质超标时更换。

更换液压油的步骤:拧开油箱底部放油塞,放掉油箱及管路中的剩油;打开油箱顶部的油杯盖,通过滤油器加新油到超过规定油面少许;松开液压泵放气螺塞,当油从螺孔外溢出时再拧紧;在液压泵运转情况下,再松开油管接头排放系统内空气,然后再补充液压油到规定油面。

3)故障排除

搅拌输送车常见故障及排除方法见表2-50。

**混凝土搅拌输送车常见故障排除方法** 表2-50

| 故障现象 | 故障原因 | 排除方法 |
|---|---|---|
| 进料堵塞 | 1.进料搅拌不匀,出现生料;<br>2.进料速度过快 | 1.堵塞后用工具捣通,同时加一些水;<br>2.控制进料速度 |
| 搅拌筒不能转动 | 1.机械系统故障,局部卡死;<br>2.液压系统故障;<br>3.操纵系统失灵 | 1.检查、排除故障;<br>2.检查、排除故障;<br>3.检查、排除故障 |
| 搅拌筒反转不出料 | 1.料的含水量小,过干;<br>2.叶片磨损严重 | 1.加水搅拌;<br>2.修复或更换叶片 |
| 搅拌筒上下跳动 | 1.滚道和托轮磨损严重;<br>2.轴承座螺栓松动 | 1.修复或更换;<br>2.拧紧螺栓 |
| 液压系统有噪声,油泵吸空,油生泡沫 | 1.吸油滤清器堵塞;<br>2.进油管路渗漏 | 1.更换滤清器;<br>2.检查并排除渗漏 |

续上表

| 故障现象 | 故障原因 | 排除方法 |
| --- | --- | --- |
| 油温过高 | 1. 空气过滤器堵塞；<br>2. 液压油黏度太大 | 1. 清洗或更换空滤器；<br>2. 更换液压油 |
| 压力不足，流量太小 | 1. 油箱内油量少；<br>2. 油脏使液压泵磨损；<br>3. 滤清器失效 | 1. 添加液压油；<br>2. 清洗或更换；<br>3. 清洗或更换 |
| 液压系统漏油 | 1. 元件磨损；<br>2. 接头松动 | 1. 修复或更换；<br>2. 拧紧管接头 |
| 操纵失灵 | 1. 液压泵伺服阀磨损；<br>2. 轮轴接头松动；<br>3. 操纵机构连接接头松动 | 1. 修复或更换；<br>2. 拧紧；<br>3. 拧紧 |

## 三、胶带输送机

胶带输送机分为固定式和移动式。固定式多用于预制厂；移动式多用于工地。移动式胶带机的主要性能见表2-51；胶带输送机使用要点见表2-52；胶带输送机常见故障的原因及其排除方法见表2-53。

**移动式胶带运输机主要性能** 表2-51

| 项目 | 单位 | 型号 | | | | | |
| --- | --- | --- | --- | --- | --- | --- | --- |
| | | 400mm携带式 | T45-10 | T45-15 | T45-20 | 103型 | 104型 |
| 胶带宽度 | mm | 400 | 500 | 500 | 500 | 800 | 800 |
| 长度 | m | 5~10 | 10 | 15 | 20 | 15 | 20 |
| 输送速度 | m/s | 1.25 | 1.0~2.5 | 1.0~2.5 | 1.0~2.5 | 1.6 | 1.6 |
| 输送能力 | $m^3/h$ | 30 | 67~160 | 61~160 | 67~160 | 262 | 296 |
| 最大倾角 | ° | 18 | 19 | 19 | 19 | 20 | 7 |
| 最大输送高度 | m | 3.2 | 5.5 | 5.0 | 6.5 | 5.4 | 2.78 |
| 电动机功率 | kW | 1.5 | 2.8~4.5 | 4~5.5 | 7~7.5 | 7.5 | 7.5 |

**混凝土使用胶带运输机的要点** 表2-52

| 项目 | 要点 |
| --- | --- |
| 运输距离 | 不宜作50m以上距离的输送 |
| 覆盖 | 雨季或露天作业，应在胶带梁上加盖，防太阳曝晒或雨雪，避免混凝土变质 |
| 连接装置 | 两台胶带机相接时，按图4-27设置防离析装置 |
| 末端装置 | 按图4-26设置垂直料筒及砂浆刮板，防止离析 |
| 质量检测 | 经常目测或手捏检查混凝土的工作性，在曝晒或雨后，应在末端取样检测其坍落度 |

胶带运输机常见故障的原因及其排除方法　表 2-53

| 故障现象 | 原因 | 排除方法 |
| --- | --- | --- |
| 胶带打滑 | 胶带胀力小<br>传动滚筒结冰 | 增加拉紧装置的拉力消除结冰 |
| 胶带在中部跑偏 | 托辊组安装位置不正<br>胶带接驳偏歪 | 调整托辊组位置<br>重新安装胶带接头 |
| 胶带两端跑偏 | 滚筒安装不合技术要求<br>滚筒表面堆积泥尘或混凝土 | 按技术要求调整<br>消除泥尘或混凝土残渣 |
| 胶带向一侧跑偏 | 物料加于胶带向偏侧<br>胶带机某些部件未紧固 | 把下料漏斗调整至中线紧固各部件 |

## 四、料斗

料斗是水平运输与垂直运输的转运工具。其运转流程如图 2-33 所示。各种料斗的性能如表 2-54 所示;其外形如图 2-34 ~ 图 2- 40 所示。

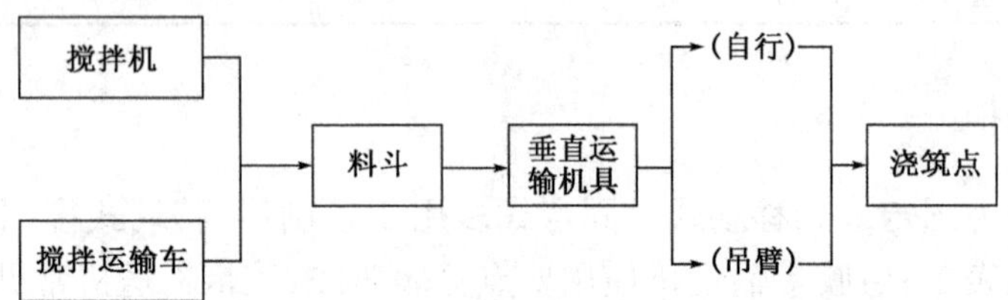


图 2-33　料斗运转流程图

混凝土料斗规格及性能　表 2-54

| 序号 | 料斗名称 | 容量($m^3$) | 说明 |
| --- | --- | --- | --- |
| 1 | 圆锥形吊斗 | 0.7 | 可直接搁置在模板上卸料。适宜于浇筑面积较宽的项目。序号 1 的优点是斗内无方角,积浆少。三种共同的缺点是重心稍高,见图 4-30、图 4-31 |
| 2 | 方形吊斗(单出口) | 0.7 ~ 1.0 | |
| 3 | 方形吊斗(双出口) | 1.0 ~ 1.4 | |
| 4 | 簸箕形浇灌斗 | 0.5 | 卸料口较小,适宜于柱、桩、墙体等竖向构件的浇筑。可由起重臂吊至模型上口卸料。卸料手柄可系上绳子在下方操纵,见图 4-19、图 4-32 |
| 5 | 移动式浇灌斗 | 0.5 ~ 1.0 | 兼有小车及料斗作用。卸料时由本机卷扬系统将料斗后部提起,见图 4-33 |

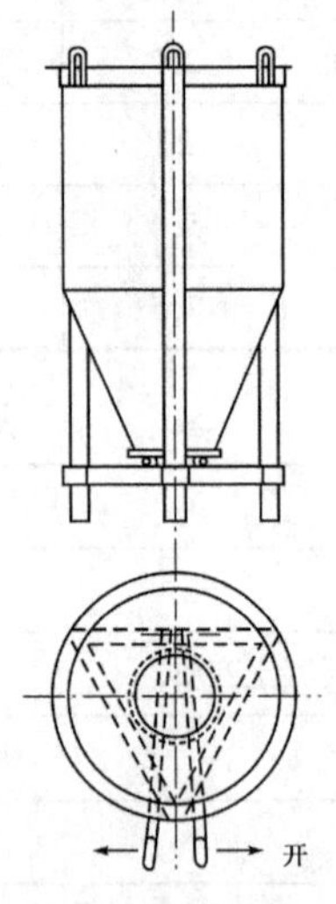


图 2-34　圆锥形吊斗

卸料方法:将底部手柄拉开。

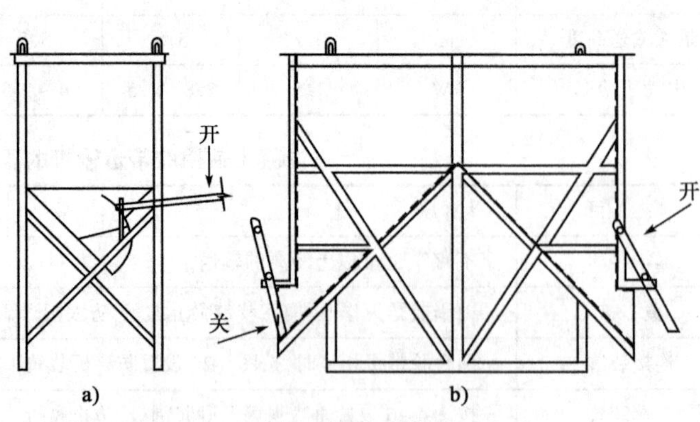


图 2-35　方形吊斗

a)单出口吊斗;b)双出口吊斗

卸料方法:单出口—将手柄向下压;双出口—将手柄向内推。

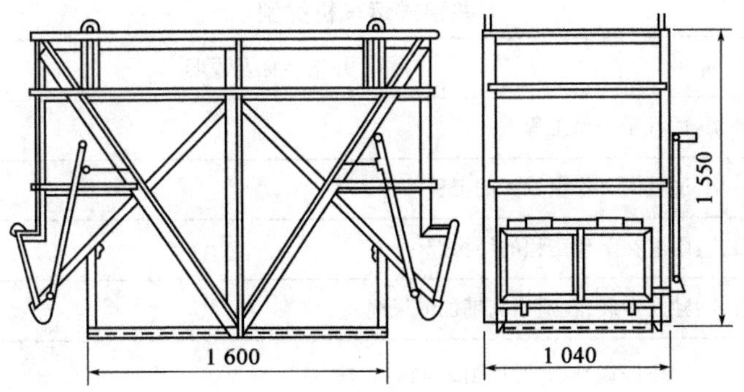


图 2-36　双向出料方形吊斗(尺寸单位:mm)

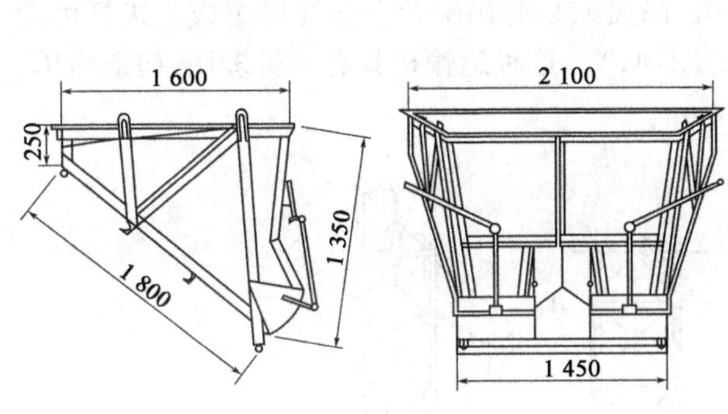


图 2-37　单向双出料方形吊车(尺寸单位:mm)

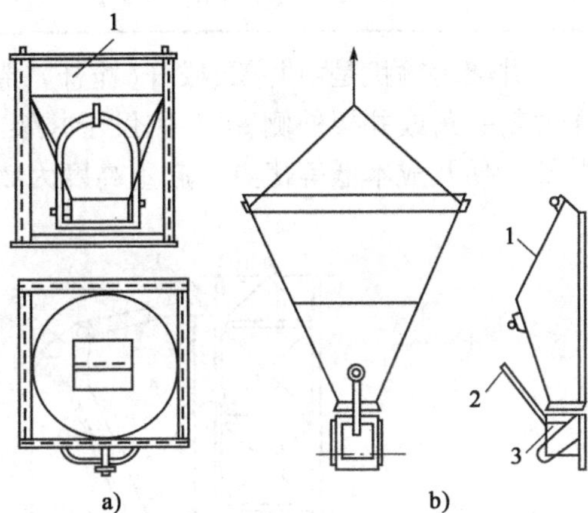


图 2-38　混凝土浇筑料斗

a)立式料斗;b)卧式料斗

1-入料口;2-手柄;3-卸料口的扇形门

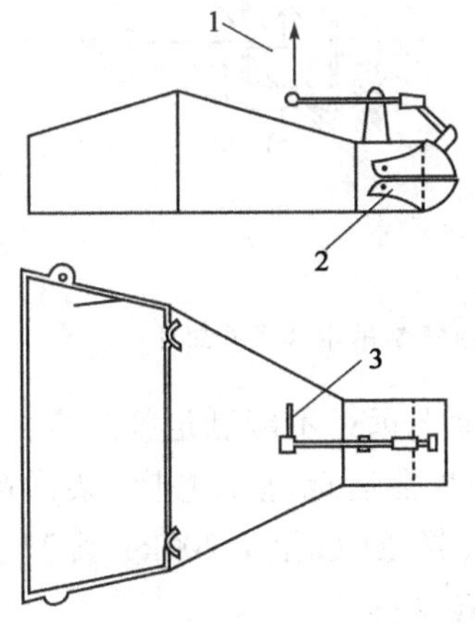


图 2-39　簸箕形浇灌斗

1-开启方向;2-啮合齿;3-手柄

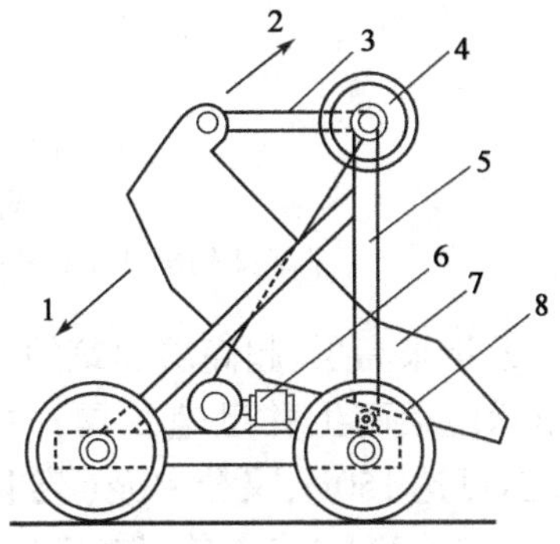


图 2-40　移动式浇灌斗

1-移动时料斗平放;2-卸料时向上提升;3-钢丝绳;4-转向传动轮;5-门式支架;6-卷扬机构;7-料斗;8-行走轮

## 五、井架式运输机

井架式运输机又称井架式升降机或称井架式起升机。井架式运输机为工地常用的起重设备。其构造分类见表 2-55;其外形如图 2-41 所示。

井架式运车机类型　　表 2-55

| 分　　类 | 井架名称及说明 |
| --- | --- |
| 按组装方式 | 单井架:适宜于小型工程 |
|  | 双井架:适宜于工作量较大的工程 |
| 按结构型式 | 附墙式:附着在新建工程的结构部位 |
|  | 独立式:独立安装,在适当高度加缆风绳 |
| 按运料方式 | 拨杆式:用拨杆提升物料,见图 2-41a);<br>吊盘式:起重物料放置在吊盘上提升,见图 2-41b);<br>吊斗式:料斗在井架下装料,升至需要高度,可自动翻转料斗卸料,见图 2-41c) |

井架运输机是由井架、拨杆(桅杆)、卷扬机、吊盘或自卸吊头及钢丝绳等组成。拨杆可设于井架一角或井架外侧,吊斗则设于井架内(图 2-41)。这种运输机具有一机多用、构造简单、装卸方便及成本低等优点。起重高度为 25 ~ 40m。

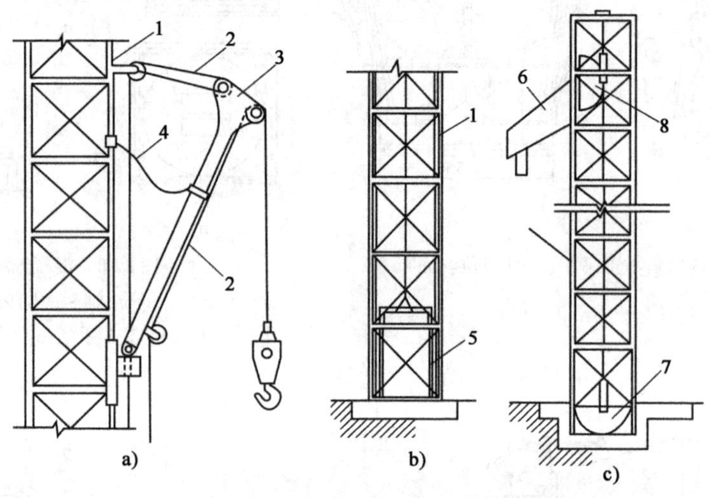


图 2-41　井架式起重升降机外形

a)拨杆式;b)吊盘式;c)吊斗式

1-井架;2-钢丝绳;3-拨杆;4-安全索;5-吊盘;6-卸料溜槽;7-吊斗;8-吊斗卸料

由于近年来高层、超高层建筑的发展,井架运输在高度上远远不能满足施工需要,因此,建筑施工电梯应运而生并迅速发展,并可载人载物。如 SJT 型建筑施工电梯,架设高度 50 ~ 100m,改型可达 150m,又分单笼(载重 1 000kg 或 12 人)、双笼(载重 2 200kg 或 27 人)两种,升降速度为 7 ~ 37m/min,是正在广泛使用的一种垂直运输设备。

## 六、塔式起重机

塔式起重机(图 2-42)主要用于高层建筑物的混凝土垂直运输。混凝土在吊罐或吊斗内,由塔式起重机提升到浇筑地点。吊罐上部有吊挂装置,卸料口为漏斗状,其底部有可启卸料门,如图 2-43 所示。

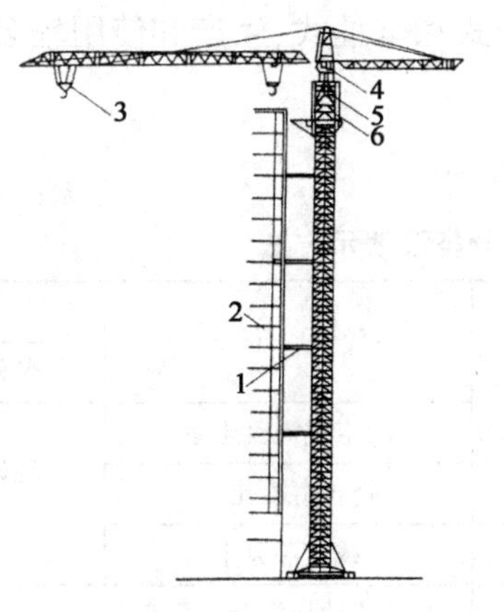


图 2-42　塔式起重机

1-撑杆;2-建筑物;3-起重小车;4-顶升套架;5-操纵室;6-标准节

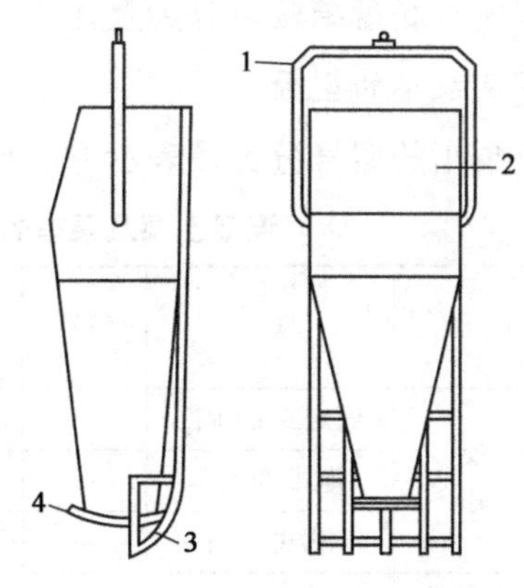


图 2-43　卡姆式吊罐

1-吊挂装置;2-罐体;3-滑板;4-卸料门

# 第五节　混凝土泵及泵车

混凝土泵是将混凝土拌和料加压并通过管道作水平或垂直连续输送到浇筑工作面的一种混凝土输送机械。这种输送方法,既能保证混凝土质量(保持混凝土的均匀性,提高其密实性),又能降低劳动强度,提高生产率。尤其对于混凝土量较大的大型混凝土构筑物和高层建筑以及场地狭窄的城市施工,更能显示其优越性。但因输送距离有一定限度,对泵送混凝土拌和物的坍落度和集料最大粒径也有一定要求,因而也限制了它的使用范围。

混凝土泵车是将混凝土泵装置在汽车底盘上,并用液压折叠式臂架(又称布料杆)管道来输送混凝土。臂架具有变幅、曲折和回转等动作,在其活动范围内可任意改变混凝土浇筑位置,在有效工作幅度内进行水平和垂直方向的混凝土拌和料输送,它和混凝土搅拌输送车配套应用于大型混凝土工程,从搅拌到浇筑实现全部机械化施工,从而降低劳动强度,提高生产率,并能保证混凝土质量。

## 一、混凝土泵及泵车的分类与型号

### 1. 混凝土泵及泵车的分类

混凝土泵按移运方式分为固定式、拖式、汽车式、臂架式等。按构造和工作原理分为活塞式,挤压式和风动式(气压式),其中,活塞式混凝土泵又因传运方式不同而分为机械式和液压式两类,其具体分类如图 2-44 所示。

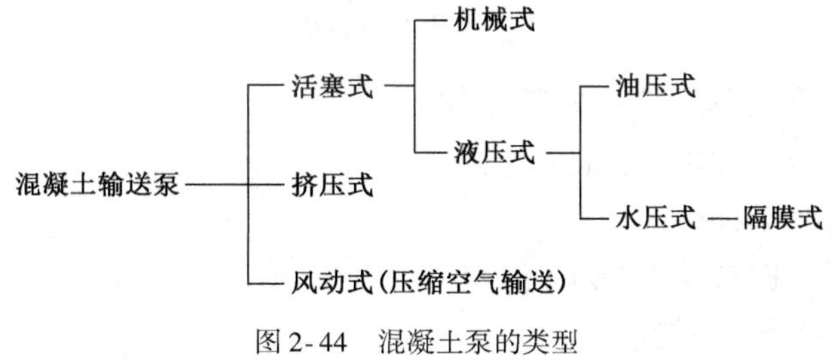


图 2-44　混凝土泵的类型

混凝土泵车按其底盘结构可分为整体式、半挂式和全挂式,生产和使用较多的是整体式。

2. 混凝土泵及泵车的型号

混凝土泵及泵车的型号分类及表示方法见表 2-56。

**混凝土泵及泵车的型号分类及表示方法** 表 2-56

<table>
<tr><th rowspan="2">类</th><th rowspan="2">组</th><th rowspan="2">型式</th><th rowspan="2">特性</th><th rowspan="2">代号</th><th rowspan="2">代 号 含 义</th><th colspan="2">主 参 数</th></tr>
<tr><th>名称</th><th>单位表示法</th></tr>
<tr><td rowspan="6">混凝土<br>机械</td><td rowspan="3">混凝土泵<br>HB(混泵)</td><td>固定式 G(固)</td><td>—</td><td>HBG</td><td>固定式混凝土泵</td><td rowspan="3">理论<br>输送量</td><td rowspan="3">m³/h</td></tr>
<tr><td>拖式 T(拖)</td><td>—</td><td>HBT</td><td>拖式混凝土泵</td></tr>
<tr><td>车载式 C(车)</td><td>—</td><td>HBC</td><td>车载式混凝土泵</td></tr>
<tr><td>臂架式</td><td>整体式</td><td>—</td><td>BC</td><td>整体式臂架混凝土泵车</td><td rowspan="3">理论输送量<br>—布料高度</td><td rowspan="3">m³/h · m</td></tr>
<tr><td>混凝土泵车</td><td>半挂式 B(半)</td><td>—</td><td>BCB</td><td>半挂式臂架混凝土泵车</td></tr>
<tr><td>BC(泵车)</td><td>全挂式 Q(全)</td><td>—</td><td>BCQ</td><td>全挂式臂架混凝土泵车</td></tr>
</table>

## 二、混凝土泵及泵车的技术性能

混凝土泵及泵车的泵送特性有排量、输送压力和最大输送距离等。

1. 排量

混凝土泵的实际排量,是用泵的理论排量和容积效率的乘积来表示。洗塞式泵的实际排量($m^3/h$)可用下式求得:

$$Q = 60K_1ZFSn \tag{2-4}$$

式中:$Q$——泵的实际排量($m^3/h$);

$Z$——工作缸数,一般为双缸;

$F$——工作缸断面积,$F = \pi R^2$($m^2$);

$R$——工作缸的半径(m);

$S$——工作缸的活塞行程长度(m);

$n$——一个缸活塞每分钟往复行程次数;

$K_1$——混凝土被吸入"充填"工作缸的容积效率,一般为 0.7 ~0.9。

增大活塞的行程长度 $S$,减少活塞的行程次数 $n$,不仅有利于提高工作缸的容积效率,而且可使换向阀的启闭次数减少,从而改善工作缸和换向阀的磨损。此外,混凝土坍落度降低,容积效率也将随之降低。

挤压式混凝土泵的排量,可按下式计算:

$$Q = 2\pi^2 R_a a^2 \bar{n} \eta' \tag{2-5}$$

式中:$Q$——挤压式混凝土泵的最大排理($m^3/h$);

$R_a$——转子的有效回转半径(m);

$a$——挤压胶管的半径(m);

$n$——转子的平均回转速度(r/h);

$\eta'$——容积效率系数,一般取 0.85。

2. 输送压力

液压活塞式泵是通过压力油推动活塞，再通过活塞杆推动混凝土工作缸中的活塞压送混凝土的。泵的输送压力主要由混凝土工作缸的活塞推压力来决定，而活塞的推压力又取决于液压系统中主液压泵的额定压力。混凝土泵选用的液压泵额定压力一般为 15～22MPa，最高达 28MPa，而工作缸的活塞推压力一般为液压系统额定压力值的 1/3。

泵的输送压力一般可由下式表示：

$$p=(a+bv)\frac{L}{d}\qquad(\mathrm{MPa})\tag{2-6}$$

式中：$v$——管内流速，$v=Q\pi d^2/4$；

$d$——配管的直径；

$Q$——泵的每小时排量；

$a$、$b$——输送系数（它可以根据所泵送混凝土的配合比、坍落度的单位水泥量等因素，通过试验选定）；

$L$——配管的长度。

泵的输送压力应能足以克服混凝土在管内的输送阻力。而输送阻力则受输送距离、管径、管道的转弯角度、曲率半径及次数、管道断面变化情况、混凝土配合比、坍落度以及混凝土在管道内流动速度等因素的影响。

3. 最大输送距离

液压活塞式的泵的最大输送距离取决于工作缸活塞的最大出口压力（推压力）。当泵的推压力确定后，输送距离决定于输送管径、混凝土在管路内流速以及混凝土的坍落度。

液压活塞式泵最大输距离见式（10-5），挤压式混凝土泵的输送距离大小，取决于泵出口处的计算压力和输送管单位长度的压力损失，可按下列计算：

$$L=\frac{P}{\triangle P_{\mathrm{H}}}\tag{2-7}$$

式中：$L$——挤压式混凝土泵的最大水平输送距离（m）；

$P$——泵出口处的计算压力（MPa）；

$\triangle P_{\mathrm{H}}$——每米水平管的压力损失（MPa/m）。

每米水平管的压力损失 $\triangle P_{\mathrm{H}}$，可按下式计算：

$$\Delta P_{\mathrm{H}}=\left[\frac{2}{r}K_1+\left(1+\frac{m}{2}\right)\frac{A}{\pi}\frac{1}{r}K_2\,\overline{V}+\frac{Amp}{2\pi}\frac{1}{R_{\mathrm{a}}C_0}\overline{V}^2\sqrt{1+\left(\frac{1}{\rho}R_{\mathrm{a}}C_0\,\frac{K_2}{\overline{V}}\right)^2}\,\right]\alpha\tag{2-8}$$

式中：$r$——混凝土输送管的半径（m）；

$K_1$——黏着系数，$K_1=(3.00-0.10S)\times10^{-2}$；

$K_2$——速度系数，$K_2=(4.00-0.10S)\times10^{-2}$；

$S$——混凝土拌和物的坍落度（mm）；

$m$——驱动特性常数，$m=0.60$；

$A$——驱动特性常数，$A=4.83$；

$\overline{V}$——混凝土拌和物的平均流速（m/s）；

$\rho$——混凝土拌和物的密度($kg/m^3$);

$R_a$——转子的有效回转半径(m);

$C_0$——$C_0=\alpha^2/a^2$;

$a$——挤压胶管的半径(m);

$\alpha$——径向压力与轴向压力之比,对普通混凝土,$\alpha=0.90$;对轻集料混凝土,$\alpha=1.00$。

上式求得的 $L$ 为挤压式混凝土泵的最大水平输送距离,其最大垂直输送高度,可按下列计算:

$$H=\frac{P}{\Delta P_V} \tag{2-9}$$

式中:$H$——挤压式混凝土泵的最大垂直输送距离(m);

$\Delta P_V$——每米垂直管的压力损失(MPa/m)。

每米垂直管的压力损失 $\Delta P_V$,可按下式计算:

$$\Delta P_V=\left[\frac{2}{r}K_1+\left(1+\frac{m}{2}\right)\frac{A}{\pi}\frac{1}{r}K_2\bar{V}+\frac{Am\rho}{2\pi}\frac{1}{R_aC_0}\bar{V}^2\sqrt{1+\left(\frac{1}{\rho}R_aC_0\frac{K_2}{\bar{V}}\right)^2}+r\right]\alpha \tag{2-10}$$

泵的排量、输送压力和最大的输送距离的相互关系是:当排量增大时,输送压力降低,输送距离也就减少;反之,排量减少,则输送压力增加,输送距离也相应增加。

混凝土泵的主要技术性能见表2-57~表2-61。混凝土泵车的主要技术性能见表2-62~表2-65。

**徐工系列混凝土泵主要技术性能** 表2-57

| 型号 | | HBT50 | HBT60 | | | | HBT70 | HBT80 | HBT100 | HBT125 | HBT150 |
|---|---|---|---|---|---|---|---|---|---|---|---|
| 理论输送量($m^3/h$) | | 50 | 60 | | | | 70 | 80 | 100 | 125 | 150 |
| 动力形式 | | 电动机(380V) | 电动机(380) | 发动机(潍柴) | 发动机(美国康明斯) | 发动机(德国道依茨) | 发动机(潍柴) | 发动机(潍柴) | 发动机(潍柴) | 发动机(美国康明斯) | 发动机(美国康明斯) |
| 泵送混凝土最大理论出口压力(MPa) | | 7/10.5 | 7/10.5 | 7/10.5 | 7/10.5 | 7/10.5 | 8.6/17.6 | 7/10.5 | 5.5/8.2 | 11.8/17.6 | 9/13.4 |
| 分配阀形式 | | "S"阀 | "S"阀 | "S"阀 | "S"阀 | "S"阀 | "S"阀 | "S"阀 | "S"阀 | "S"阀 | "S"阀 |
| 最大理论水平输送距离(m) | | 1 100 | 1 100 | 1 100 | 1 100 | 1 100 | 1 600 | 1 100 | 800 | 1 600 | 1 300 |
| 混凝土集料最大粒径 | 100(mm) | 30 | 30 | 30 | 30 | 30 | 30 | 30 | 30 | 30 | 30 |
| | 125(mm) | 40 | 40 | 40 | 40 | 40 | 40 | 40 | 40 | 40 | 40 |
| | 150(mm) | 50 | 50 | 50 | 50 | 50 | 50 | 50 | 50 | 50 | 50 |
| 混凝土坍落度(mm) | | 5~23 | 5~23 | 5~23 | 5~23 | 5~23 | 5~23 | 5~23 | 5~23 | 5~23 | 5~23 |
| 混凝土缸体内径(mm) | | 200 | 200 | 200 | 200 | 200 | 200 | 200 | 200 | 200 | 230 |
| 料斗容积(L) | | 800 | 800 | 800 | 800 | 800 | 800 | 800 | 800 | 800 | 800 |

续上表

| 型号 | | HBT50 | HBT60 | | | | HBT70 | HBT80 | HBT100 | HBT125 | HBT150 |
|---|---|---|---|---|---|---|---|---|---|---|---|
| 上料高度(mm) | | 1 210 | 1 210 | 1 210 | 1 210 | 1 210 | 1 210 | 1 210 | 1 210 | 1 230 | 1 230 |
| 动力功率(kW) | | 75 | 90 | 191 | 113 | 113 | 191 | 191 | 191 | 246 | 246 |
| 混凝土出口管径(mm) | | 150 | 150 | 150 | 150 | 150 | 150 | 150 | 150 | 150 | 150 |
| 可配输送管径(mm) | (mm) | 100 | 100 | 100 | 100 | 100 | 100 | 100 | 100 | 100 | 100 |
| | (mm) | 125 | 125 | 125 | 125 | 125 | 125 | 125 | 125 | 125 | 125 |
| | (mm) | 150 | 150 | 150 | 150 | 150 | 150 | 150 | 150 | 150 | 150 |
| 拖行速度(km/h) | | 8 | 8 | 8 | 8 | 8 | 8 | 8 | 8 | 8 | 8 |
| 外形尺寸(mm) | 长 | 5 219 | 5 219 | 5 219 | 5 219 | 5 219 | 5 219 | 5 219 | 5 219 | 6 430 | 6 430 |
| | 宽 | 1 930 | 1 930 | 1 930 | 1 930 | 1 930 | 1 930 | 1 930 | 1 930 | 2 160 | 2 160 |
| | 高 | 2 050 | 2 050 | 2 050 | 2 050 | 2 050 | 2 340 | 2 340 | 2 340 | 2 800 | 2 800 |
| 质量(不含液压油)(kg) | | 3 650 | 3 700 | 4 020 | 4 020 | 4 020 | 4 020 | 4 030 | 4 100 | 6 000 | 6 000 |
| 生产厂 | | 徐州混凝土机械厂 | | | | | | | | | |

**新宇建机系列混凝土泵主要技术性能** 表 2-58

| 型　号 | | HBT50C | HBT60 | HBTR80 |
|---|---|---|---|---|
| 理论混凝土输送量($m^3$/h) | 无杆腔 | 36.8 | 40.9 | 52.1 |
| | 有杆腔 | 50.3 | 64 | 81.4 |
| 理论混凝土出口压力(MPa) | 无杆腔 | 10.9 | 16.8 | 16.5 |
| | 有杆腔 | 6.4 | 10.8 | 10.6 |
| 混凝土缸径×行程(mm) | | $\phi$200×1 400 | $\phi$200×1 440 | $\phi$200×1 600 |
| 驱动功率(kW) | 电动机 | 75 | 110 | |
| | 柴油机 | | 153 | 171 |
| 混凝土坍落度(mm) | | 80～230 | 80～230 | 80～230 |
| 上料高度(mm) | | 1 393 | 1 393 | 1 393 |
| 料斗容积($m^3$) | | 0.6 | 0.6 | 0.6 |
| 整机质量(kg) | | 4 800 | 5 300 | 5 800 |
| 实际泵送高度不低于(m) | | 180 | 220 | 220 |
| 生产企业 | | 韶关新宇建设机械有限公司 | | |

**各型混凝土泵主要技术性能** 表 2-59

| 系　列 | | 建 邦 系 列 | | | 普茨迈斯特系列 | | |
|---|---|---|---|---|---|---|---|
| 型　号 | | HBT60A | HBT60B | HBT60C | 2109-HD | 1409-D | 1408-E |
| 理论混凝土输送量($m^3$/h) | | 58.7 | 60.5 | 58.7 | 95/57 | 91/61 | 78/54 |
| 理论混凝土输送压力(MPa) | | 7.36 | 10.5 | 7.36 | 9.1/15.2 | 7.1/10.6 | 7.3/10.9 |
| 输送距离(m) | 水平 | 620 | 780 | 620 | | | |
| | 垂直 | 120 | 150 | 120 | | | |
| 混凝土缸径×行程(mm) | | $\phi$195×1 400 | $\phi$180×1 600 | $\phi$195×1 400 | $\phi$200×2 100 | $\phi$200×1 400 | 200×1 400 |

续上表

| 系　列 | | 建邦系列 | | | 普茨迈斯特系列 | | |
|---|---|---|---|---|---|---|---|
| 型　号 | | HBT60A | HBT60B | HBT60C | 2109-HD | 1409-D | 1408-E |
| 驱动功率(kW) | 电动机 | — | 90 | 75 | — | — | 90 |
| | 柴油机 | 85 | — | — | 171 | 135 | — |
| 上料高度(mm) | | 1 364 | 1 315 | 1 364 | 1 300 | 1 300 | 1 300 |
| 料斗容积($m^3$) | | 0.4 | 0.4 | 0.4 | 0.6 | 0.6 | 0.6 |
| 混凝土分配阀 | | 闸板阀 | S管阀 | 闸板阀 | S管阀 | S管阀 | S管阀 |
| 最大集料直径(mm) | | 40~50 | 35~45 | 40~50 | — | — | — |
| 混凝土坍落度 | | 50~230 | 80~220 | 50~230 | — | — | — |
| 外形尺寸(mm) | 长 | 6 490 | 5 700 | 6 490 | — | — | — |
| | 宽 | 2 075 | 2 075 | 2 075 | — | — | — |
| | 高 | 2 460 | 2 050 | 2 460 | — | — | — |
| 整机质量(kg) | | 5 950 | 5 550 | 5 800 | 5 700 | 4 300 | 4 200 |
| 生产企业 | | 宁波建邦机械公司 | | | 普茨迈斯特机械公司(上海) | | |

**各型混凝土泵主要技术性能**　　表 2-60

| 型　号 | | HBT60 | HBT60 | HBT60 | HBT60A | HBT50 | HBT60A |
|---|---|---|---|---|---|---|---|
| 理论混凝土输送量($m^3$/h) | | 60 | 60 | 60 | 60 | 34/48 | 50/62 |
| 理论混凝土出口压力(MPa) | | 7.6 | 10.5 | 9.5 | 9.5 | 11 | 11 |
| 混凝土缸径×行程(mm) | | $\phi$195×1 400 | $\phi$180×1 400 | — | — | $\phi$180×1 440 | $\phi$180×1 440 |
| 驱动功率(kW) | 电动机 | 80 | 82 | — | 90 | 75 | 75 |
| | 柴油机 | — | — | 118 | — | — | — |
| 混凝土坍落度/mm | | 50~230 | 50~230 | — | — | 80~180 | 80~180 |
| 上料高度(mm) | | 1 175 | 1 280 | 1 450 | 1 450 | 1 250 | 1 250 |
| 料斗容积($m^3$) | | 0.36 | 0.4 | — | — | 0.75 | 0.75 |
| 混凝土分配阀形式 | | S管阀 | S管阀 | S管阀 | S管阀 | S管阀 | S管阀 |
| 输送管径(mm) | | — | 125 | 125 | 125 | 125 | 125 |
| 输送距离(m) | 水平 | 1 050 | — | — | — | 1 000 | 1 000 |
| | 垂直 | 180 | — | 120 | 120 | 200 | 175 |
| 集料最大料径(mm)<br>(卵石×碎石) | | 40×30 | 40×30 | 40×30 | 40×30 | 50×40 | 50×40 |
| 外形尺寸(mm) | 长 | 5 410 | 5 329 | 5 000 | 5 000 | 5 400 | 5 400 |
| | 宽 | 2 860 | 1 896 | 1 800 | 1 800 | 1 860 | 1 860 |
| | 高 | 2 125 | 1 960 | 2 300 | 1 950 | 1 850 | 1 850 |
| 整机质量(kg) | | 5 000 | 5 300 | 3 300 | 3 600 | 4 440 | 4 440 |
| 生产厂 | | 广西建筑机械制造厂 | 陕西建筑工程机械厂 | 厦门工程机械厂 | | 江汉建筑工程机械厂 | |

各型混凝土泵主要技术性能　　表 2-61

| 型　号 | | HB30 | HBT20 | HBT30 | HBT60 | HBG80 | HBT60 |
|---|---|---|---|---|---|---|---|
| 理论混凝土输送量($m^3/h$) | | 30 | 20 | 30 | 58 | 80 | 60.3 |
| 理论混凝土输送压力(MPa) | | 5.7 | 4.5 | 7.25 | | 8 | 5.84 |
| 输送距离(m) | 水平 | 150 | | | 620 | | |
| | 垂直 | 50 | | | 115 | | |
| 最大集料直径(mm) | | 40 | 40 | 40/50 | 40 | | 50 |
| 上料高度(mm) | | 1 370 | 1 300 | 1 220 | 1 300 | 1 350 | 1 332 |
| 料斗容积($m^3$) | | 0.35 | 0.35 | 0.4 | 0.35 | 0.70 | 0.35 |
| 混凝土缸径×行程(mm×mm) | | 150×1 000 | 150×1 000 | 150×1 000 | | 200×1 400 | 195×1 400 |
| 电动机功率(kW) | | 37 | 30 | 50 | 55 | 75 | 75 |
| 混凝土输送管径(mm) | | 125 | 125～150 | 125 | 125 | 125 | 100～150 |
| 外形尺寸(mm) | 长 | 4 120 | 3 800 | 3 910 | 6 530 | 5 050 | 6 030 |
| | 宽 | 1 500 | 1 500 | 1 580 | 2 075 | 2 000 | 2 075 |
| | 高 | 1 700 | 1 600 | 1 725 | 1 988 | 1 700 | 1 988 |
| 整机质量(kg) | | 2 700 | 2 400 | 2 154 | 5 540 | 3 500 | 5 200 |
| 生产企业 | | 四川建设机电研究所 | 扬州机械厂 | 山东建筑机械厂 | 湖北建筑机械厂 | 北京城建工程机械厂 | 湖南三一重工公司 |

徐工系列混凝土泵车主要技术性能　　表 2-62

| 型　号 | M32-4 | BC80-28 | M32-4(五十铃) | BC80-28(五十铃) | BC80-22 |
|---|---|---|---|---|---|
| 布料杆长度/节数(m) | 28/4 | 24/3 | 28/4 | 18.8/3 | 18.8/3 |
| 可达高度(m) | 32 | 28 | 32 | 22 | 22 |
| 可达深度(m) | 21 | 16 | 21 | 11 | 11 |
| 工作半径(m) | 28 | 24 | 28 | 18.8 | 18.8 |
| 最大排量($m^3/h$) | 90 | 80 | 90 | 80 | 80 |
| 理论混凝土输送压力(MPa) | 7 | 6 | 7 | 7 | 7 |
| 理论水平输送距离(m) | 600 | 500 | 600 | 600 | 600 |
| 混凝土输送管径(mm) | 125 | 125 | 125 | 125 | 125 |
| 旋转范围(°) | 370 | 370 | 370 | 370 | 370 |
| 支腿横跨距(m) | 6.8 | 6.8 | 6.8 | 5 | 5 |
| 前支腿横跨距(m) | 7-7.35 | 7-7.35 | 7-7.35 | 6-6.35 | 6-6.35 |
| 后支腿横跨距(m) | 4 | 4 | 4 | 2.5 | 2.5 |
| 整机质量(kg) | 22 900 | 23 760 | 23 120 | 16 400 | 17 544 |
| 前桥负荷(kg) | 6 318 | 5 900 | 6 318 | 6 318 | 6 318 |
| 后桥负荷(kg) | 16 582 | 17 860 | 16 082 | 10 082 | 11 226 |
| 整机全长(mm) | 10 550 | 11 530 | 10 550 | 9 885 | 9 885 |
| 整机全宽(mm) | 2 480 | 2 900 | 2 480 | 2 480 | 2 480 |
| 整机全高(mm) | 3 910 | 3 920 | 3 910 | 3 846 | 3 840 |
| 底盘型号 | 斯太尔 1491.280/043 | | 五十铃 CX280Q | 五十铃 VCR80K | 斯太尔 1291.28 |

续上表

| 型　号 | M32-4 | BC80-28 | M32-4（五十铃） | BC80-28（五十铃） | BC80-22 |
|---|---|---|---|---|---|
| 底盘全长×全宽（mm×mm） | 9 936×2 458 | | 9 775×2 480 | 8 170×2 480 | 8 140×2 458 |
| 第一轴距（mm） | 4 325 | | 4 595 | 4 680 | 4 600 |
| 第二轴距（mm） | 1 350 | | 1 310 | — | — |
| 前轮距（mm） | 1 958 | | 2 065 | 2 065 | 1 958 |
| 后轮距（mm） | 1 800 | | 1 855 | 1 855 | 1 800 |
| 底盘自重（kg） | 8 840 | | 8 110 | 5 780 | 6 410 |
| 底盘载质量（kg） | 23 160 | | 26 000 | 17 000 | 19 000 |
| 最小转弯半径/m | 10.45 | | 10.45 | 10.45 | 9 |
| 发动机最大功率（kW/r·m$^{-1}$） | 206/2 400 | | 199/2 300 | 199/2 300 | 206/2 400 |
| 最大车速（高档）（km/h） | 99 | | 90 | 90 | 98 |
| 最大爬坡度（爬行档）（%） | 35.3 | | 30 | 30 | 30 |
| 生产厂 | 徐州混凝土机械厂 | | | | |

**普茨迈斯特系列混凝土泵车主要技能性能**　　表 2-63

| 型　号 | BRF28.09 | BSF28.09 | BRF32.09 | BSF32.09 | BRF36.09 | BSF36.09 |
|---|---|---|---|---|---|---|
| 理论混凝土输送量（$m^3$/h） | 90 | | 90 | | 90 | |
| 理论混凝土输送压力（MPa） | 7.8 | | 7.8 | | 7.8 | |
| 混凝土缸径×行程（mm） | $\phi$230×1 400 | | $\phi$230×1 400 | | $\phi$230×1 400 | |
| 两个料缸的冲程容量（L） | 116 | | 116 | | 116 | |
| 每 $100^3$ 冲程次数 | 1 724 | | 1 724 | | 1 724 | |
| 每分钟冲程次数 | 26 | | 26 | | 26 | |
| 液压传动比 | 1:4.4 | | 1:4.4 | | 1:4.4 | |
| 柴油机功率（kW） | 232 | | 232 | | 232 | |
| 换向阀 | C 型阀<br>（R2002） | S 型阀<br>（S2018） | C 型阀<br>（R2002） | S 型阀<br>（S2018N） | C 型阀<br>（R2002） | S 型阀<br>（S2018N） |
| 混凝土料斗 | RC704<br>约 600L | RS905<br>约 600L | RC704<br>约 600L | RS905<br>约 600L | RC704<br>约 600L | RS905A<br>约 600L |
| 出料高度（m） | 1.35 | | 1.35 | | 1.35 | |
| 控制系统 | FFH 自由流动液压系统 | | FFH 自由流动液压系统 | | FFH 自由流动液压系统 | |
| 布料杆型号 | M28 | | M32 | | M36 | |
| 面料杆伸展高度（m） | 27.6 | | 31.7 | | 359 | |
| 布料杆水平长度（m） | 23.8 | | 28.1 | | 32.0 | |
| 布料杆向下深度（m） | 17.1 | | 22 | | 23.7 | |
| 支腿最大支撑力（kN）前×后 | 155×93 | | 183×116 | | 195×193 | |
| 布料杆打开高度（m） | 6.4 | | 6.4 | | 8.5 | |
| 尾胶管长度（m） | 3 | | 3 | | 3 | |
| 输送管直径（mm） | 125 | | 125 | | 125 | |
| 臂架数 | 4 | | 4 | | 4 | |
| 回转速度（r/s） | 100 | | 150 | | 140 | |
| 生产企业 | 普茨迈斯特机械公司（上海） | | | | | |

**楚天 1H185B 型混凝土泵车技术性能** 表 2-64

| 项　目 | | | 技术性能 |
|---|---|---|---|
| 混凝土泵 | 类　型 | | 水平单动双列液压活塞式 |
| | 理论混凝土输送量 | | 10～85m³/h |
| | 输送距离 | 150A 管 | 水平 750m，垂直 125m |
| | | 125A 管 | 水平 520m 垂直 110m |
| | | 100A 管 | 水平 310m，垂直 80m |
| | 最大集料尺寸 | 150A 管 | 50mm |
| | | 125A 管 | 40mm |
| | | 100A 管 | 30mm |
| | 混凝土坍落度 | | 5～23mm |
| | 混凝土缸径×行程 | | $\phi$195mm×1 400mm |
| | 混凝土缸筒数目 | | 2 |
| | 料斗容积×出料高度 | | 0.45m³×1 280mm |
| 混凝土管道 | 方式 | | 水洗式 |
| | 类型 | | 往复式活塞水泵 |
| | 排出压力×排出量 | | 52kW/cm²～30kW/cm²×200L/min |
| | 水箱容量 | | 495L |
| 布料杆 | 类型 | | 三段液压折叠式 |
| | 长度×垂直高度 | | 17.4m×20.7m |
| | 动作角度　上臂×中臂×下臂 | | 0～270°×0～180°×0～90° |
| | 旋转角度 | | 360° |
| | 混凝土输送管内径 | | 125mm |
| | 支腿操作方式 | | 水平：前部手动式，后部液压式。垂直：液压式 |
| 汽车底盘 | 类型 | | ISUZU K-SJR461 |
| | 发动机 | 型　号 | ISUZU 6QA1（直接喷射式） |
| | | 最大输出功率 | 138.3kW/2 300r/min |
| 外部尺寸 | 总长×总宽×总高 | | 9 000mm×2 485mm×3 280mm |
| 质量 | 车轴总质量 | | 15 330kg |
| 生产厂 | | | 湖北建筑机械厂 |

**混凝土泵车主要技术性能** 表 2-65

| 产品规格 | | NR5262TBC37M | NR5263TBC36M | NR5240TBC33M |
|---|---|---|---|---|
| 底盘 | 型号 | 五十铃 CXZ81Q | 五十铃 CXZ81Q | 北方-奔驰 2629/6×4 |
| | 轴距（mm） | 5 250＋1 310 | 5 250＋1 310 | 4 450＋1 450 |
| | 发动机型号 | IOPEI | IOPEI | IOPEI |
| | 功率（kW） | 250 | 250 | 290 |
| | 最高车速（km/h） | 92 | 92 | 90 |

续上表

| 产品规格 | | NR5262TBC37M | NR5263TBC36M | NR5240TBC33M |
|---|---|---|---|---|
| 混凝土泵 | 型号 | MB100 | SCL100 | MB100 |
| | 最大输送量($m^3/h$) | 100 | 100 | 100 |
| | 最大泵送压力(kPa) | 7.4 | 8.1 | 7.4 |
| | 最大冲程次数(L/min) | 26 | 26 | 26 |
| | 最高液压工作压力(kPa) | 32 | 32 | 28 |
| 布料杆 | 型号 | VMR437/33-125 | 4R36-36/32-125 | VMR433/29-125 |
| | 臂数节 | 4 | 4 | 4 |
| | 最大高度(m) | 37 | 36 | 33 |
| | 最大深度(m) | 24 | 23.7 | 22(25) |
| | 水平到达距离(m) | 33 | 32 | 29 |
| | 送料管径(mm) | 125 | 125 | 125 |
| | 回转范围(°) | 360 | 360 | 360 |
| | 最大支承宽度前/后(mm) | 6 400/7 000 | 7 000/7 720 | 6 400/7 000 |
| 外形尺寸(mm) | 长 | 11 975 | 11 600 | 11 285 |
| | 宽 | 2 500 | 2 500 | 2 500 |
| | 高 | 4 000 | 4 000 | 4 000 |
| 整机质量(kg) | | 26 500 | 26 000 | 24 400 |
| 生产企业 | | 包头北方专用汽车有限责任公司 | | |

## 三、混凝土泵及泵车的构造

1. 液压活塞式混凝土泵

液压活塞式混凝土泵目前定型生产的有 HB8、HB15、HB30、HB60 等型号，分单缸和双缸两种。图 2-45 为 HB8 型液压活塞式混凝土泵，由电动机、料斗、输出管、球阀、机架、泵缸、空气压缩机、油缸、行走轮等组成。

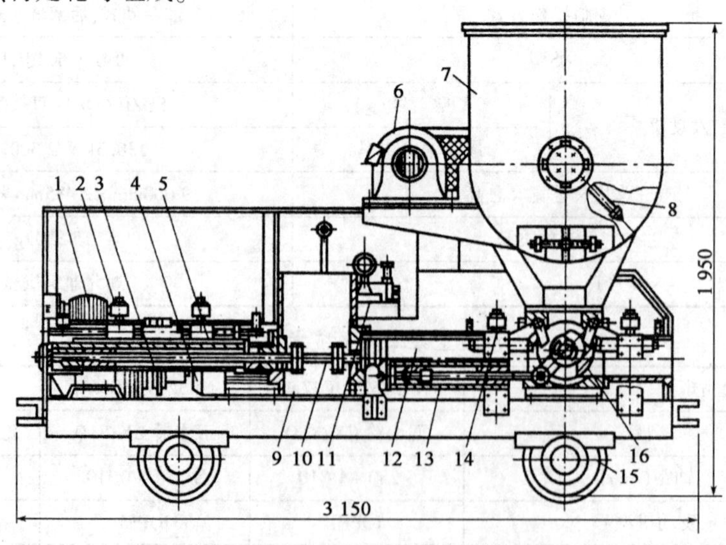


图 2-45　HB8 型液压活塞式混凝土泵

1-空气压缩机；2-主油缸行程网；3-空压机离合器；4-主电动机；5-主油缸；6-电动机；7-料斗；8-叶片；9-水箱；10-中间接杆；11-操纵阀；12-混凝土泵缸；13-球阀油缸；14-球阀行程阀；15-车轮；16-球阀

图2-46是HB30型混凝土泵的示意图,该型号属于中小排量,中等运距的双缸液压活塞式混凝土泵。它还有HB30A和HB30B两种改进型号,但其主要区别在于液压系统,液压活塞式混凝土泵的工作原理如图2-47所示,是通过液压缸的压力活塞杆推动混凝土缸中的工作活塞来进行压送混凝土的。

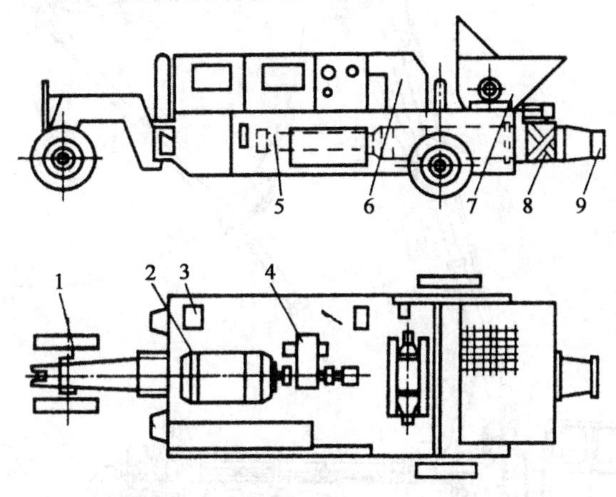

图2-46　HB30型混凝土泵总成示意图

1-机架及行走机构;2-电动机和电气系统;3-液压系统;4-机械传动系统;5-推送机构;6-机罩;7-料斗及搅拌装置;8-分配阀;9-输送管道

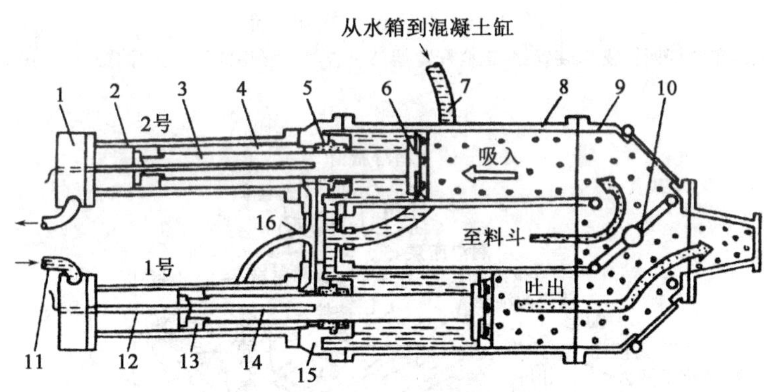


图2-47　HB30型混凝土泵泵送工作原理

1-液压缸盖;2-液压缸;3-活塞杆;4-闭合油路;5-V形密封圈;6-活塞;7-水管;8-混凝土缸;9-阀箱;10-板阀;11-油管;12-铜管;13-液压缸活塞;14-干簧管;15-缸体接头;16-双缸连接缸体

2. 混凝土输送泵车

为提高混凝土泵的机动性和灵活性,在混凝土输送泵的基础上,发展成输送泵车。它是将液压活塞式或挤压式混凝土泵安装在汽车底盘上,并用液压折叠式臂架管道来输送混凝土,从而构成一种汽车式混凝土输送泵,其外形、总体构成和工作范围分别如图2-48~图2-50所示。在车架的前部设有转台,其上装有三段式可折叠的液压臂架,它在工作时可进行变幅、曲折和回转三个动作。

由于输送管道沿臂架铺设,而臂架和转台又可旋转360°,臂架变幅仰角为-20°~+90°,因而该泵车有较大的工作范围。如图2-50所示,其最大浇筑高度达21.2m,最大浇筑距离为

17.7m,还可以向下浇筑。所以,采用这种泵车,在臂架活动范围内,可任意改变混凝土浇筑位置,而不需要现场临时铺设管道,生产率可达 $63m^3/h$。

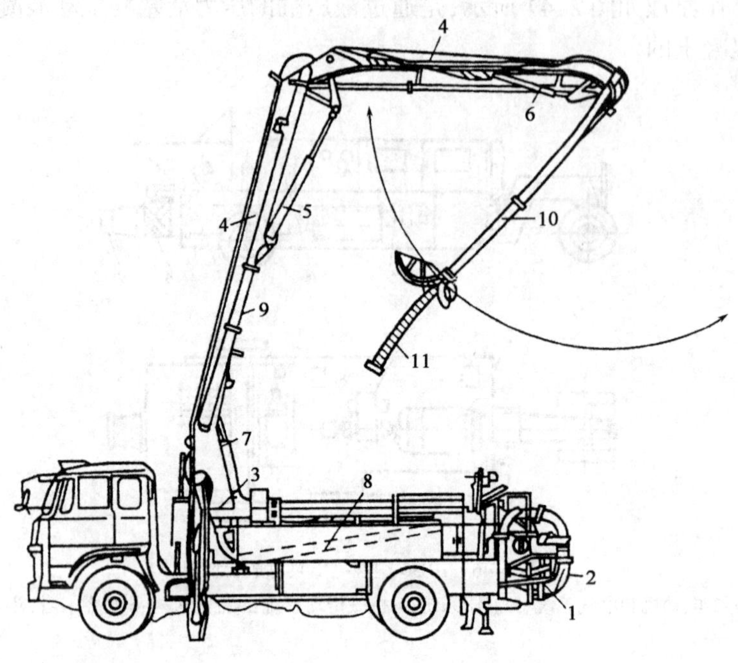


图 2-48 混凝土输送泵车外形

1-混凝土泵;2-输送泵;3-布料杆回转支承装置;4-布料杆臂架;5、6、7-控制布料杆摆动的油缸;8、9、10-输送管;11-橡胶软管

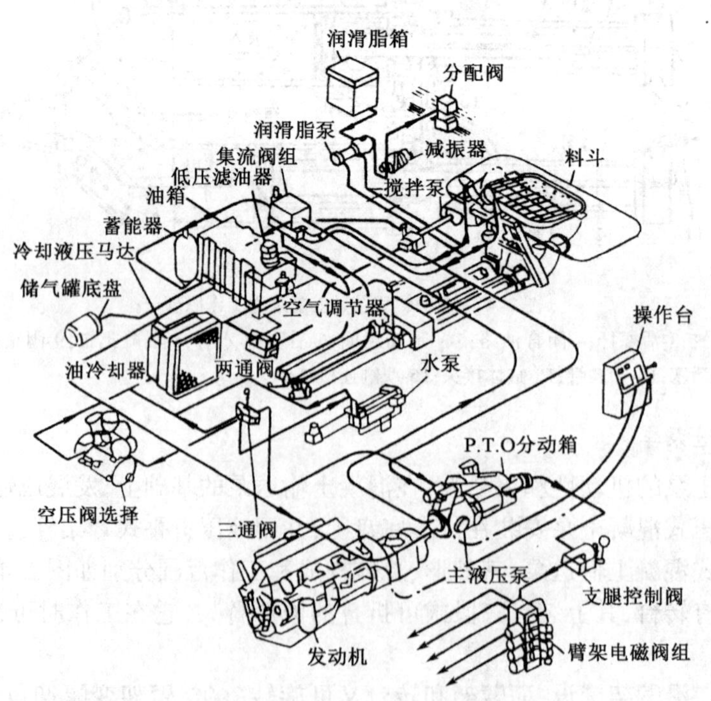


图 2-49 混凝土泵车总体构成示意

混凝土泵车布料杆的作业范围见图 2-51。

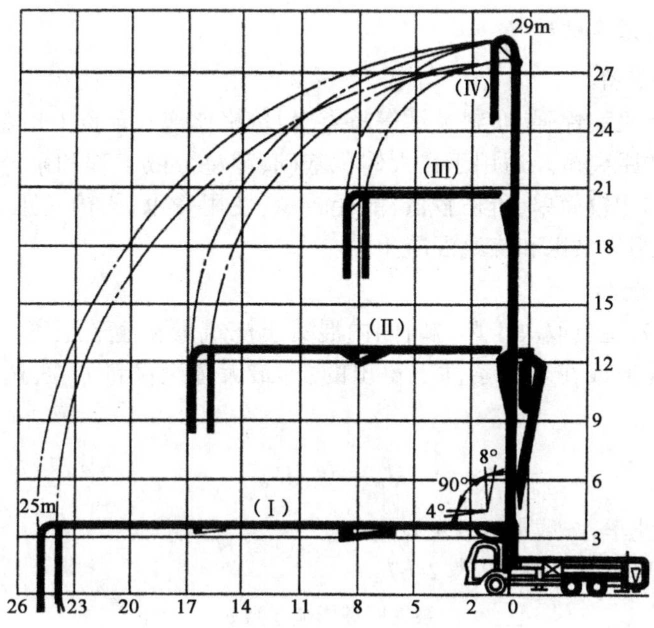


图 2-50 混凝土输送泵车的工作范围

3. 混凝土布料杆

混凝土布料杆是承接混凝土泵送的混凝土,并连续不断地输送到浇筑地点的一种混凝土输送机械。通常采用两种形式:安装在塔式起重机的布料杆与自带布料杆的混凝土泵车,如图 2-52 所示,其性能见表 2-66。

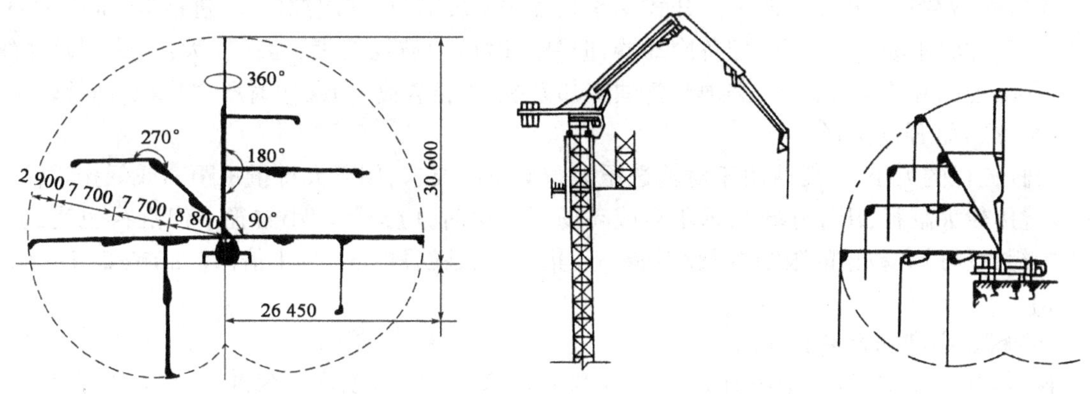


图 2-51 混凝土泵车布料杆的作业范围(尺寸单位:mm)

图 2-52 安装在塔式起重机上的布料杆和自带布料杆的混凝土泵车

**混凝土布料杆的性能** 表 2-66

| 型号 | 布料半径(m) | 布料范围($m^2$) | 旋转方式 | 输送管径(mm) | 整机质量(kg) |
|---|---|---|---|---|---|
| HG10(BS10) | 10.2 | 330 | 手动式 | 125 | 1 250 |

注:HG-机械混凝土布料杆;10-布料半径(m)。

## 四、混凝土泵机及泵车的使用

1.混凝土泵机及泵车的选择

(1)泵机类型的选择

混凝土泵车具有机动性强、布料灵活等特点,但价格比拖式泵贵1倍左右,结构复杂,维修费用高,能耗大,泵送距离短。适用于在大体积基础、零星分散工程和泵送距离较短的混凝土浇筑施工。拖式泵结构较简单,价格较低,能耗较少,使用费也低,输送距离长,适用于在固定地点长时间作业、远距离泵送和浇筑混凝土。

(2)泵机规格的选择

选用泵机的规格,主要取决于单位时间内混凝土浇筑量和输送距离。生产厂提供的性能参数往往是理论计算值或在理想条件下得出的,即最大理论排量 $Q_{max}$,选用时应按平均排量 $Q_m$ 进行修正:

$$Q_m = aE_tQ_{max} \tag{2-11}$$

式中:$E_t$——泵的作业率,一般取0.4~0.8;

$a$——泵送距离影响系数,见表2-67。

**泵送距离影响系数 $a$** 表2-67

| 换点的水平泵送距离(m) | 0~49 | 50~99 | 100~149 | 150~179 | 180~199 | 200~250 |
|---|---|---|---|---|---|---|
| $a$ 值 | 1.0 | 0.9~0.8 | 0.8~0.7 | 0.7~0.6 | 0.6~0.5 | 0.5~0.4 |

表2-67适用于30~40$m^3$/h泵,对于60~90$m^3$/h泵,换算水平泵送距离超过150m时,$a$ 值增大0.10。

泵送距离和输送压力的关系,可参照生产厂提供的资料及有关计算公式进行核算。

(3)液压系统的选择

液压回路有开式和闭式两类。开式回路系统结构较简单,控制部件少,价格低,维修方便,储油量大,油温不易升高,不需配备冷却器,但泵送时压力波动较大,油耗较大;闭式回路系统结构复杂,控制和驱动元件多,必须配备油冷却系统,价格较高,但泵送时压力平稳,油耗较少。

(4)泵缸缸径的选择

泵缸缸径的大小,主要取决于对输送压力和排量的要求,用于大排量短距离或低扬程输送时,应选用较大缸径;用于小排量远距离或高扬程输送时,应选用较小缸径。但缸径也受到混凝土中粗集料最大粒径的限制,一般不能小于集料最大粒径的3.5~4倍(碎石)或2.5~3倍(卵石)。

(5)料斗高度和容量的选择

料斗离地高度必须低于搅拌输送车卸料槽的高度,以便受料。料斗容量一般为400~600L,这对于用6$m^3$搅拌输送车喂料,特别是采用摆动管式阀的泵,料斗空量嫌小,最好选用800~900L的,以提高搅拌车的使用效率,并使料斗中经常保持一定的存量,以防吸入空气。

2.输送管道和输送距离换算

(1)输送管道

泵送混凝土必须经过管道进行输送,混凝土泵的泵送能力和输送管道配置的优劣有着密切的关系。

输送管道有直管、锥形管、弯管和软管等。除软管为橡胶外,其余一般均为钢管。直管管径一般有 100mm、125mm 和 150mm 三种。对于一般在地面上工作的混凝土泵,选用直径较大的管子,有利于减小输送阻力及功率损失;而对于混凝土泵车,因受管子自重、位置及较多用于垂直输送等条件的限制,选用的管径可以小一些。此外,选用管径时,还应考虑集料的最大粒径不能过大,否则会引起堵管。一般规定,集料最大粒径,碎石不能超过管径的 1/4,卵石不超过管径的 1/3。锥形管用在活塞缸(缸径一般在 175mm 以上)和输送管(管径为 100mm、125mm 和 150mm)之间进行过渡,其锥度不能太大,否则产生的压力损失较大。弯管用于需要改变方向的地方进行连接,一般有 15°、30°、45°、60°和 90°几种。弯管的弯角越大,曲率半径越小,管内阻力越大,越容易堵管。软管的压力损失也较大,一般只限用于管端排料口,以便在不改变主管道位置的情况下,扩大布料范围。

输送管路和布置,应在满足混凝土输送使用要求的前提下,尽可能减少管道压力损失。管道布置应短直,尽量减少弯管数量;管接头接缝要严密,不能有漏水漏浆现象;进行垂直输送时,应在垂直管道底部设置逆流防止阀,以主停泵时混凝土地倒流;当向下倾斜输送混凝土时,应在管道下部设置止动阀,防止混凝土自滑自流,使管道中产生气穴,从而导致堵管。

(2)输送距离换算

混凝土泵的输送距离,是指在水平直管内的输送距离,实际上输送管是由直管、锥形管、弯管和软管等组成。而且管道还有向上、向下、垂直或倾斜等不同配置方式,显然各种管道的阻力是各不相同的。这就需要把各种管道折算成水平状态的直管,以便计算出泵的水平输送距离。

折算水平输送距离可按下式计算:

$$\begin{aligned} L &= L_1 + L_2 + L_3 + L_4 + L_5 \\ &= K_1 L_c + K_2 H + K_3 L_n + K_4 n_c + K_5 n_w \end{aligned} \tag{2-12}$$

式中:$L$——水平输送折算距离(m);

$L_1$——水平钢管折算长度(m);

$L_2$——垂直钢管折算长度(m);

$L_3$——橡胶软管折算长度(m);

$L_4$——锥管接头折算长度(m);

$L_5$——弯管折算长度(m);

$K_1$——水平钢管折算系数,见表 2-68;

$K_2$——垂直钢管折算系数,见表 2-69;

$K_3$——橡胶软管折算系数,见表 2-69;

$K_4$——锥管折算系数,见表 2-70;

$K_5$——弯管折算系数,见表 2-70;

$L_c$——水平钢管累计长度(m);

$H$——垂直钢管累计长度(m);

$L_n$——橡胶软管长度(m);

$n_c$——锥管个数;

$n_w$——弯管个数。

**水平钢管折算系数 $K_1$** 表 2-68

| 混凝土坍落度(cm) | 23 ~ 18 | 17 ~ 14 | 13 ~ 9 | 8 ~ 5 |
|---|---|---|---|---|
| $K_1$ | 1 | 1.3 | 1.7 | 2 |

**垂直钢管及橡胶软管折算系数 $K_2$ 及 $K_3$** 表 2-69

| 混凝土坍落度(cm) | | 23 ~ 18 | 18 ~ 12 | 12 ~ 8 | 8 ~ 5 |
|---|---|---|---|---|---|
| 垂直钢管 $K_2$ | 4in | 4 | 5 | 8 | 10 |
| | 5in | 5 | 6 | 8 | 10 |
| | 6in | 6 | 7 | 8 | 10 |
| 橡胶软管 $K_3$ | 4in 7m | 20 | 30 | 40 | 50 |
| | 5in 7m | 18 | 25 | 30 | 40 |
| | 6in 7m | 15 | 20 | 25 | 30 |

**锥管和弯管折算系数 $K_4$ 及 $K_5$** 表 2-70

| 混凝土坍落度(cm) | | | 23 ~ 18 | 18 ~ 12 | 12 ~ 8 | 8 ~ 5 |
|---|---|---|---|---|---|---|
| 锥管 $K_4$ | 4in 泵 | 7in/6in 1.5m | 5 | 10 | 15 | 20 |
| | | 6in/5in 1.5m | 10 | 20 | 30 | 40 |
| | | 5in/4in 1.5m | 20 | 30 | 50 | 70 |
| | | 6in/4in 1.5m | 40 | 60 | | |
| | 5in 泵 | 7in/6in 1.5m | 6 | 18 | 19 | 25 |
| | | 6in/5in 1.5m | 13 | 25 | 38 | 50 |
| | | 5in/4in 1.5m | 25 | 38 | 63 | 88 |
| | | 6in/4in 1.5m | 50 | 75 | | |
| | 6in 泵 | 7in/6in 1.5m | 8 | 15 | 23 | 30 |
| | | 6in/5in 1.5m | 15 | 30 | 45 | 60 |
| | | 5in/4in 1.5m | 30 | 45 | 75 | 105 |
| | | 6in/4in 1.5m | 60 | 90 | | |
| 弯管 $K_5$ | 90° $R=0.5$m | 4in | 8 | 16 | 24 | 32 |
| | | 5in | 7 | 13 | 20 | 27 |
| | | 6in | 5 | 11 | 16 | 21 |
| | 90° $R=1$m | 4in | 6 | 12 | 18 | 24 |
| | | 5in | 5 | 10 | 15 | 20 |
| | | 6in | 4 | 8 | 12 | 16 |
| | 45° $R=0.5$m | 4in | 4 | 8 | 12 | 16 |
| | | 5in | 3.5 | 6.5 | 10 | 13.5 |
| | | 6in | 2.5 | 5.5 | 8 | 10.5 |
| | 45° $R=1$m | 4in | 3 | 6 | 9 | 12 |
| | | 5in | 2.5 | 5 | 7.5 | 10 |
| | | 6in | 2 | 4 | 6 | 8 |

3. 泵送混凝土的性能要求

泵送混凝土时，混凝土拌和料在泵的推力作用下，沿输送管道流动。为使混凝土具有良好的泵送性能(和易性、均质性及流动性等)，保证在泵送过程中不致离析和堵塞，必须正确选用原材料及其配合比。这是决定泵送混凝土能否成功的首要条件。

1)水泥和水灰比

泵送混凝土应采用初凝期正常或缓慢的水泥，不宜使用快硬水泥。水泥含量是影响管道内输送阻力的主要因素，一般不宜小于300kg/m$^3$，而以320kg/m$^3$最为合适。

水灰比对泵送混凝土的和易性影响较大，而和易性不仅影响混凝土的流动阻力，也影响泵送效率。水灰比小，和易性差，流动阻力大。而和易性好的混凝土，在泵送循环中，每次进入缸体的数量多，容积效率高，泵送效率也高。水灰比最好在0.5～0.6之间，最大不宜超过0.7，否则在泵送时容易造成离析和堵管。

2)集料和含砂率

泵送混凝土宜用卵石和天然砂(河砂)为集料。因为卵石表面光滑，空隙率和表面积小，当水泥灰浆数量一定时，卵石混凝土比碎石混凝土流动性好，泵送阻力小。

含砂率表示砂和石子间的关系。它的变化直接影响集料的总表面积和空隙率，将使混凝土的和易性产生明显变化。为保证混凝土的和易性，含砂率应在0.4～0.5之间，含砂率过大，集料的总面积及空隙度增大，使混凝土流动性差，则泵送性能差；反之，则砂浆量不足，也会影响混凝土的黏聚性及保水性，从而产生脱水现象，导致堵管。

3)坍落度

坍落度对混凝土的可泵性影响极大。坍落度低，即混凝土中含水率少，混凝土较干硬，泵送阻力大，容易堵管，且容积效率低；反之，坍落度过高，也容易离析堵管。泵送混凝土最合适的坍落度为8～12cm。

4)外加剂

泵送混凝土应加外加剂，以改善混凝土泵送性能和减少水泥用量。外加剂有加气剂、减水剂、流化剂和缓凝剂等。对于低混凝土的坍落度，加入减水剂后可较大程度改变其坍落度值，从而获得流动性好的混凝土。夏季施工气温较高时，加入缓凝剂可延长混凝土拌和料的输送距离和时间，以保持泵送性能。加气剂能提高混凝土的塑性，改善其可泵性，但应控制其掺量，控制含气量为3%～5%，掺量为水泥质量的0.005%～0.02%范围内。含气量大于上述范围，将导致得到相反的效量。

4. 混凝土泵送作业要点

混凝土泵的泵送能力不仅和泵本身的技术性能、输送管道配置、泵送混凝土的性能要求等密切相关外，还受泵送工艺的影响，包括施工组织、设备配套、操作熟练程度、工序转换、供料待料、堵管故障等因素。泵送作业的具体要求如下：

1)泵送前的准备

(1)泵送前应对泵机各部进行认真检查。如：对混凝土泵缸活塞的尼龙套进行检查更换；清扫阀门和料门周围；对变换装置、驱动轴等转动部分进行检查和润滑；将工作水箱注满水并始终保持满箱状态等。

(2)泵机的停放应尽量接近浇筑地点，且便于配管。同时要考虑混凝土拌和料的运输方便，每台泵机的料斗周围要能同时停留两台搅拌输送车，或能使两台搅拌输送车能快速交替喂料。为工作和清洗方便,停放位置应靠近有供水和排水设施的地方。当采用几台泵机同时浇筑时,选定的泵机停放位置应使划分的浇筑区尽可能同时浇筑完毕。当输送距离较长(高)或配管条件不利时,为使泵机在最优压力下工作,可采用两台泵机中继接力的浇筑方案。

(3)泵机必须停放在坚实平整的地面上,如必须在倾斜地面停施时,可用轮胎制动器卡住车轮,倾斜度不得超过3°。泵车可用外伸支腿等在地面上,悬臂在伸长状态下的泵车不准移动,但当把第三节悬臂折叠并用安全销锁定后,允许布料杆带混凝土以小于10km/h的速度在较好的路面上作短暂移动。

(4)若气温较低,空运转时间应长些,要求液压油的温度升至15℃以上时才能投料泵送。

2)泵送操作要求及防堵方法

(1)泵送前先泵水60~90kg,然后投入0.5$m^3$的水泥砂浆(当实际配管长度在150m以内时,用1∶2水泥砂浆;150m以上时,用1∶1水泥砂浆),以充分润滑管道后再正常压送混凝土。

(2)水泥砂浆注入料斗后,应使搅拌轴反转几周,让料斗内臂得到润滑,然后再正转,使砂浆经料斗喉部喂入分配阀箱体内。开泵时不要把料斗内的砂浆全部泵出,应保留在料斗搅拌轴轴线以上,待混凝土加入料斗后再一起泵送。

(3)压送开始,要密切注意观察油压表的变化和各部工作状态。当油压表指针突然上升而不回落时,说明已发生堵塞,这时应立即把泵主机的开关转换到反转,让在"Y"形管或锥管内堵塞分离的混凝土逆流到料斗内,重新搅拌后再行压送。如此反复3~4次,并用木锤击敲"Y"形管等堵塞部位,如仍不能排除堵塞时,需停泵拆管,以清除堵塞部位的混凝土。

(4)泵送开始后就应连续进行,尽可能不要中途停顿。如遇混凝土料供应不上,宁可降低泵送速度,也不要停机。若停送时间较长,应每隔4~5min进行约4个行程的"正—反"运行,以防混凝土在管道内离析。但这种慢泵送和停泵时间一般不应超过30min。当停泵超过30min时,应视气温和混凝土的流动情况,决定是把混凝土从泵和输送管中清除还是继续泵送。

(5)泵送中应注意不要使料斗里的混凝土降到20cm以下。料斗内剩料过少,不但会使输送量减少,还会因吸入空气而造成堵塞。如果遇到由于吸入空气而在转换开启闸阀造成混凝土逆流时,可将泵机反转使混凝土退回料斗,除去空气后再正常压送。

(6)料斗内的混凝土部分带有离板倾向时,应先搅拌均匀后再压送。压送过程中,应经常注意输送管道内混凝土的输送声和油压表的变化。当出现异常声响和油压表指针在较高部位停留并上下小幅度摆动时,表明泵送的混凝土带有离析倾向。此时不要停泵,而是尽量把较差的混凝土压送出去。如果反复出现上述情况,表明供应的混凝土可泵性差,应调整其配合比。

(7)泵送时,每2h更换一次清洗水箱里的水。并检查泵缸活塞行程,如有变化应及时调整。泵缸活塞行程虽可调整,但为了减少缸筒的不均匀磨损,还是以长行程开动为宜。只是在混凝土坍落度小或开始起动时才用短行程压送。

(8)垂直向上往高处泵送时,由于水锤作用会使混凝土逆流,使排出效率下降,而具垂直向上越高越明显。为此,应在泵机"Y"形管到垂直上升配管之间设置一段水平管,以抵消反坠冲力影响。一般向上泵送高度20~30m时需配10~15m水平管(水平管应设置在"Y"形管前面)。此外,往高处泵送还应尽量避免向上倾斜配管,因为这样会加大逆流而不利于泵送。

(9)垂直向上泵送中断后再次泵送时要先进行反泵,使分配阀内的混凝土吸回料斗,经搅拌后再正泵泵送。

(10)下行配管往地下或基坑内泵送混凝土时,由于混凝土在倾斜下行管道中容易离析造成堵塞,而泵送中断时管内又会混入空气。为此,应根据不同情况采限下述措施。

①当下行配管倾斜度在4°以下,输送管里的混凝土一般不会自行流淌,这时可和水平配管同样对待。

②当配管倾斜度为4°~7°时,管内的混凝土会自重下移,造成石子和砂浆分离造成管道堵塞。为此,应在倾斜配管前端设置一段相当于5倍落差的水平配管,以增加其阻力。如因场地限制不便设置水平阻尼配管时,也可改用弯管等办法来达到此目的。此外,开始泵送时,还可用塞进海绵或湿布等作为压送的先导,以防止混凝土的自重流淌造成的分离,保证顺利泵送。

③当配管倾斜度超过7°时,靠海绵塞等堵塞物来阻止混凝土的自重流淌已很困难,故一般应尽量避免做成这种角度的配管。必须要这样做时,除应在斜管下端设置5倍落差长度的水平阻尼管外,还应在下行管上部另装一排气阀。在开始泵送时可一边做排气操作,一边往输送管内充满砂浆,而后再行泵送混凝土。

(11)集料粒径较大的混凝土从搅拌输送车卸入料斗时,级配容易发生变化,后卸的混凝土含有较多的大集料。因此,搅拌输送车卸料时最好有一段搭接时间,即一台尚未卸完,另一台就开始卸料,以保持级配基本不变。如一台搅拌输送车即将卸完,而另一台尚未到达,则在混凝土尚余1/4时重新搅拌一次再继续卸料。

(12)发现料斗里的混凝土有分离现象时,要暂停泵送,待搅拌均匀后再泵送。若集料分离严重,料斗内灰浆明显不足时,应剔除部分集料,另加砂浆重新搅拌。必要时可打开分配阀阀窗,把料斗及分配阀内的混凝土全部清除,重新加料后再泵送。

(13)泵送作业中,料斗中的混凝土平面应保持在搅拌轴线以上,供料跟不上时要停止泵送。

(14)料斗网格上不得堆满混凝土,要控制供料流量,及时清除超粒径的集料及异物。

(15)搅拌轴卡住不转时,要暂停泵送,及时排除故障。

3)泵送完毕后的清理

(1)快要结束浇筑时,应及时通知搅拌站放慢和停止供应混凝土。调短泵缸活塞行程,减慢泵送速度,以减少泵缸内混凝土的残留量。

(2)作业后,如管路装有止流管,应插好止流插杆,防止垂直或向上倾斜管路中的混凝土倒流。

(3)清洗前拆去锥管,将一根6B直管口部的混凝土掏出,接上气洗接头。接头内应塞好浸水海绵球,在接头上装进、排气阀和压缩空气软管。

(4)在管路末端装上安全盖,基孔口应朝下。若管路末端已是垂直向下或装有向下90°弯管,则可不装安全盖。

(5)气洗管件装妥后,徐徐打开压缩空气进气阀,使压缩空气通过海绵球将混凝土压出。如管路中装有止流管,应先拔出止流插杆,并将插杆孔盖盖上,再打进进气阀。

(6)当管中混凝土即将排尽时,应徐徐打开放气阀,防止清洗球飞出时对管路产生冲击。

(7)洗泵时,应打开分配阀阀窗,开动料斗搅拌装置,作空载推送动作。同时在料斗和阀箱中冲水,直至料斗、阀箱、泵缸等全部洗净,然后清洗泵的外部。若泵机几天内不用,则应拆开工作缸橡胶活塞,把水放净。如水质浑浊,还需清洗供水系统。

4)泵送安全操作要点

(1)料斗上的方格网在作业过程中不可随意移去。

(2)泵机运转时,严禁把手伸入料斗或用手抓握分配阀。若要在料斗或分配阀上工作时,应先关闭电动机并消除蓄能器压力。

(3)炎热季节要防止油温过高,如达到70℃时,应停止运行。寒冷季节要采取防冻措施。

(4)输送管路要固定、垫实,严禁将输送软管弯曲,以免软管爆裂。

(5)作业中不可随意调整液压系统压力。

(6)气洗管路时,应将末节管子和其他管路用索具固定,现场人员不可靠近出料口及管路急弯处。压缩空气压力不可超过0.7MPa,进气阀不宜立即开大,应先一开一关反复试气,只有当混凝土顺利排出时,才能把进气阀开到最大。如发现管端不排料,应先关闭进气阀,再缓缓打开排气阀,然后设法分段清洗。当清洗海绵球即将喷出管口瞬间,应发出信号警告现场人员。

(7)作业完毕后要释放蓄能器的压力。

5)混凝土泵的生产率

混凝土泵的生产率可按下式计算:

$$Q = 60ASnaK \tag{2-13}$$

式中:$Q$——生产率($m^3/h$);

$A$——活塞断面积($m^2$);

$S$——活塞行程(m);

$n$——活塞每分钟循环次数(次/min);

$a$——混凝土泵缸体数;

$K$——容积效率,一般为0.6~0.9。

## 五、混凝土泵及泵车的维护

本节以混凝土泵的维护为主要内容,混凝土泵车汽车底盘的维护,应参照相关汽车的维护规定。

1.混凝土泵的定期维护

混凝土泵执行日常、月度、年度等三级维护制。

如有可靠的运转记录,除日常维护外,可执行间隔200工作小时的一级维护和间隔1 200工作小时的二级维护。各级维护规程见表2-71~表2-73,HB系列混凝土泵润滑部位及周期见表2-74。

**混凝土泵日常维护**(工作前、中、后进行)　　表2-71

| 序号 | 维护部件 | 作业项目 | 技术要求 |
|---|---|---|---|
| 1 | 电气设备 | 检查 | 线路连接牢固,绝缘良好,各种开关、按钮、接触器、继电器等作用正常,接地装置可靠 |
| 2 | 连接件及管路 | 检查、紧固 | 各部连接螺栓完整无缺,紧固牢靠,输送管路固定、垫实,无渗漏 |
| 3 | 液压油箱及空压机曲轴箱油量 | 检查 | 油位指示器应在蓝线范围内,不足时添加 |
| 4 | 水箱水量 | 检查 | 水箱水量充足 |
| 5 | 液压系统 | 检查 | 液压泵、缸、马达及各操纵阀、管路等元件应无渗漏,工作压力正常,动作平稳正确,油温在15~65℃范围内 |
| 6 | 搅拌机构 | 检查 | 工作正常,无卡阻等现象 |

续上表

| 序号 | 维护部件 | 作业项目 | 技术要求 |
|---|---|---|---|
| 7 | 推送机构 | 检查 | 分配阀动作及时,位置正确,泵送频率正常,正反泵操作便捷,无漏水、漏油、漏浆等现象 |
| 8 | 整机 | 清洁 | 开动泵机,用清水将泵体、料斗、阀箱、泵缸和管路中所有剩余混凝土冲洗干净,如作业面不准放水时,可采用气洗 |
| 9 | 各润滑点 | 润滑 | 按润滑表进行 |

**混凝土泵月度维护**(每月或200工作小时后进行)　　表2-72

| 序号 | 维护部件 | 作业项目 | 技术要求 |
|---|---|---|---|
| 1 | 连接、紧固件 | 检查、紧固 | 各部连接和紧固件应齐全完好,缺损者补齐 |
| 2 | 减速器(分动器) | 检查 | 放出底部沉积的污垢,补充润滑油至规定油面高度 |
| 3 | 搅拌传动链条 | 检查、调整 | 调整传动链条松紧度,一般挠度为20~30mm |
| 4 | 分配阀 | 检查、调整 | 检查分配阀磨损情况。球阀的阀芯和阀体之间的间隙应为0.5~1mm;板阀和系杆的间隙超过3mm、板阀上端间隙超过1mm,下端间隙超过1.5mm,以及板阀和杆系对中程度超过3mm均应调整或更换密封件。阀窗应关闭严密 |
| 5 | 料斗和搅拌装置 | 检查 | 料斗和搅拌叶片应无变形、磨损,视需要进行调整或修复 |
| 6 | 推送机构 | 检查 | 推送活塞、橡胶圈应无磨损、脱落、剥离或扯裂等现象,必要时予以更换 |
| 7 | 液压系统 | 检查、清洁 | 清洁过滤器滤芯,如有内泄外漏或压力失调等现象,应予调整或更换密封件 |
| 8 | 空气压缩机 | 检查、清洗 | 空压机压力应正常,清洗空气过滤器 |
| 9 | 输送管道 | 检查 | 无漏水、漏浆等现象,安装牢固 |
| 10 | 主机 | 清洁、润滑 | 清除机身外表灰浆,按润滑表规定进行润滑 |

**混凝土泵年度维护**(每年或1 200工作小时后进行)　　表2-73

| 序号 | 维护部件 | 作业项目 | 技术要求 |
|---|---|---|---|
| 1 | 减速器(分动箱) | 拆检 | 打开上盖,放尽脏油,冲洗内部。检查齿轮副和轴承的磨损情况,更换磨损零件及油封,调整齿轮的啮合间隙,加注新油至规定油位 |
| 2 | 搅拌装置 | 拆检 | 料斗、搅拌叶片、搅拌轴和支座等如有磨损应修复或更换,传动链轮和链条应无过量磨损,更换已磨损的轴承、密封盘、压圈、螺栓等易损件 |
| 3 | 推送机构 | 拆检 | 拆检混凝土缸和活塞的磨损情况,更换橡胶圈、密封圈等易损件,如活塞杆弯曲或混凝土缸磨损超限应修复或更换 |
| 4 | 分配阀 | 拆检 | 拆检各部零件的磨损情况,必要时修复或更换,更换密封件 |
| 5 | 液压系统 | 检查、清洁 | 清洁各液压元件,检测其工作性能,必要时调整或拆修。检测液压油,如油质变坏应予更换,更换时应进行全系统清洗 |
| 6 | 给水系统 | 拆检 | 拆检水泵,检查轴承、叶片、泵壳等应无磨损,水管及吸水笼头应无老化或损坏,必要时予以修复或更换。更换填环、水封及其他易损件 |
| 7 | 电气设备 | 检查 | 检查输电导线的绝缘情况和接线柱头等应完好,检查各开关和继电器触头的接触情况,如有烧伤和弧坑应予清除,必要时调整继电器的整定值 |
| 8 | 输送管道 | 检查 | 检查随机配备的各型管子及管接头等,如有破损应予修复并补齐连接螺栓 |

续上表

| 序号 | 维护部件 | 作业项目 | 技术要求 |
|---|---|---|---|
| 9 | 整机 | 清洁、补漆 | 全机清洗,对外表进行补漆防腐 |
| 10 | 整机 | 润滑 | 按润滑表规定进行。 |
| 11 | 整机 | 试运转 | 按试运转要求进行,各部应运转正常,作业性能符合要求 |

**HB 系列混凝土泵润滑部位及周期** 表 2-74

| 序号 | 润滑点名称 | 润滑点数 | 润滑剂 | 加油周期(h) | | 换油周期(h) | |
|---|---|---|---|---|---|---|---|
| | | | | HB30 | HB60 | HB30 | HB60 |
| 1 | 板阀上、下轴承 | 2 | 钙基脂<br>冬:ZG-2<br>夏:ZG-4 | 3 | 2 | 240 | 176 |
| 2 | 搅拌轴承 | 2 | | 3 | 2 | 240 | 176 |
| 3 | 搅拌链条 | 1 | | 3 | | 240 | |
| 4 | 液压马达支承座 | 1 | | 80 | 480 | | |
| 5 | 板阀液压缸转动销 | 1 | | 8 | 8 | 240 | 176 |
| 6 | 板阀液压缸支承销 | 1 | | 8 | 8 | 240 | 176 |
| 7 | 板阀夹紧螺母 | 2 | | 16 | 16 | 240 | 176 |
| 8 | 板阀下轴头顶紧螺钉 | 1 | | 80 | 64 | 240 | 176 |
| 9 | 阀窗铰链销 | 2 | | 80 | 64 | 480 | |
| 10 | 阀窗夹紧臂销 | 4 | 齿轮油<br>冬:HL-20<br>夏:HL-30 | 90 | 64 | 480 | |
| 11 | 链条联轴器 | 2 | | | | 480 | |
| 12 | 前后轮转向架轴承 | 6 | | | | 2 880 | 2 100 |
| 13 | 分动器 | 1 | | 16 | | 首次:480<br>常规:1 440 | |

2. 混凝土泵主要部件的调整

(1)板阀和系杆间隙的调整,板阀和系杆间隙超过 3mm 时,即应调整。调整时,先松开系杆锁紧螺母,将系杆旋转 1/3 周,再拧紧螺母,每根系杆可旋转两次。

(2)板阀上下间隙的调整。板阀上端和下央间隙分别超过 1mm 和 1. 5mm 时,即应调整。调整时先将蓄能器释压,再松开板阀下轴头顶紧螺钉,使板阀重量落在摩擦环上,调整上、下端间隙后再将下轴头顶紧螺钉紧固。

(3)板阀和系杆对中程度的调整。板阀和系杆中心应一致,如偏差超过 3mm 时,应调整。调整时先松开液压缸活塞前端的调节螺母上的锁紧螺钉,旋动活塞杆,使其相对于调节螺母旋转,调整达到要求后再锁紧。

(4)搅拌传动链条的调整。链条应有 20 ~ 30mm 的下垂度,如超过此值,可松开液压马达支座固定螺栓和顶螺钉锁紧螺母,拧动顶螺钉。调好后要检查校正两链轮的平面重合度。

(5)搅拌叶片位置的调整。应根据集料的流动性调整叶片的搅拌半径。如混凝土采用流动性好的卵石集料时,可取大半径安装;如混凝土采用流动性差的碎石集料、贫灰配合比,一次取小半径安装。

3. 混凝土泵及泵车的故障排除

混凝土泵及泵车常见故障及排除方法见表2-75。

混凝土泵及泵车常见故障及排除方法　　表2-75

| 故　障 | 原　因 | 排除方法 |
| --- | --- | --- |
| 电动机起动时空气开头跳闸 | 1. 空气开关内过流装置故障；<br>2. 过电流整定值偏小；<br>3. 前次运转停机时未按泵送停止按钮，造成电动机带负荷起动 | 1. 检查修理；<br>2. 重新调整；<br>3. 按一下泵送停止按钮再启动 |
| 电动机起动后运转指示灯不亮 | 1. 灯内限流电阻断线；<br>2. 交流接触器常闭接点、时间继电器微动开关接点有故障 | 1. 更换；<br>2. 检修或更换 |
| 泵指示灯全不亮但推送正常，或一侧灯亮，但无推送动作 | 1. 限流电阻接线故障；<br>2. 灯座接线错误或松动；<br>3. 主电液阀电磁线圈或行程开关有故障 | 1. 更换；<br>2. 检查接线，扭紧螺栓；<br>3. 检修或更换 |
| 活塞反向失灵或活塞能循环动作，但板阀不反向 | 1. 反向按钮接触不良；<br>2. 反向继电器插座接线松动；<br>3. 板阀反向开关损坏或接线不良；<br>4. 辅电液阀电磁线圈损坏 | 1. 检修；<br>2. 检修，消除接线松动；<br>3. 检修或更换；<br>4. 检修或更换 |
| 搅拌自动反向失灵 | 1. 时间继电器微动开关失灵；<br>2. 微动开关与油压推杆错位；<br>3. 搅拌电磁阀损坏 | 1. 检查接线或更换；<br>2. 调整或更换；<br>3. 检修或更换 |
| 搅拌轴不转 | 1. 料斗内有异物卡阻；<br>2. 搅拌轴两端轴承密封损坏，砂浆渗入结硬；<br>3. 润滑条件恶劣 | 1. 清除；<br>2. 更换密封，排除砂浆积块；<br>3. 改善润滑条件 |
| 推送机构动作正常但无混凝土排出 | 混凝土活塞从活塞杆上脱落 | 重新安装 |
| 板阀上下轴端漏浆，阀窗泄浆 | 1. 轴承磨损；<br>2. 阀窗损坏或关闭不严 | 1. 更换；<br>2. 检修或重新关严 |
| 分动箱漏油 | 1. 油封损坏或轴颈磨损；<br>2. 箱盖结合面损坏或密封垫损坏 | 1. 更换油封、修复轴颈；<br>2. 修理或更换 |
| 水系统有浮油或水泥浆，水从水箱盖冒出 | 1. 推进机构油缸密封圈损坏；<br>2. 混凝土活塞橡胶圈损坏；<br>3. 混凝土缸壁磨损 | 1. 更换；<br>2. 更换；<br>3. 更换 |
| 推送混凝土频率过低或过高 | 1. 油箱油面过低，液压泵吸空气；<br>2. 主溢流阀不正常，有泄漏现象；<br>3. 滤油器堵塞；<br>4. 封闭油路油量减少，冲程缩短 | 1. 加油至规定油面；<br>2. 检修；<br>3. 清洗滤芯；<br>4. 检修封闭油路安全阀 |
| 推送活塞在行程终端停顿 | 主电液阀阀心卡住 | 检修 |

续上表

| 故　　障 | 原　　因 | 排 除 方 法 |
| --- | --- | --- |
| 板阀换向缓慢 | 1. 蓄能器充压不足；<br>2. 卸荷溢流阀压力过低；<br>3. 液压缸活塞密封损坏 | 1. 检修；<br>2. 调整溢流阀压力；<br>3. 更换密封圈 |
| 蓄能器压力不稳定，呈不规则变化 | 1. 液压泵吸入空气；<br>2. 卸荷阀故障 | 1. 油箱补油，检修吸油管路；<br>2. 检修 |
| 板阀液压缸不动作 | 1. 阀箱内混凝土堵塞；<br>2. 板阀液压缸失灵 | 1. 清除堵塞；<br>2. 检修 |
| 主液压缸活塞杆振动 | 1. 油箱油位低，液压泵吸空；<br>2. 主泵吸油管泄漏；<br>3. 主液压缸杆腔密封圈压得过紧，油温提高后活塞杆咬死 | 1. 加油至规定油面；<br>2. 检修；<br>3. 重新装配 |
| 两个推送液压缸不同步，有时还发生撞缸现象 | 闭合回路存在空气 | 在停机状态下，缓缓松开闭合油路管接头进行排气，拧紧接头后开机运转几分钟，再停机进行排气，直至排完存气 |
| 油温过高 | 1. 泵送负载太高而使主溢流阀经常溢流；<br>2. 辅电液阀和卸荷阀有故障，使辅泵不能卸荷；<br>3. 液压油黏度过低 | 1. 适当提高溢流压力；<br>2. 检修；<br>3. 更换 |
| 电动机停转后，使蓄能器释放能量时板阀动作少于6次 | 1. 卸荷阀泄漏，不保压；<br>2. 辅电液阀失灵 | 1. 检修；<br>2. 检修 |
| 液压油污浊，呈锈色 | 1. 推送液压缸密封圈损坏；<br>2. 液压系统有损坏而引起污染 | 1. 更换密封圈；<br>2. 检查、排除 |

## 第六节　混凝土喷射机

混凝土喷射机是将混凝土拌和料喷向建筑物表面或结构上，使建筑物表面涂上一层3～5cm厚的混凝土。对于重要的施工工作面，在喷射混凝土前还锚以钢筋，喷射后使工作面、钢筋及混凝土结为一个整体而得到加强，这种喷敷工艺称为喷锚支护。它和一般浇筑混凝土相比，具有施工质量高，进度快，节省原材料及劳动力，因而能降低成本30%以上，在建筑(特别是地下工程)、煤炭、冶金、铁路、水电等系统的井巷、隧道、涵洞等地下工程的衬砌施工中，已得到广泛应用。

喷射支护的主机是喷射机，还需有混凝土搅拌设备、输送设备、空气压缩机、储气罐、压力水箱以及掌握喷嘴的机械手等组成喷射设备。

图 2-53 是干式喷射机进行地下支护的情况。它是将一定比例的水泥、砂及小石子均匀拌和后，通过带式输送机送入喷射机料斗中，依靠压缩空气的动力，使拌和料连续不断地沿着输送管路压送到喷嘴并和来自压力水箱的压力水混合成半湿的混凝土拌和料，以 80 ~ 100m/s 的喷射速度喷射到拟衬砌的工作面上，形成混凝土衬砌层。

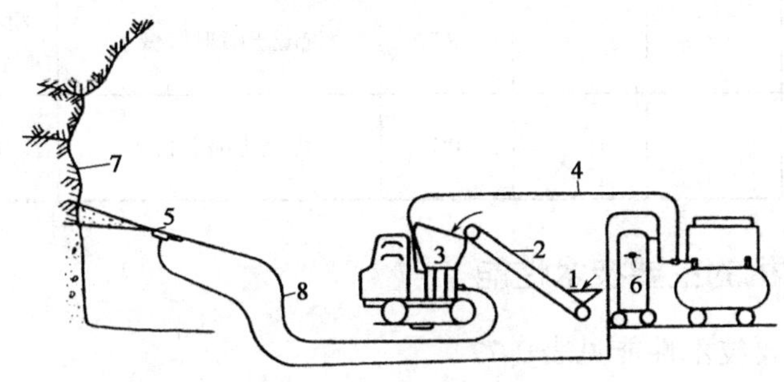


图 2-53　喷射设备的组成和施工示意图

1-混凝土拌和料；2-带式输送机；3-喷射机；4-压缩空气管路；5-喷嘴；6-压力水箱；7-拟衬砌的工作面；8-输送管路

## 一、混凝土喷射机的分类及型号

### 1. 混凝土喷射机的分类

（1）按混凝土拌和料的加水方法不同可分为干式、湿式和介于两者之间的半湿式三种：

①干式。按一定比例的水泥及集料，搅拌均匀后，经压缩空气吹送到喷嘴和来自压力水箱的压力水混合后喷出。这种方式施工方法简单，速度快，但粉尘太大，喷出料回弹量损失较大，且要用高强度水泥。国内生产的大多为干式。

②湿式。进入喷射机的是已加水的混凝土拌和料。因而喷射中粉尘含量低，回弹量也减少，是理想的喷射方式。但是湿料易于在料罐、管路中凝结，造成堵塞，清洗麻烦，因而未能推广使用。

③半湿式。也称潮式，即混凝土拌和料为含水率 5% ~ 8% 的潮料（按体积计），这种料喷射时粉尘减少，由于比湿料黏结性小，不黏罐，是干式和湿式的改良方式。

（2）按喷射机结构型式可分为缸罐式、螺旋式和转子式三种：

①缸罐式。缸罐式喷射机坚固耐用。但机体过重，上、下钟形阀的启闭需手工繁重操作，劳动强度大，且易造成堵管，故已逐步淘汰。

②螺旋式。螺旋式喷射机结构简单、体积小、质量小、机动性能好，但输送距离超过 30m 时容易返风，生产率低且不稳定，只适用于小型巷道的喷射支护。

③转子式。转子式喷射机具有生产能力大、输送距离远、出料连续稳定、上料高度低、操作方便，适合机械化配套作业等优点，并可用于干喷、半湿喷和湿喷等多种喷射方式，是目前广泛应用的机型。

### 2. 混凝土喷射机的型号

混凝土喷射机型号分类及表示方法见表 2-76。

混凝土喷射机型号分类及表示方法　表2-76

| 类 | 组 | 型 | 特性 | 代号 | 代号含义 | 主参数 | |
|---|---|---|---|---|---|---|---|
| | | | | | | 名称 | 单位 |
| 混凝土机械 | 混凝土喷射机 HP(混喷) | 缸罐式<br>螺旋式<br>转子式 | G(缸)<br>L(螺)<br>Z(转) | HPG<br>HPL<br>HPZ | 缸罐式混凝土喷射机<br>螺旋式混凝土喷射机<br>转子式混凝土喷射机 | 理论输送量 | $m^3/h$ |
| | 混凝土喷射机械手 PS(喷射) | | | PS | 混凝土喷射机械手 | 喷头主轮前水平距离 | m |
| | 混凝土喷射台车 PC(喷车) | | | PC | 混凝土喷射台车 | 理论输送量 | $m^3/h$ |

## 二、混凝土喷射机的主要技术性能

各种喷射机的主要技术性能见表2-77。

混凝土喷射机主要技术性能　表2-77

| 项目 | 型号 | | | | | |
|---|---|---|---|---|---|---|
| | 缸罐式 | | 螺旋式 | 转子式 | | |
| | HPG5 | HPS5 | HPD1 | HPZ6 | HPZ2-5 | HPZ3-5 |
| 生产能力($m^3/h$) | 4~5 | 5 | 5 | 2,4,6 | 3,4,5 | 4~5 |
| 集料最大粒径(mm) | 25 | 30 | 25 | 30 | 30 | 25 |
| 工作压力(MPa) | 0.15~0.5 | 0.2~0.5 | 0.2~0.5 | — | — | — |
| 耗风量($m^3/min$) | 7~8 | 8~10 | 8 | 8~10 | 7~10 | 8~10 |
| 最大水平输送距离(m) | 200 | 180 | 30 | 250 | 200 | 200 |
| 最大垂直输送距离(m) | 40 | 60 | 10 | 100 | 80 | 80 |
| 输送管内径(mm) | 50 | 50 | — | 50 | 50 | 50 |
| 电动机功率(kW) | 3 | 3 | 4~5 | 7.5 | 3 | 4 |
| 整机质量(t) | 1 | 1 | 0.4~0.8 | 0.8 | 0.65 | 0.6 |

## 三、混凝土喷射机的构造及工作原理

1. 混凝土喷射机的构造

混凝土喷射机的结构示意如图2-54、图2-55。混凝土喷射机组示意如图2-56。混凝土喷射台车结构如图2-57。

2. 混凝土喷射机的工作原理

以广泛使用的转子式喷射机(ZP-V111型)为例,简述其工作原理如下:

如图2-54所示,电动机动力经过减速器减速后,通过输出轴带动转子旋转,料斗中的混凝土拌和料搅拌后落入直通料腔中,当该料随转子转到出料口处时,压缩空气上座体的气室,吹送料腔中的物料进入出料弯头,在此,通过助吹器,另一股压风呈射流状态再一次吹送物料进入输料管,再经喷头处和水混合后,喷至工作面上。转子连续旋转,料腔依次和弯头接通,如不断循环,实现连续喷射作业。

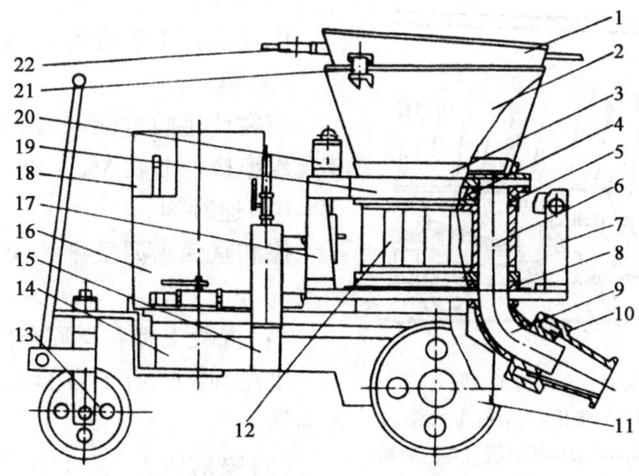


图 2-54　转子式喷射机外形结构示意图

1-振动筛;2-料斗;3-上座体;4-上密封板;5-衬板;6-料腔;7-后支架;8-下密封板;9-弯头;10-助吹器;11-轮组;12-转子;13-前支轮;14-减速器;15-气路系统;16-电动机;17-前支架;18-开关;19-压环;20-压紧杆;21-弹簧座;22-振动器

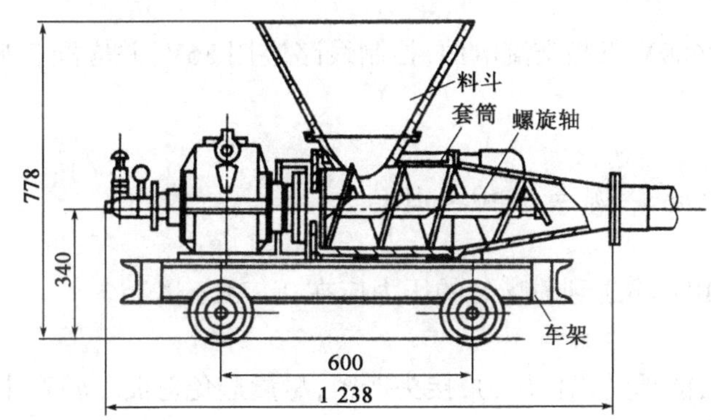


图 2-55　螺旋式喷射机结构示意图(尺寸单位:cm)

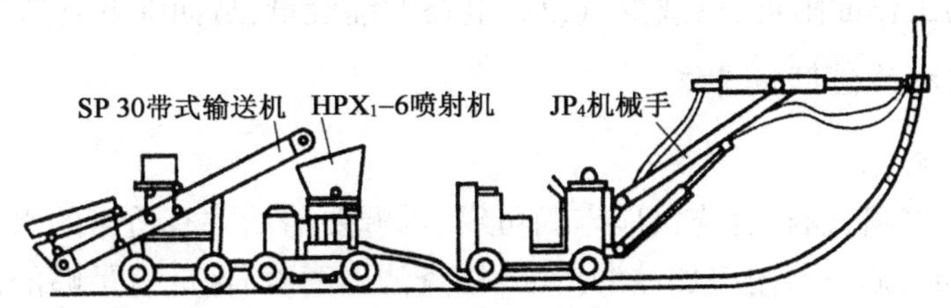


图 2-56　混凝土喷射机组示意图

## 四、混凝土喷射机的使用

1. 转子式喷射机的使用条件

1) 对混凝土拌和料的要求

混凝土喷射质量的好坏,和拌和料的配合比有很大关系,具体要求是:

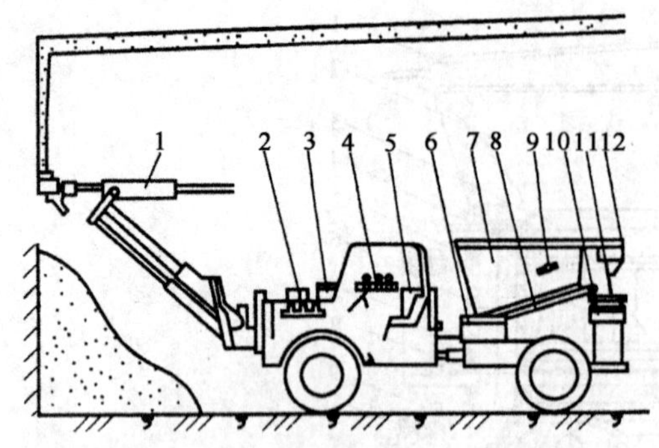


图 2-57　混凝土喷射台车结构示意图

1-机械手;2-低污染柴油机;3-催化箱;4-前车操纵台;5、6、7-料仓;8-输送机;9-振动器;10-喷射机;11-振动筛;12-速凝剂箱

(1)水泥

应使用强度等级为 42.5 的硅酸盐水泥。

(2)集料

应在使用前过筛,其最大粒径不超过 20mm;其含水率应控制在 5% ~8% 以内(体积分数)。

(3)速凝剂

掺和量为水泥质量的 3% ~4%,应在喷射前加入。

(4)混凝土拌和料配合比

水泥: 砂子: 石子为 1:2:2 ~1:2:2.5 的范围内为佳。

(5)喷射压力

视机型及输送距离而定,一般管路每增长 20m,工作压力要提高 0.02 ~0.03MPa。如工作压力过高,不仅粉尘增多,而且回弹量增大;如工作压力过低时,集料落地较多,而且容易堵管。

2)转子式喷射机的工作条件

(1)电源

工作时应用 380/600V 三相交流电源,控制线路应用 36V,并应配备矿用防爆兼安全火花型磁力起动器。

(2)风源

风源风量 >8$m^3$/min;风源压力≥0.4MPa。

(3)水源

水源压力≥0.2MPa,输送到喷嘴处的压力应在 0.1MPa 以上。

(4)管道

管道内径应一致,能承受工作压力,接头严密,尽量避免弯曲。转弯半径曲率要尽量大些。

(5)作业场所

喷射机设置场所应选择宽敞、安全、干燥、通风良好和材料运转方便的地方。并应尽量放在靠近需混凝土的工作面附近,以减少风、水、电路的铺设量,从而降低管道损耗。

2. 转子式喷射机的使用和操作

1)开机前的准备

(1)检查电路、气路、输料管连接应牢固可靠,水源要清洁并有适当的水压。

(2)初次开机前,减速器内应加注润滑油,检查油面高度,保证有足够的油量。

(3)点动电动机,检查旋转方向应和指示牌方向一致。

(4)起动电动机,打开风路系统闸阀,通过压紧螺杆平衡地预调密封板和衬板间的压紧力,直至无泄漏为止。注意压紧力不可太大。

(5)使用的混凝土拌和料应按设计要求进行拌和,含水率应符合要求;速凝剂应无结块的杂质等缺陷。

(6)在喷射作业前,应先向受喷面喷水冲洗,以去除影响混凝土黏结强度的浮尘和杂质。

(7)作业前应设置各操作人员之间的联系方式或信号,并检查其可靠性。

2)操作注意事项

(1)操作时的顺序为:开机时先送风,后开电动机,最后向料斗加料;停机时,先停止加料,后停电动机,最后停风。注意不可颠倒。

(2)准备工作结束后,就可向机内加拌和料,主机操作人员应先开足进气阀,开始少量进料,然后逐渐开启辅进气阀,再依照喷射手的信号反馈进一步调节两路气阀直至效果最好,就可满负荷作业。

(3)喷射作业过程中要注意压力表值的变化。当发现输料管堵塞或压力表值急剧升高超过正常值时,应立即停机、停料,让其自行吹通,若不能吹通,需进行人工疏通并排除故障后方能再行开机。

当用压风排除堵塞时,喷头要可靠固定,不可使喷嘴对人。此外,送风前必须发出信号,以防事故发生。

(4)要经常观察结合板的密封情况,如发现有跑风跑尘时,应及时调整结合板的压紧力,注意不要过紧、过松或压紧不平衡。

(5)作业过程中,应始终保持料斗中一定的储存料量,以保证给料的均匀和连续性。

(6)加料时,应尽量做到轻倒料,并及时清除掉残存在振动筛上的粗集料。

(7)喷射时,喷射手应根据拌和料的含水率状况,及时合理地调节水量,并尽可能保持喷嘴和受喷面垂直。喷射距离应控制在500~800mm之间。喷射手应始终站在已喷射过的混凝土支护面以内。在任何情况下,严禁将喷嘴朝向有人员活动的方向。

(8)喷射机运转时,严禁用手或其他工具伸入速凝添加剂的料斗中或触摸运转机件。如因拌和料含水率过多使料腔内有黏附料时,可从观察孔中用木棍等钝器轻轻敲打其外壁,使黏附料剥落脱离。严禁用锋利器具铲凿料腔。

(9)为防止堵管,拌和料必须过筛。如遇堵管,应停机、停风后检查堵塞部位(一般用脚踩管道即可查明),用锤击其外表,使物料松散后用压风吹通,此时要防止管道甩动伤人。在管道中还有压力时,不可拆卸管接头。

(10)作业结束时,应在停止加料后再继续运转一段时间,使料腔和管道中的剩料吹送干净。添加器料斗中有剩余速凝剂时,应将盖子盖好防止受潮结块和杂物混入。

(11)作业结束后,应卸下输料管道、出料弯头和结合板,清除管道和出料弯头中的黏料和清洗水环。

(12)在整机清理干净后,应及时将结合板和出料弯头安装上主机,但不能压得过紧,出料弯头出口应采取封堵措施。

## 五、混凝土喷射机的维护

1.转子式喷射机的维护要点

(1)应经常保持喷嘴水环孔眼的通畅,如被杂物堵塞,应拆开清洗,并应检查其磨损情况,及时进行更换。

(2)每喷射作业一段时间后,打开出料弯头和输料管路的快速接头,将输料管路稍微转过一定角度,以达到输料胶管孔壁均匀磨损,延长其使用寿命。

(3)橡胶密封板和衬板虽属易损件,正确使用和维护可降低粉尘和延长使用寿命。

橡胶密封板不允许存在由于过分压紧所产生的超限应用，否则会由于摩擦生热而造成过度磨损。密封板的耐热极限为110℃，使用中应不超过80℃。

橡胶弯头磨损后应及时更换，否则易造成弯头处积料，导致喷射量减小、粉尘加大，最后可造成堵管。

衬板必须经常检查，如出现较深的刻划伤痕（深度超过1mm），就应进行修磨或更换。拆卸衬板时，应用螺丝刀（一字旋具）将衬板和转子分开，切勿用锤子或其他工具敲打，以免损坏衬板。

防黏料转子橡胶料腔和橡胶弯头更换时要仔细，不可用尖锐的工具安装，以免使很薄的料腔壁受损伤。

（4）每星期应检查一次压力表的灵敏度，不允许在压力表失灵的状态下工作。

（5）在地下施工中，由于湿度很大，安全阀容易锈蚀，每班工作前都要扳动其阀柄，防止锈蚀后失灵。

（6）地下工程条件恶劣，要经常注意保护电源线，防止在外缘破裂、部分折断等情况下工作。

（7）每月（或60工时）要检查减速器中的油位，润滑油不足时应补充；每三个月（或250工时）应更换润滑油。平时减速器工作温升不应大于40℃。

（8）每月（或60工时）要对主轴上部轴承加注润滑脂。

（9）更换新密封板时，要在所有螺钉上涂抹润滑脂。

（10）每年（或1 200工时）应对全机拆检，修复或更换磨损机件。

2. 转子式喷射机的故障排除

转子式喷射机的常见故障及排除方法见表2-78。

**转子式喷射机常见故障及排除方法** 表2-78

| 故障现象 | 故障原因 | 排除方法 |
|---|---|---|
| 电动机不运转 | 电气线路发生故障 | 检修电路 |
| 电动机旋转而转子不转 | 1. 齿轮损坏；<br>2. 键被剪断；<br>3. 主轴四方或转子四方孔损坏 | 1. 更换齿轮；<br>2. 重新装键；<br>3. 更换主轴或转子 |
| 橡胶密封板与衬板结合面跑风跑灰 | 1. 压紧杆没有压紧；<br>2. 橡胶密封板与衬板结合面各自磨损严重；<br>3. 结合面间存有小砂石；<br>4. 堵管 | 1. 调整压紧力；<br>2. 修复或更换磨损件；<br>3. 清除（主机通风，移动上座体，用压风吹净）；<br>4. 疏通管道 |
| 堵管 | 1. 加入的拌和料太潮，有初凝现象；<br>2. 主吹风口工作压力不稳定；<br>3. 有大集料或木片、布片等杂物混入；<br>4. 工作完毕或工间停喷未将料管内料吹净，造成凝结；<br>5. 输料胶管过于弯曲 | 1. 重新配料；<br>2. 调整工作风压；<br>3. 用压风吹通或停机拆卸清理；<br>4. 折卸清理；<br>5. 加大弯曲半径 |

续上表

| 故障现象 | 故障原因 | 排除方法 |
| --- | --- | --- |
| 喷头处粉尘大喷射回弹大 | 1. 水压太低；<br>2. 水量太小；<br>3. 水环进水孔堵塞；<br>4. 筛分曲线不适当；<br>5. 喷嘴离受喷面距离和角度不适当 | 1. 提高水压；<br>2. 增大水量；<br>3. 清除堵物；<br>4. 调整级配；<br>5. 改变喷嘴距离和角度 |

## 第七节　混凝土振动器及其他密实成型工艺设备

混凝土振动器又称为混凝土振捣器，是一种通过振动装置产生频繁振动而对浇筑的混凝土进行振动捣实的机具。在振捣力的作用下，降低混凝土集料间的摩擦力和黏结力，使其在自重力作用下，充实料粒间的间隙，并挤出空气，从而使凝固后的混凝土表面光滑、平整，内部组织均匀，增强了混凝土的密度和浇筑层之间的黏结力，保证了混凝土的强度。振捣的作用，还不仅是保证构件质量，对于改善劳动条件，缩短混凝土成形时间，提高模板使用周转率，加快施工进度等都有着极为重要的意义。所以，混凝土振捣是混凝土施工中不可缺少的环节。

### 一、混凝土振动器的分类、型号及适用范围

1. 混凝土振动器的分类

混凝土振动器的种类繁多，可按照其作用方式、驱动方式和振动频率等进行分类。

(1)按作用方式分类

按照对混凝土的作用方式，可分为插入式内部振动器、附着式外部振动器和固定式振动台等三种。附着式振动器加装一块平板可改装为平板式表面振动器(图2-58)。

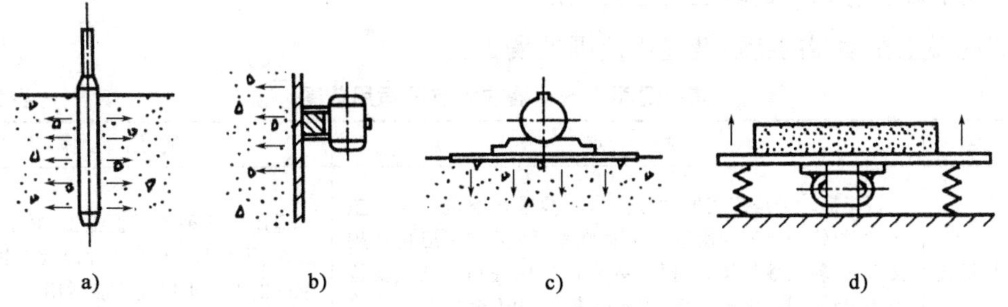


图2-58　混凝土振动器的振动传递方式

a)插入式内部振捣器；b)附着式外部振捣器；c)表面振动器；d)振动台

(2)按驱动方式分类

按照振动器的动力源可分为电动式、气动式、内燃式和液压式等。电动式结构简单，使用方便，成本低，一般情况都用电动式的。

(3)按振动频率分类

按照振动器的振动频率，可分为高频式(133 ~ 350Hz 或 8 000 ~ 20 000 次/min)、中频式

(83～133Hz 或 5 000～8 000 次/min)、低频式(33～83Hz 或 2 000～5 000 次/min)三种。

高频式振动器适用于干硬性混凝土和塑性混凝土的振捣,其结构形式多为行星滚锥插入式振动器;中频式振动器多为偏心振子振动器,一般用作外部振动器;低频振动器用于固定式振动台。

由于混凝土振动器的类型较多,施工中应根据混凝土的集料粒径、级配、水灰比、稠度及混凝土构筑物的形状、断面尺寸、钢筋的疏密程度以及现场动力源等具体情况进行选用。同时要考虑振动器的结构特点、使用、维修及能耗等技术经济指标选用。

2. 混凝土振动器的型号

混凝土振动器的型号分类及表示方法见表 2-79。

**混凝土振动器型号分类及表示方法** 表 2-79

| 组 | 型 | 特性 | 代号 | 代号含义 | 主参数 | |
|---|---|---|---|---|---|---|
| | | | | | 名称 | 单位表示方法 |
| 混凝土振动器 Z(振) | 内部振动式 N(内) | — | ZN | 电动软轴行星插入式振动器 | 棒头直径 | mm |
| | | P(偏) | ZPN | 电动软轴偏心插入式振动器 | | |
| | | D(电) | ZDN | 电机内装插入式振动器 | | |
| 混凝土振动器 Z(振) | 外部振动式 Y(外) | B(平) | ZB | 平板式振动器 | 功率 | W-Hz |
| | | F(附) | ZF | 附着式振动器 | | |
| | | D(单) | ZFD | 单向振动附着式振动器 | | |
| | | J(架) | ZJ | 台架式混凝土振动器 | | |
| 混凝土振动台 ZT (振台) | — | — | ZT | 振动台 | 载质量 | |

3. 常用混凝土振动器的特点及适用范围

常用混凝土振动器的特点及适用范围见表 2-80。

**常用混凝土振动器的特点及适用范围** 表 2-80

| 分类 | | 特点 | 适用范围 |
|---|---|---|---|
| 内部(插入)式 | 软轴行星式 | 行星振动子是装在振动棒体内的滚锥在滚道上作行星运动,滚锥公转的速度就是振动频率,滚锥与滚道直径越接近,公转次数就越高,振动频率也相应提高。其主要特点是启动容易,生产率高,性能可靠,使用寿命长 | 适用于各种混凝土施工,对于塑性、平塑性、干硬性、半干硬性以及有钢筋或无钢筋的混凝土捣实均能适用 |
| | 软轴偏心式 | 偏心振动子是装在振动棒体内的偏心轴旋转时产生的离心力造成振动,偏心轴的转速和振动频率相等。其主要特点是体积小,质量轻,转速高,不需防逆装置,结构简单 | 适用于各种混凝土施工,对于塑性、平塑性、干硬性、半干硬性以及有钢筋或无钢筋的混凝土捣实均能适用 |
| | 直联式 | 电动机和振动棒连成一体,棒径大、效率高,振动子为行星式或偏心式 | 适用于捣实塑性、低流态及一般干硬性混凝土,常与变频机组配套作业 |

续上表

| 分类 | | 特点 | 适用范围 |
|---|---|---|---|
| 外部(附着)式 | 附着式 | 振动力由偏心块产生,振动器用螺栓或其他锁紧装置固定在模板外部,间接传振给混凝土 | 适用于成型构件模板或成型机上作振密作业,还可固定在滑槽、料斗、振动导管等上面作为振动运输、给料或筛分之用 |
| | 平板式 | 在附着式振动器底部附加一块固定板,即成为平板式振动器,可直接放在混凝土表面上移动,进行振实 | 适用于振实大面积、厚度小的混凝土混合料,如混凝土预制构件板、路面、桥面等 |
| 振动台 | | 装有激振器的机架支承在弹簧上,机架上安置装有混凝土混合料的钢模板,在激振器作用下,机架连同模板及混合料一起振动;使混凝土密实成型 | 大批生产空心板、壁板及厚度不大的梁柱构件等的成型设备 |

## 二、混凝土振动器的技术性能

各种振动器的主要技术性能见表2-81～表2-85。

**各型插入式(内部)振动器主要技术性能** 表2-81

| 型式 | 型号 | 振动棒(器) | | | | | 软轴软管 | | 电动机 | |
|---|---|---|---|---|---|---|---|---|---|---|
| | | 直径(mm) | 长度(mm) | 频率(次/min) | 振动力(kN) | 振幅(mm) | 软轴直径(mm) | 软管直径(mm) | 功率(kW) | 转速(r/min) |
| 电动软轴行星式 | ZN25 | 26 | 370 | 15 500 | 2.2 | 0.75 | 8 | 24 | 0.8 | 2 850 |
| | ZN35 | 36 | 422 | 13 000～14 000 | 2.5 | 0.8 | 10 | 30 | 0.8 | 2 850 |
| | ZN45 | 45 | 460 | 12 000 | 3～4 | 1.2 | 10 | 30 | 1.1 | 2 850 |
| | ZN50 | 51 | 451 | 12 000 | 5～6 | 1.15 | 13 | 36 | 1.1 | 2 850 |
| | ZN60 | 60 | 450 | 12 000 | 7～8 | 1.2 | 13 | 36 | 1.5 | 2 850 |
| | ZN70 | 68 | 460 | 11 000～12 000 | 9～10 | 1.2 | 13 | 36 | 1.5 | 2 850 |
| 电动软轴偏心式 | ZPN18 | 18 | 250 | 17 000 | | 0.4 | | | 0.2 | 11 000 |
| | ZPN25 | 26 | 260 | 15 000 | | 0.5 | 8 | 30 | 0.8 | 15 000 |
| | ZPN35 | 36 | 240 | 14 000 | — | 0.8 | 10 | 30 | 0.8 | 15 000 |
| | ZPN50 | 48 | 220 | 13 000 | | 1.1 | 10 | 30 | 0.8 | 15 000 |
| | ZPN70 | 71 | 400 | 6 200 | | 2.25 | 13 | 36 | 2.2 | 2 850 |
| 电动直联式 | ZDN80 | 80 | 436 | 11 500 | 6.6 | 0.8 | | 0.8 | 11 500 | |
| | ZDN100 | 100 | 520 | 8 500 | 13 | 1.6 | — | 1.5 | 8 500 | — |
| | ZDN130 | 130 | 520 | 8 400 | 20 | 2 | | 2.5 | 8 400 | |
| 风动偏心式 | ZQ50 | 53 | 350 | 15 000～18 000 | 6 | 0.44 | | | | |
| | ZQ100 | 102 | 600 | 5 500～6 200 | 2 | 2.58 | — | — | — | — |
| | ZQ150 | 150 | 800 | 5 000～6 000 | | 2.85 | | | | |
| 内燃行星式 | ZR35 | 36 | 425 | 14 000 | 2.28 | 0.78 | 10 | 30 | 2.9 | 3 000 |
| | ZR50 | 51 | 452 | 12 000 | 5.6 | 1.2 | 13 | 36 | 2.9 | 3 000 |
| | ZR70 | 68 | 480 | 12 000～14 000 | 9～10 | 1.8 | 13 | 36 | 2.9 | 3 000 |

**平板式振动器主要技术性能** 表 2-82

| 型　号 | 振动平板尺寸(mm)(长×宽) | 空载最大激振力(kN) | 空载振动频率(Hz) | 偏心力矩(N·cm) | 电动机功率(kW) |
|---|---|---|---|---|---|
| ZB55-50 | 780×468 | 5.5 | 47.5 | 55 | 0.55 |
| ZB75-50 (B-5) | 500×400 | 3.1 | 47.5 | 50 | 0.75 |
| ZB110-50 (B-11) | 700×400 | 4.3 | 48 | 65 | 1.1 |
| ZB150-50 (B-15) | 400×600 | 9.5 | 50 | 85 | 1.5 |
| ZB220-50 (B-22) | 800×500 | 9.8 | 47 | 100 | 2.2 |
| ZB300-50 (B-22) | 800×600 | 13.2 | 47.5 | 146 | 3.0 |

**附着式振动器主要技术性能** 表 2-83

| 型　号 | 附着台面尺寸(mm)(长×宽) | 空载最大激振力(kN) | 空振振动频率(Hz) |
|---|---|---|---|
| ZF18-50 (ZFl) | 215×175 | 1.0 | 47.5 |
| ZF55-50 | 600×400 | 5 | 50 |
| ZF80-50 (ZW-3) | 336×195 | 6.3 | 47.5 |
| ZF100-50 (ZW-13) | 700×500 | | 50 |
| ZF150-50 (ZW-10) | 600×400 | 5~10 | 50 |
| ZF180-50 | 560×360 | 8~10 | 48.2 |
| ZF220-50 (ZW-20) | 400×700 | 10~18 | 47.3 |
| ZF300-50 (YZF-3) | 650×410 | 10~20 | 46.5 |

| 型　号 | 偏心力矩(N·cm) | 电动机功率(kW) | |
|---|---|---|---|
| ZF18-50 (ZFl) | 10 | 0.18 | |
| ZF55-50 | | 0.55 | |
| ZF80-50 (ZW-3) | 70 | 0.8 | |
| ZF100-50 (ZW-13) | | 1.1 | |
| ZF150-50 (ZW-10) | 50~100 | 1.5 | |
| ZF180-50 | 170 | 1.8 | |
| ZF220-50 (ZW-20) | 100~200 | 2.2 | |
| ZF300-50 (YZF-3) | 220 | 3 | |

**振动台主要技术性能** 表 2-84

| 型　号 | 载质量(t) | 振动台面尺寸(mm) | 空载最大激振力(kN) |
|---|---|---|---|
| ZT0.3(ZT0610) | 0.3 | 600×1 000 | 9 |
| ZT10(ZT1020) | 1.0 | 1 000×2 000 | 14.3×30.1 |
| ZT2(ZT1040) | 2.0 | 1 000×4 000 | 22.34~48.4 |
| ZT2.5(ZT1540) | 2.5 | 1 500×4 000 | 62.48~56.1 |
| ZT3(ZT1560) | 3 | 1 500×6 000 | 83.3~127.4 |
| ZT5(ZT2462) | 3.5 | 2 400×6 200 | 147~225 |

| 型　号 | 空载振动频率(Hz) | 电动机功率(kW) | |
|---|---|---|---|
| ZT0.3(ZT0610) | 49 | 1.5 | |
| ZT10(ZT1020) | 49 | 7.5 | |
| ZT2(ZT1040) | 49 | 7.5 | |
| ZT2.5(ZT1540) | 49 | 18.5 | |
| ZT3(ZT1560) | 49 | 22 | |
| ZT5(ZT2462) | 49 | 55 | |

混凝土振动台主要技术性能　　表 2-85

| 型　号 | SZT-0.6×1 | SZT-1×1 | HZ9-1×2-0 | HZ9-1×4 | HZ9-1.5×4 | HZ91.5×6-0 | HZ9-2.4×6.2 |
|---|---|---|---|---|---|---|---|
| 台面尺寸(mm) | 600×1 000 | 1 000×1 000 | 1 000×2 000 | 1 000×4 000 | 1 500×4 000 | 1 500×6 000 | 2 400×6 200 |
| 振动频率(r/min) | 2 850 | 2 850 | 2 850 | 2 850 | 2 940 | 2 940 | 1 470～2 850 |
| 激振力(kN) | 4.52～13.16 | 4.52～13.16 | 146～30.7 | 22.8～49.4 | 63.7～98 | 85～130 | 150～230 |
| 振幅(mm) | 0.3～0.7 | 0.3～0.7 | 0.3～0.9 | 0.3～0.7 | 0.3～0.7 | 0.3～0.8 | 0.3～0.7 |
| 电动机功率(kW) | 1.1 | 1.1 | 7.5 | 7.5 | 22 | 22 | 25 |
| 总质量(kg) | 272 | 330 | 900 | 1 450 | 3 000 | 4 000 | 6 500 |
| 最大承载质量(kg) | 340 | 450 | 1 000 | 2 000 | 3 000 | 3 000 | 5 000 |

## 三、混凝土振动器的构造

### 1. 内部振动器的构造

内部振动器又称振入式振劝器(振动棒),它由原动机、传动装置和工作装置三部分组成。其工作装置为棒状空心圆柱体,圆柱体内部装有振动子,在动力驱动下,振动子所产生的振动引起整个棒体发生高频低幅机械振动。作业时将它插入已浇筑好的混凝土中,棒体可将其周围一定范围内的混凝土振动密实。内部振动器适用于振实深度和厚度较大的构件或结构物;对塑性、干硬性混凝土均可适用。

电动式振动器具有结构简单、体积小、质量轻等优点,因而插入式振动器绝大部分采用电动机驱动。因电动机与振动棒之间的传动形式不同,可分为软轴式和直联式两种。一般小型振动器多采用软轴式,而大型振动器则多采用直联式。插入振动器根据振动子激振原理不同,又可分为行星式和偏心式两种。图 2-59 为电动行星插入式振动器结构示意图;图 2-60 为直联插入式振动器结构示意图。

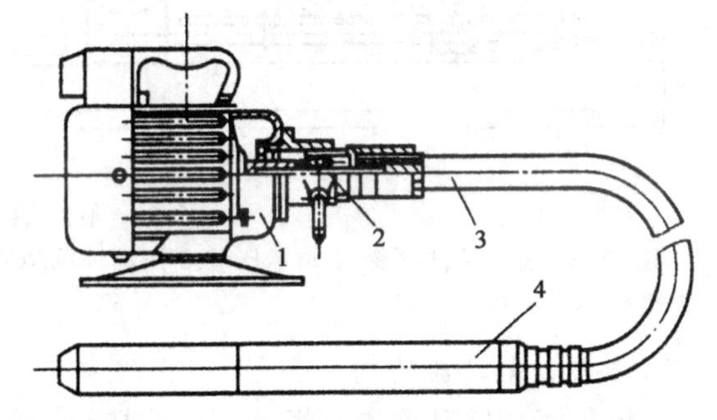


图 2-59　电动行星插入式振动器结构示意图

1-电动机;2-防逆装置;3-软轴软管组件;4-振动棒

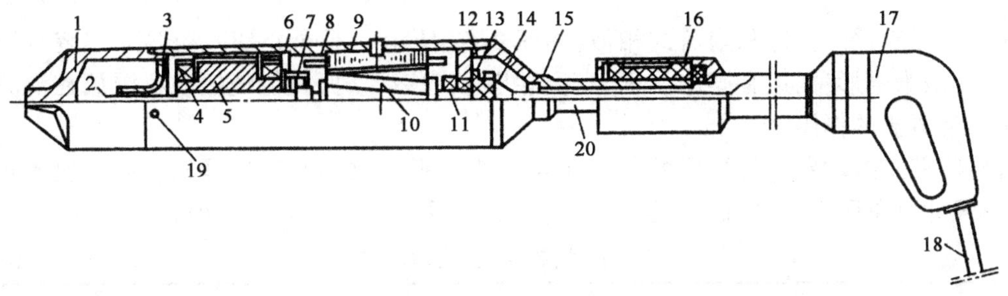


图 2-60　直联插入式振动器结构示意图

1-端塞;2-吸油嘴;3-油盆;4、13-轴承;5-偏心轴;6-油封座;7、11-油封;8-棒壳;9-定子;10-转子;12-轴承座;14-接线盖;15-尾盖;16-减振器;17-手柄;18-引出电缆;19-圆销钉;20-连接杆

2. 外部振动器的构造

外部振动器是在混凝土外部或表面进行振动密实的振动设备。根据作业的不同需要，可分为附着式和平板式两种；按其动力源的不同，又可分为电动式、电磁式和风动式三种。建筑施工中普遍使用电动式。

1）附着式振动器的构造

附着式振动器是依靠其底部螺栓或其他锁紧装置固定在模板、滑槽、料斗、振动导管等上面，间接将振动波传递给混凝土或其他被振密的物料，作为振动输送、振动给料或振动筛分之用。它还可安装在混凝土搅拌站（楼）的料仓上用作“破拱器”。在一个成形构件的模板上或成形机上，可根据振动频率需要，装上一台或数台附着式振动器，同时进行混凝土振密作业。

附着式振动器按其动力及频率的不同，有多种规格，使其构造基本相同，都是由主机和振动装置组合而成，如图 2-61 所示。

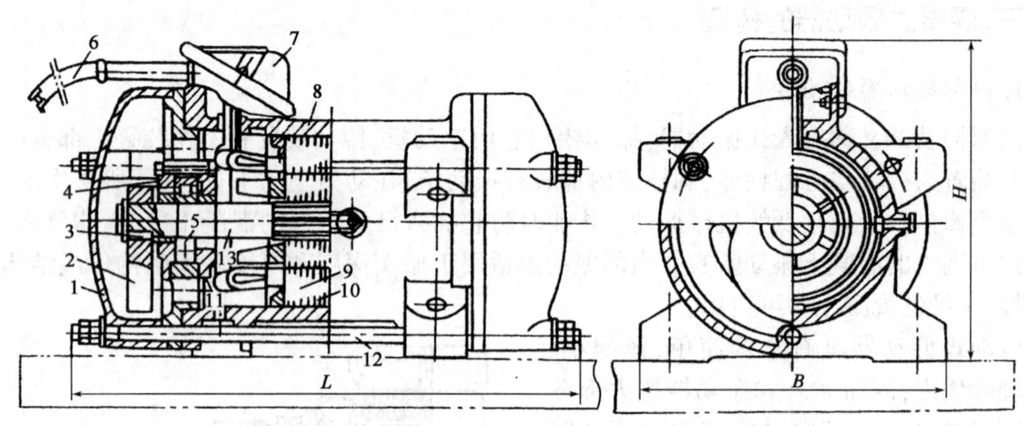


图 2-61　附着式振动器结构示意

1-端盖；2-偏心振动子；3-平键；4-轴承压盖；5-滚动轴承；6-电缆；7-接线盒；8-机壳；9-转子；10-定子；11-轴承座盖；12-螺栓；13-轴

2）平板式振动器的构造

平板式振动器又称表面振动器，它是直接浮放在混凝土表面上，可移动地进行振捣作业。它的振动深度一般为 150～250mm。适用于坍落度不太大的塑性、平塑性、干硬性、半干硬性的混凝土或浇筑层不厚、表面较宽敞的混凝土捣实，如用于预制构件板、路面、桥面等最为合适。

平板式振动器的构造和附着式相似，如图 2-62 所示。不同处是振动器下部装有钢制振板，振板一般为槽形，两边有操作手柄，可系绳提拖着移动。振板能使振动器浮放在混凝土上达到振实混凝土的作用。

如将附着式振动器改装为平板式振动器，只需在振动器的底座用螺栓紧固一块木板或金属板，其尺寸可参照表 2-86 配制，也可自定，以能使振动器浮在混凝土即可。

**常用软轴、软管主要技术规格**　　表 2-86

| | | | | | | | | | |
|---|---|---|---|---|---|---|---|---|---|
| 软轴 | 公称直径（mm） | 5 | 6 | 8 | 10 | 12 | 13 | 16 | 19 |
| | 最小弯曲半径（mm） | 120 | 140 | 160 | 180 | 190 | 200 | 230 | 280 |
| | 最大转矩（N·m） | 14 | 21 | 30 | 38 | 48 | 50 | 61 | 74 |

续上表

| 规格 | | 类型 | | | | | | | |
|---|---|---|---|---|---|---|---|---|---|
| | | 橡胶扁簧软管 | | | 金属衬簧软管 | | 金 属 软 管 | | |
| 软管 | 内径(mm) | 16 | 18 | 20 | 25 | 32 | 20 | 25 | 32 |
| | 外径(mm) | 26 | 32 | 36 | 42 | 48 | 25 | 32 | 38 |
| | 长度(m) | 3.8 | 3.6 | 4 | | | 12 / 15 | | |
| | 最小弯曲半径(mm) | 260 | 280 | 300 | 360 | 400 | 220 | 250 | 300 |

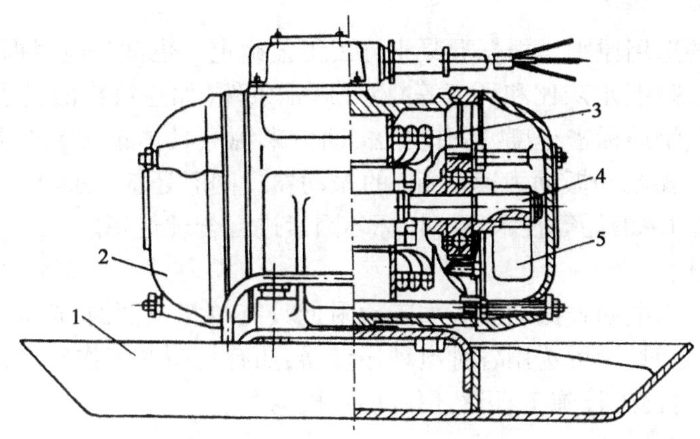


图 2-62 平板式混凝土振动器外形结构

1-底板;2-外壳;3-定子;4-转子轴;5-偏心振动子

3)混凝土振动台的构造

混凝土振动台又称台式振动器,它是混凝土拌和料的振动成形机械。振动台的机架支承在弹簧上,机架下装有激振器,机架上安置成形制品钢模板,模板内装有混凝土拌和料,在激振器作用下,机架连同装有混凝土拌和料的模板一起振动,使混凝土在振动下密实成形。它是预制构件厂的主要成形设备,用于大批量生产空心板、壁板以及厚度不大的混凝土构件。振动台根据其载质量不同有多种型号,除台面尺寸不同外,其构造基本相同,混凝土振动台的主要结构示意如图 2-63 所示;传动示意如图 2-64 所示。

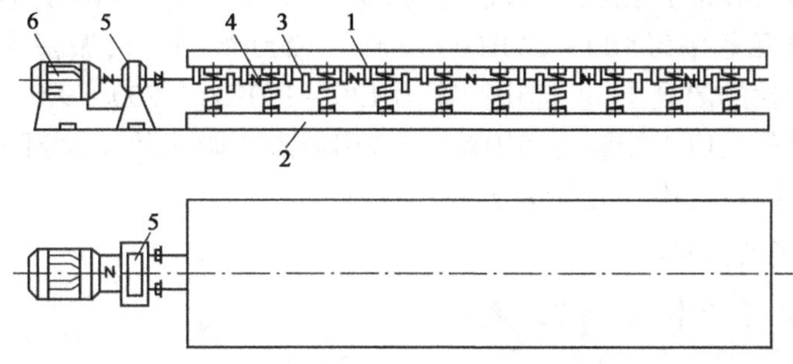


图 2-63 ZT3 型振动台结构示意

1-上部框架(台面);2-下部框架;3-振动子;4-支承弹簧;5-齿轮同步器;6-电动机

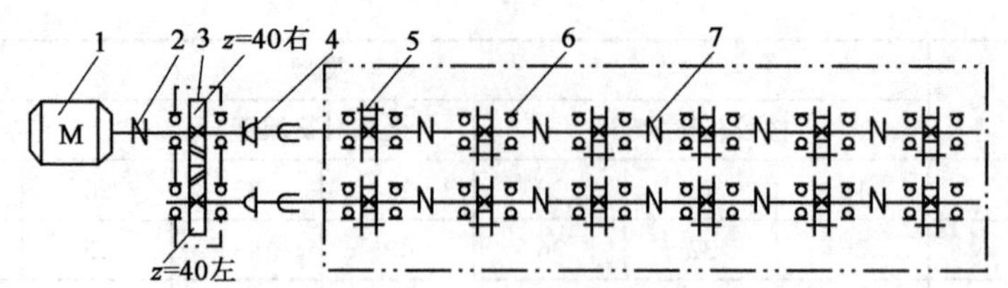


图 2-64　ZT3 型振动台传动示意

1-电动机;2、7-弹性联轴器;3、6-轴承;4-万向联轴器;5-偏心振动子

## 四、混凝土振动器的使用

1. 混凝土振动器的选择

混凝土振动器的选用原则是根据混凝土施工工艺确定。也就是应根据混凝土的组成特性(如集料粒径、粒形、级配、水灰比和稠度等)以及施工条件(如建筑物的类别、规模和构件的形状、断面尺寸和宽窄、钢筋稀密程度、操作方法、动力来源等具体情况),选用适合的机型和工作参数(如振动频率、振幅和振动力速度等)的振动器。同时还应根据振动器的结构特点、供应条件、使用寿命和功率消耗等技术经济指标各因素进行合理选择。

1)动力形式的选择

建筑施工普遍采用电动式振动器。如工地附近只有单相电源时,应选用单相串励电动机的振动器;有三相电源时,则可选用各种电动振动器;如有瓦斯的工作环境,应选用风动式振动器;如在无电源的临时性工程施工,可选用内燃式振动器。

2)结构形式的选择

大面积混凝土基础的柱、梁、墙,厚度较大的板以及预制构件的振实,可选用插入式振动器;钢筋稠密或混凝土较薄的结构以及不宜使用插入式振动器的地方,可选用附着式振动器;面积大而平整的结构物,如地面、屋面、路面等,通常选用平板式振动器;而混凝土构件预制厂的空心板、壁板及厚度不大的梁柱构件等,则选用振动台可取得快速而有效的振实效果。

3)振动频率的选择

一般情况下,高频率振动器,适用于干硬性混凝土和塑性混凝土的振捣,而低频率的振动器则一般作为外部振动器使用。在实际施工中,振动器使用频率在 50 ~ 350Hz(3 000 ~ 20 000 次/min)范围内。对于普通混凝土振捣,可选用频率为 120 ~ 200Hz(7 800 ~ 12 000 次/min)的振动器;对于大体积(如大坝等)混凝土,振动的平均振幅不应小于 0.5 ~ 1mm,频率可选 100 ~ 200Hz(6 000 ~ 1 2000 次/min);对于一般建筑物,混凝土坍落度为 3 ~ 6cm,集料最大粒径在 80 ~ 150mm 之间时,可选用频率为 100 ~ 120Hz(6 000 ~ 7 200 次/min),振幅为 1 ~ 1.5mm 的振动器;对于小集料低塑性的混凝土,可选用频率为 120 ~ 150Hz(7 200 ~ 9 000 次/min)以上的振动器;对于干硬性混凝土由于振波传递困难,应选用插入式振动器,但其干硬系数超过 60s 时,高频振幅也难以振实,应选用外力分层加压。

2. 混凝土振动器的生产率

1)内部振动器的生产率($m^3/h$)计算公式

$$P_{内} = 2R^2 K\delta \frac{3\ 600}{t + t_1} \tag{2-14}$$

式中:$R$——作用半径(m);

$K$——时间利用系数,一般取 0.85;

$\delta$——每层混凝土厚度(m);

$t$——每一位置振动的延续时间(s);

$t_1$——振动器从一点移到另一点所需时间(s)。

2)表面振动器的生产率($m^3/h$)计算公式

$$P_{表} = KS\delta \frac{3\ 600}{t + t_1} \tag{2-15}$$

式中:$S$——振动器振动平板的面积($m^2$)。

3)振动器提高生产率的措施

(1)振动棒的插入位置和移动应有规律,移动距离应为作用半径的 1.5 倍,过大会漏振,影响捣实质量;过小会重振,降低生产率。对平板振动器,移动时也应有规律,移动行列间相互搭接应控制在 3 ~ 5cm 之间,不宜过大或过小。

(2)浇筑混凝土层厚度应和振动器的插入深度和有效振捣深度相配合。

(3)合理控制捣时间,在保证捣实质量的前提下,严格控制超时振捣。

(4)浇筑混凝土量($m^3/h$)和施工振动器的总生产率应一致,以保证振动器能连续、均匀地工作。

3. 混凝土振动器的施工操作要点

1)插入式振动器

(1)施工作业要点

①插入式振动器在使用前,应检查各部件是否完好,各连接处是否紧固,电动机绝缘是否良好,电源电压和频率是否符合铭牌规定。检查合格后,方可通电试运行。

②振动器的电动机旋转时,若软轴不转,振动棒不起振,是电动机旋转方向不对,可调换任意两相电源线即可;若软轴转动,振动棒不起振,可摇晃棒头轻嗑地面,即可起振。当试运转正常后,方可投入作业。

③使用时,前手应紧握在振动棒上端约 50cm 处,以控制插点;后手扶正软管,前、后手相距 40 ~ 50cm,使振捣棒自然沉入混凝土内。切忌用力硬插或斜推。振捣器的振捣方向有直插和斜插两种,如图 2-65 所示。

④混凝土分层浇筑时,每层的厚度不应超过振捣棒长的 1.25 倍,在振捣上一层混凝土时,要将振捣棒插入下一层混凝土中 5 ~ 10cm,如图 2-66 所示,使上下层混凝土结合成一整体。振捣上层混凝土要在下层混凝土初凝前进行。

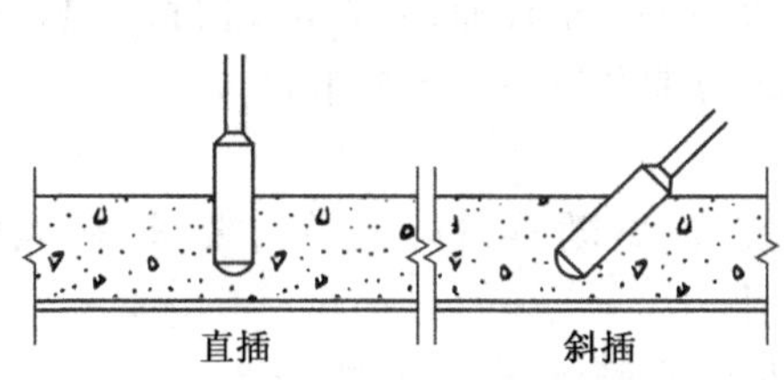


图 2-65 插入式振捣器的振捣方法

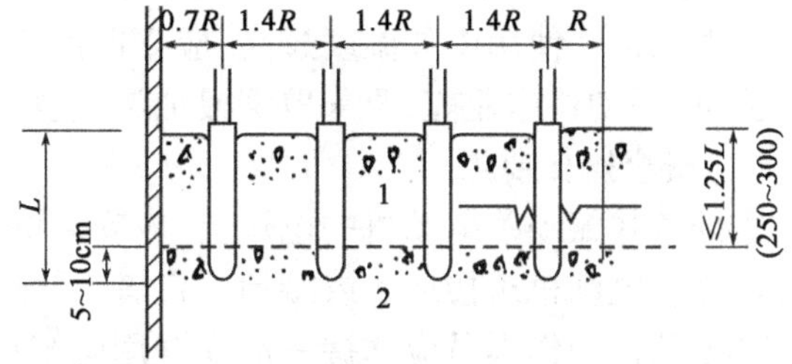


图 2-66 插入式振捣器的插入深度

1-新灌注的混凝土;2-下层已振捣但尚未初凝的混凝土;

R-有效作用半径;L-振捣棒长

⑤振捣器插点排列要均匀，可按“行列式”或“交叉式”的次序移动，如图2-67所示。两种排列形式不宜混用，以防漏振。普通混凝土的移动间距不宜大于振捣器作用半径的1.5倍；轻集料混凝土的移动间距不宜大于振捣器作用半径的1倍；振捣器距离模板不应大于作用半径的1/2，并应避免碰撞钢筋、模板、芯管及预埋件等。

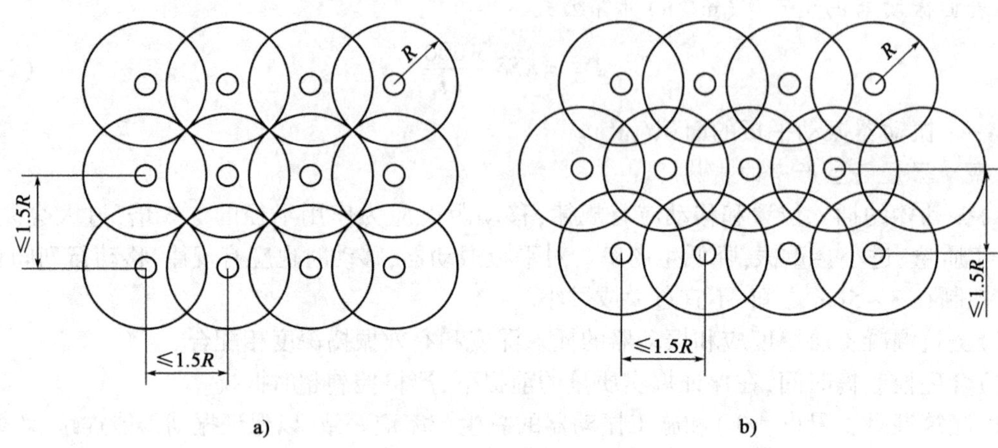


图2-67　振动棒插入及移动位置示意

a)行列式；b)交叉式

⑥作业时，要使振动棒自然沉入混凝土，不可用力猛往下推。一般应垂直插入，并插到下层尚未初凝层中50～100mm，以促使上下层混凝土相互结合。

⑦作业时，振动棒插入混凝土的深度不应超过棒长的2/3～3/4。否则振动棒将不易拔出而导致软管损坏；更不得将软管插入混凝土中，以防砂浆浸蚀及渗入软管而损坏机件。

⑧振捣时，要做到“快插慢拔”。快插是为了防止将表层混凝土先振实，与下层混凝土发生分层、离析现象。慢拔是为了使混凝土能来得及填满振动棒抽出时所形成的空间。

⑨振动棒在混凝土内振密的时间，一般每插点振20～30s，直到混凝土不再显著下沉、不再出现气泡，表面泛出水泥浆和外观均匀为止。如振密时间过长，有效作用半径虽然能适当增加，但总的生产率反而降低，而且还可能使振动棒附近混凝土产生的离析。这对塑性混凝土更显重要。此外，振动棒下部振幅要比上部大，故在振密时，应将振动棒上下抽动5～10cm，使混凝土均匀振密。

⑩作业中要避免将振动棒触及钢筋、芯管及预埋件等，更不得采取通过振动棒振动钢筋的方法来促使混凝土振密。否则就会因振动而使钢筋位置变动，还会降低钢筋与混凝土之间黏结力，甚至会发生相互脱离，尤其对预应力钢筋影响更大。

⑪振动器在使用中如温度过高，应立即停机冷却检查，如机件故障，要及时进行修理。冬季低温下，振动器作业前，要采取缓慢加温，使棒体内的润滑油解冻后，方能作业。

(2)安全操作要点

①插入式振动器电动机的电源上，应安装漏电保护装置，熔断器选配应符合要求，接地应安全可靠。电动机未接地线或接地不良者，严禁开机使用。

②振动器操作人员应掌握一般安全用电知识，作业时应穿戴绝缘胶鞋和手套。

③作业中移动振动器时，应先停止电动机转动；搬动振动器时，应先切断电源；不可用软管或电缆线拖拉、扯动电动机。

④电缆上不可有裸露之处；电缆线必须放置在干燥、明亮处；不允许在电缆上堆放其他物

品以及车辆在其上面通过;更不能用电缆线吊挂振动器等。

⑤作业时,振动棒软管弯曲半径不可小于规定值;软管不可有破损或断裂;若软管使用过久,长度变长时,应及时进行修复或更换。

⑥振动器起振时,必须由操作人员掌握,不可将起振的振动棒平放在钢板或水泥板等硬物上,以免振坏。

⑦严禁用振动棒撬拔钢筋和模板,或将振动棒当锤使用。操作时勿使振动棒头夹到钢筋里或其他硬物中而造成损坏。

⑧作业完毕,应将电动机、软管、振动棒等擦刷干净,按规定要求进行维护作业;振动器存放时,不可堆压软管,应将软管及振动棒平直放好,以防变形,并应防止电动机受潮。

2)附着式、平板式振动器

(1)施工作业要点

①外部振动器设计时不考虑轴承受轴向力,故在使用时,电动机轴应呈水平状态。

②振动器作业前应进行检查和试运转,试运转时不可在干硬土或硬物体上运转,以免振动器振跳过甚而受损。安装在搅拌站(楼)料仓上的振动器应安置橡胶垫。

③振动器安装时,底板安装螺孔的位置应正确,否则地脚螺栓将扭斜而使机壳受损。地脚螺栓必须紧固,各螺栓紧固程度保持一致。

④振动器使用时,引出电缆不能拉得过紧,以防断裂。制作时必须随时注意电气设备的安全,电源线中应装设熔断器。

⑤装置振动器的构件模板要坚固牢靠,构件面积应与振动器额定振动面积相适应。

⑥附着式振捣器的有效作用深度约为25cm,如构件较厚时,可在构件对应两侧安装振捣器,同时进行振捣。

⑦附着式振动器安装在模板上的连接必须牢靠,作业过程中应随时注意防止由于振动而松动,应经常检查和坚固连接螺栓。

⑧在同一模板上同时使用多台附着式振捣器时,各振捣器的频率须保持一致,两面的振捣器应错开位置排列。其位置和间距视结构形状、模板坚固程度、混凝土坍落度及振捣器功率大小,经试验确定。一般每隔1~1.5m设置一台振捣器。

⑨当结构构件断面较深、较狭时,可采用边浇筑、边振捣的方法。但对于其他垂直构件,须在混凝土浇筑高度超过振捣器的高度时,方可开动振捣器进行振捣。振捣的延续时间以混凝土成一水平且无气泡出现时方可停止振捣。

⑩附着式振动器作业时,一般安装在混凝土模板上,每次振动时间不超过1min。当混凝土在模板内泛浆流动成水平即可停振。不得在混凝土初凝状态时再振,也不得使周围的振动影响到已初凝的混凝土,以防影响混凝土的质量。

⑪平板振动器作业时,振动器的平板要与混凝土保持接触,使振波有效地传到混凝土而使之振实。当表面出浆、不再下沉后,即可缓慢向前移动。移动方向应按电动机旋转方向自动地向前或向后,移动速度以能保证每一处混凝土振密出浆为准。振动中的振动器,不得放在已凝或初凝的混凝土上,以免振伤。

⑫平板振动器作业时,应分层分段进行大面积的振动,移动时应有列有序,前排振捣一段后可原排返回进行第二次振动或振动第二排,两排搭接以5cm为宜。

⑬在水平混凝土表面进行振捣时,平板式振动器是利用电动机振动所产生的惯性水平分力自行移动的,操作者只要控制移动的方向即可。但必须注意作业时应使振动器的平板和混

凝土表面保持接触。

⑭平板振捣器在每一位置上连续振动的时间,一般情况约为25~40s,以混凝土表面均匀出现清浆为准。移动时应成排依次振捣前进。前后位置和排与排之间,应保证振捣器的平板覆盖已振实部分的边缘,一般重叠3~5cm为宜,以防漏振。移动方向应与电动机转动方向一致。

⑮平板振捣器的有效作用深度。在无筋或单筋平板中为20cm;在双筋平板中约为12cm。因此,混凝土厚度一般不超过振捣器的有效作用深度。

⑯大面积的混凝土楼地面,可采用两台平板振捣器以同一方向安装在两条木杠上,通过木杠的振动,使混凝土密实,但两台振捣器的频率应保持一致。

⑰平板振捣器在振捣带斜面的混凝土时,振捣器应由低处逐渐向高处移动,以保证混凝土密实。

⑱振动中移动的速度和次数,应根据混凝土的干硬程度及其浇筑厚度而定;振动的混凝土厚度不超过20cm时,振动两遍即可满足质量要求。第一遍横向振动使混凝土振实;第二遍纵向振捣,使表面平整。对于干硬性混凝土可视实际情况,必要时可酌情增加振捣遍数。

⑲振动中的振动器不可放在已凝或初凝的混凝土上,以免振伤。

(2)安全操作要点

①表面振动器大部分是在露天潮湿的场地上作业的,电气部分容易发生故障或漏电伤人,故必须严格遵守用电安全操作守则。

②操作中振动器移位时,电动机的导线应保持足够的长度和强度,勿使其张拉过紧而拉断。

③作业中应经常检查电动机脚座、机壳及振板是否完好,连接是否牢固,如有松动应及时紧固。带有缓冲弹簧的平板振动器,弹簧应保持良好的减振性能。

④表面振动器电动机两端的轴承端盖不可发生松旷,应注意保持螺栓的紧固。

⑤振动器必须装有漏电保护器和接地或接零装置。

3)振动台使用要点

(1)振动台应安装在牢固的基础上,地脚螺栓应有足够的强度并拧紧。在基础中间必须留有地下坑道,以方便调整和维修。

(2)使用前要进行检查和试运转,检查机件是否完好,所紧固件特别是轴承座螺栓、偏心块螺栓、电动机和齿轮箱螺栓等,必须紧固牢靠。

(3)振动台不宜在空载状态时作长时间运转。作业中必须安置牢固可靠的模板并锁紧夹具,以保证模板中的混凝土和台面一起振动。

(4)齿轮因承受高速重负荷,故需有良好的润滑和冷却;齿轮箱油面应保持在规定的水平面上,作业时油温不可超过70℃。

(5)应经常检查各类轴承并定期拆洗更换润滑脂。作业中要注意检查轴承温升,发现过热应停机检修。

(6)电动机接地应良好可靠,电源线和线接头绝缘良好,不可有破损漏电现象。

(7)振动台台面应经常保持清洁平整,使其和模板接触良好。由于台面在高频重载下振动,容易产生裂纹,必须注意检查,及时修补。

## 五、混凝土振动器的维护

### 1. 混凝土振动器的定期维护

混凝土振动器属小型机具，结构简单，其定期维护可分为每班维护和定期维护两级。定期维护的间隔期为200工作小时，由于振动器一般没有运转记录，间隔期很难掌握，可在混凝土工程完成后将振动器集中进行检查维护后存放，以备下次需用时即可使用。

1）插入式振动器

（1）每班维护（作业前、中、后进行）

①作业前检查。

a. 各连接件应完整无损，紧固良好。

b. 软管无破裂、断层和严重变形，接头紧固牢靠。

c. 防逆装置应灵敏有效，装上振动棒后，运转应平稳、声音正常。

②作业中应检查轴承温度不大于60℃（以手摸能忍住为限），如温度过高，应停机降温后再用。

③作业后，清除机体表面的灰浆和脏物，放置干燥处保管。

（2）定期维护（每隔200工作小时进行）

①进行每班维护的全部工作。

②将振动棒从软管、软轴的接头拧下，再将棒头拧下（均为左旋螺纹），即可将滚锥连同其上的轴承、油封等一并取出，检查轴承完好情况，清洗后加润滑脂，清除棒内油污，更换油封后重新装配，其连接螺纹处应涂密封材料进行密封，以防渗水。

③拆检软轴磨损情况，如磨损严重或折断，可将损坏处切掉后重新焊接，但不得超过两个焊点。软轴直径允许偏差为±0.3mm，前后插销应装配牢固并加注润滑油。

④如因软管伸长造成软轴插头不能和锥键相结合，可将软管截去约50mm，再重新装好。

⑤电动机使用500h后，应将轴承拆下清洗干净，加注润滑脂后重新装好。

2）外部振动器

附着式、平板式振动器的维护，可参照插入式振动器相关内容执行。

3）振动台

（1）每班维护（作业前、中、后进行）

①作业前检查：

a. 各部位螺栓应紧固牢靠，不得有缺损。

b. 齿轮箱的油位，不足时添加。

c. 传动轴无弯曲变形，连接应牢固。

②作业中察听运转声音，应无异响；轴承无高温。

③作业后清除机体和台面上的尘土和污物。对各部销轴加注润滑油，并在偏心体上涂抹机油。

（2）定期维护（每隔200工作小时后进行）

①进行每班维护的全部工作。

②检查各部油封，更换渗漏的油封。

③检查传动机构，校正弯曲的轴、销。联轴器的胶垫应无硬化变质，连接孔磨损不得过大，装配时应保持在同一轴线上。对各轴承加注润滑油，更换磨损超限的轴承。润滑部位及周期见表2-87。

混凝土振动台润滑部位及周期　　表 2-87

| 润滑部位 | 点数 | 润 滑 剂 | 润滑周期(h) | 备　注 |
|---|---|---|---|---|
| 各部轴销 | 全部 | 机械油:冬 HJ-20　夏 HJ-30 | 4 | |
| 齿轮箱 | 1 | 齿轮油:冬 HJ-20　夏 HJ-30 | 100 加注 | 600h |
| 传动轴承 | 12 | 钙基脂:冬 ZG-2　夏 ZG-4 | 100 | 更换 |

④清洗齿轮箱和箱体,检查齿轮和轴承的磨损情况,必要时进行调整或修复,加注或更换齿轮油。

⑤检查偏心振动装置,如有磨损,应予更换。

2. 混凝土振动器的故障排除

混凝土振动器的常见故障及排除方法见表 2-88 ~ 表 2-90。

插入式振动器常见故障及排除方法　　表 2-88

| 故 障 现 象 | 故 障 原 因 | 排 除 方 法 |
|---|---|---|
| 电动机转速降低,停机再起动时不转 | 1. 定子磁铁松动;<br>2. 一相熔丝烧断或一相断线 | 1. 拆卸检修;<br>2. 更换熔丝、检查、接通断线 |
| 电动机旋转,软轴不旋转或缓慢转动 | 1. 电动机旋向接错;<br>2. 软管过长;<br>3. 防逆装置失灵;<br>4. 软轴接头与软轴松脱 | 1. 对换电源任二相;<br>2. 软轴软管接头一端对齐,另一端要使软轴接头比软管接头长 55mm,多余软管要截去;<br>3. 修复防逆装置使之正常工作;<br>4. 设法紧固 |
| 开启电动机,软管抖振剧烈 | 1. 软轴过长;<br>2. 软轴损坏,软管压坏或软管衬簧不平 | 1. 软轴软管接头一端对齐,多余的软轴锯掉;<br>2. 更换合适的软轴软管 |
| 振动棒轴承发热 | 1. 轴承润滑脂过多或过少;<br>2. 轴承型号不对,游隙过小;<br>3. 轴承外圈与套管配合过松 | 1. 相应增减润滑脂;<br>2. 更换符合要求的轴承;<br>3. 更换轴承或套管 |
| 滚道处过热 | 滚锥与滚道安装相对尺寸不对 | 重新装配 |
| 振动棒不起振 | 1. 软轴和振动子之间未接好或软轴扭断;<br>2. 滚锥与滚道安装尺寸不对;<br>3. 轴承型号不对;<br>4. 锥轴断;<br>5. 滚处有油、水 | 1. 接好接头,或更换软轴;<br>2. 重新装配;<br>3. 更换符合要求的轴承;<br>4. 更换锥轴<br>5. 清除油、水,检查油封,消除漏油 |
| 振动无力 | 1. 电压过低;<br>2. 从振动棒外壳漏入水泥浆;<br>3. 行星振动子不起振<br>4. 滚道有油污<br>5. 软管与软轴摩擦力太大 | 1. 调整电压;<br>2. 清洗干净,更换外壳密封;<br>3. 摇晃棒头或将端部轻轻碰木块或地面;<br>4. 清除油污,检查油封,消除漏油;<br>5. 检测软管、软轴长度,使其相符 |

平板式振动器常见故障及排除方法　　表 2-89

| 故 障 现 象 | 故 障 原 因 | 排 除 方 法 |
|---|---|---|
| 不振动 | 1. 偏心块紧固螺栓松脱<br>2. 振动轴弯曲,偏心块卡死 | 1. 拆卸电动机端盖,重新紧固偏心块,使其在轴上固定牢靠;<br>2. 拆卸电动机端盖,校正振动轴,重新安装偏心块 |

续上表

| 故障现象 | 故障原因 | 排除方法 |
|---|---|---|
| 振动板振动不正常,有异响 | 连接螺栓松动或脱落 | 重新连接并紧固螺栓 |
| 电动机过热 | 电动机外壳黏有灰浆使散热不良 | 清除灰浆结块,保持电动机外壳清洁 |

**振动台常见故障及排除方法** 表 2-90

| 故障现象 | 故障原因 | 排除方法 |
|---|---|---|
| 振动不均匀 | 1. 联轴器螺栓松动或断裂;<br>2. 联轴器不同心 | 1. 拧紧或更换螺栓;<br>2. 调整两轴的同心度 |
| 振动不起来 | 1. 电气系统有故障;<br>2. 传动部位有杂物卡住 | 1. 检查找出原因并排除;<br>2. 清除杂物 |
| 运转时有异响 | 1. 齿轮啮合间隙过大或折断;<br>2. 轴承损坏或松旷;<br>3. 缺少润滑油 | 1. 检查更换齿轮;<br>2. 更换轴承;<br>3. 清洗并重新加注润滑油 |

## 六、其他密实成型工艺设备

1. 压力成型工艺

压力成型法是混凝土制品预制工艺的新发展,它不仅可降低振动噪声,而且又可提高生产效率和产品质量。压力成形法的原理是混凝土拌和物在强大的压力作用下,克服颗粒之间的摩擦力和黏结力而相互滑动,把空气和一些多余水分挤压出来,使混凝土得以密实。

2. 真空脱水密实成型工艺技术

真空脱水成型法主要用于现浇混凝土楼板、地面、道路及机场地坪等工程的施工,也可用于预制混凝土楼板、墙板等的生产。在实际生产中,常将真空脱水与振动密实成型工艺配合使用,因此也称为振动真空密实成型法。混凝土制品真空脱水成型作业如图 2-68 所示。

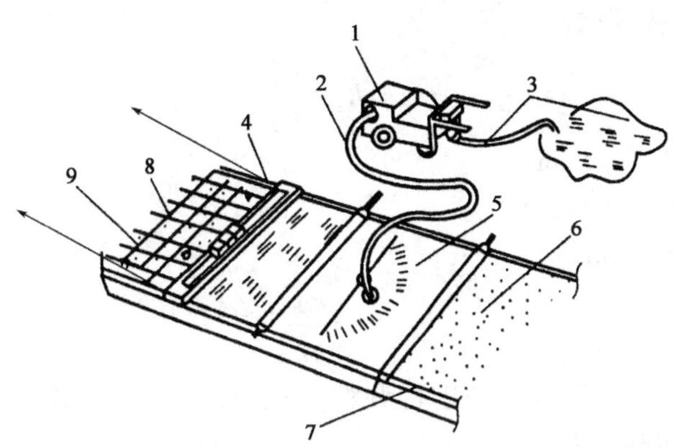


图 2-68 混凝土制品真空脱水成型作业示意图

1-真空泵;2-吸水管;3-排水管;4-振动横梁;5-吸垫;6-成形后混凝土;7-侧模板;8-钢筋;9-混凝土拌和物

真空脱水延续时间,一般厚度的制品可按 1cm 厚需 1min 计算,厚度超过 20cm 时应适当增加作业时间。真空脱水的混凝土层不宜太厚,通常以 15 ~ 20cm 为宜,太厚时应分层脱水或真空度从小到大慢慢增加,否则将会造成上密下疏。经真空脱水的混凝土强度可提高 20% ~ 30%,表面强度提高更多。由于真空脱水的混凝土密实度增加,降低了表面吸水性能,减少了收缩,提高了混凝土的抗渗性、抗冻性和耐磨性。此外,真空脱水工艺能减少振动噪声,提高混凝土的初始结构强度,可立即抹面,缩短了施工工期。

3. 离心密实成型工艺技术

离心密实成型法,适用于制造管状制品,如上下水管、电杆、管桩及管柱等构件。离心法成型的混凝土质量好坏,与混凝土原材料组成,拌和物性质、离心速度、离心时间、离心成型设备及投料方式等有关,生产时应合理选用。

1) 离心速度

混凝土制品在离心成型过程中,一般按慢、中、快三档速度变化。布料阶段为慢速,使混凝土拌和物在较小的离心力作用下,均匀分布于模壁并初步成型;密实阶段采用快速,使混凝土拌和物在较大的离心力作用下,排除混凝土中多余的水分及空气而密实;中速阶段是个必要的过渡阶段,不仅是由慢速到快速的调速过程,而且还可在继续布料与缓和增速的过程中,达到减少分层的目的。在实际生产中,应根据制品管径的大小,参照下列公式计算选择:

布料阶段转速 $n_{慢}$(r/min):

$$n_{慢} = K\frac{30}{\sqrt{R}} \tag{2-16}$$

式中:$K$——经验系数,$K = 1.5 \sim 2.0$;

$R$——制品外壁的半径(cm)。

密实成型阶段转速 $n_{快}$(r/min):

$$n_{快} = \frac{30}{\pi}\sqrt{\frac{3gF}{\gamma A}} \tag{2-17}$$

式中:$F$——混凝土对钢模压力,一般取 $F = 0.5 \sim 1.2$MPa;

$g$——重力加速度,$g = 981$(cm/s$^2$);

$\gamma$——混凝土密度,取 $\gamma = 0.0024$(kg/cm$^3$);

$A$——系数,按下式计算:

$$A = R_2^2 - \frac{R_1^2}{R_2}$$

$R_1$——制品内壁的半径(cm);

$R_2$——制品外壁的半径(cm)。

过渡阶段转速 $n_{中}$(r/min):

$$n_{中} = \frac{n_{快}}{\sqrt{2}}$$

在实际生产中还要根据具体条件进行调整,一般转速 $n_{慢}$ 为 80 ~ 150r/min;$n_{快}$ 为 400 ~ 900r/min;$n_{中}$ 为 250 ~ 400r/min。

2) 离心时间

离心过程中各阶段的延续时间,应根据制品管径大小和混凝土拌和物性质,通过试验确定。对于不同转速的各个阶段,各有一个最佳的离心延续时间,使制品得到最大程度的密实度。离心时间可参照表 2-91 确定。

离 心 延 续 时 间 表2-91

| 离心阶段 | 延续时间(min) | 离心阶段 | 延续时间(min) |
| --- | --- | --- | --- |
| 慢速布料 | 2~5 | 快速密度 | 15~30 |
| 中速过渡 | 2~5 | | |

由于离心脱水作用，混凝土的密实度及其强度显著提高，离心成型混凝土的28d强度比一般振实混凝土的强度提高20%~30%。

3)离心成型设备

其主要设备是离心机和钢模。离心机可分为车床式和托轮摩擦式两种。

车床式离心机由于钢模被卡在离心机头座和尾座转轴之间，离心速度较高。曾用于生产钢筋混凝土管柱，因为离心速度提高，混凝土密实度较好，离心成型后可在砂地上立即脱模，自然养护。因此，每台离心机只要配3~4套钢模就可周转生产。

目前我国普遍采用的是托轮摩擦式离心机，如图2-69所示。这种离心机可分为单座式和多座式两类，通常又以同时离心的管模数量不同，分为单管机和多管机。

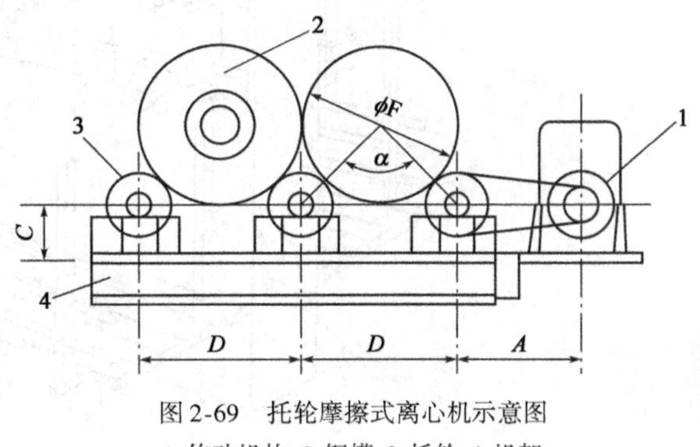


图2-69 托轮摩擦式离心机示意图
1-传动机构;2-钢模;3-托轮;4-机架

# 第八节 滑模和升板机械

滑模施工一般用于整体浇筑混凝土结构，它是按照建筑结构平面组成一定高度的模板装配系统，利用提升设备不断向上提升，同时浇筑混凝土，连续浇筑成混凝土墙体，滑升模板施工是现浇混凝土工程中机械化程度较高的工艺之一。图2-70为滑升模板装置。

升板施工是多层钢筋混凝土无梁楼盖的一种新施工方法。它的基本施工过程是建筑物的基础施工完毕后，将柱子立起并校准，平整室内地面，浇筑地面并将地面作为胎模，就地重叠浇筑各层楼板和屋面板。待混凝土达到设计强度后，借助于安装在柱子上的提升设备，将楼板层提升到设计要求的高度和位置，并加以固定。近年来，升板施工在多层仓库、高场、教学大楼、医院、多层轻工业厂房、高层住宅和旅馆等工程得到广泛应用。

## 一、滑升模板系统的装置与设备

滑升模板系统主要是由模板系统、操作平台系统和提升系统三大部分组成。

1. 模板系统

模板系统包括模板、围圈和提升架等。模板的作用是确保混凝土按设计要求的结构形体尺寸准确成形，并承受新浇筑混凝土的侧压力、冲击力和在滑升时混凝土对模板产生的摩擦阻力;模板以钢模板为多，也有钢、木混合材料制成的模板。钢模板的宽度为300~500mm，厚度为2~3mm，高度为1.0~1.4m。模板支承在围圈上。

围圈的作用是固定模板的位置，保证模板所构成的几何形状不变，承受模板传来的水平力和垂直力。围圈把模板和提升架联系在一起，构成模板系统，当提升架提升时，通过围圈带动模板,使模板随之向上滑升。

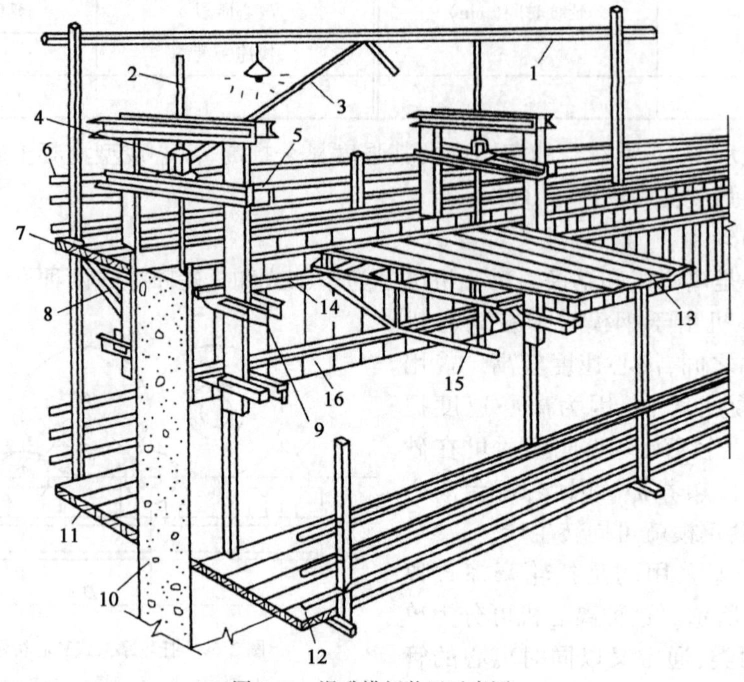

图 2-70　滑升模板装置示意图

1-支架;2-支撑杆;3-油管;4-千斤顶;5-提升架;6-栏杆;7-外平台;8-外挑梁;9-收分装置;10-混凝土墙;11-外吊平台;12-内吊平台;13-内平台;14-上围圈;15-桁架;16-模板

提升架又称千斤顶架或门架,其作用是固定围圈的位置,防止模板侧向变形;承受作用于整个模板上的竖向荷载;将模板系统和操作平台的全部荷载传给千斤顶和支撑杆。图 2-71 为钢提升架示意图。

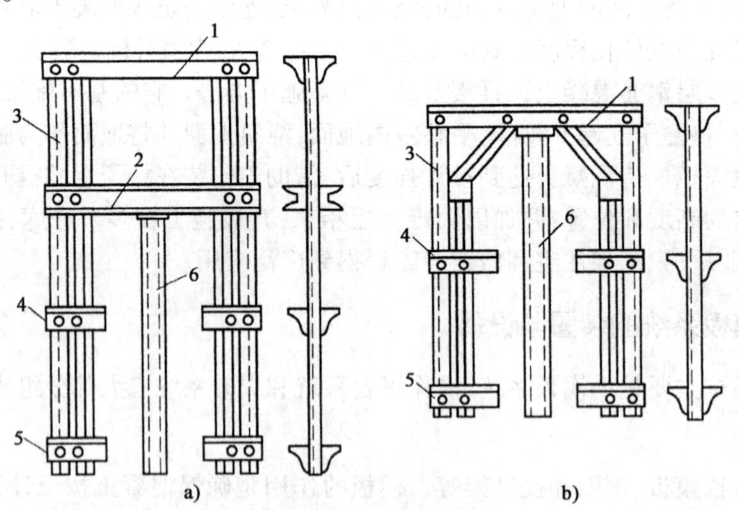

图 2-71　钢提升架示意图

a)双横梁;b)单横梁

1-上横梁;2-下横梁;3-立柱;4-上围圈支托;5-下围圈支托;6-套管

提升架由立柱、横梁、支承围圈的支托和支承操作平台的支托及套管等部件组成。套管的作用是使支承杆能回收再使用。套管内径一般比支承杆直径大 2 ~ 5mm,使支承杆与周围混凝土不相黏结,待施工完毕后,可将支承杆拔出。

2. 操作平台系统

操作平台又称工作平台,主要包括主操作平台、外挑操作平台、吊脚手架等。若施工需要时还需要设置上辅助平台。操作平台系统如图2-72所示。它是供材料、工具、设备堆放和施工人员进行操作的场所。其承载力大,要求具有足够的强度和刚度。

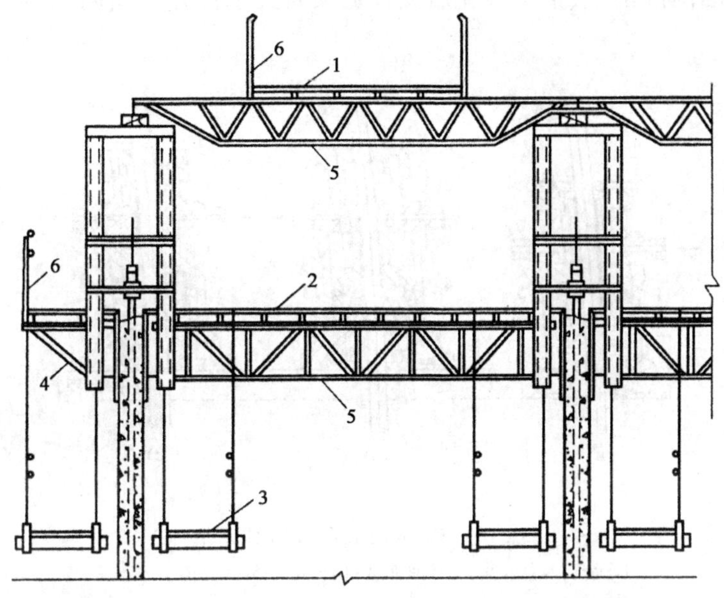


图2-72　操作平台系统示意图

1-上辅助平台;2-主操作平台;3-吊脚手架;4-三角挑梁;5-承重桁架;6-防护栏杆

3. 提升系统

提升系统是使全部滑升模板装置及施工荷载向上滑升的动力装置,由支承杆、千斤顶、液压控制系统和油路等组成,由电动机带动油泵,将油液通过换向阀、分油器、截止阀及管路输送到各台千斤顶。在不断供油、回油的过程中,使千斤顶活塞不断地压缩、复位,将全部滑升模板装置向上提升到需要的高度。

施工时液压千斤顶安装在提升架的横梁上,支承杆插入千斤顶的中心孔内。如图2-73、图2-74所示,提升时,液压油从千斤顶的进油口进入活塞和缸盖之间,由于与活塞连成一体的上卡头内的小钢珠与支承杆产生自锁作用,使上卡头与支承杆紧锁,因此活塞不能下行。于是在液压油不断进入活塞和缸盖之间时,缸筒连带底座和下卡头便被向上顶起,相应带动提升架和整个滑升模板上升。当上升到下卡头紧靠上卡头时,即完成一个工作行程。

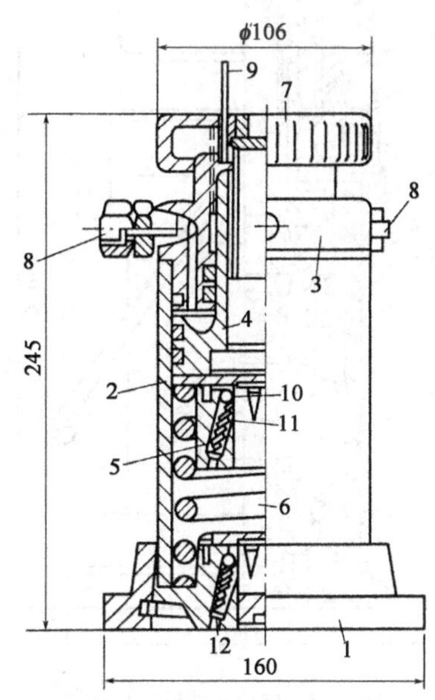


图2-73　钢珠式液压千斤顶

1-底座;2-缸筒;3-缸盖;4-活塞;5-上卡头;6-排油弹簧;7-行程调整帽;8-油嘴;9-行程指示杆;10-钢珠;11-卡头小弹簧;12-下卡头

这时排油弹簧处于压缩状态，上、下卡头承受着滑升模板的荷载。当油泵停止供油时，在排油弹簧的弹力作用下，把活塞推举向上，液压油从排油口排出。在排油开始瞬间，与缸筒和底座连成一体的下卡头由于小钢珠和支承杆的自锁作用，与支承杆紧锁，使缸筒和底座不能下降。当活塞上升到上止点后，排油工作亦即完毕，这时千斤顶便完成了一次上升的工作循环。一个工作循环千斤顶只上升一次，行程约 30mm，排油时千斤顶既不上升，也不下降。通过不断地排油、进油，重复工作循环，上、下卡头先后交替地锁紧支承杆并不断向上爬升，模板也就被带着不断向上爬升。

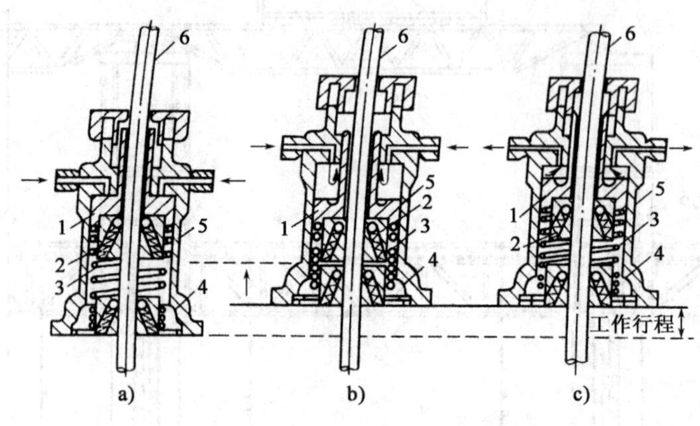


图 2-74　楔块式液压千斤顶工作原理

1-活塞；2-上卡头；3-排油弹簧；4-下卡头；5-缸筒；6-支撑杆

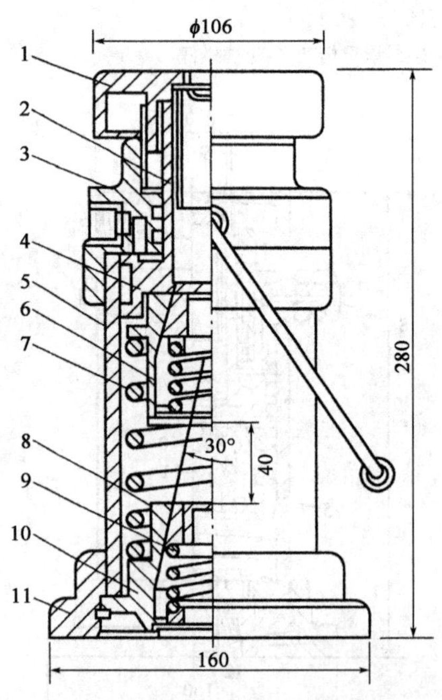


图 2-75　楔块式液压千斤顶

1-行程调整帽；2-活塞；3-缸盖；4-上卡头块；5-缸筒；6-上卡块座；7-排油弹簧；8-下卡头块；9-弹簧；10-下卡块座；11-底座

支承杆又称爬杆，是千斤顶向上爬的轨道，又是滑升模板装置的承重支柱，承受着施工过程中的全部荷载。支承杆一般采用直径为 $\phi$25mm 的 Q235A 圆钢筋。当采用楔块式千斤顶时，也可用螺纹钢筋（图 2-75 为楔块式液压千斤顶简图）。

## 二、升板施工的提升装置

升板装置是升板法施工的提升设备，主要有液压式和电动机械传动式两种类型。液压式具有传动平稳、机械效率高等优点。

### 1. 普通液压千斤顶提升装置

图 2-76 是普通液压千斤顶提升装置。它由液压千斤顶、上横梁、下横梁、螺杆、吊杆、套筒接头等组成。工作时，吊杆下端套在楼板上的钥匙形预留孔内。

如图 2-76 所示，楼板在提升前拧紧上螺母，使楼板悬挂在上横梁上，当千斤顶活塞上升时，上横梁向上运动，此时螺杆、吊杆和钢筋混凝土楼层板也随之上升；当千斤顶完成一个行程后，则拧紧下螺母，使楼层板悬吊在下横梁上；随后千斤顶回油，上横梁随即下降,再拧紧上螺母。从头开始反复循环上述工序,楼层板升到一定高度后,将预先准备好的钢销插入柱子上的承重销孔内,把楼层板托住。这时可对螺杆下落和吊杆进行调整,然后继续提升楼层板,直至设计高程。

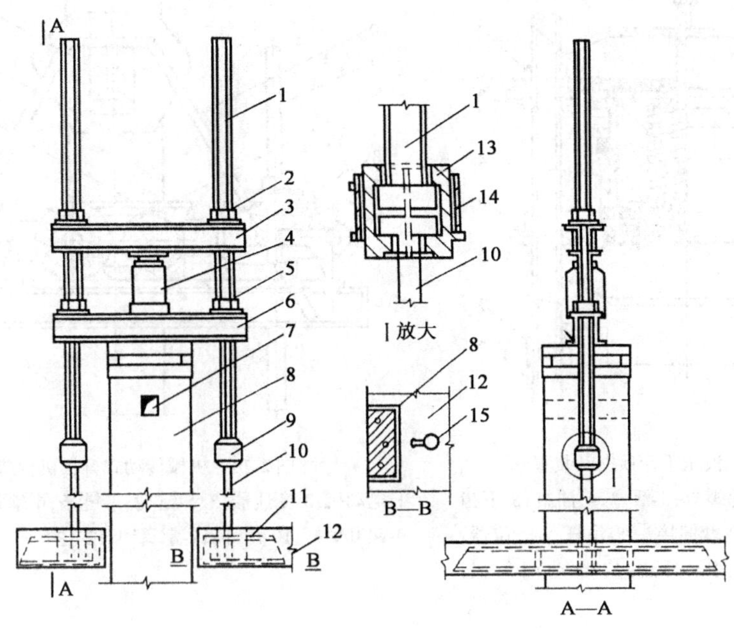


图 2-76　普通液压千斤顶提升装置

1-螺杆;2-上螺母;3-上横梁;4-液压千斤顶;5-下螺母;6-下横梁;7-承重销孔;8-钢筋混凝土;9-套筒接头;10-吊杆;11-提升环;12-钢筋混凝土楼层板;13-铸铁接头;14-套筒;15-提升预留孔

2. 自动液压千斤顶提升装置

自动液压千斤顶提升装置又称自动液压升板机或提升机,如图 2-77 所示。它由活塞、油缸、上横梁、下横梁、上下液压马达、提升螺杆、上下齿轮螺母、复位弹簧和吊杆等组成。

将各柱顶找平后,把调整好的液压提升机安装在柱顶上,将楼层板挂在提升机吊杆的下端,并检查提升螺杆与吊杆的套筒接头连接情况。提升时,开动油泵,高压油从操纵阀分两路,一路进入下液压马达,驱动下齿轮螺母;另一路进入提升机油缸,使活塞推动上横梁上升,同时带动上齿轮螺母,提升螺杆和吊杆,使楼板随之上升。此时下液压马达仍在不停地转动着下齿轮螺母,使它始终紧靠下横梁。当活塞上升一个冲程后,操纵阀门停止上升。此时复位弹簧被压缩。

回油时,在复位弹簧力作用下,活塞被压下,楼层板全部荷载作用在下横梁上。同理,上齿轮螺母开始与上横梁脱开,而上液压马达驱动上齿轮螺母紧贴上横梁,等活塞回到原位后,即完成了一个行程的提升。为控制楼层板达到同步提升,在每套提升机上都装有升高限位器和自动调角机,能够准确地知道各柱顶提升装置的同步情况。自动液压提升机操作简单,提升能力为 50 ~ 70t,自动化程度和生产效率都较高。

3. 自升式电动螺旋千斤顶提升装置

自升式电动螺旋千斤顶提升装置属于机械传动式升板机,其构造如图 2-78 所示。电动机通过变速器及链传动带动蜗杆转动,再带动蜗轮及装在蜗轮内的螺母转动,迫使起升螺杆上升或下降。螺杆的底端通过连接器与吊杆相连,吊杆与被提升的板相锁接。

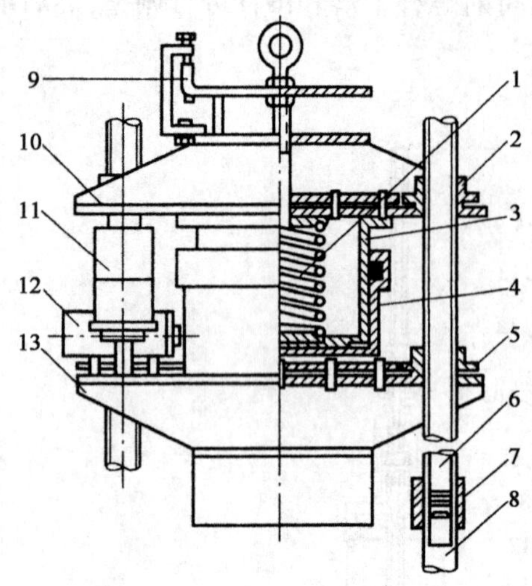


图 2-77　自动液压千斤顶提升装置

1-复位弹簧;2-上齿轮螺母;3-活塞;4-油缸;5-下齿轮螺母;6-提升螺杆;7-套筒接头;8-吊杆;9-限位器;10-上横梁;11-上下液压马达;12-自动调角机;13-下横梁

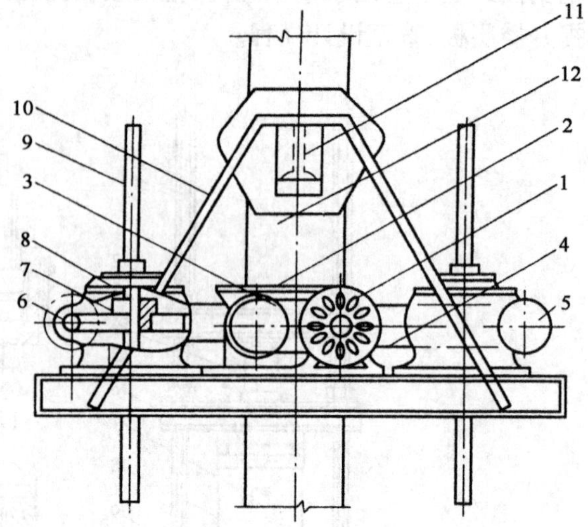


图 2-78　机械传动式升板机构造示意图

1-电动机;2-变速器;3、5-链轮;4-链条;6-蜗杆;7-蜗轮;8-螺母;9-起升螺杆;10-吊环;11-承重销;12-柱

# 第三章　混凝土工程施工程序

## 第一节　混凝土工程施工流程

混凝土工程施工流程如图3-1所示，混凝土施工前的检查详见第一章第十节所述，本节不再阐述。现将其余各项内容简要介绍于下。

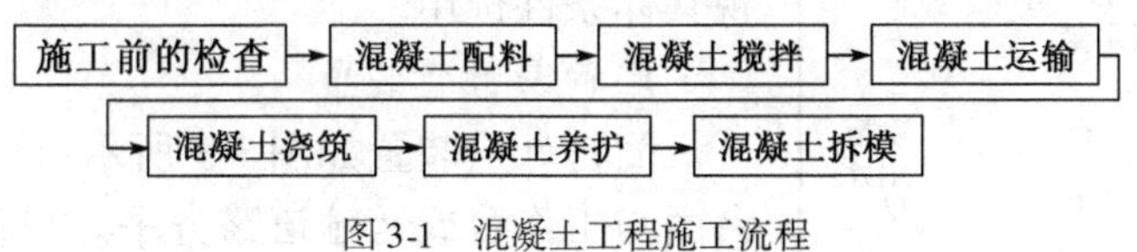


图3-1　混凝土工程施工流程

## 第二节　混凝土配料

### 一、混凝土施工配合比换算与标牌设置

1. 混凝土施工配合比换算

混凝土拌制前，应测定砂、石含水率，并根据测试结果调整材料用量，提出施工配合比。每工作班检查一次，检查含水率测试结果和施工配合通知单。

混凝土配合比应先由试验室进行试配，给出配合比试验单。在试验单上配合比多以水泥为1的质量比例关系表示。试验室的混凝土配合比砂、石料是按经烘干不含水分的干料计算的，而施工现场的砂、石料是堆放在料场，随天气的变化，砂石含水率也会随之变化，所以，混凝土拌制前，应先测定砂、石含水率，每工作班测试一次，根据含水率测试结果随时进行施工配合比的换算、调整。

**【例3-1】**　已知混凝土配合比为0.65∶1∶2.55∶5.12，经实际测定砂的含水率为3%，石子的含水率为1%，求配料50kg(一袋)水泥时，砂、石子及水的用量。

**解**：砂：50×2.55＝127.5(kg)

含水率：127×35%＝3.8(kg)

调整后的砂子用量：127.5＋3.8＝131.3(kg)

石子：50×5.12＝256(kg)

含水率：256×1%＝2.56(kg)

调整后的石子用量：256＋2.56＝258.6(kg)

水：50×0.65＝32.5(kg)

调整后的水用量，应扣除砂、石子的含水率，因而实际用水量为：32.5－3.8－2.56＝26.14(kg)

2. 混凝土施工配合比标牌

在混凝土搅拌站称取各种材料用量时,要将换算的各种强度等级混凝土施工配合比及每罐的各种材料用量写在一个特制的标牌上,以便称量或检查时核对。

混凝土施工配合比标牌上应写有:混凝土强度等级、混凝土施工配合比、各种材料用量。标牌的形状及所写内容如图 3-2 所示。

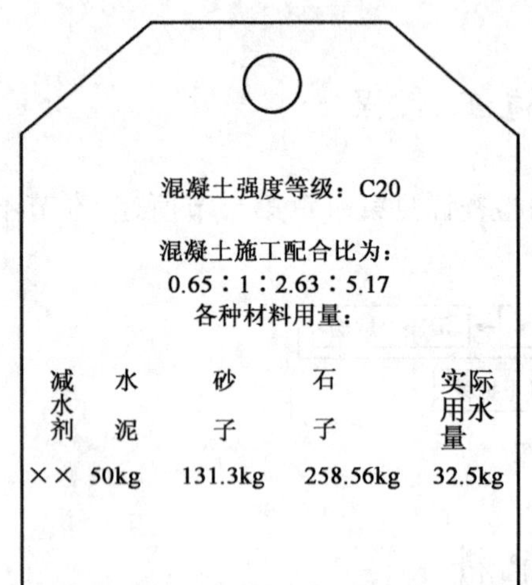


图 3-2 混凝土配合比标牌图

## 二、混凝土组成材料称量

1. 干料的计量

水泥、砂、石子、混合材等干料的配合比,应采用质量法计量。严禁采用容积法代替质量法。计量装置应视具体条件选用。

1)简易计量装置

简易计量装置如图 3-3 所示,将磅秤埋入地下,磅秤台面与工作台或运输道路齐平。可设置三台,水泥、砂、石子各用一台,并将手推车空车质量校定为某一个标准质量,以简化计量工作。

2)电动磅秤计量

电动磅秤计量较简单的自控计量装置,每种材料使用一台装置,如图 3-4 所示。给料器下料至称量斗,达到要求即行断电停止供料。称量斗卸至水平皮带送至集料斗。

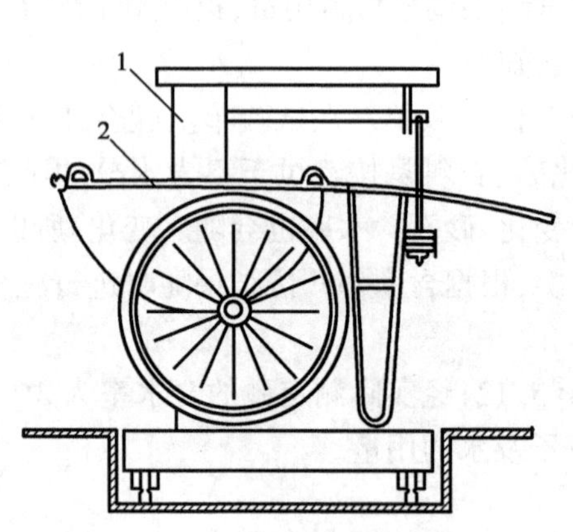


图 3-3 简易磅秤

1-磅秤;2-手推车

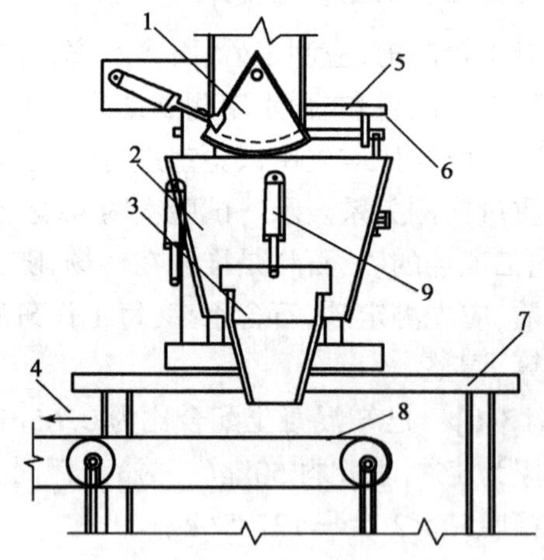


图 3-4 电动磅秤

1-扇形给料器;2-称量斗;3-出料口;4-送至集料计;5-磅秤;6-电源闭路按钮;7-支架;8-水平胶带;9-液压或气动开关

3)杠杆式秤

杠杆式秤的基本结构如图 2-6 所示。料斗挂在秤架上,由承重杠杆与称量杠杆相连,称量杠杆每根代表一种材料。当称量杠杆接触微动开关时,该种材料应停止给料,可连续对三种材料计量。

4)电子秤

电子秤工作原理如图 2-8 所示。其使用注意事项见表 3-1。

使用电子秤应注意事项　　表 3-1

| 序号 | 项　目 | 要　点 |
|---|---|---|
| 1 | 环境温度 | 控制在 -50 ~ 40℃ |
| 2 | 相对湿度 | 应小于 85% |
| 3 | 电源电压 | 控制在 220V ± 10% |
| 4 | 工作时间 | 可连续工作 24h |
| 5 | 称量精度 | 通常为 1% |
| 6 | 过载能力 | 传感器过载能力仅为额定能力的 120%,切勿超载 |

2. 水的计量

1)配水箱

搅拌机配水箱工作原理如图 2-10 所示。可利用配水箱的浮球刻度尺控制水的投放量。如搅拌机未附有配水箱,亦可自制。在水箱外安装一有刻度玻璃管与水箱内相连,从刻度中控制水的投放量。

2)自动水表

详见第二章第一节二、2.4)(2)条所述。

3)定量水表

定量水表通常用于自动化搅拌站。使用时将指针拨至每拌用水的刻度上,按电钮后即行送水,指针也随进水量回移,至"0"位时电磁阀即断开停水。此后,指针能自动复位至给定的位置。

3. 外加剂的计量

1)粉剂掺入

(1)将粉剂按比例先与水泥拌匀,即作为水泥一部分,按水泥计量。

(2)先将粉剂按每拌比例用量称好,每拌用纸袋或薄膜袋盛好,在搅拌时加入。

2)溶液掺入

先按比例稀释为溶液,即作为水的一部分,按用水量加入。

4. 计量误差

投放混凝土材料时,其允许误差不应大于表 3-2 的规定。

混凝土的原材料与配合比用量的允许偏差　　表 3-2

| 材　料 | 允许偏差(%) | 材　料 | 允许偏差(%) |
|---|---|---|---|
| 水泥 | ±1 | 水 | ±1 |
| 石子 | ±2 | 外加剂 | ±1 |
| 砂 | ±2 | | |

## 三、混凝土施工配料

从前述可知,试验室混凝土配合比砂、石是按干料计算的,因此,施工时应及时测定砂、石集料的含水率,并将混凝土试验室配合比换算成集料在实际含水率情况下的施工配合比。

设试验室配合比为:水泥∶砂子∶石子 = 1∶$x$∶$y$,并测得砂子的含水率为 $W_x$,石子的含水率为 $W_y$,则施工配合比应为:1∶$x(1+W_x)$∶$y(1+W_y)$。

按试验室配合比 1m³ 混凝土水泥用量为 $C$(kg),计算时确保混凝土水灰比 $W/C$ 不变($W$ 为用水量),则换算后材料用量为:

水泥:$C' = C$

砂子:$C_{砂} = C_x(1 + W_x)$

石子:$C_{石} = C_y(1 + W_y)$

水:$W' = W - C_xW_x - C_yW_y$

**【例 3-2】** 设混凝土试验室配合比为 1∶2.56∶5.5,水灰比为 0.64,每 1m³ 混凝土的水泥用量为 251.4kg,测得砂子含水率为 4%,石子含水率为 2%,计算试验材料用量。

**解**:施工配合比为:

$$1:2.56(1+4\%):5.5(1+2\%)=1:2.66:5.61$$

每 1m³ 混凝土材料用量为:

水泥:251.4(kg)

砂子:$251.4 \times 2.66 = 668.7$(kg)

石子:$251.4 \times 5.61 = 1410.4$(kg)

水:$251.4 \times 0.64 - 251.4 \times 2.56 \times 4\% - 251.4 \times 2\% = 107.5$(kg)

求出每 1m³ 混凝土材料用量后,还必须根据工地现有搅拌机出料容量确定每次需用几袋水泥,然后按水泥用量来计算砂石的每次拌用量。如采用 JZ250 型搅拌机,出料容量为 0.25m³,则每搅拌一次的袋料数量为:

水泥:$251.4 \times 0.25 = 62.8$(kg)(取用一袋水泥,即 50kg)

砂子:$668.7 \times \left(\dfrac{50}{251.4}\right) = 133.0$(kg)

石子:$1410.4 \times \left(\dfrac{50}{251.4}\right) = 280.5$(kg)

水:$107.5 \times \left(\dfrac{50}{251.4}\right) = 21.4$(kg)

为严格控制混凝土的配合比,原材料的数量应采用质量计算,必须准确。其质量偏差不得超过表 3-2。各种衡量器应定期校检,经常保持准确。集料含水率应经常测定,雨天施工时,应增加测定次数。

## 四、混凝土配料注意事项

(1)混凝土施工配合比换算前应实测砂、石子的含水率,以保证混凝土施工配合比准确。

(2)混凝土施工配合比换算后应根据施工现场所采用的搅拌机型号计算出每搅拌一罐混凝土所需各种材料用量,并将其写在标牌上,混凝土施工配合比发生变化时,标牌上的有关数据应及时修改正确,使其符合混凝土配合比的要求。

(3)各种原材料称量时应有专人监督,不得用体积比来代替质量比。

(4)采用电子秤来称量各种原材料质量时,应注意抽查电子秤称量的材料质量,以防电子秤失灵而出现差错。

(5)投料的顺序必须按规定的操作程序进行,不得随意更改,否则会影响混凝土搅拌质量。

## 第三节　混凝土搅拌

### 一、人工搅拌

1. 人工搅拌岗位图

人工搅拌又称人工拌制或人工拌和。人工搅拌只适宜于野外作业,施工条件困难,工作量小,强度等级不高的混凝土。人工搅拌岗位分工如图 3-5 所示。

2. 人工搅拌的操作步骤

人工搅拌(三干三湿)的操作步骤为:铺好钢板→在钢板上倒砂子和水泥→干拌 2 ~ 3 次,加入一半水→加石子、加另一半水→湿拌 2 ~ 3 次,直到颜色一致,砂浆全部裹住石子。

3. 人工搅拌工艺要点

人工搅拌工艺要点见表 3-3。

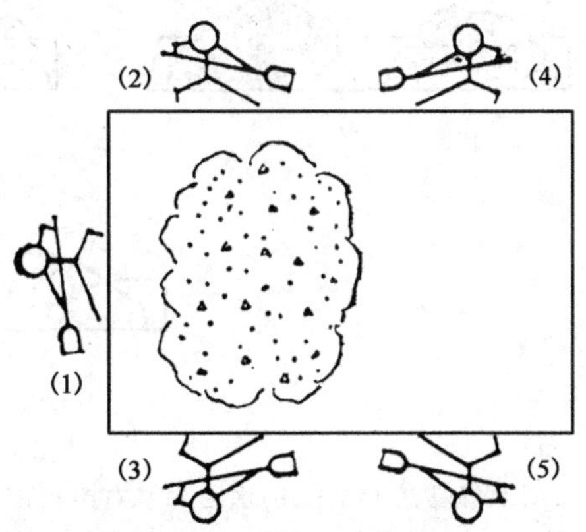


图 3-5　人工拌和混凝土岗位图

(1)-班长:负责下料,协助操作,掌握质量;
(2)、(3)-左拌手:负责将拌和物从左拌至右;
(4)、(5)-右拌手:负责将拌和物从右拌至左

人工拌制混凝土的工艺要点　　表 3-3

| 项　目 | 工　艺　要　点 |
|---|---|
| 工具 | 1. 大拌板:钢或木制,1 200mm × 2 000mm;<br>2. 小拌板:钢或木制,800mm × 1 200mm;<br>3. 手推车;<br>4. 磅秤;<br>5. 水箱(定量水斗);<br>6. 工具:钢铲、铁耙、马凳等 |
| 劳动组织 | 1. 技工五人(主操作);<br>2. 辅助工若干人(送料);<br>3. 操作岗位,如图 3-5 所示 |
| 操作要求 | 三干拌,三湿拌,如图 3-6 所示 |
| 质量 | 目测,要求:<br>1. 颜色均匀;<br>2. 砂、石表面均为水泥浆包裹;<br>3. 不离析,不泌水 |

### 二、机械搅拌

机械搅拌就是采用搅拌机搅拌,搅拌机分类、型号、基本参数、使用操作要点、维护保养及故障排除详见第二章第二节所述。本处仅将机械搅拌的基本要求、操作步骤、搅拌质量、多次投料、搅拌法、外加剂掺和方法的选择及搅拌注意事项介绍如下。

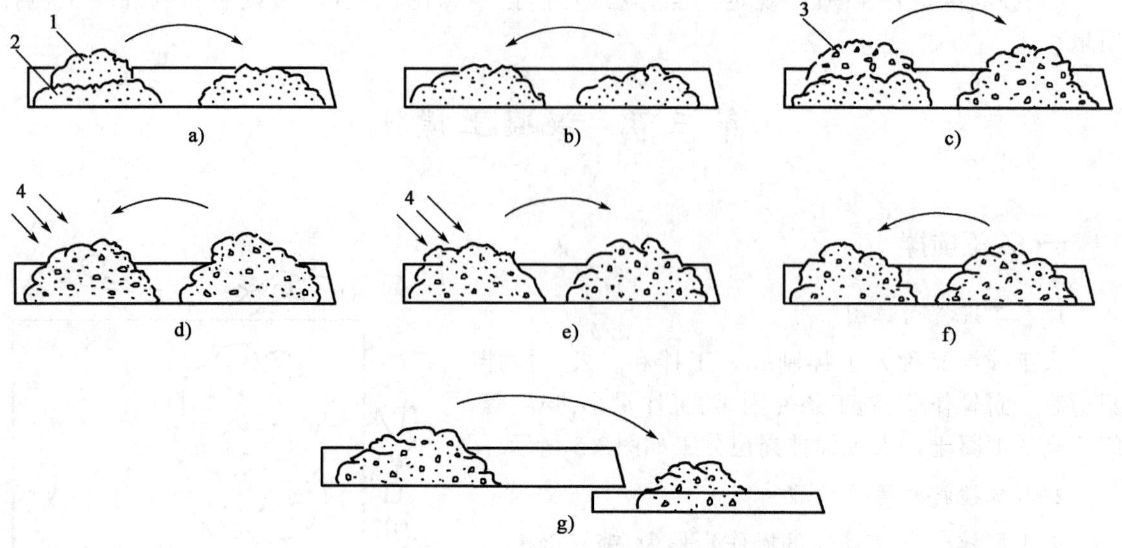


图 3-6　人工拌和三干三湿工艺图

a)水泥、砂从左拌至右;b)水泥、砂从右拌至左(一干);c)加石子,从左拌至右(二干);d)拌和物从右拌至左(三干);e)拌和物从左拌至右(一湿);f)拌和物从右拌至左(二湿);g)拌和物从大拌饭拌至小拌板(三湿)备用

1-水泥;2-砂;3-石子;4-水

1. 基本要求

搅拌混凝土前,加水空转 1～2min,将积水倒净,使拌筒充分润湿。搅拌第一盘时,考虑到筒壁上的砂浆损失,石子用量应按配合比规定减半。

搅拌好的混凝土要做到基本卸尽,在全部混凝土卸出之前不得再投入拌和料,更不得采取边出料边进料的方法。严格控制水灰比和坍落度,未经试验人员同意不得随意加减用水量。

2. 搅拌操作步骤

开动搅拌机→进料→加入用量水→搅拌 1～1.5min→加外加剂→搅拌 1min→出料→清洗。

(1)开动搅拌机。将三相闸刀闭合,按下正转电钮,搅拌机锥形壳体正转。

(2)提升料斗。搬动上料手柄使料斗缓缓上升至搅拌机的进料口。

(3)进料加水搅拌。将料斗提升至竖直状态后,料斗中的原材料应全部滑入搅拌机筒内,此时,操作人员应加 70% 的水搅拌混凝土。

(4)放下料斗,观察搅拌混凝土情况。当料斗中全部材料进入搅拌机筒内后,即可搬动料斗下降手柄,使料斗缓慢下降,回滑到原位。同时操作人员要观察搅拌机内混凝土的搅拌情况,然后再将剩余 30% 的水加入搅拌。

(5)搅拌。匀速搅拌 1～1.5min,搅拌机运转的速度要均匀,不能过快。

(6)加外加剂。目前混凝土搅拌时掺减水剂已很普遍,当混凝土拌和物搅拌 1min 后即可掺外加剂,加入外加剂后应继续搅拌 0.5～1.0min。

(7)出料。当混凝土搅拌均匀后,按下反转出料电钮,混合材料在叶片的作用下会很快地从卸料口出料,操作人员应熟练操纵出料装置,将混凝土拌和的迅速地从搅拌机筒内出尽。

(8)清洗。混凝土搅拌完毕后,或中途停歇时间在 1h 以上时,都应在卸料干净后将石子和清水倒入搅拌机筒内,开机转动 5～10min,把黏结在搅拌机筒壳及叶片上的砂浆冲洗干净后全部倒出。

## 三、搅拌质量

混凝土的质量与搅拌时间有关。搅拌时间与坍落度和搅拌机机型有关。其时间计算是从全部材料装入搅拌筒后起计,至开始卸料时止。其最短搅拌时间见表3-4。新拌混凝土的均匀性,应经常用水洗法自我检查,其测定方法见表3-5。

混凝土搅拌的最短时间(s)　　表3-4

| 混凝土的坍落度(cm) | 搅拌机机型 | 搅拌机容积(L) | | |
|---|---|---|---|---|
| | | 小于400 | 400~1 000 | 大于1 000 |
| ≤3 | 自落式<br>强制式 | 90<br>60 | 120<br>90 | 150<br>120 |
| >3 | 自落式<br>强制式 | 90<br>60 | 90<br>60 | 120<br>90 |

注:掺加外加剂的搅拌时间应适当延长。

新拌混凝土均匀性的测定(水洗法)　　表3-5

| 留样方法 | 试样质量 | 均匀性指标 |
|---|---|---|
| 卸料时,在开始及末尾各留试样一组,用水洗法将水泥、砂全部淘汰 | 1. 两组质量应相同;<br>2. 每组不少于30kg | 1. 两组所剩余的粗集料的质量之差,不大于10%;<br>2. 两组所淘汰的水泥砂浆密度之差,折算为每立方米不应大于30kg |

## 四、多次投料搅拌法

多次投料搅拌混凝土,又叫造壳混凝土,简称S. E. C. 混凝土。其机理是在细集料外表面造成一层水泥浆体,改善混凝土集料的界面胶结关系,克服一次投料凝胶分布不均,或者形成水膜的缺陷。其抗压、抗拉和握裹力强度比一次投料混凝土提高10%~30%;水密性提高30%以上。

1. 投料次序

多次投料搅拌混凝土的投料次序,国内外均有不同的经验,大致有表3-6的几种方法。

多次投料搅拌混凝土的投料次序　　表3-6

| 序号 | 名称 | 第一次 | 第二次 | 第三次 |
|---|---|---|---|---|
| 1 | 砂浆法 | 水$_1$、砂、水泥 | 粗集料、水$_2$、外加剂 | |
| 2 | 净浆法 | 水$_1$、水泥 | 水$_2$、砂 | 粗集料、水$_3$、外加剂 |
| 3 | 裹砂法 | 水$_1$、砂 | 水泥 | 粗集料、水$_2$、外加剂 |
| 4 | 裹石法 | 水$_1$、粗集料 | 水泥 | 砂、水$_2$、外加剂 |
| 5 | 裹砂石法 | 水$_1$、砂、粗集料 | 水泥、水$_2$、外加剂 | |

2. 搅拌工艺

1)搅拌机的选择

搅拌设备的配置视产量而定。产量较高时可采用多层组合;产量不多时可用单机搅拌,分次投料。搅拌机以强制式为好。但用自落式亦能较原投料法效果好。多层搅拌机的组合如图3-7所示。

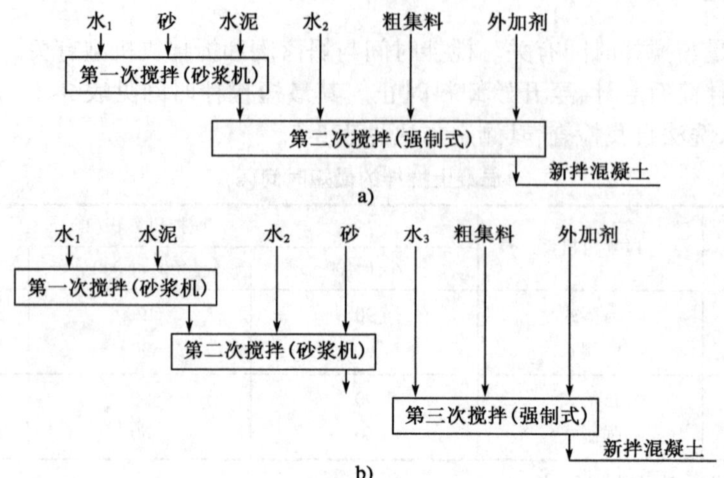


图3-7　多层搅拌机组合图

a)砂浆法投料次序;b)净浆法投料次序

2)搅拌时间

(1)砂浆法:造壳阶段砂子湿润时间约为10~20s,造壳时间约为50~60s;混合阶段石子先搅拌10~20s,投第二次水及外加剂再搅拌50~60s。总时间为120~160s,如图3-8所示。

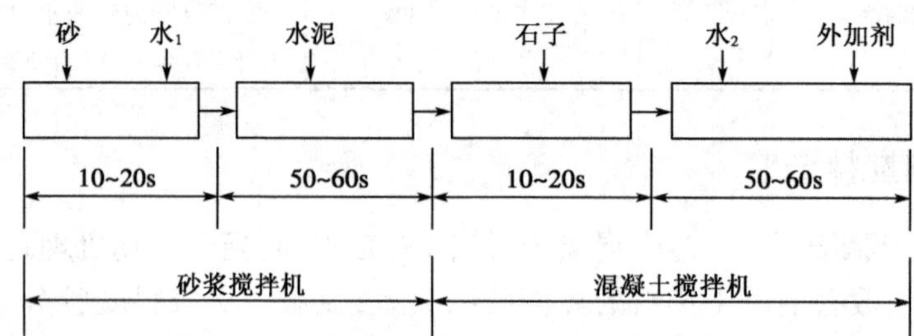


图3-8　砂浆法投料搅拌时间示意

(2)裹砂法与裹石法:先进行砂、石湿润搅拌20~30s,投入水泥造壳约30~50s,剩余水及外加剂投放后糊化30~50s。总时间为80~130s,如图3-9、图3-10所示。

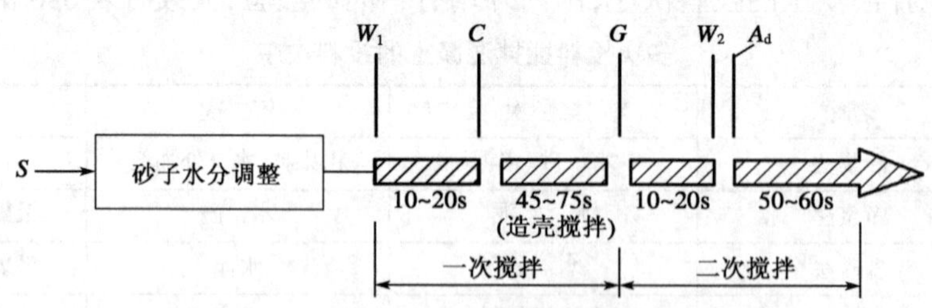


图3-9　水泥裹砂法的投料顺序图

$S$-砂;$G$-石子;$C$-水泥;$W_1$-次水;$W_2$-二次水;$A_d$-外加剂

3)用水量的投放

(1)采用砂浆法或裹砂法第一次投放的用水量,以水泥用量的22%为佳,其余在第二、三次投完。

(2)采用裹石法或裹砂石法第一次投放的用水量，以总用水量的70%为佳，其余30%与外加剂一起投放。

(3)第二、三次投放水时，不宜骤然集中投放，避免冲破已造成的胶凝外壳，应分散洒放。

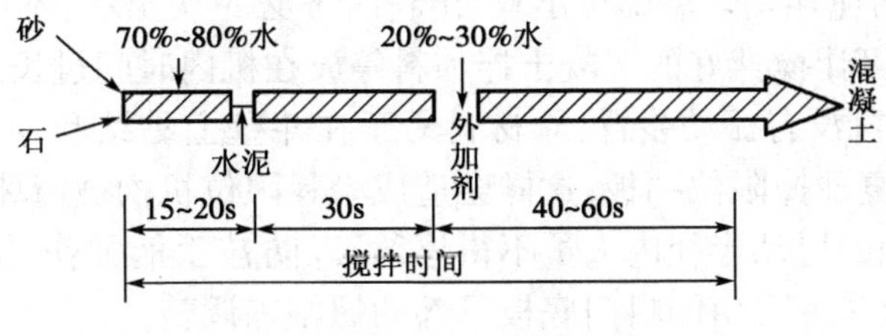


图3-10 裹砂石法的投料顺序图

## 五、外加剂掺和方法的选择

(1)外加剂直接掺入水泥中。如塑化水泥、加气水泥等，采用这种水泥拌制混凝土或砂浆，就可以达到预定的目的，这种方法目前使用较少。

(2)把外加剂先用水配制成一定浓度的水溶液，搅拌混凝土时，取规定的掺量，直接加入搅拌机中进行拌和，这种方法目前使用较多。

(3)把外加剂直接投入搅拌机内的混合料中，通过混凝土搅拌机拌和均匀。

(4)将外加剂、粉煤灰、石灰等，经过烘干、配料、研磨、计量、装袋等主要工序生产形成干掺料。搅拌混凝土时，用干掺料按规定数量掺入混凝土干料中，一块投料搅拌均匀。

混凝土中掺用的外加剂，应符合下列规定：

(1)外加剂的质量应符合现行国家标准的要求；

(2)外加剂的品种及掺量必须根据对混凝土性能的要求、施工及气候条件、混凝土所采用的原材料及配合比等因素经试验确定；

(3)采用蒸汽养护的混凝土和预应力混凝土不宜掺用引气剂和引气减水剂；

(4)掺用含氯盐的外加剂时，对素混凝土、氯盐掺量不得大于水泥质量的3%；在钢筋混凝土中作防冻剂时，氯盐掺量按无水状态计算不得超过水泥质量的1%，且应用范围应符合规范规定。

## 六、搅拌注意事项

(1)严格控制混凝土施工配合比，砂、石必须严格过磅。

(2)采用人工拌和混凝土时，一定要将混合料拌和均匀，色泽一致。

(3)搅拌机起动运转时应按“十字作业法”(清洁、润滑、调整、紧固、防腐)的要求检查离合器、制动器、钢丝绳等各个系统和部位，机件是否齐全，机构是否灵活、运转是否正常，如果发现异常现象，应立即停机检查修理，不能使机械带病工作。

(4)提升料斗要严防砂、石等物料落入机械的运转部分，上料斗升起后，严禁人员在斗下通过或停留，以免制动机构失灵发生事故。上料手柄在非工作时间要用安全环扣住。

(5)进入搅拌机内的原材料不能超载，如果进料超过额定值，一是没有拌和的空间，二是会使机械受损。

(6)料斗放下时严禁突然下落，以免损坏料斗或滑轨。操作人员必须坚守岗位，经常观察机内混凝土拌和物的搅拌均匀情况，机械运转的情况，如有不正常响声或发现问题时，应立即停运、切断电源后再进行检修。

(7)机械搅拌混凝土时,一定要控制好搅拌时间,使混凝土拌和物搅拌均匀。

(8)机械搅拌混凝土时,一定要控制好用水量,不要随意改变原混凝土配合比设计的水灰比。

(9)混凝土拌和物搅拌均匀后即可出料,出料时务必一次出尽,不可一边出料,一边装料,违反操作规程。也不可让搅拌好的混凝土拌和料停放在机内时间过长。

(10)强制式搅拌机没有振动装置,原材料易于在斗壁上黏结和存积(指倒不尽),一般要用操纵手柄使料斗反复冲撞限位挡板,这样会造成上料限位机构被撞坏以至失灵,故须每日检查;在卸料门操作手柄的甩动半径内人员不得停留,以防被手柄弹伤,卸料门应经常保持开启轻快和封闭严密,其松紧度可由卸料门底板下部的螺帽来调整。

(11)每一工作班开始搅拌混凝土时,都应检查第一灌混凝土的质量如何,应邀请监理人员、设计人员、质检人员共同进行搅拌质量鉴定,质量合格后方可继续搅拌。

(12)掺用外加剂时要按设计要求或使用说明书的说明掺用,不得随意乱加乱用,否则会出现严重后果。掺外加剂后,要继续搅拌足够时间,使外加剂分散均匀。

(13)混凝土搅拌完毕或预计停歇1h以上时,应将混凝土全部卸出,倒入石子和清水,搅拌5~10min,把黏在料筒上的砂浆冲洗干净后全部卸出。料筒内不得有积水,以免料筒和叶片生锈,同时还应清理搅拌筒以外的积灰,使机械保持清洁完好。

(14)每日工作完毕后必须切断电源,使各个机构处于空位。

## 第四节 混凝土运输

### 一、基本要求

混凝土输送的基本要求是保持混凝土出机时的工作性,不因输送而离析。具体要求如表3-7所示。

**混凝土输送的基本要求** 表3-7

| 序号 | 项目 | 要求 |
|---|---|---|
| 1 | 运输容器 | 1.不吸水,不漏浆,能防止水泥浆流失;<br>2.内壁平滑光洁,弯折处做成弧状,减少死角,防止黏结;<br>3.敞口车或料斗宜覆盖,夏季防暴晒,冬期能保温,雨期能防水;<br>4.使用前先用净水泥浆湿润,卸料要卸清,下班要冲洗,清理残渣 |
| 2 | 运输道路 | 1.要基本平坦,避免使混凝土振动、离析、分层;<br>2.不得直接压、踏钢筋,应采用马凳将桥板架空 |
| 3 | 坍落度 | 1.应符合表3-10的要求;<br>2.如发现离析,应在浇筑前进行二次搅拌 |
| 4 | 时间控制 | 见表3-8 |

### 二、运输机具

运输机具类型、结构、技术性能、使用和维护详见第二章第四节。

### 三、混凝土运输时间的规定

混凝土应以最少的转动次数和最短的时间,从搅拌地点运至浇筑地点,并在初凝前浇筑完毕。混凝土从搅拌机中卸出后到浇筑完毕的延续时间不宜超过表3-8的规定。若运距远可掺加缓凝剂。其缓凝剂缓凝时间由试验确定。使用快硬水泥或掺有促凝剂的混凝土,其运输时间应根据水泥性能及凝结条件确定。

混凝土从搅拌机中卸出后到浇筑完毕的延续时间(min)　　表3-8

| 混凝土强度等级 | 气温 | |
|---|---|---|
| | <20℃ | ≥25℃ |
| 低于及等于C30 | 120 | 90 |
| 高于C30 | 90 | 60 |

注:1.对掺用外加剂或采用快硬水泥拌制的混凝土,其延长时间应按试验确定。

2.对轻集料混凝土,其延续时间应适当缩短。

## 四、混凝土运输对道路的要求

混凝土运输道路要求平坦,使车辆行驶平稳,尽量避免或减少振动混凝土,以免产生离析。运输线路要短、直,以减少运输距离。工地运输道路应与浇筑地点形成回路,避免交通阻塞。楼层上运输道路应用木跳板铺垫,当有钢筋时,可用马凳垫起。跳板布置应与混凝土浇筑方向配合,一面浇筑,一面拆迁,直到整个楼面浇完为止。

## 五、对运输容器的要求

运输混凝土的容器应不吸水,不漏浆,以防混凝土和易性改变。气温炎热时,容器宜用不吸水的材料遮盖,防止阳光直射,引起水分蒸发。

## 六、操作程序

混凝土运输分为地面运输、垂直运输和楼面运输三种;又可分为人工运输和机械运输两种。

1.人工运输混凝土的操作步骤

装料→地面运输→上吊盘→吊升→下吊盘→楼面运输至浇筑地点。

(1)装料。用手推翻斗车或其他容器将混凝土搅拌好的拌和料装好(并不要装满)待运。

(2)地面运输。又一人或两人将翻斗车拖运至垂直起吊的龙门井架或钢管井架的吊盘处。

(3)上吊盘。两人将翻斗车推上吊盘并在车轮下面放好三角形楔木(保证车轮稳定、不滚动)。

(4)吊升。开动慢速卷扬机,提升吊盘至操作层的外伸授料平台处。

(5)下吊盘。由两人将放在吊盘上的翻斗车慢慢推下吊盘至授料平台上。

(6)楼面运输至浇筑地点。由两人推一辆翻斗车,沿拟定好的运输路线或按浇筑方案将混凝土运至浇筑地点,并将混凝土拌和料卸至浇筑地点。

2.机械运输混凝土的步骤

装料→吊升→下降料斗→对位→卸料。

(1)装料。将立式或卧式料斗吊至混凝土搅拌机出料口处,并将搅拌机卸出的混凝土拌和料装好(略低于料斗口面)。

(2)吊升。缓慢地将装好的混凝土拌和料的授料斗提升至一定高度。

(3)下降料斗。缓慢下降料斗直至便于工人操作的最佳安全高度。

(4)对位。转动塔吊的回转臂,使提升的料斗对准混凝土浇筑作业的部位。

(5)卸料。打开料斗的卸料门,由两名工人夹着混凝土料斗作前后或左右移动,将授料斗中混凝土拌和料全部卸尽。

## 七、运输中防止离析的措施

混凝土从搅拌到浇筑可能要经过几次倒运,主要在储料罐(斗)中短期储存一段时间。实践证明,混凝土倒运次数越多,运输时间越长,离析现象就越可能发生,所以要求混凝土运距最短,倒运次数最少。

混凝土的各种组成材料密度不同,粗集料较沉,水泥和水较轻,在静停或轻微有振动的运输中,会发生石子下沉,水泥砂浆上浮,时间再长些还会发生部分游离水上浮,形成泌水形象,离析和泌水是要极力避免的。此外,不正确的使用运输器具,使混凝土分离,造成"砂窝"或"石子窝"。例如,从搅拌机直接倒出混凝土,进入吊桶、卡车、漏斗等时,就可能发生这种现象。又如,不适当的斜槽、漏斗的斜面、挡板等也会形成离析。为了不致在输送转换点产生离析,一方面在混凝土手推车、吊斗、漏斗运输中,防止振动,道路要平坦,吊运要平稳,并要求走最短路线。另一方面,应避免采用错误的工艺。图3-11~图3-14可供参考。

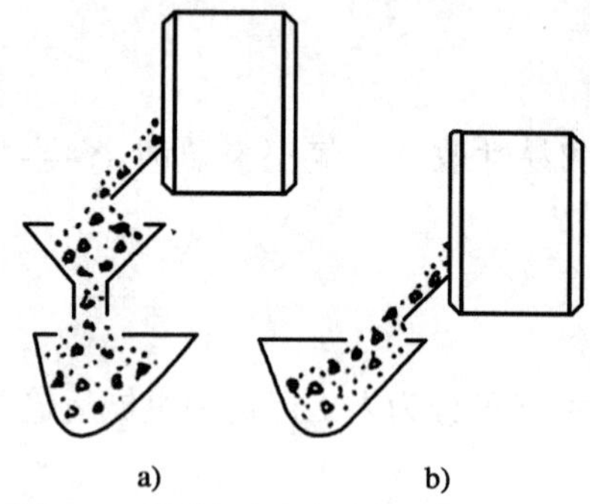


图3-11　搅拌机向小车或料斗倾倒混凝土
a)正确,料筒垂直对正小车或料斗中心;b)错误,无料筒,斜向卸料入小车或料斗,引起离析

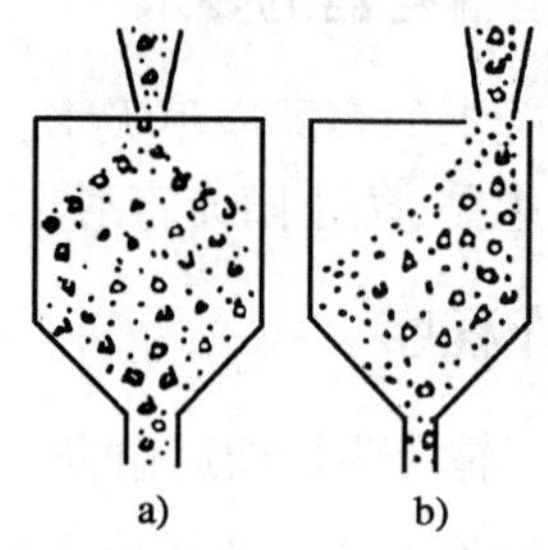


图3-12　料筒向料斗或小车倾倒混凝土
a)正确,料筒卸料在料斗或小车中心;b)错误,料筒卸料在料斗或小车一侧,引起离析

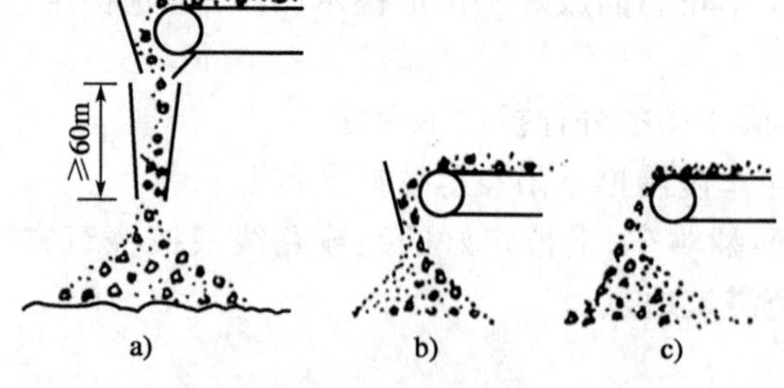


图3-13　胶带机卸料
a)正确,有垂直粒筒,有刮板将砂浆刮回;b)、c)错误,无挡板或只用单边挡板,引起离析;无刮板将砂浆回收,降低强度及和易性

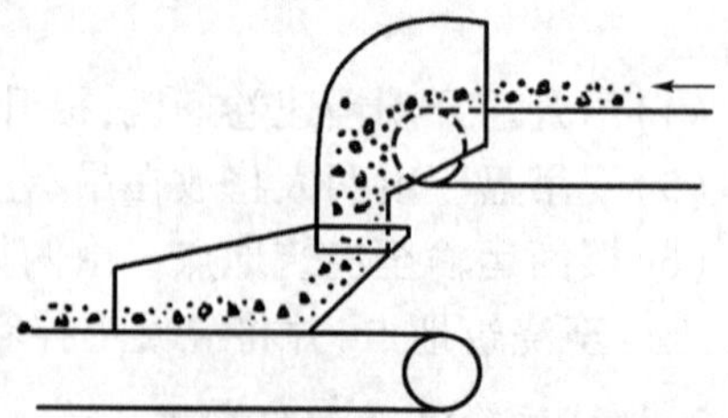

图3-14　两架胶带机连接运浆料的正确方法(来料胶带尽端设置料罩,承接胶带设置接料槽)

## 八、运输中的注意事项

混凝土拌和物从搅拌机卸出后运至浇筑地点的过程，即运输过程，其中最重要的是保持混凝土拌和物的均匀性，避免分层离析。不此，必须慎重选择运输方法，运输方法的确定与运输距离有密切关系，并同时注意以下几方面的问题：

(1)装料时不要将混凝土拌和料装得太满，以免运输时混凝土拌和料会撒落一地，造成材料浪费，同时也会污染操作环境。正确的装料应使拌和料面低于盛料容器顶面50～100mm。

(2)应以最快的速度将混凝土拌和物输送至浇筑地点并浇筑入模，其时间不得超过混凝土初凝时间(采取特殊技术措施者除外)。混凝土从搅拌机中卸出后至浇筑完毕的延续时间，不宜超过表3-8的规定。

(3)在寒冷、炎热或大风等气候条件下，输送混凝土拌和物时应采取有效的保温、防热、防雨等措施。

(4)场内的运输道路应平坦，以减少运输时的振动，避免造成混凝土拌和物分层离析，同时还应考虑布置环形回路；施工高峰时应设专人管理，以免车辆互相拥挤阻塞。临时架设的桥道要牢固，桥板接头须平顺。

浇筑基础时，可采用单向运输主道和单向运输支道的布置方式；浇筑柱时，可采用来回运输主道与盲肠支道的布置方式；浇筑楼板时，可采用来回运输主道和单向运输支道相结合的布置方式。当然，还与选用的浇筑设备有关，若用混凝土浇筑泵车，则应显得简单多了。

运输道路的宽度要根据单行或双行及车辆宽度而定。一般单轮手推车单行道宽度为1.5～2.5m。

(5)采用车辆运输时，力求行车平稳，以免振动过大造在混凝土拌和物分层离析。如发生分层离析，则应在浇筑入模前再次进行搅拌。

(6)转运次数不宜过多，垂直输送时的自由落差一般不得超过2m，否则应加设分段溜管、溜槽、串筒等，减少落差，尽量减少混凝土拌和物的分层离析。混凝土卸料溜管的倾角不得小于60°；卸料溜槽的倾角不得小于55°。

(7)采用胶带运输机运送时，为防止卸料时拌和物受离心力作用引起分层离析现象，带速不宜过高，一般为0.8～0.9m/s。胶带运输机只适用于运送低流动性或干硬性混凝土，输送坡度不宜大于表3-9的规定。

**胶带运输机最大倾角(°)** 表3-9

| 坍落度(mm) | 向上输送 | 向下输送 |
|---|---|---|
| <40 | 20 | 12 |
| 40～80 | 15 | 10 |

(8)人工运输混凝土将翻斗车推上吊盘后，要有安全保障装置，保证翻斗车的稳定，不会因起吊而使车轮滚动造成不良后果。

(9)不论是吊盘起吊，还是塔吊起吊，都要注意起吊时的安全。操作人员要精力集中，超吊的高度应符合施工时的高度要求。

(10)采用人工运输混凝土时，不论是地面还是楼面，都应要求运输道路平坦，尤其是脚手架上，不得使运输车辆来回摇晃或陷车，要保证混凝土运输畅通无阻。

(11)塔吊吊运混凝土时要听从地面人员指挥。对位下降料斗时不要过快，塔式起重机操作人员要观察下面操作面上工人的站位,缓慢下放。如遇料斗下放时还有工人在料斗下方操作而未注意时,要立即停车,并告之下面指挥人员,使其操作人员避开,避免发生安全事故。

(12)混凝土运至浇筑地点不得有离析现象,如有离析现象,必须在浇筑前进行二次搅拌。

(13)用手推翻斗车卸料时,不得两手松开把手,以免翻斗车翻倒伤人发生安全事故。翻斗车卸料处,一般应设置漏斗和串筒,使混凝土布料均匀;采用塔吊运输混凝土卸料时,施工人员要充分利用机械使混凝土拌和料布料均匀。

(14)采用混凝土泵输送时,要求拌和物具有适宜的流动性。流动性过大,易发生离析;流动性过小,则易产生堵泵。适宜于泵送的混凝土拌和物,其坍落度为80~180mm,砂率为40%~50%,最小水泥用量宜为300kg/m$^3$,集料最大粒径不得超过管径的1/4~1/3。为了降低水灰比,减少水泥用量,泵送混凝土拌和物宜掺加高效缓凝塑化剂(泵送剂)、粉煤灰等。这不仅能改善拌和物的和易性,而且能减少管内摩擦,延缓凝结时间,有利于远距离输送。输送管道宜直线安置,转弯宜缓,接头应严密。如管道向下倾斜,应防止混入空气,产生堵塞。泵送混凝土拌和物前,应先用适量的水泥浆或水泥砂浆润滑输送管内壁。泵送时,受料斗内应经常有足够的混凝土拌和物,以保证混凝土泵能连续工作;当泵送间歇时间超过45min或混凝土出现离析现象时,应立即用压力水或其他方法冲洗管内残留的混凝土,以防管道阻塞。

## 第五节　混凝土的浇筑

混凝土的浇筑虽然仅仅是把拌和物灌入模板内并振捣密实的过程,但是要想在各种情况下(如模板狭窄、钢筋密集、不能直接振捣、超厚超薄截面等)确保浇筑正确、振捣密实,就需具有一定的操作技巧和掌握一定的振捣工具知识。

对混凝土和易性的要求是浇筑振捣的必要条件。没有良好适应的和易性,振捣不出匀质、密实的混凝土。

混凝土的搅拌和运输与混凝土的浇筑密切相关。搅拌不匀的拌和物不能用振捣去弥补,运输中发生离析、分层、泌水的拌和物不经过处理也是不能浇筑的。所以说浇筑这一环节,对混凝土内在质量和表面质量有举足轻重的作用。露筋、裂缝、孔洞、蜂窝、麻面的出现,甚至结构的整体性、混凝土的强度、模板的跑模等缺陷,无一不与浇筑这一工序有关。

浇筑正确的混凝土看上去“内实外光”。实际上,如果内不实,外也不会光,外光必须内实。

混凝土的浇筑有两个操作过程:入模和振捣。随着结构形式和构件的多样化,材料机具的更新换代,混凝土的浇筑技术也会有很大的发展。

### 一、混凝土浇筑的基本要求

#### 1.混凝土浇筑的要求

(1)做好准备工作。由于混凝土的凝结性质有一定的时间要求,做好浇筑前的准备工作有特殊意义。准备工作包括:制订浇筑方案;机具准备及试车;保证原材料及水电的供应;掌握天气变化情况;检查验收模板、钢筋、预埋件,以及必要的应急措施。

(2)保证混凝土的整体性、密实性、匀质性。

(3)保证混凝土的完整性和表面光洁要求,做到内实外光。

(4)保证钢筋、预埋件、预留孔洞的设计位置。

(5)在操作中应做到对称浇筑、分层入模、均匀振捣、尽量避免振动钢筋。

以上的第(1)项是浇筑好混凝土的物质保证,第(5)项是基本操作要求,这两条是实现第(2)、(3)、(4)项的重要手段。

2. 混凝土浇筑坍落度要求

可根据结构种类、钢筋的疏密程度及振捣方法按表3-10选用。

**混凝土浇筑时的坍落度** 表3-10

| 结构种类 | 坍落度(mm) |
|---|---|
| 基础或地面等的垫层、无配筋的大体积结构(挡土墙、基础等)或配筋稀疏的结构 | 10~30 |
| 板、梁和大型及中型截面的柱子等 | 30~50 |
| 配筋密列的结构(薄壁、斗仓、筒仓、细柱等) | 50~70 |
| 配筋特密的结构 | 70~90 |

注:1. 本表系指采用机械振捣的坍落度;采用人工捣实时可适当增大。

2. 需要配制大坍落度混凝土时,应掺加外剂。

3. 曲面或斜面结构混凝土,其坍落度值,应根据实际需要另行选定。

4. 轻集料混凝土的坍落度,宜比表中数值减少10~20mm。

3. 混凝土浇筑前的检查工作

(1)基坑、基槽。直接在坑槽内浇筑混凝土时,应挖除局部软土层;不得有积水、泥浆;有洞穴或其他障碍物时应通知设计部门处理。

(2)模板能承受施工荷载;拼缝严密;模板内垃圾应清理干净;竖向构件过高时,应分段留设浇筑洞口;隔离剂均匀涂刷完毕。

(3)钢筋已进行隐蔽工程验收;保护层垫块已准确放置;各种预埋件配剂,安放牢固并对下料影响不大;钢筋已除去锈蚀油污。

(4)其他混凝土浇筑:尺寸的标志已备好;主要的机具有备用件;道路畅通;垂直吊运畅通,联络信号已接通;安全隐患已排除;夜间照明已准备好;混凝土现场试验器具已备好并已通知有关试验人员;养护的准备工作已就绪。

## 二、模板涂刷隔离剂(脱模剂)

1. 隔离剂类别

隔离剂的类别按组成材料分类,如表3-11所示。

**隔离剂的类别及性质** 表3-11

| 类别 | 性质 |
|---|---|
| 水质类 | 1. 配制较容易,费用亦较廉,普遍用于水泥台面或胎模,不适宜于木模;<br>2. 无油污,不影响混凝土表面装饰工程;<br>3. 掺有滑石粉的隔离剂,在清模时粉尘飞扬,注意防护;<br>4. 容易被水冲刷失效,在负温下亦不宜使用;<br>5. 对钢模有锈蚀作用,每使用若干次应作一次防锈处理 |
| 油质类 | 1. 适用于各种钢、木模和水泥模,适应性强;<br>2. 对钢模无锈蚀作用,涂刷干燥后,耐雨水;<br>3. 涂刷时及未干燥时,不应接触钢筋,避免减弱握裹力;<br>4. 不宜使用废机油代替机油,避免污染混凝土表面;<br>5. 价格较高 |

续上表

| 类别 | 性质 |
|---|---|
| 塔尔油类 | 1. 隔离性好,不污染混凝土表面,不受季节影响,适宜于钢、木模,不适宜于粗糙的水泥台面;<br>2. 塔尔油分精品及粗品,均有刺激性气味(精品较强烈),不宜室内使用;<br>3. 稀释后仍有沉渣(粗品达25%,精品约3%),影响实际效果;<br>4. 费用较高 |

2. 隔离剂的配方

隔离剂的常用配方及其适用范围,如表3-12～表3-14所示。

水质类隔离剂配方及其适用范围　　表3-12

| 序号 | 用料及配合比(质量比) | 配制要点 | 适用范围 |
|---|---|---|---|
| 1 | 皂脚(或肥皂):水<br>1:(5~7) | 将肥皂(或皂脚)切成片状,用热水或蒸汽加热至溶化为匀质溶液,搅拌均匀。用水量以适合涂刷为度 | 水泥台面 |
| 2 | 皂脚(或肥皂):滑石粉:水<br>1:(2~5):(5~10) | 将肥皂片与水按序号1方法制成溶液,再加入滑石粉,拌匀即可使用 | 钢模、水泥台面 |
| 3 | 洗衣粉:滑石粉:水<br>1:(2~5):10 | 同序号2,用洗衣粉代替肥皂片 | 同序号2 |
| 4 | 海藻酸钠:洗衣粉:滑石粉:水<br>1.5:1.5:20:80 | 先用一部分水将海藻酸钠泡开,再将其余三项加入,边加料,边搅拌,至能喷涂即可 | 钢模、水泥台面 |
| 5 | 低碳脂肪酸钠皂:水<br>1:3<br>高碳脂肪酸钠皂:水<br>1:(10~20) | 将碳脂肪酸钠皂用热水或蒸汽加热至溶化为匀质溶液,拌匀即可使用 | 钢模、水泥台面 |
| 6 | 红泥膏:石灰膏:滑石粉<br>5:5:1<br>红泥膏:滑石粉<br>10:1 | 将红泥(或黄泥)膏打碎成粉状,加水调成糊状,滤去粗颗粒,加水量以适合操作并能涂成0.1~0.2mm薄层为宜 | 水泥台面 |

油质类隔离剂配方及其适用范围　　表3-13

| 序号 | 用料及配合比(质量比) | 配制要点 | 适用范围 |
|---|---|---|---|
| 1 | 机油:柴油(或煤油)<br>1:(2~4) | 在容器中拌匀,涂刷前再次拌匀 | 钢、木、水泥台面 |
| 2 | 机油:柴油:滑石粉<br>1:(2~4),滑石粉适量 | 按序号1拌匀,涂刷前加滑石粉再拌匀。滑石粉用量按稠度适用控制 | 水泥台面、钢丝网水泥模 |
| 3 | 柴油:黄油:石蜡<br>10:(0.3~0.5):(3~5) | 先用柴油将黄油、石蜡溶化均匀,涂刷时再拌匀 | 水泥台面或胎模 |
| 4 | 柴油:石蜡:滑石粉<br>10:(2~5),滑石粉适量 | 先用柴油将石蜡溶化均匀,涂在模后再撒适量滑石粉 | |
| 5 | 蜡油(市售裂化油) | 直接涂刷或喷涂 | 钢模、平滑水泥台面、胎模 |
| 6 | 机油:肥皂:水<br>5:15:(80~85) | 将肥皂切片后与机油、水在容器内加热(或用蒸汽喷煮),边加热、边搅拌,至成为悬浮状溶液。涂刷时再拌匀 | 钢、木、水泥模 |
| 7 | 市售乳化油:水<br>1:(5~10) | 乳化油因生产厂而不同,按序号1方法拌匀。雨季及负温下不宜使用 | 钢、水泥台面 |

塔尔油类(造纸废液类)隔离剂配方及适用范围 表 3-14

| 序号 | 用料及配合比(质量比) | 配 制 要 点 | 适 用 范 围 |
|---|---|---|---|
| 1 | 漆厂塔尔油:煤油:机油<br>1:7:1 | 先将煤油与机油拌匀,再加入塔尔油拌匀 | 钢、木模板 |
| 2 | 粗制塔尔油:煤油:机油<br>1:1:0.2 | 先将煤油稀释塔尔油,再加入机油拌匀 | 钢、木模板 |
| 3 | 精制塔尔油:煤油:机油<br>1:0.5:0.2 | 同序号 2 | 钢、木模板 |
| 4 | 碱法纸浆废液:水:机油<br>1:10:少量 | 将三者同时加入拌匀即可 | 钢、木模板、光滑水泥台面 |

3. 隔离剂操作要点

隔离剂操作要点如表 3-15 所示。

隔离剂的操作要点 表 3-15

| 项 目 | | 操 作 要 点 |
|---|---|---|
| 事前检查 | 模板或水泥台面 | 清理干净,不留残浆 |
| | 叠层生产 | 前一层混凝土强度应大于 5MPa |
| 隔离剂的稠度 | 用涂刷方法时 | 能涂刷均匀 |
| | 用喷涂方法时 | 能喷成雾状,又能成膜 |
| 钢筋工序 | | 1. 涂刷工序应在铺装钢筋前进行;<br>2. 待隔离剂干燥后,钢筋工序才能铺装;<br>3. 钢筋如被玷污,应抹除 |
| 涂刷或喷涂工序 | | 1. 先搅拌均匀;<br>2. 不漏刷,不积存;<br>3. 要均匀成膜 |
| 其他 | | 1. 如因故剥脱,应即补做;<br>2. 不要在已涂、喷部位托拉物品;<br>3. 不要在已涂、喷地点用水冲洗 |

## 三、防止离析的措施

浇灌混凝土时防止离析的措施有三个要点:

(1)防止石子因惯性关系向前抛离。

(2)垂直浇灌的料筒,其垂直段不宜小于 600mm。

(3)垂直浇灌竖向构件,其倾落的自由高度不应大于 2m。

其正确与错误的操作方法如表 3-16 所示。

浇灌混凝土的正确和错误方法对比

表 3-16

| 序号 | 操作项目 | 正确方法 | 错误方法 |
|---|---|---|---|
| 1 | 人工投料 | 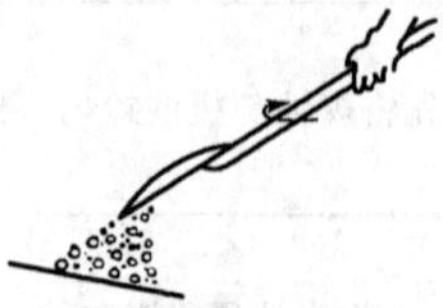 反铲下料,砂浆与石子同时浇灌 | 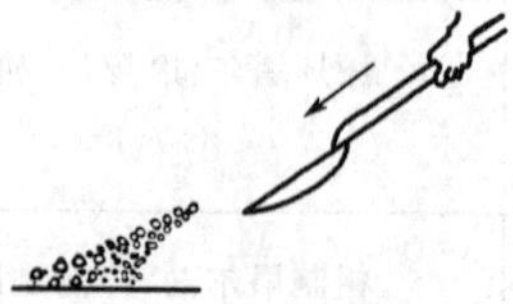 正铲下料,石子先抛出,部分砂浆黏在工具上 |
| 2 | 溜槽端部投料 | 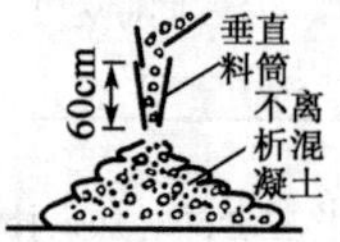 垂直料筒 60cm 不离析混凝土<br>垂直料筒,引导混凝土降落 | 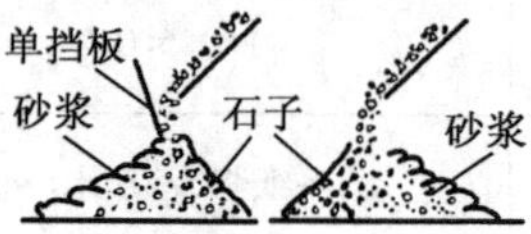 单挡板 砂浆 石子 砂浆<br>石子因惯性冲卸在一侧 |
| 3 | 小车浇灌大型竖向构件 | 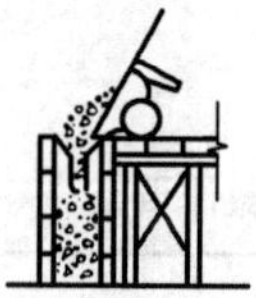 有料斗缓冲,混凝土不离析,未浇灌的钢筋、模板洁净 |  混凝土离析,底部容易出现蜂窝 |
| 4 | 小车浇灌楼板 |  小车行走桥板<br>逆向浇灌,赶浆易 | 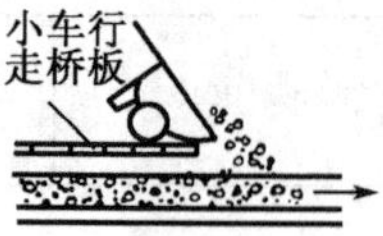 小车行走桥板<br>顺向浇灌,赶浆难 |
| 5 | 泵送混凝土至深模板 |  下料自由高度不大于 500mm,不离析 | 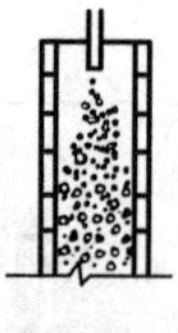 下料自由高度过高,有离析 |
| 6 | 在坡面上浇灌混凝土 | 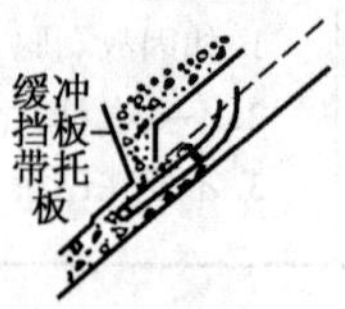 缓冲挡板 带托板<br>有垂直缓冲装置,不离析 | 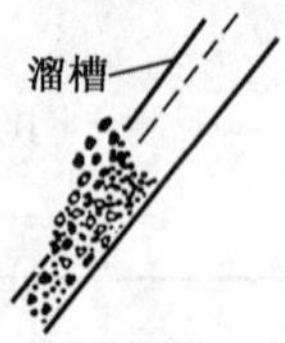 溜槽<br>无缓冲装置,离析 |
| 7 | 浇灌斜面构件 | 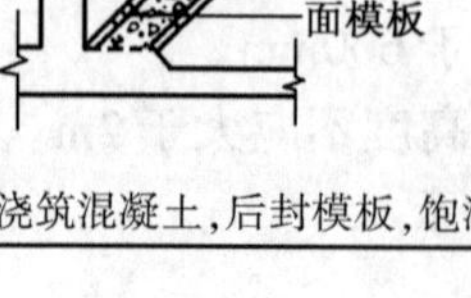 500mm 底模板 面模板<br>先浇筑混凝土,后封模板,饱满 | 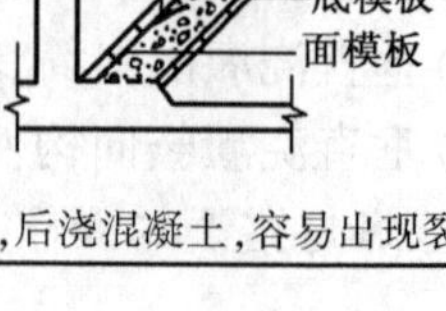 裂缝或空鼓 底模板 面模板<br>先封模板,后浇混凝土,容易出现裂缝、空鼓 |

续上表

| 序号 | 操作项目 | 正确方法 | 错误方法 |
| --- | --- | --- | --- |
| 8 | 用串筒下料 | 料筒保留有三节垂直,不离析 | 串筒全部斜送,有离析 |
| 9 | 摊铺混凝土 | 先振底部,逐次向上,使混凝土向外流 | 先振上部,只能将该处变成砂浆窝 |
| 10 | 砂浆窝(石子窝)的处理 | 将砂浆铲出,用脚或振捣器从傍将混凝土压送至该处填补;如属石子窝,按同样方法将松散石子铲出,同样填补 | 将别处石子移来,不易密实;如属石子窝,将别处砂浆移来,也难密实 |

## 四、混凝土浇筑的一般规定及注意事项

1.浇筑前的检查

混凝土浇筑前应检查地基清理、模板、钢筋、道路、主要机具等,详见第一章第十节。

2.混凝土保护层

1)厚度

混凝土保护层的厚度如表3-17所示。

2)垫块

常用的保护层垫块如表3-18所示。

3.混凝土的入模

1)对称入模

混凝土入模以前必须合理安排整体的浇筑顺序,要明确浇筑进行方向和入模点。进行方向安排不当,将会发生整体的偏移;入模点确定不当,也会发生构件的几何尺寸变形。

为了减少变形和偏移,加强模板和支撑的刚度是必要的。但是,方向和入模点不当发生变形是绝对的,必须对称入模才能克服和限制这些变形。

非对称入模或入模点选择不当,将产生下列的后果:

**混凝土保护层最小厚度(mm)** 表 3-17

<table>
<tr><th rowspan="2">项次</th><th rowspan="2">环境条件</th><th rowspan="2">构件类别</th><th colspan="3">混凝土强度等级</th></tr>
<tr><th>≤C20</th><th>C25 及 C30</th><th>≥C35</th></tr>
<tr><td rowspan="2">1</td><td rowspan="2">室内正常环境</td><td>板、墙、壳</td><td colspan="3">15</td></tr>
<tr><td>梁和柱</td><td colspan="3">25</td></tr>
<tr><td rowspan="2">2</td><td rowspan="2">露天或室内高湿度环境</td><td>板、墙、壳</td><td>35</td><td>25</td><td>15</td></tr>
<tr><td>梁和柱</td><td>45</td><td>35</td><td>25</td></tr>
</table>

注:1. 处于室内正常环境由工厂生产的预制构件,当混凝土强度等级不低于 C20 时,其保护层厚度可按表中规定减少 5mm;但预制构件中的预应力钢筋(包括冷拔低碳钢丝)的保护层厚度不应小于 15mm;处于露天或室内高湿度环境的预制构件,当表面另作水泥砂浆抹面层且有质量保证措施时,保证层厚度可按表中室内正常环境中构件的数值采用。

2. 预制钢筋混凝土受弯构件,钢筋端头的保护层厚度,一般为 10mm,预制的肋形板,其主筋的保护层厚度可按梁考虑。

3. 处于露天或室内高湿度环境中的结构,其混凝土强度等级不宜低于 C25,当非主要承重结构的混凝土强度等级采用 C20 时,其保护层厚度可按表中 C25 的规定值取用。

4. 板、墙、壳中分布钢筋的保护层厚度不应小于 10mm。梁、柱中箍筋和构造钢筋的保护层厚度不应小于 15mm。

5. 要求使用年限较长的重要建筑物和沿海环境侵蚀的建筑物的承重结构,当处于露天或室内高湿度环境时,其保护层厚度应适当增加。

6. 有防火要求的建筑物,其保护层厚度尚应遵守防火规范的有关规定。

**混凝土常用保护层垫块** 表 3-18

| 序号 | 名　称 | 图　示 |
| --- | --- | --- |
| 1 | 带铁丝水泥砂浆平垫块 | |
| 2 | 带铁丝水泥砂浆有凹槽垫块 | |
| 3 | 塑料垫块(钢筋从缺口处压入) | |
| 4 | 环形水泥砂浆垫块(钢筋开料后穿在垫块上) | |
| 5 | 薄钢片冲压成型的垫块 | |

(1)现浇框架结构浇筑

框架的浇筑切忌"一头赶",否则将产生竖向轴线偏移。至少应该有两个入模点,由中向两边或由两边向中对称进行,以限制或抵消模板的整体变形(图 3-15)。当框架划分流水施工段时,每段也一次对称进行。

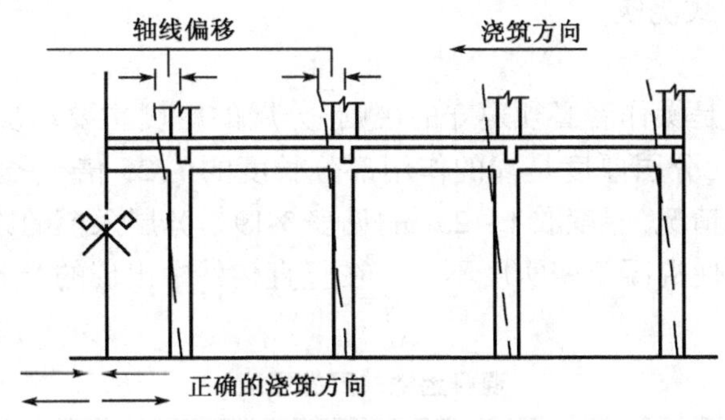

图 3-15　现浇框架结构的浇筑

(2)柱基浇筑

杯形基础由于没能对称浇筑,使芯模承受侧压力,发生偏移,在现浇柱基中,柱与基础的联结肋也会挤歪(图 3-16)。在设备基础中的地脚螺钉和预留洞等位置常发生偏移。

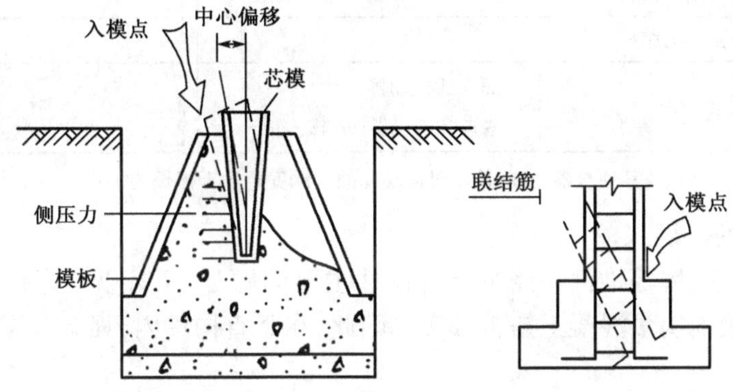

图 3-16　柱基浇筑

(3)水塔水箱壁

由于采用一点入模,混凝土将里模挤向对面,入模处超厚,对面超薄,形成厚薄不均(图 3-17)。这种现象也多出现在水池壁、漏斗壁等配有里外模的构件上。

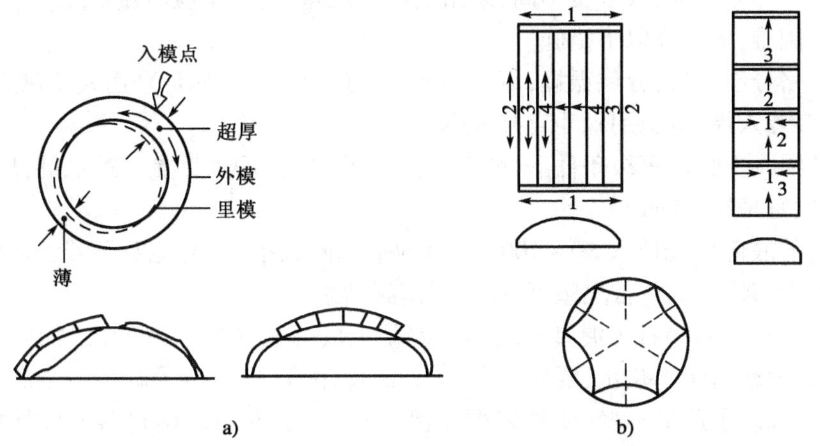

图 3-17　水塔水箱壁

(4)拱形和薄壳结构

这种结构因为它的受力特点和变形的敏感性,如图 3-17a)所示,更应强调对称入模,一般可采用图3-17b)所示方式浇筑。

2)分层入模

混凝土的分层入模是操作者必须遵守的规则,分层的厚度主要取决于振捣的方法和振捣器的类型。一般振捣棒,分层厚度是棒的作用部分长度的1.25倍,平板振动器是20cm,人工捣固视结构形式和配筋情况,厚度取1~25cm,见表3-19。分层入模的原因是防止一次入模混凝土太厚,振捣跟不上,使混凝土密实度不足。在竖直构件中出现的“卡脖”和“糖葫芦”现象,多由此发生。

**混凝土浇筑层的厚度**　　表3-19

| 序号 | 捣实混凝土的方法 | | 浇筑层厚度(mm) |
|---|---|---|---|
| 1 | 插入式振动器 | | 振动器作用部分长度的1.25倍* |
| 2 | 表面振动器 | | 200 |
| 3 | 人工捣固 | 在基础、无筋混凝土或配筋稀疏的混凝土结构中 | 250 |
| | | 墙、板、梁、柱结构 | 200 |
| | | 配筋密列的结构 | 150 |
| 4 | 轻集料混凝土 | 插入式振动器 | 300 |
| | | 表面振动,同时加载 | 200 |

注:*为了不致损坏振动棒及其连接器,实际使用时振动棒插入深度不大于棒长的3/4。

(1)竖直构件的分层入模

竖直构件是指柱、墙等构件。浇筑竖直构件主要问题是“看不见,摸不着”,有时,只能凭操作者的触觉,间接地衡量混凝土是否振实。因此,在竖直构件内,强调分层入模,分层振捣非常必要。

在浇筑墙体时,由于太薄(120~160mm),又是双层钢筋,墙内预埋管道、预留门窗口等,纵横交叉,尤其是有横向管道,采用串筒或溜管难以容纳,自由倾落高度和浇筑高度要求很难保证。采用开洞口侧向浇筑,用于大截面柱子尚可,若用于墙体,操作不便,效率很低。若采用分段支模法(即里模外模分段,随支随浇,每段1.2~1.5m),在施工中必然出现工种交叉,增加了混凝土工的停歇时间,效率也不高,易出现窝工现象,施工中应尽量避免。

基于上述困难,应采取以下措施:

①必须严格分层入模,分层振捣,每层厚度不超过40cm,要尽量采用人工锹入模。若采用特制串筒,应多点入模,避免用料斗直接入模。

②在保证混凝土强度等级条件下,慎重选择石子粒径和级配,掺入减水剂,增加混凝土的流动性,坍落度宜采用10cm以上。

③墙或柱的底部应先填入50~100mm厚的水泥砂浆垫底,避免石子接触底面。此外,一般石子因自重大,碰撞钢筋,首先坠落,使石子落到砂浆上。

应该指出的是,“减半石子混凝土或与原混凝土成分相同的水泥砂浆”的做法,在施工中不易掌握,因为只减石子不减水,混凝土太稀,无法使用,可采取石子减少一半后,水重可减少1/5~1/3,水泥和砂子质量不变,使砂浆稠度保持在12cm左右。用自落式搅拌机搅拌,第一罐混凝土减少50kg石子,效果也较好。经过试验,自落式搅拌机,搅拌机筒壁和叶片接触混凝土面积约7m$^2$,黏附在筒壁和叶片上的砂浆约30kg,减少50kg石子相当于增加42kg砂浆,考虑到第一罐混凝土,新罐新车都要黏附一些砂浆,增加42kg砂浆可以满足要求。

④坍落度可由下向上逐步减少,可有效地防止石子沉落,水泥浆上浮和泌水现象。

⑤在门窗洞口处,应两边均匀下料,均匀振捣,防止位移变形。在窗口下边的混凝土不易密实,因为这个部位是靠间接挤实的,可在窗口下冒头和模板上留排气孔和观察孔,如图 3-18 所示,待排气孔已冒出砂浆时,证明已灌实,此外,排气孔也可减少窗口下的上浮力。

⑥可采用提拉式振捣法,即加长振捣棒的软轴,使棒头伸到竖直构件的底部,分层提升。

⑦增中附着式振动器或辅以人工振捣,此时,应注意模板的坚固程度。

⑧往弯曲或狭窄的模板内浇筑混凝土,必须通过模板侧口入模时,应避免将串筒直接伸到侧口内,混凝土从垂直方向拐一个角度。如图 3-19 所示,快速流进模板内,这种操作方法易导致混凝土离析,应在漏斗的底部留上凹槽,使混凝土在漏斗中稍作停留后再流进模板内。

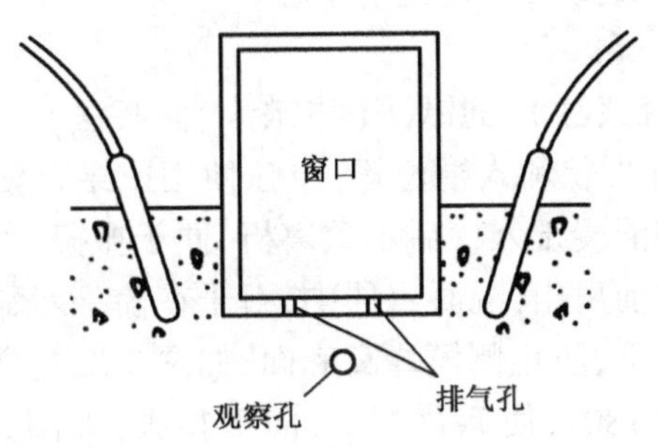


图 3-18　门窗洞口浇筑

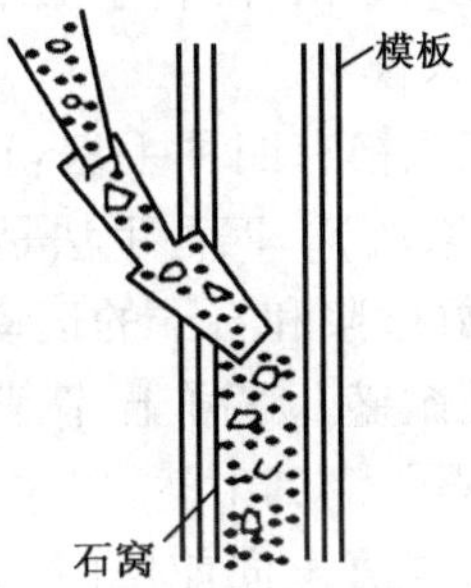

图 3-19　弯曲或狭窄模板内浇筑

(2)水平构件的分层入模

水平构件若其浇筑高度超过分层厚度,可采用分层赶浆法。分层赶浆法是从构件一端开始,分层入模,呈斜坡形,在前端的操作者防止石子与模板接触,使水泥砂浆向前流动,并与模板接触,用振捣棒振动,促使混凝土向前流动和振实,如图 3-20 所示。

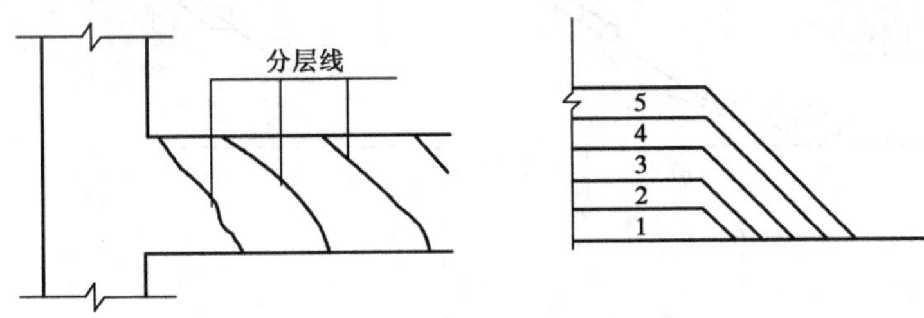


图 3-20　水平构件的分层入模

若构件长度和体积较小,能保证在不超过混凝土的凝结时间的前提下,也可以水平分层。

一般现浇楼板厚度约 8 ~ 15cm,若是单层肋,可将混凝土直接倾倒模板上,用平板振动器振实;厚度在 20cm 以上时,应考虑分层,并宜用平板振动器与振捣棒结合进行振捣。

(3)大体积混凝土的分层入模

大体积混凝土的浇筑程序,应由低到高,分段分层进行,大体积混凝土由于操作面开阔,可以用车或串筒直接入模,串筒的布置如图 3-21 所示。

大体积混凝土一般要求连续浇筑,不准留施工缝,为了使上下层混凝土能凝结在一起,应在混凝土中掺入缓凝剂,例如掺入有缓凝作用的木钙减水剂,在常温下掺入水泥质量的 0.2% 木钙,混凝圭的初凝时间可延长到 8 ~ 9h,这对施工安排是很有利的。

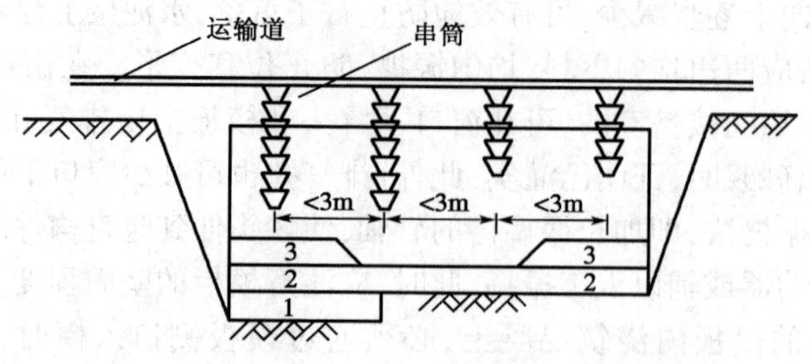


图 3-21　串筒的布置

3)混凝土入模的基本方法

入模必须给振捣创造条件,这对混凝土的匀质性、密质性有很大关系,所谓“入模不对,振捣受罪;入模太多,必出蜂窝;手法不好,累死振捣”,就是这个意思。

(1)用手锹入模

用铁锹人工入模有四种手法:正锹法(带浆法)、倒锹法(扣锹法、面浆法)、摔锹法(底浆法)、揉锹法(揉浆法)。四种手法是根据构件形状和入模位置,单独使用或结合使用。手法不同,主要是处理好砂浆和石子的运动状态,使混凝土入模后不致离析,便于振捣。

正锹法是用锹盛上混凝土,锹背朝下,向前甩出,混凝土居中,石子在前,砂浆在后;或者锹背紧靠模板,使石子溜到中间,砂浆顺模板流下,防止侧模蜂窝麻面,如图 3-22a)所示。

倒锹法是将混凝土向前甩时,铁锹猛翻 180°,使锹背朝上,向下扣去,如图 3-22b)所示。这种手法不会使混凝土产生离析,是常用手法。有时改变运动幅度和速度,也可以使石子在下,砂浆在上,对须要出浆或压光的构件,如地面、楼板、散水等,可用此法。

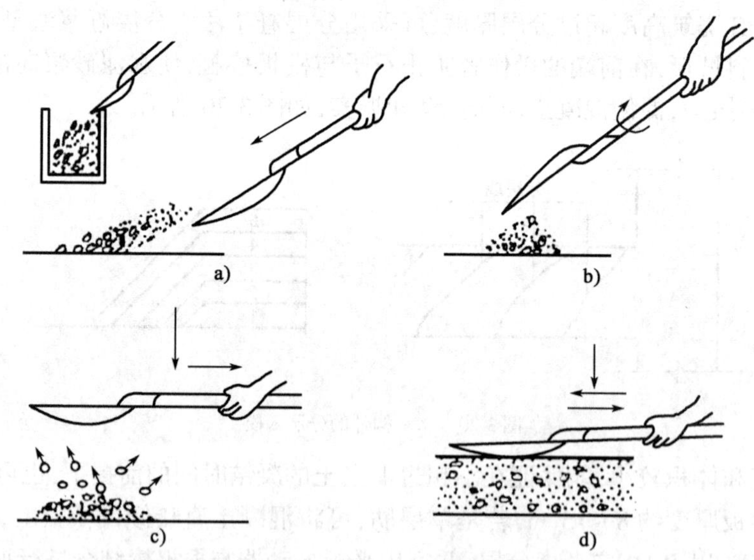


图 3-22　用手锹入模

a)正锹法;b)倒锹法;c)摔锹法;d)揉锹法

摔锹法是用锹盛上混凝土后,锹背朝下,向模板面猛摔,使石子弹起,把砂浆黏在模板上,如图 3-22c)所示。现落楼板或要求仰面有光滑效果时,可用此法,并与倒锹法配合使用,一个在下,一个在上。

揉锹法是用锹背拍打混凝土表面,使之出浆,然后前后揉动,起到拍实、出浆压光作用,使混凝土有一个较平坦的表面,如图 3-22d)所示。

四种手法应视具体情况配合使用,例如竖直构件或梁在入模时,靠模板处用正锹法,中间用倒锹法。楼板可用摔锹法与倒锹法配合,最后用揉锹法出浆。

(2)直接入模方法

直接入模是指混凝土不用两次搅拌,用推车或翻斗车直接倾倒,用串筒、布料杆等直接卸在模板上(内)。一般用于操作面大、体积大、便于入模的情况下,如水工构筑物、厚大的板墙、设备基础等。直接入模必须具备的条件是:混凝土不发生离析、分层现象;要遵守分层入模的要求,严格振捣;不挤压钢筋;不在已浇筑好的混凝土上行车运输等。

用翻斗车、手推车直接倾倒入模,要一车压半车,如图3-23所示。这样易于使各车的混凝土均匀,也可以防止冲撞钢筋。在摊平混凝土时,用振捣棒由上向下,依次振捣,不得由下向上,否则上面会出现"砂窝",下面会出现"石窝"。

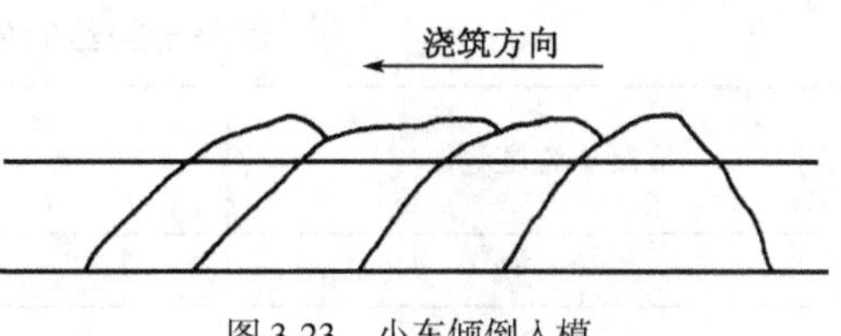

图3-23 小车倾倒入模

用料斗、串筒等直接入模,出料口应对正构件截面中心;偏斜一边,容易造成离析,如图3-24所示。

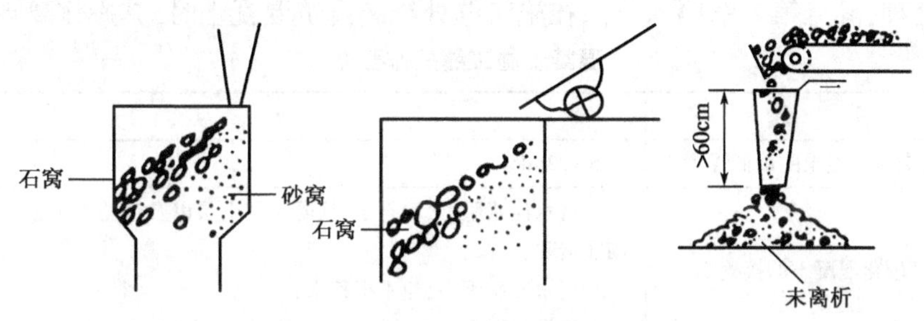

图3-24 料斗、串筒入模

在斜坡上浇筑混凝土,若用斜槽使混凝土跌落在斜坡上,会把石子分离出来,滑到斜坡的底部,如图3-25a)所示,则斜坡混凝土底部石子多,上部水泥浆多,混凝土不均匀密实,可以在适当的地方安放挡板,这样可以避免离析,如图3-25b)所示。用吊斗直接铺倒混凝土,要控制吊斗的行进速度和方向,使吊斗中的混凝土跌落在已振捣好的混凝土施工缝上,不要直接跌落在模板或地基上,否则石子会离析出来,如图3-26所示。

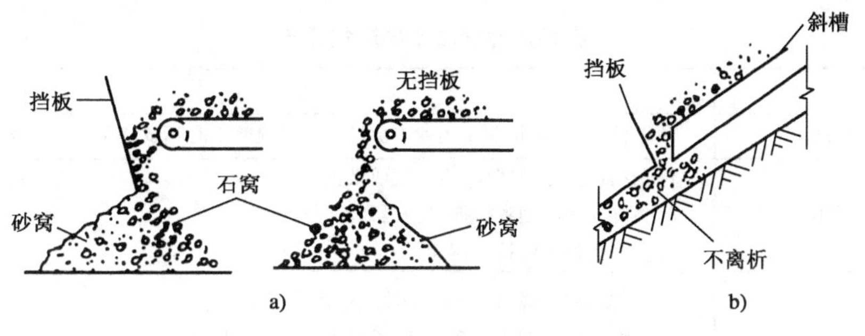

图3-25 斜坡上浇筑

4. 浇筑的间隔时间

浇筑时,次层混凝土应在前层混凝土凝结前浇筑完毕;前层混凝土凝结时间的标准,不得超过表3-20的规定。如超过,应按施工缝的措施处理。

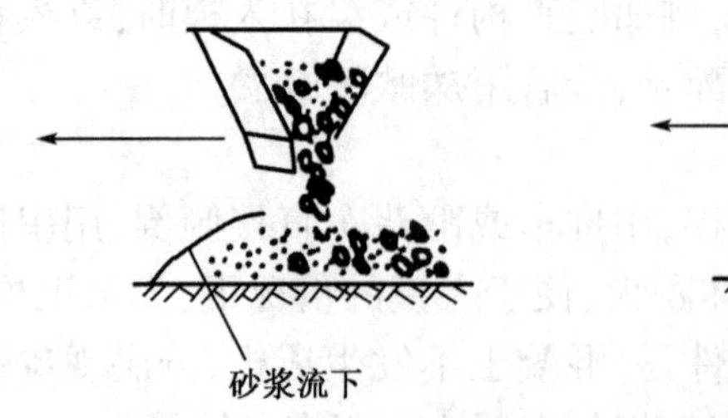

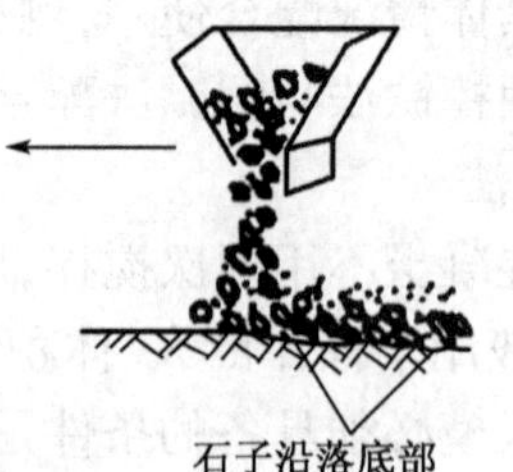


图 3-26　用吊斗直接铺倒

**混凝土凝结时间(min)(从出搅拌机起计)**　表 3-20

| 混凝土强度等级 | 气　温　(℃) | |
|---|---|---|
| | 低于 25 | 高于 25 |
| ≤C30 | 210 | 180 |
| >C30 | 180 | 150 |

5. 施工缝

施工缝处理,参见第一章第六节。在施工缝处继续浇筑混凝土时,其操作要点见表 3-21。

**混凝土施工缝操作要点**　表 3-21

| 序号 | 项　目 | 要　点 |
|---|---|---|
| 1 | 已浇筑混凝土的最低强度 | >1.2MPa |
| 2 | 已硬化混凝土的接缝面 | 1. 将水泥浆膜、松动石子、软弱混凝土层以及钢筋上的油污、浮锈、旧浆等彻底清除;<br>2. 用水冲刷干净,但不得积水;<br>3. 先铺与混凝土成分相同的水泥砂浆,厚度 10～15mm |
| 3 | 新浇筑的混凝土 | 1. 不宜在施工缝处首先下料,可由远及近地接近施工缝;<br>2. 细致捣实,使新旧混凝土成为整体;<br>3. 加强保湿养护 |
| 4 | 施工缝位置 | 见本章有关各节 |

6. 预埋件

有预埋件混凝土的浇筑要点见表 3-22。

**有预埋件混凝土的浇筑要点**　表 3-22

| 序号 | 项　目 | 要　点 |
|---|---|---|
| 1 | 牢固性 | 预埋件在安装时,其牢固性应保证在振捣混凝土时不致移位 |
| 2 | 螺栓 | 1. 先用黄油涂满螺牙,用薄膜或纸包裹;<br>2. 螺栓周围应细致振捣,使不影响移位;<br>3. 振捣工具不可接触螺栓 |
| 3 | 钢板 | 1. 浇筑至钢板底 30～50mm 时,外围暂缓浇筑;<br>2. 先将钢板底部浇筑至饱满,插捣密实,再行浇筑外围;<br>3. 混凝土上表面应比预埋钢板表面略高 2～3mm;<br>4. 用小木槌轻轻敲击钢板面,有空鼓声即为未饱满应立即重做;<br>5. 预埋钢板面积大于 250mm×250mm 时,在不影响结构要求的原则下,可事前将钢板开孔疏气 |

续上表

| 序号 | 项　目 | 要　点 |
| --- | --- | --- |
| 4 | 管道 | 1. 注意管道降坡(倾斜方向),避免倒流;<br>2. 该处混凝土宜用和易性较好的细石混凝土浇制;<br>3. 先浇筑管底,再浇筑两侧;<br>4. 两侧要同时对称浇灌,同时对称振捣 |

7. 浇筑注意事项

(1)混凝土在浇筑前应无初凝和离析现象,如已发生就应重新搅拌,使混凝土拌和物恢复流动性和黏聚性后再进行浇筑。

(2)混凝土浇筑要连续进行,如必须间歇作业时,应尽量缩短间歇时间,同时要在前一层混凝土初凝前将下一层混凝土浇筑完毕。间歇时间应按水泥品种和混凝土的凝结时间确定。

(3)在浇筑墙、柱等竖向混凝土结构时,当浇筑高度超过3m时,应采取防止离析措施进行浇筑。对混凝土的水灰比和坍落度,宜随浇筑高度的上升而递减。

(4)混凝土浇筑时,要随时注意模板、支架、钢筋、预埋件和预留孔洞的情况,如发现变形、位移时,应立即停止浇筑,并应在已浇筑的混凝土初凝前修整完毕。

(5)当浇筑较为复杂混凝土结构时,因技术或施工组织上的原因不能连续浇筑,且停顿时间有可能超过混凝土初凝时间时,应选择适当部位留置施工缝,施工缝一般应留在结构剪力较小的部位。

①柱子宜留在基础顶面、梁或吊车梁牛腿的下面、吊车梁的上面、无梁楼盖柱帽的下面,同时要方便施工。

②和板连接的整体的大截面梁应留在板底面以下20~30mm处,当板下有梁托时,留置在梁托下面。

③单向板应留在平行于板短边的任何位置。

④有主次梁的楼盖宜顺着次梁方向浇筑,施工缝应留在次梁跨中1/3范围内。

⑤墙可留在门洞口过梁跨中1/3范围内,也可留在纵横墙的交接处。

⑥双向受力的楼板、大体积混凝土的结构、拱、薄壳、多层框架等复杂混凝土结构,应按设计要求留置施工缝。

(6)在施工缝处继续浇筑混凝土时,已浇筑的混凝土强度应不小于1.2N/mm$^2$。混凝土要达到这一强度的时间决定于水泥的品种和强度等级、混凝土的强度等级、施工时的气温等不同情况。施工现场根据混凝土试验确定。

混凝土施工缝的处理:参见第一章第六节及表3-21。

## 五、混凝土人工浇筑

1. 下料及捣固

人工浇筑应按施工对象采用不同的方法,通常分为“带浆法”和“赶浆法”。这两种方法都是使模型的底板自始至终先有一定的砂浆垫底,捣固时又控制石子后行,从而保证构件外表砂浆饱满,内部石子紧密。“带浆法”主要用于现浇板、地坪及预制板等,其操作方法见表3-23;“赶浆法”主要用于现浇梁、预制的卧放的方形或矩形构件,其操作方法见表3-24。

**带浆法捣固操作工艺要点** 表 3-23

| 序号 | 项目 | 要点 |
|---|---|---|
| 1 | 浇筑顺序 | 从最远一边开始,逐步缩短送浆距离 |
| 2 | 作业小组 | 人数按板跨而定,每一操作者负责 1.5 ~ 2.0m |
| 3 | 操作员站位 | 操作者面向来料方向,即与浇筑前进方向一致,浇筑后,即站在已浇筑的混凝土上 |
| 4 | 铺浆 | 由板边开始,薄铺一层与混凝土成分相同的水泥砂浆,厚约 10mm,宽 300 ~ 400mm |
| 5 | 下料 | 反铲下料,下在已铺砂浆上,要使先铺的砂浆被挤向前伸延;<br>按此陆续操作,底浆始终赶在混凝土的前方 |
| 6 | 捣固 | 下料有一定宽度(0.5 ~ 1.0m)后,用反铲铲口捣插混凝土,使其密实、铺平;<br>当浇筑面积达到 2.0 ~ 2.5$m^2$ 时,可用铲背将混凝土面往复搓动,拉平;<br>如需抹光,则按抹光工艺处理 |

**赶浆法捣固操作工艺要点** 表 3-24

| 序号 | 项目 | 要点 |
|---|---|---|
| 1 | 浇筑顺序 | 由一端开始至另一端,工作量大的由两端开始至中部合龙;<br>梁高大于 400mm 时,分两组或三组,一前一后,分层浇筑 |
| 2 | 作业小组 | 每一作业组 3 ~ 4 人,其中 1 ~ 2 人下料,2 人捣固 |
| 3 | 操作员站位 | 下料员站在两侧,捣固员一人跨站在混凝土前进方向的前面;一人跨站在已浇筑混凝土的上方;均面对而站 |
| 4 | 铺浆 | 先在开始浇筑点铺一层厚约 15mm、长约 600mm 的与混凝土成分相同的砂浆 |
| 5 | 下料 | 全部反铲下料;先下端部和外侧;后下中部;<br>浇灌靠近模板混凝土时,铲背向模板,浆料向下卸;<br>两人下料时,每人负责一侧,同时对称下料 |
| 6 | 捣固 | 站在前方的捣固员,负责混凝土中部的捣插;边捣插边阻挡松散石子滚前;让砂浆先行,让石子被砂浆包裹;<br>站在后方的捣固者,负责混凝土两侧的捣插;插捣工具要紧贴侧模板,使边角饱满 |

2. 人工捣插

人工捣插只适宜于混凝土坍落度大于 5cm 的流动性混凝土。其操作要点见表 3-25。

**人工捣插操作要点** 表 3-25

| 序号 | 项目 | 要点 |
|---|---|---|
| 1 | 工具 | 对基础、梁、柱,可用竹竿、钢管(铝管能引气,不宜使用);<br>对楼板、地坪、小梁,可用铲、锹、平底锤等 |
| 2 | 浇筑层厚度 | 参阅表 3-19 |
| 3 | 操作方法 | 边下料,边捣插;<br>轻插、多插、密插为佳,不宜用力猛插;<br>插点应均匀分布,钢筋及边角多插;<br>截面较大的梁柱,可同时用木槌在模板外轻敲 |
| 4 | 密实饱满象征 | 不再冒出气泡;<br>不再显著下沉;<br>表面泛浆;<br>表面基本形成水平面;<br>模板拼缝出现浆水 |

## 六、混凝土机械振捣

机械振捣就是利振动器对混凝土振捣密实。常用的振动器有内部振动器(插入式振动器)和外部振动器(平板振动器又称表面振动器、附着式振动器与振动台)。振动器的分类、型号、主要技术性能、选择与使用、维护保养与故障排详见第二章第七节所述,本处仅将振动器的操作要领、振实方法和振捣注意事项介绍于下:

1.振动器的操作要领及振实方法

1)检查振捣机械的完好情况

将所需要的振捣机械搬到工作台上,再将各组成部分一一进行检查或做适当的保养,组装好后接通电源,看其试运转情况,听其振捣时的声音是否正常,经检查无误后备用。

2)振捣机械就位

将检无误的振动机械先行搬运到混凝土浇灌的部位,并且做到移动方便,能够有效地振捣已浇筑的混凝土。

3)开机振捣

当混凝土浇灌已到一定的厚度或一定的体积(或一定的面积)后,可开动振动机械振捣混凝土。

(1)插入式振动器的操作要领

直上和直下,快插与慢拔,插点要均布,切勿漏点插;上下要抽动,层层要扣搭;时间掌握好,密实质量佳;操作要细心,软管莫卷曲;不得碰模板,不得碰钢筋;使用200h后,要加润滑油;振动0.5h,停歇5min。

为了保证每一层混凝土上下振捣均匀,应将振动棒上下来回抽动50~100mm。此外,还应将振动棒深入下一层混凝土中50mm左右,以保证上下混凝土结合密实。

(2)平板振动器操作要领

将平板振动器放在要被振实的混凝土表面,接通电源,一人缓慢地拖着平板振动器沿着某一边移动。另一人牵着绝缘导线配合着振动器的操作人员,按顺序平行地进行混凝土的振捣。第一遍可沿面积的长边进行振捣,第二遍沿短边进行,前后两遍相互垂直,移动时应成排依次振捣前进,前后位置和排与排间相互搭接应有3~5cm,要使混凝土面均匀出现浆液为准,防止漏振。

4)振捣时间的控制

采用插入式振捣器振捣混凝土时要掌握好振捣时间,过短不易捣实,过长可能引起混凝土产生离析现象,对塑性混凝土尤其要注意。一般每点振捣时间为20~30s,使用高频振动器时,最短不应少于10s。

表面振动器在每一位置上应连续振动一定时间,正常情况下约为25~40s,但以混凝土面均匀出现浆液为准。

外部振动器振动时间和有效作用半径,随结构形状、模板坚固程度、混凝土坍落度及振动器功率大小等各项因素而定。一般每隔1~1.5m距离设置一个振动器。当混凝土成一水平面不再出现气泡时,可停止振动。必要时应通过试验确定。

振动台振捣时间要根据混凝土构件的形状、大小及振动能力而定,一般以混凝土表面呈水平并出现均匀的水泥砂浆和不再冒气泡时，表示已振实，即可停止振捣。

5）振捣器插点的排列及振捣方法

见第二章第七节四、3.所述。

6）混凝土是否振实的判别

不论采用何种振捣机械，在振捣混凝土时，都是以振至混凝土不再沉落，气泡不再冒出，表面开始泛浆并基本平坦为止时即可判定混凝土基本振实。

2.使用混凝土振动器的注意事项

（1）采用插入式振动器时，振动棒距离模板不应大于振捣器作用半径的0.5倍，并不宜紧靠模板振动，且应尽量避免碰撞钢筋、芯管、吊环、预埋件或空心胶囊。

（2）采用表面振动器振捣大面积混凝土地面，可采用两台振动器以同一方向安装在两条木杠上，通过木杠的振动使混凝土密实。采用单个平板振动器振捣混凝土表面时拖移不得太快，要保证混凝土表面出浆后才能缓慢移动。振动倾斜混凝土表面时，应由低处逐渐向高处移动，以保证混凝土振实。

（3）采用外部振动器时，混凝土浇筑高度要高于振动器安装部位。当钢筋较密实和构件面较窄时，也可采取边浇筑边振动的方法。

（4）采用振动台振捣混凝土构件，当其厚度小于20cm时，可将混凝土一次装满振捣，如厚度大于20cm，则需分层浇灌，每层厚度不得大于20cm，或随浇随振。

## 第六节　混凝土的成型

混凝土和钢筋混凝土制品的结构成型与密实方法较多，其基本方法及适用范围见表3-26。

**混凝土密实成型基本方法**　　表3-26

| 成型方法 | 采用设备 | 优缺点 | 适用范围 |
| --- | --- | --- | --- |
| 振动密实成型 | 振动台，插入式振动器，附着式振动器，振动抽芯机等 | 设备简单，密实效果好，但噪声大 | 广泛用于施工现场、预制构件厂结构与制品密实成型 |
| 压制密实成型 | 模压、挤压和压轧设备等 | 噪声小，密实效果好，但设备复杂 | 适用于制品厂定型的板类制品生产 |
| 离心脱水密实成型 | 车床式、托轮摩擦式离心机等 | 噪声较小、密实效果好，但对钢模要求较高 | 适用于生产管类制品及电杆等 |
| 真空脱水密实成型 | 真空泵、软管和吸垫等组成 | 噪声小，混凝土抗渗及耐磨性能好，但成型时一般要辅以振动 | 适用于楼板、路面及飞机场地坪等混凝土密实成型 |
| 复合密实成型 | 以上几种设备复合使用，如振动加压、振动模压、振动真空、离心振动等 | 密实效果好，但设备复杂 | 适用于制品厂生产定型产品 |

### 一、振动成型

混凝土的密实度决定着混凝土强度、抗冻性、抗渗性等一系列性质。试验证明，不经过振捣(捣固)的混凝土内含有5%～20%体积的空洞与气泡。混凝土本身的自然沉落达不到较高的密度度,也很难自行充实到模板的各个角落。振捣的方法有人工和机械两种,一般应以机械为主,人工为辅,若工程量不大或无法使用机械时,应以人工为主。

人工捣固与平板振动器,附着式振动器振捣方法参见第二章第七节及本章第五节之五、六,不再赘述,下面重点对振动台振动成型工艺予以介绍。

1. 振动参数与振动制度

要得到良好的振实效果,使混凝土具有较高的密实度,必须根据混凝土拌和物性质,合理确定振动与振动制度,作为选择或设计振动设备的依据。

1)振动频率

强迫振动的频率如接近混凝土拌和物颗粒的固有频率,则产生共振,这时衰减最小,振幅可达最大。根据这个原理,经研究表面,混凝土集料粒径 $D$ 与振动频率 $f$ 关系,应满足下列条件:

$$D = \frac{14 \times 10^6}{f^2}$$

混凝土拌和物中,通常含有不同粒级的集料,不可能施加如此多种频率。一般取混凝土拌和物中集料的某一平均粒径或以含量最多的一种粒径来选择振动频率,振动频率的选择可参见表3-27。

**集料粒径与振动频率关系** 表3-27

| 集料平均粒径(mm) | 振动频率(次/mm) | 集料平均粒径(mm) | 振动频率(次/mm) |
|---|---|---|---|
| 5～10 | 6 000～7 500 | 25～40 | 2 000 |
| 15～20 | 3 000～4 500 | >40 | <2 000 |

2)振动振幅

振幅与混凝土拌和物性能和振动频率有关,对于一定的拌和物,振幅和频率数值应该选择得互相协调,保证颗粒在振动中不衰减。振动速度一定时,增加振幅可降低频率,反之亦然。根据试验和生产经验,不同流动性混凝土拌和物,适宜的频率与振幅可参表3-28中的数值。

**不同性质的拌和物振动频率与振幅关系** 表3-28

| 拌和物性质 | 振动频率(次/min)与振幅(mm) | | | |
|---|---|---|---|---|
| | 1 500 | 3 000 | 6 000 | 10 500 |
| 流动性混凝土 | 0.56～0.8 | 0.20～0.28 | 0.70～0.10 | — |
| 低硫动性混凝土 | — | 0.28～0.40 | 0.10～0.14 | 0.06 |
| 干硬性混凝土 | — | 0.40～0.70 | 0.14～0.25 | 0.06～0.11 |

3)振动速度

使混凝土拌和物达到足以克服物料颗粒之间的摩擦力和黏结力的振动速度,称作振动的极限速度。在此振动速度下,拌和物处于液化状态。如果振动速度超过极限速度而继续增大,将导致混凝土拌和物结构分层。因此,在选择振动设备时,要求振动设备具有足够的振动速度,以满足混凝土拌和物成型时所要求的振动极限速度。在已知振幅和频率条件下,可用下式计算出极限速度:

$$V_{max} = 0.105Af \quad (3\text{-}1)$$

式中：$V_{max}$——振动极限速度(cm/s)；

$A$——振幅(cm)；

$f$——频率(次/min)。

4)振动加速度

振动加速度也是混凝土拌和物振动密实的重要参数之一。试验表明，振动加速度对于结构黏度有决定性的影响。当加速度开始由小增大时，黏度急剧下降；但加速度继续增加，黏度下降渐趋缓慢；待加速度增高到一定数值后，黏度趋于常数。同样，振动加速度与混凝土强度也有类似关系，振动加速度增加，混凝土强度随之增加，但到一定值后，强度增加趋于缓慢。

振动加速度 $a$ 是频率和振幅的函数，其最大值为：

$$a_{max} = 0.01Af^2 \quad (cm/s^2) \tag{3-2}$$

振动加速度与混凝土拌和物的性质有密切关系。一般干硬性混凝土拌和物，振动加速度增加，振动时不易分层；而大流动性混凝土拌和物，当振动加速度增大时，会导致分层，降低混凝土强度。混凝土拌和物的最佳振动加速度可参见表3-29。

**拌和物的最佳振动加速度** 表3-29

| 拌和物种类 | 工作性(s) | 最佳振动加速度 $a$(cm/s²) |
|---|---|---|
| 低流动性 | 20 以下 | $4 \sim 5g^*$ |
| 干硬性 | 300~500 | $6 \sim 7g$ |
| 特干硬性 | 500 以上 | $7 \sim 9g$ |

注：* $g$ 为重力加速度，$g = 981 cm/s^2$。

5)振动延续时间

振动延续时间也是振动密实成型的一个重要参数。当频率和振幅一定时，振动所需的最佳延续时间取决于混凝土拌和物的性质、制品(或结构)的厚度、振动设备及工艺措施等，其值可在几秒钟至几分钟之间。最佳振动时间，应根据具体条件通过试验确定。一般振动时，如气泡停止排出，拌和物不再沉陷并在表面泛出灰浆时，表示混凝土已经振实。

振动成型时，若混凝土拌和物表面施加一定压力(如10~60g/cm²，即1~6kPa)，振动延续时间可明显缩短。某些工厂生产屋面板、多孔板的振动时间和其他参数见表3-30。

**屋面板、多孔板振动时间及参数** 表3-30

| 振动设备 | | 振动台 | | 振动芯子 | |
|---|---|---|---|---|---|
| 频率(次/min) | | 2 850 | | 2 900 | 11 600~12 000 |
| 振幅(mm) | | 1.0~1.5 | | 0.9~1.1 | 0.2~0.5 |
| 振动时间(s) | 浇筑振动 | 50~65 | 120~180 | 60~80 | 50~60 |
| | 加压振动 | 6~10 | 60 | — | 120~150 |
| 混凝土拌和物性质 | | 塑性 | 干硬性 | 低流动性 | 干硬性 |

2.振动台的构造及技术性能

(1)振动台的构造见图2-63和图2-64。

(2)振动台的主要技术性能见表2-84和表2-85。

除上述振动台外，目前在预制构件厂还采用组合式振动台，如图3-27所示。组合式振动台是由几个装有附着式振动器的梁式工作台面组合而成。梁式工作台数量根据生产的构件质量和长度确定,一般 1m 左右设置一个,每个振动横梁下面设有 2 个附着式振动器。该种振动台构造简单,便于加工制造,但因振动同步性差,振动时能量消耗大,振动效果差。

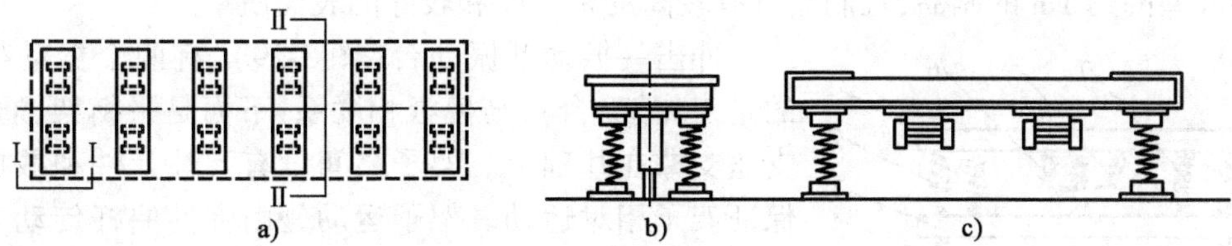


图 3-27　梁式组合振动台

a)振动台平面图;b) Ⅰ-Ⅰ剖面图;c) Ⅱ-Ⅱ剖面图

近年来,随着制品机械研究的发展,国外研制出了大振幅冲击型振动台和冲击—振动型振动台。普通振动台为线性振动荷载,频率分为低、中、高频(频率范围为 1 200 ~ 6 000 次/min)三种。而冲击型振动台呈现非线性冲击荷载,冲击频率为 150 ~ 400 次/min;冲击—振动型振动台则是线性与非线性复合冲击振动,它的振动频率为 480 ~ 1 500 次/min;俄罗斯采用的几种振动台型号与技术性能见表 3-31。

**俄罗斯几种振动台型号与技术参数**　　表 3-31

| 项目名称 | 普通振动台 | | | 冲击-振动型振动台 | | | 冲击型振动台 |
|---|---|---|---|---|---|---|---|
| | CMЖ-187A | CMЖ-199A | CMЖ-164 | BPA-8 | CMЖ-460 | CMЖ-538 | K-188 |
| 制品模板尺寸(m) | 3×6 | 3×12 | 3×18 | 1.5×6 | 3×6 | 3.6×7.2 | 2.5×6 |
| 承载能力(t) | 10 | 24 | 56 | 8 | 15 | 18 | 10 |
| 激振器最大偏心动力矩(kg·cm) | 48 | 96 | 168 | — | — | — | — |
| 振幅或下落高度(mm) | 0.4~0.6 | 0.4~0.6 | 0.5 | 6~10 | 6~10 | 1 | 3 |
| 频率或冲击次数(次/min) | 2 850 | 2 850 | 2 850 | 480~600 | 540~660 | 1 440 | 228 |
| 设备电容量(kW) | 64 | 128 | 266 | 24 | 29 | 12 | 100 |
| 模板固定方式 | 电磁 | 电磁 | 电磁 | 电磁 | 电磁 | 无固定 | 螺栓 |
| 外形尺寸(m) | 9.5×3 | 14.9×3 | 19.8×2.9 | 6×2.7×1.05 | 5.95×3.82×1.6 | 5.9×1.6×0.7 | 8.14×2.02×4.81 |
| 质量(t) | 5.75 | 12.8 | 18.5 | 10.5 | 19.9 | 7 | 7.3 |

冲击型振动台(图 3-28),是由上移动架和下移动架组成。在上移动架加上固定模板,下

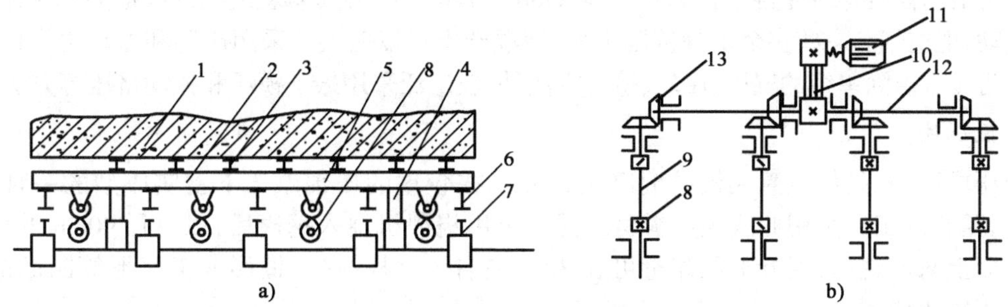


图 3-28　冲击型振动台示意图

a)构造图;b)传动系统图

1-模板与制品;2、3-纵横向梁;4-导向柱;5-轮子;6、7-冲击梁;8-凸轮;9-横向轴;10-传动皮带;11-电动机;12-纵轴;13-伞齿轮

移动架与基础相接,以保证传递冲击脉冲给上架。为了实现上架产生冲击运动,用凸轮机构实现。冲击振幅(降落高度)取决于凸轮轴转动角速度、凸轮形状和其他约束条件。冲击型振动台上能成型高达1m的制品,且制品具有较高的密实度和较好的表面质量。

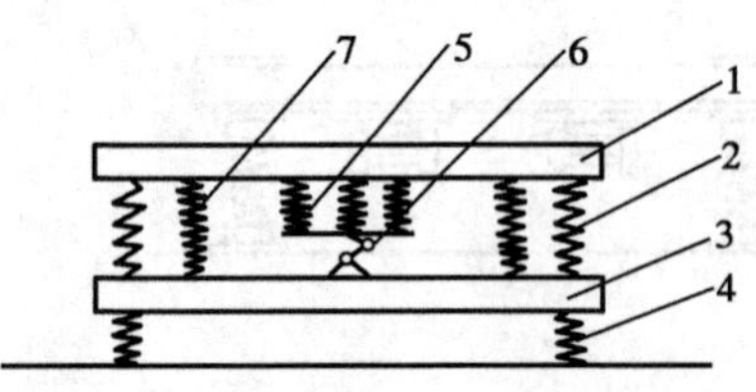

图3-29 冲击—振动型振动台示意图

1-工作台;2-弹性元件;3-平衡架;4-弹性支撑;5-弹性连杆;6-曲杆传动系统;7-减振器

冲击—振动型振动台(图3-29),有两个振动架,上面的是工作架(台),与模板相联系;下面是平衡架,通过弹性支座支撑在基础上。架子之间设有弹性元件和减振器,以保证架子相对运动。架子运动是由弹性曲杆传动实现的,弹性连系元件和架体选择应考虑能产生共振。

冲击—振动型振动台,工作架振动加速度为:向上运动时为1.4~1.7$g$;向下运动时为4~6$g$($g$为重力加速度)。该种振动台可成型高达1m的制品,生产效率比冲击型振动台高,振动噪声比普通型振动台小。

为了改善混凝土制品表面质量和提高密实度,可在混凝土上面施加一定压力。压力大小应根据振动台能力和混凝土工作而定,但压力数值不宜过大,以免在振动作业过程中,妨碍混凝土拌和物颗粒的自由振动。一般静载加压时[图3-30a)],其加压值为30~60g/cm$^2$(3~6kPa)。为了提高加压效果,也可采用表面振动加压[图3-30b)],压板质量和激振力大小,应根据所成型的制品尺寸、振动台能力确定,一般为1~3kPa。为了减轻加压板质量,也可采用气压或液压加载[图3-30c)、d)]。

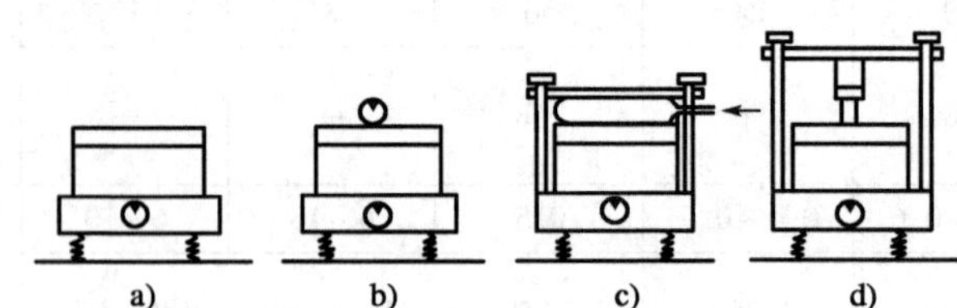

图3-30 振动台成型时几种加压形式

a)静载加压;b)表面振动加压;c)气压加压;d)液压加压

## 二、压力成型

压力成型法是混凝土制品预制工艺的新发展,它不仅可以减少振动噪声,而且又可提高生产效率和产品质量。但由于某些压力成型设备复杂,适应性较差,只适用于某一单一产品生产,目前还没有普遍采用。

压力成型法的原理是混凝拌和物在强大的压力作用下,克服颗粒之间的摩擦力和黏结力,而相互滑动,把空气和一些多余水分挤压出来,使混产土得以密实。采用压制和振动复合的工艺,效果更为显著。除单纯的辊压、压轧、挤压方法外,较广泛采用振动模压和振动挤压等方法。

### 1. 辊压法

辊压成型法,是使浇灌入模的混凝土拌和物在较重的压辊碾压下密实成型的一种方法。德国、荷兰有的工厂采用此法生产板材。混产土用浇灌机浇入钢模后,以直径90cm的压滚在混凝土面上来回辊压,混凝土压缩量可在30%左右。除板材外,槽形或工字形等断面的构件也可采用辊压成型。

### 2. 压轧法

压轧法成型,是利用轧辊连续压轧混凝土拌和物,使其密实并达到预定的形状与尺寸。压轧法成型时，摊铺的混凝土与钢筋网片在传送带带动下连续通过设有几对上下压辊的成型区段，对混凝土压轧成型。压轧法生产效率高，但设备复杂，适应性差，而且只能用细集料混凝土，水泥用量较大，我国至今尚无采用。

3. 模压法

混产土浇筑入模后，压模以一定的压力和速度压入混凝土拌和物，使其达到所需厚度与形状。为了将混凝土中多余的水分和空气压除，模压成型前，在底模上或压模下设有过滤层。模压法成型，生产效率高，制品质量好。国外利用模压法成型，采用压力为 1 000 ~ 5 000t 的液压成型机，以每平方米 200 多吨的压力模压成型。

为了克服单纯静力压制成型需要大功率重型压力设备的缺点，不少国家采用振动模压成型（图 3-31）。振动模压成型，压模应有足够的刚度和自重。压模的质量直接关系到成型时的加压值，一般静压值可取 300 ~ 600g/cm$^2$。压模振动功率的大小取决于成型制品的规格尺寸，可根据振动器功率大小，设置两个或多个附着式振动器。

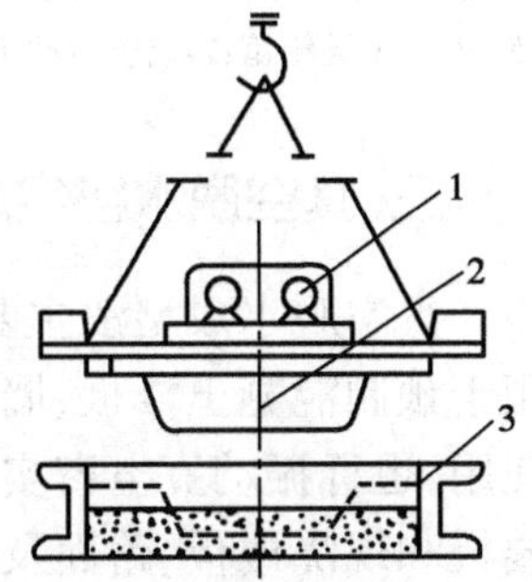

图 3-31 振动模压成型示意图

1-振动器；2-冲头；3-冲模

4. 挤压法

挤压成型法可分为单纯挤压和振动挤压两种形式。单纯挤压法主要用于管状制品的成型，成型时利用胶囊打进高压空气或高压水，使胶囊膨胀挤压混凝土拌和物（如一阶段预应力混凝土管成型）。

振动挤压主要用于长线法生产预应力混凝土空心板，其设备为挤压成型机。目前我国使用的挤压成型机主要适用于生产厚 12 ~ 18cm，宽 50 ~ 90cm 空心板，个别的挤压机一次可成型两排 90cm 宽的空心板。目前国产挤压机的技术性能见表 3-32。

**挤压成型机主要技术性能** 表 3-32

| 项目 | | 空心板规格（mm） | | |
|---|---|---|---|---|
| | | 790 × 110<br>孔 $\phi$75 | 900 × 120<br>孔 $\phi$75 | 790 × 110<br>孔 $\phi$75 |
| 绞刀 | 数量（个） | 8 | 6 | 8 |
| | 外径（mm） | 100 | 90 | 92 |
| | 电动机型号 | $JO_2$52-6 | $J_2$R-31-6 | $JO_3$-160S-4 |
| | 功率（kW） | 7.5 | 11 | 15 |
| 振动梁 | 激振力（kg） | 900 | 570 | 1 000 |
| | 频率（次/min） | 2 900 | 2 850 | 1 450 |
| | 电动机型号 | — | 振动器 $HZ_2$-7 | $JO_{42}$-4 |
| | 电动机功率（kW） | 3 | 1.5 | 2.8 |
| 料斗容量 | | 0.7 | 0.2 | |
| 成型速度（m/min） | | 1.25 ~ 1.35 | 0.85 ~ 0.9 | 1.3 |
| 设备质量（kg） | | 3 000 | 1 800 | 2 600 |
| 装机容量（kW） | | 10.5 | 12.5 | 17.8 |
| 外形尺寸<br>长（mm）× 宽（mm）× 高（mm） | | 2 930 × 1 150 × 1 480 | | 2 200 × 1 060 × 1 650 |
| 资料来源 | | 旅大市第二建筑公司加工厂 | 苏州市混凝土构件厂 | 南京市第二构件厂 |

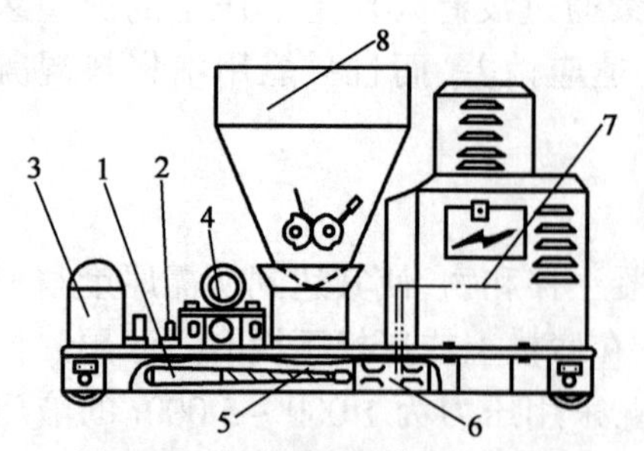

图 3-32 挤压成型机(外振)示意图
1-芯管;2-抹光板;3-平衡重;4-振动装置;5-绞刀;6-链轮箱;7-减速传动箱;8-料斗

挤压机成型,是利用螺旋绞刀在推送混凝土拌和物过程中挤压混凝土拌和物,并经振动器的振动作用,使其密实。挤压机构造基本一样,但振动形式有所不同,分芯内振动和芯外振动两种形式。采用低频外振,结构简单,制造容易,便于维修(图 3-32)。

挤压机成型要求采用水灰比为 0.28 ~ 0.38 的干硬性混凝土,集料粒径不宜大于 10mm。挤压成型最大优点是减轻劳动强度,提高工效,制品表面平整,混凝土密实性好,初期结构强度可达 0.05 ~ 0.08MPa。如叠层生产还可提高台座利用率。缺点是螺旋绞刀磨损快,制品不易分割。

## 三、真空脱水密实成型

真空脱水成型法主要用于现浇混凝土楼板、地面、道路及机场地坪等等工程的施工,也可用于预制混凝土楼板、墙板等的生产。在实际生产中,常将真空脱水与振动密实成型工艺配合使用,也称振动真空密实成型法。我国研制的专用真空脱水设备(表 3-33),已在预制墙板、大楼板和现浇楼板、路面及飞机场地坪的施工中应用。

**混凝土真空脱水设备技术性能** 表 3-33

| 项目名称 | 技术指标 | |
|---|---|---|
| | HZJ-40 型 | HZX-60 型 |
| 真空度(%) | 95 | 98 |
| 抽气速度(L/s) | 10 ~ 25 | |
| 转速(转/min) | 1 440 | 2 850 |
| 电机功率(kW) | 4 | 4 |
| 整机质量(kg) | 200 | 180 |
| 作业面积($m^2$) | 40 | 60 |
| 吸垫规格:长(m)×宽(m) | 5×3,5×4,5×5 等 | 5×1,5×3,5×4,5×5 等 |
| 外型尺寸:长(mm)×宽(mm)×高(mm) | 1 350×610×800 | 1 400×650×838 |
| 生产厂 | 南京真空泵厂 | 扬州机械厂 |

混凝土制品真空脱水成型工艺流程见图 3-33。混凝土真空脱水前,应根据成型的制品或结构情况,先支设模板,铺放钢筋,浇筑并摊平混凝土,然后用平板振动器或振动横梁将混凝土初步振动成型,再铺放真空吸垫,并用管与真空泵相连,开动真空泵进行脱水。

采用真空脱水成型的混凝土,振动时间不宜过久,一般以振平出浆为准。

真空脱水时,足够的真空度是建立压力差,克服拌和物内部阻力,排除多余水分及空气的必要条件。一般真空度越高,脱水量越大,真空

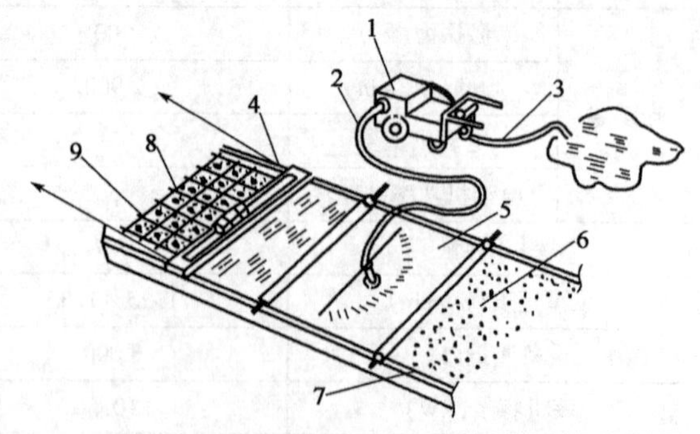

图 3-33 混凝土真空脱水作业示意图
1-真空泵;2-吸水管;3-排水管;4-振动横梁;5-吸垫;6-成型后混凝土;7-侧模板;8-钢筋;9-混凝土拌和物

延续时间越短,混凝土也越密实。在实际生产中,一般选用的真空度为 500 ~ 600mm 水银柱(66.65 ~ 79.98kPa)。

真空脱水延续时间与真空度、混凝土制品厚度、水泥品种及用量、混凝土拌和物的坍落度及作业时的温度等有关,应通过试验确定。一般厚度的制品可按 1cm 厚需 1min 计算,超过 20cm 厚时适当增加作业时间。真空脱水的混凝土层不宜太厚,一般以 15 ~ 20cm 为宜,太厚时应分层脱水或真空度从小到大慢慢增加,否则将会造成上密下疏。真空脱水的混凝土,水泥用量不宜太多,砂率应大些,水灰比一般为 0.5 ~ 0.6。

经真空脱水的混凝土强度可提高 20% ~ 30%,表面强度提高更多。由于真空脱水的混凝土的密实度增加,降低了表面吸水性能,减少了收缩,提高了混凝土的抗渗性、抗冻性和耐磨性。此外,真空脱水工艺能减少振动噪声,提高混凝土的初始结构强度,可立即抹面,缩短了施工工期。

## 四、离心密实成型

离心密实成型法,适用于制造管状制品,如上下水管、电杆、管柱及管桩等。离心法成型的混凝土质量好坏,与混凝土原材料组成、拌和物性质、离心速度、离心时间、离心成型设备及投料方式等有关,生产时应合理选用。

1. 离心速度

混凝土制品在离心成型过程中,一般按慢、中、快三挡速度变化。布料阶段为慢速,使混凝土拌和物在较小的离心力作用下,均匀分布模壁并初步成型;密实阶段采用慢速,使混凝土拌和物在较大的离心力作用下,排除混凝土中多余的水分及空气而密实;中速阶段是个必要的过渡阶段,不仅是由慢速到快速的调速过程,而且还可在继续布料与缓和增速的过程中,达到减少分层的目的。在实际生产中,应根据制品管径的大小,参照下列公式计算选用:

(1)布料阶段转速 $n_{慢}$(r/min)

$$n_{慢} = K\frac{30}{\sqrt{R}} \tag{3-3}$$

式中:$K$——经验系数,$K = 1.5 \sim 2.0$;

$R$——制品外壁的半径(cm)。

(2)密实成型阶段转速 $n_{快}$(r/min)

$$n_{快} = \frac{30}{\pi}\sqrt{\frac{30F}{\gamma A}} \tag{3-4}$$

式中:$F$——混凝土对钢模压力,一般取 $F = 0.5 \sim 1.2\text{MPa}$;

$\gamma$——混凝土密度,取 $\gamma = 0.0024\text{kg/cm}^3$;

$A$——系数,按下式计算:

$$A = R_2^2 - \frac{R_1^2}{R_2}$$

$R_1$——制品内壁的半径(cm);

$R_2$——制品外壁的半径(cm)。

(3)过滤阶段转速 $n_{中}$(r/min)

$$n_{中} = \frac{n_{快}}{\sqrt{2}} \tag{3-5}$$

在实际生产中，还要根据具体条件进行调整，一般转速 $n_{慢}$ 为 80 ~ 150r/min；$n_{快}$ 为 400 ~ 900r/min；$n_{中}$ 为 250 ~ 400r/min。

2. 离心时间

离心过程中各阶段时间的延续时间，应根据制品管径大小和混凝土拌和物性质，通过试验确定。对于不同转速的各个阶段，各有一个最佳的离心延续时间，使制品混凝土得到最大程度密实。离心延续时间可参照表 3-34 试验确定。

**离心延续时间** 表 3-34

| 离心阶段 | 延续时间(min) | 离心阶段 | 延续时间(min) |
|---|---|---|---|
| 慢速布料 | 2 ~ 5 | 快速密实 | 15 ~ 30 |
| 中速过渡 | 2 ~ 5 | | |

为了改善混凝土管类制品的抗渗性能，管壁厚超过 60mm 的管子，常采用二次投料。分层投料时，第二层物料在离心时对第一层物料产生挤压作用，增加混凝土密实度。此外，在制品壁厚的中部形成一层水泥浆层，可提高制品的抗渗性能。采用二次投料时，总的离心时间要延长，生产效率有所降低。

3. 配合比及其性能

宜采用洁净的砂和石子，石子最大粒径不应超过制品壁厚的 1/3 ~ 1/4，并不得大于 15 ~ 20mm；砂率应为 40% ~ 50%；水泥用量应不低于 350kg/m$^3$。由于火山灰水泥混凝土拌和物具有较高的保水性能，一般不宜采用。混凝土拌和物的坍落度应控制为 30 ~ 70mm。

由于离心脱水作用，离心后水灰比降低至 0.3 ~ 0.4，混凝土的密实度及其强度显著提高，离心混凝土的 28d 强度比一般振实混凝土强度提高 20% ~ 30%。

离心法成型的混凝土管，管内壁的水泥浆层较厚，抗渗性能好，特别是采用多次投料法成型，抗渗性能更好，抗冻性也有所改善。

4. 离心成型设备

离心成型的主要设备是离心机和钢模。离心机可分为车床式和托轮摩擦式两种。

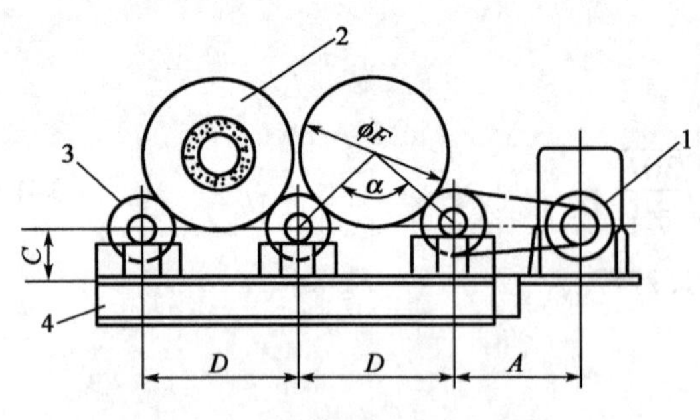

图 3-34 托轮摩擦式离心机示意图
1-传动机构；2-钢模；3-托轮；4-机架

车床式离心机由于钢模被卡在离心机头座和尾座转轴之间，离心速度较高。曾用于生产钢筋混凝土管柱，因为离心速度提高，混凝土密实度较好，离心成型后要在砂地上立即脱模，自然养护。因此，每台离心机只要配有 3 ~ 4 套钢模就可周转生产。

目前我国普遍采用的是托轮摩擦式离心机，见图 3-34。这种离心机可分为单座式和多座式两类，通常又同离心的管模数量不同，分为单管机和多管机。

根据生产实践经验，可参照表 3-35 选用。在一台离心机上制作不同规格的管时，务使管模中心和两边托轮中心的连线所成的夹角 α(参见图 3-34)保持在 70° ~ 110°之间，使离心机能最大的发挥作用。

**离心机型号** 表 3-35

| 成型管规格 | | 选用离心机 | 同时离心管的数量 | 电动机功率(kW) |
|---|---|---|---|---|
| 内径(mm) | 长度(mm) | | | |
| 400 ~ 500 | 5 000 | 3 管机 | 3 | 40 ~ 55 |
| 600 ~ 900 | 5 000 | 2 管机 | 2 | 40 ~ 55 |
| 1 000 以上 | 5 000 | 单管机 | 1 | 55 |

目前采用的 $\phi600 \sim 800\text{mm}$ 及 $\phi900 \sim 1200\text{mm}$ 离心机的主要技术性能见表 3-36。

**托轮摩擦式离心机主要技术性能** 表 3-36

| 项目名称 | | $\phi600 \sim 800$ 离心机 | $\phi900 \sim 1\,200$ 离心机 |
|---|---|---|---|
| 成型管规格(mm) | 内径 | 600,700,800 | 900,1 000,1 200 |
| | 长度 | 5 000 | 5 000 |
| 同时成型管的数量 | | 同规格管 2 根 | $\phi900$ 或 $\phi1\,000$ 2 根<br>$\phi900$ 和 $\phi1\,200$ 各 1 根<br>$\phi900$ 和 $\phi1\,000$ 各 1 根 |
| 电动机 | 型号 | $JZS_28$-2 | $JZS_29$-2 |
| | 功率(kW) | 40/4 | 60/6 |
| | 转速(转/min) | 1 600/160 | 1 200/120 |
| 钢模与托模夹角 $\alpha$ | | 106°58′ | — |
| | | 97°14′ | — |
| | | 92°42′ | — |
| | | — | 111°24′ |
| | | — | 104°26′ |
| | | — | 93°34′ |
| 托轮转数(转/min) | 最高速 | 411 | 445 |
| | 最低速 | 41 | 44.5 |
| 尺寸规格(mm) | 轴距 $A$ | 1 179 | 1 600 |
| | 喂料中心高 $B$ | 1 080 | 1 350 |
| | 托轮轴心高 $C$ | 450 | 560 |
| | 托轮轴距 $D$ | 1 600 | 2 150 |
| | 机架长度 $E$ | 3 960 | — |
| | 滚圆外径 $\phi F$<br>$\phi G$<br>$\phi H$ | 1 500($\phi800$ 管)<br>1 440($\phi700$ 管)<br>1 290($\phi600$ 管) | 2 050($\phi1\,200$ 管)<br>1 870($\phi1\,000$ 管)<br>1 700($\phi900$ 管) |
| 设备质量(kg) | | 7 500 | |

为了防止在高速离心时,由于钢模质量偏心,产生剧烈振动使钢模飞出,可在钢模上面设有压轮或其他防护装置。为了减少噪声,苏联采用皮带传动钢模旋转的离心机(图 3-35)。它通过传动轮及皮带带动钢模旋转,因钢模只与皮带接触,且有防护罩,所以噪声小,较安全。

钢模是离心成型主要设备,它是由筒体、跑轮、挡板及合缝螺栓等组成。筒体由两个半圆形模板用合缝螺栓连接成一体。

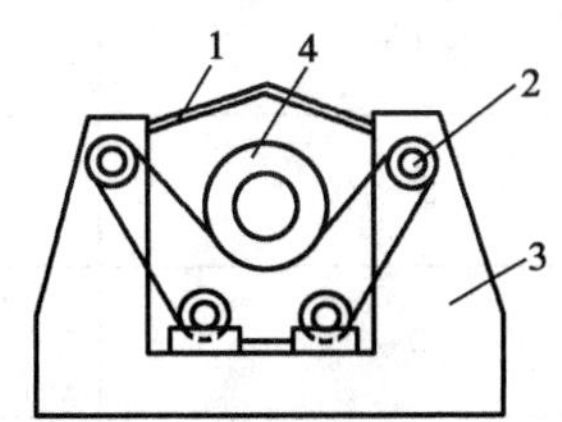


图 3-35 皮带传动的离心机示意图
1-管模;2-传动轮;3-机架;4-安全罩

# 第七节　混凝土的养护

## 一、养护的目的和类别

混凝土在浇筑振捣之后，逐渐初凝、硬化产生强度，该过程主要是通过水泥水化作用实现的。水泥的水化作用必须在一定的温度和湿度条件下才能完成。温度越高，湿度越大，水化返应越充分，混凝土的强度也越高。混凝土养护的目的一是要创造条件，使水泥充分水化，加速混凝土硬化；二是防止在成型后因暴晒、风吹、干燥、寒冷等自然因素的影响，出现不正常的收缩、裂缝、破坏等现象。可见，混凝土的养护在其整个施工过程中，占有十分重要的地位。

混凝土养护的分类方法较多，通常按其养护工艺分类，见表3-37。

**混凝土养护按工艺分类**　　表3-37

| 类别 | 名　称 | 简　说 |
|---|---|---|
| 标准养护 | — | 气温保持20℃ ±3℃，相对湿度保持90%以上，时间28d |
| 自然养护 | 覆盖浇水 | — |
| | 围水养护 | 四周筑成小埂，将水蓄在混凝土表面 |
| | 浸水养护 | — |
| | 喷雾或洒水 | 利用自来水压力（或加泵），将水喷洒在混凝土上 |
| | 喷膜养护 | 在混凝土表面喷洒1～2层能很快成膜的养护剂 |
| | 铺膜养护 | 用里层为黑色、外层透明的双层塑料薄膜覆盖养护 |
| 热养护 | 蒸汽养护 | 利用热蒸汽对混凝土进行湿热养护 |
| | 热水（热油）养护 | 将水或油加热，将构件搁置在水或油的上面 |
| | 电热养护 | 对模板加热或微波加热 |
| | 太阳能养护 | 利用各种罩、窑、集热箱等封闭装置对构件进行养护，适用于南方日照较长地区 |

## 二、自然养护

在自然气候条件下，采用浇水润湿或防风、保温等措施养护，称为自然养护。采用自然养护，首先应遵守下列规定：

（1）在浇筑完成后12h以内进行覆盖养护。

（2）混凝土强度达到1.2MPa以后，才允许操作人员在上面行走、安装模板和支架；但不得作冲击性或类似劈打木材的操作。达到1.2MPa强度所需龄期见表3-38。

**达到1.2MPa强度所需龄期的试验结果**　　表3-38

| 外界温度（℃） | 水泥品种及强度等级 | 混凝土强度等级 | 期限（h） |
|---|---|---|---|
| 1～5 | 普通32.5 | C15 | 48 |
| | | C20 | 44 |
| 5～10 | 普通32.5 | C15 | 32 |
| | | C20 | 28 |
| 10～15 | 普通32.5 | C15 | 24 |
| | | C20 | 20 |
| 15以上 | 普通32.5 | C15 | 20以下 |
| | | C20 | 20以下 |

(3)不允许用悬挑沟件作为交通运输的通道,或作工具、材料的停放场。

普通混凝土自然养护时的强度增长情况,见表3-39、表3-40。

**用强度等级为32.5的水泥拌制的混凝土在不同温度下硬化时的强度增长百分率** 表3-39

| 水泥品种 | 龄期(d) | 混凝土硬化时的平均温度(℃) | | | | | | | |
|---|---|---|---|---|---|---|---|---|---|
| | | 1 | 5 | 10 | 15 | 20 | 25 | 30 | 35 |
| | | 混凝土所达到的强度百分比(%) | | | | | | | |
| 普通水泥 | 2 | | | | 28 | 35 | 41 | 46 | 50 |
| | 3 | 12 | 20 | 26 | 33 | 40 | 46 | 52 | 57 |
| | 5 | 20 | 28 | 35 | 44 | 50 | 56 | 62 | 67 |
| | 7 | 20 | 34 | 42 | 50 | 58 | 64 | 68 | 75 |
| | 10 | 35 | 44 | 52 | 61 | 68 | 75 | 80 | 86 |
| | 15 | 44 | 54 | 64 | 73 | 81 | 88 | — | — |
| | 28 | 65 | 72 | 82 | 92 | 100 | — | — | — |
| 火山灰质水泥及矿渣水泥 | 2 | — | — | — | 15 | 18 | 24 | 30 | 35 |
| | 3 | — | | 11 | 16 | 22 | 28 | 34 | 44 |
| | 5 | — | 10 | 21 | 27 | 33 | 42 | 50 | 58 |
| | 7 | 14 | 23 | 30 | 36 | 44 | 52 | 61 | 70 |
| | 10 | 21 | 32 | 41 | 49 | 55 | 65 | 74 | 81 |
| | 15 | 28 | 41 | 54 | 64 | 72 | 80 | 88 | — |
| | 28 | 41 | 61 | 77 | 90 | 100 | — | — | — |

**用强度等级为42.5的水泥拌制的混凝土在不同温度下硬化时的强度增长百分率** 表3-40

| 水泥品种 | 龄期(d) | 混凝土硬化时的平均温度(℃) | | | | | | | |
|---|---|---|---|---|---|---|---|---|---|
| | | 1 | 5 | 10 | 15 | 20 | 25 | 30 | 35 |
| | | 混凝土所达到的强度百分比(%) | | | | | | | |
| 普通水泥 | 2 | — | — | — | 19 | 25 | 30 | 35 | 40 |
| | 3 | 14 | 20 | 25 | 32 | 37 | 43 | 48 | 52 |
| | 5 | 24 | 30 | 36 | 44 | 50 | 57 | 63 | 66 |
| | 7 | 32 | 40 | 46 | 54 | 62 | 68 | 73 | 76 |
| | 10 | 42 | 50 | 58 | 66 | 74 | 78 | 82 | 86 |
| | 15 | 52 | 63 | 71 | 80 | 88 | — | — | — |
| | 28 | 68 | 78 | 86 | 94 | 100 | — | — | — |
| 火山灰质水泥及矿渣水泥 | 2 | — | — | — | 15 | 18 | 24 | 30 | 35 |
| | 3 | — | — | 11 | 17 | 22 | 26 | 32 | 38 |
| | 5 | 12 | 17 | 22 | 28 | 34 | 39 | 44 | 52 |
| | 7 | 13 | 24 | 32 | 38 | 45 | 50 | 55 | 68 |
| | 10 | 25 | 34 | 44 | 52 | 58 | 68 | 67 | 75 |
| | 15 | 32 | 46 | 57 | 67 | 71 | 80 | 86 | 92 |
| | 28 | 48 | 64 | 83 | 92 | 100 | — | — | — |

1. *覆盖浇水养护*

覆盖浇水养护是利用平均气温高于+5℃的自然条件,用适当的材料对混凝土表面加以覆盖并浇水,使混凝土在一定的时间内保持水泥水化作用所需要的适当温度和湿度条件。

覆盖浇水养护工艺要求见表3-41。

**覆盖浇水养护工艺的要求** 表3-41

| 序号 | 项 目 | 要 点 |
|---|---|---|
| 1 | 开始养护时间 | 初凝后可以覆盖,终凝后开始浇水 |
| 2 | 常用的覆盖物 | 麻袋片、草席、竹帘、锯末、砂、炉渣 |
| 3 | 浇水工具 | 当天用喷壶洒水,翌日用胶管浇水 |
| 4 | 浇水次数 | 以保证覆盖物经常湿润为准 |
| 5 | 浇水天数 | 1. 用硅酸盐水泥、普通水泥、矿渣水泥拌制的混凝土,不少于7d;<br>2. 火山灰质水泥、粉煤灰水泥拌制的混凝土,不少于14d;<br>3. 矾土水泥拌制的混凝土,不少于3d;<br>4. 掺用缓凝型外加剂或有抗渗要求的混凝土,不少于14d;<br>5. 用其他水泥拌制的混凝土,按水泥特性确定 |
| 6 | 竖向构件(墙、池罐、烟囱等) | 用麻袋、草席、竹帘等做成帘式覆盖物,在顶部用花管喷水养护 |
| 7 | 低温环境 | 1. 外界气温低于5℃时,不允许浇水;<br>2. 按冬期施工处理 |

混凝土在养护过程中,如发现遮盖不好,浇水不足,以至表面泛白或出现干缩细小裂缝时,要立即仔细加以遮盖,加强养护工作,充分浇水,并延长浇水日期,加以补救。

2. 喷膜养护

喷膜养护是在混凝土表面喷洒一至两层养护剂,成膜后,使混凝土内部的蒸发水成为养护用水。适宜于平面面积较大的工程项目。国内常用的养护剂的配合比见表3-42;过氯乙烯树脂养护剂的配制方法见表3-43;喷洒设备及工具见表3-44;喷洒工艺的要点见表3-45。

**喷膜养护剂配合比**(质量比) 表3-42

| 序号 | 养护剂种类 | 配 合 比 (%) | | | | |
|---|---|---|---|---|---|---|
| | | 溶 剂 | | 过氯乙烯树脂 | 苯二甲酸二丁酯 | 丙酮 |
| | | 粗苯 | 溶剂油 | | | |
| 1 | 过氯乙烯树脂 | 86<br>— | —<br>87.5 | 9.5<br>10 | 4<br>2.5 | 0.5<br>— |
| 2 | LP-37 | 用水稀释,比例为LP-37:水 = 100:(100~300);亦可加10%磷酸三钠中和,比例为100:(100~300):5;如需消泡,可加适量的磷酸三丁酯 | | | | |
| 3 | 聚醋酸乙烯(即木工胶) | 用水稀释至能喷射即可。其用量为每平方米混凝土面积0.6~1.0kg | | | | |

**过氯乙烯树脂养护剂的配制方法** 表3-43

| 序号 | 项 目 | 要 点 |
|---|---|---|
| 1 | 原材料性质 | 属易燃品,使用前应注意保管 |
| 2 | 容器 | 应清洁,无油污,无铁锈;有盖子,能防止溶液蒸发 |
| 3 | 配合方法 | 1. 先将溶剂倒入容器内;<br>2. 加入过氯乙烯树脂,边加边搅拌,加完后每隔半小时搅拌一次,直至树脂完全溶解;<br>3. 丙酮是在树脂极难溶解时加入;<br>4. 最后加入苯二甲酸二丁酯,边加边搅拌,均匀后即可使用 |

**喷膜养护的喷洒设备及工具** 表3-44

| 序号 | 名称 | 规格 | 数量 | 配件 |
| --- | --- | --- | --- | --- |
| 1 | 空气压缩机 | 容量:0.18～$0.6m^3$;工作压力:0.4～0.5MPa(4～$5kgf/cm^2$);双阀门 | 1台 | 配电动机 |
| 2 | 压力容罐 | 压力:0.6～0.8MPa(6～$8kgf/cm^2$);容量0.5～$1.0m^3$ | 1～2台 | 压力表、气阀、安全阀均为$\phi$12.7mm、0.4～0.6MPa(4～$6kgf/cm^2$) |
| 3 | 高压橡胶管 | $\phi$12.7mm乙炔氧焊胶管,长度视场地而定 | 1～2根 | |
| 4 | 喷具 | $\phi$12.7mm喷漆或农药喷枪 | 1～2副 | |

注:如场地较大,可将设备装置在车上循回喷射;使用完毕后,应即将设备工具清洗干净,避免腐蚀堵塞。

**喷膜养护的操作要点** 表3-45

| 序号 | 项目 | 要点 |
| --- | --- | --- |
| 1 | 开始喷洒时间 | 初凝以后,表面无浮水,以手指轻压无指印。过迟则蒸发水逸出过多,影响效果 |
| 2 | 喷洒压力 | 以0.2～0.3MPa(2～$3kgf/cm^2$),能形成雾状为佳 |
| 3 | 喷洒方法 | 1.喷嘴离混凝土表面约50cm;<br>2.喷洒的厚度以溶液的耗用量衡量,通常每平方米耗用养护剂2.5kg;<br>3.通常喷两次,待第一次成膜后再喷第二次;<br>4.喷洒时要求有规律,固定一个方向,前后两次的走向应互相垂直 |
| 4 | 薄膜的保护 | 1.不得在薄膜上行人、拖拉工具、胶管;<br>2.如气温较低,应设法保温 |

## 三、太阳能养护

太阳能养护就是用透光材料搭设的养护棚(罩),直接利用太阳能加热棚(罩)内的空气,使棚内混凝土能在足够的温、湿度下进行养护,获得早强。其养护时间与同条件的自然养护相比,只需30%～50%的时间。

太阳能养护通常用于混凝土构件预制厂。常用的太阳养护方法有棚(罩)式、覆盖式和窑式等几种,以前两种方法使用较为广泛。

### 1.棚(罩)式养护

棚罩式养护是在混凝土构件上加盖养护棚(罩)。图3-36为国内采用的几种太阳能养护罩。棚(罩)的材料有玻璃、透明玻璃钢、聚酯薄膜、聚乙烯薄膜等。各种透光材料的主要性能见表3-46。棚式的形式有单坡、双坡、拱形等,一般多用单坡或双坡。棚(罩)内的空腔不宜过大,一般略大于混凝土构件即可。棚(罩)内的温度,夏季可达60～75C°,春秋季可达35～45℃,冬季约20℃。

**各种透光材料的主要性能** 表3-46

| 材料名称 | 物理性能 | | | | 光学性能 | | | 其他情况 | |
| --- | --- | --- | --- | --- | --- | --- | --- | --- | --- |
| | 抗拉强度(MPa) | 抗折强度(MPa) | 抗冲击性能 | 热导率(W/m·K) | 反射系数(%) | 透光系数(%) | 透明度(%) | 厚度(mm) | 质量($kg/mm^2$) |
| 玻璃 | 35～85 | 45～85 | 易碎 | 0.58～0.81 | 8.2 | 89 | 97.8 | 3 | 7.6 |
| 透明玻璃钢 | 330 | 200 | 不易碎 | 0.21～0.33 | 10.1 | 88 | 60 | 0.56 | 1.1 |
| 聚酯薄膜 | — | — | — | — | — | 90 | — | 0.07 | — |
| 聚乙烯薄膜 | 40～60 | — | — | — | 10.7 | 86 | 58.7 | 0.11 | 0.25 |

注:透明玻璃钢为三层纤维布。

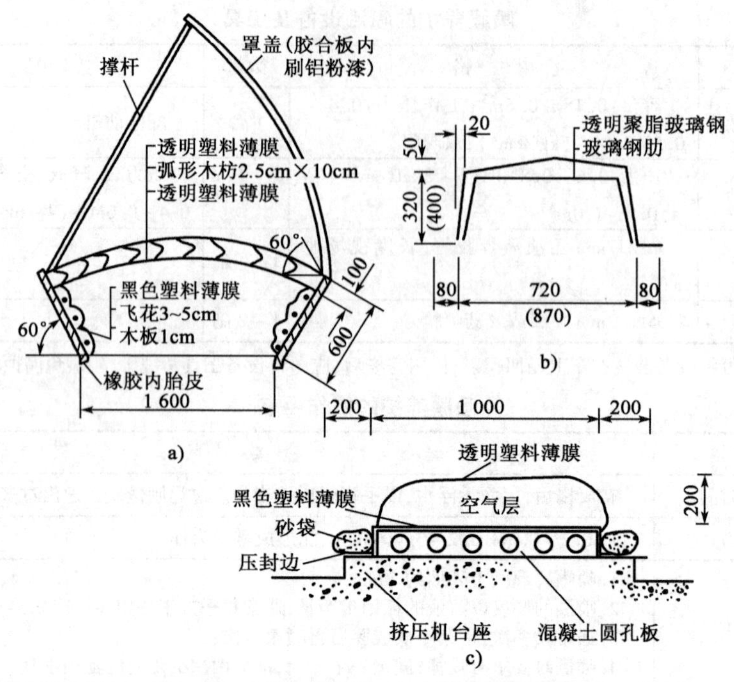


图3-36　几种太阳能养护设施(尺寸单位:cm)

a)扇形箱式太阳能养护罩断面(云南省八建公司加工厂);b)全透明玻璃钢养护罩(济南市建筑工程构件公司);c)塑料薄膜太阳能养护被及台座断面(连云港市混凝土构件厂)

太阳能养护罩罩面材料要求密封性好、透光率高,一般采用透明塑料薄膜及玻璃钢,罩面的倾角 $\alpha$ 应使罩内获得最大的辐射强度。表3-47是国内一些单位选用的罩面倾角。

**一些单位选用的罩面倾角**　　表3-47

| 使用单位 | 云南省八建加工厂 | 陕西省建科所 | 北京市三建构件厂 | 济南构件公司 |
|---|---|---|---|---|
| 倾角 $\alpha$(°) | 10 | 25 | 8、25 | 8 |

太阳能养护罩、池的内衬选择,直接影响对太阳辐射热的吸收。一般内衬常涂黑色,也可考虑以真空镀铝涤纶薄膜做内衬,以增加辐射强度。内衬材料对辐射强度的影响如表3-48所示,太阳能养护效果如表3-49所示。

**内衬材料对辐射强度的影响**　　表3-48

| 内衬种类 | 测试时间(h) | | | | | | | | | |
|---|---|---|---|---|---|---|---|---|---|---|
| | 9 | 10 | 11 | 12 | 13 | 14 | 15 | 16 | 17 | 18 |
| 镀铝薄膜 | 0.35 | 0.75 | 0.90 | 1.18 | 1.26 | 0.70 | 0.69 | 0.45 | 0.29 | 0.07 |
| 涂黑板漆 | 0.19 | 0.50 | 0.56 | 0.65 | 0.55 | 0.46 | 0.50 | 0.33 | 0.17 | 0.04 |

**太阳能养护效果**　　表3-49

| 项目名称 | 冬季 | | 春、秋季 | | 夏季 | | 全年 | |
|---|---|---|---|---|---|---|---|---|
| | 自养 | 太阳能 | 自养 | 太阳能 | 自养 | 太阳能 | 自养 | 太阳能 |
| 介质最高温度(℃) | 18 | 60 | 29 | 80 | 40 | 90 | 40 | 90 |
| 抗压 $R_{1d}$(MPa) | 1.98 | 8.62 | 3.97 | 8.19 | 6.93 | 11.73 | 4.29 | 9.51 |
| 强度 $R_{1d}/R_{设}$(%) | 10 | 43 | 20 | 41 | 35 | 59 | 23 | 48 |

2. 覆盖式养护

在混凝土成型、表面略平后，其上覆盖塑料薄膜进行封闭养护，有两种做法：

(1)在构件上覆盖一层黑色塑料薄膜(厚0.12～0.14mm)，在冬季再盖一层气被薄膜。

(2)在混凝土构件上先覆盖一层透明的或黑色塑料薄膜，再盖一层气垫薄膜(气泡朝下)。

塑料薄膜应采用耐老化的，接缝应采用热黏合。覆盖时应紧贴四周，用砂袋或其他重物压紧盖严，防止被风吹开，影响养护效果。塑料薄膜采用搭接时，其搭接长度应大于30cm。据试验，气温在20℃以上，只盖一层塑料薄膜，养护最高温度达65℃，混凝土构件在1.5～3d内达到设计强度的70%，缩短养护周期40%以上。

3. 窑式养护

是利用太阳照射适宜的倾角造成双层窑，顶部用太阳能养护，窑底层是带其他热源的养护，有日照时，就利用太阳能辐射热，无日照时，在窑面护盖棉垫储热养护。

太阳能养护构件，具有投资少，工艺简便、节约能源和水等优点，对中、小构件最为适宜。

## 四、铺膜养护

铺膜养护是综合自然养护、喷膜养护、太阳能养护而成的一种简易有效的养护方法。适用于各种现浇或预制混凝土工程。其装置极简单(图3-37)；其工艺要点见表3-50。

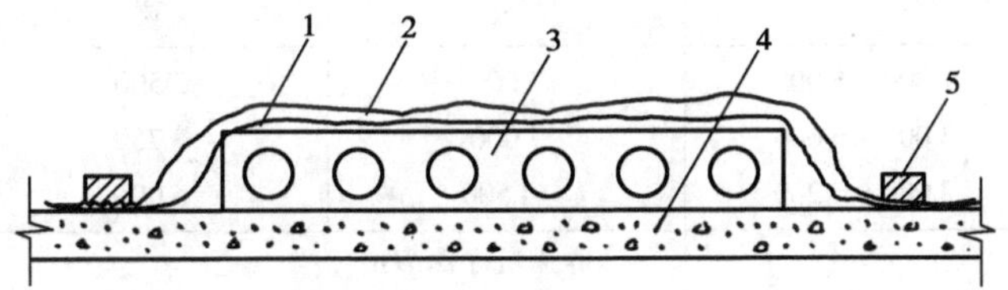


图3-37 铺膜养护示意图

1-黑色薄膜；2-透明薄膜(以双层带气泡者最佳)；3-构件；4-台座；5-重物(混凝土块、红砖、短粗钢筋等)

**铺膜养护工艺要点** 表3-50

| 序号 | 项目 | 要点 |
|---|---|---|
| 1 | 优点 | 1. 不需专用的喷洒设备或集热箱等；<br>2. 不需另行配料，又是无毒作业；<br>3. 不需经常浇水；<br>4. 薄膜可代替麻袋等覆盖物，能重复使用；<br>5. 能提高早期强度，比自然养护可缩短一半时间 |
| 2 | 薄膜制作 | 1. 薄膜分内外两层，内层为黑色，外层为带气泡的双层透明薄膜；<br>2. 应按工程或预制件表面的大小接驳或裁制薄膜(简易的接驳方法如图3-38所示)；<br>3. 裁制时应每边预留20～40cm，供压边用；<br>4. 裁制完成后按覆盖工程的大小折叠整齐，便于铺设 |
| 3 | 铺膜时间 | 初凝后即可铺膜，或按表3-45序号1的规定时间 |
| 4 | 铺膜 | 1. 铺膜时应按工程大小，若干人同时操作，动作要协调一致；<br>2. 薄膜不必强求紧贴构件表面，留有适当空隙，以供气温流动，自行平衡；<br>3. 铺膜时避免薄膜被钢筋、模具、构件边角等刺破；<br>4. 铺膜后应检查一次，混凝土边角应全部覆盖严密，并用重物将薄膜压实；养护过程中应经常检查有无被风掀动 |

续上表

| 序号 | 项目 | 要　点 |
|---|---|---|
| 5 | 撤除 | 1. 撤除前先用水或毛扫将薄膜上灰尘清除；<br>2. 按原来方法折叠，便于下次使用 |
| 6 | 重复使用 | 1. 可重复使用 10～15 次；<br>2. 重复使用 7～8 次后，外膜透明度已减弱，但仍起保湿作用。如需保证温度，可更换新外膜 |

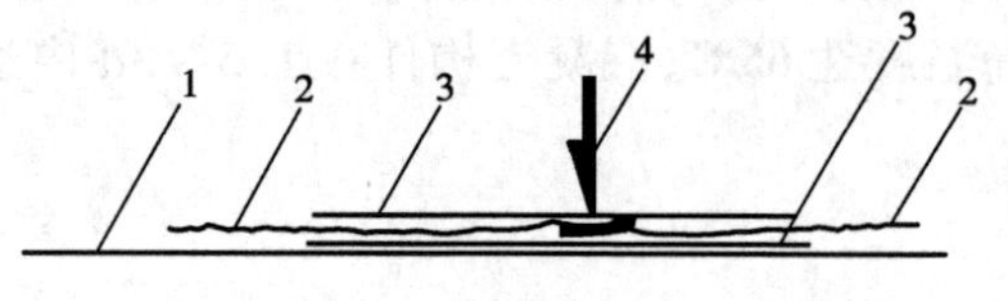

图 3-38　薄膜简易焊接法

1-平台；2-薄膜；3-玻璃纸；4-电烙铁

## 五、热养护

现将热养护设施及工艺要求介绍于下。

### （一）间歇式养护设施

1. 普通养护坑

当构件品种、规格经常变换时，选用坑式养护是比较合理的，坑的几何尺寸可从两方面来考虑决定：一是制品及模板的外形尺寸；二是成型台面的尺寸，详见表 3-51。

养护坑净空尺寸参考值　　表 3-51

| 类　型 | | 净空尺寸(mm) | | |
|---|---|---|---|---|
| | | 长 | 宽 | 深 |
| 成型台面尺寸(mm) | 2 000×6 000 | 7 000 | 2 500 | 2 500 |
| | 3 000×6 000 | 7 000 | 3 750 | 2 500 |
| | 3 000×1 200 | 14 500 | 4 000 | 3 000 |
| 按单一产品及模板外形尺寸决定 | | 1. 养护坑净深 $H$：<br>$H=nh_1+h_2+(n-1)h_3+h_4$<br>$n$——模块次数；<br>$h_1$——模板高度；<br>$h_2$——坑底垫块高，约为 150～200mm；<br>$h_3$——模板间空隙约 30～50mm；<br>$h_4$——顶部预留间隙约 200～300mm。<br>2. 模板水平间隙：大于 200mm。<br>3. 模板与坑壁（或保护滑轨）间距：200～300mm | | |

普通养护坑的构造如图 3-39 所示。

2. 无压纯饱和蒸汽养护坑

此种养护坑的构造简图如图 3-40 所示，它与常压蒸汽养护坑不同之处在于：

(1) 养护室的盖或门要尽量密闭；

(2) 在坑的下部及上部设喷汽花管；

(3) 下设有与大气相通的排气管；

(4) 在排气管的尾部设有冷凝器及控制仪表。

养护室工作时，首先打开下部喷气管，蒸汽上升，与坑内空气混合，当达到 80～90℃时，由于下部排气管与大气连通，因而有多余混合气体排出，待坑内温度升至 95℃时，停止下部供气，开上部喷气管，100℃的纯饱和蒸汽逐渐布满坑上部，随着不断供汽，纯蒸汽向下挤压混合气体，并从排气管排出直到坑内全部被饱和纯蒸汽充满。这种方法蒸汽与制品热交换强烈，养护周期较常压养护可减少4h，但由于构造上密闭条件要求高，操作复杂，因而不易推广，我国北京首钢曾采用，苏联20世纪50年代采用，现在都作了适当改造。

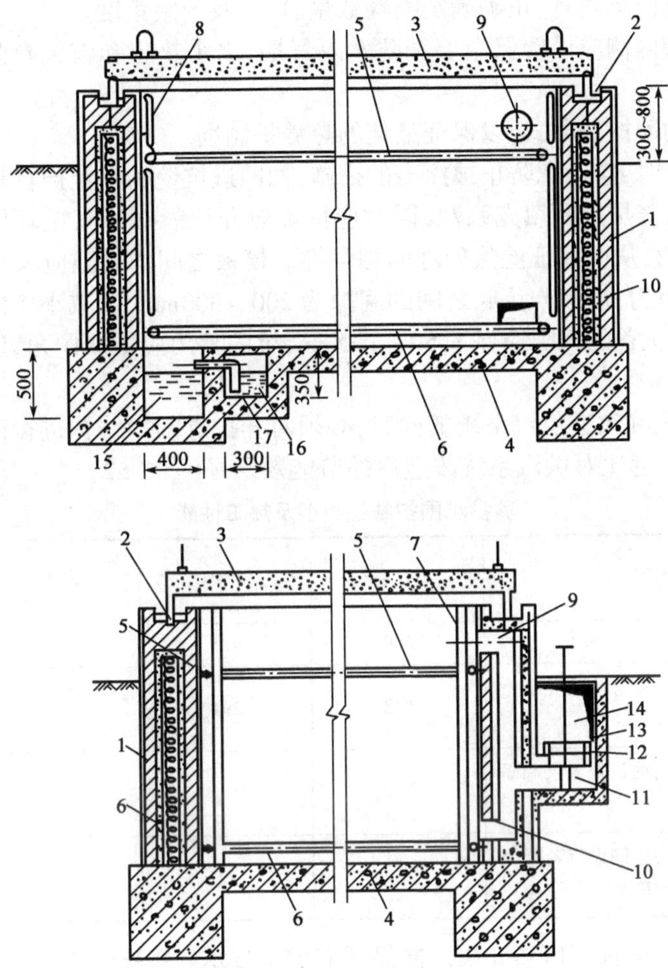


图3-39 普通养护坑的构造图(尺寸单位:mm)

1-围护结构;2-水封;3-坑盖;4-底板(厚150~200mm,向集水坑方向坡度 $i=0.005$);5-上部蒸汽管;6-下部蒸气管;7-自动横担;8-保护槽钢;9-上部抽风口;10-通风管;11-导管;12-水封;13-通风阀门;14-通风道[一般为700mm×(400~700)mm×60mm];15-集水坑;16-排水沟;17-溢水管

3. 热介质定向循环养护坑

热介质定向循环的基本原理是使蒸汽以1.5MPa左右的压力，经过大口径点式拉伐尔喷嘴流出，在坑内造成具有一定流速的混合介质气流，气流流经所有热交换表面，从而明显地改变坑内的热交换状况，提高蒸汽利用率。

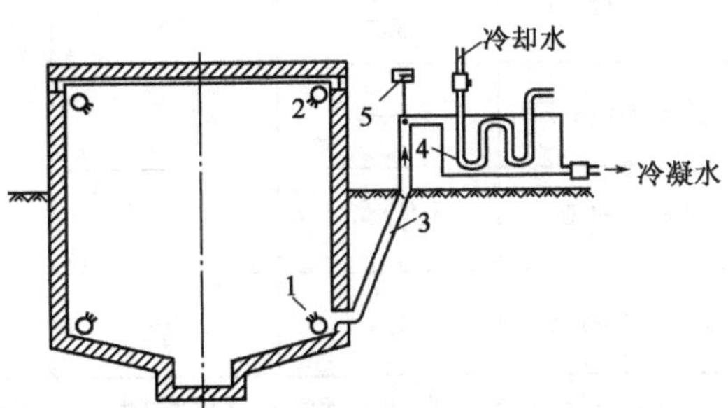


图3-40 无压纯饱和蒸汽养护坑构造简图

1-下部喷气花管;2-上部喷气花管;3-排气管;4-冷凝器;5-接点温度计

在新建或改建养护坑时，应注意：

(1)根据产品品种，孔洞方向和堆放码方式等确定循环回路，使气流动阻力小，并均匀地流经

所有热交换表面。

(2)坑外供气管道设减压阀,以调节并稳定供汽压力,加装带有回汽管的冷凝式水封器,以保证坑内压力的基本稳定。

(3)合理布置坑内集气管,正确确定喷嘴数量、尺寸及安装角度。

(4)养护坑坑壁内侧应设置保温层和防水隔气层,以小热容和较大热阻的围护结构代替原有的结构。

(5)采用合理的测控温方式,以保证最佳的热养护制度。

(6)设置集气管时,应考虑防止被撞击的措施,如凹进坑壁和设置护轨等。

(7)应尽量提高养护坑的填充系数,同时应保证热介质能够沿其循环回路流动而不产生多余的气体流动阻力,从而保证湿热处理的均匀性。模板之间的缝隙应大于50mm,以减小模板之间的气体流动阻力;模板与坑底之间的间隙为200~300mm,以减小冷的坑底对下部制品的影响;上部制品与坑盖的间隙应保证50~100mm,坑的拐角应做成圆角,以减少循环气流转弯时的能量损失。

(8)最重要的是,在改造供汽系统的同时,必须对养护坑围护结构进行改造。因为对围护结构改造的节能效果远比对供汽系统改造后的节能效果好(表3-52)。

**养护坑围护结构类型及热工性能** 表3-52

| 围护结构类型 | $Q_{总热耗}$(MJ/m$^2$) | $Q_{热损失}$(MJ/m$^2$) | 效率 $\eta=\left(1-\frac{Q_{热}}{Q_{总}}\right)\times100\%$ |
|---|---|---|---|
| 1.坑壁与坑底采用普通混凝土制作 | 600 | 425 | 28 |
| 2.坑壁与坑底采用200号陶粒轻混凝土制作 | 533 | 294 | 45 |
| 3.坑壁采用普通混凝土,内设保温层和隔汽防水层 | 277 | 39.5 | 88 |
| 4.坑壁采用普通混凝土,中间设有若干个空气隔层,内用石棉水泥板保护 | 282 | 42 | 85 |

表3-53为国内几个预制厂热介质定向循环养护坑技术经济比较表。

**热介质定向循环养护坑技术经济比较表** 表3-53

| 厂　名 | 上下层试件强度差(%) | 热养护时间(h) | 单方制品耗汽量(kg/m$^3$) | 单方制品耗煤量(kg/m$^3$) | 单坑改造费用(元) | 费用回收时间(月) |
|---|---|---|---|---|---|---|
| 重庆构件一厂 | $\frac{9.2}{3.7}$ | $\frac{13}{9}$ | $\frac{702}{295}$ | $\frac{114.8}{48.3}$ | 3 200 | 6 |
| 沈阳构件一厂 | — | $\frac{14}{9}$ | $\frac{920}{333}$ | | 5 788 | 9 |
| 哈尔滨一建预制厂 | $\frac{20.2}{5.1}$ | $\frac{\quad}{10}$ | $\frac{710}{310}$ | | | |
| 山西一建综合厂 | $\frac{\quad}{3.4}$ | $\frac{12.5}{9}$ | $\frac{\quad}{261.6}$ | $\frac{130}{50}$ | 7 052 | |

注:1.横线上下分别为旧坑和定向循环养护坑的数据。

2.山西一建综合厂养护坑为新建。

图3-41为热介质向循环养护坑构造简图。

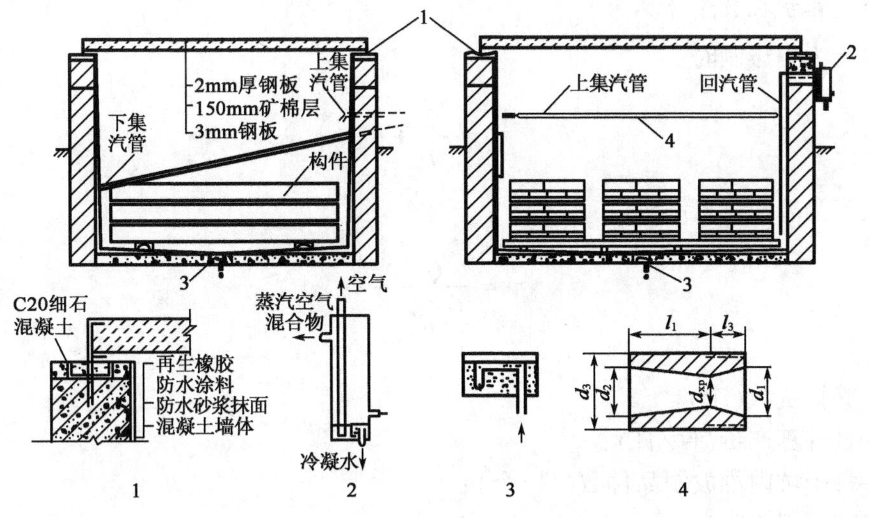


图 3-41　热介质定向循环养护坑构造简图

1-坑盖水封;2-冷凝式水封;3-坑底水封;4-喷嘴示意

4. 干—湿热的养护坑

这种养护坑在升温阶段由排管或串片散热器供热,升温 2 ~ 3h 后,采用蒸汽湿热养护或热介质循环养护,常州市建筑构件厂的干—湿热养护坑构造见图 3-42,坑内拐角处及坑盖做成圆弧形,有利于气流运动。养护制度是升温 3h,恒温 4 ~ 6h,降温 2h,整个周期为 10 ~ 12h。

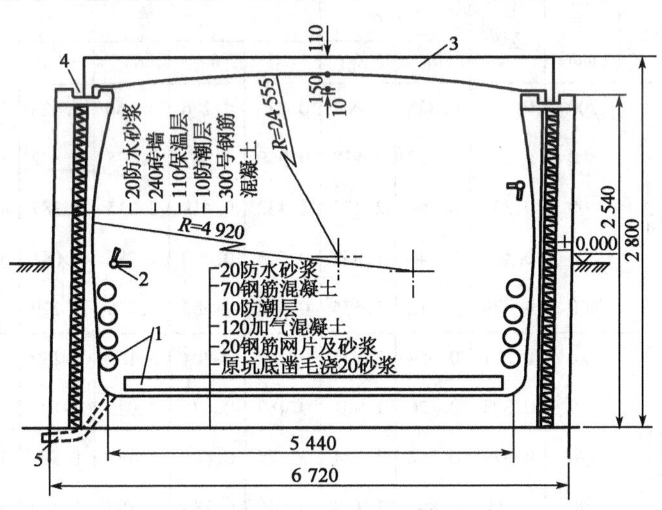


图 3-42　干—湿热养护坑构造示意图(尺寸单位:mm)

1-干热散热器;2-拉伐尔喷嘴;3-坑盖;4-水封槽;5-冷凝水排出管

5. 养护浅池

养护浅池适用于异形构件及构配件的养护,国内已采用浅池构造较简单,一般池深 70 ~ 80cm,宽度与露天台座相似,长度由生产线的长短而定。池顶加盖,池壁以砖砌成,炉渣保温,由蒸汽花管供热,温度约 70℃,构件养护时间较长。这种设施投产快、机动灵活,但周转慢。

6. 间隙式养护抗数量计算

成型生产为一班制时：

$$n = \frac{Q}{q} + c \tag{3-6}$$

成型生产为二或三班制时：

$$n = \frac{Q}{\frac{T_2}{T_1} q K_1} + c$$

式中：$n$——养护坑数（个）；

$Q$——日计算产量（件/日）；

$q$——每个坑内堆放制品件数（件/个）；

$T_1$——养护周期（h）；

$T_2$——全天工作时间（h）；

$K_1$——时间利用系数，$K_1 = 0.85$；

$c$——备用系数；取 1～2 个。

养护坑围护结构类型及热工性能见表 3-54。

**养护设施围护结构类型及热工性能表** 表 3-54

| 类别 | 构造示意图（尺寸单位：mm） | 热工参数 | | | | | | | | | | $d$ $\left(\frac{\Sigma D}{\Sigma R}\right)$ |
|---|---|---|---|---|---|---|---|---|---|---|---|---|
| | | $\delta$ (mm) | $\Sigma R$ | 室内 | | 露天 | | | | $\Sigma D$ | $\Sigma C\gamma\sigma$ | |
| | | | | $R_0$ | $K_0$ | $R_{0x}$ | $R_{0d}$ | $K_{0x}$ | $R_{0d}$ | | | |
| Ⅰ | | 200 | 0.193 | 0.326 | 3.067 | 0.289 | 0.276 | 3.460 | 3.623 | 2.307 | 110.4 | 11.95 |
| | | 300 | 0.264 | 0.397 | 2.519 | 0.360 | 0.347 | 2.778 | 2.882 | 3.257 | 158.4 | 12.34 |
| | | 400 | 0.336 | 0.469 | 2.132 | 0.432 | 0.419 | 2.315 | 2.387 | 4.208 | 206.4 | 12.52 |
| | | 500 | 0.407 | 0.540 | 1.852 | 0.503 | 0.490 | 1.988 | 2.041 | 5.145 | 254.4 | 12.64 |
| | | 600 | 0.479 | 0.612 | 1.634 | 0.575 | 0.562 | 1.739 | 1.779 | 6.095 | 302.4 | 12.72 |
| Ⅱ | | 120 | 0.221 | 0.354 | 2.825 | 0.317 | 0.304 | 3.155 | 3.289 | 1.852 | 59.76 | 8.38 |
| | | 240 | 0.393 | 0.526 | 1.901 | 0.489 | 0.476 | 2.045 | 2.101 | 3.279 | 105.12 | 8.34 |
| | | 370 | 0.579 | 0.712 | 1.404 | 0.675 | 0.662 | 1.481 | 1.511 | 4.823 | 154.26 | 8.33 |
| | | 490 | 0.75 | 0.883 | 1.133 | 0.846 | 0.833 | 1.182 | 1.200 | 6.243 | 199.62 | 8.32 |
| | | 620 | 0.936 | 1.069 | 0.935 | 1.032 | 1.019 | 0.969 | 0.981 | 7.786 | 248.76 | 8.32 |
| Ⅲ | | 60 | 1.571 | 1.704 | 0.587 | 1.667 | 1.654 | 0.600 | 0.605 | 4.018 | 129.6 | 2.56 |
| | | 80 | 1.987 | 2.120 | 0.472 | 2.083 | 2.070 | 0.480 | 0.483 | 4.299 | 130.48 | 2.16 |
| | | 100 | 2.404 | 2.537 | 0.394 | 2.500 | 2.487 | 0.400 | 0.402 | 4.582 | 131.36 | 1.91 |
| | | 140 | 3.238 | 3.371 | 0.297 | 3.334 | 3.321 | 0.300 | 0.301 | 5.146 | 133.12 | 1.59 |
| | | 180 | 4.071 | 4.204 | 0.238 | 4.167 | 4.154 | 0.240 | 0.241 | 5.710 | 134.88 | 1.40 |

续上表

| 类别 | 构造示意图（尺寸单位：mm） | 热工参数 | | | | | | | | | | $d\left(\frac{\sum D}{\sum R}\right)$ |
|---|---|---|---|---|---|---|---|---|---|---|---|---|
| | | $\delta$ (mm) | $\sum R$ | 室内 | | 露天 | | | | $\sum D$ | $\sum C\gamma\sigma$ | |
| | | | | $R_0$ | $K_0$ | $R_{0x}$ | $R_{0d}$ | $K_{0x}$ | $R_{0d}$ | | | |
| Ⅳ | | 60 | 1.814 | 1.947 | 0.514 | 1.910 | 1.897 | 0.524 | 0.527 | 5.545 | 153.12 | 3.06 |
| | | 80 | 2.231 | 2.364 | 0.423 | 2.327 | 2.314 | 0.430 | 0.432 | 5.827 | 154.00 | 2.61 |
| | | 100 | 2.647 | 2.780 | 0.360 | 2.743 | 2.730 | 0.365 | 0.366 | 6.109 | 154.88 | 2.31 |
| | | 140 | 3.481 | 3.614 | 0.277 | 3.577 | 3.564 | 0.280 | 0.281 | 6.673 | 156.64 | 1.92 |
| | | 180 | 4.314 | 4.447 | 0.225 | 4.410 | 4.397 | 0.227 | 0.227 | 7.237 | 158.40 | 1.68 |
| Ⅴ | | 60 | 2.079 | 2.212 | 0.452 | 2.175 | 2.162 | 0.460 | 0.463 | 5.285 | 152.02 | 2.54 |
| | | 80 | 2.584 | 2.717 | 0.368 | 2.680 | 2.667 | 0.373 | 0.375 | 5.480 | 152.53 | 2.12 |
| | | 100 | 3.089 | 3.222 | 0.310 | 3.185 | 3.172 | 0.314 | 0.315 | 5.676 | 153.06 | 1.84 |
| | | 140 | 4.099 | 4.232 | 0.236 | 4.195 | 4.182 | 0.238 | 0.239 | 6.067 | 154.06 | 1.48 |
| | | 180 | 5.109 | 5.242 | 0.191 | 5.205 | 5.192 | 0.192 | 0.193 | 6.457 | 155.09 | 1.26 |
| Ⅵ | | 60 | 2.128 | 2.261 | 0.442 | 2.224 | 2.211 | 0.450 | 0.452 | 4.079 | 100.56 | 1.92 |
| | | 80 | 2.628 | 2.761 | 0.362 | 2.724 | 2.711 | 0.367 | 0.369 | 4.417 | 101.44 | 1.68 |
| | | 100 | 3.128 | 3.261 | 0.307 | 3.224 | 3.211 | 0.310 | 0.311 | 4.756 | 102.32 | 1.52 |
| | | 140 | 4.128 | 4.261 | 0.235 | 4.224 | 4.211 | 0.237 | 0.238 | 5.433 | 104.08 | 1.32 |
| | | 180 | 5.128 | 5.261 | 0.190 | 5.224 | 5.211 | 0.191 | 0.192 | 6.110 | 105.84 | 1.19 |
| Ⅶ | | 60 | 1.385 | 1.518 | 0.658 | 1.480 | 1.468 | 0.676 | 0.681 | 5.485 | 157.68 | 3.96 |
| | | 80 | 1.496 | 1.629 | 0.614 | 1.590 | 1.579 | 0.629 | 0.633 | 5.748 | 160.08 | 3.84 |
| | | 100 | 1.607 | 1.740 | 0.575 | 1.702 | 1.690 | 0.588 | 0.592 | 6.012 | 162.48 | 3.74 |
| | | 150 | 1.885 | 2.018 | 0.496 | 1.980 | 1.968 | 0.505 | 0.508 | 6.670 | 168.48 | 3.54 |
| | | 200 | 2.152 | 2.285 | 0.438 | 2.247 | 2.285 | 0.445 | 0.447 | 7.329 | 174.48 | 3.41 |

注：1-防水砂浆；2-钢筋混凝土；3-砖砌体；4-沥青矿渣棉；5-珍珠岩（160kg/m$^3$）；6-两网三胶玻璃钢防水层；7-空气层；8-涂防锈涂料钢板；9-矿渣棉；10-加气混凝土块（600kg/m$^3$）；11-钙塑板；$\delta$-保温层厚度（mm）；$\sum R$-总热阻（m$^2$·h·℃/kcal）；$R_0$-室内总热阻（m$^2$·h·℃/kcal）；$K_0$-室内总传热系数（kcal/m$^2$·h·℃）；$R_{0x}$、$R_{0d}$-夏季与冬季总热阻（m$_2$·h·℃/指标）；$\gamma$-重度（kg/m$^3$）；$C$-比热（kcal/kg·℃）；$\sigma$-导热系数（kcal/m·h·℃）；$\sum C\gamma\sigma$-总热容（kcal/m$^2$·℃）。

养护坑及养护罩的密封方法见图3-43。

## （二）连续式养护窑

国内连续式养护窑分水平隧道窑、折线型隧道窑及立窑，后两者为湿热养护窑，水平隧道窑又分单层及双层两种。双层窑上、下之间又有隔开和连通，而单层隧道窑又分升、恒、降温带隔开与不隔开等不同形式。按加热方式又可分为干热及干湿热两种。

1.隧道窑

较适宜于养护两面光大楼板。在恒温区适当喷蒸汽以防止制品水分的过分蒸发。这种养护窑的缺点是升温、恒温、降温区域无明显分界区，干、湿段交界处不明显。为此有些隧道窑在干—湿段交界处试验设置机械门或热风幕，以达到干、湿区分界的目的（图3-44）。

国内部分隧道窑技术性能见表3-55。

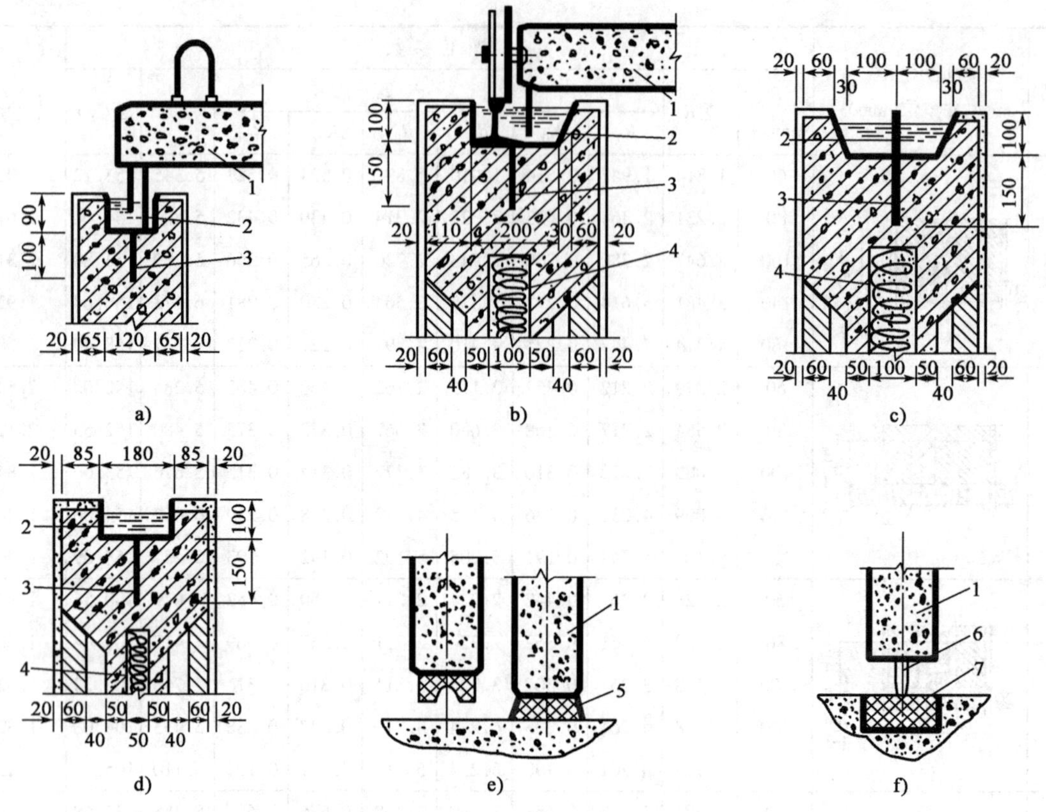

图 3-43　养护坑与养护罩的密封方法(尺寸单位:mm)

a)一般单水封;b)带滚轮之单水封;c)、d)一般双水封;e)软胶垫密封;f)硬胶垫密封

1-保温层(厚 140 ~ 180mm);2-水封槽;3-内封钢板(厚 10 ~ 15mm);4-保温层;5-橡胶垫;6-钢底脚;7-硬橡胶垫

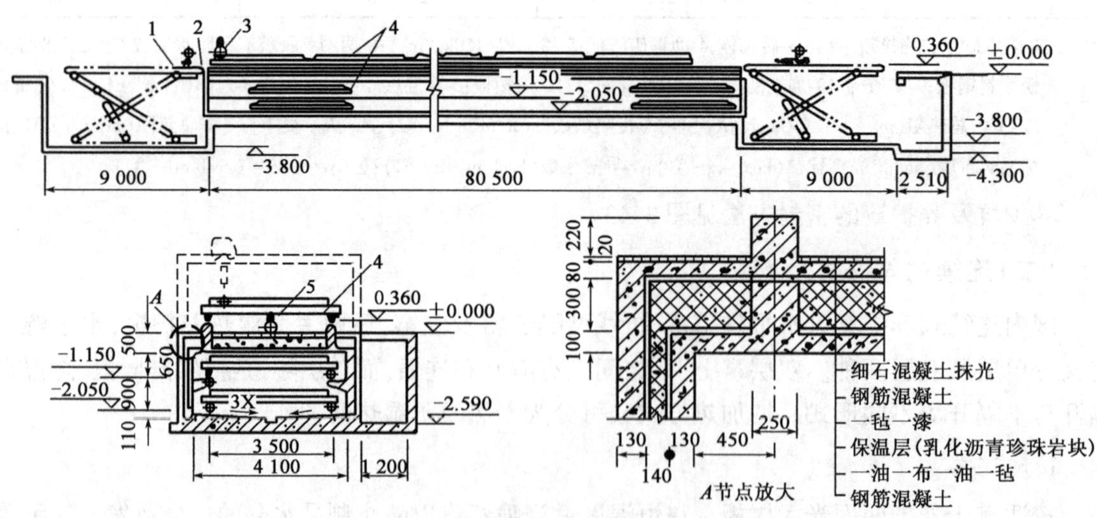


图 3-44　隧道式干热养护窑构造图(尺寸单位:mm)

1-升降顶推机(推力 8t,升降行程 2.5m);2-窑六(重 2.5t);3-截筋机;4-模板车;5-推杆装置

注:乳化沥青珍珠岩块的作法:(1)乳化沥青: 沥青: 石灰: 水 = 1:1:1:1 加热而成;(2)乳化沥青: 珍珠岩块 = 1:4 混合而成乳化沥青珍珠岩块

**国内部分隧道窑技术性能表** 表 3-55

| 生产厂 | | | 北京市第一建筑构件厂 | 北京市住宅壁板厂 | 常州市建筑构件厂 | 山东潍坊构件厂 |
|---|---|---|---|---|---|---|
| 几何尺寸(m) | | 长 | 70.88 | 120.90 | 67.20 | 70.00 |
| | | 宽 | 4.94 | 3.90 | 4.46 | 5.20 |
| | | 净高 | 1.77 | 1.30 ~ 2.20 | 1.85 | 1.25 |
| 1 3 4 2 5 外 | 窑壁构造(cm) | 1. 防水砂浆; | 无 | 无 | 2 | 无 |
| | | 2. 结构层; | 13 混凝土 | 24 砖墙 | 12 砖墙 | 现浇钢筋混凝土 |
| | | 3. 防潮层; | 五层作法 | 无 | 五层作法 | 五层作法 |
| | | 4. 保温层; | 12 蛭石 | 20 加气混凝土 +2 钙塑板 | 3 聚铵酯泡沫塑料 | 散状蛭石及蛭石混凝土 |
| | | 5. 护壁层 | 13 空心板 | 12 废楼板 | 22 钢筋混凝土 | 砖墙 |
| 供热方式 | 散热器布置方式 | | 平行制品上、下布置 | 窑两侧及底部 | 窑两侧及底部 | 平行制品上、下布置 |
| | 散热器形成,长度(m) | | 钢串片 274 | $2\frac{1}{2}$″排管 536 | 钢串片 832 | 干烘带(12) 钢串片(294) 蒸养带(52.2) 为湿热养护 |
| 窑截面情况及模位 | | | 地下、以层,24 模位 | 地上、双层,36 模位 | 地上、双层,24 模位 | 地上、单层,12 模位 |
| 养护制度 | 升温 | 时间(h) 相对湿度(%) | 4 ~ 5 30 ~ 40 | 养护时间 12 ~ 16h 最高温度 90℃ ±5℃ 相对湿度:35% ~ 40% | 2 50 ~ 70 | 1 20 |
| | 恒温 | 温度(℃) 时间(h) 相对湿度(%) | 80 ~ 85 3 ~ 4 50 ~ 60 | | 80 ~ 85 7 50 ~ 80 | 95 4.5 100 |
| | 降温 | 时间(h) 相对湿度(%) | 1 50 | | 1 50 | 1 — |
| 制品特征 | 长(m) × 宽(m) × 厚(m) | | 4.8 × 3.3 × 0.11 | 6.69 × 3.48 × 0.11 | 4.56 × 2.89 × 0.15 | 3.58 × 1.19 × 0.12 |
| | 制品类型 | | 大楼板 | 大楼板 | 抽孔内、外墙板 | 大楼板 |
| 节拍(min) | | | 20 | 15 | 20 | 30 |
| 班制 | | | 3 | 2 | 3 | 3 |
| 蒸汽耗量(kg/m³) | | | 250 ~ 300 | 400 | 250 | 250 |
| 工艺线耗钢量(t) | | | 375 | 446.44 | 320 | 67(建窑) |
| 工艺线投资(万元) | | | 65 | 76.68 | 25 | 15.851(建窑) |

2. 折线窑

折线窑是由水平隧道窑演变而来的湿热养护设施,窑的两端不设窑门,蒸汽靠折线起拱高度造成的几何压头来阻止其外溢,折线型隧道窑蒸汽养护如图 3-45 所示。折线窑相对压力分布见图 3-46。

折线窑起拱高度可定性地按下式估算:

$$h_g = \frac{\Delta P}{\gamma_y - \gamma_n} \tag{3-7}$$

式中:$h_g$——折线窑起拱高度(m),实际计算中可取 1.1 ~ 1.5m;

$\Delta P$——1-1 面上内、外介质的相对静压差(kg/m²);

$\gamma_n$、$\gamma_y$——窑内、外介质的平均密度（$kg/m^3$）。

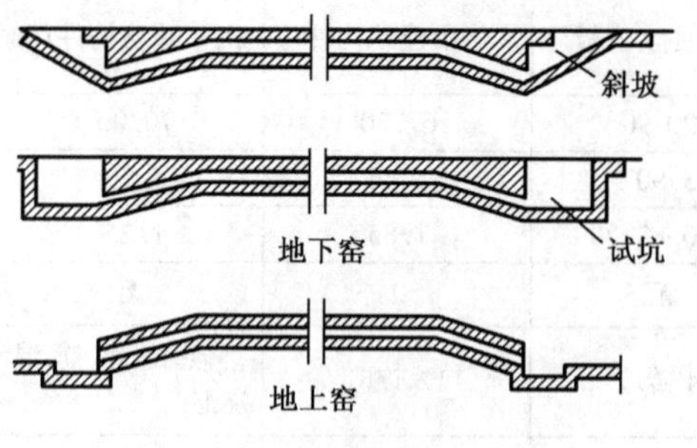


图 3-45　折线型隧道窑蒸汽养护图

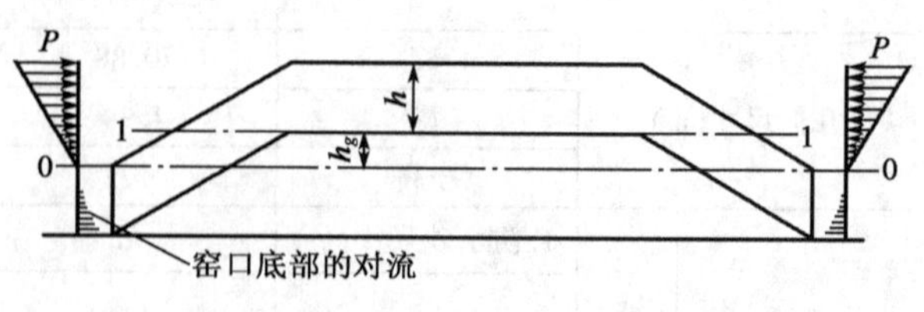


图 3-46　折线窑相对压力分布图

1-1 及 0-0-等压面；$h_g$-起拱高度（m）；$h$-折线窑内截面高度（m）；$P$-窑内相对压力

国内折线窑使用情况见表 3-56。

3. 立窑

立窑是利用热空气比重较轻的原理，形成自然的升温、恒温、降温区段。但由于立窑是湿热养护设施，窑体的隔汽、防水不易处理，冷凝水滴落到制品表面，影响外观。立窑设备复杂、构件规格品种不易改变、耗钢量大，造价高、窑壁易开裂、热工性能并不理想。因此，近几年来，已不提昌。立窑蒸汽养护室原理如图 3-47 所示。国内部分立窑养护工艺情况见表 3-57。

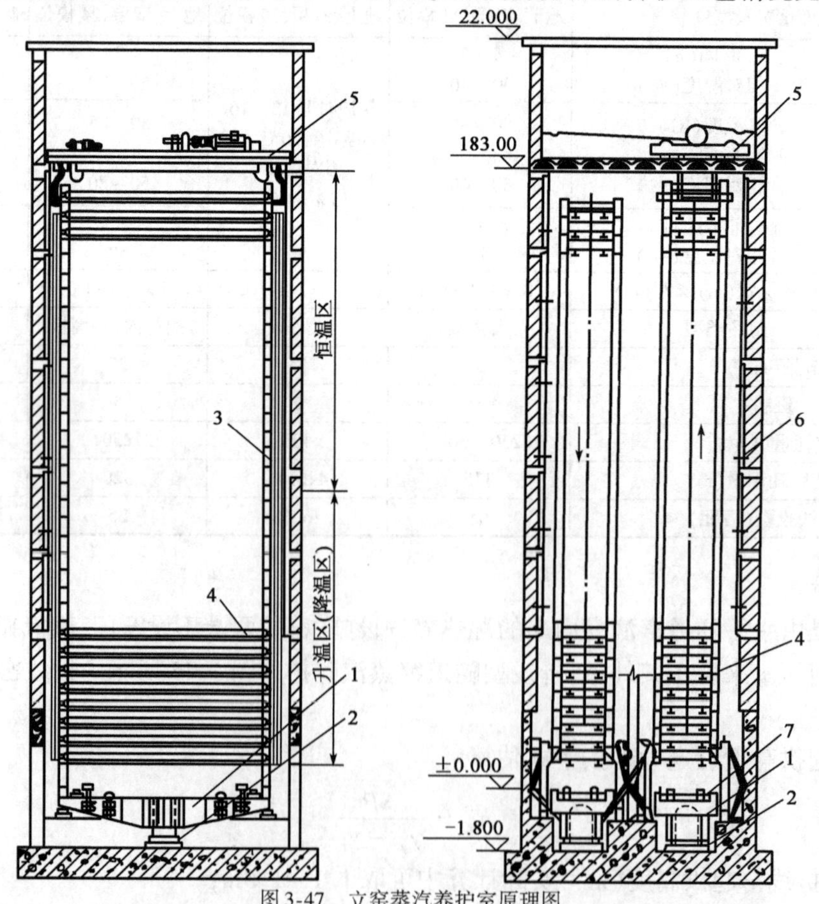


图 3-47　立窑蒸汽养护室原理图

1-顶升机；2-油压千斤顶；3-限位滑道；4-钢模；5-横移机；6-蒸汽管道；7-进窑辊道

国内折线窑

表 3-56

| 序号 | | | 1 | 2 | 3 | 4 | 5 | 6 | 7 | 8 |
|---|---|---|---|---|---|---|---|---|---|---|
| 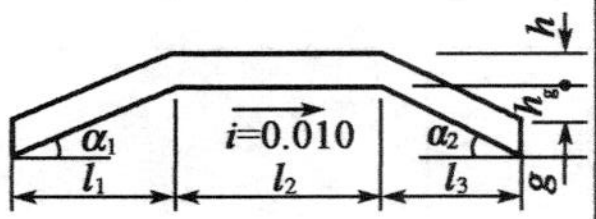 折线窑（尺寸）(mm) | | $l_1$ | 21 850 | 24 000 | 69 000 | 27 000 | 27 000 | 81 000 | 28 200 | 28 000 |
| | | $l_2$ | 27 000 | 30 000 | | 27 000 | 28 000 | | 40 000 | 33 000 |
| | | $l_3$ | 9 980 | 18 000 | | 19 000 | 17 000 | | 24 200 | 15 000 |
| | | $h_g$ | 700 | 820 | | 1 200 | 1 460 | — | 1 420 | 1 500 |
| | | $h$ | 1 300 | 1 000 | 1 600 | 1 050 | 900 | — | 900(入)950(出) | 800 |
| | | 窑净宽 | 4 900 | 4 200 | 5 800 | 4 400 | 6 300 | | 4 200 | 5 000 |
| | | $\alpha_1/\alpha_2$ | 5°14′/5°30′ | 4°21′/8° | | | 5°/8° | | 4°43′/5°6′ | 5°54′8°42′ |
| 窑截面情况 | | | 三层 | 单层 | 两层 | 单层、三孔 | 单层、两孔 | 三层、两孔 | 单层 | 单层 |
| 填充系数 $\varphi$ | | | 0.70 | | | 0.52 | 0.33 | | 0.50 | 0.33 |
| 制品特征 | 制品尺寸 长(mm)×宽(mm)×厚(mm) | | 3 000×900×120<br>3 300×900×120<br>3 600×900×120 | 2 860×3 600×300<br>2 860×3 300×300 | 2 860×3 000×300 | — | 3 300×4 500×100<br>2 700×4 500×100 | 3 300×500×110<br>3 600×600×110 | 外墙板 25 个规格<br>3 900×2 900×280 | 3 000×500×120<br>3 300×500×120<br>3 500×600×120<br>3 600×600×120 |
| | 制品类型 | | 预应力混凝土空心板(300 号) | 轻集料混凝土外墙板(150 号) | 普通混凝土外墙板(200 号) | 轻集料混凝土内外墙板(150 号) | 预应力混凝土实心大楼板(300 号) | 预应力混凝土空心板(300 号) | 轻集料混凝土外墙板(200 号) | 预应力混凝土空心板(300 号) |
| 养护制度（静停—升温—恒温—降温）(h) | | | 0-3.5-4.2-3.5<br>湿热 | 干热 | 湿热 | 1.2-3-3-2<br>湿热 | 2.3-4.5-4.5-3<br>干湿热 | 3.5-5-2.5<br>湿热 | 3.5-5-3.5-4.5-3<br>湿热、硬制降温 | 0.5-4-4-2<br>湿热、硬制降温 |
| 节拍(min) | 生产 | | 7 | 22 | | 24 | 20 | 12 | 15 | 7 |
| | 入窑 | | 21 | 22 | | 36 | 40 | 36 | 30 | 10 |

续上表

| 序号 | | 1 | 2 | 3 | 4 | 5 | 6 | 7 | 8 |
|---|---|---|---|---|---|---|---|---|---|
| 班制 | 实际 | 2 | 2 | — | — | 2 | — | 2 | 2 |
| | 设计 | 3 | 2 | 3 | 3 | 3 | 3 | 3 | 3 |
| 班产量($m^3$/班) | | 20～24 | 30 | | 40(块) | 24(块) | 64 | 28(块) | 20(块) |
| 耗气量($kg/m^3$) | 蒸汽 | — | — | — | — | 150～200 | — | — | 150 |
| | 煤 | 31 | — | — | — | — | — | — | 48.8 |
| 所配工艺线耗钢量(t) | | 234 | 130 | — | 320 | 395 | 500 | 250 | 550 |
| 建窑投资(万元) | 土建 | 6.4 | 12.8 | — | — | 22 | — | 28.9 | 10.4 |
| | 设备 | 19.3 | 17.9 | — | — | 30.5 | — | 22.3 | 24.9 |
| 检修沟 | | 无 | 无 | 无 | 单侧检修 | 双侧检修 | 无 | 有 | 有 |
| 建窑时间 | 建窑 | 1976年 | 1978年冬 | 1978年5月 | 1978年 | 1978年10月 | 1978年9月 | 1977年11月～1979年1月 | 1976年9月 |
| | 试运转 | 1977年10月 | 1979年7月 | 1979年5月 | 1979年底 | 1979年1月 | 1979年9月 | 1979年1月 | 1978年7月 |
| | 正式投产 | 1978年1月 | 1979年8月 | — | — | 1979年4月 | — | 1979年4月 | — |
| | 连续生产时间 | 1978年9月(2班) | — | — | — | 1979年11月 | — | 1979年4月 | 1979年4月 |
| 已脱钩次数 | | 1 | 3 | 3 | — | — | — | 1 | 4 |
| 生产厂 | | 武汉市建筑工程构件一厂 | 辽宁省二建加工厂 | 无锡建筑构件厂 | 天津民用建筑板厂 | 旅大建筑构件公司构件一厂 | 成都建筑构件厂 | 北京市第二建筑构件厂 | 济南市建筑构件公司混凝土厂 |

国内部分立窑养护工艺情况 表3-57

| 序号 | 项　目 | 单位名称 | | | | | | |
|---|---|---|---|---|---|---|---|---|
| | | 湘潭混凝土制品厂 | 上海市混凝土制品一厂 | | 上海市混凝土制品二厂 | 南京混凝土构件厂 | 丹东建筑公司 | 沈阳市建一公司大板厂 |
| 1 | 产品 | 槽瓦 | 圆孔楼板 | 槽形屋面板 | 槽形屋面板（或大板） | 槽形屋面板 | 圆孔空心楼板 | 大型外墙板 |
| 2 | 模板尺寸(m) | 1×6.8 | 4×2.4（两块） | 1.94×6.6 | 6.6×3.9 | 1.5×6 | 4.8×13.8 | 3.6×3.0×0.35 |
| 3 | 模板及制品质量(t) | 1.2 | — | 3.5 | 8 | 3.5 | 1.07 | 8 |
| 4 | 模板计算高度(mm) | 200 | 500 | 500 | 500 | 500 | 320 | 55.8 |
| 5 | 传送方式 | 滚杠 | — | 链板 | 滚轮 | 滚轮 | 滚轮 | 滚轮 |
| 6 | 驱动方式 | 链传动 | — | (窑底)链传动 | 伞形齿轮 | 蜗轮蜗杆 | 链传动 | 链传动 |
| 7 | 设计养护制度(h) | 2-6-2-10 | — | 1.5-6-1.5<br>9 | 1.5-6-1.5<br>9 | 1.5-6-1.5<br>9 | — | — |
| 8 | 实际养护制度(h) | 2-6-2<br>10 | — | 2-4-2<br>8 | — | 3-5-3<br>11 | — | 12 |
| 9 | 顶升周期(min) | 5 | — | 7.5 | 10 | 7 | 12(额定) | 7 |
| 10 | 容量(块) | 120 | 70 | 6.6 | 54 | 77 | 120 | 1~41 |
| 11 | 每垛块数(块) | 60 | 35 | 33 | 27 | 38 | 60 | 20 |
| 12 | 每垛质量(t) | 72 | — | 115.5（设计170） | 216 | 160(设计) | 64.2 | 160 |
| 13 | 顶升方式 | 液压 | — | 350t×2液压 | 4台100t×2液压 | 250t×2液压 | 2台125t×2液压 | 200t单缸顶升、2台 |
| 14 | 最大行程(mm) | 350 | — | 700 | 800 | 600 | 500 | 633 |
| 15 | 设计升温区高度(m) | 4.8 | — | 6 | 4.5 | 6.5 | — | — |
| 16 | 实际升温区高度(m) | 4.8 | — | 8 | — | 11.5 | — | — |
| 17 | 设计恒温区高度(m) | 7.2 | — | 10 | 9 | — | — | — |
| 18 | 实际恒温区高度(m) | 7.2 | — | 8 | — | — | — | — |
| 19 | 窑体有效高度(m) | 13.8(横移空间1.8) | — | 18.3(横移空间2.3) | 16(横移空间2.5) | 19(横移空间1) | — | 14.1 |
| 20 | 窑顶高程(m) | 16.6 | — | 21.5 | 17.5 | 22.4 | — | 17.1 |
| 21 | 窑体建筑面积($m^2$) | 3.92×7.63 | 4.2×11.2 | 6.2×7.2 | 7.5×15.2 | 4.5×16.14 | 7.09×6.93 | 9×6 |

续上表

| 序号 | 项 目 | 单位名称 | | | | | | |
|---|---|---|---|---|---|---|---|---|
| | | 湘潭混凝土制品厂 | 上海市混凝土制品一厂 | | 上海市混凝土制品二厂 | 南京混凝土构件厂 | 丹东建筑公司 | 沈阳市建一公司大板厂 |
| 22 | 养所管道布置 | 一圈花管 | 三圈花管 | 三圈花管 | 三圈花管 | 三圈花管 | — | 干热排管 |
| 23 | 恒温最低温度(℃) | 85 ±5 | 85 ±5 | 85 ±5 | 85 ±5 | 85 ±5 | 85 ±5 | 90 ±5 |
| 24 | 牛腿形式 | 柱式、弹簧机构联动 | 柱式、弹簧机构联动 | 柱式、弹簧机构联动 | 柱式、气动机构联动 | 伸缩式、机械联动 | 柱式、重锤机构联动 | — |
| 25 | 窑顶密封形式 | 长线式 | 套筒式 | 套筒式 | 长线式 | 套筒式 | 套筒式 | 长线式 |
| 26 | 横移特点 | 活钩 | 死钩 | 死钩 | 活钩 | 死钩 | 死钩 | 死钩 |
| 27 | 保证垂直措施 | 窑内滑道 | 窑内滑道、四个导柱、联动斜块 | 窑内滑道、四个导柱 | 自整角器保持同步,加窑内滑道 | 窑内滑道、四个导柱 | 窑内滑道 | — |
| 28 | 行程控制 | 有触点行程开关 | 有触点行程开关 | 有触点行程开关 | 有触点行程开关 | 有触点行程开关 | 有触点行程开关 | 有触点行程开关 |
| 29 | 窑体构造 | 混合结构 | 混合结构 | 混合结构 | 混合结构 | 混合结构 | 混凝土框架结构 | 混凝土框架结构 |
| 30 | 耗钢量(t) | — | 189.5 | 236.5 | — | 178.90 | 136.26 | 260 |
| | 设备质量(t) | — | 61.5 | 61.5 | — | 38.50 | 51.66 | 121 |
| | 钢模质量(t) | — | 128.0 | 175 | — | 140.4 | 48.0 | 139 |
| 31 | 总功率(kW) | 56.8 | 56.2 | 55.7 | 113.5 | 34.8 | 48.0 | 58.7 |

## (三)热台座

当采用台座法生产混凝土制品时,为了加快台座的周转,常采用热台座的养护方式,热台座上或加养护罩,或盖两层塑料布。

露天混凝土热台座纵向每10m高设一温度缝,台座内加热管的布置应使其加热均匀,并设排汽及排水孔,如图3-48~图3-51所示。

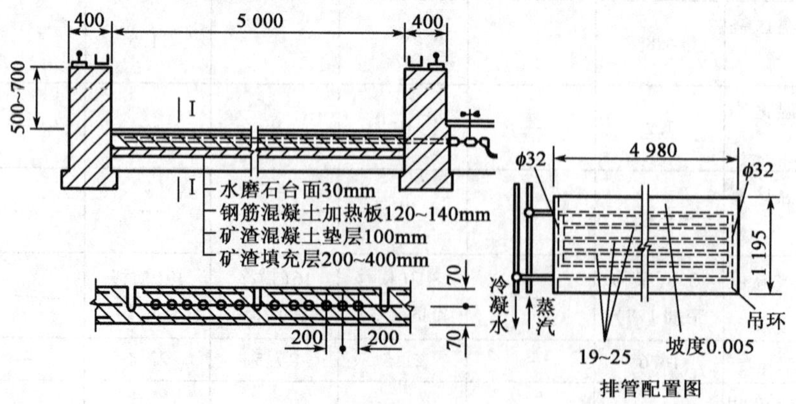


图3-48 热台座构造图(尺寸单位:mm)

## (四)热模腔养护

热模腔有立模、平模和叠模三种,立模有成对及成组两种,每组7~8块模板,生产6~7块制品。模腔管道布置如图3-52、图3-53所示,叠模养护如图3-54所示。平模与养护罩合并使用可实现制品的干—湿热养护,如图3-55所示。

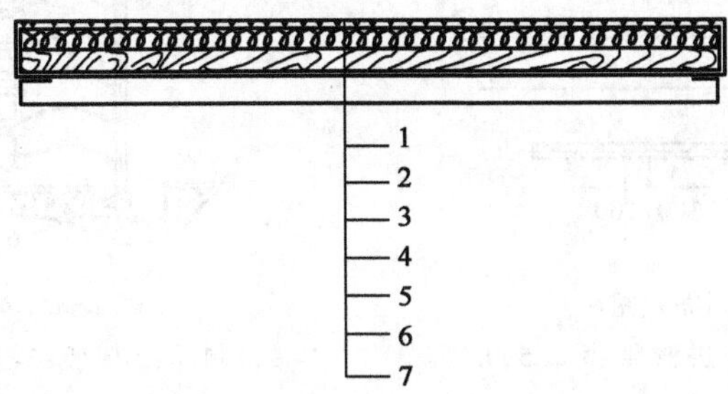


图3-49 养护罩构造示意

1、6-席子或其他外包;2-油毡;3-保温层;4-油毡;5-2.5cm厚木板;7-∠50×50角钢架

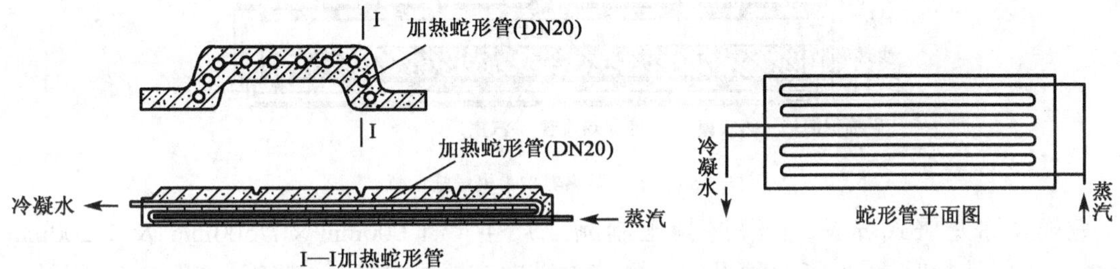


图3-50 热台座内加热管的布置图

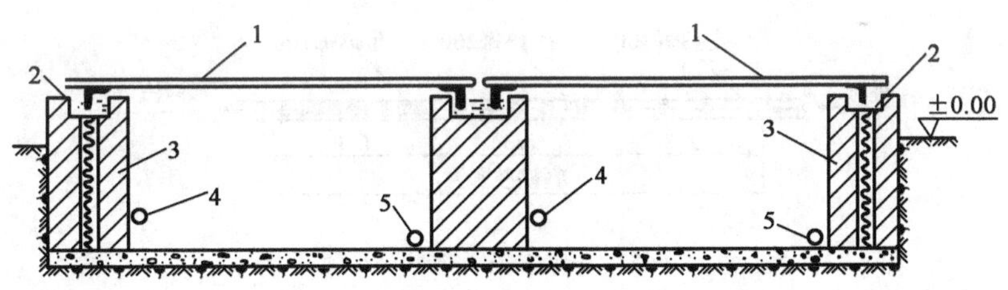


图3-51 成对钢面热台座构造示意

1-钢台面(12mm厚);2-水封槽;3-坑壁;4-蒸汽花管;5-冷凝水管

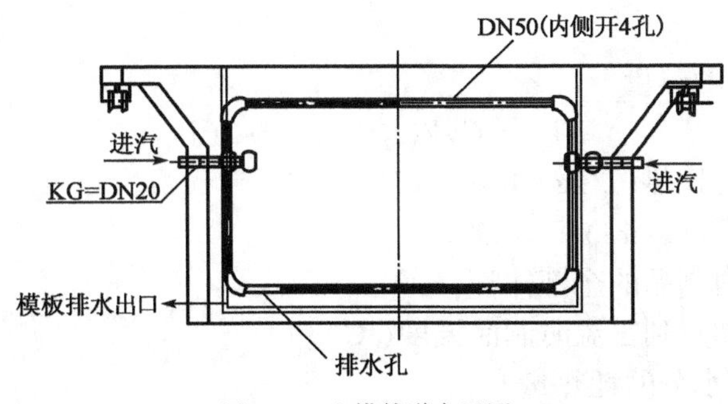


图3-52 立模管道布置图

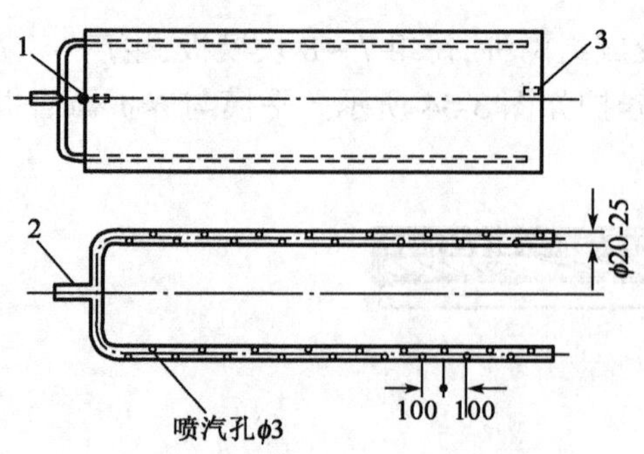


图 3-53 平模管道布置图

1-测温孔 φ10，$L$ = 300mm；2-进汽管嘴 φ25，$L$ = 200mm；3-排冷凝水孔 φ10

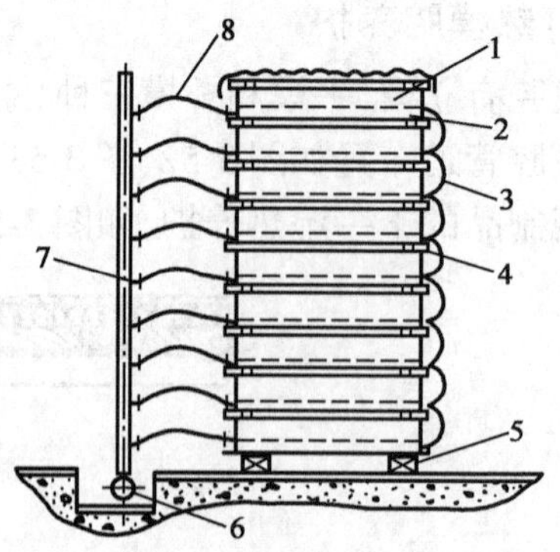


图 3-54 叠模养护示意图

1-带模制品；2-模腔；3-连通软管；4-密封钢筋；5-垫枕；6-蒸汽总管；7-蒸汽支管；8-供汽软管

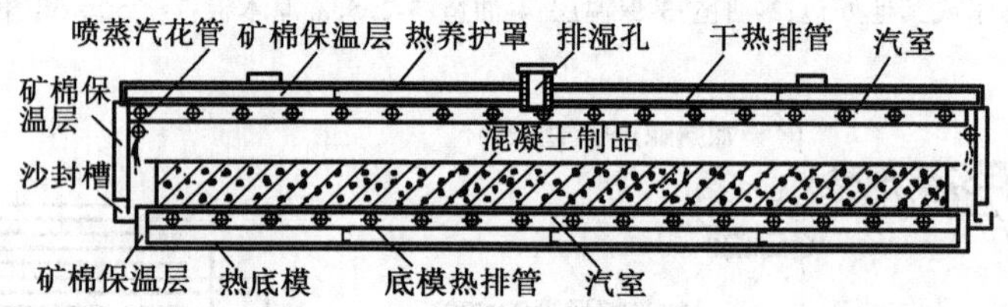


图 3-55 干—温热养护平模设施示意

叠模又称笼屉式养护，上海混凝土制品三厂生产 1 000mm × 7 500mm 及 1 200mm × 1 500mm工业墙板时，采用了此种设施。模腔内纵向布置了 φ25mm 花管，如图 3-56 所示。其养护制度为：常温静停 3 ~ 4h；5h 升温至 90℃，恒温 8h，降温 3 ~ 4h。

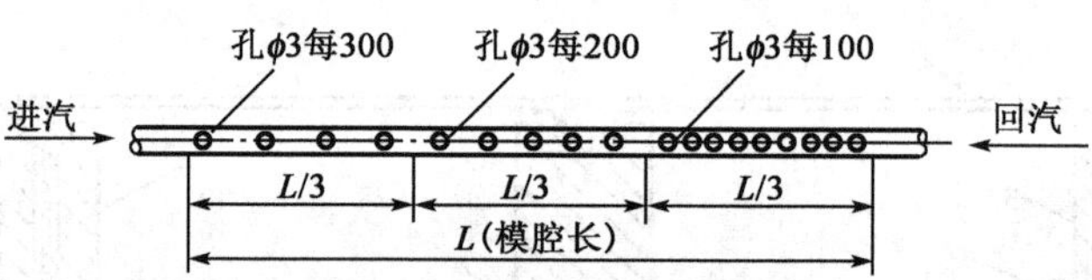


图 3-56 模腔内花管开孔示意图

### (五)蒸汽养护的热工计算

混凝土制品蒸汽养护的热工计算内容是在确定热养护设备和养护制度之后，计算出单位制品的蒸汽用量及最大小时用量，为管道计算及锅炉选型提供依据。主要计算项目如下：

1. 热量消耗计算

(1)加热制品消耗的热量

$$Q_1 = C\gamma V(t_2 - t_1) \qquad (\mathrm{J}) \tag{3-8}$$

式中：$C$——制品的平均比热(J/kg · K)；

$\gamma$——制品的密度(kg/m$^3$)；

$V$——养护设备内制品的全部体积(m$^3$)；

$t_1$、$t_2$——养护前及加热到恒温时制品温度(℃)。

(2)从制品中蒸发水分的耗热量

$$Q_2 = 0.01\gamma V[2\,491 \times 10^3 + 1.97 \times 10^3(t_{pj} - t_1)] \tag{3-9}$$

式中：0.01——蒸发水分，取制品质量的1%；

$2\,491\times10^3$——汽化热（J/kg）；

$1.97\times10^3$——水蒸气比热（J/kg·K）；

$t_{pj}$——蒸发水的平均温度，$t_{pj}=(t_1+t_2)/2$（℃）。

（3）加热设备消耗的热量

$$Q_3=\sum CG_3(t_2-t_1)\qquad (\mathrm{J})\tag{3-10}$$

式中：$C$——各项设备（钢模、小车）各自的比热（J/kg·K）；

$G_3$——各项设备（钢模、小车）各自的质量（kg）。

（4）加热养护设备结构和配件耗热量

$$Q_4=\sum CG_4(t_{j2}-t_{j1})\qquad (\mathrm{J})\tag{3-11}$$

式中：$C$——各种材料的比热（J/kg·K）；

$G_4$——各种材料的质量（kg）；

$t_{j2}$、$t_{j1}$——结构和配件的各种材料升温阶段的平均温度及最初平均温度（℃）。

连续式养护设施不计算此项。

（5）散失于周围介质的热量

$$Q_5=\sum FK(\Delta t_1\tau_1 f-\Delta t_2\tau_2)\qquad (\mathrm{J})\tag{3-12}$$

式中：$F$——地上各部分结构和配件的散热面积（$m^2$）；

$\Delta t_1$、$\Delta t_2$——养护设施升温平均温度、恒温温度与空气温度之差（℃）；

$\tau_1$、$\tau_2$——升、恒温时间（h）；

$f$——考虑地下部分的散热增大系数，$f=1.33$；

$K$——传热系数。

$$K=\frac{1}{\dfrac{1}{a_1}+\sum\dfrac{\delta}{\lambda}+\dfrac{1}{a_2}}$$

式中：$a_1$——蒸汽向养护设备内壁面的给热系数，$a_1=153\sim164$W/m·K；

$a_2$——养护设备外壁面对周围介质的给热系数，$a_2=7.69\sim10.23$W/m·K；

$\lambda$、$\delta$——各层导热系数（W/m·K）、厚度（m）。

（6）蒸汽充满养护设备自由空间耗热量

$$Q_6=1\,256\times10^3V_S(1-g)\qquad (\mathrm{J})\tag{3-13}$$

式中：$1\,256\times10^3$——蒸汽热容量（J/$m^3$）；

$g$——制品及各项设备的填充系数；

$V_S$——养护设备体积（$m^3$）。

（7）漏损热耗量

$Q_7$约为上述总耗热量的0.15。

总热量消耗：

$$Q=Q_1+Q_2+Q_3+Q_4+Q_5+Q_6+Q_7\tag{3-14}$$

2. 蒸汽用量估算

（1）连续式养护设施单位时间耗汽量

$$Q = \frac{60}{t}VP \tag{3-15}$$

式中：$Q$——单位时间耗汽量(kg/h)；

$t$——每批制品养护节拍(min)；

$P$——单位耗汽指标(kg/m³)；

$V$——每批制品的体积(m³)。

(2)间歇式养护室蒸汽负荷的计算

$$Q_{max} = m\frac{P_s}{t_s} + n\frac{P_h}{t_h} \tag{3-16}$$

式中：$m$、$n$——最大耗汽时，处于升温状态及恒温状态的养护室个数；

$P_s$、$P_h$——升、恒阶段每室耗汽量(kg)；

$t_s$、$t_h$——升、恒小时数(h)。

表3-58为不同养护设施与制品的耗汽指标。

**耗汽指标** 表3-58

| 蒸汽用途 | | | 耗汽量(kg/m³) | 附注 |
|---|---|---|---|---|
| 室内养护坑 | | 构件间歇养护 | 500~700 | |
| | | 普通混凝土管 | 800 | |
| | | 一阶段预应力管 | 600~700 | |
| | | 三阶预应力管 | 800~1 000 | |
| | | 预应力电杆 | 700~800 | |
| 露天坑式养护 | | | 1 000~1 200 | |
| 热模及热台座 | | 成组立模 | 400~500 | |
| | | 露天热坑 | 900~1 000 | |
| 间歇隧道窑养护空心砌块 | | | 400~450 | |
| 连续窑养护蓄热法 | 隧道窑 | 通用构件 | 200~300 | |
| | | 空心砌块 | 150~200 | |
| | 折线窑 | | 150~250 | |
| | 立窑 | | 200~300 | |
| | 砂子加热 | | 25~30 | 加热温差30~40℃ |
| | 碎石或卵石加热 | | 25~30 | 加热温差30~40℃ |
| | 矿渣或炉渣加热 | | 20~25 | 加热温差30~40℃ |
| | 水加热 | | 140 | 5~80℃ |
| | 砂、石、水的混合物加热 | | 35~55 | 加热温差30~40℃ |

3. 计算实例

**【例3-3】** 某蒸汽湿热养护坑，净空尺寸为6.8m×5.54m×2.3m，其围护结构如图3-57所示，养护的制品为槽形板，其尺寸为5.7m×1.2m×0.4m，体积为0.654m³，钢模尺寸为5.9m×1.4m×0.65m，坑内容纳9块钢模，养护制度为3h升温至90℃，8h恒温，3h降温，外界温度为20℃，试计算每立方米制品蒸汽耗量。

**解**：①加热制品耗热

$$Q_1 = C\gamma V(t_2 - t_1) = 0.25 \times 4.1868 \times 10^3 \times 2400 \times 9 \times 0.654 \times 70 = 1035027 \times 10^3 (\mathrm{J})$$

②从制品中蒸发水分消耗的热量

$$Q_2 = 0.01\gamma V[2491 \times 10^3 + 1.97 \times 10^3 (t_{pj} - t_1)] = 0.01 \times 2400 \times 9 \times 0.654[2491 \times 10^3 + 1.97 \times 10^3 (50 - 20)] = 361636 \times 10^3 (\mathrm{J})$$

③加热坑内钢模消耗热量

$$Q_3 = \sum CG_3(t_2 - t_1) = 9 \times 0.115 \times 4.1868 \times 10^3 \times 2000 \times 70 = 606667 \times 10^3 (\mathrm{J})$$

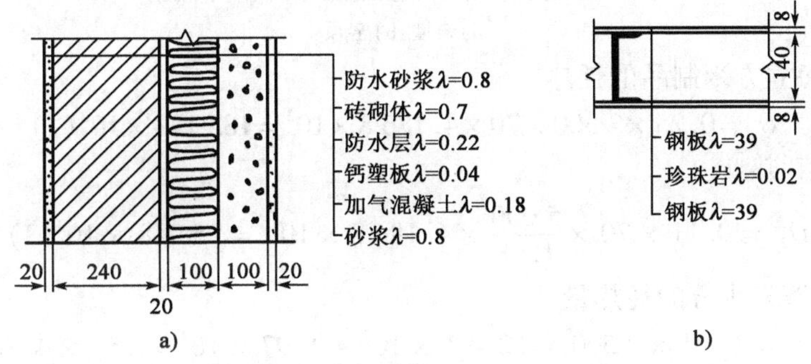


图3-57 养护坑围护结构示意图(尺寸单位：mm)

a)坑壁；b)坑盖

④加热围护结构的总耗热量

根据多层屏蔽导热，先求出围护结构各层的平均温升为：

$$t_1 = 69.6℃; t_2 = 66.1℃; t_3 = 61.9℃$$

$$t_4 = 36.9℃; t_5 = 8.3℃; t_6 = 2.7℃$$

坑盖的平均温升为55℃。

加热围护结构总耗热量为$1807456 \times 10^3$J。

⑤散失于周围介质的热量

$$Q_5 = \sum FK(\Delta t_1 \tau_1 f - \Delta t_2 \tau_2) = 75591 \times 10^3 (\mathrm{J})$$

⑥蒸汽充满养护设备自由空间耗热量

$$Q_6 = 101420 \times 10^3 (\mathrm{J})$$

⑦漏气损失：约为上述总耗热量的0.15

所以，总耗热量：

$$Q = 1.15(Q_1 + Q_2 + Q_3 + Q_4 + Q_5 + Q_6) = 4585967 \times 10^3 (\mathrm{J})$$

每立方米混凝土蒸汽耗量：

$$\frac{4585967 \times 10^3}{9 \times 0.654 \times 584 \times 4.1868} = 320(\mathrm{kg/m^3})$$

**【例3-4】** 某位于露天的连续式隧道窑，其围护结构如图3-58所示。被养护制品为楼顶板，每块1.68m³，每块钢模重5t，养护周期10h。已知单位制品在单位时间内把摊销的围护结构的散热面积$f$值为:$f_{墙}=15.1\mathrm{m^2/m^3}$,$f_{顶}=16.7\mathrm{m^2/m^3}$,窑内平均温度为90℃,外界平均温度为20℃,已测知水分蒸发率$\phi=1.46$,估算该隧道窑干热养护时的最大耗热量。

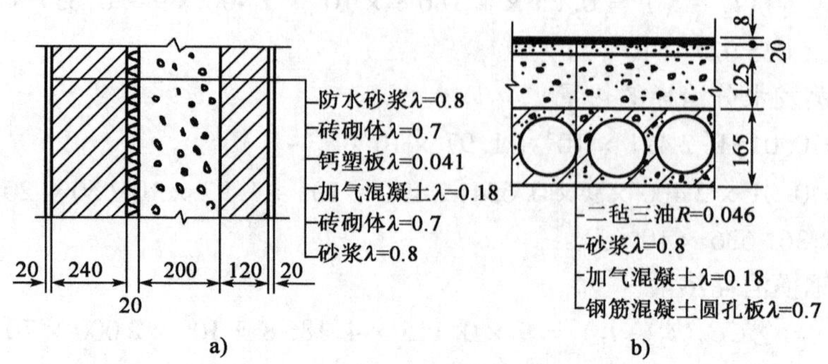


图3-58 窑围护结构构造示意图(尺寸单位:mm)

a)窑墙;b)窑顶

**解**:①加热每立方米制品的耗热

$$Q_1=0.25\times 2\,500\times 70\times 4.186\,8\times 10^3=183\,173\times 10^3(\mathrm{J})$$

②加热钢模耗热

$$Q_2=0.11\times 70\times \frac{5\,000}{1.68}\times 4.186\,8\times 10^3=95\,948\times 10^3(\mathrm{J})$$

③从制品中蒸发水分的耗热量

$$Q_3=0.01\times 2\,500\times(2\,491\times 10^3+1.97\times 10^3\times 35)\times 4.16$$
$$=22\,318\times 10^3(\mathrm{J})$$

④求附加热耗

首先求$K$值(表3-59)

***K* 值 表** 表3-59

| 位置 | $K$值($\times 4.186\,8\times 10^3\mathrm{J/m^2\cdot ℃\cdot h}$) |
|---|---|
| 围墙 | $\dfrac{1}{0.007+\dfrac{0.02}{0.8}+\dfrac{0.24}{0.7}+\dfrac{0.02}{0.041}+\dfrac{0.2}{0.18}+\dfrac{0.12}{0.7}+\dfrac{0.02}{0.8}+\dfrac{1}{8}}=0.44$ |
| 顶部 | $\dfrac{1}{0.007+\dfrac{0.02}{0.8}+\dfrac{0.125}{0.18}+\dfrac{0.165}{0.7}+0.046+0.125}=0.88$ |

$$Q_4=\sum kf\Delta t\tau$$
$$=(0.44\times 15.1+0.88\times 16.7)(90-20)\times 10\times 4.186\,8\times 10^3$$
$$=62\,542\times 10^3(\mathrm{J})$$

⑤总热耗

$$Q=(Q_1+Q_2+Q_3+Q_4)\times 1.15$$
$$=(183\,173+95\,948+22\,318+62\,542)\times 10^3\times 1.15$$
$$=363\,981\times 10^3\times 1.15$$
$$=418\,578\times 10^3(\mathrm{J})$$

每立方米制品蒸汽耗量:

$$\frac{418\,578\times 10^3}{584\times 10^3\times 4.186\,8}=171(\mathrm{kg/m^3})$$

## 六、红外线养护

采用红外线做能源养护在国外已经普遍。德国、日本、俄罗斯等国有较成熟的设备及生产工艺。俄罗斯混凝土与钢筋混凝土研究所与白俄罗斯工学院等单位合作，试制了电热红外线缝隙式隧道窑。日本设计的红外线连续养护隧道窑则采用高温气体辐射箱加热辐射板，从而形成一种红外线加热制品的方法，养护周期只需 3h。

红外线养护通常用于冬期施工现浇房屋或储罐混凝土墙体工程的养护。其工艺装置见表 3-60；其对墙体养护的装置如图 3-59 所示；红外线辐射器的等温线如图 3-60 所示。

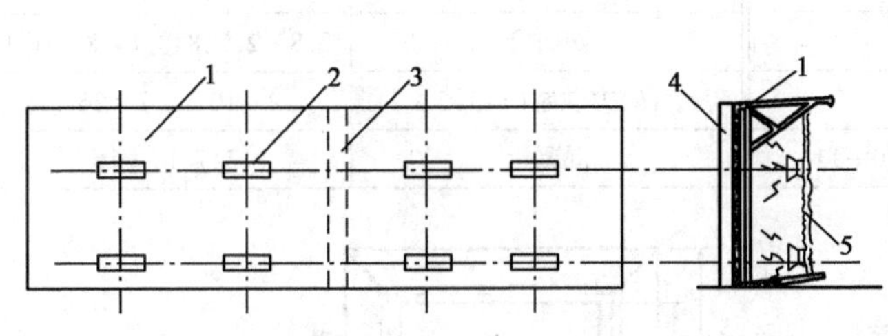


图 3-59　红外线养护装置示意图

1-大模板；2-红外线辐射器；3-内纵墙；4-大模板横墙；5-保温罩

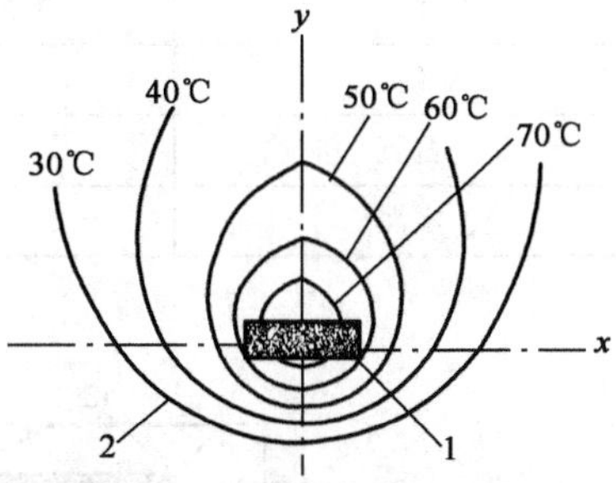

图 3-60　红外线辐射器等温线示意图

1-红外线辐射器；2-等温线

**红外线养护的工艺装置**　　表 3-60

| 序号 | 项 目 | 工 艺 装 置 要 点 |
|---|---|---|
| 1 | 红外线能源 | 煤气、电 |
| 2 | 主 要设备 | 红外线灯（辐射器） |
| 3 | 保温罩 | 用保温材料制作，图 3-59 为示意图 |
| 4 | 散热特点 | 1. 上部面积大，温度高；<br>2. 下部、两侧面积小，温度低；<br>3. 热度等温线见图 3-60 |
| 5 | 组合形式 | 图 3-59 为楼层高度 3m 时的装置：<br>1. 下层辐射器离地面约 300 ~ 400mm；<br>2. 两辐射器之间的水平间距为 1.5 ~ 2.0m；<br>3. 与墙面的距离通过测定后选用，一般不大于 1m |

红外线养护混凝土时辐射器有两种布置方法，一种是向混凝土表面直接辐射，一种是向金属模板辐射，模板被加热后以传导的形式传给混凝土，这种方法混凝土不需预热静停，热损失小，能耗低，如表 3-61 所示。

**混凝土构件采用红外线养护的能耗**　　表 3-61

| 构 件 类 型 | 混凝土种类 | 辐射方法 | 能耗（$\times 10^3 J/m^2$） |
|---|---|---|---|
| 钢筋混凝土肋形楼板 | 普通混凝土 | 自上方 | 578 000 |
| 空心楼板 | 普通混凝土 | 自内部 | 530 000 |
| 轨枕 | 普通混凝土 | 自上、下两方 | 490 000 |
| 预应力筋混凝土梁 | 普通混凝土 | 自上方 | 611 000 |
| 预应力钢筋混凝土条板 | 普通混凝土 | 自上方 | 431 000 |
| 墙板 | 轻集料混凝土 | 自上方 | 324 500 ~ 350 000 |

红外线养护时,波长以 3 ~ 40μm 为宜,波长过长会延长养护周期。表 3-62 为水及某些硅酸盐材料的红外线吸收带。

红外线养护时的辐射距离应根据辐射面积、发热量等调整,正对混凝土辐射时,不得小于 300mm。混凝土表面温度控制在 70 ~ 90℃之间。

红外线辐射器分煤气红外线辐射器及电热辐射器两种。如图 3-61 及表 3-63、表 3-64 所示,为煤气红外线辐射器的构造及技术性能。

**红 外 线 吸 收 带** 表 3-62

| 材料名称 | 吸收带(μm) | 材料名称 | 吸收带(μm) |
|---|---|---|---|
| 水 | 3,5 ~ 7,14 ~ 16 | 水泥水化物 | 7,8 ~ 10 |
| 砂 | 7,9 ~ 10 | 磷石膏 | 2.8 ~ 2.9,8.8,14.8 ~ 16.9 |
| 石英 | 8,9,14 | 自应力砂浆(1:1.5) | 9 ~ 10,21.7 ~ 26.7 |
| 水泥 | 6.6,7.7,8.7,10 ~ 11 | 混凝土 | 3,7,14 ~ 16 |

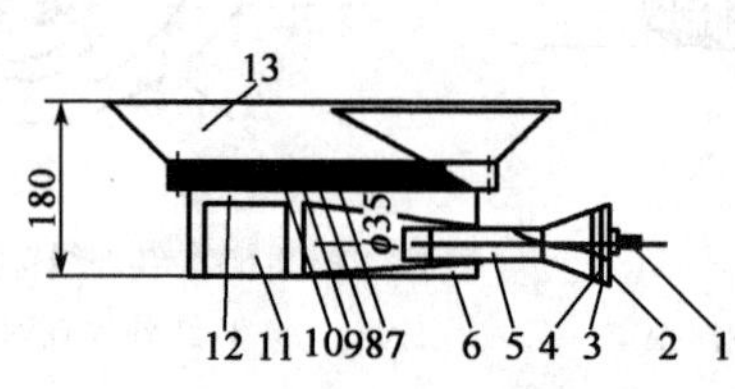

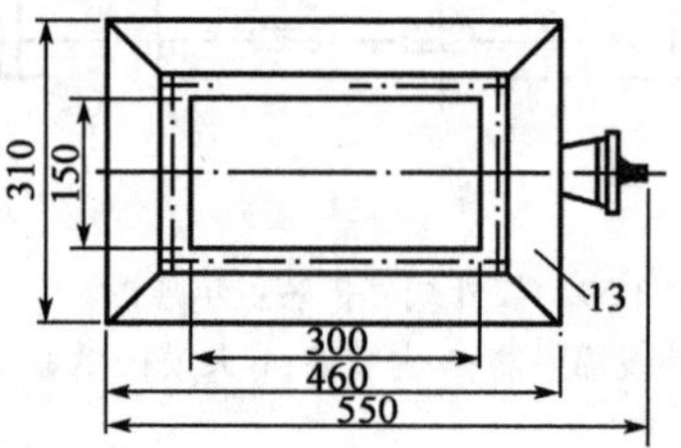


图 3-61 300 × 150 煤气红外线辐射器图(尺寸单位:mm)

1-喷嘴;2-调风板;3-喷嘴支撑;4-短管;5-引射器;6-头部外壳;7-托网 φ2 × 4 目/英寸;8-内网;9-外网;10-压框;11-分流板Ⅰ;12-分流板Ⅱ;13-反射罩

**300 × 150 煤气红外线辐射器的技术性能** 表 3-63

| 项 目 名 称 | 参 数 | 项 目 名 称 | 参 数 |
|---|---|---|---|
| 规格(mm) | 300 × 150 | 一次空气系数 | 1.05 ~ 1.10 |
| 名义热负荷( $\times 10^3$ J/h) | 25 120 | 烟气中 CO 含量(%) | < 0.01% ( $a = 1$ ) |
| 辐射面热强度( $\times 10^3$ J/cm$^2$ · h) | 50 ~ 67 | 红外线波长 λ(μm) | 0.75 ~ 16 |
| 辐射面温度(℃) | 850 ~ 900 | 煤气出口压力(Pa) | 4 000 |
| 辐射效率 η(%) | 45 ~ 60(包括烟气热辐射) | | |

**其他煤气红外线辐射器的技术性能** 表 3-64

| 项 目 | 型 号 | | | |
|---|---|---|---|---|
| | Ⅰ | Ⅱ | Ⅲ | Ⅳ |
| 规格(mm) | 800 × 100 | 500 × 120 | 3 000 × 30 | 1 000 × 60 |
| 喷嘴直径(mm) | 2 | 1.7 | 2 | 1.7 |
| 喷嘴压力(Pa) | 4 000 | 4 000 | 4 000 | 4 000 |
| 计算热负荷( $\times 10^3$ J/h) | 53 600 | 39 000 | 53 600 | 39 000 |
| 辐射面热强度( $\times 10^3$ J/cm$^2$ · h) | 67 | 63 | 50 | 67 |
| 内网温度(℃) | 850 | 940 | 800 | 950 |
| 外网温度(℃) | 650 | 700 | 460 | 800 |
| 煤气耗量(kg/h) | 0.8 ~ 1 | 0.5 ~ 0.7 | 1 ~ 1.2 | 0.4 ~ 0.8 |

远红外电热管辐射器的构造及技术性能见表3-65及图3-62。

**电热管辐射器的技术性能** 表3-65

| 功率(kW) | 工作电压(V) | 电阻(Ω) | 表面温度(℃) | 外径(mm) | 管外绝缘物MgO(g) | 涂层 | 波长(μm) |
|---|---|---|---|---|---|---|---|
| 1.2 | 220 | 45.1 | 300 | 16 | 845 | $Fe_2O_3$ | 5 |

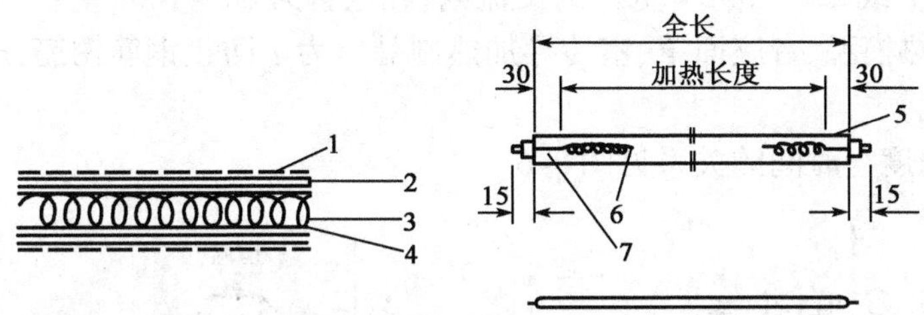


图3-62 远红外电热管辐射器的构造(尺寸单位:mm)

1-金属氧化物(红外涂料);2-金属管;3-发热体;4-绝缘物(MgO);5-非加热部分;6-镍铬合金丝;7-非加热部分

选用红外线养护时辐射换热可按下式计算:

$$Q_{1-2} = \varepsilon_n \cdot C_0 \left[ \left( \frac{T_1}{100} \right)^4 - \left( \frac{T_2}{100} \right)^4 \right] \tag{3-17}$$

式中:$Q_{1-2}$——辐射器给模板或窑壁的热量(kcal/m$^2$·h);

$T_1$——辐射器表面绝对温度(℃);

$T_2$——模板或窑壁表面绝对温度(℃);

$C_0$——绝对黑体辐射率(kcal/m$^2$·h·L°K$^4$),取4.9;

$\varepsilon_n$——总辐射系数:

$$\varepsilon_n = \frac{1}{\frac{1}{\varepsilon_1} + \frac{1}{\varepsilon_2} - 1}$$

$\varepsilon_1$、$\varepsilon_2$——辐射器及模板或窑壁的黑度。

红外线辐射器的使用要点见表3-66。

**线外线养护辐射器使用要点** 表3-66

| 序号 | 项目 | 要点 |
|---|---|---|
| 1 | 管理 | 应有专人管理,负责测量记录温度及湿度 |
| 2 | 升降温 | 按照表3-67蒸汽养护升降温的规定 |
| 3 | 温度控制 | 红外线辐射属于热养护,应在保温罩内设置若干水盆,保持一定的温度,防止混凝土干裂 |
| 4 | 养护温度 | 1. 对于硅酸盐水泥或普通通水泥,宜控制为80℃,最高不超过85℃;<br>2. 对于矿渣水泥,宜控制为90℃,最高不超过95℃ |
| 5 | 安全 | 注意防爆、防火、防触电、防液化石油气泄漏 |

**混凝土构件蒸汽养护升降温速度控制**(℃/h) 表3-67

| 构件种类 | 构件种类(坑养或窑养) | | | 表面系数(冬期施工) | |
|---|---|---|---|---|---|
| | 薄壁构件 | 其他构件 | 干硬性混凝土 | ≥6 | <6 |
| 升温速度 | 25 | 20 | 40 | 15 | 10 |
| 降温速度 | 10 | 10 | 10 | 10 | 5 |

注:1. 表面系数=混凝土构件表面积(m$^2$)/混凝土构件体积(m$^3$)。

2. 构件出池时,外表面温度与外界气温之差,宜不大于20℃。

## 七、电热养护

电热养护具有加热速度快、热效率高、能耗低、便于控制等优点，常用于有特殊需要的预制和现浇混凝土养护。电热养护分直接电热法及间接电热法两种。直接电热法是以混凝土或钢筋做加热电阻，或埋设加热电阻，在混凝土两端借助金属电阻或钢筋通电，达到加热的目的。一般采用 80～110V 或 220～330V 电压的交流电，耗电量为 80～100kW · $hm^3$。间接电热法又称电烘法，是以电热模型、台座面罩、室传导加热制品。为了防止钢筋锈筋，电热养护时一般不能应用化学外加剂。

电热养护时温度与时间的关系见图 3-63。

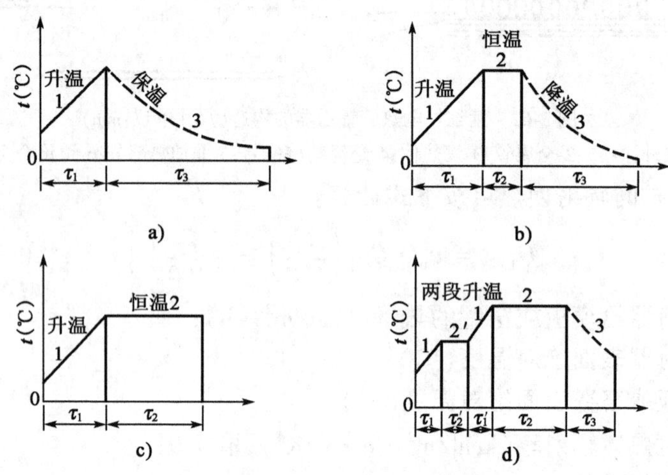


图 3-63　电热养护的温度与时间的关系

# 第八节　混凝土模板的拆除

混凝土强度的增长，与所用水泥品种、养护方法、龄期等主要因素有关。一般规律是：水泥强度越高，混凝土强度发展越快；温度越高，强度发展越快，龄期越长，强度越高。混凝土结构浇筑后，达到一定强度，方可拆模。模板拆卸日期，应按结构特点和混凝土所达到的强度来确定。

## 一、拆模的标准

混凝土结构拆模时应注意事项，见表 3-68。

混凝土结构拆模时应注意事项　　表 3-68

| 序号 | 项 目 | 注 意 事 项 |
|---|---|---|
| 1 | 强度标准 | 1. 现浇结构的模板及其支架拆除时混凝土所需的强度，设计有要求时按设计要求，设计无要求时按序号 2；<br>2. 表 3-69 所称的“设计的混凝土强度标准值”，系指设计混凝土强度等级相应的混凝土立方体试件抗压强度标准值；<br>3. 此项立方体试件应在结构物浇筑时制作并同条件养护 |

续上表

| 序号 | 项 目 | 注 意 事 项 |
| --- | --- | --- |
| 2 | 强度要求 | 1. 竖向结构(墙、柱、池壁、梁、板等)的侧模板,应在混凝土强度能保证该结构的表面及棱角不因拆模而受损时方可拆除;<br>2. 底模板应在混凝土强度符合表 3-69 及表 3-70 时,方可拆除 |
| 3 | 预应力结构模板 | 预应力结构混凝土结构除应符合表 3-69 及表 3-70 规定外,后张法的侧模应在预应力张拉前拆除,底模应在结构构件建立预应力后拆除;有孔道灌浆的在灌浆强度不低于 C15 级时拆除 |
| 4 | 事故处理 | 在拆除模板过程中如发现混凝土有影响结构物安全的质量问题,应暂停拆除,经过处理后方可继续 |
| 5 | 荷载要求 | 1. 应在混凝土强度达到 100% 后才允许承受其全部设计荷载;<br>2. 如因施工要求超载时,必须经设计单位核算并应加设临时支撑 |

现浇结构拆模时所需混凝土强度见表 3-69。

**现浇结构拆模所需混凝土强度** 表 3-69

| 结构类型 | 结构跨度(m) | 按设计的混凝土强度标准值的百分率计(%) |
| --- | --- | --- |
| 板 | ≤2 | 50 |
| | >2,≤8 | 75 |
| | >8 | 100 |
| 悬臂构件 | ≤8 | 75 |
| | >8 | 100 |
| 梁、拱、壳 | ≤2 | 75 |
| | >2 | 100 |

预制构件拆模时所需混凝土强度见表 3-70。

**预制构件拆模时所需混凝土强度** 表 3-70

| 构件跨度(m) | 按设计的混凝土强度标准值的百分率计(%) |
| --- | --- |
| ≤4 | 50 |
| >4 | 75 |

## 二、混凝土强度增长的规律

如前所述,混凝土强度的增长,与所用水泥的品种、养护方法、龄期等主要因素有关。一般的规律是:水泥强度越高,混凝土强度发展越快;温度越高强度发展越快;龄期越长,强度越高。如需要预估混凝土各龄期强度,可参阅表 3-71 及图 3-64。用低龄期混凝土强度推算 28d 强度的计算式,见式(3-18)。

用低龄期混凝土强度推算 28d 强度的计算式如下:

$$f_{cc,28} = f_{cc,n}\frac{\lg 28}{\lg n} \tag{3-18}$$

式中:$f_{cc,28}$ ——28d 龄期的混凝土抗压强度(MPa);

$f_{cc,n}$ ——$n$ 天龄期的混凝土抗压强度(MPa);

lg28——28 的常用对数；

lg$n$——$n$ 的常用对数。

**混凝土强度增长率推算表**（表内数值为混凝土设计强度的百分比）　　表 3-71

| 水泥品种及强度等级 | | 龄期(d) | 温度（℃） | | | | | | | |
|---|---|---|---|---|---|---|---|---|---|---|
| | | | 1 | 5 | 10 | 15 | 20 | 25 | 30 | 35 |
| 普通硅酸盐水泥 | 32.5 级 | 3 | 14 | 21 | 30 | 37 | 45 | 52 | 58 | 62 |
| | | 5 | 21 | 30 | 38 | 47 | 56 | 63 | 69 | 74 |
| | | 7 | 27 | 37 | 47 | 55 | 64 | 72 | 77 | 83 |
| | | 10 | 36 | 47 | 57 | 67 | 75 | 83 | 88 | 93 |
| | | 15 | 49 | 60 | 72 | 83 | 92 | 97 | 102 | — |
| | | 28 | 70 | 80 | 91 | 100 | — | — | — | — |
| | 42.5 级 | 3 | 17 | 22 | 29 | 34 | 42 | 47 | 52 | 56 |
| | | 5 | 26 | 34 | 40 | 47 | 57 | 64 | 69 | 74 |
| | | 7 | 35 | 43 | 52 | 61 | 68 | 75 | 78 | 83 |
| | | 10 | 46 | 55 | 65 | 75 | 82 | 87 | 91 | 95 |
| | | 15 | 57 | 70 | 80 | 89 | 92 | 95 | 99 | 102 |
| | | 28 | 75 | 86 | 95 | 100 | — | — | — | — |
| 矿渣硅酸盐水泥 | 32.5 级 | 3 | 5 | 10 | 14 | 20 | 25 | 30 | 35 | 42 |
| | | 5 | 11 | 17 | 24 | 32 | 37 | 42 | 48 | 55 |
| | | 7 | 15 | 23 | 32 | 41 | 47 | 53 | 60 | 67 |
| | | 10 | 22 | 32 | 44 | 54 | 60 | 66 | 73 | 82 |
| | | 15 | 32 | 45 | 58 | 71 | 80 | 86 | 93 | 100 |
| | | 28 | 46 | 68 | 86 | 100 | — | — | — | — |
| | 42.5 级 | 3 | 8 | 11 | 15 | 20 | 26 | 32 | 40 | 50 |
| | | 5 | 12 | 19 | 25 | 32 | 38 | 47 | 56 | 67 |
| | | 7 | 17 | 25 | 34 | 43 | 50 | 58 | 68 | 78 |
| | | 10 | 25 | 35 | 45 | 55 | 68 | 72 | 82 | 90 |
| | | 15 | 36 | 50 | 62 | 74 | 80 | 88 | 97 | 100 |
| | | 28 | 50 | 70 | 90 | 100 | — | — | — | — |

注：通过实践，此式仅适用于普通硅酸盐水泥、硅酸盐水泥拌制的中等强度的混凝土，而且只适用于养护温度为标准养护温度的范围。

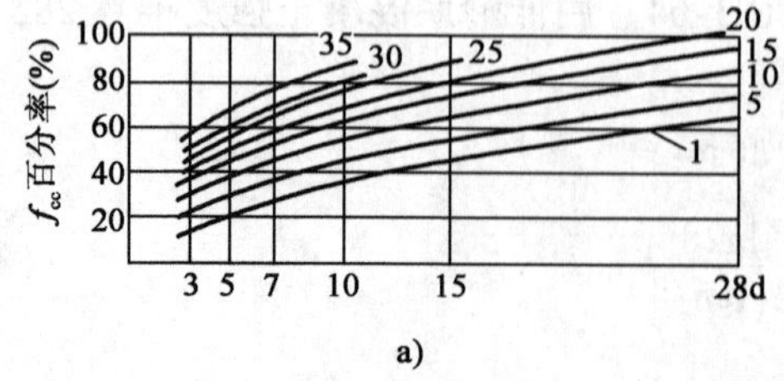

a)

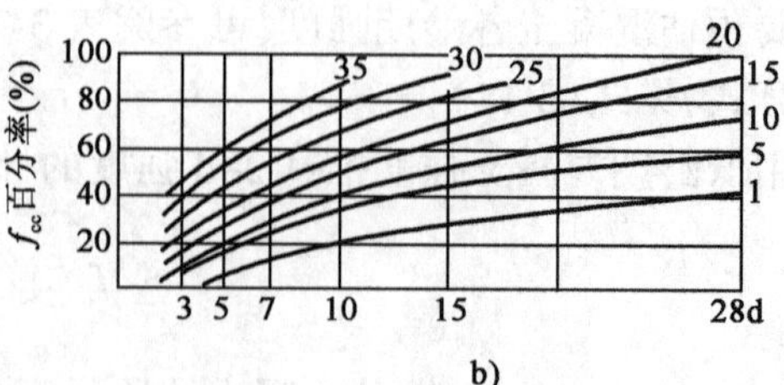

b)

图 3-64

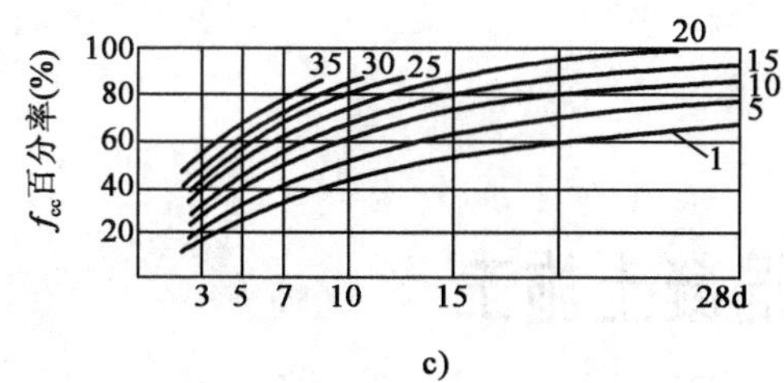

c)

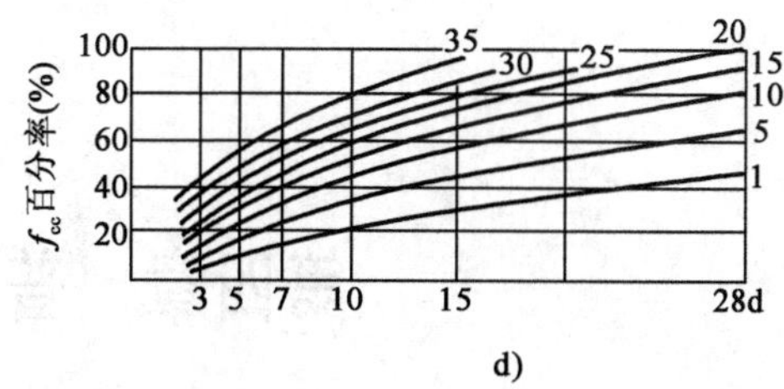

d)

图 3-64 混凝土强度增长参考曲线

a)用32.5级普通水泥拌制的混凝土；b)用32.5级矿渣水泥拌制的混凝土；c)用42.5级普通水泥拌制的混凝土；d)用42.5级矿渣水泥拌制的混凝土

$f_{cc}$-混凝土抗压强度(曲线末端的数码表示温度℃)

## 三、拆模强度

1. 注意事项

(1)在拆除模板过程中,如发现混凝土有影响结构安全的质量问题,应暂停拆除。经过处理后方可继续。

(2)已拆除模板的结构,应在混凝土强度达到100%后,才允许承受其全部计算荷载。如需超载,必须经设计单位核算或加设临时支撑。

2. 整体结构的拆模

整体结构拆模的原则,如表3-72所示;其拆模时所需混凝土强度如表3-73所示。

**混凝土整体结构的拆模原则** 表3-72

| 序号 | 项目 | 拆模原则 |
|---|---|---|
| 1 | 强度要求 | 设计有要求时按设计要求,设计无要求时按本表序号2、3 |
| 2 | 不承重模板 | 在混凝土强度能保证其表面及棱角不因拆模而损坏时 |
| 3 | 承重模板 | 1. 应有与结构物同条件养护的试块;<br>2. 此项试块达到表3-73的规定强度时 |
| 4 | 后张法预应力结构 | 1. 后张法的不承重模板,在预应力张拉前拆除;<br>2. 无黏结法的承重模板,在建立预应力后拆除;孔道灌浆的在灌浆强度不低于C15时拆除 |

**整体式结构拆模时所需混凝土强度** 表3-73

| 序号 | 结构类型 | 结构跨度(m) | 按设计强度等级的百分率计(%) |
|---|---|---|---|
| 1 | 板和拱 | ≤2 | 50 |
| | | 2~8 | 70 |
| 2 | 梁 | ≤8 | 70 |
| 3 | 承重结构 | >8 | 100 |
| 4 | 悬臂梁 | ≤2 | 70 |
| | 悬臂板 | >2 | 100 |

# 第四章　普通混凝土施工

## 第一节　一般结构的混凝土施工

### 一、施工前的检查

参见第一章第十节。

### 二、混凝土基础施工

1. 混凝土独立基础施工

1) 混凝土独立基础浇筑顺序

做好浇筑前的准备→混凝土浇筑→振捣→基础表面修整→混凝土的养护→模板的拆除。

2) 混凝土独立基础浇筑

(1) 混凝土浇筑入模应从基础中心进入，这样能使模板受力均匀，同时可以防止和减少混凝土翻出模板。

(2) 混凝土分层浇筑时，对台阶形混凝土基础，如台阶的高度小于或等于表3-19中规定的厚度时，可将台阶作为自然层进行分层浇筑。如台阶的高度大于表3-19中规定的厚度时，可分层浇筑。

3) 混凝土独立基础振捣

基础混凝土振捣一般采用插入式振捣器，布点应按梅花形或方格形，点距控制以两振动点能出浆为宜。振动的时间应控制在气泡出完，刚好泛浆为好。振动中不得碰钢筋、模板和漏振。在浇筑振动完成每一阶段后，浇筑上一台阶混凝土前，应用木板在下一台阶面上封钉并加砖压稳。

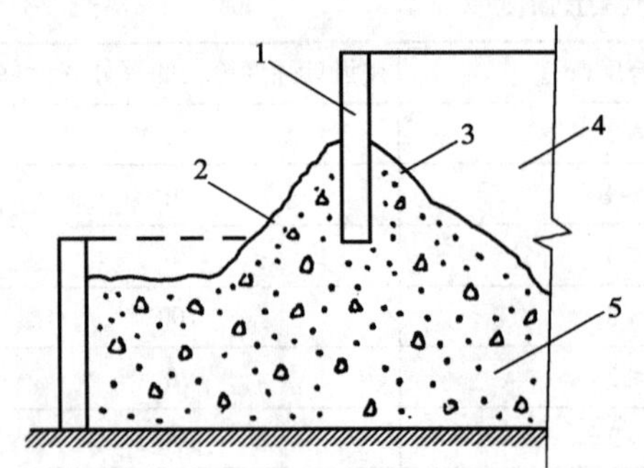


图4-1　浇筑台阶式基础的阴角处理

1-分级模板；2、3-分级模板两侧已浇混凝土；4-未浇混凝土；5-已浇筑混凝土

4) 混凝土独立基础修整(阴角处理)

台阶基础阴角极易缺浆，可按图4-1所示处理，先在分级模板内浇筑成坡状，然后振捣至平整。

5) 混凝土养护

基础混凝土的养护，一般采用自然养护，具体按第三章第七节"混凝土的养护"中所述方法进行。

2. 混凝土杯形基础的施工

1) 混凝土杯形基础浇筑的工艺程序

浇筑前的准备→混凝土浇筑→振捣→基础表面修整→混凝土的养护→模板的拆除。

2）混凝土杯形基础的浇筑

(1)深度小于2m的基坑可在基坑上部铺设脚手板并放置铁皮拌盘，将运输来的混凝土料先卸在拌盘上，用铁铲向模板内浇筑混凝土。用铁铲下料时，应采用“带浆法”操作，使混凝土中的水泥浆能充满模板。

(2)深度大于或等于2m的基坑，要用串筒或溜槽下料，避免混凝土出现离析现象。

(3)下料时应从边角开始向中间浇筑混凝土，每个基础台阶都要分层浇筑，分层厚度一般为25～30mm，但应考虑基础台阶部位的变化高度。每层混凝土要一次卸足，用拉耙和铁铲配合拉平，待该层混凝土振捣完毕后再进行第二层混凝土浇筑。

(4)混凝土浇筑施工过程中，必须保证模板位置正确，尽量减少混凝土自由倾落的高度，以减少模板的变形和移位，混凝土浇筑时的倾落高度不得超过2m。

3）混凝土杯形基础的振捣

(1)杯形基础混凝土振捣用插入式振捣器，布点按方格形为好，每个插点的振捣时间一般控制在25～30s，以混凝土表面泛浆后无气泡为准，对不易振捣密实的连角处应用人工插钎配合捣实。

(2)上下台阶混凝土分层浇筑时，上层混凝土的插入式振捣器进入下层混凝土的深度应不少于50mm。外露台阶面混凝土应预留20～30mm的高度，以防上一阶混凝土在浇筑时造成下一阶过高。

(3)为确保杯芯高程不超高，需待混凝土浇筑振捣至杯芯模板下时，方可安装杯芯模板，再浇筑振捣杯口周围的混凝土。杯芯模板底部的高程可下压20～30mm。将来在柱子安装时，根据柱子制作误差，用高强度的砂浆抄平调整。

(4)为保证杯芯模板下混凝土的密实性，可在杯芯模板上开几个排气孔（图4-2），先将杯底混凝土捣实，然后浇筑外围混凝土。

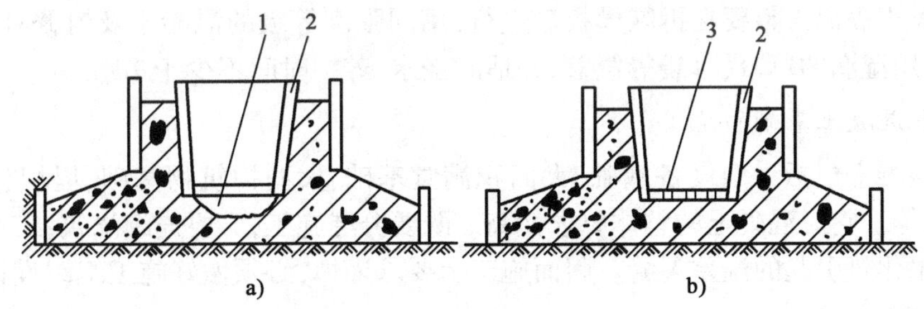


图4-2　杯口内模板排气孔示意图

1-空鼓；2-杯口模板；3-底板留排气孔

4）混凝土杯形基础表面修整

(1)杯形基础混凝土浇筑完毕和拆模后，要尽早进行混凝土表面修整，使其符合设计尺寸。

(2)对无模板处的台阶混凝土，在浇筑完毕后，应及时拍打出浆，原浆压光；对局部因砂浆不足，无法抹光时，要随时补浆抹光；对斜坡面应从高处向低处进行。对拆除模板后的混凝土部分，要根据其外观出现的蜂窝、麻面、孔洞、露筋、露石等缺陷，按修补方法有针对性地进行修补抹光。

5）混凝土养护

基础混凝土的养护，采用自然养护，具体按第三章第七节“混凝土的养护”中所述方法进行。

3. 混凝土条形基础的施工

1) 混凝土条形基础浇筑的工艺流程

浇筑前的准备→混凝土浇筑→振捣→基础表面修整→混凝土的养护。

2) 混凝土条形基础浇筑

(1) 条形基础浇筑前,要根据高度分段、分层连续浇筑,一般不留施工缝。每段浇筑的长度控制在3m左右,但四角处不宜作为分段处。段与段、层与层之间的接合应在初凝之前完成,做到逐段、逐层呈阶梯形,从基槽的最远一端开始,逐渐缩短混凝土的运输距离。

(2) 对于基槽深度在2m以内且工程量不大的条形基础,宜将混凝土卸在拌料盘上,用铁铲集中投料。对于混凝土工程量较大,且施工场地通道条件不太好的,也可在基槽上铺设通道,用手推车直接向基槽投料。当基槽深度大于2m时,为防止混凝土离析,必须用溜槽或串筒下料。不论用何种方法投料,都必须采用先边角后中间的投料程序,以确保混凝土的浇筑质量。

3) 混凝土条形基础振捣

(1) 条形基础的振捣宜选用插入式振捣器,插点用"交叉式"较好,要掌握好"快插慢拔"的操作要领。并控制好每一个插点的振动时间,一般以表面泛浆、无气泡为准。

(2) 对设有网片的条形基础,钢筋网片要按保护层厚度的规定放好保护垫块,不允许在浇筑过程中边浇筑、边提拉钢筋网片。不允许操作人员踩踏在钢筋网片上进行操作,以防止钢筋网片变形。

(3) 对预留孔洞、预埋管道,应将其固定好。为了不使预留孔洞、预埋管道出现位移,混凝土浇筑时要对称下料,在振捣混凝土时也要对称振捣。基础上有插筋的,要保证其位置准确。

4) 混凝土条形基础表面修整和养护

基础混凝土表面修整要在拆除模板后进行,用同强度等级的混凝土及时修补。其外露部分,在常温下用湿润的草帘、草袋等覆盖,并适时浇水,养护时间不少于7d。

4. 大体积混凝土基础的施工

大体积混凝土包括大型设备基础、大面积满堂基础、大型构筑物基础、堤坝、大桥墩台基础、机场跑道等。它对混凝土的整体要求性高。既要分层施工,又要连续浇筑;工作量既大,又要防止水泥水化热引起的温差裂缝。因而施工上要求谨慎,必须做好施工组织设计。

1) 浇筑方案的类型

大体积混凝土浇筑的方案通常分为三种类型,见表4-1。

**大体积混凝土浇筑方案的类型** 表4-1

| 序号 | 方案名称 | 适用工程 | 要点 |
|---|---|---|---|
| 1 | 全面分层 | 平面尺寸不大的工程 | 如图4-3a)所示,从边长较短的一边开始,按表3-19的分层厚度,将工程全面浇筑,第一层完成后再进行第二层 |
| 2 | 分组分层 | 面积较大或工作面较长的工程 | 如图4-3b)所示,每个作业组负责一层。第一组将第一层浇筑至一定距离后第二组开始浇筑第二层,第二层浇筑至一定距离后第三组浇筑第三层 |
| 3 | 斜面分层 | 厚度较大、长度较长或大截面的条形基础 | 如图4-3c)所示,先从端部底下开始,使浇筑层呈斜面。如工程较大,可从两端开始,在中部汇合 |

2)施工因素的综合平衡

大体积混凝土各种施工因素综合平衡的步骤,通常按表4-2考虑。

**大体积混凝土各施工因素的平衡步骤** 表4-2

| 序号 | 项　目 | 主 要 参 照 因 素 |
|---|---|---|
| 1 | 作业小组的组数 | 根据工作面的大小 |
| 2 | 振捣进程的速度 | 按有无钢筋及其疏密程度 |
| 3 | 分层厚度 | 参照所用振捣工具的性能 |
| 4 | 作业组的间距 | 按照振捣进程的速度和混凝土允许的工作时间(参阅表3-20) |
| 5 | 混凝土供应的进度(时间、数量的配合) | 本表序号1~4诸因素的综合 |

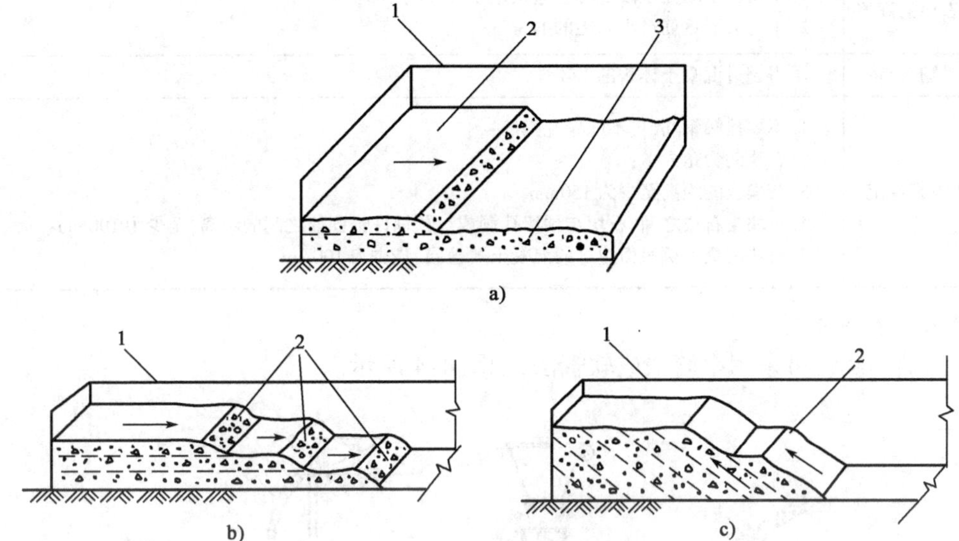


图4-3　大体积混凝土工程施工方案类型

a)全面分层;b)分组分层;c)斜面分层

1-模板;2-浇筑中混凝土;3-已完成混凝土

3)防止产生温度裂缝的措施

大体积混凝土由于体积大,水泥用量多,散热难,容易引起温度裂缝。通常采取下列措施以防止产生温度裂缝。

(1)选用水化热低的水泥。

(2)设计配合比时,有意识地降低水泥用量,或掺用混合料。

(3)用冰水搅拌。

(4)掺用木钙减水剂。

(5)降低浇筑的分层厚度。

(6)填充石块。

(7)必要时采用人工导热法及在混凝土内部设冷却管,用循环水冷却。

(8)夏季施工时,可掺缓凝型减水剂,以减缓水化热的释放速度。

(9)当用矿渣水泥或其他泌水性较大的水泥拌制混凝土时,在混凝土浇筑完毕后应及时排除泌水。需要时可进行二次搅拌。

4)填充石块

在大体积混凝土中填充石块,主要是减少水泥用量,降低水热化,节约费用,但只能在无筋或钢筋稀疏的工程中使用,而且必须事前征得设计单位同意。填充石块的操作要点见表4-3。

**在大体积混凝土中填充石块的操作要点** 表4-3

| 序号 | 项 目 | 要 点 |
|---|---|---|
| 1 | 石块的质量 | 1.未经煅烧;<br>2.其强度大于混凝土强度等级的1.5倍;<br>3.经过严格冲洗,不含泥质;<br>4.经过严格检查,无裂缝;<br>5.在强度等级大于C7.5的混凝土中,不得填充鹅卵石 |
| 2 | 石块的规格 | 1.不得大于填充区段混凝土边长最小尺寸的1/3;<br>2.不得大于钢筋最小间距的1/3 |
| 3 | 填充数量 | 不得超过混凝土体积的1/4 |
| 4 | 填充规定 | 1.不要接触钢筋,更不能砸乱钢筋;<br>2.石块的尖角向下;<br>3.与模板的距离至少为150mm;<br>4.石块与石块之间、石块与预留孔洞或与预埋件锚固筋之间的距离,至少为100mm;<br>5.石块的最上层表面边缘的混凝土覆盖层,最少为100mm |

5)深基础的浇筑

深基础的浇筑可采用串筒法或软管法,如图4-4所示。

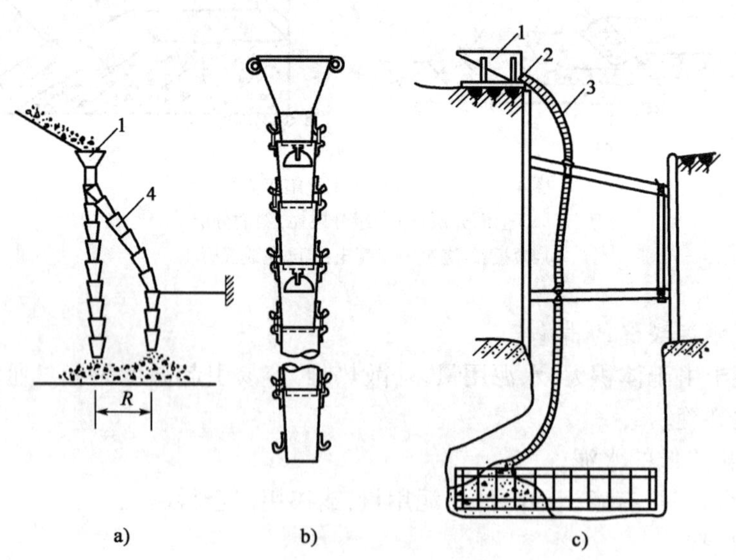


图4-4 深基础的浇筑

a)串筒法;b)串筒构造;c)软管法

1-料斗;2-斗门;3-软管;4-串筒;$R$-串筒移动半径(≤1.5m)

6)大体积基础混凝土养护

大体积基础混凝土宜采用自然养护,但应根据气温条件采取控温措施。并按需要测定混凝土表面和内部温度,使温度控制在设计要求的温差以内。当设计无要求时,温差不宜超过25℃。

5. 设备混凝土基础的施工

设备混凝土基础的浇筑,可按其大小,按照大体积混凝土或独立基础的方法操作。一般设备基础的预留地脚螺栓孔洞及施工缝的操作要点见表4-4;承受动力作用设备基础施工缝的规定见表4-5;设备基础的二次灌浆应在设备安装后进行,其操作要点见表4-6。

**一般设备基础预留地脚螺栓孔洞及施工缝的操作要点** 表4-4

| 序号 | 项目 | | 要点 |
|---|---|---|---|
| 1 | 模壳 | 浅孔洞 | 1. 木模壳或钢筋壳如图4-5所示;<br>2. 在混凝土初凝后抽松;<br>3. 在温度为15℃以上时,24h后可抽出;<br>4. 可重复使用 |
| | | 深孔洞 | 采用钢丝网水泥模壳,不必拆除,作为混凝土的一部分 |
| 2 | 模壳定位 | | 1. 用钢筋做成井字形方格,套在模壳底部,固定在钢筋骨架上;<br>2. 上部用夹板将图4-5中的吊环卡牢 |
| 3 | 浇筑方法 | | 参照本节二、2. 混凝土杯形基础的施工 |
| 4 | 水平施工缝 | | 1. 必须在地脚螺栓底端以下150mm处;<br>2. 如地脚螺栓直径小于30mm,水平施工缝可留置于螺栓埋入深度不小于螺栓总长的3/4处 |
| 5 | 垂直施工缝 | | 与地脚螺栓中心线的距离应大于250mm,且不得少于螺栓直径的5倍 |

6. 基础混凝土施工时的注意事项

(1)混凝土应该连续浇筑,如必须间歇时,其间歇的最长时间宜缩短,并应在前层混凝土凝结之前,将次层混凝土浇筑完毕。即混凝土运输、浇筑及间歇的全部时间不得超过表4-7的规定,当超过时应留置施工缝。

(2)混凝土浇筑时,不要冲击基础的侧模板,尤其是用溜槽下料时更应注意。无论是深基础或浅基础,在混凝土下料时都应垂直下料。

(3)在混凝土浇筑过程中,如果出现模板位移或支撑松动,应立即停止浇筑,必须经施工人员修正、加固后,才能继续进行浇筑。

(4)浇筑混凝土基础时,要根据基础及台阶面的高程控制好浇筑量,避免基础顶面及台阶面的高程发生变化。

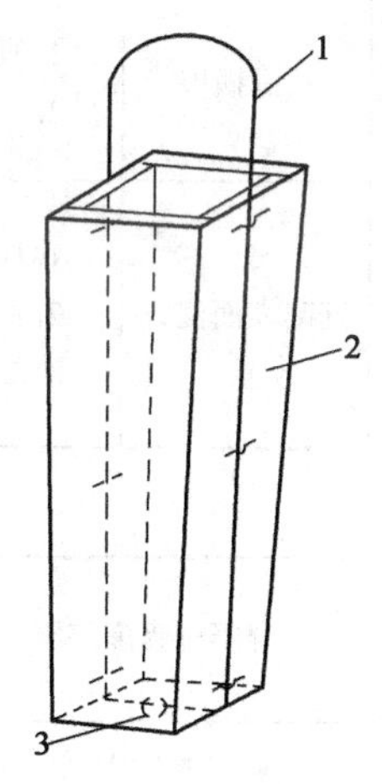

图4-5 地脚螺栓模壳
1-吊环;2-模壳;3-底板排气孔

**承受动力作用设备基础施工缝的规定** 表4-5

| 序号 | 项目 | 规定 |
|---|---|---|
| 1 | 同一设备基座的地脚螺栓之间 | 均不得留置垂直施工缝 |
| 2 | 重要基座之下 | |
| 3 | 用轴连接传动的设备基础之间 | |
| 4 | 基础上的机组在担负互不相依的工作时 | 应征得设计部门同意,垂直施工缝设在担负互不相依的工作的基础之间 |
| 5 | 输送辊道 | 应征得设计部门同意,垂直施工缝设在辊道支架基础之间 |

续上表

| 序号 | 项　目 | 规　定 |
|---|---|---|
| 6 | 高程不同的水平缝 | 其高低接合处应留成台阶形，台阶高宽比不得大于1 |
| 7 | 垂直（含台阶）施工缝应加装水平钢筋 | 光圆钢筋两端应弯钩；<br>直径不小于12mm；<br>长度不小于500mm；<br>间距不大于500mm |

**设备基础二次灌浆操作要点**　表4-6

| 序号 | 项　目 | 要　点 |
|---|---|---|
| 1 | 清理工作 | 1. 将螺栓、设备底座、垫板等的油污、浮锈进行清洗；<br>2. 将预留孔洞内的垃圾再一次清除；<br>3. 将预留孔洞的积水用干布吸干 |
| 2 | 混凝土配合比 | 1. 比原基础混凝土强度高一级，并不低于C15，粗集料粒径按孔洞缝隙考虑；<br>2. 当缝隙大于40mm，集料最大粒径≤15mm；<br>3. 当缝隙小于40mm，用豆石混凝土或砂浆；水灰比不宜大于0.5，可采用减水剂增加流动性，<br>4. 宜加入微膨胀剂以防止收缩 |
| 3 | 孔洞插捣 | 1. 宜用人工细致插捣，防止出现空鼓；<br>2. 二次灌浆表面高程应比设计高程稍高2～3mm，作为沉实后备 |
| 4 | 基础表面浇筑 | 1. 应按施工缝要求，对表面进行清理；<br>2. 如二次浇筑的厚度超过200mm，应加配钢筋网；<br>3. 二次浇筑的厚度不宜少于50mm，如不足，可将旧混凝土凿去 |

**混凝土运输、浇筑和间歇的时间（min）**　表4-7

| 混凝土强度等级 | 气　温 | |
|---|---|---|
| | <25℃ | ≥25℃ |
| ≤C30 | 210 | 180 |
| >C30 | 180 | 150 |

注：1. 上表数值包括混凝土的运输和浇筑时间。
2. 当混凝土中掺有促凝或缓凝型外加剂时，浇筑中的最大间歇时间应根据试验确定。

（5）在浇筑混凝土杯形基础时，要防止因混凝土下料冲击杯形基础中的杯芯模板，使其位移或偏斜而造成基础施工的质量问题。

（6）浇筑混凝土基础时，不得将脚手板搭设在基础侧模板上，防止侧模板因承受不了过大的施工荷载而发生安全和质量事故。

（7）无论是深基础或是浅基础，在浇筑混凝土时，施工操作人员不得踩踏在钢筋上或是钢筋网片上。而应根据需要搭设临时的跳板。

(8)当用手推车向混凝土基础内投料时,应在投料的架板上设挡车横木,以防止手推车倾翻伤人。

(9)混凝土基础在浇筑前和浇筑过程中,应随时检查基槽、基坑的边坡有无坍落现象,以免造成危险。对于架设支护进行垂直开挖的基槽,应检查支护的牢固程度。在浇筑混凝土过程中,不得随意将支护拆除,以免造成塌方而影响到施工安全和质量。

(10)在浇筑设备基础混凝土时,要防止因混凝土下料过猛而造成预埋螺栓或预埋铁件松动位移。对裸露在基础顶面的螺栓螺纹应加以保护,防止因混凝土的浇筑而损坏了螺栓的螺纹。

## 三、柱子、墙体混凝土施工

1. 柱子、墙体混凝土施工操作程序

检查清理→浇水润湿模板→堵塞板缝→先浇筑一定量的水泥砂浆→再按正确的浇筑速度浇筑混凝土。

(1)检查清理。

柱子、墙体在混凝土浇筑前应检查轴线的位置、截面尺寸是否正确,模板、支撑、柱箍(或对拉螺栓)等是否牢固,应能可靠地承受混凝土浇筑所产生的侧压力及浇筑时的冲击荷载。并在混凝土浇筑前清理柱、墙体模板内的垃圾和积水。

(2)柱、墙模板浇水湿润,但底部不得积水。

(3)堵塞板缝。

(4)先浇筑一定量的水泥砂浆。

柱子、墙体与下面的基础或楼面层接合处,往往也是混凝土的施工缝,为了确保柱子、墙体与基础,上下层的柱子与柱子,墙体与墙体有良好的连接,保证其整体性,除了对混凝土施工缝进行清理浇水润湿外,在柱子、墙体浇筑前,先在柱子、墙体模板底部浇筑一层厚为50~100mm水泥砂浆(水泥砂浆成分应与浇筑混凝土中水泥砂浆相同),然后再浇筑混凝土。

(5)按正确的方法和速度浇筑混凝土。

柱子混凝土浇筑时可采用漏斗串筒或漏斗布袋进行。柱子模板高度超过3m时,可在柱模板中部留设浇筑孔,用溜槽进行混凝土浇筑;模板底部应留置清理垃圾的洞口;在适当位置(垂直距离不大于2m)留置浇灌洞口(图4-6),用后封口;墙体的混凝土浇筑,同样可按柱的浇筑方法进行,如果采用塔吊吊授料斗浇筑时,应在墙体两侧设挡板,以防混凝土从墙体两边散落。

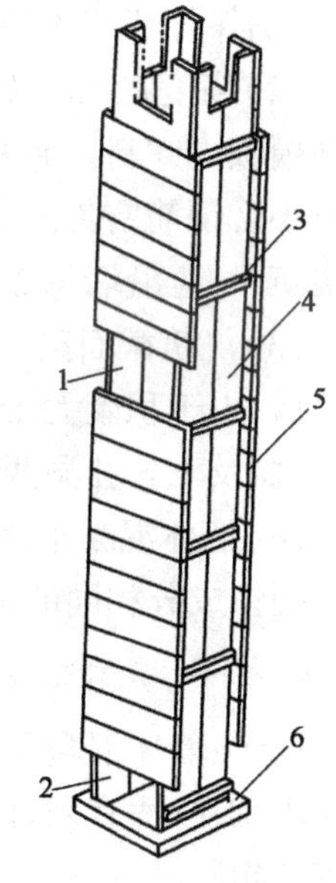

图4-6　柱模板图
1-浇灌洞口;2-清垃圾洞口;3-木档;4-竖向侧板;5-横向侧板;6-脚盘

2. 柱子混凝土的浇筑

(1)当柱高不超过3m,框架柱不超过3.5m,柱断面大于40cm×40cm,且无交叉钢筋时,混凝土可由柱模顶部直接倒入;当柱高超过3m,框架柱超过3.5m时,必须分段浇筑,且每段的浇筑高度不得超过3m或3.5m。

(2)凡柱断面在40cm×40cm以内或有交叉箍筋的任何断面的混凝土柱子,均应在柱模板侧面的门洞口上装置带垂直料筒的下料斜溜槽(图4-7),分段浇筑混凝土,每段高度不得大于

2m。如果门洞口的箍筋碍事,可以解开绑扎铁丝,暂时将箍筋往上移,待混凝土浇筑完毕后封口时再将箍筋恢复原位绑扎好。在门洞封闭后,应再加一道卡箍将其卡牢。用斜溜槽下料时可以将其轻轻晃动以便加快下料速度。

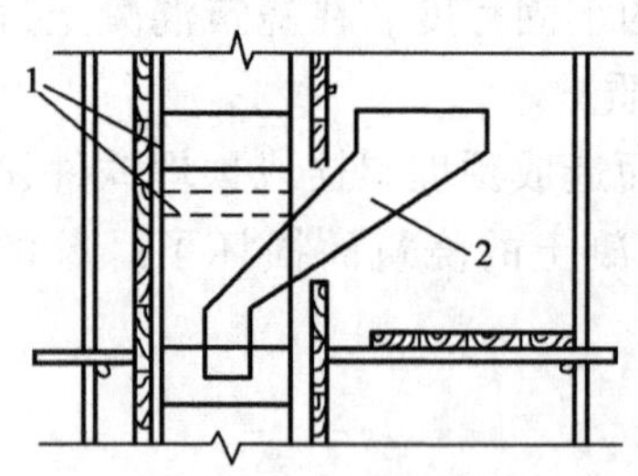


图 4-7　小截面柱在中部浇灌
1-钢筋(虚线钢箍暂时向上移);
2-带垂直料筒的下料斜溜槽

(3)浇筑混凝土时,由于模板吸水膨胀,断面增大从而产生横向推力,因此浇筑一排柱子的顺序应从两端开始向中间推进,不能由一端开始向另一端推进。否则,另一端最后浇筑的柱子将发生弯曲变形。

(4)在浇筑柱子时,易出现柱顶部有一层相当厚的水泥砂浆。原因之一是混凝土振捣中,石子在振捣力的作用下靠自重摆脱混凝土拌和物的黏聚性往下沉,而水泥砂浆往上挤;原因之二是柱子在浇筑混凝土前,在施工缝处已预先铺上了一层水泥砂浆,因而被挤到柱面上的水泥砂浆就增多。柱顶砂浆层中因无石子,抗压强度较混凝土低,成为薄弱部位。要对薄弱部位进行加固,可在柱顶的水泥砂浆层内掺入一定数量同粒径的洁净石子,然后用插入式振动棒从浇灌洞口插入振捣密实,如图 4-8 所示。

3. 墙体混凝土的浇筑

(1)墙体混凝土浇筑时,应遵循先边角后中部、先外部后内部的顺序,以确保外部墙体的垂直度。

(2)高度在 3m 以内,且截面尺寸较大的外墙与隔墙,可以从墙顶直接向模板内卸料。卸料时应安装料斗缓冲,以防混凝土离析。对于截面狭小且钢筋密集的墙体,以及高度大于 3m 的任何截面的墙体混凝土的浇筑,均应沿墙每 2m 处开设洞口,装上斜溜槽卸料。

(3)浇筑截面狭窄且深的混凝土墙体时,为避免混凝土浇筑至一定高度后,由于积聚大量的浆水,而可能造成混凝土强度不均的现象,宜在门、窗及工艺孔洞两侧同时对称下料,以防将孔洞模板挤偏。

(4)墙体混凝土浇筑时,应先在模底铺一层厚度为 50 ~ 80mm 与混凝土凝体成分相同的水泥砂浆,再分层浇筑混凝土。

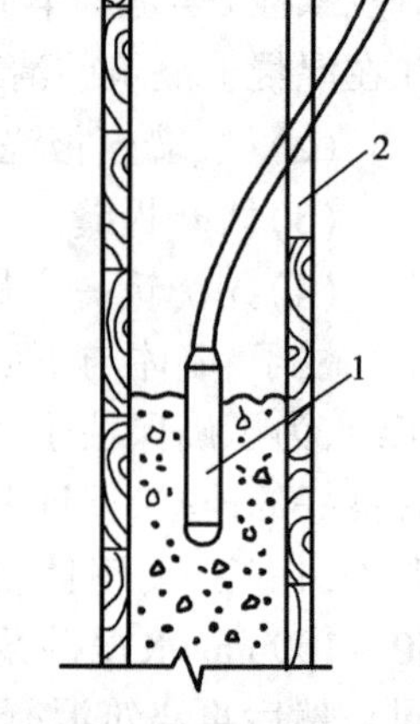


图 4-8　插入式振动棒从浇灌洞口插入振捣
1-振动棒;2 浇灌洞口

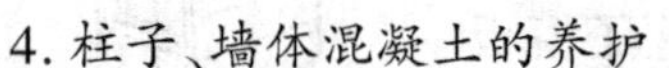

4. 柱子、墙体混凝土的养护

柱子、墙体混凝土在常温下,宜采用自然养护,由于柱子、墙体均属于垂直结构,外表覆盖较为困难,故适宜用直接浇水养护的方法。浇水养护的天数及其他有关规定与前述混凝土养护方法相同。

5. 柱子、墙体混凝土浇筑的注意事项

(1)柱子、墙体混凝土浇筑时应连续进行,停歇时间超过规范规定时,应留设混凝土施工缝。

(2)柱子、墙体混凝土浇筑到上部时,可适当减少混凝土拌和物中的用水量,以保证混凝土的质量。

(3)柱子四角是易漏浆的部位,浇筑混凝土时应特别引起注意。不然,等混凝土柱子浇筑完后,柱子的边角会出现严重的露石,影响施工质量。

(4)要防止柱底和墙底出现“烂根”现象。柱子、墙体在混凝土浇筑前,其底部除应清洗干净外,还应先浇筑一层与混凝土浆体成分相同的、厚度为50~100mm的砂浆层。

(5)柱子、墙体混凝土浇筑时,要根据柱、墙的截面尺寸大小,选择恰当的混凝土浇灌工具,防止混凝土浇筑时将拌和物撒落在模板外,造成浪费和影响现场的文明施工。

## 四、梁板结构混凝土施工

梁板结构一般是指由主梁、次梁和板组成,最典型的是混凝土肋形楼盖结构。主梁设置在柱和墙之间。断面尺寸较大,次梁设置在主梁之间,断面尺寸较小,夹板设在主梁和次梁上。

### 1. 梁板结构混凝土施工的操作顺序

检查清理→浇水润湿模板→抄平→堵塞板缝→先浇筑一定量的水泥砂浆→再按正确的浇筑方法和速度浇筑混凝土→混凝土养护。

(1)检查清理。

主要是检查梁板结构的轴线位置、几何尺寸、高程等是否符合要求;清理是将模板中的垃圾清理掉。

(2)浇水润湿模板(与前述基础、柱子、墙体模板相同)。

(3)抄平。

梁及梁板面高程经抄平后设标志。

(4)堵塞板缝。

在混凝土施工前的模板检查中已经对板缝进行检查,但因混凝土浇筑前的一些施工活动,有可能使已经堵塞好的板缝重新出现缝隙,为了防止漏浆,在混凝土浇筑时仍需堵塞好板缝,避免出现漏浆。梁及梁板模板的板缝在浇筑前必须全部堵好,不要因为混凝土浇筑时板缝漏浆而引起施工质量问题。

(5)先浇筑一定量的水泥砂浆,再浇筑混凝土。

为了确保梁及梁板与柱子、墙体有良好的连接,保证其整体性,除了对混凝土施工缝要清理浇水润湿外,在梁及梁板浇筑前,应先在梁及梁板模板底部浇筑一层厚为50~100mm水泥砂浆(水泥砂浆成分应与浇筑混凝土中水泥砂浆相同),然后再浇筑混凝土。

### 2. 梁、板结构混凝土浇筑

浇筑梁、板结构混凝土的操作要点见表4-8。

**浇筑梁、板结构混凝土的操作要点** 表4-8

| 序号 | 项目 | 要点 |
|---|---|---|
| 1 | 浇筑次序 | 1. 肋形楼板的主次梁应同时浇筑,浇筑方向如图4-9所示;<br>2. 当梁高超过1m时,允许先浇筑主次梁,后浇筑楼板,施工缝见图4-10b),见表4-9中序号2;<br>3. 梁的高度超过400mm时,应分层浇筑,如图4-10a)所示 |
| 2 | 人工浇筑 | 用带浆下料配合赶浆法捣固,见本手册表3-23及表3-24 |
| 3 | 小车或料斗卸料 | 1. 宜卸在小拌板上再用人工辅料;<br>2. 如直接卸在模板上,应均匀卸料,不可集中卸在边角或有弯起筋的楼板处;<br>3. 铺料虚高,可高于楼板高程20~25mm;<br>4. 卸料时注意小车或料斗的浆料,将浆多石少和石多浆少的互相搭配 |

续上表

| 序号 | 项　目 | 要　点 |
| --- | --- | --- |
| 4 | 振捣 | 1. 按梁、板的厚度选用适宜的振动器；<br>2. 梁端主次梁节点等钢筋密集的部位，可用小型振动棒或在棒端焊上 8mm 厚扁钢片制成剑式振动器（图 4-11）；<br>3. 梁、板同时浇筑时，可用插入式振动器振捣梁，用人工插捣楼板；如使用平板式振动器振捣楼板，必须对支撑系统进行验算；<br>4. 楼板厚度达到高程时，要及时回收木橛头，妥善填补空洞 |
| 5 | 检查 | 1. 经常观测模板支撑系统有无变形或沉陷；<br>2. 严重漏浆时应作必要的补救 |
| 6 | 养护 | 1. 覆盖物可用草席、麻袋、砂、锯末等；<br>2. 定期洒水，保持湿润；<br>3. 如用薄膜覆盖，在覆盖前充分淋水一次 |

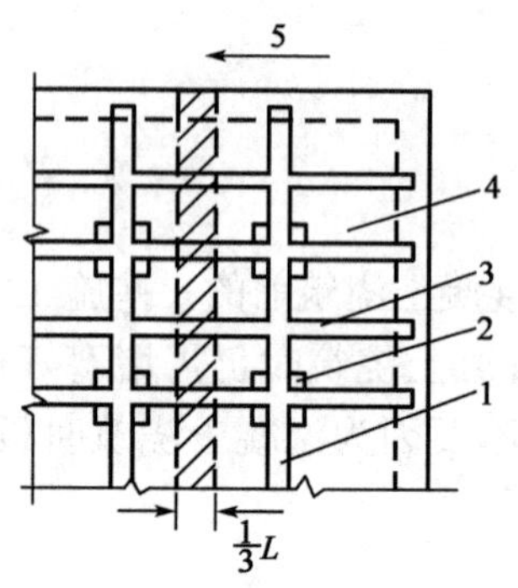


图 4-9　有主次梁楼板的施工缝位置

1-主梁；2-柱；3-次梁；4-板；5-浇筑方向

3. 梁、板结构混凝土施工注意事项

（1）单梁混凝土的浇筑，可以从一端向另一端浇筑。当梁的高度不高时，可采用人工下料，即先将拌和料卸到铁板上，再用人工用铁锹将拌和料反扣到梁模板中，或是先将拌和料装入灰桶中，然后将灰桶中的拌和料反扣到梁模板中。

（2）梁模板混凝土浇筑应按浇筑方案进行，当梁高度大于0.4mm小于 1m 时应先浇筑梁混凝土，待梁混凝土浇筑至楼板底部时，梁与板再同时浇筑，要由远而近连续进行；当梁高大于 1m 时可先浇筑梁，然后再浇筑板。在浇筑梁混凝土时，浇筑至楼板底面 20 ~ 30mm 时可留设混凝土施工缝；肋形楼板，或有主次梁楼板，混凝土的浇筑应沿次梁方向浇筑。

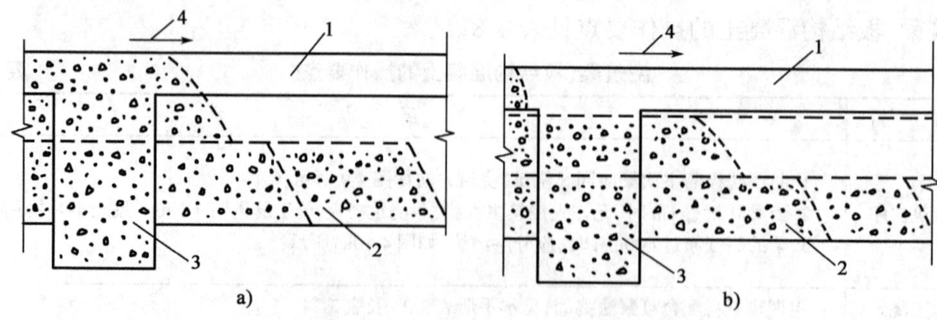


图 4-10　梁的分层浇筑

a）主梁高大于 400mm 的梁；b）主梁高大于 1m 的梁

1-楼板；2-次梁；3-主梁；4-浇筑方向

钢筋混凝土梁、板结构的施工缝　　表4-9

| 序号 | 项　目 | 规　　定 |
|---|---|---|
| 1 | 梁 | 原则上不留施工缝 |
| 2 | 和板连成整体的大截面梁 | 梁高大于1m留置水平缝时,施工缝在楼板底以下20～30mm处 |
| 3 | 单向板 | 留置垂直施工缝时,施工缝在平行于板的短边的任何位置 |
| 4 | 双向受力楼板 | 按设计要求留置 |
| 5 | 有主次梁的楼板 | 顺着次梁方向浇筑,留置垂直施工缝在次梁跨度的中部1/3范围内,如图4-9所示 |

(3)梁板结构混凝土在浇筑时,由梁的一端开始,先在头一小段内(约600mm长)浇筑一层厚约15mm水泥砂浆(其成分与混凝土中水泥砂浆相同),然后在砂浆上分层浇筑混凝土,由两人配合,一人站在前面用插入式振捣棒振捣混凝土,使砂浆先流到前面和底下,让砂浆包裹石子,以免石子挡住砂浆往前流。另一人站在后面,面朝前进方向,用捣钎靠着侧模及底模部位往回钩石子,以免石子挡着砂浆往回跑,捣回梁两侧时捣钎要紧贴模板侧面。待下料延伸至一定距离后再重复第二遍,直至振捣完毕。在梁板端部,由于上部钢筋密集,混凝土浇筑容易受阻,为此,可先将钢筋绑扎解开,将上部钢筋扳开,待混凝土浇筑完后再复位,最后把梁端部混凝土浇筑完毕并捣实。

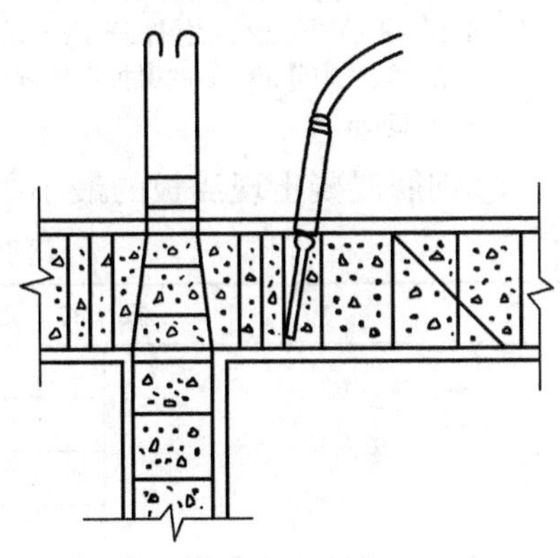

图4-11　钢筋密集处使用剑式振动器

为了振捣密实,混凝土必须分层浇筑,每层浇筑厚度与捣实方法、结构配筋情况有关,见表3-19的规定。

(4)浇筑梁式板时,混凝土虚铺厚度应大于板厚20～30mm,宜采用平板式振捣器振捣,并用铁插尺检查其厚度。如厚度不够时,可补浇少量混凝土,再用大铲将表面拍平拍实。

(5)梁及梁板混凝土浇筑时应铺设脚手架板通道,操作人员不得随意踩踏钢筋,尤其是梁式板上的罩筋,如有预埋铁件或有预留孔洞时混凝土的浇筑应保证其位置的准确。

(6)浇筑梁式板混凝土时,应及时摊铺开,不应在一处堆积过高,以免产生较大的集中荷载而造成梁板及支撑压垮或出现较大变形。浇筑混凝土时,应指派专人用耙子将刚卸下的混凝土及时耙开。

(7)梁式板混凝土浇筑时,还要观察受力筋和罩筋是否有足够的保护层,如发现不够时,应及时采取措施,防止露筋。

①对钢筋保护层厚度的规定。

混凝土保护层厚度是指受力钢筋外边缘至混凝土构件表面的距离,其作用是保护钢筋在混凝土结构中不受锈蚀,如果设计没有提出要求时应符合表4-10的规定。

纵向受力钢筋的混凝土保护层厚度的规定(mm)　　表4-10

| 环境类别 | | 板、墙、壳 | | | 梁 | | | 柱 | | |
|---|---|---|---|---|---|---|---|---|---|---|
| | | ≤C20 | C25～C45 | ≥C50 | ≤C20 | C25～C45 | ≥C50 | ≤C20 | C25～C45 | ≥C50 |
| 一 | | 20 | 15 | 15 | 30 | 25 | 25 | 30 | 30 | 30 |
| 二 | a | — | 20 | 20 | — | 30 | 30 | — | 30 | 30 |
| | b | — | 25 | 20 | — | 35 | 30 | — | 35 | 30 |

续上表

| 环境类别 | 板、墙、壳 | | | 梁 | | | 柱 | | |
|---|---|---|---|---|---|---|---|---|---|
| | ≤C20 | C25～C45 | ≥C50 | ≤C20 | C25～C45 | ≥C50 | ≤C20 | C25～C45 | ≥C50 |
| 三 | — | 30 | 25 | — | 40 | 35 | — | 40 | 35 |

注:1. 基础中纵向受力钢筋的混凝土保护层厚度应不小于40mm;当无垫层时应不小于70mm。

2. 轻集料混凝土的钢筋保护层厚度应符合《轻集料混凝土结构设计规程》(JGJ 12—2006)的规定。

3. 处于一类环境且由工厂生产的预制构件,当混凝土强度等级不低于C20且施工质量有可靠保证,其保护层厚度可按表中规定减少5mm;但预应力钢筋的保护层厚度应不小于15mm;处于二类环境且由工厂生产的预制构件,当表面采取有效保护措施时,保护层厚度可按表中一类环境数值采用。

4. 预制钢筋混凝土受弯构件钢筋端头的保护层应不小于10mm,预制肋形板主肋钢筋的保护层厚度可按梁的数值取用。

5. 板、墙、壳中分布钢筋的保护层厚度应不小于表中相应数值减10mm。梁柱中箍筋和构造钢筋的保护层厚度应不小于15mm。

②钢筋混凝土现浇板的最小厚度见表4-11。

**钢筋混凝土现浇板的最小厚度(mm)** 表4-11

| 板的类别 | | 最小厚度 |
|---|---|---|
| 单向板 | 屋面板 | 60 |
| | 民用建筑楼板 | 60 |
| | 工业建筑楼板 | 70 |
| | 行车道下的楼板 | 80 |
| 双向板 | | 80 |
| 密肋板 | 肋间距≤700 | 40 |
| | 肋间距>700 | 50 |
| 悬臂板 | 板的悬臂的长度≤500 | 60 |
| | 板的悬臂长度>500 | 80 |
| 无梁楼板 | | 150 |

## 五、特殊部位的混凝土施工

### 1. 悬挑构件混凝土的施工

悬挑构件一般是指悬挑出墙、柱、圈梁及楼板以外的构件,根据悬挑构件的尺寸大小和作用不同分为悬臂梁和悬臂板两种,常见构件如阳台、雨篷、天沟、屋檐、牛腿、挑梁等。悬挑构件的受力特征是上部承受拉力,下部承受压力,与简支梁的受力特征相反。

悬挑构件混凝土施工操作要点见表4-12。

**悬挑构件混凝土施工的操作要点** 表4-12

| 序号 | 项目 | 要点 |
|---|---|---|
| 1 | 特性 | 1. 在支承点后必须有平衡构件,浇筑时应同时进行,使其成为整体;<br>2. 受力主钢筋布置在构件的上部,如图4-12所示,浇筑时必须保证钢筋位置正确 |
| 2 | 模板支撑 | 1. 安装必须牢固;<br>2. 拆模时间必须符合表3-73的规定 |
| 3 | 钢筋 | 1. 平衡构件内钢筋应有足够的锚固长度;<br>2. 浇筑时不准站在钢筋上操作 |
| 4 | 浇筑顺序 | 1. 先内后外,先梁后板;<br>2. 不允许留置施工缝 |
| 5 | 养护 | 除按常规养护外,养护期间不允许用作交通运输平台,不允许作材料堆放场 |

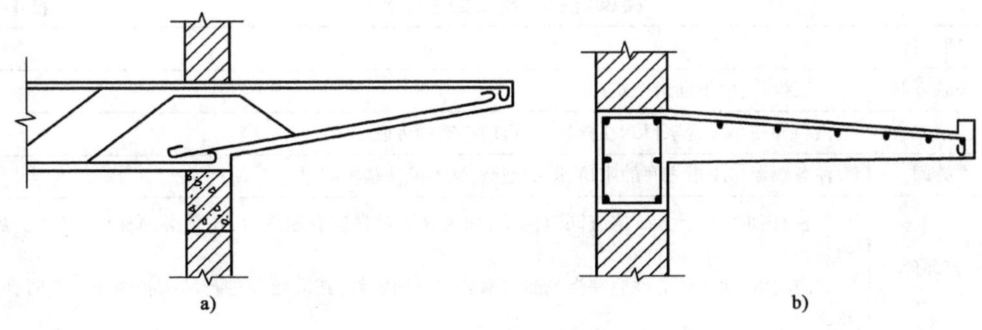


图 4-12　悬挑构件的钢筋构造

a)悬臂梁；b)悬臂板

### 2. 圈梁混凝土的施工

圈梁的支模法分为通用法和硬架法。通用法如图 4-13 所示，先支模浇筑混凝土，后安装楼板；硬架法如图 4-14 所示，先支模安装楼板，后浇筑混凝土。其施工操作要点见表 4-13。

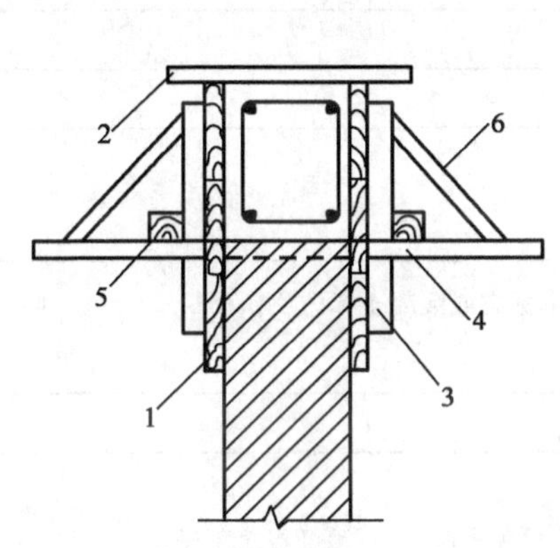


图 4-13　圈梁支模通用法

1-模板；2-拉杆木；3-企木枋；4-小横梁；5-夹木；6-斜撑

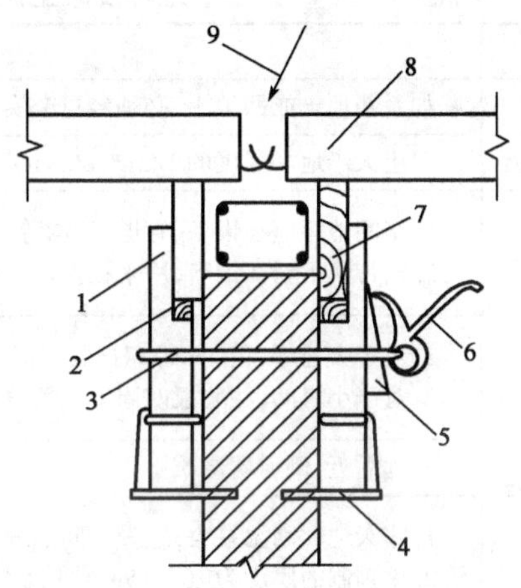


图 4-14　圈梁支模硬架法

1-500 × 100 × 100 支托木；2-对头活动木楔；3-钢筋套；4-钢底托；5-木楔；6-偏心压把；7-50 厚圈梁模板；8-预制楼板；9-混凝土浇灌方向

**圈梁混凝土施工的操作要点**　　表 4-13

| 序号 | 项　目 | 要　　点 |
|---|---|---|
| 1 | 准备工作 | 1. 堵塞模板与墙体之间的空隙；<br>2. 将砖砌体充分湿润 |
| 2 | 浇筑方法 | 用带浆法配合赶浆法捣固 |
| 3 | 模　板 | 防止侧向变形 |
| 4 | 施 工 缝 | 下列部位不允许留置施工缝：<br>1. 砖墙的十字、丁字、转角、墙垛等；<br>2. 门窗洞、大中型管道、预留洞的上部 |
| 5 | 悬挑构件 | 带有雨篷、阳台、窗眉板、天沟板等的圈梁，应同时浇筑成整体 |

### 3. 楼梯混凝土的施工

楼梯混凝土施工的要点见表 4-14。

楼梯混凝土施工的操作要点　　表 4-14

| 序号 | 项　目 | 要　　点 |
|---|---|---|
| 1 | 浇筑方向 | 人工操作,由下向上浇筑 |
| 2 | 送浆方法 | 由料斗或小车将浆料卸在拌板上,再用小铁桶传递 |
| 3 | 捣固 | 注意踢板与踏板之间的阴角,既要饱满,又不能使踏板超厚 |
| 4 | 预埋件 | 1. 栏杆如为混凝土结构应同时浇筑;如为其他材料应有预埋件,位置必须准确,混凝土要饱满包裹;<br>2. 防滑条、地毡环等件应在浇筑前与钢筋连接固定好,在凝结前进行踏脚板修正工作时,应同时校正 |
| 5 | 养护 | 1. 除按规定养护外,混凝土强度未达到设计强度的 70%,不宜拆除踢脚板模板;<br>2. 未达到设计强度的 100%,不宜搬运笨重物品 |

4. 混凝土地坪的施工

地坪混凝土施工的操作要点,见表 4-15。

地坪混凝土施工的操作要点　　表 4-15

| 序号 | 项　目 | 要　　点 |
|---|---|---|
| 1 | 基层 | 如系新填土或回填土,必须经过夯实或沉实 |
| 2 | 粗集料粒径 | 不应大于地坪厚度的 1/2 或 80mm |
| 3 | 浇筑方法 | 1. 车间地坪应在设备、管道、地沟等完成后进行;<br>2. 按带浆下料法铺料,用平板振动器捣固 |
| 4 | 厚度控制 | 1. 对于大地坪,按 2m 距离打成方格,在交点处设置竹木标志或混凝土标志块;<br>2. 对于小房间,在墙根四周弹上墨线 |
| 5 | 浇筑方向 | 先远后近,倒退着浇筑 |
| 6 | 间隔缝 | 1. 露天地坪因温差大,应设置间隔缝;<br>2. 用预制的厚度为 10 ~ 15mm 的沥青砂浆板代替木板,可免去起板、再灌沥青缝工序;<br>3. 用混凝土切割机代替预留缝,切割机的规格见表 4-16,外形如图 4-15 所示 |
| 7 | 养护 | 蓄水、喷膜、铺覆盖物等保温养护 |

混凝土切割机性能　　表 4-16

| 型 号 | 最大切割深度(mm) | 锯片直径(mm) | 电动机功率(kW) | 水箱容量(L) |
|---|---|---|---|---|
| HQL-12 | 120 | 350 | 5.0 | 37 |
| HQL-18 | 180 | 500 | 7.5 | 37 |

5. 特殊部位混凝土浇筑的注意事项

1) 悬挑部分混凝土浇筑注意事项

(1) 混凝土浇筑时严禁操作人员踩踏悬挑构件的主筋,防止将主筋踩踏到构件的底部,以免使悬挑构件断裂。

(2) 悬挑构件混凝土浇筑时,要防止混凝土拌和物撒落在模板外造成浪费,并且会影响浇筑质量。

(3) 混凝土浇筑前要将悬挑构件上面钢筋的混凝土保护层控制好,以防拆模后出现露筋现象。

(4)悬挑构件混凝土浇筑时应搭设架跳，操作人员不得直接站在模板上操作，施工机具设备等都不能放在模板上，脚手架也不能直接搁置在模板上，以防混凝土浇筑振捣时出现下沉或跑模。

图4-15　混凝土切割机

2)圈梁混凝土浇筑注意事项

(1)圈梁模板安装不牢固或弯曲不直时不得浇筑混凝土，以免混凝土浇筑时出现圈梁模板弯曲、漏浆。

(2)圈梁混凝土浇筑前应先在墙体尤其是砖墙上浇水湿润，以防因墙体过多吸取水分而影响混凝土的正常凝结硬化。

(3)混凝土浇筑前应检查钢筋规格、撒拉长度及箍筋的间距等，并垫好混凝土保护层垫块。

(4)浇筑圈梁所用脚手架、板的铺设应符合浇筑要求，并安全可靠。

(5)操作人员严禁站在模板或钢筋上操作，外墙脚手架必须设置护栏，以防人员坠落。

3)楼梯混凝土浇筑注意事项

(1)楼梯混凝土在浇筑时，若上层设计为现浇混凝土楼面而又未浇筑完毕时，可设置混凝土施工缝，其施工缝的位置应在楼梯长度中间处1/3的范围内，如图4-16所示。

(2)楼梯混凝土在浇筑过程中，不得随意踩踏钢筋，尤其是罩筋，否则容易产生质量问题。

(3)楼梯混凝土在浇筑时，要严格控制好混凝土的坍落度，往往因坍落度过大，使混凝土出现流坠而影响质量。

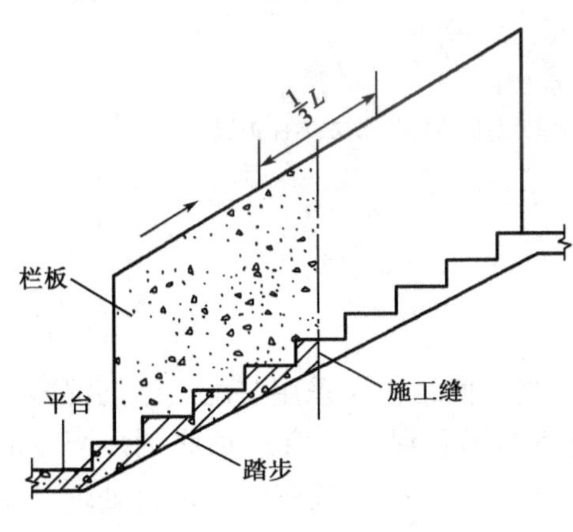


图4-16　楼梯施工缝位置图

(4)要严格控制好楼梯底板钢筋的保护层厚度，防止露筋。

4)混凝土地坪浇筑注意事项

(1)混凝土地坪面层所用碎石或卵石的粒径不应大于15mm和面层厚度的2/3。混凝土面层的强度等级一般不低于C20。浇筑时混凝土坍落度不大于3cm。

(2)混凝土地坪面层浇筑前做好标志，小房间的四周要根据墙上+50cm高程线做灰饼；大房间应冲筋，冲筋间距约为1.5m。有地漏的房间要在地漏四周做出5%的流水坡度。灰饼、冲筋均用细石混凝土制作，随后铺混凝土。

## 第二节　复杂结构的混凝土施工

### 一、刚性防水屋面混凝土施工

#### 1.刚性防水屋面构造

刚性防水屋面是指用细石混凝土块体材料或补偿收缩混凝土等材料做防水层，主要依靠混凝土自身的密实性，并采取一定的构造措施(如增加配筋、设备隔离层、设置分隔缝，油膏嵌缝等)以达到防水目的。刚性防水屋面主要适用于屋面防水等级为Ⅲ级的工业与民用建筑,也可用作Ⅰ、Ⅱ级屋面多道防水设防中的一道防水层,不适用于没有松散材料保温层的屋面以及承受较大振动或冲击的建筑。

由于刚性防水层伸缩的弹性小,对地基的不均匀沉降、构件的微小变形、房屋受振动、温度变化等极为敏感,又直接与大气接触,因而容易产生变形开裂,表面炭化、风化,如设计不合理,施工不良。极易发生漏水、渗水现象。故要求设计可靠,构造及节点处理合理,施工时对材料质量和操作过程应严格要求,精心施工。

1)构造形式

刚性防水屋面的一般构造形式如图4-17所示。

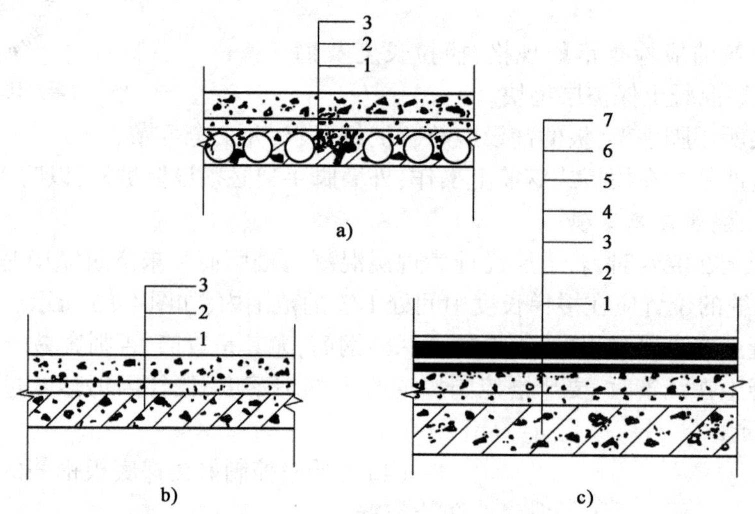


图4-17　刚性防水屋面构造示意图

1-结构层;2-隔离层;3-刚性防水层;4-基层处理剂;5-黏结层;6-卷材防水层;7-保护层

(1)装配式屋面刚性防水。

(2)现浇整体式屋面刚性防水。

(3)刚性与卷材复合防水。

2)构造要求

刚性防水屋面的结构层宜为整体现浇钢筋混凝土。当屋面结构层采用装配式钢筋混凝土板时,应用强度等级不小于C20的细石混凝土灌缝,灌缝的细石混凝土宜掺膨胀剂。当屋面板板缝宽度大于40mm或上窄下宽时,板缝内必须设置构造钢筋,板端缝应进行密封处理。刚性防水层与基层间宜设置隔离层。刚性防水屋面的坡度宜为2%~3%,并应采用结构找坡。天沟、檐沟应用水泥砂浆找坡,找坡厚度大于20mm时,宜采用细石混凝土。

细石混凝土防水层的厚度应小于40mm,并配置间距为100~200mm的双向钢筋网片,钢筋网片在分隔缝处应断开,钢筋网片应设置在细石混凝土内的上部,其保护层厚度不应小于10mm。

刚性防水层应设置分隔缝,防水层分隔缝应设在屋面板的支承端、屋面转折处、防水层与突出屋面结构的交接处,并应与板缝对齐。普通细混凝土和补偿混凝土防水层的分格缝纵横间距不宜大于6m,分格缝内必须嵌填密封材料。

2. 隔离层施工

刚性防水屋面在结构层与防水层之间增加一层低强度等级砂纸筋灰、麻筋灰、干铺卷材、塑料薄膜等材料,起隔离作用,使结构层和防水层的变形互不受制约,以减少防水层产生拉应力而导致刚性防水层开裂。

1)石灰黏土砂浆隔离层施工

预制板缝嵌细石混凝土后板面应清扫干净,洒水湿润,但不得积水。将按石灰膏:砂:黏土=1:2.4:3.6的配合比拌和均匀,砂浆以干稠为宜,铺抹的厚度约10~20mm,要求表面平整、压实、抹光,待砂浆基本干燥后方可进行下道工序施工。

2)卷材隔离层施工

用1:3水泥砂浆将结构层找平,并压实抹光养护,再在干燥的找平层上铺一层3~8mm干细砂滑动层,在其上铺一层卷材,搭接缝用热沥青玛蹄脂胶结。也可以在找平层上直接铺一层塑料薄膜。

做好隔离层后继续施工时,要注意对隔离层的保护,不能直接在隔离层表面运输混凝土,应设垫板保护好隔离层。绑扎钢筋网片时不得扎破隔离层的表面,浇筑混凝土时更不能振酥隔离隔层。

3. 刚性防水层混凝土施工

1)工艺流程

准备→配料→搅拌→运输→摊铺→振实→抹光→养护→嵌缝。

2)施工方法

(1)准备

刚性防水屋面多采用现浇细石混凝土,所以对砂子和石子的粒径要严格控制,不符合粒径要求或质量要求的砂、石子坚决不用。刚性防水屋面细石混凝土摊铺前要分格条按要求镶嵌牢固,分格木条事先要放在水中浸透,每块分格缝内的钢筋网片要绑扎好,并能保证网丝网片在现浇细混凝土内的上部,细石混凝土厚只有40mm,所以振实的机械可采用小型平板振捣器和30~40kg的滚筒,另外,还需准备铁锹、铁抹子、橡胶皮管、麻袋等工具及物品。

(2)配料

细石混凝土的原材料质量检查合格后应严格按施工配合比称量,并按投料的顺序将各种材料投放到混凝土搅拌机内进行搅拌。

(3)搅拌

细石混凝土应采用机械搅拌,搅拌时间不应小于2min。

(4)运输

不论是采用人工运输还是采用机械运输,均要防止破坏隔离层,要以最快的速度将细石混凝土运到屋面上浇筑处,尽量减少二次转运。

(5)摊铺

细石混凝土的摊铺应按由远而近、由高到低的顺序进行,一块分格缝内的细石混凝土要一次摊铺完毕,不能留设施工缝。

(6)振实

利用小型平板振动器或滚筒来回滚,直到细石混凝土表面泛浆时,即可认为振捣密实。

(7)抹光

细石混凝土振实后要用2m糙尺将表面刮平,低凹处加少量细石混凝土用木抹子搓平,细石混凝土初凝时间用铁抹子压光一次,待混凝土收水后进行压光。

(8)养护

细石混凝土浇筑 12～24h 即应进行覆盖浇水养护,始终保持湿润状态,养护时间不应小于 14d。

(9)嵌缝

细石混凝土初凝时轻轻取出分格条,待细石混凝土养护完毕后,先将分格缝清理干净,然后将密封材料用热灌法或冷嵌法进行施工,确保嵌缝施工密实。

4. 分格缝节点的几种做法

分格缝必须有防水措施,最常用的是盖缝式、贴缝式和嵌缝式。

图 4-18 所示为盖缝式的两种做法。图 4-19 所示为贴缝式的两种做法。图 4-20 所示为嵌缝式的两种做法。

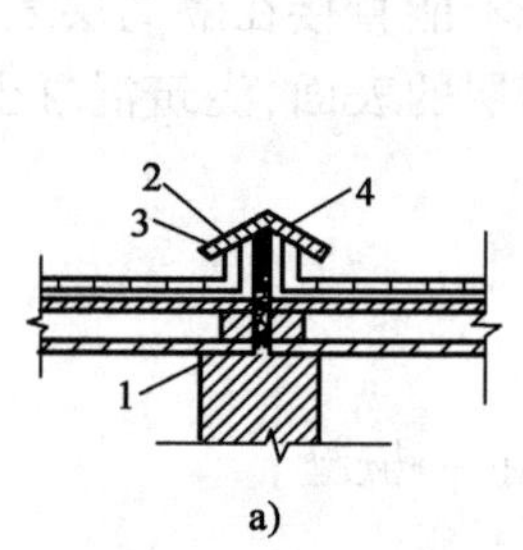


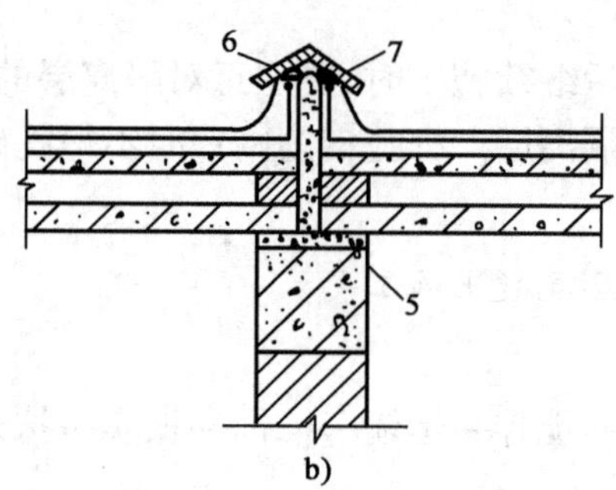


图 4-18　盖缝式做法图

a)做法一;b)做法二

1-沥青麻丝;2-沥青砂浆;3-石灰砂浆(1∶3);4-黏土脊瓦;5-细石混凝土;6-盖缝瓦材;7-油膏(或胶泥)

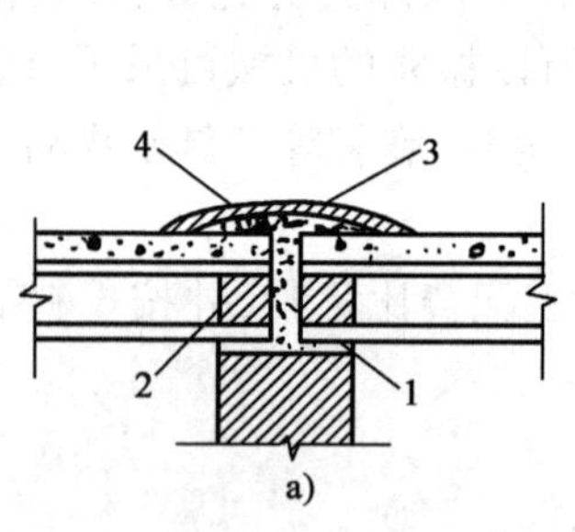


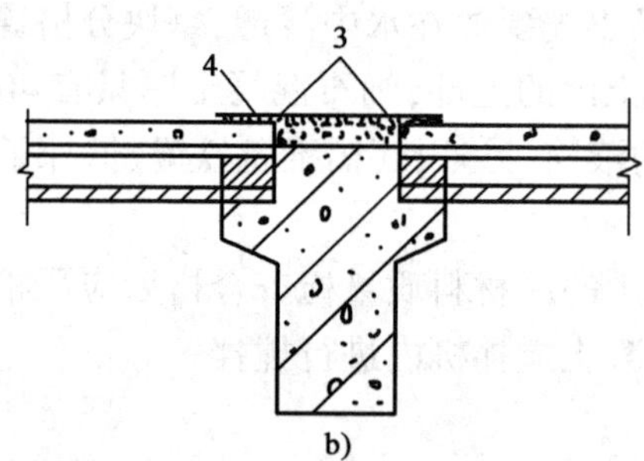


图 4-19　贴缝式做法图

a)做法一;b)做法二

1-细石混凝土;2-沥青麻丝;3-防水接缝材料;4-玻璃布贴缝(或油毡贴缝)

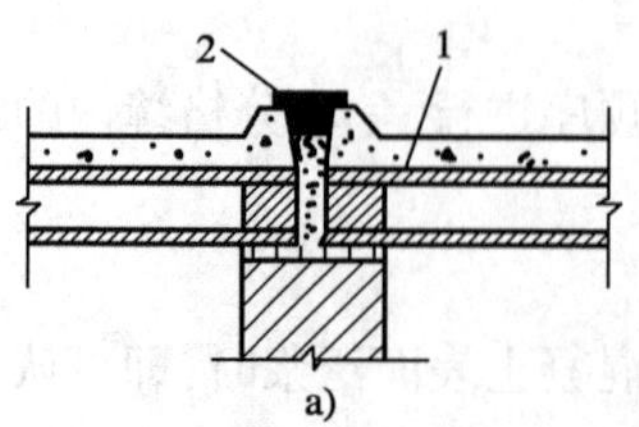


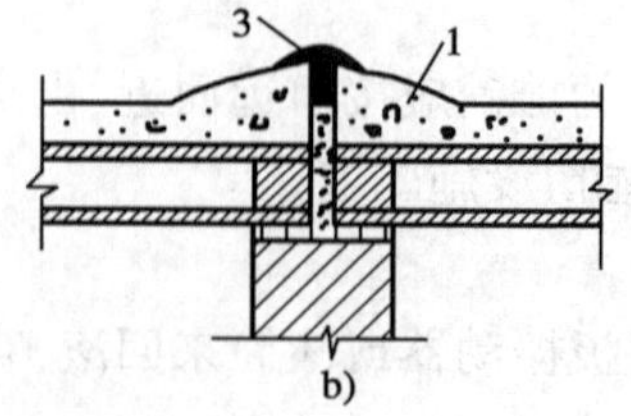


图 4-20　嵌缝式做法图

a)做法一;b)做法二

1-刚性防水层(内配 $\phi 4@200 \times 200$ 钢筋);2-聚氯乙烯胶泥;3-油膏

5. 密封材料施工

密封防水施工前应进行接缝尺寸检查,符合设计要求后,方可进行下道工序施工。嵌填密封材料前,基层应干净、干燥。基层处理剂必须准确、搅拌均匀。采用多组分基层处理剂,应根据有效时间确定使用量,基层处理剂的涂刷宜在铺放背衬材料后进行。涂刷应均匀,不得漏涂。待基层处理剂表面干燥后,应立即嵌填密封材料。

改性沥青密封防水材料施工可采用以下两种方法:

1)热灌法

密封材料先进行加热熬制,并按不同的材料要求严格控制熬制和浇灌温度。当屋面坡度较小,纵向缝可采用特制灌缝车灌缝,以减轻劳动强度,提高工效;横向缝及檐口、山墙等节点灌缝宜采用鸭嘴筒灌缝。灌缝应由下向上进行,尽量减少接头。宜先灌垂直于屋脊的板缝,同时在纵横交叉处沿平行于屋脊的两侧板缝各延伸浇灌 150mm,并留成斜槎,而后再灌平行于屋脊的板缝。板缝灌完后宜做卷材,玻璃丝布或水泥砂浆保护层,宽度不应小于 100mm,以保护密封材料。

2)冷嵌法

嵌缝操作可采用特制的气压式密封材料挤压枪,枪嘴要伸入缝内,使挤压出的密封材料紧密挤满全缝,而后用泥子刀进行修整;手工冷嵌时,宜分两次嵌填,第一次将少量密封材料批刮在缝槽两侧,第二次将密封材料嵌填在缝内,用力压嵌密实,并与缝壁黏结牢固,接头应采用斜搓。嵌填时,密封材料与缝壁不得留有空隙,并防止裹入空气。嵌缝后做保护层封闭。

合成高分子密封材料一般采用冷嵌法施工。单组分密封材料可直接使用,多组分密封材料必须根据规定的比例准确计量,拌和均匀。每次拌和量、拌和时间、拌和温度应按所用密封材料的规定进行。密封材料可使用挤出枪或泥子刀嵌填。嵌填应饱满,防止形成气泡和孔洞。采用挤出枪施工时,应根据接缝的宽度选用口径合适的挤出嘴,均匀挤出密封材料嵌填,并由底部逐渐充满整个接缝,可根据密封材料性质确定一次嵌缝或分次嵌缝。采用泥子刀嵌填时,应先将少量密封材料刮在缝槽两侧,分次将密封材料嵌填在缝内,用手压嵌密实,并与缝壁黏结牢固。密封材料嵌填后,应在表干前用泥子刀进行修整。多组分密封材料拌和后应在规定的时间内用完,未混合的多组分密封材料和未用完的单组分密封材料应密封存放。嵌缝的密封材料表干后方可进行保护层施工。

6. 施工注意事项

(1)必须将一切需穿过刚性防水层的管道或其他可能对防水层造成损坏的各项工程完成后,才能进行刚性防水层施工,不准事后打洞穿孔。

(2)刚性防水层下预制屋面板长边不要搁在墙上,以免形成三边支承状态,造成与相邻制板的变形差异而引起刚性防水层开裂;预制板下的非承重墙,在板底应留有 20mm 的间隙,待粉刷装修时,可用石灰砂浆或其他较疏松的材料局部嵌缝;刚性防水层的分格缝都必须与板缝对齐。

(3)用膨胀剂拌制补偿收缩混凝土时应按配合比准确称量,搅拌投料时膨胀剂应与水泥同时加入。混凝土连续搅拌时间不应小于 3min。

(4)细石混凝土宜采用普通硅酸盐水泥,其强度不宜低于 42.5 级;粗集料的最大粒径不宜超过 15mm,含泥量不应大于 1%;细集料应采用中砂或粗砂,含沙量不应大于 2%;混凝土水灰比不应大于0.55,每立方米混凝土水泥最小用量不应小于330kg,含砂率宜为35%~40%,灰砂比应为1:2~1:2.5。拌和用水应用符合国家的生活饮用水标准。

(5)细石混凝土宜掺入外加剂(减水剂、防水剂等),以改善其技术性能,但混凝土的搅拌时间应适当延长0.5~1min。

(6)细石混凝土防水层厚度应均匀一致。抹压时严禁在表面洒水、加水泥浆或撒干水泥抹压,以免出现起皮、起灰现象。

(7)细石混凝土或补偿收缩混凝土防水层,施工气温宜为5~35℃,不宜在负温度下和烈日曝晒下施工;雨天也不得施工。

(8)细石混凝土刚性防水屋面,表面应平整,其平整度为:用2m长的直尺检查,其层与直尺间的最大空隙不应超过5mm,空隙仅允许平缓变化,每米长度内不得多于一处。防水层不应有起壳、起砂或裂缝。钢筋位置应正确。分格缝应用密封材料填嵌严密,粘贴牢固,表面平整。

## 二、框架结构混凝土施工

钢筋混凝土框架结构,是指由钢筋混凝土纵梁、横梁和柱等构件所组成的结构。框架结构混凝土的施工事先应制定切实可行的施工方案,其施工方案的内容主要有:混凝土的搅拌、运输、混凝土的浇灌与振捣、混凝土的养护,施工进度计划安排,保证工程质量及施工安全的措施等内容。

1. 框架结构的类型

1)按承重体系划分

根据承重框架方向的不同,框架分为以下三种承重方案:

(1)横向框架承重

这种布置方案,其主梁沿房屋横向设置,板和连系梁沿纵向布置,见图4-21。横向框架承重布置方案,有利于增加房屋横向刚度。因为房屋横向刚度一般都比较弱。因此,横向框架承重方案,应用最为广泛。

(2)纵向框架承重

这种布置方案,其主梁沿房屋纵向布置,板和连系梁横向布置,如图4-22所示。这种布置方案的优点是:通风、采光好,有利于楼层净高的有效利用。如对有集中通风要求的厂房,通风管道往往需要很大的空间,为了减少层高以降低工程造价,常常采取这种方案。此外,这种方案在房间布置上也比较灵活。但因其横向刚度较差,一般仅用于层数不多的对无抗震设防要求的厂房;民用建筑采用较少。

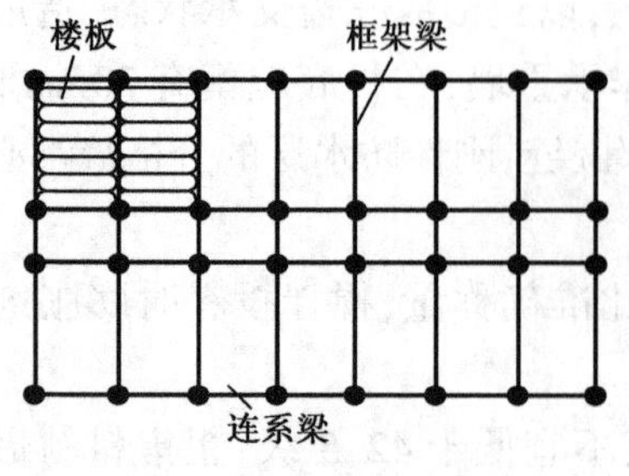


图4-21　横向框架承重方案图

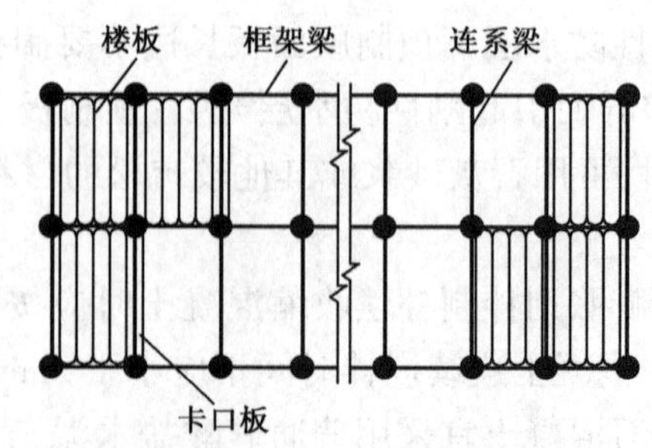


图4-22　纵向框架承重方案图

(3)纵横向框架混合承重

这种布置方案是房屋的纵、横向都设置承重框架,如图4-23所示。这种布置一般与生产工艺有密切关系。对于生产工艺比较复杂、楼板荷载较大、开洞多的多层工业厂房(如电力、化工、采矿)。要求两个方向框架承重时,则常采用这种方案。

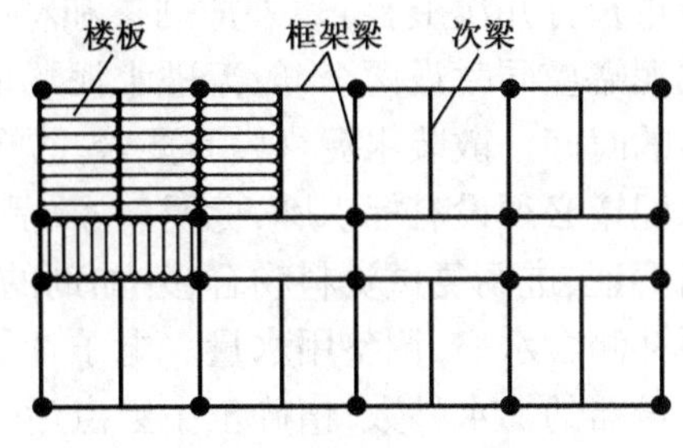

图4-23　纵横向框架混合承重方案图

纵横向框架混合承重方案,多采用现浇钢筋混凝土整体式框架。

2)按施工方法划分

(1)全现浇框架

其优点是:整体性好,抗震,建筑布置灵活性大,预埋件少。因而较其他形式的框架节约钢材。对使用要求较高、功能复杂或地震高烈度区的建筑,多采用全现浇框架。其缺点是:工程量大,模板耗费多,工期长。为了克服这些缺点,近年来,已逐步发展现场工业化施工方法。如采用定型钢模板,混凝土泵等。这可加快施工进度,节约模板,提高混凝土浇筑质量。

(2)装配式框架

这种框架的构件由构件厂预制,在现场进行焊接装配。它的优点是:节约模板,加快施工进度,便于机械化施工,改善劳动条件。其缺点是:预埋件多,用钢量大,造价高,整体性差。因此,在地震高烈度区不宜采用。

(3)装配整体式框架

这种框架是将预制梁、柱和板在现场安装就位后,在构件连接处再现浇混凝土使之形成整体。其优点是:省去了大部分预埋件,从而减少了用钢量。同时,保证了节点的刚性和全框架的整体性。其缺点是:增加了现场浇筑混凝土量。

(4)半现浇框架

这种框架是指梁、柱现浇,板预制或柱现浇,梁板预制的框架。其优点是:整体性好,节点构造简单,施工方便,同时由于大面积的楼板采用预制板,从而可节约大量模板。因而,半现浇框架在工程应用上颇为广泛。

2. 施工准备

1)材料要求

(1)水泥:用32.5级以上矿渣硅酸盐水泥或普通硅酸盐水泥。进场时必须有质量证明书及复试试验报告。

(2)砂:宜用粗砂或中砂,含泥量不大于3%,泥块含量不大于1%,泵送混凝土含砂率宜为38%~45%,通过0.315mm筛孔量大于或等于15%。

(3)石子:粒径5~32mm,含泥量不大于1%,泥块含量不大于0.5%。泵送混凝土时,最大粒径不大于1/4泵管内径,不大于1/4混凝土最小断面,不大于3/4受力钢筋最小净距。针片状含量不大于10%。

(4)掺和料:粉煤灰掺量应通过试验确定,其等级不低价于Ⅱ级。

(5)外加剂:减水剂、早强剂、泵送剂、缓凝剂、复合外加剂等应符合有关标准的规定,复合外加剂掺入程序要有明确要求,防止外加剂之间先行化学反应。其质量经试验符合要求后,方可使用。

(6)配合比标牌、半自动搅拌站、料场要求：配合比标牌要写明每罐混凝土砂、石、水泥、外加剂、掺和料用量；砂石要测含水率（搅拌前1h测出）。加水量要根据电子秤每秒代表质量换算成秒数（把砂石含水量扣除），配合比要算出每罐混凝土砂、石秤砣砝码质量（包括小车、秤盘重及分几次上料）。外加剂掺和料一律用小台秤提前一天称好，装塑料袋（并做抽查）；散装水泥罐应同时设两个，轮流进水泥才能保证每罐水泥用完清罐，并有等待进场水泥3d复试合格的时间。散装水泥、砂、石要经过严格计量，袋装水泥必须抽查5%～10%的质量，水泥库或水泥罐必须设有标识牌，标明厂家、品牌、品种、等级、生产时间、进场时间、试验结果，并和水泥出厂证、进场复试资料吻合，外加剂的掺加方法应遵从所送外加剂的使用要求。雨后砂、石必须补测含水率，调整用水量。电子计量器测出的每秒出水量必须标在配合比牌上，换算成电子计量器的加水秒数，精确至小数点后一位。

现场的砂、石料场要有混凝土硬底。料堆离挡墙顶边至少大于100mm。砂石料车进场在门口应有3m×5m×0.1m水塘清洗车轮。从门口到料场路面要硬化，不含泥，装载机上料时，机轮、机斗要保证每天清洗干净，主机不漏油。装砂石入搅拌台大斗时，要保证不会混堆。

2)机具准备

混凝土搅拌机、自动上料系统、电子计量装置、混凝土输送泵、布料杆（或磅秤吊斗、手推车）、插入式振捣分层尺杆、充电电筒、木抹子、铁板、串桶、塔式起重机等。

3)施工作业必备条件

(1)浇筑混凝土层段的模板、钢筋、预埋件及管线等全部安装完毕，施工缝模板已支好，经检查符合设计要求，并办完预检、隐检手续。

(2)浇筑混凝土用架子已支搭完毕，并经检查合格。

(3)水泥、砂、石及外加剂等经复试符合有关标准要求，试验室已下达混凝土配合比通知单。

(4)自动上料系统（或磅秤）经检查核定计量准确，现场已做开盘鉴定。砂、石含水率已测，加水量已换算成电子读数。振捣器（棒）经检验试运转合格。外加剂、掺和料（如不是自动上料）已提前一天用小台秤称好，装入塑料袋，并已经抽查合格。

(5)工长根据施工方案对操作班组已进行全面技术交底，混凝土浇筑申请已被批准。

(6)施工前应将模板内的垃圾、泥土等杂物及钢筋上的油污清理干净，并检查钢筋的水泥砂浆垫块是否垫好，如使用木模板时应浇水使模板湿润（竹胶板、多合板模可拼严缝，不用浇水）。柱子模板的扫除口应清除杂物及积水后再封闭。接茬部位松散混凝土和浮浆已全部剔除到露出石子，并冲洗干净，不留明水。

3.操作工艺

1)工艺流程

作业准备→混凝土搅拌→混凝土运输→柱、梁、板、剪力墙、楼梯混凝土浇筑与振捣→拆模、混凝土养护。

2)混凝土搅拌

(1)根据配合比确定每盘各种材料用量，分别固定好水泥、砂、石各个计量秤砣砝码。集料含水率应每天浇筑前1h测出（雨后补测），及时调整配合比用水量，确保加水量准确。电子计量器必须测出每秒出水量，然后换算成电子计量器的加水秒数，精确到小数点后一位，不许随便改动。

(2)装料顺序：一般先装石子，再装水泥，最后装砂。如需加粉煤灰掺和料和掺外加剂（减水剂、早强剂等)时,应根据每盘加入量用小台秤称好,提前装入小包装袋内(塑料袋为宜),并进行抽查无误,用时与粗集料同时加入,液状外加剂应按每盘用量加水稀释,换算好比重、加入量,同时装入搅拌机搅拌。

(3)搅拌时间:为使混凝土搅拌均匀,自全部拌和料装入搅拌筒中起到混凝土开始卸料止,混凝土搅拌的最短时间按表3-4规定执行,掺外加剂时延长30s。

(4)混凝土开始搅拌时,由施工单位技术部门主管、工长组织有关人员,检查按配合比通知单砂石含水率的换算是否正确,并对出盘混凝土的坍落度、和易性等进行鉴定,均合格后才能正式搅拌。

3)混凝土运输

(1)混凝土自搅拌机中卸出后,应及时运送到浇筑地点。在运输过程中,要防止混凝土离析、水泥浆流失、坍落度变化以及产生初凝等现象。如混凝土运送到浇筑地点有离析现象时,必须在浇筑前进行二次拌和。

(2)混凝土从搅拌机中卸出后到浇筑完毕并且上层混凝土覆盖振捣完毕的时间,不宜超过本工程经试验确定的初凝时间。

(3)泵送混凝土时必须保证混凝土泵连续工作,如果发生故障,停歇时间超过45min或混凝土出现离析现象,应立即用压力水或其他方法冲洗管内残留混凝土。注意应准备大灰槽,不要冲洗在楼板上。

4)混凝土浇筑与振捣的一般要求

(1)混凝土自吊斗口下落的自由倾落高度不超过2m,浇筑高度如超过2m时必须采取措施,用串筒或溜管等。

(2)浇筑混凝土时应分段、分层进行,浇筑高度应根据结构特点、钢筋疏密决定,一般为振捣器作用部分长度的1.25倍,常规$\phi50$棒长400~480mm。

(3)使用插入式振捣器应快插慢拔,插点要均匀排列,逐点移动,顺序进行,不得漏振,振到该层混凝土表面浆已出齐,不冒泡,不下沉为止(注意配充电电筒观察),达到均匀振实。移动间距不大于振捣作用半径的1.5倍(一般为300~400mm,应现场实测)。振捣上一层时应插入下层深度不小于50mm,以使两层接缝处混凝土均匀融合。使用平板振动器时,应保证振动器的平板覆盖已振实部分的边缘。

(4)浇筑混凝土应连续进行。如必须间歇,其间歇时间应尽量缩短,并应在前层混凝土初凝之前,将次层混凝土浇筑完毕。超过初凝时间应按施工缝处理。

(5)浇筑混凝土时应经常观察模板、钢筋、预留孔洞、预埋件和插筋等有无移动、变形或堵塞情况,发现问题应立即处理,并应在应浇筑的混凝土初凝前修整完好。

5)柱混凝土的浇筑

(1)框架混凝土浇筑前应将柱脚底部的垃圾及松动的石子清理干净,然后要浇水湿润模板,柱脚底部不得有多余的积水。

(2)柱浇筑前底部应先填以50~100mm厚的与混凝土配合比相同的减石子砂浆,柱混凝土应分层振捣,使用插入式振捣器时应严格按分层尺杆均匀下混凝土。振捣棒不得振动钢筋和预埋件。

(3)柱高在3m之内,可在柱顶直接下料浇筑,超过3m时应采取措施(用传统措施)或在模板侧面开口安装斜溜槽分段浇筑。每段混凝土浇筑完毕后,应将洞模板封闭严密,并用箍箍牢。

(4)柱子混凝土应一次浇筑完毕,如需留施工缝应留在主梁下面。无梁楼盖应留在柱帽下面。对不太大的梁,施工缝可留在梁底以上一个浮浆厚度+5mm,待浮浆去除仍比梁底高3~5mm,这样打梁时,柱子不见混凝土接茬。在与梁板整体浇筑时,应在柱浇筑完毕后停歇1~1.5h,使其获得初步沉实,再继续浇筑。

(5)混凝土浇筑完成后,应根据钢筋定距框,随时将混凝土顶面伸出的甩茬钢筋整理到位。

(6)为保证钢筋混凝土的质量,施工方案尽量按竖直结构和水平结构分开施工来编制。

6)梁板混凝土浇筑

(1)将柱顶部混凝土薄膜、松动的石子、模板上的灰尘及杂物清理干净,并浇水湿润,不得有积水。

(2)在清理湿润过的柱顶上先浇一层与混凝土内成分相同的水泥砂浆,厚10~20mm,使施工缝处新老混凝土能很好地黏结在一起。

(3)肋形模板的梁、板应同时浇筑,浇筑方法应由一端开始用"赶浆法",即先浇筑梁,根据梁高分层浇筑成阶梯形,当达到底板位置时再与板的混凝土一起浇筑,随着阶梯形不断延伸,梁板混凝土浇筑连续向前进行。

(4)和板连成整体高度大大于1m的梁,允许单独浇筑,其施工缝应留在板底下20~30mm处。浇筑时,浇筑和振捣必须紧密配合,第一层下料慢些,梁底充分捣实后再下第二层料,用"赶浆法"保持水泥浆沿梁底包裹石子向前推进,每层均应振实后再下料,梁底及梁帮部位要注意振实,振捣时不得振动钢筋及预埋件。

(5)梁柱节点较密时,浇筑此处混凝土时宜用小粒径石子同强度混凝土浇筑,此时两种混凝土同时搅、运、浇筑,要组织好施工,防止互相干扰。并用小直径振捣棒振捣,采用小直径振捣棒另计分层厚度。

(6)浇筑混凝土的虚铺厚度应略大于板厚20~25mm。用平板振捣器垂直浇筑方向来回振捣,并用铁插尺检查混凝土厚度。振捣完毕后拉高程线上3m大杠刮平,待混凝土收水时,用木抹子压实,一般压三遍,将表面裂缝压回,且用2m靠尺检查平整。施工缝处或有预埋件及插筋处用木模子找平。浇筑混凝土板时,不允许用振捣棒铺摊混凝土。

(7)施工缝位置。宜沿次梁方向浇筑楼板,施工缝应留在次梁跨度的中间1/3范围内。施工缝的表面应与梁轴线或板面垂直,不得留斜槎。施工缝宜用齿形模板挡牢。

(8)施工缝处须待已浇混凝土的抗压强度不小于1.2MPa时,才允许继续接槎浇筑。在继续浇筑混凝土前,水平施工缝应全部剔除软弱层及浮浆,须露出石子;垂直施工缝应剔除松散石子和浮浆,露出密实混凝土,并用水冲洗干净后,水平施工缝应先浇50~100mm同混凝土配合比的无石子砂浆一层,垂直施工缝先浇一层水泥浆,然后继续浇筑混凝土,应细致操作振实,以使新旧混凝土紧密结合。

7)剪力墙混凝土浇筑

(1)如柱、墙混凝土强度等级相同时,可以同时浇筑,反之,宜先浇筑柱混凝土,预埋剪力墙锚固筋,待拆除柱模后,再绑剪力墙钢筋,支模浇筑墙混凝土。

(2)剪力墙浇筑混凝土前,先在底部均匀浇筑50~100mm厚同墙体混凝土配合比相同的水泥砂浆,并用铁锹入模,不应用料斗直接灌入模。

(3)浇筑墙体混凝土应连续进行,接茬振捣时间不应超过混凝土初凝时间,每层浇筑厚度严格按混凝土分层尺杆控制,因此,必须创造好混凝土连续均匀下料的条件和保证振捣器操作人员数量。

(4)振捣棒移动间距应不大于振捣作用半径的 1.5 倍，每一振点的延续时间以表面呈现浮浆且不冒泡、不下沉为度。注意配备充电电筒，以便检查掌握分寸。为使上下层混凝土结合成整体，振捣器插入下层混凝土 50mm。振捣时注意钢筋密集及洞口部位，为防止出现洞口模板挤偏，须在洞口两侧同时下料，同时振捣，下料高度也要大体一致。大洞口的洞底应开口排气，并在此处浇筑振捣。在难以振捣部位的模板外应配置附着式振捣器。如果洞底太低，洞口太宽，必要时此处模板要打开一个浇筑振捣口。

(5)门窗洞口两侧应同时下料，同时振捣，主要为防止门窗洞口模板变形。

(6)混凝土墙体浇筑完毕后，将上口甩出的钢筋按水平定距框加以整理，用木抹子按高程线将墙上表面混凝土找平，墙顶高宜为楼板底加浮浆厚度加 5mm。

8)楼梯混凝土浇筑

(1)楼梯段混凝土自下而上浇筑，先振实底板混凝土达到踏步位置时再与踏步混凝土一起浇筑，不断连续向上推进，并随时用木抹子(或塑料抹子)将踏步上表面抹平。

(2)施工缝位置：楼梯段混凝土宜连续浇筑完毕，多层楼梯的施工缝应留置在楼梯段 1/3 的部位或休息平台跨中 1/3 范围内，并注意 1/2 梁及梁端、板端应塞泡沫，以便清出支座搭头宽度。

9)框架结构混凝土养护

混凝土浇筑完毕后，应在 12h 内加以覆盖并浇水，浇水次数应能保持混凝土有足够的湿润状态，养护期一般不少于 7d，掺有缓凝型外加剂的混凝土其养护时间应不少于 14d。

4.保证楼盖整体性的措施

当采用预制板楼盖时，加强整个楼盖的整体性，对确保楼盖水平刚度起着十分重要的作用。因为楼盖的水平刚度是使侧力构件(柱、剪力墙)能协同工作的必要条件。

目前，一般采取加强楼盖整体性措施的方法有：

1)做叠合梁

为了加强预制空心板和框架之间的连接，一般将框架梁做成叠合梁。即将梁分两次制作。一部分预制(T 形截面)，一部分现浇。这种梁在施工时先将预制板安装好。再在梁上铺放空心板，最后将空心板端头部分的梁顶混凝土现浇，即形成叠合梁。采用叠合梁可使板与板以及板与梁之间形成整体。当框架现浇时，可采用硬架支模施工方法来保证楼盖的整体性，如图 4-24 所示。

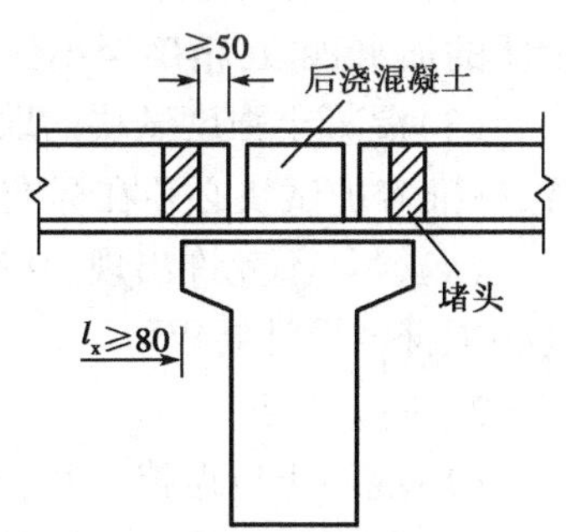

图 4-24　叠合梁图(尺寸单位：mm)

2)板间灌缝和加筋

预制板的板缝应用 C20 的细石混凝土灌缝，这可增强板缝的抗剪能力。为了保证板缝施工质量，板缝宽度不宜小于 40mm，若板缝超过 40mm 时，应配置钢筋，如图 4-25 所示。

3)做现浇层

在预制板上结合楼面的需要做现浇钢筋混凝土层，使之与空心板、板缝及梁形成整体，共同工作。

考虑到现浇层内铺放钢筋和埋设电线管的需要，现浇层厚度不宜小于 70mm，混凝土强度等级不低于 C20，配置双向 $\phi$6@250mm 的钢筋(图 4-26)。楼面现浇层的钢筋与板缝及框架梁应有可靠的锚固措施，以保证楼盖有效地传递水平力。这对刚度沿平面分布不均的结构尤为重要。

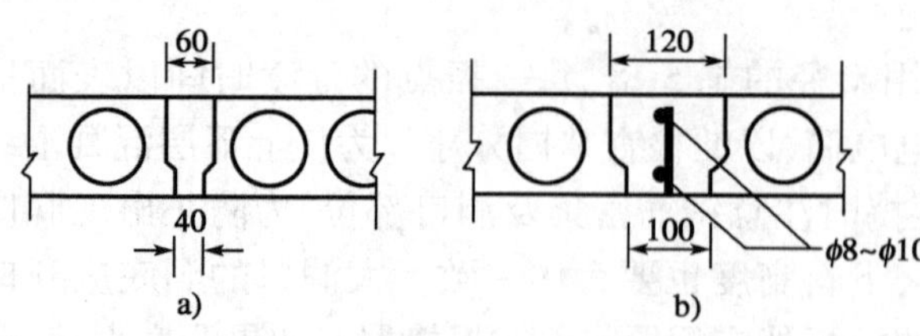

图 4-25 板间灌缝和加筋图(尺寸单位:mm)

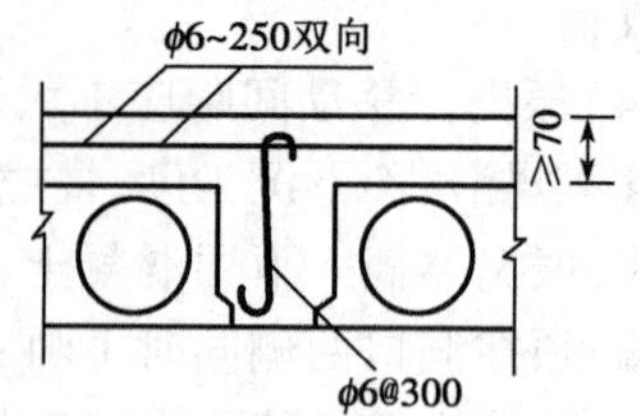

图 4-26 板面现浇层图(尺寸单位:mm)

5. 质量标准

1)主控项目

(1)混凝土所用水泥、水、集料、外加剂、掺和料等必须符合施工规范及有关标准的规定,检查出厂合格证或试验报告是否符合质量要求。

(2)混凝土配合比、原材料计量、搅拌、养护和施工缝处理,必须符合施工规范的规定。搅拌投料顺序为:石子→砂→水→水泥→外加剂→水。投料时,砂石料先干拌 0.5 ~1min,加 1/2 水,加水后 1 ~2min 再加水泥和外加剂,然后再加另外 1/2 水搅拌均匀。混凝土搅拌前必须严格按试验室配合比通知单操作,不得擅自修改。配合比标牌要标出每罐混凝土砂、石、水泥、外加剂、掺和料用量;砂石要测含水率(搅拌前 1h 测出)。加水量要根据电子秤每秒代表质量换算成秒数(把砂石含水量扣除),配合比要算出每罐混凝土砂、石秤砣砝码质量(包括小车、秤盘重及分几次上料)。外加剂掺和料一律用小台秤提前 1d 称好,装塑料袋(并做抽查);散装水泥罐应同时设两个,轮流进水泥才能保证每罐水泥用完清罐,并有等待进场水泥 3d 复试合格的时间。散装水泥、砂、石要经过严格计量,袋装水泥必须抽查 5% ~10% 的质量,水泥库或水泥罐必须悬挂标识牌,标明厂家、品牌、品种、等级、生产时间、进场时间、试验结果,并和水泥出厂证、进场复试资料吻合,外加剂的掺加方法应遵从所送外加剂的使用要求。雨后砂、石必须补测含水率,调整用水量。电子计量器测出的每秒出水量必须标在配比牌上,换算成电子计量器的加水秒数,精确至小数点后一位。

(3)混凝土强度试块的取样、制作,必须在浇筑地点进行。同条件养护试块必须同条件放置,标准养护试块必须在标准养护室养护,试验要符合现行规范的规定。

(4)设计不允许出现裂缝的结构,严禁出现裂缝。设计允许出现裂缝的结构,其裂缝的宽度必须符合设计要求。

2)一般项目

(1)混凝土应振捣密实,不得有蜂窝、孔洞、露筋、缝隙、夹渣等缺陷。

(2)现浇结构尺寸允许偏差和检验方法见表 24-9[《混凝土结构工程施工质量验收规范》(GB 50204—2015)]。

6. 成品保护

(1)要保证钢筋和垫块的位置正确,不得踩楼板楼梯的弯起钢筋,不碰动预埋件和插筋。

(2)不用重物冲击模板,不在梁或楼梯踏步模板吊帮上蹬踩,应搭设跳板,保护模板的牢固和严密。

(3)已浇筑的楼板、楼梯踏步的上表面混凝土要加以保护,必须在混凝土强度达到 1.2MPa 以后,方可在面上进行操作及安装结构用的支架和模板。

(4)冬季在已浇筑的楼板上覆盖保温时,要在已铺的脚手板上操作。

7.施工注意事项

(1)多层框架按分层分段施工,水平方向以结构平面的伸缩缝分段,垂直方向按结构层次分层。在每层中先浇筑柱,再浇筑梁板。

浇筑一排柱子的顺序应从两端同时开始,向中间推进,以免因浇筑混凝土后由于模板吸水膨胀,断面增大而产生横向推力,最后使柱发生弯曲变形。

柱子浇筑宜在梁板模板安装后,钢筋未绑扎前进行,以便利用梁板模板稳定柱模和作为浇筑混凝土操作平台用。

(2)浇筑混凝土时应连续进行,如必须间歇时,应按规范执行。浇筑层的厚度不得超过规范规定的数值。

(3)混凝土浇筑过程中,要分批做坍落度试验,如坍落度与原规定不符时,应予调整配合比。混凝土浇筑过程中应按混凝土质量检验评定标准的规定预留混凝土试块,并应在现场同等养护条件下进行养护。

(4)混凝土浇筑过程中,要保证混凝土保护层厚度及钢筋位置的正确性。不得踩踏钢筋,移动预埋件和预留洞的原来位置,如发现偏差和位移,应及时校正。特别要重视竖向结构的保护层和板、雨篷结构负弯矩部分钢筋的位置。

(5)当梁的高度大于1m时允许梁单独浇筑,施工缝可留在距板底面以下2~3cm处。浇筑无梁楼盖时,在离柱帽下5cm处暂停。然后分层浇筑柱帽,下料必须倒在柱帽中心,待混凝土接近楼板底面时即可连同楼板一起浇筑。

(6)当浇筑柱梁及主次梁交叉处混凝土时,一般钢筋较密集,特别是上部钢筋又粗又多,因此,既要防止混凝土下料困难,又要注意砂浆挡住石子下不去。必要时这一部分可改用细石混凝土进行浇筑,与此同时,振捣棒头可改用片式并辅以人工捣固配合。

(7)现浇整体式框架结构的混凝土养护应派专人进行,并应有监查人员随时检查,确保养护质量。

## 三、18m跨屋架混凝土施工

单层工业厂房的屋架通常都采用现场就地预制,当屋架的混凝土达到了设计的标准强度等级后即可进行吊装。而吊装的质量好坏、进度的快慢与屋架预制的质量又紧密相连。因此,要很好地研究屋架预制的方法,既要占地少、节约模板,又要方便施工、确保屋架预制质量。

1.18m跨钢筋混凝土屋架的预制方案

1)屋架预制场地的确定

钢筋混凝土屋架由于跨度大,质量重,构件运输困难,通常都放在施工现场预制。但有运输能力的单位,将屋架放在预制厂按半榀预制,然后将其运送到施工现场拼装成整体。通常采用后张法拼装,施工时的技术含量较高。

单层工业厂房建造通常采用装配式,即事先将柱子、梁、屋架、屋面板、天沟板及其他构件、配件预制好,然后用运输车辆和起重机械按设计图纸要求组装成一幢完整的建筑物。

施工现场屋架预制的位置必须根据结构的施工组织设计中已规划好的位置来定位,包括重叠预制时上下位置、左右的朝向都不能错位,必须严格执行施工组织设计中的规定。

当屋架预制场地定位后，首先要整平、夯实，尤其是填土地段，要防止其填土的下沉而使预制构件断裂，然后在屋架的上下弦处粉水泥砂浆做底膜。在屋架腹杆处做胎模，在装侧模时先在底模和胎模上涂刷隔离剂。

2）屋架预制用的模板

目前施工现场就地制作屋架，多采用砖胎模平卧重叠生产，以节约木材，节约底模板，解决场地狭小制作位置不够的矛盾，如图4-27所示。

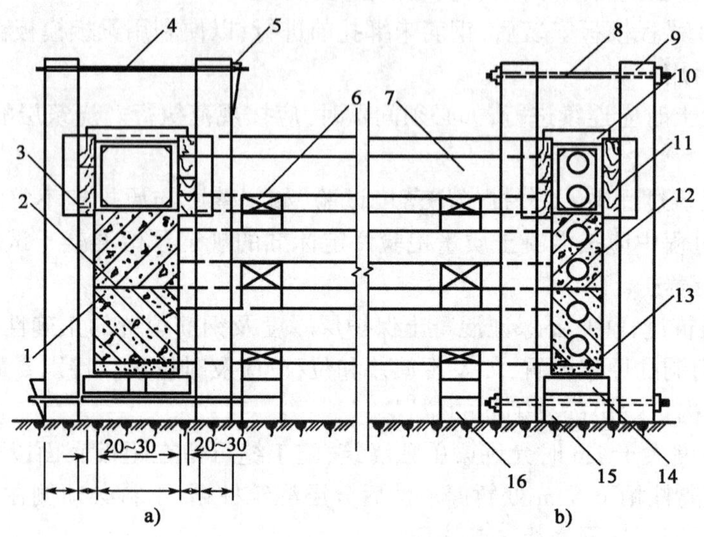


图4-27　用长夹木重叠预制屋架图（尺寸单位：mm）

a）用钢筋箍木楔紧固；b）用螺栓紧固

1-上弦；2-隔离剂；3-50长圆钉露头25；4-$\phi$10钢筋箍（接头焊接）；5-硬木楔；6-垫木或木楔；7-预制腹杆；8-$\phi$12螺栓；9-50mm×100mm长夹木，600~800mm中心距；10-撑挡；11-45mm厚上下弦侧模；12-下弦；13-1:2.5水泥砂浆粉20mm厚找平；14-砖胎模；15-夹木位置，预留120mm×60mm洞；16-砖

砖胎模除用以制作屋架外，也可用做现场预制柱子、吊车梁、屋面薄腹梁等。

胎模底的地基，必须夯实平整，并应稍高于邻近地面，以利于排出雨水，防止胎模下陷，造成构件扭曲变形或裂缝。

制作屋架的砖胎模时，可先制木样板，按样板进行砌筑。重叠的高度，屋架通常为3~4层，根据吊车本身尾部离地面的高度确定，以保证安装时吊车能自由转动，不致使尾部碰撞为度。生产上一层构件时，须待下层的混凝土强度达到30%以上，并涂刷隔离剂后，才能进行。常用的隔离剂见表4-17。

常用的隔离剂　　表4-17

| 序号 | 隔离剂种类及配合比 | 配制方法 | 使用方法 | 备注 |
|---|---|---|---|---|
| 1 | 皂脚：水=1:5~1:7 | 皂脚加热熔化后加热水焯至糊状后冷却12~24h用 | 涂二度，间隔0.5~1h | |
| 2 | 皂脚液加滑石粉各半 | 调和至糊状 | 稀涂二度 | |
| 3 | 废机油 | 机加工厂废料 | 同上 | 以淡色为宜底模不得有积油，防止钢筋沾污 |
| 4 | 废机油加滑石粉各半 | 调和至糊状 | 稠的一度，稀的二度 | 同上 |

续上表

| 序号 | 隔离剂种类及配合比 | 配制方法 | 使用方法 | 备注 |
|---|---|---|---|---|
| 5 | 废机油：水泥：水 = 1∶1.4∶0.4 | 调至乳胶状 | 同上 | 同上 |
| 6 | 柴油：石蜡：填充料 = 1∶0.2～1∶0.3～0.6 | 碎石蜡加热熔化后，加1～2倍柴油先拌匀，再按比例加入全部柴油拌和，冷却后在使用时调入填充料 | 冬季或多风天混涂1～2度，夏季或阴湿天填充料后撒于柴油石蜡层上 | 填充料可用滑石粉或防水粉等 |

3）预埋件与预留孔

预埋件与预留孔是钢筋混凝土工程中，特别是预制钢筋混凝土构件中一项不可忽视的工作。目前常见的预制装配式结构的各种构件，主要就是依靠预埋件来互相联系成为一个整体。预埋件与预留孔的质量好坏，对以后的安装、装修等工作是否顺利进行，都有很大影响。

（1）预埋件的安装

预埋件的安装，一般由木工进行，也可安排专人负责。安装时应考虑预埋件与模板、钢筋的安装顺序，因有的预埋铁件在模板安装或钢筋绑扎后，便无法就位。安装时应在模板上按设计位置，划上预埋件中心线（对预埋铁件腿等，应控制其顶面高程），并写上预埋件型号，对号安设。预埋件的安设应准确、牢固可靠，以免浇捣混凝土时移位。

预埋件的安装固定方法很多，常用的有下面几种：

①在预埋件钢板的四角处，先钻一小孔（直径约4mm），用钉子将预埋铁件钉在模板上，如图4-28a）所示。

②在预埋件就位后，用短钢筋将预埋件锚脚焊接在钢筋骨架上。

③在模板上钻一小孔（约12mm），预埋件钢板的相应位置钻孔攻丝并涂黄油，再用螺杆螺母将其牢固地固定在模板上，如图4-28b）所示。

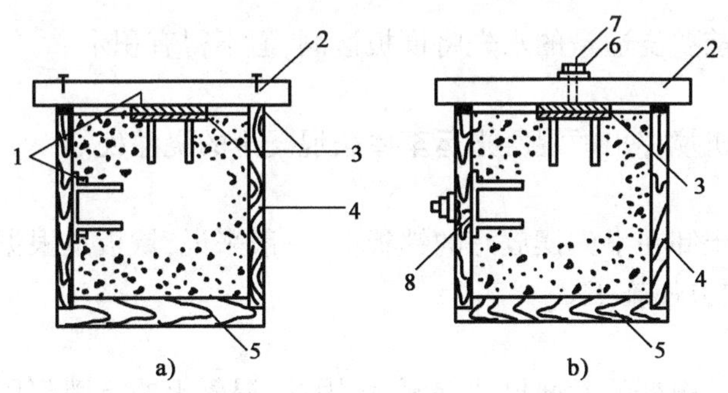


图4-28　预埋件与模板安装连接图

a）用钉子连接；b）用螺栓连接

1-钉子；2-方木；3-小木方约2cm厚；4-侧板；5-底板；6-螺母；7-螺杆；8-钢板孔攻丝

以上三种方法，可根据构件支模方式，预埋件的位置及模板材料，综合考虑应用。所有预埋件都应用短钢筋与钢筋骨架电焊连接形成导电通路，用以吊装构件时施焊时焊接导线。

（2）预留孔的做法

在结构中，常有安装管道、线路需从构件中通过，这时在构件设计中应有预留孔道的设置。预留孔的形式与做法很多，如图4-29所示为预埋管孔示意图。图4-29a）是先在模板的相应位置按图纸要求先钻孔,在支模板时将钢管放入孔中,浇筑混凝土后,稍转动钢管即可拔出,形成孔道,此法钢管可重复使用,混凝土浇筑时钢管不会移位,但对模板有损伤;图4-29b)是在模板上用橡皮塞或木塞用螺钉钉在设计预留孔位置上,支模时套上钢管,形成预留孔道。这时钢管要求下料平整准确,长度亦可稍大于构件尺寸,在支模时将钢管两端夹紧,避免砂浆在捣固混凝土时渗入,此法钢管不能垂直使用,但对模板无损伤。为了避免砂浆渗入堵塞孔道,也可在管内先塞入黄泥、砂子、废纸等物,待拆模后再打通,特别注意对浇筑混凝土时立放的预埋管,上下管口更应封严。

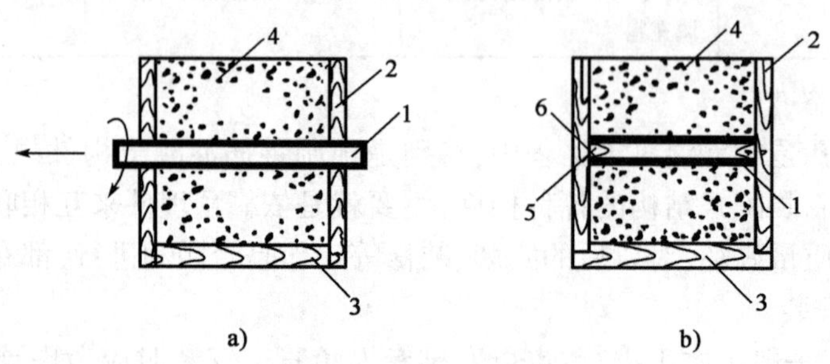


图4-29 预埋管孔示意图

a)预埋钢管可取出;b)预埋钢管不取出

1-预埋钢管;2-侧板;3-底板;4-混凝土;5-橡皮塞或木塞;6-螺钉

混凝土浇筑时,插入式振动棒不要碰预埋管及预埋件,避免预埋管及预埋件错位。

2.18m跨屋架混凝土的浇筑与养护

1)使用工具

手推翻斗车、铁板两张、铁锹、铁抹子、插入式振动棒、捣钎等。

2)工程流程

湿润模板→运送混凝土→卸料→扣铲下料→振捣→抹平→养护。

(1)湿润模板

屋架混凝土浇灌前要浇适量的水先将模板湿润,但不得有积水。

(2)运送混凝土

用手推车将搅拌机搅拌出的混凝土运至屋架混凝土的浇灌处。

(3)卸料

将运送来的混凝土卸在事先摆放好的铁板上,一般来说,铁板是根据屋架混凝土浇灌情况而移动,摆放的位置要方便施工。

(4)扣铲下料

屋架的上下弦以及腹杆的断面尺寸都不大,因此,混凝土的浇灌都用铁锹来进行。即将卸在铁板上混凝土用铁锹铲起,然后反扣到屋架的模板内。布加要均匀,钢筋密集处可先下细石混凝土。

(5)振捣

采用插入式振捣棒振捣混凝土时,要特别小心,因弦杆的断面尺寸不大,插入的深度是有限的。某些钢筋密集处和构件边缘可用插钎插捣密实,特别是预应力屋架的混凝土必须振捣密实。

(6)抹平

屋架一般采用重叠平卧预制,所以,每榀屋架混凝土初凝前后应用铁抹子将其表面按标准抹平,严格保证屋架弦杆的厚度一致。

(7)养护

按现浇要求，普通混凝土浇筑完毕后应在12h内加以覆盖浇水养护，以混凝土表面湿润为度。普通混凝土养护时间不少于7d，预应力混凝土养护时间不少于14d。

3）构件的平面布置原则

构件的平面布置，是一项十分重要的工作，构件布置得合理，可以方便吊装，加快进度，避免构件的二次搬运，提高安装质量。构件的平面布置和起重机的性能、安装方法、构件的制作方法等有关，在选定起重机型号、确定施工方案后，根据施工现场实际情况加以制定。构件平面布置原则：

(1)每跨的构件宜布置在本跨内，如场地窄小，无法排放时，也可以布置在跨外便于安装的地方。

(2)构件的布置应便于制膜及浇灌混凝土，当为预应力混凝土时，要为抽管、穿钢筋留出必要的场地。构件之间留有一定的空隙，便于构件变化、检查、清除预埋件上的污物等。

(3)构件的布置要满足安装工艺的要求，尽可能布置在起重机的工作半径内，减少起重机“跑吊”的距离及起伏起重杆的次数。

(4)要注意安装时的朝向特别是屋架，以免在安装时在空中调头，影响安装进度，也不安全。

(5)构件的布置，力求占地最少，保证起重机、运输车辆的道路畅通。起重机回转时，机身不得与构件相碰。

(6)构件均应在坚实的地基上浇筑，新填土要加以夯实，垫上通长的木板，以防下沉。

构件的布置方式也与起重机的性能有关，一般来说，起重机的起重能力大，构件比较轻时，应先考虑便于预制构件的浇灌；起重机的起重能力小，构件比较重时，则应优先考虑便于吊装。

4）屋架布置的方式

屋架一般安排在跨内叠层预制，每叠3～4榀。布置的方式有正面斜向布置，正反斜向布置，顺轴线正反向布置三种，如图4-30所示。

确定预制位置时，要优先考虑正面斜向布置，因其便于屋架的扶直就位。只有当场地受限制时，才考虑采用另外两种方式。

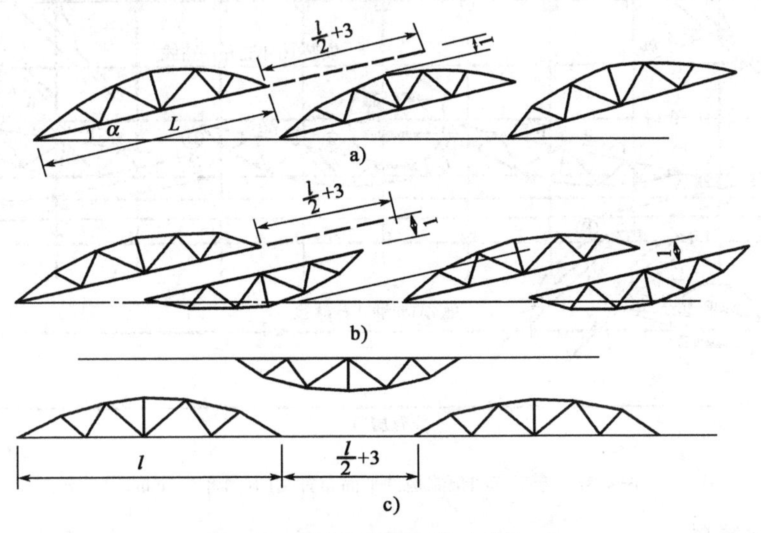


图4-30　屋架的布置图(尺寸单位：m)

a)正面斜向布置；b)正反斜向布置；c)顺轴线正反向布置

屋架正面斜向布置时,下弦与厂房纵轴线的夹角 $a=10°\sim20°$。预应力混凝土屋架,预留孔洞采用钢管时,屋架两端应留出$(l/2+3)$m 的一段跨度($l$ 为屋架跨度)作为抽管、穿筋的操作场地;如在一端抽管时,应留出$(l+3)$m 的一段距离。如用胶皮管预留孔洞时,距离可适当缩短。

每两垛屋架之间,要留 1m 左右的空隙,以便支模及浇筑混凝土。布置屋架预制位置时,要考虑屋架的扶直就位要求和扶直的先后次序,先扶直的放在上层。屋架的朝向、预埋件的位置也要注意安放正确。

5)现场预制构件平面布置实例

某厂金工车间,建筑面积 1002.36m²。主要承重结构采用装配式钢筋混凝土工字形柱,预应力混凝土多腹杆拱形屋架,1.5m×6m 大型屋面板,T 形吊车梁。车间的结构平面、剖面如图 4-31 所示。

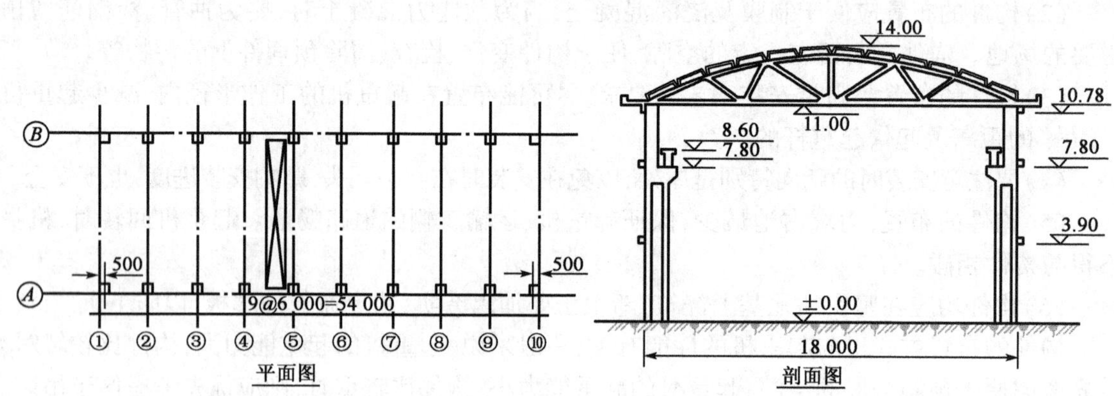


图 4-31　金工车间简图(尺寸单位:mm,高程单位:m)

现场预制构件的平面布置如图 4-32 所示。

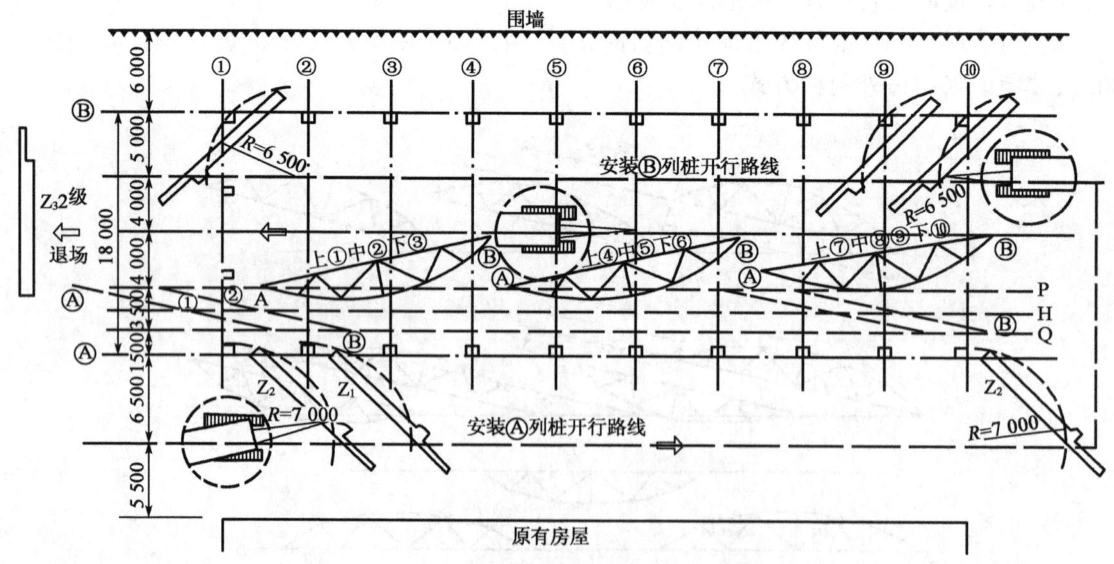


图 4-32　金工车间预制构件平面布置图(尺寸单位:mm)

6)施工注意事项

(1)屋架柱现场预制都采用平卧叠浇预制方法,所以,隔离剂的选择和涂刷就很重要。此项工作应派专人负责，切实做好并符合要求。

(2)屋架混凝土浇筑，插入式振动棒振捣时，不要碰预埋件、预埋钢管等，以免使其发生位移，影响预制构件质量；预制预应力混凝土屋架时，混凝土必须振捣密实，尤其是屋架的两端。

(3)每榀屋架预制时，均应留设混凝土试块，尤其是预应力混凝土屋架，以便检查混凝土的强度等级，好及时进行穿筋、张拉等工作。

(4)平卧叠浇的屋架，事先要在模板内做好上下弦杆厚薄的标记，切不可做成厚薄不均匀的构件。

(5)做好预制屋架混凝土浇筑后的养护工作十分重要，在施工组织中要指派专人负责。

(6)预制构件的混凝土配合比要定期或经常检查，防止因混凝土配合比不对而降低了预制构件的混凝土强度等级。

(7)认真组织对预制构件的质量检查及评定，这对搞好结构安装工程施工是一件非常重要的工作。施工单位要切实拟定检查及评定方案，认真做好这项工作，确保预制构件质量。

## 四、T形吊车梁混凝土施工

吊车梁沿厂房纵向布置，承受吊车传来的竖向荷载和水平制动力，同时对传递厂房纵向荷载和加强厂房的纵向刚度，连接厂房各个平面排架，对保证厂房结构的空间工作起着重要作用。

### 1. 吊车梁的形式

吊车梁的形式较多，常用的吊车梁均编有通用图集，设计时可直接选用。图4-33a)为钢筋混凝土T形截面吊车梁，图4-33b)为6m预应力混凝土工字形截面吊车梁。

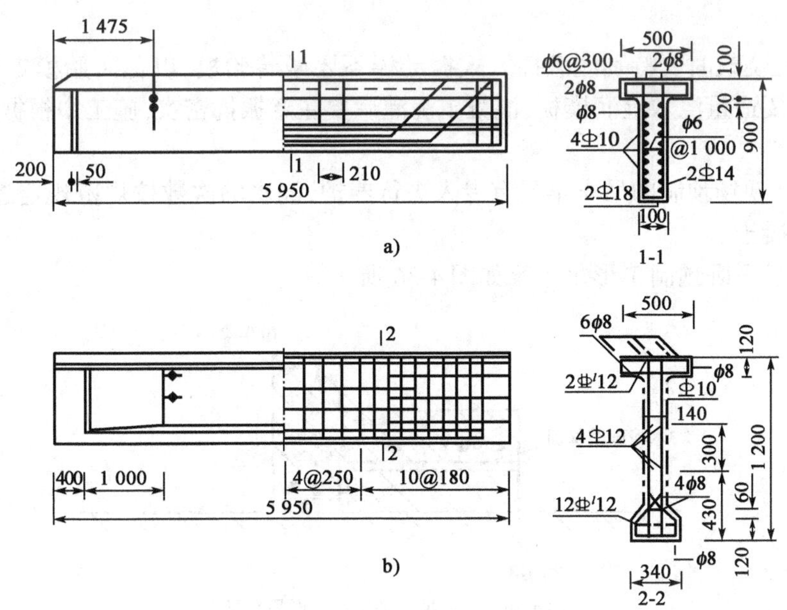


图4-33 等截面吊车梁配筋示例(尺寸单位：mm)

图4-34a)为鱼腹式吊车梁，图4-34b)为折线形吊车梁，这两种吊车梁均为变截面，因其外形接近于弯矩图形，各截面抗弯接近等强，故经济效益较好，其缺点是施工不便。这两种吊车梁均有钢筋混凝土和预应力混凝土两种类型。

起重机起重量小于5t的小型厂房,也可采用组合式吊车梁,如图4-35所示。组合式吊车梁的下弦杆采用钢材(竖杆也可采用钢材)。这种吊车梁对焊缝质量要求较高,并应注意外露钢材的防腐处理。

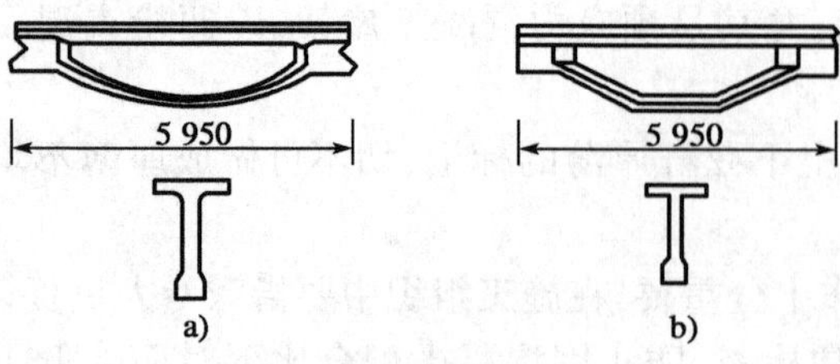

图4-34　变截面吊车梁(尺寸单位:mm)

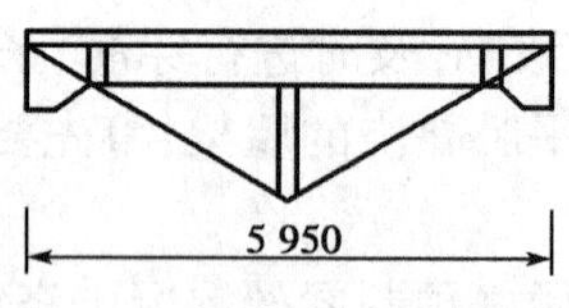

图4-35　组合式吊车梁(尺寸单位:mm)

2. T形吊车梁的预制方法

T形吊车梁可在预制厂预制,也可以在现场预制。在预制厂预制时其预制方法可根据预制厂具体情况确定其方法。如果放在施工现场预制,其预制方法可采用砖胎模预制为好。现就砖胎模平卧预制方法介绍如下。

(1)首先将预制吊车梁的场地平整夯实。尤其是对回填土要夯实到规定的压实系数$\lambda_c$否则预制钢筋混凝土构件时,容易产生局部沉陷,造成预制构件断裂。

(2)按设计图纸的几何尺寸用红砖和低强度等级的砂浆砌好砖胎模。

(3)在砖胎模表面和部分地表面粉1∶2的水泥砂浆一道,抹平压光。

(4)砖胎模表面粉抹的1∶2水泥砂浆养护干燥后,涂刷隔离剂两遍。

(5)绑扎吊车梁的钢筋骨头架,并安放预埋铁件及吊环。

(6)用木模板或钢模板将吊车梁平卧预制时的两端模木封严,将上部的吊模支牢固即可浇筑混凝土。

(7)混凝土浇筑时要特别注意插入式振动棒不要碰砖胎模,以免砖胎模走样变形;另外,混凝土浇筑前要适量浇水湿润模板,混凝土浇灌后要注意振捣密实,施工中根据需要预留混凝土试块。

(8)养护。现场预制的吊车梁要有专人进行养护,浇水的次数按规范规定进行,防止因脱水而烧坏了混凝土。

采用砖胎模平卧预制T形吊车梁如图4-36所示。

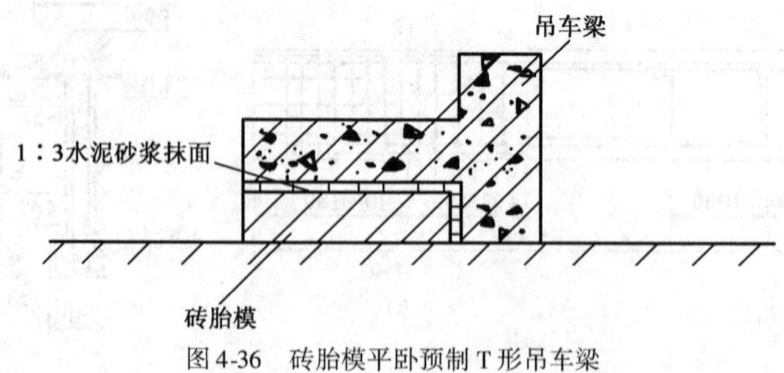

图4-36　砖胎模平卧预制T形吊车梁

3. T形吊车梁混凝土施工

1)工艺流程

混凝土运输→浇灌→振捣→抹光→养护→拆模。

2)施工方法

(1)混凝土运输

吊车梁在施工现场预制时混凝土可采用手推翻斗车或小型机动翻斗车来运输。

(2)浇灌

吊车梁混凝土浇灌可将运输来的混凝土倒在事先放好的铁板上,然后用铁锹扣铲下料,混凝土应从吊车梁两端向中间的顺序浇灌。

(3)振捣

吊车梁混凝土浇灌后,一般采用插入式振捣器捣实,插点的间距和上下层插入深度均按规范要求,混凝土一定要捣实。

(4)抹光

混凝土初凝后、终凝前可用铁抹子将露出的混凝土表面抹平抹光即可。

(5)养护

混凝土终凝后可派专人进行浇水覆盖养护,一般混凝土不得少于7d,预应力混凝土不得小于14d。

(6)拆模

由于吊车梁是平卧预制,所以侧模板可按规范要求拆模,只要因拆模不破坏梁的边棱角即可拆除,这样有利于对构件预制的质量进行外观检查。

4.施工注意事项

(1)吊车梁是工业厂房的重要结构构件,施工时所用的原材料质量必须合格,砂、石子的含泥量不得超过规范规定,进场的原材料必须进行检验。

(2)混凝土应采用机械进行搅拌。混凝土浇筑时每一工作班必须预留混凝土试块一组,以备检查混凝土的强度等级使用。

(3)吊车梁新灌混凝土采用插入式振动器时,要特别对预埋的螺栓和铁件加以保护,防止因振捣混凝土而将预埋的螺栓和铁件移位和表面不平整。

(4)吊车梁混凝土浇灌前应采取有效措施对预埋螺栓的螺纹部分加以保护,以免引起轨道安装的困难。

(5)吊车梁配筋较多,混凝土浇灌有很大的困难,为此,施工人员不得随意将绑扎好的钢筋解开,也不得用楔子将面筋楔开,所以,混凝土浇筑前要制定好浇筑方案,施工时,严格按方案执行。

## 五、地下室混凝土施工

1.施工准备

1)材料要求

(1)水泥。品种应按设计要求选用,其强度等级不应低于32.5MPa,不得使用过期或受潮结块水泥,并不得将不同品种或不同强度等级的水泥混合使用。

(2)砂。宜采用中砂,含泥量不得大于3.0%,泥块含量不得大于1.0%,不得使用碱性集料,泵送混凝土砂率宜为38%~45%。

(3)碎石或卵石。粒径宜为5~40mm,含泥量不得大于1.0%,泥块含理不得大于0.5%,针片状颗粒含量应不大于10%。泵送混凝土时,颗粒最大粒径应不大于输送管径的1/4;不大于混凝土最小断面1/4;不大于钢筋最小间距的3/4。吸水率应不大于1.5%,不得使用碱性集料。

(4)水。拌制混凝土所用水,应采用不含有害物质的水。

(5)掺和料。粉煤灰的级别应不低于二级,掺量宜不大于20%,硅粉掺量应不大于3%,其他掺和料的掺量应经过试验确定。

(6)外加剂。防水混凝土可根据工程需要掺入减水剂、膨胀剂、密实剂、引气剂、泵送剂、复合型外加剂等,其品种和掺量应经过试验确定,复合型外加剂掺入程序要有明确要求,防止外加剂之间先自行发生化学反应。所有外加剂应符合国家和行业标准一等品及以上质量要求。

(7)要做效果试验。并注意 $1m^3$ 防水混凝土中各类材料的总碱量($Na_2O$ 含量)不大于3kg。

2)主要机具

混凝土搅拌机、自动上料系统或手推车、混凝土输送泵或吊斗、插入式振捣器、铁锹。

3)施工作业必备条件

(1)完成钢筋的隐检、钢筋模板的预验工作,地下防水已做好甩茬和经过验收,注意检查固定模板的铁丝、螺栓是否穿过混凝土外墙,如必须穿过,应采取止水措施。特别是管道或预埋件穿过处是否已做好防水处理。木模板提前浇水润湿(竹胶板、复合模板可硬拼缝不用浇水,但要刷脱模剂),并将落入模板内的杂物清理干净。

(2)根据施工方案做好技术交底工作。

(3)各项原材料须经检验,并经试验提出混凝土配合比。试配的抗渗等级应按设计要求提高0.2MPa。混凝土水泥用量不得小于 $300kg/m^3$,掺有活性掺和料时,水泥用量不得少于 $280kg/m^3$,水灰比应不大于0.55,坍落度应不大于50mm,如用泵送混凝土,入泵坍落度宜为100~140mm,并随楼高度选择坍落度。

当地下水位高时,地下防水工程期间继续做好防水、排水。

2. 操作工艺

1)工艺流程

作业准备→混凝土搅拌→混凝土运输→柱、梁、板、剪力墙、楼梯混凝土浇筑与振捣→拆模、混凝土养护。

2)混凝土搅拌

(1)搅拌投料顺序:石子→砂→水→水泥→外加剂→水。

(2)投料砂石先干拌0.5~1min再加1/2水,加水后搅拌1~2min(比普通混凝土搅拌时间延长0.5min)再加水泥和外加剂,搅拌均匀后再加另外1/2水。混凝土搅拌前必须严格按试验室配合比通知单操作,不得擅自修改。配合比标牌要标出每罐混凝土砂、石、水泥、外加剂、掺和料用量;砂石要测含水率(搅拌前1h测出)。加水量要根据电子秤每秒代表质量换算成秒数(把砂石含水量扣除),砂、石、水泥上料需要一样重(有互换性),配合比要算出每罐混凝土砂、石秤砣砝码质量(包括小车、秤盘重及分几次上料)。外加剂掺和料一律用小台秤提前1d称好,装塑料袋(并做抽查)。散装水泥罐应同时设两个,轮流进水泥才能保证每罐水泥用完清罐,并有等待进场水泥3d复试合格的时间。散装水泥、砂、石要经过严格计量,袋装水泥必须抽查5%~10%的质量,水泥库或水泥罐必须设有标识牌,标明厂家、品牌、品种、等级、生产时间、进场时间、试验结果,并和水泥出厂证、进场复试资料吻合,外加剂的掺加方法应遵从所送外加剂的使用要求。雨后砂、石必须补测含水率,调整用水量。电子计量器测出的每秒出水量必须标在配比牌上，换算成电子计量器的加水秒数，精确至小数点后一位。

现场的砂、石料场要有混凝土硬底。料堆离挡墙顶边至少大于100mm。砂石料车进场在门口应有3m×5m×0.1m水塘清洗车轮。从门口到料场路面要硬化，不含泥，装载机上料时，机轮、机斗要保持每天清洗干净。主机不漏油。装砂石入搅拌台大斗时，要保证不会混堆。砂石挡泥板要足够高。

3）混凝土运输

（1）混凝土运输供应要保持均衡，夏季或运距较远时可适当掺入缓凝剂。考虑运输时间、浇捣时间确定混凝土初凝时间，必须保证，并做效果试验。

（2）混凝土在运输后如出现离析，必须进行二次搅拌。当坍落度损失后不能满足入模要求时，应加入原水灰比的水泥砂浆或二次掺加减水剂进行搅拌，事先经试验室验证是否可行，严禁直接加水。

4）混凝土浇筑

（1）混凝土应连续浇筑，宜不留或少留施工缝。抗渗混凝土底板一般按规范要求不留施工缝或留在后浇带上。底板浇筑应先画好浇筑流程图，以确保分层分段浇筑时不出现冷缝。

（2）墙体水平施工缝留在高出底板表面不少于300mm的墙体上，施工缝宜用止水板或膨胀止水条；垂直施工缝宜用止水板或止水带，配以齿形模板解决。

（3）施工缝在浇筑混凝土前，应将混凝土软弱层全部清除，冲洗干净露出石子，且不留明水，先铺净浆，再铺30～50mm厚的1∶1水泥砂浆或浇同混凝土配合比无石子砂浆50～100mm；对垂直缝涂刷混凝土界面处理剂，并及时浇筑混凝土。浇筑每步分层厚度，按实测本工地振动棒有效作用长度的1.25倍制成的尺杆浇筑，插距为实际振动棒作用半径的1.5倍。严格按施工方案规定的顺序浇筑。混凝土由高处自由倾落不应大于2m，如高度超过2m，要用串筒、溜槽下落。

（4）混凝土必须采用高频机械振捣密实，不应漏振或过振，振捣时间应使混凝土表面全部泛浆、无气泡、不下沉为止。门洞口要对称下灰和振捣，防止模板移动。结构断面较小，钢筋密集的部位可用小振捣棒，小分层尺杆，按分层浇捣，或在模板外用附着式振捣器振捣。浇筑到最上层表面，必须用木抹子找平，使表面密实平整。墙体顶高程宜比楼板高1个浮浆厚度+5mm。

5）混凝土养护

混凝土浇筑完成后12h内立即进行养护，要保护混凝土表面湿润，防止过早上人踩坏混凝土表面。养护时间不得小于14d。

6）冬期施工注意事项

（1）水和砂应根据冬期施工方案规定加热，应保证混凝土入模温度不低于5℃。

（2）宜根据工程具体特点选择综合蓄热法、蓄热法和暖棚法等养护方法，并应保持混凝土表面湿润，防止混凝土早期受冻和脱水。更要防止覆盖保温材料时，踩坏混凝土顶面。

（3）冬期施工掺入的防冻剂应选用经认证的产品。拆模时混凝土表面温度应不小于5℃，且混凝土强度大于4MPa。

3. 质量标准

1）主控项目

（1）防水混凝土的原材料、外加剂、掺和料、配合比、坍落度及初凝时间必须符合设计要求和施工规范有关标准的规定,检查出厂合格证、试验报告、试配单、开盘鉴定和外加剂效果试验,并对搅拌站及料场、料库进行核对。

(2)防水混凝土的抗压强度和抗渗压力必须符合设计要求,检查混凝土抗压、抗渗试验报告。

(3)防水混凝土的变形缝、施工缝、后浇带、穿墙管道、埋设件等设置和构造,均须符合规范和设计特点的要求,严禁渗漏。

2)一般项目

(1)混凝土结构表面应坚实平整,不得有露筋、蜂窝等缺陷,埋件位置应正确。

(2)混凝土结构表面的裂缝宽度应不大于0.2mm,并不得贯通。

(3)结构迎水面钢筋保护层厚度应不小于50mm,其允许偏差为±10mm。

(4)地下室混凝土结构允许偏差和检验方法见表24-9[《混凝土结构工程施工质量验收规范》(GB 50204—2015)]。迎水面保护层设计如不足,未达到地下防水规范的50mm,应与设计部门办理变更洽商报告。

4.成品保护

(1)为保护钢筋、模板尺寸位置准确,不得蹬踩钢筋,并不得碰撞模板和钢筋。浇筑混凝土时要另铺混凝土凳子和跳板。

(2)在拆模或吊运其他物件时,不得碰坏施工缝处止水板或止水带。

(3)要固定牢和保护好穿墙管、电线管、电气盒及预埋件等,振捣时勿挤扁或将预埋件挤入混凝土内。

5.施工注意事项

(1)必须认真测定每天的砂石含水率,换算加水质量,准确测定电子秤每秒代表加水质量。严格控制水灰比,严禁在混凝土内任意加水。

(2)细部构造处理是防水的薄弱环节,施工前应审核图纸,特殊部位如变形缝、施工缝、穿墙管、预埋件等细部要精心施工。

(3)地下室防水工程必须有具备相应资质的防水专业队施工,其施工人员必须持有上岗证书。

(4)穿墙套管用带有水环的套管,应在浇筑混凝土前预埋固定,管内应用捻口挡圈。埋管要预估工程下沉量,防止出现倒坡。止水环周围混凝土要细心振捣密实,防止漏振,主管和套管按设计和规范要求捻口,用防水密封膏封严。

(5)结构变形缝应严格按设计要求进行处理,止水带位置要固定准确,周围混凝土要细心浇捣,保证密实。止水带要固定牢,不得偏移,变形缝内按设计要求认真填好防水隔离材料,缝口内20mm处填防水密封膏,在迎水面上加铺一层防水卷材,并应做好防水材料收头和密封保护,并抹20mm防水砂浆保护。

(6)后浇带混凝土应在其两侧混凝土龄期达到42d后再施工,但高层建筑的后浇带应在结构顶板浇筑混凝土14d后进行,后浇带应采用补偿收缩混凝土浇筑,其强度等级应不低于两侧混凝土,浇筑前接茬处要清理干净,浇筑后养护28d。

## 六、人工挖孔灌注桩混凝土施工

人工挖孔灌注桩是采用人工挖掘方法进行成孔,然后安装钢筋笼,浇筑混凝土成型。它具有施工机具操作简单,占用施工场地小,对周围建筑物无影响,桩质量可靠,可全面展开,缩短工期,造价较低等优点。但挖孔桩施工,工人在井下作业,劳动条件差,施工中应特别重视流沙、流泥、有害气体等影响,要严格按操作规程施工,制定可靠的安全措施。

1. 适用范围

适用于土质较好,地下水较少的黏土、亚黏土,含少量砂卵石、姜固石的黏土层采用,特别适用于黄土层使用。可用于高层建筑、水工结构(如泵站、桥墩)作桩基,作支承、抗滑、挡土之用。对软土、流沙、地下水位较高、涌水量大的土层不宜采用。

2. 一般构造要求

挖孔桩一般形式如图4-37所示。桩直径800~2 000mm,最大直径可达3 500mm。底部采取不扩底和扩底两种方式,扩底直径1.3~3.0$d$,最大扩底直径可达4 500mm。扩底变径尺寸按 $d_1-d/2:h=1:4$,$h_1 \geqslant d_1-d/4:h$ 进行控制。桩底应支承在可靠的持力层上,支承桩桩身配筋为构造配筋。用于抗滑、挡土桩桩身配筋,按全长或2/3配置,由计算确定。

3. 混凝土浇筑

人工挖孔桩,混凝土浇筑前,必须根据当地实际情况制订好切实可行的浇筑方案,严格按照浇筑方案执行。大直径挖孔桩混凝土浇筑方法常用的有以下几种。

(1)混凝土水下导管浇筑法。用这种方法浇筑,井内不抽水,用20~30cm的导管进行水下浇筑。一般水泥用量不小于420kg/m$^3$,坍落度16~18cm,砂率40%左右。用此法浇筑混凝土能够保证质量。

(2)串筒法浇筑。对于桩孔内无水或渗水量小的挖孔桩,可用串筒直接进行浇筑。此时混凝土的坍落度多用5~6cm。

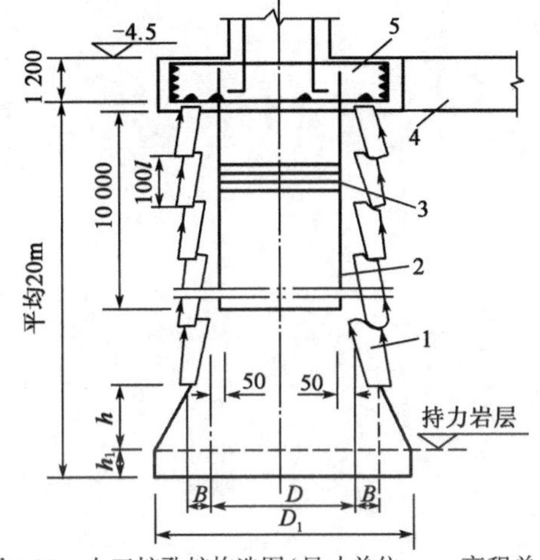


图4-37 人工挖孔桩构造图(尺寸单位:mm,高程单位:m)

1-护壁;2-主筋;3-箍筋;4-地梁;5-桩帽

(3)直接投料法。对于无水和能疏干的桩孔,在急速排水之后,立即投下数包水泥,然后用混凝土搅拌运输车将商品混凝土大量急速地直接投入桩孔,进行快速浇筑。浇筑时,由于落差大,从高处投下的混凝土高速撞击下面已浇筑的混凝土,达到混凝土自行捣实的目的,并向四周挤压扩散。这种方法浇筑的混虚脱土密实度极高。

待浇筑的混凝土面上升到接近地面时,由于落差减小,冲击力不足,此时可改用导管或串筒进行浇筑。由于落差减小,浇灌下去的混凝土可用插入式振动棒捣实。

混凝土浇筑后,对质量有疑义的桩,可钻取芯样进行检查或用动测法进行检验。

4. 人工孔扎桩混凝土施工中易出现的问题及处理方法

1)施工中易出现的问题

(1)混凝土水灰比过大,各种材料称量不准或根本就没有称量的工具。

(2)桩孔底部积水没有抽尽,或未抽尽就灌注混凝土。

(3)在没有做护壁的桩孔内未采用串筒下料,而是用手推翻斗车下料,结果将孔壁泥土带入混凝土中。

(4)桩孔较深,没有采用串筒漏斗下料,违反操作规定。

(5)桩身混凝土浇筑到一定高程后,混凝土应用插入式振动棒捣实混凝土。

2)处理方法

(1)严格控制水灰比,开搅拌机操作人员要经过岗位培训合格后方可上岗;搅拌站应设有专门的计量装置,各种材料均应称量,施工时应有专人监督。

(2)挖孔桩一般都较深,有时会遇上地下水,但混凝土浇筑时一定要将桩孔内积水抽尽,或降水后才能浇筑混凝土;如果桩孔内地下水渗流较慢时,可组织施工人员将孔内积水抽尽后快速浇筑混凝土施工,但要注意桩身混凝土定要振捣密实。

(3)挖孔桩如果有护壁时可采用手推翻斗车倾倒下料,由于落差大,可将混凝土冲击而密实,但没有护壁的挖孔桩,混凝土的下料可采用漏斗串筒下料,保证混凝土自身的匀质性。

(4)挖孔桩混凝土浇筑时,为防止桩孔塌方或带入泥土,应采用漏斗串筒下料。

(5)挖孔桩桩身混凝土浇筑时一定要振捣密实,应按本章挖孔桩施工中的要求执行,保证混凝土的密实性。

# 第五章　常见构筑物的混凝土施工

## 第一节　烟囱混凝土施工

烟囱是冶金、化工、电力等企业中必需的附属构筑物。它的作用在于保证工业炉内气体的正常流动和热交换过程,即提供炉内燃料充分燃烧所需要的空气,并排除燃烧过程中所产生的废气。一般排出的废气比外部的空气轻,两者间存在静压差,故在烟囱内部造成负压(即抽力),促使外部空气流入炉膛,并经由烟道及烟囱排出。它的工作原理如同一个倒置的虹吸,具有一种自然抽引和排放作用。与机械通风相比,它可以不消耗动力,通风可靠,不易出故障也不需经常维修。

### 一、烟囱的分类及构造

烟囱是排除炉、窑内燃烧的烟气的构筑物,它由基础、筒壁、内衬、隔热层等几个部分组成。囱身上没有附件,有铁爬梯、紧箍圈、避雷针、钢休息平台、信号灯等装置;囱身下部有烟道入口及出口,如图5-1所示。

烟囱根据其所采用的材料不同,可分为砖烟囱和钢筋混凝土烟囱。砖烟囱根据其形状的不同又可分为方形和圆形两种。方形的一般高度较低,且采用较少。砖烟囱的高度一般在50m以内,超过50m的宜用钢筋混凝土烟囱。这里重点介绍钢筋混凝土烟囱的施工。

烟囱具有独立高耸的特点,能够有效地达到拔风、增加空气流通量的目的。烟囱在囱身高度上以其壁厚不同可分若干段,每段高度一般不超过15m。每段囱身外壁厚度由设计确定。外壁的厚度随烟囱的升高而减薄,口径由下而上逐步缩小,使外壁形成1.5%～3%的收势坡度。

烟囱的基础一般为钢筋混凝土满堂基础和杯形基础,基础包括基础板和筒座,筒座以上部分为筒身,如图5-2所示。烟囱筒身一般为圆锥形,筒壁厚度一般由下而上逐段缩小,钢筋混凝土烟囱上部壁厚不得小于180mm,当上口内径超过4m时,应适当加厚。为支承内衬,在筒身内侧每隔一段挑悬臂,挑出的宽度为内衬和

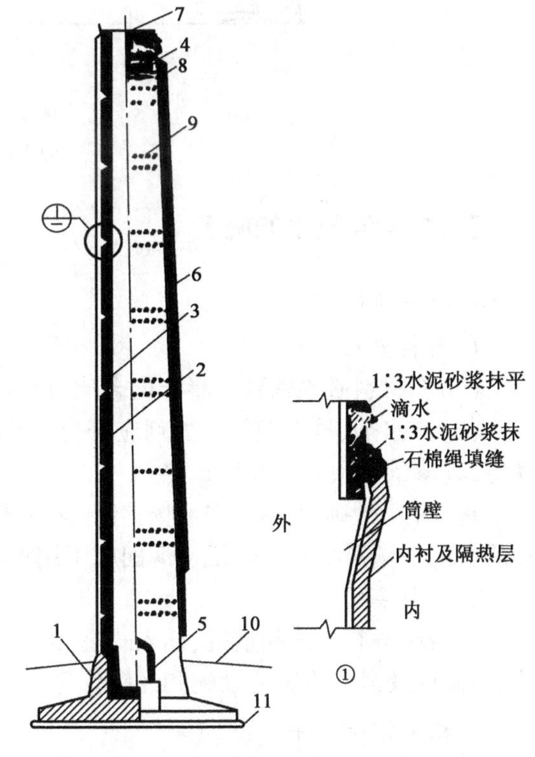


图5-1　烟囱构造图

1-基础;2-筒壁;3-内衬及隔热层;4-筒首;5-烟道;6-外爬梯;7-避雷针;8-信号灯平台;9-通气孔;10-排水坡;11-垫层

隔热层的总厚度。为了减少混凝土的内应力，钢筋混凝土筒身挑出的悬臂应沿圆周方向，每隔500mm左右设一道宽度25mm的垂直缝，如图5-3a)所示。烟道连接炉体和筒身，以利于烟气的及时排出，烟道一般砌成拱形通道，如图5-3b)所示。

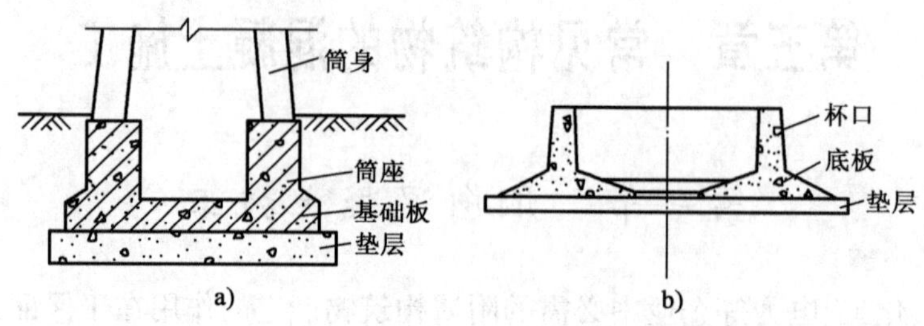


图5-2 烟囱基础

a)满堂基础；b)杯形基础

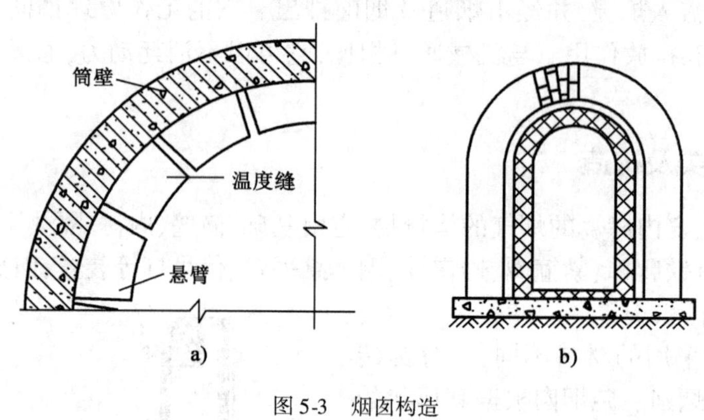


图5-3 烟囱构造

a)温度缝；b)烟道

## 二、烟囱混凝土的施工

1.施工准备

1)材料要求

(1)原材料必须达到混凝土配合比设计所要求的品种规格和质量要求。

(2)减水剂、早强剂等外加剂应符合《混凝土外加剂应用技术规范》(GB 20119—2003)的规定，其掺量必须经试验后确定。

现在有一些城市不允许现场拌制，必须采用商品混凝土，关于商品混凝土的有关知识，将在后面的泵送混凝土中介绍。烟囱施工用混凝土最好用商品混凝土。

2)机具要求

一般应备有塔式起重机、插入式高频振捣棒、铁锹、铁盘、木抹子、小平铁锹、橡皮水管、灰斗、溜筒以及滑模施工的设施和经纬仪等。

2.施工作业条件

(1)完成钢筋隐检工作，注意保护层厚度，核实预埋件、水电管线、预留孔洞的位置、数量及固定情况。

(2)检查模板下口、洞口等处拼接是否严密，模板加固是否可靠，各种连接件是否牢固。

(3)检查并清理模板内残留杂物,用水冲净。

(4)检查电源线路,并做好照明准备工作。

(5)核对混凝土配合比及外加剂的掺量,检查机具设备,进行开盘交底。

(6)混凝土运输道路平整畅通,架子及安全防护措施安全可靠。

3. 混凝土搅拌

(1)根据搅拌机每盘各种材料用量及车辆质量,分别固定好水泥、砂、石的各个磅秤标量。

(2)正式搅拌前,搅拌机应空车试运转,正常后方可正式装料搅拌。

(3)混凝土原材料用量与配合比用量的允许偏差不得超过下列规定:水泥、外掺和料±2%;粗细集料±3%;水、外加剂±2%。

(4)混凝土搅拌最短时间60~90s。

(5)一般加料顺序为:石子→水泥→砂→水,掺和料随水泥同时加入,外加剂与水混合后加入。

(6)带有自动供水系统的搅拌机应预先调节好供水量。

4. 混凝土的运输

混凝土从搅拌机卸出后,应及时用翻斗车或料斗运送到浇筑地点,运送过程中,应防止水泥浆流失。如有离析现象,必须在搅拌前进行二次搅拌。

5. 混凝土的浇筑

(1)筒体混凝土的浇筑应沿筒壁圆周均匀地分层进行,为防止模板向一个方向倾斜和扭转,应对称地变换浇筑方向,每层厚度为250~300mm,并用振捣棒捣实。

(2)振捣混凝土时不得触动支承杆、钢筋和模板。振动棒的插入深度不应超过前一层混凝土内50mm。在提升模板时,不得振动混凝土。

(3)筒体混凝土施工时应尽量减少施工缝,对施工缝的处理应先清除松动的石子,用水冲洗干净,充分湿润,并堵好底缝,在第一班浇筑混凝土之前,施工缝处应先浇灌一层250mm厚与原混凝土同配合比的减半石子混凝土或50~100mm厚与原混凝土同配合比的水泥砂浆接头,以确保施工缝处新旧混凝土的良好结合。凡是遇到特殊情况而采取停滑措施时,间歇时间超过2h的应按施工缝处理。

(4)在初滑之前,浇捣深模内的混凝土应特别强调分层交圈,并应防止漏振,用捣固杆进行辅助浇捣。

(5)如混凝土浇筑高度超过2m,应加设串筒下料,用插入式振捣器时应快插慢拔,插点均匀,逐点进行,振捣密实。

(6)由于筒体混凝土的浇筑需要连续进行,上一个班组一定要认真完成本组的最后一个浇筑层的交圈工作,并切实浇捣完毕,且向接班人员交代清楚,征得同意后方可下岗。

(7)在振捣混凝土时,应及时清理干净黏在模板上口、边沿及散落在操作平台上的混凝土,应防止混凝土凝结导致增加滑升的摩擦阻力和影响出模混凝土的表面光滑。

(8)混凝土工要与钢筋工配合好,防止相互碰撞和互相干扰,必要时应稍停浇筑。当发出滑升信号时,必须停止浇筑混凝土,待本操作层浇筑完毕后方可继续工作。

(9)操作平台上进行混凝土施工,应注意保护各种施工电缆、管线和各种设备。

(10)除安装触电保护器外,还要求操作人员佩戴好防护用具,以防止意外触电事故的发生。

(11)筒壁混凝土施工时,每浇筑5m高度应取一组混凝土试块,以检验其28d龄期的强度。

6. 混凝土的养护

混凝土脱模后,应及时对其表面进行修整,并浇水养护,保持经常湿润,其延续时间不得少于7d。养护方式可采用喷水进行养护或铺膜养护。

1)喷水养护

由于烟囱很高,需要安装一台高压水泵,用DN50~60mm的水管将水送到井架顶部,并随井架的增高而接高,自管顶用胶管向下引水到围设在外吊梯周围的DN25mm胶皮喷水管内喷水;胶管上钻有间距120~150mm、直径3~5mm的喷水孔,进行喷水养护。

2)铺膜养护

铺膜养护见第三章第七节四。

## 三、质量标准

1. 主控项目

(1)滑模操作平台、料台和吊脚架设计要经过企业技术负责人审批。

(2)滑模操作平台和提升架制作要符合《钢结构工程施工质量验收规范》(GB 50205—2001)的要求和规定。

(3)圆筒仓筒体混凝土质量标准应符合《混凝土结构工程施工质量验收规范》(GB 50204—2015)的规定和要求。

(4)混凝土质量检验应符合下列规定:

①标准养护混凝土试块的组数,每一工作班应不少于一组,如在一个工作班组内混凝土的配合比有变动时,每一种配合比中应留一组。

②混凝土出模强度的检查,每一工作班组应不少于两次,当在一个工作台班组上气温有骤变或混凝土配合比有变动时,必须相应增加检查次数。

③每次模板提升后,应立即检查出模混凝土有无塌落、拉裂和麻面等问题,如有问题应立即进行处理,重大问题应做好处理记录。

2. 一般项目

(1)滑模施工的混凝土除应满足设计所规定的强度、抗掺性、耐久性等要求外,还应满足下列规定:

①混凝土早期强度的增加速度必须满足模板滑升速度的要求。

②薄壁结构的混凝土宜用硅酸盐水泥或普通硅酸盐水泥配制。

③混凝土坍落的要求,应符合表5-1的要求。

**混凝土坍落度允许偏差** 表5-1

| 结构种类 | 坍落度(mm) |
|---|---|
| 墙板、柱、梁 | 40~60 |
| 配盘密集的结构(筒壁结构及细柱) | 50~80 |
| 配筋特密结构 | 80~100 |

④混凝土的养护应符合下列规定:

a. 混凝土出模后应及时进行修整、养护。

b. 养护期间，应保持混凝土表面湿润。

c. 喷水养护时，水压不宜过大。

(2)在滑升过程中应随时检查和记录混凝土结构的垂直度、扭转及结构截面尺寸等偏差数值，且符合下列规定：

①用架设平台的方法纠正垂直度偏差，操作平台的倾斜度应控制在1%以内。

②圆形筒壁结构，任意3m高度上的相对扭转值不应大于30mm。

(3)滑模施工烟囱筒身的允许偏差应符合表5-2、表5-3的规定。

**基础的实际位置和尺寸的允许偏差** 表5-2

| 项次 | 偏 差 内 容 | 允许偏差(mm) |
|---|---|---|
| 1 | 基础中心对设计坐标的位移 | 15 |
| 2 | 基础杯口壁厚的偏差 | ±20 |
| 3 | 基础杯口内径的偏差 | 杯口内径的1%，且最大不超过50 |
| 4 | 基础杯口内表面的局部凹、不平(沿半径方向) | 杯口内径的1%，且最大不超过50 |
| 5 | 基础底板直径和厚度的局部误差 | ±20 |

**滑模施工工程结构的允许偏差** 表5-3

| 项次 | 项 目 | | 允许偏差(mm) |
|---|---|---|---|
| 1 | 轴线间的相对位移 | | 5 |
| 2 | 圆形筒壁结构的直径偏差 | | 该截面筒壁直径的1%，并不得超过±40 |
| 3 | 高程 | | ±30 |
| 4 | 垂直度 | $H \leq 100$m | 高度的0.15%，并不得大于±110 |
| | | $H > 100$m | 高度的0.1%，并不得大于±50 |
| 5 | 表面平整(2m靠尺检查) | | 5 |
| 6 | 门窗洞口及预留洞口的位置偏差 | | 15 |
| 7 | 预埋件位置偏差 | | 20 |
| 8 | 筒壁厚度的偏差 | | ±20 |

## 四、安全措施

(1)凡是参加滑模施工的人员必须经过专门的培训和安全教育，了解本工程滑模施工的特点，熟悉施工技术和安全操作规程。主要施工人员必须固定，无特殊情况不得任意调动。

(2)距筒仓20m范围内设为滑模施工危险区域，挂上警告牌，阻止无关人员入内。

(3)操作平台上大宗材料堆放必须按规定要求放置，不得随意乱放。

(4)高空作业人员身体状况要符合要求。竖井架等设施要经常检查，以免发生事故。

(5)混凝土操作人员应穿胶鞋，戴绝缘手套。

(6)操作平台上的各种电线应尽量安装在隐蔽处，无法隐蔽的电线应有良好的保护措施。

(7)卷扬机使用前应进行仔细检查，做好空车及重车试运转及制动试验，吊笼应安装安全抱闸装置，为防止吊笼冒顶，竖井架上应设两道限位器。

(8)夜间施工要有充分照明，应注意安装防雨灯伞。

(9)各种机械的电动机必须有接地装置。

(10)当利用钢管竖井架代替避雷针时,必须要有接地装置。

(11)凡是在纠偏过程中测量人员在进行筒仓立壁垂直度观察发现倾斜5mm以上时,当爬杆严重向一边倾斜时,应立即通知滑模技术负责人,及时采取措施,防止事故发生。

(12)混凝土工高台推车应轻推轻放,严禁撒把飞车,上下班交接时人流不能过于集中,应拉开一段距离,防止相互碰撞和超载。

(13)遇到6级以上大风应停止高空作业。

## 第二节　水塔混凝土施工

水塔是给水工程中常用的一种构筑物,它的主要作用是调节和稳定水压,储存和配给用水。

### 一、水塔的组成及构造

水塔主要由水箱、塔身、基础和一些附属设施组成,这些附属设施包括进水管和出水管,爬梯和平台,避雷和照明装置,水位控制和指示装置。

水塔塔身细长而高耸,因此水平风荷载和地震荷载对结构受力和整体稳定起主导作用,同时还应妥善解决水箱的防渗问题和保温问题。

水塔的形式多种多样,仅从塔身上分有钢结构塔身、砖石砌体塔身。钢筋混凝土塔身又有支架式和筒壁式两种。根据塔身的高度和水箱的容量,支架式塔身可由四根柱、六根柱或八根柱组成;支柱可以是直立的,如果为了增加水塔的整体稳定性,也可把支柱做成下部外倾的倾斜式,倾斜度一般控制在1/30~1/20,支柱截面积一般不小于300mm×300mm。支架式塔身轻巧,迎风面小,节省水泥,受力比较合理,但是施工支模麻烦。工期较长。筒壁式塔身刚度大,抗震性能好,可以采用滑模施工,因此可以缩短工期。现在的水塔常用倒锥壳水箱,这种水箱可以在地面施工,然后提升就位,这样可减少高空作业。因为这种水箱坚固耐用、造型美观、施工方便,因此国内大中城市采用很多,给市容增色不少(图5-4)。

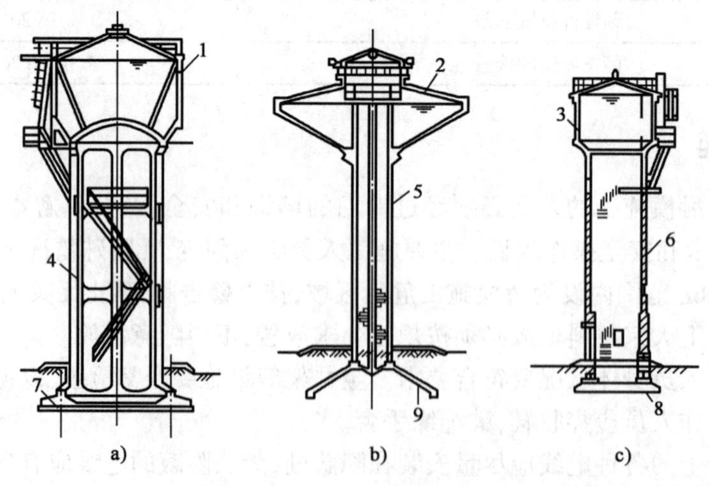


图5-4　水塔的类型

1-英兹式水箱;2-倒锥壳水箱;3-平底式水箱;4-钢筋混凝土支架;5-钢筋混凝土支筒;6-砖支筒;7-环板式基础;8-圆板式基础;9-M式薄壳基础

水箱实际上是一个小型架空水池，常用的水箱多为圆形，有平底锥顶形的，壳底锥顶形的（常叫英兹式水箱）、倒锥壳形、球形水箱等，设计时可以根据受力性能、施工条件、市容要求和周围环境综合考虑选用。

水箱基础通常根据地基条件和塔身结构形式而定。筒壁式塔身采用钢筋混凝土圆板基础、圆环基础和薄壳基础。支架式塔身除可采用上述三种基础外，如果地基条件很好还可采用柱下独立基础。

## 二、水塔混凝土的施工

1. 材料要求

（1）水泥。按照混凝土配合比要求的水泥品种和强度等级选用，水泥强度等级不得低于42.5级。

（2）砂。采用粗砂或中粗砂，其泥的质量分数不得大于3%。

（3）石子。粒径在5～32mm之间，其泥的质量分数不得大于1%。

（4）混凝土外加剂。其品种和掺量应根据要求通过试验来确定。

（5）机具要求。一般应备有塔式起重机、插入式高频振捣棒、铁锹、铁盘、木抹子、小平铁锹、橡皮水管、灰斗、溜筒以及滑模施工的设施和经纬仪等。

2. 作业条件

（1）模板工程已完成，且经各方验收合格。上下通道及支架已支塔完成且经检验合格。

（2）钢筋的数量、规格、钢筋保护层厚度等符合设计要求，隐蔽工程验收单已经验收各方签字。

（3）各种材料的质量经检验均符合设计和施工要求。

（4）检查施工用电、机具等是否完好，各种固定装置是否安全。

（5）水塔混凝土应优先选用商品混凝土，以保证混凝土质量。

3. 混凝土的施工

1）混凝土的搅拌

根据搅拌机每盘各种材料用量，分别固定好水泥、砂、石的各个磅秤的标量；正式搅拌前，应先空车试运转，运转正常后方可正式装料搅拌；混凝土的原材料与配合比用量的允许偏差不得超过表3-2的规定；混凝土搅拌的最短时间为60～90s；混凝土的加料顺序为先石子、水泥、砂混合1min左右，然后再加入水和外加剂，外加剂应与水混合后再加入。

2）混凝土的运输

混凝土从搅拌机卸出后，要及时用小车运送至浇筑地点，运输时间应控制在表3-8的要求时间以内，在运送过程中，应防止水泥浆的流失，如发现有离析现象必须在浇筑时进行二次搅拌，以确保质量。

3）基础混凝土的浇筑

见第四章第一节二。

4）筒壁混凝土的浇筑

（1）基础混凝土浇筑完成后不能立即进行筒壁混凝土的施工，应待基础混凝土有一定强度后方可进行。

（2）筒壁混凝土应分层浇筑，每层高度为250～300mm。混凝土的浇筑应连续进行，一般间歇时间不得超过2h，否则应留设施工缝。

(3)筒壁混凝土的浇筑顺序,应先确定一个浇筑点,然后分左右两个方向沿圆周浇筑混凝土,两路会合后,再反向浇筑,这样不断分层进行,直到浇筑完成。

(4)如遇到洞口处应由上方下料,两侧浇筑时间不得超过2h,并采用长棒插入式振捣棒振捣,插入点间距不得超过500mm。

(5)如果混凝土的浇筑高度超过2m,应加设串筒下料,用长棒插入式振捣棒振捣,振捣时应快插慢拔、插点均匀、逐步进行、振捣密实。

(6)施工缝处混凝土强度必须≥1.2MPa时方可继续浇筑混凝土,浇筑前应清除浮渣、洗净,再铺一层厚25mm与混凝土成分相同的水泥砂浆。

5)水箱混凝土的浇筑

(1)水箱壁混凝土应一次浇筑壳成,不留施工缝。

(2)水箱壁混凝土下料要均匀,最好由水箱壁上的两个对称点同时、同方向下料,以防模板变形。

(3)水箱壁混凝土应分层浇筑,每层高度为300mm左右为宜。

(4)振捣时应用插入式振动器仔细振捣密实。

(5)如有管道穿过池壁时,应待混凝土浇筑至管道下面20~30mm时,先将管下混凝土捣实、振平,再由管道两侧呈三角形均匀、对称地浇筑混凝土,并逐步扩大三角区,振捣时要斜振,最后将混凝土继续填平至管道上方30~50mm,施工时不得在管道穿过池壁处停工或接头。

(6)箱底与筒壁环梁接茬处混凝土的茬口,要留毛茬或人工凿毛。

(7)水箱底混凝土浇筑前,应先将茬口处用水湿润并冲洗干净。旧茬先用与混凝土同强度等级的砂浆刷一遍,然后再铺新混凝土。

(8)接茬处要仔细振捣使新旧混凝土结合密实。

6)混凝土的养护

由于水塔较高,采用同烟囱相同的养护方法。

## 三、质量标准

质量标准见本章第一节之三所述内容。

## 四、安全措施

(1)浇筑混凝土前,要检查架子是否牢固,模板是否支撑稳定,较大的裂缝是否已经处理等。

(2)倾倒混凝土时,不得用力冲击架子与模板。

(3)混凝土入模高度要保持基本均匀,禁止堆集一处而将模板压偏。

(4)高空作业人员身体要符合要求。

# 第三节　中小型水池混凝土施工

## 一、常用水池的种类

(1)钢筋混凝土水池。水池全部为现浇。

(2)预制装配式水池。

(3)矩形或圆形装配式池壁、顶盖水池。一般底板与壁槽为现浇钢筋混凝土,池壁采用预制吊装灌封,顶盖采用预制平板或肋形板。

(4)圆形装配式壁板及现浇池顶水池。底板、壁槽及顶盖为现浇钢筋混凝土,圆形壁板采用预制混凝土板。

## 二、水池混凝土的施工

### 1. 水池底板混凝土的施工

#### 1)准备工作

(1)降低地下水措施。一般可采用基坑排水,这种施工方法简单而经济,在土方开挖过程中,沿基坑边挖成临时性的排水沟,相隔一定距离,在底板范围外侧设置集水井,用人工或机械抽水,使地下水位处于基槽表面高程以下0.6m处。如地下水较高,应采用井点抽水以降低地下水位。

(2)检查土质是否与设计资料相符或被扰动。如有变化时,需针对不同情况加以处理。如基土稍湿而松软时,可在其上铺以10cm的砾石层,并加以夯实,用以浇混凝土垫层。

(3)混凝土垫层浇筑完毕后,隔1~2d,在垫层面测定底板中心,根据图纸放线,绑扎钢筋,并安装柱基和底板外围模板。并检查钢筋的直径、间距、位置、搭接长度、上下层钢筋的间距、保护层及埋件的位置和数量与设计要求是否相符。将上下层钢筋用铁撑(铁马凳)加以固定,是之在浇捣过程中不发生变位。

(4)用临时小方木撑放在垫层上,使柱基模板悬空架设。以后边落混凝土,边取出小方木。

#### 2)混凝土的浇捣

(1)底板应一次连续浇完,不留施工缝。平底板的浇筑顺序如图5-5所示。施工间歇时间不得超过混凝土的初凝时间。如混凝土在运输过程中产生初凝或离析现象,应在现场拌板上进行二次搅拌,方可入模浇捣。

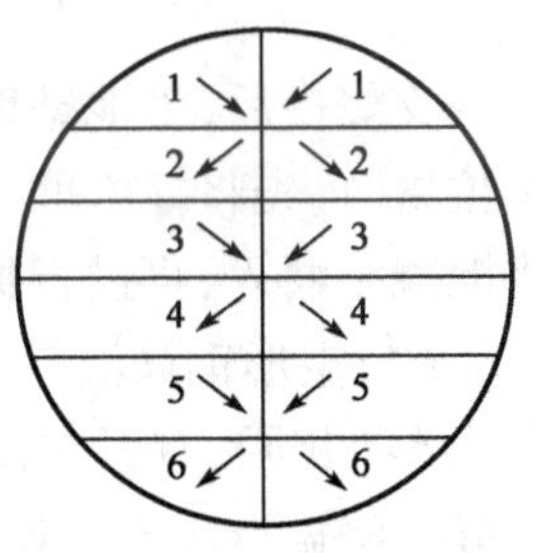

图5-5 平底板浇筑顺序图

(2)底板厚度在20cm以内,可采用平板振动器。当板的厚度较厚时,则采用插入式振动器。混凝土要振捣密实。覆盖草垫浇水湿润对混凝土进行养护。

(3)如池壁为现浇混凝土时,要注意底板与池壁连接处的施工缝可留在池底面以上20cm处。如设计要求有止水钢板或橡胶止水带,在浇捣混凝土之前,应将止水钢板或橡胶止水带安放固定,如图5-6所示。

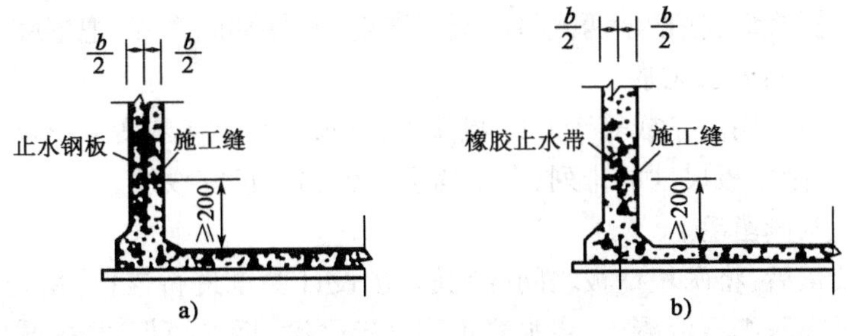

图5-6 止水带的安装图(尺寸单位:mm)

(4)混凝土浇捣后,其强度未达 1.2MPa 时禁止振动,不得在底板上搭设脚手架、安装模板或搬运工具,并注意对混凝土的养护。

(5)池底现浇混凝土如必须留施工缝时,一般施工缝要做成垂直的结合面,不得做成斜坡结合面,并注意接茬附近混凝土保证密实。在接茬处铺 10mm 厚的 1∶2 水泥砂浆,再浇筑混凝土。

2. 池壁混凝土的施工

(1)圆形混凝土池壁。圆形混凝土池壁的施工,常用立柱加斜撑支模的浇筑方法,即先立内膜绑扎好钢筋,再立外模,不设支撑,只在内外模间用拉结止水螺栓紧固,内模里圈用花篮螺栓及拉筋拉紧,如图 5-7 所示。

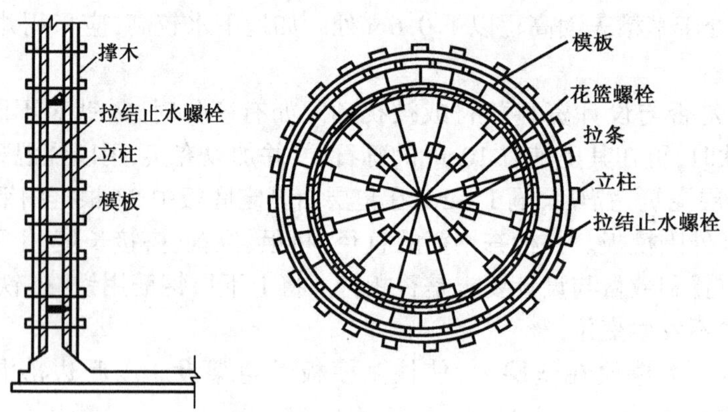


图 5-7　水池无支撑支模施工图

支好模后,沿池壁四周均匀对称分层浇筑,每层一次浇筑高度为 20 ~ 25cm,浇筑到临时撑木位置时,先将撑木取下,再继续施工。为避免混凝土从高处倒下时产生离析现象,应用串筒将混凝土灌入,再进行振捣。

(2)矩形钢筋混凝土池壁。矩形钢筋混凝土池壁分无撑及有撑支模两种方法。无撑支模与图 5-7 相同,有撑支模为常用的方法。当矩形池壁较厚时,内外模可在钢筋绑扎完毕后一次立好。浇捣混凝土时操作人员可进入模内振捣,或开门子板,将插入式振捣器放入振捣。为了防止混凝土产生离析现象,可以采用串筒将混凝土灌入,分层浇捣。

圆形、矩形池壁拆模后,应将外露的止水螺栓割去。高池壁的水池宜采用滑模板施工。

(3)预制装配式钢筋混凝土池壁的施工。预制装配式钢筋混凝土池壁的施工关键在于使壁板与壁板之间结合严密,壁板与池底壁板槽结合严密。应做好以下工作:

①池底壁板槽拆模后,在槽壁两侧将混凝土凿毛,测好杯底高程,把槽底凸出部分凿平,并清除干净,浇水润湿,刷纯水泥浆。

②预制壁板一般采用高于或等于 C20 混凝土,抗渗等级大于或等于 P6。

③根据设计,预制壁板尺寸的排列,在壁槽上口弹出壁板安放线。

④将每块壁板两侧凿毛。

⑤壁板吊装校正后,将两块壁板之间的钢筋,按设计要求进行连接,用止水螺栓夹住两侧模板。然后灌筑微膨胀细石混凝土,浇水养护到规定强度,拆除模板,割去露出板外的螺栓,然后内外抹灰。

3. 池顶混凝土的施工

1) 预制蜂窝式无筋混凝土壳顶盖施工

直径 11m,球面壳顶半径 11.7m,球冠高 1.4m 的 300t 圆形砖砌水池,采用蜂窝式混凝土球壳顶盖,其优点是混凝土折算厚度为 4.5m,不配筋,块体轻,易安装。具体做法如下:

(1)根据实际球壳尺寸,预制需要用量的六角形、非六角形 C20 素混凝土块,如图 5-8 所示。

(2)环向圈梁捣制后,按设计尺寸支好球壳的模板,球面可采用铺竹笆上抹草泥。待草泥干后即开始拼装预制块,预制混凝土块安装次序如图 5-9 所示。混凝土块开口向上,混凝土块之间用 C20 细石混凝土灌缝。为了减少预制块种类,在实际施工中,图 5-9 中斜线部分采用现浇 12cm 厚的 C20 混凝土。

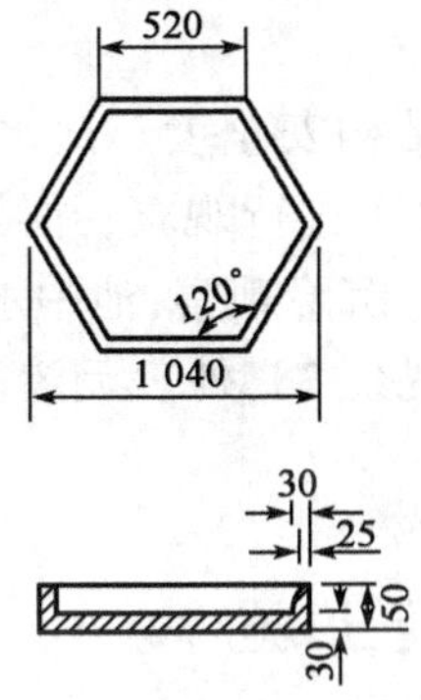


图 5-8 素混凝土预制块图(尺寸单位:mm)

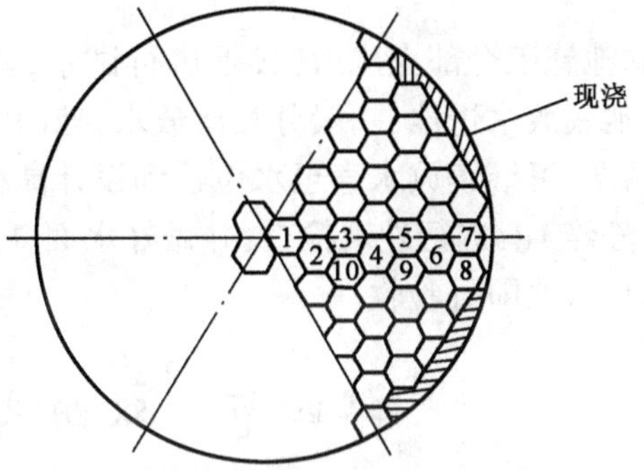

图 5-9 现浇混凝土部分示意图

(3)球壳拼装完毕,待混凝土达到一定强度,即用 1:3 白灰炉渣将混凝土块填满作为保温层。拍实后,在其表面抹 2cm 厚的防水砂浆。

(4)人孔为一块同样尺寸的无底板的混凝土块,并在肋上配有 2$\phi$12 环向钢筋。

(5)模板的拆除,操作人员由人孔进入池内,按球壳拆模程序与要求进行拆模,材料由人孔运出。

2) 现浇钢筋混凝土池顶盖施工

现浇钢筋混凝土池顶盖施工按现浇混凝土结构的施工方法进行。

预制扇形板顶盖施工:

(1)按平面布置将各种构件堆放整齐,并检验构件质量。

(2)池内预制柱应首先吊装,校正后立即以细石混凝土灌缝。再进行环梁安装,每根环梁与柱子的埋件要焊牢,然后再支模浇筑细石混凝土接头,使环梁成整体。环梁吊装时,中间应加临时支撑加以稳定。

(3)扇形板吊装应安装环梁上的弹线逐块平衡安放,板与板之间用 1:3 水泥砂浆(或用细石混凝土)灌缝。

## 三、工程质量要求

(1)做好土方,钢筋隐蔽工程记录。

(2)钢筋混凝土壁板和壁槽灌缝之前,必须将模板内杂物清除干净,用水将模板润湿。

(3)池壁模板不论采用无支撑或有支撑法,必须将模板固定好,防止混凝土浇筑时模板发生变形。

(4)防水混凝土可适量掺用减水剂,掺用减水剂配制的混凝土、耐油、抗渗性好,而且节约水泥。

(5)矩形钢筋混凝土水池,由于工艺需要,长度较长,在底板、池壁上设有伸缩缝。施工中必须将止水钢板或橡胶止水带正确固定牢靠,并注意浇筑,防止止水钢板、橡胶止水带移位。

(6)水池混凝土强度好坏,养护是重要一环,底板浇筑完后,在施工池壁时,应注意养护,底板、池壁和池壁灌缝的混凝土养护期应不小于14d。

(7)及时填写混凝土工程施工日志并按规定做好混凝土试块。

(8)其他按质量验检评定标准及施工验收规范施工。

## 四、试水

水池施工全部完成后,必须进行试水,检查施工质量及结构安全度。试水时先封闭管道孔,由池底放水进池,一般分几次放水,控制每次进水高度,逐次进行观察,并做好记录。如无特殊情况,可继续放水直至水位达到设计高程。同时还要做好沉降观察,池中水位达到设计高程后,静停1d,进行外观检查,并做好水面高度标记,再连续观察7d,外表无渗漏,水位无明显降低时,水池即可验收。

# 第四节　双曲线冷却塔混凝土施工

双曲线冷却塔(简称双曲塔)是火力发电站及其他工业中用于循环冷却水的高耸构筑物。在冷却塔内依靠水的蒸发,将水的热量传给空气导致水冷却。

## 一、双曲塔的分类、组成及构造

根据冷却过程的不同,可分为湿式和干式两类,干式冷却塔主要以传导对流方式散热,塔内水经过散热器与空气接触散热,一般耗资大,效率低,但省力。湿式冷却塔主要以蒸发方式散热,塔内水与空气直接接触进行热交换而散热。无论干、湿式冷却塔在工艺要求上都要有着足够的冷空气通过塔内的散热装置进行热交换,完成散热过程。因此,按通风方式又分自然通风和机械通风两种,为节约能源,一般采用自然通风方式,它以塔内外空气密度差作为推动力,产生气流,故需要较高的通风筒身,以产生足够的抽力。而通风筒身的结构形式一般多采用钢筋混凝土双曲线旋转壳,具有较好的结构力和流体力学特征,这种形式冷却塔由筒身(由箔壳筒壁、加固筒壁上口的刚性环和下口环梁以及支承环梁以上部分的人字柱可形成)、支承散热装置(干式为散热器,湿式为配水淋水装置)塔芯构架和冷却水回收装置(湿式为集水池,干式为回水管道)三大部分组成,如图5-10所示。

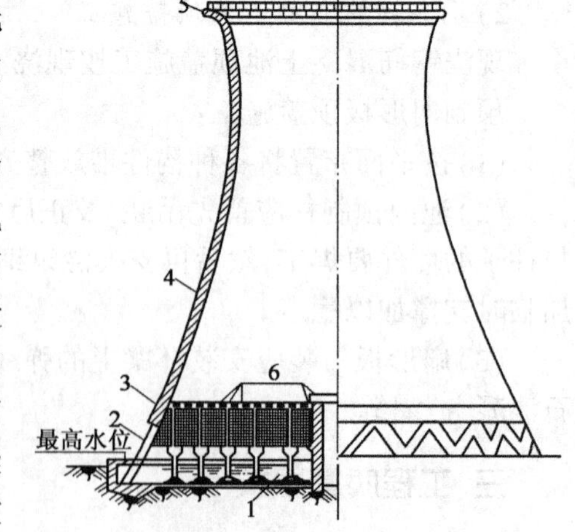


图5-10　双曲线冷却塔剖面图

1-集水池;2-人字柱;3-环梁;4-筒壁;5-刚性环;6-配水淋水装置

通风筒壁采用C20以上混凝土,抗渗等级不低于P6;抗冻融循环次数不少于100次;几何尺寸要求严格。一般有预制装配和整体现浇两种形式,是冷却塔施工比较复杂的部位。现浇混凝土要求连续施工,不宜在低温季节施工。一般塔座淋水面积较大,在2 000$m^2$左右,高度也在70m左右,筒壁厚度由下而上逐渐变薄。

刚性环采用混凝土等级同筒壁,是筒壁上口加强部件,断面和配筋都比上口要大。在使用功能上,作为生产检修人员的检修工作平台。

环梁是将上部筒壁的全部荷载均匀地传给人字柱的钢筋混凝土深梁结构,混凝土抗渗、抗冻要求与筒壁相同。如果采用预制装配式混凝土强度等级采用C25以上,柱两端预留钢筋,安装后分别与基础梁和环梁焊接和绑扎成整体,再浇筑接头混凝土。

在结构上,以筒壁、刚性环、人字柱等部分组成筒身。而筒壁施工将在后面重点叙述。

塔芯淋水散热装置及其支承构架,是冷却塔使用功能的心脏部分,采用预制钢筋混凝土构件,混凝土强度等级C20,构件型号数量较多,还有特殊的施工工艺要求。

冷却水回收装置采用集水池型号,混凝土抗渗要求P6以上,强度等级C20,在功能上是蓄存经过塔芯淋水散热装置冷却后的冷却水,在防水设计处理上:是在池底C15垫层上做三毡四油防水层,再做混凝土底板,在池壁和池底内面抹厚20mm防水砂浆面层,池壁外表面做油毡防水层或刚性防水层,严防渗漏。在设计结构处理上:有池壁与人字柱环形基础合而为一的,也有分开的。

## 二、双曲塔混凝土的施工

1. 材料要求

(1)水泥。按照混凝土配合比要求的水泥品种和强度等级选用,水泥强度等级不得低于42.5级。

(2)砂。采用粗点或中粗砂,其泥的质量分不得大于3%。

(3)石子。粒径在5~32mm之间,其泥的质量分数不得大于1%。

(4)混凝土外加剂。其品种和掺量应根据施工要求通过试验来确定。

(5)机具要求。一般应备有塔式起重机、插入式高频振捣棒、铁锹、铁盘、木抹子、小平铁锹、胶皮水管、灰斗、溜筒和经纬仪、水准仪等。

2. 作业条件

(1)模板工程已完成,且经各方验收合格。上下通道及支架已支塔完成且经检验合格。

(2)钢筋的数量、规格、钢筋保护层厚度等符合设计要求,隐蔽工程验收单已经验收各方签字。

(3)各种材料的质量经检验均符合设计和施工要求。

(4)检查施工用电、机具等是否完好,各种固定装置是否安全。

(5)混凝土双曲塔应优先选用商品混凝土,以保证混凝土质量。

3. 施工方案的选择

双曲塔的基础、池壁的施工与烟囱等筒体结构相似,筒壁施工较为特殊,一般有两种施工方案,见表5-4。施工时常采用第二种方案。

双曲塔筒壁施工方案 表 5-4

| 序号 | 施工方法 | 方法介绍 | 优缺点 |
|---|---|---|---|
| 一 | 内外脚手架 | 1. 壁内外搭脚手架；<br>2. 特制定型钢模板，支撑在内外脚手架上；<br>3. 内外脚手架逐渐增高；<br>4. 塔式起重机竖向运输 | 1. 脚手架和支模常规施工，搭设方便、安全可靠；<br>2. 钢管周转占用时间长、费工、费料 |
| 二 | 悬挂式内外三角形型钢外架 | 1. 附着式脚手架和钢模板逐节向上翻转；<br>2. 塔式起重机竖向运输 | 1. 无内外脚手架，材料用量少、操作简单；<br>2. 塔壁薄，对模板翻拆混凝土强度有特殊要求 |

4. 混凝土的施工

1) 混凝土的搅拌、运输及基础混凝土的浇筑

见第三章第三节、第四节与第四章第一节二。

2) 集水池混凝土的浇筑

(1) 混凝土按水池要求进行设计施工，混凝土强度等级不低于 C30，抗渗为 P8，抗冻为 D15。池底与壁一次浇筑而成，不留施工缝。

(2) 根据混凝土的特殊要求，必须经过抗渗、抗冻试验试配后确定混凝土配合比。

(3) 混凝土的水灰比要小，一般不超过 0.5，坍落度在 30 ~ 50mm，搅拌时间在 3 ~ 4min，拌和好后及时浇筑，常温下在 30min 内浇筑完毕。

(4) 混凝土自落高度超过 1.5m 的，应用串筒或溜槽下料，进行分段、分层均匀连续施工，分层厚度为 250 ~ 300mm。相邻浇筑面均衡，不留垂直高低槎。

(5) 混凝土用机械振捣，插入式振捣棒捣点间距在 500mm 以内，振动到表面泛浆无气泡为止。混凝土初凝后，要及时进行养护。

3) 筒壁环形支柱的混凝土施工

(1) 环形支柱应对称浇筑，柱子一次浇到环梁底口下 20mm 处为止。

(2) 柱浇筑前底部应先填 50 ~ 100mm 厚与混凝土配合比相同的减石子砂浆，柱混凝土应分层振捣，使用插入式振动器时每层厚度不大于 500mm，振捣不得触动钢筋和预埋件。除上部振捣外，下面要有人随时敲打模板。

(3) 柱高在 3m 以内，可在柱顶直接下料浇筑，超过 3m 时，应采取措施（如用串筒、溜槽等）。每段高度不得超过 2m。

(4) 柱子混凝土一次浇筑完毕后，随时将伸出的搭接钢筋整理到位。

4) 筒身混凝土的施工

(1) 由于筒身为双曲线形，施工难度大，它主要取决于垂直运输、操作平台、上下人通道、环形架子、筒身模板、环形吊架等的方案的合理性和可靠性。

(2) 混凝土应分层施工，每层浇筑方向应错开，从一点反向同时进行浇筑，每层离浇筑高度内模板 100mm 左右，混凝土的配合比都按防冻抗渗混凝土强度等级进行，对水平施工缝，采用高压塑料管压槽为准，留施工缝。再次浇筑混凝土时应冲洗干净再浇筑混凝土。

(3) 混凝土配合比由施工单位试验室按时提供。混凝土搅拌时间不得少于 1.5min，后台上料设专人负责，记录本作业班组所搅拌混凝土的数量，并填写混凝土施工日志。

(4) 操作平台上混凝土振捣人员必须仔细按本公司施工工艺标准和操作规程进行振捣，确保混凝土质量，防止出现蜂窝、麻面、露筋等现象，也不准出现过振现象，对于钢筋密集处要

用捣固杆配合捣固。混凝土浇捣顺序、方向应按施工组织设计规定要求进行,分层交圈连续浇捣,每层厚度为250mm,并按规定均匀变换浇筑方向,以防止筒体倾斜和扭转;振捣时不得触动模板,振动棒插入其下层混凝土的深度控制在50mm左右,当振捣完毕时应立即关闭振动器。严禁将振动棒扔在混凝土内乱振而导致卡棒或混凝土坍塌事故。在两个浇筑组的接头处要配合好,不得高低不平或互相扯皮导致漏振。

(5)在振捣混凝土时,应及时清理干净黏结在模板上口、边沿及散落在操作平台上的混凝土,以防止混凝土凝结导致增加摩阻力而影响出模混凝土表面光洁度。

(6)筒仓混凝土施工缝处理应用水冲刷干净,充分湿润,并堵好底缝,在第一班浇筑混凝土之前,施工缝处应先浇灌一层250mm厚与原混凝土同配合比的减半石子混凝土或多50~100mm厚与原混凝土同配合比的水泥砂浆接头,以确保施工缝处新旧混凝土的良好结合,凡是遇到特殊情况采取措施,间歇时间超过2h应按施工缝处理。

(7)浇筑深模内的混凝土应特别强调分层交圈,并应防止漏振,用振捣棒进行辅助振捣。

(8)混凝土初凝后应及时进行筒体内外混凝土的修补和刷浆压光工作。悬挂三脚架拆除后形成的空洞应及时用膨胀水泥砂浆堵塞。

(9)筒体混凝土只能留水平施工缝,不允许留竖向施工缝。

(10)混凝土拆模后应立即外刷养生液或喷水进行养护。

### 三、质量标准

质量标准见本章第一节。

### 四、安全措施

(1)施工前应编制详细的施工组织方案,进行安全措施交底,严格按操作规程施工。

(2)浇筑混凝土前,要检查架子是否牢固,模板是否支撑稳定,较大的裂缝是否已经处理等。

(3)倾倒混凝土时,不得用力冲击架子与模板。

(4)混凝土入模高度要保持基本均匀,禁止堆集一处而将模板压偏。

(5)高空作业人员身体要符合要求。

## 第五节　筒仓结构混凝土施工

现浇钢筋混凝土筒仓结构指的是直径一般为10~20m,地面以上5~10m为带壁柱的筒壁,筒壁厚度为250~350mm,其上为漏斗平台及筒仓。漏斗平台以下为带护壁柱和筒壁,采用支模方法浇筑混凝土施工;漏斗平台以上筒壁采用滑升模板施工。

### 一、筒仓结构混凝土的施工工艺

#### 1.铺砂浆

筒壁浇筑混凝土前,应在底板上均匀浇筑5~10cm厚与筒壁相同强度等级的减石子砂浆。砂浆要用铁锹入模,不应用斜斗直接入模。

#### 2.混凝土搅拌

加料时,按先后将石子、水泥,砂子最后加水的顺序倒入斗中。各种材料计量要准确,严格控制坍落度,搅拌时间不得少于1min。雨季时应随时测定砂石含水率,以保证混凝土配合比的准确。

3. 混凝土浇筑

(1)浇筑混凝土要分层进行,第一层混凝土浇筑厚度为50cm,然后均匀振捣。最上一层混凝土应适当降低水灰比,坍落度以3cm为宜。浇筑混凝土时要随时清理落地混凝土。

(2)洞口处浇筑。混凝土应从洞口正中下料,使洞口两侧混凝土高度一致。振捣时,振捣棒捣到洞口边30cm以上,最好采用两侧同时振捣,以防洞口变形。

(3)壁柱浇筑。先将振捣棒插放到柱根部并使其振动,再灌入混凝土,边下料边振捣,连续作业,浇筑到顶。

(4)筒壁混凝土振捣。振捣棒移动间距一般应小于50mm,要振捣密实,以不冒气泡为度。要注意不碰撞各种埋件,并注意保护空腔防水构造,各有关专业工种应相互配合。

(5)混凝土养护。常温下混凝土强度大于$1N/mm^2$,冬期施工时大于$5N/mm^2$即可拆模,若有可靠的冬期施工措施保护混凝土强度达到$5N/mm^2$以前不受冻,可于强度达到$4N/mm^2$时拆模,并及时修整壁柱边角和混凝土表面。常温施工时,浇水养护不少于3d,每天浇水次数以保持混凝土足够的湿润状态为度。

## 二、质量要求

(1)要严格控制配合比,混凝土出搅拌机时的坍落度应为5~7cm,入模时的坍落度为3~5cm,每一工作班至少检查两次。外加剂掺量应符合要求。施工中严禁对已拌好的混凝土任意加水。混凝土强度应达到设计要求。

(2)混凝土振捣要均匀密实,筒壁面及接槎处应平整光滑,筒壁面不应出现蜂窝、麻面、露筋、粘连、漏振及烂根等现象。

(3)筒壁混凝土表面应符合质量允许偏差要求。

## 三、安全措施

(1)用料斗吊运混凝土时,防止料斗在护身栏杆处发生碰撞;

(2)专业电工应保证电源、电路安全可靠,经常检测有关电器绝缘情况;

(3)操作人员振捣混凝土时,必须穿戴胶鞋和绝缘手套;

(4)在筒壁外边缘操作时,应预先检查外檐防护栏杆是否安全可靠,必要时须佩戴安全带。

# 第六章　大型、异形结构混凝土施工

## 第一节　大型、异形结构混凝土概述

### 一、大型、异形结构混凝土基本知识

1. 大型结构混凝土的概念

所谓大型结构混凝土是与普通混凝土结构相对而言的，普通混凝土结构构件断面和体积一般都比较小，而大型结构混凝土构件其断面和体积都比较大，尤其是一些基础工程，其体积一次浇筑混凝土量很大，少则几百立方米，多则几万甚至几十万立方米。关于大体积混凝土的定义，目前国内尚无一个统一的规定，一般认为：厚度达 2 ~ 3m，长度超过 100m，建筑物的基础最小尺寸在 1 ~ 3m 范围，就属大型结构（大体积）混凝土。大体积混凝土浇筑施工采用普通混凝土施工技术，会出现一系列问题，降低混凝土强度甚至使混凝土结构破坏，影响建筑物或构筑物的作用。如高层建筑的地下室箱形基础、高层建筑转换层结构混凝土板、大型水池、大型设备基础、水利工程中的混凝土大坝、桥梁工程中的大型混凝土桥墩等，其结构厚度厚或者体积大，必须根据大体积混凝土的施工技术进行施工。

高层建筑的箱形基础是当前应用较广的一种大体积混凝土，当建筑物荷载很大，或浅地质情况较差，基础需要埋深时，为了增加建筑物的整体刚度，不致因地基的局部变形影响上部结构，常采用钢筋混凝土将四周的墙、顶板、底板整体浇筑成刚度很大的盒状基础，称为箱形基础。箱形基础的特点是刚度大、整体性好，内部空间可以作为地下室使用。

混凝土水池，特别是大型混凝土水池无论在体积上还是在构造上、施工上都与一般的混凝土结构有着很大的区别。大型混凝土水池由底板、墙板组成，对于有池顶盖的大型水池还有顶板。由于水池的容量大，面积和水池深度都比较大，水池的底板和墙板都较常规的水池大出很多，不能按常规混凝土施工的方法进行施工。常见的钢筋混凝土水池有现浇钢筋混凝土水池、预制装配式水池和预应力钢筋混凝土水池。

2. 异形结构混凝土的概念

所谓异形结构混凝土是指结构体型、构造形态比较独特，与常见的方形等有规律的整齐的建筑结构不同。或者，建筑物结构构件断面、构件跨度与常规所见不同，其混凝土施工方法必须按照特殊结构混凝土施工技术进行施工。如薄壳混凝土结构、折板混凝土结构、正圆锥（或倒圆）壳体混凝土结构、大跨度预应力结构等等。

### 二、混凝土结构裂缝的基本概念

混凝土在一般情况下，当应力超过混凝土的极限强度，或其应力变形超过混凝土的极限变形值，由混凝土构成的结构物就要产生裂缝。裂缝发展到严重程度，结构物因失去承载能力而

破坏。

1. 混凝土裂缝的种类

混凝土工程结构的裂缝问题是具有一定普遍性的技术问题。虽然结构物的设计是建立在极限承载力的基础上，但有些工程的使用标准都是由裂缝控制的。因此，按混凝土裂缝宽度不同，将混凝土裂缝分为微观裂缝和宏观裂缝两种。

1）微观裂缝

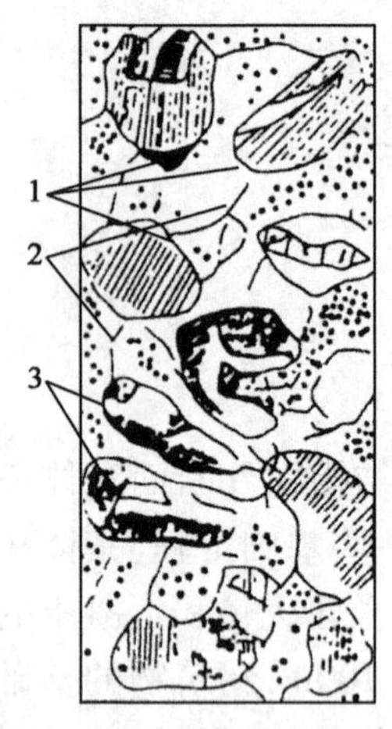

图6-1 微观裂缝示意
1-黏着裂缝；2-水泥石裂缝；3 集料裂缝

通过混凝土的现代试验研究设备的观察，可以证实在尚未承受荷载的混凝土结构中存在着肉眼看不见的微观裂缝，其宽度为0.05mm以下。微观裂缝主要有黏着裂缝（即沿着集料周围出现的集料与水泥石黏结面上的裂缝）、水泥石裂缝（即分布于水泥浆中的水泥石裂缝）和集料裂缝（即存在于集料本身的裂缝）三种，如图6-1所示。

以上三种微观裂缝中，主要以黏着裂缝和水泥石裂缝存在得较多。有微观裂缝的混凝土可以承受拉力，但结构物的某些受拉较大的薄弱环节，在拉力作用下，很容易串联贯穿全截面，最终导致较早的断裂。

2）宏观裂缝

混凝土中宽度不小于0.05mm的裂缝是肉眼可见裂缝，也称宏观裂缝。宏观裂缝是微观裂缝不断扩展的结果。在混凝土工程结构中，因为微观裂缝对防水、防腐、承重等都不会引起危害，所以具有微观裂缝结构则可假定为无裂缝结构。在结构设计中允许出现的裂缝，是指宽度不大于0.05mm的初始裂缝。由此可见，有裂缝的混凝土是绝对的，无裂缝的混凝土是相对的。

产生宏观裂缝 有外荷载、次应力和变形变化三种起因，变形是导致混凝土产生宏观裂缝的主要原因。宏观裂缝又可分为表面裂缝、深层裂缝和贯穿裂缝三种，如图6-2所示。

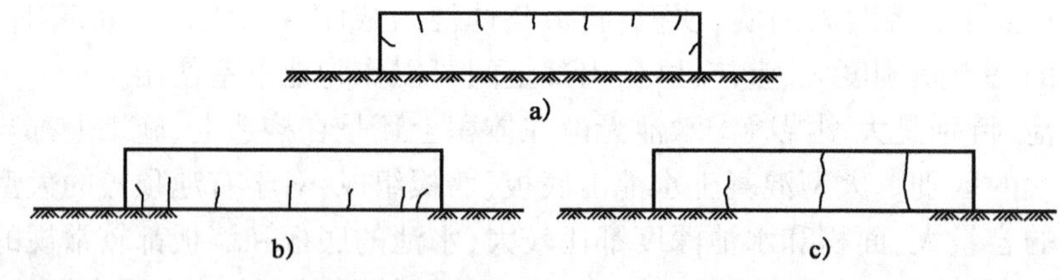

图6-2 宏观裂缝
a）表面裂缝；b）深层裂缝；c）贯穿裂缝

（1）表面裂缝

大体积混凝土在浇筑初期，由于水泥水化热大量产生，从混凝土的温度急剧上升。但由于混凝土表面散热条件转好，热量可以向大气散发，其温度上升实际比较少；混凝土内部由于散热条件较差，热量不易向外散发，所以其温度上升较多。混凝土内部温度高、表面温度低，则形成温度梯度，使混凝土内部产生压应力，而表面产生拉应力，当拉应力超过混凝土的极限抗拉强度时，混凝土表面就会产生裂缝。

混凝土表面裂缝虽然不属于结构性裂缝，但在混凝土收缩时，由于表面裂缝处的断面已被削弱，易产生应力集中现象，能促使裂缝进一步开展。我国对钢筋混凝土结构的最大允许裂缝宽度有明确的规定：室内正常环境下的一般构件为0.3mm；露天或室内高温环境下为0.2mm。

(2)深层裂缝

基础约束范围内的混凝土,处在大面积应力状态,在这种区域若产生了表面裂缝,则极有可能发展成为深层裂缝,甚至发展成贯穿性裂缝。深层裂缝部分切断了结构断面,具有较大的危害性,入模中是不允许出现的。如果没法避免基础约束区的表面裂缝,若能对混凝土内外温差控制适当,则基本上可以避免出现深层裂缝。

(3)贯穿裂缝

混凝土浇筑一定时间后,水泥水化热基本已经释放,混凝土从最高温度开始逐渐降温,降温的结果引起混凝土收缩,再加上混凝土中多余水分蒸发等引起的体积收缩变形,受到地基和结构边界条件的约束,不能自由变形,导致产生拉应力,当该拉应力超过混凝土极限抗拉强度时,混凝土整个截面就会产生贯穿性裂缝。贯穿性裂缝是危害最大的一种裂缝,它切断结构的全断面,破坏结构的整体性、稳定性、耐久性、防水性等,影响结构的正常使用。所以,应当采取一切措施,坚决控制贯穿裂缝的产生。

2. 混凝土裂缝产生的原因

大体积混凝土施工阶段产生的温度裂缝,是其内部矛盾发展的结果。总结大体积混凝土产生裂缝的工程实例,产生裂缝的主要原因有以下几个方面。

1)水泥水化热的影响

水泥在水化反应过程中产生大量的热量,这是大体积混凝土内部温升的主要热量来源,试验证明每克普通硅酸盐水泥放出的热量可达500J。因为大体积混凝土截面厚度大,水化热聚集在结构内部不易散发,所以会引起混凝土结构内部急剧升温。水泥水化热引起的绝热温升,与混凝土结构的厚度、单位体积的水泥用量和水泥品种等有关。混凝土结构的厚度越大,水泥用量越多,水泥早期强度越高,混凝土结构的内部温升越快。大体积混凝土测温试验研究表明,水泥水化热在混凝土浇筑后1~3d内放出的热量最多,大约占总热量的50%左右;混凝土浇筑后的3~5d内混凝土内部的温度最高。

混凝土的导热性能较差,浇筑初期混凝土的弹性模量和强度都很低,对水泥水化热急剧温升引起的变形约束不大,温度应力自然也比较小,不会产生温度裂缝。随着混凝土龄期的增长,其弹性模量和强度相应不断提高,对混凝土降温收缩变形的约束也越来越强,即产生很大的温度应力。当混凝土的抗拉强度不足以抵抗此温度应力时,便宜容易产生温度裂缝。

2)内外约束条件的影响

各种混凝土结构在变形中,必然受到一定的约束,从而阻碍其自由变形。阻碍变形的因素称为约束条件,约束又分为内约束和外约束。建筑工程中的大体积混凝土,相对水利工程来说(如混凝土大坝),体积并不算很大,它承受的温差和收缩主要是均匀温差和均匀收缩,故外约束应力占主要地位。

大体积混凝土与地基浇筑在一起,当温度变化时受到下部地基的限制,因而产生外部的约束应力。混凝土在早期温度上升时,产生的膨胀变形受到约束面的约束而产生压应力,此时混凝土的弹性模量很小,徐变和应力松弛均较大,混凝土与基层连接不太牢固,因而压应力较小。但当温度下降时,则产生较大的拉应力,若超过混凝土的极限抗拉强度,混凝土将会出现垂直裂缝。

在全约束的条件下,混凝土结构的变形应是温差和混凝土线胀系数的乘积,即 $\varepsilon = \Delta Ta$。当 $\varepsilon$ 超过混凝土的极限拉伸值 $\varepsilon_p$ 时,混凝土结构便出现裂缝。结构不可能受到全约束,况且混凝土还有徐变变形,所以温差在25~30℃情况下,也可能不产生裂缝。由此可见,降低混凝土的内外温差和改善其约束条件，是防止大体积混凝土产生裂缝的重要措施。

3）外界气温变化的影响

大体积混凝土结构在施工期间，外界气温变化对防止大体积混凝土开裂有重大影响。混凝土内部温度是由浇筑温度、水泥水化热的绝热温升和结构的散热温度等各种温度之和组成。浇筑温度与外界气温有着直接关系，外界气温越高，混凝土的浇筑温度也越高；如果外界气温下降，会增加混凝土的温度梯度，特别是气温骤然下降，会大大增加外层混凝土与内部混凝土的温差，因而会造成过大的温度应力，易使大体积混凝土出现裂缝。

大体积混凝土由于厚度大，不易散热，其内部温度高，有的工程竟高达90℃以上，而且持续时间较长。温度应力是由温差引起的变形所造成的，温差越大，温度应力也越大。因此，研究和采取合理的温度控制措施，控制混凝土表面温度与外界气温的温差，是防止混凝土产生裂缝的另一个重要措施。

4）混凝土收缩变形的影响

混凝土收缩变形的影响，主要包括塑性收缩变形和体积变形两个方面。

（1）混凝土的塑性收缩变形

在混凝土硬化之前，混凝土处于塑性状态，如果上部混凝土的均匀沉降受到限制，如遇到钢筋或大的混凝土集料，或者平面面积较大的混凝土，其水平方向的减缩比垂直方向更难时，就容易形成一些不规则的混凝土塑性收缩性裂缝。这种裂缝通常是互相平行的，间距一般为0.2～1.0m，并且有一定的深度，它不仅可以发生在大体积混凝土中，而且可以发生在平面尺寸较大、厚度较薄的结构构件中。

（2）混凝土的体积变形

混凝土在水泥水化过程中要产生一定的体积变形，但多数是收缩变形，少数为膨胀变形。掺入混凝土中的拌和水，约有20%的水分是水泥水化所必需的，其余80%将要逐渐蒸发，最初失去的自由水几乎不引起混凝土的收缩变形，但随着混凝土的不断干燥而使吸附水逸出，就会出现干缩变形。混凝土干缩变形的机理比较复杂，其主要原因是混凝土内部孔隙水蒸发引起的毛细管应力所致，这种干缩变形在很大程度上是可逆的。

除上述干燥收缩外，混凝土还会产生碳化收缩变形即空气中的二氧化碳与混凝土中的氢氧化钙反应生成碳酸钙和水，这些结合水会因蒸发而使混凝土产生收缩变形。

3. 裂缝形式

1）干燥收缩裂缝

当混凝土在空气中失去内部毛细孔和凝胶孔的吸附水时，就会产生干缩，引起混凝土的收缩变形。

2）塑性收缩

塑性收缩发生在混凝土硬化前的塑性阶段。高强混凝土的水胶比较低，自由水分少，矿物细掺合料对水的更高的敏感性，高强混凝土基本不泌水，表面失水更快，所以高强混凝土的塑性收缩比普通混凝土更容易产生。

3）自收缩

密闭的混凝土内部相对湿度随水泥水化的进展而降低，称为自干燥。自干燥造成毛细孔中的水分不饱和而产生负压，因而引起混凝土的自收缩。

4）温度收缩

对于强度要求较高的混凝土，水泥用量相对较多，水化热大，温度升高速率也大，一般可达到 35 ~40℃,加上初始温度可使最高温度超过 70 ~ 80℃,一般混凝土的热膨胀系数为 $10 \times 10^{-6}$/℃,当温度下降到 20 ~25℃时造成的冷缩量为$(2 \sim 2.5) \times 10^{-4}$,而混凝土的极限拉伸值只有$(1 \sim 1.5) \times 10^{-4}$,因而冷缩常引起混凝土开裂。

5)化学收缩

水泥水化后,固相体积增加,但水泥—水体系的绝对体积则减小,形成许多毛细孔隙。高强混凝土水胶比小,外掺矿物细掺和料,水化程度受到制约,故高强混凝土的化学收缩量小于普通混凝土。

## 第二节 大型、异形结构混凝土施工

### 一、大体积混凝土结构施工

大体积混凝土结构的施工,与普通钢筋混凝土结构的施工基本相同,但又具有自己的特点。其包括钢筋工程、模板工程和混凝土工程的施工。

1. 钢筋工程施工

大体积混凝土结构的钢筋,具有数量多、直径大、分布密、上下层钢筋高差较大等特点,这是与一般混凝土结构的明显区别。

为使钢筋网片的网格方正划一、间距正确、便于施工,在进行钢筋绑扎或焊接时,可采用 4 ~5m 长的卡尺限位绑扎,如图 6-3 所示。即根据钢筋间距在卡尺上设置缺口,绑扎时在长钢筋的两端用卡尺缺口卡住钢筋,待绑扎牢固后拿去卡尺,这样既能满足钢筋间距的质量要求,又能加快绑扎钢筋的速度。钢筋的连接,可采用气压焊、对接焊、锥螺纹和套筒挤压连接等方法。

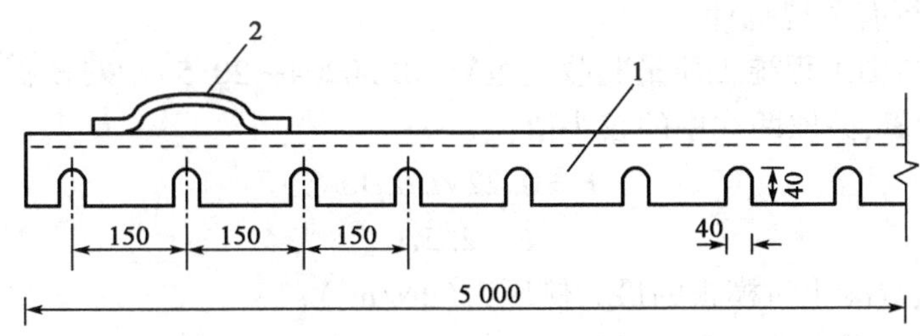


图 6-3 绑扎钢筋用的角钢卡尺(尺寸单位:mm)

1-$\phi$63 ×6;2-$\phi$12 把手

大体积混凝土结构由于厚度较大,多数设计为上、下两层钢筋。为保证上层钢筋的高程和位置准确无误,应设立支架支撑上层钢筋。过去多用钢筋作为支架,不仅用钢量大,稳定性差、操作不安全,而且难以保持上层钢筋在同一水平面上。因而,目前一般采用角钢焊制的支架来支承上层钢筋的质量、控制钢筋的高程、承担上部操作平台的全部施工荷载。钢筋支架立柱的下端焊在钢管桩的桩帽小,在上端焊接一段插座管,插入 $\phi$48 钢管脚手架,用横楞和满铺脚手板组成浇筑混凝土用的操作平台,如图 6-4 所示。

钢筋网片和骨架多在钢筋加工厂加工成型,然后运到施工现场进行安装。但工地上也要设简易的钢筋加工成型机械,以便对钢筋整修和临时补缺加工。

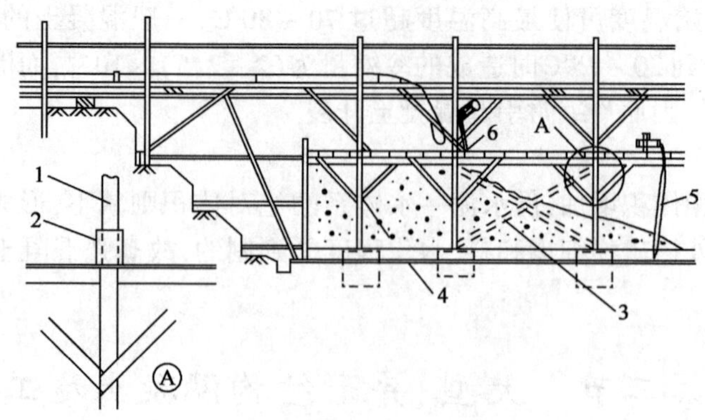


图6-4 钢筋支架及操作平台

1-$\phi$48 脚手架;2-插座管(内径 50mm);3-剪刀撑;4-钢筋支架;5-前道振捣;6-后道振捣

2. 模板工程施工

模板是保证工程结构设计外形和尺寸的关键,而混凝土对模板的侧压力是确定模板尺寸的依据。大体积混凝土的浇筑常采用泵送混凝土工艺,该工艺的特点是浇筑速度快,浇筑面集中。泵送混凝土的操作工艺决定了它不可能做到同时将混凝土均匀地分送到浇筑混凝土的各个部位,所以,常会使某一部位的混凝土堆积,然后才移动输送管,依次浇筑其他部位的混凝土。因此,采用泵送工艺的大体积混凝土的模板,绝对不能按照传统、常规的办法配置。而应当根据实际受力状况,对模板和支撑系统等进行认真计算,以确保模板体系具有足够的强度和刚度。

1)泵送混凝土对模板侧压力计算

泵送混凝土对模板的最大侧压力,各国均有自己的经验公式,根据我国的实际情况,可采用下列两种方法计算:

(1)按我国现行有关规范计算

我国《混凝土结构工程施工质量验收规范》(GB 50204—2015)中对模板侧压力的计算,规定可按下列两式计算,并取两式中的较小值:

$$F = 0.22\gamma t_0 \beta_1 \beta_2 v \tag{6-1}$$

$$F = 2.5H \tag{6-2}$$

式中:$F$——新浇筑混凝土对模板的最大侧压力($kN/m^2$);

$\gamma$——新浇筑混凝土重力密度($kN/m^3$);

$\beta_1$——外加剂的影响修正系数,不掺加外加剂时取1.0;掺具有缓凝作用的外加剂时取1.2;

$\beta_2$——混凝土坍落度影响修正系数,当坍落度小于100mm时,取1.10;不小于100mm时,取1.15;

$t_0$——新浇筑混凝土的初凝时间(h),可按实测确定,当缺乏试验资料时,可采用公式$t_0 = 200/(T+15)$计算;

$T$——为混凝土浇筑时的温度(℃);

$v$——混凝土的浇筑速度(m/h);

$H$——混凝土侧压力计算位置处至新浇筑混凝土顶面的总高度(m)。

(2)借鉴国外的施工经验

日本建筑学会通过在若干工程试验实践后，在《建筑规范 JSSA-5 钢筋混凝土》中推荐了一些侧压力计算的经验公式。我国经过一些工程的实践，认为具有一定的参考价值。经验公式如表 6-1 所示。

混凝土作用在模板上的最大侧压力　　表 6-1

| 部位 $H$ $v$ | | <10 | | 10~20 | | >20 |
|---|---|---|---|---|---|---|
| | | <1.5 | 1.5~4.0 | <2.0 | 2.0~4.0 | >4.0 |
| 柱 | | $\gamma H$ | $1.5\gamma+0.6\gamma\times(H-1.5)$ | $\gamma H$ | $2.0\gamma+0.8\gamma\times(H-2.0)$ | $\gamma H$ |
| 墙 | 长度<3m | | $1.5\gamma+0.2\gamma\times(H-1.5)$ | | $2.0\gamma+0.2\gamma\times(H-2.0)$ | |
| | 长度>3m | | $1.5\gamma$ | | $2.0\gamma$ | |

注：1. $v$ 为混凝土浇筑速度（浇筑混凝土的上升速度），m/h。

2. $H$ 为混凝土浇筑高度，柱或墙的高度是指从该楼层面到上层梁底为止的高度，m。

3. $\gamma$ 为混凝土的重力密度，一般取 2 400kg/m$^3$。

4. 根据上表求得底部模板面上单位面积的最大侧压力，这个侧压力对于整个高度呈三角形分布，下端最大，上端为零，其合力重心在底部 1/3 处。

2）侧模及支撑

根据用以上公式计算出的混凝土的最大侧压力值，可确定模板体系各部件的断面和尺寸，在侧模及支撑设计与施工中，应注意以下几个方面。

（1）由于大体积混凝土结构基础垫层面积较大，垫层浇筑后其面层不可能在同一水平面上。因此，在钢模板的下端统长铺设一根 500mm×100mm 小方木，用水平仪找平调整，确保安装好钢模板上口能在同一高程上。另外，沿基础纵向两侧及横向混凝土浇筑最后结束的一侧，在小方木上开设 300mm×50mm 的排水孔，以便将大体积混凝土浇筑时产生的泌水和浮浆排出坑外。

（2）基础钢筋绑扎结束后，应进行模板的最后校正，并焊接模板内的上、中、下三道拉杆。上面一道先与角铁支架连接后，再用圆钢拉杆焊在第三排桩帽上，中间一道拉杆斜焊在第二排桩帽上，下面一道直接焊接在底皮的受力钢筋上。

（3）为了确保模板的整体刚度，在模板外侧布置三道统长横向围檩，并与竖向肋用连接件固定。

（4）因为泵送混凝土浇筑速度快，对模板的侧向压力也相应增大，所以为确保模板的安全和稳定，在模板外侧另加三道木支撑，如图 6-5 所示。

3. 混凝土工程施工

高层建筑基础工程的大体积混凝土浇筑数量巨大，加新上海国际大厦 17 000m$^3$，上海煤炭大厦 21 000m$^3$，上海世界贸易商城 24 000m$^3$。对于这些大体积混凝土的浇筑，最好采用集中搅拌站供应商品混凝土，搅拌运输车运送到施工现场，由混凝土泵（泵车）进行浇筑。

采用商品混凝土，这是一个全盘机械化的混凝土施工方案，其关键是如何使这些机械相互协调，否则任务一个环节的失调，都会打乱整个施工部署。

1）施工平面布置

混凝土泵送能否顺利进行，在很大程度上取决于合理的施工平面布置、泵车的布局以及施工现场道路的畅通。

（1）混凝土泵车的布置

混凝土泵车的布置是保证混凝土顺利浇筑的核心，在布置时应注意以下几个方面。

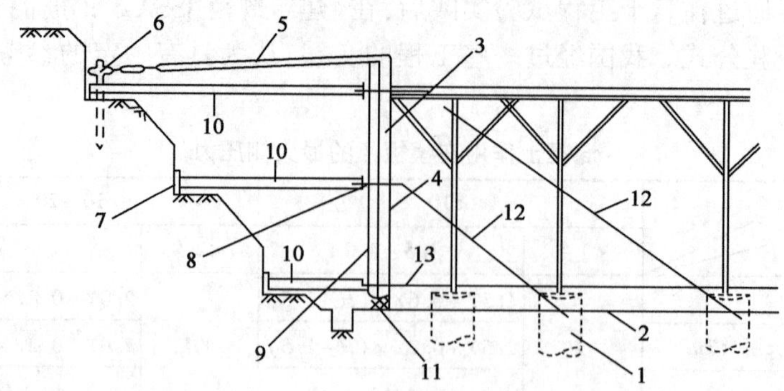


图6-5　侧模支撑示意图

1-钢管柱;2-混凝土垫层面;3-∠40×4 角铁搁栅;4-5mm 钢模板板面;5-∠50×5,每模板 2 根(校正模板上口位置);6-花篮螺栓;7-统长木垫头板;8-2 根 8 号统长槽钢腰梁;9-2 根 8@1 000;10-75mm×75mm 方木@1 000;11-50mm×100mm 小方木,上口找平;12-$\phi$22 拉杆;13-拉杆与受力钢筋焊接

①根据大体积混凝土的浇筑计划、顺序和速度等要求,选择混凝土泵车的型号、台数,确定每一台泵车负责的浇筑范围。

②在泵车布置上,应尽量使泵车靠近基坑,使布料杆扩大服务半径,使最长的水平输送管道控制在 120m 左右,并尽量减少用 90°的弯管。

③严格施工平面管理和道路交通管理,抓好施工道路的质量,是确保泵车、搅拌运输车正常运输的重要一环。因此,各种作业场地、施工机具和材料都要按划定的区域和地点操作或堆放,车辆行驶路线也要分区规划安排,以保证行车的安全和畅通。

(2)防止泵送堵塞的技术措施

在泵送混凝土的施工过程中,最容易发生的是混凝土堵塞,为了充分发挥混凝土泵车的效率,确保管道输送畅通,可采取以下技术措施。

①在混凝土施工过程中,加强混凝土的级配管理和坍落度控制,确保混凝土的可泵性。在常温情况下,一般每隔 2～4h 进行一次检查,发现坍落度有偏差时,及时与搅拌站联系加以调整。

②搅拌运输车在卸料之前,应首先高速运转 1min,使卸料时的混凝土质量均匀。

③严格对混凝土泵车的管理,在使用前和工作过程中,要特别重视"一水"(冷却水)、"三油"(工作油、材料没油和润滑油)的检查。在泵送过程中,气温较高时,如果连续压送,工作油温可能会升温到 60℃,为了确保泵车正常工作,应对水箱中的冷却水及时调换,控制油温在 50℃以下。

2)大体积混凝土的浇筑

大体积混凝土的浇筑与其他混凝土的浇筑工艺基本相同,一般包括搅拌、运送、浇筑入模、振捣及平仓等工序,其中浇筑方法可结合结构物大小、钢筋疏密、混凝土供应条件以及施工季节等情况加以选择。

(1)混凝土浇筑方法

为保证混凝土结构的整体性,混凝土应当连续浇筑,要求在下层混凝土初凝前就被上层混凝土覆盖并捣实。为此,要求混凝土按不小于下述数量进行浇筑:

$$Q = F \cdot \frac{h}{T} \tag{6-3}$$

式中：$Q$——需要的混凝土浇筑量($m^3/h$)；

$F$——混凝土浇筑区的面积($m^2$)；

$h$——混凝土每层浇筑厚度(m)；

$T$——下层混凝土从开始浇筑到初凝的延续时间(h)。

根据结构特点不同，可分为全断面分层浇筑、分段分层浇筑和斜面分层浇筑等方案，如图6-6所示。目前工程上常用的是斜面分层浇筑法。

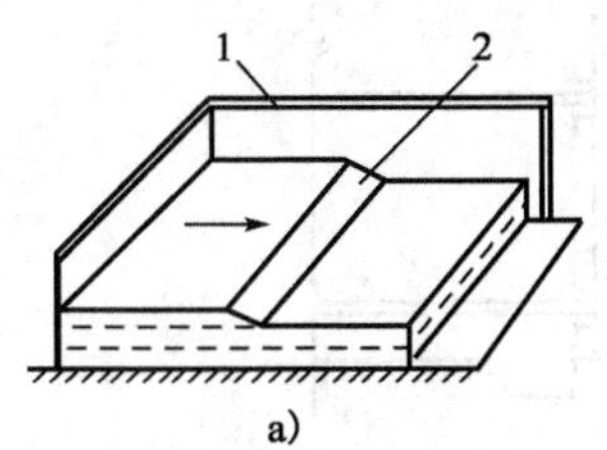

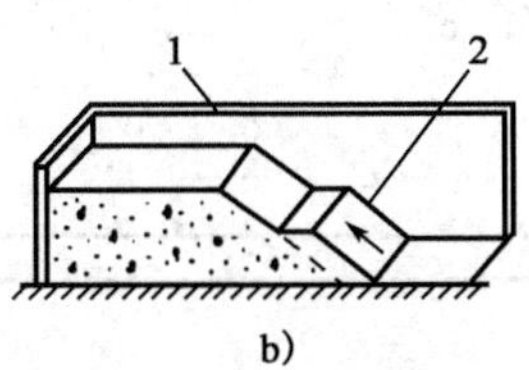

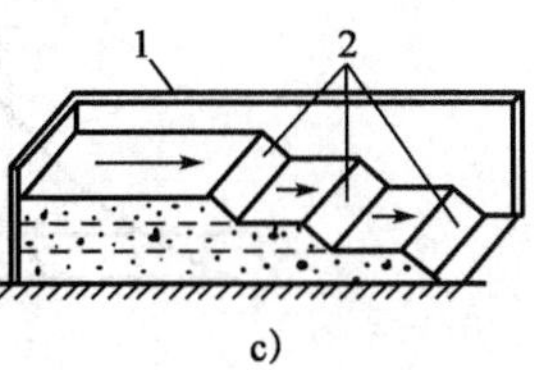


图6-6 大体积混凝土结构浇筑方案

a)全断面分层浇筑；b)分段分层浇筑；c)斜面分层浇筑

1-模板；2-新浇筑的混凝土

①全断面分层浇筑

全断面分层浇筑，即在整个模板内全面分层，浇筑区面积即为基础平面面积。第一层全面浇筑完毕后浇筑第二层，第二层要在第一层混凝土初凝之前，全部浇筑振捣完毕，如此逐层进行，直到全部基础浇筑完成。这种浇筑方法要求搅拌系统的生产率能满足浇筑量的要求，适用于一般平面尺寸不大的结构。

②分段分层浇筑

分段分层浇筑，即混凝土从低层开始浇筑，进行一定距离后就回头浇筑第二层，如此向前呈阶梯形推进。当结构厚度不大，面积或长度较大时，可采用分段分层浇筑法。其分段的长度主要与搅拌系统生产能力 $Q$、混凝土初凝时间 $t$、结构的宽度 $B$、每层浇筑的时间间隔 $T$、混凝土浇筑层厚度 $h$ 等有关。

③斜面分层浇筑

斜面分层浇筑，即浇筑工作从浇筑层斜面下端开始，逐渐向上移动浇筑，这时振动器应与斜面垂直振捣。斜面分层也可以视为分段分层、分段长度小到一定程度的情况。

斜面分层浇筑，即当结构的长度超过其厚度的3倍时，可以采用斜面分层浇筑。采用此方案时，斜面坡度取决于混凝土的坍落度，混凝土浇筑厚度一般为20～30cm，振捣工作应从浇筑层的下端开始。

(2)混凝土的振捣

根据混凝土泵送时会自然形成一个坡度的实际情况，在每个浇筑带的前、后布置两道振动器，第一道振动器布置在混凝土的卸料点，主要解决上部混凝土的捣实；第二道振动器布置在混凝土的坡脚处，以确保下部混凝土的密实。随着混凝土浇筑工作的向前推进，振动器也相应跟上，以保证整个高度混凝土的质量。其具体布置如图6-7所示。

3)混凝土的泌水处理和表面处理

(1)混凝土的泌水处理

大体积混凝土施工，由于采用大流动性混凝土进行分层浇筑，上下层施工的间隔时间较长(一般为1.5～3h)，经过振捣后上涌的泌水和浮浆易顺着混凝土坡面流到坑底。当采用泵送混凝土施工时，泌水现象尤为严重。解决的办法是在混凝土垫层施工时，预先在横向上做出2cm 的坡度；在结构四周侧模的底部开设排水孔，使泌水及时从孔中自然流出；少量来不及排除的泌水，随着混凝土浇筑向前推进被赶至基坑顶端，由顶端模板下部的预留孔排至坑外。

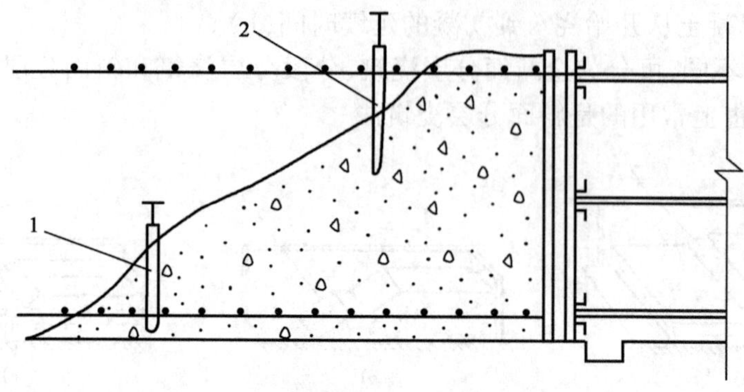


图 6-7　混凝土振捣示意图

1-前道振动器；2-后道振动器

当混凝土大坡面的坡脚接近顶端模板时，应改变混凝土的浇筑方向，即从顶端往回浇筑，只原斜坡相交成一个集水坑，另外有意识地加强两侧模板外的混凝土浇筑强度，这样集水坑逐步在中间缩小成小水潭，然后用软轴泵及时将泌水排除。采用这种方法适用于排除最后阶段的所有泌水，如图 6-8 所示。

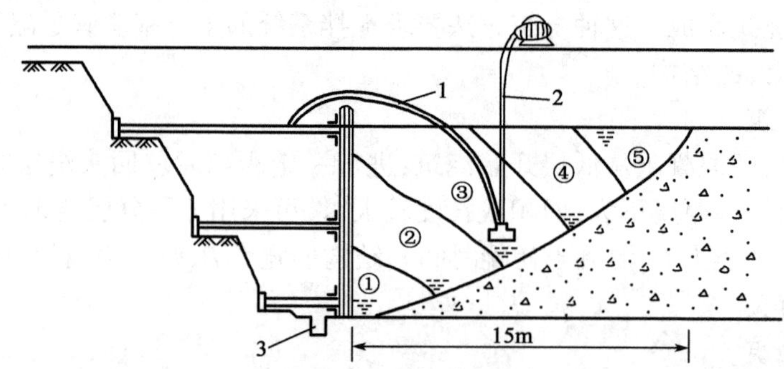


图 6-8　顶端混凝土浇筑方向及泌水排除

1-顶端混凝土浇筑方向（①②…表示分层浇筑流程）；2-软轴抽水机排除泌水；3-排水沟

（2）混凝土的表面处理

大体积混凝土（尤其采用泵送混凝土工艺），其表面水泥浆较厚，不仅会引起混凝土的表面收缩开裂，而且会影响混凝土的表面强度。因此，在混凝土浇筑结束后要认真进行表面处理。处理的基本方法是在混凝土浇筑 4 ~ 5h 时，先初步按设计高程用长刮尺刮平，在初凝前（因混凝土内掺加木质素磺酸钙减水剂，初凝时间延长到 6 ~ 8h）用铁滚筒碾压数遍，再用木抹子打磨压实，以闭合收水裂缝，经 12 ~ 14h 后，应进行保温养护。

4）混凝土养护

（1）大体积混凝土应进行保温保湿养护，在每次混凝土浇筑完毕后，除应按普通混凝土进行常规养护外，尚应及时按温控技术措施的要求进行保温养护，并应符合下列规定。

①应专人负责保温养护工作，并应按现行规范的有关规定操作，同时应做好测试记录；

②保湿养护的持续时间不得少于 14d，并应经常检查塑料薄膜或养护剂涂层的完整情况，

保持混凝土表面湿润；

③保温覆盖层的拆除应分层逐步进行，当混凝土的表面温度与环境最大温差小于20℃时，可全部拆除。

(2)在混凝土浇筑完毕初凝前，宜立即进行喷雾养护工作。

(3)塑料薄膜、麻袋、阻燃保温被等，可作为保温材料覆盖混凝土和模板，必要时，可搭设挡风保温棚或遮阳降温棚。在保温养护中，应对混凝土浇筑体的里表温差和降温速率进行现场监测，当实测结果不满足温控指标的要求时，应及时调整保温养护措施。

(4)高层建筑转换层的大体积混凝土施工，应加强养护，其侧模、底模的保温构造应在支模设计的确定。

(5)大体积混凝土拆模后，地下结构应及时回填土；地下结构应尽早进行装饰，不宜长期暴露在自然环境中。

5)特殊气候条件下的施工

(1)大体积混凝土施工遇炎热、冬期、大风或雨雪天气时，必须采用保证混凝土浇筑质量的技术措施。

(2)炎热天气浇筑混凝土时，宜采用遮盖、洒水、拌冰屑等降低混凝土原材料温度的措施，混凝土入模温度宜控制在30℃以下。混凝土浇筑后，应及时进行保湿保温养护；条件许可时，应避开高温时段浇筑混凝土。

(3)冬期浇筑混凝土时，宜采用热水拌和、加热集料等提高混凝土原材料温度的措施，混凝土入模温度不宜低于5℃。混凝土浇筑后，应及时进行保温保湿养护。

(4)大风天气浇筑混凝土时，在作业面应采取挡风措施，并应增加混凝土表面的抹压次数，应及时覆盖塑料薄膜和保温材料。

(5)雨雪天不宜露天浇筑混凝土，当需施工时，应采取确保混凝土质量的措施。浇筑过程中突遇大雨或大雪天气时，应及时在结构合理部位留置施工缝，并应尽快中止混凝土浇筑；对已浇筑还未硬化的混凝土应立即进行覆盖，严禁雨水直接冲刷新浇筑的混凝土。

## 二、箱形基础混凝土施工

箱形基础是将四周的墙板、下部底板和顶部的顶板及中间的墙柱整浇形成刚度大的盒形，既是上部结构的基础，又作为地下室部分提供使用功能。所以，箱形基础既要按基础的要求又要按地下室的要求进行施工。根据箱形基础支承上部结构巨大荷载的情况及地下防水的要求，箱形基础的底板一般都比较厚，浇筑混凝土的量大，混凝土的施工与常规施工不同。

1.箱形基础构造

箱形基础是由钢筋混凝土底板、顶板和纵横墙体组成的整体结构，如图6-9所示。

它的主要特点是刚度大，因此，不至于由于地基不均匀沉降使上部结构产生较大的弯曲而造成开裂，箱形基础在高层建筑中应用很普遍。

在结构上，要求箱形基础在平面布置上尽可能对称，以减少荷载的偏心距，防止基础过度倾斜；要求混凝土强度等级不应低于C20，基础高度一般取建筑物高度的1/12～1/8，不宜小于箱形基础长度的1/18～1/16，且不小于3m；要求底、顶板的厚度应满足或强冲切验算要求，并根据实际受力情况通过计算确定。底板厚度一般取隔墙间距的1/10～1/8，约为300～1 000mm，顶板厚度约为200～400mm，内墙厚度不宜小于200mm，外墙厚度不应小于250mm；为保证箱形基础的整体刚度，平均每平方米基础面积上墙体长度不小于基础面积的1/10，其中纵墙配置量不得小于墙体总配置量的 3/5。

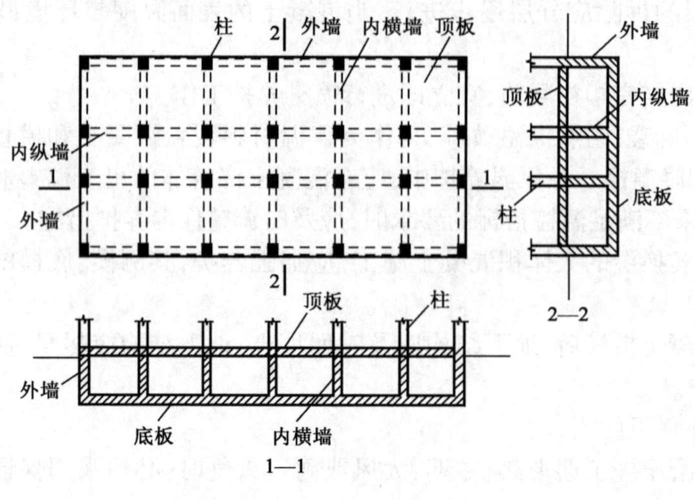


图 6-9　箱形基础图

2. 箱形基础的施工要点

(1)基坑开挖如有地下水,应将地下水降低至设计底板以下 50cm 处。当地质为粉质砂土有可能产生流沙现象时,不得采用集水井降水,宜采用井点降水措施,并应设置水位降低观察孔。

(2)注意保持基坑底土的原状结构,采用机械开挖基坑时,应在基坑底面以上保留 20 ~ 40cm 厚的土层,保护基底土不被扰动,保留土层采用人工挖除。基坑验槽合格后,应立即进行基础施工。

(3)箱形基础的底板、内外墙和顶板的支模和混凝土的浇筑,可采取内外墙和顶板分次支模浇筑方法施工,其施工缝留设位置如图 6-10 所示。外墙接缝应设榫接或设止水带。施工缝的处理,应符合钢筋混凝土工程施工及验收规范有关要求。

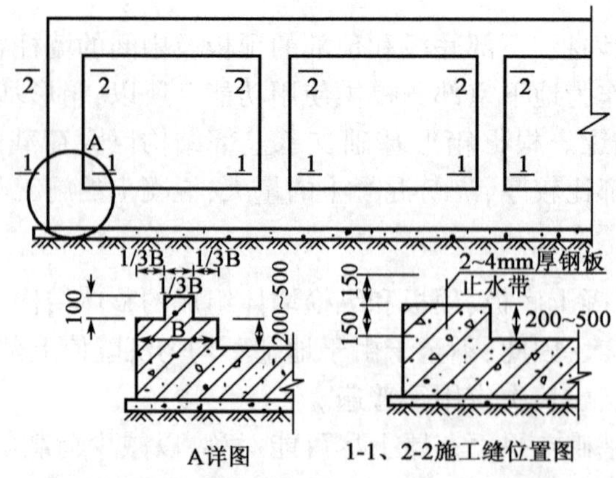


图 6-10　箱形基础施工缝位置留设图(尺寸单位:mm)

(4)基础的底板、内外墙和顶板宜连接浇筑完毕。当基础长度超过 40m 时,为防止出现温度收缩裂缝,一般应设置贯通后浇带,后浇带宽不宜小于 80cm,在后浇带处钢筋应贯通,顶板浇筑后,相隔不少于 40d,用比设计强度等级提高一级的细石混凝土或膨胀混凝土将后浇带填筑密实，并加强养护。

(5)对超厚、超长的整体钢筋混凝土结构，由于其结构截面大，水泥用量多，水泥水化后释放的水化热会产生较大的混度变化和收缩作用，会导致混凝土产生表面裂缝和贯穿性或深进裂缝，影响结构的整体性、耐久性和防水性。影响正常使用。因此对大体积(厚度大于1m)混凝土，在浇筑前应对结构进行必要的裂缝控制计算，估算混凝土浇筑后可能产生的最大水化热绝对温升值、温度差和温度收缩应力，以便在施工期采取有效的技术措施(着重在控制温升、延缓降温速率、减少混凝土收缩、提高混凝土极限拉伸、改善约束条件等方便)，来预防温度收缩裂缝，保证混凝土工程质量。

(6)混凝土的防水施工。箱形基础施工除了要考虑大体积施工的方法和措施外，必须要按照防水要求进行施工。具体施工方法和要求，参见本节三、大型水池混凝土施工。

3. 箱形基础混凝土的施工特点

(1)一次性浇筑的混凝土工程量大，由水泥水化热引起的混凝土变形和开裂比较严重，施工中必须严格控制混凝土的开裂和变形。

(2)基础底板较厚，混凝土必须进行分层施工，考虑混凝土的整体性，必须要保证前后两次混凝土浇筑不产生分离。

(3)作为地下室时混凝土的施工必须满足防水要求。

4. 箱形基础混凝土的施工

1)混凝土材料与配合比

(1)箱形基础的混凝土强度等级与防水混凝土抗渗等级按照设计要求确定。混凝土材料主要是水泥、砂、石及其他掺和料的选择。对于水泥主要选择发热量低、初凝时间较长的矿渣硅酸盐水泥、粉煤灰硅酸盐水泥、抗硫酸盐水泥、火山灰质硅酸盐水泥。砂子采用一般中粗砂，泥的质量分数控制在2%以内。石子采用符合筛分曲线级配良好的河卵石或碎石，石子粒径最大不大于钢筋间距的3/4，一般在5～40mm或5～60mm。

(2)为改善混凝土的和易性，提高混凝土的密实度，减少水泥用量，降低水化热，并减少混凝土的泌水和干缩程度，常在混凝土中掺加粉煤灰。在保证混凝土的和易性和操作条件基础上，为节约混凝土中水泥用量，可以掺加减水剂。浇筑混凝土底板时，为了推迟混凝土的凝结时间，可以加入缓凝剂，以减缓混凝土的浇筑强度，有利于水泥水化热量的散发，减少混凝土的收缩，在冬季低温条件下，为加快混凝土的硬化速度，提高早期强度和防止受冻，可以加入早强剂和防冻剂。

(3)混凝土配合比设计的原则是在满足工程设计(强度等级和抗渗等级)要求的前提下，尽量减少单位体积水泥的用量；在满足施工操作工艺的要求下，尽量减少混凝土浇筑过程中的用水量；尽可能减轻混凝土自身养护硬化过程中的收缩。对于采用泵送工艺时，对混凝土的配合比、搅拌质量和进入泵机料斗的混凝土较普通混凝土有更严格的工艺要求，除满足一般流动性、强度、耐久性、经济等要求外，还必须满足可泵性要求，即要求混凝土有良好的和易性和合适的坍落度，以免混凝土在管路中形成阻塞，造成管路中断。混凝土的抗渗等级不低于S6。

2)混凝土搅拌能力的确定

箱形基础面积大，底板厚度厚，整体性要求高，混凝土底板要分层浇筑一气呵成，每层间隔时间短，一般要求不超过2～3h。一个面积600～1 000$m^2$的大型基础，每小时要浇筑90～170$m^3$的混凝土，且须不间断地连续进行，施工中，如何确保在短期内，将数千立方米的混凝土快速、均匀、连续地浇筑完成，常成为基础施工中的一个中心问题，也是保证基础质量的一道关键工序。

为了保证混凝土浇筑顺利进行和不出现质量事故，施工前应规划、解决好混凝土的配制、运输、浇筑、下料、浇筑次序、振捣、质量控制等一系列问题。

混凝土浇筑强度——即每小时浇筑混凝土量的确定。大型基础混凝土工程量大，混凝土如果采用搅拌机搅拌时，应根据混凝土的浇筑强度来确定搅拌能力。

基础混凝土最大的浇筑强度可以按下式确定

$$Q = \frac{Ah}{t} \tag{6-4}$$

式中：$Q$——混凝土的最大浇筑强度（$m^3/h$）；

$A$——基础最大水平浇筑面积（$m^2$）；

$h$——分层浇筑的厚度，一般取（0.2～0.4m）；

$t$——每层浇筑时间（h），是指水泥的初凝时间减去混凝土搅拌运输时间。

当混凝土的搅拌、运输设备能力不能满足混凝土浇筑强度要求时，应考虑增设临时搅拌设备，或将基础按结构部件进行分段、分块浇筑，以减少一次浇筑面积。

混凝土配制宜设集中搅拌站，通过翻斗汽车、机动翻斗车或混凝土搅拌运输车供给施工现场，尽可能地把混凝土搅拌过程直接与输送结合起来。

3）混凝土的输送浇筑方法

大型基础混凝土的输送、浇筑是基础施工最重要的一道工序，其施工方案的选择将对工程质量、进度和技术经济指标产生直接的影响。

（1）采用翻斗汽车输送浇筑混凝土，直接送到浇筑地点进行浇筑，此时，基础内应设置枕木或车道板，防止汽车带入泥土。本方法简便，可减少二次倒过，尤其适用于无钢筋底板的输送浇筑。对于有钢筋底板的输送浇筑必须搭设移动式卸料台才能进行。

（2）采用手推翻斗车输送浇筑，在基础上部搭设满堂脚手架，布置在串筒下部，手推车可以通过满堂脚手架输送至每个部位。

（3）采用起重机振动吊斗浇筑混凝土，混凝土翻斗汽车运到基坑附近卸入特制的振动吊斗内，然后用履带式（或轮胎式、塔式）起重机吊起送到基础上部，打开吊斗开关进行下料浇筑。

（4）用多台带式输送机联合浇筑，在基础上方搭设带式输送机，让混凝土连续通过传送带送到浇筑地点。带式机的布置应同基础各部分混凝土量相适应。

（5）用混凝土泵车配混凝土搅拌车运输浇筑，混凝土搅拌车将混凝土送到现场，通过一台或多台泵车加上布料杆，将混凝土直接送到浇筑地点。此法机械化程度高，浇筑效率高、速度快、范围大，目前工程中经常采用。

4）混凝土的浇筑方式

（1）全面分层浇筑即按基础厚度分成若干层，在全面积进行水平分层浇筑（图6-11），下料时，保持各处大体均衡，使其水平面逐层上升。施工从边长较短的一边开始，第一层完成后再进行第二层混凝土浇筑。不允许出现严重的高低不平。

（2）分段分层浇筑即将基础分成几段，顺长边方向从底面开始浇筑，由一端向另一端进行，第一段第一层混凝土浇筑至一定距离后开始浇筑第一段第二层混凝土，第二层浇筑至一定距离后开始浇筑第一段第三层混凝土……，直至整个底板混凝土浇筑完成。图6-12为分段分层浇筑混凝土的示意图。

(3)斜面分层浇筑即顺长边方向由一端向另一端作斜坡或分成多层阶梯形单向推进浇筑,一次到顶,每次厚度 30～40$cm$,坡度一般取 1:7～1:6,如图 6-13 所示。如工程较大,还可以从两端开始浇筑,在中部汇合。

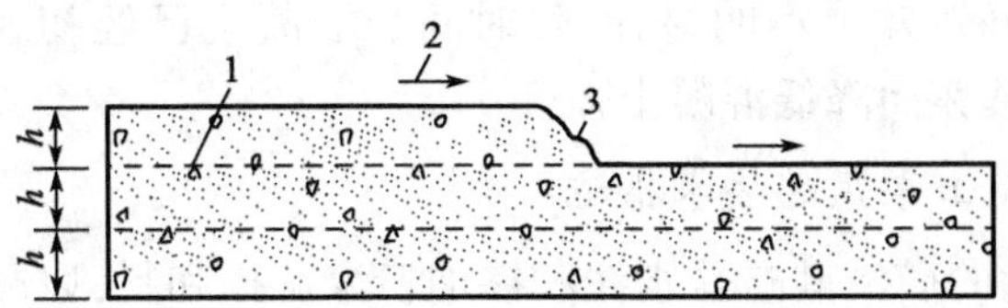


图 6-11　全面分层浇筑

1-分层线;2-浇筑方向;3-新浇筑的混凝土;$h$-分层浇筑厚度

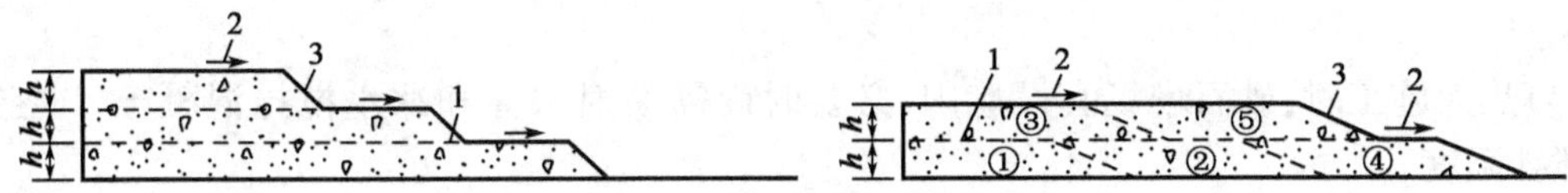


图 6-12　分段分层浇筑混凝土示意图

1-分层线;2-浇筑方向;3-新浇筑的混凝土;$h$-分层浇筑厚度;①②③④⑤-浇筑次序

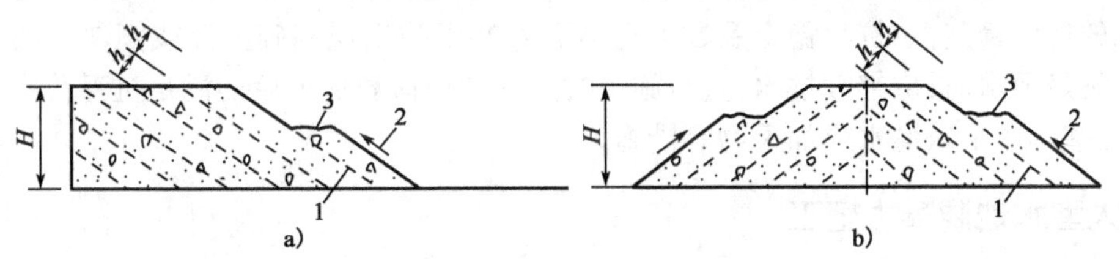


图 6-13　斜面分层浇筑

a)单向推进;b)两头推进

1-分层线;2-浇筑方向;3-新浇筑的混凝土;$H$-浇筑体厚度;$h$-分层浇筑厚度

5)混凝土的浇筑振捣

大型基础底板由于面积大,一般应分区下料进行振捣,每个区配备振动器数量根据浇筑速度和振动器的性能而定,一般每区段配 3～4 台,每台振动器工作范围为 5～6m,当浇筑速度快时,每个下料口配一台振动器。

浇筑基础时,混凝土的振捣操作非常重要,必须按水平分层均匀往上捣实。底板在每个下料点成堆的混凝土可以采用插入式振动器轻微振动来摊平,但下料时必须控制下料量使每个下料口混凝土量大致相当,避免出现高低差距悬殊造成混凝土面高低不一。墙板浇筑采用分层浇筑,分层厚度为 20～25cm。

振捣方法与一般混凝土振捣的方法相似。当底板混凝土厚度在 20cm 以内时,可以采用平板振动器进行振捣。厚度在 20cm 以上时,采用插入式振动器。振动器振捣顺序依浇筑顺序而定,大多垂直于浇筑的前进方向往返进行。插点均匀排列,逐点移动,顺序进行,不得遗漏,达到均匀振实。在区与区交界处应尽量做到同时浇筑,不使其产生高差现象和漏振,以免造成人为施工缝。

采用二次振捣方法,可以提高混凝土的密实度和强度。根据试验结果,混凝土在初凝后,只要混凝土仍保持一定的塑性,混凝土经二次振捣对混凝土强度不但不会影响,而且强度还会提高,一般可期望使抗压强度增加10% ~20%,钢筋与混凝土的握裹力提高30%以上。再振捣的时间要掌握好,恰当的时间是混凝土已经开始凝固,经振捣尚能恢复到塑性状态,还不至于在混凝土中留下振动器孔穴时的时间。一般在浇筑完成后4h左右(掺加缓凝剂时间可适当延长)较适宜,间隔时间短效果不明显,间隔时间长混凝土已经初凝再振捣,则会因混凝土内部水泥的晶体结构遭破坏而降低混凝土强度。

5. 箱形基础混凝土施工常用的技术措施

(1)采用中低发热量的矿渣硅酸盐水泥和掺加粉煤灰掺和料,以减小水泥水化热。

(2)利用混凝土后期强度和掺加减水剂,以减少水泥用量。根据大量试验资料说明,水泥用量每增减10kg,水化热相应升降1℃。

(3)控制砂石含泥量。石子含泥量宜控制在小于2%,以减少混凝土收缩,提高混凝土抗拉强度。

(4)热天施工时,砂石堆场宜设遮阳,必要时尚需喷射水雾和冰水搅拌混凝土,以控制混凝土搅拌温度。

(5)加强养护和测温工作,保持适宜的温度和湿度条件,使混凝土内外温度差(降温差)控制在20℃以内(对重要结构)和30℃以内(对一般结构)。

(6)基础混凝土施工完毕,应立即进行回填土。停止降水时,因地下水对基础的浮力,应验算基础的抗浮稳定性,抗浮稳定系数不宜小于1.2,以防出现基础上浮或倾斜。如抗浮稳定系数不能满足要求时,应继续抽水,直至施工时上部结构荷载加上后能满足抗浮稳定系数要求为止,或在基础内采取灌水或加重物等措施。

## 三、大型水池混凝土施工

大型水池有预应力钢筋混凝土水池和防水混凝土水池两种类型。

1. 预应力钢筋混凝土大型水池

大型水池通常采用预应力钢筋混凝土水池。这种水池施工比较复杂,需要施加预应力的专用设备,预应力要严格控制,保证工程质量。这种水池具有整体性好,抗裂性强,不易漏水等特点。

1)适用范围

3 000$m^2$以上的钢筋混凝土水池,采用装配式壁板和顶盖的水池,壁外再做环向预应力钢筋和压力喷浆。适用于工业与民用建筑所需的永久性大型给水工程。

2)构造要求

预应力钢筋混凝土水池如图6-14所示。水池底板及壁槽为现浇钢筋混凝土,强度等级一般不低于C20。池壁可用150~200mm厚的预应力板或200~250mm厚的非预应力板,池顶构造可做成现浇钢筋混凝土顶盖,也可做成预制板顶盖。但在池壁外侧增加水平方向的预应力钢丝或钢筋,喷涂40mm厚的水泥砂浆后涂刷乳化沥青,顶板面上铺35~40mm厚的C20细石混凝土找平层,再铺卷材防水层。

3)水池混凝土的施工

与前述中、小型水池混凝土的施工基本相同,不同之处是池壁混凝土的施工。

预应力钢筋混凝土池壁的施工要点:

(1)预应力钢筋混凝土预制壁板外绕高强钢丝施工法。系用长向预应力高强钢丝制作混凝土预制板组合池壁，再在圆形池壁用机绕 $\phi$5mm 高强钢丝作为环向预应力筋，绕丝完成后，外面用 1:2.5 水泥砂浆喷涂，厚度不小于 4cm，表面压实抹光，也可在外涂冷底子油及热沥青两道保护。

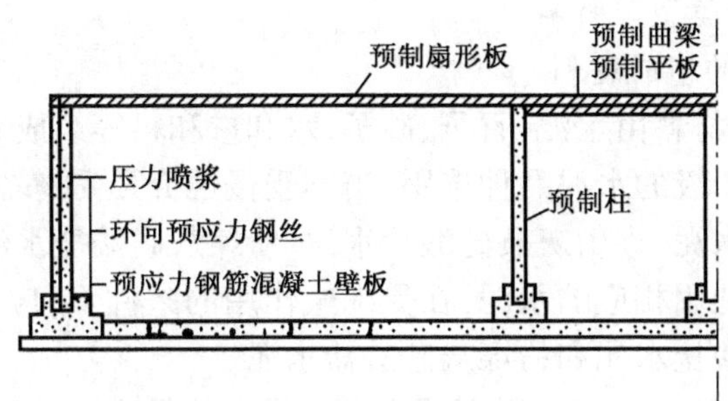


图 6-14　预应力钢筋混凝土水池图

(2)钢筋混凝土预制壁板预应力钢筋电热张拉施工法。池底采用 C20 钢筋混凝土，抗渗等级不小于 P6，连续浇筑振捣，底板池壁环槽，分两次施工。先施工内环槽及底板，外环槽待壁板安装后，预应力钢筋电热张拉完毕后，再进行混凝土施工。池壁板用不小于 C20 钢筋混凝土预制，抗渗等级不小于 P6，V 形接缝，要求尺寸准确，外表凿毛刷洗干净，接缝浇筑 C30 微膨胀细石混凝土振捣密实，加强养护。当灌缝混凝土强度达到设计强度的 70% 以上时，开始进行张拉。

电热张拉法是利用钢筋热胀冷缩的原理张拉预应力筋，利用伸长值来控制需要建立的预应力值。张拉时两端接通电源，然后在低电压(30 ~ 65V)情况下通入强电源(约 0 ~ 900A)，但钢筋伸长到设计要求长度时，切断电源，拧锚具待钢筋冷却，对混凝土池壁产生压力，在混凝土中建起所要求的应力值。

池壁施工顺序为：沿池壁搭钢管脚手架→底板内环槽按壁板位置弹线分号→壁板按号安装、校正→壁板与钢架用 $\phi$10 钢筋临时电焊固定→壁板缝支模→C30 抗渗混凝土填缝→内槽壁空隙嵌沥青麻丝、石棉水泥混合体打紧→上部 C30 细石混凝土→灌缝混凝土强度达到设计强度 70% 以上，进行壁板环向预应力钢筋电热张拉→捣制环槽外壁混凝土，如图 6-15 所示。

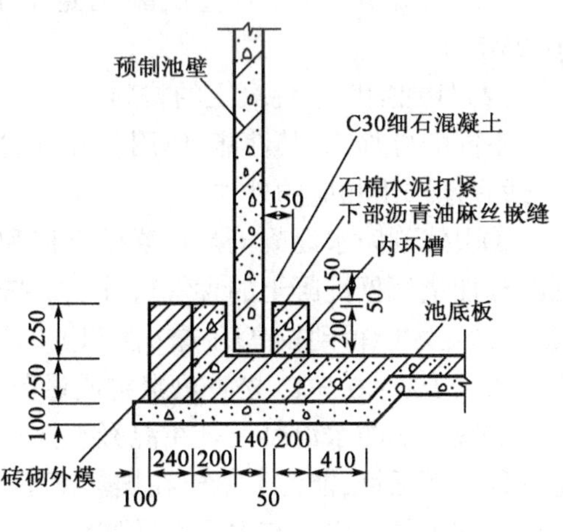


图 6-15　电热张拉图(尺寸单位：mm)

电热设备一般选用弧焊机两台并联使用。钢筋可以选用 $\phi$4 环向钢筋作为冷拉预应力筋。合闸通电进行张拉时，要做好电压、电流、钢筋表面的测量，以便随时进行调整。当张拉长度达到计算伸长值后即可断电，这种施工方法是较为先进的大型水池施工工艺之一。

2. 防水混凝土大型水池

以混凝土自身的密实性而具有一定防水能力的混凝土或钢筋混凝土结构形式称为混凝土结构自防水，它兼有承重、围搪功能，且可满足一定的耐冻融和耐侵蚀要求。大型水池大都位于室外，除了满足防水要求外，必须具有一定的耐冻融和耐侵蚀的特性。所以，大型水池一般都采用混凝土结构自防水的做法。根据混凝土的组成材料不同，结构自防水可以分成三种：一是普通防水混凝土，二是外加剂防水混凝土，三是新型防水混凝土。

1）水池防水混凝土的类型与材料

（1）普通防水混凝土的组成材料

①普通防水混凝土的材料由水泥、石子、砂子、水和掺和料等组成。

水泥强度不低于32.5级的水泥品种选用：当不受侵蚀介质和冻融作用的条件下，宜采用普通硅酸盐水泥、硅酸盐水泥、火山灰质硅酸盐水泥、粉煤灰硅酸盐水泥；在受侵介质作用的条件下，应按照介质的性能选用相应的水泥；在受冻融作用的条件下，应优先选用普通硅酸盐水泥，不宜选用火山灰质硅酸盐水泥和粉煤灰硅酸盐水泥。

石子最大粒径不宜大于40mm，泵送混凝土石子最大粒径应为输送管管径的1/4。泥的质量分数不大于1%，泥块的质量分数小于0.5%。不得使用碱活性集料。

砂子宜采用中砂，泥的质量分数不大于3.0%，泥块的质量分数小于1.0%。

水符合现行《混凝土用水标准》（JGJ 63—2006）的规定。

掺和料一般采用粉煤灰，其级别不低于二级，掺量的质量分数不大于20%。

②配合比可以采用绝对体积法计算，设计过程与普通混凝土相似。但必须注意以下几点。

a.根据混凝土的抗渗性和耐久性确定水泥的品种，由混凝土的强度确定水泥的强度等级。

b.砂、石材料应合理选用，一般应优先考虑当地的砂石材料，但必须符合工程要求和防水混凝土的要求。

c.水灰比主要依据工程要求的抗渗性和施工最佳和易性来确定。

d.现行规范规定，通过试验确定的施工配合比，其抗渗等级应比设计要求提高一级（0.2MPa）。

（2）外加剂防水混凝土的材料

不同的外加剂，其性能、作用各异，应根据工程结构和施工工艺等对防水混凝土的具体要求，适宜地选用相应的外加剂。

①引气剂防水混凝土是在混凝土拌和物中掺杂入适量的引气剂配制而成的混凝土。引气剂的掺加量根据混凝土的含气量确定。按照现行规范规定，混凝土含气量体积分数应控制在3%～5%，才能得到较高的抗渗性和抗冻性，相应此最佳含气量的引气剂掺量为：松香酸钠质量分数0.1%～0.3%；松香热聚物质量分数0.1%。

②减水剂防水混凝土是在混凝土拌和物中掺入适量的减水剂而配制成的混凝土。减水剂是一种表面活性，能使混凝土在坍落度不变的条件下，减少拌和物的用水量，提高混凝土的密实性。常用的减水剂有木质素磺酸钙、多环芳香族磺酸钠、糖蜜等。

③三乙醇胺防水混凝土是在混凝土拌和物中随拌和水掺入定量的三乙醇胺防水剂配制成成。它的抗渗性良好，且具有早强和强化作用，施工简单，质量稳定。

④氯化铁防水混凝土是在混凝土拌和物中掺入适量的氯化铁防水剂配制而成。氯化铁防水剂配制简单，且材料来源广泛，价格低，并具有增强、早强、耐久和抗腐蚀等优点。

⑤补偿收缩混凝土是用膨胀水泥或在普通混凝土中掺入适量膨胀剂配制而成。常用的膨胀剂有U形膨胀剂、明矾石膨胀剂、复合膨胀剂、脂膜石灰膨胀剂。

(3)新型防水混凝土

近年来,逐步发展的纤维抗裂防水混凝土、高性能防水混凝土、聚合物水泥防水混凝土分别以其各自的特性,显著提高混凝土的密实性和抗裂性,成为新型防水混凝土。

①纤维抗裂防水混凝土是在防水混凝土中掺入一定量的纤维而组成的刚性复合材料。

纤维对混凝土的改性分为低掺量和高掺量两种。低掺量指纤维掺量质量分数在0.05% ~0.1%范围内,这样可使混凝土在原有力学性能的情况下,减少其早期收缩裂缝50% ~100%。高掺量指纤维掺量质量分数在0.5%以上,可以显著提高混凝土的各项力学性能。

根据纤维材料不同分为钢纤维抗裂防水混凝土、聚丙烯纤维抗裂防水混凝土。

②自密实性高性能防水混凝土属高性能混凝土的一部分,它具备高强度、高耐久性和高工作性能。

自密实性高性能防水混凝土具有很高的流动性,在不振捣或少振捣的情况下,可以自动流满模型,且不离析、不泌水,体积收缩小、抗渗性能高。

自密实性高性能防水混凝土主要组成材料有水泥、细掺料、砂、石、水、外加剂。水泥选用强度等级不小于32.5级的低水热水泥。细掺料选用低需水量、高活性的细掺料,通常为矿渣、粉煤灰。砂选掺同普通混凝土用砂。石选用卵石时最大粒径不超过25mm,选用碎石时其最大粒径不超过20mm。外加剂选用萘系高效减水剂。

③聚合物水泥混凝土是将聚合物加入到混凝土中,增加聚合物同水泥水化物的黏结强度,提高混凝土的密实性,减水裂缝。

聚合物水泥混凝土的组成材料有水泥、聚合物、砂、石、水。水泥和砂石的选用与普通混凝土相似。聚合物可以分成三种:一种是水溶性聚合物分散体,包括橡胶胶乳、树脂乳液、混合分散体;一种是水溶性聚合物,包括纤维素衍生物、聚丙烯酸盐;一种是液体聚合物,包括不饱和聚酯、环氧树脂。

2)水池防水混凝土的施工

施工质量的好坏直接影响混凝土结构自防水质量的优劣。为了保证施工质量,施工人员必须以高度的责任心,高标准、严要求、精心施工。

(1)混凝土施工准备工作

①检查防水材料的质量保证资料,包括出厂合格证及性能检测报告,对防水材料进行有关试验。

②合格的进场材料应按品种、规格妥善放置,专人保管。

③做好防水混凝土的配合比试配和调整工作。

④采取措施防止地面水流入基坑,做好基坑的排水工作。

(2)防水混凝土的搅拌与运输。

①混凝土的搅拌

a. 严格按试配确定的配合比计算原料用量。准确称量每种材料用量,按石子→水泥→砂子的顺序投入搅拌机。

b. 所用材料的品种、规格和用量,每工作班检查不少于两次。

c. 防水混凝土必须采用机械搅拌,搅拌时间不少于120s。掺加外加剂时,应根据外加剂的技术要求确定搅拌时间。

d. 采用集中搅拌或商品混凝土时,亦应符合上述规定,确保防水混凝土的质量。

②混凝土运输

a. 运输过程中应采取措施防止混凝土拌和物产生离析，以及坍落度和含气量的损失，同时要防止漏浆。

b. 防水混凝土拌和物在常温下应半小时以内运至现场，运送距离较远或气温较高时，可掺入缓凝型减水剂，缓凝时间宜在6～8h。

c. 防水混凝土在运输后出现离析，必须进行二次搅拌。当坍落度损失后不能满足施工要求时，应加入原水灰比的水泥浆或二次掺加减水剂进行搅拌，严禁直接加水搅拌。

(3) 防水混凝土的浇筑

①一般要求

a. 浇筑前要将模板内的垃圾清除干净，并浇水将模板润湿。使用钢模时要保证其表面清洁无浮浆。

b. 浇筑混凝土的自由下落高度不超过1.5m，否则应使用串筒、溜槽或溜管等工具进行浇筑，以防止产生石子堆积。当结构钢筋密集时，尽量使用自密实性混凝土进行浇筑。

c. 混凝土应分层浇筑，分层厚度不宜超过30～40cm，相邻两层浇筑时间间隔不应超过2h，夏季可适当缩短。混凝土在浇筑地点须检查坍落度，每工作班至少检查两次。普通防水混凝土坍落度不超过50mm。实测坍落度与要求坍落度之间的偏差为：当要求坍落度≤40mm时，允许偏差为±10mm；当要求坍落度为50～90mm时，允许偏差为±15mm；当要求坍落度≥100mm时，允许偏差为±20mm。

d. 防水混凝土结构不宜承受剧烈振动和冲击作用，更不能直接承受高温作用或侵蚀作用。

e. 水池壁混凝土浇筑下料要均匀，最好由水池壁上的两个对称点同时、同方向下料，以防模板变形。

②泵送防水混凝土施工要求

a. 配合比除按照普通防水混凝土配合比要求外，须确定适宜的砂率和控制石子的最大粒径，以获得良好的可泵性。

b. 采取有效措施充分向混凝土泵车供料，保持泵车工作的连续性。搅拌车输送混凝土的能力宜超出泵车排放能力的20%。

c. 水平输送管长度与垂直输送管长度之比不宜大于1:3，否则会导致管道的弯曲部分摩擦阻力增大，可泵性降低，形成堵塞。管道应接直，转变宜缓，接头严密不漏浆。

d. 输送混凝土前应用水洗管，再压送水泥砂浆，压送第一车混凝土时可增加水泥100kg。

e. 加强坍落度的控制，入泵坍落度宜控制在120(±20)mm，入泵前坍落度损失值不应大于30mm，坍落度总损失值控制不应大于60mm。应在搅拌站及现场设专人测定坍落度，每工作班不少于两次。

f. 夏季高温施工，应注意降低输送管的温度，可以覆盖湿草袋并及时浇水。

g. 加强对泵车及输送管道的巡回检查，发现隐患及时排除，尽量缩短拆装管道时间。

h. 泵送间歇时间可能超过45min或混凝土产生离析时，应立即以压水或其他方法将管道内残存的混凝土清除干净。

(4) 防水混凝土的振捣

①防水混凝土必须采用高频机械振捣，振捣时间宜为10～30s，以混凝土泛浆冒泡为准。

②用振捣棒依次振捣密实。应避免漏振、欠振和超振。

③掺加引气剂或引气型减水剂时，应采用高频插入式振捣棒振捣密实。

## 四、薄壳结构混凝土施工

1. 薄壳结构

1) 壳体基础

壳体基础中的壳体种类很多，常用的壳体由正圆锥壳、M 型组合壳、内球外锥组合壳（图 6-16）。这些壳体可用于一般工业与民用建筑柱基和筒形构筑物（如烟囱、水塔、料仓和中小型高炉等）基础。组合壳的承载能力较正圆锥壳为大，稳定性也好。壳体在地基反力作用下主要是承受轴向力，混凝土受压而钢筋受拉，充分发挥了材料的作用，故比实体基础要节约混凝土与钢材用量。缺点是土胎模制作、旋转钢筋、浇筑混凝土等工艺复杂，操作技术要求较高。

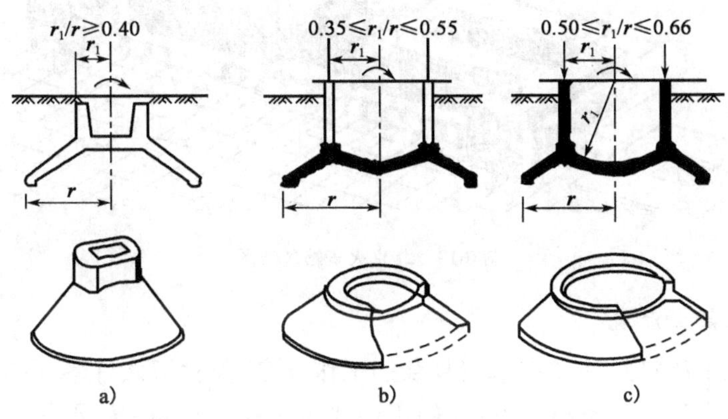


图 6-16　壳体基础图

a) 正圆锥壳；b) M 型组合壳；c) 内球外锥组合壳

2) 双曲扁壳

双曲扁壳由壳身及周边四个横隔组成，横隔一般是带拉杆的拱，小跨度扁壳也可以用变高度梁作横隔。四个横隔在四角处应有联系，使之成"箍"，把壳身有效地"箍"住。

双曲扁壳因为矢高小，所占结构空间较小，建筑上亦美观，在理论分析时还可以引用一些简化假定，所以设计者很愿意采用扁壳。但是扁壳也不能做得过于扁平，要使壳体太扁而壳身又不太薄的话，壳体内力中的弯矩就显得突出，壳体向平板转化，承载力下降，材料用量要增加。

双曲扁壳是近代常用的一种双曲薄壳，在工业与民用建筑中都有所应用。我国北京火车站就是用这种双曲扁壳作中央大厅顶盖，所用扁壳的平面为 35m × 35m，矢高为 7m，壳身厚度仅 8cm。它中央微微隆起，四周有拱形高窗，采光充分，素雅大方，宽敞明朗。该车站检票口通廊上连续间隔地用了五个双曲扁壳，它们的跨度为 16.5m，矢高 3.3m，壳身厚度 6cm。因为扁壳是间隔放置，屋顶仍然是四面采光（图 6-17）。

我国于 20 世纪 60 年代建成的北京网球馆也是用双曲扁壳作顶盖（图 6-18），扁壳的平面为 42m × 42m，壳身厚 9cm。扁壳在中央隆起的结构空间，正好适应网球于空中往返时弧形轨迹的需要，因而整个建筑的空间利用是很充分的。

3) 拱壳结构

钢筋混凝土薄壳结构与拱形结构均属于大跨度空间结构，两者统称为拱壳结构。拱壳结构外形均为对称的曲面体，其外形尺寸和壳体厚薄的准确性、混凝土强度的一致性、施工负荷的均匀性,都比其他结构要求高。如果因施工荷载不均匀使模板移位或支模变形,将发生严重的质量安全事故。因此,在施工中不仅要保证尺寸、外形的准确,同时对混凝土的均匀性、密实性和整体性都较普通结构要求高。拱壳结构根据外形可以分为三类:一类是长条形拱,一类是筒形薄壳,一类是球形薄壳。入式程序要以拱壳结构的外形构造和施工特点为基础,着重注意施工荷载的对称性和连续作用。

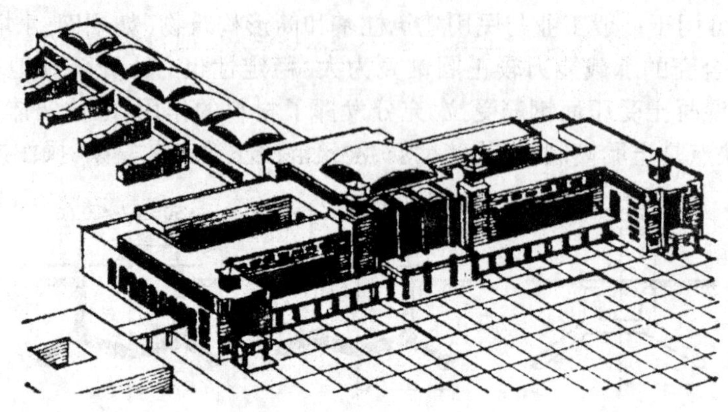

图 6-17　北京火车站鸟瞰图

2. 薄壳结构混凝土浇筑

薄壳结构混凝土浇筑是一项技术较复杂的工作,施工前除了做好各项施工准备工作外,还要拟定好混凝土的浇筑顺序及浇筑方法,施工前要做好技术咨询,人员搭配组织落实,使施工人员了解质量要求,从而能顺利地完成薄壳混凝土的浇筑。

1)长条形拱混凝土浇筑顺序

(1)跨度较小的拱浇筑顺序

①两侧同时在拱脚开始,向拱顶方向浇筑。

②浇筑量要平衡,进度要一致。

(2)跨度大于 15m 的厚大长条形拱的浇筑顺序

①浇筑前用墨线在模板上将拱分成若干个纵向条,纵向条应平行于拱的纵向轴线,以拱中心对称排列。

②纵向条之间留置间隔缝,间隔缝用板或充气胶囊作模板,间隔缝应垂直于拱模的弧形面,其宽度按设计规定,无规定时取 50mm。

③一切检查无误后方可浇筑,浇筑顺序如图 6-19 所示。

图 6-18　北京网球馆图

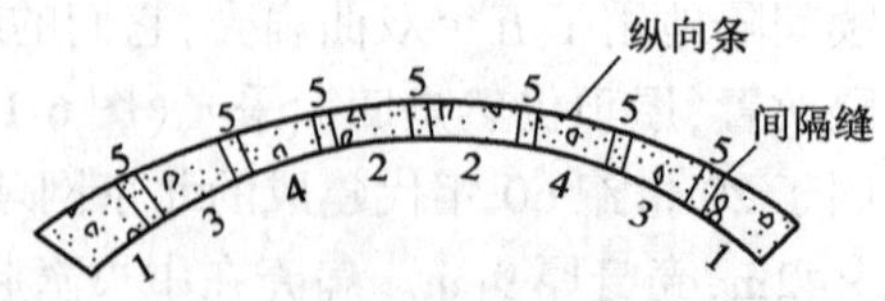


图 6-19　长条形拱混凝土浇筑顺序

1、2、3、4、5-浇筑顺序

④各纵向条混凝土强度达设计强度的 50% ~70% 时,方可填筑间隔缝。

⑤间隔缝混凝土应用与纵向条同强度的低流动性细石混凝土,其所用水泥应与纵向条混

凝土相同。

2)筒壳结构的浇筑顺序

(1)单跨国筒形薄壳结构浇筑顺序

①两个作业组按图6-20a)的顺序浇筑。

②四个作业组按图6-20b)的顺序从四个角开始呈棱形向中部浇筑。

(2)多跨连续筒形薄壳浇筑顺序

①如图6-21a)所示从中部向两端进行,或如图6-21b)所示从两端向中部汇合。采用何种方法视现场拌和物输送方向而定。

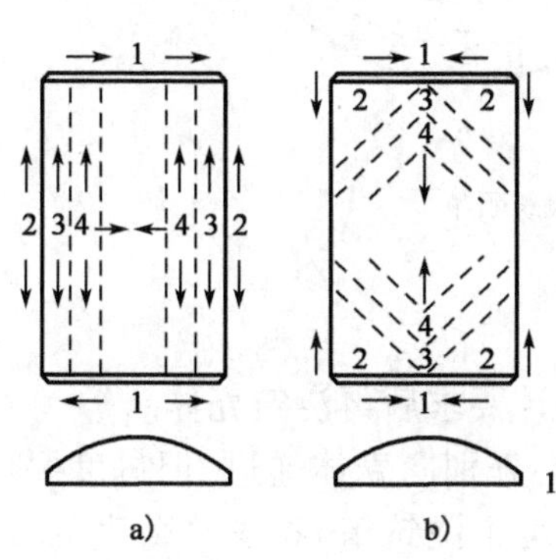


图6-20 筒形薄壳混凝土浇筑顺序

1、2、3、4-浇筑顺序

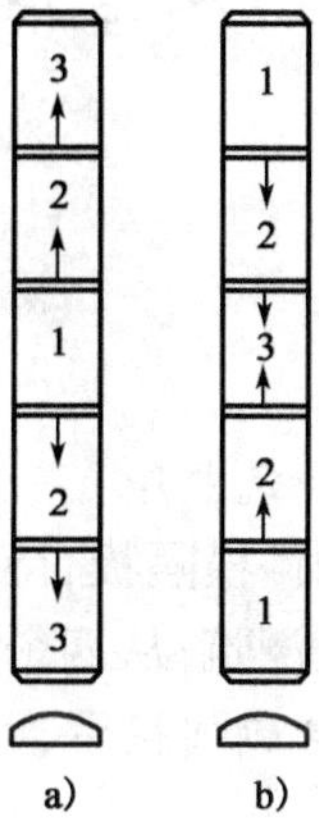

图6-21 多跨连续筒形薄壳混凝土浇筑顺序

1、2、3-浇筑顺序

②每跨的操作顺序按序号1单跨筒形薄壳的顺序操作。

(3)多波筒形薄壳浇筑顺序

①如图6-22a)所示从中间一波开始浇筑,再向两边对称进行,亦可以从两边开始向中间汇合,如图6-22b)所示。

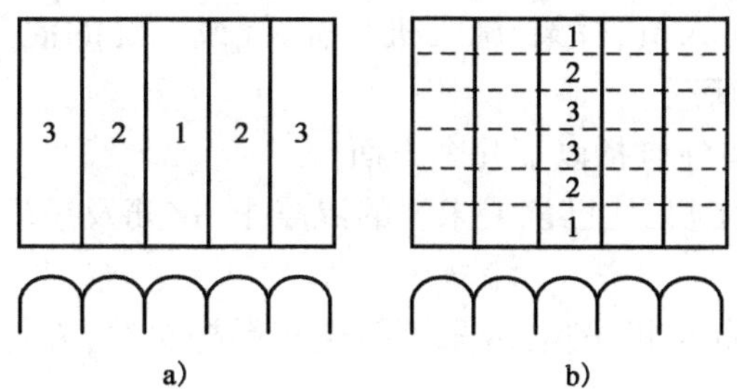


图6-22 多波筒形薄壳混凝土的浇筑顺序

1、2、3-浇筑顺序

②每波操作顺序,如长度不大可按单跨筒形薄壳的顺序浇筑,如长度较大可按连续筒形薄壳的顺序浇筑。

3)球形薄壳浇筑顺序

(1)严守先边缘构件后壳体的浇筑原则。

(2)按壳体工作量分两个或四个小组作业,各负责半个圆周或1/4圆周,按图6-23所示对称采用顺时针或逆时针方向浇筑,逐圈按螺旋形递进。

(3)壳顶共同浇筑。

(4)各小组浇筑速度应一致,以保证模板受力均匀,切忌参差不齐。

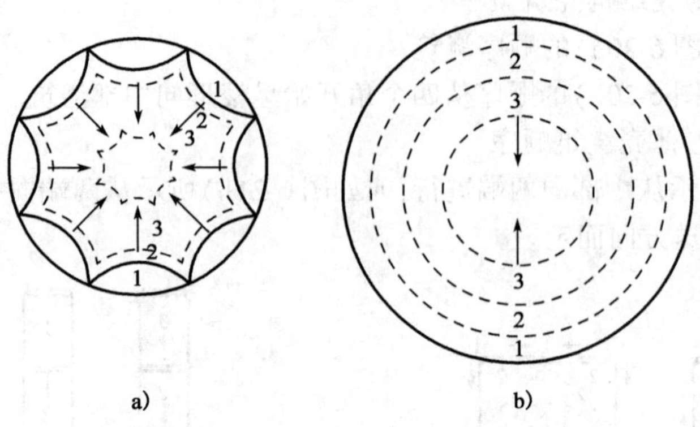


图6-23 球形薄壳混凝土浇筑顺序

1、2、3-浇筑顺序

4)扁壳混凝土的浇筑顺序

(1)先浇筑边缘构件横隔板,待混凝土强度达到设计要求后再浇筑壳体。

(2)分四个作业组浇筑,从四个横隔板的交角开始,分别向壳体递进,但进度要一致,如图6-24所示。在壳顶汇合成圆状后,可改为分组(或减为两个浇筑组)按球形薄壳的方法螺旋形递进。

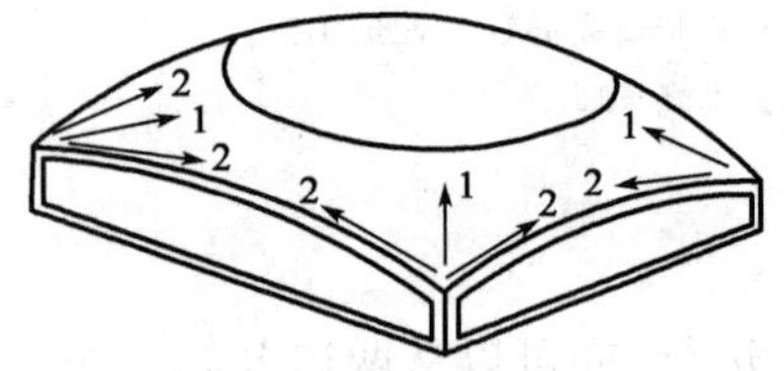


图6-24 扁壳混凝土浇筑顺序

3.拱壳结构混凝土的施工

1)浇筑前检查

主要检查模板及其支撑是否牢固、模板表面是否平整,检查拉杆是否拉紧、拱架和壳模是否固定于支承处等,检查结束后才能浇筑混凝土。

2)减轻施工荷载

(1)施工荷载包括施工人员、桥架、施工机具、已浇或未浇的混凝土、钢筋及预埋件、振捣棒振捣荷载和混凝土倾倒荷载。

(2)减轻施工荷载的措施包括以下几个方面:

①施工人员、桥架、施工机具、已浇或未浇的混凝土、钢筋及预埋件等尽量减少质量,旋转时注意均匀性和对称性。

②料浆运送尽量采用起重机吊运,或采用泵送布料杆浇筑,降低混凝土倾倒荷载,避免搭桥用手推车运输倾倒浇灌。

③振捣时宜选用轻型、振幅小、频率高的振捣棒,以减小振捣荷载。

3)拱壳厚度控制

(1)混凝土坍落度以在模板的斜坡上稳定、不向下流淌为原则。按所用的施工方法,经试验后确定。

(2)壳体较厚,坡度大于水平夹角35°时,可用双层模板进行浇筑。

(3)仿照抹灰工操作法,按所要求的厚度设置水泥标志块,标志块按1.5~2m的距离设置,形成控制网格。标志块大小为50mm×50mm×壳体厚度,其强度等级应比壳体强度高一级。

4）混凝土浇筑

（1）严格控制浇筑顺序。

（2）浇筑过程中严禁踩踏钢筋。

（3）严禁抛搓振捣棒等机械工具，尽量减少模板的冲击荷载。

（4）混凝土振捣必须按次序，不能漏振。根据部位不同可以使用人工插捣，但必须插捣到位密实。

（5）厚度小于50mm的拱壳结构，宜采用喷浆法浇筑。

（6）随时观察模板、支架、钢筋、预埋件、预留孔洞等的情况，如有变异，应立即停止浇筑，进行补救，并应在混凝土初凝前补救完成。

（7）混凝土宜一次性浇筑完成，原则上不留施工缝，如果必须要留则要符合设计规定。

5）控制浇筑质量的措施

选择混凝土的坍落度时，按机械振捣条件进行试验，以保证混凝土在模板上不坍流为原则。

（1）当壳面坡度大于35°~40°时，要用双层模板。

（2）按薄壳一定位置处的厚度，做好和薄壳同等级的混凝土立方块，固定在模板上，并沿着壳的纵横方向摆成1~2m间距的控制网。

（3）按一半或整个薄壳断面各点厚度，做成几个钢筋控制尺（图6-25）。在浇筑时，以尺上沿为准找平，边找平边移动。也可用扁铁或螺栓制成铁平尺，或者采用竹片下面钉以小木腿，沿着薄壳断面放平。

壳体混凝土的连续浇筑，是一项比较复杂的作业，在施工前要制订出周密的计划。振捣设备应尽量选用振幅小、频率高的振动器，以减小对模板的冲击。所有混凝土运输道以及搭设的脚手架都不要与模板相连。浇筑过程中不准踩踏钢筋，并设专人随时测定模板的变形，以保证薄壳的正确形状。

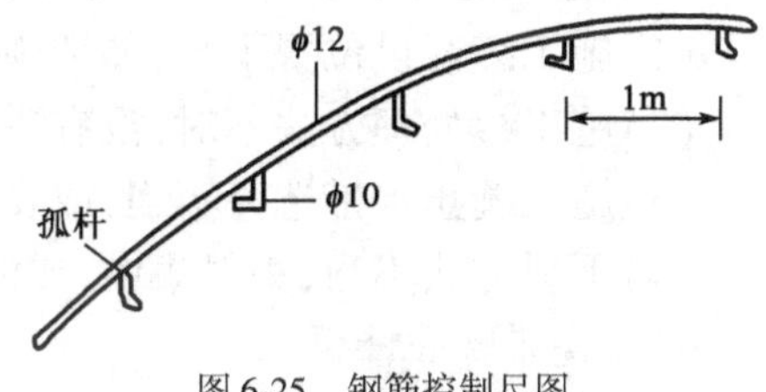


图6-25　钢筋控制尺图

## 第三节　大型、异形结构混凝土施工易出现的问题及技术措施

### 一、施工中易出现的问题与原因

1.箱形基础混凝土施工易出现的问题与原因

1）混凝土产生开裂

混凝土浇筑施工结束后，表面会出现规则的和不规则的裂缝，有的是属于表面的，深度不大，有的深度较深，有的是贯穿混凝土的裂缝。裂缝产生的原因如下：

（1）由于箱形基础混凝土体积大，水化热产生的温度高，加上温度控制不好，降温速度过快，混凝土收缩开裂。

（2）基础采取敞开施工，长期暴露在大气中，浇筑混凝土后不能及时回填土，加上气候干燥、温度差异等使基础产生较大的干缩裂缝。

（3）大体积混凝土施工后养护措施未跟上，混凝土水分蒸发过快，出现开裂。

（4）箱形基础墙板与底板等交接处容易出现应力集中，加上温度原因，这些部位容易出现开裂。

2)箱形基础分层浇筑时出现泌水,影响混凝土之间的黏结强度

混凝土入模分层浇筑振捣后,由于水泥的析水和集料的沉降,其表面常聚积一层游离水(浮浆层),这层游离水对混凝土危害性极大,会损害各层之间的黏结力,造成混凝土强度不均匀,影响混凝土强度,并可能出现表面塑性裂缝,严重的将产生中间夹层水。

3)混凝土出现渗漏水现象

箱形基础施工结束后,底板、墙板部位混凝土出现渗漏,主要有以下几个原因。

(1)混凝土产生贯穿性裂缝,地下水沿裂缝渗漏。

(2)混凝土振捣不密实,出现蜂窝和孔洞。

(3)混凝土底板和墙板中有贯通的钢筋、铁件、管道等,与混凝土没有防水处理措施,地下水沿钢筋、铁件、管道渗漏。

(4)箱形基础埋置较深,地下水压力大,基础混凝土坑渗强度达不到设计要求。

4)变形缝部位出现渗漏水

地下工程变形缝包括沉降缝、伸缩缝和抗震缝,由于施工质量原因造成渗漏水,如:

(1)原材料未能进行测试就使用,使用原材料质量不合格。

(2)止水带焊接不牢,出现虚焊连接。

(3)变形缝处混凝土浇捣不密实。

5)混凝土施工缝渗漏水

施工缝处混凝土集料集中,混凝土酥松,接槎明显,沿缝隙处渗漏。

(1)施工缝留设位置不当,如把施工缝留在底板上或在墙上留垂直施工缝。

(2)施工缝处理方法不对,没有凿毛、清洗干净,新旧混凝土黏结不牢固。

(3)施工缝止水带选择不当,或安装不当,施工缝留设形式不对。

(4)下料方法不当,集料集中,或混凝土振捣不密实。

6)后浇带部位渗漏水

后浇带分基础底板、墙板和楼板后浇带,并相互贯通,在后浇带两侧出现渗漏。

(1)后浇带两侧未做企口带或未设金属止水带。

(2)因后浇带处钢筋多、密,模板安装不严密,出现混凝土浆流失引起石子多,后浇带施工时,两侧松动石子凿除不彻底就浇筑后浇带混凝土。

(3)后浇带用混凝土强度等级及坍落度不能满足要求,或没有采用微膨胀混凝土,出现后浇混凝土收缩而产生裂缝。

(4)后浇混凝土未及时养护,浇水次数少,养护期没有达到规定时间就提早拆模。

2. 大型水池混凝土施工易出现的问题与原因

水池底板和池壁混凝土出现渗水,当池内水位高于池外地下水时,池内水逐渐向池外渗漏。当池外地下水位高于池内水位时,池外地下水向池内渗漏。

1)混凝土出现漏水

渗漏产生原因参考本节一、1.3)所述内容。

2)施工缝出现渗漏水

渗漏产生原因参考本节一、1.5)所述内容。

3)后浇带部位出现渗漏水

渗漏产生的原因参考本节一、1.6)所述内容。

4)水池底板开裂造成渗水

地基不均匀沉降造成池底板开裂。

3. 拱壳结构混凝土施工易出现的问题与原因

1)拱结构混凝土出现蜂窝、空洞

大跨度拱结构施工间隔缝后浇混凝土插捣不密实,混凝土出现蜂窝、空间。或者混凝土振捣不到位、漏振等造成混凝土产生蜂窝、空洞。混凝土坍落度过小,造成振捣不密实。

2)模板变形

混凝土浇筑顺序没有按规定对称进行,浇筑过程中由于重力偏心出现模壳变形。

3)混凝土浇筑产生流淌、下滑

混凝土的坍落度过大,造成浇筑时混凝土沿模板下滑。

4)壳体厚度大小不一致

浇筑时未采取措施控制壳体厚度。

5)施工缝留设错误

壳体施工时没有考虑留设施工缝,由于浇筑过程受到影响,混凝土不能一次性浇筑完成而分成两次施工。

6)壳体出现裂缝

混凝土厚度薄,因为养护不到位,造成水分蒸发而产生收缩裂缝;混凝土坍落度大,含水率高,失水后收缩变形大而出现裂缝。

## 二、施工中易出现问题的防止与处理

1. 箱形基础混凝土施工出现问题的防止与处理

1)混凝土产生开裂的防治措施

由于一次性浇筑的混凝土量大,水化热产生的温度较高,容易出现混凝土内部和表面温度升高不一致产生温差而出现裂缝。为了有效地控制有害裂缝出现,必须从控制混凝土的水化升温、延缓降温速率、减小混凝土收缩、提高混凝土的极限拉伸强度、改善约束条件和设计构造等方面全面考虑,结合实际采取措施。

(1)降低水泥水化热和变形

①选用低水化热水泥品种配制混凝土,如矿渣硅酸盐水泥、火山灰质硅酸盐水泥、粉煤灰水泥、复合水泥等。

②充分利用混凝土的后期强度,减少每立方米混凝土水泥用量。根据试验每增减 10kg 水泥,其水化热将使混凝土的温度升降 1℃。

③粗集料尽量选用粒径较大、级配良好的集料;控制砂石含泥量;掺加粉煤灰等掺和料或掺加相应的减水剂、缓凝剂,改善和易性、降低水灰比,以达到减少水泥用量、降低水化热的目的。

④在拌和混凝土时,还可以掺入适量的微膨胀剂,使混凝土得到补偿,减少混凝土的温度应力。

⑤改善配筋,为了保证每个浇筑层上下均有温度筋,可建议设计人员将分布筋做适当调整。温度筋分布宜细密,一般用 $\phi8@150$ 钢筋网,上层钢筋的绑扎应在浇筑完下层混凝土后进行,这样可以增强抵抗温度应力的能力。

⑥设置混凝土后浇缝。当底板平面尺寸过大时,可以适当设置后浇缝,以减小外应力和温度应力;同时也有利于散热,减低混凝土内部温度。

(2)降低混凝土内外温度差

①选择较适宜的天气浇筑混凝土,尽量避开炎热天气浇筑混凝土。夏季可以采用低温水或冰水搅拌混凝土,可以对集料喷冷水雾或冷气进行预冷,或对集料进行覆盖或设置遮阳装置避免日光直射,运输工具如具备条件也应搭设遮阳设施,以降低混凝土拌和物的初始温度。

②掺加相应缓凝型减水剂,如木质素磺酸钙等。

③在混凝土入模时,采取措施改善和加强模内的通风,加强模内热量的散发。

(3)加强施工中的温度控制

①在混凝土浇筑之后,做好混凝土的保温保湿养护,缓缓降温,充分发挥徐变特性,减低温度应力。夏季应避免曝晒,注意保湿;冬季应采取保温覆盖,以免发生急剧的温度变化。

②采取长时间的养护,规定合理的拆模时间,延缓降温时间和速度,充分发挥混凝土的"应力松弛效应"。

③加强测温和温度检测管理,实行信息化控制,随时控制混凝土内部的温度变化,内外温差控制在25℃以内。及时调整保温和养护时间,使混凝土的温度变化梯度不至过大,以有效控制有害裂缝出现。

④合理安排施工程序,控制混凝土在浇筑过程中分层均匀上升,防止混凝土拌和物堆积过高。在结构完成后,要及时回填土。

(4)改善约束条件,削减温度应力

采取分层或分块浇筑底板混凝土,合理设置水平或垂直施工缝,或在适当部位设置后浇带,以放松约束程度,减少每次浇筑长度的蓄热量,防止水化热的积聚,减少温度应力。

(5)提高混凝土的极限抗拉强度

①采用级配良好的粗集料,严格控制其含泥量,加强混凝土的振捣,提高混凝土的密实度和抗拉强度,减小收缩变形,保证施工质量。

②采取二次投料法和二次振捣法,浇筑后及时排降表面积水,加强早期养护,提高混凝土早期或相应龄期抗拉强度和弹性模量。

③在底板内配制必要的温度筋,在截面突变和转折处、底板顶板与墙转折处、空洞转角及周边增加斜向构造配筋,以改善应力集中,防止裂缝的出现。

2)箱形基础分层浇筑时出现泌水的处理方法

(1)在施工混凝土垫层时预留排水坑,泌水随施工方向推进被赶至基坑顶端集水坑排走。

(2)支模时在纵向及横向最后端头一侧后部设排水孔口,使泌水能顺利排出模外。

(3)将上层泌水汇集于基坑预留集水坑内,用软轴水泵及时排除。

(4)当混凝土坡角接近顶端时,改变混凝土浇筑方式,即下料到最后约15m时,混凝土改从端头侧模边开始往回浇筑,使与混凝土原斜面形成集水坑,将泌水用软轴泵排出。

3)混凝土出现渗漏水的防治措施

(1)通过混凝土的配合比控制、水泥品种和用量的控制及水泥水化热产生温度差控制等,降低或消除混凝土出现开裂,达到防止渗漏的目的。

(2)加强振捣管理,使振捣到位、密实,特别是边角部位、预埋钢筋、铁件或管道周围必须仔细振捣。

(3)贯穿混凝土的钢筋、铁件、管道等外周加设止水环。图 6-26 为对拉螺栓加止水环示意图。图 6-27 为预埋套管加止水环穿对拉螺栓示意图。图 6-28 为常温管道示意图。

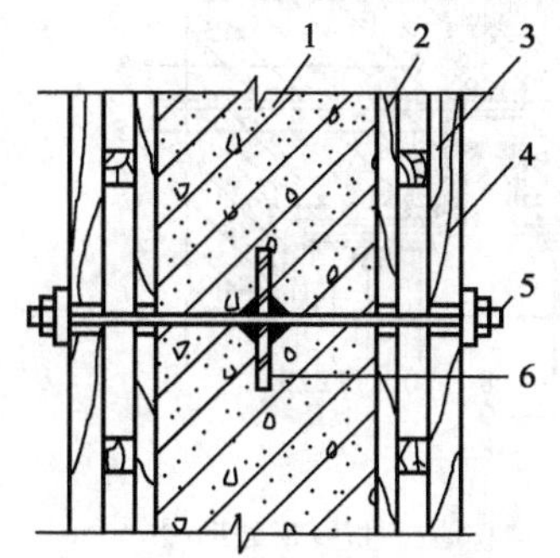


图 6-26 对拉螺栓加止水环

1-防水混凝土;2-模板;3-小龙骨;4-大龙骨;5-拉紧螺栓;6-$\phi$60 ~ 80 止水环

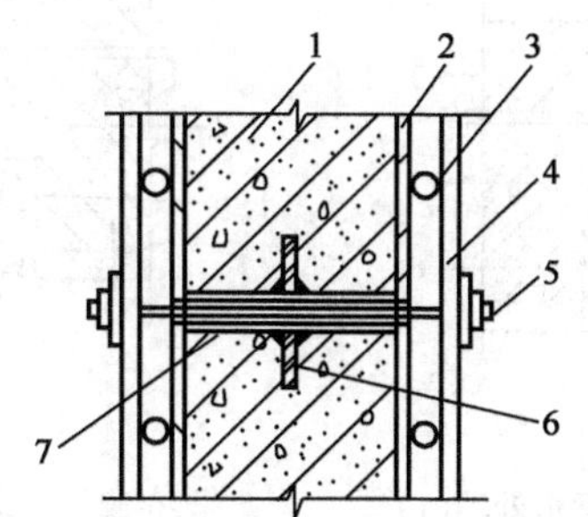


图 6-27 预埋套管加止水环穿对拉螺栓

1-防水混凝土;2-模板;3-水平钢筋;4-双排竖向钢管;5-拉紧螺栓;6-$\phi$60 ~ 80 止水环;7-套管

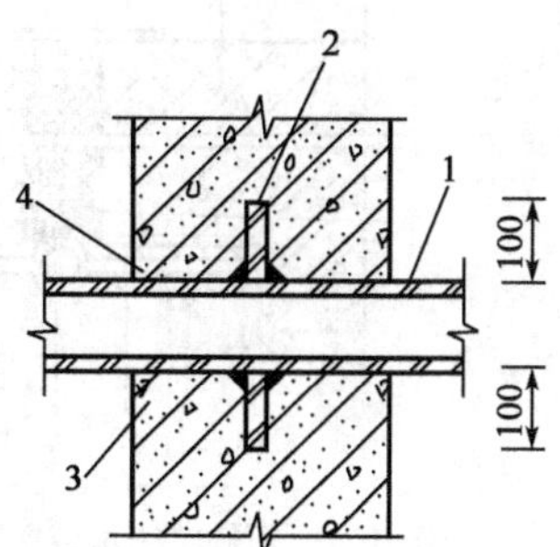


图 6-28 常温管道穿墙示意图（尺寸单位：mm）

1-主管;2-止水环;3-墙体;4-嵌缝材料

(4)严格按照抗渗要求的混凝土配合比进行配制和搅拌,施工混凝土的抗渗强度能满足要求。

4)变形缝部位出现渗漏水的防治措施

(1)正确设置变形缝,采用符合要求的止水带,施工做法如图 6-29 ~ 图 6-34 所示。

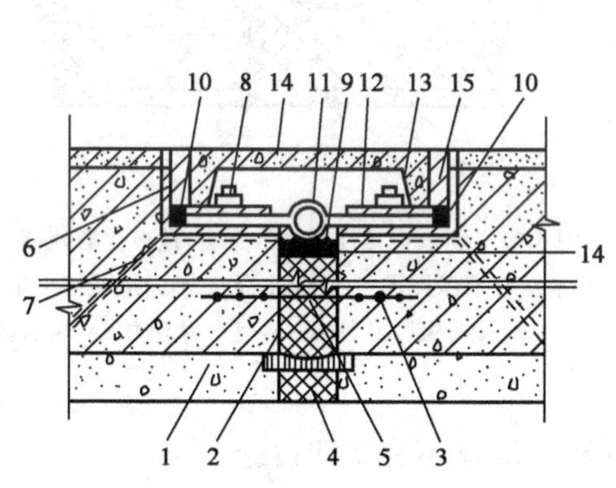


图 6-29 可卸式止水带底板变形处理(1)

1-底板迎水面垫层;2-埋入式橡胶止水带;3-变形缝;4-浸沥青纤维板填缝;5-嵌油膏;6-预埋角铁;7-铁脚;8-螺栓;9-BW 止水条;10-油膏;11-表面式橡胶止水带;12-扁铁;13-螺母;14-预制钢筋混凝土板;15-硬橡胶片

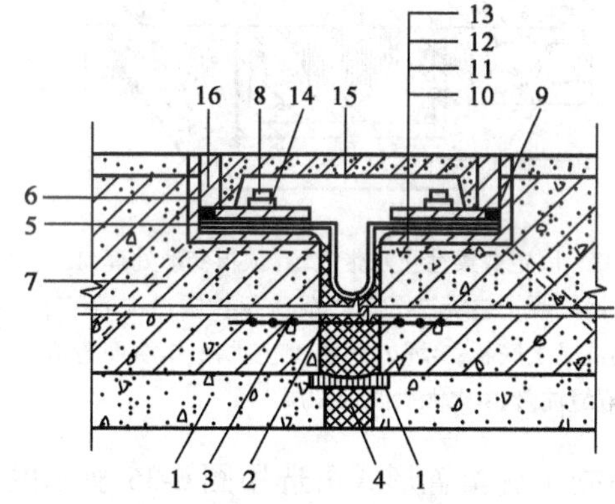


图 6-30 可卸式止水带底板变形处理(2)

1-底板迎水面垫层;2-变形缝;3-埋入式橡胶止水带;4-浸沥青纤维板填缝;5-嵌油膏;6-预埋角铁;7-铁脚;8-螺栓;9-油膏;10-橡胶垫条;11-金属止水带;12-橡胶垫条;13-扁铁;14-螺母;15-预制钢筋混凝土盖板;16-硬橡胶片

(2)墙体变形缝两侧混凝土应分层浇筑,并用小棒头插入式振捣棒分层振捣。切铁漏振或过振,棒头不得碰撞止水带。

5)混凝土施工缝渗漏水防治措施

(1)防水混凝土应连续浇筑,少留施工缝。当需要留设施工缝时,施工缝一般留在墙体部位,位置位于底板表面以上不少于 200mm、顶板以下 200mm 处,施工缝离孔洞边不小于 300mm。

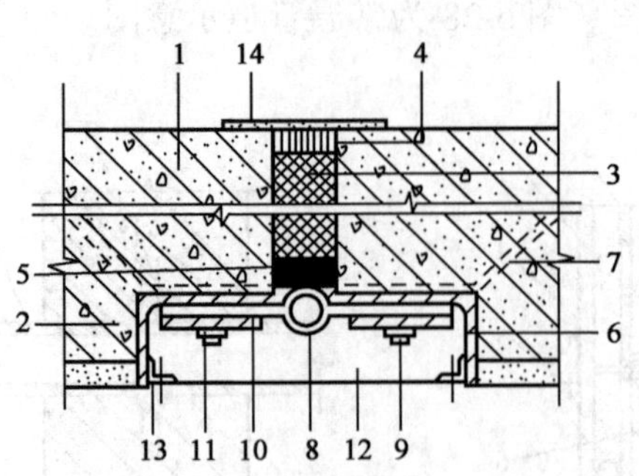


图6-31　可卸式止水带立墙、顶板变形处理(1)

1-立墙、顶板迎水面;2-立墙、顶板背水面;3-填缝材料;4-嵌缝油膏;5-BW 止水条;6-角铁;7-铁脚;8-表面式橡胶止水带;9-螺栓;10-扁铁;11-螺母;12-可伸缩式铝板;13-角铁、锚钉;14-水泥砂浆保护层

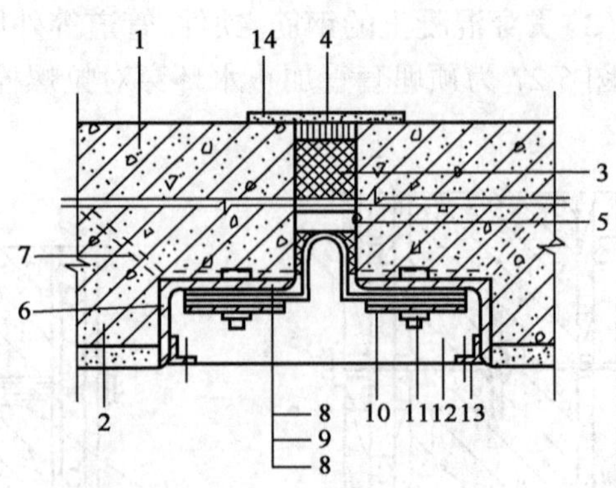


图6-32　可卸式止水带立墙、顶板变形处理(2)

1-立墙、顶板迎水面;2-立墙、顶板背水面;3-填缝材料;4-嵌缝油膏;5-BW 止水条;6-角铁;7-铁脚;8-橡胶垫片;9-金属止水带;10-扁铁;11-螺母;12-可伸缩式铝板;13-角铁、锚钉;14-水泥砂浆保护层

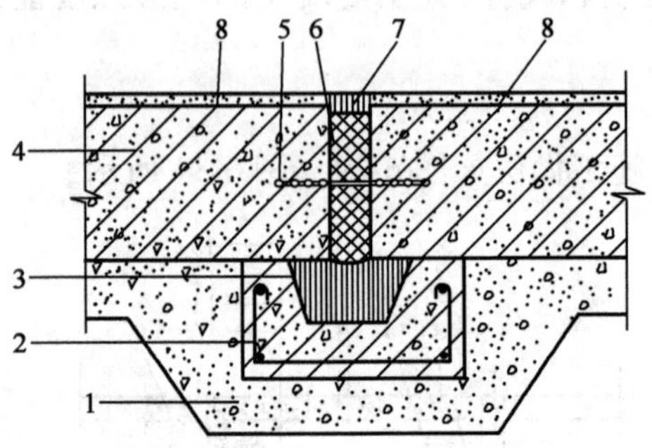


图6-33　固定式柔性止水带立墙、顶板变形处理(1)

1-迎水面混凝土垫层;2-钢筋混凝土保护层;3-热沥青;4-钢筋混凝土底板;5-埋入式橡胶止水条;6-填沥青麻丝;7-嵌缝油膏;8-水泥砂浆保护层

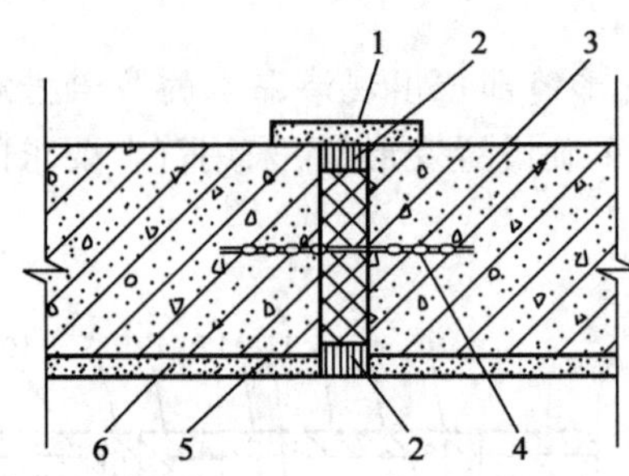


图6-34　固定式柔性止水带立墙、顶板变形处理(2)

1-水泥砂浆保护层;2-嵌缝油膏;3-钢筋混凝土立墙、顶板;4-埋入式橡胶止水条;5-沥青麻丝填缝;6-水泥砂浆层

(2)施工缝留置形式可选用图6-35所示的几种。墙体不宜留凹口缝。

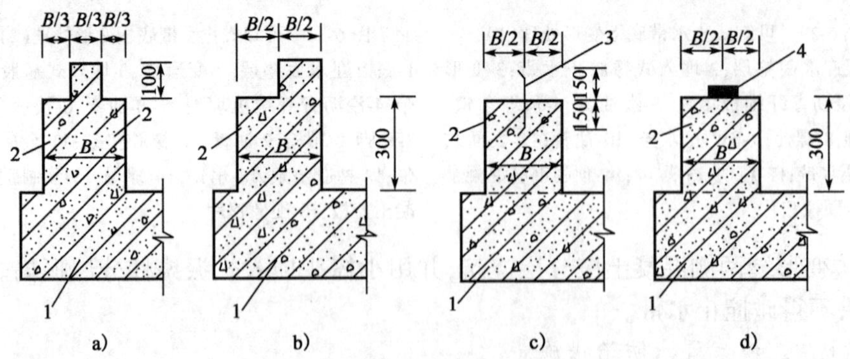


图6-35　施工缝留置形式(尺寸单位:mm)

a)凸形缝;b)阶形缝;c)平口缝埋金属止水带;d)平口缝贴 BW 止水条

1-底板;2-墙体;3-金属止水片;4-BW 止水条

(3)认真清理施工缝,凿除松动石子和表面浮浆,清洗干净。

(4)混凝土宜采用补偿收缩混凝土,即在混凝土中按水泥质量掺入 UEA-HEA 微膨胀剂,其掺量一般为水泥质量的 10%。

(5)浇筑上层混凝土前,将木模润湿,先用与混凝土同灰砂比的水泥浆浆面,增强新旧混凝土黏结。

6)后浇带部位渗漏水的防治措施

(1)严格按后落带的施工要求施工,构造做法合理准确。

(2)后浇带两侧宜用木模封缝,尽量减少混凝土水泥浆流失。

(3)后浇带混凝土浇筑前,按施工缝要求对后浇带进行严格处理,包括凿除松动部分、清理垃圾、湿润和浆面。

(4)后浇带混凝土宜用微膨胀混凝土浇筑,振捣到位、密实,混凝土一次性浇筑不留施工缝。

2.大型水池混凝土施工出现问题的防止与处理

1)混凝土出现渗漏水的防治措施

参照本节二、1.3)所述内容。

2)施工缝出现渗漏水防治措施参照本节二、1.5)所述内容。

3)后浇带部位出现渗漏水防治措施参照二、1.6 所述内容。

4)水池底板开裂造成渗水防治措施。

(1)混凝土底板浇筑前,应检查地基土质是否与设计资料相符,如有变化应加以处理。如地基稍湿而松软时,可在其上铺以厚度 100mm 的砾石层,夯实后再浇一层混凝土垫层。

(2)对于土质欠佳的水池,底板宜一次性浇筑混凝土,不留施工缝。如果要留设施工缝时,必须对施工缝进行加强处理。

(3)对于面积较大的底板,在钢筋混凝土底板与素混凝土垫付层之间涂两层沥青或隔离剂,以降低底板的摩擦阻力,减少底板混凝土的温度应力,防止底板产生开裂。

3.壳体混凝土施工出现问题的防止与处理

1)壳体出现蜂窝、空洞的防治措施

(1)拱壳结构混凝土浇筑时用高频率、振幅小的振捣棒改制的平板振捣棒进行振捣,振捣要求基本同普通的混凝土相似。在浇筑间隔缝混凝土时选用高频率、振幅小的插片式振捣棒进行振捣。振捣应循序渐进,不漏振。

(2)根据壳体结构的外形拱度,选择合适的混凝土坍落度,保证混凝土的和易性,使混凝土振捣密实。

(3)浇筑混凝土前要严格检查模板安装拼缝的严密性,不能有漏浆现象。

2)模板变形的防治措施

(1)严格控制模板上各类荷载的堆放,尽量少安排荷载,即使有荷载时,也应尽可能使其对称布置。

(2)选择频率高、振幅小、轻型的振捣棒进行振捣,防止因振捣荷载大产生结构的偏心荷载,模板不对称变形。

3)混凝土浇筑产生流淌、下滑的防治措施

(1)根据壳体结构的外形拱度,选择合适的混凝土坍落度,在保证混凝土和易性的前提下,要使混凝土振捣密实,坍落度尽可能小,以免产生混凝土流淌、下滑。

(2)混凝土振捣的次序要正确,先振捣低部位后振捣高部位。振捣的时间不能太长,以振捣泛浆不下沉为止,振捣时间过长,会引起混凝土下滑。

4)壳体厚度大小不一致的防治措施

(1)当壳体厚度较厚时,采用双层模板进行浇筑,以保证混凝土的厚度一致。

(2)当壳体厚度较小时,可以做灰饼,用灰饼的厚度来控制混凝土的厚度。亦可以用一面带钉的直尺(钉的长度为壳体厚度)插入混凝土表面,控制厚度尺寸。

5)施工缝留设错误的防治措施

(1)混凝土浇筑以前,应充分考虑到现场条件,在有条件的情况下,尽可能一次性浇筑,不留施工缝。

(2)在混凝土浇筑时按设计要求的位置留设施工缝,并按普通混凝土施工缝的处理方法进行施工。

6)壳体出现裂缝的防治措施

(1)准确确定混凝土的配合比,严格控制含水量,坍落度在保证混凝土具有和易性的前提下应尽可能小。

(2)加强混凝土的养护。混凝土浇筑完成后,用草帘覆盖并浇水养护,以保持混凝土的湿润。

## 第四节　大型、异形结构混凝土浇筑的操作要领及安全施工技术

### 一、大型、异形结构混凝土浇筑的操作要领

1.箱形基础混凝土浇筑的操作要领

1)施工准备工作

施工准备工作包括混凝土配合比设计和调整、材料的准备、施工机具的准备、运输方式的确定、浇筑方式和顺序的确定等。

2)基坑、模板的检查清理

基坑、模板的检查清理包括泥土、木屑、碎块等垃圾,用压力水或压缩空气对基坑进行清扫。同时应仔细检查模板与支撑是否牢固,防止因基础深、浇筑速度快、混凝土侧压力大使支撑松动,发生胀模甚至崩裂。

3)混凝土浇筑的操作要领

(1)对于底板混凝土应水平分层下料,用插入式振捣棒振动捣实。每个下料点成堆的混凝土应迅速摊平,防止混凝土圆锥体发生分离。控制每个下料点的下料量,做到分层均匀下料。

(2)混凝土按分层浇筑振捣,每层的厚度控制在25~30cm。

(3)混凝土振捣顺序垂直于浇筑前进方向,插点均匀不漏振。插点排列通常成行成列或梅花形交叉布置,间距不大于振动半径的1.5倍,且小于50cm。

(4)振捣时间按集料粒径、混凝土坍落度及钢筋的稠密程序而不同,一般每点插入拔出2~3次,每次8~15s,以表面泛浆、不出现气泡、无明显下沉现象为宜。尽量避免过分振捣。

(5)插入深度以达到下层混凝土内3~5cm为宜,振捣棒不能振动钢筋、模板、穿墙螺栓、

螺栓固定架、埋设件等。

(6)混凝土采用二次振捣时,控制浇筑时间不能太长亦不能太短,一般在前一层混凝土浇筑完成后4h左右浇筑。

(7)浇筑过程中随时采取措施排除表面多余泥水,防止混凝土的泌水现象发生。

(8)基础转角交叉部位下料要分层均匀,每层都应先后振捣两次,特别是钢筋较密处,要确定好下棒位置再振捣,采用二次振捣,但要避免硬插硬振,同时也要防止难操作而不振捣。

(9)浇筑完成后,表面应用铁抹子反复搓平压实,以免出现风干和干缩裂缝。

(10)浇筑变形缝处两侧混凝土时应注意仔细振捣密实,并采取措施避免漏浆。同时在振捣过程中注意保护止水带,确保其不扭曲、弯撬、变位、歪斜、损伤,防止与止水带接触部分的混凝土不密实。

2. 大型水池混凝土浇筑的操作要领

1)施工准备工作

包括混凝土配合比的设计与调整,材料的准备、施工机具的准备、运输方式的确定、浇筑方式和顺序的确定等。

2)基坑、模板的检查清理

包括泥土、木屑、碎块等垃圾,用压力水或压缩空气对基坑进行清扫。同时应仔细检查模板与支撑是否牢固,防止因基础深、浇筑速度快、混凝土侧压力大使支撑松动,发生胀模甚至崩裂。

3)混凝土浇筑的操作要领

(1)防水混凝土施工应尽可能一次浇筑完成,因此必须根据所选用的机械设备制订周密的施工方案。

(2)混凝土配料必须严格按配合比进行,特别是对于外加剂防水混凝土,必须准确按配合比计量并进行试验,以试验效果评定所选外加剂是否适用及具体用量是否合适。严格控制砂、石子的含泥量,砂中泥的质量分数在3%以内,石子中泥的质量分数在1%以内。

(3)混凝土搅拌时间比普通混凝土长,一般不少于3~3.5min。拌和料必须满足施工要求的和易性。对于加气剂防水混凝土搅拌时间应控制在2~3min,过长则会降低含气量。

(4)混凝土分层浇筑,分层厚度不宜超过250mm,并应连续浇筑。

(5)混凝土运输和卸料要采用适当措施,防止混凝土离析或分层。下料时保持分层均匀,尽量使粗集料不过分集中。

(6)混凝土振捣采用机械振捣方式,振捣时间按集料粒径、混凝土坍落度及钢筋的稠密程度而不同,一般以表面泛浆、不出现气泡、无明显下沉为宜。尽量避免过分振捣。

(7)当混凝土不能连续浇筑时,应严格按要求设置施工缝,并正确处理,防止施工缝处产生渗漏。

3. 壳体结构混凝土浇筑的操作要领

1)施工准备工作

除了按普通结构混凝土的常规准备工作外,还要特别注意检查模板支撑的牢固程度。检查拉杆是否拉紧,检查拱架、壳体是否已落实在支承点后,一切就绪方可进行浇筑。

2)操作要领

(1)确定混凝土的操作顺序。基本保持对称均匀浇筑,防止偏心荷载产生。

(2)尽量减少施工操作荷载。如果要布置施工荷载时,应尽可能考虑其均匀性和对称性。浆料运输应尽量采用起重机吊运,或采用泵送布料杆浇筑,避免用手推车运送。振捣棒选用轻型、振幅小、频率高的振捣棒,减少振动产生的荷载。

(3)控制混凝土的坍落度。按壳的形状尺寸坡度确定混凝土坍落度,在满足施工和易性的条件下坍落度应尽可能降低,以防止浇筑时混凝土下滑。

(4)严格控制壳体结构的厚度。对于比较厚的壳体结构,当坡度较大时,在施工中可以采用双层模板来控制其厚度;当壳体厚度较小时,可以采用水泥块来控制。

(5)浇筑过程中严禁踩踏钢筋,严禁抛掷振捣棒等机械工具,尽量减少对模板的冲击力。

(6)振捣混凝土时,严格按振捣次序进行,不漏振,并保证振捣的密实度。

(7)对于厚度小于50mm的壳体结构,宜采用喷浆法浇筑。

(8)壳体结构混凝土一次性浇筑时,如果必须设施工缝时,应按设计要求进行。

(9)随时注意观察模板、支架、钢筋、预埋件、预留孔洞的情况,如有变异,应立即停止浇筑进行补救,并应在混凝土凝结前补救完毕。

## 二、大型、异形结构混凝土的养护

### 1.箱形基础大体积混凝土的养护

混凝土的养护是保证箱形基础混凝土质量的一道十分重要的工艺过程。养护不好或失误,对混凝土的强度和耐久性、对减少混凝土内外温度差、控制裂缝扩展都将造成不利影响。混凝土的养护按其性质、要求和目的不同,分为湿养护和保温养护两种。

1)混凝土的湿养护

混凝土湿养护为一般常规混凝土的养护方法,其目的是保证混凝土在养护期内让水泥充分水化。常用养护方法有自然养护法和蓄水养护法。

(1)自然养护法

混凝土浇筑后,在基础四周、表面应悬挂或覆盖草垫、草袋,并洒水湿润,保护混凝土不受强烈的日照和风雨的侵袭,避免急剧的干燥脱水而在其表面出现干缩裂缝,同时使混凝土在水化过程中得到充足的水分,有利于内外温度差、湿度差的缩小和水泥水化作用顺利进行,以提高混凝土的极限抗拉强度。

混凝土养护时间,混凝土浇筑完成终凝后开始浇水养护,用普通水泥的防水混凝土不少于14d;用矿渣水泥、火山灰质水泥或掺加减水剂、加气剂等的防水混凝土不少于14d。

(2)蓄水养护法

箱型基础浇筑完成后,利用埋深较深的特点,采用蓄水养护,蓄水高10~20cm。蓄水法在夏季使混凝土保持湿养护,可以使混凝土充分水化,防止表面发生龟裂;在冬季,由于水的热导率较低,有一定的隔热保温作用可以减少混凝土表面热扩散,延缓混凝土内部的降温速度,延长散热时间,有效地防止混凝土迅速降温使混凝土产生开裂。

2)混凝土的保温养护

混凝土的保温养护适用于两种情况:一种是当箱形基础遇冬季寒冷气温下施工;另一种是在春秋正常气温下,为减少混凝土内外温差,延长散热时间,防止混凝土出现裂缝。

(1)当在冬季气温寒冷条件下施工时,可以采用保温养护的方法。主要控制混凝土表面的温度,要使混凝土在到达临界抗冻温度前,达到要求的抗冻强度,使混凝土不遭受冻结而降低强度。

(2)春秋时间浇筑箱形基础,因为混凝土体积大,水化热产生的内部温度高,如果不控制其表面温度的话,就会形成内外温差加大,产生收缩变形而开裂。为此,一方面可以在混凝土表面覆盖一层塑料薄膜、一层草帘或草袋作保温养护,草袋上下错开,搭接压紧,交接处包裹好,形成良好的保温层,使混凝土表面保持较高的温度,减少混凝土表面热扩散,充分发挥混凝土强度的潜力和材料的松弛特性,使应力小于抗拉强度;另一方面,适度的潮湿养护,在混凝土表面和保温层之间形成水蒸气,有利于水泥的水化作用顺利进行,提高早期强度,防止表面脱水。

2. 大型水池混凝土的养护

大型水池混凝土的养护方法基本与箱形基础大体积混凝土相同。

水池的验收:水池蓄水达到设计高程后静止1d,然后再连续7d,若无渗漏和水位降低现象时,即可以验收。

3. 壳体结构混凝土的养护

壳体结构混凝土的一般养护方法可以参照普通混凝土的养护,但必须注意以下几点。

(1)壳体结构属于薄壁结构,混凝土面积大而厚度小,混凝土中水分极易蒸发,应加强保湿养护;

(2)壳体过大,不易淋水时,应事先搭设喷洒设备,定期喷洒。

## 三、大型、异形结构混凝土的安全施工技术

1. 防水混凝土安全施工技术

(1)振动器、照明设备的电源线要经常检查,防止破裂、损坏,操作时要戴绝缘手套,穿胶鞋。

(2)机动翻斗车在使用前必须对制动进行检验。

(3)夜间施工,运输道路和施工现场应配设足够的照明设备。

(4)保管好混凝土中的外加剂,防止泄漏中毒。

(5)大面积或大体积混凝土施工采用吊斗运输时,操作人员要密切注意吊斗的运行和混凝土的倾倒出料,防止碰撞伤人。

2. 泵送混凝土施工安全技术

(1)混凝土泵操作人员必须经过严格培训,并经考试取得上岗证后才能上岗操作。

(2)严格执行施工现场安全操作规程,施工前要有安全交底,施工中要随时进行检查,发现问题及时处理。

(3)混凝土泵机安装要保持水平,泵机基础坚实可靠,无塌方。泵机就位后不要移动,防止偏移造成翻车。

(4)布料杆工作时风力应小于8级,风力大于8级时应停止施工。布料杆采用风洗时,管端附近不许站人,以防止混凝土残渣伤人。

(5)混凝土泵机出口处管道压力较大,管道由于磨损易发生爆裂事故,应经常检查,输送管道内有压力时,接头部分严禁拆卸,因拆卸时容易伤人,应先把泵回吸再拆卸。

3. 壳体结构混凝土安全施工技术

(1)按要求搭设脚手架,且必须满足混凝土浇筑的要求,操作人员不得站在模板或支撑上操作,以防高空坠落,造成人员伤亡。

(2)振捣棒必须有漏电保护装置,操作人员须戴绝缘手套、穿胶鞋,湿手不得触摸电气开关,非专业人士不得随意拆卸电器设备。

(3)采用料斗吊运混凝土时,在接近下料位置时须减缓速度,防止撞伤操作人员;在非满铺平台条件下防止在护栏处挤伤人;采用串筒浇筑混凝土时,串筒节间必须牢固连接,以防坠落伤人。

(4)在混凝土浇筑过程中应随时检查模板、支撑、拉杆等,发现变形及时处理,防止倒塌伤人。

(5)壳体边沿脚手架搭设应严格按要求施工,超出檐边高度不小于1.5m,脚手架外侧采用两道护栏,防止因壳体坡度陡斜操作人员下滑跌落。

(6)混凝土浇筑严格按照浇筑顺序,采用对称浇筑施工,防止侧压偏心引起模板支撑倒塌。

(7)夜间施工用于照明的行灯必须使用低电压(低于36V),如遇强风、大雾等恶劣天气,应停止吊运作业。

## 第五节　大体积结构混凝土控制温度裂缝的技术措施

实践经验表明,现有大体积结构的裂缝,绝大多数是由温度原因而产生的。防止产生温度裂缝是大体积混凝土研究的重要课题,我国自20世纪60年代开始进行研究,目前已积累了很多成功的经验。工程上常用的防止混凝土裂缝的措施主要有:

(1)采用中、低热的水泥品种。

(2)对混凝土结构合理进行分缝分块。

(3)在满足强度和其他性能要求的前提下,尽量降低水泥用量。

(4)掺加适宜的外加剂。

(5)选择适宜的集料。

(6)控制混凝土的出机温度和浇筑温度。

(7)预埋水管,通水冷却,降低混凝土的内部温升。

(8)采取表面保护、保温、隔热措施,降低内外温差。

(9)采取防止大体积混凝土裂缝的结构措施等。

在结构工程的设计与施工中,对于大体积混凝土结构,为防止其产生温度裂缝,除需要在施工前认真地进行温度计算外,还要做到在施工过程中采取一系列有效的技术措施。根据我国的大体积混凝土施工经验,应着重从控制混凝土温升、延缓混凝土降温速率、减少混凝土收缩变形、提高混凝土极限抗拉应力值、改善混凝土约束条件、完善构造设计和加强施工中的温度监测等方面采取技术措施。以上各项技术措施并不是孤立的,而是相互联系、相互制约的,设计和施工中必须结合实际、全面考虑、合理采用,才能收到良好的效果。

从控制裂缝的观点来讲,混凝土表面裂缝危害较小,而贯穿性裂缝危害很大,因此,在大体积混凝土施工中,重点是控制混凝土的贯穿性裂缝。

### 一、水泥品种选择和用量控制

大体积混凝土结构引起裂缝的原因很多,但其主要原因是:混凝土的导热性能较差,水泥水化热的大量积聚,混凝土出现早强温升和后期降温现象。因此,控制水泥水化热引起的温升,即减少混凝土内外温差,对降低温度应力、防止产生温度裂缝将起到釜底抽薪的作用。

1. 选用中热或低热的水泥品种

混凝土升温的热源主要是水泥在水化反应中产生的水化热,因此选用中热或低热水泥品种,是控制混凝土温升最根本的方法。如强度等级为 42.5MPa 的矿渣硅酸盐水泥,其 3d 的水化热为 180kJ/kg;而强度等级为 42.5MPa 的普通硅酸盐水泥,其 3d 的水化热却高达 250kJ/kg;强度等级为 42.5MPa 的火山灰质硅酸盐水泥,其 3d 的水化热仅为同强度等级普通硅酸盐水泥的 60%。根据某大型基础对比试验表明:选用强度等级为 42.5MPa 的普通硅酸盐水泥,比选用强度等级为 42.5MPa 的矿渣硅酸盐水泥,3d 内水化热平均温升高出 5~8℃。

2. 充分利用混凝土的后期强度

根据大量的试验资料表明,每 $1m^3$ 混凝土中的水泥用量,每增减 10kg 其水化热将使混凝土的温度相应升降 1℃。因此,为控制混凝土温升,降低温度应力,避免温度裂缝,一方面在满足混凝土强度和耐久性的前提下,尽量减少水泥的用量,对于普通混凝土控制在每立方米混凝土水泥用量不超过 400kg;另一方面可根据结构实际承受荷载的情况,对结构的强度和刚度进行复核,并取得设计单位、监理单位和质量检查部门的认可后,采用 $f_{45}$、$f_{60}$ 或 $f_{90}$ 替代 $f_{28}$ 作为混凝土的设计强度,这样可使每 $1m^3$ 混凝土的水泥用量减少 40~70kg,混凝土水化热温升也相应降低 4~7℃。

结构工程中的大体积混凝土,大多采用矿渣硅酸盐水泥,其水泥熟料矿物含量要比普通硅酸盐水泥少得多,而且混合材料中的活性氧化硅、活性氧化铝与氢氧化钙、石膏的作用,在常温下进行比较缓慢,早期强度(3d 和 7d)较低,但在硬化后期(28d 以后),由于水化硅酸钙凝胶数量增多,使水泥石强度不断增长,最后甚至能超过同强度等级的普通硅酸盐水泥,对利用其后期强度非常有利。如上海宝山钢铁厂、亚洲宾馆、新锦江宾馆、浦东煤气厂筒仓等工程大型基础,都采用 $f_{45}$ 或 $f_{60}$ 作为混凝土设计强度,C20~C40 的混凝土的 $f_{60}$ 比 $f_{28}$ 平均增长 12%~26.2%。

## 二、掺加外加料

大体积混凝土的浇筑,由于工程量较大、施工要求高、施工工期短,所以很多工程采用泵送混凝土。泵送混凝土的拌和物一般应具备三个特征。

(1)在输送管壁形成水泥浆或水泥砂浆的润滑层,使混凝土拌和物具有在管道中顺利滑动的流动性。

(2)为了能在种种形状和尺寸的输送管内顺利输送,混凝土拌和物要具备适应输送管形状和尺寸变化的变形性。

(3)为使泵送混凝土在施工过程中不产生离析而造成堵塞,拌和物应具备压力变化和位置变动的抗分离性。

由于影响泵送混凝土性能的因素很多,如砂石的种类、品质和级配,用量、砂率、坍落度、外掺料等。因此,为了满足混凝土具有良好的泵送性,在进行混凝土配合比设计中,不能用单纯增加水泥浆的方法,这样不仅会增加水泥用量,增大混凝土的收缩,而且还会使水化热升高,更容易引起裂缝。工程实践证明,在施工中优化混凝土级配,掺加适量的外加料,以改善混凝土的特性,是大体积混凝土施工中的一项重要技术措施。混凝土中常用的外加料主要是外加剂和外掺料。

1. 掺加外加剂

大体积混凝土中掺加的外加剂主要是木质素磺酸钙(简称木钙)。木钙属阴离子表面活性剂,它对水泥颗粒有明显的分散效应,并能使水的表面张力降低。因此,在泵送混凝土中掺入水混质量的0.2%～0.3%,它不仅能使混凝土的和易性有明显的改善,而且可减少10%左右的拌和水,混凝土28d的强度可提高10%～20%;若不减少拌和水,坍落度可提高10cm左右;若保持强度不变,可节省水泥10%,从而可降低水化热。

2. 掺加外掺料

大量试验证明,在混凝土中掺入一定量的粉煤灰后,除了粉煤灰本身的火山灰活性作用,生成硅酸盐凝胶,作为胶凝材料的一部分起增强作用外,在混凝土用水量不变的条件下,由于粉煤灰颗粒呈球状并具有“滚珠效应”,可以起到改善混凝土和易性的效能。若保持混凝土拌和物原有的流动性不变,则可减少单位用水量,从而可提高混凝土的密实性和强度。由此可见,在混凝土中掺入适量的粉煤灰,不仅可满足混凝土的可泵性,而且还可以降低混凝土的水化热。

大体积混凝土掺加粉煤灰分为“等量取代法”和“超量取代法”两种。前者是用等体积的粉煤灰取代水泥的方法,取代量应非常慎重。后者是一部分粉煤灰取代等体积水泥,超量部分粉煤灰则取代等体积砂子,它不仅可获得强度增加效应,而且可以补偿粉煤灰取代水泥所降低的早期强度,从而保持粉煤灰掺入前后的混凝土强度等效。

## 三、集料的选择

大体积混凝土所需的强度并不是很高的,所以组成混凝土的砂石料比混凝土强度要高。砂石质量约占混凝土总质量的85%,因此,正确选用砂石料对保证混凝土质量、节约水泥用量、降低水化热量、降低工程成本是非常重要的。集料的选择应根据就地取材的原则,首先考虑成本较低、质量优良、满足要求的天然砂石料。根据国内外对人工砂石料的试验研究和生产实践,证明采用人工集料也可以做到经济实用。

1. 粗集料的选择

结构工程的大体积混凝土,宜优先选择以自然连续级配的粗集料配制。这种连续级配粗集料配制的混凝土,具有较好的和易性、较少的用水量、节约水泥用量、较高的抗压强度等优点。在选择粗集料粒径时,可根据施工条件,尽量选用粒径较大、级配良好的石子。根据有关试验结果证明,采用5～40mm石子比采用5～20mm石子,每$1m^3$混凝土可减少用水量15kg,在相同水灰比的情况下,水泥用量可节约20kg左右,混凝土温升可降低2℃。

选用较大集料粒径,确实有很大优越性。但是,集料粒径增大后,容易引起混凝土的离析,影响混凝土的质量。为了达到预定的要求,同时又要发挥水泥最有效的作用,粗集料有一个最佳的最大粒径。对于结构工程的大体积混凝土,粗集料的最大粒径不仅与施工条件和工艺有关,而且与结构物的配筋间距、模板形状等有关。因此,进行混凝土配合比设计时,不要盲目选用大粒径粗集料,必须进行优化级配设计,施工时要加强搅拌,细心浇筑和认真振捣。

2. 细集料的选择

大体积混凝土中的细集料,以采用优质的中、粗砂为宜,细度模数宜在2.6～2.9范围内。根据有关试验资料证明,当采用细度模数为2.79、平均粒径为0.381mm的中粗砂时,比采用细度模数为2.12、平均粒径为0.336mm的细砂,每$1m^3$混凝土可减少水泥用量28～35kg,减少用水量20～25kg,这样就降低了混凝土的温升和减小了混凝土的收缩。

泵送混凝土的输送管道形式很多,既有直管,又有锥形管、弯管和软管。当通过锥形管和弯管时,混凝土颗粒间的相对位置就会发生变化,此时,如果混凝土中的砂浆量不足,很容易发生堵管现象。所以,在混凝土配合比设计时,可适当提高砂率;但若砂率过大,将对混凝土的强度产生不利影响。因此,在满足混凝土可泵性的前提下,尽可能选用较小的砂率。

3. 集料的质量要求

集料是混凝土的骨架,集料的质量如何,直接关系混凝土的质量。所以,集料的质量技术要求,应符合国家标准的有关规定。混凝土试验表明,集料中的含泥量多少是影响混凝土质量的最主要因素。若集料中含泥量过大,它对混凝土的强度、干缩、徐变、抗渗、抗冻融、抗磨损及和易性等性能都产生不利的影响,尤其会增加混凝土的收缩,引起混凝土抗拉强度的降低,对混凝土的抗裂更是十分不利。因此,在大体积混凝土施工中,石子的含泥量不得大于1%,砂的含泥量不得大于2%。

## 四、控制混凝土出机温度、浇筑温度与温差

为了降低大体积混凝土的总温升,减小结构物的内外温差,控制混凝土的出机温度与浇筑温度非常重要。

1. 控制混凝土的出机温度

根据搅拌前混凝土原材料总的热量与搅拌后混凝土总的热量相等的原理,可用以下公式计算混凝土的出机温度 $T_o$:

$$T_o=\frac{(C_s+C_wQ_s)W_sT_s+(C_g+C_wQ_g)W_gT_g+C_cW_cT_c+C_w(W_wQ_sW_c-Q_gW_g)T_w}{(C_sW_s+C_gW_g+C_wW_w+C_cW_c)} \tag{6-5}$$

式中:$C_s$、$C_g$、$C_c$、$C_w$——分别为砂、石、水泥和水的比热(J/kg·℃);

$W_s$、$W_g$、$W_c$、$W_w$——分别为每立方混凝土中砂、石、水泥和水的用量(kg);

$T_s$、$T_g$、$T_c$、$T_w$——分别为砂、石、水泥和水的拌和温度(℃);

$Q_s$、$Q_g$——分别为砂、石的含水量(%)。

计算时一般取:$C_s=C_g=C_c=800$(J/kg·℃);

$$C_w=4\ 000(\text{J/kg}\cdot℃)$$

在混凝土原材料中,砂石的比热比较小,但占混凝土总质量的85%左右;水的比热较大,但它占混凝土总质量的6%左右。因此对混凝土出机温度影响最大的是石子的温度,砂的温度次之,水泥的温度影响最小。为了降低混凝土的出机温度,其最有效的办法就是降低砂、石的温度。降低砂石温度的方法很多,如在气温较高时,为防止太阳的直接照射,可在砂石堆料场塔设简易的遮阳装置,砂石温度可降低3~5℃;如大型水电工程葛洲坝工程,在拌和前用冷水冲洗粗集料,在储料仓中通冷风预冷,再加上冰屑拌和,使混凝土的出机温度达到7℃的要求。

2. 控制混凝土浇筑温度

混凝土从搅拌机出料后,经搅拌车或其他工具运输、卸料、浇筑、平仓、振捣等工序后的混凝土温度称为混凝土浇筑温度。

在有条件的情况下,混凝土的浇筑温度越低,对于降低混凝土内外温差越有利。关于混凝土浇筑温度控制,各国都有明确的规定。如美国在《ACI施工手册》中规定不超过32℃;日本土木学会施工规程中规定不得超过30℃;日本建筑学会钢筋混凝土施工规程中规定不得超过

35℃；我国有些规范中提出不得超过 25℃；否则必须采取特殊技术措施。

土建工程不同于水利工程的大体积混凝土，浇筑温度对结构物的内外温差影响不十分显著，因此，对主要受早期温度应力影响的结构物，没有必要对浇筑温度控制过严。如上海宝山钢铁总厂施工的 7 个大体积钢筋混凝土基础，其中有 4 个基础混凝土的浇筑温度达 32 ~ 35℃均未出影响混凝土质量的问题。但是，考虑温度过高会引起混凝土较大的干缩，同时给浇筑也带来一些不利影响，适当控制混凝土的浇筑温度还是必要的。根据工程实践，建议混凝土最高浇筑温度控制在 35℃为宜，这就要求在常规施工情况下，应该合理选择浇筑时间，完善浇筑工艺，加强对混凝土的养护。

3. 控制混凝土施工中实际温差

预防大体积混凝土裂缝的基本条件是控制施工中的实际温差要小于容许温差。实际温差可用下式计算：

$$\Delta T = T_p + T_r - T_f \tag{6-6}$$

式中：$\Delta T$——内外温差或内部温差；

$T_p$——混凝土浇筑温度；

$T_r$——水泥水化热引起的温度升高；

$T_f$——在计算内外温差时，指混凝土表面温度；在计算内部温差时，指使用中内部可能达到的最低温度。

$T_p$、$T_f$ 可以测得，有的可以从当地气象、水文资料中查到。$T_r$ 可以用试验所得数据，或经验估算，表 6-2 可供参考。

**每千克水泥水化热量值** 表 6-2

| I 水泥品种 | 水泥强度（MPa） | 每千克水泥的水化热（kJ） | | |
|---|---|---|---|---|
| | | 3d | 7d | 28d |
| 普通水泥 | 52.5 | 314 | 354 | 375 |
| | 42.5 | 250 | 271 | 334 |
| | 32.5 | 208 | 229 | 292 |
| 矿渣水泥 | 42.5 | 188 | 251 | 334 |
| | 32.5 | 146 | 208 | 271 |
| 火山灰水泥 | 42.5 | 167 | 230 | 314 |
| | 32.5 | 125 | 169 | 250 |

注：本表数值是按平均硬化温度 15℃时编制的，当平均温度为 7 ~ 10℃时，表中数值按 60% ~ 70% 采用。

计算出来的实际温差如果大于容许温差，应采取温度控制措施，主要是降低 $T_p + T_r$ 值和提高 $T_f$ 值。

施工中一般可采取以下一些降温措施。

（1）选用水化热较低的水泥，降低 $T_r$。

（2）减少水灰比和水泥用量，使用减水剂、加气剂、塑化剂，进一步降低 $T_r$，但应保证混凝土的强度等级。

（3）降低混凝土的入模温度，如石子浇水、水中加冰块等，降低 $T_p$。

（4）条件允许时，可投入毛石，以利降温，进一步降低 $T_p$。

（5）控制混凝土浇筑层厚度，适当减缓浇筑速度，以利降温。

（6）预埋冷却水管，用循环水降低混凝土温度。

## 五、延缓混凝土的降温速率

根据实践经验,大体积混凝土中产生的裂缝,绝大多数为表面裂缝。而这些表面裂缝的大多数,又是在经受寒潮冲击或越冬时经受长时间的剧烈降温后产生的。因此,在施工时若能减少混凝土的暴露面和暴露时间,使混凝土表面减小寒潮冲击,并在越冬时避免直接接触寒冷空气,就可以减小产生裂缝的可能性。

大体积混凝土浇筑后,加强表面的保湿、保温养护,对防止混凝土产生裂缝具有重大作用。保湿、保温养护的目的有三个:第一,减小混凝土的内外温差,防止出现表面裂缝;第二,防止混凝土骤然受冷,避免产生贯穿性裂缝;第三,延缓混凝土的冷却速度,以减小新老混凝土的上下层约束。总之,在混凝土浇筑之后,以适当的材料加以覆盖,采取保湿和保温措施,不仅可以减少升温阶段的内外温差,防止产生表面裂缝,而且可以使水泥顺利水化,提高混凝土的极限拉伸值,防止产生过大的温度应力和温度裂缝。

大体积表面保湿、保温材料的厚度,可根据热交换原理按下式计算:

$$\delta = \frac{0.5h\lambda(T_2 - T_g)}{\lambda_c(T_{max} - T_2)} \cdot K \tag{6-7}$$

式中:$\delta$——保温材料的厚度(m);

$h$——混凝土结构的厚度(m);

$\lambda$——保温材料的导热系数(W/m · K),不同保温材料的 $\lambda$ 值见表 6-3;

$\lambda_c$——混凝土的导热系数(可取 2.3W/m · K);

$T_2$——混凝土 的表面温度(℃);

$T_{max}$——混凝土的最高温度(℃);

$T_g$——混凝土达到 $T_{max}$(浇筑后 3 ~ 5d)时的大气平均温度(℃);

$K$——传热系数的修正值,$K$ 值见表 6-4。

**各种保温材料的导热系数 λ 值** 表 6-3

| 材料名称 | λ 值 | 材料名称 | λ 值 |
|---|---|---|---|
| 木模 | 0.23 | 黏土砖 | 0.43 |
| 钢模 | 58 | 油毡 | 0.05 |
| 草袋 | 0.14 | 沥青矿棉 | 0.09 ~ 0.12 |
| 木屑 | 0.17 | 沥青玻璃棉毡 | 0.05 |
| 炉渣 | 0.47 | 泡沫塑料制品 | 0.03 ~ 0.05 |
| 黏土 | 1.38 ~ 1.47 | 泡沫混凝土 | 0.10 |
| 干砂 | 0.33 | 水 | 0.58 |
| 湿砂 | 1.31 | 空气 | 0.03 |

**传热系数的修正值 K** 表 6-4

| 保 温 层 的 种 类 | $K_1$ | $K_2$ |
|---|---|---|
| 保温层完全由容易透风的保温材料组成 | 2. 00 | 3.00 |
| 保温层由容易透风的保温材料组成,但混凝土面层上铺一层不易透风的保温材料 | 2.00 | 2.30 |
| 保温层由容易透风的保温材料组成,并在保温层上再铺一层不透风的材料 | 1.60 | 1.90 |
| 保温层由容易透风的保温材料组成,而在保温层的上、下面各铺一层不易透风的材料 | 1. 30 | 1.50 |
| 保温层完全由不易透风的保温材料组成 | 1.30 | 1. 50 |

混凝土终凝后，在其表面蓄存一定深度的水，采取蓄水养护是一种较好的方法。我国在许多工程曾经采用，并取得良好的效果。水的导热系数为 0.15W/m·K，具有一定的隔热保温作用，这样可以延缓混凝土内部水化热的降温速率，缩小混凝土中心和表面的温度差值，从而可找到混凝土的裂缝开展。当采用蓄水养护时，可按下式计算混凝土表面的蓄水深度：

$$h_s = R\lambda_W \tag{6-8}$$

式中：$h_s$——混凝土表面的蓄水深度(m)；

$R$——热阻系数(K/W)；

$\lambda_W$——水的导热系数，可取 0.58W/m·K。

根据热交换原理，每立方米混凝土在规定时间内，其内部中心温度降低到表面温度时放出的热量，等于混凝土在此养护期间散发到大气中的热量。此时混凝土表面所需的热阻系数，可按下式计算：

$$R = \frac{XM(T_{max} - T_2)K}{700T_j + 0.28Q_cW} \tag{6-9}$$

$$M = \frac{F}{V} \tag{6-10}$$

式中：$R$——混凝土表面的热阻系数(K/W)；

$X$——混凝土维持到指定温度的延续时间(h)；

$M$——混凝土结构表面系数(l/m)；

$F$——混凝土结构物与大气接触的表面面积($m^2$)；

$V$——混凝土结构物的体积($m^3$)；

$T_{max}$——混凝土中心最高温度(℃)；

$T_2$——混凝土表面的温度(℃)；

$K$——传热系数修正值，蓄水养护取 1.3；

700——混凝土的热容量，即比热与表观密度的乘积(kJ/$m^2$·K)；

$T_j$——混凝土落筑、振捣完毕开始养护时的温度(℃)；

$Q_c$——每立方米混凝土中的水泥用量(kg)；

$W$——混凝土在指定龄期内水泥的水化热(kJ/kg)。

## 六、提高混凝土的极限拉伸值

混凝土的收缩值和极限拉值值，除与水泥用量、集料品种和级配、水灰比、集料含泥量等因素有关外，还与施工工艺和施工质量密切相关。因此，通过改善混凝土的配合比和施工工艺，可以在一定程度上减少混凝土的收缩和提高混凝土的极限拉伸值 $\varepsilon_p$，这对防止产生温度裂缝也可起到一定的作用。

大量施工现场试验证明，对浇筑后未初凝的混凝土进行二次振捣，能排除混凝土因泌水在粗集料、水平钢筋下部生成的水分和空隙，提高混凝土与钢筋之间的握裹力，防止因混凝土沉落而出现的裂缝，减小混凝土内部微裂，增加混凝土的密实度，使混凝土的抗压强度提高 10% ~20%，从而可提高混凝土的抗裂性。

混凝土二次振捣有严格的时间标准，二次振捣的恰当时间是指混凝土振捣后尚能恢复到塑性状态的时间，这是二次振捣的关键，又称振动界限。掌握二次振捣恰恰当时间的方法，一般有以下两种。

(1)将运转着的振捣棒以其自身的重力逐渐插入混凝土中进行振捣，混凝土在振捣棒慢慢拔出时能自行闭合，不会在混凝土中留下孔穴，则可以认为此时施加二次振捣的时间是适宜的。

(2)为了准确地判定二次振捣的适宜时间，国外一般采用测定贯入阻力值的方法进行判定。当标准贯入阻力值在未达到 $350N/cm^2$ 以前，再进行二次振捣是有效的，不会损伤已成型的混凝土，对应的立方体试块强度约为 $25N/cm^2$，对应的压痕仪强度值约为 $27N/cm^2$。

由于采用二次振捣的最佳时间与水泥品种、水灰比、坍落度、外加剂种类、施工温度和振捣条件等有关。因此，在实际工程中正式采用二次振捣前必须经试验确定。在最后确定二次振捣时间时，既要考虑技术上的合理性，又要满足分层浇筑、循环周期的安排，在操作时间上要留有余地，避免由于这些失误而造成"冷接头"等质量问题。

在传统混凝土搅拌工艺过程中，水分直接湿润石子的表面；在混凝土成型和静置过程中，自由水进一步向石子与水泥砂浆界面集中，形成石子表面的水膜层。在混凝土硬化后，由于水膜层的存在而使界面过渡层疏松多孔，削弱了石子与硬化水泥砂浆之间的黏结，形成混凝土中最薄弱的环节，从而对混凝土的抗压强度和其他物理力学性能产生不良的影响。

改善混凝土的搅拌工艺，可以提高混凝土的极限拉伸值，减少混凝土的收缩。为了进一步提高混凝土的质量，可采用二次投料的砂浆裹石或净浆裹石的搅拌新工艺，这样不仅可有效地防止水分向石子与水泥砂浆界面的集中，使硬化后的界面过渡层的结构致密，黏结强度增强，而且可使混凝土强度提高10%左右，相应地也提高了混凝土的抗拉强度和极限抗拉值。实践证明，当混凝土强度基本相同时，可减少7%左右的水泥用量，从而也减少了水化热。

## 七、改善边界约束和构造设计

防止大体积混凝土产生温度裂缝，除可以采取以上施工技术措施外，在改善边界约束和构造设计方面也可采取一些技术措施。如合理分段浇筑、设置滑动层、避免应力集中、设置缓冲层、合理配筋、设应力缓和沟等。

### 1. 合理分段浇筑

当大体积混凝土结构的尺寸过大，通过计算证明整体一次浇筑会产生较大温度应力，有可能产生温度裂缝时，则可与设计单位协商，采用合理分段浇筑，即增设"后浇带"的方法进行浇筑。

用"后浇带"分段施工时，其计算是将降低温差和收缩应力分为两部分。在第一部分内结构被分成若干浇筑段，使之能有效地减小温度和收缩应力；在施工后期再将这若干段浇筑成整体，继续承受第二部分降温温差和收缩的影响。"后浇带"的间距，在正常情况下为20～30m，保留时间一般不宜小于40d，带宽以70～100cm为宜，其混凝土强度等级比原结构提高5～$10N/mm^2$，湿养护不得少于15d。"后浇带"的构造和形式，如图6-36所示。

### 2. 合理配置钢筋

在一般常温和允许应力状态下，钢的性能是比较稳定的，钢与混凝土的热膨胀系数相差不大，因而在温度变化时，钢与混凝土之间的内就力很小，而钢的弹性模量比混凝土的弹性模量大6～16倍。当混凝土的强度达到极限强度、变形达到极限拉伸值时，应力开始转移到钢筋上，从而可以避免裂缝的开展。

在构造方面进行合理配置钢筋，对提高混凝土结构的抗裂性有很大作用。工程实践证明，当混凝土墙板的厚度为400~600mm时,采取增加配置构造钢筋的方法,可使构造筋起到温度筋的作用,能有效地提高混凝土的抗裂性能。

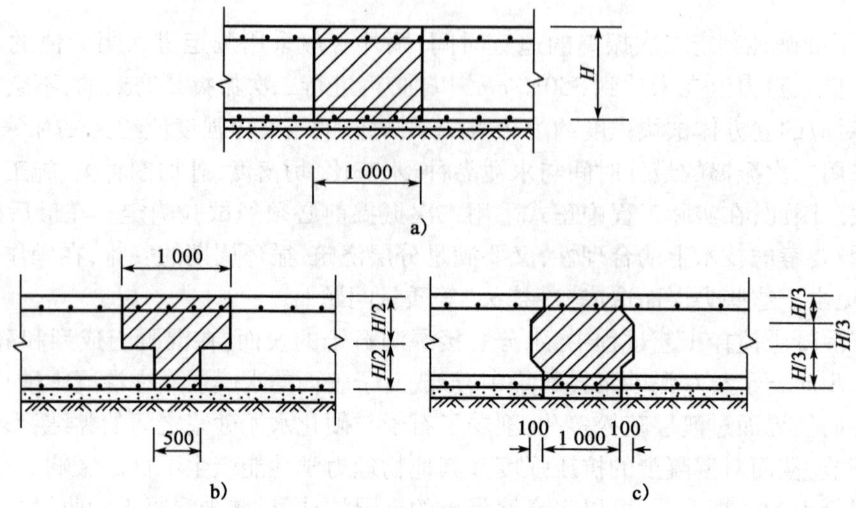


图6-36 "后浇带"构造图(尺寸单位:mm)

a)平接式;b)T字式;c)企口式

配置的构造钢筋应尽可能采用小直径、小间距,例如配置直径6~14mm,间距控制在100~150mm。按全截面对称配筋是最合理的,这样可大大提高抵抗贯穿性开裂的能力。若进行全截面对称配筋,配筋率应控制在0.3%~0.5%。

对于大体积混凝土,构造筋对控制贯穿性裂缝作用不太明显,但沿混凝土表面配置钢筋,可提高面层抗表面降温的影响和干缩。

3.设计滑动层

混凝土由于边界存在约束才会产生温度应力,如果在与外约束的接触面上全部设置滑动层,则结构的计算长度可折减约一半。为此,若遇到约束强的岩石类地基、较厚的混凝土垫层时,可在接触面上设置滑动层,对减小温度应力将起到显著作用。

滑动层的做法有:涂刷两道热沥青加铺一层沥青油毡;或铺设10~20mm厚的沥青砂;或铺设50mm厚的砂或石屑层等。

4.避免应力集中

在结构的孔洞周围、变断面转角部位、转角处等,由于温度变化和混凝土收缩,会产生应力集中而导致混凝土裂缝。为此,可在孔洞四周增配斜向钢筋、钢筋网片;在变断面处避免断面突变,可作局部处理使断面逐渐过渡,同时增配一定量的抗裂钢筋,这对防止裂缝产生是有很大作用的。

5.设置缓冲层

设置缓冲层,即在高、低底板交接处、底板地梁处等,用30~50mm厚的聚苯乙烯泡沫塑料作垂直隔离,以缓冲基础收缩时的侧向压力。缓冲层构造如图6-37所示。

6.设置应力缓和沟

设置应力缓和沟,这是日本清水建筑工程公司研究成功的一种防止大体积混凝土开裂的新方法，即在混凝土结构的表面，每隔一定距离（结构长度的1/5）设置一条沟。设置应力缓和沟后，可将结构表面的拉应力减少20%～50%，能有效地防止表面裂缝。我国已用于直径60m、底板厚3.5～5.0m、容量$1.6m^3$的地下罐工程，并取得良好效果。应力缓和沟的形式，如图6-38所示。

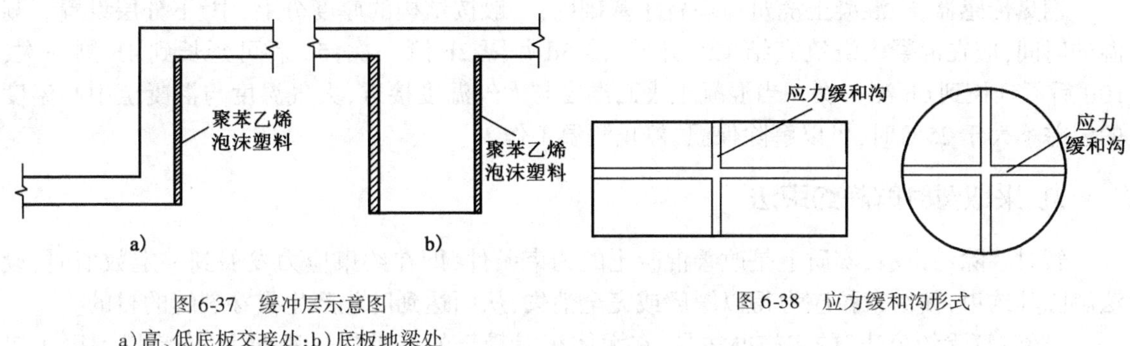


图6-37 缓冲层示意图

a）高、低底板交接处；b）底板地梁处

图6-38 应力缓和沟形式

## 八、加强施工监测工作

在大体积混凝土的凝结硬化过程中，及时摸清大体积混凝土不同深度温度场升降的变化规律，随时监测混凝土内部的温度情况，对于有的放矢地采取相应的技术措施，确保混凝土不产生过大的温度应力，避免温度裂缝的发生，具有非常重要的作用。

监测混凝土内部的温度，可采用在混凝土内部不同部位埋设铜热传感器，用混凝土温度测定记录仪进行施工全过程的跟踪监测。混凝土温度测定记录仪，是以XQC-300大型长图自动平衡记录仪和WZG-010铜热电阻温度传感器作为基本测温单元，并加装"定时全自动扩展"装置组合而成，将XQC-300平衡记录仪原来的12个点测温能力提高到108个点，能做到全面、及时、均匀地控制大体积混凝土温度情况。

混凝土温度测定记录仪，是以测定电阻变化来显示温度的仪器，其基本原理是电桥平衡方式：被测的传感器（WZG-010）作为信号源，组成电桥的一臂，电桥输出的误差信号经放大后，驳动可逆电机，从而通过一组传动系统带动指示机构及电桥中滑线电阻相接触的滑动臂，直至电桥趋于平衡为止。记录仪连接着打印系统，将各测点温度打印在记录纸上，可以直接读数。

为了准确地了解混凝土内部温度场的分布情况，除需要按设计要求布置一定数量的传感器外，还要确保埋入混凝土中的每个传感器具有较高的可靠性。因此，必须对传感器进行封装，封装的工序一般包括：初筛→热老化处理→绝缘试验→馈线焊接和密封。

初筛、热老化处理和绝缘试验的目的是确保铜热传感器的可靠性、准确性和密封性，剔除不合格的传感器，限定混凝土碱性腐蚀对测试工作的影响。馈线焊接和密封是保证传感器正常工作必不缺少的关键工序，将馈线与传感器接头焊接后，再用环氧树脂密封后就可供施工现场布置。

布置时应将铜热传感器用绝缘胶布绑扎于预定测点位置处的钢筋上。如果预定位置处无钢筋，可另外设置钢筋。因为钢筋的导热系数较大，传感器直接接触会使该部位的温度值失真，所以必须用绝缘胶布绑扎。将各铜热传感器布置绑扎完毕后，再将馈线收成一束，固定在横向钢筋下沿引出，以避免在浇筑混凝土时馈低受到损伤，使大体积混凝土测温工作失败。

待馈线与测定记录仪接好后，应当再次对传感器进行测试检查，测试检查完全合格后，混凝土测试的准备工作即告结束。

目前在工程上所用的混凝土测定记录仪,不仅可显示读数,而且还自动记录各测点温度,能及时缓制出混凝土内部温度变化曲线,随时可对照理论界计算值,可有的放矢地采取相应的技术措施。这样在施工过程中,可以做到对大体积混凝土内部的温度变化进行跟踪监测,实现信息化施工,确保施工质量。

铜热传感器,在混凝土浇筑前埋置于基础内,一般按结构的厚度分上、中、下分层设置。测温的时间,应在混凝土浇筑完结 12h 开始,前 5d 每隔 2h 测一次;5d 后可延长到 4h 测一次;10d 后可延长到 6h 测一次。当混凝土表面温度与大气温度接近,大气温度与混凝土中心温度的温差不大于 25℃时,可以解除保温,停止测温工作。

## 九、采取暂时解除约束法

暂时解除约束法,实质上是改善混凝土的约束条件,即在约束应力发展到一定数值时,设法解除其约束,使约束拉应力得以缓解或完全消失,从而达到防止产生贯穿裂缝的目的。

“暂时解除约束法”的实施办法是:在大体积混凝土的基础垫层表面上,先涂以混凝土界面处理剂,对层面上强度较低的乳皮进行补强,再按适当间距平行布置一层电热丝,上面浇涂一薄层硫磺砂浆,将电热丝完全包裹覆盖,待其冷硬后,浇筑混凝土。当混凝土散热冷却至所受约束拉力达到混凝土抗拉极限某一比率时,通电加热电热丝,使硫磺砂浆软化,则基础对其上部混凝土体的约束解除,约束拉应力缓解或消失,达到防止产生裂缝的目的。此技术措施是专家的一种设想,从理论上是完全可行的,有待于在工程实践中得到进一步证实。

## 十、加强混凝土的质量管理

目前,混凝土的生产管理水平还较低,混凝土强度的变异系数往往大于 20%,这不利于混凝土的防裂。因此,要提高混凝土的抗裂性能,仅采取降温或保温措施是不够的,还必须在混凝土施工操作上注意保证质量,注意从原材料的选用到养护的全过程质量管理。

# 第七章　大模板、滑升模板、爬升模板及升板法混凝土施工

## 第一节　大模板混凝土施工

大模板混凝土工程施工，是采用工具式大型模板，配以相应的起重吊装机械，通过合理的施工组织，以工业化生产方式在施工现场浇筑钢筋混凝土墙体。

其施工工艺特点是：以建筑物的开间、进深、层高为标准化的基础，以大模板为主要手段，以现浇混凝土墙体为主导工序，组织进行有节奏的均衡施工。采用这种施工方法，工艺简单、工程进度快，机械化施工程度高，劳动强度低，装修湿作业少，结构整体性和抗震性能好，因此具有较好的技术经济效果。

### 一、大模板混凝土施工的分类及构造

1. 大模板混凝土工程的分类

1）按结构分类

按结构大体分为三类：外墙预制内墙现浇（简称"内浇外板"）；内外墙全现浇（简称"全现浇"）；外墙砌砖内墙现烧（简称"内浇外砌"），见表7-1。

**模板混凝土结构类型**　　表7-1

<table>
<tr><th colspan="2" rowspan="2">工程类型</th><th colspan="2">内墙</th><th colspan="2">外墙</th><th rowspan="2">模板做法</th><th rowspan="2">备注</th></tr>
<tr><th>做法</th><th>模板</th><th>做法</th><th>模板</th></tr>
<tr><td colspan="2">内浇外板</td><td>现浇</td><td>大模板</td><td>预制</td><td></td><td>预制或现浇</td><td>多、高层</td></tr>
<tr><td colspan="2">全现浇</td><td>现浇</td><td>大模板</td><td>现浇</td><td>大模板<br>（或爬模工艺）</td><td>预制或现浇</td><td>多、高层</td></tr>
<tr><td colspan="2">内浇外砌</td><td>现浇</td><td>大模板</td><td>砌砖</td><td></td><td>预制或现浇相结合</td><td>多、高层</td></tr>
<tr><td rowspan="2">大开间</td><td>剪力墙结构</td><td>现浇</td><td>大模板</td><td>砌砖</td><td></td><td rowspan="2">现浇普通钢筋混凝土或无黏结预应力混凝土</td><td>多、高层</td></tr>
<tr><td>框支剪力墙结构</td><td>现浇</td><td>大模板</td><td>预制</td><td></td><td>多、高层</td></tr>
</table>

注：1. 支剪力墙结构是指底层采用框架结构，上部采用剪力墙结构。

2. 力墙结构中的小开间，住宅为2.7～3.9m，旅馆一般为4m左右；大开间一般为5.4～9.0m。

（1）内浇外板工程

该种结构体系是我国采用较早的大模板混凝土工程，由于它将预制装配化和现场机械化施工结合起来发挥各自的特点，减少了模板的配置数量，也有利于外墙综合功能（如保温、装饰等）的处理。建筑物的最高层数，已超过20层。

（2）全现浇工程

这种类型的做法是内外墙均采用大模板现浇墙体混凝土，并可作为外墙装饰混凝土。采用这种类型，建筑物施工缝少、整体性好；造价比外墙预制类型低，对超重运输设备及预制构件生产能力的要求也比较低。但模板型号较多，支模工序复杂，湿作业多，影响施工速度，同时外

墙外模板要在高空作业条件下安装,存在安全问题。如采用外承式外模,安全问题可以解决,但模板用钢量大,对下层墙体的强度要求高,模板周转较慢。这种类型建造的建筑物最高层数,已达30层以上。

(3)内浇外砌工程

这种体系是大模板剪力墙与砖混结构的结合,发挥了钢筋混凝土承受墙壁坚固耐久和砖砌体等价低的特点。主要用于多层建筑,后来逐步发展到高层外砌内浇工程。

2)按模板拼装分类

按模板拼装分类见表7-2。

**大模板施工的模板拼装类型** 表7-2

| 拼装类型 | 平　模 | 大角模 | 小角模 |
|---|---|---|---|
| 平面简图 | | | |
| 做法 | 平模的大小按房间尺寸,进深不大的可用一块 | 以大角模为主,进深较大时,加平模补充 | 以平模为主,在阴角处加小角模 |
| 优点 | 模板运输及存放,均较方便 | 1. 模板稳定,支模、拆模较方便;<br>2. 阴角质量好 | 1. 支、拆模方便;<br>2. 运输堆放占地较少;<br>3. 阴角质量好 |
| 缺点 | 阴角质量控制较困难 | 堆放和运输占用位置较大 | 模板安装要注意配合,工作量稍大 |

2. 大模板混凝土工程的构造

一块大模板由面板、加劲肋、竖楞、支撑桁架、稳定机构及附件组成,如图7-1所示。

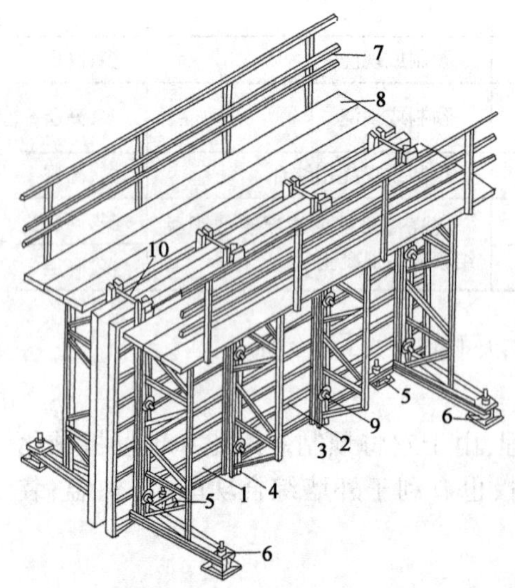

图7-1　大模板构造示意图

1-面板;2-水平加劲肋;3-支撑桁架;4-竖楞;5-调整水平的螺旋千斤顶;6-调整垂直的螺旋千斤顶;7-栏杆;8-脚手架;9-穿墙螺旋;10-固定卡具

面板要求平整、刚度好。平整度按中级抹灰质量要求确定。我国目前面板多用钢板和多层板制成。用钢板做面板的优点是刚度大和强度高,表面平滑,所浇筑的混凝土墙面外观好,不需再抹灰,可以直接粉面,模板可重复使用200次以上。缺点是消耗钢材量大、自重大,易生锈、不保温、损坏后不易修复。钢面板厚度根据加劲肋的布置确定,一般为4~6mm。用12~18mm厚多层板做的面板,用树脂处理后可重复使用50次,质量轻,制作安装更换容易、规格灵活,对于非标准尺寸的大模板工程更为适用。

加劲肋的作用是固定面板,阻止其变形并把混凝土传来的侧压力传递到竖楞上。加劲肋可用[6或[8槽钢,间距一般为300~500mm。

竖楞是与加劲肋相连接的竖直部件。它的作用是加强模板刚度,保证模板的几何形状,并作为穿墙螺栓的固定支点,承受由模板传来的水平力和垂直力。竖楞多采用[6 或[8 槽钢制成,间距一般约为 1~1.2m。

支撑机构主要承受风荷载和偶然的水平力,防止模板倾覆。用螺栓或竖楞连接在一起,以加强模板的刚度。每块大模板采用 2~4 榀桁架作为支撑机构,并兼作搭设操作平台的支座,承受施工活荷载、也可用大型型钢代替桁架结构。

大模板的附件有操作平台、穿墙螺栓和其他附属连接件。

大楼板亦可用组合钢模板拼成,用后拆卸仍可用于其他构件。

## 二、大模板混凝土结构的配模设计

1. 按建筑平面确定配模型号

根据建筑平面和辆线尺寸,凡外形尺寸和节点构造相同的模板均可列为同一型号。当节点相同,外形尺寸变化不大时,则以常用的开间尺寸为基准模板,另配模板条。如当开间为 3.3m 和 3.6m 时,可以以 3.3m 的轴线为基数制大模板。用 3.6m 开间时,配以 30cm 的模板条与其连接固定。这种模板称之为模数式组合模板。每道墙体的大模板均由两片模板组成,一般可以用正反号表示,以墙体一侧的模板为正号,另一侧模板为反号。正反号模板数量相等,以便于安装时对号就位。

2. 按施工流水段确定模板数量

为了便于大模板周转使用,常温情况下一般以一天完成一个流水段为宜。所以,必须根据一个施工流水段轴线的多少来配置大模板。同时还必须考虑特殊部位的模板配置问题,如电梯间墙体、全现浇工程中山墙和伸缩缝部位的模板数量。

3. 根据房间的开间、进深、层高确定模板的外形尺寸(表 7-3)

**模板尺寸的确定** 表 7-3

| 项 目 | 计算公式 | |
|---|---|---|
| 模板高度 | $H=h-h_1-C_1$ | 式中:$H$——模板高度(mm);<br>$h$——楼层高度(mm);<br>$h_1$——楼板厚度(mm);<br>$C_1$——余量,考虑到模板找平层砂浆厚度及模板安装不平等因素而采用的一个常数,通常取 20~30mm |
| 模墙模板长度 | $L=L_1-L_2-L_3-C_2$ | 式中:$L$——内横墙模板长度(mm);<br>$L_1$——进深轴线尺寸(mm);<br>$L_2$——外墙轴线至内墙面的尺寸(mm);<br>$L_3$——内墙轴线至墙面的尺寸(mm);<br>$C_2$——为拆模方便,外端设置一角模,其宽度通常取 50mm |
| 纵墙模板长度 | $B=b_1-b_2-b_3-C_3$ | 式中:$B$——纵墙模板长度(mm);<br>$b_1$——开间轴线尺寸(mm);<br>$b_2$——内横墙厚度(mm),羰部纵横墙模板设计时,此尺寸为内横墙厚度的 1/2 加外轴线到内墙皮的尺寸;<br>$b_3$——横墙模板厚度×2(mm);<br>$C_3$——模板搭接余量,为使模板能适应不同的墙体厚度,故取一个常数,通常取 20mm |

## 三、大模板制作质量要求和验收标准

(1)钢模板及骨架等构件宜采用 Q235 钢和 E43 号焊条制作,吊环材料不得冷弯,焊缝高度不得小于 6mm。

(2)板面拼缝要尽量设置在横肋骨架上,要严密平整,不得有错槎、各部位的焊接要牢固,不得有漏焊、夹渣、咬肉和熔穿板面的现象。

(3)板面与骨架可采用断志焊接,焊缝长度不得小于 20mm,焊缝间距不得大于 150mm。

(4)除板面外,各部件均应清除锈蚀,并涂刷防锈漆两遍。

(5)模板制作允许偏差,应符合表 7-4 的规定。

**大模板制作允许偏差** 表 7-4

| 项次 | 项目名称 | 允许偏差(mm) | 检查方法 |
|---|---|---|---|
| 1 | 板面增整 | 3 | 用 2m 靠尺塞尺检查 |
| 2 | 模板高度 | +3<br>−5 | 用金属直尺检查 |
| 3 | 模板宽度 | +0<br>−1 | 用金属直尺检查 |
| 4 | 对角线长 | ±5 | 对角拉线用金属直尺检查 |
| 5 | 模板边平直 | 3 | 拉线用金属直尺检查 |
| 6 | 模板翘曲 | $L/1\,000$ | 放在平台上,对角拉线用金属直尺检查 |
| 7 | 孔眼位置 | ±2 | 用金属直尺检查 |

注:1. 本表引自《大模板多层住宅结构设计与施工规程》(JGJ 20—84)。
2. $L$ 为模板对角线长度。

## 四、大模板混凝土工程施工要点

1. 流水施工段划分及工艺周期

1)流水施工段划分的原则。

大模板划分流水施工段的原则见表 7-5。

**大模板划分流水施工段的原则** 表 7-5

| 项 目 | 划 分 原 则 |
|---|---|
| 大模板的使用 | 1. 每天都在使用,不闲置;<br>2. 模板型号规格,力求一致,减少落地次数 |
| 混凝土强度 | 1. 拆模时不少于 1MPa;<br>2. 安装楼板时不少于 4MPa |
| 起重设备 | 1. 充分发挥起重能力和吊次;<br>2. 在一个工作班内能完成本流水段混凝土的浇筑,或从拆模到支模的全过程 |
| 工期 | 不影响结构施工总工期 |

2）流水施工段的划分方法

根据多年来的实践经验，各种不同结构类型的大模板混凝土工程，其结构施工的分段流水作业方法见表7-6。

**大模板混凝土工程流水分段参考表** 表7-6

| 大模板工程 | | 流水分段说明 |
|---|---|---|
| 内浇外砌多层建筑 | | 可以单栋自身流水，也可以相邻二栋大流水。每次流水的单元不应少于4个，可以根据单元的数量分为4~8个流水段，每天完成4~5个开间的结构。流水段开始时，要先砌好1~2段的外墙，然后插入大模板施工 |
| 小开间 | 板式高层建筑 | 由于标准层面积较大，一般可以进行单栋流水作业，故可以：<br>1.每层一般4~6个流水段，每段5个开间，配备1台塔式超重机，4~6d完成一层；<br>2.长板楼每层可以先划分几个大流水段，每个大流水段内可再划分为几个小流水段，每个大段配备1台塔式超重机，实行多段流水作业 |
| | 塔式高层建筑 | 如为单栋布置，则每层分3~4个流水段，每3~4d完成一层。如两栋相邻布置，家采用两栋流水，共分4~6段施工，每4~6d完成两栋的一层 |
| 大开间 | 板式高层建筑 | 每层划分4~6个流水段，每段两个开间，5~7d完成一层。如每层超过12间，则可3个（或3个以上）开间为一个流水段 |
| | 塔式高层建筑 | 宜实行双栋同时施工，每栋分为2~3个流水段，进行流水作业 |
| | 无黏结预应力板墙结构 | 由于楼板施工必须按栋进行，故宜实行两栋大流水作业。墙体施工流水段的划分，可参照上述方法分段施工 |

3）流水施工段的工艺周期

各流水施工段的工艺周期通常按四天安排，见表7-7。

**大模板施工流水段工艺周期表** 表7-7

| 日程 | 第一流水段 | 第二流水段 | 第三流水段 | 第四流水段 |
|---|---|---|---|---|
| 第一天 | 放线；<br>安装模板（用第一套模板）；<br>全现浇：安装钢筋；<br>内浇外砌：砌砖墙；<br>内浇外挂：安装墙板 | | | |
| 第二天 | 浇筑混凝土 | 同第一段第一天<br>（用第二套模板） | | |
| 第三天 | 拆模扳，移至第三段，安装内隔墙 | 同第一段第二天 | 同第一段第一天<br>（用第一套模板） | |
| 第四天 | 安装预制楼板等；<br>浇筑圈梁等 | 同第一段第三天，<br>模板移至第四段 | 同第一段第二天 | 同第一段第一天<br>（用第二套模板） |
| | 上升一层；<br>同本段第一天 | 同第一段第四天 | 同第一段第三天，<br>模板移至第一段 | 同第一段第二天 |
| 以后各天 | 按上述进度，周而复始，每四天为一周期 | | | |

注：本工艺周期是按气温在20℃以上，使用普通水泥提出的。

2. 施工工艺流程

1) 内浇外板工程施工流程

施工流程见图 7-2。

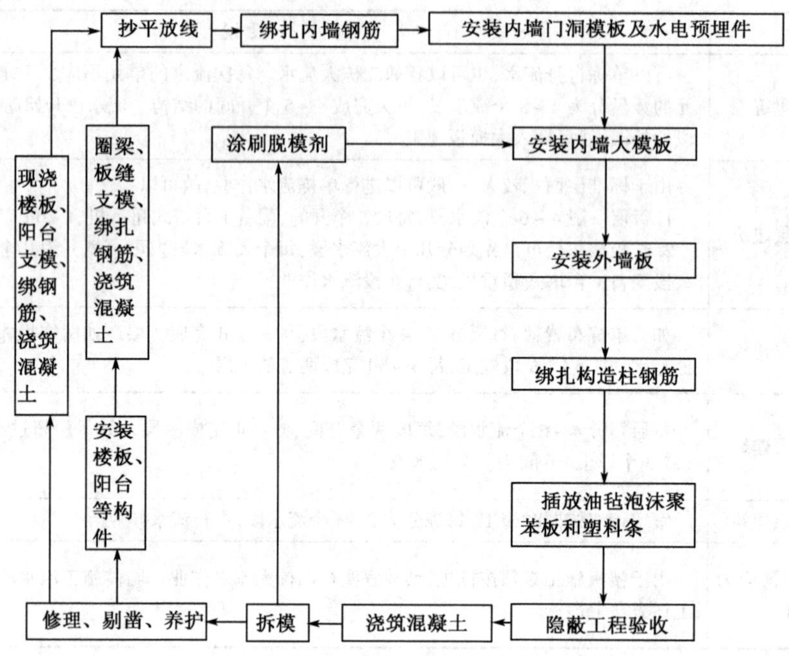


图 7-2 内浇外板工程施工流程框图

2) 全现浇工程施工流程

施工流程见图 7-3。

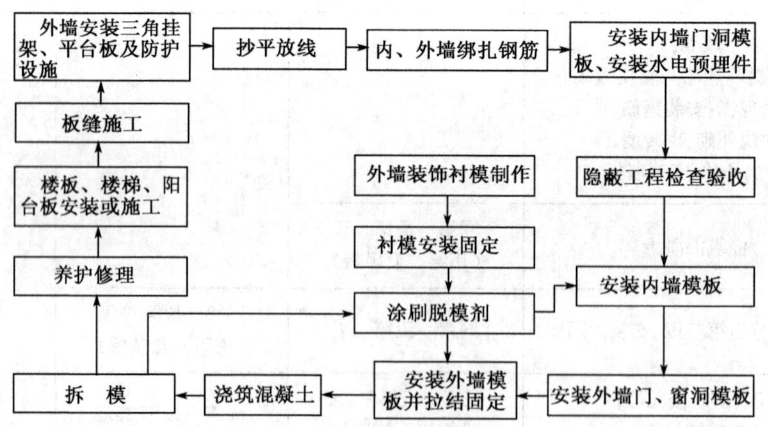


图 7-3 全现浇工程施工流程框图

3) 内浇外砌工程施工流程

施工流程见图 7-4。

3. 大模板施工的工艺要点

大模板施工的工艺要点见表 7-8。

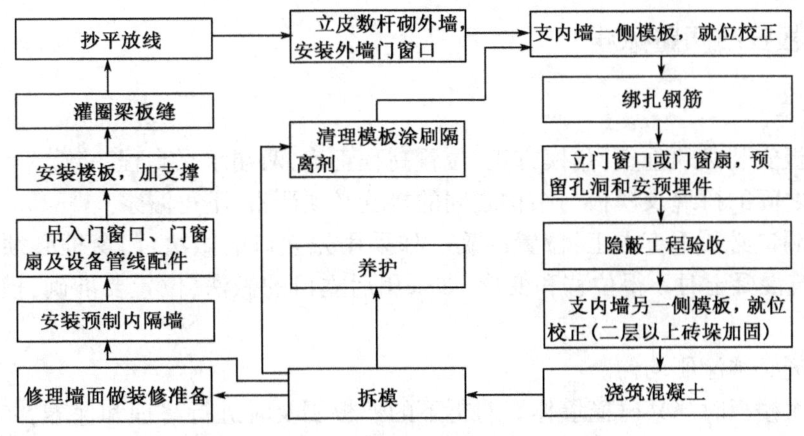


图 7-4　内浇外砌工程施工流程框图

**大模板施工的工艺要点及安全要求**　　表 7-8

| 序号 | 项　目 | 要　　点 |
|---|---|---|
| 1 | 模板安装 | 1. 放线时应同时注明模板编号,便于对号入座;<br>2. 应在安装前涂好脱模剂;<br>3. 应配齐上口卡子,穿墙螺栓、拼缝封条、水电气管线等预埋件;<br>4. 安装好后应进行常规清理 |
| 2 | 钢筋敷设 | 1. 用点焊钢筋网较好;<br>2. 搭接长度、位置要准确,理顺扎牢 |
| 3 | 板间连接 | 1. 板与板间的连接,应按搭接缝要求,加筋处理;<br>2. 连接方法如采用绑扎或焊接,应保证牢靠;如采用套环,套环应重叠并插入竖向筋 |
| 4 | 坍落度 | 1. 采用料斗浇灌时,4 ~ 6cm;<br>2. 采用泵送时,10 ~ 14cm |
| 5 | 浇灌 | 1. 先浇灌与混凝土同性质的水泥砂浆作垫底,厚度约 50mm;<br>2. 浇灌层厚,人工插捣的不大于 35cm;振动器捣固的,不大于 50cm;轻集料混凝土的,不大于 30cm;<br>3. 料斗容量不宜大于 1m$^3$,每台吊机配备 2 ~ 3 只料斗,交替使用;<br>4. 如操作人员熟练,吊机将料斗吊至浇灌部位,沿墙体方向作水平移动,操作人员操纵斗门把手,直接卸料入模;否则,应卸在拌板上,再用人工浇灌;<br>5. 使用泵送混凝土时,操作员掌握布料口,直接浇灌入模;注意均匀布料,层厚不超过第 2 点的规定 |
| 6 | 捣筑 | 1. 参阅第五章有关规定;<br>2. 与砖墙或预制墙板搭接的部位,应同时浇筑,并加强捣固;<br>3. 如必须留施工缝时,水平缝可留在门窗洞口的上部;<br>4. 浇筑至门窗洞口以上,如发现浆多石少时,是由于垫底砂浆上浮,可将浮浆排除,以保证强度;<br>5. 墙顶应按高程稍低 10mm 找平,以利于楼板坐浆安装 |
| 7 | 养护 | 按气温情况采用必要的养护,以保证流水段施工按计划进行 |
| 8 | 拆模 | 1. 先拆附件(花篮螺栓、上口卡子、穿墙螺栓、压杆、角模螺栓)并有专人复验认为附件完全拆除;最后,同步放松地脚螺栓,使模扳能自上而下地同步脱离混凝土;<br>2. 拆模时严禁敲打,严禁在混凝土上端用力横推或撬动;<br>3. 脱角模、门窗模只能在楼板与钢模下端之间撬模;避免冲击用力;<br>4. 楼板吊往下一流水段时,应垂直起吊,不得斜牵强拉 |
| 9 | 安全 | 1. 模板存放应力求稳定,不得靠在已完成的墙上,应靠在特制的架上;<br>2. 模板停放时,应垂直于外墙轴线;<br>3. 模板未固定前,吊机的吊钩不得离开模板吊环;<br>4. 在外墙操作时,必须佩挂好安全带,墙外应设护栏及安全网;<br>5. 当风力为 5 级时,只允许在一、二层上施工;5 级以上时,停止模板、预制板的吊装 |

## 五、大模板安装质量标准

1. 基本要求

(1)大模板安装必须垂直,角模方正,位置高程正确,两端水平高程一致。

(2)模板之间的拼缝及模板与结构之间的接缝必须严密,不得漏浆。

(3)门窗洞口必须垂直方正,位置准确。如采用先立口的做法,门窗框必须固定牢固,连接紧密,在浇筑混凝土时不得位移和变形;如采用后立口的做法,位置要准确,模框要牢固,并便于拆除。

(4)脱模剂必须涂刷均匀。

(5)拆除大楼板时严禁碰撞墙体。对拆下的模板要及时进行清理和保养,如发现变形、开焊,应及时进行修理。

(6)装饰模板及门窗洞口模板必须牢固,不变形,对大于1m的门窗洞口拆模后应加以支护。

(7)全现浇外墙、电梯井筒及楼梯间墙支模时,必须保证上下层接槎顺直,不错台,不漏浆。

2. 大模板安装质量标准(表7-9)

大模板安装的质量标准　　表7-9

| 序号 | 检 查 项 目 | 允许偏差(mm) | 检 查 方 法 |
|---|---|---|---|
| 1 | 模板垂直 | 3 | 2m 靠尺 |
| 2 | 模板位置 | 2 | 金属直尺量测、验线 |
| 3 | 上口宽度 | +2 | 金属直尺量测、验线 |
| 4 | 模板高程 | ±10 | 水平仪量测、验线 |
| 5 | 先立口垂直 | ±5 | 2m 靠尺 |
| 6 | 先立口对角线偏差 | 8 | 尺验 |
| 7 | 后立口洞口上平高度 | +20; −5 | 尺验 |
| 8 | 后立口垂直及洞口宽度 | ±10 | 2m 靠尺及尺验 |

## 六、大模板施工质量检查标准

大模板施工支模质量检查标准见表7-10;墙体质量检查标准见表7-11;门窗洞口质量检查标准见表7-12;施工期间墙体由于碰撞出现裂缝的限值见表7-13。

大模板支模质量检查标准　　表7-10

| 项次 | 项 目 名 称 | 允许偏差(mm) | 检 查 方 法 |
|---|---|---|---|
| 1 | 垂直 | 3 | 用2m 靠尺检查 |
| 2 | 位置 | 2 | 用尺检查 |
| 3 | 上口宽度 | +2<br>0 | 用尺检查 |
| 4 | 高程 | ±10 | 用尺检查 |

大模板墙体质量检查标准　　表 7-11

| 项次 | 项目名称 | 允许偏差(mm) | 检查方法 |
|---|---|---|---|
| 1 | 大角垂直 | 20 | 用经纬仪检查 |
| 2 | 楼层高度 | ±10 | 用钢尺检查 |
| 3 | 全楼高度 | ±20 | 用钢尺检查 |
| 4 | 内墙垂直 | 5 | 用2m靠尺检查 |
| 5 | 内墙表面平整 | 5 | 用2m靠尺检查 |
| 6 | 内墙厚度 | +2<br>0 | 用尺在销孔处检查 |
| 7 | 内墙轴线位移 | 10 | 用尺检查 |
| 8 | 预制楼板搁置长度 | ±10 | 用尺检查 |

大模板门窗洞口质量检查标准　　表 7-12

| 项次 | 项目名称 | 允许偏差(mm) | 检查方法 |
|---|---|---|---|
| 1 | 单个门窗口水平 | 5 | 拉线检查 |
| 2 | 单个门窗口垂直 | 5 | 用靠尺检查 |
| 3 | 楼层洞口水平 | ±20 | 拉线检查 |
| 4 | 楼层洞口垂直 | ±15 | 吊线检查 |

大模板施工混凝土裂缝的限值(超过此限位,应进行处理)　　表 7-13

| 序号 | 墙板部位 | 裂缝限值(mm) |
|---|---|---|
| 1 | 墙肢和连梁 | 宽度不大于0.5 |
| 2 | 内纵墙墙肢 | 长度不超过墙肢宽度的1/4; |
|  | 其他墙肢 | 长度不超过墙肢宽度1/2的水平缝 |
| 3 | 任意楼层内墙肢 | 长度不超过层高1/2的垂直缝 |
| 4 | 同一墙肢上 | 有两条以上,不超过层高或肢宽的1/3的垂直缝或水平缝 |
| 5 | 墙肢 | 不超过100cm长的斜裂缝 |
| 6 | 连梁 | 不超过2条以上的裂缝 |

## 七、大模板施工安全技术措施

1. 基本要求

(1)在编制施工组织设计时,必须针对大模板施工的特点制定行之有效的安全措施,并层层进行安全技术交底,经常进行检查,加强安全施工的宣传教育工作。

(2)大模板和预制构件的堆放场地,必须坚实平整。

(3)吊装大模板和预制构件,必须采用自锁卡环,防止脱钩。

(4)吊装作业要建立统一的指挥信号、吊装工要经过培训,当大模板等吊件就位或落地时,要防止摇晃碰人或碰坏墙体。

(5)要按规定支搭好安全网,在建筑物出入口,必须设置安全防护棚。

(6)电梯井内和楼板洞口要设置防护板,电梯井口及楼梯处要设置护栏。

2. 大模板的堆放、安装和拆除安全措施

(1)大模板的存放应满足自稳角的要求,并进行面对面堆放,长期堆放时,应用杉篙通过吊环把各块大模板连在一起。

没有支架或自稳角不足的大模板,要存放在专用的插放架上不得靠在其他物体上,防止滑移倾倒。

(2)在楼层上旋转大模板时,必须采取可靠的防倾倒措施,防止碰撞造成坠落、遇有大风天气,应将大模板与建筑物固定。

(3)在拼装式大模板进行组装时,场地要坚实平整,骨架要组装牢固,然后由下而上逐块组装、组装一块立即用连接螺栓固定一块,防止滑脱。整块模板组装以后,应转运至专用堆放场地放置。

(4)大模板上必须有操作平台、上人梯道、护身栏杆等附属设施,如有损坏应及时修补。

(5)在大模板上固定衬模时,必须将模板卧放在支架上,下部留出可供操作的空间。

(6)起吊大模板前,应将吊装机械位置调整适当稳起稳落,就位准确,严禁大幅度摆动。

(7)外板内浇工程大模板安装就位后,应及时用穿墙螺栓将模板连成整体,并用花篮螺栓与外墙板固定,以防倾斜。

(8)全现浇大模板工程安装外侧大模板时,必须确保三角挂架、平台板的安装牢固,及时绑好护身栏和安全网。大模板安装后。应立即拧紧穿墙螺栓。安装三角挂架和外侧大楼板的操作人员必须系好安全带。

(9)大模板安装就位后,要采取防止触电保护措施,将大模板加以串联并同避雷网接通,防止漏电伤人。

(10)安装或拆除大模板时,操作人员和指挥者必须站在安全可靠的地方,防止意外伤人。

(11)拆模后起吊模板时,应检查所有穿墙螺栓和连接件是否全部拆除,在确定无遗漏、模板与墙体完全脱离后,方准起吊。待起吊高度超过障碍物后,方准转臂行车。

(12)在楼层或地面临时堆放的大模板,都应面对面放置,中间留出60cm宽的人行道,以便清理和涂刷脱模剂。

(13)筒形模可用拖车整车运输,也可拆成平模重叠放置用拖车运输,其他形式的模板,在运输前都就拆除支架,卧放于运输车上运送,卧放的垫木必须上下对齐,并封绑牢固。

(14)在电梯间进行模板施工作业,必须逐层搭好安全防护平台,并检查平台支腿伸入墙内的尺寸是否符合安全规定。拆除平台时,先挂好吊钩,操作人员退到安全地带后,方可起吊。

(15)采用自升式提模时,应经常检查倒链是否挂牢,立柱支架及筒模托架是否伸入墙内。拆模时要待支架及托架分别离开墙体后再行起吊提升。

## 第二节　滑升模板混凝土施工

滑升模板简称滑模。滑模混凝土的施工工艺开始用于较高的仓储、高耸的水塔、烟囱等筒壁构筑物的施工。由于其施工的工业化程度较高,施工速度快,结构整体性能好,操作条件方便,从20世纪70年代起,逐渐被引进高层建筑施工。

## 一、滑模装置的组成

滑模装置主要有模板系统、操作平台系统、液压系统以及施工精度控制系统等组成部分，如图 7-5 所示。

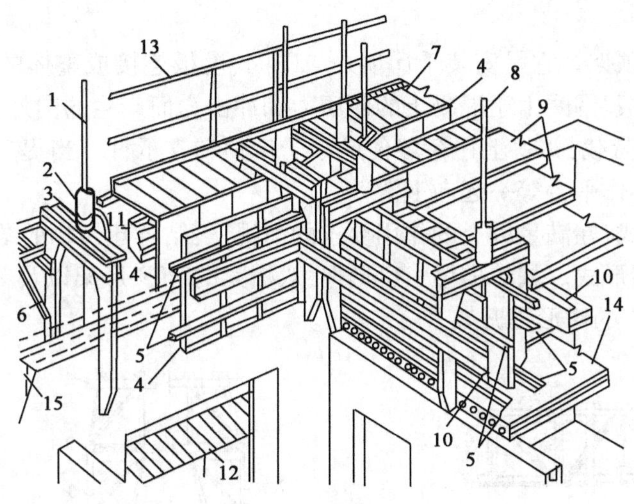


图 7-5　滑模装置示意图

1-支承杆；2-液压千斤顶；3-提升架；4-模板；5-围圈；6-外挑三脚架；7-外挑操作平台；8-固定操作平台；9-活动操作平台；10-内围梁；11-外围梁；12-吊脚手架；13-栏杆；14-楼板；15-混凝土墙体

1. 模板系统

模板系统主要包括模板、围圈、提升架等基本构件。

1）模板

模板又称围板，其作用是使混凝土能按照设计的几何形状及尺寸准确成型，并保证表面质量符合要求。模板主要承受浇筑混凝土时的冲击力、侧压力以及滑动时的摩托阻力和模板滑空、纠偏等情况下的外加荷载。模板按材料不同，可分为钢模板、木模板和钢木混合模板三种，最常用的是钢模板。可采用设角钢肋条或直接压制边肋以加强模板刚度。钢板厚度均不宜小于 1.5mm，角钢肋条的规格不宜小于 L30 ×4。也可采用定型组合钢模板。模板按其所在部位及作用不同，可分为内模板、外模板、堵头模板以及阶梯形变截面处的衬模板，圆形变截面结构中的收分模板等。

模板的高度主要取决于滑升速度和混凝土达到出模强度所需的埋深，一般采用 900 ~ 1 200mm，面积较小的筒壁结构，可采用 1 200 ~ 1 600mm。为防止混凝土浇筑时向外溅出，有的外模上端可以比内模高 100 ~ 200mm。模板的宽度可设计成几种不同的尺寸。考虑组装及拆卸方便，一般宜采用 150 ~ 500mm。当所施工的墙体尺寸变化不大时，亦可根据实际条件，适当加宽模板，以节约装卸用工。

2）围圈

围圈又称作围檩。其主要作用是使楼板保持组装的平面形状，并将模板与提升架连接成一个整体。围圈承受由模板传递来的侧压力、冲击力和风荷载等荷载及滑升时的摩阻力，作用于操作平台上的静荷载和施工荷载等竖向荷载，并将其传递到提升架、千斤顶和支承杆上。

围圈布置在模板外侧，沿建筑物的结构形状组成闭合圈，上下各一道。分别支承在提升架的立柱上。围圈的间距一般为500～700mm，上围圈距模板上口的距离不宜大于250mm。当提升架间距大于2.5m或操作平台的承重骨架直接支承在围圈上时，围圈宜设计成桁架式(图7-6)。在使用荷载下，两个提升架之间围圈的垂直与水平方向的变形不大于跨度的1/500。

围圈宜用角钢或槽钢制作，一般用L75×6角钢或L8槽钢。

3)提升架

提升架又称千斤顶架。它是安装千斤顶并与围圈、模板连接成整体的主要构件。提升架的主要作用是控制模板、围圈由于混凝土的侧压力和冲击力而产生的向外变形；同时承受作用于整个模板上的竖向荷载，并将上述荷载传递给千斤顶和支承杆。当提升机具工作时，通过它带动转圈、模板及操作平台等一起向上滑动。

提升架的构造形式，在满足以上的作用要求的前提下，结合建筑物的结构形式和提升架安放部位，可以采用不同形式。如单横梁"Π"形架，双横梁的"开"形架以及单立柱的"┐"形架。图7-7为目前使用较广的钳形提升架。

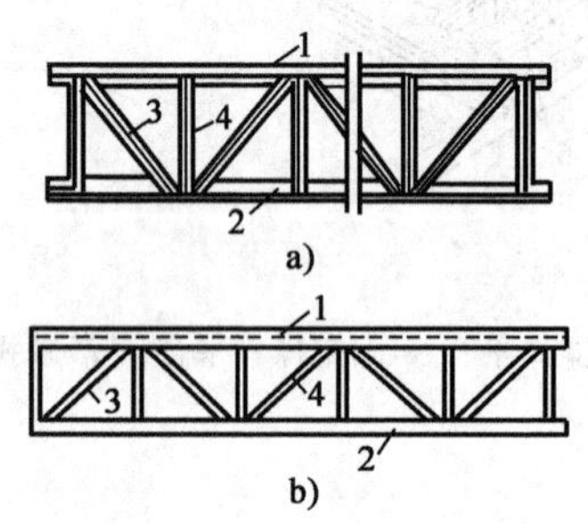


图7-6　围圈桁架构造图

a)螺栓连接；b)焊接

1-上围圈；2-下围圈；3-斜腹杆；4-直腹杆

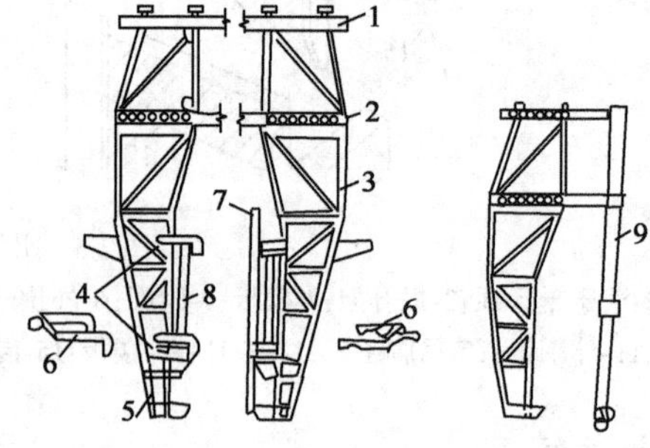


图7-7　提升架构造示意图

1-上横梁；2-下横梁；3-立柱；4-顶紧螺栓；5-接长脚；6-扣件；7-滑模模板；8-围圈；9-直腿方钢

提升架的布置应与千斤顶的位置相适应。当均匀布置时，间距不宜超过2m，当非均匀布置或集中布置时，可根据结构部位的实际情况确定。

提升架的横梁一般用型钢制作，立柱用槽钢、角钢或钢管制作。转角和纵横墙体十字交接的地方，采用100×100×4～6方形钢管做立柱最为方便。模板顶部至提升架横梁间的净高度，对于配筋结构不宜小于500mm，对于无筋结构不宜小于250mm。提升架的立柱在使用荷载作用下，侧面变形不宜大于2mm。

2.操作平台系统

操作平台系统是指操作平台、内外吊脚手架以及某些增设的辅助平台(图7-8)。

1)滑模的操作平台

滑模的操作平台即工作平台，是绑扎钢筋、浇筑混凝土、提升模板、安装预埋件等工作的场所，也是钢筋、混凝土、预埋件等材料和千斤顶、振捣器等小型备用机具的暂时存放场地。液压控制机械设备，一般布置在操作平台的中央部位。

操作平台按其搭设部位分内操作平台和外操作平台两个部分。内操作平台由承重桁架(或梁)与楞木、铺板组成。承重桁架(或梁)的两端可支承在提升架的立柱上，也可通过托架支承在上下围圈上。外操作平台悬挑在混凝土外墙面外侧。通常由三角挑架与楞木、铺板等组成。三角挑架同样可以支承在提升架立柱上，或支承在上下围圈上。

根据楼板的施工工艺的不同要求，可将操作平台板做成固定或活动两种式样。图7-9为活动式平台板操作平台。

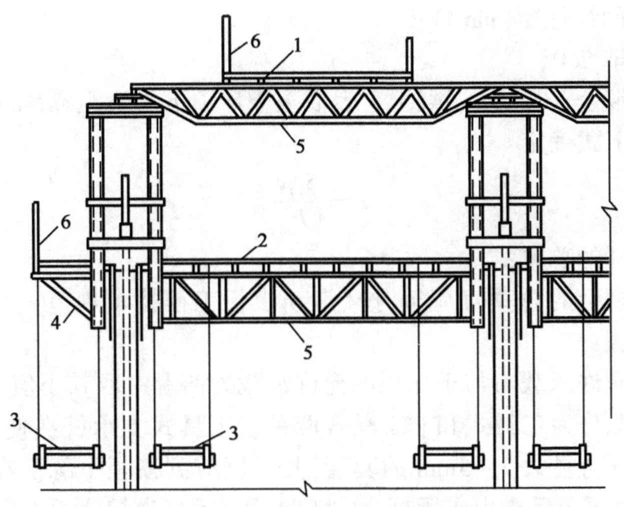


图7-8　操作平台剖面示意图

1-上辅助平台；2-主操作平台；3-内、外吊脚手架；4-三角挑架；5-承重桁架；6-防护栏杆

操作平台的桁架、三角挑架应尽量采用钢材制作。外操作平台的外挑宽度不宜大于1 000mm，并应在其外侧设置防护栏杆。

2）吊脚手架

吊脚手架又称下辅助平台或吊架。主要用于检查混凝土的质量、模板的检修和拆卸、混凝土表面修饰和浇水养护等工作。

吊脚手架主要由吊杆、横梁、脚手板防护栏杆等构件组成。吊杆上端通过螺栓悬吊于三角挑架或提升架的立柱上，下端与横梁连接。吊杆可采用直径不小于16mm的圆钢或50×4的扁钢制作。横梁可采用5×18的角钢。在外墙装饰随滑随粉的工地上，则采取增挂两步架外脚手的措施。

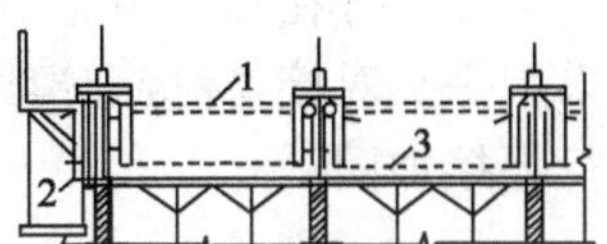


图7-9　活动平式操作平台图

1-活动平台板；2-外墙提升架接长腿；3-现浇楼板

3. 液压系统

液压提升系统又称提升机具系统，主要由支承杆、液压千斤顶、针形阀、滑管系统，液压控制台、分油器，油液、阀门等部分组成。

1）支承杆

支承杆又称爬杆、千斤顶杆或钢筋轴等。它支承着作用于千斤顶的全部荷载。目前使用的额定起重量为30t的滚珠式卡具液压千斤顶，其支承杆一般采用直径25mm的Q235圆钢制作。如使用模块式液压千斤顶时，亦可用25～28mm的螺纹钢筋作支承杆。

支承杆是千斤顶向上爬升的轨道，也是滑模的承重支柱。它承受滑模施工中的全部荷载。

支承杆的承载力可用下式确定：

$$P=\alpha \cdot \frac{40EI}{K(l_0+95)^2} \tag{7-1}$$

式中：$P$——支承杆的承载力（N）；

$\alpha$——工作条件系数（考虑群杆荷载不均匀，个别支承杆超载失稳后给相邻者增加额外荷载，视施工操作水平、滑模平台结构情况确定，一般整体或刚性平台$\alpha=0.70$，分

割式平台 $\alpha=0.80$，带套管的工具式支承杆 $\alpha=1.0$）；

$E$——支承杆的弹性模量（$N/mm^2$）；

$I$——支承杆截面惯性矩（$mm^4$）；

$K$——安全系数取 2.0；

$l_0$——支承杆的脱空长度，从混凝土上表面至千斤顶下卡头距离（mm）。

支承杆总数可由下式确定：

$$n=\frac{\sum N}{[P]} \tag{7-2}$$

式中：$n$——需要支承杆的总数；

$\sum N$——作用于滑模上的总垂直荷载，按《滑动模板工程技术规范》（GB 50113—2005）上的规定取值；

$[P]$——支承杆的允许承载力与千斤顶的允许承载力两者中取其小值。

支承杆按使用情况分为工具式和非工具式两种。工具式支承杆在使用时，应在提升架横梁下设置内径比支承杆直径大 2～5mm 的套管，其长度应到模板下缘。在支承杆的底部还应设置钢靴（图 7-10），以便最后拔出支承杆。非工具式支承杆直接浇筑在混凝土中。

支承杆的材料，当采用滚珠式千斤顶时，应采用Ⅰ级圆钢制作。圆钢进行冷拉调直时，延伸率不宜大于 3%。使用模块式千斤顶时，支承杆应通过试验选用。支承杆长度宜为 2～5m，直径应与千斤顶的要求相适应。第一批插入千斤顶的支承杆其长度不得少于 4 种，每种长度相差 50cm，以便使支承杆的接头错开。

支承杆在施工中需不断接长，其连接形式有螺纹连接、榫接和坡口焊接等（图 7-11）。对采用平头对接、榫接和螺纹头的非工具式支承杆，当千斤顶通过接头部位后，应及时对接头进行焊接加固。

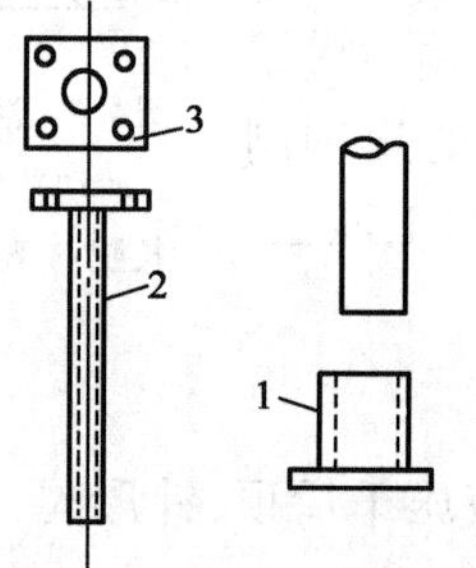


图 7-10　工具式支承杆的套管和钢靴图

1-钢靴；2-套管；3-底座

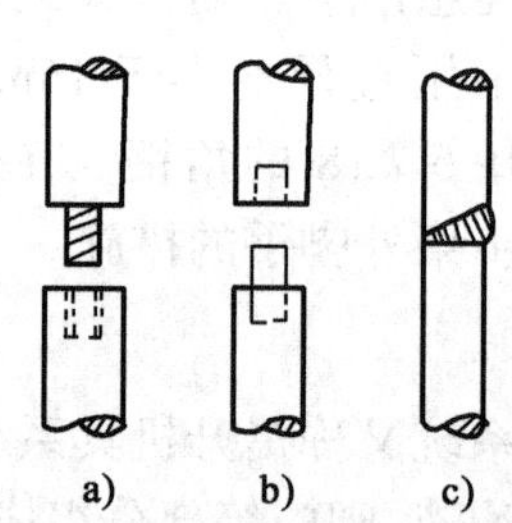


图 7-11　支承杆的连接图

a）螺纹连接；b）榫接；c）坡口焊接

为防止支承杆失稳，在正常施工条件下，直径 25mm 圆钢支承杆的允许脱空长度应不大于表 7-14 所列数值。

**直径 25mm 圆钢支承杆允许脱空长度**　　表 7-14

| 支承杆荷载 $P$（kN） | 10 | 12 | 15 | 20 |
|---|---|---|---|---|
| 允许脱空长度 $L$（mm） | 152 | 134 | 115 | 94 |

注：允许脱空长度 $L$，系指千斤顶下卡头至混凝土上表面的允许距高，它等于千斤顶下卡头至模板上口距离加模板的一次提升高度。

2）液压千斤顶

液压千顶又称为穿心式液压千斤顶或爬升器。

千斤顶是带动整个滑模系统沿支承杆上爬的机械设备。种类有单向油缸千斤顶、双向油缸千斤顶和液压升降千斤顶等。常用的油缸千斤顶有 GYD-35 型、QYD-35 型等。

液压千斤顶的构造和提升原理如图 7-12 所示。千斤顶内装上下两个卡头，当支承杆穿入千斤顶中心孔时，千斤顶内的卡块象倒刺一般，将支承杆紧紧包住，千斤顶只能沿支承杆向上爬升，不能下降。开动油泵，油液从进油嘴进入油缸，油液压缩大弹簧，这时上卡头紧紧包柱子支承杆，下卡头随外壳带动模板系统上滑。当上升到上下卡头相互顶紧时，完成举重过程，此时排油弹簧处于压缩状态。回油时，油压解除，弹簧复位回弹，在其压力作用下，下卡头锁紧支承杆，把上卡头和活塞向上举起，油液从油嘴排出油缸，完成复位过程。

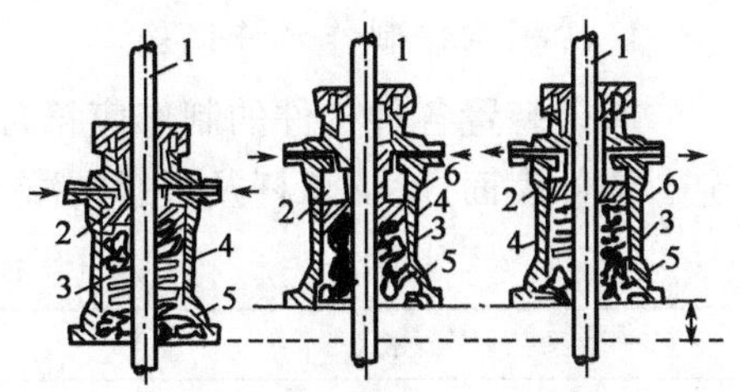


图 7-12　液压千斤顶构造与提升原理图

1-支承杆；2-活塞；3-排油弹簧；4-上卡头；5-下卡头；6-缸体

3）提升操作装置

提升操作装置是液压控制台和油路系统的总称。它像滑模系统的“头脑”和“血管”操纵模板提升并供给千斤顶油压。

液压控制台主要由电动机、油泵、换向阀、溢流阀、液压分配器和油箱等组成（图 7-13）。液压控制台工作时，电动机带动油泵运转，将油箱中的油液通过溢流阀控制压力后，经换向阀输送到液压分配器，然后经油管将油液输入千斤顶，使千斤顶工作。当活塞走满行程之后，换向阀变换油液的流向，千斤顶中的油液从输油管、液压分配器，经换向阀返回油箱。这样的过程称为液压传动。每一个工作循环可使千斤顶带动模板系统爬升一个行程。液压控制台按操作形式不同，可分为手动、电动和自动控制等形式。

油路系统是连接控制台到千斤顶使油液通行工作的通路。主要由油管、管接头、液压分配器、截止阀等元器件组成。油管一般采用高压无缝钢管及高压橡胶管两种。耐压力应大于油泵压力的 25%，主油管的内径一般选用 10～19mm，分油管的内径一般选用 8～16mm。选用油管时，其耐压力应大于油泵压的 25%。

油路布置以往分串联、并联及串并联结合的混合油路，近年来由于液压滑升机械设备的改进，一般采用从液压控制台通过主油管到分油器，从分油器经分油管到支分油器，再从支分油器经油管到千斤顶的布置（图 7-14）。

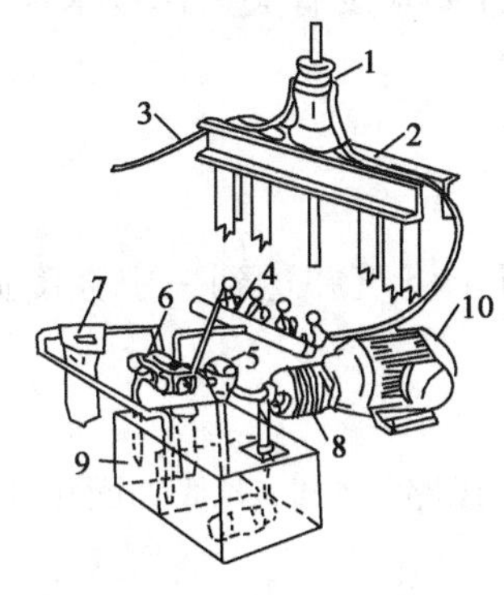


图 7-13　液压传动系统

1-千斤顶；2-提升架；3-油管；4-液压分配器；5-溢流器；6-换向阀；7-滤油器；8-油泵；9-油箱；10-电动机

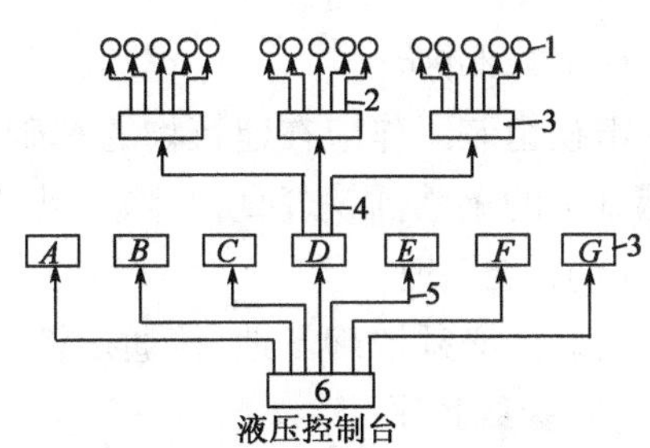


图 7-14　油路布置示意图

1-千斤顶；2-支油管；3-分油器；4-分油管；5-主油管；6-控制台总分油器

## 二、滑模构件制作与组装要求

1. 滑模构件制作允许偏差

滑模装置各种构件的制作应符合有关的钢结构制作规定，其允许偏差应符合表7-15的规定。构件表面，除支承杆及接触混凝土的模板表面外，均应刷除锈漆。

滑模构件制作的允许偏差　　表7-15

| 名　称 | 内　容 | 允许偏差（mm） |
|---|---|---|
| 模板 | 表面凹凸度 | 1 |
| | 长度 | 2 |
| | 宽度 | −2 |
| | 侧面平直度 | 2 |
| | 连接孔位置 | 0.5 |
| 围圈 | 长度 | 5 |
| | 弯曲，长度≤3m | 2 |
| | 长度>3m | 4 |
| | 连接孔位置 | 0.5 |
| 提升架 | 长度 | 3 |
| | 宽度 | 3 |
| | 围圈支托位置 | 2 |
| | 连接孔位置 | 0.5 |
| 支承杆 | 弯曲 | 小于(2/1 000)$L$ |
| | 直径 | −0.5 |
| | 螺纹接头中心 | 0.25 |

注：$L$为支承杆加工长度。

2. 滑模的组装

滑模施工的特点之一，是将模板一次组装完，一直使用到结构施工完毕，中途一般不再变化。因此，滑模的组装工作一定要仔细认真，严格按照设计要求及有关操作技术规定进行。否则将给施工带来困难，甚至影响工程质量。

1）组装前的准备工作

（1）基础准备

滑模组装工作应在建筑物的基础顶板（或楼板）混凝土浇筑并达到一定强度后进行。应将基础上的钢筋插铁理直，去除松动的混凝土残渣和泥土。

（2）三通一平

组装前必须清理场地，接通运输道路、施工用水、用电线路。同时将基础回填平整。

（3）弹线抄平

按图纸设计要求，在底板上弹出建筑物各部位的中心线及模板、围圈、提升架、平台桁架等构件的位置线。同时，在建筑物基础及附近设置观测垂直偏差的控制桩（或控制点），以及一定数量的高程控制点。以便观察建筑物的沉降情况。

(4)设备检查

组装前必须对各种模板部件进行质量检查,核对数量规格并依次编号,妥善存放,以备使用。模板、围圈、提升架、桁架、支承杆、连接螺栓等金属部件,应做好除锈、刷油工作。准备好经纬仪(或激光准直仪)、水准仪、线锤、水平尺、模板倾斜度样板、电气焊设备以及电钻、手提砂轮,倒链等机具设备。

(5)钢筋绑扎

柱子的钢筋较粗,为了便于操作,在模板组装前,宜先绑扎好一段钢筋骨架。对于直径较小的墙板钢筋,可待安装好一面侧模板后进行绑扎。必要时,在正式组装前,应进行主要部件的试组装。

2)组装顺序

滑模组装顺序如图7-15所示。

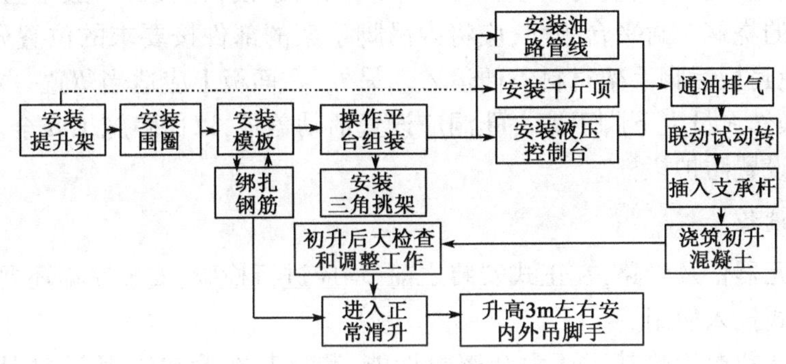


图7-15 滑模组装顺序图

2. 提升架的安装

将提升架用木撑或临时支架固定在布置图设计的位置上。为便于安装模板和围圈,提升架的立柱下端可用垫块垫起适当高度。临时支垫完毕,待核对型号、位置无误,用线锤和水平仪校正其垂直度与水平度后,将上下围圈逐一通过支托或弯钩螺栓与提升架立柱相连,抄平校核后将螺栓拧紧固定。

当采用工具式支承杆时,支承杆外的钢套管应事先随提升架一起安装。

3. 安装围圈

围圈安装前,先将各段围圈材料按内下、内上和外下、外上的顺序依设计编号运至建筑物底板所弹出围圈位置线上。然后按内上、内下和外上、外下的顺序,将各段围圈逐次连接于提升架的支托或弯钩螺栓上。

固定式围圈的接头必须用等刚度的型钢连接,连接螺栓每边不得少于2个。围圈转角处必须做成刚性节点。可采用整体的角围圈,并在转角处加设斜撑。

4. 安装模板

在围圈及提升架找平校正固定后,按先内后外的顺序进行模板安装。钢筋混凝土墙板结构,在安装一侧模板后,必须待绑扎好超过内模板高度的钢筋时,方可安装另一侧模板。

模板安装时,应形成上口小、下口大的倾斜度(简称锥度)。锥度过大,在模板滑升中易造成漏浆或使混凝土出现厚薄不匀的现象;锥度过小或出现倒锥度时,会增大模板滑升时的摩擦阻力,甚至将混凝土拉裂。正确的锥度,单面模板以其高度的0.2%~0.5%为宜。模板的锥度可以通过改变围圈套的间距,改变模板厚度的方法来形成。在安装过程中,应随时用倾斜度样板检查模板的锥度是否符合要求。要使组装好的模板,在模板高1/2处的净间距与结构截面等宽。

5.安装操作平台

提升架、围圈及模板安装好后,才可安装操作平台。安装时必须十分注意确保操作平台的强度和刚度。主要构件各节点的连接处必须牢固,受力螺栓必须拧紧。平台桁架作平行布置时,必须设置水平支撑和垂直支撑,以保证平台的整体稳定性。当平台桁架支承在围圈上时,桁架与围圈之间应设置托架,或对支承桁架的上下围圈进行局部加固,当框架结构的梁模板采用桁架围圈时,不仅要求与柱子围圈牢固连接,以保证垂直荷载传递,还要求有一定的侧向刚度,以抵抗浇筑梁混凝土时产生的水平侧压力。

平台骨架组装后铺面板,应与模板上口相平或稍高于模板上口,一般不宜低于模板上口,以免影响混凝土的浇筑。封平台板前,应将内吊脚手架的部件按要求的位置先运至平台下部的基础面上,以免封板后脚手架材料不便运入。另外,在面板上应适当留置一定数量的出入孔或采光洞,以便操作人员上下脚手架。孔洞应设置活动盖板,以保障施工安全。操作平台及内外吊脚手架均应设置防护栏杆。

6.安装液压设备

液压设备的元器件及管路,在正式安装之前,均应进行检验,安装完毕还要进行试运转,运转正常后方可正式投入使用。

千斤顶在安装前要检验其耐压力和密封性能,测试其在荷载作用下,上下卡头的锁固情况,同批千斤顶相互间的行程误差不得大于2mm;管路系统在安装前也要检查其耐压力,接扣性能,管内的清洁情况以及液压控制台各元器件的完好率;电动机、油泵等应试运转正常等。

检验完毕后。严格按施工布置图的规定进行装配。安装完毕,应进行试运转,首先进行充油排气,然后加压至12N/mm$^2$,持压5min进行全面检查,待各部分工作正常后,插入支承杆。

7.支承杆安装

支承杆必须在模板全部安装验收合格,千斤顶空载试车,排气后进行。

为了增加支承杆的稳定性,避免支承杆基底处局部应力过于集中,在支承杆下端应垫一块50mm×50mm、厚5~10mm的钢垫板,扩大承压面积。由于支承杆较长,上端容易歪斜,可在提升架上焊接钢筋限位和三脚架来扶正支承杆的位置。当采用工具式支承杆时,应先在套靴的钢管内灌入一些黄油,以免浇筑混凝土时进入水泥浆,黏住支承杆,使之难以拔出。

8.模板组装质量检查

滑模组装完毕,必须按规范要求的质量标准进行认真检查。滑模组装的允许偏差见表7-16。

**滑模装置组装的允许偏差** 表7-16

| 内容 | | 允许偏差(mm) |
|---|---|---|
| 模板结构轴线与相应结构轴线位置 | | 3 |
| 围圈位置偏差 | 水平方向 | 3 |
| | 垂直方向 | 3 |
| 提升架的垂直偏差 | 平面内 | 3 |
| | 平面外 | 2 |

续上表

| 内容 | | 允许偏差(mm) |
|---|---|---|
| 安放千斤顶的提升架横梁相对高程偏差 | | 5 |
| 考虑倾斜度后模板尺寸的偏差 | 上口 | -1 |
| | 下口 | +2 |
| 千斤顶安装位置的偏差 | 提升架平面内 | 5 |
| | 提升架平面外 | 5 |
| 圆模直径、方模边长的偏差 | | 5 |
| 相邻两块模板平面平整偏差 | | 2 |

## 三、滑模的施工工艺

1. 准备工作

滑模施工要求连续性,机械化程度较高。为保证工程质量,发挥滑模的优越性,必须根据工程实际情况和滑模施工特点,周密细致地做好各项施工组织设计和现场准备工作。

施工组织设计主要内容包括:施工总平面布置,现场垂直运输与水平运输方法;施工顺序和进度安排;滑模的设计、制作和组装方案;混凝土配合比设计;滑模工艺主要技术措施;劳动组织;材料、半成品和机具的供应计划;施工组织与管理措施;安全技术与质量检查措施等。

现场准备除了模板组装前的准备工作外,还要做好钢筋清理、加工;材料进场堆放,机械进场安装,搭设临时设施等具体工作。

2. 钢筋绑扎

钢筋绑扎要与混凝土浇筑及模板的滑升速度相配合。事先根据工程结构每个平面浇筑层钢筋量的大小,划分操作区段,合理安排绑扎人员,使每个区段的绑扎工作能够基本同时完成,尽量缩短绑扎时间。在绑扎中,应随时检查,以免发生差错。

钢筋的加工长度,应根据工程对象和使用部位来确定,由于水平钢筋需要在提升架横梁下进行绑扎。故其长度一般不宜大于7m。垂直钢筋的加工长度,当直径小于或等于12mm时,不宜大于8m。一般与楼层高度一致。

钢筋绑扎时,必须注意留足混凝土保护层的厚度,一般为20~30mm。钢筋的弯钩,必须一律背向模板面,以防模板滑升时被弯钩挂住。为了保证墙体结构钢筋位置准确,节约绑扎时间及用工,可在提升架顶部设置钢筋限位架,临时限定竖向钢筋的平面位置;在绑扎水平钢筋时,间隔布置一些梯格式垂直钢筋,来控制水平钢筋的正确绑扎位置。当支承杆兼做结构主筋时,应及时清除油污。支承杆的接长、锚固、箍筋和水平钢筋的连接,须符合现行有关规范的规定。竖向粗钢筋可用电焊或冷镦接头接长。

绑扎截面较高的大梁,其水平钢筋亦采取边滑升边绑扎的方法。以便于绑扎,可将箍筋做成上口开放的形式,待水平钢筋穿入就位后,再将上部绑扎闭合。另外,还可采用开口式活动横梁提升架,或将提升架集中布置于大梁两端的柱内,大梁钢筋骨架整体预制后放入模板。

墙板或筒壁如为双排钢筋时,水平设置宜设置在竖向钢筋外侧,网片间宜有定位拉结筋。

对于脱模后需露出混凝土表面的插筋或钢筋接头,为了防止模板滑升时与混凝土黏结或碰挂,在浇混凝土前,应将插筋沿模板水平弯折或采取铺塑料布、钉木盒等隔离防护措施,脱模后立即将插筋自墙面扳直。

3. 混凝土施工

为滑模施工配制的混凝土,除须满足设计强度要求之外,还应满足模板滑升的特殊工艺要求:应根据施工现场的气温情况(最高和最低气温)、设计强度等级、滑升速度、结构类别、捣固方法和原材料情况,试配出几种凝结速度的配合比,供施工现场选用。

(1)混凝土早期强度的增长速度,必须满足模板滑升速度的要求。

(2)薄壁结构的混凝土宜用硅酸盐水泥和普通水泥配制。

(3)混凝土坍落度应符合表 7-17 规定。

**混凝土浇灌的坍落度** 表 7-17

| 结构各类 | 坍落度(cm) |
|---|---|
| 墙板、梁、柱 | 4 ~ 6 |
| 配筋密列的结构(筒壁及柱) | 5 ~ 8 |
| 配筋特密结构 | 8 ~ 10 |

(4)必须分层均匀交圈浇灌。每一浇灌层的混凝土表面应在一个水平面上,并应有计划匀称地变换浇筑方向。

(5)分层浇灌的厚度以 200 ~ 300mm 为宜,各层浇灌的间隔时间,应不大于混凝土的凝结时间(相当于混凝土达 0.35kN/cm 贯入阻力值),当间隔时间超过时,对接槎处应近缝的要求处理。

(6)在气温高的季节,宜先浇灌内墙,后浇灌阳光直射的外墙;先浇灌直墙,后浇灌墙角和墙垛;先浇灌较厚的墙,后浇灌较薄的墙。

(7)预留孔洞、门窗口、烟道口、变形缝及通风管道等两侧的混凝土,应对称均衡浇灌。

开始向模板内浇灌的混凝土,浇灌时间一般控制在 3h 左右,分 2 ~ 3 层将混凝土浇灌至 600 ~ 700mm,然后进行模板的试滑升工作。

正常滑升阶段的混凝土浇灌,每次滑升前,宜将混凝土浇灌至距模板上口以下 50 ~ 100mm 处,并应将最上一道横向钢筋留置在混凝土外,作为绑扎上一道横向钢筋的标志。浇灌上层混凝土之前,应将下层混凝土表面的杂物、油液等清除干净。

(8)振捣混凝土时,振捣器不得直接触及支承杆、钢筋和模板。

(9)振捣器应插入前一层混凝土内,但深度不宜超过 50mm。

(10)在楼板滑动过程中,不得振捣混凝土。

4. 模板的滑升

模板滑升分为初试滑升、正常滑升和完成滑升三个阶段。

1)初试滑升阶段

模板的初试滑升,必须在对滑模装置和混凝土凝结状态检查后进行。试滑后,应将全部千斤顶同时缓慢平稳升起 50 ~ 100mm,脱出模的混凝土用手指按压有轻微的指印但不黏手,滑升过程中能听到“沙沙”声,说明已具备滑升条件。当模板滑升至 200 ~ 300mm 高度后,应稍事停歇,对所有提升设备和模板系统进行全面检查、修整后,即可转入正常滑升。混凝土出模强度值控制在 0.2 ~ 0.4MPa,或贯入阻力值为 0.30 ~ 1.05kN/cm。

2)正常滑升阶段

正常滑升,其分层滑升的高度应与混凝土分层浇灌的厚度相配合,一般为 200 ~ 300mm。两次提升的时间间隔不应超过 1.5h。在气温较高时,应增加 1 ~ 2 次中间提升,中间提升的高度为 30 ~ 60mm,以减少混凝土与模板间的摩擦阻力。

模板滑升时,应使所有的千斤顶充分地进、排油。提升过程中,如出现油压增至正常滑升油压值的 1.2 倍,尚不能使全部液压千斤顶升起时,应停止提升操作,立即检查原因,及时进行处理。

在滑升过程中,操作平台应保持水平。各千斤顶的相对高程差,不得大于 40mm。相邻两个提升架上千斤顶的升差,不得大于 20mm。

连续变截面结构,每滑升一个浇灌层高度,应进行一次模板收分。模板一次收分量不宜大于 10mm。

在滑升过程中, 应检查和记录结构垂直度、扭转及结构截面尺寸等偏差数值,检查及纠偏、纠扭应符合下列规定。

(1)对连续变截面和整体刚度较小的结构,每提升一个浇灌层高度应检查、记录一次。

(2)对整体刚度较大的结构,每滑升 1m 至少应检查、记录一次。

(3)在纠正结构垂直度偏差时,应缓慢进行,避免出现硬弯。

(4)当采用倾斜操作平台的方法纠正垂直度偏差时,操作平台的倾斜度应控制在 1% 之内。

(5)对圆形筒壁结构,任意 3m 高度上的相对扭转值不应大于 30mm。

在滑升过程中,应随时检查操作平台、支承杆的工作状态及混凝土的凝结状态,如发现异常,应及时分析原因并采取有效的处理措施。

在滑升过程中,应及时清理黏结在模板上的砂浆和转角模板及收分模板与活动模板之间的夹灰。对被油污染的钢筋的混凝土,应及时处理干净。

3)完成滑升阶段

当模板滑升至距建筑物顶部高程 1m 左右时,滑模即进入完成滑升阶段。此时应放慢滑升速度,并进行准确地抄平和找正工作,以使最后一层混凝土能够均匀地交圈,保证顶部高程及位置的正确。

4)停滑措施

因气候或其他原因,滑升过程中必须暂停施工时,应采取下列停滑措施。

(1)混凝土应浇灌到同一水平面上。

(2)模板应每隔 0.5 ~ 1h 整体提升一次,每次将模板提升 30 ~ 60mm,如此连续进行 4h 以上,直至混凝土与模板不会黏结为止,但模板的最大滑升量,不得大于模板高度的 1/2。

(3)当支承杆的套管不带锥度时,应于次日将千斤顶提升一个行程。

(4)框架结构模板的停滑位置,宜设在梁底以下 100 ~ 200mm 处。

(5)继续施工时,除应对液压系统进行检查外;还应将黏结于模板及钢筋表面的混凝土块清除干净,用水冲走残渣后,先浇灌一层减半石子的混凝土,然后,再继续向上分层浇灌混凝土。

模板滑空时,应事先验算支承杆的操作平台自重、施工荷载、风载等共同作用下的稳定性。如稳定性不能满足要求,应采取可靠的措施,对支承杆进行加固。

5)模板滑升速度

模板滑升速度,可按下列规定确定:

(1)当支承杆无失稳定可能时,按混凝土的出模强度控制,可按下式确定:

$$v = \frac{H-h-a}{T} \tag{7-3}$$

式中：$v$——模板滑升速度(m/h)；

$H$——模板高度(m)；

$h$——每个浇灌层厚度(m)；

$a$——混凝土浇灌满后，其表面到模板上口的距离取0.05～0.1(m)；

$T$——混凝土达到出模强度所需的时间(h)。

(2)当支承杆受压时，按支承杆的稳定条件控制模板的滑升速度，可按下式确定：

$$v = \frac{10.5}{T\sqrt{KP}} + \frac{0.6}{T} \tag{7-4}$$

式中：$v$——模板滑升速度(m/h)；

$P$——单根支承杆的荷载(kN)；

$T$——在作业班的平均气温条件下，混凝土强度达到0.7～1.0MPa所需的时间(h)，由试验确定；

$K$——安全系数，取$K=2.0$。

(3)当以施工过程中的工程结构整体稳定来控制模板的滑升速度时，应根据工程结构的具体情况计算确定。

5.混凝土养护

脱模的混凝土必须及时进行修整和养护。混凝土开始浇水养护的时间应视气温情况而定。夏季施工时，不应迟于脱模后12h，浇水的次数应适当增加。当气温低于+5℃时，可不浇水，但应岩棉被等保温材料加以覆盖，并视具体条件采取适当的冬期施工方法进行养护。

对于在夏季高温下施工的高大烟囱等筒壁工程，可采用水浴法养护，即可使筒壁降温；又可消除日照不匀引起的偏差。当气温在30℃以上时，可相隔0.5h断续对筒壁进行喷淋水浴养护。环形喷淋管宜设在吊脚手下部。水压力不足时，应设置高压水泵供水。养护水流至地面后，应注意立即排走或回收，以免浸入建筑物地基造成基础沉陷。喷水养护时，水压不宜过大。

另外，也可采用养护液对滑模工程新脱模的混凝土进行薄膜封闭养护。

目前国内生产的养护液主要有三大类：石蜡水乳液、氯乙烯—偏氯乙烯(简称氯—偏)和硅酸盐(水玻璃)类，施工时，可以采用喷涂、滚涂等方法。

6.拆模及模板的表面处理

1)拆模

模板拆除前应制定可靠的措施，确保操作的安全。尽可能采取分段整体拆除，在地面解体，防止部件变形。拆除后，应对各部件进行检查、维修，并妥善存放保管备用。

2)表面处理

混凝土脱模后的表面装修，是关系到建筑物表面美观和保证工程质量的重要工序。

对于混凝土质量较好的墙面，只需用木抹子将凹凸的部分搓平，即可进行表面装修工作。对于混凝土脱模时出现的蜂窝、麻面及较小的裂缝，应随即将松动的混凝土清除，用同一配合比的无石子或减半石子的混凝土填满并压实。对于出现较大的裂缝、狗洞等质量问题，应先将松动不实的混凝土剔凿清除，再另行支模重新浇筑混土后，方可进行混凝土的表面装修。

内墙的装修一般可按楼层逐层进行。其做法与一般内墙装修基本相同;外墙装修按施工顺序不同,可分为自下而上和自上而下两种。自上而下施工方法,即结构到顶后,外装修自上而下逐层进行。外脚手架可采用升降吊篮或升降工具式脚手架,也可采用一般外脚手架。自下而上施工方法又称"随滑随粉",此法的外装饰可随墙体施工同步进行,外装修用脚手架利用滑模的外吊脚手架(可按需增设 2 ~ 3 层)。这种方法优点是节约外装修脚手架费用,缩短工期。缺点是已装修墙面易受污染,防护措施复杂。

7. 预埋件和预留孔的留设

1)预埋件的留设

滑模施工中,有许多预埋铁片、预埋钢筋及水、电线管等埋件是随模板滑升而逐步安设的。为保证其位置和避免遗漏,施工前应绘制埋设件的平面图,标明型号、尺寸、高程、位置和数量。施工时应有专人负责,采用按图销号的办法逐步安设、检查。埋件必须设置牢固。一般可将它们焊在建筑物的结构主筋上,待模板滑过后,立即清除表面附着的灰浆,使其外露。

2)门窗洞及其他孔洞的留设

门窗洞及其他孔洞的留设,可采用以下几种方法。

(1)框模法

事先按照设计要求的尺寸制成孔洞框模[图 7-16a)]。框模可用钢材、木材或钢筋混凝土预制件制作。其尺寸可比设计尺寸大 20 ~ 30mm,厚度应比内外模板的上口尺寸小 5 ~ 10mm。框模应按设计要求位置留设,安装时,可同墙壁中的钢筋或支承杆连接固定。有时,也可利用门窗框直接作为框模使用,但需在两侧边框上加设挡条[图 3-16b)]。加设挡条后,门窗口的总厚度应比内外模板上口尺寸小 10 ~ 20mm。当模板滑过门窗洞后,挡条可拆下周转使用。

(2)堵头模板法

堵头模板是在孔两侧的内外模板之间设置堵头模板[图 7-16c)]。堵头模板(插板)通过角钢导轨与内外模配合。安装时先使插板沿插板支架滑下到与模板相平,随后与模板一起滑升。

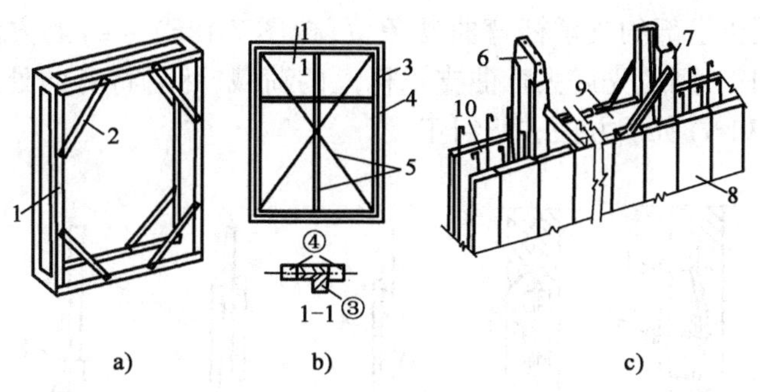


图 7-16　门窗留洞示意图

a)框模;b)正式门窗口作框模;c)堵头模板法

1-门窗框模板;2-支撑;3-正式门窗;4-挡条;5-临时支撑;6-堵头模板;7-导轨;8-滑模模板;9-门窗留洞处;10-待浇筑的混凝土墙身

(3)孔洞胎模法

对于较小的预留孔洞及接线盒等,可事先按孔洞具体形状,制作空心或实心的孔洞胎模,尺寸应比设计尺寸大 50 ~ 100mm,厚度至少应比内外模上口小 10 ~ 20mm,四边应稍有倾斜,便于模板滑过后取出胎模。

## 四、滑模施工的质量控制

滑模施工常见的质量问题有：支承杆弯曲，混凝土开裂或出裙（俗称穿裙现象）、漏浆、建筑物偏斜、扭转等，必须分析产生问题的原因，制定和采取有效的技术措施，进行严格的质量控制，来防止或纠正上述现象的产生。

1. 支承杆弯曲

1）原因分析

造成支承杆弯曲的原因大致有支承杆本身不直；自由长度太大；操作平台荷载不均以及模板滑升遇阻而硬性提升等。

2）控制方法

防止支承杆弯曲，可采取事先在支承杆脱空长度处进行加固的措施。加固形式见图7-17。

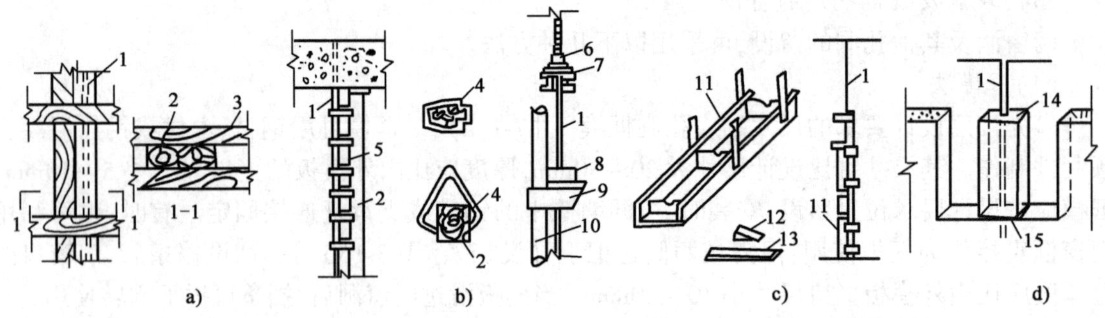


图7-17　支承杆的加固图

1-支承杆；2-木方；3-横夹木；4-钢筋箍；5-垫木；6-千斤顶；7 提升架横梁；8-传力夹具；9-传力牛腿；10-圆钢管；11-半只柱盒；12-楔块；13-挡板；14-假柱；15-夹层

3）纠正措施

对已发生在混凝土上部的支承杆弯曲现象，可按图7-18c）～e）的方法纠正；发生在混凝土内部的支承杆弯同工，则应先卸去弯曲支承杆上的荷载，然后将弯曲处的混凝土挖去，露出支承杆，按图7-18a）和b）所示方法进行纠正。

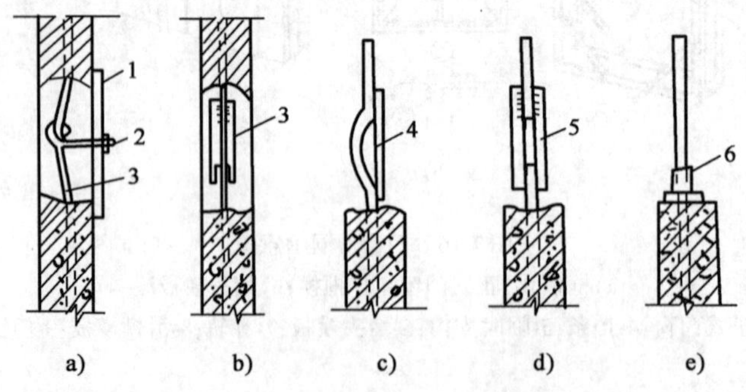


图7-18　支承杆的纠正图

a）弯曲不大时；b）弯曲严重时；c）弯曲不大时；d）弯曲很大时；e）弯曲既长又严重时

1-钢板；2-M20带钩螺栓；3-$\phi$22钢筋；4-$\phi$25钢筋；5-$\phi$22钢筋；6-钢靴

2. 混凝土的质量问题

1) 混凝土的水平裂缝

(1)原因分析

由于摩擦阻力过大、模板结构变形、模板设计不合理、刚度较差等,造成滑升过程中混凝土出现水平裂缝。

(2)控制方法

用加强模板设计,提高组装质量,调整滑升速度,掌握滑升间隔时间和停滑措施来减少摩擦阻力。加强模板系统刚度,减少变形,防止产生混凝土水平裂缝。

(3)纠正措施

对混凝土表面的细微裂缝,可采用人工抹压的方法,对断裂性裂缝,应彻底处理。小于0.2mm裂缝,采用化学催浆法修补;大于0.2mm裂缝,应分段凿开裂缝,清理混凝土表面,重新支模浇混凝土修补。

2) 出裙及漏浆

(1)原因分析

混凝土侧压力过大;模板组装不严密,刚度太小;模板的锥度过大,使混凝土挤胀模板,造成穿裙或漏浆。

(2)控制方法

严格模板结构设计,充分考虑最不利条件下的侧压力,严格浇筑制度,防止模板变形过大;选择合理的锥度。

(3)纠正措施

如果出裙现象不严重,可不做处理,反之,应凿除出裙部分混凝土,表面用与混凝土同品种水泥砂浆抹面,再用水刷子带毛。

3. 建筑物偏斜(滑升中心水平位移)

1) 原因分析

千斤顶不同步,使操作平台倾斜;操作平台上荷载不均匀,造成操作平台倾斜;风力及外力影响等向方面因素造成中心位移。

2) 控制方法

在滑升前应调试好千斤顶的同步爬升,并在施工中控制千斤顶行程一致。严格操作平台上静荷载的布置,十分注意千斤顶的合理布置和油路的正确设计。

3) 纠正措施

在没有条件采取全自控纠偏时,必须重视滑升中的频繁检查和纠偏,具体方法主要有两种。

(1)平台倾斜法

其纠偏原理主要利用抬高操作平台一侧的高度,使操作平台产生有控制的、定值的、由高到低的、带方向性的倾斜度,利用操作平台倾斜后产生的水平分力,推动模板体系向设计轴线方向移动。平台倾斜法不但应用于治理滑升中心水平位移,也常作为大风地区滑升施工防位移的措施。

(2)顶轮纠偏法

用已滑出模板下口并具有一定强度的混凝土墙作为支点,通过拉紧连接撑杆和提升架的倒链,产生一个外力,在滑升过程中,逐步顶移模板或平台,就能达到纠偏的目的(图7-19)。

这种工具加工简单，拆换方便，操作灵巧，效果显著，是滑模纠偏纠扭的有效工具。

4. 建筑物扭转

1）原因分析

除了与建筑物偏移有相同原因外，混凝土浇筑方式和程序不合理，也是使建筑物产生扭转的主要原因之一。

2）控制方法

与控制偏移要求相同，除做好千斤顶调试、荷载均布、油路合理布置等工作外，还应在混凝土浇筑时，有计划地变换浇筑方向，防止冲击模板和操作平台。

3）纠正措施

圆筒形结构，可沿圆筒等间距地布置4～8对双千斤顶，将两个千斤顶置于槽钢挑梁上，挑梁与提升架横梁相接，使提升架由双千斤顶承担，通过调节两个千斤顶的不同提升高度，来纠正操作平台和模板的扭转（图7-20）；另一种方法在千斤顶下加垫楔形铁片，使操作平台在继续滑升过程向相反方向倾斜，来扭转偏差。

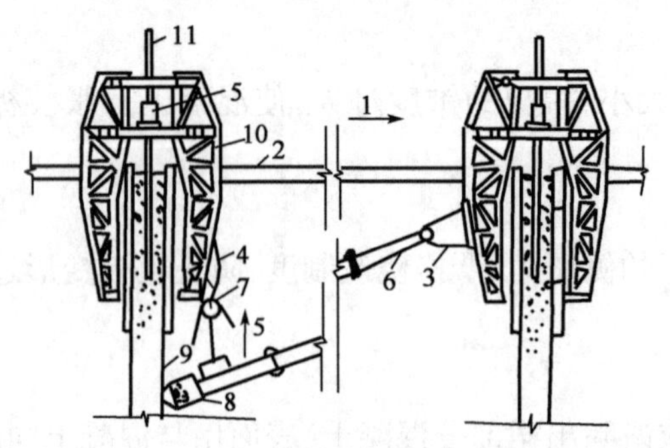


图7-19　倒链及撑杆纠偏示意图

1-纠偏方向；2-操作平台；3-支顶托座；4-钢丝绳；5-千斤顶；6-纠偏撑杆；7-倒链；8-滚轮；9-隔天出模混凝土；10-提升架；11-支承杆

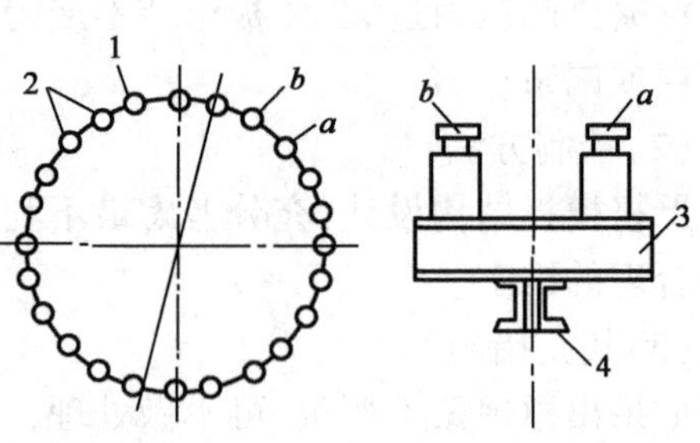


图7-20　双千斤顶纠正扭转图

1-单千斤顶；2-双千斤顶；3-挑梁；4-提升架横梁

滑模的水平和垂直控制是保证工程质量的关键。为了控制操作平台的水平度，必须勤测量，勤检查。

水平度控制，应在开始滑升前用水准仪对整个滑模上各个千斤顶的高低进行测量、找平，并在各支承杆上以明显的标志（红漆三角）划出水平线。以后可按每次提升高度，在支承杆上均划出水准尺寸线。然后用限位调平法，即在各支承杆上安装可移动的挡圈，将限位调平器加装在千斤顶上（取下原有帽盖，改装限位调平器即可）。当千斤顶升到挡圈位置时，限位调平器与挡圈相碰，千斤顶即停止上升。只要抄平挡圈的高程，就可得到操作平台的一致高度。

水平度控制的方法还有限位阀控制法、水平管观测法、激光自动控制以及电子数控自动调平等。

5. 工程验收

滑模工程的验收应按现行的《混凝土结构工程施工质量验收规范》（GB 50204—2015）和《液压滑动模板工程技术规范》（GB 50113—2005）等规范要求进行。其工程结构的允许偏差应符合表7-18的规定。

滑模施工工程结构的允许偏差　　表 7-18

<table>
<tr><th colspan="3">项　　目</th><th>允许偏差(mm)</th></tr>
<tr><td colspan="3">轴线间的相对位移</td><td>5</td></tr>
<tr><td>圆形筒壁结构</td><td colspan="2">直径偏差</td><td>该截面筒壁直径的1%并不得超过 ±40</td></tr>
<tr><td rowspan="2">高程</td><td colspan="2">每层</td><td>±10</td></tr>
<tr><td colspan="2">全高</td><td>±30</td></tr>
<tr><td rowspan="4">垂直度</td><td rowspan="2">每层</td><td>层高≤5m</td><td>5</td></tr>
<tr><td>层高 >5m</td><td>层高的 0.1%</td></tr>
<tr><td rowspan="2">全高</td><td>高度 <10m</td><td>10</td></tr>
<tr><td>高度≥10m</td><td>层高的 0.1%，并≤50</td></tr>
<tr><td colspan="3">墙、柱、梁、壁截面尺寸偏差</td><td>±10<br>-5</td></tr>
<tr><td>表面平整</td><td colspan="2">抹灰</td><td>8</td></tr>
<tr><td>(2m 靠尺检查)</td><td colspan="2">不抹灰</td><td>5</td></tr>
<tr><td colspan="3">门窗洞口及预留洞口的位置偏差</td><td>15</td></tr>
<tr><td colspan="3">预埋件位置偏差</td><td>20</td></tr>
</table>

## 五、滑模施工的安全技术

滑模施工中的安全技术工作，除应遵照一般土建施工安全操作规程外，尚应根据滑模特点，在施工前制定出一套系列安全操作注意事项或具体安全措施，并在施工中严格做到以下几点。

(1)建筑物基底四周及运输通道上，必要时应搭建防护棚，以防高空坠物伤人。建筑物四周应划出安全禁区，其宽度一般应为建筑物高度的1/10。在禁区边缘设置安全标志。

(2)操作平台应经常保持清洁。拆下的模板及废钢筋头等，必须及时运到地面。

(3)操作平台上的备用材料及设备，必须严格按照施工设计规定的位置和数量进行布置，不得随意变动。

(4)操作平台四周(包括上辅助平台及吊脚手架)，均应设置护栏或安全围网，栏杆高度不得低于 1.2m。

(5)操作平台的铺板接缝必须紧密，以防落物伤人。

(6)必须设置供操作人员上下的可靠楼梯，不得用临时直梯代替。不便设楼梯时，应设置由专人管理的、安全可靠的上人装置(如附着式电梯或上人罐笼等)。

(7)操作平台与卷扬机房、起重机司机室等处，必须建立通信联络信号和必要的联络制度。

(8)操作平台上应设置避雷装置。避雷针以及操作平台上的电动设施，均应设置接地装置。

(9)操作平台上应备有消防器材，以防高空失火。

(10)采用降模施工楼板时，各吊点应增设保险钢丝绳。

(11)夜间施工必须有足够的照明。平台的照明设施，应采用低压安全灯。滑模施工应备有不间断电源。

(12)施工中如遇大雨及6级以上大风时,必须停止操作并采取停滑措施,保护好平台上所有设备。

(13)模板拆除应均衡对称地进行。对已拆除的模板构件,必须及时用起重运输机械运至地面,严禁任意抛扔。

## 第三节　爬升模板混凝土施工

爬升模板(即爬模或升模),是一种适用于现浇钢筋混凝土竖向(或倾斜)结构的模板工艺,如墙体、电梯井、桥梁、塔柱等。按其构造和工作原理,可分为“有架爬模”(即模板爬架子,架子爬模板)和“无架爬模”(即模板爬模板)两种。我国的爬模技术,“有架爬模”始于20世纪70年代后期在上海研制应用,目前不仅用于浇筑高层建筑的外墙、电梯井壁,而且已开始用于内墙以及一些高耸构筑物;“无架爬模”于20世纪80年代首先用于北京新万寿宾馆主楼现浇钢筋混凝土工程施工。本节着重介绍有架爬模。

### 一、工艺原理和特点

1.工艺原理

爬升模板的工艺原理:它是以建筑物的钢筋混凝土墙体为支承主体,通过附着于已完成的钢筋混凝土墙体上爬升支架或大模板,利用连接爬升支架与模板的爬升设备,将一方固定,另一方做相对运动,交替向上爬升,以完成模板的爬升、下降、就位和校正等工作。其施工程序如图7-21所示。

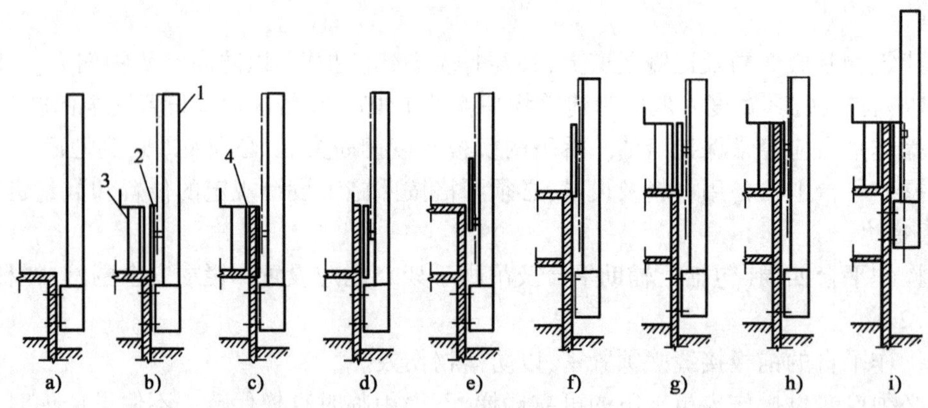


图7-21　爬升模板施工程序图

a)头层墙完成后安装爬升支架;b)安装外模板悬挂于爬架上,绑扎钢筋,悬挂内模;c)浇筑第二层墙体混凝土;d)拆除内模板;e)第三层楼板施工;f)爬升外模板并校正,固定于上一层;g)绑扎第三层墙体钢筋,安装内模板;h)浇筑第三层墙体混凝土;i)爬升爬架,将爬架固定于第二层墙体

1-爬升支架;2-外模板;3-内模板;4-墙体混凝土

2.特点

有架爬升模板是综合大模板与滑动模板工艺和特点的一种模板工艺,具有大模板和滑动模板共同的优点。

它与滑动模板一样,在结构施工阶段依附在建筑结构上,随着结构施工而逐层上升,这样模板可以不占用施工场地,也不用其他垂直运输设备。另外,它装有操作脚手架,施工时有可靠的安全围护,故可不需搭设外脚手架,特别适用于在较狭小的场地上建筑多层或高层建筑。

它与大模板一样,是逐层分块安装,故其垂直度和平整度易于调整和控制,可避免施工误差的积累,也不会出现墙面被拉裂的现象。

## 二、爬升模板的组成和构造

爬升模板由大模板、爬升支架和爬升设备三个部分组成如图7-22所示。

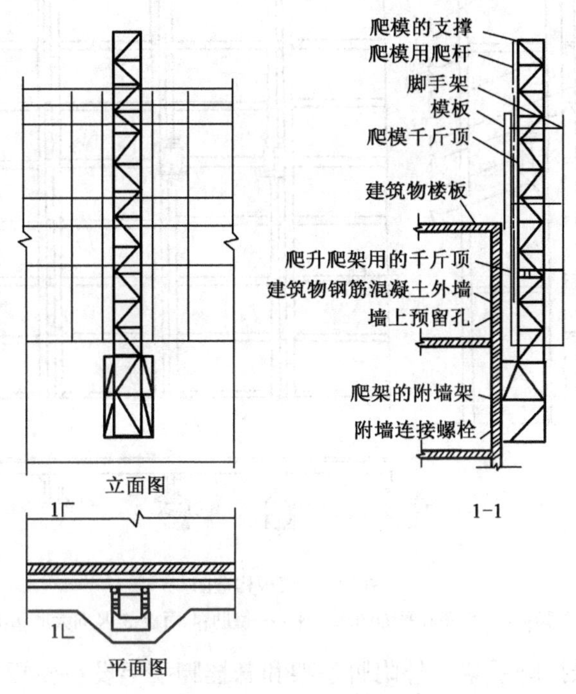


图7-22　爬升模板构造

1. 大模板

(1)与一般大模板相同,由面板、横肋、竖向大肋、U形螺栓等组成。面板一般用组合钢模板或薄钢板,也可用木(竹)胶合板。横肋用[6.3槽钢。竖向大肋用[8或[10槽钢。横、竖肋的间距按计算确定。

(2)模板的高度一般为建筑标准层高加100~300mm(属于模板与下层已浇筑墙体的搭接高度,用于模板下端的定位和固定)。模板下端需增加橡胶衬垫,以防止漏浆。

(3)模板的宽度可根据一片墙的宽度和施工段的划分确定,可以是一个开间、一片墙或一个施工段的宽度。其分块要与爬升设备能力相适应。

(4)大模板的吊点,根据爬升模板的工艺要求,应设置两套吊点,一套吊点(一般为两个吊环)用于分块制作和吊运时用,在制作时焊在横肋或竖肋上,另一套吊点是用于模板爬升,设在每个爬架位置,要求与爬架吊点位置相对应,一般在模板拼装时进行安装和焊接。

(5)大模板附设以下装置:

①爬升装置。大模板上的爬升装置是用于安装和固定爬升设备。常用的爬升设备为倒链和单作用液压千斤顶。采用倒链时,模板上的爬升装置为吊环,其中用于模板爬升的吊环,设

在模板中部的管心附近,为向上的吊环;用于爬架爬升的吊环设在模板上端,由支架挑出,位置与爬架重心相符,为向下的吊环。采用单作用液压千斤顶时,模板爬升装置分别为千斤顶座(用于模板爬升)和爬杆支座架(用于爬架爬升)如图7-23所示。模板背面安装千斤顶的装置尺寸应与千斤顶底座尺寸相对应、模板爬升装置为安装千斤顶的铁板,位置在模板的重心附近。用于爬架爬升的装置是爬杆的固定支架,安装在模板的顶端。因此,要注意模板的爬升装置与爬架爬升设备的装置,要处在同一条竖直线上。

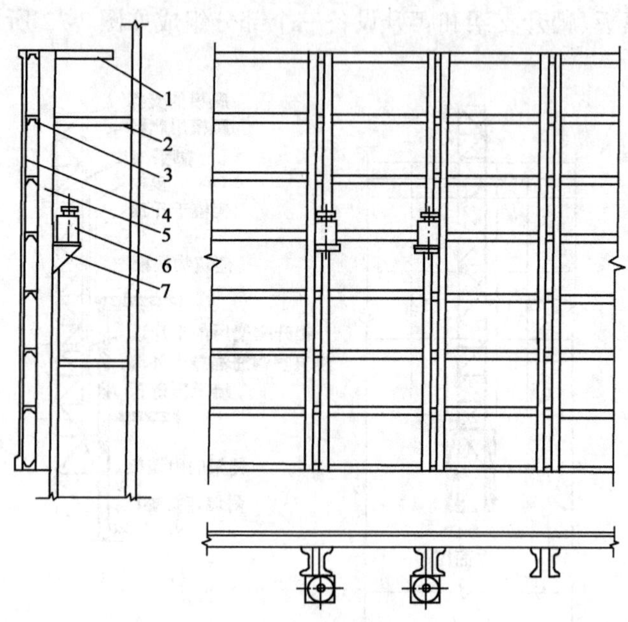


图7-23　模板构造图

1-爬架千斤顶爬杆的支承架;2-脚手(立面图和平面图未标注);3-横肋;4-面板;5-竖向大肋;6-爬模用千斤顶;7-千斤顶底座

②外附脚手架和悬挂脚手架。外附脚手架和悬挂脚手架设在模板外侧如图7-24所示,供模板的拆模、爬升、安装就位、校正固定、穿墙螺栓安装与拆除、墙面清理和嵌塞穿墙螺栓等操作使用。脚手架的宽度为600~900mm,每步高度为1 800mm。

脚手架上下要有垂直登高设施,并应配备存放小型工具和螺栓的工具箱。在大模板固定后,要用连接杆件将大模板与脚手架连成整体。

(6)大模板如采用多块模板拼接,在模板爬升时,模板拼接处会产生弯曲和切应力,所以在拼接节点处应比一般大模板加强,可采用规格相同的短型钢跨越拼接缝,以保证竖向和水平方向传递内力的连续性。

2. 爬升支架

(1)爬升支架由支承架、附墙架(底座)以及吊模扁担、爬升爬架的千斤顶架(或吊环)等组成如图7-24和图7-25所示。

(2)爬升支架是承重结构,主要依靠附墙架(底座)固定在下层已有一定强度的钢筋混凝土墙体上,并随着施工层的上升而升高。其下部有水平起模支承横梁,中部有千斤顶座,上有挑梁和吊模扁担,主要起到悬挂模板、爬升模板和固定模板的作用。因此,要具有一定的强度、刚度和稳定性。

(3)爬升支架的构造,应满足以下要求。

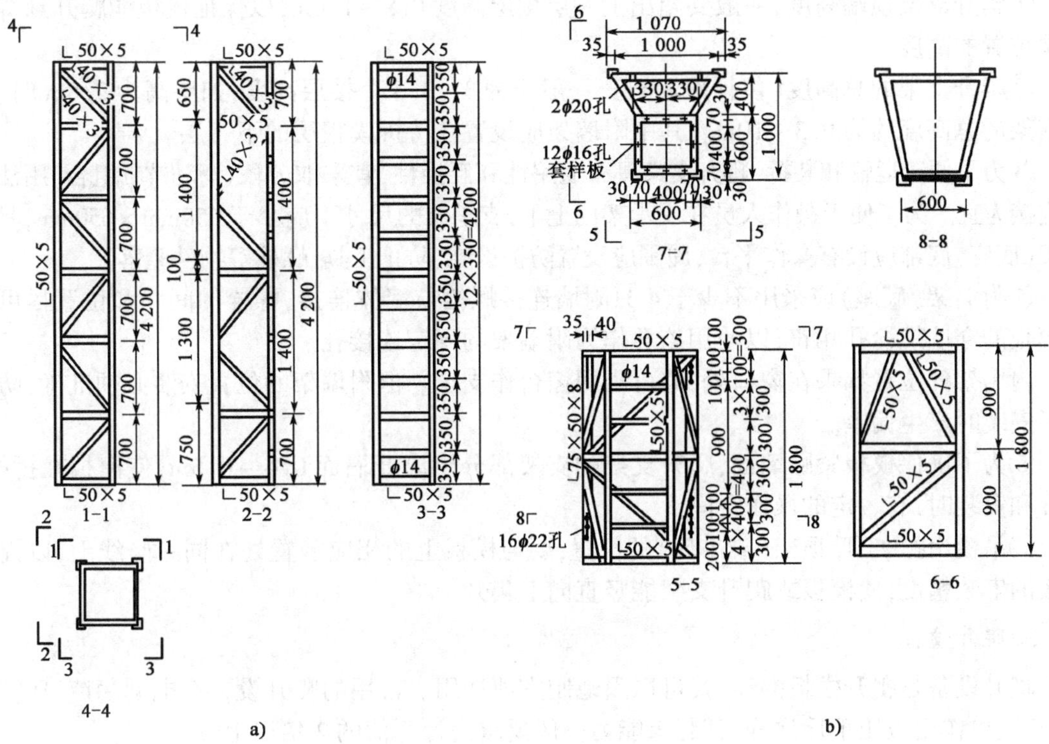

图 7-24　液压爬升支架构造图(尺寸单位:mm)

a)爬升支架立柱标准节;b)爬升支架附墙架(底座)

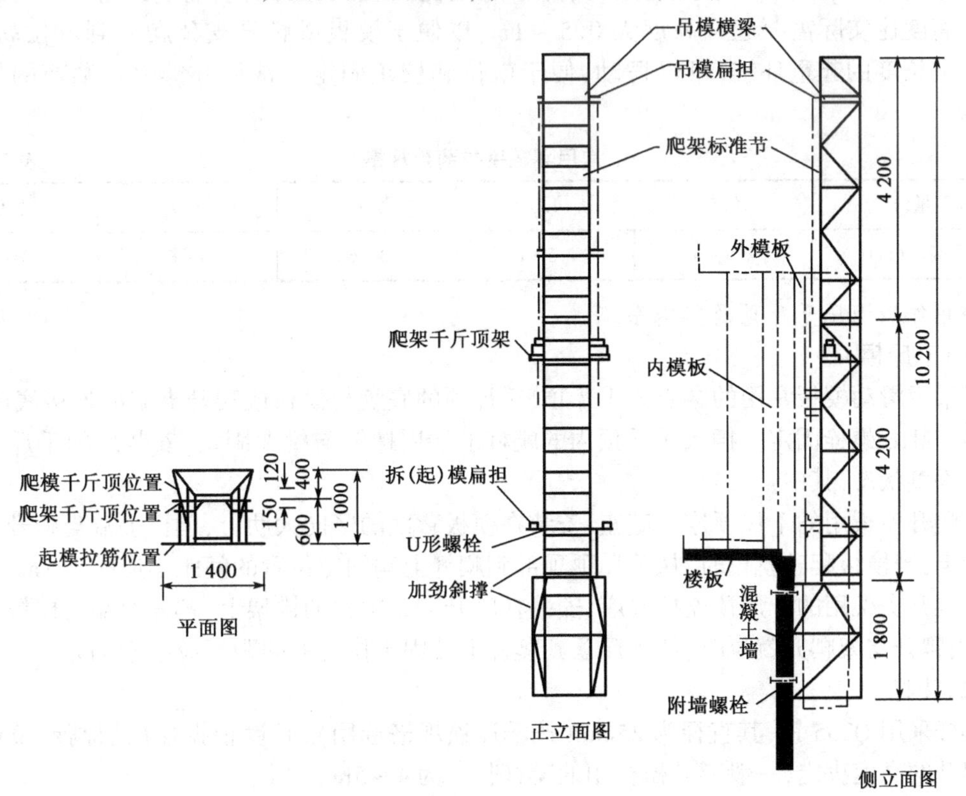


图 7-25　液压爬升模板组装图(尺寸单位:mm)

①爬升支架顶端高度,一般要超出上一层楼层高度 0.8 ~ 1.0m,以保证模板能爬升到待施工层位置的高度。

②爬升支架的总高度(包括附墙架),一般应为 3 ~ 3.5 个楼层高度,如层高为 2.8m 时,爬升支架的总高度约为 9.3 ~ 10m。其中附墙架应设置在待拆模板层的下一层。

③为了便于运输和装拆,爬升支架具有通用性和互换性,宜采取分段(标准节)组合,用法兰盘连接为宜。为了便于操作人员在支承架内上下,支承架的尺寸不应小于 650mm × 650mm,具附墙架(底座)底部应设有操作平台,周围应设置防护设施,防止工具、螺栓等物件坠落。

④附墙架(底座)应采用不少于 4 只附墙连接螺栓与墙体连接,螺栓的间距和位置尽可能与模板的穿墙螺栓孔相符,以使用该孔作为附墙架的固定连接孔。

附墙架的位置如果在窗口处,亦可利用窗台作支承。但附墙架的位置安装必须准确,防止模板安装时产生偏差。

⑤为了确保模板紧贴墙面,爬升支架的支架部分要离开墙面 0.4 ~ 0.5m,使模板在拆模、爬升和安装时,有一定的操作空间。

⑥吊模扁担、千斤顶架(或吊环)的位置,要与模板上的相应装置处在同一竖线上,以提高模板的安装精度,使模板或爬升支架能竖直向上爬升。

3. 爬升设备

爬升设备是爬升模板的动力,可以因地制宜地选用。常用的爬升设备有电动葫芦、环链手拉葫芦、单作用液压千斤顶等,其起重能力一般要求为计算值的 2 倍以上。

1)环链手拉葫芦

俗称倒链。选用环链手拉葫芦时,除了起重能力应比设计计算值大一倍以外,还要使其起升高度比实际需要起升高度大 0.5 ~ 1m,以便于模板或爬升支架爬升到就位高度时,尚有一定长度的起重环链,可以摆动,便于就位和校正固定。常用环链手拉葫芦的规格见表 7-19。

**常用环链手拉葫芦规格** 表 7-19

| 起重量(t) | 0.5 | 1.0 | 2.0 | 3.0 | 5.0 |
|---|---|---|---|---|---|
| 起升高度(m) | 2.5 ~ 6 | 2.5 ~ 6 | 3 ~ 6 | 3 ~ 6 | 3 ~ 6 |

2)单作用液压千斤顶及其他系统

(1)千斤顶

可采用滑动模板常用的穿心式千斤顶,千斤顶的底盘与模板或爬升支架的连接底座,用 4 只 M14 ~ M16 螺栓固定。插入千斤顶内的爬杆上端用螺钉与桃架固定,安装后的千斤顶和爬杆应是垂直状态,其中:

①爬升模板用的千斤顶连接底座,安装在模板背面的竖向大肋上,爬杆上端与爬升支架上挑架固定,当模板爬升就位时,从千斤顶顶部到爬杆上端固定位置的间距不应小于 1m。

②爬升支架用的千斤顶连接底座,安装在爬升支架中部的挑架上,爬杆上端与模板上挑架固定,当爬升支架爬升就位时,从千斤顶到爬杆上端固定位置的间距不应小于 1m。

(2)爬杆

爬杆采用 Q235 钢,其直径为 25mm(按千斤顶规格选用),长度根据楼层层高或模板要求一次起升的高度决定,一般爬升模板用的爬杆长度为 4 ~ 5m。

由于采用单作用液压千斤顶,每爬升一个楼层或施工层后需将爬杆向下全部抽掉,再重新从上部插入,这样爬杆顶端固定节点的直径应小于25mm,可采用M16螺钉加垫板如图7-26所示。

(3)油路和电路

①油路。爬升模板爬升一个楼层高度需要千斤顶进行100多个冲程,且是连续进行,因此要求油泵车的速度较快,要按照爬升模板的特点设计制造。

②电路。由于爬升一个层高的高度,千斤顶需进、排油100多次,为了减少千斤顶的升差,使进、回油时间最短,使每个千斤顶(特别是荷载最大、线路最远处的千斤顶)进油时的冲程和排油的回程都充分,为此在爬模所用电路中,需要装置一套自动控制线路。

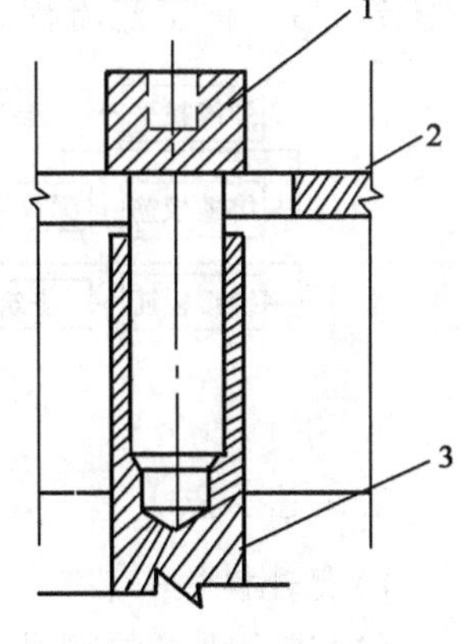

图7-26　千斤顶爬杆顶端连接图
1-M16×60螺钉;2-有垫板的挑架;3-顶端有M16×60螺孔的直径25mm爬杆

## 三、爬升模板的配置

1.模板的配置原则

(1)根据制作、运输和吊装的条件,尽量做到内、外墙均做成每间一整块大模板,以便于一次安装、脱模、爬升。

(2)内墙大模板可按照建筑物施工流水段用量配置;外墙内、外侧模板应配足一层的全部用量。

(3)外墙外侧模板的穿墙螺栓孔和爬升支架的附墙连接螺栓孔,应与外墙内侧模板的螺栓孔对齐。

(4)爬升模板施工一般从标准层开始。如果首层(或地下室)墙体尺寸与标准层相同,则首层(或地下室)先按一般大模板施工方法施工,待墙体混凝土达到要求强度后,再安装爬升支架,从二层(或首层)开始进行爬升模板施工。

2.爬升支架的配置原则

(1)爬升支架的设置间距要根据其承载能力和模板质量而定,一般一块大模板设置两个或一个爬升支架。每个爬升支架装有2台液压千斤顶(或2台环链手拉葫芦),每台爬升设备的起重能力为10~15kN,故每个爬升支架的承载能力为20~30kN。而模板连同悬挂脚手重3.4~4.5kN/m$^2$,所以爬升支架间距为4~5m。

(2)爬升支架的附墙架宜避开窗口固定在无洞口的墙体上。如必需设在窗口位置,最好在附墙架上安装活动牛腿搁在窗台上,由窗台承受从爬升支架传来的垂直荷载,再用螺栓连接以承受水平荷载。

(3)附墙架螺栓孔,应尽量利用模板穿墙螺栓孔。

(4)爬升支架附墙架的安装,应在首层(或地下室)墙体混凝土达到一定强度并拆模后进行,但墙体需预留安装附墙架的螺栓孔,且其位置要与上面各层的附墙架螺栓孔位置处于同一垂直线上。爬升支架安装后的垂直偏差应控制在$h$/1 000以内。

## 四、爬升模板施工要求

1.工艺流程

目前爬升模板较多地用于高层建筑外墙外模板、电梯井壁内模板。采用爬升模板工艺,只是对外墙外模板或电梯井壁内模板的安装、拆除及支承架改用爬升支架。这种工艺由于楼板多采用现浇结构,其施工方法有两种,一种是先浇筑墙体再浇筑楼板;另一种是墙体和楼板同时浇筑,后一种工艺流程如图 7-27 所示。

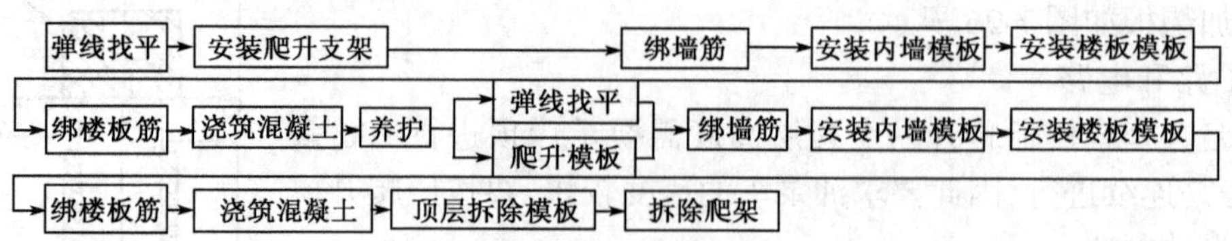


图 7-27 墙体和楼板同时浇筑工艺流程

2. 工艺要点

1)爬升模板安装

(1)进入现场的爬升模板系列(大模板、爬升支架、爬升设备、脚手架及附件等),应按施工组织设计及有关图样验收,合格品方可使用。

(2)检查工程结构上预埋螺栓孔的直径和位置是否符合图样要求。有偏差时应在校正后方可安装爬升模板。

(3)爬升模板的安装顺序是:底座→立柱→爬升设备→大模板。

(4)底座安装时,先临时固定部分穿墙螺栓,待校正高程后,方可固定全部穿墙螺栓。

(5)立柱宜采取在地面组装成整体,在校正垂直度后再固定全部与底座相连接的螺栓。

(6)模板安装时,先加以临时固定,待就位校正后,方可正式固定。

(7)安装模板的起重设备,可使用工程施工的起重设备。

(8)模板安装完毕后,应对所有连接螺栓和穿墙螺栓进行紧固检查。并经试爬升验收合格后方可投入使用。

(9)所有穿墙螺栓均应由外向内穿入,在内侧固定。

2)爬升

(1)爬升前,首先要仔细验查爬升设备的位置、牢固程度、吊钩及连接杆件等项,在确认符合要求后方可正式爬升。

(2)正式爬升前,应先拆除与相邻大模板及脚手架间的连接杆件,使各个爬升模板单元分开。

(3)爬升时应先收紧千斤钢丝绳,然后拆卸穿墙螺栓。在爬升大模板时拆卸大模板的穿墙螺栓,在爬升支架时拆卸底座的附墙螺栓,同时还要检查卡杯和安全钩、调整好大模板或爬升支架的重心,使能保持垂直,防止晃动与扭转。

(4)爬升时操作人员站立的位置一定要安全,不准站在爬升件上,而应站在固定件上。

(5)爬升时要稳起、稳落,平稳地就位,防止大幅度摆动和碰撞。要注意不要使爬升模板被其他构件卡住,若发现此现象,应立即停止爬升,待故障排除后,方可继续爬升。

(6)每个单元的爬升,应在一个工作台班内完成,不宜中途交接班,更不允许隔夜再爬升、爬升完毕应及时固定。

(7)遇 6 级以上大风,应停止作业。

(8)爬升完毕后,应将小型机具和螺栓收拾干净,不可遗留在操作架上。

3)拆除

(1)拆除爬升模板,要有拆除方案,并应由技术负责人签署意见,并向有关人员交底后方可实施。

(2)拆除时要设置警戒区。要有专人统一指挥、专人监护,严禁交叉作业。拆下的物件,要及时清理运走。

(3)拆除时要先清除脚手架上的垃圾杂物,拆除连接杆件,经检查安全可靠后,方可大面积拆除。

(4)拆除爬升模板的顺序是:爬升设备→大模板→爬升支架。

(5)拆除抓模板的设备,可使用施工用的起重机进行拆除,也可在屋面上装设人字形拨杆或台灵架,进行拆除。

(6)拆下的爬升模板要及时清理、整修和保养,以便重复利用。

4)其他

(1)安装好的爬升模板,金属件要涂刷防锈漆,板面要涂刷脱模剂。以后每爬升一次,均要同样清理一次,并要检查下端防止漏浆的橡皮压条是否完好。

(2)所有穿墙螺栓孔都应安装螺栓。如因特殊情况个别螺栓无法安装时,必须采取有效的处理措施。所有螺栓的螺母都必须以40~50N·m的扭矩紧固。

(3)绑扎钢筋时,要注意穿墙螺栓的位置及其固定要求。

(4)内模安装就位并拧紧穿墙螺栓后,要及时调整内、外模的垂直度,使其符合要求。

(5)每层大模板的安装,均应严格按弹线位置就位。并注意高程,层层调整。

(6)爬升时,要求穿墙螺栓受力处的混凝土强度在$10N/mm^2$以上。

## 五、爬模混凝土施工的安全与质量要求

1.安全要求

(1)爬模施工中所有的设备必须按照施工组织设计的要求配置。施工中要统一指定,并要设置警戒区与通信设施,要做好原始记录。

(2)穿墙螺栓与建筑结构的竖固是保证爬升模板安全的重要条件。一般每爬升一次应全数检查一次,用扭力扳手测其扭矩,保证符合40~50N·m。

(3)爬模的特点是,爬升时分块进行,爬升完毕固定后又连成整体。因此在爬升前必须拆尽相互间的连接件,使爬升时各单元能独立爬升。爬升完毕应及时安装好连接件,保证爬升模板固定后的整体性。

(4)大模板爬升或支架爬升时拆除穿墙螺栓都是在脚手架上或爬架上进行的,因此必须设置围护设施。拆下的穿墙螺栓要及时放入专用箱,严禁随手乱放。

(5)爬升中吊点的位置和固定爬升设备的位置不得随意变动。固定的方式和方法也必须安全可靠,操作方便。

(6)在安装、爬升和拆除过程中,不得进行交叉作业,且每一单元不得任意中断作业。不允许爬升模板在不安全状态下过夜。

(7)作业中出现障碍时,应立即查清原因,在排除障碍后方可继续作业。

(8)脚手架上不应堆放材料,脚手架上的垃圾要及时清除。如临时堆放少量材料或机具必须及时取走,且不得超过设计荷载的规定。

(9)环链手拉葫芦的链轮盘、倒卡和链条等,如有扭曲或变形,应停止使用。操作时不准站在环链手拉葫芦正下方。如重物需要在空间停留较长时间时,要将小链拴在大链上,以免滑移。

(10)不同组合和不同功能的爬升模板其安全要求也不相同,因此应分别制订安全措施。

2. 爬模制作与安装的质量要求

爬模的制作和安装的质量要求见表 7-20。

爬升模板的质量要求 表 7-20

| 项目 | | 质量标准 | 检测工具与方法 |
|---|---|---|---|
| | | 一、制　作 | |
| 1 | | 大模板 | |
| | 外形尺寸 | -3mm | 金属直尺测量 |
| | 对角线 | ±3mm | 金属直尺测量 |
| | 板面平整度 | <2mm | 2m 靠尺，塞尺检测 |
| | 直边平直度 | ±2mm | 2m 靠尺，塞尺检测 |
| | 螺孔位置 | ±2mm | 金属直尺测量 |
| | 螺孔直径 | +1mm | 量规检测 |
| | 焊缝 | 按图样要求检查 | |
| 2 | | 爬升支架 | |
| | 截面尺寸 | ±3mm | 金属直尺测量 |
| | 全高弯曲 | ±5mm | 钢丝拉绳测量 |
| | 立柱对底座的垂直度 | 1% | 挂线测量 |
| | 螺孔位置 | ±2mm | 金属直尺测量 |
| | 螺孔直径 | +1mm | 量规测量 |
| | 焊缝 | 按图样要求检查 | |
| | | 二、安　装 | |
| 1 | | 墙面留穿墙螺栓孔 | |
| | 墙面留穿墙螺栓孔位置 | ±5mm | 金属直尺测量 |
| | 穿墙螺栓孔直径 | ±2mm | 金属直尺测量 |
| 2 | | 模　板 | |
| | 拼缝缝隙 | <3mm | 塞尺测量 |
| | 拼缝处平整度 | <2mm | 靠尺测量 |
| | 垂直度 | <3mm 或 1% | 用 2m 靠尺测量 |
| | 高程 | ±5mm | 金属直尺测量 |
| 3 | | 爬升支架 | |
| | 高程 | ±5mm | 与水平线用金属直尺测量 |
| | 垂直度 | 5mm 或 1% | 挂线坠 |
| 4 | | 穿墙螺栓 | |
| | 紧固扭矩 | 40～50N · m | 0～150 · m 扭力扳手测量 |

# 第四节　升板法混凝土施工

升板法施工是先按建筑物柱网要求，立起柱子，浇筑地坪，利用地坪作底板，就地预制各层楼板及屋面板，由顶层开始，将屋面板、楼板逐层提升就位。其优点如下：

(1)不需大型起重设备,只用小型机械,能实现施工机械化。
(2)施工占地面积小。
(3)垂直运输量少。
(4)进度快、工效高。
(5)节省周转材料。
(6)降低劳动强度、节约劳动力。
但也存在如下缺点:
(1)用钢材量较大。
(2)现场电焊工作量较多。
(3)造价稍高。

## 一、升板施工的基本知识

升板施工的工艺流程如图 7-28 所示。

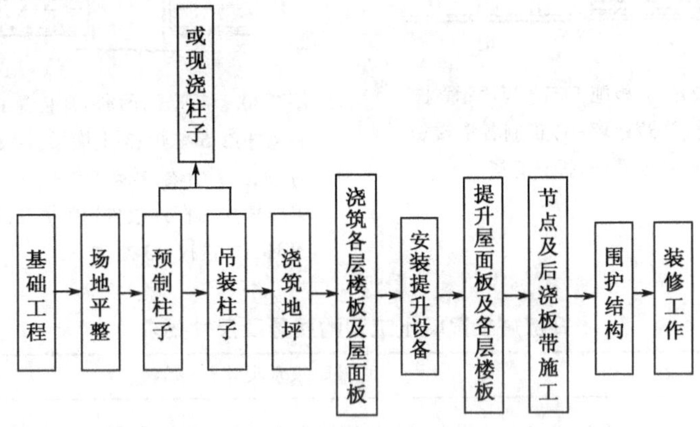


图 7-28 升板施工工艺流程

升板施工的示意图如图 7-29 所示。
升板施工的几种提升设备的主要性能见表 7-21。

升板施工几种提升设备的主要性能 表 7-21

| 序号 | 设备名称 | 起重量(kN) | 提升速度(m/h) | 提升差异(mm) | 电动机功率(kW) |
|---|---|---|---|---|---|
| 1 | 自动液压千斤顶 | 500 | 0.56～0.60 | 基本同步 | |
| 2 | 电动穿心式提升机 | 150 | 1.89 | ≤10 | 3.0 |
| 3 | 电动螺旋千斤顶提升机 | 250 | 1.92 | ≤10 | 3.0 |
| 4 | 手动油压千斤顶 | 500 | 1.45 | ≤20 | |

液压千斤顶的提升装置如图 7-30 所示。

## 二、升板施工的预制工艺

升板施工是一种多工种共同作业的机械化施工体系,对混凝土工来说,浇筑工作尺寸上的误差要求严格,必须精心操作,其质量及尺寸的允许误差见表 7-22;用于板与板之间的隔离剂应为一同种,能确保脱模,常用隔离剂品种及配制方法见表 7-23;升板的关键部件为提升环,其构造示意如图7-31所示;预制板的常用形式如图7-32所示;基础、柱及板的浇筑,除应按照第四章、第九章的基本工艺要求外预制楼板的浇筑要点见表7-24;预制板脱模起板的工艺措施见表7-25。

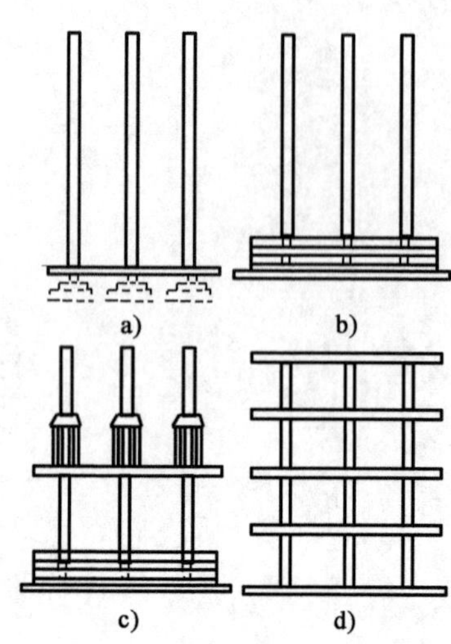


图7-29 升板施工工艺程序示意图
a)立柱、浇筑地坪;b)预制各层楼板、屋面板;c)提升;d)提升完毕

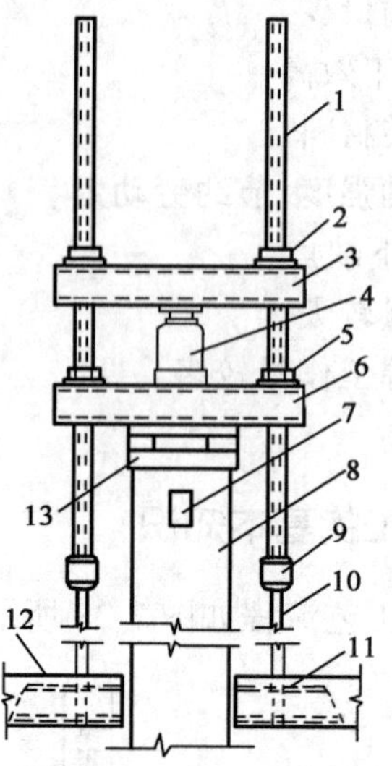


图7-30 液压千斤顶提升装置示意图
1-螺杆;2、5-螺母;3-上横梁;4-液压千斤顶;6-下横梁;7-承重销孔;8-柱子;9-螺杆与吊杆连接件;10-吊杆;11-提升环;12-楼板;13-垫木

**升板施工混凝土工程的质量及尺寸要求** 表7-22

| 序号 | 项 目 | 质量要求及尺寸允许偏差 |
|---|---|---|
| 1 | 基础 | 1.如系杯形基础,应注意控制杯口纵横轴线及杯底高程的准确性,避免引起安装上的各种误差;<br>2.杯口纵横轴线误差应不大于±5mm;杯底高程误差应不大于±3mm;杯底必须平正;<br>3.回填土必须分层夯实,以保证预制柱的准确性 |
| 2 | 柱子 | 1.截面尺寸应不大于±5mm;<br>2.侧向弯曲应不大于10mm;<br>3.柱底和柱顶应平整,应垂直于柱的纵轴线;<br>4.柱顶竖向偏差不得大于1/1 000,且不得大于20mm |
| 3 | 柱上预留孔 | 1.孔的尺寸偏差,不得大于±10mm;<br>2.孔底的高程偏差,不得大于±5mm;<br>3.孔底要平整,轴线偏差不得大于±5mm |
| 4 | 柱上预埋件 | 1.中线偏移不得大于±5mm;<br>2.高程偏差不得大于±3mm;<br>3.剪力块不准凹入混凝土内,凹入柱面不得大于3mm;凸出混凝土面不得大于±2mm |
| 5 | 板的胎模 | 1.台面、胎模应平整光滑;<br>2.提升环位置胎模的高程偏差,不得大于±2mm |
| 6 | 提升环 | 1.型钢提升环表面应平整,翘曲应不超过2mm;内孔偏差应不超过3mm;<br>2.钢筋提升环的钢筋位置偏差不得大于5mm;预埋件应与钢筋焊接,其偏差不得大于±5mm |

**板施工预制楼板隔离层的配制方法** 表 7-23

| 序号 | 名 称 | 配 方 及 制 法 |
|---|---|---|
| 1 | 滑石粉层 | 1. 液体皂脚: 水: 滑石粉 = 1:2: 适量<br>2. 将皂角与水加热溶化后冷凝备用<br>3. 用前稍加热,加入适量滑石粉,以涂刷后能成为层状为度 |
| 2 | 纸筋石灰膏 | 抹灰用的纸筋石灰膏,加水调稀后,涂擦成层 |
| 3 | 黏土石灰膏 | 1. 黏土: 石灰膏: 滑石粉: 肥皂粉 = 3:1:0.5:0.075<br>2. 黏土(红泥或黄泥)应先经破碎成为粉状<br>3. 用前加适量水搅拌均匀 |
| 4 | 石蜡 | 1. 柴油: 石蜡: 滑石粉 = 1:0.2:0.8<br>2. 石蜡溶化后拌匀使用 |

注:1. 隔离层应在底层混凝土强度达到 C12 后,方可涂抹。
2. 应在隔离层干透后方可进行下一道工序。
3. 隔离层如有局部损坏,应在浇筑混凝土前修补。
4. 如使用油纸、水泥袋纸,薄膜等铺贴式隔离层,要注意两点:(1)必须双层;(2)面层要加涂无色隔离剂,以便将纸膜剥离,剥离后应无油污。

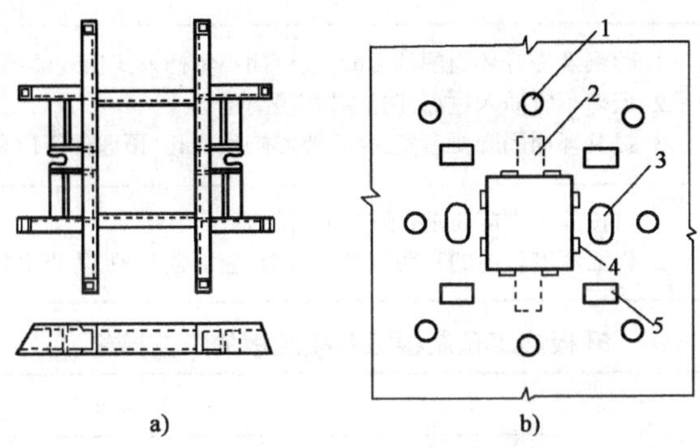


图 7-31 提升环

a)型钢提升环结构图;b)浇筑混凝土后提升环的各种预埋件及预留孔

1-柱帽浇灌销钉孔;2-工字钢承重销;3-提升吊杆孔;4-预埋件(与柱焊接);5-吊环

注:提升环在施工时是传递楼板自重及施工荷载的部件,又是提升楼板的导向装置。建成后,与柱帽等共同传递建筑物的各种荷载。

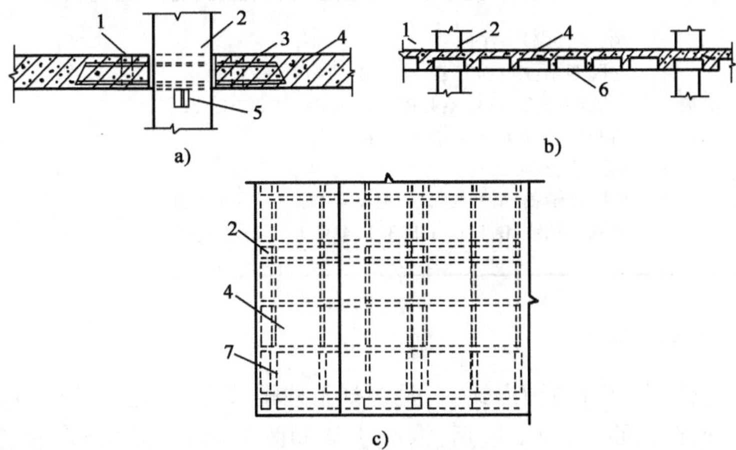


图 7-32 升板施工的预制钢筋混凝土楼板

a)平板;b)密肋板;c)格梁板

1-提升孔;2-柱子;3-提升环;4-楼板;5-承重销;6-填充料;7-格梁

**升板施工预制楼板的浇筑要点**　　表 7-24

| 序号 | 项　目 | 操 作 要 点 |
|---|---|---|
| 1 | 板的工段划分 | 1. 为避免一次提升的面积过大,可将楼板划分为若干工段,分块预制;<br>2. 每块面积不宜大于 24 个柱子,其平面形状不宜为狭长形 |
| 2 | 预留孔洞 | 预留孔洞,楼板与柱间的空隙,分段板与板间的空隙,可用砂子红泥拌浆填塞,以防混凝土灌入 |
| 3 | 密肋板及格梁板 | 1. 密肋板及格梁板如采用胎模,胎模的角要圆滑,便于脱模;如采用预制填充块,填充块底面要涂隔离层,外表面宜粗糙,以便于和混凝土黏结;<br>2. 密肋板及格梁板的提升环(柱帽区)宜做成实心板<br>3. 密肋板及格梁板板面较薄,注意振捣密实 |
| 4 | 浇筑 | 1. 可用带浆法下料,用平板振动器捣固;<br>2. 每一分块,应一次完成,不留施工缝;<br>3. 当下层板混凝土强度大于设计强度的 30% 后,方可浇筑上层板的混凝土 |
| 5 | 提升环及肋梁 | 1. 肋梁及提升环周围的混凝土,可用小型插入式振动器捣固;<br>2. 振棒不宜插入过深,防止破坏隔离层;<br>3. 提升环周围既要密实,又不要影响预留孔、预埋件等位移 |
| 6 | 养护 | 1. 可按施工进度要求,采取相应措施;<br>2. 板面厚度较薄的密肋板及格梁板,应加强养护,防止出现裂缝 |

**升板施工预制楼板脱模起板的工艺措施**　　表 7-25

| 序号 | 项　目 | 要　点 |
|---|---|---|
| 1 | 混凝土强度 | 脱模强度必须达到 100% |
| 2 | 钢楔 | 脱模前,准备必需的钢楔,以备填塞初次的脱离点 |
| 3 | 提升机构的调整 | 脱模前,先将各个提升机构(螺杆、吊杆、吊环)调整至初应力大致相等 |
| 4 | 第一次脱离高度 | 脱模时,每点第一次脱离高度掌握在 5 ~ 8mm 的范围内 |
| 5 | 脱模次序视现场条件任选一种;参考图 7-33 | 第一法,先外后内<br>先脱四角:1. A;4. A;1. D;4. D;<br>再脱四边:2. A;3. A;4. B;4. C;3. D;2. D;1. C;1. B;<br>后脱中心:2. C;3. C;2. B;3. B<br>第二法:按轴线脱<br>先脱外轴线:A. 1;A. 2;A. 3;A. 4;D. 1;D. 2;D. 3;D. 4;<br>后脱内轴线:B. 1;B. 2;B. 3;B. 4;C. 1;C. 2;C. 3;C. 4; |

## 三、升板施工节点浇筑

升板施工节点浇筑主要有两种方式:一是混凝土柱帽节点;二是无柱帽节点。

混凝土柱帽节点在钢筋、模板安装后,混凝土从如图 7-34 所示的浇灌销钉孔灌入并插捣密实。无柱帽节点由焊工将各预埋件焊接后,由混凝土施工人员填充细石混凝土,将缝隙填充饱满。

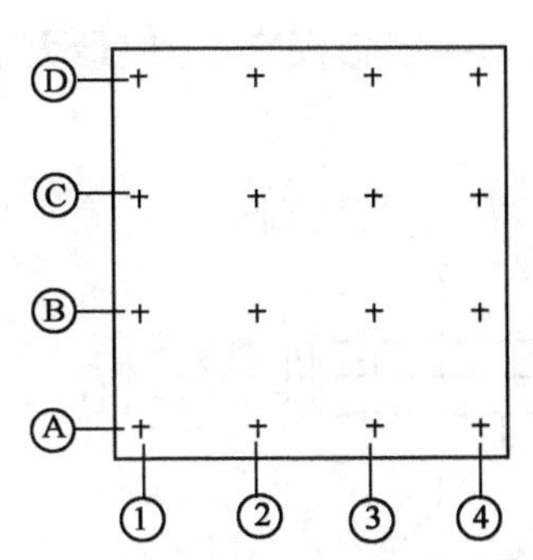

图 7-33 升板施工脱模起板次序轴线

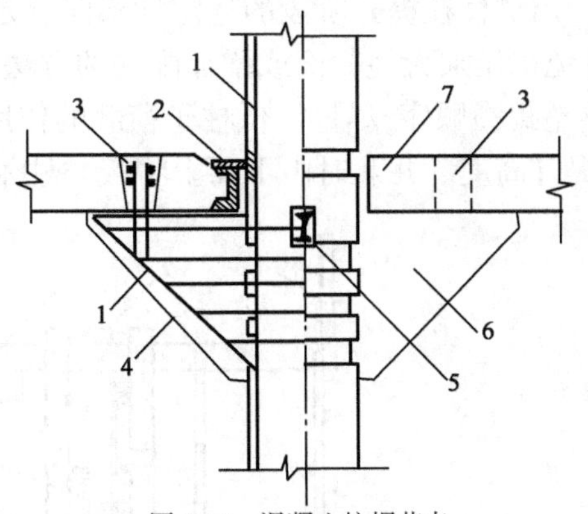

图 7-34 混凝土柱帽节点

1-钢筋;2-预埋钢板;3-浇灌销钉孔;4-模板;5-承重销;6-混凝土;7-楼板

## 四、升板与墙体施工的结合

升板施工的墙体或筒体施工,可以采用升滑法或升提法。

升滑法是升板与滑模施工的结合,利用升板的提升设备,在升板的同时墙体的滑模施工也同时进行,如图 7-35 所示。

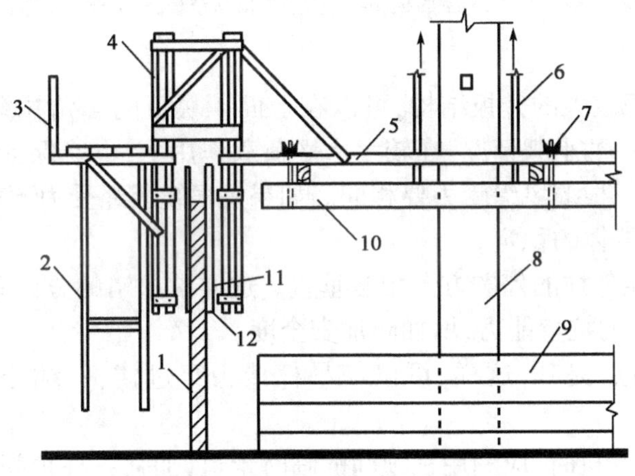

图 7-35 升滑法模板组装示意图

1-用滑模浇筑的墙体;2-外脚手吊杆;3-护栏;4-滑升架;5-悬臂钢梁;6-升板吊杆;7-锚固螺栓;8-柱子;9-预制楼板;10-顶层板;11-围圈;12-模板

升提法其模板构造与滑模基本相同,区别是模板能开能合。混凝土不是滑升浇筑而是逐级浇筑,逐级提升。具体做法是先浇筑一个提升高度的混凝土墙体(通常不大于混凝土自由浇灌的高度 2m),待混凝土达到脱侧模强度后(约为 C0.8 ~ C1.0);开启模板脱模,再把屋面板提升,模板也随着提升。如此逐级提升,逐级浇筑墙体如图 7-36 所示。

## 五、升板中群柱稳定性措施

在升板过程中,柱子的稳定性问题关系整个工程的成败,所以要采取有效措施来保证升板中群柱的稳定性。应尽可能缩小各层间的间距,使上层板在较低的高程处就能将下层板在设计位置上就位固定,然后再提升上层板,对提升阶段各层板在最不利搁置状态时群柱稳定性要进行验算。当群柱在提升阶段的稳定性不能满足要求时，应采取必要的措施来提高群柱的稳定性（要避免采用加大柱截面或增加配筋的方法）。常用的措施有：

(1)调整提高顺序，尽量压低柱子荷载的作用点。在第一层板固定前，应最大限度地压低上层板的提升高度。并及时由下而上将板与柱永久固定。

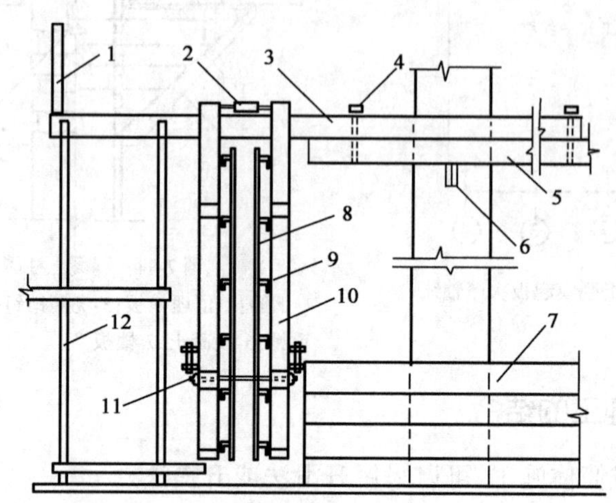


图 7-36　升提法模板组装示意图

1-护栏；2-调节螺栓；3-悬臂钢梁；4-锚固螺栓；5-屋面板；6-承重销；7-预制楼板；8-模板；9-围圈；10-模板立柱；11-对销螺栓；12-外脚手架吊杆

(2)楼层较高、荷载较大的升板结构，可以在上面 4 块板的 4 角拉缆风绳，并在柱与板之间用钢楔揳紧，以改变柱的承载情况，在较大水平荷载作用下，也能保证柱的稳定。拉缆风绳要特别注意严格控制，每根缆风绳受力要相同。如果每根缆风绳受力不相同，等于附加一个侧向荷载，反而更有害于群体的稳定。

(3)安装柱时，使相邻柱的停歇方向相互垂直。这样承重销的方向垂直相交，使板与柱之间的两个方向都有一定的抗弯能力，增加附加安全度。

(4)楼板采用四吊点提升，这样，可以使吊杆接头穿过楼板，缩小板间距离，降低柱子荷载。

(5)采用柱顶式提升机时，应利用柱顶间的临时走道，加强各柱顶间的拉结板与柱之间用楔子揳紧，增加刚度。

(6)升板工程施工，当风力超过 7 级时，应立即停止施工，但稳定验算要按 7 级风荷载考虑，这样在风荷载较小的情况下提升，就等于增加了稳定措施。

(7)节点混凝土和后浇带的浇筑：当板的高程进行复核并符合要求，后浇带的钢筋及板与柱的钢筋已经按设计要求进行焊接，并进行验收后，即可支模用补偿混凝土进行浇筑。混凝土的强度等级和配合比必须符合设计要求。

# 第八章 交通建筑混凝土施工

## 第一节 道路水泥混凝土施工

### 一、道路混凝土路面的分类及其构造要求

1. 道路混凝土路面的分类

道路混凝土主要是指路面混凝土，目前国内外主要分水泥混凝土路面和沥青混凝土路面两大类。根据所用建筑材料及施工工艺的不同，道路混凝土路面的分类见表8-1。

道路混凝土路面的分类　　表8-1

| 混凝土路面的类别 | 胶结料 | 路面所属分类 | 适用范围 |
|---|---|---|---|
| 水泥混凝土路面 | 水泥 | 素混凝土路面 | 高级路面、机场道面过水路面及停车场 |
| | | 钢筋混凝土路面 | 高级路面、机场道面过水路面及停车场 |
| | | 预制混凝土路面 | 低交通路面和一般道路路面试验阶段 |
| | | 预应力混凝土路面 | 低交通路面和一般道路路面试验阶段 |
| | | 钢纤维混凝土路面 | 高级路面与机场跑道 |
| 沥青混凝土路面 | 沥青 | 细粒式沥青混凝土路面 | 高级路面表层、防水层、磨耗层 |
| | | 中粒式沥青混凝土路面 | 高等级路面底层、磨耗层、防滑层、底面层 |
| | | 粗粒式沥青混凝土路面 | 透水路面防滑层、透水路面 |
| | | 开级配沥青混凝土路面 | 透水路面、底面层 |

本书仅将水泥混凝土路面施工技术予以介绍。

2. 道路混凝土路面技术指标

混凝土路面的技术指标主要包括标准轴载、使用年限、动载系数、超载系数、当量回缩模量、抗折强度和抗折弹性模量等。这些技术指标是根据不同交通量确定的，表8-2为参考指标。

不同交通量混凝土路面技术参考指标　　表8-2

| 交通量等级 | 标准轴载(kN) | 使用年限(年) | 动载系数 | 超载系数 | 当量回弹模量(MPa) | 抗折强度(MPa) | 抗折弹性模量($\times10^4$MPa) |
|---|---|---|---|---|---|---|---|
| 特重 | 98 | 30 | 1.15 | 1.20 | 120 | 5.0 | 4.1 |
| 重 | 98 | 30 | 1.15 | 1.15 | 100 | 5.0 | 4.0 |
| 中等 | 98 | 30 | 1.20 | 1.10 | 80 | 4.5 | 3.9 |
| 轻 | 98 | 30 | 1.20 | 1.00 | 60 | 4.0 | 3.9 |

3. 道路水泥混凝土路面的构造要求

1) 混凝土路面的厚度

水泥混凝土路面的厚度主要取决于行车荷载、交通流量和混凝土的抗折强度，可结合路面

与基层强度和稳定性参照表 8-3 选择。

**路面混凝土板的经验厚度** 表 8-3

| 交通量等级 | 标准荷载(kN) | 基层回弹变沉值($L_o$/cm) | 混凝土面层厚度范围(cm) |
|---|---|---|---|
| 特重 | 98 | 0.10 | ≥28 |
| 重 | 98 | 0.11 | 26 ~ 28 |
| 中等 | 98 | 0.13 | 23 ~ 26 |
| 轻 | 98 | 0.15 | 20 ~ 23 |

混凝土路面一般采用层式,路面的路拱坡度一般为 1.0% ~1.5%,路肩横向坡度可与路拱坡度相同或大于 1.0%。

2)混凝土路面板下的基层和土基

为了防止在行车荷载作用下混凝土路面板产生下沉、错台、断裂、拱张等质量病害,确保混凝土路面经久耐用,必须对其基层与土基提出一定的技术要求和材料要求,见表 8-4。

**混凝土路面板下的基层和土基的技术要求** 表 8-4

| 结构名称 | 技术要求 | 材料要求 | 厚度(cm) |
|---|---|---|---|
| 基层 | 基层要求铺设坚实、稳定、均匀、平整、透水性小、整体性好,确保混凝土路面经久耐用。基层铺设宽度,宜较路面两边各宽出 20cm,以备施工支模及防止边缘渗水至土基 | 1. 石灰稳定土、石灰碎石(砂砾)土;<br>2. 极配砂砾石;<br>3. 石灰石、碎(砾)石灰土、炉渣石灰土、粉煤灰石灰混合料、工业废渣等 | 1. 15 ~ 20<br>2. 20 ~ 30<br>3. 10 ~ 15 |
| 垫层 | 垫层介于基层与路基之间(通常设于潮湿或过湿路基顶面)。按其作用不同应有较好的水稳性与一定强度,寒冷地区应有良好的抗冻性。垫层铺设宽度应横贯路基全宽 | 1. 水泥或石灰稳定土、粉煤灰石灰稳定土;<br>2. 砂、天然砂砾、碎石等颗粒材料;<br>3. 冰冻潮湿地段在石灰土垫层下设隔离层(砂或炉渣) | ≤15 |
| 土基 | 土基是混凝土路面的基础,必须有足够的强度和稳定性,表面应有合乎要求的拱度和平整度。土基上部 1m 厚应用良好土质,填方路基应分层压实,压实系数以轻型击实法为标准,填方高度 80cm 以上的不小于 0.98,80cm 以下的不小于 0.95 | 土基的压实应在土壤的最佳含水量条件下进行 | 填土压实厚度一般以 20 ~ 30cm 为宜 |

3)混凝土路面板接缝的布置和构造

(1)接缝的布置

混凝土材料的面板会因热胀冷缩的作用而产生变形。白天的阳光照射会使板顶面温度高于底面温度,这种温差会使板体中部产生隆起;夜间环境气温降低,可使板的顶面温度低于底面温度,造成板体的边缘和角隅翘起。这些变形受到板与基础之间的摩擦阻力和黏结作用以及板的自重等的约束,使板产生过大的变形,造成板体的断裂和拱胀等破坏。

另外,由于环境温度的变化,如冬季冻胀或春季融化,土基将产生不均匀的沉陷或隆起,板体在行车荷载作用下也可能产生开裂。为了避免和克服以上这些缺陷,在混凝土路面设计和施工中,必须在纵向、横向布置接缝,把整个路面分割成许多板块,以避免出现混凝土裂缝。

横向接缝有胀缝和缩缝两种。缩缝保证板体在温度和湿度降低时能自由收缩从而避免产生不规则的裂缝。胀缝保证板体在温度和湿度升高时能自由伸张,从而避免产生拱胀或板体挤碎和折断现象，同时胀缝也能保证板体的自由收缩。另外，混凝土路面每天完工或因雨天及其他原因不能继续施工时，应尽量做到设置在胀缝处；如不能时，也应做到设置缩缝处，并做成工作缝的构造形状。

(2)接缝的构造

①胀缝的构造。胀缝间隙宽度约18~25mm。如果施工时气温高，缝隙可小些，反之可大些，缝隙上部在板厚1/3~1/4处浇筑灌填缝料，下部则设置嵌缝板。对于交通量特重和重级别的路面，在胀缝处于板厚的中央设置滑动传力杆，杆长为40~60cm，直径为20~25mm，间距30~50mm。

胀缝应根据板厚、施工温度、混凝土膨胀性并结合当地经验确定，一般应尽量少设置。在夏季施工，板厚等于或大于20cm时，可以不设胀缝；其他季节施工，一般每隔100~200m设置一条胀缝。

②缩缝的构造。缩缝一般采用假缝形式即在板体上部设置缝隙，当板体产生收缩时，即沿此最薄弱断面有规则地自行断裂。对于交通量特重和水文条件不良地段，也应设置滑动传力杆，杆长30~40cm，直径14~16mm。

(3)纵缝的构造。纵缝一般每隔1个车道宽度(3~4m)设置1道，这对于行车和施工都比较便利。当双车道路全幅宽度施工时，纵缝可做面假缝的形式；但当按半幅宽度施工时，则可做成平头缝形式；当板厚大于20cm时，为便利板间传递，可采用企口式纵缝形式。

## 二、道路混凝土原材料的技术要求

1.水泥

配制道路混凝土所用的普通硅酸盐水泥，矿渣水泥、火山灰硅酸盐水泥、粉煤灰水泥应符合国家现行水泥标准的规定。通常用普通硅酸盐水泥。需要早期强度或冬季施工时，可选用早强水泥。粉煤灰水泥在冬期施工时由于早期强度低，必须充分养生，所以在选用时必须结合工期、施工时间及施工方法综合考虑。

2.细集料

细集料中粗细颗粒级配应当良好。用颗粒大小一致的细集料或细颗粒多的细集料拌制所需稠度的混凝土时，需要的单位体积用水量多。反之，粗颗粒过多时，混凝土粗糙泌水，且表面抹压困难，细集料的级配如表8-5所示。

细集料的级配 表8-5

| 筛孔公称尺寸(mm) | 通过筛孔的质量百分率(%) | 筛孔公称尺寸(mm) | 通过筛孔的质量百分率(%) |
|---|---|---|---|
| 10.000 | 100 | 0.630 | 15~30 |
| 5.000 | 90~100 | 0.315 | 5~20 |
| 2.500 | 65~95 | 0.160 | 0~10 |
| 1.250 | 35~65 | | |

3.粗集料

为了得到质量均匀的混凝土板，并且取得良好的施工性能，粗集料的最大粒径最好在40mm以下。粗集料的最大粒径过大，虽单位体积用水量减少，但使强度降低。要制作和经济而又质量高的混凝土，必须保证集料颗粒的合理级配，如表8-6所示。

粗集料的颗粒级配范围(累计筛余百分率,%)　　表 8-6

| 级配种类 | 公称粒级(mm) \ 筛孔尺寸(mm) | 2.5 | 5 | 10 | 15 | 20 | 25 | 30 | 40 | 50 | 60 | 80 | 100 |
|---|---|---|---|---|---|---|---|---|---|---|---|---|---|
| 连续粒级 | 5~10 | 95~100 | 80~100 | 0~15 | 0 | | | | | | | | |
| | 5~15 | 95~100 | 90~100 | 30~60 | 0~10 | 0 | | | | | | | |
| | 5~20 | 95~100 | 90~100 | 40~70 | | 0~10 | 0 | | | | | | |
| | 5~30 | 95~100 | 90~100 | 70~90 | | 15~45 | 0 | 0~5 | 0 | | | | |
| | 5~40 | | 95~100 | 75~90 | | 30~65 | | | 0~5 | 0 | | | |
| 单粒级 | 10~20 | | 95~100 | 85~100 | | 0~15 | 0 | | | | | | |
| | 15~30 | | 95~100 | | 85~100 | | | 0~10 | 0 | | | | |
| | 24~40 | | | 85~100 | | 80~100 | | | 0~10 | 0 | | | |
| | 30~60 | | | | 95~100 | | | 75~100 | 45~75 | | 0~10 | 0 | |
| | 40~80 | | | | | 95~100 | | | 70~100 | | 30~60 | 0~10 | 0 |

注:1. 公称粒级的上限为该粒级的最大粒径。

2. 单粒级一般用于组合成具有要求级配的连续粒级,它也可与连续粒级的碎石、卵石混合使用,以改善它们的级配或配成较大粒度的连续粒级。

3. 在特殊情况下,经过综合技术经济分析后,允许直接采用单粒级,但必须避免混凝土发生离析。

4. 外加剂

在道路混凝土的施工中常应用某些外加剂,所以工程中应根据外加剂的性能,合理应用。在夏季施工时,为保证捣实及表面修整所需时间,最好用质量好的缓凝剂。冬季施工时,为加速混凝土硬化并保证混凝土性能,以掺加速凝剂和抗冻外加剂为宜。用膨胀剂时,因膨胀受各种因素的影响,应认真试验后再用。混凝土着色剂用量,应在水泥质量的5%以下,为取得所需的颜色,可用耐碱性及气候稳定性好的无机质颜料。用作着色剂的材料有铅丹、氧化铁、铁黑、氧化铬等。

搅拌混凝土所用的水中不应含有影响混凝土质量的油、酸、盐类及有机物等有害物质。海水不能作为搅拌混凝土用水。养生用水不能含有油、酸、盐类等对混凝土表面有害的物质。

## 三、道路混凝土配合比设计

1. 设计步骤

道路混凝土配合比设计通常可按下述步骤进行,表 8-7 所列配合比可供配合比设计时参考。

1)确定和易性

混凝土应具有与铺路机械相适应的和易性,以保证施工的要求。施工中混凝土的稠度标准,以坍落度为 2.5cm,或工作度为 30s 为宜。在搅拌设备离现场较远时,或者在夏季施工,坍落度会逐渐降低,对此应予以注意。

2)确定单位粗集料体积

单位粗集料体积,应当在所要求的和易性及易修整性的允许范围以内,达到最小单位用水量。

**配合比参考表** 表 8-7

| 此表适用于细度模数 $FM=2.8$ 的细集料，坍落度约 2.5cm，用优质减水剂，空气量为 4%，刚由搅拌机卸出时的混凝土 | | | | |
|---|---|---|---|---|
| 粗集料最大尺寸（mm） | 砾石混凝土 | | 碎石混凝土 | |
| | 单位粗集料体积 | 单位用水量（kg） | 单位粗集料体积 | 单位用水量（kg） |
| 40 | | 115 | | 130 |
| 30 | 0.76 | 120 | 0.73 | 135 |
| 20 | | 125 | | 140 |

与上述条件不同时的修正

| 条件的变化 | 单位粗集料体积 | 单位用水量 |
|---|---|---|
| 对于细集料的 FM 增减 | 单位粗集料体积 = 上述单位粗集料体积 ×（1.37 − 0.133FM） | 不修正 |
| 对于坍落度增减 10s | 不修正 | ±2.5kg |
| 对于空气量增减 1% | | ±2.5% |

注：1. 在砾石中掺加碎石时的单位用水量及单位粗集料体积，可按上表中数值按直线变化求得。

2. 因单位用水量与固结系数的关系是 1g（固定系数）～单位用水量呈直线关系，每 10s 固结系数单位用水量的变化是：30s 固结系数（坍落度 2.5cm）时，是 2.5kg；50s 固结系数时是 1.5kg，80s 固结系数时是 1kg。

3. 坍落度 8cm 时的单位用水量将上表数值增加 10kg。

4. 单位用水量与坍落度有关，每 1cm 坍落度的单位用水量的变化是：坍落度 8cm 时是 1.5kg；坍落度 5cm 时是 2kg；坍落度 2.5cm 时是 4kg；坍落度 1cm 时是 7kg。

5. 随着细集料的 FM 增减，单位粗集料体积的修正用细集料的 FM 在 2.2～3.3 范围时适用的公式表示。

过去用细集料率的配合比参考表中，如果粗集料的最大尺寸、单位水泥用量、单位用水量、空气量及稠度等有变化，必须对细集料率进行修正，而用单位粗集料体积表示混凝土配合比时则无此必要。

3）确定单位用水量

单位用水量根据粗集料的最大尺寸、集料级配及其形状、单位粗集料体积、稠度、外加剂的种类、混凝土温度等而不同；由于运输时间内坍落度降低，所以必须以所用材料进行试验而定。单位用水量定为 150kg 以下，因为单位用水量增加会影响混凝土可修整性，并使混凝土的收缩增大而产生早期裂缝。

4）确定单位水泥用量

单位水泥用量应根据要求的混凝土的质量决定。其标准用量为 280～350kg。按强度决定单位水泥用量时，必须根据抗折试验结果。如根据耐久性决定单位水泥用量时，水灰比可参考表 8-8。

**由耐久性决定的最大水灰比** 表 8-8

| 环境条件 | 水灰比（%） |
|---|---|
| 特别恶劣的气候、长期冻结、反复干湿或冻融时 | 45 |
| 有时发生冻融情况 | 50 |

单位水泥用量根据配合比设计的试验结果决定，当超过标准很多时，应对使用的材料尤其是集料质量、配合比设计的基本资料及试验结果进行研究后，再决定单位水泥用量。

单位水泥用量多，不仅不经济，反而容易产生塑性裂缝、温度裂缝，所以在满足要求质量的条件下应尽量减少水泥用量。

5)确定单位外加剂量

单位外加剂量根据要求的混凝土的质量决定。

2. 配合比设计方法

(1)首先用配合比参考表,或者根据过去的经验资料,假定能够得到符合设计条件及施工条件的混凝土配合比。

(2)用(1)所定的配合比进行试搅拌,研究稠度及空气量是否合适,再根据不同配合比的几种混凝土的强度试验结果及其耐久性决定配合比中的水灰比,再对上述假定的配合比进行修正,并且也要对粗细集料的比例进行分析。

(3)考虑搅拌机的性能以及运送过程中稠度及空气量的变化,再对(2)所定的配合比进行修正得到标准配合比,结合实际施工情况,不断加以修正。

配合比设计步骤如图 8-1 所示。

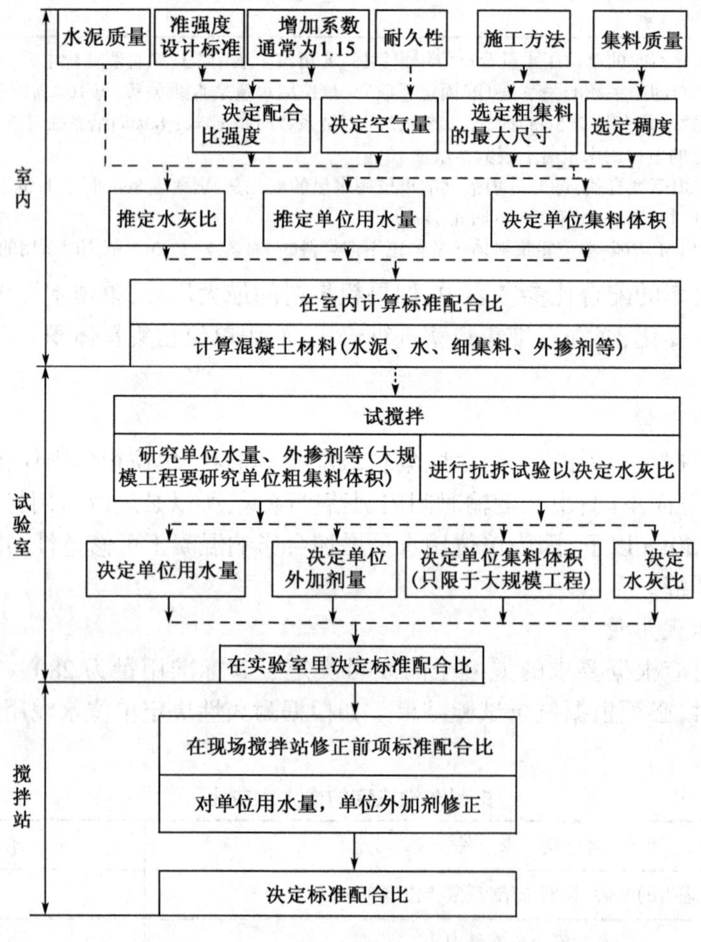


图 8-1 决定标准配合比的步骤

## 四、道路混凝土的施工工艺

道路混凝土的施工,目前我国主要采用轨道式摊铺机施工和滑模式摊铺机施工。

1. 轨道式摊铺机施工

1）施工准备工作

施工前的准备工作包括：材料准备及质量检验、混合料配合比检验与调整、基层的检验与整修等多项工作。

（1）材料准备与性能检验

根据拟定的施工进度计划，在正式施工前分期分批备好所需要的各种材料，并对其进行逐项核对调整。其性能检验主要包括：对砂、石料抽样检验测定含泥量、级配、有害物质含量、坚固性；对碎石还应抽检其强度、软弱及针片状颗粒含量和磨耗等；对水泥除查验出厂质量报告单外，还应逐批抽验其细度、凝结时间、标准稠度用水量、安定性及3d、7d和28d的强度等级是否符合要求；对所采用的外加剂按其性能指标检验，通过试验判断是否适用。

对材料检验应特别注意：严格控制砂、石的含泥量，不准超过国家标准的规定；水泥的品种、强度等极、矿物成分等，一定要符合混凝土性能要求；外加剂的性能一定要符合设计要求。

（2）混凝土配合比检验与调整

关于混凝土混合料配合比检验与调整，在配合比设计部分已有详细介绍，着重是工作性能的检验与调整、强度的检验。除进行上述检验外，还可以选择不同用水量、不同水灰比、不同砂率或不同集料级配等配制混合料，通过比较选出经济合理的方案。为及早、及时进行配合比检验与调整，试件可不采取标准养护28d，可以通过压蒸4h快速测定强度后推算28d强度。

（3）基层检验与整修

①基层质量检验。基层强度应以基层顶面的当量回弹模量或以黄河标准汽车测定的计算回弹弯沉值作为检查指标。基层质量检查的项目与标准为：当量回弹模量值或计算回弹弯沉值，现场每50m测2点，不得小于设计要求；压实度以每1 000$m^2$测1点，也不得小于规定要求；厚度每50m测一处，不得小于允许偏差±10%；平整度每50m测一处，用3m直尺量测，最大不超过10mm；宽度每50m测一处，不得小于设计宽度；纵坡高程要求用水准仪测量，每20m测1点，允许误差±10mm；横坡也要求用水准仪测量，当路面宽度为9～15m时检验5点、大于15m时检测7点，允许偏差不大于±1%。

基层完成后，应加强养护，控制行车，不出现车槽。如有损坏应在浇筑混凝土面板前采用相同材料修补压实，严禁用松散粒料填补。对加宽的部分新旧接槎要牢固，强度要一致。

②测量放样。测量放样是水泥混凝土路面施工的一项重要工作。首先应根据设计图纸放出路中心线及路边线。在路中心线上一般每20m设一中心桩，并相应在路边各设一对边桩。放样时，基层的宽度应比混凝土板每侧宽出25～35cm。测设临时水准点每隔100m设置一个，以便于施工时就近对路面进行高程复核。放样时，为了保证曲线地段中线内外侧车道混凝土块有较合理的划分，必须保持横向分块线与路中心线垂直。

2）机械选型与配套

轨道式摊铺机施工，是公路机械化施工中最普遍的一种方法。各施工工序可以采用不同类型的机械，而不同类型的机械具有不同的工艺要求和生产率。因此，整个机械化施工需要机械的选型和配套。

（1）主导机械选型

决定混凝土路面质量和使用性能的施工工序，主要是混凝土的拌和和摊铺成型，一般把混凝土摊铺机作为第一主导机械，把混凝土搅拌机械作为第二主导机械。在施工机械选型时，应首先选定主导机械,然后根据主导机械的技术性能和生产率,选择配套机械。

主导机械的选择,应考虑满足施工质量和进度的要求,同时还要考虑我国施工技术人员的素质、管理水平和购买能力等实际情况。用机械铺筑的路面质量(密实度和平整度)以及施工进度取决于水泥混凝土的拌制质量。在选择拌和机械时,主要考虑混凝土的拌和能力、拌和质量、机械可靠度、工作效率和经济性。

(2)配合机械与配套机械

①配合机械。

配合机械主要是指运输混凝土的车辆,选择的依据主要是混凝土的运输强度和运输距离。工程实践表明,运距在 1km 以内的距离,以 2t 以下的小型自卸车比较经济;运输距离在 5km 左右时,以 5 ~ 8t 的中型自卸车最为经济。考虑到混凝土在运输过程中水分的蒸发和离析等问题,更远的运输距离以采用容量为 $6m^3$ 以上的混凝土搅拌运输车较理想。

②配套机械。

选型和配套数量必须保证主导机械发挥其最大效率,使用配套机械的类型和数量尽可能少。轨道式摊铺机施工配套机械见表 8-9。

**轨道式摊铺机施工配套机械** 表 8-9

| 施工工序 | 可考虑选用的配套机械 |
|---|---|
| 混凝土卸料 | 侧面卸料机、纵向卸料机 |
| 混凝土摊铺 | 刮板式匀机、箱式摊铺机、螺旋式摊铺机 |
| 混凝土振捣 | 插入式振捣器、内部振动式振捣机、平板式振动器 |
| 混凝土养护 | 养生剂喷洒器、养护用洒水车 |
| 接缝施工机械 | 调速调厚切缝机、钢筋插入机、灌缝机 |
| 表面修整机械 | 纵向修光机、斜向表面修整机 |
| 修整粗糙面 | 纹理制作机、拉毛机、压(刻)槽机 |
| 其他配套机械 | 装载机、翻斗车、供水泵、计量水泵、移动电话、地磅等 |

3)道路水泥混凝土的搅拌与运输及卸料

(1)混凝土的拌和

在搅拌机的技术性能满足混凝土拌制要求的条件下,混凝土各组成材料的技术指标和配比计量的准确性是混凝土拌制质量的关键。在机械化施工中,混凝土的供料系统应尽量采用配有电子秤等自动计量的设备。在正式搅拌混凝土前,应按混凝土配合比要求,对水泥、水和各种集料的用量准确调试,输入到自动计量的控制存储器中,经试拌检验无误后,再正式拌和生产。混凝土生产应采用强制式搅拌机,其搅拌时间应符合有关规定,最短拌和时间不低于低限,最长拌和时间不超过最短拌和时间的 3 倍。

为确保混凝土拌和和运输的质量,应满足以下基本要求。

①道路水泥混凝土配制不允许用人工拌和,应采用机械进行搅拌,优先采用强制搅拌机。

②投入搅拌的每次原材料数量,应按施工配合比和搅拌机容量确定,称量的容许误差必须符合表 3-2 中的要求。

③为保证首先浇筑的混凝土的质量,开工搅拌第一盘混凝土的拌和物前,应先用适量的混凝土拌和物或砂浆搅拌,并将其作为废品排弃,然后再按设计规定的配合比进行搅拌。

④搅拌机的装料顺序,可采用砂→水泥→石子,也可采用石子→水泥→砂。进料后,边搅

拌边加水。

保证混凝土拌和物质量的重要条件，是严格控制混凝土的最短搅拌时间和最长搅拌时间，必须符合表 8-10 的规定。

**混凝土拌和物搅拌时间的规定**(GBJ 97—1987)　　表 8-10

| 搅拌机的类型 | | | 搅拌时间(s) | |
|---|---|---|---|---|
| 类型 | 容量(L) | 转速(r/min) | 低流动性混凝土 | 干硬性混凝土 |
| 自落式 | 400 | 18 | 105 | 120 |
| | 800 | 14 | 165 | 210 |
| 强制式 | 375 | 38 | 90 | 100 |
| | 1 500 | 20 | 180 | 240 |

注:1. 表中搅拌时间为最短搅拌时间。
2. 最长搅拌时间不得超过最短时间的 3 倍。
3. 掺加外加剂的搅拌时间可增加 20 ~ 30s。

(2)混凝土的运输

混凝土拌和物运输宜用自卸机动车，远距离运送商品混凝土宜用搅拌运输车，运输道路应平整、畅通。

为保证混凝土拌和物的(坍落度)工作性，在运输过程中应考虑蒸发失水和水化失水的影响，以及因运输的颠簸和振动使混凝土拌和物发生离析等。要减少这些因素的影响程度，其关键是缩短运输时间，并采取适当措施(表面覆盖或其他方法)防止水分损失和离析。

在条件允许时，尽量采用自卸汽车或搅拌车运输混凝土。一般情况下，坍落度大于 5.0cm 时用搅拌车运输。从开始搅拌到浇筑的时间，用自卸汽车运输时不超过 1h，用搅拌车运输时不超过 1.5h，若运输时间超过限值，或者在夏季铺筑路面时，应当掺加缓凝剂。

混凝土拌和物从搅拌机出料到浇筑完毕的时间，是混凝土的施工时间，它对混凝土的施工质量有重大影响。一般是由水泥品种、水灰比大小、外加剂种类、施工气温等所决定的。在一般情况下，施工气温对其影响最大。因此，对混凝土的施工的时间也必须严格控制，以防止出现混凝土的初凝现象。具体规定见表 8-11。

**混凝土容许施工最长时间**(GBJ 97—1987)　　表 8-11

| 序号 | 施工气温(℃) | 容许最长时间(h) | 序号 | 施工气温(℃) | 容许最长时间(h) |
|---|---|---|---|---|---|
| 1 | 5 ~ 10 | 2.0 | 3 | 20 ~ 30 | 1.0 |
| 2 | 10 ~ 20 | 1.5 | 4 | 30 ~ 35 | 0.75 |

注:1. 若掺加缓凝剂时，可以适当延长时间。
2. 若掺加速凝剂时，可以适当缩短时间。

(3)混凝土的卸料

混凝土的卸料机械有侧向和纵向两种，侧向卸料机在路面铺筑范围外操作；自卸汽车不进入路面铺筑范围内，需有可供卸料机和汽车行驶的通道。纵向卸料机在铺筑范围内操作，由自卸汽车后退供料，在基层上不能安设传力杆及其支架。

4)混凝土的摊铺与振捣

(1)轨道模板安装

轨道式摊铺机施工的整套机械，在轨道上移动前进，也以轨道为准控制路面表面的高程。由于轨道和模板同步安装，统一调整定位，将轨道固定在模板上，既作为水泥混凝土路面的侧模板,也是每节轨道的固定基座。

轨道高程控制是否精确,铺轨是否平直,接头是否平顺,将直接影响道路表面的质量和行驶性能。轨道与模板本身的精度标准和安装精度要求,按表 8-12 和表 8-13 中的质量要求施工。

**轨道与模板的质量指标** 表 8-12

| 项目 | 纵向变形(mm) | 局部变形(mm) | 最大不平整度(mm)(3m 直尺) | 高 度 |
|---|---|---|---|---|
| 轨道 | ≤5 | ≤3 | 顶面≤1 | 按机械要求 |
| 模板 | ≤3 | ≤2 | 侧面≤2 | 与路面厚度相同 |

**轨道与模板的安装质量要求** 表 8-13

| 纵向线型直度(mm) | 顶面高程(mm) | 顶面平整度(mm)(3m 直尺) | 相邻轨、板间高差(mm) | 相对模板间距离误差(mm) | 垂直度(mm) |
|---|---|---|---|---|---|
| ≤5 | ≤3 | ≤2 | ≤1 | ≤3 | ≤2 |

(2)摊铺

摊铺是将倾卸在基层上或摊铺机箱内的混凝土,按摊铺厚度均匀地充满模板范围之内。常用的摊铺机械有刮板式匀料机、箱式摊铺机和螺旋式摊铺机。

①刮板式匀料机

机械本身能在模板上自由地前后移动,在前面的导管上左右移动。由于刮板本身也旋转,所以可以将卸在基层上的混凝土堆向任意方向摊铺。这种摊铺机械质量小、容易操作、易于掌握,使用比较普遍,但其摊铺能力较小。德国格勒 J 型、美国格马可和我国南京建筑机械厂制造的 C-450X 等,均属于此种机型。

②箱式摊铺机

混凝土通过卸料机(纵向或横向)卸在钢制的箱内,箱子在摊铺机前进行驶时横向移动,混凝土落到施工层上,同时箱子的下端按松铺厚度刮平混凝土。此种摊铺机将混凝土混合料一次全部放入箱内,载重量比较大,摊铺均匀而准确,摊铺能力大,很少发生故障。

③螺旋式摊铺机

由可以正反方向旋转的螺旋杆将混凝土摊开,螺旋杆后面有刮板,可以准确调整高度。这种摊铺机的摊铺能力大,其松铺系数一般在 1.515 ~ 1.30。它与混凝土的配合比、集料粒径和坍落度等因素有关,但施工阶段主要取决于坍落度大小。合适的摊铺系数按各工程的配合比情况由试验确定。设计时可参考表 8-14 中的数值。

**混凝土的摊铺系数** 表 8-14

| 坍落度(cm) | 1 | 2 | 3 | 4 | 5 |
|---|---|---|---|---|---|
| 摊铺系数 | 1.25 | 1.22 | 1.19 | 1.17 | 1.15 |

(3)混凝土的振捣

道路混凝土的振捣,可选用振捣机或内部振动式振捣机进行。混凝土振捣机是跟在摊铺机后面,对混凝土进行再一次整平和捣实的机械。此种振捣机主要由复平梁和振捣梁两个部分组成。复平梁在振捣梁的前方,其作用是补充摊铺机初平的缺陷,使松铺混凝土在全宽度范围内达到正确高度;振捣梁为弧形表面平板式振动机械,通过平板把振动力传到混凝土全厚度。但是,靠近模板处的混凝土,还必须用插入式振捣器补充振捣。

内部振动式振捣机,主要用并排安装的振捣棒插入混凝土中,由内部进行振实。振捣器一般安装在有轮子的架子上,可在轨道上自行或用其他机械牵引。

5)混凝土表面修整

振实后的路面水泥混凝土,还应进行整平、精光、纹理制作等工序。

(1)整平混凝土表面的机械有斜向移动表面修整机和纵向移动表面修整机。在整平操作时,要注意及时清除推到路边沿的粗集料,以确保整平效果和机械正常行驶。对于出现的不平之处,应及时辅以人工挖填找平,填补时要用较细的混凝土拌和物,严格禁止使用纯水泥砂浆填补。

(2)精光工序是对混凝土表面进行最后的精细修整,使混凝土表面更加密实、平整、美观,这是混凝土路面外观质量的关键工序。我国一般采用C-450X刮板式匀料机代替,这种摊铺机由于整机采用三点式整平原理和较完善的修光配套机械,整平和精光质量较高。

(3)纹理制作是提高水泥混凝土路面行车安全性的重要措施之一。施工时用纹理制作机,对混凝土路面进行拉槽或压槽,使混凝土表面在不影响平整度的前提下,具有一定的粗糙度。纹理制用的平均深度控制在1~2mm以内,制作时应使纹理的走向与路面前进方向垂直,相邻板的纹理要相互衔接,横向邻板的纹理要沟通以利于排水。

6)混凝土的养护

混凝土表面修整完毕后,应立即进行养护,使混凝土路面在开放交通前具有足够的强度。在混凝土养护初期,为确保混凝土正常水化,应采取措施避免阳光照射,防止水分蒸发和风吹等,一般可用活动的三角形罩棚将混凝土全部遮盖起来。

混凝土板表面的泌水消失后,可在其表面喷洒薄膜养护剂进行养护,养护剂应在纵横方向各洒一次以上,喷洒要均匀,用量要足够。也可以采取洒水湿养,即用湿草帘或麻袋等覆盖在混凝土板表面,每天洒水至少2~3次。

养护时间要达到混凝土抗弯拉强度在3.5MPa以上的要求。根据经验,使用普通硅酸盐水泥时约为14d,使用早强水泥约7d,使用中热硅酸盐水泥约为21d。

模板在浇筑混凝土60h以后拆除。但当交通车辆不直接在混凝土板上行驶,气温不低于10℃时,可缩短20h拆除;当气温低于10℃时,可缩短到36h拆除。

7)接缝的施工

水泥混凝土路面的接缝,可分为纵缝、横向缩缝和胀缝三种。缝的类型不同,各自的作用不同,其施工要求也不同。

(1)纵缝施工

纵缝的构造一般采用平缝加拉杆型;若采用全幅施工时,也可以采用假缝加拉杆型(图8-2)。

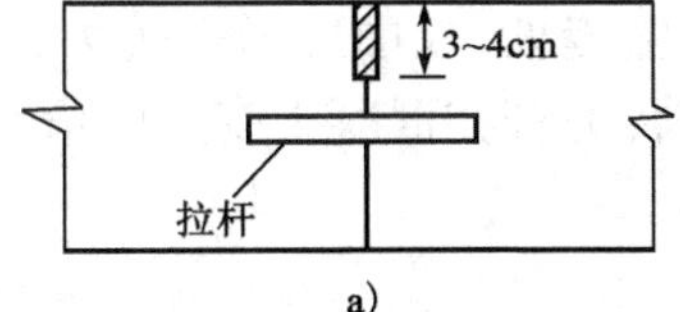


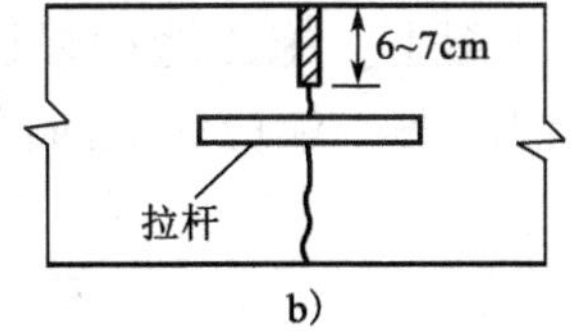


图8-2　纵缝构造

a)平缝;b)假缝

平缝施工应根据设计要求的间距，预先在模板上制作拉杆置放孔，并在缝隙壁一侧涂刷隔离剂，拉杆采用螺纹钢筋，顶面缝槽以切缝机切成，深度为3～4cm，并用填料填满。

假缝施工应预先将拉杆采用门型式固定在基层上，或用拉杆置放施工时置入。假缝顶面的缝槽应采用切缝机切成，深度为6～7cm，使混凝土在收缩时能从此缝向下规则开裂。

（2）横向缩缝施工

横向缩缝在混凝土硬化后，应适时用切缝机切割。切缝过早，混凝土的强度不足，会使集料从砂浆中脱落，而不能切出整齐的缝；切缝过晚，不仅使切割造成困难，而且会使混凝土板在非预定位置出现早期裂缝。适时的切缝时间，应控制在混凝土已有足够的强度，而收缩应力尚未超出其强度范围时。其强度随混凝土的组成和性质（集料类型、水泥品种、水泥用量、水灰比等）、施工气候条件（温度、湿度、风力等）因素而变化。

试验研究表明，适时的切缝时间，一般可掌握在施工温度与施工后时间的乘积为200～300℃·h，或者混凝土的抗压强度为8～10MPa时比较合适。切缝可采用"跳仓法"，即每隔几块板切一道缝，然后再逐块切割。切缝深度为板厚的1/4～1/3。

（3）胀缝施工

胀缝设置分浇筑混凝土终了时设置和施工过程中设置两种。施工终了时设置胀缝，可采用图8-3a）所示的形式。传力杆长度的一半穿过端部挡板，固定于外侧定位模板中，混凝土浇筑前应先检查传力杆位置，浇筑时应先摊铺下层混凝土，用插入振捣器振实，并校正传力杆位置，再浇筑上层混凝土。浇筑邻板时应桥除顶头木模，并设置下部胀缝板，木制嵌条和传力杆套管。

施工过程中设置胀缝，可采用图8-3b）所示的形式。胀缝施工先设置好胀缝板和传力杆支架，并预留好滑动空间。为保证胀缝施工的平整度以及机械化施工的连续性，胀缝板以上的混凝土硬化后，先用切缝机按胀缝的宽度切两条线，待临填缝时将胀缝板以上的混凝土凿去，这种施工方法，对保证胀缝施工质量特别有效。

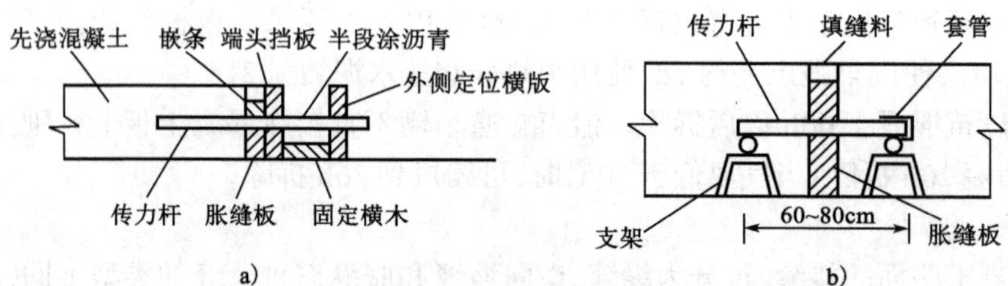


图8-3　胀缝施工工艺

a）施工终了设置胀缝；b）施工过程中设置胀缝

（4）施工缝

施工缝施工期间需要必须间断时设置的横缝，常设置于胀缝处或缩缝处，多车道施工缝应避免设置于同一横断面上。施工缝如果设置于缩缝处，板中应增设传力杆，其一端（长度的50%）锚固于混凝土中，另一端应涂上沥青，允许传力杆在混凝土变形时滑动。传力杆必须与缝壁垂直。

（5）接缝填封

混凝土板待养护龄期达到后，应及时填封接缝。填缝前对缝内必须清扫干净并保持干燥，填缝料应与混凝土缝壁黏结紧密，其灌注深度以3～4cm为宜，下部可填入多孔柔性材料。填缝料的灌注高度,夏天应与板面平齐,冬天宜稍低于板面。接缝施工分为常温施工式和加热施工式,所用的封缝料应分别符合表8-15和表8-16中的技术要求。

**常温施工式封缝料技术要求(JTG D40—2011)** 表8-15

| 项　目 | 技术要求检验项目 | 技术要求标准 |
|---|---|---|
| 封缝施工要求 | 灌入稠度(s) | <20 |
| | 失黏时间(h) | 6~24 |
| | 弹性(复原率)(%) | >75 |
| | 流动度(mm) | 0 |
| | 拉伸量(mm) | >15 |

**加热施工式封缝料技术要求(JTG D40—2011)** 表8-16

| 项　目 | 技术要求检验项目 | 技术要求标准 |
|---|---|---|
| 封缝施工要求 | 针入度(锥针法)(mm) | <9 |
| | 弹性(复原率)(%) | >60 |
| | 流动度(mm) | <2 |
| | 拉伸量(mm) | >15 |

2. 滑模式摊铺机施工

滑模式摊铺机与轨道式摊铺机不同,其最大的特点是不需要轨模,整个摊铺机的机架支撑在4个液压缸上,它可以通过控制机械上下移动,以调整摊铺机的铺层厚度。这种摊铺机的两侧设置有随机械移动的固定滑模板,不需另设轨模,一次通过就可以完成摊铺、振捣、整平等多道施工工序。滑模式摊铺机的摊铺过程如图8-4所示。

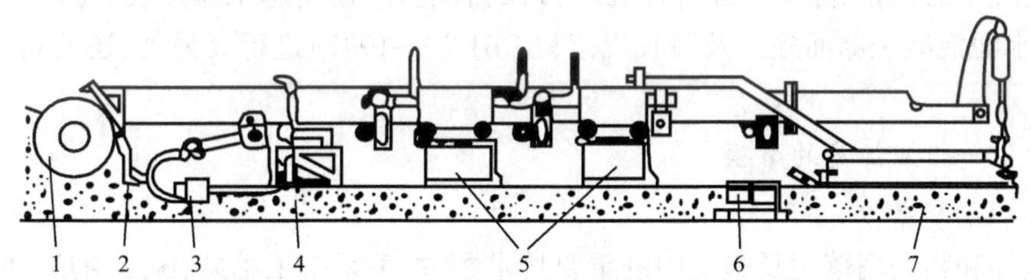


图8-4　滑模式摊铺机摊铺过程示意

1-螺旋摊铺器;2-刮平器;3-振捣器;4-刮平板;5-搓动式振捣板;6-光面带;7-混凝土面层

其具体施工工艺为:首先由螺旋摊铺器1把堆积在基层上的水泥混凝土向左右横向铺开,刮平器2进行初步齐平,然后振捣器3进行捣实,刮平板4进行振捣后整平,形成密实而平整的表面,再利用搓动式振捣板5对混凝土层进行振实和整平,最后用光面带6进行光面。

滑模式摊铺机的施工工艺过程与轨道式基本相同,但轨道式摊铺机所需要配套的施工机械较多、施工程序多,特别是拆装固定式轨模,不仅费工费时,而且成本增加、操作复杂。滑模式摊铺机则不同,由于其整机性能好,操纵方便,采用电子液压控制,因此,其生产效率高、施工工艺简单。

采用滑模式摊铺机铺筑加筋混凝土路面进行双层施工时,其施工机械组合如图8-5所示。整个施工过程由下列两个连续作业行程来完成。

1)第一作业行程

摊铺机牵引着装载钢筋网格的大平板车,从已整平的基层地段开始摊铺,此时可从正面或侧面供应混凝土,随后的钢筋网格大平板车,按规定位置将钢筋网格自动卸下,并铺压在已摊平的混凝土土层上,如此连续不断地向前铺筑。

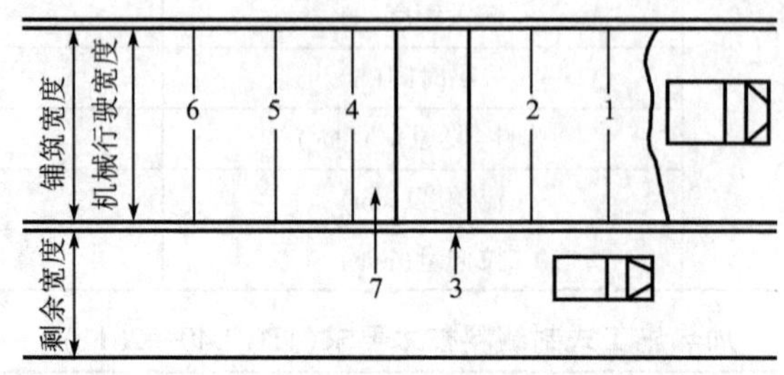


图8-5 滑模式摊铺机施工时的施工机械组合

1-摊铺机;2-钢筋网格平板机;3-混凝土输送机;4-混凝土摊铺机;5-切缝机;6-养护剂喷洒机;7-传送带

2)第二作业行程

它是紧跟在第一作业行程之后压入钢筋网络,混凝土面层摊铺、振实、整平、光面等作业程序。钢筋网格是用压入机压入混凝土的。压入机是摊铺机的一个附属装置,不用时可以卸下,使用时可安装在摊铺机的前面,它由几个对称的液压千斤顶组成。施工开始时,摊铺机推动压入机前行,并将第一行程已铺好的钢筋网格压入混凝土内,摊铺机则进行摊铺、振捣、整平、光面等工序,最后进行切缝和喷洒养护剂。

## 五、道路混凝土施工注意事项

道路混凝土的质量,除了受配合比、原材料的影响外,还受施工温度、施工质量等影响,施工应按照《水泥混凝土路面施工及验收规范》(GBJ 97—1987)进行。另外,还要特别要注意以下事项。

1.施工中一般应注意的事项

1)拌和物的坍落度

混凝土拌和物的坍落度是施工中的重要技术参数,关系施工难易、施工速度、施工质量等。道路混凝土拌和物的坍落度选择除要考虑施工气候、运距长短等因素外,主要根据所用摊铺机来确定,常用摊铺机所需要的坍落度见表8-17。

**常用摊铺机所需的坍落度** 表8-17

| 摊铺机类型 | 混凝土的坍落度(cm) | 摊铺机类型 | 混凝土的坍落度(cm) |
|---|---|---|---|
| 轨道式 | 1~5 | 振碾式 | 0~1 |
| 滑模式 | 3~5 | 简易机具 | 1~5 |

2)混凝土的浇筑

混凝土的摊铺厚度,要根据混凝土振动设备而定。一般平板振动器摊铺厚度较小,不得大于22cm;插入式振动器摊铺厚度可大些,一般为23~30cm。在摊铺时,摊铺的顶面高程要高出道路路面2cm左右。

3)路面混凝土板体接缝

路面混凝土板体接缝的施工质量,不仅直接影响着路面的平整度,而且也直接影响路面的使用寿命。因此,对接缝施工必须高度重视、精心设计、按照规范、严格施工、确保质量。

4)混凝土道路开放时间

水泥混凝土道路的开放交通时间,是确保工程质量的最后关键环节,开放过早会对道路造成不应有的损伤,开放过晚则影响道路的利用率。一般情况下,道路混凝土强度达到设计强度的80%、机场道面混凝土达到设计强度的100%、接缝全部灌入填缝材料后,方可开放交通。

2.特殊季节施工中的注意事项

1)高温季节施工

施工现场的气温高于30℃时,即属于混凝土的高温施工。高温会促进水作用,增加水分的蒸发量,容易使混凝土板表面出现裂缝。当施工气温大于35℃,若不采取专门的工艺措施,不能进行水泥混凝土路面施工。为保证高温季节混凝土的施工质量,必须做到以下几点。

(1)混凝土在夏季施工,无论在什么情况下和何种施工条件,混凝土拌和物的温度不能超过35℃。

(2)在30~35℃气温下施工时,要加强对混凝土的测温工作,应设专人定期测量混凝土拌和物的温度。

(3)拌和混凝土采取降低砂、石和水的温度,缩短运输时间,洒水降低模板与基层温度,加冰屑拌和,掺和缓凝剂等措施。

(4)混凝土高温施工应特别重视养护工作,对已摊铺振捣整平的路面,应尽快覆盖表面,采取洒水或漫水养护。

(5)在试拌混凝土时,要考虑由搅拌到浇筑时间内稠度降低的比例,必须增加单位用水量及单位水泥用量的比例。

2)低温季节施工

水泥混凝土路面施工操作和养护的环境平均温度等于或低于5℃,或昼夜最低气温低于-2℃时,应视为混凝土的低温施工。低温施工和养护时,混凝土会因水化速度降低而使强度增长缓慢,同时也会因混凝土中的水分结冰而遭受冻害。低温季节施工可采取以下措施。

(1)提高混凝土拌和温度。气温在0℃以下时,对水和集料可采取加温措施,以提高混凝土拌和物的温度。但是,水加热温度不得超过60℃;砂、石采取间接加热法,温度不得超过40℃;不允许对水泥加热。

(2)路面保温措施。混凝土浇筑温度应在5℃以上。混凝土铺筑后,通常可采用蓄热法保温养生,即选用合适的保温材料覆盖路面,使已加热原材料拌制混凝土的热量和水泥水化热量蓄积起来,以减少路面热量的散失,使它在蓄热条件下硬化而达到要求的强度。

路面保温层的设计,应本着施工简便、就地取材、满足体温、比较经济的原则。常用的覆盖材料有麦秸、谷草、油毡纸、锯末、石灰等,但保温层厚度一般不小于10cm。

(3)其他注意事项。具体介绍如下。

①冬期可使用早强水泥,也可以在普通水泥中加入促凝剂,以增加早期强度。在集料储存时要防止集料中的水分冻结,集料不要混杂冰雪。

②混凝土的水灰比不宜过大,除必须满足强度、耐久性、工作性等多方面的要求外,一般不宜超过0.60。

③低温施工应适当延长混凝土的搅拌时间,应比常温下施工搅拌时间增加50%左右,但出机温度不能低于10℃。

④建立定期测定温度制度。测定的温度包括拌和和前材料的温度、混凝土拌和物的出机

温度、混凝土摊铺温度、在养护阶段的温度。总体要求，铺筑后的路面混凝土，要求在72h内养护温度保持在10℃以上，以后7d的养护温度应当在5℃以上。

⑤对混凝土进行充分的养生，至少在抗弯强度达到1MPa，抗压强度达到5MPa以前，要充分保护，不能使其造到冻害。

## 六、道路混凝土施工新技术

随着公路事业的发展，道路混凝土新技术不断涌现。目前，装配式混凝土路面、连续配筋混凝土路面、预应力混凝土路面和钢纤维混凝土路面等，已经开始应用于公路工程。

### 1. 装配式混凝土路面

装配式混凝土路面，即在工厂中把混凝土预制成板块，然后运至公路施工现场按设计装配而成。这种路面的优点是混凝土板块可以在工厂中全年生产，不受气候与季节的影响，混凝土质量容易保证，施工进度快，铺筑完毕后即可通车；不需要现场养护，损坏后容易拆除修补，适用于城市道路、厂矿道路、大型基建基地、停车场和软弱土基上的路面。装配式混凝土路面的缺点是接缝多，整体性差，容易引起行车颠簸，不能用于高等级公路。

为保证混凝土板与基础密切接触，提高基础强度，最好在基础上铺设水泥砂浆找平层，一般厚为5～10cm；装配式板的接缝，最好采用企口式，以利传递荷载，避免形成错台。

### 2. 连续配筋混凝土路面

工程实践证明，常规混凝土的路面的配筋，并不能完全防止细小裂缝的产生，只能使裂缝分布均匀，并阻止裂缝的发展。一般钢筋混凝土路面的配筋率只为0.1%～0.2%，板长可达12～13m；若采用连续配筋混凝土路面，其配筋率可高达0.6%～1.0%，板长可以增至100～300m，或只在工作缝和与结构物毗连处设置横缝。不仅如此，连续配筋混凝土板的厚度，可比常规配筋的减薄20%左右，一般为12～23cm。

连续配筋绝大部分是纵向的，因为行车荷载和温度应力纵向比横向大得多。在板体的两端（纵向）应设置端缝，端缝有两种形式：自由式，即设置间隙宽20～25mm的胀缝3～4条，以利于板体两端部的伸缩滑动；锚固式，即在板体底部设置3～4根肋梁或以桩埋入地基内，以阻止板体的滑动。

此种路面对基层和纵缝的要求与无筋混凝土路面相同。

### 3. 预应力混凝土路面

预应力混凝土路面能抵消一部分行驶荷载和温度变化所引起的拉应力，板厚可以减薄到10～15mm，板长可以增大到100～150m，而且可以减少裂缝，防止裂缝的开展。此种路面与普通混凝土路面相比，具有较大的柔性和弹性，能承受多次重复荷载而不破坏，对基础的不均匀变化也有较大的适应性。

预应力混凝土的铺筑有下列几种形式。

1）无筋预应力混凝土路面

在路面板体两端设置墩座埋入地基内，而板中央设置加力缝。在混凝土浇筑1～2d后，在加力缝内塞入千斤顶，对混凝土施加压应力，开始为1.5MPa，至7d时增大到5.0MPa。待混凝土硬化后，即在加力缝内填塞混凝土预制块，并将千斤顶替换出来，用混凝土填塞缝隙。

2）有筋预应力混凝土路面

一般采用后张法施加预应力，在浇筑混凝土板体时，根据设计要求留下若干条孔道，待混凝土硬化后,将钢丝束或钢筋穿进孔道,张拉钢筋并将两端锚固,再在孔道内灌注水泥浆,使钢丝束或钢筋与混凝土黏结为一体。宽度为 3 ~ 4m 的板体,仅在纵向加力即可;宽度为 5 ~ 7m 以上的板体,需要在纵横双向加力。所加的应力,纵向要达到 2.0 ~ 4.0MPa,横向要达到0.4 ~ 1.4MPa,钢筋的极限抗拉强度应达到 100MPa,钢丝束的抗拉强度应达到 170MPa。

3)自应力混凝土路面

近几年来,国外曾用膨胀水泥试铺自应力混凝土路面,如果配置钢筋,可通过面板的膨胀产生预应力;如果不配筋,需要在板的两端设置墩座以产生预应力。试验表明,配筋的自应力混凝土路面的板薄、裂缝少、效果好、配筋率低。因此,国外认为预应力混凝土路面有广阔的发展前途,但施工工艺有待于进一步完善。

4. 钢纤维混凝土路面

近几年来,国内外都在研究应用钢纤维混凝土路面,即在混凝土中掺入一些低碳钢、不锈钢等纤维,制成一种均匀而又多向分布的配筋混凝土。钢纤维与混凝土的握裹力可达 4.0MPa,随着钢纤维掺加量的增加,混凝土的抗弯拉强度显著增长,一般比普通混凝土高 2 ~ 5 倍。

切丝钢纤维的掺加量不得大于 2%(体积分数),切丝纤维长度不应大于 80mm,否则钢纤维在混凝土中难以拌和均匀,严重影响混凝土拌和物的和易性。

## 第二节　桥梁混凝土施工

### 一、桥梁概述

桥梁是跨越障碍物(如河流、沟谷、其他道路、铁路等)的结构物。由于桥梁具有独特的构造和组成,因此桥梁工程施工与其他建筑工程施工有较大的差别。主要体现在:桥梁工程的体量较一般工程结构物大;桥梁结构的受力体系较为复杂;桥梁的组成、构造和其他工程结构物有较大差别;桥梁的使用环境和使用要求不同于其他工程结构物。因此在施工中不能随意套用其他工程的施工工艺或混凝土配合比,而应该根据实际情况确定施工方案,严格执行现行国家标准和行业标准。

1. 桥梁的结构构造及作用

1)桥梁的结构构造及作用

公路桥梁的基本组成如图 8-6 所示,主要结构构造有上部结构、支座系统、桥墩、桥台和墩台基础等。

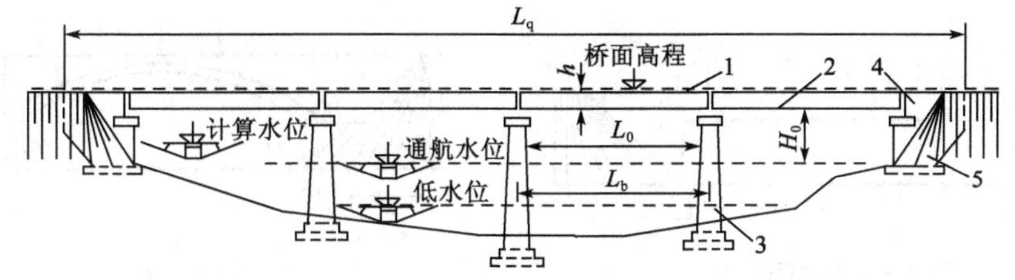


图 8-6　桥梁的基本组成图

1-桥面;2-主梁;3-桥墩;4-桥台;5-锥形护坡

(1)上部结构

上部结构也称桥跨结构,包括承重结构和桥面,是路线遇到障碍(如河流、峡谷等)而中断时,跨越障碍的构筑物。它的作用是承受车辆荷载,并通过支座将荷载传递给墩台。

(2)支座系统

支承上部结构并传递荷载于桥梁墩台上,它应保证上部结构在荷载、温度变化或其他因素作用下所预计的位移功能。支座结构类型甚多,目前最常用于钢筋混凝土和预应力混凝土公路桥梁的支座形式有热层支座和橡胶支座。

(3)桥墩

连接相邻桥跨的构筑物,其作用是支承上部结构并将结构重力和车辆荷载传递给基础。桥墩的形式有重力式桥墩、钢筋混凝土薄壁桥墩、V形桥墩和Y形桥墩、柱式桥墩和桩柱式桥墩、柔性排架桩墩、轻型桥墩等。

(4)桥台

修建在桥梁两端连接路堤与桥跨并支承上部结构的建筑物,其作用是将结构重力和车辆荷载传递给基础,抵御路堤的压力。桥台的形式有重力式U形桥台、钢筋混凝土薄壁桥台、埋置式桥台、轻型桥台、锚碇板式桥台(锚拉式)、枕梁式桥台等。

(5)墩台基础

墩台基础承受由上部结构及墩、台所传递的全部荷载,并将荷载传递至地基的结构部分。

(6)附属结构

附属结构包括桥头路堤锥形护坡、护岸等。它的作用是防止路堤填土向河中坍塌,并抵御水流的冲刷。

2)拱桥的基本组成

拱桥的基本组成如图8-7所示,其主要结构构造有上部结构(拱圈)、桥墩、桥台和墩台基础等。

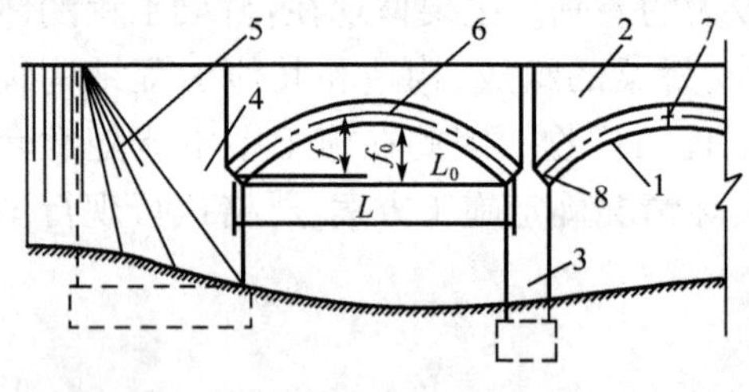


图8-7 拱桥的基本组成图

1-拱圈;2-拱上结构;3-桥墩;4-桥台;5-锥形护坡;6-拱轴线;7-拱顶;8-拱脚

2. 桥梁的分类

1)按桥梁主要承重构件的受力情况分

(1)梁桥

主要承重构件是梁(板)。在竖向荷载作用下,梁承受弯矩,墩台承受竖向压力如图8-8所示。

(2)拱桥

主要承重构件是拱圈。在竖向荷载作用下,拱圈主要承受压力,但也承受弯矩。墩台除承受竖向压力和弯矩外,还承受水推力如图8-9所示。

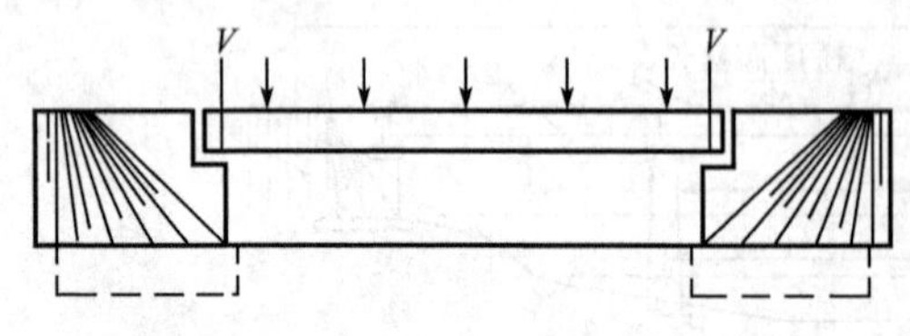


图8-8 梁桥简图

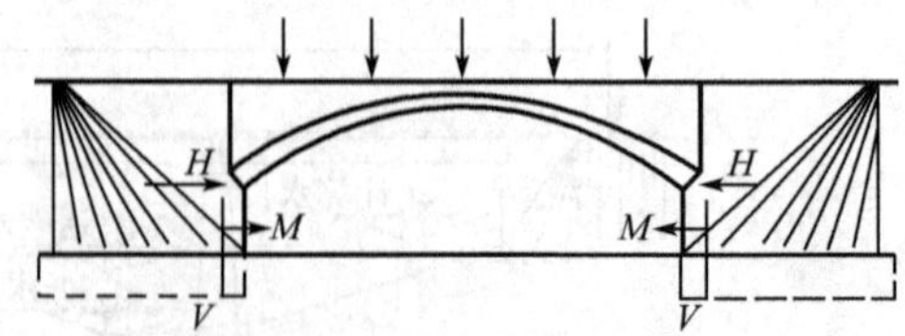


图8-9 拱桥简图

(3)刚架桥

刚架桥的受力状态介于梁桥和拱桥之间,其主要承重结构为梁、柱组成的钢架结构。刚架桥主要有门式刚架、斜腿刚构、T形刚构三种形式,如图8-10所示。

(4)吊桥

以缆索作为承重构件。在竖向荷载作用下,缆索只承受拉力。墩台除承受竖向反力外,还承受水平推力如图8-11所示。

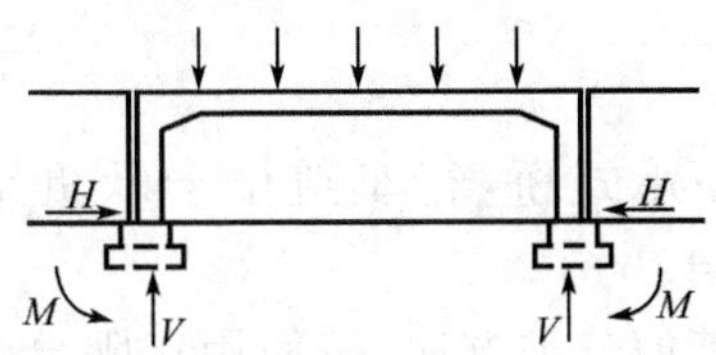


图8-10　钢架桥简图

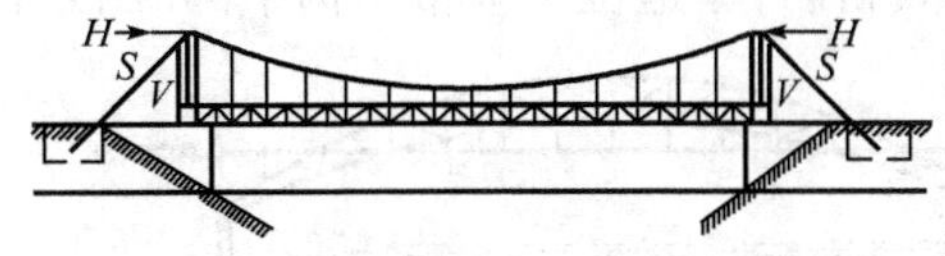


图8-11　吊桥简图

(5)组合体系桥梁

组合体系桥梁是梁、拱、吊三种体系组合而成的形形色色桥梁,其中应用得最多的是斜拉桥和系杆拱桥,如图8-12所示。斜拉桥由主梁、塔架和拉索组成,其结构既发挥了高强材料的作用,又减小了主染高度,是跨径仅小于悬索桥的桥型。系杆拱桥由拱圈、主梁和吊杆组成,吊杆减少了梁中弯矩,拱、梁结合又减小了水平推力。这两种组合体系桥型造型优美,结构合理,跨径较大,目前使用非常广泛。

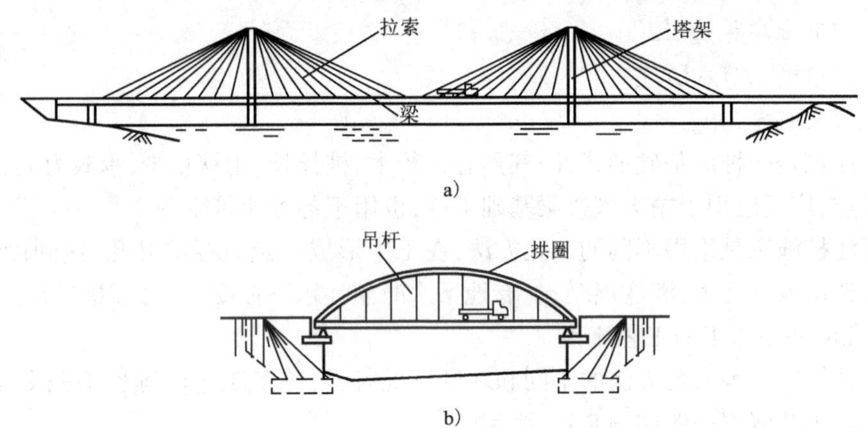


图8-12　斜拉桥、系杆拱桥示意图

a)斜拉桥;b)系杆拱桥

2)按桥梁的长度和跨径大小分

按桥梁长度和跨径大小可分为特大桥、大桥、中桥、小桥和涵洞,见表8-18。

**特大、大、中、小桥和涵洞划分标准**　　表8-18

| 桥梁分类 | 多孔跨径总长 $L_d$(m) | 单孔标准跨径 $l_0$(m) |
|---|---|---|
| 特大桥 | $L_d \geqslant 500$ | $l_0 \geqslant 100$ |
| 大桥 | $100 \leqslant L_d < 500$ | $40 \leqslant l_0 < 100$ |
| 中桥 | $30 < L_d < 100$ | $20 \leqslant l_0 < 40$ |
| 小桥 | $8 \leqslant L_d \leqslant 30$ | $5 \leqslant l_0 < 20$ |
| 涵洞 | $L_d < 8$ | $l_0 < 5$ |

注:圆管涵及箱涵不论管径或跨径大小、孔数多少,均称为涵洞。

3)按上部结构所用材料分

有木桥、钢筋混凝土桥、预应力混凝土桥、圬工桥(包括砖、石、混凝土桥)、钢桥等。

4)按行车道的位置分

上承式桥:行车道位于承重结构之上(图8-9)。

中承式桥:行车道位于承重结构中部(图8-13)。

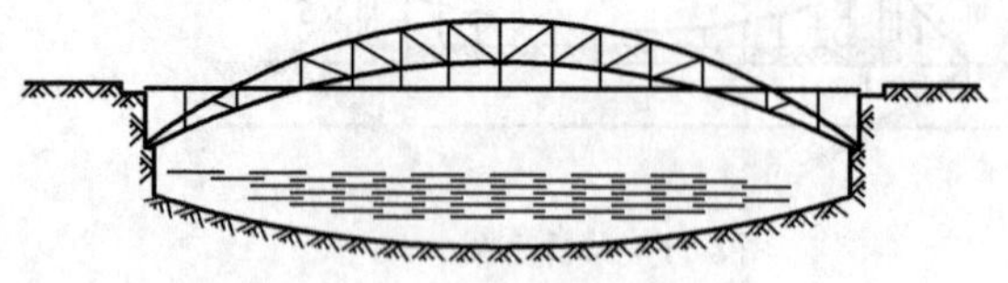

图8-13　中承式桥简图

下承式桥:行车道位于承重结构下部[图8-12b)]。

其他分类方法:按使用年限分为永久性桥和临时性桥;按使用条件分为高水位桥、低水位桥、开启桥、漫水桥等。

## 二、桥梁下部结构的混凝土的施工

1. 混凝土基础施工

1)混凝土基础施工

参见第四章第一节二所述。

2)人工挖孔灌注桩施工

参见第四章第二节六所述。

3)钻孔灌注桩施工

钻孔灌注桩是一种深基础形式,因其具有桩径大、桩长长、用钢量少、承载力大、噪声低、适应性强等优点,广泛应用于中大型桥梁基础工程,也用于各种建筑工程中。

钻孔灌注桩施工是采用不同的钻孔方法,在土中形成一定直径的井孔,达到设计高程后,再将钢筋骨架吊入井孔中,灌注混凝土(有地下水时灌注水下混凝土)形成桩基础。

(1)钻孔灌注桩施工的工艺流程

钻孔灌注桩施工因成孔方法的不同和现场情况各异,施工工艺流程也不完全相同。钻孔灌注桩施工的工艺流程一般如图8-14所示。

(2)钻孔灌注桩施工技术要点

钻孔灌注桩施工如图8-15所示。

①场地准备

钻孔场地的平面尺寸应按桩基设计的平面尺寸、钻机数量和钻机机座平面尺寸、钻机位置要求、施工方法及其他配合施工机具设施布置等情况决定。

场地为旱地时,应清除杂物、整平夯实。场地为浅水时,宜采用筑岛施工。筑岛面积应按钻孔方法、设备机具大小等要求决定;高度应高于最高施工水位0.5~1.0m。场地为深水时,可搭设工作平台,平台须牢靠稳定,能承受工作时的所有静、动荷载。

②埋设护筒

a. 护筒的作用

a)固定桩位,并作钻孔导向。

b)保护孔口防止坍塌。

c)保持孔内水位(泥浆)高出地下水位或施工水位一定高度,以保护孔壁。

b. 护筒的要求

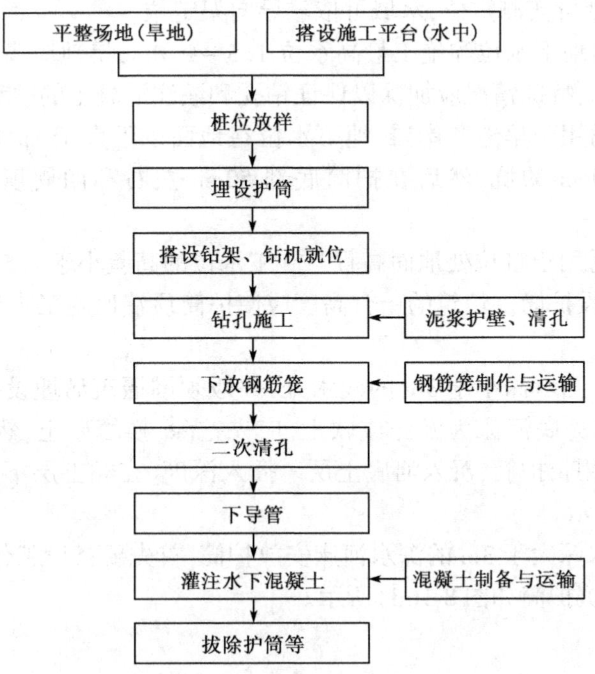


图 8-14　钻孔灌注桩施工工艺流程图

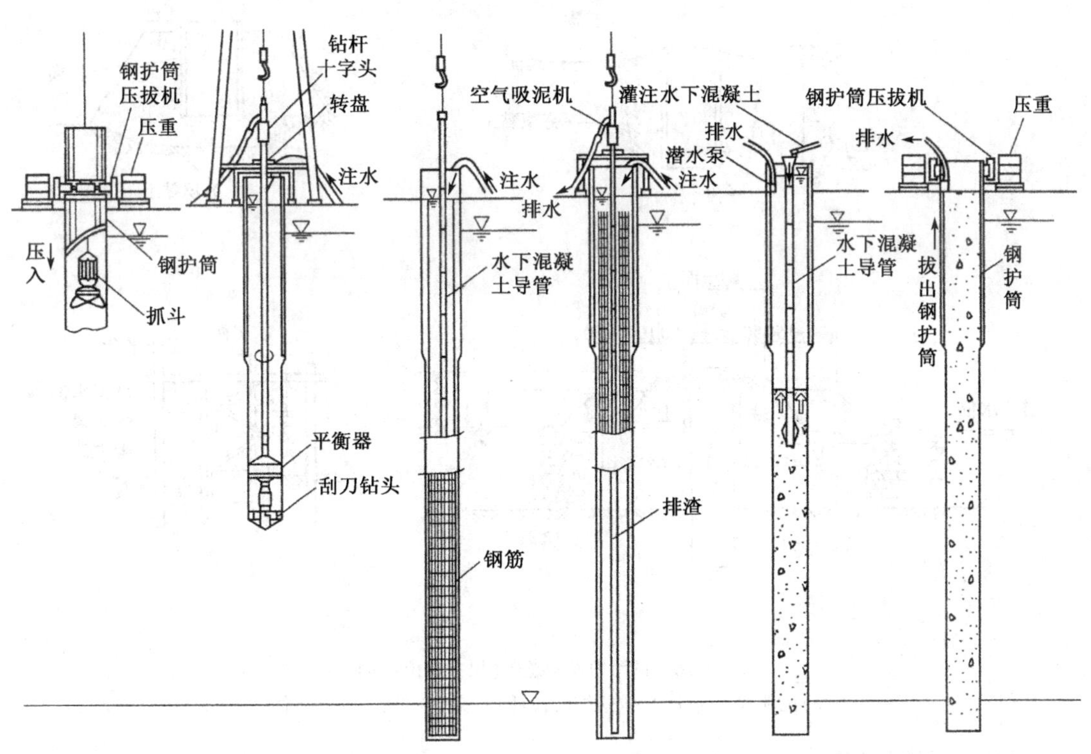


图 8-15　钻孔灌注桩施工示意图

护筒由钢板或钢筋混凝土制成,应坚固、轻便耐用、不漏水。护筒的内径应比设计桩径大 200～400mm,长度应根据施工水位决定。

c. 护筒的埋设

埋设时,护筒中心线应与桩中心线重合,除设计另有规定外,平面允许误差为 50mm,坚直线倾斜不大于1%，干处可实测定位，水域可依靠导向架定位。

护筒顶高程应高出地下水位和施工最高水位1.5~2.0m，旱地应高出地面0.3m；一般情况埋置深度宜为2~4m，特殊情况应加深以保证钻孔和灌注混凝土的顺利进行。

a)挖埋式护筒。适用于旱地和岸滩，地下水位在地面以下大于1m时。先在桩位处挖出比护筒外径大80~100cm的坑，然后在护筒底部50cm左右和四周填筑黏土，分层夯实如图8-16a)所示。

b)填筑式护筒。适用于桩位处地面高程与施工水位的高差小于1.5~2.0m。先用黏土填筑工作场地，再挖坑埋设护筒。填筑的土台高度应使护筒顶端比施工水位高1.5~2.0m如图8-16b)所示。

c)围堰筑岛护筒。当水深小于3m的浅水处，一般须围堰筑岛埋设护筒。岛面应高出施工水位1.5~2.0m。若岛底河床为淤泥或软土，应先挖除，换填砂土，然后按前述埋设护筒。如果挖除量过大，宜改用长护筒，沉入河底土层。插入深度，在黏土层不小于2m，在砂性土不小于3m如图8-16c)所示。

d)深水护筒。在水深大于3m的深水河床安放护筒，首先要搭设工作平台，然后下沉护筒的定位导向架，最后下沉护筒如图8-16d)所示。

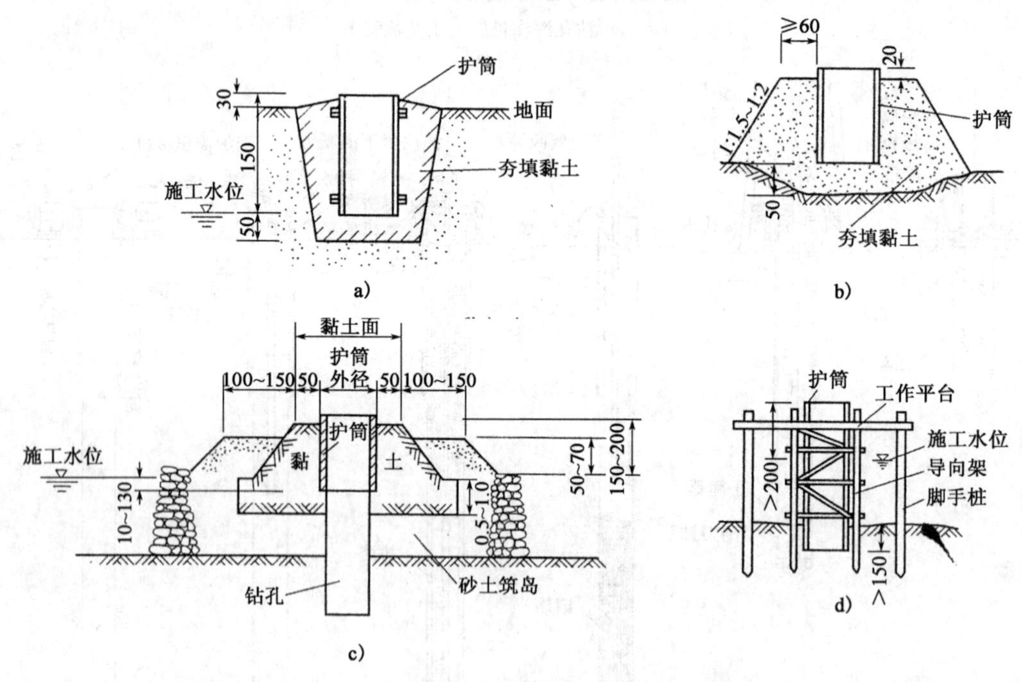


图8-16 护筒埋设示意图(尺寸单位:cm)

a)挖埋式护筒;b)填筑式护筒;c)围堰筑岛护筒;d)深水护筒

③钻架与钻机就位

钻架是钻孔、吊放钢筋笼、灌注混凝土的支架。定型旋转钻机和冲击钻机都附有定型钻架。

钻架应能承受钻具和其他辅助设备的质量，具有一定的刚度；钻架高度与钢筋骨架分节长度有关。在钻孔过程中，成孔中心必须对准桩位中心，钻架必须保持平稳，不发生位移，倾斜和沉陷，否则应及时处理。钻架安装就位时，应详细测量，底座应用枕木垫实、塞紧，顶端用缆风绳固定平稳，并在钻进过程中经常检查。

(3)钻孔施工

钻孔施工分机械成孔和人工挖孔，目前一般采用机械成孔。

①钻孔方法的选择

鉴于不同的土质情况，可选择冲击钻进成孔、冲抓钻进成孔和施转钻进成孔。

a. 冲击钻进成孔

利用钻锥不断地提锥、落锥反复冲击孔底土层，把土层中泥沙、石块挤向四壁或打破碎渣，钻渣悬浮于泥浆中，利用掏渣筒取出，重复上述过程冲击钻进成孔。

冲击钻孔适用于各类土层，特别适用于漂、卵石、大块石土层，成孔深度不宜大于50m。

b. 冲抓钻进成孔

用兼有冲击和抓土作用的抓土瓣，靠冲锥自重冲下，使抓土瓣冲击土层，然后由卷扬机提拉钻头收拢抓土瓣，将土抓出，弃土后继续冲抓而成孔。

冲抓成孔适用于黏性土，砂性土及夹有碎卵石的砂砾土层，成孔深度宜小于30m。

c. 旋转钻进成孔

利用钻具的旋转切削土体钻进，并在钻进同时使用循环泥浆的方法护壁排渣，继续钻进成孔。常用的钻孔机具有；长螺旋钻孔机、短螺旋钻孔机、潜水钻孔机等。

②钻孔循环方法

钻机按泥浆循环的程序不同分为正循环与反循环两种。

a. 正循环回转法

正循环是用泥浆泵将泥浆以一定压力通过空心钻杆顶部，从钻杆底部射出。钻锥在钻进时将土搅松成的钻渣被泥浆悬浮，随着泥浆上升而溢出流至孔外的泥浆池，泥浆经过沉淀池中沉淀净化，再循环使用。孔壁靠水头和泥浆保护。因钻渣需靠泥浆浮悬才能随泥浆上升，故对泥浆要求较高。

b. 反循环回转法

反循环与正循环程序相反，泥浆由孔外流入孔内，而用真空泵或空气吸泥机将钻渣通过钻杆中心从钻杆顶部吸出，或将吸浆泵随同钻锥一同钻进，从孔底将泥渣吸出孔外。反循环钻杆内泥水上升较正循环快得多，泥浆清孔排渣的效率较高。

c. 钻孔施工要点

钻孔过程中，始终保持孔内外既定的水位差和泥浆浓度。应经常对钻孔泥浆进行检测，不合要求时，应随时调整。以使泥浆起到护壁作用，防止坍孔。

钻孔作业应分班连续进行，一气呵成，不宜中途停钻，以避免坍孔。填写的钻孔施工记录，交接班时应说明钻进情况及下一班应注意事项。处理孔内事故或因故停钻，必须将钻头提出孔外。

在钻孔过程中，应根据土质等情况控制钻进速度，开钻时应慢速钻进，待导向部位或钻头全部进入地层后，方可加速钻进。

采用正、反循环钻孔(含潜水钻)均应采用减压钻进，即钻机的主吊钩始终要承受部分钻具的重力，而孔底承受的钻压不超过钻具重力之和(扣除浮力)的80%。

钻进时应经常注意地层变化，在地层变化处均应捞取渣样，鉴定明确后记入记录表中，并与地质剖面图核对。

钻孔过程中应加强对桩位、成孔情况的检查工作。终孔时应对桩位、孔径、形状、深度、倾斜度及孔底土质等情况进行检验(符合表8-20的要求后立即清孔,吊放钢筋笼,灌注混凝土)。

(4)清孔

钻孔过程中有一部分泥浆和钻渣沉于孔底,必须将这些沉积物清除干净,才能使灌注的混凝土与地层或岩层紧密结合,保证桩的设计承载能力。

清孔方法有换浆清孔法、抽浆清孔法、掏渣清孔法、喷射清孔法等。清孔方法应根据设计要求、钻孔方法、机具设备条件和地层情况决定。不论采用何种清孔方法,在清孔排渣时,都必须注意保持孔内水头,防止坍孔。不得用加深钻孔深度的方式代替清孔。

清孔后应从孔口　孔中部、孔底提取泥浆试样,进行性能指标试验,平均值符合表8-20的规定后才允许灌注水下混凝土。

在吊入钢筋骨架后,灌注水下混凝土之前,应再次检查孔内泥浆性能指标和孔底沉淀厚度,如超过规定,应进行第二次清孔,符合要求后方可灌注水下混凝土。

(5)安放钢筋骨架

钢筋骨架应根据图样设计尺寸制作。长桩钢筋骨架宜分段制作,分段长度根据吊装条件确定,应确保不变形,接头应错开,每隔2.0~2.5m设置加强箍筋一道。

在钢筋骨架外侧设置控制保护层厚度的混凝土垫块或塑料垫块,其间距竖向为2m,横向圆周不得少于4处。钢筋骨架顶端应设置吊环。

钢筋骨架应经检查合格后使用。起吊应按骨架长度的编号入孔。安放时,注意对准桩孔中心,竖直轻轻下落,并防止碰撞孔壁。

钢筋骨架下到达设计高程后,应在顶部采取相应措施反压,并固定在孔口,以防止在混凝土灌注过程中产生上浮。

钢筋骨架的制作和吊放的允许偏差为:主筋间距±10mm,箍筋间距±20mm,骨架外径±10mm,骨架倾斜度±0.5%,骨架保护层厚度±20mm,骨架中心平面位置±20mm,骨架顶端高程±20mm,骨架底面高程±50mm。

(6)水下混凝土灌注

①灌注方法

将导管居中插入到离孔底约0.40m。导管上口接漏斗,在接口处设球塞,以隔绝混凝土与管内水的接触。在漏斗中存备足够的混凝土,剪断球塞吊绳,混凝土依靠自重推动球塞向孔底下落。导管内的水被全部压出,这时桩孔内水位骤涨外溢,混凝土已灌入孔底。混凝土将导管下口埋入孔内混凝土约1m,保证钻孔内的水不可能重新流入导管。随着混凝土不断通过漏斗、导管灌入钻孔,钻孔内初期灌注的混凝土及其上面的水混浆和泥浆不断被顶托升高,相应地不断提升导管并拆除导管,直到钻孔内混凝土灌注完毕,如图8-17所示。

②对混凝土材料的要求

水下灌注混凝土的泵送机具宜采用混凝土泵,距离稍远的宜采用混凝土搅拌运输车。灌注水下混凝土的搅拌机能力,应能满足桩孔在规定时间内灌注完毕的要求。灌注时间不得长于首批混凝土初凝时间。

配制水下混凝土的水泥可采用火山灰水泥、粉煤灰水泥、普通奎硅酸盐水泥或硅酸盐水泥,使用矿渣水泥时应采取防离析措施。水泥的初凝时间不宜早于2.5h,水泥的强度等级不宜低于42.5。水下混凝土的水泥用量不宜小于350kg/m$^3$,当掺有适宜数量的减水缓凝剂或粉煤灰时,可不小于300kg/m$^3$。

粗集料宜优先选用卵石,如采用碎石宜适当增加混凝土配合比的砂率。集料的最大粒径不应大于导管内径的1/8~1/6和钢筋最小净距的1/4,同时不应大于40mm。

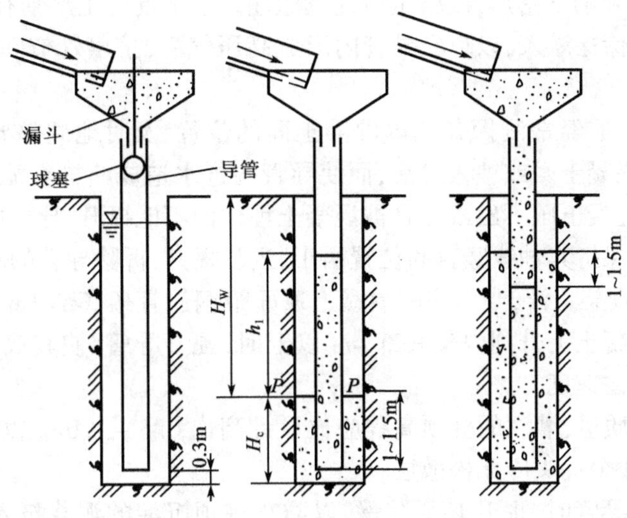


图8-17 水下混凝土灌注示意图

细集料宜采用级配良好的中砂。

混凝土配合比的砂率宜采用0.4~0.5,水灰比宜采用0.5~0.6。有试验依据时砂率和水灰比可酌情增大或减小。

混凝土拌和物应有良好的和易性,在运输和灌注过程中应无显著离析、泌水现象。灌注时应保持足够的流动性,其坍落度宜为18~22cm。为保证施工质量,水下混凝土的配合比配制强度要比设计强度高20%左右。混凝土拌和物中宜掺用外加剂、粉煤灰等材料。

混凝土拌和物运至灌注地点时,应检查其均匀性和坍落度等,如不符合要求应进行第二次拌和,二次拌和后仍不符合要求时,不得使用。

其具体要求可参照第十章泵送混凝土的要求。

③导管的选用

水下混凝土一般用的钢导管灌注,导管内径为200~350mm,视桩径大小而定。导管的管径可按表8-19选用。

**导管管径选用** 表8-19

| 导管直径(mm) | 混凝土流量($m^3$/h) | 桩径(m) |
|---|---|---|
| 200 | 10 | 0.6~0.9 |
| 250 | 17 | 1.0~1.5 |
| 300 | 25 | >1.5 |
| 350 | 35 | >1.5 |

导管的内径应一致,其误差应小于±2mm,内壁须光滑无阻,组拼后须用球塞作通过试验。

导管的分节长度应便于拆装与搬运,每节导管的长度要整齐统一,便于测量长度,并做出标记和记录。导管两端用法兰盘及螺栓连接,所有的法兰盘接触面间均须垫5~7mm厚的橡胶垫圈,安装时须对正放平,拧紧螺栓,严防漏水。最下面一节导管应较长,一般为4m,其底端不得带法兰盘。导管使用前应做好水密封性试验。

④灌注水下混凝土应注意的问题

a. 首批灌注混凝土的数量应能满足导管首次埋置深度(≥1.0m)和充填导管底部的需要。

b. 首批混凝土拌和物下落后,混凝土应连续灌注。水下混凝土严禁有夹层和松散层。

c. 后续混凝土要徐徐灌入,以免在导管内形成高压气囊,挤出管节间的橡皮垫,而使导管漏水。

d. 在灌注过程中,应经常测探井孔内混凝土面的位置,及时地调整导管埋深。防止导管提升过猛、管底提离混凝土面或埋入过浅,而使导管内进水造成断桩夹泥;也要防止导管埋入过深,而造成导管内混凝土压不出或导管被混凝土埋住而不能提升,导致中止浇灌而断桩。

e. 提升导管时要保持其轴线竖直和位置居中,逐步提升,拆除导管的动作要快。

f. 为了防止钢筋骨架上浮,当灌注的混凝土顶面距钢筋骨架底部 1m 左右时,应降低混凝土的灌注速度。当混凝土上升到内架底部 4m 以上时,提升导管,使其底口高于骨架底部 2m 以上再恢复正常的灌注速度。

g. 为了确保桩顶质量,灌注的桩顶高程应比设计高出 0.5~1.0m,以保证混凝土强度,多余部分接桩前凿除,残余桩头应无松散层。

h. 在拔最后一节导管时,提升必须缓慢,以防止桩顶沉淀的泥浆挤入导管形成泥心。当混凝土面进入护筒后,随导管的提升,逐步上拔护筒,护筒底部始终应在混凝土面以下,防止护筒进水或涌入泥沙。

i. 及时记录混凝土灌注的时间、混凝土面的深度、导管埋深等。灌注中如果发生故障,应及时查明原因,合理确定处理方案,及时进行处理。

(7)灌注桩质量标准

钻孔灌注桩质量标准见表 8-20。

**钻孔灌注桩质量标准** 表 8-20

| 项 目 | 允许偏差(mm) |
|---|---|
| 孔的中心位置 | 群桩:100;单排桩:50 |
| 孔径 | ≥设计桩径 |
| 倾斜度 | 钻孔:<1% |
| 孔深 | 摩擦桩:≥设计规定<br>支承桩:比设计深度超深≥50mm |
| 沉淀厚度 | 摩擦桩:符合设计要求,当设计无要求时,对于直径≤1.5m 的桩≤300mm;对桩径 >1.5m 或桩长 >40m 或土质较差的桩≤500mm;<br>支承桩:不大于设计规定 |
| 清孔后泥浆指标 | 相对密度:1.03~1.10;黏度:17~20Pa·s;含砂率:<2%;胶体率:>98% |

注:清孔后的泥浆指标,是从桩孔的顶、中、底部分别取样检验的平均值。本项指标的测定,限指大直径桩或有特定要求的钻孔桩。

①孔径和孔深必须符合设计要求。

②成孔后必须清孔,测量孔径、孔深、孔位和沉淀层厚度,确认满足设计要求后,再灌注水下混凝土。

③水下混凝土应连续灌注,严禁有夹层和断桩。

④钢筋骨架不得上浮。嵌入承台的锚固钢筋长度不得低于规范规定的最小锚固长底要求。

⑤对有代表性的桩,对质量有怀疑以及因灌注故障处理过的桩,应采用无破损法检测桩的

质量。重要工程或重要部位的桩应逐根进行无破损检测或钻取芯样。

⑥桩的无破损检测结果须经设计单位确认。

⑦凿除桩头混凝土后,无残余的松散混凝土。

⑧在灌注混凝土时,每根桩应制作不少于2组的混凝土试块,且混凝土强度符合《混凝土强度检验评定标准》(GB/T 50107—2010)要求。

2. 钢筋混凝土墩台施工

桥梁墩、台形式多样,常见的桥墩有重力式桥墩,钢筋混凝土桩(柱)式桥墩等(图8-18),常见的桥台有U形桥台(图8-19),埋置式桥台等。

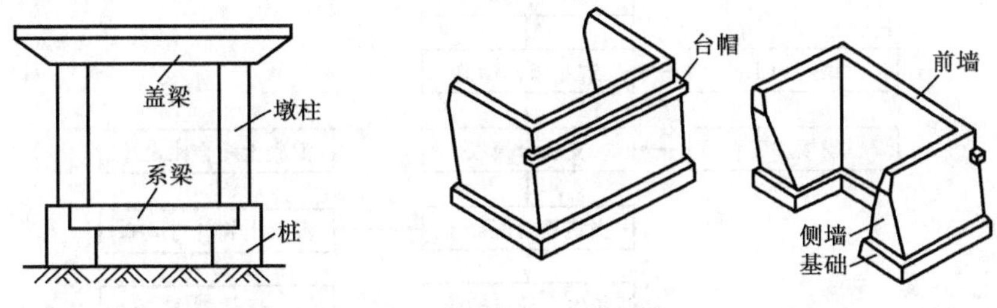


图8-18　桩(柱)式桥墩

图8-19　U形桥台

墩台施工是桥梁工程施工中的重要组成部分,施工质量关系桥梁上部结构的制作与安装及使用功能。因此,墩台的位置、尺寸和材料强度等都必须符合设计和规范要求。在施工过程中应准确地测设墩台位置,正确地进行模板制作与安装,采用经检验合格的建筑材料,严格执行施工规范,确保施工质量。

1)墩台施工工艺流程

(1)钢筋混凝土桥台施工工艺流程,如图8-20所示。

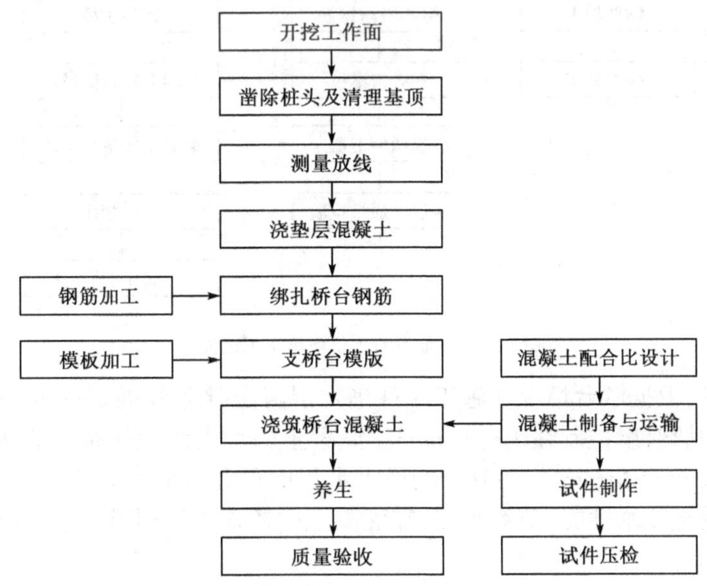


图8-20　钢筋混凝土桥台施工工艺流程

(2)钢筋混凝土桥墩施工工艺流程,如图8-21所示。

(3)盖梁(墩台帽)施工工艺流程,如图8-22所示。

2)墩台混凝土配合比选择

墩台混凝土配合比应通过配合比设计和试配选定。试配时使用施工实际采用的材料,配制的混凝土拌和物应满足和易性、凝结速度等施工技术条件,制成的混凝土构件符合强度要求。

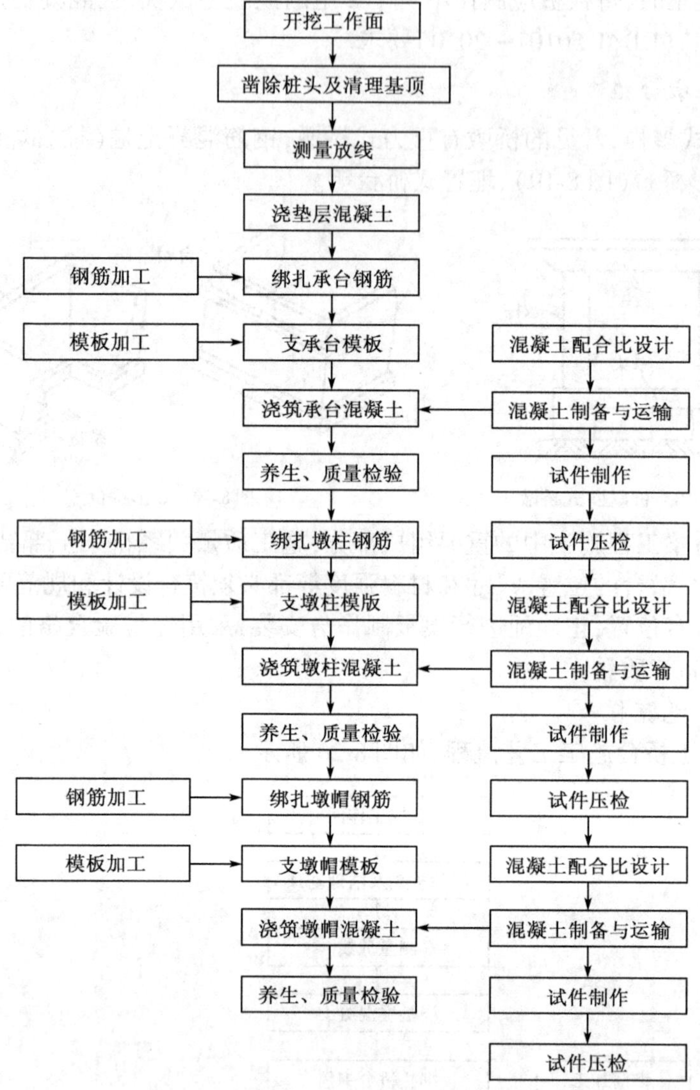


图 8-21 钢筋混凝土桥墩施工工艺流程

配制混凝土时,根据墩台情况和施工条件确定混凝土拌和物的坍落度,桥梁基础、墩台混凝土浇筑入模时的坍落度控制在 10 ~ 30mm。混凝土的最大水泥用量不宜大于 500kg/m$^3$,大体积混凝土不宜大于 350kg/m$^3$。混凝土的最大水灰比和最小水泥用量应符合表 8-21 的规定。

为了改善混凝土技术性能、节约水泥,在混凝土中掺入外加剂时其掺量应参照产品说明书和试配情况确定,应符合下列规定。

(1)在钢筋混凝土墩台中不得掺用氯化钙、氯化钠等氯盐。

(2)位于温暖或严寒地区,无侵蚀性物质影响及与土直接接触的钢筋混凝土墩台,混凝土中的氯离子含量不宜超过水泥用量的 0.30%;位于严寒和海水区域,受侵蚀环境和使用除冰盐的桥墩,氯离子含量不宜超过水泥用量的 0.15%。从各种组成材料引入的氯离子含量(折合氯盐含量)如大于上述数值时,应采取有效的防锈措施(如掺入阴锈剂、增加保护层厚度、提高混凝土密实性等)。

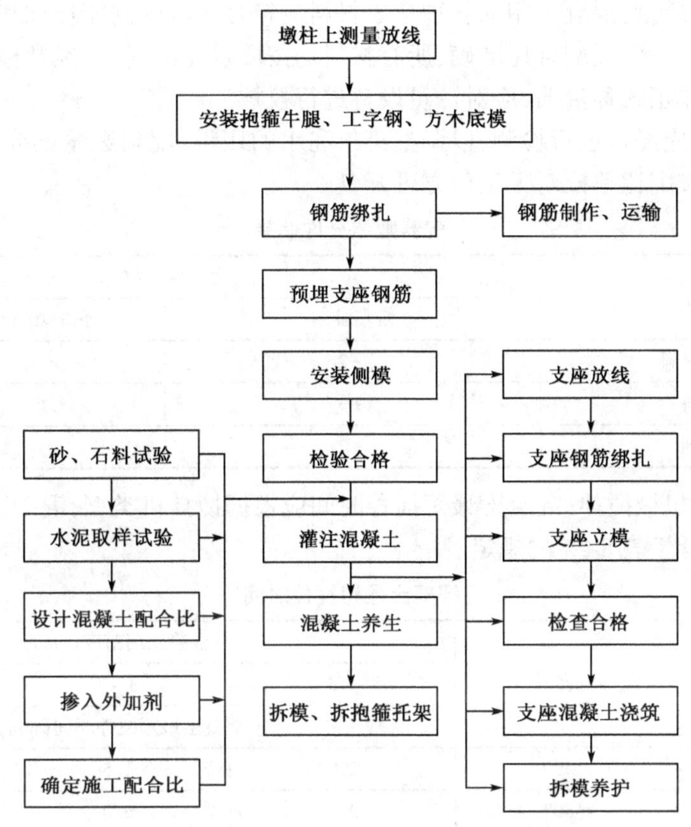


图 8-22　盖梁(墩台帽)施工工艺流程

**混凝土的最大水灰尘比和最小水泥用量**　　表 8-21

| 混凝土结构所处环境 | 无筋混凝土 | | 钢筋混凝土 | |
|---|---|---|---|---|
| | 最大水灰比 | 最小水泥用量(kg/m³) | 最大水灰比 | 最小水泥用量(kg/m³) |
| 温暖地区或寒冷地区,无侵蚀物质影响,与土直接接触 | 0.60 | 250 | 0.55 | 275 |
| 严寒地区或使用除冰盐的桥涵 | 0.55 | 275 | 0.50 | 300 |
| 受侵蚀性物质影响 | 0.45 | 300 | 0.40 | 325 |

注:1. 本表中的水灰比,系指水与水泥(包括外掺混合材料)用量的比值。

2. 本表中的最小水泥用量,包括外掺混合材料。当采用人工捣实混凝土时,水泥用量应增加 25kg/m³。当掺用外加剂且能有效地改善混凝土的和易性时,水泥用量可减少 25kg/m³。

3. 严寒地区是指最冷月份平均气温不大于 -10℃且日平均温度不大于 5 ℃的天数不少于 145d 的地区。

(3)对由外加剂带入混凝土的碱含量应进行控制。混凝土的总含碱量一般不宜大于 3.0kg/m³,对特殊大桥和重要桥梁混凝土含碱量不宜大于 1.8kg/m³。当处于受严重侵蚀的环境,不得使用有碱活动性反应的集料。

对于大体积混凝土应改善集料级配,掺入粉煤灰,减少水泥用量,降低水灰比。

普通混凝土配合比见本书第一章第五节内容。泵送混凝土的配合比见第十章内容。

通过设计和试配确定配合比后,应填写试配报告单,提交施工监理或有关方面批准。混凝土配合比使用过程中,应根据混凝土质量的动态信息,及时进行调整、报批。

3)墩台混凝土拌制与运输

(1)混凝土拌制

为保证混凝土质量,混凝土用的各种主要材料应符合相应的国家标准和混凝土的配合比。

混凝土拌制时,为保证配合比准确,所有材料均按质量比配料,并经常检查各种衡器,使其准确无误,每一工作正式称量前,应对计量设备进行校核。

对集料含水量应经常进行检测,以调整集料和水的用量,配料数量的允许偏误见表8-22。混凝土上料前,应按配比单校对无误后方可开盘。

**配料数量允许偏差** 表8-22

| 材料类别 | 允许偏差(%) | |
|---|---|---|
| | 现场拌制 | 预制场或集中搅拌站拌制 |
| 水泥、混合材料 | ±2 | ±1 |
| 粗、细集料 | ±3 | ±2 |
| 水、外加剂 | ±2 | ±1 |

混凝土应使用机械搅拌,混凝土最短搅拌时间应根据搅拌机类型,混凝土坍落度等情况确定,一般要求不得低于表8-23的规定。

**混凝土最短搅拌时间** 表8-23

| 搅拌机类别 | 搅拌机容量(L) | 混凝土坍落度(cm) | | |
|---|---|---|---|---|
| | | <3 | 3~7 | >7 |
| | | 混凝土最短搅拌时间(min) | | |
| 自落式 | ≤400 | 2.0 | 1.5 | 1.0 |
| | ≤800 | 2.5 | 2.0 | 1.5 |
| | ≤1 200 | — | 2.5 | 1.5 |
| 强制式 | ≤400 | 1.5 | 1.0 | 1.0 |
| | ≤1 500 | 2.5 | 1.5 | 1.5 |

对于在施工现场集中搅拌的混凝土,应检查混凝土拌和物的均匀性。在搅拌机的卸料过程中,从卸料流的1/4~3/4部位采取试样。观察混凝土拌和物应拌和均匀,颜色一致,不得有离析和泌水现象。

混凝土搅拌完毕后,应检测混凝土拌和物和各项性能,特别是坍落度,应在搅拌点和浇筑地点分别取样检测,每一工作班或每一单元检测拌和物不应少于两次。

(2)混凝土的运输

混凝土的运输能力要适应混凝土凝结速度和浇筑速度,并使混凝土运到浇筑地点时仍保持均匀性和规定的坍落度。混凝土拌和物运至浇筑地点,运输时间不宜超过表8-24的时间限制。

**混凝土拌和物运输时间限制** 表8-24

| 气温(℃) | 无搅拌设施运输(min) | 有搅拌设施运输(min) |
|---|---|---|
| 20~30 | 30 | 60 |
| 10~19 | 45 | 75 |
| 5~9 | 60 | 90 |

混凝土搅拌运输车既能运输,又能搅拌,常与混凝土泵车配合使用,适用于运距较远或混

凝土量较大的工程。此车在运输途中以 2 ~ 4r/min 的慢速搅拌。

4)墩台混凝土浇筑

浇筑混凝土前,应对支架、模板、钢筋和预埋件进行检查,并做好记录,符合要求后方可浇筑。

(1)对墩台基底的处理,除应符合天然地基的有关规定外,尚应符合下列规定。

①基底为非黏性土或干土时,应将其润湿。

②基底为岩石时,应加以润湿,铺一层厚 20 ~ 30mm 的水泥砂浆,然后于水泥砂浆凝结前浇筑第一层混凝土。

③一般墩台及基础混凝土应在整个平截面范围内水平分层进行浇筑。

(2)较大体积的混凝土墩台,在混凝土中埋放石块时应符合下列规定。

①可埋放厚度不小于 150mm 的石块,埋放石块的数量不宜超过混凝土结构体积的 25%;

②应选用无裂纹、无夹层且未被烧过的、具有抗冻性能的石块;

③石块的抗压强度不应低于 30MPa 及混凝土的强度;

④石块应清洗干净,应在捣实的混凝土中埋入一半左右;

⑤石块应分布均匀,净距不小于 100mm,距结构侧面和顶面的净距不小于 150mm,石块不得接触钢筋和预埋件;

⑥受拉区混凝土或当气温低于 0℃时不得埋放石块。

(3)采用滑升模板浇筑墩台混凝土时应符合下列规定。

①宜采用低流动度或半干硬性混凝土;

②浇筑应分层分段进行,各段应浇筑到距模板上口不小于 10 ~ 150mm 的位置为止。若为排柱式墩台,各立柱应保持进度一致;

③应采用插入式振动器振捣;

④为加速模板提升,可掺入一定数量的早强剂;

⑤在滑升中须防止千斤顶或油管接头在混凝土或钢筋处漏油;

⑥每一整体结构的浇筑应连续进行,若因故中途停工,应按施工缝处理;

⑦混凝土脱模时的强度宜为 0.2 ~ 0.5MPa,脱模后如表面有缺陷时应及时予以修理。

(4)大体积墩台基础混凝土,当平截面过大,不能在前层混凝土初凝或能重塑前浇筑完成次层混凝土时,可分块进行浇筑。分块浇筑时应符合下列规定。

①分块宜合理布置,各分块平均面积不宜小于 $50m^2$;

②每块高度不宜超过 2m;

③块与块间的竖向接缝面应与基础平截面短边平行,与平截面长边垂直;

④上下邻层混凝土间的竖向接缝应错开位置做成企口,并按施工缝处理。

(5)大体积混凝土的浇筑应在一天中气温较低时进行。应参照下述方法控制混凝土的水化热温度。

①用改善集料级配、降低水灰比、掺加混合料、掺加外加剂等方法减少水泥用量;

②采用水化热低的大坝水泥、矿渣水泥、粉煤灰水泥或强度等级低的水泥;

③减小浇筑层厚度,加快混凝土散热速度;

④混凝土用料要遮盖,避免日光暴晒,并用冷却搅拌混凝土,以降低入仓温度;

⑤在混凝土内埋设冷却管通水冷却;

⑥在遇气温骤降的天气或寒冷季节浇筑混凝土后,应注意覆盖保温,加强养生。

注:混凝土的浇筑温度系指混凝土振捣后,在混凝土 50 ~ 100mm 深处的温度。

(6)墩台混凝土浇筑，混凝土下落高度较大，为防止混凝土离析应符合下列规定。

①从高处直接倾泻时，其自由下落高度以不发生离析为度；

②当倾落高度超过2m时，应通过串筒、溜管或振动溜管等设施下落；倾落高度超过10m时，应设置减速装置；

③在串筒出料口下面，混凝土堆积高度不宜超过1m。

(7)采用滑升模板浇筑墩台混凝土时，应符合下列规定。

①宜采用低流动或半干硬性混凝土；

②浇筑应分层分段进行，各段浇到距模板上口不小于100～150mm的位置为止；

③应采用插入式振动器振捣；

④为加速模板提升，可掺入早强剂；

⑤每一整体结构的浇筑应连续进行，若因故中途停止，应按施工缝处理；

⑥混凝土脱模时的强度宜为0.2～0.5MPa，脱模后如表面有缺陷，应及时修理。

(8)使用插入式振捣棒时，移动间距不超过振动器作用半径的1.5倍，与侧模保持50～100mm的距离，插入下层混凝土50～100mm。每一振动部位必须振动到该部位混凝土密实为止，密实的标志是混凝土停止下沉，不再冒出气泡，表面呈现平坦、泛浆。

(9)浇筑混凝土时，应保证混凝土本身的均匀性不产生离析现象；均匀填充模板不使混凝土表面产生蜂窝、麻面现象；保证保护层厚度。

(10)混凝土浇筑完成后，对混凝土裸露面应及时进行抹平并压光。

(11)一般混凝土浇筑完成后，应在收浆后尽快予以覆盖和洒水养护。大面积裸露的混凝土，有条件的可在浇筑完成后立即加设棚罩，待收浆后再予以覆盖和洒水养生。洒生养护时间一般为7d。

5)墩台质量标准

墩台质量标准见表8-25～表8-27。

**墩台质量检验标准** 表8-25

| 项　目 | 允许偏差(mm) | 检验方法和频率 |
|---|---|---|
| 混凝土强度(MPa) | 在合格标准内 | 符合(GB/T 50107—2010)要求 |
| 平面尺寸 | ±30 | 用尺量长、宽、高各2点 |
| 顶面高程 | ±20 | 用水准仪测量 |
| 轴线偏位 | 15 | 用经纬仪测量纵、横各2点 |

**现浇混凝土墩、台允许偏差** 表8-26

| 项　目 | 允许偏差(mm) | 检验方法和频率 |
|---|---|---|
| 混凝土强度(MPa) | 在合格标准内 | 符合(GB/T 50107—2010)要求 |
| 断面尺寸 | ±20 | 检查3个断面 |
| 竖直度或斜度 | 0.3%$H$且不大于20 | 用垂球或经纬仪测量2点 |
| 顶面高程 | ±10 | 用水准仪测量3处 |
| 轴线偏位 | 10 | 用经纬仪测量，纵横各2点 |
| 大面积平整度 | 5 | 用2m直尺检查 |
| 预埋件位置 | 10 | 用尺量 |

注：表中$H$为构筑物高度，单位为mm。

**墩、台帽或盖梁允许偏差** 表8-27

| 项　目 | | 允许偏差(mm) | 检验方法和频率 |
|---|---|---|---|
| 混凝土强度(MPa) | | 在合格标准内 | 符合(GB/T 50107—2010)要求 |
| 断面尺寸 | | ±20 | 检查3个断面 |
| 轴线偏位 | | 10 | 用经纬仪测量,纵横各2点 |
| 支座处顶面高程 | 简支梁 | ±10 | 水准仪每支座检查1点 |
| | 连续梁 | ±5 | |
| | 双支座连续梁 | +2 | |
| 支座位置 | | 5 | 用尺量 |
| 预埋件位置 | | 5 | 用尺量 |

(1)墩台混凝土外观应平整、光洁。

(2)墩台不应出现露筋、空洞、裂缝等现象。

(3)混凝土蜂窝、麻面面积不得超过该面积的0.5%,深度不超过10mm。

(4)墩台所用的水泥、砂、石、水、外加剂的质量规格必须符合有关规范的要求,并按规定的配合比施工。

(5)模板、钢筋骨架必须按设要求和规范施工,验收合格后方可进行混凝土施工。

(6)回填土必须压实到设计要求的压实度。

## 三、桥梁上部结构的混凝土施工

桥梁上部结构的混凝土施工主要包括承重体系的施工、桥面铺装的施工、栏杆(护栏)的施工、伸缩缝的安装等。

1.承重体系混凝土的混凝土施工

承重体系混凝土施工可分为预制装配法和现场浇筑法两种。

预制装配法可以上、下部同时施工,缩短施工周期。由于上部的梁体在预制场中预制,构件的质量能得到较好的保证。该方法非常适合于标准跨径的中小型桥梁。

如果施工场地距离市区较近,且预制的构件体量较小,可以采用挂车运输,适宜选择就近的构件厂预制构件。否则预制场地应选择距离安装地点近,场地平整的地方。场地选定后,可根据预制梁、板的加工数量、工期等确定场地的面积大小。预制场地应平整、坚实,根据地基及气候条件,采取必要的排水措施。一般情况下,场地要铺二步灰土,碾压密实,并高出周围地坪。对于长期预制梁、板的场地,可浇筑混凝土或砖砌后抹面。

现场浇筑法的适应性更广,不同跨径、不同桥型的桥梁都可以采用该方法施工,但该方法需要耗费大量的支架、模板,施工周期长。现场浇筑法比较适合于结构复杂,跨径较大的桥梁。

桥梁混凝土构件制作经常采用预应力技术,产生预应力的方法常用的有先张法和后张法。

桥梁混凝土构件制作所采用的先张法和后张法详见本书第十一章第七节所述,本节仅作简要介绍。

1)先张法预应力工艺

先张法是在台座上先张拉预应力筋,然后浇筑混凝土构件,待混凝土强度达到要求后,放张预应力筋,通过钢筋与混凝土之间的黏结力给构件提供预应力。该方法常用于小跨径桥梁预制梁体,如目前用得较多的13m以上预应力空心板梁。

对于预应力先张梁,需设先张工作台,张拉工作台应按张拉工艺要求制作。张拉台座必须具有足够的强度、刚度和稳定性。张拉施工前应对台座及张拉设备进行详细的检验,同时进行试张拉,以检验设备的各项性能是否符合要求。

先张法预制构件施工工艺流程,如图 8-23 所示。

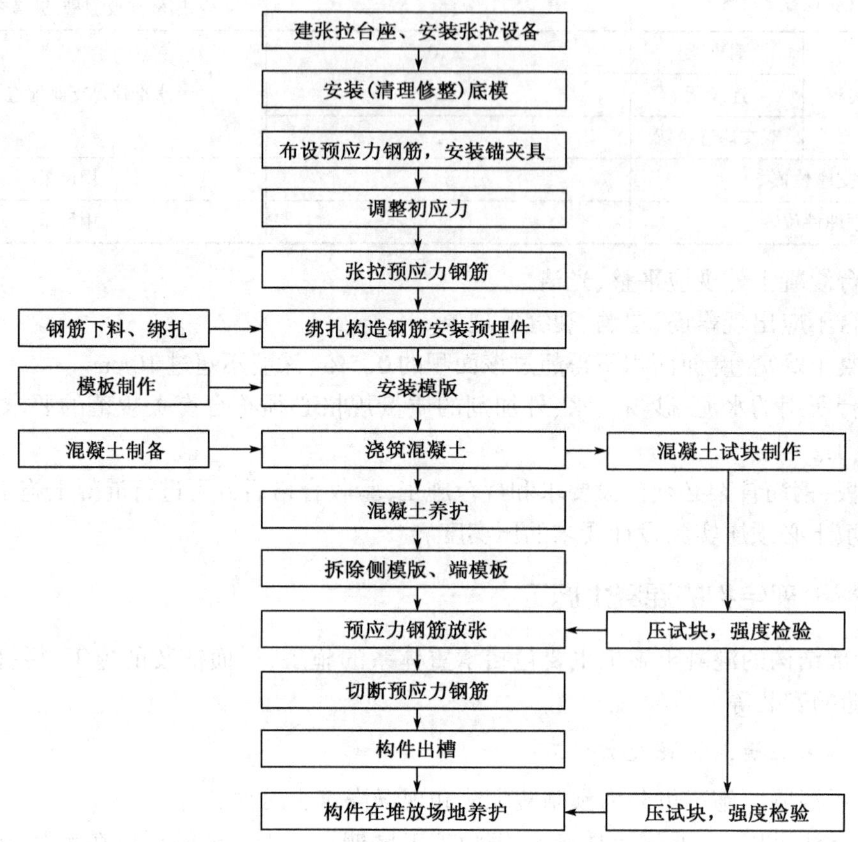


图 8-23　先张法预制构件施工工艺流程

同时张拉多根预应力筋时,应预先调整其初应力,使相互之间的应力一致。初应力一般为张拉控制应力值的 10%。

为了减少预应力筋的松弛损失,可采用超张拉的方法进行张拉。先张法的张拉程序如下:

钢筋:0→初应力→$1.05\sigma_{con}$(持荷 2min)→$0.9\sigma_{con}$→$\sigma_{con}$(锚固)

钢丝、钢绞线:0→初应力→$1.05\sigma_{con}$(持荷 2min)→0→$\sigma_{con}$(锚固)

$\sigma_{con}$为张拉时的控制应力值。

预应力混凝土的施工艺和普通混凝土相似。但施工中宜选用高强度等级的混凝土,在配料、制备、浇筑、振捣和养护等方面要求比普通混凝土更严格。振捣混凝土时应避免振捣棒碰撞预应力筋。

预应力筋放张的时间应符合设计规定,如设计未规定,放张时的混凝土强度不应低于设计强度等级的 75%。

放张后应根据预应力筋的种类采用不同方法切断,切断后的预应力筋外露部分涂防锈漆。

2)后张法预应力工艺

后张法是先浇筑混凝土构件,同时在构件中预留孔道,然后穿入预应力筋,进行预应力筋的张拉,用锚具固定预应力筋,最后在孔道中压入混凝土封闭预应力筋。该方法多用于中大跨径的桥梁现浇梁体和中等跨径的简支梁桥预制梁体。

后张法制作预应力混凝土构件,一般在施工现场进行,适用于大于25m的简支梁或现场浇筑的桥梁上部结构。如果是现场浇筑时采用后张法工艺,无须最后的“起吊和存梁”。

后张法预制构件施工工艺流程,如图8-24所示。

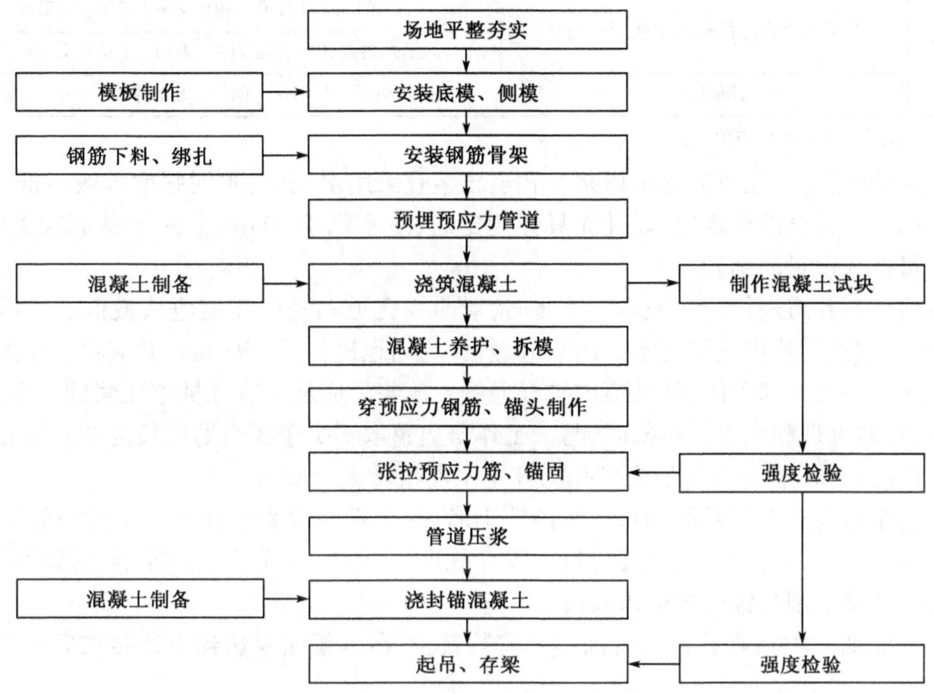


图8-24　后张法预制构件施工工艺流程图

为了在梁本混凝土中形成预应力钢索的管道,在钢筋骨架安装的时候同时预埋预应力管道。按制孔的方式分为预埋式和抽拔式,目前多用预埋波纹管的方法留孔。波纹管可以弯曲,因此预应力钢索在构件中也呈曲线形,有利于适应构件各部分的受力要求。预留管道应设压浆孔,还应在最高点设排气孔。

预应力筋可在浇筑混凝土之前或之后穿入管道。穿束前应检查锚垫板和孔道,锚垫板应位置准确,孔道内应畅通,无水和其他杂物。

浇筑混凝土时,宜根据结构的不同形式选用插入式、附着式或平板式等振捣棒进行振捣。对箱梁腹板与底板及顶板连接处的承托、预应力筋锚固区以及其他钢筋密集部位,宜特别注意振捣,避免振捣棒碰撞预应力筋的管道、预埋件等,以保证其位置及尺寸符合设计要求。

浇筑箱形梁段混凝土时,应尽可能一次浇筑完成,梁射较高时也可分两次或三次浇筑。分次浇筑时,宜先浇底板及腹板根部,其次腹板,最后浇顶板及翼板。

当构件的混凝土强度达到设计强度的75%时,便可对预应力筋进行张拉。张拉顺序应符合设计要求,当设计未规定时,可采取分批、分阶段对称张拉。对曲线预应力筋或长度大于等于25m的直线预应力筋,宜在两端同时张拉;对长度小于25m的直线预应力筋,可在一端张拉。预应力筋采用两端张拉时,可先在一端张拉锚固后,再在另一端补足预应力值进行锚固。

后张法预应力筋张拉程序见表8-28。

**后张拉法预应力筋张拉程序** 表 8-28

| 预应力筋 | | 张拉程序 |
|---|---|---|
| 钢绞线束 | 对于夹片式等具有自锚性能的锚具 | 普通松弛力筋:0→初应力→1.03$\sigma_{con}$(锚固) |
| | | 低松弛力筋:0→初应力→1.03$\sigma_{con}$(持荷 2min 锚固) |
| | 其他锚具 | 0→初应力→1.05$\sigma_{con}$(持荷 2min 锚固)→$\sigma_{con}$(锚固) |
| 钢丝束 | 对于夹片式等具有自锚性能的锚具 | 普通松弛力筋:0→初应力→1.03$\sigma_{con}$(锚固) |
| | | 低松弛力筋:0→初应力→1.03$\sigma_{con}$(持荷 2min 锚固) |
| | 其他锚具 | 0→初应力→1.05$\sigma_{con}$(持荷 2min 锚固)→$\sigma_{con}$(锚固) |

注:$\sigma_{con}$为张拉时的控制应力值。

预应力筋张拉后,孔道应尽早压浆。孔道压浆宜采用水泥浆,水泥强度等级不低于 42.5,水泥浆的强度应符合设计规定,设计无具体规定时,应不低于 30MPa。对于截面较大的孔道,水泥浆中可掺入适量的细砂。

压浆前应对孔道进行清洁处理。压浆时,对曲线孔道和竖向孔道应从最低点的压浆孔压入,由最高点的排气孔排气和泌水。压浆应缓慢、均匀地进行,不得中断,并应将所用最高点的排气孔依次一一放开和关闭,使孔道内排气通畅。压浆后应从检查孔抽查压浆的密实情况,如有不实,应及时处理和纠正。压浆时,每一工作班应留取不少于 3 组的边长为 70.7mm 立方体试件,标准养护 28d,检查其抗压强度作为评定水泥浆质量的依据。

孔道压浆后应立即将锚固端水泥浆冲洗干净,并将端面混凝土凿毛。然后设置钢筋网浇筑封锚混凝土。封锚混凝土的强度应符合设计规定,一般不宜低于构件混凝土强度等级值的 80%。必须严格控制封锚后的梁体长度。

对于后张预制构件,在孔道压将前不得安装就位,在压浆强度达到设计要求后方可移运和吊装。

3)现浇预应力混凝土箱梁施工工艺流程

中大跨径的混凝土桥梁常采用连续梁桥如图 8-25b)所示。连续梁桥是一种技术成熟、结构合理,造价相对较低的桥型。连续梁桥的主梁通常采用现浇箱梁如图 8-26c)所示的截面形式,并在梁桥中施加后张预应力工艺,其施工工艺流程如图 8-27 所示。

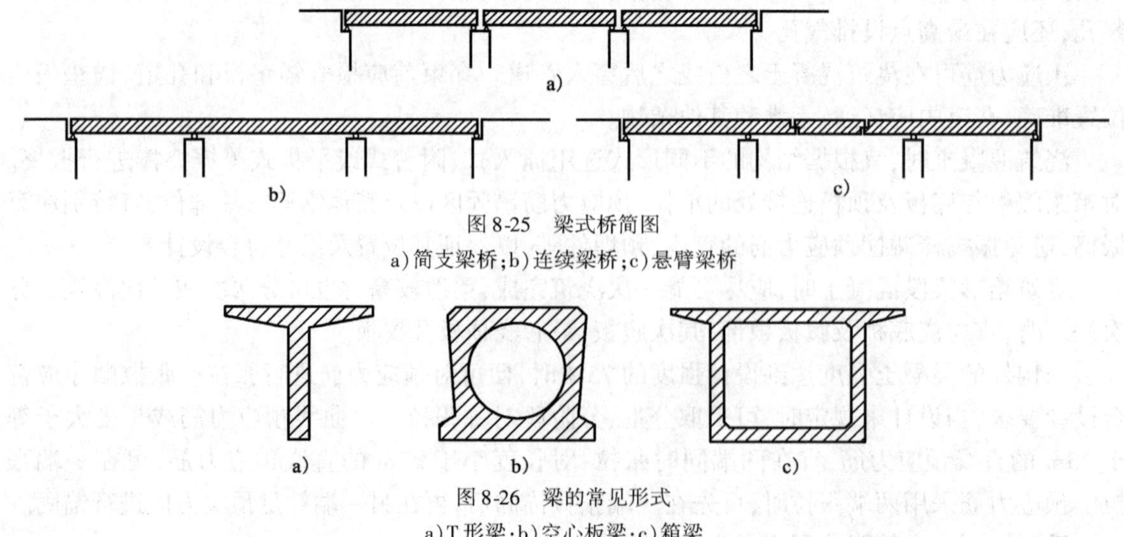


图 8-25 梁式桥简图

a)简支梁桥;b)连续梁桥;c)悬臂梁桥

图 8-26 梁的常见形式

a)T 形梁;b)空心板梁;c)箱梁

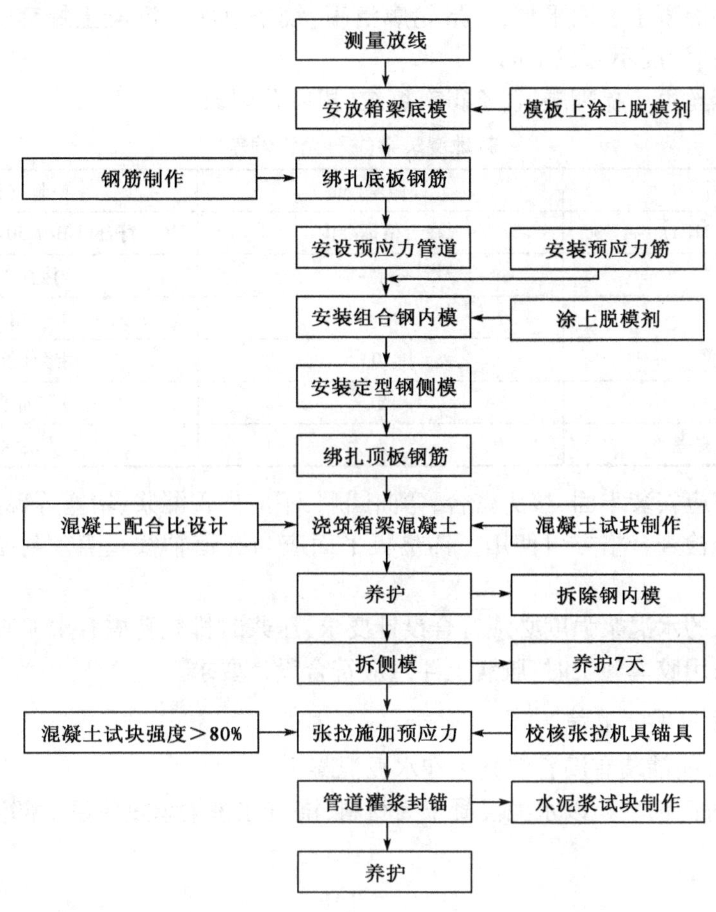


图 8-27　现浇预应力混凝土箱梁施工工艺流程

4)承重体系施工质量标准

承重体系施工质量标准见表 8-29 和表 8-30。

**预制梁(板)允许偏差**　　表 8-29

| 项　目 | | 允许偏差(mm) | 检验方法和频率 |
|---|---|---|---|
| 混凝土强度(MPa) | | 在合格标准内 | 符合(GB/T 50107—2010)规定 |
| 梁(板)长度 | | +5，-10 | 用尺量 |
| 宽度 | 干接缝(梁翼缘、板) | ±10 | 用尺量 3 处 |
| | 湿接缝(梁翼缘、板) | ±10 | |
| | 箱板顶宽 | ±30 | |
| | 腹板或梁肋 | +10，-0 | |
| 高度 | 梁、板 | ±5 | 用尺量 2 处 |
| | 箱梁 | +0，-5 | |
| 跨径(支座中心至支座中心) | | ±20 | 用尺量 |
| 支座表面平整度 | | 2 | 查浇筑前记录 |
| 平整度 | | 5 | 用 3m 直尺检查 |
| 横系梁及预埋件位置 | | 5 | 用尺量 |

(1)要求构件混凝土表面平整,外形轮廓清晰,线条直顺。混凝土蜂窝、麻面面积不得超过该面积的0.5%,深度不超过10mm。

(2)预应力钢丝束应梳理顺直,不得有缠绞、扭麻花现象。

**就地浇筑梁(板)允许偏差** 表8-30

| 项　　目 | 允许偏差(mm) | 检验方法和频率 |
|---|---|---|
| 混凝土强度(MPa) | 在合格标准内 | 符合(GB/T 50107—2010)规定 |
| 断面尺寸 | +8,-5 | 检查3个断面 |
| 长度 | +0,-10 | 用尺量 |
| 轴线偏位 | 10 | 用经纬仪测量3处 |
| 平整度 | 8 | 用2m直尺检查 |
| 支座板平面高差 | 2 | 查浇筑前记录 |

(3)制孔管道应安装牢固,接头密合,弯曲圆顺,不应出现漏浆、堵塞等现象。

(4)锚具应经检查合格方可使用。锚垫板平面应与孔道轴线垂直。封锚混凝土应密实、平整。

(5)孔道压浆的水混浆强度必须符合设计要求,压浆时排气孔应有水泥浆溢出。

(6)空心板采用胶囊施工时,胶囊上浮量应符合设计要求。

2.水泥混凝土桥面铺装施工

目前常用的桥面铺装有沥青混凝土和水泥混凝土。

水泥混凝土桥面铺装是以水泥混凝土为材料,浇筑在桥梁承重体系上部供车辆、行人通行的构造层。

1)准备工作

浇筑混凝土前使预制桥面板表面粗糙,清洗干净,按设计要求铺设纵向接缝钢筋网或桥面钢筋网。

桥面铺装混凝土如设计为防水混凝土,施工时应按防水要求施工,防水层不得漏水或使水渗入结构主体。

浇筑面层混凝土铺装时,必须在横向连接钢板焊接工作完成后方可进行,以免后焊的钢板胀缩引起桥面混凝土在接缝处发生裂纹。

浇筑铺装层之前应复测梁(板)面高程,如是预应力混凝土梁,则每跨至少复测跨中和支点处的中线和边线高程。

2)桥面钢筋绑扎

桥面钢筋的绑扎应根据设计要求和相关规定。正交桥必须注意放正钢筋;斜交桥桥面钢筋应按图样规定方向放置。所有钢筋均应正确留有保护层厚度;对采用双层钢筋网时,两层钢筋之间应有足够数量的定位撑筋,以保证两层钢筋的位置正确。

3)面层混凝土浇筑

桥面混凝土施工方法有人工配合小型机具施工和机械施工,可根据具体情况酌情采用,一般以采用人工配合小型机具施工为主。

混凝土的制备运输宜采用混凝土搅拌车。混凝土振捣工具宜采用平板式振捣棒。在滚筒找平后可采用真空脱水工艺,脱水后还应进行表面平整和提浆工艺。如不采用真空脱水工艺,应采用抹子反复抹面直至表面平整、无泌水为止。

浇筑铺装层时，必须严格要求，不得在钢筋上搁置重物或运料小车在钢筋网上推运及人行践踏而使钢筋变位，必须搭设走道支架，并在浇筑过程中，随时注意纠正钢筋位置。

浇筑混凝土时，宜从下坡向上坡进行；要求路拱符合设计规定，面层必须平整、粗糙；由于桥面纵坡较大，因此必须采取防滑措施，第二次抹平后，沿横坡方向拉毛或采用机具压槽，拉毛和压槽深度应为1～2mm。

4）质量标准

水泥混凝土桥面铺装质量标准见表8-31。

**水泥混凝土桥面铺装允许偏差** 表8-31

| 项目 | 允许偏差(mm) | 检验方法和频率 |
|---|---|---|
| 混凝土强度(MPa) | 在合格标准内 | 符合GB/T 50107—2010规定 |
| 平整度 | 5 | 用3m直尺量，每20m测3点 |
| 中线高程 | ±10 | 用水准仪测量，每20m测1点 |
| 横断高程 | ±10，且横坡差<0.5% | 用水准仪测量，每20m测2点 |
| 宽度 | +20 | 用尺量，每20m测2点 |

桥面铺装施工前应对防水层、梁与梁之间的联结系统进行检查，特别应对整个桥面系进行高程复测，以确定铺装层的厚度和桥面横坡等能否满足设计要求。铺装层底层的表面应保持平整、粗糙、清洁。

施工时应对配合比、拌和、铺筑、振捣等工艺严格控制。表面平整度、横向坡度等指标应作为质量控制的重点。

3. 栏杆、护栏施工

栏杆对于桥梁工程而言，其作用体现在两方面：一方面栏杆是桥梁不可缺少的安全防护装置，是行人和车辆安全通过的重要保障；另一方面栏杆起到美化桥梁的重要效果。

桥梁栏杆形式多样，取材广泛，施工方法各异。下面以混凝土防撞护栏为例，介绍栏杆的构造和施工，其他栏杆或护栏可参照其施工。

1）防撞护栏构造

防撞护栏由混凝土护栏、栏杆柱和扶手组成如图8-28所示。混凝土护栏常用钢筋混凝土现浇而成，栏杆柱和扶手由型钢制成。混凝土护栏也可采用预制块件安装而成。

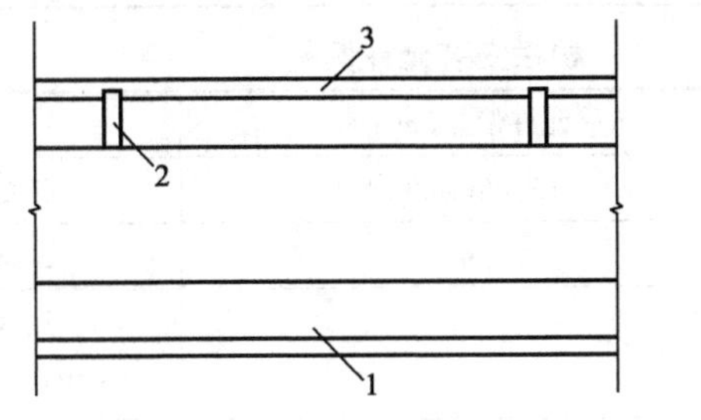


图8-28 防撞护栏示意图

1-混凝土护栏；2-栏杆柱；3-扶手

2）防撞护栏施工

防撞护栏的常规施工程序如下：

（1）在浇筑桥面板或人行道板时，准确地设置预埋拉结钢筋，以便与防撞护栏的钢筋骨架拉结。

(2)绑扎混凝土护栏的钢筋骨架,与桥面板拉结筋作好连接。

(3)搭设混凝土护栏模板和工作平台,并设置预埋件以便安装上部栏杆柱如图 8-29 所示。

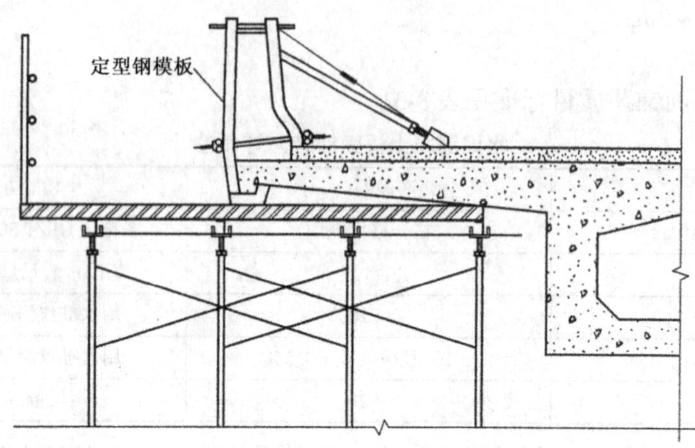


图 8-29 防撞护栏模板、支架安装示意图

(4)浇筑混凝土护栏混凝土。同时制作栏杆等构件。

(5)安装栏杆柱、扶手等构件。安装时注意控制螺母的扭矩,初始不宜拧得过紧,以便安装过程中进行调整,使扶手线形平顺,最后拧紧螺母。

3)质量标准

栏杆、护栏质量标准见表 8-32 和表 8-33。

**栏杆安装允许偏差** 表 8-32

| 项　目 | 允许偏差(mm) | 检验方法和频率 |
|---|---|---|
| 栏杆平面偏位 | 4 | 每 5 根柱拉线检查 |
| 栏杆扶手平面偏位 | 3 | 30m 拉线或用经纬仪检查 |
| 栏杆柱顶面高差 | 4 | 用水准仪检查,抽查 20% |
| 栏杆柱纵横向竖直度 | 4 | 用垂线检查,抽查 20% |
| 相邻栏杆扶手高差 | 5 | 用尺量,抽查 20% |

**护栏安装允许偏差** 表 8-33

| 项　目 | 允许偏差(mm) | 检验方法和频率 |
|---|---|---|
| 混凝土强度 | 在合格标准内 | 符合(GB/T 50107—2010) |
| 平面偏位 | 4 | 30m 或每四节段拉线检查 |
| 断面尺寸 | ±5 | 用尺量,每 100m 每侧 3 处 |
| 竖直度 | 4 | 用垂线检查,每 100m 每侧 3 处 |
| 护栏接缝两侧高差 | 5 | 用尺量,每 100m 每侧 3 处 |

(1)栏杆、护栏不得有断裂和弯曲现象。

(2)栏杆、护栏应牢固、直顺、美观。

(3)栏杆块件必须在人行道板铺完后才可安装。

(4)栏杆与扶手接缝处的填缝料必须饱满平整。

(5)护栏的外露钢件应按设计要求进行防护。

(6)护栏混凝土表面的蜂窝麻面面积不超过该面面积的0.5%,深度不超过10mm。

## 四、桥梁混凝土对抗冻、抗渗及防腐蚀要求

以下内容适用于有抗冻性、抗渗性及防止钢筋腐蚀性能要求的混凝土的施工。

1.海水环境中(包括处于有盐碱腐蚀性水的环境中)混凝土的施工要求

(1)海水环境混凝土在建筑物上部位的划分应符合表8-34的规定。

**海水环境混凝土部位划分** 表8-34

| 大气区 | 浪溅区 | 水位变动区 | 水下区 |
|---|---|---|---|
| 设计高水位加1.5m以上 | 设计高水位加1.5m至设计低水位减1.0m之间 | 设计高水位加1.0m至设计低水位减1.0m之间 | 设计低水位减1.0m以下 |

注:1.对开敞式建筑物,其浪溅区上限可根据受浪的具体情况适当调高。

2.对掩护条件良好的建筑物,其浪溅区上限可适当调低。

(2)海水环境钢筋混凝土结构的施工缝不宜设在浪溅区或拉应力较大部位。

(3)按耐久性要求,海水环境混凝土水灰比最大允许值应满足表8-35的规定。

**海水环境混凝土的水灰比最大允许值** 表8-35

<table>
<tr><td colspan="3" rowspan="2">环境条件</td><td colspan="2">钢筋混凝土和预应力混凝土</td><td colspan="2">无筋混凝土</td></tr>
<tr><td>北方</td><td>南方</td><td>北方</td><td>南方</td></tr>
<tr><td colspan="3">大气区</td><td>0.55</td><td>0.50</td><td>0.65</td><td>0.65</td></tr>
<tr><td colspan="3">浪溅区</td><td>0.50</td><td>0.40</td><td>0.65</td><td>0.65</td></tr>
<tr><td rowspan="4">水位变动区</td><td colspan="2">严重受冻</td><td>0.45</td><td rowspan="3"></td><td>0.45</td><td rowspan="3"></td></tr>
<tr><td colspan="2">受冻</td><td>0.50</td><td>0.50</td></tr>
<tr><td colspan="2">微冰</td><td>0.55</td><td>0.55</td></tr>
<tr><td colspan="2">偶冰、不冻</td><td></td><td>0.50</td><td></td><td>0.65</td></tr>
<tr><td rowspan="4">水下区</td><td colspan="2">不受水头作用</td><td>0.60</td><td>0.60</td><td>0.65</td><td>0.65</td></tr>
<tr><td rowspan="3">受水头作用</td><td>最大作用水头与混凝土壁厚之比<5</td><td colspan="4">0.60</td></tr>
<tr><td>最大作用水头与混凝土壁厚之比为5~10</td><td colspan="4">0.55</td></tr>
<tr><td>最大作用水头与混凝土壁厚之比>10</td><td colspan="4">0.50</td></tr>
</table>

注:1.除全日潮型区域外,其他海水环境有抗冻性要求的细薄构件(最小边尺寸小于300mm者,包括沉箱工程),混凝土的水灰比最大允许值宜减小。

2.对有抗冻性要求的混凝土,如抗冻性要求高时,浪溅区范围内下部1m应随水位变动区按抗冻性要求确定其水灰比。

3.位于南方海水环境浪溅区的钢筋混凝土宜掺用高效减水剂。

(4)按耐久性要求,海水环境混凝土的最低水泥用量应符合表8-36的规定,但不宜超过500kg/m$^3$。

(5)海水环境钢筋混凝土结构的混凝土保护层垫块质量应符合下列规定:

①垫块的强度、密实性应高于构件本体混凝土,垫块宜采用水灰比不大于0.40的砂浆或碎石混凝土制作。

②垫块厚度尺寸不允许负偏差,正偏差不得大于5mm。

海水环境混凝土的最低水泥用量($kg/m^3$)　　表8-36

<table>
<tr><th colspan="2" rowspan="2">环境条件</th><th colspan="2">钢筋混凝土和预应力混凝土</th><th colspan="2">无筋混凝土</th></tr>
<tr><th>北方</th><th>南方</th><th>北方</th><th>南方</th></tr>
<tr><td colspan="2">大气区</td><td>300</td><td>360</td><td>280</td><td>280</td></tr>
<tr><td colspan="2">浪溅区</td><td>360</td><td>400</td><td>280</td><td>280</td></tr>
<tr><td rowspan="4">水位变动区</td><td>F350</td><td>395</td><td rowspan="4">360</td><td>395</td><td rowspan="4">280</td></tr>
<tr><td>F300</td><td>360</td><td>360</td></tr>
<tr><td>F250</td><td>330</td><td>330</td></tr>
<tr><td>F200</td><td>300</td><td>300</td></tr>
<tr><td colspan="2">水下区</td><td>300</td><td>300</td><td>280</td><td>280</td></tr>
</table>

注:1.有耐久性要求的大体积混凝土,水泥用量应按混凝土的耐久性和降低水泥水化热综合考虑。

2.掺加混合材料时水泥用量可适当减少,但应符合有关规定。

3.掺外加剂时,南方地区水泥用量可适当减少,但不得降低混凝土地密实性。

4.对于有抗冻性要求的混凝土,浪溅区范围内下部1m应随同水位变动区按抗冻性要求确定其水泥用量。

2.有抗冻性要求的混凝土施工要求

(1)位于水位变动区有抗冻性要求的混凝土,其抗冻等级不应低于表8-37的规定。

水位变动区混凝土抗冻等级选定标准　　表8-37

<table>
<tr><th rowspan="2">建筑物所在地区</th><th colspan="2">海水环境</th><th colspan="2">淡水环境</th></tr>
<tr><th>钢筋混凝土及预应力混凝土</th><th>无筋混凝土</th><th>钢筋混凝土及预应力混凝土</th><th>无筋混凝土</th></tr>
<tr><td>严重受冻地区(最冷月的月平均气温低于-8℃)</td><td>F350</td><td>F300</td><td>F250</td><td>F200</td></tr>
<tr><td>受冻地区(最冷月的月平均气温在-4~-8℃)</td><td>F300</td><td>F250</td><td>F200</td><td>F150</td></tr>
<tr><td>微冻地区(最冷月的月平均气温在0~4℃)</td><td>F250</td><td>F200</td><td>F150</td><td>F100</td></tr>
</table>

注:1.试验过程中试件所接触的介质应与建筑物实际接触的介质相近。

2.墩、台身和防护堤等建筑物的混凝土应选用比同一地区高一级的抗冻等级。

3.面层应选用比水位变动区抗冻等级低2~3级的混凝土。

(2)有抗冻性要求的混凝土必须掺入适量引气剂,基拌和物的含气量应在表8-38范围内选择。

有抗冻性要求的混凝土拌和物含气量控制范围　　表8-38

| 集料最大粒径(mm) | 含气量范围(%) | 集料最大粒径(mm) | 含气量范围(%) |
|---|---|---|---|
| 10.0 | 5.0~8.0 | 40.0 | 3.0~6.0 |
| 20.0 | 4.0~7.0 | 63.0 | 3.0~5.0 |
| 31.5 | 3.5~6.5 | | |

(3)当要求的含气量为某一定值时,其检查结果与要求值的允许偏差应为±1.0%。当含气量要求值为某一范围时,检测结果应满足规定范围的要求。

(4)混凝土抗冻性试验方法应符合现行《公路工程水泥混凝土试验规程》(JTGE 30—2005)的规定。

3. 有抗渗性要求的混凝土施工要求

(1)有抗渗性要求的混凝土,其抗渗等级应符合设计要求。

(2)混凝土抗渗性试验方法应符合现行《公路工程水泥混凝土试验规程》(JTGE 30—2005)的规定。

## 五、桥梁混凝土的养护及修饰

1. 混凝土的养护

(1)对于在施工现场集中养护的混凝土,应根据施工对象、环境、水泥品种、外加剂以及对混凝土性能的要求,提出具体的养护方案,并应严格执行规定的养护制度。

(2)一般混凝土浇筑完成后,应在收浆后尽快予以覆盖和洒水养护。对干硬性混凝土、炎热天气浇筑的混凝土以及桥面等大面积裸露的混凝土,有条件的可在浇筑完成后立即加设棚罩,待收浆后再予以覆盖和洒水养生。覆盖时不得损伤或污染混凝土表面。混凝土表面有模板覆盖时,应在养护期间经常使模板保持湿润。

(3)当气温低于5℃时应覆盖保温,不得向混凝土面上洒水。

(4)混凝土养护用水条件与拌和用水相同。

(5)混凝土洒水养护时间一般为7d,可根据空气的湿度、温度和水泥品种及掺用的外加剂等情况酌情延长或缩短。每天洒水次数以能保持混凝土表面经常处于湿润状态为度。用加压成型、真空吸水等法施工的混凝土,其养护时间可酌情缩短。采用塑料薄膜或喷化学浆液等养护时,可不洒水养护。

(6)当结构物混凝土与流动的地表水或地下水接触时,应采取防水措施,保证混凝土在浇筑7d以内不受水的冲刷侵袭。当环境水具有侵蚀作用时,应保证混凝土在10d以内且强度达到设计强度的70%以前不受水的侵袭。

(7)对大体积混凝土的养护,应根据气候条件采取控温措施,并按需要测定浇筑后混凝土的表面和内部温度,将温差控制在设计要求的范围内,当设计无要求时,温差不宜超过25℃。

(8)混凝土强度达到2.5MPa前,不得使其承受行人、运输工具、模板、支架及脚手架等荷载。

2. 混凝土的修饰

(1)混凝土表面的光洁程度依不同部位而异,外露面无装饰设计时,应对浇筑时无模板的外露面进行压光或拉毛;对有模板的外露面应安装同一类别的模板和涂刷同一类别的脱模剂,模板应光洁,无变形、无漏浆。发现表面质量有缺陷时,应报有关部门批准后再进行修饰。

(2)对表面有一般抹灰(水泥砂浆抹面)和装饰抹灰(水刷石、水磨石、剁斧石)等装饰设计的结构,应在浇筑混凝土时采用表面平整的模板,拆模后按设计要求进行装饰。

## 六、桥梁热期、雨期混凝土的施工

1. 热期混凝土的施工

热期混凝土施工,应制定在高温条件下保证工程质量的技术措施并应符合如下要求。

1)混凝土配制和搅拌

(1)材料要求

拌和水使用冷却装置,对水管及水箱加遮阴和隔热设施。在拌和水中加碎冰作为拌和水的一部分。

水泥、砂、石料遮阴防晒，以降低集料温度，可在砂石料堆上喷水降温。

(2)配合比设计应考虑坍落损失。

(3)可掺加减水剂以减少水泥用量和提高混凝土的早期强度。

(4)掺用活性材料粉煤灰取代部分水泥，减少水泥用量。

(5)拌和站料斗、储水器、皮带动输机、拌和楼都要尽可能遮阴。尽量缩短拌和时间。经常测混凝土的坍落度，以调整混凝土的配合比，满足施工所必需的坍落度。

2)混凝土的运输及浇筑

(1)运输时尽量缩短时间，宜采用混凝土运输搅拌车，运输中应慢速搅拌。

(2)不得在运输过程中加水搅拌。

(3)热期施工混凝土、钢筋混凝土、预应力混凝土应有全面的组织计划，准备工作充分，施工设备有足够的备件，保证连续进行；从拌和机到入仓的传递时间及浇筑时间要尽量缩短，并尽快开始养护。

(4)混凝土的浇筑温度应控制在32℃以下，宜选在一天温度较低的时间内进行。

(5)浇筑场地应遮阴，以降低模板、钢筋的温度和改善工作条件；也可在模板、钢筋和地基上喷水降温，但在浇筑时不能有附着水。

(6)应加快混凝土修整速度，修整时可用喷雾器洒少量水，防止表面裂纹，但不准直接往混凝土表面洒水。

3)混凝土的养护

(1)不宜单独使用专用养护膜覆盖法养护高强度混凝土，除非当地无足够的清洁水用于养护混凝土。

(2)洒水养护宜用自动喷水系统和喷雾器，湿养护应不间断，不得形成干湿循环。

(3)混凝土浇筑完毕，表面应立即覆盖清洁的塑料膜，初凝后撤去塑料膜，用浸湿的粗麻布覆盖，经常洒水，保持潮湿状态最少7d。湿养期间应采取遮光和挡风措施，以控制温度和干热风的影响。构造物的竖直面拆模后，宜立即用湿粗麻布把构件缠起来，麻布处整个用塑料膜包紧，粗麻布应至少7d保持潮湿状态，随后可用树脂类养生化合物喷涂。

4)热期施工应检查下列项目

(1)检查砂、石料的含水率，每台班不少于1次。

(2)混凝土浇筑与养护时，环境温度每日检查4次，并做好检查记录；当温度超过热期规定要求时，混凝土拌和时应采取有效降温、防晒措施，以保证混凝土的浇筑质量，否则应停止施工。

(3)混凝土热期施工，除应留标准条件下养护的试件外，还应制取相同数量的试件与结构在相同的环境条件下养护，检查28d的试件强度以指导施工。

(4)在混凝土浇筑前应通过试验确定在最高气温条件下，混凝土分层浇筑的覆盖时间，施工时应严格控制，不得超过。

(5)在混凝土浇筑过程中，应严格控制缓凝剂的掺量，并检查混凝土的凝固时间，以防因缓凝剂掺量不准造成危害。

2. 雨期混凝土的施工

混凝土雨期施工是指在降雨量集中季节且对混凝土的质量造成影响时进行的施工。雨期施工要按时收集天气预报资料，混凝土施工要尽可能避开大风大雨天气，雨期施工应制订防洪水、防台风措施,施工场地、生活区做好排水措施。施工材料如钢材、水泥的码放应防雨漏及潮湿。建立安全用电措施,防漏电、触电。

1)雨期施工准备

(1)准备雨期施工的防洪材料、机具和必要的遮雨设施。

(2)工程材料特别是水泥、钢筋应防水、防潮;施工机械防洪水淹。

2)施工方法及技术措施

(1)雨期施工的工作面不宜过大,应逐段、逐片分期施工;对受洪水危害的工程应停止施工,若必须施工时,应有防洪抢险措施。

(2)雨期施工应加强地基不良地段沉陷的观测,基础施工应防止雨水浸泡基坑,若被浸泡,应挖除被浸泡部分,用与基础同样的材料回填。

基坑要设挡水埂,防止地面水流入。基坑内设集水井,配足抽水机,坡道内设排水措施。

基坑挖好后应及时浇筑混凝土或垫层,防止被水浸泡。

(3)施工前对排水系统应进行检查、疏通或加固,必要时增加排水措施。

(4)雨后模板及钢筋上的淤泥、杂物,在浇筑混凝土前应清除干净。

(5)雷区应设置防雷措施,高耸结构应有防雷设计。沿海地区应考虑防台风措施,露天使用的电器设备要有可靠的防漏电措施。

## 七、桥梁混凝土质量控制

1.质量控制

实施混凝土质量控制应符合下列规定。

(1)通过对原材料的质量检验与控制、混凝土配合比的确定与控制、混凝土生产和施工过程各工序的质量检验与控制,以及合格性检验控制,使混凝土的质量符合规定要求。

(2)在施工过程中应进行质量检验,应用各种质量管理图表,掌握动态信息,控制整个生产和施工期间的混凝土质量,制定保证质量的措施,完善质量控制过程。

(3)必须配备相应的技术人员和必要的检验及试验设备,建立和健全必要的技术管理与质量控制制度。

2.质量检验

(1)各种材料、各工程项目和各个工序,应经常进行检验,保证符合设计文件和《公路工程质量检验评定标准》(JTG F80/1—2004)的要求。检验项目和频率应符合下列规定:

①浇筑混凝土前的检验

a.施工设备和场地;

b.混凝土组成材料及配合比(包括外加剂);

c.混凝土凝结速度等性能;

d.基础、钢筋、预埋件等隐蔽工程及支架、模板;

e.养护方法及设施,安全设施。

②拌制和浇筑混凝土时的检验

a.混凝土组成材料的外观及配料、拌制,每一工作班至少2次,必要时随时抽样试验;

b.混凝土的和易性(坍落度等)每工作班至少2次;

c.砂石材料的含水率,每日开工前检验1次,气候有较大变化时随时检测,当含水率变化

较大、将使配料偏差超过规定时,应及时调整;

d. 钢筋、模板、支架等的稳固性和安装位置;

e. 混凝土的运输、浇筑方法和质量;

f. 外加剂使用效果;

g. 制取混凝土试件。

③浇筑混凝土后的检验

a. 养护情况;

b. 混凝土强度,拆模时间;

c. 混凝土外露面或装饰质量;

d. 结构外形尺寸、位置、变形和沉降。

(2)隐蔽工程检查、分部工程检查、工程变更设计、施工技术修改、施工方案变更、质量事故的发生和处理等事项,应按有关规定及时通知有关人员。

(3)对混凝土的强度,应制取试件检验其在标准养护条件下28d龄期的抗压极限强度。试件制取组数应符合下列规定:

①不同强度及不同配合比的混凝土应分别制取试件,试件应在浇筑地点或拌和地点随机制取。

②浇筑一般体积的结构物(如基础、墩台等)时,每一单元结构物应制取2组。

③连续浇筑大体积结构物混凝土时,每80~200$m^3$或每一工作班应制取2组。

④每片梁长16m以下应制取1组,16~30m制取2组,31~50m制取3组,50m以上者不少于5组。

⑤就地浇筑混凝土小桥涵,每一座或每一工作班制取不少于2组;当原材料和配合比相同,并由同一拌和站拌制时,可几座合并制取2组。

(4)应根据施工需要,制取与结构物同条件养护的试件作为考核结构混凝土在拆模、出池、吊装、预埋应力、承受载荷等阶段强度的依据。

3. 质量标准

(1)混凝土抗压强度应以标准条件下养护28d龄期试件的抗压强度进行评定,其合格条件如下:

①应以强度等级相同、龄期相同以及生产工艺条件和配合比相同的混凝土组成同一验收批,同一验收批的混凝土强度应以同批内所有各组标准尺寸试件的强度测定值(当为非标准尺寸试件时应进行强度换算)为代表值。

②大桥等重要工程及中小桥、涵洞工程的试件大于或等于10组时,应以数理统计方法按下述条件评定:

$$R_n - K_1 S_n \geqslant 0.9R \quad (8\text{-}1)$$

$$R_{min} \geqslant K_2 R \quad (8\text{-}2)$$

式中:$R_n$——同批$n$组试件强度的平均值(MPa);

$n$——同批混凝土试件组数;

$S_n$——同批$n$组试件强度的标准差(MPa),当$S_n<0.06R$时,取$S_n=0.06R$;

$R$——设计的混凝土强度等级(MPa);

$R_{min}$——$n$组试件中强度最低一组的值(MPa);

$K_1$、$K_2$——合格判定系数,见表8-39。

**$K_1$、$K_2$ 的 值** 表8-39

| $n$ | 10~14 | 15~24 | ≥25 |
|---|---|---|---|
| $K_1$ | 1.70 | 1.65 | 1.60 |
| $K_2$ | 0.9 | 0.85 | |

③中小桥及涵洞等工程,同批混凝土试件少于10组时,可用非统计方法按下述条件进行评定:

$$R_n = 1.15R \tag{8-3}$$

$$R_{\min} = 0.95R \tag{8-4}$$

(2)预留试块有效测试值数量不足混凝土强度评定的要求时,可采用无损检测或钻心取样法评定。若预留试块评定不合格,应作为质量事故处理并做出结论,提交有关单位共同研究处理。

(3)结构混凝土应符合下列规定。

①表面应密实、平整。

②如有蜂窝、麻面,其面积不超过结构同侧面的0.5%。

③如有裂缝,其宽度不得大于设计规范的有关规定。

④预制桩的桩顶、桩尖等重要部位无掉边或蜂窝、麻面。

⑤小型构件无翘曲现象。

⑥对蜂窝、麻面、掉角等缺陷,应凿除松弱层,用钢丝刷清理干净,用压力水冲洗、湿润,再用较高强度的水泥砂浆或混凝土填塞捣实,覆盖养护;用环氧树脂等胶凝材料修补时,应先经试验验证。

⑦如在严重缺陷,影响结构性能时,应分析情况,研究处理。

(4)混凝土和钢筋混凝土结构物的位置及外形尺寸允许偏差应符合有关规定。

## 第三节 隧道混凝土施工

隧道混凝土是指铁路、公路隧道仰圈、边墙、抑拱、隧底、水沟及电缆槽所用衬砌人造石材。除采用普通混凝土外,还可采用片石混凝土、水泥砂浆砌块石及钢筋混凝土。混凝土强度等指标应满足设计及施工要求。

### 一、隧道混凝土原材料技术要求

1.水泥

一般混凝土采用普通硅配盐水泥。抗冻性混凝土不宜用火山灰质硅酸盐水泥;抗渗性混凝土不宜采用矿渣硅酸盐水泥。水泥应根据施工的具体条件合理选用。

选择水泥强度等级时,一般为所配制混凝土强度等级的1.5~3.0倍;用于C20混凝土时一般为2.0~2.5倍,并不得低于32.5级,用于C30混凝土时可为1.2~2.0倍。

有抗冻要求的混凝土所用的水泥的强度等级在寒冷地区不低于32.5级;在严寒地区不宜低于52.5级;否则必须掺用塑性外加剂。

2.砂子

混凝土细集料一般采用天然砂,也可以利用经过试验和鉴定合格的炼铁高炉的水淬矿渣砂。采用特细砂时,应按特细砂混凝土有关规定施工。

选用砂子的技术要求按有关规定执行。

用矿渣砂代替河砂拌制混凝土,每 $1m^3$ 混凝土能节约水泥 10~28kg,28d($f_{cu,28}$)的抗压强度一般能提高 10%~30%,90d($f_{cu,90}$)和 130d($f_{cu,130}$)后期强度增长率也较高,但是矿渣砂拌制混凝土的和易性很差,抗渗性能也差,可用细度模数 1.5~1.9 的河砂与细度模数 3.6~3.9 的矿渣砂对半掺和成细度模数 2.4~2.8 的混合砂,既改善和易性,又提高抗渗性。如掺用塑化剂,效果更好。

3. 石子

混凝土粗集料常用坚硬的卵石和碎石,也可用隧道内试验合格经筛分析所得的弃渣,碎石的卵石混合亦可使用。石子的技术要求如表 8-40 所示。

**石子的技术要求** 表 8-40

| 序号 | 项目 | | 卵石 | | | 碎石 | | |
|---|---|---|---|---|---|---|---|---|
| 1 | 空隙率(%),不大于 | | 45 | | | 45 | | |
| 2 | 颗粒级配 | 筛孔尺寸(mm) | 5 | 最大粒径之半 | 最大粒径 | 5 | 最大粒径之半 | 最大粒径 |
| | | 累积筛余(%) | 90~100 | 30~60 | 0~5 | 90~100 | 30~60 | 0~5 |
| 3 | 软弱颗粒含量(按质量%计) | | ≤10(5) | | | — | | |
| 4 | 边长 35cm 的立方体强度以岩石在饱和水状态下的抗压极限强度与混凝土设计强度之比(%) | | — | | | ≥15(20)并不得<30MPa | | |
| 5 | 针片状颗粒含量(按质量%计) | | ≤15 | | | ≤15 | | |
| 6 | 含泥量(以冲洗法试验)(%) | | ≤2(1) | | | ≤2(1) | | |
| 7 | $SO_3$(%) | | ≤1 | | | ≤1 | | |
| 8 | 石子耐久性(抗冻性、抗风化性)按硫酸钠法试验循环次数不少于(且其质量损失不超过 10%) | | 隧道衬砌暴露在空气中遭受湿气影响但不在吸水范围内的混凝土结构在严寒地区为 7 次,寒冷地区为 5 次,温暖地区不作规定 | | | | | |

注:1. 表中括号数字为有抗渗、抗冻及抗侵蚀性和≥C30 混凝土的技术要求。

2. 严禁石子中混有受过煅烧的白云石和石灰石粒块。

混凝土粗集料应具有适当的颗粒级配。其最大颗粒尺寸不得超过结构截面最小尺寸的 1/4,同时不得大于钢筋间最小间距的 3/4。

对特殊要求的抗渗性、抗冻性和≥C30 混凝土,应采用最佳的集料颗粒级配,可将粗集料按不同尺寸的颗粒适当分 2~5 级,并分别计量拌和,通过试验确定最佳级配率,如表 8-41 所示。

**石子颗粒级配参考表** 表 8-41

| 最大颗粒尺寸(mm) | 分级的参考值(%) | | | | | 百分率合计(%) |
|---|---|---|---|---|---|---|
| | 5~20mm | 20~40mm | 40~60mm | 60~80mm | 80~100mm | |
| 40 | 60~45 | 40~55 | | | | 100 |
| 60 | 50~35 | 35~45 | 15~20 | | | 100 |
| 80 | 35~25 | 25~35 | 20~30 | 20~10 | | 100 |
| 100 | 35~25 | 20~30 | 25~20 | 20~15 | 5~10 | 100 |

4. 石料

砌石圬工所用的石料，石质应为均匀一致、不易风化，无裂纹和表面剥落的坚硬岩石。片石、块石、粗凿石和极限抗压强度不低于40MPa为宜，其厚度不小于15cm。严寒地区和寒冷地区有渗水或受冻害的部位不宜用石砌体，必需使用时，石料的吸水率不大于2.5%，砂岩的软化系数在0.8以上。

5. 水

一般能供饮料用的自来水或洁净自然水，均可使用。

6. 外加剂

1）塑化剂

常用的是木质磺酸钙或木质磺酸盐类的塑化剂。其掺量为水泥质量的0.1%～0.3%，一般最佳剂量为0.2%左右，采用酸化废液效果较好；采用碱化废液时，混凝土强度降低较多，应减少掺量0.06%，并另加掺0.14%氯化钙，以控制混凝土强度降低。

2）引气剂

常用热聚松脂皂、普通松脂皂、石油磺酸、烷基磺酸钠、烷基苯磺酸钠、脂脑醇硫酸钠作为引气剂。掺量一般为0.007 5%～0.015%，混凝土中含气量不超过表8-42规定。

**混凝土拌和物最佳含气量** 表8-42

| 粗集料最大粒径（mm） | 混凝土拌和物中最佳含气量（%） |
|---|---|
| 20 | 6±1 |
| 40 | 5±1 |
| 80 | 4±1 |

3）早强剂

隧道衬砌为了提早拆模，承受外力或其他需要，加快混凝土（砂浆）固结硬化过程，提高早期强度，可掺用早强剂。氯化钙其掺用量为水泥质量的1%～3%。三乙醇胺的掺量为水泥质量的0.05%～0.10%。两者合用，效果更好一些。

4）速凝剂

目前使用有“结星一型”及“711型”速凝剂。掺量一般为水泥质量的2%～4%。

5）减水剂

采用减水剂可以改善混凝土的抗渗性能，提高混凝土的密实度。如水泥用量不变，能提高混凝土或砂浆的强度。

## 二、隧道混凝土配合比设计

1. 设计步骤

隧道混凝土配合比设计通常可按下述步骤进行。

1）确定水灰比和坍落度

根据混凝土强度、耐久性和工作性的要求，选定混凝土的水灰比和坍落度。隧道混凝土的最大水灰比和坍落度参见表8-43。

**隧道混凝土的最大水灰比和坍落度** 表 8-43

| 混凝土类别 | | 最大水灰比极限值 | | 坍落度(cm) | | 说 明 |
|---|---|---|---|---|---|---|
| | | 寒冷地区 | 温暖地区 | 机械捣固 | 人工捣固 | |
| 混凝土 | 受冻害 | 0.55 | 0.65 | 1~3 | 2~5 | 混凝土掺引气剂 |
| | 不受冻害 | 0.65 | 0.70 | 1~3 | 2~5 | 水灰比极限值 |
| 半干硬混凝土 | | 0.40 | 0.40 | 0~1 | | 可比表中值放大 0.05 |
| 钢筋混凝土 | 配筋稀少 | 0.55 | 0.65 | 1~3 | 2~5 | C20 及以下混凝土 |
| | 一般配筋 | 0.65 | 0.70 | 3~5 | 5~7 | 可放宽水灰比 0.05 |

注:1. 凡工作度(干硬度)指标在 10~35s(符合国家标准)且坍落度为 0~1cm 的混凝土为半干硬混凝土。

2. 按表内说明掺用引气剂时,且是 C20 混凝土时,其水灰比的总限值,可能遭受冻害者不超过 0.70;不受冻害者不超过 0.75。

2)确定用水量

根据粗细集料种类和粒径大小,以及对混凝土坍落度的要求,选定用水量(表 8-44),再经过试拌予以调整。

**每立方米混凝土用水量参考表(L)** 表 8-44

| 粗细集料种类 | 石子最大粒径(mm) | 坍落度(cm) | | | | |
|---|---|---|---|---|---|---|
| | | 0~1 | 1~3 | 3~5 | 5~7 | 7~9 |
| 碎石中砂 | 20 | 185 | 190 | 195 | 200 | 205 |
| | 40 | 175 | 180 | 185 | 190 | 195 |
| | 80 | 165 | 170 | 175 | 180 | 185 |
| 卵石中砂 | 20 | 175 | 180 | 185 | 190 | 195 |
| | 40 | 165 | 170 | 175 | 180 | 185 |
| | 80 | 155 | 160 | 165 | 170 | 175 |

注:1. 使用细砂时用水量约需增 10L;用粗砂时约减 10L。

2. 使用级配较差的粗集料或火山灰质水泥时需增加用水量。

3. 使用塑化剂时,用水量可酌减 10L。

3)计算水泥用量

根据水灰比和选定的用水量,每 $1m^3$ 混凝土的水泥用量可按下式计算:

$$水泥用量 = \frac{选定用水量}{水灰比}$$

在隧道的主体工程上,每 $1m^3$ 混凝土的水泥用量在机械拌和时不宜少于 200kg。

4)计算集灰比

根据水灰比和水泥用量,计算混凝土的集灰比即水泥与粗细集料之和的比,如配合比为 $1:m_{s0}:m_{g0}$,则集灰比为 $1:(m_{s0}+m_{g0})$。

$$集灰比 = \frac{2\ 650}{水泥用量(kg)} - 2.65 \times 水灰比 - 0.85$$

如混凝土掺用引气剂时,则:

$$集灰比 = \frac{2\ 520}{水泥用量(kg)} - 2.65 \times 水灰比 - 0.85$$

式中:2.65——砂石的加权平均密度。

5)选择砂率

混凝土的适当砂率与粗集料种类及其最大粒径、空隙率、砂子细度模数和水灰比等因素有关,如表8-45所示。

**混凝土砂率参考表(%)** 表8-45

| 混凝土的水泥用量(kg/m³) | 粗集料最大粒径(mm) | | | | | |
|---|---|---|---|---|---|---|
| | 20 | | 40 | | 80 | |
| | 碎石 | 卵石 | 碎石 | 卵石 | 碎石 | 卵石 |
| 200 | | | 43 | 40 | 38 | 36 |
| 250 | 47 | 43 | 40 | 35 | 36 | 34 |
| 300 | 45 | 41 | 38 | 34 | 34 | 32 |
| 350 | 41 | 37 | 36 | 32 | 32 | 30 |
| 400 | 35 | 33 | 33 | 30 | 28 | 25 |

注:1.本表系根据水灰比0.65,砂子细度模数2.50,石子空隙率42%和机械捣固等条件制定。
2.水灰比每增减0.05时,砂率相应增减1%。
3.砂子细度模数每增减0.1%,砂率相应增减0.5%。
4.石子空隙率每增减1%,砂率相应增减2%。
5.人工捣固时,砂率增减2%。

2.设计方法

通常采用普通混凝土的设计方法,通过试验,选定满足隧道工程要求的配合比作为施工配合比。

3.高防水抗渗性混凝土的配合比设计

对防水抗渗有较高要求的配合比应经试验决定,并需结合改善集料级配进行,必要时还可使用防水水泥或掺密实性外加剂。表8-46~表8-48所示配合比及集料级配可供配合比设计时参考。

**混凝土配合比参考表** 表8-46

| 施工部位 | 密实度要求 | 抗渗指标 | 水灰比 | 坍落度(cm) | 含砂度(cm) | 水泥品种 | 每立方米混凝土水泥用量(kg) |
|---|---|---|---|---|---|---|---|
| 拱圈 | 高密实度 | $>B_6$ | 0.55 | 3~4 | 45~50 | 普通水泥<br>火山灰水泥 | >300 |
| 边墙 | 高密实度 | $>B_6$ | 0.50 | 2~3 | 35~45 | 普通水泥<br>火山灰水泥 | >280 |

注:使用时应掺引气剂0.01%。

**集 料 级 配** 表8-47

| 集料类别 | 砂 | | | 石 | | |
|---|---|---|---|---|---|---|
| 筛孔尺寸(mm) | 5.0~2.5 | 1.2~0.6 | 0.3~0.15 | ≤20 | 20~30 | >30 |
| 累计筛余(%) | 0~35 | 35~75 | 75~100 | 40~70 | 60~90 | 85~100 |

**防水抗渗隧道混凝土配合比要求** 表8-48

| 施工部位 | 密实度要求 | 抗渗指标 | 水灰比 | 坍落度(cm) | 含砂率(%) | 水 泥 品 种 | 每立方米混凝土水泥用量(kg) |
|---|---|---|---|---|---|---|---|
| 拱圈 | 高密实度 | $>B_6$ | 0.55 | 3~4 | 45~50 | 普通水泥或火山灰水泥 | >300 |
| 边墙 | 高密实度 | $>B_6$ | 0.50 | 2~3 | 35~45 | 普通水泥或火山灰水泥 | >280 |

注:使用时应掺引气剂0.01%。

## 三、隧道混凝土施工

1. 配料

配料时各种计量设备在使用前应进行校核，对包装完好的纸袋水泥也应予以过秤核对。按配合比配料的允许误差（按质量计）不超过表 8-49 的规定。

配合比配料允许误差（%）　　表 8-49

| 材料种类 | 工地拌制 | | 中心工场或工厂拌制 |
|---|---|---|---|
| | 塑性混凝土 | 半干硬性混凝土 | |
| 水泥和干燥状态的掺和料 | ±2 | ±2 | ±1 |
| 粗细集料 | ±5 | ±3 | ±3 |
| 水、外加剂溶液和潮湿的掺和料 | ±2 | ±1 | ±1 |

注：集料含水率常测定，雨天施工更应多测定。

2. 拌和

混凝土应搅拌均匀，颜色一致。拌制塑性混凝土可采用 250～400L 容量的自落式搅拌机；拌制半干硬性混凝土宜采用 375L 容量的强制式搅拌机。其最短的搅拌时间接表 8-50 的规定。

混凝土搅拌的最短时间　　表 8-50

| 混凝土拌和物坍落度（cm） | 0～1 | 2～7 | 77 |
|---|---|---|---|
| 最短时间（s） | 120 | 60 | 45 |

注：1. 拌和时间由装好全部材料开始搅拌起至搅拌后开始卸料为止。

2. 不允许用超过搅拌机规定的回转速度以缩短拌和时间。

3. 应按表列数延长拌和时间的有：细砂混凝土应延长 120～60s；用自落式搅拌机拌制半干硬性混凝土以及渗外加剂应各延长搅拌时间 60～30s。

3. 运送

混凝土拌和物应随拌随用。运送时应使在中途不发生离析或严重泌水现象。发生离析或损失坍落度过多时，应在浇筑入模前进行再次拌和，但不得加水。

混凝土拌和物的运送持续时间，自搅拌机卸料至入模浇筑捣固为止，不应超过表 8-51 的规定。

混凝土拌和物的运送持续时间　　表 8-51

| 混凝土自搅拌机卸出的温度（℃） | 允许运送持续时间（min） |
|---|---|
| 30～20 | 45 |
| 20～10 | 60 |
| <10～5 | 90 |

4. 浇筑

（1）混凝土拌和物的自由倾落高度，应保证其不发生离析，一般不超过 2m。否则应用滑槽或串桶等设备以降低其倾落高度。

（2）浇筑对开马口的左右两侧边墙和拱圈时，应两侧对称分层进行，其分层度规定见表 8-52。

（3）边墙封口和拱圈封顶的混凝土均宜适当降低水灰比，并认真捣固密实。

**浇筑对开马口两侧分层度规定** 表 8-52

| 捣固方法 | 浇筑层允许最大厚度(cm) |
| --- | --- |
| 插入式振捣器振动 | 振捣器作用部分长度的 1.25 倍,隧道内常为 30 |
| 附着式振捣器振动 | 25 |
| 人工振固 | 20 |

(4)浇筑混凝土宜不间断地进行,如必须中止,其间歇时间应控制在前层混凝土开始凝结前将次层混凝土浇筑完毕,否则应按施工接缝处理。

(5)浇筑次层混凝土前,应清除其松软层和水泥砂浆薄膜,表面凿毛,再用压力水冲洗干净,保持充分湿润,但不存积水。

5. 间歇浇筑

间歇过程中如中断时间超过了混凝土初凝时间,应作间歇浇筑处理。间歇浇筑在拱圈和曲墙的浇筑面应成辐射状;直墙的浇筑应成水平。

间歇浇筑应待浇筑面混凝土达到 12MPa 以上的强度后再继续施工。混凝土达到 12MPa 的强度应由试验决定。C 13 ~ C 18混凝土达到 12MPa 需要时间可参考表 8-53。

**C13 ~ C18 混凝土达到 12MPa 需要时间参考表**(h) 表 8-53

| 水泥品种和强度等级 | 环境温度(℃) | | | |
| --- | --- | --- | --- | --- |
| | 1 ~ 5 | 5 ~ 10 | 10 ~ 15 | 15 ~ 20 |
| 42.5 级以上普通硅酸盐水泥 | 60 | 48 | 36 | 24 |
| 42.5 级矿渣或火山灰质水泥,30.0 级普通水泥 | 90 | 72 | 48 | 36 |

6. 捣固

混凝土振捣时,粗集料粒径小的宜采用振幅较小,频率较高的振捣器;粒径较大的宜采用振幅较大、频率较低的振捣器(见表 8-54)。

**混凝土振捣时最佳频率和最佳振幅** 表 8-54

| 粗集料最大粒径(mm) | 10 | 20 | 40 | 80 |
| --- | --- | --- | --- | --- |
| 最佳频率(次/min) | 6 000 | 3 000 | 2 000 | 1 000 |
| 最佳振幅(mm) | 0.04 | 0.1 | 0.2 | 0.4 |

塑性混凝土的合理振捣时间见表 8-55;半干硬性混凝土应用插入式振捣器捣固。

**塑性混凝土的合理振捣时间** 表 8-55

| 振捣器类型 | 插入式振捣器 | 表层振动器 | 附差式振捣器 |
| --- | --- | --- | --- |
| 振捣时间(s) | 20 ~ 30 | 45 ~ 60 | 120 ~ 300 |

7. 衬砌背后回填

衬砌背后空隙均应回填密实,且环衬砌同时进行,但回填不得侵入衬砌范围。衬砌背后如有排水设施,回填时应注意切勿堵塞。

墙基和先拱后墙法的拱圈脚以上 1m 范围内,应用同强度等级混凝土浇筑,以便与围岩黏结紧密。

超挖在允许极限值内,需用与衬砌同强度等级的混凝土回填。

超挖已超过允许极限值时,可用 M5 水泥砂浆(渗漏时 M7.5 ~ M10)或片石混凝土回填。

围岩稳定、干燥无水时才能用干砌片石回填。

8.养护和拆模

除寒冷及严寒地区并受冻害影响的圬工,环境温度在 +5℃以下时,不洒水养护。按冬季施工有关规定做好防冻保温工作外,一般均对圬工表面及钢、木模板洒水并保持湿润。

混凝土洒水养护期限见表8-56,混凝土的保育时间见表8-57。

**混凝土洒水养护期限** 表8-56

| 水泥品种 | 洒水养护期限(d) | | | |
|---|---|---|---|---|
| | 相对湿度>90% | 相对湿度60%~90% | 相对湿度<60% | 要求抗渗高或掺外加剂 |
| 普通水泥 | 不洒水 | 7 | 14 | 14 |
| 火山灰质或矿渣水泥 | 不洒水 | 14 | 21 | 21 |

**混凝土保育时间** 表8-57

| 混凝土类别 | 环境温度(℃) | 自圬工完成后开始保育时间(h) | 开始3d内 | 3d以后 |
|---|---|---|---|---|
| 半干硬性混凝土 | +5以上 | <2 | 每昼夜洒水不少于6~8次,视气温而定 | 每昼夜洒水至少4次 |
| 塑性混凝土 | +15以上 | 8~10 | | |
| 塑性混凝土 | +5~15以上 | 10~12 | 每昼洒水4~6次 | 每昼夜洒水至少3次 |

承重模板如曲墙和单线隧道拱圈等,一般情况以混凝土设计强度70%时拆除。受较大围岩压力的单线隧道和多线隧道的拱圈与曲墙模板则应以混凝土达到设计强度100d才能拆除。

混凝土达到所需强度的时间一般应由试验而定,也可参照表8-58估计。

**混凝土达到所需强度时间**(供参考) 表8-58

| 混凝土强度等级 | 水泥品种 | 水泥强度等级 | 每日平均环境温度(℃) | | | | | |
|---|---|---|---|---|---|---|---|---|
| | | | 5 | 10 | 15 | 20 | 25 | 30 |
| | | | 达到所要求的时间(d) | | | | | |
| C8 | 普通水泥 | 52.5 | 9 | 6 | 5.5 | 4.5 | 4 | 3 |
| | | 42.5 | 12 | 8 | 7 | 6 | 5 | 4 |
| | 火山灰质或矿渣水泥 | 52.5 | 18 | 12 | 9 | 7.5 | 6.5 | 5.5 |
| | | 42.5 | 22 | 14 | 10 | 8 | 7 | 6.0 |
| C10 | 普通水泥 | 52.5 | 20 | 12 | 9 | 7.5 | 7 | 6 |
| | | 42.5 | 24 | 16 | 12 | 10 | 9 | 8 |
| | 火山灰质或矿渣水泥 | 52.5 | 30 | 20 | 14 | 13 | 10 | 8 |
| | | 42.5 | 36 | 22 | 16 | 14 | 11 | 9 |
| C13 | 普通水泥 | 52.5 | 35 | 31 | 26 | 24 | 20 | 6 |
| | | 42.5 | 40 | 35 | 30 | 27 | 24 | 20 |
| | 火山灰质或矿渣水泥 | 52.5 | 54 | 37 | 29 | 27 | 25 | 21 |
| | | 42.5 | 60 | 40 | 30 | 28 | 26 | 22 |

## 四、隧道混凝土冬季施工

凡是拌和工地和隧道内浇筑地段的环境气温平均低于 +5℃或最低气温低于 -3℃时,以及混凝土拌后物在浇筑入模后，开始养护前的最低温度低于+5℃时，均为冬期施工。

在遭受冰冻作用前，混凝土在养护中的强度不应低于设计强度的50%；也不得低于70MPa。砌石圬工的砂浆不应低于设计强度70%。所有圬工必须达到设计强度100%后，才允许承重全部设计荷载。

在选定配合比时，一般要选用硬化较快、水化热较高的特种水泥或普通水泥，水泥必须在正温下使用。

混凝土（或砂浆）宜选用较低坍落度，减少用水量，水灰比控制在0.65以内，并掺用外加剂。施工时要采用机械拌和和机械捣固。混凝土（或砂浆）拌和时环境温度宜不低于+10~+15℃。

冬季条件下混凝土的浇筑温度，一般宜为+15~+25℃，在任何条件下不得低于+5℃。

水及砂石集料的加热温度，应根据浇筑温度以及混凝土在拌和、浇筑等工序中的热量散失综合考虑，通过热工计算和试拌结果适当确定。水、砂石集料的加热温度可参考表8-59。

**水、砂石集料加热温度（供参考）**　　表8-59

| 序号 | 水泥种类 | 最高允许温度（℃） | | |
|---|---|---|---|---|
| | | 装入搅拌机时 | | 混凝土倾出搅拌机 |
| | | 水 | 砂石集料 | |
| 1 | ≤32.5级普通水泥及矿渣水泥 | 80 | 60 | 45 |
| 2 | 42.5级普通水泥及矿渣水泥 | 70 | 50 | 40 |
| 3 | ≥52.5级普通水泥 | 60 | 40 | 35 |

注：1. 水的加热温度宜超过混凝土拌和温度1.5~2.0倍，砂石加热温度宜接近拌和温度。
2. 出搅拌机的混凝土温度，在5cm深处测量。

拌和时热水应先与集料拌和后再加水泥，拌和时间应比常温施工时的要求延长50%。

混凝土（或砂浆）的浇筑面环境温度在0℃及其以下时，模板外亦加防寒保温材料覆盖，或采取保暖升温的措施。当混凝土达到拆模要求后，要使混凝土降温冷却速度不超过10℃/h。

## 五、隧道混凝土配合比的施工控制

混凝土施工时，工地试验人员要和现场施工人员密切配合，使在试验室选择的混凝土理论配合比能具体贯彻到实际工程中去。混凝土配合比施工控制的主要目的在于保证所有的水泥、砂、石、水等材料质量和用量与理论配合比相同。

混凝土理论配合比是以面干饱和材料计算的，施工前应由试验人员负责测定砂、石的表面含水率，换算成实际施工拌和材料用量（即按实际的湿料计算）据以进行施工。

施工过程中不但每天定期测定砂、石含水率，在雨天潮湿时，应增加测定次数。

对防水抗渗有较高要求的配合比应经试验确定，并需结合改善集料级配进行，必要时可使用防水水泥或掺密实性的外加剂。防水抗渗隧道混凝土配合比要求见表8-60。

**防水抗渗隧道混凝土配合比要求表**　　表8-60

| 施工部位 | 密实度要求 | 抗渗指标 | 水灰比 | 坍落度（cm） | 含砂率（%） | 水泥品种 | 每立方米混凝土水泥用量（kg） |
|---|---|---|---|---|---|---|---|
| 拱圈 | 高密实度 | >P6 | 0.55 | 3~4 | 45~50 | 普通水泥或火山水泥 | >300 |
| 边墙 | 高密实度 | >P6 | 0.50 | 2~3 | 35~45 | 普通水泥或火山灰水泥 | >280 |

注：使用时应掺引气剂0.01%。

# 第九章　轻集料混凝土施工

用轻集(骨)料和胶结料配制而成的,表观密度不大于1 900kg/m³ 的混凝土称为轻集料混凝土。轻集料混凝土一般用水泥胶结料,但有时也使用石灰、石膏作胶结料。

依据其集料的不同,可分为全轻混凝土(用轻砂)、砂轻混凝土(用普通砂)。完全不用细集料的轻集料混凝土则称为大孔径混凝土。

依据粗细集料品种的不同又可具体命名为陶粒混凝土、陶粒陶砂轻混凝土,或更具体地命名为黏土陶粒混凝土,粉煤灰陶粒混凝土及页岩陶粒混凝土等。

轻集料混凝土大量应用于工业和民用建筑及其他工程,可收到减轻结构自重、节约材料用量、提高构件运输和吊装效率、减少地基荷载及改善建筑功能等效益。

## 第一节　轻集料混凝土原材料技术要求

### 一、胶结料

一般采用性能满足相应国家标准的普通硅酸盐水泥、矿渣硅酸盐水泥、火山灰硅酸盐水泥和粉煤灰硅酸盐水泥。必要时也可采用其他品种的水泥,或石灰、石膏等灰质胶结料或其他有机胶结料。

在选择水泥品种和强度等级时,主要应当根据混凝土强度和耐久性的要求进行。由于轻集料混凝土的强度可以在一个很大的范围内(5 ~50MPa)变化,所以在通常情况下不宜用高强度等级的水泥配制低于强度等级的轻集料混凝土,以免影响混凝土拌和物的和易性。在一般情况下,如果轻集料混凝土的强度为 $f_{cu,L}$,所采用的水泥强度($f_{ce}$)可用式(9-1)进行计算。

$$f_{ce} = (1.2 \sim 1.8) f_{uc,L} \tag{9-1}$$

如果因为各种原因的限制,必须采用高强度等级的水泥配制低强度的轻集料混凝土时,可以通过掺加适量的粉煤灰进行调节。轻集料混凝土合理水泥品种和强度等级的选择,可参考表9-1。

**轻集料混凝土合理水泥品种和强度等级的选择**　　表9-1

| 混凝土强度等级 | 水泥强度等级 | 适宜水泥品种 | 混凝土强度等级 | 水泥强度等级 | 适宜水泥品种 |
|---|---|---|---|---|---|
| GL5.0 | 32.5 | 火山灰硅酸盐水泥、矿渣硅酸盐水泥、粉煤灰硅酸盐水泥、普通硅酸盐水泥 | GL30 | 52.5<br>(或62.5) | 矿渣硅酸盐水泥、普通硅酸盐水泥、硅酸盐水泥 |
| GL7.5 | | | GL35 | | |
| GL10 | | | GL40 | | |
| GL15 | | | GL45 | | |
| GL20 | | | GL50 | | |
| GL20 | 42.5 | | | | |
| GL25 | | | | | |
| GL30 | | | | | |

## 二、轻集料

轻集料是松散表观密度小于 1 200kg/m³ 的多孔轻质集料的总称。轻集料分轻粗集料和轻细集料(又称轻砂),其划分见表 9-2。

**轻粗、细集料的划分** 表 9-2

| 名　称 | 粒　径　(mm) | 松散表观密度(kg/m³) |
|---|---|---|
| 轻粗集料 | ≥5 | <1 000 |
| 轻细集料(人造的) | <5 | <1 100 |
| 轻细集料(天然的) | <5 | <1 200 |

轻集料按原材料来源。可分为三类。

(1)工业废料轻集料——如粉煤灰陶粒、膨胀矿渣珠、自燃煤矸石等;

(2)天然轻集料——如浮石、火山渣等;

(3)人造轻集料——如页岩陶粒、黏土陶粒,膨胀珍珠岩集料等。

轻集料的主要技术指标,应符合下述要求。

1. 颗粒级配

粗集料累计质量筛余小于 10% 的该号筛孔尺寸,称为该粗集料的最大粒径。我国轻集料国家标准规定:粉煤灰陶粒最大粒径为 20mm,天然集料为 40mm,其他陶粒一般为 30mm。轻集料的颗粒级配对混凝土用水量、水泥用量和强度等的影响,一般与普通密实集料相似。考虑到某些轻集料混凝土的水泥用量较大,则颗粒级配的影响就减弱了。在我国的国家标准中,对轻集料的颗粒级配及空隙率要求如表 9-3 所示,对轻砂颗粒级配的规定如表 9-4 所示。

**轻集料的颗粒级配及空隙率** 表 9-3

<table>
<tr><th colspan="2" rowspan="3">轻集料种类</th><th colspan="4">筛孔尺寸</th><th rowspan="3">空隙率(%)</th></tr>
<tr><th>$D_{min}$</th><th>$\frac{1}{2}D_{max}$</th><th>$D_{max}$</th><th>$2D_{max}$</th></tr>
<tr><th colspan="4">累积筛余百分比(按质量计,%)</th></tr>
<tr><td rowspan="2">粉煤灰陶粒</td><td>单一粒级</td><td rowspan="2">≥90</td><td rowspan="2"></td><td rowspan="2">≤10</td><td rowspan="2">0</td><td></td></tr>
<tr><td>混合粒级</td><td>≤47</td></tr>
<tr><td rowspan="2">黏土陶粒</td><td>单一粒级</td><td rowspan="2">≥90</td><td rowspan="2"></td><td rowspan="2">≤10</td><td rowspan="2">0</td><td></td></tr>
<tr><td>混合粒级</td><td>≤50</td></tr>
<tr><td rowspan="2">页岩陶粒</td><td>圆球形单一粒级</td><td>≥90</td><td></td><td>≤10</td><td>0</td><td></td></tr>
<tr><td>普通型混合粒级</td><td>≥90</td><td>30 ~ 70</td><td>≤10</td><td>0</td><td>≤50</td></tr>
<tr><td rowspan="2">天然轻集料</td><td>单一粒级</td><td>≥90</td><td></td><td>≤10</td><td>0</td><td></td></tr>
<tr><td>混合粒级</td><td>≥90</td><td>40 ~ 60</td><td>≤10</td><td>0</td><td></td></tr>
</table>

**轻砂颗粒级配的规定** 表 9-4

| 品种类型 | 等级划分 | 细度模数 | 不同筛孔的累计筛余百分比(按质量计,%) | | | |
|---|---|---|---|---|---|---|
| | | | 10.0mm | 5.0mm | 630μm | 160μm |
| 粉煤灰陶砂 | 不划分 | ≤3.7 | 0 | ≤1.0 | 25 ~ 65 | ≥75 |
| 黏土陶砂 | 不划分 | ≤4.0 | 0 | ≤10 | 40 ~ 80 | ≥90 |

续上表

| 品种类型 | 等级划分 | 细度模数 | 不同筛孔的累计筛余百分比(按质量计,%) | | | |
|---|---|---|---|---|---|---|
| | | | 10.0mm | 5.0mm | 630μm | 160μm |
| 页岩陶砂 | 不划分 | ≤4.0 | 0 | ≤10 | 30~70 | ≥90 |
| 天然轻砂 | 粗砂 | 3.1~4.0 | 0 | 0~10 | 50~80 | >90 |
| | 中砂 | 2.3~3.0 | 0 | 0~10 | 30~70 | >80 |
| | 细砂 | 1.5~2.2 | 0 | 0~5 | 15~60 | >70 |

2. 堆积密度

轻集料松散表观密度测定方法与普通混凝土集料表观密度测定方法相同。轻集料的表观密度与筒压强度应满足表9-5的规定。

**轻集料的堆积表观密度及筒压强度** 表9-5

| 种　类 | 密度等级 | 堆积表观密度范围($kg/m^3$) | 筒压强度(MPa) |
|---|---|---|---|
| 粉煤灰陶粒 | 700 | 610~700 | ≥4.0 |
| | 800 | 710~800 | ≥5.0 |
| | 900 | 810~900 | ≥6.5 |
| 黏土陶粒 | 400 | 310~400 | ≥0.5 |
| | 500 | 410~500 | ≥1.0 |
| | 600 | 510~600 | ≥2.0 |
| | 700 | 610~700 | ≥3.0 |
| | 800 | 710~800 | ≥4.0 |
| | 900 | 810~900 | ≥5.0 |
| 页岩陶粒 | 400 | 310~400 | ≥0.8 |
| | 500 | 410~500 | ≥1.0 |
| | 600 | 510~600 | ≥1.5 |
| | 700 | 610~700 | ≥2.0 |
| | 800 | 710~800 | ≥2.5 |
| | 900 | 810~900 | ≥3.0 |
| 天然轻集料 | 300 | <300 | ≥0.2 |
| | 400 | 310~400 | ≥0.4 |
| | 500 | 410~500 | ≥0.6 |
| | 600 | 510~600 | ≥0.8 |
| | 700 | 610~700 | ≥1.0 |
| | 800 | 710~800 | ≥1.2 |
| | 900 | 810~900 | ≥1.5 |
| | 1 000 | 910~1 000 | ≥1.8 |

3. 吸水率及含泥量

轻集料的吸水率及含泥量应符合表9-6的规定。

轻集料的吸水率及含泥量(%)　　表 9-6

| 项目名称 | 指标 | | | |
|---|---|---|---|---|
| | 粉煤灰陶粒 | 黏土陶粒 | 页岩陶粒 | 天然轻集料 |
| 吸水率 | ≤22 | ≤10 | ≤10 | |
| 含泥量 | <2 | <2 | <2 | <3 |

4. 集料的抗冻性

轻集料的抗冻性一般用直接冻融循环后的质量损失表示。按我国《粉煤灰陶粒和陶砂》(JC T 785—1981)的规定,粉煤灰陶粒、黏土陶粒、页岩陶粒和天然轻集料的抗冻性,经 15 次冻融循环(D15)的质量损失不应大于 5%。

## 三、砂

采用普通砂作细集料时,其性能指标必须满足《普通混凝土用砂、石质量及检验方法标准》(JGJ 52—2006)的要求。

## 四、拌和水

轻集料混凝土拌和用水与普通混凝土用水要求相同。

# 第二节　轻集料混凝土配合比设计

## 一、基本参数的选择

1. 水泥强度等级和用量的选择

轻集料混凝土所用水泥的强度等级与水泥用量可按照表 9-7 所列资料确定与选用。

不同强度等级轻集料混凝土的水泥强度等级和水泥用量　　表 9-7

| 序号 | 轻集料混凝土强度等级 | 水泥强度等级 | 水泥用量($kg/m^3$) |
|---|---|---|---|
| 1 | C5 | 32.5 | 200 |
| 2 | C7.5 | | 200~250 |
| 3 | C10 | | 200~320 |
| 4 | C15 | | 250~350 |
| 5 | C20 | | 280~380 |
| 6 | C25 | | 330~400 |
| 7 | C30 | 42.5 | 340~450 |
| 8 | C40 | | 420~500 |
| 9 | C50 | 52.5 | 450~550 |

注:1. 表中的水泥用量下限值适用于圆球形(如粉煤灰陶粒、黏土陶粒等)、普通型(如页岩陶粒、膨胀珍珠岩集料等)的粗集料;上限值适用于碎石型(如浮石、膨胀矿渣等)的粗集料。采用轻砂时,水泥用量宜采用表中的上限值。

2. 轻集料混凝土的最大水泥用量不宜超过 $550kg/m^3$。

增加水泥用量,可以提高混凝土的强度。当轻集料混凝土的强度未达到给定集料的强度顶点以前,水泥用量平均增加 20%,轻集料混凝土的强度约提高 10%。但随着水泥用量的增加,混凝土密度提高,水泥用量每增加50kg/m$^3$,密度增加约30kg/m$^3$。水泥用量过高时,不但密度大、水化热高、收缩大,而且在经济上也不适宜。我国规定高强度等级轻集料混凝土的最大水泥用量不得超过550kg/m$^3$。另一方面,为了保证轻集料混凝土的耐久性,其最小水泥用量不得低于200kg/m$^3$。

2. 用水量和有效水灰比的确定

1m$^3$ 混凝土的总用水量减去干集料吸水1h的净用水量称为有效用水量,有效用水量根据混合料和易性要求按表9-8选用。

**轻集料混凝土的有效用水量** 表9-8

| 轻集料混凝土的施工条件 | 拌和物稠度 | | 有效用水量(kg/m$^3$) |
|---|---|---|---|
| | 维勃稠度(s) | 坍落度(cm) | |
| 预制混凝土构件现浇混凝土 | <30 | 0~3 | 155~200 |
| 机械振捣 | | 3~5 | 165~210 |
| 人工捣实或钢筋较密 | | 5~8 | 200~220 |

注:1. 表中数值适用于圆球形和普通型粗集料,对于碎石型粗集料需按表中数值增加10kg左右的水。

2. 表中值是指采用普通砂。如采用轻砂时,需另加1h吸水量的附加水或10L左右的水。

每1m$^3$ 混凝土中有效用水量与水泥用量之比称为有效水灰比。有效水灰比根据轻集料混凝土的设计强度等级要求进行选择,不能超过构件和工程所处环境规定的最大水灰比,如超过则应按规定的最大水灰比选用。最大水灰比和最小水泥用量可按表9-9选用。

**轻集料混凝土最大水灰比和最小水泥用量** 表9-9

| 序号 | 混凝土所处的环境条件 | 最大净水灰比 | 最小水泥用量(kg/m$^3$) | |
|---|---|---|---|---|
| | | | 无筋 | 配筋 |
| 1 | 不受风雪影响的结构 | | 225 | 250 |
| 2 | 受风雪影响的露天结构、位于水中及水位升降范围内的结构和在潮湿环境中的结构 | 0.70 | 250 | 275 |
| 3 | 严寒地区水位升降范围内的结构、受水压作用的结构 | 0.65 | 275 | 300 |
| 4 | 严寒地区水位升降范围内的结构 | 0.60 | 300 | 325 |

注:严寒地区是指最寒冷月份的月平均温度低于-15℃者;寒冷地区是指最寒冷月份的月平均温度处在-15~-5℃者。

配制全轻混凝土时,可采用总水灰比,但须加以说明。

3. 轻集料的密度和强度的确定

根据轻集料的原材料和制造方法不同,一般轻集料的颗粒视密度、强度和松散表观密度均随颗粒尺寸的增大而减小。用大粒级的轻集料配制的轻混凝土,强度一般较低。为了克服这个缺点,可在混凝土拌和物中减小集料的最大粒径或掺入适量的砂。这种方法虽然增加了轻集料混凝土的表观密度,但只要混凝土表观密度不超过规定值,配制高等级轻集料混凝土还是可行的。

为了便于掌握各种轻集料配制成的轻集料混凝土可能达到的性能指标，特将各种表观密度和强度的轻集料混凝土所需与之相适应的轻集料的松散表观密度和筒压强度列于表9-10。

**各种轻集料可能达到的混凝土性能指标** 表9-10

| 粗集料 | | | 细集料 | | 混凝土可能达到的指标 | |
|---|---|---|---|---|---|---|
| 品种 | 松散表观密度（kg/m³） | 筒压强度（MPa） | 品种 | 松散表观密度（kg/m³） | 表观密度（kg/m³） | 强度（MPa） |
| 浮石 | 400 | 1.0 | 轻砂 | <250 | 800～1 000 | 7.5 |
| | 400 | 1.0 | 普通砂 | 1 450 | 1 200～1 400 | 10.0～20.0 |
| 煤渣 | 800 | 2.0 | 轻砂 | <250 | 1 000～1 200 | 7.5～10.0 |
| | 800 | 2.0 | 普通砂 | 1 450 | 1 600～1 800 | 10.0～20.0 |
| 页岩陶粒 | 450 | 1.5 | 轻砂 | <250 | <1 000 | 7.5 |
| | 450 | 1.5 | 陶砂 | <900 | 1 000～1 200 | 10.0 |
| | 450 | 1.5 | 普通砂 | 1 450 | 1 400～1 600 | 10.0～15.0 |
| | 750 | 2.5 | 轻砂 | <250 | 1 000～1 200 | 7.5～10.0 |
| | 750 | 2.5 | 陶砂 | 900 | 1 400～1 600 | 10.0～20.0 |
| | 750 | 2.5 | 普通砂 | 1 450 | 1 600～1 800 | 20.0～30.0 |
| 黏土陶粒 | 550 | 2.0 | 轻砂 | <250 | 1 000～1 200 | 7.5～10.0 |
| | 550 | 2.0 | 陶砂 | 900 | 1 200～1 400 | 10.0～15.0 |
| | 550 | 2.0 | 普通砂 | 1 450 | 1 400～1 600 | 15.0～20.0 |
| | 850 | 4.0 | 轻砂 | <250 | 1 200～1 400 | 10.0 |
| | 850 | 4.0 | 陶砂 | <900 | 1 400～1 600 | 10.0～25.0 |
| | 850 | 4.0 | 普通砂 | 1 450 | 1 600～1 800 | 20.0～50.0 |
| 粉煤灰陶粒 | 650 | 3.0 | 轻砂 | <250 | 1 000～1 200 | 7.5～10.0 |
| | 650 | 3.0 | 陶砂 | <900 | 1 400～1 600 | 10.0～25.0 |
| | 650 | 3.0 | 普通砂 | 1 450 | 1 600～1 800 | 20.0～30.0 |
| | 800 | 4.0 | 轻砂 | <250 | 1 200～1 400 | 10.0 |
| | 800 | 4.0 | 陶砂 | <900 | 1 400～1 800 | 15.0～30.0 |
| | 800 | 4.0 | 普通砂 | <1 450 | 1 600～1 900 | 25.0～50.0 |
| 膨胀珍珠岩集料 | 400 | 1.5 | 轻砂 | <250 | 800～1 500 | 7.5～10.0 |
| | 400 | 1.5 | 普通砂 | 1 450 | 1 200～1 400 | 10.0～20.0 |

4. 粗细集料总体积的确定

粗细集料总体积是指配制1m³轻集料混凝土所需粗细集料松散体积的总和。它是用松散表观密度法设计配合比时的一个重要参数。粗细集料总体积主要与粗集料的粒形、细集料的品种以及混凝土的内部结构(是密实的或是多孔的等)有关。

采用圆球形的轻粗集料时，每1m³混凝土所需的粗细集料总体积，比采用碎石型集料时略小；而采用普通砂作细集料时，则比采用轻砂时所需的粗细集料总体积小。

密实结构的普通轻集料混凝土的粗细集料总体积，可按表9-11选用。

**普通轻集料混凝土所需的粗细集料总体积** 表 9-11

| 序号 | 轻粗集料粒形 | 细集料品种 | 粗细集料总体积($m^3$) |
|---|---|---|---|
| 1 | 圆球形(如粉煤灰陶粒及粉磨成球的黏土陶粒等) | 轻砂 | 1.30 ~ 1.50 |
| | | 普通砂 | 1.30 ~ 1.35 |
| 2 | 普通型(如页岩陶粒及挤压成型的黏土陶粒等) | 轻砂 | 1.35 ~ 1.60 |
| | | 普通砂 | 1.30 ~ 1.40 |
| 3 | 碎石型(如浮石、火山渣、炉渣等) | 轻砂 | 1.40 ~ 1.65 |
| | | 普通砂 | 1.40 ~ 1.50 |

注:在"轻砂"一栏中,当采用膨胀珍珠砂时,取表中值的上限;当采用陶砂或其他天然砂时,取表中值的下限。

粗细集料总体积选择不当时,配制成的轻集料混凝土的制成量系数常小于 1 或大于 1。若小于 1,则是说明其粗细集料总体积偏小;反之,则偏大,应适当调整。

5.轻集料混凝土砂率的确定

砂率大小对施工的和易性影响较大,而且在一定程度上影响轻集料混凝土的弹性模量、表观密度和强度。砂率主要根据粗集料的粒形和空隙率来决定。轻集料混凝土砂率可按表 9-12 选用。

在计算轻集料混凝土配合比时,可采用密实体积砂率,也可采用松散体积砂率,轻砂和普通砂可以混合使用;对弹性模量或抗渗性有特殊要求的轻集料混凝土,应对普通砂用量适当提高,并通过试验确定。

**轻集料混凝土的砂率** 表 9-12

| 序号 | 混凝土用途 | 细料品种 | 砂率(%) |
|---|---|---|---|
| 1 | 预制构件用 | 轻砂 | 35 ~ 40 |
| | | 普通砂 | 28 ~ 40 |
| 2 | 现浇混凝土用 | 轻砂 | 40 ~ 45 |
| | | 普通砂 | 30 ~ 45 |

6.外加剂和掺和料

轻集料混凝土允许采用各种外加剂(如减水剂、塑化剂及加气剂等),其用量必须通过试验确定,或按有关技术规程执行。

配制 C10 以下的轻集料混凝土时,允许加入占水泥用量 20% ~ 25% 的粉煤灰或其他磨细的水硬性矿物掺和料,以改善混凝土拌和物的和易性。

## 二、配合比设计原则与特点

1.设计原则

1)基本要求

轻集料混凝土配合比设计的任务,是在满足使用要求的前提下,确定施工用的合理混凝土材料用量。为满足工程使用要求,并使混凝土具有较理想的技术经济指标,应考虑以下几项基本要求进行配合比设计。

(1)轻集料混凝土的实际强度等级与表观密度等级。

(2)满足施工要求的和易性。

(3)混凝土的其他性能,如变形性、耐久性等(在某些情况下应考虑)。

(4)节约水泥,降低成本。

轻集料混凝土的强度等级主要与水泥砂浆和集料的强度有关。当配制全轻混凝土时,轻粗集料的强度往往大于砂浆的强度。这时,全轻混凝土的强度主要取决于轻砂浆的强度。在配制轻砂混凝土时,由于普通砂浆的强度往往大于轻粗集料的强度,轻砂混凝土的强度主要取决于轻粗集料的强度和刚度。

2)提高轻集料混凝土强度的措施

(1)选用圆球形、颗粒级配较好、筒压强度较高的陶粒作粗集料。

(2)采用普通中砂作细集料,或是在轻砂中掺入一定比例的普通砂(以占细集料总质量的20% ~30%为宜)。

(3)选用最大粒径较小的轻粗集料(最大粒径以不大于20mm为宜)。

(4)采用较高强度等级的水泥。

(5)正确选择混凝土的水灰比,使之具有符合施工所要求的混凝土拌和物稠度指标的最小水灰比。

(6)选择与混凝土拌和物稠度相适应的成型和养护制度。

(7)掺入提高混凝土密实性的化学外加剂,或火山灰的磨细矿物掺和料(如粉煤灰等)。

3)降低轻集料混凝土表观密度等级的措施

(1)选用圆球形、表面孔隙少、空隙率低的轻粗集料。

(2)尽可能减少水泥和普通砂的用量。

(3)选用较大粒径的轻粗集料(最大粒径以不小于40mm为宜)。

(4)采用松散表观密度较小的轻砂和轻粗集料(用于保温轻集料混凝土的轻砂,其松散表观密度以200 ~300kg/$m^3$为宜;轻粗集料以不大于500kg/$m^3$为宜)。

(5)采用引气剂或泡沫外加剂。

(6)采用无砂大孔混凝土。

(7)限制混凝土拌和物的搅拌时间和成型时的振捣时间。

2. 设计特点

与普通混凝土相比,轻集料混凝土配合比设计有以下几个特点。

(1)对配合比设计的要求,除了与普通混凝土相同者外,即强度、稠度、耐久性和经济性有要求以外,还要考虑密度的要求。

(2)轻集料混凝土的表观密度主要取决于集料的密度和在混凝土中的体积含量。而轻集料混凝土的强度,不但取决于水灰比,集料的强度和体积含量也对它有很大影响。所以在轻集料混凝土配合比的设计中,必须考虑集料性质这个重要影响因素。

(3)轻集料呈多孔结构,必须考虑其吸水性能的影响。若使用干集料,则加到混凝土中的总用水量分为两部分,一是净用水量(又称有效用水量),一是附加水量。附加水是考虑到被轻集料在1h内吸走的水量。余下的水量为与水泥形成水泥浆的水,所以净用水量多少决定了水泥石的强度。混凝土的水灰比也分为两种,一是总水灰比(总用水量/水泥用量),一是净水灰比(净用水量/水泥用量),又称有效水灰比。若用预先被水饱和的轻集料,则计算配合比时与普通混凝土一样,只需要考虑净用水量。

## 三、配合比设计方法

我国轻集料混凝土配合比的设计方法主要采用绝对体积法和松散体积法,现分别介绍如下：

1. 绝对体积法

绝对体积法的原则和普通混凝土完全相同，其中沙子的确定是根据沙子填充粗集料的空隙并有剩余来计算的，一般适用于轻砂混凝土。对于全轻混凝土，在测得轻砂的颗粒密度和吸水率数值后，亦可按此法进行配合比选择。

1）配合比选择步骤

（1）根据构件截面形状的复杂程度及配筋情况，确定粗集料的最大粒径。

（2）测定粗集料松散表观密度 $\rho_g$、颗粒视密度 $\rho_g'$、筒压强度及 1h 吸水量 $m_{w1}$，同时测定细集料的松散表观密度 $\rho_s$ 和颗粒视密度 $\rho_s'$。

（3）根据混凝土设计强度等级选用水泥强度等级和水泥用量 $m_c$（表 9-7），并根据表 9-10 确定陶粒筒压强度。

（4）按制品生产工艺和施工要求的混凝土拌和物所需的稠度确定有效用水量 $m_{w0}$（表 3-8）。

（5）根据表 9-12 选用砂率或根据松散状态粗集料的空隙率计算细集料用量 $m_{s0}$。

$$m_{s0} = \left(1 - \frac{\rho_g}{\rho_g'}\right)\rho_s f \qquad (kg) \tag{9-2}$$

式中：$f$——砂浆过剩系数，对圆球形、普通型的粗集料为 1.05，对碎石型粗集料为 1.15。

（6）计算粗集料用量 $m_{g0}$。

$$m_{g0} = \left[1 - \left(\frac{m_{c0}}{\rho_c} + \frac{m_{s0}}{\rho_s} + m_{w0}\right) \div 1\,000\right]\rho_g' \qquad (kg) \tag{9-3}$$

（7）计算总用量 $m_{wz}$。

$$m_{wz} = m_{w0} + m_{g0}m_{w0} \qquad (kg) \tag{9-4}$$

当配制全轻混凝土时，$m_{wz}$还应加上轻砂的附加水量。

2）拌和物的试配与调整

（1）以计算的配合比为基础，参考表 9-7 所列水泥用量，挑选两个水泥用量，用同样方法计算混凝土配合比，分别按 3 个配合比拌制混凝土拌和物，并调节用水量致使拌和物达到要求的和易性为止，分别校正混凝土配合比。

（2）按校正后的 3 个混凝土配合比进行试配，测定混凝土强度等级及干密度，取达到混凝土设计强度、水泥用量最少且干密度符合设计要求的配合比作为选定的配合比。

（3）测出选定的混凝土拌和物浇筑后的振实表观密度，计算制成量系数，然后再计算出每 1m³ 混凝土的原材料用量。制成量系数按式（9-5）计算。

$$K = \frac{m_{c0} + m_{w0} + m_{s0} + m_{g0}}{\rho_{c,t}(V_c + V_w + V_s + V_g)} \tag{9-5}$$

式中：$V_c$、$V_w$、$V_s$、$V_g$—— 分别为水泥、水、砂、粗集料的实体积（m³）；

$\rho_{c,t}$—— 新浇混凝土拌和物的振实表观密度（kg/m³）。

2. 松散体积法

1）基本原理

松散体积法是假定 1m³ 轻集料混凝土中所用的粗细集料的松散体积之和为粗细集料的

总体积 $V_z$，即：

$$V_z = V_g^c + V_s^v \tag{9-6}$$

其中，$V_z$ 是根据粗集料的粒形和细集料类型进行选择的（表 9-13）。

2）配合比选择步骤

（1）根据原材料的性能和轻集料混凝土设计强度、表观密度和稠度的要求，参考表 9-7、表 9-8和表 9-12，选择水泥强度等级、水泥用量、有效用水量和砂率等有关参数。

（2）根据表 9-13 选用粗细集料总体积 $V_z$。

**粗细集料总体积选用表**

表 9-13

| 序号 | 轻粗集料粒形 | 细集料品种 | 粗细集料总体积（$m^3$） |
|---|---|---|---|
| 1 | 圆球形（如粉煤灰陶粒、黏土陶粒等） | 轻砂 | 1.3～1.4 |
| | | 普通砂 | 1.1～1.3 |
| 2 | 普通型（如页岩陶粒、膨胀珍珠岩等） | 轻砂 | 1.35～1.5 |
| | | 普通砂 | 1.2～1.35 |
| 3 | 碎石型（如浮石、炉渣等） | 轻砂 | 1.4～1.5 |
| | | 普通砂 | 1.3～1.4 |

（3）根据选用的粗细集料总体积和砂率 $\beta_s$，计算每 $1m^3$ 轻集料混凝土中细集料的松散体积 $V_s^u$ 和细集料用量 $m_{s0}$。

$$V_s^u = V_g^c \times \beta_s \tag{9-7}$$

$$m_{s0} = V_s^x \times \rho_s \quad (kg) \tag{9-8}$$

（4）求每 $1m^3$ 粗集料的松散体积 $V_g^c$ 和粗集料用量 $m_{g0}$。

$$V_g^c = V_z - V_s^u \quad (m^3) \tag{9-9}$$

$$m_{g0} = V_g^c \times \rho_g \quad (kg) \tag{9-10}$$

（5）根据施工要求的易性选定用水量 $m_w$（表 9-8），再根据粗集料 1h 的吸水率计算附加水量，则总用水量可按式（9-4）计算求得。

若缺乏轻砂吸水率的数据，在选择有效用水量时，可增加 10kg 左右的水，作为考虑轻砂吸水率的附加水。而在试拌时，可根据混合料工作性质的要求再进行调整。

（6）根据算出的材料用量估算混凝土干表观密度 $\rho_{c,c}$。

$$\rho_{c,c} = 1.15m_{c0} + m_{g0} + m_{s0} \quad (kg/m^3) \tag{9-11}$$

估算的 $\rho_{c,c}$，应符合设计要求，误差不得大于 5%，否则再进行调整计算。

3）拌和物的试配和调整

（1）根据试配所用试模尺寸大小和试件组数计算出试模总容积。考虑混凝土成型时密实度加大及在配制时混凝土还有些损耗，因此试模总体积乘以 1.05 的系数来计算试配实际下料量。

（2）为了选择较优的配合比，可根据上述选用的水泥用量再增选两个水泥用量（±30kg），试配 6 组试件（3 个水泥用量，用水量暂时不变，在制模时根据工作度要求，调整用水量，并制作 7d、28d 两个龄期共 18 个试件）。试件成型后养生 7d、28d 做抗压强度的合格性试验，并测定混凝土的干密度，最后取满足设计强度等级和密度要求而水泥用量最少的配合比作为选用的配合比。

（3）根据选用配合比的各组成材料用量和拌和物振实后的湿表观密度，计算每 $1m^3$ 轻集料混凝土的实际材料用量。

## 第三节　轻集料混凝土的施工工艺

轻集料混凝土的施工工艺基本上与普通混凝土相同,但由于轻集料的堆积密度小、呈多孔结构、吸水率较大,配制而成的轻集料混凝土也具有某些特征。

### 一、堆放和预湿

轻集料应按不同品种和粒径分别堆放,如果堆放混杂,会直接影响混凝土的和易性、强度和表观密度。在采用自然级配时,轻集料的堆放高度不宜超过2m,并防止树叶、泥土和其他有害物质的混入。轻砂堆放和运输时,应采取防雨措施。

轻集料吸水量很大,会使混凝土拌和物的和易性很难控制,因此,在气温为5℃以上的季节施工时,应对轻集料进行预湿处理。预湿时间可根据外界气温和来料的自然含水状况确定,一般应提前12~24h对轻集料进行淋水、预湿,然后滤干水分进行投料。在气温5℃以下时,或表面无开口孔隙的轻集料,一般可不进行预湿。

### 二、混凝土的搅拌

搅拌轻集料混凝土时,加水的方式有一次加水和二次加水两种。

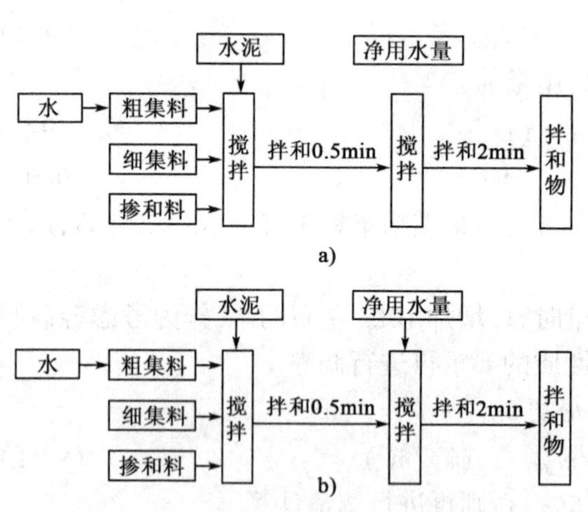


图9-1　轻集料混凝土搅拌工艺流程

a)粗集料预湿处理搅拌工艺;b)粗集料未预湿处理搅拌工艺

如采用干燥集料,其吸水速度又比较慢的话,则宜分二次加水。先将集料和1/2或1/3的拌和水加入,其目的实际上是为了预湿集料。搅拌后接着再将水泥、沙子和剩余水加入搅拌机内搅拌。若在混凝土中加外加剂的话,宜在集料湿润以后加入,否则将被轻集料吸收而降低其效果。若轻集料吸水速度较快,或采用预湿集料时,则可将水泥、集料和全部水一次加入搅拌机内。

轻集料混凝土的拌制。宜采用强制式搅拌机。轻集料混凝土拌和物的粗集料经预湿处理和未经预湿处理,应采用不同的搅拌工艺流程(图9-1)。

轻集料混凝土的搅拌时间应比普通混凝土长些。总的搅拌时间一般不得少于3min。从搅拌机卸出后至浇筑成型的时间,不宜超过45min。

外加剂应在轻集料吸水后加入,以免吸入集料内部失去作用。当用预湿粗集料时,液状外加剂可与净用水量同时加入;当用干粗集料时,液状外加剂应与剩余水同时加入。粉状外加剂可先制成溶液,采用上述方法加入,也可以与水泥混合同时加入。对于易破碎的轻集料,搅拌时要严格控制搅拌时间。合理的搅拌时间,最好通过试拌确定。

雨天或遇到混凝土拌和物和易性反常时,应及时测定轻集料的含水率,以调整拌和用水量。

## 三、混凝土的运输

轻集料混凝土在运输过程中，由于轻粗集料表观密度较小，易产生上浮现象，比普通混凝土更容易产生离析，为防止混凝土拌和物的离析，运输距离应尽量缩短，若出现严重离析，浇筑前宜采用人工二次拌和。

轻集料混凝土从搅拌至浇筑的时间，一般不宜超过45min，如运输中停放时间过长，会导致混凝土拌和物和易性变差。

若用混凝土泵输送轻集料混凝土，要比普通混凝土困难得多。主要是因为在压力下集料易于吸收水分，使混凝土拌和物变得比原来干硬，从而增大了混凝土与管道的摩擦，易引起管道堵塞。如果将粗集料预先吸水至接近饱和状态，可以避免在泵压力下大量吸水，可以像普通混凝土一样进行泵送。

## 四、混凝土的浇筑成型

由于轻集料混凝土的表观密度较小，施加给混凝土下层的附加荷载较小，而内部衰减较大，再加上从轻集料混凝土中排出混入的空气速度比普通混凝土慢，因此浇筑轻集料混凝土所消耗的振捣能量，要比普通混凝土大。一般情况下，由于静水压力降低，混入拌和物中的空气就不容易排出，所以振捣必须更加充分，应采用机械振捣成型，最好使用频率为16 000r/min 和20 000r/min的高频振动器；对流动性大、能满足强度要求的塑性拌和物，或结构保温类及保温类轻集料混凝土，也可以采用人工振捣成型。

当采用插入式振动器时，它在轻集料混凝土拌和物中的作用半径约为普通混凝土中的一半，因此插点间距也要缩小一半。插点间距也可以粗略地按振动器头部直径的5倍控制。当轻集料与砂浆组分的密度相差较大时，在振捣过程中容易使轻集料上浮和砂浆下沉，产生分层离析现象，在振捣中还必须防止振动过度。

现场浇筑的竖向结构物，每层浇筑厚度宜控制在30～50cm，并采用插入式振捣器进行振捣。混凝土拌和物浇筑倾落高度大于2m时，应加串筒、斜槽、溜管等辅助工具，以免产生拌和物的离析。

浇筑面积较大的构件时，如其厚度大于24cm，宜先用插入式振捣器振捣后，再用平板式振捣器进一步进行表面振捣；如其厚度在20cm以下，可采用表面振动成型。

插入式振捣器在轻集料混凝土中的作用半径较小，大约仅为在普通混凝土中的一半。因此，振捣器插入点之间的间距，也为普通混凝土插入间距的一半。

振捣延续时间以拌和物捣实为准，振捣时间不宜过长，以防止轻集料出现上浮。振捣时间随混凝土拌和物坍落度、振捣部位等不同而异，一半宜控制在10～30s内。

## 五、混凝土的养护

轻集料多数为孔隙率较大的材料，其内部所含的水分足以供轻集料混凝土养护用。当水分从混凝土表面蒸发时，集料内部的水分不断地向水泥砂浆中转移。水分的连续转移，在一段时间内能使水泥的水化反应正常进行，并能使混凝土达到一定的强度。这段时间的长短视周围气候而定。在温暖和潮湿的气候下，轻集料混凝土中的水分可以保证水泥的水化，因而不需要覆盖和喷水养护。但在炎热干燥的气候下，由于混凝土表面失水太快，易出现表面网状裂纹，有必要进行覆盖和喷水养护。

采用自然养护时,湿养护时间应遵守下列规定:用普通硅酸盐水泥、矿渣水泥拌制的轻集料混凝土,养护时间不得少于14d。构件用塑料薄膜覆盖养护时,一定要密封。

轻集料混凝土的热容量较低,热绝缘性较大。采用蒸汽养护的效果比普通混凝土好,有条件时尽量采用热养护。但混凝土成型后,其静置时间不得少于2h,以防止混凝土表面产生起皮、酥松等现象。采用蒸汽养护和普通混凝土一样,养护时温度升高或降低的速度不能太快,一般以15~25℃/h为宜。

## 第四节　轻集料混凝土的质量检验

轻集料混凝土拌和物的和易性波动,要比普通混凝土的大得多,尤其是超过45min或用于轻集料拌制,更易使拌和物的和易性变坏。因此,在施工中要经常检查拌和物的和易性,一般每班不少于1次,以便及时调整用水量。

轻集料混凝土与普通混凝土的质量控制,检验其强度是否达到设计强度的要求是二者的共同点,而检验轻集料混凝土其表观密度是否在容许的范围之内,是普通混凝土所不要求的。因此,对轻集料混凝土的质量检验,主要包括其强度和表观密度两个方面。

# 第十章　泵送混凝土施工

泵送混凝土是指混凝土拌和物的坍落度不低于10cm并采用泵送施工的混凝土。泵送混凝土不仅适用于大体积混凝土的灌注，同时也适用于高层建筑的施工，特别对一些工作面狭小、现场地形复杂、如地下工程和隧洞等有其独到的优级越性。它有较高的技术经济效益，是当前发展较快的一种混凝土输送技术。泵送混凝土技术具有施工省力、现场临时设施少、操作方便、灌注范围大、适应性较强、工效高等优点，我国20世纪70年代已在一些重点工程中开始使用，近年来更有较大的发展，如宝钢等重点工程均大规模地采用了泵送混凝土技术，并取得了较好的效果。

## 第一节　泵送混凝土原材料技术要求

1. 水泥

根据工程上和泵送施工工艺的要求，选用水泥时应考虑以下几项技术条件。

(1)在泵送大体积混凝土时，应选用水化热低的水泥。

(2)在各种温度、湿度的条件下，水泥早期和后期的发展规律。

(3)在混凝土工程的使用环境中，水泥的稳定性。

(4)水泥的储存期一般不应超过3个月(储存3个月强度约降低10%～12%，储存6个月强度约降低15%～30%)。过期的水泥应进行检验重新确定强度等级。

(5)水泥品质应符合现行国家标准。

2. 粗集料

粗集料的颗粒级配有连续级配和间断级配两种，前者是从最大粒径开始，由大到小各级相连，其中每一级粗集料都有一定数量。后者的大颗粒和小颗粒集料间有相当大的空挡。良好的粗集料级配可用较少的加水量制得流动性好、离析泌水少的混合料，并能在相应的成型条件下，得到均匀密实的混凝土，同时达到节约水泥的效果。根据混凝土泵送的要求，选用粗集料配制泵送混凝土时必须满足以下几项技术条件。

(1)良好的连续级配。

(2)粗集料最大粒径与输送管径之比：泵送高度在50m以下时，对碎石不宜大于1:3，对卵石不宜大于1:2.5；泵送高度在50～100m时，宜在1:3～1:4；泵送高度在100m以上时，宜在1:4～1:5。

(3)粗集料应符合国家现行标准《普通混凝土用砂石质量及检验方法标准》(JGJ 52—2006)的规定。粗集料针片状颗粒含量不宜大于10%。

(4)粗集料的最佳级配，可按图10-1～图10-4选用。

3. 细集料

细集料(沙子)在混凝土中主要用来填充粗集料空隙，和粗集料共同起骨架作用。一般按平均粒径和细度模数分为:①平均粒径在0.5mm以上,细度模数在3.2~3.8为粗砂。②平均粒径为0.35~0.5mm,细度数模数在2.5~3.2为中砂。③平均粒径为0.25~0.35mm,细度模数在1.8~2.5为细砂。④平均粒径在0.25mm以下,细度模数在1.5以下为特细砂。

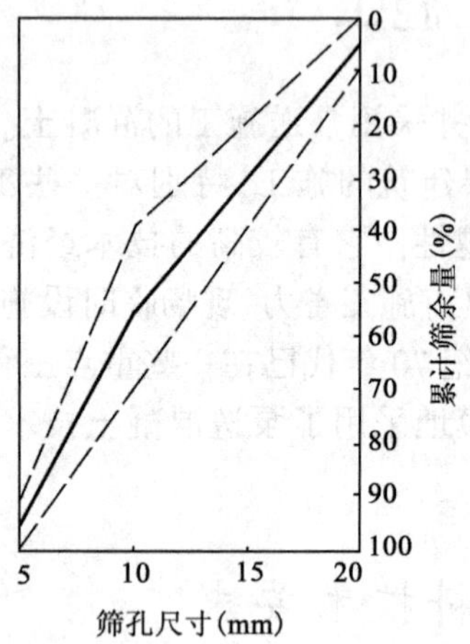


图10-1　粗集料5~20mm最佳级配图

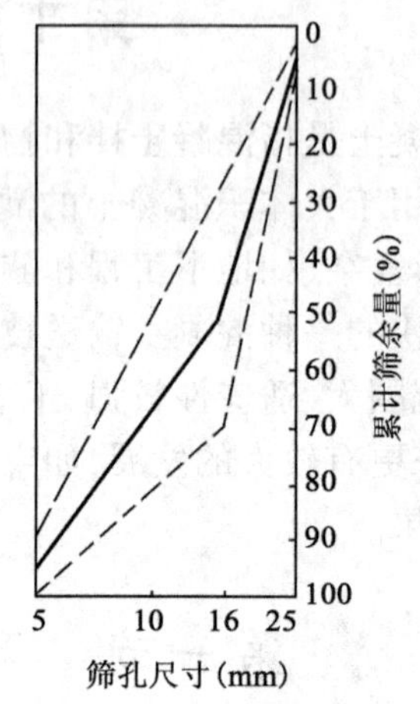


图10-2　粗集料5~25mm最佳级配图

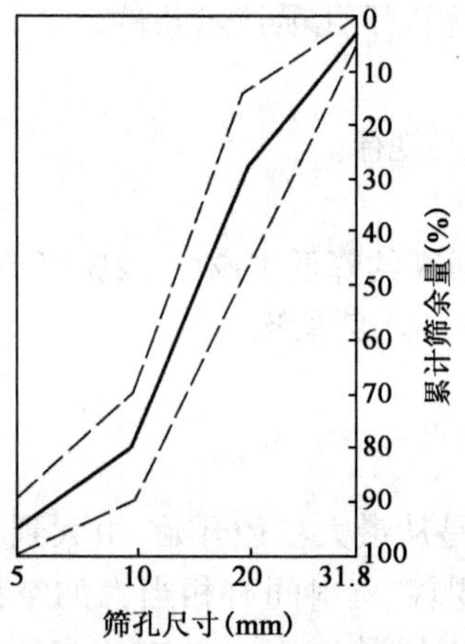


图10-3　粗集料5~31.5mm最佳级配图

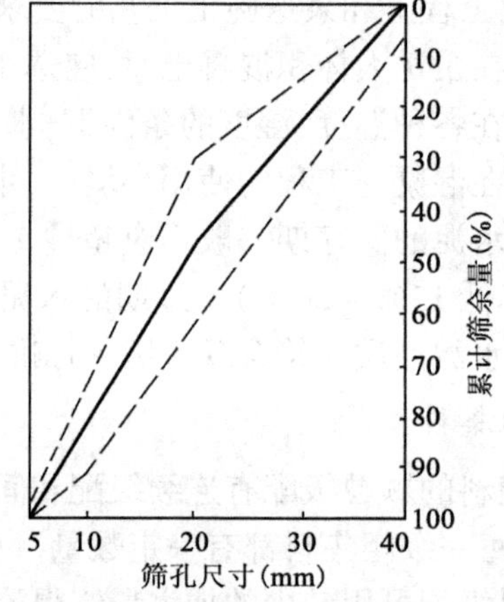


图10-4　粗集料5~40mm最佳级配图

图10-1~图10-4 注:1.粗实线为最佳级配线;

2.两条虚线之间区域为适宜泵送区;

3.粗、细集料最佳级配区宜尽可能接近两条虚线之间范围的中间区域。

细度模数和平均粒径仅可用来作为表示沙子粗细的指标,它不能完全反映颗粒的级配。级配好的砂,其空隙率不超过40%,级配率最好的砂,空隙率可减至30%。而配制泵送混凝土选用砂时应考虑以下技术条件:

(1)通过0.315mm筛孔的细颗粒不小于15%的颗粒级配良好的中砂。

(2)细集料应符合国家现行标准《普通混凝土用砂、石质量及检验方法标准》(JGJ 52—2006)的规定。

细集料最佳级配可按图10-5选用。

4. 水

拌制泵送混凝土所用的水,应符合国家现行标准《混凝土用水标准》(JGJ 63—2006)的规定。

5. 减水剂

各种高效能的减水剂已成为泵送混凝土组成材料中不可缺少的部分。只要在混凝土中加入水泥质量的千分之几,在达到同样坍落度的条件下可减少水量10% ~20%,或者在同样的用水量情况下可明显地提高流动性。当混凝土坍落度与不掺减水剂的相同时,也具有比较好的工作度。即混凝土混合料屈服应力比较小,也就是在较小的外力作用下就开始流动,因此,对泵送混凝土非常有利。

我国的减水剂自20世纪70年代以来发展很快,供应的减水剂品种很多,因此,要根据具体情况和要求择优选用,否则就达不到经济上的合理性、技术上的可行性。使用的减水剂应符合有关规定和产品的技术指标。

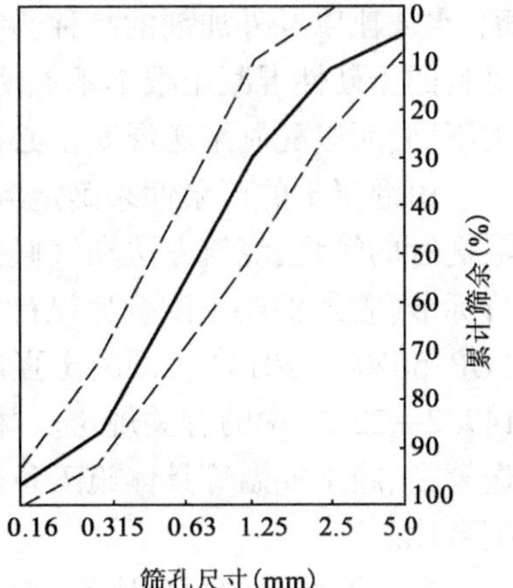


图10-5 细集料最佳级配图

注:见图10-1 ~图10-4注。

6. 掺和料

为了既节约水泥又能保证混凝土拌和物具有必要的可泵性,在配制泵送混凝土时可以掺入一定数量的粉煤灰。工程实践证明,掺粉煤灰不仅对混凝土的流动性和黏聚性有良好的作用,而且能降低坍落度损失和混凝土水化热,延长凝结时间,减少泌水率,增加密实度和强度,使泵送混凝土的技术性能与经济效益得到进一步发挥。

使用粉煤灰的质量应符合国家标准,但作为活性掺和料用的矿物掺料,其活性指标不应低于有关规定,磨细度不小于水泥的细度。对混凝土有害的有机杂质、未燃煤及可溶性盐类含量不得大于有关规定,另一方面,掺和料作为填充料使用时,应当采用不显著提高需水性的材料。

## 第二节 泵送混凝土配合比设计

泵送混凝土不同于非泵送混凝土的主要特点在于流动性特大,级配良好,石子的最大尺寸也符合混凝土泵输送管道内径的要求。在进行配合比设计时,可以采用与非泵送混凝土相同的方法和步骤。但配制出来的混凝土拌和物必须适合泵送和不降低混凝土硬化后的质量。因此,泵送混凝土配合比设计包括原材料选择、施工配制强度和混凝土可泵性。

1)原材料选择

组成泵送混凝土用的水泥、沙子、石子、水和外加剂等原材料的质量标准与非泵送混凝土基本相同,但泵送混凝土对石子粒径大小和颗粒级配的要求比较严格。因为石子的大小以及颗粒级配的好坏,对混凝土可泵性影响极大。如果石子粒径过大,即使混凝土流动性和黏聚性很好也不能泵送,所以粗集料以小为好。但粗集料的粒径越小,空隙率就越大,从而增加了细集料的体积,加大了水泥用量。为了混凝土的可泵性,而无原则地减小粗集料的粒径,既不经济,又影响混凝土质量。

2)施工配制强度

为使泵送混凝土强度保证率满足混凝土结构规定的要求，在进行配合比设计时，必须使泵送混凝土的配制强度$f_{cu,0}$高于设计要求的强度$f_{cu,k}$。$f_{cu,0}$应比$f_{cu,k}$高多少，不但与保证率有关，还与施工控制水平有关。由于各规范所要求的保证率不同，计算施工配制强度应根据有关混凝土规定进行。

3)混凝土可泵性

混凝土可泵性是满足泵送工艺要求的一项重要条件，它与水泥用量、石子大小和颗粒级配、水灰比以及外加剂的品种与掺量等因素有密切的关系。从实际操作角度来看，使用碎石类材料的干硬性混凝土根本不能使用混凝土泵输送。因为泵送混凝土的施工工艺与非泵送混凝土不同，所以配制泵送混凝土必须具有可泵性。

由混凝土的可泵性来确定混凝土的配合比，就是根据原材料的质量、泵送距离、泵的种类、输送管的管径、浇筑方法和气候条件等来确定配合比。泵送混凝土配合比设计，应符合国家现行标准《普通混凝土配合比设计规程》(JGJ 55—2011)、《混凝土结构工程施工质量验收规范》(GB 50204—2015)、《混凝土强度检验评定标准》(GB 50107—2010)和《预拌混凝土》(GB/T 14902—2012)中的有关规定。并应根据混凝土原材料、混凝土的泵送距离、混凝土泵种类、输送管径、施工气温等具体施工条件进行试配。必要时，应通过试泵送来最后确定泵送混凝土的配合比。

泵送混凝土的配合比设计，主要是确定混凝土的可泵性、选择混凝土拌和物的坍落度、选择水灰比、确定最小水泥用量、确定适宜的砂率、选择外加剂与粉煤灰。

如上所述，对混凝土可泵性有关因素考虑不周，将会引起拌制的混凝土不能泵送。因此，在进行配合比设计时，必须考虑以下几个主要问题。

## 一、混凝土的可泵性

在常规混凝土的施工中，混凝土工作性的好坏是用和易性表示的；在泵送混凝土施工中，混凝土可泵送性能的好坏是用可泵性表示的。混凝土的可泵性，即混凝土拌和物在泵送过程中，不离析、黏塑性良好、摩擦阻力小、不堵塞、能顺利沿管道输送的性能。

目前，可泵性尚没有确切的表示方法，一般可用压力泌水仪试验结合经验进行控制，即以其10s时的相对压力泌水率$S_{10}$不超过40%，此种混凝土拌和物是可以泵送的。

相对泌水率$S_{10}$可按下式计算：

$$S_{10}=\frac{V_{10}}{V_{140}} \tag{10-1}$$

式中：$S_{10}$——混凝土拌和物加压至10s时的相对泌水率(%)，$S_{10}$取三次试验结果的平均值，精确到1%；

$V_{10}$、$V_{140}$——混凝土拌和物加压10s和140s时的泌水量(mL)，$V_{10}$、$V_{140}$均取三次试验结果的平均值，精确到整数位。

压力泌水试验是检验混凝土拌和物可泵性好坏的有效方法。混凝土拌和物在管道中于压力推动下进行输送时，水是传递压力的媒介，如果在泵送过程中，由于管道中压力梯度大或管道弯曲、变径等出现“脱水现象”，水分通过集料间的空隙渗透，而使集料聚结而引起阻塞。

在泌水试验中发现，对于任何坍落度的混凝土拌和物，开始10s内的出水速度很快，140s以后泌出水的体积很小，因而$V_{10}/V_{140}$可以代表混凝土拌和物的保水性能，也反映阻止拌和水在压力作用下渗透流动的内阻力。$V_{10}/V_{140}$的值越小，表明混凝土拌和物的可泵性越好；反之，则表明可泵性不良。

## 二、坍落度的选择

泵送混凝土坍落度，是指混凝土在施工现场泵送前的坍落度。普通方法施工的混凝土坍落度，是根据振捣方式确定的；而泵送混凝土的坍落度，除要考虑振捣方式外，还要考虑其可泵性，也就是要求泵送效率高、不堵塞、混凝土泵机件的磨损小。泵送混凝土试配时要求的坍落度值应按下式初步计算：

$$T_1 = T_V + \Delta T \tag{10-2}$$

式中：$T_1$——试配时混凝土要求的坍落度；

$T_V$——混凝土入泵时要求的坍落度，参见表 10-1；

$\Delta T$——试验测得在预计时间内的坍落度经时损失。

泵送混凝土的坍落度应当根据工程具体情况而定。如水泥用量较少，坍落度应当相应减小；用布料杆进行浇筑，或管路转弯较多时，由于弯管接头多，压力损失大，宜适当加大坍落度；向下泵送时，为防止混凝土因自身下滑而引起堵管，坍落度宜适当减小；向上泵送时，为避免过大的倒流压力，坍落度也不宜过大。

在选择泵送混凝土的坍落度时，首先应满足《混凝土结构工程施工质量验收规范》（GB 50204—2015）的规定，另外还应满足泵送混凝土的流动性要求，并考虑泵送混凝土在运输过程中的坍落度损失。我国规定泵送混凝土入泵压送前的坍落度选择范围，可参考表 10-1。

**泵送混凝土的坍落度** 表 10-1

| 泵送高度（m） | <30 | 30～60 | 60～100 | >100 |
|---|---|---|---|---|
| 坍落度（cm） | 10～14 | 14～16 | 16～18 | 18～20 |

坍落度过小的混凝土拌和物，泵送时吸入混凝土缸较困难，即活塞后退汲吸混凝土时，进入缸内的拌和料数量少，也就使充盈系数小，影响泵送效率。这种混凝土拌和物进行泵送时摩擦阻力大，要求用较大的泵送压力。若用较高在泵送压力，必然使分配阀、输送管、液压系统等的磨损增加，如处理不当还会产生堵塞。坍落度过大的混凝土拌和物，在管道中滞留时间长，则泌水就多，容易因产生离析而形成阻塞。

美国混凝土协会 304 委员会认为，泵送混凝土的坍落度以 5～25cm 为宜，小于 5cm 易阻塞，大于 25cm 易离析。澳大利亚悉尼大学的 Roper H 认为，坍落度小于 6cm 的混凝土，一般不宜泵送。日本规定泵送混凝土的坍落度，振捣时以 5～15cm 为宜，不振捣时以 5～21cm 为宜。

我国在制定《混凝土泵送施工技术规程》（JGJ/T 10—2011）时，曾进行过广泛的调查，对当时应用泵送混凝土较多的上海、北京、广东等地高层建筑采用混凝土泵送施工所采用的坍落度做过统计分析，最后在规程中推荐了按不同泵送高度入泵时混凝土坍落度，见表 10-2。

**不同泵送高度入泵时混凝土坍落度选用值** 表 10-2

| 泵送高度（m） | <30 | 30～60 | 60～100 | >100 |
|---|---|---|---|---|
| 坍落度（mm） | 100～140 | 140～160 | 160～180 | 180～200 |

在一般情况下，泵送混凝土的坍落度，可按国家《混凝土结构工程施工质量验收规范》（GB 50204—2015）中的规定选用，对普通集料配制的混凝土以 80～180mm 为宜，对轻集料配

制的混凝土以大于180mm为宜。

当采用预拌混凝土时,混凝土拌和物经过运输坍落度会有一定损失,为了能准确达到入泵时规定的坍落度,在确定预拌混凝土生产出料的坍落度时,必须考虑上述运输时的坍落度损失。根据规程规定,混凝土拌和物的经时坍落度损失值,可参考表10-3。

**混凝土拌和物经时坍落度损失值** 表10-3

| 大气温度(℃) | 10~20 | 20~30 | 30~35 |
|---|---|---|---|
| 混凝土拌和物经时坍落度损失值(掺粉煤灰和木钙,经过1h)(mm) | 5~25 | 25~35 | 25~35 |

注:掺粉煤灰与其他外加剂时,坍落度经时损失值可根据施工经验确定,无施工经验时,应通过试验确定。

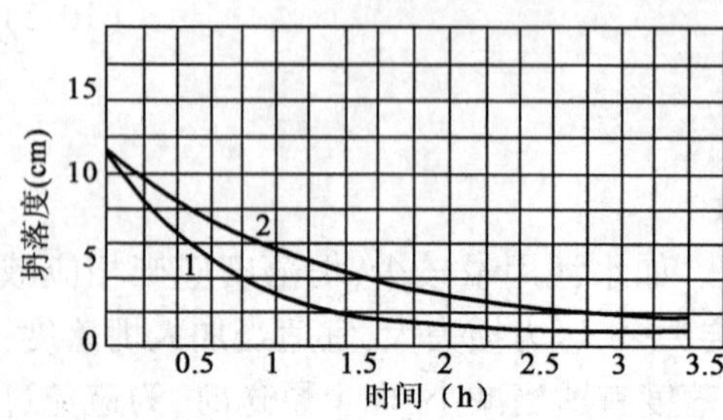


图10-6 夏天及冬天泵送混凝土坍落度与时间关系

注:1. 曲线1为夏天(33~35℃)混凝土坍落度与时间关系,混凝土初温为30℃,初测坍落度为10.5cm。曲线2为冬天(11~15℃)混凝土坍落度与时间关系,混凝土初温为14℃,初测坍落度为10.5cm;

2. 混凝土强度等级为C25。

混凝土泵的工作压力,一般是随着混凝土拌和物坍落度的减小而增大,而泵送混凝土的坍落度又随着时间的延长而减小。坍落度损失的速度,初期较快,后期缓慢,气温高较快,气温低较慢,如图10-6所示。此外,影响坍落度损失的其他因素还有:水泥品种、单位用水量及水灰比、集料级配及含砂率、掺和料和外加剂等。

实际上混凝土拌和完毕到泵送,通常需要运输一定距离和停放一段时间,故掌握泵送混凝土初始坍落度的变化与时间的关系,对泵送是十分重要的。为了保持混凝土原有的坍落度,控制坍落度的损失,配制泵送混凝土用的减水剂,可采用后掺入方法。后掺入法能较好地解决运输和停施过程中坍落度损失问题,而硬化后混凝土强度和耐久性,仍达到或超过不掺减水剂的混凝土水平。

由以上可以看出,在每种具体泵送的情况下,都存在着一个最佳的坍落度值。根据上海宝钢泵送混凝土施工经验,坍落度值为10~13cm比较适宜。施工实践表明,所设计的坍落度为以上值的混凝土拌和物,在泵送时排出压力一般为6~7MPa,都在混凝土泵的技术性能(排出压力10~15MPa)允许范围之内。

## 三、砂率的选择

在泵送混凝土配合比中除单位水泥用量外,砂率对于泵送混凝土的泵送性能也非常重要。这是因为形成水砂浆后,在混凝土泵送过程中主要起到以下效应。

(1)粗集料被水泥砂浆所包裹,使输送管道内壁形成水泥砂浆润滑层,所以混凝土拌和物能在管道中被压送。

(2)由于泵送混凝土拌和物经过输送管道的锥形管、弯管和软管等部位时,混凝土颗粒间的相对位置将会发生一定变化,如果水泥砂浆(砂率过小)体量不足,就会很容易产生堵塞。

(3)对坍落度较大的混凝土,其坍落度值却随着砂率的增加而增大。

(4)比较高的砂率是保证大流动性混凝土不离析、少泌水及具有良好成型和运输性能的必要条件。因此,泵送混凝土的砂率比非泵送混凝土的高。

虽然适量增大砂率是改善混凝土可泵性的有效方法,但砂率过大不仅会使混凝土的用水量增加,而且还将影响硬化混凝土的技术性能。因此,在保证混凝土强度、耐久性和可泵性的前提下,尽量选择水泥用量最小的砂率,即混凝土最佳砂率。

混凝土最佳砂率,即在保证混凝土强度、耐久性和可泵性的情况下,水泥用量最小时的砂率。影响砂率的因素很多,主要有:集料的粒径(粒径增大砂率降低)、粗集料的种类(碎石比卵石的砂率大)、细集料的粗细(细砂比粗砂的砂率大)和水泥用量(水泥用量大砂率则低)等。目前国外配制泵送混凝土多采用通过 0.3mm 筛孔的细颗粒不小于 15% 的中砂,当水灰比在 0.40 ~ 0.90 时,砂率一般控制在 41% ~ 45%。

根据我国近年一些工程的施工经验,对于配制一般泵送混凝土,其砂率控制在 37% ~ 46% 范围内。如武汉国际贸易大厦,砂率为 37% ~ 39%;南京金陵饭店,砂率为 40%;上海宝山钢铁总厂,砂率为 43%。对于高强泵送混凝土(C60 以上),其砂率控制在 33% ~ 36% 范围内。如武汉世界贸易大厦,砂率为 34% ~ 36%;青岛中银大厦,砂率为 34%;南京邮电大楼,砂率为 33%。

## 四、水灰比的选择

泵送混凝土的水灰比主要受施工的控制,比理想水灰比大。一般说来,水灰比大有利于混凝土拌和物的泵送,但对混凝土硬化后的强度和耐久性有重大影响。因此,泵送混凝土水灰比的选择,既要考虑混凝土拌和物的可泵性,又要满足混凝土强度和耐久性的要求。

有关试验证明,水灰比与泵送混凝土在输送管中的流动阻力有关。如图 10-7 所示为伊德测定的不同水灰比的混凝土拌和物在输送管中流动时的阻力,从图中可以清楚地看出,混凝土拌和物的流动阻力随着水灰比的减小而增大,其临界水灰比约为 0.45。当水灰比低于 0.45 时,流动阻力显著增大;当水灰比大于 0.60 时,流动阻力虽然急剧减小,但混凝土拌和物易于离析,反而使混凝土拌和物的可泵性恶化。

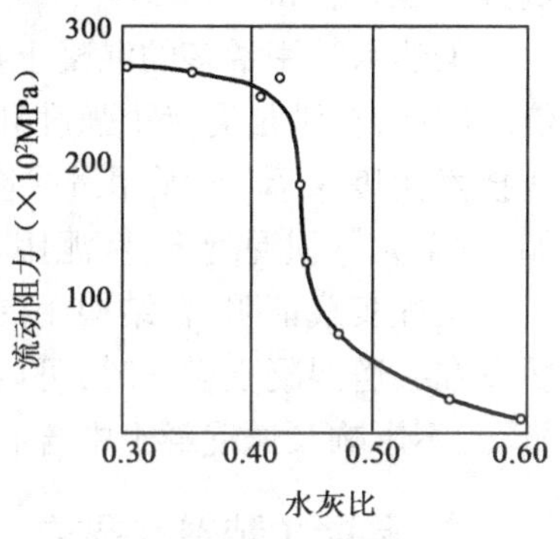

图 10-7　水灰比对混凝土拌和物流动阻力的影响

从工程实践来看,上海市使用的泵送混凝土,其水灰比在 0.46 ~ 0.60 之间;北京市一般掌握在 0.50 ~ 0.55 之间;广东省编制的《高层建筑一次泵送混凝土法》中,推荐适宜的水灰比为 0.45 ~ 0.50。我国在《混凝土泵送施工技术规程》(JGJ/T 10—2011)中规定,泵送混凝土的水灰比宜为 0.40 ~ 0.60。但是,对于高强泵送混凝土,水灰比应适当减小。如 C60 泵送混凝土,水灰比可控制在 0.30 ~ 0.35;C70 泵送混凝土,水灰比可控制在 0.29 ~ 0.32;C80 泵送混凝土,水灰比可控制在 0.27 ~ 0.29。

从以上数据可以看出,水灰比、强度指标和混凝土可泵性之间,实际上存在着互相制约的因素。因此,泵送混凝土配合比设计在某种意义上,最重要的是根据试配强度和可泵性来选择水灰比值。为了保证泵送混凝土具有必需的可泵性和硬化后的强度,可以采用掺加减水剂的方法来提高混凝土的流动性。减水剂掺量很小,仅为水泥用量的千分之几,但在同样水灰比的条件下,能使混凝土拌和物的流动性大幅度增加,而且不会给混凝土结构物带来不利的影响。

## 五、最小水泥用量的限制

传统的混凝土施工,水泥用量是根据混凝土的强度和水灰比确定的。而在泵送混凝土施工中,除必须满足混凝土的强度要求外,还必须满足混凝土拌和物可泵性的要求。因为泵送混凝土是用水泥浆或灰浆润滑管壁的。为了克服输送管道内的摩擦阻力,必须有足够的水泥砂浆包裹集料表面和润滑管壁,这就要求对泵送混凝土有最小水泥用量的限制。

瑞典水泥与混凝土研究院的 Jonanssont A 等,用粒径 16mm 的天然砾石作为集料,进行了水泥用量的对比试验。试验结果证明:最小水泥用量为 250kg/m$^3$,最优水泥用量为 320kg/m$^3$。在最优水泥用量时,不仅泵送压力低(即摩擦阻力小),而且混凝土缸的活塞后退汲吸混凝土拌和物时,混凝土缸充满程度高。

最小水泥用量与泵送距离、集料种类、输送管直径、泵送压力等因素有关。英国规定,泵送混凝土的最小水泥用量为 300kg/m$^3$;美国规定为 213kg/m$^3$。根据我国的工程实践,对于普通泵送混凝土最小水泥用量多为 280 ~ 300kg/m$^3$;对于轻集料混凝土多为 310 ~ 360kg/m$^3$。日本根据毛见虎雄提供的试验结果,在泵送混凝土施工规程中,对最小水泥用量做出了表 10-4 中的规定。

**普通泵送混凝土的最小水泥用量(kg/m$^3$)** 表 10-4

| 输送管名义尺寸 | | | 水平换算距离(m) | | |
|---|---|---|---|---|---|
| 100A(4B) | 125A(5B) | 150A(6B) | 小于 60 | 16 ~ 150 | 大于 150 |
| 300 | 290 | 280 | 280 | 290 | 300 |

由以上综合分析,根据我国泵送混凝土的施工水平,我国规定:泵送混凝土的最小水泥用量宜为 300kg/m$^3$。

虽然水泥用量多的混凝土拌和物具有良好的可泵送,但水泥用量过多必然会提高工程造价。因此,在满足混凝土强度和泵送要求的前提下,单位体积混凝土的水泥用量越少越经济。从技术角度来看,水泥用量多少不仅仅是一个经济问题,而且还是具有技术要求的问题。例如,对于大体积混凝土,水泥用量少可以减少由于水化热过大引起开裂的危险性。

工程实践证明,在结构用混凝土中水泥用量增加过多,会导致混凝土干缩的增大和开裂。所以在泵送混凝土设计时,可以采用一部分掺和料(如粉煤灰)替代水泥,这样既降低水泥用量,又不影响泵送混凝土中含有必要的细粉料量,完全可以满足混凝土的泵送性。

## 六、混凝土黏聚性要求

按确定的配合比所拌制的混凝土应具有良好的黏聚性。如果黏聚性不良,易产生离析现象,压送过程中易发生输送管道的堵塞。为保证混凝土具有良好的可泵性,有离析现象的混凝土不能进入混凝土输送泵受料斗,应及时调整混凝土的配合比,改善其黏聚性,使其达到泵送的要求。

## 七、参考配合比

表 10-5 列出了未掺加粉煤灰泵送混凝土配合比,表 10-6 中列出了掺加粉煤灰泵送混凝土配合比,供配合比设计施工参考。

**未掺加粉煤灰泵送混凝土配比** 表 10-5

| 序号 | 碎石粒(mm) | 配合比(%) | | | 1m$^3$ 混凝土用料(kg) | | | | | 坍落度(cm) |
|---|---|---|---|---|---|---|---|---|---|---|
| | | 水灰比 | 砂率 | 木钙含量 | 水泥 | 砂 | 石子 | 木钙 | 水 | |
| 1 | 5 ~40 | 0.715 | 44.0 | 0.25 | 268 | 854 | 1 036 | 0.670 | 192 | 11 ~13 |
| 2 | 5 ~40 | 0.620 | 43.0 | 0.25 | 310 | 816 | 1 082 | 0.775 | 192 | 11 ~13 |

续上表

| 序号 | 碎石粒(mm) | 配合比(%) | | | 1m³ 混凝土用料(kg) | | | | | 坍落度(cm) |
|---|---|---|---|---|---|---|---|---|---|---|
| | | 水灰比 | 砂率 | 木钙含量 | 水泥 | 砂 | 石子 | 木钙 | 水 | |
| 3 | 5～40 | 0.548 | 42.0 | 0.25 | 350 | 780 | 1 078 | 0.875 | 192 | 11～13 |
| 4 | 5～40 | 0.515 | 45.0 | 0.25 | 282 | 861 | 1 055 | 0.705 | 202 | 11～13 |
| 5 | 5～40 | 0.620 | 44.0 | 0.25 | 326 | 825 | 1 047 | 0.815 | 202 | 11～13 |
| 6 | 5～40 | 0.548 | 43.0 | 0.25 | 369 | 786 | 1 043 | 0.992 | 202 | 11～13 |

注:1. 水泥的用量为 $C$,水的用量为 $W$,粉煤灰的用量为 $F$,砂的用量为 $S$,石子的用量为 $G$,木钙的用量为 $M$-Ca。
2. 水灰比为 $W/C$,木钙含量为 $M$-Ca/$C$。

**掺加粉煤灰泵送混凝土配合比** 表 10-6

| 序号 | 碎石粒径(mm) | 配合比(%) | | | | 每 1m³ 混凝土用料(kg) | | | | | | 坍落度(cm) |
|---|---|---|---|---|---|---|---|---|---|---|---|---|
| | | 水胶比 | 砂率 | 粉煤灰含量 | 木钙含量 | 水泥 | 砂 | 石子 | 木钙 | 粉煤灰 | 水 | |
| 1 | 5～40 | 0.585 | 42.0 | 15 | 0.25 | 291 | 780 | 1 078 | 0.855 | 51 | 200 | 11～13 |
| 2 | 5～40 | 0.521 | 41.0 | 15 | 0.25 | 326 | 745 | 1 071 | 0.960 | 58 | 200 | 11～13 |
| 3 | 5～40 | 0.470 | 40.0 | 15 | 0.25 | 361 | 710 | 1 065 | 1.062 | 64 | 200 | 11～13 |
| 4 | 5～40 | 0.585 | 42.0 | 15 | 0.25 | 305 | 770 | 1 061 | 0.898 | 54 | 210 | 11～13 |
| 5 | 5～40 | 0.521 | 42.0 | 15 | 0.25 | 342 | 750 | 1 037 | 1.007 | 61 | 210 | 11～13 |
| 6 | 5～40 | 0.470 | 41.0 | 15 | 0.25 | 379 | 715 | 1 029 | 1.018 | 67 | 210 | 11～13 |

注:1. 水泥用量为 $C$,水的用量为 $W$,粉煤灰的用量为 $F$,砂的用量为 $S$,石子的用量为 $G$,木钙的用量为 $M$-Ca。
2. 水胶比为 $W/(C+F)$,粉煤灰含量为 $F/(C+F)$,木钙含量为 $M$-Ca/$(C+F)$。

## 第三节　泵送混凝土常用设备的选择、布置及要求

### 一、混凝土泵的选型和布置

混凝土泵是泵送混凝土的核心设备,根据驱动方式不同,混凝土泵又分为挤压式、活塞式和气压式(风动式)三类;活塞式又可分为机械式和液压式两种,由于机械式比较笨重,已逐渐被液压式所代替。

1. 混凝土泵的选型

混凝土泵的选型,应根据混凝土工程特点、要求的最大输送距离、最大输送出量及混凝土浇筑计划确定,参见本书第二章第五节所述。

2. 混凝土泵送计算

1)混凝土泵的排量计算

挤压式混凝土泵的排量,与泵体转子的回转半径、回转速度和挤压胶管的管径有关,也受容积效率的影响,可按下式计算:

$$Q = 2\pi^2 R_a a^2 \bar{n} \eta' \tag{10-3}$$

式中:$Q$——挤压式混凝土泵的最大排量($m^3/h$);

$R_a$——转子的有效回转半径(m)；

$a$——挤压胶管的半径(m)；

$\bar{n}$——转子的平均回转速度(r/h)；

$\eta'$——容积效率系数，一般取0.85。

2)输出量的计算

混凝土泵的主要技术参数是其压送能力，它是以单位时间内最大输出量($m^3/h$)和最大输送距离来表示的。这些技术参数一般在混凝土泵的技术资料中标明，这也是在标准条件下所能达到的最高限额。然而，在实际施工中，混凝土泵或泵车的输出量与输送距离有关，输送距离增大，实际的输出量就要降低，也就是最大输出量和最大输送距离不可能同时达到。因此，对施工中所能达到的实际输出量必须进行计算，这才是我们实际组织泵送施工需要的数据，才能用该值计算工程中混凝土泵的数量，然后进行布置。实际输出量 $Q_A$ 可按下式计算：

$$Q_A = Q_{max}\alpha\eta \tag{10-4}$$

式中：$Q_A$——混凝土的实际平均输出量($m^3/h$)；

$Q_{max}$——混凝土的最大输出量($m^3/h$)；

$\alpha$——配管条件系数，见表10-7；

$\eta$——作业系数，根据混凝土运输车与混凝土泵供料的间断时间，拆装输送管和布料停歇等情况，一般取0.5~0.7。

**配管条件系数** 表10-7

| 水平换算的泵送距离(m) | α值 | 水平换算的泵送距离(m) | α值 | 水平换算的泵送距离(m) | α值 |
|---|---|---|---|---|---|
| 0~49 | 1.0 | 100~149 | 0.8~0.7 | 180~199 | 0.6~0.5 |
| 50~99 | 0.9~0.8 | 150~179 | 0.7~0.6 | 200~249 | 0.5~0.4 |

3)输送距离的计算

混凝土泵的最大水平输送距离，可按下列方法之一确定。

(1)由试验确定。

(2)根据混凝土泵(液压活塞式泵)的最大出口压力、配管情况、混凝土性能指标和输出量，按式(10-5)和式(10-6)计算。

$$L_{max} = \frac{P_{max}}{\Delta P_H} \tag{10-5}$$

$$\Delta P_H = \frac{2}{r_0}\left[K_1 + K_2\left(1 + \frac{t_2}{t_1}\right)V_2\right]\alpha_2 \tag{10-6}$$

$$K_1 = (3.00 - 0.1)\cdot 10^2 \tag{10-7}$$

$$K_2 = (4.00 - 0.1)\cdot 10^2 \tag{10-8}$$

式中：$L_{max}$——混凝土泵的最大水平输送距离(m)；

$P_{max}$——混凝土泵的最大出口压力(Pa)；

$\Delta P_H$——混凝土在水平输送管内流动每米产生的压力损失(Pa/m)；

$r_0$——混凝土输送管半径(m)；

$K_1$——黏着系数(Pa)；

$K_2$——速度系数(Pa/m/s)；

$t_2/t_1$——混凝土泵分配阀切换时间与活塞推压混凝土时间之比，一般取0.3；

$V_2$——混凝土拌和物在输送管内的平均流速(m/s)；

$\alpha_2$——径向压力与轴向压力之比，对普通混凝土取0.90。

注：$\Delta P_H$ 值亦可用其他方法确定，且宜通过试验验证。

(3)参照产品的性能表(曲线)确定。

3. 混凝土泵的泵送能力

混凝土泵的泵送能力，根据具体施工情况可按下列方法之一进行验算，同时应符合产品说明中的有关规定。

(1)按表10-8计算的配管整体水平换算长度，应不超过本节一、2.3)条确定的最大水平泵送距离。

**混凝土输送管的水平换算长度** 表10-8

| 类 别 | 单 位 | 规 格 | | 水平换算长度(m) |
|---|---|---|---|---|
| 向上垂直管 | m | 100mm | | 3 |
| | | 125mm | | 4 |
| | | 150mm | | 5 |
| 锥形管 | 根 | 175→150mm | | 4 |
| | | 150→125mm | | 8 |
| | | 125→100mm | | 16 |
| 弯管 | 根 | 90° | $R=0.5$m | 12 |
| | | | $R=1.0$m | 9 |
| 软管 | 每5~8m长的1根 | | | 20 |

注：1. $R$ 为曲率半径。

2. 弯管的弯曲角度小于90°时，需将表列数值乘以该角度与90°角的比值。

3. 向下垂直管，其水平换算长度等于其自身长度。

4. 斜向配管时，根据其水平及垂直投影长度，分别按水平、垂直配管计算。

(2)按表10-9换算的总压力损失，应小于混凝土泵正常工作时的最大出口压力。

**混凝土泵送的换算压力损失** 表10-9

| 管件名称 | 换算量 | 换算压力损失(MPa) |
|---|---|---|
| 水平管 | 20m | 0.10 |
| 垂直管 | 5m | 0.10 |
| 45°弯管 | 只 | 0.05 |
| 90°弯管 | 只 | 0.10 |
| 管道接环(管卡) | 只 | 0.10 |
| 管路截止阀 | 个 | 0.80 |
| 3.5m橡皮软管 | 根 | 0.20 |

注：附属于泵体的换算压力损失：Y形管175→125mm，0.05MPa；每个分配阀，0.80MPa；每台混凝土泵起动内耗，2.80MPa。

4. 混凝土泵的台数确定

混凝土泵的台数，可根据混凝土浇筑数量、单机的实际平均输出量和施工作业时间，按下式计算：

$$N_2 = \frac{Q}{Q_1 \cdot T_0} \tag{10-9}$$

式中：$N_2$——混凝土泵数量（台）；

$Q$——混凝土浇筑数量（$m^3$）；

$Q_1$——每台混凝土泵的实际平均输出量（$m^3/h$）；

$T_0$——混凝土泵送施工作业时间（h）。

重要工程的混凝土泵送施工，混凝土泵的所需台数，除根据计算确定外，宜有一定的备用台数。

5. 混凝土泵的布置

混凝土泵或泵车在现场的布置，要根据工程的轮廓形状、混凝土工程量分布、地形和交通条件等确定。在具体布置时，应考虑以下因素。

(1) 混凝土泵设置处，应场地平整坚实，道路畅通，供料方便，接近排水设施和供水、供电方便。

(2) 混凝土泵应尽量靠近浇筑地点，一是便于配管，二是方便运输。

(3) 为保证混凝土泵连续工作，每台泵的料斗周围最好能同时停放两辆混凝土搅拌运输车，或者能使其快速交替。

(4) 多台泵同时浇筑时，各泵选定的位置要使其各自承担的浇筑量相近，最好能同时浇筑完毕。

(5) 为使混凝土泵能在最优泵送压力下作业，如输送距离超过最大泵送距离，最好考虑设置中继泵。

(6) 当高层建筑采用接力泵泵送混凝土时，接力泵的设置位置应使上、下泵的输送能力匹配。设置接力泵的楼面应验算其结构所能承受的荷载，必要时应采取加固措施。

(7) 为便于混凝土泵的清洗，其位置最好靠近供水管道和排水设施。

(8) 为保证施工安全，在混凝土泵和泵车的作业范围内，不得有高压线等障碍物。

(9) 要考虑防火、防爆等。

(10) 混凝土泵转移运输时的安全要求，应符合产品说明书及有关标准的规定。

## 二、输送管和配管设计

1. 输送管

1) 输送管的选择

混凝土输送管包括直管、锥形管、弯管和软管。输送管的材料有低合金管、铝合金管、钢管及金属丝绕制橡胶管等。目前建筑工程施工中应用的混凝土输送管，多为壁厚 2mm 的电焊钢管，使用寿命约为 15 000 ~ 20 000$m^3$；或者用壁厚 4.5mm、5.0mm 高压无缝钢管。软管多为橡胶软管，是用螺旋状钢丝加固，外包橡胶用高温压制而成，具有柔软、质轻的特性，但使用寿命一般为 3 000 ~ 5 000$m^3$。锥形管和弯管多用拉拔钢管制成，常用规格管径为 100mm、125mm 和 150mm。选择输送管，关键在于输送管直径的选择，它取决于：粗集料的最大粒径；要求的混凝土输送量和输送距离；泵送的难易程度；混凝土泵的型号。在满足使用要求的前提下，选用小管径的输送管有以下优点。

(1) 末端用软管布料时，小直径输送管质量轻，搬运比较方便。

(2)泵送混凝土拌和物产生泌水时,在小直径管中产生离析的可能性较小。

(3)在正式泵送前,润滑管壁所用的材料较少。

(4)输送管的购置费用低,可以降低工程造价。

目前,国内常用的输送管,多数直径为100mm、125mm和150mm,相应的英制管径为4B、5B和6B,其中以125mm应用的最多。

2)混凝土输送管的敷设

(1)管道敷设的原则。管道敷设的原则是路线短、弯道少、接头严密。常见敷设方法如图10-8所示。

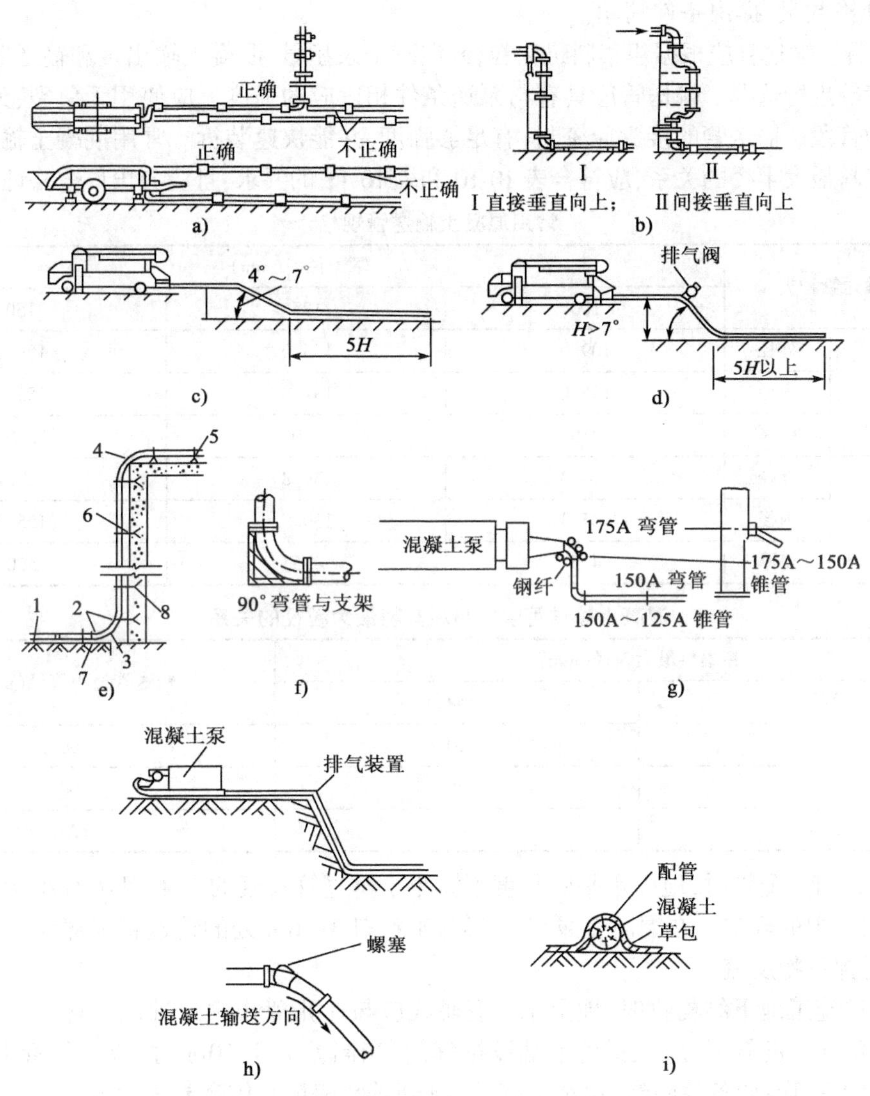


图10-8 泵送管道敷设示意图

a)水平输送管道;b)垂直泵送管道;c)4°~7°下料管道;d)大于7°下料管道;e)输管支架;f)直立90°弯管固定支架;g)泵机出口转弯处的弯管及锥形管用插入地下的钢纤固定示意图;h)排气装置的安装;i)夏季泵送施工时用淋湿草袋覆盖在输送管上

1-地面水平管支架;2-45°弯管;3-直管一段;4-弯管;5-楼层水平支架;6-螺栓紧固在预埋件上;7-基础块;8-建筑物

(2)混凝土输送管输送距离水平长度换算。各种管道的内阻力不同,会造成较大的压力损失,因此在计算混凝土输送距离时,要换算成水平直管状态的输送距离,可参考表10-8进行换算。

2.配管设计

(1)混凝土输送管,应根据工程和施工场地特点、混凝土浇筑方案进行配管。宜缩短管线长度,少用弯管和软管。输送管的铺设应保证安全施工,便于清洗管道、排除故障和装拆维修。

(2)在同一条管线中,应采用相同管径的混凝土输送管;同时采用新、旧管段时,应将新管布置在泵送压力较大处;管线宜布置得横平竖直。应绘制布管简图,列出各种管件、管连接环、弯管等的规格数量,提出备件清单。

(3)混凝土输送管应根据粗集料最大粒径、混凝土泵型号、混凝土输出量和输送距离以及输送难易程度等进行选择。输送管应具有与泵送条件相适应的强度。应使用无龟裂、无凹凸损伤和无弯折的管段。输送管的接头应密封,有足够强度,并能快速装拆。常用混凝土输送管规格,管径与粗集料最大半径的关系,应符合表10-10和表10-11的要求,且应有出厂合格证。

**常用混凝土输送管规格** 表10-10

| 混凝土输送管种类 | | 管径 (mm) | | |
|---|---|---|---|---|
| | | 100 | 125 | 150 |
| 有缝钢管 | 外径 | 109.0 | 135.0 | 159.2 |
| | 内径 | 105.0 | 131.0 | 155.2 |
| | 壁厚 | 2.0 | 2.0 | 2.0 |
| 高压钢管 | 外径 | 114.3 | 139.8 | 165.2 |
| | 内径 | 105.3 | 130.5 | 155.2 |
| | 壁厚 | 4.5 | 4.5 | 5.0 |

**混凝土输送管管径与粗集料最大粒径的关系** 表10-11

| 粗集料最大粒径(mm) | | 输送管最小管径(mm) |
|---|---|---|
| 卵石 | 碎石 | |
| 20 | 20 | 100 |
| 25 | 25 | 100 |
| 40 | 40 | 125 |

(4)垂直向上配管时,地面水平管长度不宜小于垂直管长度的1/4,且不宜小于15m;或遵守产品说明书中的规定。在混凝土泵机Y形管出料口3~6m处的输送管根部应设置截止阀,以防混凝土拌和物反流。

(5)泵送施工地下结构物时,地上水平管轴线应与Y形管出料口轴线垂直。

(6)倾斜向下配管时,应在斜管上端设排气阀;当高差大于20m时,应在斜管下端设5倍高差长度的水平管;如条件限制,可增加弯管或环形管,满足5倍高差长度要求。

(7) 混凝土输送管的固定,不得直接支承在钢筋、模板及预埋件上,并应符合下列规定。

①水平管宜每隔一定距离用支架、台垫、吊具等固定,以便于排除堵管、装拆和清洗管道。

②垂直管宜用预埋件固定在墙和柱或楼板顶留孔处。在墙及柱上每节管不得少于1个固定点;在每层楼板预留孔处均应固定。

③垂直管下端的弯管,不应作为上部管道的支撑点。宜设钢支撑承受垂直管质量。

④当垂直管固定在脚手架上时，根据需要可对脚手架进行加固。

⑤管道接头卡箍处不得漏浆。

(8)炎热季节施工，宜用湿罩布、湿草袋等遮盖混凝土输送管，避免阳光照射。

(9)严寒季节施工，宜用保温材料包裹混凝土输送管，防止管内混凝土受冻，并保证混凝土的入模温度。

(10)当水平输送距离超过200m，垂直输送距离超过40m，输送管垂直向下或斜管前面布置水平管，混凝土拌和物单位水泥用量低于300kg/m$^3$时，必须合理选择配管方法和泵送工艺，宜用直径大的混凝土输送管和长的锥形管，少用弯管和软管。

(11)当输送高度超过混凝土泵的最大输送距离时，可用接力泵(后继泵)进行泵送。接力泵出料的水平管长度应符合本节二、2(4)条的规定，且应设置一个容量约1m$^3$，带搅拌装置的储料斗。

(12)应定期检查管道特别是弯管等部位的磨损情况，以防爆管。

### 三、配置布料设备的要求

(1)应根据工程结构特点、施工工艺、布料要求和配管情况等，选择布料设备。

(2)应根据结构平面尺寸、配管情况和布料杆长度，布置布料设备，且其应能覆盖整个结构平面，并能均匀、迅速地进行布料。

(3)布料设备应安设牢固和稳定。

混凝土布料杆的性能见本书第二章第五节三、3所述。

## 第四节　泵送混凝土的供应

### 一、一般规定

(1)泵送混凝土的供应，应符合国家现行标准《混凝土结构工程施工质量验收规范》(GB 50204—2015)的要求。并应根据施工进度需要，编制泵送混凝土供应计划，加强通信联络、调度，确保连续均匀供料。

(2)泵送混凝土宜采用预拌混凝土；也可在现场设搅拌站，供应泵送混凝土；不得采用手工搅拌的混凝土进行泵送。

(3)商品混凝土的供应办法，应符合国家现行标准《预拌混凝土》(GB/T 14902—2012)的有关规定；自拌混凝土的供应手续，可根据实际情况确定。

(4)泵送混凝土的交货检验，应在交货地点，按国家现行标准《预拌混凝土》(GB/T 14902—2012)的有关规定，进行交货检验；现场拌制的泵送混凝土供料检验，宜按国家现行标准《预拌混凝土》(GB/T 14902—2012)的有关规定执行。

(5)在寒冷地区冬期拌制泵送混凝土时，除应满足《混凝土结构工程施工质量验收规范》(JGJ 50204—2015)的规定外，尚应制定冬期施工措施。

### 二、泵送混凝土的拌制

(1)泵送混凝土的拌制，在原材料的计量精度、质量控制、搅拌延续时间等方面，与普通混凝土基本相同。

(2)拌制泵送混凝土的搅拌站(楼),应符合国家现行标准《混凝土搅拌站(楼)》(GB/T 10171—2005)的有关规定。采用的搅拌机应符合国家现行标准《混凝土搅拌机》(GB/T 9142—2000)的规定。

(3)混凝土各种原材料的质量应符合配合比设计要求,并应根据原材料情况的变化及时调整配合比。

(4)拌制泵送混凝土,应严格按设计配合比对各种原材料进行计量,并应符合国家现行标准《预拌混凝土》(GB/T 14902—2012)的有关规定。

(5)混凝土搅拌时其投料次序,除应符合有关规定外,粉煤灰宜与水泥同步;外加剂的添加应符合配合比设计要求,且宜滞后于水和水泥。

(6)泵送混凝土搅拌的最短时间,应按国家现行标准《预拌混凝土》(GB/T 14902—2012)的有关规定执行。

(7)每种配合比的泵送混凝土全部拌制完毕后,应将混凝土搅拌装置清洗干净,并排尽积水。

## 三、泵送混凝土的运送

(1)泵送混凝土宜采用搅拌运输车运送,选用搅拌运输车时可参见本书第二章、第四节二所述内容。

(2)混凝土泵的实际平均输出量,可根据混凝土泵的最大输出量、配管情况和作业效率,按下式计算:

$$Q_1 = Q_{max} \cdot \alpha_1 \cdot \eta \tag{10-10}$$

式中:$Q_1$——每台混凝土泵的实际平均输出量($m^3/h$);

$Q_{max}$——每台混凝土泵的最大输出量($m^3/h$);

$\alpha_1$——配管条件系数。可取0.8~0.9;

$\eta$——作业效率。根据混凝土搅拌运输车向混凝土泵供料的间断时间、拆装混凝土输送管和布料停歇等情况,可取0.5~0.7。

(3)当混凝土泵连续作业时,每台混凝土泵所需配备的混凝土搅拌运输车台数,可按下式计算:

$$N_1 = \frac{Q_1}{60V_1}\left(\frac{60L_1}{S_0} + T_1\right) + C \tag{10-11a}$$

$$Q_1 = Q_{max} \cdot \alpha_1 \cdot \eta \tag{10-11b}$$

式中:$N_1$——每台混凝土泵配备混凝土搅拌运输车台数(台);

$Q_1$——每台混凝土泵的实际平均输出量($m^3/h$);

$Q_{max}$——每台混凝土泵的最大输出量($m^3/h$);

$\alpha_1$——配管条件系数,取0.8~0.9;

$\eta$——作业效率,可取0.5~0.7;

$V_1$——每台混凝土搅拌运输车的容量($m^3$);

$L_1$——混凝土搅拌运输车的往返距离(km);

$S_0$——混凝土搅拌运输车平均行车速度(m/h),一般取30m/h;

$T_1$——每台混凝土搅拌一个周期内的总停歇时间(min);

$C$——考虑其他原因所需增加的混凝土搅拌运输车台数,一般为1~2台。

(4)混凝土搅拌运输车的现场行驶道路,应符合下列规定。

①宜设置循环行车道,并应满足重车行驶要求;

②车辆出入口处,宜设置交通安全指挥人员;

③夜间施工时,在交通出入口和运输道路上,应有良好照明。危险区域,应设警戒标志。

(5)混凝土搅拌运输车装料前,必须将拌筒内积水倒净。运送途中,当坍落度损失过大时,可在符合混凝土设计配合比要求的条件下适量加水。除此之外,严禁往拌筒内加水。

(6)混凝土搅拌运输车在运输途中,拌筒应保持 3~6r/min 的慢速转动。

(7)泵送混凝土运送延续时间:未掺外加剂的混凝土,可按表 10-12 的规定执行;掺木质素磺酸钙时,宜不超过表 10-13 的规定;采用其他外加剂时,可按实际配合比和气温条件测定混凝土的初凝时间,其运输延续时间,不宜超过所测得的混凝土初凝时间的 1/2。

预拌混凝土的运输延续时间亦可按国家现行标准《预拌混凝土》(GB/T 14902—2012)的有关规定执行。

**泵送混凝土允许运输延续时间** 表 10-12

| 混凝土的出机温度(℃) | 允许运输延续时间(min) | 混凝土的出机温度(℃) | 允许运输延续时间(min) |
|---|---|---|---|
| 25~35 | 50~60 | 5~10 | ≤90 |
| 10~25 | 60~90 | | |

**掺木质素磺酸钙时,泵送混凝土运输延续时间(min)** 表 10-13

| 混凝土强度等级 | 气 温 (℃) | |
|---|---|---|
| | ≤25 | >25 |
| ≤C30 | 120 | 90 |
| >C30 | 90 | 60 |

(8)混凝土搅拌运输车给混凝土泵喂料时,应符合下列要求。

①喂料前、中、高速旋转拌筒,使混凝土拌和均匀。

②喂料时,反转卸料应配合泵送均匀进行,且应使混凝土保持在集料斗内高度标志线以上,避免因空气进入泵管引起"空气锁"导致活塞润滑不足而增加磨损。

③中断喂料作业时,应使拌筒低转速搅拌混凝土。

④上述作业,应由本车驾驶员完成,严禁非驾驶人员操作。

⑤混凝土泵进料斗上,应安置网筛并设专人监视喂料,以防粒径过大集料或异物入泵造成堵塞。

(9)严禁将质量不符合泵送要求的混凝土入泵。

(10)混凝土搅拌运输车喂料完毕后,应及时清洗拌筒并排尽积水。

## 第五节 混凝土的泵送与浇筑

### 一、一般规定

(1)模板的设计和保护,应符合下列规定。

①设计模板时,必须根据泵送混凝土对模板侧压力大的特点,确保模板和支架有足够的强度、刚度和稳定性。

②模板的最大侧压力，可根据混凝土的浇筑速度、浇筑高度、密度、坍落度、温度、外加剂等主要影响因素，可按下列两式计算，并取两式中的较小值：

$$F = 0.22\gamma t_0 \beta_1 \beta_2 V^{\frac{1}{2}} \tag{10-12}$$

$$F = 2.5H \tag{10-13}$$

式中：$F$——新浇筑混凝土对模板的最大侧压力（kN/m³）；

$\gamma$——混凝土重度（kN/m³）；

$t_0$——新浇筑混凝土的初凝时间（h），可按实测确定。当缺乏试验资料时，可采用 $t_0 = 200/(T+15)$ 计算（$T$ 为混凝土的温度，℃）；

$V$——混凝土的浇筑速度（m/h）；

$H$——混凝土压力压计算位置处至新浇混凝土顶面的总高度（m）；

$\beta_1$——外加剂影响修正系数，不掺外加剂时取 1.0，掺具有缓凝作用的外加剂时取 1.2；

$\beta_2$——混凝土坍落度修正系数，当坍落度小于 100mm 时，取 1.10；不小于 100mm 时，取 1.15。

③布料设备不得碰撞或直接搁置在模板上，手动布料杆下的模板和支架应加固。

④采用内部振捣器时，新浇筑的混凝土作用于模板的最大侧压力，可按式（10-12）和式（10-13）经计算取两式中的较小值。

（2）钢筋骨架的保护，应符合下列规定。

①手动布料杆应设钢支架架空，不得直接支承在钢筋骨架上。

②板和块体结构的水平钢筋骨架（网），应设置足够的钢筋撑脚或钢支架。钢筋骨架重要节点要采取加固措施。

③浇筑混凝土时，钢筋骨架一旦变形或移位，应及时纠正。

（3）混凝土泵送施工时，应规定联络信号和配备通信设备，可采用有线或无线通信设备等进行混凝土泵、搅拌运输车和搅拌站与浇筑地点之间的通信联络。

（4）寒冷地区冬期进行混凝土泵送施工时，应采取适当的保温措施。

（5）混凝土泵送施工现场，应有统一指挥和调度，以保证顺利施工。

## 二、混凝土的泵送

（1）混凝土泵的安全使用及操作，应严格执行使用说明书和其他有关规定。同时，应根据使用说明书制定专门操作要点。

（2）混凝土泵的操作人员必须经过专门培训合格后，方可上岗独立操作。

（3）泵送混凝土时，应将泵体垫平固定，混凝土泵的支腿应完全伸出，并插好安全销。

（4）在泵送前要逐块、逐件检查，以保证顺利施工和结构的形状、尺寸。同时要检查布料设备，使其不得碰撞或直接放置在模板上，对布料杆下的模板和支撑要适当加固。

（5）在泵送前要认真检查钢筋的位置、规格、根数、绑扎情况，在正式浇筑混凝土之前进行验收，并由监理工程师签字。板和大体积块体结构的水平钢筋骨架（网），应设置足够的钢筋撑脚或钢支架，钢筋骨架重要节点处要采取专门的加固措施。

（6）混凝土泵与输送管连通后，应按所用混凝土泵使用说明书的规定进行全面检查，符合要求后方能开机进行空运转。

（7）混凝土泵启动后，应先泵送适量的水以湿润混凝土泵的料斗、活塞及输送管的内壁等直接与混凝土接触部位。

(8)经泵送水确认混凝土泵和输送管中无异物后,应采用下列方法之一润滑混凝土泵和输送管内壁。

①泵送水泥浆。

②泵送 1:2 水泥砂浆。

③泵送与混凝土内除粗集料外的其他成分相同配合比的水泥砂浆。

润滑用的水泥浆或水泥砂浆应分散布料,不得集中浇筑在同一处。

(9)开始泵送时,混凝土泵应处于慢速、匀速并随时可反泵的状态。泵送速度,应先慢后快,逐步加速。同时,应观察混凝土泵的压力和各系统的工作情况,待各系统运转顺利后,方可以正常速度进行泵送。

(10)混凝土泵送应连续进行。如必须中断时,其中断时间不得超过混凝土从搅拌至浇筑完毕所允许的延续时间。

(11)泵送混凝土时,活塞应保持最大行程运转。

(12)泵送混凝土时,如输送管内吸入了空气,应立即反泵吸出混凝土至料斗中重新搅拌,排出空气后再泵送。

(13)泵送混凝土时,水箱或活塞清洗室中应经常保护充满水。

(14)在混凝土泵送过程中,若需接长 3m 以上(含 3m)的输送管时,仍应预先用水和水泥浆或水泥砂浆,进行湿润和润滑管道内壁。

(15)混凝土泵送过程中,不得把拆下的输送管内的混凝土撒落在未浇筑的地方。

(16)当混凝土泵出现压力升高且不稳定、油温升高、输送管明显振动等异常现象而泵送困难时,不得强行泵送,并应立即查明原因,采取措施排除。

可先用木槌敲击输送管弯管、锥形管等部位,并进行慢速泵送或反泵,防止堵塞。

(17)当输送管被堵塞时,应采取下列方法排除。

①重复进行反泵和正泵,逐步吸出混凝土至料斗中,重新搅拌后泵送。

②用木槌敲击等方法,查明堵塞部位,将混凝土击松后,重复进行反泵和正泵,排除堵塞。

③当上述两种方法无效时,应在混凝土卸压后,拆除堵塞部位的输送管,排出混凝土堵塞物后,方可接管。重新泵送前,应先排除管内空气后,方可拧紧接头。

(18)在混凝土泵送过程中,有计划中断时,应在预先确定的中断浇筑部位,停止泵送;且中断时间不宜超过 1h。

混凝土泵送即将结束时,应正确计算尚需要的混凝土数量,协调供需关系,避免出现停工待料或混凝土多余浪费。尚需混凝土的数量,不可漏计输送管内的混凝土,其数量可参考表 10-14。

**输送管长度与混凝土数量的关系** 表 10-14

| 输送管径 | 100m 输送管内的混凝土量($m^3$) | $1m^3$ 混凝土量的输送管长度(m) |
|---|---|---|
| 100A | 1.0 | 100 |
| 125A | 1.5 | 75 |
| 150A | 2.0 | 50 |

(19)当混凝土泵送出现非堵塞性中断时,应采取下列措施。

①混凝土泵车卸料清洗后重新泵送;或利用臂架将混凝土泵入料斗,进行慢速间歇循环泵

送;有配管输送混凝土时,可进行慢速间歇泵送。

②固定式混凝土泵,可利用混凝土搅拌运输车内的料,进行慢速间歇泵送;或利用料斗内的料,进行间歇反泵和正泵。

③慢速间歇泵送时,应每隔 4 ~ 5min 进行四个行程的正、反泵。

(20)向下泵送混凝土时,应先把输送管上气阀打开,待输送管下段混凝土有了一定压力时,方可关闭气阀。

(21)在混凝土压送过程中,如需要接长输送管,应预先用水泥浆或水对接长管段进行润滑。如果接长管的长度≤3m 时,也可不进行润滑。

(22)泵送过程中,废弃的和泵送终止时多余的混凝土,应按预先确定的处理方法和场所,及时进行妥善处理。

(23)泵送完毕时,应将混凝土泵和输送管清洗干净。

(24)排除堵塞,重新泵送或清洗混凝土泵时,布料设备的出口应朝安全方向,以防堵塞物或废浆高速飞出伤人。

(25)当多台混凝土泵同时泵送或与其他输送方法组合输送混凝土时,应预先规定各自的输送能力、浇筑区域和浇筑顺序。并应分工明确、互相配合、统一指挥。

## 三、泵送混凝土的浇筑

(1)混凝土的浇筑,应预先根据工程结构特点、平面形状和几何尺寸、混凝土制备设备和运输设备的供应能力、泵送设备的泵送能力、劳动力和管理水平,以及施工场地大小、运输道路情况等条件,划分混凝土浇筑区域,明确设备和人员的分工,以保证浇筑结构的整体性和按计划进行浇筑。

混凝土的浇筑应符合国家现行标准《混凝土结构施工质量验收规范》(GB 50204—2015)的有关规定。

(2)混凝土的浇筑顺序,应符合下列规定。

①当采用输送管输送混凝土时,应由远而近浇筑。

②同一区域的混凝土,应按先竖向结构后水平结构的顺序,分层连续浇筑。

③当不允许留施工缝时,区域之间、上下层之间的混凝土浇筑间歇时间,不得超过混凝土初凝时间。

④当混凝土入模时,输送管或布料杆的软管出口应向下,并尽量接近浇筑面,必要时可以借用溜槽、串筒或挡板,以免混凝土直接冲击模板和钢筋。

⑤当下层混凝土初凝后,浇筑上层混凝土时,应先按留施工缝的规定处理。

(3)混凝土的布料方法,应符合下列规定。

①在浇筑竖向结构混凝土时,布料设备的出口离模板内侧面不应小于 50mm,且不得向模板内侧面直冲布料,也不得直冲钢筋骨架。

②浇筑水平结构混凝土时,不得在同一处连续布料,应在 2 ~ 3m 范围内水平移动布料,且宜垂直于模板布料。

(4)混凝土浇筑分层厚度,宜为 300 ~ 500mm。当水平结构的混凝土浇筑厚度超过 500mm 时,可按 1:6 ~ 1:10 坡度分层浇筑,且上层混凝土,应超前覆盖下层混凝土 500mm 以上。

(5)振捣泵送混凝土时,振动棒移动间距宜为 400mm 左右,振捣时间宜为 15 ~ 30s,且隔 20 ~ 30min 后进行第二次复振。

(6)对于有预留洞、预埋件和钢筋太密的部位，应预先制定技术措施，确保顺利布料和振捣密实。在浇筑混凝土时，应经常观察，当发现混凝土有不密实等现象，应立即采取措施予以纠正。

(7)水平结构的混凝土表面，应适时用木抹子磨平搓毛两遍以上。必要时，还应先用铁滚筒压两遍以上，以防止产生收缩裂缝。

(8)混凝土浇筑完毕后，输送管道应及时用压力水清洗，清洗时应设置排水设施，不得将清水流到混凝土或模板里。

## 第六节　泵送混凝土质量控制

泵送混凝土的质量控制，是泵送混凝土施工的核心，是保证工程质量的根本措施。要保证泵送混凝土的质量，必须从原材料的选用开始，并将坚持"百年大计、质量第一"的观念，在原材料计量、混凝土搅拌和运输、混凝土泵送的浇筑、混凝土养护和检验等全过程得以具体体现，进行全面有效的管理和控制，才能使混凝土既有良好的可泵性，又符合设计规定的物理力学指标。

### 一、原材料的质量控制

集料的级配和形状对混凝土的可泵性有明显影响。对泵送混凝土所用的集料，除应符合《混凝土结构工程施工质量验收规范》(GB 50204—2015)的有关规定外，还必须特别注意以下事项。

(1)我国目前生产的集料难以完全符合最佳的级配曲线，有时施工单位如在施工现场制备泵送混凝土时需自己掺配，对所掺配的集料要进行筛分试验，使级配符合图10-1～图10-5中粗细集料最佳级配的要求。

(2)对集料中的含泥量要严格控制，以保证混凝土的质量，特别是对高强混凝土和大体积混凝土更要严格控制含泥量。

(3)砂中通过0.315mm筛孔的数量是影响可泵性的关键数据，不得小于15%，砂的细度模数亦要满足要求。

(4)正确选择水泥的品种和强度等级，并要对其包装或散装仓号、品种、出厂日期等进行检查验收，当对水泥质量有怀疑或水泥出厂超过3个月时，应复查试验，并按试验结果使用。

(5)现场制备泵送混凝土时，原材料应按品种、规格分别堆放，不得混杂，更要严禁混入煅烧过的白云石或石灰块。

### 二、混凝土搅拌的质量控制

混凝土搅拌的质量控制，关键在于保证混凝土原材料的称量精度、搅拌充分。在进行泵送混凝土配合比设计时，应符合《混凝土泵送施工技术规程》(JGJ/T 10—2011)、《普通混凝土配合比设计规程》(JGJ 55—2011)和《轻集料混凝土技术规程》(JGJ 51—90)的规定。确定混凝土施工配制强度，应符合《混凝土结构工程施工质量验收规范》(GB 50204—2015)的规定。

混凝土原材料每盘的称量偏差，不得超过表10-15中的规定。

混凝土原材料称量允许偏差　　表 10-15

| 材料名称 | 允许偏差(%) |
|---|---|
| 水泥、混合材料 | ±1 |
| 粗、细集料 | ±2 |
| 水、外加剂 | ±1 |

混凝土拌和物搅拌均匀,是混凝土拌和物具有良好可泵性的可靠保证,而达到最短搅拌时间是基本条件。泵送混凝土的坍落度都大于 30mm,所以根据搅拌机的种类和出料量不同,要求的最短搅拌时间也不同。对强制式搅拌机,搅拌时间不得少于 60~90s;对自落式搅拌机,搅拌时间不得少于 90~120s。但亦不可搅拌时间过长,若时间过长,会使混凝土坍落度损失加快,造成混凝土泵送困难。

## 三、混凝土运输的质量控制

混凝土运输的质量控制,是保持混凝土拌和物原有性能的重要环节。为保证混凝土运输中的质量,首先要选择适宜的运输工具,最好采用混凝土搅拌运输车,可确保在运输过程中混凝土不离析;其次选择科学的运输线路,尽量缩短运输距离,减少在运输过程中混凝土的坍落度损失;第三,运输道路要平坦,减少对混凝土的振动。

## 四、混凝土泵送的质量控制

混凝土泵送的质量控制,主要是使混凝土拌和物在泵送过程中,不离析、黏塑性良好、摩擦阻力小、不堵塞、能顺利沿管道输送。混凝土在入泵之前,应检查其可泵性,使其 10s 时的相对泌水率 $S_{10}$ 不超过 40%,其他项目应符合国家现行标准《预拌混凝土》(GB/T 14902—2012)的有关规定。

在混凝土泵送过程中,操作人员应正确操作混凝土泵,以确保泵送过程中不堵塞输送管,并应随时检查混凝土的坍落度,以保证混凝土的质量和可泵性,混凝土入泵时的坍落度允许偏差为 ±20mm。一旦出现输送管堵塞,要及时采取措施加以排除,不能强打硬上,以免造成严重事故。

当发现混凝土可泵性差,出现泌水、离析,难以泵送和浇筑时,应立即对混凝土配合比、混凝土泵、配管、泵送工艺重新进行研究,并应立即采取相应措施加以改善。

在混凝土泵送过程中,对所泵送的混凝土,应按规定及时取样和制作试块,应在浇筑地点取样、制作,且混凝土的取样、试块制作、养护和试验,均应符合国家现行标准《混凝土强度检验评定标准》(GB/T 50107—2010)的有关规定。

对混凝土坍落度的控制,是混凝土泵送质量控制的重要方面。每一个工作班内应进行1~2 次试验,如发现混凝土坍落度有较大变化时,应及时进行调整。压送前后,泵送混凝土坍落度的变化不得大于表 10-16 中的规定。

压送前后混凝土坍落度变化允许值　　表 10-16

| 原混凝土配合比要求的坍落度(cm) | 混凝土坍落度变化允许值(cm) |
|---|---|
| <8 | ±1.5 |
| 8~12 | ±2.5 |
| >18 | ±1.5 |

对混凝土集料的最大粒径、级配、含泥量、含水率、拌和料的表观密度等，每一个工作班内也进行 1 ~ 2 次试验。

## 第七节　泵送混凝土施工注意事项

1. 管道铺设时要注意的问题

(1)输送管道的配管线路最短，管道中尽量少采用弯管和软管，更应避免使用弯度过大的弯头，管道末端活动软管弯曲不得大于 180°，并不得扭曲。

(2)泵机出口不宜在水平面上变换方向，如受场地限制，宜用半径 1m 以上的弯头，否则压力损失过大。管道应用木枋垫牢。

(3)垂直管道应加以固定，固定间距为 3m 左右。垂直管在楼板预留孔处用木楔子楔紧，否则会影响泵送效果。

(4)变径管后至少第一节是直管、水平或略向下倾斜，然后再接弯管。泵送高度超过 10m 时，在变径管和立管之间水平管长度不得小于高度的 2/3。

2. 混凝土运输注意事项

(1)泵送混凝土运输车辆的调配，应保证混凝土输送泵压送时混凝土供应不中断，并且应使混凝土运输车辆的停歇时间最短。

(2)混凝土运输车装料之前，要排净滚筒中多余的洗润水，并且在运输过程中不得随意增加水。

(3)为保证混凝土的均质性，搅拌运输车在卸料前应先高速运转 20 ~ 30s，然后反转卸料。

(4)连续压送时，先后两台混凝土搅拌运输车的卸料，应有 5min 的搭接时间。

3. 泵送作业的注意事项

(1)泵机在用水泥砂浆湿润的过程中，应及时输入混凝土拌和料，以防空气进入阀箱。如果混凝土供应不上，应暂停泵送。

(2)泵送作业刚开始时应缓慢压送，同时应检查泵机是否运转正常，输送管接头是否漏浆，如发现异常应停泵检查。

(3)泵机料斗上应装有滤网，并派专人检查以防大块石子进入泵管。

(4)泵送混凝土时，混凝土应充满料斗，料斗内混凝土面不得低于料斗口 20cm。在泵送工作因混凝土供应不上而暂停时，应每隔 10min 反泵一次，以免混凝土发生沉淀堵塞管道。

4. 夏季施工应注意降温

在炎热的夏季进行泵送混凝土施工时，除了应遵循常温下施工的某些规定以外，还应采取一些特殊技术措施。由于气温较高，混凝土中水分蒸发较快，容易造成坍落度损失；由于砂石集料在阳光下经过长时间暴晒，也将导致拌和物温度大幅度上升。所有这些因素，都可能加快混凝土拌和物的坍落度损失，影响混凝土的泵送。在夏季应采用水化热较低的水泥配制泵送混凝土。砂石应采用遮阳、洒水的方法以降低集料温度。在特殊情况下，可以在拌和水中掺入一些经过粉碎的冰块以降低混凝土的温度。

5. 冬期施工应注意蓄热

在冬期低温季节施工时，应优先使用水化热较高的水泥。砂石可在室内储存或通入蒸汽加热。不论是使用加热集料还是加热拌和水的方法，都应注意防止因混凝土过热而造成混凝土假凝以致无法进行泵送施工。施工实践证明，在北京地区冬期施工时，将水加热到40℃而砂石不加热，混凝土出罐温度与浇筑温度都可满足规范要求。水温超过60℃时，混凝土坍落度损失很快。

6. 雨期施工时应注意集料含水率的变化

雨期施工中，应特别注意集料含水率的变化。集料的含水状况对泵送混凝土的工艺性能与力学性能的影响很大。在雨季施工时，砂子的含水率在5% ~30%的范围内变化，特细砂的含水率甚至可能达到40%。如不及时调整，不仅强度失去保障，泵送作业也是根本不可能的。

砂子的含水量每增加1%，混凝土的水灰比约提高0.021，混凝土的平均强度约下降1.5MPa。砂中所含水分改变了混凝土的流动性。据测定，砂子含水率波动1%将引起混凝土坍落度波动3 ~4cm。

应该正确计算砂子的含水量，以便确定每罐混凝土中砂子的用量与水的用量，只有这样才能配制出强度与坍落度都符合原配合比要求的泵送混凝土。当砂子的含水率较大时，推荐用以下的计算公式计算每罐混凝土用砂的实际含水率：

$$G_W = ab(1 + b + b^2) \tag{10-14}$$

式中：$G_W$——砂子的实际含水率；

$a$——砂子的计算用量；

$b$——砂子的含水率。

在有条件的单位，可以在砂子的料仓中安装电阻式含水率测定仪，以快速测定砂料中含水率的变化并及时将这个信息反馈到搅拌台中心控制单元，控制各计量装置调整砂子的用量与拌和水的用量。在砂子堆放场地应采取适当的渗排措施并保持足够的渗排时间，使砂子的含水率趋于稳定。混凝土在运输过程中，应注意防止雨水自出料口反流进混凝土中。

近10年来，集中搅拌的商品混凝土在我国发展很快，而商品混凝土的60%以上要采用泵送施工。在北京、上海、深圳等地甚至高达80%以上。混凝土自原材料进场至泵送入模的全过程涉及许多工种、工序、技术、设备。在其中任何一个环节上出现问题或者配合不当都可能导致施工失败。

7. 混凝土泵管的堵塞与排除

在混凝土泵送的施工过程中，混凝土输送管道经常会发生堵塞现象，主要是由于摩擦阻力过大而引起的，而泵送速度、水泥品种、粗细集料的形状、集料级配、配合比等都影响摩擦阻力。混凝土输送管道发生堵塞，不仅影响浇筑速度和混凝土质量，而且还会出现混凝土凝固于管道中的事故，非常难处理。

为了防止产生混凝土输送管堵塞，在泵送过程中必须注意以下几个方面。

(1)输送管道是否清洗干净。

(2)混凝土的最小水泥用量、最大集料粒径、砂率和用水量是否合适。

(3)输道管道的接头处是否有漏浆现象。

(4)混凝土拌和物的坍落度变化是否太大。

(5)混凝土搅拌是否均匀，搅拌运输的时间是否太长。

(6)混凝土拌和物是否在管道中停留过久而凝固。

(7)输道管道是否太长，弯管软管是否用得太多。

(8)施工现场外部气温是否过高或过低等。

只要特别注意了以上这些方面,就能够有效地防止混凝土输送管的堵塞。

为了防止产生混凝土输道管堵塞,必须严格限制粗集料最大粒径、最低水泥用量,并采用适宜的砂率、适量的用水、适宜的坍落度、良好的配合比、优质的预拌混凝土,掺加适量的外加剂,合理地配管和输送等。

混凝土输道管一旦出现堵塞,要立即停止泵送,查明堵塞的部位,卸下堵塞的管道,用人工清除障碍物,然后把管子重新接上,开动混凝土泵恢复正常工作。

# 第十一章 预应力混凝土施工

预应力混凝土是预应力钢筋混凝土的简称。预应力混凝土是在外荷载作用前,预先建立有预压力的混凝土。预应力混凝土的预压应力,一般是通过张拉预应力筋实现的。按预应力度大小可分为:全预应力混凝土和部分预应力混凝土。全预应力混凝土是在全部使用荷载下受拉边缘不允许出现拉应力的预应力混凝土,适用于要求混凝土不开裂的结构;部分预应力混凝土是在全部使用荷载下受拉边缘允许出现一定的拉应力或裂缝的混凝土。

预应力混凝土与普通钢筋混凝土比较,具有构件截面小、自重轻、刚度大、抗裂度高、耐久性好、材料省等优点。但预应力混凝土施工需要专门的材料与设备、特殊的工艺、单价较高。在大开间、大跨度与重荷载的结构中,采用预应力混凝土结构可减少材料用量,扩大使用功能,综合经济效益好,在现代结构中具有广阔的发展前景。

## 第一节 预应力混凝土概述

### 一、预应力混凝土的基本原理

普通钢筋混凝土构件的抗拉极限应变值只有 0.1 ~ 0.15mm,如果要使混凝土不开裂,受拉钢筋的应力只能达到 20 ~ 30MPa;对于允许出现裂缝的构件,由于受裂缝宽度的限制,钢筋应力也只能达到 150 ~ 250MPa。因此,虽然高强钢材不断发展,但在普通钢筋混凝土构件中却不能充分发挥其作用。预应力混凝土是解决这一矛盾的有效方法。

预应力混凝土即在构件的受拉区预先施加压力产生预压应力,当构件在荷载作用下产生拉应力时,首先要抵消预压应力,然后随着荷载的不断增加,受拉区混凝土才受拉开裂,从而推迟了裂缝的出现和限制裂缝的开展,提高了构件的抗裂度和刚度。因此,预应力混凝土在建筑工程中得到了广泛的应用,其使用的范围和数量是衡量一个国家建筑技术水平的重要标志之一。近年来,随着高强钢材进一步推广应用,预应力施工工艺的简化和完善,更推动着预应力混凝土的发展。

### 二、预应力混凝土的分类

(1)按施工方式不同可分为预制预应力混凝土、现浇预应力混凝土和叠合预应力混凝土等。

(2)按施加预应力的时间可分为先张法预应力混凝土、后张法预应力混凝土。

先张法是在浇筑混凝土之前,在台座或模板上先张拉预应力筋,用夹具临时固定,然后浇筑混凝土。待混凝土达到规定强度(一般不低于混凝土设计强度标准值的75%),保证预应力筋与混凝土有足够的黏结力时,放张或切断预应力筋,借助混凝土与预应力筋间的黏结,对混凝土产生预压应力。

后张法是先制作构件,并在构件中按预应力筋的位置预先留出相应的孔道,待构件混凝土强度达到设计规定的数值后，穿入预应力筋，用张拉机具进行张拉，并利用锚具把张拉后的预应力筋锚固在构件端部。预应力筋的张拉力，主要靠构件端部的锚具传给混凝土，使其产生压应力。张拉锚固后，立即在预留孔道内灌浆，使预应力筋不受锈蚀，并与构件形成整体。在后张法中，按预应力筋黏结状态又可分为有黏结预应力混凝土和无黏结预应力混凝土。前者在张拉后通过孔道灌浆使预应力筋与混凝土相互黏结，后者由于预应力筋涂有油脂，预应力只能永久地靠锚具传递给混凝土。

(3)按施加预应力的方法可分为机械张拉和电张拉。

(4)按结构受力特点可分为部分预应力混凝土结构、无黏结预应力结构和预应力芯棒结构。

### 三、预应力混凝土的工程施工特点

(1)预应力混凝土施工，尤其是后张法预应力混凝土的施工，是一项专业性强、技术含量高、操作要求严的施工作业，因此，预应力施工必须由有预应力专项施工资质的施工单位承担。

(2)预应力混凝土施工，包括进场材料检验、成孔、布筋、张拉、锚固或放张、灌浆、封锚防护及养护等一系列工序。施工工艺复杂、专业性强、质量要求高，因此必须做好施工准备工作，如材料复验、张拉设备校验、张拉值及伸长值计算、施工方案编制、技术交底等，以确保施工正常、顺利地进行。

(3)施工现场应有健全的质量保证体系。

(4)预应力施工过程中，施工技术管理人员应坚守岗位，及时解决施工中出现的各种技术问题。如双向曲线形预应力束的布筋顺序、波纹管破裂、张拉时实测伸长值与计算值比较其误差超过允许范围、发生断丝与滑丝、锚具内缩值超过规范及设计要求等等，需要技术人员及时弄清情况，妥善解决。

(5)预应力施工中，布筋、张拉、灌浆、封锚等工序的作业，要求操作工人熟练操作，准确测读各种数据，并及时填写各种表格，做好施工记录，因此，操作工人必须经过专业岗位培训，具有相应的技术水平。

(6)根据工程具体情况，往往需要进行若干项目的试验或检测。例如：测定所用预应力钢材的弹性模量，预应力钢材-锚具组装件静载锚固性能试验，测试后张法构件预应力筋张拉时孔道摩阻损失，检测预应力筋张拉锚固后实际建立的预应力值等。

(7)准确建立预应力值是预应力施工的核心问题，对关键环节必须加强控制，确保综合要求。如预应力钢材及锚具复验、预应力束形状及位置、承压板安装、张拉顺序及程序、伸长值校核、减少约束影响的措施等。

## 第二节　预应力混凝土原材料技术要求

### 一、预应力钢材的要求

目前，在预应力混凝土工程中常用的预应力钢材主要有：碳素钢丝、钢绞线、热处理钢筋和精轧螺纹钢筋。

1. 碳素钢丝

碳素钢丝又称高强钢丝，是用优质高碳钢盘条经索氏体化处理、酸洗、镀铜或磷化后冷拔制成，其含碳量为0.7%～0.9%。碳素钢丝根据深加工的不同，又可分为冷拔钢丝、消除应力钢丝、刻痕钢丝、低松弛钢丝和镀锌钢丝等。

碳素钢丝的规格与力学性能应符合国家标准《预应力混凝土用钢丝》(GB/T 5223—2014)的规定。

2. 钢绞线

钢绞线的规格和力学性能方面，除应符合国家标准《预应力混凝土用钢绞线》(GB/T 5224—2014)的规定外，还应满足以下质量要求。

(1)成品钢绞线的表面不得带有润滑剂、油渍等，钢绞线表面允许有轻微的浮锈。

(2)钢绞线的伸直性，取弦长为1m的钢绞线，其弦与弧的最大自然矢高不大于25mm。

3. 热处理钢筋

热处理钢筋主要用于铁路轨枕，也可用于先张法预应力混凝土楼板等，其规格和力学性能应符合国家标准《预应力混凝土用钢棒》(GB/T 5223.3—2005)的规定。

4. 精轧螺纹钢筋

精轧螺纹钢筋是用热轧方法在整个钢筋表面上轧出不带纵肋的螺纹外形。钢筋的接长用连接器，端头锚固可直接使用螺母。这种钢筋具有连接可靠、锚固简单、施工方便、不需焊接和冷拉等优点，主要用于桥梁、房屋与构筑物等的直线筋。

精轧螺纹钢筋的外形尺寸和力学性能见表11-1和表11-2。

**精轧螺纹钢筋的外形尺寸** 表11-1

| 公称直径(mm) | 标准尺寸(mm) | | | | | | | | |
|---|---|---|---|---|---|---|---|---|---|
| | 基圆直径 | | 螺纹高 | 螺纹底宽 | 螺距 | 螺纹根弧 | 导角 | 计算面积 | 理论质量 |
| | $d_h$ | $d_V$ | $k$ | $b$ | $L$ | $r$ | $\alpha$ | ($cm^2$) | (kg/m) |
| 25 | 25 | 25 | 1.6 | 6.0 | 12 | 1.0 | 81°30′ | 4.91 | 3.85 |
| 32 | 32 | 32 | 2.0 | 7.0 | 16 | 2.0 | 81°30′ | 8.04 | 6.31 |

**精轧螺纹钢筋的力学性能** 表11-2

| 直径(mm) | 牌号 | 屈服点($N/mm^2$) | 抗拉强度($N/mm^2$) | 伸长率(%) | 冷弯 | 1 000h松弛值 |
|---|---|---|---|---|---|---|
| | | 不小于 | | | | 不大于 |
| 25 | $40Si_2MnV$ | 735 | 885 | 8 | 90°,$d=6a$ | 3% |
| | $15Mn2Si_B$ | 930 | 1 080 | 8 | 90°,$d=8a$ | |
| 32 | 40SiMn | 735 | 885 | 7 | 90°,$d=7a$ | |

对于预应力混凝土所用钢材，入厂时应按规定作严格检验，必须满足对预应力钢筋的性能要求；入厂后须分类堆存，不得混淆。预应力钢筋要特别注意防止锈蚀和污染，因为锈蚀和污染都将影响其与混凝土的黏结性能。

## 二、对混凝土的技术要求

预应力混凝土对混凝土的技术要求，主要体现在混凝土的强度方面。预应力混凝土结构的混凝土强度，在一般情况下宜低于C30；当采用碳素钢丝、钢绞线、V级钢筋(热处理)作为预应力钢筋时,混凝土的强度不宜低于 C40。目前,国内有些特别重要的预应力混凝土结构,混凝土的强度已采用 C60 ~ C80,有的已达到 C100。预应力混凝土高强化,是今后预应力混凝土发展的趋势。

在预应力混凝土中采用比较高的混凝土强度,是因为预应力混凝土中所采用的预应力钢筋,其强度比一般的钢筋混凝土中的钢筋高得多,所以,再想发挥高强度钢筋的作用,混凝土的强度必然也要相应提高,使钢筋与混凝土的强度有一个适宜的比例,以便共同承受外力,从而达到减小截面尺寸,减轻构件自身质量,节约材料用量的目的。同时,提高混凝土的强度,可以提高钢筋与混凝土之间的黏结力,保证钢筋在预应力混凝土中的锚固性能。

### 三、对其他原材料的要求

预应力混凝土对其所用材料的要求是十分严格的。如果材料质量不合格,不仅会影响构件的正常使用,而且可能在制造过程中发生事故(如钢筋在张拉时突然断裂),以致造成国家财产和人民生命安全的严重损失。因此,切不可粗心大意。

对于混凝土,所用水泥首选硅酸盐水泥或普通水泥,其强度宜比所配制的混凝土强度高一级;所用砂石和搅拌用水必须符合规定(详见第一章第五节原材料技术要求所述);混凝土拌和物中不得掺用对钢筋有腐蚀作用的氯盐(如氯化钙、氯化钠等)。

## 第三节　预应力混凝土配合比设计

### 一、配合比选择的要求

混凝土配合比的选择,应满足下列几项基本要求。

1. 满足强度要求

混凝土的主要指标是抗压强度,因此在配合比选择中就是根据这个设计强度进行选定的。为保证绝大部分混凝土强度达到设计强度,选择时所采用的配合比强度(即配制强度)应高于工程设计强度。

2. 满足拌和物稠度要求

混凝土拌和物的稠度是保证构件质量和便于操作的重要条件,应根据结构种类、施工方法等加以选定。采用机械振捣可以减少坍落度,节约水泥,保证均匀、密实的质量。一般可根据经验并查阅有关标准选用坍落度。

3. 满足耐久性要求

混凝土制品中,耐久性主要指混凝土的抗渗性、抗冻性和抗腐蚀性。配合比选择时,必须考虑这些要求。

4. 满足经济性的要求

配合比选择中,在保证强度、稠度、耐久性的前提下,还必须尽量降低造价。如节约水泥,合理使用当地材料以节省运费。

## 二、配合比设计

混凝土的配合比目前都采用计算与试配调整相结合的方法，即利用一些经验方式、图表，根据结构物的技术要求、材料情况及施工条件，计算出初步配合比。再经过试验室的复核和试配调整，得出各原材料用量和实测密度计算出的配合比，称为试验室配合比。施工时，还应换算成砂石实际含水状态下的配合比，即施工配合比。施工配合比常以每次搅拌或拌和 $1m^3$ 混凝土的各种原材料用量来表示。

配合比设计方法目前常用绝对体积法及假定质量法。

1. 绝对体积法

1）计算程序

（1）根据工程设计强度和对混凝土强度保证率的要求，确定配制强度。

$$f_{cu,0} = f_{cu,k} + \sigma \tag{11-1}$$

式中：$f_{cu,0}$——混凝土的配制强度（MPa）；

$f_{cu,k}$——混凝土设计强度（MPa）；

$\sigma$——施工单位的混凝土标准差的历史统计水平（MPa）。

施工单位如具有25组以上混凝土试配强度的历史统计资料时，$\sigma$ 可按下式求得：

$$\sigma = \sqrt{\frac{\sum_{i=1}^{n} f_{cu,i}^2 - n\mu f_{cu}^2}{n-1}} \tag{11-2}$$

式中：$f_{cu,i}$——第 $i$ 组的试块强度（MPa）；

$\mu f_{cu}^2$——$n$ 组试块强度的平均值（MPa）。

施工单位如无历史统计资料时，$\sigma$ 可按表11-3取值。

**$\sigma$ 取 值** 表11-3

| $f_{cu,k}$（MPa） | 100～200 | 250～400 | 500～600 |
|---|---|---|---|
| $\sigma$（MPa） | 40 | 50 | 60 |

按现行规范，可较设计强度提高10%～15%作为配制强度，注意积累资料，以便修正配合比。

（2）根据配制强度、水泥品种强度等级，并参照有关耐久性要求按以下公式计算水灰比：

用硅酸盐水泥或普通水泥拌制碎石混凝土：

$$\frac{W}{C} = \frac{0.525f_{ce}}{f_{cu,0} + 0.299f_{ce}} \tag{11-3}$$

用矿渣水泥、火山灰水泥或粉煤灰水泥拌制碎石混凝土：

$$\frac{W}{C} = \frac{0.503f_{ce}}{f_{cu,0} + 0.292f_{ce}} \tag{11-4}$$

用硅酸盐水泥或普通水泥拌制卵石混凝土：

$$\frac{W}{C} = \frac{0.444f_{ce}}{f_{cu,0} + 0.204f_{ce}} \tag{11-5}$$

用矿渣水泥、火山灰水泥或粉煤灰水泥拌制卵石混凝土：

$$\frac{W}{C} = \frac{0.501f_{ce}}{f_{cu,0} + 0.334f_{ce}} \tag{11-6}$$

式中：$W/C$——水灰比；

$f_{ce}$——水泥实测强度（MPa）；

$f_{cu,0}$——按设计强度等级求出的混凝土配制强度（MPa）。

（3）根据工程特征和施工工艺，选择混凝土拌和物的坍落度（表 11-4），并参照砂石种类和粒径选择每 1m³ 混凝土的用水量（表 11-5 和表 11-6），再经过试验加以校正。

（4）根据水灰比及选定的用水量计算出水泥用量。并检查是否符合有关最小水泥用量的规定，当计算值小于规定值时，则按表中规定的最小值取用。

（5）选定含砂率（表 11-7）。

（6）根据集料绝对体积、含砂率，计算每 1m³ 混凝土中的砂石用量。

每 1m³ 混凝土中砂、石总体积按下式计算：

$$V = 1\,000 - V_W - V_C \tag{11-7}$$

式中：$V$——每 1m³ 混凝土中砂石总体积（L）；

$V_W$——每 1m³ 混凝土中水的体积（L）；

$V_C$——每 1m³ 混凝土中水泥的体积（L），$V_C = m_{c0}/3.1$，3.1 为水泥相对密度，$m_{c0}$为水泥质量。

**混凝土浇筑时的坍落度**　　表 11-4

| 使用条件 | 坍落度（cm） | |
|---|---|---|
| | 振动器捣实 | 人工捣实 |
| 基础或地面等的垫层 | 0 ~ 3 | 2 ~ 4 |
| 无配筋的厚大结构（挡土墙、基础或厚大的块体等）或配筋稀疏的结构 | 1 ~ 3 | 3 ~ 5 |
| 板、梁和大型及中型截面的柱子等 | 3 ~ 5 | 5 ~ 7 |
| 配筋密集的结构（薄壁、半仓、筒仓或细柱等） | 5 ~ 7 | 7 ~ 9 |
| 配筋特密的结构 | 7 ~ 9 | 9 ~ 12 |

注：1. 曲面或斜面结构的混凝土、采用滑动式模板的混凝土，掺毛石的混凝土和用混凝土泵输送的混凝土等，其坍落度值应根据实际需要另行选定。

2. 连续浇筑高大结构时，混凝土的坍落度宜随浇筑高度的上升酌情予以分段递减。

每 1m³ 混凝土中砂的质量按下式计算：

$$m_{s0} = V\beta_s\rho_s \tag{11-8}$$

式中：$\beta_s$——含砂率；

$\rho_s$——砂的表观密度。

**塑性混凝土的用水量**（kg/m³）　　表 11-5

| 拌和物稠度 | | 卵石最大粒径（mm） | | | | 碎石最大粒径（mm） | | | |
|---|---|---|---|---|---|---|---|---|---|
| 项目 | 指标 | 10 | 20 | 31.5 | 40 | 16 | 20 | 31.5 | 40 |
| 坍落度（mm） | 10 ~ 30 | 190 | 170 | 160 | 150 | 200 | 185 | 175 | 165 |
| | 35 ~ 50 | 200 | 180 | 170 | 160 | 210 | 195 | 185 | 175 |
| | 55 ~ 70 | 210 | 190 | 180 | 170 | 220 | 205 | 195 | 185 |
| | 75 ~ 90 | 215 | 195 | 185 | 175 | 230 | 215 | 205 | 195 |

注：1. 本表用水量系采用中砂时的平均取值。采用细砂时，每 1m³ 混凝土用水量可增加 5 ~ 10kg；采用粗砂时，则可减少 5 ~ 10kg。

2. 掺用各种外加剂或掺和料时，用水量应相应调整。

**干硬性混凝土的用水量($kg/m^3$)** 表 11-6

| 拌和物稠度 | | 卵石最大粒径(mm) | | | 碎石最大粒径(mm) | | |
|---|---|---|---|---|---|---|---|
| 项目 | 指标 | 10 | 20 | 40 | 16 | 20 | 40 |
| 维勃稠度(s) | 16~20 | 175 | 160 | 145 | 180 | 170 | 155 |
| | 11~15 | 180 | 165 | 150 | 185 | 175 | 160 |
| | 5~10 | 185 | 170 | 155 | 190 | 165 | 165 |

**混凝土的砂率(%)** 表 11-7

| 水灰比($W/C$) | 卵石最大粒径(mm) | | | 碎石最大粒径(mm) | | |
|---|---|---|---|---|---|---|
| | 10 | 20 | 40 | 16 | 20 | 40 |
| 0.40 | 26~32 | 25~31 | 24~30 | 30~35 | 29~34 | 27~32 |
| 0.50 | 30~35 | 29~34 | 28~33 | 33~38 | 32~37 | 30~35 |
| 0.60 | 33~38 | 32~37 | 31~36 | 36~41 | 35~40 | 33~38 |
| 0.70 | 36~41 | 35~40 | 34~39 | 39~44 | 38~43 | 36~41 |

注:1. 本表数值是中砂的选用砂率,对细砂或粗砂,可相应地减少或增大砂率。

2. 只用一个单粒级集料配制混凝土时,砂率应相应增大。

3. 对薄壁构件,砂率取偏大值。

4. 本表中的砂率系指与集料总量的质量比。

每 $1m^3$ 混凝土中石子质量为:

$$m_{g0} = V(1-\beta_s)\rho_g \tag{11-9}$$

式中:$\rho_g$——石子表观密度。

2)试配调整

试配调整见假定质量法所述。

2. 假定质量法

1)计算程序

(1)当混凝土强度等级不大于 C8 时,假定表观密度计算值为 2 360$kg/m^3$;当 C15~C30 时,为 2 400$kg/m^3$;大于 C30 时,为 2 450$kg/m^3$。

(2)水灰比、用水量、水泥用量和含砂率的确定与“绝对体积法”相同。

(3)砂、石总质量等于混凝土的假定表观密度计算值减去水用量和水泥用量。

(4)砂的质量等于砂石总质量乘以含砂率。

(5)石子的质量等于砂石总质量减去砂的质量。

对以上计算所得的配合比进行试配调整,以验证拌和物的稠度、测定坍落度和表观密度,对计算结果作初步调整,再制作试块测定强度。如不符合,则需调整水灰比重新试验。如混凝土另有抗冻、抗渗、抗侵蚀要求时,还要做相应的试验。

2)试配调整

(1)验证拌和物稠度

称取一定数量材料用量,测定砂石含水率,求出砂石所含水分,在砂石称量时加上相应质量,同时从拌和水中减去。

拌和物的稠度可从流动性、黏聚性、保水性三个方面检查。流动性用坍落度或维勃稠度测定;黏聚性和保水性从抹面、捣插、泌水等观察。如稠度不符合要求,则在保证水灰比不变的前提下调整配合比。

如坍落度过小，可增加水和水泥用量，坍落度每差 1cm，增加水和水泥用量各 1.5%；如坍落度过大，可减少水和水泥用量，坍落度每差 1cm，减少水和水泥用量各 1.5%。

如砂浆过多，可降低含砂率；如砂浆过少，则增加含砂率，砂率调整后如坍落度不够，还应同时增加水和水泥用量。

(2)验证表观密度

当水、水泥用量以及砂率都已调整，拌和物的稠度达到要求时，则做表观密度试验。当实测表观密度与计算表观密度值超过 2% 时，需将每 $1m^3$ 混凝土中各材料用量作相应增减。

(3)验证强度

当稠度、密度已经调整，即可按 $W/C \pm 0.05$ 的范围取三种不同水灰比计算三种配合比，分别制作试块，进行标准养护。根据实际试压结果，对照原定强度选定一种配合比作为试验室配合比。

根据试验室配合比和现场砂石含水率，计算拌制混凝土时每次投料数量。

根据施工中抽样试压的结果，计算混凝土的平均强度等，作为提高质量控制水平的依据。

当掺入外加剂时，还要根据适宜掺量、有效物质含量等计算每 $1m^3$ 混凝土的掺加量。

## 第四节　预应力混凝土常用机具设备

### 一、锚、夹具

锚、夹具是锚固预应力钢筋的一种工具。锚固在构件端部，与构件联成一体共同受力。在后张法生产中，通常称为锚具，锚具埋于混凝土构件中，只能使用 1 次；而在先张法生产中，通常称为夹具，可以重复使用，锚具与夹具有时也能互换使用。

锚、夹具的选择，与构件外形、预应力钢筋的品种、规格、数量以及所配用的张拉设备等有关，须加以周密的考虑。具体要求如下：

(1)夹持预应力钢筋的作用必须充分可靠。

(2)有足够的强度储备，以确保使用安全。

(3)宜优先选用有自锚条件和预应力筋强度利用率高的锚、夹具。

(4)与预应力钢筋的品种、规格和张拉设备相匹配。

(5)构选简单，加工方便，体形小，选价低，制造时容易保证匀质性。

(6)耐久性好，能重复使用，装拆容易，使用方便。

目前，我国各地采用的锚、夹具的类型很多，各有其一定的适用范围，现将常用的一些锚、夹具按其构造特点分类列入表 11-8，供选用时参考。

**常用锚、夹具配套选用参考表**　　表 11-8

| 类型 | 类别 | 序号 | 名　　称 | 适用范围 | | |
|---|---|---|---|---|---|---|
| | | | | 预应力筋 | 工艺方法 | 张拉机具 |
| 螺杆式 | 锚具 | 1 | 螺丝端杆锚具 | Ⅱ、Ⅲ级钢筋 | 先张法、后张法、电张法 | YL60、YC60 型千斤顶 |
| | | 2 | 锥形螺杆锚具 | $\phi^s 5$ 钢丝束 | 后张法 | |
| | 夹具 | 3 | 螺杆销片夹具 | Ⅳ、Ⅴ级钢筋束 | 后张自锚、先张法 | |
| 镦头式 | 锚具 | 4 | 钢丝束镦头锚具 | $\phi^s 5$ 钢丝束 | 后张法 | |
| | 夹具 | 5 | 单根镦头夹具 | Ⅱ ~ Ⅳ级钢筋 | 先张法 | |

续上表

| 类型 | 类别 | 序号 | 名称 | 适用范围 | | |
|---|---|---|---|---|---|---|
| | | | | 预应力筋 | 工艺方法 | 张拉机具 |
| 夹片式 | 锚具 | 6 | JM12 型锚具 | Ⅳ级钢筋束<br>$\phi^{j}12$ 钢绞线束 | 后张法 | YC60 型千斤顶 |
| | | 7 | 精铸 JM12 型锚具 | Ⅳ级钢筋束 | | |
| 夹片式 | 锚具 | 8 | JM5 型锚具 | $\phi^{s}5$ 钢丝束 | 后张法、先张法 | YC18 型千斤顶 |
| | | 9 | 单根钢绞线锚具 | $\phi^{j}12$,$\phi^{j}15$ 钢绞线 | | |
| | 夹具 | 10 | 圆套筒三片式夹具 | Φ12、Φ14 单根钢筋 | 先张法 | YC18 型千斤顶 |
| | | 11 | 方套筒二片式夹具 | Φt8.2V 级钢筋 | | YL60 型千斤顶 |
| | | 12 | 单根钢绞夹具 | $\phi^{j}12$、$\phi15$ 钢绞线 | | TC18 型千斤顶 |
| 锥销式 | 锚具 | 13 | 钢质锥形锚具 | $\phi^{s}5$ 钢丝束 | 后张法 | 锥锚式 60t 双作用千斤顶 |
| | | 14 | KT-Z 型锚具 | 钢筋束、钢绞线束 | | |
| | 夹具 | 15 | 圆锥齿板式夹具 | $\phi^{b}3 \sim \phi^{b}5$ 冷拔低碳钢丝 | 先张法 | $DL_1$ 型电动螺杆张拉机、$SL_1$ 型手动螺杆张拉器 |
| | | 16 | 圆锥三槽式夹具 | | | |

## 二、张拉设备

制作预应力混凝土结构及构件时,对预应力钢筋施加张拉力有专用张拉设备。张拉设备按其作业方式,有手动、电动和液压之分。目前我国常用的张拉设备编制及型号见表 11-9。

**常用张拉设备编制及型号** 表 11-9

| 类别 | | 形式 | 代号 | 主参数 | | 常用型号 |
|---|---|---|---|---|---|---|
| | | | | 名称 | 单位表示法 | |
| 机械式 | | 手动式 | SL | 额定张拉力 | t | $SL_1$ |
| | | 电动式 | DL | 额定张拉力 | t | $DL_2$ |
| 液压式 | 千斤顶 | 拉杆式 | YL | 额定张拉力 | t | YL60 |
| | | 穿心式 | YC | 额定张拉力 | t | YC60、YC18 |
| | | 锥锚式 | YZ | 额定张拉力 | t | 60t 双作用型,TD-60 型,85 作用型 |
| | | 台座式 | YT | 额定张拉力 | t | YQ-50、YQ-100、YQ-200 |
| | 高压油泵 | 手动式 | SB | 额定油压 | MPa | |
| | | | | 理论流量 | L/min | |
| | | 径向电动 | JB | 额定油压 | MPa | |
| | | 轴向电动式 | ZB | 理论流量 | L/min | |
| | | | | 额定油压 | MPa | |

注:1. 表中“代号”是指规定的编制代号;“常用型号”是指现有的常用型号,两者不完全相符。
2. 表中未列入电张法和设备。

1. 液压拉伸机

液压拉伸机由千斤顶、配套油泵和外接油管等部分组成。

1) 液压千斤顶

常用液压千斤顶的工作原理与操作顺序分述如下：

(1) YL60 型液压千斤顶的工作原理如图 11-1 所示；其操作顺序见表 11-10。

**YL60 型液压千斤顶的操作顺序** 表 11-10

<table>
<tr><th rowspan="2">顺序</th><th rowspan="2" colspan="2">工 序 名 称</th><th colspan="2">进、回油情况</th><th rowspan="2">动 作 情 况</th></tr>
<tr><th>A 油嘴</th><th>B 油嘴</th></tr>
<tr><td>1</td><td colspan="2">张拉前准备</td><td>回油</td><td>回油</td><td>1. 油泵停车或空载运转；<br>2. 连接头拧入螺纹端杆；<br>3. 千斤顶对中就位</td></tr>
<tr><td>2</td><td colspan="2">张拉预应力钢筋</td><td>进油</td><td>回油</td><td>1. 油缸和撑脚顶住构件端面；<br>2. 活塞拉杆左移张拉钢筋；<br>3. 钢筋张拉到设计张拉力后持荷，拧紧螺纹端杆上的螺母</td></tr>
<tr><td rowspan="3">3</td><td rowspan="3">液压差动回程</td><td>1. 单路进油回程</td><td>关闭</td><td>进油</td><td rowspan="3">1. 差动阀活塞杆顶开锥阀，A、B 油腔连通，活塞拉杆右移回程；<br>2. 复位后，打开油泵上的控制阀；<br>3. 油泵停车或空载运转；<br>4. 卸下连接头</td></tr>
<tr><td>2. 双路进油回程</td><td>(卸荷后)进油</td><td>进油</td></tr>
<tr><td>3. 带压双路进油回程</td><td>进油</td><td>进油</td></tr>
</table>

注：YL60 型千斤顶有张拉保护装置，满行程张拉到底时，张拉缸油压不升高。但无回程保护装置，操作时应注意防止回程超压，或调整泵上的安全阀控制压力。

(2) YC60 型液压千斤顶的工作原理如图 11-2 所示；其操作顺序见表 11-11。

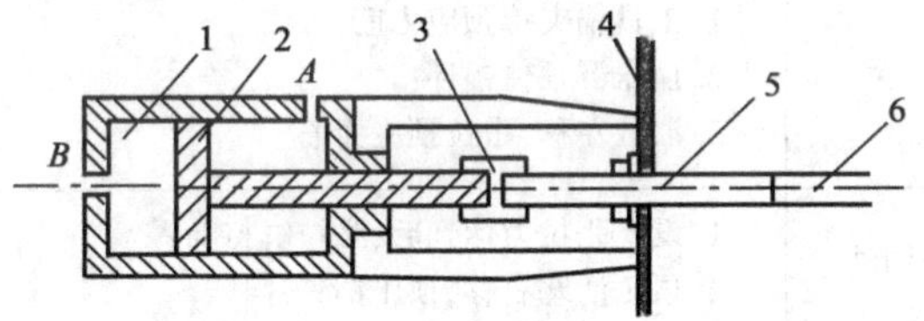


图 11-1 YL60 型液压千斤顶的工作原理

1-油缸；2-张拉活塞；3-拉杆与螺纹端杆连接头；4-支承板；5-螺纹端杆；6-预应力筋

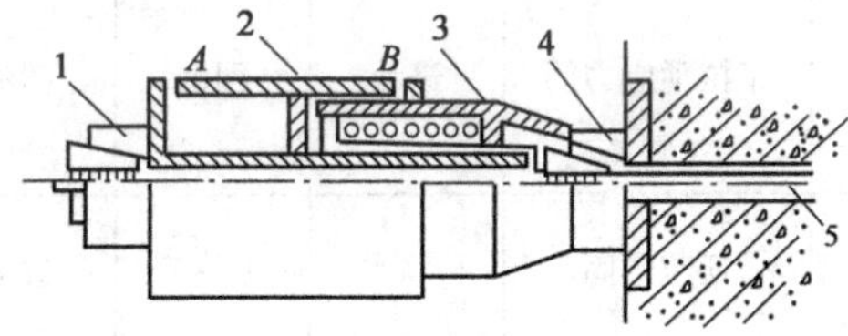


图 11-2 YC60 型液压千斤顶的工作原理

1-工具锚；2-缸体；3-顶压缸；4-锚环；5-预应力筋

**YC60 型液压千斤顶的操作顺序** 表 11-11

<table>
<tr><th rowspan="2">顺序</th><th rowspan="2">工 序 名 称</th><th colspan="2">进、回油情况</th><th rowspan="2">动 作 情 况</th></tr>
<tr><th>A 油嘴</th><th>B 油嘴</th></tr>
<tr><td>1</td><td>张拉前准备</td><td>回油</td><td>回油</td><td>1. 油泵停车或空载运转；<br>2. 安装锚具、千斤顶和工具锚；<br>3. 千斤顶对中就位</td></tr>
<tr><td>2</td><td>张拉预应力筋</td><td>进油</td><td>回油</td><td>1. 顶压缸和撑套右移顶住锚环；<br>2. 张拉缸左移张拉预应力筋</td></tr>
<tr><td>3</td><td>顶压锚固</td><td>关闭</td><td>进油</td><td>1. 张拉缸持荷，稳定在设计的张拉力；<br>2. 顶压活塞右移，将夹片强力顶入锚环内；<br>3. 顶压活塞的回程弹簧被压缩</td></tr>
</table>

续上表

| 顺序 | 工 序 名 称 | 进、回油情况 | | 动 作 情 况 |
|---|---|---|---|---|
| | | A 油嘴 | B 油嘴 | |
| 4 | 张拉缸液压回程 | 回油 | 进油 | 张拉缸(或顶压缸)右移(或左移)复位,工具锚松脱 |
| 5 | 顶压活塞弹簧回程 | 回油 | 回油 | 1. 油泵停车或空载运转;<br>2. 在弹簧力作用下,顶压活塞左移复位;<br>3. 卸下工具锚和千斤顶 |

注:1. 顶压锚固时,张拉缸内油压将会升高,应控制其升高值,使预应力筋的应力不超过屈服点(钢筋束)或条件流限(钢绞线束)。

2. 在张拉、顶压和液压回程时,为防止错误操作产生过高的油压,可调整油泵相应油路中安全阀的溢流压力。

3. 作为拉杆式千斤顶使用时,其操作顺序为表中的1、2、3、4、5。

(3)YC18型(加顶压器)液压千斤顶的工作原理如图11-3所示;其操作顺序见表11-12。

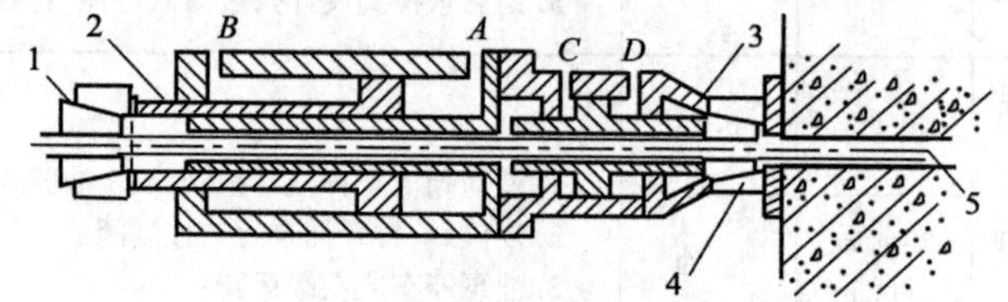


图11-3 YC18型加顶压器液压千斤顶工作原理

1-工具锚;2-张拉活塞;3-顶压活塞;4-工作锚;5-预应力筋

**双作用YC18型(加顶压器)千斤顶张拉操作顺利** 表11-12

| 顺序 | 工 序 名 称 | 进、回油情况 | | | | 动 作 情 况 |
|---|---|---|---|---|---|---|
| | | A 油嘴 | B 油嘴 | C 油嘴 | D 油嘴 | |
| 1 | 张拉预应力筋 | 进油 | 回油 | 回油 | 关 | 1. 工具锚夹持预应力筋;<br>2. 顶压器顶住锚环;<br>3. 油缸左移,张拉预应力筋 |
| 2 | 顶压锚固 | 关 | 关 | 进油 | 回油 | 1. 设计张拉力达到后,张拉缸持荷;<br>2. 顶压活塞右移,顶压锚夹片 |
| 3 | 张拉缸回程 | 回油 | 进油 | 关 | 关 | 1. 张拉缸右移复位;<br>2. 顶压活塞继续顶压锚夹片 |
| 4 | 顶压活塞回程 | 回油 | 回油 | 回油 | 进油 | 1. 锚环夹片持荷稳定后,顶压活塞回程;<br>2. 油泵停车或空载运转 |

(4)TD60型锥锚式液压千斤顶的工作原理如图11-4所示;其操作顺序见表11-13。

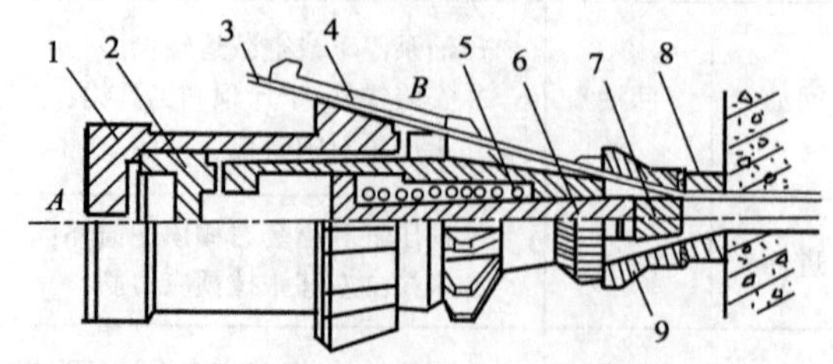


图11-4 TD60型锥锚式液压千斤顶工作原理

1-张拉缸;2-顶压缸;3-预应力钢丝;4-楔块;5-弹簧;6-顶锚塞活塞杆;7-锚塞;8-锚环;9-对中套

**TD60 型锥锚式液压千斤顶操作顺利** 表 11-13

| 顺序 | 工序名称 | 进、回油情况 | | 动作情况 |
|---|---|---|---|---|
| | | *A* 油嘴 | *B* 油嘴 | |
| 1 | 张拉前准备 | 回油 | 回油 | 1. 油泵停车或空载运转;<br>2. 安装锚环、对中套、千斤顶;<br>3. 开泵后顶压将油缸伸出一定长度,供退楔用;<br>4. 将钢丝按顺序嵌入卡盘槽内,用楔块夹紧 |
| 2 | 张拉预应力筋 | 进油 | 回油 | 1. 顶压缸右移顶住对中套、锚环;<br>2. 张拉缸带动卡盘左移张拉钢丝束 |
| 3 | 顶压锚塞 | 关闭 | 进油 | 1. 张拉缸持荷,稳定在设计的张拉力;<br>2. 顶压活塞杆右移,将锚塞强力顶入锚环内;<br>3. 弹簧压缩 |
| 4 | 液压退楔<br>(进拉缸回程) | 回油 | 进油 | 1. 张拉缸(或顶压缸)右移(或左移)回程复位;<br>2. 退楔翼板顶住楔块使之松脱 |
| 5 | 顶压活塞杆弹簧回程 | 回油 | 回油 | 1. 油泵停车或空载运转;<br>2. 在弹簧力作用下,顶压活塞杆左移复位 |

对于生产项目基本稳定的预制场,为便于移动及操作,减轻劳动强度,可将千斤顶及高压油泵组装在一小车上,如图 11-5 所示。

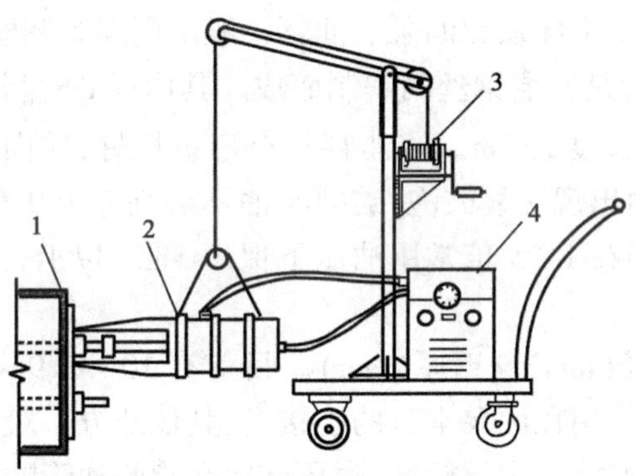


图 11-5 悬挂式液压千斤顶张拉车

1-后张法构件或先张法承力横梁;2-YL 型液压千斤顶;3-升降装置;4-高压油泵

2)油泵

高压油泵性能见表 11-14,$ZB_4$/500 型电动油泵控制阀操作见表 11-15。

**高压油泵性能** 表 11-14

| 序号 | 名称 | 型号 | 额定压力 | | 柱塞直径 | 柱塞行程 | 电动机功率 |
|---|---|---|---|---|---|---|---|
| | | | (MPa) | ($kgf/cm^2$) | (mm) | (mm) | (kW) |
| 1 | 手动高压油泵 | SYB-1 | 68 | 700 | 12/28 | 20.5 | |
| 2 | 电动高压油泵 | $ZB_4$/500 | 49.0/39.2 | 500/400 | 10 | 6.8 | 3.0 |
| 3 | 电动高压油泵 | LYB-44 | 49/39.2 | 500/400 | 10 | 6.8 | 2.2 |

注:1. 额定压力的参数斜线下为双路供油,斜线上为单路供油。

2. 与千斤顶配套时,千斤顶的额定压力不能大于油泵的额定压力。

**ZB4/500 型电动油泵控制阀操作表** 表 11-15

| 工作情况 \ 操作 \ 阀门 | 节流阀 | | 截止阀 | | 应用举例 |
|---|---|---|---|---|---|
| | 左 | 右 | 左 | 右 | |
| 空载运转 | 开 | 开 | 开或关 | 开或关 | 初动转,排气,中间空运转 |
| 左(右)路进油<br>右(左)路回油 | 关(开) | 开(关) | 关(开) | 开(关) | 千斤顶张拉,液压回程 |
| 左、右路同时进油<br>(限压 40MPa) | 关 | 关 | 关 | 关 | 千斤顶顶压锚固,张拉缸持荷 |
| 卸荷回程 | 开 | 开 | 开 | 开 | 千斤顶卸荷、弹簧回程 |
| 左(右)路单路进油 | 关(开) | 开(关) | 关 | 关 | LD10 型镦头器镦头及卸荷,<br>其他单路液压机具加荷及卸荷 |
| 右(左)路单路回油 | 开 | 开 | 开 | 开 | |

注:1. 保持油路系统压力不降,油缸作用力稳定的持荷方法有 3 种:

(1)停车持荷,在截止阀关闭的情况下,由单向阀截止油路;

(2)开车持荷,此时应全开节流阀,油泵空载运转;

(3)补压持荷,即将节流阀适当右旋,保持一定的进油量和恒定的压力值。

前两种适用于油缸密封装置及油泵单向阀、截止阀等密封性能良好的情况,后一种适用于油路系统密封性能不良,用(1)、(2)两种方法不能保持压力稳定的情况。

2. 系统降压的方法是:将截止阀适当左旋,降压至所要求的数值后再关闭。

3)高压油管

高压油管用于连接液压千斤顶和油泵。油管一般采用编织钢丝网橡胶管和紫铜管两种。

(1)编织钢丝网橡胶管是三层钢丝网编制而成。其内径 $\phi 6^{+0.2}_{-0.4}$mm,外径 $\phi 19^{+10}_{-0.8}$mm;耐压强度 40MPa(400kg/cm$^2$),长度为 3m。该油管具有弯折性好,转向灵活,使用方便等优点,当达到破坏压力时,其外表面出现明显鼓泡,破裂时油不会高速喷出伤人,故比较安全。但在使用前一定要作耐压试验,即在 1.25 倍常用油压下保压 5min 以上,无渗漏和鼓泡等现象时,方可使用。

(2)紫铜管规格是外径(mm)×壁厚(mm)。目前有 10×2、9×2.5、8×2 三种,由于它弯折性不好,转向不灵活,只是用在油泵本身的连接上,其他地方一般不使用。

油管接头应保证不低油管的耐压标准,耐压试验和检验油管的方法相同。

4)高压油表

高压油表是油泵和千斤顶压力的计算工具。预施应力时要求其精度为 1.0 级,常用油压值应为表盘最大值的 1/3~2/3。

(1)高压油表的校正

检验高压油表的精度和校正是在活塞压力计上进行的。压力计的型号为 YS-600。校正时着重校核常用油压值附近的校正点,并适当调整表盘指针,使之与标准值的误差控制在 ±0.1MPa(±1kg/cm$^2$)的范围内。

(2)施工时对油压表的校核

油压表是一种精密仪表,稍受碰撞或振动,就很容易失去其原有的精度,甚至丧失其准确性。油压表失去精度会严重地影响预施应力值。故在施工中应特别规定,在千斤顶主油缸上必须同时安装两块油压表(用三通管串接),并规定当油压升高时,两表应该同步,在常用油压下两表指数相差值超过 0.5MPa(5kg/cm$^2$)时,就必须更换新表。在下列情况下也必须更换新表;无油压时表盘指针不指零,指针松动,表盘玻璃破碎和油压表受碰、受振后对其精度发生怀疑等。经校正合格的油压表使用有效期为一星期,到期后不论油表是否完好都要换下来重新校正。

2. 冷拔低碳钢丝张拉机具

1)SL1 型手动螺杆张拉器

(1)适用范围

SL1 型手动螺杆张拉器主要用于规模较小的预制厂台座上张拉冷拔低碳钢丝。

(2)技术性能

最大张拉行程:400mm;

最大张拉力:1 000kg;

自重:13kg。

(3)工作原理

其工作原理是,利用扳手拧动张拉螺母,张拉螺母带动张拉螺杆沿轴向作往复直线运动。张拉力由夹具、张拉螺杆传到张拉螺母,张拉螺母压在测力弹簧上。对应于弹簧压缩变形的经张拉力数值,由测力装置直接读出。

(4)操作方法

打开夹具偏心块,将钢丝端部插入并夹牢。摇动扳手使钢丝受张拉,直至达到规定的张拉力数值。在台座定位板上锚固好钢丝后,将棘爪换向,再摇动扳手,放松钢丝,至此完成一次张拉操作。

2)DL1 型电动螺杆张拉机

(1)适用范围

DL1 型电动螺杆张拉机主要用于预制厂长线台座上张拉冷拔低碳钢丝。

(2)技术性能

张拉钢丝规格:$\phi$3mm ~ $\phi$5mm;

自重:143kg;

张拉速度:2m/min;

最大张拉行程:780mm;

最大张拉力:1 000kg;

外形尺寸:200mm × 90mm × 50mm。

(3)工作原理

DL1 型电动螺杆张拉机工作原理是,电动机正向或反向转动时,通过减速箱带动螺母旋转,螺母推动螺杆沿轴向作往复直线运动。弹簧测力计上装有计量标尺和微动开关,当张拉力达到要求数值时,电动机能够自动停止转动。

(4)操作方法

按要求的张拉力数值调整好测力计算尺,将钢丝插入钢丝钳中夹住,开动电动机,螺杆向后运动,钢丝即被张拉。当达到张拉力数值时,电动机自动停止转动。锚固好钢丝后,使电动机反向旋转。这时,螺杆向前运动,放松钢丝,完成一次张拉操作。

3. 张拉设备的选用

为了确保结构的质量,使预应力钢筋达到要求的张拉力,保证安全操作,在张拉之前,必须根据结构特点、生产工艺及预应力钢筋的规格、根数等因素,合格地选用张拉设备。一般情况下，主要选择张拉设备的吨位、张拉行程和压力表的规格等。

1）张拉设备吨位的计算

为了保证张拉预应力钢筋的安全可靠和准确性，选用张拉设备的吨位数一般应为预应力钢筋张拉力的1.5倍左右。

预应力钢筋的张拉力：

$$N_v = \sigma_k \times A_v \times n \tag{11-10}$$

式中：$N_v$——预应力钢筋和张拉力（kg）；

$\sigma_k$——预应力钢筋的张拉控制应力（MPa）；

$A_v$——每根预应力钢筋（钢丝束）的截面面积（$cm^2$）；

$n$——同时张拉的预应力钢筋（钢丝束）根数。

张拉设备所需要的吨位（t）：

$$Q = \frac{1.5N_v}{1\,000}$$

2）张拉设备行程的计算

油压千斤顶等张拉设备行程长度应满足预应力钢筋（钢丝束）张拉时的伸长值（按虎克定律计算）要求，即：

$$L_s \geqslant \Delta L = \frac{\sigma_K}{E_0} \cdot L \tag{11-11}$$

式中：$L_s$——千斤顶或其他张拉设备的行程长度（mm）；

$\Delta L$——预应力钢筋（钢丝束）张拉伸长值（mm）；

$\sigma_K$——预应力钢筋张拉控制应力（MPa）；

$E_0$——预应力钢筋弹性模量（MPa）；

$L$——预应力钢筋张拉时的有效长度（mm）。

当千斤顶或其他张拉设备的行程不够时，亦可采取倒顶（分级重复张拉）的方法，但所用锚、夹具要能适应重复张拉的要求。

3）压力表和选用

压力表上指示的压力读数是指张拉设备的工作油压面积活塞面积上每单位面积承受的压力，它与预应力钢筋的张拉力及工作油压面积大小有关。即：

$$P_u = \frac{N_v}{A_u}$$

式中：$P_u$——压力表读数（MPa）；

$N_v$——预应力钢筋的张拉力（kg）；

$A_u$——张拉设备的工作油压面积（活塞面积，$cm^2$）。

为了保证压力表的使用安全，使其不易损坏，实际选用的压力表最大量程为$1.5 \sim 2P_u$；精度应不低于1.0级。

4. 液压张拉机具使用注意事项及常见故障

操作人员必须了解液压机具的技术性能，并按规定的使用要求进行操作。

1）千斤顶和高压油泵使用注意事项

（1）千斤顶使用注意事项

①千斤顶不允许在超过规定负荷和行程的情况下使用。

②千斤顶在使用时必须保证活塞外露部分的清洁，如果沾上灰尘杂物，应及时用油擦洗干净。使用完毕后，各油缸应回程到底，保持进、出口洁净，加覆盖保护，妥善保管。

③千斤顶张拉计压时，应观察有无漏油和千斤顶位置是否偏斜，必要时应回油调整。进油升压必须徐缓、均匀、平稳，回油降压时应缓慢松开回油阀，并使各油缸回程到底。

④双作用千斤顶在张拉过程中，应使顶压油缸全部回油。在顶压过程中，张拉油缸应予持荷，以保证恒定的张拉力，待顶压锚固完成时，张拉缸再回油。

(2)高压油泵使用注意事项

①油泵和千斤顶所用的工作油液，一般用10号或20号机油，亦可用其他性质相近的液压用油，如变压器油等。灌入油箱的油液需经滤清，经常使用时每月过滤1次，不经常使用时至少3个月过滤1次，油箱应定期清洗。油箱内一般应保持85%左右的油位，不足时应补充，补充的油应与油泵中的油相同。油箱内的油温一般应以10～40℃为宜，不宜在负温下使用。

②连接油泵和千斤顶的油管应保持清洁，不使用时用螺纹堵封住，防止泥沙进入。油泵和千斤顶外露的油嘴要用螺母封住，防止灰尘、杂物进入机器内。每日用完后，应将油泵擦净，清除滤油铜丝布上的油垢。

③油泵不宜在超负荷下工作，安全阀须按设备额定油压或使用油压调整压力，严禁任意调整。

④接电源时，机壳必须接地线。检查线路绝缘情况后，方可试运转。

⑤高压油泵运转前，应将各油路调节阀松开，然后开动油泵，待空负荷运转正常后，再紧闭回油阀，逐渐旋拧进油阀杆，增大负荷，并注意压力表指针是否正常。

⑥油泵停止工作时，应先将回油阀缓缓松开，待压力表慢慢退回至零位后，方可卸开千斤顶的油管接头螺母。严禁在负荷时拆换油管或压力表等。

⑦配合双作用千斤顶的油泵，以采用两路同时输油的双联式油泵(如ZB4/500型)为宜。

⑧紫铜管或耐油橡胶管必须耐高压，工作压力不得低于油泵的额定油压或实际工作的最大油压。油管长度不宜小于2.5m。当1台油泵带动2台千斤顶时，油管规格应一致。紫铜管应尽量避免弯折，焊接处应保证严密牢固。

2)液压张拉机具常见故障及其排除

(1)千斤顶常见故障及其排除(表11-16)。

**液压千斤顶常见故障的排除** 表11-16

| 故障现象 | 故障的可能原因 | 排除方法 |
|---|---|---|
| 漏油 | 1.油封失灵；<br>2.油嘴连接部位不密封 | 1.检查或更换密封圈；<br>2.修理连接油嘴或更换垫片 |
| 千斤顶张拉活塞不动或运动困难 | 1.操作阀用错；<br>2.回程缸没有回油；<br>3.张拉缸漏油；<br>4.油量不足；<br>5.活塞密封圈胀得太紧 | 1.正确使用操作阀；<br>2.使回程缸回油；<br>3.按漏油原因排除；<br>4.加足油量；<br>5.检查密封圈规格或更换 |
| 活塞不回程或回程困难 | 1.操作阀用错；<br>2.张拉缸没有回油；<br>3.回程缸漏油；<br>4.回程时油量不足 | 1.正确使用操作阀；<br>2.使张拉缸回油；<br>3.按漏油原因排除；<br>4.加足油量 |

续上表

| 故障现象 | 故障的可能原因 | 排除方法 |
|---|---|---|
| 千斤顶活塞运行不平稳 | 油缸中存有空气 | 空载往复运行几次排除空气 |
| 千斤顶缸体或活塞刮伤 | 1. 密封圈上混有铁屑或砂粒；<br>2. 缸体变形 | 1. 检查密封圈，清除杂物，修复缸体和活塞；<br>2. 检查缸体材料、尺寸、硬度，修复或更换 |
| 千斤顶连接油管爆裂 | 1. 油管拆卸次数过多、使用过久；<br>2. 压力过高；<br>3. 焊接不良 | 1. 注意装拆、避免弯折，不易修复时应更换油管；<br>2. 检查油压表是否失灵，压力是否超过规定压力；<br>3. 焊接牢固 |

(2)高压油泵常见故障及其排除(表11-17)。

**高压油泵常见故障的排除** 表11-17

| 故障现象 | 故障的可能原因 | 排除方法 |
|---|---|---|
| 不出油、出油不足或波动 | 1. 泵体内存有空气；<br>2. 漏油；<br>3. 油箱液面太低；<br>4. 油太稀、太黏或太脏；<br>5. 泵体之油网堵塞；<br>6. 泵体的柱塞卡住、吸油弹簧失效和柱塞与套磨损；<br>7. 泵体的进排油阀密封不严、配合不好 | 1. 旋拧各手柄排除空气；<br>2. 查找漏点设法堵塞或更换；<br>3. 添加新油；<br>4. 调和适当或更换新油；<br>5. 清洗去污；<br>6. 清洗柱塞与套或更换损坏件；<br>7. 清洗阀口或更换阀座、弹簧和密封圈 |
| 压力表上不去 | 1. 泵体内存有空气；<br>2. 漏油；<br>3. 控制阀上的安全阀口损坏或阀失灵；<br>4. 控制阀上的送油阀口损坏或阀杆锥端损坏；<br>5. 泵体的进排油阀密封不严配合不好；<br>6. 泵体的柱塞与套筒过度磨损 | 1. 旋拧各手柄排除空气；<br>2. 查找漏点设法堵塞或更换；<br>3. 锪平阀口并配研或更换损坏件；<br>4. 锪平接合处阀口和修换阀杆；<br>5. 清洗阀口或更换阀座、弹簧和密封圈；<br>6. 更换新件 |
| 持压时表针回降 | 1. 外漏；<br>2. 控制阀上的持压单向阀失灵；<br>3. 回油阀密封失灵 | 1. 查找漏点设法堵塞或更换；<br>2. 清洗和修刮阀口、敲击钢球或更换新件；<br>3. 清洗与修好回油阀口和阀杆 |
| 泄漏 | 1. 焊缝或管路破裂；<br>2. 螺纹件松动；<br>3. 密封垫片失效；<br>4. 密封圈破裂；<br>5. 泵体的进排油阀口破坏或柱塞与套筒磨损过度 | 1. 重新焊好或更换损坏件；<br>2. 拧紧各螺纹堵头、接头和各有关螺钉；<br>3. 更换新片；<br>4. 更换新件；<br>5. 修复阀口或更换阀座、弹簧、柱塞和套筒 |
| 噪声 | 1. 进排油路有局部堵塞；<br>2. 轴承或其他零件损坏和松动；<br>3. 吸油管等混入空气 | 1. 除去堵塞物使油路畅通；<br>2. 换件或拧紧；<br>3. 排气 |

## 三、千斤顶与锚夹具的组合

施加预应力(张拉)是预应力混凝土的主要工序。其工艺装置因锚夹具及张拉器的不同而有所区别。常用的液压千斤顶与锚夹具的组合装置，见表11-18。

液压千斤顶与锚夹具的组合

表 11-18

| 序号 | 锚夹具名称 | 千斤顶形式 | 张拉工艺装置示意图 | 适用范围 |
| --- | --- | --- | --- | --- |
| 1 | 螺丝端杆 | YL 型 | 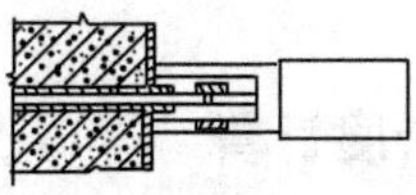  | 后张法、先张法 |
| 2 | JM 型锚具 | YC 型 | 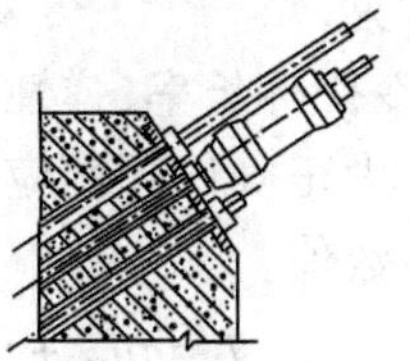  | 后张法 |
| 3 | KT-2 型锚具 | YC 型 | 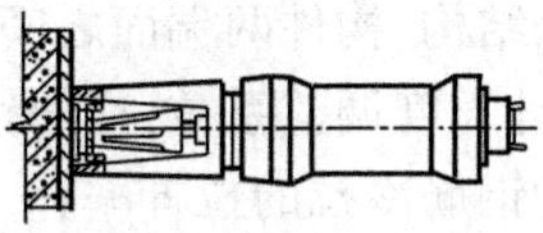  | 后张法 |
| 4 | 锥型螺杆锚具 | YL 型 | 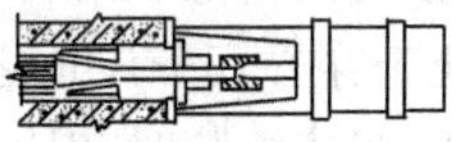  | 后张法、先张法 |
| 5 | 钢丝束墩头锚具 | YC 型或 YL 型 | 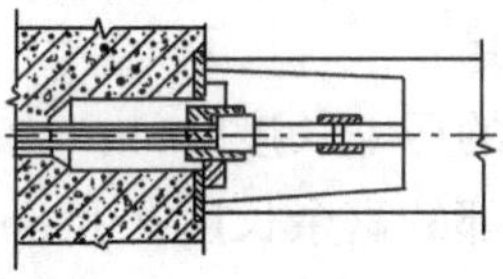  | 后张法、先张法 |
| 6 | 单根墩头夹具 | YL 型 | 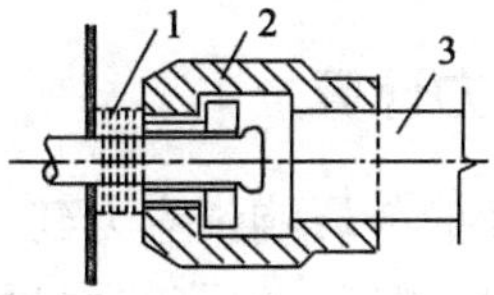 1-后加垫块；2-抓钩；3-千斤顶拉杆 | 先张法 |
| 7 | 螺杆销片夹具 | YL 型 | 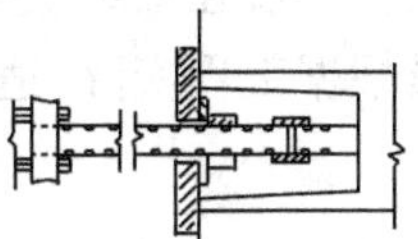  | 先张法 |
| 8 | 梳筋板 | YL 型 | 如图 6-17 | 先张法 |

注：序号 1、4、5 的示意图为后张法。先张法则将撑脚支承在横梁或承力架上，张拉后螺母旋压在横梁或承力架上。

## 第五节 预应力混凝土的施工计算

### 一、预应力筋的下料长度计算

预应力筋下料长度的计算，是一个十分复杂的问题，需考虑所采用的预应力钢材品种、锚具种类、焊接接头、镦粗头、冷拉抻长率、弹性回缩率、张拉伸长值、台座长度，构件孔道长度、张拉设备与施工方法等因素。为正确计算预应力筋的下料长度，应采用以下统一计算公式，并应在计算中仔细地确定各分项数值：

$$L = \eta L_1 + L_2 + L_3 + L_4 + L_5 \tag{11-12}$$

式中：$L$——预应力筋的下料长度(m)；

$L_1$——预应力筋所处结构、构件两端面之间的设计长度(m)；

$\eta$——结构、构件设计长度调整系数，冷拉钢筋 $\eta = 1/(1+\gamma-\delta)$，其他预应力筋 $\eta = 1$；

$\gamma$——由试验确定的钢筋冷拉的拉抻率；

$\delta$——由试验确定的钢筋冷拉的弹性回缩率；

$L_2$——两端设置的工作锚、工具锚及其组件(垫板等)的组装总长度(m)，按千斤顶装设好以后、尚未实张时的初始状态计算；

$L_3$——两端预应力筋处于穿心式千斤顶之中的长度，或进入非穿心式千斤顶后至嵌固段末端的长度(m)，亦按组装时初始状态计算；

$L_4$——预应力钢筋对焊接头的压缩长度(m)，$L_4 = nL_0$，对于预应力钢丝、钢绞线；无对焊接头的预应力钢筋，则其 $L_4 = 0$；

$n$——对焊接头的数量；

$L_0$——每个对焊接头的压缩长度(m)；

$L_5$——预应力两侧端部的富余长度之和(m)。一端的富余长度：若为镦头钢丝，则留镦头余量 10mm；若为非镦头钢丝、钢绞线时，则一般分别留下 80mm 和 100mm，或按张拉作业需要确定。

### 二、预应力筋的张拉力计算

预应力筋张拉力的大小直接影响预应力建立的效果，工程实践证明：张拉力越高，建立的预应力值越大，构件的抗裂性也越好。但张拉力过大，会造成构件反拱过大或预拉区出现裂缝，或使构件出现裂缝的荷载与破坏荷载接近，构件在破坏前往往没有明显的预兆，这是十分危险的。如果张拉力过低或预应力损失过大，必然建立的预应力值偏低，则构件会过早出现裂缝，对构件也是不安全的。因此，设计人员不仅在图纸上要标明张拉力的大小，而且还要注明所考虑的预应力损失的取值，以使施工人员根据工程实际，适当调整张拉力，准确建立预应力值。

1. 预应力筋张拉力

根据设计的张拉控制应力 $\sigma_{con}$、预应力筋的截面积 $A_p$ 和选用的张拉程序中所规定的超张拉系数 $m$，即可按式(11-3)计算出预应力筋的张拉力 $N_j$：

$$N_j = m\sigma_{con}A_p \tag{11-13}$$

式中：$\sigma_{con}$——预应力筋的张拉控制应力值(MPa)；

$m$——预应力筋的超张拉系数，一般为1.03～1.05；

$A_p$——预应力筋的截面面积($mm^2$)。

按《混凝土结构设计规范》(GB 50010—2010)规定，预应力筋和张拉控制应力，不宜超过表11-19中的数据。

**最大张拉控制应力的允许值** 表11-19

| 项次 | 预应力钢材的品种 | 张拉方法 | |
|---|---|---|---|
| | | 先张法 | 后张法 |
| 1 | 碳素钢丝、刻痕钢丝、钢绞线 | $0.75f_{pc,k}$ | $0.70f_{pc,k}$ |
| 2 | 热处理钢筋、冷轧带肋钢筋、冷拔低碳钢丝 | $0.70f_{pc,k}$ | $0.65f_{pc,k}$ |
| 3 | 冷拉钢筋、精轧螺纹钢筋 | $0.90f_{py,k}$ | $0.85f_{py,k}$ |

注：$f_{pc,k}$、$f_{py,k}$分别为预应力筋的极限抗拉强度标准值和屈服强度标准值。

2. 预应力筋的有效预应力值

预应力筋中建立的有效预应力值，可按下式进行计算：

$$\sigma_{pe} = \sigma_{con} - \sum \sigma_{li} \tag{11-14}$$

式中：$\sigma_{pe}$——预应力筋的有效预应力值(MPa)；

$\sigma_{li}$——预应力筋中第$i$项预应力损失值(MPa)。

对于碳素钢和钢绞线，其有效预应力值不应大于其极限抗拉强度标准值。如果设计上仅提供了有效预应力值，则需计算预应力损失值，将有效预应力值和损失值两者叠加，才得到所需的预应力筋的张拉力。

## 三、预应力损失值的计算

预应力筋的预应力损失主要包括；孔道摩擦损失、锚固损失、预应力筋应力松弛损失、混凝土收缩徐变损失和弹性压缩损失等。

1. 孔道摩擦损失

孔道摩擦产生的应力损失，可按式(11-15)或式(11-16)计算：

(1)当$u\theta + kx > 0.2$时

$$\sigma_{12} = \sigma_{con}\left(1 - \frac{1}{e^{u\theta + kx}}\right) \tag{11-15}$$

(2)当$u\theta = kx \leqslant 0.2$时

$$\sigma_{12} = \sigma_{con}(u\theta + kx) \tag{11-16}$$

式中：$k$——考虑孔道(每米)局部偏差对摩擦影响的系数，按表11-20取用；

$x$——从张拉端至计算截面的孔道长度(m)，也可以近似地取孔道的投影长度；

$u$——预应力筋与孔道壁的摩擦系数，按表11-20取用；

$\theta$——张拉端曲线孔道切线的夹角(以弧度计)。

**系数$k$和$u$值** 表11-20

| 项次 | 孔道成型方法 | $k$值 | $u$值 | | |
|---|---|---|---|---|---|
| | | | 钢丝束、光面钢筋 | 钢绞线 | 带肋钢筋 |
| 1 | 预埋螺旋管、钢皮管 | 0.0030 | 0.30 | 0.35 | 0.40 |
| 2 | 钢管或胶皮管抽芯成型 | 0.0015 | 0.55 | 0.55 | 0.60 |
| 3 | 挤压涂层的无黏结筋 | 0.0040 | 0.10 | 0.12 | |

对于不同曲率组成的曲线束,宜分段计算孔道的摩擦损失;对空间曲线束可按平面曲线束计算孔道的摩擦损失,但 $\theta$ 角应取空间曲线包角,$x$ 应取空间弧长。

对于重要的预应力混凝土工程,预应力筋和孔道摩擦损失,除按式(11-15)和式(11-16)进行理论计算外,还应当采用精密压力表法或传感器法在现场测定实际的孔道摩擦损失。如果实测孔道摩擦损失值与理论计算值相差大于张拉力的5%,则应调整张拉力,以建立准确的预应力值。

2. 锚固损失

张拉端锚固时,由锚具的受力变形和预应力筋内缩引起的预应力损失,称为锚固损失。锚固损失的大小,与预应力筋的形状有密切关系,一般可分为以下两种情况计算。

1)直线预应力筋的锚固损失应力 $\sigma_u$

$$\sigma_u = \frac{aE_s}{L} \tag{11-17}$$

式中:$\sigma_u$——预应力筋的锚固损失应力(MPa);

$a$——张拉端锚具变形和预应力筋内缩值,按表 11-21 取用;

$E_s$——预应力筋的弹性模量(MPa);

$L$——张拉端至固定端之间的距离(m)。

块体拼装而成的预应力结构,其预应力损失尚应考虑块体间填缝的预压变形,当采用混凝土或水泥砂浆为填缝材料时,每条填缝的预压变形值可取1mm。

**张拉端锚具变形和预应力筋内缩值 *a***　　表 11-21

| 项次 | 锚具与夹具和种类 | $a$ 值 | 项次 | 锚具与夹具和种类 | $a$ 值 |
|---|---|---|---|---|---|
| 1 | 带螺母的锚具 | | 3 | 钢丝束钢质锥形锚具 | 5 |
| | 螺母间隙 | 1 | 4 | 钢筋束 JM 型锚具 | 3 |
| | 每块后加垫板的缝隙 | 1 | 5 | 钢绞线束 JM、QM 与 XM 型锚具 | 5 |
| 2 | 钢丝束镦头锚具 | 1 | 6 | 单根钢丝锥形夹具 | 5 |

2)曲线预应力筋的锚固损失 $\sigma_u$

(1)单一曲线预应力筋

$$\sigma_u = 2(maE_s)^{\frac{1}{2}} \tag{11-18}$$

$$m = \frac{\sigma_{con}(u\theta + kx)}{L} \tag{11-19}$$

(2)正反抛物线组成的预应力筋

$$\sigma_u = 2m_1(L_1 - C) + 2m_2(L_f - L_1) \tag{11-20}$$

$$m_1 = \frac{\sigma_A(KL_1 - KC + u\theta)}{L_1 - C};m_2 = \frac{\sigma_B(KL_2 + u\theta)}{L_2} \tag{11-21}$$

式中:$L_1$——锚固端至抛物线切点的距离(m);

$L_2$——抛物线切点至抛物线最低点的距离(m);

$C$——锚固端平直段的距离(m);

$L_f$——锚固端至应力损失消失拐点处的距离(m);

$\sigma_A$、$\sigma_B$——分别为锚固端点处和抛物线切点处的应力(MPa)。

3. 预应力筋应力松弛损失

预应力筋应力松弛损失,随着采用的预应力钢材品种和张拉程序的不同而不同,可分为以下 3 种情况进行计算。

(1)冷拉钢筋、热处理钢筋

一次张拉 $\sigma_{u}=0.05\sigma_{con}$；超张拉 $\sigma_{14}=0.035\sigma_{con}$。

(2)碳素钢丝、钢绞线对普通松弛级

$$\sigma_{14}=0.4\phi\left[\left(\frac{\sigma_{con}}{f_{pck}}\right)-0.5\right]\sigma_{con} \tag{11-22}$$

式中：$\phi$——张拉程度系数，一次张拉为 1.0，超张拉为 0.90。

对低松弛级

当 $\sigma_{con}<0.70f_{pck}$ 时

$$\sigma_{14}=0.125\left[\left(\frac{\sigma_{con}}{f_{pck}}\right)-0.575\right]\sigma_{con} \tag{11-23}$$

当 $0.70f_{pck}<\sigma_{con}<0.80f_{pck}$ 时

$$\sigma_{14}=0.20\left[\left(\frac{\sigma_{con}}{f_{pck}}\right)-0.575\right]\sigma_{con} \tag{11-24}$$

(3)冷轧带肋钢筋、冷拔低碳钢丝一次张拉

$$\sigma_{14}=0.08\sigma_{con} \tag{11-25}$$

4. 混凝土收缩徐变损失

(1)对先张法

$$\sigma_{15}=\frac{45\cdot\dfrac{220\sigma_{pc}}{f_{cu}}}{1+15\rho} \tag{11-26}$$

(2)对后张法

$$\sigma_{15}=\frac{25\cdot\dfrac{220\sigma_{pc}}{f_{cu}}}{1+15\rho} \tag{11-27}$$

式中：$\sigma_{pc}$——受拉区或受压区预应力筋在各自的合力点处混凝土的法向应力(MPa)，当 $\sigma_{pc}$ 为拉应力时，则 $\sigma_{pc}=0$；

$f_{cu}$——施加预应力时的混凝土立方体抗压强度设计值(MPa)；

$\rho$——受拉区或受压区的预应力筋和非预应力筋和配筋率。

施加预应力时的混凝土龄期对徐变损失的影响较大，随着其龄期的增大而减小。另外，结构所处环境对徐变影响很明显，处于高温条件下的结构(如储水池等)，按上式计算的混凝土收缩徐变损失值可降低 50%；而处于干燥环境中的结构，混凝土收缩徐变损失值可增加20% ~30%。

5. 弹性压缩损失

1)先张法弹性压缩损失

先张法施工的构件在放张时，预应力传递给混凝土，使构件产生一定的压缩变形，预应力筋随着构件的缩短，而引起的应力损失，可按下式进行计算：

$$\sigma_{16}=\frac{E_s\sigma_{pc}}{E_c} \tag{11-28}$$

式中：$E_s$、$E_c$——分别为预应力筋和混凝土的弹性模量(MPa)；

$\sigma_{pc}$——由于预应力所引起位于钢筋水平处混凝土的应力(MPa)。

2)后张法弹性压缩损失

后张法弹性压缩损失在设计中,一般不再单独进行计算,可采取超张拉措施将弹性压缩平均损失值加到张拉力内。

## 四、预应力筋的张拉伸长值计算

1. 直线预应力筋的张拉伸长值计算

直线预应力筋张拉伸长值 $\Delta L$,可按下式计算

$$\Delta L=\frac{PL_{\mathrm{T}}}{A_{\mathrm{p}}E_{\mathrm{s}}} \tag{11-29}$$

式中:$P$——预应力筋的平均张拉力,取张拉端拉力与计算截面处扣除孔道摩擦损失后的平均值,即:

$$P=P_j\left(1-\frac{kL_{\mathrm{T}}+u\theta}{2}\right) \tag{11-30}$$

$L_{\mathrm{T}}$——预应力筋的实际长度(m);

$A_{\mathrm{p}}$——预应力筋的截面面积($mm^2$);

$E_{\mathrm{s}}$——预应力筋的弹性模量(MPa)。

2. 曲线预应力筋张拉伸长值计算

对多曲线段或直线段与曲线段组成的曲线预应力筋,张拉伸长值计算应分段计算进行叠加,即

$$\Delta L=\sum\left[\frac{(\sigma_{i1}+\sigma_{i2})L_i}{2E_{\mathrm{s}}}\right] \tag{11-31}$$

式中:$L_i$——第 $i$ 线段的预应力筋的长度(m);

$\sigma_{i1}$、$\sigma_{i2}$——第 $i$ 线段两端的预应力筋的拉力(kN)。

# 第六节　减少预应力损失的措施

预应力混凝土结构和构件,在制作和使用过程中,会因各种原因,会使已建立的预应力值随时间的延续而有所损失。预应力的损失会给预应力混凝土结构和构件带来很大损失,有时甚至出现工程事故。

表 11-22 为预应力损失的起因、数值及减少预应力损失的措施。但表中各项预应力损失对某种工艺而言并非全部出现,而是按照表 11-23 所示情况组合起来。叠加所得总损失值 $\sigma_{\mathrm{s}}=\sigma_{\mathrm{s\,I}}+\sigma_{\mathrm{s\,II}}$,如小于下列数值,则应按下列数值取用:先张法 $\sigma_{\mathrm{s}}=100\mathrm{MPa}$,后张法 $\sigma_{\mathrm{s}}=80\mathrm{MPa}$。

**预应力损失的原因、数值和减少损失的措施**　　表 11-22

| 符号 | 项　目 | 引起损失的因素 | 损失值(MPa) | | 减少损失的措施 |
|---|---|---|---|---|---|
| | | | 先张法 | 后张法 | |
| $\sigma_{\mathrm{s\,I}}$ | 张拉端夹具与锚具变形 | 夹具与锚具在荷载作用下产生非弹性变形 | $\frac{\lambda}{l}\cdot E_{\mathrm{s}}$① | | 认真操作,使夹具、锚具变形控制在允许变形数值内 |

续上表

| 符号 | 项　目 | 引起损失的因素 | 损失值(MPa) | | 减少损失的措施 |
|---|---|---|---|---|---|
| | | | 先张法 | 后张法 | |
| $\sigma_{s\text{II}}$ | 预应力筋与孔道壁间的摩擦 | 预应力筋孔道制成了曲线形,或在曲线孔道中张拉钢筋 | | 30～150② | 正确掌握抽管时间,及时抽管和清除孔道。采用重复张拉等 |
| | 温度变化(温差)的影响 | 先张法混凝土热养护时,受拉钢筋与承受拉力的台座之间的温差($\Delta t$)的变化(以℃计)每度温差可引起应力损失达2MPa | $2\Delta t$ | | 热养护初期应严格按照规定允许值升温、混凝土达10MPa的强度后,才可按一般制度养护 |
| $\sigma_{s4}$ | 钢筋的应力松弛 | 钢筋在长度不变的情况下,应力随时间增加而降低 | 软钢可达张拉应力的5%,硬钢可达张拉应力的7% | | 张拉时进行适当的超张拉,或重复张拉 |
| $\sigma_{s5}$ | 混凝土的收缩、徐变 | 收缩是因物理化学作用而产生的体积缩小现象,包括干缩、冷缩等。徐变是在恒定荷载下变形随时间而缓慢增加的不平衡过程。混凝土的徐变,主要是一种弹性后效 | 50～210,根据《混凝土结构设计规范》确定 | | 适当选择集料,准确控制水灰比和水泥用量;混凝土捣固密实;加强养护 |
| $\sigma_{s6}$ | 螺旋式预应力筋应用于环形构件的预应力损失 | 用螺旋式预应力筋作配筋的环形制品,当直径达3m时,混凝土局部压陷 | | 30 | 提高混凝土强度,达到规定强度后张拉 |

注:①式中 $\lambda$ 为夹具、锚具的允许变形值(mm),按《混凝土结构设计规范》(GB 50010—2010)取用;$l$ 为张拉端至锚固端之间的距离(mm);$E_s$ 为钢筋的弹性模量。

②按《混凝土结构设计规范》(GB 50010—2010)确定。钢管抽出成型的直线孔道,其摩擦损失较小,长度小时近似为零。采用电热张拉时一般不考虑。

**各阶段预应力损失值组合**　　表 11-23

| 序号 | 损失值的组合 | | 先张法(MPa) | 后张法(MPa) | 电热后张法(MPa) |
|---|---|---|---|---|---|
| 1 | $\sigma_{s\text{I}}$ | 热养护 | $\sigma_{s1}+\sigma_{s3}+\sigma_{s4}$ | $\sigma_{s1}+\sigma_{s2}$ | $\sigma_{s1}$ |
| 2 | $\sigma_{s\text{I}}$ | 自然养护 | $\sigma_{s1}+\sigma_{s4}$ | $\sigma_{s1}+\sigma_{s2}$ | $\sigma_{s1}$ |
| 3 | $\sigma_{s\text{II}}$ | 用螺旋式预应力钢筋作配筋的环形制品,当直径 $d\leqslant3$m 时 | | $\sigma_{s4}+\sigma_{s5}+\sigma_{s6}$ | $\sigma_{s4}+\sigma_{s5}+\sigma_{s6}$ |
| 4 | $\sigma_{s\text{II}}$ | 其他预应力制品 | $\sigma_{s5}$ | $\sigma_{s4}+\sigma_{s5}$ | $\sigma_{s4}+\sigma_{s5}$ |
| 5 | | $\sigma_s=\sigma_{s\text{I}}+\sigma_{s\text{II}}$ | 不小于100 | 不小于80 | 不小于80 |

注:表中 $\sigma_{s\text{I}}$ 为混凝土预压前的第一批损失;$\sigma_{s\text{II}}$ 为混凝土预压后的第二批损失;$\sigma_s$ 为预应力总损失值,$\sigma_s$ 在潮湿条件下可减少50%。

# 第七节　预应力混凝土的施工工艺

## 一、先张法施工工艺

先张法是先将钢筋拉到设计控制应力,用夹具临时固定在台座或钢模上,然后浇捣混凝土;待混凝土达到一定强度(一般不低于设计强度的70%)后,放松钢筋,靠钢筋与混凝土之间的黏结力使混凝土的构件获得预压应力。

1. 工艺流程

先张法工艺流程如图 11-6。

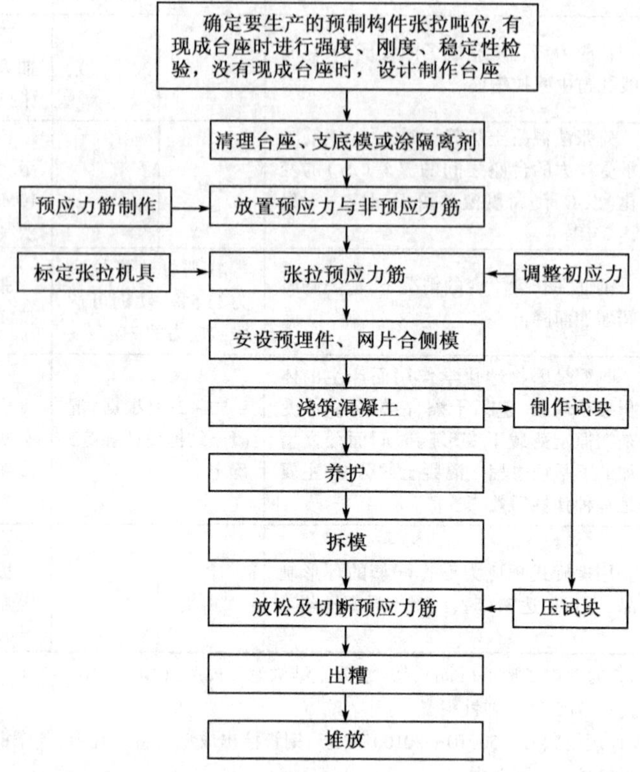


图 11-6　先张法施工工艺流程

2. 张拉台座

张拉台座是先张法生产的主要设备之一，它承受预应力筋的全部张拉力。因此，台座应具有足够的强度、刚度和稳定性，以免台座变形、倾覆、滑移而引起预应力值的损失。台座按构造形式不同，可分为墩式台座和槽式台座两种。选用时应根据构件的种类、张拉吨位和施工条件而定。

1) 墩式台座

墩式台座由台墩、台面与横梁等组成，一般用于平卧生产的中小型构件，如屋架、空心楼板、平板等。台座尺寸由场地大小、构件类型和产量等因素确定，一般长度为 100 ~ 150m，这样张拉一次可生产多根构件，既减少张拉及临时固定工作，又可减少应力损失。

(1) 台墩

台墩是墩式台座最重要组成部分，一般由现浇钢筋混凝土制作而成，分为重力式和构架式两种。台墩除应具有足够的强度和刚度外，还应进行抗倾覆与抗滑移稳定性验算。

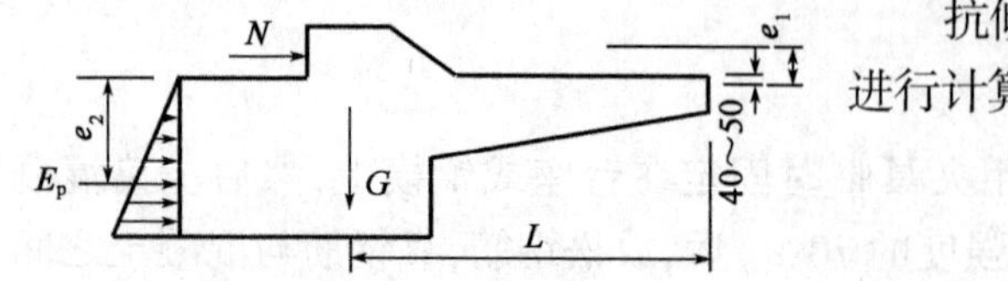


图 11-7　墩式台座稳定性验算简图(尺寸单位：mm)

抗倾覆验算，可按验算简图(图 11-7)和式(11-32)进行计算。

$$K = \frac{M_1}{M} = \frac{GL + E_p e_2}{Ne_1} \geqslant 1.5 \tag{11-32}$$

式中：$K$——抗倾覆安全系数；

$M$——倾覆力矩（N·m），由预应力筋的张拉力产生；

$N$——预应力筋的张拉力（kN）；

$e_1$——张拉力合力作用点至倾覆的力臂（m）；

$M_1$——抗倾覆力矩（N·m），由台座自重力和土压力等产生；

$G$——台墩的自重力（kN）；

$L$——台墩重心至倾覆点的力臂（m）；

$E_p$——台墩后面的被动土压力合力（kN），当台墩埋置较浅时，可忽略不计；

$e_2$——被动土压力合力至倾覆点的力臂（m）。

抗滑移验算，可按下式进行

$$K_c = \frac{N_1}{N} \geqslant 1.3 \tag{11-33}$$

式中：$K_c$——抗滑移安全系数；

$N_1$——抗滑移合力（kN）。

对于台墩与台面共同作用的台座，台墩的水平推力几乎全部传给台面，不存在滑移问题，可以不做抗滑移验算。但台墩与台面分设时，必须进行抗滑移验算。

（2）台面

台面一般是在夯实的碎石垫层上浇筑一层厚度为60～100mm的混凝土而制成，台面略高于地坪，表面应当平整光滑，以保证构件底面的表面平整。长度较大的台面，应每隔10m左右设置一条伸缩缝，以适应温度的变化。

（3）横梁

横梁以台墩为支座，直接承受预应力筋的张拉力，其挠度应不大于2mm，并且不得产生翘曲。预应力筋的定位板必须安装准确，其挠度应不大于1mm。

2）槽式台座

槽式台座由端柱、传力柱、柱垫、横梁和台面等组成（图11-8）此种台座既可承受张拉力，又可作为蒸汽车养护槽，适用于张拉较高的大型构件，如吊车梁、屋架等。

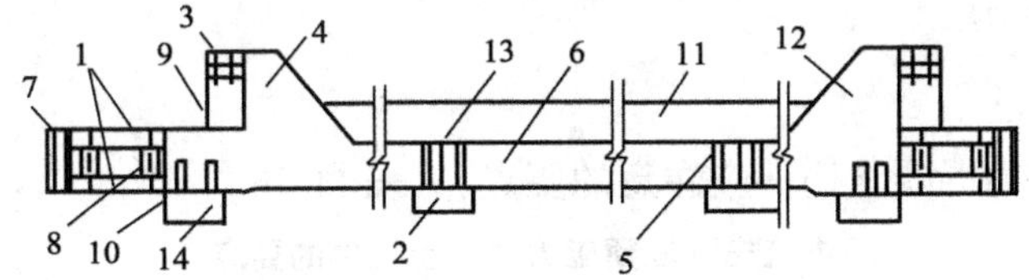


图11-8　槽式台座构造

1-下横梁；2-基础板；3-上横梁；4-张拉端柱；5-卡环；6-中间传力柱；7-钢横梁；8、9-垫块；10-连接板；11-砖墙；12-锚固端柱；13-砂浆嵌缝；14-支座垫板

槽式台座的长度一般不大于76m，宽度随构件外形及制作方式而定，一般不小于1m。为便于混凝土的运输、浇筑及蒸汽养护，台座宜低于地面。为便于拆迁和重复使用，台座应设计成装配式。槽式台座也要进行强度和稳定性验算。

3. 张拉工艺要点

1）张拉控制应力和张拉力

钢筋张拉控制应力是指对预应力钢筋进行张拉时所施加的张拉力的限值。张拉控制应力

$\sigma_k$ 根据规范规定(表 11-24)采用。

超张拉力:

$$N=(103\% \sim 105\%)N_k$$

式中:$N_k$——预应力钢筋的张拉力(kN)。

先张法张拉控制应力值 $\sigma_k$　　表 11-24

| 项次 | 钢　种 | 控制应力 |
|---|---|---|
| 1 | 钢丝、钢绞线 | $0.7R_y^b$ |
| 2 | 冷拉热轧钢筋 | $0.9R_y^b$ |

注:1. $R_y^b$ 为钢筋标准强度,对于Ⅱ~Ⅳ级及冷拉Ⅱ~Ⅳ级钢筋、Q235 及冷拉 Q235 钢筋,取其屈服点(Ⅱ级钢筋为 $d \leqslant 25$mm时的屈服点)作为其标准强度;对于热处理钢筋、冷拔低碳钢丝、碳素钢丝、刻痕钢丝、钢绞线,取其抗拉强度作为标准强度。参见本书有关章节。

2. 下列情况下,表中的数值允许提高 $0.05R_y^b$:

(1)为了提高构件制作、运输及吊装阶段的抗裂度而设置在使用阶段受压区的预应力钢筋;

(2)为了部分抵消由于应力松弛、摩擦、钢筋分批张拉以及预应力筋与张拉台座之间的温差等因素产生的预应力损失。

3. 钢丝、钢绞线的张拉控制应力值 $\sigma_k$ 不应小于 $0.4R_y^b$。

2)张拉程序

预应力筋的张拉程序应符合设计规定,设计无规定时,可按表 11-25 的程序进行。

先张法预应力筋的张拉程序　　表 11-25

| 预应力筋的种类 | 张 拉 程 序 | 备注 |
|---|---|---|
| 钢筋 | $0 \rightarrow 105\%\sigma_k$(持荷 2min)$\rightarrow 90\%\sigma_k \rightarrow \sigma_k$ | |
| 钢丝 | $0 \rightarrow 105\%\sigma_k$(持荷 2min)$\rightarrow 0 \rightarrow \sigma_k$ | 见注(2) |
| 钢绞线 | $0 \rightarrow 103\%\sigma_k$ | |

注:1. 预应力筋的超张拉数值不得大于:

(1)钢筋的屈服点;

(2)钢丝、钢绞线抗拉强度的 75%。

按本表算得的超张拉数值超过(1)、(2)两项规定,则分别按(1)、(2)两项的规定进行张拉,并延长持荷时间 5min。

2. 为保证施工安全,应在超张拉后放松至 $90\%\sigma_k$ 时,再装设预埋件、其他配筋和模板。

3. 表中 $\sigma_k$ 为控制应力。

4. 浇筑混凝土要点

浇筑先张法预应力混凝土构件应注意的要点,见表 11-26。

浇筑先张法预应力混凝土构件的要点　　表 11-26

| 序号 | 项　目 | 要　点 |
|---|---|---|
| 1 | 气温 | 在气温低于 0℃的环境下,不宜制作预应力混凝土构件 |
| 2 | 模板 | 1. 模板要求不变形、不漏浆、装拆方便;<br>2. 作为支承张拉力的模外张拉的侧板或底板,应有足够的刚度;<br>3. 用地坪台面作底板时,安装模板应避开伸缩缝,如必须跨压伸缩缝时,宜用薄钢板或油毡纸垫铺,以备放张时滑动;<br>4. 槽形板胎模的圆角要光滑,端部横肋斜度应大于 1:1.5;<br>5. 大型屋面板不宜采用反模(即肋向上)的方法浇筑 |
| 3 | 钢筋 | 1. 钢筋上的油污,应用棉纱头或布擦除;<br>2. 在张拉至 $99\%\sigma_{con}$ 时,可进行预埋件、钢箍等的校正工作 |

续上表

| 序号 | 项　目 | 要　　点 |
|---|---|---|
| 4 | 设备 | 1.已磨蚀较大的锚夹具,应及时更换,不宜勉强使用;<br>2.张拉前应进行一次检查,钢丝绳无破损,千斤顶无泄漏,滑轮组润滑良好;<br>3.用横梁成组张拉时,注意力点均匀对称;注意横梁、千斤顶、拉力架等的稳定 |
| 5 | 张拉 | 1.应将张拉参数(张拉力、油压表值、伸长值等)标在牌上,供操作人员掌握;<br>2.多根钢筋成组张拉时,先将各根钢筋整至松紧程度相同,并在张拉至5% ~10%时检查,保证初应力一致;并在钢筋或张拉杆上记上标志作为伸长值的起点,以供检查;<br>3.分批张拉时,先张拉靠近台座截面重心部位的筋,避免台座偏心受力过大;<br>4.如对冷拔低碳钢丝作折线张拉时,应在两端张拉,并在钢丝弯折处装设定位滚筒,减少摩擦损失 |
| 6 | 锚定 | 1.张拉完成后,持荷2 ~3min,待预应力值稳定后,方可锚定;<br>2.锚定时,顶塞圆锥形锚塞、齿板、夹片时,不宜突然用力过猛撞击;拧螺母时,注意压力表维持在控制张拉力的读数上;<br>3.按照设计要求进行预应力值的检查;<br>4.张拉工艺的各项数值,应按表11-44的规定填写记录 |
| 7 | 浇筑 | 1.按照第三章第五节的操作要点进行操作;<br>2.如用人工操作,必须反铲下料;如用翻斗车、吊斗下料,应注意铺料均匀;如构件上面有构造网片的,不宜用翻斗车、吊斗直接下料,避免压弯网片;<br>3.根据构件种类,采用适当的振捣设备:<br>梁柱宜用插入式振动器;<br>大梁宜用附差式振动器;<br>小梁、板肋宜用剑式振动器(图4-11);<br>板类宜用平板式振动器;<br>短线模外张拉的构件,宜用振动台;<br>4.振捣工作要求边角密实饱满,特别是两端必须密实饱满;<br>5.振捣时,振动棒严禁触动预应力筋;<br>6.每一条长线台座的构件,宜在一个台班内全部完成 |
| 8 | 养护 | 1.必须在初凝前覆盖,保温养护;<br>2.混凝土强度小于1.2MPa时,不准踩踏该生产线的外露预应力筋 |

### 5.预应力筋的放张

预应力筋的放张,亦称松筋、剪筋。预应力筋放张的原则见表11-27;预应力筋的放张方法见表11-28。

**预应力筋放张的原则**　　表11-27

| 序号 | 项目 | 要　　点 |
|---|---|---|
| 1 | 混凝土强度 | 1.设计有要求时,按设计要求;<br>2.设计无规定时,混凝土强度应不低于设计强度的75%;<br>注:混凝土强度,应以同条件养护的试块为准 |
| 2 | 放张的顺序 | 1.设计有要求时,按设计要求;<br>2.设计无要求时,按下列原则:<br>(1)粗钢筋(钢丝束、钢绞线)不宜逐根放张,应将承力横梁整体放张;并掌握对称、同步、缓慢三要素;<br>(2)轴心受压构件(压杆、桩等),所有预应力筋应同时放张;<br>(3)偏心受压构件(如梁等),应先同时放张预压力较小区域的预应力筋,再同时放张预压力较大区域的预应力筋;<br>(4)如不能按(2)(3)条放张时,应分阶段、对称、相互交错地放张,以防止在放张过程中,构件发生翘曲、裂纹、预应力筋断裂等现象;<br>3.长线台座预应力冷拔低碳钢丝的放张,应先从中间开始,分向两端进行 |

续上表

| 序号 | 项目 | 要　点 |
| --- | --- | --- |
| 3 | 断筋方法 | 1. 钢丝及小钢筋,可用断线钳剪断;不得用反复弯曲方法扭断;<br>2. 钢筋可在放张后再用乙炔割断;<br>3. 任何钢筋、钢丝均不得用电弧焊烧断 |

**预应力筋的放张方法**　　表 11-28

| 名　称 | 示　意　图 | 说　明 |
| --- | --- | --- |
| 台座式千斤顶法 | 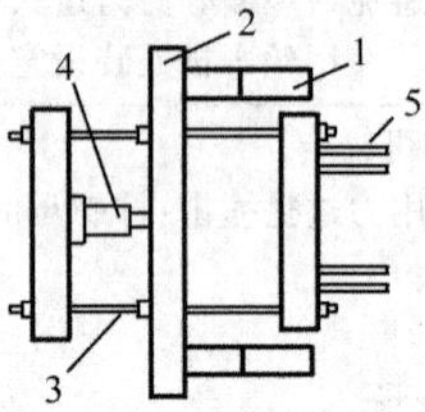 1 2 3 4 5 | 1. 适用于四横梁式放张;<br>2. 用原来张拉的加荷千斤顶重新顶压至横梁,将锚定螺母缓慢松开,千斤顶也缓慢回油 |
| 滑楔法 | 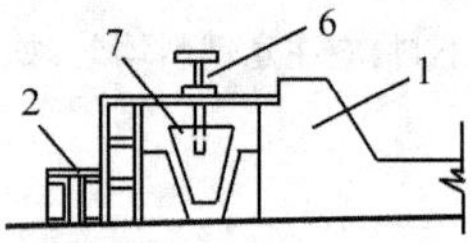 1 2 6 7 | 1. 张拉前在固定端安装好滑楔装置;<br>2. 放张时,拧动螺栓将滑楔升起 |
| 螺杆平面轴承法 | 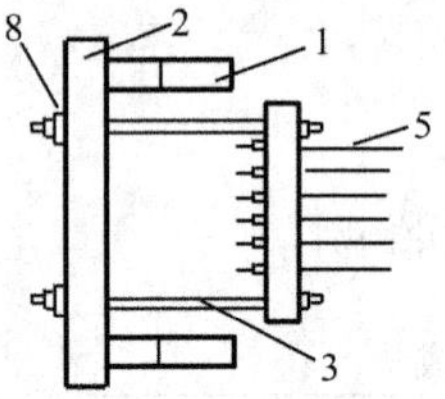 1 2 3 5 8 | 1. 适用于各种张拉工艺;<br>2. 张拉前在固定端螺杆的螺母与横梁(或承力支架)之间预先安装平面轴承;<br>3. 放张时用长柄扳手拧松螺母;<br>4. 应两人同时对称操作 |

注:1-承力支座;2-横梁;3-螺杆;4-千斤顶;5-预应力筋;6-提升螺栓;7-钢滑楔;8-平面滚珠轴承。

6. 安全技术与注意事项

1)安全技术

(1)台座两端应有防护设施。张拉时沿台座长度方向每隔 4 ~ 5m 放一个防护架,两端严禁站人,也不准人进入台座。

(2)当预应力筋拉到控制张拉力后,要每隔 2 ~ 3min 再拉紧夹具(或拧紧螺母)一次。此时,操作人员应站在侧面。

2)注意事项

(1)当多根预应力筋同时张拉时,必须事先调整初应力[其值可取(10% ~15%)$\sigma_k$],确保应力一致。

在钢丝配筋的构件内,受压区或受拉区钢丝拉断数量,如分别不大于各自钢丝总数的 5% 时,可不必调换。

(2)应先张拉靠近台座截面重心的预力筋,避免台座承受过大的偏心压力。

(3)预应力筋张拉完毕后,对设计位置的偏差不得大于 5mm,亦不得大于构件(包括芯棒)截面最短边长的 4%。

(4)用四横梁整批张拉预应力筋时,千斤顶应对称布置,防止活动横梁倾斜。

(5)张拉时,张拉机具(包括钢丝绳)与预应力筋应在一条直线上,同时在台面上每隔一定距离放 1 根 $\phi8 \sim \phi10$ 圆钢筋头或相当于保护层厚度的其他垫块,以防预应力筋因自重而下垂,破坏隔离剂黏污应力筋。

(6)顶紧锚塞时,用力不要过猛,以防钢丝折断;在拧紧螺母时,应注意压力表读数始终保持在控制张拉力上。

(7)当气温低于 0℃时,不宜张拉。

(8)叠层生产时,应待下层混凝土强度达到 8 ~ 10MPa 后,方可浇筑上层构件的混凝土。

## 二、后张法施工工艺

### 1. 后张法的工艺流程

后张法施工是先制作构件(或块体),并在预应力筋的设计位置预留出相应的孔道;待混凝土强度达到设计规定的数值后,穿入预应力筋并施加预应力,最后进行孔道灌浆。张拉力由锚具传给混凝土构件,并使之产生预应力。其工艺流程如图 11-9 所示。

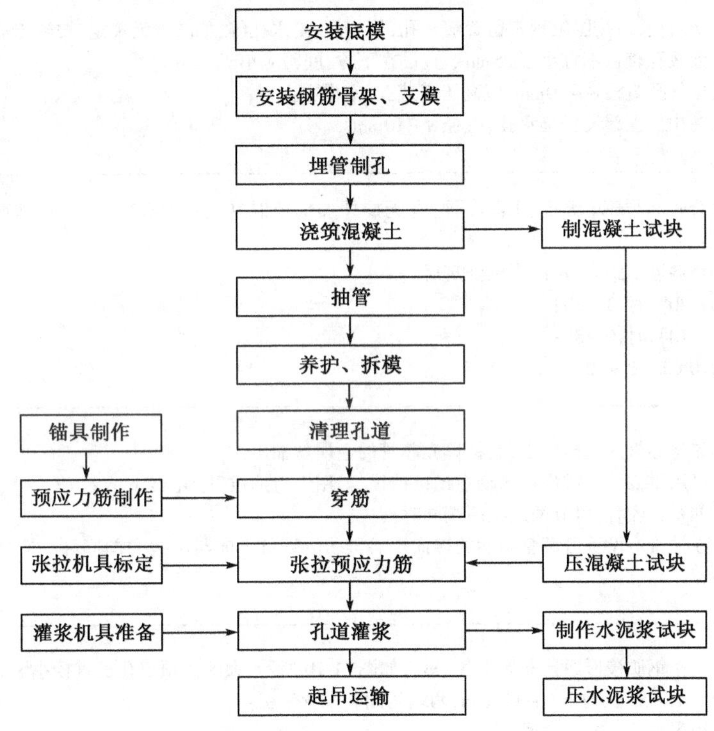


图 11-9　后张法施工工艺流程

注:1. 对于块体拼装构件,还应增加块体验收、拼装、立缝灌浆和连接板焊接等工艺。

2. 后张法预留孔道的制作有抽管法和埋管法两种,本图为抽管法工艺流程。

后张法施工不需要台座设备,大型构件可分块制作,运到现场进行拼装,利用预应力筋连成整体。因此,后张法施工灵活性较大,适用于现场预制或工厂预制块体,现场拼装的大中型预应力构件、特种结构和构筑物等。但后张法施工工序较多,且锚具不能重复使用,耗费钢材量比先张法大。

### 2. 构件(块体)制作

后张法混凝土构件制作的要点见表 11-29。

**后张法混凝土构件制作的操作要点** 表 11-29

| 序号 | 项　目 | 操　作　要　点 |
|---|---|---|
| 1 | 预埋件 | 1. 注意两端预埋钢板及芯管位置的准确性，钢板面与孔道端部的中轴线必须垂直；<br>2. 分块预制时，各块的孔道，连接板的位置，浇筑前要复核，浇筑中要保证不位移 |
| 2 | 芯管安装 | 1. 预留孔道芯管的直径，应比预应力筋稍大 15mm；<br>2. 芯管可用九方格或十二方格的小钢筋井形格支承；井形格的间距：用钢管时不宜大于 1m；用软金属管或胶管时不宜大于 500mm；曲线处按需要加密 |
| 3 | 浇筑 | 1. 混凝土浇筑应饱满密实，端部平正；<br>2. 应一次浇筑完毕，不允许留施工缝；<br>3. 构件如系平卧捣制，芯管处可放后浇筑；<br>4. 芯管如系直管，在浇筑后每隔 10 ~ 15min 将芯管转动一次；转动时如出现裂纹，应即用抹子搓动压平消除 |
| 4 | 预留孔洞 | 1. 浇筑前，应按图纸规定留置灌浆孔，排气孔，泌水孔等，如图纸无规定，按施工需要留置；<br>2. 灌浆孔直径不宜小于 25mm，宜设在下方，间距应小于 12m；<br>3. 排气孔直径 8 ~ 10mm，应高于灌浆孔，宜设在上方；<br>4. 在构件顶部设置泌水孔，直径 8 ~ 10mm |
| 5 | 抽管时间 | 抽管时间与环境温度、水泥品种，有无掺外加剂及混凝土强度有关，在一般情况下，下列数值可供参考：<br>环境温度 >30℃时，混凝土浇筑后 3h；<br>30 ~ 20℃时，3 ~ 5h；<br>20 ~ 10℃时，5 ~ 8h；<br><10℃时，8 ~ 12h |
| 6 | 抽管方法 | 1. 先将芯管内气压放空，或将填充芯管的金属丝抽出；<br>2. 可用手摇绞车或慢动电动卷扬机抽拔，如用人力抽拔，每组 4 ~ 6 人；<br>3. 如系接驳管，可分两组在两端同时抽拔；<br>4. 在抽管端设置可调整高度的转向滑轮架，使管道方向与施拔方向同在一直线上，保护管道口的完整 |
| 7 | 孔道检查 | 1. 制作钢质梭形通孔器大小各一只，如图 11-10 所示；大的比预留孔道直径小 5mm；小的比预留孔道直径小 15mm；长约 100 ~ 120mm，两端均用软钢丝牵引；<br>2. 用先小后大方法试通；<br>3. 如只通小通孔器，可用变形钢筋来回拖动，以能通过大通孔器为准；<br>4. 如小通孔器也通不过，应查明原因及位置，采取下列措施：<br>(1)用带钩钢筋将堵塞物带出；<br>(2)用清孔器（锅炉的洗管专用工具，与插入式振动器相似，但软轴较长，振动棒改为螺旋钻嘴）清理孔道；<br>(3)经技术主管同意，在堵塞位置开洞清理 |

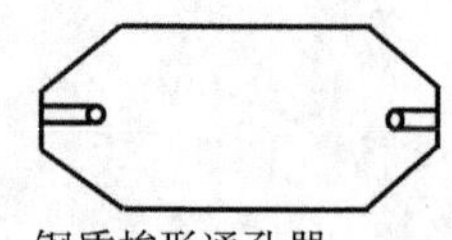

图 11-10　钢质梭形通孔器

3. 预应力筋的张拉

后强法预应力筋的张拉要点见表 11-30。后张法的张拉控制应力 $\sigma_k$ 按表 11-31 选用。

**后张法预应力筋张拉的操作要点** 表 11-30

| 序号 | 项 目 | 要 点 |
|---|---|---|
| 1 | 混凝土强度 | 不低于设计强度的 75% |
| 2 | 块体拼装 | 1. 块体的纵轴线应对准,偏差不得大于 3mm;<br>2. 立缝宽度的偏差为 +10、-5mm;但最小宽度应大于 10mm;<br>3. 灌缝的细石混凝土或砂浆强度,应按设计要求;如无要求时,立缝处不得低于块体强度的 40%,亦不得低于 15MPa;灌缝应密实;<br>4. 承受预拉的立缝,宜在预应力张拉后灌缝;承受预拉的连接钢板,应在预应力张拉前焊接受;承受预压的连接钢板,则宜在预应力张拉后焊接(承受顶拉、预应构件的区分,按设计图规定) |
| 3 | 端部预埋件(锚具、端板) | 焊渣、毛刺、混凝土残渣,应清除干净 |
| 4 | 预应力筋端部螺纹 | 用薄膜、布、水泥袋纸等绑扎保护后,方可穿入孔道 |
| 5 | 张拉流程 | 按设计要求进行,设计无要求时,按本节一、1 进行 |
| 6 | 张拉次序 | 1. 曲线预应力筋,长度大于 24m 的预应力筋,应采用两端张拉;<br>2. 等于或小于 24m 的直线预应力筋,可在一端张拉;但宜将张拉组数错开,左右两端各张拉 50%;<br>3. 自锚法张拉的预应力筋应支承在承力架或承力横梁上(图 11-11);<br>4. 两端同时张拉一根预应力筋时,张拉后宜先在一端锚固,在另一端补足张拉力后才进行锚固,以减少预应力损失;<br>5. 如系逐根张拉时,先张拉靠近重心处的预应力筋,并逐步地向外、对称地进行;对于受弯构件,应先张拉受压区的预应力筋(图 11-12 为薄腹梁的张拉次序) |
| 7 | 叠层构件的张拉 | 1. 按构件叠层次序,先上后下地张拉;<br>2. 张拉力:如隔离剂效果好,可以采用同一数值;如因上下层间摩擦阻力引起预应力损失,可逐层加大张拉力;但最底一层与顶层之间的比例,不宜大于下列数值;<br>钢丝、钢绞线、热处理钢筋:5%;<br>冷拉Ⅱ、Ⅲ、Ⅳ级钢筋:9%;<br>也不应大于表 11-19 的数值 |
| 8 | 电热法张拉 | 1. 电热温度不得大于 350℃;反复电热次数不宜超过 3 次;<br>2. 用埋金属波纹管作预留孔道的构件,不宜采用电热法 |
| 9 | 自锚头 | 用自锚法预应力筋的放张,应待自锚头混凝土强度达到设计强度的 75% 以上及孔道灌浆强度达到 C15 以后,方可进行 |

**后张法张拉控制应力值 $\sigma_k$** 表 11-31

| 项 次 | 钢 种 | 控制应力 |
|---|---|---|
| 1 | 钢丝、钢绞线 | $0.65R_y^b$ |
| 2 | 冷拉热轧钢筋 | $0.85R_y^b$ |

注:同表 11-24。

4. 孔道灌浆

灌浆分为自锚头灌浆和孔道灌浆。材料的配比和质量要求,见表 11-32;灌浆用的灰浆泵(及胶管)的性能,见表 11-33;孔道灌浆的操作要点见表 11-34;自锚头张拉及灌浆工艺示意如图 11-11 所示。

**灌浆材料的配合比和质量要求** 表 11-32

| 序号 | 使用范围 | 水泥品种 | 配 合 比 | 质 量 要 求 |
| --- | --- | --- | --- | --- |
| 1 | 小孔道 | 与原构件相同 | 1. 水灰比为 0.4 ~ 0.5 的纯水泥浆；<br>2. 为防止水泥浆收缩，可加入脱脂铝粉，为水泥质量的 0.01% | 1. 搅拌后 3h 的泌水率不得超过 3%；<br>2. 浆料强度不宜低于 C20；<br>3. 严禁掺有氯盐的外加剂 |
| 2 | 大孔道 | 与原构件相同 | 1. 水灰比为 0.5 ~ 0.6 的水泥砂浆；<br>2. 砂的用量不宜大于水泥质量的 50%；<br>3. 砂的粒径不得超过 2mm | |
| 3 | 自锚头 | 与原构件相同 | 不低于 C40 的细石混凝土 | |

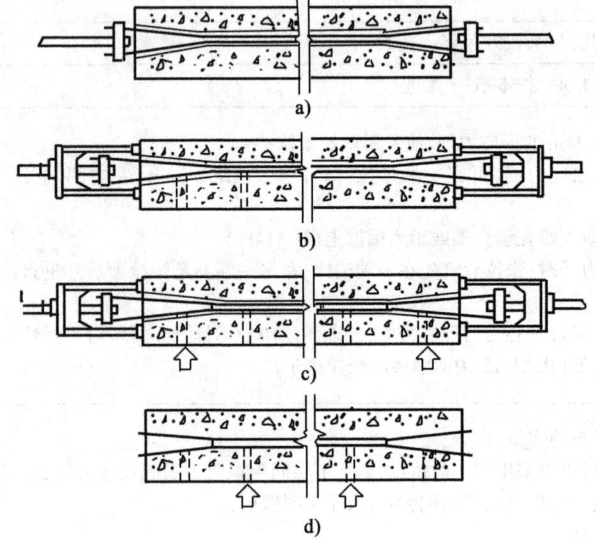


图 11-11 自锚头灌浆工艺示意图

a) 安装预应力筋及张拉夹具；b) 张拉后锚定；c) 自锚头先灌注细石混凝土；d) 孔道灌浆

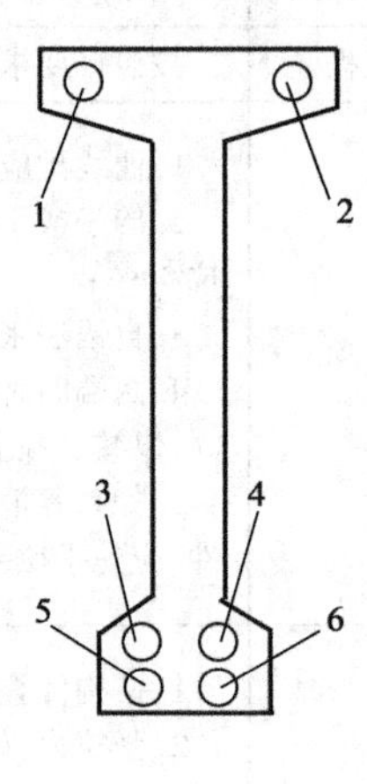


图 11-12 薄腹梁后张法多根张拉次序示意图（数字为张拉先后次序）

**常用灰浆泵的技术性能** 表 11-33

| 项 目 | 单 位 | 型 号 | | | | |
| --- | --- | --- | --- | --- | --- | --- |
| | | HB6-3 | HP-13 | UBJ-0.8 | UBJ-1.2 | UBJ-1.8 |
| 泵送量 | $m^3/h$ | 3.0 | 3.0 | 0.8 | 1.2 | 1.8 |
| 最大垂直运距 | m | 40 | 40 | 25 | 25 | 30 |
| 最大水平运距 | m | 150 | 150 | 80 | 80 | 100 |
| 工作压力 | MPa | 1.5 | 1.5 | 1.0 | 1.2 | 1.5 |
| 电动机功率 | kW | 4 | 7 | | | |
| 压浆频率 | r/min | | 120 | | | |

注：1. 输浆胶管应能承受 1.0MPa 压力的有金属丝缠绕的，或 5 ~ 7 层帆布的压力管。

2. 灌浆嘴应带有阀门，便于安全操作和节约水泥。

孔道灌浆的操作要点 表 11-34

| 序号 | 项 目 | 要 点 |
|---|---|---|
| 1 | 时间 | 1. 非自锚法预应力筋张拉后,即可进行孔道灌浆;采用电热张拉的,应在钢筋冷却后进行;<br>2. 自锚法应待自锚头混凝土达到设计强度75%后,方可进行 |
| 2 | 湿润 | 灌浆前,将下部孔洞口临时用木塞堵封,用压力水冲洗管道,直至最高的孔洞排水为止 |
| 3 | 故障及备机 | 1. 为防止浆料在某处堵塞,灌浆工作不允许中断;应有各种备机、备件应急;<br>2. 如确因故障在20min后不能继续灌浆时,应用压力水将已灌部分全部冲洗出外,以后另行灌浆 |
| 4 | 次序 | 1. 灌浆顺序为先下后上;<br>2. 灌浆中如发现浆体串孔,应两孔同时灌浆 |
| 5 | 灌浆 | 1. 开始灌浆时,压力维持在0.4~0.6MPa;稍后,将有浆体从各个孔洞口冒出,带有清洗孔洞时的水及稀浆,应让其流出。待其冒出的浆体与灌进的浆体浓度基本一致时,即可用木塞封堵,符合1个,封堵1个;<br>2. 全部封堵后将压力提高至0.8MPa,持荷1min后,方可关闭压浆阀门,使浆体在有压力下凝结;<br>3. 灌浆时如发现孔道有堵塞现象,可从另一灌浆口进行二次灌浆;<br>4. 水泥浆从拌制到压入孔道的时间,不得超过40min;而且应连续不断地拌动;<br>5. 输浆管道最长不宜超过40m,超过30m时,灌浆压力应增加0.1~0.2MPa |
| 6 | 养护 | 灌浆后48h内,必须保证构件在5℃以上 |
| 7 | 试块 | 1. 浆体试块应有两种:一是标准养护用,以测定强度标准值;二是同条件养护用,以作为移动构件的参考;<br>2. 浆体如为水泥浆或砂浆,试块尺寸可按砂浆标准用边长为70.7mm的正方体 |
| 8 | 封端 | 1. 各孔洞口的木塞撤除后,应立即将附近的水泥浆渣清除干净;<br>2. 按照设计的要求,支模(不要超过构件的总长)安装钢筋网,浇筑封端混凝土;<br>3. 按规定进行养护 |

5. 安全技术注意事项

(1)张拉区应有明显标志,非工作人员禁止进入。张拉时,构件两端不准站人,并设置防护措施。

(2)操作千斤顶和测量伸长值的人员,应站在千斤顶侧面操作,严格遵守操作规程。

(3)选择高压油泵的位置时,应考虑张拉过程中构件突然破坏,操作人员可立即避开。如张拉屋架预应力筋时,油泵位置宜放在屋架端头上弦的侧面。

(4)油泵操作人员要戴防护眼镜,防止油管破裂及油表连接处喷油伤眼。油泵开动过程中,不得擅离岗位。如需离开,必须把油阀门全部松开或切断电路。

(5)油泵与千斤顶的所有连接点、紫铜管的喇叭口要求完整无损。连接喇叭口的螺母要拧紧,油表接头处要用纱布包扎,防止漏油喷射伤眼。

## 三、无黏结预应力混凝土施工工艺

后张法无黏结预应力混凝土工艺,可用于现浇工程或预制构件,是在浇筑混凝土前先行埋置无黏结预应力筋(钢丝束、钢纹线),在混凝土达到规定强度后再行张拉,依靠两端或自锚头锚回。不需预留孔道及孔道灌浆。工序较少,操作亦易,近年已逐步得到应用。

1. 工艺流程

后张法无黏结预力混凝土的施工工艺,其模板和混凝土工艺与常规相同,其预应力筋的安装至锚固阶段的工艺流程,如图11-13所示。

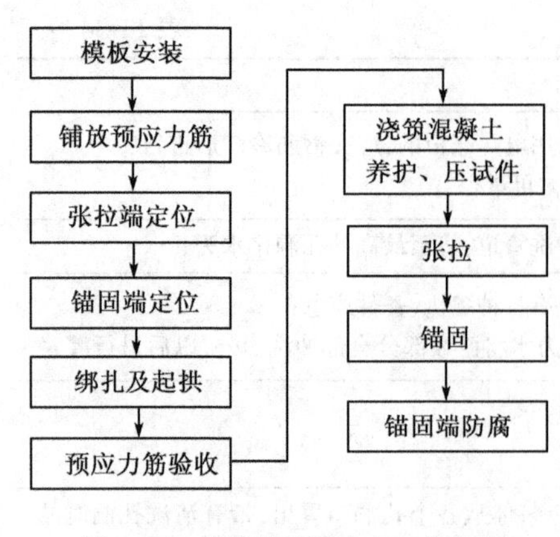


图 11-13　无黏结法预应力工艺流程（模板安装、浇筑混凝土、养护、压试件均按常规进行）

2. 无黏结预应力筋

1）制件设备及工艺

无黏结预应力筋制作时，应将钢绞线、钢丝束涂料层的涂敷，以及护套的制作一次完成，一般用缠纸工艺和挤塑涂层工艺。在一般情况下，应优先采用挤塑涂层工艺，下面主要介绍该工艺的施工方法。

挤塑涂层工艺制作无黏结预应力筋的工艺设备及流程如图 11-14 所示。

钢绞线（或钢丝束）经给油装置涂油后，通过塑料挤出机的机头出口处，塑料熔融物被挤成管状包覆在钢绞线（或钢丝束）上，经冷却水槽塑料套管硬化，即形成无黏结预应力筋；牵引机继续将钢绞线（或钢丝束）牵引至收线装置上，自动排列成盘卷。这种工艺涂包质量好，生产效率高，设备性能稳定。

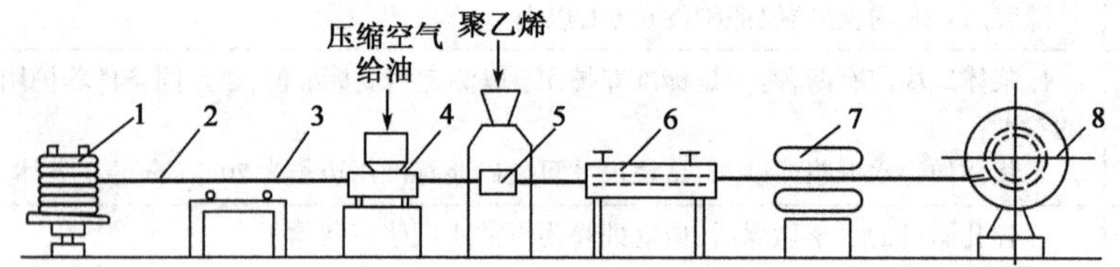


图 11-14　挤塑涂层工艺生产线

1-放线盘；2-钢绞线；3-滚动支架；4-给油装置；5-塑料挤出机；6-水冷装置；7-牵引机；8-收线装置

2）防锈涂层及包裹方法

无黏结预应力筋的表面，应有润滑防锈涂层及包裹层。涂层的质量要求见表 11-35；其涂料的配制方法见表 11-36；其包裹层的做法见表 11-37。

**无黏结预应力筋涂料的质量要求**　　表 11-35

| 序　号 | 项　目 | 要　求 |
|---|---|---|
| 1 | 耐温度 | 在 -20～70℃范围内不开裂、不脆、不流淌 |
| 2 | 性能 | 1. 与混凝土、预应力筋、包裹材料不起化学反应；<br>2. 在结构使用寿命期内，性能稳定；<br>3. 具有抗腐蚀和防锈作用；<br>4. 无毒 |
| 3 | 润滑 | 在预应力筋及混凝土间能起润滑作用 |
| 4 | 防潮 | 能防止湿气渗透 |

**无黏结涂料的配制方法**　　表 11-36

| 序号 | 涂料名称 | 材料及配合比 | 配 制 方 法 |
|---|---|---|---|
| 1 | 建筑油脂 | 脂肪酸、氢氧化锂、防锈剂、抗氧化剂、矿物油等 | 将脂肪酸与矿物油混合溶解，加氢氧化锂、矿物油、添加剂等皂化、脱水、稠化、冷却、研磨后制成 |

续上表

| 序号 | 涂料名称 | 材料及配合比 | 配 制 方 法 |
|---|---|---|---|
| 2 | 沥青涂料 | 30号沥青:石棉泥:柴油=1:0.5:0.5 | 用铁锅加热将沥青熔化,掺入柴油稀释,再加入石棉泥搅拌均匀;趁热涂刷及包裹塑料布 |
| 3 | 凡士林涂料 | 凡士林:石墨粉=1:0.4~0.7 | 石墨粉颗粒应小于0.5mm;配合比视温度而定;通常先将凡士林隔水加温至50~60℃,掺入石墨粉,其稠度以能涂刷厚度为1~3mm为度,如太稠,可加适量柴油或机油调稀 |

**无黏结预应力筋的包裹方法** 表11-37

| 序 号 | 材 料 | 包 裹 方 法 |
|---|---|---|
| 1 | 高压聚乙烯 | 用J-65型塑料挤出机流水线将塑料挤出成套管状将预应力筋包裹 |
| 2 | 塑料带 | 将预应力筋拉直、夹紧,涂刷好涂料后,用人工缠绕,按带宽互相搭接二分之一,按材料厚薄及韧性强弱,缠一层或两层 |
| 3 | 纸带 | |

3. 无黏结预应力筋的构造要求

1)无黏结预应力筋的保护层

考虑到无黏结预应力混凝土的耐火要求,其保护层的最小厚度应符合表11-38与表11-39中的规定。

**板的混凝土保护层最小厚度(mm)** 表11-38

| 约束条件 | 耐 火 极 限(h) | | | |
|---|---|---|---|---|
| | 1.0 | 1.5 | 2.0 | 3.0 |
| 简支 | 25 | 30 | 40 | 55 |
| 连续 | 20 | 20 | 25 | 30 |

**梁的混凝土保护层最小厚度(mm)** 表11-39

| 约束条件 | 梁宽 | 耐 火 极 限(h) | | | |
|---|---|---|---|---|---|
| | | 1.0 | 1.5 | 2.0 | 3.0 |
| 简支 | 200 | 45 | 50 | 65 | 采取特殊措施 |
| | ≥300 | 40 | 45 | 50 | 65 |
| 连续 | 200 | 40 | 40 | 45 | 50 |
| | ≥300 | 40 | 40 | 40 | 45 |

注:当混凝土保护层厚度不能满足上表中所列要求时,应使用防火涂料。

2)无黏结间距

对均布荷载作用下的板,无黏结预应力筋的预应力筋的间距一般为250~500mm,其最大间距不得超过板厚的6倍,且不宜大于1.0m;各种布筋方式每一方向穿过柱的无黏结预应力筋的数量不得少于两根。

4. 工艺要点

无黏结预应力混凝土工程的浇筑、养护、留试件等均按常规进行,但振捣时要精心操作,不要触动无黏结钢筋,避免磨损包裹层,避免位移。其余的操作重点在于预应力筋的铺施、张拉、锚固。采用钢丝束配用锚杯镦头预应力筋的施工装置如图11-15所示。无黏结预应力混凝土现浇工程预应力筋铺放的操作要点，如表11-40所示；铺放无黏结预应力筋的质量标准，暂定如表11-41所示；预应力筋张拉的操作要点如表11-42所示；张拉中异常情况的技术处理如表11-43所示。

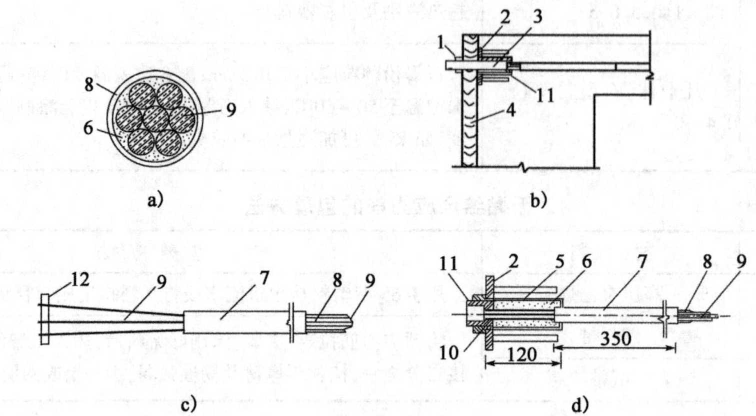


图11-15　无黏结预应力钢丝束混凝土施工装置示意图（尺寸单位：mm）

a）钢丝束、涂料及包裹层；b）张拉端模板装置；c）固定端；d）张拉端张拉后锚固

1-定位螺母；2-预埋支承板；3-定位螺杆；4-模板；5-硬塑套筒；6-建筑油脂；7-软塑料管；8-塑料套管；9-预应力筋；10-锚固螺母；11-锚杯；12-锚固板

**无黏结预应力混凝土现浇工程预应力筋铺放的操作要点**　表11-40

| 序号 | 项　目 | 要　点 |
|---|---|---|
| 1 | 预应力筋运输与堆放 | 1.运输过程中防止将塑料管套、塑料布碰坏；<br>2.堆放时，下面应有垫木，间距约1m，以保证钢筋不变形，严禁车压人踩；<br>3.用塔吊作垂直运输时，应放置在梯形吊架上，吊架长度不宜短于预应力筋 |
| 2 | 预应力筋的清刷及修补 | 1.预应力筋安装前，要将两端及配件进行清刷；<br>2.如发现塑料套筒有脱焊或软塑管或包裹布有破损时，应及时修补，防止浇筑时砂浆进入 |
| 3 | 编制预应力筋铺放顺序表 | 1.施工前，编好钢筋铺放顺序表，避免错放；<br>2.如双向或曲线配置，在铺筋顺序表上应注明交叉点的处理方法和起拱高度及有关高程 |
| 4 | 预应力筋的铺放与定位 | 1.按预应力筋铺放顺序表铺放预应力筋，再检查一次软管或塑料布有无破损；<br>2.按设计高程将预应力筋用井形架或马凳定位，用火烧丝绑扎定位；<br>3.固定端的锚板绑扎在已安装好的构件钢筋上或用螺母固定在固定端的支承板上；<br>4.张拉端将定位螺杆与锚具联结，根据计算的伸长值将定位螺母固定在模板上［图11-15b）］ |
| 5 | 检查 | 铺放完成后应有专人按表11-41的标准进行检查 |

**铺放无黏结预应力筋的质量标准**　表11-41

| 检验项目 | | 基本要求 | 允许偏差（mm） |
|---|---|---|---|
| 预应力筋 | 外观 | 塑料涂层不漏油<br>稳定牢固 | |
| | 位置 | | ±20 |
| | 起拱高度 | | ±5 |
| | 保护层 | | ±3 |
| 承压板位置 | | 稳定，不松动 | ±3 |
| 张拉螺杆 | | 应与锚具丝牙拧紧 | ±5 |

注：抽检数量应不少于20%。

**无黏结预应力筋张拉的操作要点** 表 11-42

| 序号 | 项 目 | 要 点 |
|---|---|---|
| 1 | 设备标定 | 每层楼(或每班)张拉前应对张拉机进行压力标定,记入施工日志;标定后,不得随意调整各种阀门及各部位接头 |
| 2 | 张拉及技术要求 | 1. 混凝土强度达到设计强度的75%以上,方可进行张拉;<br>2. 将定位螺杆卸出,同时清理锚具内外,换上张拉螺杆;<br>3. 张拉杆应与预埋支承板保持垂直;<br>4. 张拉螺杆与锚具联结螺纹的长度;不应少于20mm;<br>5. 张拉设备的选用,视张拉力而定,以能移动的轻型的为好,通常选用 $ZL_1$ 或 $YC_{18}$ 型液压千斤顶;<br>6. 张拉及卸荷,应掌握"缓慢,均匀、平稳"的原则;遇有困难要从技术上考虑,不要猛打猛砸;<br>7. 张拉过程中,张拉力必须与伸长值校核相符;<br>8. 张拉完成后,将锚具外螺母锁紧在预埋支承板上;锁紧螺纹的长度,不少于20mm |
| 3 | 记录 | 必须做到每一根预应力筋都有张拉记录;记录表见表 11-44 |
| 4 | 防腐处理 | 1. 从锚具的预留孔中向塑料套筒内注射建筑油脂(防锈剂),至完全饱满为止;<br>2. 在支承板上焊制钢筋网架,浇筑混凝土保护块 |

**无黏结预应力筋张拉中异常情况的处理** 表 11-43

| 序号 | 项 目 | 处 理 措 施 |
|---|---|---|
| 1 | 断筋 | 由于镦头、材性等原因出现的断筋,如不是连续断开,可不作处理。但其张拉力必须作好记录 |
| 2 | 超长 | 张拉力及伸长值均符合要求,但锚具伸出预埋支承板过长时,可在锁紧螺母底部加放垫片 |
| 3 | 过短 | 1. 张拉力及伸长值均符合要求,但锚具超出支承板且达不到表 11-42 序号 2 第 8 点锁紧螺纹长度的要求时,如估计超张拉5%以内能达到要求时,可超张拉5%以内解决;<br>2. 张拉力及伸长值均符合要求,但锚具未超出或超出支承板不足,用上法不能解决时,可增加连接锚具 |

**用千斤顶施加预应力记录表** 表 11-44

工程名称__________________

构件名称__________________

型　　号__________________

钢筋张拉程序______________

钢筋张拉顺序编号草图

| 施加预应力日期 | 构件编号 | 钢筋张拉顺序编号 | 钢筋规格 | 设 计 | | 张 拉 时 | | | | | | 张拉时弹性伸长(cm) | | 锚具内缩量(mm) | 张拉时混凝土强度(MPa) | 张拉时立缝处混凝土砂浆的强度(MPa) | 钢筋放松顺序编号 | 放 张 时 | | | | | 备注 |
|---|---|---|---|---|---|---|---|---|---|---|---|---|---|---|---|---|---|---|---|---|---|---|---|
| | | | | 控制应力(MPa) | 张拉力(kN) | 千斤顶编号 | 压力表编号 | 第一次 | | 第二次 | | 计算 | 实际 | | | | | 千斤顶编号 | 压力表编号 | 放松螺母时 | | 混凝土强度(MPa) | |
| | | | | | | | | 压力表读数(MPa) | 拉力(kN) | 压力表读数(MPa) | 拉力(kN) | | | | | | | | | 压力表读数(MPa) | 张拉力(kN) | | |
| 1 | 2 | 3 | 4 | 5 | 6 | 7 | 8 | 9 | 10 | 11 | 12 | 13 | 14 | 15 | 16 | 17 | 18 | 19 | 20 | 21 | 22 | 23 | 24 |
| | | | | | | | | | | | | | | | | | | | | | | | |

注:1. 用于后张法施工的表格 18 ~ 23 栏可以取消。
2. 用于先张法施工的表格 16 ~ 17 栏可以取消。
3. 放松预应力筋如采用氧乙炔焰切割时,应在备注栏内说明。
4. 张拉和放张过程中,所发生的问题记在备注栏内或记载在表后。

5. 锚头端部的处理

锚头端部的处理非常重要,它不仅关系到预应力混凝土构件的使用年限,而且关系到建立的预应力是否可靠。无黏结预应力筋张拉完毕后,应及时对锚固区进行保护。锚固区必须有严格的密封防护措施,严格防止水汽进入锈蚀预应力筋。无黏结预应力筋锚固后的外露长度应不小于30mm,多余部分宜用手提砂轮将其切割。在锚具与承压板表面涂以防水涂料。为了使无黏结预应力筋端头作封闭,在锚具端头涂防腐润滑油脂后,罩上封端塑料盖帽。

锚头端部处理主要有凸出式和凹入式两种。对于凸出式锚头端部处理方式,目前常用两种方法:第一种方法是在孔道中注入油脂并加以封闭,如图11-16所示;另一种方法是在两端留设的孔道内注入环氧树脂水泥砂浆,其抗压强度不低于35MPa,在灌浆的同时将锚头封闭,如图11-17所示。

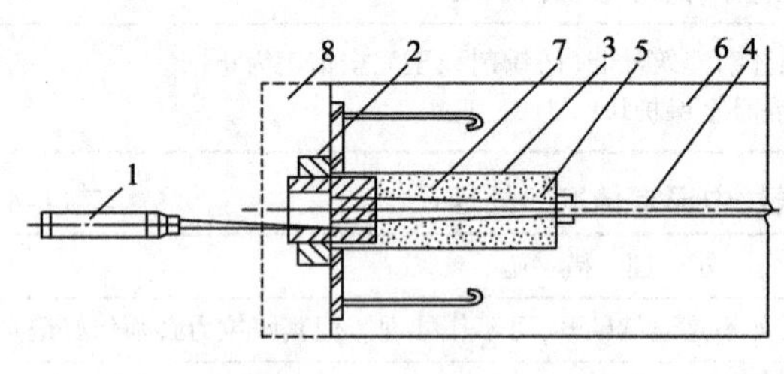


图11-16　锚头端部处理方法之一

1-油枪;2-锚具;3-端部孔道;4-有涂层无黏结预应力筋;5-无涂层的端部钢丝;6-构件;7-注入孔道的油脂;8-混凝土封闭

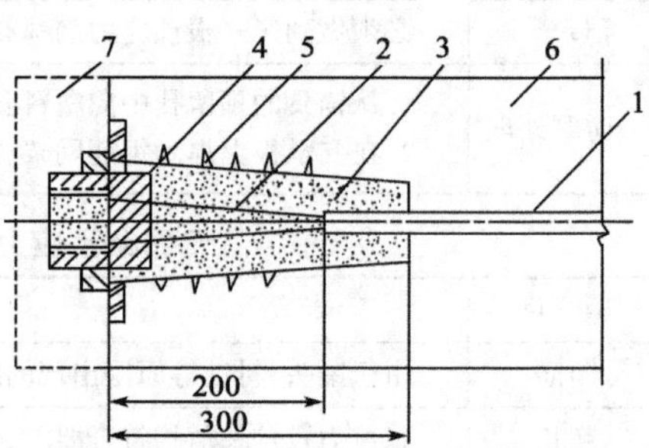


图11-17　锚头端部处理方法之二

1-无黏结预应力束;2-无涂层的端部钢丝;3-环氧树脂水泥砂浆;4-锚具;5-端部加固螺旋钢筋;6-构件;7-混凝土封闭

对于凹入式锚头端部,锚具表面经涂防腐润滑油脂处理,再用微胀混凝土或低收缩防水砂浆进行密封,如图11-18所示。

无黏结预应力筋的固定端,也可利用镦头锚板或挤压锚具采取内埋式做法,如图11-19所示。

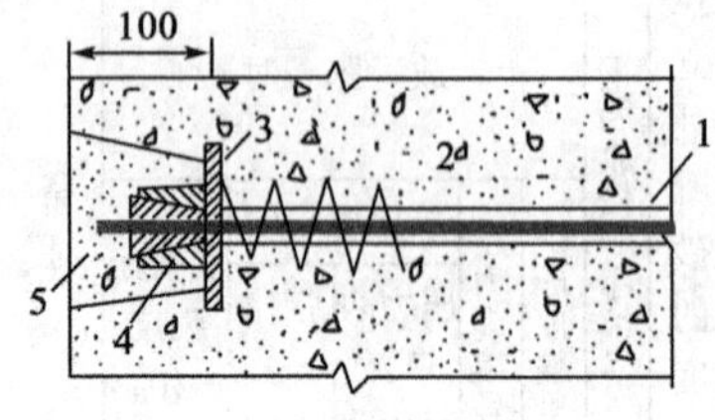


图11-18　张拉端凹入式构造

1-无黏结预应力筋;2-螺旋筋;3-承压钢板;4-夹片锚具;5-砂浆

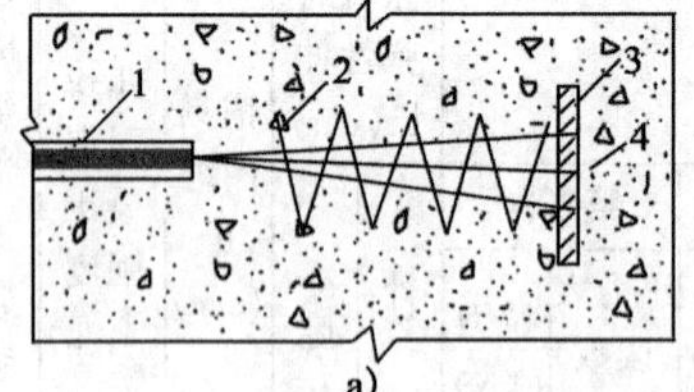


图11-19　无黏结预应力筋固定端内埋式构造

a)钢丝束镦头锚板;b)钢绞线挤压锚具

1-无黏结预应力筋;2-螺旋筋;3-承压钢板;4-冷镦头;5-挤压锚具

6. 安全技术注意事项

安全技术注意事项与前述后张法同。

## 四、电热张拉法施工工艺

电热张拉法(简称“电张法”)是利用热胀冷缩原理,在钢筋上通电使之热胀伸长,待到达要求的伸长值时锚固，随后停电冷缩，使混凝土构件产生预应力。

电张法具有设备简单、操作方便、无摩擦损失、便于高空作业等优点。但具有耗电，用伸长值按制应力不易准确（因材质不匀），成批生产尚需校核的缺点。

用Ⅱ、Ⅲ、Ⅳ级钢筋作预应力的结构，都可用电张法施加预应力，但对抗裂度要求较高的结构则不宜采用。对圆形预应力混凝土结构（如水池、油罐）亦可用电张法。此外，电张法也用于成束钢筋的后张自锚构件和钢丝配筋的先张法构件。

1. 工艺流程

电张法工艺流程（以后张法为例）如图 11-20 所示。

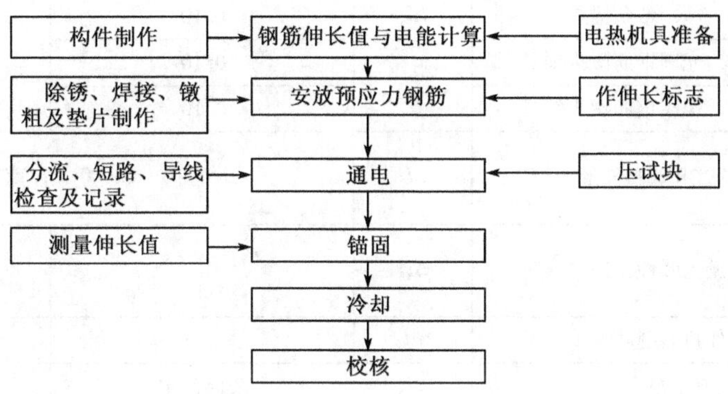


图 11-20　电张法工艺流程

2. 钢筋伸长值的计算

电张法以钢筋的伸长值控制其预应力。伸长值的计算公式为：

$$\Delta l = \frac{\sigma_k + 30}{E_g} l \tag{11-34}$$

式中：$\sigma_k$——张拉控制应力值（MPa），先张法构件一般按表 11-24 选用；对于后张法构件，为提高其抗裂度，$\sigma_k$ 值可适当提高，但施工完毕时钢筋的预应力值不得大于表 11-31 中规定的数值；

$l$——电热前钢筋的总长度（cm）；

$E_g$——电热后钢筋的弹性模量（MPa），按钢筋冷拉时效后的弹性模量采用，也可试验确定；

30——由于钢筋不直和热塑变形而产生的预应力损失值（MPa）。

除上述规范规定的伸长值计算公式外，有些省市还用下述经验计算公式：

$$\Delta l = \frac{\sigma_k'}{E_g} l + \sum \Delta l_i' \tag{11-35}$$

式中：$\sigma_k'$——电热张拉控制应力值（MPa），一般取 $\sigma_k' = 0.8R_y^b$；

$\sum \Delta l_i'$——电张工艺附加伸长值（cm），按表 11-45 选用；

其他符号意义同前。

对抗裂度要求较高的构件，在成批生产前应根据实际预应力值复核结果对伸长值进行必要的调整。

应力校核一般用拉杆式千斤顶，也可用压力传感器测定。校核宜在停电后 2 ~ 24h 内进行。此时，校核的应力值可近似地用下列公式计算（如停电超过 24h 再校核尚应考虑相应阶段的应力损失)；

$$\sigma_{\mathrm{r}} f = \sigma_{\mathrm{k}}' - \sigma_{\mathrm{s4}} \tag{11-36}$$

式中：$\sigma_{\mathrm{r}} f$——校核时钢筋应建立的预应力值(MPa)；

$\sigma_{\mathrm{s4}}$——钢筋的应力松弛损失值(MPa)，$\sigma_{\mathrm{s}} = 5\% \sigma_{\mathrm{k}}'$。

**电张工艺附加伸长值**(cm) 表 11-45

| 项次 | 附加伸长原因 | | 符号 | 电热先张法 | 电热后张法 |
|---|---|---|---|---|---|
| 1 | 锚具变形 | 螺母缝隙 | $\Delta l_1$ | 0.10 | |
| | | 每块垫板缝隙 | | 0.10 | |
| | | 帮条锚具 | | 0.10 | |
| | | 光圆钢筋镦头锚具 | | 0.10 | |
| | | 螺纹钢筋镦头锚具 | | 0.10 | |
| 2 | 钢筋不直和热塑变形 | | $\Delta l_2$ | $0.000\,15l$(或$\frac{300}{E_{\mathrm{g}}}l$) | |
| 3 | 混凝土弹性压缩 | | $\Delta l_3$ | | $\frac{\sigma_{\mathrm{h}}}{E_{\mathrm{h}}}l$① |
| 4 | 块体拼装缝隙 | | $\Delta l_4$ | | $0.05\sum\delta$② |
| 5 | 台座或钢模变形 | | $\Delta l_5$ | 实测确定 | |

注：①$\sigma_{\mathrm{h}}$ 为预应力筋合力点处混凝土的预应力；②$\delta$ 为块体拼装竖缝宽度(cm)。

先张法构件：

$$\sigma_{\mathrm{h}} = \frac{N_{\mathrm{y}}}{A_{\mathrm{o}}} \pm \frac{N_{\mathrm{y}} ekh}{J_{\mathrm{o}}} y_{\mathrm{o}} \tag{11-37}$$

后张法构件：

$$\sigma_{\mathrm{h}} = \frac{N_{\mathrm{y}}}{A_{\mathrm{j}}} \pm \frac{N_{\mathrm{y}} eoj}{J_i} y_i \tag{11-38}$$

式中：$N_{\mathrm{y}}$——预应力筋的合力(kN)，$N_{\mathrm{y}} = \sigma_{\mathrm{k}}' A_{\mathrm{y}}$；

$A_{\mathrm{o}}$、$A_{\mathrm{j}}$——换算截面积及净截面面积(扣除预应力筋及孔洞面积)($\mathrm{cm}^2$)；

$J_{\mathrm{o}}$、$J_i$——换算截面惯性矩及净截面惯性矩(N·m)；

$ekh$、$eoj$——换算截面形心及净截面形心至预应力钢筋合力点的距离(cm)；

$y_{\mathrm{o}}$、$y_i$——换算截面形心及净截面形心至所计算纤维处的距离(cm)；

$A_{\mathrm{y}}$——预应力钢筋截面宽度(cm)。

其余符号意义同前。

3. 钢筋电张时的温度计算

钢筋通电后，当伸长值达到 $\Delta L$ 时，钢筋温度的计算值 $T$ 为：

$$T = \frac{\Delta L}{aL} \tag{11-39}$$

式中：$a$——钢筋的线膨胀系数，取 0.000 012mm/℃。

钢筋经过电张后其实际温度 $T'$ 则为：

$$T' = T + T_{\mathrm{o}} \tag{11-40}$$

式中：$T_{\mathrm{o}}$——钢筋张拉时的环境温度。

冷拉钢筋的实际电热温度 $T'$ 不宜过高，否则会对冷拉钢筋起退火作用，影响预应力筋的强度。故电热温度不宜超过以下数值：冷拉Ⅱ级钢筋为250℃；冷拉Ⅲ级钢筋为300℃；冷拉Ⅳ级钢筋为350℃。

4. 电热设备的选择

电热设备的选择，包括变压器、导线和导电夹具的选择。

1）变压器的选择

变压器最好选用低压变压器，电热张拉时所需要的功率 $P$，可按下列近似公式计算

$$P = \frac{GCT'}{380t} \tag{11-41}$$

式中：$G$——同时进行电热张拉的钢筋质量(kg)；

$C$——钢筋的热容量(Cal/g·℃)，一般取0.115；

$t$——钢筋通电加热的时间(h)。

根据计算结果可选择变压器，并应符合下列要求。

(1)一次电压应为220～380V，二次电压应为30～65V；电压降低幅度应保持2～3V/m。

(2)二次额定电流值，即钢筋中的电流密度不宜小于下列数值：冷拉Ⅱ级钢筋为1.2A/mm²；冷拉Ⅲ级钢筋为1.5A/mm²；冷拉Ⅳ级钢筋为2A/mm²。

2）导线选择

从电源接到变压器的一次导线，可用普通绝缘硬铜线或铝线；从变压器与预应力筋连接的二次导线，可用绝缘软铜丝绞线。导线越短越好，一般不超过10m。铜线的控制电流密度不超过5A/mm²，铝线的控制电流密度不超过3A/mm²。

3）导电夹具

导电夹具是供二次导线与钢筋连接用的工具，常用的有夹板式和钳式两种。对夹具的要求是：导电性能好，接头电阻小；与钢筋接触紧密，接触面积不小于钢筋截面面积的1.2倍；构造简单，便于装拆。

导电夹具用紫铜制作，图11-21所示为两种夹板式夹具。

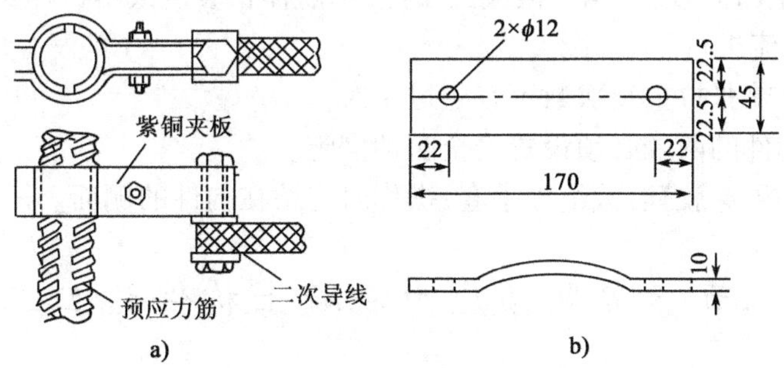


图11-21 夹板式导电夹具(尺寸单位：mm)

a)夹板式夹具之一；b)夹板式夹具之二

5. 电热张拉工艺

1）张拉前的准备

张拉前的准备如图11-22所示。

2）张拉操作要点

(1)作好钢筋的绝缘处理；

(2)调整初应力,用拧动螺母的方法调整,使各预应力筋松紧一致,建立相同的初应力(其值一般为5% ~10% $\sigma_k$),并做出测量伸长值的标记;

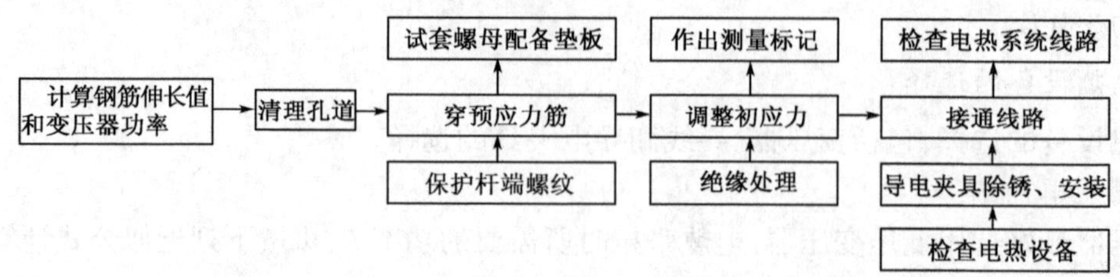


图11-22　张拉前的准备

(3)正式电热张拉前应进行试张拉,检查电热系统线路、次级电压、钢筋中的电流密度和电压降是否符合要求;

(4)测量伸长值宜在构件的一端进行,另一端设法顶紧或用小锤敲击钢筋,使所有伸长集中一端;

(5)锚固(拧螺母或插入∏形垫板)应随着钢筋的伸长随时进行,直至达到预定的伸长值停电为止;

(6)焊接和灌浆。停电冷却(一般应经过12h)后,将预应力筋、螺母、垫板和预埋铁板互相焊牢,然后即可灌浆(也可先灌浆后焊);

(7)平卧重叠生产的构件,电热张拉的顺序应先下后上。

6. 安全技术和注意事项

(1)电热张拉时如发生碰火现象应立即停电,重新绝缘或夹紧接头后再通电。

(2)在电热张拉过程中,如发现钢筋伸长很慢、而构件混凝土温度升高很快、电热设备发生噪声、导线发热等现象,应停电检查原因。此时可能产生分流,可用摇表检查分流部位,如两个孔道都有分流,只要处理一个孔道的分流即可。

(3)在电热张拉中,应经常检查和测量一、二次导线的电压、电流,钢筋和孔道的温度,通电时间等。如果通电时间较长,构件混凝土发热,钢筋伸长缓慢或不再伸长时,必须停电,待钢筋冷却后,再加大电流进行。

(4)冷拉钢筋电热张拉重复次数不宜超过3次。

(5)电热张拉构件的两端必须设置安全防护措施。

(6)操作人员必须穿胶鞋,戴绝缘手套;操作时应站在构件的侧面。

## 第八节　常见预应力混凝土构件施工工艺

### 一、后张法预应力屋架

预应力屋架制作与普通钢筋混凝土屋架制作的基本工艺相似,不同之处在于预应力屋架在制作成形过程中,需预留孔道,以待屋架混凝土达到设计强度后,在孔道内穿预应力筋,张拉锚固建立预应力,并在孔道内进行压力灌浆,用水泥浆包裹保护预应力筋。

孔道的留设是后张法构件制作中的关键之一。孔道的留设方法有钢管抽芯法、胶管抽芯法、预埋管道法。抽芯法多用于直线预应力筋。在模板安装好后,依照设计要求预埋钢管或充气胶管,浇筑混凝土后将管子抽出,再将预应力筋穿入孔道内。预埋管道法多用于曲线预应力筋。在模板安装好后,依照设计要求预埋金属波纹管(蛇形管),浇筑混凝土后管件不抽出,预应力筋就穿在管内,该法可省去抽管工序,可做成各种形状的管道,并可弯折连接,使之与混凝土有良好的黏结。

1. 制作工艺

预应力屋架制作工艺如图 11-23 所示。

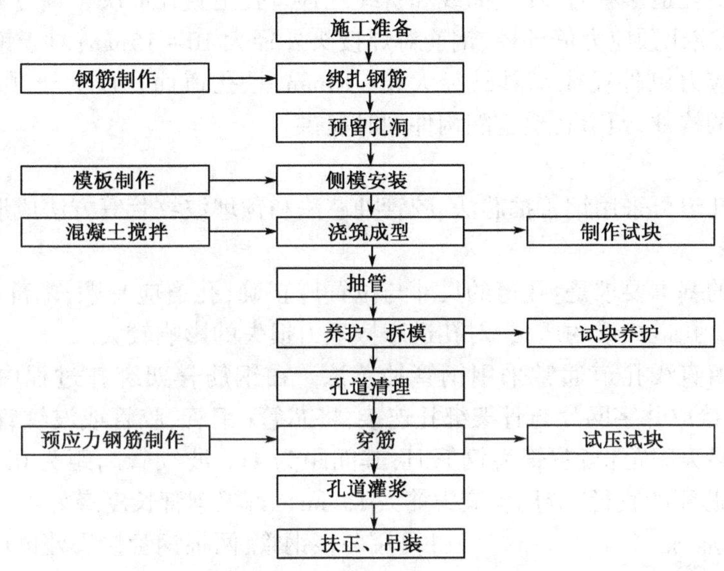


图 11-23 预应力屋架制作工艺流程图

2. 混凝土施工

1)施工准备

(1)材料设备准备

场地平整夯实;制作或整修模板,模板内涂润滑剂;锚具准备及制作;检验张拉机具。

(2)地模准备

预应力屋架一般采用卧式重叠法生产,重叠不超过 3 ~4 层。在铺屋架底模之前,应认真布置预制平面,绘制屋架平面布置图。地胎模应按照施工平面图布置,不仅应满足屋架翻身扶正就位和吊装的要求,还要在每根屋架地胎模之间留有一定的距离并互相错位,以满足预应力屋架抽管、穿筋和张拉的要求。隔离剂应选用非油质类隔离剂。

(3)平面布置要求

①满足构件吊装顺序的要求,按照确定的吊装方法、吊装路线,安排好屋架起模后临时就位的位置及排列顺序,再布置屋架的预制平面,要便于屋架起模后就位,尽量避免或减少屋架倒运。

②保证运输道路及起重机运行路线畅通。

③满足构件制作各工序的场地需要,如混凝土运输、堆放及上料,芯管的安装与抽拔,预应力筋穿束及张拉等。

④厂房采用敞开法施工时,应尽量避免一榀屋架的一部分布置在设备基础上,另一部分布置在地基上,以避免屋架块体发生裂缝。

⑤预制场地应平整夯实，利于排水。

2）绑扎钢筋

预应力屋架的钢筋骨架可在隔离剂已干燥的地胎模上绑扎成形，绑扎方法与普通钢筋混凝土屋架的钢筋骨架绑扎相似，但绑扎时应同时预留孔道并固定芯管。

3）预留孔道

（1）孔道形状

预应力钢筋的孔道形状有直线、曲线和折线三种。孔道直径取决于预应力筋和锚具，对于粗钢筋，孔道直径应比预应力筋外径、钢筋对焊接头外径大10~15mm；对于钢丝或钢绞线，孔道的直径应比预应力束外径或锚具外径大5~10mm，且孔道面积应大于预应力筋面积的2倍。凡需要起拱的构件，预留孔道宜随构件同时起拱。

（2）留孔方法

预应力筋和孔道可采用钢管抽芯法、胶管抽芯法和预埋波纹管等方法成形。

（3）留孔要求

对孔道成形的基本要求是：孔道的尺寸与位置应正确，孔道应平顺，端部预埋件钢板应垂直孔道中心线等。孔道成形的质量，对孔道摩擦阻力损失的影响较大。

屋架下弦预留直线孔道通常采用钢管抽芯法。在钢筋骨架绑扎过程中，预埋芯管可用$\phi$6~8mm钢筋焊接成井字网片与骨架绑扎连接，将芯管（钢管、胶管或波纹管）放在网片井字中央。井字架的最大间距：当芯管为钢筋时，其间距为1m，波纹管间距为0.8m，胶管间距为0.5m。预留孔道芯管的直径，应比预应力筋大15mm。每根钢管长度最好不超过15m，较长构件可用两根钢管，两根钢管接头处可用0.5mm厚的钢板做成的套管连接，套管内表面要与钢管外表面紧密结合，以防漏浆堵塞孔道。抽芯的钢管表面必须圆滑、顺直，不得有伤痕及凸凹印，预埋前应除锈，刷脱模剂。如用弯曲的钢管，转动时会沿孔道方向产生裂缝，甚至塌陷。钢管安放时，两端应伸出构件500mm左右，并在端部留有方向互相垂直的耳环或小孔，以便插入钢筋转动和抽拔钢筋。

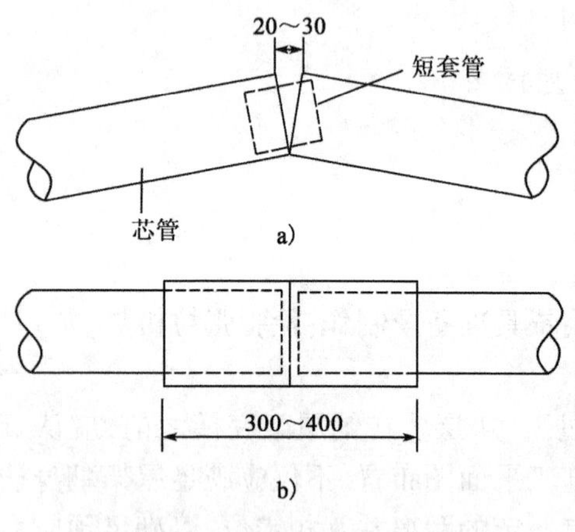

图11-24　芯管连接（尺寸单位：mm）
a）芯管连接；b）套管连接

由于屋架要求起拱，直线孔道在屋架下弦中间形成弯折，芯管通常做成两节，接头在中间弯折处并在弯折处内装短套管一个，固定在一节管端，如图11-24a）所示。芯管位位置必须摆正，并通过沿长度方向隔一定距离布置的井字形钢筋网格加以固定，以防混凝土浇捣过程中芯管产生挠曲或位移。

若屋架跨度超过15m，应对称设置两根芯管，分别从两端抽出。中部用镀锌钢板套管连接，如图11-24b）所示。

4）侧模安装

侧模可采用木模板。应按要求留置灌浆孔及排气孔。灌浆孔直径不宜小于25mm，其间距对金属螺旋管不宜大于30m，对抽芯成形孔道不宜大于12m，可在屋架下弦模板一侧用木塞或短钢筋留设灌浆孔。排气孔应高于灌浆孔，直径为8~10mm，在下弦模板一侧用短钢筋预留。

浇筑前,应按图样规定留置灌浆孔、排气孔和泌水孔等;如图样无规定,按施工需要留置。灌浆孔直径不宜小于25mm,宜设在下方;如有多个时,间距应小于12m;排气孔、泌水孔的直径为8~10mm,应设在上方,并高于灌浆孔。

在混凝土浇筑后随即把木塞或短钢筋活动一下,看是否顶着孔道芯管。待抽出芯管后,再把木塞或短钢筋拔出,这样可保证灌浆孔和排气孔与孔道连接畅通。

屋架上弦铁件要求位置准确,与上弦表面相平。屋架两端的锚固铁板面与孔道中线应垂直并能保证浇筑时不被移动,以免张拉时螺栓端杆弯曲,不能拧紧螺母,影响屋架的受力性能,或屋架难于安装。

5)浇筑混凝土

(1)材料制备

屋架混凝土宜采用普通硅酸盐水泥或硅酸盐水泥与中砂、碎石配制,每$1m^3$的水泥用量不宜大于450kg。混凝土应饱满密实。

(2)浇筑要求

端部平正对弦杆厚度小于350mm时,可一次浇筑全厚度;对厚度大于350mm的超厚杆件或埋设两排以上预留孔道芯管时应分层浇筑,其上下层的前后距离宜在3~4m以内;屋架应一次浇筑完毕,不宜留施工缝。

(3)浇筑顺序

屋架混凝土浇筑顺序应视气温情况而定。气温高时,宜从屋架上弦中间节点开始浇筑,分别向两端进行,最后在下弦中间节点会合。这样可以使下弦混凝土凝结时间基本一致,有利于抽芯管。气温较低时,宜从屋架下弦中间节点开始分头向两端浇筑,最后在上弦中间节点会合。

(4)浇筑时注意事项

①屋架叠层预制时,应事先计算好上下屋腹杆之间的垫木厚度,确保腹杆安装时位置准确。

②屋架端部预埋件的宽度宜比设计尺寸小2~3mm,以避免叠加层预制时块体超厚,或造成屋架端部中心偏离屋架平面。下弦非预应力纵向钢筋应与承压钢板塞孔焊。

③腹杆钢筋伸入下弦节点的部分要适当弯折,在孔道中间穿过,不得影响芯管的转动与抽拔。尤其是端拉杆纵向筋较多,必须控制好其端部形状。可先加工样筋,在已安装好下弦杆的节点处反复试穿调整,再正式成形。

④铺设屋架底模时,要按设计要求起拱。起拱时应注意屋架上弦应同时向上抬。即保证屋架杆件尺寸不能减小。

⑤端节点的钢筋网片必须按设计的数量与位置安装固定好。

⑥浇筑混凝土时,禁止碰撞芯管及芯管支架,节点处尤其是下弦端节点应仔细振捣,确保混凝土密实。

⑦按时转动芯管,掌握好拔管时间,防止坍孔或拔不出管。由于屋架用的芯管较长,抽拔时应注意保持芯管端平,避免外部下垂而影响拔管或造成坍孔。

6)抽芯管

在混凝土浇筑后每隔10~15min应将芯管转动一周,以免混凝土凝结硬化后芯管抽不动;转动时如发现表面混凝土产生裂纹,应立即用抹子搓动压平消除。

(1)抽管时间

应在混凝土初凝后终凝前用手指轻按表面而没有指纹时开始抽芯管。抽管时间主要与环境温度、水泥品种、有无掺外加剂和混凝土强度有关,过早会引起管壁坍落。过迟则会使混凝土与芯管黏住抽拔困难,甚至抽不出来,要恰当掌握。在一般性况下,当环境温度>30℃时,应在混凝土浇筑后3h后抽芯管;20~30℃时,3~5h后抽管;10~20℃时,可在5~8h后抽管;当环境温度<10℃时,应在浇筑混凝土8~12h以后抽管。

(2)抽管顺序

先将芯管内气压放空,或将填充芯管的金属丝抽出。抽管应先上后下地进行,可用手摇绞车或慢动电动卷扬机抽拔;如用人工抽拔,抽管时应边转边抽,速度均匀,并与孔道保持在一直线上,每组4~6人;在抽管端设置可调整高度的转向滑轮架,使管道方向与抽拔方向同在一条直线上,保护管道口的完整。抽管后,应及时检查孔道情况,并做好孔道清理工作,防止以后穿筋困难。

7)养护拆模

(1)混凝土养护一般规定

应在浇筑完毕后的12h对混凝土加以覆盖和浇水。在已浇筑的混凝土强度未达到1.2MPa以前,不得在其上踩踏或安装模板及支架。

(2)开始养护时间

初凝后可以覆盖,终凝后开始浇水。

(3)浇水次数

浇水次数以保持覆盖物(草包)湿润状态为准。

(4)养护强度要求

混凝土养护应保证强度增长保证设计强度的100%。

(5)侧模拆除要求

侧模在混凝土强度能保证构件不变形、棱角完整、无裂缝时方可拆除。一般在强度大于12MPa方可拆除。

8)清理孔道

抽管时如发生孔道壁混凝土坍落现象,可待混凝土达到足够强度后,将其凿通,清除残渣,以不妨碍穿筋。

抽芯后应检查孔道有道有无堵塞,可用强光电筒照射,或用小口径胶(铁)管试穿。如果堵塞,应及时清理。清理孔道可采用清孔器将孔道拉通。清孔器与插入式振动器相似,但软轮较长,振动棒改为螺旋钻头。

9)穿筋、张拉

(1)张拉前准备

穿筋前预应力筋端部螺纹必须用薄膜、布、水泥纸袋等用铁丝缠绕在螺栓端杆上保护螺纹,方可穿入。张拉前除应检查屋架几何尺寸、混凝土浇筑质量和强度。预应力钢筋的品种、规格、长度和有关焊接冷拉及力学性能报告等是否符合设计要求外,还应检查锚夹具的质量标准和外观质量,若有裂缝、弯形或损伤情况应更换。表面油污和脏物应用汽油或煤油擦拭干净。张拉设备(油压千斤顶、高压油泵和油压表)应配套进行检验。

(2)预应力筋张拉时混凝土的强度要求

预应力筋张拉或放张时,混凝土强度必须达到混凝土设计强度的75%,并以现场养护混凝土试块试压强度为准。

(3)张拉程序

张拉程序采用 $0\to1.05\sigma_{con}$(持荷 2 ~3min)$\to\sigma_{con}$;或 $0\to1.03\sigma_{con}$。

(4)张拉方法

为减少预应力筋与预留孔壁摩擦而引起的预应力损失,对于抽芯成形孔道,曲线预应力筋和直线预应力筋长度小于或等于 24m 的屋架,可在一端张拉,但宜将张拉组数错开,左右两端各张拉 50%;长度超过 24m 的屋架,应采用两端同时张拉,张拉后宜先在一端锚固,在一另端补足张拉力后再进行锚固,以减少预应力损失。若逐根张拉钢筋时,应先张拉靠近重心处的预应力筋,并逐步地向外、对称地进行。

(5)张拉顺序

对平卧重叠浇筑的构件,按构件叠层次序,先上后下逐层进行张拉。

10)孔道灌浆

预应力筋张拉后,即可进行孔道灌浆。采用电热张拉的,应在钢筋冷却后进行孔道灌浆。用连接器连接的多跨度连续预应力筋的孔道灌浆,应张拉完一跨随即灌注一跨,不应在各跨全部张拉完毕后,一次连续灌浆。灌浆程序应是先下后上,以免上层孔道漏浆而堵塞下层孔道。

(1)灌浆准备工作

灌浆前,将下部孔洞口临时用木塞堵封,用压力水冲洗管道,直至最高的孔洞排水为止。灌浆材料应采用强度等级不低于 42.5 级的普通硅酸盐水泥配置的纯水泥浆;对空隙较大的孔道,可采用砂浆灌浆,水泥浆和砂浆强度标准值均不应低于 20MPa,水泥浆的水灰比为 0.4 ~ 0.45,搅拌后 3h 泌水率宜控制在 2%,最大不得超过 3%。为了增加孔道灌浆的密实性,在水泥浆中可掺入对预应力筋无腐蚀作用的外加剂,如可掺入占水泥质量 0.25% 的木质磺酸钙,或占水泥质量 0.05% 的铝粉。

(2)灌浆方法与要求

开始灌浆时,压力保持在 0.5 ~0.6MPa 为宜,压力过大时易胀裂孔壁。水泥浆应过筛,以免水泥夹有硬块而堵塞泵管或孔道。稍后,将有浆体从各个孔洞口冒出,带有清洗孔洞时的水及稀浆,应让其流出。待孔洞口冒出与灌浆稠度基本一致的浓浆时,即可再用木塞堵死,逐个观察,符合一个,封堵一个;在灌满孔道并封闭排气孔后约几分钟拔出灌浆嘴,并用木塞堵死。端头锚具亦尽早用混凝土封闭。

灌浆工作应连续进行,不得中断,如因故障在 20min 后不能继续灌浆时,应用压力水将已灌部分全部冲洗出来,以后另行灌浆。

(3)灌浆试块留设

浆体应留试块,试块有两种:一是标准养护用,以测定强度标准值;二是同条件养护用,以作为移动构件的参考。

11)屋架扶直就位

吊装屋架在孔道灌浆强度达到 15MPa 以上时即可翻身扶直就位,并可直接吊装。

## 二、预应力混凝土 T 形吊车梁

### 1.制作工艺

长台座先张法预应力混凝土 T 形吊车梁制作工艺流程,如图 11-25 所示。

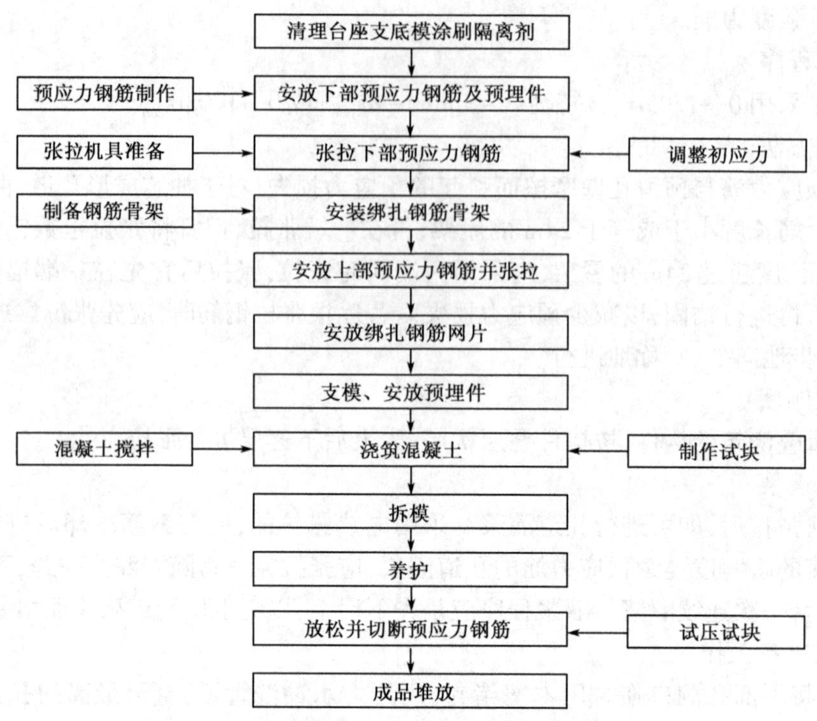


图 11-25　先张法预应力混凝土 T 形吊车梁工艺流程图

2. 混凝土施工

1) 施工准备

(1) 材料准备

清理台座上地模的残渣瘤疤、刷隔离剂。隔离剂不应玷污预应力筋，以免影响预应力筋与混凝土的黏结。如果预应力筋遭受污染，应使用适当的溶剂加以清洗。在生产过程中，应防止雨水冲刷掉台面上的隔离剂。

(2) 地模准备

地模一般采用砖胎模，表面用 1:2 水泥砂浆抹面找平。亦可以台面为底模，直接在台面上支侧模。

(3) 平面布置要求

①满足构件吊装顺序的要求。

②保证运输道路及起重机运行路线畅通。

③满足构件制作各工序的场地需要，如混凝土运输、堆放及上料，预应力筋穿束及张拉等。

④预制场地应平整夯实、利于排水。

2) 安装放下部预应力筋及预埋件

(1) 准备工作

安放钢筋前应检查预应力的制作是否符合设计要求，预埋件规格数量是否正确。钢筋上的油污，应用棉纱头或布擦拭干净。

(2) 预应力筋铺设

预应力筋铺设时，钢筋之间的连接或钢筋与螺件的连接，可采用套筒双拼式连接器；预应力钢丝宜用牵引车铺设。如果钢丝需要接长，可借助于钢丝拼接器用 20 ~ 22 号铁丝密排绑扎。

3)张拉下部预应力筋

(1)张拉前准备

张拉工位应挂上张拉参数(张拉力、油压表值、伸长值等)标示牌,供操作人员使用;张拉前应校检张拉设备仪表,检查锚夹具,已有较大磨损的锚夹具,应立即更换,不宜勉强使用;应进行张拉设备检查,确保钢丝绳无破损,千斤顶无泄漏。

(2)张拉要求

张拉时应以稳定的速度逐渐加大拉力,并使拉力传到台座横梁上,而不应使预应力筋或夹具产生次应力。张拉后持荷2~3min待预应力值稳定后,方可锚定。为避免台座承受过大的偏心力,应先张拉靠近台座截面重心处的预应力筋。张拉至90% $\sigma_{con}$时,可进行预埋件、钢箍的校正工作。

(3)张拉注意事项

①构件在浇筑混凝土前发生断裂或滑脱的预应力钢丝必须予以更换。

②多根钢丝同时张拉时断裂和滑脱的钢丝数量,不得超过结构同一截面钢材总根数的5%,且严禁相临两根预应力钢丝断裂和滑脱。

③张拉完毕,预应力筋对设计位置的偏差不得大于5mm,也不得大于构件截面最短边长的4%。

(4)绑扎安装钢筋骨架、安装上部预应力筋并张拉、安放绑扎网片。下部预应力筋张拉锚固后,方可绑扎钢筋骨架,钢筋骨架的钢筋规格、数量及骨架的几何尺寸都应符合设计要求。骨架一般先预制绑扎后安装入模或模内绑扎。

4)上部预应力筋张拉

与下部预应力筋张拉相同。

按设计要求绑扎网片,应注意绑扎牢固,与骨架连接正确,以免影响支模。

5)支侧模、安放预埋件

吊车梁一般采用立式支模生产方法。吊车梁宜优先选用钢制模板,如采用木模,模板与混凝土接触的表面宜包钉镀锌薄钢板,以使构件表面光滑平整。端模采用拼装式钢板,以便在预应力钢筋放松前可以拆除;模板内侧应涂刷非油质类模板隔离剂。模板应有足够的刚度,要求不变形、不漏浆、装拆方便。用地坪台面作底板时,安装模板应避开伸缩缝;如必须跨压伸缩缝时,宜用薄钢板或油毡纸垫铺,以备放张时滑动。侧模支好后,预埋件可随之安装定位。铁件数量规格应检验合格,定位要牢固,位置应正确。

6)浇筑混凝土

(1)混凝土制备

确定预应力混凝土的配合比时,应尽量减少混凝土的收缩和徐变,以减少预应力损失。

(2)混凝土浇筑时间

预应力筋张拉、绑扎和立模工作完成之后,即应浇筑混凝土,每条生产线应一次浇筑完毕。

(3)混凝土下料

如用人工操作,必须反铲下料;如用翻斗车、吊斗下料,应注意铺料均匀,料斗下料高度应小于2m,下料速度不可过快,注意避免压弯吊车梁上部构造钢筋网片或骨架。

(4)混凝土振捣

采用插入式振捣棒分层振捣,每层厚度为300~350mm。吊车梁腹部应采用垂直振捣,对上部翼缘应采用斜向振捣。振捣时应避免碰撞钢筋和模板。振动以混凝土振出浆为度,每次插入时应将振捣棒插入下层混凝土 50mm 左右，以使上下层混凝土结合密实；吊车梁的振捣应从一端向另一端进行。

(5)混凝土浇筑注意事项

为保证钢丝与混凝土有良好的黏结，浇筑时振捣棒不应碰撞钢丝，混凝土未达到一定强度前也不允许碰撞或踩动钢丝。应注意振实铁件下的混凝土，吊车梁上表面应用铁抹抹平。一次浇筑完成不留施工缝，并应将每一条长线台座上的构件在一个生产日内全部完成。浇筑完毕即应覆盖养护。

7)拆模

侧模在混凝土强度能保证棱角完整、构件不变形、无裂缝时方可拆除。浇筑混凝土后要静停 1 ~ 2d 方可拆除侧模和端模，拆模后应检查外表，对胀大的地方应凿除，对出现漏浆、蜂窝等缺陷应及时修补。

8)养护

对浇筑完的混凝土应在其初凝前覆盖保湿养护，直至放张吊运归堆，并在归堆后继续养护。养护的时间不应少于 14d。预应力混凝土可采用自然养护或湿热养护。当预应力混凝土进行湿热养护时，应采取正确的养护制度以减少由于温差引起的预应力损失。混凝土强度设计值小于 1.2MPa 时，不准踩踏该生产线的应力筋。

9)放松预应力筋

(1)混凝土强度

放松预应力钢筋时，混凝土应达到设计要求的强度。如设计无要求时，应不得低于设计混凝土强度标准值的 75%。

(2)放张顺序

预应力筋的放张顺序，应符合设计要求；当设计无要求时，应先放张预应力较小区域的预应力筋，再放张预应力较大区域的预应力筋，如图 11-26 所示。长线台座预应力冷拔低碳钢丝的放张，应先从中间开始，后向两端进行。

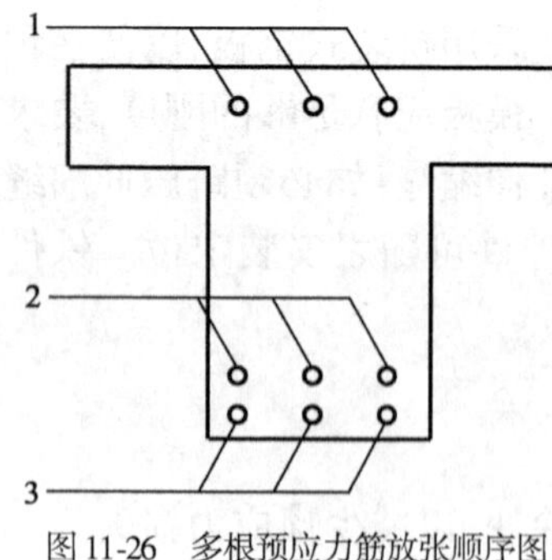

图 11-26　多根预应力筋放张顺序图

1、2、3-放张顺序

(3)放张方法

常用的放张方法有：千斤顶放张、砂箱放张、楔块放张、预热熔割和钢丝钳或氧炔焰切割。预应力筋的放张工作，应缓慢进行，防止冲击。

10)成品堆放

脱模时先用撬棍轻轻拔撬，使吊车梁与底模分离脱模，然后用带有横担的无水平分力的吊具起吊堆放。每堆不宜超过二层。

后张法预应力混凝土 T 形吊车梁与预应力屋架制作相似。

## 三、鱼腹式吊车梁

预应力鱼腹式吊车梁一般采用后张自锚工艺张拉预应力筋。

鱼腹式吊车梁的预制一般采用平卧式浇筑，也可采用竖立式浇筑(图 11-27)。平卧式浇筑，易于支模，混凝土拌和物上料以及预应力筋张拉均比较方便，但占用场地较多。平卧式生产采用砖胎模(砖胎模制作要求与预应力屋架同)。鱼腹式吊车梁也可竖立浇筑，采用砖砌底模抹砂浆面层，为保证形状准确，可用木样板进行检查控制，其侧模板则用木模。竖立浇筑可以节省场地，而且吊车梁两侧的混凝土匀质性较好，但混凝土浇筑及预应力筋张拉比较困难。

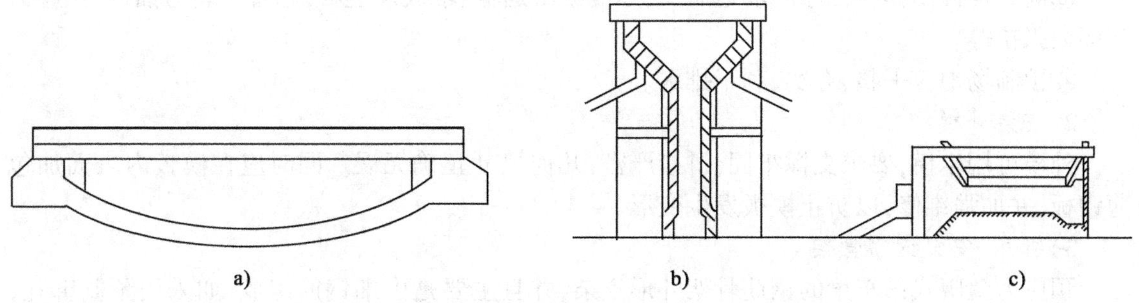


图 11-27　鱼腹式吊车梁模板图

a)吊车梁外形；b)立浇模板剖面；c)卧浇模板剖面

1. 制作工艺

后张自锚法卧式生产预应力的工艺流程如图 11-28 所示。

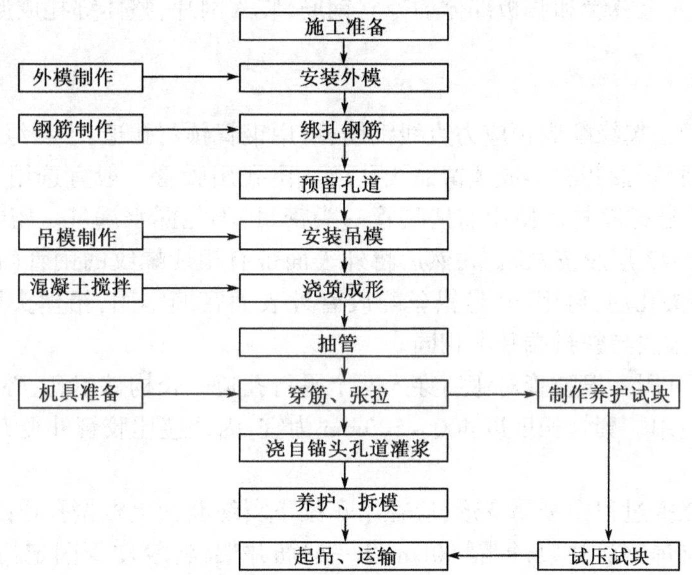


图 11-28　后张自锚法卧式生产预应力鱼腹式 T 形吊车梁工艺流程

2. 混凝土施工

1)施工准备

(1)材料设备准备

场地平整夯实；制作或整修模板，模板内涂润滑剂；锚具准备及制作；检验张拉机具。

(2)地模准备

鱼腹式吊车梁一般采用平卧式浇筑。地胎模应按照施工平面图布置，不仅应满足吊车梁翻身扶正就位和吊装的要求，还要在每根吊车梁地胎模之间留有一定的距离并互相错位，以满足预应力吊车梁抽管、穿筋和张拉的要求。隔离剂应选用非油质类隔离剂。

(3)平面布置要求

①满足构件吊装顺序的要求，按照确定的吊装方法、路线，安排好构件起模后临时就位的位置及排列顺序，尽量避免或减少倒运。

②保证运输道路及起重机运行路线畅通。

③满足构件制作各工序的场地需要，如混凝土运输、堆放及上料，芯管安装与抽拔，预应力筋穿束张拉等。

④预制场地应平整、夯实、利于排水。

2）安装外模

外模可用木模，要求支撑牢固，拼接严密，几何尺寸正确无误。同时应在模板内表面加包薄钢板，并加强维修，以防止模板发生变形。

3）绑扎、安装钢筋骨架

预应力鱼腹式吊车梁的钢筋骨架外形复杂，并且主要是由细钢筋组成，如采用预制绑扎，钢筋骨架很容易在运输、安装过程中发生变形、损坏；并且吊车梁下部弧形状不准。预应力鱼腹式吊车梁钢筋骨架一般采用平放状态模内绑扎。当外模安装完毕后，先在模板上按箍筋间距画线，在梁中间分开，按弧度变化将箍筋向两边排列，按线将箍筋放入模内，并同时穿入模板底部的架立钢筋，边排列边按线将箍筋放入模内。同时穿入模板底部的架立钢筋，使箍筋呈直立状并绑扎，再穿入上翼缘和腹板部分的架立钢筋，装入网片，整体绑扎成型。

4）预留孔道

（1）留孔方法

鱼腹式吊车梁上翼缘配置预应力直线钢筋，可用钢管预留孔道；下翼缘设置预应力曲线钢筋，通常采用充气胶管抽芯法形成预留曲线孔道。留孔用胶管一般宜选用5～7层帆布夹层，壁厚6～7mm的普通橡胶管。使用前把胶管一头密封，不能漏水漏气。密封的方法是将胶管一端外表面削去1～3层胶皮及帆布，然后将外表面带有粗牙螺纹的钢管（钢管一端铁板密封焊牢）插入胶管端头孔内，再用20号铅丝与胶管外表面密缠牢固，铅丝头用锡焊牢。胶管另一端接上阀门，其方法与密封端基本相同。

短构件留孔，可用一根胶管对弯后穿入两个平行孔道。长构件留孔，必要时可将两根胶管用铁皮套管接长使用。套管长度以400～500mm为宜，内径应比胶管外径大2～3mm。

（2）留孔要求

由于胶管在浇捣过程中极易变形，应在吊车梁下翼缘断面上根据孔道的数量和分布情况，配制相应形状的点焊钢筋井架，每隔50cm设一钢筋井架，将胶皮管固定住，并与钢筋骨架扎牢。施工前应先对胶皮管进行充气（或充水）试压，检查管壁以及两端封闭接头是否渗漏；采用后张自锚工艺时，除有一般的预留孔道及灌浆孔外，还要在预留孔道端头留设锥形的灌注孔。

5）安装吊模

卧式生产艺中的上部吊模可用木模制作安装，除要求吊模几何尺寸正确无误、拼接严密、表面光滑外，更应注意整个吊模应定位准确、牢固可靠，以使吊车梁截面两边对称于中线。

6）浇捣混凝土

（1）准备工作

检验钢筋、模板、铁件、孔道是否符合设计要求，并作好隐蔽记录，同时给胶管充气，充气压力宜在0.5～0.8MPa。可使胶管直径增大3mm左右，以利抽管。

（2）混凝土浇捣

卧式浇筑宜分层进行，每层厚度200mm左右，插入式振捣棒振捣，从梁腹部最低处开始向两边浇筑混凝土；对梁下翼缘胶管密集处和钢筋密集处、梁腹部必须仔细捣实。

(3)注意事项

①浇捣混凝土时,振动棒不要碰胶管。

②应经常检查水压表的压力是否正常,如有变化必须补压。

③梁端孔道口预埋铁板,必须与孔道垂直,以减少锚具变形的应力损失。

④浇捣过程中,应注意防止胶管移位或由于充气压力变化而引起管径胀缩。

⑤混凝土浇筑完毕即应覆盖养护。

7)抽管

构件浇捣完毕,待混凝土初凝后终凝前即可放掉压缩空气。这时胶管断面缩小与混凝土自行脱离即可抽管,抽出胶管即形成孔道。放气抽管时间,一般在混凝土浇筑后4h左右,气温较低时可稍长些。抽管后应加强养护,当混凝土强度达到设计要求时,即可穿筋张拉。抽管顺序一般为先上后下,先曲后直。

8)穿筋张拉

穿入钢筋应注意保护螺栓端杆,可缠水泥纸袋或布片保护螺纹。若穿入钢丝束(钢纹线,钢筋束)时应将钢丝顺序编号,用穿束器套上,将穿束器的引线先行穿过孔道;一人在另一端拉动,两端的钢丝束应保持垂直于端面,直至孔道两端露出张拉锚固操作工艺所需长度为止。自锚法张拉的预应力筋,应支承在承力横梁上。曲线预应力筋和长度大于24m的直线预应力筋,应采用两端张拉的方法;长度等于或小于24m的直线预应力筋,可在一端张拉。逐根张拉时,应先张拉靠近重心处的预应力筋,逐步向外、对称地进行;并应先张拉受压区预应力筋。

9)浇筑自锚头、孔道灌浆

(1)准备工作

预应力筋张拉后,临时固定于承力架上,即可浇灌混凝土锥形自锚头。自锚状体积虽小,但受力很大,直接关系到构件质量,故要求密实、早强,收缩性小;浇灌前应先用压力水冲洗,润湿锥形孔,以保证锚头混凝土与锥形孔有良好的黏结。

(2)灌浆要求

自锚头一般采用C40细石混凝土,坍落度宜为3~7cm,浇筑自锚头混凝土是通过梁端预留的灌注孔进行,可用带刀片的振捣棒或35型高频插入式振捣棒进行捣实(图11-29)。当排气孔向外排浆时,表明自锚头已浇满。浇筑前宜用8号铁丝或$\phi6\sim8$的橡胶棒插入锥形孔中,待混凝土初凝后拔出,以形成灌浆用的排气孔。

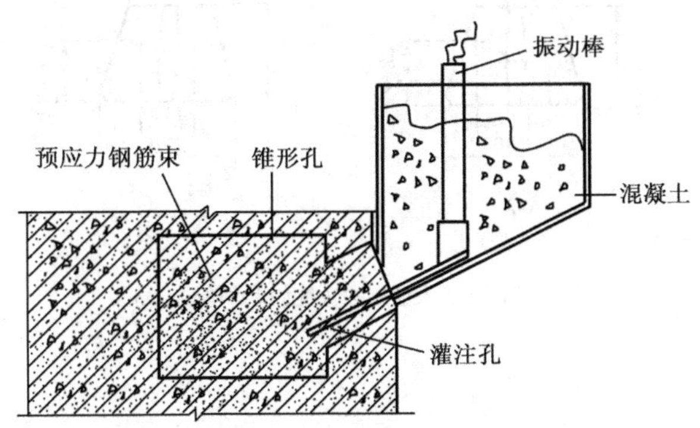


图11-29　自锚头浇筑混凝土

(3)灌浆试块留设

浆体应留试块,试块有两种:一种是标准养护用,以测定强度标准值;另一种是同条件养护用,以作为移动构件的参考。自锚头浇筑好后应加强养护,以减少混凝土收缩变形,提高早期强度,待自锚头混凝土终凝后就可以进行孔道灌浆。灌浆由梁跨中最低处压入。

(4)锚固方法

当自锚混凝土强度达到 C30,水泥浆强度达 10MPa(或吊车梁混凝土达到设计要求强度时)即可放松预应力筋,放张时用气焊逐根割断钢筋。割断的钢筋应用水泥砂浆或细石混凝土加以封固,以保护外露的钢筋。

10)养护、拆模

浇筑混凝土后静停 1~2d,即可拆除模板并覆盖草袋或塑料薄膜,浇水保湿润养护不少于 14d。

11)起吊运输

当吊车梁自锚混凝土强度达到设计强度要求后,即可进行起吊运输安装。起吊时应先使吊车梁与砖胎模分离,可用小撬棍轻拔松动,后用带有横担、无水平分力的吊具起吊运输堆放或直接安装。

## 四、预应力混凝土轨枕

我国目前大量生产和使用的 S-2 型、J-2 型预应力混凝土轨枕,混凝土选用了掺高效减水剂的 60MPa 干硬性混凝土,分别配置了 44 根 $\phi3$ 抗拉极限强度 $\sigma_b \geqslant 1\,500$MPa 的高强碳素钢丝(或其他规格钢丝)及 4 根高强度调质钢筋,其外形尺寸和主要截面配筋形式如图 11-30 所示。

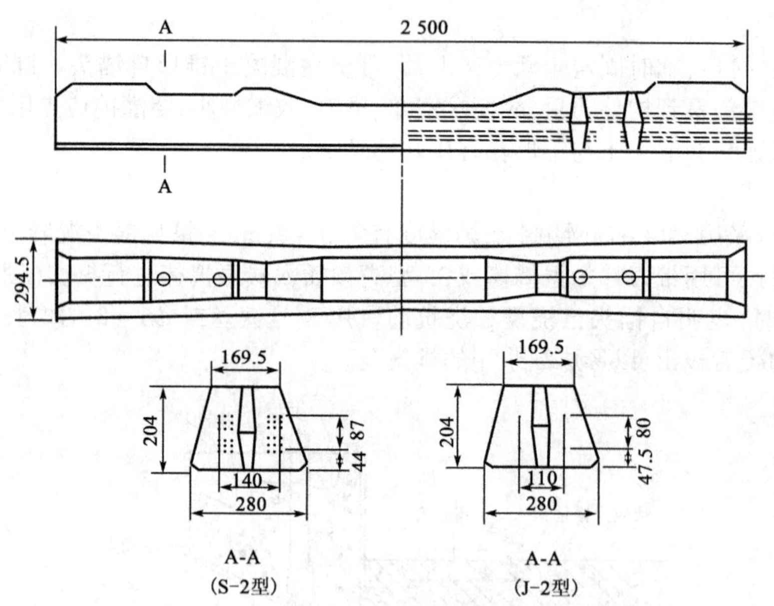


图 11-30 S-2 及 J-2 型轨枕(尺寸单位:mm)

1. 制造工艺

1)台座法工艺

法国、意大利等西欧国家生产预应力混凝土轨枕,普遍采用台座法工艺,它是在长约 100m 的钢筋混凝土台座上进行的,台座本身就是底模,侧模是利用液压装置拼装的五联钢模,预应力筋多数采用 3 股 $\phi2.5\sim5$ 钢绞线,有专用的夹具和张拉设备,移动式的混凝土布料机(带有振动器)，成型后盖上篷布或保温罩进行养护，混凝土达到脱模强度后，放松应力，由钢绞线切割机和脱模吊机将轨枕脱模、码垛存放。

台座法生产工艺流程如图 11-31 所示。

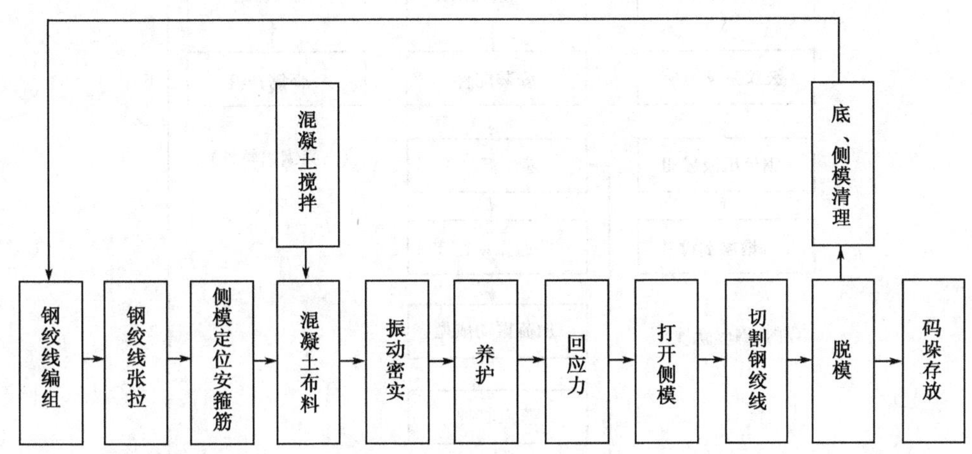


图 11-31　台座法工艺流程示意图

台座法工艺设备简单、用电量小，投资少、用劳动力少、容易投产。缺点是生产效率较低、占地面积较大，适合于年产 20 万根以下的小型轨枕工厂。

2)机组流水法工艺

苏联、东欧和我国的预应力混凝土轨枕生产，广泛采用机组流水法工艺，它是在一个个专用的组合钢模内完成轨枕制造的主要工序，它包括：安装钢丝(筋)组并张拉；浇筑混凝土并振动密实成型；进入养护坑蒸汽养护；混凝土达 28d 强度($R_{28}$)的 70% 后放松应力并在脱模机脱模。

机组流水法工艺流程如图 11-32 所示。

机组流水法工艺的特点是钢模依靠纵、横向输送辊道和桥式起重机，在各个工序上移动，工序节拍时间仅为 3 ~ 5min，因此生产效率高，每条轨枕生产线，班产高达 1 000 ~ 1 200 根。该工艺比较灵活，可以同时生产多种产品，如轨枕、宽轨枕、桥枕等，产品的改型换代也比较方便。

但是机组流水法所需工艺设备多、投资大，占用劳动力也较多，投产时间较长，适合于年产 20 万根以上的大、中型轨枕工厂。

机组流水法工艺的平面布置大致可分为两种类型。

(1)“一”字形布置，如图 11-33。其特点是养护坑区布置在流水线的中部，钢丝(筋)的编组、张拉、安装配件、混凝土的浇筑、振动密实成型、卸配件、清边清槽等工序在养护坑的一侧，钢模由一台桥式起重机入坑；而养护坑的另一侧由另一台桥式起重机把养护好的钢模吊出坑，进行回应力、脱模、无齿锯切割、钢模的清理、喷涂隔离剂，通过纵向输送辊道，将空钢模穿过养护坑区送到拉丝(筋)区。

“一”字形布置的优点是安装配件(橡胶挡板、铁挡板、分丝板)和卸配件可以布置在流水线的同一柱间内，操作比较方便。缺点是养护坑在厂房中段，夏季环境温度高，冬季打开养护坑盖后蒸汽排不出去，桥式起重机“雾海航行”，不够安全。

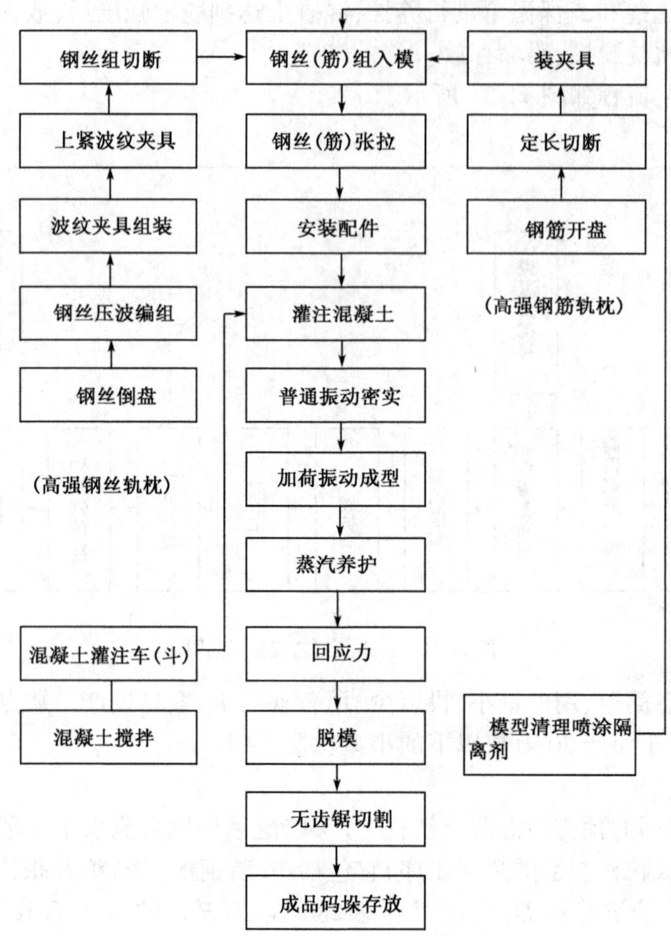


图 11-32 机组流水法工艺流程示意图

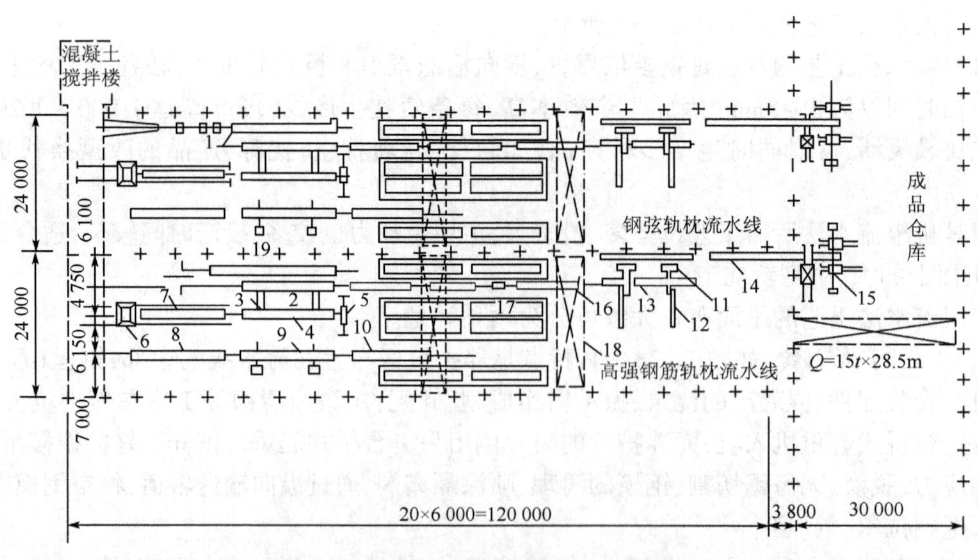


图 11-33 轨枕车间工艺布置(尺寸单位:mm)

1-钢丝编组机;2-钢丝组入模辊道;3-张拉横移辊道;4-装配件辊道;5-张拉小车;6-混凝土灌注车;7-灌注辊道;8-普通振动台;9-加荷振动台;10-模型入坑辊道;11-脱模机;12-脱模横移辊道;13-脱模辊道;14-成品输送辊道;15-轨枕码垛机;16-清模辊道;17-模型回送辊道;18-桥式吊车;19-定长切筋机

(2)"L"形布置,如图 11-34 所示。其特点是养护坑布置在流水线的一端,与流水线形成一个"L"形。这种布置方式防止了蒸汽对环境的危害,缺点是配件拆卸后需要一段较长的输送线,操作不太方便。

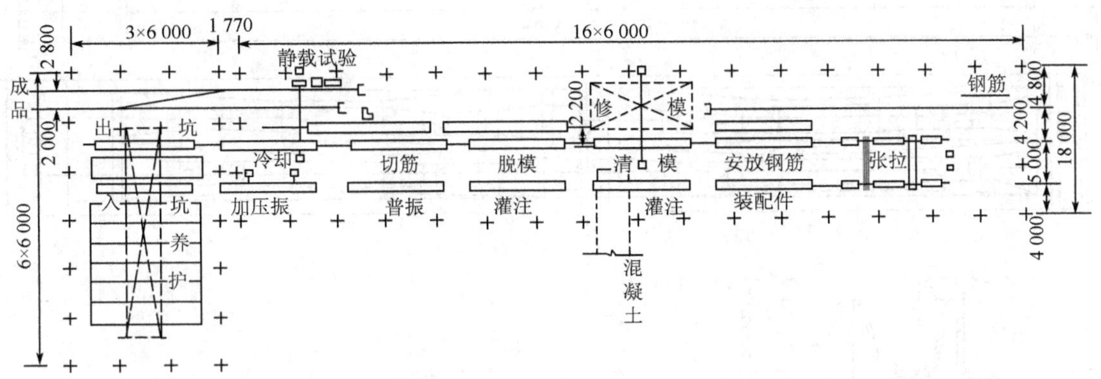


图 11-34　铁路成品厂轨枕车间工艺布置(尺寸单位:mm)

2. 主要设备

混凝土轨枕生产的主要设备包括标准设备(如桥式起重机、高压油泵等)、非标准设备(如钢丝拉伸机、无齿锯、粗钢筋定长裁筋机、振动台、脱模机、纵向输送辊道、横移辊道、升降输送辊道等)、工模具(如钢模型、波纹卡具、粗筋夹具、钢丝压波辊、加压盖板等)、工艺配件(如橡胶挡板、铁挡板、分丝板、橡胶轴成孔器等)。

以下仅就混凝土轨枕生产的主要设备分别介绍如下:

1)钢模型及其配件

预应力混凝土轨枕钢模型,它既是轨枕成型的模具,又是钢丝(筋)在预应力施工中的受力床,轨枕生产中的主要工序都在钢模型内完成,如钢丝(筋)的编组入模、张拉、混凝土的浇筑振动密实、钢模型入坑养护、回应力等都离不开钢模型,因此钢模型不仅要求足够的强度和刚度,而且要求耐湿热介质的腐蚀和承受巨大压应力的疲劳荷载,钢模型的设计、制造质量又是轨枕外观、外形尺寸的重要保证。

目前,我国预应力混凝土轨枕采用 2×5 联钢模型,如图 11-35 所示。宽轨枕采用 1×5 联钢模型,由于其宽长比大(6/100),又长期反复承受 70t 的纵向水平压力,故钢模型使用一段时间后,即出现下挠或上拱、旁弯,使钢丝(筋)位置不易保证,为了克服这一弱点,已要求钢模型向2×4联(或 1×4 联)发展,但带来的问题是生产效率降低了 1/5,钢丝(筋)的工艺消耗也增加了。

钢模型结构,两侧主梁均采用大截面槽钢($h=300\sim330$mm),轨枕模壳采用 8mm 厚的钢板冲压或拼焊而成,模型壳体与主梁焊接,并在适当的位置加筋肋板,以增加模型的刚度。

轨枕底模上镶配了带有 1:40 坡度的"轨槽板",橡胶轴成孔器就安装在"轨槽板"上。

钢模型的端梁分张拉端和固定端,它们都是拼焊结构,与主梁用螺栓连接定位后再点焊固定。

轨枕模型配件除橡胶轴成孔器外,还有:

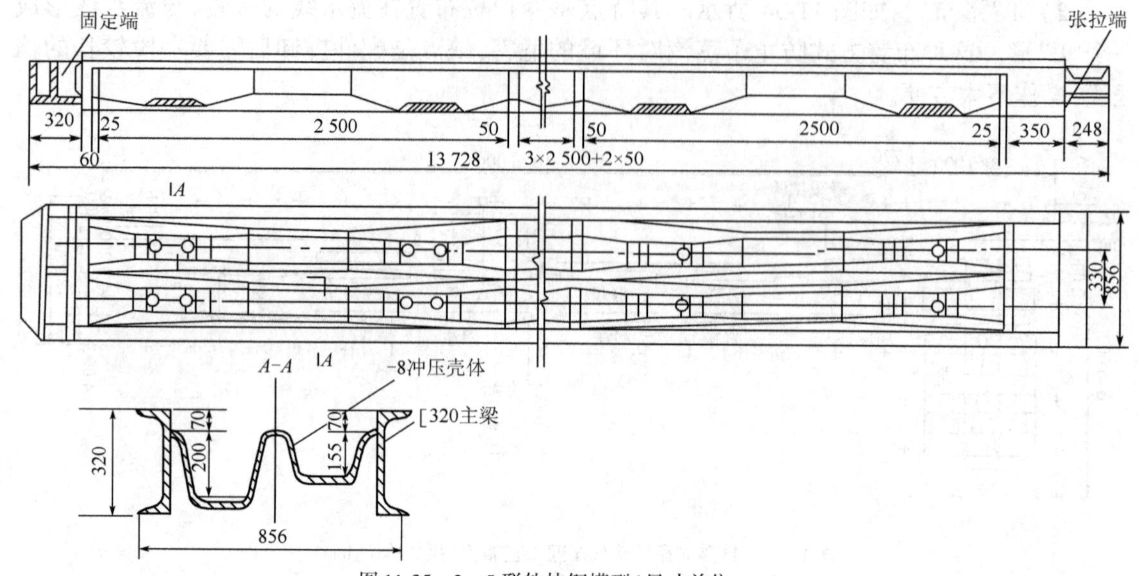


图 11-35　2×5 联轨枕钢模型(尺寸单位:mm)

(1)张拉丝杠

张拉丝杠有一对,安装在钢模的张拉端,它的一端通过方头与波纹夹具或粗筋夹具挂板连接;另一端有螺纹并配有螺母,起预应力的锚固作用,在端头还通过一对十字连接头与油压千斤顶的活塞连接。张拉丝杠是传递预应力的重要部件,需要定期进行裂纹检查,以确保安全。张拉丝杠构造如图 11-36 所示。

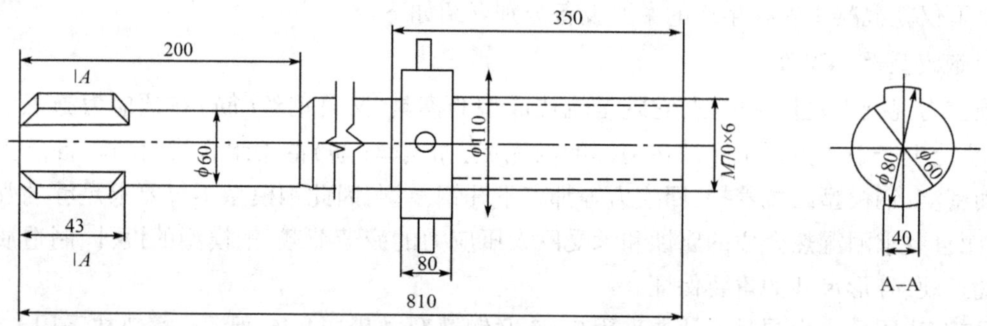


图 11-36　张拉丝杠构造(尺寸单位:mm)

(2)橡胶挡板和铁挡板

橡胶挡板在混凝土灌注成型过程中,将相邻两根轨枕隔开,又起到防止水泥浆泄漏的作用,它通过带别棍的轴与钢模连接。金属挡板置于钢模两端,用 10mm 钢板加工制成,它也起到防止水泥浆泄漏的作用。橡胶挡板和金属挡板在钢丝(筋)张拉完毕后安装上,混凝土加压振动成型后卸下。橡胶挡板和金属挡板形式尺寸如图 11-37 和图 11-38 所示。

(3)分丝板

分丝板在钢模内控制钢丝(筋)的位置,用 8mm 厚的钢板制成,插入橡胶挡板内,其尺寸如图 11-39 所示。

2)钢丝(筋)编组和张拉设备

钢丝编组设备主要包括:钢丝倒盘机、钢丝盘架、钢丝压波机、波纹夹具、夹具组装台、夹具压力机、钢丝拉伸机和钢丝摩擦锯(或液压剪)等。

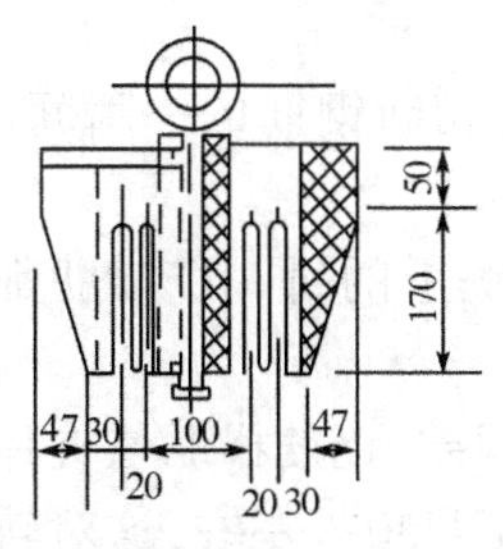
图 11-37　橡胶挡板(尺寸单位:mm)

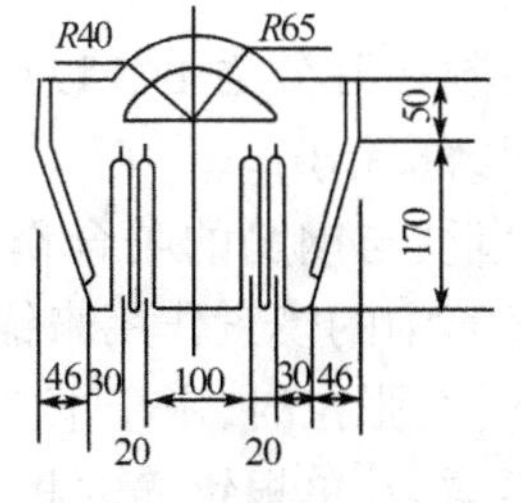
图 11-38　金属挡板(尺寸单位:mm)

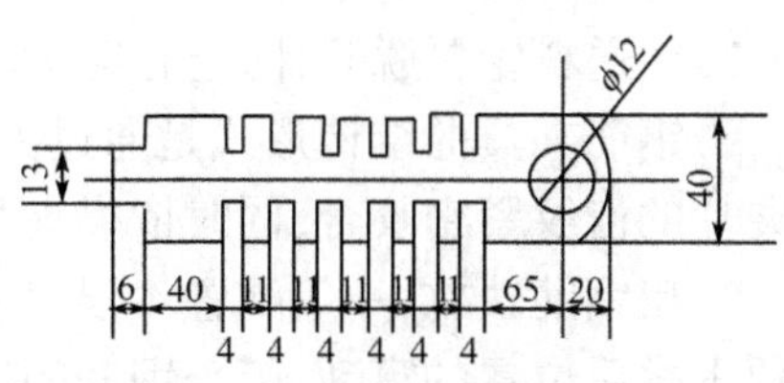
图 11-39　分丝板(尺寸单位:mm)

钢丝倒盘机是将检验合格后的钢丝倒装在钢丝盘上。钢丝压液机是一对齿形压波辊,将光面钢丝加工成为波距为 40 ± 1mm、波高为 1.5 ~ 2.0mm 的波形[张拉后残余波高为 0.8(±0.1)mm],以提高钢丝与混凝土之间握裹力。如采用刻痕、扭耳等规律变形钢丝,则可取消压波机。换成阻力机,以使钢丝初始应力均匀分布。波纹夹具是由波纹板、波纹上盖、波纹下盖以及螺栓、螺母组成。波纹有二波和三波,表面均需进行渗碳淬火处理,其硬度比钢丝要求高一些。如图 11-40。

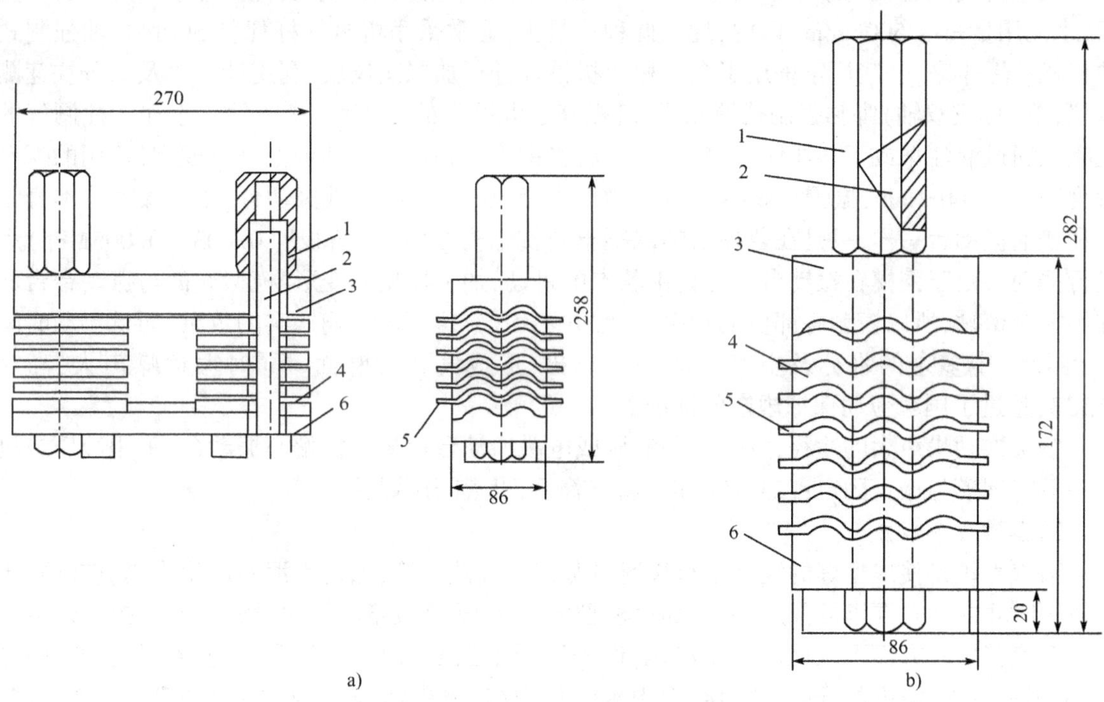
图 11-40　波纹夹具(尺寸单位:mm)

a)两波式;b)三波式

1-夹具螺母;2-夹具螺栓;3-波纹上盖;4-波纹板;5-钢丝;6-波纹下盖

波纹夹具压力机是使钢丝在波纹夹具中成形压紧,便于拧紧螺母,该机最大工作压力为 130t,有效行程为 100mm。

钢丝拉伸机有落地式和悬挂式两种,落地式将钢丝组编好后需人工放进钢模,劳动强度较大;悬挂式可使钢丝组直接落入钢模内,减轻了劳动强度。

为了降低噪声,可用液压剪来代替切断钢丝组用的摆式摩擦锯。

粗钢筋编组设备主要包括;钢筋盘架、定长切筋机、钢筋夹具等,该装备比钢丝编组装备简单,操作方便,生产效率高。

定长切筋机要求保证下料的精度,控制在万分之1.5以内为宜,在切断钢筋的一瞬间(约0.7s),送料轮要脱开,防止它继续转动而磨损钢筋。

钢筋夹具的结构形式是通过夹片的齿纹与钢筋的咬合作用,使钢筋上的每一个横肋都和夹片的齿纹紧密咬合,同时依靠夹片在套筒中的楔紧作用来锚住钢筋。

粗钢筋轨枕,一般配置4根以上钢筋,在张拉时,由于下料精度的误差、钢筋横肋与夹片齿顶重叠后位置的窜动,带来钢筋的应力不均匀,单根钢筋的相对误差高达30%左右,这对轨枕截面的承载能力不利,单根钢筋张拉工艺装置的研究,解决了这一弊端。

钢丝(筋)的张拉设备包括:60t千斤顶和40MPa高压油泵。近年来,不少工厂广泛采用了集中油泵站,它是由高压油泵和蓄能器组成。采用这一技术,不仅可以保证张拉力平稳上升和准确,而且提高张拉效率、省油,减少设备维修工作量。

3.混凝土施工工艺

1)混凝土的浇筑与成型

预应力混凝土轨枕采用高强度(≥50MPa)的干硬性混凝土,水灰比控制在0.3~0.4之间,水泥用量每在500kg/m$^3$以内,配制此种混凝土,通常采用机械杠杆秤,1 500L立轴强制式搅拌机。近年来,一些厂家采用了电子秤或机械杠杆秤加二次仪表,利用计算机及水分快速测试仪,单轴(或双轴)卧轴强制式搅制机,既提高了混凝土的匀质性,又节约了水泥。搅制好的混凝土通过灌注车或下料斗倾入钢模内,然后将钢模移到普通振动台上进行成型,常用的振动台为频率1 500r/min,振帽0.6~0.8mm,激振力矩50N·m的机械振动台;加荷振动台本身结构和普通振动台一样,只是在普振后的混凝土轨枕上安放“压花盖板”(0.003~0.005MPa)后进行振动。由于钢模在振动台上是自由状态的跳动,加上模型的变形,模型底面与振动台台面并不完全密贴,所以模型各部位的频率、振幅并不均匀,这不仅影响振实的效果,而且振动时间长,混凝土中多余的水分及空气不能完全排出,形成气孔或麻面。同时振动噪声大,高达113dB,超过了国家劳动保护规定的标准。

解决振动噪声大的途径,一是采用液压或电磁振动台代替机械偏心振动台,采用液压或机械夹具将钢模与振台固定;二是从吸声、隔声着手,设置隔声罩、隔声间。

2)蒸汽养护设施

蒸汽养护是使成型好的混凝土轨枕通过蒸汽的湿热交换,加速水泥的水化作用,使混凝土在较短时间内达在要求的强度,从而加速模型的周转,提高设备利用率,增加产量,提高效益。

蒸汽养护一方面可以促进水泥水化,促进混凝土强度的发展,起到促进“结构形成”的作用;但另一方面,温度的升高,使混凝土中水转化为汽,体积膨胀,产生所谓“肿胀”现象,起到了“结构破坏”作用。这一矛盾贯串在整个蒸汽养护过程中,为了避免在混凝土蒸汽养护过程中出现“肿胀”现象,影响质量,一方面需要使混凝土在各个阶段获取必要的初期结构强度,增强其抵抗“肿胀”作用的能力;另一方面采取积极措施,抑制“肿胀”现象的发展。如选用活性高的水泥(特别是早强性能高的水泥)、降低混凝土的水灰比,掺用各种外加剂及掺合料(硅灰、粉煤灰、沸石粉)、选择最佳养护制度,一般地说预养期愈长、升温速度愈缓慢,且恒温温度较低时对获得初期结构强度,抑制“肿胀”愈有利。

我国混凝土轨枕的蒸汽养护设施均为养护坑,旧式养护坑结构总热阻低、热容量高,介质逸漏和渗透严重,坑内温度不均匀,不仅严重浪费热能,而且养护效果差,混凝土强度增长慢,为了早脱模,加速模型周转,势必要增加水泥用量。

近年来,国内广泛采用高热阻、低热容的材料对旧式养护坑围护结构进行改造,一般采用铝箔热绝缘技术,将保温层设在内侧,设置30~50mm厚的铝箔(铝板)封闭空间层,作为复合防水防蒸汽渗透层;坑底用轻质混凝土盖板,并在盖板下设双铝箔空气层;坑盖板上设复合防水防蒸汽渗透层。

重庆建工学院研究推广州了“热介质定向循环养护工艺”;该工艺采用喷嘴系统改变坑内基本静止的混合介质与混凝土制品间的热交换状况,从而减小养护坑内上下温差,提高热源的有效利用率,缩短了热养护期,蒸汽用量减少40%~45%。

丰台桥梁厂、包头轨枕厂等利用微机对养护坑进行了程序控制,确保了蒸汽养护制度的准确性,减小了混凝土强度的离散性。

3)轨枕脱模与堆放

轨枕脱模工序是在混凝土抗压强度达到设计强度的70%时,钢模出坑经回应力后进行的。脱模前需将钢模两端的钢丝或钢筋用液压剪或电焊切断,使钢丝(筋)与夹具分离,钢模吊入脱模机两个翻转臂上,开动脱模机,轨枕即脱落在成品输送辊道上,最后用“平移式”无齿锯将五联轨枕锯开,用码垛机进行码垛,并送入成品库堆放。

脱模机传动示意图如图11-41所示,它是由电动机、减速传动机构、托臂、机架等组成。

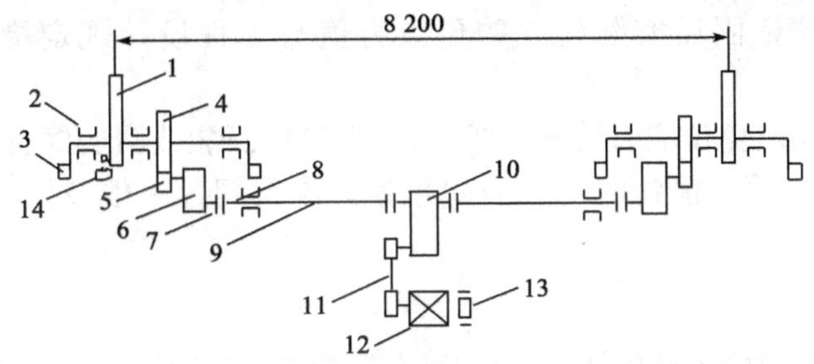


图11-41 模脱机传动示意图(尺寸单位:mm)

1-托臂;2-滑动轴承;3-平衡重;4-大齿轮;5-小齿轮;6-减速箱;7-齿轮联轴节;8-滚动轴承;9-传动轴;10-减速箱;11-三角皮带;12-电动;13-制动机;14-行程开关

无齿锯采用 $A_s$ 或 $A_o$ 钢制成的直径为700~750mm,厚度为8~10mm高速旋转(2 300r/min)的锯片使钢丝或钢筋局部摩擦达红热状态而被切断。

用无齿锯剪切钢丝(筋)缺点是耗费功率高(40~55kW),噪声大(100dB),国内一些工厂试图以液压剪或激光切割来代替无齿锯。

## 第九节 预应力混凝土构件质量标准

预应力混凝土工程的施工,包括材料进场验收、预应力筋制作、预应力筋铺放、后张法构件的预留孔道穿束、预应力筋张拉、放张、孔道灌浆、封锚防护等工序,施工中必须严格控制各工序的施工质量及工作质量,确保最终结构中建立的有效预应力符合要求。

### 一、主控项目

1.预应力筋

(1)预应力筋进场时,应按现行国家标准《预应力混凝土用钢绞线》(GB/T 5224—2014)等的规定抽取试件作力学性能检验,其质量必须符合有关标准的规定。

(2)进场的预应力筋必须具有产品合格证、出厂检验报告，并校对预应力筋的材质、批号、规格与数量，应与质量证明文件相符。

(3)预应力筋安装时，其品种、级别、规格、数量必须符合设计要求。

2. 锚具

(1)预应力筋用锚具、夹具和连接器应按高驻地要求采用，其性能应符合现行国家标准《预应力筋用锚具、夹具和连接器》(GB/T 14370—2007)等的规定。

(2)锚具的封闭保护应符合设计要求；当设计无具体要求时，应采取防止锚具腐蚀和遭受机械损伤的有效措施：凸出式锚固端锚具的保护厚度不应小于50mm；外露预应力筋的保护层厚度，处于正常环境时，不应小于20mm，处于易受腐蚀的环境时，不应小于50mm。

3. 预应力筋的张拉和放张

(1)先张法预应力施工时应选用非油质类模板隔离剂，并应避免沾污预应力筋。

(2)预应力筋的张拉或放张时，混凝土强度应符合设计要求；当设计无具体要求时，不应低于设计的混凝土立方体抗压强度标准值的75%。

(3)当采用应力控制方法张拉时，应校核预应力筋的伸长值。实际伸长值与设计计算理论伸长值的相对允许偏差为±6%。

(4)预应力筋张拉锚固后实际建立的预应力值与工程设计规定检验值的相对允许偏差为±5%。

(5)张拉过程中应避免预应力筋断裂或滑脱，当发生断裂或滑脱时，断裂或滑脱的数量严禁超过同一截面预应力筋总根数的3%，且每束钢丝不得超过一根；对多跨连续板，其同一截面应按每跨计算。

4. 灌浆

后张法有黏结预应力筋张拉后应尽早进行孔道灌浆，孔道内水泥浆应饱满、密实。

5. 构件

构件成型后应在明显部位标明生产地点以及构件型号、生产日期和质量验收标志。

## 二、一般项目

1. 预应力筋

(1)预应力筋应采用砂轮锯或切断机切断，不得采用电弧切割。

(2)当钢丝束两端采用镦头锚具时，同一束中各根钢丝长度的级差不应大于钢丝长度的1/5 000，且不应大于5mm。当成组张拉长度不大于10m的钢丝时，同组钢丝长度的级差不得大于2mm。

(3)浇筑混凝土前穿入孔道的后张法预应力筋，宜采取防止锈蚀的措施。

(4)先张法预应力筋张拉后与设计位置的偏差不得大于5mm，且不得大于构件截面短边边长的4%。

(5)锚固阶段张拉端顶应力筋的内缩量应符合设计要求。

(6)后张法预应力筋锚固后的外露分宜采用机械方法切割，其外露长度不宜小于预应力筋直径的1.5倍，且不宜小于30mm。

2. 锚具

预应力筋用锚具、夹具和连接器使用前应进行外观检查，其表面应无污物、锈蚀、机械损伤和裂纹。

3. 孔道及灌浆

(1)后张法有黏结预应力筋预留孔道的规格、数量、位置和形状除应符合设计要求外，预留孔道的定位应牢固，浇筑混凝土时不应出现移位和变形。

(2)孔道应平顺，端部的预埋锚垫板应垂直于孔道中心线。

(3)成孔用管道应密封良好，接头应严密且不得漏浆。

(4)抽芯成孔的钢芯管应平直、表面光滑，与接头套管的连接应严密，防止水泥砂浆渗入。

(5)灌浆用水泥浆的水灰比不应大于0.45，搅拌后3h泌水率不宜大于2%，泌水应能在24h内全部重新被泥浆吸收。

(6)灌浆用水泥浆的抗压强度不应小于20MPa。

4. 构件

(1)构件制作要求表面平整，几何尺寸准确无误，铁件平正定位准确，不应有蜂窝、孔洞、露筋、裂缝等质量缺陷；不应有缺棱掉角、麻面、飞边等质量缺陷。

(2)尺寸允许偏差为：长度 +15mm，-10mm；宽度 ±5mm；厚度 ±5mm；侧向弯曲 < $L$/1 000且≤20mm；预埋件中心位置 <10mm；预留孔中心线≤5mm；预留洞中心线≤15mm；主筋保护层厚度 +10mm，-5mm。

轨枕各部尺寸允许偏差应符合表11-46的规定。

**轨枕各部尺寸允许偏差** 表11-46

| 序号 | 检查项目 | | 单位 | 允许偏差值 | 每批检查数量 |
|---|---|---|---|---|---|
| 1 | 允许断丝(含跳丝、滑丝)根数 | 钢筋 | 根 | 0 | 全检 |
| | | 钢丝 | | 1 | |
| 2 | 上排钢丝或钢筋距轨枕顶面间距离 | | mm | ±8 | 10根 |
| 3 | 钢丝或钢筋间距 | | mm | ±5 | 10根 |
| 4 | 同一承轨槽底脚间距离<br>两承轨槽外侧底脚间距离 | | mm | ±3 | 10根 |
| 5 | 承轨槽底脚至预留孔中心距离 | | mm | 2 | 10根 |
| 6 | 承轨槽坡度与设计坡度的偏差 | | mm | 2 | 10根 |
| 7 | 预留孔的上孔直径 | | mm | ±5 | 全检 |
| 8 | 预留孔歪斜(距轨槽面120mm深处偏离中心线的距离) | | mm | 10 | 全检 |
| 9 | 轨枕长度 | | mm | +30<br>-20 | 10根 |
| 10 | 轨枕断面高度 | | mm | +8<br>-5 | 10根 |
| 11 | 在同一断面上轨枕两侧的高度差 | | mm | 4 | 10根 |
| 12 | 轨枕底部凹形花纹深度 | | mm | +3<br>-5 | 10根 |

# 第十二章　商品混凝土施工

商品混凝土(又称预拌混凝土)是大型搅拌站为满足各个建筑工程不同要求而提供的混凝土,即将施工现场需要的混凝土,在搅拌站集中统一拌制后,用混凝土搅拌运输车分别输送至各个施工现场进行浇筑使用,而不需在工地上采用低效率的小型混凝土搅拌装置拌制。商品混凝土的推广应用,对提高混凝土质量,节约原材料,实行现场文明施工,减少环境污染,具有突出的优点,并使混凝土的应用得到更大的发展,有利于实现建筑工业化,取得明显的社会经济效益。

## 第一节　商品混凝土概述

### 一、商品混凝土的特性

商品混凝土与其他大多数建筑材料不同,有其特殊的性能。一是负责运送;二是它们不能运到工地储存备用,因储存时间受水泥凝固期所限制;三是有可能几个用户同时使用不同品种、配合比、集料级配、外加剂和掺和料的混凝土,或者一个用户同时要求供应几种不同的混凝土。因此,商品混凝土对搅拌站的规模、搅拌能力、自动化机械程度提出了更高的要求。

### 二、商品混凝土的分类与标记

1. 分类

商品混凝土分为通用品和特制品两类。

1)通用品

通用品应在合同中指定混凝土强度等级、坍落度及粗集料最大粒径,其值可按下列范围选取:

强度等级:不大于 C50。

坍落度(mm):25,50,80,100,150,180。

粗集料最大公称粒径(mm):20,25,31.5,40。

2)特制品

特制品应在合同中指定混凝土的强度等级、坍落度及粗集料最大粒径,或其他特殊要求,对混凝土强度等级和坍落度除按通用品规定的范围外,尚可按下列范围选取。

强度等级:C55,C60,C65,C70,C75,C80。

坍落度(mm):大于 180。

粗集料最大公称粒径(mm):小于 20,大于 40。

2. 标记

用于预拌混凝土标记的符号，应根据其分类及使用材料不同按下列规定选用。

(1) 通用品用 A 表示，特制品用 B 表示。

(2) 混凝土强度等级用 C 和强度等级值表示。

(3) 坍落度用所选定以 mm 为单位的混凝土坍落度值表示。

(4) 粗集料最大公称粒径用 GD 和粗集料最大公称粒径值表示。

(5) 水泥品种用其代号表示。

(6) 当有抗冻、抗渗及抗折强度要求时，应分别用 F 及抗冻等级值、P 及抗渗等级值、Z 及抗折强度等级值表示，抗冻、抗渗及抗折强度直接标记在强度等级之后。

(7) 预拌混凝土标记示例。

示例 1：预拌混凝土的强度等级为 C20、坍落度为 150mm、粗集料最大公称粒径为 20mm，采用矿渣硅酸盐水泥，无其他特殊要求，其标记为：

AC20-150-GD20-P. S

示例 2：预拌混凝土的强度等级为 C30、坍落度为 180mm、粗集料最大公称粒径为 25mm，采用普通硅酸盐水泥，抗渗要求为 P8，其标记为：

BC30P8-180-GD25-P. O

## 三、商品混凝土工厂的组成与装备

商品混凝土生产工厂一般由砂石堆场（或储罐）、水泥储罐、混凝土搅拌楼、混凝土运输车、试验室、机修车间、办公室等组成。但是，不同的时期，其组成也不完全相同。

最初商品混凝土的生产仍沿用传统的方式，在工厂中用固定的配料和搅拌设备拌制混凝土，然后用汽车或其他运输工具运送到浇灌地点。在工程实践中人们很快发现，为了缩短生产周期和减少混凝土在运输途中的离析现象，混凝土可以在工厂中配料，投入汽车载运的搅拌机，在运送的途中拌制成混凝土。随着泵送混凝土技术的发展，对混凝土流动性和均匀性提出了较高的要求，运送中拌制混凝土显得更为有利。目前世界各地 80% 以上的混凝土是用搅拌车拌制的。

近年来，人们对混凝土生产的质量控制越来越重视，而集中在工厂中搅拌则显示出较大的优越性，因而集中搅拌商品混凝土又有上升趋势。用于集中搅拌的混凝土搅拌楼有固定式和移动式两种，我国以固定式为主。固定式大多是一阶式上料，配有若干台可倾式或强制式拌和机，整个运行系统用工业电视监视，原材料计量与调整配合比用微机控制，自动计量、供料和出料，自动记录砂石含水率，及时准确地调整配合比，有利于确保混凝土的质量。

混凝土运输车可分为搅拌车和翻斗车两种。混凝土搅拌车是目前工程上最常用的运输工具。搅拌车有三种作业形式，第一种是在搅拌楼将混凝土搅拌好后装车，为了防止混凝土产生离析，在运输的过程中一面行驶，一面搅拌混凝土；第二种是将原材料按配合比计量后装入车内，在运输车的鼓筒内搅拌；第三种是将干的拌和料计量后装入车内，同时在车上装有储水和外加剂的罐，在行驶的过程中，选择适当的时间加水，到达施工现场前拌好。前两种在日本比较普遍，后者在美国比较普遍，我国采用最多的是第一种。

翻斗车在商品混凝土的发展初期是用得比较普遍的运输工具。它是一种带有防止风雨侵入和水分蒸发外罩的自卸卡车，在车厢两侧与底板连接处有密封橡胶条，以防止混凝土发生漏浆。这种运输车结构简单,造价低廉,维修费用少,操作比较容易,但在行驶的过程中,混凝土受到振动容易产生离析,因此供应半径受到一定限制。这种翻斗车与自卸汽车不同,料斗身可倾斜90°,出料口比较狭窄,以防止卸料时混凝土散开。目前瑞典、瑞士等西欧国家仍在采用。

混凝土的生产和其他工业不同,其最大的特点就是产品不能储存和远程运输。由于水泥的凝结时间有严格限制,混凝土从搅拌机出料至浇灌地点一般不能超过1.5h,如果用搅拌车在运输中拌制,为防止集料过度磨耗,搅拌筒的总旋转次数不宜超过300次。考虑到以上特点,混凝土搅拌工厂的供应半径,一般不应超过20~30km。在交通频繁或道路坎坷的地区,供应半径更小。因此,除工程密集的区域及大型工程需要大量混凝土外,一般以建立中小型混凝土搅拌工厂为宜,年产量以2万~3万 $m^3$ 比较适宜。

## 四、发展商品混凝土的优越性

我国北京、上海、天津、常州等城市的实践证明,应用商品混凝土的综合效益十分显著。在城市工程建设中,选用商品混凝土施工方案,不需要在施工现场堆放原材料及中转材料,不仅可以避免对城市产生脏、乱和粉尘污染,改善环境卫生条件,而且还可以避免影响交通安全、市容市貌;并可避免污水、泥沙漫流,堵塞管道、沟渠以及搅拌混凝土产生的噪声污染等。具体地讲,商品混凝土有以下优越性。

1.经济效益十分显著

据有关统计资料表明:采用商品混凝土施工方案后,节省了许多单位的费用开支,其经济效益十分显著。如某工程节省砂石中间储料堆场租用费0.90元/$m^3$,砂石运输费8.00元/$m^3$,水泥中转仓库租用或搭设1.00元/$m^3$,水泥袋装费1.75元/$m^3$,现场临时水电及设施4.00元/$m^3$,搅拌设备投资0.45元/$m^3$,现场材料堆放场地租用费2.40元/$m^3$,搅拌混凝土管理费6.00元/$m^3$ 等。

2.提高施工机械化程度

发展商品混凝土,有利于建筑工业化的发展,提高施工机械化程度,减轻体力劳动强度,加快施工速度,是其最突出的优越性。如上海宝山钢铁厂转炉基础底板,混凝土达到6 912$m^3$,采用商品混凝土和泵送浇灌工艺,原计划需连续施工48h,结果仅用了28h;上海华享宾馆建筑面积8.6万 $m^2$,高29层,仅基础结构阶段的混凝土达4万 $m^3$,全部采用商品混凝土和泵送浇灌工艺,只用了470d就完成了结构的全部封顶,创造了1 000$m^2$ 建筑面积平均施工期为5.2d的记录,充分显示了商品混凝土供应的优越性。

3.有利于提高工程质量

商品混凝土由于计量准确、搅拌均匀,有利于改善混凝土的级配,提高和控制混凝土的质量,所以,对确保工程质量具有决定性的作用。据我国有关搅拌站连续3年收集的12 313组混凝土试块抗压强度分析,年强度合格率在99.46%~100%,年强度保证率在93.03%~99.95%。由此可见,商品混凝土的合格率、保证率和匀质性,都达到了国家规定的优良标准。

4.可以节省建筑材料

商品混凝土的生产具有一套完善合理的生产工艺、严格的管理制度和准确的称量计量装置,不仅可以生产出质量较高的混凝土,还可以有效避免水泥、砂、石等原材料的浪费。

商品混凝土与现场搅拌混凝土相比，经测算和分析，应用商品混凝土可节约水泥 8.59%、砂石 12% 左右。如年产量达 5 万 $m^3$ 的商品混凝土搅拌站，一年可节省水泥 3 000t，经济效益非常可观。

5. 可以实现文明施工

采用商品混凝土施工，有利于减少施工用地，适合城市狭小场地的文明施工，并可减轻对环境的污染。对施工面积大、混凝土用量大的工程，可避免施工、运输中的忙乱现象；对施工现场场地小，不能设搅拌机和砂石堆料场的工程，商品混凝土可随要随送，按时、按质、按量供应，改变了过去砂石到处乱堆，道路不畅，尘土飞扬，泥浆四溅、管道堵塞等不文明施工现象。

6. 社会经济效益明显

城市建筑用地少，人口密度大，交通拥挤，环境要求高，这些给高层建筑施工带来了极大困难。我国上海市建筑密度达 70% ~80%，人口密度达 4.2 万人/$km^2$（最多达 6 万人/$km^2$ 以上），人均道路面积仅 2.2$m^2$，若不采用商品混凝土施工，根本无法顺利进行。如上海联谊大厦位于外滩闹市区，建筑面积 2.98 万 $m^2$，高 108m（30 层），施工用地少，人流、车流比较集中，采用商品混凝土和配置两台 ELBA-B5516E 型固定泵垂直输送混凝土后，施工工期提前 80 天，施工单位节省投资 320 万元，建设单位增加营业收入 265 万元，取得了显著的社会经济效益。

总之，采用商品混凝土主要具有以下十大优点。

(1) 节约水泥。

(2) 有利于推广散装水泥。

(3) 可以减少砂石的耗损。

(4) 有利于工业废渣和废混凝土的利用。

(5) 有利于掺加外加剂改善混凝土的性能。

(6) 在现场掺加混合材料，有利于有效利用水泥熟料。

(7) 提高工程质量，降低工程造价。

(8) 加快施工进度，缩小工场地。

(9) 减少城市污染。

(10) 节省能源。

## 第二节　商品混凝土原材料技术要求

(1) 混凝土拌和物原材料质量必须符合现行国家规范、规程、相应材料标准及工程施工技术合同的要求，应有出厂质量证明文件及搅拌站复试报告单，并应根据工程要求进行混凝土中氯化物、碱含量及主体材料挥发性有机化合物含量控制。

①水泥：宜用 32.5 级及其以上的硅酸盐水泥、普通硅酸盐水泥或矿渣硅酸盐水泥。

②砂：宜用粗砂或中砂，含泥量不大于 3%，泥块含量不大于 1%。通过 0.300mm 筛孔的砂，不应少于 15%。

③石：宜用碎石或卵石，含泥量不大于 1%，泥块含量不大于 0.5%。如含泥基本上是非黏土质的石粉时，含泥量可提高为 1.5%。

④拌和用水:符合国家标准的生活用水,都可用来拌制和养护混凝土。

⑤掺和料:用于结构工程时,应使用Ⅱ级及其以上的粉煤灰。

⑥外加剂:应使用满足工程技术合同要求的外加剂,其掺量应经试验确定。

(2)经搅拌楼(站)复试的混凝土拌和物原材料应进行质量状态标识,合格的原材料方可使用。

(3)袋装水泥进场,须验明生产厂家、牌号、品种、级别、进场批量、出厂时间、试验合格与否,分别整齐定量堆放,按垛挂牌,不得混垛。而且必须与最新出厂证、进场复试资料相吻合。每批应抽查5%以上,防止质量误差超标。

(4)散装水泥进场,须按品种、强度等级送入指定筒仓,不得混仓。水泥筒仓须有明显标志,标明水泥品种、强度等级等。而且每个搅拌站至少有两个筒仓,轮流进料,才能保证每个轮流用完后彻底清仓再进水泥,并等待3d复试合格才能使用。

(5)砂、石应堆放在硬底场地,并有向后的排水坡度,以便测砂、石含水率时上下基本一致。砂石之间应有挡墙,分品种、规格隔开堆放,严防混料或混入杂质,并注明产地、规格。料场门口宜设置3m×5m×0.1m的水塘,进料车经水塘自动清洗车轮后再沿硬化道路进入料场。料场装载机轮、斗,每天必须清洗干净。每次装砂、石入斗要防止斗内混淆。装载机还必须保证不漏油。

(6)粉煤灰筒仓应设明显标志,标志与技术档案资料要一致。严禁与水泥混仓。粉煤灰在储存和运输过程中不得受潮。

(7)外加剂进场须有专人验收、保管、发放、登记台账(名称、生产厂家、出厂证明书或鉴定证书、厂家资质证明、试样进场复试合格资料,抽查试验时间原则上距产品生产日期不超过一年。还应有批号、入出库数量及日期等),分别堆放,设明显标志,粉状外加剂不得受潮。

## 第三节　商品混凝土配合比设计

预拌混凝土就是在混凝土的生产厂拌制好混凝土拌和物,用运输工具往施工现场的商品混凝土,商品混凝土配合比设计是其配制的前奏,是确保商品混凝土配制质量的重要技术数据,是供应方向需要方提供合格商品的重要依据。它对于满足用户的需要,保证产品质量具有十分重要的意义。

商品混凝土配合比设计,与普通混凝土的配合比设计有所不同,下面介绍日本商品混凝土的设计方法。

### 一、商品混凝土配合比的确定

#### 1.满足混凝土用户的要求

通常是先由用户向生产单位提出标准品、特购品或非标准品中任何一种混凝土的订购要求。混凝土生产厂在接到订货确定最终产品的配合比时,要考虑从工厂拌制混凝土时起,直至运往施工现场卸车时止,可能发生的质量变化,以使满足已确定的质量要求。

在建筑施工中,根据有关规定需要对结构混凝土的强度试验进行检查时,用户所指定的公称强度，不仅要符合 JISA 5308 的规定，而且还要研究该强度是否能符合该项检查规定的要求。在一般情况下，生产厂只要能保证满足 JISA 5308 规定的强度即可。

2. 严格执行有关标准的规定

预拌混凝土的配合比要执行 JISA 5308 的规定。标准品种的配合比由生产厂决定，特购品的配合比要经过协商，由生产厂决定。但是，无论是何种产品(即使标准品)，都要明确一些必要的事项。无论在何种情况下，所确定的配合比均应保证满足指定的质量，并应检验合格。

为确保混凝土的质量，生产厂在发货之前，还应把生产中所用的材料与配合比报告给用户，用户若有其他方面的要求，还应提供混凝土配合比设计的有关基础资料。

3. 根据用户要求做试配搅拌试验

修订的 JISA 5308 虽未规定试配搅拌，在必要时用户仍可与生产厂协商，会同进行试配搅拌试验，不过，在 JISA 批准的工厂里都有自己的内部标准，即根据实际使用的状况对所用的材料与配合比等分别做出相应的规定。这样，由生产厂确定的标准品配合比是可以信赖的。因此，除特殊情况外，标准品的试配搅拌试验可以不做。当由于某些原因必须进行试配搅拌试验时，对所需费用可协商解决。

特购品的配合比，虽然是由生产厂与用户协商决定的，但由于对混凝土的质量和使用材料也有某些指定的项目，所以，为了确认配合比和混凝土的质量，也可根据实际情况，经过协商进行试配搅拌。

## 二、商品混凝土标准配合比的确定

(1)在一般情况下，商品混凝土工厂是按图 12-1(普通混凝土)和图 12-2(轻混凝土)所示的程序来确定标准品混凝土的标准配合比。为适应 JISA 5308 中质量和配合比的规定，JASS 5 和土木学会 RC 规范中也有相应的规定。

(2)为了保证进货时混凝土体积满足交货单上的数量，生产厂通常把由工厂至施工现场运输过程中损失的含气量估计在内。标准配合比设计时，以 $1m^3$ 混凝土的含气量为 30L 算出各种材料的用量，但是，实际上则是以新拌混凝土的含气量为 4% 来配制混凝土的，因此，配制好的混凝土量为 $1.01m^3$。

(3)当用户在商品混凝土工厂参与，会同试配搅拌时，新拌混凝土的坍落度、含气量，轻混凝土的密度等有时与指定值有一定差异，这是因为在混凝土配合比设计时，已把坍落度和含气量的损失估计在内，对于此结果，用户应听取生产厂的说明。

(4)特购品配合比的确定方法，与标准品配合比一样。在用户指定的事项中，若指定了生产厂平时未曾使用，甚至没有任何经验的材料(水泥、集料、外加剂)时，生产厂必须认真研究有关的参考资料，并与用户充分协商、达成共识后确定。同时，作为特购品，事先还要弄清可接受材料的类别、混凝土类别及有关的各项规定。

## 三、商品混凝土标准配合比的变动

当已确定的混凝土标准配合比的条件(主要指原材料质量和混凝土强度)长期超过某些标准规定时，就必须改变原来确定的标准配合比。为此，对标准配合比的变动条件要加以规定。混凝土标准配合比质变要因和更改条件见表 12-1。

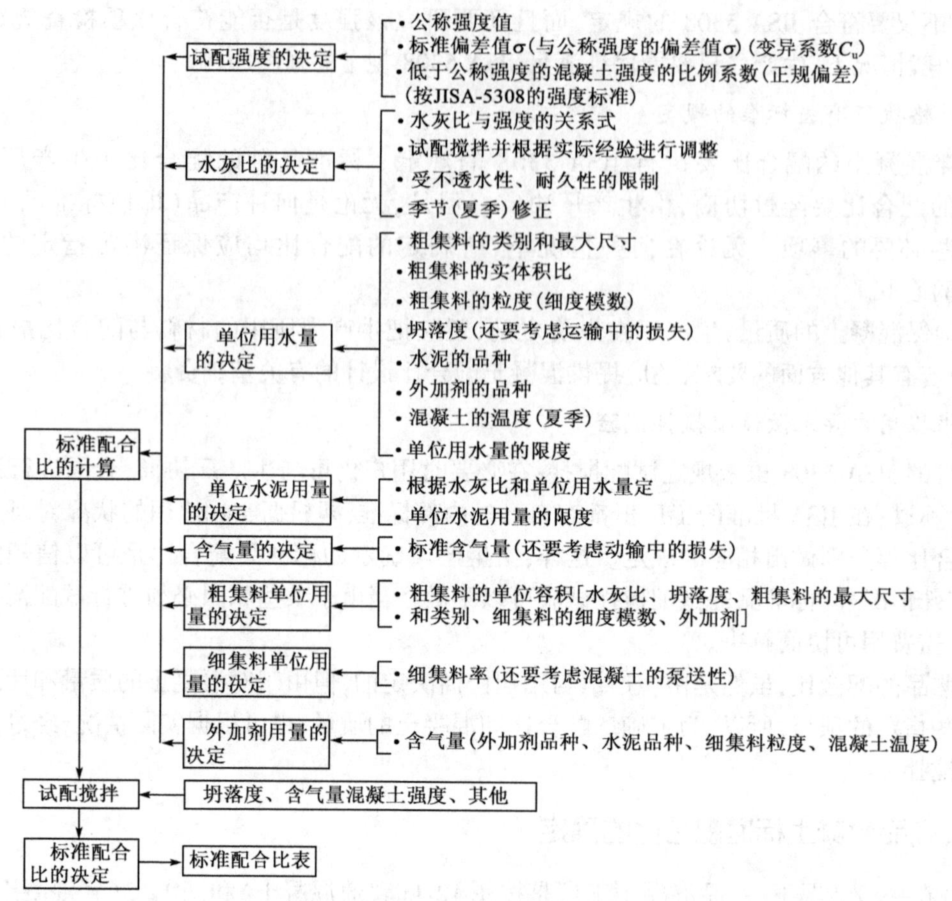


图 12-1 普通混凝土标准配合比的设计程序

**混凝土标准配合比质变要因和更改条件** 表 12-1

| 质变要因 | | 更改条件 |
|---|---|---|
| 原材料质量发生变化 | 水泥 | 1. 改用了新品种水泥;<br>2. 水灰比与混凝土强度的关系式不符合实际情况时 |
| | 集料 | 使用的集料与制定标准配合比表时的集料不同(特别是密度、吸水率、实体积比、细度模数)时 |
| | 外加剂 | 改用非标准配合比规定的外加剂时 |
| 混凝土质量发生变化 | 混凝土强度 | 1. 工艺管理、产品检验表明,强度的变动和倾向均有明显变化时;<br>2. 在强度管理区里,强度的倾向或标准值均与内部规定的标准值发生明显变化时要改变内部标准对质量的保证措施时(改变低于公称强度的废品率时) |

## 四、商品混凝土标准配合比的修正

当混凝土生产厂所用的材料质量发生变化,或需要重做坍落度试验以及对混凝土泵进行校正时,为了不改变混凝土原指定的质量,则要修正混凝土配合比。在通常情况下,主要是改变单位用水量、细集料用量(或粗集料用量)和 AE 剂的掺加量。普通混凝土标准配合比的条件变化与修正值的关系,见表 12-2。

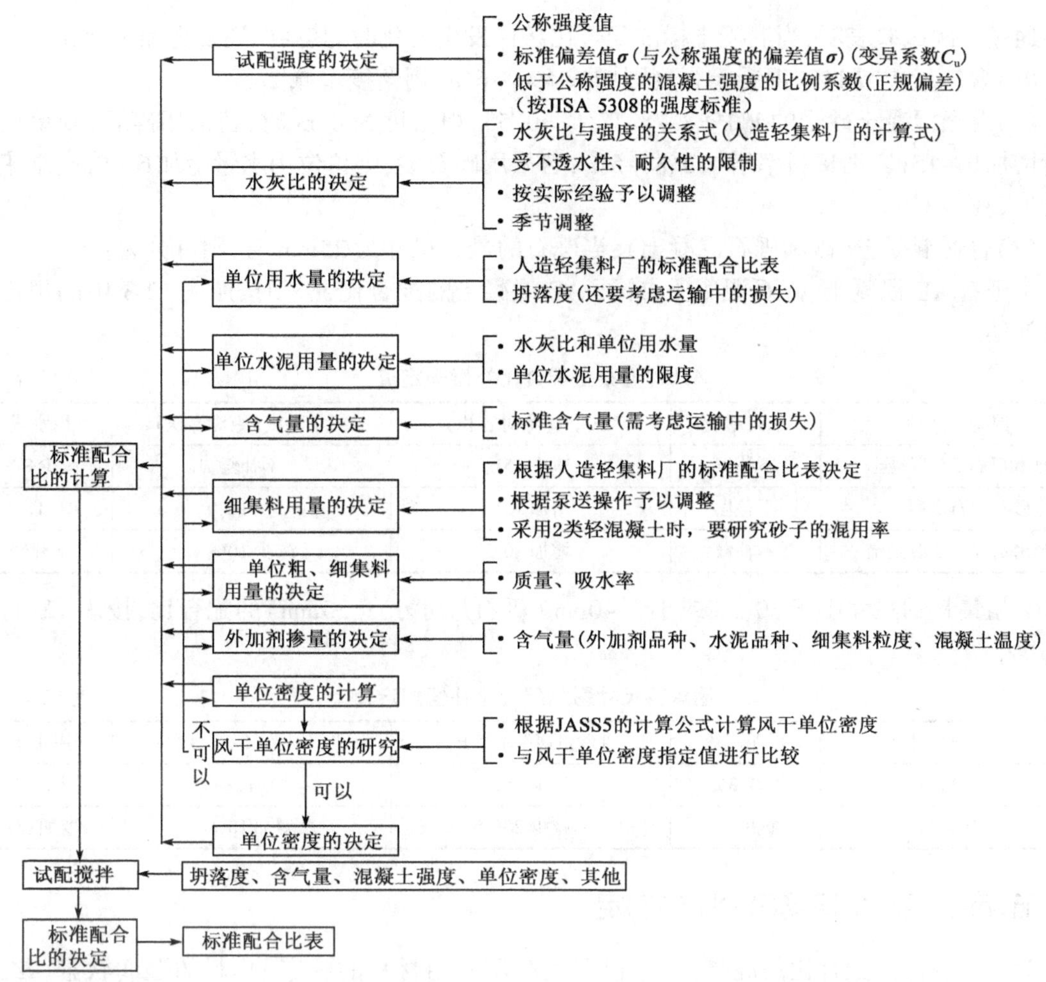


图 12-2　轻混凝土标准配合比的设计程序

**普通混凝土标准配合比的条件变化与修正值的关系**　　表 12-2

| 条件的变化 | | 修正值 | | |
|---|---|---|---|---|
| | | 单位用水量 | 细集料量 | 备　注 |
| 水灰比 | 增减 0.05 | 0 | 增减 1% | |
| 坍落度 | 增减 1cm | 坍落度 < 18cm 时，可增减 1.2%；坍落度 < 18cm 时，可增减 1.5% | 0 | 按下式求算单位用水量的增加率：<br>单位用水量的增加率(%)<br>$=\frac{(1-\Delta_E)V_E}{(100-\Delta_E)}\times 100$<br>式中：$\Delta_E$——碎石对砾石实体积率之比；<br>$V_E$——同一水灰比、同一坍落度砂和砾石混凝土中砾石的绝对容积(L/m³) |
| 含气量 | 增减 1% | 增减 30% | 增减(0.5% ~1%) | |
| 细集料的细度模数 | 增减 0.1% | 0 | 增减 0.5% | |
| 粗集料的实体积比 | 增减 1% | 增减 3kg | 增减 0.9% | |
| 细集料率 | 增减 1% | 坍落度不足 15cm 时，可增减 1 ~ 5kg；坍落度超过 15cm 时，可增减 2 ~ 7kg | | |
| 回收水 | 对固体物添加量而言(2% ±1%) | 增 2% ~3% | 减 1% | AE 剂添加量增 15% ~20% |

通过多次试验表明，当混凝土标准配合比条件发生变化时，其性能还发生如下变化。

(1)含气量增减1%，混凝土强度则增减4%～6%，坍落度增减2cm。

(2)普通混凝土砂子的FM=2～8，$W/C=0.55$，坍落度为8cm时，若采用碎石，则单位用水量增加9～15kg，细集料率增加3%～5%；若采用碎石砂，则单位用水量增加6～9kg，细集料率增加2%～3%。

(3)普通混凝土(砂和砾石混凝土)，当砾石的最大尺寸为25mm时，则可分为：

①砾石AE混凝土、碎石混凝土、碎石AE混凝土的配合比，必须按照表12-3中的规定值予以补偿。

**几种混凝土配合比补偿规定值** 表12-3

| 混凝土品种 | 水泥用量 | 含砂量(绝对容积) | 粗集料量(绝对容积) | 用水量 |
|---|---|---|---|---|
| 砂和砾石AE混凝土 | 不补偿 | 减少15L | 不补偿 | 减少8% |
| 砂和碎石混凝土 | 不补偿 | 增加15L | 减少10% | 增加8% |
| 砂和碎石AE混凝土 | 不补偿 | 增加10L | 减少10% | 不补偿 |

②粗集料的尺寸小于30mm或小于40mm(砾石尺寸小于25mm)的配合比，按表12-4，予以补偿。

**粗集料尺寸影响配合比补偿规定值** 表12-4

| 粗集料尺寸 | 水泥用量 | 含砂量(绝对容积) | 粗集料量(绝对容积) | 用水量 |
|---|---|---|---|---|
| 小于30mm | 减少3% | 减少15L | 增加5% | 减少3% |
| 小于40mm | 减少6% | 减少20L | 增加10% | 增加6% |

## 五、商品混凝土现场配合比的制定

为了配制标准配合比的混凝土，应根据生产厂所用材料的状态(集料的湿润状态。细集料的细度模数)和计量方法(一次搅拌量)对标准配合比予以修正，以制定现场用的配合比。

1.按集料的表面含水率予以补偿

先测出集料的表面含水率(采用人造轻集料时，则要测出含水率)，再按下式算出单位用水量和单位粗集料用量以及单位细集料用量。细集料的表面含水率，1d要测定两次，粗集料的表面含水率即使变化，也比细集料为小，除下雨后要测定外，通常都按一个常数值(例如，当砾石的尺寸为25mm时，其采用值为0.5%～1.5%)予以补偿。

同时，在一般情况下，细集料的表面水量，是采用生产厂表面水补偿装置来补偿的。

$$W=W_0-\frac{1}{100}(S_0\cdot P_s+G_0P_g) \tag{12-1}$$

$$S=\left(1+\frac{P_s}{100}\right)S_0 \tag{12-2}$$

$$G=\left(1+\frac{P_g}{100}\right)G_0 \tag{12-3}$$

式中：$W$、$S$、$G$——补偿的用水量、细集料用量、粗集料用量($kg/m^3$)；

$W_0$、$S_0$、$G_0$——标准配合比时的单位用水量、单位细集料用量、单位粗集料用量($kg/m^3$)；

$P_s$、$P_g$——细集料、粗集料的表面含水率(%)。

2. 集料混合比的变动

粗集料的最大尺寸为40mm时，通常是采用40～20mm（碎石为40～25mm）和25～5mm（碎石为20～5mm）的集料，使之处于最大尺寸为40mm的标准粒度区域内，据以确定适当的混合比进行计量。因此，必须根据所使用的集料粒度来改变集料比，以达到所确定的标准粒度的要求。

当使用的细集料是把粗、细砂混合成具有一定细度模数（FM）以确定混合比时，则要根据所用的粗、细砂的FM值来改变混合比，使其处于所规定的FM值±0.2的范围内。

同时，粗集料中小于5mm者作为细集料，细集料中大于5mm者作为粗集料来对粗、细集料的用量予以修正。

3. 外加剂

通过稀释求出稀释的外加剂掺量。

4. 修正各种材料的计量值

根据一次搅拌量来修正各种材料的计量值。但是，容量的变动有时也可不予修正。

5. 按轻集料的吸水率予以修正

标准配合比时轻集料的量，通常用全干质量予以表示。因此，计量轻集料的质量，每次都要测定其吸水率和表面含水率，视含水率（吸水率＋表面含水率）为其补偿值。

6. 设定现场配合比

一旦算出各种材料的用量，即可将其约为最小单位来设定现场配合比。

## 六、商品混凝土标准配合比设计参考资料

1. 运输中坍落度降低的估计值

混凝土在运输过程中坍落度降低的程度，取决于使用材料的质量、坍落度大小、施工季节、外加剂品种、运输时间等。有人曾对运输时间为40～50min商品混凝土坍落度的降低进行统计分析，由调查结果可见，不同地区差异很大。特别是气温高和采用缓凝剂时，混凝土坍落度损失很大，应引起足够的重视。

2. 运输中含气量散失的估计值

混凝土在运输过程中含气量散失的程度，会因水泥品种、混凝土种类、配合比、预拌混凝土温度、搅拌时间、道路状况等不同而有所差异。建筑混凝土含气量散失的估计值，一般取0.5%～2.0%，配合比设计时多采用1.0%。

3. 混凝土温度的变化

在冬季施工，混凝土浇筑时的温度规定为10～20℃。因此，在施工过程中，必须在充分考虑当地气象和施工条件的基础上，预计混凝土运输中温度的下降，以保证浇筑时混凝土的温度不低于10℃。

混凝土运输中温度下降的程度，可按下式计算：

$$\Delta T = 0.15(T_1 - T_0)t \tag{12-4}$$

式中：$\Delta T$——预拌混凝土温度的下降值（℃）；

$T_1$——搅拌时混凝土的温度（℃）；

$T_0$——混凝土运输中的环境温度(℃);

$t$——混凝土从开始搅拌至浇筑完毕的时间(h)。

夏季采用泵送施工时,浇筑部位的预拌混凝土的温度可能上升 0.5~1.5℃。特别是在夏季进行大体积混凝土施工时,必须考虑运输过程中的温升、浇筑后水化热导致温度上升等,据以确定搅拌时混凝土的温度。为了降低混凝土的温度,可以采取投入冰块拌和、遇冷集料、选择适宜的搅拌时间、搅拌车运输等措施。

4.混凝土强度的标准偏差

混凝土强度的标准偏差,是采用以往拌制混凝土的实际数据推算的。这时,或取平均值,或视其波动取大一点的安全值,并要明确该计算值的适用期间或季节。通常,取比平均值大 0.5MPa 的数值为宜。从对全国预拌混凝厂的调查得出,混凝土强度若为 24~27MPa 时,其强度标准偏差为 2.0MPa,多采用 2~2.5MPa;混凝土强度若为 30~35MPa 时,其强度标准偏差为 3~3.5MPa。

5.正规偏差值

为满足 JISA 5308 对混凝土强度的要求,变异系数低于 10% 的工厂,在规定试配强度时应把低于公称强度的混凝土的比例,限制在 4% 以下。因此,这时的正规偏差值 $k=1$(废品率为 16%)足以满足要求。然而,预拌混凝土厂大都根据生产过程中的误差,从安全角度考虑,设 $k=2$ 来确定各自的配合比,即在设计基准强度的基础上加上 $2\sigma$ 确定试配强度。

由调查可见,$k=1\sim2$,通过这次修订应予增大,使 $k=1.73$。在原标准 JISA 5308 中,采用了 $k=2$ 的数值,理应满足其要求。不过若为安全计,似应取 $k=2.5$(混凝土强度增加 1~1.5MPa,水灰比约减少 2%)左右。但是,由于它还同确定与公称强度相适应的水灰比时的安全率和标准偏差 $\sigma$ 的安全率等有关,必须对已生产的混凝土的强度进行实际调查后,再来确定正规偏差 $k$ 值。

6.水灰比和混凝土强度的计算公式

(1)通常,预拌混凝土厂是通过对本厂所用材料进行试配搅拌以确定水灰比与强度的关系式。该关系式是按水泥品种、集料类别与质量、AE 剂、AE 减水剂、减水剂及其他外掺物组合的关系(通过标准养护)确定的。但实际配制的混凝土的强度还会因受到混凝土的温度、季节变化、水泥强度的变化、集料质量的变化、养护方法、试验误差和试验技术等的影响而变化,因此,确定关系式时都要考虑这些因素。

(2)常用混凝土在进行试配搅拌时,其水灰比为 0.50~0.70,取用三种以上的水灰比,对每种水灰比至少试做两种坍落度试验。高强混凝土的水灰比低于 0.50,并按相同方法求其计算式。

在确定可靠性高的计算式时,要进行多次试配搅拌。而当整年使用同一个计算式时,则要考虑到季节的变化,每间隔适当期间重新进行多次试拌后确定。

另外,在实际生产中,由于设备的特性、配合比修正误差和计量操作误差等,有时也会使混凝土的实际强度与试拌确定的计算公式不相符合。因此,一定要把在工艺管理中通过试验得出的强度结果列于水灰比与强度的关系图里,以便对通过试拌确定的关系予以修正。此外,还要考虑到集料质量的变化和气温引起的变化等。

通常就是采用上述方法得出关系式的,并据以确定水灰比或灰水比,从而获得能与公称强度相适应的混凝土强度。

该关系式除28d强度外，还要求3d、7d的强度，并要求出与累计计算温度的关系。在指定采用不经常使用的水泥、集料和外加剂等情况下，除试拌结果外，还要参考过去的大量资料，经过充分研究后再以较保险的方式，来确定水灰比的计算式。

(3)对冬期施工的混凝土而言，根据累计温度求算公称强度的水灰比时，可采用JASS 5规定的方法和参考混凝土冬期施工指南等。

预拌混凝土厂通常是把20℃下28d龄期时的水灰比与强度的关系视为累计温度，即$M$840°D・D，来求累计温度$M$与水灰比以及强度之间的关系曲线。在这种情况下，若采用4种水灰比，并分别对5℃时的1d、3d、5d、7d、14d和28d，20℃时的1d、2d、3d、7d、14d和28d，以及10℃时的几种龄期的强度进行试验时，则可得出精度相当好的关系图。

7. 单位用水量、单位粗集料用量、细集料率

如前面所述，混凝土标准配合比是按照图12-1和图12-2中所示的顺序确定的。水灰比一旦确定，便可针对坍落度决定单位用水量，继而再决定细集料率(或单位粗集料用量)，最后通过设定含气量便可计算出各种材料的用量。在进行混凝土配合比初步设计时，单位用水量、单位粗集料容积、细集料率的参考值，可参见表12-5。

**混凝土单位粗集料容积、细集料率和单位用水量参考值** 表12-5

| 粗集料最大尺寸(mm) | 单位粗集料容积(%) | 未掺AE剂的混凝土 | | | 掺加AE剂的混凝土 | | | | |
|---|---|---|---|---|---|---|---|---|---|
| | | 截留空气(%) | 细集料率(%) | 单位用水量(kg) | 含气量(%) | 掺加优质AE剂时 | | 适当掺加优质减水剂时 | |
| | | | | | | 细集料率(%) | 单位用水量(kg) | 细集料率(%) | 单位用水量(kg) |
| 15 | 53 | 8.5 | 49 | 190 | 7.0 | 48 | 170 | 47 | 160 |
| 20 | 61 | 8.0 | 45 | 185 | 6.0 | 42 | 165 | 43 | 155 |
| 25 | 66 | 1.5 | 41 | 175 | 5.0 | 37 | 155 | 38 | 145 |
| 40 | 72 | 1.2 | 36 | 165 | 4.5 | 33 | 145 | 34 | 135 |
| 50 | 75 | 1.0 | 33 | 156 | 4.0 | 30 | 135 | 31 | 125 |
| 80 | 81 | 0.5 | 31 | 140 | 3.5 | 28 | 130 | 29 | 110 |

表12-5中所列数值，系集料为普通粒度的砂(细度模数为2.08)和砾石、水灰比为0.55、坍落度为8cm混凝土的试验结果。当所用材料或混凝土的质量与表12-5中的规定有差异时，必须把表12-5中的数值按表12-6的规定予以修正。

**混凝土的细集料率和单位用水量修正** 表12-6

| 修正因素 | 细集料率(%)的修正 | 单位用水量(kg)的修正 |
|---|---|---|
| 当砂子的细度模数每增加(减少)0.1 | 增加(减小)0.5 | 不修正 |
| 混凝土坍落度每增加(减小)1cm | 不修正 | 增加(减小)1.2% |
| 混凝土中含气量每增加(减小)1% | 减小(增加)0.5~1 | 减小(增加)3% |
| 混凝土的水灰比每增加(减小)0.05 | 增加(减小)1 | 不修正 |
| 细集料率每增加(减小)1%时 | | 增加(减小)1.5kg |
| 采用碎石时 | 增加3~5 | 增加9~15kg |
| 采用碎石砂时 | 增加2~5 | 增加6~9kg |

## 第四节　商品混凝土搅拌系统

商品混凝土的搅拌系统主要包括搅拌楼(站)、砂石和水泥储存系统、搅拌系统的维护和环境保护三大组成部分。

### 一、搅拌楼(站)

1. 搅拌楼的分类及其特征

商品混凝土的搅拌楼,可按结构形式、作业形式、工艺布置、操作方式、称量方式、生产能力、平面布置及使用对象不同加以分类。详见本书第二章第三节所述。

2. 搅拌楼的构造、设备配置及选择

商品混凝土搅拌楼的构造、设备配置及搅拌楼的选择详见本书第二章第三节所述。

3. 混凝土搅拌机

混凝土搅拌机按其搅拌原理,可分为自由落体式和强制式两大类。自由落体式又可分为鼓筒式、锥形反转出料和锥形倾翻出料式 3 种;强制式又可分为立轴强制式和卧轴强制式两种。

搅拌楼(站)常用搅拌机的构造、技术性能、选择使用及维护保养详见本书第二章第二节所述。

4. 搅拌楼控制系统

目前国内搅拌楼的控制系统,按控制水平大致可分下列 3 种。

1)电气集中控制

这是中小型预制厂普遍采用的控制形式,控制系统全由强电操纵、电磁器件或气动器件执行,控制按钮集中在操作台上,每步动作都用继电器互锁,以免误动作。水用定量水表、定量水箱、水秤等计量。一般都能单盘自动,也有的能自动循环连续生产。

2)程序控制

特点是用晶体管(或集成电路)的程序控制器代替继电器程序控制,改变每一程序的时间较为方便;砂、石、水泥计量多用电子秤,可以在操纵台上改变称量值,电子秤的种类及特征见表 12-7。水的计量多用定量水表。按控制功能完备的程度,可分为 3 类。

**电子秤的种类及特征**　　表 12-7

| 电子秤种类 | | 适用范围 | 称量特征 | 质量显示方法 | 称量精度(%) | 功率(W) | 质量(kg) | 传感器型号 | 生产厂 |
|---|---|---|---|---|---|---|---|---|---|
| 系列 | 型号 | | | | | | | | |
| GGD | GGD-41 | 任意预选4种质量 | 累计称量。最多可给出4种料(或1种料称4次)的定值控制信号 | 数字显示,在投影显示器上直接读出质量数值 | <0.5 | 40 | 30 | BHC-1<br>BHC-2 | 营口市仪器三厂 |
| | GGD-3 | 任意预选质量 | 对单一的材料定值称量 | 指示灯显示,仪表部分线路简单可靠 | 4 | <40 | 10 | | |
| | GGD-31 | 任意预选4种质量 | 累计称量。最多可给出4种料(或1种料称4次)的定值控制信号 | 指示灯显示,仪表部分线路简单可靠 | | | | | |

续上表

| 电子秤种类 | | 适用范围 | 称量特征 | 质量显示方法 | 称量精度(%) | 功率(W) | 质量(kg) | 传感器型号 | 生产厂 |
|---|---|---|---|---|---|---|---|---|---|
| 系列 | 型号 | | | | | | | | |
| GGD | GGD-25/03 | 对各种物料能进行4次定值称量 | 可配用GGDD-25型定值器对各种物料进行4次定值称量；可配用GGDJ-25型计算器。对各种被称物料的称量值进行累加输出信号可供打印记录 | 彩色集成电路的数字显示 | ±0.5 | | | BHR-4 BLR-1 | 上海华东电子仪器厂 |
| | GGD-26 | | 具有微机处理功能，能自动去皮重，自动累加，具有粗细定值 | 由微处理机控制实现扫描式显示 | ±0.1 | | | | |
| DCZ-1 | DCZ-1/03 | 任意预选质量传感器数量为3个 | 对于同一种材料。能同时进行给定报警及自动控制和调节 | 旋转刻度结构 | 1 | 35 | | BHR-4 BLR-1 | 上海华东电子仪器厂 |
| DC | DC-1/005 | 任意预选质量的料斗秤 | | 标尺指示，需要打开面板拨动指针 | 1 | 35VA | | | |
| | | 任意预选质量 | 除具有DC系列特征外，接上外接电路。可实行多种配合比迅速转换 | 圆图式显示指示范围广，刻度清晰 | ±1 | 40 | 10 | BLR | 开封第二仪表厂 |

(1)简单程序控制。一般能数字显示正在进行的程序代号和累计搅拌盘数；改变称量值仍需操作人员拨电子秤的给定盘；没有输出打印及故障报警等功能。

(2)较复杂程序控制。变换配合比只需按1个按钮，砂、石、水泥的数量同时改变；发生故障时，及时发出警报并自锁下一程序，直至故障排除为止。控制室装有多路集中显示闭路电视，分别监视进料、分配、称量、出料等主要运转环节。装有1个电流表，测定搅拌电机的电流，根据测定电流可以大致知道稠度情况。

(3)较完善程序控制。云南省第五建筑公司搅拌楼可作为这种类型的代表，它具有较完善的功能。有配合比数据储存功能，对每1台搅拌机可分别存4种强度等级混凝土和一种砂浆的配比，数据用旋转式10位开关存入。

在操作台上或翻斗车司机在出料口都能方便地改变混凝土强度等级及拌和物体积。每2台搅拌机合用1套称量设备，用叉管分配到各搅拌机。每套称量设备合用1台数字式电子秤，秤上挂有4个计量斗，分别称量砂、石、水泥、水。外加剂先溶解成液体，在水计量斗中有一水桶，按比例称量。在搅拌过程中就进行下一盘料的预称。由于这个搅拌楼供料变化大，常不能肯定下一盘料的强度等级，所以预称是按4种配合比中砂、石、水泥、水的最小量称取；当强度等级信号送入设备，立即补称不足部分。因此，补称只是补足少量的料，大大节约了称量的时间。

有声、光报警信号，还有1台录音机能用语言报告故障点。料仓中装有料位指示器。在操纵台及出料口装有人工控制的减水信号输入装置。

3)计算机控制

如南京市第二构件厂搅拌楼用2台JS-10A型计算机(其中1台备用)配合其他外围设备，

控制两台500L强制式搅拌机运转。输入计算机的信息是2个机组的砂、石、水泥质量信号及砂含水率信号等8个模拟量；输出、输入的开关量为2台机组的砂、石电磁振动给料机和水泥螺旋输送机的开关，砂、石、水泥秤斗门的开关，供水的起停，出料门的开关等共16对开关量(图12-3)。

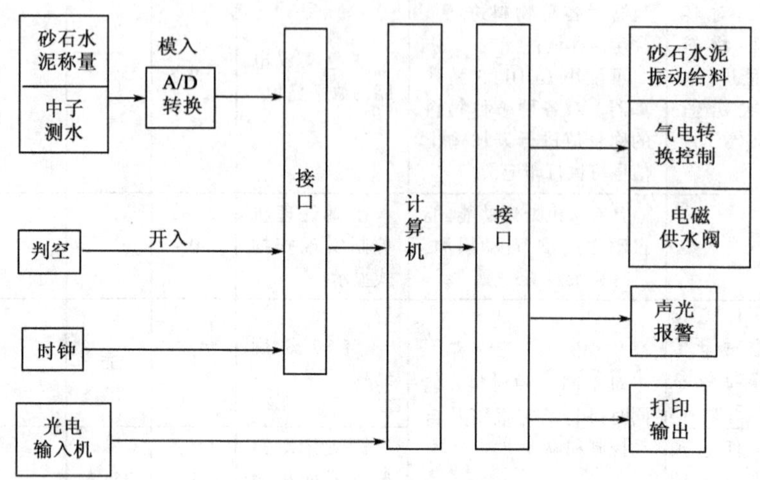


图12-3　计算机控制系统示意图

计算机参与控制过程所起的功能大致分为5个部分。

(1)配合比储存。机内可储存16种配合比，通过面板上的按键，在16种配合比中选择，特殊的配合比可临时用光电或手动输入。

(2)搅拌过程的控制。没有随时接收各种变量进行随机处理，优化生产的能力。计算机是开环运行的，仅相当于1台可变程序控制器。

(3)称量控制及减水补砂操作。测定砂中含水率并进行减水补砂操作，是该系统的特点。

(4)输出打印。将每次搅拌的起始时间，砂、石、水泥、水的用量，砂中含水率等数据按要求格式打印制表。

(5)报警。出现故障时能发出声、光信号，并显示故障位置，但对故障没有处理能力。

在称量操作中，应注意下述事项。

①作业开始时，将称量斗的阀门全开。首先应了解清楚称量斗内是否残存材料，再确认指示计的指针是否正确地指在零位。这时要将搅拌机空转，以确定有无残留物；

②根据配合比要求，在称量装置上正确地定位；

③测定集料表面含水率，在水分补正装置中设置测定值；

④称量材料时，确认指示针是否正确地指示定位值；

⑤用目视检查坍落度，如发现与预定值不符时，再检查集料表面含水率或集料粒度。根据检查结果，进行表面水分补正、配合比变更等处理；

⑥称量完毕排料后，检查指示针是否恢复到零位；

⑦检查集中料斗能否流畅地下料，要避免堵塞现象。

## 二、集料及水泥储存系统

集料及水泥的储存是否合理，对商品混凝土的质量、产量以及基本建设投资和产品成本均有较大的影响。集料是商品混凝土工厂用量最大的材料，也是较严重的污染源之一。因此，在设计和确定集料场地的形式时,必须全面考虑。

1. 集料的储存

商品混凝土工厂常用的砂石堆场形式有:龙门抓斗、地沟皮带机、地沟-栈桥、筒仓式等几种类型,见表12-8中所列。龙门抓斗一般适用于中小型商品混凝土工厂;地沟皮带机一般适用于中型商品混凝土工厂;地沟-栈桥式则适用于大型商品混凝土工厂。

不同形式砂石堆场技术经济指标比较　　表12-8

| 项　目 | 单位 | 砂石堆场形式 | | | | | |
|---|---|---|---|---|---|---|---|
| | | 龙门抓斗 | 地沟皮带机 | | | 地沟-栈桥 | 筒仓 |
| 储存量 | $m^3$ | | 3 200 | 3 800 | 4 300 | 11 000 | 4×450 |
| 搅拌站的产量 | $m^3/h$ | 25 | 30 | 35 | 40 | 55 | 20(30~40) |
| 占地面积 | $m^2$ | 2 750 | 2 500 | 2 900 | 3 300 | 6 600 | 1 025 |
| 总电容量 | kW | 61.2 | 5.5 | 5.5 | 5.5 | 32.2 | 16.5 |
| 设备总质量 | t | 52.88 | 17.5 | 18.9 | 20.4 | 74.9 | 24.38 |
| 劳动组织 | 人/班 | 5 | 5 | 5 | 5 | 5 | 3 |
| 投资估算 | 万元 | 26.67 | 21.64 | 24.63 | 27.41 | 63.03 | 52.66 |
| 其中:工艺设备及安装费 | 万元 | 19.63 | 10.77 | 12.80 | 13.15 | 39.46 | 12.03 |

注:1. 投资估算不是当前的价格,仅供对比参考。

2. 筒仓一栏中,当储存量为$4\times450m^3$,与$20m^3/h$搅拌站相配合时,储存时间为3d;与$30\sim40m^3/h$搅拌站相配合时,储存时间为1~2d。

西欧和日本等国家,为了控制环境污染采用筒仓来储存砂石料。这样不仅可以改善厂区及周围的卫生条件,而且还能使集料不易发生分离现象,保证砂石有良好的级配,确保混凝土的质量。

采用筒仓储存砂石料,其最大缺点是土建费用较高。但由于单位面积堆放量大,故占地面积比较小。如储存量3 200$m^3$的地沟皮带机堆场,存放量为1.28$m^3/m^2$;而储存量为1 800$m^3$的筒仓,存放量为1.65$m^3/m^2$。扣除少占土地面积的费用,筒仓的土建费用相对能降低一些。

2. 水泥的储存

为降低商品混凝土的价格,商品混凝土所用的水泥,一般应尽量采用散装水泥。对散装水泥输送方式及设备的选择,是水泥储存中的重要问题。首先要保证能完成预期的输送任务的前提下,结合本单位的生产工艺流程和总平面布置的可能性,综合考虑输送距离、输送方式、前后段的设备、运转管理的难易、设备投资等。在一般情况下,对较短距离的水泥输送,采用机械输送和风动输送较为有利;对较长距离的水泥输送,采用气力输送较为有利。

关于水泥的储存、运输,除应考虑需要的储存量外,还应考虑到当地水泥的供应情况。如果当地水泥供应非常充足,这对商品混凝土的生产比较有利,因为这样可以尽量使用同一生产厂家、同一品种的水泥,有利于水泥储存和商品混凝土的生产。不同的水泥品种、不同的强度等级,应当分别进行储存,故在商品混凝土搅拌站设置的水泥筒仓,要尽量满足储存的要求,一般宜设置3~4个水泥筒仓。表12-9是几种不同输送方式和容量的散装水泥筒仓技术经济性比较。

不同输送方式和容量的散装水泥筒仓技术经济性比较　　表 12-9

| 项　目 | 单 位 | 机 械 输 送 | | 气 力 输 送 | | |
|---|---|---|---|---|---|---|
| 总容量 | t | 2×100 | 2×150 | 2×350 | 3×350 | 2×400 |
| 占地面积 | $m^2$ | 49.6 | 65.0 | 150 | 126.75 | 98.0 |
| 总电容量 | kW | 12.5 | 22.5 | 17.5 | 2.26 | 1.75 |
| 设备总质量 | t | 5.83 | 8.80 | 16.3 | 7.99 | 5.60 |
| 劳动组织 | 人/班 | 3 | 3 | 2 | 2 | 2 |
| 投资估算 | 万元 | 14.04 | 21.9 | 18.09 | 26.24 | 19.60 |
| 其中:工艺设备及安装 | 万元 | 5.48<br>(钢结构) | 6.83<br>(钢结构) | 6.65<br>(钢筋混凝土) | 9.11<br>(钢筋混凝土) | 5.33<br>(钢筋混凝土) |

## 三、搅拌系统的维护和环境保护

1. 搅拌系统的维护

商品混凝土能否正常连续生产,能否拌制出高质量的混凝土拌和物,关键是在于对搅拌楼及附属设施能否进行良好的维护。混凝土搅拌楼维护的工程项目很多,但维护的重点因具体条件而异。在一般情况下,搅拌系统维护的重点为:集料系统、水泥处理系统、材料输送系统和称量控制系统。

1)集料系统

集料的质量好坏,固然与产源地密切相关,但维护措施对集料也有很大影响,在集料堆场或储料斗中,常常由于管理不善而导致掺杂尘埃和泥土,这些杂质积存数量较大时,以致合格的集料变成不合格品,如不筛洗处理而进入搅拌楼,将配制出不符合质量要求的混凝土拌和物。

2)水泥处理系统

水泥从生产厂出库,如果在不太长的时间内输送到混凝土工厂,此时的水泥还是发热的。这时,如果气温较低,水泥在筒仓内冷却,就会结露而出现水滴。出现这种情况,不仅降低水泥的质量,而且会因凝固结块堵塞输送设备。同时,块体进入计量器中将使称量发生偏差。

另外,对于水泥处理系统中的装置,如果各个开口部分盖子衬垫发生损坏或松弛,就可能因渗入水分而造成凝结。

3)材料输送系统

材料输送设备如果发生故障,修理是相当困难的,如皮带输送机、斗式提升机等都是如此。例如常见到的胶带断裂、链条断裂等事故,常会因停产修理而造成意想不到的经济损失。假如能注意日常的检查和维护,及早发现问题,就可以在事故出现之前进行修补而避免损失。

4)称量控制系统

称量是否准确是混凝土质量高低的主要影响因素,因此称量器是搅拌楼中最关键的设备之一。称量器是多次反复使用,若在调整上稍稍发生偏差,对材料的总数量就有很大影响,因此要十分细心地调整称量设备,保证其正常称量性能。

目前,在商品混凝土搅拌楼上的称量控制装置,多采用电控方式,称量非常准确和灵敏,但应特别注意绝缘的老化。当进入灰尘时,其性质也易变更,应当在其上加密封罩,并经常进行清洁。

2. 搅拌系统的环境保护

自20世纪80年代,我国在城市建设中把环境保护提到了重要议事日程,对混凝土的生产也提出了相应的要求。混凝土搅拌系统的环境保护,是混凝土生产管理中不可忽视的重要工作。

搅拌楼在生产过程中,将产生噪声、粉尘、污水等环境污染,这是应当引起特别重视的问题,应该采取一切有效措施,尽可能予以排除和控制。

1)消除噪声

混凝土在搅拌楼生产的过程中,下列各部位产生噪声。

(1)进料层向回转漏斗投入石子,称量层向集中料斗投入材料,撞击铁板而产生的噪声;

(2)各电、磁气阀在工作时,排气而产生的噪声;

(3)电磁振动器产生的噪声;

(4)搅拌机拌和混凝土时产生的噪声;

(5)混凝土在卸料时产生的噪声。

消除以上噪声的措施有:对于集料投放产生的噪声,可采用衬耐磨橡胶垫的办法克服,这样既消除了大部分噪声,又增加了回转漏斗的使用寿命。

2)避免粉尘

搅拌楼在运行中的粉尘,主要是由水泥和集料产生。对集料避免产生粉尘的措施比较简单,如果砂石集料经常保持湿润状态,粉尘可大量减少。通常只需要对输送集料的胶带输送机设置防护罩,避免大风时粉尘飞扬即可。

属于水泥系统的设备,应尽量采用密封结构,这对防止潮湿和避免粉尘都是必要的。在猛烈投放水泥的场所,一般要设置排气孔,因为这是最易飞扬粉尘的部位。对于混凝土搅拌楼来讲,产生水泥粉尘的部位,除搅拌层和进料层以外,还有称量层的集中料斗和称量斗等处。

常用的集尘装置有:袋式滤尘器、旋风分离器、洗涤式除尘器及静电除尘器等。目前使用最多的是袋式滤尘器,这种装置可将1μm粒径以上的粉尘,以大于90%的效率集尘,但必须根据集尘量大小定期清扫,以保持滤袋的效能。

3)污水处理

为了保护自然环境,控制污染已成为工业部门的一项非常重要的社会职责。对于商品混凝土工厂来说,除了要重视噪声和粉尘的处理外,污水处理也是非常重要的任务。据有关单位的经验资料表明,清洗一辆混凝土搅拌车,平均需要0.76~1.10$m^3$的水,如果商品混凝土工厂有15~20辆车,则每天需要排出污水17.0~22.0$m^3$。在这些污水中,含有水泥、砂石和外加剂等强碱性物质,pH值为11~12,因此排出的污水必须经过中和处理。

此外,洗车污水中的悬浮物含量可达435~500mg/L,也会造成严重的污染,必须采取措施将其沉淀。其中的砂石集料还可回收利用,经处理后的污水中悬浮物含量可降低到排放标准。为了节约用水,这部分废水也应考虑回收重复使用,以解决商品混凝土工厂用水量大、成本较高的问题,尤其在当前我国城市严重缺水的情况下,废水的重复利用更具有深远的意义。

## 第五节　商品混凝土的运输

混凝土拌和物的运输是商品混凝土生产环节中非常重要的组成部分。在商品混凝土的整个生产过程中,除了计量、搅拌等一整套设备外,还需要由运输工具将混凝土运送到使用地点。

不同的运送方式，所采用的运输工具也不相同。

## 一、混凝土运送设备的特点及适用范围

商品混凝土运送设备和特点及适用范围见第二章第三节表2-37。

## 二、搅拌运输车的分类

混凝土搅拌运输车，在工程中简称搅拌车或罐车，其分类方法很多，主要有：按混合料的状态不同分类、按搅拌筒容量不同分类和按搅拌车功能不同分类。

### 1. 按混合料的状态不同分类

按混合料的状态不同分类，主要分为以下三种。

(1)用以运送拌和好的、质量符合施工要求的混凝土拌和物(也称为湿料)。在运送的路途中，搅拌筒一直保持1~4r/min的低速运转，以防止混凝土产生离析与筒壁黏结。因此，在国外称运输搅拌车为湿料搅拌车。

(2)用以装运在配料站按设计配合比配制好的干混合料(指砂、石子、水泥混合物)，在将要到达施工地点时，按设计要求在搅拌筒内注入拌和水，并使搅拌筒按搅拌机的标准速度转动，在运送路途中完成搅拌全过程，待到达施工地点用反转卸料或混凝土泵浇注。这种混凝土运输搅拌车，也称为干料搅拌车。

(3)用以运送半干料，即运送在配料站按照配合比混合好的水泥、砂、石子及部分拌和水的混合物，在运送的路途中，搅拌筒一直保持低速运转，同时在筒内注入不足的拌和水，待搅拌筒总转数达到70~100时，则可认为完成了搅拌全过程。

以上三种混凝土运输搅拌车，第一种常用于运输距离较短的工程，后两种适用于运距较大、浇筑作业面分散的工程。

### 2. 按搅拌筒容量不同分类

按搅拌筒容量不同分类，可以分为2.0$m^3$、2.5$m^3$、4.0$m^3$、5.0$m^3$、6.0$m^3$、7.0$m^3$、8.0$m^3$、9.0$m^3$、10$m^3$和12$m^3$等10个档次，相对于搅拌筒的几何容积来说，混凝土料的充盈率一般为55%~60%。通常，2.5$m^3$以下的称为轻型运输搅拌车，由翻斗车或普通载重卡车为底盘改装而成；4~6$m^3$者称为中型运输搅拌车，由重型载重卡车为底盘改装而成；8$m^3$以上者称为重型运输搅拌车，由大功率三轴式重型卡车为底盘制成。

### 3. 按搅拌车功能不同分类

近年来，为了增加混凝土搅拌运输车的功能，以扩大其使用范围，国外生产厂家相继推出了一些变型产品，在工程中常见到的有：

(1)装有皮带输送机的混凝土搅拌运输车，皮带输送机的带长10m，带宽400mm，倾角可达27°，回转可达270°，升运高度达6m；

(2)附装有混凝土泵和折叠式臂架布料杆的混凝土搅拌运输车，布料杆的最大工作高度达23m；

(3)配有装料铲的轻型混凝土搅拌运输车，可自行集运并装入各组成材料，在运输路程中可自动往搅拌筒内注入拌和水，并完成搅拌全过程。

## 三、搅拌运输车的选用

商品混凝土搅拌运输车的选用原则详见本书第二章第四节二所述。

## 四、搅拌运输车的使用和维护

商品混凝土搅拌运输车的使用和维护详见本书第二章第四节二所述。

# 第六节 商品混凝土操作工艺

## 一、作业条件

(1)施工单位与预拌混凝土单位已签订技术合同,并应在技术合同中明确要求:水泥品种、强度等级及特殊要求(大体积混凝土宜选用矿渣硅酸盐水泥,且不宜选用高强度和早强水泥。抗渗混凝土不宜选用矿渣硅酸盐水泥等);拌制混凝土用砂、石集料粒径及含量要求;混凝土供应数量、供应时间、强度等级、混凝土有无抗冻、早强、抗渗等要求(要做效果试验),并应明确技术指标;混凝土出厂温度要求;混凝土坍落度要求及允许偏差;混凝土初凝时间要求;混凝土供应速度要求等。技术合同应双方认可,遵守。

(2)混凝土搅拌前已获得由试验室负责人签发的混凝土配合比通知单。

(3)混凝土搅拌前已获得由生产部门下达的生产任务单。第一车混凝土到现场后,应出示符合技术合同要求的基本技术资料(部分资料可以后补)。施工现场要认真验收核对,合格后方可使用。

(4)对于首次使用的混凝土配合比,应做好开盘鉴定,其工作性应满足设计配合比的要求,并应留取不少于两组强度试块作为验证配合比的依据。

(5)施工现场混凝土输送泵及泵管的布置、安装、固定,经检查符合规范及施工方案的要求。

(6)浇筑混凝土部位的模板、钢筋、预埋件及管线等全部安装完毕,经检查符合设计及规范要求,并办完隐检。预检手续。

(7)施工现场已填写好《混凝土浇筑申请书》,并报监理单位认可。

(8)浇筑混凝土用的架子、马道已支搭完毕,并经检查合格。

## 二、操作工艺

1. 工艺流程

搅拌(试块留置)→运输→施工现场交货检验→浇筑(试块留置)→振捣→养护→施工缝处理。

2. 搅拌(试块留置)

(1)混凝土搅拌楼操作人员开盘前,应根据当日配合比和任务单,检查原材料的品种、规格、数量及设备的运转情况,并做好记录。

(2)搅拌楼应实行配合比挂牌制,按工程名称、部位分别注明每盘材料配料质量。

(3)试验人员每天班前应测定砂、石含水率,雨后立即补测,根据砂石含水率随时调整每盘砂石及加水量,并做好调整记录。

(4)搅拌楼操作人员应严格按配合比计量,投料顺序是:先倒砂石,再装水泥,搅拌均匀,最后加水搅拌。根据实践证明,此种做法混凝土强度可提高15%以上。粉煤灰宜与水泥同步加入，外加剂宜滞后于水泥。外加剂的配置应用小台秤提前一天称好，装入塑料袋，并做抽查（掺和料如是人工加，也同样）和投放工作，生产单位应指定专人负责配置和投放。材料的计量允许偏差应符合表12-10规定。

**混凝土原材料每盘称量的允许偏差（%）** 表12-10

| 名称 | 水泥 | 粗细集料 | 水 | 外加剂溶液 | 掺和料 |
| --- | --- | --- | --- | --- | --- |
| 允许偏差 | ±2 | ±3 | ±2 | ±2 | ±2 |

（5）混凝土的搅拌时间可参照搅拌机说明，经试验调整确定。搅拌时间与搅拌机类型、坍落度大小、斗容量大小有关。掺入外加剂或掺和料时搅拌时间还应延长20～30s。

（6）预拌混凝土生产单位应负责按《混凝土结构工程施工质量验收规范》（GB 50204—2015）的规定制作混凝土试块。施工现场应在浇筑地点（即混凝土入模处取样，制作试块）。

（7）搅拌楼操作人员应随时观察搅拌设备的工作状况和坍落度的变化情况，坍落度应满足浇筑地点要求。发现异常应及时向主管负责人或主管部门反映，严禁随意更改配合比。

（8）检验人员应每台班抽查每一配合比的执行情况，做好记录，并跟踪抽查原材料、搅拌、运输质量，核查施工现场有关技术文件。

3. 运输

（1）预先确定混凝土搅拌运输车的行驶路线及混凝土运输时间，以保证混凝土的连续供应。

（2）搅拌运输车装运混凝土时，筒体内不得有积水。

（3）混凝土搅拌运输车在运输途中，拌筒应保持3～6r/min的慢速转动。

（4）生产单位在运送混凝土时，应随车签发《预拌混凝土运输单》。

（5）混凝土运输、浇筑及间歇的全部时间不应超过混凝土的初凝时间。

（6）冬期施工的混凝土工程，在混凝土运输过程中，运输设备应有保温、防风雪措施；夏季施工的混凝土工程，在混凝土运输过程中，运输设备应有降温、防雨措施。

4. 现场交货检验

（1）预拌混凝土生产单位与使用单位之间，应建立对混凝土质量和数量的交接验收手续。交接验收工作应在交货地点进行，生产单位和使用单位均应派专人负责，并应根据施工单位与预拌混凝土单位签订的技术合同及《预拌混凝土运输单》交接验收并签章，符合技术合同的混凝土，方可在工程中使用。

（2）混凝土运至浇筑地点后，应在交货地点测定混凝土坍落度，其检测结果超过表12-11的规定时，不得在工程中使用。

**混凝土坍落度允许偏差** 表12-11

| 坍落度（mm） | 允许偏差（%） | 坍落度（mm） | 允许偏差（%） |
| --- | --- | --- | --- |
| ≤40 | ±10 | ≥100 | ±30 |
| 50～90 | ±20 | | |

5. 浇筑（试块留置）

（1）大体积混凝土工程、冬期施工混凝土工程及其他有特殊入模温度要求的混凝土工程，应提前进行热工计算，确保混凝土到场温度和入模温度。

（2）混凝土浇筑前，应根据不同部位混凝土浇筑量，确定混凝土供应速度和初凝时间，保证混凝土浇筑的连续性。

(3)对于现场需分层浇筑的大体积混凝土工程,应在合同中明确混凝土初凝时间,在下层混凝土初凝前,完成上层混凝土浇筑。当底层混凝土初凝后浇筑上一层混凝土时应按施工缝处理。

(4)使用单位应在混凝土运送到浇筑地点15min内按《混凝土结构工程施工质量验收规范》(GB 50204—2015)规定制作试块。

(5)泵送混凝土浇筑可参见本书第十章第五节三所述。

## 第七节　商品混凝土的质量控制

商品混凝土从预拌工厂出厂,直至浇灌到建筑结构的模板施工过程中,影响预拌商品混凝土质量的因素很多,有时还在不断发生变化之中,往往会出现这样或那样的质量问题。因此,关于商品混凝土的质量,供需双方不可避免地存在着一系列的矛盾与争议,商品混凝土质量的现场控制与验收,则或成为发展商品混凝土生产、销售、采购、使用中的一个重要课题。

### 一、商品混凝土产生质量问题的主要原因

商品混凝土在工厂生产、运输和浇筑过程中,由于会遇到各种预想不到的不利因素,对混凝土的质量均有较大的影响。产生商品混凝土质量问题的原因是多方面的,主要原因有以下几个方面。

#### 1.现场向混凝土中加水

在城市建设中,由于市政交通十分拥挤,易出现车辆拥堵问题。从混凝土搅拌站运至施工现场,往往需要较长的时间,所以混凝土拌和物的坍落度损失较大。特别是夏季高温时节,混凝土坍落度的损失更大。

当商品混凝土超过一定运输时间后,由于现场施工管理不严,经常造成施工现场人员误认为混凝土坍落度达不到施工要求,而出现既没有经过双方技术人员认可与签证,现场向混凝土中加水,也没有在加水后进行二次搅拌的现象,严重影响了混凝土拌和物的质量。造成混凝土水灰比增大,游离水和层间水增多,增加了混凝土硬化浆体的孔隙率,削弱了混凝土中水泥和集料界面间的黏结力,降低了混凝土的强度。

#### 2.现场验收制度不严格

混凝土搅拌站在生产运输的过程中,如果不按国家规范操作可能出现各种质量问题,如有时采用的砂石料质量较差,石子出现过多的超径,造成堵塞混凝土泵;有时搅拌时间不足,造成混凝土拌和物搅拌不均匀;有时因为搅拌车的搅拌筒老化,造成混凝土离析;有时运送或在工地等待时间过长,造成混凝土坍落度不符合施工要求等。对于这些商品混凝土未形成构件之前产生的问题,在施工现场往往没有进行严格的交接验收或妥善的处理,或者没有按有关规定和制度处理这些问题。这些问题都给混凝土的质量留下了隐患,也给日后的质量检查和质量事故的处理带来困难。

#### 3.现场混凝土养护欠佳

在许多工程的施工现场,对浇筑完毕的混凝土构件及制作试块的养护不够重视,不能按照施工规范进行养护。有些工程现场甚至在夏季高温情况下,也不坚持14d内每天洒水养护,以

致造成混凝土早期脱水,强度降低。

在一些工地甚至重要工程的现场,没有设置混凝土试块养护室,试块的取样、制作不符合标准。所做的混凝土试块,既不是标准养护的试块,也不是和构件同条件养护的试块,以致试块缺乏代表性,这也是一些工程现场试块强度和构件强度较低的一个原因。

综上所述,产生这些质量问题的原因,主要是由于商品混凝土在我国发展较晚,许多地区至今尚未起步,就全国范围来说,还没有一个统一的商品混凝土生产供应与施工验收的技术规范,各商品混凝土生产工厂也缺乏系统、完整的企业标准。要促进我国商品混凝土的发展,解决商品混凝土质量在供需双方之间的矛盾,首先要在技术管理上进行立法,即由国家有关部门制订商品混凝土的生产施工技术及验收规范。在国家制订出规范之前,商品混凝土生产质量好的企业,要在学习国外生产商品混凝土经验的基础上,认真总结本企业的实践经验,制订自己的切实可行的企业标准。

## 二、提高商品混凝土的质量管理措施

### 1. 加强商品混凝土质量的现场控制

商品混凝土在运输和卸料的过程中,既不能丢失任何一种原料和产生离析,也不能混入其他成分和附加水分,特别是不准任意向拌和料中加水和向泵车料斗中加水。如遇特殊情况需要加水或掺外加剂(如流化剂)时,需经有关技术管理人员协商认可签证,并在加水后进行二次搅拌,并搅拌均匀。

为防止混凝土拌和物在浇注之前产生凝结和坍落度损失过大,在运输和等待卸料的过程中,混凝土搅拌车的搅拌筒应不停地转动。混凝土在浇灌过程中,构筑物模板(特别是基础模板)内不得留有积水,模板应密封以防止漏浆。混凝土浇捣完毕后,应立即加强养护,防止早期脱水,在冬天还要注意保温,防止混凝土受冻开裂或强度下降。

### 2. 加强商品混凝土质量的现场验收

商品混凝土生产工厂要向施工单位提供商品混凝土的有关配合比资料,主要包括单位体积的水泥用量、水灰比、最大用水量、外加剂品种与用量、粗细集料品质与用量、掺和料品种与性能等。另外,还要提供以标准养护强度试件为根据的混凝土 28d 强度数据。总之,商品混凝土生产工厂要对预拌商品混凝土的配合比、原材料质量、混凝土标准强度和拌和物的稠度等技术指标负责。

运送至施工现场的混凝土,如果坍落度不符合所规定的数值,可以将混凝土退回。但是,混凝土的坍落度如高于规定的数值且已装进搅拌车内,则允许掺入水和外加剂来调整到所规定的数值。但加水量不得大于规定数值或最高水灰比。混凝土运至施工现场后,应尽可能在 0.5h 内卸完。由于施工单位的原因延误卸料而造成的混凝土质量问题,商品混凝土生产工厂概不负责。

### 3. 加强商品混凝土质量的现场检验

商品混凝土的质量检验,是评定混凝土质量最科学的方法,可由供需双方分别取样检验或会同取样检验试验,或者委托由双方认可的有质量检测资质的第三方进行。检验试验应包括强度试验、坍落度试验和空气含量等试验。在施工现场卸料取样,不能取混凝土开头和末尾的料,因为这样取样不能代表整车混凝土的质量情况。预拌商品混凝土强度试块应进行标准养护,不标准养护不具有可比性。

## 第八节　商品混凝土施工应注意的问题

商品混凝土施工应注意以下几个问题。

(1)商品混凝土技术合同应细致,应有水泥品种要求、外加剂要求、初凝时间要求、坍落度要求。预拌混凝土到达现场后不能满足施工需要的应退回。

(2)混凝土开盘前,应预先计算混凝土浇筑量及运输时间,控制混凝土供应速度,避免混凝土浇筑过程中,出现供应不足的情况。

(3)充分考虑混凝土在运输过程中的经时坍落度损失值,保证混凝土到达浇筑地点的坍落度。

(4)由于商品混凝土运输或等待浇筑时间过长,造成混凝土初凝的,应退回或经双方技术人员研究采取技术措施,严禁现场随意向罐内加水。

(5)现场必须做坍落度试验,留置浇筑地点的混凝土试块,不能仅以商品混凝土生产单位提供单据为依据。

(6)每次搅拌混凝土单据要装订成册,作好分析,作为施工质量过程控制的重要内容。

①封面一律为:a. 序号;b. 部位;c. 强度等级;d. 浇筑日期;e. 工程号;技术资料盒内目录与上述五项内容一致。

②封2为技术合同。施工现场每次浇筑混凝土,应按此合同与所到每车混凝土技术参数核对后再施工。

③封3为单据分析,每张单据应有a. 出站时刻(预拌站填);b. 到场时间;c. 开卸时间(现场填写);d. 输完时刻等四个时刻。根据以上四个时刻,电脑应自动分析出六个时间,即路上时间,等待时间,浇筑时间,每车总耗时间,供应速度(后车与前车出站时刻之差,b－a,c－b,d－c,d－a),检验是否初凝(后一车开卸时刻与前车出站时刻之差),电脑应标注哪些时刻的混凝土浇筑上有问题,严重超时。

通过上述分析,做出结论。本次混凝土有哪些问题,责任在哪方。除追查责任、分析原因外,要求责任方提出下一步整改措施。

(7)每次预拌混凝土应装订一本合格证及有关资料——作为施工质量控制重要内容。

①封面"合格证",下标注:a. 序号;b. 部位;c. 强度等级;d. 浇筑日期;e. 工程号。技术资料盒内目录与上面五项内容一致。

②合格证目录内容:

a. 合格证——取得日期(一般28d提供)。

b. 试配单——商品混凝土名随第________车提供。

c. 开盘鉴定——商品混凝土名随第________车提供。

d. 水泥三证——水泥厂资质证;水泥出厂3d报告,随第________车混凝土提供;水泥厂后补28d报告——注明取得日期。

水泥三试报告——进搅拌站快速测试水泥安定性,________天出结果,如不做可与3d复试合并;搅拌站3d复试报告随第________车混凝土提供;搅拌站后补28d报告要注明取得日期。

e. 砂试验。

f. 混凝土试验(包括地下混凝土碱活性)。

g. 掺和料试验——掺和料是否可用结论。

h. 外加剂——厂家资料，性能说明，性能指标，出厂达标试验；进商品混凝土站复试。

i. 地下混凝土碱含量汇总。

j. 混凝土外加剂效果试验：混凝土缓凝时间、混凝土耐低温试验、混凝土早期强度试验、混凝土坍落度试验。

k. 其他。

商品混凝土站试块（标准养护），商品混凝土站试验报告。

# 第十三章　海洋混凝土施工

海洋工程是一门新兴的技术学科，定义尚不统一，但就其范围而论，一般泛指开发利用海洋资源所需的各种工程和技术设施，包括海岸工程（如商港、渔港、军港、入海河口整治、挡潮闸、工业引水、跨海桥梁、海岸防护、潮汐发电站等）和离岸工程（又称近海工程，如大型深水码头和海上采油平台等）。上述工程所用的混凝土，称为海洋工程混凝土，或称海洋混凝土、海工混凝土、耐海水混凝土。

就其施工条件而论，凡是在海水影响下施工的混凝土（如临近河口的内河港、桥梁等）称为海洋混凝土；就其所处环境而论，即使离开岸边而位于岸上的结构物，但受到浪花溅击的混凝土，从广义上来看，也称之为海洋混凝土。

## 第一节　海洋混凝土原材料的技术要求

### 一、水泥

（1）为保证混凝土抗渗性、抗蚀性和防止钢筋锈蚀的性能，所用水泥的强度等级不得低于32.5级。对于有抗冻要求的混凝土，宜采用不低于42.5级的水泥。

（2）应根据不同地区、不同部位按表13-1选用适当的水泥品种。其中抗硫酸盐水泥的主要特点是抵抗硫酸盐侵蚀的能力强，并具有较好的抗冻性和较低的水化热，主要是在矿物成分中限制铝酸三钙（$C_3A$）含量不大于5%，硅酸三钙（$C_3S$）含量不大于50%，并限制铝酸三钙和铁铝酸四钙（$C_4AF$）之和不大于22%。

水泥品种选择表　　表13-1

| 环境条件＼要求 | | 优先采用 | 可采用 | 不宜采用 |
|---|---|---|---|---|
| 水上部位 | 不冻 | 普通水泥、硅酸盐水泥 | 矿渣水泥、粉煤灰水泥（对于混凝土）、抗硫酸盐水泥 | |
| | 偶冻 | 普通水泥、硅酸盐水泥 | 矿渣水泥、抗硫酸盐水泥 | 火山灰质水泥、粉煤灰水泥 |
| 水位变动区 | 受冻 | 抗硫酸盐水泥、普通水泥*、硅酸盐水泥* | 矿渣水泥 | 火山灰质水泥、粉煤灰水泥 |
| | 不冻 | 抗硫酸盐水泥、普通水泥 | 矿渣水泥、硅酸盐水泥*、粉煤灰水泥（对于混凝土） | 火山灰质水泥 |
| 水下部位 | | 矿渣水泥、抗硫酸盐水泥、火山灰质水泥、粉煤灰水泥 | 硅酸盐水泥*、普通水泥 | |

注：1. “*”表示应尽量选用铝酸三钙（$C_3A$）含量不大于10%的水泥，如大于10%，宜在混凝土中掺入引气剂或木质磺酸盐系减水剂。

2. 当有充分论证时，粉煤灰水泥可用于不冻地区水上部位、水位变动区的钢筋混凝土和处于受冻、偶冻条件下的混凝土。

3. 粉煤灰水泥不得用于受严重冰凌撞击、泥砂冲刷和机械磨损的混凝土。

## 二、集料

1. 细集料

海洋混凝土施工一般均就地取材，采用海砂或从砂源驳运至施工现场作为细集料使用。由于海砂含有盐分，在混凝土中溶解于水分并放出氯离子（$Cl^-$），当 $Cl^-$ 达到一定浓度时，就会破坏钢筋的钝化膜，并增加铁的溶解，加速铁的阳极过程。当水、氧具备时，钢筋锈蚀就会因 $Cl^-$ 的存在而极大地加快。因此，在钢筋混凝土中使用时应限制其含盐量，在《水运工程质量检验标准》（JTS 257—2008）规范中规定海砂的氯化钠总含量不得超过 0.1%（以全部氯离子换算成氯化钠占干砂质量的百分率计）。超过规定时，应通过淋洗，使降低至 0.1% 以下，或在所拌制的混凝土中掺入占水泥质量 0.6% ~1.0% 的亚硝酸钠（$NaNO_2$）作为缓蚀剂。

海砂含盐量的变化范围较大，一般为 0.01% ~0.30%。除特殊情况（如颗粒细、含水率大或由于海水积聚并经暴晒而积盐较多的砂）外，一般多小于 0.15%，而在 0.1% 左右变动。在波浪溅击线以上者，则多在 0.08% 以下。施工用砂应尽量采用离波浪溅击线较远的地方并采自地表面。在有小草生长之处，砂的含盐量一般在 0.005% 以下。

2. 粗集料

（1）粗集料中的颗粒对混凝土的强度和抗冻性均产生不利的影响，《水运工程质量检验标准》（JTS 257—2008）规定：这种颗粒的含量，对用于无抗冻性要求的混凝土时不宜大于 30%；对用于有抗冻性要求的混凝土时，则不宜大于 25%。

（2）当混凝土用的粗集料中含有蛋白石或其他无定形二氧化硅颗粒大于 1%，且水泥中的含盐量大于 0.6%，并在有水的环境条件下，有出现碱—活性集料反应引起混凝土膨胀开裂的可能，故对这种活性集料含量应限制在 1% 以内。

（3）集料级配。用于配制耐海水混凝土的粗细集料，不仅要求其质地坚硬、清洁无杂，而且要求其粒径适宜、级配良好。特别是集料级配直接影响混凝土的密实性和耐腐蚀性，所以应当选择优良的集料级配。表 13-2 中列出了部分耐海水混凝土工程的粗细集料级配实例，可供海洋工程混凝土施工参考。

**部分耐海水混凝土工程的粗细集料级配实例** 表 13-2

| 工程名称 | 集料种类 | 最大粒径（mm） | 集料粒径（mm） | | | |
|---|---|---|---|---|---|---|
| | | | 80 ~ 150 | 40 ~ 80 | 20 ~ 40 | 5 ~ 20 |
| B | 卵石 | 120 | 19 | 38 | 38 | 25 |
| | | 120 | 25 | 20 | 25 | 30 |
| 30 Ⅰ | 卵石 | 150 | 20 | 20 | 25 | 30 |
| | | 150 | 30 | 25 | 20 | 30 |
| | | 80 | | 50 | 20 | 30 |
| | | 30 | | 40 | 30 | 30 |
| E | 卵石 | 150 | 35 | 25 | 20 | 20 |
| C | 卵石 | 150 | 40 | 30 | 18 | 12 |
| S | 卵石 | 150 | 35 | 19 | 26 | 20 |
| G | 卵石 | 150 | 32 | 27 | 19 | 22 |

续上表

| 工程名称 | 集料种类 | 最大粒径 (mm) | 集料粒径 (mm) | | | |
| --- | --- | --- | --- | --- | --- | --- |
| | | | 80~150 | 40~80 | 20~40 | 5~20 |
| K | 卵石 | 150 | 32 | 26 | 18 | 24 |
| F | 卵石 | 150 | 44 | 36 | 13 | 7 |
| H | 卵石 | 150 | 21.5 | 31.5 | 21.5 | 25.5 |
| V | 卵石 | 150 | 30 | 25 | 20 | 25 |
| Q | 碎石 | 150 | 30 | 30 | 20 | 20 |
| R | 卵石 | 120 | 30 | 25 | 20 | 25 |
| | | 120 | 30 | 25 | 15 | 30 |
| | | 120 | 50 | | 25 | 25 |
| | | 120 | 55 | | 20 | 25 |
| | | 80 | | 50 | 20 | 30 |
| M | 碎石 | 120 | 36 | 24 | 24 | 16 |
| | | 120 | 35 | 35 | | 30 |

## 三、拌和用水

配制耐海水混凝土所用的拌和水,没有特殊的要求,与普通水泥混凝土相同。其技术指标应符合《混凝土用水标准》(JGJ 63—2006)的要求。

当利用海水拌制混凝土时,其早期强度较高,但后期强度有所降低(28d 强度约降低 10%),抗冻性也受到影响,对于钢筋混凝土还会加速钢筋的锈蚀过程,故《水运工程质量检验标准》(JTS 257—2008)规定:混凝土和钢筋混凝土不得采用海水拌和。在缺乏淡水的地区,混凝土允许采用海水拌和,但应符合下列规定。

(1)对于有抗冻性要求的,水灰比应降低 0.05。

(2)对于无抗冻性要求的,应加强对混凝土的强度检验,以符合设计要求。

## 四、外加剂

根据《水运工程质量检验标准》(JTS 257—2008)的规定,为提高耐海水混凝土的耐久性和强度,改善混凝土拌和物的和易性,达到节约水泥、降低造价、加快进度的目的,在拌制耐海水混凝土时,可以掺加适量的引气剂、减水剂或低温早强剂,对于有抗冻性要求的混凝土必须掺入引气剂。

1. 引气剂

掺入耐海水混凝土的引气剂,主要有松香热聚物或松香皂等,它们的品质标准应符合以下几项要求。松香热聚物 0.2% 溶液(不包括氢氧化钠)的泡沫度不得小于:手摇时 40%;机摇时 15%;30min 后泡容量不得小于 300mL/g。松香皂 1% 溶液(包括氢氧化钠)的泡沫度不得小于:手摇时 40%;机摇时 15%。

引气剂在使用时应配制成溶液,松香热聚物和松香皂引气剂溶液配制的方法分别为如下所述。

(1)松香热聚物配制的方法

用松香热聚物配制引气剂溶液时，每种原料的比例（以质量计）为松香皂热聚物∶氢氧化钠∶水 = 1∶0.2∶30。在进行配制时，先将氢氧化钠按比例溶于占拌和用水量2/3的热水（水温控制在70～80℃）中，并搅拌均匀，再加入捣碎的松香热聚物仔细进行搅拌，待全部溶解后加入其余的1/3水，即配制成浓度为3.2%的引气剂溶液。

(2)松香皂配制的方法

用松香皂配制引气剂溶液比较简单，只要经过稀释，即可用于混凝土中。

用引气剂配制耐海水混凝土时，应严格控制引气剂的掺量，使混凝土的含气量控制为3%～5%。如果掺量过多，则混凝土中的含气量过大，会使混凝土的强度显著降低；如果掺量不足，则混凝土中的含气量过小，不能获得应有的效果。在一般情况下，松香热聚物的掺量为水泥用量的0.005%～0.015%；松香皂配制的掺量为水泥用量的0.007%～0.012%。

但是，引起混凝土中含气量变化的因素很多，如水泥的品种、水泥细度、集料级配、气温、拌和物流动度等，都会对混凝土含气量产生直接影响。掺入一定量的引气剂，不一定就能获得符合设计要求的含气量。尤其是施工时温度的影响更大，温度越高气泡越不易生成。因此，为获得同样的含气量，引气剂的用量在高温时要适量增加，低温时要适量减少。

2. 减水剂

适用于配制耐海水混凝土的减水剂很多，主要有木质素磺酸钙（又称木钙或M减水剂）、纸浆废液（即苇浆废液、木浆废液）和亚甲基二萘磺酸钠（又称NNO减水剂）等。当有充分论证时，可根据需要使用其他品种减水剂。

3. 低温早强剂

在低温季节进行耐海水混凝土施工时，为提高其早期强度，可采用适宜的低温早强剂，如三乙醇胺、硫化硫酸钠和氯化钙等。当掺加氯化钙时应符合以下规定。

(1)耐海水混凝土中氯化钙的掺量不得大于2%（以无水氯化钙质量对水泥质量的百分率计）。采用海水配制混凝土时不得掺加氯化钙。对于与海水接触又有抗冻性要求的混凝土，掺入氯化钙时水灰比应酌情降低。

(2)当采用海砂配制的耐海水混凝土中掺入氯化钙时，氯化钙和海砂中氯盐质量的总和不得超过水泥质量的2%。

## 第二节　海洋混凝土配合比设计

耐海水混凝土配合比设计基本类同于普通混凝土，但由于其抗冻性、抗渗性要求较高，因此也有一定的特殊性。

具体设计步骤如下。

1. 计算配制强度

配制强度按下式计算：

$$f_{cu,0} = \frac{f_{cu,k}}{1 - tC_v} \tag{13-1}$$

式中：$f_{cu,0}$——混凝土配制强度（MPa）；

$f_{cu,k}$——混凝土设计强度（MPa）；

$t$——强度保证系数，一般取1.25～1.645；

$C_v$——离差系数，见表13-3。

**离差系数值** 表13-3

| $f_{ce}$ | <C15 | C20～C25 | ≥C30 |
|---|---|---|---|
| $C_v$ | 0.20 | 0.18 | 0.15 |

2. 计算水灰比 $W/C$

$W/C$ 按下式计算：

$$\frac{W}{C}=\frac{1}{\frac{f_{cu,0}}{Af_{ce}}+B} \tag{13-2}$$

式中：$W/C$——水灰比；

$f_{cu,0}$——混凝土保证强度(MPa)；

$f_{ce}$——水泥的实际强度(MPa)；

$A$、$B$——与水泥品种和粗集料种类有关的系数，见表13-4。

***A*、*B* 系数值** 表13-4

| 水泥品种 | 粗集料品种 | $A$ | $B$ |
|---|---|---|---|
| 普通硅酸盐水坝水泥 | 碎石 | 0.642 | 0.559 |
| | 卵石 | 0.531 | 0.502 |
| 矿渣大坝水泥 | 碎石 | 0.623 | 0.552 |
| 抗硫酸盐水泥 | 卵石 | 0.527 | 0.498 |

按式(13-2)计算出的 $W/C$ 还要同时满足抗渗性的要求。如果工程对混凝土有抗冻性要求，还应满足抗冻性要求。

抗渗性要求的 $W/C$ 和抗冻性要求的 $W/C$ 分别见表13-5和表13-6。

**抗渗等级与 *W/C* 的关系** 表13-5

| 要求抗渗等级 | 水灰比($W/C$)允许值 | 要求抗渗等级 | 水灰比($W/C$)允许值 |
|---|---|---|---|
| P4 | 0.60～0.65 | P8 | 0.50～0.60 |
| P6 | 0.55～0.60 | ≥P10 | <0.50 |

**抗冻等级允许最大 *W/C* 值** 表13-6

| 要求抗冻等级 | 允许的最大 $W/C$ 值 | | 要求抗冻等级 | 允许的最大 $W/C$ 值 | |
|---|---|---|---|---|---|
| | 不加引气剂 | 加引气剂 | | 不加引气剂 | 加引气剂 |
| D50 | 0.55 | 0.60 | D150 | | 0.50 |
| D100 | | 0.55 | D200 | | 0.45 |

3. 选择用水量和砂率

耐海水混凝土的用水量和砂率与混凝土中的含气量及粗集料的最大粒径有关。根据给定的条件可查表13-7，并根据表13-8进行调整。

混凝土试拌用水量和砂率选取表　　表 13-7

| 石子最大粒径(mm) | 未加外加剂混凝土 | | | 掺外加剂的混凝土 | |
|---|---|---|---|---|---|
| | 空气含量近似值(%) | 砂率(%) | 用水量($m^3$) | 引气混凝土的含气量(%) | 用水量($m^3$) |
| 20 | 2 | 38 | 172 | 5.5 | 单掺引气剂或一般减水剂,可减水 6% ~ 8%;引气剂和一般减水剂联合掺用或单掺高效减水剂,可减水 15% ~20% |
| 40 | 1.2 | 32 | 150 | 4.5 | |
| 80 | 0.5 | 28 | 129 | 3.5 | |
| 120 | 0.4 | 25 | 117 | 3.0 | |
| 150 | 0.3 | 24 | 110 | 3.0 | |

注:此表依据水灰比为 0.55,卵石、砂子细度模数为 2.7,坍落度为 60mm 条件制定。

砂率和用水量条件变化调整值　　表 13-8

| 条件变化 | 调整值 | |
|---|---|---|
| | 砂率 | $1m^3$ 用水量(kg) |
| 改用碎石 | +3 ~5 | +9 ~15 |
| 采用需水性大的火山灰质掺和料或火山灰水泥 | | +10 ~20 |
| 坍落度 ±10mm | | +2 ~3 |
| 砂率每 ±1% | | +1.5 |
| 砂的细度模数每 ±0.1 | ±0.05 | |
| 水灰比每 ±0.05 | ±0.1 | |
| 含气量每 ±1% | ±(0.5 ~1.0) | ±(2% ~3%) |

4. 计算水泥用量

根据混凝土强度和耐久性而确定的水灰比($W/C$),依据选定的单位用水量($W_0$),由公式计算水泥用量:

$$C_0 = W_0 \frac{C}{W} \tag{13-3}$$

式中:$C_0$——$1m^3$ 混凝土中的水泥用量(kg);

$W_0$——单位体积混凝土的用水量(kg),根据表 13-8 中选取;

$C/W$——混凝土的水灰比倒数(即灰水比)。

通过公式(13-3)计算得出的水泥用量,还应当满足耐海水混凝土所处工程环境最小水泥用量的要求,应不小于表 13-9 中的水泥用量。

耐海水混凝土最小水泥用量限值　　表 13-9

| 混凝土所处环境条件 | 最小水泥用量限值($kg/m^3$) | |
|---|---|---|
| | 配筋混凝土 | 无筋混凝土 |
| 无冰冻海域 | ≥250 | 225 |
| 有冰冻海域 | 300 | 275 |

5. 砂石用量计算

根据已选定的砂率 $S_p$ 和已计算出的 $1m^3$ 混凝土用水量 $W_0$ 及水泥用量 $C_0$,利用绝对体积法可求得 $1m^3$ 混凝土的石子用量 $G_0$ 和砂用量 $S_0$。

$$G_0 = V_{SG}(1 - S_p)\rho_G \tag{13-4}$$

$$S_0 = V_{SG}S_p\rho_s \tag{13-5}$$

式中：$S_p$——砂率(%)；

$\rho_G$——石子的视密度($kg/m^3$)；

$\rho_s$——砂的视密度($kg/m^3$)；

$V_{SG}$——$1m^3$ 混凝土中砂石的绝对体积，其计算公式为：

$$V_{SG} = 1 - \left[\left(\frac{W_0}{\rho_w} + \frac{C_0}{\rho_c}\right) + 0.01a\right] \tag{13-6}$$

$W_0$、$C_0$——$1m^3$ 混凝土中的用水量和水泥用量；

$\rho_w$、$\rho_c$——水和水泥的密度；

$a$——$1m^3$ 混凝土中的含气量的百分数。如不掺引气剂，$a$ 取 1；如掺引气剂，按实际引气量计算。

6. 试拌和调整

根据所涉及的耐海水混凝土配合比进行试拌，并根据原材料情况、混凝土拌和物坍落度和其他情况等，对混凝土配合比进行调整。

## 第三节　对海洋混凝土的技术要求

### 一、海洋工程混凝土所处的环境条件

海洋工程处境十分恶劣，混凝土结构物在使用过程中要遭受下列各种天然因素的作用。

1. 潮汐

由于月球和太阳引力的作用，使海洋水面发生垂直方向的周期性的升降变化，即潮汐。我国沿海各主要港口的平均潮差一般为 1.5m 左右，较大者可达 2.98m(如石臼港)，较小者仅为 1.0m(如秦皇岛)。由于潮位在不断地变化，海上施工作业常常受到潮位的限制，如有时浇筑混凝土必须赶低潮进行作业。反之，有时安装沉箱则必须利用高潮进行作业。潮汐对施工作业的工时利用起主要作用，应根据潮时、潮位资料安排作业计划。这是施工时应考虑的最大影响因素之一。

2. 潮流

潮流多受地形的影响而缓急不同，对海上施工作业有很大的不利影响。施工前应全面了解施工地点附近海域的潮流流速和流向等情况。在潮流较急的地方，有时仅在某一流速以下时才能施工，有时还不得不抢平流时流速接近于零时才进行施工。浇筑上部结构混凝土时一般流速应小于 1.5m/s。

3. 风、波浪

波浪主要是由风和船舶航行所引起的。由于风的作用所引起的称为风浪，由于船舶航行所引起的称为航行浪，都是应加以注意的因素。

若风速或波高较大，会造成作业船的剧烈晃动而难以施工，或因模板的损坏而导致返工。在编制施工计划时，应掌握海面平静的天数。对于外海防波堤工程来说，从沉箱安装到箱内充填、封顶混凝土施工，都应连续进行，这就应有 2 ~ 3 个连续的平静日。可施工的临界风速和临

界波高见表13-10。

可施工的临界风速和临界波高　　表13-10

| 施工项目 | 风速（m/s） | | 波高（m） | |
|---|---|---|---|---|
| | 可高效作业 | 能确保安全 | 可高效作业 | 能确保安全 |
| 沉箱安装 | 7 | 15 | 1.0 | 2.0 |
| 上部结构混凝土浇筑 | 10 | 15 | 1.5 | 2.0 |

4.冰冻

处于寒冷地区的混凝土结构物水位变动区由于冻融循环作用和冰凌撞击作用，容易使混凝土遭受严重的破坏，这是混凝土遭受破坏最严重的天然因素。北方各海港的气候特征和混凝土发生天然冻融循环次数见表13-11。

北方各海港的气候特征和混凝土天然冻融循环次数　　表13-11

| 海港名称 | 营口 | 葫芦岛 | 大连 | 秦皇岛 | 天津 | 龙口 | 威海 | 烟台 | 长山岛 | 石岛 | 青岛 | 连云港 |
|---|---|---|---|---|---|---|---|---|---|---|---|---|
| 最冷月月平均气温（℃） | -9.9 | -9.0 | -5.2 | -6.1 | -4.1 | -3.4 | -1.9 | -1.9 | -1.9 | -1.5 | -1.5 | -0.7 |
| 极端最低气温（℃） | -29.4 | -25.5 | -19.9 | | -20.4 | -18.6 | -14.7 | -13.1 | -13.3 | -14.6 | -15.5 | -11.9 |
| 混凝土天然冻融循环数（次） | | 146 | 108 | 65 | 82 | 75 | 53 | 52 | 49 | 48 | 47 | |

5.水质

海水中的各种盐类对混凝土有腐蚀作用，但比较缓慢。在发生冻融循环作用的地方则会加速其破坏。各海港的水质成分见表13-12。

沿海主要港口海水化学成分　　表13-12

| 海港名称 | 海水化学成分（mg/L） | | | | 总盐量（mg/L） | pH | 暂时硬度（°） |
|---|---|---|---|---|---|---|---|
| | $SO_4^{2-}$ | $Mg^{2+}$ | $Cl^-$ | $Ca^{2+}$ | | | |
| 大连（辽宁省） | 2 171 | 1 102 | 15 900 | 403 | 28 729 | 8.5 | 5.0 |
| 葫芦岛（辽宁省） | 1 900 | 1 000 | 15 000 | | | 8.5 | 2.4 |
| 秦皇岛（河北省） | 2 372 | 1 174 | 17 339 | 378 | 31 330 | 7.9 | |
| 天津（天津市） | 2 489 | 1 156 | 16 842 | 482 | 30 420 | 7.9 | |
| 蓬莱（山东省） | 2 167 | 1 093 | 15 775 | 384 | 28 503 | 8.4 | 6.2 |
| 烟台（山东省） | 2 463 | 1 050 | 15 450 | 437 | 28 620 | 7.0 | |
| 青岛（山东省） | 2 400 | 1 445 | 16 000 | | 29 640 | 8.0 | |
| 连云港（江苏省） | 2 289 | 1 159 | 16 700 | 397 | 30 173 | 8.0 | 6.6 |
| 北仑（浙江省） | 1 683 | 803 | 11 760 | 258 | 21 250 | 8.1 | |
| 厦门（福建省） | 2 140 | 1 172 | 15 440 | | | 8.0 | 12.1 |
| 湛江（广东省） | 2 198 | 880 | | | | 7.7 | 15.2 |

## 二、海洋工程混凝土破坏的因素、规律和特征

1.破坏因素

(1)天然因素——冰凌和风浪撞击、冻融循环作用、钢筋锈蚀作用。

(2)设计因素——结构造型、构件尺寸。

(3)施工因素——材料质量、施工质量。

(4)使用因素——超载、意外碰撞。

(5)地基变形——位移、沉陷。

2. 破坏规律

(1)受冻地区较不冻地区破坏情况严重。

(2)受冻地区的水位变动区较水上部位严重,水上部位又较水下部位严重;不冻地区高桩承台式结构的水上部位较水位变动区严重,水位变动区又较水下部位严重。

(3)离岸工程较海岸工程破坏情况严重;暴露部位较隐蔽部位严重;迎风面较背风面严重;背阳面较向阳面严重。

(4)钢筋混凝土较混凝土严重。

3. 破坏特征

水上部位钢筋混凝土结构物中的钢筋先锈蚀膨胀,引起混凝土顺筋开裂、剥离。水位变动区混凝土结构物受冻融循环、冰凌撞击等因素作用时,引起层层剥蚀,体积逐渐减小。

## 三、海洋工程混凝土的部位划分

由于混凝土在海洋工程中所处的部位不同,承受外界天然因素的作用也各不相同。为了根据各部位所处不同的工作条件而对混凝土提出不同的技术要求,对混凝土进行部位划分,见表 13-13。

混凝土部位划分　　表 13-13

| 混凝土部位<br>结构物所处环境 | 水上部位 | 水下部位 | 水位变动区 |
|---|---|---|---|
| 受冻地区 | 设计高水位以上 | 设计低水位之下 1.0m 以下 | 水上与水下之间 |
| 不冻地区 | 设计高水位之下 0.5m 以上 | 设计低水位以下 | |

受冻地区的海外结构物水位变动区范围应酌量加大。

## 四、海洋工程混凝土技术要求要点

海洋工程混凝土由于经常或周期性地与海水接触,受到海水或海洋大气(含有氯离子)的物理化学作用,或受波浪、流冰的冲击、磨损等作用,容易使混凝土遭受损害而缩短其耐用年限,故混凝土除强度和拌和物的和易性应满足设计、施工要求外,尚应根据结构物的具体使用条件,具备所需的抗渗性、抗冻性、抗蚀性、防止钢筋锈蚀和抵抗冰凌撞击的性能。

1. 抗渗性

混凝土抗渗性除关系到挡水作用外,还直接影响抗冻性和抗蚀性的强弱,以及防止钢筋锈蚀的性能,抗渗性是保证海洋混凝土耐久性的必要条件。抗渗能力的级别用抗渗标号表示。抗渗等级的选定标准见表 13-14。

混凝土抗渗等级选定标准　　表 13-14

| 最大作用水头与混凝土壁厚之比 | 抗渗等级 | 最大作用水头与混凝土壁厚之比 | 抗渗等级 |
|---|---|---|---|
| <5 | P4 | 15 ~ 20 | P10 |
| 5 ~ 10 | P6 | >20 | P12 |
| 10 ~ 15 | P8 | | |

2. 抗冻性

在海洋工程中,当混凝土处于饱水状态并发生水位升降和正负温度交替变化时,就会出现冻融现象。海洋工程混凝土因冻融作用而引起破坏的实例屡见不鲜,我国北方的每一个海港中几乎都发生过混凝土冻害现象。因此对混凝土的抗冻性应有较高的要求。混凝土抗冻能力的级别用抗冻等级表示。抗冻等级的选定标准见表13-15。

**混凝土抗冻等级选定标准** 表13-15

| 混凝土各类 / 结构物所在地区 | 钢筋混凝土 | 混凝土 |
|---|---|---|
| 严重受冻地区(最冷月月平均气温低于 -8℃) | D350 | D300 |
| 受冻地区(最冷月月平均气温在 -4 ~ -8℃) | D300 | D250 |
| 微冻地区(最冷月月平均气温在 0 ~4℃) | D250 | D200 |

注:试验过程中试件所接触的介质应为海水。

海洋工程由于受潮汐影响,一般为每天两次涨落潮。在北方的低温季节,当落潮而混凝土露出水面时因受大气负温影响而冻结;当涨潮而混凝土淹没于海水中时因受海水正温影响而融化。因此气温比较低的地区意味着发生冻融循环比较频繁,混凝土冻结深度也较大,抗冻等级也相应提高。对于钢筋混凝土,由于钢筋保护层一旦因冻融作用而剥落,使钢筋失去保护,将会给结构物带来危害,故抗冻等级比混凝土提高一级。

3. 防止钢筋锈蚀的性能

处于海洋环境中钢筋混凝土结构物中潮位以上部位,尤其是经常受浪花溅湿的地方,由于海水的溅湿或吸收大气中含有盐分的水气,而水分又容易蒸发,使盐分不断积聚,提高了混凝土的导电性质和钢筋周围的氯离子浓度,引起钢筋钝化膜破坏,促进了钢筋的锈蚀过程,使钢筋更容易生锈。因此,应从以下三方面提出技术要求。

(1)密实性——主要以限制水灰比最大值、提高施工质量并加强养护等措施来保证。

(2)钢筋保护层最小厚度——由于氯离子积聚于混凝土内部的浓度随着深度增大而降低,故应有一定的钢筋保护层厚度,见表13-16。

**钢筋保护层最小厚度** 表13-16

| 构件所处部位 | 保护层最小厚度(cm) | |
|---|---|---|
| 水上部位 | 5 | |
| 水位变动区 | 不受冻 | 4 |
| | 受冻 | 5 |

(3)裂缝宽度最大允许值——混凝土如出现较大裂缝,保护层即使很密实,且相当厚,水、氧和氯离子等侵蚀介质也会通过裂缝顺畅地达到裂缝处的钢筋表面,使裂缝处钢筋锈蚀不断发展,造成裂缝处的混凝土剥落,钢筋截面也会因而被剥落,握裹力降低,直接威胁着结构物长期使用的耐久性和安全,故规定了裂缝宽度最大允许值,见表13-17。

**裂缝宽度最大允许值** 表13-17

| 构件所处部位 | | 裂缝宽度最大允许值(mm) |
|---|---|---|
| 水上部位 | 通风条件不良 | 0.15 |
| | 通风条件良好 | 0.20 |
| 水位变动区 | | 0.20 |
| 水下部位 | | 0.30 |

为满足上述三项技术指标和抗蚀性的要求，对混凝土的水灰比最大允许值规定见表 13-18。

**按耐久性要求的水灰比最大允许值(JTS 257—2008)** 表 13-18

<table>
<tr><th colspan="3">混凝土的使用条件</th><th>钢筋混凝土</th><th>混凝土</th></tr>
<tr><td rowspan="2">水上部位</td><td colspan="2">受水气积聚或通风不良</td><td>0.50</td><td rowspan="2">0.65</td></tr>
<tr><td colspan="2">不受水气积聚或通风良好</td><td>0.55</td></tr>
<tr><td rowspan="4">水位变动区</td><td colspan="2">严重受冻地区(最冷月月平均气温低于 -8℃)</td><td>0.45</td><td>0.45</td></tr>
<tr><td colspan="2">受冻地区(最冷月月平均气温在 -4 ~ -8℃)</td><td>0.50</td><td>0.50</td></tr>
<tr><td colspan="2">微冻地区(最冷月月平均气温在 0 ~ -4℃)</td><td>0.55</td><td>0.55</td></tr>
<tr><td colspan="2">偶冻、不冻地区(最冷月月平均气温在 0℃以上)</td><td>0.55</td><td>0.65</td></tr>
<tr><td rowspan="4">水下部位</td><td colspan="2">不受水头作用</td><td>0.60</td><td>0.65</td></tr>
<tr><td rowspan="3">受水头作用</td><td>最大作用水头与混凝土壁厚之比 <5</td><td colspan="2">0.60</td></tr>
<tr><td>最大作用水头与混凝土壁厚之比 5 ~ 10</td><td colspan="2">0.55</td></tr>
<tr><td>最大作用水头与混凝土壁厚之比 >10</td><td colspan="2">0.50</td></tr>
</table>

## 五、为满足海洋混凝土耐久性的技术措施

首先应对混凝土所处地区的气候特征、所处部位和使用条件，以及已有的结构物的破坏情况进行调查，以便对混凝土提出相应的技术要求。在确保施工质量前提下，一般应采取表 13-19 中所列的措施。

**为满足海洋工程混凝土耐久性要求的技术措施** 表 13-19

<table>
<tr><th>混凝土的使用条件</th><th>技术要求</th><th>技术措施</th></tr>
<tr><td>承受水压力</td><td>抗渗性</td><td>1. 严格控制水灰比；<br>2. 掺入引气剂或减水剂</td></tr>
<tr><td rowspan="2">处于严寒、寒冷地区的水位变动区</td><td>抗冻性</td><td>1. 严格控制水灰比；<br>2. 掺入引气剂或减水剂；<br>3. 优先选用抗硫酸盐水泥；<br>4. 混凝土经养护后，尽量在空气中碳化 14 ~ 21d</td></tr>
<tr><td>抵抗冰凌撞击的性能</td><td>1. 设计强度等级不低于 C25；<br>2. 高度较大的结构构件可采用分层减水、二次振捣、二次抹面等增强顶面密实性的措施；<br>3. 必要时可采用花岗石镶面或用环氧砂浆喷涂表面；<br>其他与抗冻性的措施相同</td></tr>
<tr><td>处于水上和水位变动部位</td><td>防止钢筋锈蚀的性能</td><td>1. 限制裂缝宽度；<br>2. 增大钢筋保护层；<br>3. 严格控制水灰比以保证混凝土密实性；<br>4. 优先选用硅酸盐水泥或普通水泥；<br>5. 如用海砂，应控制含盐量；<br>6. 不用海水拌和或养护</td></tr>
<tr><td>处于水下和水位变动部位</td><td>抗蚀性</td><td>1. 控制水灰比；<br>2. 采用矿渣水泥、火山灰质水泥或粉煤灰水泥；当采用硅酸盐水泥或普通水泥时，限制铝酸三钙含量不大于 10%</td></tr>
</table>

# 第四节　海洋工程混凝土施工设施与设备

## 一、沉箱预制场

1. 设施与设备

(1)材料储存设备。水泥库、集料堆场、钢筋存放场、模板堆场等,其位置应选择在便于材料进出的地方。水泥库和集料堆场应布置在混凝土拌和楼的附近。

(2)沉箱制作设备。混凝土拌和楼、钢筋加工厂、模板加工厂、混凝土拌和物运输设备(吊罐、卡车、起重机,或拌和车、泵车)、振捣用具、制作台等。

(3)起重、运输设备。起重机、皮带运输机、推土机、驳船码头等。

(4)下水设备。滑道、干坞,浮坞、起重机及其他附属设备等。

(5)动力设备。送变电所。

(6)试验室。

上述这些设施的平面布置应使各种运输作业不致互相干扰。以秦皇岛港为例,其预制场平面布置如图 13-1 所示。

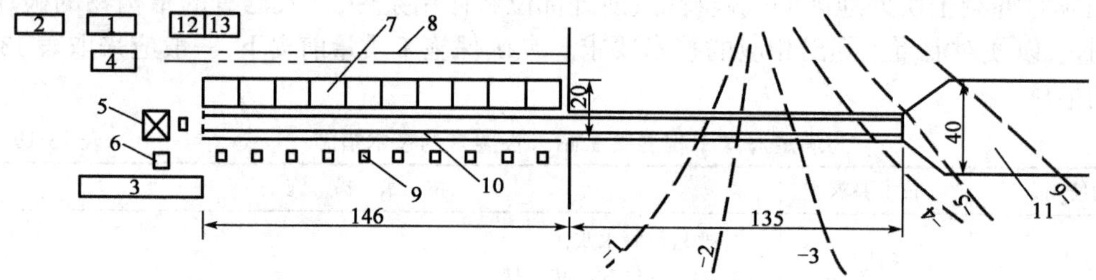


图 13-1　秦皇岛港沉箱预制场平面布置图(尺寸单位:m)

1-水泥库;2-砂石堆场;3-钢筋加工房;4-拌和机;5-绞车房;6-变电所;7-沉箱制作台;8-起重机轨道;9-制作台系缆块体;10-下水道;11-航道;12-办公室;13-试验室

当未设专门预制场且工程量不大时,可利用当地现有的修造船下水设备进行施工。

2. 下水方式

1)滑道

沉箱在滑道的水上部位附近制作,然后沿滑道滑下入水。大型沉箱可在道上设置两条钢轨轨道,使设有滚轮的托架或台车载着沉箱下滑。小型沉箱则可在木制滑道上涂牛油使沉箱自然下滑。利用滑道下水的方法是我国预制沉箱的传统方法。

(1)滑道长度

沉箱制造部分的长度,取沉箱在滑道纵方向的长度加施工的富余长度,再乘以一次在滑道上制作沉箱的数目。沉箱下水部分的滑道长度由下水部分的滑道坡度和沉箱吃水深度确定。

(2)滑道坡度

滑道水上部位的坡度必须既要保证载有沉箱的台车不至于自动下滑,又要保证可用较小的外力来拖动,坡度宜缓些,可为 1:40 ~ 1:20。在木滑道上沉箱靠自重下滑的情况下,坡度可在 1:15 ~ 1:10 范围内。质量超过 500t 的沉箱下水时,为了使下水部位不致伸入水下过长而增加工程造价和沉箱流放时间，不能保持这个平缓坡度，但又不宜使坡度变化过于剧烈，以免对台车结构或地基产生有害的影响，可使坡度接近圆弧曲线，逐渐变陡至末端采用 1∶10 ~ 1∶7。图 13-2 为秦皇岛港沉箱预制场滑道的截面图。

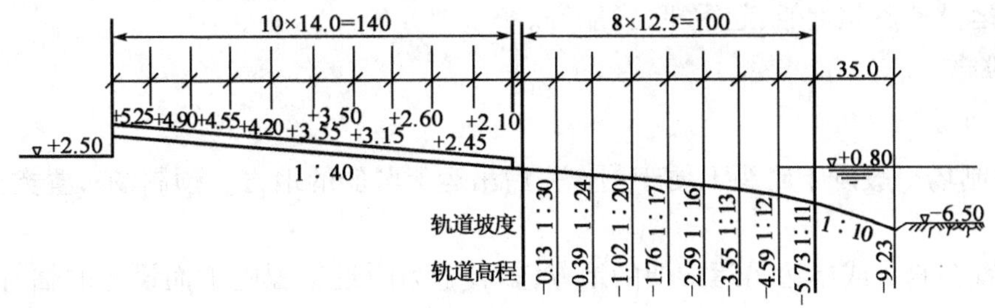


图 13-2　秦皇岛港沉箱工厂滑道纵截面图(尺寸单位:m)

(3)滑道下水部位末端的水深

滑道末端取最大沉箱的吃水加上制作台或台车等高度再考虑若干余量即可，余量一般可取 50 ~ 75cm。

(4)横移台车

小型预制场可设一条滑道，但制作沉箱数量多时，应再增设横移台车。这是近年来广泛采用的一种。通过横移台车将沉箱从制作台上横移至滑道上来。台车的上部由钢梁焊成的矩形车架部分，其顶面应与制作台的高程相适应，以使沉箱能平静地由制作台横移过来；下部为两排多部(一般为 8 部)活动小车(每部小车两个车轮)组成的行走部分，可在滑道轨道上滚动。

2)干船坞

干船坞由坞室和坞门组成。沉箱在坞室制作好后向坞室注水至水面与海面水位相同时，开启坞门将已起浮的沉箱拖出。在天津大沽灯塔等工程中曾利用已有的干船坞进行沉箱制作。

3)浮坞

沉箱在浮坞上制作，利用向两侧和地面的水舱里注水使浮坞下沉的方法将沉箱拖运下水，一般适用于少量沉箱的制作。当制作沉箱的数量较多时，沉箱可在陆上台座预制后，同步预升进入轨道台车，横移至码头进入底座式浮坞。底座式浮坞预先沉放在码头前沿抛石基床上，其轨道与码头上的轨道对接。起浮后可拖运至预定地点注水下沉，然后将沉箱拖运下水。

我国于 1980 年初曾在山东石臼港首次采用了底座式浮坞使沉箱出运下水的方式。该浮坞的举力为 3 300kN，长 50m，宽 35m，坞内净宽 26.25m，总高 21m，最大沉深 19.2m，可供吃水不大于 13.2m 的沉箱出坞，下沉起浮时间约为 5h。由于在陆地上配备相应的预制沉箱台座，制作出运周期大为缩短。

4)起吊下水

在码头上制作沉箱，然后用起重船吊下水，或吊运、拖运至沉箱安放地点。由于起重船日趋大型化，我国目前所用的起重船最大起重能力已达 500t。20 世纪 80 年代初兴建中的石臼港码头工程采用了这种下水方式。

## 二、块体预制场

### 1.设施与设备

(1)材料储存设备。水泥库、集料堆场、模板堆场等。

(2)制作设备。混凝土拌和楼、混凝土拌和物运输设备、振捣用具等。

(3)起重运输设备。移动式大型起重机、起重船、大型汽车等。

(4)预制场地,存放场地。

(5)出运设备。起重船、起重机、驳船等。

(6)试验室。

2. 场地布置

块体预制场一般设于码头上便于制作完后吊运上驳船的地方。预制场布置类型基本可分两种。

(1)布置在码头或岸边吊运方便的地方,多属于为附近工程施工而设置的临时性设施,布置比较简单。图13-3为块体预制场布置平面图。

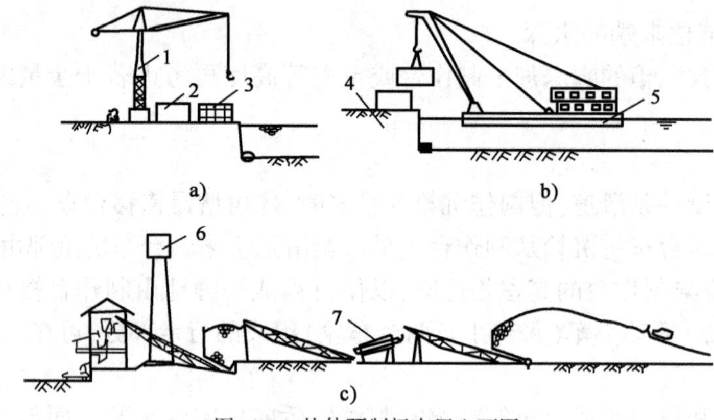


图13-3 块体预制场布置立面图

1-塔吊(2~6t);2-方块;3-模板;4-工作船;5-浮吊;6-水塔;7-洗石机

(2)布置在离岸边较远需经陆上运输将块体转移至岸边,然后装船运至现场进行安放。

3. 存放场地

存放场地一般可设于原有码头或防波堤顶上,应具备以下条件。

(1)前沿有足够的水深,起重船不需赶潮作业。

(2)陆上有足够的堆存面积,能满足块体的养护期。

(3)地基稳定,不致发生不均匀沉降或倒塌。

(4)与预制场和安放施工现场的距离不宜太远。

4. 起重、运输设备

在预制场内制作方块并进行移动时,可使用移动式起重机和横移台车,横移台车的顶面与预制场的地表面高度相同,并在横移沟内的轨道上移动。在需要沿垂直于轨道方向移动时,可将横移台车移至某一位置上,使横移台车的轨道与大型起重机的轨道保持在一条直线上(图13-4)。

在块体制作量不大时,尽量避免采用固定设备。在保证预制和存放场地面积满足制作能力情况下,多采用汽车式起重机或履带式起重机等设备来完成从制作到出运的全部工作。

5. 出运设备

制成的块体可用移动式起重机直接吊运上驳船运往施工现场,或用起重船直接吊运到施工现场,因此需要有可供驳船或起重船靠岸的具有一定水深的小型码头或栈桥。图13-5为将块体用移动式起重机直接吊运上驳船的平面布置图。这种布置方法可借助岸壁的有利位置，仅设一座栈桥即可出运混凝土块体，但一般多设两座栈桥并垂直于岸线。

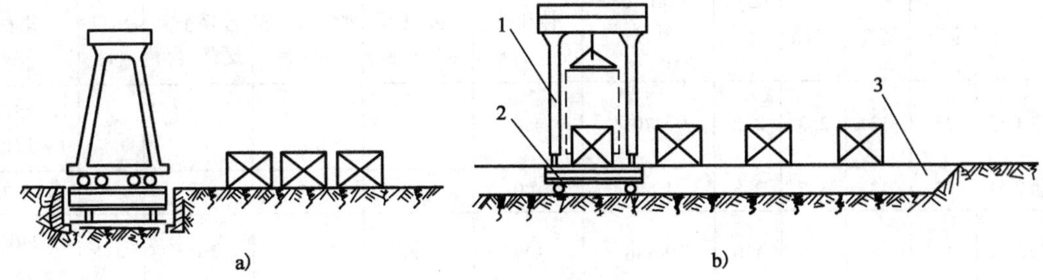


图 13-4　移动式起重机和横移台车

1-移动式起重机；2-横移台车；3-横移沟

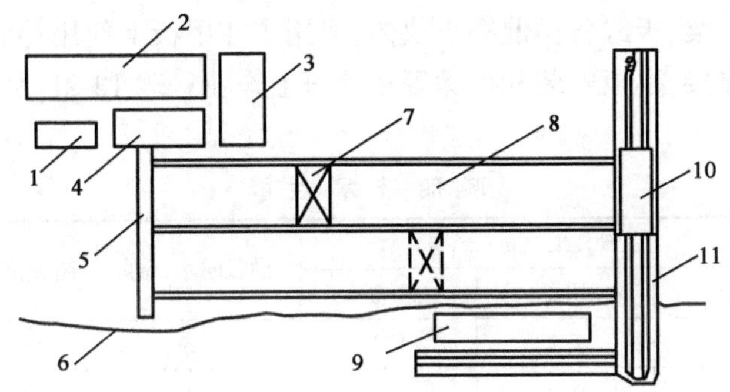


图 13-5　用陆上吊机将方块吊运上船的布置

1-水泥库；2-堆石场；3-堆砂场；4-拌和机；5-运混凝土车道；6-岸边；7-起重机；8-混凝土预制场；9-驳船；10-横移车；11-横移道

## 三、桩、梁、板预制场

桩、梁、板多为预应力构件，其预制场的设施及设备与一般预应力构件预制场基本相同，但其起重运输设备一般采用移动式大型起重机，出运方法及设备则一般与块体相同。

## 四、专用设备

### 1. 混凝土拌和船

拌和船是专供浇筑防波堤或码头上部混凝土等离岸施工现场拌制和浇筑混凝土用的作业船。船上有材料补给装置、混凝土拌和装置、混凝土泵、吊罐或皮带机等输送设备。材料从供料船向拌和机补给，经过计量装置、混凝土拌和输送设备连续地供给混凝土拌和物。动力主要使用柴油发电机。船型有自航式和非自航式两种。作业时船位的固定和少量移动可靠设在船上四个角的钢丝绳等系缆装置进行操纵。表 13-20 为混凝土拌和船的主要技术性能。

### 2. 混凝土水上供料船

混凝土拌和船一次性储存料有限，不能满足一次性连续浇筑的需要。同时为了减少拌和船在前方来回调船的时间和次数，需配置水上供料船，随时为拌和船喂料。

水上供料船一般可在驳船上设置两个料仓分别储存粗、细集料，其容量一般分别为 $120m^3$ 和 $80m^3$。驳船中央设置一台起重机，并用抓斗向拌和船供料，而不影响拌和船的浇筑作业。水上供料船向拌和船喂料，一般仅用 2h，卸空后即可返回出运码头再次储料。

混凝土拌和船技术性能

表 13-20

| 船 名 | 主尺度(m) | | | 吃水(m) | 满载排水量(t) | 工 作 设 备 | | | | | |
|---|---|---|---|---|---|---|---|---|---|---|---|
| | 总长 | 型宽 | 型深 | | | 拌和机($m^3$/台班) | 混凝土泵($m^3$/台班) | 进料抓斗起重机(台) | 混凝土输送臂(台) | 吊机(t) | 电机(kW) |
| 拌和船 1 号 | 33 | 12 | 2.7 | 2.2 | 770 | 80 | | | | 36 | 2×75(主)<br>1×12(副) |
| 拌和船 2 号 | 75 | 13 | 3.5 | 2.8 | 1 500 | 100 | | | | 30 | 1×75 |
| 拌和船 3 号 | 46 | 18 | 3.5 | 3.0 | 2 536 | 300 | 300 | 1 | 1 | | 1×240(主)<br>1×48(副) |

3. 驳船

驳船主要出运桩、梁、板或各类混凝土块体,或用来在甲板上使用拌和机拌制混凝土,进行海上钢筋骨架装设、焊接、模板安装和拆除等多项海上作业。表 13-21 为不同载重量的驳船技术性能。

驳 船 技 术 性 能

表 13-21

| 船 名 | 主 尺 度 (m) | | | 满载吃水(m) | 满载排水量(t) | 载重量(t) |
|---|---|---|---|---|---|---|
| | 总长 | 型宽 | 型深 | | | |
| 方驳 15 | 33 | 7.2 | 1.9 | 1.3 | 292 | 150 |
| 方驳 16 | 32 | 9.0 | 2.3 | 1.5 | 400 | 300 |
| 方驳 32 | 35 | 9.5 | 2.5 | 1.8 | 580 | 400 |
| 方驳 78 | 33 | 12.0 | 2.7 | 2.0 | 770 | 600 |

4. 起重船

起重船主要用来吊运或吊装沉箱、桩、梁、板或各类块体,是进行各项海上作业的基本设备。表 13-22 为不同起重能力的起重船技术性能。

起重船技术性能

表 13-22

| 船 名 | 主尺度(m) | | | 吃水(m) | 排水量(t) | 起重能力(t) | 扒杆形式 | 柴油机(马力) | | 起 重 设 备 | | | | | | | |
|---|---|---|---|---|---|---|---|---|---|---|---|---|---|---|---|---|---|
| | 总长 | 型宽 | 型深 | | | | | 主机 | 副机 | 吊重(t) | | 跨距(m) | | 吊高(m) | | 吊速(m/min) | |
| | | | | | | | | | | 主钩 | 副钩 | 主钩 | 副钩 | 主钩 | 副钩 | 主钩 | 副钩 |
| 起重 1 号 | 35 | 14 | 2.7 | 1.8 | 615 | 100 | 固定 | 1×240 | 120 | 100 | 40 | 10.0 | 12.0 | 19.5 | 23 | 2.7 | 5 |
| 起重 2 号 | 33 | 12 | 2.5 | 1.7 | 450 | 80 | 固定 | 1×428 | 20 | 80 | 20 | 7.5 | 9.5 | 17.5 | 25 | 3.5 | 7 |
| 起重 3 号 | 38 | 18 | 3.4 | 2.5 | 1 300 | 200 | 变幅 | 2×250 | 115 | 200 | 50 | 14.0 | 19.0 | 22.0 | 25 | 2.5 | 5 |
| 起重 5 号 | 21 | 10 | 2.6 | 0.7 | 217 | 25 | 固定 | 1×36 | | 25 | | 7.5 | | 12.0 | | | |
| 起重 7 号 | 45 | 20 | 3.8 | 2.1 | 1 830 | 130 | 旋转 | 1×1 050 | 115 | 130 | | 1.2 | | 22.6 | | | |
| 起重 11 号 | 60 | 26 | 5.0 | 4.1 | 4 400 | 500 | 变幅 | 2×600 | 180 | 2×250 | 100 | 30.0 | 35.0 | 60.6 | 65 | 2.5~5.0 | 4~0 |
| 起重 13 号 | 40 | 20 | 3.6 | | | 20 | 固、变 | 1×150 | | 200 | 50/5/3 | 20.0 | 35.0 | 32.0 | 25 | 2.5 | 4 |

注:1 马力 = 735.499W。

5. 打桩船

打桩船主要用来进行海上打桩,但也可用来吊运各种构件或块体,或与起重船联合进行抬吊安装。表13-23为不同架高的打桩船技术性能。

**打桩船技术性能**

表13-23

| 船名 | 主尺度(m) | | | 吃水(m) | 排水量(t) | 起重能力(t) | 架高(m) | 柴油机(马力) | | 打桩设备 | | | | | |
|---|---|---|---|---|---|---|---|---|---|---|---|---|---|---|---|
| | 总长 | 型宽 | 型深 | | | | | 主机 | 副机 | 桩架有效高度(m) | 龙口宽(m) | 桩重(t) | 桩长(m) | 桩架仰俯角(°) | |
| | | | | | | | | | | | | | | 仰 | 俯 |
| 打桩5号 | 42 | 14 | 3.2 | 1.9 | 906 | 70 | 42 | 390 | 40 | 35 | 0.9 | 25 | 34 | 19 | 19 |
| 打桩6号 | 44 | 20 | 3.6 | 1.8 | 1 483 | 2×40 | 52 | 365 | 20 | 43 | 0.7 | 40 | 42 | 30 | 30 |
| 打桩8号 | 45 | 19 | 3.8 | 2.0 | 1 605 | 80 | 52 | 2×490 | 45 | 43 | 0.6 | 40 | 42 | 35 | 35 |
| 打桩10号 | 33 | 11 | 2.7 | 1.8 | 560 | 60 | 28 | 63 | 24 | 23 | 0.8 | 20 | | 19 | 45 |

注:1马力=735.499W。

6. 拖轮

拖轮主要供拖带上述各类非自航式专用设备之用。表13-24为不同拖带能力的拖轮技术性能。

**拖轮技术性能**

表13-24

| 船名 | 主尺度(m) | | | 满载吃水(m) | 满载排水量(t) | 总吨 | 自由航速(海里/h) | 拖带航速(海里/h) | 主机(马力) | 副机(马力) |
|---|---|---|---|---|---|---|---|---|---|---|
| | 总长 | 型宽 | 型深 | | | | | | | |
| 交4号 | 42 | 9 | 4.7 | 3.9 | 643 | 437 | 11.5 | 7.0 | 2×578 | 150 |
| 交13号 | 19 | 5 | 2.2 | 1.9 | 73 | 46 | 10.0 | 5.0 | 2×112 | |
| 交25号 | 27 | 7 | 3.2 | 2.6 | 192 | 122 | 10.0 | 5.5 | 400 | 2×40 |
| 交41号 | 37 | 9 | 4.4 | 3.9 | 476 | 272 | 13.0 | | 1 670 | 2×114 |
| 交48号 | 60 | 12 | 5.7 | 4.4 | 1 474 | | 10.3 | | 2×1 320 | 3×190 |
| 交51号 | 30 | 8 | 3.8 | 3.4 | 296 | 190 | 11.6 | | 1×980 | 2×68 |

注:1海里=1.852km。

## 第五节　海洋混凝土的施工工艺

### 一、海洋混凝土工程分类

海洋混凝土工程分类见图13-6。

### 二、海洋混凝土施工特点

1. 海上作业

海洋混凝土工程大部分为海中或水下作业,就其露出海面以上的部分,只不过像众山之顶而已,在施工时有着与陆上一般土建工程不同的特点,受到波浪、潮汐、潮流、冰凌等天然因素的影响较大。海上作业时波浪大,工程船舶剧烈摆动,施工无法进行,支架的模板可能会被波浪撞击而倒塌,造成返工事故。施工过程中有时还会因逐起风浪而被迫中途停工,导致年作业天数较少，一般为200余天，甚至只有100余天。

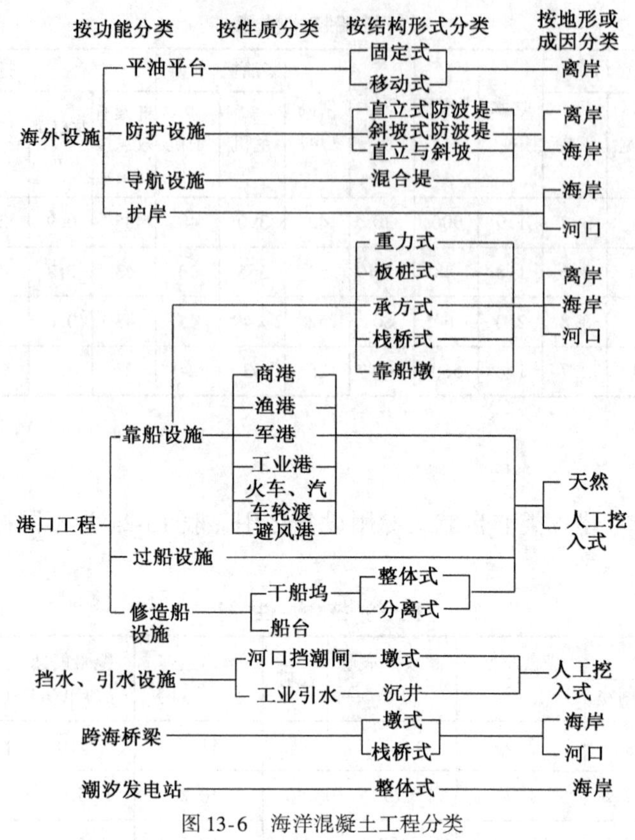

图13-6 海洋混凝土工程分类

2. 赶潮作业

现场浇筑混凝土时，多要趁落潮时进行施工；吃水较大的沉箱拖运等作业则要趁涨潮时进行。

3. 利用工程船舶

由于海洋工程以海上作业为主，需使用工程船舶，如起重船、打桩船、驳船和拖轮等。

4. 预制装配化

由于海上作业会受到海象和气象的限制，现场浇筑混凝土作业比陆上困难并复杂得多，质量也难以得到保证。故多预先在岸上制作构件（如沉箱、方块等），然后吊运或浮运至现场安装。需在现场浇筑混凝土的多属于整体性要求较高的部位，或体积过大（一般在80$m^3$）难以吊运的结构，如结构结点、码头胸墙、码头路面、系船墩、引桥墩台等。我国海港工程施工的装配程度目前已达到75%左右，其中高桩承台式码头已达85%以上。

5. 浮力的利用

凡可利用浮运或驳船装载的预制构件，均可利用浮力或驳船装载，运往现场安装。例如可将预制沉箱在下水后拖运至现场安装，或将预制的混凝土块体用驳船装载或用起重船一次吊运至现场安装。其他构件如栈桥的筒形桥墩也可用浮箱夹持在海上浮运。

6. 永久性模板的利用

当现场浇筑水上混凝土的体积较大时，应尽量采用预制的钢筋混凝土镶面板作为永久性模板。其优点如下：

(1)镶面板作为结构物的组成部分，可减少水上现场浇筑混凝土的工程量；

(2)不存在现场浇筑混凝土模板周转周期长（规定不少于4d才能拆模）需占用大量模板的缺点。

(3)可减少拆模工序，简化施工，加快进度。

(4)钢筋混凝土镶面板的抗浪能力较抗冰凌撞击板强。

(5)镶面板对结构物起表面防护作用，从而可提高结构物的耐用年限。

## 三、海洋混凝土施工程序

施工作业应尽可能在结构物设计位置外有掩护的地区或近岸进行预制，然后拖运至设计位置进行安放。其施工程序如下：

(1)构件预制。

(2)预制构件浮运、拖运、载运离岸，或以起重船悬吊离岸。

(3)预制构件在浮起或临时着地的状态下在近岸有掩护区域内继续施工。

(4)预制构件运至结构物设计位置。

(5)安放。

(6)现场浇筑部分混凝土，并安装附属设备。

## 四、海洋混凝土施工特殊要求

### 1.尽量提高预制装配程度

为尽量减少海上作业，并避免新浇筑混凝土过早地接触海水，甚至受波浪冲刷而影响其耐久性和完整性，应尽量提高预制装配程度，减少现场浇筑的工程量。

### 2.严格施工缝处理

海洋混凝土多水位变动区破坏，应尽量避免在该部位设置施工缝。对于有水泌性要求的或用以储油的采油平台基础，也应尽量避免留置施工缝。

施工缝的处理应严格进行，老混凝土表面应凿毛，并利用高压水除去松动部分，使粗集料的暴露深度达6mm。在浇筑混凝土之前水平缝应铺1层厚度为1～2cm的水泥砂浆，垂直缝应刷1层净水泥浆，其水灰比应小于混凝土的水灰比。必要时可将施工缝局部范围内的混凝土强度提高1级。对于重要结构物，可采用喷涂（或涂刷）环氧黏结剂处理施工缝的方法。

### 3.采用消除混凝土松顶的措施

(1)严格控制混凝土配料准确性，确保供给合格的混凝土。

(2)对于高大结构构件应坚持分层减水。

(3)明确分层厚度，在保证不漏振，保证振捣时间的基础上，防止过振而产生离析现象。

(4)采取二次振捣和二次抹面的措施，以增强顶层混凝土的密实性。

二次振捣和二次抹面的适宜时间应在混凝土初凝时间的1/2～2/3范围内进行，先用平板式振捣器振捣后，即将表面抹平压光。

### 4.控制混凝土温升

对于大块体混凝土，应控制由于水泥水化热所引起的混凝土温升，以防止可能引起混凝土开裂的过度的温度应力梯度。

控制的方法包括选用水化热低的水泥,采用缓凝剂、减慢浇筑速度,严格控制各层混凝土浇筑的间隔时间,在夏季夜间施工,以及充分养护等。浇水养护时应避免出现温度冷击的现象。

5. 浮态施工或临时着地施工

沉箱处于浮态下继续施工时,用具有足够的稳定性,以抗衡波、风、水流和系缆力的影响;沉箱系临时着地时,搁置地点的海底形状应使着力点的混凝土弯曲应力不超过其容许极限。

6. 拖运或吊运

拖运应计划在可靠气象预报期间内完成,在恶劣气候比较频繁或预期可能有冰凌的季节应避免进行拖运。拖运时,其所具有的抵抗倾覆能量应为由风引起的倾覆能量的1.4倍以上。

在由起重船悬吊时应验算风、浪、水流对起重船及其荷载的稳定性的影响。

7. 安放

构件安放应在预期的最大风速、波高和流速下安全地进行,并考虑施工所处地区天气预报的可靠性和预期安放时间,以及水流流速随深度的变化。

8. 水上浇筑混凝土

(1)模板应能承受风和波浪等外力的作用。利用低潮浇筑混凝土时应仔细考虑模板组装所需要的时间、浇筑混凝土的时间和混凝土表面上升高度与潮位上涨的关系,必要时,从还未达到低潮位之前就开始浸在水中进行模板的组装作业。

(2)如下部结构为沉箱或方块时,浇筑上部结构混凝土的伸缩缝应设置在沉箱或方块的安装缝上。

(3)利用混凝土拌和船浇筑混凝土时,因附近通过船舶产生船行波而引起船体摇晃,使拌和船的投料口发生大摆动,应在其端部装设软管。

(4)因结构物形状和位置的缘故,有时难以进行养护,可利用脚手架盖上布罩,以防因受阳光直射和风吹而干裂,设法保持混凝土表面充分潮湿,尽量推迟拆模时间。

(5)拆除模板之后,混凝土表面所残留的对穿螺栓洞应立即用砂浆填塞。

## 第六节　各类混凝土预制构件的施工

海洋工程中预制最多的构件有沉箱、块体和桩、梁、板等。沉箱广泛地用于海上采油平台和海港防波堤、码头、栈桥墩柱等各类结构物。方块、扭工字块、四角锥、扶壁和空心方块等各种块体主要用于海港码头、防波堤及其护坡等。桩、梁、板则主要用于海港码头结构物。这些构件除了下水或吊运方式外,一般与陆上工业民用建筑所用构件的预制工序基本相同。即根据机械设备的能力、模板、脚手架的套数、施工人员的组成等采用流水作业,按经济合理的方式组织施工。

### 一、沉箱

1. 制作

一般制作工艺流程如下:

整理场地→铺设隔离层→绑扎第一段钢筋→安装第一段内外模板→模板找正→架设作业平台→浇筑第一段混凝土→进行施工缝处理→架设外脚手架→绑扎第二段钢筋→成组吊装内模板→成片吊装外模板→模板找正→浇筑第二段混凝土。依次浇筑至顶层抹平,然后自上而下逐段拆除内外模板,填塞螺丝孔洞,养护,检查外形尺寸,设置各种标记,准备出运下水。

不论哪一种形式的预制场,都是用平台作为底模。干船坞式和起吊下水式沉箱预制场采用混凝土平台,滑道式预制场则多采用钢平台,并作成水平,允许高差1cm,以便在平台上直接安装侧模,此外,平台应具有能承受其上面沉箱荷载的强度。

为了防止平台与沉箱底板混凝土黏结在一起,可铺沥青油毡或牛皮纸将其隔开。

沉箱模板结构可采用组装式钢模,施工时先在平台上拼装,用勾头螺栓固定纵横联系梁,然后用吊车翻转、找平、涂隔离剂,堆放备用。内外模板由螺栓拉杠固定。为便于螺栓拉杆拆卸,拉杆应加套,并采用端部可以拆卸的圆台螺母或套筒螺母。每段模板的高度与混凝土浇筑高度相同。

架设钢筋骨架、浇筑混凝土的方法与工业民用建筑相同,但目前已开始将整个沉箱连续浇筑的传统方法改为分段浇筑,并采用以下系列先进施工工艺,即采用整片式钢模板分段提升,用拌和车运送中流态混凝土,用泵车输送入模,分段浇筑,进行流水作业,以均衡机械设备和模板周转,减轻劳动强度,而且可避免夜间施工,提高混凝土质量。

例如山东石臼港煤码头的栈桥墩和靠船墩沉箱,曾采用这一系列先进工艺,即装备 2 台1 000升强制式拌和机(拌和能力达60$m^3$/h)拌和混凝土,然后由 6 辆 5$m^3$ 的混凝土拌和车运输混凝土到沉箱施工现场,并采用 2 台泵车进行浇筑。由于整片式钢模板组装快,整体性好,脱模后混凝土表面光滑、平整。拌和车在运输过程中机组进行拌和,使混凝土拌和物不致离析、泌水。采用中流态混凝土则尚有振捣容易、浇筑速度快等优点。

2. 下水

下水方式随预制场结构不同而异。在滑道式预制中,一般是在沉箱制作完成后利用油压千斤顶使沉箱坐落在横移台车上进行横移,运至滑道上端,再用油压千斤顶将沉箱移到滑道的下水台车上,然后沿滑道下滑入海、漂浮,并拖运至安放点。在干船坞式预制场中则是在沉箱制作完成后向坞内注水,使沉箱起浮,然后打开坞门,用拖轮拖运沉箱入海。在利用浮坞制作沉箱的方式中,则是在沉箱制作后使浮坞注水下沉,沉箱即自行脱离浮坞而浮于海面上。当利用底座式浮坞下水时,将沉箱从制作台上利用油压千斤顶顶升进入横移台车,横移至码头进入底座式浮坞(轨道与码头轨道对接),浮坞注水后下沉,沉箱即浮于海面上。在具有大型起重船的施工现场,可利用现有码头大量制作沉箱,利用起重船吊入水中,或用起重船维持起吊状态,将沉箱拖运至安放地点。

3. 海上接高

当沉箱预制场前沿水深不足,或油压千斤顶、横移台车或下水台车、溜放绞车等的能力不足时,可不等整个沉箱完成而在下水后继续灌注混凝土。沉箱可沉放在码头前沿的基床上接高,也可在固定的海面上接高至设计高度。

当选用在码头前沿接高的方式时,尽量利用突堤码头的端部作为接高场地。码头前沿水深应能满足接高后沉箱可正常浮运,并应进行地基处理。同时应选择离沉箱预制场较近的地方，以便利模板、钢筋、混凝土等后方工作。只有在不得已情况下而且陆域又允许建立混凝土施工设施时，沉箱接高才自成系统。

我国自 20 世纪 60 年代开始采用沉箱接高工艺，目前在大连和秦皇岛应用已比较普遍，解决了海港工程迅速发展的急需。例如大连鲇鱼湾油港的 22 个沉箱接高是在大连港三码头进行的（图 13-7）。沉箱直径 9m，高度由 12m 接高至 16.5m 或 19.7m。三码头为突堤码头，利用其端部作为接高场地。码头端部全长 120m，一次能容纳 8 个沉箱。码头前沿水域 20m 宽，为沉箱接高和存放场地。码头后方陆域 70m × 120m 作为模板、钢筋和混凝土拌和等施工场地。

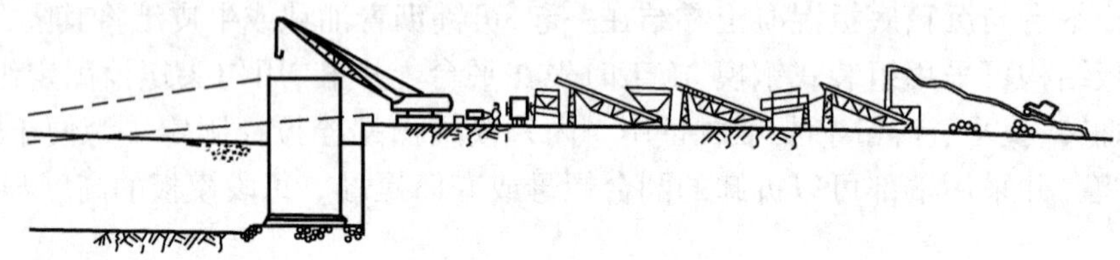

图 13-7　沉箱接高场地立面图

当沉箱需浮在水上接高时，应及时调整压载，以保证沉箱的漂浮状态。当沉箱需要着地接高时，接高场地一般需进行基础处理，在保持码头前沿原设计海底高程不变的情况下，进行挖泥、抛石、夯实、整平等工作。为了码头安全，基础处理工作需要在码头前沿 2m 以外进行。

为了便于在海上进行接高作业，在下水前将沉箱上端周边预先安上脚手架并预留支模用的螺栓孔。钢筋组装均在陆上场地进行，并用移动式起重机安装模板。混凝土多用泵或吊罐浇筑。

为了安装模板和钢筋骨架工作少受潮水影响，沉箱可先用锚缆固定，使之漂浮在基床上面，临近浇筑混凝土时，再将沉箱下沉到基床上。

由于沉箱接茬处的钢筋接头均在同一截面上，为了保证接高质量，钢筋接头除搭接绑扎外，宜再加焊接处理。混凝土除应进行凿毛、冲洗、铺砂浆外，接茬下端的工字钢应有上下两层螺栓固定在原沉箱上，并在模板底下垫以塑料绳，使模板与沉箱壁接触严密，防止漏浆。

## 二、混凝土块体

1. 制作

混凝土块体制作工艺基本与沉箱相同，但体积小，一般为 5 ~ 20m³，可成批地将块体集中排列起来，从模板的安装到养护、出运的一系列工序进行流水作业。

1）方块

方块制作简单，不需要复杂的施工设备，在缺乏大型吊运设备的条件下可减小方块尺寸。

图 13-8　方块混凝土振捣顺序

由于方块体形较大，在振捣方面应注意下列各点：

（1）振捣顺序采用由外向里的顺序，如图 13-8 所示。采用这种振捣顺序会减少混凝土表面的气泡数量，如表 13-25 所示。

混凝土表面的气泡数量　　表 13-25

| 表面状况＼振捣顺序 | 由外向里 | 由里向外 |
|---|---|---|
| 每 $1m^2$ 中的气泡数(个) | 84 | 143 |
| 最大气泡深度(mm) | 6 | 7 |

(2)振点的距离。一般在使用的振捣器直径 75mm,频率 5 600 次/s,棒长 33cm 条件下:

①振捣器与模板距离 10cm;

②靠模板边缘振点距离 15 ~20cm;

③中部混凝土振点距离 20 ~25cm;

④顶面混凝土振点距离 15 ~20cm。

(3)分层的厚度。一般每层厚度(振实厚的厚度)为 30cm。第一层振捣棒离开底板 3cm 左右,以上各层振捣棒插入下层 5cm。

(4)分层减水,并在顶部混凝土初凝时间 1/2 ~1/3 时进行第二次振捣、第二次抹面。

由于方块的混凝土强度常得不到充分发挥,为了节约水泥并降低内部温升,浇筑混凝土时可在方块内部埋放块石。块石尺寸可根据吊运条件和振捣设备能力而定,一般边长为 30 ~50cm,形状应大致方正,最长边与最短边之比不应大于 2,且不应有显著的风化迹象、裂缝、片状,饱水状态下的强度不得低于 600MPa。块石在埋放前应冲洗干净并保持湿润。块石与块石间的净距不得小于 10cm 或混凝土粗集料最大粒径的 2 倍。

2)空心方块和工字块体

空心方块和工字块体的外形如图 13-9 和图 13-10 所示,由于质量大,陆上难以具备相应的起重能力,宜在现有码头上预制,然后利用大型起重船吊至驳船运至安放现场进行水下安装。

空心方块和工字块体可采用滑升模板法浇筑混凝土。例如广州文冲船厂码头采用的空心方块,高 8.7m,截面尺寸为 5m ×7m,中间有两个空仓,壁厚 25cm。底板(厚 0.6m)混凝土采用整片式模板一次浇筑,其上 8.1m 范围采用滑模工艺,每次滑升由两块空心方块组成一组。又如该船厂的两个 2.5 万 t 级修船码头采用的工字块体,质量 170t,高 8m,截面尺寸为 6m × 4.9m,也采用滑模工艺浇筑混凝土。

由于工字块体是薄壁构件,且许多部位承受偏心或中心拉力,立板与肋板接头处应避免留置施工缝,并应加强振捣,其顶部承受较大的偏心压力,为保证混凝土质量,宜采用二次振捣。

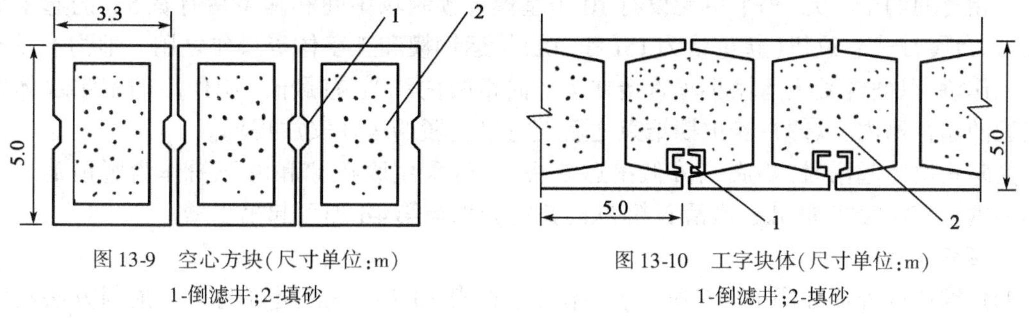


图 13-9　空心方块(尺寸单位:m)
1-倒滤井;2-填砂

图 13-10　工字块体(尺寸单位:m)
1-倒滤井;2-填砂

3)扶壁

扶壁外形如图 13-11 所示,施工方块与工字块体基本相同,可采用滑模工艺浇筑混凝土。混凝土底模允许高差为 1cm。例如黄埔新港二期码头扶壁,总高 12.45m 和 13.45m 两种。底板尺寸为 4.0 ×10.5m,厚为 1.5m 采用整片式模板一次浇筑,立板厚 30cm。斜肋厚 20cm,高

11.95m 采用滑模工艺浇筑混凝土,每次滑升由 4 块扶壁组成一个滑升组。

4)扭工字块体

扭工字块体外形如图 13-12 所示。目前多采用全外露式整体钢模板预制的新工艺,除块体水平底面及下肢的内里面与混凝土基模接触外,块体其余表面全部外露在地面上(图 13-13),可避免在地面下建造坑式基础,以消除脱模时基模对块体的侧向摩阻力,降低吊运断头率。

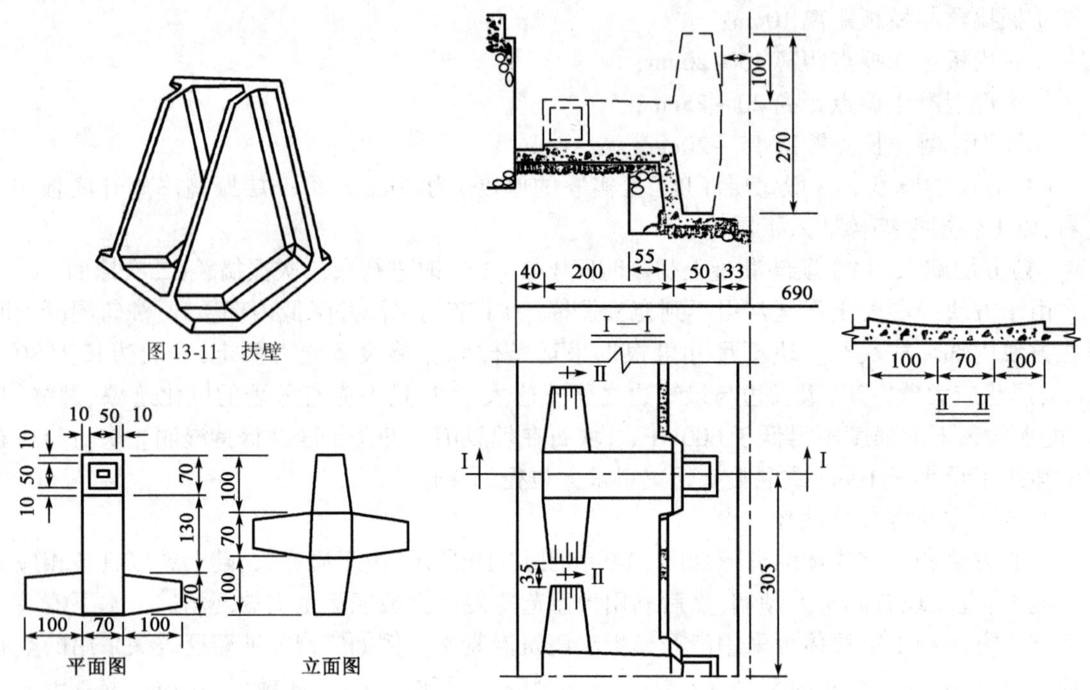


图 13-11 扶壁

图 13-12 扭工字块体(尺寸单位:cm)

图 13-13 全外露式预制工艺的基模结构(尺寸单位:cm)

块体侧面全部用钢模成型,一次组装,整体安装、拆除。整个高大的扭工字块体均在地沟内浇筑,混凝土运输小车可直接通过横跨地沟的工作桥,经漏斗入模,避免混凝土垂直运输,减轻入模分层、振捣等工序的劳动强度。图 13-14 为山东某工程预制场平面布置图。该预制场制作的块体体积为 2.78m$^3$,质量 6.5t。预制场上布置有 4 条深度为 3m 的地沟。每两条地侧沟分成相对的四个单元,每个单元设有 10 个基模。预制场中间和两条留有宽 5m 的起重机通道,供两台履带式起重机(起重量为 15t 和 30t)吊运钢模和工字体等操作之用。地沟上设有横跨的工作桥,以便混凝土运输小车直接在其上向钢模内浇筑混凝土。制作后的工字块体存放在临近的储存槽内,以便在养护期结束之后随时吊上驳船运往安放现场。

为防止块体起吊时"黏底",降低吊运断头率,可采用废机油和滑石粉作为脱模剂。每个基模和钢模需涂废机油 5kg,撒滑石粉 2kg,并在养护至第 4d 即可起吊出槽。

5)四角锥体

四角锥体的外形如图 13-15 所示,锥体尺寸见表 13-26,一般质量约 4t。预制方法在国外多采用立置浇筑法,即将模板立置于地面,制作出的锥体处于正立状态(一脚朝天,三角朝地),但这种方法模板用量大,故我国采用倒置浇筑法,即将模板埋置在地面以下,制成的锥体一脚垂直向下,三脚指向上方,呈倒置状态,通常可采用混凝土底模和钢质顶模。每套钢模的用钢量(4mm 厚钢板)可从 200kg 减为 120kg,而且便于施工,提高混凝土质量。

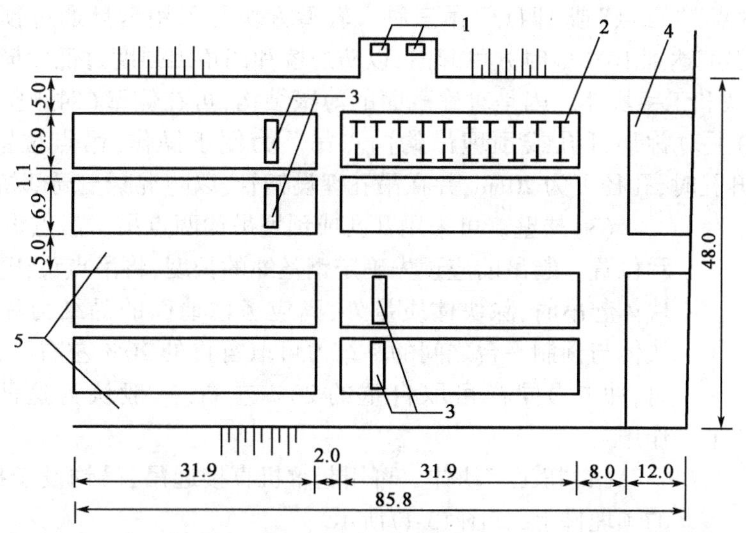


图 13-14　扭工字块体预制场平面布置图(尺寸单位:m)
1-拌和机;2-基模;3-工作桥;4-储存槽;5-起重机通道

锥 体 尺 寸 (cm)　　表 13-26

| 符号 | 质量 4t | 质量 3t |
|---|---|---|
| $H$ | 181 | 165 |
| $B$ | 197 | 176 |
| $h_1$ | 88 | 72 |
| $d_1$ | 42 | 37 |
| $d_2$ | 52 | 48 |
| $d_3$ | 87 | 77 |

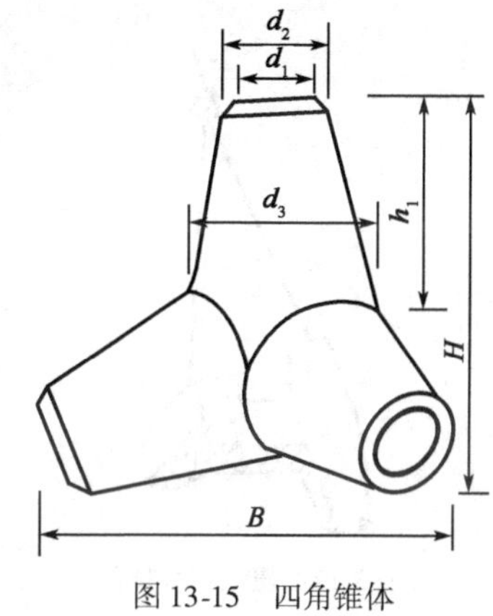


图 13-15　四角锥体

四角锥体具有特殊外形,模板制作比较复杂,应注意下列事项。

(1)钢模板必须具有足够的刚度。混凝土底模和钢模的尺寸应准确,以便互相吻合。

(2)在模板正式制作之前,可先作胎具,尺寸与实物相等。

(3)制作钢模时可用马粪纸在胎具上套样,据以对钢板下料,然后将裁割出来的钢板,铆在胎具上进行分段、断续焊接,以减少变形。

(4)制作底模时可用胎具作模板。为防止胎具在浇筑混凝土过程中倾斜或上浮,胎具应加压,并从四周均匀下料,在两侧同时振捣。在常温下浇筑后 2h 吊出胎具,用水泥浆刷饰即成。

(5)底模与钢模之间可用螺栓连接,并垫橡皮条。浇筑混凝土时先将底模部分灌满,然后盖钢质顶模,为便于混凝土灌入,在顶模每脚的腰部设下料孔。

由于锥体与混凝土底模的接触面积达 60% 左右,黏结力大,脱模困难,应妥善处理,一般可在浇筑混凝土之前在底模上铺垫特制的水泥袋纸套。

2. 起吊

(1)方块。一般可利用倒 T 形吊杆(俗称“马腿”)伸入方块中预留的吊孔起吊。根据块体大小,可设“两点”“三点”或“四点”吊三种。轻型方块可采用卡环通过预埋的吊钩起吊。通常,当混凝土强度达到10MPa时方可起吊,以防边棱和四角因强度过低而撞坏。

(2)空心方块和工字块体。因是对称截面的薄壁结构,可在侧壁(对于空心方块)或肋板(对于工字块体)上对称地开孔或预埋吊钩两点吊。为便于操作,吊点位置可设于离底边1.5m处。如需开孔时,孔径可为20cm,并在吊孔埋设钢管,以防混凝土局部挤坏。

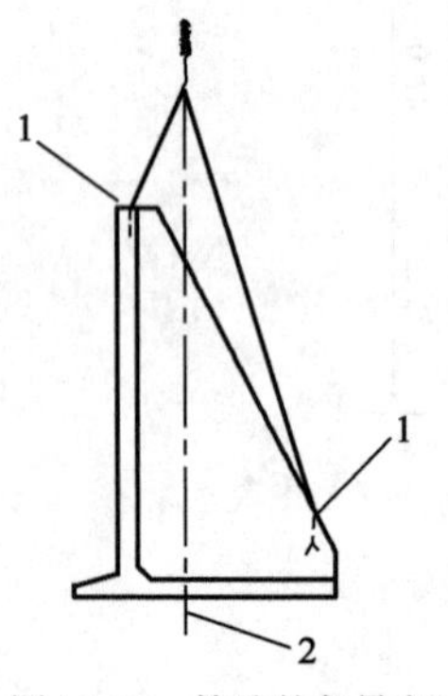

图13-16　扶壁的起吊方法
1-吊钩;2-重心轴

(3)扶壁。可采用开孔或预埋吊钩两点吊。吊点设于如图13-16所示位置。起吊前应预先确定钢丝绳的长度,将吊点设于重心的上方。在块体起吊时,除块体质量外,尚应考虑地面的黏结力和起吊时的冲击。块体与预制平台之间的黏结力可取自重的20%左右。在用起重船起吊时,冲击力同样可取自重的20%左右,一般认为这两部分力不同时作用。

(4)扭工字块体。可用起重机直接起吊,吊钩设于扭工字块体两端的预埋件上,如图13-17所示。

(5)四角锥体。可采用钢丝扣通过四脚锥的吊钩兜往一脚起吊,如图13-18所示。

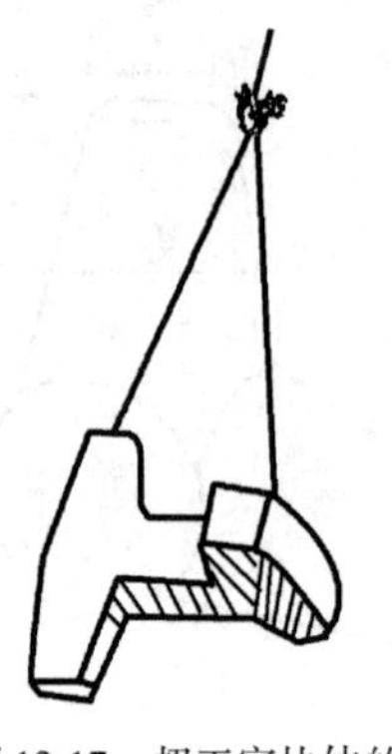
图13-17　扭工字块体的起吊方法

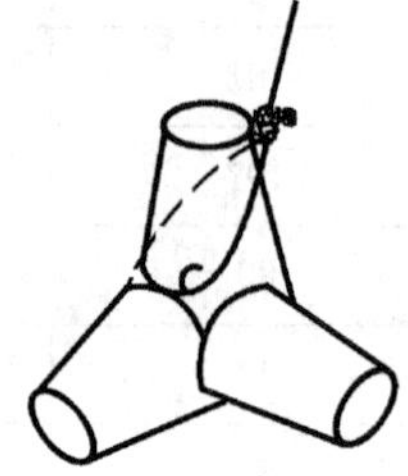
图13-18　四角锥体的起吊方法

3.倒运及出运

为提高预制场地的周转次数,待混凝土达到起吊强度,即进行倒运进入存放场养护,然后出运。存放场宜设于出运作业最方便之处,并靠近制作场地或安装现场,有足够存放面积和承载力,受波浪冲刷和淤积的影响不大,并满足吊运要求。

陆上运输一般可用移动式起重机或平板载重汽车等。水上可用驳船配用起重机装船运到安放现场。对于空心方块的扶壁等大型构件,则需采用大型起重船装入驳船出运。

## 三、桩、梁、板

桩、梁、板的制作、吊运方法与一般工业民用建筑构件基本相同,除应符合有关要求外,尚应符合下列各项要求:

1.制作

(1)为避免施工过程中因基桩损坏而影响工程进度,可根据沉桩方法、土质情况、基桩数量和运输条件,考虑一定数量的备用桩,一般为基桩总数的2%。

(2)构件重叠或间隔预制时,应采取措施防止相互黏结。

(3)预制构件结合面处应进行凿毛处理。

(4)预制构件应注明工程名称、构件型号、浇筑日期和施工编号。

2.起吊

(1)预制构件起吊时的混凝土强度应符合设计要求,如需提前吊运,应经验算。

(2)预制构件采用钢丝绳扣起吊时,其吊点位置偏差不应超过设计规定位置 ±20cm。为防止钢丝绳损坏构件棱角,起吊前宜用麻袋或木块等衬垫。

3.倒运及出运

(1)倒运至存放场地时,按两点吊设计的预制构件,可用两点支垫存放,支点位置偏差不应超过 ±20cm,但应注意避免较长时间用两点堆置,致使构件发生挠曲变形。必要时可采用多点支垫存放,垫木应均匀铺设,并应注意场地不均匀沉降对构件的影响。

(2)多层堆放预制构件时,其堆放层数应视构件强度、地基承载力、垫木强度和存垛稳定性而定,各层垫木应位于同一垂直面上。其堆放层数:

①桩不宜超过三层;

②空心板不宜超过三层;

③无梁面板,四点支承者不宜超过三层,六点支承者不宜超过二层。

(3)用驳船装运预制构件时,应按下列方法进行。

①驳船甲板面上应均匀铺设垫木,并适当布置通楞。垫木顶面应尽量保持在同一水平面上,并用木楔调整垫实;

②按支点位置布置垫木时,其位置偏差不得超过 ±20cm。多层装运时,各层垫木应在同一垂直面上。

(4)驳船上装运预制构件时,应注意甲板的强度和船体的稳定性。一般采用宝塔式和对称的间隔方法装驳。吊取构件时,应尽量使船体保持平稳。

## 第七节　各类工程的施工

### 一、海外设施的施工

海外设施是离岸几千米至几十千米的深水处海上结构物,应能抗御极为恶劣的气象和海象,并应按此项原则施工,此点不同于一般海岸结构物。

1.海上采油平台

因为海上采油平台常设于有严重风暴和深水的水域,较平静可进行海上作业的时间很短,故应选用一些可在陆上或遮蔽水域中制作的结构构件;制作后整体地半潜式拖运就位,于短期内就地充水沉放并安装,故一般多采用重力式结构,包括由若干个圆柱形或格形舱组成的沉箱基础和多个支承钢甲板的混凝土支柱(图 13-19)。

1)建造方法

沉箱部分在干船坞内建造,按工程进度依次拖运至浅水和深水区并锚固,继续建造支柱平台,建成后拖运、沉放、安装。在向海底沉放过程中,舱内充满海水,平台投产后,舱室作为储油

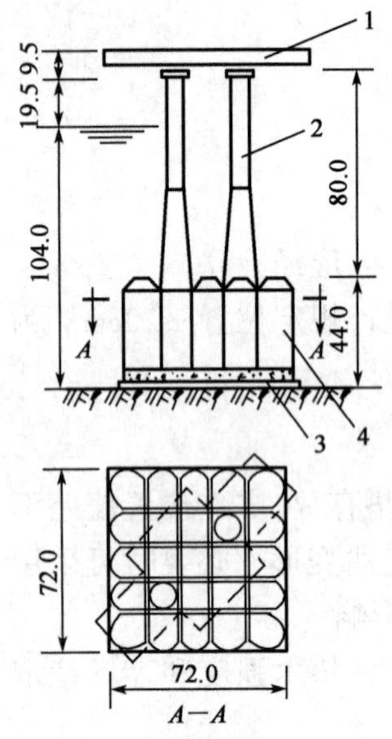


图 13-19　重力式结构采油平台（尺寸单位：m）

1-工作桥；2-空心管桩（$\phi$8 ~ $\phi$13）；3-底板；4-沉箱

舱之用。

2）特殊要求

由于原油渗漏会带来严重后果，检修平台也存在极大困难，因此，应更严格地慎选材料，确保混凝土施工质量。除应符合本章第五节施工要点外，尚应符合以下要求。

（1）沉箱基础因是一个大截面结构，应考虑采用降低温度的措施，尤其在横截面变化较大的部位，由于最高温度不同和冷却速度不同，将会产生较大的温度应力。一般可在混凝土浇筑过程中预埋热电偶（或铜电阻），以定期测出不同部位上混凝土温度的变化。

（2）掺用加气剂以提高抗渗性、抗冻性和抗蚀性。

（3）避免出现冷缝。

（4）施工缝可涂敷环氧材料，以增强新、老混凝土黏结力。

（5）支柱表面可用环氧涂料，以适应恶劣的自然条件。

2. 防波堤

1）沉箱堤

沉箱堤的截面如图 13-20 所示。沉箱在预制并经规定时间的养护之后，随即下水。下水后浮起的沉箱一般随即用钢丝绳与拖轮联结起来，拖运至临时存放场系泊或沉放，或直接拖运到现场进行安装。

（1）封顶混凝土施工

沉箱安装完成后，立即开始箱内充填砂、石或贫混凝土，然后立即进行封顶混凝土施工，有安装预制混凝土盖板和现浇混凝土两种方法。

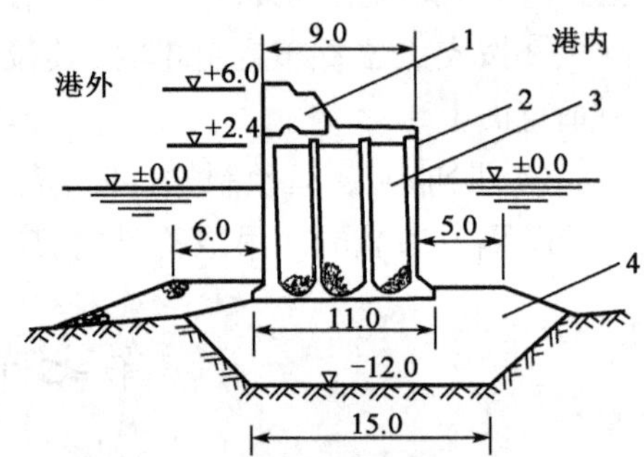


图 13-20　沉箱防波堤（尺寸单位：m）

1-混凝土方块；2-沉箱；3-填石；4-抛石

预制混凝土盖板用驳船从海上运来，利用起重船或起重机安装，安装时，应使之沿隔墙和侧墙尽量均匀地排列起来，以便填充接缝混凝土。由于接缝混凝土数量较少，故一般系将拌制好的混凝土装在料斗或吊罐内，用驳船自海上运来浇筑。如接缝混凝土填塞得不密实，遇到越顶波浪时，将会使砂浆流失，故应精工细作。如接缝细窄，宜采用砂浆灌缝。

当持续有良好的海况条件时，可现浇封顶混凝土，方法有：

①流态混凝土用料斗或吊罐运输，起重船浇筑；

②用混凝土拌和船现场拌制并用泵送浇筑混凝土；

③对于突堤可由上通行时，可用拌和车或卡车运送混凝土直接浇筑。对于运距长，尤其在夏季施工时，由于坍落度损失较大，应尽量采用拌和船或拌和车进行施工。

当进行现浇封顶混凝土时，应为上部结构混凝土的模板安装而在封顶混凝土中预埋固定模板的铁件。

（2）上部混凝土施工

在封顶混凝土盖板安装或封顶混凝土浇筑之后，应早进行上部混凝土施工，以防受到波浪袭击，造成封顶混凝土破坏，填料流失，可将上部混凝土分为两层施工，即早期浇筑 1m 高度，其余部分留待基础下沉到一定程度之后再进行施工。但浇筑下层混凝土之后，在其尚未凝结之前应埋设好安装上层模板所需的铁件。同样，当上部混凝土上面还有胸墙混凝土时，也应预埋钢筋或型钢以增强两者的联结。

由于上部混凝土是赶潮作业，而且还常受到海况条件的限制，考虑每天可浇筑的混凝土数量时，宜按一个沉箱或半个沉箱作为一段分别浇筑。

上部混凝土的施工方法与封顶混凝土相同，但由于混凝土量较大，宜采用混凝土拌和船进行浇筑。

2) 方块堤

在水深较浅不适宜建造沉箱堤或附近无沉箱工厂时，多用混凝土方块建造直立堤或混合堤，如图 13-21 所示。

方块在陆上预制，可采用下列两种方式运至现场进行安放。

(1) 从海上进行安放

方块由预制场或临时堆放场所装上驳船运至海上安放现场，与起重船接舷并靠，利用起重船将块体由驳船上起吊，并置于预定地点。安放作业应使方块互相之间啮合良好。

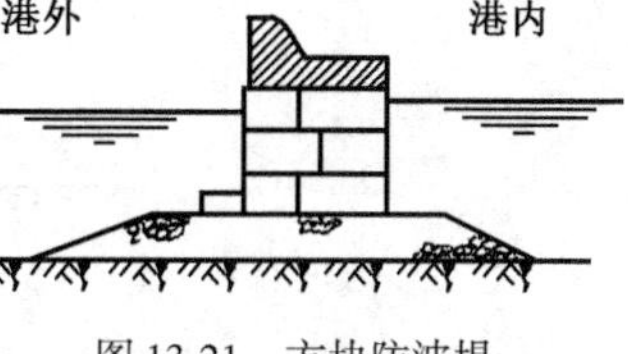

图 13-21　方块防波堤

(2) 从陆上进行安放

如防波堤一端与陆上衔接时，可采用端进法由陆上开始安放，并可在防波堤顶用履带式起重机等设备将用卡车等设备运来的方块依次吊起，并安放在预定地点。

上部混凝土的施工方法与沉箱堤基本相同。

3. 导航设施

建造于海上主要航道干线上的灯塔、导航台、灯桩等各式导航设施，仅分布在辽宁、河北、山东和天津四省市的海岸上就设有近 300 座之多，分别设于孤岛、海面、礁石、沙滩或港口防波堤上。一般可采用预制装配结构或现场浇筑混凝土的方法进行施工。当建于深水海域时，同样可采用沉箱基础结构。

1977 年建成于软土地基上的大沽灯塔（图 13-22）为我国目前最大的海上灯塔。基础为低桩墩台式，用 50 根直径为 80cm、长度为 24.5m 的钢管桩。墩台为截头圆锥形沉箱。钢管桩与沉箱联结部位灌注水下混凝土。为提高结构物抗风浪、冰凌、冻融等作用的能力，沉箱的水变区镶砌花岗石。沉箱底部直径 22m，顶部直径 7m，高 13.9m，重 1 500t，分内外两层箱壁，内外壁之间现浇厚度为 1.5m 的混凝土。沉箱在船坞内预制，采用"浮吊法"浮运至现场就地沉放。

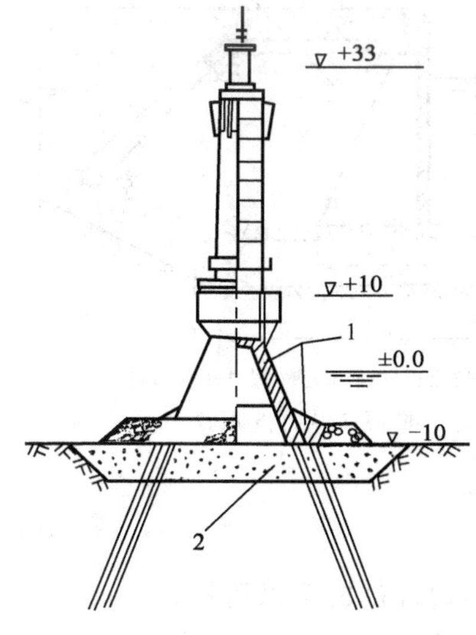

图 13-22　大沽灯塔结构图
1-现浇混凝土；2-填砂

灯塔上部为钢筋混凝土圆筒。筒壁分 12 段预制，现场吊装。全塔共有吊装件 13 件，质量 36 ~ 94t。最高件吊点位于 +48m，采用 80t 和 500t 起重船进行安装。

4. 护岸

护岸是保护海岸防止侵蚀的工程设施，多采用浆砌块石斜坡结构。当采用混凝土结

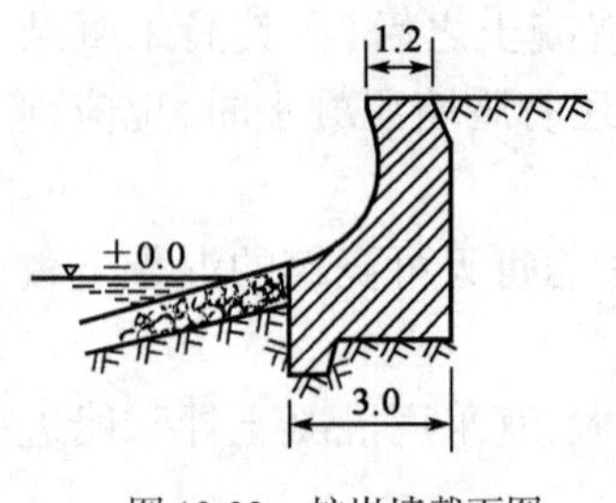


图 13-23　护岸墙截面图
（尺寸单位：m）

构时，一般采用沉箱、方块、空心方块或现浇块体等直立式结构（图 13-23）或上述两种结构的混合式。

施工方法一般是先完成护岸主题工程后回填，这些构件的制作、吊运和安装程序与防波堤工程基本相同，与其不同者是在预制构件安装时严格要求接合部分整齐吻合，以防回填土流失。

## 二、靠船设施的施工

### 1. 重力式码头

重力式码头一般以沉箱、方块、空心方块或扶壁等预制构件作为工程主体，如图 13-24 ~ 图 13-26所示。这些构件经预制养护后，拖运、吊运或驳运至现场进行安放。

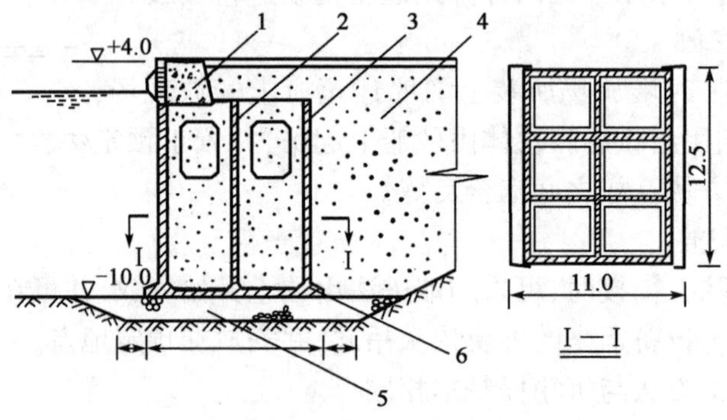


图 13-24　沉箱码头（尺寸单位：m）

1-胸墙；2-纵隔墙；3-箱壁；4-填砂；5-抛石基床；6-箱底

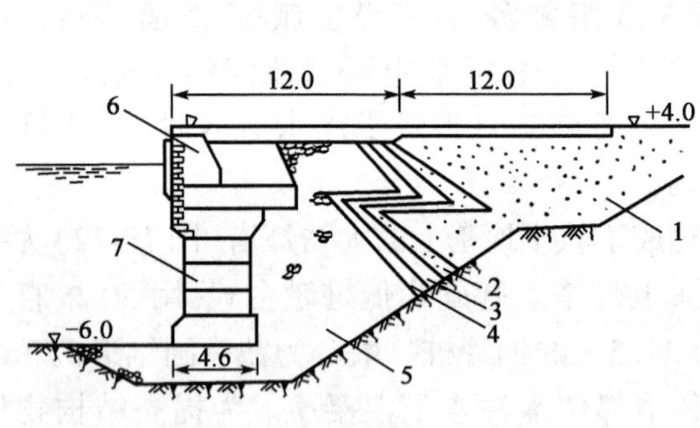


图 13-25　方块码头（尺寸单位：m）

1-填砂；2-粗砂；3-碎石；4-地爪石；5-块石（15 ~ 100kg）；
6-现浇混凝土胸墙；7-预制方法

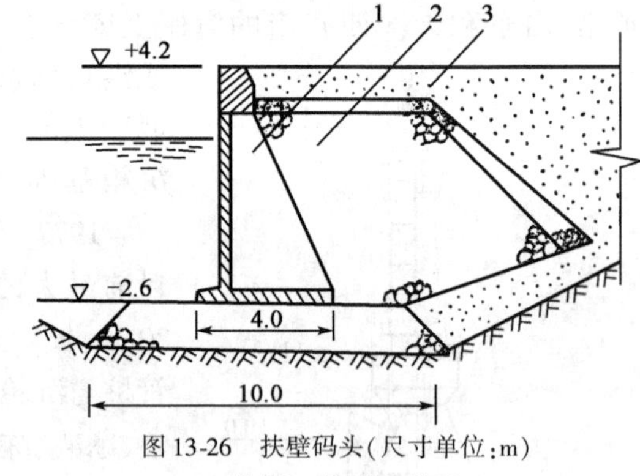


图 13-26　扶壁码头（尺寸单位：m）

1-肋模；2-块石；3-填砂

1）安放沉箱时应注意事项

（1）沉箱安放时一般采用锚缆定位，灌水沉放或利用落潮自行沉放，但以后者为佳；

（2）沉放时应调整各舱压水，使沉箱底面与基床面斜度相一致；

（3）灌水沉放时应使基床面上水深小于沉箱高度；

（4）落潮沉放时应压水至沉箱底面距基床面 0.3 ~ 0.5m，以便调整位置，随潮沉放。

2）安放方块、扶壁时应注意事项

（1）安放底层方块、扶壁时应控制预制件底面与基床面斜度相一致，以免挫坏基床；

(2)安放方块、扶壁时应分段控制其位置和长度。扶壁宜在顶部露出水面的条件下进行安装。

沉箱或块体安放后浇筑上部混凝土(对于沉箱尚应待填充砂或块石之后)。如果码头背后的回填已经完成,则可利用拌和车等进行陆上施工。而当码头上部混凝土浇筑先于背后回填时,则与防波堤上部结构的施工方法相同,进行海上施工,需要使用混凝土拌和船或陆上混凝土工厂与运输船组合等设施。运送混凝土时,应考虑到浇筑方便,将拌和物装在吊罐或料斗中,用驳船运送到现场,采用混凝土泵、吊罐、料斗或流槽进行浇筑。

上部混凝土的模板一般采用钢板模。分段长度对于沉箱码头可每个沉箱一段;对于方块码头则可 10 ~ 20m 一段。由于主体部分的顶部多处于水位变动区,上部混凝土要赶潮作业,浇筑后应妥善封顶,4d 后允许拆模。处于水上部位的混凝土拆模后应用薄膜或草袋等覆盖。

上部混凝土浇筑的顺序一般是隔一段浇筑一段地间断进行。

2. 高桩承台码头

高桩承台码头主要由基桩、上部结构(梁、板、靠船构件)等组成(图 13-27)。

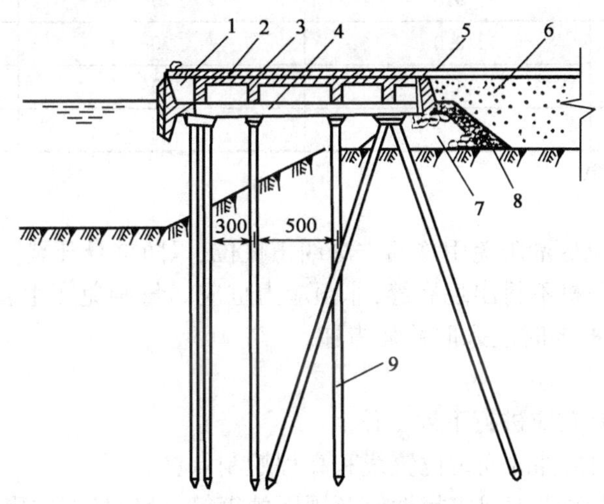


图 13-27　高桩承台码头(尺寸单位:cm)

1-管沟;2-面板;3-纵梁;4-横梁;5-挡土墙;6-填砂;7-抛石棱体;8-倒滤层;9-预应力桩

这些构件除所用原材料和混凝土技术条件有特殊要求外,制作方法与一般钢筋混凝土构件基本相同。均在陆上预制、养护,然后吊运至现场进行施打、安装并联结。这种结构物的装配程度较高,一般可达 85% 左右。预应力混凝土数量一般占 50% 左右。各类构件的最大质量为 40t 左右,可采用 50t 或 25t 起重船进行吊运安装。小型构件质量一般为 3 ~ 5t,可用相应的履带式起重机吊装。

1)水上打桩

(1)吊桩入龙口时,应将桩吊至足够高度后再立桩;打桩船带桩就位时,应测量水深,防止桩尖触及土层使桩折裂。

(2)为保证打桩质量,打斜桩时替打或送桩出龙口的长度,一般不宜超过其本身长度的 1/2;打直桩时一般不宜超过其本身长度的 2/3。

(3)打桩时宜采用重锤低击。锤重与桩重的比值可参照表 13-27 选用。

锤重与桩重比值　　表 13-27

| 单动气锤 | 双动气锤 | 柴油锤 | 自落锤 |
|---|---|---|---|
| 0.4～1.4 | 0.6～1.3 | 0.4～1.5 | 0.35～1.5 |

注:1. 锤重系指锤体总质量,桩重包括替打重量。

2. 土质松软时采用较小值,较坚硬时采用较大值。

(4)打桩时,桩顶应放置有适当弹性的垫层,如水泥袋纸垫、硬纸垫等,并要求厚薄均匀。不同桩垫使桩身发生的拉应力见表 13-28。

不同桩垫使桩身发生的拉应力值　　表 13-28

| 种类 | 厚度(cm) | 锤击数(次/min) | 拉应力(MPa) |
|---|---|---|---|
| 纸垫 | 8.0 | 70 | 9.04 |
| | 10.0 | 70 | 7.84 |
| | 12.0 | 70 | 6.11 |
| | 16.0 | 70 | 4.80 |
| 橡皮垫 | 4.5 | 70 | 7.77 |
| | 9.0 | 70 | 5.40 |
| 铁皮垫 | 8.0 | 70 | 12.23 |
| | 12.0 | 70 | 13.42 |
| 麻袋垫 | | | 6.84 |

注:1. 厚度为压锤后的数值。

2. 锤型均为 11-B-3。

(5)打桩过程中,应尽量避免用移船方法纠正桩位,以防桩身开裂。

(6)打桩时,预应力桩不得出现裂缝,非预应力桩应尽量避免产生裂缝,如出现裂缝,应根据具体情况研究处理,必要时应采取补强措施。

2)上部构件安装

(1)预制构件安装前,应进行下列工作。

①测量并设置预制构件的安装位置线和高程控制点;

②检查安装支撑点的强度或牢靠性以及周围的钢筋、模板是否妨碍安装工作;

③为使安装工作顺利进行,应结合施工具体情况,编制预制构件安装顺序图,按顺序安排装驳及安装等工作。

(2)预制构件安装时,应按下列要求进行。

①搁置面应平整,预制构件与搁置面间应接触严密;

②对安装后不易稳定以及可能遭受风浪、水流、船舶碰撞等外界影响的构件,应在安装后采取加固措施(夹木、加撑、加焊等),以防构件倾倒或坠落等事故发生。

(3)用水泥砂浆铺填预制构件搁置面时,应符合下列要求:

①应随铺随安,不得在砂浆硬化后安装构件;

②水泥砂浆不宜过厚,一般为 1～2cm;

③为保证预制构件与搁置面间的接触严密,在砂浆硬化前,应在接缝处用砂浆嵌塞并勾缝。

3)上部构件的连接

上部构件的连接包括构件本身的拼装(如板的接头和拼缝、梁的接头等)和不同构件之间的连接(如桩与桩帽、桩帽与横梁、横梁与纵梁、纵梁与板、靠船构件与横梁的连接等)。

由于结构物地处海岸,构件连接质量的好坏关系到结构物的整体性和刚性,如果处理不当,对整个结构物的耐久性来说,是一个弱点,因此,应注意下列几点。

(1)预制构件的接合面应留毛、凿毛或做成凹凸形。留毛可采用水冲法,预先在模板上涂一层纸浆废液(塑化剂),拆模后即用水冲洗,使混凝土成为毛面;

(2)接头和接缝的混凝土强度等级一般应比预制构件混凝土强度等级提高一级;

(3)预制构件与比它尺寸大的现浇构件连接时(如桩与现浇桩帽等),预制构件应埋入现浇混凝土 5 ~ 10cm;

(4)简支结构的桩帽应预埋伸出的钢筋插入简支梁两端的预留孔,并用砂浆填塞。梁与梁之间的空隙也同样用砂浆填塞,如图 13-28 所示。桩帽与无梁板的连接如图 13-29 所示。

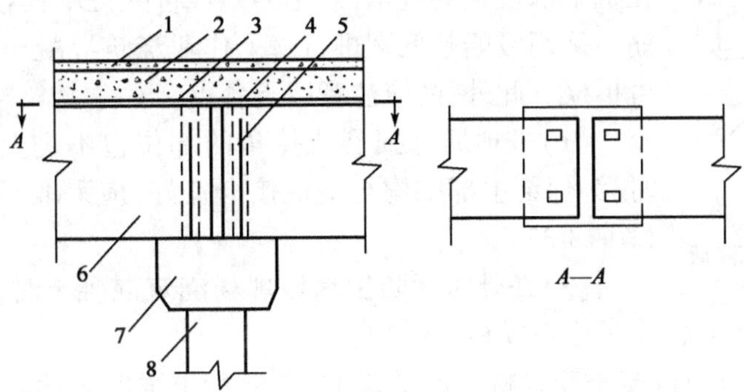


图 13-28 简支梁的连接

1-混凝土路面;2-预制简支板;3-砂浆垫层;4-预留孔;5-连接钢筋;6-预制简支梁;7-桩帽;8-桩

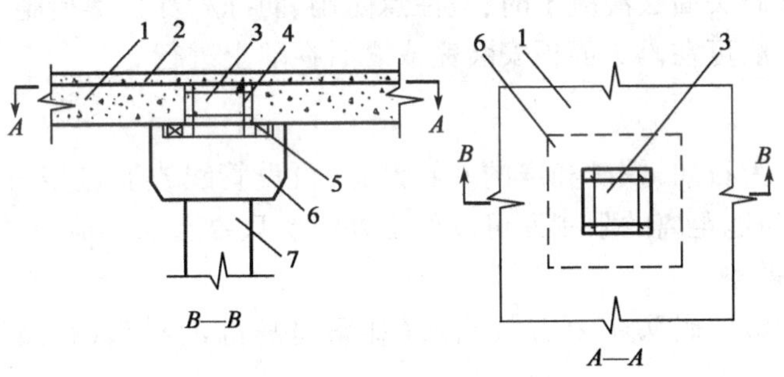


图 13-29 桩帽与无梁板的连接

1-无梁板;2-现浇混凝土路面;3-预留孔(50cm×50cm);4-连接钢筋;5-混凝土垫块;6-桩托;7-桩

简支板两端预留的钢筋伸出长度应为 7 ~ 8cm,加钢筋电焊连接,每隔 3 ~ 4 根焊一根(图 13-30)或采用环形接头(图 13-31)。

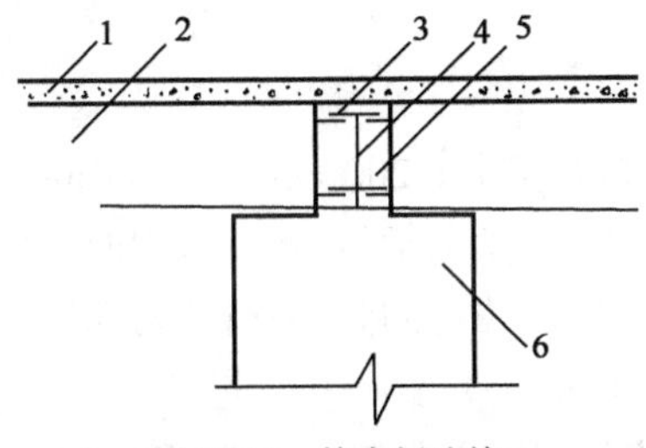


图 13-30 简支板连接

1-现浇混凝土路面;2-预应力简支板;3-电焊联结;4-锚固钢筋;5-现浇混凝土接缝;6-横梁

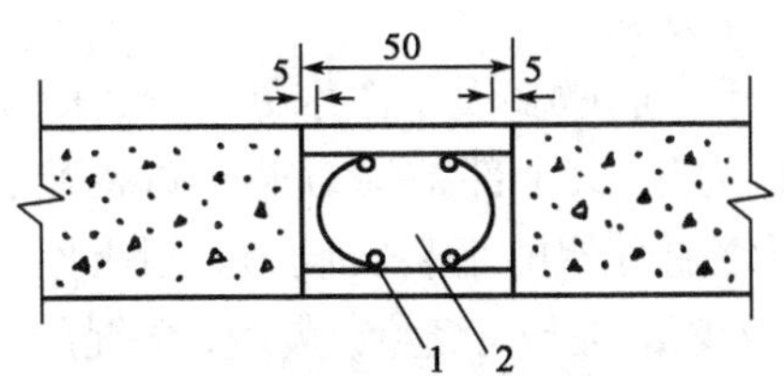


图 13-31 简支板环形接头(尺寸单位:m)

1-顺接缝钢筋;2-现浇接缝混凝土

(5)考虑到构件预制和安装的误差,以及构件边角受冻融影响剥落和铺垫砂浆不满等因素,构件的搁置长度一般不应小于表13-29中所列数值。

**构件的搁置长度**　　表13-29

| 构件名称 | 板 | | 装配式纵梁 | 装配式横梁 |
|---|---|---|---|---|
| | 简支板 | 装配整体式板 | | |
| 搁置长度(cm) | 15 | 10 | 20 | 25 |

4)现场浇筑混凝土

现场浇筑混凝土的工程量很少,一般只有桩帽、码头面层和挡土墙等。

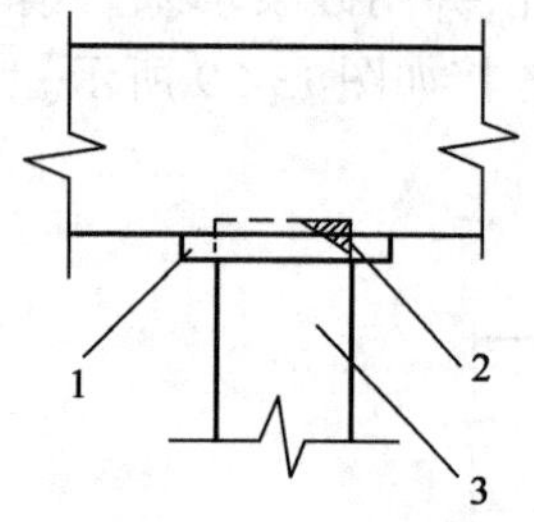

图13-32　桩顶损裂局部降低高程示意图
1-局部降低高程;2-损裂掉角;3-桩

现浇桩帽主要是为了调整桩顶标高和打桩偏位,现浇桩帽一般在桩上部设置夹桩木,或用型钢代替夹桩木,然后安装模板、架设钢筋。采用驳船趁低潮进行海上作业浇筑混凝土,妥善封顶,4d后方可拆模。此外,尚应注意以下各点。

(1)桩顶局部损裂或掉角的部位包不进上部结构底面混凝土时,为保证上部结构与基桩接合良好,应采取局部降低高程的措施(图13-32);

(2)在外海无防护水域现场浇筑混凝土时,应根据水位情况考虑风浪对模板的影响;

(3)为避免现场浇筑混凝土受打桩震动的影响,在混凝土强度未达到5MPa前,锤击打桩处与现场浇筑的混凝土之间的距离不宜小于30m。

现场浇筑大面积码头面层混凝土时,应注意防雨、防冻和养护等措施。

挡土墙的浇筑一般可在码头面板安装完成之后在陆上进行。

3.墩式码头

墩式码头主要作为石油、铁矿和煤的装卸设施,可设管线或通过栈桥、引桥或引堤与陆地交接,由于不受离开陆地距离的限制而可以伸出外海。只要选水深适当的地点,就可以进行建设,故海况条件较为恶劣。

我国近期建造的墩式码头主要有沉箱式(如秦皇岛港油码头、石臼港煤码头)和桩基式(如北仑港矿石码头)两种。

1)沉箱式

沉箱制作、下水、拖运和安放方法与沉箱式防波堤基本相同,沉箱在填充石料之后,在其上面安放混凝土压顶方块,并现浇上部混凝土,各沉箱墩之间用钢梁或预应力混凝土梁连接。沉箱尺寸一般为$\phi$18m×20m。

2)桩基式

由于靠船墩多设于渗水处,一般采用大型钢管桩(直径1 200mm或1 500mm,长度达40~67m)作为基础,上部结构力求提高装配程度。当采用现浇上部混凝土结构时,也应尽量在陆上进行钢筋骨架的组装安设,并预制永久性混凝土模板(镶面板)进行现场安装,以省去拆模工序,减少混凝土现浇量,减少受海况的影响,缩短工期。

由于施工地点水深较大,桩的地上部分长度较长,钢桩在潮流作用下容易发生振动和晃动,施工准备阶段应事先用型钢制成组钢桩临时夹牢,并调整桩位,然后挂好桩内钢筋混凝土堵孔板。为了使桩顶成为刚接,可采用型钢加固的方法。

在安设钢筋骨架时，应考虑加强桩基与墩台接合的问题，可采用在桩顶焊上钢板，把主筋焊在钢板上的加固方法。

混凝土浇筑可采用泵送或拌和船配合吊罐进行，或从岸边伸出的栈桥用混凝土泵将拌和物压送至施工现场。例如，上海宝钢原料码头和墩式引桥桥墩曾采用拌和物泵送浇筑上部混凝土的方式。取得如下效果：

(1)效率高。由于混凝土连续拌和并泵送，其效率为一般施工方法的 5 ~ 6 倍。一个 $172m^3$ 的引桥墩混凝土在比较顺利情况下仅用 3.5h 即可浇筑完毕。

(2)节省劳动力。劳动力可节省一半，劳动强度也可降低。

(3)施工简单化。对于远离岸边的水上混凝土，施工方法较其他方法简单。

## 三、修船、过船和挡潮设施的施工

在海洋运输中，经常有船舶需要离开水域入坞进行维修。为了维修船舶，一般需要在沿海各主要港口建造一些干船坞。

为了使有水位差的海面与河流间可以经常通航而在河口设置船闸，如在海河河口建造的天津新港船闸。

为了使风暴潮不致倒灌入河流或为了使咸淡水分开，保证河流水质，又需在河口设置挡潮闸，如天津海河挡潮闸和江苏射阳挡潮闸。

### 1. 干船坞

干船坞一般常设于海岸线附近的陆地上或浅滩上，赶低潮修建围埝，进行基坑开挖、排水，在干地上浇筑混凝土，主体工程完工后，再挖开围埝，使干船坞与海洋相通。只有在将结构物的位置设于海中才在海上修建钢板桩围埝，排水后浇筑混凝土。

干船坞的主体工程由坞室、坞首、坞门、排灌水系统等组成。由于地基透水性不同，船坞可采用重力式(图 13-33)、锚桩式(图 13-34)等各种形式。这两种形式均适用于强透水性地基上，具有抵消浮托力的能力。

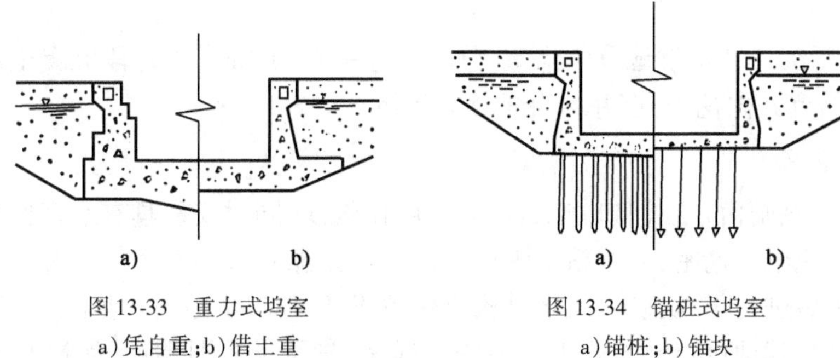


图 13-33　重力式坞室

a)凭自重；b)借土重

图 13-34　锚桩式坞室

a)锚桩；b)锚块

重力式坞室一般沿纵轴用沉陷温度缝分段，并作止水，分段长度一般为 20m 左右。坞墙混凝土模板一般采用钢桁架焊接而成的大片式模板，并用起重机架设模板。钢筋的绑扎可在已浇筑完的混凝土底板上进行，然后整体吊装。

坞墙应按设计形状尺寸、有利于支模架筋和浇筑混凝土操作等原则进行分级。如山海关船厂干船坞的坞室墙分为 4 级(图 13-35)。

坞底板和坞墙混凝土可由拌和车运往现场，并采用吊罐入模。为了减少约束条件，可采取将坞墙前趾底板与坞墙整体一次浇筑，并由拌和车直接通过溜槽和串筒入仓。

坞底板一般分为三块浇筑，为排水和施工方便起见，可先浇筑边板后浇筑中板，并从坞尾开始以间隔次序向坞口前进。

在先浇筑坞底后，在坞底上浇筑坞墙时，为防止坞墙混凝土凝结收缩时，因受坞底约束和温度应力而开裂，可采取下列措施：坞墙分三段分数层浇筑，先浇筑端部两段，后浇筑中段；控制水泥用量、选用矿渣水泥并连续喷水养护，以减小新老混凝土温差。

在砂土地基上采用先浇筑坞墙后浇筑坞底时，先浇筑坞墙并在墙后回填后浇筑底板混凝土，待墙沉陷终止后，再浇筑墙与底板之间的接缝。

坞首一段由坞底板、坞门墩和泵房组成，其结构复杂，体积大，必须按照温度应力计算的防裂措施进行施工。

坞首底板一般设有大明沟，故混凝土宜分二级施工（图 13-36）。第一级浇筑混凝土数量较多，覆盖面积大，一般可采取下列保证覆盖时间的措施。

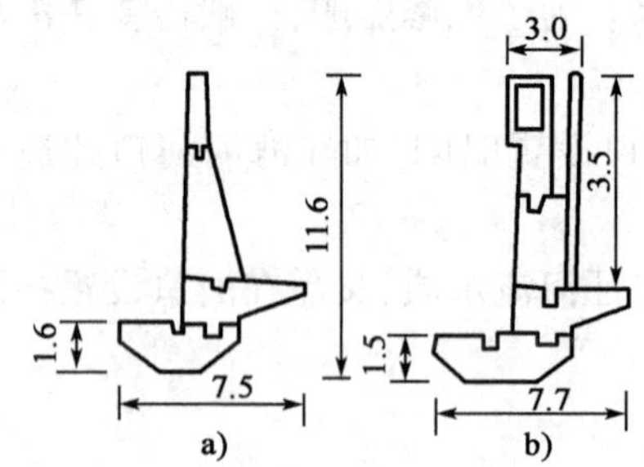


图 13-35　坞室墙施工分级（尺寸单位：m）
a）标准段；b）梯口段

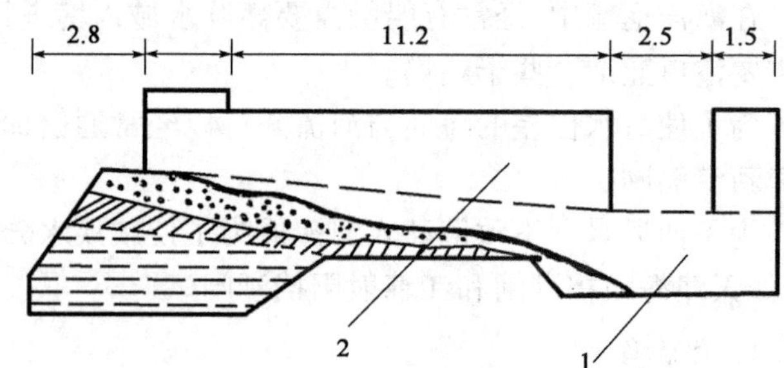


图 13-36　坞首底板分级（尺寸单位：m）
1-1 级；2-2 级

（1）尽量利用低温条件施工，并掺用木质磺酸盐系减水剂以延缓混凝土凝结时间；

（2）先浇筑前趾（最深处），并从前趾端开始，以阶梯形分层向后推进，每阶梯水平距离按浇筑能力可定位 2～3m；

由于干船坞需要安装具有水密要求的坞门墩、门框和坞门，其施工应十分精密，要求精工细作。

泵房一般采用沉井结构就地分段浇筑，分段尺寸一般为 3m。当每段混凝土强度达到设计强度 70% 时，开始沉井内挖土，沉井靠自重逐渐下沉。

2. 船闸和挡潮闸

通海船闸和挡潮闸由于在河口施工，水深一般比较浅，同时安装具有水密要求的闸门墩和门框的施工，同样应十分精密，要求精工细作。故无论是船闸或挡潮闸一般都是将预定建筑位置临时截流，排水后进行干地施工，或将结构物位置设于河口附近的陆地上，赶低潮修筑围埝、基坑开挖并排水后，就地进行干地施工。主体工程完工后，再挖通围埝，使挡潮闸或船闸与海洋沟通，然后再进行拦河坝堵口截流。

由于船闸与挡潮闸的施工方法具有一些共同的特点，下面仅列举挡潮闸的有关内容。

1）平面布置与设备

挡潮闸主体工程一般包括底板、闸墩、消力池、铺盖、公路桥等（图 13-37）。平面布置可根据现场地形在基坑两侧（即上、下游面）挖河，两端弃土，故材料堆场和混凝土拌和设备等也应设于弃土区以外，为浇筑底板混凝土使用。但为适应底板混凝土与闸墩、桥柱混凝土交叉作业特点的需要，一般还可在基坑上游面另设立拌和设备，为浇筑闸墩和桥柱混凝土使用。

浇筑底板混凝土时，可在基坑周围设立多个卸料台，采用自卸汽车或泵车运送混凝土拌和物。为运送拌和物需要铺设道路并可提前完成基坑上、下游海漫的浆砌石工作，为浇筑底板、铺盖和消力池等部位混凝土的运送工作创造条件。

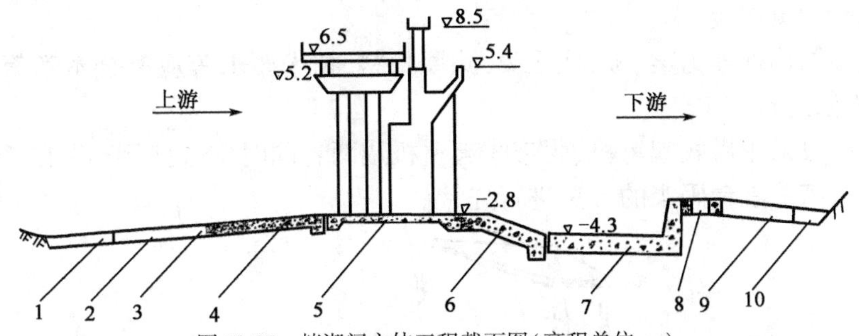


图 13-37　挡潮闸主体工程截面图(高程单位:m)

1-抛石防冲槽;2-砌石海漫;3-框格;4-铺差;5-闸室;6-消力池斜坡段;7-消力池水平段;8-框格;9-砌石海漫;10-抛石防冲墙

2)确定施工流程的原则

由于挡潮闸主体工程现浇混凝土数量较大，一般占总混凝土量的90%以上，确定各部位的施工流程时应考虑以下原则。

(1)高程低的部位先施工;

(2)对后期工程部位影响大的先施工，使后期工程部位提前施工;

(3)施工周期长的部位先施工;

(4)使配套的辅助工序(如脚手架等)减少反复装拆工作量;

(5)尽可能提高模板和机具的周转率，并减少其周转运距。

3)施工工艺流程

(1)各部位施工程序的流向

　　水平段 ↘

墩基→闸室底板→消力池斜坡段→闸墩→桥墩柱

　　↘ 铺盖 ↗

(2)墩基施工工艺流程

地基清理→垫层混凝土→安装模板→预埋止水带→第二次安装模板→装设钢筋→闸墩、柱预埋钢筋→铺设浇筑混凝土脚手架→浇筑混凝土→养护→拆脚手架→模板拆除

(3)闸室底板施工工艺流程

墩基混凝土养护→墩基模板拆除

↓

地基清理→垫层混凝土→安装模板→预埋止水带→第二次安装模板→装设钢筋→铺设脚手架→浇筑混凝土→养护→拆除脚手架→拆除模板

(4)闸墩施工工艺流程

墩基、闸室底板、斜坡段混凝土养护→搭脚手架→整理闸墩钢筋→安装检修门槽→安装工作门槽→绑扎钢筋→安装模板→浇筑混凝土→第二次绑扎钢筋→第二次安装模板→浇筑混凝土→养护→拆除模板

4)混凝土浇筑

闸底板混凝土可组织两个以上的大流水作业同时进行施工，基本完成后开始进行闸墩和桥柱的混凝土浇筑。每个闸墩可设多个下斜口，采用串桶下料以防离析。由于闸墩体积一般

较大，应采取降温措施，并尽量利用早晚气温较低的时间进行施工。

闸墩混凝土的浇筑速度不宜过快，应与模板设计取值相适应，以防在浇筑过程中模板发生变形。

5）预制构件预制安装

挡潮闸的预制构件多为梁、板、柱之类，除原材料、技术要求等应符合本章第三、五节要求外，可按一般方法进行施工。

构件安装一般采用塔式起重机、履带式起重机或两者同时配合使用（图13-38），其接头可参照本章第七节高桩承台码头的方法进行连接。

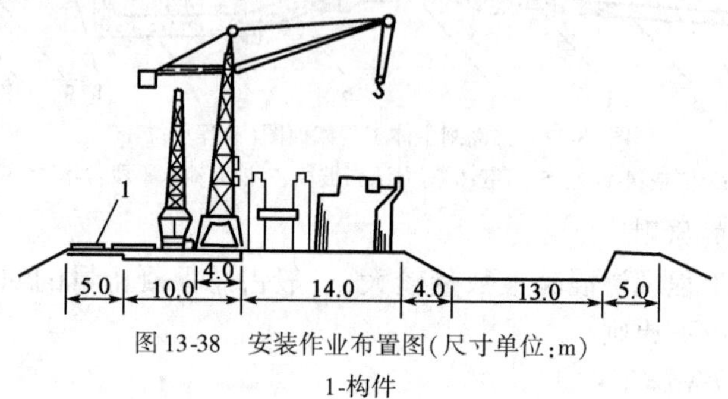


图13-38 安装作业布置图（尺寸单位：m）

1-构件

## 第八节 海洋工程混凝土质量评定标准

### 一、混凝土和钢筋混凝土工程

1.模板工程

模板制作和安装的允许偏差见表13-30；闸板式模板制作和安装的允许偏差见表13-31。

模板制作和安装的允许偏差（JTS 257—2008） 表13-30

| 偏差名称 | 允许偏差(mm) |
|---|---|
| 木模板制作时的偏差：<br>1.模板的长度和宽度；<br>2.相邻两板表面高低差（刨光模板）；<br>3.平板刨光模板表面的最大局部不平（用2m直尺检查）；<br>钢模板制作时的偏差：<br>1.模板的长度和宽度；<br>2.模板表面最大的局部不平（用2m直尺检查）；<br>3.连接配件的孔眼位置 | <br>±5<br>1<br>5<br><br>±2<br>2<br>±1 |
| 全高竖向偏差：<br>1.高度≤5m；<br>2.高度>5m | <br>10<br>15 |
| 模板内部尺寸对设计尺寸的偏差：<br>1.长度和宽度；<br>2.平面对角线；<br>(1)结构最小平面尺寸≤3m；<br>(2)结构最小平面尺寸>3m | <br>±5<br><br>±10<br>±15 |
| 有装配式构件支承面高程的偏差 | +2<br>-5 |

闸板式模板制作和安装的允许偏差(JTS 257—2008)　表 13-31

<table>
<tr><th colspan="3">偏差名称</th><th>允许偏差(mm)</th></tr>
<tr><td colspan="3">工字钢的弯曲、扭曲(10m)</td><td>7.0</td></tr>
<tr><td colspan="3">工字钢上螺栓孔眼间距的偏差</td><td>±2.0</td></tr>
<tr><td rowspan="3">闸板</td><td rowspan="2">木闸板</td><td>全长</td><td>±3.0</td></tr>
<tr><td>载口净长</td><td>-2.0</td></tr>
<tr><td colspan="2">钢闸板的长度和宽度</td><td>±2.0</td></tr>
<tr><td colspan="3">帽螺栓孔眼位置偏差</td><td>±1.5</td></tr>
</table>

2. 钢筋工程

加工后钢筋的允许偏差见表 13-32;电弧焊接尺寸和缺陷的允许偏差见表 13-33;配置钢筋的允许偏差见表 13-34。

加工后钢筋的允许偏差(JTS 257—2008)　表 13-32

| 偏差名称 | 允许偏差(mm) |
|---|---|
| 受力钢筋长度方向全长的净尺寸 | +5 ~ -15 |
| 钢筋弯起点的位置 | ±20 |

电弧焊焊接尺寸和缺陷的允许偏差(JTS 257—2008)　表 13-33

<table>
<tr><th>偏差名称</th><th>单位</th><th>允许偏差</th></tr>
<tr><td>帮条对焊接头中心的纵向偏移</td><td>d</td><td>0.50</td></tr>
<tr><td>接头处钢筋轴线的曲折</td><td>度</td><td>4</td></tr>
<tr><td rowspan="2">接头处钢筋轴线的偏移</td><td>mm</td><td>3</td></tr>
<tr><td>d</td><td>0.10</td></tr>
<tr><td>焊缝高度</td><td>d</td><td>-0.05</td></tr>
<tr><td>焊缝宽度</td><td>d</td><td>-0.10</td></tr>
<tr><td>焊缝长度</td><td>d</td><td>-0.05</td></tr>
<tr><td rowspan="2">咬肉深度</td><td>mm</td><td>1</td></tr>
<tr><td>d</td><td>0.05</td></tr>
</table>

注:同一项内如有两个数值时,应按其中较严的值控制。

配置钢筋的允许偏差(JTS 257—2008)　表 13-34

<table>
<tr><th colspan="2">偏差名称</th><th>允许偏差(mm)</th></tr>
<tr><td colspan="2">梁顺高度方向配置两排以上的受力钢筋时钢筋排距的偏差</td><td>±5</td></tr>
<tr><td rowspan="2">箍筋间距偏差</td><td>桩</td><td>±20</td></tr>
<tr><td>梁、板桩</td><td>±10</td></tr>
<tr><td colspan="2">板、桩、板桩、沉箱、扶壁、靠船构件等受力钢筋间距的偏差</td><td>±10</td></tr>
<tr><td colspan="2">钢筋保护层厚度</td><td>±5</td></tr>
</table>

3. 混凝土工程

1)混凝土的强度合格判定:

根据《水运工程质量检验标准》(JTS 257—2008)判定。

$$\bar{R}_n - kS_n \geqslant R - \sigma$$

$$R_{min} \geqslant R - 2\sigma_o$$

式中:$\bar{R}_n$——各组强度的平均值(MPa);

$k$——合格判定系数,按表 13-35 选取;

$n$——每统计单位的抽样件组数;

$S_n$——强度的均方差(MPa);

$R$——设计强度等级;

$\sigma_o$——实际统计均方差的平均水平,可参照表 13-36 选取;

$R_{min}$——各组强度的最低值(MPa)。

**合格判定系数($k$)** 表 13-35

| $n$ | 10~14 | 15~19 | ≥20 |
|---|---|---|---|
| $k$ | 1.70 | 1.65 | 1.60 |

**实际统计均方差的平均水平($\sigma_o$)** 表 13-36

| $R$ | <200 | 200~400 | >400 |
|---|---|---|---|
| $\sigma_o$ | 30 | 40 | 55 |

2)预制构件允许偏差

预制构件尺寸允许偏差见表 13-37。

**预制构件尺寸允许偏差** 表 13-37

| 名称 | 项目 | | 允许偏差 |
|---|---|---|---|
| 沉箱[《防波堤设计与施工规范》(JTS 154—2011)《重力式码头设计与施工规范》(JTS 167-2—2009)] | 边长 | ≥10m 时 | ±0.25% |
| | | <10m 时 | ±2.5cm |
| | 顶面对角线 | ≥10m 时 | ±0.50% |
| | | <10m 时 | ±4.0cm |
| | 壁(板)厚 | | ±1.0cm |
| | 表面局部凹凸 | | ±1.0cm |
| | 外壁倾斜 | | ±0.20% |
| 方块[《防波堤设计与施工规范》(JTS 154—2011)《重力式码头设计与施工规范》(JTS 167-2—2009)] | 边长 | | ±1.0cm |
| | 对角线 | | ±1.5cm |
| | 表面局部凹凸 | | ±1.0cm |
| | 吊孔或吊环位置 | | ±2.0cm |
| 扶壁[《重力式码头设计施工规范》(JTS 167-2—2009)] | 板厚 | | ±1.0cm |
| | 立板临水面和两侧偏斜 | | ±1.5cm |
| | 立板临水面和两侧局部凹凸 | | ±1.0cm |
| | 立板长度 | | ±1.0cm |
| | 底板两侧边线尾端处偏位 | | -1.5cm |
| | 吊孔位置 | | ±2.0cm |

续上表

| 名　　称 | 项　　目 | | 允许偏差 |
|---|---|---|---|
| 扭工字块、四角锥[《防波堤设计与施工规范》(JTS 154—2011)] | 质量偏差 | | ±5.00% |
| | 表面缺陷 | 边棱残缺 | 50cm |
| | | 麻面深度 | 0.5cm |
| | | 模板交接面处错牙 | 2.0cm |
| 桩[《港口工程桩基规范》(JTS 167-4—2012)] | 长度 | | ±5.0cm |
| | 横截面 | 横截面边长 | ±0.5cm |
| | | 空心桩空心直径 | ±1.0cm |
| | | 空心中心与桩中心 | ±2.0cm |
| | | 桩尖对桩纵轴线 | 1.0cm |
| | 桩纵轴线的弯曲矢高:不得大于桩尖的并不得大于 | | 0.10% |
| | 桩顶顶面应与桩纵轴线垂直,其最大倾斜偏差不得大于桩顶横截面边长(或直径)的桩顶外伸钢筋长度 | | 2.0cm |
| | | | 1.00% |
| | | | ±2.0cm |
| 梁[《高桩码头设计与施工规范》(JTS 167-1—2010)] | 总长度 | | ±1.0cm |
| | 高度 | | ±0.8cm |
| | 宽度 | | ±0.5cm |
| | 垂直侧面倾斜 | | ±0.5cm |
| | 垂直或水平弯曲 | | ±0.8cm |
| | 保护层厚度 | | ±0.5cm |
| 板[《高桩码头设计与施工规范》(JTS 167-1—2010)] | 总长度 | | ±1.0cm |
| | 高度 | 光面 | ±0.5cm |
| | | 毛面 | ±1.0cm |
| | 宽度 | | ±1.0cm |
| | 保护层厚度 | | ±0.5cm |

3)现场浇筑混凝土工程允许偏差

现场浇筑混凝土工程允许偏差见表13-38。

**现场浇筑混凝土允许偏差**　　表13-38

| 名　　称 | 项　　目 | | 允许偏差(cm) |
|---|---|---|---|
| 防波堤上部结构[《防波堤设计与施工规范》(JTS 154—2011)] | 临水面与准线的偏差 | 堤身为沉箱时 | ±7.0 |
| | | 堤身为方块时 | ±5.0 |
| | 相邻段临水面错牙 | | 2.0 |
| | 临水面表面局部凹凸 | | 2.0 |
| | 顶面高程的高差 | | ±3.0 |
| 码头胸墙[《重力式码头设计与施工规范》(JTS 167-2—2009)] | 前沿线位置 | | ±5.0 |
| | 临水面局部凹凸 | | 2.0 |
| | 顶面高程 | | ±2.0 |
| | 相邻段临水面错牙 | | 1.0 |

续上表

| 名　　称 | 项　　目 | 允许偏差(cm) |
|---|---|---|
| 码头面[《高桩码头设计与施工规范》(JTS 167-1—2010)] | 前沿浅局部凹凸 | ±1.0 |
| | 高程 | ±1.5 |
| | 平整度(用2m直尺检查) | 0.6 |

## 二、预制构件安装

预制构件安装允许偏差见表13-39。

**预制构件安装允许偏差**　　表13-39

<table>
<tr><th>名　　称</th><th colspan="2">项　　目</th><th>允 许 偏 差</th></tr>
<tr><td rowspan="4">沉箱[《防波堤设计与施工规范》(JTS 154—2011)]</td><td colspan="2">接缝平均宽度</td><td>8.0cm</td></tr>
<tr><td colspan="2">接缝最大宽度</td><td>15.0cm</td></tr>
<tr><td colspan="2">临水面与准线的偏差</td><td>±10.0cm</td></tr>
<tr><td colspan="2">相邻沉箱临水面错牙</td><td>8.0cm</td></tr>
<tr><td rowspan="4">沉箱[《重力式码头设计与施工规范》(JTS 167-2—2009)]</td><td colspan="2">接缝平均宽度</td><td>6.0cm</td></tr>
<tr><td colspan="2">接缝最大宽度</td><td>10.0cm</td></tr>
<tr><td colspan="2">临水面与准线的偏差</td><td>±5.0cm</td></tr>
<tr><td colspan="2">相邻沉箱临水面错牙</td><td>5.0cm</td></tr>
<tr><td rowspan="7">防波堤堤身方块[《防波堤设计与施工规范》(JTS 154—2011)]</td><td colspan="2">砌缝平均宽度</td><td>4.0cm</td></tr>
<tr><td colspan="2">砌缝最大宽度</td><td>10.0cm</td></tr>
<tr><td colspan="2">错缝间距减小</td><td>10%</td></tr>
<tr><td colspan="2">临水面与准线的偏差</td><td>±7.0cm</td></tr>
<tr><td colspan="2">相临方块临水面错牙</td><td>3.0cm</td></tr>
<tr><td colspan="2">上下层临水面错牙</td><td>3.0cm</td></tr>
<tr><td colspan="2">相邻方块顶面高差</td><td>3.0cm</td></tr>
<tr><td rowspan="6">防波堤上部结构预制块体[《防波堤设计与施工规范》(JTS 154—2011)]</td><td rowspan="2">临水面与准线的偏差</td><td>堤身为沉箱时</td><td>±10.0cm</td></tr>
<tr><td>堤身为方块时</td><td>±7.0cm</td></tr>
<tr><td colspan="2">砌缝平均宽度</td><td>3.0cm</td></tr>
<tr><td colspan="2">砌缝最大宽度</td><td>7.0cm</td></tr>
<tr><td colspan="2">相邻块体临水面错牙</td><td>3.0cm</td></tr>
<tr><td colspan="2">顶面高顶的高差</td><td>±3.0cm</td></tr>
<tr><td rowspan="8">岸壁式码头方块[《重力式码头设计与施工规范》(JTS 167-2—2009)]</td><td colspan="2">临水面与准线的偏差</td><td>±5.0cm</td></tr>
<tr><td colspan="2">砌缝平均宽度</td><td>3.0cm</td></tr>
<tr><td rowspan="2">砌缝最大宽度</td><td>第一层</td><td>5.0cm</td></tr>
<tr><td>第二层</td><td>7.0cm</td></tr>
<tr><td colspan="2">相邻方块临水面错牙</td><td>3.0cm</td></tr>
<tr><td colspan="2">上下层临水面错牙</td><td>7.0cm</td></tr>
<tr><td colspan="2">错缝搭接长度允许减少</td><td>10%</td></tr>
<tr><td colspan="2">顶面凹凸</td><td>3.0cm</td></tr>
</table>

续上表

<table>
<tr><th>名　　称</th><th colspan="2">项　　目</th><th>允许偏差</th></tr>
<tr><td rowspan="5">墩式码头方块[《重力式码头设计与施工规范》(JTS 167-2—2009)]</td><td colspan="2">临水面与准线的偏差</td><td>±7.0cm</td></tr>
<tr><td colspan="2">砌缝最大宽度</td><td>3.0cm</td></tr>
<tr><td colspan="2">相邻方块临水面错牙</td><td>3.0cm</td></tr>
<tr><td colspan="2">上下层临水面错牙</td><td>3.0cm</td></tr>
<tr><td colspan="2">顶面凹凸</td><td>3.0cm</td></tr>
<tr><td rowspan="4">扶壁[《重力式码头设计与施工规范》(JTS 167-2—2009)]</td><td colspan="2">临水面与准线的偏差</td><td>±5.0cm</td></tr>
<tr><td colspan="2">接缝平均宽度</td><td>4.0cm</td></tr>
<tr><td colspan="2">按缝最大宽度</td><td>10.0cm</td></tr>
<tr><td colspan="2">相邻扶壁临水面错牙</td><td>3.0cm</td></tr>
<tr><td rowspan="8">高桩码头上部构件[《高桩码头设计与施工规范》(JTS 167-1—2010)]</td><td rowspan="2">构件安装轴线位置偏差:</td><td>梁</td><td>±1.0cm</td></tr>
<tr><td>靠船构件</td><td>±1.5cm</td></tr>
<tr><td rowspan="2">构件垂直侧面倾斜偏差:</td><td>梁</td><td>±0.5cm</td></tr>
<tr><td>靠船构件</td><td>±1.0cm</td></tr>
<tr><td rowspan="2">搁置长度偏差:</td><td>梁</td><td>±1.5cm</td></tr>
<tr><td>板</td><td>±1.5cm</td></tr>
<tr><td colspan="2">逐层控制最后高程偏差</td><td>±1.5cm</td></tr>
<tr><td colspan="2">沿码头前沿线安装偏差</td><td>±1.5cm</td></tr>
</table>

# 第十四章　高强混凝土施工

一般认为,强度等级不低于 C60 的混凝土即为高强混凝土。它是用优质集料、强度不低于 42.5 级的水泥、采用较低水灰比,在强烈振动密实作用下制取的。

高强混凝土本身的重度可能较大,但用于结构物后,可以显著地减少断面尺寸,从而减轻构件自重,节约各种原材料,从单一结构整体考虑,高强与轻质是一致的。

## 第一节　高强混凝土原材料的技术要求

1. 水泥品种与强度等级

配制高强混凝土,应采用矿物组成合理、细度合格的高强度水泥,但并非所有的水泥都能用于生产高强混凝土。一般常用强度较高的硅酸盐水泥或普通硅酸盐水泥,其强度不宜低于 57MPa,也有采用较高强度的矿渣水泥或矾土水泥。

过去,在配制高强混凝土选择水泥时,水泥的强度往往是混凝土设计强度的 0.9 ~ 1.5 倍,也即水泥的强度一般要高于混凝土强度,或者是略低于混凝土的强度。但是,随着材料性质及工艺方法的改进,尤其是外加剂的广泛应用,配制高强混凝土也就更加容易。

根据高强混凝土工程应用的工程实践表明,配制高强混凝土的水泥,一般宜选用强度等级为 52.5MPa 或更高强度等级的硅酸盐水泥或普通硅酸盐水泥。无论采用何地产的水泥,必须达到强度满足、质量稳定、需水量低、流动性好、活性较高的要求。

生产高强混凝土,胶凝物质的用量是至关重要的,它直接影响水泥砂石与界面的黏结力。从施工要求来讲,也应具有一定的维勃稠度。为了增加砂浆中胶结料的比例,水泥含量要高,一般 500 ~ 700kg/$m^3$。但是水泥含量过高,易于引起水化期间散热太快或收缩量过大等问题。如果经济上可行,应减少水泥用量,最好是掺加一部分高质量的粉煤灰或其他粉状活性材料,把放热和干缩副作用减至最低限度。

经验表明,通过对各种水泥进行试配,来确定制备高强混凝土所用水泥种类和数量。在满足既定抗压强度的前提下,以经济适用作为选择水泥的依据。

2. 粗集料

粗集料在混凝土的组织结构中起主要骨架作用。

粗集料对混凝土强度的影响主要取决于:水泥浆与集料的黏结力;集料的弹性性质;混凝土拌和物中水上升时在集料下方形成的“内分层”状况;集料周围的应力集中程度等。对高强混凝土来说,粗集料的重要优选特性是:抗压强度、表面特征及最大粒径等。

1) 粗集料的抗压强度

为了制备高强混凝土,要优先采用抗压强度高的粗集料,以免粗集料首先破坏。当集料的强度大于混凝土的强度时,集料的质量对混凝土强度的影响较小,但含有多量的软弱颗粒和针片石料时,混凝土的强度将会降低。

在试配混凝土之前，应合理地确定各种粗集料的抗压强度。应尽量采用优质集料，优质集料系指高强度集料和活性集料(采用水泥熟料作集料)。按规定，所用粗集料除进行压碎指标试验外，对碎石尚应进行岩石立方体抗压强度试验，其结果不应小于要求配制的混凝土抗压强度标准值$f_{cu,k}$的1.5倍。即：

$$强度指标=\frac{岩石立方体抗压强度}{混凝土抗压强度}\geqslant 1.5$$

所以，最好是采用致密的花岗石、辉绿石、大理石等作集料。但是，即使采用最坚硬的粗集料，也未必能制出强度最高的混凝土，因为水化水泥与集料的黏结也必须考虑在内。

2)粗集料的表面特征

因为混凝土初凝时，水化水泥与粗集料的黏结是以机械式为主，所以要制备高强混凝土，应采用立方形的碎石，而不用天然砾石。同时，粗集料的表面必须干净而无粉尘，否则会影响混凝土内部黏结力。必要的情况下，应对集料进行冲洗，将含泥量降低到最低限度。

3)粗集料的最大粒径

试验研究表明，用以制备高强混凝土的粗集料，其最大粒径与所制备的混凝土的最大抗压强度有一定关系。通常用最大粒径不大于31.5mm的集料可得到最大强度，采用标准为5～10mm或5～15mm规格的集料最适宜。

4)颗粒级配

集料的颗粒级配是否良好，对混凝土拌和物的工作性能和混凝土强度有着重要的影响。良好的颗粒级配可用较少的加水量制得流动性好、离析泌水少的混凝土混合料，并能在相应的施工条件下，得到均匀致密、强度较高的混凝土，达到提高混凝土强度和节约水泥用量的效果。

在配制高强混凝土时，最好采用连续级配粗集料，即不大于最大粒径的石子都占一定比例，然后通过试验从中选出几组密度较大的级配进行混凝土试拌，选择和易性符合要求、水泥用量较少的一组作为采用的级配。配制高强混凝土的粗集料颗粒级配范围见表14-1。

**粗集料的颗粒级配范围**(JGJ 5—92)　　表14-1

| 级配情况 | 累计筛余(按质量计)(%) | | | | | | | |
|---|---|---|---|---|---|---|---|---|
| | 公称粒级(mm) | 筛孔尺寸(圆孔筛)(mm) | | | | | | |
| | | 2.50 | 5.00 | 10.0 | 16.0 | 20.0 | 25.0 | 31.5 |
| 连续级配 | 5～10 | 95～100 | 80～100 | 0～15 | 0 | | | |
| | 5～16 | 95～100 | 90～100 | 30～60 | 0～10 | 0 | | |
| | 5～20 | 95～100 | 90～100 | 40～70 | | 0～10 | | |
| | 5～25 | 95～100 | 90～100 | | 30～70 | | 0～5 | |
| | 5～31.5 | 95～100 | 90～100 | 70～90 | | 15～45 | | 0～5 |

5)其他

粗集料针片状颗粒含量不宜大于5.0%，含泥量(质量比)不应大于1.0%，泥块含量(质量比)不应大于0.5%。

3. 细集料

细集料的质量主要影响混凝土的用水量，从而影响混凝土拌和物的工作性。

细集料应选用质地坚硬、颗粒形状近似于球形、级配良好、洁净的天然河砂或人工砂，泥的质量分数不宜超过1.5%。配制C70及以上等级的混凝土时，泥的质量分数不宜超过1.0%，应严格控制泥块含量，其他指标应满足《普通混凝土用砂、石质量及检验方法标准》（JGJ 52—2006）的规定。

细集料的级配要符合要求。在高强混凝土组成中，细集料所占比例同样要比普通强度混凝土所用的量少一些。采用的砂子细度模数应大于2.6，最好控制在2.7~3.1范围内。

4. 拌和用水

拌和用水量应减到最低限度。在目前生产的42.5~62.5级水泥条件下，为了节约水泥和正确利用水泥，在绝大多数情况下配制高强混凝土，要求利用水灰比较小的干硬性混凝土。一般的水灰比取0.28~0.35。

1）普通拌和水

在拌制混凝土用的水中，不得含有影响水泥正常凝结与硬化的有害杂质。一般来说，pH >的水即可使用。

2）磁化水

磁化水是普通水流经磁场得以磁化，以此来提高其“强度”。在用磁化水拌制混凝土时，水与水泥进行水解水化作用，就会使水分子比较容易地由水泥颗粒的表面进入颗粒的内部，加深水泥的水化作用，从而提高混凝土的强度。

据苏联有关资料介绍，利用磁化水拌和混凝土，可增加强度50%。我国现有试验资料表明，在不减少水泥用量的情况下，混凝土强度可提高30%~40%。这些资料都清楚地指出，磁化水将开拓一条配制高强混凝土的新途径，而且是经济有效的。这尚有待于进一步地深入试验研究。

5. 减水剂

减水剂（又称塑化剂），特别是高效减水剂，具有较好的减水率。掺入混凝土中，特别是干硬性混凝土中，可提高混凝土的流动性。如果保持施工要求的流动性不变，则可通过减少单位用水量，降低混凝土混合物的水灰比，从而取得提高强度和密实度的效果。试验证明，采用高效减水剂与高强度水泥联合使用，可制得高强混凝土。

目前国内常用于配制高强混凝土的减水剂主要由NF、FDN、UNF和木质素磺酸盐系减水剂等。其中前三种减水剂是高效减水剂，用量一般为水泥用量的0.5%~1.5%，实际减水率高达25%左右，抗压强度提高10~20MPa，同时也能提高混凝土的抗压强度和弹性模量，减少徐变，对钢筋及混凝土的耐久性也无不利影响。目前我国有能力配制出高强混凝土的地方和单位，都采用减水剂。

6. 矿物掺合料

在配制高强混凝土时，掺加活性矿物掺和料具有显著的技术经济效果。《高强混凝土结构设计与施工指南》（HSC93-1）建议采用的活性掺和料有硅粉、沸石粉、粉煤灰等。在高强混凝土的配制中，若加入适量的活性掺和料，既可促进水泥水化产物的进一步转化，也可收到提高混凝土强度、降低工程造价、改善高强混凝土性能的效果。以等量或超量活性掺和料取代水泥掺入混凝土中，既有利于混凝土的施工和易性，又有利于混凝土的密实性而提高强度和耐久性，同时还有利于后期强度的发展。

1）硅粉

硅粉是铁合金厂在冶炼硅铁合金或金属硅时的一种副产品，一般通过冷凝方式从烟尘中收集而得。硅粉能减少混凝土内部的孔隙率和孔隙尺寸，改善集料界面上的水泥浆体结构。

硅粉混凝土的早期强度很高,3d 强度可达到 28d 强度的 80%。在同等强度条件下,硅粉混凝土所需水泥浆量可比粉煤灰混凝土少 20% 左右,故干缩较小。硅粉混凝土的抗渗、抗冻融性能、耐化学腐蚀性、耐磨性和抑制碱集料反应的性能好,特别适合于露天或海洋工程构筑物。硅粉的掺量一般不宜超过水泥用量 10% 左右。

2)沸石粉

天然沸石粉是一种特殊的火山灰质材料,也是一种含有很多微孔的骨架状硅酸盐结晶矿物。天然沸石粉不仅具有一定的水硬性,而且还具有很大的内表面积,这是区别于一般火山灰质材料的特点所在。掺沸石粉的高强混凝土具有良好的和易性和保水性,早期强度增长较快,后期强度也较好;此外掺沸石粉的高强混凝土还具有较好的密实性和抗渗性以及较小的徐变性能。采用普通水泥配制高强混凝土时,沸石粉取代水泥量以 10% 为宜。

3)粉煤灰

粉煤灰是一种人工火山灰材料,是燃煤电厂粉煤炉烟道中收集的细颗粒粉末。粉煤灰在混凝土中的作用是:降低水泥用量,改善工作性,提高混凝土的后期强度;降低水化热,减少收缩,提高抗渗性,改善混凝土的抗化学腐蚀能力,有效抑制碱集料反应。

现行标准对粉煤灰质量的规定主要是细度、需水量比和含碳量。用于高强混凝土中的粉煤灰应优先选用需水量比小于 1、烧失量低的粉煤灰。粉煤灰的掺量一般为水泥质量的 15% ~30%,低钙灰的用量通常偏低些。

## 第二节　高强混凝土配合比设计

### 一、决定混凝土强度的主要因素

(1)集料具有较强的抗压能力,与水泥胶结性能良好,因此要采用优质集料和富水泥用量。

(2)胶结材料本身强度要高,硬化后形成的水泥石密实坚硬,胶空比大,因此要采用高强度水泥,并强烈振捣密实。

(3)混凝土混合物的水灰比小,因此要采用干硬性混凝土,同时掺入减水剂配合使用,使混凝土在极小的水灰比下能够浇筑密实。

### 二、配合比设计步骤

1. 确定水灰比

高强混凝土水灰比计算,主要有以下两种方法。

1)计算法

卵石高强混凝土:

$$R_{yc} = 0.269R_b \cdot \left(\frac{C}{W} + 0.71\right) \tag{14-1}$$

碎石高强混凝土:

$$R_{yc} = 0.304R_b \cdot \left(\frac{C}{W} + 0.62\right) \tag{14-2}$$

式中:$R_{yc}$——设计强度;

$R_b$——水泥强度等级。

2)查表法

查表14-2,取 $W/C$ 值。

高强混凝土强度等级与水灰比关系　　表14-2

| 水泥 | | 水灰比 $W/C$ | 混凝土强度等级 |
|---|---|---|---|
| 品种 | 强度等级 | | |
| 高级水泥 | 82.5 | 0.36 | C70 |
| 高级水泥 | 62.5 | 0.33 | C60 |
| | | 0.41 | C50 |
| 普通水泥 | 52.5 | 0.40 | C50 |

2.选择用水量

根据已给定条件,查表14-3取值。

高强混凝土用水量(kg/m³)　　表14-3

| 粗集料 | | 混凝土拌和物工作度(s) | | | | | |
|---|---|---|---|---|---|---|---|
| 种类 | 最大粒径(mm) | 30~50 | 60~80 | 90~120 | 150~200 | 250~300 | 400~600 |
| 卵石 | 40 | 160 | 150 | 140 | 130 | 122 | 120 |
| | 20 | 170 | 160 | 155 | 145 | 140 | 135 |
| 碎石 | 40 | 170 | 160 | 150 | 138 | 130 | 128 |
| | 20 | 180 | 170 | 160 | 150 | 145 | 140 |

高强混凝土用水量一般控制在130~140kg/m³。

3.计算水泥用量

水泥用量按下式计算:

$$C_0 = W_0 \times \frac{C}{W} \tag{14-3}$$

4.选择砂率

高强混凝土砂率,按经验和统计资料分析,一般控制在 $S_p = 24\% \sim 28\%$。

5.计算砂、石用量

砂石占用体积:

$$V_{s+G} = 1\ 000 - \left[\left(\frac{W_o}{\rho_w} + \frac{C_o}{\rho_c}\right) + 10 \cdot \alpha\right] \tag{14-4}$$

砂用量:

$$S_0 = V_{s+G} \cdot S_p \cdot \rho_s \tag{14-5}$$

卵石用量:

$$G_0 = V_{s+G} \cdot (1 - S_p) \cdot \rho_q \tag{14-6}$$

6.初步确定配合比

7.试配和调整

混凝土配合比设计完成后应进行试配和调整。试配参考用量配合比见表14-4。

**高强混凝土试配参考用量配合比** 表 14-4

| 混凝土强度分级 | 平均圆柱体抗压强度（立方强度）（MPa） | 选择方案 | 胶凝材料（$kg/m^3$） | | | 总用水（$kg/m^3$） | 粗集料（$kg/m^3$） | 细集料（$kg/m^3$） | 堆密度（$kg/m^3$） | 砂率（%） | 水灰比（$W/C$） |
|---|---|---|---|---|---|---|---|---|---|---|---|
| | | | 硅酸盐水泥 | 粉煤灰或矿渣 | 硅灰粉 | | | | | | |
| A | 65（75） | 1 | 534 | | | 160 | 1 050 | 690 | 2 434 | 40 | 0.30 |
| | | 2 | 400 | 106 | | 160 | 1 050 | 690 | 2 406 | 40 | 0.32 |
| | | 3 | 400 | 64 | 36 | 160 | 1 050 | 690 | 2 400 | 40 | 0.32 |
| B | 75（85） | 1 | 565 | | | 150 | 1 070 | 670 | 2 455 | 39 | 0.27 |
| | | 2 | 423 | | | 150 | 1 070 | 670 | 2 426 | 39 | 0.28 |
| | | 3 | 423 | | 38 | 150 | 1 070 | 670 | 2 419 | 39 | 0.28 |
| C | 90（100） | 1 | 597 | | | 140 | 1 090 | 650 | 2 477 | 37 | 0.23 |
| | | 2 | 447 | 119 | | 140 | 1 090 | 650 | 2 446 | 37 | 0.25 |
| | | 3 | 447 | 71 | 40 | 140 | 1 090 | 650 | 2 438 | 37 | 0.25 |
| D | 105（115） | 1 | | | | | | | | | |
| | | 2 | 471 | 125 | | 130 | 1 110 | 630 | 2 466 | 36 | 0.22 |
| | | 3 | 471 | 75 | 42 | 130 | 1 110 | 630 | 2 458 | 36 | 0.22 |
| E | 120（130） | 1 | | | | | | | | | |
| | | 2 | 495 | 131① | | 120 | 1 120 | 620 | 2 486 | 36 | 0.19 |
| | | 3 | 495 | 79 | 42 | 120 | 1 120 | 620 | 2 487 | 36 | 0.19 |

注：①包括高效减水剂中的水量，根据坍落度和强度的需要，可为 10 ~ 20L/$m^3$。

试配和调整的作用是对所设计的配合比进行检验，是否与设计要求的工作性、强度和质量相符。如不符合，应对设计的结果进行换算。高强混凝土应进行 6 次验证。

混凝土配合比先做工作性检测，不符合要求时，应进行换算，其方法见表 14-5。

**混凝土工作性的换算方法** 表 14-5

| 试配混凝土的情况 | 换 算 方 法 |
|---|---|
| 混凝土较稀、坍落度过大 | 保持水灰比不变，减少水和水泥，按比例补充粗、细集料 |
| 混凝土较稠、坍落度过小 | 保持水灰比不变，增加水和水泥，按比例减少粗、细集料 |
| 砂浆过多，坍落度过大 | 降低砂率，增加粗集料 |
| 砂浆不足，难以包裹石子 | 加大砂率，减少粗集料 |

注：增加或减少材料用量或砂率时，每次换算的幅度为 1%。

按工作性检测换算后所取得的配合比制成试件，进行强度检测。其强度应符合试配强度 $f_{cu,0}$，如不符合时，换算方法见表 14-6。

**混凝土强度检测及换算方法** 表 14-6

| 项　　目 | 方　　法 |
|---|---|
| 试块制作 | 1. 按表 14-5 符合坍落度要求的配合比，制作 100mm × 100mm × 100mm 试块；<br>2. 试块制作三组，每组制作三块。一组按坍落度换算的标准；另两组水灰比分别加大 0.05 及减少 0.05，换算水、水泥的用量；粗、细集料的用量不变；<br>3. 将三组试块做出标志，不得混淆 |
| 养护及试验 | 1. 如用标准养护，取 28d 的结果进行对比；<br>2. 也可按 JGJ/T 15—2008 的规定，用早期强度推定混凝土的强度；<br>3. 检测送试验部门按 GB/T 50081—2002 的方法进行抗压强度试验 |

续上表

| 项　目 | 方　法 |
|---|---|
| 试验结果 | 1. 强度满足要求：选用强度稍高于试配强度的一组；<br>2. 强度不足：取强度较高的一组，将水灰比降低 0.01、0.02、0.03 再制作三组试块，再进行试验；如坍落度已符合要求，则不减水，按比例加水泥，试配至强度满足要求；<br>3. 强度过高：取强度较低的一组，将水灰比加大 0.01、0.02、0.03 再制作三组试块，再进行试验；如坍落度已符合要求，则不加水，按比例减水泥，试配至强度满足要求 |
| 确定配合比 | 1. 以坍落度、强度均符合要求的一组试块的配合比，作为确定配合比；<br>2. 并按此列出配合比，计算出每立方米的各种材料用量；<br>3. 在现场搅拌时，应根据粗细集料含水率将试验室配合比换算为施工配合比 |

配合比确定之后，还要进行质量的换算。换算时的校正系数如式(14-7)。

$$\delta = \frac{\rho_{c,t}}{\rho_{c,c}} \tag{14-7}$$

式中：$\rho_{c,c}$——混凝土质量的计算值($kg/m^3$)，即配合比计算所得材料的总重，一般情况下，$\rho_{c,c} = m_{cp}$；

$\rho_{c,t}$——混凝土质量的实测值($kg/m^3$)，根据配合比试块(干燥状态)实际质量折算的值；

$\delta$——校正系数，当其绝对值≤2%时，可按原设计配合比为确定配合比，不再换算；当其绝对值>2%时，应乘以校正系数得到换算后的确定配合比的各种材料用量。

## 三、配合比设计参考的原则

(1)混凝土配合比设计必须满足混凝土的强度要求及施工要求，混凝土强度的保证率不得小于95%。如无统计数据，可按实际强度平均值达到设计要求的1.15倍进行配合比设计。

(2)50～70MPa的混凝土水灰比宜小于0.35；80MPa的混凝土水灰比宜小于0.30；100MPa的混凝土水灰比宜小于0.26；大于100MPa的混凝土水灰比宜取0.22左右。

(3)外加粉煤灰、F矿粉混合料时，可以先算出按照不掺混合料时的各类材料用量，然后用混合料置换部分水泥。粉煤灰以2∶1的关系(质量比)替代水泥，用量一般不超出水泥和粉煤灰总量的30%，F矿粉以1∶1关系替代水泥，用量可为10%。硅粉作混合料用于增加混凝土强度(尤其是早期强度)和耐磨性，掺量可为水泥质量的5%～10%。外加的混合料应经过质量检验，并保证来料的均匀性。粉煤灰应符合1级灰标准，烧失量不大于2%～3%，需水比不大于95%，$SO_2$含量不大于3%。矿粉中天然沸石含量应不低于60%，可溶硅、铝含量分别不低于8%～10%与6%～8%，细度控制在0.08mm方孔筛的筛余量为1%～3%。硅粉中的$SO_2$含量不低于85%，细度超过水泥的1/50。

(4)混凝土中的砂率宜控制在28%～34%的范围内，对泵送混凝土可为35%～37%。细集料宜选用洁净的天然河砂，云母及黏土杂质总含量不超过2%，必要时需经过清洗。砂子的细度模量宜大于2.7，若采用中、细砂时应进行专门的试验。

(5)粗集料宜用洁净，最大粒径不超过25mm质地坚硬、吸水率低的石灰岩、花岗岩、辉绿岩等碎石。石料强度应高于所需混凝土强度的30%，且不低于100MPa。粗集料中的针片状颗粒含量不超过3%～5%，不得混入风化颗粒，含泥量低于1%，配制较高等级的高强混凝土时，粗集料宜清洗去除泥分等杂物。

(6)水泥强度不应低于52.5级(C60以下混凝土不低于42.5级)优先采用硅酸盐水泥，

也可用普通硅酸盐水泥、早强型硅酸盐水泥等。水泥用量不宜超过 550kg/m$^3$,并尽可能外加混合料使水泥量控制在 450~500kg/m$^3$ 的范围内。水泥必须有质量证明并经过复查试验。成批水泥的质量必须均匀,不得使用高含碱量的水泥($K_2O+Na_2O$ 量低于 0.6%),水泥中的铝酸三钙($C_3A$)量不应超过 8%。

(7)高效减水剂质量应符合《混凝土外加剂》(GB 8076—2008)并经过试验。掺量一般为水泥质量的 0.5%~1.5%。

(8)混凝土原材料中(包括外加剂在内)的氯化物总含量应低于水泥总质量的 0.1%,对预应力混凝土应低于水泥总量的 0.06%。

各种材料按质量计的允许偏差不应超过以下规定:水泥 ±1%;活性矿物掺合料 ±1%;粗、细集料 ±2%;水、高效减水剂 ±0.1%。

## 第三节　高强混凝土的搅拌

### 一、搅拌方法

1. 人工拌制

混凝土用量不大,而缺乏机械设备时,可用人工拌制。拌制一般应在铁板或包有镀锌薄钢板的木板上进行操作,如用木制拌板时宜将表面刨光,镶拼严密,不得漏浆。拌和要先干拌均匀,再按规定用水量随加水随湿拌至颜色一致,达到石子与水泥浆无分离现象为准。人工拌制一般用"三干三湿"法,即先将水泥加入砂中干拌两遍,再加入石子翻拌一遍,此后,边缓慢加水,边反复湿拌三遍。

人工拌制混凝土的劳动强度大,而且要求的坍落度较大,否则很难均匀。当水灰比不变时,人工拌制要比机械搅拌多耗质量分数 10%~15% 的水泥。

2. 机械搅拌

混凝土搅拌机按其搅拌原理分为自落式和强制式两类。高强混凝土施工多采用强制式搅拌机。强制式搅拌机拌制质量好,生产率高,操作简便、安全,但机件磨损大,多用于搅拌干硬性混凝土、轻集料混凝土和预拌混凝土。适用于预制厂或集中搅拌站使用。

选择搅拌机型号,要根据工程量大小、混凝土的坍落度和集料尺寸等确定。既要满足技术上的要求,亦要考虑经济效果和节约能源。

### 二、搅拌制度

为了获得均匀优质的混凝土拌和物,除合理选择搅拌机的型号外,还必须正确地确定搅拌制度,即搅拌时间、进料容量以及投料顺序等。

1. 搅拌时间

从原料全部投入搅拌机筒时起,至混凝土拌和料开始卸出时止,所经历的时间称为搅拌时间。搅拌时间是影响混凝土质量及搅拌机生产率的重要因素之一。时间过短,拌和不均匀,会降低混凝土的强度及和易性;时间过长,不仅会影响搅拌机的生产率,而且还会使混凝土和易性降低或产生分层离析现象。高强混凝土搅拌的最短时间(即自全部材料装入搅拌筒中起到卸料止)应大于或等于 120s。

2. 投料顺序

投料顺序应从提高搅拌质量，减少叶片、衬板的磨损，减少拌和物与搅拌筒的黏结，减少水泥飞扬，改善工作条件等方面综合考虑确定。图 14-1 是投料顺序的例子。高强混凝土通常采用二次投料法。二次投料法是先将水泥、砂和水加入搅拌筒内进行充分搅拌，成为均匀的水泥砂浆，再投入集料搅拌成均匀的混凝土。采用这种投料方法时，砂浆中无粗集料，便于砂浆充分搅拌均匀；粗集料投入后，易被砂浆均匀包裹，有利于混凝土强度的提高。

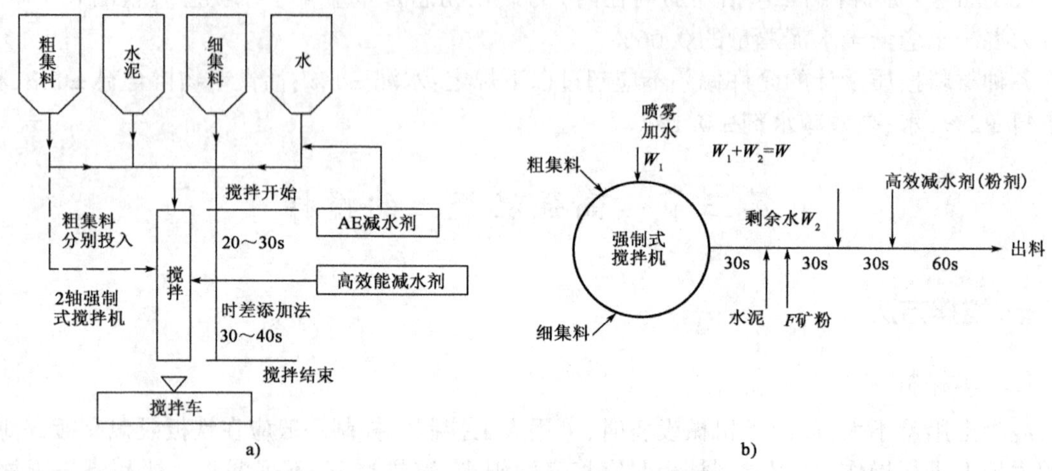


图 14-1　高强混凝土搅拌投料顺序举例图

a)例一；b)例二

3. 进料容量

进料容量又称干料容量，是将搅拌前各种材料的体积累积起来的容量。进料容量为出料容量的 1.4～1.8 倍(通常用 1.5 倍)。进料容量超过规定容量的 10% 以上，就会使材料在搅拌筒内无充分的空间进行掺和，影响混凝土拌和物的均匀性；反之，如装料过少，则又不能充分发挥搅拌机的效能。

## 三、搅拌施工要求

1. 搅拌要求

搅拌混凝土前，应加水空转数分钟，将积水倒净，使搅拌筒充分润湿。搅拌第一盘时，考虑到筒壁上的砂浆损失，粗集料用量应按配合比规定减半。

搅拌好的混凝土要做到基本卸尽，在全部混凝土卸出之前不得再投入拌和物，更不得采取边出料边进料的方法。

严格控制水灰比和坍落度，未经试验人员同意不得随意加减用水量。

2. 材料配合比

混凝土施工配料是保证混凝土质量的重要环节之一，必须加以严格控制。施工配料时影响混凝土质量的因素主要有两个方面：一是称量不准；二是未按砂、石集料实际含水率的变化进行施工配合比的换算，主要必然会改变原理论配合比的水灰比、砂石比及浆集比。这些都将直接影响混凝土的黏聚性、流动性、密实性以及强度等级。

水泥、砂、石、混合料等干料的配合比，应采用重量法计算，严禁采用容积法代替重量法。

混凝土原材料按重量计的允许偏差,不得超过表 14-7 中的规定。

各种计量器应定时校验,经常保持准确。

## 四、搅拌工艺注意事项

高强混凝土搅拌时应注意事项见表 14-7。

高强混凝土搅拌工艺应注意事项　表 14-7

| 项　目 | 注 意 事 项 |
|---|---|
| 计量允许误差(质量分数) | 水泥、掺和料、外加剂、水为 ±1%;粗、细集料在扣除含水量外为 ±2% |
| 搅拌设备 | 必须使用强制式搅拌机 |
| 搅拌方法 | 1. 参照多次投料、裹砂石法,总搅拌时间应大于或等于 120s;<br>2. 投水时应采用喷淋法,不宜骤然集中投放,避免将已黏结在集料上的水泥浆冲掉 |
| 坍落度 | 应经常检测,如有异常,应及时研究调整 |

## 五、混凝土拌和物质量的识别

1. 新拌混凝土的工作性

良好的工作性是混凝土均匀的保证。新拌混凝土的工作性主要是指拌和物的流动性和黏聚性。良好的流动性有利于混凝土的输送和浇筑,使混凝土能填充密布的钢筋间隙和模板的各个角落;良好的黏聚性是混凝土拌和物各组分不离析、不泌水,并使混凝土与钢筋和预埋件有良好黏结的保证。

测定高强混凝土流动性能最常用、最简便的方法是 L 形流动试验、U 形充填试验和改进的自密实混凝土流变性能测定试验等。影响拌和物流动性的主要因素是用水量、水泥用量、外加剂、水泥的性质和粗细集料特征与级配。外加剂特别是高效减水剂对流动性的影响极大,因此提高流动性的最主要措施是掺加高效减水剂和引气剂等外加剂。拌和物的流动性随用水量的增大而增大。此外,水泥品种、生产水泥时所加混合料的品种与掺量、活性矿物掺合料的种类与掺量,集料的级配、粒径及表面状态等都直接影响拌和物的流动性。环境温度和搅拌后的时间对拌和物的流动性影响也较大,环境温度过高,湿度偏小,水泥中碱含量和 $C_3A$ 含量高,从搅拌到浇筑的时间间隔过长,则坍落度损失越大。

2. 可泵性

高强混凝土的可泵性是拌和物流变性能和黏聚性能的综合反映,是拌和物流动性和压力泌水值的综合反应。新拌混凝土的可泵性可用坍落度和压力泌水值双指标评价。压力泌水值是在一定的压力下,一定量的拌和物在一定时间内泌出水的总量,通常用单位混凝土的泌水量来表示。泌水过高或过低,都会使摩擦阻力增大,对泵送不利。因此混凝土拌和物的压力泌水值应有一个合适的范围。研究表明,适用于高层建筑泵送的混凝土坍落度应大于 160mm,合适的压力泌水量应力 40 ~ 70kg/m$^3$;适用于较低层建筑泵送的混凝土坍落度应为 100 ~ 160mm,合适的压力泌水量范围相应还小一些。

增加用水量,可以提高混凝土的坍落度,但也增大了泌水率;提高砂率,即增加细集料的含量,可减小泌水量,但降低拌和物的流动性,通过调整砂率可以使二者达到一个理想的最佳值;掺入减水剂或引气剂均能提高拌和物的坍落度,降低泌水量。因此,防止泌水的根本途径是提高混凝土拌和物的结构黏度，降低单方混凝土用水量，采用低的水灰比，掺入矿物掺合料等。

3. 早期收缩与开裂

高强混凝土的早期收缩主要是指新拌混凝土在凝结硬化前产生的体积减缩。一般所说的早期收缩指的是塑性收缩和化学减缩；早期收缩一般发生在混凝土拌和后的 1 ~ 12h 以内，在混凝土表面失去光泽时开始发生，混凝土凝结时结束。早期收缩发生的原因是泌水、不均匀沉降及水泥—水系统最早期水化引起的化学减缩。

塑性收缩发生的原因是混凝土在硬化前养护不良，混凝土表面水分蒸发速率大于混凝土泌水速率。混凝土内部由于胶凝材料的水化，吸收毛细管中的水分，使毛细管中产生负压，出现收缩，导致浆体产生塑性收缩。影响高强混凝土塑性收缩的内在因素主要有水胶比、活性矿物掺合料的品种与掺量、浆集比、凝结时间、浇筑温度等，外部因素主要是风速、环境温度与湿度等。

化学减缩，又称自收缩，是指混凝土在恒温绝湿（即与外界没有水分交换）条件下，混凝土内部由于胶凝材料的不断水化，吸收毛细管内的水分，使毛细管脱水，造成毛细管的自真空作用，使管壁周围的混凝土受到拉应力，当该拉应力超过水泥石的早期抗拉强度时，混凝土应会开裂。影响高强混凝土化学减缩的主要因素为水泥的化学组成、水泥细度与用量、浆集比及掺和料的品种。

## 第四节　高强混凝土的运输

### 一、混凝土的运输要求

混凝土自搅拌机中卸出后，应及时运至浇筑点，为保证混凝土的质量，对混凝土运输的要求如下：

（1）运输过程中应保持混凝土的均匀性，不漏浆、不失水、不分层、不离析。如有离析现象，必须在浇筑前进行二次搅拌。

（2）运至浇筑地点，应保证混凝土具有设计配合比所规定的坍落度。

（3）使混凝土在初凝前浇入模板并捣实完毕。

（4）保证混凝土浇筑能连续进行。

### 二、混凝土运输工具

混凝土运输主要分水平运输和垂直运输两方面，应根据施工方法、工程特点。运距的长短及现有的运输设备，选择可满足施工要求的运输工具。高强混凝土常用的运输工具有以下几种。

1. 手推车

手推车是施工工地上普遍使用的水平运输工具，其种类有独轮、双轮和三轮等多种。手推车具有小巧、轻便等特点，不但适用于一般的地面水平运输，还能在脚手架、施工栈道上使用，也可与塔式起重机、井架等配合使用，满足垂直运输混凝土、砂浆等材料的需要。

2. 井架运输机

主要用于高层建筑混凝土浇筑时的垂直运输，井架装有升降平台，用双轮手推车将混凝土推到升降平台上，然后提升到施工的楼层上，再将手推车沿铺在楼面上的跳板推到浇筑地点。另外，井架可以兼运其他材料，利用率较高。它具有一机多用、构造简单、装拆方便等优点。起重高度一般为 25 ~ 40m。

3. 塔式起重机

塔式起重机主要是用于大型建筑和高层建筑的垂直运输。利用塔式起重机与其他浇灌斗等机具相配合，可很好地完成混凝土的垂直运输任务。工地多数选用行走式塔式起重机。它的工作幅度大，既能解决垂直运输，还能解决一定范围内的水平运输。

4. 混凝土搅拌输送车

混凝土搅拌输送车是一种用于长距离输送混凝土的高效能机械。它将运送混凝土的搅拌筒安装在汽车底盘上，将混凝土搅拌站生产的混凝土拌和物装入搅拌筒内，直接运至施工现场，供浇筑作业需要。在运输途中，混凝土搅拌筒始终在不停搅拌，以保证混凝土通过长途运输后，仍不致产生离析现象。在运输距离很长时，也可将混凝土料装入筒内，在运输途中加水搅拌，这样能减少因长途运输而使混凝土坍落度发生变动。使用混凝土搅拌输送车必须注意以下事项。

(1)混凝土必须能在最短的时间内均匀无离析地排出，出料干净、方便，能满足施工的要求，如与混凝土泵联合输送时，其排料速度应能相匹配。

(2)从搅拌输送车运卸的混凝土中，分别取 1/4 和 3/4 处试样进行坍落度试验，两个试样的坍落度值之差不得超过 3cm。

(3)混凝土搅拌输送车在运送混凝土时，通常的搅动转速为 2 ~ 5r/min，整个输送过程中，搅拌筒的总转数应控制在 300r 以内。

(4)若混凝土搅拌输送车采用干料自行搅拌混凝土时，搅拌速度一般应为 6 ~ 18r/min，搅拌转数应从混合料和水加入搅拌筒起，直至搅拌结束控制在 70 ~ 100r。

(5)混凝土搅拌输送车因途中混凝土失水，到工地需加水调整混凝土的坍落度时，则搅拌筒应以 6 ~ 18r/min 转速搅拌，至少转动 30r。

5. 混凝土输送泵车

混凝土泵车有挤压式和柱塞式两类，后者使用较广，一般都带有折叠式或伸缩式布料杆，可作 360°全回转。在其工作范围内，可将混凝土输送至任何地点，一台泵车配 2 ~ 3 台混凝土搅拌运输车输送混凝土，距离更远可用多台接力运送。采用泵送混凝土应符合下列规定。

(1)混凝土的供应，必须保证输送混凝土的泵能连续工作。

(2)输送管线宜直，转弯宜缓，接头应严密，如管道向下倾斜，应防止混入空气，产生阻塞。

(3)泵送前应先用适量的与混凝土成分相同的水泥浆或水泥砂浆润滑输送管内壁。预计泵送间歇超过 45min 或当混凝土出现离析现象时，应立即用压力水或其他方法冲洗管内残留的混凝土。

(4)在泵送过程中，受料斗内应具有足够的混凝土，以防止吸入空气产生阻塞。

## 三、运输时间

混凝土应以最少的转载次数，最短的时间，从搅拌地点运至浇筑地点，并在初凝前浇筑完毕。高强混凝土从搅拌机中卸出后到浇筑完毕的延续时间：当气温 $t \leqslant 25℃$，采用搅拌车运输时，延续时间不宜超过 90min，采用其他运输设备时，不宜超过 75min；当气温 $t > 25℃$，采用搅拌车运输时,延续时间不宜超过60min,采用其他运输设备时,不宜超过45min。若运距较远可掺加缓凝剂,其延续凝结时间长短由试验确定。使用快硬水泥或掺有促凝剂的混凝土,其运输时间应根据水泥性能及凝结条件确定。

### 四、运输道路

运输道路要求平坦,使车辆行驶平稳,尽量避免或减少混凝土振动,以免产生离析。运输线路要短、直,以减少运输距离。工地运输道路应考虑布置环形回路,避免交通阻塞。临时架设的桥梁要牢固,桥板接头须平顺。

## 第五节　高强混凝土的浇筑与振捣

### 一、浇筑前的准备工作

(1)制订施工方案,进行安全与技术交底 根据工程对象、结构特点,结合现场具体条件,研究混凝土浇筑的施工方案。确定混凝土的施工进度、浇筑顺序、施工缝留设位置、劳动组织、技术措施和操作要点、质量和安全要求等,并在浇筑施工前将这些内容向施工工人队组进行安全与技术交底。

(2)料具和劳动力准备 混凝土各组成材料的质量和品种规格应符合配合比设计要求,数量应满足一次连续浇筑的需要。所需机具如搅拌机、振动器、运输车辆、料斗、串筒等机具设备按需要准备充足,并考虑发生故障时的修理时间。所有机具均应在浇筑前通过试运转检查其完好情况。浇筑前,必须落实一次浇筑完毕或浇筑至某施工缝前所需的工程材料,以免停工待料。料斗、串筒应安装就位。前台的运输道路、跳板等应提前搭设妥当。当混凝土在现场搅拌时,还要注意检查砂、石称量设备的准确性。在劳动力方面,除本工种外,应注意少数工种如翻斗车司机、值班电工、机修工的配备。

(3)模板、支架、钢筋及预埋件准备 在浇筑混凝土之前,应检查和控制模板、钢筋保护层和预埋件等的尺寸、规格、数量和位置,其偏差值应符合现行国家标准《混凝土结构工程施工质量验收规范》(GB 50204—2015)的规定。此外,还应检查模板支撑的稳定性以及模板接缝的密合情况。在浇筑混凝土前,模板和钢筋上的垃圾和泥土,钢筋上的油污等杂物,都应清除干净。木模板应提前浇水润滑,但不得在模板内存下积水。润湿后,如仍有未胀密的缝隙,应视其宽窄,用木片、水泥纸袋或砂浆堵塞严实。钢模板中的缝隙,也用同样方法堵严。

(4)其他准备事项 主要是与水、电供应部门联系,防止施工时水、电中断。需夜间施工时,应提前做好照明准备。重要工程施工时,还要与气象部门联系,掌握天气变化情况,并做好防雨、防冻、防晒等准备工作。

在地基或基础上浇筑混凝土,应清除淤泥和杂物,并应有排水和防水措施。对干燥的非黏性土,应用水湿润;对未风化的岩石,应用水清洗,但其表面不得留有积水。

### 二、浇筑的一般规定

(1)混凝土的浇筑,应由低处往高处逐层进行,并尽可能使混凝土顶面经常保持水平,以减少混凝土在模板内的流动,防止集料和砂浆分离。预埋件的位置应特别注意,不能使其移动。

(2)混凝土的浇筑工作,应尽可能连续进行。当必须间歇时,其间歇时间宜缩短,并应在前层混凝土凝结之前,将次层混凝土浇筑完毕。

混凝土运输、浇筑及间歇的全部时间不得超过:当气温 $t \leq 25℃$ 时,不宜超过 180min;当气温 $t > 25℃$ 时,不宜超过 150min。当超过规定时间时必须设置施工缝。

分层浇筑时,应注意下一层混凝土初凝之前,将上一层混凝土浇上并捣实完毕,使上、下两层混凝土能结合良好。

(3)为了保证深处的混凝土捣实,每次浇筑的厚度不宜超过表 14-8 规定的数值。

**混凝土浇筑层厚度** 表 14-8

| 捣实混凝土的方法 | | 浇筑层的厚度(mm) |
|---|---|---|
| 插入式振捣 | | 振捣器作用部分长度的 1.25 倍 |
| 表面振动 | | 200 |
| 人工捣固 | 在基础、无筋混凝土或配筋稀疏的结构中 | 250 |
| | 在梁、墙板、柱结构中 | 200 |
| | 在配筋密列的结构中 | 150 |
| 轻集料混凝土 | 插入式振捣 | 300 |
| | 表面振动(振动时需加荷) | 200 |

(4)浇筑混凝土时,应注意防止混凝土的分层离析。混凝土由料斗、漏斗内卸出进行浇筑时,其自由倾落高度不应超过 2m。

(5)在浇筑竖向结构混凝土前,应先在底部浇筑一层 50 ~ 100mm 厚的与混凝土内砂浆成分相同的水泥砂浆,然后再浇筑混凝土,这样既可以使新旧混凝土结合良好,又不容易产生蜂窝麻面。浇筑中不得发生离析现象,当浇筑高度超过 3m 时,应采用串筒或溜槽使混凝土下落。竖向结构可在模板上开口,从开口处浇灌混凝土,下段浇灌捣实后,封住模板口,再继续浇上段。当混凝土浇筑高度超过 8m 时,则应采用节管的振动串筒,即在串筒上每隔 2 ~ 3 节管安装一台振动器。

当浇筑完毕,竖向结构的顶部往往聚集水泥砂浆,应加入适量的洗净粗集料,并加入捣实。

(6)浇筑混凝土时,应经常观察模板、支架、钢筋、预埋件和预留孔洞的情况,当发现有变形、移位时,应立即停止浇筑,并应在已浇筑的混凝土凝结前修整完好。

(7)在浇筑与柱和墙连成整体的梁和板时,应在柱和墙浇筑完毕后停歇 1 ~ 1.5h,使其获得初步沉实,再继续浇筑。

(8)梁和板应同时浇筑混凝土。较大尺寸的梁(梁的高度大于 1m)、拱和类似的结构,可单独浇筑。

## 三、施工缝的设置及处理

由于施工技术或施工组织上的原因,不能连续将结构整体一次浇筑完毕,而必须停歇较长时间,以致原浇筑的混凝土已初凝。由于浇筑时间上的间隔,对混凝土的整体性来说形成了接缝,该接缝即为施工缝。施工缝设置与处理详见第一章第六节所述。

## 四、混凝土的振捣

混凝土浇入模板后,因内部集料之间的摩擦力、水泥净浆的黏结力、拌和物与模板之间的摩擦力,使混凝土处于不稳定的平衡状态。其内部是疏松的,空洞与气泡含量占混凝土体积

5% ~20%。而混凝土的强度、抗冻性、抗渗性及耐久性等一系列性能,都与混凝土密实度有关。因此,必须采用适当的方法在混凝土初凝之前对其进行捣实,以保证其密实度。可见,混凝土的振捣是一道十分重要的工序。高强混凝土的振捣一般采用机械振捣。机械振捣分为内部振动器、表面振动器、外部振动器及振动台四类。

1. 内部振动器

内部振动器又称插入式振动器,俗称振捣等。形式有硬管的、软管的。振动部分有锤式、棒式、片式等。振动频率有高有低,主要适用于大体积混凝土、基础、柱、梁、墙、厚度较大的板,以及预制构件的捣实工作。当钢筋十分稠密或构件厚度很薄时,其使用就会受到一定的限制。

(1)内部振动器的振捣方法可根据情况采用垂直振捣和斜向振捣。垂直振捣即振动棒与混凝土表面垂直;斜向振捣即振动棒与混凝土表面呈40° ~45°角度。两者不宜混用。

(2)振捣棒的操作,要做到“快插慢拔”。快插是为了防止先将表面混凝土振实而与下面混凝土发生分层、离析现象;慢拔是为了使混凝土能填满振捣棒抽出时所造成的空洞。对于硬性混凝土,有时还要在振捣棒抽出的洞旁不远处,再将振捣棒重新插入才能填满空洞。在振捣过程中,宜将振捣棒上下略微抽动,以使上下振捣均匀。

(3)混凝土上分层浇筑时,每层混凝土厚度应不超过振捣棒长的1.25倍;在振捣上一层时,应插入下层中5 ~10cm,以消除两层之间的接缝,同时在振捣上层混凝土时,要在下层混凝土初凝之前进行。

(4)每一插点要掌握好振捣时间,过短不易捣实,过长可能引起混凝土产生离析现象,对塑性混凝土尤其要注意。一般每点振捣时间为20 ~30s,使用高频振捣棒时,最短不应少于10s,但应视混凝土表面成水平不再显著下沉,不再出现气泡,表面泛出灰浆为准。

(5)振捣棒插点移动次序可采用“行列式”或“交错式”,不得混用,以免造成混乱而发生漏振。每次移动位置的距离应不大于振捣棒作用半径 $R$ 的1.5倍。一般振捣棒的作用半径 $R$ 为30 ~40cm。振捣棒不得碰撞模板、钢筋或挂在钢筋上。

(6)振捣棒使用时,振捣棒距离模板不应大于振捣棒作用半径 $R$ 的0.7倍,并不宜紧靠模板振动,且应尽量避免碰撞钢筋、芯管、吊环、预埋件等。

2. 表面振捣棒

表面振捣棒又称平板式振捣棒。其工作部分是一钢制或木制平板,板上装一个带偏心块的电动振捣棒。振动力通过平板传递给混凝土,其振动作用深度较小,仅适用于表面积大而平整的结构物,如楼板、地面、屋面板、道路或预制梁、板类构件上层表面。

表面振捣棒在每一位置上应连续振动一定时间,以混凝土停止下沉并泛出灰浆,或表面平整并均匀出现浆液为度,一般约在25 ~40s。

3. 外部振捣棒

外部振捣棒又称附着式振捣棒。这种振捣棒通常是利用螺栓或钳形夹具固定在模板外侧,不与混凝土直接接触,借助模板或其他物体将振动力传递到混凝土。其振动作用不能深远,仅适用于振捣钢筋较密、厚度较小以及不宜使用插入式振捣棒的结构构件。

外部振捣棒的振动作用深度在25cm左右,如构件尺寸较厚时,需在构件两侧安设振动器同时进行振捣。

待混凝土入模后方可开动振捣棒,混凝土浇筑高度高于振捣棒安装部位,当钢筋较密和构件断面较深较窄时,也可采取边浇筑边振动的方法。

振捣时间和有效作用,随结构形状、模板坚固程度、混凝土坍落度及振捣棒功率大小等各项因素而定。一般每隔1~1.5m距离设置一个振捣棒。当混凝土成一水平面不再出现气泡时,可停止振捣。必要时应通过试验确定振捣时间。

4.振动台

振动台由上部框架和下部支架、支承弹簧、电动机、齿轮同步器、振动子等组成。上部框架是振动台的台面,上面可固定放置模板,通过螺旋弹簧支承在下部的支架上,振动台只能做上下方向的定向振动。适用于混凝土预制构件的振捣。

当混凝土构件厚度小于20cm时,可将混凝土一次装满后振动,如厚度大于20cm,则需分层浇筑,每层厚度不大于20cm,或随浇随振。

振动时间要根据混凝土构件的形状、大小及振动能力而定,一般以混凝土表面成水平并出现均匀的水泥浆和不再冒气泡时,表示已振实。

## 第六节　高强混凝土的养护

混凝土混合物经过振动密实成形后,凝结硬化过程仍在继续进行,内部结构逐渐形成。水泥的凝结硬化必须在适宜的温度和湿度条件下才能完成好,所以为已经密实成形的混凝土正常进行水化反应,必须采取必要的养护措施,提供水泥水化反应所必需的介质温度和湿度。高强混凝土一般多采用早强、高强水泥,在早期就应立即进行养护,因为部分水化可使毛细管中断,即重新开始养护时,水分将不能进入混凝土内部,因而不会引起进一步水化。

### 一、养护方法

混凝土养护方法很多,目前有自然养护、蒸汽养护、干热养护、养护剂养护等,要因时因地制宜,选择较好的养护方法。其中蒸汽养护是提高混凝土强度的重要途径之一。在养护制度上,采取适于水泥特征的养护参数,也将有利于混凝土强度的提高。高强混凝土主要采用自然养护和蒸汽养护。

1.自然养护

在自然气温(+5℃)条件下,在混凝土表面进行覆盖、浇水养护或在平面结构四周砌1~2皮砖,或在池槽结构内灌水养护,使混凝土在潮湿条件下强度正常发展。自然养护适用于各种混凝土结构、构件的养护。

2.蒸汽养护

在工厂养生窑(坑)内铺设蒸汽管道,内放构件,或在现场结构构件周围采用临时性围护,上盖护罩或简易的帆布、油布,通以常压蒸汽,使混凝土在较高温度和湿度条件下迅速硬化,达到要求的强度,以缩短硬化时间、加速模板周转。蒸汽养护适用于工厂生产预制构件或冬期施工现场养护预制构件或捣制结构构件。

### 二、养护制度与要求

1.自然养护

1)覆盖浇水养护

利用平均气温高于+5℃的自然条件,用适当的材料对混凝土表面加以覆盖并浇水,使混凝土在一定的时间内保持水泥水化作用所需的适当温度和湿度条件。覆盖浇水养护应符合下列规定。

(1)覆盖浇水养护应在混凝土浇筑完毕后的12h以内进行。

(2)混凝土的浇水养护时间,对采用硅酸盐水泥、普通硅酸盐水泥或矿渣硅酸盐水泥拌制的混凝土,不得少于7d,对掺用缓凝剂型外加剂或有抗渗性要求的混凝土,不得少于14d。

(3)浇水次数应根据能保持混凝土处于湿润的状态来决定。

(4)混凝土的养护用水应与拌制水相同。

(5)当日平均气温低于5℃时,不得浇水。

2)喷膜养护

喷膜养护是在混凝土表面喷洒1~2层塑料薄膜,它是将塑料溶液喷在混凝土表面上,溶剂挥发后,塑料与混凝土表面结合成一层薄膜,使混凝土表面与空气隔绝,封闭混凝土中的水分不再被蒸发,而完成水化作用。这种氧化方法一般适用于表面积大的混凝土施工和缺水地区。喷膜养护的操作要点是:

(1)喷洒压力以0.2~0.3MPa为宜,喷出来的塑料溶液呈较好的雾状为佳。压力小,不易形成雾状;压力大,会破坏混凝土表面,喷洒时应离混凝土表面50cm左右。

(2)喷洒时间,应掌握混凝土水分蒸发情况,在表面不见浮水、混凝土表面以手指轻按无压痕时,即可进行喷洒。过早会影响塑料薄膜与混凝土表面结合,过迟则影响混凝土强度。

(3)溶液喷洒厚度以溶液的耗用量衡量,通常以每平方米耗用养护剂2.5kg为宜,喷洒厚度要求均匀一致。

(4)通常要喷两遍,待第一遍成膜后再喷第二遍,喷洒时要求有规律,固定一个方向,前后两遍的走向应互相垂直。

(5)溶液喷洒后很快形成塑料薄膜,为达到养护目的,必须保护薄膜的完整性,要求不得有损坏破裂,不得在薄膜上行走,如发现损坏应及时补喷。如气温较低时,应设法保温。

2.蒸汽养护

1)常压蒸汽养护制度

蒸汽养护一般分四个阶段进行,即静停、升温、恒温和降温。

(1)静停期。用以增加混凝土对升温期结构破坏作用的抵抗能力,在制品成形后及蒸汽养护开始前所进行的室温养护为预养期,又称静停期,一般为2~6h。

(2)升温期。升温期取决于混凝土的允许升温速度及最高养护温度。升温过快易使混凝土内部产生微裂缝等缺陷。表14-9给出了混凝土的最大升温速度参考值。按此升温速度及最高养护温度可计算出升温期。

**升温速度限值(℃/h)** 表14-9

| 预养时间(h) | 干硬度(s) | 刚性模型密闭养护 | 带模养护 | 脱模养护 |
|---|---|---|---|---|
| >4 | >30 | 不限 | 30 | 20 |
| | <30 | 不限 | 25 | |
| <4 | >30 | 不限 | 20 | 15 |
| | <30 | 不限 | 15 | |

(3)恒温期。升温至要求温度后即应在此温度下恒温养护一段时间,以使混凝土获得一定的强度。一般来讲硅酸盐水泥要求较低的恒温温度,适当延长恒温时间,而矿渣硅酸盐水泥

则要求较高的恒温温度。

(4)降温期。经一定期的恒温养护后,需要缓慢降温,由恒温温度降至室温的时间为降温期。降温速度与构件尺寸及混凝土的水灰比有关。对于高强混凝土,最大允许降温速度,厚大尺寸构件为40℃/h;细薄尺寸构件为50℃/h。混凝土构件表面与气温之差小于或等于75℃。

为了避免蒸汽温度骤然升降而引起混凝土构件产生裂缝变形,必须严格控制升温和降温的速度。出槽的构件温度与室外温度相差不得大于40℃,当室外为负温度时,相差不得大于20℃。

2)高压蒸汽养护制度

高强混凝土的养护一般用高压蒸汽养护,蒸汽压力可高达1.1MPa。根据升压方法又分为排气法、真空法和快速升压法。不同混凝土制品的压蒸制度见表14-10。

**不同混凝土制品的压蒸制度**　　表14-10

| 制品厚度(mm) | | 各期时间(h) | | | | 总压蒸周期(h) |
|---|---|---|---|---|---|---|
| | | 升压至1.1MPa | 恒压 | 从1.1→0.3MPa | 从0.3→0.1MPa | |
| 100 | | 1 | 5 | 0.5 | 0.5 | 7 |
| ≥200 | a | 1~2 | 7 | 1 | 1 | 10~11 |
| | b | 1 | 6 | 0.5 | 0.5 | 8 |
| | c | 1~2 | 4 | 1 | 1 | 7~8 |
| ≥300 | a | 1~2 | 10 | 2 | 2 | 15~16 |
| | b | 1 | 8 | 0.5 | 0.5 | 10 |
| | c | 1~2 | 5 | 1.5 | 1.5 | 9~10 |

注:1. 表列代号"a"及"b"分别为堆密度650~800kg/m$^3$及400~500kg/m$^3$的多孔混凝土制品,"c"为大孔的密实混凝土制品。

2. 有足量高压蒸汽时,升压时间可减至0.5h。

3. 硅酸盐混凝土恒压时间延长2~3h,泡沫混凝土降压时间延长2~3h。

4. 最高压力为0.9MPa时,恒压时间延长1h。

## 第七节　高强混凝土施工质量的监控

高强混凝土施工质量的控制应包括混凝土组成材料的计量、混凝土拌和物的搅拌、运输、浇筑和养护等工序的控制。

### 一、计量

1. 材料偏差

在计量工序中,整个生产期间每盘混凝土各组成材料计量结果的偏差应符合表14-7中的规定。

2. 校核

每一工作班正式称量前,应对计量设备进行零点校核。

3. 含水率

生产过程中应测定集料的含水率,每一工作班不应少于一次,当含水率有显著变化时,应增加测定次数,依据检测结果及时调整用水量和集料用量。

4. 计量器具

应定期检定，经中修、大修或迁移至新的地点后，也应进行检定。

## 二、搅拌

1. 搅拌要求

在搅拌工序中，混凝土拌和物应拌和均匀，颜色一致，不得有离析和泌水现象。

2. 搅拌时间

混凝土搅拌的最短时间应符合有关施工工艺标准的要求。混凝土的搅拌时间，每一工作班至少应抽查两次。

3. 拌和物性能要求

混凝土搅拌完毕后，应按下列要求检测混凝土拌和物的各项性能。

(1)混凝土拌和物的稠度应在搅拌地点和浇筑地点分别取样检测。每一工作班不应少于一次。评定时应以浇筑地点的测值为准。在预制混凝土构件厂，如混凝土拌和物从搅拌机出料起至浇筑入模的时间不超过15min时，其稠度可仅在搅拌地点取样检测。在检测坍落度时，还应观察混凝土拌和物的黏聚性和保水性。

(2)根据需要，尚应检测混凝土拌和物的其他质量指标如含气量、水灰比和水泥含量等。

## 三、运输

(1)在运输过程中，应控制混凝土运至浇筑地点后，不离析、不分层、组成成分不发生变化，并能保证施工所必需的稠度。

(2)运送混凝土的容器和管道，应不吸水、不漏浆，并保证卸料及输送通畅。容器和管道在冬期应有保温措施，夏季最高气温超过40℃时，应有隔热措施。

(3)混凝土从搅拌机卸出后到浇筑完毕的延续时间不宜超过规定时间。

(4)混凝土运至浇筑地点，如混凝土拌和物出现离析或分层现象，应对混凝土拌和物进行二次搅拌。

(5)混凝土运至指定卸料地点时，应检测其稠度。所测稠度值应符合设计和施工要求。

(6)混凝土拌和物运至浇筑地点的温度，最高不宜超过35℃；最低不宜低于5℃。

(7)采用泵送混凝土时，应保证混凝土泵的连续工作，受料斗内应有足够的混凝土，泵送间歇时间不宜超过15min。

## 四、浇筑

1. 浇筑前的检查

(1)浇筑混凝土前，应检查和控制模板、钢筋、保护层和预埋件等的尺寸、规格、数量和位置，其偏差值应符合现行国家标准《混凝土结构工程质量验收规范》(GB 50204—2015)的规定。此外，还应检查模板支撑的稳定性以及接缝的密合情况。

(2)模板和隐蔽项目应分别进行预检和隐检验收，符合要求时，方可进行浇筑。

2. 浇筑注意事项

(1)在浇筑工序中，应控制混凝土的均匀性和密实性。

(2)混凝土拌和物运至浇筑地点后,应立即浇筑入模。在浇筑过程中,如混凝土拌和物的均匀性和稠度发生较大变化,应及时处理。

(3)柱、墙等结构竖向浇筑高度超过3m时,应采用串筒、溜管或振动溜管浇筑混凝土。

(4)混凝土应振捣成形,根据施工对象及混凝土拌和物性质应选择适当的振捣棒,并确定振捣时间。

(5)混凝土在浇筑及静停过程中,应采取措施防止产生裂缝。由于混凝土的沉降及干缩产生的非结构性的表面裂缝,应在混凝土终凝前予以修整。

## 五、养护

(1)在养护工序中,应控制混凝土处在有利于硬化及强度增长的温度和湿度环境中。使硬化后的混凝土具有必要的强度和耐久性。

(2)施工单位应根据施工对象、环境、水泥品种、外加剂以及对混凝土性能的要求,提出具体的养护方案,并应严格执行规定的养护制度。

(3)自然养护混凝土时,应每天记录大气气温的最高、最低温度以及天气的变化情况,并记录养护方式和制度。对采用薄膜或养护剂养护的混凝土,应经常检查薄膜或养护剂的完整情况和混凝土的保湿效果。

(4)蒸汽养护的温度检查,应符合下列要求:在升温和降温阶段,每小时测温一次,恒温阶段每两小时测温一次;加温养护的混凝土结构或构件在出池或撤除养护措施前,应进行温度测量,当表面与外界温差不大于20℃时,方可撤除养护措施或构件出池。

# 第十五章　高性能混凝土施工

随着混凝土技术的不断发展以及工程的需要,世界各国使用混凝土的强度在不断提高,特别是近年来,越来越多的大跨桥梁、高层建筑、地下水建筑等工程的使用和修建,高性能混凝土的需求越来越大。何谓高性能混凝土,目前,在国际上,存在几种不同的解释,尽管各有差异,但基本认为:高性能混凝土是一种采用常规材料和工艺生产,具有混凝土结构物所要求的各项力学性能,且具有高耐久性、高工作性和高体积稳定的混凝土。

## 第一节　高性能混凝土原材料技术要求

高性能混凝土的性能除受制作工艺外,主要受原材料的影响。只有选择符合高性能要求的原材料,才能配制出符合高性能设计要求的混凝土。选择原材料时,要根据工程的实际要求及所处环境而定。

### 一、胶凝材料

胶凝材料(水泥)是高性能混凝土中最关键的组分,不是所有的水泥都可以用来配制高性能混凝土的,高性能混凝土选用的水泥必须满足以下条件。

(1)标准稠度用水量要低,从而使混凝土在低水灰比时也能获得较大的流动性。

(2)水化放热量和放热速率要低,以避免因混凝土的内外温差过大而使混凝土产生裂缝。

(3)水泥硬化后的强度要高,以保证以使用较少的水泥用量获得高强混凝土。

用来配制高性能混凝土的水泥,主要有中热硅酸盐水泥、环球水泥、调粒水泥和活化水泥。

#### 1. 中热硅酸盐水泥

中热硅酸盐水泥,是指水泥中 $C_3A$ 的含量不超过6%,$C_3S$ 和 $C_3A$ 的总含量不超过58%的硅酸盐水泥。该种水泥具有较高的抵抗硫酸盐侵蚀的能力,水化热呈中等,有利于混凝土体积的稳定,避免混凝土表面因温差过大而出现裂缝。

#### 2. 球状水泥

球状水泥是由日本小野田水泥公司与清水建设公司共同研究开发的,是水泥熟料通过高速气流粉碎及特殊处理而制成的。球状水泥的表面,由于摩擦粉碎,熟料矿物表面没有裂纹,凹凸部分和棱角部分消失,成为1~30μm大小的粒子,平均粒径较小,微粉含量较低。因此,水泥粒子具有较高的流动性与填充性,在保持坍落度相同的条件下,球状水泥的用水量比普通水泥的用水量降低10%左右。球状水泥与普通水泥相比,料体特性见表15-1。

球状水泥与普通水泥的粉体特性　　表 15-1

| 粉体特性 | 球状水泥(A) | 普通水泥(B) | 两者对比 | 粉体特性 | 球状水泥(A) | 普通水泥(B) | 两者对比 |
|---|---|---|---|---|---|---|---|
| 形状(球状度) | 0.85 | 0.67 | A > B | 填充性($g/cm^3$) | 1.2 | 1.0 | A > B |
| 平均粒径(μm) | 10.1 | 13.5 | A < B | 微粉量(μm) | 15.3 | 18.0 | A < B |
| 比表面积值($cm^2/g$) | 2 698 | 3 231 | A < B | | | | |

3. 调粒水泥

调粒水泥是将水泥组成中的粒度分布进行调整,提高胶凝材料的填充率;使水泥粒子的最大粒径增大,粒度分布向粗的方向移动;同时还掺入适量的超细粉,以获得最密实的填充。这样就能获得流动性良好的水泥浆,具有适当的早期强度,水化热低,水化放热速度慢等方面的优良性能。

4. 活化水泥

将粉状超塑化剂和水泥熟料按适当比例混合磨细,即制得活性较高的活化水泥。活化水泥的活性大幅度提高,低强度等级的活化水泥可以代替高强度等级的普通硅酸盐水泥。

混凝土中水泥用量过多会产生多种不利后果,如会产生大量的水化热,收缩增加而引起裂缝的发生。因此配制高性能混凝土水泥宜用 52.5 级或更高强度的硅酸盐水泥或普通硅酸盐水泥,水泥用量宜控制在 $550kg/m^3$ 以内。

## 二、矿物质掺和料

矿物质掺和料是高性能混凝土中不可缺少的组分,其掺入的目的是增加活性、流动性、抗分离性,调节黏度及塑性,填充水泥石中的微孔,以利于提高混凝土的强度、密实性、特别是对改善混凝土的耐久性及防止碱集料反应、降低混凝土水化热等有明显效果。配制高性能混凝土常用的矿物质掺和料主要有:硅粉、磨细矿渣、优质粉煤灰、超细沸石粉、无水石膏及其他微粉等。

1. 硅粉

硅粉是铁合金厂在冶炼硅铁合金或金属硅时,从烟尘中收集起来的一种飞灰。硅粉的颗粒主要呈球状,粒径小于 1μm,平均粒径约 0.1μm。硅粉中的主要活性成分为无定形的 $SiO_2$,其含量约占 90% 左右。硅粉的小球状颗粒填充于水泥颗粒之间,使胶凝材料具有良好的级配,降低了其标准稠度下的用水量,从而提高了混凝土的强度和耐久性。

2. 磨细矿渣

磨细矿渣是将粒化高炉矿渣磨细到比表面积 7 500$cm^2/g$ 左右,颗粒粒径小于 10μm。用磨细矿渣取代混凝土中的部分水泥后,流动性提高,泌水量降低,具有缓凝作用,其早期强度与硅酸盐水泥混凝土相当,但表现出后期强度高、耐久性好的优良性能。

磨细矿渣绝大部分是不稳定的玻璃体,不仅储有较高的化学能,而且有较高的活性。这些活性成分一般为活性 $Al_2O_3$ 和活性 $SiO_2$,即使在常温条件下,以上活性成分也可以与水泥中的 $Ca(OH)_2$ 发生反应而产生强度。

3. 优质粉煤灰

粉煤灰是火力发电厂锅炉以煤粉作为燃料,从其烟气中收集下来的灰渣。优质粉煤灰一般是指粒径为 10μm 的分级灰,其比表面积约为 7 850$cm^2/g$,烧失量为 1% ~2%,且含有大量的球状玻璃珠。粉煤灰中的主要活性成分,与磨细矿渣基本相同,也是活性 $SiO_2$ 和活性 $Al_2O_3$。

4. 超细沸石粉

超细沸石粉是采用天然沸石粉经磨细而制成，其平均粒径小于10μm。天然沸石是一族架状构造的含水铝硅酸盐矿物，其主要活性成分也是活性 $SiO_2$ 和活性 $Al_2O_3$，两种活性成分的总含量在80%左右。

## 三、粗、细集料

高性能混凝土集料的选择，必须注意集料的品种、表观密度、吸水率、粗集料强度、粗集料最大粒径、粗集料级配、粗集料体积用量、砂率和碱活性组分含量等。

1. 细集料的选择

细集料宜选用石英含量高、颗粒形状浑圆、洁净、具有平滑筛分曲线的中粗砂，细度模数控制在2.6～3.2，砂率控制在36%左右。

2. 粗集料的选择

1）粗集料的表面特征

粗集料的形状和表面特征对混凝土的强度影响很大，尤其在高强混凝土中，集料的形状和表面特征对混凝土的强度影响更大。表面较粗糙的结构，可使集料颗粒和水泥石之间形成较大的黏着力。同样，具有较大表面积的角状集料，也具有较大的黏结强度。但是，针状、片状的集料会影响混凝土的流动性和强度，因此，针状、片状的集料含量不宜大于5%。

2）粗集料的强度

由于混凝土内各个颗粒接触点的实际应力可能会远远超过所施加的压应力，所以选择的粗集料的强度应高于混凝土的强度。但是，过硬、过强的粗集料可能因温度和湿度的因素而使混凝土发生体积变化，使水泥石受到较大的应力而开裂。所以，从耐久性意义上说，选择强度中等的粗集料，反而对混凝土的耐久性有利。试验证明，高性能混凝土所用的粗集料，其压碎指标宜控制在10%～15%。

3）粗集料的最大粒径

高性能混凝土粗集料最大粒径的选择，与普通混凝土完全不同。普通混凝土粗集料最大粒径的控制，主要由构件截面尺寸及钢筋间距决定的，粒径的大小对混凝土的强度影响不大；但对高性能（高强）混凝土来说，粗集料最大粒径的大小对混凝土的强度影响较大。试验证明，加大粗集料的粒径，会使混凝土的强度下降，强度等级越高影响越明显。造成强度下降的主要原因是：集料尺寸越大，黏结面积越小，造成混凝土不连续性的不利影响也越大，尤其对水泥用量较多的高性能混凝土，影响更为显著。因此，高性能混凝土的粗集料宜选用最大粒径不大于15mm的碎石。

3. 其他方面的要求

粗、细集料的表观密度应在2.65以上；粗集料的吸水率应低于1.0%，细集料的饱和吸水率应低于2.5%；粗集料的级配良好，孔隙率达到最小；粗集料的体积用量一般为400L，即1 050～1 100kg/m³；粗集料中无碱活性组分。

## 四、高性能减水剂

因为高性能混凝土的胶凝材料用量大、水灰比低、拌和物黏性大，为了使混凝土获得高工作性，所以在配制高性能混凝土时，必须采用高性能减水剂。选好高效减水刘、高效AE减水剂、流化剂或超塑化剂、超流化剂等外加剂，是制备高性能混凝土的关键材料。在日本称为高性能 AE 减水剂,其主要特点是:既具有较高的减水率(20% ~30%),又有控制混凝土坍落度损失的能力。

目前,我国生产高效减水剂的厂家很多,产品遍及萘系、多羧酸系、三聚氰胺系、氨基磺酸系等,且有了与改性木质素磺酸盐系相结合的复合型减水剂,这为制备高性能混凝土打下了一定基础。但是,我国生产的普通高效减水剂还不能同时具备高性能 AE 减水剂的性能,因此,在我国通常将普通高效减水剂与缓凝剂复合使用。在实际工程施工中,将萘磺酸盐甲醛缩合物与多羟羧酸盐复合起来,基本上可具备与高性能 AE 减水剂相似的性能。

为使粗、细集料具有较强的抗分离性,还需加入适量的纤维素类、丙烯酸类、聚丙烯酰酸、发酵多糖聚合物、改性水下混凝土外加剂等增黏剂,以防止混凝土发生分离、泌水等质量问题。为降低高性能混凝土的收缩,除选好粗细集料及控制胶结材料、用水量外,也可加入铝粉、硫铝酸盐系、石膏、石灰系膨胀调节剂。

### 五、拌和用水

高性能混凝土的拌和和养护用水,必须符合现行行业标准《混凝土用水标准》(JGJ 63—2006)的规定。

## 第二节　高性能混凝土配合比设计

### 一、根据混凝土结构所处环境进行设计[摘自《高性能混凝土应用技术规程》(CECS 207—2006)]

1. 试配强度

高性混凝土的试配强度应按下式确定:

$$f_{cu,0} \geqslant f_{cu,k} + 1.645\sigma \tag{15-1}$$

式中:$f_{cu,0}$——混凝土试配强度(MPa);

$f_{cu,k}$——混凝土强度标准值(MPa);

$\sigma$——混凝土强度标准差,当无统计数据时,对商品混凝土可取 4.5MPa。

2. 抗碳化耐久性设计

高性能混凝土的水胶比宜按下式确定:

$$\frac{W}{B} \leqslant \frac{5.83c}{\alpha \times \sqrt{t}} + 38.3 \tag{15-2}$$

式中:$W/B$——水胶比(%);

$c$——钢筋混凝土保护层厚度(cm);

$\alpha$——碳化区分系数,室外取 1.0,室内取 1.7;

$t$——设计使用年限(年)。

3. 抗冻害耐久性设计

(1)抗冻害地区可分为微冻地区、寒冷地区、严寒地区。应根据冻害设计外部劣化因素的强弱,按表 15-2 的规定确定水胶比的最大值。

**不同冻害地区或盐冻地区混凝土水胶比最大值** 表 15-2

| 外部劣化因素 | 水胶比(W/B)最大值 | 外部劣化因素 | 水胶比(W/B)最大值 |
|---|---|---|---|
| 微冻地区 | 0.50 | 严寒地区 | 0.40 |
| 寒冷地区 | 0.45 | | |

(2)高性能混凝土的抗冻性(冻融循环次数)可采用现行国家标准《普通混凝土长期性能和耐久性能试验方法标准》(GB/T 50082—2009)规定的快冻法测定。应根据混凝土的冻融循环次数按下式确定混凝土的抗冻耐久性指数,并符合表 15-3 的要求:

$$K_m = \frac{PN}{300} \tag{15-3}$$

式中:$K_m$——混凝土的抗冻耐久性指数;

$N$——混凝土试件冻融试验进行至相对弹性模量等于 60% 时的冻融循环次数;

$P$——参数,取 0.6。

**高性能混凝土的抗冻耐久性指数要求** 表 15-3

| 混凝土结构所处环境条件 | 冻融循环次数 | 抗冻耐久性指数 $K_m$ |
|---|---|---|
| 严寒地区 | ≥300 | ≥0.8 |
| 寒冷地区 | ≥300 | 0.60 ~ 0.79 |
| 微冻地区 | 所要求的冻融循环次数 | <0.60 |

(3)高性能混凝土抗冻性也可按现行国家标准《普通混凝土长期性能和耐久性能试验方法》(GB/T 50082—2009)规定的慢冻法测定。

(4)受海水作用的海港工程混凝土的抗冻性测定时,应以工程所在地的海水代替普通水制作混凝土试件。当无海水时,可用 3.5% 的氯化钠溶液代替海水,并按现行国家标准《普通混凝土长期性能和耐久性能试验方法》(GB/T 50082—2009)规定的快冻法测定。抗冻耐久性指数可按式(15-3)确定,并应符合表 15-3 的要求。

(5)受除冰盐冻融作用的高速公路混凝土和钢筋混凝土桥梁混凝土,其抗冻性的测定可按《高性能混凝土应用技术规程》(CECS 207—2006)附录 A 的规定进行。测定盐冻前后试件单位面积质量的差值后,可按下式评价混凝土抗盐冻性能:

$$Q_s = \frac{M}{A} \tag{15-4}$$

式中:$Q_s$——单位面积剥蚀量($g/m^2$);

$M$——试件的总剥蚀量(g);

$A$——试件受冻面积($m^2$)。

设计时,应确保混凝土在工程要求的冻融循环次数内,满足 $Q_s \leq 1\,500 g/m^2$ 的要求。

(6)高性能混凝土的集料除应满足本节三的规定外,其品质尚应符合表 15-4 的要求。

**集料的品质要求** 表 15-4

| 混凝土结构所处环境 | 细集料 | | 粗集料 | |
|---|---|---|---|---|
| | 吸水率(%) | 坚固性试验质量损失(%) | 吸水率(%) | 坚固性试验质量损失(%) |
| 微冻地区 | ≤3.5 | ≤10 | ≤3.0 | ≤12 |
| 寒冷地区 | ≤3.0 | | ≤2.0 | |
| 严寒地区 | | | | |

(7)对抗冻性混凝土宜采用引气剂或引气型减水剂。当水胶比小于0.30时,可不掺引气剂;当水胶比不小于0.30时,宜掺入引气剂。经过试验测定,高性能混凝土的含气量应达到4%～5%的要求。

4.抗盐害耐久性设计

(1)抗盐害耐久性设计时,对海岸盐害地区,可根据盐害外部劣化因素分为:准盐害环境地区(离海岸250～1 000m);一般盐害环境地区(离海岸50～250m);重盐害环境地区(离海岸50m以内)。盐湖周边250m以内范围也属重盐环境地区。

(2)高性能混凝土中氯离子含量宜小于胶凝材料用量的0.06%,并应符合现行国家标准《混凝土质量控制标准》(GB 50164—2011)的规定。

(3)在盐害地区,高耐久性混凝土的表面裂缝宽度宜小于$c/30$($c$为混凝土保护层厚度,单位为mm)。

(4)高性能混凝土抗氯离子渗透性、扩散性,应以56d龄期、6h的总导电量($C$)确定,其测定方法应符合《高性混凝土应用技术规程》(CECS 207—2006)附录B的规定。根据混凝土导电量和抗氯离子渗透性,可按表15-5进行混凝土定性分类。

**根据混凝土导电量试验结果对混凝土的分类** 表15-5

| 6h导电量(C) | 氯离子渗透性 | 可采用的典型混凝土种类 |
|---|---|---|
| 2 000～4 000 | 中 | 中等水胶比(0.40～0.60)普通混凝土 |
| 1 000～2 000 | 低 | 低水胶比(<0.40)普通混凝土 |
| 500～1 000 | 非常低 | 低水胶比(<0.38)含矿物微细粉混凝土 |
| <500 | 可忽略不计 | 低水胶比(<0.30)含矿物微细粉混凝土 |

(5)混凝土的水胶比应按混凝土结构所处环境条件采用,如表15-6所示。

**盐害环境中混凝土水胶比最大值** 表15-6

| 混凝土结构所处环境 | 水胶比最大值 | 混凝土结构所处环境 | 水胶比最大值 |
|---|---|---|---|
| 准盐害环境地区 | 0.50 | 重盐害环境地区 | 0.40 |
| 一般盐害环境地区 | 0.45 | | |

5.抗硫酸盐腐蚀耐久性设计

(1)抗硫酸盐腐蚀混凝土采用的水泥,其矿物组成符合$C_3A$含量小于5%、$C_3S$含量小于50%的要求;其矿物微细粉应选用低钙粉煤灰、偏高岭土、矿渣、天然沸石粉或硅粉等。

(2)胶凝材料的抗硫酸盐腐蚀性应按《高性能混凝土应用技术规程》(CECS 207—2006)附录C规定的方法进行检测,并按表15-7评定。

**胶砂膨胀率、抗蚀系数抗硫酸盐性能评定指标** 表15-7

| 试件膨胀率 | 抗蚀系数 | 抗硫酸盐等级 | 抗硫酸盐性能 |
|---|---|---|---|
| >0.4% | <1.0 | 低 | 受腐蚀 |
| 0.4%～0.35% | 1.0～1.1 | 中 | 耐腐蚀 |
| 0.34%～0.25% | 1.2～1.3 | 高 | 抗腐蚀 |
| ≤0.25% | >1.4 | 很高 | 高抗腐蚀 |

注:检验结果如出现试件膨胀率与抗蚀系数不一致的情况,应以试件的膨胀率为准。

(3)抗硫酸盐腐蚀混凝土的最大水胶比宜按表15-8确定。

抗硫酸盐腐蚀混凝土的最大胶比　　表 15-8

| 劣化环境条件 | 最大水胶比 |
|---|---|
| 水中或土中 $SO_4^{2-}$ 含量大于 0.2% 的环境 | 0.45 |
| 除环境中含有 $SO_4^{2-}$ 外，混凝土还采用含有 $SO_4^{2-}$ 的化学外加剂 | 0.40 |

6. 抑制碱—集料反应有害膨胀

(1)混凝土结构或构件在设计使用期限内，不应因发生碱—集料反应而导致其开裂和强度下降。

(2)为预防碱—硅反应破坏，混凝土中碱含量不宜超过表 15-9 的要求，碱含量的计算宜按《高性能混凝土应用技术规程》(CECS 207—2006)附表 D 的规定进行。

预防碱—硅反应破坏的混凝土碱含量　　表 15-9

| 环境条件 | 混凝土中最大碱含量($kg/m^3$) | | |
|---|---|---|---|
| | 一般工程结构 | 重要工程结构 | 特殊工程结构 |
| 干燥环境 | 不限制 | 不限制 | 3.0 |
| 潮湿环境 | 3.5 | 3.0 | 2.1 |
| 含碱环境 | 3.0 | 采用非碱活性集料 | |

(3)检验集料的碱活性，宜按《高性混凝土应用技术规程》(CECS 207—2006)附录 E 和附录 F 的规定进行。

(4)当集料含有碱—硅反应活性时，应掺入矿物微细粉，并宜采用玻璃砂浆棒法[《高性能混凝土应用技术规程》(CECS 207—2006)附录 C]确定各种微细粉的掺量及其抑制直碱—硅反应的效果。

当集料中含有碱—碳酸盐反应活性时，应掺入粉煤灰、沸石与粉煤灰复合粉、沸石与矿渣复合粉或沸石与硅复合粉等，并宜采用小混凝土柱法确定其掺量[《高性能混凝土应用技术规程》(CECS 207—2006)附录 F]和检验其抑制效果。

## 二、常见高性能混凝土配合比设计

常见高性能混凝土配合比设计与普通混凝土配合比设计方法基本相同，具有计算步骤简单、计算结果比较精确、容易掌握等优点。

1. 初步配合比的计算

根据选用原材料的性能及对高性混凝土的技术要求，进行初步配合比的计算，得出供试配混凝土所用的配合比。

1)配制强度的确定

影响高性能混凝土强度的因素很多，变异系数较大，因此，在配合比设计时就应该控制其不合格率。在通常情况下，高性能混凝土的不合格率宜控制在 2.5%，即高性能混凝土的强度保证率为 97.5% 以上。

当设计要求的高性混凝土强度等级已知时，混凝土的试配强度可按下式确定：

$$f_{cu,0} = f_{cu,k} - t\sigma \qquad (15\text{-}5)$$

式中：$f_{cu,0}$——高性能混凝土的试配强度(MPa)；

$f_{cu,k}$——设计的混凝土立方体抗压强度标准值(MPa)；

$t$——概率度，当混凝土强度的保证率为97.5%时，$t=-1.960$；

$\sigma$——混凝土强度标准差（MPa）。

混凝土强度标准差（$\sigma$）应根据施工单位的具体情况而确定。当施工单位有近期的同一品种混凝土强度资料时，其混凝土强度标准差（$\sigma$）可按标准差计算公式进行计算。如果施工单位没有高性混凝土施工管理水平统计资料，且 $\sigma$ 也无其他资料可查时，对于 C60 的混凝土，$\sigma$ 可取值 6MPa；对于大于 C60 的混凝土，应参考有关工程经验而确定。

2）初步确定水胶比［$W/(C+M)$］

根据已测定的水泥实际强度 $f_{ce}$（或选用的水泥强度等级 $f_{ce,k}$）、粗集料的种类及所要求的混凝土配制强度 $f_{cu,0}$，同济大学提出了高性能混凝土的如下关系式：

对于用卵石配制的高性能混凝土

$$f_{cu,0}=0.296f_{ce}\left(\frac{C+M}{W}+0.71\right) \tag{15-6}$$

对于用碎石配制的高性混凝土

$$f_{cu,0}=0.304f_{ce}\left(\frac{C+M}{W}+0.62\right) \tag{15-7}$$

当无水泥实际强度数据时，公式中的 $f_{ce}$ 值可按下式计算：

$$f_{ce}=\gamma_e\cdot f_{ce,k} \tag{15-8}$$

上述式中：$C$——每立方米混凝土中水泥的用量（$kg/m^3$）；

$M$——每立方米混凝土中矿物质的掺加量（$kg/m^3$）；

$W$——每立方米混凝土中的用水量（$kg/m^3$）；

$\gamma_e$——为水泥强度的富余系数，一般可取值1.13。

3）选取单位用水量（$W_0$）

单位用水量的多少，主要取决于混凝土设计坍落度的大小和高性能减水剂的效果来确定，在和易性允许的条件下，尽可能采用较小的单位用水量，以提高混凝土的强度和耐久性。在进行混凝土配合比设计时，可根据试配强度参考表15-10中的经验数据；对于重要工程，应通过试配确定单位用水量。

**最大用水量与试配强度的关系** 表15-10

| 混凝土试配强度（MPa） | 最大单位用水量（$kg/m^3$） | 混凝土试配强度（MPa） | 最大单位用水量（$kg/m^3$） |
|---|---|---|---|
| 60 | 175 | 90 | 140 |
| 65 | 160 | 105 | 130 |
| 70 | 150 | 120 | 120 |

4）计算混凝土的单位胶凝材料用量（$C_0+M_0$）

根据已选定的每立方米混凝土用水量（$W_0$）和得出的水胶比［$W/(C+M)$］，可按下式计算出胶凝材料用量：

$$C_0+M_0=\frac{(C+M)W_0}{W} \tag{15-9}$$

5）矿物质掺和料（$M_0$）的确定

矿物质掺和料的掺量多少，主要取决于掺和料中活性 $SiO_2$ 的含量，在一般情况下，其掺量为水泥的10%～15%。如果活性 $SiO_2$ 含量高（如硅粉），取下限；如果活性 $SiO_2$ 含量低（如优质粉煤灰),取上限。

6)选择合理的砂率($S_p$)

合理的砂率,主要应根据混凝土的坍落度、黏聚性及保水性要求等特征来确定。由于高性能混凝土的水胶比较小,胶凝材料用量大,水泥浆的黏度大,混凝土拌和物的工作性容易保证,所以,砂率可以适当降低。合理的砂率值,一般应通过试验确定,在进行混凝土配合比设计时,可在 36% ~42% 选用。

7)粗、细集料用量的确定

混凝土中粗、细集料用量的确定,与普通混凝土配合比设计相同,可采用假定表观密度法计算求得。由于高性能混凝土的密实度比较大,其表观密度一般可取 2 450 ~2 500kg/m³。

8)高性能减水剂用量的确定

高性能减水剂是配制高性能混凝土不可缺少的组分,它具有不仅能增大坍落度,而且又能控制坍落度损失的作用。高性能减水剂的用量多少,应根据掺加的品种、施工条件、混凝土拌和物所要求的工作性、凝结性能和经济性等方面,通过多次试验才能确定其最佳掺量。以固体计,高性能减水剂的掺量,通常为胶凝材料总量的 0.8% ~2.0%,建议第一次试配时掺加 1.0%。

9)含水量的修正

上述高性能混凝土配合比设计是基于各材料饱和面干的情况下,所以在实际拌和中还应根据集料中含水率的不同,进行适当的粗、细集料含水修正。

2. 高性能混凝土配合比的试配与调整

混凝土配合比设计包括两个过程,即配合比的初步计算和工程中的比例调整。在初步计算中有一些假设,与工程实际很可能不相符,所以计算得出的数据仅为混凝土试配的依据。工程实际中往往需要通过多次试配才能得到适当的配合比。

高性能混凝土配合比的试配与调整的方法和步骤,与普通混凝土基本相同。但是,其水胶比的增减值宜为 0.02 ~0.03。为确保高性能混凝土的质量要求,设计配合比提出后,还须用该配合比进行 6 ~10 次重复试验确定。

根据经验、试验计算,在表 15-11 中列出了各强度等级的高性能混凝土配合比推荐值,可作为参考,有一定指导意义,实际工程可根据不同情况加以调整。

**高性能混凝土推荐配合比** 表 15-11

| 强度等级 | 水胶比 | 混凝土材料用量(kg/m³) | | | | | |
|---|---|---|---|---|---|---|---|
| | | 水泥 | 粉煤灰 | 硅粉 | 水 | 砂 | 石 |
| C50 | 0.36 | 510 | | | 185 | 640 | 1 080 |
| | 0.35 | 434 | 91 | | | | |
| | 0.36 | 434 | 48 | 32 | | | |
| C60 | 0.32 | 545 | | | 175 | 630 | 1 090 |
| | 0.31 | 463 | 98 | | | | |
| | 0.32 | 463 | 52 | 33 | | | |
| C70 | 0.29 | 564 | | | 165 | 620 | 1 100 |
| | 0.28 | 479 | 102 | | | | |
| | 0.29 | 479 | 56 | 34 | | | |

续上表

| 强度等级 | 水胶比 | 混凝土材料用量($kg/m^3$) | | | | | |
|---|---|---|---|---|---|---|---|
| | | 水泥 | 粉煤灰 | 硅粉 | 水 | 砂 | 石 |
| C80 | 0.27 | 578 | | | | | |
| | 0.26 | 491 | 104 | | 155 | 610 | 1 110 |
| | 0.27 | 491 | 60 | 35 | | | |
| C90 | | | | | | | |
| | 0.24 | 493 | 111 | | 145 | 600 | 1 120 |
| | 0.24 | 493 | 64 | 36 | | | |
| C100 | | | | | | | |
| | 0.22 | 496 | 117 | | 135 | 590 | 1 130 |
| | 0.22 | 496 | 68 | 37 | | | |

注:这里数据都经取整处理,高性能混凝土都需加入一定量高效减水剂。

## 第三节 高性能混凝土的制备工艺

制备高流动不振捣混凝土需要强制式搅拌机,储存、称量、检测设备等。可用现场或商品混凝土厂的现有设备制造。其工艺流程如图15-1所示。

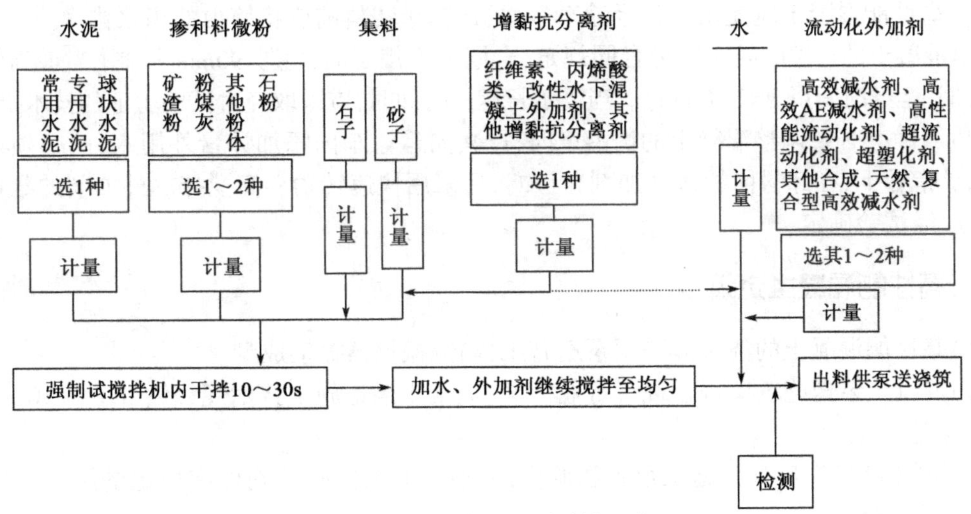


图15-1 高流动混凝土的制备工艺

## 第四节 高性能混凝土施工及验收

### 一、高性能混凝土拌制

(1)高性能混凝土必须采用强制式搅拌机拌制。

(2)原材料计量应准确,应严格按设计配合比称量,其允许偏差应符合下列规定(按质量计)。

①胶凝材料(水泥、微细粉等)±1%;

②化学外加剂(高效减水剂或其他化学添加剂±1%);

③粗、细集料±2%;

④拌和用水 ±1%。

(3)应严格测定粗、细集料的含水率，宜每班抽测 2 次。使用露天堆放的集料时，应随时根据其含水率变化调整施工配合比。

(4)化学外加剂可采用粉剂和液体外加剂。当采用液体外加剂时，应从混凝土用水量中扣除溶液中的水量；当采用粉剂时，应适当延长搅拌时间，不宜少于 0.5min。

(5)拌制第一盘混凝土时，可增加水泥和细集料用量 10%，但保持水灰比不变。

(6)原材料的投料顺序宜为：粗集料、细集料、水泥、微细粉投入(搅拌约 0.5min)→加入拌和水(拌制约 1min)→加入减水剂(拌制约 0.5min)→出料。当采用其他投料顺序时，应经试验确定其搅拌时间，保证搅拌均匀。

搅拌的最短时间尚应符合设计说明的规定。从全部材料投完算起的搅拌时间不得少于 1min。搅拌 C50 以上强度等级的混凝土或采用引气剂、膨胀剂、防水剂和其他添加剂，应相应延长搅拌时间。

## 二、高性能混凝土运输

(1)高性能混凝土从搅拌结束到施工现场使用不宜超过 120min。在运输过程中，严禁添加计量外用水。当高性能混凝土运输到施工现场时，应抽检坍落度，每 100m$^3$ 混凝土应随机抽检 3～5 次，检测结果应作为施工现场混凝土拌和物质量评定的依据。

(2)高性能混凝土应使用搅拌运输车运送，运输车装料前应将筒内的积水排净。

(3)混凝土的运送时间应满足合同规定，合同未作规定时，宜按 90min 控制(当最高气温低于 25℃时，运送时间可延长 30min)。当需延长运送时间时，应采取经过试验验证的技术措施。

(4)当确有必要调整混凝土的坍落度时，严禁向运输车内添加计量外用水，而必须在专职技术人员指导下，在卸料前加入外加剂，且加入后采用快速转动料筒搅拌。外加剂的数量和搅拌时间应经试验确定。

## 三、高性能混凝土浇筑

(1)高性能混凝土的浇筑应采用泵送施工，高频振捣器振动成型。

(2)混凝土泵送施工应符合现行行业标准《混凝土泵送施工技术规程》(JGJ/T 10—2011)的下列规定。

①混凝土浇筑时应加强施工组织和调度，混凝土的供应必须确保在规定的施工区段内连续浇筑的需求量；

②混凝土的自由倾落高度不宜超过 2m；在不出现分层离析的情况下，最大落料高度应控制在 4m 以内；

③泵送混凝土应根据现场情况合理布管。在夏季高温时应采用湿草帘或湿麻袋覆盖降温，冬季施工时应采用保温材料覆盖；

④混凝土搅拌后 120min 内应泵送完毕，如因运送时间不能满足要求或气候炎热，应采取经试验验证的技术措施，防止因坍落度损失影响泵送。

(3)冬期浇筑混凝土时应遵照现行行业标准《建筑工程冬期施工规程》(JGJ 104—2011)和现行国家标准《混凝土外加剂应用技术规范》(GB 50119—2013)的有关规定，制定冬期施工措施。在施工环境的最低气温高于 -5°时，可采取混凝土正温入模，加盖塑料薄膜和保温材料，做好保湿蓄热养护。在寒冬地区和严寒地区冬期施工，应按高性能混凝土的要求，经试验确定掺加外加剂的品种和数量。

(4)浇筑高性能混凝土应振捣密实,宜采用高频振捣器垂直点振。当混凝土较黏稠时,应加密振点分布。应特别注意一次振捣和二次振捣的时机,确保有效地消除塑性阶段产生的沉缩和表面收缩裂缝。

## 四、高性能混凝土养护

(1)高性能混凝土必须加强保湿养护,特别是底板、楼面板等大面积混凝土浇筑后,应立即用塑料薄膜严密覆盖。二次振捣和压抹表面时,可卷起覆盖物操作,然后及时覆盖,混凝土终凝后可用水养护。采用水养护时,水的温度应与混凝土的温度相适应,避免因温差过大而混凝土出现裂缝。保湿养护期不应少于14d。

(2)当高性能混凝土中胶凝材料用量较大时,应采取覆盖保温养护措施。保温养护期间应控制混凝土内部温度不超过75℃;应采取措施确保混凝土内外温差不超过25℃。可通过控制入模温度控制混凝土结构内部最高温度,可通过保湿蓄热养护控制结构内外温差;还应防止混凝土表面温度因环境影响(如暴晒、气温骤降等)而发生剧烈变化。

## 五、高性能混凝土质量验收

(1)混凝土质量应符合现行国家标准《混凝土质量控制标准》(GB 50164—2011)的规定。

(2)混凝土结构工程的施工质量验收应符合现行国家标准《混凝土结构工程施工质量验收规范》(GB 50204—2015)的规定。

(3)混凝土强度检验评定应符合现行国家标准《混凝土强度检验评定标准》(GBJ 50107—2010)的规定。

## 六、高性能混凝土施工注意事项

(1)对模板设计的要求。因混凝土的高流动化,混凝土对模壁的压力增加。设计时应以混凝土自重传递的液压力大小为作用压力,同时考虑分隔板影响、模板形状、大小、配筋状况、浇筑速度、凝结速度、温度等因素。凝结之前是最危险的时刻,若分隔板间压力差太大,模板的刚度不够或组模不当,下部崩裂后会导致混凝土流出,造成危害。因此,选择高强钢材制作模板,提高设计安全系数,以最不利因素为设计取值甚为重要。

(2)搅拌成的高性能混凝土拌和物应立即检验其工作性,包括测定坍落度、扩展度、坍落度损失;观察有无分层、离析、泌水,评定均质性;有抗冻性要求的混凝土尚应测定含气量。

(3)高性能混凝土拌和物出厂前,应检验其工作性,包括测定其坍落度、扩展度;观察有无分层、离析,测定坍落度经时损失等,经检验合格后方可出厂。

高性能混凝土拌和物运送到现场后,应在工程项目有关三方见证取样的条件下,测定其工作性,将检验合格后方可使用。

(4)对每次搅拌的混凝土在浇筑之前均要作充填性检查,办法是在受料或泵送前的位置设置类似于结构物的钢筋障碍状物,以要求的速度通过。检查判定充填性是否良好。不能正常通过该装置的混凝土不能浇筑,否则损害整体质量。为保证浇筑,应经常作坍落度流动及罗托等项试验,掌握充填性好坏,及时采取措施。

(5)根据现场实际情况确定泵送性能。高性能混凝土因材料不易分离,变形性优良,在弯管和锥管处堵管的可能性减小。但另一方面,混凝土与管壁的摩擦阻力增加,混凝土与管壁间的滑动膜层形成困难。混凝土作用于轴向的压力增大。与普通泵送混凝土相比，在同等条件下，其压力损失约增大30% ~40%。若浇筑停止后，再浇筑时需增大输送压力。因此，泵送应制定周密计划，合理布置配管。

# 第五节　高性能混凝土的质量与评价方法

## 一、混凝土拌和物的评价

如前所述，高性混凝土相对来说，胶凝材料用量大，水灰比低。结构黏度大，流动慢，与其他混凝土相比，坍落度相同时，振动捣实所需时间长。用坍落度指标是不能客观评价高性能混凝土拌和物性能的。评价其拌和物的性能必须反映流动过程的时间因素。推荐以下L形流动仪测定拌和物流动性的方法。

L形流动试验如图15-2所示。试验时将混凝土浇入垂直部位，捣实后把隔板往上提，混凝土拌和物则往水平向移动，其距离为$L_f$，从开始移动到停止的时间为$t$，垂直部分混凝土下沉量$L_s$（L形坍落度）。测定这些参数之后可以求出L形流动速度。$L_f/t$即为混凝土拌和物的流动速度。L形流动速度可代表高性能混凝土拌和物的黏度。

根据求出$L_f/t$，可以了解到混凝土拌和物水灰比（黏性）的变动情况。L形流动速度与水灰比关系如图15-3所示。由图15-3可见，$W/C$不同，L形流动速度不同。可利用L形流动速度对混凝土的水灰比进行管理。

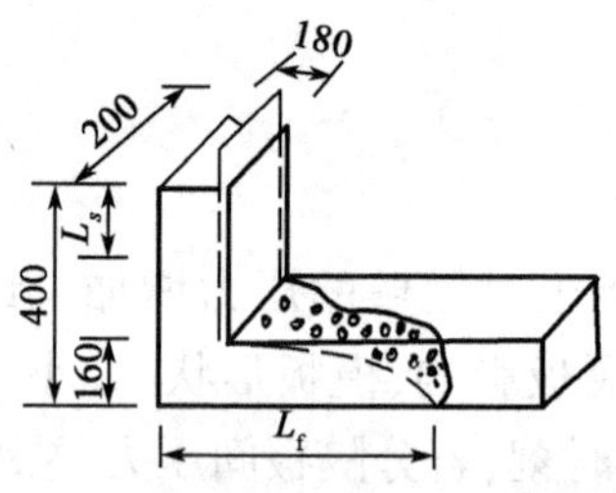

图15-2　L形流动测定仪（尺寸单位：mm）

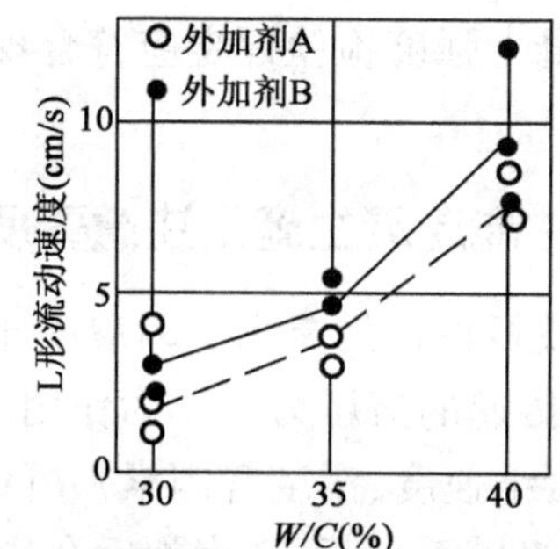

图15-3　L形流动速度与水灰比的关系

表15-12为高流动混凝土稠度评价试验方法举例。

**高流动混凝土稠度评价试验方法举例**　　表15-12

| 判定性状 | 测定项目 | 荷重状态 | 试验方法举例 | 说明与备注 |
|---|---|---|---|---|
| 流动性（变形抵抗性） | 最终变形量 | 自重下 | ▲坍落度流动试验<br>▲L形流动试验<br>▲盒式模型试验 | 测定仪只靠混凝土自重产生的压力的横向流动的距离测定值受屈服值的影响大 |
| | | 外力下 | ●混凝土的流动试验 | 当有冲击外力时，还要受到屈服值外的黏性影响 |
| | 变形速度 | 自重下 | ▲坍落度流动速度试验<br>▲L形流动速度试验<br>▲罗托试验 | 当屈服值相同时能够比较黏性的大小。测定直至停止时的速度的误差大。在测定荷重减小不太大的初期速度时费神 |
| | | 外力下 | ●球体引上试验<br>●剪切盒子试验 | 几乎是流变试验。控制荷重、变形速度进行测定，测定不简便。但能测出屈服值和塑性黏度 |

续上表

| 判定性状 | 测定项目 | 荷重状态 | 试验方法举例 | 说明与备注 |
|---|---|---|---|---|
| 抵抗分离性 | 集料量 | 自重下 | ▲金属筛网试验<br>▲配筋盒子型试验 | 定量测定粗集料和砂浆的分离，将分离界限定量化，与靠目测判断没有大的偏差 |
| | | 外力下 | ●振动下粗集料的沉降试验<br>●振动金属筛网试验 | 即使对无振动浇筑的混凝土、控制振动等外力进行试验，也可得到精确的有价值的结果 |
| 间隙通过性 | 流量<br>流动速度 | 自重下 | ▲罗托流下试验<br>▲配筋罗托流下试验<br>▲配筋盒子试验<br>▲配筋L形流动试验 | 砂浆的变形抵抗性与粗集料及其抗分离性有关，在其对象范围内会受粒度大小影响，如果是垂直下落的模型，有进行横流类型的试验，其种类、形式颇多 |
| 充填性 | 充填状况 | 自重下 | ▲采用各种障碍模式的模型试验 | 将最终综合评价代替实大条件进行试验。将测定值定量表示困难，作为评价试验不大具有通用性 |

## 二、力学性能测试及评价

力学性能的测试为施工验收和结构设计提供基本数据。现行测定强度的试验方法及仪器，都是根据普通混凝土制定的；而高性能混凝土的强度较高，需要检查现行的标准试验方法，发现其不足之外，找到改进的技术依据，建立可靠的高性能混凝土的试验方法。

值得注意的一些因素是：养护条件的影响；以 $\phi100\times200$mm 的试件代替 $\phi150\times300$mm 试件的可行性；试件受压面的影响；试验机的刚度的影响等。

混凝土的抗压强度是其主要力学指标。在普通混凝土中根据抗压强度结果和经验公式，可以推导出抗折强度与弹性模量。但对于高性能混凝土来说，这些关系式是否适用，还需要进一步检验，必要时还需要更改关系式。

标准养护试件是唯一值得的与必要的。但并不一定能真正提供结构物性能的信息，因为至今的混凝土试验方法都是针对普通混凝土的，用于高性能混凝土时需要检验。

现场检验混凝土强度时，常用钻芯取样方法。但高性能混凝土的芯样强度明显低于标准养护的圆柱体强度。需要系统地研究了解相同混凝土芯样与圆柱体试件的差异，解释从结构物取出芯样的实际强度。

高性能混凝土常用于获取高弹性模量，以控制其受弯变形。但设计人员对弹性模量估算的公式是以抗压强度和密度为依据的；应该根据其他特征建立估算弹性模量更可靠的模型。

高性能混凝土的水泥用量大，水化热大，混凝土的绝热温升高，初期温度高会使长期强度偏低，需要加深对不同早期温度和长期性能关系的了解。

## 三、耐久性及其试验方法

高性能混凝土的渗透性很低，耐久性要比普通混凝土高得多。为了利用这方面的特点，需要进一步认识其劣化机理，组成、微观结构与耐久性的关系，周围环境对耐久性的影响。对高性能混凝土耐久性的进一步认识，可以建立耐久性的设计标准，以补充现行混凝土结构强度设计标准。

普通混凝土的耐久性的快速试验已用于预测高性能混凝土的耐久性，但对这些试验方法的使用性与可靠性仍有争论。需要了解高性能混凝土的劣化机理及其影响因素，以断定现有的试验方法是否适用。开发与实际性能相关性更好的快速试验方法,开发能预测服务寿命的模型,这对于混凝土耐久性设计是很必要的。

渗透性是控制混凝土耐久性的关键性能,对处于某些暴露条件工作的混凝土来说,靠近表面的渗透性对于其长期耐久性的好坏起决定作用。需要开发一种实用而可靠的试验方法,在实验室和现场能测定其渗透性。渗透性和耐久性的关系对于解释试验结果,进行服务寿命预测是有帮助的。

对高性能混凝土是否需要引气,以提高其抗冻性,一直是有争议的。需要进一步研究含气量、气孔分布与抗冻性之间的关系。

## 四、结构性能与设计

从结构的观点来看,高强是高性能混凝土最令人感兴趣的指标。但是高强混凝土与普通混凝土的破坏过程有明显的不同;高强混凝土脆,破坏断面平滑。利用普通钢筋混凝土的经验公式,设计高强混凝土结构,目前只能采用外推法;但其设计公式中的混凝土强度最大值受到了限制,例如《美国钢筋混凝土房屋建筑规范》(ACI 318—89)限制了混凝土强度不得高于70MPa。因此需要进一步研究,排除这个障碍。

对高性能混凝土结构的性能,除了检测其变形外,还应检验其在使用荷载下的开裂。以确定在普通混凝土中未发现的开裂现象在高性能混凝土中是否出现。还需要对那些要求高耐久性的结构物进行无损检测。

高性能混凝土的抗震性能是人们关心的另一个问题,是值得深入研究的。但高强度,如果掺入纤维,在抗震结构中可以发挥重要的作用。

为了符合实际,结构试验应在实际大大构件上进行。否则要用专门的养护措施,以模拟实际大小构件的温升,真正能代表实际构件早期的温度性能。

## 五、标准和验收规范

高性能混凝土的验收应有新的标准与规范。而且这些标准与规范应建立在高性能混凝土的生产中质量控制的基础上。

高性能混凝土的性能,除了抗压强度要符合验收标准外,还要检查其试验方法是否一致,各项性能允许的误差范围。

需要建立高性能混凝土的性能规范,以利改善与提高质量。但为了执行这个规范,必须开发相应的试验方法。

对现场验收工程也需要建立新的试验方法。现场性能有助于确保硬化后高性能混凝土所要求的性能。

# 第十六章　耐火混凝土施工

耐火混凝土是由耐火集料(包括粉料)和胶结料(或加入外加剂)加水或其他液体按一定比例配制而成的耐火温度高于1 500℃的混凝土,通常也可把使用在低于1 300℃的混凝土称耐热混凝土。但在一般情况下可把它们统称耐火混凝土。

耐火混凝土又可分为致密耐火混凝土和隔热耐火混凝土。致密耐火混凝土又称重质或普通耐火混凝土,通常简称耐火混凝土,隔热耐火混凝土通常称为轻质耐火混凝土(真空气孔率不低于45%)。

作为特种材料之一的耐火材料,是一种不经煅烧的新型耐火材料,现在又成为不定型的耐火材料的一个重要品种。同耐火砖相比,由于具有工艺简单、使用方便、成本低廉、节约能源、延长窑炉寿命、提高机械化施工水平、便于窑炉结构改革等特点,从而得到广泛应用和迅速发展。

## 第一节　耐火混凝土原材料的技术要求

### 一、胶结料

1. 水泥胶结料

1)硅酸盐水泥、普通硅酸盐水泥与矿渣

硅酸盐水泥,除应符合《通用硅酸盐水泥》(GB 175—2007)要求外,作为制造耐火混凝土,尚应满足下列要求。

(1)普通硅酸盐水泥中,不得掺有石灰岩($CaCO_3$)、菱镁石($MgCO_3$)、白云石($CaCl_3 \cdot Mg-CO_3$)等一类在高温下可分解的惰性混合材,以防止高温使用条件下受热分解,而导致耐火混凝土裂缝、毁坏。

(2)用矿渣水泥配制极限使用温度为900℃的耐火混凝土时,水泥中的水渣含量不得大于50%。

(3)因为水泥的耐火度远远低于耐火集料、耐火粉料,在保证耐火混凝土设计强度等级的情况下,尽可能减少胶结料用量,以确保耐火混凝土的高温性能。为此,要求所用水泥强度不得低于32.5级。

(4)强度高于32.5级的矿渣水泥、火山灰水泥、粉煤灰水泥均可作耐火混凝土的胶结料。三氧化硫($SO_3$)含量不得超过4%三种水泥各龄期强度不得低于表16-1的要求。

**矿渣水泥火山灰水泥粉煤灰水泥各龄期的强度**　　表16-1

| 强度等级 | 抗压强度(MPa) | | 抗折强度(MPa) | |
|---|---|---|---|---|
| | 3d | 28d | 3d | 28d |
| 32.5 | 10 | 32.5 | 2.5 | 5.5 |
| 42.5 | 15 | 42.5 | 3.5 | 6.4 |
| 52.5 | 21 | 52.5 | 4.0 | 7.2 |

2）高铝水泥

高铝水泥又称铝酸盐水泥、矾土水泥，是以氯酸钙为主，氧化铝含量约50%的熟料磨制而成的水硬性胶结料。该水泥二氧化硅≤10%，三氧化二钙≤30%，水泥为42.5、52.5、62.5和72.5等4个强度等级。强度指标如表16-2所示。

**高铝水泥强度指标**

表16-2

| 强度等级 \ 龄期 \ 强度 | 抗压强度（MPa） | | 抗折强度（MPa） | |
|---|---|---|---|---|
| | 1d | 3d | 1d | 3d |
| 42.5 | 35.3 | 41.7 | 3.9 | 4.4 |
| 52.5 | 45.1 | 51.5 | 4.9 | 5.4 |
| 62.5 | 54.9 | 61.3 | 5.9 | 6.4 |
| 72.5 | 64.7 | 71.1 | 6.9 | 7.4 |

3）高铝水泥-60（以倒焰窑生产）

该水泥中$Al_2O_3$≥60%，耐火度为1 530～1 550℃，强度见表16-3（实例）。

**高铝水泥-60强度指标**

表16-3

| 抗压强度（MPa） | | 抗折强度（MPa） | |
|---|---|---|---|
| 3d | 7d | 3d | 7d |
| 40.0～50.0 | 60.0～70.0 | 3.7～4.1 | 4.4～5.3 |

4）高铝水泥

应符合《铝酸盐水泥》（GB 201—2000）的有关要求。耐火度52.5级水泥不小于1580℃；强度指标如表16-4所示。

**高铝水泥-65强度指标**

表16-4

| 强度等级 | 抗压强度（MPa） | | | 抗折强度（MPa） | | |
|---|---|---|---|---|---|---|
| | 1d | 3d | 28d | 1d | 3d | 28d |
| 42.5 | 11.8 | 22.5 | 51.5 | 1.5 | 2.9 | 5.4 |
| 52.5 | 14.7 | 26.5 | 61.3 | 2.0 | 3.4 | 6.4 |

5）纯铝酸钙水泥

该水泥中$Al_2O_3$含量为70%～75%，耐火度为1 730～1 750℃，强度见表16-5（实例）。

**纯铝酸钙水泥强度指标**

表16-5

| 抗压强度（MPa） | | | 抗折强度（MPa） | | |
|---|---|---|---|---|---|
| 1d | 3d | 7d | 1d | 3d | 7d |
| 30.0 | 48.0 | 65.0 | 2.4 | 3.5 | 4.0 |

6）超高铝水泥

$Al_2O_3$含量约为80%，耐火度为1 700～1 790℃，强度见表16-6（实例）。

超高铝水泥强度指标 表 16-6

| 抗压强度(MPa) | | 抗折强度(MPa) | |
|---|---|---|---|
| 1d | 3d | 1d | 3d |
| 16.9 | 19.3 | 3.5 | |

2. 化学胶结料

1)水玻璃

水玻璃又称泡花碱,是由碱金属硅酸盐组成的。工程上常用的水玻璃是硅酸钠,其水玻璃模数一般控制在 2.4 ~ 3.0 范围内,相对密度为 1.38 ~ 1.40。水玻璃的促硬剂常选用氟硅酸钠,工业用的氟硅酸钠中的 $Na_2SiF_6$ 的含量不应少于 90%,其掺量为水玻璃 10% ~ 12%。水玻璃的技术指标见表 16-7。

水玻璃的技术指标 表 16-7

| 项 目 | 中性水玻璃 | 碱性水玻璃 | |
|---|---|---|---|
| | 1:3.3($Na_2O \cdot 3.3SiO_2$) | 1:2.4($Na_2O \cdot 2.4SiO_2$) | |
| 相对密度(20℃)($g/cm^3$) | 1.376 ~ 1.386 | 1.376 ~ 1.386 | 1.530 ~ 1.550 |
| 波美度(°Be′) | 40 | 40 | 51 |
| $Na_2O$(%) | 8.52 ~ 9.09 | 10.14 ~ 10.94 | 13.10 ~ 14.20 |
| $SiO_2$(%) | 27.20 ~ 29.10 | 23.60 ~ 25.50 | 30.30 ~ 33.10 |
| 摩尔比 | 1:33 | 1:2.4 | 1:2.4 |
| $Fe_2O$(%) | <0.06 | <0.06 | <0.08 |
| 水不溶物(%) | 0.70 | 0.70 | 0.70 |

2)磷酸盐

磷酸盐的种类很多,在耐火混凝土中最常用的是磷酸铝。磷酸铝溶液通常是用活性较大的工业氢氧化铝与磷酸反应而制得,其化学反应产物为:磷酸二氢铝($Al_2O_3 \cdot 3P_2O_3 \cdot 6H_2O$)、磷酸一氢铝($2Al_2O_3 \cdot 3P_2O_3 \cdot 3H_2O$)和磷酸铝($Al_2O_3 \cdot P_2O_3$)。

目前,更为普遍的是直接采用磷酸配制耐火混凝土。磷酸胶结材料一般由工业磷酸调制而成,磷酸浓度是决定耐火混凝土耐高温性能的重要因素。一般磷酸($H_3PO_4$)含量不得大于 85%。为了节约价格昂贵的工业磷酸,可掺入电镀用废磷酸(经过蒸发浓缩,相对密度为 1.48 ~ 1.50$g/cm^3$),与浓度为 50% 的工业磷酸对半调制成相对密度为 1.38 ~ 1.42$g/cm^3$ 的磷酸溶液,其效果并不亚于工业磷酸。

以磷酸胶结材料配制的铝质耐火混凝土,磷酸浓度一般为 40% ~ 60% 左右。在铝质耐火混凝土中掺入粒径小于 2mm 的氧化硅或黏土熟料(约 5%)或两者复合掺入,都能提高混凝土的耐火度。

3. 黏土胶结材料

黏土胶结材料属于陶瓷胶结材料其中的一种,由于材料来源容易、价格比较便宜、能满足一般工程的要求,因此其应用最为广泛。

配制耐火混凝土所用的黏土胶结材料,黏土为软质黏土(又称结合黏土),能在水中分散,可塑性良好,烧结性能优良。黏土的技术指标见表16-8。

黏土的技术指标 表16-8

| 黏土级别 | 化学成分(%) | | 耐火度 | 烧失量 |
|---|---|---|---|---|
| | $Al_2O_3+TiO_2$ | $Fe_2O_3$ | (℃) | (%) |
| 一级品 | >30 | ≤2.0 | ≥1 670 | ≤17 |
| 二级品 | 26~30 | ≤2.5 | ≥1 610 | ≤17 |
| 三级品 | 22~26 | ≤3.5 | ≥1 580 | ≤17 |

## 二、磨细掺和料

耐火混凝土的磨细掺和料质量要求较高,最主要的是不应含有石灰石、方解石等在高温下易产生分解的杂质,以免影响耐火混凝土的强度和耐火性。磨细掺和料的具体技术要求见表16-9。

耐火混凝土磨细掺和料技术要求 表16-9

| 耐火掺和材料的种类 | | 黏土熟料 | 黏土耐火砖 | 黄土 | 高铝砖 | 矾土熟料 | 冶金镁砂 | 镁砖 | 铬铁矿 | 石英 | 粉煤灰 |
|---|---|---|---|---|---|---|---|---|---|---|---|
| 0.08mm筛筛余(%)≥ | 水泥类 | 70 | 70 | 70 | 70 | 70 | | | 85 | | 85 |
| | 水玻璃 | 80 | 50 | | | | 70 | 70 | | 85 | |
| 化学成分 | AlO | ≥30 | ≥30 | | ≥65 | ≥48 | | | | | ≥25 |
| | FeO | ≤5.5 | | ≤5 | | | | | ≤16 | | |
| | SO | ≤0.5 | | | | | | | | | ≤4 |
| | SiO | | | ≥70 | | | ≤4 | | ≤8 | ≥90 | |
| | CaO | | | ≤8 | | | ≤4 | | ≤1.5 | | |
| | MgO | | | | | | ≥88 | | | | |
| | CrO | | | | | | | | ≥4.5 | | |
| | 烧失量 | | | ≤8 | | | ≤0.6 | | | | ≤8 |

掺加于耐火混凝土中的掺合料,除起着填充空隙、改善施工性能和保证密度的作用外,有时可与某些胶结材料发生化学反应,使耐火混凝土具有强度和其他性能。

## 三、耐火粗、细集料

1. 耐火粗、细集料的种类

同普通水泥混凝土一样,粗、细集料在耐火混凝土中是占重要比例、用量最多、起骨架作用的材料。由于粗、细集料的化学组成不同,所以其影响混凝土的高温性能和适用范围也不相同。

集料的粒度对耐火混凝土的性能有明显的影响。如荷重软化点随着集料的临界粒度而变化,若颗粒粒径加大,则荷重软化点的始点温度提高。这是因为大颗粒的集料在高温作用下不易变形的原因。当临界粒度增大时,其荷重软化点虽然较高,但压制的制品性能差,容易缺角掉棱,烘干后的强度也较低。因此,对压制成型的磷酸高铝耐火混凝土,其临界粒度一般以3~5mm为宜。耐火混凝土在加热至高温后,其强度降低的主要原因之一,是由于胶结材料与集料之间绝对变形不同而产生的应力引起的。为了减少强度的降低,采用较小颗粒的集料也具有一定的效果。

颗粒的级配组成,一般采用岩石粉碎后的自然级配。但是为了达到颗粒的最大松堆密度,必要时也可采用人工级配,这样可以得到较致密的耐火混凝土,并且对提高耐火混凝土的性能有利。

用于配制耐火混凝土的集料,主要是用耐火性能较高的岩石或废砖等,经破碎而成为碎石和碎砂,除耐火性能必须满足耐火混凝土的使用温度外,其级配还应符合表16-10的要求。

**耐火混凝土集料的级配** 表16-10

| 筛孔尺寸(mm) | 筛余量(%) | | |
|---|---|---|---|
| | 细集料 | 粗集料 | 细砂和碎石混合物 |
| 20 | | 95~100 | 100 |
| 10 | | 40~70 | 65~85 |
| 5 | 85~100 | | 40~45 |
| 1.2 | 45~80 | | 20~35 |
| 0.3 | 5~30 | | 2~5 |
| 0.15 | 0~25 | | 0~10 |

可以用于配制耐火混凝土的耐火集料的种类很多,主要有黏土质耐火集料、高铝质耐火集料、半硅质耐火集料、硅质耐火集料、镁质耐火集料、特殊耐火集料、其他耐火集料和轻质耐火集料等。根据耐火混凝土常用集料的化学成分不同,对各种耐火集料的有关规定如下。

1)黏土质耐火集料

黏土质耐火集料主要是指黏土熟料(焦宝石熟料),其$Al_2O_3$含量为30%~50%,矿物成分为高岭石、叶蜡石,含有石英、硫铁矿、金红石、方解石和云母等杂质。配制耐火混凝土的硬质黏土熟料集料的具体规定见表16-11。

**硬质黏土熟料集料的技术条件** 表16-11

| 牌号 | 化学成分(%) | | 吸水率(%) | 耐火度(℃) |
|---|---|---|---|---|
| | $Al_2O_3$ | $Fe_2O_3$ | | |
| NG-42 | ≥42 | ≤2.7 | ≤3.0 | ≥1 730 |
| NG-42 | ≥36 | ≤3.5 | ≤5.0 | ≥1 670 |
| NG830 | ≥30 | | ≤5.0 | ≥1 630 |

2)高铝质集料

高铝质集料主要是指高铝矾土熟料,其$Al_2O_3$的含量应大于45%,矿物成分为莫来石($3Al_2O_3 \cdot 2SiO_2$)、刚玉($\alpha\text{-}Al_2O_3$)和微量方英石等。用于配制耐火混凝土的高铝矾土熟料集料具体规定见表16-12。

**高铝矾土熟料集料的技术条件** 表16-12

| 牌号 | 化学成分(%) | | | 吸水率(%) | 耐火度(℃) |
|---|---|---|---|---|---|
| | $Al_2O_3$ | $Fe_2O_3$ | CaO | | |
| LG-85 | ≥85 | ≤2.7 | ≤0.8 | ≤3.0 | >1 770 |
| LG-80 | ≥80 | ≤3.2 | ≤0.8 | ≤5.0 | >1 770 |
| LG-60 | ≥60 | ≤3.5 | ≤0.8 | ≤7.0 | ≥1 770 |
| LG-50 | ≥60 | ≤2.7 | ≤0.8 | ≤6.0 | ≥1 770 |

3)半硅质集料

用于配制耐火混凝土的半硅质集料很少，在实际工程应用中仅有叶蜡石($Al_2O_3 \cdot 4SiO_2 \cdot H_2O$)，其$SiO_2$的含量达到66.7%，$Al_2O_3$的含量为28.3%，$H_2O$的含量为5%，叶蜡石可不经煅烧直接用做耐火集料，其具体技术指标见表16-13。

**叶蜡石的技术指标**

表16-13

| 类型 | 化学成分(%) | | | | | | | 密度($g/cm^3$) | 耐火度(℃) |
|---|---|---|---|---|---|---|---|---|---|
| | $SiO_2$ | $Al_2O_3$ | $Fe_2O_3$ | CaO | $TiO_2$ | $K_2O$ | 灼烧减量 | | |
| 高岭石—叶蜡石 | 50.96 | 36.75 | 0.47 | 0.26 | 0.15 | 1.04 | 9.35 | 2.75 | 1 710 ~ 1 730 |
| 水铝石—叶蜡石 | 48.02 | 42.16 | | 0.13 | 0.23 | | 9.80 | 2.95 | 1 750 ~ 1 770 |
| 叶蜡石 | 65.82 | 28.10 | | 0.18 | | | 5.32 | 2.79 | 1 710 |
| 石英—叶蜡石 | 72.29 | 22.62 | 0.19 | 0.13 | 0.19 | | 4.30 | 2.27 | 1 690 |

4)硅质集料

硅质集料是以$SiO_2$含量不小于96%的主要成分的集料。为了促进石英转变为方石英或磷石英，在配制耐火混凝土时，一般均加入矿化剂，通常采用的矿化剂为铁磷、氧化钙和氧化锰等。硅质集料的具体技术指标见表16-14。

**硅质集料的技术指标**

表16-14

| 牌号 | 化学成分(%) | | | 吸水率(%) | 耐火度(℃) |
|---|---|---|---|---|---|
| | $SiO_2$ | $Al_2O_3$ | CaO | | |
| 特级品 | ≥98 | ≤0.5 | ≤0.4 | ≤3.0 | ≥1750 |
| 一级品 | ≥97 | ≤0.1 | ≤0.5 | ≤4.0 | ≥1730 |
| 二级品 | ≥96 | ≤1.3 | ≤1.0 | ≤4.0 | ≥1710 |

5)镁质集料

镁质集料主要包括镁石质、镁橄榄石质以及白云石质等品种的集料，按其化学性质又称碱性集料。应用最多的镁砂，制造镁砂的原料是菱铁矿或从海水及盐湖中人工提取的氧化镁，我国目前主要用菱铁矿制取镁砂，即将菱铁矿预先在竖窑等热工设备中，经高温煅烧制成烧结镁石以供使用，再经破碎即可制得镁砂。作为耐火混凝土中的集料，应符合表16-15中的技术指标。

**镁砂的技术指标**

表16-15

| 类别 | | 化学成分(%) | | | | | 比密度≥($g/cm^3$) |
|---|---|---|---|---|---|---|---|
| | | MgO≥ | $SiO_2$≥ | $Fe_2O_3$≥ | CaO≥ | 烧失量≤ | |
| 普通镁砂 | MS-91 | 91 | 4.5 | | 1.6 | 0.3 | 3.54 |
| | MS-89 | 89 | 5.0 | | 2.5 | 0.5 | 3.53 |
| | MS-88Ga | 88 | 4.0 | | 5.0 | 0.5 | |
| | MS-87G | 87 | 7.0 | | 2.5 | 0.5 | 3.51 |
| | MS-84C | 84 | 9.0 | | 2.5 | 0.5 | 3.51 |
| | MS-83Ga | 83 | 5.0 | | 8.0 | 0.8 | |
| | MS-75Ga | 78 | 6.0 | | 12.0 | 0.8 | |
| 合成镁砂(MST) | | 80 | | 9 | | | |

6)特殊集料

配制耐火混凝土的特殊集料,以人造合成集料为主,如碳化物、氯化物等,也有天然集料或经再加工的原料如锆英石等,我国也常将刚玉和合成莫来石归入此类。特殊材料的特点是:纯度高,耐高温性能好,抗化学侵蚀能力强,但由于价格昂贵,一般用于特殊部位使用,其中以刚玉、碳化硅、锆英石应用较多。

耐火混凝土中所用的刚玉系指人造刚玉,人造刚玉的等级和化学成分见表16-16。

人造刚玉的等级和化学成分　表16-16

| 刚玉等级 | $Al_2O_3$ | $TiO_2$ | $Fe_2O_3$ |
|---|---|---|---|
| 一级品 | >94 | <4 | <2.5 |
| 二级品 | <90 | >5 | <3.5 |

碳化硅又称金刚砂,是由二氧化硅和碳质原料(主要为焦炭)混合通电流后制得。工业碳化硅的化学成分主要是SiC,另外还有硅化铁、胶体炭和氧化物等杂质。以黏土为胶结料制造的碳化硅,其技术指标见表16-17所列,其化学成分见表16-18。

碳化硅的技术指标　表16-17

| 制法 | SiC(%) | $SiO_2$(%) | 显气孔率(%) | 体积密度($g/cm^3$) | 耐火度(℃) | 荷重软化开始温度(2MPa)(℃) | 导热率[W/(m·K)] |
|---|---|---|---|---|---|---|---|
| 压制 | 86.88 | 10.05 | 31.4 | 2.10 | >1 800 | 1 620 | 7.33 |
| 捣打 | 86.92 | 9.50 | | | >1 800 | 1 640 | 9.88 |

碳化硅的化学成分　表16-18

| 名称 | 未洗涤的碳化硅 | 经 $H_2SO_4$ 洗涤后的碳化硅 | 非品质碳化硅 |
|---|---|---|---|
| SiC | 97.5 | 99.3 | 73.27 |
| $Fe_2O_3+FeO$ | 1.50 | 0.50 | 0.88 |
| $Al_2O_3$ | 0.90 | | 2.50 |
| $TiO_2$ | | | 0.24 |
| CaO | 0.10 | 0.10 | 0.74 |
| MgO | | | 0.40 |
| $R_2O$ | | | 1.31 |
| C | | | 7.10 |
| $SiO_2$ | | | 13.63 |

锆英石($ZrSiO_4$)是一种天然的原料,其理论化学成分为:$ZrO_2$67.08%,$SiO_2$32.92%。锆英石耐火性能良好,我国资源丰富,但质量偏低,$ZrO_2$的含量仅55%左右,不经过加工不能配制耐火混凝土。

7)轻质耐火集料

配制耐火混凝土的轻质耐火集料,可分为天然轻集料和人造轻集料两大类。天然轻集料主要有浮石、沸石、火山渣等。人造轻集料主要有轻质耐火砖轻集料、多孔熟料轻集料、氧化铝空心球轻集料、蛭石、页岩陶粒、膨胀珍珠岩等。

8)其他集料

配制耐火混凝土的其他集料,主要是指某些天然原料,可以不经煅烧直接作为耐火混凝土的集料,已用于耐火混凝土的有高炉矿渣、白砂岩、安山岩、玄武岩、辉绿岩、浮石等。

高炉矿渣是具有较好耐热性能的耐火原料。但是,对于氧化钙含量较高的碱性矿渣,由于在525~673℃温度下易发生体积增大,甚至变成粉末,采用高炉矿渣作耐火混凝土集料时,应符合以下规定。

(1)矿渣 CaO 的含量不得大于45%,其碱性率应小于1.0;

(2)矿渣集料的粒径一般宜在15mm以下,最大不得超过20mm,其玻璃质含量不得大于10%;

(3)其堆积密度不得小于1 100kg/m$^3$。

清洁熔渣的废旧耐火砖,经破碎后同样也可作耐火集料和粉料,这样既有利于就地取材,又可以降低工程成本。特别是废旧硅砖,经煅烧后石英晶体转化比较完全,高温下体积稳定性好,有利于改善耐火混凝土的性能。

此外,黏土质废旧耐火砖,也是常用的耐火集料,其成分和高温性能与耐火黏土砖原料——焦宝石熟料基本相同。选用时要求耐火度不低于1 670℃,抗压强度不低于10MPa,硫酸盐的含量(按 $SO_3$ 计算)不大于0.3%,已使用过的酸化耐火黏土制品不得再使用。

2.集料的最大粒径和级配

1)耐火混凝土的最大集料粒径

在耐火混凝土中,一般将粒径大于5mm的集料称为耐火粗集料,粒径小于5mm的集料称为耐火细集料。根据密里尼可夫对波特兰水泥耐火混凝土高温下结构的研究,得出水泥石的裂缝总宽度与集料颗粒成正比的结论。

根据我国多年耐火混凝土的施工经验证明,用于耐火混凝土的最大集料粒径,对于一般耐火混凝土不宜超过15mm,对于大体积耐火混凝土不宜超过25~30mm。在实际工程中多采用5~10mm。

2)耐火混凝土的集料级配

为使耐火混凝土达到较高的体积密度及设计要求的物理、力学、高温性能,应以达到最紧密状态的集料级配。其级配要求,还随着混凝土成型方法的不同而略有区别。各种成型方法的耐火混凝土集料级配应符合表16-19中的要求。

**耐火混凝土不同成型方法集料的级配** 表16-19

| 混凝土的成型方法 | 筛孔筛余量(%) | | | | |
|---|---|---|---|---|---|
| | 15~10 | 10~5 | 5~0.15 | 5~1.2 | 1.2~0.15 |
| 振动成型 | 25~30 | 20~35 | 45~55 | | |
| 捣打成型 | | 35~45 | | 25~35 | 20~30 |
| 喷涂成型 | | 25~35 | | 30~40 | 25~45 |
| 机压成型 | | | | 50~60 | 40~50 |

## 四、化学外加剂

用于配制耐火混凝土的化学外加剂种类很多,在工程中使用的主要有促硬剂、膨胀剂、减水剂、矿化剂等。

1.促硬剂

促硬剂也称混凝土凝剂。不同的胶结材料应选用相适应的促硬剂。特别是用化学或陶瓷胶结料时，其促硬剂尤其重要，是配制耐火混凝土不可缺少的组分。用水泥类胶结料时，一般应为适合某种需要而附加的组分。

1）黏土耐火混凝土用促硬剂

以黏土作为耐火混凝土的胶结料时，由于在常温下强度增长非常缓慢，为满足施工要求，必须加入适量的促硬剂，一般常选用硅酸盐水泥或石灰作为促硬剂。

2）纯铝酸钙水泥耐火混凝土用促硬剂

纯铝酸钙水泥在常温下，其早期强度比较高，在一般情况下不需要掺入促硬剂。在低温条件或特殊施工时，为了调整混凝土的硬化性能，需加入一定的促硬剂，国内外已经引用了各种促硬剂，主要有：氢氧化钙、氢氧化钠、碳酸钠、锂盐、硅酸钠、硅酸盐等，效果比较明显。

3）磷酸盐耐火混凝土用促硬剂

磷酸盐耐火混凝土的促硬机理非常复杂，主要是磷酸和盐酸溶液中离解出的磷酸根离子取代促硬剂组分中的金属离子（或铵离子），并形成胶凝性能较好的磷酸盐。含水磷酸盐促使生成物沉淀，从而使耐火混凝土发生凝结和硬化。国外常用的促硬剂有：氧化镁（$MgO$）、氧化钙（$CaO$）、氧化锌（$ZnO$）、氢氧化铝[$Al(OH)_3$]、氟化铵（$NH_4F$）等。其中以氧化镁（$MgO$）应用最为广泛，其优点是：在1 000℃以下硬化速度快、强度比较高；其确定是：当温度超过1 100℃时，强度将大幅度下降。

我国习惯采用硅酸盐水泥、高铝水泥、高铝水泥-60、纯铝酸钙水泥作为促硬剂，尤其以高铝水泥最为常用，其用量一般为材料总质量的2%。必须强调指出：上述促硬剂仅能够提高耐火混凝土常温强度，而往往影响其高温性能。因此，当不要求提高常温强度或使用温度偏高时，应尽量不用这类促硬剂。

4）水玻璃耐火混凝土用促硬剂

水玻璃耐火混凝土所用的促硬剂，主要有：硅、氟硅酸钠、磷酸铝、氧化钙、矿渣、乙二醇、硅酸二钙和有机酯类等。我国习惯用的促硬剂是氟硅酸钠。在一定掺量范围内，随着氟硅酸钠用量的增加，水玻璃耐火混凝土的强度增长，但由于氟硅酸钠的熔点较低，特别是它与水玻璃之间的反应产物熔点更低（900～950℃），因此，在能满足强度和硬化时间要求的前提下，尽量减少氟硅酸钠的用量，一般掺入量为水玻璃的12%～15%；若以硅酸盐水泥为促硬剂时，其用量为水玻璃的8%～12%。

2. 膨胀剂

膨胀剂掺入混凝土的作用，主要是增加耐火混凝土的致密程度，提高其耐火性能。常用的膨胀剂是蓝晶石，其分子式为：$Al_2O_3 \cdot SiO_2$。蓝晶石是一种耐火度高、具有高温体积膨胀特性的天然耐火原料，国外已经大量利用蓝晶石配制耐火混凝土。

蓝晶石与硅线石、红柱石是同一族同质多相变体的无水铝酸盐产物，蓝晶石为三斜晶系，通常呈扁平状晶体，晶面上有平行的条纹，颜色为蓝色，也有的为绿色、黄色和白色，硬度因方向而异，密度为3.53～3.63g/cm$^3$。

蓝晶石加热到一定温度时，转化为富铝红柱石（莫来石），其化学反应式为

$$3(Al_2O_3 \cdot SiO_2) \rightarrow 3Al_2O_3 \cdot 2SiO_2 + SiO_2$$

蓝晶石在高温煅烧时，于1 200℃就开始分解，不可逆地转化为莫来石并分析出游离的$SiO_2$，温度达到1 360～1 400℃时，分解速度加快，达1 500℃以后出现石英玻璃及与原来晶体表面垂直的纤维状莫来石。此反应是由外向里逐渐转化的，伴随着这种反应产生的16%～18%的体积膨胀特性，提高和改善耐火混凝土的高温性能。

近几年,我国对蓝晶石的应用已着手进行研究,在部分工程的试验中取得了较好的效果,工业性的应用还处于开发阶段。

3.减水剂

在应用减水剂方面,耐火混凝土至今仍引用普通混凝土常用的减水剂,没有专用减水剂。用于耐火混凝土的减水剂主要有:木质素磺酸钙减水剂、糖蜜减水剂、高效减水剂等。

由于耐火混凝土的品种多,性质差异较大,因此选用减水剂需要经过试验后确定。

在矿化剂方面,一般只应用于硅质材料配制的耐火混凝土。

## 第二节　耐火混凝土配合比设计

耐火混凝土的配合比设计,与普通混凝土不同,不仅要求混凝土要满足一定的强度、和易性和耐久性,而且还必须满足设计要求的耐火性能。组成材料本身的性能是决定耐火混凝土高温性能的主要因素。但胶结材料的用量、水灰比(或水胶比)、集料级配、掺和料用量和外加剂等,对改善耐火混凝土的高温性能有很大作用。因此,配合比的选择对混凝土的性能影响很大。

### 一、耐火混凝土配合比的基本参数

1.胶结材料的用量

在一般情况下,混凝土集料的耐火度都比胶结材料的高,胶结材料超过一定范围时,随着胶结材料用量的增加,混凝土的荷重软化点降低,残余变形增大。因此,为了提高耐火混凝土的高温性能,在满足混凝土施工和易性和常温强度的前提下,尽可能减少胶结材料的用量。如果水泥耐火混凝土在不同使用条件下,水泥的用量可在10%～20%范围内浮动。对荷重软化点和耐火度要求较高,而常温强度要求不高的水泥耐火混凝土,水泥用量可控制10%～15%以内。

2.水灰比或水胶比

水泥耐火混凝土的水灰比增减,对其强度和残余变形的影响比较显著。与普通水泥混凝土相似,随着水灰比的增加,混凝土的强度下降,对耐火混凝土更为显著。因为水泥耐火混凝土经常处于高温环境中,混凝土中的水分容易散失,导致混凝土内部空隙增加,结构疏松,强度降低。因此,在配制耐火混凝土时,在施工条件允许的情况下,应尽量减少用水量,降低水灰比。一般混凝土拌和物的坍落度不宜大于2cm,最好采用干硬性混凝土。

如果胶结材料为水玻璃的耐火混凝土,水玻璃的模数一般控制在2.6～2.8范围内,密度一般采用1.36～1.40g/cm$^3$。促硬剂氟硅酸钠的用量一般为水玻璃用量的10%～12%。用磷酸作胶结材料的耐火混凝土,磷酸的浓度一般为50%。

3.掺和料的用量

在耐火混凝土中掺加适量的掺和料,可以明显改善混凝土的高温性能,提高混凝土拌和物的和易性,同时还可以节约水泥。从试验结果可知:硅酸盐水泥石不掺加掺和料的耐火度为1 440℃,烘干后的强度为80.4MPa,经1 200℃加热后强度下降达46.6%;加入与水泥质量比为1:1的掺和料后,烘干强度虽然降至52.8MPa,但水泥石的耐火度增至1 640℃,经加热至1 200℃后,强度为50.8MPa,仅下降3.0%。因此,对常温要求强度不高的耐火混凝土,掺和料的掺量可多一些，一般用量为水泥用量的30%～100%，最高可达300%。

4. 集料级配和砂率

集料的用量约占耐火混凝土混合料总量的80%左右，改善集料的级配对提高耐火混凝土的密实度和高温特性均有良好的效果。选择集料时，必须注意集料的类别和耐火度，使集料与胶结材料相适应，同时还应选择适宜的粒度。一般粗集料如果粒径过大，用量过多，则混凝土拌和物的和易性较差，成型比较困难，使混凝土密实度下降，在高温下易于分层脱落。实践证明，砂率宜控制在40%～50%。

## 二、耐火混凝土配合比的设计步骤

由于耐火混凝土的配合比设计用计算法比较烦琐，一般常采用经验配合比作为初始配合比，再通过试拌调整，确定适用的配合比。如果用计算法选择混凝土的配合比，整个计算试配到配合比的确定，基本上与轻集料混凝土相同。

1. 配合比的确定

耐火混凝土配合比的确定通常有以下两种方式：一是根据设计图纸或设计通知书所给定的原材料要求，经试拌能满足施工和易性的要求，即可按此配合比进行施工；二是设计图纸中只提出耐火混凝土品种及其技术要求，可由施工单位根据国家的有关规程、标准，按如下程序确定施工配合比。

(1)由试验部门提出拟用配合比及原材料技术要求，并取样进行试验达到设计要求后，向供应部门提出备料配合比，以便以此配合比购进各种原材料。

(2)由试验部门发出施工配合比，在施工现场进行试拌，如果能满足施工和易性要求，即可按该配合比施工。

2. 耐火混凝土配制的允许误差

为保证耐火混凝土的各项技术性能，对其所组成的各种材料的称量应严格控制。耐火混凝土配制的允许误差，与普通水泥混凝土基本相同，其具体要求是：

(1)对水泥和粉料，误差为±1%。

(2)对耐火集料，误差为±2%。

(3)对水及各种液体胶结料，误差为±1%。

## 三、耐火混凝土常用参考配合比

现将常用几种耐火混凝土参考配合比介绍如下。以供在进行配合比设计时参考。

1. 硅酸盐水泥系列耐火混凝土

(1)矿渣硅酸盐水泥耐火混凝土参考配合比见表16-20。

**矿渣硅酸盐水泥耐火混凝土配合比及性能** 表16-20

| 配合比($kg/m^3$) | | | | | 坍落度(cm) | 110℃烘干强度(MPa) | 烧后强度/相对强度(%) | | | | | 荷载软化点 | |
|---|---|---|---|---|---|---|---|---|---|---|---|---|---|
| 32.5矿渣水泥 | 耐火黏土砖粉 | 细集料 | 粗集料 | 水 | | | 300℃ | 500℃ | | 700℃ | | 开始点 | 4% |
| | | | | | | | | 烧后 | 残余 | 烧后 | 残余 | | |
| 370 | 120 | 耐火砖砂680 | 耐火砖块890 | 320 | 4.5 | 29.2/100 | | 23.2/79.5 | 21.7/74.5 | 22.1/75.7 | 19.5/67.2 | | |

续上表

| 配合比（kg/m³） | | | | | 坍落度（cm） | 110℃烘干强度（MPa） | 烧后强度/相对强度（%） | | | | | 荷载软化点 | |
|---|---|---|---|---|---|---|---|---|---|---|---|---|---|
| 32.5矿渣水泥 | 耐火黏土砖粉 | 细集料 | 粗集料 | 水 | | | 300℃ | 500℃ | | 700℃ | | 开始点 | 4% |
| | | | | | | | | 烧后 | 残余 | 烧后 | 残余 | | |
| 350 | 110 | 700 | 920 | 329 | 3.0 | 21.6/100 | | 17.4/80.5 | 15.4/71.4 | 15.9/73.6 | 13.7/63.3 | | |
| 42.5水泥330 | 330 | 620 | 760 | 320 | 3.0 | 21.8/100 | | | | 10.9/39.0 | 8.70/31.0 | | |
| 300 | | 矿渣750 | 矿渣1 170 | 171 | | 25.0/100 | | 17.5/70.0 | | 10.0/40.0 | | 1 000 | 1 100 |
| 380 | 矿渣750 | 矿渣750 | 矿渣1 120 | 180 | | 23.5/100 | 18.5/78.8 | | 16.5/70.3 | | | | 1 150 |
| 340 | | 耐火砖砂643 | 废红砖853 | 167 | | 16.5/100 | | 14.5/88.0 | 17.5/106 | | 10.0/60.6 | | 950 |
| 330 | | 安山岩710 | 安山岩1 300 | 192 | | 25.0/100 | | 19.0/76.0 | | 12.0/48.0 | | | |

（2）普通硅酸盐水泥耐火混凝土参考配合比见表16-21。

**普通硅酸盐水泥耐火混凝土配合比和最高使用温度** 表16-21

| 耐火混凝土的组成材料（kg/m³） | | | | | | | | | 湿容重（kg/m³） | 最高使用温度（℃） |
|---|---|---|---|---|---|---|---|---|---|---|
| 水泥 | | 粉料 | | 细集料 | | 粗集料 | | 水 | | |
| 品种 | 数量 | 品种 | 数量 | 品种 | 数量 | 品种 | 数量 | | | |
| 32.5～42.5普通水泥 | 250～400 | 黏土熟料 | 200～350 | 黏土熟料 | 500～700 | 黏土熟料 | 700～1 000 | 200～300 | 2 200～2 300 | 1 200 |
| 42.5MPa普通水泥 | 250 | 黏土熟料 | 250 | 黏土熟料 | 650 | 黏土熟料 | 950 | 200 | 2 300 | 1 200 |
| 42.5MPa普通水泥 | 300 | 黏土熟料 | 300 | 黏土熟料 | 570 | 黏土熟料 | 850 | 240 | 2 200 | 1 200 |
| 42.5MPa普通水泥 | 300 | 叶蜡石 | 150 | 叶蜡石 | 630 | 叶蜡石 | 1 170 | 210 | 2 510 | 1 200 |
| 42.5MPa普通水泥 | 300 | 白砂石 | 300 | 白砂石 | 560 | 白砂石 | 840 | 233 | 2 250 | 1 200 |
| 42.5MPa普通水泥 | 250～300 | 四、五级黏土熟料 | 250～350 | 四、五级黏土熟料 | 480～560 | 四、五级黏土熟料 | 690～800 | 250～290 | 2 200～2 260 | 1 000 |
| 42.5MPa普通水泥 | 250～300 | 废黏土熟料 | 250～300 | 废黏土熟料 | 480～560 | 废黏土熟料 | 690～730 | 230～250 | 2 030～2 050 | 1 000 |
| 42.5MPa普通水泥 | 310 | 耐火黏土砖粉 | 310 | 焦宝石熟料 | 620 | 焦宝石熟料 | 810 | 247～260 | 2 300 | 1 200 |
| 42.5MPa耐热水泥 | 620 | | | 三级矾土熟料 | 600 | 三级矾土熟料 | 800 | 310 | 2 330 | 1 200 |

2. 铝酸盐水泥耐火混凝土

(1)矾土水泥耐火混凝土,其常用配合比见表16-22。

**矾土水泥耐火混凝土常用配合比** 表16-22

| 项目 | | 质量配合比(%) | | | | | | | | |
|---|---|---|---|---|---|---|---|---|---|---|
| | | 1 | 2 | 3 | 4 | 5 | 6 | 7 | 8 | 9 |
| 胶结料 | 矾土水泥 | 6~12 | 12 | 15 | 15 | 15 | 15 | 15 | 15 | 15 |
| 集料 | 高铝矾土熟料砂(0.15~5mm) | 30~35 | | | | | | | | |
| | 铝铬渣 | | 76 | | | | | | | |
| | 焦宝石熟料(<6mm) | | | 30 | | | | | <5mm | |
| | 焦宝石熟料(<15mm) | | | | | | | | 35 | |
| | 2级矾土(<6mm) | | | | 30 | | | | 5~15mm | 75 |
| | 2级矾土(<15mm) | | | 40 | | 70 | | | 35 | |
| | 高铝质熟料 | | | | 40 | | 49 | 43 | | |
| | 高铝矾土熟料块(5~20mm) | 35~40 | | | | | | | | |
| | 高铝质(<5mm) | | | | | | 35 | 35 | | |
| 粉料 | 高铝矾土熟料 | 15 | | | | 15 | 10 | 12 | | 2级矾土 |
| | 铝铬渣粉 | | 12 | | | | | | | 10~15 |
| | 耐火黏土砖粉 | | | 18 | 15 | | | | | 10~15 |
| | 黏土质熟料 | | | | | | | | 15 | |
| 水 | (外加) | | | | 10 | 10 | | 8~9 | 11~12 | |

注:铝铬渣应符合如下要求,化学成分为$Al_2O_3$ 80%~90%;$Cr_2O_3$ 9%~10%;耐火度1 900℃;其粗细集料级配为5~10mm占55%,1.2~5mm占18%,小于1.2mm占27%;铝铬渣粉粒度小于0.088mm的大于80%。

(2)铝-60水泥耐火混凝土其常用配合比及其主要性能,见表16-23。

**铝-60水泥耐火混凝土的常用配合比及主要性能** 表16-23

| 项目 | | 质量配合比(%) | | | | | |
|---|---|---|---|---|---|---|---|
| | | 1 | 2 | 3 | 4 | 5 | 6 |
| 胶结料 | 铝-60水泥 | 15.5 | 15 | 15 | 15 | 15 | 15 |
| 粉料 | 高铝矾土熟料粉 | 8.5 | | | | | |
| | 2级矾土粉 | | 15 | | 10 | 15 | 15 |
| | 一级黏土熟料 | | | 15 | | | |
| 集料 | 高铝矾土熟料砂(0.15~5mm) | 46 | | | | | |
| | 二级矾土(<6mm) | | 30 | | | | |
| | 二级矾土(<15mm) | | 30 | | | | |
| | 一级黏土熟料(<15mm) | | 70 | | | 70 | |
| | 一级矾土熟料 | | | 70 | 75 | | 70 |
| | 高铝矾熟料块(5~20mm) | 30 | | | | | |
| 烘干抗压强度(MPa) | | | | 30.0 | 35.5 | 34.0 | 31.0 |

续上表

| 项目 | | 质量配合比(%) | | | | | |
|---|---|---|---|---|---|---|---|
| | | 1 | 2 | 3 | 4 | 5 | 6 |
| 烧后抗压强度(MPa) | 800℃ | | | 28.0 | 32.0 | 30.0 | 27.0 |
| | 1 000℃ | | | 24.0 | 24.5 | 24.0 | 23.0 |
| | 1 200℃ | | | 18.0 | 20.0 | 17.0 | 16.0 |
| | 1 400℃ | | | 28.0 | 34.0 | 30.0 | 25.0 |
| 荷载软化(℃) | 开始点 | 1 330 | 1 270 | 1 300 | 1 310 | 1 300 | 1 331 |
| | 4% | 1 420 | 1 380 | 1 380 | 1 385 | 1 395 | 1 410 |
| 耐火度 | ℃ | >1 770 | 1 740 | 1 710 | 1 710 | >1 770 | 1 770 |
| 1 400℃烧后线变化(%) | | -1.0 | -0.36 | -0.49 | -0.32 | -0.41 | -0.32 |
| 20～1 200℃膨胀系数($\times10^{-6}$/℃) | | | | 5.6 | 5.1 | 5.0 | 4.4 |
| 烘干密度(kg/m$^3$) | | | | 2 250 | 2 270 | 2 300 | 2 650 |
| 热震稳定性(850℃水冷次数) | | | >50 | | | | |
| 常温抗压强度(MPa) | 3d | | | 38.0 | 43.0 | 42.5 | 29.5 |
| | 7d | | | 44.0 | 51.0 | 54.0 | 50.0 |

3. 水玻璃耐火混凝土

水玻璃耐火混凝土,其常用配合比见表16-24。

**水玻璃耐火混凝土的常用配合比** 表16-24

| 编号 | 水玻璃 | | 氟硅酸钠 | | 粉料 | | 细集料 | | 粗集料 | | 湿容重(kg/m$^3$) |
|---|---|---|---|---|---|---|---|---|---|---|---|
| | 模数 | 用量 | 占水泥(%) | 用量 | 品种 | 用量 | 品种 | 用量 | 品种 | 用量 | |
| 1 | 3.0 | 290 | 10 | 29 | 铬渣矿 | 870 | 铬渣 | 850 | 铬渣 | 1 110 | 2 900 |
| 2 | 2.4～2.9 | 290～310 | 10～12 | 29～37.5 | 黏土熟料 | 385～410 | 黏土熟料 | 575～620 | 黏土熟料 | 770～835 | 2 200～2 300 |
| 3 | 2.9 | 310 | 12 | 37.5 | 黏土熟料 | 410 | 黏土熟料 | 620 | 黏土熟料 | 825 | 2 200 |
| 4 | 2.9 | 310 | 12 | 37.5 | 黏土熟料 | 410 | 黏土熟料 | 620 | 黏土熟料 | 825 | 2 200 |
| 5 | 2.9 | 310 | 12 | 37.5 | 黏土熟料 | 410 | 黏土熟料 | 620 | 黏土熟料 | 825 | 2 200 |
| 6 | 2.9 | 310 | 12 | 37.5 | 白砂石 | 420 | 白砂石 | 630 | 白砂石 | 825 | 2 200 |
| 7 | 2.6 | 370 | 12 | 45.0 | 叶蜡石 | 460 | 叶蜡石 | 690 | 叶蜡石 | 920 | 2 490 |
| 8 | 3.0 | 300～370 | 10～12 | 30.0～43.0 | 石英石粉 | 400～500 | 耐火黏土砖粉 | 600～700 | 耐火黏土砖粉 | 800～900 | 2 300～2 370 |
| 9 | 3.0 | 300～370 | 10～12 | 30.0～43.0 | 耐火黏土砖粉 | 400～500 | 耐火黏土砖粉 | 600～700 | 耐火黏土砖粉 | 800～900 | 2 300～2 370 |
| 10 | 2.6 | 300～370 | 10～12 | 30.0～43.0 | 耐火黏土砖粉 | 400～500 | 高铝砖 | 1 500～1 600 | — | — | 2 300～2 375 |
| 11 | 3.0 | 240 | 10 | 24.0 | 镁砂粉 | 660 | 镁砂 | 880 | 镁砂 | 660 | 2 460 |

4. 磷酸盐耐火混凝土

磷酸盐耐火混凝土,其常用配合比见表16-25。

**高铝质、黏土质磷酸耐火混凝土的常用配合比** 表 16-25

| 项目 | | 质量配合比(%) | | | | | | |
|---|---|---|---|---|---|---|---|---|
| | | P-1 | P-2 | P-3 | P-4 | P-5 | P-6 | P-7 |
| 胶结料 | 磷酸(%) | 15~18 | 13~14 | 6.5~18 | 10~12 | 12~14 | 12~14 | 14 |
| | | 40%~60%浓度 | 50%浓度 | 50%浓度 | 45%浓度 | 32%~35%浓度 | 32%~35%浓度 | 50%浓度 |
| 矾土水泥(促凝剂)(%) | | | 2 | | 2 | 2~3 | 2~3 | |
| 粉料 | 高铝矾土熟料粉 | 25~30 | | | | | | 30 |
| | 一级矾土熟料 | | 25 | | | | | |
| | 矾土熟料(<0.088mm) | | | 25~30 | 28 | | | |
| | 耐火砖粉 | | | | | 30 | | |
| 细集料 | 高铝矾土熟料 | 70~75 | | | 12 | | | |
| | 矾土熟料 5~1.2mm | | | 30~40 | 13 | | 30 | |
| | 矾土熟料<1.2mm | | | 30~40 | | | 30 | |
| | 焦宝石熟料<3mm | | | | | 30 | | |
| 粗集料 | 焦宝石熟料<15mm | | | | | 40 | | |
| | 二级矾土熟料块 | | 70 | | | | 40 | |
| | 矾土熟料 10~15mm | | | | 45 | | | |
| | 一级矾土熟料 | | | | | | | 70 |
| 最高使用温度(℃) | | 1 400~1 500 | 1 450 | 1 450 | 1 500 | 1 450 | 1 450 | 1 600 |

5.轻质耐火混凝土

轻集料耐火混凝土,其常用配合比见表 16-26。

**轻质耐火混凝土参考配合比及性能** 表 16-26

| 序号 | 材料组成及配合比 | 水灰比(W/C) | 水泥(kg/m³) | 湿堆密度(kg/m³) | 极限温度(℃) | 使用范围 |
|---|---|---|---|---|---|---|
| 1 | 高铝水泥:蛭石粉:蛭石块,1:0.47:0.21 | 1.12 | 455 | 1 230 | 800 | 隔热部位 |
| 2 | 高铝水泥:陶粒砂:陶粒,1:0.90:1.15 | 0.57 | 415 | 1 500 | 900 | 隔热承重部位 |
| 3 | 高铝水泥:蛭石砂:陶粒,1:0.34:0.83 | 0.90 | 398 | 1 230 | 1 000 | 隔热部位 |
| 4 | 高铝水泥:粉煤灰:珍珠岩,1:1.0:3~4 | 0.8~1.1 | | | 1 000 | 隔热部位 |
| 5 | 高铝水泥:轻铝砖粉:轻铝砖砂:轻铝砖块,1:0.62:0.25:0.63 | 0.77 | 460 | 1 700 | 1 300 | 隔热部位 |
| 6 | 高铝水泥:黏土砖粉:轻黏土粉:轻黏土块 | 0.52(外加) | | 1 340 | 1 300 | 隔热部位 |
| 7 | 高铝水泥:珍珠岩:轻质高铝砖砂,1:2.0:2.0 | 0.56 | 458 | 1 690 | 1 300 | 隔热部位 |
| 8 | 纯铝酸钙水泥:氧化铝粉:氧化铝空心球 1:1.85:2.85 | 0.13(外加) | | | 1 600 | 隔热部位 |

## 第三节　耐火混凝土的设计施工

### 一、品种的选择

耐火混凝土品种的选择,可根据最高使用温度,参考表16-27进行确定。但由于工业窑炉和热工设备的使用条件极其复杂,因此在参考表16-27选择材质时,还应考虑该工程部位的特殊要求。如有无抗渣性、冲击荷载和腐蚀性气体以及材料供应情况、施工方法等。

**耐火混凝土的计算强度**　　表16-27

| 强度形式 | 应力形式 | 耐火混凝土计算强度(MPa)/混凝土设计强度(MPa) | | | |
|---|---|---|---|---|---|
| | | 100/75 | 150/110 | 200/150 | 300/225 |
| 强度极限 | 全截面受压的棱柱强度 $R_aP_i$ | $60\gamma_0$ | $90\gamma_0$ | $120\gamma_0$ | $182\gamma_0$ |
| | 部分截面受压或弯曲时受压 $R_{ai}$ | $75\gamma_0$ | $110\gamma_0$ | $150\gamma_0$ | $225\gamma_0$ |
| 徐变极限 | 全截面受压的棱柱强度 $R_a^n$ | $60\gamma_0^n$ | $90\gamma_0^n$ | $120\gamma_0^n$ | $180\gamma_0^n$ |
| | 部分截面受压或弯曲时受压 $R_{ai}^n$ | $75\gamma_0^n$ | $110\gamma_0^n$ | $150\gamma_0^n$ | $220\gamma_0^n$ |

即使在同一工程部位,例如一座加热炉,从烟道至均热段,温度差别很大。所以,应按各具体工作温度,选择不同品种的耐火混凝土,切忌强求一致。

尤其是高品位的耐火混凝土,如果用在较低工作温度的部位,不仅投资增加,而且使用效果也不理想。由此可见,耐火混凝土品种的选择,应当符合适宜、适用、经济、方便的原则。

### 二、耐火混凝土设计常用数据

耐火混凝土在设计中常用的技术数据有:计算强度、温度系数、弹性模量、钢筋计算强度的折减系数等。

1. 耐火混凝土的计算强度

耐火混凝土的计算强度,见表16-27。

2. 不同配合比耐火混凝土随温度变化的系数

不同配合比耐火混凝土随温度的增加而变化,其在不同温度下的变化系数 $\gamma_0$ 和 $\gamma_0^n$ 值,见表16-28。

**耐火混凝土不同温度下的 $\gamma_0$ 和 $\gamma_0^n$ 值**　　表16-28

| 耐火混凝土的配合比 | 系数 | 在各不同加热温度下的系数值 | | | | | | | | |
|---|---|---|---|---|---|---|---|---|---|---|
| | | 20 | 100 | 300 | 500 | 600 | 700 | 800 | 1 100 | 1 300 |
| 矾土水泥作胶结料、铬铁矿、黏土熟料作集料 | $\gamma_0$ | 1.25 | 1.00 | 0.55 | 0.38 | 0.35 | 0.33 | 0.30 | 0.30 | 0.30 |
| | $\gamma_0^n$ | 1.25 | 1.00 | 0.55 | 0.30 | 0.25 | 0.18 | 0.08 | 0.02 | |
| 硅酸盐水泥作胶结料、黏土熟料、石英、矿渣或粉煤灰等作粉料,黏土熟料、玄武岩、安山岩、普通黏土砖作集料 | $\gamma_0$ | 0.80 | 1.00 | 0.90 | 0.65 | 0.55 | 0.45 | 0.30 | 0.25 | |
| | $\gamma_0^n$ | 0.80 | 1.00 | 0.90 | 0.60 | 0.45 | 0.30 | 0.08 | 0.08 | |
| 矿渣硅酸盐水泥为胶结料,无粉料,玄武岩、辉绿岩、安山岩、普通黏土砖作集料 | $\gamma_0$ | 0.80 | 1.00 | 0.90 | 0.65 | 0.55 | 0.40 | | | |
| | $\gamma_0^n$ | 0.80 | 1.00 | 0.90 | 0.55 | 0.40 | 0.25 | | | |

续上表

| 耐火混凝土的配合比 | 系数 | 在各不同加热温度下的系数值 | | | | | | | | |
|---|---|---|---|---|---|---|---|---|---|---|
| | | 20 | 100 | 300 | 500 | 600 | 700 | 800 | 1 100 | 1 300 |
| 硅酸盐水泥为胶结料，无粉料，矿渣普通黏土砖作集料 | $\gamma_0$ | 0.90 | 1.00 | 0.80 | | | | | | |
| | $\gamma_0^n$ | 0.90 | 1.00 | 0.80 | | | | | | |
| 水玻璃为胶结料，黏土熟料、石英或安山岩为粉料，铬铁矿玄武岩、辉绿岩、黏土熟料、安山岩、普通黏土砖作集料 | $\gamma_0$ | 0.80 | 1.00 | 1.20 | | 0.80 | 0.65 | 0.40 | | |
| | $\gamma_0^n$ | 0.80 | 1.00 | 1.20 | 0.85 | 0.25 | 0.10 | 0.02 | | |

### 3. 耐火混凝土的弹性模量

在 100 ~ 110℃温度烘干后，耐火混凝土的原始弹性模量值，见表 16-29。

**100 ~ 110℃烘干耐火混凝土的原始弹性模量值** 表 16-29

| 耐火混凝土的配合比 | | 耐火混凝土强度等级为下列数值时的弹性模量 | | | |
|---|---|---|---|---|---|
| | | 100 | 150 | 200 | 300 |
| 用矾土水泥、硅酸盐水泥、矿渣硅酸盐水泥、水玻璃胶结料，以右面所列材料为集料配制的耐火混凝土 | 铬铁矿 | 15 000 | 20 000 | 25 000 | 30 000 |
| | 玄武岩、辉绿岩、安山岩、矿渣 | 13 000 | 15 000 | 17 000 | 20 000 |
| | 黏土熟料、普通黏土砖 | 10 000 | 13 000 | 15 000 | 18 000 |

加热时耐火混凝土弹性模量的降低系数 $\beta$，可按表 16-30 查用。

**加热时耐火混凝土弹性模量的降低系数 $\beta$** 表 16-30

| 耐火混凝土的配合比 | 混凝土加热温度为下列值时的降低系数 | | | | | | |
|---|---|---|---|---|---|---|---|
| | 20 | 100 | 300 | 500 | 700 | 900 | 1 000 |
| 矾土水泥为胶结料，黏土熟料、铬铁矿为集料 | 1.2 | 1.0 | 0.60 | 0.35 | 0.25 | 0.20 | 0.15 |
| 硅酸盐水泥为胶结料，黏土熟料、石英矿渣或粉煤灰为掺和料，黏土熟料、玄武岩、辉绿岩、安山岩、矿渣、普通黏土砖为集料 | 1.1 | 1.0 | 0.75 | 0.50 | 0.30 | 0.20 | 0.15 |
| 矿渣硅酸盐水泥为胶结料，无粉料，玄武岩、辉绿岩、安山岩、矿渣、普通黏土砖为集料 | 1.0 | 1.0 | 0.60 | 0.35 | 0.20 | | |
| 硅酸盐水泥为胶结料，铬铁矿、黏土熟料、石英或安山岩为粉料，铬铁矿、玄武岩为集料 | 1.1 | 1.0 | 0.60 | | | | |
| 水玻璃为胶结料，铬铁矿、黏土熟料、石英成安山岩为粉料，辉绿岩、普通黏土砖、安山岩等作集料 | 0.9 | 1.0 | 1.1 | 0.95 | 0.60 | 0.25 | |

### 4. 钢筋计算强度的折减系数

在高温条件下，钢筋的计算强度如下。

（1）计算强度极限

$$R_{at} = \gamma_\sigma R_a'$$

（2）计算徐变极限

$$R_a' = \gamma_\sigma' R_a'$$

钢筋计算强度折减系数 $\gamma_\sigma$ 和 $\gamma_\sigma'$ 值，见表 16-31。

钢筋计算强度折减系数　表16-31

| 系数 | 下列加热温度(℃)下钢筋计算折减系数 | | | | | |
|---|---|---|---|---|---|---|
| | 20 | 100 | 200 | 300 | 400 | 500 |
| $\gamma_\sigma$ | 1.00 | 1.00 | 0.88 | 0.75 | 0.60 | 0.45 |
| $\gamma'_\sigma$ | 1.00 | 1.00 | 0.88 | 0.75 | 0.30 | 0.09 |

## 三、预制构件的分块及尺寸确定

为便于耐火混凝土的生产和施工,实现预制构件的定型化设计、生产是十分必要的。对预制构件的分块原则如下:

(1)在满足工业窑炉和热工设备结构要求的前提下,尽量减少构件的型号,以便简化生产和管理。

(2)生产、运输、施工。在起吊能力允许的条件下,预制构件的单件质量以1~2t为宜,以利于减少块数和砖缝,提高炉体结构的整体性。

(3)预制构件的尺寸。长度方向可根据护炉钢柱的间距、上下层错缝及拐角衔接等情况确定,可适当加大一点尺寸。其高度和厚度,应与耐火砖的尺寸相配合。例如,长度应以116mm、厚度以68mm为模数,选取适当的倍数。跨度较大的窑炉炉顶,构件可分为2~3块制作,分别进行吊挂。

(4)构件的拐角处应做成圆弧形,以防止产生应力集中现象。

## 四、接缝方式与灌浆孔留设

1. 水平接缝

如砌体分内、外两层时,应使其水平缝相互错开。如只有一层时,可在上、下层接缝处的外侧留槽,待组装后,用耐火砖堵严。

2. 炉顶缝

为使预制构件间的缝隙严密,可在每个构件的宽度方向两侧,去掉一斜角或方角。待组装后再用耐火可塑材料或耐火砂浆灌填密实。

3. 垂直缝

对于同一层炉墙预制构件间所形成的垂直缝,可采取预留灌浆孔的办法加以密封。灌浆孔可为圆形或方形。

4. 膨胀缝预留

用耐火砖砌筑的炉体,由于大量砖缝中的耐火泥被压缩,所以总伸长量较小。而用耐火预制构件组装或现场浇捣的炉体砖缝很少,有的甚至无缝,加热时炉体总伸长量较大,势必把炉衬挤弯、挤坏或使炉体两端钢结构严重变形。

混凝土沿某一方向的线变形,可用下式计算:

$$\Delta L = \alpha L(t_1 - t_0) \tag{16-1}$$

式中:$\Delta L$——混凝土的总伸长量(mm);

$\alpha$——耐火混凝土的平均膨胀系数;

$L$——某一方向混凝土的总长度(mm);

$t_1$——升温前的温度，一般多采用常温(℃)；

$t_0$——耐火混凝土的最高使用温度(℃)。

工程实践证明，由于耐火混凝土中游离水、结晶水的摆脱，产生一些收缩而得到一定的补偿。因此，实际总伸长量往往为理论计算值的70%～80%。

在决定膨胀间距、宽度和形式时，应根据预制构件组装或现场浇捣、炉体长短和耐火混凝土的材质等情况而定。

当炉体较短时，只需在炉体的两端留设适当缝隙即可；当炉体较长时，可先计算伸长量，沿炉体长度方向每隔5～10m设一道膨胀缝，缝宽由计算决定。缝内应用浸过黏土砂浆的石棉绳嵌填。

现浇耐火混凝土的炉体，膨胀间距和宽度见表16-32所列。

**现浇耐火混凝土的炉体膨胀缝间距和宽度** 表16-32

| 最高使用温度(℃) | 膨胀缝的间距(mm) | 膨胀缝的宽度(mm) |
|---|---|---|
| <800 | 1 500～2 000 | 3～5 |
| 800～1 200 | 1 000～1 500 | 3～6 |
| >1 200 | 100～1 500 | 6～8 |

## 五、耐火混凝土的配筋

耐火混凝土一般不需要配置钢筋，因为在0～300℃时，钢筋的膨胀系数为$40\times10^{-6}/℃$，而铝酸盐高铝质耐火混凝土的膨胀系数为$(6.2\sim7.0)\times10^{-6}/℃$。由此可见，两者的膨胀系数相差4～5倍以上，因而在钢筋产生膨胀时，混凝土则会开裂或剥落，钢筋氧化或软化而失去应有的作用。因此，对于必须配筋的大跨度构件，必须遵循如下配筋原则。

(1)尽量配置在炉体的冷面，以利于降低钢筋的温度。一般情况下，配筋耐火混凝土不宜超过400℃。如果为低温承重结构，温度也不宜超过700℃。

(2)对于某些特殊部位，可选用热轧钢筋或钢筋表面“渗铝”等办法，以提高其抗氧化的能力，这样，使用温度可提高至600～800℃。

某些炉顶构件，可埋入工字钢，端墙或承重墙构件中，可埋入钢管等埋设件，以便通水冷却，提高使用效果。

## 六、支模和铺设钢筋

### 1.模板的类型与选择

现场浇捣施工的耐火混凝土，常用的模板类型与普通混凝土基本相同，主要有：固定式、工具式和滑动式。

对于模板的选择，主要应根据工程特点和施工条件决定。例如，各类规整的基础工程施工，可采用固定式模板；热风炉、烟囱、反应塔等高大的构筑物，可采用滑动式模板。形状比较复杂的工程，如热风管道三岔口处，可采用木模板与钢模板相结合的模板，或者全部采用木模板。

### 2.支撑模板的基本要求

对于模板的支撑，与普通混凝土基本相同。其基本要求是：尺寸准确、支撑牢固、拼接严密、防止漏浆；对具有腐蚀或黏性强的耐火混凝土，模板的内侧应铺以塑料或纸张隔离；为防止模板与混凝土黏结,使用前应涂以混凝土隔离剂。

3. 钢筋的绑扎

耐火混凝土钢筋的绑扎,除应符合《混凝土结构设计规范》(GB 50010—2010)和《混凝土结构工程施工质量验收规范》(GB 50204—2011)外,绑扎搭接的长度不小于20~35$d$($d$为钢筋直径)。绑扎和焊接接头与钢筋弯折处的距离,不小于钢筋直径的10倍。

## 七、高温下耐火混凝土的物理化学变化

烘烤是使用耐火混凝土的关键环节,对耐火混凝土进行烘烤的目的在于:预先排除耐火混凝土中的物理水、凝结水及化学结合水,使混凝土的结构致密,以防止使用中骤热,水分急剧气化而产生爆裂。对于某些在高温下具有晶型转化的材质,进行预先烘烤,可使其在使用中体积效应变小而使体积趋于稳定。

有关实验证明:在110℃温度下烘干后,耐火混凝土的失重率约为55%~80%;200℃时为70%~90%;300℃时可达80%~95%。由此可见,游离水的排除是在至关重要的烘烤阶段,在此阶段宜缓慢升温、延长保温时间。

此外,了解各种耐火混凝土在各种温度下的物理化学变化,也将有助于制订正确的烘烤制度。

关于各种耐火混凝土在不同温度下的物理化学变化,由于变化非常复杂,在这里不再叙述。

## 八、烘烤制度

耐火混凝土的烘烤制度,见表16-33。

**耐火混凝土的烘烤制度** 表16-33

| 温度(℃) | 砌体厚度(mm) | | | | | | | | |
|---|---|---|---|---|---|---|---|---|---|
| | <200 | | | 200~400 | | | >400 | | |
| | 升温速度(℃/h) | 需要时间(h) | 累计时间(h) | 升温速度(℃/h) | 需要时间(h) | 累计时间(h) | 升温速度(℃/h) | 需要时间(h) | 累计时间(h) |
| 20~150℃ | 20 | 7 | 0 | 15 | 9 | 0 | 10 | 13 | 0 |
| 150(±10)℃保温 | | 24 | 31 | | 32 | 41 | | 40 | 53 |
| 150~350℃ | 20 | 10 | 41 | 15 | 13 | 54 | 10 | 20 | 73 |
| 350(±10)℃保温 | | 24 | 65 | | 32 | 89 | | 40 | 113 |
| 350~600℃ | 20 | 13 | 78 | 15 | 17 | 103 | 10 | 25 | 138 |
| 600℃保温 | | 16 | 94 | | 24 | 127 | | 32 | 170 |
| 600℃~使用温度 | 35 | | | 25 | | | 20 | | |

# 第十七章　水工混凝土施工

凡经常或周期性地受环境水作用的水工建筑物(或其一部分)所用的混凝土,称为水工混凝土。

## 第一节　水工混凝土原材料技术要求

1. 水泥

水泥品质应符合现行的国家标准及有关部颁标准的规定。

大型水工建筑物所用的水泥,可根据具体情况对水泥矿物成分等提出专门的要求。每一项工程所用的水泥品种以两三种为宜,并宜固定供应厂家。

选择水泥品种的原则如下:

(1)水位变化区外部混凝土、溢流面和经常受水流冲刷部位的混凝土及有抗冻要求的混凝土,宜选用中热硅酸盐水泥或硅酸盐水泥,也可选用普通硅酸盐水泥。

(2)内部混凝土、水下混凝土和基础混凝土,宜选用中热硅酸盐水泥,也可选用低热矿渣硅酸盐水泥、矿渣硅酸盐水泥、火山灰质硅酸盐水泥、粉煤灰硅酸盐水泥、普通硅酸盐水泥和低热微膨胀水泥。

(3)环境水对混凝土有硫酸盐侵蚀性时,应选择抗硫酸盐硅酸盐水泥。

(4)大体积建筑物的内部混凝土、位于水下的混凝土和基础混凝土,宜选用矿渣硅酸盐大坝水泥、矿渣硅酸盐水泥、粉煤灰硅酸盐水泥和火山灰质硅酸盐水泥。

选用的水泥强度等级应与混凝土设计强度等级相适应。对于低强度等级混凝土,当其强度等级与水泥强度等级不相适应时,应在施工现场掺用适量的活性混合材。

建筑物外部水位变化区,溢流面和经常受水流冲刷部位的混凝土,以及受冰冻作用的混凝土,其水泥强度等级不宜低于42.5级。

运至工地的水泥,应有制造厂的品质试验报告;试验室必须进行复验,必要时应进行化学分析。

2. 集料

集料应根据优质经济、就地取材的原则,选用天然集料、人工集料,或两者互相补充。

1)细集料(人工砂、天然砂)的品质要求

(1)细集料应质地坚硬、清洁、级配良好;使用山砂,特细砂时,应有试验根据。

(2)人工砂的细度模数宜在2.4~2.8范围内。天然砂的细度模数宜在2.2~3.0范围内。使用山砂、粗砂、特细砂应经过试验论证。

(3)细集料在开采过程中应定期或按一定开采数量进行碱活性检验,有潜在危害时,应采取相应措施,并经专门试验论证。

(4)细集料的含水率应保持稳定,人工砂饱和面干的含水率不宜超过6%,必要时应采取加速脱水措施。

(5)细集料的其他品质要求应符合表 17-1 的规定。

**细集料的品质要求** 表 17-1

| 项目 | | 指标 | | 备注 |
|---|---|---|---|---|
| | | 天然砂 | 人工砂 | |
| 石粉含量(%) | | | 6~18 | |
| 含泥量(%) | ≥$C_{90}30$ 和有抗冻要求的 | ≤3 | | |
| | <$C_{90}30$ | ≤5 | | |
| 泥块含量 | | 不允许 | 不允许 | |
| 坚固性(%) | 有抗冻要求的混凝土 | ≤8 | ≤8 | |
| | 无抗冻要求的混凝土 | ≤10 | ≤10 | |
| 表观密度(kg/$m^3$) | | ≥2 500 | ≥2 500 | |
| 硫化物及硫酸盐含量(%) | | ≤1 | ≤1 | 折算成 $SO_3$,按质量计 |
| 有机质含量 | | 浅于标准色 | 不允许 | |
| 云母含量(%) | | ≤2 | ≤2 | |
| 轻物质含量(%) | | ≤1 | | |

2)粗集料(碎石、卵石)的品质要求

(1)粗集料的最大粒径:不应超过钢筋净间距的 2/3、构件断面最小边长的 1/4、素混凝土板厚的 1/2。对少筋或无筋混凝土结构,应选用较大的粗集料粒径。

(2)施工中,宜将粗集料按粒径分成下列几种粒径组合:

①当最大粒径为 40mm 时,分成 $D_{20}$、$D_{40}$ 两级;

②当最大粒径为 80mm 时,分成 $D_{20}$、$D_{40}$、$D_{80}$ 三级;

③当最大粒径为 150(120)mm 时,分成 $D_{20}$、$D_{40}$、$D_{80}$、$D_{150}$($D_{120}$)四级。

(3)应控制各级集料的超、逊径含量。以原孔筛检验,其控制标准:超径小于 5%,逊径小于 10%。当以超、逊径筛检验时,其控制标准:超径为零,逊径小于 2%。

(4)采用连续级配或间断级配,应由试验确定。

(5)各级集料应避免分离。$D_{150}$、$D_{80}$、$D_{40}$ 和 $D_{20}$ 分别用中径(115mm、60mm、30mm、和 10mm)方孔筛检测的筛余量应在 40%~70% 范围内。

(6)如使用含有活性集料、黄锈和钙质结核等粗集料,必须进行专门试验论证。

(7)粗集料表面应洁净,如有裹粉、裹泥或被污染等应清除。

(8)碎石和卵石的压碎指标值宜采用表 17-2 的规定。

**粗集料的压碎指标值** 表 17-2

| 集料类别 | | 不同混凝土强度等级的压碎指标值(%) | |
|---|---|---|---|
| | | $C_{90}55$~$C_{90}40$ | ≤$D_{90}35$ |
| 碎石 | 水成岩 | ≤10 | ≤16 |
| | 变质岩或深成的火成岩 | ≤12 | ≤20 |
| | 火成岩 | ≤13 | ≤30 |
| 卵石 | | ≤12 | ≤16 |

(9)粗集料的其他品质要求应符合表 17-3 的规定。

粗集料的品质要求 表 17-3

| 项目 | | 指标 | 备注 |
|---|---|---|---|
| 含泥量(%) | $D_{20}$、$D_{40}$粒径级 | ≤1 | |
| | $D_{80}$、$D_{150}$($D_{120}$)粒径级 | ≤0.5 | |
| 泥块含量 | | 不允许 | |
| 坚固性(%) | 有抗冻要求的混凝土 | ≤5 | |
| | 无抗冻要求的混凝土 | ≤12 | |
| 硫化物及硫酸盐含量(%) | | ≤0.5 | 折算成 $SO_3$,按质量计 |
| 有机质含量 | | 浅于标准色 | 如深于标准色,应进行混凝土强度对比试验,抗压强度比不应低于 0.95 |
| 表观密度($kg/m^3$) | | ≥2 550 | |
| 吸水率(%) | | ≤2.5 | |
| 针片状颗粒含量(%) | | ≤15 | 经试验论证,可以放宽至 25% |

取样与检验方法按 SD105 和有关标准执行。

3. 掺和料

(1)为了改善混凝土的性能,合理降低水泥用量,宜在水工混凝土中掺入适量的掺和料(混合材)。其品种有粉煤灰、凝灰岩粉、矿渣微粉、硅粉、粒化电炉磷渣、氧化镁等。掺用的品种和掺量应根据工程的技术要求、掺和料品质和资源条件,通过试验论证确定。

(2)掺和料的品质应符合现行的国家标准和有关行业标准。

(3)粉煤灰掺和料宜选用Ⅰ级或Ⅱ级粉煤灰。

非成品原状粉煤灰的品质指标:

①烧失量不超过 12%;

②干灰含水量不得超过 1%;

③三氧化硫(水泥和粉煤灰总量中的)不得超过 3.5%;

④0.08mm 方孔筛筛余不得超过 12%。

4. 外加剂

(1)为了改善混凝土的性能,提高混凝土的质量及合理降低水泥用量,应在混凝土中掺加适量的外加剂,其掺量通过试验确定。

(2)拌制混凝土或水泥砂浆常用的外加剂有普通减水剂、高效减水剂、缓凝高效减水剂、缓凝减水剂、引气减水剂、缓凝剂、高温缓凝剂、引气剂、泵送剂等。根据特殊需要,也可掺用其他性质的外加剂。外加剂品质必须符合现行的国家标准和有关行业标准。

(3)外加剂选择应根据混凝土性能要求、施工需要,并结合工程选定的混凝土原材料进行适应性试验,经可靠性论证和技术经济比较后,选择合适的外加剂种类和掺量。一个工程掺用同种类外加剂的品种宜选用 1 ~2 种,并由专门生产厂家供应。

(4)有抗冻性要求的混凝土应掺用引气剂。混凝土的含气量应根据混凝土的抗冻等级和集料最大粒径等通过试验确定。表 17-4 的规定供参考。

**掺引气剂型外加剂混凝土的含气量** 表 17-4

| 集料最大粒径(mm) | | 20 | 40 | 80 | 150(120) |
|---|---|---|---|---|---|
| 含气量(%) | ≥F200 混凝土 | 5.5 | 5.0 | 4.5 | 4.0 |
| | ≤F150 混凝土* | 4.5 | 4.0 | 3.5 | 3.0 |

注:* F150 混凝土掺用与否,根据试验确定。

如需提高混凝土的早期强度,宜在混凝土中掺加早强剂。

工业用氯化钙只宜用于无筋混凝土中,其掺量(以无水氯化钙占水泥量的百分数计)不得超过 3%,在砂浆中的掺量不得超过 5%。

为了避免氯化钙腐蚀钢筋,在钢筋混凝土中应掺用非氯盐早强剂。使用早强剂后,混凝土初凝将加速,应尽量缩短混凝土的运输和浇筑时间,并应特别注意洒水养护,保持混凝土表面湿润。

(5)使用外加剂时应注意:

①外加剂必须与混合配成一定浓度的溶液,各种成分用量应准确,对含有大量固体的外加剂(如含石灰的减水剂),其溶液应通过 0.6mm 孔眼筛子过滤。

②外加剂溶液必须搅拌均匀,并定期取有代表性的拌品进行鉴定。

③当外加剂储存时间过长,对其质量有怀疑时,必须进行试验鉴定。严禁使用变质的外加剂。

5. 水

(1)凡符合国家标准的饮用水,均可用于拌和与养护混凝土。未经处理的工业污水和生活污水不得用于拌和与养护混凝土。

(2)地表水、地下水和其他类型水在首次用于拌和与养护混凝土时,须按现行的有关标准,经检验合格方可使用。检验项目和标准应符合以下要求。

①混凝土拌和与养护用水与标准饮用水试验所得的水泥初凝时间差及终凝时间差均不得大于 30min。

②混凝土拌和与养护用水配制水泥砂浆 28d 抗压强度不得低于用标准饮用水拌和砂浆抗压强度的 90%。

③拌和与养护混凝土用水的 pH 值和水中的不溶物、可溶物、氯化物、硫酸盐的含量应符合表 17-5 的规定。

**拌和与养护混凝土用水的指标要求** 表 17-5

| 项　目 | 钢筋混凝土 | 素混凝土 |
|---|---|---|
| pH 值 | >4 | >4 |
| 不溶物(mg/L) | <2 000 | <5 000 |
| 可溶物(mg/L) | <5 000 | <10 000 |
| 氯化物(以 $Cl^-$ 计)(mg/L) | <1 200 | <3 500 |
| 硫酸盐(以 $SO_4^{2-}$ 计)(mg/L) | <2 700 | <2 700 |

(3)对拌制和养护混凝土的水质有怀疑时,应进行砂浆强度试验。如用该水制成的砂浆的抗压强度,低于饮用水制成的砂浆 28d 龄期抗压强度的 90%,则这种水不宜作混凝土用水。

## 第二节　水工混凝土配合比设计

### 一、配合设计的技术要求

水工混凝土配合比设计在符合《普通混凝土配合比设计规程》(JGJ 55—2011)有关规定的同时,还要满足下述要求。

(1)大体积内部混凝土的胶凝材料用量不宜低于 140kg/m$^3$。水泥熟料含量不宜低于 70kg/m$^3$。

(2)混凝土的水胶比(或水灰比),根据设计对混凝土性能的要求,应通过试验确定,并不应超过表 17-6 的规定。

水胶比最大允许值　　表 17-6

| 部　位 | 严寒地区 | 寒冷地区 | 温和地区 |
|---|---|---|---|
| 上、下游水位以上(坝体外部) | 0.50 | 0.55 | 0.60 |
| 上、下游水位变化区(坝体外部) | 0.45 | 0.50 | 0.55 |
| 上、下游最低水位以下(坝体外部) | 0.50 | 0.55 | 0.60 |
| 基础 | 0.50 | 0.55 | 0.60 |
| 内部 | 0.60 | 0.65 | 0.65 |
| 受水流冲刷部位 | 0.45 | 0.50 | 0.50 |

注:在有环境水侵蚀情况下,水位变化区外部及水下混凝土最大允许水胶比(或水灰比)应减小 0.05。

(3)粗集料级配及砂率的选择应根据混凝土的性能要求、施工和易性及最小单位用水量并尽量充分利用所生产的集料、减少弃料等原则,通过试验进行综合分析确定。

(4)混凝土的坍落度,应根据建筑物的结构断面、钢筋含量、运输距离、浇筑方法、运输方式、振捣能力和气候等条件决定,在选定配合比时应综合考虑,并宜采用较小的坍落度。混凝土在浇筑地点的坍落度,可参照表 17-7 选用。

混凝土在浇筑地点的坍落度　　表 17-7

| 混凝土类别 | 坍落度(cm) |
|---|---|
| 素混凝土或少筋混凝土 | 1 ~ 4 |
| 配筋率不超过 1% 的钢筋混凝土 | 3 ~ 6 |
| 配筋率超过 1% 的钢筋混凝土 | 5 ~ 9 |

注:有温度控制要求或高、低温季节浇筑混凝土时,其坍落度可根据实际情况酌量增减。

(5)混凝土使用有碱活性反应的集料时,配合比选择必须控制混凝土中的总含碱量[混凝土含碱量的计算方法见《水工混凝土施工规范》(DL/T 5144—2001)附录 B],以保证混凝土的耐久性。

### 二、配合比设计的基本原则

水工混凝土配合比设计原则基本上与普通混凝土相同,但也有其一定的特殊性。

1. 最小单位用水量

水灰比是决定混凝土强度和耐久性的主要因素，在满足稠度的条件下，力求单位用水量最小。

2. 最大石子粒径和最多石子用量

根据结构物的断面和钢筋的稠密程度以及施工设备等情况，在满足稠度的条件下，应选择尽可能大的石子最大粒径和最多用量。

3. 最佳配料级配

应选择空隙率较小的级配。同时也要考虑料场的天然级配，尽量减少弃方。

4. 选料原则

经济合理地选择水泥品种和强度，优先考虑采用优质、经济的粉煤灰掺和料和外加剂等。

粉煤灰对改善混凝土拌和物的流变性有显著效果，使其易于振捣，故在设计粉煤灰混凝土的坍落度时可取下限值。

在素混凝土中，以超量取代法（即掺入的粉煤灰数量超过所取代的水泥量）掺粉煤灰最为有效。超量系数以1.5左右为宜。

## 三、配合比设计的步骤

水工混凝土配合比的设计步骤与普通混凝土基本相同，除应符合水工混凝土所处部位的工作条件，分别满足抗压、抗渗、抗冻、抗裂（抗拉）、抗冲耐磨、抗风化和抗侵蚀等设计要求的规定外，还应满足施工稠度要求，并采取措施合理降低水泥用量。

（1）根据设计要求的强度和耐久性选定水灰比。

（2）根据施工要求的坍落度和石子最大粒径等选定用水量，用水量除以选定的水灰比求出水泥用量。

（3）根据“绝对体积法”或“质量法”计算砂、石料用量。

（4）通过试验和必要的调整，确定$1m^3$混凝土材料用量和配合比。

## 四、配合比设计的注意事项

（1）为确保混凝土的质量，工程中所用混凝土的配合比必须通过试验确定。设计混凝土配合比时，可按下式计算：

$$f_{cu,0}=\frac{f_{cu,k}}{1-t/C_v}=Kf_{cu,k} \tag{17-1}$$

式中：$f_{cu,0}$——混凝土保证强度（MPa）；

$f_{cu,k}$——混凝土的设计强度（MPa）；

$t$——保证率系数，如表17-8所示；

$K$——系数，如表17-9所示；

$C_v$——离差系数，如表17-10所示。

保证率和保证率系数的关系　　表17-8

| 保证率 $P$(%) | 80 | 85 | 90 | 95 |
|---|---|---|---|---|
| 保证率系数 $t$ | 0.84 | 1.04 | 1.28 | 1.63 |

**$K$ 值** 表 17-9

| $C_v$ | $P$ | | | | $C_v$ | $P$ | | | |
|---|---|---|---|---|---|---|---|---|---|
| | 90 | 85 | 80 | 75 | | 90 | 85 | 80 | 75 |
| 0.1 | 1.15 | 1.12 | 1.09 | 1.08 | 0.18 | 1.30 | 1.22 | 1.18 | 1.14 |
| 0.13 | 1.20 | 1.15 | 1.12 | 1.10 | 0.20 | 1.35 | 1.26 | 1.20 | 1.16 |
| 0.15 | 1.24 | 1.19 | 1.15 | 1.12 | 0.25 | 1.47 | 1.35 | 1.27 | 1.21 |

**离差系数 $C_v$ 值** 表 17-10

| $f_{cu,k}$(MPa) | <15 | 20～25 | ≥30 |
|---|---|---|---|
| $C_v$ | 0.20 | 0.18 | 0.15 |

(2)混凝土的水灰比当以集料在饱和面干状态下的混凝土单位用水量对单位胶凝材料用量的比值为准,单位胶凝材料用量为 1$m^3$ 混凝土中水泥与混合材质量的总和。

(3)对于大体积建筑物的内部混凝土,其胶凝材料用量不宜低于 140kg/$m^3$。

## 第三节 水工混凝土的施工工艺

### 一、原材料称量

准确称量混凝土原材料是保证拌制合格混凝土的先决条件,除了水和外加剂溶液可按重量折算成体积外,水泥、砂、石、掺和料均应以质量计。混凝土各组分称量的偏差,不应超过表 3-2 中规定的数值。

### 二、混凝土拌和

(1)施工前,应结合工程的混凝土配合比情况,检验设备的性能,如发现不相适应时,应适当调整混凝土的配合比;有条件时,也可调整拌和设备的转速、叶片结构等。

(2)拌制混凝土时,必须严格遵守试验室签发的混凝土配料单进行配料,严禁擅自更改。

(3)水泥、砂、石混合材均应以质量计,水及外加剂溶液可按质量折算成体积。称量的偏差不应超过表 3-2 所规定的数值。

(4)必须将混凝土各组分拌和均匀,拌和程序和拌和时间,应通过试验确定。表 17-11 中所列最少拌和时间,可供参考。

**混凝土最少拌和时间** 表 17-11

| 拌和机容量 $Q$($m^3$) | 最大集料粒径(mm) | 最少拌和时间(s) | |
|---|---|---|---|
| | | 自落式拌和机 | 强制式拌和机 |
| $0.8 \leq Q \leq 1$ | 80 | 90 | 60 |
| $1 < Q \leq 3$ | 150 | 120 | 75 |
| $Q > 3$ | 150 | 150 | 90 |

注:1. 入机拌和量应在拌和机定额容量的 110% 以内。

2. 加冰混凝土的拌和时间应延长 30s(强制式 15s),出机的混凝土拌和物中不应有冰块。

(5)在混凝土拌和过程中,应根据气候条件定时测定砂、石集料的含水量;在降雨的情况下,应相应地增加测定次数,以便随时调整混凝土的加水量。同时,应采取措施保持砂、石集料含水率稳定,砂子含水率应控制在6%以内。

(6)掺有混合材(如粉煤灰等)的混凝土进行拌和时,混合材可以湿掺也可以干掺,但应保证掺和均匀。

①干掺。将粉煤灰运往工地,放在储灰罐中,经螺旋机和提升机将其送入搅拌楼配料仓,经称量加入混凝土搅拌机。图17-1为某水电工程干掺粉煤灰工艺流程示意图。

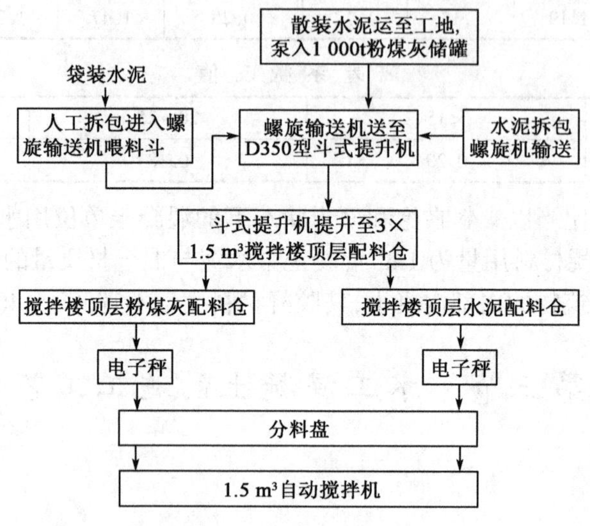


图17-1 干掺粉煤灰流程图

②湿掺。将粉煤灰在拌浆罐中加水制成灰浆,以压缩空气吹拌,将拌匀的灰浆送入贮浆罐,再进入配浆桶入搅拌机,图17-2为某水电站湿掺粉煤灰工艺流程示意图。

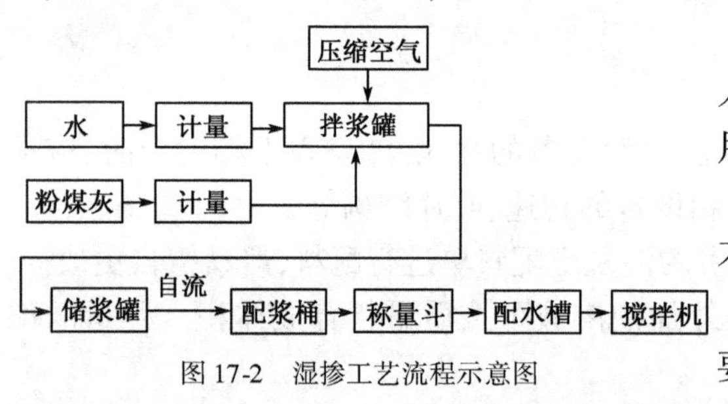


图17-2 湿掺工艺流程示意图

(7)如使用外加剂,应将外加剂溶液均匀配入拌和用水中。外加剂中的水量,应包括在拌和用水量之内。

(8)混凝土拌和物出现下列情况之一者,按不合格料处理。

①错用配料单已无法补救,不能满足质量要求;

②混凝土配料时,任意一种材料计量失控或漏配,不符合质量要求;

③拌和不均匀或夹带生料;

④出机口混凝土坍落度超过最大允许值。

## 三、混凝土运输

(1)选择混凝土运输设备及运输能力,应与拌和、浇筑能力、仓面具体情况相适应。

(2)所用的运输设备,应使混凝土在运输过程中不致发生分离、漏浆、严重泌水、过多温度回升和坍落度损失。

(3)同时运输两种以上强度等级、级配或其他特性不同的混凝土时,应设置明显的区分标志。

(4)混凝土在运输过程中,应尽量缩短运输时间及减少转运次数。掺普通减水剂的混凝土运输时间不宜超过表 17-12 的规定。因故停歇过久，混凝土已初凝或已失去塑性时，应作废料处理。严禁在运输途中和卸料时加水。

**混凝土运输时间** 表 17-12

| 运输时段的平均气温(℃) | 混凝土运输时间(min) | 运输时段的平均气温(℃) | 混凝土运输时间(min) |
|---|---|---|---|
| 20～30 | 45 | 5～10 | 90 |
| 10～20 | 60 | | |

(5)在高温或低温条件下，混凝土运输工具应设置遮盖或保温设施，以避免天气、气温等因素影响混凝土质量。

(6)混凝土的自由下落高度不宜大于 1.5m。超过时，应采取缓降或其他措施，以防止集料分离。

(7)用汽车、侧翻车、侧卸车、料罐车、搅拌车及其他专用车辆运送混凝土时，应遵守下列规定。

①运输混凝土的汽车应为专用；运输道路应保持平整。

②装载混凝土的厚度不应小于 40cm，车厢应平滑密闭不漏浆。

③每次卸料，应将所载混凝土卸净，并应适时清洗车厢(料罐)。

④汽车运输混凝土直接入仓时，必须有确保混凝土施工质量的措施。

(8)用门式、塔式、缆式起重机以及其他吊车配吊罐运输混凝土时，应遵守下列规定。

①起重设备的吊钩、钢丝绳、机电系统配套设施、吊罐的吊耳及吊罐放料口等，应定期进行检查维修，保证设备完好。

②吊罐不得漏浆，并应经常清洗。

③起重设备运转时，应注意与周围施工设备保持一定距离和高度。

(9)用各类皮带机(包括塔带机、胎带机等)运输混凝土时，应遵守下列规定。

①混凝土运输中应避免砂浆损失；必要时适当增加配合比的砂率。

②当输送混凝土的最大集料粒径大于 80mm 时，应进行适应性试验，满足混凝土质量要求。

③皮带机卸料处应设置挡板、卸料导管和刮板。

④皮带机布料应均匀，堆料高度应小于 1m。

⑤应有冲洗设施及时清洗皮带上黏附的水泥砂浆，并应防止冲洗水流入仓内。

⑥露天皮带机上宜搭设盖棚，以免混凝土受日照、风、雨等影响；低温季节施工时，应有适当的保温措施。

(10)用溜筒、溜管、溜槽、负压(真空)溜槽运输混凝土时，应遵守下列规定。

①溜筒(管、槽)内壁应光滑，开始浇筑前应用砂浆润滑筒(管、槽)内壁；当用水润滑时应将水引出仓外，仓面必须有排水措施。

②使用溜筒(管、槽)，应经过试验论证，确定溜筒(管、槽)高度与合适的混凝土坍落度。

③溜筒(管、槽)宜平顺，每节之间应连接牢固，应有防脱落保护措施。

④运输和卸料过程中，应避免混凝土分离，严禁向溜筒(管、槽)内加水。

⑤当运输结束或溜筒(管、槽)堵塞经处理后，应及时清洗，且应防止清洗水进入新浇混凝土仓内。

## 四、混凝土浇筑

(1)建筑物地基必须经验收合格后，方可进行混凝土浇筑仓面准备工作。

(2)岩基上的松动岩块及杂物、泥土均应清除。岩基面应冲洗干净并排净积水;如有承压水,必须采取可靠的处理措施。清洗后的岩基在浇筑混凝土前应保持洁净和湿润。

(3)软基或容易风化的岩基,应作好下列工作。

①在立模扎筋以前,应处理好地基临时保护层。

②在软基上进行操作时,应力求避免破坏或扰动原状土壤。如有扰动,应会同设计人员商定补救办法。

③非黏性土壤基地基,如湿度不够,应至少浸湿 15cm 深,使湿度与最优强度时的湿度相符。

④当地基为湿陷性黄土时,应采取专门的处理措施。

⑤在混凝土覆盖前,应做好基础保护。

(4)浇筑混凝土前,应详细检查有关准备工作,包括地基处理(或缝面处理)情况,混凝土浇筑的准备工作,模板、钢筋、预埋件等是否符合设计要求,并应做好记录。

(5)基岩面的浇筑仓和老混凝土上的迎水面浇筑仓,在浇筑第一层混凝土前,必须先铺一层 2~3cm 的水泥砂浆;其他仓面若不铺水泥砂浆,应有专门论证。

砂浆的水灰比应较混凝土的水灰比减少 0.03~0.05。一次铺设的砂浆面积应与混凝土浇筑强度想适应,铺设工艺应保证新混凝土与基岩或老混凝土结合良好。

(6)混凝土的浇筑,可采用平铺法或台阶法施工。应按一定厚度、次序、方向、分层进行,且浇筑层面平整。台阶法施工的台阶宽度不应小于 2m。在压力钢管、竖井、孔道、廊道等周边及顶板浇筑混凝土时,混凝土应对称均匀上升。

(7)混凝土浇筑坯层厚度,应根据拌和能力、运输能力、浇筑速度、气温及振捣能力等因素确定,一般为 30~50cm。根据振捣设备类型确定浇筑坯层的允许最大厚度可参照表 17-13 规定;如采用低塑性混凝土及大型强力振捣设备时,其浇筑坯层厚度应根据试验确定。

**混凝土浇筑坯层的允许最大厚度** 表 17-13

| 振捣设备类别 | | 浇筑坯层允许最大厚度 |
|---|---|---|
| 插入式 | 振捣机 | 振捣棒(头)长度的 1.0 倍 |
| | 电动或风动振捣器 | 振捣棒(头)长度的 0.8 倍 |
| | 软轴式振捣器 | 振捣棒(头)长度的 1.25 倍 |
| 平板式 | 无筋或单层钢筋结构中 | 250mm |
| | 双层钢筋结构中 | 200mm |

(8)入仓的混凝土应及时平仓振捣,不得堆积。仓内若有粗集料堆叠时,应均匀地分布至砂浆较多处,但不得用水泥砂浆覆盖,以免造成蜂窝。在倾斜面上浇筑混凝土时,应从低处开始,浇筑面应水平,在倾斜面处收仓面应与倾斜面垂直。

(9)混凝土浇筑的振捣应遵守下列规定。

①混凝土浇筑应先平仓后振捣,严禁以振捣代替平仓。振捣时间以混凝土粗集料不再显著下沉,并开始泛浆为准,应避免欠振或过振。

②振捣设备的振捣能力应与浇筑机械和仓位客观条件相适应,使用塔带机浇筑的大仓位,宜配置振捣机振捣。使用振捣机时,应遵守下列规定。

a. 振捣棒组应垂直插入混凝土中,振捣完应慢慢拔出。

b. 移动振捣棒组,应按规定间距相接。

c. 振捣第一层混凝土时,振捣棒组应距硬化混凝土面 5cm。振捣上层混凝土时,振捣棒头应插入下层混凝土 5 ~ 10cm。

d. 振捣作业时，振捣棒头离模板的距离应不小于振捣棒的有效作用半径的 1/2。

③采用手持式振捣器时应遵守下列规定。

a. 振捣器插入混凝土的间距，应根据试验确定并不超过振捣器有效半径的 1.5 倍。

b. 振捣器宜垂直按顺序插入混凝土。如略有倾斜，则倾斜方向应保持一致，以免漏振。

c. 振捣时，应将振捣器插入下层混凝土 5cm 左右。

d. 严禁振捣器直接碰撞模板、钢筋及预埋件。

e. 在预埋件特别是止水片、止浆片周围，应细心振捣，必要时辅以人工捣固密实。

f. 浇筑块第一层、卸料接触带和台阶边坡的混凝土应加强振捣。

(10)混凝土浇筑过程中，严禁在仓内加水；混凝土和易性较差时，必须采取加强振捣等措施；仓内的泌水必须及时排除；应避免外来水进入仓内，严禁在模板上开孔赶水，带走灰浆；应随时清除黏附在模板、钢筋和预埋件表面的砂浆。

(11)混凝土浇筑应保持连续性。

①混凝土浇筑允许间歇时间应通过试验确定。掺普通减水剂混凝土的允许间歇时间可参照表 17-14。如因故超过允许间歇时间，但混凝土能重塑者，可继续浇筑。

②如局部初凝，但未超过允许面积，则在初凝部位铺水泥砂浆或小级配混凝土后可继续浇筑。

**混凝土的允许间歇时间** 表 17-14

| 混凝土浇筑时的气温(℃) | 允许间歇时间(min) | |
|---|---|---|
| | 中热硅酸盐水泥、硅酸盐水泥、普通硅酸盐水泥 | 低热矿渣硅酸盐水泥、矿渣硅酸盐水泥、火山灰质硅酸盐水泥 |
| 20 ~ 30 | 90 | 120 |
| 10 ~ 20 | 135 | 180 |
| 5 ~ 10 | 195 | |

(12)浇筑仓面出现下列情况之一时，应停止浇筑。

①混凝土初凝并超过允许面积；

②混凝土平均浇筑温度超过允许偏差值，并在 1h 内无法调整至允许温度范围内。

(13)浇筑仓面混凝土料出现下列情况之一时，应予以挖除。

①出现本节二、混凝土拌和(8)中①、②、③情况的不合格料；

②浇入高等级混凝土浇筑部位的低等级混凝土料；

③不能保证混凝土振捣密实或对建筑物带来不利影响的级配错误的混凝土；

④长时间不凝固、超过规定时间的混凝土料。

(14)混凝土工作缝的处理，应遵守下列规定。

①已浇好的混凝土，在强度尚未到达 2.5MPa 前，不得进行上一层混凝土浇筑的准备工作。

②混凝土表面应用压力水、风砂或刷毛机等加工成毛面并清洗干净，排除积水，先铺一层 2 ~ 3cm 的水泥砂浆，方可浇筑新混凝土。压力水冲毛时间由试验确定。

③混凝土浇筑期间，如表面泌水较多，应及时研究减少泌水的措施。仓内的泌水必须及时排除。严禁在模板上开孔赶水，带走灰浆。

④浇筑混凝土时,宜经常清除黏附在模板、钢筋和埋设部件表面的砂浆。

⑤混凝土应使用振捣器捣固。每一位置的振捣时间,以混凝土不再显著下沉,不出现气泡,并开始泛浆时为准。

⑥振捣器前后两次插入混凝土中的间距,应不超过振捣器有效半径的1.5倍。振捣器的有效半径根据试验确定。

⑦振捣器宜垂直插入混凝土中,按顺序依次振捣,如略带倾斜,则倾斜方向应保持一致,以免漏振。

⑧浇筑块的第一层混凝土以及两罐混凝土卸料后的接触处,应加强平仓振捣,以防漏振。

⑨振捣上层混凝土时,应将振动器插入下层混凝土5cm左右,以加强上下层混凝土的结合。

⑩振捣器距模板的垂直距离,不应小于振捣器有效半径的1/2,并不得触动钢筋及预埋件。

⑪在浇筑仓内,无法使用振捣器的部位,如止水片、止浆片等周围,应辅以人工捣固,使其密实。

⑫结构物设计顶面的混凝土浇筑完毕后,应使其平整,其高程应符合设计要求。

⑬浇筑低流态混凝土时,应使用相应的平仓振捣设备,如平仓机、振捣器组等,混凝土必须振捣密实。

## 五、混凝土雨季施工

(1)雨季施工应做好下列工作。

①砂石料仓应排水畅通;

②运输工具应有防雨及防滑措施;

③浇筑仓面应有防雨措施并备有不透水覆盖材料;

④增加集料含水率测定次数,及时调整拌和用水量。

(2)中雨以上的雨天不得新开混凝土浇筑仓面,有抗冲耐磨和有抹面要求的混凝土不得在雨天施工。

(3)在小雨天气进行浇筑时,应采取下列措施。

①适当减少混凝土拌和用水量和出机口混凝土的坍落度,必要时应适当缩小混凝土的水胶比;

②加强仓内排水和防止周围雨水流入仓内;

③做好新浇筑混凝土面尤其是接头部位的保护工作。

(4)在浇筑过程中,遇大雨、暴雨,应立即停止进料,已入仓混凝土应振捣密实后遮盖。雨后必须先排除仓内积水,对受雨水冲刷的部位应立即处理,如混凝土还能重塑,应加铺接缝混凝土后继续浇筑,否则应按施工缝处理。

(5)及时了解天气预报,合理安排施工。

## 六、混凝土养护

(1)混凝土浇筑完毕后,应及时洒水养护,保持混凝土表面湿润。

(2)混凝土表面养护的要求。

①混凝土浇筑完毕后,养护前宜避免太阳光暴晒。

②塑性混凝土应在浇筑完毕后6～18h内开始洒水养护，低塑性混凝土宜在浇筑完毕后立即喷雾养护，并及早开始洒水养护。

③混凝土应连续养护，养护期内始终使混凝土表面保持湿润。

(3)混凝土养护时间，不宜少于28d，有特殊要求的部位宜适当延长养护时间。

(4)混凝土养护应有专人负责，并应做好养护记录。

## 第四节　水工混凝土的温度控制

### 一、一般规定

(1)有温度控制要求的混凝土应符合本节规定。有关低温季节混凝土施工的温度控制规定见本章第五节。

(2)混凝土浇筑的纵横缝设置、分层厚度及浇筑间歇时间等，应符合设计规定。

(3)为了防止混凝土裂缝，必须从结构设计、原材料选择、配合比设计、施工安排、施工质量、混凝土温度控制、养护和表面保护等方面采取综合措施。混凝土应避免薄块长间歇和块体早期过水，基础部位必须从严控制。经试验论证后，可使用微膨胀型水泥。

(4)为提高有抗裂要求工程部位混凝土的抗裂能力，混凝土的质量除应满足强度保证率的要求外，施工质量均匀性应达到良好以上标准。

(5)设计龄期大于28d的混凝土，选择混凝土施工配合比时，应考虑早期抗裂能力要求。

(6)应控制混凝土的出机口温度及运输、浇筑过程中的温度回升。混凝土允许浇筑温度应符合设计规定。设计文件未规定允许浇筑温度时，可根据混凝土内部允许最高温度计算允许浇筑温度。混凝土浇筑温度不宜大于28℃。应采取综合措施，使混凝土最高温度控制在设计允许范围内。

(7)施工过程中，坝块宜均匀上升，相邻坝块的高差不宜超过10～12m。如因施工特殊需要，应论证并经批准后可适当放宽。

### 二、温度控制措施

1.降低混凝土浇筑温度

(1)采取下列措施降低料仓集料温度。

①成品料仓集料的堆高不宜高于6m，并应有足够的储备；

②通过地弄取料；

③搭盖凉棚，喷洒水雾降温(砂子除外)等。

(2)粗集料预冷可采用风冷、浸水、喷洒冷水等措施。采用水冷法时，应有脱水措施，使集料含水量保持稳定。采用风冷法时，应采取措施防止集料(尤其是小石)冻仓。

(3)为防止温度回升，集料从预冷仓到拌和楼，应采取隔热、保温措施。

(4)混凝土拌和时，可采用冷水、加冰等降温措施。加冰时，宜用片冰或冰屑，并适当延长拌和时间。

(5)在高温季节施工时，应根据具体情况，采取下列措施减少混凝土的温度回升。

①缩短混凝土运输及等待卸料时间，入仓后及时进行平仓振捣，加快覆盖速度，缩短混凝土的暴露时间；

②混凝土运输工具有隔热遮阳措施；

③采用喷雾等方法降低仓面气温；

④混凝土浇筑宜安排在早晚、夜间及利用阴天进行；

⑤当浇筑块尺寸较大时，可采用台阶式浇筑法，浇筑块分层厚度小于1.5m；

⑥混凝土平仓振捣后，采用隔热材料及时覆盖。

(6)基础部位混凝土，应在有利季节进行浇筑。如需在高温季节浇筑，必须经过论证，并采取有效的温度控制措施，经批准后进行。

2.降低混凝土的水化热温升

(1)在满足混凝土各项设计指标的前提下，应采用水化热低的水泥，优化配合比设计，采取综合措施，减少混凝土的单位水泥用量。

(2)基础混凝土和老混凝土约束部位浇筑层厚以1~2m为宜，上下层浇筑间歇时间宜为5~10d。若在浇筑层中埋设冷却水管，分层厚度可采用3m，层间间歇时间可适当延长。在高温季节，可采用表面流水养护混凝土，有利于表面散热。

(3)采用冷却水管进行初期冷却，通水时间由计算确定，一般为15~20d。混凝土温度与水温之差，不宜超过25℃，管中水的流速以0.6m/s为宜。水流方向应每24h调换1次，每天降温不宜超过1℃。

3.降低坝体内外温差

为降低坝体内外温差，防止或减少表面裂缝，应在低温季节前，将坝体温度降至设计要求的温度。如采用坝体中期通水冷却，通水冷却时间由计算确定，一般为2个月左右。通过水温与混凝土内部温度之差，不应超过20℃，日降温不超过1℃。

4.表面保护

(1)在低温季节和气温骤降季节，混凝土应进行早期表面保护。

(2)在气温变幅较大的季节，长期暴露的基础混凝土及其他重要部位混凝土，必须加以保护。寒冷地区的老混凝土，其表面保护措施和时间可根据具体情况确定。

(3)模板拆除时间应根据混凝土强度及混凝土的内外温差确定，并应避免在夜间或气温骤降时拆模。在气温较低季节，当预计拆模后有气温骤降，应推迟拆模时间；如必须拆模，应在拆模的同时采取保护措施。

(4)混凝土侧面保护，应结合模板类型、材料性能等综合考虑，必要时采用模板内贴保温材料或混凝土预制模板。

(5)混凝土表面保护层材料及其厚度，应根据不同部位、结构的混凝土内外温度和气候条件，经计算、试验选择确定。

(6)已浇好的底板、护坦、闸墩等薄板(壁)建筑物，其顶(侧)面宜保护到过水前。对于宽缝重力坝、支墩坝、空腹坝的空腔，在进入低温、气温骤降频繁的季节前，宜将空腔封闭并进行表面保护。

隧洞、竖井、调压井、廊道、尾水管、泄水孔及其他孔洞的进出口在进入低温季节前应封闭。浇筑块的棱角和突出部分应加强保护。

(7)28d龄期内的混凝土，应在气温骤降前进行表面保护。浇筑面顶面保护至气温骤降结束或上层混凝土开始浇筑前。

5. 特殊部位的温度控制措施

(1)对岩基深度超过3m的塘、槽回填混凝土,应采用分层浇筑或通水冷却等温控措施,控制混凝土最高温度,将回填混凝土温度降低到设计要求的温度后,再继续浇筑上部混凝土。

(2)预留槽必须在两侧老混凝土温度达到设计规定后,才能回填混凝土。回填混凝土应在有利季节进行或采用低温混凝土施工。

(3)并缝块浇筑前,下部混凝土温度达到设计要求。并缝块混凝土浇筑,除应必须控制浇筑温度外,可采用薄层、短间歇均匀上升的施工方法,并应安排在有利季节进行。必要时,采用初期通水冷却或其他措施。

(4)自然冷却不能达到坝体的接缝灌浆温度要求时,应在混凝土浇筑时埋设冷却水管进行后期冷却。

(5)孔洞封堵的混凝土宜采用综合温控措施,以满足设计要求。

### 三、温度测量

(1)在混凝土施工过程中,应至少每4h测量一次混凝土原材料的温度、机口混凝土温度以及坝体冷却水的温度和气温,并做好记录。

(2)混凝土浇筑温度的测量,每100m$^2$仓面面积应不少于一个测点,每一浇筑层应不少于3个测点。测点应均匀分布在浇筑层面上。

(3)浇筑内部的温度观测,除按设计进行外,可根据混凝土温度控制的需要,补充埋设仪器进行观测。

## 第五节　水工混凝土低温季节施工

### 一、一般规定

(1)日平均气温连续5d稳定在5℃以下或最低气温连续5d稳定在-3℃以下时,按低温季节施工。

(2)低温季节施工,必须编制专项施工组织设计和技术措施,以保证浇筑的混凝土满足设计要求。

(3)混凝土早期允许受冻临界强度应满足下列要求。

①大体积混凝土不应低于7.0MPa(或成熟度不低于1 800℃·h);

②非大体积混凝土和钢筋混凝土不应低于设计强度的85%。

(4)低温季节,尤其在严寒和寒冷地区,施工部位不宜分散。已浇筑的有保温要求的混凝土,在进入低温季节之前,应采取保温措施。

(5)进入低温季节,施工前应先准备好加热、保温和防冻材料(包括早强、防冻外加剂),并应有防火措施。

### 二、施工准备

(1)原材料的储存、加热、输送和混凝土的拌和、运输、浇筑仓面,均应根据气候条件通过热工计算,选择适宜的保温措施。

(2)集料宜在进入低温季节前筛洗完毕。成品料应有足够的储备和堆高,并要有防止冰雪和冻结的措施。

(3)低温季节混凝土拌和水宜先加热。当日平均气温稳定在 -5℃以下时,宜将集料加热。集料加热方法,宜采用蒸汽排管法,粗集料可以直接用蒸汽加热,但不得影响混凝土的水灰比。集料不需加热时,应注意不要结冰,也不应混入冰雪。

(4)拌和混凝土之前,应用热水或蒸汽冲洗拌和机,并将积水排除。

(5)在岩基或老混凝土上浇筑混凝土前,应检测表面温度,如为负温,应加热至正温,加热深度不小于10cm或加热至仓面边角(最冷处)表面正温(大于0℃)为准,经检验合格后方可浇筑混凝土。

(6)仓面清理宜采用热风枪或机械方法,不宜用水枪或风水枪。

(7)在软基上浇筑第一层基础混凝土时,基土不能受冻。

## 三、施工方法、保温措施

(1)低温季节混凝土的施工方法遵照下列要求。

①在温和地区宜采用蓄热法,风沙大的地区应采取防风设施。

②在严寒和寒冬地区预计日平均气温 -10℃以上时,已采用蓄热法;预计日平均气温 -15 ~ -10℃时可采用综合蓄热法或暖棚法;对于风沙大,不宜搭设暖棚的仓面,可采用覆盖保温被下面布设暖气排管的办法;对于特别严寒地区(最热月与最冷月平均温度差大于42℃),在进入低温季节施工时要制订周密的施工方案。

③除工程特殊需要,日平均气温 -20℃以下不宜施工。

(2)混凝土的浇筑温度应符合设计要求,但温和地区不宜低于3℃;严寒和寒冷地区采用蓄热法不应低于5℃,采用暖棚法不应低于3℃。

(3)当采用蒸汽加热或电热法施工时,应进行专门设计。

(4)温和地区和寒冷地区采用蓄热法施工,应遵守下列规定。

①保温模板应严密,保温层应搭接牢靠,尤其在孔洞和接头处,应保证施工质量;

②有孔洞和迎风面的部位,应增设挡风保温设施;

③浇筑完毕后应立即覆盖保温;

④使用不易吸潮的保温材料。

(5)外挂保温层必须牢固地固定在模板上。模板内贴保温层表面应平整,并有可靠措施保证在拆模后能固定在混凝土表面。

(6)混凝土拌和时间应比常温季节适当延长,具体通过试验确定。已加热的集料和混凝土,宜缩短运距,减少倒运次数。

(7)在施工过程中,应控制并及时调节混凝土的机口温度,尽量减少波动,保持浇筑温度均匀。控制方法以调节拌和水温为宜。提高混凝土拌和物温度的方法:首先应考虑加热和用水;当加热拌和用水尚不能满足浇筑温度要求时,应加热集料。水泥不得直接加热。

(8)拌和用水加热超过60℃时,应改变加料顺序,将集料与水先拌和,再加入水泥,以免假凝。

(9)混凝土浇筑完毕后,外露表面应及时保温。新老混凝土接合处和边角处应做好保温,保温层厚度应是其他面保温厚度的2倍,保温层搭接长度不应小于30cm。

(10)在低温季节浇筑的混凝土,拆除模板应遵守下列规定。

①非承重模板拆除时,混凝土强度必须大于允许受冻的临界强度或成熟度值。

②承重模板拆除应经计算确定。

③拆模时间及拆模后的保护，应满足温控防裂要求，并遵守内外温差不大于20℃或2～3d内混凝土表面温降不超过6℃。

(11)混凝土质量检查除按规定成型试件检测外，还可采取无损检验手段或用成熟度法随时检查混凝土早期强度[用成熟度法计算混凝土早期强度见《水工混凝土施工规范》(DL/T 5144—2015)附录C]。

## 四、温度观测

(1)施工期间，温度观测规定如下：

①外界气温宜采用自动测温仪器，若采用人工测温，每天应测量4次。

②暖棚内气温每4h测量一次，以距混凝土面50cm的温度为准，测四边角和中心温度的平均数为暖棚内气温值。

③水、外加剂及集料的温度每1h测量一次。测量水、外加剂溶液和砂的温度，温度传感器或温度计插入深度不小于10cm，测量粗集料温度，插入深度不小于10cm并大于集料粒径1.5倍，且周围用细粒径充填。用点温计测量，应自15cm以下取样测量。

④混凝土的机口温度、运输过程中温度损失及浇筑温度，根据需要测量或每2h测量一次。温度传感器或温度计插入深度不小于10cm。

⑤已浇混凝土块体内部温度，可用电阻式温度计或热电偶等仪器观测或埋设测温孔(孔深应大于15cm，孔内灌满液体介质)，用温度传感器或玻璃温度计测量。

(2)大体积混凝土浇筑后3d内应加密观测温度变化：外部混凝土每天应观测最高、最低温度；内部混凝土8h观测一次。其后宜12h观测一次。

(3)气温骤降和寒潮期间，应增加温度观测次数。

# 第六节　水工混凝土预埋件施工

## 一、一般规定

(1)预埋件的结构形式、位置、尺寸以及所用材料的品种、规格、性能指标必须符合设计要求和有关标准。

(2)预埋件所用材料应有生产厂家的性能检测报告和出厂合格证。在使用前，应对其进行抽样(或全部)检测。不合格者严禁使用。

(3)预埋件材料及构件均不宜露天堆存，要防晒防潮。各种内部观测仪器应有库房存放和专人管理。

(4)对已安装的埋件设施，在施工中应做好保护，保证不受损、不移位、不变形。

## 二、止水、伸缩缝及排水

### 1.止水片(带)连接与安装

(1)铜止水片应平整，表面的浮皮、锈污、油渍均应清除干净，如有砂眼、钉孔、裂纹应予补焊。

(2)铜止水片的现场接长宜用搭接焊接。搭接长度应不小于2cm，且应双面焊接(包括

"鼻子"部分)。经试验能够保证质量亦可采用对接焊接,但均不得采用手工电弧焊。

(3)焊接接头表面应光滑、无砂眼或裂纹,不渗水。在工厂加工的接头应抽查,抽查数量不少于接头总数的20%。在现场焊接的接头,应逐个进行外观和渗透检查,合格后才能使用。

(4)铜止水片安装应准备、牢固,其鼻子中心线与接缝中心线偏差为±5mm。定位后应在鼻子空腔内满填塑性材料。

(5)不得使用变形、裂纹和撕裂的聚氯乙烯(PVC)或橡胶止水带。

(6)橡胶止水带连接宜采用硫化热黏接;PVC止水带的连接,按厂家要求进行,可采用热黏接(搭接长度不小于10cm)。接头应逐个进行检查,不得有气泡、夹渣或假焊。

(7)对止水片(带)接头必要时进行强度检查,抗拉强度不应低于母材强度的75%。

(8)铜止水片与PVC止水带接头,宜采用螺栓栓接法(俗称塑料包紫铜),栓接长度不宜小于35cm。

(9)止水带安装应由模板夹紧定位,支撑牢固。

(10)水平止水片(带)上或下50cm范围内不宜设置水平施工缝。如无法避免,应采取措施把止水片(带)埋入或留出。

2.止水基座施工

(1)接缝止水基座,应按设计要求的尺寸挖槽,并按建基面要求清除松动岩块和浮渣,冲洗干净。基座混凝土必须振捣密实,混凝土抗压强度达10MPa后,方可浇筑上部混凝土(混凝土抗压强度达2.5MPa后可开始下道工序准备工作)。

(2)坝基止水槽、止水堤(埂)基础,应按建基面要求验收合格。在混凝土面上应刷隔离剂,但不得污染其他部位。

3.沥青止水井制作和安装

(1)沥青止水井(简称沥青井)内所用沥青和沥青混合物(简称填料)的配合比应按设计要求通过试验确定。同一口沥青井内填料的材料和配合比应一致。

(2)宜采用预制的止水沥青(填料)柱。

(3)采用预留沥青井时,应做到:

①混凝土预制井壁内、外面应是粗糙面,并保持干燥清洁,各节头处应坐浆严密;

②电热元件(或蒸汽管道)的位置应埋设准备,固定牢靠,逐段灌注填料。

(4)沥青井全部形成后,沥青填料应通电(或蒸汽)加热熔化一次,再加满填料,井口加盖,并详细记录各项资料。

4.伸缩缝缝面填料施工

(1)伸缩缝缝面应平整、洁净,如有蜂窝麻面应填平,外露铁件应割除。

(2)缝面填料的材料、厚度应符合设计要求。

(3)缝面应干燥,先刷冷底子油,再按序粘贴。其高度不得低于混凝土收仓高度。

(4)贴面材料要粘贴牢靠,破损的应随时修补。

5.排水设施施工

(1)坝基排水孔的施工应在相邻30m范围内的帷幕灌浆施工完毕后进行。排水孔的钻进应按设计图纸及有关文件要求统一编号并做好原始记录。

(2)岩基排水孔的允许偏差,按设计要求控制,当设计未作规定时,应按表17-15的规定控制。

基岩排水孔的允许偏差　　表17-15

| 分　项 | 孔口位置(cm) | 孔的倾斜度(%) | | 孔的深度(%) |
|---|---|---|---|---|
| | | 孔深>8m | 孔深<8m | |
| 允许偏差 | 10 | 1 | 2 | ±0.5 |

(3)坝基排水孔钻好后,应进行冲洗,直至回水澄清并持续10min方可结束。应做好孔口保护,防止污水、污物等流进孔内。

(4)排水孔的孔口装置应按设计要求加工、安装,并进行防锈处理。孔口装置连接件应安装牢固,不得有渗水、漏水现象。

(5)岩基水平排水管(道)和岩基排水廊道的接头及与基岩面的接触处必须密合。接头密合连接前应将管(道)内清除干净,保证通畅。

(6)坝体排水孔宜采用拔管法造孔。拔管时间由试验确定。平面位置应符合设计规定。

(7)当坝体排水孔采用预制无砂混凝土管时,应达到设计强度后才能安装。应做好管段接头的密封,施工中应有专人维护,管身不得淤堵、碰撞。

## 三、冷却、接缝灌浆管路

(1)埋设的管子应无堵塞现象。管子表面的锈皮、油渍等应清除干净。

(2)管子的接头必须牢固,不得漏水、漏气,宜选用丝扣连接。不同形状的管、盒的连接可用包扎的方法,不得漏入水泥浆。

(3)管路安装应牢固、可靠。经过伸缩缝的管道,应设置伸缩节或过缝处理。

(4)所有埋管出口应妥善保护,埋管出口集中处,应做好识别标志。出口段宜露出模板外面30~50cm。

(5)管路安装完毕,应以压力水或通气的方法检查是否通畅。如发现有堵塞或漏水(气)现象,应进行处理,直至合格。

(6)管路在混凝土浇筑过程中,应有专人维护,以免管路变形或发生堵塞。在埋入混凝土30~50cm后,应通水(气)检查,发现问题,应及时处理。

(7)各种预埋管路的位置、高程、进出口等均应做好详细记录并绘图说明。

## 四、铁件

(1)各类预埋铁件,应按图加工、分类堆放。

(2)各类预埋铁件,在埋设前,应将表面的锈皮、油污等清除干净。

(3)各种预埋铁件的规格、数量、高程、方位、埋入深度及外露长度等均应符合设计要求,安装必须牢固可靠,精度应符合有关规程、标准的要求。

(4)在混凝土浇筑过程中,各类埋设的铁件不得移位或松动。周围混凝土应振捣密实。

(5)安装螺栓或精度要求高的铁件,可采用样板固定,或采用二期混凝土施工方法。

(6)锚固在岩基或混凝土上的锚筋,应遵守下列规定:

①钻孔位置允许偏差:柱子的锚筋不大于2cm;钢筋网的锚筋不大于5cm。

②钻孔底部的孔径以$d_0+20$mm为宜($d_0$为锚筋直径)。

③在岩石部分的钻孔深度,不得浅于设计孔深。

④钻孔的倾斜度对设计轴线的偏差在全孔深度范围内不得超过5%。

⑤锚筋埋设后不得晃动,应在孔内砂浆强度达到2.5MPa时,方可进行下道工序。

(7)用于起重运输的吊钩或铁环,应经计算确定,必要时应做荷载试验。其材质应满足设计要求或采用未经冷处理的Ⅰ级钢材加工。埋入的吊钩、铁环,在混凝土浇筑过程中,应有专人维护,防止移动或变形。待混凝土达到设计强度后,方可使用。

(8)各种爬梯、扶手及栏杆预埋铁件,埋入深度应符合设计要求。未经安全检查,不得启用。

### 五、内部观测仪器

(1)各种观测仪器的安装,应按照设计图纸和《混凝土坝安全监测技术规范》(DL/T 5178—2003)及制造厂家的说明书进行,如需变更,应经过论证和批准。

(2)所有观测仪器在埋设之前,均应按《混凝土坝安全监测技术规范》(DL/T 5178—2003)的规定对厂家提供的仪器(设备)重新率定或检验,合格后方可进行埋设。

(3)仪器电缆应采用专用电缆和硫化仪硫化连接。接头应绝缘、不透气、不渗水。

(4)仪器按图在电缆上编号,每个仪器的电缆上编号不得少于3处,再根据电缆长度每20m结标一个编号,埋设前必须逐个查对,做到准确无误。

(5)仪器埋设前,应清查仪器及其附件的数量、规格、尺寸是否符合设计要求;需用的工具和材料应满足埋设安装的需要。

(6)埋设仪器应轻拿轻放。安装时,要保证仪器位置、方向和角度准确。仪器安装定位后,应检查合格,方可浇筑混凝土,并将周围混凝土中粒径大于4cm的集料剔除,再振捣密实。

(7)仪器的电缆走向,在平面上按平行于坝轴线和垂直于坝轴线呈直线进行埋设。电缆应距施工缝面15cm以上,上游面仪器电缆应分散进行埋设。电缆过缝、进观测站应分别进行过缝、防剪切和防渗处理。

(8)仪器和电缆在埋设中应有专人看护,埋入后应提供仪器编号、坐标和方向、埋设日期、埋设前后观测数据及环境情况等资料,及时绘制竣工图。

## 第七节　水工混凝土质量控制与检查

### 一、一般规定

(1)混凝土原材料、配合比、施工各主要环节及硬化后的混凝土质量均应进行控制与检查。

(2)在混凝土施工过程中,应进行质量检验,掌握适量动态信息,应采用质量管理图表进行统计分析,及时制定改进与提高质量的措施。

(3)应建立和健全质量管理和保证体系,并根据工程规模和质量控制及管理的需要,配备相应的技术人员和必要的检验、试验设备,建立健全必要的技术管理与质量控制制度。

### 二、原材料的质量控制

(1)混凝土的各种原材料,应经检验合格后方可使用。

(2)混凝土生产过程中,必要时在拌和楼抽样检验水泥的强度、凝结时间和掺合料的主要品质。

(3)拌和与养护混凝土用水,在水源改变或对水质有怀疑时,应随时进行检验。

(4)对配制外加剂溶液的浓度,每天应检测1~2次。必要时可采用水泥净浆(或砂浆)流动度检测减水剂溶液的减水率和引气剂溶液的表面张力。

(5)集料品质检验。

①集料生产成品的品质检验。

a. 集料生产成品的品质,每8h应检测一次。检测项目:细集料的细度模数、石粉含量(人工砂)、含泥量和泥块含量;粗集料的超径、逊径、含泥量和泥块含量。

b. 成品集料出厂品质检测:细集料应按同料源每600~1 200t为一批,检测细度模数、石粉含量(人工砂)、含泥量、泥块含量和含水率;粗集料应按同料源、同规格碎石每2 000t为一批,卵石每1 000t为一批,检测超径、逊径、针片状、含泥量、泥块含量和$D_{20}$粒级集料的中径筛筛余量。

c. 每批产品出厂时,应有产品品质检验报告(内容应包括产地、类别、规格、数量、检验日期、检验项目及结果、结论等)。

d. 使用单位每月按表17-1~表17-3中的指标进行1~2次抽样检验。必要时应定期进行碱活性检验。

②在拌和楼抽样检测。

a. 砂子、小石的含水率每4h检测1次,雨雪后等特殊情况应加密检测。

b. 砂子的细度模数和人工砂的石粉含量、天然砂的含泥量每天检测1次。

当砂子细度模数超出控制中值±0.2时,应调整配料单的砂率。

c. 粗集料的超逊径、含泥量每8h应检测1次。

d. 每月应在拌和楼取砂石集料按表17-1~表17-3所列项目进行一次检验。

## 三、混凝土拌和与混凝土拌和物的质量控制

(1)混凝土施工配合比必须通过试验,满足设计技术指标和施工要求,并经审批后方可使用。混凝土施工配料单必须经校核后签发,并严格按签发的混凝土施工配料单进行配料,严禁擅自更改。

(2)混凝土拌和楼(站)的计量器具应定期(每月不少于一次)检验校正,在必要时随时抽验。每班称量前,应对称量设备进行零点校验。

(3)在混凝土拌和生产中,应定期对混凝土拌和物的均匀性、拌和时间和称量衡器的精度进行检验,如发现问题应立即处理。

(4)在混凝土拌和生产中,应对各种原材料的配料称量进行检查并记录,每8h不应少于2次。

(5)混凝土组成材料计量的允许偏差按第三章第二节表3-2控制。

(6)混凝土拌和时间,每4h应检测1次。

(7)混凝土拌和物应拌和均匀,其检测方法应按《混凝土搅拌机》(GB/T 9142—2000)和《水工混凝土砂石集料试验规程》(DL/T 5151—2014)进行。

(8)混凝土坍落度每4h应检测1~2次。其允许偏差应符合表17-16的规定。

坍落度允许偏差　表 17-16

| 坍落度(cm) | 允许偏差(cm) | 坍落度(cm) | 允许偏差(cm) |
|---|---|---|---|
| ≤4 | ±1 | >10 | ±3 |
| 4～10 | ±2 | | |

(9)引气混凝土的含气量,每 4h 应检测 1 次。含气量允许的偏差范围为 ±1.0%。

(10)混凝土拌和物温度、气温和原材料温度,每 4h 应检测 1 次。

(11)混凝土拌和物的水胶比(或水灰比)在必要时按《普通混凝土拌和物性能试验方法标准》(GB/T 50080—2002)和《水工混凝土砂石集料试验规程》(DL/T 5151—2014)进行检测。

## 四、浇筑质量检查与控制

(1)混凝土浇筑前准备工作检查。

①应按 SDJ 249.1—1988 的要求对基础面或混凝土施工缝面进行处理;对模板、钢筋、预埋件质量进行检查,取得开仓证方可进行混凝土浇筑。

②有金属结构、机电安装和仪器埋设时,签发开仓证前,应按相关规程或标准进行验收。

(2)混凝土拌和物入仓后,应观察其均匀性与和易性,发现异常应及时处理。

(3)浇筑混凝土时,应有专人在仓内检查并对施工过程与出现问题及其处理进行详细记录。

(4)混凝土拆模后,应检查其外观质量。有混凝土裂缝、蜂窝、麻面、错台和模板走样等质量问题或事故时应及时检查和处理。对混凝土强度或内部质量有怀疑时,可采取无损检测法(如回弹法、超声回弹综合法等)或钻孔取芯、压水试验等进行检查。

## 五、强度检验与评定

(1)现场混凝土质量检验以抗压强度为主,并以 150mm 立方体试件的抗压强度为标准。

(2)混凝土试件以机口随机取样为主,每组混凝土的 3 个试件应在同一储料斗或运输车箱内的混凝土中取样制作。浇筑地点试件取样数量宜为机口取样数量的 10%,并按下列规定确定其强度代表值。

①以每组 3 个试件的算术平均值为该组试件的强度代表值。

②当一组试件中强度的最大值或最小值与中间值之差超过 15% 时,取中间值作为该组试件的强度代表值。

③当一组试件中强度的最大值和最小值与中间值之差均超过 15% 时,该组试件的强度不应作为评定依据。

(3)同一强度等级混凝土试件取样数量应符合下列规定。

①抗压强度:大体积混凝土 28d 龄期每 500$m^3$ 成型一组,设计龄期每 1 000$m^3$ 成型一组;非大体积混凝土 28d 龄期每 100$m^3$ 成型一组,设计龄期每 200$m^3$ 成型一组。

②抗拉轻度:28d 龄期每 2 000$m^3$ 成型一组,设计龄期每 3 000$m^3$ 成型试件一组。

③抗冻、抗渗或其他主要特殊要求应在施工中适当取样检验,其数量可按每季度施工的主

要部位取样成型 1 ~2 组。

(4)为预测混凝土的强度,宜采用快速测强法,或进行 7d 龄期强度试验。

(5)混凝土试件的成型、养护及试验,按《水工混凝土砂石集料试验规程》(DL/T 5151—2014)进行。

(6)混凝土强度的检验评定:验收批混凝土强度平均值和最小值应同时满足下列要求:

$$m_{f_{cu}} \geqslant f_{cu,k} + Kt\sigma_0 \tag{17-2}$$

$$f_{cu,min} \geqslant \begin{cases} 0.85 f_{cu,k} (\leqslant C_{90}20) & (17\text{-}3) \\ 0.90 f_{cu,k} (> C_{90}20) & (17\text{-}4) \end{cases}$$

式中:$m_{f_{cu}}$——混凝土强度平均值(MPa);

$f_{cu,k}$——混凝土设计龄期的强度标准值(MPa);

$K$——合格判定系数,根据验收批统计组数 $n$ 值,按表 17-17 选取;

$t$——概率度系数,取用值见附录 A 表 A-1;

$\sigma_0$——验收批混凝土强度标准差(MPa);

$f_{cu,min}$——$n$ 组强度中的最小值(MPa)。

**合格判定系数 K 值** 表 17-17

| $n$ | 2 | 3 | 4 | 5 | 6 ~ 10 | 11 ~ 15 | 16 ~ 25 | >25 |
|---|---|---|---|---|---|---|---|---|
| $K$ | 0.71 | 0.58 | 0.50 | 0.45 | 0.36 | 0.28 | 0.23 | 0.20 |

注:1. 同一验收批混凝土,应由强度标准相同、配合比和生产工艺基本相同的混凝土组成,对现浇混凝土宜按单位工程的验收项目或按月划分验收批。

2. 验收批混凝土强度标准差 $\sigma_0$ 计算值小于 $0.06f_{cu,k}$ 时,应取 $\sigma_0 = 0.06f_{cu,k}$。

(7)混凝土质量验收取用混凝土抗压强度的龄期应与设计龄期相一致。混凝土生产质量的过程控制应以标准养护 28d 试件抗压强度为准。混凝土不同龄期抗压强度比值由试验确定。

(8)混凝土抗压强度试件的检测结果未满足本节五、(6)合格标准要求或对混凝土试件强度的代表性有怀疑时,可从结构物中钻取混凝土芯样试件或采用无损检验方法,按有关标准规定对结构物的强度进行检测;如仍不符合要求,应对已完成的结构物,按实际条件验算结构的安全度,根据需要采取必要的补救措施或其他处理措施。

(9)混凝土设计龄期抗冻检验的合格率不应低于 80%,混凝土设计龄期的抗渗检验应满足设计要求。

(10)混凝土强度除应分期分批进行质量评定外,尚应对每一个统计周期内的同一强度标准和同一龄期的混凝土强度进行统计分析,统计计算混凝土强度平均值($m_{f_{cu}}$)、标准差($\sigma$)及保证率($P$),并计算出不低于设计强度标准值得百分率($P_s$),计算方法见附录 A。

(11)衡量混凝土生产质量水平以现场试件 28d 龄期抗压强度标准差 $\sigma$ 值表示,其评定标准见表 17-18。

**混凝土生产质量水平** 表 17-18

| 评定指标 | | 质量等级 | | | |
|---|---|---|---|---|---|
| | | 优秀 | 良好 | 一般 | 差 |
| 不同强度等级下的混凝土强度标准差(MPa) | $\leqslant C_{90}20$ | <3.0 | 3.0 ~ 3.5 | 3.5 ~ 4.5 | >4.5 |
| | $C_{90}20 \sim C_{90}35$ | <3.5 | 3.5 ~ 4.0 | 4.0 ~ 5.0 | >5.0 |
| | $> C_{90}35$ | <4.0 | 4.0 ~ 4.5 | 4.5 ~ 5.5 | >5.5 |
| 强度不低于强度标准值的百分率 $P_s$(%) | | ≥90 | | ≥80 | <80 |

(12)衡量试验系统误差的盘内混凝土强度的变异系数($\delta_b$)不应大于5%。计算方法和评定标准件附录 A.0.4 和 A.0.5。当 $\delta_b$ 大于5%时,应查明原因并采取改进措施。

(13)在混凝土施工期间,各项试验结果应及时整理,并按月报主管部门。出现重要质量问题应及时上报。

(14)已建成的混凝土建筑物,应适量地进行钻孔取芯和压水试验。大体积混凝土取芯和压水试验可按每万立方米混凝土钻孔 2 ~ 10m,具体钻孔取样部位、检测项目与压水试验的部位、吸水率的评定标准,应根据工程施工的具体情况确定。钢筋混凝土结构物应以无损检测为主,在必要时采取钻孔法检测混凝土。

混凝土芯样的钻取、加工和试验,可按照《钻芯法检测混凝土强度技术规程》(CECS 03—2007)进行。

## 附录 A(标准的附录)

混凝土平均强度 $m_{f\mathrm{cu}}$、标准差 $\sigma$、强度保证率 $P$ 和盘内变异系数 $\delta_b$ 计算方法

**A.0.1** 混凝土平均强度($m_{f\mathrm{cu}}$)按下式确定:

$$m_{f\mathrm{cu}} = \frac{\sum_{i=1}^{n} f_{\mathrm{cu},i}}{n} \tag{A-1}$$

式中:$m_{f\mathrm{cu}}$——$n$ 组试件的强度平均值(MPa);

$f_{\mathrm{cu},i}$——第 $i$ 组试件的强速值(MPa);

$n$——试件的组数。

**A.0.2** 混凝土强度标准差($\sigma$)和强度不低于设计强度标准值的百分率($P_s$),按下列公式计算:

1.标准差

$$\sigma = \sqrt{\frac{\sum_{i=1}^{n} f_{\mathrm{cu},i}^2 - nm_{f\mathrm{cu}}^2}{n-1}} \tag{A-2}$$

2.百分率

$$P_s = \frac{n_0}{n} \times 100\% \tag{A-3}$$

式中:$f_{\mathrm{cu},i}$——统计周期内第 $i$ 组混凝土试件强度值(MPa);

$n$——统计周期内相同强度标准值的混凝土试件组数;

$m_{f\mathrm{cu}}$——统计周期内 $N$ 组混凝土试件的强度平均值(MPa);

$n_0$——统计周期内试件强度不低于要求强度标准值的组数。

验收批混凝土强度标准差 $\sigma_0$ 的计算公式和 $\sigma$ 计算公式相同。

**A.0.3** 强度保证率 $P$

1.计算概率系数 $t$

$$t = \frac{m_{f\mathrm{cu}} - f_{\mathrm{cu,k}}}{\sigma} \tag{A-4}$$

式中:$t$——概率度系数;

$m_{fcu}$——混凝土试件强度的平均值(MPa);

$f_{cu,k}$——混凝土设计强度标准值(MPa);

$\sigma$——混凝土强度标准差(MPa)。

2. 保证率 $P$ 和概率度系数 $t$ 的关系可由表 A-1 查得

**保证率和概率度系数关系** 表 A-1

| 保证率 $P$(%) | 65.5 | 69.2 | 72.5 | 75.8 | 78.8 | 80.0 | 82.9 | 85.0 | 90.0 | 93.3 | 95.0 | 97.7 | 99.9 |
|---|---|---|---|---|---|---|---|---|---|---|---|---|---|
| 概率度系数 $t$ | 0.40 | 0.50 | 0.60 | 0.70 | 0.80 | 0.84 | 0.95 | 1.04 | 1.28 | 1.50 | 1.65 | 2.0 | 3.0 |

**A.0.4** 盘内混凝土变异系数($\delta_b$)按下列公式确定:

$$\delta_b = \frac{\sigma_b}{m_{fcu}} \tag{A-5}$$

盘内混凝土强度均值($m_{fcu}$)及其标准差($\sigma_b$)可利用正常生产连续积累的强度资料,按下列公式确定:

$$m_{fcu} = \frac{\sum_{i=1}^{n} f_{cu,i}}{n} \tag{A-6}$$

$$\sigma_b = \frac{0.59}{n}\sum_{i=1}^{n} \Delta f_{cu,i} \tag{A-7}$$

式中:$\delta_b$——盘内混凝土强度的变异系数;

$\sigma_b$——盘内混凝土强度的标准差(MPa);

$m_{fcu}$——$n$ 组混凝土试件强度的平均值(MPa);

$\Delta f_{cu,i}$——第 $i$ 组三个试件中强度最大值与最小值之差(MPa);

$n$——试件组数,该值不得小于 30 组;

$f_{cu,i}$——第 $i$ 组混凝土试件的强度值(MPa)。

**A.0.5** 用盘内混凝土强度变异系数($\delta_b$)评定试验水平等级见表 A-2。

**试 验 水 平 等 级** 表 A-2

| 试 验 水 平 | | 优秀 | 良好 | 一般 | 差 |
|---|---|---|---|---|---|
| 盘内混凝土强度变异系数 $\delta_b$(%) | 现场 | <4 | 4~5 | 5~6 | >6 |
| | 室内 | <3 | 3~4 | 4~5 | >5 |

# 第十八章　水下浇筑混凝土施工

水下浇筑混凝土，亦称水下不分散混凝土，系直接浇筑于水下结构部位并就地成型硬化的混凝土。常采用垂直导管法浇筑，有时也采用其他方法，如泵压法、开底容器法、装袋叠置法等。为便于施工和保证质量，常需要采用富配合比，酌增水泥用量、用砂量或坍落度，掺减水剂或加气剂等。

## 第一节　概　　述

在进行基础施工（如大开挖后浇筑混凝土或沉井、钻孔桩的封顶等）时，有时由于水位的原因地下渗透量大，大量抽水又会影响地基质量，这时，可以在水下直接浇筑混凝土。

### 一、水下浇筑混凝土存在的问题

仅从施工条件来看，水下浇筑混凝土比地上浇筑困难得多。水下浇筑混凝土常存在以下问题：

（1）当混凝土穿过水层而在水中移动时，容易产生离析现象，使水泥和集料分离而形成不匀质混凝土，并使砂浆沫成层。

（2）施工时及施工后都不能对建筑物的填充程度进行直接观察，在提高和控制混凝土质量方面，常有不稳定因素。

（3）在钢筋混凝土中，钢筋与混凝土的黏结力降低。

因此，水下浇筑混凝土的关键是解决如何防止未凝结的混凝土中的水泥颗粒被水带走的问题。即应该在与环境水隔离的条件下浇筑，不允许直接向水中倾倒混凝土拌和物。

### 二、水下浇筑混凝土施工要求

欲正确地浇筑水下混凝土，应注意下述要求：

（1）混凝土拌和物到达浇筑地点以前，避免与环境中的水接触；进入浇筑地点以后，也要尽量减少与水接触；尽可能使与水接触的混凝土始终为同一部分。

（2）浇筑过程应连续进行，直到一次性浇筑所需高度或高出水面为止，以减少环境水的不利影响和凝固后清除强度不符合要求的混凝土数量。

（3）已浇筑的混凝土不宜搅动。

### 三、水下混凝土浇筑方法

为满足上述要求，水下混凝土浇筑方法是在水上拌制混凝土拌和物，进行水下浇筑。水下浇筑有导管法、泵压法、柔性管法、倾注法、开底容器法和装袋叠置法等。

# 第二节 水下浇筑混凝土原材料技术要求

## 一、水泥

### 1. 水泥品种

用于拌制水下浇筑混凝土的水泥品种，根据水下混凝土结构的运用条件及环境水的侵蚀性参考表 18-1 选择。

不同水泥品种制备的水下混凝土性能　　表 18-1

| 水泥品种 | | 硅酸盐水泥、普通水泥 | 矿渣水泥 | 火山灰水泥、粉煤灰水泥 | 硅酸盐大坝水泥 | 矿渣硅酸盐大坝水泥 |
|---|---|---|---|---|---|---|
| 强度增长度 | 早期 | 较大 | 较小 | 最小 | 次大 | 较小 |
| | 后期 | 较小 | 最大 | 较大 | 次大 | 最大 |
| 抗磨损 | | 较好 | 较差 | 较差 | 好 | |
| 抗冻 | | 较好 | 较差 | 最差 | 好 | |
| 抗渗 | | 较好 | 较差 | 较差 | | |
| 抗蚀 | 抗溶出性 | 较差 | 较好 | 好 | | 较好 |
| | 抗硫酸盐 | 较差 | 较好 | 最好 | 好 | 好 |
| | 抗碳酸性 | 较好 | 较差 | 较差 | | |
| | 抗一般酸性 | 较差 | 较好 | 一般 | | |
| | 抗镁化性 | 较好 | 较差 | 较差 | | |
| 防止碱集料膨胀 | | | 较有利 | 最有利 | 有利 | 有利 |
| 混凝土和易性 | | 次好 | 较差 | 好 | | 较差 |
| 混凝土泌水性 | | | 大 | 较小 | | 大 |
| 说明 | | 可用于具有一般要求的水下混凝土工程，不宜在海水中使用 | 不适于水下压浆混凝土 | 可用于具有一般要求及有侵蚀性的海水、矿物水、工业废水中的水下混凝土工程，不宜于低温施工 | 适用于溢流面、水位变动区及要求抗冻、耐磨部位 | 适用于大体积结构物，内部要求低热部位 |

用于拌制水下压浆混凝土浆液的水泥品种主要根据施工要求，参考结构运行条件选择。为保证水下压浆顺利和混凝土质量，宜尽量选用颗粒细、泌水率小、收缩性小的水泥品种（如普通水泥、火山灰水泥、粉煤灰水泥）。矿渣硅酸盐水泥制备的水泥砂浆泌水严重，在运输途中，砂易沉淀离析，只宜用于拌制水泥净浆。

### 2. 水泥质量

不宜使用出厂已超过 3 个月及受潮结块的水泥。对于次要的临时建筑，可允许使用储存时间超过 3 个月的水泥，但要重新鉴定强度。若使用数量少，可筛除其中已经结块的水泥，按表 18-2 降低强度等级使用。采用水泥的体积安定性必须合格。

**不同储存时间的水泥强度降低百分数** 表 18-2

| 储存时间(月) | 3 | 6 | 12 | 18 |
|---|---|---|---|---|
| 强度降低(%) | 10~20 | 15~30 | 25~40 | 约 50 |

当采用导管法、泵压法、柔性管法浇筑大量水下混凝土时,应使浇筑导管能插入未硬化混凝土内一定深度,宜选择水泥初凝时间较长的品种。采用开底容器法、倾注法及装袋叠置法浇筑水下混凝土时,可控制水泥初凝时间不小于 45min。水下压浆混凝土中的流态水泥砂浆在水环境中开始凝结时间比较长,一般水泥初凝时间可满足要求。

## 二、细集料

为了满足水下浇筑的流动性要求,水下混凝土拌和物的含砂率比较大,为 40% ~47%。砂对混凝土性质的影响超过粗集料。选择合适的砂是浇筑质量好、成本低的水下混凝土的前提之一。

根据来源不同,混凝土用砂分为河砂、海砂、山砂(风化砂)及人工砂 4 种。河砂(特别是石英砂)最适于用作拌制水下混凝土的细集料。

1. 允许有害杂质含量

砂中常含有一些有害杂质,例如云母、硫化物、硫酸盐及其他盐类、有机物质、黏土、淤泥、尘屑等。

为了保证水下混凝土的质量,上述有害杂质含量不得超过表 18-3 的规定。

**砂的质量技术要求** 表 18-3

| 项目 | 指标 | 备注 |
|---|---|---|
| 天然砂中黏土、淤泥及细屑含量(%)<br>其中黏土含量(%) | <3<br><1 | 不应含有黏土细粒,包括黏土及粉粒 |
| 云母含量(%) | <2 | |
| 视密度($g/cm^3$) | >2.55 | |
| 干表观密度($g/cm^3$) | >1.5 | |
| 空隙率(%) | <40 | |
| 轻物质含量(%) | <1 | |
| 硫化物及硫酸盐含量(以 $SO_3$ 含量的%计) | <1 | |
| 有机物 | 浅于标准色 | |
| 活性集料含量 | 有活性集料时,应作专门论证 | |

2. 砂的粗细程度及颗粒级配

为了保证施工质量,制成均匀密实的混凝土,拌制时必须用足够的水泥浆将砂粒包裹,起润滑和胶结作用。砂粒间的空隙也必须用水泥浆填满。从节约水泥和满足水下施工的和易性要求出发,宜采用空隙率较小、总表面积也较小的砂,也就是颗粒级配好、粗细程度适中的砂。

在工程中多用累计筛余及细度模数衡量砂的级配、粗细程度。

施工实践证明,对于水下浇筑混凝土宜选用石英含量高、颗粒浑圆、具有平滑筛分曲线(位于图 18-1 所示实线范围内)的中砂(细度模数为 2.1~2.8)。最佳级配范围见表 18-4。

砂的最佳级配范围　　表 18-4

| 筛孔尺寸(mm) | | 5.0 | 2.5 | 1.25 | 0.63 | 0.315 | 0.16 |
|---|---|---|---|---|---|---|---|
| 累计筛余率(%) | 水下浇筑混凝土 | 0 ~ 15 | 10 ~ 30 | 20 ~ 40 | 40 ~ 60 | 80 ~ 90 | 90 ~ 100 |
| | 水下压浆混凝土 | 0 | 0 | 0 ~ 10 | 15 ~ 40 | 50 ~ 80 | 70 ~ 95 |

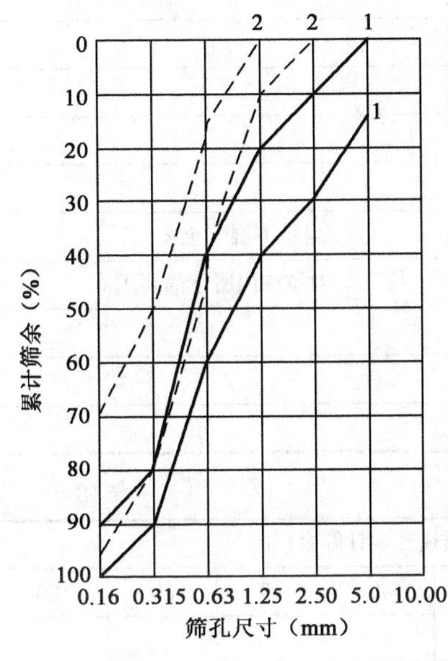


图 18-1　适于水下浇筑混凝土的砂级配范围

1-水下浇筑混凝土;2-水下压浆混凝土

对于水下压浆混凝土拌制水泥砂浆的用砂,若砂的粒径较粗,易破坏砂浆的黏性,降低水泥砂浆的悬浮能力,引起分层离析,还阻碍水泥砂浆在预填集料空隙间的流动。因此,以采用颗粒浑圆的细砂为宜(图 18-1 中所示虚线范围),细度模数为 1.3 ~ 2.1(以 1.6 ~ 1.9 最佳),平均粒径可大于 0.35mm。

砂的最大粒径,考虑颗粒经过多孔截面的自由透过条件,对水下压浆应满足:

$$\begin{cases} ds_{\max} \leqslant \dfrac{D_{\mathrm{h}}}{8 \sim 10} \leqslant 2.5(\mathrm{mm}) \\ ds_{\max} \leqslant \dfrac{D_{\mathrm{hmin}}}{8 \sim 10} \end{cases}$$

式中:$ds_{\max}$——砂的最大粒径(mm);

$D_{\mathrm{h}}$——预填集料的平均粒径(mm);

$D_{\mathrm{hmin}}$——预填集料的最小粒径(mm)。

## 三、粗集料

用于水下浇筑混凝土的粗集料分为天然卵石、人工碎石及块石 3 种。块石系指粒径 80 ~ 150mm 的人工开挖石料,用作水下块石压浆混凝土的预填集料。

对于水下浇筑混凝土,为保证混凝土拌和物的流动性,粗集料宜采用卵石。当需要增加水泥浆与集料的胶结力时,可以掺入 20% ~25% 的碎石。在缺乏卵石的情况下,采用碎石。

采用的碎石母岩强度应不低于水下混凝土设计强度的 1.5 倍(边长 50mm 立方体饱和含水状态时的极限抗压强度),以与水泥胶结力较强的岩石为优。石料与水泥胶结力从大至小的顺序为石灰石、白云石、花岗岩、玄武岩、砂岩、石英岩。

对于水下压浆混凝土中的预填集料,在饱和含水情况下,火成岩、变质岩不应丧失干状态下强度的 10% 以上,沉积岩不应丧失 30% 以上。

### 1. 允许有害杂质含量

粗集料中的有害杂质有黏土及淤泥、有机杂质、硫酸盐及硫化物、蛋白质及其他无定形硅石等活性集料。含量不应超过表 18-5 的规定。

粗集料的形状在水下压浆混凝土中显得不重要,即使是扁石、板石也能成功地压注。因此,对预填集料可以不限制针片状颗粒含量。

### 2. 颗粒级配

石子的颗粒级配通过筛分试验鉴定。较好的级配如表 18-6 所示范围。

**粗集料的质量技术要求** 表 18-5

| 项目 | 指标 | 备注 |
|---|---|---|
| 含泥量(%) | <1 | 不应有黏土团块 |
| 硫酸盐及硫化物含量(以 $SO_3$ 含量的%计) | <0.5 | |
| 有机质 | 浅于标准色 | |
| 视密度($t/m^3$) | >2.6 | |
| 干表观密度($t/m^3$) | >1.6 | |
| 孔隙率(%) | <45 | |
| 吸水率(%) | <2.5 | 对抗冻混凝土<1.5 |
| 冻融损失率(%) | <10 | 对抗冻混凝土的要求 |
| 针片状颗粒含量(%) | <15 | |
| 软弱颗粒含量(%) | <5 | |
| 活性集料含量 | 有活性集料时,应作专门的试验论证 | |

**碎石、卵石较好级配范围** 表 18-6

| 级配 | 粒级(mm) | 各筛孔(mm)按质量计累计筛余(%) | | | | | | | |
|---|---|---|---|---|---|---|---|---|---|
| | | 2.5 | 5 | 10 | 20 | 40 | 60 | 80 | 100 |
| 连续粒级 | 5~10 | 95~100 | 85~100 | 0~15 | 0 | | | | |
| | 5~20 | 95~100 | 95~100 | 40~70 | 0~10 | 0 | | | |
| | 5~40 | | 95~100 | 75~90 | 30~65 | 0~5 | 0 | | |
| 单粒粒级 | 5~20 | | 95~100 | 85~100 | 0~15 | 0 | | | |
| | 20~40 | | | 95~100 | 80~100 | 0~10 | 0 | | |
| | 40~80 | | | | 95~100 | 70~100 | 30~65 | 0~10 | 0 |

在水下浇筑混凝土时,宜采用颗粒(尺寸)由大到小连续分级、每一级集料都占有适当比例的连续级配,组成平滑且有凸形的筛分曲线。水下压浆混凝土中的预填集料亦采用连续级配。为保证可灌性,对自流浇筑的水下浇筑混凝土,预填集料空隙率不宜小于35%。

对于水下浇筑混凝土,粗集料允许最大粒径与浇筑方法及浇筑设备尺寸有关,见表18-7。在布置有钢筋笼、网结构中,粗集料最大粒径不能大于钢筋间距的1/4。为避免堵塞导管和浇筑设备,采用的最粗级集料不允许超径,逊径亦应控制在10%以内。

**粗集料允许最大粒径** 表 18-7

| 水下浇筑方法 | 导管法 | | 泵压法 | | 倾注法 | 开底容器法 | 装袋叠置法 |
|---|---|---|---|---|---|---|---|
| | 卵石 | 碎石 | 卵石 | 碎石 | | | |
| 粗集料允许最大粒径 | 导管直径的1/4 | 导管直径的1/5 | 浇筑管内径的1/3 | 浇筑管内径的1/3.5 | 60mm | 60mm | 视袋大小而定 |

对于水下压浆混凝土,粗集料的最大粒径取决于结构物的大小及是否便于预填集料施工。在大断面中,可以不控制粗集料的最大粒径,按便于施工选择粒径(若布置有钢筋,为保证预填集料能透过钢筋网互相啮合,则不宜超过钢筋间距的1/2)。在小断面中,预填集料粒径不得大于结构物最小尺寸的1/4。

预填集料的最小粒径控制为砂最大粒径的8~10倍,不宜小于20mm,且小于40mm的集料也不宜多于10%。若要求高强度压注水泥砂浆,则粗集料最小粒径不宜小于40mm。

## 四、拌和水及环境水

混凝土中的拌和水直接影响水下混凝土的质量。环境水则影响浇筑方法、水下混凝土的硬化条件及耐久性。

1. 拌和水

用于拌制水下混凝土的水不能使用含有石油或其他油类、有害杂质的工业污水和沼泽水。一般适于饮用的水、天然清洁水均可满足上述要求,可以不经试验使用。

若天然矿化水的化学成分经化验符合表18-8的规定,也可用来拌制水下混凝土。

海水不能用来拌制供建造钢筋混凝土结构的拌和物,更不能用于有可能受电流影响的钢筋混凝土结构。

**天然矿化水的化学成分规定** 表18-8

| 水的化学成分 | 单　位 | 混凝土和水下钢筋混凝土 | 水位变化区和水上钢筋混凝土 |
|---|---|---|---|
| 总含盐量不超过 | mL/L | 35 000 | 5 000 |
| 硫酸根离子含量不超过 | mL/L | 2 700 | 2 700 |
| 氯离子含量不超过 | mL/L | 300 | 300 |
| pH值不小于 | | 4 | 4 |

注:当采用抗硫酸盐水泥时,水中 $SO_4^{2-}$ 离子含量允许加大到10 000mg/L。

2. 环境水

仓面环境水以清水为好。在浑水或泥浆中浇筑水下混凝土须采取一定隔离措施,以减少环境水的不利影响;为保证混凝土浇筑顺畅,仓面环境水与混凝土拌和物的密度差应在1.1以上。

由于仓内泥浆水会严重污染预填集料,影响水泥浆与预填集料的胶结强度,因此不能在泥浆中采用水下压浆法形成压浆混凝土。

环境水的水温不宜过低。水温低于7℃时,水下混凝土凝固很慢;低于2℃便不宜浇筑水下混凝土(用粉煤灰水泥拌制的混凝土低于5℃便停止硬化)。

## 五、外加剂

为了减少水下浇筑混凝土拌和物的需水量、水泥用量,改善混凝土拌和物的和易性,以及提高水下混凝土的抗渗、抗冻、抗侵蚀性能,常在配制混凝土时,加入少量的表面活性外加剂。在水下浇筑混凝土中应用的外加剂有以下几种。

1. 减水剂

掺入混凝土应能显著地降低混凝土用水量(5%以上),但基本不增加或很少增加混凝土的含气量。减水剂是水下浇筑混凝土中应用得最多的一种外加剂。目前我国常用的有以下几种。

1)木质素磺酸盐类

(1)亚硫酸盐酒精废液:若保持相同坍落度,用水量约减少6%,混凝土的抗冻性、抗渗性也有所提高。掺量约为水泥质量的0.1%~0.15%(按干燥物质计)。

(2)木质素磺酸钙:若维持坍落度不变,可减少用水量10%~15%,抗压强度提高10%~

15%，还能延缓混凝土的凝结时间约1～3h，适宜掺量为水泥质量的0.2%～0.3%。

2）萘磺酸盐甲醛缩合物类

（1）NNO（粉状）。在相同坍落度时，掺入可减少用水量14%～18%，若水泥用量不变，3d强度提高60%，28d强度提高30%左右。混凝土的耐久性、抗硫酸盐能力、抗渗、抗钢筋锈蚀等方面均优于不掺的混凝土。适宜掺量为水泥质量的1%。

（2）MF（粉状）。掺入量为水泥质量的0.5%～1%时，坍落度不变则可减少用水量15%～22%。若水泥用量不变，混凝土1d强度提高25%～100%，28d强度提高14%～31%，其他方面的技术性质亦有改善。

（3）FDN。当掺量为水泥质量的0.2%～1%时，保持相同坍落度可减少用水量16%～25%，28d强度提高20%～50%。

3）糖蜜类

为糖厂生产过程中的废液（糖渣、废蜜）经适量石灰处理后所得的一种棕红色黏稠液体。有效成分为已糖二酸钙。当掺量为0.2%时，可减少用水量约8%，若保持相同水泥用量时可提高28d强度10%～16%。

2. 引气剂

加入引气剂，能在混凝土中产生大量不连续的微细气泡，改善拌和物的保水性、黏滞性，降低泌水率，提高流动性。在坍落度不变的情况下，可减少用水量5%～9%，抗冻等级提高约3倍，抗渗性提高50%，但混凝土强度有所降低。当水泥用量相同时，引入1%的引气量，28d强度降低2%～3%。在水下浇筑混凝土时，主要用在需提高抗渗、抗冻性能的防渗墙混凝土工程中。

国内应用较广的加气剂品种及掺量见表18-9。为了不使混凝土强度降低过多，宜控制混凝土的含气量在3%～6%，且与采用粗集料最大粒径有关（表18-10）。

**引气剂掺量** 表18-9

| 引气剂 | 松香热聚物 | 松脂皂 | 烷基苯磺酸钠 | 石油磺酸（水溶性） | 烷基磺酸钠 |
|---|---|---|---|---|---|
| 掺量 | 0.0075～0.015 | 0.0075～0.015 | 0.01～0.015 | 0.01～0.015 | 0.01～0.015 |

注：掺量系为水泥用量的百分比。

**不同粗集料最大粒径建议混凝土含气量** 表18-10

| 粗集料最大粒径（mm） | 20 | 40 | 60 | 80 |
|---|---|---|---|---|
| 建议含气量（%） | 6.0 | 5.0 | 4.5 | 4.0 |

3. 膨胀剂

为了减少水泥砂浆硬结时的收缩，增大水泥砂浆与集料的胶结力，可掺入铝粉、铁粉、氧化镁等膨胀剂，借助发泡作用引起的膨胀使水泥浆或水泥砂浆能充分伸入到粗集料的间隙内，使它们之间的胶结更为有效。

在水下压浆混凝土工程中，主要使用鳞片状铝粉作为膨胀剂。铝粉的纯度应在99%以上。有效细度在50μm以下，细度应满足98%以上通过88μm的筛孔（4 900孔/$cm^2$）。掺有铝料的水泥砂浆，进入预填集料空隙后1～4h内产生膨胀。为了使混凝土产生加气膨胀作用，拌和好的混凝土应尽早使用。

根据我国某工程试验成果，不掺铝粉的水泥砂浆收缩率为0.47%～0.52%，掺入0.1%铝粉石，水泥砂浆内均布着铝粉与水泥水化过程中产生的氢氧化钙起作用，产生密用氢气泡，使水泥砂浆在初凝时产生的体胀率为0.93%～1.78%，从而增加了水泥砂浆与预填集料之间的胶结力。

由于铝粉有浮于水面的性质，拌和时应该在加拌和水之前，先将铝粉掺入拌和物中，或事先与干的混合材拌和均匀。

4.早强剂

在水下混凝土工程中，早强剂仅用于抢险、堵漏混凝土中。可供使用的早强剂有氯化钙（掺量1%～3%，2～3d强度提高40%～100%）、三氯化铁（掺量1%），以及三乙醇胺、氯化钠和亚硝酸钠复合剂等。

在钢筋混凝土及预应力钢筋混凝土结构中，不宜使用上述对钢筋有腐蚀作用的氯盐。我国已试制了不含氯盐的粉状NC早强剂，掺量为水泥质量的3%～4%，可提高强度20%以上。

5.缓凝剂

缓凝剂宜用在浇筑总时间超过混凝土初凝时间的首批混凝土中。由于它能延长首批水下混凝土的初凝时间，使整个仓面的水下混凝土均能在首批混凝土初凝时间内浇完，从而避免混凝土拌和物在凝结硬化期间受到扰动影响。

可供采用的缓凝剂有缓凝型减水剂（纸浆废液、糖蜜）、酒石酸或酒石酸钾钠、柠檬酸、硼酸、氯化锌或硫酸和氯化锌的复合物。

## 第三节　水下浇筑混凝土配合比设计

### 一、配合比设计中的重要参数选择

1.选择水灰比

选择水灰比（$W/C$）时，除了要保证混凝土的强度外，同时也应满足耐久性要求。若按强度计算的水灰比不能满足耐久性要求时，则须按耐久性要求确定。

1）按强度选择水灰比

根据混凝土的要求配制强度，所采用的水泥品种及强度等级，按式（1-3）混凝土强度公式计算。

2）按耐久性指标选择水灰比

主要按抗渗等级和抗冻等级不同选择混凝土。

（1）抗渗混凝土。指有抗渗要求的混凝土，其水灰比参考表18-11。

（2）抗冻混凝土。指有抗冻性要求的混凝土，其水灰比参考表18-12。

**抗渗等级与水灰比的关系**　　表18-11

| 抗渗等级 | P2 | P4 | P6 | P8 | P10 | P12 |
|---|---|---|---|---|---|---|
| 水灰比（$W/C$） | 0.60～0.65 | 0.60～0.65 | 0.55～0.60 | 0.50～0.60 | <0.50 | <0.50 |

**抗冻等级与水灰比的关系**　　表18-12

| 抗冻等级 | F25～F50 | F100 | F200 |
|---|---|---|---|
| 水灰比（$W/C$） | 0.65 | 0.60 | 0.50 |

总之，在不利条件下要生产出质量可靠的混凝土，其水灰比应小于0.50。

2. 适合水下混凝土坍落度的范围

水下混凝土的稠度测定，混凝土以自重流下，横向也平滑流动，通到各个角落，气泡和空气少，能取得很密实的混凝土。

在陆地上浇筑混凝土，如果坍落度超过 13cm，加外力捣固密实和不捣固密实是差不多的，从抗压强度的观点来看，湿稠混凝土也不一定要捣固密实。水下混凝土浇筑也与此大致相同。另一方面，坍落度过大会失掉黏着性和使材料容易分离。

从便于施工出发，不同水下浇筑方法对混凝土拌和物的流动性要求见表 18-13。

**浇筑方法对混凝土拌和物流动性要求** 表 18-13

| 水下混凝土浇筑方法 | 导管法 | | | 混凝土泵压送 | 倾注法 | | 开底容器法 | 装袋叠置法 |
|---|---|---|---|---|---|---|---|---|
| | 无振捣 | | 振捣 | | 振捣推进 | 自然推进 | | |
| | 导管直径 200～250mm | 导管直径 300mm | | | | | | |
| 坍落度(cm) | 18～20 | 15～18 | 14～16 | 12～15 | 5～9 | 10～15 | 10～16 | 5～8 |

混凝土拌和物仅仅最初具有好的和易性还不够，还应在运输、浇筑和在浇筑块内的扩散过程中都保持一定流动性和均匀性，拌和物无分层离析现象，即具有良好的流动性保持能力。

混凝土拌和物流动性保持能力，采用其在浇筑条件下保持流动性且具有 15cm 坍落度的时间 $t$(h)，来作为混凝土流动性保持指标。对于导管法浇筑的水下混凝土拌和物一般要不小于 1h。当操作技术熟练、运距比较近时可以采用不小于 0.7～0.8h。

3. 水泥强度等级和用量

用于浇筑水下混凝土的水泥强度等级不宜低于 32.5 级。任何情况下不应低于 27.5 级。

由于水下施工要求采用的混凝土拌和物坍落度比较大，水泥用量也相应增加。在满足强度要求情况下，采用的水泥强度等级亦不应过高，宜为混凝土设计强度的 2～2.5 倍。

确定水泥用量时可按式(1-8)计算，还要考虑到混凝土的耐久性要求，同时也应考虑到所选择的施工方法的特殊性。

1) 考虑耐久性要求

考虑耐久性时对水泥用量的规定如下：

(1) 有抗渗性要求时，每 1m$^3$ 混凝土水泥用量不得少于 300kg；

(2) 有抗冻性要求时，每 1m$^3$ 混凝土水泥用量不得少于 330kg。

2) 考虑施工方法要求

考虑施工方法对水泥用量的规定如下：

(1) 当用混凝土泵输送时，也要满足泵送施工的需要，每 1m$^3$ 混凝土水泥用量不得少于 300kg；

(2) 当采用泵压法和导管法施工时，每 1m$^3$ 混凝土水泥用量不得少于 370kg；

(3) 当采用开底容器法(开底箱、开底袋)和装袋叠置法施工时，水泥用量应更多，应为大气中施工时的 2 倍。

4. 砂率

砂率大小对和易性影响很大。同时，混凝土的黏着性也因细集料而变化，如用量过少显得粗糙，过大时会减少流动性，所需单位水量增加但混凝土容易分离。其砂率选择可按式(18-1)计算。

$$S_p = \beta \frac{\rho'_{0S} P'_G}{\rho'_{0S} P'_G + \rho'_{0G}} \times 100\% \tag{18-1}$$

而

$$P'_G = \left(1 - \frac{\rho'_{0G}}{\rho_{0G}}\right) \times 100\%$$

式中：$S_p$——砂率(%)；

$P'_G$——石子空隙率(%)；

$\beta$——砂浆剩余系数，对水下浇筑混凝土，取 $\beta = 1.3 \sim 1.4$；

$\rho'_{0S}$、$\rho'_{0G}$——分别为砂、石松堆密度($kg/m^3$)；

$\rho_{0G}$——石子的表观密度($g/cm^3$)。

砂率也可按表 18-14 选择。

**水下混凝土砂率选择** 表 18-14

| 粗集料最大粒径(mm) | 碎石混凝土 | 卵石混凝土 |
|---|---|---|
| 20 | 49 | 45 |
| 40 | 42 | 39 |
| 60 | 38 | 35 |

注：1. 本表所列数值是在水灰比为 0.65，砂的细度模数为 2.5，石子空隙率为 42% 的情况下得出的。

2. 水灰比增减 0.05 时，砂率应增减 1%；砂子的细度模数增减 0.1 时，砂率增减 0.5%；粗集料空隙率增减 1% 时，砂率增减 0.4%；加气混凝土的砂率可减少 2% ~3%。

## 二、水下混凝土(砂浆)的配合比设计

1. 配合比设计原则

由于水下施工和质量检查的困难，以及水环境的不利影响，设计高强度的水下混凝土是不适宜的。28d 设计抗压强度应在 25MPa 以内。

确定混凝土配合比设计时，应符合节约水泥的原则。在施工条件许可范围内，尽可能降低用水量。

要努力提高混凝土的匀质性。因此，运用数理统计方法作为控制质量的手段。根据工程统计的混凝土强度的标准差 $\sigma$ 或离差系数 $C_v$ 来评定混凝土施工管理的质量控制水平(表 18-15)。在施工过程中，经常分析抽样检验所得出的强度数据，对材料质量、配合比、拌和、运输、水下浇筑以及试块成型、试压等各个环节都要进行细致检查。发现问题及时改进，力争把强度标准差 $\sigma$ 或离差系数 $C_v$ 降低到最低限度。

**施工管理质量控制水平** 表 18-15

| 项目 | | 等级 | | | |
|---|---|---|---|---|---|
| | | 优秀 | 良好 | 一般 | 较差 |
| 控制标准 | | <35 | 35 ~42 | 42 ~50 | >50 |
| 不同混凝土的强度离差系数 $C_v$ | ≤C13 | <0.15 | 0.15 ~0.17 | 0.18 ~0.20 | >0.20 |
| | C18 ~C23 | <0.13 | 0.13 ~0.15 | 0.16 ~0.18 | >0.18 |
| | >C23 | <0.1 | 0.1 ~0.12 | 0.13 ~0.15 | >0.15 |
| | 试验 | <0.03 | 0.03 ~0.04 | 0.05 ~0.06 | >0.06 |

实际工程统计的强度标准差系数见表 18-16。

**连续墙混凝土抗压强度试验成果** 表 18-16

| 序号 | | 设计强度（MPa） | 龄期（月） | 试件个数 | 平均强度（MPa） | 标准差 $\sigma$（MPa） | 离差系数 $C_v$ | 强度不合格率 | 混凝土表观密度（$g/cm^3$） |
|---|---|---|---|---|---|---|---|---|---|
| 1 | | 24.0 | 32 ~ 33 | 33 | 38.5 | 4.9 | 0.127 | 0.2 | 2.32 |
| 2 | | 21.0 | 3 ~ 4 | 28 | 34.2 | 2.3 | 0.067 | 0.0 | 2.32 |
| 3 | | 21.0 | 7 | 8 | 30.6 | 36 | 0.118 | 0.4 | 2.37 |
| 4 | | 21.0 | 12 ~ 13 | 42 | 33.7 | 4.1 | 0.122 | 0.1 | 2.32 |
| 5 | 1 号壁 | 21.0 | 10 | 28 | 32.7 | 4.5 | 0.138 | 0.5 | 2.37 |
| | 2 号壁 | | 11 | 23 | 31.4 | 3.5 | 0.111 | 0.2 | 2.26 |
| | 4 号壁 | | 95 | 44 | 31.3 | 4.9 | 0.156 | 1.8 | 2.28 |
| | 5 号壁 | | 9 | 50 | 29.6 | 4.1 | 0.137 | 1.8 | 2.28 |
| | 6 号壁 | | 8 | 48 | 37.8 | 5.0 | 0.131 | 0.0 | 2.28 |
| | 9 号壁 | 31.5 | 85 | 21 | 46.4 | 3.4 | 0.073 | 0.0 | 2.31 |
| | 10 号壁 | | | 21 | 50.9 | 3.8 | 0.075 | 0.0 | 2.34 |

2. 水下浇筑混凝土的配合比选择

1）配制强度

水下混凝土的质量是不均匀的。为了保证工程质量，在混凝土施工过程中抽样制成的试块抗压强度，不仅总平均值应满足设计强度，还应满足一定的强度保证率要求（水下施工一般取 85% ~90%）。因此，混凝土的配制强度必须大于工程设计强度。

配制强度按标准差法或按离差系数法计算。前者认为在各种不同强度的混凝土中，均方差为一恒量；而后者则认为离差系数为一恒量。一般根据试配验证结果，采用其中一种较准确的方法计算配制强度。

均方差法计算公式为：

$$f_{cu,o}=f_{cu,k}+t\cdot\sigma \tag{18-2}$$

离差系数法计算公式为：

$$f_{cu,o}=\frac{f_{cu,k}}{1-t\times C_v} \tag{18-3}$$

式中：$f_{cu,o}$——混凝土配制强度（MPa）；

$f_{cu,k}$——工程设计强度；

$t$——保证率系数（见表 18-17）；

$\sigma$——标准差（MPa）；

$C_v$——离差系数。

当强度保证率已经确定，工程统计的强度标准差亦为已知时，可由图 18-2 查得配制强度与设计强度的差值，当工程统计的强度离差系数为已知时，由图 18-3 查得试配强度与设计强度的比值，即可直接算出试配强度。

2）配合比选择方法

（1）流动性选择法

按水下浇筑所必需的流动性要求，选择用水量；按要求的水下混凝土的配制强度，确定几组水灰比。通过计算或试验资料绘制水灰比—强度相关曲线。选择同时满足强度和水下施工要求的混凝土配合比。

强度保证率系数表　　表 18-17

| 保证率 $P$(%) | 保证率系数 $t$ | 保证率 $P$(%) | 保证率系数 $t$ | 保证率 $P$(%) | 保证率系数 $t$ |
|---|---|---|---|---|---|
| 50 | 0.00 | 70 | 0.52 | 90 | 1.28 |
| 51 | 0.03 | 71 | 0.55 | 91 | 1.34 |
| 52 | 0.05 | 72 | 0.58 | 92 | 1.41 |
| 53 | 0.08 | 73 | 0.61 | 93 | 1.48 |
| 54 | 0.10 | 74 | 0.64 | 94 | 1.55 |
| 55 | 0.13 | 75 | 0.67 | 95 | 1.63 |
| 56 | 0.15 | 76 | 0.71 | 96 | 1.75 |
| 57 | 0.18 | 77 | 0.74 | 97 | 1.88 |
| 58 | 0.20 | 78 | 0.77 | 98 | 2.05 |
| 59 | 0.23 | 79 | 0.81 | 99 | 2.33 |
| 60 | 0.25 | 80 | 0.84 | 99.1 | 2.37 |
| 61 | 0.28 | 81 | 0.88 | 99.2 | 2.41 |
| 62 | 0.31 | 82 | 0.92 | 99.3 | 2.46 |
| 63 | 0.33 | 83 | 0.95 | 99.4 | 2.51 |
| 64 | 0.36 | 84 | 0.99 | 99.5 | 2.58 |
| 65 | 0.39 | 85 | 1.04 | 99.6 | 2.65 |
| 66 | 0.41 | 86 | 1.08 | 99.7 | 2.75 |
| 67 | 0.44 | 87 | 1.13 | 99.8 | 2.88 |
| 68 | 0.47 | 88 | 1.18 | 99.9 | 3.09 |
| 69 | 0.50 | 89 | 1.2 | | |

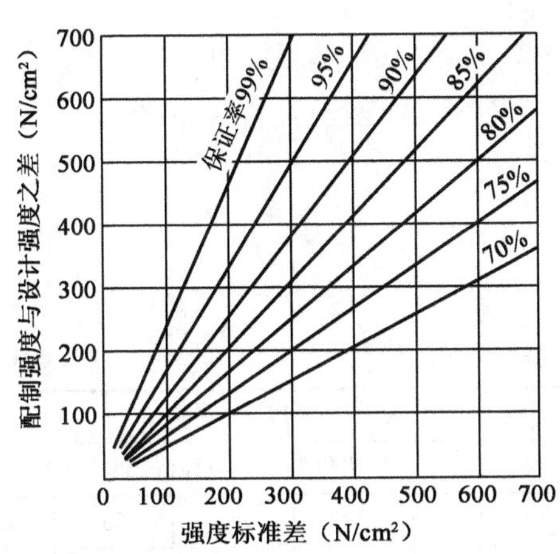


图 18-2　在不同的标准差时配制强度与设计强度之差

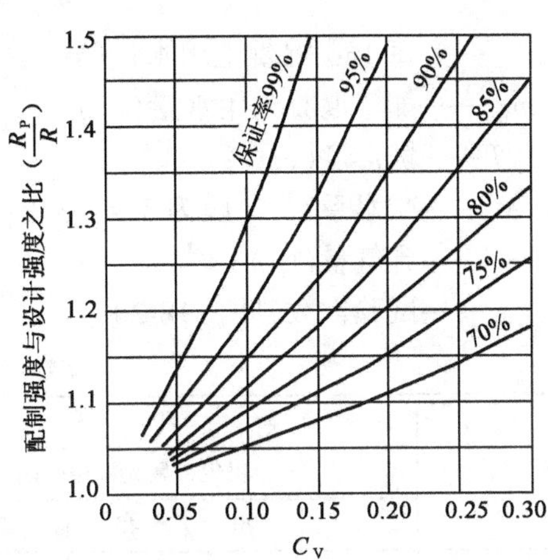


图 18-3　在不同的离差系数时配制强度与设计强度之比

这种方法可以一次性选出适宜水下浇筑的混凝土配合比。但由于满足水下浇筑要求的坍落度较大,引起试验的不便,需耗费较多水泥。流动性选择法主要用于计算法或重要工程试验法。

(2)强度选择法

先按要求的设计强度,根据不同水下浇筑方法提高配制强度(提高百分数见表18-18)。

**设计强度提高百分数**(供参考)　　表18-18

| 水下混凝土浇筑方法 | 导管法 | | 倾注法 | 开底容器法 |
|---|---|---|---|---|
| | C25级以内 | C25级及以上 | | |
| 设计强度提高百分数(%) | 15 | 10 | 10~20 | 30 |

按要求的配制强度选择几组水灰比,选择塑性混凝土施工要求的用水量,通过计算或试验资料绘制水灰比—强度相关曲线。选择水灰比和集料级配。在维持确定的水灰比前提下,调整用水量和水泥用量,以满足水下浇筑混凝土流运性要求,克服水下施工对混凝土强度的不利影响。

采用这种方法,试验时混凝土拌和物的坍落度适中,简化试验操作;可引用一般混凝土实验室都具有的干地浇筑混凝土试验资料,简化试验项目。因此适宜通过试验法求出一般水下混凝土工程的混凝土配合比。

3)配合比计算

水下混凝土配合比宜通过试验确定。当工程量小或为临时性工程时,可参照下述方法计算配合比,然后通过试拌确定采用。

(1)用水量计算

每$1m^3$混凝土拌和物的用水量,一般都通过试验确定。初估时,可根据不同浇筑方法、环境水及仓内钢筋布置情况,参照表18-13选择要求的坍落度。然后按式(18-4)和式(18-5)计算或参考表18-19选择用水量。

普通混凝土

$$m_{wo} = \frac{10}{3}(T + K) \tag{18-4}$$

引气混凝土

$$m_{wa} = m_{wo} - K_b \cdot K_a \tag{18-5}$$

式中:$m_{wo}$——每$1m^3$混凝土用水量(kg);

$m_{wa}$——加气混凝土用水量(kg);

$T$——坍落度(cm);

$K_b$——减水系数,一般为3.4~3.8;

$K_a$——含气量(%);

$K$——试验常数,见表18-20。

**塑性混凝土用水量参考**　　表18-19

| 坍落度(cm) | 卵石 | | | | | 碎石 | | | | |
|---|---|---|---|---|---|---|---|---|---|---|
| | 粗集料最大粒径(mm) | | | | | 粗集料最大粒径(mm) | | | | |
| | 10 | 20 | 40 | 60 | 80 | 10 | 20 | 40 | 60 | 80 |
| 3~4 | 190 | 185 | 175 | 165 | 160 | 205 | 200 | 185 | 175 | 170 |
| 5~8 | 200 | 195 | 185 | 175 | 170 | 215 | 210 | 195 | 185 | 180 |
| 9~12 | 210 | 205 | 195 | 185 | 180 | 225 | 220 | 205 | 195 | 190 |

续上表

| 坍落度(cm) | 卵石 | | | | | 碎石 | | | | |
|---|---|---|---|---|---|---|---|---|---|---|
| | 粗集料最大粒径(mm) | | | | | 粗集料最大粒径(mm) | | | | |
| | 10 | 20 | 40 | 60 | 80 | 10 | 20 | 40 | 60 | 80 |
| 12～15 | | 215 | 205 | 200 | 195 | | 230 | 215 | 210 | 205 |
| 15～18 | | 225 | 225 | 215 | 210 | | 240 | 230 | 225 | 220 |

注:表中所列数值,适于普通硅酸盐水泥,细集料为中砂。采用粗砂时,宜减少用水量10～15kg;采用细砂时,可增加用水量10～15kg。当使用火山灰质水泥时,增加用水量20kg。掺入减水剂,减少用水量10～20kg;掺入引气剂,减少用水量8～15kg。

**试验常数 *K* 值** 表18-20

| 集料最大粒径(mm) | | 10 | 20 | 40 | 80 |
|---|---|---|---|---|---|
| *K* 值 | 碎石 | 57.5 | 53.0 | 48.5 | 44.0 |
| | 卵石 | 54.5 | 50.0 | 45.5 | 41.0 |

注:1.采用火山灰质硅酸盐水泥时,增加4.5～6.0。
2.采用细砂时,增加3.0。

(2)水泥用量计算

混凝土中的水灰比根据配制强度、水泥品种及其强度计算。混凝土中的水泥用量根据用水量和水灰比计算。混凝土中的水灰比和单位体积的水泥用量除满足强度要求外,还应满足耐久性要求。当按强度计算的水灰比和水泥用量达不到耐久性要求的有关限值时,应按耐久性有关要求来确定。

①按强度要求初选水灰比

根据采用的水泥品种、强度及要求的混凝土配制强度,按式(18-6)计算水灰比:

$$f_{cu,o} = a \cdot f_{ce}\left(\frac{C}{W} - b\right) \tag{18-6}$$

式中:$f_{cu,o}$——混凝土配制强度(28d抗压强度,MPa);

$f_{ce}$——水泥实际强度;

$C/W$——灰水比,即水灰比的倒数;

$a$、$b$——与水泥品种、粗集料种类有关的试验系数,见表18-21。

***a*、*b* 系数** 表18-21

| 粗集料种类 | 卵石 | | 碎石 | |
|---|---|---|---|---|
| 水泥品种 | 硅酸盐水泥<br>普通水泥 | 矿渣水泥<br>火山灰质水泥<br>粉煤灰水泥 | 硅酸盐水泥<br>普通水泥 | 矿渣水泥<br>火山灰质水泥<br>粉煤灰水泥 |
| *a* | 0.43 | 0.50 | 0.52 | 0.50 |
| *b* | 0.44 | 0.66 | 0.56 | 0.58 |

②耐久性对水灰比和水泥用量的要求

有抗渗要求的混凝土,其水灰比可参考表18-22选择。同时,每1m$^3$混凝土的水泥用量不宜小于300kg。

抗渗等级与水灰比关系　　表 18-22

| 抗 渗 等 级 | P2 | P4 | P6 | P8 | P12 |
|---|---|---|---|---|---|
| 相应渗透系数(cm/s) | $1.96\times10^{-8}$ | $0.783\times10^{-8}$ | $0.149\times10^{-8}$ | $0.216\times10^{-8}$ | $0.129\times10^{-8}$ |
| 最大水力梯度 | 133 | 267 | 400 | 533 | 800 |
| 水灰比 | | 0.6~0.65 | 0.55~0.6 | 0.5~0.55 | <0.5 |

有抗冻要求的混凝土,参照表 18-23 选择水灰比。

抗冻等级与水灰比关系　　表 18-23

| 抗 冻 等 级 | F25~F50 | F100 | | F200 |
|---|---|---|---|---|
| 强度损失不超过 25% 的反复冻融次数 | 25~50 | 100 | | 200 |
| 水泥品种 | 矿渣水泥或粉煤灰水泥 | 普通水泥 | 普通水泥 | 普通水泥 |
| 外加剂 | 引气剂 | 不可掺 | 可不掺 | 引气剂 |
| 水灰比 | <0.65 | <0.55 | <0.60 | <0.50 |

若环境水具有侵蚀性,应针对侵蚀性质参照表 18-1 选择水泥品种,水灰比应适当减小(常减小 0.05)。

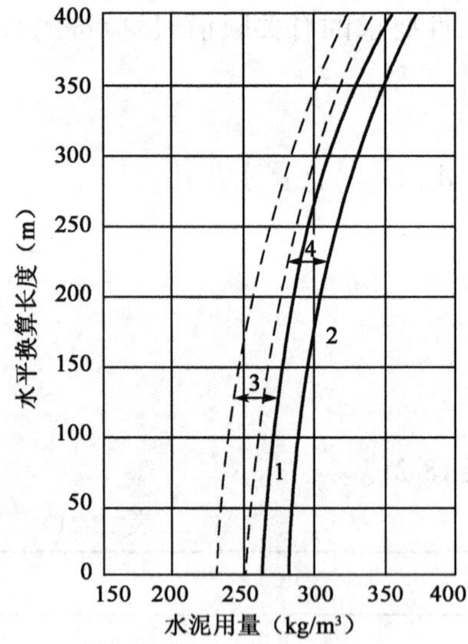

图 18-4　水泥用量与输送

③计算水泥用量

每 $1\mathrm{m}^3$ 混凝土中的水泥用量,根据用水量、水灰比按式(18-7)计算。

$$m_{co}=\frac{m_{wo}}{\frac{W}{C}} \tag{18-7}$$

式中:$m_{co}$——每 $1\mathrm{m}^3$ 混凝土中的水泥用量(kg);

$m_{wo}$——每 $1\mathrm{m}^3$ 混凝土中的用水量(kg);

$W/C$——水灰比。

当采用混凝土泵输送时,为防止堵管现象,水泥用量不能过少,应满足图 18-4 所示要求。

4)砂、石用量计算

(1)集料级配及粗颗粒最大粒径选择见本章第二节二、三所述。

(2)计算集料的绝对体积。每 $1\mathrm{m}^3$ 混凝土中集料(砂和石)所占的绝对体积按式(18-8)计算。

$$V_h=1\,000-m_{wo}-\frac{m_{co}}{\rho_{co}}-100K_a \tag{18-8}$$

式中:$V_h$——每 $1\mathrm{m}^3$ 混凝土中集料的绝对体积(L);

$m_{co}$——每 $1\mathrm{m}^3$ 混凝土中的水泥用量(kg);

$m_{wo}$——每 $1\mathrm{m}^3$ 混凝土中的用水量(kg);

$\rho_{co}$——水泥密度（$g/cm^3$）（见表 18-24）；

$K_a$——含气量，一般水下混凝土为 1% ~2% ，加气混凝土为 3% ~6% 。

**水泥密度**（$g/cm^3$） 表 18-24

| 水泥品种 | 硅酸盐水泥 | 普通硅酸盐水泥 | 矿渣硅酸盐水泥 | 火山灰质硅酸盐水泥 | 粉煤灰硅酸盐水泥 |
|---|---|---|---|---|---|
| 密度 | 3.1 ~3.2 | 3.00 ~3.15 | 2.90 ~3.05 | 2.85 ~2.95 | 2.85 ~2.95 |

（3）砂率选择。砂率为砂的质量占全部集料（砂和石）质量的百分率，按式（18-9）计算或查表 18-14。

$$\beta_s = \gamma_c \frac{\rho_g \cdot \rho_s}{\rho_g + P_g \cdot \rho_s} \times 100(\%) \tag{18-9}$$

$$P_g = \left(1 - \frac{\rho_g}{\rho_g'}\right) \times 100(\%)$$

式中：$\beta_s$——砂率（%）；

$P_g$——粗集料的空隙率（%）；

$\rho_g$、$\rho_s$——分别为砂、石表观密度（$kg/m^3$）；

$\rho_g'$——粗集料视密度（$g/cm^3$）；

$\gamma_c$——富余系数。水下混凝土为 1.3 ~1.4。施工条件差，$\gamma_c$ 取大值；水泥用量多，$\gamma_c$ 取较小值。

（4）计算每 $1m^3$ 混凝土的砂、石用量，用绝对体积计算。每 $1m^3$ 混凝土中材料总体积应为 1 000L，利用式（18-10）求解。

$$\begin{cases} \dfrac{m_{so}}{m_{so} + m_{go}} = \beta_s \\ m_{so} + \dfrac{m_{go}}{\rho_g} = 1\ 000 - \left(\dfrac{m_{co}}{\rho_c} + \dfrac{m_{wo}}{\rho_w}\right) - 1\ 000K_a \end{cases} \tag{18-10}$$

式中： $\beta_s$——砂率（%）；

$m_{so}$、$m_{go}$——分别为每 $1m^3$ 混凝土中的砂、石用量（kg）；

$\rho_g$、$\rho_c$、$\rho_w$——分别为石、水泥和水的视密度（$g/cm^3$）；

$K_a$——水下混凝土的含气量。

当采用粗集料最大粒径为 40mm 的二级配混凝土时，5 ~ 20mm 小石占粗集料用量的 40% ，20 ~40mm 中石占 60%（当小石储量较多时，亦可各占一半）。

各工程实际采用的水下混凝土配合比见表 18-25。

5）施工现场的配合比

施工现场所用的集料一般都含有水分，在现场配料拌和混凝土之前，应快速测定和计算砂、石的含水率。在用水量中应扣除这部分水量。在称量砂、石时，则应相应地增大称量。假定砂的含水率为 $a\%$ ，石的含水率为 $b\%$ ，则砂的称量的校正值为：

$$m_{so}' = m_{so}'\left(1 + \frac{a}{100}\right) \tag{18-11}$$

## 导管法浇筑水下混凝土配合比实例

表 18-25

| 序号 | 施工水深（m） | 导管直径（cm） | 一根导管浇筑面积（$m^2$） | 粗集料最大粒径（mm） | 坍落度（cm） | 水灰比 | 含砂率（%） | 每 1$m^3$ 混凝土材料用量（kg） | | | | 设计强度（MPa） | 配制强度*（MPa） | 钻孔取样试件 | | | 强度比 |
|---|---|---|---|---|---|---|---|---|---|---|---|---|---|---|---|---|---|
| | | | | | | | | 水 | 水泥 | 砂 | 石 | | | 试件尺寸（cm） | 龄期（d） | 抗压强度（MPa） | |
| 1 | | | | 20 | 18 ~ 20 | 0.60 | 45 | | | | | 17.0 | | | | | |
| 2 | | | | 20 | 18 ~ 20 | 0.65 | 44 | 302 | 465 | 581 | 744 | 10.0 | | | | | |
| 3 | | | 20 | 16 ~ 18 | 0.60 | 40 | 204 | 340 | 782 | 1 156 | 14.0 | | | | | 8.0 ~ 12.0 | |
| 4 | 14.0 | | | 20 | 16 ~ 18 | 0.57 | 48 | 230 | 410 | 820 | 877 | 15.0 | 18.0 | | | | |
| 5 | 2.6 | 25.4 | 10.0 | 25 | 12 ~ 18 | 0.49 | 43 | 183 | 370 | 751 | 1 006 | 40.0 | 34.5 | $\phi$15 × 30 | 149 | 38.4 | 0.91 |
| 6 | | | | 25 | 19 | 0.52 | 46 | 180 | 346 | 840 | 990 | | 17.0 | | 28 | 9.2 | 0.54 |
| 7 | 9.0 | 25.0 | | 25 | 15 | 0.50 | | 185 | 370 | | | 20.0 | 31.8 | | | | |
| 8 | 0.5 ~ 2.0 | 25.0 | 7.0 | 40 | 14 ~ 10 | 0.48 | 37 | 176 | 370 | 718 | 1 170 | 20.0 | 31.0 | $\phi$10 × 20 | 89 | 37.8 | 1.03 |
| 9 | 0.6 ~ 6.5 | 25.0 | 21.0 | 40 | 13 ~ 18 | 0.43 | 41 | 159 | 370 | 772 | 1 115 | 19.0 | 38.0 | $\phi$10 × 9.5 | 28 | 19.1 | 0.5 |
| 10 | 2 ~ 4 | 20.0 | 14.0 | 40 | 16 ~ 20 | 0.41 | 33 | 152 | 374 | 579 | 1 220 | 34.0 | 37.8 | $\phi$10 × 20 | 190 | 23.8 | 0.5 |
| 11 | 6.0 | 25.0 | 15.0 | 40 | 12 | 0.50 | | 158 | 315 | | | 24.0 | 26.2 | | | | |
| 12 | 1.5 | 30.0 | 8.0 | 40 | 10 | 0.44 | | 163 | 370 | | | 25.0 | 29.7 | | | | |
| 13 | 2.5 | 30.0 | 10.0 | 40 | 15 | 0.42 | | 155 | 370 | | | 30.0 | 28.0 | | | | |
| 14 | | | | 40 | 18 ~ 20 | 0.50 | 37 | 260 | 520 | 546 | 946 | 20.0 | | | | | |
| 15 | | | | 40 | 17 ~ 19 | 0.58 | 46 | 215 | 370 | 777 | 925 | 17.0 | 15.6 ~ 19.3 | | | | |
| 16 | | | | 40 | 18 ~ 20 | 0.60 | 39 | 204 | 340 | 680 | 1 054 | 17.0 | 14.6 ~ 19.4 | | | | |
| 17 | | | | 40 | 20 | 0.55 | 46 | 205 | 375 | 788 | 938 | 14.0 | 10.0 ~ 14.0 | | | | |
| 18 | | | | 40 | 18 ~ 20 | 0.60 | 50 | 216 | 360 | 900 | 900 | 14.0 | | | | | |
| 19 | 14.0 | | | 40 | 16 ~ 18 | 0.57 | 45 | 230 | 410 | 820 | 986 | 15.0 | 18.0 | | | | |
| 20 | | | | 50 | 15 ~ 18 | 0.75 | 33 | 262 | 350 | 520 | 1 040 | | 9.4 ~ 17.9 | | 28 | 8.2 ~ 12.1 | 0.68 ~ 0.76 |
| 21 | | | | 50 | 15 ~ 18 | 0.75 | 33 | 262 | 350 | 520 | 1 040 | | 10.0 ~ 13.2 | | 28 | 5.3 ~ 8.8 | 0.49 ~ 0.67 |
| 22 | 0 ~ 3.0 | 30.0 | | 40 ~ 60 | 15 ~ 18 | 0.55 ~ 0.57 | 37 ~ 39 | 193 ~ 200 | 350 | 740 ~ 670 | 1 150 ~ 1 160 | | 26.4 ~ 27.4 | $\phi$17 × 33 | 122 ~ 162 | 26.5 ~ 32.7 | 0.89 ~ 1.92 |

注：* 出拌和机口的实测混凝土强度。

石称量的校正值为：

$$m'_{go} = m'_{go}\left(1 + \frac{b}{100}\right) \tag{18-12}$$

用水量的校正值为：

$$m'_{wo} = m_{wo} - m_{so} \cdot \frac{a}{100} - m_{go} \cdot \frac{b}{100} \tag{18-13}$$

当工地使用袋装水泥时，宜按水泥用量为每袋水泥质量(50kg)的整数倍，一次拌和物总量又接近拌和机容量的各材料用量，作为施工配合比的依据。

## 第四节 水下浇筑混凝土技术要求

水下浇筑的混凝土，要受到环境水的浸渍、扰动和稀释，施工本身对水下浇筑的混凝土的影响也不会小。为了减少和避免这些不利因素，不仅要求采用特殊的施工方法，而且还要对水下浇筑混凝土拌和物的性质、混凝土凝结硬化后的强度有一定要求。

### 一、对水下浇筑混凝土拌和物的要求

水下浇筑混凝土拌和物应具备如下的要求：

1. 具有较好的和易性

混凝土拌和物的和易性表现在流动性、黏聚性和保水性 3 个方面。

流动性指混凝土拌和物在本身自重作用下，自行流动的性能。

黏聚性是反映混凝土拌和物的抗离析性能。

保水性指混凝土保持水分不易析出的能力。

水下浇筑混凝土一般不采用振动密实，是依靠自重(或压力)和流动性摊平与密实。若流动性差，就会在混凝土中形成蜂窝和空洞，严重影响混凝土的质量。除此以外，水下浇筑混凝土多通过各种管道进行输送和浇筑，流动性差也容易造成堵管事故，使施工带来困难。

因此，要求水下浇筑混凝土应有较大的流动性。但过大的坍落度，不仅浪费水泥和增加灰浆量，当采用导管法、泵送法施工时，还易造成开浇阶段下注过快而影响管口脱空和返水事故。

根据水下浇筑混凝土方法的不同，对混凝土拌和物的流动性要求见表 18-13。

在钢筋密集部位浇筑水下混凝土时，其坍落度应比表 18-13 中所示数字增加 2 ~ 3cm，在泥浆中浇筑宜增加 1 ~ 2cm。结合工程实况采用导管法，不振捣，导管直径 $\phi$250mm，且在泥浆中浇筑，故坍落度确定 180 ~ 220mm。这个值也是施工单位提出的技术要求。

满足强度要求，又保持高的流动性，往往就需要提高单位用水量，但是会增加混凝土拌和物产生离析和损失流动性的可能。为有高的流动性，又能保持稳定性，可采取增加砂的含量，利用其他细颗粒材料，掺入减水剂，引气剂等措施。

2. 具有良好的流动性保持能力

图 18-5 示出不同水泥品种及集料配制的各种混凝土拌和物的坍落度随时间变化的曲线。最初坍落度皆为 19 ~ 20cm，而 1h 后，有的降为 16cm，有的则降至 6cm，因此，混凝土拌和物仅仅最初有较好的和易性，还不能适应水下浇筑的要求，应该在运输和浇筑过程中，都保持一定的流动性和均匀性，不产生分层离析，即有良好的流动性保持能力，这样才能适用水下浇筑。

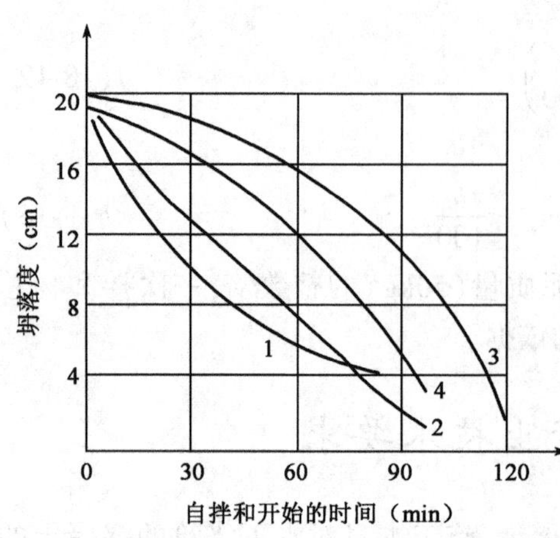


图 18-5 坍落度随时间变化曲线

1-每 $1m^3$ 材料用量（kg）：水泥 354、水 212.4、砂 679.7、粗集料 1019.5，坍落度 19cm；2-每 $1m^3$ 材料用量（kg）：水泥 356、水 213.6、砂 854.4、粗集料 854.4，坍落度 20cm；3-每 $1m^3$ 材料用量（kg）：水泥 345、水 217.4、砂 703.8、粗集料 1 059.2，坍落度 20cm；4-每 $1m^3$ 材料用量（kg）：水泥 330、水 221.1、砂 719.4、粗集料 1 082.4，坍落度 19cm

混凝土拌和物流动性保持能力，用其在浇筑条件下保持坍落度 15cm 流动性的时间 $t_n$（h）来表示。对于用导管法浇筑的水下混凝土拌和物，一般要求流动性保持能力不小于 1h，当操作熟练、运距较近时，可不小于 0.7～0.8h。例如某工程要求混凝土拌和物运送到达工地其坍落度不小于 18cm，否则，应将混凝土拌和物退回供应站处理，使坍落度不小于 18cm 后，方同意使用。

3. 具有较小的泌水率

水下浇筑混凝土拌和物，不但要求有较好的流动性，还要求有较好的黏聚性和保水性。试验表明，泌水率 1.2%～1.8% 的混凝土拌和物，具有较好的黏聚性。实际施工时，要求 2h 内析出的水分不大于混凝土体积的 1.5%。

4. 具有一定的湿堆密度

水下浇筑混凝土，常是靠混凝土自身荷载排开仓面的环境水或泥浆进行摊平和密实，因此，要求其湿堆密度不小于 2 100kg/m³。为了在施工过程中便于及时掌握新拌的混凝土湿堆密度是否满足施工要求，可采用下述经验公式进行计算：

$$\rho_h = 2\,224 + 108\lg D \qquad (18\text{-}14)$$

式中：$\rho_h$——混凝土拌和物湿堆密度（$kg/m^3$）；

$D$——粗集料最大粒径（mm）。

## 二、对水下浇筑混凝土强度的要求

水下浇筑混凝土的强度，受施工条件影响较大。

1. 抗压强度

（1）在静止水中施工的混凝土强度，可达到在大气中取样而进行标准养护混凝土强度的 90% 左右；在膨润土泥浆中浇筑的混凝土强度，仅达 70%～80%。

（2）水下浇筑混凝土的强度与浇筑深度有关。越深部位，强度越低。如表 18-26 所列，浇筑桩的长度越长，则桩尖部分混凝土强度越低。

浇筑桩端部混凝土强度　　表 18-26

| 桩身长度（m） | 8 | 23 | 24 | 36 | 备 注 |
|---|---|---|---|---|---|
| 取芯抗压强度（MPa） | 36.9 | 35.9 | 30.3 | 26.3 | |
| 标准偏差（MPa） | 1.8 | 2.1 | 0.9 | 1.4 | 三根桩的平均值（试样 20 个） |
| 标准试件强度（MPa） | 40.4 | 37.7 | 37.5 | 38.0 | |
| 标准偏差（MPa） | 0.93 | 0.95 | 0.81 | 0.69 | |

2. 混凝土与钢筋黏结强度

在膨润土泥浆中进行钢筋混凝土施工时,膨润土黏附于钢筋周围,所以,混凝土与钢筋的黏结力显著下降。据有关资料介绍:

(1)对于垂直钢筋,当膨润土掺率为8%时,黏结力是不掺的47% ~49%;当掺率为12%时,黏结力是不掺的32% ~42%。

(2)对于水平钢筋,其黏结强度更低,仅仅是垂直钢筋的1/3 ~1/2。

(3)钢筋浸入膨润土泥浆中的时间愈长,则黏结强度降低愈多。

# 第五节　水下浇筑混凝土施工工艺

水下浇筑混凝土的浇筑方法有导管法、泵压法、柔性管法、倾注法、开底容器法、装袋叠置法等。其中导管法和泵压法是应用较普遍的方法,用于规模较大的水下混凝土工程,能够保证结构的整体性和强度,可在深水中施工(泵压法宜在水深不超过15m的情况下),要求模板密封条件较好。开底容器只适用于小量的、零星的水下浇筑混凝土工程。倾注法类似于地面上斜面分层浇筑法,施工技术简单,但只能在水深不足2m的浅水区使用。装袋叠置法虽然施工较简单,但袋间有接缝,整体性差,一般只用于对整体性要求较低的水下抢险、堵漏和防冲工程,或在水下立模困难的地方用作水下模板。柔性管法是较新的一种施工方法,能保证水下混凝土的整体性和强度,在水下浇筑薄板时能得到规则的表面。

## 一、导管法施工

导管法是通过不透水的金属导管来进行水下浇筑混凝土施工。这种方法具有设备简单、整体性好、浇筑速度快、不受水深和仓面大小限制等优点,是应用最广泛的一种方法。导管法不仅用于水下浇筑混凝土,也可用在膨润土泥浆中浇筑混凝土。

1. 施工主要设备

1)导管

施工的主要设备是金属导管(图18-6),其壁厚3 ~5mm、直径为200 ~300mm,亦有超过450mm的。多是由长度不同的钢管,通过法兰盘和螺栓连接而成的空心圆管。

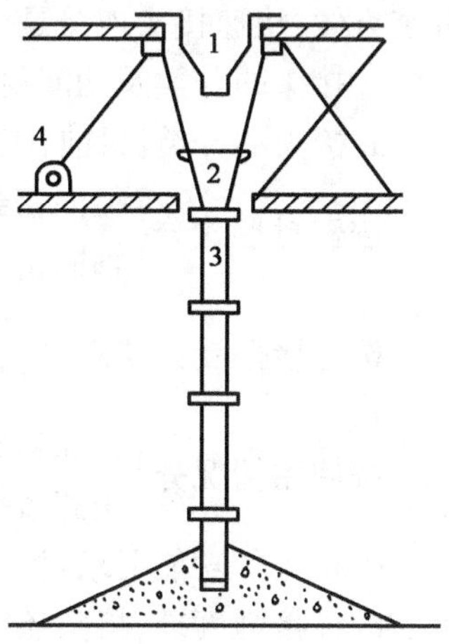

图18-6　导管法浇筑设备
1-储料漏料;2-承料漏料;3-导管;4-提升机具

(1)导管种类:导管可以组装成整节式、套筒式和活节式3种(图18-7)。

①整节式导管:如图18-7a)所示。整节式导管由一根钢管或非拆卸管节组成。适用于浇筑层厚不超过5m,工作平台有足够超高,在浇筑过程中不提升导管或可以随承料漏斗一起上提的仓面。

②套筒式导管:如图18-7b)所示。套筒式导管布置双层导管,与承料漏斗相接的内导管固定不动,只提升埋入土中的外套管,省去拆卸导管时间,特别适用于泵压法施工。

③活节式导管:如图18-7c)所示。活节式导管可以随着混凝土面的上升逐步拆卸管节。是用得最多的一种导管。

(2)导管直径的选择:导管直径和导管通过能力与粗集料的最大粒径有关,同时,也视水深而定,可参照表18-27选择。直径制作偏差不超过±2mm。在管子的两端分别焊有管接头,并依靠这些接头实现导管的配管连接。

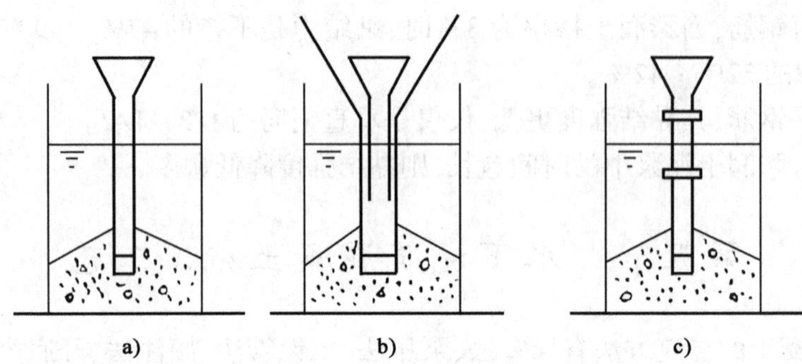


图18-7 导管的组装

a)整节式;b)套筒式;c)活节式

导管制作及配管连接后,要进行表压1.5MPa承压试验,合格后方可使用。

导管直径选择 表18-27

| 导管直径(mm) | 100 | 150 | 200 | | 250 | 300 |
|---|---|---|---|---|---|---|
| 通过能力($m^3/h$) | 3.0 | 6.5 | 12.5 | | 18.0 | 26.0 |
| 允许粗集料最大粒径(mm) | 20 | 20 | 碎石 20 | 卵石 40 | 40 | 60 |

(3)导管的接头

导管接头最初以法兰螺栓连接式为主,以后出现了螺纹式接头,近年来随着建筑工程数量的增多和施工技术的不断进步,又出现了软索式快速导管接头。快速接头不仅结构简单,而且拆装方便,快速接头连接是一种实用、高效的连接法。

①接头的分类及功能要求

a.接头的分类:目前,工程中使用的接头形式较多,其分类情况如下:

按密封形式分{径向密封式接头:法兰螺栓式、压力锅盖式等;轴向密封式接头:螺纹式、软索式、键销式。

按连接件受力状态分{轴向受力型接头:法兰螺栓式、螺纹式、压力锅盖式;挤压剪切型接头:软索式、键销式。

按使用情况分{普通接头:法兰螺栓式;慢速接头:软索式、螺纹式、键销式。

b.接头的功能要求:根据接头的不同结构,连接形式也不同。但无论哪种形式,除应具有可靠的连接强度外,接头还应满足以下要求:

a)接头通孔内径与导管内径相同,能使混凝土自由落下;

b)具有良好的水密性,接头要用橡胶密封。做到完全水密,防止漏水漏浆;

c)接头径向外形尺寸尽量小,且具有在升降导管作业时不碰挂钢筋网等物的合理外形;

d)接头结构简单,容易加工,装拆使用方便。

②常用接头的形式和特点

目前,国内基础工程混凝土水下施工中常用的导管接头主要有法兰螺栓式和螺纹连接式,前者使用历史长久,后者连接简便。

a. 法兰螺栓式接头

法兰螺栓式接头的结构如图 18- 8 所示。这种接头靠多根普通螺栓的轴向预紧力作用来完成连接。在两片法兰盘间夹有密封胶垫,起径向密封作用。为加强密封,法兰盘结合端面上常开有几道三角形断面的圆环槽。这种接头连接较为可靠,装配件通用,且首尾法兰盘结构相同,装配时无方向限制。缺点是拆装工作量大,连接用的螺栓、螺母等易被污染和丢失。对于连接长度较长的导管,由于本身自重、管内混凝土的摩擦阻力作用、混凝土埋管过深或其他外界干扰等,在提升导管时均可能因为连接螺栓的伸长变形使接头局部或全部密封失效。同时,安装螺栓用的法兰盘外径较大,在升降导管过程中容易碰挂它物。

图 18-9 是法兰螺栓式接头的改进型。为缩短装拆导管的时间,减少安装工作量,将法兰盘上的螺栓孔向周边铣通,螺栓通过可转动的横向销轴始终与下法兰盘套成一体,装拆导管时只要将螺母松开几扣,摆动螺栓即可,不必全部拆除螺母。接头的密封性能没有改变,导管安装具有方向性。

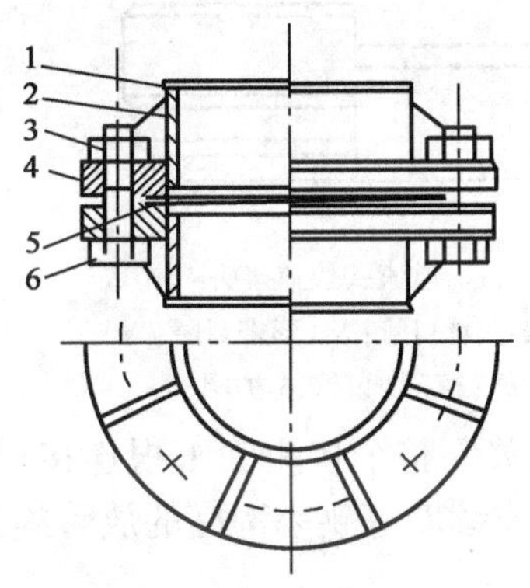


图 18- 8　法兰式导管接头

1-主管;2-筋板;3-螺母;4-法兰盘;
5-密封胶垫;6-连接螺栓

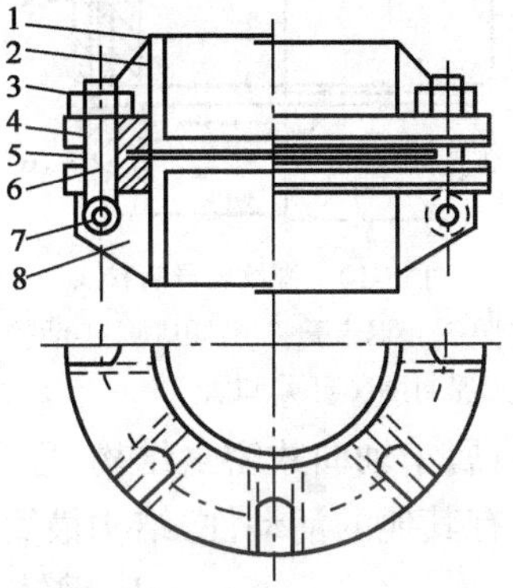

图 18-9　改进型法兰式接头

1-主管;2-筋板 3-螺母;4-法兰盘;5-活铰螺栓;
6-密封胶垫;7-开口销;8-销轴筋板

b. 螺纹式导管接头

螺纹式接头主要由上插口管、下承口管、活接头、O 形密封圈和限位卡簧等组成,其结构如图 18-10 所示。

带有内螺纹的活接头活套在上插口管上,可轴向移动。接头连接时只需将上插口管插入下承口管内,移动活接头并旋合即可。接头螺纹一般采用双头 T 形或矩形螺纹。接头的密封是靠接合面上的 O 形圈来完成的,这种轴向密封形式克服了法兰螺栓式接头存在的径向密封失效缺陷,即使接头轴向变形伸长也不会影响密封效果。

与法兰螺栓式接头相比,这种接头不仅提高了密封性能,也减少了连接工作量,使拆装速度进一步提高。不足之处是,要有大口径的专用拧管工具;接头螺纹加工精度较高,且使用时外露部分较多,增加了碰损和泥砂污染的机会,O 形圈也会因管口加工不良而被擦伤,进而降低使用寿命。

除上述形式的接头外,也有采用压力锅盖式接头导管进行施工的。

③快速导管接头

凡具有结构简单、水密性高、装拆简便迅速的接头,一般称为快速接头。螺纹式接头即是其中的一种。此外还有软索式接头、键销式接头等,其连接形式更简单,不用工具也能实现快速连接,是值得推广应用的新式连接法。

a. 软索式快速接头

图 18-11 为这种接头的结构简图。接头采用直插承接,分为上承口管和下插口管两个部分,在上承口管内壁和下插口管外壁对应各开半圆形环槽,对接时形成完整的圆形槽孔,当在此槽孔内穿入 1 根软钢丝绳后即可将上、下导管连成一体。拆管时只需抽出钢丝绳即可。

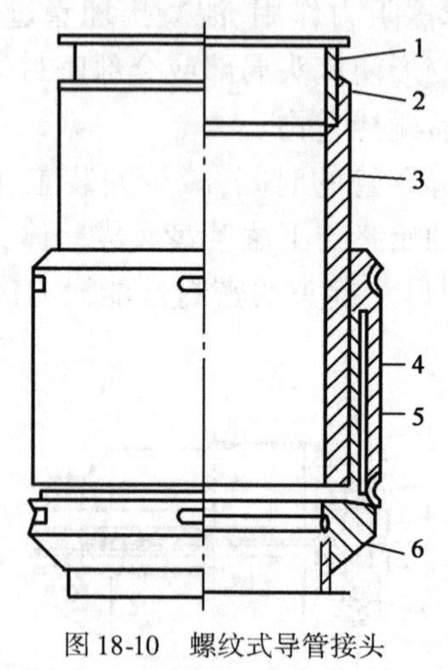


图 18-10 螺纹式导管接头

1-主管;2-止退卡簧;3-上插口管;4-活接头;5-O 形密封圈;6-下承口管

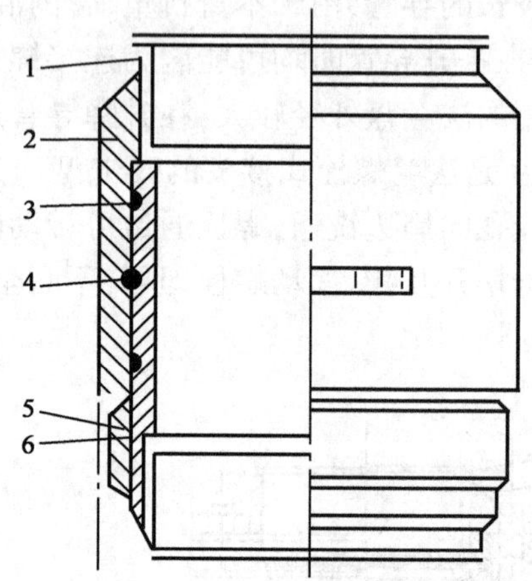


图 18-11 软索式快速接头

1-主管;2-上承口管;3-O 形密封圈;4-软钢丝绳;5-下插口管;6-护圈

接头密封属于轴向式密封结构,导管轴向窜动与密封无关。整个接头除 1 根连接用的软钢丝绳外,没有其他的活动件,结构最简单,特别适合于地下连续墙等狭小沟槽的放管施工。

b. 键销式快速接头

键销式接头的连接原理如图 18-12 所示,其结构与软索式接头相似。所不同的是,承载连接件是两个对称布置的键销。接头工作时,键销的一半卡在下插口管的环形键槽内,另一半则位于相对应的上承口管管壁所开的槽孔窗内,依靠键销的抗剪作用来传递载荷。键销装入槽孔后具有自锁定功能,不会自行脱落,且外表面与接头外圆同面。这种接头的上承口管管壁一部分固定键销,一部分用于承载。当导管口径相同时,它的接头外径较软索式接头更小,质量也最轻。键销式接头的密封,仍采用 O 形圈的轴向式密封结构。

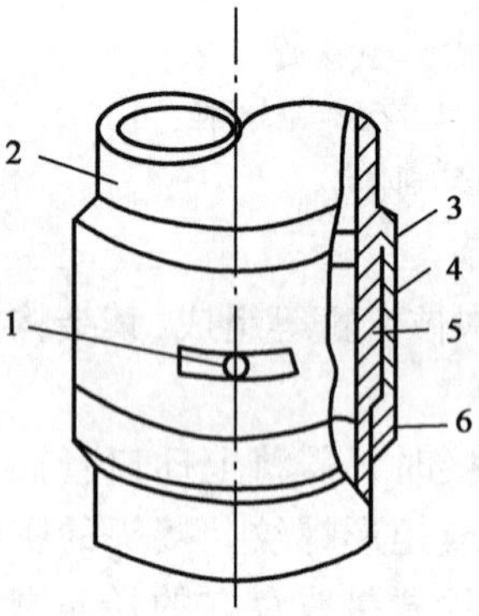

图 18-12 键销式快速接头

1-键销;2-主管;3-上承口管;4-密封圈;5-键销槽;6-下插口管

2)底盖或滑阀

用导管法施工,进入导管内的第一批混凝土拌和物能否在隔水条件下顺利到达仓底,并使导管底部埋入混凝土内一定深度,是顺利浇筑水下混凝土的重要环节。为此,就要采用底盖悬挂在导管上部的顶门或吊塞作为活阀以隔绝环境。因此,导管施工法又分为底盖式和滑阀式两种。

(1)底盖式

在导管底端设有底盖,每接上一节管子,就沉到水中一节,直至沉到水底为止。底盖一般采用钢板加工而成，点焊于管底端。将混凝土填入管内，待填满之后将管上提 20～30cm，这时，管内的混凝土即将底盖压开而注入水底，随即将混凝土不断地投入管内。随着混凝土不断堆积变厚而相应地提升导管。每上提一根，即卸掉一根，如此反复进行，直达设计高度为止。

(2)滑阀式

通常用作滑阀的有顶门和吊塞两种。顶门用木板或钢板制作。吊塞是用各种材料制成的圆球形。浇筑前，用吊绳把滑阀悬挂在承料漏斗下面的没有底板的导管内，随着混凝土浇筑而下滑，至接近管底时剪断吊绳，在混凝土本身质量荷载推动下滑塞下落，混凝土冲击管口并将管底埋入混凝土内。

2. 工艺参数选择

用导管法浇筑水下混凝土，为保证施工质量，需注意以下几个工艺参数的选择。

1)首批混凝土量

在开始浇筑阶段，首批混凝土推动滑塞冲出导管后，在管脚处堆高 $h$ 不宜小于 0.50m，以便导管口埋在混凝土中的深度不小于 0.30m(图 18-13)。首批混凝土宜采用坍落度较小的混凝土拌和物，落入仓内的混凝土坡率为：

$$\frac{h}{R}=\frac{1}{4}=0.25$$

因此，其体积为：

$$V=\frac{1}{3}\pi R^2 h=\frac{1}{3}\pi\left(\frac{h}{0.25}\right)^2 h=\frac{1}{3}\pi\frac{0.50^3}{0.25^2}=2.10(\text{m}^3)$$

对于基础面，首批混凝土量应不少于 2.10m³；对于非水平面(如利用天然或人工凹坑设置导管)，则首批混凝土量可少于 2.10m³。

2)导管作用半径

由图 18-14 可知，导管作用半径为 $R_t$，混凝土拌和物水下扩散平均坡率为 $i$，上升高度为 $iR_t$，同时，在流动性保持指标 $t_h$ 时间内，仓面上升高度为 $t_h I$，两者理应相等，即：

$$iR_t=t_h I \tag{18-15}$$

则

$$R_t=\frac{t_h I}{i}$$

式中：$I$——水下浇筑混凝土面上升速度(m/h)。

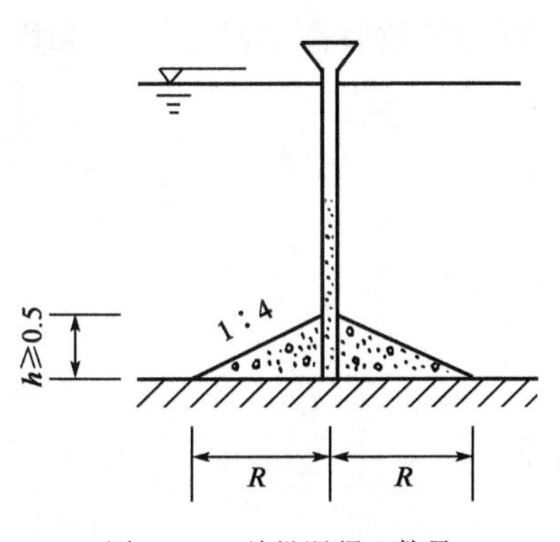

图 18-13　首批混凝土数量

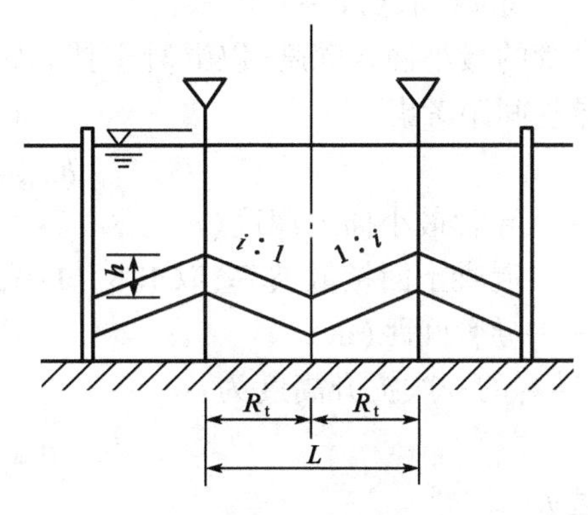

图 18-14　导管作用半径

在浇筑阶段，一般要求水下浇筑混凝土面坡率小于1/5，若取 $i=1/6$ 代入上式，则得

$$R_t = 6t_h I \tag{18-16}$$

式中：$t_h$——混凝土拌和物流动性保持能力(h)，一般要求不小于1.0h。

据此数值即可布置导管。

3. 导管插入混凝土内的深度

在实际施工过程中发现，当导管插入混凝土内的深度不足0.5m时，混凝土拌和物锥体会出现骤然下落，导管附近会出现局部隆起现象，表面曲线突然转折。这说明混凝土拌和物不是在表面混凝土保护层下流动，而是浇筑压力顶穿了表面保护层，在已浇筑的混凝土拌和物表面成层流动，这就破坏了混凝土的整体性和均匀性。

当导管插入混凝土中1.0m以上时，混凝土表面坡度均一，所浇筑的混凝土拌和物在已浇筑体内部流动，混凝土内部质量均匀。据此可见，导流插入深度对混凝土浇筑质量影响密切相关。

导管埋入已浇筑混凝土内部越深，混凝土向四周扩散的效果越好，混凝土越密实，表面也越平坦。但如埋入过深，混凝土在导管内流动容易受阻造成堵管事故。

据有关资料介绍，混凝土的最佳埋入深度与混凝土的浇筑强度和拌和物的性质有关，其值约等于流动性保持指标与混凝土面上升速度的2倍，即：

$$h_t = 2t_h I \tag{18-17}$$

或

$$h_t = 2t_h \frac{Q}{F} \tag{18-18}$$

式中：$h_t$——导管插入最佳深度(m)；

$I$——仓面混凝土面的上升速度(m/h)；

$t_h$——混凝土拌和物流动性保持指标(h)；

$Q$——每根导管浇筑强度($m^3$/h)；

$F$——每根导管浇筑面积($m^2$)。

确定导管的最大插入深度，可按下式计算：

$$h_{tmax} = Kt_c I \tag{18-19}$$

式中：$h_{tmax}$——导管最大插入深度(m)；

$t_c$——混凝土初凝时间(h)；

$I$——混凝土面上升速度(m/h)；

$K$——系数，取0.8~1.0。

确定导管的最小插入深度，以混凝土拌和物在仓面的扩散坡面不陡于1∶5和极限扩散半径不小于导管间距考虑：

$$h_{tmin} = iL_t \tag{18-20}$$

式中：$h_{tmin}$——导管最小插入深度(m)；

$i$——混凝土面扩散坡率，取1/5~1/6；

$L_t$——导管间距(m)。

于是，导管的一次提升高度为：

$$h_t = h_{tmax} - h_{tmin} \tag{18-21}$$

4. 超压力

如图18-15所示，为了保证混凝土能顺利通过导管下注，导管底部的混凝土柱压力应等于

或大于仓内水压力和导管底部所必须的超压力之和，即：

$$\rho_c H_c \geqslant P + \rho_w H_{cw}$$

则

$$H_c \geqslant \frac{P + \rho_w H_{cw}}{\rho_c} \tag{18-22}$$

或

$$H_a \geqslant \frac{P - (\rho_c - \rho_w) H_{cw}}{\rho_c} \tag{18-23}$$

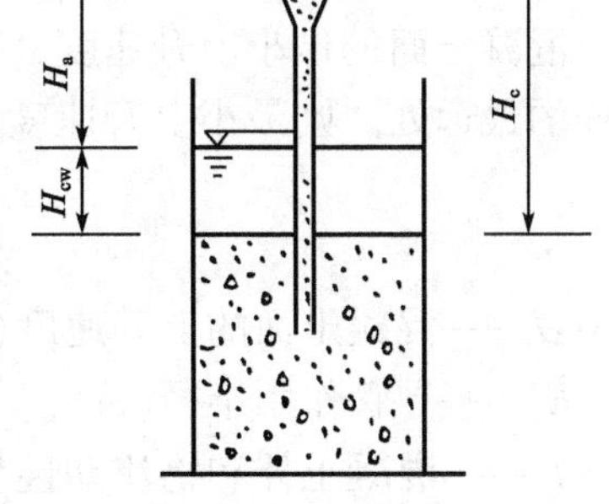

图 18-15　导管顶部高出水面最小高度计算

式中：$H_c$——导管顶部至已浇筑混凝土面的高度（m）；

$H_a$——导管顶部高出水面高度（m）；

$H_{cw}$——水面至已浇筑混凝土面的高度（m）；

$\rho_c$、$\rho_w$——分别为混凝土和水的堆密度（$kg/m^3$）；

$P$——超压力（$kN/m^2$），见表 18-28。

导管底部最小超压力　　表 18-28

| 仓面类型 | 桩　孔 | 大　仓　面 | | | |
|---|---|---|---|---|---|
| 导管作用半径（m） | | ≤2.5 | 3.0 | 3.5 | 4.0 |
| 最小超压力（$kN/m^2$） | 75 | 75 | 100 | 150 | 250 |

5. 导管通过能力

根据混凝土流变学原理，导管通过水下浇筑混凝土拌和物的能力，可用下式表示：

$$Q = \frac{0.0036\pi r_t^4}{8\eta (H_a - H_{cw})} \cdot \left[\rho_c H_a + (\rho_c - \rho_w) H_{cw} - \frac{4}{3} P_0\right] \tag{18-24}$$

而

$$P_0 = \frac{2(H_a - H_{cw})\tau_0}{r_t}$$

式中：$Q$——导管通过能力（$cm^3/s$）；

$\rho_c$、$\rho_w$——分别为混凝土和水的堆密度（$kg/m^3$）；

$H_a$——导管水上部分长度（cm）；

$H_{cw}$——水下混凝土顶部上面的水深（cm）；

$r_t$——导管半径（cm）；

$\tau_0$——混凝土拌和物极限剪应力（MPa）；

$\eta$——混凝土拌和物的黏度（Pa · s）。

6. 混凝土面的上升速度

当一次浇筑混凝土的高度不高时，最好使其上升速度能在混凝土初凝之前灌到设计高度。因此，混凝土面的上升速度为：

$$I = \frac{H}{t_c} \tag{18-25}$$

式中：$I$——混凝土面的上升速度(m/h)；

$H$——一次浇筑高度(m)；

$t_c$——混凝土初凝时间(h)。

混凝土面的最小上升速度，应使灌入混凝土在保持流动性指标时间内，能流动至导管作用半径的最远处。则最小上升速度应按下式计算：

$$I = \frac{R_t}{6t_h} \tag{18-26}$$

式中：$I$——混凝土面的上升速度(m/h)；

$R_t$——导管作用半径(m)；

$t_h$——混凝土拌和物流动性保持能力(h)。

在实际施工中，混凝土面上升速度不得小于0.2m/h。对于大仓面，宜使混凝土面的上升速度为0.3～0.4m/h；而小仓面上升速度可达0.5～1.5m/h。

## 二、泵压法施工

采用泵压浇筑混凝土，能够扩大导管作用半径，增加水下浇筑混凝土的扩散面积；减少浇筑导管的提升次数；保持终灌阶段亦有足够的超压力。但其需要专门输送设备，要求有较大的浇筑强度和搅拌能力，且不宜用于水深超过15m时的情况。

### 1. 泵压系统

泵压系统由水平输送管和垂直浇筑管组成。垂直浇筑管有以下5种形式(图18-16)。

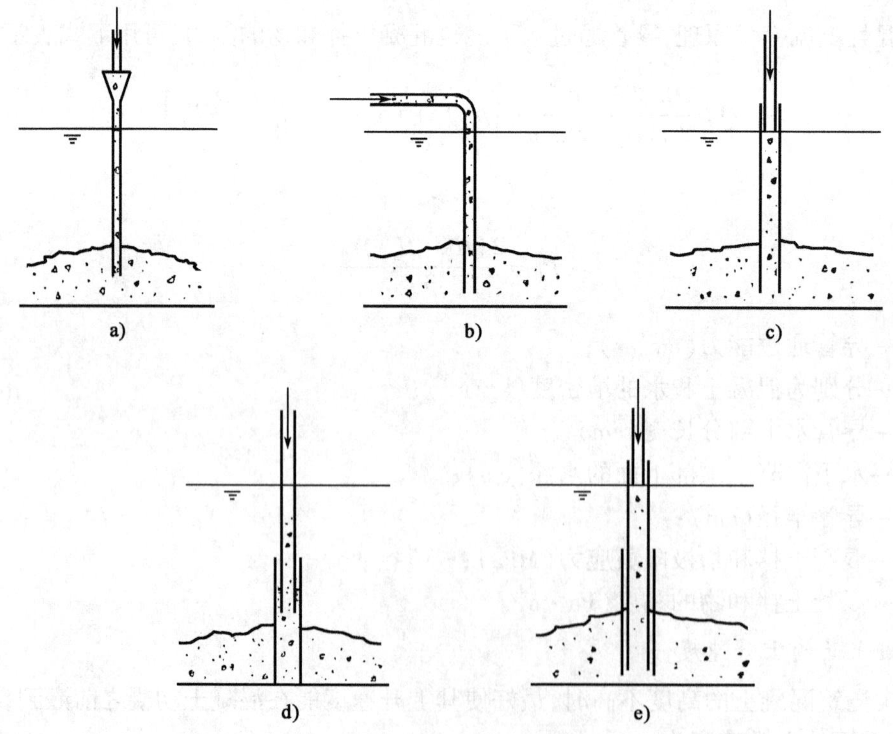


图18-16 垂直浇筑管的形式

a)导管浇筑管；b)单根输送浇筑管；c)套接浇筑管；d)带辅助管的浇筑管；e)带辅助管的套接浇筑管

1)导管浇筑管

利用带承料漏斗的导管，作为垂直浇筑管。承料漏斗的容积为 $1.5 \sim 3.0m^3$。但如全过程均用导管法浇筑，导管直径应与混凝土泵输送能力相适应（表 18-29）；如只用于开浇阶段，则导管直径应与混凝土泵的水平输送管直径一致。

**导管直径与混凝土泵输送能力的关系**　　表 18-29

| 混凝土泵输送能力（$m^3/h$） | 8 | 10 | 15 | 20 | 30 | 40 |
|---|---|---|---|---|---|---|
| 导管直径（mm） | 180 | 200 | 240 | 260 | 300 | 350 |

2)单根输送浇筑管

将垂直浇筑管与水平输送管组成一根管子。这种方式最方便，适用于浇筑高度不大、不需提管即可灌完的工程中。

3)套接浇筑管

由内插管和外套管组成。内插管与混凝土泵的水平输送管连接，外套管作为导管进行浇筑，随着混凝土面的上升而提升，可不中断浇筑。

4)带辅助管浇筑管

在浇筑管下部外侧套一长 3m、直径 600mm 的辅助管，辅助管上端有吊绳，通过吊绳提升或下放辅助管来控制浇筑的卸料速度，并防止混凝土在泵压作用下以喷射状喷出管口。

5)带辅助管套接浇筑管

由内插管、外套管、辅助管 3 部分组成。随着混凝土面的上升，提升外套管。辅助管用于调节卸料速度。

2. 浇筑方法

在采用泵压法浇筑混凝土施工过程中，通常有以下 3 种方法。

1)导管法

导管浇筑法，即把混凝土压送到导管上面的承料漏斗中，自始至终采用导管法进行浇筑。混凝土泵只作为运输设备。

2)导管开灌法

导管开灌法，即开灌阶段采用导管法浇筑，待浇筑管埋入混凝土内 1m 以上时，再拆去承料漏斗，将水平输送管与浇筑管连接，继续进行压灌，如图 18-17 所示。

由于泵压混凝土下灌的流速往往很大，在开灌阶段若不采取有效措施，水容易倒灌入管内，造成泛水事故，管口不能很快埋入已浇筑的混凝土中，影响水下浇筑混凝土的质量。

3. 输送管直接浇筑法

输送管直接浇筑法，即把与混凝土泵水平输送管直接连接的垂直浇筑管直接插入仓底，从开灌到完成浇筑，自始至终用这种方法浇筑。采用这种方法浇筑，在开灌阶段，需要利用掏穴法、防冲盘法或辅助管法（图 18-18）来降低浇筑管内混凝土的下灌速度，使管口能尽快埋入已浇混凝土内。

## 三、柔性管法施工

如前所述，利用刚性浇筑管（导管或浇筑管）浇筑水下混凝土时，要求连续进行浇筑，且只允许管口埋在已浇混凝土拌和物内进行上下提管，不能水平移动，当混凝土供料不及时，易出现管内中空而造成管内返水事故；不能在水下浇筑薄层混凝土；较难形成水下平整的表面。

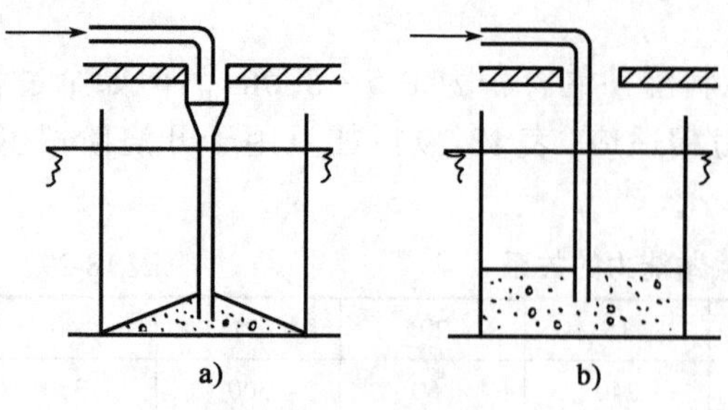


图 18-17 导管开灌法

a)开灌阶段;b)中间及终凝阶段

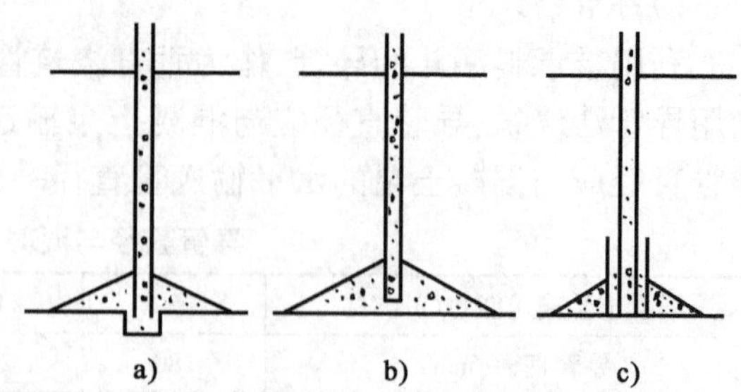


图 18-18 开浇方法

a)掏穴法;b)防冲盘法;c)辅助管法

若采用受水压作用能自动闭合的柔性管,浇筑水下混凝土,就能避免上述弊病。

用柔性管浇筑,当管内无混凝土拌和物通过时,柔性管被外面水压力压扁,减少了水浮力的不利影响,能防止水侵入管内。当管内充满混凝土拌和物后,管子就被混凝土自重产生的侧压力撑开,使混凝土拌和物能徐徐下降。管壁在外面水压力作用下,可以产生防止混凝土高速下滑的摩擦力,使混凝土缓慢下降(约 2.5m/min),减少了下冲力,可以避免产生离析。而且不要求柔性管口埋入混凝土内一定深度。当管内无混凝土时,管被外面水压力压扁,便可上提并移至新的位置,因此,允许间歇浇注,并可以浇注水下薄层混凝土,还可以得到规则的平面。

柔性管法自 1968 年荷兰人首先应用后,目前已推广至欧、美、日本等国。柔性管有单层柔性管及双层竖管两种。

1. 单层柔性管法

单层柔性管由两片尼龙布黏合而成,外部有提升链及支承环(图 18-19),直径约 600mm,其自重靠支承环和提升链承受。管内装满混凝土时,受到混凝土的挤胀力,此时由支承环加固和保护。其上部带有承料漏斗,下部套在钢护筒内。由于柔性管允许移动,施工时多悬挂在吊车上。一根直径 600mm 的柔性管,每小时约可浇筑混凝土 40m³。

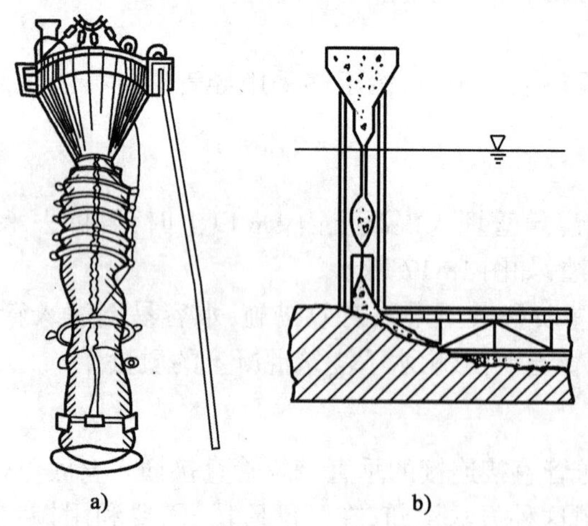


图 18-19 单层柔性管

a)外形;b)浇筑混凝土情况

浇筑时,将柔性管下至仓底,然后利用可控制卸料速度的料斗向承料漏斗内倾注混凝土,待其数量能使混凝土拌和物在其自重作用下足以沿柔性管下滑时,便可进行浇筑。

如承料漏斗较小,还可利用带螺旋推进器的柔性管(图 18-20)进行浇筑。

2. 双层竖管法(KDT 法)

双层竖管由刚性外管和柔性内管组成(图 18-21)。外管上端连接承料漏斗,中部有固定柔性内管的法兰接头,为使外部水压力能直接作用于内管,管壁上开有槽孔。内管上端固定在承料漏斗上,中部通过法兰固定在外管的节管间,下端设置一个混凝土流出时能开启、无混凝土流出时能自动关闭的弹簧夹具,因而即使下端管口从已浇的混凝土中拔出,水也不能进入内管。

混凝土未浇入内管时，柔性内管被从外管槽孔进入的水压扁，水不会流入内管。混凝土浇入内管后，借助混凝土自重产生的侧压力使内管扩张起来，内管外面的水通过外管上的槽孔流出，混凝土下落进行浇筑。中断进料时，由于内管下端用弹簧夹具封住，尽管内管未装满混凝土，水也不能进入内管。因此，用此法浇筑不要求连续供应混凝土。

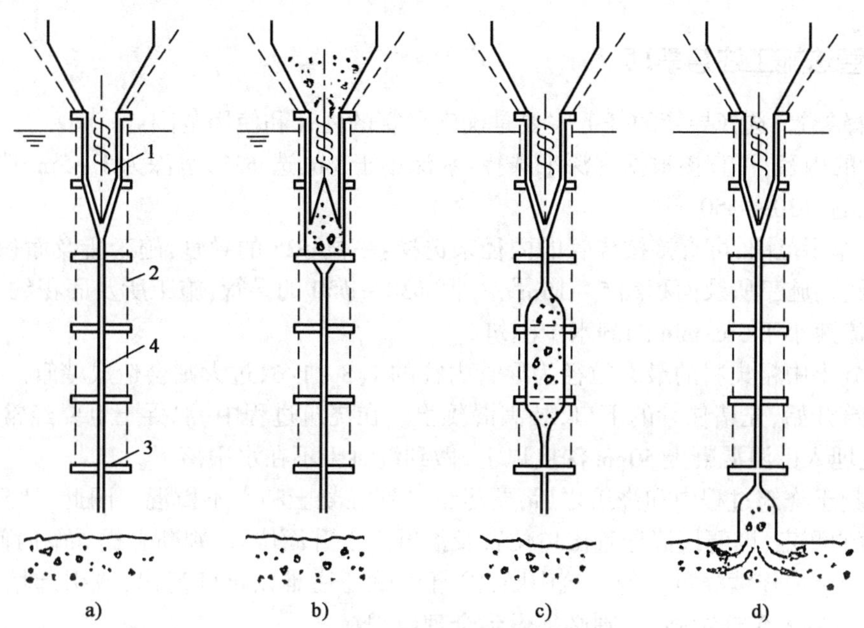


图 18-20　利用带螺旋推进器的单层柔性管浇筑水下混凝土

a）进料前；b）进料；c）混凝土下落；d）出料浇筑

1-螺旋推进器；2-提升链；3-支承环；4-柔性管

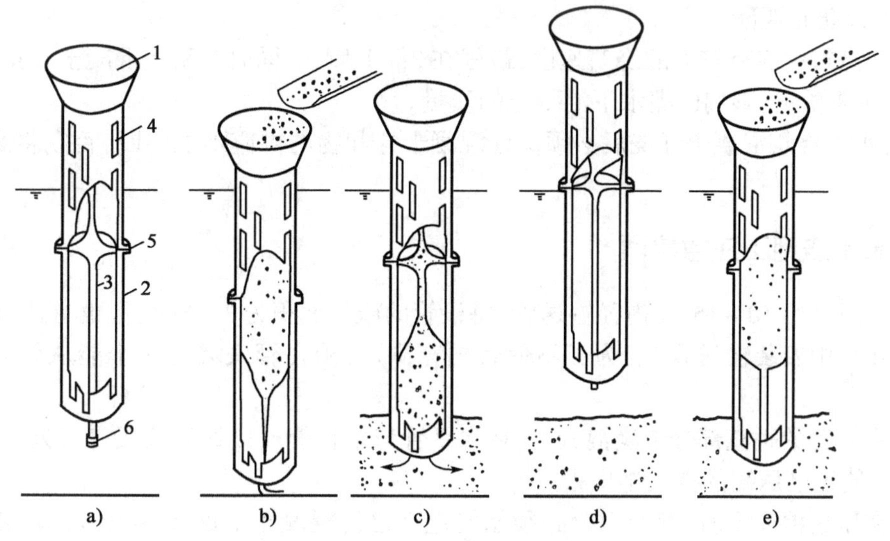


图 18-21　双层竖管浇筑水下混凝土

a）未进料，内管被压扁；b）进料后，混凝土撑开内管下落；c）中断供料，内管被压扁；d）上提双层竖管，水不能进入管内；e）下插双层竖管，恢复浇筑

1-承料漏斗；2-刚性外管；3-柔性内管；4-槽孔；5-接头；6-夹具

停止浇筑时,内管会被水压扁。提升竖管即可移位。用此法浇筑时,开浇方法与导管法不同,不需用顶塞或底塞来隔绝环境水。

## 第六节　水下浇筑混凝土施工注意事项

### 一、导管法施工注意事项

(1)选择导管:选择导管的任务主要是确定导管的内径和使用范围。

①导管的内径,可直接根据水深来选择:水深小于3m,选 $\phi25$;水深为3~5m,选 $\phi30$;水深为5m以上,选 $\phi30 \sim \phi50$。

②导管作用范围,可直接按导管的内径来选择:一根 $\phi25$ 的导管,施工所及面积约 $4m^2$;一根 $\phi30$ 的导管,施工所及面积约 $5 \sim 15m^2$;一根 $\phi30 \sim \phi50$ 的导管,施工所及面积约 $15 \sim 50m^2$。

(2)在流速小于3m/min的静水中浇筑。

(3)混凝土中粗集料的最大粒径为导管内径的1/8~1/6,过大则会造成堵管。

(4)浇筑开始,先堵住管的下口,装满混凝土。在浇筑过程中,混凝土也要经常保持满管。导管下口应埋入已灌混凝土50cm深度以上,做到混凝土不在水中落下。

(5)混凝土浇筑过程中和浇筑之后,要尽量做到混凝土和水不搅混。因此,要经常注意混凝土上升面的测定,以便摸清导管出口位置及混凝土上升面位置,判断上提导管时间。

(6)混凝土应连续浇筑。若浇筑中断,混凝土就往往难以再度流出,或引起堵管,以致不能继续施工。要做到连续施工,则必须做到合理组织。

(7)从混凝土运输车直接向导管投料时,混凝土浇筑速度标准为每立方米混凝土2.0~2.5min。

(8)为防止混凝土从导管上口的外部溅落到水中去,宜在导管上设置漏斗,或在漏斗周围设置围护,以防止混凝土下落。

(9)在浇筑中应有较大的浇筑速度,最好在2m/h以上,同时要防止混凝土直接掉入仓内,以免恶化泥浆质量,影响已灌水下混凝土的质量。

(10)水下浇筑混凝土开浇后必须保证混凝土拌和物的供应不能中断,否则将影响工程的质量。

### 二、泵压法施工注意事项

(1)一般采用10~15cm内径输送管,每根管的施工面积为 $3 \sim 5m^2$,但也有达 $40m^2$ 者。

(2)在水中安装输送管时,为了不使管内充满水,须在管底堵上一个能从管外摘下来的栓塞。

(3)为使管的垂直部分装满混凝土,在水平管与垂直管连接处的圆弧弯管处,须设置一个排气阀,以便把已压缩的空气排出去。

(4)在压送混凝土时,管的出口必须始终埋在已浇混凝土下面30~40cm处,最深不得超过1m。如果过浅,即可能发生水向管内倒流;若过深,则管内压力增大,潜伏着危险。

(5)压送混凝土流出时的反力能把管子顶起来,所以,施工前要设一个防止这种反力的装置。

(6)混凝土浇筑开始打开管底栓塞时,混凝土一时流出过激,为了防止发生管内有水倒灌的事故，在管底外面设置一个内径60cm，长2m以上的辅助管，能收到良好的效果。

## 第七节　水下浇筑混凝土施工新技术

### 一、水中自落施工法

这种混凝土遇水不离析、水泥不流失，可在水中直接下落浇筑，可减少水下工程常用的围堰、筑岛等临建，取消地下工程的人工降水等技术措施，简化一般的导管法、泵压法等施工，实现施工工艺陆地化，水下操作水上化，从而大大加快了进度。在已经施工的工程中，除能在数十米深水中用导管法、泵压法浇灌优质水下混凝土外，还在较浅的水域中用开口吊罐法、手推车浇灌法、溜槽浇灌法、自流灌浆法等简易方法快速施工了多项水下优质工程。例如吉林油田在50多口沉井施工中积累了在8～9m的落差条件下用含UWB的水下不分散混凝土进行沉井封底的经验，总结出水下封底的新工法——开口吊罐法。能自行流平、自密实，不用捣固，与传统的沉井、沉箱施工法比较，可缩短工期50%以上，节约投资50%以上，具有显著的技术和经济效益。

### 二、水下振捣施工法

现行国内外规范、规程及ACI等组织，均禁止扰动已浇筑的水下混凝土，但中国油气总公司研究结果和工程实践却证明在振捣器所及的浅水中采用水下振捣不分散混凝土更好，不仅混凝土不离析，而且可以采用较低的水灰比，混凝土强度也有提高。该技术开发后已在海军南海某工程、渤海石油公司码头、辽河油田污水站、华东输油局抗洪抢险、深圳妈湾电厂过渡段码头工程中广泛应用。这些工程证实，由于水下振捣时使用较干硬的混凝土，强度能提高8MPa以上，曾打出了C40混凝土；在为人工岛进行的研究中，水下振捣混凝土的冻融循环已达300次，抗冻性能可满足北方港工混凝土的最高抗冻要求；水下振捣的混凝土不离析，表面平整，无须砂浆抹面即可直接投入使用，节约工程造价20%～30%。

### 三、水下自流灌浆施工法

水下不分散混凝土，现已能做到用小车或运输泵等工具，将不分散水泥砂浆或混凝土浇到水下狭窄缝隙，起到充填、固结、堵漏、锚固等作用。该技术曾在胜利油田海堤抛石灌浆、新港码头导梁与板桩(间隙0～200mm)灌浆，钱塘二桥吊箱止水、钱塘江大坝加固、重庆挖孔浇筑桩止水、广西漫滩水坝岩溶基础固结灌浆、桂林漓江江堤堵漏等工程中广泛应用，效果良好。

### 四、无污染施工法

在江河湖海进行水下施工时，流失的水泥颗粒能影响鱼虾和水生植物的繁殖，因此必须通过环保部门的审查，以大港油田张巨河人工岛的施工为例，岸上15km为当地渔民的养虾池，入海10km内是海产捕捞区，该地海洋的本底污染已较严重，在这种环境条件下，经国家海洋局等推荐和当地环保部门的同意，大港油田正式选用UWB水下不分散混凝土进行水下现浇施工。此外，还有河北黄壁庄水库取水工程等四、五项工程都做到了水下不分散混凝土无污染施工。

# 第十九章　常见其他特种混凝土施工

## 第一节　干硬性混凝土施工

干硬性混凝土是指混凝土拌和物坍落度在0～10mm的混凝土。一般又把坍落度为0的干硬性混凝土称为超干硬混凝土。因为在捣实时必须采取碾压振动，所以也称碾压混凝土。

### 一、干硬性混凝土原材料技术要求

1. 水泥

干硬性混凝土对水泥的品种无特殊要求，但对于大体积混凝土，仍建议采用水化热较低的水泥，如中热硅酸盐水泥和低热硅酸盐水泥。

对于水泥的强度按工程要求选定，但强度等级最好不低于32.5MPa。

2. 集料

集料的品质是决定干硬性混凝土质量的关键因素之一。因为在干硬性混凝土中按体积计算集料占80%～85%，其中粗集料占60%～65%，所以必须对集料（尤其是粗集料）进行严格的质量控制。

（1）粗集料应选用致密、质地坚硬、强度高、耐久性好的石子作为粗集料。石子应无风化现象；石子的密度最好控制在2.55g/cm$^3$以上，吸水率应小于1.5%，含泥量不大于1%，粗集料的最大粒径应不大于50mm为宜，级配良好，以便容易振捣。

（2）细集料应选用无风化现象的山砂、河砂或人工砂。密度应控制在2.50g/cm$^3$以上，吸水率应小于3.0%。选用含泥量不超过3%的中砂。

3. 掺合料

掺加适量的掺合料可以改善干硬性混凝土的和易性，降低混凝土的水化热，还可以在必要时调节混凝土的强度。因此在工程需要的情况下，应掺加一定的掺合料。

干硬性混凝土的掺合料应优先选用粉煤灰。粉煤灰应达到《用于水泥和混凝土中的粉煤灰》（GB/T 1596—2005）标准规定的二级以上（含二级），如掺矿渣粉应使矿渣粉的比表面积达4 000cm$^2$/g以上。

4. 外加剂

可以掺加适量的减水剂来改善混凝土拌和物的工作性，使振动碾压时干硬性混凝土更易于发生“液化”而缩短混凝土密实所需要的时间（“液化”是指干硬性混凝土拌和物在振动碾压时失去稳定产生流动的现象）。

干硬性混凝土对减水剂的种类和减水率无特殊要求。但掺加较多的掺合料时，应进行适当的试验（如对减水率影响等）。

如在夏季施工,特别是使用水化热相对较大的水泥且混凝土体积较大时,应掺加适量的缓凝剂,以降低混凝土的水化热温升。

## 二、干硬性混凝土的配合比设计

干硬性混凝土的配合比设计过程和方法基本类同于普通混凝土。但由于干硬性混凝土的特点(坍落度小、集料用量大、水泥用量少等),配合比设计时与普通混凝土存在不少差别。

1. 设计原理

干硬性混凝土配合比设计所根据的原理有以下两点。

(1)通过试验,找出混凝土强度与水灰比的关系及用水量与干硬度的关系。

(2)根据混凝土的实体积,计算砂、石的用量。

计算时,以石材为集架,把水泥砂浆看作一个整体,水泥砂浆必须填满石子的空隙,并且还有一部分剩余,以包裹石子的表面。水泥砂浆的剩余系数 $K$(水泥砂浆实体积与石子空隙体积之比),比一般塑性混凝土小得多,仅为 1.05 ~ 1.20,建议采用 1.1,细石时可采用 1.2。

2. 设计步骤

1)确定水灰比

根据水泥强度等级及混凝土的龄期强度 $f_{uc,\sigma}$,计算混凝土强度与水泥强度等级的比值,然后由表 19-1 查出水灰比值($W/C$)。在计算中,如果所得 $f_{uc,\sigma}/f_{ce,g}$ 之值不能等于表列某一数值时,可用插入法求得。

干硬性混凝土强度与水灰比关系　　表 19-1

| 水灰比 | 灰水比 | 混凝土龄期强度与水泥强度等级的比值 $f_{cu,\sigma}/f_{ce,g}$(%) | | | |
|---|---|---|---|---|---|
| | | 1d | 2d | 3d | 28d |
| 0.30 | 3.33 | 30 | 47 | 57 | 110 |
| 0.35 | 2.86 | 28 | 45 | 55 | 100 |
| 0.40 | 2.50 | 25 | 38 | 48 | 80 |
| 0.45 | 2.22 | 20 | 32 | 40 | 70 |
| 0.50 | 2.00 | 16 | 27 | 34 | 63 |
| 0.55 | 1.81 | 14 | 22 | 28 | 56 |
| 0.60 | 1.67 | 12 | 19 | 25 | 50 |

按上述方法求出所需水灰比后,在试拌时应取 3 个水灰比,即:

(1)由表 19-1 中求得的水灰比。

(2)比表 19-1 中求得的水灰比大 20%。

(3)比表 19-1 中求得的水灰比小 20%。

根据 3 个水灰比值配制混凝土进行强度试验,把试验结果绘成与强度的图表,根据这个图表,我们就可以确定所需要的混凝土强度的水灰比。

2)确定用水量

单位用水量是根据干硬度来确定的,干硬度的选择必须考虑搅拌机及振动器的能力,一定要保证混凝土搅拌均匀,振捣密实。

单位用水量可参考表 19-2 确定。

**干硬性混凝土的用水量($kg/m^3$)** 表 19-2

| 拌和物稠度 | | 卵石最大粒径(mm) | | | 碎石最大粒径(mm) | | |
|---|---|---|---|---|---|---|---|
| 项目 | 指标 | 10 | 20 | 40 | 16 | 20 | 40 |
| 维勃稠度(s) | 16~20 | 175 | 160 | 145 | 180 | 170 | 155 |
| | 11~15 | 180 | 165 | 150 | 185 | 175 | 160 |
| | 5~10 | 185 | 170 | 155 | 190 | 180 | 165 |

3)计算水泥用量

根据选定的水灰比及单位用水量,即可按下式算出水泥用量 $m$。

$$m_{co}=\text{用水量}/\text{水灰比}=\frac{m_{wo}}{\frac{W}{C}} \tag{19-1}$$

或

$$m_{co}=\text{用水量}\times\text{灰水比}=m_{wo}\times\frac{C}{W} \tag{19-2}$$

4)计算石子用量

石子用量的计算公式为:

$$m_{go}=\frac{1\,000\rho_g'}{1+\frac{\rho_g'}{\rho_g}P_g b} \tag{19-3}$$

式中:$m_{go}$——石子用量($kg/m^3$);

$\rho_g'$、$\rho_g$——石子的视密度和表观密度($kg/m^3$);

$P_g$——石子的空隙率,以体积百分数计;

$b$—— 水泥砂浆即空隙填充系数,或剩余系数,值可由表 19-3 查得。

**空隙填充系数 $b$** 表 19-3

| 混凝土混合料状态 | $b$ 值 | 混凝土混合料状态 | $b$ 值 |
|---|---|---|---|
| 维勃稠度 >50s | 1.05~1.10 | 水泥用量≥500kg/$m^3$ | 1.10~1.20 |
| 维勃稠度 30~50s | 1.20~1.40 | | |

5)计算砂子用量

砂子用量的计算公式为:

$$m_{so}=\left[1\,000-\left(\frac{m_{co}}{\rho_c}+\frac{m_{go}}{\rho_g'}+m_{wo}\right)\right]\rho_s' \tag{19-4}$$

式中: $m_{so}$——砂子用量($kg/m^3$);

$m_{co}$、$m_{go}$、$m_{wo}$——水泥、石及水的用量($kg/m^3$);

$\rho_c$、$\rho_g'$、$\rho_s'$——水泥密度和石、砂视密度。

6)试拌并根据试验结果校正配合比

根据上述计算出的每立方米各种材料用量,取其 1/4 进行试拌,并制作混凝土试块。测其强度及按规定的方法检验混凝土拌和物的干硬度和表观密度,并计算其理论表观密度。根据试验数据对水灰比和其他参数进行校正,以满足设计的要求。

混凝土拌和物表观密度的实测结果与理论计算数值之差不得大于 2%,否则按下述方法进行修正。

$$Y=\frac{\rho_{c,c}}{\rho_{c,t}} \tag{19-5}$$

式中：$Y$——材料修正系数；

$\rho_{c,c}$、$\rho_{c,t}$——拌和物的理论计算表观密度和实测表观密度。

修正的方法是用 $Y$ 分别乘以原设计中 $1m^3$ 混凝土的材料用量，即得 $1m^3$ 混凝土中各种材料的实际用量。

## 三、干硬性混凝土的施工工艺

1. 搅拌

宜采用强制搅拌机进行搅拌，如选用自落式搅拌机，应适当延长搅拌时间。

2. 运输

运输干硬性混凝土宜采用自卸卡车、皮带式输送机、斜坡车道等工具和机具，不得采用溜槽式溜管运输。

运输过程中应尽量避免水泥浆的流失和集料的分离。运输车斗应无漏缝，路面尽量平整，避免因行车时颠簸产生的振动而使集料分离。

3. 浇筑

(1)浇筑前，应仔细检查模板结合的牢固程度，保证在碾压振动时模板不会松散。

为保证模板本身的强度，一般应选用加肋钢板或混凝土预制模板。

(2)如铺筑道路或建筑基础，浇筑一般采用大仓面薄层连续铺筑或间歇铺筑。一次铺筑层的厚度可由混凝土的拌制及铺筑能力、水化热温升控制要求、混凝土分块尺寸等因素综合考虑决定。

采用自卸车直接卸料铺筑时，应采取退铺法依次卸料。卸料堆旁如出现分离集料，应将其均匀摊铺在碾压振实的混凝土上面。

采用吊罐入仓时，卸料高度不宜大于1.5m。碾压混凝土的平仓应采用薄层平仓法。平仓厚度应控制在17～34mm范围内，只有经过试验能确保质量时，平仓厚度方可适当加大。平仓过的混凝土表面应平整，无明显凹坑，不允许向浇筑下游倾斜。

4. 碾压振实

(1)碾压机的选型。选型时应根据工程要求考虑碾压机的压滚尺寸、起振力、振动频率、振幅和行走速度。一般混凝土的体积大，要求的压滚尺寸也要大，相应的起振力要强，振动频率也应快些。行走速度一般控制在20～25m/min范围内。

(2)压振作业。一次压振厚度不宜超过粗集料最大粒径的3倍。实际施工中也可根据施工经验或现场进行试压振来确定一次压振厚度和需要压振的次数。

压振作业宜采用搭接法。搭接宽度应为20cm左右，端头部位的搭接宽度宜为100cm左右。

如采用干硬性混凝土浇筑大坝，在坝体的迎水面3m范围内，碾压方向应垂直于水流方向，其余部位最好也垂直于水流方向。

每层压振作业完成后，应及时按照网各布点检测混凝土的压实状态密度，所测状态密度低于规定指标时，应立即复测，并查找原因，采取处理措施。

连续上升铺筑的干硬性混凝土，层间允许间隔时间(系下层混凝土压振完毕为止)应控制在混凝土初凝时间以内。一般情况下，混凝土以加水搅拌到压振完毕历时应不超过2h。

5. 施工缝及变形缝的设置及处理

对于一些体积较大的混凝土工程，应设置施工缝及变形缝。设缝可以采用切割机切割，并采取先切后碾，即切割成缝后，再进行下一层碾压振实。

缝面必须进行层面处理。层面处理可用毛刷冲毛等方法清除混凝土表面的浮浆及已松动的集料。处理合格后，先均匀刮铺一层 1 ~ 1.5cm 厚的砂浆（砂浆强度应比混凝土高一级），然后立即在上面摊铺新一层干硬性混凝土，并应在砂浆终凝前完成碾压振实。

6. 不同种类混凝土的浇筑

如干硬性混凝土浇筑在普通混凝土基层上，普通混凝土至少应养护 3 ~ 7d，方能在其上浇筑干硬性混弹凝土。

对于大坝，如果靠岸坡岩面为普通混凝土，在普通混凝土的一侧用干硬性混凝土，则两种混凝土可同时浇筑。两种混凝土的结合面不应是与地面垂直的一条直线，而应是与地面成 60° ~ 70°的一条斜线。

## 第二节　压力灌浆混凝土施工

压力灌浆混凝土又称预填集料灌浆混凝土，是混凝土分部浇灌法之一，它先以最优中断级配（间断级配）的粗集料填入模板内，然后用砂浆输送泵，将流动度大、和易性好的砂浆，挤满粗集料之间空隙，经过一段时间养护，制成密实的混凝土。

压力灌浆混凝土具有需要设备少、浇灌快、节省水泥、便于利用细砂，以及抗拉强度及钢筋黏结强度高的优点；但有施工工艺较复杂，需要适合现场工作面分散的流动压浆设备，混凝土的早强低、弹模低的缺点。适用于大体积混凝土工程，如基石处、挡土墙及桥台墩堤。我国武汉钢铁（集团）公司（简称武钢）、包头钢铁（集团）有限公司（简称包钢）、河北钢铁集团石家庄钢铁有限公司（简称石钢）和北京工人体育馆曾用压力灌浆混凝土浇筑高炉、平炉基石处及桥台。

### 一、压力灌浆混凝土原材料技术要求

1. 水泥

压浆混凝土所用的水泥应符合国家标准《通用硅酸盐水泥》（GB 175—2007）和《矿渣硅酸盐水泥、火山灰质硅酸盐水泥及粉煤灰硅酸盐水泥》（GB 1344—1999）的规定，要求泌水性小，收缩性小，最好用普通硅酸盐水泥。

2. 石子

除应符合混凝土对石子（粗集料）的技术要求外，且最小粒径≥2cm，最大粒径≤构件断面，$D_{max}$≤30cm，使用前须清洗干净。

3. 砂

除应符合混凝土对砂（细集料）的技术要求外，且最大粒径≤2.5mm，细度模数应在 1.2 ~ 2.0 范围之内。

4. 掺合料

最常用的掺合料是火山灰质混合材料和粒状高炉矿渣等，其中以粉煤灰应用最广。粉煤灰的要求应符合下列规定。

(1)细度。细度越细越好，要求通过 4 900 孔/$cm^2$ 筛的筛余量不超过 15%。含水率不超过 3%。

(2)对化学成分的要求如下：$SiO_3$：40%；$Al_2O_3$：15%；$SO_3$：3%；MgO：3%；烧失量：12%；含碱量：1.5%。

5. 塑化剂

塑化剂适宜掺量为 0.2%，常用亚硫酸纸浆废液。

6. 铝粉

铝粉掺量为胶结材总量(水泥 + 粉煤灰)的 0.007% ~0.01%，可消除砂浆内泌水而产生沉陷和终凝前产生的收缩现象，保证砂浆与石子的黏结。

## 二、压力灌浆混凝土(砂浆)配合比设计

1. 浇筑砂浆的技术要求

1)砂浆分层度

砂浆的分层度≤20mm，要求和易性好，不收缩。

2)砂浆流动度

流动度是砂浆通过一锥形漏斗(顶径：175mm；底径：37mm；高：187 +37mm)流完所经过的时间，要求见表 19-4。

砂浆流动度　　表 19-4

| $D_{min}$ 粗集料最小粒径(mm) | 流动度(s) | $D_{min}$ 粗集料最小粒径(mm) | 流动度(s) |
|---|---|---|---|
| 20 | 18 ~ 22 | >20 | 22 ~ 25 |

3)砂浆黏性

水泥砂浆的黏性参数包括黏度和极限切应力，用回转黏度计测定。苏联学者经试验所得的适于浇筑预填集料的水泥砂浆最佳黏性参数见表 19-5。

水泥砂浆的最佳黏性参数　　表 19-5

| 灰砂比 | 砂的种类 | 水灰比 | 水泥砂浆密度 ($kg/m^3$) | 极限切应力 (Pa) | 黏度 (Pa・s) |
|---|---|---|---|---|---|
| 1:1 | 海砂 | 0.49 | 2 240 | 40.0 | 0.68 |
| | 细粒河砂 | 0.60 | 2 180 | 42.5 | 0.60 |
| | 河砂 | 0.52 | 2 200 | 42.8 | 0.63 |
| 1:2 | 海砂 | 0.55 | 2 160 | 40.0 | 0.50 |
| | 细粒河砂 | 0.78 | 2 100 | 41.5 | 0.52 |
| | 中粒河砂 | 0.79 | 2 130 | 41.5 | 0.48 |
| 1:2.5 | 海砂 | 0.64 | 2 200 | 39.5 | 0.54 |
| | 细粒河砂 | 0.81 | 2 150 | 44.5 | 0.75 |
| | 中粒河砂 | 0.79 | 2 170 | 50.5 | 0.48 |
| 1:3 | 海砂 | 0.78 | 2 120 | 43.0 | 0.52 |
| | 细粒河砂 | 0.91 | 2 080 | 46.0 | 0.46 |
| | 中粒河砂 | 0.88 | 2 030 | 40.6 | 0.47 |
| | 河砂 | 0.83 | 2 000 | 44.0 | 0.50 |
| 1:4 | 河砂 | 1.03 | 205 | 3.90 | 0.59 |

4）砂浆泌水量

泌水量大的水泥砂浆，进行泵送时易引起离析堵塞管道；进入水下预填粗集料后，又不易扩散，影响压浆混凝土的质量。一般水泥砂浆静置4h后的泌水量应不大于10mL（每900mL浆液）。

5）砂浆的浇筑度

浇筑度，是反映水泥砂浆在预填集料中流布范围的一项指标。

试验在有玻璃侧壁的、顶部开口的箱内进行，箱尺寸为10cm×20cm×100cm，如图19-1所示。在箱端部的下部，设一直径20～25mm的金属连接管和带有漏斗的橡皮弯管。试验前先在箱内灌水，然后以自由抛投方式，抛投粒径为40～50mm的碎石，抛投厚12～15cm。然后通过软管漏斗向里浇筑水泥砂浆，直至玻璃端壁上高度达到10cm，再浇筑水泥砂浆3min，以水泥砂浆楔体的长度与高度之比（$R/h$ 或 $R/(h_1-h_2)$）作为浇筑度。浇筑效果良好的水泥砂浆的浇筑度不应小于5。

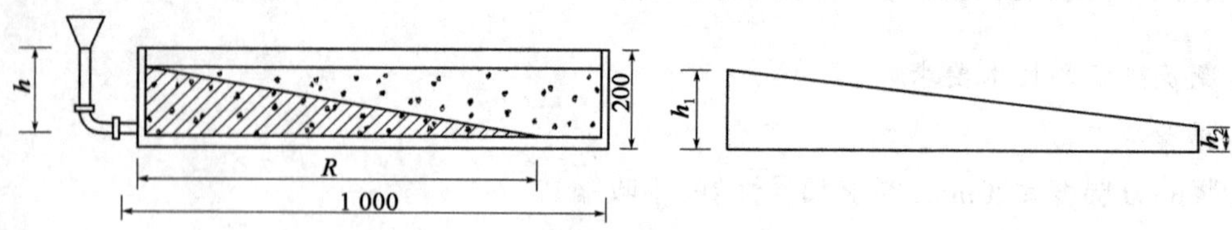


图19-1　浇筑度试验方法（尺寸单位：mm）

2. 配合比设计

（1）根据石子实际最小粒径，查表19-4得出砂浆流动度。

（2）根据 $f_{cu,28}$，掺灰比 $D/C$（掺合料为水泥）由图19-2查得 $S/C$（砂灰比）。

（3）求水胶比 $W/(C+D)$ 见表19-6。

灌浆混凝土水胶比选择　　表19-6

| $\frac{D}{C}$ | $\frac{S}{C}$ | | | | | | |
|---|---|---|---|---|---|---|---|
| | 1.5 | 1.75 | 2.0 | 2.25 | 2.5 | 2.75 | 3.0 |
| 0.5 | 0.56 | 0.58 | 0.6 | 0.62 | 0.65 | 0.68 | 0.71 |
| 0.4 | 0.53 | 0.56 | 0.6 | 0.63 | 0.66 | 0.69 | 0.72 |
| 0.3 | 0.55 | 0.55 | 0.6 | 0.64 | 0.67 | 0.70 | 0.73 |

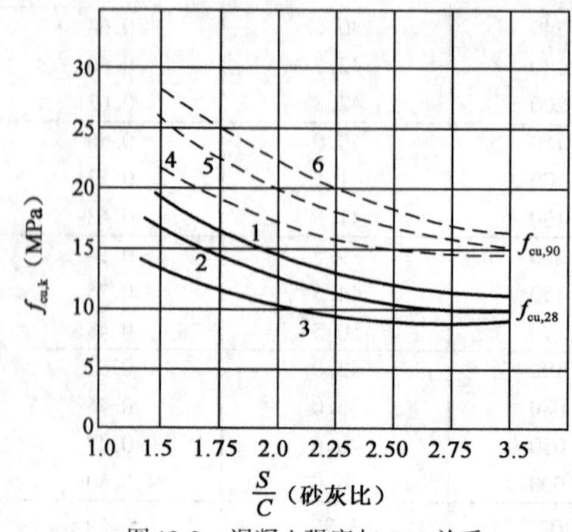


图19-2　混凝土强度与 $S/C$ 关系

1、6-$D/C=0.3$；2、5-$D/C=0.4$；3、4-$D/C=0.5$

（4）根据砂浆配合比，确定塑化剂（0.2%）及铝粉（1/10 000或0.7/10 000）。

（5）根据下式计算砂浆需用量 $V_m$：

$$V_m = KP_g$$

式中：$P_g$——石子空隙率（%）；

$K$——砂浆包裹石子表面，冲刷管子和横板渗浆等砂浆耗用系数1.05～1.10。

（6）1$m^3$ 砂浆水泥用量按下式计算：

$$m_{co} = \frac{1\ 000}{\frac{1}{P_c} + \frac{m_{do}}{m_{co}\cdot P_d} + \frac{m_{so}}{m_{co}\cdot P_s} + \frac{W}{C+D}} \tag{19-6}$$

$$m_{do} = m_{co} \cdot \frac{D}{C}$$

$$m_{so} = m_{co} \cdot \frac{S}{C}$$

$$m_{wo} = \frac{W}{C+D} \cdot (C+D)$$

塑化剂

$$m_{ss} = 0.2\% (m_{co} + m_{do})$$

铝粉

$$m_{Al} = \frac{0.7-1}{10\ 000}(m_{co} + m_{do})$$

上述式中：$m_{co}$——水泥用量（kg/m$^3$）；

$m_{do}$——掺合料用量（kg/m$^3$）；

$m_{so}$——砂子用量（kg/m$^3$）；

$m_{wo}$——水的用量（L/m$^3$）；

$m_{ss}$——塑化剂（kg/m$^3$）；

$m_{Al}$——铝粉用量（kg/m$^3$）。

## 三、压力灌浆混凝土浇筑砂浆的配制

1. 配制的顺序

浇筑砂浆的抗压强度，龄期91d时，在35～50MPa范围之内，一般所必需的配制强度多在这一范围之内。因此实用的配制顺序是：首先按结构物的目的、规模等建立浇筑计划，参考已施工的实例，假定出配合比；其次，用假定的配合比进行试拌，证实是否可以得到未固化砂浆的各种性质，同时反复地进行配合比的修正，直到获得这些性质为止。若已经获得了所需要的配合比，则应以此进行抗压强度的试验，以确认是否达到所需强度或为达此目的所进行的修正。图19-3为浇筑砂浆的配制顺序；图19-4为纯水泥用量与$S/(C+F)$的关系；图19-5为以上各种配合比水平的效果图。

2. 掺和料掺率[$F/(C+F)$]的选定

掺用优质粉煤灰，有利于改善浇筑砂浆的流动性及抗压强度；但必须注意，若粉煤灰的掺率增大，则在浇筑过程中就容易引起材料分离，并且在浇筑后泌水量增加。图19-6是掺合料掺率与混凝土表面产生的浮沫厚度的关系进行试验而得出的实例。与水泥密度3.0～3.2g/cm$^3$相比较，粉煤灰的密度是2.0～2.1g/cm$^3$；而在水中两者密度之比则为2:1。这种密度的差别就是砂浆在水中流动时引起材料分离的重大原因。因此，掺合料掺率大的，容易导致材料的分离，从而浮沫的厚度也增加。从水泥与粉煤灰有分离现象这样的理由来看，也必须把压浆混凝土中掺合料的掺率压低到某种程度以下，一般控制在30%以下。在必须具有良好耐久性时，控制在20%以下是安全的。

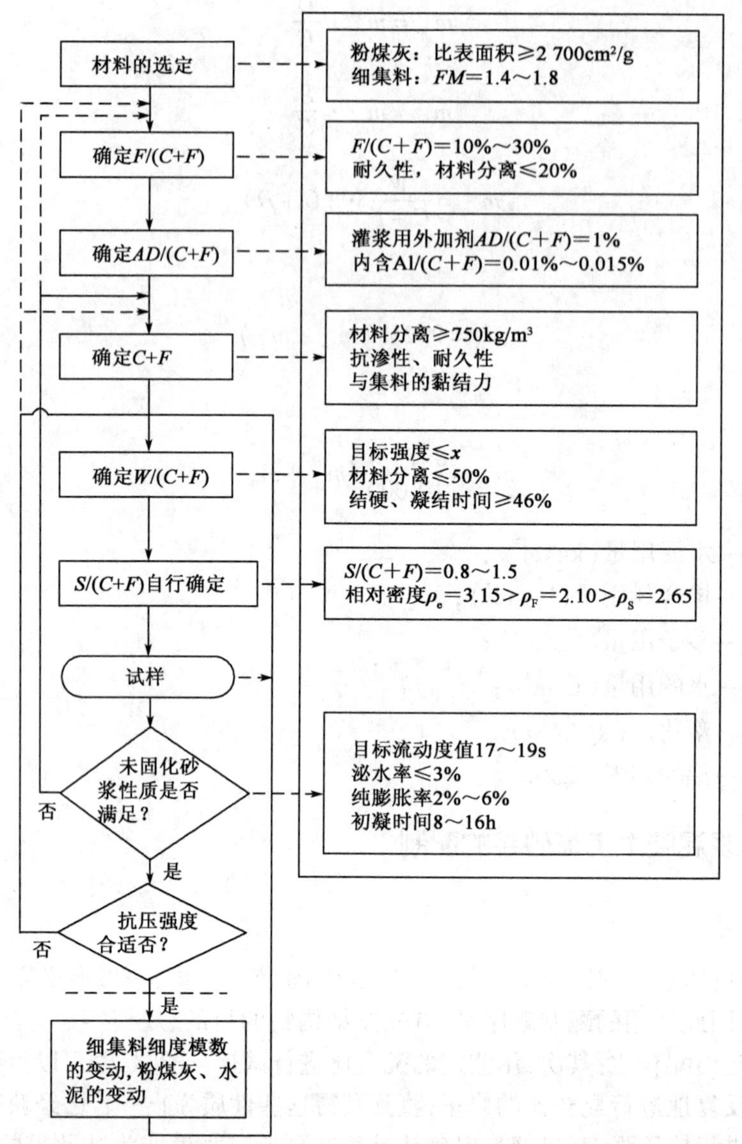


图 19-3　配制的顺序

3. 外加剂 $AD/(C+F)$ 的选定

作为外加剂使用的助灌剂、波佐利斯 NO.600等在浇筑使用时,外加剂掺率 $AD/(C+F)$ 定为 1%;减水剂与铝粉并用时,铝粉掺量以 $(C+F)$ 的 0.01% ~0.015% 为标准。

4. 单位用灰量 $C+F$ 的选定

贫灰砂浆容易导致材料分离以及和集料的黏结力降低,有增加浇筑过程中及浇筑后强度损失趋向。因此,浇筑砂浆每立方米用灰量通常均定在 750kg 以上。在施工条件苛刻时,例

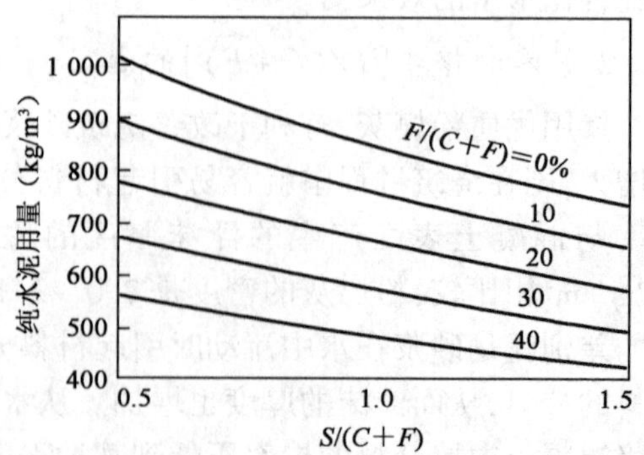


图 19-4　纯水泥用量与 $S/(C+F)$ 及 $F/(C+F)$ 的关系

注:相对密度:$\rho_c=3.15$;$\rho_F=2.10$;$\rho_s=2.65$;$W/(C+F)=48\%$。

如灌浆管的间隔很宽或仓面内每次砂浆升程很高时，为了弥补强度的损失，采用800kg以上是安全的。

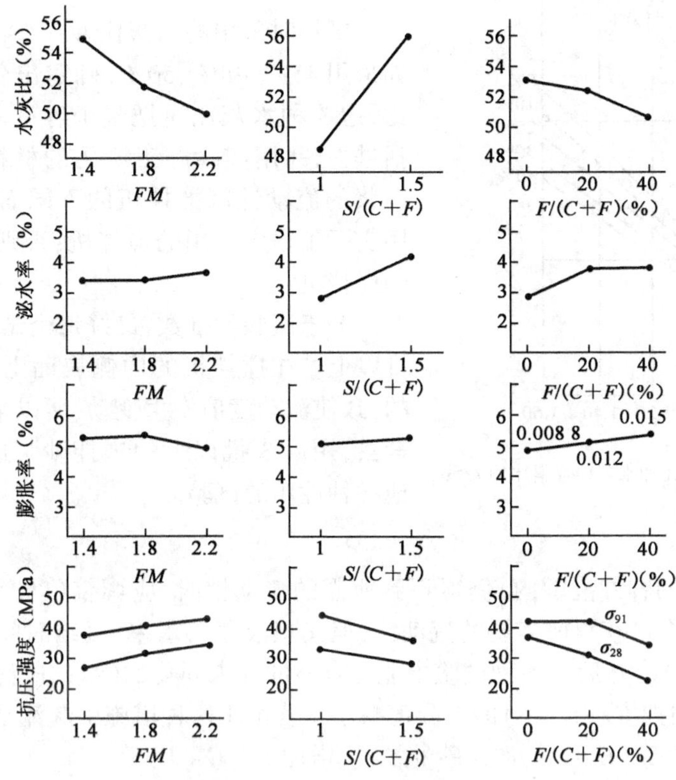


图19-5 各种配合比水平的效果

注：有＊记号的数值表示 $Al/(C+F)$，图中流动值为17～18.6s。

5. 水灰比 $W/(C+F)$ 的选定

$W/(C+F)$ 的确定，必须满足配合比强度的要求，但必须抑制浇筑砂浆的材料分离，防止体积变化，具有良好的抗渗性，将 $W/(C+F)$ 压低到50%以下为宜。但是，如果 $W/(C+F)$ 过小，则在浇筑初期容易发生浇筑砂浆的硬结，因此即使在意欲降低水灰比时，保持在45%以上是安全的。

6. 砂灰比 $S/(C+F)$ 的选定

$F/(C+F)$、$C+F$、$W/(C+F)$ 一经确定，$S/(C+F)$ 也就自然地确定下来。$S/(C+F)$ 一般在0.8～1.5范围之内，单位水泥用量为750kg时，其值为1.3左右；800kg时，其值为1.1左右。

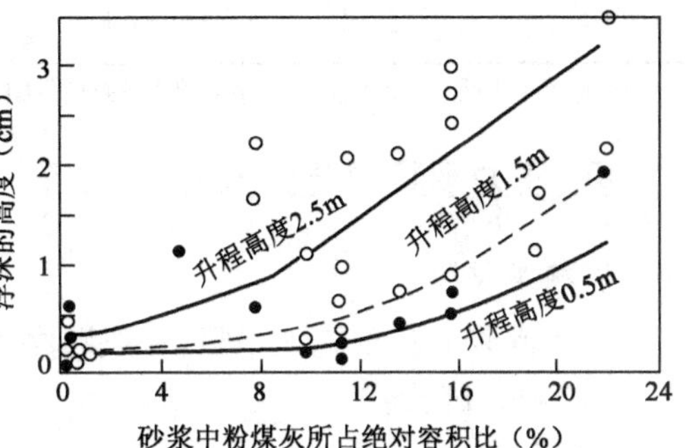


图19-6 粉煤灰掺率与浮沫厚度的关系

砂与结合料比和水与结合料比如图19-7所示。

在选择试验配合比时，先以3种以上水灰比的砂浆进行试拌；然后在实际施工中，还要对 $W/(C+F)$ 进行修正，以便不改变砂浆的流动性，因为材料质量若有变化，也会使砂浆的流动性发生变化。在这种情况下，只需按水的绝对体积的增、减来改变砂的绝对体积即可，浇筑砂浆的体积保持不变。

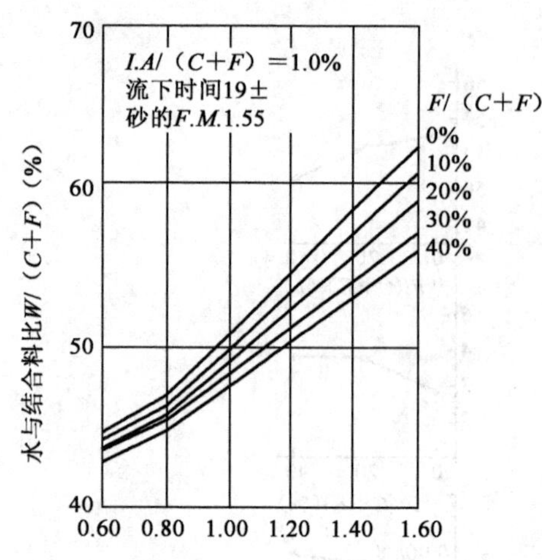

图 19-7　砂与结合料比和水与结合料比的关系

7. 试拌

试拌时采用的水灰比 $W/(C+F)$ 不少于 3 种，例如采用 45%、48%、50%，确定出各批次的试验配合比，这 3 种水灰比应把整个容许范围内的水灰比包括进去，并用实际施工所用的材料进行试拌。浇筑砂浆的流动性因搅拌机的不同而异，所以要尽量使用实际工程中所用的搅拌机；否则就使用 200L 以上的搅拌机。

关于试验的批数，最好每个试验配合比都试验 5 批以上。在搅拌机的内侧表面上，常是偏湿或偏干的，致使流动度值发生变动，所以常将开始的 1 ~ 2 批舍去，用后 3 批以上的试拌砂浆进行流动度值或其他各种性质的试验。

8. 配合比的修正

在 $W/(C+F)$ 的容许范围内，仍得不到所需的流动性时，应调整单位水泥用量及掺砂率 $S/(C+F)$。此外，在已获得所需要的流动性，但又想改善泌水率、凝结时间等各种性质时，也可以减少 $F/(C+F)$。然后把各种试验中业已合格的尚未固化的砂浆进行强度试验。在达不到预期的强度时，便把 $W/(C+F)$ 的上限值减小。若由于这种措施引起流动性恶化，就必须采取补救措施，如减少 $S/(C+F)$、加大砂的粒径、增加 $F/(C+F)$ 等。

根据这些已合格的试验配合比来确定标准配合比，但在现场由于各种因素的影响，流动度还是有变化，所以在标准配合比中选用的 $W/(C+F)$，要比可以容许的上限值小一点为宜。

按照标准规范的规定，配合比的表示方法见表 19-7。

**配合比的表示方法**　　表 19-7

| 粗集料 | | | 流下时间的范围(s) | 水灰比 $W/(C+F)$(%) | 掺和料掺率 $F/(C+F)$(%) | 砂灰比 $S/(C+F)$(%) | 单位用量[①] | | | | | |
|---|---|---|---|---|---|---|---|---|---|---|---|---|
| 最小尺寸(mm) | 最大尺寸(mm) | 孔隙率(%) | | | | | W(kg) | C(kg) | F(kg) | S(kg) | 外加剂(g) | 铝粉(g) |
| | | | | | | | | | | | | |

注：①单位用量，是指配制 $1m^3$ 砂浆所用的材料质量，外加剂用量用 g 或 CC 表示，是未加稀释或溶解的。

## 四、压力灌浆混凝土施工

1. 施工步骤

压力灌浆混凝土施工步骤，一般顺序为：

(1) 材料试验；

(2) 配合比设计；

(3) 模板组装、安装就位；

(4) 填粗集料、预埋压力注浆管；

(5) 砂浆浇筑；

(6)注入砂浆及表面处理。

2. 机械仪表设备

压力灌浆混凝土施工使用的主要设备、机械、仪表,有运送材料、调制、存储材料用的设备,计量设备,砂浆搅拌机,搅动器,注入泵,电源控制装置,砂浆运输管路和注入管路等。

砂浆搅拌机,搅拌速度越大搅拌性能越好,可使用200L的砂浆搅拌机或400L混凝土搅拌机。砂浆搅拌好后在容器内要用低搅拌速度的搅拌器搅动。

砂浆注入应连续不断地进行,为了能不间断地给泵供应砂浆,当工程量大时,也可多台搅拌机联合供浆。

输浆管路可用普通钢管、聚氯乙烯管、耐压橡胶管等,应设环行管路、预备系统、废弃系统、冲洗装置等。

注入管用普通钢管,在端头削成斜尖,内径相应于砂浆注入速度为19~65mm。

测定砂浆注入位置的测标仪是用内径为$\phi50$左右的钢管,在管上设有许多纵向切口,管口放置浮标来测定砂浆注入高度。

3. 模板安装、浇筑管布置

(1)模板要使用能承受注入压力的坚硬材料,确保浇筑砂浆时不变形,模板接缝及模板与基础间要有措施保证压浆时不漏浆。

(2)填放的粗集料要冲洗清洁,在注入砂浆前要预先吸足水分。

(3)水平面的模板应做成透气模板。

(4)砂浆未注入之前对已搅拌的砂浆要继续不停地搅动,防止沉淀离析。

(5)砂浆注入从最下部开始慢慢向上进行,浇筑管的布置参照表19-8。

**注浆管布置参考** 表19-8

| 工程名称 | 注浆的水平间距(m) | 注浆管直径(mm) | 输灰浆管 | |
|---|---|---|---|---|
| | | | 直径(mm) | 压送距离(m) |
| 横浜港山下码头 | 1.0 | 19 | 25 | 250 |
| 由比港南防波堤 | 2.0 | 25 | 25 | 200 |
| 东黑部海岸堤防 | 2.0 | 25 | 38 | 300 |
| 清水港波防堤 | 1.5 | 25 | 25 | 30~50 |
| 三河港东防波堤 | 1.2 | 48 | 48 | 25 |
| 田后港防波堤 | 1.5~2.0 | 38 | 51 | 130 |
| 深浦港防波堤 | 1.5 | 25 | 38 | 20 |
| 羽慢港防波堤 | 1.0 | 40 | 40 | 110 |
| 天草架桥第三号桥桥墩 | 1.5~2.0 | 38 | 51 | 170 |
| 若户大桥桥墩基础 | 2.0 | 25 | 38 | 120 |

(6)浇筑管可以预埋也可以钻孔下插。

①预埋浇筑管,即在未抛填粗集料或块石之前,按要求间距预先将浇筑管固定在仓内。当预填集料厚度不足2m时,灌浆过程中可以不提管,浇筑管可以固定。当预填集料厚度不足4m时,浇筑管可以不设护管筒,直接与预填集料接触,依靠外力提升。当预填集料厚度超过4m时,为了减少上拔阻力和防止水下抛填集料击坏浇筑管,宜在浇筑管下部外套一个能使浆体渗出的护管筒。

护管筒可由型钢、螺旋钢筋焊成，也可利用刻有流浆槽的钢管。护管筒顶部高程，应高出设计填石高度1.5m以上。护管筒的内径按下式计算：

$$d_p = \frac{\eta_1 D_h}{7K_h} + d_t \tag{19-7}$$

式中：$d_p$——护管筒内径(mm)；

$\eta_1$——试验系数，约为1.5；

$D_h$——预填碎石集料的平均粒径(mm)；

$K_h$——碎石附加阻力系数，约为4.5；

$d_t$——灌注管外径(mm)。

②钻孔下插浇筑管，即在抛填集料后，用回转式岩心钻机在预填集料上钻孔，在套管内下插浇筑管，而后拔除套管，使浇筑管埋入堆石体。这种方法成本较高，且不宜用于钢筋较密的仓面。

对于输浆管与浇筑管的连接，当用灰浆泵加压浇筑(图19-8)时，可以一根输浆管供应一根浇筑管，亦可以利用中间阀门使一根输浆管供应两根或两根以上的浇筑管。

当工程量不大、深水浇筑或压浆混凝土厚度不大于2m时，可用自流浇筑，如图19-9所示。

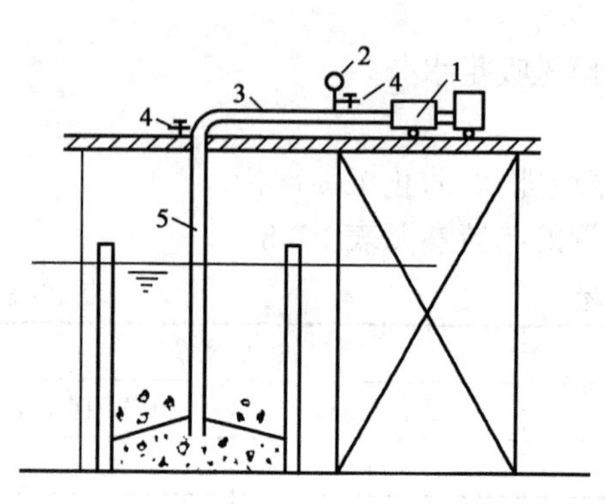


图19-8 加压浇筑

1-灰浆泵;2-压力表;3-输浆管;4-放浆管;5-浇筑管

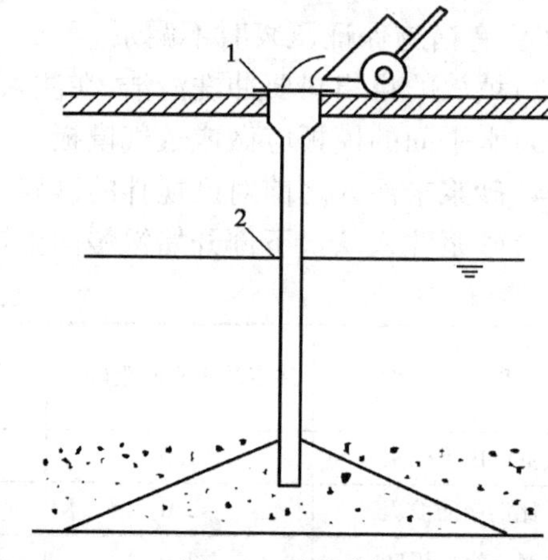


图19-9 自流浇筑

1-承料漏斗;2-浇筑管

至于预填集料，当在动水中抛填时，需采用带拦石钢筋网的格栅模板，抛填集料后再堵漏。在静水中抛填则需利用不透水模板。

抛投时，应注意集料大小的搭配，为使模板均衡受力，应使预填集料在仓内均衡上升。抛填高度宜高出设计高度0.5m左右。

4.混凝土的表面处理

压力灌浆混凝土的强度，一般是混凝土表面层比下部强度低得多，因此，应认真进行表面处理。

(1)顶部注入砂浆的配合比要比其他部分注入的砂浆配合比高。

(2)注入砂浆后2~3h，泌水现象大致结束时，于注浆混凝土表面深约50cm处再注入砂浆，使表面的砂浆流溢由新砂浆置换。

(3)构件表面用真空振捣平板振实，或使用金属网挂在角钢做的构架上再以布衬里的透气模板，覆盖压在灌浆混凝土的表面上，防止注入砂浆的集料上浮，同时随着砂浆的膨胀可将砂浆中的水分挤出。

5. 注意事项

在进行水下压浆混凝土施工时，为保证施工质量，在进行施工组织设计时，应注意下列问题。

1) 浆液在预填集料中的扩散半径

(1) 管外无护管筒时

①自流浇筑

浆液在孔隙直径为 $D_a$ 的预填集料中的扩散半径为 $R_{ex}$（图 19-10）。浆液的极限切应力为 $\tau_{cs}$，浆液在流经 $R_{ex}$ 时所必须克服的阻力为：

$$P_h = K_h \cdot \pi \cdot D_a \cdot R_{ex} \cdot \tau_{cs}$$

浆液在浇筑管内单位面积上的压力，为浆液自重与流动摩阻力的差值，即：

$$H_t \cdot \gamma_{cs} - H_w \cdot \gamma_w - \frac{\pi d_t \cdot H_t \cdot \tau_{cs}}{\frac{\pi d_t^2}{4}}$$

在孔隙直径 $D_a$ 上的压力为：

$$P_1 = \left(H_t \cdot \gamma_{cs} - H_w \cdot \gamma_w - \frac{4H_t\tau_{cs}}{d_t}\right) \cdot \frac{1}{4}\pi D_a^2$$

根据胶体水力学原理，在稳定流动情况下，浆液沿预填集料空隙流动产生的切应力，应与浇筑管内浆液的有效压力相平衡，即 $P_h$ 应等于 $P_1$，即：

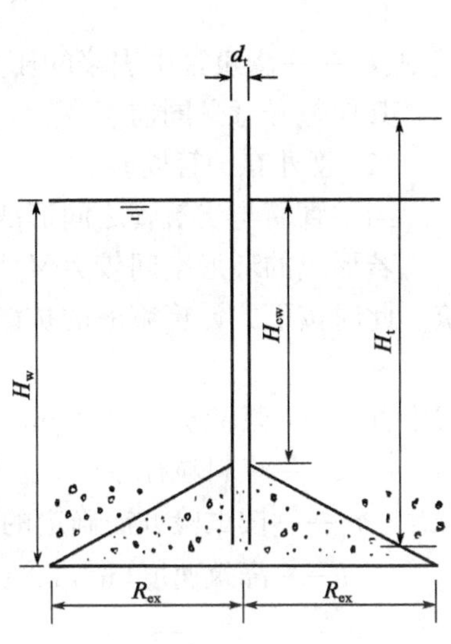

图 19-10　浆液扩散半径

$$K_h\pi D_a R_{ex}\tau_{cs} = \left(H_t\gamma_{es} - H_w\gamma_w - \frac{4H_t\tau_{cs}}{d_t}\right)\frac{1}{4}\pi D_a^2$$

预填集料的孔隙直径 $D_a$，等于其平均粒径 $D_h$ 的 1/7，代入上式并化简整理，得：

$$R_{ex} = \frac{\left(H_t\gamma_{cs} - H_w\gamma_w - 4\tau_{cs}\frac{H_t}{d_t}\right)D_h}{28K_h\tau_{cs}} \tag{19-8}$$

如在陆地上施工，则：

$$R_{ex} = \frac{\left(H_t\gamma_{cs} - 4\tau_{cs}\frac{H_t}{d_t}\right)D_h}{28K_h\tau_{cs}} \tag{19-9}$$

上述式中：$R_{ex}$——浆液扩散半径（cm）；

$d_t$——浇筑管内径（cm）；

$H_t$——浇筑管长度（cm）；

$H_w$——浇筑处水深（cm）；

$\gamma_{cs}$、$\gamma_w$——分别为浆液及水的重度（N/cm³）；

$\tau_{cs}$——浆液极限切应力（MPa）；

$D_h$——预填集料平均粒径(cm);

$K_h$——预填集料抵抗浆液运动的附加阻力系数,碎石为4.5,卵石为4.2。

②加压浇筑

当加压浇筑时,浆液的扩散半径为:

$$R_{ex}=\frac{\left(1\,000P_a+H_t\gamma_{cs}-H_w\gamma_w-4\tau_{cs}\frac{H_t}{d_t}\right)D_h}{28K_h\tau_{cs}} \tag{19-10}$$

如在陆地上施工,则:

$$R_{ex}=\frac{\left(1\,000P_a+H_t\gamma_{cs}-4\tau_{cs}\frac{H_t}{d_t}\right)D_h}{28K_h\tau_{cs}} \tag{19-11}$$

式中:$P_a$——浇筑管中进浆的压力(MPa);

其他符号意义同前。

(2)管外有护管筒时

当护管筒与浇筑管之间形成的环形空间很小,或没有阻塞器时,计算公式同无护管筒时。

若形成的环形空间较大又无阻塞器,为防止浆液沿环状空间上升过高,只能采用低压浇筑。此时按下式计算浆液的扩散半径,即:

$$R_{ex}=n\cdot r_g\cdot I \tag{19-12}$$

式中:$R_{ex}$——浆液扩散半径(m);

$n$——集料粒径系数。当预填集料粒径小于150mm时,为0.7;大于150mm时,为1.0;

$r_g$——按试验方法确定的浇筑度,可采用5;

$I$——浇筑速度($m^3/m^2\cdot h$)。

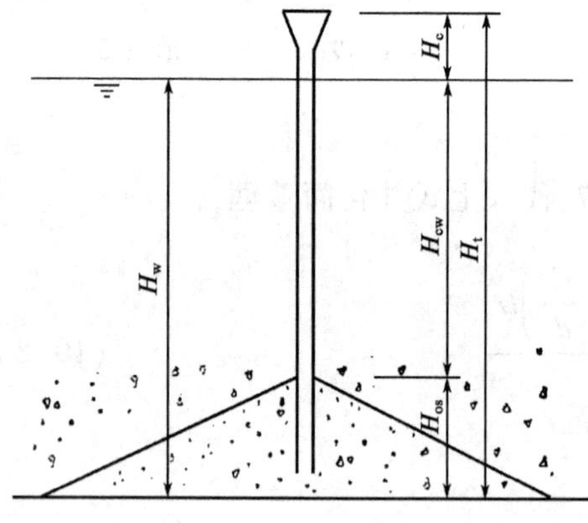

图19-11 浆液上升高度计算示意图

2)浆液上升高度

(1)自流浇筑

浆液上升高度为$h_{cs}$时(图19-11),沿预填集料空隙直径$D_a$的上升阻力为:

$$P_{cs}=H_{cw}\gamma_w\frac{\pi D_a^2}{4}+h_{cs}\gamma_{cs}\frac{\pi D_a^2}{4}+K_h\pi D_a h_{cs}\tau_{cs}$$

浇筑管内产生的压力为:

$$P_1=H_t\gamma_{cs}\frac{\pi D_a^2}{4}-\frac{\pi d_t H_t\tau_{cs}}{\pi d_t^2/4}\cdot\frac{\pi D_a^2}{4}$$

当处于极限平衡状态时,$P_{cs}=P_1$,则浆液上升高度为:

$$h_{cs}=\frac{\left(H_t\gamma_{cs}-H_w\gamma_w-\frac{4H_t\tau_{cs}}{d_t}\right)D_a}{(\gamma_{cs}-\gamma_w)D_a+4K_h\tau_{cs}}$$

将$D_a=\frac{1}{7}D_h$代入上式,则得:

$$h_{cs}=\frac{\left(H_t\gamma_{cs}-H_w\gamma_w-\frac{4H_t\tau_{cs}}{d_t}\right)D_h}{(\gamma_{cs}-\gamma_w)D_h+28K_h\tau_{cs}} \tag{19-13}$$

上述式中：$h_{cs}$——浆液在预埋集料中的最大上升高度(cm)；

$H_{cw}$——浆液锥顶至水面的距离(cm)；

其他符号意义同前。

在陆地上浇筑时，则无水的影响，所以有：

$$h_{cs}=\frac{\left(H_t\gamma_{cs}-\frac{4H_t\tau_{cs}}{d_t}\right)D_h}{\gamma_{cs}D_h+28K_h\tau_{cs}} \tag{19-14}$$

(2)加压浇筑

加压浇筑时，不同的是增加了浇筑压力 $P_a$，所以有：

$$h_{cs}=\frac{\left(1\,000P_a+H_t\gamma_{cs}-H_w\gamma_w-\frac{4H_t\tau_{cs}}{d_t}\right)D_h}{(\gamma_{cs}-\gamma_w)D_h+28K_h\tau_{cs}} \tag{19-15}$$

在陆地上浇筑时，则：

$$h_{cs}=\frac{\left(1\,000P_a+H_t\gamma_{c\tau}-\frac{4H_t\tau_{cs}}{d_t}\right)D_h}{(\gamma_{cs}-\gamma_w)D_h+28K_h\tau_{cs}} \tag{19-16}$$

3)浇筑管间距

为使浆液填满全部预填集料间的空隙，浇筑管的有效扩散半径为 $0.85R_{ex}$。此时两浇筑管交点处的上升高度约为 $0.393h_{cs}$(图 19-12)，一般宜控制水泥砂浆的上升高度为 1.2～2.0m。

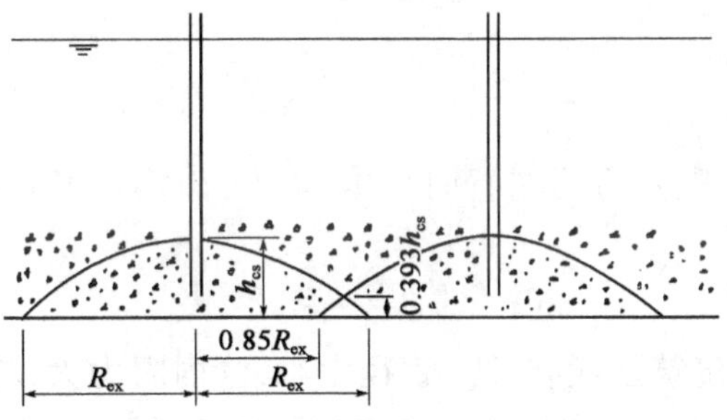


图 19-12　有效扩散半径与浆液上升高度

对于大仓面，须布置几排浇筑管，使整个大仓面都被浆液的有效扩散半径 $0.85R_{ex}$ 控制，并稍有重叠。

当沿仓面的宽度方向上排列两排浇筑管，且呈矩形布置时(图 19-13)，则管距与排距应满足：

$$(0.85R_{ex})^2=\left(\frac{B}{4}\right)^2+\left(\frac{L_t}{2}\right)^2$$

为此

$$L_t\leqslant\sqrt{2.89R_{ex}^2-\frac{B^2}{4}}$$

当沿仓面宽度方向有 $n$ 排浇筑管呈矩形布置时，则：

$$L_t\leqslant\sqrt{2.89R_{ex}^2-\frac{B^2}{n^2}} \tag{19-17}$$

式中：$L_t$——浇筑管间距(m)；

$R_{ex}$——浆液扩散半径(m)；

$B$——仓面宽度(m)；

$n$——沿仓面宽度方向浇筑管的排数。

当浇筑管呈正方形布置时(图 19-14)，则：

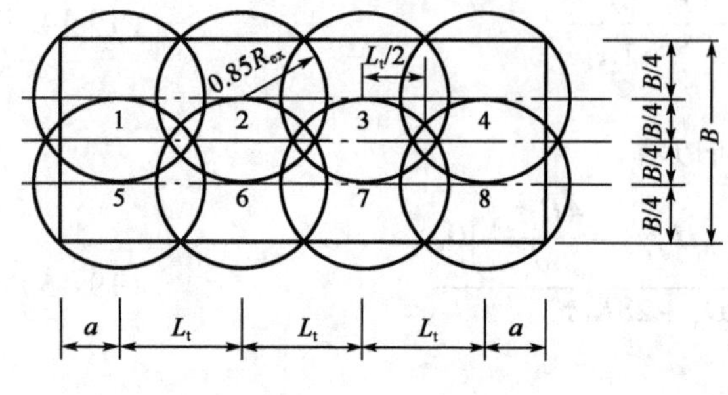


图 19-13 矩形布置的浇筑管

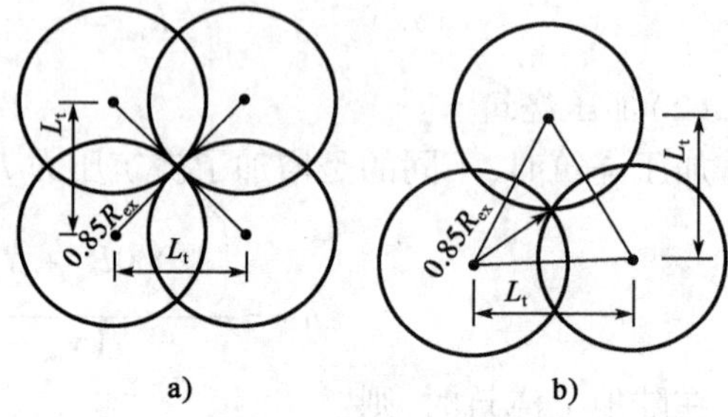


图 19-14 浇筑管呈正方形和梅花形布置

a)正方形布置；b)梅花形布置

$$L_t = L_a \leqslant 1.20R_{ex} \tag{19-18}$$

当浇筑管呈梅花形布置时(图 19-14)，则：

$$L_t \leqslant 1.47R_{ex} \tag{19-19}$$

$$L_a \leqslant 1.27R_{ex} \tag{19-20}$$

式中：$L_t$——浇筑管间距(m)；

$L_a$——浇筑管排距(m)。

一根浇筑管控制的面积，正方形布置时为 $1.44R_{ex}^2$，而梅花形布置时为 $1.87R_{ex}^2$，因此多采用梅花形布置。

4)浇筑管管径

浇筑管管径与要求的浇筑强度有关。管径太小，管内阻力大，易产生阻塞；管径太大，出浆量大，出口处受预填集料阻塞，管口处易于拥塞。适宜的管径可根据浇筑强度参考表 19-9 选择。

**浇筑管管径选择**

表 19-9

| 预填集料最小粒径(mm) | 30 | | 60 | | 80 | |
|---|---|---|---|---|---|---|
| 灌注方式 | 加压 | 自流 | 加压 | 自流 | 加压 | 自流 |
| 浇筑管内流速(m/s) | 0.9~1.2 | 0.6~0.9 | 0.9~1.2 | 0.6~0.9 | 0.9~1.2 | 0.6~0.9 |
| 最佳浇筑强度(L/min) | 30~40 | 30~40 | 40~60 | 40~60 | 60~120 | 60~120 |
| 最大浇筑强度(L/min) | 60 | 60 | 120 | 120 | 250 | 250 |
| 浇筑管计算内径(mm) | 20~30 | 25~40 | 25~45 | 40~60 | 30~55 | 50~70 |
| 浇筑管建议采用内径(mm) | 25~38 | 38~50 | 38~50 | 50~65 | 38~55 | 60~75 |

5)浇筑管插入水泥砂浆面的深度

减少浇筑管插入深度，可以提高浇筑效率，但有可能破坏水下预填集料浆液面的平整度，形成一层层地坍流，插入过深会降低浇筑效率、影响深部已浇筑浆液的凝固。最佳插入深度为砂浆上升极限高度的 0.4~0.5 倍，一般可控制在 0.8~1.2m，且不小于 0.6m。

6)浇筑压力

当浆液扩散至$R_{ex}$时,所需克服的阻力为:

$$K_h \pi D_a R_{ex} \tau_{cs} + H_w \gamma_w \frac{\pi D_a^2}{4}$$

为能顺利进行灌浆,要求浇筑管管底的出浆压力,等于上述阻力除以孔隙的面积,即:

$$P_1 = \frac{K_h \pi D_a R_{ex} \tau_{cs} + H_w \gamma_w \frac{\pi D_a^2}{4}}{\frac{\pi D_a^2}{4}}$$

$$= \frac{4K_h R_{ex} \tau_{cs}}{D_a} + H_w \gamma_w$$

将$D_a = D_h/7$代入,则:

$$P_1 = \frac{28K_h R_{ex} \tau_{cs}}{D_h} + H_w \gamma_w \tag{19-21}$$

式中:$P_1$——浇筑管管底压力(MPa);

其他符号意义同前。

工程经验表明,当浇筑管的出浆压力为0.07~0.10MPa时,水泥砂浆在预填集料中扩散均匀,压浆混凝土的质量也较好。

对于自流浇筑,为了获得一定的管底出浆压力,要求在水面以上保持一定的浆柱高度,也就是浇筑管需有一定的出水高度。对于加压浇筑,则通过控制管口进浆压力而获得必须的出浆压力。

自流浇筑时,浇筑管伸出水面的最小高度(图19-15),由式(19-13)可得:

$$h_{cs}[(\gamma_{cs} - \gamma_w) D_h + 28K_h \tau_{cs}]$$

$$= \left[(H_a + H_w)\gamma_{cs} - H_w \gamma_w - \frac{4(H_a + H_w)\tau_{cs}}{d_t}\right] D_h$$

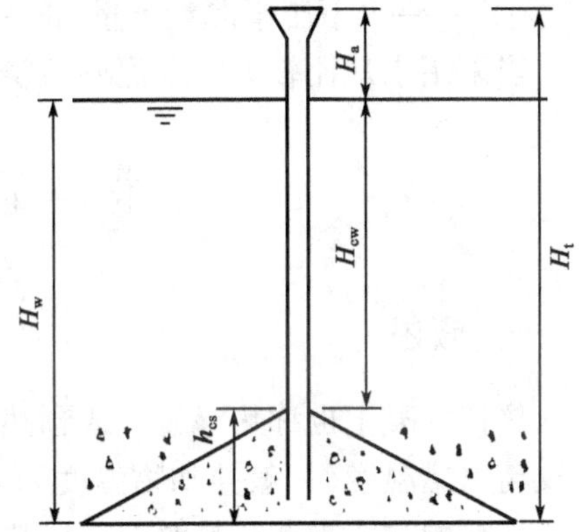

图19-15 浇筑管伸出水面最小高度

将$D_h/d_t = K_t$代入上式,并整理得:

$$H_a = \frac{28K_h h_{cs} \tau_{cs} - (\gamma_{cs} - \gamma_w)(H_w - h_{cs}) D_h + 4K_t H_w \tau_{cs}}{\gamma_{cs} D_h - 4K_t \tau_{cs}} \tag{19-22}$$

式中:$H_a$——浇筑管上口高出水面的最小高度(cm);

$K_t$——管径选择系数,见表19-10;

其他符号意义同前。

**管径选择系数** 表19-10

| 预填集料最小粒径(mm) | 30 | 60 | 80 |
|---|---|---|---|
| $K_t$ | 0.60~0.70 | 0.92~1.2 | 1.07~1.33 |

加压浇筑时,进浆压力(浇筑管上口压力)按下式计算:

$$P_0 = P_1 + h_t \gamma_{cs} + H_t \gamma_{cs} \tag{19-23}$$

$$h_f = \frac{32\eta H_t v}{d_t^2 \gamma_{cs}} \tag{19-24}$$

式中：$P_0$——进浆压力(MPa)；

$P_1$——浇筑管下口出浆压力(MPa)；

$h_f$——沿程阻力损失(浆柱高)(cm)；

$\eta$——浆液黏度(Pa·s)；

$v$——浇筑管内浆液流速(cm/s)；

其他符号意义同前。

7)砂浆用量

压浆混凝土的水泥砂浆用量按下式计算：

$$V_{cs} = K_n e V_o \tag{19-25}$$

式中：$V_{cs}$——水泥砂浆用量($m^3$)；

$K_n$——充填增实系数，为1.03～1.10；

$e$——预填集料的空隙率；

$V_o$——水下压浆混凝土量($m^3$)。

当采用水灰比较大的水泥砂浆浇筑时，还应考虑泌水影响，适当增加水泥砂浆用量。

## 第三节　热拌混凝土施工

### 一、概述

热拌混凝土也称热混凝土或预热混凝土，其实质是在拌和混凝土中进行加热，以拌制成具有较高出罐温度(一般拌和物温度为40～60℃)的热混凝土，通常是以在搅拌过程直接对组合材料加热的方式来获得热源而拌成热混凝土。这样的混凝土可以加速水泥的水化，缩短硬化的过程，早期获得强度，加速构件制品厂设备的周转，且提高经济效益。

热拌混凝土于1964年由丹麦的托马斯·斯密特公司首先研究和采用，并很快就推广到世界各地，如北欧、西欧、南北美洲、日本和苏联等许多国家和地区。我国于1975年由天津市第一构件厂首先在生产线上应用这种新工艺，取得了较好的效果，混凝土板材蒸养时间从原来的14～15h缩短为6～7h。国内其他构件厂在相继采用之后也获得了良好的效果，如无锡市建筑构件厂原蒸养达到70%需12h，采用热拌热模养护时仅需7h。

为了提高其效果，同时在混凝土拌和物中掺加硫酸钠早强剂，采用热拌热模干湿养护等工艺，更加显示其优越性。

热拌混凝土加热的方法有两种：一种是先将各种组成材料用热风或蒸汽进行加热后，加入搅拌机内搅拌；另一种是在搅拌机内用蒸汽对拌和物在拌和过程中进行搅拌。这两种加热方法，从加热效果和经济效益来衡量，采用在搅拌机内用蒸汽对拌和物在搅拌过程中同时进行加温、搅拌的方法更为理想。

在拌和混凝土过程中进行加热，以制成温度一般为40～60℃的热拌混凝土，这种混凝土在趁热浇筑成形后，凝结硬化过程可以加快，获得初期结构强度时间较早，而当趁热进行蒸汽养护时,其所需要的再加热量少、制品的热膨胀作用小,这就显著地减轻了混凝土在蒸养中的结构破坏作用。为此,对于热混凝土,可以取消或缩短预养期,加快升温过程,缩短恒温时间,使混凝土需用的热养护时间大为缩短,加快混凝土制品生产周期,增加产量,提高企业经济效益。图 19-16 为热拌混凝土强度发展情况。表 19-11 为热拌混凝土的蒸养适应性试验。

热拌混凝土蒸养适应性试验　　表 19-11

| 项　目 | 混凝土拌和温度(℃) | 混凝土蒸后热压强度(MPa) | 试件外观质量情况 |
|---|---|---|---|
| 热拌混凝土 | 43.5 | 18.2 | 良好 |
| | 51.0 | 20.1 | 良好 |
| 非热拌混凝土 | 9.5 | 13.2 | 疏松、起鼓严重 |
| | 7.5 | 14.7 | 疏松、起鼓严重 |

注:1. 混凝土用强度等级 42.5 的矿渣水泥拌制,用灰量 440kg/m$^3$,水灰比 0.42。
2. 两种混凝土的蒸养时间为 0 + 1h + 3.5h(95℃) + 1.5h(共约 6h)。

热拌混凝土原材料技术要求、配合比设计与普通混凝土及干硬性混凝土相同。

## 二、热拌混凝土主要设备和工艺

### 1. 主要设备

热拌混凝土搅拌机的结构,应满足下列各项技术性能要求。

(1)搅拌机为强制式的,以能适应搅拌低流动性和干硬性的热拌混凝土。

(2)搅拌时间在不超过对普通混凝土所需的搅拌时间内,能拌制出温度达到 50 ~ 80℃ 的热拌混凝土。

(3)在搅拌机的蒸汽供给系统中,应装有气压机、手控或电控的气阀、蒸汽管道、调压阀和时间继电器等。

(4)为防止蒸汽外溢,在水泥和集料的进料管口上,应设置蒸汽加入搅拌机时能自动密闭的闸门。

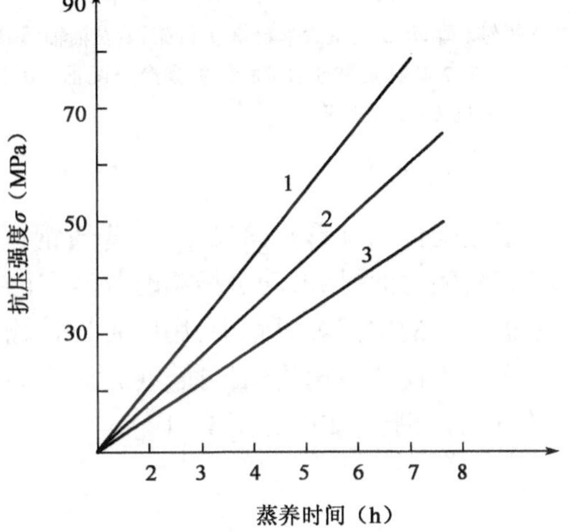


图 19-16　热拌混凝土强度发展

1-热拌混凝土热模养护;2-非热拌混凝土热模养护;3-非热拌混凝土常温养护

(5)搅拌机的内腔与大气相通,搅拌机盖子应为良好的密封材料,以防止蒸汽外溢。

由于生产热拌混凝土的热搅拌机尚未生产,用强制式搅拌机进行改装。天津市建筑构件公司第一构件厂采用自制 550L 强制式涡轮搅拌机(图 19-17)加以改装,可将搅拌机的轴部打孔接上通汽管并安装一个 13.5cm 蒸汽配器(图 19-18)进入轴孔的通气管内。再由通气管接出胶管,与焊接在旋转叶片背面的喷嘴相接,喷嘴系由 1/2in[1] 铁管制成,在端部为扁圆孔,喷气方向与叶片前进方向相反。轴孔通气管与喷嘴采用胶管连接,以利于喷嘴随叶片磨损后不拆搅拌机即可更换。

[1] 1in = 2.54cm。

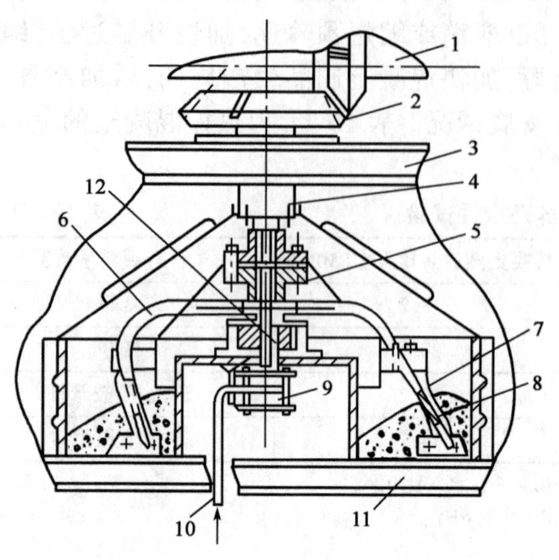


图 19-17　混凝土搅拌机剖面示意

1-水平轴小伞轮;2-立轴大伞轮;3-上机架;4-立轴轴承箱;5-接轴;6-汽管;7-搅拌机臂铲;8-喷嘴;9-蒸汽分配器;10-蒸汽进管;11-下机架;12-隔热管

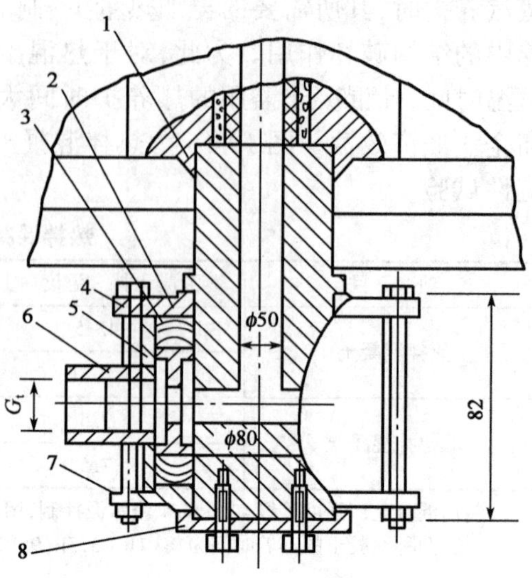


图 19-18　蒸汽分配器(mm)

1-搅拌机短轴;2-上盖;3-V 形密封圈;4-多孔垫圈;5-外套;6-蒸汽进口接嘴;7-下盖;8-盖

2. 热模板

根据构件的外形几何尺寸,在普通钢模板的基础上,将此钢模板增加厚度 3～4mm,钢板对模底封闭,如采用振动台振捣时,应不让封底层直接接触振动台以达到减振作用。进气孔安在模板边肋的中部焊以管头,用胶管连接输入蒸汽,同时在模板两端部开小孔,以排除空气及冷凝水。为使热迅速均匀传播,在封底内腔配以 U 形喷汽管,此管上开有两排直径 3mm 的气孔,气孔的间距为 20cm(图 19-19)。

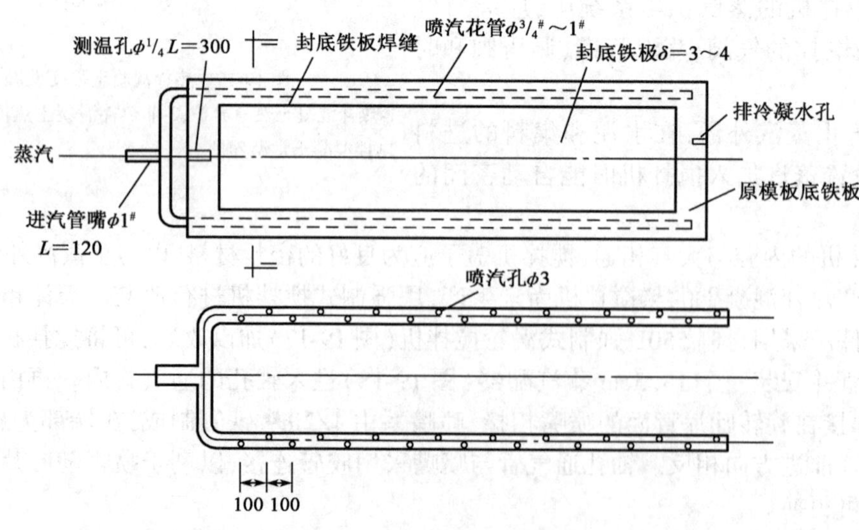


图 19-19　花管及在模内安装示意图(mm)

3. 热拌混凝土工艺

热拌混凝土搅拌的程序是：先将松散材料按预定的配合比加入搅拌机，根据稠度放入需要量的50% ~70%的水，然后通蒸汽，蒸汽的冷凝可以使热拌混凝土像搅拌一般混凝土那样进行卸料。在搅拌中同时加热时使用饱和蒸汽，表压为 1 ~2MPa，温度为 110 ~120℃，拌和物的加热温度一般在50℃左右（丹麦为55 ~60℃，日本为40 ~60℃，德国为45 ~50℃，英国为65 ~70℃，苏联为 80 ~90℃）。

1）工艺流程

热拌混凝土工艺流程如图 19-20 所示。

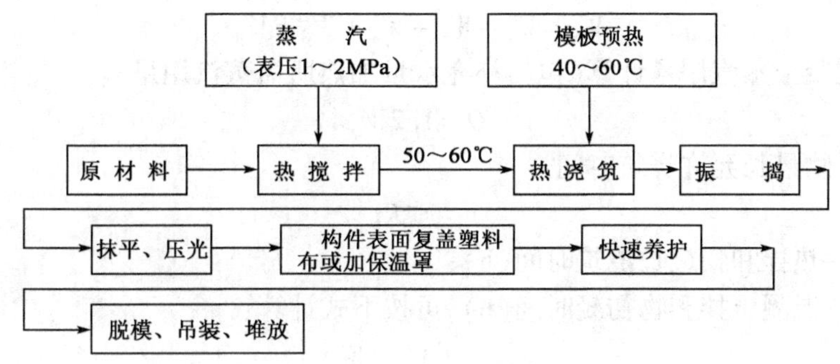


图 19-20　热拌混凝土工艺流程

2）工艺参数计算

（1）冷凝水量计算。

混凝土拌和物加热到预定温度时，由蒸汽冷凝产生的水量为：

$$W_q = \frac{0.8n[(G_g c_g + W_h c_s)\Delta t + (W_j + W_y + W_{ji})c_s \Delta t']}{i - c_s t_1 + 0.8nc_s \Delta t'} \tag{19-26}$$

式中：$G_g$、$c_g$——分别为干拌和物的质量（kg）及其比热[kcal/（kg · ℃）]；

$W_h$——砂、石材料的初始含水率（kg）；

$c_s$——水的比热[kcal/（kg · ℃）]；

$\Delta t$——拌和物的初温与终温之差（℃）；

$\Delta t'$——拌和水在热拌过程中的温度升高（℃）；

$W_j$——选择混凝土配比时，拌和物的计算用水量（kg）；

$i$——蒸汽的热容量（kcal/kg）；

$n$——系数，当采用自落式搅拌机时，$n$ = 1. 25 ~1. 30；当采用强制式搅拌机时，$n$ = 1. 05 ~1. 10；

$t_1$——平均冷却温度，可按下式计算：

$$t_1 = \frac{t_c + t_z}{2}$$

$t_c$、$t_z$——混凝土拌和物的初温和终温（℃）；

$W_y$、$W_{ji}$——混凝土拌和物在转运和浇筑时蒸发的水量（kg），可按下式计算：

$$W_y = W_{ji} = \beta F_m (\psi t_{li} - t_q)\tau_y$$

$\beta$ —— 蒸发系数[（kg/（$m^3$ · h · ℃）]，在无风情况下，当水灰比变化在 0. 4 ~0. 8 范

围内时，取$\beta_0=0.14\sim0.18$；当有风且风速为$\omega$时，则$\beta$与$(1+0.45\omega)$成正比，即$\beta=\beta_0(1+0.45\omega)$；

$\psi$——拌和物内部的温度不均匀分布系数，当拌和物在转动或放置时，$\psi=0.5$；当拌和物在卸料或浇筑时，$\psi=0.7\sim0.8$；

$F_m$——蒸发面积($m^2$)，是指运输或盛放拌和物容器的外露表面；

$t_{li}$——拌和物温度(℃)；

$t_q$——环境气温(℃)；

$\tau_y$——运输时间(h)。

(2)补充水量计算：

$$W_b=W_j-W_q-W_h+W_y+W_{ji} \tag{19-27}$$

(3)热拌混凝土蒸汽用量计算(包括补充水量加热所需蒸汽用量)：

$$Q=1.2W_q \tag{19-28}$$

(4)热拌和物最长允许浇筑时间：

$$\tau_{max}\leqslant K\tau_n \tag{19-29}$$

式中：$\tau_{max}$——热拌和物最长浇筑时间(h)；

$\tau_n$——混凝土拌和物初凝时间(h)，可按下式计算：

$$\tau_n=\varphi_t\left[H_{ji}+\left(\frac{W}{C_n}-\frac{W}{C_{ji}}\right)\times14.5\right]$$

$\varphi_t$——温度影响系数，见表19-12；

$H_{ji}$——标准稠度的水泥净浆在20℃下的初凝时间(h)；

$W/C_{ji}$——标准稠度水泥净浆的水灰比；

$W/C_n$——未考虑集料含水率的实际水灰比，可按下式计算：

$$\frac{W}{C_n}=\frac{W}{C}-K_s\frac{G_s}{C}-K_B\frac{G_B}{C}$$

$W$、$C$、$G_s$、$G_B$——分别为$1m^3$混凝土拌和物相应的水、水泥、砂和石的质量(kg)；

$K_s$、$K_B$——砂、石的湿润系数，河砂$K_s=0.05\sim0.07$；中等粒径碎石$K_B=0.01$；

$K$——系数，对于流动性拌和物，$K=0.05\sim0.1$；对于低流动性拌和物，$K=0.15\sim0.2$；对于半干硬性拌和物，$K=0.3\sim0.5$。

**温度影响系数** 表19-12

| 温度(℃) | 20 | 30 | 40 | 50 | 60 | 70 | 80 | 90 | 100 |
|---|---|---|---|---|---|---|---|---|---|
| $\varphi_t$ | 1 | 0.68 | 0.50 | 0.38 | 0.31 | 0.259 | 0.212 | 0.184 | 0.17 |

(5)拌和物温度降低值的计算：

$$\Delta t_j=\frac{1.15(a_1F_k+a_2F_b)\times(\varphi t_{li}-t_q)\tau}{C_{li}V_{li}\gamma_{li}} \tag{19-30}$$

式中：$\Delta t_j$——拌和物温度降低值(℃)；

$F_k$——拌和物直接暴露在周围介质中的表面积($m^2$)；

$F_b$——拌和物封闭在料斗或模板中的面积($m^2$)，当浇筑拌和物时，冷却面($F_k$、$F_b$)相应地采用模型或容器的表面积；

$a_1$——暴露面的散热系数，即$a_1=30kcal/(m^2\cdot h\cdot ℃)$；

$a_2$——封闭面的散热系数，即 $a_2 = 7 \sim 8\text{kcal}/(\text{m}^2 \cdot \text{h} \cdot ℃)$，当空气流动速度 $\omega < 1\text{m/s}$ 时，散热系数 $a_1$、$a_2$ 与 $\sqrt{\omega}$ 成正比；当浇筑和转运混凝土，$\omega > 1\text{m/s}$ 时，则散热系数 $a_1$、$a_2$ 与 $2\sqrt{w}$ 成正比；

$C_{li}$——拌和物的比热[kcal/(kg·℃)]；

$\tau$——工序延续时间(h)；

$\gamma_{li}$——拌和物的密度(kg/m³)；

$\varphi$、$t_{li}$、$t_q$——意义同前。

3)工艺要求

工艺要求见表19-13和表19-14。

**蒸汽工艺参数** 表19-13

| 项　目 | 参　数 | 项　目 | 参　数 |
|---|---|---|---|
| 蒸汽压力(MPa) | 0.1～0.15 | 最佳温度(℃) | 45～50 |
| 通汽时间(s) | 30～90 | 操作时间 | 参见表19-14 |
| 通汽量 | 根据工艺要求进行控制 | | |

**45℃热拌混凝土操作时间限值** 表19-14

| 混凝土种类 | 允许操作时间(min) | 混凝土种类 | 允许操作时间(min) |
|---|---|---|---|
| 流动性混凝土 | 40 | 强度硅酸盐水泥混凝土 | 15 |
| 干硬性混凝土 | 25 | 轻混凝土 | 30 |

注：1. 本表系采用普通硅酸盐水泥情况下的数值。
2. 当混凝土温度变化时，操作时间随之相应变化。
3. 当使用水泥品种不同时，操作时间也要相应变化。

4)养护制度

养护制度如图19-21所示。蒸养时间为5～6h，生产周期为8h。

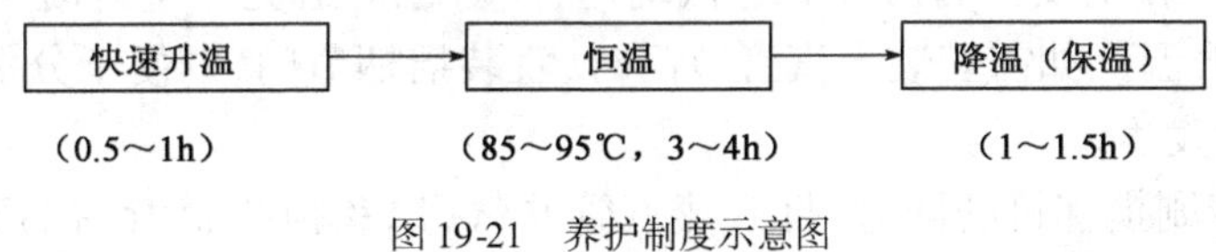


图19-21　养护制度示意图

(1)快速升温是指在混凝土浇筑、抹光后立即送汽。以3m×6m屋面板为例，在1h以内混凝土表面温度可以达到85～95℃(一般40min即可)，否则C28和C38混凝土在短时间内(5h左右)使其达到拆模强度是极其困难的，由图19-22可见，如果升温速度较慢，将较大地影响混凝土的早期强度。

(2)以3m×6m屋面板试块为例，如生产时各工艺参数控制得好，甚至仅经过3h养护，热压(即脱模后立即试压)可以达到设计强度的80%(24.0MPa)，冷压(脱模后在室温内静放1h左右试压)可以达到设计强度的92.7%(27.8MPa)，用回弹仪实测构件的强度与混凝土试块强度基本相符。图19-23为快速升温时的养护效果。

## 三、热拌混凝土施工要点

(1)施工中做好制品浇灌前的准备工作，减少运输和振实时间，加快制品的振实成形。

(2)根据水泥的品种和强度等级以及浇灌振实设备的条件，规划热拌混凝土需要的温度。

温度太高时混凝土和易性差,凝结快,难于成形;温度太高时则制品的热效果较差。

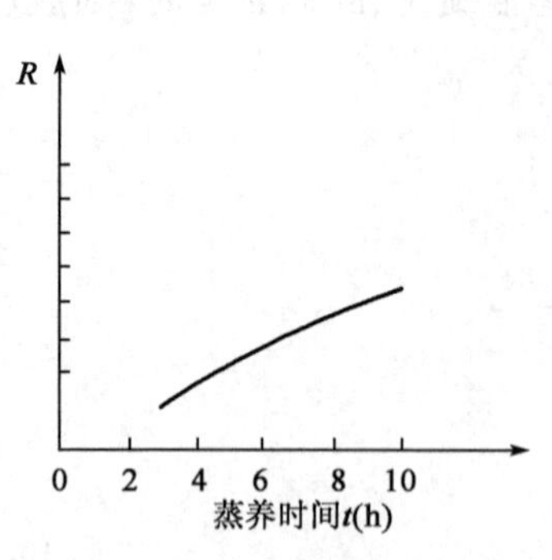


图 19-22　蒸养时间与压强关系

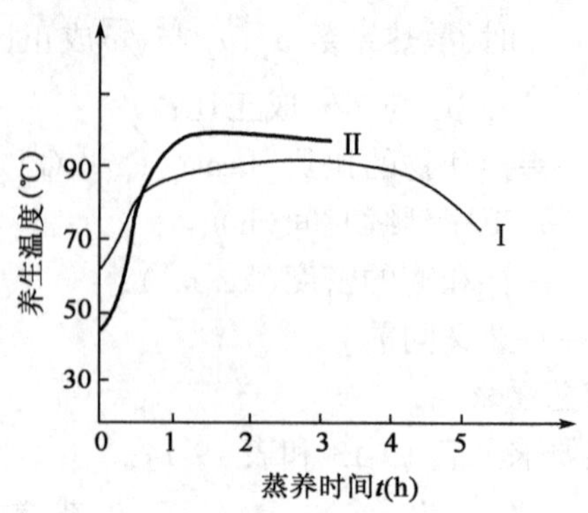


图 19-23　蒸养时间与温度关系

Ⅰ-C38 混凝土,$R_{3h}$ = 27.9MPa(69%);Ⅱ-C28 混凝土,$R_{3h}$ = 24.0 MPa(80%),$R_{3h冷}$ = 27.8MPa(92.7%),$R_{5h}$ = 32.0MPa(80%)

(3)热拌混凝土的流动性损失较快,凝结时间较短,拌和后尽快浇灌振实成形,要求操作迅速、快浇、快振。否则混凝土的和易性随时间的延长而降低,造成振捣抹光困难而影响产品质量。

(4)热拌混凝土宜使用预热钢模趁热浇筑成形,成形后趁热供汽蒸养,以此达到最佳的经济效果。

(5)采取有效的振实措施,确保混凝土制品成形密实。

(6)操作成形室如气温较低时,浇灌前提早预热模板,使模板预热至 40~60℃。

(7)振捣成形后,混凝土表面应立即复盖塑料布或保湿罩,使其利用自身水分进行热养护。盖罩的同时,即可快速通汽养护,免去静停和缩短较长的升温、恒温时间。

(8)在冬季施工条件下,要提高操作室内的温度,并在浇灌、成形等工序中注意保温。

(9)窑内连接热模的支汽管应注意分汽均匀,同时也应避免产生冷凝水的储存,以免堵塞汽路、影响蒸养的升温。如需安装支汽管节门时,宜装摇柄节门,以便于分别关与闭,避免造成有未接通蒸汽现象发生。

(10)一班后清刷搅拌机的同时,打开蒸汽管吹气,以免搅拌铲背后的蒸汽喷嘴被混凝土拌和物堵塞,影响下一班的生产。

## 第四节　防水混凝土施工

防水混凝土又称防水抗渗混凝土,是以调整混凝土配合比、掺外加剂或使用新品种水泥等方法提高自身的密实性、憎水性和抗渗性,使其满足抗渗等级大于 0.6MPa 的不透水性混凝土。

防水混凝土一般分为普通防水混凝土、膨胀水泥防水混凝土与外加剂防水混凝土等。下面主要介绍防水混凝土的配制方法。

### 一、普通防水混凝土

普通防水混凝土是以调整普通混凝土配合比为基础,来提高自身密实度而达到抗渗防水的一种混凝土。普通防水混凝土是根据工程要求的抗渗等级配制的,其中石子的骨架作用减弱,水泥砂浆除满足填充和黏结作用之外,还要求能在粗集料周围形成一定厚度的、良好的砂浆包裹层,以提高混凝土的抗渗性。

1. 抗渗等级和设防高度的确定

水压力值及结构厚度是确定防水混凝土抗渗等级的主要依据。防水混凝土抗渗等级可根据最大计算水头(即最高地下水位高于地下室底面的距离)与混凝土厚度之比选定,见表19-15。

**抗渗等级的选定** 表 19-15

| 水力梯度 | 10 以下 | 10 ~ 20 | 20 以上 |
|---|---|---|---|
| 设计抗渗等级 $P$(MPa) | 0.6 | 0.8 | 1.0 ~ 1.2 |

注:水力梯度 = $\frac{\text{作用水头}}{\text{建筑物最小壁厚}}$。

设防高度,应根据地下水情况和建筑物周围的土壤情况确定,见表 19-16。

**防水设防高度的选定** 表 19-16

| 土 壤 性 质 | 地下水情况 | 设 防 高 度 |
|---|---|---|
| 强透水性地基、渗透系数每昼夜 > 1m 及有裂隙的坚硬岩石层 | 潜水水位较高,建筑物在潜水水位以下; | 设至毛细管带区,即取潜水水位以上 1m; |
| | 潜水水位较低,建筑物基础在潜水位以上 | 毛细管带区以上放置防潮层 |
| 弱透水性地基、渗透系数每昼夜 < 0.001m 的黏土,重黏土及密实的块状坚硬岩石 | 有潜水或滞水 | 防水高度设至地面 |
| 一般透水性地基,渗透系数每昼夜 1 ~ 0.001m,如黏土亚砂及裂隙小的坚硬岩石 | 有潜水或滞水 | 防水高度设至地面 |

2. 原材料技术要求

普通防水混凝土是从材料和施工两个方面抑制和减少混凝土内部孔隙的生成,改变孔隙的特征(形成和大小),堵塞漏水通路,从而使之不依赖其他附加防水措施,仅靠提高混凝土自身密实性达到防水的目的。

1)水泥

配制普通防水混凝土用的水泥必须满足国家标准《通用硅酸盐水泥》(GB 175—2007)规定,此外还要求其抗水性好,泌水性小,水化热低,并具有一定的抗侵蚀性。

防水混凝土选用的水泥强度等级应在 32.5 级以上(表 19-17),过期、受潮结块及掺入有害杂质的水泥均不得使用。此外,还应根据不同使用要求选用不同品种水泥(表 19-18)。

**防水混凝土水泥强度等级的选择** 表 19-17

| 抗渗压力(MPa) | 防水混凝土强度等级 | | |
|---|---|---|---|
| | C15 | C20 | ≥C30 |
| <1.5 | 32.5 | 32.5 | 42.5 |
| >1.5 | 42.5 | 42.5 | 52.5 |

**防水混凝土水泥品种选择**　　表 19-18

| 水泥品种 | 普通硅酸盐水泥 | 火山灰质硅酸盐水泥 | 矿渣硅酸盐水泥 |
| --- | --- | --- | --- |
| 优点 | 早期及后期强度都较高，在低温下强度增长比其他水泥快，泌水性小，干缩率小，抗冻耐磨性好 | 耐水性强，水化热低，抗硫酸盐侵蚀能力较好 | 水化热低，抗硫酸盐侵蚀性能也优于普通硅酸盐水泥 |
| 缺点 | 抗硫酸盐侵蚀能力及耐水性比火山灰水泥差 | 早期强度低，在低温环境中强度增长较慢，干缩变形大，抗冻耐磨性差 | 泌水性和干缩变形大，抗冻和耐磨性均较差 |
| 适用范围 | 一般地下和水中结构及受冻融作用及干湿交替的防水工程，应优先采用本品种水泥，含硫酸盐地下水侵蚀时不宜采用 | 适用于有硫酸盐侵蚀介质的地下防水工程，受反复冻融及干湿交替作用的防水工程不宜采用 | 必须采取提高水泥研磨细度或掺入外加剂的办法减小或消除泌水现象后，方可用于一般地下防水工程 |

2）集料

防水混凝土用砂、石材质要求见表 19-19，对砂石颗粒组成不作特殊要求，可参照普通混凝土的规定。

**防水混凝土砂、石材质要求**　　表 19-19

| 项目名称 | 砂 | | | | | | 石 | | |
| --- | --- | --- | --- | --- | --- | --- | --- | --- | --- |
| 筛孔尺寸(mm) | 0.16 | 0.315 | 0.63 | 1.25 | 2.50 | 5.0 | 5.0 | $\frac{1}{2}D_{max}$ | $D_{max}$ ≤40mm |
| 累计筛余 | 100 | 70～95 | 45～75 | 20～55 | 10～35 | 0～5 | 90～100 | 30～65 | 0～5 |
| 含泥量 | ≤3%，泥土不得呈块状或包裹砂子表面 | | | | | | ≤1%，且不得呈块状或包裹石子表面 | | |
| 材质要求 | 宜选用洁净的中砂，内含一定的粉细料；<br>颗粒坚实的天然砂或由坚硬的岩石粉碎制成的人工砂 | | | | | | 坚硬的卵石、碎石（包括矿渣碎石）均可；<br>石子粒径宜为 5～40mm | | |

以矿渣碎石为粗集料时，矿渣碎石的坚固性应符合工业和信息化部制订的《水泥制品用矿渣粉应用技术规程》（JCIT 2238—2014）的规定，详见表 19-20。

**矿渣碎石的坚固性要求**　　表 19-20

| 混凝土强度等级 | 经硫酸钠溶液 5 次浸泡烘干循环后的质量损失（%） |
| --- | --- |
| C40 | ≤3 |
| C30～C20 | ≤5 |
| C15 | ≤10 |

3）水

采用 pH＝6～7 的洁净水。

3. 配合比设计

防水混凝土的配合比是根据工程要求，由混凝土的抗渗性、耐久性、使用条件及材源情况，在选择合适的水泥品种、强度等级以及合理选用砂石材料的前提下进行设计。

1）确定水灰比

抗渗要求的水灰比比强度要求的水灰比小，因此通常防水混凝土的强度会超过设计要求，水灰比可参照表 19-21 选择。

**普通防水混凝土的水灰比选择** 表 19-21

| 抗渗等级 P(MPa) | 水灰比 | |
|---|---|---|
| | C20 ~ C30 混凝土 | C30 以上混凝土 |
| 6 | 0.6 | 0.55 ~ 0.6 |
| 8 ~ 12 | 0.55 ~ 0.6 | 0.50 ~ 0.55 |
| 12 以上 | 0.5 ~ 0.55 | 0.45 ~ 0.5 |

2)确定用水量

根据结构条件(如结构截面大小、钢筋布置的稀密等)和施工方法、运输、浇捣方法等综合考虑,按普通混凝土配合比设计的用水量确定用水量。可参照表 19-22 选择坍落度,再根据选定的坍落度通过试拌来确定混凝土用水量。

**普通防水混凝土坍落度的选择** 表 19-22

| 结构种类 | 坍落度(mm) |
|---|---|
| 厚度≥25cm 结构 | 20 ~ 30 |
| 厚度 <25cm 或钢筋稠密的结构 | 30 ~ 50 |
| 厚度大的少筋结构 | <30 |
| 大体积混凝土或立墙 | 沿高度逐渐减小坍落度 |

3)确定水泥用量

根据水灰比与用水量的关系求得水泥用量,即:

$$\text{水泥用量} = \frac{\text{用水量}}{\text{水灰比}} \quad (\mathrm{kg/m^3})$$

考虑防水混凝土的特点,水泥强度等级不低于 42.5 级,水泥用量一般不少于 $320\mathrm{kg/m^3}$。

4)砂率

防水混凝土的砂率不得小于 35%,具体数值可根据砂石粒径、石子空隙率按表 19-23 加以选定。

**普通防水混凝土砂率的选择** 表 19-23

| 砂子细度模数 | 砂率(%) | | | | |
|---|---|---|---|---|---|
| | 石子空隙率(%) | | | | |
| | 30 | 35 | 40 | 45 | 50 |
| 0.70 | 35 | 35 | 35 | 35 | 35 |
| 1.18 | 35 | 35 | 35 | 35 | 36 |
| 1.62 | 35 | 35 | 35 | 36 | 37 |
| 2.16 | 35 | 35 | 36 | 37 | 38 |
| 2.71 | 35 | 36 | 37 | 38 | 39 |
| 3.25 | 36 | 37 | 38 | 39 | 40 |

注:1. 石子空隙率 =(1 - 石子堆积密度/石子紧密密度)×100%。

2. 本表是按砂石粒径为 5 ~ 30mm 计算的,若采用 5 ~ 20mm 砂石,砂率可增加 2%。

对于钢筋稠密,厚度较小,埋设件较多等不易浇捣施工的混凝土工程,亦可将砂率提高到 40% 左右。

5）灰砂比

在防水混凝土最小水泥用量及砂率均已确定的情况下，还应对灰砂比进行验证。此时，灰砂比对抗渗性的影响更为直接，它可直接反映水泥砂浆的浓度以及水泥包裹砂粒的情况，灰砂比以1:2～1:2.5为宜。

6）砂、石用量计算

根据砂、石集料种类的级配情况，结合防水混凝土的技术要求（表19-24和表19-25），可采用绝对体积法或质量法进行计算，参照普通混凝土配合比设计中的计算公式求得。

**配制普通防水混凝土的技术要求** 表19-24

| 项　目 | 技术要求 |
| --- | --- |
| 水灰比 | 0.5～0.6 |
| 坍落度（mm） | 30～50 |
| 水泥用量（kg/m³） | 320 |
| 含砂率（%） | 35（对于厚度较小、钢筋稠密、埋设件较多等不易浇捣施工的工程，可提高到40） |
| 灰砂比 | 1:2～1:2.5 |
| 集料 | 粗集料最大粒径≤40mm；采用中砂或细砂；级配5～20:20～40＝30:70～70:30或自然级配 |

**配制矿渣碎石防水混凝土的技术要求** 表19-25

| 项　目 | 技术要求 |
| --- | --- |
| 水泥用量（kg/m³） | 对于普通硅酸盐水泥，最低用量为330；对于矿渣水泥，最低用量为360 |
| 水灰比 | 0.5～0.6，另增加矿渣润湿水，以控制适宜坍落度 |
| 坍落度（mm） | 10～30 |
| 砂率（%） | 37～42 |
| 灰砂比 | 1:2～1:2.5 |
| 集料 | 大小矿渣搭配使用，适当掺用部分5～25mm的小粒径矿渣 |

7）试拌校正

（1）称量

试配时应采用工程中实际使用的材料，砂、石集料的称量均以干燥状态为基准。如不用干料配制称量时，应在用水量中扣除集料中超过的含水率值，集料称量也应相应地增加。

（2）试拌

按计算出的配合比称量进行试拌，以检定混凝土拌和物的性能。如试拌得出的混凝土拌和物坍落度不能满足要求，或黏聚性和保水性能不好，或含气量不符规定要求时，则应在保证水灰比不变的条件下相应调整用水量或含砂率，直至符合要求为止，然后提出供检验混凝土强度用的基准配合比。

（3）试配

用以检验混凝土强度及抗渗性能时的试配，应采用3个不同的配合比，其中1个为试拌调整后的基准配合比，另外两个配合比的水灰比值，应较基准配合比分别增加及减少0.05，其用水量应该与基准配合比相同，但砂率值可作适当调整。

（4）试件制作

制作混凝土强度试块时，尚需检验每个配合比拌和物的坍落度、黏聚性、保水性、含气量及拌和物密度，并以此结果作为代表这一配合比的混凝土拌和物性能。

为检验混凝土强度，每种配合比至少制作1组（3块）抗压试件，1组（6块）抗渗试块，以鉴定其强度指标及抗渗性能。

8)配合比确定

用作图法或计算法求出与试配强度相对应的灰水比值,并结合抗渗试验值进行核实后确定配合比。最后确定的配合比必须满足抗渗值与强度值两项指标。

4. 防水混凝土的配制

(1)普通防水混凝土的配制,见表19-24。

(2)矿渣碎石防水混凝土的配制,见表19-25。

5. 普通防水混凝土施工

普通防水混凝土的施工与普通混凝土相同,但对施工的要求应更加严格。尤其是要注意搅拌和捣实应充分均匀。如果振捣不充分或不均匀,将导致混凝土出现蜂窝或孔洞,从而引起抗渗性的严重降低。

## 二、膨胀水泥防水混凝土

采用膨胀水泥配制的防水混凝土称为膨胀水泥防水混凝土。这种混凝土具有适度膨胀和补偿收缩作用,可以减少裂缝的产生,提高混凝土的抗渗性能,也称补偿收缩混凝土。

1. 原材料技术要求

(1)水泥为膨胀水泥,主要品种见表19-26。

此外还有氧化镁型、铁型和铝型膨胀水泥。

(2)集料与水的要求同普通混凝土。

2. 膨胀水泥防水混凝土的配制

膨胀水泥防水混凝土的配制要求见表19-27。

**膨胀水泥的主要品种** 表19-26

| 品种 | 配方 | 膨胀源 | 固相体积膨胀倍率 | 产品名称 |
|---|---|---|---|---|
| 硫铝酸钙型 | 在水泥中加入一定数量的以下任一组分均可:<br>①矾土水泥+石膏;<br>②明矾石+石膏;<br>③无水硫铝酸钙 | 水化硫铝酸钙(钙矾石)<br>$3CaO \cdot Al_2O_3$<br>$3CaSO_4 \cdot 32H_2O$ | 1.22~1.75 | 石膏矾土膨胀水泥、硅酸盐膨胀水泥、明矾石膨胀水泥、硫铝酸钙膨胀水泥 |
| 氧化钙型 | 在硅酸盐水泥中加入以下任一组分即可:<br>①3%~5%过烧石灰;<br>②生石灰+有机酸抑制剂 | 氢氧化钙<br>$CaO + H_2O \rightarrow$<br>$Ca(OH)_2$ | 0.98 | 浇筑水泥、脂膜石灰膨胀剂 |

**膨胀水泥防水混凝土的配制要求** 表19-27

| 项目 | 技术要求 | 项目 | 技术要求 |
|---|---|---|---|
| 水泥用量($kg/m^3$) | 350~380 | 坍落度(mm) | 40~60 |
| 水灰比 | 0.5~0.52;0.47~0.5(加减水剂后) | 膨胀率(%) | <0.1 |
| 砂率(%) | 35~38 | 自应力(MPa) | 0.2~0.7 |
| 砂子 | 宜用中砂 | 负应变(%) | 不大于0.2 |

3. 膨胀水泥防水混凝土的施工

膨胀水泥防水混凝土要求有较高的抗渗性，在配制和施工时应注意下列问题。

(1)膨胀水泥对温度很敏感。在低温时，钙矾石的形成速度慢，此类膨胀水泥防水混凝土的强度和膨胀率均较低，而氧化钙类膨胀水泥在低温时强度也低，膨胀率则稍高，因此施工时应保证一定温度，一般宜在不低于5℃的条件下施工。

(2)为了使膨胀水泥防水混凝土具有一定的防渗、抗裂能力，要求在混凝土中能建立0.2～0.7MPa的自应力值，这就要求混凝土具有一定的膨胀率。它与水泥品种及其膨胀率有关。我国几种膨胀水泥标准中规定：水中养护28d的净浆线膨胀率≤1.0%。在混凝土配合比相同的条件下，膨胀水泥的膨胀率越高，配制的膨胀混凝土的膨胀量级越大，对克服干缩产生的负应变越有利。另一方面，提高混凝土的水泥用量也可以提高混凝土的膨胀率。

(3)选择合理的混凝土配筋率。适宜的配筋率$\mu$为0.2%～1.5%。

(4)浇筑前，应检查模板的坚固性、稳定性，使模板所有接缝严密，不得漏浆，并宜将模板及与混凝土接触的表面先行湿润或保潮，且保持清洁。

(5)严格掌握膨胀水泥防水混凝土的配合比，并依据施工现场的情况变化，及时正确的调整其用量。

(6)膨胀水泥防水混凝土的坍落度损失较大，如现场施工温度超过30℃，或混凝土运输、停放时间超过30～40min，应采用在拌和前加大混凝土坍落度的措施。

(7)膨胀水泥防水混凝土拌制宜采用机械搅拌，搅拌时间要比普通混凝土时间适当延长。当采用UEA膨胀水泥防水混凝土时，采用强制式搅拌机搅拌，时间要比普通混凝土延长30s以上；采用自落式搅拌机搅拌，时间要延长1min以上。搅拌时间的长短，以拌和均匀为准。

(8)膨胀水泥防水混凝土无泌水现象，适用于泵送工艺，但应注意早期保养，并采取挡风、遮阳、喷雾等措施，以防产生逆性收缩裂缝。

(9)若因客观因素导致停工间歇时间过长，应按规定留设施工缝。

(10)膨胀水泥防水混凝土浇筑温度不宜超过35℃，也不宜低于5℃。当施工温度低于5℃时。应采取保温措施。UEA混凝土不能用于长期处于温度80℃以上的工程，否则，因钙矾石晶体转变而使强度下降。

(11)刚浇筑完毕的混凝土，应避免阳光直射，及时用草袋等覆盖，注意加强养护，特别要注意早期养护。常温下，浇筑后8～12h，即可覆盖浇水，并应保持湿润养护至少14d，使混凝土经常保持湿润状态。也可用塑料薄膜覆盖，或喷涂养护剂养护。

(12)冬期施工时需要保温保湿。用膨胀水泥混凝土制作构件时，一般蒸养温度为60～90℃，恒温时间为1～2h，脱模强度为10～20MPa，冷却后，浸水养护以14d为宜。

膨胀水泥防水混凝土具有胀缩可逆性的特征，以明矾石膨胀混凝土为例，经过14d雾室养护后，放在空气中养护90d，约束膨胀率从6.48/10 000下降到3.3/10 000，随后再把它放在水中，又会产生膨胀，尽管不能回升到原来的膨胀值，但其恢复程度是可观的。膨胀水泥防水混凝土的这种胀缩可逆性对于水下、地下和山洞的防水工程是十分有利的。这种潮湿环境，将使混凝土构筑物处于受压状态，从而获得良好的防渗、抗裂效果。

## 三、外加剂防水混凝土

外加剂防水混凝土，是指依靠掺入少量的有机或无机物外加剂来改善混凝土的和易性，提高密实性的抗渗性,以适应工程需要的防水混凝土。

1.减水剂防水混凝土

在混凝土拌和物中掺入适量的不同类型减水剂,以提高其抗渗能力为目的而配制的防水混凝土,称为减水剂防水混凝土。

(1)减水剂的选择。

在采用减水剂防水混凝土施工中,应根据结构要求、施工工艺、施工温度以及混凝土原材料的组成、特性等因素,正确地选择减水剂的品种。对于所选用的减水剂,应经过试验复核产品说明书所列技术指标,不能完全依赖说明书推荐的"最佳掺量",应以实际所用材料和施工条件,进行模拟试验,求得减水剂的适宜掺量。各类减水剂适宜掺量可参考表19-28。

**各类减水剂适宜掺量参考** 表19-28

| 减水剂名称 | 木质素磺酸盐类(木钙) | 多环芳香族磺酸盐类 | 糖蜜类 | 三聚氰胺类 | 腐殖酸类 |
|---|---|---|---|---|---|
| 适宜掺量(占水泥质量的)(%) | 0.15~0.3 | 0.5~1.0 | 0.2~0.35 | 0.5~2.0 | 0.2~0.3 |

①NNO减水剂:是一种高效能分散剂,其减水率为12%~20%,增强率为15%~30%;早期(3d和7d)增强作用非常明显,并可使混凝土的抗渗性提高1倍以上,但是其价格较高,应用不太广泛。

②MF减水剂:是一种兼有引气作用的高效能分散剂,其减水和增强作用可以与NNO减水剂媲美,其抗渗性和抗冻性的效果还优于NNO减水剂。如果施工中不加强振捣,会降低混凝土的强度,所以使用时应用高频振动器排出混凝土中的大气泡。

③木钙减水剂:也是一种兼有引气作用的减水剂,但其分散作用不如MF和NNO减水剂,一般可减水10%~15%,增强10%~20%;对混凝土抗渗性能的提高特别明显,且具有一定的缓凝作用,适宜夏季混凝土施工。缺点是当温度较低时,强度发展比较缓慢,需要与早强剂复合使用。木钙减水剂价格低廉,在工程中应用最广泛。

④糖蜜减水剂:是一种与木钙减水剂基本相同的减水剂,其性能也与木钙相似,优点是比木钙的掺量少,但材料来源不如木钙广泛。

(2)减水剂防水混凝土的技术要求见表19-29。

**减水剂防水混凝土的技术要求** 表19-29

| 技术要求项目 | 技术要求标准 |
|---|---|
| 坍落度(cm) | 5.0~10.0为宜 |
| 水泥用量(kg/m$^3$) | 不少于320;掺加活性粉料时,不少于280 |
| 砂率(%) | 不小于35;对厚度小、钢筋密的结构可提高到40 |
| 灰砂比 | 1:2.0~1:2.5 |
| 集料(mm) | 粗集料最大粒径不大于40;细集料采用中砂 |

(3)减水剂防水混凝土中,减水剂的施工特性见表19-30。

**普通减水剂及高效减水剂的施工特性及要求** 表19-30

| 序号 | 项目 | 特性及要求 |
|---|---|---|
| 1 | 适用工程 | 各种现浇或预制的混凝土,钢筋混凝土,预应力混凝土工程;<br>高效减水剂适宜于大流动性、高强、蒸养混凝土;<br>普通减水剂不宜单独用于蒸养混凝土 |

续上表

| 序号 | 项目 | 特性及要求 |
|---|---|---|
| 2 | 与水泥配合 | 用硬石膏或工业废石膏作调凝剂的水泥中,掺用木质素磺酸盐减水剂时,应先作水泥适应性试验,合格后方可使用 |
| 3 | 复合使用 | 复合制剂的掺量,应经试验后确定;<br>配成混合溶液后如有絮凝或沉淀现象,应分别配成溶液,分别掺入搅拌 |
| 4 | 掺量 | 普通减水剂的适宜掺量为水泥质量的0.2%~0.3%,可适当增减,但不得大于0.5%;<br>高效减水剂的适宜掺量为水泥质量的0.5%~1.0%,可适当增减 |
| 5 | 掺入方法 | 宜以溶液掺入,溶液中的水量应从搅拌用水中扣除;<br>现场搅拌的工程,减水剂宜与拌和水同时加入;<br>用搅拌车输送的混凝土,可在卸料前加入,经60~120s搅拌后卸出 |
| 6 | 浇筑方法 | 与不掺减水剂混凝土相同;<br>对普通减水剂注意振捣排气 |
| 7 | 养护 | 采用自然养护时,应加强初期湿养护;<br>掺高效减水剂的蒸养混凝土,应待达到需要的结构强度后,才能升温;蒸汽养护制度应通过试验确定 |

2. 引气剂防水混凝土

引气剂防水混凝土是指在混凝土拌和物中掺入微量(占水泥质量的十万分之几~万分之几)引气剂配制而成的防水混凝土。

(1)配制要求。引气剂防水混凝土的配制要求参见表19-31。

**引气剂防水混凝土配制要求** 表19-31

| 项目 | 要求 |
|---|---|
| 引气剂掺量(%) | 以使混凝土获得3~6的含气量为宜,松香酸钠掺量约为0.01~0.03,松香热聚物掺量约为0.1 |
| 含气量(%) | 以3%~6%为宜,此时拌和物密度降低不得超过6%,混凝土强度降低值不得超过25% |
| 坍落度(mm) | 30~50 |
| 水泥用量(kg/m$^3$) | ≥250,一般为280~300;当耐久性要求较高时,可适当增加用量 |
| 水灰比 | ≤0.65,以0.5~0.6为宜;当抗冻性耐久性要求高时,可适当降低水灰比 |
| 砂率(%) | 28~35 |
| 灰砂比 | 1:2~1:2.5 |
| 砂石级配 | 10~20:20~40=30:70~70:30或自然级配 |

(2)引气剂的施工特性见表19-32。

**引气剂及引气减水剂的施工特性及要求** 表19-32

| 序号 | 项目 | 特性及要求 |
|---|---|---|
| 1 | 适用工程 | 适用于抗冻混凝土,防水混凝土、抗硫酸盐混凝土、轻集料混凝土等;<br>抗冻融性要求高的混凝土,必须掺用引气剂或引气减水剂;<br>不宜用于预应力混凝土、蒸养混凝土 |
| 2 | 含气量 | 引气剂及引气减水剂混凝土的含水量,不宜超过5%;<br>抗冻融性要求高的混凝土的含气量,宜按设计要求采用 |

续上表

| 序号 | 项目 | 特性及要求 |
|---|---|---|
| 3 | 复合使用 | 引气剂可与减水剂、早强剂、缓凝剂、防冻剂等复合使用；<br>复合的制剂如产生絮凝或沉淀现象，应分别配成溶液，分别掺入搅拌 |
| 4 | 掺入方法 | 应以溶液与拌和水同时加入，溶液的用水量应从拌和水中扣除；<br>配制的溶液必须充分溶解，如产生絮凝现象，应加热使其溶解，方可使用 |
| 5 | 搅拌 | 必须采用机械搅拌；<br>搅拌时间不宜大于5min，亦不宜少于3min |
| 6 | 浇筑 | 从出料到浇筑的时间，应力求缩短；<br>用插入式振动器振捣时，振捣时间不宜超过20s |
| 7 | 混凝土含气量的取样 | 应在搅拌机出料口取样，并考虑在运输途中、振捣过程中含气量的损失；<br>施工时严格控制混凝土的含气量，当材料或施工条件变化时，应相应增减引气剂或引气减水剂的掺量 |

(3)引气剂防水混凝土的施工注意事项。

①引气剂防水混凝土宜用机械搅拌。搅拌时首先将砂、石、水泥倒入混凝土搅拌机。引气剂则应预先加入混凝土拌和水中搅拌均匀后，再加入搅拌机内。引气剂不得直接加入搅拌机，以免气泡集中而影响混凝土质量。

②在搅拌过程中应按规定检查拌和物的和易性(坍落度)和含气量，使其严格控制在规定的范围内。

③宜采用高频振捣器振捣，以排除大气泡，保证混凝土的抗冻性。

(4)养护条件对引气剂防水混凝土的抗渗性有很大影响。尤其是低温养护对抗渗性的影响更为显著，5℃条件下养护，几乎完全失去抗渗能力，因此冬期施工必须特别注意温度的影响。

养护湿度对混凝土的抗渗性也有很大影响，湿度越高，对提高防水混凝土的抗渗性越有利。在适宜温度的水中养护，可使混凝土获得良好的抗渗性。

3. 膨胀剂——补偿收缩抗裂防渗混凝土

膨胀剂的主要功能是补偿混凝土硬化过程中的干缩和冷缩，可减少收缩开裂。膨胀剂可以应用于各种抗裂防渗混凝土，尤其适用于与防水有关的地下、水工、圬工、地铁、隧道和水电等钢筋混凝土结构工程，以及二次浇筑工程。

1)常用膨胀剂

常用膨胀剂的主要品种与性能见表19-33。

**常用膨胀剂主要品种与性能** 表19-33

| 产品名称 | 产品性能 | 掺量(%) | 适用范围及说明 |
|---|---|---|---|
| YS－PNC型膨胀剂 | 比表面积≥2 500cm²/g，0.08mm方孔筛余量≤10%；<br>限制膨胀率，水中14d：≥0.04%，空气中28d：≥0.02%；<br>胶砂强度，7d：≥30MPa，28d：≥50MPa；<br>对钢筋无锈蚀作用 | 按内掺法用PNC取代水泥；<br>防水混凝土掺量为10～14；<br>填充型膨胀混凝土掺量为10～16；<br>膨胀砂浆掺量为8～10 | 优先选用425号及以上普通硅酸盐水泥或矿渣水泥，水泥用量不宜少于300kg/m³；<br>有抗裂、抗渗性能，适用于接缝、填充用混凝土工程和水泥制品等 |

续上表

| 产品名称 | 产品性能 | 掺量(%) | 适用范围及说明 |
| --- | --- | --- | --- |
| U 型混凝土膨胀剂（简称 UEA） | LOSS: 2.85%；<br>$Al_2O_3$: 10.19%；<br>$SiO_2$: 31.39%；<br>$Fe_2O_3$: 1.05%；<br>CaO: 16.80%；<br>$SO_3$: 31.92%；<br>MgO: 0.45%；<br>密度: 2.88g/$cm^3$ | 高配筋混凝土 11～14；<br>低配筋混凝土 11～13；<br>填充性混凝土 12～15；<br>UEA 加入量按内掺法计算 | 宜用于 525 号普通硅酸盐水泥、425 号普通硅酸盐水泥或矿渣水泥；<br>火山灰水泥和粉谋灰水泥要经试验确定；<br>抗裂、防渗、接缝、填充用混凝土工程和水泥制品等均可使用 |
| 复合膨胀剂（简称 CEA） | 膨胀组分：<br>氧化钙、明矾石、石膏；<br>水化产物：<br>钙矾石、氢氧化钙 | 8～12 | 用于地下室、地铁、储水池、自防水屋面板、坝体后浇缝、梁柱接头等 |
| EA－L 膨胀剂（明矾石膨胀剂） | 自由膨胀率为 0.05%～0.10%；<br>自应力值为 0.2～0.7MPa；<br>提高混凝土抗压强度 10%～30%、抗渗性 2～3 倍、节约水泥 10%；<br>对钢筋无锈蚀 | 15～17 | 适用于防水混凝土及防水砂浆 |
| MNC－D 型膨胀防水剂 | 混凝土强度可达 30～50MPa；<br>抗渗标号 S30～S50；<br>微膨胀率为 $(1\sim2)\times10^{-4}$；<br>对钢筋无锈蚀作用 | 6～8（按内掺法计算） | 抗裂、防渗、接缝、填充用混凝土工程均可用 |

2）对原材料的要求

（1）水泥

水泥是补偿收缩混凝土的主要材料，水泥用量对于膨胀率影响很大，在配制混凝土的过程中，必须严格控制水泥称量的准确性，误差不得超过 1%；如直接掺加膨胀剂，对膨胀剂的称量更应当严格控制，误差不得超过 0.5%。为保证补偿收缩作用的发挥，每立方米混凝土中水泥的用量不少于 280kg。

水泥的风化程度对膨胀率有显著影响，在正常情况下，储存期不得超过 90d。对超期的水泥，需通过膨胀率试验后才能使用。

（2）集料

集料不仅要选择适宜的品种，而且还要选择适宜的级配，确保集料坚固洁净，符合国家规定的标准。实践证明，有些集料对膨胀率和干缩率有不利影响，如砂岩类集料会降低膨胀率，而海砂会加大干缩率；采用间断级配的集料，有利于提高膨胀性能；采用轻集料拌制的混凝土，具有很好的发展前景。

（3）拌和水

补偿收缩混凝土拌和水质量除符合普通混凝土用水标准外，拌和水量应比相同坍落度的普通混凝土多 10%～15%，但用水量的增加会增大水灰比，使混凝土的膨胀率减小和干缩率增加。因此，在施工工艺允许的条件下，尽量减少用水量，必要时可掺加一定量的高效减水剂或超塑化剂。

(4)外加剂

补偿收缩混凝土掺加外加剂必须慎重,同一外加剂在不同补偿收缩混凝土中会产生不同的效果,不管掺加何种外加剂,都必须通过试验后才能正式用于工程。

氯化钙快硬剂,如掺加量超过 1%,将会显著减少膨胀率和增加干缩率,一般不宜使用;缓凝剂,一般不宜使用,掺量略多就会显著减少膨胀率和增加干缩率,在干燥环境下,可通过试验适量掺加,以延缓混凝土的初凝,但必须严格控制掺量;补偿收缩混凝土中,最常用的外加剂是减水剂和超塑化剂,用于某些膨胀水泥混凝土中,不仅可减小水灰比、改善拌和物的和易性,而且还可增加早期强度和限制膨胀率,效果良好。如在明矾石膨胀水泥混凝土中,掺加水泥质量 0.5% 的 MF 萘系减水剂,可以减小水灰比 10%,并且可以改善和易性,增加早期强度和稍微增加限制膨胀率。无论掺加何种外加剂,能否掺加、掺量多少必须通过试验确定。

3)配合比的设计

(1)配合比设计的有关规定

按《混凝土外加剂应用技术规范》(GB 50119—2013)规定:膨胀剂掺量是按等量取代胶凝材料的内掺法。如当基准混凝土水泥用量为 $C_o$,膨胀剂掺量为 $K$ 时,则:

膨胀剂:$E = C_oK(\text{kg/m}^3)$

水泥:$C = C_o - E(\text{kg/m}^3)$

当混凝土掺入粉煤灰等掺合料($FA_o$)时,则膨胀剂分别取代水泥和粉煤灰,即:

膨胀剂:$E = (C + FA)K(\text{kg/m}^3)$

粉煤灰:$F = FA_o(1 - K)(\text{kg/m}^3)$

水泥:$C = C_o(1 - K)(\text{kg/m}^3)$

在配制防水抗渗混凝土时,按《混凝土膨胀剂》(JC 476—2001)规定(表 19-34):水泥用量不得小于 300kg/m³,如掺入粉煤灰等矿物掺合料时,则水泥用量不得小于 280kg/m³。以此为基准设计掺膨胀剂的混凝土配合比。

**胶凝材料最少用量** 表 19-34

| 膨胀混凝土种类 | 胶凝材料最少用量(kg/m³) |
|---|---|
| 补偿收缩混凝土 | 300 |
| 填充用膨胀混凝土 | 350 |
| 自应力混凝土 | 500 |

(2)配合比设计的注意事项

进行补偿收缩混凝土配合比设计时,除应遵守普通水泥混凝土关于原材料、配合比设计等方面的要求外,还应根据补偿收缩混凝土的特点,注意以下事项:

①补偿收缩混凝土的需水量比较大,所以拌和水应比相同坍落度的普通混凝土多 10% ~ 15%。但是增加用水量会增大混凝土的水灰比,使膨胀率减少和干缩增加,所以应在操作允许的前提下尽量少加水,或掺加减水剂以减少加水量。

②减水剂能加快钙矾石的生成,将会降低膨胀率,一般情况下应慎重选用。但在明矾石膨胀水泥混凝土中,掺加水泥质量 0.5% 的 MF 减水剂,不仅可降低水灰比 10%,而且可以改善混凝土拌和物的和易性,增加其早期强度和稍微增加限制膨胀率,这种减水剂是可以用于补偿收缩混凝土的。

③配制普通水泥混凝土的水灰比,同样也适用于补偿收缩水泥混凝土,美国混凝土学会提

出的强度与水灰比的关系，见表19-35。我国常用的明矾石膨胀水泥混凝土，当水灰比为0.52、水泥用量为350kg/m³时，不仅28d的抗压强度大于30MPa，而且后期强度还会有较大的增长，6个月的强度为28d强度的150%；在限制条件下强度还能增加10%。

**美国ACL提出的强度与水灰比的关系**　　表19-35

| 28d抗压强度（MPa） | 水灰比 | | 28d抗压强度（MPa） | 水灰比 | |
|---|---|---|---|---|---|
| | 不加气 | 加气 | | 不加气 | 加气 |
| 42 | 0.42～0.45 | — | 25 | 0.60～0.63 | 0.50～0.53 |
| 35 | 0.51～0.53 | 0.42～0.44 | 21 | 0.71～0.75 | 0.62～0.65 |

④进行补偿收缩混凝土配合比设计时，可以采用试配法。即首先通过3～4个水灰比找出强度与水灰比的关系曲线，再根据要求的强度来确定水灰比。然后按选定的水泥用量来计算用水量。此后再根据选定的砂率（一般略低于普通水泥混凝土）来计算试配用的混凝土配合比。

4）掺膨胀剂补偿收缩混凝土施工要求

（1）膨胀剂应符合《混凝土膨胀剂》（JC 476—2001）标准的规定。按供货单位推荐掺量进行检测，合格者才能使用。由于膨胀剂的品种和掺量不同，它与水泥、化学外加剂和掺合料存在适应性问题，因此，要进行混凝土试配。

（2）膨胀剂的掺量应分别取代水泥和掺合料。膨胀剂的主要用途是补偿收缩，基于不同结构部位的收缩变形有差异，如防水工程的底板混凝土的限制膨胀率$\varepsilon_2$为0.015%～0.020%，侧墙$\varepsilon_2$为0.025%～0.035%，后浇带或膨胀加强带$\varepsilon_2$为0.035%～0.045%。因此，不同的结构部位的膨胀剂掺量是不同的。另外，必须根据工地用原材料试配补偿收缩混凝土，在满足混凝土坍落度、强度和抗渗等级情况下，必须达到《混凝土膨胀剂》（JC 476—2001）表19-36中限制膨胀率的设计要求，主要调整膨胀剂掺量，达到补偿收缩抗裂防渗双功能。

膨胀剂在计量时应使用精度高的计量装置，避免因计量误差，造成过量膨胀对工程的破坏。

**混凝土膨胀剂性能指标**　　表19-36

| 项目 | | | | 指标值 |
|---|---|---|---|---|
| 化学成分 | 氧化镁（%），≤ | | | 5.0 |
| | 含水率（%），≤ | | | 3.0 |
| | 总碱量（%），≤ | | | 0.75 |
| | 氯离子（%），≤ | | | 0.05 |
| 物理性能 | 细度 | 比表面积（m²/kg），≥ | | 250 |
| | | 0.08mm筛筛余（%），≤ | | 12 |
| | | 1.25mm筛筛余（%），≤ | | 0.5 |
| | 凝结时间 | 初凝（min），≥ | | 45 |
| | | 终凝（h），≤ | | 10 |
| | 限制膨胀率（%） | 水中 | 7d，≥ | 0.025 |
| | | | 28d，≤ | 0.10 |
| | | 空气中 | 28d，≥ | -0.020 |

续上表

| 项　　目 | | | 指标值 |
|---|---|---|---|
| 物理性能 | 抗压强度(MPa),≥ | 7d | 25.0 |
| | | 28d | 45.0 |
| | 抗折强度(MPa),≥ | 7d | 4.5 |
| | | 28d | 6.5 |

注:细度用比表面积和1.25mm筛筛余或0.08mm筛筛余和1.25mm筛筛余表示,仲裁检验则采用比表面积和1.25mm筛筛余表示。

(3)膨胀剂可与其他混凝土外加剂复合使用,但必须经过试验确定外加剂品种和掺量,不得滥用。膨胀剂不宜与氯盐外加剂复合使用。

(4)粉状膨胀剂应与混凝土其他原材料有序投入搅拌机中,膨胀剂质量应按施工配合比投料,质量误差小于±1%,不得少掺或多掺,考虑混凝土的匀质性,其拌制时间比普通混凝土延长30s。

(5)掺膨胀剂的混凝土浇筑方法和技术要求与普通混凝土基本相同。混凝土的振捣必须密实,不得漏振、欠振和过振。在混凝土终凝以前,要用人工或机械多次抹压,防止表面沉缩裂缝的产生,以免影响外观质量。后浇带中杂物必须清除干净,充分预湿,然后以填充用膨胀混凝土浇筑。

(6)在干热多风的施工环境中,应采取挡风、遮阳、喷水等措施,应设法避免因机器故障或人力不足而引起的停工间歇,应使混凝土的浇筑温度不超过35℃。

(7)抹面与整修工作,虽然补偿收缩混凝土中砂浆丰富,比较容易做好,但因其凝结时间较短,所以必须要注意掌握时间,千万不可过晚。

(8)掺膨胀剂的混凝土接缝处理。

①为适应水平和垂直差异移动的隔断缝,应设置在与墙、柱、机器基础、底座或其他约束点(如排水管、壁炉、集水坑、楼梯等)的连接点上。除正常移动外,接缝还要适应混凝土初始膨胀时所产生的移动。

②补偿收缩混凝土板的施工缝应与普通混凝土板的施工缝同样处理,前者的设缝间距可大大增加。位于室内的板或在温度变化较小之处,许可连续浇筑1 500$m^2$不留缝;在室外的板或在温度变化较大的地方,许可连续浇筑1 000$m^2$以下不留缝。此外,施工缝的设置必须还要考虑一个工作班能浇筑和修整的面积。

③补偿收缩混凝土也需设置收缩缝,其主要目的是人为造成一个弱面,防止混凝土干缩开裂,但其间距可大于普通混凝土。在露天温湿度变化大的地方,最大缝间距可为30m左右;在室内等温湿度变化小的地方,最大缝间距可根据温湿度变化而定,一般可为45~60m。收缩缝的做法与普通混凝土相同。

④在采用补偿收缩混凝土时,用于控制热胀位移的膨胀缝的位置和设计方法,可与普通混凝土相同,但热胀位移缝不宜太大,应能保证在补偿收缩混凝土膨胀阶段产生足够的膨胀。

(9)掺膨胀剂的混凝土要特别加强养护,膨胀结晶体钙矾石($C_3A \cdot 3CaSO_4 \cdot 32H_2O$)的生成需要水。补偿收缩混凝土浇筑后1~7d湿养护,才能发挥混凝土的膨胀效应。如不养护或养护马虎,就难以发挥膨胀剂的补偿收缩作用。底板或楼板较易养护,能蓄水养护最好,一般用麻袋或草席覆盖,定期浇水养护。墙体等立面结构,受外界温度、湿度的影响较大,容易发生竖向裂缝。工程实践表明,混凝土浇筑完3~4d内水化热温升最高,而抗拉强度很低,如果早拆模板,墙体内外温差较大而易于开裂。因此,墙体模板拆除时间宜不少于3d,墙体浇筑完后,应从顶部设水管喷淋,模板拆除后继续养护至7d。冬期施工不能浇水,养护不少于14d,并进行保温养护。

(10)掺膨胀剂的混凝土品质检验与普通混凝土的主要区别是增加一项混凝土限制膨胀率测量,这是确保补偿收缩混凝土抗裂防渗性能的一项重要技术指标。

5)掺膨胀剂的混凝土填缝和修补工作注意事项

补偿收缩混凝土用于填缝和修补时,除了一般补偿收缩混凝土的施工注意事项,还应注意以下3个方面。

(1)用于填缝和修补的混凝土或砂浆,可以选用膨胀能较大的水泥和配合比,选用较低的水灰比和较大的水泥用量。

(2)要特别重视对老混凝土接角面的处理,并做到坚固、潮湿、不留杂物油污,这样才能保证新老混凝土接缝面的良好黏结嵌固作用。例如,预先浇筑老混凝土时,可在接触面模板上加钉板条,使混凝土接触面上留下键槽;或提前脱膜并立即刷露石子、清除浮聚物;及早覆盖接缝口以防止接触面沾污;填灌前应认真冲洗并保潮24h。对于通过的钢筋或预留的插筋,也应保持清洁和预先潮湿,以保证黏结牢固。

(3)当补偿混凝土和砂浆填灌完毕后,应及时进行覆盖养护,在常温下养护的时间一般不得少于14d。

4.加气剂防水混凝土

加气剂防水混凝土,是在普通混凝土中掺入微量加气剂配制而成。它具有良好的和易性、抗渗性、抗冻性和耐久性,且技术经济效果较好,是国内应用较普遍的一种外加剂防水混凝土。我国目前常用的加气剂,主要是松香热聚物和松香酸钠,另外还有烷基碳酸钠及烷基苯磺酸钠等。

为使加气剂防水混凝土达到抗渗性能的要求,又满足一定的强度和耐久性,其配合比设计及加气剂防水混凝土施工必须满足以下的技术要求。

1)混凝土配合比设计

混凝土配合比设计应达到以下技术要求:

(1)含气量

混凝土掺用加气剂虽有提高抗渗的作用,但也有降低强度的副作用。工程实践证明,含气量以3%~6%为宜,最好控制在3%~5%。含气量掌握在这个范围内,混凝土拌和物的表观密度降低不超过6%,混凝土强度降低不超过25%。

(2)最小水泥用量

为保证混凝土基本的抗渗性和强度的要求,在一般情况下,加气剂防水混凝凝土的最小水泥用量不得低于250kg/m$^3$,一般控制在280~300kg/m$^3$。当混凝土的强度、耐久性、抗冻性要求较高时,应根据这几方面的要求适当提高水泥用量。

(3)水灰比

为保证加气剂防水混凝土的抗渗性能,采用的水灰比应当适宜,一般以0.50~0.60为宜,最大不得超过0.65;当混凝土的抗冻性和耐久性要求较高时,水灰比可适当降低,但不宜小于0.45,以免造成施工困难。

(4)砂率

经过众多试验证明,加气剂防水混凝土的砂率,一般控制在28%~35%为宜,灰砂比以

1∶20～1∶25 为宜。

加气混凝土采用的砂石级配和坍落度控制，与普通混凝土基本相同。在配制时可参照普通混凝土进行设计，通过试验加以校核。

2）加气剂防水混凝土施工

加气剂防水混凝土的施工工艺具体阐述见本节五。

5.三乙醇胺防水混凝土

三乙醇胺防水混凝土，是在混凝土中随拌和水掺入一定量的三乙醇胺防水剂配制而成的。具有防水、早强和增强的多种作用，特别适用于需要早强的防水工程，是一种良好的防水混凝土。

1）常用防水剂的基本配方

工程中常用的三乙醇胺防水剂，一般有3种配方，见表19-37。但靠近高压电源和大型直流电源的防水工程，宜采用1号配方来配制防水混凝土，不宜采用2号或3号配方。

三乙醇胺防水剂常用配方　　表19-37

| 1号配方 | | 2号配方 | | | 3号配方 | | | |
|---|---|---|---|---|---|---|---|---|
| 三乙醇胺0.05% | | 三乙醇胺0.05%＋氯化钠0.5% | | | 三乙醇胺0.05%＋氯化钠0.5%＋亚硝酸钠1% | | | |
| 水 | 三乙醇胺 | 水 | 三乙醇胺 | 氯化钠 | 水 | 三乙醇胺 | 氯化钠 | 亚硝酸钠 |
| 98.75/98.33 | 1.25/1.67 | 86.25/85.83 | 1.25/1.67 | 1.25/1.25 | 61.25/60.83 | 1.25/1.67 | 1.25/1.25 | 25/25 |

注：1.表中的百分数为水泥质量的百分数。

2.1号配方适用于常温和夏季施工，2号、3号配方适用于冬期施工。

3.表中资料分子为采用100%纯度三乙醇胺的量，分母为采用75%工业品三乙醇胺的用量。

2）三乙醇胺防水混凝土的配制

（1）严格按配方配制防水剂溶液，并应充分搅拌至完全溶解，防止氯化钠和亚硝酸钠溶解不充分，或三乙醇胺分布不均而造成不良后果。

（2）三乙醇胺对不同的水泥作用不同，若调换水泥品种，则应重新进行试验。

（3）严格掌握三乙醇胺的掺量，并且不得将防水剂材料直接投入搅拌机内，致使拌和不均匀而影响混凝土的质量。配好的防水剂应和拌和用水掺和均匀使用。

（4）配制三乙醇胺防水混凝土的坍落度一般以1～4cm为宜。

（5）在冬季施工时，除了掺入占水泥质量0.05%的三乙醇胺，再加入0.5%的氯化钠及1%的亚硝酸钠，其防水效果更好。

（6）配制三乙醇胺防水混凝土必要严格控制水泥用量，当设计抗渗压力在0.8～1.2MPa时，水泥用量以300kg/m$^3$为宜。

（7）配制三乙醇胺防水混凝土，砂率必须随水泥用量的降低而相应提高，使混凝土中有足够的砂浆量，以确保混凝土的密实性，从而提高混凝土的抗渗性。当水泥用量为280～300kg/m$^3$时，砂率以40%为宜。掺三乙醇胺早强防水剂后，灰砂比可以小于普通防水混凝土1∶2.5的限值。

（8）三乙醇胺防水混凝土对石子级配无特殊要求，只要在一定水泥用量范围内，并且保证有足够的砂率，无论采用何种级配的石子，都可以使混凝土具有良好的密实度和抗渗性。

（9）三乙醇胺防水剂对不同品种水泥均有较强的适应性，特别是能够改善矿渣硅酸盐水泥的泌水性和黏滞性，提高其抗渗性。对要求低水化热的防水工程，以选用矿渣水泥为宜。

3）三乙醇胺防水混凝土的施工要点

三乙醇胺防水混凝土在施工过程中，除按照普通混凝土施工有关规定外，还要严格遵循以下施工要点：

（1）要求严格按照设计的配方配制三乙醇胺防水剂溶液，并充分进行搅拌，防止氯化钠和亚硝酸钠溶解不充分，或三乙醇胺在溶液中分布不均匀，而影响三乙醇胺防水混凝土的质量。

（2）配制好的防水剂溶液应与拌和水混合均匀后使用，不得将防水材料直接投入混凝土搅拌机中，以防拌和不均匀，影响混凝土拌和物的质量。

（3）靠近高压电源的防水工程，如果采用三醇胺防水混凝土，只允许单掺三乙醇胺防水剂，不能掺加氯化钠和亚砂酸钠。

## 四、专用外加剂防水混凝土

1. 氯化铁防水混凝土

氯化铁防水混凝土是在混凝土拌和物中加入少量氯化铁防水剂拌制而成的具有高抗渗性和密实度的混凝土。

1）氯化铁防水混凝土的配制

混凝土配制所需的水泥、砂、石及水的技术要求与普通水泥混凝土相同。水泥最好选用普通硅酸盐水泥或矿渣硅酸盐水泥。砂用中砂或粗砂，石子的最大粒径 $D_{dmax} \leq 30mm$。

（1）氯化铁防水混凝土的配制应满足的技术要求，见表19-38。

**氯化铁防水混凝土配制要求** 表19-38

| 项　目 | 技 术 要 求 |
|---|---|
| 水灰比 | ≤0.55 |
| 水泥用量（$kg/m^3$） | ≥310 |
| 坍落度（mm） | 30～50 |
| 防水剂掺量（%） | 以3为宜，掺量过多对钢筋锈蚀及混凝土干缩有不良影响，如果采用氯化铁砂浆抹面，掺量可增至3～5 |

（2）要选用质量符合标准的氯化铁防水剂。比密度大于1.4，氯化铁和氯化亚铁的比例应在1∶1.0～1∶1.3，总含量不小于400g/L，pH值为1～2，硫酸铝含量为溶液质量的5%。市售氯化铁化学试剂不能使用。

（3）氯化铁防水剂使用前需用水稀释，再拌和混凝土，严禁将氯化铁防水剂直接注入水泥或集料中。

（4）氯化铁防水剂掺量一般为水泥质量的2.5%～5%，工程实践证明以3%为宜。掺入过多对钢筋锈蚀、混凝土干缩、凝结时间都有影响，掺少了效果不明显。如用氯化铁防水砂浆抹面，掺量可增至3%～5%。

（5）要求配料准确。投料后，需用机械搅拌2min以上才能出料。如果搅拌机停止运转0.5h以上时，则在搅拌第一罐时要多加一些水泥及砂子，以防搅拌机内大量挂浆，相对地使粗集料过多，影响质量。

（6）施工缝要用10～15mm厚防水砂浆胶结，氯化铁防水砂浆的质量配合比为水泥∶砂∶氯化铁防水剂＝1∶0.5∶0.03，水灰比为0.5。

（7）氯化铁防水混凝土，用同样配合比和材料，在不同的养护条件下，其抗渗性截然不同。试样表明：砂浆低温（10℃）养护时，抗渗性较差；当养护温度从10℃提高到25℃时，砂浆抗渗强度从P1提高至P12以上；但养护温度过高也会使抗渗性能降低。因此，当采用蒸汽养护时，应控制温度不超过50℃,并控制升温速度不超过6~8℃/h。

2)氯化铁防水混凝土施工

氯化铁防水混凝土施工要求同普通防水混凝土,但应注意以下几点:

(1)配制氯化铁防水混凝土,一定要选用质量符合标准的氯化铁防水剂,不能随便选用不符合要求的氯化铁化学试剂。

(2)配制时计量要尽量准确,不得超过施工规范的规定。

(3)配制时首先称取需用量的氯化铁防水剂,用80%的拌和水稀释均匀再将此溶液拌入混凝土或砂浆,并加入剩余的水进行搅拌。严禁将防水剂不经稀释直接掺入水泥砂浆或混凝土拌和物中。

(4)采用机械搅拌时,必须先投入水泥和粗细集料,然后再投入含有防水剂的水溶液,以免搅拌机受到腐蚀(搅拌时间不小于3min)。

(5)施工缝应用氯化铁防水剂配制的防水砂浆填充黏结。

(6)氯化铁防水混凝土浇筑完毕后,一定要加强对混凝土的养护。采用自然养护时,浇灌8h后,即用湿草袋覆盖,夏季要提前一些。24h后,再定期浇水养护14d,尤其是前7d,要保证混凝土充分湿润。

2.有机硅防水混凝土

有机硅防水混凝土是混凝土拌和物中加入少量有机硅防水剂拌制而成的,具有抗渗性的混凝土。

1)有机硅防水混凝土的配制

(1)原料

①配制混凝土所用的水泥、砂、石等原料类同于普通防水混凝土。

②有机硅防水剂。国内有关生产厂家生产的有机硅防水剂技术性能见表19-39。

**国内部分厂家有机硅防水剂技术性能** 表19-39

| 项　目 | 性能指标 | | | |
|---|---|---|---|---|
| | 上海树脂厂(绿宝牌) | 沈阳市北方建筑防水材料厂(禹王牌) | 北京建材制品总厂 | |
| 主要成分 | 甲基硅醇钠 | 甲基硅醇钠 | 甲基硅醇钠 | 高沸硅醇钠 |
| 外观 | 黄色至淡红色 | 浅黄色 | 淡黄色~无色透明 | 淡黄色~无色透明 |
| 黏度(25℃,s) | 5~25 | 34左右 | 30~32.5 | 31~35 |
| pH值 | 12~14 | — | 14 | 14 |
| 相对密度 | 1.2~1.3 | — | 1.23~1.25 | 1.25~1.26 |
| 甲基聚硅醚($CH_3SiO_{1.5}$)含量(%) | 20±1 | — | — | — |
| 氯化钠含量(%) | 1~3 | ≤2 | — | 3~5 |
| 硅含量(%) | — | 3~5 | — | 1~3 |
| 甲基硅倍伴氧含量(%) | — | — | 18~20 | — |
| 总碱量(%) | — | 18~20 | <18 | <20 |
| 抗渗性能(MPa) | — | ≥1.4 | | |

(2)配制

混凝土的配合比设计计算同普通防水混凝土。

有机硅必须首先加入到拌和水中稀释成有机硅水,用有机硅水作为拌和水加入到混凝土或砂浆的拌和物中。

有机硅水中,有机硅防水剂与水的比例视防水混凝土或砂浆的工程部位有所不同,可参考表19-40进行配制。

**有机硅防水混凝土(砂浆)中有机硅水的配比(体积比)** 表19-40

| 混凝土(砂浆) | 有机硅水配比 | 其他材料要求 |
|---|---|---|
| | 防水剂:水 | |
| 防水混凝土<br>结合层防水水流膏<br>底层防水砂浆<br>面层防水砂浆 | 1:(12~13)<br>1:(8~9)<br>1:(9~10)<br>1:(0~11) | 水泥:普硅水泥<br>砂:中砂<br>石子:碎石<br>$D_{max}=30\sim35mm$ |

2)有机硅防水混凝土的施工

施工方法类同普通防水混凝土,但必须注意如下几点:

(1)在混凝土或砖砌体材料表面做有机硅防水砂浆时,必须对基层进行清洁处理,即首先清除表面油污和积水。如基层面过于光滑,应先凿毛后用水清洗,并用防水剂配成水泥膏(水泥:硅水=1:0.6)在基层抹2~3mm作为结合层,待初凝后再抹防水砂浆。砂浆应分两层施工,每层8~10mm。第一层初凝时用抹子抹实并用木抹戳成麻面,再做面层。面层初凝时赶光压实,戳出麻面再做保护层。

保护层一般用水泥:砂=1:2.5的砂浆,厚度为2~3mm。

另外,基层过于潮湿或雨天时,均不得进行施工。

(2)有机硅防水混凝土或防水砂浆可在冬季-5℃以上施工。因为有机硅防水剂具有较好的耐低湿性能,过于寒冷可能会导致防水剂冻结,但熔融后仍可使用,效果不变。

(3)有机硅防水剂具有较强的碱性,因此施工时操作人员应注意防护,尽量不要接触皮肤,更不能溅入眼内。如接触皮肤或溅入眼内,应立即用大量洁净水冲洗。

3.无机铝盐防水混凝土

无机铝盐防水混凝土是掺有无机铝盐防水剂的,具有抗渗性的防水混凝土。

1)无机铝盐防水混凝土的配制

(1)原料

①水泥、砂、石、水等原料,与配制普通防水混凝土的要求相同。

②无机铝盐防水剂。目前市场上使用的无机铝盐防水剂的主要品牌及有关性能见表19-41。

**常用无机铝盐防水剂及其性能** 表19-41

| 产品名称及牌号 | 主要性能 | | | | 生产厂 |
|---|---|---|---|---|---|
| | 相对密度(20℃) | 凝结时间 | pH值 | 耐温性 | |
| 新龙牌防水剂 | ≥1.30 | 初凝≥35min<br>终凝≤10h | 3~5 | 高温110℃<br>低温-40℃ | 广西大新县建材化工 |
| 方园牌防水剂 | 1.3~1.36 | 初凝≥30min<br>终凝≤4h | 4~6 | — | 北京建筑研究所 |
| 银龟牌防水剂 | ≥1.30 | — | 3~5 | — | 沈阳市苏家屯区东风防水剂厂 |
| $WJ_1$防水剂 | 1.35 | — | 4~6 | 高温113℃<br>低温-42℃ | 武汉市武昌县化工塑料总厂<br>安徽来安县新型防水剂厂 |

③外加剂。必要时,可以掺加减水剂、早强剂。但选用的减水剂等外加剂不得与无机铝盐防水剂发生不良反应,而影响防水剂的防水效果及混凝土的其他性能。

(2)配制

无机铝盐防水混凝土及防水砂浆的配合比设计,与普通防水混凝土及防水砂浆相同。

无机铝盐防水混凝土及防水砂浆可参考表19-42配制。

**无机铝盐防水混凝土及砂浆的配制** 表19-42

| 组成材料 | 混凝土C20 | 混凝土C30 | 防水素浆 | 防水砂浆(底层) | 防水砂浆(面层) |
|---|---|---|---|---|---|
| 水泥 | 1 | 1 | 1 | 1 | 1 |
| 中粗砂 | 1.7 | 1.14 | — | 2.5~3.5 | 2.5~3.0 |
| 碎石 | 2.4 | 1.91 | — | | |
| 水 | 0.4~0.5 | 0.4~0.5 | 2.0~2.5 | 0.4~0.5 | 0.4~0.5 |
| 防水剂 | 0.03~0.05 | 0.03~0.05 | 0.03~0.05 | 0.05~0.08 | 0.05~0.10 |
| 混凝土外加剂 | 0.003 | 0.03 | — | — | — |
| 厚度(mm) | 根据设计要求 | 根据设计要求 | 1~2 | 20~25 | 20~25 |
| 选用材料要求 | 水泥:普通硅酸盐水泥,矿渣水泥、火山灰质水泥,强度等级不低于32.5MPa,不同品种,不同强度等级的水泥不能混合使用;<br>砂:中砂、粗砂质量应符合混凝土用砂要求;<br>水:使用洁净天然水或自来水 | | | | |

2)无机铝盐防水混凝土及砂浆的施工

(1)现浇结构楼面及砂浆的施工

①对基层进行清理(除灰、除积水、除油污),必要时表面凿毛。

②刷防水水泥素浆(水泥:水:铝盐防水剂=1:0.35:0.03)作结合层。

③待防水素浆初凝后,抹防水砂浆层。砂浆层一般厚为25~30mm,分两层涂抹:第一层10~15mm,第二层15~20mm,反复用铁抹子压实压光。每40~60m$^2$留伸缩缝1道,待完全固化后用韧性沥青油膏嵌缝。

④养护温度应在5℃以上,表层应覆盖塑料薄膜或木屑湿草帘,养护期14d。

(2)预制结构楼屋面防水施工

①基层清理同前。

②用韧性材料对接缝,拼缝进行嵌填。

③设置金属网,一般用$\phi$3钢筋或12~14号铁丝,间距200mm×200mm。

④刷防水素浆。

⑤铺浇防水砂浆层或细石防水混凝土层时,应反复压实压光。

⑥用湿草帘式湿木屑覆盖,养护14d后进行检查,如有裂纹,应及时用防水素浆涂刷裂纹。

(3)地下室、人防工程、隧道等防水混凝土施工

①严格计量,防水剂应按比例先与水混合。

②搅拌时间应比普通混凝土略长。

③振捣应均匀充分,严禁漏振。

④养护7d后,应在混凝土表面做一层10~15mm的防水砂浆层,做防水砂浆层前应在混凝土表面刷一层防水素水泥浆。

4.金属皂类防水混凝土

金属皂类防水混凝土是在拌制混凝土或砂浆时掺入金属皂类防水剂,使混凝土具有较高

的抗渗性。

1）金属皂类防水剂的配制及技术指标

金属皂类防水剂可以市购，也可以自行配制。

（1）可溶性金属皂类防水剂的配制

①原料配比，见表19-43。

**原料配比（一）** 表19-43

| 原料 | 配比（%） | 原料 | 配比（%） |
|---|---|---|---|
| 硬脂酸 | 3.0～4.0 | 氢氧化钾（工业级） | 0.6～0.9 |
| 氨水 | 2.5～0.3 | 氟化钠（工业级） | 0.05 |
| 碳酸钠（工业级） | 0.2～0.3 | 水 | 92～94 |

②制作过程。

a. 准备两个可加热的容器，如金属锅（甲容器和乙容器）。

b. 在甲容器中放入硬脂酸，加热至全部熔化。

c. 在乙容器中加入配制所需水量一半的水（水占容器容量二分之一以下）；加热至50～60℃时，依次加入碳酸钠、氢氧化钾和氟化钠，搅拌直至全部溶解，并保持恒温。

d. 将溶化的硬脂酸慢慢加入到乙容器中，边加入边搅拌（如产生大量气泡，可加大搅拌速度，防止气泡外溢）。

e. 皂化液体冷却至30℃以下时，加入氨水搅拌均匀，用滤网滤去块料和泡沫。置密闭塑料桶中备用。

（2）沥青质金属皂防水剂配制

①原料配比，见表19-44。

**原料配比（二）** 表19-44

| 原料 | 配比（%） | 原料 | 配比（%） |
|---|---|---|---|
| 液体石油沥青 | 8～10 | 氢氧化钾 | 0.5～0.8 |
| 生石灰分 | 20～25 | 水 | 65～70 |

②制作过程。

a. 在容器中放入水（水的体积不超过容器的1/3）。

b. 向容器中加入石灰粉，边加边搅拌，直至均匀，并使完全反应。

c. 将氢氧化钾加入容器，搅拌均匀。

d. 将液体石油沥青慢慢倒入容器中，快速搅拌，使皂化反应完全。

e. 冷却后烘干，并磨成粉状，包装待用。

（3）金属皂类防水剂技术要求

①对水泥凝结时间的影响。按水泥质量5%掺入防水剂，水泥的初凝不得早于1h，终凝不得迟于8.5h。

②对强度的影响。按水泥质量5%掺入防水剂，配制的砂浆或混凝土的28d强度降低不得大于5%。

③对水泥安定性影响。不得引起水泥的安定性不良。

④对防水性能影响。掺入水泥质量5%的防水剂，配制的混凝土或砂浆的抗渗性应提高50%以上。

2)金属皂类防水混凝土(砂浆)的配制

防水剂的掺量:防水砂浆中一般掺水泥质量的2% ~3%。防水混凝土一般掺水泥质量的1% ~3%。配比可参考下列配比方案。

(1)防水水泥砂浆配制

①原料

a. 水泥为强度等级32.5MPa普通硅酸盐水泥;

b. 砂为中砂,$M_x$ =2.7 ~3.1;

c. 防水剂为金属皂类防水浆。

②配合比

配合比为水泥:砂:水:防水浆 =1:2.2:0.32:0.035。

③配制砂浆技术性能

a. 28d抗压强度为45.6MPa;

b. 抗渗等级为$S_{16}$。

(2)防水混凝土配制

①原料

a. 水泥为强度等级32.5MPa普通硅酸盐水泥;

b. 石子为碎石,$D_{max}$ =30mm;

c. 砂为中砂,$M_x$ =30;

d. 木钙减水剂;

e. 防水剂为金属皂类防水浆。

②配合比

配合比为水泥:石子:砂:水:防水浆:减水剂 =1:2.1:3.8:0.50:0.02:0.01。

③配制混凝土性能

a. 新拌混凝土坍落度为8.6cm;

b. 28d抗压强度为41.7MPa;

c. 抗渗等级为$S_{16}$。

3)金属皂类防水混凝土的施工

(1)防水砂浆的施工

防水砂浆一般用于屋面、地下室墙体,水池壁的防水工程。施工应注意以下问题:

①基层应进行清理,清除油迹浮灰,对旧基层应适当凿毛。

②基层如有裂缝、缺陷,应用防水砂浆或防水水泥素浆(水泥:水:防水剂 =1:0.3:0.05)填补。

③如用防水浆调制砂浆时应先将防水浆倒入桶内,慢慢将砂浆配制所用的全部水加入桶内,边加边搅拌,直至均匀。然后加入到干拌1 ~2min的水泥和砂的混合物中,湿拌2 ~3min即可出料使用。如用防水粉,应将防水粉与水泥干拌1min,加入砂干拌1min,最后加入拌和水湿拌2 ~3min全部出料待用。

④防水砂浆的厚度一般为20 ~30mm,浇筑完成后应用铁抹子压平压光。

⑤防水砂浆初凝后在其上加一层10 ~20mm的1:3砂浆保护层。

⑥养护同前述其他防水砂浆。

(2)防水混凝土的施工

防水混凝土一般用于地下室墙面和地面及水池、水塔等混凝土工程。施工方法同普通防水混凝土，防水浆及防水粉的掺加方法同防水砂浆。

金属皂类防水剂混凝土较适合用于钢筋混凝土，因为金属皂类防水剂呈中度碱性，不会对钢筋造成锈蚀。

## 五、防水混凝土的施工工艺

根据以上各种防水混凝土的基本特性，防水混凝土最主要的要求是：具有一定的抗渗性，要认真对待其施工，自始至终都要采取严密措施，以确保每一个环节的施工质量。防水混凝土的施工，除严格执行普通混凝土的有关规定及上述有关施工要求外，在其施工过程中，还应注意下列一些问题。

1. 施工注意事项

(1)防水混凝土的施工，在条件允许的情况下，尽可能一次浇筑完成，以保证结构的整体性。因此，须根据选用的机械设备制订周密的施工方案。尤其对于大体积混凝土结构更应当慎重对待，应计算由水泥水化热所能引起的混凝土内部温升，以采取分区浇筑、使用水化热低的水泥或掺加外加剂等相应技术措施；对于圆筒形构筑的，如沉箱、水池、水塔等，应优先采用滑模施工方案；对于运输通廊等，可按伸缩缝位置划分不同区段，采取间隔施工方案。

(2)做好基坑降排水工作，严防地下水及地面水流入基坑造成积水，影响混凝土正常硬化，导致混凝土强度及抗渗性降低。当地面水及地下水不多时，可采用盲沟排水；对于埋置深及地下水位较高的构筑物，常采用井点降水，在主体混凝土结构施工前必须做好基础垫层混凝土，使其起到辅助防线作用。

(3)模板固定不得采用螺栓拉杆或铁丝对穿，以免在混凝土构筑物上造成引水通路。如固定模板用的螺栓必须穿过防水混凝土结构时，应采取止水措施。

使用的模板面一定要光滑，在安装模板前，要及时清除模板表面上的水泥浆。

(4)钢筋骨架不能用铁钉或铁丝固定在模板上，必须用相同配合比的细石混凝土或水泥砂浆制作垫块，以确保凝土的保护层厚度不小于30mm，绝不允许出现负误差。此外，若混凝土配置上、下两排钢筋时，最好用吊挂方法固定上排钢筋，若不可能而必须采用马凳固定时，则铁马凳应在施工过程中及时取掉，否则，就需要在铁马凳架上加焊止水钢板，以增加混凝土的阻水能力，防止地下水沿着铁马凳架渗入。

(5)配制防水混凝土所用的水泥、砂和石子等原材料，必须符合国家有关的质量要求。水泥如有受潮、变质或过期现象，只能当作废品或用于其他方面，不能降格用于防水混凝土。砂石的含泥量直接影响防水混凝土的收缩性和抗渗性，因此要严格控制这一指标，砂的含泥量不得大于3%，石子的含泥量不得大于1%。

(6)为保证防水混凝土拌和物的均匀性，其搅拌时间应比普通水泥混凝土稍长，尤其是对掺加引气型的防水混凝土，要求搅拌延长2~3min。外加剂防水混凝土所用的各种外加剂，必须经过严格检查符合国家的有关规定，必须将其预溶成较稀的溶液加入搅拌机内，严禁将外加剂干粉和高浓度溶液直接加入搅拌机，以防止外加剂或产生的气泡集中，影响防水混凝土的质量。采用引气剂的防水混凝土，还要按规定抽查混凝土中的含气量，以控制含气量在3%~5%。

(7)混凝土运输过程中，要防止产生离析和坍落度、含气量损失。运输距离较远或气温较高时，可掺入缓凝型减水剂或采用运拌车。

(8)浇灌混凝土的入模自落高度若超过1.5m时须用串筒、溜管等辅助工具将混凝土送入,以免造成石子滚落堆积现象。模板窄高、钢筋较密不易浇灌时,可从侧模预留口处浇灌。

(9)施工缝是防水工程薄弱环节之一,应尽可能不留或少留。如因浇灌设备等条件限制不能连续进行浇灌时则可按变形缝划分浇灌段。每一浇灌段应争取一次浇筑完毕。如确有困难,则底板必须连续浇灌完,墙板可留设水平施工缝,不得留设垂直施工缝,如必须留设垂直施工缝时,应尽量与变形缝相结合,按变形缝处理。水平缝位置应避开剪力和弯矩最大处或底板与侧墙交接处,而应留在距底板表面200mm以上(图19-24),距离墙孔洞边缘不小于300mm,并采取相应措施,做到接缝处不渗不漏。

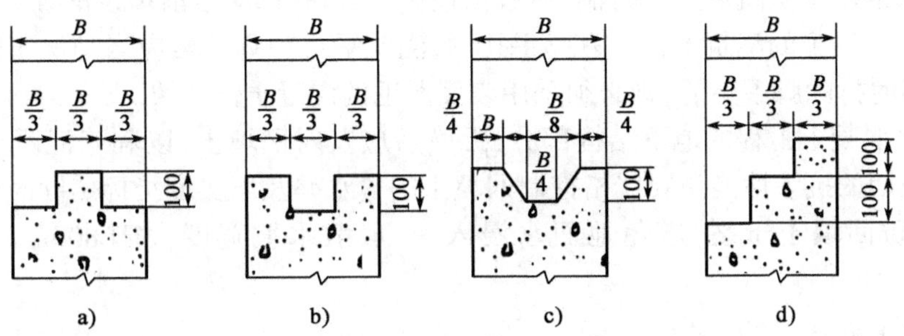


图19-24 施工缝留设距离(尺寸单位:mm)

防水混凝土工程常用的施工缝有平口、企口和竖插钢板止水片等几种形式。各种形式的施工缝各有利弊,施工时可参照表19-45加以选择。

不同形式施工缝特点　　表19-45

| 施工缝种类 | | 优 点 | 缺 点 | 备 注 |
|---|---|---|---|---|
| 企口缝 | 凸 缝 | 企口缝可增加接触面和,使渗水线路延长并受阻,有利于保证施工缝严密不泄漏;<br>施工简单、效果良好 | 支模比凹缝费工,后浇混凝土易与凸槽碰撞而出现轻微离析 | 接缝表面易清理,有利于保证施工质量,应用较普遍 |
| | 凹 缝 | | 易积存水和杂物,清理不净易影响接缝严密性 | 施工简便,应用较普遍 |
| | V形缝<br>阶梯缝 | | 底部不易清除干净,影响接缝严密性 | 不及凸凹缝用的普遍 |
| 平口缝 | | 施工极为简单 | 渗水通路短 | 常用作事故性施工缝和某些埋置浅、厚度较薄的工程 |
| 钢板止水缝 | | 防水效果比较可行 | 安装较困难,耗费一定数量钢材 | 用于防水要求高的重要薄壁工程 |

为了使接缝紧密结合,无论采用哪种接缝形式,浇灌前均需将接缝表面凿毛,清理浮粒和杂质,用水冲洗干净并保持湿润,再铺上厚20~25mm厚的水泥砂浆,所用材料和灰砂比应与浇灌墙体混凝土所用的一致。捣实后再继续浇灌上部墙体混凝土 。

(10)在群管和埋件附近以及钢筋稠密处,可采用具有相同抗渗等级的细石混凝土浇筑。

(11)在厚度大于1m的少筋防水混凝土结构中,可填充粒径为150~250mm的块石,其掺量不应超过混凝土体积20%。块石必须分层直立埋置,间距不小于150mm,与模板的间距不小于200mm,并使结构顶面及底面均有150mm以上的混凝土层。

(12)防水混凝土必须振捣密实,采用机械振捣时,插入式振捣器插入间距不应超过有效半径的1.5倍。要注意避免欠振、漏振和过振,在施工缝和埋设件部位尤需注意振捣密实。需注意避免振捣器触及模板、止水带及埋设件等。

(13)防水混凝土的养护对其抗渗性能影响极大,混凝土早期脱水或养护过程中缺少必要的水分和温度,则抗渗性大幅度降低,甚至完全丧失。因此,当混凝土进入终凝(浇灌后4~6h)即应开始浇水养护,养护时间不少于14d。防水混凝土不宜采用蒸汽养护,冬期施工时可采取保温措施。使混凝土表面温度控制在30℃左右。

(14)防水混凝土因对养护要求较严,因此不宜过早拆模,拆模时混凝土表面温度与周围气温之差不得超过15~20℃,以防混凝土表面出现裂缝。

(15)防水混凝土浇筑后严禁打洞,所有预埋件、预留孔都应事前埋设准确。

(16)防水混凝土的浇筑不得留有脚手孔洞,浇筑平台和脚手架应当随浇筑随拆除。施工过程中无法当时拆除脚手架的,则必须采用表面凿毛的混凝土作垫块。

(17)防水混凝土工程的地下结构部分,拆模后应及时回填土,以利于混凝土后期强度的增长及获得预期的抗渗性能。要严格控制回填土的含水率及压实度指标。同时作好基抗周围的散水坡,以防回填土干裂,避免地面水浸入,一般散水坡宽度大于800mm,横向坡度大于5%。

2.冬季施工要点

(1)不能采用电热法及蒸汽加热法。厚大的地下防水构筑物应采用蓄热法,地上薄壁防水构筑物需采用暖棚法(棚温保持在5℃以上)和低温蒸汽加热法(混凝土表面温度不得超过50℃)。

(2)如需对组成材料加热时,水温不得超过60℃,集料温度不得超过40℃,混凝土出罐温度不得超过35℃,混凝土入模温度不低于热工计算要求。

(3)必须采取措施保证混凝土有一定的养护温度,尤其对大体积混凝土工程采用蓄热法施工时,要防止由于水化热过高水分蒸发过快而使表面干燥开裂。防水混凝土表面应用湿草袋或塑料薄膜覆盖保持湿度,再覆盖干草袋或草垫加以保温。

## 第五节　清水混凝土施工

清水混凝土是直接利用混凝土成形后的自然质感作为饰面效果的混凝土。清水混凝土可分为普通清水混凝土、饰面清水混凝土和装饰清水混凝土。装饰清水混凝土的质量要求应由设计确定,也可参考普通清水混凝土或饰面清水混凝土的相关规定。

### 一、清水混凝土原材料技术要求

清水混凝土原材料技术要求除符合普通水泥混凝土要求外,还应符合本节所述质量技术要求。

### 二、清水混凝土配合比设计

(1)清水混凝土配合比设计除应符合国家现行标准《混凝土结构工程质量验收规范》(GB 50204—2015)和《普通混凝土配合比设计规程》(JGJ 55—2011)的规定外,尚应符合下列规定。

①应按照设计要求进行试配,确定混凝土表面颜色。

②应按照混凝土原材料试验结果确定外加剂型号和用量。

③应考虑工程所处环境,根据抗碳化、抗冻害、抗硫酸盐、抗盐害和抑制碱—集料反应等对混凝土耐久性产生影响的因素进行配合比设计。

(2)配制清水混凝土时,应采用矿物掺合料。

## 三、清水混凝土有关规定及技术要求

(1)清水混凝土的强度等级应符合下列规定:

①普通钢筋混凝土结构采用的清水混凝土的强度等级不宜低于C25。

②当钢筋混凝土伸缩缝的间距不符合现行国家标准《混凝土结构设计规范》(GB 50010—2010)的规定时,清水混凝土强度等级不宜高于C40。

③相邻清水混凝土结构的混凝土强度等级宜一致。

④无筋和少筋混凝土结构采用清水混凝土时,可由设计确定。

(2)对于处于露天环境的清水混凝土结构,其纵向受力钢筋的混凝土保护层最小厚度应符合表19-46的规定。

纵向受力钢筋的混凝土保持层最小厚度(mm)　　表19-46

| 部　位 | 保护层最小厚度 | 部　位 | 保护层最小厚度 |
|---|---|---|---|
| 板、墙、壳 | 25 | 柱 | 35 |
| 梁 | 35 | | |

注:钢筋的混凝土保护层厚度为钢筋外边缘至混凝土表面的距离。

(3)当采用后浇带分段浇筑混凝土时,后浇带施工缝设在明缝处,且后浇带宽度宜为相邻两条明缝的间距。

(4)清水混凝土表面类型和做法要求,见表19-47。

清水混凝土表面类型和做法要求　　表19-47

| 代号 | 清水混凝土类型 | 清水混凝土表面做法要求 | 混凝土表面质量相当于抹灰等级 | 备　注 |
|---|---|---|---|---|
| Q1 | 普通清水混凝土 | 以混凝土表面自然质感为饰面 | 普通抹灰 | — |
| Q2 | 饰面清水混凝土 | 以混凝土表面自然质感为饰面 | 高级抹灰 | 蝉缝、明缝清晰,孔眼整齐 |
| | | 混凝土表面上直接作保护透明涂料 | 高级抹灰 | 孔眼按需设置 |
| | | 将混凝土表面砂磨平整为饰面 | 高级抹灰 | 蝉缝、明缝、孔眼按需设置 |
| Q3 | 装饰清水混凝土 | 混凝土本身自然质感以及表面形成装饰图案或预留预埋装饰物 | 高级抹灰 | 蝉缝、明缝,孔眼按需设置 |

(5)清水混凝土施工应进行全过程质量控制。对于饰面效果要求相同的清水混凝土,材料和施工工艺应保持一致。

(6)对于有防水和人防等要求的清水混凝土构件,必须采取防裂、防渗、防污染及密闭等措施,其措施不得影响混凝土饰面效果。

(7)处于潮湿环境和干湿交替环境的混凝土,应选用非碱活性集料。

(8)清水混凝土工程应在上一道施工工序质量验收合格后再进行下一道工序施工。

(9)清水混凝土关键工序应编制专项施工方案。

(10)饰面清水混凝土和装饰清水混凝土施工前,宜做样板。

## 四、清水混凝土施工准备

1. 技术准备

(1)施工前应熟悉设计图纸，明确清水混凝土范围和类型，并应确定施工工艺。

(2)施工前应进行施工图深化设计，并应综合考虑各施工工序对清水混凝土饰面效果的影响。

2. 材料准备

1)模板工程

模板工程应符合下列规定：

(1)模板体系的造型应根据工程设计要求和工程具体情况确定，并应满足清水混凝土质量要求；所选择的模板体系应技术先进、构造简单、支拆方便、经济合理。

(2)模板面板可采用胶合板、钢板、塑料板、铝板、玻璃钢等材料，应满足强度、刚度和周转使用要求，且加工性能好。

(3)模板骨架材料应顺直、规格一致，应有足够的强度、刚度，且满足受力要求。

(4)模板之间的连接可采用模板夹具、螺栓等连接件，如图 19-25 所示。

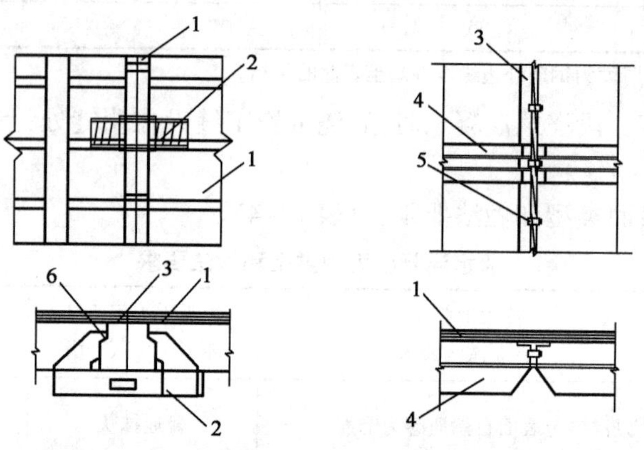


图 19-25 模板之间的连接

1-清水混凝土模板；2-模板夹具；3-模板边框；4-槽钢背楞；5-连接螺栓；6-斜面三维受力

(5)对拉螺栓的规格、品种，应根据混凝土侧压力、墙体防水、人防要求和模板面板等情况选用，选用的对拉螺栓应有足够的强度。

(6)对拉螺栓套管及堵头应根据对拉螺栓的直径进行确定，可选用塑料、橡胶、尼龙等材料。

(7)明缝条可选用硬木、铝合金等材料，截面宜为梯形。

(8)内衬模可选用塑料、橡胶、玻璃钢、聚氨酯等材料。

2)钢筋工程

钢筋工程应符合下列规定：

(1)钢筋应清洁、无明显锈蚀和污染。

(2)钢筋连接方式不应影响保护层厚度。

(3)钢筋绑扎材料宜选用 20 ~ 22 号无锈绑扎钢丝；每个钢筋交叉点均应绑扎，绑扎钢丝不得少于两圈，扎扣及尾端应朝向构件截面的内侧；钢筋绑扎后应有防雨水冲淋等措施。

(4)钢筋垫块应有足够的强度、刚度，颜色应与清水混凝土的颜色接近。

(5)钢筋保护层垫块宜梅花形布置，可采用半圆形水泥垫块，如图 19-26 所示。饰面清水混凝土定位钢筋的端头应涂刷防锈漆，并宜套上与混凝土颜色接近的塑料套。

(6)饰面清水混凝土对拉螺栓与钢筋发生冲突时，宜遵循钢筋避让对拉螺栓的原则。

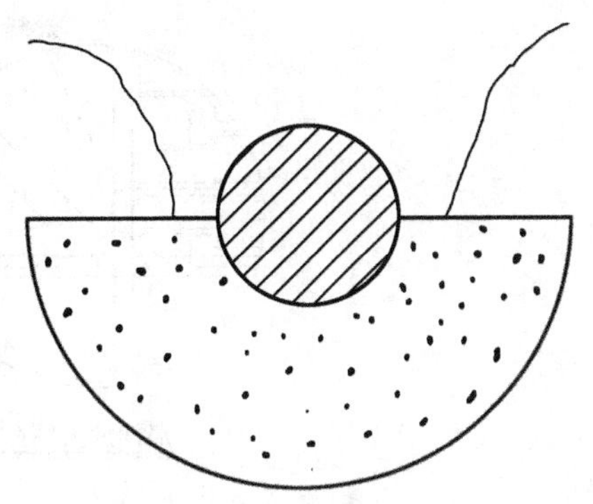

图 19-26　半圆形水泥垫块

3)饰面清水混凝土原材料

饰面清水混凝土原材料除应符合现行国家标准《混凝土结构工程施工质量验收规范》(GB 50204—2015)等的规定外，尚应符合下列规定：

(1)原材料应有足够的存储量，颜色和技术参数宜一致。

(2)宜选用强度等级不低于 42.5 级的硅酸盐水泥、普通硅酸盐水泥。同一工程的水泥宜为同一厂家、同一品种、同一强度等级。

(3)粗集料应采用连续粒级，颜色应均匀，表面应洁净，并应符合表 19-48 的规定。

**粗集料质量要求**　　表 19-48

| 混凝土强度等级 | ≥C50 | <C50 |
|---|---|---|
| 含泥量(按质量计,%) | ≤0.5 | ≤1.0 |
| 泥块含量(按质量计,%) | ≤0.2 | ≤0.5 |
| 针、片状颗粒含量(按质量计,%) | ≤8 | ≤15 |

(4)细集料宜采用中砂，并应符合表 19-49 的规定。

**细集料质量要求**　　表 19-49

| 混凝土强度等级 | ≥C50 | <C50 |
|---|---|---|
| 含泥量(按质量计,%) | ≤2.0 | ≤3.0 |
| 泥块含量(按质量计,%) | ≤0.5 | ≤1.0 |

(5)同一工程所有的掺合料应来自同一厂家、同一规格型号。宜选用Ⅰ级粉煤灰。

4)涂料

涂料应选用对混凝土表面具有保护作用的透明涂料，且应有防污染性、憎水性、防水性。

## 五、清水混凝土模板工程

1. 模板设计

(1)模板分块设计应满足清水混凝土饰面效果的设计要求。当设计无具体要求时，应符合下列规定：

①外墙模板分块宜以轴线或门窗口中线为对称中心线，内墙模板分块宜以墙中线为对称中心线。

②外墙模板上下接缝位置宜设于明缝处，明缝宜设置在楼层档高、窗台高程、窗过梁梁底高程、框架梁梁底高程、窗间墙边线或其他分格线位置。

③非闭合墙体阴角模与大模板面板之间不宜留调节余量；闭合墙体阴角模与大模板面板

之间采用明缝的方式处理调节余量,可以避免破坏混凝土表面,如图 19-27 和图 19-28 所示。

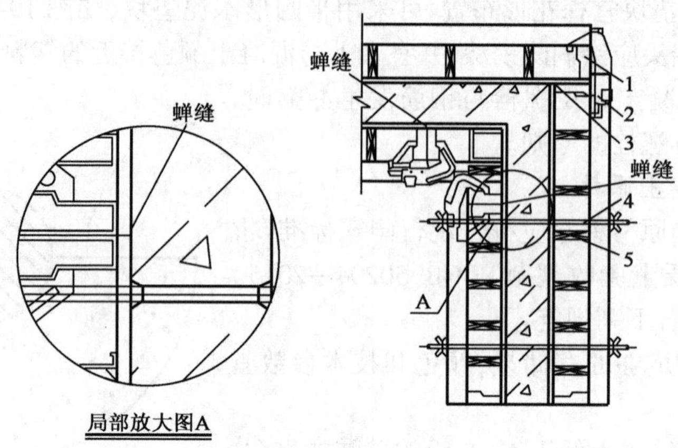


图 19-27　非闭合墙体阴角处理

1-型材边框;2-模板夹具;3-密封条;4-对拉螺栓;5-型材龙骨

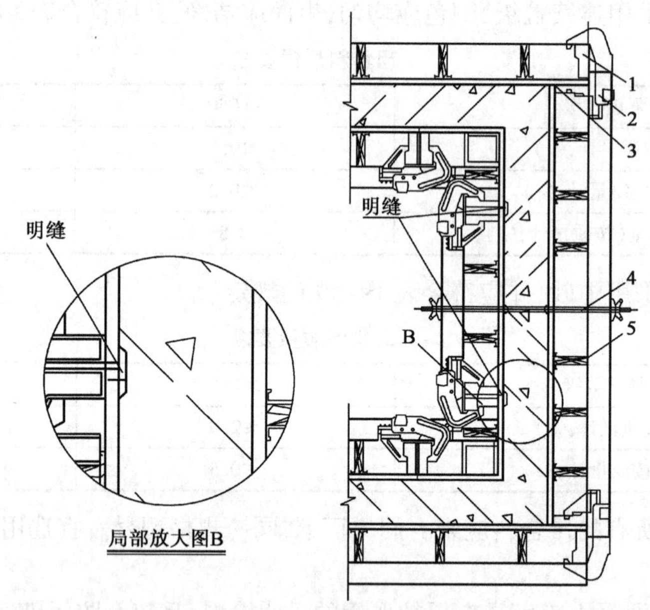


图 19-28　闭合墙体阴角处理

1-型材边框;2-模板夹具;3-密封条;4-对拉螺栓;5-型材龙骨

(2)单块模板的面板分割设计应与蝉缝、明缝等清水混凝土饰面效果一致。当设计无具体要求时,应符合下列规定:

①墙模板的分割应依据墙面的长度、高度、门窗洞口的尺寸、梁的位置和模板的配置高度、位置等确定,所形成的蝉缝、明缝水平方向应交圈,竖向应顺直有规律。

②当模板接高时,拼缝不宜错缝排列,横缝应在同一高程位置。

③群柱竖缝方向宜一致。当矩形柱较大时,其竖缝宜设置在柱中心。柱模板横缝宜从楼面高程开始向上作均匀布置,余数宜放在柱顶。

④水平模板排列设计应均匀对称、横平竖直;对于弧形平面,宜沿径向辐射布置。

⑤装饰清水混凝土的内衬模板的面板分割,应保证装饰图案的连续性及施工的可操作性。

(3)模板结构设计除应符合国家现行标准《建筑工程大模板技术规程》(JGJ 74—2003)和《钢框胶合板模板技术规格》(JGJ 96—2011)的规定外,尚应符合下列规定:

①模板结构应牢固稳定,拼缝应严密,规格尺寸应准确。模板宜高出墙体浇筑高度50mm。

②斜墙、斜柱等异形构件的模板应进行专项受力计算。

③液压爬模、预制构件等工艺的清水混凝土模板,应进行专业设计和计算,且应满足饰面效果要求。

(4)饰面清水混凝土模板应符合下列规定:

①阴角部位应配置阴角模,角模面板之间宜斜口连接。

斜口连接时,角模面板的两端切口倒角略小于45°,切口处涂防水胶黏结;平口连接时,切口处刨光并涂刷防水材料,连接端刨平并涂刷防水胶黏结,如图19-29所示。

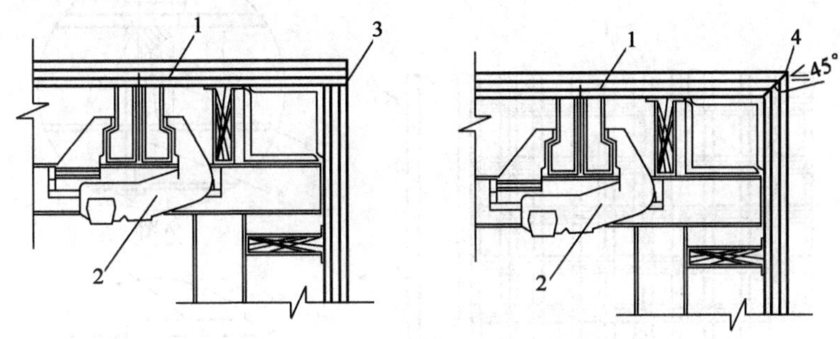


图19-29 阴角模面板处理节点

1-多层板面板;2-模板夹具;3-平口连接;4-斜口连接

②阳角部位宜两面模板直接搭接;搭接处用与模板型材边框相吻合的专用模板夹具连接,并在拼缝处加密封条,可有效防止漏浆,保证阳角质量,如图19-30所示。

③模板面板采用胶合板时,竖向拼缝设置在竖肋位置,并在接缝处涂胶;水平接缝位置一般无横肋(本框模板可加短木方),模板接缝处背面切85°坡口并涂胶,用高密度密封条沿缝贴好,再用胶带纸封严,如图19-31所示。

④胶合板模板面板与肋的连接采用木螺钉从背面固定,螺钉间距150~300mm。弧度较大的模板,面板与肋采用沉头螺钉正钉连接,钉头下沉2~3mm,并用铁腻子将凹坑刮平,如图19-32所示。

⑤为了保证清水混凝土的整体饰面效果,在L形墙、丁字墙或梁柱上常设有对拉螺栓孔眼;当不能或不需设置对拉螺栓时,采用设置假眼的方式进行处理,如图19-33所示。假眼宜采用同直径的堵头或锥形接头固定在模板面板上。

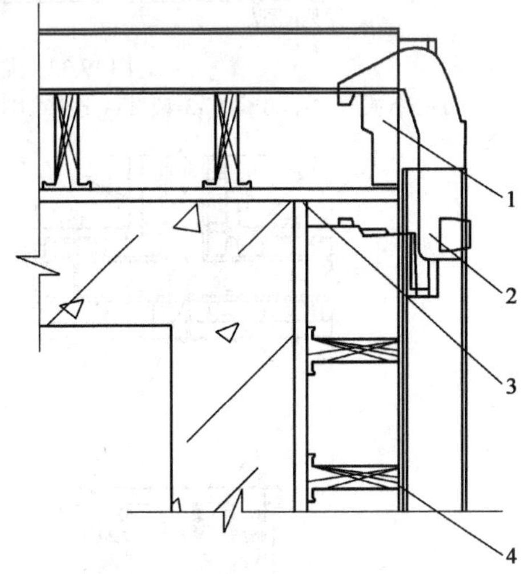


图19-30 阳角角节点处理

1-型材边框;2-模板夹具;3-密封条;4-型材龙骨

⑥门窗洞口模板宜采用木模板,支撑应稳固,周边应贴密封条,下口应设置排气孔,滴水线模板宜采用易于拆除的材料,门窗洞口的企口、斜坡宜一次成型。

⑦宜利用下层构件的对拉螺栓孔支承上层模板;为防止漏浆,在结合处贴密封条。这种做法适用于清水混凝土的施工缝设置在明缝的部位,如图19-34所示。

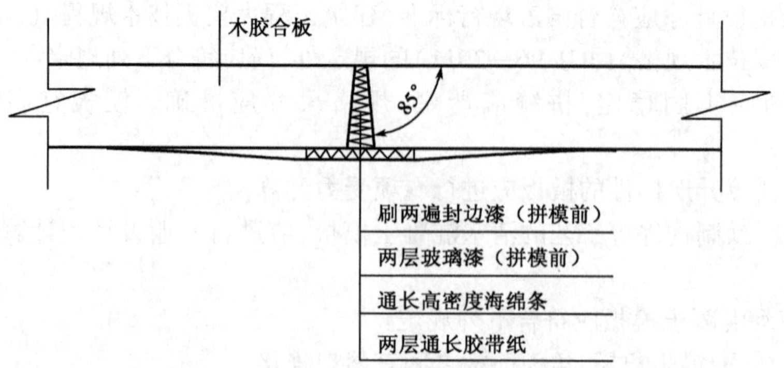


图 19-31　蝉缝的处理

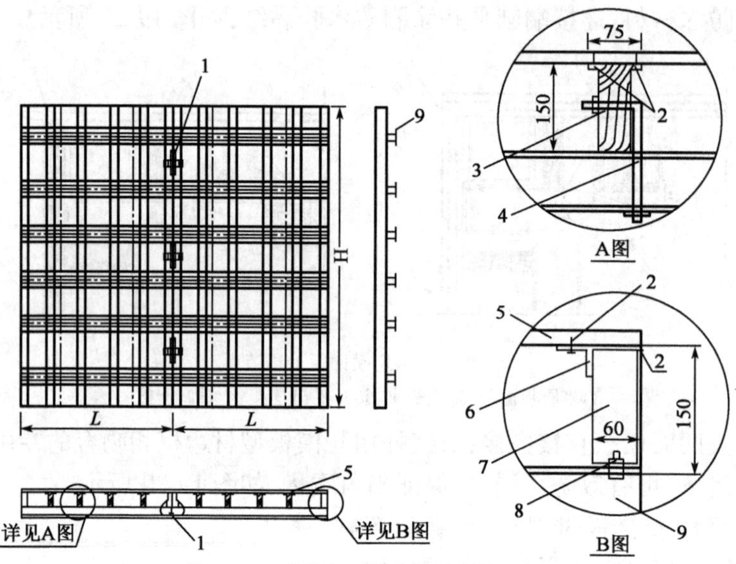


图 19-32　龙骨与面板连接示意图(mm)

1-模板夹具;2-自攻螺钉;3-型材;4-连接扣件;5-木胶合板;6-角铁;7-边框型材;8-螺栓;9-双向槽钢背楞

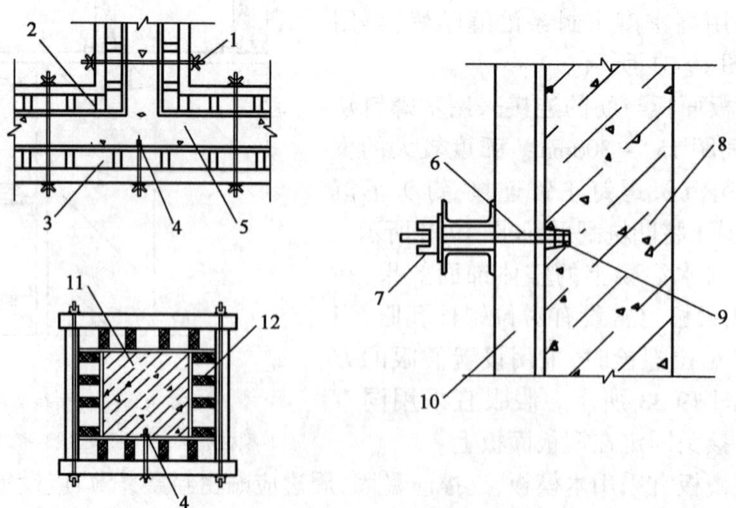


图 19-33　假眼的位置

1-穿墙螺栓;2-内侧模板;3-外侧模板;4-假眼;5-混凝土墙;6-螺栓;7-螺母;8-混凝土墙柱;9-堵头;10-清水混凝土模板;11-混凝土柱;12-柱模

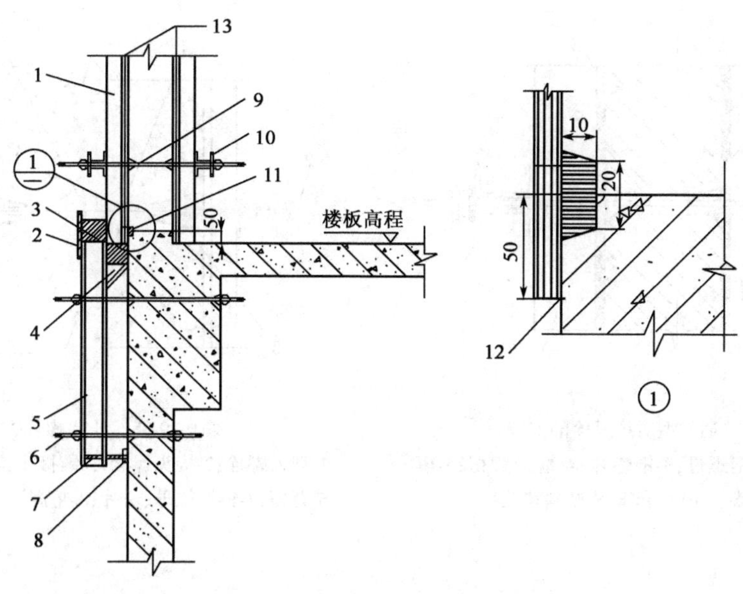


图 19-34 明缝与楼层施工节点做法(尺寸单位:mm)

1-铝梁;2-$\phi$32 钢筋与槽钢焊接;3-方木;4-三角形支架与槽钢焊接;5-10 号槽钢;6-对拉螺栓;7-$\phi$28 钢筋;8-钢垫片下垫密封条;9-PVC 套管;10-10 号槽钢;11-20mm 宽、10mm 深明缝;12-贴密封条;13-模板

⑧宜将墙体端部模板面板内嵌固定;边框为型材的清水混凝土模板采用模板夹具加固,边框不是型材的清水混凝土模板采用槽钢加固,如图 19-35 和图 19-36 所示。

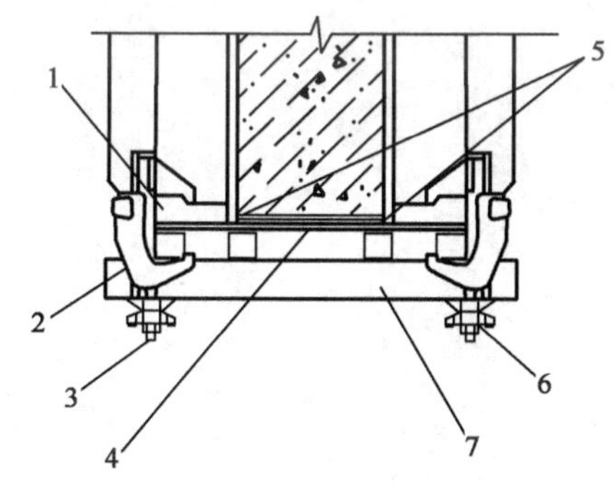


图 19-35 堵头模板处理(一)

1-模板边框;2-模板夹具;3-钩头螺栓;4-堵头模板;5-加海绵条;6-铸钢螺母、垫片;7-背楞

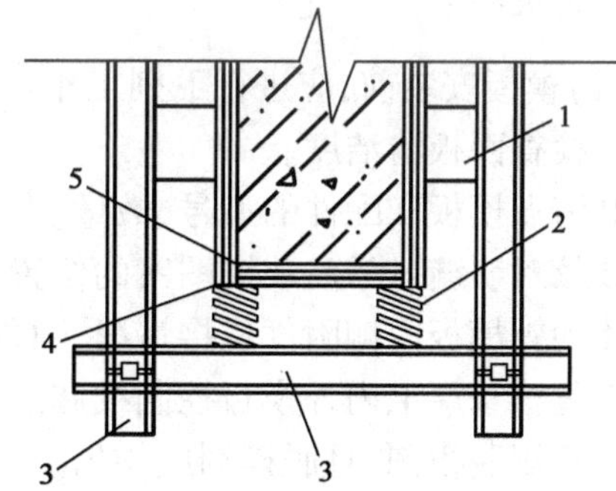


图 19-36 堵头模板处理(二)

1-模板竖楞;2-50mm × 100mm 木方;3-10 号槽钢;4-贴透明胶带纸;5-海绵条嵌缝

⑨对拉螺栓应根据清水混凝土的饰面效果,且应按整齐、匀称的原则进行专项设计。

对拉螺栓有通丝型、三节式或锥形螺栓等。通丝型对拉螺栓的穿墙套管采用硬质塑料管或 PVC 套管。套管堵头与套管相配套,有一定的强度,避免穿墙孔眼变形或漏浆。为防止漏浆和保护面板,施工时,在套管堵头上粘贴密封条或橡胶垫圈,并使之与模板面板接触紧密,如图 19-37 所示。

三节式对拉螺栓的锥形接头与模板面接触面积较大,加海绵垫圈或塑料垫圈防止漏浆,如图 19-38 所示。

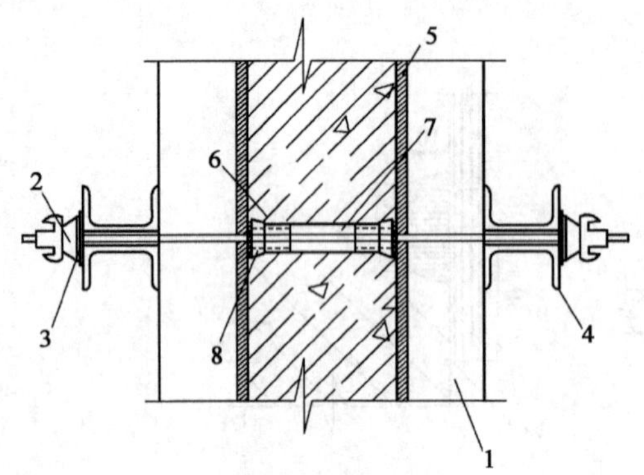


图 19-37 通丝型对拉螺栓的安装

1-清水模板;2-铸钢螺母;3-钢垫片;4-槽钢背楞;5-模板面积;6-海绵垫圈;7-PVC 套管;8-塑料堵头

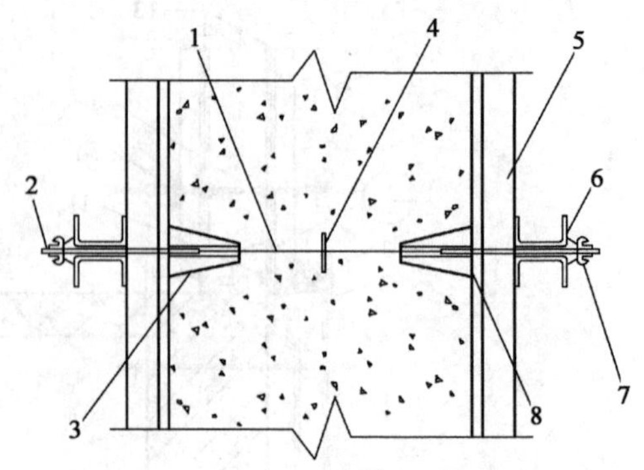


图 19-38 止水螺栓方案图

1-埋入螺栓;2-接头螺栓;3-锥接头;4-止水片;5-模板;6-背楞;7-铸钢螺母、垫片;8-垫圈

2. 模板制作

(1)模板下料尺寸应准确,切口应平整,组拼前应调平、调直。

(2)模板龙骨不宜有接头。当确需接头时,有接头的主龙骨数量不应超过主龙骨总数量的50%。

(3)木模板材料应干燥,切口宜刨光。

(4)模板加工后宜预拼,应对模板平整度、外形尺寸、相邻板面高低差以及对拉螺栓组合情况等进行校核,校核后应对模板进行编号。

3. 模板安装

(1)模板安装前,应进行下列工作:

①检查面板清洁度。

②清点模板和配件的型号、数量。

③核对明缝、蝉缝、装饰图案的位置。

④检查模板内侧附件连接情况,附件应连接牢固。

⑤复核基层上内外模板控制线和高程。

⑥涂刷脱模剂,且脱模剂应均匀。

(2)应根据模板编号进行安装,模板之间应连接紧密;模板拼接缝处应有防漏浆措施。为防止密封条挤压后凸出板面,在模板侧边退后板面 1 ~3mm 粘贴;将竖向模板下部的缝隙封堵严密。模板之间的连接采用以下方式。

①木梁胶合板模板之间加连接角钢、密封条,并用螺栓连接;或采用背楞加芯带的做法,面板边口刨光,木梁缩进 5 ~10mm,相互之间连接靠芯带、钢销坚固,如图 19-39 所示。

②以木方作边框的胶合板模板,采用企口连接,一块模板的边口缩进 25mm,另一块模板边口伸出 35 ~45mm,连接后两木方之间留有 10 ~20mm 拆模间隙,模板背面以 $\phi48 \times 3.5$m 钢管作背楞,如图 19-40 所示。

③铝梁胶合板模板及钢框胶合板模板,边框采用空腹型材,用模板夹具连接,如图 19-41 所示。

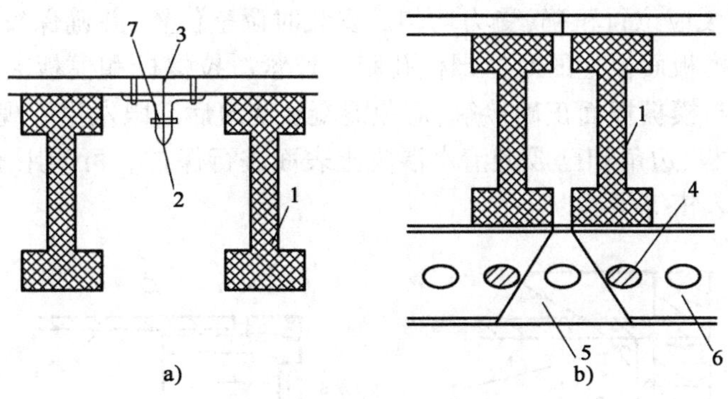


图 19-39　木梁胶合板模板之间的连接

a)边口加角钢;b)背楞加芯带

1-木梁;2-角钢;3-密封条;4-钢销;5-芯带;6-背楞;7-连接螺栓

④实腹钢框胶合板模板及全钢大模板,采用螺栓、专用连接器或模板夹具连接,如图19-42所示。

⑤梁、柱、墙等的阴阳角,可采取多种措施进行处理,以避免漏浆,或避免碰撞崩角,图19-43a)为阴角部位,较简单措施是在交角处粘贴粘胶纸,或加三角形木线条;图19-43b)为阳角部位,在交接处用削边木条压角较为牢靠。

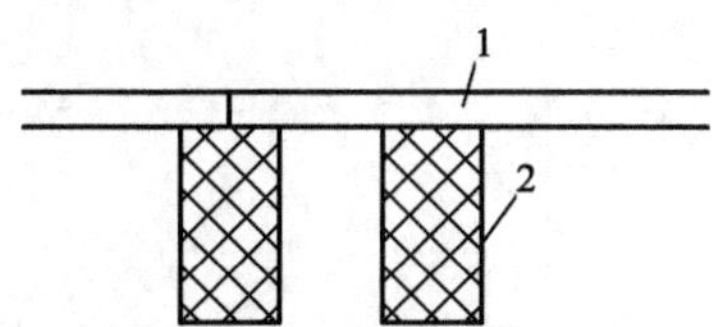


图 19-40　木方胶合板模板之间的连接

1-多层板;2-50mm × 100mm 木方

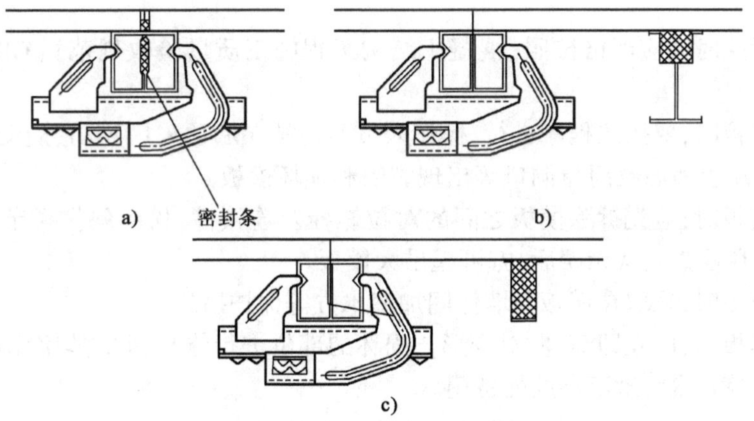


图 19-41　模板之间夹具连接

a)空腹钢框胶合板模板;b)铝梁胶合板模板;c)钢木胶合板模板

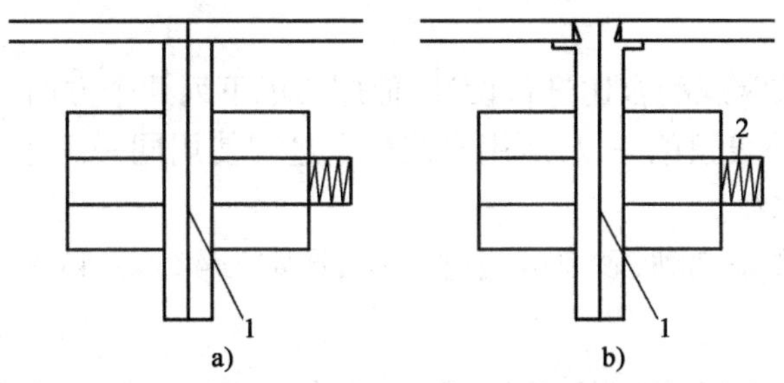


图 19-42　全钢大模板及实腹钢框胶合板模板中模板之间的连接

a)全钢大模板;b)钢框胶合板模板

1-密封条;2-螺栓

(3)对拉螺栓安装应位置正确,受力均匀。安装时调整位置,并确保每个孔位都装有塑料垫圈,避免螺纹损伤模板面板上的对拉螺栓孔眼。拧紧对拉螺栓和模板夹具等连接件时用力均匀,保证塑料垫圈与模板板面正确接触,避免混凝土浇筑后孔眼发生不规则变形。

(4)应对模板面板、边角和已成型清水混凝土表面进行保护。可采用地毯、木方或胶合板等与钢筋隔离,牵引入模等措施。

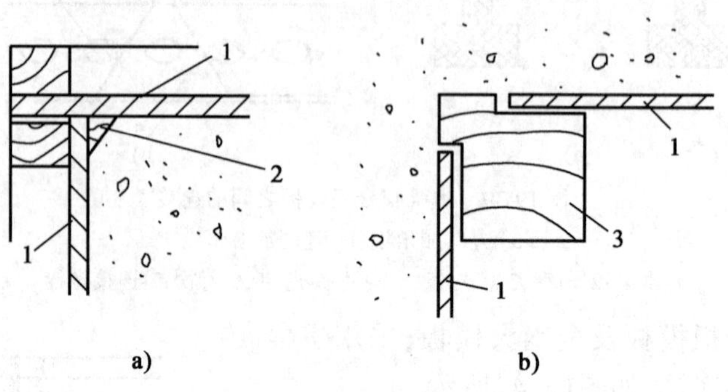


图 19-43　阴阳角模板的处理

a)阴角部位;b)阳角部位

1-模板;2-三角形木线条;3-削边木压条

4. 模板拆除

(1)模板拆除要严格按照施工方案的拆除顺序进行,并加强对清水混凝土成品和对拉螺栓孔眼的保护。

(2)模板拆除时间应严格按照《混凝土结构工程施工质量验收规范》(GB 50204—2015)中的规定执行。

(3)拆除模板时,要按照程序进行,操作人员不得站在墙顶采用晃动、撬动模板,禁止用大锤敲击,防止混凝土墙面及门窗洞口等出现裂纹和损坏模板。

(4)拆除模板时,应先拆除模板之间的对拉螺栓及连接件,松动斜撑调节丝杠,使模板后倾与墙体脱开,在检查确认无误后,方可起吊大模板。

(5)拆除模板时,采取在模板与墙体间加塞木方等保护措施。

(6)拆除模板后,应立即清理,对变形与损坏的部位进行修整,并均匀涂刷膜模剂;钢面板需清理干净并防锈,然后吊至存放处备用。

## 六、清水混凝土施工工艺

1. 混凝土的拌制

混凝土配合比,可按常规配合比进行设计,但应考虑下列几个方面:

(1)为保证混凝土外表颜色一致,所用水泥应全过程使用同一厂生产的同一品种、同一种强度等级、同一批号的水泥。

(2)为了保证外表砂浆饱满,砂率可超过 40%,通常为 42% ~45%。

2. 制备与运输

(1)搅拌清水混凝土时应采用强制式搅拌设备,每次搅拌时间宜比普通混凝土延长20 ~30s。

(2)同一视觉范围内所用清水混凝土拌和物的制备环境、技术参数应一致。

(3)制备成的清水混凝土拌和物工作性能应稳定,且无泌水离析现象,90min 的坍落度经时损失值宜小于 30mm。

(4)清水混凝土拌和物入泵坍落度值:柱混凝土宜为 150mm ± 20mm,墙、梁、板的混凝土宜为 170mm ± 20mm。

(5)清水混凝土拌和物的运输宜采用专用运输车,装料前容器内应清洁、无积水。

(6)清水混凝土拌和物从搅拌结束到入模前不宜超过 90min,严禁添加配合比以外用水或外加剂。

(7)进入施工现场的清水混凝土应逐车检查坍落度,不得有分层、离析等现象。

3. 混凝土浇筑

混凝土的浇筑除按常规操作外,应着重注意下列技巧:

(1)浇筑前检查模板的边、缝有无透光缝隙,有无积水,有无混凝土旧浆未清,并加以纠正。

(2)墙柱浇筑前,先行清理底部,并用与混凝土同品质、同强度、同颜色的砂浆垫底,避免露石或夹砂。

(3)混凝土投料时,分层投料,分层振捣,避免离析。

(4)在预留洞或门窗框位投料时,应先检查底部是否饱满,或在窗台底留气孔泄气。底部浇筑完后,方可在两侧同时投料,此时应均匀对称下料,对称振捣,避免位移。

(5)梁、柱节点交接处的混凝土,粗集料宜用小粒径石子,配合比相同,用小直径振动棒振捣,达到饱满、沉实、泛浆、无气泡便可。

(6)竖向构件浇筑时,应严格控制分层浇筑的间隔时间。

(7)门窗洞口宜从两侧同时浇筑清水混凝土,分层厚度不宜超过 500mm。

(8)清水混凝土应振捣均匀,严禁漏振、过振、欠振;振捣棒插入下层混凝土表面的深度应不大于 50mm。

(9)后续清水混凝土浇筑前,应先剔除施工缝处松动石子或浮浆层,剔凿后应清理干净。

(10)留置施工缝时,不得留斜茬。施工缝接茬作业应按下列程序进行:清理旧茬→冲洗→湿润→清积水→清除浮松石子或杂物→浇筑(先浇砂浆、后浇混凝土)。

(11)观察来料是否离析,如粗集料过多,浆料不足时,应退回更换符合要求的浆料。

(12)保证振捣密实,外侧面应专人用振捣器振捣至泛浆为合格。

(13)如因故停歇,不宜太久,须符合表 19-50 的时间要求,也应对新旧茬口多作振捣,避免出现接缝痕迹。

**混凝土运输、浇筑和间隙的时间(min)** 表 19-50

| 混凝土强度等级 | 气 温 (℃) | |
|---|---|---|
| | ≤25 | >25 |
| ≤C30 | 210 | 180 |
| >C30 | 180 | 150 |

(14)各种预埋件、电器开关插座等应预先埋置,后浇筑。

(15)柱、墙的施工缝可参照本书第一章第六节要求,模板的装置可参考图 19-44 处理。

4. 混凝土养护

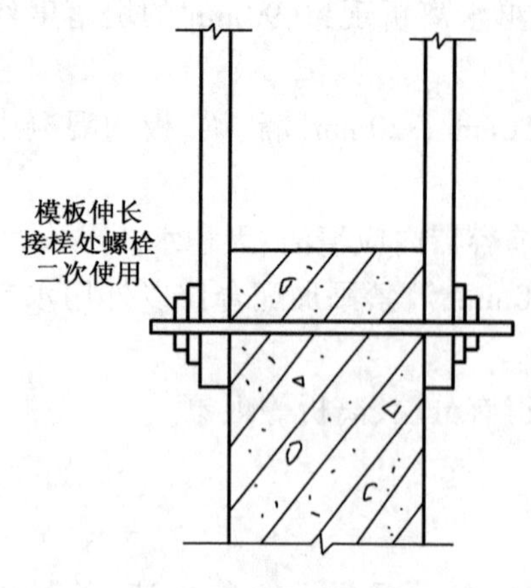

图 19-44　施工缝模板的装置

(1)清水混凝土拆模后应立即养护,对同一视觉范围内的清水混凝土应采用相同的养护措施。

(2)清水混凝土养护时,不得采用对混凝土表面有污染的养护材料和养护剂。

5. 冬季施工

(1)掺入混凝土的防冻剂,应经试验对比,混凝土表面不得产生明显色差。

(2)冬期施工时,应在塑料薄膜外覆盖对清水混凝土无污染且阻燃的保温材料。

(3)混凝土罐车和输送泵应有保温措施,混凝土入模温度不应低于5℃。

(4)混凝土施工过程中应有防风措施;当室外气温低于 -15℃时,不得浇筑混凝土。

6. 混凝土表面处理

对局部不满足本节八 3.(1)条和八 3.(2)条要求的部位应进行处理,且应由施工单位编写方案、做样板,经监理(建设)单位、设计单位同意后实施。

(1)表面处理的施工工艺可参考以下方法:

①气泡处理。清理混凝土表面,用与原混凝土同配比碱砂石的水泥浆刮补墙面,待硬化后,用细砂纸均匀打磨,用水冲洗洁净。

②螺栓孔眼处理。清理螺栓孔眼表面,将原堵头放回孔中,用专用刮刀取界面剂的稀释液调制同配比碱石子的水泥砂浆刮平周边混凝土面,待砂浆终凝后擦拭混凝土表面浮浆,取出堵头,喷水养护。

③漏浆部位处理。清理混凝土表面松动砂子,用刮刀取界面剂的稀释液调制成颜色与混凝土基本相同的水泥腻子抹于需处理部位。待腻子终凝后有砂纸磨平,刮至表面平整,阳角顺直,喷水养护。

④明缝处胀模、错台处理。用铲刀铲平,打磨后用水泥浆修复平整。明缝处拉通线,切割超出部分,对明缝上下阳角损坏部位先清理浮渣和松动混凝土,再用界面剂的稀释液调制同配比碱石子砂浆,将明缝条平直嵌入明缝内,将砂浆填补到处理部位,用刮刀压实刮平,上下部分分次处理;待砂浆终凝后,取出明缝条,及时清理被污染混凝土表面,喷水养护。

⑤螺栓孔封堵。采用三节式螺栓时,中间一节螺栓留在混凝土内,两端的锥形接头拆除后用补偿收缩防水水泥砂浆封堵,并用专用封孔模相修饰,使修补的孔眼直径、孔眼深度与其他孔眼一致,并喷水养护。采用通丝型对拉螺栓时,螺栓孔用补偿收缩水泥砂浆和专用模具封堵,取出堵头后,喷水养护。

(2)普通青水混凝土表面宜涂刷透明保护涂料;饰面清水混凝土表面应涂刷透明保护涂料。

(3)同一视觉范围内的涂料及施工工艺应一致。

## 七、清水混凝土成品保护

1. 模板成品保护

(1)清水混凝土模板上不得堆放重物。模板面板不得被污染或损坏,模板边角和面板有保护措施,运输过程中应采用护角保护。

(2)清水混凝土模板应有专用场地堆放,存放区应在排水、防水、防潮、防火等措施。

(3)饰面清水混凝土模板胶合板面板切口处应涂刷封边漆,螺栓孔眼处应有保护垫圈。

2. 钢筋成品保护

(1)钢筋半成品应分类摆放、及时使用,存放环境应干燥、清洁。

(2)对于钢筋、垫块、预埋件等,操作时不得对其位置造成影响。

3. 混凝土成品保护

(1)浇筑清水混凝土时不应污染、损伤成品清水混凝土。

(2)拆模后应对易磕碰的阳角部位采用多层板、塑料等硬质材料进行保护。

(3)当挂架、脚手架、吊篮等与成品清水混凝土表面接触时,应使用垫衬保护。

(4)严禁随意剔凿成品清水混凝土表面。确需剔凿时,应制订专项施工措施。

## 八、清水混凝土质量验收

1. 模板

(1)模板制作尺寸的允许偏差与检验方法应符合表 19-51 的规定。

检查数量:全数检查。

(2)模板板面应干净,隔离剂应涂刷均匀。模板间的拼缝应平整、严密,模板支撑应设置正确、连接牢固。

①检查方法:观察。

②检查数量:全数检查。

**清水混凝土模板制作尺寸允许偏差与检验方法** 表 19-51

| 项次 | 项目 | 允许偏差(mm) | | 检验方法 |
|---|---|---|---|---|
| | | 普通清水混凝土 | 饰面清水混凝土 | |
| 1 | 模板高度 | ±2 | ±2 | 尺量 |
| 2 | 模板宽度 | ±1 | ±1 | 尺量 |
| 3 | 整块模板对角线 | ≤3 | ≤3 | 塞尺、尺量 |
| 4 | 单块板面对角线 | ≤3 | ≤2 | 塞尺、尺量 |
| 5 | 板面平整度 | 3 | 2 | 2m 靠尺、塞尺 |
| 6 | 边肋平直度 | 2 | 2 | 2m 靠尺、塞尺 |
| 7 | 相邻面板拼缝高低差 | ≤1.0 | ≤0.5 | 平尺、塞尺 |
| 8 | 相邻面板拼缝间隙 | ≤0.8 | ≤0.8 | 塞尺、尺量 |
| 9 | 连接孔中心距 | ±1 | ±1 | 游标卡尺 |
| 10 | 边框连接孔与板面距离 | ±0.5 | ±0.5 | 游标卡尺 |

(3)模板安装尺寸允许偏差与检验方法应符合表 19-52 的规定。

检查数量:全数检查。

清水混凝土模板安装尺寸允许偏差与检验方法　　表 19-52

| 项次 | 项目 | | 允许偏差(mm) | | 检验方法 |
|---|---|---|---|---|---|
| | | | 普通清水混凝土 | 饰面清水混凝土 | |
| 1 | 轴线位移 | 墙、柱、梁 | 4 | 3 | 尺量 |
| 2 | 截面尺寸 | 墙、柱、梁 | ±4 | ±3 | 尺量 |
| 3 | 高程 | | ±5 | ±3 | 水准仪、尺量 |
| 4 | 相邻板面高低差 | | 3 | 2 | 尺量 |
| 5 | 模板垂直度 | 不大于 5m | 4 | 3 | 经纬仪、线坠、尺量 |
| | | 大于 5m | 6 | 5 | |
| 6 | 表面平整度 | | 3 | 2 | 塞尺、尺量 |
| 7 | 阴阳角 | 方正 | 3 | 2 | 方尺、塞尺 |
| | | 顺直 | 3 | 2 | 线尺 |
| 8 | 预留洞口 | 中心线位移 | 8 | 6 | 拉线、尺量 |
| | | 孔洞尺寸 | +8,0 | +4,0 | |
| 9 | 预埋件、管、螺栓 | 中心线位移 | 3 | 2 | 拉线、尺量 |
| 10 | 门窗洞口 | 中心线位移 | 8 | 5 | 拉线、尺量 |
| | | 宽、高 | ±6 | ±4 | |
| | | 对角线 | 8 | 6 | |

2. 钢筋

(1)钢筋表面应清洁无浮锈;钢筋保护层垫块颜色应与混凝土表面颜色接近,位置、间距应准确;钢筋绑扎钢丝扎扣和尾端应弯向构件截面内侧。

①检查方法:观察。

②检查数量:全数检查。

(2)钢筋工程安装尺寸允许偏差与检验方法应符合现行国家标准《混凝土结构工程施工质量验收规范》(GB 50204—2015)的规定,受力钢筋保护层厚度偏差不应大于 3mm。

3. 混凝土

(1)混凝土外观质量与检验方法应符合表 19-53 的规定。

清水混凝土外观质量与检验方法　　表 19-53

| 项次 | 项目 | 普通清水混凝土 | 饰面清水混凝土 | 检查方法 |
|---|---|---|---|---|
| 1 | 颜色 | 无明显色差 | 颜色基本一致,无明显色差 | 距离墙面 5m 观察 |
| 2 | 修补 | 少量修补痕迹 | 基本无修补痕迹 | 距离墙面 5m 观察 |
| 3 | 气泡 | 气泡分散 | 最大直径不大于 8mm,深度不大于 2mm,每平方米气泡面积不大于 $20cm^2$ | 尺量 |
| 4 | 裂缝 | 宽度小于 0.2mm | 宽度小于 0.2mm,且长度不大于 1 000mm | 尺量、刻度放大镜 |
| 5 | 光洁度 | 无明显漏浆、流淌及冲刷痕迹 | 无漏浆、流淌及冲刷痕迹,无油迹、墨迹及锈斑,无粉化物 | 观察 |
| 6 | 对拉螺栓孔眼 | — | 排列整齐,孔洞封堵密实,凹孔棱角清晰圆滑 | 观察、尺量 |
| 7 | 明缝 | — | 位置规律、整齐、深度一致,水平交圈 | 观察,尺量 |
| 8 | 蝉缝 | — | 横平竖直,水平交圈,竖向成线 | 观察、尺量 |

检查数量:抽查各检验批的30%,且不应少于5件。

(2)清水混凝土结构允许偏差与检查方法应符合表19-54的规定。

清水混凝土结构允许偏差与检查方法　　表19-54

| 项次 | 项目 | | 允许偏差(mm) | | 检查方法 |
|---|---|---|---|---|---|
| | | | 普通清水混凝土 | 饰面清水混凝土 | |
| 1 | 轴线位移 | 墙、柱、梁 | 6 | 5 | 尺量 |
| 2 | 截面尺寸 | 墙、柱、梁 | ±5 | ±3 | 尺量 |
| 3 | 垂直度 | 层高 | 8 | 5 | 经纬仪、线坠、尺量 |
| | | 全高 $H$ | $H$/1 000,且≤30 | $H$/1 000,且≤30 | |
| 4 | 表面平整度 | | 4 | 3 | 2m靠尺、塞尺 |
| 5 | 角线顺直 | | 4 | 3 | 拉线,尺量 |
| 6 | 预留洞口中心线位移 | | 10 | 8 | 尺量 |
| 7 | 高程 | 层高 | ±8 | ±5 | 水准仪、尺量 |
| | | 全高 | ±30 | ±30 | |
| 8 | 阴阳角 | 方正 | 4 | 3 | 尺量 |
| | | 顺直 | 4 | 3 | |
| 9 | 阳台、雨罩位置 | | ±8 | ±5 | 尺量 |
| 10 | 明缝直线度 | | — | 3 | 拉5m线,不足5m拉通线,钢尺检查 |
| 11 | 蝉缝错台 | | — | 2 | 尺量 |
| 12 | 蝉缝交圈 | | — | 5 | 拉5m线,不足5m拉通线,钢尺检查 |

检查数量:抽查各检验批的30%,且不应少于5件。

## 第六节　自密实混凝土施工

自密实混凝土又称自密实免振混凝土,是具有高流动度、不离析、高均匀性和稳定性,浇筑时依靠其自重流动,无需振捣而达到密实的混凝土。

### 一、自密实混凝土原材料技术要求

自密实混凝土所用原材料除应符合本节的要求外,还应满足普通混凝土所用原材料的相关标准要求。

1. 水泥

根据工程具体需要,自密实混凝土可选用符合现行国家标准的硅酸盐水泥、普通硅酸盐水泥、矿渣硅酸盐水泥、火山灰硅酸盐水泥、粉煤灰硅酸盐水泥、复合硅酸盐水泥。使用矿物掺合料的自密实混凝土,宜优先用硅酸盐水泥或普通硅酸盐水泥。

2. 细集料

细集料宜选用2级配区的中砂,砂中含泥量、泥块含量宜符合表19-55的要求。试验应按现行行业标准《普通混凝土用砂石质量及检验方法》(JGJ 52—2006)中的相关规定进行。

**砂的含泥量和泥块含量指标** 表 19-55

| 项目 | 含泥量(%) | 泥块含量(%) |
|---|---|---|
| 指标 | ≤3.0 | ≤1.0 |

3. 粗集料

粗集料宜采用连续级配或 2 个单粒径级配的石子,最大粒径不宜大于 20mm;石子的含泥量、泥块含量及针片状颗粒含量宜符合表 19-56 的要求;石子空隙率宜小于 40%。试验应按现行行业标准《普通混凝土砂石质量及标测方法》(JGJ 52—2006)中的相关规定进行。

**石子的含泥量、泥块含量和针片状颗粒含量指标** 表 19-56

| 项目 | 含泥量(%) | 泥块含量(%) | 针片状颗粒含量(%) |
|---|---|---|---|
| 指标 | ≤1.0 | ≤0.5 | ≤8 |

4. 外加剂

外加剂应选用高效减水刈,宜选用聚羧酸系高性能减水剂。当需要提高混凝土拌和物的黏聚性时,自密实混凝土中可掺入增黏剂。

5. 掺合料

自密实混凝土可掺入粉煤灰、粒化高炉矿渣粉、硅灰、沸石粉、复合矿物掺合料等活性矿物掺合料。其技术性能指标应符合下列要求。

1) 粉煤灰

用于自密实混凝土的粉煤灰应符合现行国家标准《用于水泥和混凝土中的粉煤灰》(GB/T 1596—2005)中Ⅰ级或Ⅱ级粉煤灰的技术性能指标要求,见表 19-57。强度等级高于 C60 的自密实混凝土宜选用Ⅰ级粉煤灰。C 类粉煤灰的体积安定性检验必须合格。

**粉煤灰技术性能指标** 表 19-57

| 项目 | | 级别及技术性能指标 | |
|---|---|---|---|
| | | Ⅰ级 | Ⅱ级 |
| 细度(45μm 方孔筛筛余)(%),≤ | | 12.0 | 25.0 |
| 需水量比(%),≤ | | 95 | 105 |
| 烧失量(%),≤ | | 5.0 | 8.0 |
| 含水率(%),≤ | | 1.0 | |
| 三氧化硫(%),≤ | | 3.0 | |
| 游离氧化钙(%),≤ | F 类粉煤灰 | 1.0 | |
| | C 类粉煤灰 | 4.0 | |

2) 粒化高炉矿渣粉

用于自密实混凝土的粒化高炉矿渣粉,应符合现行国家标准《用于水泥和混凝土中的粒化高炉矿渣粉》(GB/T 18046—2008)的技术性能指标要求,见表 19-58。

**粒化高炉矿渣粉技术性能指标** 表 19-58

| 项目 | | 级别及技术性能指标 | | |
|---|---|---|---|---|
| | | S105 | S95 | S75 |
| 密度($g/cm^3$),≥ | | 2.8 | | |
| 比表面积($m^2/kg$),≥ | | 350 | | |
| 活性指数(%),≥ | 7d | 95 | 75 | 55 |
| | 28d | 105 | 95 | 75 |
| 流动度比(%),≥ | | 85 | 90 | 95 |
| 含水率(%),≤ | | 1.0 | | |
| 三氧化硫(%),≤ | | 4.0 | | |
| 氯离子含量(%),≤ | | 0.02 | | |
| 烧失量(%),≤ | | 3.0 | | |

3)沸石粉

用于自密实混凝土的沸石粉应符合表 19-59 的要求。指标测定按现行国家标准《高强高性能混凝土用矿物外加剂》(GB/T 18736—2002)中的相关规定进行。

**沸石粉技术性能指标** 表 19-59

| 项目 | 级别及技术性能指标 | |
|---|---|---|
| | Ⅰ级 | Ⅱ级 |
| 吸铵值(mmol/100g),≥ | 130 | 100 |
| 比表面积($m^2/kg$)≥ | 700 | 500 |
| 需水量比(%),≥ | 110 | 115 |
| 活性指数(%),≥ | 90 | 85 |

4)硅灰

用于自密实混凝土的硅灰应符合表 19-60 的要求。比表面积用 BET 氮吸附法进行测定,并按仪器说明书给定的方法计算比表面积;二氧化硅含量按《高强高性能混凝土用矿物外加剂》(GB/T 18736—2002)中附录 A 的相关规定进行检验。

**硅灰技术性能指标** 表 19-60

| 项目 | 技术性能指标 | 项目 | 技术性能指标 |
|---|---|---|---|
| 比表面积($m^2/kg$),≥ | 15 000 | 二氧化硅含量(%),≥ | 85 |

5)复合矿物掺合料

用于自密实混凝土的复合矿物掺合料应符合表 19-61 的要求,细度按照《用于水泥和混凝土中的粉煤灰》(GB/T 1596—2005)中的方法进行测定,流动度比按照《用于水泥和混凝土中的粒化高炉矿渣粉》(GB/T 18046—2008)中的方法测定;其他项目的试验按照《高强高性能混凝土矿物外加剂》(GB/T 18736—2002)中的相关规定进行,并依据复合矿物掺合料中的主要组分来选择相关试验方法。

**复合矿物掺合料技术性能指标** 表 19-61

| 项目 | | 级别及技术性能指标 | | |
|---|---|---|---|---|
| | | F105 | F95 | F75 |
| 比表面积($m^2/kg$),≥ | | 450 | 400 | 350 |
| 细度(0.045mm 方孔筛筛余)(%),≥ | | 10 | | |
| 活性指数(%) | 7d,≥ | 90 | 70 | 50 |
| | 28d,≥ | 105 | 95 | 75 |
| 流动度比(%),≥ | | 85 | 90 | 95 |
| 含水率(%),≤ | | 1.0 | | |
| 三氧化硫(%),≤ | | 4.0 | | |
| 烧失量(%),≤ | | 5.0 | | |
| 氯离子含量(%),≤ | | 0.02 | | |

注:选择性指标,当用户有要求时,供货方应提供相关技术数据。

6)惰性掺合料

通过试验,自密实混凝土中也可采用惰性掺合料,其性能指标应符合表 19-62 的要求。试验按《用于水泥和混凝土中的粒化高炉矿渣粉》(GB 18046—2008)中的相关规定进行。

**惰性掺合料技术性能指标** 表 19-62

| 项目 | 三氧化硫(%) | 烧失量(%) | 氯离子含量(%) | 比表面积($m^2/kg$) | 流动度比(%) | 含水率(%) |
|---|---|---|---|---|---|---|
| 指标 | ≤1.0 | ≤3.0 | ≤0.02 | ≥350 | ≥90 | ≤1.0 |

6. 纤维

根据工程需要,自密实混凝土中可加入钢纤维、合成纤维、混杂纤维,其性能应符合《纤维混凝土结构技术规程》(CECS 38—2004)中的相关规定。

7. 拌和水

自密实混凝土拌和用水应符合《混凝土拌和用水标准》(JGJ 63—2006)的要求。

## 二、自密实混凝土配合比设计

1. 配合比设计基本规定

(1)自密实混凝土配合比应根据结构物的结构条件、施工条件以及环境条件所要求的自密实性能进行设计,在综合强度、耐久性和其他必要性能要求的基础上,提出试验配合比。

(2)自密实混凝土自密实性能的确认应按下述自密实混凝土自密实性能等级及相对应的使用范围进行。

①自密实混凝土的自密实性能包括流动性、抗离析性和填充性,可采用坍落扩展度试验、V 漏斗试验(或 $T_{50}$ 试验)和 U 形箱试验进行检测。自密实性能等级分为三级,其指标应符合表 19-63 的要求,相关项目的检测方法按《自密实混凝土应用技术规程》(CECS 203—2006)附录 A 进行。

**混凝土自密性能等级指标** 表 19-63

| 性能等级 | 一级 | 二级 | 三级 |
| --- | --- | --- | --- |
| U 形箱试验填充高度(mm) | 320 以上(隔栅型障碍 1 型) | 320 以上(隔栅型障碍 2 型) | 320 以上(无障碍) |
| 坍落扩展度(mm) | 700 ± 50 | 650 ± 50 | 600 ± 50 |
| $T_{50}$(s) | 5 ~ 20 | 3 ~ 20 | 3 ~ 20 |
| V 漏斗通过时间(s) | 10 ~ 25 | 7 ~ 25 | 4 ~ 25 |

②应根据结构物的结构形状、尺寸、配筋状态等选用自密实性能等级。对于一般的钢筋混凝土结构物及构件,可采用自密实性能等级二级。

一级:适用于钢筋的最小净间距为 35 ~ 60mm、结构形状复杂、构件断面尺寸小的钢筋混凝土结构物及构件的浇筑。

二级:适用于钢筋的最小净间距为 60 ~ 200mm 的钢筋混凝土结构物及构件的浇筑。

三级:适用于钢筋的最小净间距 200mm 以上、断面尺寸大、配筋量少的钢筋混凝土结构物及构件的浇筑,以及无筋结构物的浇筑。

(3)在进行自密实混凝土的配合比设计调整时,应考虑水灰比对自密实混凝土设计强度的影响和水灰比对自密实性能的影响。

(4)配合比设计宜采用绝对体积法。

(5)对于低强度等级的自密实混凝土,仅靠增加粉体量不能满足浆体黏性时,可通过试验确认后适当添加增黏剂。

(6)自密实混凝土宜采用增加粉体材料用量和选用优质高效减水剂或高性能减水剂,改善浆体的黏性和流动性。

2. 自密实混凝土配合比设计

1)使用材料选择原则

(1)粉体选定

粉体应根据结构物的结构条件、施工条件以及环境条件所需的新拌混凝土性能和硬化混凝土性能选定。

(2)集料选定

集料应根据新拌混凝土性能和硬化混凝土所需的性能选定。

(3)外加剂选定

所选用的外加剂应在其适宜掺量范围内,能够获得所需的新拌混凝土性能,并对硬化混凝土性能无负面影响。

2)初期配合比设计应符合的要求

(1)粗集料最大粒径不宜大于 20mm。

(2)单位体积粗集料量可参照表 19-64 选用。

**单位体积粗集料量** 表 19-64

| 混凝土自密实性能等级 | 一级 | 二级 | 三级 |
| --- | --- | --- | --- |
| 单位体积粗集料绝对体积($m^3$) | 0.28 ~ 0.30 | 0.30 ~ 0.33 | 0.33 ~ 0.35 |

3)单位体积用水量、水粉比和单位体积粉体量

(1)单位体积用水量、水粉比和单位体积粉体量的选择,应根据粉体的种类和性质以及集料的品质进行选定,并保证自密实混凝土所需的性能。

(2)单位体积用水量宜为155～180kg。

(3)水粉比根据粉体的种类和掺量有所不同。按体积比宜取0.80～1.15。

(4)根据单位体积用水量和水粉比计算得到单位体积粉体量。单位体积粉体量宜为0.16～0.23$m^3$。

(5)自密实混凝土单位体积浆体量宜为0.32～0.40$m^3$。

4)含气量

自密实混凝土的含气量应根据粗集料最大粒径、强度、混凝土结构的环境条件等因素确定,宜为1.5%～4.0%。有抗冻要求时应根据抗冻性确定新拌混凝土的含气量。

5)单位体积细集料量

单位体积细集料量应由单位体积粉体量、集料中粉体含量、单位体积粗集料量、单位体积用水量和含气量确定。

6)单位体积胶凝材料体积用量

单位体积胶凝材料体积用量可由单位体积粉体量减去惰性粉体掺合料体积量以及集料中小于0.075mm的粉体颗粒体积量确定。

7)水灰比与理论单位体积水泥用量

应根据工程设计的强度计算出水灰比,并得到相应的理论单位体积水泥用量。

8)实际单位体积活性矿物掺合料量和实际单位体积水泥用量

应根据活性矿物掺合料的种类和工程设计强度确定活性矿物掺合料的取代系数,然后通过胶凝材料体积用量、理论水泥用量和取代系数计算出实际单位体积活性矿物掺合料量和实际单位体积水泥用量。

9)水灰比

应根据本节二2.2)、(2)、(6)、(7)款计算得到的单位体积用水量、实际单位体积水泥用量以及单位体积活性矿物掺合料量计算自密实混凝土的水灰比。

10)外加剂掺量

高效减水剂和高性能减水剂等外加剂掺量应根据所需的自密实混凝土性能经过试配确定。

3.配合比的调整与确定

配合比的调整与确定应按下列要求进行:

(1)验证新拌混凝土的质量

采用本节二2.2)条设计的初期配合比进行试拌,按表19-63验证是否满足新拌混凝土的性能要求。

(2)根据新拌混凝土性能进行配合比调整

①当试拌混凝土不能达到所需的新拌混凝土性能时,应对外加剂、单位体积用水量、单位体积粉体量(水粉比)和单位体积粗集料量进行适当调整。如要求性能中包括含气量,也应加以适当调整。

②当上述调整仍不能满足要求时,应对使用材料进行变更。如变更较难时,应对配合比重新进行综合分析、调整新拌混凝土性能目标值,重新设计配合比。

(3)验证硬化混凝土质量

新拌混凝土性能满足要求后,应验证硬化混凝土性能是否符合设计要求。当不符合要求时,应对材料和配合比进行适当调整后,重新进行试拌和试验再次确认。

(4)配合比的表示方法

配合比的表示方法按表19-65的规定。

配合比的表示方法　　表19-65

| 自密实混凝土强度等级 | | | |
|---|---|---|---|
| 自密实性能等级 | | | |
| 坍落扩展度目标值(mm) | | | |
| V漏斗通过时间目标值(s)(或$T_{50}$时间) | | | |
| 水胶比 | | | |
| 水粉比 | | | |
| 含气量(%) | | | |
| 粗集料最大粒径(mm) | | | |
| 单位体积粗集料绝对体积($m^3$) | | | |
| 单位体积材料用量 | | 体积用量(L) | 质量用量(kg) |
| 水 $W$ | | | |
| 水泥 $C$ | | | |
| 掺合料 | | | |
| 细集料 $S$ | | | |
| 粗集料 $G$ | | | |
| 外加剂 | 高性能减水剂 | | |
| | 其他外加剂 | | |

注:1.当掺合料为多种材料时,分别以不同栏目表示。

2.液体外加剂中的含水计入单位体积用水量。

## 三、自密实混凝土施工准备

1.一般规定

(1)施工前应制订适当的自密实混凝土施工方案,应依据方案实施并加强管理。

(2)自密实混凝土的施工措施应根据浇筑部位加以确定。斜坡面部位浇筑自密实混凝土时,应有相应的施工措施。

2.模板选择及施工

(1)模板形式除采用传统模板外,也可采用保温一体化模板。

(2)模板及其支护部件应根据工程结构形式、荷载大小、地基土类别、施工程序、施工机具和材料供应等条件进行选择。

(3)模板及其支护应具有足够的承载能力、刚度和稳定性,应能可靠地承受浇筑混凝土的自重、侧压力(按液压计算)、施工过程中产生的荷载。

(4)成型模板应构造紧密、不漏浆,不影响自密实混凝土均匀性和强度发展,并能保证构件形状正确、规整。

(5)安装模板时,应准确配置混凝土垫块或钢筋定位装置等。

(6)模板的支撑立柱应置于坚实的地(基)面上,并应具有足够的刚度、强度和稳定性,间距适度,应防止支撑沉陷,引起模板变形。上下层模板的支撑立柱应对准。

(7)模板及其支护的拆除顺序和相应的施工安全措施在制订施工技术方案时应考虑周全。拆除模板时,不得随意投掷。拆除的模板和支架应随拆随运,不得在楼板面形成局部过大的荷载。同时,也应防止对模板的损伤。

(8)底模及其支架拆除时的混凝土强度应符合设计要求,当无设计要求时,混凝土强度应符合表19-66的规定。

**底模拆除时的混凝土强度要求** 表19-66

| 构件类型 | 构件跨度(m) | 达到设计的混凝土立方体抗压强度标准值的百分率(%) |
|---|---|---|
| 板 | ≤2 | ≥50 |
| | >2,≤8 | ≥75 |
| | >8 | ≥100 |
| 梁、拱、壳 | ≤8 | ≥75 |
| | >8 | ≥100 |
| 悬臂构件 | — | ≥100 |

(9)已拆除的模板及其支架的结构,当施工荷载所产生的效应比使用荷载的效应更不利时,必须经过验算并加设临时支撑。

(10)有特殊要求部位的模板施工,应制订专项施工技术方案。

## 四、自密实混凝土施工工艺

1. 原材料计量

(1)计量设备的精度应符合现行国家标准《混凝土搅拌站(楼)技术条件》(GB 10172—1988)的有关规定。

(2)各种固体原材料的计量均应按质量计,水和液体外加剂的计量可按体积计。

(3)原材料的计量允许偏差符合表19-67的规定。

**原材料计量允许偏差(%)** 表19-67

| 序号 | 原材料品种 | 水泥 | 集料 | 水 | 外加剂 | 掺合料 |
|---|---|---|---|---|---|---|
| 1 | 每盘计量允许偏差 | ±2 | ±3 | ±1 | ±1 | ±2 |
| 2 | 累计计量允许偏差 | ±1 | ±2 | ±1 | ±1 | ±1 |

注:累计计量允许偏差是指每一运输车中各盘混凝土的每种材料计量和的偏差,该指标只适用于采用微机控制的搅拌站。

2. 搅拌

(1)搅拌机应符合《混凝土搅拌机》(GB/T 9142—2000)的规定,宜采用强制式搅拌机。当采用其他类型的搅拌设备时,应根据需要适当延长搅拌时间。

(2)投料顺序宜先投入细集料、水泥及掺合料搅拌20s后,再投入2/3的用水量和粗集料搅拌30s以上,然后加入剩余水量和外加剂搅拌30s以上。当在冬季施工时,应先投入集料和全部净用水量后搅拌30s以上,然后再投入胶凝材料搅拌30s以上,最后加外加剂搅拌45s以上。

3. 运输

(1)混凝土运输设备应符合下列要求:

①混凝土运输设备在运送混凝土时,应能保持混凝土拌和物的均匀性,不应产生离析、分层和前后不均匀现象。

②混凝土搅拌运输车应符合《混凝土搅拌运输车》(JG/T 5094—1997)的规定。当在施工现场需用外加剂进行扩展度调整时,应使混凝土得到充分搅拌,使其均匀一致。

(2)运输车在接料前应将车内残留的其他品种的混凝土清洗干净,并将车内积水排尽。

(3)运输过程中严禁向车内的混凝土加水。

(4)混凝土的运输时间应符合规定,未作规定时,宜在90min内卸料完毕。当最高气温低于25℃时,运送时间可延长30min。混凝土的初凝时间应根据运输时间和现场情况加以控制,当需延长运送时间时,应采用相应技术措施,并应通过试验验证。

(5)卸料前搅拌运输车应高速旋转1min以上方可卸料。

(6)在混凝土卸料前,如需对混凝土扩展度进行调整时,加入外加剂后混凝土搅拌运输车应高速旋转3min,使混凝土均匀一致,经检测合格后方可卸料。外加剂的种类、掺量应事先试验确定。

(7)混凝土的运输速度应保证施工的连续性。

(8)混凝土在运输过程中应避免遗撒。

4. 现场浇筑

(1)浇筑时应考虑结构的浇筑区域、构件类别、钢筋配置状况以及混凝土拌和物的品质,并选用适当机具与浇筑方法。

(2)应根据试验结果和施工实际确定混凝土泵的种类、台数、输送管径、配管距离等。

(3)浇筑之前要检查模板及其支架、钢筋以及保护层厚度、预埋件等的位置、尺寸,确认正确无误后,方可进行浇筑。浇筑的混凝土应填充到钢筋、埋设物周围及模板内各角落,为防止产生浇筑不均匀及表面气泡,可在模板外侧辅助敲击。

(4)自密实混凝土的泵送和浇筑应保持其连续性,当因停泵时间过长,混凝土不能达到要求的工作性的,应及时清除泵和泵管中的混凝土,重新浇筑。

(5)泵送时应考自密实混凝土性能、构件形状、配筋状况,应根据试验结果和施工实际确定自密实混凝土的浇筑速度。

(6)对现场浇筑的混凝土应进行监控,当运抵现场的混凝土坍落扩展度低于设计扩展度下限值时不得施工,可采取经试验确认的可靠方法调整坍落扩展度。在降雨、雪时不宜露天浇筑混凝土。

(7)浇筑时的最大自由落下高度宜在5m以下,最大水平流动距离应根据施工部位对混凝土性能的要求而定,最大不宜超过7m。

(8)浇筑时应防止钢筋、模板、定位装置等的移动和变形,对于型钢混凝土结构应均匀浇筑,防止扭曲变形。

(9)分层浇筑混凝土时,应在下一层混凝土初凝前将上一层混凝土浇筑完毕。

(10)滑模施工时应保持模板平整光洁,并严格控制混凝土的凝结时间与滑模速率匹配,防止滑模时产生拉裂、塌陷。

(11)板类(含底板)混凝土面层浇筑完毕后,应在初凝后终凝前进行二次抹压。

(12)混凝土浇筑后,静停过程中因气泡溢出导致混凝土沉降,可在浇筑时适当提高所要求的高程,也可在混凝土初凝前补充浇筑至所规定的高程。

(13)除上述规定外,其他按普通混凝土相关标准的规定执行。

5. 预制构件生产

(1)用于生产预制构件的自密实混凝土,应根据生产要求适当调整自密实性能的保持时间。

(2)浇筑大型预制构件时,须保证自密实混凝土的连续供应。分区或分层浇筑时,应在前次混凝土自密实性能保持时间内及时进行后续浇筑。

(3)采用自密实混凝土生产预制构件时,浇筑速度不宜太快,不应大于自密实混凝土在自重下的流动速度。

(4)采用自密实混凝土生产预制构件,应充分保证侧面模板的刚度和支护强度。

(5)对外观有严格要求的预制构件,应严格选择适当材质的模板和脱模剂种类,同时可对模板进行适当的辅助性振动和敲打。

(6)浇筑采用形状复杂或封闭空间的模板时,在模板上部适当位置应设置排气孔或采用透气模板。

(7)预制构件需要短时间脱模时,经后期强度的验证,可采用蒸汽养护,也可采用具有早强功能的外加剂。

6. 养护

(1)应制订养护方案,派专人负责养护工作。

(2)混凝土浇筑完毕,应及时养护,并适当延长预养护时间,养护时间不得少于14d。钢管混凝土和保温模板一体化施工技术等不拆模、无外露混凝土面的可省略养护过程。

(3)浇筑后的自密实混凝土可采用覆盖、洒水、喷雾或用薄膜保湿、喷养护剂(液)等养护措施。

(4)对底板和楼板等平面结构构件,自密实混凝土浇筑收浆和抹压后,应及时采用塑料薄膜覆盖。混凝土硬化至可上人时,应揭去塑料薄膜,铺上麻袋或草帘,用水浇透,有条件时尽量蓄水养护。

(5)截面较大的柱子,宜用湿麻袋围裹喷水养护,或用塑料薄膜围裹自生养护,也可涂刷养护液。

(6)墙柱体自密实混凝土浇筑完毕,混凝土达到2.5MPa后,必要时可松动模板,离缝约3~5m,在墙柱体顶部架设淋水管,喷淋养护。拆除模板后,应在墙面覆挂麻袋或草帘等覆盖物,避免阳光直照墙面。连续喷水养护时间应根据工程环境条件确定。地下室外墙宜尽早防护及回填土。

(7)冬季施工不能向裸露部位的自密实混凝土直接浇水养护,应用保温材料和塑料薄膜进行保温、保湿养护。保温材的厚度应经热工计算确定。

7. 质量管理与控制

(1)混凝土生产企业应具备完善的质量管理体系和相应资质的技术人员。

(2)混凝土生产企业应具备与产品相适应的混凝土检测设备、实验条件。

(3)生产过程中应测定集料的含水率,每一个工作班不应少于2次。当含水率有显著变化时,应增加测定次数,并应依据检测结果及时调整用水量和集料用量,不得随意改变配合比。

(4)混凝土配合比使用过程中,应根据原材料的变化或混凝土质量动态信息及时进行调整。

(5)混凝土的检验规则除应符合现行国家标准《预拌混凝土》(GB/T 14902—2003)的规定外,尚应进行下列项目的检验:

①混凝土出厂时应检验其流动性,抗离析性和填充性能;

②混凝土强度试件的制作方法:将混凝土搅拌均匀后直接倒入试模内,不得使用振动台和插捣方法成形。

## 五、自密实混凝土的表观缺陷及防治

1. 表观缺陷

(1)气泡(孔)。具有不同直径及分布的气泡(孔),直径小到零点几毫米,大到几十毫米,较多的场合是小面密集的气泡,气泡较大时多呈分散状态。

(2)水线。混凝土泌水,水分上升所留下的条(或带)状印迹。由于水分上溢时常带走水泥浆,这部分没有水泥只留下砂,所以也称"砂线",其状如蚯蚓爬过的样子。

(3)分层(或分片)。混凝土匀质性失衡以后所呈现的集料或水泥浆过分地集中在某个部位或泌水较多地聚集于该处,造成上、下或水平段的不同部位的差异,有时也可从混凝土的表观色差显现出来,严重时有明显的界面或不同的密实程度。

(4)花斑水印。不同形状和大小的花斑或水印常见于混凝土表观,很影响美观,这些花斑或水印多含有微细小的粉状尘埃,这些物质可能源于水泥或集料中夹带的较轻的不溶物,而这些粉尘在分层浇筑中又会形成明显的分界带。

2. 表观缺陷的防治

(1)自密实混凝土的表观质量首先决定于混凝土的优化配合,以使混凝土达到高流动、高充填性、高通过能力,又有适合的抵抗分离的能力。混凝土优化配合比设计结果如表 19-68 所示。

**C30 墩柱自密实混凝土配合比优化试验结果** 表 19-68

| 批次 | 1 | 2 | 3 | 4 | 5 |
|---|---|---|---|---|---|
| 水泥(kg) | 225 | 225 | 225 | 280 | 280 |
| 粉煤灰(kg) | 70 | 130 | — | 120 | 120 |
| 矿粉(kg) | 60 | — | 130 | — | — |
| 砂(kg) | 904 | 933 | 927 | 842 | 842 |
| 石子(kg) | 973 | 927 | 973 | 982 | 982 |
| 外加剂(kg) | 10.65 | 10.65 | 10.65 | 11.20 | 11.20 |
| 水(kg) | 165 | 165 | 165 | 170 | 165 |
| 砂率(%) | 48.16 | 52.00 | 48.16 | 48.00 | 48.00 |
| 水胶比 | 0.465 | 0.465 | 0.465 | 0.440 | 0.440 |
| 扩展度(mm×mm) | 610×650 | 520×540 | 590×600 | 570×580 | 620×620 |
| 流下时间(s) | — | — | — | 14 | 16 |
| 压力泌水率(%) | 47.8 | 11.2 | 39.5 | 34.0 | 27.8 |
| 外观 | 泌水多、黏聚性差 | 黏聚性好,无明显泌水 | 黏聚性差,泌水严重 | 无泌水,流动稳定性好 | 无泌水,流动稳定性好 |

(2)自密实混凝土浇筑,特别是"高抛"式浇筑时,在混凝土向下散落过程中,易夹带更多的空气,这些是形成气泡的原因。因此对混凝土浇筑速度应进行控制。如在浇筑高墩柱时,混凝土汽车泵卸料分3次,第一次浇筑到2m停留3min,第二次浇到2m处又停留2min,直到柱顶。

(3)浇筑过程中又选一侧面用钢筋插在模板内作插捣,其他侧未进行插捣拆模后检查,混凝土表面均匀平整,无分层离析现象,比较密实。

(4)在混凝土泵出料管口接一$\phi$150的软塑料套管进行导管浇筑,将混凝土直接送至下部。混凝土由上向下浇筑,改为由下向上浇筑,以解决混凝土下料过程夹带过多的空气。

(5)模板对表观质量的影响是一个不应忽视的因素。对自密实混凝土来说,模板的光洁有利于表观质量提高。对模板的安装要求特别严格,除不能漏浆漏水外,还应防止由于自密实混凝土对模板的侧压力大以至发生模板爆裂而漏浆甚至倒塌的事故。

另外,由于结构的需要而必须安装内模时,还应该对内模固定牢固,不能上浮而影响施工及表观质量。

### 六、自密实混凝土质量检验与验收

(1)预拌混凝土到达施工现场后应逐车检测坍落扩展度、$T_{50}$,不得发生外沿泌浆和中心集料堆积现象,也可增加全量检查装置的检查。

(2)自密实混凝土的强度检验评定应符合现行国家标准《混凝土强度检验评定标准》(GB/T 50107—2010)等标准的规定。

(3)自密实混凝土含气量与合同规定值之差不应超过±1.5%。对于港工、水工和铁道等对耐久性有特殊要求的建筑,混凝土含气量应符合相关标准。

(4)氯离子含量应符合《混凝土结构设计规范》(GB 50010—2010)的要求。

(5)碱集料反应检测指标应符合《混凝土结构设计规范》(GB 50010—2010)的要求。

(6)放射性核素放射性比活度应符合《建筑材料放射性核素限量》(GB 6566—2010)的要求。

(7)自密实混凝土工程量的检验与验收应按《混凝土结构工程施工质量验收规范》(GB 50204—2015)的规定执行。

当需求方对自密混凝土其他性能有要求时,应按国家现行有关标准进行试验,无相应标准时应按合同规定进行试验,其结果应符合标准及合同要求。

## 第七节　真空混凝土施工

在混凝土施工工艺中,密实成形是保证质量的一个重要环节。目前运用最广泛的是振动成形,其设备简单、操作方便、效量良好,但噪声大、能耗多、机械磨损严重。混凝土真空作业法,既避免了振动成形的缺点,又能有效地排除混凝土中多余的水分,使混凝土拌和物得到密实,是一项颇有发展前途的技术。

真空作业法,是借助于真空负压,将水从刚成形的混凝土拌和物中排出,同时使混凝土密实的一种成形方法(图19-45)。用真空作业法成形的混凝土称为真空混凝土。

按真空作业的方式,分为表面真空作业[图19-46a)]与内部真空作业[图19-46b)]。表面真空作业是在混凝土构件的上、下表面或侧表面布置真空腔进行。上表面真空作业适用于道路、机场跑道、楼面及预制混凝土平板的施工;下表面真空作业适用于薄壳、隧道顶板等结构件;对于水池、桥墩、水坝等可采用侧表面真空作业。有时,还可将上述几种方法结合使用。

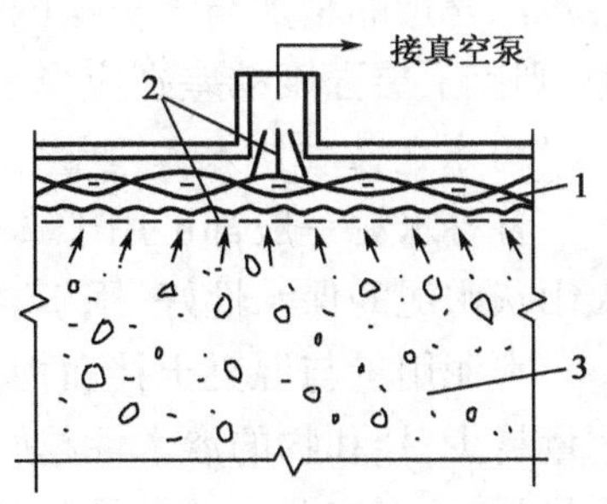


图 19-45　真空作业原理

1-真空腔;2-吸出的水;3-混凝土拌和物

内部真空作业,是利用插入混凝土内部的真空管进行的,在不能实现表面作业的情况下可采用此法。对于一些设有预留孔道的构件或构筑物,如能直接利用结构的预留孔道,布置真空管进行内部真空作业则尤为适合。一般说来,内部直空作业比较复杂,实际工程中应用较少。

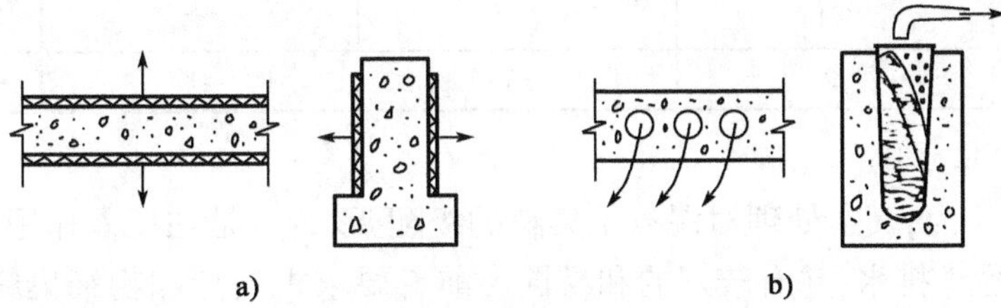


图 19-46　真空作业法

a)表面真空作业;b)内部真空作业

## 一、真空混凝土原材料技术要求

真空混凝土原材料技术要求与普通混凝土相同。

## 二、真空混凝土配合比设计

### 1. 配合比设计技术要求

1)水灰比

许多试验表明,在给定的真空度与真空处理时间下,拌和物的脱水率主要取决于原始水灰比,即原始水灰比越高,脱水率越大,则水灰比的减少值越大,如图 19-47 所示。

因此,必须处理好原始水灰比、脱水率与剩余水灰比的关系。由图可见,当将水灰比为 4 的曲线延长到横坐标时,其最低剩余水灰比为 0.35,因此,不必担心真空处理会抽去水泥水化所需的水量。

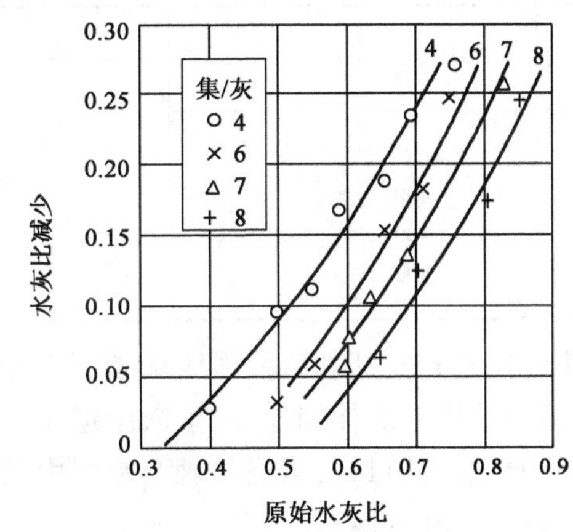


图 19-47　原始水灰比与真空处理后水灰比减少的关系

许多试验表明,在距真空处理表面不同距离处,其水灰比的减少值是不同的(对厚度不大于 10cm 的构件可忽略不计,而对较厚构件则应予以考虑)。同时距离真空处理表面越近,水泥含量也越高,这当然会影响混凝土强度的均匀性。这对不同功能要求的构件或制品可能产生不同的结果。如对真空处理的楼板或道路,表层水泥含量的增加与水灰比的降低,有利于提高强度与耐磨性能;而对混凝土梁采用真空处理,则上下层强度的差别应当予以考虑。

2)水泥品种与水泥用量

各种水泥一般都可用于真空混凝土,但采用普通硅酸盐水泥及矿渣硅酸盐水泥效果更好。火山灰水泥的保水性好,用于真空混凝土效果较差。

水泥用量与混凝土拌和物的渗透系数 $K$、黏度系数 $\mu$ 有关,因而直接影响脱水效果。水泥用量越少,拌和物的渗水性越好,脱水速度与脱水量也越大。Hawkes J. M. 的试验证明,水泥用量越少,真空脱水的效果越好,表现在强度的增长率越大(表 19-69)。其他许多资料也表明,对低强度等级混凝土进行真空作业,其效果比高强度等级混凝土更为明显。

**不同水泥用量的真空混凝土的平均强度增长率(%)** 表 19-69

| 集料:水泥 | 4:1 | 6:1 | 7:1 | 8:1 |
|---|---|---|---|---|
| 强度增长率 | 22 | 35 | 41 | 48 |

3)集料级配与集灰比

Orchard D. F. 认为,真空处理对混凝土集料的级配要求:一是在压差作用下使拌和物易于压实;二是拌和物易于排水,并有较好的和易性。前者要求提高拌和物细集料的含量,而后者则要求细集料的含量不能过多。

Hawkes J. M. 的试验表明,抽水量随细颗粒比例的减少而增加,集料级配与种类对抽水量有影响。

因此,如果为了达到高强效果,可把细集料减到最少,或采用间断级配甚至不用细集料,以提高脱水量;而如果为实现立即脱模或抹光,并降低对振动的要求,则应适当增加细集料的含量。后者适用于一般情况。

Orchard D. F. 认为,限制集料粒径为 3/4″,砂石比为 0.53 时,可得到较好的效果,这与苏联资料中提出的最优砂石比 0.52 是一致的。因此,在一般情况下,当采用真空处理时,与普通振动混凝土相比,可增加用砂量 100~200kg/m$^2$。

KoHoneHko A. N. 在配合比设计中采用砂浆过剩系数,其值取决于密实条件与砂粒粒径(表 19-70),适用于中砂,需水量 7%。当用细砂时,$K_S^B$ 减少 0.3;当用粗砂时 $K_S^B$ 增加 0.03。

**砂浆过剩系数** 表 19-70

| 水泥用量(kg/cm$^3$) | $K_S^B$ | |
|---|---|---|
| | 水平成形 | 垂直成形 |
| 250~350 | 1.5 | 1.6 |
| 400 | 1.49 | 1.59 |
| 400 | 1.47 | 1.57 |
| 500 | 1.45 | 1.55 |

集灰比对真空处理后的强度增长影响很大。根据 Howkes J. M. 的试验,当密实系数不变时,除流动性很差的拌和物外,集灰比越大,真空混凝土较非真空混凝土的强度增长率也越高,见表 19-71。由此可知,真空处理对水泥用量较少的低强度等级混凝土效果更好。

2. 配合设计步骤

采用绝对体积法与普通混凝土配合比设计步骤相同。

不同集灰比与和易性提高真空处理混凝土强度的百分率(%)　　表 19-71

| 密实系数 | 集料:水泥 | | | |
|---|---|---|---|---|
| | 4:1 | 6:1 | 7:1 | 8:1 |
| 0.95 | 31 | 52 | 72 | 84 |
| 0.90 | 27 | 43 | 54 | 65 |
| 0.85 | 22 | 35 | 38 | 46 |
| 0.80 | 17 | 26 | 22 | 30 |
| 0.75 | 13 | 18 | 8 | 13 |

## 三、真空工艺参数与制度

### 1.真空度与真空处理时间

在固定的真空度下,真空处理时间主要取决于拌和物的厚度。一般认为,真空速度为 1~2.5min/$cm^2$,适于真空的最大板厚为30cm,此时真空处理时间为45min。瑞典科研人员的试验表明,对80cm厚的拌和物也可进行真空处理,但其处理时间需1.5h,因而是不经济的。

苏联规范给出了常用的真空处理时间,见表19-72。一些试验也表明,在一定厚度范围内,真空处理时间随厚度的变化几乎呈线性关系,超过一定厚度(10~15cm),真空处理速度就显著减慢,曲线陡斜上升。其原因是脱水距离延长,阻力增加,真空度在拌和物中的迅速衰减。

真空处理时间　　表 19-72

| 混凝土厚度(cm) | 真空处理时间(min) |
|---|---|
| 0.5以下 | 0.75×厚度 |
| 6~10 | 3.5±1×(厚度-5cm) |
| 11~15 | 8.5+1.5×(厚度-10cm) |
| 16~20 | 16+2×(厚度-15cm) |
| 21~25 | 26+2.5×(厚度-20cm) |

在固定拌和物厚度的情况下,真空度越小,处理时间越长。到一定限度,其处理时间就大为延长。同样,过高的真空度也不会对处理时间发生显著影响。

从经济角度考虑,一般采用58.6~79.8kPa的真空度。试验表明,对于10cm以内厚度的拌和物,应采取不低于53.2kPa的真空度。对于薄壁水泥制品,甚至在39.8kPa的真空度下,也可获得很好的效果。

日本科研人员则认为,开始不采用最大的真空度,而是从26.6kPa起逐渐增大为好。

在固定真空度、拌和物厚度的情况下,真空处理时间随不同水泥品种、不同脱水率而变化。矿渣水泥的处理时间为硅酸盐水泥的2~3倍;脱水率提高,处理时间也大为延长。

一些资料表明,真空处理混凝土的水灰比减少值在0.1~0.3,其最低剩余水灰比一般为0.38~0.42,这是不少资料中阐述的最佳水灰比。而真空处理砂浆的水灰比减少值,则一般因其配比较富而略低。

在确定的真空度下,水灰比的降低比例,与原始水灰比、真空处理时间有关,如图19-48所示。由此,选择适当的原始水灰比,并控制处理时间,是十分必要的。

2. 振动与真空处理

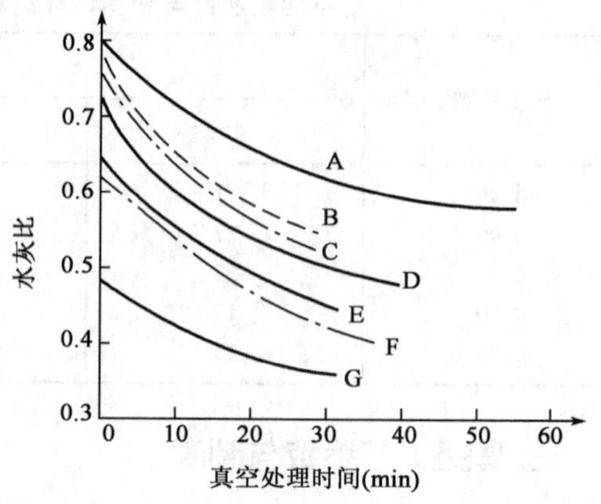

图 19-48 水灰比的降低与真空处理时间的比例关系

采用周期振动与真空相结合的工艺制度,可以取得更好的密实效果。国外研究指出,真空盘的压差会引起振动的衰减,妨碍固体颗粒的相互移动。因此,在周期振动时,应使真空度降低到 0.1 ~ 0.2,或接近 0,每次从真空中断到开始振动之间的间隔一般为 4 ~ 6s,每次周期振动的时间间隔一般为 1 ~ 3min。其结果与固定真空度的密实度相比,强度可提高 30%;与同样的振动混凝土相比,可提高 60% 以上。

应当指出,周期振动只能提高拌和物的密实度,减少孔隙率,有利于强度增长,但对脱水量不会有显著影响。因振动而增加的脱水量约占原混凝土自重的 0.1%,可予忽略不计;而重复振动的时间应为 0.5 ~ 10min。当超过 10min 后,强度即不再增长。

## 四、真空混凝土的施工工艺

1. 真空脱水工艺流程

以大楼板真空脱水成型工艺(常州市混凝土构件厂)为例,其生产线的主要工序为:冷模浇灌→上振成形→上吸式真空吸水→机械抹光→热模养护,如图 19-49 所示。

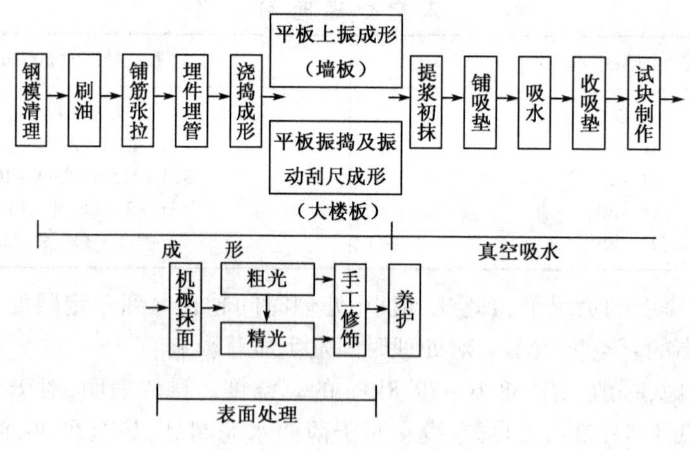

图 19-49 真空脱水工艺流程

2. 真空脱水设备

(1)以中建第二工程局 3 200mm × 4 420mm × 100mm 双向预应力实心大楼板生产线为例,如图 19-50 所示。

①真空泵。选用两台 SZ-3 型水环式真空泵,其吸气量 11.5$m^3$/min,最大真空度为全真空的 92%。

②真空罐。用 $\sigma$ = 6mm 的钢板焊接而成,其直径为 1.2m,高为 2m,容积约 12$m^3$,附设真空表 1 个。

③气水分离器。气水分离器采用内径 300～400mm，高 900～100mm 的钢罐构成。

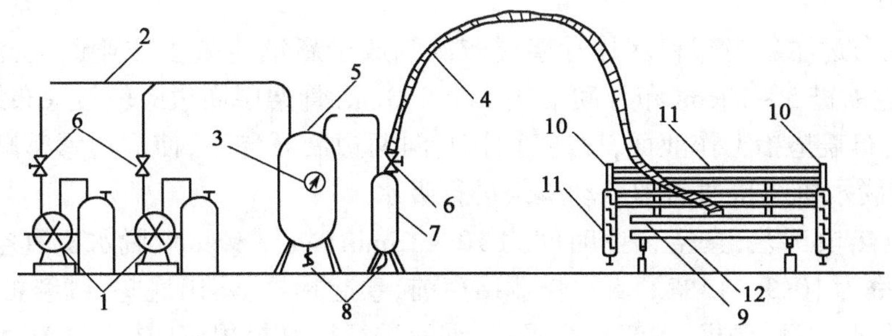


图 19-50　混凝土大楼板真空脱水工艺系统

1-SD-3 水环真空泵；2-管路；3-真空表（0～0.1MPa）；4-100 英寸铠装管；5-真空罐（$\phi$1 200×2 000mm）；6-真空阀；7-气水分离器；8-放水阀；9-真空吸盘；10-千斤顶（4t×4）；11-起吊运行车；12-流动模板车

④真空吸盘。真空吸盘外形尺寸要求每边比楼板小 1cm，主要由孔的底盘与刚性上盘组成。底盘为 8mm 厚的钢板，在距周边 65mm 以内钻梅花形孔，孔径为 6.5mm，间距为 20mm。刚性上盘用 10mm 厚的钢板和 10 号槽钢作骨架焊接成刚性整体。底盘和上盘之间铺两层 5mm×5mm 的钢丝网，两盘周边之间用 4mm 厚的橡胶板条通过 M10 埋头螺栓密封联结坚固，形成真空腔。为使盘不发生向下挠曲，用 14 个 M14 埋头螺栓将底盘吊在上盘上。为使吸盘与混凝土楼板更加密封，在底盘下面沿周边焊接上一圈 $\phi$6 钢筋。另外，在上盘上面还安装了 4 个 1.5kW 振动器。真空总管通过分气缸和 6 个 $\phi$50 真空通道与上下盘组成的真空腔连接。真空总管由铠装胶管与汽水分离器联结成 1 个真空系统。为了检查吸盘真空腔内的真空度变化情况，在吸盘上面安装两个真空表。

采用这种真空加振动的刚性吸盘整体性好，便于起吊操作。在真空处理之前给予短暂的振动，可以使混凝土与吸盘之间接触得更加严密，从而保证吸盘真空腔内达到必要的真空度。在真空处理完后再给以振动可使混凝土更为密实。

⑤起吊位移设备。为了使吸盘起吊和移动，在成形机行走的轨道上制作 1 个起吊运行机；运行机的钢支架上设置 4 个由 1 个油泵带动的起重量为 4t 的千斤顶；吸盘由 4 个支点吊在钢支架上；钢支架 4 条腿设有 4 个轮子，可以在钢轨上前后移动。

⑥过滤布。过滤布使用的是白的确良布，亦可用粗布或 SI58 号尼龙布。布的拼合缝要搭接缝合。过滤布向楼板上铺放时可用 $\phi$50 塑料管作卷筒，以免来回拉扯撕破。

（2）以常州市混凝土构件厂为例。

①HZJ，40 型混凝土真空脱水机组；

②HZD，50 型柔性吸垫；

③MG80，1 型手扶抹光机；

④铝合金振动刮尺。

3. 真空吸水工艺的操作要点

1）作业前的准备工作

（1）应配备操作人员 2～3 名，作业前大楼板内预留孔洞和预埋件均按常规留放，但不得高于作业表面。带门窗洞的大墙板件，可填刚性盒模，包入吸垫内进行真空作业，注意保证密封。

（2）作业前必须对混凝土作业面充分振实、提浆、刮平，并须检查泵机空载真空度。检查时，堵住进水口，表值就不小于95%（即0.09MPa），还需检查机组、吸管、橡皮密封垫圈等。

2）真空处理

（1）将尼龙布过滤层与塑料网片骨架层依次铺放于新铺混凝土作业面上，滤布边应较作业面混凝土周边缩进5～10cm，布片间搭接不小于3cm，骨架层周边应较过滤布缩进1～2cm。

（2）将橡皮布盖垫抬上作业面，使通道居中，向两边展开伸平，使周边紧密贴合，形成密封带，吸水短管与脱水机组接通后即启动机组进行吸水。

（3）大楼板热模工艺，真空作业时间为10～15min（板厚9cm），脱水机真空度为0.07～0.08MPa，吸水率为10%～15%。真空作业结束前，卷起抬棍，露出底垫，继续抽吸1min，以排出作业面上残余水，然后停机，卷起整个吸垫；继而进行抹光机提浆、抹光、3次人工精光、覆盖薄膜，并立即升温（3h），每小时不超过10～15℃。升温后12h盖上棉毯保温，恒温为6h（制品表面温度80℃左右，汽包压力在0.08～101MPa），降温为2h。

## 第八节　防射线混凝土施工

防射线混凝土又称防辐射混凝土、原子能防护混凝土、屏蔽混凝土、核反应堆混凝土、特重混凝土等。能有效地屏蔽α、β、γ、X射线和中子的辐射，是原子能反应堆、粒子加速器及其他含放射性源装置常用的防护材料。

这种混凝土是采用普通水泥或密度很大，水化后含结合水很多的水泥与特重的集料或含结合水很多的重集料制成。密度很大（$2.5\sim7t/m^3$），含结合水多，防护效果好。因此，采用这种混凝土作防护结构可以降低结构的厚度。但其造价比普通混凝土高。

对防护混凝土不但要求密度高，含结合水多，而且要求混凝土具有良好的均质性。混凝土在施工和使用期中的收缩应最小，不允许存在孔洞，裂纹等缺陷。除此之外，还要求混凝土具有一定的结构强度和耐火性。

### 一、防射线混凝土原材料技术要求

1.胶结材

用于防射线混凝土的胶结材可以采用硅酸盐水泥、火山灰质水泥、矿渣水泥、矾土水泥、镁质水泥等。硅酸盐水泥应用最广，因为这种水泥最容易获得，而且需水性和水化热都较小。使用硅酸盐水泥其强度等级应不低于42.5MPa。火山灰质水泥仅用于地下的构筑物。矾土水泥、石膏矾土水泥以及高镁水泥可以增加混凝土中结合水的含量。但矾土水泥，石膏矾土水泥的水化热大，施工时必须采用相应的冷却措施，用氯化镁溶液拌和镁质水泥有良好的技术性能，但这种水泥对钢筋的侵蚀性较大。各种水泥硬化后的结合水含量见表19-73。

**水泥硬化后的结合水含量**　　表19-73

| 水泥名称 | 结合水含量（占水泥质量，%） | |
|---|---|---|
| | 1月 | 12月 |
| 硅酸盐水泥 | 15 | 20 |
| 石膏矾土水泥 | 28 | 32 |
| 矾土水泥 | 25 | 30 |
| 镁质水泥（$MgO+MgCl_2$） | 35 | 40 |

对防射线性能要求很高的混凝土，以上水泥品种不能满足时，可以考虑采用特种水泥（如钡水泥或锶水泥）。这类水泥的相对密度较大（$\gamma>4$），完全可以满足防辐射的高要求。但其产量很少，价格昂贵，一般不宜采用。防射线混凝土常用水泥的性能、规定和要求见表19-74。

**防射线混凝土常用水泥的性能、规定和要求** 表19-74

| 水泥品种 | 密度（$g/cm^3$） | 结合水含量（%） | | 水泥的性能、规定和要求 |
|---|---|---|---|---|
| | | 28d | 38d | |
| 硅酸盐水泥<br>普通水泥<br>矿渣水泥<br>火山灰水泥 | 3.0～3.1 | 15 | 20 | 常温下含结晶水约15%，在高温下（100℃以上）脱水较少；<br>能满足一般防护结构的要求 |
| 高铝水泥 | 3.0～3.1 | 25 | 30 | 常温下含结晶水约20%，在高温下（100℃以上）严重脱水；<br>早期强度增长较快，但水化热在浇筑1～3d后集中散发，易出现早期裂纹；<br>用于对结晶水含量有较高要求的防护 |
| 石膏高铝水泥 | 3.0～3.1 | 28 | 32 | 常温下含结晶水约15%，在高温下（100℃以上）脱水较少；<br>早期强度增长较快，水化热集中散发，易出现早期裂纹；<br>凝结时有微膨胀；<br>除适用于对结晶水含量有较高要求的防护外，宜用于配制填充孔洞的混凝土和砂浆 |
| 镁质水泥（$MgO+MgCl_2$） | 2.9～3.0 | 35 | 40 | 常温下含结晶水30%～35%，在高温下（100℃以上）严重脱水；<br>水化热大，凝结快，易受大气侵蚀，对钢筋有腐蚀作用，应用较少 |

一般情况下，防射线混凝土的水泥用量为270～370kg/$m^3$。最好是采用低热水泥施工，这样可以降低混凝土的水化热。

2. 集料

作为防护混凝土的集料应选用堆积密度大的褐铁矿、赤铁矿、磁铁矿、重晶石、蛇纹石、废钢块、铁砂或钢砂（碎屑）、钢段等。石英砂常作为细集料使用。碎石和砾石也常部分使用。

1）褐铁矿（$2F_eO_3\cdot3H_2O$）

褐铁矿的相对密度为3.2～4t/$m^3$，有密致的结构和带孔隙的结构，块重为1.3～3.2t/$m^3$，含结合水为10%～18%。作为集料，以相对密度大而结合水不低于10%为宜。用褐铁矿砂制作的砂浆比普通砂浆的黏度大许多倍（12～15倍），因此它能保证在制备浇筑过程中重集料在混凝土中的均匀分布和减少分层的可能性，褐铁矿混凝土的最大堆积密度可达2.6～3.0t/$m^3$。为了增加堆积密度，可加入铁质集料。褐铁矿含结合水多，是制作防射线混凝土的良好集料。此外，海绿石、蛇纹石也是含结合水较多的集料。

2）磁铁矿（$Fe_3O_4$）和赤铁矿（$Fe_2O_3$）

磁铁矿的相对密度为4.9～5.2t/$m^3$，赤铁矿的相对密度为5.0～5.3t/$m^3$，用磁铁矿和赤铁矿作成的混凝土的堆积密度为3.2～4.0t/m³，这类混凝土含水较少，因此，防护中子的性能不及褐铁矿混凝土好。

3）重晶石（$BaSO_4$）

重晶石的相对密度为4.3～4.7t/m³，性脆。重晶石混凝土的堆积密度为3.2～3.4t/m³，不允许使用于有流水作用的结构部分。重晶石混凝土抗冻性差，热膨胀系数和收缩值都较大，因此也不允许用于温度高于100℃和受冻的地方。

4）铁质集料

铁质集料包括各种钢段、钢块、钢砂、铁砂、切割铁屑、钢球等。采用铁质集料可以增加混凝土的堆积密度，最大时可达7.0t/m³。这种混凝土对防护γ射线十分有效。但纯粹的铁质集料混凝土采用很少，因为这种混凝土没有足够的结合水，防护中子的能力降低。且铁质集料在中子的作用下，引起二次γ射线。除此之外，这种混凝土极易分层，不能保证混凝土的均质性，为此必须采用特殊的浇筑方法。

为了增加混凝土堆积密度和结合水含量，克服单一集料的缺点，常采用混合集料来拌制防护混凝土。混合集料应根据工程要求可以采取不同的组合，例如铁质集料作粗集料而用褐铁矿砂作细集料。粗集料也可以是两种或两种以上的铁质集料、铁矿石或普通集料组成。混合集料可以发挥取长补短之效，应用较广。

常用粗集料的最大粒径为40mm，其筛分曲线应落在图19-51上的阴影内，细集料的筛分曲线应落在图19-52上的阴影内。

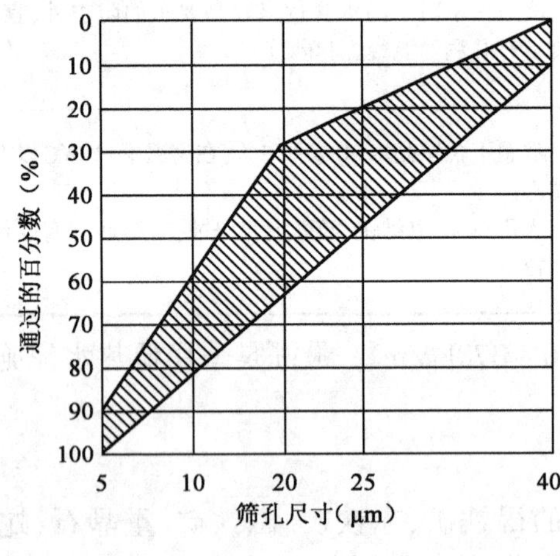


图19-51　防射线混凝土的粗集料筛分曲线

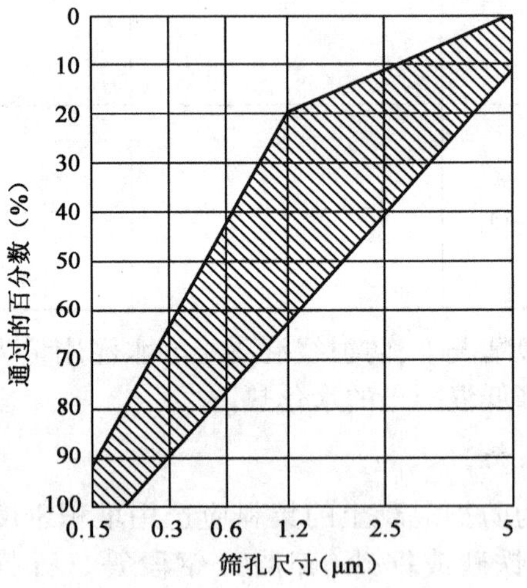


图19-52　防射线混凝土的细集料筛分曲线

防射线混凝土所用集料的技术性能见表19-75和表19-76。

**防射线混凝土所用集料的技术性能**　　表19-75

| 集料种类 | 密度（kg/m³） | | 相对密度 | 技术要求 |
|---|---|---|---|---|
| | 细集料 | 粗集料 | | |
| 赤铁矿 | 1 600～1 700 | 1 400～1 500 | 3.2～4.0 | 表观密度应大，坚硬石块含量应多；<br>细集料中 $Fe_2O_3$ 含量不低于60%，粗集料中 $Fe_2O_3$ 含量不低于75%；<br>只允许含少量杂质 |
| 磁铁矿 | 2 300～2 400 | 2 600～2 700 | 4.3～5.1 | |

续上表

| 集料种类 | 密度($kg/m^3$) | | 相对密度 | 技 术 要 求 |
|---|---|---|---|---|
| | 细集料 | 粗集料 | | |
| 褐铁矿 | 1 600 ~ 1 700 | 1 400 ~ 1 500 | 3.2 ~ 4.0 | $Fe_2O_3$ 含量不应低于75%,仅含有少量杂质 |
| 重晶石 | 3 000 ~ 3 100 | 2 600 ~ 2 700 | 4.3 ~ 4.7 | $BaSO_4$ 含量不应低于80%;<br>含石膏或黄铁矿的硫化物及硫酸化合物不超过7% |

注:1. 集料表观密度应在实验振动台振动30s后的干燥状态下确定。振动台的振幅为0.35mm,频率为50Hz。

2. 细集料粒径为0.15 ~ 5mm,粗集料粒径为5 ~ 80mm。

3. 重晶石按粒径分为重晶石粉——经400孔/$cm^2$ 的筛子筛过的微粒,表观密度为3 000kg/$m^3$;重晶石砂——粒径小于5mm,表观密度为2 400kg/$m^3$;重晶石碎石——粒径5 ~ 10mm,表观密度为2 600 ~ 2 700kg/$m^3$。

4. 按质量含0.25%蛋白石和5%玉髓以上的重晶石,只能与低碱性水泥配合使用,因这些杂质与高碱性水泥发生反应混凝土产生裂缝。

5. 重晶石呈白色、灰色、褐色、黄色、红色,是一种脆性材料,加工时易粉碎成粉末,因此具有严重多孔结构的重晶石,不能用以制备混凝土。

**抗中子射线混凝土所用集料的要求** 表19-76

| 集料名称 | 堆积密度($g/cm^3$) | 相对密度($t/m^3$) | 性能、规定和要求 |
|---|---|---|---|
| 褐铁矿(粗集料) | 1.4 ~ 1.5 | 3.0 ~ 4.0 | $Fe_2O_3$ 含量不少于70%;<br>结晶水含量不少于10%;<br>吸水率为9% ~ 10%;<br>杂质少(特别是黏土杂质) |
| 褐铁矿(细集料) | 1.6 ~ 1.7 | | $Fe_2O_3$ 含量不少于60%;<br>褐铁矿(粗集料)的后三项 |
| 白硼钙石 | | | $B_2O_3$ 含量应尽可能多;<br>不溶于水;<br>其分子式为 $CaO_5B_3O_3 \cdot 16H_2O$ |
| 钠硼钙石 | | 1.96 | 不溶于水;<br>其分子式为 $Na_2O \cdot 2CaO_5B_3O_3 \cdot 16H_2O$ |

3. 掺合料

为了改善防射线混凝土的防护性能,通常特意加入一定数量的掺合材料,如硼或锂盐等。

硼和硼的化合物是良好掺合料,硼能有效地捉住中子,且不形成二次γ射线。例如含硼的同位素的钢材按吸收中子的能力比铅高20倍,比混凝土高500倍。将硼掺入混凝土可以降低防护结构的厚度。

可以把硼加入水或水泥中,也可以采用硬硼钙石矿物、派拉克斯玻璃(含硼的玻璃)、硼砂、硼酸、硼的碳化物、电气石等来制备混凝土。但是,研究表明,将硼或硼的化合物直接加入混凝土会引起混凝土凝结速度极大延缓和物理力学性能的降低。因此,建议用硼和其化合物作为防护结构的内表面涂层,或制作薄片贴在防护结构的内表面上,以起到防射线作用。

锂盐,如典化锂($LiI \cdot 3H_2O$)、砂酸锂($LiNO_3 \cdot 3H_2O$)、硫酸锂($Li_2SO_3 \cdot H_2O$)等掺入混凝土中亦可改善混凝土的防护性能。

4. 拌和水

防射线混凝土拌和用水与普通混凝土的相同,即pH值大于4的洁净水。为改善混凝土的和易性,减少拌和用水,降低水灰比,提高混凝土密实度,可以加入适量的亚硫酸盐纸浆或苇浆废液塑化剂。

## 二、防射线混凝土配合比设计

防射线混凝土的配合比设计,与普通混凝土的配合比设计基本相同。但由于粗细集料的相对密度均比较大,混凝土拌和物易产生离析,故在选择配合比时,应尽可能选用较小的坍落度,一般以选 3 ~ 5cm 的坍落度为宜。

1. 配合比设计技术要求

根据工程实践证明,防射线混凝土的配合比设计必须满足下列技术要求:

(1)为防护 γ 射线所需要的密度;

(2)为防护中子流所必须的结合水;

(3)规定的混凝土强度;

(4)必要的拌和物和易性;

(5)良好的经济指标。

为了达到(1)和(2)项要求,应尽可能采用较多的粗集料和较粗的粗集料(取决于结构断面和配筋条件)。用振动设备振实的各种混凝土混合料的密度见表 19-77。

**防射线混凝土的密度** 表 19-77

| 混凝土种类 | 密度(t/m³) | | 混凝土种类 | 密度(t/m³) | |
|---|---|---|---|---|---|
| | 最小 | 最大 | | 最小 | 最大 |
| 普通混凝土 | 2.3 | 2.4 | 混合集料混凝土 | — | — |
| 褐铁矿混凝土 | 2.3 | 3.0 | 褐铁矿砂 + 普通碎石 | 2.4 | 2.6 |
| 磁铁矿混凝土 | 2.8 | 4.0 | 褐铁矿砂 + 重晶石碎石 | 3.0 | 3.2 |
| 重晶石混凝土 | 3.3 | 3.6 | 褐铁矿砂 + 磁铁矿碎石 | 2.9 | 3.8 |
| 铸铁碎块混凝土 | 3.7 | 5.0 | 褐铁矿砂 + 钢铁块段 | 3.6 | 5.0 |

2. 配合比设计的步骤

防射线混凝土配合比设计的步骤如下。

1)确定灰水比($C/W$)

防射线混凝土的强度高低取决于水泥的强度等级、水灰比、水泥砂浆的多少、集料的吸水程度以及混凝土的捣实程度等。为了初步确定灰水比,用振动器捣实的普通碎石混凝土、贫重晶石混凝土(按质量计,水泥浆:集料不小于 1:12)、贫磁铁矿混凝土(水泥浆:集料 =1:8)以及用褐铁矿砂和钢铁块段作粗集料(或硬质碎石集料)的混凝土,均可用下式计算其强度:

$$R_{28} = 0.55R_c\left(\frac{C}{W} - 0.50\right) \tag{19-31}$$

式中:$R_{28}$——防射线混凝土 28d 的设计强度(MPa);

$R_c$——水泥的实际强度等级(MPa);

$C/W$——混凝土的灰水比。

对于富磁铁矿混凝土(水泥浆:集料 >1:8)、褐铁矿混凝土、褐铁矿加磁铁矿或重晶石粗集料混凝土及用普通砂和钢铁块段作粗集料的混凝土,可采用下式计算其强度:

$$R_{28} = 0.45 R_c \left( \frac{C}{W} - 0.60 \right) \tag{19-32}$$

2)确定用水量($W$)

为了便于施工,必须保证混凝土拌和物有足够的流动性,对于采用强度等级为 32.5MPa 硅酸盐水泥,可以按照图 19-53 选择用水量。普通碎石、重晶石、钢铁块段混凝土,选用下面的一条曲线;凡用褐铁矿砂或与之类似的吸水性很大的矿物为细集料的混凝土,选用中间的一条曲线;粗细集料均用褐铁矿的混凝土,选用上面的一条曲线。

干硬性混凝土拌和物的用水量,可以按照图 19-54 中的曲线选用。图 19-54 中的资料是以强度等级为 32.5MPa、水泥用量 350kg/m$^3$ 制定的,变动水泥用量时,用水量也需酌情增减。

为了避免混凝土在浇筑过程中的分层现象,建议采用低流动性的拌和物(坍落度为 2 ~ 3cm)或干硬度为 30 ~ 60s 的干硬性混凝土混合料。为保证混凝土的质量,必须选择相应的振捣机具。

3)计算水泥用量($C$)

在确定灰水比($C/W$)和用水量($W$)后,可以用下式计算水泥用量($C$),即:

$$C = \frac{C}{W} W \tag{19-33}$$

4)按规定密度($G$)计算集料用量

混凝土粗细集料的总用量($X + Y$)等于混凝土的规定密度($G$)与所用水泥、水($C + W$)的之差,可用下式进行计算,即:

$$X + Y = G - (C + W) \tag{19-34}$$

式中:$X$——混凝土中砂的用量(kg/m$^3$);

$Y$——混凝土中石的用量(kg/m$^3$)。

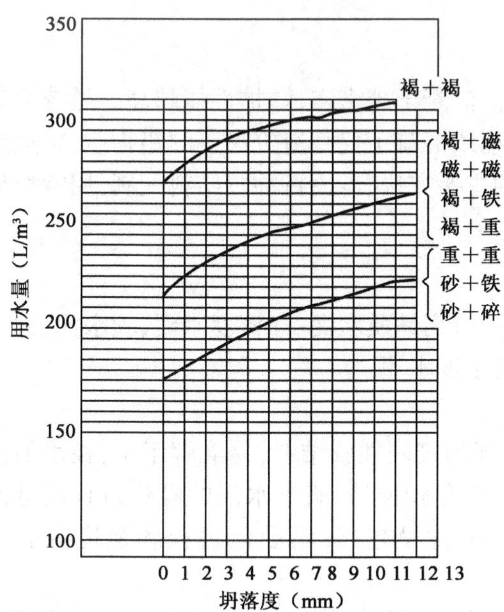


图 19-53　流动性拌和物用水量曲线

褐-褐铁矿;磁-磁铁矿;铁-铸铁或钢段;重-重晶石;砂-普通砂;碎-普通碎石

注:前一字表示细集料的类别;后一字表示粗集料的类别。

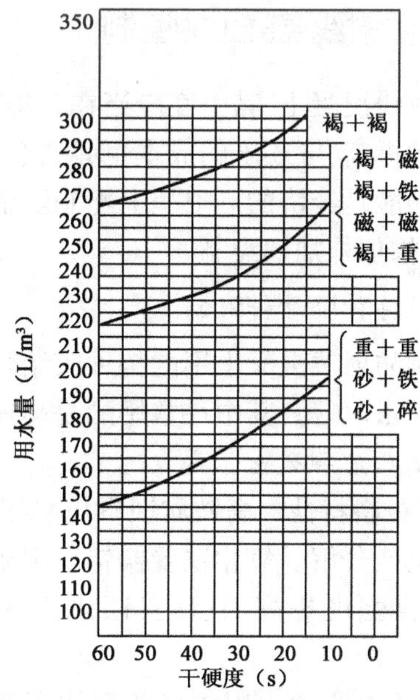


图 19-54　干硬性拌和物用水量的选择

褐-褐铁矿;磁-磁铁矿;铁-铸铁或钢段;重-重晶石;砂-普通砂;碎-普通碎石

注:前一字表示细集料的类别;后一字表示粗集料的类别。

5)计算砂率($S_P$)

在测定粗集料空隙率、砂的密度、粗集料密度的基础上,可按下式计算砂率:

$$S_P = \frac{P\gamma_x}{P\gamma_x + \gamma_y} + (0.08 - 0.10) \tag{19-35}$$

式中:$S_P$——混凝土的砂率(%);

$P$——粗集料的空隙率(%);

$\gamma_x$——砂的密度(kg/m³);

$\gamma_y$——粗集料的密度(kg/m³)。

6)计算集料用量

根据计算出的砂率($S_P$),即可用式(19-36)和式(19-37)计算砂和石子的用量:

$$X = S_P(X + Y) \tag{19-36}$$

$$Y = (X + Y) - X \tag{19-37}$$

7)试拌校正

按照以上计算的混凝土配合比进行试拌,如果所拌制的混凝土拌和物的密度不大于规定值的10%,则采用此配合比作为试拌拌和物的配合比;若大于规定值的10%,则需要调整粗集料的用量,再进行试拌。对于防射线混凝土,其试拌拌和物的密度不允许小于混凝土规定的密度值。

试拌数组混凝土拌和物,制成相应的试件和采用相应的试验方法,测定它们的干硬度(或坍落度)、强度和密度,按密度修正每立方米混凝土材料用量。在测定干硬度或坍落度时,应观察是否存在砂过多或过少现象,在不使混合料性能变坏的条件下,砂率尽可能小一些,以保证混凝土的流动性。

## 三、防射线混凝土的配制

防射线混凝土,其密度应当在2 400kg/m³以上。混凝土越密实,防护性能越高。随着混凝土密度的提高,混凝土的成本也必然会增加。用防射线混凝土代替造价昂贵的铅物质,来达到防护的功能是经济的。工程上配制防射线混凝土的主要方法有:用特种胶结料配制,用特种集料配制,掺加外加剂配制。

1. 用特种胶结料配制

配制防射线混凝土用的特种胶结料,常用的主要有高铁质水泥、高密度水泥、钡水泥、锶水泥和镁质水泥等。其中最常用的是高铁质水泥和高密度水泥。

1)高铁质钡矾土水泥

(1)材料特性。高铁质钡矾土水泥是铝酸盐系列的气硬性胶结料,易溶解于水,在水的作用下能迅速分解。氧化铁置换铝酸钡组成成分的一部分碳酸后,矾土水泥的硬化过程就迅速加快,早期强度提高。但是,钡矾土水泥中氧化铁的含量越高,则硬化过程和强度减弱得越大。

(2)配制方法。用20%钡矾水泥和80%重晶石集料,则可制得防射线混凝土。虽然高铁质钡矾土水泥的质量不及纯钡水泥,但也是一种优良的防X射线和Y射线的防射线水泥。

2)含硫酸钡的高密度水泥

(1)材料特性。将主要成分为硫酸钡的材料和黏土、片岩或矾土的混合料进行煅烧,煅烧程度达到完全接近熔融状态时，进行冷却或部分结晶，最后加以磨细，并掺加适量缓凝剂。

因为高密度水泥中含有大量的硫酸钡，所以其相对密度为3.8～4.2，比一般硅酸盐水泥的相对密度（3.0～3.2）大得多。

（2）配制方法。这种混凝土是由硫酸钡高密度水泥作为胶结料，集料可采用电气石、重晶石、蛇纹石或其他含有化合水（结构水）的天然或人造的水化矿物。

此外，钡水泥和锶水泥都可以配制防射线混凝土，但这两种水泥生产困难、价格昂贵，一般防射线混凝土不宜采用。

2. 用特种集料配制

用特种集料配制的防射线混凝土，主要有蛇纹石防射线混凝土、钢质集料防射线混凝土、褐铁矿和磁铁矿集料防射线混凝土、重晶石防射线混凝土、氢铁矿石集料防射线混凝土、磷化铁集料防射线混凝土、硼化的硅藻土防射线混凝土等。

1）蛇纹石集料

（1）材料特性。蛇纹石的分子式为$3MgO \cdot SiO_2 \cdot 2H_2O$，其中结晶水的含量约为13%（质量）。蛇纹石与其他物质相比较，最大特点是在高温下具有稳定保持结晶水的能力。块状蛇纹石的相对密度在2.55～2.65。在选用蛇纹石作为集料时，可用硅酸盐水泥或钙铝水泥作为胶结料。

（2）配制方法。蛇纹石配制防射线混凝土，主要由水泥、蛇纹石、砂、水和增塑剂组成。其经验配合比见表19-78。蛇纹石混凝土的试验结果见表19-79。

**蛇纹石防射线混凝土经验配合比** 表19-78

| 材料名称 | 每立方米混凝土所用材料的数量 | | | |
|---|---|---|---|---|
| | 质量（kg） | 体积（L） | 质量（%） | 体积（%） |
| 蛇纹石 | 1 206 | 463.1 | 54.5 | 51.9 |
| 砂 | 567 | 215.8 | 25.8 | 23.9 |
| 水泥 | 311 | 99.2 | 14.2 | 23.0 |
| 水 | 211 | 221.4 | 5.5 | 11.1 |
| 增塑剂 | 0.82 | — | — | — |

**蛇纹石混凝土的试验结果** 表19-79

| 蛇纹石混凝土的性能 | 拌和物 | 掺蛇纹石的拌和物 | |
|---|---|---|---|
| | | A | B |
| 拌和次数 | 8 | 1 | 1 |
| 拌和体积（$m^3$） | 0.765 | — | — |
| 新配制的混凝土的密度（$g/cm^3$） | 2.28 | 2.30 | 2.36 |
| 在5 500℃时干燥到恒重后的密度（$g/cm^3$） | 2.08 | 2.09 | 2.14 |
| 在潮湿大气中的抗压强度（MPa） | 27.4 | — | — |
| 在潮湿条件下的抗弯强度（MPa） | 0.754 | 0.898 | 0.902 |
| 在潮湿条件下质量的损失（%） | 0.128 | 0.38 | 0.096 |
| 线收缩（%） | 0.349 | 0.235 | 0.285 |
| 体积收缩（%） | 172 | 170 | 181 |

2)钢质集料

用钢质集料配制的特重混凝土,其密度或密实性都比普通水泥混凝土大,防射线能力很好,是提倡应用的一种防射线混凝土。

(1)材料性能。钢质集料一般采用钢块及铁砂作为集料,其所配制的混凝土密度可达6 800kg/m$^3$。钢质集料的价格较高,所以配制的混凝土成本也较高。只有在需要配制特重(大于4 250kg/m$^3$)混凝土时,才可选用这种集料。铁质集料密度较大,配制的此种混凝土易发生分层现象,拌和物的和易性较差。在某种情况下,若钢、铁质集料发生腐蚀,会引起混凝土结构强度下降。

(2)配制方法。铁质集料防射线混凝土,用水泥作为胶结料,掺加适量的加气剂和水泥分散剂(占水泥质量的1%),细集料采用5mm以下的球状铁砂,粗集料采用冶金工厂的废渣,也可以用碎铁屑,其配合比见表19-80。

**钢质集料防射线混凝土的配合比** 表19-80

| 材料名称 | 相对密度 | 干料密度(kg/m$^3$) | 1m$^3$ 混凝土中的材料用量 | |
|---|---|---|---|---|
| | | | 质量(kg) | 体积(m$^3$) |
| 水泥 | 3.10 | — | 398 | 0.126 7 |
| 铁砂 | 7.45 | 4.758 | 2 819 | 0.378 1 |
| 碎铁屑 | 7.50 | 3.973 | 2 819 | 0.378 1 |
| 水 | 1.00 | — | 182 | 0.122 1 |

3)褐铁矿和磁铁矿细集料及钢质粗集料

(1)材料组成。粗集料采用预先破碎和分级的褐铁矿,其粒径为10~40mm;细集料采用通过筛孔为10mm筛选的褐铁矿,然后在辊式破碎机上加工。在褐铁矿混凝土拌和物中掺有粒径为13~18mm的碎钢铁(钢筋头)。

钢集料(0.38m$^3$)和粗褐铁矿集料(0.70m$^3$)混合物以及磁铁矿和褐铁矿粗集料的混合物,可在移动式混凝土搅拌机内拌和。

(2)配合比与性能。根据美国的多次试验结果,褐铁矿和磁铁矿混凝土的配合比与性能见表19-81。

**褐铁矿和磁铁矿细集料及钢质粗集料混凝土配合比与性能** 表19-81

| 项 目 名 称 | 配 合 比 | | |
|---|---|---|---|
| | Ⅰ | Ⅱ | Ⅲ |
| 组成成分 | | | |
| 硅酸盐水泥(kg/m$^3$) | 396 | 410 | 362 |
| 褐铁矿细集料(kg/m$^3$) | 905 | 1 064 | — |
| 磁铁矿细集料(kg/m$^3$) | — | — | 1 139 |
| 钢质粗集料(kg/m$^3$) | 3 510 | 2 949 | 3 548 |
| 水(kg/m$^3$) | 194 | 218 | 200 |
| 技术性能 | | | |
| 密度(kg/m$^3$) | 5.005 | 4.641 | 5.249 |
| 28d 抗压强度极限(MPa) | 24.2 | 22.8 | 25.9 |

(3)配制方法。这种特种重混凝土是由褐铁矿矿砂和硅酸盐水泥组成的特种重砂浆配制而成的。特种重砂浆的搅拌不同于普通水泥砂浆,必须在有垂直轴的砂浆搅拌机内制备。每次的搅拌料物组成为:硅酸盐水泥170kg、褐铁矿砂220kg、水95kg、特种塑化剂3kg。这种塑

化剂是美国的一种专利材料,不仅能形成一种能降低硬化速度的防护胶体,而且能使混凝土在凝固过程中产生一定的微膨胀。对于砾石混凝土,其加入量为水泥及其他胶结材料总质量的0.1%左右;对于重矿石或钢集料混凝土,其加入量可增至1.5%~3.0%。

(4)性能特点。用褐铁矿和磁铁矿细集料及钢质粗集料配制的混凝土,其密度比普通水泥混凝土大1倍,由此可以说明这种特重混凝土具有较强的防护核子放射的能力。在只有单纯防射线要求的情况下,只要满足其密度要求即可;在有强度和防护要求的情况下,可与普通水泥混凝土一样进行配筋。

4)氢铁矿石集料

(1)材料组成。氢铁矿石集料是从废铁矿中获得的,主要由铁和二氧化硅组成,其组成成分见表19-82。

**氢铁矿石的组成成分** 表19-82

| 成分与性能 | 1组 | 2组 | 3组 | 4组 |
|---|---|---|---|---|
| 相对密度 | 4.4 | 4.5 | 4.2 | 4.4 |
| 含铁量(%) | 63.7 | 59.8 | 52.9 | 63.8 |
| 二氧化硅含量(%) | — | 5.2 | — | — |
| 200℃烧失量(%) | 0.1 | 0.3 | — | — |
| 500℃烧失量(%) | 4.3 | 4.5 | 2.7 | 4.8 |

(2)材料配比。经过工程实践证明,在配制1m³氢铁矿石混凝土时,其材料配比大致可按以下数值:硅酸盐水泥450kg,加入占水泥质量1%的稠化剂,水灰比控制在0.43左右,氢铁矿石细集料占46.5%,粗集料占53.5%,坍落度为7cm。也可根据工程的设计要求,通过试验确定材料配比。

(3)性能特点。试验结果表明,用氢铁矿石作为重集料配制的防射线混凝土所具有的结构特性,比任何一种铁质集料都更加优越。在85℃和200℃温度条件下加热14d,这种混凝土结构特性只稍有破坏。但温度超过350℃时破坏较大,其黏结强度约降低70%,弹性模量约降低5%。

(4)适用范围。中子是放射线中最难防护的一种,在设计弱化快速中子的混凝土防护体时,混凝土成分中必须含有一相对原子质量较小的材料,而氢铁矿石中的氢是弱化中子最有效的元素,重元素通常对弱化快速中子也比较有效,但对慢中子或热能中子的效果却很差。因此,氢铁矿石混凝土适用于防护快速中子的结构。

5)重晶石集料

(1)集料级配。重晶石集料是配制防射线混凝土的良好材料,可以作为原子反应堆的围护结构,重晶石砂为其细集料,重晶石碎屑为其粗集料。重晶石的密度为3 700~4 140kg/m³,莫氏硬度为3~3.5。常用的重晶石集料级配见表19-83。

**常用的重晶石集料级配** 表19-83

| 集料种类 | 筛孔直径(mm)为下列数据的过筛量(%) | | | | | | | | | | 密度(kg/m³) |
|---|---|---|---|---|---|---|---|---|---|---|---|
| | 0.2 | 1 | 3 | 7 | 10 | 15 | 20 | 25 | 30 | 35 | |
| A | 2.7 | 31.4 | 89.6 | 100.0 | — | — | — | — | — | — | 3 700 |
| B | 2.2 | 16.3 | 98.2 | 100.0 | — | — | — | — | — | — | 4 000 |
| B | 0.6 | 1.0 | 3.0 | 66.3 | — | 100.0 | — | — | — | — | 4 150 |
| R | 6.0 | 7.2 | 8.5 | 12.0 | 16.1 | 29.2 | 54.3 | 80.8 | 92.2 | 100.0 | 4 140 |

(2)材料配比。重晶石防射线混凝土由水泥、重晶石和水等材料组成。配制重晶石防射线混凝土,一般采用强度等级为32.5MPa硅酸盐水泥作为胶结材料,其水灰比为0.45~0.50。常用重晶石防射线混凝土的配合比见表19-84。

**常用重晶石防射线混凝土的配合比** 表 19-84

| 混凝土拌和物序号 | 水泥强度等级(MPa) | 水泥:重晶石:水(按质量) | 每立方米混凝土的水泥用量(kg) | 混凝土的相对密度 | 视孔率(%) | 捣实程度 |
|---|---|---|---|---|---|---|
| 1 | 32.5 | 1:10.4:0.50 | 295 | 3.55 | — | 1.21 |
| 2 | 32.5 | 1:16.8:0.55 | 200 | 3.65 | 1.6 | 1.33 |
| 3 | 32.5 | 1:10.4:0.48 | 300 | 3.61 | 0.6 | 1.21 |
| 4 | 22.5 | 1:11.8:0.50 | 270 | 3.61 | 1.0 | 1.27 |

收缩率、不透水性和受拉时的抗剪强度试验结果见表 19-85。

**重晶石混凝土技术性能指标** 表 19-85

| 混合物序号 | 圆柱体 28d 龄期抗压强度极限(MPa) | | 密度($t/m^3$) | | 弹性模量 $E$(MPa) | 横向膨胀系数 | 水的渗透深度(cm) | 在受拉时的抗剪强度(MPa) | 混凝土收缩指标 | | | |
|---|---|---|---|---|---|---|---|---|---|---|---|---|
| | | | | | | | | | 最终的计算收缩率(%) | 大块构筑物换算收缩率(%) | 大块混凝土构筑物的最终收缩率(%) | |
| | 单个试样 | 平均值 | 单个试样 | 平均值 | | | | | | | 颗粒 15 ~ 30mm 的碎石块 | 用粗集料 |
| 1 | 26.8 | 27.9 | 3.58 | 3.56 | 28 650 | — | 11 | 2.2 | — | — | — | — |
| | 29.0 | — | 3.55 | — | — | — | — | — | — | — | — | — |
| 2 | 27.4 | — | 3.63 | — | — | — | — | — | — | — | — | — |
| | 29.0 | 27.7 | 3.65 | 3.64 | 29 350 | 4.2 | 11 | 2.0 | — | — | — | — |
| | 26.6 | | 3.64 | — | — | — | — | — | — | — | — | — |
| 3 | 34.0 | 36.7 | — | 3.64 | 31 000 | 5.2 | 6 | 2.3 | 0.32 | 0.16 ~ 0.19 | 0.22 | 0.25 |
| | 39.3 | — | 3.64 | — | — | — | — | — | — | — | — | — |
| 4 | 34.7 | — | 3.59 | — | — | — | — | — | — | — | — | — |
| | 35.4 | 35.0 | 3.64 | 3.62 | 30 800 | 4.7 | 3 | 2.5 | 0.24 | 0.12 ~ 0.15 | 0.19 | 0.21 |

6)磷化铁集料

(1)材料成分。磷化铁是一种制磷工业的副产品。密实的混凝土也有用金属废件(废铁)、碎片和碎料作集料的,但用此种集料的混凝土易发生分层现象,拌和物的和易性很差。在某些情况下,钢集料易发生腐蚀,因此会引起混凝土结构的强度下降。但是用磷化铁集料配制混凝土,可以获得和易性优异的拌和物。

(2)配制方法。先将磷化铁合金破碎成一定粒度的颗粒,然后放入普通混凝土搅拌机中,使之与硅酸盐水泥和水一起搅拌均匀即可。

(3)材料性能。因为磷铁合金是一种化学惰性材料,所以用磷铁合金集料制成的混凝土有很强的抗酸腐蚀性能,是用于有酸侵蚀、有防射线要求建筑结构的良好材料。这种混凝土的密度比重晶石混凝土的密度大,一般为 4 645 ~ 4 806$kg/m^3$。

7)硼化的硅藻土

(1)材料成分。含细小矿物结构的硬化贝壳所形成的石灰岩沉积物称为硅藻土。硅藻土这种材料其本身很轻,但隔热性能很好。若将硅藻土中的孔隙用硼的化合物填充,并采取措施使其含量最低达到 2%,最好能达到 4%,这样可以制成防射线混凝土所用的集料。胶结料可采用硅酸盐水泥和钙铝水泥。

(2)配制方法。硼化硅藻土防射线混凝土的配制比较简单,主要由硼化硅藻土、水泥和水组成,常用配合比见表19-86。

**含有2%硼的硅藻土防射线混凝土配合比** 表19-86

| 材料名称 | 体积成分 | | 质量成分 | |
|---|---|---|---|---|
| | (L) | (%) | (kg) | (%) |
| 硅藻土 | 56.6 | 51.3 | 44.2 | 38.6 |
| 水 | 25.5 | 23.1 | 25.4 | 22.6 |
| 钙铝水泥 | 28.3 | 25.6 | 42.6 | 39.4 |

(3)材料性能。用硼的化合物填充的硅藻土所配制的防射线混凝土,其密度虽然很小,但这种混凝土不仅强度很高,而且因为含有大量的硼,所以吸收中子的能力特别强。

8)含水矿石集料

20世纪60年代,苏联科学院原子能发电站反应堆的防护建筑曾采用含水矿石的混凝土。采用这种材料作为集料,目的是增加混凝土中的结合水量,以改善其对中子流的防御能力。

(1)材料成分。根据工程实践,采用含水矿石作为集料的防射线混凝土,主要由水泥、矿石细集料、矿石粗集料和水组成。含水矿石集料的规格见表19-87。

**含水矿石集料的规格** 表19-87

| 筛孔尺寸(mm) | 80 | 40 | 20 | 10 | 5 | <5 |
|---|---|---|---|---|---|---|
| 筛余量(%) | — | 38.0 | 30.3 | 13.3 | 6.80 | 11.8 |

(2)配制方法。含水矿石防射线混凝土的常用配合比($1m^3$)如下:强度等级为32.5MPa水泥(相对密度3.0)552kg;轧碎含水矿石细集料(相对密度3.3)410kg;轧碎矿石(相对密度3.57)的粗集料1 520kg;水266kg。混凝土的密度可达到2 700$kg/m^3$左右。

3.掺外加剂的配制

在防射线混凝土中掺加各种含硼的外加剂(如派勒克期玻璃细粉,含12%的$B_2O_3$;硬硼钙石,含30%的$B_2O_3$),可以大大提高混凝土防护中子流的能力。

美国欧克黎市国立实验室对各种防护辐射混凝土试验时,证明采用硬硼钙($2CaO \cdot 3B_2O_3 \cdot 5H_2O$)外加剂防护效果很好,在混凝土中掺入1%的硼,一般会使吸收热中子的强度提高100倍。

目前,在我国最适宜作外加剂的是硼酸方解石($CaO \cdot 2B_2O_3 \cdot 4H_2O$),它同样也可起到硬棚钙石的作用。但是,含钠的硼化物,由于其能阻碍水泥的凝结硬化,不宜作为混凝土的外加剂。

## 四、防射线混凝土施工工艺

防射线混凝土一般皆为由重集料配制而成的重混凝土,在施工方面的难度比普通混凝土要大得多。因此,在施工的各个过程中,如拌制、运输、浇筑、养护、拆模等,要切实加强施工管理,确保相对密度大的集料不产生离析。

重集料防射线混凝土,如采用一般的分层浇筑时,重集料则由于相对密度大而下沉,使混凝土产生分层,造成密度不均匀现象。如采用混凝土灌浆法施工,即可消除这种现象。根据工程实践经验,在防射线混凝土施工中,应特别注意以下事项:

(1)搅拌机和运输设备里的混凝土数量不宜过多,以免发生重集料下沉难以卸料,并应根据混凝土堆积密度的增大相应减少数量。

(2)运输时混凝土的量要控制,不要装载过多而引起运输困难。运输过程中要防止离析,如果浇筑前发生离析现象必须二次搅拌才能浇筑。

(3)重集料混凝土的堆积密度较大,模板一定要坚固牢靠,刚度满足要求,保证在混凝土自身荷载或较大侧压力的作用下不发生损坏和变形。

(4)施工中应注意不得产生重集料的离析,尤其是在运输和浇筑时更应当引起足够重视。因此,建议配制混凝土的粗细集料尽量采用高密度材料,以减少不正常离析。

(5)对于结构较复杂或有大量预埋件的结构物,当采用分导浇筑混凝土的施工方法时,可采用预填集料灌浆混凝土的方法施工,这对于克服集料下沉效果明显,并可制成堆积密度均匀的重混凝土。

(6)对于大体积防射线混凝土的施工,应当像对待大体积混凝土施工那样重视,要采取有效的导温措施,以防止水泥水化热集中造成工程质量事故。

(7)随着养护条件与使用条件(如温度、相对湿度等)的不同,后期混凝土的结晶水含量将有较大差异,对防中子射线的效果有很大影响。若养护条件良好,水泥水化过程继续进行。在1年龄期后其结晶水的含量能增加5%左右。因此,尤其对于抗中子射线的混凝土,要特别注意加强养护,防止水分蒸发过快。

(8)重集料混凝土因其堆积密度大,当集料粒径适宜时可用泵送,但泵送距离一般不得超过50m,以免产生管道堵塞。

(9)对结构较复杂的防护结构物或在施工时必须分层浇筑的防射线混凝土,应采用灌浆混凝土方法进行施工。这样对克服集料下沉效果较好。

(10)在浇筑大体积的防射线混凝土时,为避免出现温度裂缝质量问题,应采取相应的导温或降温措施。

## 第九节　聚合物水泥混凝土施工

聚合物水泥混凝土是在普通混凝土的拌和物中加入聚合物而制成的,这种由水泥混凝土和高分子材料有效结合的有机复合材料,其性能要比普通混凝土好得多。由于其制作简单,利用现有普通混凝土的生产设备即能生产聚合物水泥混凝土,成本较低,实际应用较广泛,近年来被进一步扩大应用到很多建筑结构中。

### 一、聚合物水泥混凝土原材料技术要求

聚合物水泥混凝土所用的原材料,除一般混凝土所用的水泥、集料和水外,还有聚合物和助剂。其技术要求如下:

1.胶结料

1)水泥

除普通硅酸盐水泥外,还可使用各种硅酸盐水泥、矾土水泥、快硬水泥等,其强度等级大于或等于32.5MPa即可。

2)聚合物

与水泥掺和使用的聚合物有天然和合成橡胶浆、热塑性及热固性树脂乳胶,水溶性聚合物等。对水泥掺和用聚合物除符合如表19-88所示外,尚应满足下述要求:

(1)对水泥的凝结硬化和胶结性能无不良影响。

(2)在水泥的碱性介质中不被水解或破坏。

(3)对钢筋无锈蚀作用。

水泥掺和用聚合物的质量要求　　表 19-88

| 试验种类 | 试 验 项 目 | 规 定 值 |
|---|---|---|
| 分散体试验 | 外观总固体成分 | 应无粗颗粒,异物和凝固物 35% 以上,误差在 ±1.0 以内 |
| 聚合物水泥砂浆试验 | 抗弯强度(MPa) | 4 以上 |
| | 抗压强度(MPa) | 10 以上 |
| | 黏结强度(MPa) | 1 以上 |
| | 吸水率(%) | 15 以上 |
| | 透水量(g) | 30 以下 |
| | 长度变化率(%) | 0~0.15 |

水泥掺和用聚合物在出厂商品内未加消泡剂时,拌和时务必加适量的消泡剂。

2. 集料

使用与普通水泥混凝土相同的粗集料与细集料,即河卵石、河砂、硅砂、碎砂、碎石,有时也使用人造轻集料,当用于防腐目的时,应使用硅质碎石和碎砂。

3. 水

与普通混凝土用的水相同。

4. 主要助剂

1)稳定剂

聚合乳液和水泥拌和时,由于水泥溶出的多介离子($Ca^{2+}$、$Al^{3+}$)等因素的影响,聚合物乳液通常破乳,产生凝聚现象。为了防止乳液与水泥拌和时及凝结过程中聚合物过早凝聚,保证聚合物与水泥混合均匀,并有效地结合起来,通常需要加入一定量的稳定剂。常用的有 OP 型乳化剂、均染剂 102,农乳 600 等。

2)消泡剂

将胶乳与水泥拌和时,由于乳液中的乳化剂和稳定剂等表面活性剂的影响,通常会产生许多小泡,如不把这些小泡消除,就会增加砂浆的孔隙率,使其强度明显下降。因此必须添加适量的消泡剂,常用的消泡剂有:

①醇类:异丁烯醇、3-辛醇等。

②脂肪酸脂类:甘油(三)硬脂酸异戊酯。

③磷酸酯类:磷酸三丁酯。

④有机硅类:二烷基聚硅氧烷等。

良好的消泡剂必须具备:①较好的化学惰性;②表面张力比被消泡介质低;③不溶于被消泡介质。消泡剂还必须具有较好的分散性、破泡性、抑泡性及碱性。值得注意的是,消泡剂的针对性很强,在一种体系中能消泡,而在另一体系中却有助泡作用,因此应很好选择消泡剂。通常,几种消泡剂复合使用有较好的效果。

## 二、聚合物水泥混凝土配合比设计

与常规水泥混凝土和砂浆的配合比设计相比,聚合物水泥混凝土除应着重其和易性及抗压强度外,还必须考虑抗拉强度、抗弯强度、黏结性、水密性(防水性)、耐腐蚀性等其他一些性能。这些性质虽然和水灰比有关，但与聚灰比（聚合物与水泥在整个固体中的质量比）的关系更密切，所以确定的配合比必须符合使用要求。

聚合物混凝土的配合比设计，除考虑聚灰比以外，其他可大致按水泥混凝土进行。由于水灰比的影响没有像对水泥混凝土那样大，为此，对聚合物水泥混凝土的水灰比，主要以被要求的和易性即坍落度或流度来确定。通常聚合物水泥砂浆的配合比是水泥：砂 =1：2 ~1：3（质量）。聚灰比在5% ~20%范围内，水灰比可根据和易性适当选择，大致在0.3 ~0.6范围内。聚合物水泥混凝土的参考配合比见表19-89，聚合物水泥砂浆的参考配合比见表19-90。

**聚合物水泥混凝土的参考配合比**　　表19-89

| 聚合物与水泥之比（%） | 水灰比 | 砂率（%） | 聚合物分散体用量（kg/m³） | 用水量（kg/m³） | 水泥用量（kg/m³） | 砂用量（kg/m³） | 石子用量（kg/m³） | 坍落度（mm） | 含气量（%） |
|---|---|---|---|---|---|---|---|---|---|
| 0 | 0.50 | 45 | 0 | 160 | 320 | 510 | 812 | 50 | 5 |
| 5 | 0.50 | 45 | 16 | 140 | 320 | 485 | 768 | 170 | 7 |
| 10 | 0.50 | 45 | 32 | 121 | 320 | 472 | 749 | 210 | 7 |

**聚合物水泥砂浆的参考配合比**　　表19-90

| 用　途 | 参考配合比（质量） | | | 涂层厚度（mm） |
|---|---|---|---|---|
| | 水泥 | 砂 | 聚合物 | |
| 路面材料 | 1 | 3 | 0.2 ~0.3 | 5 ~10 |
| 地板材料 | 1 | 3 | 0.3 ~0.5 | 10 ~15 |
| 防水材料 | 1 | 2 ~3 | 0.3 ~0.5 | 5 ~20 |
| 防腐材料 | 1 | 2 ~3 | 0.4 ~0.6 | 10 ~15 |
| 黏结材料 | 1<br>1<br>1 | 0 ~3<br>0 ~1<br>0 ~3 | 0.2 ~0.5<br>0.2以上<br>0.2以上 | |

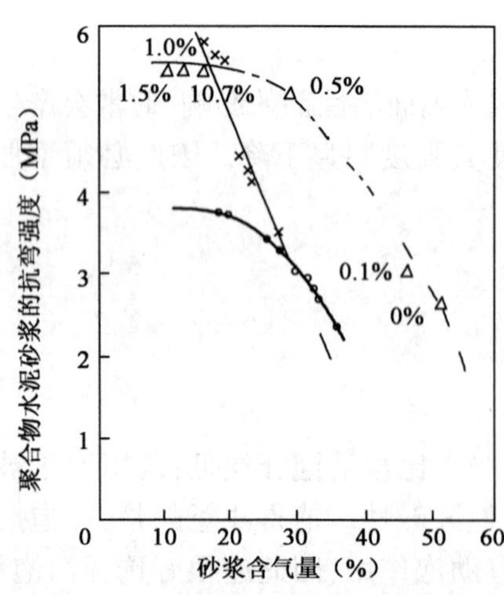


图19-55　消泡剂对丁苯橡胶胶乳水泥砂浆的含气量和抗弯强度的影响

×-2d湿空气、5d水中养护，聚合物水泥比20%；

○-2d湿空气、5d水中养护，聚合物水泥比12%；

△-2d湿空气、5d干养，聚合物水泥比20%

注：图中数值为消泡剂掺入率。

此外要注意，即使聚合物的种类相同，含于市售聚合物分散体中的安定剂、乳化剂、消泡剂等也不相同，应事先通过试验，确定聚合物分散体系的性质之后再行使用。

所添加的消泡剂数量和聚合物水泥砂浆强度的关系如图19-55所示。

## 三、聚合物水泥混凝土的配制

1. 聚醋酸乙烯混凝土

聚醋酸乙烯是以50%的乳浊液形式加入砂浆和混凝土中，当砂浆配合比为1：2.5（水泥：砂子）时，在100份质量的水泥中加入40份质量的聚醋酸乙烯酯乳浊液。如配合比为3：1的砂浆，每100份水泥中加入20份乳浊液，这样能得到最好的结果。加入这样数量的外加剂时，混凝土凝结时间大大延长；而加入少量的促硬剂 $CaCl_2$，能有效地使硬化时间缩短，但

$CaCl_2$ 的掺量不得超过一定的数量，否则聚醋酸乙烯就会沉淀；掺加氯化钙还可以大大减少聚醋酸乙烯分散剂在冬季存放和运输时对严寒的敏感性。

2. 橡胶混凝土

采用橡胶水泥作胶结料。天然的橡胶分泌液是一种由树胶分解的蛋白质和水组成的乳浊液。生橡胶(橡浆)是一种牛奶状的、易溶化的乳浊液，它约有60%的橡胶、2%蛋白质和38%的水。其中橡胶颗粒大小只有0.5～1μm。干燥时迅速形成一种坚韧而有弹性的膜。

橡胶水泥是将水泥砂浆加到生橡胶中，再加防止凝结的稳定剂而制成的。稳定剂多半是用干酪素胶作稳定和调湿剂。此外，蛋白质是一种天然的稳定剂。

水泥砂浆中橡胶的掺加量必须合适，如果橡胶含量少于全部物料的10%，这一物质就会过硬，橡胶的作用也就消失了。相反，如果水泥用量过少，水泥就不能耗尽橡胶溶液中所有的水分，部分水蒸发会引起收缩而产生裂缝。

除了用天然橡胶作混凝土外加剂外，随着合成橡胶工业的发展，开始更多地采用合成橡胶。

橡胶混凝土的集料采用大理石或花岗石碎屑、碎块、橡皮或锯末等。

3. 乙烯基均聚物或不含氮的乙烯基共聚物混凝土

将乙烯基均聚物或不含氮的乙烯基共聚物作胶结料，这些合成树脂要求能溶解在所选用的有抗溶剂中(如丙酮、醋酸乙酯和丁酮等)，并对集料具有一定的黏结力，同时需有适当的强度和硬度。最好的树脂是氯乙烯和醋酸乙烯的共聚物。

集料采用普通建筑用的砂、碎石。

为了改善混凝土性能，还可以掺加一些其他成分，如铝质类的粉状金属、水泥、橡胶、沥青材料、软木、锯末、泥土、粉状填料、增塑剂等。

所用成分的配比可以有很大的变化。所需要的树脂数量一般是拌合物质量的2%～5%，但如果集料吸收性能较大时，树脂的比例也要增加。

其配制过程可用下例来说明：

集料、砂填料、混合料是由56%的含有0.96cm、0.64cm和0.32cm的碎石集料、32%的尖角砂和12%硅酸盐水泥或其他细填料做成的。

合成树脂采用的是一种改良的氯乙烯和醋酸乙烯共聚物(称为VMCH树脂)，其中氯乙烯含量占共聚物质量的85%～88%，共聚的二元酸占1%，其余为醋酸乙烯。此种树脂的用量占集料、砂、填料混合物总质量的2%～3%，将它溶在占上述混合物总质量15%的丙酮溶剂中而制成溶液。

集料、砂、填料混合物与上述溶液一起搅拌，当搅拌料呈潮湿状态时即进行铺设。丙酮很快蒸发，而得到强度很大的混凝土。

4. 呋喃苯胺树脂混凝土

在混凝土拌和物中掺入呋喹醇、盐酸苯胺和氯化钙而制成。

呋喃醇是在碱性介质中聚合水溶性单体最适用的一种。它在水泥悬浮液中是一种表面活性物质，可减缓混凝土中水泥石内部结构生成过程。因此，需掺入能加速聚合过程的氯化钙。

苯胺是易溶的盐酸盐，盐酸苯胺能加速呋喃醇的聚合过程，也能加速水泥悬浮液内部结构生成过程，苯胺和呋喃形成树脂。

呋喃樟、盐酸苯胺和氯化钙的浓度取决于所规定的混凝土的性能、混凝土水泥石中可能存在的应力、树脂聚合和水泥悬浮液内部结构生成过程必要的速度等。

当在干燥空气条件下采用呋喃苯胺树脂混凝土时，在熟料水泥中必须加入微集料。但在水中使用时，就不必加微集料。

## 四、聚合物水泥混凝土的施工工艺

### 1. 拌制工艺

聚合物水泥混凝土中聚合物的掺量，一般为水泥质量的5%～25%，并根据实际工程要求和聚合物种类而确定。由于大多数聚合物具有一定的减水作用，水灰比应稍低于普通水泥混凝土。

聚合物水泥混凝土的拌制，与普通水泥混凝土相似，拌制时可使用与普通水泥混凝土一样的搅拌设备，其区别是将水泥和聚合物共同作为胶结材料。另外，搅拌时间应稍长于普通水泥混凝土，搅拌时间一般为3～4min即可。

聚合物掺加方法有两种：一种是在拌和混凝土加水时将单体直接掺入，然后用聚合的办法制得；另一种是将聚合物粉末直接掺入水泥中。待掺加聚合物的水泥混凝土凝结后，采取一定方式加热混凝土，使聚合物溶化浸入混凝土的孔隙中，这样聚合物便浸入混凝土的孔隙中，混凝土冷却后便使聚合物和混凝土成为一个整体。这种聚合物水泥混凝土的抗渗性能良好。

### 2. 施工工艺

1）基层处理

聚合物水泥混凝土（砂浆）在正式浇筑前，应当对基层进行认真处理，即用钢丝刷刷去基层表面的浮浆及污物。如有裂缝等缺陷，应用砂浆堵塞修补。对基层处理的顺序如下：

（1）边喷砂、边用钢丝刷子刷去砂浆或混凝土表面脆性的浮浆层或泥土等，用溶剂（如汽油、酒精或丙酮等）洗掉油污或润滑油的油迹。

（2）对出现的孔隙、裂缝等伤痕，首先进行V形开槽冲洗，然后用砂浆进行堵塞修补。对排水沟周围、管道贯通部位，也要进行同样的处理。

（3）对处理过的基层认真检查，并用水冲洗干净，用棉纱擦去游离的水分。

2）施工要点

如为聚合物水泥混凝土施工，则应注意以下几个方面：①分层涂抹，每层厚度以7～10mm为宜，但不宜像普通水泥砂浆那样用抹子压抹多遍，一般压抹2～3遍为宜；②在抹平时，抹子上通常会黏附一层聚合物薄膜，应边抹边用木片、棉纱等将其拭掉；③如大面积涂抹，每隔3～4m要留设宽15mm的缝。

如为聚合物水泥混凝土施工，则可与普通水泥混凝土一样进行浇筑和振捣，但需要在较短的时间内浇筑完毕。浇筑后如果混凝土尚未硬化，必须注意养护，但不能洒水养护或遭雨淋，否则表面会形成一层白色脆性的聚合物薄膜，影响混凝土的表面美观和使用性能。

### 3. 养护方法

养护方法对硬化聚合物水泥混凝土的性质影响很大。表19-91中，一般来说，气干养护可获得高强度。试验表明，在早期进行水中养护或湿养护，以后再气干养护可获得最高强度。这是因为早期水中养护，水泥进行水化反应，此后则由于干燥能够生成聚合物薄膜。但是要注意，根据聚合物分散体的不同，不同养护方法的影响不同。如耐水性很差的聚醋酸乙烯酯乳浊液，若采用水中养护，强度将极大降低。

养护条件对各种聚合物水泥混凝土抗压强度的影响（MPa）　　表 19-91

| 养护方法 | 聚合物分散体和种类 | | | | | |
|---|---|---|---|---|---|---|
| | 水泥砂浆* | 天然橡胶胶乳 | 聚醋酸乙烯酯乳浊液 | 丁苯橡胶胶乳 | 聚丙烯酸酯胶乳 | 氯乙烯、聚偏二氯乙烯胶乳 |
| 28d 干燥养护 | 316* | 14.1 | 28.1 | 38.6 | 35.1 | 59.0 |
| 28d 干养后 7d 水中浸渍（在湿润状态下试验） | 300* | 8.4 | 7.7 | 28.1 | 23.9 | 49.9 |

注：* 温度 23℃，相对湿度 100%，养护 28d。

# 第十节　聚合物浸渍混凝土施工

混凝土硬化干燥后存在微孔隙，将其浸渍在以树脂为原料的液态单体中，在此状态将单体聚合成一体的混凝土称为聚合物浸渍混凝土（PIC）。聚合物浸渍混凝土大大减少了水泥混凝土的孔隙，因此具有高强、密实、防腐、耐磨等优点，很快引起人们广泛重视，目前主要用于耐腐蚀、高温、耐久性好的特性制作一些构件，如管道内衬、隧道衬砌、桥面板、路缘石、铁路轨枕、混凝土船、海上采油平台等。将来，随着其制作工艺的简化和成本的降低，作为防腐蚀材料和耐压材料在水下及海洋开发结构方面将扩大其应用范围。

## 一、聚合物浸渍混凝土原材料技术要求

制造聚合物浸渍混凝土用的原材料主要是基材（被浸渍材料）和浸渍液（浸渍材料）两种。此外，根据工艺和性能需要，在基材和浸渍液中还加入适量的添加剂。

1. 基材

基材为预先成型并已硬化的混凝土制品及其他材料。一般说来，凡是用无机胶结料将集料固结起来的混凝土材料均可使用。主要的基材见表 19-92。所用基材应满足下列要求：

（1）混凝土构件表面或内部有适当的孔隙，并能使浸渍液渗填。

（2）有一定的强度，能承受干燥、浸渍、聚合过程中的作用应力，并不因搬动而产生裂缝等缺陷。

（3）混凝土中的化学成分（包括外加剂）不妨碍浸渍液的聚合。

（4）组成混凝土的材料结构应尽可能是均质的。

（5）被浸渍的基材要充分干燥，几乎不含水分。

（6）被浸渍的基材尺寸和形状要与浸渍、聚合的方法和设备相适应。基材对聚合物浸渍混凝土性能没有影响。

一般说来，混凝土配合比设计中水灰比、加气剂含量、坍落度、外加剂含量、砂率等变化不大时，对浸渍混凝土的强度没有显著的影响。

2. 浸渍液

浸渍用的单体系指流体状的聚合反应的原始分子。一般来说，凡是能被基材所吸收，并能

在其中聚合的单体,均可使用。常用的浸渍液见表19-92。浸渍液的组成可采用单一单体,也可采用几种单体或单体与聚合物的混合物,或加入其他添加剂(如稀释剂、增塑剂、促进剂、交联剂或引发剂等)。浸渍液应符合下列要求:

(1)有适当的黏度,浸渍时容易渗入基材,并能达到要求的深度。

(2)有较高的沸点和较低的蒸气压力,以减少浸渍后和聚合时的挥发损失。

(3)聚合后,能在基材内转化为固体聚合物。

(4)聚合收缩率小,聚合后不因水分等作用而软化或膨润。

(5)聚合后与基材的黏结力好,能使两者形成一个整体。

(6)聚合物的玻璃化温度必须超过材料的使用温度。

**聚合物混凝土用的主要材料** 表19-92

| 基材种类 | 单体和聚合物种类 | 添加剂 |
|---|---|---|
| 水泥砂浆 | 甲基丙烯酸甲酯 | 引发剂 |
| 普通水泥混凝土 | 苯乙烯 | 阻聚剂 |
| 轻集料混凝土 | 丙烯腈 | 促进剂 |
| 钢筋混凝土 | 聚酯树脂 | 交联剂 |
| 预应力钢筋混凝土 | 环氧树脂 | 稀释剂 |
| 纤维增强混凝土 | 石蜡 | — |
| 石棉水泥 | 硫黄 | — |
| 钢丝网水泥 | — | — |
| 石膏制品 | — | — |
| 陶瓷 | — | — |
| 混凝土管、杆、桩、板、柱等 | — | — |

采用局部浸渍,需用黏度较大的单体。为降低材料的生产成本,在满足用途和工艺要求的前提下,应尽量用价格低、来源广的单体。

几种常用的单体和聚合物的性能见表19-93。

**常用的一些单体及聚合物的性能** 表19-93

| 单体或聚合物名称 | 简称 | 单体性能 | | | 聚合物性能 | | | | | | |
|---|---|---|---|---|---|---|---|---|---|---|---|
| | | 蒸气压 20℃ (kPa) | 密度 20℃ | 沸点 (101kPa) (℃) | 软化温度 (℃) | 密度 20℃ | 收缩 (mm/mm) | 伸长率 (%) | 抗压强度 (MPa) | 拉伸强度 (MPa) | 拉伸弹性模量( $\times 10^4$ MPa) |
| 甲基丙烯酸甲酯 | MMA | 4.665 | 0.936 | 100 | 80~120 | 1.18~1.19 | 2~7 | 77~130 | 75~90 | 3.1 | — |
| 苯乙烯 | S | 0.38 | 0.909 | 145 | 90~120 | 1.03~1.10 | 0.002~0.007 | 1.5~3.7 | 80~110 | 35~80 | 2.8~4.0 |
| 丙烯酸甲酯 | MA | — | 0.953 | 79.9 | — | 1.17~1.20 | 0.001~0.004 | 2.0~10.0 | 77~130 | 50~77 | 2.4~3.1 |
| 聚酯树脂 | P | (24℃) 0.93 | 1.13~1.15 | — | 60~100 | 1.0~1.46 | (体积)7 | 1.3 | 92~190 | 42~71 | 2.1~4.5 |

续上表

| 单体或聚合物名称 | 简称 | 单体性能 | | | 聚合物性能 | | | | | | |
|---|---|---|---|---|---|---|---|---|---|---|---|
| | | 蒸气压 20℃ (kPa) | 密度 20℃ | 沸点 (101kPa) (℃) | 软化温度 (℃) | 密度 20℃ | 收缩 (mm/mm) | 伸长率 (%) | 抗压强度 (MPa) | 拉伸强度 (MPa) | 拉伸弹性模量(×$10^4$MPa) |
| 环氧树脂 | E | — | 1.12 ~ 1.43 | — | 300 | 1.15 | 0.004 ~ 0.010 | 1.7 | 110 ~ 130 | 65 ~ 85 | 3.2 |
| 丙烯腈 | AN | 11.33 | 0.806 | 77.5 ~ 79.0 | 270 | 1.17 | — | — | — | — | — |

3. 其他添加剂

(1)阻聚剂

凡适用于浸渍混凝土的单体几乎都是不稳定的,即在常温下都会不同程度地自行发生聚合,所以在工厂生产的单体中,一般均含有一定量的阻聚剂,以防止单体过早聚合。常用的阻聚剂有对苯二酚和苯醌等。

(2)引发剂

采用加热聚合法时,必须同时使用引发剂,以引发单体产生聚合。当加热到一定温度时,引发剂以一定的速度分解生成游离基,诱导单体产生连锁反应。常用的引发剂有:过氧化物(如过氧化二苯甲酰、过氧化甲乙酮、过氧化环乙酮等),偶氮化合物(如偶氮二异丁腈,α-特丁基偶氮二异丁腈等)和过硫酸盐等。

引发剂的用量对聚合速度和高聚物的分子量有很大的影响,过少,不能克服阻聚剂和为完全聚合产生足够的游离基;过多,会引发单体过早、过快聚合,可能产生爆炸事故,且生成物的分子量过小,影响产品的性能。所以引发剂的用量必须适当,一般为单体质量的0.1% ~ 2.0%。

(3)促进剂

促进剂主要用来降低引发剂的正常分解温度,加快引发剂分解生成游离基的速度,以促进单体在常温下聚合。促进剂主要有环烷酸钴、辛酸钴、二甲基苯胺等。

(4)交联剂

交联剂能使线形结构的聚合物转化成体形结构的聚合物。通常用的交联剂有:甲基丙烯酸甲酯、苯乙烯、邻苯二甲酸二丙烯酯等。

(5)稀释剂

主要用于降低浸渍液的黏度,提高它的渗透能力。例如,聚酯树脂类的高黏度浸渍液不加稀释剂时,要渗进混凝土的内部孔隙中是有困难的。稀释剂主要有:甲基丙烯酸甲酯、苯乙烯等。

## 二、聚合物浸渍混凝土配合比设计

聚合物浸渍混凝土基体配合比设计采用普通混凝土设计方法。浸渍砂浆各成分的构成由体积比见表19-94。

浸渍砂浆的成分浓度 表 19-94

| 砂浓度 | 理论密度 | 脱模时实测密度 | 绝干密度 | 计算含气量(%) | 成分体积比(%) | | | | | 水泥反应率(%) | 浸渍率(%) |
|---|---|---|---|---|---|---|---|---|---|---|---|
| | | | | | 聚合物 | 反应水泥 | 未反应水泥 | 砂 | 最后孔空隙 | | |
| 0 | 2.110 | 2.11 | 1.797 | 0 | 0.221 | 0.325 | 0.310 | 0 | 0.144 | 39.7 | 14.98 |
| 0.2 | 2.162 | 2.17 | 1.893 | 0 | 0.213 | 0.240 | 0.241 | 0.207 | 0.099 | 38.5 | 13.12 |
| 0.4 | 2.198 | 2.16 | 1.902 | 1.5 | 0.224 | 0.137 | 0.170 | 0.410 | 0.059 | 34.9 | 13.98 |
| 0.5 | 2.145 | 2.05 | 1.772 | 4.5 | 0.245 | 0.086 | 0.100 | 0.470 | 0.090 | 34.9 | 16.97 |

图 19-56 和图 19-57 分别为聚合物浓度、最终孔隙浓度与实测抗弯强度和抗压强度的关系。从图 19-57 得知,抗压强度和聚合物浓度有相关性,而抗弯强度则完全无相关性。相反从图 19-55 看出,最终孔隙浓度与抗弯强度显示有相关性,而与抗压强度无相关性。这反映弯曲和压缩破坏的机理不同,由此可见浸渍处理方法也应考虑是以抗弯强度为目标,还是以抗压强度为目标。

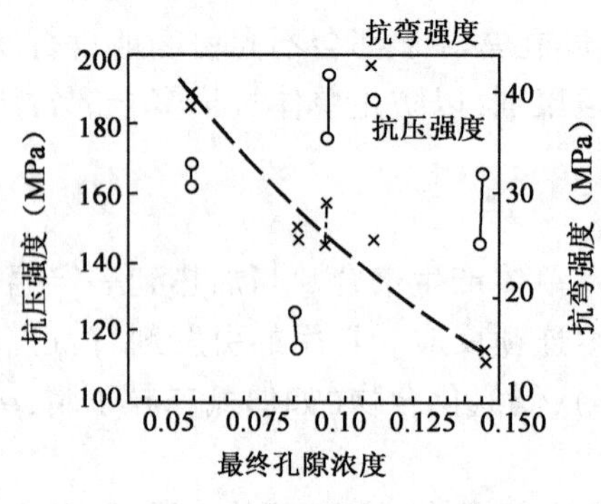


图 19-56 聚合物浓度和强度的关系

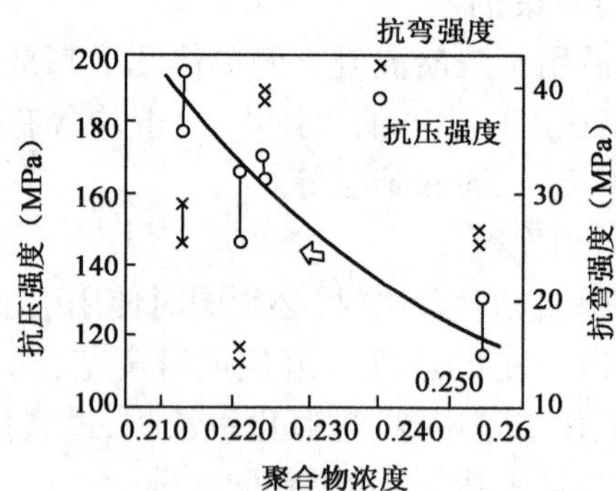


图 19-57 最终孔隙浓度和强度的关系

## 三、聚合物浸渍混凝土的施工工艺

### 1. 生产流程

聚合物浸渍混凝土(采用热聚合法)的生产工艺流程如图 19-58 所示。

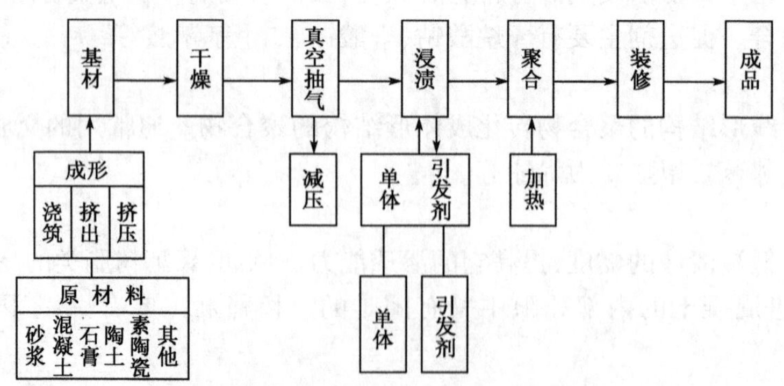


图 19-58 聚合物浸渍混凝土生产工艺流程

### 2. 基材要求

被浸渍的材料即基材就是普通的预制构件,其成形方法与一般预制构件所用的各种方法相同。但对于基材也有一定的要求：

(1)根据浸渍容器能容纳的尺寸,一般基材厚度不超过15cm。

(2)基材厚度不宜变化太大,以便提高浸渍容器的使用效率。

(3)由水灰比、捣固、养护所确定的基材的致密度,应该适合浸渍所要求的范围。因致密度与单体量和处理时间有关,故对制品成本有很大影响。

(4)在混合剂、脱模剂中不含有溶解于单体阻碍聚合的物质。

(5)不在单体中引入产生膨胀的物质。

基材中的粗集料强度直接影响取合物浸渍混凝土的强度。在制作高强度浸渍混凝土时,宜采用花岗岩、玄武岩碎石等。

在采用同一种粗集料的情况下,改变水灰比而引起的基材强度的变化,对浸渍混凝土强度的影响不大。水灰比较大和含气量(加引气剂)较高的混凝土,具有较快的浸渍速度。用膨胀黏土集料制成的混凝土浸渍速度较普通混凝土慢。

在采用相同集料时,水泥强度等级的变化对聚合物浸渍混凝土强度的影响不大 。

3. 基材干燥

基材干燥的目的是为了确保浸渍空隙,基材和树脂黏接,确保树脂的连续性,抑制聚合时的蒸压等。从所得的物理力学参数值及单体损失来看,基材的允许含水率以0.5%为宜。

干燥方式一般为热风干燥。必要的干燥时间由干燥温度(一般为100~150℃)和构件的致密度确定。只要基材厚度变化不太大,形状因素的影响,则是以表面积和体积之比值作为控制干燥时间的标准。

干燥所需的时间与基材表面积和体积之比、基材最小厚度、干燥环境的温度和湿度、基材表面部分的气流速度、基材的致密度、开始干燥时的含水率、干燥方式等有关。

干燥最终被看作扩散过程,可由下式表示：

$$g = -k\frac{\mathrm{d}u}{\mathrm{d}x} \tag{19-38}$$

式中：$g$——单位时间通过单位断面积的水分量；

$k$——扩散系数；

$\mathrm{d}u/\mathrm{d}x$——厚度方向水分的斜率。

4. 真空抽气

干燥的基材自然冷却到常温,转至浸渍工序,在导入单体前基材应预先进行真空抽气。真空抽气的目的是为了提高浸渍速度和浸填率、避免空气热膨胀。浸渍率是衡量基材被浸渍浸填程度的指标,以基材浸渍前后质量差(浸填量)与浸渍前质量的百分比表示。

从强度和单体的损失看,真空度以50mm水银柱为宜,这种程度的真空度使用普通密闭容器容易办到。

5. 单体浸渍

单体浸渍即将基体混凝土制品在常压或压力状态下浸渍在单体浸渍液中,直到浸透为止。在选择用于浸渍的单体时应注意以下4个方面：

(1)浸渍单体后可获得所需的强度、耐久性等。

(2)浸渍、聚合易于处理,成本不高。

(3)单体本身的成本低。

(4)同基体不发生化学反应,对人体的影响小,操作处理方便。

可浸渍的微细孔隙的直径和浸渍液的特性之间有如下关系:

$$r = -2v\frac{\cos\phi}{p} \tag{19-39}$$

式中:$r$——孔隙半径(mm);

$p$——作用于孔隙的压力(kN);

$v$——浸渍液的表面张力(kN);

$\phi$——被浸渍物质孔隙壁面和浸渍液的接触角(°)。

浸渍速度可由下式计算:

$$V = \frac{\Delta Pr^2}{8\eta l} \tag{19-40}$$

式中:$V$——浸渍速度(mm/s);

$\Delta P$——压力差;

$l$——空隙的长度(mm);

$\eta$——浸渍液的固有黏度。

式(19-39)和式(19-40)是很重要的,因为水泥孔隙的直径不固定,是否能对所需断面进行浸渍要由这两个公式来确定。

根据对浸渍混凝土的不同要求,浸渍可分为完全浸渍和局部浸渍。完全浸渍是指混凝土断面被单体完全渗透,浸渍量一般为6%左右。浸渍方式为真空—常压或真空—加压浸渍;局部浸渍的深度一般为10~20mm,浸渍量一般为2%左右,主要是改善混凝土的表面性能,浸渍方式为浸泡法。

试验证明,加压浸渍是浸渍的最好方式,它不但能提高浸渍速度,而且能提高浸渍量,增强混凝土的浸渍效果。表19-95为我国以水泥砂浆为基材进行加压浸渍试验的结果。

表19-96说明浸渍率不仅与基材的养护时间有关,还与浸渍方法有关;还可看出,加压和脱气并用能提高浸渍率,如延长养护时间,浸渍率有所下降。这与基材的微孔直径有关,也与其物理特性值有较复杂的关系。

**MMA加压浸渍的效果**(未经热处理)　　表19-95

| 试件类型 | 浸渍量(质量分数,%) | 抗折强度(MPa) | 抗压强度(MPa) | 抗压强度提高的倍数 |
|---|---|---|---|---|
| 水泥砂浆基体 | 0 | 9.00 | 60.0 | 1 |
| 常压下浸渍 | 7.5 | 3.20 | 162.0 | 2.70 |
| 在2.5MPa下浸渍 | 8.3 | 33.50 | 206.0 | 3.43 |
| 在2.5MPa下浸渍 | 9.0 | 33.00 | 218.0 | 3.63 |
| 在2.5MPa下浸渍 | 9.1 | 31.00 | 225.0 | 3.75 |
| 在2.5MPa下浸渍 | 9.2 | 27.00 | 237.0 | 3.95 |

**浸　填　率**　　表19-96

| 浸渍方法 | 养护(d) | 水灰比(%) | | |
|---|---|---|---|---|
| | | 30.4 | 45 | 60 |
| 自然浸渍 | 0 | 4.19 | 6.65 | 6.99 |
| | 3 | 3.45 | 5.65 | 6.40 |

续上表

| 浸渍方法 | 养护(d) | 水 灰 比 (%) | | |
|---|---|---|---|---|
| | | 30.4 | 45 | 60 |
| 自然浸渍 | 7 | — | — | |
| 平均 | | 3.90 | 5.65 | 6.74 |
| 加压浸渍 | 0 | 4.06 | 5.99 | 6.57 |
| | 3 | 4.16 | 5.22 | 6.27 |
| | 7 | 3.64 | 5.53 | 6.91 |
| 平均 | | 3.95 | 5.58 | 6.58 |
| 真空浸渍 | 0 | 4.10 | 6.72 | 7.37 |
| | 3 | 3.76 | 6.12 | 7.38 |
| | 7 | 3.60 | 4.99 | 7.53 |
| 平均 | | 3.82 | 5.94 | 7.43 |
| 真空加压浸渍 | 0 | 4.34 | 7.33 | 7.46 |
| | 3 | 4.38 | 6.92 | 7.58 |
| | 7 | 4.29 | 7.08 | 7.35 |
| 平均 | | 4.84 | 7.11 | 7.46 |

6. 聚合

聚合是将渗入混凝土孔隙中的单体转化为聚合物,使聚合后的聚合物混凝土具有较高的强度、较好的耐热性、抗渗性、耐腐蚀性和耐磨性等。

聚合物浸渍混凝土的聚合方法有热催化聚合(加热法)、辐射聚合(辐射法)和催化剂聚合(化学法)3 种。目前应用较多的是催化和辐射聚合,其施工工艺简单、聚合速度较快、工程造价较低,我国也较多采用热催化聚合。

(1)热催化聚合法

热催化聚合法是增加化学引发剂的加热法,促进引发剂分解产生游离基而诱导单体聚合,加热温度一般在 50 ~ 120℃。化学引发剂有过氧化苯酰、特丁基过苯甲酸盐、偶氮双异丁腈、α-特丁基偶氮异丁腈等。热催化聚合的加热方式,可用电炉、蒸汽或热水。此法的效果如何,关键在于要选择合适的聚合温度和加热时间,聚合温度和加热时间不同,得到的聚合物浸渍混凝土的物理力学性能也不同。但是,在加热或聚合热的影响下,会产生浸渍单体的损失,其原因是:未脱气的空气的膨胀或浸渍砂浆的气化使单体产生逆流;单体的热膨胀使混凝土的浸渍量减少;加热媒体的侵入以及同单体的混合,占据单体部分体积。针对以上情况,相应地可以采取的技术措施有:用聚乙烯或锡箔包裹基材;用树脂的稀释液或石蜡等在聚合前施涂表面;在水中聚合的方法等。

(2)辐射聚合法

辐射聚合法是采用 X 射线或 γ 射线照射,从而引发单体分子活化产生游离基而进行聚合的方法,聚合时要选择合适的辐射量。聚合物浸渍混凝土热聚合加热的时间和辐射聚合时应当选择的合适辐射量,可参考表 19-97。

各种聚合物聚合时所需要的辐射量和加热时间　　表 19-97

| 聚合物种类 | 聚合物软化温度(℃) | 100%聚合所需要的辐射量($10^{10}\times cd/m^2$)(辐射强度为 $1.68\times10^9\times cd/m^2$) | 加热时间(75℃加入1%过氧化苯)(d) |
|---|---|---|---|
| 甲丙烯酸甲酯 | 100 | 1.53 | 1.25 |
| 苯乙烯 | 110 | 15.90 | 8.00 |
| 丙烯腈 | 270 | 0.51 | 0.60 |
| 苯乙烯—丙烯腈 60/40 | 110 | 1.62 | 1.00 |
| 乙酸乙烯 | 70 | 1.62 | 1.00 |

(3)催化剂聚合法

催化剂聚合法是利用促进剂降低引发剂的正常分解温度,促进单体在常温下进行聚合的方法。由于聚合速度较慢、聚合效果较差,一般不宜首先选用。

但总起来讲,以上 3 种聚合的方法,虽然在工程上优先选用热催化聚合法,其次考虑辐射聚合法,最后才选择催化剂聚合法,但三者各有优缺点,见表 19-98。

三种聚合方法的优、缺点比较　　表 19-98

| 聚合方法 | 优　点 | 缺　点 |
|---|---|---|
| 辐射法 | 常温下可以聚合,单体发挥性较小;<br>不需要加入引发剂,单体可循环使用 | 聚合速度较慢;<br>开始时设备投资较大;<br>对厚壁、异形的大件制品,射线不易透过,处理较困难 |
| 加热法 | 热源容易获得,设备投资较少,施工工艺简单,使用方便;<br>适用于厚壁、异形的大构件;<br>聚合速度较快 | 聚合时温度较高,单体挥发损失大;<br>引发剂与单体容易过早聚合,单体回收利用困难 |
| 化学法 | 不需要辐射和加热;<br>在常温下可以聚合,单体挥发性较小;<br>适用于现场、大面积的处理 | 引发剂与促进剂若比例失调,易发生过早聚合;<br>含有引发剂的单体回收利用较困难 |

## 第十一节　树脂混凝土施工

树脂混凝土是指胶结材料只使用树脂,同集料相结合而成的复合材料。由于完全不使用水泥,也可称塑料混凝土,又称聚合物胶结混凝土(PC)。苏联、英国也称其为聚合物混凝土。使用不同的树脂和集料,可制得不同性质的树脂混凝土。为了减少树脂的用量,还加有填料粉砂等。从广义讲,树脂混凝土也包含树脂砂浆。

树脂混凝土与普通混凝土相比,具有强度高,耐化学腐蚀,耐磨性、耐水性和抗冻性好,易于黏结,电绝缘性好等优点,较广泛用于耐腐蚀的化工结构和高强度的接头。另外,由于树脂混凝土具有漂亮的外貌,也可用作饰面构件,如窗台、窗框、地面砖、花坛、桌面、浴缸、盥洗室等。有些绝缘性能好的树脂混凝土,也可用作绝缘材料。

### 一、树脂混凝土原材料技术要求

1.胶结材料

树脂混凝土所用胶结材料主要为各种热固性树脂、沥青等。作为胶结材料主要成分的液态树脂主要有下述数种:

(1)热固性树脂,如不饱和聚酯(收缩型、低收缩型)树脂、环氧树脂、呋喃树脂(如糠醛、丙酮树脂等)、聚亚胺酯树脂、苯酚树脂。

(2)热塑性树脂,如聚氯乙烯树脂、聚乙烯树脂。

(3)沥青及树脂改性沥青,如环氧树脂沥青、橡胶沥青、聚硫化物沥青等。

(4)煤焦油改性树脂,如焦油环氧树脂、焦油尿烷、焦油氨基甲酸乙酯、焦油聚硫化物等。

(5)乙烯基系单体,如甲基丙烯酸甲酯(MMA)、苯乙烯(S)等。

从价格和性能综合考虑,以不饱和聚酯树脂使用最多。

在选择用作胶结材料的液态树脂,一般以下述条件为依据:

(1)树脂的黏度要低,并能比较容易调整,便于混凝土的拌制,便于同集料结合。

(2)当混凝土中掺入硬化剂、促经济等外加剂时,无论加热与否均能硬化成固体。

(3)混凝土的硬化时间可随意调节,并在硬化过程中不得产生任何有害物质。

(4)与混凝土中的粗细集料具有良好的黏结性能,能成为一个紧固的整体。

(5)硬化后当被加热,受到溶剂或水分的作用时,不会软化或膨胀;硬化收缩率应较小。

(6)容许静置时间及硬化时间容易调整,并可任意选择。

(7)具有良好的耐水性,达到极少吸水或不吸水的要求,并具有良好的耐碱性及化学稳定性。

(8)具有良好的耐候性、耐老化性,并有一定的耐热性,且不易燃烧。

(9)在通常的成形条件或现场施工的条件下,温度和湿度对硬化过程的影响不大。

(10)适应预制品的成形条件或现场施工条件,而且达到完全硬化的时间要短。

2. 填充材料

树脂混凝土用填充材料应具备如下条件:

(1)基本不含水分。

(2)不含对液态树脂硬化反应产生有害影响的杂物。

(3)对液态树脂的吸收量小。

(4)在改善液态树脂流变性质的同时,能满足强度增长的要求。

此外,在要求具有耐化学侵蚀性的用途上,为免受酸类的侵蚀,不得使用碳酸氢钙。除特殊场合以外,如使用普通硅酸盐水泥之类的填充材料,因吸附水分将妨碍液状树脂的硬化,应加以注意。

填充材料在胶结材料中主要是产生增量效果,与液态树脂一起使用的填充材料可举出以下几种:

(1)碳酸氢钙。

(2)二氧化硅粉末、硅石粉、粉煤灰、火山灰。其粒径为 1 ~ 30μm。这些细颗粒填充材料也可看作集料的一部分。

3. 集料

树脂混凝土使用的粗、细集料基本与普通混凝土相同,可以使用河卵石、河砂、硅砂、安山岩或石灰岩等碎石,有时也可使用轻集料。粗集料的粒径一般为 10 ~ 20mm,细集料的粒径一般为 2.5 ~ 5.0mm。树脂混凝土所用的集料要求具备如下条件:

(1)应具备使空隙率尽可能小的颗粒形状(为了减少液态树脂的使用量)。

(2)强度尽可能高些(为了提高树脂混凝土的强度)。

(3)集料中不得含有与树脂发生化学反应的杂质和影响树脂固化的物质。

(4)集料必须保持干燥,含水率应在1%以下,这是保证其质量的关键。

(5)所选用的集料吸附性要小,以减少树脂材料的用量,降低聚合物混凝土的成本。

(6)集料要满足强度高、级配好、密度大、易于与树脂黏结的要求。

4. 外加剂

试验证明,液体树脂原料本身不会硬化,在配制聚合物混凝土搅拌过程中,还需加入一定量的外加剂(如固化剂、稀释剂、增韧剂和促进剂等),目的是使液态树脂较好地转化为固态,以改善操作性能和硬化树脂混凝土的性能。树脂混凝土中常用的外加剂见表19-99。适当选择它们的种类和掺入量,就可以控制树脂混凝土的硬化时间。

**聚合物混凝土常用外加剂** 表19-99

| 外加剂名称 | 外加剂外观特征 | 作用 | 用量(%) |
|---|---|---|---|
| 苯二甲胺 | 浅黄色液体 | 环氧固化剂 | 10~20 |
| 乙二胺 | 无色液体,有刺激臭味 | 环氧固化剂 | 6~8 |
| 多乙烯多胺 | 浅黄色液体 | 环氧固体剂 | 10~15 |
| 聚酰胺 | 深棕色黏稠液体 | 环氧固化剂 | 50~100 |
| 环氧丙烷丁基醚 | 无色透明液体 | 环氧稀释剂 | 5~15 |
| 丁基多缩水甘油醚 | 淡黄色透明液体 | 环氧稀释剂 | 10~20 |
| 邻苯二甲酸二丁酯 | 无色液体 | 增韧剂 | 10~20 |
| 多缩水甘油醚 | 微黄色液体 | 环氧稀释剂 | 10~30 |
| 聚酰胺 | 深棕色黏稠液体 | 环氧增韧剂 | 20~30 |
| 液体聚硫橡胶 | 浅蓝色黏筒体 | 环氧固化剂 | 50~300 |
| 聚酯树脂 | 浅黄色黏筒体 | 环氧固化剂 | 10~20 |
| 苯乙烯 | 无色液体 | 聚酯稀释剂 | 20~30 |
| 过氧化环己酮、苯甲酰 | 白色固体 | 引发剂 | 0.5~2.5 |
| 偶氮二异丁腈 | 白色固体粉末 | 引发剂 | 0.5~2.0 |
| 环烷酸钴 | 紫褐色 | 促进剂 | 0.1~0.5 |
| 二甲基苯胺 | 浅黄色液体 | 促进剂 | 0.1~0.5 |

为降低水分对液态树脂硬化的有害作用或加强集料同液态树脂间的黏结力,常使用硅烷偶联剂;为防止集料同胶结材料分离,常掺入适量的玻璃纤维。

## 二、树脂混凝土配合比设计

配合比设计合理与否,对树脂混凝土的性能及成本有很大的影响。配合比设计一般可分为如下3步:

(1)确定树脂与硬化剂的适当比例,以保证有适宜的使用(施工操作)期和硬化后树脂混凝土的性能。硬化剂(引发剂、促进剂)用量过多,硬化就会过快,来不及捣实,所产生的树脂混凝土不密实、性能差。硬化剂量过少,延长了硬化时间,不仅硬化不完全,而且会影响硬化树脂混凝土的性能。

(2)按最大密实体积法选择最佳集料级配。级配可采用连续级配或间断级配。填料、集料用量对树脂混凝土性能的影响见表19-100~表19-102。

**砂率对聚酯树脂混凝土强度的影响** 表 19-100

| 砂率(%) | 集料密度(kg/m³) | | 混凝土抗压强度(MPa) |
|---|---|---|---|
| | 松散 | 密实 | |
| 30 | 1 660 | 1 840 | 40.1 |
| 35 | 1 680 | 1 840 | 46.2 |
| 40 | 1 700 | 1 920 | 50.0 |
| 45 | 1 730 | 1 920 | 63.4 |

**填料用量对聚酯树脂混凝土强度的影响** 表 19-101

| 填料占集料量的(%) | 集料密度(kg/m³) | | 混凝土抗压强度(MPa) |
|---|---|---|---|
| | 松散 | 密实 | |
| 10 | 1 730 | 2 010 | 78.6 |
| 20 | 1 780 | 2 070 | 92.4 |
| 30 | 1 830 | 2 130 | 102.5 |
| 40 | 1 860 | 2 110 | 100.0 |

**不同密度环氧砂浆的强度** 表 19-102

| 河砂用量(kg/m³) | 水泥用量(kg/m³) | 砂浆密度(kg/m³) | 强 度 (MPa) | |
|---|---|---|---|---|
| | | | 抗压 | 抗拉 |
| 260 | 0 | 1 840 | 61.2 | 11.5 |
| 200 | 100 | 1 920 | 67.7 | 12.8 |

(3)用最佳集料级配与树脂搅拌配制混凝土,并根据拌和物的施工工艺要求和硬化后树脂混凝土的性能,确定树脂用量。

常用的树脂混凝土的参考配合比列于表 19-103。表 19-104 列出了各种树脂混凝土的实用配合比。

**树脂混凝土的参考配合比** 表 19-103

| 材 料 | 环氧树脂混凝土(质量) | 聚酯树脂混凝土(质量) |
|---|---|---|
| 环氧树脂 | 180 ~ 220 | — |
| 溶剂 | 36 ~ 44 | — |
| 不饱和聚酯树脂 | — | 180 ~ 220 |
| 乙二胺 | 8 ~ 10 | — |
| 引发剂 | — | 2.0 ~ 4.0 |
| 促进剂 | — | 0.5 ~ 2.0 |
| 粉 | 350 ~ 400 | 350 ~ 400 |
| 砂 | 700 ~ 760 | 700 ~ 760 |
| 石 | 1 000 ~ 1 100 | 1 000 ~ 1 100 |

**各种树脂混凝土的实用配合比** 表 19-104

| 材 料 名 称 | | 树脂混凝土的种类和质量配合比 | | | | |
|---|---|---|---|---|---|---|
| | | 聚酯树脂混凝土(Ⅰ) | 聚酯树脂混凝土(Ⅱ) | 环氧树脂混凝土 | 聚亚胺酯树脂混凝土 | 呋喃树脂混凝土 |
| 胶结料 | 液态树脂 | 不饱和聚酯 10 | 不饱和聚酯 11.25 | 环氧树脂(含硬化剂)10 | 聚亚胺酯(含硬化剂、填充材料)20 | FA 单体 5.0 |
| | 填充材料 | 碳酸钙 12 | 碳酸钙 11.25 | 碳酸钙 10 | — | 粉砂 32.9 |

续上表

| 材料名称 | | 树脂混凝土的种类和质量配合比 | | | | |
|---|---|---|---|---|---|---|
| | | 聚酯树脂混凝土(Ⅰ) | 聚酯树脂混凝土(Ⅱ) | 环氧树脂混凝土 | 聚亚胺酯树脂混凝土 | 呋喃树脂混凝土 |
| 集料（粒径 mm） | 细砂 | 0.1~0.8　20 | <1.2　38.8 | <1.2　20 | <1.2　20 | — |
| | 粗砂 | 0.8~4.8　25 | 1.2~5　9.6 | 1.2~5　15 | 1.2~5　15 | — |
| | | | 安山岩碎石 | | | 5~20　27.0 |
| | 石子 | 4.8~20　33 | 5~20　29.1 | 5~20　45 | 5~20　45 | 20~40　33.3 |
| 其他材料 | | 玻璃纤维适量过氧化物催化剂适量早强剂适量 | 过氧化甲基乙基甲酮适量辛烯酸钴适量 | 邻苯二甲酸二丁酯适量 | — | 苯磺酸　1.6<br>丙酮　0.2 |

## 三、树脂混凝土的施工工艺

1. 搅拌

树脂混凝土的生产工艺与水泥混凝土基本相同，也分现场浇筑方式和预制品—工厂生产方式两类。由于现场浇筑所需的某些设备仍未完臻，目前大都以工厂预制生产方式为主。

确定了最密实填充状态的集料组成后，接着决定胶结材料的用量，再根据配合比进行树脂混凝土的搅拌；若是在现场，则必须进行试搅拌，检验施工和易性等。与普通水泥混凝土不同，树脂混凝土黏性较大，如不迅速搅拌，至发生硬化反应，就有可能无法混合均匀。为此，对于树脂混凝土要避免用手工搅拌，而必须使用搅拌机进行机械搅拌，最好使用搅拌盘与滚轮同时作反向回转的艾里奇强制式搅拌机。连续式或间断式强制搅拌机各有优缺点，见表 19-105。使用间断式搅拌机的标准搅拌方法，首先是在搅拌机中加入集料和填充材料使均匀混合，再将预先混合好的液态树脂和硬化剂等加入进行强制搅拌。其搅拌时间则根据搅拌机的性能而确定。

**树脂混凝土用搅拌机的优缺点**　　表 19-105

| 搅拌机种类 | 优　点 | 缺　点 |
|---|---|---|
| 连续式搅拌机 | 原材料自动称量配比误差小；<br>能自动连续搅拌；<br>不需要熟练工 | 需用另外的搅拌机对集料和填充材料进行干式混合；<br>不能使用大粒径集料；<br>因排料速度小，不能用于生产大型制品；<br>搅拌机的清洗需用高价的二氯甲烷等 |
| 间断式搅拌机 | 能够一次进行短时间而量大的搅拌；<br>不必另外进行集料和填充材料的干式混合；<br>可使用粒径较大的集料；<br>搅拌机的清洗不必使用溶剂，喷射热水或水蒸气即可，费用较低 | 需分批搅拌；<br>原材料如需自动称量，则需另外安装自动称量装置 |

树脂混凝土的搅拌可采用以下两种方法。

(1)先将集料(包括填充材料)投入搅拌机中，约混合 2min。随后投入预先已混合好(约 2min)的液态树脂基剂和硬化剂，再搅拌 3min。

(2)先在搅拌机中加入液态树脂基剂和硬化剂，混合约 2min，随后投入集料和填充材料的混合物,再搅拌 3min。

无论采用何种方法,都应使拌和物达到均匀状态。

在聚合物混凝土搅拌的过程中,除按照普通混凝土搅拌的有关规定外,还应特别注意以下3个方面:

(1)液态树脂的称量是否准确,对树脂混凝土的硬化速度和力学性能影响很大,因此对液态树脂的比例应当严格控制。

(2)集料和填充材料中的含水率大小,对树脂混凝土的强度影响非常显著。强度随着含水率的增大而降低,因此,应使集料和填充材料保持绝干状态。

(3)搅拌时的温度高低,对树脂混凝土能否拌和均匀起决定性作用。工程实践证明,搅拌温度以常温为宜。

2. 浇筑和成形

树脂混凝土不能像普通水泥混凝土那样在搅拌后可以置放一段时间,应在搅拌后在尽可能短的时间(允许时间)内全部用完,也不能总是放在搅拌机内,而应立即送到施工现场铺开,使反应热尽快散发。

树脂混凝土对各种材料有良好的黏结性,使用模型浇筑时,应根据树脂的种类选择适当的脱模剂(如硅酮等),事先将其涂在模型上面,否则就不易脱模,致使表面损伤影响外观质量。为进行树脂混凝土的浇筑、抹平及装修所用的工具与普通水泥混凝土相同,应注意用毕后要立即冲洗和清除黏附在工具上的拌和物。

在工厂生产预制构件时,浇筑、振动、离心、挤压等成形方法均可适用。采用何种成形方法主要由产品的形状、尺寸和产量等来确定,如大形构件采用浇筑和离心成形法居多。

应严格控制树脂混凝土每次的浇筑厚度,这主要取决于液态树脂的种类和发热的程度,通常每层为 50 ~ 100mm。若浇筑过厚,因蓄热的影响,将可能出现不良的后果。图 19-59 为预制构件生产工艺的示例。

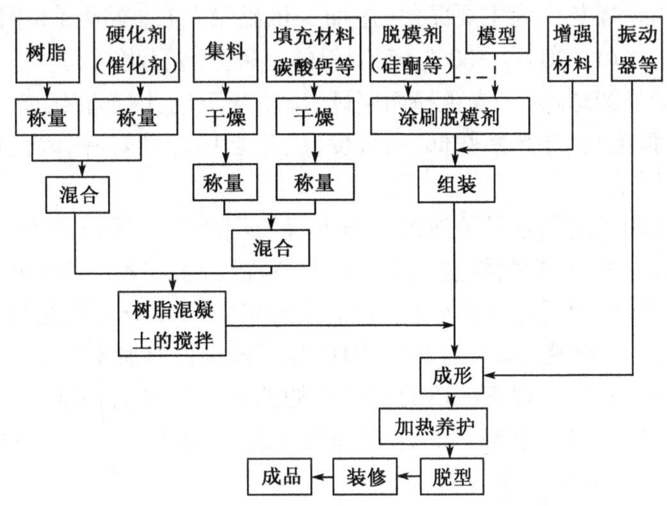


图 19-59 树脂混凝土预制构件生产工艺(注模法)

3. 养护(硬化法)

树脂混凝土与普通水泥混凝土不同,其硬化条件随液态树脂和引发剂、促进剂的种类,以及它们的掺量的选择而任意变化,这是该混凝土的一大特征。根据适用的温度条件,树脂混凝土养护可分为常温硬化法和加热硬化法两大类。

(1)常温养护硬化法。常温养护硬化法是一种不采取任何加热措施,在常温下使混凝土强度增长的方法。其特点是节省能源,成本较低,硬化收缩值小;但容易受到气温等环境条件的影响,质量控制工作比较复杂。

采用常温养护硬化法,只要充分把握液态树脂和引发剂、促进剂的种类、掺量,以及它们各自的性能,即使不准备特别的加热装置,也可达到硬化的目的。这种方法最适用于现场浇筑或大型制品以及形状复杂制品的生产。但要有适应环境突变的应急措施,避免在养护的过程中降低质量。

(2)加热养护硬化法。加热养护硬化法是一种适用范围较广泛、能确保工程质量的方法。其特点是不受环境条件的限制,质量控制比较容易,养护周期短,最适合批量生产;但产品硬化收缩大,易发生变形或裂缝,需要配备加热装置,工程成本相应增加,现场浇筑应用比较困难。这种养护方法适用于冲压或挤压方法成型的制品。

## 第十二节　粉煤灰陶粒混凝土施工

粉煤灰陶粒混凝土具有隔热、抗渗、抗冲击、耐热、抗腐蚀等优良性能,在高层建筑、桥梁工程、地下建筑工程、造船工业及耐热混凝土等工程中逐渐得到越来越广泛的应用。

### 一、粉煤灰陶粒混凝土原材料技术要求

粉煤灰陶粒混凝土除粉煤灰陶粒外,其他与普通混凝土相同。现仅将粉煤灰陶粒的特点及技术条件介绍如下:

#### 1.基本特点

粉煤灰陶粒是用粉煤灰作为主要原料,掺加少量黏结剂(如黏土)和固体燃料(如煤粉),经混合、成球、高温焙烧(1 200 ~1 300℃)而制得的一种人造轻集料。

粉煤灰陶粒一般是圆球形,表皮粗糙而坚硬,呈淡灰黄色;内部有细微气孔,呈灰黑色。其主要特点是密度轻、强度高、导热系数低、耐火度高、化学稳定性好等,因而比天然石料具有更加优良的物理力学性能。

粉煤灰陶粒一般用来配制各种用途的高强度轻质混凝土。根据需要,可以配制不同强度等级的无砂大孔陶粒混凝土、素陶粒混凝土、钢筋陶粒混凝土和预应力陶粒混凝土。

粉煤灰陶粒根据焙烧前后体积的变化(收缩或膨胀),可以分为烧结粉煤灰陶粒和膨胀粉煤灰陶粒两种。前者比后者密度大,强度高,因而应用范围也有所不同。

焙烧后的粉煤灰陶粒常出现不结块的和结块的两种。前者为松散圆球状,即为粉煤灰陶粒。后者为粉煤灰陶块,需经破碎和筛分后方能使用。破碎后部分外壳被破坏,形状也不规则,通常与球状陶粒混合使用。

#### 2.技术条件

如天津市硅酸盐制品厂根据多年来生产经验和各地使用要求,拟订该厂烧结粉煤灰陶粒的技术条件如下:

(1)干燥状态下堆积密度:650 ~700kg/m$^3$。

(2)容器强度:

①压入4cm,>7MPa;

②压入4.5cm,>8 MPa;

③压入5cm,>12 MPa。

(3)陶粒粒径规格是$\phi5\sim\phi15$的混合级配。其中:

①粒径<5mm,含量≤5%;

②粒径8~$\phi$12mm,含量≤65%;

③粒径12~$\phi$15mm,含量≤25%;

④粒径>15mm,含量≤5%。

(4)干燥状态下吸水率:

①干燥1h,16%~17%;

②干燥24h,20%~21%。

(5)抗冻性。陶粒经25次冻融循环后,抗压强度损失≤25MPa;质量损失≤5%。

## 二、粉煤灰陶粒混凝土配合比设计

### 1. 配合比计算

粉煤灰陶粒混凝土的配合比计算有几种方法,下面介绍一种比较简易的计算方法。

1)计算原则

按实体积法计算。根据混凝土的设计强度和实践经验确定水泥用量,并假定水泥砂浆填满陶粒间的孔隙和包裹粉煤灰陶粒表面。

2)计算步骤

(1)根据陶粒混凝土强度(设计强度等级)和水泥强度等级,确定水泥用量。

(2)根据混凝土设计强度等级和工作度指标确定水灰比和有效用水量。

(3)根据陶粒孔隙率计算砂子用量。

(4)由水泥、砂、水用量计算各组分体积。

(5)计算陶粒用量,其计算公式如下:

$$陶粒用量=陶粒颗粒表观密度\times(1-水泥体积-砂体积-水体积)$$

(6)根据陶粒吸水率,算出陶粒15min吸水量和总拌和水用量(有的地区采用陶粒30min的吸水量)。

3)计算举例

试用32.2MPa级硅酸盐水泥配制C25低流动性陶粒混凝土。已知陶粒颗粒表观密度为1 240kg/m$^3$,孔隙率为46.2%,15min吸水率为16.8%。

计算步骤:

(1)确定水泥用量为33kg。

(2)确定水灰比为0.45。有效用水量=330×0.45=148(kg)。

(3)砂子用量=46.2×1 420=656(kg)。

(4)计算出水泥、有效水、砂子的实体积。

已知:水泥密度为3 100kg/m$^3$,砂子密度为2 600kg/m$^3$,水的密度为1 000kg/m$^3$,则水泥体积:330×1/3 100=0.406(m$^3$),砂子体积:656×1/2 600=0.251(m$^3$),有效水体积:148×1/

1 000 = 0. 148( $m^3$ )。

(5)计算陶粒用量:

陶粒用量 = 1 240 × (1 − 0. 106 − 0. 251 − 0. 148) = 614kg。

(6)计算总加水量:

陶粒 15min 吸水量 = 614 × 16. 8% = 103( kg),则总加水量 = 103 + 148 = 251( kg)。

所以,该陶粒混凝土每立方米原材料用量计算结果如下:水泥用量为 300kg,水(总加水量)251kg,砂子 656kg,陶粒 614kg。

2. 常用配合比

用天津市硅酸盐制品厂生产的粉煤灰陶粒,一般可配制 C10 ~ C30 号普通陶粒混凝土。现将一些使用单位常用的配合比列于表 19-106,供参考。

粉煤灰陶粒混凝土常用配合比　　表 19-106

| 混凝土强度等级 | 水泥强度等级(MPa) | 配合比(质量)水泥: 砂: 陶粒 | 水灰比 | 每立方米混凝土原材料用量(kg) | | | |
|---|---|---|---|---|---|---|---|
| | | | | 水泥 | 砂 | 陶粒 | 有效水 |
| C10 | 32.5 | 1:3:3 | 0.67 | 230 | 690 | 690 | 155 |
| C15 | 32.5 | 1:2.4:2.4 | 0.55 | 280 | 680 | 680 | 155 |
| C20 | 32.5 | 1:2.33:2.33 | 0.49 | 305 | 680 | 680 | 150 |
| C25 | 32.5 | 1:2.03:2.03 | 0.45 | 330 | 670 | 670 | 150 |
| C20 | 42.5 | 1:2.52:2.52 | 0.56 | 270 | 680 | 680 | 150 |
| C25 | 42.5 | 1:2.26:2.26 | 0.50 | 300 | 680 | 680 | 150 |
| C30 | 42.5 | 1:2.09:2.09 | 0.47 | 320 | 670 | 670 | 150 |

## 三、粉煤灰陶粒混凝土的施工工艺

粉煤灰陶粒混凝土的生产工艺与普通混凝土基本相同。但是,由于粉煤灰陶粒具有密度轻、吸水强等性能,施工中与普通混凝土也有不同之处。开始使用时会有些不习惯,但只要掌握规律,就很容易操作,劳动强度低,机械损坏率小,省去渣石筛洗工艺,生产效率高。陶粒混凝土施工中应注意如下几个问题。

1)搅拌

因为陶粒较轻,容易上浮,不易拌匀,所以最好选用搅拌性能较好的搅拌设备,如强制式搅拌机。搅拌时间比普通混凝土长一些,一般为 1. 5min 左右。若采用自落式搅拌机,搅拌时间可控制为 2 ~ 3min。

陶粒混凝土搅拌时,放水与进料顺序也很有关系。如采用自落式搅拌机搅拌时,料斗升起刚进料就应放水,这样拌和时间可缩短,拌出来也比较均匀。若先加水或后加水,搅拌不易均匀。

2)加水量

由于陶粒具有吸水性能,在配制混凝土时,总加水量比普通混凝土要大,一般要增加所用陶粒 15min 的吸水量。对于露天堆放的陶粒,实际含水率变化幅度较大,陶粒堆的上部和下部不一,早中晚又不一,气候变化时,特别是雨天以后,陶粒的含水率变化更大。因此,必须根据实际情况及时测定陶粒的含水率,以便准确确定合理的总加水量,保证陶粒混凝土的质量。

加水的方法目前有两种：一是对陶粒预先洒水，近乎饱和状态，再用于配料、搅拌，搅拌时只加入有效用水量。这种方法的优点是配比比较稳定，缺点是陶粒吸水（近乎饱和）后配制混凝土，陶粒混凝土的强度下降。二是将自然干燥状态的陶粒直接用于配料、搅拌，搅拌时加入总用水量（包括根据配比计算的有效用水量和所用陶粒 15min 的吸水量）。这种方法的缺点是配比不易稳定，优点是配制的陶粒混凝土强度较高。上述两种方法各有利弊。一般认为后一种方法较好。

陶粒混凝土搅拌后的湿料，坍落度几乎等于零，工作度低于 30s，但从外观来看，比普通混凝土湿料干些，流动性也差。这是因为陶粒混凝土轻，在自重状态下流动性也差。但振动时还是能振实，流动性也与普通混凝土一样。因此，应避免外观判断上的错觉而随便更改陶粒混凝土的总加水量。

3）浇捣

因为陶粒吸水率在 1h 内增加较快，因此应尽量缩短陶粒混凝土搅拌后到浇灌操作的时间。时间长了湿料很易变干，就会影响浇捣质量。

陶粒的颗粒表观密度比水泥砂浆密度轻，砂浆容易下沉。实践证明，振捣时和振捣后，下层陶粒由于上部砂浆的阻挡不会浮上来，只有面层的陶粒容易产生露面现象。因此，应该采取加压振动。当出现陶粒露面时，可用木拍将陶粒压（拍）下使浆水向上，再加以抹平。若采用插入式振动器时，应快插慢拔，增加插点，插点要均匀。振动时间不宜过长，否则易使陶粒和砂浆分离。

粉煤灰陶粒是圆球形，踩在上面容易滑倒，操作时间应适当注意安全，防止发生事故。

## 第十三节　水玻璃耐酸混凝土施工

遇到酸性物质后不被腐蚀破坏，结构性能保持完好的、耐酸性好的混凝土称为耐酸混凝土。耐酸混凝土按组成成分的不同，分为水玻璃耐酸混凝土、硫磺耐酸混凝土和沥青耐酸混凝土。本节介绍具有较高机械强度的水玻璃耐酸混凝土。

水玻璃耐酸混凝土，是以水玻璃作为胶凝材料，氟硅酸钠作为水玻璃的硬化剂与耐酸粉料，耐酸粗细集料按一定比例配合而成的混凝土。它能抵抗绝大多数有机酸对无机酸的侵蚀，但氢氟酸、氟硅酸、300℃以上的热磷酸、高级脂肪酸和油酸除外。水玻璃耐酸混凝土 28d 的抗压强度一般可达 15～20MPa。

### 一、耐酸混凝土原材料的技术要求

耐酸混凝土的原材料包括胶结料、固化剂、耐酸集料及外加剂。

1. 胶结料

水玻璃是耐酸混凝土的胶结料，是碱金属硅酸盐的玻璃状熔合物，其化学组成可用通式 $R_2O \cdot nSiO_2$ 表示（R 表示碱金属氧化物）。根据碱金属氧化物的种类不同，主要可分为钠水玻璃和钾水玻璃两种。目前国内大量使用的是钠水玻璃，它是由石英砂（或粉）与碳酸钠（或硫酸钠）按一定比例混合后经 1 400℃熔融反应而制得。它是一种复杂的碱性胶体溶液，外观为白色、微黄或青灰色的黏稠液体，不得混入杂质。其模数［$SiO_2$ $Na_2O$ 的摩尔数比值，即模数 = $\frac{SiO_2\text{ 含量}(90)}{Na_2O\text{ 含量}(90)} \times 1.032$］和密度对耐酸混凝土的性能影响较大。故技术规范中规定水玻璃的密度在1.36～1.50范围内，模数应为2.4～3.0，但以2.6～2.8为准，相应的密度为1.38～1.42。

市上出售的水玻璃模数为1.8～3.0，密度为1.28～1.45。如模数和密度不符合技术要求，则应进行适当调整。调整方法如下：

1）调整水玻璃模数

如需提高水玻璃模数，可掺入可溶性的非晶质$SiO_2$（硅藻土），其数量根据水玻璃模数及硅藻土中的可溶性$SiO_2$含量而定；如需降低水玻璃模数，可掺入氢氧化钠（NaOH）。100g水玻璃所需NaOH的克数可由下式进行计算：

$$\mathrm{NaOH} = \left(\frac{s}{n'} - N\right) \times 80.02 \tag{19-41}$$

式中：$s$——每100g水玻璃中$SiO_2$的摩尔数；

$N$——每100g水玻璃中$Na_2O$的摩尔数；

$n'$——要求调整后的水玻璃模数，80.02为由$Na_2O$换算成NaOH的系数。

2）调整水玻璃密度

如需提高水玻璃的密度，可加热使水分蒸发；如需降低水玻璃的密度，可加入40～50℃的热水。所调整的密度是否达到要求，可用波美密度计测出水玻璃的波美度（Be°），再换算为密度，即密度$r = \frac{145}{145 - \mathrm{Be}^\circ}$。

2. 固化剂

作为水玻璃的固化剂，最常使用的是氟硅酸钠（$Na_2SiF_6$），呈白色、浅灰色或淡黄色的结晶粉末，可溶性极小。

氟硅酸钠质量的好坏，主要看纯度和细度，纯度高者，含杂质较少，相应地可以减少$Na_2SiF_6$的用量，细度的大小与水玻璃的化学反应的快慢及是否完全有密切关系。因此，氟硅酸钠的主要技术指标应符合表19-107的要求。

**氟硅酸钠的主要技术指标** 表19-107

| 指标名称 | 技术指标 | |
|---|---|---|
| | 一级 | 二级 |
| 外观与颜色 | 白色结晶颗粒 | 允许浅灰色或浅黄色 |
| 纯度（%） | ≥95 | ≥93 |
| 游离酸（折合HCl）（%） | ≤0.2 | ≤0.3 |
| $Na_2O$（%） | ≤3.0 | ≤5.0 |
| 湿度（%） | ≤1.0 | ≤1.2 |
| 水不溶物（%） | <0.5 | — |
| 细度孔径0.15mm（1 600孔/$cm^2$）筛通过 | 全部 | 全部 |

注：氟硅酸钠如有受潮结块现象，应在不高于60℃温度下烘干、研细、过筛。

3. 耐酸填料

耐酸填料主要由耐酸矿物（辉绿石）、陶瓷、铸石或含石英质高的石料粉磨而成。要求其细度大，耐酸度高。其主要技术指标应符合表19-108的要求；常用耐酸填料性能比较见表19-109。

**耐酸填料的主要技术指标**　　表 19-108

| 指标名称 | | 技术指标(%) |
|---|---|---|
| 填料耐酸度 | | ≥93 |
| 湿度 | | ≤1 |
| 细度 | 孔径 0.20mm(900 孔/$cm^2$)筛余 | ≤0.5 |
| | 孔径 0.088mm(49 000 孔 1$cm^2$)筛余 | ≤15 |

注:1. 石英粉一般杂质较多,吸水性高,收缩性大,不宜单独使用,可与某质量的辉绿岩粉混合使用。

2. 现有商品供应的 69 号耐酸粉,耐酸性能较好,但收缩性较大,成本较高。

**常用耐酸填料胶泥的性能比较**　　表 19-109

| 性能 | 辉绿岩粉 | 石英粉 | 瓷粉 | 69 号耐酸粉 | 石墨粉 | 硫酸钡粉 | 硅胶粉 |
|---|---|---|---|---|---|---|---|
| 外观 | 黑褐色 | 白色 | 白色 | 白色 | 黑色 | 白色结晶 | 白色结晶 |
| 吸水性 | 小 | 较大 | 较大 | 小 | 下 | 小 | 大 |
| 耐酸性 | 好 | 一般 | 较好 | 好 | 好 | 好 | — |
| 耐碱性 | 耐 | 不耐 | 不耐 | — | 耐 | 耐 | 不耐 |
| 耐氢氟酸 | 不耐 | 不耐 | 不耐 | 不耐 | 耐 | 耐 | — |
| 耐磨性 | 高 | 一般 | 一般 | 一般 | 较差 | — | — |
| 耐热性 | 高 | 一般 | 一般 | 一般 | 高 | 一般 | — |
| 导热性 | 一般 | 一般 | 一般 | 一般 | 好 | — | — |
| 收缩性 | 小 | 较大 | 一般 | 大 | 小 | 小 | — |
| 黏结力 | 高 | 一般 | 一般 | 高 | 高 | 低 | — |
| 成本(元/千克) | 0.30 | 0.034 | 0.56 | 0.15 | 0.40 | 0.80 | — |

配制耐酸混凝土的集料及粉料应具有耐酸性腐蚀的能力,这种能力的大小可用耐酸率(度)表示。按规定的试验方法对集料或粉料进行耐硫酸腐蚀的试验,经硫酸腐蚀后剩余的集料或粉料的量与原质量的比率为耐酸率,即:

$$耐酸率 = \frac{G_1}{G_2} \times 100\% \qquad (19\text{-}42)$$

式中:$G_1$——经硫酸腐蚀后的集料或粉料的量;

$G_2$——试样的原有量。

4. *耐酸粗细集料*

对耐酸粗细集料的主要要求是耐酸度高,级配好和不含泥。用作耐酸粗细集料的岩石有石英质岩石,辉绿岩、安山岩、玄武岩及铸石等的碎石。其主要技术指标,应符合表 19-110 和表 19-111 的要求。

**耐酸粗细集料主要技术指标**　　表 19-110

| 指标名称 | 细集料指标 | 粗集料指标 |
|---|---|---|
| 耐酸度(率) | ≥94% | ≥94% |
| 空隙率(自然装料) | ≤40% | ≤45% |
| 含泥量 | 不允许 | 不允许 |
| 湿度 | ≤2% | ≤1% |
| 吸水率 | — | ≤2% |
| 浸酸后安定性 | — | 无裂缝,掉角 |
| 外观检查 | — | 无风化和非耐酸夹层 |

注:一般工程也可用黄砂,但需经严格筛洗,并作必要的耐腐蚀检验。

耐酸粗细集料的颗粒集料级配

表 19-111

| 项　目 | 细　集　料 | | | | | 粗　集　料 | | |
|---|---|---|---|---|---|---|---|---|
| 筛子尺寸(mm) | 0.15 | 0.3 | 1.2 | 2.5 | 5 | 5 | 10 | 20 |
| 筛余量(%) | 95 ~ 100 | 70 ~ 95 | 20 ~ 55 | 10 ~ 35 | 0 ~ 10 | 90 ~ 100 | 30 ~ 60 | 0 ~ 5 |

5. 外加剂

在水玻璃中掺入外加剂,可以明显改善耐酸混凝土制品的各项性能,特别是抗渗性能,目前,国内外使用的外加剂大体可分为 4 类,其主要特性见表 19-112。

外加剂分类及特性

表 19-112

| 分　类 | 代表化合物 | 主 要 特 性 |
|---|---|---|
| 呋喃类有机单体 | 糠醇,糠醛丙酮,糠醇、糠醛混合物等 | 以呋喃环为基体,沸点在 150℃以上,溶于水;在酸性催化剂(如盐酸苯胺)作用下,糠醇能缩聚成树脂 |
| 水溶性低聚物 | 多羟醚化三聚氰胺,水溶性氨基醛低聚物,水溶性聚酰胺等 | 均为有机低聚物,水溶性好,如多羟醚化三聚氰胺能与水以任何比例混溶,在酸性介质中可发生聚合反应 |
| 高分子化合物 | 水溶性环氧树脂呋喃树脂等 | 为黏稠状液体,由于树脂聚合度较高,在水玻璃中的分散状态比以上二类外加剂差 |
| 烷芳磺酸盐 | 木质素磺酸钙、亚甲基二萘磺酸钠等 | 属阴离子表面活性剂,粉状,易溶于水,其水溶液可均为分散于小玻璃溶液中 |

## 二、耐酸混凝土配合比设计

根据对耐酸混凝土的基本要求,在设计配合比时必须考虑下面两个方面:

(1)应使耐酸混凝土具有良好的抗稀酸、抗水稳定性。

(2)应使耐酸混凝土具有适宜的强度。

以上两点同等重要,必须同时兼顾。不应单纯追求高强度,强度高并不一定就意味其他性能好。例如,水玻璃用量少,混凝土的强度有所增长,但其密实度却降低了,达不到抗酸、抗水的目的。同样,强度低的耐酸混凝土也达不到抗酸、抗水的目的。混凝土强度低,主要是采用模数低,密度小的水玻璃或者水玻璃用量过多,氟硅酸钠掺量不足以及混凝土在较低的环境下硬化等。在这些条件下,混凝土的抗稀酸、抗水、密实度、耐磨等性能都变坏。因此,耐酸混凝土的强度,一般在 150 ~ 200MPa 的范围内为佳。混凝土各组成材料的用量按下述的原则和数据选用。

1. 胶结料(水玻璃)

胶结料(水玻璃)的用量应根据拌和物的粉料种类、细度和施工部位温度而定,以测定混凝土坍落度、沉落度及稠度。

胶结料(水玻璃)的用量对混凝土的和易性及抗酸、抗水性能有很大的影响。用量过多,和易性差,不仅施工操作困难,特别是不易捣固密实,也达不到抗水的目的;用量多,和易性虽好,混凝土的抗酸、抗水的稳定性变坏。选择原则是在确保施工和易性情况下水玻璃用量尽量少。耐酸混凝土坍落度应为 0 ~ 3cm,掺外加剂的耐酸混凝土应为 3 ~ 7cm。耐酸胶泥稠度根据《建筑防腐蚀工程施工及验收规定》(GB 50212—2002)中 TJ 212—76 规定为 7 ~ 15cm,在实际施工中可能会太稠,根据不同材质及施工部位应作适当调整,以保证施工质量。耐酸砂浆圆锥体沉入度，用于砌筑时为 3 ~ 4cm，用于涂抹时为 4 ~ 6cm，通常每立方米混凝土胶结料（水玻璃）用量控制在 250 ~ 300kg。

2. 氟硅酸钠

固化剂 $Na_2SiF_6$ 的理论用量根据下列反应方程式计算：

$$2Na_2O \cdot nSiO_2 + Na_2SiF_6 + 2(2n+1)H_2O = 6NaF + (2n+1)Si(OH)_4$$

由此得出：

$$G = 1.52 \times \frac{V \cdot d \cdot C}{N} = 1.52 \times \frac{PC}{N} \tag{19-43}$$

式中：$G$——氟硅酸钠用量（g）；

$V$——所用水玻璃的体积（mL）；

$P$——所用水玻璃的质量（g）；

$d$——水玻璃的密度；

$C$——水玻璃中氧化钠的含量；

$N$——氟硅酸钠的纯度（%）；

1.52——$1Na_2SiF_6$ 与 $2Na_2O$ 的分子量之比，即 $Na_2O$ 换算成 $Na_2SiF_6$ 之系数。

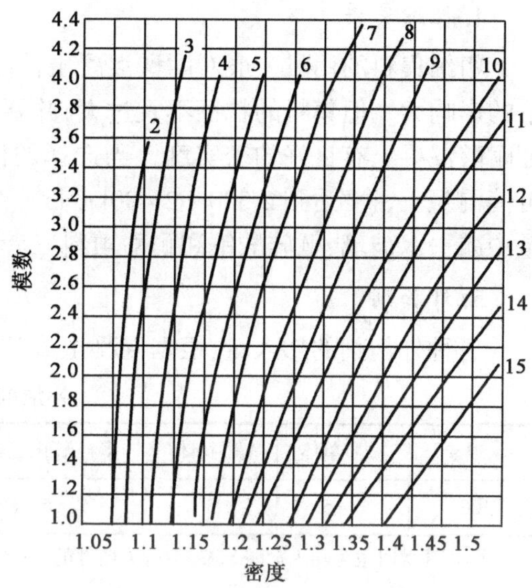


图 19-60　水玻璃模数、密度与 $Na_2O$ 含量的关系

式（19-43）中，氧化钠的含量可由图 19-60 查出，图中曲线上标的数字表示氧化钠的含量（%）。

氟硅酸钠的用量根据水玻璃模数、密度的大小而变化，模数低和密度大的水玻璃其氟硅酸钠的消耗量就大，反之则小。当水玻璃的模数、密度确定以后，氟硅酸钠的理论用量就是定值，见表 19-113。但是实际上，由于水玻璃与氟硅酸钠的化学反应一般是不能完全进行的。其最终反应率只能达到 70% ~ 80%，因此，通过性能试验得出，氟硅酸钠的实际用量以取理论用量的 90% ~ 100% 为宜。

**氟硅酸钠理论用量参考值**（占水玻璃质量的百分数，%）　　表 19-113

| 密　度 | 模　　数 | | | | |
|---|---|---|---|---|---|
| | 3.2 | 3.0 | 2.8 | 2.6 | 2.4 |
| 1.46 | — | — | — | — | 18.9 |
| 1.44 | — | 15.9 | 16.3 | 17.5 | 17.9 |
| 1.42 | 14.5 | 15.5 | 15.9 | 16.5 | 17.4 |
| 1.40 | 13.9 | 15.0 | 15.5 | 16.0 | 16.7 |
| 1.38 | 13.5 | 14.1 | 14.5 | 15.4 | 15.9 |
| 1.36 | 12.9 | 13.7 | 14.0 | 14.5 | 14.8 |
| 1.34 | 12.3 | — | — | — | — |

由工程实践得知，氟硅酸钠掺量应以拌制时的温度确定，一般当水玻璃模数在 2.4 ~ 2.9，密度在 1.38 ~ 1.40 时，其掺量可按表 19-114 选择。

**氟硅酸钠掺量与拌制温度的关系** 表 19-114

| 制备及养护温度(℃) | >25 | 25~15 | 15~8 | 备 注 |
|---|---|---|---|---|
| 氟硅酸钠占水玻璃质量的百分数(%) | 13 | 15 | 7 | 氟硅酸钠纯度>95% |

3. 耐酸填料

耐酸填料起填充集料空隙使混凝土达到最大密度的作用。耐酸填料用量少,混凝土塑性差,密实度降低,但填料用量过多时,会使混凝土混合料的黏性增大,不易浇捣密实,硬化后内部存在较多的气泡,从而抗渗能力差,吸水率大。填料用量过多或过少,都不能提高混凝土抗渗能力,填料用量一般以每立方米混凝土 400~550kg 为宜。

4. 粗细集料

粗细集料的用量一般对耐酸混凝土性能的影响,不如水玻璃、氟硅酸钠和耐酸填料三者用量的影响大。但集料的粒径不宜过大,并要求有良好的级配,如砂率要求在 40% 以上,才能保证耐酸混凝土有良好的密实度。当选择的比例在粉:砂:石 =1:1.2~1.5:1.7~2.0 范围内,可使混凝土密度达到 2 300~2 400kg/m$^3$。粗细集料的总用量可由每立方米耐酸混凝土总质量中减去水玻璃、氟硅酸钠和耐酸填料三者的用量求得。

5. 外加剂

各种外加剂的掺入量,根据混凝土或胶泥的性能测试数据选定,如表 19-115 所示。

**外加剂掺量(质量计)** 表 19-115

| 水玻璃 | 糠醇单体 | 糠酮单体 | 多羟醚化三聚氰胺 | 木质素磺酸钙+水溶性环氧树脂 | NNO |
|---|---|---|---|---|---|
| 100 | 3~5 | 5 | 5~8 | 2+3 | 4~5 |

注:用糠醇时也可加入盐酸苯胺,用量为糠醇的 4%。

耐酸混凝土配合比,一般可参考经验配合比设计,然后通过试拌调整,最后确定出适合的配合比。表 19-116 和表 19-117 所列的配合比可供配合比设计时参考。

**普通型耐酸混凝土配合比** 表 19-116

| 材料名称 | | 配合比(质量计) | | | | | |
|---|---|---|---|---|---|---|---|
| | | 水玻璃 | 氟硅酸钠 | 粉 料 | | 集 料 | |
| | | | | 铸石粉 | 铸石粉:石英粉 1:1 | 细集料 | 粗集料 |
| 耐酸胶泥 | 1 | 1.0 | 0.15~0.18 | 2.55~2.7 | — | — | — |
| | 2 | | | — | 2.2~2.4 | — | — |
| 耐酸砂浆 | 1 | 1.0 | 0.15~0.17 | 2.0~2.2 | | 2.5~2.7 | — |
| | 2 | | | — | 2.0~2.2 | 2.5~2.6 | — |
| 耐酸混凝土 | 1 | 1.0 | 0.15~0.16 | 2.0~2.2 | | 2.3 | 3.2 |
| | 2 | | | — | -1.8~2.0 | 2.4~2.5 | 3.2~3.3 |

注:氟硅酸钠用量根据水玻璃模数变动而调整,其纯度按 100% 计。

密实型耐酸混凝土配合比(质量计)　　　　表 19-117

| 配方编号 | 材料类别 | 水玻璃 | 氟硅酸钠 | 铸石粉 | 石英砂 | 石英石 | 外加剂 | | | | | |
|---|---|---|---|---|---|---|---|---|---|---|---|---|
| | | | | | | | 糠醇单体 | 盐酸苯胺 | 糠酮单体 | 多羟醚化三聚氰胺 | 木质素磺酸钙 | 水溶性环氧树脂 |
| 1 | 混凝土 | 100 | 15 | 180 | 250 | 320 | 3~5 | 0.12–0.2 / — | — | — | — | — |
| 2 | 胶泥 | 100 | 15 | 260~280 | — | — | 3~5 | 0.12–0.2 / — | — | — | — | — |
| 3 | 混凝土 | 100 | 15 | 185 | 260 | 330 | — | — | — | 5~8 | — | — |
| 4 | 胶泥 | 100 | 15 | 270~285 | — | — | — | — | — | 5~8 | — | — |
| 5 | 混凝土 | 100 | 15 | 300 | 250 | 135 | — | — | 5 | — | — | — |
| 6 | 混凝土 | 100 | 18 | 210 | 230 | 320 | — | — | — | — | 2 | 3 |

注:1. 水玻璃密度为 1.38~1.42。

2. 氟硅酸钠纯度按 100% 计。

## 三、耐酸混凝土的配制

1. 用耐酸水泥配制

国外耐酸水泥品种很多,如俄罗斯利用活性含硅物质制备了耐酸水泥和耐水耐酸水泥,同时利用铝铁矿渣作填充料,用硅氟酸钠作促凝剂配制了耐酸水泥。日本还制成了一种合成树脂水泥,能耐酸碱侵蚀。

利用上述耐酸水泥作胶凝料,用普通通砂石作集料即可制成耐酸混凝土。

2. 用氟化剂或四氟化硅气体进行处理

1)用氟化剂进行表面处理

氢氟酸、氢硅氟酸或其盐类可用作氟化剂,其分子式为 $RSiF_6$。使用时,将它做成水溶液涂于混凝土表面,表面上的钙化合物就发生化学反应:

$$3MgSiF_6 + 6CaCO_3 = 6CaF_2 + 3MgF_2 + 3SiO_2 + 6CO_2\uparrow$$

此时,可溶性的钙化物变为不溶性的氟化钙或硅氟化钙,填塞混凝土表面的孔隙,限制氟化剂进一步深入混凝土的内部,因而只能在混凝土表面形成一层很薄的耐酸保护层。这种保护层不能长期受酸的作用,并且易磨损削落,因此这种耐酸混凝土的应用也受到了限制。

2)用四氟化硅气体进行处理

荷兰曾用四氟化硅气体在压力下处理混凝土,以提高其密实度和耐酸度,该方法称作"氟化硅压熏处理法"。

四氟化硅气体有如下两种制取方法。

(1)将 $Na_2SiF_6$ 加热分解。在压力为 53.2~93.1kPa 的反应器内,加热至 580~650℃,硅氟酸钠就产生化学反应:

$$Na_2SiF_6 \rightarrow 2NaF + SiF_4\uparrow$$

(2)在 60~70℃ 条件下以浓缩硫酸处理 $Na_2SiF_6$ 和 $SiO_2$,在反应器内形成的无色气体,密度较空气大 3.7 倍。这种方法没有第一种方法经济和简便。

处理方法:将气态 $SiF_4$ 采用压缩方式通入气罐,然后再送入蒸压釜中。干燥的混凝土试件置于蒸压釜中,用真空泵将其中的空气抽空。蒸压釜内的最初气压为 0.2~1.2 个大气压,试件在这种压力下存在时间为 1~48h,$SiF_4$ 的最大含量为 87.4%。

所用的原料消耗量为：$Na_2SiF_6$215kg，硅藻土 60kg，$H_2SO_4$（密度为 1.84g/$cm^3$）600kg。一个工作循环能用 $SiF_4$ 处理 1.5$m^3$ 混凝土。

这一过程的特点是，四氟化硅与混凝土中所含的游离氧化钙发生化学反应，即：

$$2CaO + SiF_4 = 2CaF_2 + SiO_2$$

这一方法的原理基本与氟化剂处理方法相同，不同的是氟化剂仅能处理混凝土的表面，其厚度只有 0.02 ~ 0.03cm，而 $SiF_4$ 气体能深入混凝土内一定的厚度（约为 0.76cm），因而密实度与耐酸度都比上述方法好。

此外，试验证明，混凝土的湿度对 $SiF_4$ 处理的效果起着决定性的影响。混凝土愈干，孔隙度愈大，处理效果也愈好。将不同剩余湿度的 3d 和 7d 混凝土试件在 0.6MPa 下进行 24h 氟化硅处理。当残余湿度为 4.7% ~ 4.8% 时，强度与标准试件相同，而当含水率为 0.6% ~ 0.7% 时，强度增长 160% ~ 170%。

经氟化硅处理的混凝土试件的强度则随压力的增加而增长。将残余湿度为 1% 的 7d 和 14d 混凝土试件，在 0.2 ~ 1.2MPa 下进行 4h 和 24h 氟化硅处理。经过 7d 和 14d 的试件，在 0.2MPa 下强度增加 109% 和 65%，在 0.42MPa 下相应为 127% 和 53%，在 0.61MPa 下相应为 147% 和 93%，0.8MPa 下相应为 233% 和 108%，0.6 ~ 0.8MPa 以后强度基本上不再增长。

将残余湿度为 1% 的 7d 和 14d 混凝土试件，在 0.6MPa 下进行 1 ~ 2h $SiF_4$ 处理，可以看出试件强度与处理时间的关系，7d 和 14d 试件强度经 1h $SiF_4$ 处理增加 48% 和 59%，2h 相应为 116% 和 88%，4h 相应为 129% 和 93%，24h 相应为 137.5% 和 138%。

氟化硅处理的效果实际上几乎与气体的浓度（在 20% ~ 70% 范围内）无关。气体浓度降低到 20% 时，对效果没有很大影响，但继续降低时，处理过程会减缓，因此蒸压釜内的气体含量应该增加，使 1L 混凝土不少于 25 ~ 30L $SiF_4$（换算成 100% 的气体），并使处理后蒸压釜中的剩余气体仍含有若干 $SiF_4$。

由此可得出结论：氟化硅处理的混凝土空隙度越大，龄期越小，强度增长越多，在增加混凝土游离石灰含量和降低湿度时，处理效果增长 1.5% ~ 1.0%。强度的增长与 $SiF_4$ 的浓度（在 20% ~ 70% 范围内）无关。

3. 用漆、树脂、沥青或地沥青涂刷表面

这种方法是加薄的保护层，使混凝土不受酸类侵蚀，当酸性特别强时，则再加一层耐酸的板材面层，如需抵抗多种侵蚀性物质，还要再包以密封外层。如果保护层有一点孔隙，侵蚀性溶液或气体就会侵入。此外，保护层又薄又易磨损，因此不能耐久和长期使用。

## 四、耐酸混凝土的施工工艺

1. 施工准备

1）施工机具

（1）施工机具除一般混凝土用的机具外，应备密度计、大陶瓷缸、木桶、勺子、抽油器等，以及氟硅酸钠、水玻璃等脱水用的灶具。

（2）混凝土搅拌机宜用强制式搅拌机，并将搅拌机安装到位、进行清洗、试运转，保持良好的工作状态。

2）材料保管

（1）材料进场后，应放在防雨、干燥的仓库内。

(2)氟硅酸钠有毒,应作标记,并由专人保管,安全存放。

2.施工操作要点

(1)清理干净基层,并要求有足够的强度,无蜂窝麻面,不起砂;要有足够的干燥度,表面含水率不大于6%;表面平整度应符合设计要求。在基层上应设置冷底子油。

(2)施工前应在隔离层上涂刷两次稀胶泥,每次时间间隔为6~12h。

(3)水玻璃耐酸混凝土宜用强制式搅拌机拌和。大面积地面应分格,分格缝内可嵌入聚氯乙烯胶泥或沥青胶泥。

(4)水玻璃耐酸混凝土终凝时间较长,侧压力大,模板必须支撑牢固,拼缝严密,表面平整,当池槽的底板与立壁同时施工,浇筑时宜设封底压模。模板与混凝土接触表面应涂以非碱性矿物油(如沥青冷底子油或机油)隔离剂。

(5)水玻璃耐酸混凝土内的钠筋或预埋铁件应除锈并涂刷环氧树脂漆。树脂漆表面宜撒上一层耐酸粉、砂,以加强握裹能力。

(6)水玻璃耐酸混凝土的坍落度:机械捣固时不应大于1cm;人工捣固时不应大于2cm。

(7)水玻璃耐酸混凝土应在初凝前振捣密实,使用插入式振捣器时,每层浇筑厚度不宜大于200mm;使用平板振捣器或人工捣实时每层浇筑层厚度不宜大于100mm。浇筑厚度大于上述厚度时,应分层连续浇筑,上一层应在下一层初凝前完成。如超过初凝时间,应在下一层凝固后按施工缝处理。

(8)施工缝表面不宜太光,但要洁净,在继续浇筑前应先涂一层水玻璃稀胶泥,稍干后再继续浇筑。

(9)耐酸储槽的浇筑应一次完成,不应留施工缝。

(10)浇筑每层混凝土时,应振捣密实,达到表面泌出浆液并排出大量气泡,然后表面在混凝土初凝前一次抹平压光。

(11)水玻璃耐酸混凝土在不同温度下的拆模时间为:

①10~15℃时,不少于5昼夜;

②16~20℃时,不少于3昼夜;

③21~30℃时,不少于2昼夜;

④31~35℃时,不少于1昼夜。

(12)拆模后表面如有蜂窝、麻面、裂纹等缺陷,应将该处混凝土凿去清理干净,薄涂一层水玻璃稀胶泥,待稍干后用水玻璃胶泥或砂浆进行修补。

3.养护和酸化处理

1)养护

(1)水玻璃耐酸混凝土在成形和养护期间应注意防潮、防冻和防晒。

(2)养护温度宜在15~30℃的干燥环境中施工养护,温度低于10℃时应采用电热、热风、暖气等人工加热措施。

(3)养护温度要均匀,避免急冷急热或局部过热,严禁与水接触或用敞口蒸汽养护。

(4)不同温度下的养护期为:

①10~20℃时,不少于12昼夜;

②21~30℃时,不少于6昼夜;

③31~35℃时,不少于3昼夜。

2)酸化处理

由于水玻璃耐酸混凝土在硬化后混凝土的内部和表面常残留一些游离水玻璃,如果不进行酸化处理,遇水易溶解,造成混凝土密实度降低,影响耐酸、耐水的效果。游离水玻璃经酸化处理后转变为硅酸凝胶且填充于混凝土的空隙中,增加密实度和强度,改善耐酸、耐水性能。同时也使有害的氧化钠($Na_2O$)变成盐类析出,减少碱性腐蚀作用。

酸化处理的龄期应根据试件强度来确定;处理过早,水玻璃尚未与氟硅酸钠充分进行反应,会损害混凝土的强度,表面层容易发生麻面、软化、发酥现象,使耐酸、耐水性能降低。处理过迟,混凝土表面已发生碳化,阻碍酸液渗入,同样会影响酸化处理效果。

施工中酸化处理可参考下述条件:

(1)酸化处理的时间在完成混凝土养护期后进行。

(2)酸的浓度为:

①浓度40% ~60%的硫酸;

②浓度15% ~25%的盐酸[或1:(2~3)的盐酸酒精溶液];

③浓度40%的硝酸。

(3)温度在15~30℃时,每次酸化间隔时间为8~10h。

(4)每次酸化处理前应清除表面析出的白色结晶物。

(5)酸化处理,要求涂刷均匀,不少于4次。

### 五、耐酸混凝土施工质量要求与安全技术

1.质量要求

(1)混凝土表面密实;无气孔、脱皮、起砂或固化现象;平整度用3m直尺检查,空隙不大于4mm。

(2)混凝土不得有蜂窝、麻面、裂缝。

2.安全技术

(1)应注意防毒,操作人员应穿工作服,戴口罩、护目镜等。

(2)酸化处理时,应穿戴防酸防护用具,如防酸手套、防酸靴、防酸裙等。

(3)准备一些碱溶液,以便中和时使用。

(4)稀释浓硫酸时,只准将浓硫酸少量徐徐地倒入水中,严禁将水倒入浓硫酸内。

## 第十四节 硫黄耐酸混凝土施工

硫黄混凝土是将刚熬好的硫黄胶泥或砂浆浇筑于耐酸粗集料中制成。这类材料的特点是结构密实,抗渗、耐水、耐稀酸性能好,硬化快(30min可达极限强度的65%),强度高(48h的抗压强度可达到40MPa以上),施工方便,不需养护,故特别适用于抢修工程;但收缩性大,耐水性差,较脆,与板(块)材黏结力较差。硫黄混凝土常用于浇筑整体地坪面层、设备基础和池槽槽体。

硫黄混凝土能耐硫酸、盐酸及浓度为40%的硝酸,当用石墨或硫酸钡作填料时,可耐轻氟酸和氟硅酸;能耐一般铵盐、氯盐、纯机油及醇类溶剂;不耐浓硝酸、强碱;不适用于温度高于80℃或冷热交替部位、与明火接触部位或受重物冲击部位。

## 一、硫黄耐酸混凝土原材料技术要求

1. 硫黄

工业用的块状硫或粉状硫皆可。其技术指标要求见表19-118。

硫黄技术指标　表19-118

| 项　目 | 指　标 | 项　目 | 指　标 |
|---|---|---|---|
| 含硫量(%),≥ | 49 | 含水率(%),≤ | 1 |

注:硫黄纯度稍低时,可适当调整施工配合比。

2. 耐酸粉料

耐酸粉料可用石英粉、辉绿岩粉、安山岩粉。辉绿岩粉不宜单独使用,可与石英粉按1∶1混合使用。要求耐氢氟酸时,可用石墨粉或硫酸钡。耐酸粉技术指标见表19-119。

耐酸粉技术指标　表19-119

| 项　目 | | 指　标 |
|---|---|---|
| 耐酸率(%),≥ | | 94 |
| 含水率(%),≤ | | 0.5 |
| 细度 | 1 600孔/$cm^2$ 筛余(%),≤ | 5 |
| | 4 900孔/$cm^2$ 筛余(%),≤ | 10~30 |

3. 耐酸细集料

耐酸细集料常用石英砂,其技术指标见表19-120。

细集料技术指标　表19-120

| 项　目 | 指　标 | 项　目 | 指　标 |
|---|---|---|---|
| 耐酸率(%),≥ | 94 | 含泥量(%),≤ | 1 |
| 含水率(%),≤ | 0.5 | 粒径1mm筛孔筛余(%),≤ | 5 |

4. 耐酸粗集料

耐酸粗集料常用石英石、花岗石、耐酸砖块等,其技术指标见表19-121。

粗集料技术指标　表19-121

| 项　目 | | 指　标 |
|---|---|---|
| 耐酸率(%),≥ | | 94 |
| 含水率(%) | | 不允许 |
| 含泥量(%) | | 不允许 |
| 粒径 | 20~40mm含量(%),≥ | 85 |
| | 10~20mm含量(%),≤ | 15 |

粗集料的颗粒级配要求,见表19-122。

硫磺混凝土耐酸集料颗粒级配要求　表19-122

| 项　目 | 细集料 | | | | | 粗集料 | | | | |
|---|---|---|---|---|---|---|---|---|---|---|
| 筛孔尺寸(mm) | 0.15 | 0.3 | 1.2 | 2.5 | 5 | 5 | 10 | 20 | 30 | 40 |
| 筛余(%) | 85~100 | 50~85 | 0~5 | 0~3 | 0~1 | 99~100 | 95~100 | 85~95 | 40~50 | 10~30 |

5. 改性剂(增韧剂)

纯硫黄在熔融、冷却、凝固的过程中会发生晶格的转化,从而导致体积发生变化,同时还会降低其强度(尤其是冲击强度)和热稳定性。为了减小这些不良影响,用于硫黄混凝土的硫黄需加以一定量的改性剂——聚硫橡胶,掺加量一般为硫磺用量的 2% ~3%。

## 二、硫黄耐酸混凝土配合比设计

硫黄耐酸混凝土的配合比设计,用计算法计算比较烦琐。目前很多单位都采用经验配合比作为初始配合比,再通过试拌调整和抗拔等性能试验在满足施工要求前提下,确定适用的配合比。

硫黄耐酸混凝土常用施工参考配合比见表 19-123。

**硫磺耐酸混凝土施工参考配合比** 表 19-123

| 材料名称 | 配合比(质量比) | | | | | | | | |
|---|---|---|---|---|---|---|---|---|---|
| | 硫黄 | 硅质粉料 | 碳质粉料 | 辉绿岩粉 | 细集料 | 石棉绒 | 聚硫橡胶 | 聚氯乙烯 | 粗集料 |
| 硫黄胶泥 | 58 ~60 | 17 ~20 | — | 19 ~20 | — | — | 1 ~2 | — | — |
| | 54 ~60 | 18 ~20 | — | 18 ~20 | — | — | — | 5 | — |
| | 70 ~72 | — | 26 ~28 | — | — | — | 1 ~2 | — | — |
| 硫黄砂浆 | 50 | 8.5 | — | 8.5 | 30 | 0 ~1 | 2 ~3 | — | — |
| 硫黄混凝土 | 40 ~50(硫黄胶泥或硫黄砂浆) | | | | | | | | 50 ~60 |

注:碳质粉料石墨粉,用于耐氢氟酸工程。

## 三、硫黄耐酸混凝土的施工工艺

硫黄混凝土是热塑性材料,因此其成形与施工方法不能与普通混凝土相同。国内主要采用浇筑法成形工艺,其主要步骤如下:

(1)将硫黄胶泥按配合比要求先行熬制。其方法是将硫黄在 130 ~150℃温度下熔火脱水,然后将已烘干的粉料及增韧剂分别加入硫黄中,在 140 ~160℃温度下继续熬制,直至液面无气泡为止。熬制中要充分搅拌均匀,并防止局部过热及结底。熬制的容器可采用铁制大锅,有条件时应采用夹套或砂浴加热及采用机械搅拌。

已熬制好的硫黄胶泥可立即使用;也可取出冷却,浇筑大块后备用。

(2)将已清洗干净的粗集料在铁板上加温预热。取出浮铺在拼缝严密、不会漏浆的模板内。为了保证硫黄胶泥能顺利流淌,石子应浮铺不需夯实。石子温度在浇筑硫黄胶泥时不应低于 60℃,以免硫黄胶泥冷却过快、浇筑范围过小而形成死角。

(3)石子铺设厚度每层不超过 40cm。在铺设较大面积的地面及基础时,应每间隔 30 ~40cm 处预留一浇灌孔,作为浇筑硫黄胶泥用,以保证硫黄胶泥能自下而上地将石子灌满,并将石子中空气赶出而避免形成空隙。对于池壁,当壁厚不超过 40cm 时,可不设浇灌孔,在长度方向每隔 40 ~60cm 处作一浇灌点。浇灌孔的预留方法是:将直径约 50cm 的钢管在铺设石子时预先埋入,石子铺设完毕后将钢管缓慢抽出即形成一浇灌孔。

(4)如硫黄混凝土施工面积过大,应分块进行浇灌,每块面积以 2 ~4m$^2$ 为宜,相邻块应在前一块完全冷凝收缩后再进行浇筑。对于高度较大的基础及池壁也应分层浇筑,每次不超过

40cm,待下层凝固后再浇筑上一层,直至所需高度为止;每层水平施工缝应露出石子,以便与上一层有更好的黏结。

在面层找平或浇灌第二层前,应将前一层硫黄混凝土表面的收缩孔及针状物清除凿去。

(5)在用硫黄胶泥浇筑时,应沿预留浇灌孔或浇灌点同时进行浇筑,中间不应中断,以免石子中硫黄胶泥冷却凝固而无法再进行浇入,形成空洞。

硫黄胶泥浇筑时的温度应以其流动度最大时为宜,一般为135~145℃。

硫黄混凝土亦可制成预制块,再用硫黄材料胶结而成整体。淮南化肥包装厂房楼地面有$90m^2$,即采用300mm×600mm、厚度20mm的硫黄混凝土预制块进行施工。预制时可先在底部薄浇一层硫黄胶泥,再铺石子浇筑成型,使用时将底部光面向上。

以上施工方法的特点是施工工艺简单,操作方便,不需任何特殊的设备和机械,即可制成内部密实、质量良好的硫黄混凝土,特别适用于中小型工程。

硫黄混凝土的另一种成型方法,是近年美国等采用的方法。即将预热至160~170℃的材料和140℃的硫黄,加入装有加温装置的搅拌机里,在150℃条件下搅拌2min,然后浇入模板内,用带有半球面端的19mm(3/4in❶)钢棒(预热至120℃)进行振捣成型。所用集料由砂和石子组成,石子粒径一般不大于25mm(1in),硫黄用量为21%~24%。如采用增韧剂改性时,应先与硫黄熔融制成改性硫黄后使用。这种方法可以连续大规模进行施工作业,硫黄用量较少,但需要有专用的搅拌、振捣设备,且振捣时石子易产生沉淀(加入增韧剂后可以减少)。

## 第十五节　耐碱混凝土施工

普通混凝土中水泥化产物虽然能具备一定的抗碱能力,但碱含量超过一定的浓度后会对混凝土造成腐蚀破坏。遇到碱性物质后不被腐蚀破坏,保持结构性能完好的混凝土称为耐碱混凝土。

耐碱混凝土可耐50℃以下、浓度25%的氢氧化钠和50~100℃、浓度12%的氢氧化钠和铝酸钠溶液的腐蚀,以及任何浓度的氨水、碳酸钠、碱性气体和粉尘等的腐蚀。

### 一、耐碱混凝土原材料技术要求

1. 水泥

首先选用硅酸盐水泥、普通硅酸盐水泥及碳酸盐水泥。水泥中铝酸三钙含量不大于9%。特别要控制与碱能发生反应的物质,如$C_3A$在硅酸盐水泥中质量分数不高于7%,在普通硅酸盐水泥中质量分数不高于5%。水泥的强度等级不低于42.5MPa。

矿渣水泥成分基本与普通水泥相似,耐碱性能亦较好。但由于泌水性大,配制的混凝土密实性难以保证。如果采取适当措施,也能补偿其缺点,例如掺氢氧化铝密实剂,即能显著提高其耐碱性能。

2. 集料

应选用较强耐碱性的粗集料,目前常用的耐碱集料有白云石、石灰石、大理石的碎石和碎屑。

---

❶1in=0.3048m。

为了能使混凝土达到最大的密实度，集料的颗粒级配应符合图 19-61 所示的级配曲线。

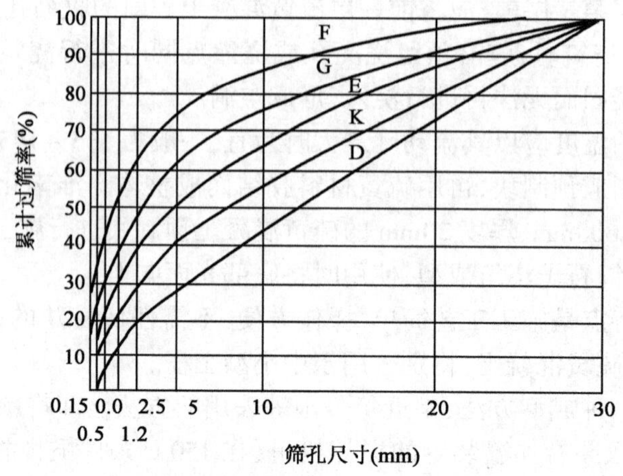


图 19-61 耐碱混凝土集料级配曲线

F、E、D-卵石混合级配曲线；G、K-碎石混凝土级配曲线

3. 掺合料

为提高混凝土的密实性，可以在混凝土配制中加入一定量的耐碱掺合料，常用的掺合料是磨细石灰石粉，其细度应在 4 900 孔/$cm^2$ 筛筛余量不大于 25%，且粒径应小于 0.15mm。掺量为水泥用量的 15% ~20%。

4. 外加剂

为进一步降低混凝土的孔隙率及提高混凝土的强度，可以在配制混凝土时加入一定量的减水剂和早强剂。

## 二、耐碱混凝土配合比设计

配合比必须要考虑混凝土的强度、抗渗性能和耐碱要求，目前一般根据工程的技术要求和经验进行设计，具体设计过程如下：

1. 原材料选用

按前述材料要求严格选用。

2. 水灰比（$W/C$）确定

$W/C$ 越大混凝土抗渗性越差，耐碱性也越差，一般情况下 $W/C$ 选用 4.5 ~5.5。当加入减水剂时，$W/C$ 适当减少。

3. 砂率确定

一般情况下砂率在 0.38 ~0.42 范围内选择。

4. 水泥用量

每立方米混凝土中水泥用量不少于 300kg。具体可参照普通混凝土水泥用量。

配合比确定后，必须进行试配，制作混凝土试块，在标准养护 28d 进行试验，包括抗压强度、抗渗强度，并经 28d 后放在质量分数为 25% 的氢氧化钠（NaOH）溶液中浸泡，28d 测定其抗压强度是否满足要求。

耐碱混凝土配合比也可根据工程技术要求,参考经验配合比进行设计,然后通过试验确定。表 19-124 所列配合比可供配合比设计时参考。

耐碱混凝土参考配合比　　表 19-124

| 项次 | 配合比(kg/m³) | | | | | | | 坍落度(cm) | 自然养护(d) | 浸碱养护(d) | 抗压强度(MPa) |
|---|---|---|---|---|---|---|---|---|---|---|---|
| | 水　泥 | | 石灰粉 | 中砂 | 碎　石 | | 水 | | | | |
| | 品种及强度 | 用量 | | | 粒径(mm) | 用量 | | | | | |
| 1 | 42.5 级普通 | 360 | — | 780 | 5 ~ 40 | 1 170 | 178 | 5 | 28 | 14 | 21 |
| 2 | 42.5 级普通 | 340 | 110 | 600 | 5 ~ 40 | 1 120 | 182 | 5 | 24 | 28 | 23 |
| 3 | 52.5 级普通 | 330 | — | 637 | 5 ~ 15<br>5 ~ 40 | 366<br>855 | 188 | — | — | — | 30 |

注:1. 浸泡养护的碱溶液为浓度 25% 的氢氧化钠溶液。

2. 在混凝土中掺入三氯化铁或氢氧化铁,对提高耐碱性能亦有良好的效果。

## 三、耐碱混凝土的配制

1. 用碳酸盐、硅酸盐水泥配制

碳酸盐水泥 340kg、中砂 600kg,粒径为 1 ~ 4cm 卵石 1 405kg,水 150kg。制成混凝土的坍落度至 2cm 左右,和易性良好。

如用 42.5 级硅酸盐水泥熟料和破碎石灰石粉,按 1∶1(质量比)相混合,并按上述配比所制得的耐碱混凝土,在 70 ~ 90℃ 条件下能耐 30% 苛性钠溶液的作用。

2. 用耐碱集料配制

耐碱集料除应满足普通混凝土所有集料的要求外,还应具有良好的耐碱性能,至少不低于水泥耐碱性能(如采用卵石、碎石)。细集料应占有一定的比例,一般含砂率在 45% ~ 50%。集料中 0.15mm 以下的耐碱性能良好的磨细掺合料的数量以占集料总量的 6% ~ 8% 为最优。

采用耐碱集料制作的混凝土中,所用胶结料为 52.5 级硅酸盐水泥(不得低于 42.5 级)最好是采用高强度等级水泥。水泥应有一定的细度,以保证具有良好的密实性,而增强防止溶液渗透的能力。同时不能使用过期或有结块的水泥。

除上述两种耐碱性混凝土的配制外,还可用各种耐碱水泥进行配制,如法国在水玻璃水泥中掺加一半能引起和控制水泥膨胀的氰胺金属化合物,制成自硬性耐酸耐碱水泥。

日本公布了一种合成树脂水泥,是在麸醇的水溶液中加入磷酸作催化剂,使其发生缩合反应而制成麸醇低级聚合物,再加入氯化钙、生石灰、氧化锌的混合物,并根据需要再加入硅酸而制成的。这是一种耐酸、耐碱性能很好的水泥。

耐碱混凝土可用于制造生产氧化铝的过程中所用的金属槽,如分解槽、沉降槽、混合槽等槽壁,以代替钢材,并保证这些槽壁在 100℃ 左右的温度下,在浓度为 10% ~ 15% 的 $Na_2O$ 溶液中,能经受机械搅拌、液体扩张等作用。

## 四、耐碱混凝土的施工工艺

1. 搅拌

最好采用强制式搅拌机,投料顺序与搅拌时间如图 19-62 所示。

2. 浇筑

边浇筑边用振捣棒振动捣实，必须注意做到连续浇筑，不得留设施工缝。

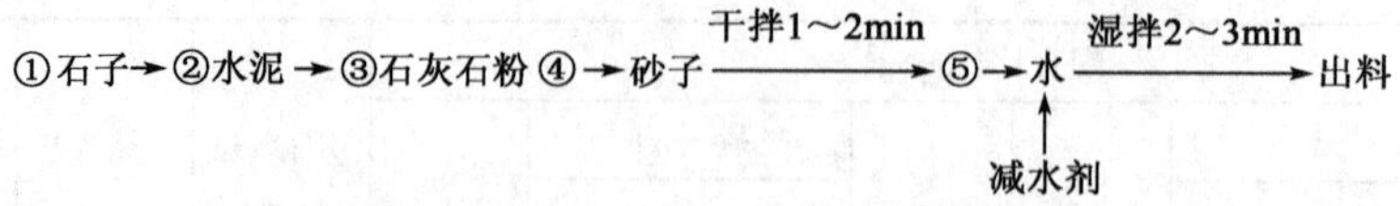

①石子→②水泥→③石灰石粉④→砂子 —干拌1～2min→ ⑤→水 —湿拌2～3min→ 出料
（减水剂↑加入水）

图19-62 耐碱混凝土投料顺序与搅拌时间

3. 浇筑厚度

当浇筑厚度较大时，应分层浇筑，分层厚度不大于200mm。分层浇筑时，上一层应在下一层初凝前完成。

4. 浇筑大面积

浇筑大面积耐碱混凝土工程时，应分格浇筑。分格缝内应填嵌沥青胶泥或聚氯乙烯胶泥，以防止温度变形引起的破坏。

## 五、养护

养护与普通混凝土一样，要求浇水不少于14d。

# 第十六节　耐油混凝土施工

耐油混凝土是一种能阻抗油类物质（包括植物油和矿物油）渗透且不易与这些油类起化学作用的混凝土。耐油混凝土在石油、冶金工程中，常用来代替钢板建造抗油渗性很高的轻油缸、重油缸及耐油底板，地坪工程等，以节约大量钢材和陶瓷材料，并能把油缸建造在地下。

## 一、耐油混凝土原材料技术要求

1. 水泥

应选用强度等级≥42.5MPa的硅酸盐水泥或普通硅酸盐水泥，最好选用早强型水泥。要求水泥中游离氧化钙（fCaO）含量少（立窑水泥中fCaO应小于2%，回转窑水泥fCaO应小于1%），储存期不超过3个月。

2. 集料

(1)粗集料。粗集料宜采用粒径5～40mm、具有连续级配的碎石，要求质地致密坚硬、吸水率小于或等于1%。较好的种类有花岗岩、玄武岩、辉绿岩及致密性石灰岩（如大理石）；质地疏松的石灰岩、砂岩及风化程度较高的其他岩石都不能使用。石子之间的空隙率应小于45%。

(2)细集料。细集料宜选用杂质含量（特别是含泥量及有机物含量）小于或等于2%的石英砂。细度模数$M_x$应在2.5～3.5。

粗、细集料混合后，其孔隙率应小于35%。

3. 氢氧化铁密实剂

用三氯化铁加氢氧化钠或氢氧化钙配制而成。

按计算每千克纯的三氯化铁加0.74kg纯氢氧化钠（或0.68kg生石灰）可以制成0.66kg的纯氢

氧化铁。制得的氢氧化铁含有较多的食盐,需用6倍于总配制量的清水分三次清洗、沉淀、滤净。

三氯化铁混合剂由三氯化铁(固体或废液)掺加含有一定量木质素的木糖浆(固体含量33%)而制成。

4. 复合密实剂

$KAl(SO_4)_2$ 复合密实剂是以 $FeCl_3$ 和明矾为主要成分,同时含有少量木糖浆的密实剂,3种原料的配合比见表19-125。

**复合密实剂的配合比及在混凝土中的掺量** 表19-125

| 材料名称 | 配合比(%) | 混凝土中掺量(%) |
|---|---|---|
| 三氯化铁 | 80~85 | |
| 明矾 | 6~8 | 1.5~2 |
| 木糖浆 | 8~9 | |

5. 减水剂

在必要时可掺加适量减水剂,以降低混凝土的 *W/C*,从而进一步降低混凝土的孔隙率。

6. 水

采用 pH=6~7 的洁净水。

## 二、耐油混凝土配合比设计

配合比设计的原则是尽量提高混凝土的密实度。除通过掺加密实剂及减水剂外,还应对水泥用量、*W/C* 及砂率 $S_p$ 进行控制。

(1)每立方米混凝土中水泥用量应控制在350~380kg(如果为耐油砂浆,可控制在550kg/m³左右)。

(2)砂率 $S_p$ 应控制在0.36~0.40。

(3)*W/C* 应控制在0.48~0.53。

根据一些施工单位的经验,耐油混凝土及耐油砂浆的配合比设计可参考表19-126。

**耐油混凝土及耐油砂浆参考配合比设计** 表19-126

| 项目 | 配合比(kg/m³) | | | | | | | | | 28d抗压强度(MPa) | 抗渗性 | |
|---|---|---|---|---|---|---|---|---|---|---|---|---|
| | 水泥 | 砂 | 碎石 | 水 | 氢氧化铁 | 亚硝酸钠 | 三氯化铁 | 明矾 | 木糖浆 | | 抗渗等级(MPa) | 油渗深度(cm) |
| 耐油混凝土 | 355 | 617.7 | 1 143.1 | 195.3 | — | — | — | — | — | 28.1~33.4 | $S_3$~$S_4$ | 15.0 |
| | 355 | 617.7 | 1 143.1 | 195.3 | — | — | 5.325 | 0.355 | 0.355 | 29.3~43.3 | $S_{12}$ | 1.3~2.7 |
| | 370 | 643.8 | 1 191.4 | 203.5 | — | — | — | — | — | 28.1 | $S_{04}$ | 15.0 |
| | 370 | 643.8 | 1 191.4 | 203.5 | 7.4 | — | — | — | — | 31.0 | $S_{12}$ | 6~8 |
| | 370 | 643.8 | 1 191.4 | 203.5 | — | — | 5.55 | — | 0.555 | 37.2 | $S_{12}$ | 2~4.5 |
| 耐油砂浆 | 550 | 1 100 | — | — | — | — | — | — | — | 34.4 | $S_{12}$ | 3.5 |
| | 550 | 1 100 | — | — | 11 | — | — | — | — | 33.3 | $S_{06}$ | 3.5 |
| | 550 | 1 100 | — | — | — | 8.32 | — | — | 0.825 | 35.2 | $S_{12}$ | 10~1.5 |

注:1. 砂子以绝干计;氢氧化铁、亚硝酸钠、三氯化铁、明矾均按有效物质计。

2. 采用轻质油(煤油)作侵蚀介质。

3. 为改善 $FeCl_3$ 的慢缩性,可在三氯化铁溶液中掺入水泥用量0.01%的硫酸铝。

4. 耐油砂浆用作油罐抹面层。

## 三、耐油混凝土的配制

制作耐油混凝土的方法主要有两种：

(1)在混凝土中掺入防渗剂——氢氧化铁 $Fe(OH)_3$，使在混凝土中产生胶溶液，堵塞混凝土中毛细孔道，进一步增加混凝土的防渗性能。

(2)采用集料级配法，以增加混凝土的密实性而达到不透油的目的。

### 1. 掺氢氧化铁防渗剂配制不透油混凝土

(1)制作氢氧化铁

通常用三氯化铁加石灰膏配成：

$$2FeCl_3 + 3Ca(OH)_2 - 2Fe(OH)_3 + 3CaCl_2$$

制作方法是将定量的三氯化铁放在木桶或缸中，再将石灰膏用 0.6mm 筛孔筛于过滤，倒入三氯化铁溶液中，不断搅拌至混合均匀，发生化学反应生成黄褐色胶体，再用指示纸鉴定其碱性($pH = 8$)即可。

(2)用三氯化铁加氢氧化钠(工业烧碱)配成

$$FeCl_3 + 3NaOH \rightarrow Fe(OH)_3 + 3NaCl$$

将工业烧碱用 5 倍的清水溶解，然后逐渐倒入三氯化铁溶液中，边倒边搅拌，直至指示纸呈现 $pH = 8$ 时为止。

(3)利用阳极电解铁的方法来制取

这种方法能提炼出更纯的、廉价的产品，可以制成以各种浓度不同的胶态氢氧化铁，同时还可以制成粉末状，以便运输和混凝土的搅拌。

一般氢氧化铁的掺加量为水泥质量的 1.5% ~3%。

### 2. 用集料级配法制作耐油混凝土

集料级配法就是通过粗细集料的颗料筛析，进行粗细集料的级配设计，以求获得最大密实度的混凝土，从而提高混凝土的防渗性能。这一部分因与制作防水混凝土方法相同，故不再详述。

此外国外学者认为，决定砂浆防止石油渗透性的参数主要有：水泥与矿砂的适当质量比、水泥对石料颗粒的附着性、石料的无孔性和选择合适的石料。

使用各种水泥和矿石(如砂结晶石灰石，风化多孔石灰石，白云石、硅石、玄武岩、斑岩、安山岩等)的质量比，用不同的水灰比，不同的养护时间和方法进行试验得出如下的基本论点：水泥颗粒的面积必须大于石料颗粒的总和。如果水泥颗粒包围每个石料颗粒，砂浆则是不渗油的。

不透石油的砂浆与 20% ~30%(干燥成分的质量比)的集料混合，可以制得耐油混凝土。

## 四、耐油混凝土的施工工艺

(1)原材料应符合技术性能指标，配料应按规定配合比称量，并严格控制水灰比。加水时应扣除砂、石和化学剂中所含的水分。

(2)掺化学剂时，应测定胶状氢氧化铁的固体含量，然后以水泥用量的 1.5% ~2.0% 的固体含量掺入混凝土的拌和水中。三氯化铁混合剂配料时，切忌把木糖浆直接加到三氯化铁溶液中，但硫酸铝和三氯化铁可混合配制。

(3)耐油混凝土宜用机械搅拌,如4001搅拌机,搅拌时间应为2.5~3.0min,以保证搅拌均匀一致,浇筑时要做到均匀卸料,粗集料不得过分集中,用的振捣器振捣密料,并将表面刮平压光。

(4)振捣时应注意使振捣点分布均匀,严防漏振。务必使混凝土均匀密实,振捣结束后应注意将表面收光。

(5)加强混凝土养护,养护温度不得低于5℃,相对湿度RH≥90%。混凝土凝结硬化后应立即在表面覆盖草帘、薄膜或喷洒养护剂,以保证早期的养护湿度。24h~14d内可浇水养护,养护21d后才能与油类物质接触。

(6)对于地下工程,施工前应做好排水,保证混凝土或砂浆在养护期间不受地下水侵蚀。

## 第十七节　耐热混凝土施工

耐热混凝土是一种能长期在200~1 300℃高热高温状态下使用,且保持所需要的物理、力学性能的特种混凝土材料。按胶结材料可以分为硅酸盐耐热混凝土、铝酸盐耐热混凝土、磷酸盐耐热混凝土、硫黄盐酸耐热混凝土、氯化物耐热混凝土、水玻璃耐热混凝土、镁质水泥耐热混凝土,以及其他胶结料耐热混凝土;根据硬化条件可分为水硬性耐热混凝土、气硬性耐热混凝土和热硬性耐热混凝土。

### 一、耐热混凝土原材料技术要求

耐热混凝土在长期高温作用下,应具备与热工设备需要相适应的高温物理力学性质,如耐热度(或混凝土的最高加热温度)、荷载软化温度、烘干强度、残余强度、高温强度、热稳定性、高温体积固定性等特殊性能。因此,必须对其组成材料加以适当的选择。

1.胶凝材料

1)水泥

配制耐热混凝土用的普通硅酸盐水泥、矿渣硅酸盐水泥和高铝水泥,除应符合国家现行水泥标准外,还应符合下列要求:

(1)在生产普通硅酸盐水泥时,不得掺有石灰岩类混合材料。

(2)采用矿渣硅酸盐水泥配制最高使用温度为70℃的耐热混凝土时,水泥中磨细水淬矿渣含量不得大于50%。

(3)任何一种水泥的强度等级不得低于32.5MPa。

(4)每立方米耐热混凝土的水泥用量为300~450kg。

2)水玻璃

(1)配制水玻璃耐热混凝土时,所用水玻璃模数$M=2.6\sim2.8$,比密度$\rho_s=1.38\sim1.40$为宜。

(2)硬化剂。氟硅酸钠($Na_2SiF_6$)纯度按质量计不少于95%,含水率不大于1%,细度通过0.125mm筛孔,其筛余量小于10%。

(3)每立方米耐热混凝土的水玻璃用量为300~400kg,$Na_2SiF_6$用量为水玻璃的2%~15%。

2.掺合材料

工程经验表明,在配制耐热混凝土时,除使用温度小于350℃的普通水泥耐热混凝土和矿渣水泥耐热混凝土,以及最高使用温度为700℃,水渣含量大于50%的矿渣水泥耐热混凝土可不加掺合材料外,其余的耐热混凝土均需加掺合材料。

1)胶凝材料与掺合材料的选择

(1)普通硅酸盐水泥与掺合材料

掺合料是在拌制耐热混凝土时掺入的一种具有耐热性能的粉料。掺加这种粉料的主要作用体现在两个方面:一是可以提高混凝土的密实性,减少在高温状态下混凝土的变形;二是用普通硅酸盐水泥配制耐热混凝土时,掺合料中的氧化铝($Al_2O_3$)、氧化硅($SiO_2$)和水泥水化产物氢氧化钙[$Ca(OH)_2$]的脱水产物氧化钙(CaO)反应,形成耐热性较好的无水硅酸钙和无水铝酸钙,同时避免氢氧化钙[$Ca(OH)_2$]脱水引起的体积变化。由此可见,配制耐热混凝土应选用熔点比较高、高温不变形、含有一定数量氧化铝($Al_2O_3$)的材料作为掺合料。

(2)矿渣硅酸盐水泥与掺合材料

矿渣硅酸盐水泥作为耐热混凝土的胶凝材料,实质上等于硅酸盐水泥熟料掺矿渣,这里的矿渣本身就是磨细混合材料。

(3)高铝水泥与掺合材料

高铝水泥在高温作用下,易与耐火集料起固相反应,以烧结结合的形式代替水化结合,因而高铝水泥本身即具备耐热性。

2)掺合材料的技术性质

掺合材料种类繁多,可采用黏土熟料、铝矾土熟料、烧结镁砂、黏土砖粉、粉煤灰等。掺合材料的技术性质应符合表19-127要求。

**配制耐热混凝土常用的掺合料及其技术要求** 表19-127

| 掺合料名称 | 掺合料细度(0.08mm方孔筛筛余)(%) | | 掺合料的化学成分(%) | | | | | | | 高量使用温度(℃) |
|---|---|---|---|---|---|---|---|---|---|---|
| | 水泥耐热混凝土 | 水玻璃耐热混凝土 | $Al_2O_3$ | $SiO_2$ | MgO | CaO | $Fe_2O_3$ | $SO_3$ | 烧失量 | |
| 黏土砖粉 | <70 | 50 | ≥30 | — | — | — | — | — | — | ≤900 |
| 黏土熟料粉 | <70 | 50 | ≥30 | — | — | — | ≤5.5 | ≤0.3 | — | ≤900 |
| 高铝砖粉 | <70 | — | ≥65 | — | — | — | — | — | — | 1 300 |
| 矾土熟料粉 | — | — | ≥48 | — | — | — | — | — | — | 1 300 |
| 镁砂粉 | — | 70 | — | ≤4.0 | ≥87 | ≤5.0 | — | — | ≤0.5 | 1 450 |
| 镁砖粉 | <8.5 | 70 | — | — | ≥87 | ≤5.0 | — | — | — | 1 450 |
| 粉煤灰 | <8.5 | — | ≥70 | — | — | — | — | ≤4.0 | ≤8.0 | 1 250 |
| 矿渣粉 | — | — | ≥20 | — | — | — | — | — | ≤5.0 | 1 250 |

注:掺合材料含水率不得大于1.5%。

3.粗细集料

1)质量要求

(1)耐热混凝土不宜采用石英质集料,如砂岩、石英等,以避免$SiO_2$受热膨胀而使混凝土破坏。

其他集料,如黏土熟料、铝矾土熟料、耐火砖碎料、红砖碎料、高炉矿渣、安山岩、玄武岩、辉绿岩等,都可用于不同性能要求的耐热混凝土中。其中,铝矾土熟料、烧结镁砂、铬铁矿为耐热优质集料。

(2)集料的燃烧温度为1 350～1 450℃。由于集料及掺合料在混凝土中占的比例甚大,它们的耐火度对混凝土的耐热性能起着重要影响。因此,必须根据结构物所承受的温度及各种原料的化学分析结果,参考有关技术规定,通过试验决定。

(3)对于黏土质材料,如已用过的砖,除去表面熔渣和杂质,且强度应大于10MPa;对于镁质材料,使用前,必须经过碳化处理,并不得使用已用过的镁质制品;对于高铝重矿渣,应具有良好的安定性,不允许有大于25mm的玻璃质颗粒。

(4)粗集料粒径一般不得大于20mm,在钢筋不密的厚大结构中,不应大于40mm。

(5)集料中严禁混入有害杂质,特别是石灰岩类碎块等。

2)技术性质

耐热混凝土粗集料粒径一般为5～15mm,细集料粒径为0.15～5mm。集料的颗粒级配要求见表19-128。

**耐热混凝土集料的级配要求** 表19-128

| 集料名称 | 颗粒级配(累计筛余)(%) | | | | | |
|---|---|---|---|---|---|---|
| | 粗集料粒径(mm) | | | 细集料粒径(mm) | | |
| | 25 | 10 | 5 | 5 | 1.2 | 0.5 |
| 碎黏土砖 | 0～5 | 30～60 | 90～100 | 0～10 | 20～55 | 90～100 |
| 黏土熟料 | 0～5 | 30～60 | 90～100 | 0～5 | 20～55 | 90～100 |
| 碎土熟料 | 0～5 | 50～60 | 90～100 | 0～5 | 20～55 | 90～100 |
| 矾土熟料 | 0～5 | 30～60 | 90～100 | 0～5 | 20～55 | 90～100 |
| 碎镁质砖 | 0 | 0～5 | 90～100 | 0～5 | 20～55 | 90～100 |
| 镁砂 | 0 | 0～5 | 90～100 | 0～5 | 20～55 | 90～100 |
| 粉煤灰 | — | — | — | — | — | — |

4.外加剂

在配制硅酸盐耐热混凝土时,应根据所用胶结料掺加适宜的外加剂。对于硅酸盐系列水泥配制的耐热混凝土,可掺加减水剂以降低水灰比,减少混凝土中的空隙率,提高混凝土的密实度和强度,减水剂宜采用非引气型。对于水玻璃配制的耐热混凝土,应掺加氟硅酸钠固化剂,固化剂的技术要求可参见第十三节“耐酸混凝土”。

在配制铝酸盐耐热混凝土时,可加入水泥用量0.3%～0.7%的非引气型减水剂,以改善混凝土的施工性能,提高混凝土的体积密度。

5.拌和水

耐热混凝土所用的拌和水,没有特殊的要求,与配制普通水泥混凝土相同。其技术指标应符合《混凝土用水标准》(JGJ 63—2006)中的要求。

## 二、耐热混凝土配合比设计

1.设计原则

(1)设计耐热混凝土配合比,应根据极限使用温度和使用条件,并通过试验确定。

(2)在高温下有较高强度要求的结构,则以采用水玻璃耐混凝土较为适宜。水玻璃耐热混凝土的特点是在高温下不降低强度。而水泥耐热混凝土在高温作用下,强度有所降低,最大可降低60%左右,但剩余强度在长期高温作用下,仍能保证混凝土不致破坏。

2. 设计方法

由于耐热混凝土的配合比选择用计算方法比较烦琐,故一般常用经验配合比为初始配合比,再通过试拌调整,求出适用的配合比。

3. 参考配合比

(1)硅酸盐水泥系列耐热混凝土的配合比可以参照表19-129和表19-130,具体施工时再作调整。

**硅酸盐水泥系列耐热混凝土配合比实例(kg/m³)** 表19-129

| 胶凝材料 | | 掺合料 | | 粗集料 | | 细集料 | | 水 | 强度等级 | 最高工作温度(℃) |
|---|---|---|---|---|---|---|---|---|---|---|
| 种类 | 用量 | 种类 | 用量 | 种类 | 用量 | 种类 | 用量 | | | |
| 硅酸盐水泥 | 340 | 黏土熟料粉 | 300 | 碎黏土熟料 | 700 | 黏土熟料砂 | 550 | 280 | C20 | 1 100 |
| 硅酸盐水泥 | 320 | 红砖 | 320 | 碎红砖 | 650 | 红砖砂 | 580 | 270 | C20 | 900 |
| 硅酸盐水泥 | 350 | 矿渣粉 | 300 | 碎黏土熟料 | 680 | 黏土熟料砂 | 550 | 285 | C20 | 1 000 |
| 矿渣水泥 | 480 | 粉煤灰 | 120 | 碎红砖 | 720 | 红砖砂 | 600 | 285 | C20 | 900 |
| 普通硅酸盐水泥 | 360 | 粉煤灰 | 200 | 碎红砖 | 700 | 红砖砂 | 600 | 270 | C15 | 1 000 |

注:1. 所有品种水泥强度等级都为32.5。
2. 粉煤灰为Ⅱ级灰。
3. 粗细集料级配符合本节要求。

**水玻璃耐热混凝土配合比实例(kg/m³)** 表19-130

| 胶凝材料 | 粗集料 | | 细集料 | | 掺合料 | | 固化剂 | 强度等级 | 最高工作温度(℃) |
|---|---|---|---|---|---|---|---|---|---|
| 水玻璃 | 种类 | 用量 | 种类 | 用量 | 种类 | 用量 | 氟硅酸钠 | | |
| 3.00 | 镁砖碎块 | 1 100 | 镁砂 | 600 | 镁砖粉 | 600 | 30 | C15 | 1 200 |
| 3.50 | 镁砖碎块 | 1 150 | 镁砂 | 550 | 镁砖粉 | 550 | 35 | C20 | 1 200 |
| 3.50 | 黏土熟料块 | 80 | 黏土熟料块 | 500 | 黏土熟料块 | 500 | 35 | C20 | 1 000 |

注:1. 水玻璃的模数为2.4~3.0,相对密度为1.38~1.40。
2. 氟硅酸钠纯度(质量分数)≥95%。

(2)铝酸盐耐热混凝土参考配合比见表19-131。

**铝酸盐耐热混凝土参考配合比** 表19-131

| 混凝土种类 | 组成材料及用量配合比(kg/m³) | | | 强度等级 | 使用范围 | 最高工作温度(℃) |
|---|---|---|---|---|---|---|
| | 胶凝材料 | 粗细集料 | 掺合材料 | | | |
| 普通水泥耐热混凝土 | 高铝水泥300~400 | 黏土熟料、高铝砖、矾土熟料1 400~1 700 | 黏土熟料、矾土熟料150~300 | C20 | 宜用于厚度小于400mm结构、无酸碱侵蚀的工程 | 1 300 |

(3)磷酸盐耐热混凝土参考配合比见表19-132。

**磷酸盐耐热混凝土的配合比** 表19-132

| 结合剂(%) | | 耐火集料(%) | 掺合料(%) | |
|---|---|---|---|---|
| 磷酸盐溶液 | 磷酸溶液 | | 耐火粉 | 碳酸钙粉 |
| 18~22 | — | 70~75 | 5~7 | 2~3 |
| — | 15~20 | 73~77 | 5~7 | 2~3 |

## 三、耐热混凝土的施工工艺

1)硅酸盐系列耐热混凝土的施工

硅酸盐混凝土施工基本类似于普通混凝土,但必须注意以下几点:

(1)耐热混凝土水灰比($W/C$)低(0.40~0.45),坍落度小(3~5m),因此必须采取强制搅拌机进行搅拌。

(2)施工必须在5℃以上进行,如低于5℃应按冬季施工进行,但不得加入含硫酸钠或氯化钠的早强剂。

2)铝酸盐耐热混凝土的施工

(1)搅拌。铝酸盐耐热混凝土搅拌必须采用强制式搅拌机,搅拌时间比普通混凝土应增加2~3min。

(2)捣实。一般浇筑料可用机械振动捣实。对预制窑炉内衬砌块,也可用人工捣打。捣打时的混凝土也称捣打料,一般用于干硬性混凝土。

3)磷酸盐耐热混凝土施工

(1)搅拌。搅拌采用强制式搅拌机,投料顺序为先投入耐火集料(砂),再投入粉料,干拌1~2min后,慢慢一次性倒入结合剂,再搅拌3~4min后出料。

(2)捣实。小型制品和浇筑工程混凝土可采用机械振动捣实,也可采用人工捣实,大体积制品和现场浇筑工程混凝土时必须采用机械振动捣实,振捣时必须充分均匀。

4)水玻璃耐热混凝土的施工

(1)粉状集料应先与氟硅酸钠拌和,再用筛孔为2.5mm的筛过筛两次。

(2)干燥材料应在混凝土搅拌机中预先减半2min,然后再加入水玻璃。

(3)搅拌时间,自全部材料装入搅拌机起,应不低于2min。

(4)每次拌制量应在混凝土初凝前用完,但不超过30min。

# 第十八节　耐磨混凝土施工

对机械磨损、流体冲刷等磨损破坏有较强抵抗作用的混凝土称为耐磨损混凝土(简称耐磨混凝土)。耐磨混凝土常用于道路路面、堆场地面、混凝土桥墩、水上建筑的水中支柱、混凝土给排水管道及混凝土堤坝等。

## 一、耐磨混凝土原材料技术要求

1.胶凝材料

1)水泥

应选择水化硬化后硬化浆体耐磨性强的水泥。就硅酸盐系列水泥而言,耐磨性与硅酸盐水泥熟料矿物的组成有关,也与混合材的品种和掺量有关。

硅酸盐水泥熟料各矿物成分的耐磨性见表19-133。

由表19-133可知,硅酸盐水泥熟料矿物水化硬化后的抗磨损强度从大到小的顺序应为:$C_3S > C_4AF > C_3A > C_2S$。

**硅酸盐水泥熟料矿物抗磨强度比较** 表 19-133

| 矿物成分 | 水灰比 | 水泥石抗磨强度[h/(10N·m²)] | 水灰比 | 灰砂比 | 砂浆抗磨强度[h/(10N·m²)] | 砂浆3个月龄期抗压强度(MPa) |
|---|---|---|---|---|---|---|
| $C_3S$ | 0.31 | 3.45 | 0.48 | 1:2.5 | 4.35 | 45.0 |
| $C_2S$ | 0.23 | 0.80 | 0.43 | 1:2.5 | 不抗磨 | 15.0 |
| $C_3A$ | 0.47 | 2.94 | 0.70 | 1:2.5 | 0.87 | 10.3 |
| $C_4AF$ | 0.28 | 3.13 | 0.45 | 1:2.5 | 0.94 | 6.6 |

因此,应选择 $C_3S$ 含量最高的水泥熟料所制成的水泥。一般情况下,回转窑生产的水泥熟料中 $C_3S$ 含量远高于立窑生产的水泥熟料。因此,应尽量选用回转窑水泥厂生产的水泥。

研究表明,掺加目前常用的任何混合材(粉煤灰、水淬矿渣、火山灰质混合材等)对抗磨性都有程度不同的负影响。因此水泥品种最好选用不掺或少掺混合材的水泥,如硅酸盐水泥或普通硅酸盐水泥。如选用普通硅酸盐水泥,其中的混合材料最好用水淬矿渣,尽量不选用粉煤灰。

水泥的强度等级一般应大于或等于42.5MPa,最好大于或等于42.5MPa。

2)环氧树脂

在一些特殊场合,使用水泥混凝土已不能满足抗磨损的要求,需采用抗磨性能更好的胶结材料。其中环氧树脂是比较理想的一种。

2. 集料

1)集料的品种选择

应选用质地致密、坚硬、耐磨损性强的材料作为集料。粗集料一般选用花岗岩、辉绿岩及致密性强的石灰岩等,而细集料一般应选用较纯净无风化的石英砂。

研究者通过研究发现,在磨损过程中,卵石更易被冲击脱离开硬化浆体而形成空穴和凹槽,使混凝土的磨损破坏速度加快。因此,即使碎石混凝土的磨损系数稍高一些,与卵石相比,还是碎石更适宜于耐磨损混凝土。

2)粗集料最大粒径 $D_{max}$ 的选择

当单位体积混凝土中水泥用量和水灰比确定后,改变 $D_{max}$ 时,混凝土的磨损系数将发生如图19-63所示的变化。

由图19-63可知,$D_{max}=25mm$ 时磨损系数最低。从磨损试验后的试件观察结果可知,当 $D_{max}=10mm$ 时,粗集料被拔出来的比例较大。综合考虑磨损系数和集料拔出来的孔穴数量,较适宜的粗集料 $D_{max}$ 应为25mm。但也有试验表明 $D_{max}$ 在15mm左右是较适宜的。

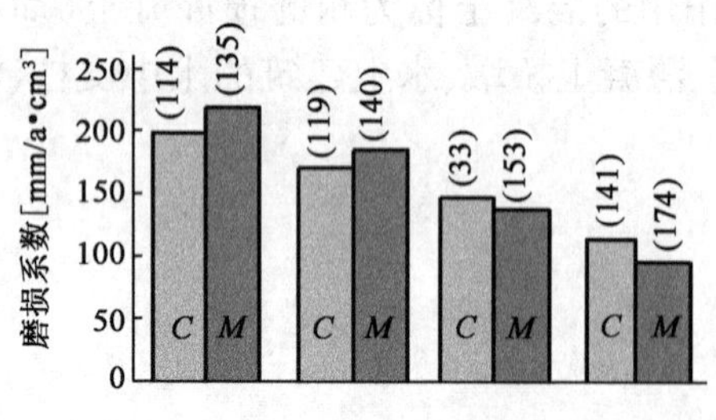

图19-63 粗集料 $D_{max}$ 与磨损系数的关系

注:括号内数值:抗压强度(MPa)。

3)细集料的细度模数 $M_x$ 的选择

研究表明,细集料石英砂宜采用中粗砂,细度模数 $M_x$ 应控制在2.4~3.5。

另外,石英砂的质量应符合表19-134的要求。

**用于耐磨损混凝土的石英砂的质量要求** 表 19-134

| 项目名称 | $SiO_2$(%) | 云母(%) | 硫化粉(%) | 尘土(%) | 硬度(HB) | 吸水率(%) | 比密度($g/m^3$) | 空隙率(%) | 松堆密度($kg/m^3$) | 粒径(mm) |
|---|---|---|---|---|---|---|---|---|---|---|
| 质量要求 | ≥95 | ≤0.5 | ≤0.5 | ≤0.5 | 5~7 | 1.0 | 2.65 | ≤40 | ≥1 600 | ≥0.15 |

3. 掺合料

用于耐磨损混凝土的掺合料有两类:一类是用于直接增强耐磨性的掺合料,这部分掺合料可以代替部分细集料,常用的有钢屑、钢纤维、金刚砂、钢渣砂、烧矾土砂等,其中以钢屑、钢纤维、金刚砂的效果最好;另一类是用于增加混凝土的致密性和强度的掺合料,常用的有硅灰及超细矿渣粉等。

4. 外加剂

为了降低混凝土的孔隙率,提高混凝土的强度,配制耐磨混凝土时也可掺入一些减水剂及早强剂。但减水剂不宜采用引气型减水剂。如在钢筋混凝土中掺加早强剂,应避免掺用对钢筋有锈蚀作用的早强剂。

## 二、耐磨混凝土配合比设计

根据工程对混凝土耐磨损性要求的不同及所用耐磨集料的不同,目前常用的耐磨损混凝土主要有:石英砂耐磨损混凝土、钢屑耐磨损混凝土、钢钎维耐磨损混凝土、高性能耐磨损混凝土和环氧树脂耐磨损混凝土。

耐磨损混凝土配合比的确定,可根据经验配合比(参考配合比)初步选用几组混凝土进行耐磨强度试验,可根据试验资料来确定符合要求的配合比。

1)石英砂耐磨损混凝土

石英砂耐磨混凝土是以硅酸盐水泥或普通硅酸盐水泥及石英砂为主要原料配制的混凝土。

根据工程要求不同,石英砂耐磨混凝土的配合比设计一般如下:

(1)主要承受磨损、对抗压强度和冲击力要求不高的耐磨混凝土。水泥:砂:水 =1:(1.8 ~2.5):(0.45 ~0.5),水泥应采用强度等级大于或等于 32.5MPa 的普通硅酸盐水泥。

(2)不仅承受磨损,而且对抗压强度和抗冲击强度有一定要求的耐磨混凝土。水泥:砂:水 =1:(1.2 ~1.5):(0.4 ~0.48),水泥应采用强度等级大于或等于 42.5MPa 的硅酸盐水泥。

2)钢屑耐磨损混凝土

钢屑混凝土亦称铁屑混凝土,是用钢(铁)屑作为集料的一部分,再与水泥、砂、石配制而成的混凝土。钢屑混凝土的耐磨性高于石英砂混凝土,抗压强度也可以很高,配合比合理并经良好施工的钢屑混凝土 28d 抗压强度可达 800MPa,耐磨性可与花岗岩媲美。

钢屑混凝土的配合比设计方法与普通混凝土相同。水泥应选择强度等级大于或等于 42.5MPa的硅酸盐水泥或普通硅酸盐水泥,粗集料优先选用坚硬耐磨的花岗岩、辉绿岩,钢屑采用金属切削的废屑,使用前需经以下处理:

(1)筛分。筛去小于 0.3mm 及大于 75mm 铁屑和铁粉。

(2)清洗。筛分后的钢屑先经 10% 的 NaOH 溶液浸泡(边泡边搅动)的去除油污。再用 50 ~70℃的热水清洗,捞出晾干待用。

钢屑混凝土的参考配合比和典型配合比分别见表 19-135 和表 19-136。

3)钢纤维耐磨混凝土

钢纤维耐磨混凝土也可以看作钢屑耐磨混凝土的一种,可以用钢纤维($L_f$ =2 ~5mm)代替钢屑,钢纤维最好采用异型而不用直线型。

配合比设计可参考“钢屑耐磨混凝土”,见表 19-135 和表 19-136。

**钢屑耐磨损混凝土参考配合比** 表 19-135

| 混凝土强度等级 | 水泥强度等级 | 钢屑耐磨混凝土配合比(质量比) | | | | 抗压强度(MPa) | 抗拉强度(MPa) |
|---|---|---|---|---|---|---|---|
| | | 水泥 | 砂 | 铁屑 | 水 | | |
| C40 | 42.5 | 1 150 | 细砂 345 | 1 150 | 323.1 | 45.4 | 6.68 |
| C50 | 52.5 | 929 | 细砂 464 | 1 858 | 343.7 | 64.85 | 14.6 |
| C50 | 52.5 | 1 051 | 中砂 329 | 1 544 | 361 | 54.5 | — |
| C40 | 52.5 | 978 | — | 1 467 | 350 | 48.0 | — |

**钢屑耐磨损混凝土的典型配合比** 表 19-136

| 项目 | 钢屑耐磨混凝土配合比(质量比) | | | | | 适用部位 | 备注 |
|---|---|---|---|---|---|---|---|
| | 42.5 水泥 | 钢屑 | 砂 | 石子 | 水 | | |
| 配合比 | 1 | 2.13 | 1.33 | 3.38 | 0.60 | 耐磨地坪、煤仓或储煤仓漏斗 | 本配合比抗压强度可达 20MPa |
| 每立方米混凝土材料用量(kg) | 310 | 659.8 | 412.9 | 1 233 | 186 | | |
| 配合比 | 1 | 1.0 | 2.0 | 2.3 | 0.50 | 抹面 | 本配合比抗压强度可达 20 ~ 40MPa;以 50mm 厚计,每 $10m^2$ 用 $0.525m^3$ 混凝土 |
| 每立方米混凝土材料用量(kg) | 380 | 380 | 760 | 874 | 190 | | |

4)高性能耐磨混凝土

第十五章已经介绍,高性能混凝土在各种性能上都优于普通混凝土,其中也包括耐磨性。某些高性能混凝土已经可以满足一些对耐磨性要求较高的混凝土工程。如果对耐磨性有更高的要求,可以通过原料的选择来解决。例如,配制高性能混凝土时,用钢纤维或钢屑代替部分集料,使其成为高性能钢纤维(或钢屑)耐磨混凝土;粗集料选用耐磨性更强的花岗岩或辉绿岩,水泥尽量采用 $C_3S$、$C_4AF$ 含量高的硅酸盐水泥等。

表 19-137 为典型的高性能耐磨混凝土的配合比实例。

**典型的高性能耐磨混凝土配合比实例** 表 19-137

| 工程 | 混凝土种类 | | 胶凝材料用量($kg/m^3$) | | | | | 28d 抗压强度(MPa) | 配合比 水泥:砂:石:水 |
|---|---|---|---|---|---|---|---|---|---|
| | | | 总量 | 水泥 | 粉煤灰 | 硅粉 | 膨胀剂 | | |
| 三峡 | 抗磨混凝土 | CPU | 448.0 | 448.0 | 0 | 0 | 0 | 44.0 | 1:1.353:2.658:0.335 |
| | | HPC | 455.0 | 335.0 | 50.5 | 32.7 | 36.8 | 77.5 | 1:1.839:3.958:0.275 |
| 水口 | | CPU | 287.0 | 244.0 | 43.0 | 0 | 0 | 32.8 | 1:2.91:5.42:0.52 |
| | | HPC | 366.9 | 255.0 | 45.0 | 28.6 | 38.3 | 70.6 | 1:2.76:5.14:0.40 |
| 飞来峡 | | CPU | 350.0 | 350.0 | 0 | 硅粉 + 膨胀剂 + 外加剂:52.5 | | 51.0 | 1:1.634:3.637:0.49 |
| | | HPC | 402.5 | 350.0 | 0 | | | 69.5 | 1:1.783:4.585:0.42 |

5)树脂耐磨混凝土

树脂耐磨混凝土是用具有高强耐磨性的热固性树脂作为胶结料与耐磨集料配制而成的混凝土。树脂混凝土是聚合物混凝土的一种,第十九章第十一节中已有详细介绍,用于耐磨混凝土的树脂主要是环氧树脂。其他树脂(如聚酯树脂,呋喃树脂)因耐磨性较弱,一般不用作耐磨性要求较高的耐磨混凝土。

### 三、耐磨混凝土的施工工艺

石英砂耐磨混凝土施工与普通水泥混凝土施工方法相同;钢屑混凝土及钢纤维耐磨混凝土的施工可参考钢纤维混凝土的施工,高性能耐磨混凝土的施工可参考高性能混凝土的施工,但上述耐磨混凝土在施工时,都应注意以下几点:

1)要注意混凝土表面的抹面与压光

(1)抹面与压光应在浇筑后表面泌水基本消除时进行。研究和实践均证明,如泌水未完全消除前进行抹面,必定会堵塞很多水蒸发的通道,大量多余水被固定在混凝土表层,使混凝土表层的 $W/C$ 增加,硬化后混凝土表面孔隙率较高,不仅影响混凝土强度,而且影响耐磨性。

(2)抹面和压光应选用钢抹刀而不要选用木抹刀。因钢抹刀可以抹压出较光滑的表面,封闭一些表面缺陷,使混凝土具有较好的耐磨性;而木抹刀会拉动表面的水泥浆及集料,对混凝土的耐磨性有不良影响。

(3)在混凝土表面初凝前均匀撒上一层干水泥与砂子,再用钢抹刀将撒入的干料压入表面,可以降低表面的 $W/C$,使混凝土表面更致密,有效地提高混凝土的表面耐磨性。

2)要特别注意加强养护

养护温度应≥5℃,并保证在14d内有足够的湿度。浇筑后24h应用湿麻袋、湿草毡覆盖1~14d。除覆盖外,还可以喷水或蓄水养护。

当环境温度在5~15℃时,养护时间需20~28d以上方可使用;15~30℃时需养护14~20d。

## 第十九节　加气混凝土施工

加气混凝土是含硅材料(如砂、粉煤灰、尾矿粉等)和钙质材料(如水泥、石灰等)加水并加入适量的发气剂和其他附加剂经混合搅拌、喷注发泡、坏体静停与切割后,再经正压或常压蒸汽养护制成的多孔轻质混凝土,可制作砌块、屋面板、墙板和保温管等制品,广泛用于工业和民用建筑。

### 一、加气混凝土原材料技术要求

1. 水泥

加气混凝土宜采用硅酸盐水泥或普通硅酸盐水泥,矿渣水泥、火山灰水泥等也可采用,但水泥用量要适当增加。

水泥熟料中 CaO 含量要大于60%,水泥中游离 CaO 不大于6%,MgO 含量不大于6%。

水泥中铬酸盐含量不得超过 $30\times10^{-6}\sim40\times10^{-6}$,否则将影响浇筑稳定性。一般普通硅酸盐水泥中酪酸盐含量通常不超过 $20\times10^{-6}$,符合生产加气混凝土的技术要求。此外,生产加气混凝土用的水泥其碱度必须大于55mg(当量)/L。

2. 生石灰

一般采用回转窑煅烧(1 100~1 200℃)的中速消解生石灰(消解速度15~30min)。要求有效氧化钙含量为60%~70%;氧化镁含量小于2%,过烧石灰含量小于2.5%;细度(以比表面积计)为5 000~6 000cm²/g,相当于0.088mm筛筛余量不大于10%,消解温度大于70℃。

在加气混凝土生产中,不宜采用消石灰,因消石灰蒸压后制品强度较低。

3. 矿渣

生产加气混凝土的矿渣,是经水淬的粒状高炉矿渣,其技术要求是:

(1)水淬质量良好,颗粒松散均匀,外观呈淡黄色或灰白色,有玻璃光泽,无铁渣及硬渣大块。

(2)化学成分:CaO 含量大于 38%;$Al_2O_3$ 含量为 9% ~16%;S 含量为 0.8% ~1.6%;$CaO/SiO_2$(质量比)>1。

不符合上述要求的矿渣,还可以通过试验进一步鉴别是否适宜使用。

4. 砂

生产中一般采用全部磨细砂,故其天然级配无意义。国内要求砂中 $SiO_2$ 总量 >70%(国外要求 $SiO_2$ >80%),并要求石英含量 >40%,$Na_2O$ 含量 <1.5%,$K_2O$ 含量 <3%,有机杂质(腐殖质)含量 <3%。

砂中碳酸钙物质(如珊瑚、贝壳等)含量不能大于 10%。一般要求砂的烧失量 <0.02%。

符合上述技术要求的砂,例如河砂、海砂、风积砂、砂岩都可以使用。但在使用海砂时,为防止制品内钢筋锈蚀,要特别注意氯离子($Cl^-$)含量不能大于 0.02%。否则应将海砂冲洗后再使用。

5. 粉煤灰

粉煤灰应具有必要的细度,4 900 孔/$cm^2$ 筛筛余小于 20%,2 000 孔/$cm^2$ 筛筛余小于 70%,细度不足时,应予磨细。

6. 发气剂

发气剂的种类很多,除铝粉外,还有锌粉、硅化粉、双氧水、无机物系及有机物系等。它们在加气混凝土中与有关物质作用发生放气反应。目前,我国加气混凝土广泛采用铝粉作为发气剂。根据生产经验,铝粉的技术要求如下:细度一般为 60 ~75μm;金属铝含量 >98%,其中活性铝含量应大于 89%;覆盖面积为 4 000 ~5 000$cm^2/g$;发气量与时间的关系见表 19-138,发气情况与时间的关系见表 19-139。

**发气量与时间的关系** 表 19-138

| 发气时间(min) | 2 | 8 | 16 | 24 |
|---|---|---|---|---|
| 发气量(mL) | 5 | 60 | 76 | 全部结束 |

**发气情况与时间的关系** 表 19-139

| 时间(min) | <2 | ≥2 | ≥8 | 16 | 24 |
|---|---|---|---|---|---|
| 发气情况 | 缓慢 | 大量放气 | 开始减缓 | 基本结束 | 全部结束 |

7. 气泡稳定剂

在我国加气混凝土生产中,常用的气泡稳定剂有可溶油、拉开粉、含皂素植物、匀染剂与氧化石蜡皂等。根据生产经验,采用碳原子数为 12 ~16 的表面活性物质作为加气混凝土的气泡稳定剂,其效果较好。

8. 调节剂

在加气混凝土料浆中，加入调节剂的目的主要是：使铝粉的发气速度与料浆的稠化速度相适应，以保证料浆具有良好的浇筑稳定性。调节铝粉发气开始时间可采用水玻璃；提高液相碱度可采用纯碱；抑制生石灰的消解速度可采用三乙醇胺和石膏；提高坯体强度可采用石膏和水泥；调节坯体的蒸压膨胀值以消除制品的垂直裂缝可采用菱苦土等。另外，随着加气混凝土品种及原材料性质的不同，在要调节内容相同的情况下，所采用的调节剂亦不完全相同。例如，调节加气混凝土料浆的凝结硬化速度，在水泥—石灰—粉煤灰加气混凝土中常用石膏和烧碱；在水泥—矿渣—砂加气混凝土中采用纯碱和硼砂；在石灰—砂加气混凝土中采用石膏和水泥等。

在石灰—砂加气混凝土中，料浆本身已具备铝粉发气所需要的碱度，因此在配料中一般都不再外加纯碱、烧碱等。但为了延缓石灰的消解过程，目前国内常采用石膏和三乙醇胺作调节剂。

## 二、加气混凝土配合比设计

加气混凝土配合比是加气混凝土生产工艺中的核心。加气混凝土的配合比选择很难用单一的计算法完成。良好的配合比一般需经过小规模试验、中间试验，并需在生产中进行多次调整才能获得。

配合比的选择必须满足下列要求：

(1)加气混凝土具有规定的强度，其热工作性、收缩值及耐久性应满足使用要求。

(2)加气混凝土料浆应具有良好的浇筑稳定性，坯体蒸压时不裂。

(3)原料广泛，成本低廉。

加气混凝土的配合比通常参考经验配合比设计，然后通过试验确定。

(1)铝粉掺量，根据加气混凝土的表观密度和产气量确定铝粉的用量。

(2)各种基本原料的配合比，各种原料主要控制水料比和钙硅比($CaO/SiO_2$)。水料比大小不仅会影响加气混凝土的强度，对密度影响更大；钙硅比大小直接决定加气混凝土的强度。钙硅比常采用：水泥—矿渣—砂系统钙硅比为 0.52 ~ 0.68；水泥—石灰—砂系统钙硅比为 0.8 ~ 0.85；水泥—石灰—粉煤灰系统钙硅比为 0.7 ~ 0.8。表 19-140 列出了表观密度为 500kg/m$^3$ 的加气混凝土配合比实例。

**密度为 500kg/m$^3$ 的加气混凝土配合比实例** 表 19-140

| 名 称 | 水泥—矿渣—砂 | 水泥—石灰—粉煤灰 | 水泥—石灰—砂 |
|---|---|---|---|
| 水泥(%) | 18 ~ 20 | 10 ~ 20 | 5 ~ 10 |
| 石灰(%) | — | 20 ~ 24 | 20 ~ 33 |
| 矿渣(%) | 30 ~ 32 | — | — |
| 砂(%) | 48 ~ 52 | — | 55 ~ 65 |
| 粉煤灰(%) | — | 60 ~ 70 | — |
| 石膏(%) | — | 3 ~ 5 | ≤3 |
| 纯碱、硼砂(kg/m$^3$) | 4、0.4 | — | — |
| 铝粉 $10^{-4}$(%) | 7 ~ 8 | 7 ~ 8 | 7 ~ 8 |
| 水料比 | 0.6 ~ 0.7 | 0.60 ~ 0.65 | 0.63 ~ 0.65 |
| 浇筑温度(℃) | 40 ~ 45 | 36 ~ 40 | 35 ~ 38 |
| 铝粉搅拌时间(s) | 15 ~ 25 | 30 ~ 60 | 30 ~ 60 |

## 三、加气混凝土的施工工艺

加气混凝土常用的是加气混凝土板材(如屋面板)的加工制作和加气混凝土砌块的制作。图19-64所示为加气混凝土板材的加工工艺流程。加气混凝土砌块的加工,与板材加工相似,在此主要讲述加气混凝土板材的加工工艺流程。

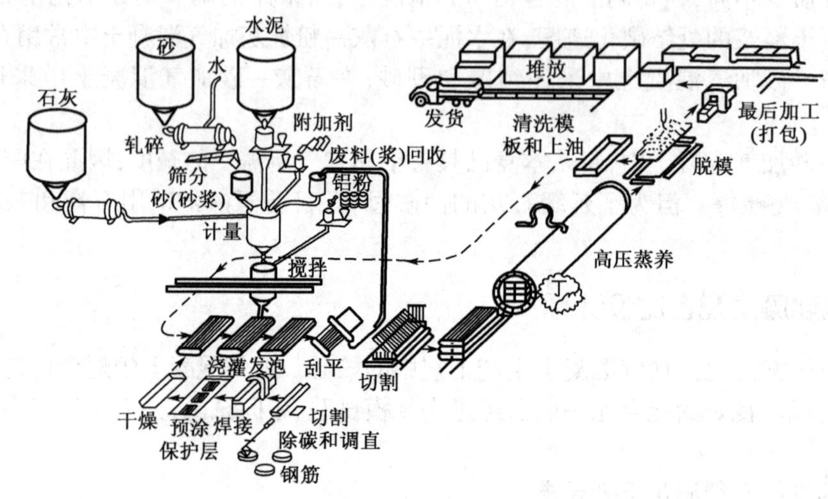


图19-64　加气混凝土配筋板材生产工艺流程

加工过程中除了材料配合比要求,重要的是浇筑成型和切割及蒸压养护。

(1)浇筑成型

浇筑成型包括料浆的浇筑入模、发气膨胀、静置及凝结稠化等过程,这个过程将确定坯体的孔隙率、孔尺寸及孔尺寸分布,因此对加气混凝土的密度和强度都有关键作用(根据实际经验确定掺加引气剂的混凝土,其强度一般要降低约5%~10%)。浇筑时最理想的状况是料浆凝结稠化速度与铝粉发气速度相适应。所以在浇筑过程中如何控制铝粉的发气速度和料浆的稠化速度,保证浇筑的稳定性和强度,是浇筑过程中的关键问题。

影响铝粉发气速度的主要因素是铝粉的粒度、料浆的温度和pH值。粒度越细、温度越高、pH值越大,发气速度越快,反之则越慢。因此,施工中主要控制这3个因素来控制发气速度。pH值可以通过调节石灰或水泥掺量来控制,如需要进一步提高pH值,还可以掺入纯碱或烧碱等来调节。

影响料浆稠化速度的因素主要是水泥的掺入量和水泥的矿物组成。水泥掺入量大,水泥矿物中$C_3A$的含量越高,稠化速度越快,反之则越慢。

(2)坯体切割

坯体切割是通过专用的切割机将大块坯体切成一定要求规格的板块和块材。切割质量的好坏直接影响板材的外观质量,甚至强度。切割操作应满足以下几点要求:

①切割机台面平整,操作灵活,安全可靠,运行平稳,切割时对半成品不造成损害。

②切割后的半成品的规格尺寸与精度要符合国家现行有关砌块、板材标准的规定。用于切割机的高强钢丝在切割运行保证强度的前提下尽量采用细钢丝。

③切割机能满足完成半成品的表面加工,如侧铣、倒角、铣凹槽等。

# 第二十节　石膏混凝土施工

石膏混凝土以水硬性石膏、水和集料为主要原料,经搅拌、硬化而制成。它与混凝土的组成材料相似,只是胶结料使用石膏,与水泥混凝土相比,具有显著不同的性质。在集料的种类、石膏混凝土的性质以及利用方法等方面都有独特之处。

## 一、石膏混凝土原材料技术要求

### 1. 石膏

石膏的种类见表19-141,大体可以分为6种,其中和水拌和能够硬化的有α型半水石膏、β型半水石膏、Ⅱ型无水石膏等。这3种石膏的水化凝结反应、拌和物的流动性、硬化体的强度等各有特点。用于石膏混凝土的石膏,为了获得高强度,主要使用α型半水石膏或Ⅱ型无水石膏。

石膏的种类　　表19-141

| 类别 | | | 二水石膏 | α型半水石膏 | β型半水石膏 | Ⅰ型无水石膏 | Ⅱ型无水石膏 | Ⅲ型无水石膏 |
|---|---|---|---|---|---|---|---|---|
| 分子式 | | | $CaS_4O \cdot 2H_2O$ | $CaS_4O \cdot 1/2H_2O$ | | $CaSO_4$ | | |
| 大气中的安定条件 | | | 常温 | 常温~250℃ | | 仅高温 | 常温~1 000℃ | 绝干状态 |
| 和水拌和 | | | 少量溶解 | 快速水化凝结,5~20min硬化 | | — | 在促凝剂作用下硬化 | — |
| 可能的凝结调节时间 | | | — | 数分钟~数小时 | | — | 数十分钟~数十小时 | — |
| 硬化体 | 抗压强度(MPa) | 干燥 | — | 30.0~60.0 | 2.0~8.0 | — | 30.0~60.0 | — |
| | | 吸水 | — | 10.0~30.0 | 0.5~3.0 | — | 10.0~35.0 | — |
| | 密度($g/cm^3$) | 干燥 | — | 1.4~1.8 | 0.7~1.2 | — | 1.5~1.9 | — |
| | | 吸水 | — | 1.8~2.0 | 1.0~1.6 | — | 1.8~2.0 | |

为使石膏凝结缓慢,可加入适量的塑化剂或缓凝剂;为了加速石膏凝结,可加入适量的促凝剂或采用磨细的双水石膏。

### 2. 集料

集料除使用珍珠岩、蛭石等轻质细集料或天然砂以外,还使用植物纤维、动物的毛、石棉、木片等。最近有的还试用了多孔质人造集料。

由于石膏表面很滑,黏结性弱,应力求使用比表面积大或多孔质的集料,以增加机械黏结力。卵石或碎石的附着面积相对较小,相对表观密度(比重)又大,不宜使用。

## 二、石膏混凝土配合比设计

### 1. 石膏强度的选择

为了合理地选择建筑石膏与混合石膏的强度等级,以制取规定强度等级的石膏混凝土,可采用下述方法进行选择。

(1)坚实集料的石膏混凝土,可采用

$$\frac{f_{ce,g石}}{f_{cu,o石}}=1.8\sim3.5$$

(2)轻质集料的石膏混凝土,可采用

$$\frac{f_{ce,g石}}{f_{cu,o石}}=2.7\sim6.0$$

式中:$f_{ce,g石}$——石膏强度;

$f_{cu,o石}$——石膏混凝土强度。

如果石膏实测强度与石膏混凝土的强度比值超过上述范围,那么,为保证混凝土混合料具有必要的工作度,最好掺用磨细的掺料,使建筑石膏成为具有所要求强度的混合石膏。

2. 用石料作集料时配合比的确定

(1)决定混凝土强度的公式为:

$$f_{cu,o石}=Kf_{ce,石}\left(\frac{\frac{C}{W}-0.5}{\frac{C_1}{W_1}-0.5}\right) \tag{19-44}$$

(2)决定水膏(石膏)比的公式为:

$$\frac{W}{C}=\frac{f_{ce,石}}{f\frac{f_{cu,o石}}{K}\left(\frac{C_1}{W_1}-0.5\right)+0.5A} \tag{19-45}$$

(3)决定 $1m^3$ 石膏混凝土中石膏用量的公式为:

$$m_{c石}=\frac{m_{wo}\left[\frac{f_{cu,o石}}{K}(\frac{C_1}{W_1}-0.5)+0.5f_{ce,石}\right]}{f_{ce,石}} \tag{19-46}$$

式中:$f_{cu,o石}$——在 50(±5)℃下干燥至恒重的试件的抗压极限强度(MPa);

$f_{ce,石}$——石膏的实测强度(MPa);

$m_{wo}$——按表 19-142 决定的 $1m^3$ 混凝土中的用水量(kg);

$W/C$——水膏(石膏)比(按质量计);

$C/W$——膏水比(按质量计);

$C_1/W_1$——标准稠度石膏浆的水膏比;

$f$——系数,在使用具有标准磨细度的石膏及重集料时,等于 1.3;

$K$——系数,按表 19-143 决定。

**石膏混凝土用水量参考** 表 19-142

| 石膏种类 | $1m^3$ 石膏混凝土中的用水量(kg) | | |
|---|---|---|---|
| | 当集料为碎石和砂 | | 磨细掺料 |
| | 重的 | 轻的 | |
| 高强度石膏 | 250 | 320 | 450 |
| 建筑石膏 | 300 | 410 | |

注:使用振动器时,用水量可降低 10% ~15%;人工浇筑时,则增加 10% ~20%。

系 数 ***K*** 值 表 19-143

| 立方体试块的尺寸(cm×cm×cm) | 系数 $K$ | |
|---|---|---|
| | 用重集料时 | 用轻质集料时 |
| 7.07×7.07×7.07 | 1.0 | 0.7 |
| 10×10×10 | 0.9 | 0.65 |
| 15×15×15 | 0.8 | 0.55 |
| 20×20×20 | 0.75 | 0.50 |

3.用锯屑作集料时配合比的确定

(1)水膏比可按式(19-45)求得。

(2)$1m^3$ 石膏混凝土中石膏用量可按式(19-47)求得:

$$m_{c石}=\frac{1\ 000}{\frac{1}{\rho_{ry}}+\frac{n}{\rho_{re}}+\frac{W}{C}} \tag{19-47}$$

式中:$m_{c石}$——$1m^3$ 混凝土中的石膏用量(kg);

$\rho_{ry}$——石膏的密度,建筑石膏为 $2.6g/cm^3$,高强度石膏为 $2.7g/cm^3$;

$\rho_{re}$——干木材的密度,松木为 $0.45g/cm^3$;

$\frac{W}{C}$——水膏比。

$n$ 值可由下列计算确定。

①按式(19-48)确定干锯屑单位体积孔隙率:

$$\rho_h=1-\frac{\rho_{ro}}{\rho_{re}} \tag{19-48}$$

式中:$\rho_{ro}$——干锯屑在松散状态下的密度($t/m^3$);

$\rho_h$——干锯屑单位体积孔隙率(%);

其他符号意义同前。

②当用石膏浆充满锯屑中空隙的系数为1.45时,测定 $1m^3$ 干锯屑中石膏的用量为:

$$m_{co石}=\frac{1.45\rho_h\times1\ 000}{\frac{1}{\rho_{ry}}+\frac{W}{C}} \tag{19-49}$$

③按式(19-50)确定 $n$ 的数值,即:

$$n=\frac{\rho_{ro}}{m_{co石}} \tag{19-50}$$

(3)确定 $1m^3$ 中干锯屑的用量为:

$$m_{co石}=m_{c石}n \tag{19-51}$$

(4)确定 $1m^3$ 中的用水量为:

$$m_{wo}=\frac{W}{C}m_{c石} \tag{19-52}$$

在 $1m^3$ 石膏混凝土中胶凝材料的最小用量规定见表19-144。

**$1m^3$ 石膏混凝土中胶凝材料(石膏或石膏+掺料)最小用量** 表 19-144

| 石膏种类 | 集 料 (kg) | | |
|---|---|---|---|
| | 重的 | 轻的 | 锯屑 |
| 高强度石膏 | 250 | 300 | 350 |
| 建筑用石膏 | 300 | 400 | 600 |

## 三、石膏混凝土施工要点

1)施工和易性

石膏混凝土搅拌后的流动性,可根据集料用量、水膏比、集料粒度分布等自由调节,但随着时间增长流动性会极大降低。对于α型半水石膏,如增加集料量则可使缓凝剂的延缓效果显著减弱,需使用高效缓凝剂。而对于Ⅱ型无水石膏,强度增长快,如增加缓凝剂强度会下降,因此要和减水剂并用。

2)养护和强度增长

石膏混凝土的养护条件和强度增长的关系与水泥混凝土显著不同。石膏在短时间内水化凝结反应就结束,因此在硬化后石膏混凝土就具有了相当的强度,此后只是由于所含水分干燥而使强度继续增长,最终强度可达硬化后强度的两倍,因此如施以强制干燥,强度增长更快,但因干燥而使强度的增长不是随着水分的蒸发徐徐进行,而是在接近干燥状态时急剧产生。若进行水中养护,强度不增长。若长时期浸水,由于硬化的石膏是水溶性的,结构组织要发生分化,强度会逐渐下降。除水分的作用外,长期处于高温环境下强度也会下降。当温度大于40℃时就可能出现问题。此外,降低搅拌温度也能提高强度。

3)强度

石膏混凝土的抗压强度,与水泥混凝土一样,也有水和石膏的比例关系。如适当选择水石膏比和集料,在干燥状态就可自由调节40MPa以下的强度比,水泥混凝土更有利,但在允许应力度上,如作用水分,则必须以降低到接近一半的抗压强度作为基准,故以普通混凝土的1/3~1/4为限度。抗拉强度和拉剪强度对抗压强度的比与普通混凝土大致相同,为1/10左右,但黏结强度很低,主要根据摩擦阻力和机械黏结力来规定允许黏结强度。

4)弹性模量

石膏混凝土的弹性模量,即使使用弹性模量较大的人造轻集料也是较低的。与普通混凝土相比,在同一抗压强度下为1/2~1/3,如接触水则还要降低几成。

5)增强材料

由于石膏表面很滑,黏结力弱,石膏混凝土的黏结力也很小,用钢筋或金属网增强时,使用异型钢筋或加大表面比例的细孔网,在节点连接或焊接。关于金属增强材料的防蚀,可在石膏混凝土中掺入第三种物质,一般通过在增强材料上镀防蚀层来解决。

# 第二十一节 彩色混凝土施工

彩色混凝土是以白色水泥为胶结料,白色或浅色矿石为集料,或掺一定数量的颜料而制成的混凝土。目前所引用的颜料多半为红、黄、黑、褐、蓝、绿等色。

彩色混凝土与白色混凝土所用材料基本相同,不同的是彩色混凝土除用白色水泥、白色集料制作外，还可使用彩色水泥、彩色集料及彩色颜料。

彩色混凝土主要用作建筑物的装饰材料。

## 一、彩色混凝土原材料的技术要求

### 1. 彩色水泥

彩色水泥是在普通灰水泥或白水泥熟料中，加入适量的颜料，经磨细混合加工制成的。混合时，加入色散剂和表面活性剂，可使色彩更均匀。各国生产彩色水泥的方法基本相同，只是掺入的颜料不同，所得水泥的颜色也不同。

一般使用天然或合成的矿物颜料较为适宜，它不会与水泥或集料起反应。有机颜料易褪色。适于作彩色水泥和混凝土的颜色有红、黄、黑、褐、绿、蓝等。所用颜料如下：

(1)红色。天然或合成颜料都可以，氧化铁红颜料更好(四氧化三铁)。加1% ~2%氧化铁可使淡红颜料变为橙红色。

(2)浅黄、黄色。氧化铁黄颜料(四氧化三铁)，一般用50%的合成颜料和白水泥混合而成。

(3)黑色。合成氧化铁。用四氧化三铁还能产生灰色和深灰色。

(4)褐色。合成氧化铁褐色颜料(四氧化三铁)。在混合物中加1% ~3%的褐色氧化物和淡色水泥制成淡褐色；用量为6% ~8%时，则呈深褐色。

(5)绿色。氧化铬。

(6)蓝色。用氧化铬或合成颜料都不能得到很好的蓝色。美国采用含98%钴的合成颜料。

我国生产的彩色水泥的定义是：凡以白色硅酸盐水泥熟料的优质白色石膏在粉磨过程中掺入颜料、外加剂(防水剂、保水剂、增塑剂、促硬剂等)共同粉磨而成的水硬性彩色胶凝材料，均称为彩色硅酸盐水泥，简称彩色水泥。彩色硅酸盐水泥产品技术标准见表19-145。

**彩色硅酸盐水泥的技术标准** 表19-145

| 项目 | | | 技术标准 | | | | | |
|---|---|---|---|---|---|---|---|---|
| 物理性能 | 细度 | | 4 900 孔/cm$^2$ 标准筛，筛余量不得超过10% | | | | | |
| | 凝结时间 | | 初凝不早于30min，终凝不迟于12h | | | | | |
| | 体积安定性 | | 用煮法试验，试体体积变化必须均匀 | | | | | |
| | 强度(MPa) | 强度类别及龄期 / 强度等级 | 抗压强度 | | | 抗拉强度 | | |
| | | | 3d | 7d | 28d | 3d | 7d | 28d |
| | | ≥32.5 | 30.0 | 42.0 | 60.0 | 1.6 | 2.0 | 2.6 |
| 化学成分 | 烧失量 | | 水泥烧失量不得超过5% | | | | | |
| | 氧化镁 | | 熟料中氧化镁的含量不得超过4.5% | | | | | |
| | 三氧化硫 | | 水泥中三氧化硫的含量不得超过3% | | | | | |

### 2. 彩色集料

混凝土制品的集料，不允许含有尘土、有机物和可溶盐，因此须将集料清洗后使用。一般采用天然石材，如花岗岩或陶瓷材料。特殊混凝土制品的集料常用膨胀矿渣、页岩、火山灰、浮石以及带色石子。

3. 掺合料

(1)引气剂。在塑性混凝土中加入占体积3% ~10%的引气剂,能增加抗风化力、抗冻性,并破坏毛细渗透作用从而减少水分流通现象。

(2)促凝剂。应用最广泛的促凝剂是氯化钙,其使用量通常为水泥质量的2%。这样,3d就能达到普通7d的强度。

(3)填充料。为了增加和易性、密实度,特别在制作混凝土砌块时,有时掺加磨细的硅石、黏土和硅藻土。掺加量占水泥用量的3% ~8%。

(4)防水剂。为了增加混凝土的防水性能,可使用各种油类、乳剂和金属(特别是铝、钙和锌)硬脂酸盐。掺加量占水泥用量的2%。

(5)火山灰。火山灰(例如粉煤灰)能和水泥水化时产生的石灰质发生作用。它在含有高碱性集料的混凝土拌和物中特别有用。但粉煤灰含有碳质,能使带色混凝土制品变成墨色或减弱它的颜色。

## 二、彩色混凝土配合比设计

1. 装饰用彩色混凝土配合比设计

1)要求与步骤

(1)配制彩色水泥,并确定其强度。白水泥可掺赭石5%。采用掺10% ~20%赭石的灰水泥和白水泥混合,可制得带灰色的黄色混凝土。掺铁丹时,掺量为水泥的5%时颜色和强度较好,增至10% ~20%时混凝土强度下降。

(2)选择集料混合物的颗粒级配。对浇筑在密实混凝土基层上的装饰混凝土,孔隙体积应在25%左右,对浇筑在轻混凝土基层上的装饰混凝土则应为33% ~35%,粗集料最大粒径不得大于20mm。

(3)用水量 $W$ 要求。集料采用石灰石时大致用水240L/m$^3$,采用大理石或河砂时为120L/m$^3$。

(4)按一般混凝土强度公式,求得水灰比 $W/C$,混凝土强度等级多为C7.5 ~C15。

(5)计算水泥用量 $C$。为使彩色混凝土具有最大的气候稳定性,必须使水泥用量较少,而表面突出的集料颗粒较多。

水泥用量及最优用水量以试拌确定,集料用量按彩色砂浆的制成系数0.65 ~0.75来确定。

(6)混凝土拌和物的捣实系数(标准松散状态的拌和物体积与捣实后的拌和物体积之比)应近似1.3 ~1.4。

(7)试压后调整配合比。

2)示例

选择外墙陶粒混凝土预制板装修层彩色混凝土配合比。采用强度 $f_{ce}=43$MPa的白水泥,要求浅黄色,$f_{cu,o}=10$MPa,集料用粒径小于10mm的石灰石碎屑,块状密度为2 250kg/m$^3$。

设计计算步骤如下:

(1)掺5%赭石的水泥在球磨机中细磨至颜色均匀制成彩色水泥,确定 $f_{ce}=43$MPa。

(2)对石灰石碎屑做筛分试验,测得振实的集料混合物密度为1.54kg/cm$^3$。混合物的空隙率为$\frac{2.25-1.5}{1.5}\times 100\%=33\%$,符合要求。

(3)用水量,选用 240kg/m$^3$。

(4)求水泥用量 $m_{co}$。

按公式 $f_{cu,o}=0.55f_{ce}(\frac{C}{W}-0.5)$,有:

$$100=0.55\times430(\frac{C}{W}-0.5)$$

$$\frac{C}{W}=\frac{100}{2\,365}+0.5=0.923$$

故

$$m_{co}=0.923\times240=222(kg/m^3)$$

(5)在选用混凝土制成系数为 0.7 时,确定集料用量为 1 250kg/m$^3$ 混凝土。

(6)按 $m_{co}=222$kg,$m_{wo}=190$kg、215kg 及 240kg 三种用水量试拌,得最大捣实系数的一组为 $m_{wo}=190$kg,捣实系数为 1.35,符合要求。

(7)制作试块,得抗压强度 $f_{cu,k28}=8$MPa,未达到强度等级要求,在原有配合比基础上增加水泥用量 10%,取 $m_c=244$kg/m$^3$,重新选择配合比。

3)常用装修层彩色混凝土施工配合比

常用多孔混凝土装修层彩色混凝土施工配合比见表 19-146。

**多孔混凝土装修层彩色混凝土施工配合比参考** 表 19-146

| 混凝土种类 | 混凝土(砂浆)质量配合比 | | | | 水胶比 | 表面特征 |
|---|---|---|---|---|---|---|
| | 水泥 | 石灰 | 砂 | 碎石 | | |
| 泡沫混凝土 | 1 | — | 4 | — | 0.6 | 细粒状 |
| 加气混凝土 | 1 | — | 2 | 2 | 0.5 | 中粒状 |
| 加气粉煤灰混凝土 | 1 | — | 1 | 3 | 0.45 | 粗粒状 |
| 泡沫硅酸盐混凝土 | — | 1 | 4 | — | 1.4 | 细粒 |
| 加气硅酸盐混凝土 | — | 1 | 2 | 2 | 1.2 | 中粒 |

2. 结构用彩色混凝土配合比设计

1)要求与步骤

(1)集料混合物颗粒级配的选择。采用细度模数不小于 2.3 的中砂和细度模数不大于 3.1 的粗砂,必要时可采用彩色集料,如大理石与石灰石集料。

(2)水泥颜色。为保证水泥的强度不致降低太多,颜料的掺量应加以限制:铁丹≤5%,赭石≤15%。

(3)强度。若采用干硬性混凝土,可参考有关经验公式计算,例如:

$$f_{cu,蒸}=0.15f_{ce,g}(\frac{C}{W}-0.5) \tag{19-53}$$

式中:$f_{cu,蒸}$——混凝土经 2h 蒸养后的强度(MPa)。

(4)水泥用量。用试验法确定,先近似地选用胶集比,例如:

台座法生产的预制板:

$$\frac{m_{co}}{m_{so}+m_{wo}}=1:3.5,m_{co}:m_{so}:m_{wo}=1:2.5:1$$

压轧板:

$$\frac{m_{co}}{m_{so}+m_{wo}}=1:2, m_{co}:m_{so}:m_{wo}=1:1.5:0.5$$

按事先确定的 $C/W$ 加水，测混凝土的强度，然后调整水泥浆使混凝土工作度达到30～40s。

(5)试压强度和鉴定颜色后再改变水泥用量及颜料用量。

2)示例

选择外墙压轧板用结构彩色混凝土的配合比。水泥 $f_{ce,g}=52.5$MPa，灰色，普通硅酸盐水泥；要求混凝土呈粉红色，$f_{cu,蒸}=21$MPa；集料为砂；混凝土工作度为40s。

设计计算步骤如下：

(1)水泥和5%铁丹在球磨机中搅拌均匀。

(2)彩色水泥实测强度 $f_{ce}=55$MPa。

(3)进行砂样筛分，结果如表19-147所示。

砂样筛分结果 表19-147

| 筛孔(mm) | 10 | 5 | 2.5 | 1.2 | 0.6 | 0.3 | 0.15 | 通过0.15 |
|---|---|---|---|---|---|---|---|---|
| 分计筛余(%) | 0 | 5.5 | 6.1 | 16.4 | 16.2 | 20.3 | 24.6 | — |
| 累计筛余(%) | 0 | 5.5 | 11.6 | 28.0 | 44.2 | 64.5 | 89.1 | — |

集料 $M_k=0.01\times(5.5+11.6+28+44.2+64.5+98.1)=2.4372$

(4)求 $W/C$，将已知值代入强度公式：$21=0.15\times55.0(C/W-0.5)$，得 $W/C=0.33$。

(5)进行试拌，先按1:2:0.33制作3块10cm×10cm×10cm试块，需用水泥2.25kg、砂4.5kg、水0.74kg。用工业黏度计测得工作度为45s，太干，增加水泥浆(按1:0.33增加水泥及水)，材料用量改为：水泥：2.25+0.25=2.5(kg)；水：2.5×0.36=0.9(kg)；砂：4.5kg。

(6)制作试块。经2h蒸养后得 $f_{cu,蒸}=24$MPa，折合成20cm×20cm×20cm强度为240×0.9=21.6(MPa)，符合设计要求。

(7)混凝土的配合比为：1∶4.5/2.5∶0.90/2.5=1∶1.8∶0.36。

## 三、彩色混凝土的施工工艺

1.搅拌

用搅拌机分批搅拌普通工程用的混凝土，只需连续搅拌2～3min。如果使用干拌法，则需8min。这要根据不同的搅拌机类型，翼片的情况和每种材料性质而定。为了使所有色料发挥最大效果，防止产生条痕或不均匀，最好把色料和干水泥在搅拌机中至少分别搅拌10min。

2.浇筑成型

(1)一次浇筑法。与普通浇筑法相同。

(2)两次浇筑法。先浇筑下层，待凝固和其表面水分蒸发后，再浇筑1.27～2.54cm厚的带色混凝土上层。

第一种和第二种方法都应将上层表面用木镘进行平整，如需要更光滑的表面，可用轻质钢镘镘平。但过度的镘平会降低混凝土表面的耐磨性能，因而容易造成粉尘现象。

(3)撒粉法。用1分水泥，1～1/2分砂(其中80%能通过30号筛)和色料干拌在一起，然后把它撒在新浇筑的混凝土表面上，所用色料每平方厘米不少于0.061kg。然后把这种混合料镘平，直到获得均匀的颜色为止。

3. 防风化方法

风化作用是指混凝土制品表面出现白色沉淀物(又称白花)。它是水泥或石灰发生水化作用产生的。在混凝土表面上的氢氧化钙,遇到空气中的二氧化碳,碳化而生成白色的碳酸钙晶体,隐蔽了水泥的本色。去掉碳酸钙的方法有以下几种:

(1)先用水洒湿混凝土表面,然后用1份氢氯酸和5~10份水的溶液进行洗涤,然后再用水冲洗。

(2)采用一种吸收性很低的防水混凝土材料,用水、水泥和粗细集料进行适当配比,适当养护。有时采用加气水泥或施加细填料或防水剂。

在饱和的二氧化碳气体中进行处理。目的是把构件中所含的氢氧化钙变成不溶性碳酸盐。这种处理应在混凝土养护至少24h后才能开始,否则由于水泥的黏结性能的迅速反应,混凝土表面发生软化。

4. 其他施工注意事项

(1)彩色水磨石面层施工前,应对已有的砂浆的或混凝土的基层做仔细检查,如发现问题及时处理,水平程度应符合要求,强度达到设计抗压强度的50%以上后方可进行水磨石面层施工。如果是光面的基层,应做凿毛处理,并用钢丝刷彻底洗刷干净,清除污水污物,以利上下黏结牢固和保证面层色彩鲜明(旧地面上做彩色水磨石面层方法亦同)。

(2)砂石集料务必彻底清洗多遍,到水清为止。集料的粒度不应超过面层厚度的2/3。

(3)选购白度等级较高的白水泥和优质颜料备用。必要时,施工前在白水泥中掺配预定数量的颜料加水拌成净浆,制成试件,硬化后观察色彩鲜明程度,并为施工时的配合比做参考。

(4)水磨石面层如有彩色拼花图案,应先备好嵌条(铜、铝或玻璃的),按照图案要求位置准确地设置在基层上,为了不污染面层图案的色彩,嵌条要先洗净,最好用白水泥浆以坐浆法局部固定在基层上。嵌条的高度应与水磨石面层的设计厚度一致,面层厚度一般为10~15mm。

(5)白水泥中掺配无机颜料的比例一般为5%~15%,通常采用10%;掺配有机合成颜料的比例,应按照产品说明中的规定。水泥与碎石的体积配合比一般为1:2~1:3. 水灰比应控制在0.45~0.55,用水量按照施工需要的稠度确定,以干硬些为宜。事先应计算好彩色水泥混凝土的工程量,然后按各种颜色的需要量配料,避免浪费。如果工程量不大时,宜手工拌和均匀,在基层上用洗净的工具按顺序抹布、找平,然后用滚筒仔细压实。当工程量很大时(如大面积的门厅、候车室、展览厅、阅览室以及室外地坪等水磨石面层),经准确配料后,宜用强制式混凝土搅拌机拌和均匀,供施工使用,但事先务必将所用设备、工具等彻底洗刷干净,避免对于彩色水磨石地面造成污染。

(6)为了避免因温差等原因引起整体大面积彩色水磨石地面裂缝,在设计中必须考虑,在不影响地面美观前提下,适当设置地面伸缩缝。

(7)彩色水磨石面层的洒水养护时间,与当时气温高低有关,一般为2~4周,抗压强度应达到设计要求的70%以上。应先用磨光机做小面积的表面试磨,如获成功,即可进行正式磨光操作;如遇面层上有局部缺陷,应立即用同颜色的彩色水泥浆修补完善,达到强度后再磨光。整体大面积的彩色水磨石面层用磨光机磨光,不方便操作处用手工磨光。全部磨光完成后做上蜡或涂炳烯酸类树脂等表面处理。

# 第二十二节　喷射混凝土施工

喷射混凝土(Jet Concrete)是用于加固和保护结构或岩石表面的一种具有速凝性质的混凝土。该混凝土的初凝时间一般在2～5min,终凝时间不大于10min,因为这种速凝的特性,其施工必须采用特制的混凝土喷射机进行喷射施工,所以称之为喷射混凝土。

喷射混凝土一般大量用于矿山、竖井平巷、交通隧道、水工隧道、地面电站等工程的岩壁衬砌,以及坡面护面,也有用于大型构筑物的补强工程以及罐壁结构屋顶、烟囱与各种热工窑炉等特殊工程用途。

## 一、喷射混凝土原材料技术要求

1. 水泥

水泥品种和强度等级的选择主要应满足工程使用要求,当加入速凝剂时,还应考虑水泥与速凝剂的相容法。

喷射混凝土应优先选用不低于42.5级的硅酸盐水泥或普通硅酸盐水泥,因为这两种水泥的 $C_3S$ 和 $C_3A$ 含量较高,同速凝剂的相容性好,能速凝、快硬,后期强度也较高。矿渣硅酸盐水泥凝结硬化较慢,但对抗矿物水(硫酸盐、海水)腐蚀的性能比普通硅酸盐水泥好。

当喷射混凝土遇到含有较高可溶性硫酸盐的地层或地下水的地方,应使用抗硫酸盐类水泥。当结构物要求喷射混凝土早强时,可使用硫铝酸盐水泥或其他早强水泥。当集料与水泥中的碱可能发生反应时,应使用低碱水泥。当喷射混凝土用于耐火结构时,应使用高铝水泥,它同时对于酸性介质也有较大的抵抗能力。高铝水泥由于早期水化作用,发热较高,使用时需要采取一定的预防措施。

2. 砂

喷射混凝土用砂宜选择中粗砂,细度模数大于2.5。一般砂颗粒级配应满足表19-148的要求。砂过细,会使干缩增大;砂过粗,会增加回弹。砂中小于0.075mm的颗粒不应超过20%,否则由于集料周围黏有灰尘,会妨碍集料与水泥的良好黏结。

**细集料的级配限度**　　表19-148

| 筛孔尺寸(mm) | 通过百分数(以质量计,%) | 筛孔尺寸(mm) | 通过百分数(以质量计,%) |
|---|---|---|---|
| 10 | 100 | 0.6 | 25～60 |
| 5 | 95～100 | 0.3 | 10～30 |
| 2.5 | 80～100 | 0.15 | 2～10 |
| 1.2 | 50～85 | | |

3. 石子

卵石或碎石均可,但以卵石为好。卵石对设备及管路磨蚀小,也不像碎石那样因针片状含量多而易引起管路堵塞。尽管目前国内生产的喷射机能使用最大粒径为25mm的集料,但为了减少回弹,集料的最大粒径不宜大于20mm,粗细集料的级配应符合表19-149的限度。集料级配对喷射混凝土拌和料的可泵性、通过管道的流动性、在喷嘴处的水化、对受喷面的黏附以及最终产品的密度和经济性都有重要作用。为取得最大的密度,应避免使用间断级配的集料。经过筛选后应将所有超过尺寸的大块除掉,因为这些大块通常会引起管路堵塞。喷射混凝土需掺入速凝剂时，不得用含有活性二氧化硅的石材作粗集料，以免碱集料反应而使喷射混凝土开裂破坏。

**喷射混凝土石子级配限度** 表 19-149

| 筛孔尺寸(mm) | 通过每个筛子的质量百分比(%) | |
|---|---|---|
| | 级配 1 | 级配 2 |
| 20.0 | — | 100 |
| 15.0 | 100 | 90 ~ 100 |
| 10.0 | 85 ~ 100 | 40 ~ 70 |
| 5.0 | 10 ~ 30 | 0 ~ 15 |
| 2.5 | 0 ~ 10 | 0 ~ 5 |
| 1.2 | 0 ~ 5 | — |

4. 水

喷射混凝土用水要求与普通混凝土相同，不得使用污水、pH 值小于 4 的酸性水、含硫酸盐量按 $SO_4$ 计超过水重 1% 的水及海水。

5. 外加剂

用于喷射混凝土的外加剂有速凝剂、引气剂、减水剂和增黏剂等。

1) 速凝剂

使用速凝剂的主要目的是使喷射混凝土快硬，减少回弹损失，防止喷射混凝土因重力作用所引起的脱落，提高它在潮湿或含水岩层中使用的适应性能，以及可适当加大一次喷射厚度和缩短喷射层间的间隔时间。

喷射混凝土用的速凝剂同普通混凝土用的速凝剂在成分上有很大不同。普通混凝土常用的氯化钙不能满足喷射混凝土要求的速凝效果，而且在海水或其他硫酸盐物质侵蚀或与预应力钢筋接触的喷射混凝土中根本就不能使用氯化钙。

我国行业标准《喷射混凝土用速凝剂》(JC 477—2005) 的技术要求见表 19-150。

**《喷射混凝土用速凝剂》技术指标** 表 19-150

| 产品等级<br>试验项目 | 净浆凝结时间(min) | | 1d 抗压强度(MPa) | 28d 抗压强度比(%) | 细度(筛余)(%) | 含水率(%) |
|---|---|---|---|---|---|---|
| | 初凝 | 终凝 | | | | |
| 一等品 | ≤3 | ≤10 | ≥8 | ≥75 | ≤15 | <2 |
| 合格品 | ≤5 | ≤10 | ≥7 | ≥70 | ≤15 | <2 |

喷射混凝土用的速凝剂一般含有下列可溶盐：碳酸钠、铝酸钠和氢氧化钙。速凝剂一般为粉状。国内常见的速凝剂有关性能见表 19-151。

**国产部分速凝剂有关性能** 表 19-151

| 品种型号 | 掺量(%) | 水泥净浆凝结时间(min) | 生产(研究)单位 |
|---|---|---|---|
| 红星一号 | 2.5 ~ 4 | 初凝≤3，终凝≤10 | 黑龙江鸡西水泥速凝剂 |
| 711 | 2.5 ~ 3.5 | 初凝≤3，终凝≤10 | 上海硅酸盐厂 |
| 782 | 6 ~ 8 | 初凝≤3，终凝≤10 | 湖南冷水口速凝剂厂 |
| 尧山型 | 3.5 | 初凝≤3，终凝≤10 | 陕西蒲白矿务局水泥厂 |
| 864 | 3.5 ~ 5 | 初凝≤1 ~ 4，终凝≤2 ~ 10 | 冶金建筑研究学院 |

速凝剂对普通硅酸盐水泥的最佳掺量为 2.5% ~ 4%，若掺量超过 4%，凝结时间反而增长。

2) 减水剂

混凝土中掺入减水剂后，可在保持流动性的条件下显著降低水灰比，一般减水剂的减水率为 5% ~15%。产生减水的原因主要是减水剂的吸附和分散作用。

国内外的实践表明,在喷射混凝土中加入少量(一般占水泥质量的 0.5% ~1.0%)减水剂,可以提高混凝土强度及耐久性,减少施工时的回弹量,并明显改善其不透水性的抗冻性。

3)增黏剂

为增加喷射混凝土对施工面的黏结力,同时减少喷射施工粉尘和回弹率,可在拌制混凝土时掺加少量增黏剂。增黏剂一般由对混凝土性能无有害影响的水溶性树脂组成,掺量可通过试验确定,

4)早强剂

当采用硅酸盐系列的水泥时,为增加喷射混凝土的早强度,通常需要掺入一些早强剂。早强剂的选用也应通过试验,如与速凝剂的相容性。另外,如是钢筋混凝土,则应选用对钢筋无锈蚀作用的早强剂。使用喷射水泥和高铝水泥由于本身早期强度很高,不需掺早强剂。

5)防水剂

当要求喷射混凝土具有较高的抗渗性时(如有地下水渗漏的地下工程),应在混凝土中掺入一些防水剂,除使用 UEA 这样的防水剂,还可以采用矾石膨胀剂、三乙醇胺和减水剂进行配制。具体可参考下列配比:明矾石膨胀剂,1 000 份;三乙醇胺,0.25 ~1.0 份。

配制后按水泥用量的 20% 掺入喷射混凝土。该混凝土的配比为水泥 : 砂: 石 =1: 2: 2,掺用 6% 的 782 型速凝剂,配制的混凝土抗渗等级可达 3.0MPa。

6)引气剂

对湿法喷射混凝土,可在拌和物中加入适量的引气剂。

引气剂是一种表面活性剂,通过表面活性作用,降低水溶液的表面张力,引入大量微细气泡,这些微细气泡可增大固体颗粒间的润滑作用,改善混凝土的塑性与和易性。气泡还对水转化成冰所产生的体积膨胀起缓冲作用,因而显著地提高抗冻融性和不透水性,同时还增加一定的抵抗化学侵蚀的能力。

我国使用最普通的引气剂是松香皂类的松香热聚物和松香酸钠,其次是合成洗涤剂类的烷基本磺酸钠、烷基磺酸钠或洗衣粉。上述两类引气剂的技术性能基本相同,合成洗涤剂是石油化工产品,料源比较广泛。

铝粉和双氧水(过氧化氢)与水泥作用,也能产生直径为 0.25mm 左右的气泡,但不能形成提高混凝土抗冻性的气孔体系,只能作为生产多孔混凝土的加气剂使用,不能作为湿喷混凝土的引气剂。

## 二、喷射混凝土配合比设计

### 1.喷射混凝土配合比设计原则

喷射混凝土配合比设计时,应考虑以下几条原则:

(1)满足施工基层对喷射混凝土各种性能(力学性能、抗渗性、抗冻性等)的要求。

(2)混凝土拌和物对施工基层应有足够的黏附力。

(3)施工时混凝土的回弹率相对较小。

### 2.初步配合比设计步骤

由于喷射混凝土特殊的性能要求和施工方法,配合比设计方法与普通混凝土也有所不同,一般采用经验公式和图表计算确定。以普通硅酸盐水泥为例,具体步骤如下:

1）粗集料最大粒径 $D_{max}$ 的确定

粗集料最大粒径 $D_{max}$ 确定取决于混凝土喷射机输料管最小内径 $D_{min}$，一般取：

$$D_{max} = (\frac{1}{3} \sim \frac{1}{5}) D_{min} \tag{19-54}$$

目前，国内外大多数国家趋向于粒径 15mm 作为喷射混凝土粗集料的最大粒径。喷射混凝土的粗集料，一般来说卵（砾）石、碎石均可，但以选用卵（砾）石为优。

2）砂率的确定

喷射混凝土的砂率对喷射混凝土的一系列性能有着重要影响。当原料确定后，适当降低砂率有助于混凝土强度的提高和收缩率的降低。但混凝土喷射施工时回弹率将增大且易堵塞管道；反之，会使混凝土强度降低，变形增大。因此，选择砂率应考虑实际工程的全面需要，一般砂率选取范围为 45% ~55%。

也可以用下式计算喷射混凝土的砂率：

$$S_p = 140.63 \cdot (\frac{D_{max}}{mm})^{-0.3447} \tag{19-55}$$

式中：$S_p$——混凝土的砂率；

$D_{max}$——粗集料的最大粒径，$D_{max}$/mm 为最大粒径的纯数。

砂粒粗时，砂率可以偏大；砂粒细时，砂率应当降低，喷隧道拱肩及拱顶部位宜选择较大的砂率。

3）水泥品种的选择和强度等级的确定

（1）水泥品种的选择主要根据工程对水泥性能的要求。具体见本节“原材料的技术要求”。

（2）水泥强度等级的选择可采用先估算后验证的方法，即当喷射混凝土设计强度 $f_{cu,k}$ 确定后，可根据下式估算水泥强度 $f_{ce}$：

$$f_{ce} \geqslant 1.5f \tag{19-56}$$

式（19-56）计算后，数字经圆整成 32.5、42.5、52.5 等水泥强度等级，当 $f_{ce}$ 正好为 32.5、42.5 等时，$f_{ce}$ 即为选用的水泥强度等级；当 $f_{ce}$ 为两个强度等级中间的一个数时，则取大一级的等级为选择的水泥强度等级。

求得的 $f_{co}$ 应经过下式验证：

$$f_j = A(1.44f_{ce} - 20.4) > f_{cu,k} \tag{19-57}$$

式中：$f_j$——喷射混凝土实际达到的强度等级（MPa）；

$f_{ce}$——估算所得的水泥强度等级（MPa）；

$f_{cu,k}$——喷射混凝土设计强度等级（MPa）；

$A$——水泥强度等级选择调整系数，见表 19-152。

**水泥强度选择调整系数**　　表 19-152

| 砂率 / A / 水泥强度等级 | 35 | 40 | 45 | 50 | 55 | 60 | 65 |
|---|---|---|---|---|---|---|---|
| 42.5 级 | 0.44 | 0.43 | 0.42 | 0.415 | 0.41 | 0.4 | 0.39 |
| 32.5 级 | 0.58 | 0.56 | 0.55 | 0.54 | 0.53 | 0.52 | 0.50 |

$f_{jc}$为喷射混凝土的配制强度，当选择的水泥强度$f_c$代入公式后求得：

①$f_{jc} > f_{ce}$时，水泥强度等级满足要求；

②$f_{jc} < f_{ce}$时，水泥强度等级不满足要求，此时应选用此$f_{co}$大一级的等级。

4）水泥用量的计算

水泥用量按下式计算：

$$C_o = 782.4\left(\frac{D_{max}}{mm}\right)^{-0.2377} \cdot B \tag{19-58}$$

式中：$C_o$——1$m^3$喷射混凝土水泥用量(kg)；

$B$——经验系数，采用32.5级水泥时，$B=1.12$；采用42.5级水泥时，$B=1$；采用52.5级水泥，$B=0.92$。

5）外加剂的确定

根据需要选用各种外加剂，其掺量根据外加剂的产品说明书和工程要求选用。

例如，根据工程要求初凝时间不长于3min，选用红星一号。根据红星一号的说明书，速凝剂用量一般为水泥质量的2%～4%；喷边墙可掺水泥质量的2%～3%；喷拱顶可掺水泥质量的3%～4%。

速凝剂用量按下式计算：

$$Q_{o1} = \Delta_g \cdot C_o \tag{19-59}$$

式中：$Q_{o1}$——速凝剂用量(kg)；

$\Delta_g$——速凝剂占水泥量的百分比(%)；

$C_o$——水泥用量(kg)。

6）确定水灰比及其用水量

水灰比按下式计算：

$$\frac{W}{C} = 0.45S_p + 0.2475 \tag{19-60}$$

式中：$W/C$——水灰比；

$S_p$——砂率(%)。

用水量按下式计算：

$$W_o = \frac{W}{C} \cdot C_o$$

7）计算砂、石用量

砂、石占用体积：

$$V_{s+G} = 1000 - \left[\left(\frac{W_o}{\rho_w} + \frac{C_o}{\rho_c} + \frac{\sum Q_i}{\rho_q}\right) + 10 \cdot a\right]$$

砂用量

$$S_o = V_{s+G} \cdot S_p \cdot \rho_s$$

卵石用量

$$G_o = V_{s+G} \cdot (1 - S_p) \cdot \rho_s$$

8）初步配合比

得出初步配合比应为：

$$C_o : S_o : W_o : \sum Q_i = 1 : \frac{S_o}{C_o} : \frac{G_o}{C_o} : \frac{\sum Q_i}{C_o}$$

$$\sum Q_i = 1 : S_o' : G' : W_o' : \sum{}' Q_i$$

$$\sum Q_i = Q_{01} + Q_{02} + \cdots + Q_i$$

式中：　$\sum Q_i$——外加剂总掺量；

$Q_{01}, Q_{02}, \cdots, Q_i$——不同外加剂(如速凝剂)的掺量。

如采用减水剂，应根据减水率减去相应的水量。

9)试配和调整

(1)确定实喷率

实喷率按下式计算：

$$P = 0.637 \times 1.0218 S_p \cdot M \tag{19-61}$$

式中：$P$——实喷率；

$S_p$——砂率；

$M$——施工技术控制系数，见表19-153。

**施工技术控制系数** 表19-153

| 施工技术水平 | 优秀 | 良好 | 一般 | 不良 | 初次喷射 |
|---|---|---|---|---|---|
| $M$值 | 1.25 | 1.15 | 1.05 | 0.95 | 0.90 |

(2)确定回弹率

因为

$$P = (1 - K) \cdot \left(1 + \frac{1}{1 + S_o' : G_o' : \sum Q_i} \times \frac{W}{C}\right) \cdot \frac{\gamma_z'}{\gamma_z}$$

所以

$$K = \left(1 - \frac{P}{1 + \frac{1}{1 + S_o' : G_o' : \sum Q_i} \times \frac{W}{C}} \times \frac{\gamma_z}{\gamma_z'}\right) \times 100\% \tag{19-62}$$

式中：$1 + S_o' : G_o' : \sum Q_i$——喷射混凝土初步配合比；

$\frac{W}{C}$——水灰比；

$K$——回弹率；

$\gamma_z'$——$1m^3$ 干拌和物密度；

$\gamma_z$——实喷混凝土密度。

(3)每立方米干拌和物喷射面积

每立方米干拌和物喷射面积按下式计算：

$$S = \frac{P}{d} \tag{19-63}$$

式中：$S$——$1m^3$ 干拌和物喷射面积($m^2$)；

$P$——实喷率；

$d$——平均喷射厚度(m)。

(4)每喷成 $1m^3$ 混凝土材料

水泥：

$$[C_o] = \frac{\gamma_z'}{P(1 + S_o' + G_o' + \sum Q_i)}$$

$$= \left[1 + \frac{1}{1 + S_o' + G_o' + \sum Q_i} \cdot \frac{W}{C}\right]$$

砂

$$[S_o] = [S_o'] \cdot [C_o]$$

卵石

$$[G_o] = G_o' \cdot [C_o]$$

速凝剂

$$[Q_{o1}] = \sum Q_i \cdot [C_o]$$

## 三、喷射混凝土的施工工艺

### 1. 主要的施工设备

不论用何种施工工艺，喷射混凝土的施工设备大体上相同。除配料计量设备外，还有搅拌机、混合料输送机、空气压缩机、水箱或水泵、混凝土喷射机等。

1）搅拌机

不论干式喷射施工还是湿式喷射施工，都应选用强制式搅拌机，以便在较短的时间内使混凝土得到均匀的搅拌。

2）混合料输送机

一般选用带式输送机，该输送机运转平稳，易保养维修。为防止过大的石子和异物混入喷射机而导致堵塞，在带式输送机的前端应设置筛分设备如振动筛。

3）空气压缩机

空气压缩机是制造高压空气以供喷射机喷射用的设备，空压机的风压和风量应根据喷射机的要求选择。

4）水箱或水泵

为使施工喷嘴处的水压保持稳定的压力（一般应大于0.15MPa），可采用水泵或高位水箱供水。如水箱的出水压力达不到要求时，应通过空压机对机密闭水箱充气加压。

5）混凝土喷射机

喷射机是影响施工速度和施工质量的关键设备，目前国产喷射机主要用手工式喷射，部分设备型号和有关技术性能见表19-154。

**国产部分混凝土喷射机技术性能** 表19-154

| 指标 | | 双罐式 | | | 转子式 | | 转盘式 | | | |
|---|---|---|---|---|---|---|---|---|---|---|
| | | 冶建-65 | HP-1 | WG-25 | SP-3 | HP30-74 | SP-2 | ZPG-2 | ZPZ-30B | ZP-V |
| 生产能力（干混料）（$m^3/h$） | | 4 | 4～5 | 4 | 2～5 | 2～6 | 4～5 | 3～7 | 3～5 | 5～6 |
| 工作风压（MPa） | | 0.12～0.6 | 0.15～0.6 | 0.12～0.6 | 0.1～0.5 | 0.1～0.5 | 0.3～0.5 | 0.3～0.5 | 0.1～0.6 | 0.2～0.4 |
| 耗风量（$m^3/min$） | | 7～8 | 9 | 6～8 | 6～10 | 10 | 5～10 | 7～8 | 7～10 | 5～8 |
| 集料最大粒径（mm） | | 25 | 25 | 25 | 25 | 30 | 25 | 25 | 30 | 20 |
| 输料最大粒径（mm） | | 50 | 50 | 50 | 50 | 50 | 50 | 50 | 50 | 50 |
| 输送距离 | 水平（m） | 200 | 240 | 200 | 200 | 250 | 200 | 300 | 200 | 200 |
| | 垂直（m） | 70 | 60 | 70 | 60 | 100 | 60 | 60 | 80 | 80 |
| 电动机功率（kW） | | 3 | 3 | 5.5 | 4 | 7.5 | 4 | 5.5 | 4 | 5.5 |

续上表

| 指标 | | 双罐式 | | | 转子式 | | 转盘式 | | | |
|---|---|---|---|---|---|---|---|---|---|---|
| | | 冶建-65 | HP-1 | WG-25 | SP-3 | HP30-74 | SP-2 | ZPG-2 | ZPZ-30B | ZP-V |
| 外形尺寸 | 长(mm) | 1 600 | 1 840 | 1 390 | 1 390 | 1 500 | 1 250 | 1 352 | 1 430 | 1 480 |
| | 宽(mm) | 850 | 970 | 850 | 890 | 1 000 | 750 | 774 | 868 | 750 |
| | 高(mm) | 1 630 | 1 660 | 1 630 | 952 | 1 600 | 1 435 | 1 160 | 1 375 | 1 280 |
| 机身质量(kg) | | 1 100 | 1 000 | 1 100 | 700 | 800 | 650 | 920 | 700 | 800 |
| 研制生产单位 | | 冶金建筑研究总院 | 上海市水工机械厂 | 焦作矿业学院实习厂 | 长沙矿山研究院 | 江苏扬州市机械厂 | 长沙矿山研究院 | 江西萍乡矿务局高坑矿 | 湖南常德机械厂 | 江西煤矿机械厂 |

在操作环境比较恶劣或人工手持喷射机有困难时,可以用机械手替代人工操作,目前主要型号有用于水平管道施工的 PHS-3 型和用于大断面地下工程的 QPS-Ⅱ型。

2. 施工准备

(1)检查喷射面尺寸、几何形状是否符合设计要求。

(2)拆除影响喷射作业的障碍物,对不能拆除者应加以保护。

(3)作业区应安装足够的照明设施。灯具应有保护装置,必要时应配备专用通信联系装置。

(4)为保证施工作业安全,同时还需要做到与混凝土有良好的黏着力,施工前喷射面要进行如下处理:

①清除浮石和有害于黏着的杂草、木片等。

②在已有混凝土面上喷射混凝土时应先清理掉风化部分并凿毛。

③有涌水的地方要做好排水。

④喷射面有冻结的情况,应清扫掉融化后的水分。

⑤喷射面具有吸水性较强时要预先洒水。

⑥凡设有加强钢筋或铁丝网时,为了不致反弹,要将钢筋或钢丝网牢固地固定在喷射基层面上。

⑦检查机具设备是否配备齐全,做好调试,确保使用安全。

3. 备料、搅拌和运输

(1)搅拌干混合料时材料的称量偏差不得超过下列规定数值(按质量计):

①水泥允许偏差为 2%;

②速凝剂允许偏差为 2%;

③集料允许偏差为 5%。

(2)干混合料应搅拌均匀。用机械搅拌时,其延续搅拌时间为:强制式搅拌机不得少于 1min;自落式搅拌机不得少于 2min。

(3)宜随用随拌,不宜存放时间太久,一般干混合料运输和存放时间不宜超过下列规定:掺有速凝剂时不得超过 15min;不掺速凝剂时一般不得超过 2h。

(4)向干混合料中掺加速凝剂时,应力求掺量准确,混合均匀。

(5)干混合料不得直接倒入喷射机内,必须通过筛网进仓,并应随用随进。

4. 施工工艺

喷射混凝土的施工工艺根据拌和用水量的多少、速凝剂掺入的方法及投料方法，可分为湿式喷射工艺、干式喷射工艺及造壳喷射工艺。

(1)湿式喷射工艺

湿式喷射工艺流程如图19-65所示。

湿式喷射工艺的最大优点是回弹率较低、粉尘较少；缺点是不适于远距离压送，喷射时有时会产生喷射压力不稳、喷射量不均匀。

(2)干式喷射工艺

干式喷射工艺流程如图19-66所示。

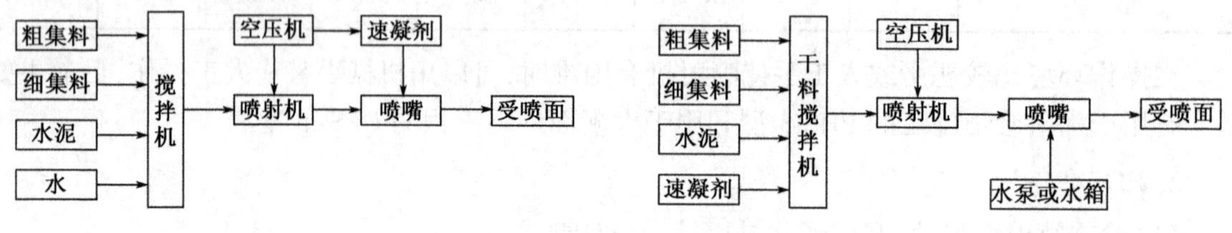


图19-65　湿式喷射工艺流程

图19-66　干式喷射工艺流程

干式喷射工艺的最大优点是能进行远距压送，加速凝剂方便，喷射压力和喷射量较均匀；最大的缺点是操作粉尘大，回弹率高。

(3)造壳喷射工艺

造壳喷射工艺流程如图19-67所示。

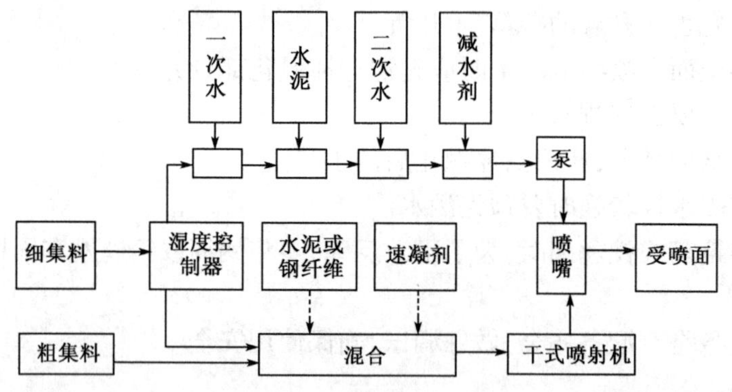


图19-67　造壳法喷射工艺流程

造壳喷射法不仅具有水泥裹砂混凝土施工法所具有的混凝土强度较高、变异系数小(质量稳定)的优点，还具有回弹量小、粉尘少、可远距离压送、生产能力较高的优点。因此，虽然需增加一些设备，如砂的含水率调节装置，但仍受到施工部门的欢迎。

5. 施工过程的注意事项

(1)受喷面的状况是影响施工质量的关键之一，原则上要求受喷面应具备下列基本条件：

①应具有一定的强度，如为土层，应先行夯实。

②如受喷面为岩石或旧混凝土，表面应无杂质灰尘或松散物，如有则应用高压水清洗，但如为风化岩石，不能用高压水而只能用高压风。

③受喷面无冻结现象，如有应先用热风使其溶解，溶解后水分较多时应予以清除。

④对吸水强的受喷面(如混凝土或砖)受喷前应适当喷湿。

(2)如需安装模板,安装应牢固,避免喷射作业时冲击力使模板脱落。

(3)如受喷面设置钢筋,应将钢筋网固定在受喷面基层上,钢筋的间距不得小于80mm。

(4)喷射混凝土作业宜分区分段进行,并应和其他作业,特别是井巷开挖支护作业交叉协调进行。

(5)喷射顺序应由下而上,先墙后拱顶。

(6)喷射机的操作应注意下列各点:

①作业前要对风、水、电、线路、压力进行检查和试运转。

②作业开始应先开风,后给料;作业停止应先停料,并待料完全喷完后再停风。

③向喷射机供料应连续均匀。

④喷头与喷面应尽量垂直,一般保持0.8~1.2m距离,如果用双水环喷嘴,喷距可缩小至0.15~0.45m。

⑤喷射时喷头应按螺旋形轨迹($R=300\text{mm}$)一圈压半圈地移动;一般应先喷凹洼后补平。

⑥施工中因各种故障突然中止作业,应尽快清除管道和喷射机中的积料,避免在管道和喷射机中凝结硬化。

⑦应保证喷射时有适宜的风压和水压。一般在喷嘴处应保证0.1MPa的风压和0.1MPa的水压。因为风压和水压过小都会影响混凝土的密度,而风压水压太高又会增加混凝土的回弹率。

⑧如为隧道工程或矿井工程,应做到喷射混凝土施工紧随掘进进度进行。

⑨作业结束时,必须将喷射机和输料管中的积料完全喷出后可停机停风,并将喷射机受料口加盖防护。

(7)水灰比的控制。喷射混凝土作业的水灰比全靠喷射手调节喷嘴水环阀门来控制,其大小主要是满足喷射黏结的要求,水少时回弹量大,粉尘大,混凝土的密实性差。水多时喷射层不稳定有滑移流淌现象。一般以混凝土表面平整、呈湿润光泽、黏性好、无干斑时的水灰比为施工配合比,一般约为0.4~0.5。

(8)当要求混凝土分层喷射时(一般多为分层喷射),应参照以下规定进行作业:

①混凝土中掺有速凝剂时,1次喷射厚度:墙7~10cm、拱5~7cm;不掺速凝剂时,墙5~7cm、拱3~5cm。

②喷层之间的间歇时间。当混凝土中掺有速凝剂时,一般为10~15min;不掺速凝剂时可在混凝土达到终凝后进行。

③若间歇时间超过2h,喷射前应先喷水湿润混凝土表面再行喷射,以保证混凝土层间的良好黏结。

(9)喷射中如发现混凝土表面干燥松散、下坠滑移或拉裂时,应及时清除,再进行补喷。

(10)不良地质条件下喷射作业应参照以下各条规定:

①对易风化或膨胀性围岩,严禁用高压水冲洗岩面,可用压风吹除岩面浮渣。

②喷射作业应紧跟掘进工作面进行。放炮后可立即喷一层混凝土做临时支护。厚度一般应不小于5cm。

③混凝土中必须掺加速凝剂。

④混凝土喷完后到下一次放炮时间一般应不小于4h。

(11)带钢筋(丝)网的喷射混凝土作业应参照下列要求：

①钢筋(丝)网应随岩面变化铺设,并与岩面保持不小于3cm的间隙。

②钢筋(丝)网应与锚杆或其他锚点绑扎牢靠,使喷射混凝土时不发生弹动。

③如发现有脱落的混凝土被钢筋(丝)网架住时,应及时清除并进行补喷。

④钢筋(丝)网的网格不小于20cm。

(12)在有水的岩面上喷射混凝土时,必须预先做好治水工作。水的处理应以排为主,先排后堵。

①在潮湿岩面上喷射混凝土时,必须掺加速凝剂,适当减少水灰比和加大喷射时的风压。

②对于岩面的渗、滴水宜采用导水沟或盲沟排水。

③对于一般的集中涌水,宜采用注浆堵水。

④对于竖井岩面的淋帮水,可设置截水圈。

(13)喷射混凝土作业中应尽量减少混凝土的回弹量。在正常作业情况下,回弹量应控制在下列范围内:侧墙不超过15%,拱顶不超过25%。

喷射混凝土的回弹量的大小和很多因素有关,如混凝土的配合比、喷射压力(速度)、喷射水压、喷射角度和距离以及操作人员技术高低等。这些都直接影响回弹量的大小,而不能单纯根据喷射机的性能来确定。根据多年积累的经验,混凝土配合比中水灰比和水泥含量及回弹量呈现如图19-68曲线所示的关系。

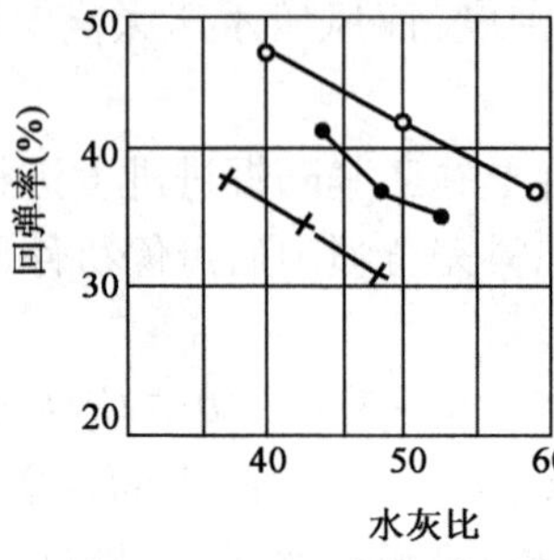


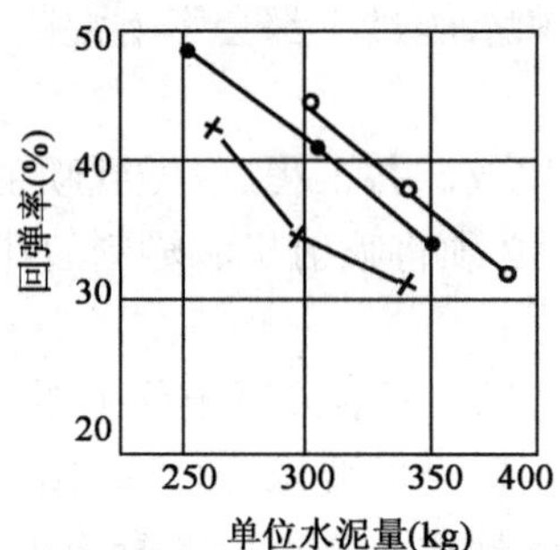


图19-68 回弹量与水灰比和单位水泥量的关系

o-干式(空气压送);●-湿式(泵送、密流输送);×-湿式(疏流输送)

回弹物应回收作为集料掺入干混合料中重复使用,但掺量不得大于新集料的30%。

(14)喷射混凝土在冬季施工时应遵守下列规定：

①作业区的温度应不低于+5℃。

②干混合料进入喷射机时的温度及混合用水温度应不低于+5℃。

③喷射混凝土的强度未达到5MPa时不得受冻。

④分层喷射时,已喷射面层应保持正温。

(15)喷射混凝土的养护

喷射混凝土单位水泥用量较大,结构表面系数一般较大,凝结硬化速度快,为使混凝土强度均匀增大,减少或防止其不正常收缩,必须认真做好养护工作。

①混凝土喷完后2~4h内,应开始喷水养护。

②喷水次数以保持混凝土具有足够的湿润状态厚度为宜。

③养护时间,采用普通硅酸盐水泥时,不得少于10d;采用矿渣硅酸盐水泥或火山灰质硅酸盐水泥时,不得少于14d。

(16)及时制作喷射混凝土试件,以便进行力学性能的试验以检查质量,多数是进行抗压和黏结力试验。

## 第二十三节　喷射纤维混凝土施工

喷射纤维混凝土是以纤维材料作混凝土的增强材料,用喷射技术施工的一种新型混凝土。目前,用作喷射纤维混凝土的纤维主要有钢纤维、玻璃纤维,也可用聚丙烯等合成纤维作增强纤维。

喷射纤维混凝土除具有纤维混凝土所具有的高韧性、高抗拉强度等性能外,还具有与受喷结构或构件结合牢固的优点。特别适合于要求强度较高、韧性较大的建筑工程及制作一些薄板壁类混凝土制品。

### 一、喷射纤维混凝土原材料组成

喷射纤维混凝土的原料与一般喷射混凝土类似,主要差别是在混凝土中加入纤维材料。其中钢纤维一般采用异型钢纤维,其直径一般为0.25~0.4mm,长度为20~30mm,长径比一般为60~100;玻璃纤维主要采用中碱无捻粗砂(使用硫铝酸盐水泥,氟铝酸盐水泥时)和高抗碱无捻粗砂玻璃纤维(使用硅酸盐系列水泥时)。粗集料的最大粒径不大于10mm,细集料一般采用中砂,水泥用强度等级为32.5级以上的普通硅酸盐水泥或硅酸盐水泥。每立方米混凝土中的水泥用量为400kg左右。

### 二、喷射纤维混凝土配合比设计

喷射纤维混凝土的配合比设计可以参考一般喷射混凝土。表19-155和表19-156分别列出钢纤维喷射混凝土和玻璃纤维增强喷射混凝土的参考配合比。

**钢纤维喷射混凝土参考配合比($kg/m^3$)**　　表19-155

| 水泥 | 石子 | 砂 | 速凝剂 | 钢纤维 | 水灰比 |
|---|---|---|---|---|---|
| 430~470 | 700~900 | 700~850 | 适量 | 60~120 | 0.40~0.45 |

注:水泥采用42.5级普通硅酸盐水泥。

**玻璃纤维增强喷射混凝土参考配合比**　　表19-156

| 成型工艺 | 玻璃纤维 | 水　泥 | 集　料 | 外加剂 | 灰砂比 | 水灰比 |
|---|---|---|---|---|---|---|
| 喷射法 | 长为33~44mm;体积掺量为2%~5% | 早强型或Ⅰ型 | 最大粒径为2mm;细度模数为1.2~2.4;含泥量≤0.3% | 由试验确定减水剂掺量 | 1:0.3~1:0.5 | 0.32~0.38 |
| 喷射—抽吸法 | | | | 一般不可掺 | | 起始值为0.50~0.55;最终值为0.25~0.30 |

### 三、喷射纤维混凝土的施工工艺

喷射纤维混凝土的施工基本类同于普通喷射混凝土的施工,但应注意做到以下两点:

(1)喷射机应根据喷射纤维混凝土的特点略作改进。例如,为了防止加入纤维后引起的管道堵塞,应将输料管中小于或等于90°的弯头取消或改成不小于120°的弯头。管道内径应为钢纤维长度的两倍,内径突变应改为长锥形。

(2)要尽量使纤维在混凝土中均匀分布并尽量避免纤维缠绕结团,可采取如下措施:

①对于刚纤维,可采用振动筛或振动装置使钢纤维松散后再加入正在搅拌的混合料中,并注意加入点不要离搅拌机叶片太近。

②对于玻璃纤维或类似的有机合成纤维,应配置一台喷射切割机,在施工时切割机根据需要将连续玻璃纤维无捻粗砂切割成 10～50mm 的短切纤维,喷出后与混凝土喷射机喷出的混凝土或砂浆混合。

目前常采用喷射—抽吸法自动化生产玻璃纤维及有机纤维增强的混凝土板材,其生产工艺流程如图 19-69 所示。

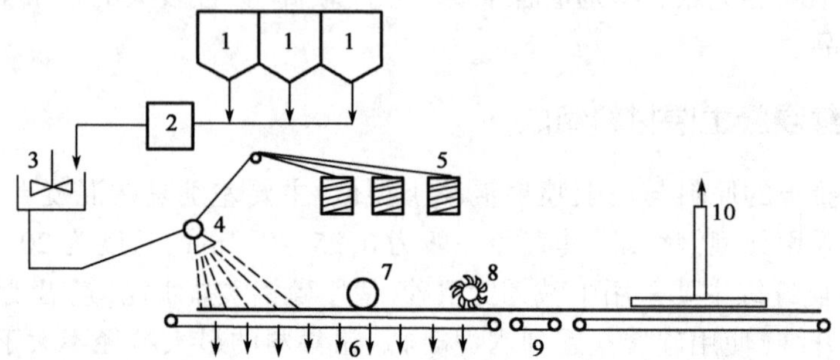


图 19-69 采用喷射—抽吸法自动化生产玻璃纤维平板或波形板的主要步骤

1-料仓;2-分批称料机;3-搅拌机;4-来回移动的喷头(喷射玻璃纤维水泥浆);5-玻璃纤维粗纱线筒;6-真空脱水;7-辊式整面机;8-切割锯(可作纵边及横向切割);9-传送机;10-真空提升

## 第二十四节 无砂大孔混凝土施工

无砂大孔混凝土就是不含砂的混凝土,它由水泥、粗集料和水拌和而成。粗集料可以是碎石、卵石,也可以是人造轻集料,如黏土陶粒、粉煤灰陶粒等。还可利用炉渣、碎砖、碎混凝土块等,因为没有细集料,所以其中存在大量较大的孔洞,孔洞的大小与粗集料的粒径大致相等。正是由于这些孔洞的存在,无砂大孔混凝土显示出与一般混凝土不同的特性。

无砂大孔混凝土与普通混凝土相比,具有以下优点:

(1)表观密度小,通常在 1 400～1 900kg/m$^3$。

(2)热传导系数小。

(3)水的毛细现象不显著。

(4)水泥用量少。

(5)混凝土侧压力小,可使用各种轻型模板,如钢丝网模板、胶合板模板等。

(6)表面存在蜂窝状孔洞,抹面施工方便。

(7)采用一种材料(砂子),简化了运输及现场管理。

此外,无砂大孔混凝土施工简便,靠自重落料即可成型,不需插捣,对工人技术水平要求不高。

无砂大孔混凝土可用于 6 层以下住宅的承重墙体,或用于 6 层以上的框架填充料。国外曾在 13 层住宅建筑中将其用作承重墙。它还可用于地坪、路面、停车场等。此外,我国还生产了一种无砂大孔陶粒混凝土夹层复合外墙板及大楼板,现在已用这两种构件建筑了 12 000m$^2$

的住宅,技术经济效果较好。

## 一、无砂大孔混凝土原材料选择

无砂大孔混凝土的材料包括水泥、粗集料和水。水泥常用普通硅酸盐水泥,多用42.5级和52.5级。粗集料可以是卵石或碎石,也可以是浮石、粉煤灰陶粒、黏土陶粒等轻集料,甚至是碎砖。

无砂大孔混凝土所用原材料除应符合有关的国家标准或规范要求外,其特殊要求见表19-157。

对原材料的特殊要求　　表19-157

| 序号 | 原材料名称 | 性能要求 |
|---|---|---|
| 1 | 水泥(胶结料) | 通用普通硅酸盐水泥、矿渣硅酸盐水泥,若用其他品种水泥,则需在确保脱模强度和设计强度等级前提下,通过实测确定;<br>大孔混凝土强度等级建议采用水泥强度等级为:C60以上的大孔混凝土宜用52.5级水泥,C4、C6大孔混凝土宜用42.5级或52.5级水泥,低于C4的大孔混凝土宜用32.5级或42.5级水泥 |
| 2 | 粗集料(包括普通或轻集料) | 要求粗集料为单一粒级,如10~20mm或10~30mm,不允许用小于5mm、大于40mm的集料;<br>碎石型粗集料除应满足强度和压碎指标基本要求外,碎石中针片状颗粒总含量不宜大于15%;包裸型和半包裸型的总含量(包括含粉量)不宜大于1%;<br>人造轻集料各项指标均应符合《黏土陶粒和陶砂》(JC/T 786—96)的有关规定,炉渣、碎石中未燃烧煤的含量应不超过5%~15% |
| 3 | 外加剂 | 一般不予采用,冬季施工可酌用硫酸钠、氯化钠等早强剂,以加速混凝土的硬化 |

## 二、无砂大孔混凝土配合比设计

1. 设计原则

根据已知材料性能及所需要强度等级和密度,在确保混凝土稠度的前提下,以采用最小的水泥用量为原则,进行配合比设计。大孔混凝土单位体积的质量应为1m$^3$紧密状态的集料密度和单位水泥用量及水泥用水质量之总和。

国外进行配比设计多采用查表法、图示法、计算公式法等。我国常用的是计算公式法。

2. 设计步骤及计算公式

1)计算大孔混凝土配制强度

大孔混凝土配制强度的计算公式为:

$$f_{cu,o}=\frac{f_{cu,k}}{1-\sigma_v} \tag{19-64}$$

式中:$f_{cu,o}$——配制强度(MPa);

$f_{cu,k}$——设计强度(MPa);

$\sigma_v$——强度标准差,应根据施工单位以往积累的数据分析确定,若没有这方面的数据,也可根据施工单位的管理水平,从表19-158中查找;如缺乏施工无砂大孔混凝土的经验时,可取为25%。

管理水平与离散率 $\sigma_v$ 的关系　　表19-158

| 管理水平 | 甲级 | 乙级 | 丙级 |
|---|---|---|---|
| $\sigma_v$(%) | <16 | 16~20 | 21~25 |

2)估算每立方米大孔混凝土所需的水泥用量

根据粗集料种类,可选用如下的统计经验式。

(1)碎石大孔混凝土:

$$m_{co}=69.36+784.93\frac{f_{cu,o}}{f_{ce}} \tag{19-65}$$

式中:$m_{co}$——每立方米混凝土的水泥用量($kg/m^3$),采用42.5级水泥;

$f_{ce}$——水泥实测强度(MPa),如无实测值,可按1.13倍水泥强度等级值取用。

注:此式由中建四局贵州中建建筑科研设计院有限公司提供,若遇水泥、集料变动较大,可按每立方米混凝土水泥用量差值为20kg,通过强度测定结果加以调整。

(2)陶粒大孔混凝土:

$$\bar{f}_{cu,o}=0.329m_{co}-3.4 \tag{19-66}$$

$$\bar{f}_{cu,o}=0.314m_{co}+8.84 \tag{19-67}$$

注:式(19-66)采用42.5级矿渣硅酸盐水泥;式(19-67)采用52.5级普通硅酸盐水泥。两式均由上海市建筑科学研究所提供,陶粒表观密度为$800kg/m^3$。

3)确定合理水灰比及用水量

(1)对于碎石等普通集料大孔混凝土,水灰比的确定非常重要。为了确定最佳水灰比,可在水泥用量一定的情况下,用从小到大几种不同的水灰比分别拌制,然后通过试验求出它们的抗压强度,再按图19-70绘出曲线,求出最大抗压强度所对应的水灰比,该水灰比即为最佳水灰比。这种方法繁杂,实际工作中常根据经验来判别水灰比是否合适。如取出一些拌好的无砂大孔混凝土拌和物进行观察,如果水泥在集料表面包裹均匀,没有水泥浆下淌的现象,而且颗粒有金属光泽,则说明水灰比较为合适。对于碎石等普通集料无砂大孔混凝土,水灰比通常可采用下列统计经验计算:

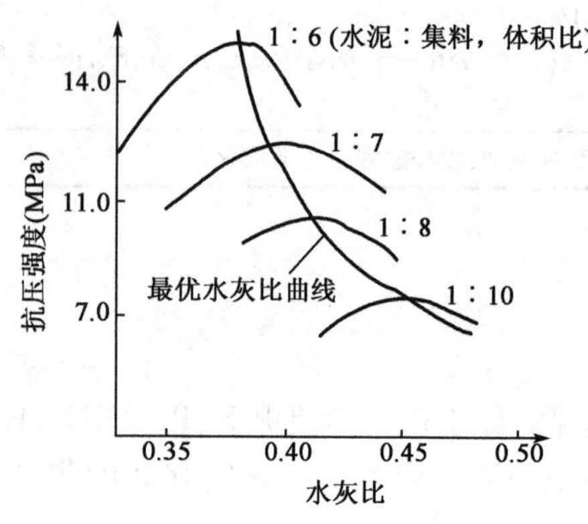

图19-70　水灰比与抗压强度的关系

人工全捣法

$$\frac{W}{C}=0.58-0.000\,715m_{co} \tag{19-68}$$

锤击板法

$$\frac{W}{C}=0.537\,2-0.000\,791\,4m_{co} \tag{19-69}$$

设$W/C=K$,一般可选用3个水灰比值,即$K-0.05$、$K$、$K+0.05$,以拌和物稠度适中者选作试验用水灰比值,亦可以水泥标准稠度的1~1.3倍定为水灰比值,用水量则为:

$$m_{wo}=\frac{W}{C}\times m_{co} \tag{19-70}$$

(2)对于陶粒等轻集料无砂大孔混凝土,水灰比的确定更加困难,因为水灰比与集料的湿度有关。为了防止水泥浆中的水分被集料吸收,或者集料太湿导致水泥浆从集料上滑下,应使集料处于饱和干面状态(即集料已经饱和,但表面干燥),这样才能保证拌制的混凝土的质量。

这种混凝土的合理水灰比可按图19-71取值。

陶粒大孔混凝土(净水灰比)通常的适宜范围为:

①52.5级普通硅酸盐水泥:$W/C = 0.30 \sim 0.37$;

②42.5级矿渣硅酸盐水泥:$W/C = 0.34 \sim 0.42$。

4)确定集灰比

集灰比的取值由所需配制的无砂大孔混凝土强度而定,一般对于C10以上的无砂大孔混凝土,可取集灰比6:1~8:1。随着无砂大孔混凝土强度等级的降低,集灰比逐步增大,一般可达15:1。

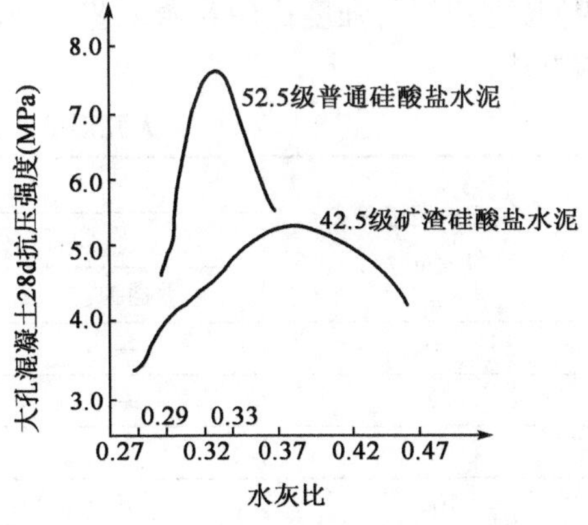


图19-71 大孔混凝土水灰比与抗压强度的关系

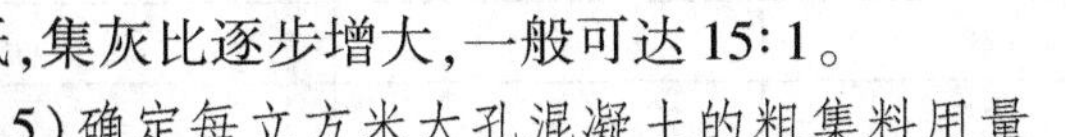

5)确定每立方米大孔混凝土的粗集料用量

每立方米大孔混凝土的粗集料用量可取为:每立方米紧密状态的碎石质量或每立方米紧密状态的陶粒质量×0.98。

大孔混凝土的制成系数分别为:

(1)全捣法成型碎石大孔混凝土,0.94~0.96;

(2)半捣法成型陶粒大孔混凝土,0.96~0.98;

(3)料斗自由落料,1.0。

最后试拌并制作试件以验证试配强度的可靠性。

## 三、无砂大孔混凝土的施工工艺

### 1.混凝土的搅拌

无砂大孔混凝土的搅拌,目前一般都是采用与搅拌普通混凝土相同的机械,搅拌方法也大致相同,宜采用强制式搅拌机。

采用自落式搅拌机时,投料顺序为:先加水量的一半,从前面加入,待黏在筒壁上尤其是筒壁后半部所黏的黏结层洗净之后,再投石子和水泥,最后再将余下的一半水从后面慢慢加入,使搅拌筒后部的料充分润湿,以便出料及进行下一次冲洗。搅拌时间约为5min。

为了防止头几盘强度偏低,可在头盘及第二盘中多加些水泥。头盘可多加70%,第二盘可多加50%。采用轻集料时,搅拌时间宜适当延长。这是由于轻集料表面比较粗糙。

采用自落式或强制式搅拌机,无砂大孔混凝土不易搅拌均匀,有一定的局限性。苏联试验了一种称为预拌水泥浆法的新搅拌方法,这方法是首先拌制比需要量大3~4倍的水泥浆,然后将粗集料与已拌好的水泥浆一起搅拌,保证每个集料上都包裹上较多的水泥浆,然后使这些集料通过一个以一定频率振动的筛子,筛去多余的水泥浆,主要留在集料表面的水泥浆恰好是所需要的。采用这种方法可保证搅拌的均匀性,水泥浆的利用率也最大。用此法搅拌,在水泥用量相同的情况下,强度可增加50%~100%。由于它能保证拌和物的均匀性,离散率也大大下降,这也从另一个方面降低了水泥用量。

用预拌水泥浆法与普通方法,生产无砂大孔混凝土时的单位强度水泥量(即产生单位强度所需的水泥用量),可以反映水泥浆分布的均匀性。从表19-159可以看出,用预拌水泥浆法时,单位强度水泥用量几乎是一个常数,甚至与集料粒径也无关。这说明水泥浆在集料表面的分布非常均匀。根据试验研究还可以看出,用这种新工艺生产的无砂大孔混凝土,在水泥用量相同的情况下，强度比用普通工艺生产的无砂大孔混凝土将近大一倍。这是一种非常有前途的方法。

**大孔混凝土每1MPa强度的单位水泥用量**　　表19-159

| 实际水泥用量 (kg/m³) | 单位水泥用量(kg/m³) | | | |
|---|---|---|---|---|
| | 卵石粒径5~10mm | | 卵石粒径10~20mm | |
| | 普通工艺 | 新工艺 | 普通工艺 | 新工艺 |
| 70 | — | 23 | — | — |
| 77 | — | — | — | 21 |
| 90 | — | — | 53 | — |
| 100 | 68 | 24 | — | 22 |
| 110 | 67 | 25 | — | — |
| 115 | — | — | 37 | 25 |
| 123 | 50 | 24 | — | — |
| 125 | — | — | — | 22 |
| 128 | — | — | — | 20 |
| 129 | — | 24 | — | — |
| 138 | — | — | 40 | — |
| 141 | 39 | 22 | — | — |
| 151 | — | — | — | 20 |
| 161 | 35 | 22 | 32 | 22 |
| 171 | — | — | 27 | — |
| 178 | 30 | — | — | — |
| 平　均 | 48 | 23 | 38 | 22 |

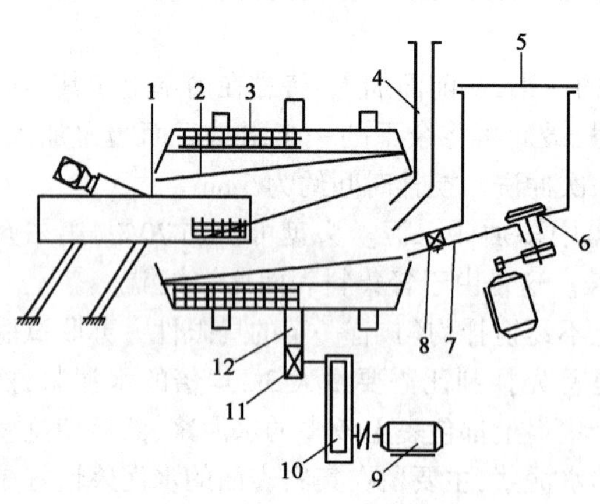

图19-72　连续式搅拌机

1-振动溜槽；2-叶片；3-鼓筒；4-溜槽；5-搅拌机；6-转子；7-短管；8-阀门；9-电动机；10-减速箱；11-皮带轮；12-齿圈

实现这种新工艺有两种方法：

第一种方法是利用已有的砂浆搅拌机搅制水泥浆，用普通自落式搅拌机制备混凝土，用振动筛筛去混凝土拌和物中多余的水泥浆，再用砂浆泵将水泥浆打回搅拌机。也可将水泥直接投入搅拌机内与集料一起搅拌，但要注意在搅拌机内保持有足够的水泥浆，同时随着它的消耗要增加水泥和水。

实现新工艺的另一种方法是：采用连续式搅拌机(图19-72)，它和普通连续式搅拌机相似；水泥浆是由快速旋转的转子来搅拌的，由于转子所造成的强烈搅拌作用，不仅搅拌水泥浆，还会使它活化。

进入鼓筒的集料在水泥浆中滚动后，叶片将它带到振动溜槽的筛子处，分离去多余的水泥浆后，进入振动溜槽备用。

混凝土拌和物制备的时间为：从集料装入起到拌和物从振动溜槽卸去为止，约20~30s。

振动溜槽的振动频率约3 000次/min，振幅约1mm，振动时间约10s。

用这种方法生产的无砂大孔混凝土的变异系数很小,卵石无砂大孔混凝土的强度变异系数约为3%,密度变异系数更小。陶粒无砂大孔混凝土的密度变异系数,甚至比陶粒本身的还要小。

采用预拌水泥浆法时,有一个问题值得重视,即水泥浆长时间的循环,会不会过早水化,而使拌和物的强度降低。事实正相反,重复多次的搅拌反而能使水泥浆的强度有所提高。

为了节约水泥,除了采用上述的预拌水泥浆法,还可采用湿拌强化法。湿拌强化法,是在搅拌时加入水泥体积3%~4%的建筑石膏,并适当延长搅拌时间(搅拌时间一般为5~7min)。石膏的掺量根据水泥强度等级而定,32.5级水泥加入3%,42.5级水泥加4%。湿拌强化法的技术效果见表19-160。

**湿拌强化法与普通法生产的无砂大孔混凝土的水泥用量** 表19-160

| 编号 | 水泥强度等级 | 普通方法 | | 湿拌强化法 | |
|---|---|---|---|---|---|
| | | 水泥用量(kg/m³) | 28d强度(MPa) | 水泥用量(kg/m³) | 28d强度(MPa) |
| 1 | 32.5级 | 120 | 3.8 | 80 | 3.6 |
| | 42.5级 | 110 | 3.6 | 70 | 3.8 |
| 2 | 32.5级 | 130 | 3.9 | 94 | 4.0 |
| | 42.5级 | 110 | 3.7 | 94 | 4.4 |
| 3 | 32.5级 | 130 | 4.1 | 92 | 3.7 |
| | 42.5级 | 106 | 4.4 | 80 | 3.8 |
| 4 | 32.5级 | 130 | 3.9 | 94 | 3.6 |
| | 42.5级 | 102 | 3.6 | 81 | 3.7 |
| 5 | 32.5级 | 110 | 3.6 | 85 | 2.6 |
| | 42.5级 | 90 | 3.2 | 70 | 2.5 |
| 6 | 32.5级 | 100 | 2.8 | 82 | 2.7 |
| | 42.5级 | 92 | 2.6 | 71 | 2.6 |

2.混凝土的浇筑

无砂大孔混凝土中的水泥量有限,水泥浆只够包裹集料颗粒,因此在浇筑过程中不宜强烈振捣,否则将会使水泥浆沉积,破坏混凝土结构的均匀性。这样不仅使混凝土的强度下降,而且会降低混凝土的隔热性能,所以只允许在墙脚或转角处用插扦轻轻插捣。在一定高度下浇筑,靠混凝土的重力即可得到充分的密实度。在窗台处或其他障碍物周围浇筑混凝土时,必须十分谨慎。设计模板时可在窗台下开设一小口,以便伸进模板进行插捣。

关于自由下落高度,我国一些地区的施工经验表明,当集料粒径为1~3cm时,自由下落高度在1.5m左右。在这种情况下,构件的质量是可以得到保证的。

3.混凝土的养护

无砂大孔混凝土由于存在大量孔洞,干燥很快,遇有烈日与大风气候时,应加覆盖,淋水或用氯化钙促凝,使其提前凝结。

无砂大孔混凝土的湿养护时间应为3~7d。另外,还要防止雨淋。一般来说,阴天和小雨对无砂大孔混凝土的养护是有利的,但要防止暴雨冲刷,这样会带走水泥浆,造成一些薄弱部位。

洒水养护时,不能用水龙直射无砂大孔混凝土墙面,应在2~3m处用散射水养护。混凝土浇筑后1d开始洒水养护,若遇干热天气,可在浇筑后8h开始养护,以免过早失水。每天至少洒水4次。拆模时间可参考表19-161。

无砂大孔混凝土的拆模时间　　表 19-161

| 混凝土养护温度(℃) | 最早拆模时间(d) | 最早受荷时间(d) |
| --- | --- | --- |
| >21℃ | 1 | 3 |
| 10~21℃ | 2 | 5 |
| 4.4~10℃ | 3 | 10 |
| <4.4℃ | 不须采取预防措施 | 不须采取预防措施 |

注：本表适用于单层建筑。

4. 模板工程

无砂大孔混凝土的混凝土侧压力较小，一般为普通混凝土的三分之一，因此可以使用轻质模板。常用的模板有四种：①工地上常用的小钢模，这可利用现有设备，但用小钢模不易观察混凝土浇筑情况，因为无砂大孔混凝土浇筑时不振捣，所以这是一个较大的缺点，但使用小钢模不易迅速失水，对大孔混凝土的养护有利。②用木模，这是一些专门从事无砂大孔混凝土施工的公司常用的模板，如图 19-73 所示，它质量轻、经济。③用钢丝网模板，它用钢丝网或开洞

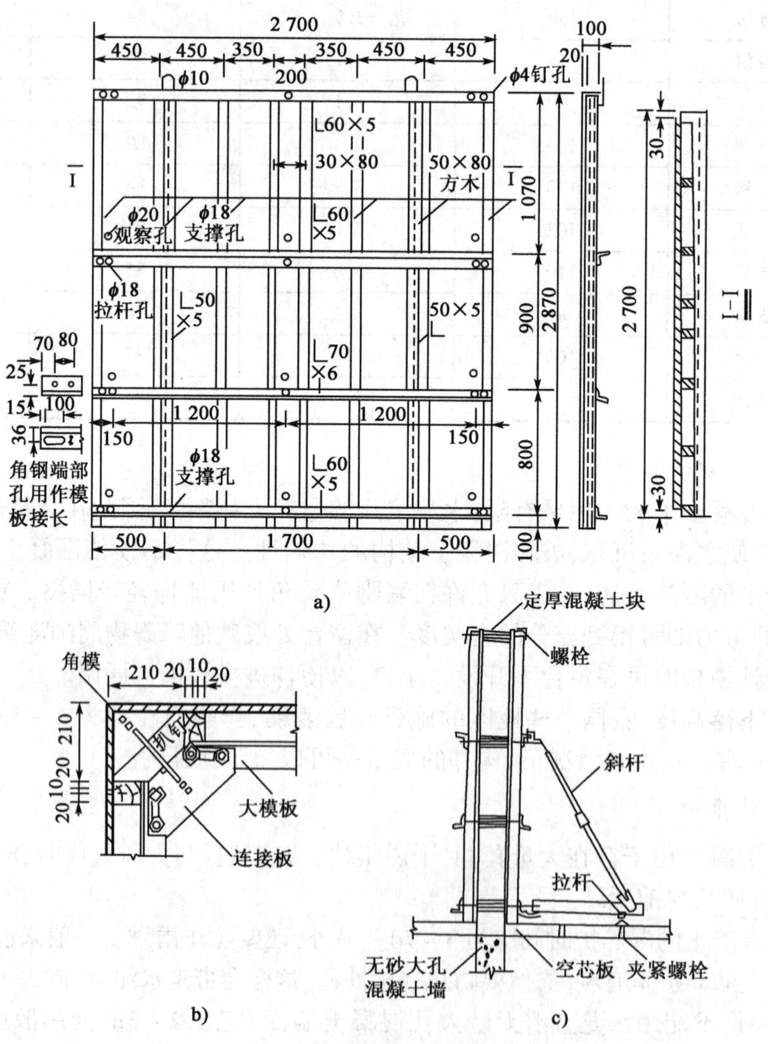


图 19-73　模板及支撑(mm)

a)大模板；b)角模；c)模板临时安装支撑

铁皮作面板，以小规格的型钢为加劲肋，支撑和连接件也用钢材，使用这种模板的最大优点是可以用肉眼观察混凝土的浇筑情况，易于保证浇筑质量。④用铝模板，这是一种组合模板，可用人工搬运和安装，铝模板由于价格较贵，故未能推广应用。

设计模板时，混凝土侧压力可按 47 ~ 50MPa 考虑。计算模板时应验算模板的强度和挠度。特别是采用钢丝网或开洞铁皮模板时，更要注意控制挠度。

## 第二十五节　流态混凝土施工

在预拌的坍落度为 8 ~ 12cm 的基体混凝土中，加入流化剂，经过搅拌，使混凝土的坍落度顿时增大至 20 ~ 22cm，能像水一样地流动，这种混凝土称为“流态混凝土”。流态混凝土在英国、美国、加拿大等国称为超塑性混凝土或流动混凝土，在德国和日本称为流动混凝土。

流态混凝土，一方面具有水泥用量较多、坍落度约 20cm 的大流动性混凝土的施工性能，便于泵送运输和浇筑；另一方面又可以得到近似于坍落度 5 ~ 10cm 的塑性混凝土的性能，既满足了施工要求，又改善了混凝土的质量，因而受到广泛的重视，应用规模逐渐扩大。

### 一、流态混凝土原材料技术要求

流态混凝土所用的材料，除流化剂外与普通混凝土用的材料基本相同。现将各种材料的具体技术要求（主要为日本工业技术标准）分别介绍如下：

1. 水泥

流态混凝土对水泥无特殊要求。对不同品种的水泥掺入流化剂后进行流态化实验的结果表明，除了细度较高的超早强硅酸盐水泥，各种水泥的流态化效果、流化后的坍落度，含气量等的经时变化基本相同。不同品种水泥加入流化剂后坍落度显著增大，仅超早强水泥流态化效果较差。

在流态混凝土中使用最多的是普通硅酸盐水泥。在大体积混凝土中使用流态混凝土时，为了控制混凝土的绝热温升，必须降低单位体积混凝土中水泥的用量，掺入部分粉煤灰，甚至采用中等水化热水泥、B 种粉煤灰水泥等。

超早强硅酸盐水泥、耐硫酸硅酸盐水泥，在流态混凝土中很少应用，使用这些水泥配制流态混凝土时，必须对流态混凝土的品质、施工性能等进行充分的试验研究，在可靠的基础上进行使用。

总之，普通水泥、早强水泥、中等发热量的硅酸盐水泥、高炉矿渣水泥、硅质水泥、粉煤灰水泥，均可使用。

2. 集料

流态混凝土中所用的集料，除了符合普通混凝土“集料”的规定，还要符合下述要求：

（1）卵石、砂和碎石要符合表 19-162 和表 19-163 所列的品质要求。

（2）碎石除了满足普通混凝土用碎石中规定的要求，还要符合表 19-162 所规定的要求。

（3）流态混凝土中用的破碎高炉矿渣，除了符合规范要求外，还要符合表 19-164 中所规定的质量要求。

卵石、砂和碎石的质量 表 19-162

| 种类 | 材料标准等级 \ 项目 | 相对密度 | 吸水率(%) | 绝对体积百分率(石)(%) | 黏土含量(%) | 冲洗试验质量损失(%) | 有机不纯物含量 | 盐分 |
|---|---|---|---|---|---|---|---|---|
| 卵石和碎石 | Ⅰ级 | 2.5 以上 | 2.0 以下 | 57 以上 | 0.25 以下 | 1.0 以下 | — | — |
| | Ⅱ级 | 2.5 以上 | 3.0 以下 | 55 以上 | 0.25 以下 | 1.0 以下 | | |
| | Ⅲ级 | 2.4 以上 | 4.0 以下 | 53 以上 | 0.5 以下 | — | | |
| 砂 | Ⅰ级 | 2.5 以上 | 3.0 以下 | — | 1.0 以下 | 2.0 以下 | 试验溶液颜色不能比标准液色浓 | 0.4 以下 |
| | Ⅱ级 | 2.5 以上 | 3.5 以下 | — | 1.0 以下 | 3.0 以下 | | 0.1 以下 |
| | Ⅲ级 | 2.4 以上 | 4.0 以下 | — | 2.0 以下 | 5.0 以下 | | 0.1 以下 |

注:用碎石时,冲洗试验失去的碎石粉量要在 1.5% 以下。

卵石和砂的标准粒度 表 19-163

| 种类 | 最大尺寸(mm) | 材料标准等级 \ 筛孔尺寸(mm) | 通过下列筛孔质量百分率(%) 50 | 40 | 25 | 20 | 15 | 10 | 5 | 2.5 | 1.2 | 0.6 | 0.3 | 0.15 |
|---|---|---|---|---|---|---|---|---|---|---|---|---|---|---|
| 卵石 | 40 | Ⅰ级 | 100 | 95 ~ 100 | — | 40 ~ 65 | — | | 0 ~ 10 | 10 ~ 30 | — | — | — | — |
| | | Ⅱ级 | 100 | 95 ~ 100 | — | 35 ~ 70 | — | | | 10 ~ 30 | — | — | — | — |
| | | Ⅲ级 | 100 | 95 ~ 100 | — | 25 ~ 75 | — | | | 5 ~ 40 | — | — | — | — |
| | 25 | Ⅰ级 | — | 100 | 95 ~ 100 | 65 ~ 85 | — | 25 ~ 45 | 0 ~ 10 | 0 ~ 5 | — | — | — | — |
| | | Ⅱ级 | — | 100 | 95 ~ 100 | 60 ~ 90 | — | 25 ~ 50 | 0 ~ 10 | 0 ~ 5 | — | — | — | — |
| | | Ⅲ级 | — | 100 | 95 ~ 100 | 50 ~ 90 | — | 10 ~ 60 | 0 ~ 15 | — | — | — | — | — |
| | 20 | Ⅰ级 | — | — | 100 | 90 ~ 100 | 55 ~ 80 | 25 ~ 50 | 0 ~ 10 | 0 ~ 5 | — | — | — | — |
| | | Ⅱ级 | — | — | 100 | 90 ~ 100 | 55 ~ 80 | 20 ~ 55 | 0 ~ 10 | 0 ~ 5 | — | — | — | — |
| | | Ⅲ级 | — | — | 100 | 90 ~ 100 | 40 ~ 85 | 10 ~ 60 | 0 ~ 15 | — | — | — | — | — |
| 砂 | | Ⅰ级 | — | — | — | — | — | 100 | 90 ~ 100 | 80 ~ 100 | 55 ~ 85 | 30 ~ 55 | 15 ~ 30 | 2 ~ 10 |
| | | Ⅱ级 | — | — | — | — | — | 100 | 90 ~ 100 | 80 ~ 100 | 50 ~ 90 | 25 ~ 65 | 10 ~ 35 | 2 ~ 10 |
| | | Ⅲ级 | — | — | — | — | — | 100 | — | — | 30 ~ 100 | 20 ~ 70 | — | 0 ~ 20 |

破碎矿渣的质量要求 表 19-164

| 材料标准等级 \ 项目 | 根据 JISA5001 分类,密度、吸水率及单位用量 | 绝对体积百分率(%) | 冲洗试验质量损失(%) | 细度模量波动允许范围 |
|---|---|---|---|---|
| Ⅱ级 | A 或者 B 集料 | 55 以上 | 5 以下 | ±0.3 |
| Ⅲ级 | A 或者 B 集料 | 53 以上 | — | ±0.3 |

注:高炉矿渣碎石混凝土的设计强度在 22.5MPa 以上时采用 B 类集料。

(4)流态混凝土中所用的破碎砂,要符合普通混凝土用砂中规定的质量要求。

(5)流态混凝土中所用的轻集料要符合现行“轻集料混凝土的技术标准”。

不符合上述规定的集料,通过试验能获得符合性能要求的流态混凝土时,也可以采用。

在流态混凝土中,水泥浆的黏性较低,与具有相同坍落度的大流动性混凝土相比,集料的用量稍多。考虑混凝土的工作度、离析等因素,必须注意选择集料的最大粒径、粒型和级配等。

基体混凝土是塑性混凝土,虽然集料的粒径级配等稍有不好,但混凝土的工作度、离析等不会发生引人注目的变化,然而,经过流化以后,集料特性对流态混凝土的影响却很明显。例如,碎石的级配不好,在级配曲线的中间部分颗粒和细颗粒太少时,流化以后,混凝土的黏性不足,容易离析,泌水多。特别是微粒部分少的海砂及采用混式法分级的碎石砂,石粉部分被冲走了,离析、泌水更加严重,更需注意。在这种情况下,把粉煤灰等加入混凝土中,加入量为使混凝土中0.3mm以下的颗粒(包括水泥部分)含量达400~450kg/$m^3$,这时流态混凝土拌和物的性能得到很好的改善。

采用碎石和破碎高炉矿渣时,要适当除去粒径40mm以上部分,使用这种粗集料配制混凝土,容易产生离析。如果必须采用40mm以上碎石时,集料的料度和微粉部分的含量、混凝土的配合比、流态化的程度等必须有可靠的资料,而且要通过试验慎重地研究。

采用人造轻集料配制流态混凝土的实例很多。一般地说,人造轻集料混凝土的坍落度在18cm以下时,想通过泵送是相当困难的。但流化后则比较容易输送。

至于天然轻集料、副产品轻集料,即使在通常非流态混凝土中使用也极少;而在流态混凝土中根本没使用,故不论述。

3.水

流态混凝土用水,要符合普通混凝土用水标准的要求。一般地说自来水即可。

4.混合材料

流态混凝土中所用的混合材料包括化学外加剂、粉煤灰、膨胀材料等。

1)混凝土化学外加剂

作为混凝土用的化学外加剂,使用的有以下数种:①AE剂;②减水剂,可分为标准型,缓凝型、促凝型;③AE减水剂,也可分为标准型、缓凝型、促凝型。

在基体混凝土中所用的化学外加剂是AE剂或AE减水剂。而在流态混凝土中,作为流化剂使用的减水剂多为NL(多环芳基聚合硫酸盐类)、NN(高缩合三聚氰胺盐类)以及MT(萘磺酸盐缩合物)为主要成分的表面活性剂,也称为超塑化剂。试验证明,现在日本市场上销售的所谓高效能减水剂的固体成分的减水效果,不管哪一种,大体上都是相同的。

在夏天浇筑混凝土要使混凝土缓凝时,可用缓凝型的减水剂加入基体混凝土中,也可以加入标准型流化剂。若希望促凝时,则用促凝型的减水剂加入到基体混凝土中。一般情况下都用标准型的流化剂。

2)粉煤灰

粉煤灰是使用最多的混合材。在流态混凝土中采用粉煤灰能改善工作度,降低混凝土的水化热;特别是单位体积中水泥用量少的情况,集料中的微粉不足,会因为流态化而使混凝土的工作度变坏,这时最好加入粉煤灰;但是,掺入粉煤灰后流化剂的用量稍有增加。

3)膨胀材料

在流态混凝土中掺入膨胀材料,目的是为了减少由于混凝土收缩而产生的裂纹。

日本在建筑工程中使用的混凝土,多为大流动性混凝土,容易产生干缩裂纹,因此,多在混凝土中加入膨胀材料;另一方面,也可以采用流态混凝土,降低单位用水量,以达到同样效果。如果两者同时采用,可以更有效地防止裂纹产生。

采用掺有膨胀材料的水泥，流态化的效果基本上不受影响。把膨胀材料作为水泥的组分考虑和通常情况一样，决定其流化剂的加入量即可。

对于其他的混合材料，在流态混凝土中使用的实例很小，用前必须进行充分的试验。

## 二、流态混凝土配合比设计

### 1. 设计程序

流态混凝土的配合比可以由基体混凝土的配合比和流化剂的添加量表示。流态混凝土一般用泵送施工，因此在配合比设计时，必须考虑泵送混凝土的有关因素，以保证良好的可泵性。流态混凝土硬化后的物理力学性能与基体混凝土相近。因此，流态混凝土的配合比设计，在基体混凝土配合比设计时，要考虑流化后混凝土的可泵性。基体混凝土与流态混凝土坍落度之间要有合理的匹配。

在配合比设计之前，还必须事先明确设计和施工上的具体要求。

(1)设计要求。设计上的具体要求有：混凝土种类，设计标准强度，耐久性，气干密度，集料的最大粒径，含气量，水灰比范围，最小水泥用量，坍落度，混凝土温度，发热量等。

(2)施工要求。施工上的具体要求有：混凝土浇筑时间，工程级别，输送管管径，配管的水平换算距离，混凝土的运输距离等。

此外，还必须对使用材料的种类及性能加以检定，即：①水泥的种类、强度；②粗细集料的种类、细度模量、密度、吸水率；③外加剂的掺和比例、减水率；④掺合料的密度、掺和比例，用水量校正比例。

流态混凝土配合比的设计程序参考图19-74。

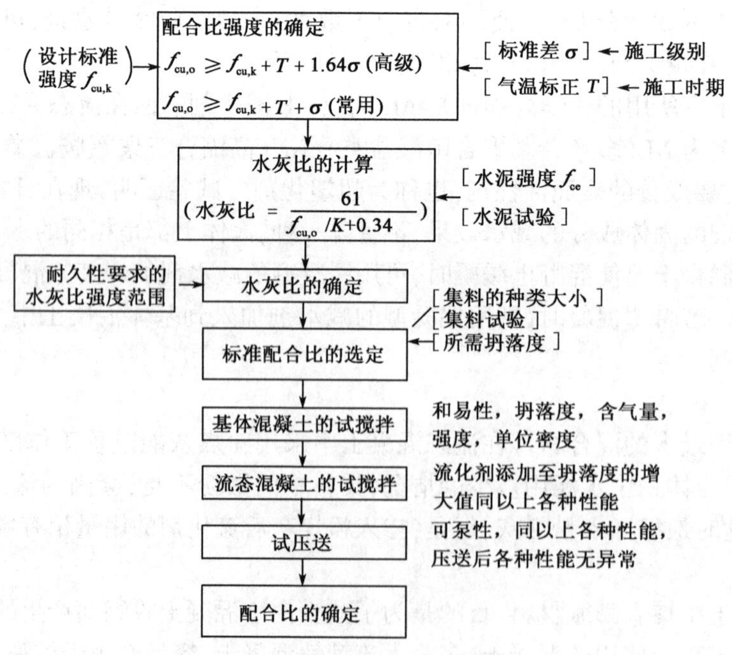


图19-74　流态混凝土配合比设计程序

2. 配合比强度的确定

流态混凝土配制强度，根据设计标准强度、施工级别、浇筑时间，可由下列公式求得。

(1)高级混凝土：

$$f_{cu,o} \geqslant f_{cu,k} + T + 1.64\sigma \tag{19-71}$$

$$f_{cu,o} \geqslant 0.8(f_{cu,k} + T) + 3\sigma \tag{19-72}$$

(2)常用混凝土：

$$f_{cu,o} \geqslant f_{cu,k} + T + \sigma \quad (\text{MPa}) \tag{19-73}$$

$$f_{cu,o} \geqslant 0.7(f_{cu,k} + T) + 3\sigma \quad (\text{MPa}) \tag{19-74}$$

式中：$f_{cu,o}$——混凝土配制强度(MPa)；

$\sigma$——由于施工级别而产生的混凝土强度的标准差(MPa)；

$f_{cu,k}$——设计标准强度(MPa)；

$T$——根据浇筑时期的气温进行调整的强度校正值(MPa)；对于高级混凝土，根据在预计平均温度进行养生与标准养生的强度差确定；对于常用的混凝土，可根据表19-165确定。

**根据气温调整的混凝土强度校正值 $T$ 的标准值(MPa)** 表19-165

| 水泥种类 | 从混凝土浇筑到28d以后的预计平均气温或预计平均养护温度(℃) | | | | |
|---|---|---|---|---|---|
| 早强硅酸盐水泥 | >1.8 | 1.5~1.8 | 0.7~1.5 | 0.4~0.7 | 0.2~0.4 |
| 硅酸盐水泥，高炉矿渣水泥A种，硅质水泥A种，粉煤灰水泥A种 | >1.8 | 1.5~1.8 | 0.9~1.5 | 0.5~0.9 | 0.3~0.5 |
| | >1.8 | 1.5~1.8 | 0.9~1.5 | 0.7~1.0 | 0.5~0.7 |
| 高炉矿渣水泥B种，硅质水泥B种，粉煤灰水泥B种硅酸盐水泥，高炉矿渣水泥A种，硅质水泥A种，粉煤灰水泥A种，混凝土强度的气温修正值$T$(MPa) | 0 | 1.5 | 3.0 | 4.5 | 6.0 |

$\sigma$是考虑混凝土强度偏差的增值，通常如图19-75所示，小于设计标准强度的许可不良比率为16%。为了减少商品混凝土的不良比率，需增值$(1\sim2.5)\sigma$。

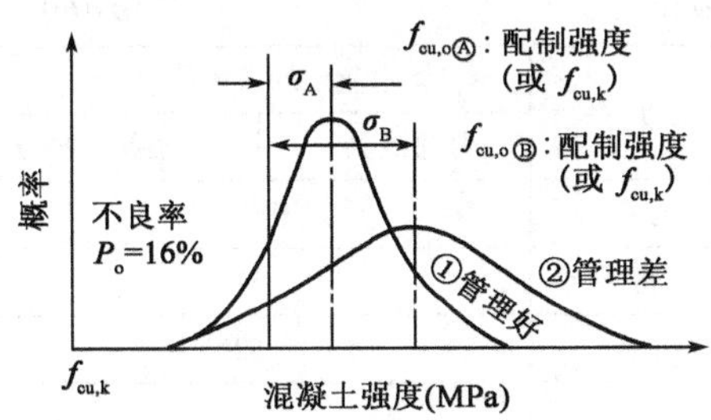


图19-75 配合比强度确定方法

注：①管理良好的曲线；

②管理不好时曲线；$f_{cu,k}$-混凝土设计标准强度；

$f_{cu,o}$Ⓐ-管理水平高(曲线①)时的配合比强度；

$f_{cu,o}$Ⓑ-管理水平较低时(曲线②)的配制强度。

设计基体混凝土配合比时，标准差$\sigma$可参考表19-166确定。

3. 水灰比的计算

流态混凝土的水灰比与基体混凝土相同，是根据要求的强度和耐久性确定。

混凝土的强度与水灰比的关系根据使用的材料的种类而有所不同。因此，应根据实际使用的材料，按几种水灰比进行试拌，求出其关系式，然后再用此关系式去计算所需要的水灰比。

如果新建工程需要现场试配时，可以参考以下公式求出水灰比：

$$\frac{W}{C} = \frac{61}{F/f_{ce} + 0.34} \tag{19-75}$$

式中：$f_{ce}$——水泥实测强度(MPa)。

式(19-75)适用于早强硅酸盐水泥、普通硅酸盐水泥及掺入混合材料的A种水泥的普通混凝土。水泥强度$f_{ce}$值应通过检验水泥强度等级求出,其最大值控制在表19-167中数值内。轻集料混凝土的水灰比,用由式(19-75)求出的水灰比值乘以根据粗集料的种类确定的修正系数$\beta$求得。$\beta$数值见表19-168。

**混凝土标准差** 表19-166

| 混凝土等级 | 工程现场搅拌的混凝土 | 预拌混凝土 |
|---|---|---|
| 高级混凝土 | 2.5MPa | 采用预制厂生产的实际的标准差 |
| 常用混凝土 | 3.5MPa | 采用预制厂生产的实际的标准差 |

**水泥强度$f_{ce}$的最大值(JASS5)** 表19-167

| 水泥种类 | $f_{ce}$的最大值(MPa) | 水泥种类 | $f_{ce}$的最大值(MPa) |
|---|---|---|---|
| 早强硅酸盐水泥 | 40 | 火山灰水泥A种 | 37 |
| 普通硅酸盐水泥<br>高炉矿渣水泥A种<br>粉煤灰水泥 | 37 | 高炉矿渣水泥B种 | 35 |
| | | 粉煤灰水泥B种<br>火山灰水泥B种 | 32 |

**轻集料混凝土水灰比修正系数$\beta$** 表19-168

| 轻集料混凝土种类 | $\beta$的标准值 | 轻集料混凝土种类 | $\beta$的标准值 |
|---|---|---|---|
| 1种、2种 | 0.90 | 4种 | 0.75 |
| 3种 | 0.85 | 5种 | 0.65 |

注:1.1种、2种轻集料混凝土是指人造粗轻集料,用砂、石灰石、破碎砂或人造轻砂或轻砂与重砂的拌和物。

2.3种、4种、5种指天然轻集料或工业废料的轻集料与砂、石灰石、破碎砂或天然轻质砂或其与重砂拌和物配制的混凝土。

除了从强度上考虑水灰比,流态混凝土还必须满足结构物的耐久性要求。因此,流态混凝土的最大水灰比必须满足表19-169的水灰比范围。如果根据强度要求的水灰比超出此范围时,则应采用表19-169中根据耐久性能提出的水灰比。

**流态混凝土的最大水灰比** 表19-169

| 区　分 | 水灰比的最大值(%) | | 区　分 | 水灰比的最大值(%) | |
|---|---|---|---|---|---|
| | 普通混凝土 | 轻集料混凝土 | | 普通混凝土 | 轻集料混凝土 |
| 高级混凝土 | 65(60)[1] | 60 | 密实混凝土 | 50 | |
| 常用混凝土 | 70(65)[3] | 65(60)[2] | 受海水作用混凝土 | 55 | |
| 寒冷地区混凝土 | 60 | | 屏蔽混凝土 | 60 | |
| 高强混凝土 | 55 | | | | |

注:1、2、3括号中数值系混合水泥(B种)。所谓混合水泥是指以矿渣、硅质材料以及粉煤灰作掺合料的水泥,此外,直接与水接触的轻集料混凝土,水灰比的最大值为55%。

4.坍落度

流态混凝土的性能受到基体混凝土的坍落度和硫化后坍落度增大值的影响。基体混凝土的坍落度小,单位用水量小,能有效地改善混凝土的各种品质。但硫化后坍落度增大值过大时,难以保证工作度,采用这样的流态混凝土,其效果正相反。因此,基体混凝土的坍落度与流态混凝土的坍落度之间要有合理的匹配。两者间的组合,考虑混凝土的种类、使用材料、运输、浇筑等施工条件,参考表 19-170 进行选择。

**流态混凝土坍落度的标准组合** 表 19-170

| 混凝土种类 | 普通混凝土 | | 轻集料混凝土 | |
|---|---|---|---|---|
| | 基体混凝土 | 流态混凝土 | 基体混凝土 | 流态混凝土 |
| 坍落度(cm) | 8 | 15 | 12 | 18 |
| | 8 | 18 | 12 | 21 |
| | 12 | 18 | 15 | 18 |
| | 12 | 21 | 15 | 21 |
| | 15 | 21 | 18 | 21 |

关于轻集料混凝土,为了确保泵送性能,坍落度的增大值要比普通混凝土低一些。基体混凝土坍落度 12cm 或者 15cm,硫化后坍落度为 18cm,这种坍落度组合的轻集料混凝土,泵送是相当困难的,必须加以注意。

表 19-170 中坍落度数值,对于基体混凝土,是指开始硫化时的坍落度;对于流态混凝土,是指浇筑时的坍落度。它与基体混凝土搅拌好时的坍落度以及刚流化后流态混凝土的坍落度是有差别的。其变化程度与流化剂添加时间、流化方法,混凝土的运输时间、方法,混凝土种类、坍落度增大值,流化剂的种类及温度等有关。事先确定这些因素,找出其坍落度变化值,以便确定对坍落度要求时把这些因素考虑进去。

5. 含气量

为了提高混凝土的抗冻融性能,混凝土中一般要有一定的含气量。一般情况下,普通混凝土的含气量是 4%,轻集料混凝土是 5%。但是,由于流化剂的牌号、流化时间及方法、混凝土运输方法及配合比等的不同,而稍有不同。因此,事先测定其含气量的变化,采取相应的技术措施是很重要的。

流化剂的主要成分属于非引气型,添加流化剂的混凝土,由于水泥的分散,坍落度的增大,以及再搅拌等原因,含气量有所减小。流态混凝土的含气量要比基体混凝土的含气量减小 0.3% 左右,而泵送后的流态混凝土含气量也减小 0.3% 左右。普通塑性混凝土泵送后没有出现这种特别的变化。在流态混凝土配合比设计中要考虑这些因素,必要时加入适量的 AE 剂,提高其含气量。

6. 单位用水量

流态混凝土的单位用水量,根据基体混凝土坍落度的大小而定。但是,即使基体混凝土坍落度相同,也视与流态混凝土坍落度的组合及基体混凝土坍落度的增大值而有所不同。

在获得规定的混凝土性能的前提下,应尽量降低用水量。普通硅酸盐水泥、采用 AE 减水剂的混凝土单位用水量的标准值见表 19-171。

表 19-171 的单位用水量的标准值,是在试验和施工基础上确定的。对于使用 AE 剂的基体混凝土的坍落度所对应的单位用水量,砂率增加 1%,用水量增加 1.5kg/m$^3$。

由于地区不同,使用集料的质量不同,单位用水量与标准值有差异。实际工程中混凝土的单位用水量要根据具体材料,参考表 19-171 中数据,进行试配确定。

**普通硅酸盐水泥，AE 减水剂的混凝土单位用水量标准值（kg/m³）** 表 19-171

| 水灰比(%) | 坍落度搭配(cm) | | 普通混凝土 | | 轻集料混凝土 | | | |
|---|---|---|---|---|---|---|---|---|
| | 基本混凝土 | 流态混凝土 | 卵石 | 碎石 | 坍落度搭配(cm) | | A 种 | B 种 |
| | | | | | 基体混凝土 | 流态混凝土 | | |
| 45 | 8 | 15 | 146 | 159 | 12 | 18 | 166 | 161 |
| | 8 | 18 | 148 | 161 | 12 | 21 | 170 | 165 |
| | 12 | 18 | 158 | 174 | 15 | 18 | 168 | 163 |
| | 12 | 21 | 163 | 177 | 15 | 21 | 171 | 169 |
| | 15 | 21 | 175 | 187 | 18 | 21 | 177 | 170 |
| 50 | 8 | 15 | 145 | 158 | 12 | 18 | 164 | 160 |
| | 8 | 18 | 147 | 160 | 12 | 21 | 168 | 163 |
| | 12 | 18 | 156 | 168 | 15 | 18 | 165 | 163 |
| | 12 | 21 | 161 | 171 | 15 | 21 | 169 | 164 |
| | 15 | 21 | 168 | 181 | 18 | 21 | 176 | 167 |
| 55 | 8 | 15 | 144 | 158 | 12 | 18 | 163 | 158 |
| | 8 | 18 | 146 | 160 | 12 | 21 | 166 | 161 |
| | 12 | 18 | 154 | 161 | 15 | 18 | 164 | 160 |
| | 12 | 21 | 159 | 170 | 15 | 21 | 167 | 163 |
| | 15 | 21 | 165 | 179 | 18 | 21 | 174 | 166 |
| 60 | 12 | 18 | 153 | 161 | | | | |
| | 12 | 21 | 157 | 169 | | | | |
| | 15 | 21 | 164 | 179 | | | | |

注：砂的细度模量 $M_k = 2.8$；粗集料最大粒径，碎石 20mm，卵石 25mm；人造轻集料最大粒径 15mm。

7. 单位水泥用量

流态混凝土中的水泥用量，除了满足强度、耐久性，还要考虑满足工作度的要求。此外，单位水泥用量的最小值，还必须满足表 19-172 的要求。

**单位水泥用量最小值（kg/m³ JASS5）** 表 19-172

| 混凝土质量等级 | 普通混凝土 | 轻集料混凝土 |
|---|---|---|
| 高级 | 270 | 300 |
| 常用 | 250 | 300（1，2 种）<br>320（3，4 种） |

注：地下或与水经常接触部分的轻集料混凝土的水泥用量最小值为 340kg/m³。

流态混凝土的单位水泥用量太低时，工作度变坏，泌水量加大、浇筑时容易造成堵管，混凝土表面也容易出现蜂窝麻面。图 19-76 是单位水泥用量和泌水量的关系曲线。由图可见，单位水泥用量在28kg以下时，泌水量显著增加。因此，对于基体混凝土配合比，必须注意以下几点：

(1)坍落度7.5cm的基体混凝土的砂率，最好比普通混凝土增加4%～5%。

(2)粗集料最大粒径为40mm时，在水泥和细集料中，通过0.3mm筛的微粉量不少于400kg/m³；最大粒径为20mm时为450kg/m³。

(3)单位水泥量270kg/m³以上时，全部集料中细集料对1.2mm筛的通过率为24%～35%；单位水泥量270kg/m³以下时，必须为35%以上。

(4)砂中的微粉不够时，可用火山灰、石粉等代替。

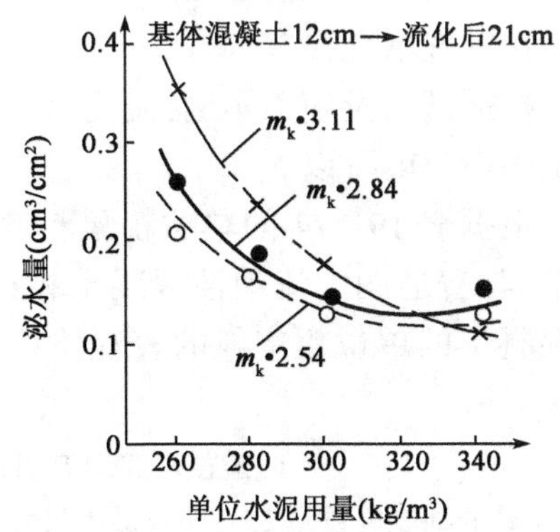


图19-76　单位水泥量、砂的细度模数和泌水量的关系

表19-173是流态混凝土与普通混凝土配合比比较的一个实例。

改变微粉掺入量流态混凝土的配合比和普通混凝土的比较　　表19-173

| | | 普通混凝土 | 流态混凝土 | | |
|---|---|---|---|---|---|
| 水泥(普通硅酸盐水泥)用量(kg) | | 3.00 | 3.00 | 3.00 | 3.00 |
| 细集料用量(kg) | | 6.53 | 6.53 | 7.00 | 7.43 |
| 粗集料(10～50mm卵石)用量(kg) | | 12.10 | 12.10 | 11.63 | 11.20 |
| 水用量(kg) | | 1.80 | 1.73 | 1.73 | 1.73 |
| 减水剂(B型) | | 0 | 标准量 | 标准量 | 标准量 |
| 集料水泥比 | | 6.2:1 | 6.2:1 | 6.2:1 | 6.2:1 |
| 微粒部分水泥比 | | 35:65 | 35:65 | 37.5:62.5 | 40:60 |
| 流动(宽度cm) | | — | 60 | 60 | 60 |
| 坍落度(cm) | | 5 | — | — | — |
| 外观 | | 正常 | 显著离析 | 离析 | 有黏着性 |
| 立方体强度(MPa) | 7d | 30.5 | 28.5 | 26.5 | 27.5 |
| | 28d | 48.5 | 47.5 | 49.0 | 49.5 |

注：1. 英国标准BS882、1201规定的集料的粒度范围是从1区到4区。

2. B型减水剂是萘磺酸盐甲醛缩合物。

8. 单位粗集料用量

确定混凝土中粗细集料比例，可以用砂率的方法。通常采用单位粗集料表观容积的标准值作为基准来决定，通过单位粗集料表观容积的标准值求粗集料用量，按下述方法进行：

粗集料的绝对体积(L/m³)=单位粗集料表观体积(m³/m³)×粗集料的实积率×1 000；

单位粗集料(kg/m³)=粗集料的绝对体积(L/m³)×粗集料密度(kg/L)。

单位粗集料的表观体积可以参考表19-174确定。

流态混凝土的特征是：与具有相同坍落度的普通混凝土相比，水泥浆量少，即使水灰比相同，水泥浆本身的流动性也显著增大。因此，基体混凝土原封不动地搬用通常的混凝土的配合比时,细集料量不足,必然产生离析。为了获得适宜工作度的流态混凝土,基体混凝土的细集料量比一般情况要多。

根据试验及施工实例,流化后不离析的混凝土的砂率,采用坍落度与之相同的大流动性混凝土的砂率就可以。

根据表 19-174 的单位粗集料表观体积的标准值,通过计算就可以确定粗集料与用量。但是,与普通的大流动性混凝土相比,即使砂率相同,由于单位用水量、单位水泥用量低,流态混凝土的单位粗集料的表观体积的标准值要比表 19-174 中所列的稍多(多 $0.2m^3/m^3$ 左右)。

**硅酸盐水泥、AE 减水剂混凝土的单位粗集料的表观体积标准值**

(砂的细度模数是 2.8;卵石最大尺寸 25mm ,碎石的最大尺寸 20mm;人造轻集料的最大尺寸 5mm)

表 19-174

| 水灰比(%) | 普通混凝土 | | | | 轻集料混凝土 | | | |
|---|---|---|---|---|---|---|---|---|
| | 坍落度的组合(cm) | | 卵石($m^3$) | 碎石($m^3$) | 坍落度的组合(cm) | | A 种 | B 种 |
| | 基体混凝土 | 流态混凝土 | | | 基体混凝土 | 流态混凝土 | | |
| 45 | 8 | 15 | 0.71 | 0.69 | 12 | 18 | 0.59 | 0.59 |
| | 8 | 18 | 0.69 | 0.67 | 12 | 21 | 0.59 | 0.59 |
| | 12 | 18 | 0.68 | 0.66 | 15 | 18 | 0.57 | 0.57 |
| | 12 | 21 | 0.64 | 0.63 | 15 | 21 | 0.57 | 0.57 |
| | 15 | 21 | 0.63 | 0.62 | 18 | 21 | 0.57 | 0.57 |
| 50 ~ 60(55)* | 8 | 15 | 0.71 | 0.69 | 12 | 18 | 0.58 | 0.58 |
| | 8 | 18 | 0.69 | 0.67 | 12 | 21 | 0.58 | 0.58 |
| | 12 | 18 | 0.68 | 0.66 | 15 | 18 | 0.56 | 0.56 |
| | 12 | 21 | 0.64 | 0.63 | 15 | 21 | 0.56 | 0.56 |
| | 15 | 21 | 0.63 | 0.62 | 18 | 21 | 0.56 | 0.56 |

注:* 轻集料混凝土时是 50 ~ 55。

如果原材料条件不同,单位粗集料量有所差别,为了获得流态混凝土所规定的性能,应根据可靠资料进行试验,确定单位粗集料用量。

9. 单位细集料用量

如上所述,根据已确定的单位水量、单位水泥量、单位粗集料用量及事先假定的含气量,根据下式,求出单位细集料量:

$$V_s = 1\,000 - (V_w + V_c + V_g + k_a) \tag{19-76}$$

$$M_{so} = V_s \cdot \rho_s \tag{19-77}$$

式中:$V_s$——细集料的绝对容积($L/m^3$);

$M_{so}$——单位细集料量($kg/m^3$);

$V_w$——水的绝对容积($L/m^3$);

$V_c$——水泥的绝对体积($L/m^3$);

$V_g$——粗集料的绝对体积($L/m^3$);

$k_a$——含气量($L/m^3$);

$\rho_s$——细集料密度。

10. 轻集料混凝土的气干表观密度

流态轻集料混凝土配合比设计中，除了满足强度、流动性、耐久性要求，还必须满足气干表观密度要求。表19-175为轻集料混凝土种类与气干表观密度的关系。

轻集料混凝土种类与气干表观密度　　表19-175

| 轻集料混凝土种类 | 细集料 | 粗集料 | 气干表观密度范围($t/m^3$) | 设计基准强度最大值(MPa) |
|---|---|---|---|---|
| 1种 | 砂 | 膨胀页岩、膨胀黏土、煅烧烟灰、硬质轻集料的改良集料 | 1.7~2.0 | 22.5 |
| 2种 | 膨胀页岩、膨胀黏土、煅烧烟灰或在这些集料中掺入砂 | 膨胀页岩、膨胀黏土、煅烧烟灰、硬质轻集料的改良集料 | 1.4~1.7 | 21.0 |
| 3种 | 砂 | 硬质火山渣、工业废渣 | 1.8~2.0 | 18.0 |
| 4种 | 砂 | 轻质火山渣 | 1.6~1.8 | 13.5 |
| 5种 | 软质火山渣 | 轻质火山渣 | 1.2~1.6 | 9.0 |
| 非结构用的轻集料混凝土 | 砂、轻质细集料 | 轻质粗集料 | — | — |

流态轻集料混凝土的气干单位质量可按式(19-78)通过试拌推算。

$$m_{mo} = m_{go} + m_{so} + m'_{so} + 1.25m_{co} + 120 \tag{19-78}$$

式中：$m_{mo}$——气干表观密度($kg/m^3$)；

$m_{go}$——配合比设计中轻质粗集料(绝干)($kg/m^3$)；

$m_{so}$——配合比设计中轻质细集料(绝干)($kg/m^3$)；

$m'_{so}$——配合比设计中普通细集料(绝干)($kg/m^3$)；

$m_{co}$——配合比设计中水泥用量($kg/m^3$)。

11. 基准混凝土外加剂与流态混凝土流化剂的选择用量

基准混凝土的外加剂一般采用AE剂或AE减水剂(总称为表面活性剂)。AE剂及AE减水剂均有标准型、缓凝型及促凝型三种。夏天在延迟混凝土的凝结时间时，基准混凝土中要采用缓凝型的AE减水剂。在希望加速流态混凝土硬化时，基准混凝土采用促凝型的AE减水剂、标准型的流化剂。

基准混凝土的外加剂与流化剂可参阅表19-176搭配使用。

基准混凝土与流态混凝土的外加剂与流化剂　　表19-176

| 基准混凝土 | 流态混凝土 | 基准混凝土 | 流态混凝土 |
|---|---|---|---|
| 引气减水剂(缓凝剂) | 流化剂(标准型) | 引气减水剂(标准型) | 流化剂(标准型) |
| 引气减水剂(促凝剂) | 流化剂(标准型) | | |

在基准混凝土中使用AE剂及AE减水剂，根据要求的坍落度及含气量决定其使用量。AE减水剂应根据基准混凝土坍落度要求决定使用量，用对水泥质量的百分数表示。AE剂应根据含气量要求决定使用量，普通混凝土中带进的含气量标准是3%~4%，而轻集料混凝土则为3%~6%。如果混凝土中规定的含气量不能满足，就要使用AE剂，而且要考虑泵送前后

含气量的变化(一般降低0.5%),适当提高AE剂的用量。

流化剂的添加量,基本上是根据目标坍落度的增大值决定的。流化效果受流化剂的添加时间、添加后的搅拌方法、混凝土的温度等因素的影响;而水泥种类,集料种类及性能,流化剂的牌号等也稍有影响。因此,流化剂的添加量,应使用实际工程中的材料,通过试验确定。

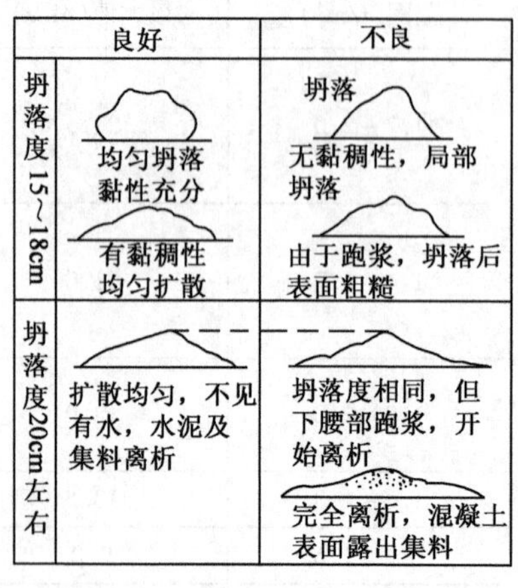

图19-77 根据坍落情况判定轻质混凝土和易性

此外,作为混合材料而较多采用的有粉煤灰、膨胀材料、防锈剂等。在流态混凝土中采用这种掺合料,其本身没有什么特殊问题,使用量随着混凝土的种类和使用目的而有所不同。为了获得需要性能的流态混凝土,应通过试验决定使用量。

12.试拌及配合比调整

设计出混凝土配合比后,使用实际材料进行试搅拌,确定是否已能达到设计规定的性能,流态混凝土进行试拌时,要检查下列项目:①维勃稠度;②坍落度;③含气量;④单位表观密度;⑤抗压强度。其中,可以通过坍落度试验时混凝土的形状来判断其工作度及可泵性。而在坍落度试验中,重要的是观察好坍落度时的形状、坍落方式、集料和水的离析状态等(图19-77),坍落度与流化剂添加量密切相关。搅拌好的状况是流态化时的混凝土及刚流态化的混凝土的坍落度与目标坍落度差在±1.0cm左右。

除了坍落度以外还要测定流动度,并根据两者比值,确定流态混凝土的稠度,如表19-177所示。

**根据坍落度和流动度确定稠度** 表19-177

| 流动度和坍落度的比值 | 确 定 内 容 |
|---|---|
| 1.6以下 | 混凝土没有离析现象,但现场浇筑与捣实困难 |
| 1.7~1.8* | 稠度较理想的混凝土 |
| 1.4以上 | 表示混凝土开始离析 |

注:*日本建筑学会关于流态混凝土的指南中认为是1.8~1.9。

关于含气量,由于基准混凝土中使用的AE剂、AE减水剂的量是根据资料确定的,其试验测定值与设计目标值相差在0.5%左右即可。关于轻集料混凝土的含气量,测定轻集料混凝土密度的变化,在±2%范围内即可。

用含气量测定表观密度,可以同时测出混凝土的质量,用此质量除以容器的容积(约7L),则可以求出单位重,根据实际表观密度,计算出每立方米混凝土的材料量,即为调整后的混凝土配合比。

设每盘混凝土各种材料的计量质量(干表观密度)分别为水泥 $m_{co}$(kg)(密度 $\rho_c$),细集料 $m_{so}$(kg)(干颗粒密度 $\rho_s$,吸水量 $a_s\%$),粗集料 $m_{go}$(kg)(颗粒密度 $\rho_g$,吸水量 $a_g\%$),水 $m_{wo}$(kg),掺合料 $m_{Fo}$(kg)(密度 $\rho_f$),总质量为 $M_{mo}$。

$$M_{mo} = m_{co} + m_{so}(1 + \frac{a_s}{100}) + m_{go}(1 + \frac{a_g}{100}) + m_{w_o} + m_{Fo} \quad (kg) \qquad (19\text{-}79)$$

设实测混凝土的单位表观密度为 $\rho_{c,t}$(kg/m³),则每盘混凝土的各种材料用量(干表观密度)为:

水泥

$$m'_{co}=m_{co}\times\rho_{c,t}/M_{mo}(\text{kg/m}^3)$$

细集料

$$m'_{so}=m_{so}\times\rho_{c,t}/M_{mo}(\text{kg/m}^3)$$

粗集料

$$m'_{go}=m_{go}\times\rho_{c,t}/M_{mo}(\text{kg/m}^3)$$

水

$$m'_{wo}=m_{wo}\times\rho_{c,t}/M_{mo}(\text{kg/m}^3)$$

混合材料

$$m'_{fo}=m_{Fo}\times\rho_{c,t}/M_{mo}(\text{kg/m}^3)$$

含气量 $k_a$ 由下式求出

$$k_a=\frac{1}{100}\left[1\,000-\left(\frac{m'_{co}}{\rho_c}+\frac{m'_{so}}{\rho_s}+\frac{m'_{go}}{\rho_g}+m'_{wo}+\frac{m'_{Fo}}{\rho_f}\right)\right]\quad(\%)\tag{19-80}$$

一般要检验流态混凝土的7d、28d抗压强度,但泵送的流态混凝土值一般高于规定值。

13. 流态混凝土配合比设计参考值

混凝土配合比设计是保证实现设计目标的关键环节,必须认真对待,切不可马虎行事。当流态混凝土的水灰比为0.60、坍落度12cm的基体混凝土流化成坍落度为18cm的流态混凝土时,可按照流态混凝土配合比设计步骤进行计算,也可以参考表19-178中的数值选取。但是,无论是采用计算法,还是采用查表法,真正用于工程时,均必须通过试验选取符合设计要求的配合比。

**混凝土配合比参考数值** 表19-178

| 水灰比 | 坍落度(cm) | 砂率(%) | 单位用水量(kg/m³) | 质量(kg/m³) | | |
|---|---|---|---|---|---|---|
| | | | | 水泥 | 砂 | 石子 |
| 0.60 | 8 | 45.5 | 168 | 280 | 832 | 997 |
| | 12 | 44.6 | 176 | 293 | 801 | 996 |
| | 15 | 43.7 | 183 | 305 | 772 | 996 |
| | 18 | 45.9 | 193 | 322 | 793 | 936 |
| | 21 | 48.4 | 209 | 348 | 806 | 861 |

### 三、流态混凝土的施工工艺

流态混凝土施工通常采用泵送混凝土施工工艺,详见第十章所述,不再赘述。

## 第二十六节　钢纤维混凝土施工

以适量的钢纤维掺入混凝土拌和物中,成为一种可浇灌或可喷射的材料即为钢纤维混凝土。与一般混凝土相比,抗拉、抗弯强度等,以及耐磨、耐冲击、耐疲劳、韧性和抗裂、抗爆等性能都可得到提高。

由于大量很细的钢纤维均匀地分散在混凝土中,钢纤维与混凝土的接触面积很大,如钢纤维尺寸较小的 $\phi$0.25×12.7mm;较大的 0.5mm×0.5mm×30mm,按 2%(体积比)掺入混凝土时,每立方米混凝土约有钢纤维 267 万～3 200 万根,表面积约为 160～320$m^2$,与同样质量的钢筋相比($\phi$16×100m 计算),钢材表面积约增加 32～64 倍。因而,在所有方向都使混凝土得到增强,即具有各向同性的增强,大大地改善了混凝土各项性能,并使钢纤维混凝土作为一项新的复合材料,具有普通钢筋混凝土至今还没有的性能。

虽然由于价格等原因,钢针维混凝土还不能作为普通混凝土的代用品,但在国外工程应用上已证明它在许多预制混凝土产品、现浇混凝土结构和喷射混凝土中具有优良的性能。钢纤维混凝土除已用于道路、飞机跑道、桥面、铺装、隧道衬里等土木工程外,特别是在需要薄的断面或不规则形状断面、不易于或不能配置普通钢筋时,更为有效。

## 一、钢纤维混凝土原材料技术要求

1. 对钢纤维的要求

1)钢纤维的强度

钢纤维混凝土被破坏时,往往是钢纤维被拉断,因此要提高其韧性,但也没有必要过于增加其抗拉强度。若材料是用淬火或其他激烈加工硬化方法获得较高的抗拉强度,则质地变脆,在搅拌过程中易被折断,反而降低了强化效果。因此,仅从强度方面来看,只要不是易脆断的钢材,通常强度较高的纤维均可满足要求。

2)钢纤维的尺寸和形状

钢纤维的尺寸主要由强化特性和施工难易性决定。钢纤维如太粗或太短,其强化特性差;如过长或过细,则在搅拌时容易结团。

较合适的钢纤维尺寸是:断面积为 0.1～0.4$mm^2$,长度为 20～50mm。资料表明,在 1$m^3$ 混凝土中掺入 2% 的 0.5mm×0.5mm×30mm 的钢纤维时,其总表面积达到 1 600$m^2$,是与其质量相同的 18 根 $\phi$16×5.5m 钢筋的 320 倍左右。

为使钢纤维能均匀分布于混凝土中,必须使钢纤维具有合适的长径比,一般均不应超越纤维的临界长径比值。当使用单根状钢纤维时,其长径比不应大于 100,多数情况为 60～80。

为了增加钢纤维同混凝土之间的黏结强度,常采用增大表面积或将纤维表面加工成凹凸形状等方法,但也不宜做得过薄或过细,因为这不仅在搅拌时易于折断,还会提高成本。表面呈凹凸形状的钢纤维,只是在同一方向定向时效果显著,在均匀分散状况下则不一定有效。

3)钢纤维的主要技术指标

水泥混凝土增强用钢纤维的主要技术指标应符合表 19-179 所示的要求。

**水泥混凝土增强用钢纤维主要技术指标** 表 19-179

| 材料名称 | 相对表观密度 | 直径(×$10^{-3}$mm) | 长度(mm) | 软化点能熔点 | 弹性模量(×$10^{-3}$MPa) | 抗拉强度(MPa) | 极限度形%($10^{-2}$) | 泊松比 |
|---|---|---|---|---|---|---|---|---|
| 低碳钢纤维 | 7.80 | 250～500 | 20～50 | 500/1 400 | 200 | 400～1 200 | 4～10 | 0.3～0.33 |
| 不锈钢纤维 | 7.80 | 250～500 | 20～50 | 550/1 450 | 200 | 500～1 600 | 4～10 | — |

4)钢纤维的掺量

对每一种规格的钢纤维与每一种混凝土组分,均存在一最大纤维掺量的限值,若超过此限值,则拌制过程中钢纤维会互相缠结形成"刺猬"。钢纤维的掺量以体积率表示,一般为0.5% ~2%。

2. 对水泥基材的要求

(1)一般使用42.5级、52.5级的普通硅酸盐水泥,配制高强钢纤维混凝土可使用62.5级以上的硅酸盐水泥或明矾石水泥。

(2)砂的粒径为0.15 ~5mm。卵石或碎石的最大粒径一般不宜大于15mm,对钢纤维喷射混凝土则不宜大于10mm。

(3)为降低水灰比、改善拌和物的和易性,其单位体积水泥用量应适当增加,必要时可掺加减水剂或超塑化剂。配制钢纤维喷射混凝土则需要掺入适量速凝剂。

(4)为保证钢纤维混凝土拌和物的和易性,混凝土的砂率一般不应低于50%。水泥用量一般较之未掺纤维的混凝土高10%左右。

(5)拌和物有较好的工作性,使短切纤维可均分布于其中,在浇筑时无离析、泌水现象并易于捣实。

(6)硬化体应具有尽可能高的致密度以保证纤维混凝土的抗渗、抗冻融、耐蚀、抗风化等性能。

(7)某些纤维(如玻璃纤维、矿棉与多数植物纤维)要求所用水泥基材具有低碱度,以防止或减少基材对纤维的化学侵蚀。

## 二、钢纤维混凝土配合比设计

在选定钢纤维补强混凝土的配合比时,最关键的问题是,要摆脱把它当作一种普通混凝土的认识。与其说钢纤维补强混凝土不是一种普通混凝土,倒不如说它是可以同钢铁和塑料相提并论的一种新型的构造材料。这就意味着,选定配合比的基本思路应与原有的混凝土有很大的不同。

选定钢纤维补强混凝土配合比时,还应考虑的另一个重要问题是,它同纤维强化塑料等一样,是一种复合材料,可以说是一种运用最新手段而问世的一种建筑材料。

通常,复合材料的最大特征是把两种或两种以上的材料相互组合起来,经复合化而产生出来的一种具有新的性质而不带原有材料性质的一种新材料。在这种情况下,最重要的问题是,要使两种或两种以上的材料,在各自规定的空间进行均匀配置和制造,这一条件一经失去,作为复合材料的性质就会大受损失。钢纤维补强混凝土可认为是把钢纤维和混凝土作为材料的双相复合材料,因此,在制作钢纤维混凝土时,把钢纤维均匀地分散在混凝土中,是不可缺少的条件。在决定钢纤维补强混凝土的配合比时,也必须首先考虑和满足这一条件。

1. 根据抗拉强度及抗弯强度确定钢纤维混凝土配合比

确定钢纤维混凝土的配合比时,首先要使钢纤维均匀地分散在混凝土中。

1)钢纤维掺量和混凝土水灰比的确定

钢纤维混凝土的抗拉强度及抗弯强度,基本上受钢纤维的平均间隔($S$)和混凝土基体强度($\sigma_m$)所支配。钢纤维的平均间隔越小(即增加钢纤维掺量,并使用直径小的钢纤维)、混凝土的水灰比越小,则钢纤维混凝土的抗拉强度或抗弯强度也越高。下式是抗拉强度的推定式,至于抗弯强度尚没有实用方面的推定式。

$$\sigma_t = K\left(\frac{1}{\sqrt{S}} - 1\right) + \sigma_m$$

$$S = 5\sqrt{\frac{\pi}{\beta}} \cdot \frac{d}{\sqrt{P}} \tag{19-81}$$

式中：$\sigma_t$——钢纤维混凝土的抗拉强度(MPa)；

$\sigma_m$——普通混凝土的抗拉强度(MPa)；

$S$——拉伸断面上的钢纤维平均间隔(cm)；

$K$——由钢纤维和混凝土黏结强度所决定的常数，使用切断钢丝时为45；使用冷轧钢板切断钢纤维时为57；

$\beta$——钢纤维的定向系数，用考虑长径比影响的下式求得：$\beta = 0.002(l/d) + 0.4$；

$d$——钢纤维的直径(cm)；

$P$——钢纤维的体积掺量(%)。

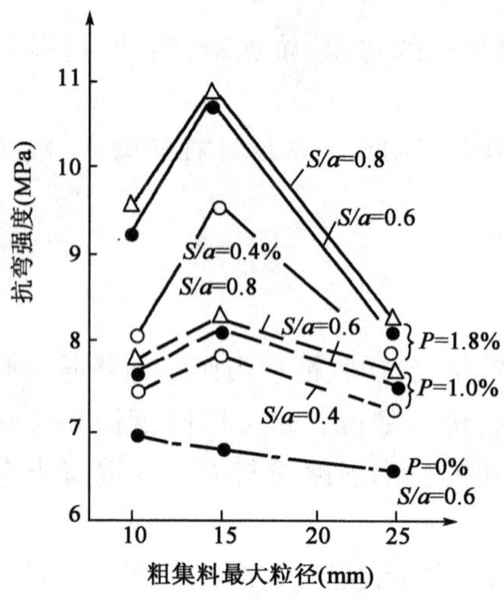


图 19-78 粗集料最大粒径和砂率对钢纤维混凝土抗弯强度的影响

2)粗集料最大粒径的确定

普通混凝土主要根据构件尺寸和钢筋间距来决定粗集料的最大粒径，而钢纤维混凝土中的粗集料最大粒径对抗弯强度有较大的影响(图 19-78)。当钢纤维掺量为1%左右时，其影响较小，达到1.8%时则变得十分明显；在粗集料最大粒径为15mm左右时，能获得最高强度，而为25mm时，由于钢纤维增强效果较差，影响明显降低。其主要原因是钢纤维混凝土的抗拉强度和抗弯强度受钢纤维的平均间隔所支配。如果粗集料的粒径较大，钢纤维就不能均匀分散，引起局部混凝土中平均间隔加大，导致抗弯强度降低。因此，粗集料的最大尺寸不是以构件尺寸为基础来确定，而是根据强度方面的要求来决定它的最佳值。

3)砂率的确定

钢纤维混凝土配合比中的砂率，比普通混凝土的砂率具有重要的意义。其原因是：①砂率支配着钢纤维在混凝土中的分散度，对强度有影响(图 19-78)；②砂率是支配钢纤维混凝土稠度最重要的因素。从强度方面考虑，砂率在60%左右较合适；但从稠度方面考虑，砂率大致是60%～70%左右较合适。

根据抗拉强度及抗弯强度设计钢纤维混凝土配合比时，应该把重点放在纤维掺入率的选定上，其次是确定水灰比。其理由是，纤维掺入率不仅支配弯曲强度和拉伸强度，而且还影响钢纤维补强混凝土的韧性和抗裂性能等固有的优良特征。

具体地说，应把着眼点放在钢纤维补强混凝土的主要性能上。在考虑施工方法等事宜的同时，决定纤维掺入率。总之，参考以上事项，按照最后采用的材料，通过实验来求出符合所需强度的配比是不难的。

2. 根据稠度确定钢纤维混凝土配合比

确定具有所需稠度的钢纤维补强混凝土的配合比时，对于需要坍落度为半干硬性混凝土或塑性混凝土,必须首先确定最佳细集料率和单位用水量的值。对于铺装混凝土,必须首先确定最佳单位粗集料体积和单位用水量的值。

1)最佳细集料率和单位用水量

钢纤维混凝土的最佳细集料率,除受纤维掺入率和钢纤维的形状尺寸所支配外,和普通混凝土一样,随粗集料最大尺寸、空气量、水灰比等的不同而改变。然而,当上述值一定时,不论坍落度如何都取一定值,参照图19-79。

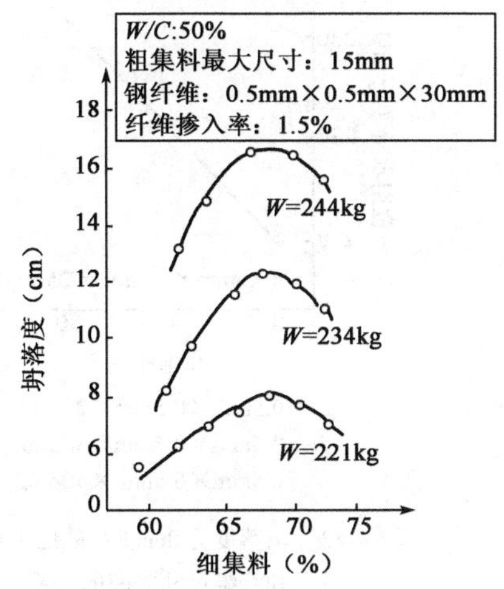


图19-79　坍落度和最佳细集料的关系

图19-80表示纤维掺入率对最佳细集料率的影响,可看出,随着纤维掺入率的增加,最佳细集料率大体上呈直线增加,其增加程度,粗集料最大尺寸越小越明显。另外,图19-81表示钢纤维尺寸对最佳细集料率的影响。可知,若钢钎维尺寸用长细比表示时,则在长细比和最佳细集料率之间存在着直线关系,当长细比增长时,最佳细集料率也随之增大。最佳细集料率受水灰比及空气含量影响的程度,和普通混凝土没有多大的差别。

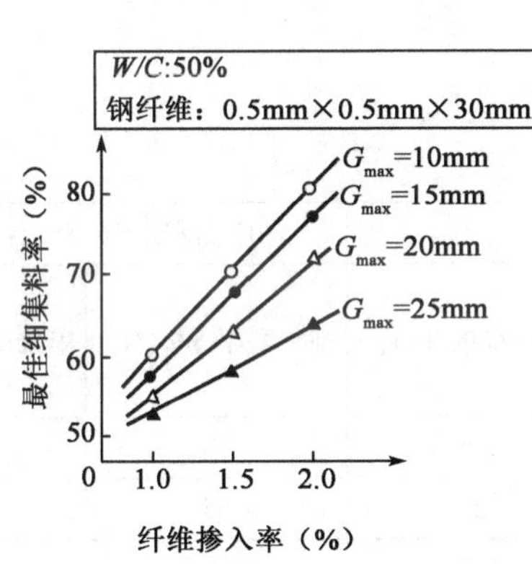


图19-80　纤维掺入率对最佳细集料的影响

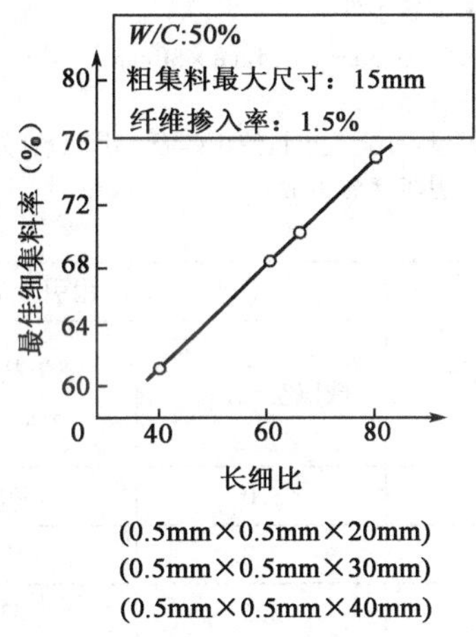


图19-81　钢纤维尺寸对最佳细集料率的影响

为获得所需的坍落度,钢纤维补强混凝土的必要的单位用水量受纤维掺入率、钢纤维尺寸、水灰比及粗集料的最大尺寸的影响。图19-82和图19-83分别表示获取8cm坍落度所需的单位用水量与纤维掺入率以及与钢纤维的长细比之间的关系。可以明显看出,随着纤维掺入率和钢纤维长细比的增加,为获取所需的坍落度而必须的用水量大幅度地增加。图19-84表示在钢纤维混凝土中,所谓单位用水量一定的法则是不成立的。同时,粗集料最大尺寸对单位用水量的影响,同普通混凝土一样,没有大的差别。

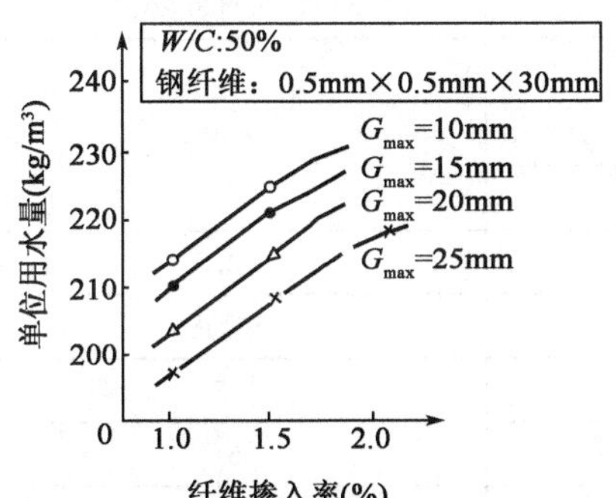


图19-82　坍落度为8cm时,单位用水量和纤维掺入率之间的关系

表19-180是根据上述结果归纳出的配合比参考表,它列出了最佳细集料率和单位用水量的参考值,以及条件不同时的修正表。

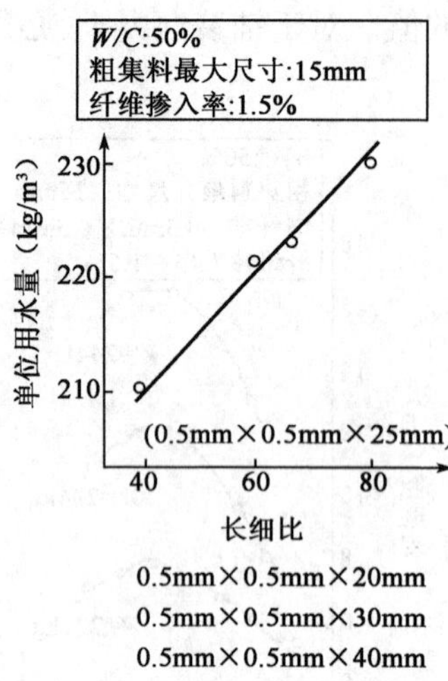


图 19-83　坍落度为 8cm 时，单位用水量和纤维尺寸之间的关系

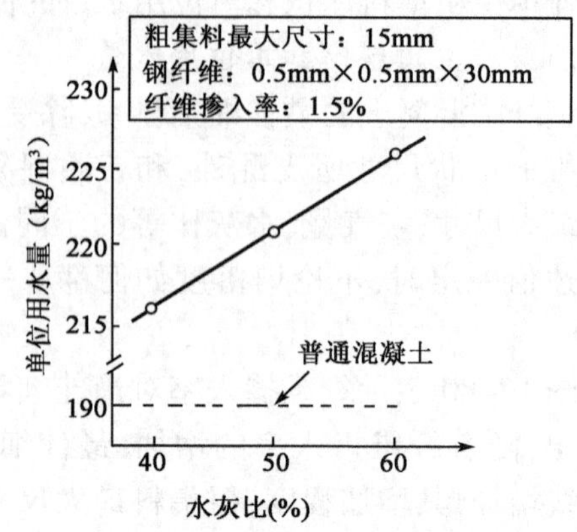


图 19-84　坍落度为 8cm 时，单位用水量和水灰比之间的关系

**决定钢纤维补强混凝土配合比时的参考表**　表 19-180

本表值适用于下述条件：
钢纤维形状尺寸：0.5mm×0.5mm×30mm；
钢纤维掺入率：1.5%；
细集料细度模量：3.0，粗集料使用碎石，用质量良好的减水剂；
水灰比：50%，坍落度约 8cm

| 粗集料最大尺寸 $G_{max}$(mm) | 不用引气的混凝土 | | | 引气混凝土(空气含量5%) | |
|---|---|---|---|---|---|
| | 截留空气(%) | 细集料用量 $S/a$(%) | 单位用水量 $W$(kg) | 细集料率 $S/a$(%) | 单位用水量 $W$(kg) |
| 10 | 3.0 | 70 | 225 | 68 | 214 |
| 15 | 2.8 | 68 | 221 | 65 | 208 |
| 20 | 2.5 | 63 | 215 | 60 | 200 |
| 25 | 2.1 | 58 | 208 | 55 | 191 |

对与上述条件不同时的修正

| 条 件 变 化 | | 细集料率(%) | 单位用水量(kg/m³) |
|---|---|---|---|
| 对于钢纤维混入率增减 0.5% 的调整 | $G_{max}$=10mm,15mm | ±10 | ±10 |
| | $G_{max}$=20mm | ±8 | |
| | $G_{max}$=25mm | ±5 | |
| 对水灰比增减 0.05 的调整 | | ±1 | ±2.5 |
| 对细集料的 F·M 的增减 0.1 的调整 | | ±0.5 | 不修正 |
| 坍落度增减 1cm 时的调整 | | 不修正 | ±3 |
| 空气含量增减 1% 的调整 | | 1 | 6 |
| 钢纤维长细比增减 10 的调整 | | ±3 | ±10 |

注：本表只适用于钢纤维断面尺寸为 0.3～0.6 的范围。

2)最佳单位粗集料体积和单位用水量的决定

钢纤维混凝土的最佳单位粗集料体积,受纤维掺入率、钢纤维的尺寸及粗集料的最大尺寸的影响。然而,当假定这些值一定时,无论沉降度的值如何变化,其值不变,参照图19-85。

图19-86和图19-87分别表示纤维掺入率和钢纤维尺寸对最佳单位粗集料体积的影响,可知,随着这些值的增大,最佳单位粗集料体积的值大体上呈线性减少。另外,由表19-181可以看出,钢纤维种类对最佳单位粗集料体积几乎没有影响。图19-88及图19-89分别表示,为获得沉降度为30s的钢纤维补强混凝土,所需单位用水量与纤维掺入率以及钢纤维尺寸之间的关系。随着这些值的增大,单位用水量大致呈线性增加。另外,图19-90表示空气量对上述单位用水量的影响,表明在钢纤维补强混凝土中,加气对减少单位用水量是有效的。

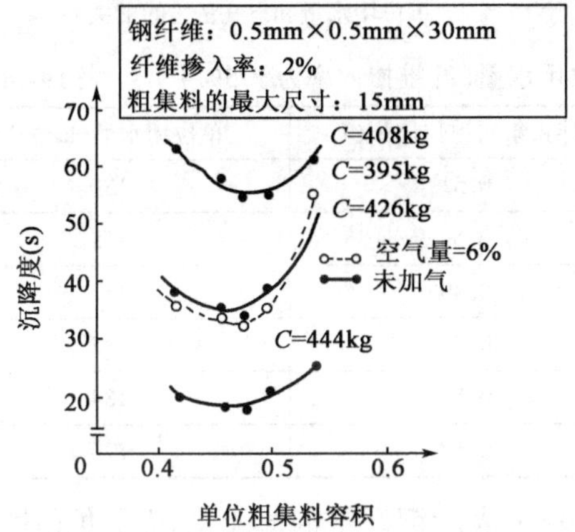


图19-85　最佳单位粗集料容积和单位水泥用量之间的关系

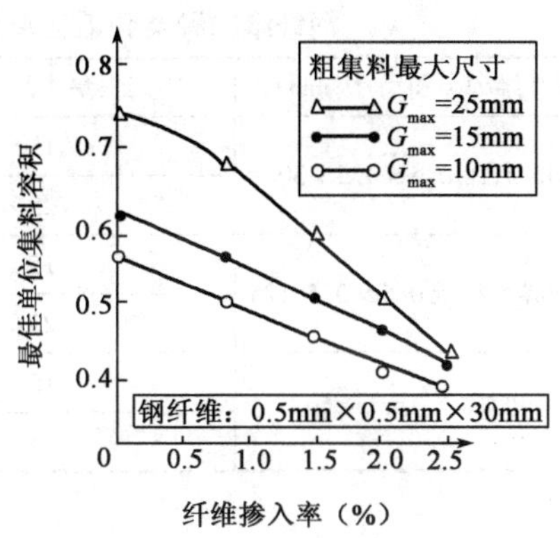


图19-86　最佳单位粗集料容积和纤维混入率之间的关系

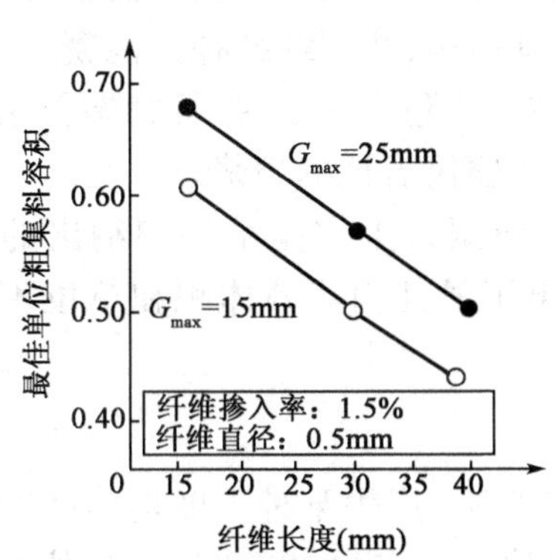


图19-87　最佳单位粗集料容积和纤维长度之间的关系

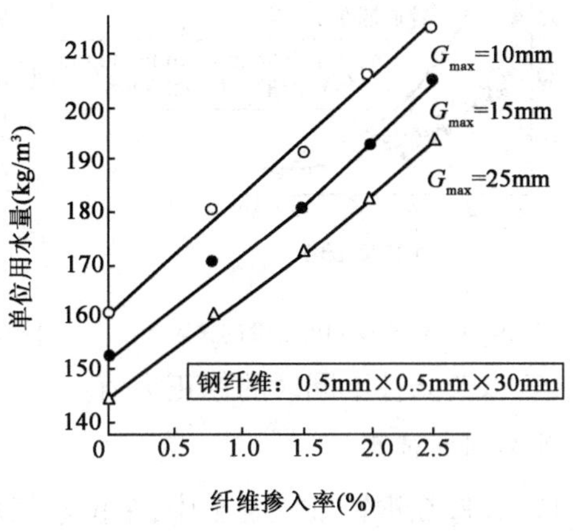


图19-88　沉降度为30s时,钢纤维补强混凝土的单位用水量和纤维混入率之间的关系

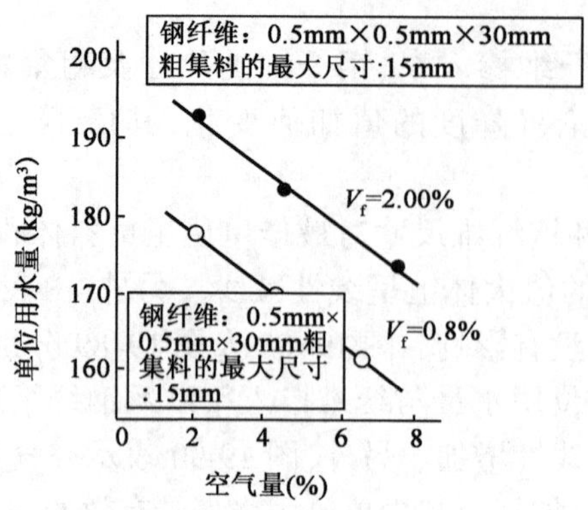




图 19-89　沉降度为 30s 时，钢纤维补强混凝土的单位用水量和纤维长度的关系（使用剪断纤维）

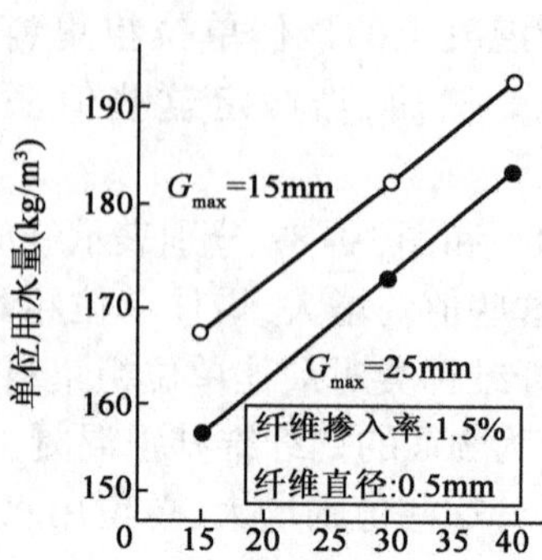

图 19-90　沉降度为 30s 时，钢纤维补强混凝土单位用水量和空气量之间的关系

**钢纤维的种类和最佳单位粗集料及单位用水量**（纤维掺入率为 1.5%）　　表 19-181

| 钢纤维种类和尺寸(mm) | 粗集料最大尺寸(mm) | 最佳粗集料单位体积(L) | 单位用水量($kg/m^3$) |
|---|---|---|---|
| 切断纤维 0.5×0.5×30 | 15 | 0.51 | 180 |
| | 25 | 0.59 | 172 |
| 切断异型纤维 0.5×0.5×25 | 15 | 0.49 | 187 |
| | 25 | 0.58 | 182 |
| 切断纤维 $\phi$0.5×30 | 15 | 0.50 | 184 |
| | 25 | 0.57 | 176 |

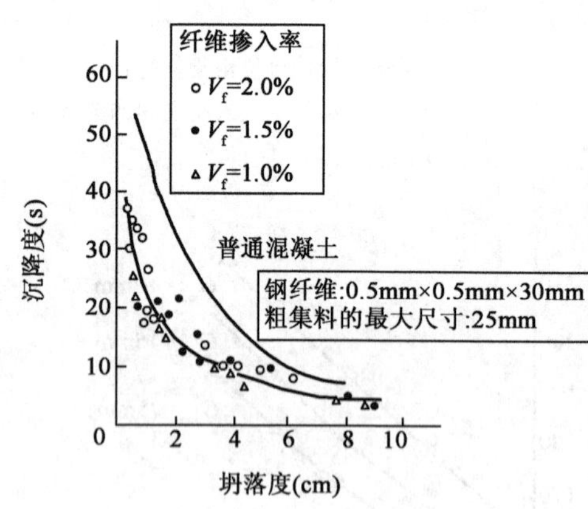


图 19-91　沉降度和坍落度的关系

图 19-91 表示钢纤维混凝土的沉降度和坍落度之间的关系。为便于参考，普通混凝土的值也一并列出。由图可清楚看出，若坍落度相同时，钢纤维混凝土的沉降度相对要小一些，这意味着，钢纤维混凝土所需要的捣固工作量要小一些。此外，用于混凝土路面时，相当于沉降度标准值 30s 的坍落度，在普通混凝土中大约是 2.5cm，而在钢纤维混凝土中，则大约为 1cm。其理由是，在钢纤维补强混凝土中，在一般情况下，单位用水量要大一些，且细集料用量较高，也就是说，多为富配合比的砂浆。

表 19-182 是根据以上实验结果归纳出的配合比参考表，它列出了最佳粗集料体积和单位用水量的参考值，以及条件不同时的修正数值。

3. 外加剂的使用

一般来讲，在钢钎维混凝土中，单位水泥用量有增大的趋势，产生某种程度坍落度的钢纤维混凝土的单位水泥用量，超过 400$kg/m^3$ 的情况是比较普遍的。作为大幅度减少单位水泥用量的有效手段，是利用高性能的减水剂。表 19-183 是它的运用实例，可以看出，适当地使用高性能减水剂，产生一定坍落度的钢纤维混凝土的单位水泥用量大约减少 15% 是有可能的。

**决定钢纤维补强混凝土配合比的参考** 表 19-182

<table>
<tr><td colspan="5">本表的值,适用于以下条件:<br>钢纤维的尺寸:0.5mm×0.5mm×30mm;<br>钢纤维掺入率 $V_f=1.5\%$;<br>细集料细度模量 FM=2.76 者,粗集料使用碎石,使用质量良好的减水剂;<br>沉降度 30s</td></tr>
<tr><td>粗集料最大尺寸 $G_{max}$(mm)</td><td colspan="2">单位集料体积 $V_G$(L)</td><td colspan="2">单位用水量(kg/m$^3$)</td></tr>
<tr><td>25</td><td colspan="2">0.59</td><td colspan="2">172(165)</td></tr>
<tr><td>15</td><td colspan="2">0.51</td><td colspan="2">180(174)</td></tr>
<tr><td>10</td><td colspan="2">0.46</td><td colspan="2">191(185)</td></tr>
<tr><td colspan="5">对于与上述条件不同时的修正值</td></tr>
<tr><td>条件的变化</td><td colspan="2">单位粗集料体积</td><td colspan="2">单位用水量(kg/m$^3$)</td></tr>
<tr><td rowspan="2">对于维维掺入率($V_f$)0.5%的增减</td><td>$G_{max}$=10,15mm</td><td>±0.08$V_G$</td><td colspan="2" rowspan="2">±11</td></tr>
<tr><td>$G_{max}$=25mm</td><td>±0.13$V_G$</td></tr>
<tr><td rowspan="2">对于沉降度 10s 的增减</td><td colspan="2" rowspan="2">不修正</td><td>$V_f\approx1\%$</td><td>±3.5</td></tr>
<tr><td>$V_f\approx2\%$</td><td>±5</td></tr>
<tr><td>对于容气量 1% 的增减</td><td colspan="2">不修正</td><td colspan="2">±3.5</td></tr>
<tr><td>对于粗集料 F·M 0.1 的增减注②</td><td colspan="2">±0.01$V_G$</td><td colspan="2">不修正</td></tr>
<tr><td>0.25mm×0.5mm×25mm 的剪断异型纤维</td><td colspan="2">不修正</td><td colspan="2">+10</td></tr>
</table>

注:1. 括号内数字表示空气量 4% 时的单位用水量。
2. 本表只适用于细集料的 F·M 为 2.50~3.00 的范围。

**使用高性能减水剂减少钢纤维补强混凝土的单位水泥用量的效果** 表 19-183

<table>
<tr><td rowspan="2">细集料率(%)</td><td rowspan="2">种 类</td><td colspan="2">水 泥 量</td><td colspan="5">钢纤维补强混凝土的坍落度(cm)</td></tr>
<tr><td>单位用量(kg/m$^3$)</td><td>比</td><td>$P=0\%$</td><td>$P=0.5\%$</td><td>$P=1.0\%$</td><td>$P=1.5\%$</td><td>$P=2.0\%$</td></tr>
<tr><td rowspan="2">60</td><td rowspan="2">使用不加调料的减水剂</td><td>410</td><td>1.00</td><td>7.0</td><td>4.7</td><td>2.4</td><td>0.6</td><td>0</td></tr>
<tr><td>350</td><td>0.85</td><td>8.0</td><td>6.0</td><td>2.8</td><td>0.2</td><td>0</td></tr>
<tr><td rowspan="2">80</td><td rowspan="2">使用不加调料的减水剂</td><td>434</td><td>1.00</td><td>5.7</td><td>4.8</td><td>3.8</td><td>2.8</td><td>1.7</td></tr>
<tr><td>366</td><td>0.84</td><td>7.0</td><td>5.7</td><td>4.7</td><td>3.4</td><td>1.4</td></tr>
</table>

注:1. 高性能减水剂使用量是水泥用量的 1.5%。
2. $P$ 表示纤维掺入率。

4. 实用配合比示例

(1)美国衣里欧斯大学经过试验研究,得出一种典型的钢纤维混凝土的设计配合比,见表 19-184。

**典型的钢纤维混凝土设计配合比** 表 19-184

| 原材料 | 单位用量(kg/m$^3$) |
|---|---|
| 水泥 | 297 |
| 粉煤灰 | 139 |
| 砂 | 848 |
| 石子(最大粒径 4.5mm) | 837 |
| 钢纤维 | 71~119 |
| 水 | 142 |

研究认为，这是经济、切实可行且具有较高强度和较小干燥收缩值的配合比，这种拌和物28d强度见表19-185，表中提供了相同配合比的素混凝土强度对比。

典型配合比的钢纤维混凝土强度　　表19-185

| 混凝土类别 | 抗压强度(MPa) | 抗拉强度(MPa) | 弯折模量(GPa) | 抗弯强度(MPa) |
|---|---|---|---|---|
| 素混凝土 | 42.0 | 3.0 | 4.1 | |
| 钢纤维混凝土 | 45.0 | 5.5 | | 7.8 |

注：抗拉强度采用间接拉力试验法，即圆柱体模向受压的方法求得。

(2)日本在实际工程中使用的配合比参见表19-186。

钢纤维混凝土配合比　　表19-186

| 粗集料最大粒径(mm) | 水灰比(%) | 砂率(%) | 钢纤维掺量(%) | 坍落度(%) | 单位混凝土用量($kg/m^3$) | | | | | |
|---|---|---|---|---|---|---|---|---|---|---|
| | | | | | 水 | 水泥 | 砂 | 石子 | 外加剂 | 钢纤维 |
| 25 | 42 | 50 | 1.5 | 5 | 182 | 434 | 808 | 839 | 1.11 | 118 |
| 10 | 42 | 80 | 2.5 | 5 | 215 | 512 | 1 116 | 231 | 1.28 | 196 |
| 9.5 | 40 | 70 | 1.3 | 3.8~7.6 | 155 | 384 | 842 | 366 | 1.68 | 100 |
| 10 | 53 | 72 | 1.4 | 7.5 | 207 | 393 | 1 151 | 471 | — | 133 |

## 三、钢纤维混凝土的施工工艺

1.搅拌

制作纤维混凝土，要使纤维在水泥硬化体中均匀分散。特别是当纤维掺量较多时，如不能将其充分地分散，就容易同水泥浆或砂一起结成球状的团块，将极大降低增强效果。

根据使用聚乙烯醇纤维的试验，以直径25$d$、长5mm和30mm，掺量为水泥5%~10%(质量比)的纤维制作砂浆，采用以下3种混合搅拌方法，结果都结成许多团块，纤维的分散性较差。即：①水泥、砂、纤维干拌后，加水搅拌成砂浆；②砂、纤维干混后，加水搅拌，再加水泥拌成砂浆；③纤维预先在水中分散，将干拌混合的水泥和砂加入制成砂浆。

目前常用的一般认为较好的混合搅拌方法有两种：

(1)纤维以外的材料预先混合均匀，随后加入纤维搅拌。

(2)集料和纤维混合，随后加入水泥和水搅拌。

为提高纤维的分散性，采用非离子型界面活性剂聚氧乙烯辛基、苯酚醚是有效的。掺入的纤维直径为25$d$，长10~15mm，不论纤维掺量为水泥质量的3%、5%、7%或10%，当掺加上述界面活性剂0.1%(水泥量)时，均取得显著增加分撒的效果。但该界面活性剂会使混凝土增加伴生空气量，为防止形成多孔而降低强度，可并用0.05%的消泡剂硅乳浊液。但对于掺入3%以下的少量纤维时，即使不掺活性剂，只要使用优良的干式搅拌机，在砂浆中就可获得满意的纤维分散效果。

另一试验是使用聚丙烯纤维，直径500$d$，长32mm加掺率不到水泥量的2%，掺表面活性剂0.005%，保持拌生空气为4%，以普通倾筒式搅拌机使纤维充分分散。按如下搅拌程序可获得满意的结果，尚不必掺消泡剂：

[(砂+水泥)×混合0.5min+(石子+纤维)]×混合2min+[水+活性剂]×搅拌→排料

通过活性剂掺量与拌生空气量的关系试验,确定活性剂掺量为0.005%。一般来说,纤维愈细、愈长、掺加量愈大,则分散性愈差。

从金属纤维同合成纤维比较来看,金属纤维一般较缺乏柔性,在带有一定刚性时,由于纤维相互缠绕,在搅拌过程中生成无数细团,因而比合成纤维的分散性要差。

当使用直径0.08mm、长15~30mm、掺量为水泥量4.5%的钢纤维时,即使掺表面活性剂,也可取得极好的分散效果。

用于纤维混凝土的搅拌机形式基本不限。如使用强制式搅拌机搅拌纤维掺量为2%左右的钢纤维混凝土时,每次的搅拌量应在搅拌机公称容量的1/3以下为宜。

对于粗集料最大粒径为10mm左右的钢纤维混凝土,其纤维掺量应不超过水泥质量的2%。

2. 浇灌与成型

纤维混凝土成型所需要的能量比净混凝土要大。搅拌后的纤维混凝土的流动性,即使掺有表面活性剂,也随着纤维掺量的增加而极大下降。

根据金属纤维掺量和砂浆流动度的关系的试验得知,随着纤维量增加,流动性显著降低。其原因是纤维相互摩擦和相互缠绕使具有一定程度的刚性而形成空间网结构,抑制了内部水及水泥浆的流动。

为了克服施工和易性的下降,不应只着眼于增加活性剂的数量,如掺以聚合物乳浊液、成型中从外部振动和加压等均是有效的。总之要注意纤维掺量不得过多,否则会致使在浇灌时不能密实填充模子,反而招致强度下降。

钢纤维混凝土的成型可使用普通的振动台或表面振动器,内部振动器则不太适合。

## 第二十七节　玻璃纤维混凝土施工

在水泥中掺入玻璃纤维而配制的复合材料称为玻璃纤维混凝土。由于玻璃纤维直径仅为5~20μm,几乎接近水泥,使用这种纤维时,所用的结合材料为水泥浆,或者在其中掺入细砂来使用,几乎不使用粒径较大的粗集料。所以,用这种材料制作而成的复合材料,又称纤维增强水泥(GFRC)。

近年来,国外对玻璃纤维增强混凝土的研究重点是研制耐碱玻璃纤维,并用它与普通硅酸盐水泥复合使用;同时也适当进行了涂层和减少水泥腐蚀性等方面的研究工作。例如,英国在普通硅酸盐水泥中加入40%的粉煤灰,以降低水泥水化过程中析出的碱性物对玻璃纤维的侵蚀。我国建筑材料科学研究总院于1974—1975年试制成功硫铝酸盐水泥,1978年又在硫铝酸盐熟料中掺入二水石膏、硬石膏以及矿渣等试制成功低碱水泥,可以与不含二氧化锆的中碱玻璃纤维复合使用,用作非承重水泥制品。

玻璃纤维混凝土的使用对象限于断面较薄的工厂制品。其厚度只有5~20mm,因此,现阶段的应用领域大部分是建筑方面的屏障墙和外层护墙板等。然而,玻璃纤维确实有着钢纤维所不具备的卓越的拉伸强度(对单纤维而言)和非磁性等特点。因此,其在土木工程方面的应用具有广阔的前途。

## 一、玻璃纤维混凝土原材料技术要求

1.对纤维的基本要求

玻璃纤维混凝土所用玻璃,除满足一般纤维的要求外,尚应符合下列技术指标要求。

1)抗碱玻璃纤维

(1)成分与性能

抗碱玻璃纤维的成分中含有一定量的 $ZrO_2$(氧化锆)。在碱液作用下,此种纤维表面的 $ZrO_2$ 会转化成含 $Zr(OH)_4$ 的胶状物并经脱水聚合在玻璃纤维表面上形成一致密的膜层,从而减缓了 $Ca(OH)_2$ 对玻璃纤维的侵蚀。表 19-187 与表 19-188 分别列出中国、英国与日本所产的抗碱玻璃纤维的化学成分与物理力学性能。

表 19-189 列出国产抗碱玻璃纤维的耐碱液侵蚀能力,并与中碱、无碱玻璃纤维作比较。

**抗碱玻璃纤维的化学成分** 表 19-187

| 类别 | 化学成分(质量,%) | | | | | | | | |
|---|---|---|---|---|---|---|---|---|---|
| | $Sio_2$ | CaO | $Na_2O$ | $K_2O$ | $ZrO_2$ | $TiO_2$ | $Al_2O_3$ | MgO | $Fe_2O_3$ |
| 中国锆钛纤维 | 61.0 | 5.0 | 10.4 | 2.6 | 14.5 | 6.0 | 0.3 | 0.25 | 0.2 |
| 英国 Cem-fil-2 | 60.0 | 4.7 | 14.2 | 0.3 | 18.0 | 0.1 | 0.7 | — | — |
| 日本 MinilonL | 62.0 | 6.9 | 12.1 | 0.3 | 14.1 | — | 1.6 | -0.1 | 0.3 |

**抗碱玻璃纤维的物理力学性能** 表 19-188

| 类别 | 单丝直径(μm) | 长度(mm) | 密度 | 抗拉强度(MPa) | 弹性模量($\times 10^4$MPa) | 极限延伸率(%) |
|---|---|---|---|---|---|---|
| 中国锆钛纤维 | 12~14 | 30~40 | 2.7~2.78 | 2 000~2 100 | 6.3~7.0 | 4.0 |
| 英国 Cem-fil-2 | 12.5 | 30~40 | 2.70 | 2 500 | 8.0 | 3.6 |
| 日本 MinilonL | 13.0 | 30~40 | 2.66 | 2 300 | 7.0 | — |

**抗碱玻璃纤维与普通玻璃纤维的耐蚀能力比较** 表 19-189

| 玻璃纤维类别 | 纤维经碱液侵蚀后的抗拉强度保留率(%) | |
|---|---|---|
| | 100℃饱和 $Ca(OH)_2$ 溶液 4h | 80℃合成水泥滤液①24h |
| 抗碱 | 66.2~88.1 | 54.3~84.3 |
| 中碱 | 41.5~44.3 | 24.6~26.4 |
| 无碱 | 29.2~35.5 | 25.3~32.0 |

注:合成水泥滤液成分为:$Ca(OH)_2$;NaOH,0.88g;KOH,3.45g/L。

(2)形式

制备玻璃纤维混凝土用的抗碱玻璃纤维主要有以下两种形式:

①无捻粗纱。将 30 股左右的联系玻璃纤维原丝(含 200 根左右的单丝)不经加捻直接平行合并并卷绕成为圆筒形的纱团称为无捻粗。在使用时可由纱团的内孔抽出粗纱并切割成任意长度。

②网格布。网格布是由玻璃纤维无捻粗纱经、纬相交编织而成的具有方形网孔的织物。根据玻璃纤维混凝土制品或构件的受力状况,可织成经、纬纱粗细不等的网格布。表 19-190

列出常用的一种抗碱玻璃纤维网格布的规定。

**抗碱玻璃纤维网格布的规定** 表 19-190

| 网格尺寸(mm) | 幅宽(mm) | 经向 | | 纬向 | | 质量($g/m^2$) |
|---|---|---|---|---|---|---|
| | | 经纱密度(根/cm) | 承载力(kg/cm) | 纬纱密度(根/cm) | 承载力(kg/cm) | |
| 5×5 | 850 | 4 | 32.4 | 2 | 15.1 | 130 |

2)硫铝酸盐水泥

抗碱玻璃纤维在硅酸盐水泥基体中仍会受到水泥水化物的侵蚀,只是其侵蚀速率较之普通玻璃纤维有明显的减缓。为大幅度提高玻璃纤维混凝土的使用寿命,应使用硫铝酸盐水泥,有早强型与Ⅰ型低碱度两种。此类水泥主要有以下特性。

(1)液相的碱度低。

液相的pH值显著低于硅酸盐水泥,早强型为11~11.5,Ⅰ型低碱度为10.5左右。

(2)水泥石的结构密实。

水泥主要水化物是钙矾石,故水泥石的结构密实,可减少碱液的毛细管渗透几率。

表19-191列出这两种硫铝酸盐水泥的化学成分。

**两种硫铝酸盐水泥的化学成分** 表 19-191

| 类别 | 化学成分(质量,%) | | | | | | |
|---|---|---|---|---|---|---|---|
| | $SiO_2$ | $Fe_2O_3$ | $TiO_2$ | $Al_2O_3$ | CaO | MgO | $SO_2$ |
| 早强型 | 11.38 | 1.11 | 1.58 | 26.53 | 37.54 | 2.66 | 14.53 |
| Ⅰ型低碱度 | 4.93 | 0.72 | 0.73 | 13.83 | 40.38 | 2.23 | 31.67 |

2.对水泥基材的要求

水泥,除普通波特兰水泥外,还可使用以降低碱性为目的的各种混合水泥,以及矾土水泥等。为了减少干燥收缩,常使用粒径小于2mm的砂子;砂的使用量,同普通砂浆相比要少得多,为富配比的基体。

## 二、玻璃纤维混凝土配合比设计

1.影响强度的主要因素

玻璃纤维混凝土的强度,受玻璃纤维的掺入率、玻璃纤维的长度、水泥品种、成型龄期和干湿条件、成型方法等影响。因此,进行配合比设计时对这些影响因素应认真考虑。

1)纤维的掺入率

玻璃纤维的掺入率在10%以内时,玻璃纤维增强水泥的抗弯强度及抗冲击强度均随纤维含量的增加而增大,超过10%后,强度不再增加,可能是水泥(砂)浆与玻璃纤维的接触状态造成。并且纤维掺入率超过10%后,成型也比较困难,操作不便,所以一般将纤维掺入率定为5%左右。图19-92为玻璃纤维含量与弯曲破坏强度及抗冲击强度的关系。

2)纤维长度

从图19-93可以看出,随玻璃纤维长度的增加,抗弯强度及抗冲击强度相应增加,但由于实际上成型困难,纤维长度不能过大,特别是预搅拌法成型时,纤维在搅拌过程中易于折断,增强效果随之减弱。预搅拌成型时纤维含量与强度的关系如图19-94所示。

3）水泥品种

不同的水泥品种对纤维混凝土的力学性能有一定的影响，参见表19-192，试件的水灰比为0.3，纤维含量5%（质量比），龄期28d。

水泥品种与纤维混凝土的强度　　表19-192

| 水 泥 品 种 | 弹性模量（MPa） | 拉伸比例极限应力（MPa） | 拉伸极限应力（MPa） | 弯曲极限应力（MPa） | 抗冲击强度（N·mm/mm²） | 密 度 |
|---|---|---|---|---|---|---|
| 普通硅酸盐水泥 | $2\times10^4$ | 9.0 | 16.0 | 40.0 | 25 | 2.0～2.1 |
| 高铝水泥 | $2\times10^4$ | 9.0 | 16.0 | 40.0 | 25 | 2.0～0.1 |
| 60%硅酸盐水泥+40%磨细烟灰 | $1.2\times10^4$ | 6.0 | 12.0 | 30.0 | 20 | 2.0～2.1 |

4）成型工艺

采用喷射吸水法成型时，玻璃纤维含量及长度与纤维增强混凝土强度的关系如图19-95所示。

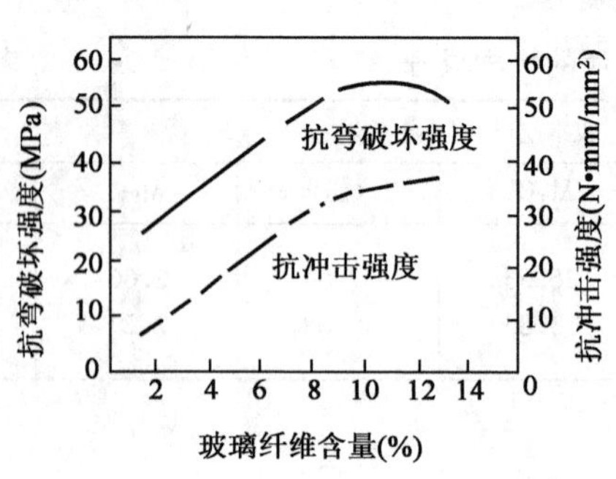


图19-92　玻璃纤维含量与强度的关系

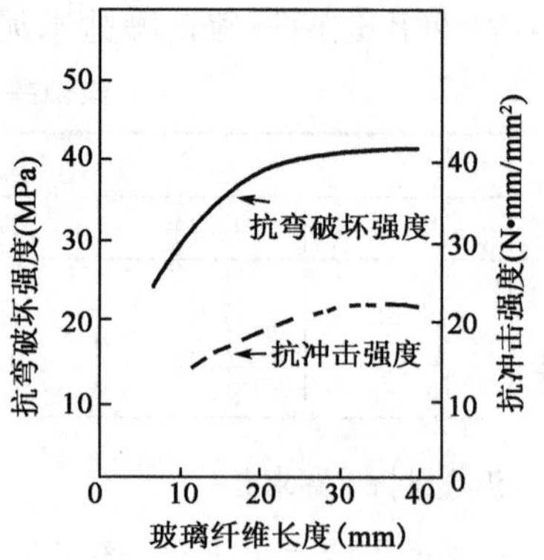


图19-93　玻璃纤维长度与强度的关系

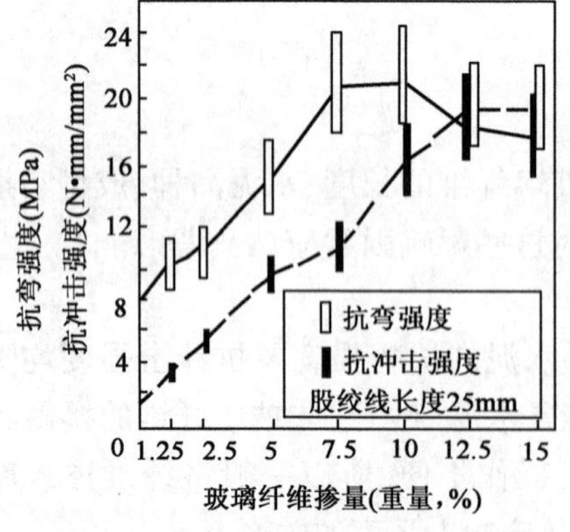


图19-94　预搅拌成型时纤维含量与强度

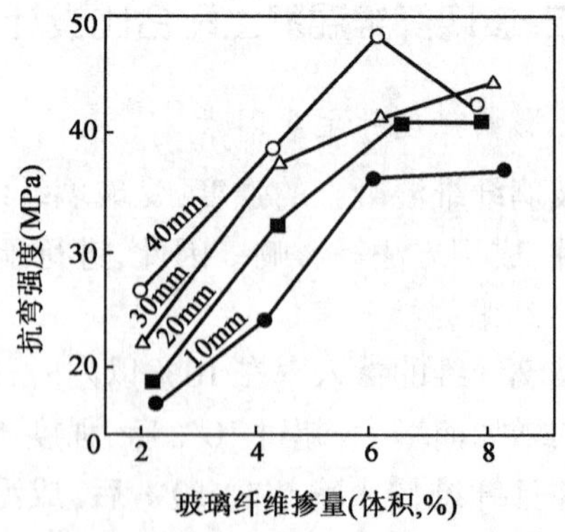


图19-95　喷射吸水法成型时纤维含量、长度与强度

表19-193表示不同成型工艺对强度的影响。从它们的制造工艺容易推测，各种强度以真空吸引喷射法的制品为最佳。

**各种不同形成法的玻璃纤维补强水泥特性** 表 19-193

| 特　性 | 喷射脱水法 | 直接喷射法 | 预先混合法 |
|---|---|---|---|
| 弯曲比例极限(MPa) | 10.0~15.0 | 8.0~13.0 | 5.0~10.0 |
| 弯曲强度(MPa) | 30.0~40.0 | 25.0~35.0 | 10.0~20.0 |
| 拉伸强度(MPa) | 16.0 | 9.0~15.0 | 5.0~8.0 |
| 冲击强度(N·mm/mm$^2$) | 15~25 | 12~18 | 8~10 |

5)时效变化

玻璃纤维混凝土虽使用的是耐碱性玻璃纤维,但因为它的耐碱性未必完善,所以强度随着成型后时间的增长而下降。其下降程度,为该期间内的干湿条件所左右。在潮湿条件下,强度下降要快些,参见图 19-96。

图 19-97 是用普通波特兰水泥,在其中掺入 5% 玻璃纤维的玻璃纤维混凝土在暴露于室外的条件下的强度时效变化曲线。根据这个结果可知,玻璃纤维混凝土的弯曲强度,在最初的两年间约下降 3%~4%,其后基本上趋于稳定。此外,使用碱性弱的矾土水泥或粉煤灰水泥时,这一影响较小。

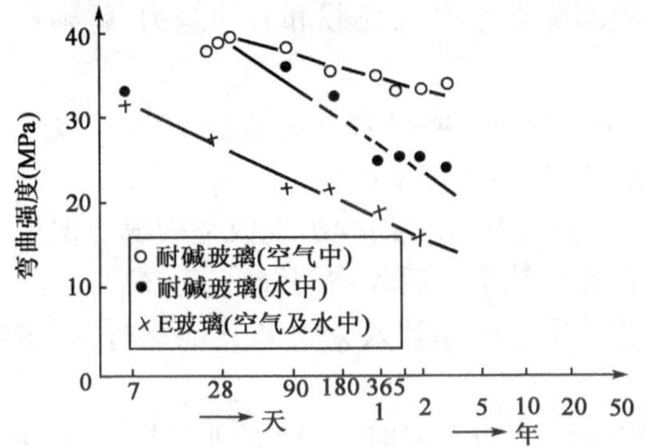


图 19-96　玻璃纤维补强水泥复合体中弯曲强度的时效变化

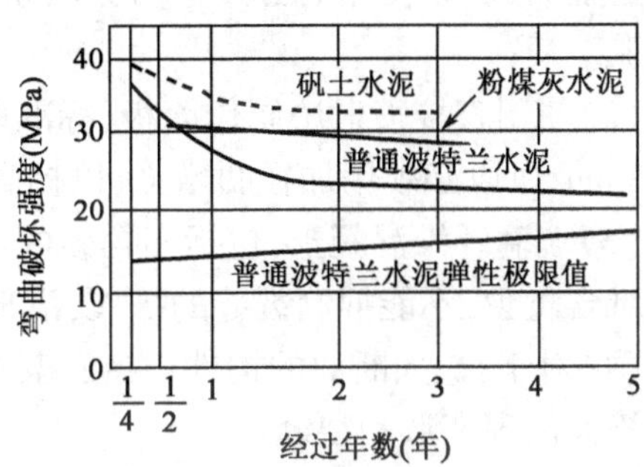


图 19-97　玻璃纤维补强水泥的弯曲强度时效变化曲线

注:条件为天然暴雨。

常用施工配合比见表 19-194,可供配合比设计时参考。

**玻璃纤维混凝土不同成型工艺的配料要求** 表 19-194

<table>
<tr><th>成型工艺</th><th>玻璃纤维</th><th>水泥</th><th>集料</th><th>外加剂</th><th>灰砂比</th><th>水灰比</th></tr>
<tr><td>直接喷射法</td><td rowspan="2">抗碱玻璃纤维无捻粗纱,切断长度 =33~44mm,体积掺率 =2%~5%</td><td rowspan="3">早强型或Ⅰ型低碱硫铝酸盐水泥</td><td rowspan="3">$d_{max}$ =2mm,细度模数 =1.2~2.4,含泥率≤0.3%</td><td>减水剂或超塑化剂,掺量由预拌试验确定</td><td rowspan="2">1:0.3~1:0.5</td><td>0.32~0.38</td></tr>
<tr><td>喷射—抽吸法</td><td>一般情况可不掺</td><td>起始值:0.50~0.55;最终值:0.25~0.30</td></tr>
<tr><td>铺网—喷浆法</td><td>抗碱玻璃纤维网格布,厚为 10mm 的板用两层网格布,体积掺率 =2%~3%</td><td>减水剂或超塑化剂,掺量由预拌试验确定</td><td>1:1~1:1.5</td><td>0.42~0.45</td></tr>
</table>

2. 设计方法

玻璃纤维混凝土配合比设计方法与水泥砂浆基本相同。通过试验，以选定符合工程技术要求的施工配合比。

3. 设计应用范围的限制

(1)对于必须经受长期荷载检验的一些主要构件，使用会造成重大损失者，应禁止使用。例如，结构框架、梁和柱，大负荷的承重墙，悬桥桥面，大负荷自承重屋面，蓄水池等。

(2)对于承载相对较轻，并在预期长期荷载特性范围内的次要结构件，可以采用玻璃纤维混凝土制作。如永久性模板，低压管道；复合板构成的次要屋面构件，非框架结构；小型防护结构；储藏用的池、罐、仓；防火设施等。

(3)对于负荷较小，纵有失误也不致造成损害的非结构构件，同样也可采用玻璃纤维混凝土。例如，连接盒盖板，街头设施，门窗框，通风道，围墙和遮阳板等。

4. 其他注意事项

(1)设计计算要以发表的性能数据为基础，并要有充分的安全系数，因为各厂家都有一定的试验能力，所以使用时必须与对方联系，如建筑墙板要承受风荷载和其他应力，就须作相应的试验。

(2)使用直接喷射法制作墙板，标准厚度为10～19mm，但因为表面偏差，最小厚度可能在6～13mm，所以必须用加径肋增强，以提高其刚度，增强其抗变形的能力。

(3)玻璃纤维混凝土，包括不含砂的玻璃纤维增强混凝土，很少出现收缩裂缝。但如果玻璃纤维含量少，不能抑制裂缝的扩展，沿玻璃纤维方向就会出现收缩裂缝。

(4)对于长、大断面的构件，在玻璃纤维增强混凝土中如埋入钢筋和其他钢材，由于混凝土干缩而出现变形和裂缝。

(5)对于带有沟、槽或尖棱的制品，喷射玻璃纤维增强水泥时，玻璃纤维容易出现"搭接"现象，水泥基体不能充分覆盖，容易造成薄弱区域。因此在制作时必须进行碾压和精细的处理，为减少纤维的"搭接"，应研制一种更柔软的玻璃纤维。

## 三、玻璃纤维混凝土的施工工艺

1. 特点

以水泥(砂)浆为基体，用耐碱玻璃纤维增强的复合材料，由于能够增加抗拉及抗弯等强度，并提高韧性及耐冲击等性能，构件或制品不但可以改善使用功能，而且断面可以减薄，自重可以降低，有利于在建筑工程中推广应用。

玻璃纤维混凝土可以认为是以水泥代替玻璃纤维增强塑料中价格较高的高分子有机材料，以玻璃纤维代替石棉水泥制品中的资源较少的石棉纤维；并且从性能上来看，它比石棉水泥板材提高了耐冲击性，比玻璃纤维增强塑料提高了耐火性，因而可以说，玻璃纤维混凝土的出现既克服石棉水泥板材的脆性问题，又解决玻璃增强塑料的易燃问题。

总的来说，耐碱玻璃纤维混凝土具有以下基本特征：

(1)抗拉强度较高，由于玻璃纤维均匀分布，可以防止收缩龟裂。

(2)抗弯强度较高，极限变形值较大，韧性较好，破坏时不会飞散。

(3)耐冲击性能良好。

(4)隔声及热工性能均较好,耐热性良好,是完全不燃的无机材料,透水性小于石棉板的1/3。

(5)可成薄的、形状复杂的制品。

2. 成型方法

玻璃纤维混凝土一般采用普通硅酸盐水泥,粒径2mm以下的砂,并根据不同的成型方法按适用范围选用玻璃纤维。

为适应不同类型制品的需要,已经研究发展了喷射法、喷射—抽吸法、预搅拌法、抄取法等玻璃纤维混凝土的成型方法。例如,使用玻璃丝网,也可采用与一般水泥制品相同的成型方法。近来为了适应纤维增强水泥制品多样化的需要,还在研究发展浇筑模压成型、离心浇筑、绕线法等新的成型方法。

1)喷射法

将拌好的水泥(砂)浆和切断的玻璃纤维束分别用压缩空气通过喷嘴喷出,两者在空中会合后喷射到模板中,玻璃纤维从两个方面随机配置,可以充分发挥增强效果。

喷射法适于成型厚度较薄的制品,由于进行了许多工艺改进,生产的制品性能已接近喷射吸水法的制品。一般认为,喷射法是玻璃纤维混凝土成型方法中,可以充分发挥玻璃纤维增强效果、制品性能稳定、工艺比较简单的方法,目前已被广泛使用。

喷射法的工艺流程如图19-98所示。

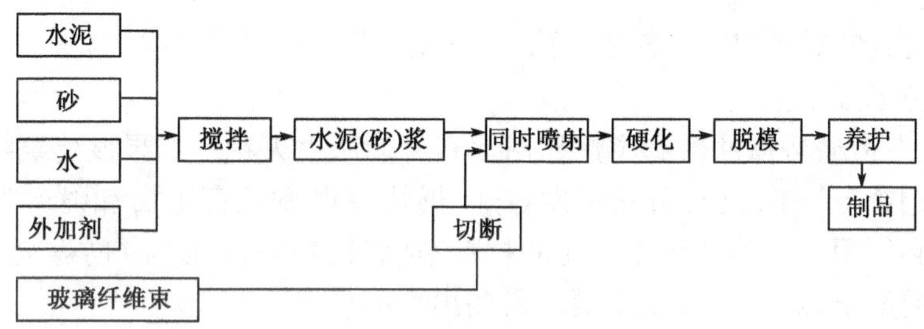


图19-98 喷射法工艺流程

2)喷射—抽吸法

这种方法与喷射法不同之处是在喷射水泥(砂)浆及玻璃纤维后,增加真空吸水的工序,因而制品质量均匀而且强度较高。还可以在真空吸水后采取压榨成型的方法,将制品加工成为各种形状,适用于制备断面形状复杂的制品。

3)预搅拌法

预搅拌法不需要特殊的成型装置,是一种比较简便的成型方法。其做法是预先搅拌好水泥(砂)浆,掺入硬质玻璃短纤维进行二次搅拌,然后浇筑到模板中振捣成型。因为可以灌入异型的模型,所以能够制作多种类型的制品,也适于制作大型构件。

4)抄取法

抄取法是日本为了适应石棉资源不足和价格高涨而研究成功的可取代石棉的成型方法。它在引进英国专利的基础上,经过对石棉水泥板抄取法生产工艺的改进,改造抄取设备和成型设备等,研究成功了生产耐碱玻璃纤维水泥板的方法。

本方法的特点在于以耐碱玻璃纤维为主要增强材料,只用少量石棉,因而制品抗冲击性能良好,生产效率也比较高,减少了石棉粉尘污染等问题,受到世界各国的重视。其工艺流程如

图 19-99 所示。

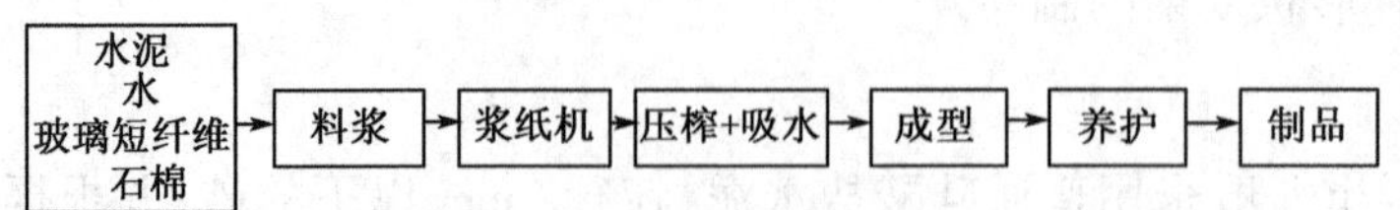


图 19-99　抄取法工艺流程

不同成型方法的玻璃纤维混凝土的性质见表 19-195。

不同成型方法的玻璃纤维混凝土的性质　　表 19-195

| 项　　目 | 喷射—抽脱法 | 喷射法 | 预搅拌法 |
|---|---|---|---|
| 抗弯比例极限(MPa) | 10～15 | 9～14 | 5～10 |
| 抗弯强度(MPa) | 30～40 | 30～35 | 10～20 |
| 抗拉强度(MPa) | 16 | 10～13 | 5～8 |
| 抗冲击强度(MPa) | 1.5～2.5 | 1.4～1.8 | 0.8～1 |

# 第二十八节　防爆混凝土施工

凡在碰撞冲击和摩擦等机械作用下不产生火花,而可用于生产、存放易爆物品的建筑物的混凝土,均称为防爆混凝土。

普通混凝土在遭遇碰撞冲击和摩擦作用下有可能产生火花。如果该建筑物是易燃易爆物品的成产车间或储放仓库,就有可能引发爆炸、燃烧等严重危害生命和财产安全的事故。因此,这些建筑物必须用一些不会产生火花的材料来砌筑,特别是地面。防爆混凝土(或不发火混凝土、无火花混凝土)就是根据这个要求研制出来的。

与普通混凝土相比,防爆混凝土主要是将普通混凝土中在冲击、碰撞、摩擦作用下易产生火花的集料(如碳酸钙集料)替换成不产生火花的集料。

## 一、防爆混凝土原材料技术要求

1. 胶凝材料

凡在硬化后不会产生火花的胶凝材料都可作为防爆混凝土的组成材料。根据研究,目前用于混凝土配制的几种胶凝材料,如硅酸盐系列水泥、铝酸盐系列水泥及树脂、沥青等都可以用作防爆混凝土的胶凝材料。而常用的胶凝材料是硅酸盐系列水泥。但应注意的是,在用硅酸盐系列水泥时,应尽量选用 $Fe_2O_3$ 成分低的水泥。

2. 集料

集料的选用是配制防爆混凝土的关键,凡选用的集料必须在使用前经过试验。试验方法是:将所选用的集料与用些集料配成的混凝土,分别在暗处用转速为 1 500r/min 的金刚砂轮上打磨,如都不产生火花,即可认为该材料可用于防爆混凝土的配制。

目前,常用的粗集料是以 $CaCO_3$ 为主要成分、$Fe_2O_3$ 含量低的白云石、大理石或石灰石。细集料不能用石英砂,也必须用上述粗集料材料制成的细颗粒。典型的可用于防爆混领土的集料的白云石化学成分见表 19-196。

用于防爆混凝土集料的白云石化学成分　　表 19-196

| 样品名称 | 序号 | 与不发生性能有关的化学成分含量(%) | | | | |
|---|---|---|---|---|---|---|
| | | $SiO_2$ | $Fe_2O_3$ | $Al_2O_3$ | CaO | MgO |
| 白云石 | 1 | 5.79 | 0.1 | 0.18 | 30.61 | 20.52 |
| | 2 | 2.84 | 0.06 | 0.14 | 30.15 | 20.86 |
| | 3 | 1.06 | 0.07 | 1.06 | 30.62 | 21.16 |
| | 4 | 3.06 | 0.07 | 0.24 | 30.21 | 19.92 |

粗集料的粒径应控制在 5 ~ 20mm，级配应为连续级配。细集料粒径应控制在 0.15 ~ 5mm，细度模数 $M_x$ 应在 2.3 ~ 3.1 为宜。

除上述要求外，其余应符合混凝土集料的所有质量指标。

3. 水

应选用符合混凝土拌和用水标准的洁净水。

4. 外加剂

在必要的情况下，外加剂可以选用减水剂、早强剂、缓凝剂等。

## 二、防爆混凝土配合比设计

防爆混凝土的配合比设计，除集料有特殊要求外，具体设计步骤与普通混凝土相同。

表 19-197 和表 19-198 分别为防爆混凝土和防爆砂浆的参考配合比。

防爆混凝土参考配合比（质量比）　　表 19-197

| 水泥强度等级(MPa) | 防爆混凝土强度等级配合比 | | | | | | | |
|---|---|---|---|---|---|---|---|---|
| | C15 | | | | C20 | | | |
| | 水泥 | 石砂 | 细石 | 水 | 水泥 | 石砂 | 细石 | 水 |
| 32.5 级 | 1 | 3.10 | 5.50 | 0.82 | 1 | 1.90 | 3.40 | 0.53 |
| 42.5 级 | 1 | 3.70 | 6.50 | 0.92 | 1 | 2.30 | 4.00 | 0.62 |

防爆砂浆参考配合比（质量比）　　表 19-198

| 水泥强度等级(MPa) | 防爆砂浆强度等级配合比 | | | | | |
|---|---|---|---|---|---|---|
| | M10 | | | M20 | | |
| | 水泥 | 石砂 | 水 | 水泥 | 石砂 | 水 |
| 32.5 级 | 1 | 5.00 | 0.55 | 1 | 3.10 | 0.46 |
| 42.5 级 | 1 | 5.60 | 0.55 | 1 | 3.60 | 0.51 |

## 三、防爆混凝土的施工工艺

(1) 原材料中发火物质的控制。

①所有原材料的储运及施工过程都应严禁混入在摩擦、碰撞中易发生火花的物质，如各种金属及其他种类的石子。

②在原材料搅拌机前，所有原材料最好再进行一次吸铁检查，特别是水泥，因为水泥中有可能在粉磨时混入一些球磨机研磨体的碎片和铁屑。

(2) 严格计量的准确性。

(3) 搅拌应尽量均匀。

针对普通混凝土与不发火混凝土成层分布的构造特点，搅拌时应采用两组小推车上料，两组机动翻斗车运料，两台搅拌机搅拌。普通混凝土表面人工找平工具未经清洗不得用于不发火混凝土面层的人工找平，用于面层的平板振动器、滚筒也必须清洗干净后方可用于不发火混凝土面层的找平、替浆工序。通过采取上述措施，避免了人为造成的材料混杂对面层的不发火性能的影响。

(4)混凝土浇筑完至少8h才能拆去分仓木条，然后嵌放20mm×(15～20)mm的铝片。

(5)用防爆混凝土做水磨石时，应注意表面磨光和打蜡应在浇筑后7d进行，必须分两次打磨然后再打蜡。

(6)应在浇筑10d后进行混凝土不发火试验。

不发火试验方法为：在完全黑暗的条件下，用直径120mm、转速为1 520r/min的电动砂轮在混凝土表面分区进行摩擦试验，一般为每100m$^2$取一处试验(如不足100m$^2$也至少应取3处)，试验处范围为30cm×30cm，每处每次磨掉2～3mm，如无火花出现，即可视为合格。

# 第二十章　季节性混凝土施工

## 第一节　冬季(期)混凝土施工

### 一、冬季混凝土施工的一般规定

(1)冬季浇筑混凝土(简称冬季混凝土),其受冻临界强度应符合下列规定:

①普通混凝土采用硅酸盐水泥或普通硅酸盐水泥配制时,应为设计的混凝土强度标准值的30%。采用矿渣硅酸盐水泥配制的混凝土,应为设计的混凝土强度标准值的40%,但混凝土强度等级为C10及以下时,不得小于5.0N/mm²(MPa)。

注:当施工需要提高混凝土强度等级时,应按提高后的强度等级确定。

②掺用防冻剂的混凝土,当室外最低气温不低于-15℃时不得小于4.0N/mm²;当室外最低气温不低于-30℃时不得小于5.0N/mm²。

(2)混凝土冬期施工应按式(20-4)~式(20-7)进行混凝土的热工计算。

(3)混凝土冬期施工应优先选用硅酸盐水泥和普通硅酸盐水泥,水泥强度等级不应低于42.5级,最小水泥用量不应少于300kg/m³,水灰比不应大于0.6。

使用矿渣硅酸盐水泥时,宜优先采用蒸汽养护。

注:1.大体积混凝土的最少水泥用量,应根据实际情况决定。

2.强度等级不大于C10的混凝土,其最大水灰比和最少水泥用量可不受以上限制。

(4)拌制混凝土所采用的集料应清洁,不得含有冰、雪、冻块及其他易冻裂物质。在掺用含有钾、钠离子的防冻剂混凝土中,不得采用活性集料或在集料中混有含这类物质的材料。

(5)采用非加热养护法施工所选用的外加剂,宜优先选用含引气成分的外加剂,含气量宜控制在2%~4%。

(6)在钢筋混凝土中掺用氯盐类防冻剂时,氯盐掺量不得大于水泥质量的1%(按无水状态计算)。掺用氯盐的混凝土应振捣密实,且不宜采用蒸汽养护。

(7)在下列情况下,不得在钢筋混凝土结构中掺用氯盐:

①排出大量蒸汽的车间、澡堂、洗衣房和经常处于空气相对湿度大于80%的房间以及有顶盖的钢筋混凝土蓄水池等的在高湿度空气环境中使用的结构。

②处于水位升降部位的结构。

③露天结构或经常受雨、水淋的结构。

④有镀锌钢材或铝铁相接部位的结构和有外露钢筋、预埋件而无防护措施的结构。

⑤与含有酸、碱或硫酸盐等侵蚀介质相接触的结构。

⑥使用过程中经常处于环境温度为60℃以上的结构。

⑦使用冷拉钢筋或冷拔低碳钢丝的结构。

⑧薄壁结构,中级和重级工作制吊车梁、屋架、落锤或锻锤基础结构。

⑨电解车间和直接靠近直流电源的结构。

⑩直接靠近高压电源(发电站、变电所)的结构。

⑪预应力混凝土结构。

(8)模板外和混凝土表面覆盖的保温层,不应采用潮湿状态的材料,也不应将保温材料直接铺盖在潮湿的混凝土表面,新浇混凝土表面应铺一层塑料薄膜。

(9)整体结构如为加热养护时,浇筑程序和施工缝位置的设置,应采取能防止发生较大温度应力的措施。当加热温度超过45℃时,应进行温度应力核算。

(10)当日平均气温降到5℃和5℃以下,或者最低气温降到0℃和0℃以下时,混凝土工程必须采用特殊的技术措施进行施工,方能满足要求,即混凝土冬期施工。混凝土进入冬期施工,不仅在技术上要采取相应措施,而且要增加冬期施工费用。为此,《建筑工程冬期施工规程》(JGJ 104)规定:根据当地多年气温资料,室外日平均气温连续5d稳定低于5℃时,混凝土结构工程的施工应采取冬期施工措施。可以取第一个出现连续5d稳定低于5℃的初日作为冬期施工的起始日期;同样,当气温回升时,取第一个连续5d稳定高于5℃的末日作为冬期施工的终止日期。初日和末日之间的日期即为混凝土冬期施工期。按照这一定义,地域辽阔的祖国大地冬期起讫时间各异,长短有别。根据我国中央气象局1951~1980年观测资料,定出我国东北、西北、华北地区部分主要城市的冬期施工起讫日期,见表20-1。但也应注意,在上述期限以外,有时由于寒流袭来,气温可能暂时突然降到0℃以下,但寒流过后气温又回升,因而在这个突然降温期也应当注意防止混凝土遭到冻害。

**东北、西北、华北地区部分主要城市冬期施工起讫日期参考** 表20-1

| 城市名称 | 日平均气温稳定≤5℃初、终日 | | 时间(d) |
|---|---|---|---|
| | 初日(日/月) | 终日(日/月) | |
| 沈阳 | 26/10 | 6/4 | 160 |
| 长春 | 14/9 | 28/5 | 250 |
| 哈尔滨 | 13/10 | 23/4 | 192 |
| 延安 | 31/10 | 26/3 | 164 |
| 西安 | 18/11 | 9/3 | 111 |
| 兰州 | 29/10 | 26/3 | 147 |
| 西宁 | 20/10 | 10/4 | 170 |
| 银川 | 27/10 | 1/4 | 154 |
| 乌鲁木齐 | 14/10 | 11/4 | 187 |
| 北京 | 12/11 | 22/3 | 130 |
| 石家庄 | 15/11 | 14/3 | 120 |
| 太原 | 2/11 | 27/3 | 145 |
| 呼和浩特 | 17/10 | 13/4 | 184 |

## 二、冬季混凝土施工的特点

冬季混凝土施工由于受气温影响,有以下特点:

(1)混凝土强度的增长取决于水泥水化反应的结果。水泥的水化反应和水及温度有关,当温度降低时，水的活性减弱，水化反应减慢，特别是当温度降低到0℃以下时，水结冰，水泥的水化反应停止，因此如何保证水泥水化反应是混凝土冬期施工的关键。

(2)当温度低于5℃时，与常温相比，混凝土强度增长缓慢，在5℃条件下养护28d，其强度增长仅能达到标养28d的60%左右。因此为满足施工进度要求，必须采取特殊的措施使用混凝土强度能够较快增长。

(3)当温度降至0℃以下时，特别是温度下降到混凝土液相冰点（新浇筑的普通混凝土内部液相冰点温度为-0.3℃～-0.5℃）以下时，混凝土中的水开始结冰，其体积膨胀约9%，此时混凝土内部结构可能遭到破坏，称为混凝土冻害。其宏观表现为混凝土的强度损失，因此冬期施工的混凝土，使其受冻前能尽快达到混凝土抵抗冻害的临界强度是至关重要的。

(4)我国气候属大陆性气候，冬季经常有寒流袭击，气温变化较大，由于风速较大，还要注意防风。因为风不仅对混凝土的冷却有明显影响，还会使混凝土结构裸露面的水分蒸发加速，所以冬期浇筑的混凝土还要注意防风，避免混凝土养护期间的失水。

(5)冬期是混凝土工程质量事故的多发季节，而且有明显的滞后性。即冬期浇筑的混凝土出现质量问题时，多在春融期或后期显现。由于事故发现较晚，处理难度也较大。

(6)为了给冬期浇筑的混凝土创造一个正温养护环境，必须采取一系列措施，如材料加热、保温、养护期间供热等。

## 三、冬季混凝土原材料技术要求

1. 水泥

冬季混凝土施工的一般方法中（如外加剂法、蓄热法、暖棚法）应选用活性高、水化热大的水泥品种，宜优先选用硅酸盐水泥或普通硅酸盐水泥。采取蒸汽湿热养护的混凝土宜优先考虑矿渣水泥。对于电流加热养护的混凝土，由于高活性水泥配制的混凝土对干热脱水较为敏感，不适应急速干热高温养护环境，一般电热法养护的混凝土采用32.5级以下水泥配制则会收到较好的效果。

冬期施工的混凝土一般采用强度等级不低于32.5级的水泥，水泥用量不宜低于300kg/m$^3$。

2. 集料

混凝土集料分细集料和粗集料。细集料宜选用中砂，含泥量小于3%，粗集料须选用经15次冻融值试验合格（总质量损失小于5%）的坚实级配花岗岩或石英岩碎石，不应有风化的颗粒，含泥量小于1%。

集料多处于露天堆场，因此，要求提前清洗和储备，做到集料清洁。要使用冰雪完全融化了的集料，不宜使用冻结的或是掺有冰雪的集料，否则，会降低混凝土的温度。另外在混凝土中，冰雪的融化会留下孔隙。为了有利于集料的加热，特别要注意在运输和储存过程中，不要混入冰雪，以免冰融化时吸热降温。

冬季施工混凝土所用集料的堆场，应选地势较高、不积水的地方。

3. 外加剂

(1)氯盐

混凝土掺入适量的氯盐会促进硬化，尚可减少养护时间和受冻机会。在钢筋混凝土中氯盐掺量不得超过水泥质量的1%（按无水状态计算）。掺氯盐的混凝土必须振捣密实，且不宜采用蒸汽养护。掺氯盐的混凝土结构部位应严格遵照《钢筋混凝土工程施工及验收规范》(GB 50010)规定的范围。

(2)引气剂

使用引气剂可以减少用水量,混凝土具有适当的空气含量,抗冻性会大有改善,这主要是由于分布均匀的微孔能减缓游离水的冻结压力的缘故。所以在冬期浇灌混凝土宜使用引气型减水剂,并控制混凝土含气量达到3% ~5%,以提高混凝土的抗冻性能。

4.水

冬季混凝土拌和水与普通混凝土同。

## 四、冬季混凝土配合比设计

配合比设计方法及步骤与常温条件下普通混凝土相同。需要注意的是对水灰比的控制,因为混凝土的冻结主要是由其中水分的冻结所致,混凝土的孔结构的空隙间隔与直径对抵抗冻害起着明显的作用,而水灰比又直接影响混凝土的孔结构,故冬期混凝土的水灰比应不大于0.6。另外,为适应目前一般的施工工艺水平,水灰比最好也不要低于0.4。

## 五、冬季混凝土原材料加热、拌制及其热量损失计算

1.原材料加热

水的加热一般采取蒸汽直喷或水炉、大锅等方法,混凝土拌和物的温度应主要以水温进行调节。水加热设备的热功率由下式求得:

$$H=(t_2-t_1)\frac{W}{Q} \tag{20-1}$$

式中:$H$——加热设备的热功率(W);

$t_1$——加热前水的温度(℃);

$t_2$——加热后水的温度(℃);

$W$——每小时热水用量(kg/h);

$Q$——加热设备的效率[kJ/(kg·℃)]。

集料的加热方法有:将集料放在铁板、蛇形管等上面,底下燃烧燃料直接加热;通过蒸汽管、电热线加热等。前一种加热方法有可能局部过热,对于大工程量的施工是不适宜的;而后一种方法较为有利。无论哪种方法加热到固定的温度都是困难的,但要注意尽可能地做到稳定。

加热集料的热量由下式计算:

$$H=\frac{G(0.2+P)(t_2-t_1)}{Q} \tag{20-2}$$

式中:$H$——集料加热所需热量(kJ);

$G$——干集料质量(kg);

$t_1$——加热前集料温度(℃);

$t_2$——加热后集料温度(℃);

$P$——集料含水率;

$Q$——加热设备效率[kJ/(kg·℃)]。

2. 拌制

搅拌机的容量宜选择大的，以减少混凝土的热损失。投料顺序以水泥不发生"骤凝"来确定：即先将水和砂石拌和，然后加入水泥，或者先预加部分热水再加水泥和集料，并在拌制过程中补足拌和热水，保证热水或热集料不与水泥直接接触。集料及拌和水装入搅拌机时最高允许温度可按表 20-2 控制。

**混凝土拌和物、拌和水及集料最高允许温度** 表 20-2

| 项次 | 水 泥 品 种 | 拌和水(℃) | 集料(℃) | 拌和物由搅拌机内倾倒时温度(℃) |
|---|---|---|---|---|
| 1 | 等级小于 52.5 级的普通硅酸盐水泥、矿渣硅酸盐水泥 | 80 | 60 | 35 |
| 2 | 等级等于和大于 52.5 级的硅酸盐水泥、普通硅酸盐水泥和矿渣硅酸盐水泥 | 60 | 40 | 30 |
| 3 | 矾土水泥 | 40 | — | 25 |

注：当集料为不加热集料，且搅拌机内温度不超过 40℃时水可以加热至 100℃。

拌制混凝土时，不得将带有冰雪及冻团集料装入搅拌机内。混凝土的拌和时间应比常温规定时间延长 50%。

3. 混凝土拌和物的运输、浇筑

为了尽可能减少混凝土的热损失，要使用大体积的运输容器，加快运输。

浇筑地点要有防风设备，出入口要尽量少。在地基上直接浇筑混凝土时，从挖好地基到浇筑整个时间内混凝土不得受冻，同时要保护好混凝土，不要落入雪。如已经冻结时，需预先溶化后再浇筑。在旧混凝土冻结时，应先使之溶化且升高到新混凝土的温度后再浇筑。在分层浇筑厚大的整体式结构时，已浇筑层中混凝土的温度，在其未被后一浇筑层覆盖以前，不应降至计算规定温度以下，也不得低于 2℃。

当模板、钢筋组装好以后，要以适当形式覆盖，以免冰雪黏结。

浇筑时的混凝土温度与结构物类型、大小、气温、养护方法等有关。原则上为 10 ~ 20℃，可按不冻结范围内的最低温度进行浇筑并认真养护。浇筑完毕时混凝土温度 $T_2$，可按下式计算：

$$T_2 = T_1 - 0.15(T_1 - T_0)t \tag{20-3}$$

式中：$T_2$——浇筑完时的温度(℃)；

$T_1$——搅拌机搅拌完时的温度(℃)；

$T_0$——室外气温(℃)；

$t$——运输、浇筑时间。

冬期施工混凝土运输及浇筑的操作要点参见表 20-3。

**冬期施工混凝土运输及浇筑的操作要点** 表 20-3

| 序号 | 项 目 | 操 作 要 点 |
|---|---|---|
| 1 | 运输容器 | 应有保温装置，尤其在雨雪天，起码要有覆盖物保温 |
| 2 | 运输路线 | 搅拌机放置的地点，应尽量靠近浇筑点；<br>选择最佳的运输路线，减少运输工具倒运 |
| 3 | 清理工作 | 浇筑前，应清除附在模板、钢筋上的冰雪、杂物和垃圾 |
| 4 | 基础工程 | 不得在强冻胀性地基上浇筑混凝土；<br>在弱冻胀性地基上浇筑时，应对地基土进行保温，避免遭冻；<br>在非冻胀性地基上浇筑混凝土时，混凝土受冻前的强度，不应低于表 20-4 的规定 |

续上表

| 序号 | 项 目 | 操 作 要 点 |
|---|---|---|
| 5 | 整体式结构 | 整体式结构的模板支撑、浇筑程序和施工缝位置,应考虑能够防止加热养护时较大的温度应力,并征求设计部门意见;<br>分层浇筑厚大的整体结构时,已浇筑层混凝土温度在未被上一层混凝土覆盖时,不应低于2℃ |
| 6 | 装配式结构接头的浇筑 | 对承受内力的接头,先将结合处的原表面按常规清理后加热至正温,加热深度为300mm,方可浇筑混凝土;<br>浇筑后的接头混凝土在温度不超过45℃的条件下,养护至设计指定的强度;如设计无指定时,其强度不得低于设计强度等级的70%;<br>此项接头混凝土,可采用不致锈的外加剂 |
| 7 | 养护温度超过40℃ | 对于支承在已浇筑的厚大结构上的简支梁,在支座上叠放双层钢板作垫板,将梁与厚大结构隔开,使梁在受热伸缩时不影响厚大结构;<br>对于整体式结构,如刚性连接的梁、连续梁、应考虑分区段同时加热,热度要一致 |
| 8 | 灌 浆 | 已浇筑部位,须先行预热;<br>灌浆料要采用热材料拌和;<br>灌浆部位,在正温下养护至强度达到15MPa |

**混凝土的抗冻临界强度** 表20-4

| 序号 | 项 目 | 抗冻临界强度 |
|---|---|---|
| 1 | 硅酸盐水泥、普通硅酸盐水泥 | 配制强度的30% |
| 2 | 矿渣水泥 | 配制强度的40% |
| 3 | ≤C10的混凝土 | ≥5MPa |

### 4.混凝土拌和物热量损失的计算方法

寒冷条件下施工时外界气温很低,由于空气和容器的传导,混凝土在搅拌、运输和浇筑过程中的热量损失很大,在施工时必须认真考虑。

搅拌的热量损失应根据周围环境的温差决定,一般应使搅拌机温度保持在5℃以上,使搅拌机的热量损失尽量减少。

运输的热量损失应根据运转次数、运输时间和工具的保温与室外温差而定,故冬季施工准备时,应有周密计划,使运输距离缩短、运输次数减少和做好运输工具的保温工作。

计算混凝土搅拌、运输、浇筑热量损失可参考表20-5和表20-6。

**混凝土搅拌、运输及浇筑时的热量损失** 表20-5

| 搅拌温度与环境温度差(℃) | 15 | 20 | 25 | 30 | 35 | 40 | 45 | 50 | 55 | 60 | 65 | 70 | 75 |
|---|---|---|---|---|---|---|---|---|---|---|---|---|---|
| 搅拌时的热损失(℃) | 3.0 | 3.5 | 4.0 | 4.5 | 5.0 | 6.0 | 7.0 | 8.0 | 9.0 | 10.5 | — | — | — |
| 一次运转的热损失(℃) | 0.52 | 0.65 | 0.75 | 0.90 | 1.00 | 1.25 | 1.50 | 1.75 | 2.00 | 2.25 | 2.50 | 2.75 | 3.00 |
| 浇筑时的热损失(℃) | 2.0 | 2.5 | 3.0 | 3.5 | 4.0 | 4.5 | 5.0 | 5.5 | 6.0 | 6.5 | 7.0 | 7.5 | 8.0 |

注:1.温差不等于表列数值时,可用插入法求得相应的热损失值。
2.运转一次是指混凝土由搅拌机倒入汽车(或灰斗),或由汽车倒入溜槽或溜槽倒入小车。

**混凝土拌和物运输时的热损失**(混凝土温度与室外温差为1℃时) 表20-6

| 运输方法 | 运输工具 | 所运混凝土拌和物容积($m^3$) | 热损失(℃/min) |
|---|---|---|---|
| 水平运输 | 自卸汽车 | 1.4 | 0.003 7 |
| | 双轮平推车 | 0.15 | 0.007 |
| | 单轮平堆车 | 0.10 | 0.014 |
| | 机动翻斗车 | 0.75 | 0.01 |
| 垂直运输 | 井式提升架 | — | 0.001(每升高1米) |

注:运输热损失 = 表列数值 × 拌和物温度与室外温差 × 运输时间(或提升高度)。

浇筑混凝土各阶段温度损失示意图如图 20-1 所示。

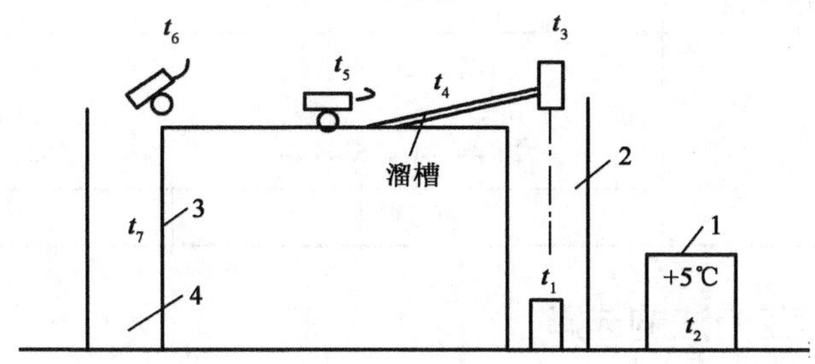


图 20-1　浇筑混凝土各阶段温度损失示意图

1-混凝土搅拌站;2-升降井架;3-模板;4-浇灌中的混凝土柱

值得指出,在同样温差的情况下,刮风时较无风时具有更大的热量损失。因此,在具体施工时应经常测温,适当增加混凝土的搅拌温度,最终满足需要的混凝土入模温度。

**【例 20-1】** 已知条件:

①混凝土浇灌要求温度 +20℃,室外温度为 -15℃。

②混凝土在搅拌机内温度为 5℃。

③用井式提升架、自动翻斗经垂直运输 2m。

④用小车运输混凝土,水平运输 3min。

求:混凝土的搅拌温度。

**解:**用表格进行计算,见表 20-7。选用两种方案进行验算。

**用表格进行计算的两种方案**　　表 20-7

| 浇灌混凝土各阶段温度损失情况 | 方案 1 | 方案 2 |
|---|---|---|
| 搅拌温度假定数值 | 30 | 35. 5 |
| $t_1$ 搅拌时热损失<br>混凝土剩余温度 | 4<br>30 - 4 = 26 | 4. 55<br>35. 5 - 4. 55 = 30. 95 |
| $t_2$ 混凝土由搅拌机倒入翻斗的热损失<br>混凝土剩余温度 | 温差 = 26 - 5 = 21<br>0. 7<br>26 - 0. 7 = 25. 3 | 温差 = 30. 95 - 5 = 25. 90<br>0. 78<br>30. 95 - 0. 78 = 30. 17 |
| $t_3$ 翻斗升高 2m 的热损失<br>混凝土剩余温度 | 温差 = 25. 3 - ( - 15) = 40. 3<br>0. 01 × 2 × 40. 3 = 0. 8<br>25. 3 - 0. 8 = 24. 5 | 温差 = 30. 17 - ( - 15) = 45. 17<br>0. 01 × 2 × 45. 17 = 0. 9<br>30. 17 - 0. 9 = 29. 27 |
| $t_4$ 由翻斗倒入溜槽的热损失<br>混凝土的剩余温度 | 温差 = 24. 5 - ( - 15) = 39. 5<br>1. 23<br>24. 5 - 1. 23 = 23. 27 | 温差 = 29. 27 - ( - 15) = 44. 27<br>1. 47<br>29. 27 - 1. 47 = 27. 8 |
| $t_5$ 由溜槽倒入平推车的热损失<br>混凝土的剩余温度 | 温差 38. 27<br>1. 16<br>23. 27 - 1. 16 = 22. 11 | 温差 42. 8<br>1. 38<br>27. 8 - 1. 38 = 26. 42 |
| $t_6$ 水平运输的热损失<br>混凝土剩余温度 | 温差 37. 11<br>0. 015 × 37. 11 × 3 = 1. 67<br>22. 11 - 1. 67 = 20. 44 | 温差 41. 42<br>0. 015 × 41. 42 × 3 = 1. 86<br>26. 42 - 1. 86 = 24. 56 |

续上表

| 浇灌混凝土各阶段温度损失情况 | 方案1 | 方案2 |
|---|---|---|
| $t_7$ 浇灌时的热损失<br>混凝土剩余温度 | 温差 35.44<br>4<br>20.44 − 4 = 16.44 | 温差 39.56<br>4.5<br>24.56 − 4.5 = 20.06 |
| 所得结果 | 不符合要求 | 符合要求 |

## 六、冬季混凝土施工方法的选择

冬期混凝土施工常用的施工方法有蓄热法、外加剂法、早强水泥法、外部加热法和综合蓄热法。在选择施工方法时，要根据工程特点，首先保证混凝土尽快达到临界强度，避免遭受冻害。其次，承重结构的混凝土要迅速达到出模强度，保证模板周转。一般情况下，优先考虑使用蓄热法，提高混凝土入模温度，选择适宜的保温材料，对结构容易受冻部位加强保温措施，以提高保温效果。也可以在混凝土中掺外加剂或采用高强度等级水泥、早强水泥，使混凝土提前或者在负温下达到设计强度。当上述方法不能满足要求时，可采用外部加热方法和改善保温措施，以提高混凝土冻结前的强度。常用的外部加热法有蒸汽加热法、电热法和暖棚法。

1. 蓄热法

1) 蓄热法的原理及使用范围

蓄热法是利用对混凝土组成材料（水、砂、石）预加的热量和水泥的水化热，再加以适当的覆盖保温，从而保证混凝土能够在正温下达到规范要求的临界强度。蓄热法使用的保温材料应该以传热系数小、价格低廉和易于获得的地方材料为宜，如草帘、草袋、锯末、炉渣等。保温材料必须干燥，以免降低保温性能。采用蓄热法施工时，最好使用活性高、水化热大的普通硅酸盐水泥或硅酸盐水泥。

当室外最低温度不低于 −15℃时，地面以下工程或表面系数（即结构冷却的表面积与结构体积之比）不大于5的结构，应优先采用蓄热法养护。蓄热法适用于气温不太寒冷的地区或是初冬和冬末季节。

当符合下列情况时，也可优先考虑蓄热法：

(1) 混凝土拆模时所需强度较小。

(2) 室外气温高，风力小。

(3) 水泥强度等级高，水泥发热量大的结构。

因为蓄热法施工简单，冬期施工费用低廉，较易保证质量，所以不论在国内或国外，都作为混凝土冬期施工的基本方法。蓄热法施工前应进行热工计算。

2) 材料加热的热工计算

(1) 混凝土拌和物的理论温度，可按下式计算，即：

$$t = [0.9(Ct_C + St_S + Gt_G) + 4.2t_W(W - P_S S - P_G G) + b(PSt_S + P_G Gt_G) - B(P_S S + P_G G)]/[4.2W + 0.9(C + S + G)] \quad (20\text{-}4)$$

式中：$t$——拌和时混凝土拌和物的温度（℃）；

$W$、$C$、$S$、$G$——水、水泥、砂、石的用量（kg）；

$t_W$、$t_C$、$t_S$、$t_G$——水、水泥、砂、石的温度（℃）；

$P_S$、$P_G$——砂、石的含水率(%);

$b$、$B$——比热容及溶解热($J/(kg \cdot K)$,当集料温度>0℃时,水的$b=4.2$,$B=0$;当集料温度<0℃时,水的$b=2.1$,$B=335$。

(2)混凝土自搅拌机中倾出时的温度可按下式计算,即:

$$t_1 = t - 0.16(t - t_d) \tag{20-5}$$

式中:$t_1$——混凝土自搅拌机中倾出时的温度,简称出机温度(℃);

$t$——混凝土拌和物的温度(℃);

$t_d$——搅拌机内的温度(℃)。

(3)混凝土由出机到浇筑过程中的温度损失,因运输工具、倒运次数、运输时间、出机温度和室外气温的变化而异。混凝土经过运输和浇筑成型后的温度可按下式计算,即:

$$t_2 = t_1 - (\alpha\tau + 0.032n)(t_1 - t_d) \tag{20-6}$$

式中:$t_2$——混凝土经过运输和成型后的温度(℃);

$t_1$——混凝土出机温度(℃);

$\tau$——混凝土自运输至成型的时间(h);

$n$——混凝土倒运的次数;

$t_d$——室外气温(℃);

$\alpha$——温度损失系数($h^{-1}$);用混凝土搅拌运输车时,$\alpha=0.25$;用开敞式自卸汽车时,$\alpha=0.20$;用封闭式自卸汽车时,$\alpha=0.10$;用手推车时,$\alpha=0.50$。

(4)混凝土浇筑入模后,因模板和钢筋吸收热量而引起混凝土温度的降低,按下式计算:

$$t_3 = \frac{G_n C_n t_2 + G_m C_m t_d}{G_n C_n + G_m C_m} \tag{20-7}$$

式中:$t_3$——混凝土在钢模板和钢筋吸收热量后的温度(℃);

$G_n$——$1m^3$ 混凝土的质量(kg);

$G_m$——与 $1m^3$ 混凝土相接触的钢筋和钢模板的总质量(kg);

$C_n$——混凝土比热容,取 1kJ/(kg·℃);

$C_m$——钢材比热容,取 0.48kJ/(kg·℃);

其余符号意义同前。

**【例 20-2】** 设每立方米混凝土中的材料用量为:水 150kg,水泥 300kg,砂 600kg,石 1 350kg。材料温度为:水 70℃,水泥 5℃,砂 40℃,石 5℃。砂含水率 5%,石含水率 2%。搅拌机内温度为 5℃,混凝土拌和物用人力手推车运输,倒运共 2 次,运输和成型共历时 0.5h,当时气温 -5℃,与每立方米混凝土相接触的钢筋和钢模板质量共计 450kg,并未预热。试计算混凝土浇筑完毕的温度。

**解:**(1)混凝土拌和物的理论温度 $t$ 由下式计算:

$$t = [0.9(Ct_C + St_S + Gt_G) + 4.2t_W(W - P_S S - P_G G) + b(PSt_S + P_G Gt_G) - B(P_S S + P_G G)]/[4.2W + 0.9(C + S + G)]$$

分组运算后再组合:

$$0.9(Ct_C + St_S + Gt_G) = 0.9(300 \times 5 + 600 \times 40 + 1\,350 \times 5) = 29\,025$$

$$4.2t_W(W - P_S S - P_G G) = 4.2 \times 70(150 - 0.05 \times 600 - 0.02 \times 1\,350) = 27\,342$$

$$b(PSt_S + P_G GtG) = 4.2(0.05 \times 600 \times 40 + 0.02 \times 1\,350 \times 5) = 5\,607$$

$$B(P_S S + P_G G) = 0(\text{因为 } B = 0)$$

$$4.2W + 0.9(C + S + G) = 4.2 \times 150 + 0.9(300 + 600 + 1\,350) = 2\,655$$

组合后：

$$t = \frac{29\,025 + 27\,342 + 560 - 7 - 0}{2\,655} = 23.34(℃)$$

(2)混凝土自搅拌机中倾出的温度 $t_1$ 由下式计算：

$$t_1 = t - 0.16(t - t_d) = 23.34 - 0.16 \times (23.34 - 5) = 20.4(℃)$$

(3)混凝土运输至浇筑成形后的温度 $t_2$ 由下式计算：

$$t_2 = t_1 - (\alpha\tau + 0.032n)(t_1 - t_d)$$

用人力手推车时，$\alpha = 0.50$，室外气温为 $-5℃$，则：

$$t_2 = 20.4 - (0.5 \times 0.5 + 0.032 \times 2) \times (20.4 + 5) = 12.42(℃)$$

(4)混凝土浇筑完毕后的温度 $t_3$ 由下式计算：

$$t_3 = \frac{G_n C_n t_2 + G_m C_m t_d}{G_n C_n + G_m C_m} = \frac{2\,400 \times 1 \times 12.42 - 450 \times 0.48 \times 5}{2\,400 \times 1 + 450 \times 0.48} = 11.00(℃)$$

计算结果，混凝土浇筑成型后的温度为 11.00℃。

3)混凝土蓄热冷却时间计算

计算混凝土蓄热过程中的冷却时间，根据 $1m^3$ 混凝土初期温度降低到 0℃时所放出的热量，应等于其他材料附加热量和水泥本身发出的热量(水化热)之和的平衡原理来进行计算：

$$C_0 T + CH = XM(T_1 - T_2) \cdot \frac{\alpha}{R}$$

$$X = \frac{2.512 \times 10^6 T + CH}{M(T_1 - T_2)} \cdot \frac{R}{\alpha} \tag{20-8}$$

式中：$X$——混凝土的冷却时间(h)；

$C_0$——混凝土热容量，由混凝土的表现密度($2\,400kg/m^3$)乘以单位体积比热[$1.046\,7 \times 10^3 J/(kg \cdot K)$]，得 $C_0 = 2.512 \times 10^6 J/(m^3 \cdot K)$；

$T$——混凝土浇筑完毕时的温度(K)；

$C$——$1m^3$ 混凝土水泥用量($kg/m^3$)；

$H$——每千克水泥的水化热(J/kg)；

$M$——结构的表面系数($m^{-1}$)；

$T_1$——混凝土养护期间的平均温度(K)；

$T_2$——混凝土养护期间的室外平均气温(K)；

$R$——模板及保温材料的总热阻($m^2 \cdot K/W$)；

$\alpha$——保温材料的透风系数。

在应用式(20-8)时，其计算步骤如下：

(1)结构表面系数 $M$

结构表面系数 $m$ 的计算公式为：

$$M = \frac{F}{V} \tag{20-9}$$

式中：$F$——结构的冷却表面积（$m^2$）；

$V$——结构的体积（$m^3$）。

（2）混凝土浇筑完毕时的温度 $T$

混凝土浇筑完毕时的温度，除与运输、振捣的温度损失有关外，还与混凝土入模后被模板及保温材料吸去的一部分热量有关。所以，混凝土浇筑完毕时的温度可由式（20-10）和式（20-11）计算：

用两种以上保温材料时：

$$T=\frac{C_0T_0+0.3C_0'T_2}{C_0+0.7C_0'} \tag{20-10}$$

用一种保温材料时：

$$T=\frac{C_0T_0+0.5C_0'T_2}{C_0+0.5C_0'} \tag{20-11}$$

式中：$T_0$——混凝土的入模温度（K）；

$C_0'$——保温材料的热容量[J/（$m^2\cdot K$）]；

其余符号意义同前。

（3）混凝土养护期间的平均温度 $T_1$

该温度为一当量值，并非混凝土在冷却过程中真正的平均温度。混凝土的温度是逐步降低的，其强度增长速度也是逐步减慢的，为简化计算而引入"混凝土养护期间平均温度"这一概念，即假设混凝土处于某一恒温状态下，达到某要求强度所需的时间，正好等于其处于变温状态下达到同样强度的时间。平均温度 $T_1$ 与混凝土结构的表面系数 $M$ 及混凝土浇筑完毕时的温度 $T$ 有关，可按表 20-8 及式（20-12）计算。

**混凝土养护期间平均温度 $T_1$** 表 20-8

| 表面系数 $M$ | 3 | 4～8 | 9～12 | >12 |
|---|---|---|---|---|
| 平均温度 $T_1$（℃） | $\frac{T+5}{2}$ | $\frac{T}{2}$ | $\frac{T}{3}$ | $\frac{T}{4}$ |

$$T_1=\frac{T}{1.3+0.181M+0.006T} \tag{20-12}$$

（4）混凝土养护期间的室外平均气温 $T_2$

该温度是根据当地历年气象资料，并结合当年长期气象预报来确定的。$T_2$ 应采用养护期间外界的平均温度，并非最低温度。

（5）保温材料的传热系数及热阻

蓄热法的保温外套一般由两层或多层不同材料组成，其总传热系数为 $K$，热阻为 $R$，因热阻与传热成反比，故可用下式求 $R$：

$$R=0.012+\frac{d_1}{\lambda_1}+\frac{d_2}{\lambda_2}+\cdots+\frac{d_n}{\lambda_n} \tag{20-13}$$

式中：$\lambda_1$、…、$\lambda_n$——模板或保温材料的导热系数[W/（m·K）]；

$d_1$、…、$d_n$——钢板或保温材料的厚度（m）。

（6）透风系数

透风系数与施工中养护期间的风速、结构所处位置及保温层的构造有关，可按表 20-9 采用。

**透风系数 $\alpha$ 参考数** 表 20-9

| 项次 | 保温层组成 | 透风系数 | |
|---|---|---|---|
| | | $\alpha_1$ | $\alpha_2$ |
| 1 | 单层模板 | 2.0 | 3.0 |
| 2 | 不盖模板的表面,用芦苇板、稻草、锯末、炉渣覆盖 | 2.6 | 3.0 |
| 3 | 密实模板或不盖模板的表面用毛毯、棉毛毡或矿物棉覆盖 | 1.3 | 1.5 |
| 4 | 外层用第 2 项材料、内层用第 3 项材料做双层覆盖 | 2.0 | 2.3 |
| 5 | 外层用第 3 项材料、内层用第 2 项材料做双层覆盖 | 1.6 | 1.9 |
| 6 | 内外层均用第 3 项材料,中间夹层用第 2 项材料做 3 层覆盖 | 1.3 | 1.5 |

注:1. $\alpha_1$ 为风速小于 4m/s(相当于 3 级及以下),结构物高出地面且不大于 25m 情况下的系数;
2. $\alpha_2$ 为风速和高度大于注 1 情况的系数。

(7)水泥的水化热 $H$

水泥的水化热与水泥品种、强度等级、用量及硬化时间有关,可按表 20-10 选用。

**水泥水化热量值** 表 20-10

| 水泥品种 | 水泥强度等级 | 每千克水泥的水化热(kJ) | | |
|---|---|---|---|---|
| | | 3d | 7d | 28d |
| 普通硅酸盐水泥 | 52.5 级 | 314 | 354 | 375 |
| | 42.5 级 | 250 | 271 | 334 |
| | 32.5 级 | 208 | 229 | 292 |
| 矿渣水泥 | 32.5 级 | 146 | 208 | 271 |
| 火山灰水泥 | 32.5 级 | 125 | 169 | 250 |

注:表中数值是按平均硬化温度 15℃时编制的,当平均温度为 7℃ ~10℃时,表中数值按 60% ~70% 采用。

## 2. 综合蓄热法

蓄热法虽然是简单易行且费用较低的一种养护方法,但因受到外界气温及结构类型条件的约束,影响了它的应用范围。目前国内在混凝土冬季施工中,较普遍采用的是综合蓄热法,就是利用高效能的保温材料对混凝土构件进行保温,利用对混凝土的原材料进行加热及水泥水化的热量,掺外加剂以及对混凝土进行短时加热养护等措施,使混凝土在冻结之前达到所需强度的方法。综合蓄热法是在蓄热法的基础上,根据具体情况,常配合选用以下措施。

(1)使用早强剂、减水剂、抗冻剂加速混凝土的凝结硬化,降低混凝土的冰点。这些外加剂在混凝土中掺量及使用效果见表 20-11。

**热材料混凝土使用外加剂的掺量、操作条件及效果** 表 20-11

| 序号 | 室外温度(℃) | 掺量(水泥用量的质量分数,%) | | | | | 操作条件 | 使用效果 |
|---|---|---|---|---|---|---|---|---|
| | | 三乙醇胺 | 氯化钠 | 亚硝酸钠 | 硫酸钠 | 木钙 | | |
| 1 | 0 | 0.03 | — | — | 2.00 | 0.20 | 浇筑温度 >10℃,覆盖保温,维持 72h | 可达设计强度的 40% |
| 2 | -5 | — | — | 20 | 2.0 | 0.5 | | |
| 3 | -5 ~ -10 | 0.05 | 0.5 ~1.0 | 0.5 ~1.0 | — | — | 浇筑温度 >15℃,覆盖保温 0℃以上,维持 72h | |
| 4 | -10 ~ -15 | 0.05 | 0.5 ~1.0 | 0.5 ~1.0 | — | — | 浇筑温度 >25℃,覆盖保温,维持 72h | |

(2)地面以下的结构应尽量利用土壤资源。

(3)将蓄热法与外部加热法、早期短时间加热法合并使用。如用早期短时的电热;利用锯末加生石灰,适当洒水,使石灰放出热量对混凝土进行短时期加热等。

(4)采用高等级水泥及水化热较高的矾土水泥。

(5)减少水灰比,降低用水量,采用干硬性或低流动性混凝土等。

为保证蓄热法和综合蓄热法的可靠性,必须进行热工计算及测温工作。做热工计算时,必须仔细考虑构件的情况、气温规律和可能采取的保温措施等。必须通过热工计算证明可靠,才可采用蓄热法、综合蓄热法(热工计算的原理方法,可参考《建筑施工手册》)。

混凝土的测温工作贯穿于自身材料加热至撤除保温材料的整个过程。如混凝土出机温度、运输过程中的温度、入模温度,以及保温过程中的温度,均应经常测量。在蓄热养护期间,每天至少测 3 ~4 次,并经常校核热工计算结果,并做好记录。如发现异常,应及时采取措施。

测温点的位置应有代表性,如测温点的布置应在最易冷却的地方;大体积混凝土应在内部及表面同时布置;验证拆模强度的,应布置在受力最大的部位,并应画出测温点的布置图、编号,将测温结果填在"冬季施工混凝土日志"中。

3. 暖棚法

暖棚法是在混凝土浇捣地点用保温材料搭成暖棚,在棚内生火或棚内通以蒸汽或采用太阳能或采用电热器等使温度提高,混凝土的养护如同在常温中一样。例如,在室内施工(如浇捣地面),可用草帘等将门窗洞口遮严,在室内生火升温。用火炉时特别要注意防火和防止煤气中毒,棚上部要留气窗,室内温度应保持在 10℃ ~20℃,且室内外温差也不宜过大。待混凝土养护时,温度可适当提高一些,并注意要使火炉热量能均匀发散,不要使其紧靠混凝土,否则混凝土会产生局部干裂,养护时还要经常浇水。并要在火炉上放壶水,以散发蒸汽,保持棚内一定的湿度。

暖棚法养护混凝土是一种好办法,但其费用较大,因此在工程量较集中,面积不大时才考虑采用。

4. 蒸汽养护法

混凝土在寒冷条件下施工时,为使混凝土强度增长较快,采用蓄热法无法满足要求时,通常采用蒸汽加热法施工,就是利用蒸汽的热湿作用加热混凝土,使混凝土快速硬化,加速获得所需的强度。蒸汽养护虽然操作简便,但是要保证质地优良的混凝土制品是一个复杂问题,其中最关键的问题是选择一套合理的蒸养制度(即"蒸养温程"),否则混凝土的质量不能得到保证。

1)蒸养制度的选择

蒸养制度通常包括:预养—升温—恒温—降温 4 个阶段。另外还有后期养护问题。

(1)预养是指混凝土浇筑完毕到开始供气升温之间的一段养护期。在预养期间要使混凝土达到一定的强度——初期结构强度(临界强度),使之能经受因升温热膨胀对混凝土结构的破坏作用。

(2)升温阶段是指将混凝土由预养温度升高到预定恒温温度(养护温度)。在这个阶段产生了两个相互矛盾的过程:一是因温度升高,水泥水化作用加快,混凝土强度迅速增长的过程;二是因温度升高使混凝土各组分膨胀损害内部结构的过程。后者是不利因素,这一阶段在于掌握好升温速度,将不利因素减少到最低限度,从而使水泥水化得到加快。

(3)恒温是指混凝土蒸养温度,这阶段混凝土强度继续增长,而水泥水化作用趋向缓慢以至停止。恒温期的长短则由混凝土所需达到的温度决定。

(4)降温是指混凝土停止蒸汽养护阶段。在降温阶段会引起混凝土失水、表面干缩,内外温差会使混凝土表面产生拉应力。因此,降温速度是控制因素,结构愈复杂、表面系数愈小,愈容易引起表面裂纹。

对于有抗冻性、抗渗性等耐久要求的混凝土,蒸养结束后还要进行适当的后期养护,最好是湿养。

蒸养过程中各个环节是相互关联的、相互制约的,而控制好升温速度最为重要。构建形状和尺寸、水泥品种、混凝土技术条件和养护条件因素对蒸养制度也有影响,必须合理选择。

图 20-2 示出预养时间、升温速度,蒸养温度和时间以及后期养护条件对混凝土强度的影响,可以看出各蒸养环节之间的相互联系。

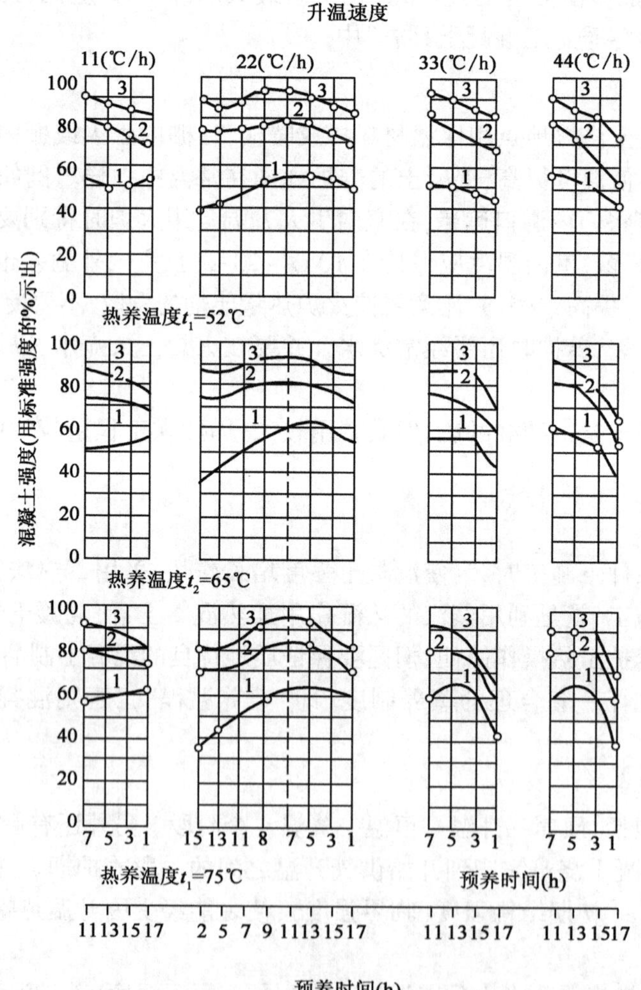


图 20-2　蒸养混凝土强度受预养时间、升温速度及恒温温度等的影响曲线

1-混凝土蒸后强度;2-混凝土蒸后在标准养护至 7d 龄期的强度;3-混凝土蒸后在标准养护至 28d 龄期的强度

图 20-3 为升温速度与砂浆和混凝土临界强度的关系。临界强度越高，升温速度可以越快。

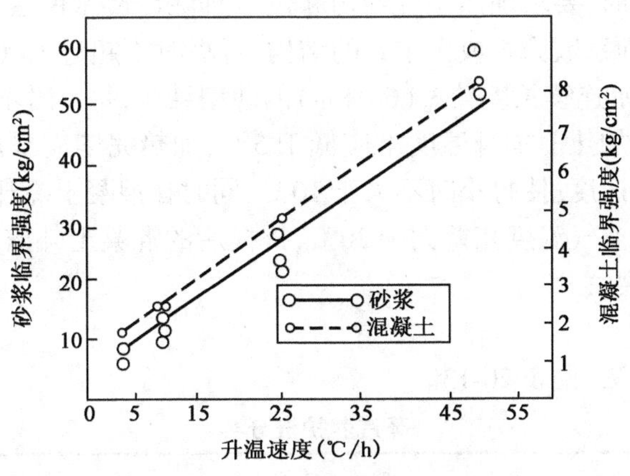


图 20-3 升温速度与临界强度的关系

表 20-12 是升温速度与混凝土干硬度、蒸养条件的关系。

**混凝土蒸养时升温速度限值(℃/h)** 表 20-12

| 预养时间(h) | 混凝土的干硬度(min) | 构件由刚性模板全面封闭时 | 构件在开口模型中 | 即时脱模构件 |
|---|---|---|---|---|
| >4 | >30 | 不限 | 30 | 20 |
| | <30 | 〃 | 25 | — |
| <4 | >30 | 〃 | 20 | 15 |
| | <30 | 〃 | 15 | — |

降温时混凝土表层的拉应力的计算公式为：

$$\sigma = K\Delta t \cdot \alpha \cdot \frac{E}{1+\varphi} \tag{20-14}$$

式中：$\sigma$ ——混凝土表层拉应力(MPa)；

$K$——构件厚度影响因素，厚大构件 $K$ 取 1；细薄构件 $K$ 取 0.5；

$\Delta t$——混凝土内外层温差(℃)；

$\alpha$——混凝土热膨胀系数($1\times10^{-5}$℃)；

$E$——混凝土弹性模量；

$\varphi$——混凝土徐变系数。

混凝土急速降温时，$K$ 可趋近于 1.0，$\varphi$ 趋近于零，式(20-14)可简化为：

$$\sigma = \Delta t \cdot \alpha \cdot E$$

当 $\sigma$ 大于混凝土当时的抗拉强度时，混凝土表面就可能开裂。要解决这个问题，有两种方法：一是控制降温速度不要太快，减少内外温差，使混凝土表层不发生过大拉应力；二是提高混凝土的抗拉强度或配置一定数量的钢筋。

选择蒸养制度和一些因素有关，比较复杂，可参考下列一般规定。

采用蒸汽加热法施工时，普通水泥的蒸养温度一般不得超过 80℃，矿渣水泥和火山灰质水泥温度可提高到 85℃ ~95℃，相对湿度必须达到 90% ~95%，而近似于饱和状态。

混凝土最终强度与标准养护条件下的强度比较为：普通水泥为标准强度的 85%；火山灰质水泥为标准强度的 100% ~110%；矿渣水泥为标准强度的 115%。因此，在选择水泥品种时应考虑对结构强度的影响。

用蒸汽加热混凝土时，要求加热温度均匀和设有排除冷凝水的装置，防止结冰，其温度上升应逐渐增加，一般表面系数为6或大于6的结构，每小时不超过15℃；表面系数小于6的结构不超过10℃，钢筋稠密连续长度较短(6～8m)的薄型结构，每小时不超过20℃。

混凝土在开始通汽加热前本身温度不应低于5℃，加热完毕应采用调节通入蒸汽量的办法来控制混凝土的冷却速度，使每小时不大于10℃，同时在混凝土冷却至5℃后方可拆模。如果拆模时混凝土与外界空气温度相差大于20℃，拆模后的混凝土外露表面应暂时用保温材料覆盖，以免混凝土产生裂纹。

2)常用施工方法

常用的几种施工方法，见表20-13。

**蒸汽养护法分类** 表20-13

| 分　类 | 特　点 | 适用范围 |
|---|---|---|
| 蒸汽养护室法 | 利用坑道作为固定式的蒸汽养护室，温度易控制，施工简便；固定式费用较小，养护时间短，耗汽量大，要考虑汽、水的排出 | 常用于预制厂 |
| 汽套法 | 在混凝土模板外加密闭不透风的套板，模板与套板间距不超过15cm，从下部通入蒸汽养护混凝土，套内温度可达30℃～40℃；分段送汽，温度易控制，加热均匀，养护时间短，设施复杂，费用大 | 常用于水平构件、梁板等工程 |
| 毛管模板法 | 在混凝土模板中开成适当的通汽槽，蒸汽通过汽槽加热混凝土；用汽少，加热均匀，温度易控制，养护时间短，设施复杂，费用大，模板损失较大 | 常用于垂直结构工程 |
| 内部通气法 | 在混凝土构件内部预留孔道(预埋白铁皮或设置钢管、橡胶管，施工后可拔出)，将蒸汽通入孔道加热混凝土，蒸汽养护结束将孔道用水泥砂浆填塞；节省蒸汽，温度易控制，费用较低，要注意冷凝水的处理 | 常用于厚度较大的构件及热电站的框架等结构 |

(1)蒸汽加热法

①采用蒸汽加热法时应注意的问题

a.因采用低压饱和蒸汽(小于0.7kg/cm$^2$)养护，以防止混凝土表面出现裂缝，加热要均匀，及时排除冷凝水并防止结冰。

b.混凝土的最高加热温度不得超过80℃。对于掺有混合材料35%～55%的矿渣硅酸盐水泥和火山灰质硅酸盐水泥拌制的混凝土，最高加热温度可提高到85℃～95℃。

c.加热整体浇筑的结构时，其升温速度按表20-14规定进行。

**升温速度(℃/h)** 表20-14

| 结构特点 | $M<6$ | $M\geq6$ | 配筋稠密、连续长度较短(6～8m)的薄型结构 |
|---|---|---|---|
| 升温速度 | 10 | 15 | 20 |

d.考虑未完全冷却的混凝土有较高的脆性，所以蒸汽加热养护的混凝土在冷却前不得遭受冲击荷载或动力的作用。

e.确定蒸汽加热法加热的延续时间应考虑下列规定。

a)为了预先确定加热的延续时间，可利用混凝土强度增长曲线图，如图20-4所示。

b)在加热表面系数大于15的结构时，应保证在加热结束时达到要求的强度，混凝土在冷却过程中的强度增长不予计算。

c)在加热表面系数小于15的结构时，可以计算结构冷却到5℃过程中的强度增长，以缩短等温加热时间。

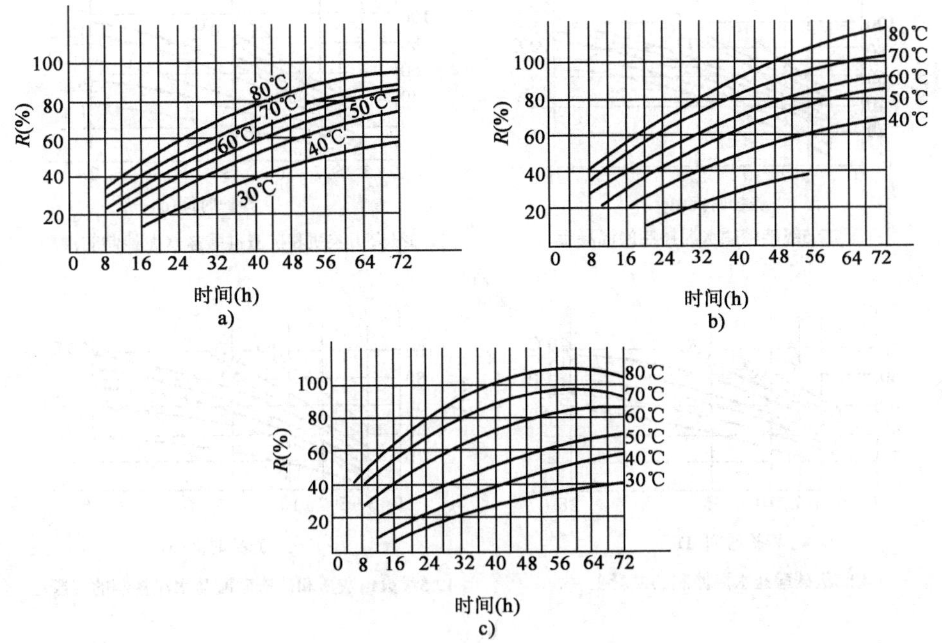


图 20-4　混凝土强度增长曲线

a)硅酸盐水泥拌制的混凝土;b)矿渣硅酸盐水泥拌制的混凝土;c)火山灰质硅酸盐水泥拌制的混凝土

②蒸汽加热法的热工计算

蒸汽加热法养护混凝土分为以下 3 个阶段。

a. 升温阶段。混凝土表面初温 $t_g$,按规定的升温速度 $t_v$,经过升温加热时间 $X_1$,达到等温加热的温度 $t_0$。

升温阶段时间的确定:

$$X_1 = \frac{t - t_g}{t_v} \tag{20-15}$$

式中:$X_1$——升温时间(h);

$t$——等温加热时的混凝土养护温度(℃),根据养护终了时要求达到的温度和规定的最大养护时间可由图 20-4 确定;

$t_g$——混凝土开始养护时的初温(℃);

$t_v$——升温速度,可根据表 20-12 确定。

b. 等温阶段。在等温加热温度的条件下,对混凝土加热养护的时间,按式(20-16)确定:

$$X_2 = \frac{X_0 - P_1 X_1 - P_3 X_3}{P_2} \tag{20-16}$$

式中: $X_2$——等温时间(h);

$X_0$——在 15℃条件下,混凝土达到要求强度时所需的时间(h),可按图 20-5 确定;

$P_1$、$P_2$、$P_3$——升温、等温、降温阶段的当量时间系数,由图 20-6 曲线确定;

$X_3$——降温时间(h)。

c. 降温阶段。混凝土由等温 $t$,按规定的降温速度 $t_v$,经过降温时间 $X_3$ 达到混凝土养护完成。

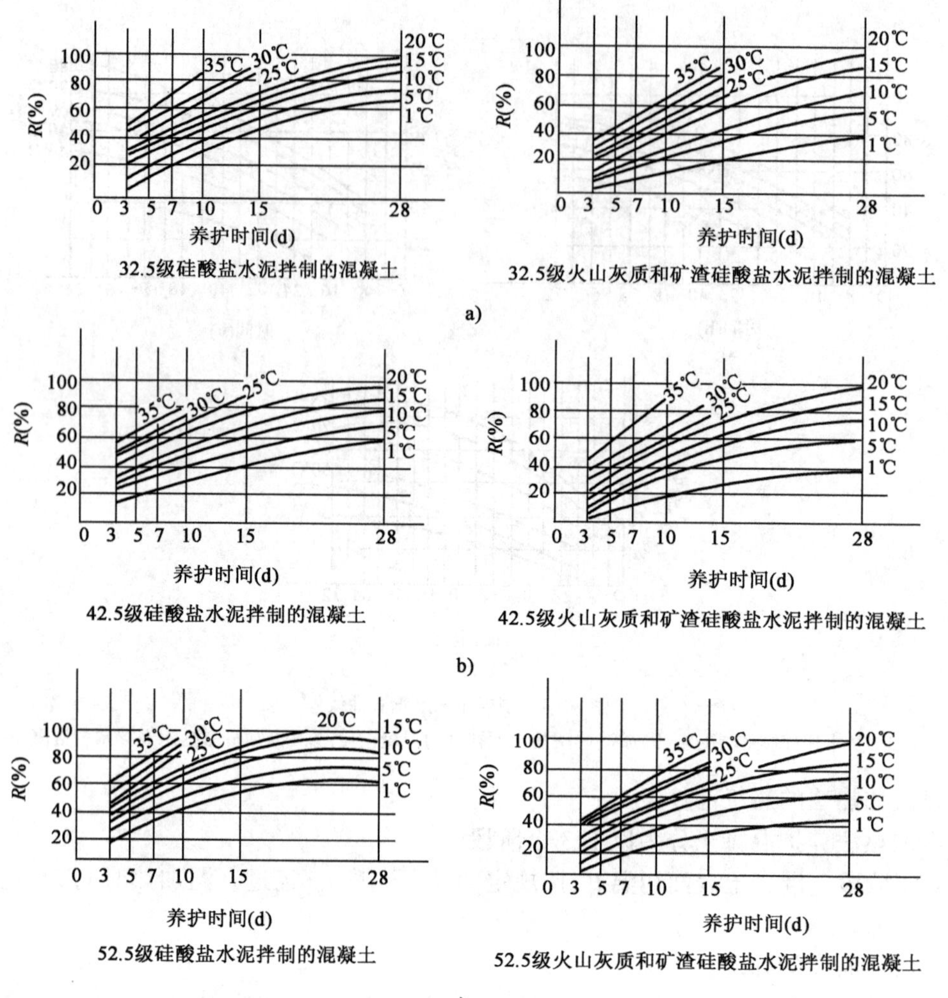


图 20-5　不同温度和龄期养护的混凝土强度增长曲线

降温阶段时间的确定：

$$X_3 = \frac{t - t_c}{t_v} \tag{20-17}$$

式中：$X_3$——降温时间(h)；

$t$——混凝土等温养护时的温度(℃)；

$t_c$——混凝土降温终了时的温度(℃)；

$t_v$——规定降低速度(℃/h)。

对于蒸汽加热法，应尽可能利用永久性锅炉层供应热蒸汽，这样比较经济方便。蒸汽用量应根据混凝土工程量的大小计算。

蒸汽用量按下列公式计算：

$$W = \frac{Q}{r}(1 + a) \tag{20-18}$$

式中：$W$——耗汽量(kg)；

$Q$——总热量(kJ);

$a$——损失系数,$a=0.2\sim0.3$;

$r$——每公斤蒸汽的发热量(kJ),$r=600$ (kJ/kg)。

(2)汽室法

汽室法利用坑道或可拆卸的蒸汽室,通入蒸汽,对混凝土进行养护。此法多用于预制厂或加热地下的混凝土结构如柱、设备基础等。

(3)汽套法

汽套法是在混凝土模板外再加一个封闭不透风的汽套模板,两模板之间保持15cm的空隙,向空隙内通入蒸汽,对混凝土加热。要求混凝土上下左右均应互相连通,水平结构应沿结构件长度方向每隔1.5~2.0m设一个通汽孔;对于垂直结构,则应在垂直方向上每隔3~4m分段供汽,并在各部位设置测温点,以便控制加热温度,如图20-7所示。

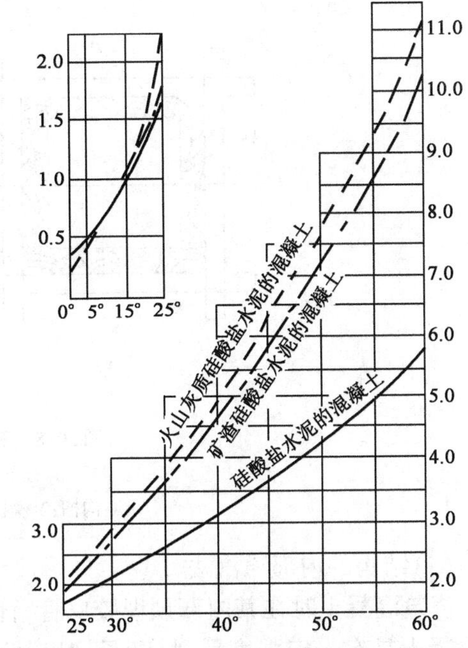


图20-6 各种水泥的混凝土养护当量时间系数曲线

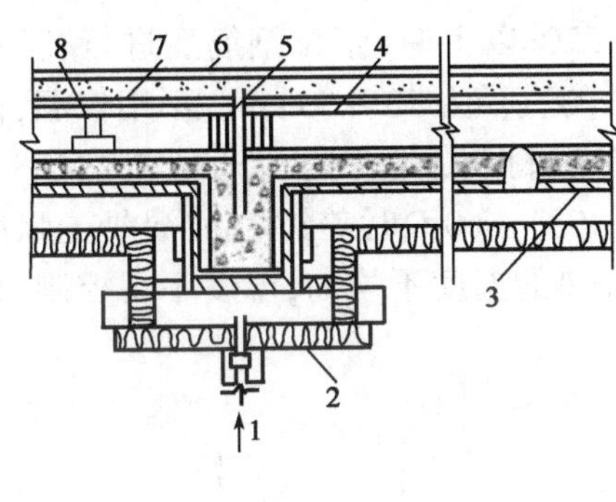

a)

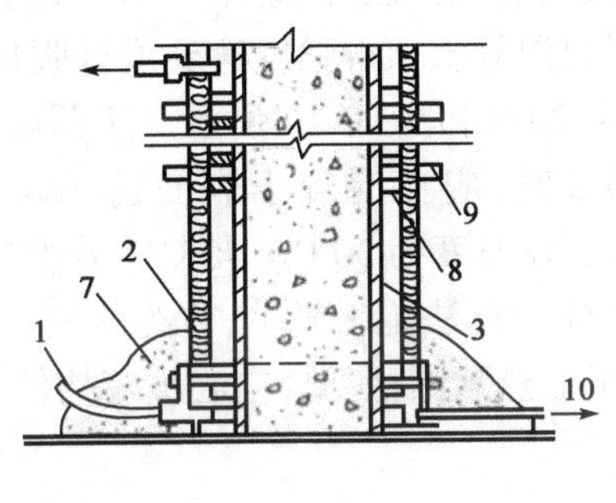

b)

图20-7 蒸气养护汽套法示意图

a)梁及楼板的汽套法;b)柱的汽套法

1-蒸汽入口;2-套板保温层;3-模板;4-木板;5-测温孔;6-覆盖层;7-锯末;8-垫木;9-木箍;10-冷凝水管

(4)毛管法

毛管法是在混凝土模板的内表面做成许多凹槽,凹槽上盖以铁皮,形成毛细管模板,向凹槽内通蒸汽,使混凝土均匀加热。此法用汽少,加热时间短且均匀,易控制,但设备复杂。使用于垂直结构的墙、柱等工程,如图20-8所示。采用毛管法时,应遵守下列要求:

①毛管模板的厚度不得小于4cm,毛细管或槽间距为20~25cm,并用白铁皮封盖,钉在模板上,白铁皮压在模板上的距离不得小于1cm。

②毛管的沟槽可做成三角形、半圆形或矩形,深度约为模板厚度的4/5,宽度为3~5cm。为避免在浇灌混凝土时沟槽内落入杂物,上部开口处用木塞堵住。

③从蒸汽管来的蒸汽应先通入到蒸汽分配箱,蒸汽分配箱放置在结构的下部,一般每隔2.5~3.5m高度增设一蒸汽分配箱。为了放出蒸汽分配箱中的冷凝水,分配箱的下部应预留孔洞。

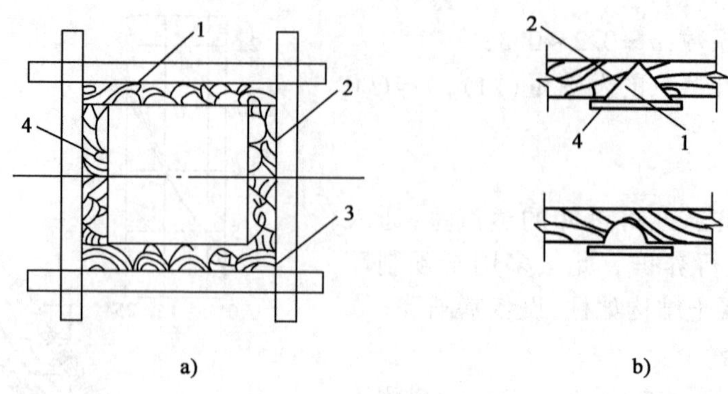


图 20-8　蒸汽养护毛管法的沟槽

a)柱的模板;b)沟槽大样

1-沟槽;2-模板;3-柱模木箍;4-薄钢板

(5)结构的内部通汽法

浇筑混凝土时在其内部预埋胶皮管,管内预先灌水使其膨胀,或预埋钢管(外涂隔离剂)。待混凝土具有一定强度后,将管子抽出,使混凝土内部形成预留孔道。在孔道的一端插入短管,往管内通入蒸汽,加热混凝土。当混凝土达到要求强度后,排除孔内的冷凝水,把砂浆灌入孔内。预应力混凝土须待强度达到设计强度的 75% 以上时,张拉钢筋后进行孔道灌浆,封闭预留孔,如图 20-9 和图 20-10 所示。所预埋管子的直径为 13 ~ 50mm。不用保温,但当室外温度低于 -10℃时,应在混凝土表面适当覆盖保温材料,往孔内所通蒸汽的温度应控制在 30℃ ~60℃。在温度为 30℃ ~40℃时养护 72h,40℃ ~60℃时养护 36h,混凝土强度可达到设计强度的 80%。此法施工简单,节约蒸汽。但加热的温度不均匀,温度不易控制,易产生脱水现象,适用于加热预制柱、梁、空心板等构件。

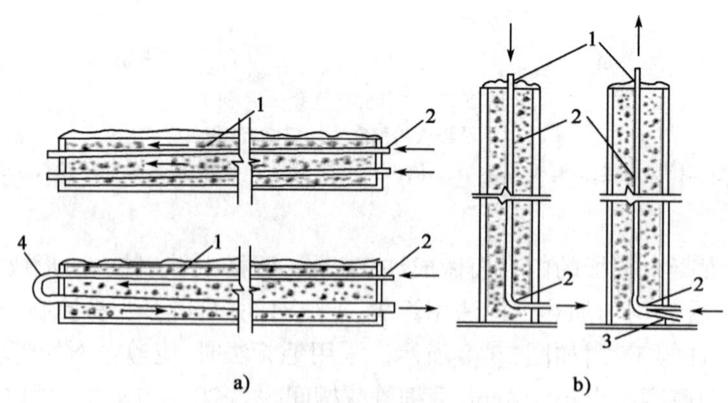


图 20-9　蒸汽养护预留孔道法示意图

a)梁的预留孔道,b)柱的预留孔道

1-预埋钢管或抽出胶管后孔道;2、4-连接蒸汽短管或排气管;3-冷凝水管

注:箭头为蒸汽运行方向。

采用内部通汽法时应遵照下列要求:

①采用低压饱和蒸汽,防止因压力过大、热度过高,使构件内部温度和表面温度极不均匀

而导致混凝土构件产生裂缝。

②为排除冷凝水，水平送汽管边应设置 1/1 000 的回水坡度，支汽管道应设置 2/1 000 的回水坡度，埋设于梁内的水平管道应设置 5/1 000 的回水坡度。

③要注意防止构件四角受冻，防止因混凝土侧压力将管道位置改变和造成堵塞现象。

④管道的直径和数量，应根据构件断面的大小，通过热工计算确定，管道的长度以 8 ~ 12m 为好，最长不得超过 15m。

内部通汽法管道的热工计算如下；

$$F_{r}=\frac{F_{p}\cdot K_{p}(t-t_{0})}{K_{r}(t_{R}-t)} \tag{20-19}$$

式中：$F_r$——预埋孔（埋管）围壁面积（$m^2$）；

$F_p$——混凝土围壁面积（$m^2$）；

$K_p$——混凝土围壁的总导热系数[kJ/（m·℃·h）]；

$K_r$——孔壁混凝土的导热系数[kJl/（m·℃·h）]；

$t$——混凝土等温加热的温度（℃）；

$t_R$——蒸汽温度（℃）；

$t_0$——室外空汽温度（℃）。

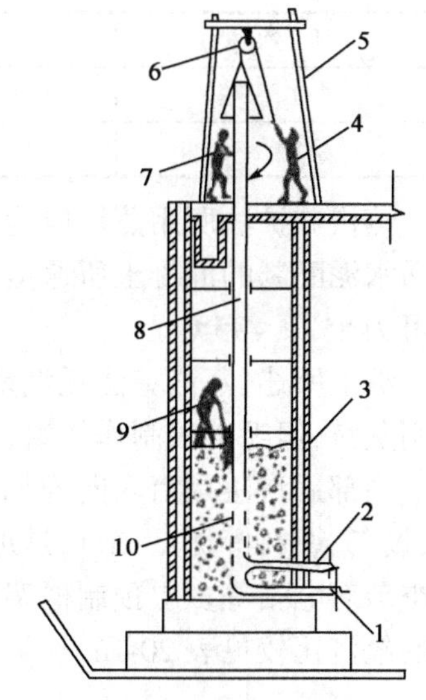

图 20-10　蒸汽养护内通蒸汽拔管法示意图

1-冷凝水排出管；2-蒸汽入口；3-模板；4-拔管工；5-支架；6-滑轮；7-转管工；8-钢管；9-振捣工；10-已拔管的蒸汽孔

**【例 20-3】**　已知混凝土构件截面为 40cm × 60cm，拟采用内部通汽法养护。预留抽芯钢管外经 $\phi 50$；蒸汽温度 $t_R = 70℃$；等温加热温度 $t = 30℃$；室外气温度 $t_0 = -10℃$；模板用 2.5cm厚木板。试求预留孔数。

**解**：混凝土围壁面积（模板面积）为：

$$F_{p}=(0.4+0.6)\times 2\times 1=2(m^{2})$$

木材导热系数为：

$$\lambda=0.15[kJ/(m\cdot ℃\cdot h)]$$

混凝土围壁的总导热系数为：

$$K_{p}=\frac{1}{0.05+\frac{a}{\lambda}}=\frac{1}{0.05+\frac{0.025}{0.15}}=4.6[kJ/(m\cdot ℃\cdot h)]$$

蒸汽直接由预留孔混凝土壁传导热量，$a = 0$，则：

$$K_{r}=\frac{1}{\frac{1}{0.05}}=20[kJ/(m\cdot ℃\cdot h)]$$

代入式(20-19)，得

$$F_{r}=\frac{F_{p}\cdot K_{p}(t-t_{0})}{Kr(t_{p}-t)}=\frac{2\times 4.6\times(30+10)}{20\times(70-30)}=0.46(m^{2})$$

每米埋管面积为：$F = \pi d \times 1 = 3.14 \times 0.05 = 0.157(m^2)$

预留孔数 $=\frac{0.46}{0.157}=2.9$，取 3 孔。

蒸汽养护法应注意升温及降温的速度，不得超过表 20-15 的规定。

**一般混凝土蒸汽养护的升降温速度** 表 20-15

| 项　次 | 表面系数 | 升温速度(℃/h) | 降温速度(℃/h) |
|---|---|---|---|
| 1 | ≥6 | 15 | 10 |
| 2 | <6 | 10 | 5 |

蒸汽养护法所用蒸汽应为低压饱和蒸汽(气压 <0.07MPa),以保持适宜的温度和湿度。普通水泥配制的混凝土所通蒸汽的温度不可超过 80℃,矿渣水泥配制的混凝土所通蒸汽的温度可为 85℃ ~95℃。

综上所述,蒸汽室法耗汽量大、不经济,毛管法比汽套法模板构造简单、质量轻,能更好地利用蒸汽,但毛管法制作较繁、耗料较多,所以现在已很少采用。

内部通汽法是由内向外加热混凝土,具备施工简单,有效利用热量,蒸汽用量省,节省人工、设备、燃料等优点;缺点是加热温度不易均匀,温度不易控制,易产生局部脱水现象。在冷寒季节对电站等多层预制框架结构施工时,为加快进度采用内部通汽法为最佳方案。3 种方法的经济比较见表 20-16。

**三种方法的经济比较** 表 20-16

| 名　称 | 每立方米混凝土蒸汽耗用量 | | 综合增价百分率(%) |
|---|---|---|---|
| | $kg/m^2$ | 相对比值(%) | |
| 内部通汽法 | 200 ~400 | 100 | 100 |
| 毛管法 | 400 ~560 | 140 | 150 |
| 蒸汽套法 | 800 ~1 200 | 1 300 | 180 |

5. 电热法

1) 概述

电加热法是利用电能作为热源养护混凝土的方法,就是将电极放入混凝土内,或将电热器贴在混凝土表面,接通电源,使电能变为热能,以提高混凝土的温度。电热法对要求在较短时期内尽快达到设计强度的混凝土结构有特殊的功效。这种方法简单,热量损失小,易于控制,而且设备简单,与蒸汽加热设备比较费用少,但耗电量大。在目前电能缺乏的情况下推广有困难,但如在电能充足时这种方法经济、效果好,值得推广应用。

由电能所产生的热量可由焦耳楞次定律计算确定:

$$Q = 0.864 I^2 \cdot R \cdot T \tag{20-20}$$

式中:$Q$——热量(kJ);

$I$——电流(A);

$R$——混凝土的电阻(Ω);

$T$——时间(h)。

电加热的方法较多。有电极法、工频涡流加热法等。

电热法施工的一般规定:

(1) 电压。通常使用工作电压为 50 ~110V。在素混凝土和每立方米混凝土含钢量不大于 50kg 的结构中,可采用 120 ~200V;可按用电量选择适宜的降压器或用电焊机代替。

(2) 电极。电极的布置应保证混凝土均匀受热。

(3) 预热。浇筑混凝土前应先将模板预热,预热的温度不宜超过 40℃;通电加热养护前,应先将混凝土外表面覆盖,避免水分过快蒸发。

(4)混凝土。坍落度不应太大,通常为 2 ~ 5cm;加热时,混凝土的初温不应低于 5℃;如无特殊要求,通常养护至混凝土设计强度等级的 50%,即可停止养护。

(5)温度控制。电热法升温、降温速度及最高养护温度,参照表 20-17;电热法升温可能较快、恒温亦可能较高(可能达到 110℃),应及时测温、及时调节;温度调节可通过断续送电或变更电压实现;结构截面形状不一的部位(如薄壁、小截面),容易冷却,应加强检查。

(6)湿度控制。通电后随时观察混凝土表面湿润情况,如出现干燥现象,应先断电,用温水喷洒表面,方可继续通电养护。

电热法养护恒温时的极限容许温度见表 20-17。

**电热法养护恒温时的极限容许温度(℃)** 表 20-17

| 水泥品种 | 表面系数 | | |
|---|---|---|---|
| | <10 | 10 ~ 15 | 15 ~ 20 |
| 27.5 级矿渣水泥、火山灰水泥 | 80 | 60 | 45 |
| 32.5 级硅酸盐水泥、普通水泥 | 70 | 50 | 40 |
| 42.5 级硅酸盐水泥、普通水泥 | 40 | 40 | 30 |

注:表面系数 $= \dfrac{\text{混凝土构件表面面积}(m^2)}{\text{混凝土构件体积}(m^3)}$。

2)电极法

(1)电极法施工的主要设备,见表 20-18。

**电极法施工的主要设备** 表 20-18

| 仪表或设备名称 | 用 途 | 仪表或设备名称 | 用 途 |
|---|---|---|---|
| 变压器 | 变压用 | 电流、电压表 | 测定电流、电压 |
| 油开关 | 控制电路安全 | 钳式电流计、电压表 | 测量电路的电流、电压 |
| 配电盘 | 固定仪表、开关用 | — | 测量电能消耗量 |

(2)电极法线路的布置及电线规格的确定。

电极法的线路布置如图 20-11 所示。

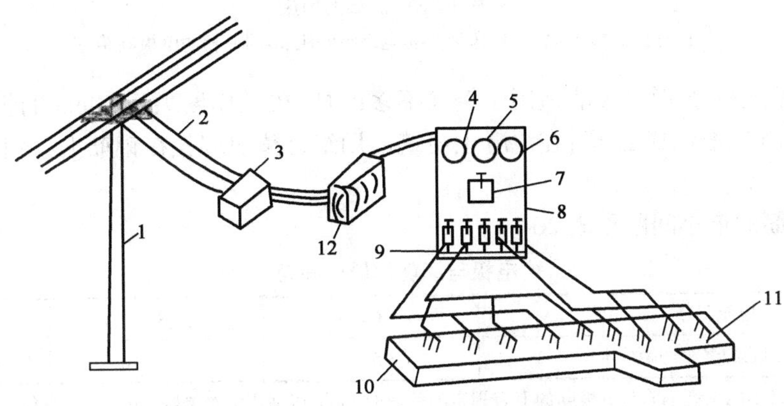


图 20-11 电极法的线路布置

1-电柱;2-电线;3-油开关;4-电压表;5-电灯;6-电流表;7-总开关;8-配电盘;9-分开关;10-加热构件;11-电极;12-变压器

高压电流经由开关接于变压器，每个变压器原则上应设一个配电盘，在配电盘上将变压器的二次电源接于总闸开关上，总闸开关下分设几个分闸开关，由分闸开关引出电线，接于混凝土构件某一段电路上。若某一段电路发生故障，即可以关闭一个分闸开关，而不致影响整个电路的供电和整个混凝土结构的加热。固定在配电盘上的电压表和电流表同变压器的二次电源相连接，以观察二次电压和二次电流的变化情况。

电压表和电流表的规格依不同的变压器容量配置，最好是保证每个变压器各一个。

电线的规格应按电流大小来确定，由于冬季室外温度较低，在一般情况下可以让电路略超过本身的负荷。

(3)电极法的几种做法。

电极加热法的几种做法(此法只允许使用交流电，因直流电能分解水分)如下：

①表面电极法。表面电极法适用于墙、梁及基础；将电极固定在木模板内侧，电极可用 $\phi6$ 的钢筋或宽度为 40 ~ 60mm 的白铁皮；电极的间距 $b$：钢筋为 20 ~ 30cm，白铁皮为 10 ~ 15cm；优点是较其他方法简易和易于控制。

②棒形电极法。棒形电极法适用于梁、柱及基础；电极用 $\phi6$ ~ $\phi12$ 的钢筋，直接由混凝土表面(或穿过模板)插入混凝土内部；插入长度视结构物尺寸而定；优点是不易发生短路，缺点是用钢量较大，棒形电极法的电极布置如图 20-12 所示。

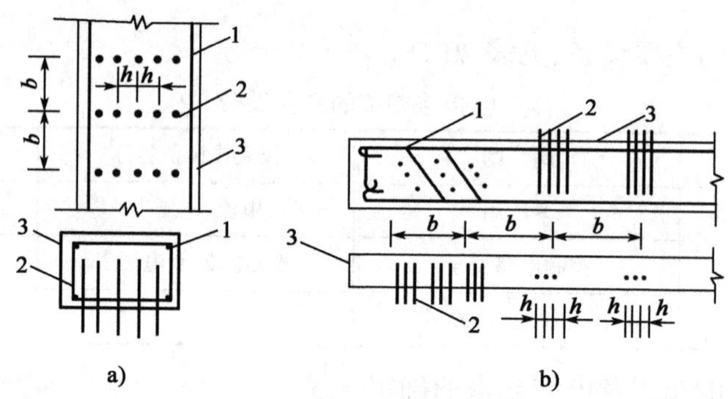


图 20-12　棒形电极加热法示意图

a)柱子加热；b)梁的加热

1-钢筋；2-棒形电极；3-模板线；$b$-电极组间距；$h$-同一相的电极间距

③弦形电极法。弦形电极法适用于钢筋不多的柱、梁及厚度大于 20cm 的板和基础；弦形电极用 $\phi6$ ~ $\phi10$ 钢筋制成 Ц 形；在混凝土浇筑前用绝缘垫块绑扎在钢筋上，将直角弯钩露出，其缺点是耗钢量大。

电极与钢筋的最小间距见表 20-19。

**电极与钢筋的最小间距**　　表 20-19

| 电压(V) | 65 | 87 | 106 |
|---|---|---|---|
| 电极与钢筋的最小间距(cm) | >5 ~ 7 | >8 ~ 10 | >12 ~ 15 |

注：配筋密度大，不能保证钢筋与电极间的上表规定的距离时，应隔以适当的绝缘物，振捣时要避免接触电极及其支架。

电极组同一相电极的间距见表 20-20。

(4)使用中应注意事项和规定。

①在升温、等温加热阶段，可变变压器的调整方法如下：

**电极组、同一相电极的间距(与图20-12对照)** 表20-20

| 电压(V) | 距离(cm) | 最大功率(kW/m³) | | | | | | | | |
|---|---|---|---|---|---|---|---|---|---|---|
| | | 2.5 | 3 | 4 | 5 | 6 | 7 | 8 | 9 | 10 |
| 51 | b | 39 | 36 | 32 | 28 | 26 | 25 | 23 | 22 | 21 |
| | h | 15 | 13 | 12 | 10 | 10 | 10 | 8 | 7 | 7 |
| 65 | b | 51 | 48 | 42 | 37 | 34 | 32 | 30 | 28 | 24 |
| | h | 14 | 13 | 11 | 10 | 9 | 8 | 8 | 7 | 7 |
| 87 | b | 71 | 65 | 57 | 51 | 47 | 43 | 41 | 38 | 36 |
| | h | 13 | 13 | 11 | 10 | 9 | 8 | 8 | 7 | 7 |
| 106 | b | 89 | 81 | 71 | 69 | 58 | 54 | 51 | 48 | 46 |
| | h | 13 | 12 | 11 | 9 | 9 | 8 | 7 | 7 | 7 |
| 220 | b | 192 | 175 | 152 | 146 | 124 | 115 | 108 | 102 | 96 |
| | h | 13 | 12 | 10 | 9 | 8 | 8 | 7 | 7 | 7 |

注:电压为开始电热时使用的电压;使用单相电时,$b$值不变,$h$值减小10%~15%。

a.升温阶段。当连接电极的电源线路全部接好后,经过检查即行送电,第一次输送的电压按照计算的电压数量,通电后应根据事先计算要求,每小时逐步升温,在第2、3h即可从测温记录中看出升温情况是否符合计算要求,如果温度不上升或上升得很慢,应及时调整可变变压器的电压,将电压加大至符合每小时升温的要求。如果发现升温过快,超过计算要求时,应及时将电压降低调整至符合升温速度规定。

b.等温阶段。当升温至计算规定温度以后,就不应再将温度升高,此时可将电压稍微降低,使混凝土保持规定的温度。

②当混凝土结构较大,需要一边浇筑一边通电时,应将钢筋接地(零线),以免电极与钢筋短路时发生人身触电事故。

③当浇筑完混凝土,电极连接妥当后,应该按逐个分闸送电,这样容易检查和排除故障。

④整体浇筑的结构采用电热法时,混凝土结构的升温速度不得大于下列数值:

a.表面系数为6及大于6的结构,每小时升温15℃;

b.表面系数小于6的结构,每小时升温10℃;

c.配筋稠密,连接长度较短(6~8m)的薄型结构,每小时升温20℃。

⑤整体浇灌的混凝土结构,在电热加热结束后,混凝土冷却温度的速度不得超过每小时10℃,可采用调节电压或周期切断电流的方法控制其冷却速度。为保证具有不同体积的结构各部分能保持相同的冷却条件,对结构突出部分和其他容易冷却的部分应加强保温。

⑥为防止电极位移,避免电极与钢筋接触,一般规定电极与钢筋的距离为:

a.电压为65V时,距离不小于5~7cm;

b.电压为87V时,距离不小于8~10cm;

c.电压为106V时,距离不小于12~15cm。

配筋密度大,不能保证钢筋与电极间的上述距离时,应隔以适当的绝缘物,捣固要小心,避免接触电极及其支架。

⑦电流加热时混凝土的等温加热极限温度$T_p$见表20-21。

**电流加热时混凝土的等温加热极限温度 $T_p$** 表 20-21

| 水泥品种及强度等级 | | 结构表面系数 | | |
|---|---|---|---|---|
| | | 10 及 10 以下 | 15 及 15 以下 | 20 及 20 以下 |
| 矿渣水泥 | 32.5 级 | 80℃ | 60℃ | 40℃ |
| | 32.5 级 | | | |
| 火山灰水泥 | 42.5 级 | 80℃ | 60℃ | 45℃ |
| | 32.5 级 | | | |
| 硅酸盐水泥 | 42.5 级 | 70℃ | 50℃ | 45℃ |
| | 52.5 级 | 40℃ | 40℃ | 35℃ |

(5)热工计算。

热工计算在电极加热法中很重要,只有在正确的热工计算基础上,才能合理确定加热时间,控制加热温度,布置电极和被加热的结构均匀受热。尽管计算与实际施工情况有差异,但热工计算对施工还是起着一定的指导作用。计算依下列步骤进行:

①确定有关热工计算的技术资料

根据结构的设计条件(混凝土强度等级、结构尺寸、水泥品种及强度等级、配合比等)、气温情况、强度要求等,确定混凝土的初温(开始通电时混凝土的温度)$T_1$、室外气温 $T$、混凝土表观密度 $\gamma$ 及加热后要求达到的强度相对百分数,并计算结构的表面系数 $M$。

②计算混凝土加热时间

混凝土初始温度规定不得低于5℃,由求得的 $M$ 和使用的水泥品种及强度等级,根据升温规定选定等温加热极限温度 $T_P$ 及升温速度 $\Delta T$,见表 20-22,并计算模板传热系数 $K$。

**电热混凝土温度升高速度($\Delta T$)参考表** 表 20-22

| 结构表面系数 | 电热温度(℃) | 结构表面系数 | 电热温度(℃) |
|---|---|---|---|
| 6 及大于 6 | 提升速度每小时不得超过 15 | 小于 6 | 提升速度每小时不得超过 10 |

a. 升温时间 $S_1$ 的计算及升温时间混凝土的平均温度 $T_S$ 的计算

升温时间 $S_1$ 为:

$$S_1 = \frac{T_p - T_1}{\Delta T} \tag{20-21}$$

升温时间混凝土的平均温度 $T_S$ 为:

$$T_S = \frac{T_p - T_1}{2} \tag{20-22}$$

式中:$S_1$——升温时间(h);

$T_1$——混凝土的初始温度(℃);

$T_p$——按表 20-21 选用的等温加热极限温度(℃);

$\Delta T$——按表 20-22 先用的升温速度(℃/h);

$T_S$——升温阶段混凝土平均温度(℃)。

b. 等温加热时间 $S_2$ 的确定

由一般的混凝土强度增长曲线找出混凝土达到相对强度 $R$ 所需的养护时间 $S_0$,如表 20-23所示。

**$S_0$ 值 参 考** 表 20-23

| 水泥强度等级 | 水泥品种 | 混凝土硬化的期限($S_0$,d) | 混凝土的平均温度(℃) | | | | | | | |
|---|---|---|---|---|---|---|---|---|---|---|
| | | | 1 | 5 | 10 | 15 | 20 | 25 | 30 | 35 |
| | | | 混凝土强度对正常条件下硬化 $R_{28}$ 强度的百分比(%) | | | | | | | |
| 32.5 级 | 硅酸盐水泥 | 8 | 14 | 21 | 30 | 37 | 45 | 52 | 58 | 62 |
| | | 5 | 21 | 30 | 35 | 47 | 56 | 63 | 69 | 74 |
| | | 7 | 27 | 37 | 47 | 55 | 64 | 72 | 77 | 83 |
| | | 10 | 36 | 47 | 57 | 67 | 75 | 83 | 88 | 93 |
| | | 15 | 49 | 60 | 72 | 83 | 92 | 97 | 97 | — |
| | | 28 | 70 | 80 | 91 | 100 | — | — | — | — |
| | 火山灰水泥 | 3 | 5 | 10 | 14 | 21 | 25 | 32 | 40 | 50 |
| | | 5 | 11 | 17 | 24 | 32 | 37 | 47 | 56 | 67 |
| | | 7 | 15 | 23 | 32 | 41 | 50 | 58 | 68 | 78 |
| | | 10 | 22 | 32 | 44 | 54 | 68 | 72 | 82 | 90 |
| | | 15 | 32 | 45 | 58 | 71 | 80 | 88 | 97 | — |
| | | 28 | 40 | 68 | 86 | 100 | — | — | — | — |
| 42.5 级 | 硅酸盐水泥 | 3 | 17 | 22 | 29 | 34 | 42 | 47 | 52 | 56 |
| | | 5 | 26 | 34 | 40 | 47 | 57 | 64 | 69 | 73 |
| | | 7 | 35 | 43 | 52 | 61 | 68 | 75 | 70 | 83 |
| | | 10 | 46 | 55 | 65 | 75 | 82 | 87 | 91 | 95 |
| | | 15 | 57 | 70 | 80 | 89 | 99 | — | — | — |
| | | 28 | 75 | 86 | 95 | 100 | — | — | — | — |
| | 火山灰水泥 | 3 | 8 | 11 | 15 | 20 | 26 | 30 | 35 | 42 |
| | | 5 | 12 | 19 | 25 | 32 | 38 | 42 | 48 | 55 |
| | | 7 | 17 | 25 | 34 | 43 | 47 | 53 | 60 | 67 |
| | | 10 | 25 | 35 | 45 | 55 | 60 | 66 | 73 | 82 |
| | | 15 | 36 | 50 | 62 | 74 | 80 | 86 | 93 | 100 |
| | | 28 | 50 | 70 | 90 | 100 | — | — | — | — |

对于普通不保温模板,当 $M > 8$ 时,可不考虑降温期间温度对强度增长的影响,由表 20-24查出 $T_1 = T_S$ 或 $T_2 = T_p$ 时相应于该温度的当量系数 $P_1$ 及 $P_2$,并按下式求等温加热时间 $S_2$。

**当量系数 $P_1$、$P_2$ 数值** 表 20-24

| 水泥品种 | 混凝土的温度(℃) | | | | | | | | | | | | | | | |
|---|---|---|---|---|---|---|---|---|---|---|---|---|---|---|---|---|
| | 0 | 5 | 10 | 15 | 20 | 25 | 30 | 35 | 40 | 45 | 50 | 55 | 60 | 65 | 70 | 75 |
| 普通水泥 | 0.4 | 0.5 | 0.7 | 1 | 1.4 | 1.8 | 2.2 | 2.7 | 3.2 | 3.8 | 4 | 5 | 5.7 | 6.4 | 7.3 | 7.8 |
| 矿渣水泥 | 0.4 | 0.4 | 0.6 | 1 | 1.4 | 2.2 | 3.1 | 4.1 | 4.8 | 6 | 7.3 | 8.7 | 10.3 | 11.5 | 14.1 | — |
| 火山灰水泥 | 0.4 | 0.4 | 0.6 | 1 | 1.4 | 2.2 | 3.1 | 4.1 | 5.1 | 6.5 | 7.9 | 9.3 | 11.2 | 12.6 | — | — |

$$S_2 = \frac{S_0 - P_1 S_1}{P_2} \qquad (\mathrm{h})$$

c. 结构的冷却时间 $S_3$ 的确定

结构混凝土加热完毕后，其冷却速度不得超过下列规定：

整体浇筑的混凝土，其冷却速度不得超过每小时 8℃。

预制构件的混凝土，当表面系数为 15 及小于 15 时，冷却速度不得超过每小时 10℃；当表面系数大于 15 时，则冷却速度不得超过每小时 15℃。

关于冷却时间的计算，可采用下式：

$$S_3 = \frac{T_p}{\Delta T} \tag{20-23}$$

式中：$S_3$——冷却时间(h)；

$T_p$——等温极限温度(℃)；

$\Delta T$——冷却速度(℃/h)。

③计算混凝土加热所需电功率

为了计算简化，一般假定加热模板所耗用的热量与在加热期间、等温期间水泥本身的水化所放出的热量扣除。因此，每小时加热 $1m^3$ 混凝土在升温时需用的电功率，包括最大需用电功率 $Q_1$，及等温时需用电功率 $Q_2$，可分别按下式计算：

$$Q_1 = \frac{1}{864}[C \cdot r \cdot \Delta T + K \cdot M \cdot (T_p - T)] \tag{20-24}$$

$$Q_1' = \frac{1}{864}[C \cdot r \cdot \Delta T + K \cdot M \cdot (T_S - T)] \tag{20-25}$$

$$Q_2 = \frac{1}{864}K \cdot M(T_p - T) \tag{20-26}$$

式中：$Q_1$——最大电功率(kW)；

$Q_2$——等温需用电功率(kW)；

$Q_1'$——升温时平均电功率(kW)；

$C$——混凝土的比热，一般采用 0.25kJ/kg·℃；

$r$——混凝土的表观密度，一般采用 2 400kg/$m^3$；

$\Delta T$——升温速度(℃/h)；

$K$——传热系数[kJ/(h·m·℃)]；

$M$——表面系数；

$T_p$——等温极限温度(℃)；

$T_S$——升温时平均温度(℃)；

$T$——室外气温度(℃)。

传热系数 $K$，如使用非保温模板，可按下式计算：

$$K = \frac{1}{0.05 + 10a}$$

式中：$a$——模板的厚度(m)。

在风速较大的情况下，$K$ 值应乘以透风系数。

在整个升温及等温加热时间内，每立方米混凝土所需总电能 $P_0$ 为：

$$P_0 = Q_1'S_1 + Q_2S_2$$

式中：$P_0$——所需总电能(kW·h/$m^3$)；

$Q_1'$——升温时平均电功率(kW)；

$Q_2$——等温时需用电功率(kW);

$S_1$——升温所需时间(h);

$S_2$——等温所需时间(h)。

④根据需用电功率配置电极

在布置电极时,应使所能供应的电功率接近于热工计算的数值,一般不超过或小于70%,同时应保证被加热的混凝土构件加热均匀,电极的布置间距 $b$ 和 $h$ 查表20-25。

**$\phi$6 电极的 $b$ 及 $h$ 值**　　表20-25

| 电压(V) | 距离(cm) | 最大功率(kW/m³) | | | | | | | | |
|---|---|---|---|---|---|---|---|---|---|---|
| | | 2.5 | 3 | 4 | 5 | 6 | 7 | 8 | 9 | 10 |
| 51 | $b$ | 39 | 26 | 32 | 28 | 26 | 25 | 23 | 22 | 21 |
| | $h$ | 15 | 13 | 12 | 10 | 10 | 10 | 8 | 7 | 7 |
| 65 | $b$ | 51 | 48 | 42 | 37 | 34 | 32 | 30 | 28 | 24 |
| | $h$ | 14 | 13 | 11 | 10 | 9 | 8 | 8 | 7 | 7 |
| 87 | $b$ | 71 | 65 | 57 | 51 | 47 | 43 | 41 | 38 | 36 |
| | $h$ | 13 | 13 | 11 | 10 | 9 | 8 | 8 | 7 | 7 |
| 106 | $b$ | 89 | 81 | 71 | 67 | 58 | 58 | 51 | 48 | 46 |
| | $h$ | 14 | 12 | 11 | 9 | 9 | 8 | 7 | 7 | 7 |
| 220 | $b$ | 192 | 172 | 152 | 146 | 412 | 115 | 108 | 102 | 96 |
| | $b$ | 13 | 12 | 10 | 9 | 8 | 8 | 7 | 7 | 7 |

注:1. 表中为三相交流电时的数值,假如改为单相交流电时 $b$ 值不变,$h$ 值减少10%~15%。

2. 220V仅用于无筋混凝土。

⑤计算需用变压器容量

需用变压器容量可根据混凝土加热单位体积需用的最高电功率 $Q_1$ 和等温电功率 $Q_2$ 与一次通电加热混凝土体积的乘积,并除以平衡系数来确定,即:

$$P_Q = (Q_1V_1 + Q_2V_2) \times \frac{1}{0.82} \tag{20-27}$$

式中:$P_Q$——变压器容量(kV·A);

$V_1$——一次加热混凝土体积(m³);

$V_2$——同时等温加热混凝土体积(m³);

0.82——电力因数(平衡系数)。

**【例20-4】** 预制钢筋混凝土柱,断面为40cm×40cm,长12m。含有钢质量100kg/m³,混凝土为C18,用32.5级硅酸盐水泥,构件要求加热完毕后的强度为70% $R_{28}$,混凝土初温 $T_1$ = 5℃,室外气温度 $T$ = −20℃,用2.5cm厚的不加保温层的模板,其传热系数 $K$ = 3.5kJ/(m·h·℃),电源三相交流,用电热法组织施工。

**解:**(1)计算表面系数

$$M = \frac{F}{V} = \frac{2(0.4+0.4)}{0.4\times0.4} = \frac{1.6}{0.16} = 10 > 6$$

查表20-22升温速度为 $\Delta T = 15$℃/h,由表20-21得等温度加热极限温度 $T_p = 70$℃。

(2)计算加热时间

因 $M > 8$ 采用不保温模板,不考虑降温期间温度对混凝土强度的影响,故:

$$S_1=\frac{T_p-T_1}{\Delta T}=\frac{70-5}{15}=4.3(\text{h})$$

$$T_S=\frac{T_p-T_1}{2}=\frac{70-5}{2}=32.5(\text{h})$$

当养护温度 $T=15℃$ 时,用普通 32.5 级水泥配制的混凝土达到 $70\% R_{28}$,所需的养护时间,查表 20-23,得 $S_0=11\text{d}$(用插入法),即:

$$S_0=11\times24=264(\text{h})$$

用表 20-24 得到下列温度的当量系数:

$$T_1=T_S=32.5℃,P_1=2.95(\text{插入法})$$

$$T_2=T_p=70℃,P_2=7.3$$

$$S_2=\frac{S_0-P_1S_1}{P_2}=\frac{264-2.95\times4.3}{7.3}=\frac{251.3}{7.3}=34.4(\text{h})$$

(3)计算混凝土所需的电功率

加热 $1\text{m}^3$ 混凝土所需的最大电功率为:

$$\begin{aligned}Q_1&=\frac{1}{864}-[C\cdot r\cdot\Delta T+K\cdot M(T_p-T)]\\&=\frac{1}{864}[0.25\times2\,400\times15+3.5\times10(70+20)]\\&=14(\text{kW/m}^3)\end{aligned}$$

$$\begin{aligned}Q_2&=\frac{1}{864}[K\cdot M\cdot(T_p-T)]\\&=\frac{1}{864}[3.5\times10\times(70-20)]\\&=3.6(\text{kW/m}^3)\end{aligned}$$

(4)计算需用变电器容量

每根钢筋混凝土柱有混凝土 $1.92\text{m}^3$,根据搅拌机的能力和施工现场条件每班浇筑 $21\text{m}^3$ 混凝土,并一次通电加热(21/1.92 = 11 根柱子),依此计算变压器容量,即:

$$\begin{aligned}R_Q&=(Q_1V_1+Q_2V_2)\times\frac{1}{0.82}\\&=(14\times2+3.6\times21)\times\frac{1}{0.82}\\&=(294+75.6)\times\frac{1}{0.80}=450(\text{kV}\cdot\text{A})\end{aligned}$$

选用变压器时,应选用低压可调变压器,其二次电压为 51V、65V、87V、106V 使用方为安全。

⑥根据需用电功率配置电板

电源为三相,要求电压用 87V,最大电功率升温时为 $Q_1=14\text{kW/m}^3$。查表 20-25 得 $b=36\text{cm}$,$h=7\text{cm}$,取 $b=40\text{cm}$,$h=8\text{cm}$。如图 20-13 所示。

⑦电极法施工

电极的固定是个重要问题,必须防止浇筑混凝土时碰歪或与邻近的钢筋相接触,在施工中一般可把电极上端固定在稳定侧向木模的横木拉条上。电极下端可采用:①在底模上钻深 1cm 的圆孔,将电极插入其中;②在底模上钉铁钉(为折模方便,铁钉系由外往内钉),然后将电极用铁丝绑在钉上。但由于采用高频率振捣器捣固时,电极上下活动,固定不牢,可以改为在木模的两个侧板上钻孔,孔眼应在一条直线上,再把电极横向穿过,电极两端少许露出木模,以便接线,这种固定效果较好。

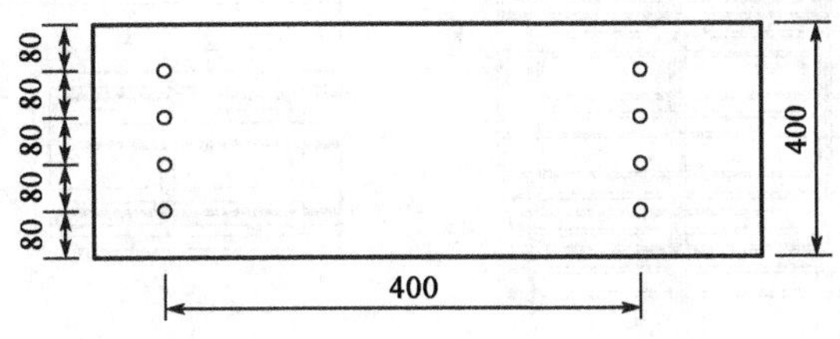


图 20-13　电板布置示意图(尺寸单位:mm)

电极固定后进行浇筑混凝土,混凝土工与电工应互相配合,操作时应小心谨慎,勿碰电极。并应经常检查电极位置,发现位移及时矫正。

3)电热毡法

电热毡法施工的要点如下:

(1)适用范围:电热毡法可适用于各种混凝土工程。

(2)制作方法。以石棉绳为芯材,将 $\phi=0.6$mm 的铁铬铝合金丝按螺旋形缠绕在石棉绳上,电阻丝螺距要均匀;石棉绳按蛇形或盘旋形铺在玻璃纤维布上,档距均匀,转角处避免死弯;玻璃纤维布按上两层、下两层(共四层)将石棉夹在中间缝合成毡。

(3)使用方法。钢模上的电热毡可按钢模规格的内部净空尺寸制作,卡入模后用保温材料(岩棉)等覆盖,再用薄膜粘贴牢固,即可安装;铺在构件表面的按构件规格制作,用薄膜或编织布做成毡袋套上;混凝土浇筑后先铺上塑料薄膜保湿,再铺上电热毡,最后覆盖保温层。

注:电热毡如用民用品,应按模板规格订制。

4)工频涡流加热法

工频涡流加热法施工的要点如下:

(1)适用范围。工频涡流加热法适用于以钢模板浇筑的墙体、梁、柱和接头。

(2)工艺布置。在钢模板外侧紧贴并焊牢钢管,导线从钢管中穿行(图 20-14);当电流通过导线时,管壁产生热效应,从钢模传递至混凝土;钢管用 $\phi$12 ~ 15,导线截面积为 25 ~ 35mm$^2$ 的铝线,每平方米模板面积约需 5m;电压为 100 ~ 140V;当环境温度为 −20℃时,混凝土达到抗冻临界强度的耗量约为 130kW · h/m$^3$;为减少热损,钢模外面可用毛毡和矿渣棉等材料覆盖。

(3)优缺点。温度比较均匀,模板可重复使用;但模板投资较大。

6. 冷混凝土

在冬期施工中,不将砂、石、水加热,而掺用氯盐外加剂,以降低混凝土冰点的,称为冷混凝土。

1)冷混凝土的应用范围

(1)无筋混凝土结构,如地面、垫层、排水 坡和房屋基础等。

(2)始终处于水下的钢筋混凝土结构。

(3)管式爆扩桩的下头部分和预计不至于由冻切力产生冻胀现象的爆扩桩。

(4)构造配筋的一般柱基。

(5)钢筋直径小于12mm的单纯构造结构和洞口尺寸小于1.5m的钢筋混凝土圈梁。

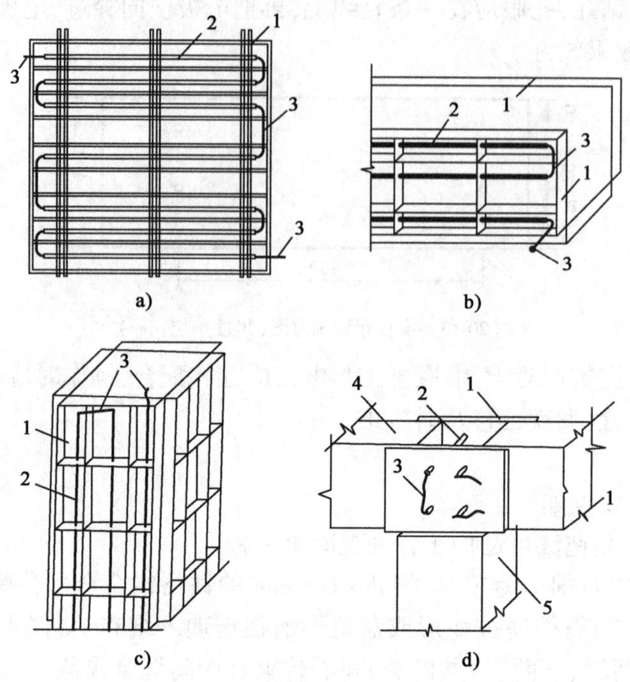


图20-14 工频涡流管加热养护示意图

a)墙板;b)梁;c)柱;d)预制梁柱接头

1-钢模;2-涡流管;3-导线;4-预制梁;5-预制柱

2)冷混凝土不适用的结构

(1)承受动力荷载的结构。

(2)建筑和使用过程中经常受热达到60℃以上的结构。

(3)处在水位变化区内的钢筋混凝土结构。

(4)直接靠近高压电源的结构。

(5)与酸、碱和硫酸盐侵蚀水相接触的结构。

(6)表面系数小于2.5的厚大结构。

(7)建筑物在外观上有特殊艺术要求的结构。

(8)具有露出钢筋头或突出的铁埋件而无专门防护措施的结构。

3)冷混凝土掺氯盐量

冷混凝土掺氯盐量,应根据混凝土在硬化最初15d内混凝土内部的最低温度,按表20-26选用。最大的掺氯盐量不得超过15%,混凝土的最低温度应由热工计算确定。

**混凝土在不同硬化温度下的氯盐掺量** 表20-26

| 最低硬化温度(℃) | 氯化钙 | 氯化钠 |
|---|---|---|
| -5 | — | 5 |
| -10 | 8 | 7 |
| -15 | 9 | 6 |

注:氯盐的掺量,指100L水中应掺入的无水氯盐数量。

氯盐的使用,应首先配制成+15℃的下列相对表观密度(比重)的溶液:1号溶液(氯化钙),相对表观密度为1.29;2号溶液(氯化钠),相对表观密度为1.15。溶液的相对表观密度用刻度范围为1.0~1.3的相对表观密度测定。氯盐的技术条件要求见表20-27和表20-28。

**工业用氯化钙技术要求** 表20-27

| 名　称 | 等　级 | |
|---|---|---|
| | 一级品 | 二级品 |
| 氯化钙($CaCl_2$)(%),≥ | 88 | 83 |
| 氯化镁($MgCl_2$)(%),≤ | 0.9 | 不规定 |
| 氯酸钾($KClO_3$)(%),≤ | 0 | 3.0 |
| 碱金属氯化物(换算为$MgCl_2$)(%),≤ | 2.0 | 不规定 |
| 不落于水的煅烧残渣(%),≤ | 2.0 | 5.0 |
| 氯化铁(换算为Fe)(%),≤ | 0.02 | 0.05 |

**工业用氯化钠的技术要求** 表20-28

| 名　称 | 标　准 | 名　称 | 标　准 |
|---|---|---|---|
| 氯化钠(NaCl)(%),≥ | 93.0 | 硫酸钙$CaSO_4$　(%),≤ | 2.6 |
| 氯化钙($CaCl_2$)(%),≥ | 3.0 | 不溶性残渣　(%),≤ | 2.0 |
| 氯化镁($MgCl_2$)(%),≤ | 0.5 | | |

溶液中无水氯盐的含量和1L水中无水氯盐的数量以及氯盐溶液在不同相对表观密度下冻结温度见表20-38和20-39。

为了加速氯盐的溶解,配制溶液时应将水加热到40℃~50℃,氯盐应击碎成小块而呈粒状。配制好的溶液储放在表面涂沥青防腐的桶中,储放量应满足4h的需要。

4)冷混凝土的施工

冷混凝土允许在外界气温-15℃以内浇筑,同时要求浇筑后在15d内,混凝土的内部温度不低于-15℃。施工时,应注意以下几点:

(1)采用冷混凝土时,混凝土的强度等级不得低于C8级,每立方米混凝土水泥用量不超过250kg,水灰比要求小于0.65(抗冻等级≥F50级时,水灰比不得大于0.5)。由于氯盐可增加混凝土的塑性,每立方米冷混凝土用水量可减少6%~8%,坍落度不应大于3~4cm。

(2)冷混凝土的搅拌,首先加入砂、石,同时加入氯盐溶液,搅拌1.5~2min后再加入水泥。整个搅拌时间不少于4~5min。

(3)含有6% $CaCl_2$和9% NaCl的高浓度氯盐溶液,可使混凝土在-15℃以内硬化,含有3% $CaCl_2$和7% NaCl的中浓度氯盐溶液,可使混凝土在-10℃以内硬化。上述情况下混凝土的浇筑温度,分别不应高于+2℃和+5℃。

(4)为了避免冷混凝土在浇筑后迅速冷却和失去水分,应覆盖养护,并防止水和雪直接落到混凝土上,直至混凝土获得规定张度后方可拆除覆盖材料。

(5)如果冷混凝土在浇筑后的15d内,温度低于计算温度,且强度尚未达到设计强度的30%,则必须通过热工计算进行保温处理。

(6)氯盐的混合溶液相对表观密度要经常进行测定,每班不应少于4次,发现问题要查明原因,立即纠正。

(7)在设计的极限温度下硬化的冷混凝土强度,与正常条件下硬化的混凝土强度,它们的强度发展关系,见表20-29。

冷混凝土强度与正常条件下硬化的混凝土强度的发展关系　　表 20-29

| 冷混凝土的龄期(d) | 相当于普通混凝土,在标准养护条件下 28d 强度的百分比(%) |
| --- | --- |
| 7 | 20～25 |
| 28 | 40～50 |
| 60 | 60～70 |
| 90 | 80～90 |
| 180 | 100 |

(8)冷混凝土应优先选用普通硅酸盐水泥,水泥强度等级不低于 32.5 级,水泥熟料中的硅酸三钙不得超过 45%,铝酸三钙的含量不得超过 10%。如有较高的抗冻性要求时,则铝酸三钙的含量不得超过 6%。

7. 硫铝酸盐负温早强混凝土

这种混凝土简称负温早强混凝土,是由早强硫酸盐水泥,适量加入抗冻早强剂、砂石集料加水拌制而成的正温混凝土拌和料,在气温为 -25℃以上的负温环境中浇筑,能以较快的速度凝结硬化。由于硫铝酸盐水泥在水化时放出大量热量,且集中于混凝土的早期阶段,可使混凝土在正温下快速硬化。

负温早强混凝土在负温(-25℃以上)下施工,不用任何加热措施,仅以热水拌制,用棉毡、草帘等一般保温材料保温,故施工方便、节约能源,并且不受连接强度的限制。其使用范围及注意事项如下:

(1)使用范围。

①装配结构的接头、孔道灌浆。

②截面平均厚度小于 50cm 的梁、板、墙的预制与现浇。

③特别适用于上述项目的抢修、抢建工程的施工。但大体积混凝土及有耐火要求的,或使用温度经常大于 100℃的工程和部位不宜采用。

(2)一般注意事项。

①早强硫铝酸盐水泥必须符合国家标准要求,运输保管要与其他水泥分开,不得与硅酸盐水泥或石灰等碱性材料混用。

②采用亚硝酸钠促强抗冻作用较好,其质量必须符合要求,且掺量不应大于水泥用量的 4%。

③负温早强混凝土的坍落度要比普通混凝土增加 1～2cm。水泥用量不得少于 280kg/m$^3$,水灰比不得大于 0.65。

④砂石材料的温度最好保持在 0℃以上,为满足施工要求的拌和温度,可将水加热,但水温不超过 60℃,并且在搅拌时不得与水泥直接接触。

⑤当混凝土中的水泥用量大于 350kg/m$^3$ 时,为了避免黏灌,投料顺序为:先加石子和一半的水拌和 0.5min,然后加砂、水泥和另一半水搅拌均匀。

⑥拌和好的混凝土应尽快运输、浇捣。当混凝土失去流动性后,不允许再加水拌和使用。

⑦浇筑后应立即抹平,盖一层塑料布,然后再加保温材料。不得采用高温承养及电热养护。

(3)用于装配式结构接头的负温早强混凝土施工中应注意如下问题:

①水灰比应尽可能小,一般为 0.4～0.5。

②亚硝酸钠掺量可根据当天预计最低温度,参考表 20-30 确定。

**亚硝酸钠掺量参考表** 表 20-30

| 预计当天最低气温(℃) | 0～-5 | -15～-5 | -15～-25 |
|---|---|---|---|
| 亚硝酸钠掺量(占水泥用量的质量分数,%) | 0～1 | 1～3 | 3～4 |

③混凝土拌和物的温度应以15℃～25℃为宜,不得低于5℃。先加热水,如果温度不够,再加热砂石。

④浇筑前将接头清理干净,当温度低于-10℃时,需设法预热,浇筑完后抹平,盖一层塑料薄膜,再加保温材料。

(4)对于现浇和预制的构件(当其截面的平均厚度为20～50cm时)采用负温早强混凝土,应注意的问题如下:

①亚硝酸钠掺量及抗冻措施见表20-31。

**亚硝酸钠掺量及防冻措施** 表 20-31

| 预计当天最低温度(℃) | ＞-5 | -5～-15 | -15～-25 |
|---|---|---|---|
| 亚硝酸钠掺量(占水泥用量的质量分数,%) | 0 | 0～3 | 2～4 |
| 防冻措施 | 简单保温 | 水加热,适当保温 | 水、砂加热,加强保温 |

②混凝土浇筑温度以5～15℃为宜,不得低于2℃。

③当与外界温差较大时,要特别注意拆模后温差造成的裂缝。要求冷却到5℃后方可拆模。拆模后,如果与外界温差为20℃时,表面应保温,使其缓慢冷却。

8. 掺外加剂的混凝土

在寒冷条件下施工,为了加速混凝土的凝结和硬化,提高早期强度和抗冻性,常在混凝土中掺加抗冻剂和其他外加剂。

1)掺抗冻剂混凝土

抗冻剂可用于负温条件下施工的混凝土,可参照下列规定:

(1)抗冻剂的掺量应符合表20-32的规定;

(2)抗冻剂的组份及其掺量应符合表20-33的规定;

(3)常用抗冻剂的配方可参考表20-34,通过试验后采用;

**抗 冻 剂 掺 量** 表 20-32

| 混凝土各类及使用条件 | | 抗冻剂品种 | 掺量(水泥质量,%) |
|---|---|---|---|
| 预应力混凝土 | | 硫酸钠 | 1 |
| | | 三乙醇胺 | 0.05 |
| 钢筋混凝土 | 干燥环境 | 氯盐 | 1 |
| | | 硫酸钠 | 2 |
| | | 硫酸钠与缓凝减水剂复合使用 | 3 |
| | | 三乙醇胺 | 0.05 |
| | 潮湿环境 | 硫酸钠 | 1.5 |
| | | 三乙醇胺 | 0.05 |
| 有饰面要求的混凝土 | | 硫酸钠 | 1 |
| 无筋混凝土 | | 氯盐 | 3 |

注:1. 在预应力混凝中,由其他原材料带入的氯盐总量,不应大于水泥质量的0.1%;在潮湿环境下的钢筋混凝土中,不应大于水泥质量的0.25%。

2. 表中氯盐含量,以无水氯化钙计。

**抗冻剂的组份及掺量的限制** 表20-33

| 类 别 | 组份及掺量的限制 |
| --- | --- |
| 氯盐类 | 氯盐掺量不得大于拌和水质量的7% |
| 氯盐阻锈类 | 总量不得大于拌和水质量的15%；当氯盐的掺量为水泥质量的0.5~1.5%时，亚硝酸钠与氯盐之比应大于1；当氯盐的掺量为水泥质量的1.5~3%时，亚硝酸钠与氯盐之比应大于1.3 |
| 无氯盐类 | 总量应不大于拌和水质量的20%；其中，亚硝酸钠、亚硝酸钙、硝酸钠、硝酸钙均不得大于水泥质量的8%；尿素不得大于水泥质量的4%；碳酸钾不大于水泥质量的10% |

**常用抗冻剂的参考配方** 表20-34

| 混凝土的硬化温度(℃) | 参考配方(水泥用量的质量分数,%) |
| --- | --- |
| 0 | 尿素3+硫酸钠2+木钙0.25 |
| | 硝酸钠2+硫酸钠2+木钙0.25 |
| | 亚硝酸钠2+硫酸钠2+木钙0.25 |
| | 碳酸钠2+硫酸钠2+木钙0.25 |
| -5 | 亚硝酸钠4+硫酸钠2+木钙0.25 |
| | 亚硝酸钠2+硝酸钠3+硫酸钠2+木钙0.25 |
| | 亚硝酸钠4+硫酸钠2+木钙0.25 |
| | 碳酸钾6+硫酸钠2+木钙0.25 |
| | 尿素2+硝酸钠2+硫酸钠2+木钙0.25 |
| -10 | 亚硝酸钠7+硫酸钠2+木钙0.25 |
| | 乙酸钠2+硝酸钠6+硫酸钠2+木钙0.25 |
| | 亚硝酸钠3+硝酸钠5+硫酸钠2+木钙0.25 |
| | 尿素3+硝酸钠5+硫酸钠6+木钙0.25 |

注:1.外加剂掺量均为无水状态的净重。

2.混凝土硬化温度是指混凝土本身的温度,当无保温覆盖层时,为日最低温度;有保温层时,为日平均温度。

掺抗冻剂混凝土的施工要点列于表20-35。

**掺抗冻剂混凝土的施工要点** 表20-35

| 序号 | 项 目 | 施工要点 |
| --- | --- | --- |
| 1 | 配合比 | 掺引气型抗冻剂时,砂率可比不掺的降低2%~3%;<br>混凝土的坍落度,严格控制在1~3cm;<br>水灰比:C20混凝土的,宜采用0.5~0.6,C40混凝土的,宜采用0.35~0.45;<br>水泥用量:C20混凝土的,不宜低于300kg/$m^3$,C40混凝土的,不宜低于450kg/$m^3$ |
| 2 | 集料温度 | 参见本章第一节五所述 |
| 3 | 搅拌 | 严格掌握抗冻剂的掺量,应有专人负责;<br>搅拌前先用蒸汽或热水对搅拌机进行预热;<br>搅拌时间应比表3-4增加50% |

续上表

| 序号 | 项　目 | 施　工　要　点 |
|---|---|---|
| 4 | 外加剂加入方法 | 外加剂应先溶解于水，配制溶液的水应保持30℃～50℃，浓度不宜大于20%；使用过程中如因温度下降结晶沉淀时，应再加热溶解，方可使用；<br>配制引气剂的水温不得低于90℃，溶液的浓度不得大于1%；<br>氯化钙与引气剂或引气型减水剂复合使用时，应先加入引气剂或引气型减水剂，经搅拌后再加入氯化钙溶液；<br>钙盐与硫酸盐复合使用时，应先加入钙盐溶液，经搅拌后再加入硫酸盐溶液；<br>以粉剂直接加入的抗冻剂，如有结块，应先行磨碎，并通过0.63mm筛后，方可加入 |
| 5 | 出机与浇筑温度 | 掺防冻剂混凝土拌和物的出机温度，不得低于10℃；<br>拌和物浇筑入模时的温度，不得低于5℃；<br>有条件时，尽量提高混凝土的入模温度，争取延长正温养护时间 |
| 6 | 浇　筑 | 掺抗冻剂混凝土的浇筑方法与不掺抗冻剂混凝土的相同；<br>混凝土浇筑前，应清除模板、钢筋上的冰雪，但不得直接用蒸汽融化，以免再度结冰；<br>混凝土运至浇筑地点后，应在15min内浇筑完毕，并立即用薄膜及保温材料覆盖 |
| 7 | 养　护 | 在负温条件下，不得洒水养护；<br>外露表面，必须覆盖，覆盖层数，视气温而定，对结构较薄弱或容易受冻害部位，应加强覆盖；<br>养护期内，应每隔2～4h测温一次，养护温度不得低于抗冻剂规定的温度，如气温有下降趋势时，应采取保温、加温措施；<br>混凝土未达到表20-4的抗冻临界强度时，应保证混凝土不低于抗冻剂所规定的温度；<br>应有两类试件：一类作标准养护，另一类作同条件养护；同条件养护的试件，应解冻后方可进行试验 |

2）掺氯化物的混凝土

掺氯化物混凝土与掺抗冻剂混凝土基本相同，此处着重介绍掺氯化物混凝土使用范围与强度增长情况。

由于氯化钠最低熔点温度为－21.2℃，氯化钙最低熔点温度为－55.4℃，所以在混凝土中单掺或复掺氯盐可降低冰点，与蓄热法结合可起到显著效果，掺量由试验确定。由于氯盐对钢筋有锈蚀作用，并增加混凝土的收缩值，氯盐的掺量（按无水状态计算）不得超过水泥质量的2%，也不得超过6kg/m$^3$，在无筋混凝土中氯盐的掺量不得超过水泥质量的3%。

对于下列结构不得在混凝土中掺入氯盐：

（1）在高温空气环境中使用的结构；

（2）处于水位升降变化部位结构；

（3）具有外露的钢筋、预埋件，而无防护措施的结构；

（4）露天或经常受水淋湿的结构；

（5）与含有酸、碱或硫酸盐等侵蚀性介质相接触的结构；

（6）使用过程中经常处于环境温度高于60℃的结构；

（7）使用冷拉和冷拔低碳钢丝的钢筋混凝土结构；

（8）薄壳、房架、吊车梁、落锤或锻锤基础结构；

（9）电解车间和直接靠近直流电源的钢筋混凝土结构；

（10）在施工过程中直接靠近高压电源、发电站、变电所的钢筋混凝土结构；

（11）预应力钢筋混凝土结构。

掺氯盐的混凝土，在施工中应按照下列规定：

(1)应用普通硅酸盐水泥，水泥强度要大于32.5级，水灰比小于0.65，水泥用量不得少于250kg/$m^3$；

(2)适当延长搅拌时间，注意搅拌要均匀；

(3)振捣要密实；

(4)不适宜采用蒸汽养护。

掺氯盐混凝土由于氯盐对钢筋有锈蚀作用，使用时应加入2%(水泥质量)的亚硝酸钠作为阻锈剂，钢筋保护层不小于3cm。

工业用亚硝酸钠的技术要求见表20-36。

**工业亚硝酸钠的技术要求** 表20-36

| 技术要求 | 一级品 | 二级品 |
|---|---|---|
| 亚硝酸钠($NaNO_2$)不小于(%) | 98.5 | 96.0 |
| 含水率不大于(%) | 2.5 | 3.0 |
| 硝酸钠($NaNO_3$)不大于(%) | 1.5 | 2.5 |
| 不溶于水的残渣不大于(%) | 0.07 | 0.1 |

掺氯盐加热混凝土的配合比和混凝土的最低硬化温度，见表20-37。

**掺氯盐加热混凝土的配合比和混凝土的最低硬化温度** 表20-37

| 氯盐的组成及掺量(以用水量的%计) | 最低硬化温度(℃) |
|---|---|
| 3%氯化钠+2%亚硝酸钠 | -5 |
| 3%氯化钙+5%亚硝酸钠 | -8 |

氯化钙及亚硝酸钠在使用前，应配成相对表观密度为1.29的浓溶液。为加速溶解速度，配制溶液时将氯化钙击碎为小块，用40℃～50℃的热水加以搅拌至全部溶解，待冷却至15℃时测定氯化钙溶液的浓度。亚硝酸钠极易溶解，采用温水即可，但溶液浓度是以20℃时相对表观密度为标准。氯化钙溶液与氯化钠溶液在15℃时的相对表观密度，亚硝酸钠溶液在20℃时的相对表观密度，见表20-38～表20-40。

**氯化钙溶液的相对表观密度、无水盐含量和溶液的冰点** 表20-38

| 15℃时溶液的相对表观密度 | 无水氯化钙的含量(kg) | | | |
|---|---|---|---|---|
| | 1L溶液中 | 1kg溶液中 | 1L水中 | 溶液冰点(℃) |
| 1.01 | 0.013 | 0.013 | 0.013 | -0.6 |
| 1.02 | 0.026 | 0.025 | 0.026 | -1.2 |
| 1.03 | 0.037 | 0.036 | 0.037 | -1.8 |
| 1.04 | 0.050 | 0.048 | 0.050 | -2.4 |
| 1.05 | 0.062 | 0.059 | 0.063 | -3.0 |
| 1.06 | 0.075 | 0.071 | 0.076 | -3.7 |
| 1.07 | 0.083 | 0.083 | 0.090 | -4.4 |
| 1.08 | 0.102 | 0.094 | 0.104 | -5.2 |

续上表

| 15℃时溶液的相对表观密度 | 无水氯化钙的含量(kg) | | | |
|---|---|---|---|---|
| | 1L 溶液中 | 1kg 溶液中 | 1L 水中 | 溶液冰点(℃) |
| 1.09 | 0.114 | 0.105 | 0.117 | -6.1 |
| 1.10 | 0.124 | 0.115 | 0.130 | -7.1 |
| 1.11 | 0.140 | 0.126 | 0.144 | -8.1 |
| 1.12 | 0.153 | 0.137 | 0.159 | -9.1 |
| 1.13 | 0.166 | 0.147 | 0.178 | -10.1 |
| 1.14 | 0.180 | 0.158 | 0.188 | -11.4 |
| 1.15 | 0.193 | 0.168 | 0.202 | -12.7 |
| 1.16 | 0.206 | 0.178 | 0.217 | -14.2 |
| 1.17 | 0.221 | 0.189 | 0.233 | -15.7 |
| 1.18 | 0.235 | 0.199 | 0.240 | -17.4 |
| 1.19 | 0.249 | 0.209 | 0.265 | -19.2 |
| 1.20 | 0.263 | 0.219 | 0.280 | -21.2 |
| 1.21 | 0.276 | 0.228 | 0.226 | -23.3 |
| 1.22 | 0.290 | 0.238 | 0.312 | -25.7 |
| 1.23 | 0.304 | 0.247 | 0.328 | -28.8 |
| 1.24 | 0.319 | 0.257 | 0.348 | -31.2 |
| 1.25 | 0.334 | 0.268 | 0.362 | -34.6 |
| 1.26 | 0.351 | 0.275 | 0.379 | -38.6 |
| 1.27 | 0.368 | 0.287 | 0.395 | -43.6 |
| 1.28 | 0.385 | 0.293 | 0.411 | -50.1 |
| 1.29 | 0.402 | 0.310 | 0.427 | -55.6 |

**氯化钠溶液的相对表观密度、无水盐含量和溶液的冰点** 表 20-39

| 15℃时溶液的相对表观密度 | 无水氯化钠的含量(kg) | | | 溶液冰点(℃) |
|---|---|---|---|---|
| | 1L 溶液中 | 1kg 溶液中 | 1L 水中 | |
| 1.01 | 0.015 | 0.015 | 0.015 | -0.9 |
| 1.02 | 0.029 | 0.029 | 0.030 | -1.5 |
| 1.03 | 0.044 | 0.044 | 0.045 | -2.6 |
| 1.04 | 0.058 | 0.056 | 0.060 | -3.5 |
| 1.05 | 0.075 | 0.070 | 0.075 | -4.4 |
| 1.06 | 0.088 | 0.088 | 0.090 | -5.4 |

续上表

| 15℃时溶液的相对表观密度 | 无水氯化钠的含量(kg) | | | 溶液冰点(℃) |
|---|---|---|---|---|
| | 1L 溶液中 | 1kg 溶液中 | 1L 水中 | |
| 1.07 | 0.103 | 0.090 | 0.106 | -6.4 |
| 1.08 | 0.119 | 0.119 | 0.123 | -7.5 |
| 1.09 | 0.134 | 0.122 | 0.140 | -8.6 |
| 1.10 | 0.140 | 0.130 | 0.167 | 9.8 |
| 1.11 | 0.165 | 0.141 | 0.175 | -11.0 |
| 1.12 | 0.182 | 0.152 | 0.198 | -12.2 |
| 1.13 | 0.198 | 0.175 | 0.212 | -13.6 |
| 1.14 | 0.213 | 0.188 | 0.231 | -15.1 |
| 1.15 | 0.230 | 0.200 | 0.250 | -16.0 |
| 1.16 | 0.246 | 0.212 | 0.269 | -18.2 |
| 1.17 | 0.263 | 0.224 | 0.290 | -20.0 |

**工业用亚硝酸钠相对表观密度浓度关系表** 表 20-40

| 20℃时溶液的相对表观密度 | 亚硝酸钠含量(kg) | | |
|---|---|---|---|
| | 每升溶液中(%) | 每升溶液中 | 每升溶液中 |
| 1.06 | 5 | 0.045 | 0.048 |
| 1.08 | 10 | 0.091 | 0.096 |
| 1.10 | 15 | 0.123 | 0.142 |
| 1.12 | 20 | 0.165 | 0.185 |
| 1.14 | 25 | 0.198 | 0.227 |
| 1.16 | 30 | 0.231 | 0.268 |
| 1.18 | 35 | 0.259 | 0.307 |
| 1.20 | 40 | 0.288 | 0.345 |
| 1.22 | 45 | 0.312 | 0.381 |
| 1.24 | 50 | 0.336 | 0.417 |
| 1.26 | 55 | 0.357 | 0.450 |
| 1.28 | 60 | 0.377 | 0.482 |
| 1.30 | 65 | 0.403 | 0.524 |
| 1.32 | 70 | 0.429 | 0.566 |
| 1.34 | 75 | 0.438 | 0.586 |
| 1.36 | 80 | 0.446 | 0.606 |

测定溶液的相对表观密度时,应在要求的温度下进行,溶液的温度误差不应超过±5℃,不得使用混有块状氯化钙沉淀物的溶液。混凝土拌和时掺入的氯化钙量准确,误差不得超过掺量的±2%。

掺氯盐的混凝土搅拌时间,应比普通混凝土搅拌时间增加0.5倍,搅拌后40min内浇筑完毕,以防凝结。

掺氯盐混凝土应加强养护,在潮湿条件下养护时,收缩值增加25%~50%,养护不良,收缩值将增加一倍。

掺氯化钙的混凝土强度比不掺氯化钙的混凝土强度的增长值见表20-41。

**掺氯化钙混凝土强度的增长** 表20-41

| 混凝土龄期(d) | 养护温度(℃) | 氯化钙掺量(水泥质量比) | | |
|---|---|---|---|---|
| | | 1% | 2% | 3% |
| 2 | 10~20 | 1.4 | 1.65 | 2.00 |
| 3 | 10~20 | 1.3 | 1.50 | 1.65 |
| 5 | 10~20 | 1.2 | 1.30 | 1.40 |
| 7 | 10~20 | 1.15 | 1.20 | 1.25 |
| 30 | 10~20 | 1.05 | 1.10 | 1.10 |
| 2 | 5~10 | 1.6 | 1.90 | 2.30 |
| 3 | 5~10 | 1.5 | 1.70 | 1.90 |
| 5 | 5~10 | 1.35 | 1.50 | 1.60 |
| 7 | 5~10 | 1.30 | 1.35 | 1.45 |
| 30 | 5~10 | 1.20 | 1.25 | 1.25 |
| 2 | 0~10 | 1.75 | 2.05 | 2.50 |
| 3 | 0~10 | 1.60 | 1.85 | 2.05 |
| 5 | 0~10 | 1.50 | 1.60 | 1.75 |
| 7 | 0~10 | 1.45 | 1.50 | 1.55 |
| 30 | 0~10 | 1.30 | 1.35 | 1.35 |

注:1. 采用普通硅酸盐水泥拌的混凝土。
2. 以不掺氯化钙的混凝土强度为1。

3)掺硫酸钠复合早强剂的混凝土

(1)硫酸钠复合早强剂所选用的原料和技术要求见表20-42。

**硫酸钠复合早强剂组成原料的技术要求** 表20-42

| 名　称 | 纯度(%) | 情　况 |
|---|---|---|
| 工业硫酸钠($Na_2SO_4$) | 97.92 | 白色粉状体,易溶水 |
| 工业氯化钠(NaCI) | 95.97 | 白色立方晶体,易溶水 |
| 工业亚硝酸钠($NaNO_2$) | 88.76 | 苍黄色斜方晶体,易溶水 |
| 二水石膏($CaSO \cdot {}_2H_2O$) | — | 不溶水,粉碎成细粉末用 |
| 三乙醇胺 $N(C_2H_4OH)_3$ | — | 无色液体 |

(2)硫酸钠复合早强剂的选择,应根据当地气温条件,结构类型以及采用的水泥品种进行。硫酸钠复合早强剂配方的选择,见表20-43。

**硫酸钠复合早强剂** 表20-43

| 养护期间的温度条件 | 早强剂类型 | 早强剂组成及渗量(以水泥重量%计) | |
|---|---|---|---|
| | | 使用硅酸盐水泥时 | 使用矿渣硅酸盐水泥时 |
| 正温度条件下 | 甲型-1 | 硫酸钠+食盐+石膏<br>(1.5~2.0)+(0.5~1.0)+2.0 | 硫酸钠+食盐+三乙醇胺<br>(1.5~3.0)+(0.5~0.75)+0.05 |
| | 乙型-1 | 硫酸钠+亚硝酸钠+石膏<br>(1.5~2.0)+1.0+2.0 | 硫酸钠+亚硝酸钠+三醇乙胺<br>(1.5~2.0)+1.0+0.05 |
| | 乙型-2 | 硫酸钠+石膏+三乙醇胺<br>(1.5~2.0)+2.0+0.05 | 硫酸钠+三乙醇胺<br>(1.5~2.0)+0.05 |

续上表

| 养护期间的温度条件 | 早强剂类型 | 早强剂组成及掺量(以水泥重量%计) | |
|---|---|---|---|
| | | 使用硅酸盐水泥时 | 使用矿渣硅酸盐水泥时 |
| -3～-5℃ | 甲型-2 | 硫酸钠+食盐+亚硝酸钠+石膏<br>(1.5～2.0)+1.5+2.0 | 硫酸钠+食盐+亚硝酸钠<br>(1.5～2.0)+1.5+1.0 |
| | 乙型-1 | 硫酸钠+亚硝酸钠+石膏<br>(1.5～2.0)+2.5+2.0 | 硫酸钠+亚硝酸钠+三乙醇胺<br>(1.5～2.0)+2.5+0.05 |
| -5～-8℃ | 甲型-2 | $Na_2SO_4+NaCl+NaNO_2$+石膏<br>(1.5～2.0)+2.0+2.0+2.0 | $Na_2SO_4+NaNO_2+NaCl$<br>(1.5～2.0)+2.0+2.0 |
| | 乙型-1 | $Na_2SO_4+NaNO_2$+石膏<br>(1.5～2.0)+3.5+2.0 | $Na_2SO_4+NaNO_2+N(C_2H_4OH)_3$<br>(1.5～2.0)+3.5+0.05 |

注:1. 甲型适用于一般钢筋混凝土的结构,乙型适用于预应力钢筋混凝土结构和其他不宜掺氯盐的结构。

2. 石膏均为二水石膏,使用时要粉碎成和水泥细度相同的粉末。

3. 三乙醇胺没有时,可用三异丙醇胺代替,效果相似。

4. 预应力钢筋混凝土结构掺入三乙醇胺时,要考虑干缩增大的影响。

5. 硫酸钠对砂石有侵蚀作用,故在含有活性集料的混凝土中严禁使用。

(3)硫酸钠复合早强剂在负温下,不低于-7℃时(混凝土构件本身的温度),能防止混凝土冻结,促进其强度正常发展。

(4)硫酸钠复合早强剂,可以改善混凝土和易性,其强度随龄期增长而不断提高。

(5)硫酸钠复合早强剂对混凝土中的钢筋无腐蚀作用,可使用在钢筋混凝土结构上。

(6)硫酸钠复合早强剂的使用方法。

硫酸钠复合早强剂中除石膏不溶水,其他皆为水溶性材料。使用时石膏粉末和水泥一起加入搅拌机中拌和,其他成分用热水溶成溶液后注入搅拌机中。配制好的硫酸钠溶液,不允许有结晶沉淀析出,若有,则应立即用热水将结晶化开后方准使用。配制溶液时硫酸钠的掺量和水温的关系,可参考表20-44。冬季施工时最好采用白色无水粉状的硫酸钠,使用时和石膏粉末与水泥同时加入搅拌机,适当延长干拌时间,保证拌和均匀。

**硫酸钠的掺量和水温关系** 表2-44

| 水的温度(℃) | 1L水中硫酸钠的掺量(kg) | 水的温度(℃) | 1L水中硫酸钠的掺量(kg) |
|---|---|---|---|
| 20 | 不超过200 | 40以上 | 不超过450 |
| 30 | 不超过400 | | |

(7)混凝土的养护,应遵守一般的养护规定。早期混凝土构件表面应加潮湿覆盖,否则养护不良,构件表面很快出现析碱冒露现象,并会降低早期强度。

(8)由于水泥本身的多变性,使用时要加强质量控制,所使用的砂、石材料,严禁混入蛋白石($SiO_2 \cdot nH_2O$)或其他活性矿物材料。

(9)必要时试块应进行试压,达到拆模强度后方准拆模。

4)亚硝酸钠—三乙醇胺复合早强剂的混凝土

(1)选用的原材料和技术要求

三乙醇胺是化工产品,无色或淡黄色油状液体,呈强碱性,不易燃,溶于水,相对表观密度1.2,纯度为70%～75%。

(2)常用配方为:亚硝酸钠+氯化钠+三乙醇胺(1%+0.5%+0.05%)(均为水泥质量计)。

(3)亚硝酸钠—三乙醇胺复合早强剂在负温下,不低于 -10℃(外界计算温度)、混凝土强度 3d 可达到设计强度的 30%、7d 可达到设计强度的 50%。

(4)这种复合早强剂可以改善混凝土的和易性,对混凝土中的钢筋无锈蚀作用。

(5)亚硝酸钠三乙醇胺复合早强剂配制时,首先用热水溶化氯化钠,再加入硝酸钠,最后加入三乙醇胺,溶解后充分搅拌均匀。搅拌混凝土时必须和水混合均匀一次加入,混凝土的搅拌时间要适当延长。

(6)混凝土在施工过程中,振捣要密实,必须注意早期清水养护,充分保持混凝土的湿润。

(7)三乙醇胺的掺量不得超过 0.05%,也不得低于 0.02%。

## 七、冬季混凝土的养护

混凝土浇筑后,要注意保护以免冻结,特别要注意防风。在气温较低时,以防风、雪兼用的棚架遮盖整个结构物,并供热保温,浇筑好的混凝土还要以薄膜、保温材料等覆盖。

养护要进行到其强度可承受住以后工程施工时新加的荷载,且其耐久性要承受住以后的天气变化。养护温度和养护时间与荷载作用时间、气象作用情况、水泥种类、混凝土的配合比等有关。冬期选择混凝土的养护方法时,当室外最低温度不低于 -15℃、地面以下的工程或表面系数不大于 5 的结构,首先应考虑蓄热法进行养护。当在一定龄期内采用蓄热法达不到要求时,方可考虑采用蒸汽加热、暖棚、电热等其他人工加热养护方法。但混凝土的升、降温速度不得超过表 20-53。

采用蒸汽加热养护混凝土,混凝土的温度对普通硅酸盐水泥不宜超过 80℃,矿渣硅酸盐水泥可提高到 85℃ ~95℃,用电流加热混凝土时,混凝土的温度不得超过表 20-55,电极布置应保证混凝土温度均匀,并只宜加热设计强度的 50%。

1. 基本做法

冬季施工混凝土的养护的基本做法如下:

(1)蓄热法养护,如表 20-45 所示;

(2)蒸汽法养护,如表 20-46 ~ 表 20-48 和图 20-15 所示;

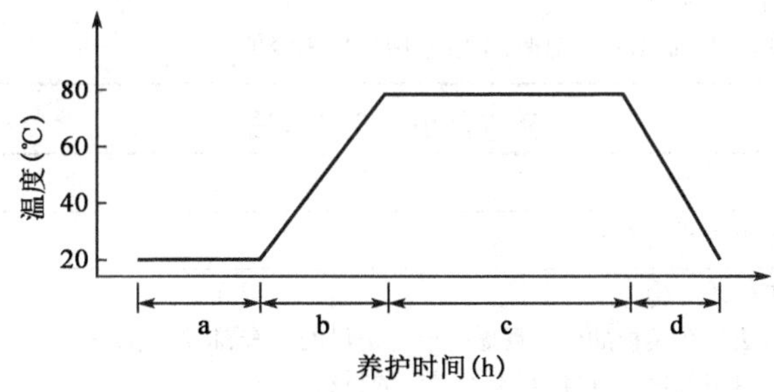


图 20-15 蒸汽养护升降温程序示意图

a-静停;b-升温;c-恒温;d-降温

(3)汽套养护法示意,如图 20-7 所示;

(4)模板毛管蒸汽养护示意,如图 20- 8 所示;

(5)埋管兼留孔蒸汽养护示意,如图 20-9 所示;

(6)抽管蒸汽养护示意,如图 20-10 所示;

(7)暖棚法养护,如表 20-49 所示;

(8)电热养护的方法有电极法、电热毯法、电热线法、电炉法、工频涡流加热法、电热远红外线法、电磁感应加热等,常用的电极加热养护的几种做法,如表 20-50 所示;

(9)棒形电极加热法示意,如图 20-12 所示;

(10)电热毯法养护,如表 20-51 所示;

(11)工频涡流法加热法养护,如表 20-52 所示;

(12)涡流管加热养护示意,如图 20-14 所示;

(13)加热养护混凝土的最高允许升降温速度,如表 20-53 所示;

(14)电热法养护的一般规定,如表 20-54 所示;

(15)电热法养护恒温时的极限容许温度,如表 20-55 所示。

**蓄热法养护的基本做法** 表 20-45

| 序号 | 项　目 | 要　点 |
|---|---|---|
| 1 | 原　理 | 利用热材料搅拌的热混凝土,在浇筑后用保温材料覆盖,使混凝土从搅拌机带来的余热及水泥的水化热不易散发,维持正温养护,在一定时间内达到抗冻临界强度 |
| 2 | 适用范围 | 适用于气温不低于 -10℃(处理好的可用于 -15℃)以上的预制及现浇工程;<br>对表面系数不大于 5 的构件或构筑物,应优先选用 |
| 3 | 覆盖材料 | 稻草垫、厚草帘、芦苇板、炉渣等导热系数小的材料;<br>模板、刨花板、油毡、棉麻毡、帆布等不透风材料;<br>用上述材料作两层或三层做法 |
| 4 | 复合作法 | 掺用外加剂,提高抗冻能力;<br>选用水化热高的硅酸盐水泥或普通水泥,提高混凝土温度;<br>与外部加热法(电热法、蒸汽法、暖棚法)结合使用 |
| 5 | 操作要点 | 不是连续浇筑的工程,尽量采用上午浇筑,下午气温较高时蓄热办法,力争提高初期强度;<br>每隔 2 ~ 4h 检查一次温度,做好记录;<br>混凝土强度试块,应多备 2 ~ 3 组,以供检验;<br>如混凝土温度低于施工计划的温度时,应采取下列措施:<br>①补加覆盖材料;<br>②采用人工加热。<br>在严寒季节,如无充分把握,不宜采用蓄热法养护 |

**蒸汽养护的几种做法** 表 20-46

| 序号 | 项　目 | 要　点 |
|---|---|---|
| 1 | 预制构件 | 请参阅第三章第七节 |
| 2 | 汽套法 | 适用于整体结构;<br>基本做法是在模板的外部再做一层不透风的汽套,将蒸汽通入汽套与模板之间,如图 20-7 所示;<br>汽套可以用模板,亦可用其他不透风的材料;<br>汽套与模板之间的空隙,不宜大于 15cm;<br>混凝土上下左右均应互相连通,并在各部位设置测温点 |
| 3 | 模板毛管法 | 适用于竖向结构;<br>基本做法是在模板中开出适当的蒸汽管沟,模板的厚度不宜少于 40mm,模板上的管沟通常为半圆形或三角形,如图 20-8 所示,并在模板内表面铺薄钢板或白铁皮;<br>蒸汽由分汽箱从底部送入,楼层高的分层送入,每层高度不宜超过 2m;蒸汽由上部泄气管(其直径约为进气管的 1/2)逸出;下部设冷凝水排出管 |

续上表

| 序号 | 项　目 | 要　点 |
|---|---|---|
| 4 | 埋管内通蒸汽法 | 适用于大型竖向构件或大截面梁；<br>基本做法是在混凝土浇筑前将管道预埋在内部，管子不回收，参见图 20-9；<br>埋管如用钢管，其缺点是温度过高时，构件出现干热致裂；用钢丝网水泥管，湿热蒸汽通过水泥管起湿热养护作用，效果较好 |
| 5 | 抽管（留孔）内通蒸汽法 | 适用范围同序号 4；<br>管道的布置如图 20-9 所示，预埋件可用充水胶管，浇筑后将水放出，充入蒸汽，待混凝土稍有强度，将胶管抽出，再通蒸汽养护；<br>大型柱的抽管法如图 20-10 所示，操作要点如下：<br>①混凝土配合比的水灰比取下限；<br>②浇筑前先用蒸汽热模，边浇筑边送汽；<br>③浇筑至一定高度后（0.5 ~ 0.7m），开始转动钢管，每 5min 转动一次，每次转动 360°，避免混凝土与钢管黏结；<br>④钢管应在下层混凝土初凝后，浇筑厚度 2m 以上开始抽拔；钢管上拔后保留在已浇筑的混凝土中的高度，应不少于 0.7m；<br>开始拔管后，振捣不能过度深入，避免下段坍落堵孔 |
| 6 | 一般规定 | 混凝土最大升降温速度，不应大于表 20-47 的规定；<br>蒸汽养护的最高温度，不应大于表 20-48 序号 5 的规定；<br>蒸养应使用低压饱和蒸汽，加热应均匀；<br>注意排除冷凝水，防止冷凝水结冰；<br>在适当位置设置测温点，其距离按构件外形确定，要求有代表性，每 2 ~ 4h 测温一次，做好记录，如实际温度与计划温度有出入时，应及时增减汽量；<br>蒸养后，外界气温为负温时，应待混凝土冷却至 5℃，方可拆模；<br>如混凝土与外界气温的温差大于 20℃，外露部分应用保温材料覆盖；<br>内通蒸汽管道的灌浆，如工期紧急，参照表 20-3 序号 8 处理，如工期允许时，可先行假封闭，待转暖后按常温处理 |

**混凝土构件蒸汽养护升降温速度控制（℃/h）**　　表 20-47

| 构件种类 | 构件种类（坑样或窑养） | | | 表面系数（冬期施工） | |
|---|---|---|---|---|---|
| | 薄壁构件 | 其他构件 | 干硬性混凝土 | ≥6 | <6 |
| 升温速度 | 25 | 20 | 40 | 15 | 10 |
| 降温速度 | 10 | 10 | 10 | 10 | 6 |

注：1. 表面系数 = 混凝土构件表面面积（$m^2$）/混凝土构件体积（$m^3$）。
2. 构件出池时，外表面温度与外界气温之差宜不大于 20℃。

**常压蒸汽养护温度控制要点**　　表 20-48

| 序号 | 项　目 | 要　点 |
|---|---|---|
| 1 | 升降温程序 | 如图 20-15 所示 |
| 2 | 静停时间 | 当采用硅酸盐水泥或普通水泥时，视外界气温而定，约 2 ~ 6h；<br>当采用矿渣水泥时，可适当延长 |
| 3 | 升降温速度 | 如表 20-47 所示 |
| 4 | 恒温时间 | 视制作混凝土的水泥品种、外界气温、蒸养设备效率、构件形式、生产需要等因素，通过试验确定 |
| 5 | 最高温度 | 蒸养温度因制作混凝土的水泥品种而定：<br>①对于硅酸盐水泥或普通水泥，宜控制为 80℃，最高不超过 85℃；<br>②对于矿渣水泥，宜控制为 90℃，最高不超过 95℃ |

**暖棚法养护的基本做法** 表 20-49

| 序号 | 项　目 | 要　点 |
|---|---|---|
| 1 | 临时暖棚 | 在施工地段搭设临时棚屋，使棚内保持在正温范围内施工；<br>适宜于小型构件生产场所或混凝土量较集中的地段；<br>暖棚通常以竹木或轻型钢材为构架；墙壁及屋盖用保温材料或聚乙烯薄膜；内部设置热源 |
| 2 | 多层民用建筑 | 利用已建筑好的下一层，将门窗临时封闭，设置热源；使上一层正在施工的模板保持正常温度；<br>楼板浇筑后即覆盖保温层保温；<br>按照上一层外界气温调节下一层的热源温度 |
| 3 | 热　源 | 通常采用蒸汽、太阳能、电热器等，理想温度为5℃以上；<br>如采用炉火热源，必须设置排烟装置，防止炭火产生的二氧化碳影响混凝土性能；<br>热源如属于干热性质，应加设水盆若干个，提高棚内温度；<br>热源应均匀布置，能使棚屋内各部位温度相等；<br>应分班专人管理热源，消灭火灾 |

**电极加热法养护的几种做法** 表 20-50

| 序号 | 项　目 | 要　点 |
|---|---|---|
| 1 | 表面电极法 | 适用于墙、梁及基础；<br>将电极固定在木模板内侧，电极可用 $\phi6$ 钢筋或宽度为 40～60mm 的白铁皮；<br>电极的间距（$b$）：钢筋为 20～30cm；白铁皮为 10～15cm；<br>优点是较其他方法简易和易于控制 |
| 2 | 棒形电极法 | 适用于梁、柱、基础；<br>电极用 $\phi6$～$\phi12$ 钢筋，直接由混凝土表面或穿过模板插入混凝土内部；<br>插入长度视结构物尺寸而定；<br>优点是不易发生短路，缺点是用钢量较大；<br>棒形电极法的电极布置如图 20-12 所示 |
| 3 | 弦形电极法 | 适用于钢筋不多的柱、梁及厚度大于 20cm 的板和基础；<br>弦形电极用 $\phi6$～$\phi10$ 钢筋制成└─┘形；<br>在混凝土浇筑前用绝缘垫块绑扎在钢筋上，将直角弯钩露出；<br>其缺点是耗钢量大 |

注：此法只运行使用交流电，因直流电能分解水分。

**电 热 毯 养 护** 表 20-51

| 序号 | 项　目 | 要　点 |
|---|---|---|
| 1 | 使用范围 | 可适用于各种混凝土工程 |
| 2 | 制作方法 | 以石棉绳为芯材，将 $\phi=0.6$ 铁铬铝合金丝按螺旋形缠绕在失棉绳上，电阻丝螺距要均匀；<br>石棉绳按蛇形或盘旋形铺在玻璃纤维布上，档距均匀，转角处避免死弯；<br>玻璃纤维布按上两层、下两层（共四层）将石棉夹在中间缝合成毡 |
| 3 | 使用方法 | 钢模上的电热毡可按钢模规格的内部净空尺寸制作，卡入钢模后用保温材料（岩棉）等覆盖，再用薄膜粘贴牢固，即可安装；<br>铺在构件表面的按构件规格制作，用薄膜或编织布做成毡袋套上；<br>混凝土浇筑后先铺上薄膜保温，再铺上电热毡，最后覆盖保温层 |

**工频涡流加热法养护** 表 20-52

| 序号 | 项　目 | 要　　点 |
|---|---|---|
| 1 | 适用范围 | 适用于以钢模板浇筑的墙体、梁、柱和接头 |
| 2 | 工艺布置 | 在钢模板外侧紧贴并焊牢钢管，导线从钢管中穿行，如图 20-14 所示；<br>当电流通过导线时，管壁产生热效应，从钢模传递至混凝土；<br>钢管用 $\phi12 \sim \phi15$，导线截面面积为 25 ~ 35mm² 的铝线，每平方米模板面积约需 5m；<br>电压为 100 ~ 140V；<br>当环境气温为 -20℃时，混凝土达到抗冻临界强度的耗电量约为 130kW · h/m²；<br>为减少热损失，钢模外面可用毛毡、矿渣棉等材料覆盖 |
| 3 | 优缺点 | 温度比较均匀；<br>模板可重复使用；<br>模板投资较大 |

**加热养护混凝土的最高允许升降温速度** 表 20-53

| 项　次 | 表面系数(l/m) | 升温速度(℃/h) | 降温速度(℃/h) |
|---|---|---|---|
| 1 | 4 及 6 以上 | 15 | 10 |
| 2 | 6 以下 | 10 | 5 |

**各种电热法养护的一般规定** 表 20-54

| 序号 | 项　目 | 要　　点 |
|---|---|---|
| 1 | 电　压 | 通常使用低于 220V 的电压；<br>可按用电量选择适宜的降压器，或用电焊机代替 |
| 2 | 预　热 | 浇筑混凝土前，应先通电将模板预热；<br>模板预热的温度，不宜超过 40℃ |
| 3 | 混凝土 | 坍落度不应太大，通常为 2 ~ 5cm；<br>加热时，混凝土的初温不应低于 5℃；<br>如无特殊要求，通常养护至混凝土设计强度等级的 50%，即可停止养护 |
| 4 | 温度控制 | 电热法升、降温速度及最高养护温度，参照表 20-47 及表 20-55 的规定；<br>电热法升温可能较快、恒温亦可能较高(电热毡可能达到 110℃)，应及时测温、及时调节；<br>温度调节可采用断续送电或变更电压；<br>结构截面形状不一的部位(如薄壁、小截面)，容易冷却，应加强检查 |
| 5 | 温度控制 | 通电后应随时观察混凝土表面湿润情况，如出现干燥现象，应先断电，用温水喷洒表面，方可继续通电养护 |

**电热法养护恒温时的极限容许温度(℃)** 表 20-55

| 水　泥　品　种 | 表　面　系　数 | | |
|---|---|---|---|
| | <10 | 10 ~ 15 | 15 ~ 20 |
| 27.5 级矿渣水泥、火山灰水泥 | 80 | 60 | 45 |
| 32.5 级硅酸盐水泥、普通水泥 | 70 | 50 | 40 |
| 42.5 级硅酸盐水泥、普通水泥 | 40 | 40 | 30 |

2. 冬季混凝土蓄热养护过程中的温度计算

(1)混凝土蓄热养护开始到任何一时刻 $t$ 的电热温度为：

$$T = \eta e^{-\theta \cdot v_{ce} \cdot t} - \varphi e^{-v_{ce} \cdot t} + T_{m,a} \tag{20-28}$$

(2)混凝土蓄热养护开始到任一时刻 $t$ 的平均温度为：

$$T_m = \frac{1}{v_{ce}t}\left(\varphi e^{-v_{ce}\cdot t} - \frac{\eta}{\theta}e^{-\theta\cdot v_{ce}\cdot t} + \frac{\eta}{\theta} - \varphi\right) + T_{m,a} \tag{20-29}$$

上述式中：$\theta$、$\varphi$、$\eta$——综合参数，按下式计算：

$$\theta = \frac{\omega\cdot K\cdot M}{v_{ce}\cdot C_c\cdot\rho_c}$$

$$\varphi = \frac{v_{ce}\cdot Q_{ce}\cdot m_{ce}}{v_{ce}\cdot C_c\cdot\rho_c - \omega\cdot K\cdot M}$$

$$\eta = T_3 - T_{m,a} + \varphi$$

$T$——混凝土蓄热养护开始到任一时刻 $t$ 的温度（℃）；

$T_m$——混凝土蓄热养护开始到任一时刻 $t$ 的平均温度（℃）；

$t$——混凝土蓄热养护开始到任一时刻的时间（h）；

$T_{m,a}$——混凝土蓄热养护开始到任一时刻 $t$ 的平均温度（℃）；

$\rho_c$——混凝土的质量密度（$kg/m^3$）；

$m_{ce}$——每立方米混凝土水泥用量（$kg/m^3$）；

$C_c$——混凝土的比热容［kJ/(kg·K)］；

$Q_{ce}$——水泥水化累积最终放热量（kJ/kg）；

$v_{ce}$——水泥水化速度系数（$h^{-1}$）；

$\omega$——透风系数；

$M$——结构表面系数（$m^{-1}$）；

$K$——结构围护层的总传热系数［$kJ/(m^2\cdot h\cdot K)$］；

e——自然对数底，可取 e＝2.72。

注：1. 结构表面系数 $M$ 值按下式计算：

$$M = \frac{A(\text{混凝土结构表面积})}{V(\text{混凝土结构的体积})}$$

2. 结构围护层总传热系数按下式计算：

$$K = \frac{3.6}{0.04 + \sum_{i=1}^{n}\frac{d_i}{K_i}}$$

式中：$d_i$——第 $i$ 层围护层厚度（m）；

$K_i$——第 $i$ 层围护层的导热系数［W/(m·K)］。

3. 平均气温 $T_{m,a}$ 取法，可采用蓄热法养护开始至 $t$ 时气象预报的平均气温，亦可按每时或每日平均气温计算。

（3）水泥水化累积最终放热量 $Q_{ce}$，水泥水化速度系数 $v_{ce}$ 及透风系数 $\omega$ 取值按表 20-56 和表 20-57 取用。

**水泥水化累积最终放热量 $Q_{ce}$ 和水泥水化速度系数 $v_{ce}$**　　表 20-56

| 水泥品种及强度 | $Q_{ce}$（kJ/kg） | $V_{ce}$（$h^{-1}$） |
|---|---|---|
| 52.5 级硅酸盐水泥 | 400 | 0.013 |
| 52.5 级普通硅酸盐水泥 | 360 | |
| 42.5 级普通硅酸盐水泥 | 330 | |
| 42.5 级矿渣、火山灰、粉煤灰硅酸盐水泥 | 240 | |

**透 风 系 数** 表 20-57

| 围护层种类 | 透风系数 $\omega$ | | |
|---|---|---|---|
| | 小风 | 中风 | 大风 |
| 围护层由易透风材料组成 | 2.0 | 2.5 | 3.0 |
| 易透风保温材料外包不易透风材料 | 1.5 | 1.8 | 2.0 |
| 围护层由不易透风材料组成 | 1.3 | 1.45 | 1.6 |

注：小风风速 $v_w < 3m/s$；中风风速 $3 \leq v_w \leq 5m/s$；大风风速 $v_w > 5m/s$。

(4)当需要计算混凝土蓄热养护冷却至0℃的时间，可根据式(20-28)采用逐次逼近的方法进行计算。当蓄热养护条件满足$\frac{\varphi}{T_{m,a}} \geq 1.5$，且$KM \geq 50$时，也可按下式直接计算：

$$t_0 = \frac{1}{v_{ce}} \ln \frac{\varphi}{T_{m,a}} \tag{20-30}$$

式中：$t_0$——混凝土蓄热养护冷却至0℃的时间(h)(混凝土冷却至0℃的时间内，其平均温度可根据式(20-29)取$t = t_0$进行计算)。

3. 掺防冻剂混凝土在零摄氏度以下各龄期混凝土强度增长规律

掺防冻剂混凝土在零摄氏度以下各龄期混凝土强度增长规律，见表20-58。

**掺防冻剂混凝土在负温度下各龄期混凝土强度增长规律** 表 20-58

| 防冻剂及组成 | 混凝土硬化平均温度(℃) | 各龄期混凝土强度($f_{cu,k}$,%) | | | |
|---|---|---|---|---|---|
| | | 7d | 14d | 28d | 90d |
| $NaNO_2$(100%) | -5 | 30 | 50 | 70 | 90 |
| | -10 | 20 | 35 | 55 | 70 |
| | -15 | 10 | 25 | 35 | 50 |
| NaCl(100%) $NaCl + CaCl_2$ $\left(\frac{70\% + 30\%}{40\% + 60\%}\right)$ | -5 | 35 | 65 | 80 | 100 |
| | -10 | 25 | 35 | 45 | 70 |
| | -15 | 15 | 25 | 35 | 50 |
| $NaNO_2 + CaCl_2$ (50% +50%) | -5 | 40 | 60 | 80 | 100 |
| | -10 | 25 | 40 | 50 | 80 |
| | -15 | 20 | 35 | 45 | 70 |
| | -20 | 15 | 30 | 40 | 60 |
| $K_2CO_3$(100%) | -5 | 50 | 65 | 75 | 100 |
| | -10 | 30 | 50 | 70 | 90 |
| | -15 | 25 | 40 | 65 | 80 |
| | -20 | 25 | 40 | 55 | 70 |
| | -25 | 20 | 30 | 50 | 60 |

## 八、冬季混凝土的质量管理

1. 混凝土的测温

1)基本要求

为保证冬季施工的质量，需要测量有代表部位的温度。测温项目与次数(表20-59)常用的测温仪有温度计、各种温度传感器、热电偶等。

**测温项目与次数** 表 20-59

| 测 温 项 目 | 测 温 次 数 |
|---|---|
| 室外气温及环境温度 | 每昼夜不少于4次,此外还需要测最高、最低温 |
| 搅拌机棚温度 | 每一工作班次不少于4次 |
| 水、水泥、砂、石及外加剂溶液温度 | 每一工作班次不少于4次 |
| 混凝土出罐、浇筑、入模温度 | 每一工作班次不少于4次 |
| 大体积混凝土养护测温应不少于15d | |

注:室外最高、最低气温测量起、止日期为冬季施工时间。

综合蓄热法养护(掺防冻剂)的混凝土,在强度未达到受冻临界强度之前,每隔2h测量一次,达到受冻临界强度以后,每隔6h测一次,再延续测温不少于48h,或延续到混凝土温度降低到0℃或降低到设计温度。

采用加热法养护混凝土时,升温和降温阶段每隔1h测量一次,恒温阶段每隔2h测量一次。

2)测温孔的布置

(1)技术员提前绘制测温孔平面布置图,并对测温孔进行编号。

(2)当采用蓄热法养护时,测温孔设在有代表性的结构部位和温度变化大易冷却的部位;当采用加热法养护时,在离热源不同的位置分别设置;大体积结构在表面100mm及内部不同深度分别设置。

(3)现浇混凝土梁、板的测温孔,应垂直留置,孔深1/3~1/2梁高,间隔3m,且每跨至少设2个、圈梁测孔深1/2梁高,每流水段设2~3个。现浇板每流水段不少于6个,其中板四角部位应设置测温孔,板中可适当设置,测温孔深1/2板厚。

(4)现浇混凝土柱,在每根柱子的柱头和柱脚各设一个测温孔,且设在迎风面。测温孔与柱面成30°角,孔深1/3柱断面边长。

(5)现浇钢筋混凝土构造柱,每根柱上、下各设一个孔。

(6)大模板墙、横墙每道轴线设一块墙板;纵墙轴线之间采取梅花形布置。每块板单面设测温孔3个,按对角布置。上下测温孔距模板上下边缘300~500mm,孔深100mm。

(7)剪力墙测温孔参照大模板墙体设置。

(8)现浇钢筋混凝土外墙西、北两侧各测两块外墙板,东南两侧各测一块。

(9)楼梯间现浇混凝土休息平台及踏步板,每层设测温孔不少于3个。

3)测温方法及要求

(1)测温人员应熟悉测温孔布置情况。

(2)浇筑混凝土后,立即用钢筋棍按测温孔位置及深度要求插入混凝土,混凝土终凝前拔出钢筋棍,插上标志测温孔位置的小旗。按测温孔编号顺序测温,并现场记录,测温时先拔出测温孔上的小旗,将温度计放入测孔内3~5min。读数时迅速将温度计从孔中取出,平视酒精柱上端,记录温度。测温后覆盖保温材料,并把小旗插入测孔内。当发现施工部位温度变化异常时,应及时向技术员反映情况,采取措施。

2. 混凝土的质量检查

冬季施工时,混凝土质量检查除应遵守常规施工的质量检查规定之外,还应符合冬季施工的规定。要严格检查外加剂的质量和浓度;混凝土浇筑后应增设两组与结构同条件养护的试块，一组用以检测混凝土受冻前的强度，另一组用以检测转入常温养护28d的强度。

混凝土试块不得在受冻状态下试压，当混凝土试块受冻时，对边长为150mm的立方体试块，应在15℃～20℃室温下解冻5～6h，或浸入10℃水中鲜冻机6h，将试块表面擦干后进行试压。

拆竖向模时，1.2MPa同条件养护试块被4MPa替代，放在结构最冷部位，同条件养护按新规范还要留置逐日累计养护温度达到600℃/d的结构同条件试块。代表部位数量由监理与施工单位商定。

3. 成品保护

大模板背面用作保温的聚苯板要固定牢靠，保持完好，可加设覆盖保护层以防脱落。

在已浇筑的楼板上测温、覆盖时要在铺好的脚手板上操作，避免踩踏脚印。

4. 应注意的问题

(1)检查外加剂质量及掺量。商品外加剂进入施工现场后应进行抽样检查，合格后方可使用。

(2)检查水、集料、外加剂溶液和混凝土出罐及浇筑时温度。

(3)检查混凝土从入模到拆除保温层或保温模板期间的温度。

(4)检查混凝土表面是否受冻，拆模是否有粘连，有无受冻收缩裂缝，拆模时混凝土边角是否脱落，施工缝处有无受冻痕迹。

(5)检查同条件养护试块的养护条件是否与施工现场结构养护条件相一致。

(6)采用成熟度法确定混凝土强度时，检查测温记录与计算式要求是否相符，有无差错。

(7)采用电加热养护时，应检查供电变压器二次电压和二次电流强度，每一工作班不应少于两次。

## 九、冬季混凝土的拆模和成熟度

1. 混凝土的拆模

混凝土养护到规定时间，应根据同条件养护的试压，证明混凝土达到规定拆模强度后方可拆模。对加热法施工的构件模板和保温层，应在混凝土冷却到+5℃后方可拆模。当混凝土和外界温差大于20℃时，拆模后的混凝土应注意覆盖，使其缓慢冷却。

在拆除模板过程中发现混凝土有冻害现象，应暂停拆模，经处理后方可拆模。

2. 混凝土的成熟度[摘自《建筑工程冬季施工规程》(JGJ 104)]

(1)用成熟度法计算混凝土早期强度的适用范围及条件应符合下列规定：

①本法适用于不掺外加剂在50℃以下正温养护和掺外加剂在30℃以下养护的混凝土，亦可用于掺防冻剂负温养护法施工的混凝土。

②本法适用于预估混凝土强度标准值60%以内的强度值。

③使用本法预估混凝土强度，需用实际工程使用的混凝土原材料和配合比，制做不少于5组混凝土立方体标准试件在标准条件下养护，得出1d、2d、3d、7d、28d的强度值。

④使用本法需取得现场养护混凝土的温度实测资料(温度、时间)。

(2)用计算法估算混凝土强度宜按下列步骤进行：

①用标准养护试件的各龄期强度数据，经回归分析拟合成下列形式曲线方程：

$$f = a\mathrm{e}^{-\frac{b}{D}} \tag{20-31}$$

式中：$f$——混凝土立方体抗压强度(MPa)；

$D$——混凝土养护龄期(d)；

$a$、$b$——参数。

②根据现场的实测混凝土养护温度资料，用式(20-32)计算混凝土已达到的等效龄期(相当于20℃标准养护的时间)：

$$t = \sum(\alpha_T \cdot t_T) \tag{20-32}$$

式中：$t$——等效龄期(h)；

$\alpha_T$——温度为$T$℃的等效系数，按表20-60采用；

$t_T$——温度为$T$℃的持续时间(h)。

**温度 $T$ 与等效系数 $\alpha_T$ 表** 表20-60

| 温度$T$(℃) | 等效系数($\alpha_T$) | 温度$T$(℃) | 等效系数($\alpha_T$) | 温度$T$(℃) | 等效系数($\alpha_T$) |
|---|---|---|---|---|---|
| 50 | 3.16 | 28 | 1.45 | 6 | 0.43 |
| 49 | 3.07 | 27 | 1.39 | 5 | 0.40 |
| 48 | 2.97 | 26 | 1.33 | 4 | 0.37 |
| 47 | 2.88 | 25 | 1.27 | 3 | 0.35 |
| 46 | 2.80 | 24 | 1.22 | 2 | 0.32 |
| 45 | 2.71 | 23 | 1.16 | 1 | 0.30 |
| 44 | 2.62 | 22 | 1.11 | 0 | 0.27 |
| 43 | 2.54 | 21 | 1.05 | -1 | 0.25 |
| 42 | 2.46 | 20 | 1.00 | -2 | 0.23 |
| 41 | 2.38 | 19 | 0.95 | -3 | 0.21 |
| 40 | 2.30 | 18 | 0.91 | -4 | 0.20 |
| 39 | 2.22 | 17 | 0.86 | -5 | 0.18 |
| 38 | 2.14 | 16 | 0.81 | -6 | 0.16 |
| 37 | 2.07 | 15 | 0.77 | -7 | 0.15 |
| 36 | 1.99 | 14 | 0.73 | -8 | 0.14 |
| 35 | 1.92 | 13 | 0.68 | -9 | 0.13 |
| 34 | 1.85 | 12 | 0.64 | -10 | 0.12 |
| 33 | 1.78 | 11 | 0.61 | -11 | 0.11 |
| 32 | 1.71 | 10 | 0.57 | -12 | 0.11 |
| 31 | 1.65 | 9 | 0.53 | -13 | 0.10 |
| 30 | 1.58 | 8 | 0.50 | -14 | 0.10 |
| 29 | 1.52 | 7 | 0.46 | -15 | 0.09 |

③以等效龄期$t$作为$D$代入式(20-31)可算出强度。

(3)用图解法估算混凝土强度宜按下列步骤进行：

①根据标准养护试件各龄期强度数据，在坐标纸上画出龄期—强度曲线；

②根据现场实测的混凝土养护温度资料，计算混凝土达到的等效龄期；

③根据等效龄期数值,在龄期—强度曲线上查出相应强度值,即为所求值。

**【例 20-5】** 某混凝土经试验,测得 20℃标准养护条件下各龄期强度如表 20-61 所示。混凝土浇筑后,初期养护阶段测温记录如表 20-62 所示。求混凝土浇筑后 38h 的强度。

**混凝土标准养护强度** 表 20-61

| 龄期(d) | 1 | 2 | 3 | 7 |
|---|---|---|---|---|
| 强度(MPa) | 4.0 | 11.0 | 15.4 | 21.8 |

**混凝土浇筑后测温记录及计算** 表 20-62

| 1 | 2 | 3 | 4 | 5 | 6 |
|---|---|---|---|---|---|
| 从浇筑起算的时间(h) | 温度(℃) | 间隔的时间 $t_T$(h) | 平均温度 $T$(℃) | $\alpha_T$ | $\alpha_T \cdot t_T$ |
| 0 | 14 | — | — | — | — |
| 2 | 20 | 2 | 17 | 0.86 | 1.72 |
| 4 | 26 | 2 | 23 | 1.16 | 2.32 |
| 6 | 30 | 2 | 28 | 1.45 | 2.90 |
| 8 | 32 | 2 | 31 | 1.65 | 3.30 |
| 10 | 36 | 2 | 34 | 1.85 | 3.70 |
| 12 | 40 | 2 | 38 | 2.14 | 4.28 |
| 38 | 40 | 26 | 40 | 2.30 | 59.80 |
| $t=\sum\alpha_T \cdot t_T$ | | | | | 78.2 |

**解**:(1)计算法

①根据表 20-61 数据进行回归分析求得曲线方程式:

$$f = 29.459e^{-\frac{1.989}{D}} \tag{20-33}$$

②根据测温记录,经计算求得等效龄期 $t = 78.2$h(3.26d),见表 20-62。

③取 $t$ 作为龄期(d)代入式(20-33)求得混凝土强度值:

$$f = 29.459e^{-\frac{1.989}{3.26}} = 16.0(\text{MPa})$$

(2)图解法

①根据表 20-61 画出龄期—强度曲线,如图 20-16 所示;

②根据表 20-62 计算等效龄期 $t$;

③以等效龄期 $t$ 作为龄期,在龄期—强度曲线上,查得相应强度值为 16MPa,即为所求值。

(3)当采用蓄热法或综合蓄热法养护时,亦可按如下步骤求算混凝土强度。

①用标准养护试件各龄期强度数据,经回归分析拟合成成熟度—强度曲线方程:

$$f = a \cdot e^{-\frac{b}{M}} \tag{20-34}$$

式中:$f$——混凝土抗压强度(MPa);

$a$、$b$——参数;

$M$——混凝土养护的成熟度(℃·h),按下式计算:

$$M = \sum(T+15)t \tag{20-35}$$

$T$——在时间段 $t$ 内混凝土平均温度(℃);

$t$——温度为 $T$ 的持续时间(h)。

②取成熟度 $M$ 代入式(20-34)可算出强度 $f$。

③取强度 $f$ 乘以综合蓄热法调系数 0.8。

【例 20-6】 某混凝土采用综合蓄热法养护，浇筑后混凝土测温记录见表 20-63。用该混凝土成型的试件，在标准条件下养护各龄期强度见表 20-64。求混凝土养护到 80h 时的强度。

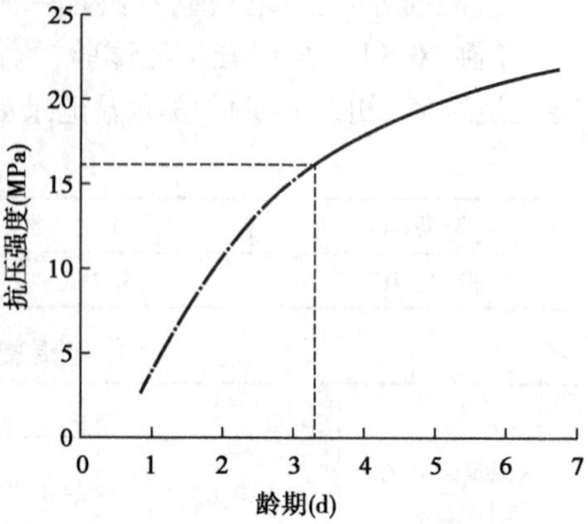

**解**：(1)根据标准养护试件的龄期和强度资料算出成熟度，见表 20-64。

(2)用表 20-64 的成熟度—强度数据，经回归分析拟合成如下曲线方程：

$$f = 20.627\mathrm{e}^{-\frac{2\,310.668}{M}}$$

(3)根据养护测温资料，按式(20-35)计算成熟度，见表 20-63。

(4)取成熟度 $M$ 值代入上式即求出 $f$ 值：

$$f = 20.627\mathrm{e}^{-\frac{2\,310.668}{1\,370}} = 3.8(\mathrm{MPa})$$

(5)将所得的 $f$ 值乘以系数 0.8，$3.8 \times 0.8 = 3.04$ (MPa)，即为经 80h 养护后混凝土达到的强度，见表 20-64。



图 20-16 混凝土龄期—强度曲线

混凝土浇筑后测温记录及计算 表 20-63

| (1) | (2) | (3) | (4) | (5) |
|---|---|---|---|---|
| 从浇筑起算的时间(h) | 实测养护温度(℃) | 间隔的时间 $t$(h) | 平均温度 $T$(℃) | $(T+15)t$ |
| 0 | 15 | — | — | — |
| 4 | 12 | 4 | 13.5 | 114 |
| 8 | 10 | 4 | 11.0 | 104 |
| 12 | 9 | 4 | 9.5 | 98 |
| 16 | 8 | 4 | 8.5 | 94 |
| 20 | 6 | 4 | 7.0 | 88 |
| 24 | 4 | 4 | 5.0 | 80 |
| 32 | 2 | 8 | 3.0 | 144 |
| 40 | 0 | 8 | 1.0 | 128 |
| 60 | −2 | 20 | −1.0 | 280 |
| 80 | −4 | 20 | −3.0 | 240 |
| $\Sigma(T+15)t$ | | | | 1 370 |

标准养护各龄期混凝土强度 表 20-64

| 龄期(d) | 1 | 2 | 3 | 7 |
|---|---|---|---|---|
| 强度(N/mm²) | 1.3 | 5.4 | 8.2 | 13.7 |
| 成熟度(℃·h) | 840 | 1 680 | 2 520 | 5 880 |

3. 混凝土成熟度与强度对照表推算

混凝土成熟度与强度对照表推算，见表 20-65 及表 20-66。

**C20 混凝土成熟度与强度对照表** 表 20-65

| 成熟度（℃·h） | 混凝土强度（MPa） | | | |
|---|---|---|---|---|
| | 普通水泥 | | 矿渣水泥 | |
| | 外加剂Ⅰ | 外加剂Ⅱ | 外加剂Ⅰ | 外加剂Ⅱ |
| 300 | 0.3 | 0.5 | 0.3 | 0.4 |
| 320 | 0.5 | 0.6 | 0.4 | 0.5 |
| 340 | 0.6 | 0.7 | 0.6 | 0.6 |
| 360 | 0.7 | 0.9 | 0.7 | 0.7 |
| 380 | 0.9 | 1.0 | 0.8 | 0.9 |
| 400 | 1.0 | 1.2 | 1.0 | 1.0 |
| 420 | 1.2 | 1.4 | 1.1 | 1.1 |
| 440 | 1.4 | 1.6 | 1.3 | 1.3 |
| 460 | 1.5 | 1.7 | 1.4 | 1.4 |
| 480 | 1.7 | 1.9 | 1.6 | 1.6 |
| 500 | 1.9 | 2.1 | 1.8 | 1.7 |
| 520 | 2.1 | 2.3 | 1.9 | 1.9 |
| 540 | 2.3 | 2.5 | 2.1 | 2.0 |
| 560 | 2.5 | 2.7 | 2.3 | 2.2 |
| 580 | 2.7 | 2.8 | 2.5 | 2.4 |
| 600 | 3.0 | 3.0 | 2.6 | 2.5 |
| 620 | 3.2 | 3.2 | 2.8 | 2.7 |
| 640 | 3.4 | 3.4 | 3.0 | 2.8 |
| 660 | 3.6 | 3.6 | 3.2 | 3.0 |
| 680 | 3.8 | 3.8 | 3.4 | 3.1 |
| 700 | 4.0 | 3.9 | 3.5 | 3.3 |
| 720 | 4.2 | 4.1 | 3.7 | 3.4 |
| 740 | 4.4 | 4.3 | 3.9 | 3.5 |
| 760 | 4.6 | 4.4 | 4.1 | 3.7 |
| 780 | 4.8 | 4.6 | 4.2 | 3.8 |
| 800 | 5.0 | 4.8 | 4.4 | 4.0 |
| 820 | 5.2 | 4.9 | 4.6 | 4.1 |
| 840 | 5.4 | 5.1 | 4.7 | 4.2 |
| 860 | 5.6 | 5.3 | 4.9 | 4.4 |
| 880 | 5.8 | 5.4 | 5.1 | 4.5 |
| 900 | 6.0 | 5.6 | 5.2 | 4.6 |
| 920 | 6.2 | 5.7 | 5.4 | 4.7 |

续上表

| 成熟度(℃·h) | 混凝土强度(MPa) | | | |
|---|---|---|---|---|
| | 普通水泥 | | 矿渣水泥 | |
| | 外加剂Ⅰ | 外加剂Ⅱ | 外加剂Ⅰ | 外加剂Ⅱ |
| 940 | 6.4 | 5.9 | 5.5 | 4.9 |
| 960 | 6.6 | 6.0 | 5.7 | 5.0 |
| 980 | 6.7 | 6.1 | 5.8 | 5.1 |
| 1 000 | 6.9 | 6.3 | 6.0 | 5.2 |
| 1 100 | 7.8 | 6.9 | 6.7 | 5.8 |
| 1 200 | 8.6 | 7.5 | 7.3 | 6.2 |
| 1 300 | 9.3 | 8.1 | 7.9 | 6.7 |
| 1 400 | 10.0 | 8.6 | 8.5 | 7.1 |
| 1 500 | 10.6 | 9.1 | 9.0 | 7.5 |
| 1 600 | 11.2 | 9.5 | 9.5 | 7.9 |
| 1 700 | 11.7 | 9.9 | 9.9 | 8.2 |
| 1 800 | 12.2 | 10.2 | 10.3 | 8.5 |
| 1 900 | 12.7 | 10.6 | 10.7 | 8.7 |
| 2 000 | 13.1 | 10.9 | 11.0 | 9.0 |

**C30 混凝土成熟度与强度对照表** 表 20-66

| 成熟度(℃·h) | 混凝土强度(MPa) | | | |
|---|---|---|---|---|
| | 普通水泥 | | 矿渣水泥 | |
| | 外加剂Ⅰ | 外加剂Ⅱ | 外加剂Ⅰ | 外加剂Ⅱ |
| 300 | 0.7 | 1.5 | 0.3 | 0.4 |
| 320 | 0.9 | 1.8 | 0.4 | 0.5 |
| 340 | 1.2 | 2.1 | 0.6 | 0.7 |
| 360 | 1.4 | 2.5 | 0.7 | 0.8 |
| 380 | 1.7 | 2.8 | 0.9 | 1.0 |
| 400 | 2.0 | 3.1 | 1.0 | 1.1 |
| 420 | 2.2 | 3.5 | 1.2 | 1.3 |
| 440 | 2.5 | 3.8 | 1.4 | 1.5 |
| 460 | 2.9 | 4.1 | 1.6 | 1.7 |
| 480 | 3.2 | 4.4 | 1.8 | 1.9 |
| 500 | 3.5 | 4.8 | 2.0 | 2.1 |
| 520 | 3.8 | 5.1 | 2.2 | 2.3 |
| 540 | 4.2 | 5.4 | 2.5 | 2.5 |
| 560 | 4.5 | 5.7 | 2.7 | 2.7 |
| 580 | 4.8 | 6.0 | 2.9 | 2.9 |
| 600 | 5.2 | 6.3 | 3.2 | 3.1 |
| 620 | 5.5 | 6.6 | 3.4 | 3.3 |

续上表

| 成熟度（℃·h） | 混凝土强度(MPa) | | | |
|---|---|---|---|---|
| | 普通水泥 | | 矿渣水泥 | |
| | 外加剂Ⅰ | 外加剂Ⅱ | 外加剂Ⅰ | 外加剂Ⅱ |
| 640 | 5.8 | 6.9 | 3.6 | 3.5 |
| 660 | 6.2 | 7.2 | 3.9 | 3.7 |
| 680 | 6.5 | 7.5 | 4.1 | 3.9 |
| 700 | 6.8 | 7.8 | 4.4 | 4.2 |
| 720 | 7.2 | 8.0 | 4.6 | 4.4 |
| 740 | 7.5 | 8.3 | 4.8 | 4.6 |
| 760 | 7.8 | 8.5 | 5.1 | 4.8 |
| 780 | 8.1 | 8.8 | 5.3 | 5.0 |
| 800 | 8.4 | 9.0 | 5.5 | 5.2 |
| 820 | 8.7 | 9.3 | 5.8 | 5.3 |
| 840 | 9.0 | 9.5 | 6.0 | 5.5 |
| 860 | 9.3 | 9.7 | 6.2 | 5.7 |
| 880 | 9.6 | 10.0 | 6.5 | 5.9 |
| 900 | 9.9 | 10.2 | 6.7 | 6.1 |
| 920 | 10.2 | 10.4 | 6.9 | 6.3 |
| 940 | 10.5 | 10.6 | 7.1 | 6.5 |
| 960 | 10.8 | 10.8 | 7.4 | 6.6 |
| 980 | 11.0 | 11.0 | 7.6 | 6.8 |
| 1 000 | 11.3 | 11.2 | 7.8 | 7.0 |
| 1 100 | 12.6 | 12.1 | 8.8 | 7.3 |
| 1 200 | 13.7 | 12.9 | 9.8 | 8.5 |
| 1 300 | 14.8 | 13.6 | 10.6 | 9.2 |
| 1 400 | 15.8 | 14.2 | 11.5 | 9.9 |
| 1 500 | 16.7 | 14.8 | 12.2 | 10.4 |
| 1 600 | 17.5 | 15.4 | 12.9 | 11.0 |
| 1 700 | 18.3 | 15.9 | 13.6 | 11.5 |
| 1 800 | 19.0 | 16.3 | 14.2 | 11.9 |
| 1 900 | 19.7 | 16.7 | 14.8 | 12.4 |
| 2 000 | 20.3 | 17.1 | 15.3 | 12.8 |

注:1. 表 20-65 和表 20-66 是北京市建筑工程研究所会同北京市建筑总公司等单位研究编制的。

2. 表内外加剂Ⅰ即表 20-67 序号 1,外加剂Ⅱ即表 20-67 序号 2 的外加剂。

**热材料混凝土掺用抗冻剂的掺量、操作条件及效果** 表 20-67

| 序号 | 室外温度(℃) | 掺量(水泥重量的%) | | | | | 操作条件 | 使用效果 |
|---|---|---|---|---|---|---|---|---|
| | | 三乙醇胺 | 氯化钠 | 亚硝酸钠 | 硫酸钠 | 木钙 | | |
| 1 | 0 | 0.03 | — | — | 2.0 | 0.30 | 浇筑温度 > 10℃,覆盖保温,维持 72h | 可达设计强度 40% |
| 2 | -5 | | — | 2.0 | 2.0 | 建1<br>0.5 | 浇筑温度 > 10℃,覆盖保温,维持 72h | 可达设计强度 40% |
| 3 | -5 ~ -10 | 0.05 | 0.5 ~ 1.0 | 0.5 ~ 1.0 | — | — | 浇筑温度 > 15℃,覆盖保温在 0℃ 以上,维持 72h | 可达设计强度 40% |
| 4 | -10 ~ -15 | 0.05 | 0.5 ~ 1.0 | 0.5 ~ 1.0 | — | — | 浇筑温度 > 25℃,覆盖保温要求严于序号 3,维持 72h | 可达设计强度 40% |

## 十、冬季混凝土常见质量事故原因分析及防治方法

1. 防冻剂不符合要求而出现质量事故

1) 掺氯盐过量造成钢筋锈蚀

(1) 事故现象

一般在交付使用后两年左右,混凝土构件沿主筋开裂,越裂越严重,最后钢筋周围的混凝土保护层完全脱落,使钢筋露在外面。

预应力钢筋混凝土折线形屋架,交付使用后沿屋架下弦产生裂缝,屋架上弦也沿受力钢筋产生了裂缝。

工业建筑中大型屋面板沿大肋产生裂缝,使混凝土保护层脱落,大肋中受力筋外露。

钢筋混凝土柱在钢筋位置处沿竖向产生通胀裂缝,经过十余年锈蚀过程,使受力筋直径由原 25mm 缩小至 16mm,原 69mm 的箍筋已锈断。

现浇钢筋混凝土板底的钢筋保护层完全脱落。

(2) 原因分析

氯盐对钢筋有锈蚀作用,超量掺氯盐,又没有加阻锈剂,使受力筋生锈。锈体积膨胀,沿受力筋方向将混凝土保护层胀裂,随着时间的推移,锈越来越多,最后保护层脱落。

(3) 防治方法

冬季施工一般的钢筋混凝土结构可以采用加阻锈剂的氯盐防冻剂,其掺量不得超过《混凝土外加剂应用技术规范》(GB 50119)规定。混凝土必须振捣密实,不宜用蒸汽养护。

2) 防冻剂超掺量使混凝土后期强度不足

防冻剂与早强复合剂使用时,通常用三乙醇胺作早强剂。为使混凝土很快具有临界强度,而超掺量使用三乙醇胺结果适得其反,使混凝土后期强度损失很大。其常用掺量为 0.03% ~ 0.04%,不得超过 0.05%。

冬季大量使用亚硝酸钠使混凝土强度不足,影响耐久性。有的增掺 6%,严重影响混凝土质量。

3)现浇框架掺硫酸钠出现粉色

(1)事故现象

框架冬季施工中,掺入硫酸钠,拆模后在混凝土表面出现粉色,将粉色清除后形成一个洞,在混凝土反面及内部均有。

(2)原因分析

由于硫酸钠搅拌不均匀,小范围集堆,当混凝土硬化后集堆的硫酸钠开始鼓包,打碎鼓包后是一堆粉状物质,使混凝土形成空洞。

(3)防治方法

硫酸钠的最大允许掺量应当严格控制,粉状硫酸钠应控制细度,不得有结块现象,有条件时也可配制成不超过4%浓度的溶液,但不得有结晶沉淀物。否则应加热搅拌均匀后,方可使用。

将已形成事故的表面层粉包打碎,清除粉包,用水冲洗干净后堵抹高强度等级的水泥浆。

2.混凝土养护不符合要求出现质量事故

(1)模板保温失效或裸露混凝土面覆盖措施不利使混凝土表面受冻害。

①事故现象

拆模后混凝土表面产生0.3~1.0cm厚的冻酥层。其受害部位是:浇筑桩基础露出地面部位;柱的四周;大模板两侧,装配式大板接头处;筏片基础表面;现浇梁受力筋保护层等。

②事故处理

杯形基础的杯口发生冻害,情况严重者应将杯口混凝土拆除打掉,重新浇筑;如不太严重可在杯口外侧捣制一个混凝土箍,加强杯口承载能力。

柱受冻害应将表面受冻发酥部分打掉,在外圈捣制一个筒套,筒套下面直接放在基础台阶上,上端顶住梁底皮,使套能起箍的作用,也起支柱作用。

大模板受冻可采取钢筋混凝土夹板加固方案,在受冻墙体两侧用C30豆石混凝土喷射加固,使墙体厚度加大,保证楼板的支座安全可靠,也保证墙的稳定和承载能力。

梁底受冻应检查梁底混凝土,把受冻混凝土打掉,在梁底重新支模,一侧支成斜坡,以便使混凝土筑得密实。

(2)采用内部通气法养护混凝土出现裂缝。

①事故现场

冬季施工钢筋混凝土连续梁,采用内部通蒸汽的方法进行养护。在截面中心处设置一根通长钢管,浇筑混凝土时打在里面。解冻拆模后发现沿梁长方向出现横向裂缝,裂缝间距有规律,裂缝贯通梁宽(裂透),裂缝呈中间宽、两头小,都在钢管处。裂缝没有上下贯通,距梁上皮和下皮都有一定距离。

②原因分析

a.浇筑混凝土后,通气钢管与混凝土牢固地黏结在一起,由于通长的钢管长度超过允许范围,在通气与停气温差作用下钢管与混凝土变形不同,使混凝土产生拉应力而开裂。

b.通入蒸汽温度过高,一方面造成送气与停气之间的温差过大,同时也造成了管壁处的混凝土出现干裂,形成初始裂缝。

c.梁模板处缺少保温措施,在室外气温较低的情况下,梁表面热量很快就散失,造成蒸汽管处混凝土与表面混凝土温差过大而产生裂缝。

③防治方法

a.梁超过15m时,不应采用通长的钢管作蒸汽养护,而应采取胶囊充水或充气使其成孔,然后抽出形成送汽孔道的办法进行冬季施工养护。这样避免了钢管与混凝土由于温差过大产生不同的变形，同时使蒸汽直接与混凝土接触，养护效果较好。

b. 室外气温较低时，模板侧面与底面都要有保温覆盖措施，避免通气后内外温差过大，也避免表面早期受冻。

c. 通入蒸汽最高温度不宜超过60℃。

d. 采用埋入钢管或铁皮管作为通气孔道时，为了避免与混凝土黏结在一起，在混凝土终凝前要及时扭转钢管。

对于事故的处理：因裂缝均不在主要受力部位、上下又没有贯通、裂缝在中轴部位，对梁受力影响不大，故不必作加固处理，只要用环氧树脂将裂缝密封闭即可。特别是对于处在潮湿和有侵蚀介质车间的梁对封闭质量应严格控制，以防锈蚀钢筋。

(3)板面出现横向裂缝。

①事故现象

混凝土冬季施工，大型屋面板还没有出厂就产生了横向裂缝。

②原因分析

a. 冬季用钢模生产大型屋面板，采用蒸汽养护，出窑时，窑外温度较低，降温过快使窑内外温差过大，混凝土薄板面剧烈收缩受到大肋的约束，使板面产生了拉应力而出现开裂。

b. 初冬在台座上生产大型屋面板，当气温突然下降时，板面混凝土收缩受到了底模的限制，使板面出现拉应力而出现横向裂缝。

③防治方法

a. 严格控制生产过程中的温差，如台座生产板时，遇有突然降温可采取临时覆盖措施进行保温；窑内蒸养时，出窑可采取临时保温措施，避免冬季室外温度较低产生过大温差。

b. 在板面加强应力筋，提高抗裂度。此预应力筋的配置还可以解决放张后由于反拱而产生裂缝。

(4)冬季采用硫铝酸盐水泥节点粉化。

①事故现象

混凝土表面发白、脱皮、粉化、强度不足。

②原因分析

节点混凝土用硫铝酸盐水泥没有采取湿养护，使节点混凝土早期脱水而造成。

③防治方法

早期要湿养护，掺外加剂，防止脱水。

但是，节点的刚性是保证结构整体性非常重要的因素。强度较低者应拆除。

(5)墙板局部黏结、边角脱落。

①事故现象

拆模时出现局部有黏结掉皮现象，在边角处有掉角现象，混凝土强度满足要求，没有受冻现象。

②原因分析

当冬季施工采用电热法或远红外线法养护时，由于温度不均匀，一块板的养护条件差别过大而造成。

③防治方法

模板设置电阻丝时，对散热比较大的部位，应当加密，同时也要采取加强覆盖等保温措施。

用豆石混凝土将掉角部位重新浇筑,对黏结部位也要补平。补强加固所用的混凝土强度等级应比墙板混凝土强度等级提高一级,并将掉角和黏结处的混凝土凿毛茬,使新旧混凝土牢固结合在一起,特别是边角部位尤为重要。

(6)预制外墙板装修层空鼓裂缝。

①事故现象

外墙板装修层施工完毕后,大多数在使用阶段发生空鼓裂缝(两层皮)现象,个别有脱落现象。

②原因分析

预制外墙板在蒸养时由于板面早期脱水,表面产生白色粉末,形成隔离层,使装修层与大板脱离。还有模板内侧刷不合乎要求的隔离层,只为拆模方便,使板面黏上隔离层也是原因之一。

③防治方法

a. 做装饰层之前将板面用钢刷洗净,然后再补抹底灰。

b. 控制蒸养温度不能过高,升温不能过急,要有预养阶段,其温度以15℃~20℃为宜,升温后也不应超过60℃。

c. 严格掌握模板内侧所刷的隔离剂。

d. 已经投入使用的建筑物,在外墙面上出现装修层空鼓裂缝者,应将空鼓的装修层打掉,打掉后用钢刷将板面清洗干净后再重新补做装修层。

(7)柱强度满足要求但掉角严重。

①事故现象

冬季施工现浇混凝土柱时,采用蒸汽外套法或埋管法养护时,拆模后发现掉角严重,但柱子本身的混凝土强度能满足要求、没有受冻。

②原因分析

由于冬季施工木模板不浇水,蒸养后木模板吸水膨胀,在横向将混凝土拉裂而掉角。实际是在拆模之前就已经发生了掉角现象。

③防治方法

a. 在木模板上加小八字角。

b. 木模板采用纵向竖纹的。

c. 浇筑之前将木马板预热湿润。

d. 用豆石混凝土将掉角部位重新浇筑或抹好,使其与原有混凝土紧密结合在一起。不得用抹墙的一般砂浆进行抹灰处理。

### 3. 越冬工程冬季维护措施不符合要求出现质量事故

#### 1)筏板基础越冬产生裂缝

(1)事故现象

越冬的筏板基础产生裂缝、裂缝走向没有规律。

(2)原因分析

裂缝原因有两个:一是筏板基础混凝土浇筑完毕后,没有及时回填,将筏板基础暴露在外面,形成露天结构,由于温度应力过大而产生裂缝;二是在筏板上面没有设置足够的保温层,使地基冻胀,筏板基础产生裂缝。

(3)防治方法

越冬的筏板基础,在入冬时对筏板要进行保温处理:一是保证地基土不受冻;二是使筏板温差不能过大,避免产生过大应力。保温一般用袋装珍珠岩整袋铺设即可。

2)框架、多跨梁越冬出现裂缝

(1)事故现象

在一些工业和民用建筑工程中,框架和多跨梁因当年不能交付使用,在越冬过程中出现横向裂缝,夏季有所恢复。裂缝的间距一般不小于20m。个别施工期较长的工程需要跨几个年度时,此裂缝每年冬季发生一次。

(2)原因分析

越冬的框架、多跨梁相当于露天结构。露天结构与室内结构的伸缩缝最大间距是不同的,露天结构因为温差大,伸缩缝要求较严格,因设计只考虑在正常使用情况下,且结构处于室内,如变为露天,结构全长将超过规范规定的伸缩缝最大间距。由于越冬时室外气温较低,在框架横梁上和多跨现浇梁上产生温度裂缝。梁上产生温度裂缝一般为一处,多者两处。由于工程越冬时没按设计规范中规定的伸缩缝最大间距采取有效措施而产生温度裂缝。

(3)防治方法

当确定工程必须越冬时,应由施工、设计单位共同协商有效越冬措施,可在适当位置上,横梁或框架上留出一段暂不浇筑混凝土,避免产生温度应力,待条件许可时再进行二次浇筑。但应注意:将梁切断后必须保证结构的整体稳定性。

3)水池越冬产生裂缝

(1)事故现象

某地修建一隔油池,当年没有投入使用,敞口过冬,冬季出现20余条裂缝,缝宽0.3mm,渗漏严重。

(2)原因分析

由于隔油池比较大,越冬时没有按规定加以维护,在温度应力作用下,其产生多处裂缝。这类裂缝在严寒地区更为多见。

(3)防治方法

对池底、池壁在越冬时应做有效的保温覆盖处理,覆盖保温层厚度由热工计算确定。

若水池混凝土强度还没有达到临界强度时而停工越冬,除了要求做好覆盖保温,还必须加热养护,直至使其强度达到临界强度为止。在越冬前必须把池内的液体放出,以免遭受冻胀。

对裂缝宽度较小者采用环氧树脂补填缝隙,对大于2mm宽的缝子用环氧树脂腻子堵缝,效果较好。

## 十一、冬季混凝土施工的安全技术

冬季施工主要应做好防火、防寒、防毒、防滑、防爆等工作。

(1)冬季施工前各类脚手架要加固,要加设防滑设施,及时清除积雪。

(2)易燃材料必须经常注意清理,必须保证消防水源的供应,保证消防道路的畅通。

(3)严寒时节,施工现场应根据实际需要和规定配设挡风设备。

(4)要防止一氧化碳中毒,防止锅炉爆炸。

## 第二节　雨季(期)混凝土施工

雨季又称雨期。雨季混凝土施工适用于现浇框架、框架剪力墙及全现浇剪力墙结构中钢筋 、混凝土分项工程的雨季施工。

下雨对混凝土的施工极为不利。雨水会增大混凝土的水灰比,导致强度降低。刚浇好的混凝土遭雨淋,表面的水泥浆被稀释、冲走、产生露石现象,如果遇上雨还会使石子松动,造成混凝土表面破损,导致截面削弱。如受损的这一表面为混凝土受拉区,钢筋保护层将损坏,从而影响混凝土构件的承载能力。

### 一、雨季施工特点

(1)雨季施工的开始具有突然性。由于暴雨山洪等恶劣天气往往不期而至,这就需要雨季施工的准备和防范措施及早进行。

(2)雨季施工带有突击性。因为雨水对建筑结构和地基基础的冲刷或浸泡具有严重的破坏性,必须迅速及时地防护,才能避免工程造成损失。

(3)雨季往往持续时间很长。阻碍了工程(主要包括土方工程、屋面工程等)顺利进行,拖延工期,对这一点应事先有充分估计并作好合理安排。

### 二、雨季施工的要求

(1)编制施工组织计划时,要根据雨季施工的特点,将不宜在雨季施工的分项工程提前或拖后安排,对必须在雨期施工的工程制定有效的措施,进行突击施工。

(2)合理进行施工安排,做到晴天抓紧室外工作,雨天安排室内工作,尽量缩小雨天室外作业时间和工作面。

(3)密切注意气象预报,做好抗台风、防汛等准备工作,必要时应及时加固在建的工程。

(4)做好建筑材料防雨防潮工作。

### 三、雨季施工准备

(1)现场排水。施工现场的道路、设施必须做到排水畅通,尽量做到雨停水干。要防止地面水排入地下室、基础、地沟内。要做好对危石的处理,防止滑坡和塌方。

(2)原材料、成品、半成品的防雨。水泥应按“先收先发”“后收后发”的原则,避免久存受潮而影响水泥的活性。木门窗等易受潮变形的半成品应在室内堆放,其他材料也应注意防雨及材料四周排水。

(3)在雨季前应做好现场房屋、设备的排水防雨准备。

(4)备足排水需用的水泵及有关器材,准备适量的塑料布、油毡等防雨材料。

### 四、雨季施工的技术措施

(1)应避免在下雨的时候进行混凝土的施工。如遇小雨,工程未结束,应将运输车和刚浇完的混凝土用防雨布盖好,并调整用水量,适当加大水泥用量,使坍落度随浇筑高度的上升而减小,最后一层为干硬性混凝土。如遇大雨无法施工时,需要将施工缝留在适当位置,采用滑膜施工的混凝土应将模板滑动 1 ~ 2 个行程,并在上面盖好防雨苫布。

(2)现场搅拌混凝土的工程雨季施工要随时测定雨后砂石的含水率,及时调整配合比,使用预拌混凝土的工程要与搅拌站签订技术合同,要求其雨后及时测定砂石含水率,调整配合比,并做好记录。大面积、大体积混凝土连续浇筑时预先了解天气情况,遇雨时合理留置施工缝,混凝土浇筑完毕后,进行覆盖,避免被雨水冲刷。拆模后的混凝土表面及时进行养护,以避免产生干缩裂缝。

(3)模板保证支撑系统支在牢固坚实的基础上(必要时加通长垫木,并有排水措施,避免支撑下沉)。柱及板墙模板应留清扫口,以利排除杂物及积水。

(4)对各类模板加强防风紧固措施,在临时停放时考虑防止大风失稳。

(5)涂刷水溶性脱模剂的模板防止脱模剂被雨水冲刷,保证顺利脱模和混凝土表面质量。

(6)钢筋焊接不得在雨天进行,防止焊缝或接头脆裂。

(7)垫层上应多留几处集水坑,有利于底板混凝土浇筑前的雨水排除(后浇带也要留集水坑)。

## 五、雨季施工的成品保护

为防止雨水从各层顶板后浇带处及各层楼板留洞处流到地下室和底板后浇带中,致使底板后浇带中的钢筋由于长期遭水浸泡而生锈,地下室顶板上的后浇带可用竹胶板进行封闭,竹胶板上覆盖彩条布。而各层洞口周围宜坐浆加盖板。楼梯间处可用临时挡雨棚罩或在底板上临时留集水坑以便抽水。具体做法如图 20-17 所示。

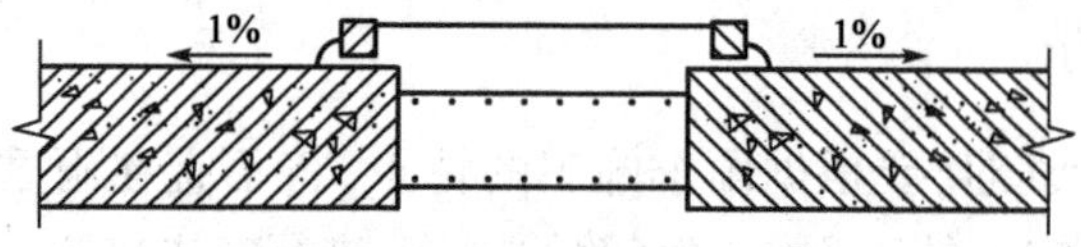


图 20-17　后浇带成品保护

对于已遇雨水冲刷的早期混凝土构件,必须进行详细的检查,必要时采取结构补强措施。

## 六、雨季施工的安全技术

雨季施工主要应做好防雨、防风、防雷、防电、防汛等工作。

(1)基础工程应开设排水沟、基槽、坑沟等。雨后积水应设置防护栏或警告标志,超过 1m 的基槽,井坑应设支撑。

(2)一切机械设备应设置在地势较高、防潮避雨的地方,要搭设防雨棚。机械设备的电源线路要绝缘良好,要有完善的保护。

(3)脚手架要经常检查,发现问题要及时处理或更换加固。

(4)高层建筑、脚手架和构筑物要按电气专业规定设临时避雷装置。

# 第三节　夏季(期)混凝土施工

## 一、概述

夏季(期)混凝土施工又称炎热条件下的混凝土施工。

当月平均气温超过 25℃时,即应用炎热条件下混凝土的施工方法与施工控制,把高温的影响控制在最小限度,直至完全消除高温条件下施工的混凝土所受的影响。

我国长江以南广大地区夏季气温较高，月平均气温超过25℃的有3个月左右，日最高气温有的高达40℃以上。所以，应重视夏季混凝土的施工。

我国主要城市5～9月月平均气温、日平均气温≥25℃始终日期及4、7、10月月平均最高气温见表20-68。

**全国主要城市夏季气温参考表** 表20-68

| 城市名 | 5～9月月平均气温(℃) | | | | | 4、7、10月月平均最高气温(℃) | | | 日平均气温≥25℃连续出现二日的始终日期 |
|---|---|---|---|---|---|---|---|---|---|
| | 5月 | 6月 | 7月 | 8月 | 9月 | 4月 | 7月 | 10月 | |
| 哈尔滨 | 14 | 20 | 22 | 21 | 14 | 13 | 28 | 12 | 7月1日～8月5日 |
| 长春 | 15 | 20 | 23 | 21 | 15 | 14 | 28 | 14 | 6月21日～8月10日 |
| 沈阳 | 17 | 21 | 24 | 23 | 17 | 15 | 30 | 16 | 6月26日～8月15日 |
| 乌鲁木齐 | 18 | 23 | 25 | 23 | 17 | 16 | 30 | 12 | 6月1日～8月25日 |
| 西宁 | 12 | 15 | 18 | 16 | 12 | 16 | 26 | 12 | 未出现 |
| 兰州 | 16 | 20 | 22 | 21 | 16 | 18 | 26 | 16 | 7月16日～8月5日 |
| 银川 | 17 | 21 | 23 | 22 | 16 | 18 | 26 | 16 | 7月6日～8月5日 |
| 西安 | 19 | 25 | 26 | 25 | 20 | 18 | 32 | 18 | 6月6日～8月31日 |
| 呼和浩特 | 14 | 20 | 21 | 20 | 13 | 14 | 26 | 14 | 7月1日～8月5日 |
| 太原 | 17 | 21 | 24 | 22 | 16 | 18 | 28 | 17 | 6月21日～8月15日 |
| 北京 | 20 | 24 | 26 | 25 | 19 | 18 | 30 | 18 | 6月1日～8月25日 |
| 天津 | 21 | 24 | 26 | 26 | 20 | 19 | 30 | 20 | 6月1日～8月31日 |
| 石家庄 | 21 | 25 | 26 | 24 | 20 | 20 | 32 | 20 | 5月26日～8月25日 |
| 济南 | 21 | 26 | 28 | 26 | 22 | 20 | 32 | 20 | 5月16日～9月15日 |
| 上海 | 19 | 23 | 29 | 28 | 24 | 18 | 32 | 22 | 6月11日～9月20日 |
| 南京 | 20 | 24 | 30 | 29 | 23 | 18 | 34 | 22 | 6月6日～9月10日 |
| 合肥 | 21 | 25 | 29 | 29 | 23 | 20 | 34 | 22 | 5月26日～9月10日 |
| 杭州 | 20 | 24 | 30 | 29 | 23 | 20 | 32 | 22 | 6月1日～9月15日 |
| 南昌 | 22 | 26 | 30 | 30 | 25 | 22 | 34 | 24 | 5月6日～9月25日 |
| 福州 | 22 | 25 | 29 | 29 | 26 | 22 | 34 | 26 | 5月11日～10月10日 |
| 台北 | 25 | 27 | 28 | 28 | 26 | 26 | 32 | 28 | 5月1日～10月15日 |
| 郑州 | 21 | 26 | 29 | 28 | 23 | 20 | 32 | 20 | 5月21日～8月31日 |
| 武汉 | 21 | 26 | 30 | 29 | 23 | 22 | 34 | 22 | 5月16日～9月20日 |
| 长沙 | 21 | 26 | 30 | 30 | 24 | 22 | 34 | 22 | 5月6日～9月25日 |
| 广州 | 26 | 28 | 20 | 29 | 27 | 26 | 34 | 28 | 4月21日～10月20日 |
| 南宁 | 26 | 28 | 29 | 28 | 26 | 26 | 34 | 28 | 4月6日～10月15日 |
| 成都 | 21 | 24 | 26 | 25 | 22 | 22 | 30 | 22 | 6月1日～8月31日 |
| 贵阳 | 19 | 22 | 24 | 23 | 20 | 22 | 30 | 22 | 6月16日～9月5日 |
| 昆明 | 19 | 20 | 20 | 20 | 18 | 22 | 26 | 20 | 未出现 |
| 拉萨 | 12 | 15 | 15 | 14 | 12 | 12 | 22 | 14 | 未出现 |

注：月平均气温有±1℃的变化。

炎热高温条件下进行混凝土施工,搅拌后的混凝土温度会升高,浇筑后的混凝土也要经受周围的高温影响。

高温环境对新拌混凝土及刚成型的混凝土的影响:

(1)集料及水的温度过高,对混凝土影响表现为:拌制时,水泥容易出现假凝现象;运输时,工作性损失大,捣固或泵送困难。

(2)成型后直接曝晒或干热风影响,对混凝土影响表现为:表面水分蒸发快,内部水分上升量低于表面蒸发量,面层急剧干燥,外硬内软,出现塑性裂缝。

(3)成型后白昼温度高夜间温度低,对混凝土的影响表现为:出现温差裂缝。

由于炎热条件下施工的混凝土容易发生上述缺点,有必要在开工前研究材料的选择、混凝土的配合比、拌制、运输、浇筑和养护等问题。

## 二、夏季混凝土原材料技术要求

1. 水泥

水泥的水化热太高,会对混凝土有不利的影响。对于混凝土的制成温度,水泥温度的影响并不大,一般水泥温度每 ±8℃约使混凝土的温度变化 ±1℃,但在初期有使混凝土容易变硬的缺点,为降低混凝土的温度,应尽量使用温度低的水泥,这对于防止水化热产生的温度裂缝是有效的。因此,炎热条件下不可使用水化热高的水泥。

2. 集料

集料温度对混凝土的温度影响较大,原因是集料的用量最大。一般是集料温度每 ±2℃使混凝土温度变化 ±1℃。施工时尽量使用低温度集料,要避免集料的温度上升,可以采取对集料给予覆盖以免日光直接照射,或洒水防止温度上升等措施。

3. 水

在材料之中,水的比热大,相当于水泥和集料的 4 ~ 5 倍。一般,水温每 ±4℃时,混凝土温度有 ±1℃的变化,所以水温对于混凝土制成温度的影响与使用量成正比。水的温度容易控制,容易使之降温,要降低混凝土的制成温度,利用低温水最为方便,可用地下水。储水罐、输水管要避免阳光直接照射,必要时可采用冷却措施。

## 三、夏季混凝土配合比设计

配合比设计的方法及步骤与常温条件下普通混凝土相同。但是,炎热条件下混凝土的单位用水量通常偏多,是混凝土发生缺陷的一大原因。因此,配合比设计还必须认真考虑以下几点:

(1)应采用优质集料,严格控制砂、石含泥量,并注意改善砂石级配。

(2)尽量压缩单位用水量,采取坍落度小、水灰比小的混凝土。

(3)掺入适当的减水缓凝剂。使用减水缓凝剂,对减小坍落度的效果不大,但是对捣固和整修工作有利,可以防止冷接头,又因单位用水量和单位水泥用量少而减少水化热的影响。

(4)确定配合比时,应根据运输和施工方法通过试拌确定。

## 四、夏季混凝土的施工工艺

1. 搅拌

炎热条件下搅拌成的混凝土,尽量采用温度低和水化热低的水泥。混凝土的搅拌温度应为30℃以下。如在浇筑时混凝土的温度超过30℃，将为施工产生许多困难，混凝土通常会出现缺陷。

搅拌时，混凝土的温度 $T$ 可依下列公式求得：

$$T=\frac{S(T_a w_a+T_c w_c)+T_f w_f+T_m w_m}{S(w_a+w_c)+w_f+w_m} \tag{20-36}$$

式中：$T$——混凝土拌和物的出料温度(℃)；

$S$——固体材料(水泥及集料)的平均比热，取0.2；

$w_a$——集料质量(kg)；

$T_a$——集料温度(℃)；

$w_c$——水泥质量(kg)；

$T_c$——水泥温度(℃)；

$w_f$——集料表面含水率，普通集料为面干饱和状态，轻集料为表面干燥状态；

$T_f$——集料表面水温度(℃)；

$w_m$——混凝土拌和用水量(kg)；

$T_m$——混凝土拌和用水温度(℃)。

混凝土实际的制成温度，由于水泥加水后的水化热和搅拌时机器发生的热，将比计算值高出若干。大致估计，要使混凝土温度下降1℃，则各种材料的温度均须降低，如水泥温度须降8℃、水温下降4℃、集料则须下降2℃。

2. 运输

在炎热条件下用车辆运输混凝土时坍落度将下降。为了确保要求的坍落度，经常是预先多加水泥浆以增大坍落度，这很不经济，它虽能保持坍落度，但有损混凝土其他性能。因此，要规划混凝土的运输方案，采取能防止运输时降低坍落度的方法，充分考虑气温和施工条件，希望搅拌好的混凝土受热或干燥时，不会降低坍落度，运输后不影响施工。运输设备要选择好，运送距离尽可能短，运输时间也要尽可能短，应在1h之内。私用手推车、轨道手推车、皮带运输机、翻斗车等，在白天覆盖以防阳光照射。用混凝土泵运输时，输送管要覆盖湿布。必须注意，在输送过程中，即使降低坍落度，在浇筑地点也不必加水再重新搅拌。

3. 浇筑

炎热条件下浇筑混凝土时，如与混凝土接触的部分高温而干燥，则浇筑在该处的混凝土水化特别快，混凝土的水分被吸收将不易彻底硬化。因此，模板、钢筋以及即将浇筑地点的基岩和旧混凝土等，在浇筑前可洒水冷却并使之吸足水分。在浇筑地点采取遮挡阳光和防止通风的设备，可避免温度升高和干燥。

在浇筑过程中，新老混凝土浇捣时间间隔要短，例如浇筑一道混凝土墙，应减少每一层段的尺寸，以缩短两个层段的浇捣间隔。施工地点尽量安排在白天气温较低处。热天混凝土坍落度消失快，因此浇筑和捣实混凝土要迅速，施工操作要精心，严格认真，一丝不苟。

在白天浇筑的混凝土，由于夜间温度降低和混凝土发生的热量形成混凝土内外温差，易于发生裂缝。因此避开阳光照射，对制作出低温混凝土和在夜间施工是有利的。

混凝土的温度高，凝结即快(混凝土温度达30℃比20℃快1～3h)，所以施工可能的间隔时间也相应地缩短，这样就容易产生接茬不良，而且混凝土冷却时的容积变化也大，而体积混凝土更易出现裂缝。因此，浇筑时的混凝土温度应低于35℃。

对于一些重要结构应尽量避开在高温季节施工，不得已时也要选择阴凉天气或改在夜间施工。

4. 养护

气温和混凝土的温度高，将促进混凝土的水分蒸发，而气温造成混凝土的高温，促使蒸发更甚。浇筑的混凝土表面水分急促蒸发，将造成混凝土的硬化不良和发生龟裂等缺陷，从而降低混凝土质量。

因此，浇筑后的混凝土，应立即在其表面覆盖薄膜等。在不能覆盖的情况下，可在表面喷水防止干燥。对于表面平整、有抹面加工的混凝土表面，可采用喷刷塑料薄膜养生液的方法进行养生。为了使混凝土表面于不受损伤的情况下硬化，要覆盖麻布、草帘子、席子等，并充分洒水，至少在24h内保持湿润状态。如密闭覆盖不再洒水，会由于急骤的水化热使表面干燥产生裂缝。对龄期较早的混凝土采取洒水养护时，如操作间断使混凝土忽湿忽干，很易造成龟裂，所以在一定时期内应常保持湿润状态。养护时要防止温度骤变、避免暴晒、风吹和暴雨浇淋，在气温变化较大的夜晚最好采用保暖材料加以保暖。对于重要结构至少湿润养生28d，停止养生时也要逐渐干燥，以避免裂缝的发生。

## 五、夏季混凝土的施工技术措施

在夏季（高温环境下）混凝土施工除上述工艺要求外，还应采取以下技术措施：

(1)材料

①掺用缓凝型外加剂。

②选用水化热低的水泥。

③供水管埋入土中，储水池加盖，避免太阳直接曝晒。

④当天用的砂、石、用防晒棚遮蔽。

⑤用深井冷水或在水中加碎冰，但不能让冰屑加入搅拌机内。

(2)搅拌设备

①送料装置及搅拌机不宜直接曝晒，应有荫棚。

②搅拌系统尽量靠近浇筑地点。

③运送混凝土的搅拌运输车，宜加设外部洒水装置或涂刷反光涂料。

(3)模板

①因干缩出现的模板裂缝，应及时填塞。

②浇筑前充分将模板淋湿。

(4)浇筑

①适当减小浇筑层厚度，从而减少内部温差。

②浇筑后及时用薄膜覆盖，不使水分外逸。

③露天预制场宜设置可移动荫棚，避免制品直接曝晒。

# 第二十一章　混凝土施工(生产)过程的质量控制

## 第一节　施工(生产)过程质量控制的概念

混凝土强度(主要是指抗压强度)通常是用来作为评价混凝土质量的一个重要技术指标,因为它能较综合地反映混凝土的各项质量指标。

混凝土强度是受多种因素影响的,每种组成材料的性能及其配比的变异,搅拌、运输、成型和养护等工艺条件的变异,都会引起混凝土强度的波动,且其波动是有一定规律可循的,即它的取值分布在一定的区间内,并以不同的概率出现。因此,从统计特性上讲,混凝土强度是一个随机变量。

随机变量按取值方式,有连续型随机变量和离散型随机变量两种。连续型随机变量是连续取值的变量,即可以取某区间内的任意值(如材料强度、滚珠直径等),此值又称计量值。离散型随机变量的取值是有限个,或无限个可逐个加以排列的数值(如某批产品的次品数、喷漆件外表的缺陷数等),此值又称计数值。

实践表明,混凝土强度属于连续型随机变量。在基本条件相同的情况下生产的一批混凝土,其强度的分布,一般可看作服从正态分布。评定混凝土质量好坏的数量标志是混凝土强度的平均值和标准差或变异系数。

根据施工的不同阶段,混凝土的质量控制可分为两大类:第一类是产品过程中的控制,称为生产控制;第二类是产品交付验收时的控制,称为合格控制。

施工控制是指在施工过程中为了使产品具有稳定的质量而建立的工序控制。

在施工过程中,引起工序特性数据变异的原因很多,一般可归纳为两类:一类是随机的偶然原因,它是指那些在现有技术水平下还不易控制的一些偶发性因素。要清除这类原因,不但在技术上有困难,而且在经济上也不合理。另一类是异常原因或是由于原材料质量突变或是由于生产工序不符合作业标准而产生的数据变异。这种变异可通过有关人员的努力与加强管理,从技术上予以消除。借助质量控制图中的控制界限,就能识别这两类因素,使生产能长期维持在稳定的质量状态下,这个状态称为质量控制状态或管理状态。

## 第二节　混凝土强度统计方法

为了对混凝土质量进行有效的控制,常要从波动的数据中找出其规律来,需借助于数理统计方法。

### 一、统计特征值

1.平均值

从我们要了解的混凝土总体中,抽出一部分混凝土做成试件(样本),得到一批强度数据:

$x_1, x_2, \cdots, x_n$，其算术平均值则代表该总体的平均水平，称为"样本均值"，其计算式为：

$$\bar{x} = \frac{x_1 + x_2 + \cdots + x_n}{n} = \frac{\sum_{i=1}^{n} x_i}{n} \tag{21-1}$$

2. 标准差（又称标准离差、均方差等）

一般来讲，要了解某工程的混凝土质量情况，除平均水平外，还必须掌握被考察的混凝土强度的波动情况。衡量混凝土强度波动性（即离散性）大小的指标称为标准差，其计算公式为：

$$\sigma_{n-1} = \frac{\sqrt{\sum_{i=1}^{n}(x_i - \bar{x})^2}}{n-1} = \sqrt{\frac{1}{n-1}\left(\sum_{i=1}^{n} x_i^2 - n \cdot \bar{x}^2\right)} \tag{21-2}$$

3. 变异系数

表示离散性大小的相对指标称变异系数。计算公式为：

$$C_v = \frac{\sigma_{n-1}}{\bar{x}} \times 100\% \tag{21-3}$$

## 二、频数直方图

经试验测得的某批混凝土强度，数据列于表 21-1。经过整理归纳，找出如表 21-2 所示的数据分布规律。

**混凝土实测强度举例（MPa）** 表 21-1

| | | | | | | | | | |
|---|---|---|---|---|---|---|---|---|---|
| 40.0 | 41.5 | 36.9 | 38.7 | 38.7 | 40.7 | 40.9 | 41.6 | 40.6 | 40.7 |
| 41.4 | 47.1 | 42.8 | 42.1 | 47.1 | 39.5 | 47.3 | 49.0 | 43.5 | 41.7 |
| 43.7 | 47.5 | 43.8 | 44.4 | 36.1 | 36.0 | 39.0 | 34.0 | 43.9 | 44.5 |
| 45.6 | 45.9 | 41.0 | 38.9 | 41.5 | 37.2 | 38.0 | 38.4 | 39.6 | 39.4 |
| 40.3 | 40.8 | 41.0 | 41.3 | 42.0 | 43.1 | 42.5 | 42.7 | 44.1 | 45.2 |

根据该频数分布表画出组距相等的直方图（图 21-1），其起点根据数据中的最小值确定；分组数量由样本容量 $n$ 的大小确定，一般取 5 ~ 20 组，参见表 21-3。

**频 数 分 布 表** 表 21-2

| № | 分　组 | 频数计算 | 频　数 |
|---|---|---|---|
| 1 | 33.95 ~ 35.95 | 一 | 1 |
| 2 | 35.95 ~ 37.95 | 𠄟 | 4 |
| 3 | 37.95 ~ 39.95 | 正正𠄟 | 9 |
| 4 | 39.95 ~ 41.95 | 正正正 | 15 |
| 5 | 41.95 ~ 43.95 | 正正 | 10 |
| 6 | 43.95 ~ 45.95 | 正 | 5 |
| 7 | 45.95 ~ 47.95 | 正 | 5 |
| 8 | 47.95 ~ 49.95 | 一 | 1 |

**样 本 容 量 $n$** 表 21-3

| $n$ | 分组数 | $n$ | 分组数 |
|---|---|---|---|
| <50 | 5~6 | 110~250 | 7~12 |
| 50~100 | 6~10 | >250 | 10~20 |

## 三、正态分布

正态分布曲线,如图 21-2 所示,有一个最高点,以此点的横坐标为中心,对称地向两边单调下降,在正负一倍标准差处曲线各有一个拐点;然后以横坐标为渐近线到正负无穷大。在建筑工程中,如能实行较好的质量控制,混凝土强度的波动规律,基本上可视为正态分布(图 21-3)。正态分布曲线由正态概率密度函数给出。

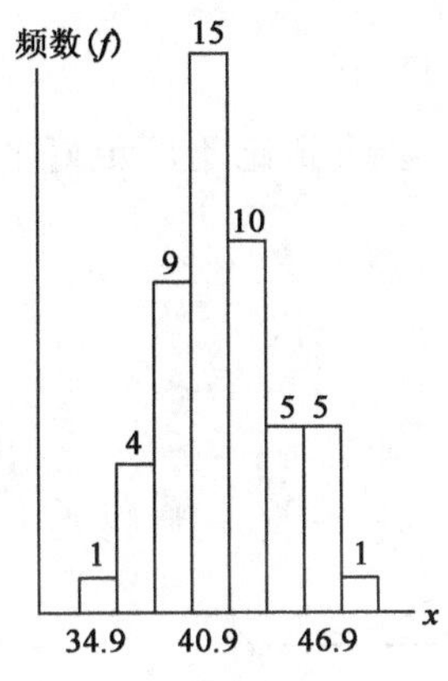


图 21-1 频数直方图

$$\varphi(x)=\frac{1}{\sqrt{2\pi}\sigma}e^{-\frac{(x-\mu)^2}{2\sigma^2}} \tag{21-4}$$

式中:$x$——从总体分布中抽出的随机样本值;

$e$——2.718,为自然对数底;

$\mu$——曲线最高点对应的横坐标值,叫作正态分布的均值;

$\sigma$——正态分布的标准差,其大小表示曲线的胖瘦程度。

正态分布,给指导生产带来很大好处。它的样本值 $x$ 落入任意区间$(a,b)$的概率 $p(a<x<b)$是明确的。它等于 $x_1=a, x_2=b$ 时,横坐标和曲线 $\varphi(x)$所夹的面积(图 21-2 中的阴影部分),可用以下分布函数表示:

$$P(a<x<b)=\frac{1}{\sqrt{2\pi}\sigma}\int_a^b e-\frac{(x-\mu)^2}{2\sigma^2}dx \tag{21-5}$$

根据上式可以求出:

落在$(\mu-\sigma;\mu+\sigma)$的概率是 68.3%;

落在$(\mu-2\sigma;\mu+2\sigma)$的概率是 95.4%;

落在$(\mu-3\sigma;\mu+3\sigma)$的概率是 99.7%。

曲线 $\varphi(x)$与 $x$ 轴之间的全部面积等于 1,即落在$(-\infty;+\infty)$的概率是 100%。

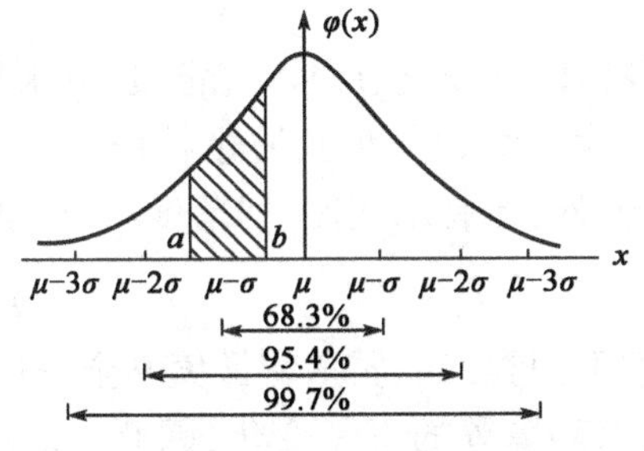


图 21-2 不同 $x$ 值范围内正态分布的面积

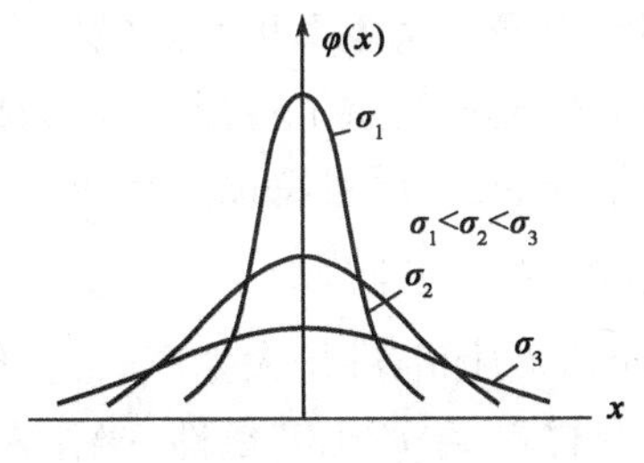


图 21-3 不同 $\sigma$ 值的正态分布

## 四、保证率

有两个不同管理水平的混凝土生产厂,生产同一品种混凝土,根据其强度试验结果画出频率分布图(图 21-4)。由图可见,尽管两者的强度平均值相同,但低于设计要求强度$f_{ck}$的百分率是不相等的。若使甲乙两个厂所生产的混凝土,其设计要求强度$f_{ck}$具有相同的保证率,则乙厂必须提高混凝土强度的平均值,如图 21-5 所示。

例如,甲乙两厂均生产 C30 混凝土,其强度标准差分别为 3.0MPa 和 6.0MPa,并要求$f_{ck}$的保证率为 95%。此时要求的混凝土强度平均值分别为:

$$\bar{x}_1 = 30 + 1.645 \times 3.0 = 34.9(\text{MPa})$$

$$\bar{x}_2 = 30 + 1.645 \times 6.0 = 39.9(\text{MPa})$$

由此可见,在保证$f_{ck}$具有相同保证率的情况下,管理水平高的甲厂会收到比乙厂更好的经济效益。

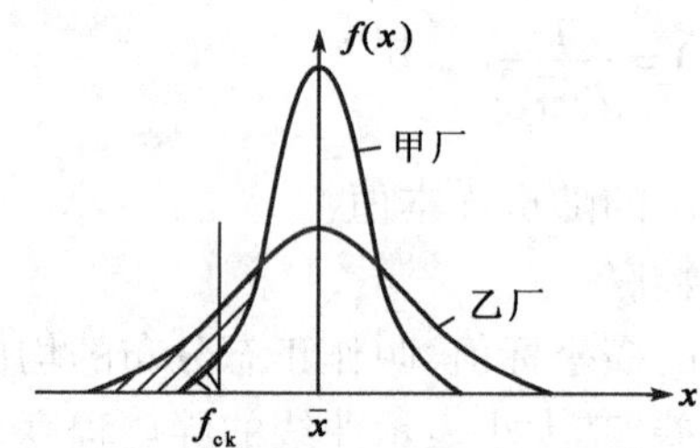


图 21-4 混凝土强度的频率分布图

$f_{ck}$-混凝土设计强度(MPa);$\bar{x}$-混凝土强度平均值(MPa)

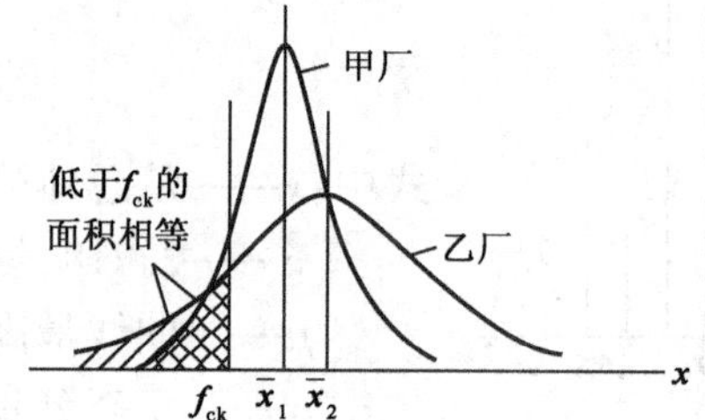


图 21-5 混凝土质量管理状况与配制强度

$\bar{x}_1$-甲厂要求的配制强度;$\bar{x}_2$-乙厂要求的配制强度

# 第三节 控制图在混凝土质量控制中的应用

控制图又称管理图,是美国休哈特博士于 1924 年首创的一种实用科学技术。后经近代统计学家不断完善而发展成独立科学,目前,许多混凝土企业在施工管理中应用了大量控制图,并使其成为近代产品质量管理统计工作中的核心技术,对稳定生产、保证质量发挥了科学管理作用。

## 一、控制图应用原理

1. 受控质量特征值

控制图中受控对象是指产品的一个或若干特征,如长度、厚度、光洁度、外形尺寸、质量、强度等。如混凝土强度这个特征,用压力机测得强度等级数值为其质量特征值。但产品质量特征不止一个,混凝土质量特征除抗压、抗拉强度值外,还有水灰比、坍落度、含气量等。

2. 受控产品质量特性

在按规定的标准进行大生产时,在相同条件下同类产品质量特征值不全一样,多少总有差异。由于原材料、生产工艺条件、操作人员及周围环境等的不断变化,因此产品质量特征值也不断变化着,所产生的偏差称为离差或变异。产品质量离差是可度量的,变化是有规律的,此规律又具有统计性,从而构成质量特性。

3. 控制图的形成

正常生产的混凝土抗压强度值是遵从正态分布的。样本强度值落入几个典型区间的概率为：

$$P(\mu-\sigma<x<\mu+\sigma)=68.3\%;$$

$$P(\mu-1.96\sigma<x<\mu+1.96\sigma)=95\%;$$

$$P(\mu-2\sigma<x<\mu+2\sigma)=95.5\%;$$

$$P(\mu-3\sigma<x<\mu+3\sigma)=99.7\%。$$

将正态分布图翻转过来，再顺时针旋转 90°，即成一张 $x$(单值)控制图，如图 21-6 所示。

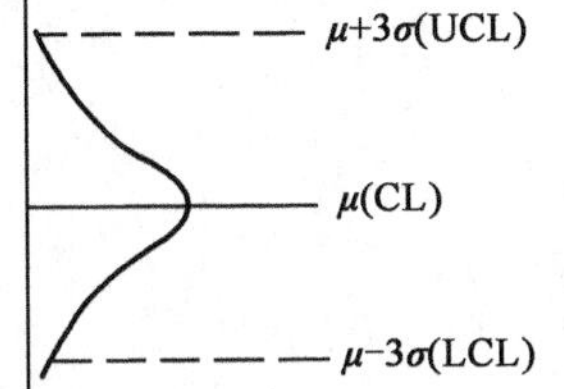


图 21-6　$x$(单值)控制图

图中 $\mu$ 线称为中心线，记为 CL(Central Line)；$\mu+3\sigma$ 称为上控制界限，记为 UCL(Uppet Control Limit)；$\mu-3\sigma$ 称为下控制界限记为 LCL(Lower Control Limit)。

按时间顺序抽取样品的特征值落在 $\mu\pm3\sigma$ 之外的概率仅为0.3%。即 1 000 次试验中落在界外的可能性不足 3 次，纯属小概率事件，可认为在正常生产情况下是很难发生的。如若有抽样特征值落在 $\mu\pm3\sigma$ 之外，则判定生产出现异常或有系统因素存在，此时的判断失误率只是 3‰，可以说基本是出了问题。控制图上出现每一个点都是在做一次统计推断，从而有效地提供判断生产异常或正常的信息。用控制图可对生产产品质量不断进行监控，对系统因素的异常情况的出现及时告警，以便采取措施，查询原因予以消除，最终能达到稳定的理想控制状态。

## 二、质量控制图的形式及其参数计算

为了掌握混凝土质量在施工过程中的变化情况，以便及时发现影响施工质量的异常因素，一个非常有用而且简单的方法就是采用质量控制图(又称管理图)帮助我们对这类问题作出判断，便于及早采取措施，减少次品或废品，一般采用的计量值和计数值的控制图种类参见表 21-4。

**质量控制图的种类**　　表 21-4

| 类　别 | 名　称 | 记　号 | 标准名称编号 |
|---|---|---|---|
| 计量值 | 平均值—极差控制图 | $\bar{x}$-$R$ 控制图 | 中华人民共和国国家标准(报批稿) |
| | 单值控制图 | $x$-$R_s$-$R_m$ 控制图 | JIS Z 9023(日本) |
| | 中值—极差控制图 | $\bar{x}$-$R$ 控制图 | 中华人民共和国国家标准(报批稿) |
| 计数值 | 不合格品率控制图 | $P$ 控制图 | 中华人民共和国国家标准(报批稿) |
| | 不合格品数控制图 | $P_n$ 控制图 | 中华人民共和国国家标准(报批稿) |
| | 疵点数控制图 | $C$ 控制图 | 中华人民共和国国家标准(报批稿) |
| | 单位疵点控制图 | $U$ 控制图 | 中华人民共和国国家标准(报批稿) |

注：对于混凝土强度多采用混凝土 $\bar{x}$-$R$ 控制图和 $x$-$R_s$-$R_m$ 控制图。

1. $\bar{x}$-$R$ 控制图

在可以分批的情况下采用。例如，将每天或每班生产的混凝土作为一批，同一批内的生产条件，可以认为是一致的，此时可采用 $\bar{x}$-$R$ 控制图。这种控制图也可用于集料的粒度、表面含水率、混凝土的坍落度以及空气含量等指标的控制，见图 21-7。

2. $x$-$R_s$-$R_m$ 控制图

单值控制图主要是在每批产品或每一抽样间隔周期内只能得到一个测定值时，用于判断施工过程的平均值是否处于或保持在所要求的水平。此时所用的移动极差是用来判断施工过程的标准差是否处于保持在所要求的水平。组内极差 $R_m$ 控制图也常与之一起使用，见图 21-8。

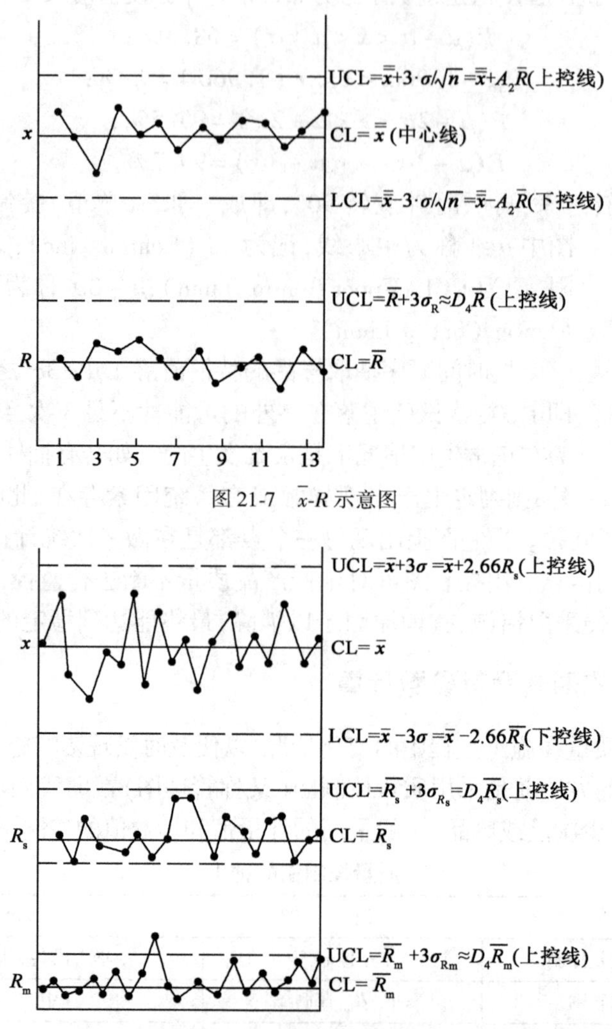


图 21-7 $\bar{x}$-$R$ 示意图



图 21-8 $x$-$R_s$-$R_m$ 示意图

上述两种控制图的控制界限计算公式列于表 21-5，其中系数见表 21-6。

**控制界限计算公式汇总** 表 21-5

| 控制图的种类 | 中心线 | 控 制 界 限 | 备 注 |
|---|---|---|---|
| $\bar{x}$-$R$ | $\bar{\bar{x}}$ | $UCL=\bar{\bar{x}}+A_2\bar{R}$<br>$LCL=-A_2\bar{R}$<br>$\delta$ 给出时，分别为 $\pm A\delta$ | $\bar{x}$: $\sum x/n$ = 测定值的总和/测定次数；<br>$\bar{\bar{x}}$: $\sum\bar{x}$ 的和/批数；<br>$x$：单次试验的测定值（用于控制混凝土强度时，$x$ 为一组试件的平均值）；<br>$R$：极差 $=x_{max}-x_{min}$；<br>$\bar{R}$ 平均极差 $=\sum R$/批数；<br>$R_s$：移动极差 = 相邻 $x$ 的差；<br>$\bar{R}_s=\sum R_s/(k-1)=R_s$ 的和/批数 −1；<br>$R_m$：组内极差；<br>$\bar{R}_m$: $\sum R_m/K=R_m$ 的和/批数 |
| | $\bar{R}$ | $UCL=D_4\bar{R}$ | |
| $x$-$R_s$-$R_m$ | $\bar{x}$ | $ULC=\bar{X}+2.66\bar{R}_s$<br>$LCL=\bar{x}-2.66\bar{R}_s$<br>$\delta$ 给出时，分别为 $\bar{x}\pm3\delta$ | |
| | $\bar{R}_s$ | $UCL=3.267\bar{R}_s$ | |
| | $\bar{R}_m$ | $UCL=D_4\bar{R}_m$ | |

系 数 表 表 21-6

| $n$ | 2 | 3 | 4 | 5 | 6 | 7 | 8 | 9 | 10 |
|---|---|---|---|---|---|---|---|---|---|
| $A$ | 2.121 | 1.723 | 1.500 | 1.342 | 1.225 | 1.134 | 1.061 | 1.000 | 0.949 |
| $A_2$ | 1.880 | 1.023 | 0.729 | 0.577 | 0.483 | 0.419 | 0.373 | 0.337 | 0.308 |
| $D_4$ | 3.267 | 2.575 | 2.282 | 2.115 | 2.004 | 1.924 | 1.864 | 1.816 | 1.777 |

## 三、$R^k$-$R^b$ 快速预报强度控制图❶

长期以来混凝土强度需等到28d后才能评定，龄期太长，不能及时掌握和调整混凝土质量，因而质量控制图在混凝土生产管理中的应用受到了很大的限制，不能充分发挥其作用。近年来世界各国出现了采用快速测定强度方法，颇获成效。我国《早期推定混凝土强度试验方法标准》(JGJ/T 15)及《公路工程水泥及水泥混凝土试验规程》(JTG E30)问世，为在混凝土生产中运用和发挥控制图的作用提供了有利条件。将快测技术与控制图结合并用于质量管理中，是提高我国混凝土质量控制水平的关键一项。

快速测强现场应用国外早有实例。如加拿大的布拉多立吉尔瀑布工程，加拿大CN通信塔，以及墨西哥的恰帕斯州的拉一安戈斯图拉水电工程，墨西哥城“埃比索中心”的隧道工程等，均采用沸水法快测技术进行控制的。图21-9为墨西哥隧道施工中采用的控制图，试件为(152mm×305mm)圆柱体，进行28d强度及“28.5h沸水法快速试验”，共测了1700个样品。

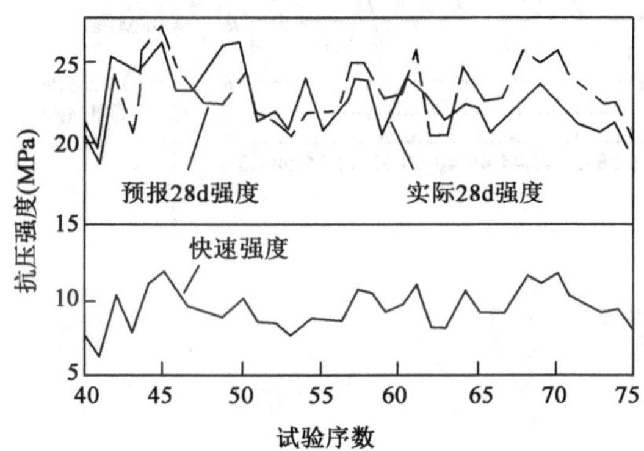

图21-9 28d抗压强度与沸水法快速预报强度结果比较

1976年美国ACI214委员会曾在墨西哥召开快速强度国际会议；1979年日本东京召开了混凝土质量早期评定学术讨论会，会议交流的多篇论文标志国际上快测技术早已进入实用阶段。

我国广西大化水电站在掺粉煤灰混凝土施工工程中，应用快检测技术1.5h推定28d强度在现场质量管理中获得成功。图21-10为200号(CI8)混凝土控制图，可以明显看出$R^k$-$R^b$($S^{1.sh}$-$R^{28}$)折线波动较一致，可见此快速推定方法有相当的准确性。

## 四、控制图动态判别技术

### 1.3$\sigma$ 控制错判概率

正常生产时，也可能有偶然的点飞出3$\sigma$控制限，这种小概率事件会使监测者误会上当，错发警报，犯了第一类($\alpha$)错误；反之，生产异常，质量分布偏离，但控制图中仍有偶然点会落在控制限内，监测者也会上当，误判正常，而犯了第二类($\beta$)错误。当控制图中上下控制界限间距拉大时，$\alpha$错误减小，$\beta$错误可能增大，反之亦然。应以两种错误造成总损失最小的原则

❶$R^k$——快速强度；$R^b$——标养28d强度。

来确定控制限,实践经验证明$\mu \pm 3\sigma$控制线能使$\alpha$、$\beta$总损失为最小,处于控制状态时的$\alpha$仅为0.27%,与通常统计检验中显著性水平5%或1%相比,控制图上显著水平不到3%,相比小得多。为减少两种错误,即使对管理界限内的点也要注意其动态变化,为此,又规定出控制图判别技术。美国及日本(工业标准JIS)等世界多数国均采用$3\sigma$法控制图,英国及北欧少数国家采用概率界限法,两法实际计算结果相近。

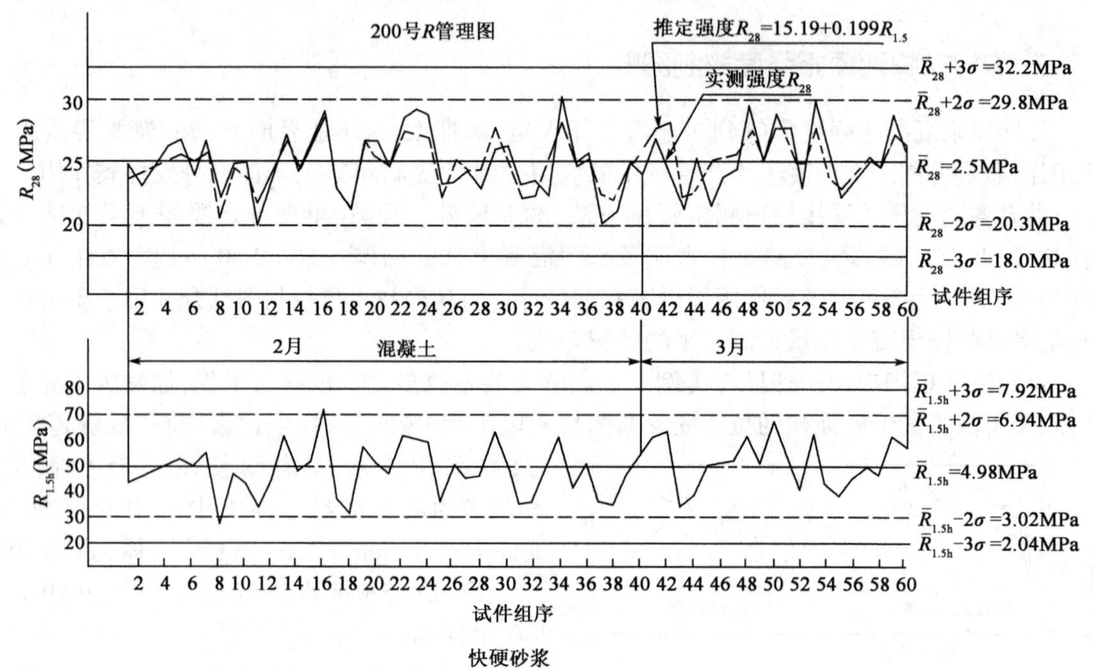

图21-10 快测控制图

2. 正常控制状态准则

如判定为正常控制状态,须满足下列规则:

(1)连续25个点,全部在控制界限内。

(2)连续35个点,界外不超过1个点。

(3)连续100个点,界外不超过2个点。

3. 异常失控状态准则

(1)点在$3\sigma$控制线外。

(2)点虽在控制线内,但排列不随机,当发生以下几种情况之一者,可判为异常:

①点在中心线一侧连续出现个数≥7时,依概率乘法定则计算,判其异常的失误概率$P = 2\times(0.997\ 3/2)^2 = 1.53\%$。

②点连续上升或下降个数≥7时,同理$P = 1.56\%$。

③点在中心线一侧多次出现以下情况为异常:连续11点至少10点在中心线一侧,$P = 1.2\%$;连续14点至少12点在中心线一侧$P = 1.3\%$;连续17点至少14点在中心线一侧,$P = 1.3\%$;连续20点至少16点在中心线一侧,$P = 1.2\%$。

④点排列接近控制界限($\mu \pm 2\sigma$以外范围)时,当连续3点中有2点,7点中有点3点,10点中有点4时,视有异常。

⑤点连续集中在中心线($\mu \pm 1\sigma$)内时,连续集中 11 点,异常,此时判断失误率 $P = 1.5\%$。点集中在中心线与($\mu \pm 1.5\sigma$)界内时,连续 30 点集中视异常,此时判断失误率 $P = 1.35\%$。

⑥点排列出现周期性变化,即以一定间隔相同的幅度上升或下降变化时,视有异常。

## 五、控制图使用程序

首先确定被控质量特征值,然后选定所用控制图种类及组合类型,再收集预备数据至少 20~30 组,计算确定控制线,绘成分析用控制图。利用专业知识及统计法检验估计生产是否稳定,重新修正质量工艺标准,逐步调整分析用控制图直到进入满意的控制状态时,即可确定生产正常用控制线及管理标准。以上绘制过程可用人工手算完成,最好将计算式及图形编制成电子计算机手编工序。只要每次输进收集的特征值,计算机则在十几分钟内即可打印出绘制好的成套控制图。美国 IBM-PC/XT 计算机,及日本 PC-1500 等袖珍计算机即能迅速而准确地完成制图。

# 第四节　混凝土强度变异的影响因素

当通过控制图发现生产过程有异常因素存在时,可借助因果分析图查找引起生产过程异常的原因,及时将其排除,使生产过程处于控制状态。对于混凝土强度,使其产生变异的因素是很多的,就其主要因素列于因果分析图(图 21-11)中。

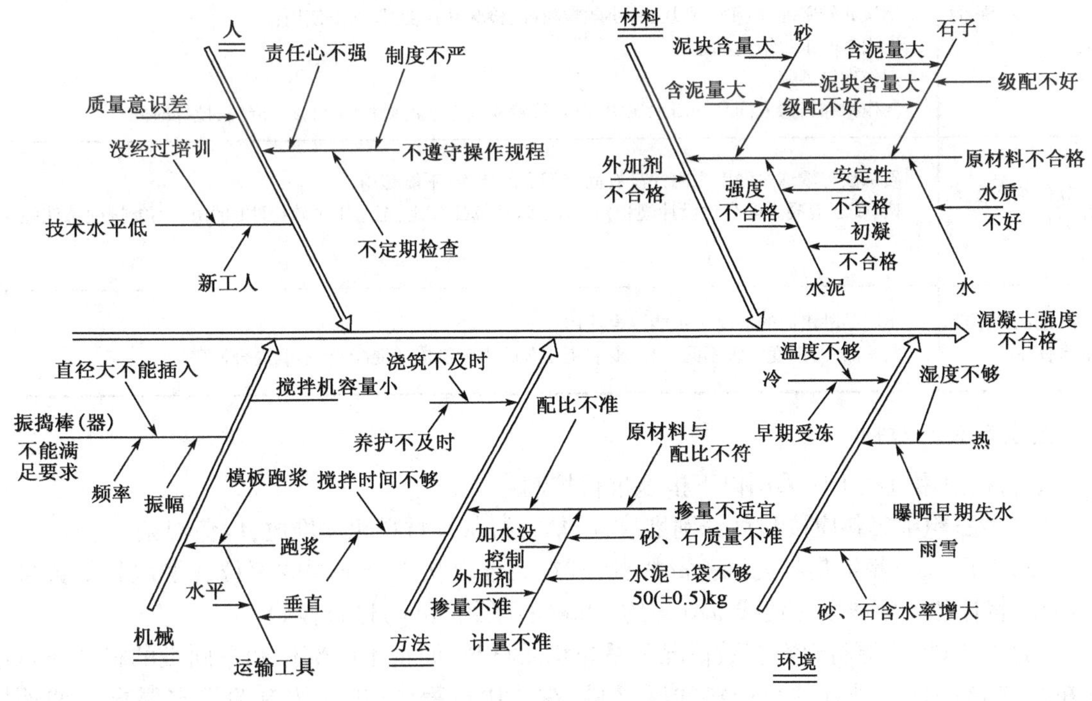


图 21-11　影响混凝土强度因果图

## 第五节　混凝土施工过程质量控制的主要内容

工程实践表明,组成混凝土的原材料质量、由特定材料组成的混凝土配合比质量、混凝土拌和物质量和混凝土硬化后强度等是混凝土质量控制的几个主要方面。

### 一、原材料和混合材料的使用控制

混凝土生产过程中,不仅要对原材料的技术标准进行控制,还必须对原材料的质量和混合材料掺入量的使用控制。

1. 水泥使用控制

水泥在使用过程中应采取以下措施进行控制,如表21-7所示。

水泥质量使用过程控制　　表21-7

| 项　目 | 控　制　要　点 |
| --- | --- |
| 储存 | 进仓时应有质量证明文件;<br>应按品种、强度、出厂期、生产厂等分别堆放,先到先用;<br>袋装水泥码垛时下面垫高30cm左右,离墙30cm以上;堆放高度不宜超过10包;<br>仓库应密闭、干燥、隔潮;一般不宜露天堆放,如露天堆放,应下设防潮垫板,上设防雨篷布;<br>使用期不应超过出厂期3个月,超期时应重新检验其强度 |
| 结块水泥的处理 | 全部结块不能使用,结块如用手即可捏成粉末,应重新检验其强度。使用时应先行粉碎,并加长搅拌时间;<br>结块如较坚硬,应筛去硬块,将小颗粒粉碎,检验其强度,作如下使用:<br>①用于非承重结构部位;<br>②作砌筑砂浆;<br>③作掺和料掺入同品种新水泥中,但其掺量应大于水泥质量的20%,并延长搅拌时间 |
| 软硬练强度不能套用 | 硬练法与软练法强度之间并没有固定不变的比例,不能套用;<br>按《普通混凝土配合比设计规程》(JGJ 55)计算配合比,至适用于软练法的强度,不能按硬练法强度计算 |
| 不同品种不能混合使用 | 不同品种水泥的混凝土不能混合使用;<br>同一品种,强度等级不同,出厂期差距较久的水泥制成的混凝土,不能混合使用 |

2. 集料使用控制

集料在使用过程中应采用以下措施进行控制:

(1)砂石粗细集料应按品种分别堆放,严禁与石灰等材料相邻堆放,以免混杂。

(2)进厂(场)粗细集料无试验资料者,应在大堆上从5个不同的部位各抽取相等数量进行拌和,将拌和的集料取对角线部分的约10kg(石子约30kg)进行检验。

(3)由于砂、石原材料在多数情况下系非均质材料,同批不同部位和不同批的材料质量都存在着差异,因此,对有试验资料的原材料,在使用过程中,仍需按有关规定要求定期抽样检查。

(4)对混凝土集料来说,影响配比组成而导致混凝土强度过大波动的主要原因是含水率。因此,应定期测定集料的含水率,及时对施工配合比进行调整。

(5)在混凝土生产过程中对原材料的质量控制，除经常性检验外，还应随时掌握其细集料含泥量和粗集料含粉量的变化规律，并拟定相应的对策措施。如砂、石的含泥量超出标准要求时，应坚持筛洗或采取能保证混凝土质量的其他有效措施。

3. 混合材料使用控制

1）一般规定

(1)需要掺用活性混合材料时，原则上应采用水泥厂生产的混合材料水泥。只有在无法采购所需水泥时，才可自行掺用。

(2)混凝土强度等级高于C40时，不宜掺用混合材料。

(3)混合材料的掺用量一般不得少于水泥质量的5%。

2）粉煤灰的掺入量控制

(1)粉煤灰的最大掺量

粉煤灰的最大掺量和取代水泥率，如表21-8所示。

**粉煤灰的最大掺量和取代水泥率** 表21-8

| 混凝土类别 | 掺量(%) | 取代水泥率(%) |
|---|---|---|
| 普通钢筋混凝土 | 35 | 20 |
| 轻集料钢筋混凝土 | 30 | 15 |
| 无筋干硬性混凝土 | 适量 | 40 |

注：1. 掺量及取代水泥率均按基准混凝土水泥用量计。
2. 粉煤灰宜与外加剂复合使用，以改善混凝土工作性及耐久性。

(2)粉煤灰取代水泥率的限制

粉煤灰取代水泥率应受混凝土强度等级的限制，列于表21-9。

**混凝土强度的粉煤灰取代水泥率($f$)** 表21-9

| 混凝土强度等级或类别 | 取代普通水泥(%) | 取代矿渣水泥(%) | 粉煤灰级别 |
|---|---|---|---|
| ≤C15 | 15～25 | 10～20 | Ⅲ级 |
| C20 | 10～15 | 10 | Ⅰ～Ⅱ级 |
| C25～C30 | 15～0 | 10～15 | |
| 预应力混凝土 | <15 | <10 | Ⅰ级 |

注：1. 以42.5级水泥配制的混凝土取表中下限值，以52.5级水泥配制的混凝土取表中上限值。
2. 预应力混凝土只用于后张法或跨度小于6m的先张法预应力混凝土构件。

(3)粉煤灰取代水泥时的超量系数

粉煤灰取代水泥时可超量加入，其超量系数不大于表21-10的规定。

**粉煤灰超量系数** 表21-10

| 粉煤灰级别 | 超量系数$K$ | 附注 |
|---|---|---|
| Ⅰ | 1.0～1.4 | 混凝土强度为C25以下时取上限，为C25以上时取下限 |
| Ⅱ | 1.2～1.7 | |
| Ⅲ | 1.5～2.0 | |

3）粉煤灰的运用范围及注意事项

掺用粉煤灰的混凝土的运用范围、掺入方法及注意事项，列于表21-11；混合材料的掺用方法，列于表21-12。

**混凝土掺用粉煤灰的适用范围及注意事项** 表 21-11

| 技术条件 | 适用范围及注意事项 | 技术条件 | 适用范围及注意事项 |
|---|---|---|---|
| Ⅰ级粉煤灰 | 允许用于后张法及跨度小于 6m 的先张法预应力混凝土工程 | 插入式振动器振捣时间 | 坍落度为 80～120mm 时,15～20s;<br>坍落度为 120～180mm 时,10～15s |
| Ⅱ级粉煤灰 | 主要用于普通钢筋混凝土及轻集料钢筋混凝土 | | |
| Ⅲ级粉煤灰 | 主要用于素混凝土 | 蒸汽养护 | 干热静停不小于 1h;<br>常温静停适当延长;<br>升温:每小时不大于 20℃;<br>恒温:最高不超过 85℃ |
| 搅拌机械 | 坍落度大于 20mm 的粉煤灰混凝土,可用自落式搅拌机;<br>坍落度小于 20mm 的粉煤灰混凝土,应使用强制式搅拌机 | | |

**混凝土掺用混合材的掺入方法** 表 21-12

| 掺入方法 | 说　明 |
|---|---|
| 先掺法 | 事先将混合材料与水泥按比例放在密闭的拌和器内拌匀,按常规作为混合材料水泥使用 |
| 同掺法 | 在搅拌混凝土时按比例与水泥同时加入搅拌,其搅拌时间增加 60s |
| 湿掺法 | 此法只适用于粉煤灰,先将粉煤灰加入水中拌成浆状,然后按定量与混凝土材料同时加入搅拌,拌混合材料的用水量应在配合比用水量扣除 |

4. 外加剂使用控制

外加剂溶液是否搅拌均匀,粉剂是否已按量装好。

## 二、混凝土配制强度的确定及其控制

配合比设计中最重要的一步是确定一个适合的目标强度,使试配时混凝土标养强度值不少于该值。这个目标强度就是混凝土的配制强度。可以用符合 $f_{cu,o}$ 来表达。

1. 确立混凝土配制强度的原则

在过去以标号作为混凝土强度分级标志时,为使混凝土达到"设计标号",实际采用混凝土配制强度要高一些。过去,一般取标号值加一倍混凝土强度标准差数值。也有根据经验和习惯来确定的。

新标准所确立的混凝土强度等级有明确的概率统计意义,即强度不小于 $f_{cu,k}$ 值的可能性不低于保证率(95%)。根据混凝土强度服从正态分布的规律,这个保证率可用平均值减去 1.654 倍标准差作为标志来达到,从此就建立了确定混凝土配制强度的基本原则。

混凝土施工配制强度定得过高,会增加单位体积混凝土的水泥耗用量,提高混凝土的成本;定得过低,将使混凝土强度不能满足预期的质量要求,会使强度不合格的可能性增大,同样会给企业造成一定损失。所以,合理确定混凝土施工配制强度是混凝土质量控制中的重要环节之一。

结构或构件的混凝土强度状况,直接影响结构的可靠度。各国的结构设计规范对混凝土强度的合格质量水平一般均有明确要求。《混凝土结构工程施工及验收规范》(GB 50204)对各种材料的合格质量水平提出了要求。据此,在一般情况下,混凝土的配制强度可按下式确定:

$$f_{cu,o} = f_{cu,k} + 1.645\sigma \tag{21-6}$$

式中:$f_{cu,o}$——混凝土的施工配制强度(MPa);

$f_{cu,k}$——设计的混凝土强度标准值(MPa);

$\sigma$——施工单位的混凝土强度标准差(MPa)。

上式中的符号意义如下:

(1)式中的设计混凝土强度标准值($f_{cu,k}$)又称混凝土强度等级值,应由立方体抗压标准强度确定。立方体抗压标准强度系指按照标准方法制作、养护的边长为150mm的立方体试块，在28d龄期，用标准试验方法测得的具有95%保证率的抗压强度。

合格质量水平是施工必须达到的预期合格质量目标，所以混凝土配制强度应控制在合格质量水平以上。

(2)式中标准差$\sigma$又称均量差、根方差，取决于混凝土生产过程中的质量管理水平，应由各施工单位根据自己的强度等级、设备、工艺、材料、配合比等方面基本相同的历史资料，按下列规定确定：

①当施工单位具同一品种混凝土[1]强度资料时，其混凝土强度标准差$\sigma$应按下列公式计算：

$$\sigma^{[2]} = \sqrt{\frac{\sum_{i=1}^{N} f_{cu,i}^{2} - N\mu^{2} f_{cu}}{N-1}} \tag{21-7}$$

式中：$f_{cu,i}$——统计周期内[3]同一品种混凝土第$i$组试件的强度值(MPa)；

$\mu f_{cu}$——统计周期内同一品种混凝土$N$组强度的平均值(MPa)；

$N$——统计周期内同一品种混凝土试件的总组数$N \geqslant 25$。

②当施工单位不具有近期的同一品种混凝土强度资料时，其混凝土强度标准差$\sigma$可按表21-13取用。

**$\sigma$ 值** (MPa)　　表21-13

| 混凝土强度等级 | 低于C20 | C20～C35 | 高于C35 |
|---|---|---|---|
| $\sigma$ | 4.0 | 5.0 | 6.0 |

注：在采用本表时，施工单位可根据实际情况，对$\sigma$值作适当调整。

(3)式中配制强度($f_{cu,o}$)亦称试配强度，是配合设计所要达到的强度。配制强度可用查表法确定，如表21-14所示。

**混凝土配制强度$f_{cu,o}$**(MPa)　　表21-14

| 混凝土强度标准差$\sigma$(MPa) | | 2.0 | 2.5 | 3.0 | 4.0 | 5.0 | 6.0 |
|---|---|---|---|---|---|---|---|
| 混凝土强度等级 | C7.5 | 10.8 | 11.6 | 12.4 | 14.1 | 15.7 | 17.4 |
| | C10 | 13.3 | 14.1 | 14.9 | 16.6 | 18.2 | 19.9 |
| | C15 | 18.3 | 19.1 | 19.9 | 21.6 | 23.2 | 24.9 |
| | C20 | 24.1 | 24.1 | 24.9 | 26.6 | 28.2 | 29.9 |
| | C25 | 29.1 | 29.1 | 29.9 | 31.6 | 33.2 | 34.9 |
| | C30 | 34.9 | 34.9 | 34.9 | 36.6 | 38.2 | 39.9 |
| | C35 | 39.9 | 39.9 | 39.9 | 41.6 | 43.2 | 44.9 |
| | C40 | 44.9 | 44.9 | 44.9 | 46.6 | 48.2 | 49.9 |
| | C45 | 49.9 | 49.9 | 49.9 | 51.6 | 53.2 | 54.9 |
| | C50 | 54.9 | 54.9 | 54.9 | 56.6 | 58.2 | 59.9 |
| | C55 | 59.9 | 59.9 | 59.9 | 61.6 | 63.2 | 64.9 |
| | C60 | 64.9 | 64.9 | 64.9 | 66.6 | 68.2 | 69.9 |

[1]"同一品种混凝土"系指混凝土强度等级相同且生产工艺和配合比基本相同的混凝土。

[2]当混凝土强度等级为C20或C25时，如计算得到的$\sigma < 2.5$MPa，取$\sigma = 2.5$MPa；当混凝土强度等级高于C25时，如计算得到的$\sigma < 3.0$MPa，取值$\sigma = 3.0$MPa。

[3]对预拌混凝土和预制混凝土构件厂，统计周期可取为1个月；对现场拌制混凝土的施工单位，统计周期可根据实际情况确定，但不宜超过3个月。

在表 21-14 中纵列为混凝土强度等级，横行为混凝土强度标准差 $\sigma$，表中数值为混凝土施工配制强度 $f_{cu,o}$ 的数值。

但是表 21-14 中有一个问题要加以说明，即表的左下部有一条黑线，黑线以下的混凝土配制强度值并不完全是式(21-6)取等号计算的结果。这是因为考虑目前的施工管理水平和工艺条件，实际工程中出现小于 2.0～2.5MPa 混凝土强度标准的可能性很小。因此对 C20、C25 两级标准差下限值取 $\sigma = 2.5$MPa，对 C30 级及以上取得限值 $\sigma = 3.0$MPa 计算混凝土配制强度，所得列于表中黑线以下部分。

当按《混凝土结构设计规范》(GB 50010)设计工程时，混凝土的配制强度可按表 21-15 选用。

**混凝土标号换算为强度等级后的配制强度** 表 21-15

| 混凝土标号 | 强度等级 | 强度标准差(MPa) | | | | | |
|---|---|---|---|---|---|---|---|
| | | 2.0 | 2.5 | 3.0 | 4.0 | 5.0 | 6.0 |
| 100 | C8 | 11.3 | 12.1 | 12.9 | 14.6 | 16.2 | 17.9 |
| 150 | C13 | 16.3 | 17.1 | 17.9 | 19.6 | 21.2 | 22.9 |
| 200 | C18 | 21.8 | 22.1 | 22.9 | 24.6 | 27.2 | 27.9 |
| 250 | C23 | 27.1 | 27.1 | 27.9 | 29.6 | 31.2 | 32.9 |
| 300 | C28 | 32.6 | 32.6 | 32.9 | 34.6 | 36.2 | 37.9 |
| 400 | C38 | 42.9 | 42.9 | 42.9 | 46.6 | 46.2 | 47.9 |
| 500 | C48 | 52.9 | 52.9 | 52.9 | 54.6 | 56.2 | 57.9 |
| 600 | C58 | 62.9 | 62.9 | 62.9 | 64.6 | 66.2 | 67.9 |

2. 特殊情况混凝土配制强度的确定

对于有早龄期强度要求的混凝土，其施工配制强度，还需结合结构或构件的脱模、出池、起吊、预应力对钢筋张接或放松强度的要求规定，为此，除要满足式(21-6)的要求外，还应同时满足式(21-8)的要求：

$$[f_{cu,早}] = \lambda \cdot f_{cu,k} \tag{21-8}$$

$$f_{cu,施} = a + bf_{cu,早} = [f_{cu,早}] + K\sigma_{早} \tag{21-9}$$

式中：$f_{cu,早}$——要求的早龄期强度值，一般可由混凝土强度等级值得百分率来表示，其中 $\lambda$ 为百分率；

$a$、$b$——回归系数，由大于等于 30 个对组标养 28d 强度与同构件同条件养护的早龄期强度数据，经回归确定；

$K$——与 $f_{cu,早}$ 所要求的保证率有关的系数，按表 21-16 取用。

**系 数 K 的 取 值** 表 21-16

| $f_{cu,早}$ 的保证率(%) | 85 | 90 | 95 |
|---|---|---|---|
| $K$ | 1.040 | 1.282 | 1.645 |

混凝土配制强度可由混凝土等级值及其对应的强度标准差 $\sigma$ 确定。$\sigma$ 可为作混凝土生产单位的技术水平和管理水平的综合考核指标。若分等级生产车间(或班组)按月建立标准差 $\sigma$ 的动态图，可以看出生产车间的技术水平和管理水平的发展趋向，由混凝土强度控制图可以看出，实际的混凝土强度平均值与配置要求强度符合程度，从而确定混凝土配合比是否需要调整。

3. 混凝土配制强度计算实例

**【例 21-1】** 某预制构件厂采用的混凝土设计强度等级为 C20 和 C30。前一统计周期内统计计算所得的混凝土强度标准差分别为 3.0MPa 和 4.0MPa。采用统计方法评定混凝土强度，且对混凝土无特殊要求。试确定该混凝土的配制强度。

**解**：(1)查表法：

对 C20 级混凝土，$\sigma=3.0$MPa 时可查表 21-14 得 24.9MPa，此即为该级混凝土的配制强度。对 C30 级混凝土，$\sigma=4.0$MPa，同样可以查表，得混凝土配制强度为 36.6MPa，此即为该级混凝土的配制强度。

(2)计算法。

(3)对 C20 级混凝土 $f_{cu,k}=20$MPa，$\sigma_{f_{cu}}=3$MPa。则根据式(21-6)可计算其混凝土配制强度：

$$f_{cu,o}=f_{cu,k}+1.645\sigma_{f_{cu}}=20+1.645\times3=24.9(\text{MPa})$$

对 C30 级混凝土，同样可得：

$$f_{cu,o}=f_{cu,k}+1.645\sigma_{f_{cu}}=30+1.645\times4=36.9(\text{MPa})$$

上述两种解法所得结果完全一致，可见表 21-14 与式(21-6)计算的结果是等价的。

**【例 21-2】** 某预制构件厂生产强度等级为 C30 的预应力圆孔板，前一统计周期内混凝土强度的标准差为 3.4MPa，采用统计方法评定强度。试确定该混凝土的配制强度。

**解**：(1)计算法

已知 $f_{cu,k}=30$MPa，$\sigma_{f_{cu}}=3.4$MPa，则：

$$f_{cu,t}=f_{cu,k}+1.645\cdot\sigma_{f_{cu}}=30+1.645\times3.4=35.6(\text{MPa})$$

(2)插值查表法

表 21-14 中并无强度标准差为 3.4MPa 的一列，但知其为介于 3.0 和 4.0 之间的一个值，因此可以取用距 3.4MPa 最近的较大值即 4.0MPa 标准差对应的配制强度，这样比较完全。也可以插值法计算，过程如下：

C30 级混凝土，当强度标准差为 3.0 和 4.0 时，相应的混凝土配制强度分别为 34.9MPa 和 36.6MPa，两者之差为 1.7MPa。标准差的间隔为 4.0～3.0＝10.0MPa，而插值标准差 3.4MPa 与较低值(3.0MPa)的差值为 0.4MPa。按线性变化则可计算施工配制强度的差为：

$$1.7\times\frac{0.4}{1.0}=0.7(\text{MPa})$$

故插值得施工配制强度应为较低的施工配制强度加上该差值，即

$$f_{cu,o}=34.9+0.7=35.6(\text{MPa})$$

此值与计算法所得结果完全一致。

**【附】**线性插值计算的原理

例题 21-2 表明，表格法的应用有一定的局限性，当实际值不是表格值而是介于两档之间的中间值时，就无法直接查到所需的数值。此时，一般可用线性插值法计算求值，其原理如下。

如图 21-12 所示，对应的两个量 $x$ 和 $y$ 呈线性关系变化，直线上两点 $(x_1,y_1)$ 和 $(x_h,y_h)$ 分别为较低值和较高值。而介于 $x_1$ 和 $x_h$ 之间的中间值 $x_m$ 对应的 $y_m$ 值可通过几何关系求得。

作辅助线形成两个三角形，由三角形相似可得如下比例关系：

$$\frac{\Delta y_m}{\Delta y}=\frac{\Delta x_m}{\Delta x}$$

$$\Delta y_m=\frac{\Delta y}{\Delta x}\cdot\Delta x_m=\frac{y_h-y_1}{x_h-x_1}\cdot(x_m-x_1)$$

由此所求值 $y_m$ 即为 $y_m = y_1 + \Delta y_m$,即:

$$y_m = y_1 + \frac{y_h - y_1}{x_h - x_1} \cdot (x_m - x_1) \quad (21\text{-}10)$$

此即为线性插值的通用计算公式,其中 $x_h$、$x_1$ 和 $y_h$、$y_1$ 分别为对应量的高值与低值,$x_m$ 为插入值,$y_m$ 为插入值计算结果。该公式有极大的通用性,可用于任何表格的插值计算。

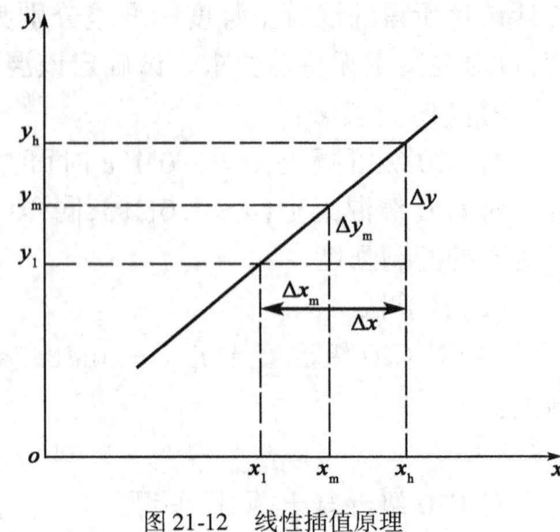

图 21-12 线性插值原理

除线性插值外,数学上还有拉格朗日的非线性插值方法及牛顿插值法。这些插值法尽管精确度较高但计算过于繁琐,一般除科学研究分析中偶然使用外,工程中均以线性插值处理。

除了例 21-2 可用插值计算,工程实践中通常还有用到双向插值得情况。其计算方法通过例 21-3 加以说明。

**【例 21-3】** 某预制构件厂按原标准图生产圆孔板的混凝土标号换成强度等级后为 C28,前一统计周期内混凝土强度的标准差为 3.7MPa。求施工配制强度。

**解:**(1)强度等级的插值

表 21-14 没有 C28 这一强度等级(为过渡强度等级),而与其相邻的强度等级为 C25 和 C30。同样,强度标准差也没有 3.7MPa 这一栏,与其相邻的标准差数值为 3.0MPa 和 4.0MPa。

此问题应以双重插值计算解决。首先对强度等级对应的施工配制强度进行插值计算。

对强度标准差为 3.0MPa 的一列,C25 和 C30 对应的施工配制强度为 29.9MPa 和 34.9MPa。故对 C28 这一过渡等级,相应值为:

$$f_{cu,o} = 29.9 + \frac{34.9 - 29.9}{30 - 25} \times (28 - 25) = 34.6(\text{MPa})$$

对强度标准差为 4.0MPa 一列,相应值为 31.6MPa 和 36.6MPa,相应的计算结果为:

$$f_{cu,o} = 31.6 + \frac{36.6 - 31.6}{30 - 25} \times (28 - 25) = 34.1(\text{MPa})$$

(2)强度标准差插值

由前述计算已得,在强度等级为 C28 时,标准差为 3.0MPa 和 4.0MPa 时,施工配制强度分别为 32.9MPa。则标准差为 3.7MPa 时再进行插值计算:

$$f_{cu,o} = 32.9 + \frac{34.6 - 32.9}{4.0 - 3.0} \times (3.7 - 3.0) = 34.1(\text{MPa})$$

(3)计算法的校核

C28 级混凝土的 $f_{cu,k} = 28\text{MPa}$,故其施工配制强度可直接计算为:

$$f_{cu,o} = f_{cu,k} + 1.645\sigma_{f_{cu}} = 28 + 1.645 \times 3.7 = 34.1(\text{MPa})$$

两种方法的结果完全一致。当然,用计算法更为简便。

## 三、混凝土拌和物的质量控制

经试配所确定的混凝土理论配合比,在实际生产过程中,各种材料计量的误差和集料含水率的变化,加之搅拌均匀程度影响,都会使混凝土强度产生波动。这种波动可用混凝土拌和物的易性和水灰比来反映。因此,应从以下几方面入手加强对混凝土拌和物的控制。

(1)材料计量装置❶经常检验,计算偏差不得超过下列规定数值:

①水泥和外掺混合材料。水泥和外掺混材料按质量计 ±1%(袋装水泥可抽取 10 袋进行质量检验)。

②集料❷。集料按质量计为 ±2%。

③水和外加剂。水和外加剂按质量或按质量折本体积计为 ±2%。

(2)混凝土搅拌站应设配合比,并将每天砂、石的含水率换算在每盘配料的实际用量中。

(3)混凝土在拌制和浇筑过程中应按下列规定进行检查:

①检查混凝土组成材料的质量和用量,每一工作班至少两次。

②检查混凝土在拌制地点及浇筑地点的坍落度,每一工作班至少两次。

③在每一工作班内,如混凝土配合比受外界影响而有变动时,应及时检查。

④混凝土的搅拌时间应随时检查。

在实际对混凝土质量科学管理中,对于混凝土拌和物的控制,还应通过一定工艺条件,以实测值得正常波动范围作为控制混凝土拌和物质量是否发生异常的信息,如发现异常,即随时采取措施,予以解决。为了及时和直观地获得混凝土拌和物的质量信息,在生产过程中,可分别绘制混凝土和易性控制图和水灰比控制图。例如,某厂由系统试验,已取得在该厂条件下,砂的 F·M(细度模数)、砂的含水率(表面水)、混凝土维勃稠度、混凝土水灰比的正常波动参数,并绘制成控制,如图 21-13 ~ 图 21-16 所示。

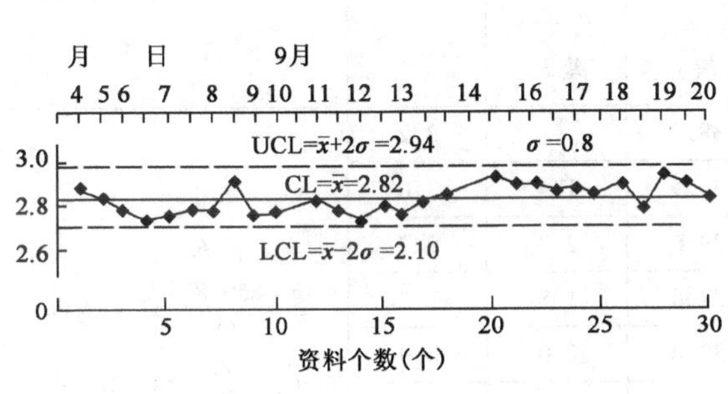


图 21-13　砂的 F·M 控制图

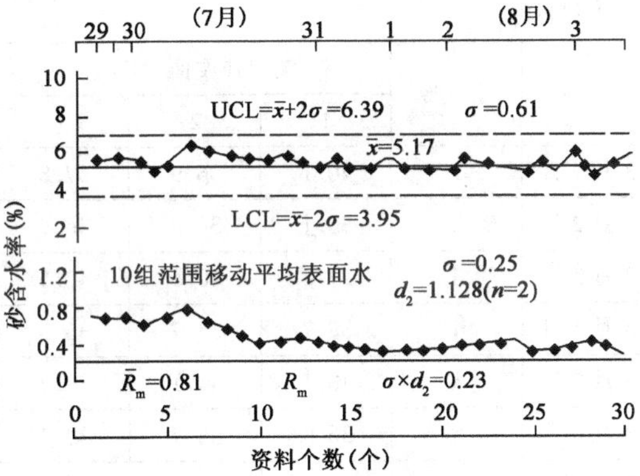

图 21-14　砂含水率控制图

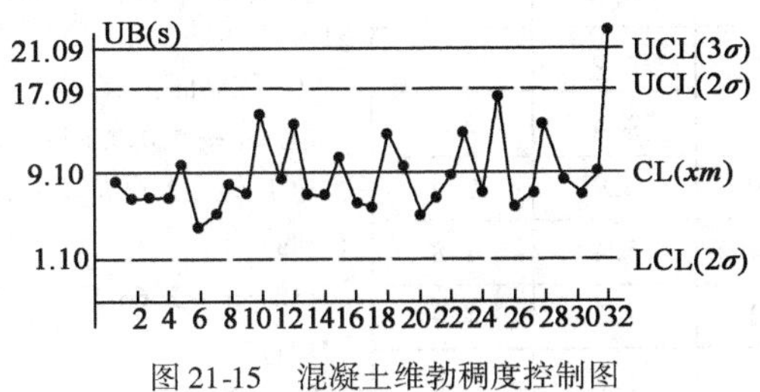


图 21-15　混凝土维勃稠度控制图

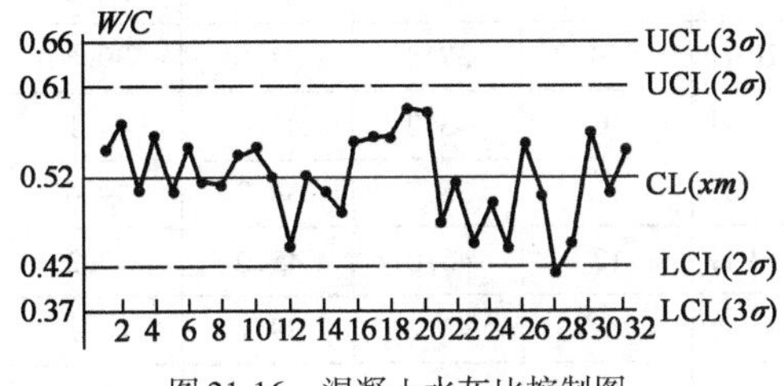


图 21-16　混凝土水灰比控制图

由这些控制图,即可获得混凝土拌和物的质量信息,又可由与之对应的混凝土强度控制图 21-17获得强度的质量信息,便于对照分析,查找原因,采取对策。

---

❶各种衡器应定期校验,经常保持称量准确。

❷集料含水率应经常测定。雨天施工时,应增加测定次数。

## 四、混凝土强度的控制

影响混凝土强度的因素很多，除前述混凝土配制强度确定的合理程度、原材料质量的变异、配料的计量误差、生产工艺条件的变化（如投料方式、搅拌均匀程度、运输方式等）外，养护条件和试验误差等对混凝土质量的影响都综合地反映到混凝土强度。因此，应对混凝土强度进行有效地控制，使其达到规范、标准要求的质量，这是进行混凝土质量控制的重要环节之一。

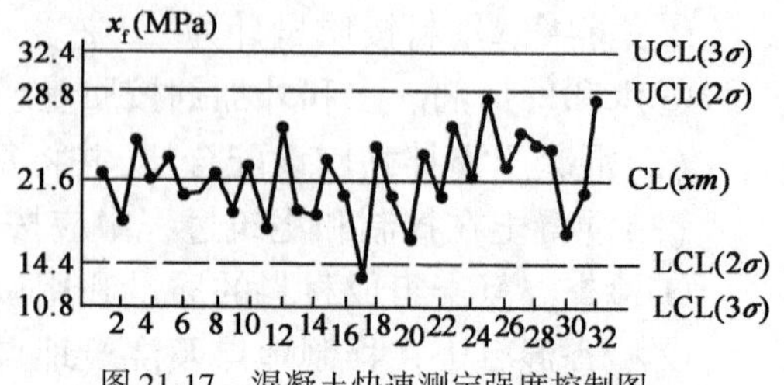

图 21-17　混凝土快速测定强度控制图

对混凝土强度进行质量控制，可采用单值—移动极差（$x-R_s-R_m$）或平均值—极差控制图（$\bar{x}-R$）。一般来讲，当不易分批或刚开始进行混凝土质量控制工作时，多采用单值—移动极差控制图。当混凝土强度的控制工作开展一定时间后，而且能保持上述两种控制图，对混凝土强度进行质量控制，举例如下：

**【例 21-4】**　某混凝土预制构件厂，主要生产 C30 混凝土，对其强度的控制采用 $x-R_s-R_m$ 控制图。利用已积累的同类混凝土强度数据，计算控制界限（表 21-17），并画出相应控制图（图 21-18）。

**$x$-$R_s$-$R_m$ 数据表**　　表 21-17

| 工程名称： | | | | | | | | 混凝土设计强度 |
|---|---|---|---|---|---|---|---|---|
| 日期 | 序　号 | 测定强度值（MPa） | | | 组平均值 $x$ | 移动极差 $R_s$ | $R_m$ | 备　注 |
| | | 1 | 2 | 3 | | | | |
| 3 月 1 日 | 1 | 40.1 | 36.9 | 37.8 | 38.3 | — | 3.2 | 参数计算：<br>$\bar{x}=\frac{859.8}{23}\approx37.4$（MPa）<br>$\bar{R}_s=\frac{92.9}{22}\approx4.22$（MPa）<br>$\bar{R}_m=\frac{61.8}{23}\approx2.69$（MPa）<br>控制线计算公式见表 21-5；<br>①$x$ 控制图：<br>$CL=\bar{x}=37.4$（MPa）<br>$UCL=\bar{x}+2.66\bar{R}_s=48.6$（MPa）<br>$LCL=\bar{x}-2.66\bar{R}_s=26.2$（MPa）<br>②$R_s$ 控制图：<br>$CL=\bar{R}_s=4.22$（MPa）<br>$UCL=D_4\bar{R}_s=3.267\times4.22=13.8$（MPa） |
| 3 月 2 日 | 2 | 35.1 | 38.7 | 36.9 | 36.9 | 1.4 | 3.6 | |
| 3 月 3 日 | 3 | 37.8 | 40.5 | 40.5 | 39.6 | 2.7 | 2.7 | |
| 3 月 4 日 | 4 | 38.7 | 38.7 | 36.0 | 37.8 | 1.8 | 2.7 | |
| 3 月 5 日 | 5 | 40.1 | 40.1 | 39.2 | 39.8 | 2.0 | 0.9 | |
| 3 月 6 日 | 6 | 36.0 | 38.7 | 38.3 | 37.7 | 2.1 | 2.7 | |
| 3 月 8 日 | 7 | 41.4 | 44.1 | 43.7 | 43.1 | 5.4 | 2.7 | |
| 3 月 9 日 | 8 | 36.0 | 37.4 | 36.0 | 36.5 | 6.6 | 1.4 | |
| 3 月 10 日 | 9 | 37.8 | 37.8 | 39.6 | 38.4 | 1.9 | 1.8 | |
| 3 月 11 日 | 10 | 43.2 | 41.4 | 44.1 | 42.9 | 4.5 | 2.7 | |
| 3 月 12 日 | 11 | 38.7 | 38.7 | 39.6 | 39.0 | 3.9 | 0.9 | |
| 3 月 13 日 | 12 | 45.0 | 45.0 | 43.2 | 44.4 | 5.4 | 1.8 | |
| 3 月 15 日 | 13 | 43.2 | 39.2 | 44.1 | 42.2 | 2.2 | 4.9 | |
| 3 月 16 日 | 14 | 36.0 | 42.8 | 42.3 | 40.4 | 1.8 | 6.8 | |
| 3 月 17 日 | 15 | 43.2 | 43.2 | 45.9 | 44.1 | 3.7 | 2.7 | |
| 3 月 18 日 | 16 | 30.6 | 29.7 | 33.3 | 31.2 | 12.9 | 3.6 | |
| 3 月 19 日 | 17 | 29.7 | 31.5 | 31.5 | 30.9 | 0.3 | 1.8 | |
| 3 月 20 日 | 18 | 33.3 | 32.4 | 33.3 | 33.0 | 2.1 | 0.9 | |
| 3 月 22 日 | 19 | 28.8 | 29.7 | 25.2 | 27.9 | 5.1 | 4.5 | |

续上表

| 工程名称： | | | | | | | | 混凝土设计强度 |
|---|---|---|---|---|---|---|---|---|
| 日期 | 序　号 | 测定强度值(MPa) | | | 组平均值 $x$ | 移动极差 $R_s$ | $R_m$ | 备　注 |
| | | 1 | 2 | 3 | | | | |
| 3月23日 | 20 | 35.1 | 36.0 | 38.7 | 36.6 | 8.7 | 3.6 | ③$R_m$ 控制图；$CL=\overline{R}_m=2.69(MPa)$ $UCL=D_4\overline{R}_m=2.575\times2.69=6.9(MPa)$ |
| 3月24日 | 21 | 29.7 | 28.8 | 29.3 | 29.3 | 7.3 | 0.9 | |
| 3月25日 | 22 | 29.7 | 28.8 | 29.7 | 29.4 | 0.1 | 0.9 | |
| 3月26日 | 23 | 38.7 | 42.8 | 39.6 | 40.4 | 11.0 | 4.1 | |
| Σ | | | | | 859.8 | 92.9 | 61.8 | |

注：标准差系按 $\sigma=\sqrt{\sum_{i=1}^{n}(x_i-\overline{x})^2/n-1}$ 计算。

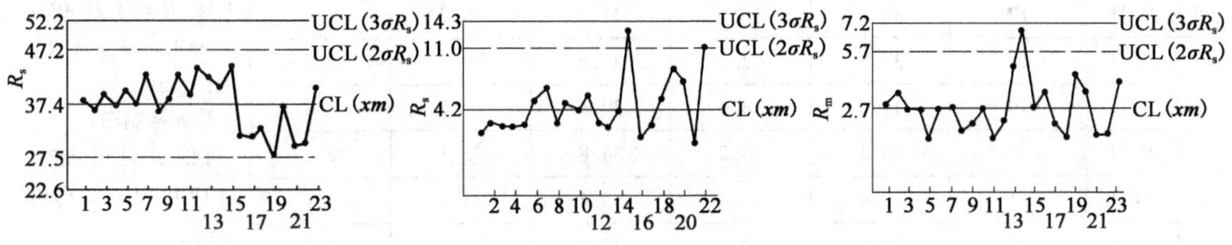


图21-18　$x-R_s-R_m$ 控制图

**解**：从 $x$ 控制图可以看出，生产是否处于稳定状态以及强度平均值是否接近所要求的混凝土配制强度，实际分布的下限与设计强度的关系等。从而考虑以后的生产是继续维持现状，还是根据设计上的要求重新加以调整。

从 $R_s$ 控制图和 $R_m$ 控制图可以看出，当原材料质量，集料含水率有较大变化或材料计量误差过大时，移动极差 $R_s$ 将增大；当试件的制作方法不当、模具变形或试验方法有较大偏差时，组内极差 $R_m$ 将增大。在日本，认为当 $R_s>5.0MPa$ 或 $R_m>2.5MPa$，就要加以注意。

**【例21-5】** 某预拌混凝土厂生产的C30混凝土，采用$\overline{x}-R$ 控制图，取三组为一批，其强度数据、控制界限及控制图详见表21-18和图21-19。

**$\overline{x}-R$ 控制图的数据表**　　表21-18

| 工程名称： | | | | | | | 混凝土设计强度 |
|---|---|---|---|---|---|---|---|
| 日期 | 序号 | 强度测定值(MPa) | | | 平均值 $\overline{x}$ | 极差 $R$ | 备　注 |
| | | $x_1$ | $x_2$ | $x_3$ | | | |
| 5月3日 | 1 | 38.2 | 35.8 | 35.5 | 36.5 | 2.7 | 参数计算：$\overline{\overline{x}}=907.6/25=36.6(MPa)$ $R=90.3/25=4.01(MPa)$ 控制线计算 |
| 5月4日 | 2 | 41.1 | 40.5 | 39.6 | 40.4 | 1.5 | |
| 5月5日 | 3 | 36.9 | 41.0 | 41.0 | 39.6 | 4.1 | |
| 5月6日 | 4 | 38.9 | 33.9 | 39.6 | 37.5 | 5.7 | |
| 5月7日 | 5 | 27.8 | 34.8 | 34.2 | 32.3 | 7.0 | |
| 5月8日 | 6 | 35.3 | 33.7 | 34.7 | 34.6 | 1.6 | |
| 5月10日 | 7 | 35.2 | 30.1 | 35.9 | 33.7 | 5.8 | |
| 5月11日 | 8 | 36.7 | 37.9 | 42.7 | 39.1 | 6.0 | |
| 5月12日 | 9 | 32.3 | 36.0 | 33.1 | 33.1 | 4.9 | |

续上表

| 工程名称： | | | | | | | 混凝土设计强度 |
|---|---|---|---|---|---|---|---|
| 日期 | 序号 | 强度测定值（MPa） | | | 平均值 $\bar{x}$ | 极差 $R$ | 备　注 |
| | | $x_1$ | $x_2$ | $x_3$ | | | |
| 5月13日 | 10 | 37.4 | 36.7 | 37.2 | 37.1 | 0.7 | ①$\bar{x}$ 控制图：<br>$CL=\bar{\bar{x}}=36.6(MPa)$<br>$UCL=\bar{\bar{x}}+A_2\bar{R}=\bar{\bar{x}}+1.023\bar{R}=40.7(MPa)$<br>$LCL=\bar{x}-A_2\bar{R}=32.5(MPa)$<br>②$R$ 控制图：<br>$CL=\bar{R}=4.01(MPa)$<br>$UCL=D_4\bar{R}=10.32(MPa)$ |
| 5月14日 | 11 | 39.3 | 42.4 | 37.6 | 39.8 | 4.8 | |
| 5月15日 | 12 | 37.9 | 37.6 | 35.1 | 36.9 | 2.8 | |
| 5月17日 | 13 | 34.5 | 35.6 | 39.3 | 36.5 | 4.8 | |
| 5月18日 | 14 | 39.5 | 34.9 | 39.2 | 37.9 | 4.6 | |
| 5月19日 | 15 | 33.1 | 38.0 | 36.9 | 36.0 | 4.9 | |
| 5月20日 | 16 | 37.8 | 35.9 | 38.8 | 37.5 | 2.9 | |
| 5月21日 | 17 | 38.1 | 36.6 | 41.5 | 38.7 | 4.9 | |
| 5月22日 | 18 | 37.8 | 42.4 | 37.6 | 39.3 | 4.8 | |
| 5月24日 | 19 | 41.0 | 38.4 | 39.8 | 39.7 | 2.6 | |
| 5月25日 | 20 | 36.3 | 34.2 | 34.8 | 35.1 | 2.1 | |
| 5月26日 | 21 | 33.9 | 32.8 | 33.4 | 33.4 | 1.1 | |
| 5月27日 | 22 | 36.5 | 40.4 | 39.0 | 38.6 | 3.9 | |
| 5月28日 | 23 | 36.4 | 39.8 | 34.6 | 36.9 | 5.2 | |
| 5月29日 | 24 | 28.3 | 36.1 | 33.0 | 32.5 | 7.8 | |
| 5月31日 | 25 | 34.6 | 31.8 | 31.6 | 32.7 | 3.0 | |
| $\Sigma$ | | | | | 915.4 | 100.2 | |

注：系数 $A_2$、$D_4$ 查表 21-6。

在正常生产情况下，各个试验值几乎都能落进 2δ 界线内。假如有某个点跑出了 3δ 界线外，则就应该检查造成这种离散的原因，并采取措施加纠正。在这种情况下，应利用经剔除 3δ 之外点后的资料，重新计算控制界线，以便对以后产生的同类混凝土质量参数进行控制。控制界线通常是一个月计算、修改一次。

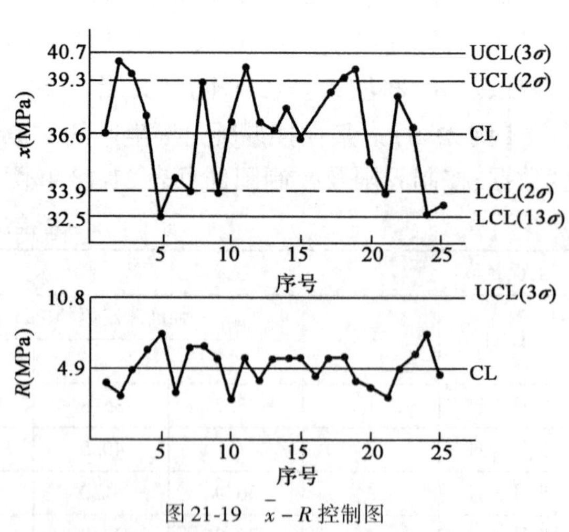

图 21-19　$\bar{x}-R$ 控制图

控制图只能提供质量情报，为从技术上寻找质量异常提供信息，便于原因分析和采取相应措施。要切实解决问题，还需要有一定的技术措施和管理制度，使有关部门和人员共同努力来解决。为了便于检查、总结和提出质量升级目标，对以上工作，可采用建立相应的因果分析图、对策表和提高质量的下一阶段质量目标要求。

## 五、混凝土强度的早期推定

一般来讲，用于判定混凝土质量的强度，通常以标准养护 28d 的混凝土立方体试件的抗压强度来表示。随着建筑技术的发展,这种需28d才能获得结果的试验方法,显然不能满足及时控制和判定混凝土质量的要求。应用快速推定混凝土强度的方法,则可以及时发现混凝土质量方面存在的问题,查找原因、采取措施,从而实现对混凝土质量在生产过程中的有效控制。

早期推定混凝土强度,是利用混凝土强度发展规律,将混凝凝土试块放在温水或沸水中蒸煮后检验其强度,乘以换算系数而推定28d标准养护的强度。

换算系数应通过测试取得,其计算公式如下:

$$\text{换算系数} = \frac{1}{n}\cdot\sum_{i=1}^{n}\frac{f_{cu,28}}{f_{cu,早}} \tag{21-11}$$

式中:$n$——试块组数,$n\geqslant10$;

$f_{cu,28}$——试块标准养护28d强度(MPa);

$f_{cu,早}$——试块蒸煮养护强度(MPa)。

注:上式对比用试块,制作条件应相同;亦可分期进行;组数应为10个对比组以上。经长期资料积累后,换算系数可相应调整。

试块蒸煮方法有三种,见表21-19。

**试块蒸煮方法** 表21-19

| 试验方法 | 养护介质及温度 | | 养护制度 | | | 试验总周期 | 加速养护设备 |
|---|---|---|---|---|---|---|---|
| | 养护介质 | 养护温度(℃) | 前置时间 | 加速养护时间 | 后置时间 | | |
| 沸水法 | 水 | 100±2 | 24h±15min (20℃±5℃) | 4h ±5min | 1h ±10min | 29h ±15min | 加速养护箱 |
| 热水法 | 水 | 80±2 | 1h ±10min | 5h ±5min | 1h ±10min | 7h ±15min | 加速养护箱及试模密封装置 |
| 温水法 | 水 | 55±2 | 1h ±10min | 23h ±15min | 1h ±10min | 25h ±15min | 加速养护箱及试模密封装置 |

注:1. 表中三种试验方法所采用的混凝土试件尺寸、成型方法和拌和物的坍落度、工作度、立方体抗压强度的试验方法,以及不同尺寸试件强度的换算系数,均与常规试验方法相同。

2. 沸水法,试件采用脱模浸养;其余两种方法,试件带模浸养。

在通常情况下采用沸水法试验。其混凝土推定强度$f_{cu,推}$可用下式计算:

$$f_{cu,推} = \text{换算系数}\times f_{cu,早} \tag{21-12}$$

注意:$f_{cu,推}$只能在生产过程中质量控制和配合比设计调整时使用。

## 六、混凝土配合比的调整

为了取得既合理利用原材料的性能又能保证混凝土质量的效果,应及时按下列规定调整混凝土配合比。

(1)当在混凝土质量控制图中出现异常现象时,应查找原因;必要时应调整混凝土配合比。

(2)当粗、细集料的含水率与基准状态相比有显著变化时,应相应地调整用水率;当集料的含水率相差很大时,应调整粗、细集料的用量。

(3)当采用连续级配的粗集料级配偏粗时,需适当增加砂率,级配偏细时,应适当减少砂率。

(4)在夏季生产时,为了保证混凝土拌和物流动度,可适当增加每立方米混凝土的用水量,此时,一般可不增加水泥用量。冬季生产时,砂、水需要加热(砂一般可控制在30℃~50℃,水为70℃),同时适当降低水灰比。

## 第六节　混凝土温度测量及其体内温度变化控制

### 一、分类

混凝土测温是用于控制混凝土内部温度的变化过程。由于工程性质与生产工艺上的不同,对测温要求也不同,大致分为3大类:

(1)混凝土冬季施工测温。

(2)大体积混凝土施工测温。

(3)混凝土热养护测温。

### 二、混凝土冬季施工测温

混凝土冬季施工测温是为控制现浇混凝土结构工程中的初期温度变化,适用于冬季施工不同养护方法的测温。

1. 一般要求

(1)施工基层应派专人负责测温工作,并在进入冬季施工前组织测温人员进行统一培训学习。

(2)施工基层根据工程进展情况,按单位工程制定测温方案,并绘制单位工程测温孔的平(立)面位置布置图。

(3)在进入混凝土冬季施工前,必须提前准备好冬季施工所必要的测温用具。

(4)所有温度计必须事先进行检验,经检验合格后方可使用。

2. 测温用具

(1)测温箱。规格不小于300mm×300mm×400mm的白色百叶箱,宜安装于离建筑物10m以外,距地面高度1.5m,通风条件较好的地方。

(2)温度计。-1℃~100℃的棒式酒精温度计,根据测温孔的深浅确定温度计尾部的长短。

(3)测温磁管。一般用26号镀锌铁皮制作,底部封闭,上端开口,上大下小,内径为10~15mm,长度根据测温孔深浅确定。

(4)铁钎。用直径为10mm的圆钢筋制作。

(5)手电筒。用1号电池。

(6)测温记录用具。

3. 测温孔的设置要求

(1)测温孔位置的选择。一般应选择在温度变化大、容易散失热量的部位;易于遭受冻结的部位;西北部或背阴的地方应多设置。测温孔的口不宜迎风设置,且应有临时封闭措施。

(2)所有测温孔的位置,应在测温孔的平(立)面图上进行编号。

(3)一般结构测温孔的设置:

①梁(包括简支梁与连续梁)

当每跨梁的长度大于 4m 时,测温孔的设置部位见图 21-20a)。

当每跨梁的长度小于或等于 4m 时,测温孔的设置部位见图 21-20b)。

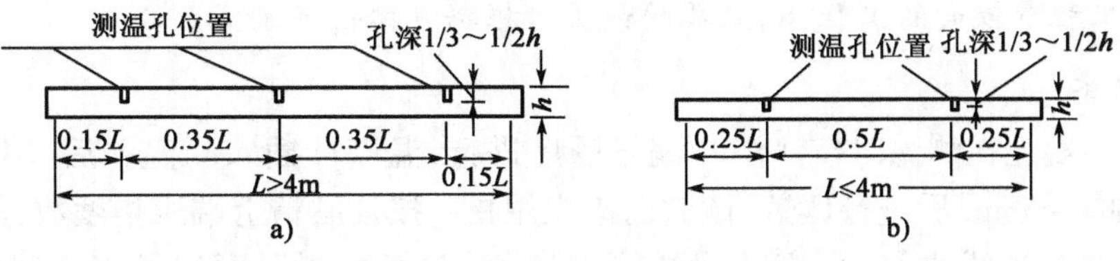


图 21-20　现浇混凝土大梁测温孔布设

梁上测温孔应垂直于梁的轴线,孔深为梁高的 1/3 ~ 1/2。

②柱

每根柱均应设置测温孔。

当柱高大于 4m 时,测温孔的设置部位见图21-21a)。

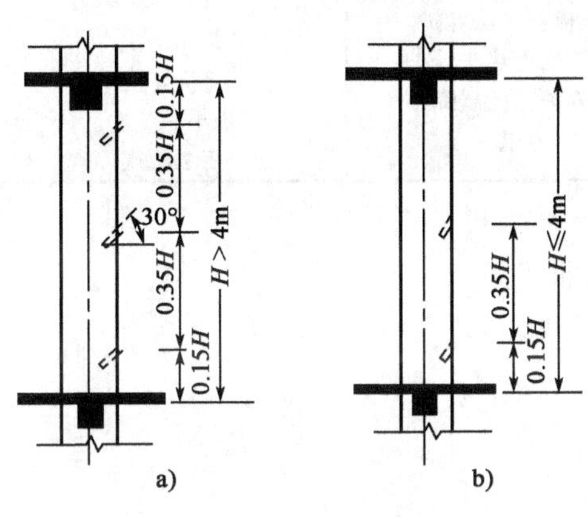


图 21-21　现浇混凝土柱测温孔布设

当柱高小于或等于 4m 时,测温孔的设置部位见图 21-21b)。

柱上测温孔应设在中心线,并与柱面成 30°倾斜角。孔深为柱断面边长的 1/3。

③预制框架梁、柱现浇接头

每个柱的上端接头,应设一个测温孔,孔深为接头混凝土高度的 1/2。每个柱的下端接头应设 1 ~ 2 个测温孔,孔深为柱断面边长的 1/3 ~ 1/2。

④现浇钢筋混凝土构造柱

每根构造柱均应设置测温孔进行测温,一般每根柱的下端设一个测温孔。

⑤现浇楼板、底板

现浇大面积楼板或底板的测温孔布置应按纵、横方向均不大于 5m 间距布置。每间房间面积不大于 $20m^2$ 时,可设一个测温孔。

⑥测温孔应垂直板面

孔深为板厚的 1/3 ~ 1/2。现浇混凝土墙板墙厚为 20cm 及 20cm 以内时,可单面设置测温孔,孔深为墙厚的 1/2;当墙厚为 20cm 以上时,要双面设测温孔,孔深为墙厚的 1/3,并不小于 10cm。测孔与板面成 30°倾斜角。

大面积墙面测温孔按纵、横方向均不大于 5m 间距布置。

每块墙的面积小于 $20m^2$ 时,每面可设一个测温孔。

⑦大模板混凝土墙

一般在墙的顶部设测温孔,有条件时亦可在其他部位加设测温孔。测温孔的多少,可根据墙的长度确定,一般可设 1 ~ 2 个测温孔,孔深为 50 ~ 200mm,测温孔垂直于板顶。

⑧现浇钢筋混凝土大梁叠合层、圈梁和宽度大于 120mm 配筋的板缝

混凝土测温孔(点)的设置最大不超过 10m 长,孔深为构件厚度的 1/3 ~ 1/2。

⑨现浇混凝土阳台、挑檐、雨罩及室外楼梯平台等零星构件

以个为单位的,每个要设 1 ~ 2 个测温孔,并设置在养护不利部位。凡是以长度为单位的,则每隔 3 ~ 4m 左右设一个测温孔。

⑩现场预制构件

测温孔设置,参照相应的现浇构件要求设置测温孔。

注:对于工程量较大的工程,测温孔的设置可根据具体情况酌减。

4. 测温要求

(1)现浇混凝土在测温时按测温孔编号顺序进行,温度计插入测温孔后,堵塞住孔口,留置在测温孔内3~5min后进行读数,读数前应先用指甲按住酒精上端所指度数,然后从测温孔中取温度计,并与视线水平,仔细读出所测温度值,并将所测温度记录表上,然后将测温孔封闭。

(2)测温时要按项目要求按时进行,见表21-20。

**测温项目要求次数** 表21-20

| 测温项目 | 测温次数 | 测温项目 | 测温次数 |
|---|---|---|---|
| 大气温度、环境温度 | 每昼夜2~4次 | 大模板蓄热法养护 | 每4h1次 |
| 水、砂、石等原材料 | 每工作班4次 | 一般结构蓄热法养护 | 每天4次 |
| 搅拌棚室内温度 | 每工作班2~4次 | 蒸汽养护:升温、降温 | 每小时1次 |
| 混凝土出罐温度 | 每工作班2~4次 | 恒温 | 每2h1次 |
| 混凝土入模温度 | 每工作班2~4次 | | |

(3)测温记录项目。

①冬季施工室外大气测温记录表,并绘制温度变化曲线图。

②冬施混凝土的原材料及混凝土拌和物的温度记录表。

③冬施混凝土养护测温记录表。

## 三、大体积混凝土施工测温

为了控制大体积混凝土在施工中的温升影响,一般要求混凝土最大温差不超过25℃,以减小混凝土约束应力,防止出现裂缝。因此,对大体积混凝土的施工除了季节上的选择、材料上的选择及配合比的选择,更重要的是施工上的防备措施。其中混凝土的测温就是观察混凝土内部温升变化的一项措施。目前测温设备为铜—钪铜热电偶和国产UJ-33A型电位差计,它可以任意选点测试,比较理想。

1. 现场测温布点要求

根据混凝土结构物体积的大小和形状确定布点方案。

(1)混凝土墙体横断面宽度为120cm以内时,一个断面上至少有3个热电偶,墙中心处布一个,两侧距墙表面10cm处各布一个。

(2)混凝土墙体宽度为120~250cm时,一个断面上至少布5个热电偶,即墙的中心处一个,距墙表面到墙中心的一半距离各布一个,距墙表面10cm处各布一个(图21-22)。

(3)混凝土墙的横断面布点一半间距为30~60cm。

(4)墙体高度上、下布点,可根据总高度确定,一半为墙的顶部表面处布一个点,墙高的1/2处布一个点,墙高的一半(中心)至墙的顶部布点的间距一般为50~80cm。

(5)墙体纵向布点应根据施工分段情况确定布点位置,一般间距为5~10cm,中间也可交错增加布点。

2. 大体积混凝土基础的布点

(1)基础混凝土有侧模,高与宽之比大于1时可按墙体测温布点。

(2)基础混凝土不用侧模,或用砖砌模以及高与宽之比小于1时,可适当减少两侧表面测温点缀(图21-23)。

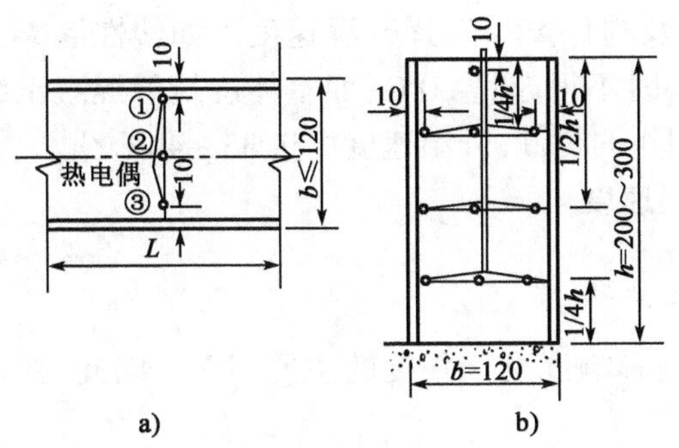


图21-22 墙体热电偶布点(cm)
a)平面布点图;b)横断面布点图

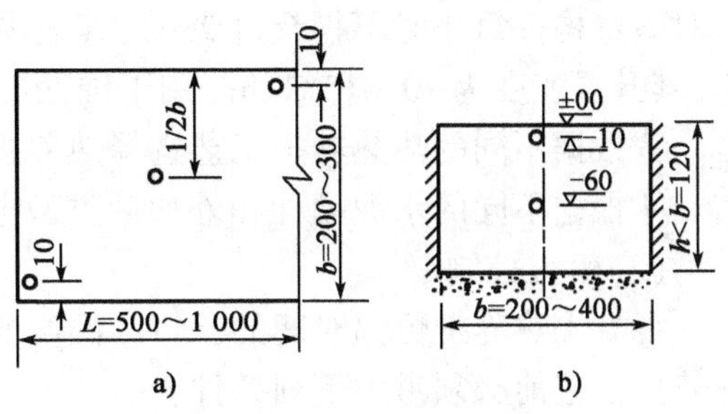


图21-23 基础热电偶布点
a)平面布点图;b)横断面布点图

3. 铜—钪铜热电偶布点技术要求

(1)所有热电偶的埋设,必须按测温布置图进行编号,以3~5个热电偶为一个测点,以3~5个测点为一个测区,每个热电偶均须编号,并在埋设前作测试检验,合格后才能使用。

(2)热电偶必须在钢筋网绑扎完毕和混凝土浇灌前安好。热电偶绑扎在横向较粗钢筋的下侧,热电偶焊点必须与钢筋绝缘隔离,测区的导线绑在竖向钢筋上引出接在线板上,对号入座。

4. 测温要求

(1)测温必须按编号顺序进行,并记录所测数据,见表21-21。

热电偶测量记录 表21-21

| 测点号 | 测点位置 | 恒温点温度(℃) | 工作点 | | 校核点 | | | 备注 |
|---|---|---|---|---|---|---|---|---|
| | | | 电热势(μV) | 换算温度(℃) | 实测温度(℃) | 电热势(μV) | 换算温度(℃) | |
| | | | | | | | | |
| | | | | | | | | |
| | | | | | | | | |
| | | | | | | | | |

(2)浇筑完毕的混凝土一般在10h后开始试测,以后每隔6h进行一次测试,在测试过程中随时进行校验。测温一直持续到该混凝土温度开始下降时为止,约10d。

## 四、混凝土热养护的测温

1. 目的及适用范围

混凝土热养护测温控制热养护时升温、恒温和降温过程中的时间与温度的关系,以保证养护工序的正常进行,确保构件质量。适用于各种类型的隧道窑、立窑、养护池、热台座及现场热养护作业。

2. 测温要求

(1)升温的控制

混凝土热养护升温的快慢对质量影响极大,由于升温速度快,混凝土的过早脱水,致使混凝土表面酥松，直接影响构件的强度。因此，应合理地选择升温速度。

①混凝土成型后应根据静停时间的长短，选择升温速度。

②根据混凝土坍落度(或维勃稠度)的大小以及构件类型选择升温速度。如塑性混凝土中对薄壁构件每小时不得超过25℃；其他构件每小时不得超过20℃；而整体浇筑的混凝土结构，其升温速度为10～15℃/h。用于硬性混凝土制作的构件，升温速度可选35～40℃/h。

③根据不同的热热养护工艺选择热养护的升温速度。

④根据不同的水泥品种和外加剂类型进行选择。

(2)恒温控制

混凝土热养护恒温时间的长短与温度的高低是影响混凝土强度的主要因素。因此，在选择养护工艺前必须考虑下列条件：

①根据生产周期的要求选择恒温时间。

②根据恒温温度的高低选择恒温时间。

③恒温阶段应保持相对湿度在90%以上。干热养护控制介质相对温度可适当降低。

(3)降温控制

①根据环境温度决定混凝土降温速度。

②整体浇筑的混凝土结构的降温速度每小时不得超过10℃。

③热养护的构件温度必须降至与环境温差不大于40℃后才能出池。当池外气温为负温度时，温差不得大于20℃。

3.测温设备

根据混凝土养护工艺选定不同类型测温计。

(1)铜—钪铜热电偶测温法。适用于隧道窑、大体积混凝土以及冬期混凝土施工的测温。

(2)半导体指针温度计。适用于养护池、隧道窑等。

(3)玻璃棒棒式温度计、读数温度计等。

# 第二十二章 混凝土质量的检验评定

## 第一节 混凝土质量检验评定方法

### 一、质量检验划分原则

混凝土工程质量检验划分的原则，按3个层次划分评定：第一为分项工程；第二为分部工程；第三为单位工程。其分部、分项划分的规定见表22-1。

**混凝土工程质量检验分部分项工程名称** 表22-1

| 序号 | 分部工程名称 | 分项工程名称 |
|---|---|---|
| 1 | 地基与基础工程 | 混凝土 |
| | | 预应力混凝土 |
| 2 | 主体工程 | 混凝土 |
| | | 预应力混凝土 |

注：多层及高层房屋工程必须按楼层、段划分，单层房屋按变形缝划分。

### 二、质量检验评定的等级

混凝土工程质量检验评定，属于分项工程，应在班组自检的基础上进行，分为合格、优良两个等级。每个等级又分为保证项目、基础项目、允许偏差项目。其具体要求见表22-2；其评定表格见表22-3。

**混凝土分项工程质量检验分级表** 表22-2

| 序号 | 等级 | 项 目 | 要 求 |
|---|---|---|---|
| 1 | 合格 | 保证项目 | 必须符合本章第二节有关标准的规定 |
| | | 基本项目 | 每项抽验的处(件)数，应符合本章第二节有关合格的规定 |
| | | 允许偏差项目 | 抽验点数的实测值，至少70%点的实测值在本章第二节有关标准的允许偏差范围内；<br>其余的实测值也应基本达到本章第二节有关标准的规定 |
| 2 | 优良 | 保证项目 | 必须符合本章第二节有关标准的规定 |
| | | 基本项目 | 每项抽验的处(件)数，符合有关合格的规定；其中等于或大于50%的处(件)符合优良的规定，该项目即为优良；<br>检验项数中，优良项数等于或大于50%时，该项目即为优良 |
| | | 允许偏差项目 | 抽验点数的实测值，等于或大于90%本章第二节有关标准的允许偏差范围内 |

注：本章第二节有关规定，详见表22-4～表22-13。

**分项工程质量检验评定表** 表 22-3

工程名称： 部位

| | 项目 | 质量情况 | | | | | | | | | | | |
|---|---|---|---|---|---|---|---|---|---|---|---|---|---|
| 保证项目 | 1 | | | | | | | | | | | | |
| | 2 | | | | | | | | | | | | |
| | 3 | | | | | | | | | | | | |
| | 项目 | 质量情况 | | | | | | | | | | | 等级 |
| 基本项目 | 1 | | 1 | 2 | 3 | 4 | 5 | 6 | 7 | 8 | 9 | 10 | |
| | 2 | | | | | | | | | | | | |
| | 3 | | | | | | | | | | | | |
| | 4 | | | | | | | | | | | | |
| | 项目 | 允许偏差（mm） | 实测值（mm） | | | | | | | | | | |
| 允许偏差项目 | 1 | | 1 | 2 | 3 | 4 | 5 | 6 | 7 | 8 | 9 | 10 | |
| | 2 | | | | | | | | | | | | |
| | 3 | | | | | | | | | | | | |
| | 4 | | | | | | | | | | | | |
| | 5 | | | | | | | | | | | | |
| | 6 | | | | | | | | | | | | |
| 检查结果 | 保证项目 | | | | | | | | | | | | |
| | 基本项目 | 检查 项，其中优良 项，优良率 % | | | | | | | | | | | |
| | 允许偏差项目 | 实测 点，其中合格 点，合格率 % | | | | | | | | | | | |
| 评定等级 | 工程负责人：<br>工 长：<br>班 组 长： | | | 核定意见 | 质量检查员 | | | | | | | | |

年 月 日

# 第二节 混凝土质量检验评定的标准

## 一、普通混凝土工程

1. 保证项目

普通混凝土工程质量标准的保证项目应满足表 22-4 的要求。

**普通混凝土工程质量标准的保证项目** 表 22-4

| 序号 | 项目 | 要求 | 检验方法 |
|---|---|---|---|
| 1 | 水泥、水、集料、外加剂等 | 必须符合施工规范和有关规定(详见第一章第五节) | 检查出厂合格证或试验报告 |
| 2 | 配合比、原材料计量、搅拌、养护、施工缝处理等 | 必须符合施工规范的规定(详见第一章第五、六节和第三章第二、七节) | 观察检查和检查施工记录 |

续上表

| 序号 | 项　目 | 要　求 | 检验方法 |
|---|---|---|---|
| 3 | 混凝土试件的取样制作及强度检验 | 必须符合《混凝土结构工程施工及验收规范》(GB 50204)的规定,详见本章第三节 | 用统计方法或非统计方法,按本章第三节五计算 |
| 4 | 裂缝 | 设计不允许有的,严禁出现;<br>设计允许出现的,其宽度必须符合设计 | 观察和用刻度放大镜检查 |

2. 基本项目

普通混凝土工程质量标准的基本项目应满足表 22-5 的要求。对缺陷的说明见本书第二十五章。

**普通混凝土工程质量标准的基本项目**　　表 22-5

| 序号 | 缺陷 | 等级 | 要　求 | 检查方法 |
|---|---|---|---|---|
| 1 | 蜂窝面积 | 合格 | 梁、柱上一处不大于 1 000$cm^2$;<br>累计不大于 2 000$cm^2$;<br>基础、墙、板一处不大于 2 000$cm^2$;<br>累计不大于 4 000$cm^2$ | 用尺量外露石子的面积及深度 |
| | | 优良 | 梁、柱上不大于 200$cm^2$;<br>累计不大于 400$cm^2$;<br>基础、墙、板一处不大于 400$cm^2$,累计不大于 800$cm^2$ | |
| 2 | 孔洞面积 | 合格 | 梁、柱上一处不大于 40$cm^2$;<br>累计不大于 80$cm^2$;<br>基础、墙、板一处不大于 100$cm^2$,累计不大于 200$cm^2$ | 凿击孔洞周围松动石子,尺量孔洞面积及深度 |
| | | 优良 | 无孔洞 | |
| 3 | 主筋露筋长度 | 合格 | 梁、柱上一处不大于 10cm;<br>累计不大于 20cm;<br>基础、墙、板不大于 20cm,累计不大于 40cm | 尺量钢外露长度 |
| | | 优良 | 无露筋 | |
| 4 | 缝隙夹渣层 | 合格 | 梁、柱上均不大于 5cm;<br>基础、墙、板上长度不大于 20cm;<br>深度不大于 5cm 且不多于 2 处 | 凿去夹渣层,尺量缝隙长度和深度 |
| | | 优良 | 无缝隙夹渣层 | |

注:表列 4 项的检查数量均按下述办法:梁、柱、独立基础按件数抽查 10%,亦不得少于 3 件,带形基础、圈梁每 30 ~ 50m 抽查 1 处,范围 3 ~ 5m,亦不得少于 3 处;墙和板按有代表性的自然间,厂房、礼堂可按轴线分间,墙每 4m 高为一个检查层,每面为 1 处,板每间为一处,均抽查 10%,亦不得少于 3 处。

3. 允许偏差项目

普通混凝土工程质量标准的允许偏差项目,按工程性质分列如下:

1) 现浇混凝土结构构件

其允许偏差项目的允许偏差和检验方法应满足表 22-6 的要求,其检查数量同表 22-5 的注。

**现浇混凝土结构构件的允许偏差和检验方法** 表 22-6

<table>
<tr><td rowspan="2">项次</td><td rowspan="2" colspan="2">项　　目</td><td colspan="4">允许偏差(mm)</td><td rowspan="2">检验方法</td></tr>
<tr><td>单层多层</td><td>高层框架</td><td>多层大模</td><td>高层大模</td></tr>
<tr><td rowspan="3">1</td><td rowspan="3">轴线位移</td><td>独立基础</td><td>10</td><td>10</td><td>10</td><td>10</td><td rowspan="3">尺量检查</td></tr>
<tr><td>其他基础</td><td>15</td><td>15</td><td>15</td><td>15</td></tr>
<tr><td>柱、墙、梁</td><td>8</td><td>5</td><td>8</td><td>5</td></tr>
<tr><td rowspan="2">2</td><td rowspan="2">标高</td><td>层高</td><td>±10</td><td>±5</td><td>±10</td><td>±10</td><td rowspan="2">用标准仪或尽量检查</td></tr>
<tr><td>全高</td><td>±30</td><td>±30</td><td>±30</td><td>±30</td></tr>
<tr><td rowspan="2">3</td><td rowspan="2">截面尺寸</td><td>基础</td><td>+15<br>-10</td><td>+15<br>-10</td><td>+15<br>-10</td><td>+15<br>-10</td><td rowspan="2">尺量检查</td></tr>
<tr><td>柱、墙、梁</td><td>+8<br>-5</td><td>±5</td><td>+5<br>-2</td><td>+5<br>-2</td></tr>
<tr><td rowspan="2">4</td><td rowspan="2">柱墙垂直度</td><td>每层</td><td>5</td><td>5</td><td>5</td><td>5</td><td>用2m托线板检查</td></tr>
<tr><td>全高</td><td>$H$/1 000且不大于20</td><td>$H$/1 000且不大于30</td><td>$H$/1 000且不大于20</td><td>$H$/1 000且不大于30</td><td>用经纬仪或吊线和尺量检查</td></tr>
<tr><td>5</td><td colspan="2">表面平整度</td><td>8</td><td>8</td><td>4</td><td>4</td><td>用2m靠尺和楔形塞尺检查</td></tr>
<tr><td>6</td><td colspan="2">预埋钢板中心线位置偏移</td><td>10</td><td>10</td><td>10</td><td>10</td><td rowspan="4">尺量检查</td></tr>
<tr><td>7</td><td colspan="2">预埋管、预留孔中心线位置偏移</td><td>5</td><td>5</td><td>5</td><td>5</td></tr>
<tr><td>8</td><td colspan="2">预埋螺栓中心线位置偏移</td><td>5</td><td>5</td><td>5</td><td>5</td></tr>
<tr><td>9</td><td colspan="2">预留洞中收线位置偏移</td><td>15</td><td>15</td><td>15</td><td>15</td></tr>
<tr><td rowspan="2">10</td><td rowspan="2">电梯井</td><td>井筒长、宽(对中心线)</td><td>+25<br>0</td><td>+25<br>0</td><td>+25<br>0</td><td>+25<br>0</td><td>尺量检查</td></tr>
<tr><td>井筒全高垂直度</td><td>$H$/1 000且不大于30</td><td>$H$/1 000且不大于30</td><td>$H$/1 000且不大于30</td><td>$H$/1 000且不大于30</td><td>吊线和尺量检查</td></tr>
</table>

注:$H$为柱、墙全高。

2)现浇混凝土设备基础

其允许偏差项目的允许偏差和检验方法应满足表22-7的要求。其检查数量按各类型的设备基础各抽查10%,但均不应少于3件。

**混凝土设备基础的允许偏差和检验方法** 表 22-7

<table>
<tr><td>项次</td><td>项　　目</td><td>允许偏差(mm)</td><td>检 验 方 法</td></tr>
<tr><td>1</td><td>坐标位移(纵横轴线)</td><td>±20</td><td>用经纬仪或拉线和尺量检查</td></tr>
<tr><td>2</td><td>不同平面的高程</td><td>0<br>-20</td><td>用水准仪或拉线和尺量检查</td></tr>
<tr><td rowspan="3">3</td><td>平面外形尺寸</td><td>±20</td><td rowspan="3">尺量检查</td></tr>
<tr><td>凸台上平面外形尺寸</td><td>0<br>-20</td></tr>
<tr><td>凹穴尺寸</td><td>+20<br>0</td></tr>
</table>

续上表

| 项次 | 项目 | | 允许偏差(mm) | 检验方法 |
|---|---|---|---|---|
| 4 | 平面水平度 | 每米 | 5 | 用水准仪或水平尺和楔形塞尺检查 |
| | | 全长 | 10 | |
| 5 | 垂直度 | 每米 | 5 | 用经纬仪或吊线和尺量检查 |
| | | 全高 | 10 | |
| 6 | 预留地脚螺栓 | 高程(顶部) | +20<br>0 | 在根部及顶端用水准仪或拉线和尺量检查 |
| | | 中心距 | ±2 | |
| 7 | 预埋地脚螺栓孔 | 中心线位置偏移 | ±10 | 尺量纵横两个方向 |
| | | 深度尺寸 | +20<br>0 | 尺量检查 |
| | | 孔铅垂直 | 10 | 吊线和尺量检查 |
| 8 | 预埋活动地脚螺栓锚板 | 高程 | +20 | 拉线和尺量检查 |
| | | 中心线位置偏移 | ±5 | |
| | | 带螺纹孔锚板平整度 | 2 | 用直尺和楔形塞尺检查 |
| | | 带槽锚板平整度 | 5 | |

3)预制混凝土构件

其允许偏差项目的允许偏差和检验方法,应满足表22-8的要求。检查数量按不同类型、每班产量各抽查10%,但均不应少于3件。

**构件尺寸允许偏差值及检验方法** 表22-8

| 项目 | | 允许偏差值(mm) | | | | | | 检验方法 |
|---|---|---|---|---|---|---|---|---|
| | | 薄腹梁、桁架 | 梁 | 柱 | 板 | 墙板 | 柱 | |
| 长 | | +15<br>−10 | +10<br>−5 | +5<br>−10 | +10<br>−5 | ±5 | ±20 | 用尺量平行于构件长度方向的任何部位 |
| 宽 | | ±5 | ±5 | ±5 | ±5 | ±5 | ±5 | 用尺量一端或中部 |
| 高(厚) | | ±5 | ±5 | ±5 | ±5 | ±5 | ±5 | |
| 侧向弯曲 | | $l$/1 000且不大于20 | $l$/750且不大于20 | $l$/750且不大于20 | $l$/750且不大于20 | $l$/1 000且不大于20 | $l$/1 000且不大于20 | 拉线,用尺量测侧向弯曲最大处 |
| 表面平整 | | 5 | 5 | 5 | 5 | 5 | 5 | 用2m靠尺和楔形塞尺,量测靠尺与板面两点间的最大缝隙 |
| 预埋件插筋 | 中心位置偏移 | 10 | 10 | 10 | 10 | 10 | 5 | 用尺量纵横两个方向中心线,取其中较大值 |
| | 与混凝土面平整 | 5 | 5 | 5 | 5 | 5 | 5 | 用平尺和钢板尺检查 |

续上表

<table>
<tr><th colspan="2" rowspan="2">项　　目</th><th colspan="7">允许偏差值(mm)</th><th rowspan="2">检 验 方 法</th></tr>
<tr><th>薄腹梁、桁　架</th><th>梁</th><th>柱</th><th>板</th><th>墙板</th><th colspan="2">柱</th></tr>
<tr><td rowspan="2">预埋螺栓</td><td>中心位置偏移</td><td>5</td><td>5</td><td>5</td><td>5</td><td>5</td><td colspan="2" rowspan="2">—</td><td>用尺量纵横两个方向中心线,取其中较大值</td></tr>
<tr><td>明露长度</td><td>+10<br>−5</td><td>+10<br>−5</td><td>+10<br>−5</td><td>+10<br>−5</td><td>+10<br>−5</td><td>用尺量测</td></tr>
<tr><td rowspan="2">中心位置偏移</td><td>预留孔</td><td>5</td><td>5</td><td>5</td><td>5</td><td>5</td><td colspan="2">5</td><td rowspan="2">用尺量纵横两个方向中心线,取其中较大值</td></tr>
<tr><td>预留洞</td><td>15</td><td>15</td><td>15</td><td>15</td><td>15</td><td colspan="2">桩尖 10</td></tr>
<tr><td colspan="2">主筋保护层厚</td><td>+10<br>−5</td><td>+10<br>−5</td><td>+10<br>−5</td><td>+10<br>−5</td><td>+10<br>−5</td><td colspan="2">±5</td><td>用尺量或用钢筋保护层厚度测量仪量测</td></tr>
<tr><td colspan="2">对角线差</td><td>—</td><td>—</td><td>—</td><td>10</td><td>10</td><td rowspan="2">桩顶</td><td>10</td><td>用尺量两个对角线</td></tr>
<tr><td colspan="2">翘曲</td><td>—</td><td>—</td><td>—</td><td>$l$/750</td><td>$l$/1 000</td><td>3</td><td>用调平尺在板两端量测</td></tr>
</table>

注:表中桩顶翘曲系指桩顶平面对桩中心线的倾斜。

4)混凝土滑模工程

其允许偏差项目的允许偏差,应满足表 22-9 的要求。

**混凝土滑模工程实测项目的允许偏差**　　表 22-9

| 序号 | 项　目 | 项　目 | 允 许 偏 差 (mm) |
|---|---|---|---|
| 1 | 垂直偏差 | 高层建筑 | 不大于建筑物高度的 0.1%,但不大于 50 |
|  |  | 筒壁结构 | 按设计要求或专门规范的规定 |
| 2 | 结构截面 | 墙、壁<br>柱<br>梁 | ±15<br>±10<br>−5、+10 |
| 3 | 门窗洞、预埋件、其他洞口 | 垂直位置<br>水平位置 | ±15<br>±20 |

5)升板建筑结构

其混凝土构造柱和板的允许偏差应满足施工安装和提升的要求,具体规定见表 22-10。

**升板施工混凝土工程的质量及尺寸要求**　　表 22-10

| 序号 | 项目 | 质量要求及尺寸允许偏差 |
|---|---|---|
| 1 | 基础 | 如系杯形基础,应注意控制杯口纵横轴线及杯底高程的准确性,避免引起安装上的各种误差;<br>杯口纵横轴线误差应不大于 ±5mm;杯底高程误差应不大于 ±3mm;杯底必须平正;<br>回填土必须分层夯实,以保证预制柱的准确性 |
| 2 | 柱子 | 截面尺寸应不大于 ±5mm;<br>侧向弯曲应不大于 10mm;<br>柱底和柱顶应平整,应垂直于柱的纵轴线;<br>柱顶竖向偏差不得大于 1/1 000,且不得大于 20mm |
| 3 | 柱上预留孔 | 孔的尺寸偏差,不得大于 ±10mm;<br>孔底的高程偏差,不得大于 ±5mm;<br>孔底要平整,轴线偏差不得大于 ±5mm |

续上表

| 序号 | 项目 | 质量要求及尺寸允许偏差 |
|---|---|---|
| 4 | 柱上预埋件 | 中线偏移不得大于 ±5mm;<br>标高偏差不得大于 ±3mm;<br>剪力块不准凹入混凝土内,凹入柱面不得大于 3mm;凸出混凝土面不得大于 2mm |
| 5 | 板的胎模 | 台面、胎模应平整光滑;<br>提升环位置胎模的高程偏差,不得大于 ±2mm |
| 6 | 提升环 | 型钢提升环表面应平整,翘曲不应超过 2mm;内孔偏差不应超过 3mm;<br>钢筋提升环的钢筋位置偏差不得超过 5mm;预埋件应与钢筋焊接,其偏差不得超过 ±5mm |

## 二、预应力钢筋混凝土工程

预应力钢筋混凝土工程的质量标准,险应满足钢筋施工工艺规定及本章第二节普通混凝土工程的各项要求外,还应满足下列各项要求。

1. 保证项目

预应力混凝土工程质量标准的保证项目,应满足表 22-11 的要求。

**预应力混凝土质量标准的保证项目** 表 22-11

| 序号 | 项目 | 要求 | 检验方法 |
|---|---|---|---|
| 1 | 锚夹具 | 必须符合设计要求和施工规范及专门规定 | 每批抽出 10%,但不少于 10 件;检查出厂证明,硬度、锚固能力、探伤及外观检查的报告 |
| 2 | 钢丝墩头 | 墩头强度不得低于强度标准值的 98% | 预先制作 6 个墩头试件,用游标卡尺检查;检查抗拉试验报告 |
| 3 | 后张法张拉时混凝土强度及块体主缝混凝土(砂浆强度)强度 | 必须符合设计要求;如设计无要求时,则不应低于设计强度的 75%;立缝混凝土(砂浆)的强度,不应低于块体混凝土的 40%,亦不低于 15MPa | 检查同条件养护混凝土(砂浆)试件的强度试验报告 |
| 4 | 先张拉放张预应力筋时混凝土强度 | | |
| 5 | 预应力筋的内缩量 | 带有螺母的锚具(包括钢丝束的锥形螺杆锚具、筒式锚具等);螺母缝隙;每块后加垫板缝隙;钢丝束的墩头锚具不大于 1mm | 检查施加预应力记录 |
| | | $JM_{12}$ 锚具;当预应力筋为钢筋时不大于 3mm | — |
| | | 钢丝束的钢制锥形锚具;当预应力筋为钢锁线时,单根冷拔低碳钢丝的锥形锚夹具不大于 5mm | — |
| 6 | 后张法孔道水泥浆强度 | 必须符合设计及下列要求:<br>1. 水泥强度不低于 32.5 级<br>2. 其强度不低于 20MPa<br>3. 泌水率宜控制为 2%,最大不超过 3% | 全面观察检查,检查水泥浆试件的试验报告 |

2. 基本项目

预应力混凝土工程质量标准的基本项目,应满足表 22-12 的要求。

**预应力混凝土质量标准的基本项目** 表 22-12

| 序号 | 项目 | | 要求 合格 | 要求 优良 | 检验方法 |
|---|---|---|---|---|---|
| 1 | 实际建立的预应力值与设计规定值的偏差 | 机械张拉 | 不超过 ±5% | 不超过 ±3% | 按不同类型件数各抽查10%,但不少于3件;检查施加预应力记录 |
| | | 电热张拉 | 不超过 +10% −5% | 不超过 +5% −3% | |
| 2 | 多根钢丝同时张拉,断丝数和滑丝数 | | 不多于钢丝总数的3%且一束钢丝不超过一根 | 无断丝和滑丝 | 全面检查;检查施加预应力记录 |

3. 允许偏差项目

预应力混凝土结构构件质量标准允许偏差项目的允许偏差和检验方法见表 22-13。其检查数量按不同类型件数各抽查 10%,但均不少于 3 件。

**预应力混凝土结构构件的允许偏差和检验方法** 表 22-13

| 项次 | 项目 | | | 允许偏差(mm) | 检验方法 |
|---|---|---|---|---|---|
| 1 | 截面尺寸 | 长度 | 块体 | ±5 | 尺量检查 |
| | | | 薄腹梁、桁架 | +15 −10 | |
| | | 宽度 | | ±5 | |
| | | 高度 | | ±5 | |
| 2 | 侧向弯曲 | | | 构件长度的 1/1 000,且不大于 20 | 拉线和尺量检查 |
| 3 | 保护层厚度 | | | +10 −5 | 尺量检查 |
| 4 | 块体对角线差 | | | 10 | 尺量两个对角线 |
| 5 | 块体表面平整度 | | | 5 | 用直尺和楔形塞尺检查 |
| 6 | 预应力筋预留孔道位置偏移 | | | 5 | 尺量检查用直尺和楔形塞尺检查 |
| 7 | 预埋钢板 | 中心线位置偏移 | | 10 | |
| | | 上表面平整度 | | 5 | |
| | | 构件两端锚固支承面平整度 | | 2 | 尺量检查 |
| 8 | 预埋螺栓 | 中心线位置偏移 | | 5 | |
| | | 外露长度 | | +10 −5 | |
| 9 | 预埋管预留孔中心线位置偏移 | | | 5 | |
| 10 | 预留洞中心线位置偏移 | | | 15 | |
| 11 | 块体拼装 | 纵轴线位置偏移 | | 3 | 拉线和尺量检查 |
| | | 立缝宽度 | | +10、−5,但最小宽度不小于 10 | 尺量检查 |
| 12 | 采用钢丝镦束头锚具钢丝下料长度相对差值 | | | 钢丝下料长度的 1/5 000,且不大于 5 | 尺量检查 |

# 第三节　混凝土强度的合格性检验评定

要保证混凝土的实际强度达到合格的要求，除前述生产控制外，还要对半成品和成品在出厂或交付使用前，进行验收（即合格性检验）。

产品通过验收环节，使不符合质量标准要求的产品不予出厂，防止给使用者造成实在或潜在的危险。在混凝土生产控制措施还不够健全的情况下，为保证产品质量，合格性检验就显得更为重要。

## 一、强度类型及检验评定过程

1. 强度的类型

对混凝土进行强度试验的目的大体有两个，因此所得的强度也有两种。

1）标准养护强度

对用于工程对构中的一批混凝土（验收批）按标准方法进行检验评定，视其是否达到该等级混凝土应有的强度质量，以评定其是否合格。这种强度的试件应在标准条件下养护，故称为混凝土的标准养护强度，简称标养强度。

2）同条件养护强度

对在混凝土施工过程中，为满足拆模、构件出池、出厂、吊装、预应力筋张拉或放张等的要求，而需要确定当时对构中混凝土的实际强度值以便进行施工控制。这种强度的试块一般均置于实际对构旁，以同样的条件对其进行养护，故称混凝土的同条件养护强度。又因其多用于控制施工工艺，故简称施工强度。

这两种强度在取样、养护、评定方面有很大的不同，应注意它们的差异以免混淆。

2. 强度的检验评定过程

混凝土强度的检验评定过程如图 22-1 所示。图框内为检验评定的内容；框上括号内数字

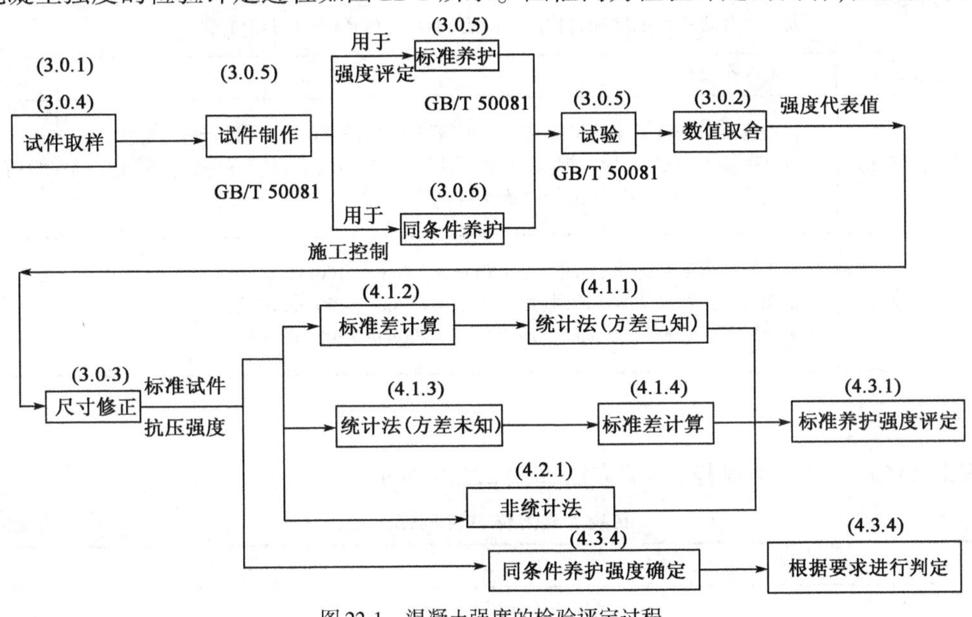


图 22-1　混凝土强度的检验评定过程

表示该部分内容在《混凝土强度检验评定标准》(GB/T 50107)中的条款编号;框下字母数字为有关内容的依据标准编号;箭头则表示检验评定的流程。

由图看出,标养强度和施工强度有以下3点不同:

(1)养护方式不同。养护方式分别为标准养护和同条件养护。

(2)评定方式不同。标养强度按批评定,有3种评定方法(方差已知统计法、方差未知统计法、非统计法);施工强度基本按组与相应的工作班混凝土一一对应地检验。

(3)评定目的不同。标养强度是为了确定该批混凝土的强度是否合格,以便加以验收;施工强度不是为了评定合格与否,只是为了判断施工工艺过程(拆模、起吊、张拉、放张等)的可能性,是无所谓合格和不合格的。

下面对混凝土强度检验评定过程详细加以叙述。

## 二、立方体试件的制作及强度试验

为使抽取的混凝土试样更有代表性,《混凝土强度检验评定标准》(GB/T 50107)规定:混凝土试样应在浇筑地点随机地抽取。当经试验证明搅拌机卸料口和浇筑地点混凝土的强度无显著差异时,混凝土试样也可在卸料口随机地抽取。

商品混凝土应在搅拌站按规定取样。混凝土运到施工现场后,亦应按上述的规定抽样复验。

1.取样

混凝土立方体试件取样的规定如表22-14所示。

混凝土立方体试件取样要点　　表22-14

| 序号 | 项　目 | 要　　点 |
|---|---|---|
| 1 | 取样地点 | 在混凝土浇筑地点随机抽样;<br>预拌混凝土在厂内取样,在施工现场抽样检验 |
| 2 | 取样频率 | 每100盘,且不超过$100m^3$的同配合比的混凝土,不少于1次;<br>每一工作班拌制的同配合比的混凝土,不足$100m^3$时,不少于1次 |
| 3 | 每组试件 | 应有3个试件 |
| 4 | 每组应留组数 | 代表混凝土强度必须的组数,按工程需要和龄期需要确定(应进行标准养护);<br>按施工要求的组数,即按拆模、出池、出厂、吊装、预应力张拉、放张、检测施工临时负荷的混凝土强度等,按需要确定(应进行同条件养护) |
| 5 | 试模合理尺寸 | 粗集料最大粒径为30mm时,用100mm×100mm×100mm试模;<br>粗集料最大粒径为40mm时,用150mm×150mm×150mm试模;<br>粗集料最大粒径为60mm时,用200mm×200mm×200mm试模 |

2.制作

混凝土立方体试件的制作、养护方法如表22-15所示。

混凝土立方体试件制作方法　　表22-15

| 序号 | 项　目 | 要　　点 |
|---|---|---|
| 1 | 试模 | 试模由铸铁或钢制成 |

续上表

| 序号 | 项　目 | 要　点 |
| --- | --- | --- |
| 2 | 振动成型（适用于坍落度≤70mm 的混凝土） | 将混凝土一次装入试模；<br>装料时用抹刀沿试模内壁略加插捣；<br>混凝土应稍高于试模上口；<br>振动时应防止试模跳动（可特制卡具固定）；<br>振至混凝土表面泛浆为止；<br>用抹刀将多余的混凝土抹去，将表面抹光；<br>振动台应为标准振动台，即频率为 50 ±3Hz（3 000r ±180r/min）、空载振幅为 0.5mm |
| 3 | 人工插捣成型（适用于坍落度＞70mm 的混凝土） | 混凝土分两层装入，每层厚度大致相等；<br>捣棒为 $\phi$16 ×600mm 钢条，端部磨圆；<br>插捣时沿螺旋方向，从边缘向中心移动；<br>插捣底层时，捣棒应达到底板；插捣上层时，捣棒应深入下层约20 ~30mm；<br>插捣时捣棒应垂直；<br>插捣次数：<br>100 ×100 ×100（$mm^3$）模为 12 次；<br>150 ×150 ×150（$mm^3$）模为 25 次；<br>200 ×200 ×200（$mm^3$）模为 50 次；<br>再用抹刀沿试模内壁插入数次；<br>用抹刀将多余的混凝土抹去，将表面抹光 |

3. 混凝土试件的养护

混凝土试件的养护应根据《普通混凝土力学性能试验方法》（GB/T 50081）的要求进行。标准养护和同条件养护有很大的不同，应用时应根据强度类型的不同，选择养护方法。

1）标准养护

试件成型后覆盖表面以防水蒸发；在 20（±5）℃条件下静置 1 ~2d，然后编号拆模；拆模后试件立即移放标准养护室中分架设置；养护温度 20（±3）℃；相对湿度不小于 90%；应避免直接淋水。如无标准养护室可以养护池代替，池中水温 20（±3）℃，水的 pH 值不小于 7；养护时间自成型时算起 28d。

2）同条件自然养护

试件成型后覆盖、静置、编号同前；拆模时间可与实际结构的拆模时间相同；拆模后试件继续放置在预制构件旁或结构中，以使养护条件与实际结构完全相同；养护时间按要求龄期确定（拆模、起吊、张拉、放张等）。

3）蒸气养护

蒸气养护的预制构件，其试件成型后随构件一起进行蒸养，待出池后编号拆模。然后标养试件送入标准养护室（养护池）进行标准养护，其养护时间也是自成型时算起 28d。同条件养护试件则随同出池构件一起在堆置场地中进行条件养护。

4. 抗压强度试验机

抗压强度试验机按其性能分为压力试验机和万能试验机。压力试验机的最大负荷有 500kN、1 000kN、2 000kN 3 种；万能试验机的最大负荷有 100kN、300kN、600kN、1 000kN 4 种。在进行压力试验时，性能应达到表 22-16 的要求。

**抗压强度试验机的技术条件** 表 22-16

| 序号 | 项 目 | 要 点 |
| --- | --- | --- |
| 1 | 精度 | 示值的相对误差不大于 ±2% |
| 2 | 试件预期破坏荷载的量程 | 不小于全量程的 20%；<br>不大于全量程的 80%（见注） |
| 3 | 上压板 | 应有球座可供调整，使承压均衡 |
| 4 | 与试件接触的上、下压板（或另加的钢垫板）的承压面 | 均应经机械加工，其不平度为 0.02%；<br>其平面尺寸应大于试件的承压面；离心成型试件，按专门规定；<br>应擦拭干净，方可安放试件 |

注：即全量程（最大负荷）为 1 000kN 的压力机，其试件的预期破坏荷载应在 200 ~ 800kN 范围内。

5. 试件尺寸

试件从养护处取出后应尽快进行试验，以免失水或温度发生变化。试件在擦净后于上机试前，应检查其尺寸，其要求如表 22-17 所示。

**混凝土立方体试件的尺寸要求** 表 22-17

| 序号 | 项 目 | 要 求 |
| --- | --- | --- |
| 1 | 试件尺寸 | 测量时应精确至 1mm，并据此计算试件的承压面积；<br>如实测尺寸与公称尺寸之差少于 1mm，按公称尺寸 |
| 2 | 承压面不平度 | 每 100mm 不超过 0.05mm；<br>承压面与相邻面的不垂直度，不超过 ±1° |
| 3 | 表面清洁 | 应将试件擦拭干净 |

6. 试验加荷速度

混凝土立方体试件试验时，试验机的加荷速度如表 22-18 所示。

**试验机的加荷速度** 表 22-18

| 序号 | 混凝土强度等级 | 加 荷 速 度 |
| --- | --- | --- |
| 1 | < C30 | 0.3 ~ 0.5MPa · s |
| 2 | ≥C30 | 0.5 ~ 0.8MPa · s |

7. 抗压强度的计算

（1）试件抗压强度按下式计算：

$$f_{cu} = \frac{F}{A} \tag{22-1}$$

式中：$f_{cu}$——混凝土立方体试件抗压强度（MPa）；

$F$——破坏荷载，试验机上随动指针的指示数（N）；

$A$——试件承压面积（$mm^2$）。

立方体试件抗压强度的计算应精确至 0.1MPa。

当承压面为 100mm × 100mm 时，$A = 10\ 000mm^2$；

当承压面为 150mm × 150mm 时，$A = 22\ 500mm^2$；

当承压面为 200mm × 200mm 时，$A = 40\ 000mm^2$。

（2）强度代表值

混凝土试件抗压强度代表值，从每组 3 个试件中，按表 22-19 所列三种方法的顺序采用。

**混凝土试件强度代表值采用顺序表** 表 22-19

| 顺序 | 试件强度情况 | 取值方法 |
| --- | --- | --- |
| 1 | 3 个试件抗压强度基本接近 | 取 3 个试件抗压强度的算术平均数为代表值 |
| 2 | 3 个试件中,强度最大值或强度最小值,与中间值之差,超过中间值的 15% | 取中间值为代表值 |
| 3 | 3 个试件中,强度最大值或强度最小值,与中间值之差,均超过中间值的 15% | 该组试件无效 |

以上三种情况,第 1 种是最经常遇到的,第 2 种较少遇到,第 3 种情况很偶然遇到。因为混凝土强度的盘内误差一般能控制不超过 5%。现在同一组 3 个试件强度相差居然都超过此值 3 倍,显然已很不正常了,说明试验误差过大,故不作为评定依据(作废)。

**【例 22-1】** 表 22-20 中列出了 3 组试件的每个立方体试件抗压强度值,求各组试件的强度代表值。

**试件组的强度代表值** 表 22-20

| 试件编号 | 立方体抗压强度值(MPa) | 与中间值的比 | 强度代表值(MPa) |
| --- | --- | --- | --- |
| 1-1 | 27.7 | 1.135 | 25.0 |
| 1-2 | 24.4△ | 1.000 | |
| 1-3 | 22.8 | 0.934 | |
| 2-1 | 31.5△ | 1.000 | 31.5 |
| 2-2 | 34.5 | 1.095 | |
| 2-3 | 26.2 | 0.832* | |
| 3-1 | 22.9 | 0.842* | — |
| 3-2 | 31.7 | 1.165* | |
| 3-3 | 27.2△ | 1.000 | |

注:表中△为中间值,*为与中间值差值超过中间值 15% 的数值。

**解:**首先在各组中选择中间值,即在表 22-20 中有符号"△"标记。接着计算各试件的抗压强度值与中间值的比值,计算结果列于表 22-20 的第 3 列中。中间值与自身的比为 1.000 无疑,而其余两个值则分别大于 1 和小于 1。当比值大于 1.15 或小于 0.85 时,该试件的强度值与中间值的差即超过中间值的 15%,以符号"*"标出。

第 1 组无*,则取 3 个值的平均值,为 25.0MPa。第 2 组的最小值为中间值的 0.832,即差值为中间值的 16.8% >15%,故以"*"标志,但最大值并未超限,故取中间值 31.5MPa。第 3 组有两个强度值具有符号"*"最小值(0.842)与中间值差 15.8%,最大值(1.165)与中间值差 16.5%,均已超过 15%,故该组试件的强度不能作为评定的依据(作废)。

上述计算并未如标准要求的那样,先用减法求得最大(小)值与中间值的差值;再除以中间值并与 15% 的界限比较。而是直接用除法求各值与中间值之比,并以 1.15(+15%)和 0.85(-15%)作为界限进行判断。这样的做法简化了计算过程,并且也是符合标准要求的。

(3)混凝土立方体强度

混凝土试件抗压强度换算为混凝土立方体强度,应按表 22-21 乘以相应的换算系数。

混凝土试件强度的换算系数　表 22-21

| 序号 | 试件尺寸(mm) | 换算为立方体强度的系数 |
|---|---|---|
| 1 | 100×100×100 | 0.95 |
| 2 | 150×150×150 | 1.00 |
| 3 | 200×200×200 | 1.05 |

**【例 22-2】** 表 22-22 列出 3 组尺寸不一的试件,已知其强度代表值(表中第 3 列),求各组的标准试件抗压强度值 $f_{cu}$。

**解**:第 1 组试件为边长 100mm 的小试件,乘折算系数 0.95;第 2 组试件为边长 150mm 的标准试件,不用折算;第 3 组试件为边长 200mm 的大试件,乘折算系数 1.05。

折算系数列于表中第 4 列,折算后的标准试件抗压强度值列于表中第 5 列。对同样的组强度代表值,折算后的标准试件抗压强度差值可达 3.2MPa(10%)。

混凝土试件的尺寸修正　表 22-22

| 试件组号 | 试件立方体边长(mm) | 组的强度代表值(MPa) | 折算系数 | 标准试件抗压强度 $f_{cu}$(MPa) |
|---|---|---|---|---|
| 1 | 100 | 31.7 | 0.95 | 30.1 |
| 2 | 150 | 31.7 | 1.00 | 31.7 |
| 3 | 200 | 31.7 | 1.05 | 33.3 |

## 三、混凝土标号与强度等级的换算

《混凝土结构设计规范》(GB 50010)和《混凝土强度检验评定标准》(GB/T 50107),对混凝土的强度等级作了重大修改,因此,只有掌握混凝土标号与混凝土强度的换算,才能顺利地进行混凝土强度的合格评定。

1. 换算关系

(1)混凝土标号。原《钢筋混凝土结构设计规范》(TJ 10)中规定,混凝土标号系指按标准方法制作和养护的边长为 200mm 的立方体试件,经 28d 龄期用标准试验方法测得的抗压强度。该强度对标号而言具有不低于 85% 的保证率。

(2)混凝土强度等级。《混凝土强度检验评定标准》(GB/T 50107)中规定,混凝土强度等级按立方抗压强度标准值划分。立方体抗压强度标准值系指按标准方法制作和养护的边长为 150mm 的立方体试件,在 28d 龄期,用标准试验方法测得的抗压强度总体分布中的一个值,强度低于该值的百分率不超过 5%。

混凝土标号可按表 22-23 换算为混凝土强度等级。

混凝土标号与混凝土强度等级换算　表 22-23

| 混凝土标号 | 100 | 150 | 200 | 250 | 300 | 400 | 500 | 600 |
|---|---|---|---|---|---|---|---|---|
| 混凝土强度等级 | C8 | C13 | C18 | C23 | C28 | C38 | C48 | C58 |

2. 换算步骤

(1)按混凝土标号定义,求出该标号混凝土强度的平均值 $\mu R_{20}$。

(2)由 $\mu R_{20}$ 值换算成边长 150mm 立方体强度的平均值 $\mu f_{cu}$,并以法定计算单位表示。

(3)由混凝土强度定义,求出该标号混凝土相应的混凝土立方体抗压强度标准值 $f_{cu,k}$。

**【例 22-3】** 现有 200 号混凝土,其变异系数 $\delta = 0.18$(由表 22-24 查得),试求其相应的混凝土强度标准值,即$f_{cu,k}$。

**解**:(1)首先应按混凝土标号定义,求200号混凝土强度的平均值:

$$\mu R_{20}=\frac{R_{20}^{b}}{1-\delta}=\frac{200}{1-0.18}=24.4(\text{MPa})$$

(2)由$\mu R_{20}$值换算成边长为150mm立方体强度的平均值$\mu f_{cu}$,并以法定计量单位表示,则有:

$$\mu f_{cu}=1.05\times\mu R_{20}=1.05\times24.4=25.6(\text{MPa})$$

由上例计算结果与表22-24中数据可见,相同质量的一批混凝土,其设计标号与强度等级按法定计量单位计算时,两者相差约为2.0MPa,相当于按习惯用的公制计量单位计算时,两者差约2MPa。

混凝土标号及变异系数(N/mm$^2$)表示　　表22-24

| $f_{cu,k}$ | $\delta$ | $\frac{(1-\delta)\times0.85}{1-1.645\delta}$ | $R_{20}^{b}$ | $R_{20}^{b}-f_{cu,k}$ |
|---|---|---|---|---|
| 10.0 | 0.24 | 1.193 0 | 11.9 | 1.9 |
| 15.0 | 0.21 | 1.146 6 | 17.2 | 2.2 |
| 20.0 | 0.18 | 1.106 7 | 22.1 | 2.1 |
| 25.0 | 0.16 | 1.083 1 | 27.1 | 2.1 |
| 30.0 | 0.14 | 1.061 5 | 31.8 | 1.8 |
| 35.0 | 0.13 | 1.051 3 | 36.8 | 1.8 |
| 40.0 | 0.12 | 1.041 6 | 41.7 | 1.7 |
| 45.0 | 0.12 | 1.041 6 | 46.9 | 1.9 |
| 50.0 | 0.11 | 1.032 3 | 51.6 | 1.6 |
| 60.0 | 0.10 | 1.023 3 | 61.4 | 1.4 |

注:1. $R_{20}^{b}$为混凝土标号,其值为$\mu R_{20}(1-\delta)$(MPa)。

2. $f_{cu,k}$为混凝土立方体抗压强度标准值为$\mu f_{cu}$(MPa)。

3. 0.85为边长为150mm立方体换算成边长约为200mm立方体试件强度的换算系数。

4. $\delta$为混凝土试件强度的变异系数,其值是按1979~1980年全国混凝土统计资料确定的。

## 四、混凝土强度的抽样检验

对混凝土强度的合格检验,一般采用破损检验方法,不可能对产品进行全数检验,多采用抽样检验的方式。所谓抽样检验,即在进行验收时,从被验收的总体中随机抽取一部分单位产品(称样本)进行检验,这样检验方法称为抽样检验,其目的是通过样本的检验对整批产品的质量情况做出判断。

1. 抽样检验的基本原则

任何抽样检验的标准都应包括下列内容:

(1)批量的规定;

(2)每批取样的数量(样本容量);

(3)样本的验收函数;

(4)验收界限;

(5)对不合格批量一步处置的说明。

2. 抽样检验方案的确定方法

规定一个抽样检验方案 A,当产品的质量水平为$\mu/f_{cu,k}$时,用 A 方案检验产品批被接收的概率为$L(\mu/f_{cu,k})$,$L(\mu/f_{cu,k})$称为抽样检验方案的特性函数。图 22-2 中的$L(\mu/f_{cu,k})$曲线称为特性曲线,又称 OC 曲线。

在制定抽样检验方案时,首先要明确质量水平,一个为可接受的质量水平,也即合格质量水平,用 AQL 表示;另一个为拒收的质量水平,也即极限质量水平,用 LQ 表示。由于抽样的局限性,任何方案都不可能做到所有达到 AQL 的产品批都判为合格,也不可能让所有低于 LQ 的产品批都判为不合格。因为产品质量的特性值具有分散性,在 AQL 中难免有少量的低质产品,一旦抽样时偶尔抽到它,则整批产品就可能错判为不合格。这个错判的概率,是生产厂要承担的风险,一般用 $\alpha$ 表示。同理,在 LQ 中也存在少量的高质量产品,一旦抽样偶尔遇到它,就会将整批产品误判为合格品,这种错判概率是使用者要承担的风险,通常用 $\beta$ 表示,如图22-2所示。

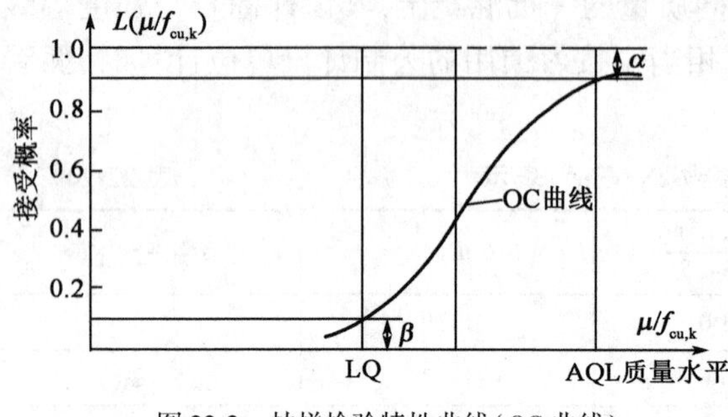


图 22-2　抽样检验特性曲线(OC 曲线)

任一种抽样检验方案确定之后,都可在图 22-2 上相应地画出一条反映抽样检验特性的 OC 曲线。对于不同的抽样检验方案,将使 $\alpha$ 和 $\beta$ 错误概率发生变化。所以在研究抽样检验方案时,主要寻找功效高、实施方便,又适合实际生产条件特点的抽样检验方案,作为验收时判断混凝土强度合格与否的实用规则。

## 五、混凝土强度检验评定方法

1. 验收批的划分

1)同一验收批的条件

混凝土强度的检验评定应分批进行,构成同一验收批的混凝土质量状态应大体一致。这由“四同”条件加以确定:

(1)强度等级相同;

(2)龄期相同;

(3)生产工艺条件基本相同;

(4)配合比基本相同。

其中生产工艺条件基本相同是指混凝土的搅拌方式、运输条件、浇筑形式大体一致的情况。配合比基本相同,是指施工配制强度相同,并能在原材料有变化时及时调整配合比使其施工配制强度的目标值不变。

2)验收批的批量和样本容量

混凝土每一验收的批量和样本(试样)的容量大小,除应满足《混凝土强度检验评定标准》(GB/T 50107)规定的按混凝土生产量所需制作试件组数(取样频率)外,还与选用标准中采用哪一种评定方法(标准差已知和未知统计法或非统计法)来评定混凝土强度有关。

同批的混凝土试件组的数量称样本容量,而它所代表的该批混凝土的数量,即为被验收混凝土的批量。

综上所述，对不同评定方法，混凝土验收的试件组数（样本容量）和混凝土批量可以用表22-25来表达。

验收批容量和样本数量　　表22-25

| 评 定 方 法 | 试件组数（样本容量） | 代表混凝土数量（验收批量） |
|---|---|---|
| 立差已知统计法 | 3 组 | 最大为 $300m^3$ |
| 方差未知统计法 | ≥10 组 | 最少为 1 $000m^3$ |
| 非统计法 | 1 ~9 组 | 最大为 $900m^3$ |

注：当采用加大取样量时，其最小批量可小于 1 $000m^3$。

2. 标准差已知统计方法

标准差已知统计方法评定是在混凝土生产条件在较长时间保持一致，且同一品种混凝土的强度变异性能保持稳定，由能提供前一个检验期（不超过 3 个月）的同一品种混凝土强度的已知标准差 $\sigma$ 的混凝土生产单位进行评定。

1）评定步骤

图 22-3 表达了标准差已知统计评定混凝土强度的过程。框图中虚线以前的部分是前一统计期试验数据的处理，虚线以后部分才是对本批混凝土的检验评定工作。

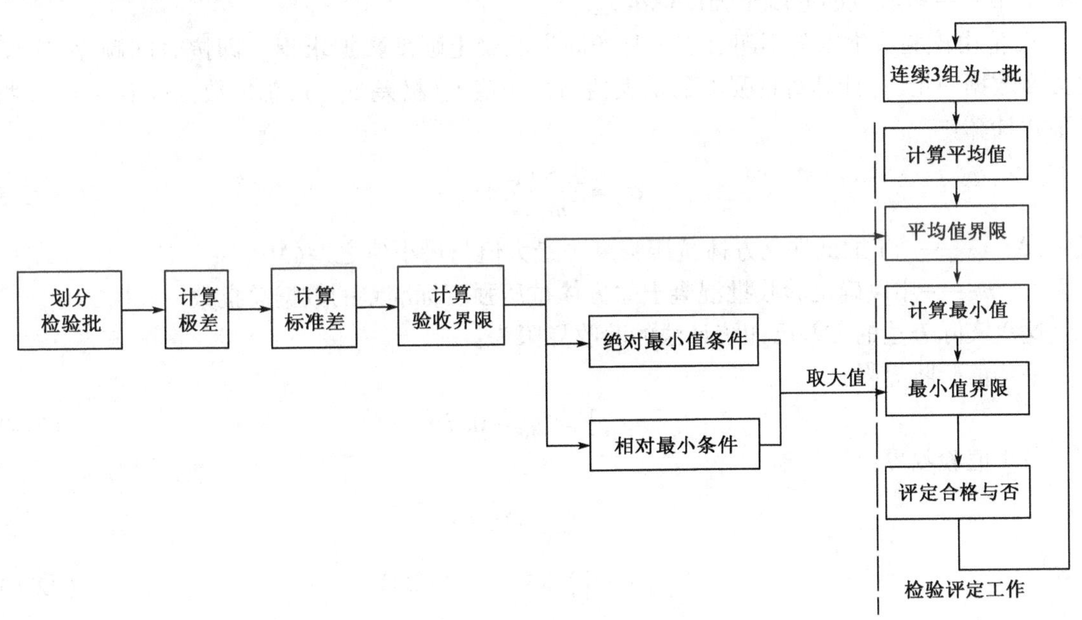


图 22-3　标准差已知统计法评定程序

取连续三组同一品种混凝土试件构成一个验收批，该验收批混凝土强度是否合格必须满足以下两个条件：

（1）平均值条件：

$$mf_{cu} \geqslant (mf_{cu}) \tag{22-2}$$

（2）最小值条件：

$$f_{cu,min} \geqslant f_{min} \tag{22-3}$$

这个条件对于其他两种评定方法同样适用，只不过验收界限的两个允许（$mf_{cu}$）和（$f_{min}$）的内容和计算方法不同罢了。

2)验收界限

验收界限可用下述计算方法确定。

根据《混凝土强度检验评定标准》(GB/T 50107)标准4.1.1条,验收批合格条件为:

(1)平均值:

$$mf_{cu} \geqslant f_{cu,k} + 0.7\sigma \tag{22-4}$$

(2)最小值:

$$f_{cu,min} \geqslant f_{cu,k} - 0.7\sigma \tag{22-5}$$

且最小值还应满足:

①当强度等级小于或等于C20时:

$$f_{cu,min} \geqslant 0.85 f_{cu,k} \tag{22-6}$$

②当强度等级大于C20时:

$$f_{cu,min} \geqslant 0.9 f_{cu,k} \tag{22-7}$$

式中:$mf_{cu}$——验收混凝土强度的平均值,其值由验收批的连续3组试件强度求得(MPa);

$f_{cu.k}$——混凝土强度等级对应的立方体抗压强度标准值(MPa);

$f_{cu,min}$——同一验收批混凝土立方体抗压强度的最小值(MPa);

$\sigma$——验收批的混凝土强度标准差。

$\sigma_0$ 值由该验收批以前不超过3个月的同类混凝土强度数据求得。即按时间顺序,连续3组强度数据一批,并计算每批强度的最大值与最小值差(极差 $\Delta f_{cu}$),总批数($m$)不少于15批,按下式计算:

$$\sigma_0 = \frac{0.59}{m} \sum_{i=1}^{m} \Delta f_{cu,i} \tag{22-8}$$

式中:$\Delta f_{cu,i}$——第 $i$ 批试件立方体抗压强度中最大值与最小值之差(MPa);

$m$——用以确定验收批混凝土立方体抗压强度标准差的数据总批数。

这里实际表达的方差已知统计法的验收界限为:

平均值验收界限:

$$[mf_{cu}] = f_{cu,k} + 0.7\sigma \tag{22-9}$$

最小值验收界:

$$[f_{cu,min}] = \begin{cases} f_{cu,k} - 0.7\sigma \\ 0.85 f_{cu,k} (\leqslant C20) \\ 0.9 f_{cu,k} (> C20) \end{cases} \tag{22-10}$$

这里最小值验收界限是双控条件:即由绝对值($f_{cu,k} - 0.7\sigma_0$)和相对值(85%或90%的强度标准值)共同控制。实际执行时,哪个数值大(条件较严)即取哪个作为最小值的验收界限。

3)标准差已知统计评定实例

**【例22-4】** 某商品混凝土搅拌站生产的C40混凝土,根据前一统计期取得的同类混凝土强度数据,求得的强度批极差(差 $\Delta f_{cu,i}$),列于表22-26。现从该站所生产的C40混凝土中取得9批强度数据,列于表22-27。请按标准差已知统计法评定每批混凝土的强度是否合格。

混凝土强度的批极差 $\Delta f_{cu,i}$(MPa)　　表 22-26

| 批号 | 1 | 2 | 3 | 4 | 5 | 6 | 7 | 8 | 9 |
|---|---|---|---|---|---|---|---|---|---|
| $\Delta f_{cu,i}$ | 3.0 | 5.2 | 6.0 | 2.5 | 4.0 | 4.5 | 3.2 | 3.6 | 3.9 |
| 批号 | 10 | 11 | 12 | 13 | 14 | 15 | 16 | 17 | 18 |
| $\Delta f_{cu,i}$ | 2.0 | 6.5 | 7.0 | 3.6 | 4.4 | 4.7 | 5.0 | 3.4 | 4.5 |

**解**:(1)求批标准差 $\sigma_0$

①求极差和:

$$\sum_{i=1}^{m}\Delta f_{cu,i} = 3.0 + 5.2 + 6.0 + \cdots + 5.0 + 3.4 + 4.5 = 77(\text{MPa})$$

②求标准差:

$$\sigma_0 = \frac{0.59}{m}\sum_{i=1}^{m}\Delta f_{cu,i} = \frac{0.59}{18} \times 77 = 2.52(\text{MPa})$$

(2)求验收界限

①平均值验收界限:

$$[mf_{cu}] = f_{cu,k} + 0.7\sigma_0 = 40 + 0.7 \times 2.52 = 41.8(\text{MPa})$$

②最小值验收界限:

$$[f_{cu,min}] = \begin{cases} f_{cu,k} - 0.7\sigma_0 = 40 - 0.7 \times 2.52 = 38.2(\text{MPa}) \\ 0.9f_{cu,k} = 0.9 \times 40 = 36.0(\text{MPa}) \end{cases}$$

在这两个值中取较大值作为最小值验收界限:

$$[f_{cu,min}] = 38.2\text{MPa}$$

(3)强度的检测结果与评定

需被验收的 9 批混凝土实测强度代表值列于表 22-27。连续 3 组试件强度为一批,计算每批强度的平均值($mf_{cu}$),并找出每批强度的最小值($f_{cu,min}$),即表 22-27 中标以"*"的数据。

以检测结果的平均值和最小值与以上求出的强度平均值和最小值的验收界限相比,按式(22-2)和式(22-3)逐批进行评定,其结果亦列于表 22-27 第 6 行中。

混凝土强度的全格评定　　表 22-27

| 批号 | 1 | 2 | 3 | 4 | 5 | 6 | 7 | 8 | 9 |
|---|---|---|---|---|---|---|---|---|---|
| 强度代表值 $f_{cu,i}$(MPa) | 39.5 | 42.0 | 38.5* | 43.0 | 40.0 | 40.0 | 46.0 | 48.0 | 42.0 |
| | 41.0 | 45.0 | 46.0 | 46.0 | 38.0* | 39.5 | 45.5 | 44.0 | 41.0* |
| | 38.5* | 39.0* | 42.0 | 39.0* | 45.0 | 38.0* | 42.0* | 40.0* | 43.0 |
| 平均值 $mf_{cu}$(MPa) | 39.7 | 42.0 | 42.2 | 42.7 | 41.0 | 39.2 | 44.3 | 44.0 | 42.0 |
| 评定 | 不合格 | 合格 | 合格 | 合格 | 不合格 | 不合格 | 合格 | 合格 | 合格 |

**【例 22-5】** 某预制混凝土构件厂生产的预应力圆孔板,按设计要求用 C30 混凝土。某月取得强度数据 8 批列于表 22-29,请分批按标准差已知统计法评定强度。又知在这 8 个验收批以前,取得的同类混凝土强度数据(每组强度代表值)顺序记录如表 22-28 所示。

**前期强度数据** 表 22-28

| 批号 | 1 | 2 | 3 | 4 | 5 | 6 | 7 | 8 | 9 |
|---|---|---|---|---|---|---|---|---|---|
| $f_{cu,i}$ (MPa) | 31.0 | 29.0 | 30.0 | 32.5 | 35.0 | 31.5 | 33.2 | 28.0 | 32.7 |
| | 30.0 | 34.2 | 28.0 | 30.0 | 33.0 | 33.5 | 30.0 | 34.0 | 28.0 |
| | 33.0 | 32 | 34.0 | 31.0 | 31.0 | 29.0 | 32 | 30.0 | 31.0 |
| $\Delta f_{cu,i}$ (MPa) | 3.0 | 5.2 | 6.0 | 2.5 | 4.0 | 4.5 | 3.2 | 6.0 | 4.7 |
| 批号 | 10 | 11 | 12 | 13 | 14 | 15 | 16 | 总计 | 均值 |
| $f_{cu,i}$ (MPa) | 32.0 | 35.5 | 36.8 | 36.0 | 30.0 | 29.0 | 30.0 | — | — |
| | 34.0 | 30.0 | 32.0 | 31.0 | 35.0 | 37.0 | 35.0 | — | — |
| | 28.0 | 31.0 | 33.0 | 32.0 | 32.0 | 32.0 | 28.0 | — | — |
| $\Delta f_{cu,i}$ (MPa) | 6.0 | 5.5 | 4.8 | 5.0 | 5.0 | 8.7 | 7.0 | 80.4 | 5.0 |

**解**:(1)标准差计算

按表 22-28 中给出的同类混凝土前期 16 批强度数据,求标准差 $\sigma_0$。

①计算每批混凝土强度极差。

如第 1 批极差为 $\Delta f_{cu,1}=33.0-30.0=3.0$(MPa);第 2 批级差为 $\Delta f_{cu,2}=34.2-29.0=5.2$MPa…。以此类推,16 批的混凝土强度极差计算后列于表 22-28 的第 5 行。

②求极差总和及平均值。

极差总和为:

$$\sum_{i=1}^{m}\Delta f_{cu,i}=3.0+5.2+6.0+\cdots+5.0+8.0+7.0=80.4(\text{MPa})$$

极差平均值:

$$\frac{\sum_{i=1}^{m}\Delta f_{cu,i}}{m}=\frac{80.4}{16}=5.03(\text{MPa})$$

③求标准差:

$$\sigma_0=\frac{0.59}{m}\sum_{i=1}^{m}\Delta f_{cu,i}=0.59\times5.03=2.97(\text{MPa})$$

(2)计算验收界限

①平均值验收界限:

$$[mf_{cu}]=f_{cu,k}+0.7\sigma=28+0.7\times2.97=30.1(\text{MPa})$$

②最小值验收界限:

$$[f_{cu,min}]=\begin{cases}f_{cu,k}-0.7\sigma_0=28-0.7\times2.97=25.9(\text{MPa})\\0.9f_{cu,k}=0.9\times28=25.5(\text{MPa})\end{cases}$$

取较大值 25.9MPa 作为($f_{cu,min}$)。

(3)检验评定

全部需要验收的混凝土实测强度代表值列于表 22-29 中。按连续 3 组试件强度为一批,计算每批强度平均值($mf_{cu}$),并找出每批最小值(表 22-29 中以符号“*”标记的数据)。然后用计算的强度平均值和最小值以上求出的平均值和最小值的验收界限相比较,按式(22-2)和式(22-3)逐批进行合格评定。评定结果列于表 22-29 第 6 行中。

**混凝土强度合格评定** 表 22-29

| 批号 | 1 | 2 | 3 | 4 | 5 | 6 | 7 | 8 |
|---|---|---|---|---|---|---|---|---|
| $f_{cu,i}$ (MPa) | 32.1 | 27.5* | 30.0 | 31.0 | 29.5* | 32.5 | 35.0 | 32.5 |
| | 30.0 | 29.0 | 35.0 | 30.0* | 31.5 | 31.0 | 30.0 | 28.5* |
| | 28.0* | 31.0 | 28.0* | 34.0 | 32.6 | 27.5* | 29.0* | 29.6 |
| $mf_{cu}$ (MPa) | 30.0 | 29.2 | 31.0 | 31.7 | 31.2 | 30.3 | 31.3 | 30.2 |
| 评定 | 合格 | 不合格 | 合格 | 合格 | 合格 | 合格 | 合格 | 合格 |

3. 标准差未知统计法

标准差未知统计法是在混凝土生产条件在较长时间内不能保持基本一致,混凝土强度变异性不能保持稳定,或由于前一个检验期内的同一品种混凝土没有足够的混凝土强度数据以确定验收批混凝土强度标准差时,而由生产单位进行评定的一种方法。

1)评定步骤

标准差未知的统计方法与标准差已知的统计方法最大的区别是前者无前期统计数据可借鉴,但验收混凝土的强度数据较多(组数 $n \geqslant 10$),可以求出强度的标准差。当采用标准差未知的统计方法评定混凝土强度时,可按如图 22-4 所示的步骤进行。

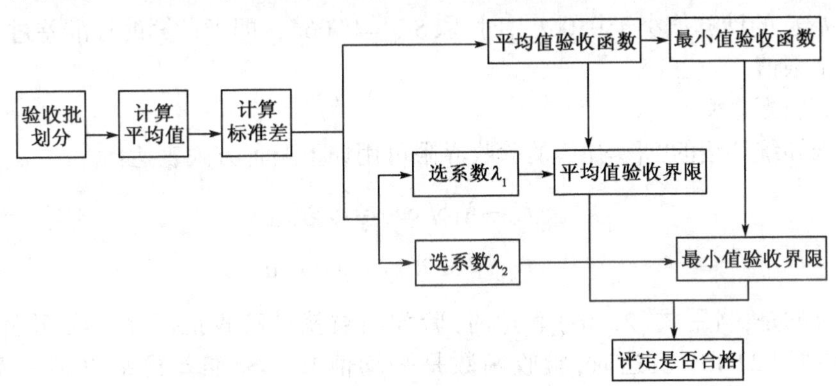


图 22-4 标准差未知统计法评定程序

2)验收批的验收条件

(1)合格条件

由试件组数不少于 10 组的同一品种的混凝土构成一个验收批。其强度应同时满足以下两个公式的要求:

$$mf_{cu} - \lambda_1 Sf_{cu} \geqslant 0.9 f_{cu,k} \tag{22-11}$$

$$f_{cu,min} \geqslant \lambda_2 f_{cu,k} \tag{22-12}$$

式中:$mf_{cu}$——同一验收批混凝土强度的平均值,其值由本验收批混凝土的实测强度求得(MPa);

$\lambda_1$、$\lambda_2$——合格判定系数,按表 22-30 取用;

$Sf_{cu}$——同一验批混凝土强度标准差(MPa),其值由本验收批混凝土实测强度按式(22-14)计算;当 $Sf_{cu}$ 计算值小于 $0.06f_{cu,k}$ 时,应取 $Sf_{cu} = 0.06f_{cu,k}$。

上述两个不等式的左边部分称为验收函数,右边部分称为验收界限。但在实践使用时,有时为了与其余两个评定方法形式上一致,而将式(22-11)中左边的($-\lambda_1$)部分移到不等式右边。这样式(22-11)中右边部分($0.9f_{cu,k}+\lambda_1 Sf_{cu}$)称为平均值的验收界限也是允许的。

$$mf_{cu} \geqslant 0.9f_{cu,k}+\lambda_1 Sf_{cu} \tag{22-13}$$

**混凝土强度合格判定系数** 表 22-30

| 试件组数 | 10~14 | 15~24 | ≥25 |
|---|---|---|---|
| $\lambda_1$ | 1.70 | 1.65 | 1.60 |
| $\lambda_2$ | 0.90 | 0.85 | |

(2)标准差计算

标准差未知统计法评定混凝土强度时,验收批混凝土强度数据较多($n\geqslant 10$ 组),因此可以直接用统计数学的有关公式求得标准差 $Sf_{cu}$。

当标准差 $f_{cu}$ 的计算值小于 $0.60f_{cu}$ 时,取 $Sf_{cu}=0.60f_{cu,k}$。即当计算的标准差过小时,应取其不小于某一下限值。

$$Sf_{cu}=\sqrt{\frac{\sum_{i=1}^{n}f_{cu,i}^2-n\cdot(m_{fcu})^2}{n-1}} \tag{22-14}$$

式中:$f_{cu,i}$——第 $i$ 组混凝土试件的立方体抗压强度值(MPa);

$n$——一个验收批混凝土试件的组数。

当标准差 $f_{cu}$ 的计算值小于 $0.06f_{cu,k}$ 时,取 $Sf_{cu}=0.06f_{cu,k}$ 即当计算的标准差过小时,应取其不小于某一个限值。

(3)验收界限计算

标准差未知统计法的“平均值”的验收界限可用如下两种方式表达:

$$[mf_{cu}-\lambda_1 Sf\,cu]=0.9f_{cu,k} \tag{22-15}$$

$$[mf_{cu}]=0.9f_{cu,k}+\lambda_1 Sf\,cu \tag{22-16}$$

应当注意的是,当用式(22-16)表达时,验收函数就是验收批混凝土实测强度的平均值($mf_{cu}$)。当用式(22-15)表达时,验收函数是平均值减去标准差再乘以某一系数($mf_{cu}-\lambda_1 Sf_{cu}$)。这里的标准差 $Sf_{cu}$ 当计算值小于 $0.06f_{cu,k}$ 时应取 $Sf_{cu,k}=0.06f_{cu,k}$。

最小值验收界限可用下式表达:

$$[f_{cu,min}]=\lambda_2 f_{cu,k} \tag{22-17}$$

合格判定系数 $\lambda_2$ 与一批混凝土中所包含的试件组数有关,组数越多,出现最小值的可能性越大,故应适当放宽。因此,标准中对试件组数不少于 15 组时,合格判定系数 $\lambda_2$ 有所降低。

3)标准差未知统计法评定实例

**【例 22-6】** 某构件厂生产 C30 级混凝土,留取标养试件 27 组,其强度列于表 22-31。评定这批混凝土是否合格。

**混凝土强度数据** 表 22-31

| 序号 $i$ | 1 | 2 | 3 | 4 | 5 | 6 | 7 | 8 | 9 |
|---|---|---|---|---|---|---|---|---|---|
| 强度 $f_{cu,i}$ | 33.8 | 40.3 | 39.7 | 29.5 | 31.6 | 32.4 | 32.1 | 31.8 | 30.1 |
| 序号 $i$ | 10 | 11 | 12 | 13 | 14 | 15 | 16 | 17 | 18 |
| 强度 $f_{cu,i}$ | 37.9 | 36.7 | 30.4 | 32.0 | 29.5 | 30.4 | 31.2 | 34.2 | 36.7 |
| 序号 $i$ | 19 | 20 | 21 | 22 | 23 | 24 | 25 | 26 | 27 |
| 强度 $f_{cu,i}$ | 41.9 | 36.9 | 31.4 | 30.7 | 31.4 | 30.5 | 30.7 | 30.9 | 32.1 |

**解**:(1)求平均值与标准差

①平均值:

$$mf_{cu}=\frac{1}{n}\sum_{i=1}^{n}=\frac{1}{27}(33.8+40.3+\cdots+30.9+32.1)=33.2(\text{MPa})$$

②标准差:

$$Sf_{cu}=\sqrt{\frac{\sum_{i=1}^{n}f_{cu,i}^{2}-n\cdot(mf_{cu})^{2}}{n-1}}$$

$$=\sqrt{\frac{(33.8^{2}+\cdots+32.1^{2})-27\times33.2^{2}}{27-1}}$$

$$=3.55(\text{MPa})$$

(2)选定合格判定系数

$$\lambda_1=1.60\qquad(n=27>25)$$

$$\lambda_2=0.85\qquad(n=27>15)$$

(3)求验收界限

①"平均值"验收界限:

$$[mf_{cu}-\lambda_1Sf_{cu}]=0.9f_{cu,k}=0.9\times30=27.0(\text{MPa})$$

换一种形式的平均值验收界限为:

$$[mf_{cu}]=0.9f_{cu,k}+\lambda_1Sf_{cu}$$

$$=0.9\times30+1.6\times3.55$$

$$=32.7(\text{MPa})$$

②最小值验收界限:

$$[f_{cu,min}]=\lambda_2f_{cu,k}=0.85\times30=25.5(\text{MPa})$$

(4)检验结果的评定

①"平均值"验收函数:

$$mf_{cu}-\lambda_1Sf_{cu}=33.2-1.60\times3.55=27.5(\text{MPa})$$

换一种形式的验收函数为:

$$[mf_{cu}]=33.2\text{MPa}$$

②最小值验收函数:

由表22-31中实测强度数据找出最小值:

$$f_{cu,min}=29.5\text{MPa}$$

③评定:

平均值条件:

$$mf_{cu}-\lambda_1Sf_{cu}=27.5>[mf_{cu}-Sf_{cu}]=27.0(\text{MPa})$$

或

$$mf_{cu}=33.2>[mf_{cu}]=32.7(\text{MPa})$$

最小值条件:

$$f_{cu,min}=29.5>[f_{cu,min}]=25.5(\text{MPa})$$

两个条件均满足标准要求,该批混凝土判为合格。这意味着,这批混凝土强度达到C30级的强度要求。

【例 22-7】 某建筑施工企业，生产一批 C60 混凝土。取样制作 10 组试件，其 28d 标准强度 $f_{cu,i}$ 为 59.1MPa，60.0MPa，67.0MPa，63.0MPa，62.5MPa，58.0MPa，69.1MPa，65.0MPa，63.2MPa，65.2MPa。

采用标准差未知统计法评定该批混凝土强度。

**解**：由于试件组数 $n$ 为 10 组，可用标准差未知统计法评定。

(1)求平均值与标准差

①平均值：

$$mf_{cu}=\frac{1}{n}\sum_{f_{cu,i}}^{n}=\frac{1}{10}(59.1+60.0+\cdots+65.2)$$
$$=63.2(\text{MPa})$$

②标准差：

$$Sf_{cu}=\sqrt{\frac{\sum_{i=1}^{n}f_{cu,i}^{2}-n\cdot(mf_{cu})^{2}}{n-1}}$$
$$=\sqrt{\frac{(59.1^{2}+\cdots+65.2^{2})-10\times 63.2^{2}}{10-1}}$$
$$=3.51(\text{MPa})<0.06f_{cu,k}=3.6(\text{MPa})$$

取

$$Sf_{cu}=3.6\text{MPa}$$

(2)选定合格判定系数

$$\lambda_1=1.70\qquad(n=10)$$
$$\lambda_2=0.90\qquad(n=10)$$

(3)求验收界限

①“平均值”验收界限：

$$[mf_{cu}-\lambda_1 Sf_{cu}]=0.9f_{cu,k}=0.9\times 60=54.0(\text{MPa})$$

换一种形式的平均值验收界限为：

$$[mf_{cu}]=0.9f_{cu,k}+\lambda_2 Sf_{cu}=0.9\times 60+1.70\times 3.6$$
$$=60.1(\text{MPa})$$

②最小值验收界限：

$$[f_{cu,min}]=\lambda_2 f_{cu,k}=0.90\times 60=54.0(\text{MPa})$$

(4)混凝土强度的检验结果与评定

①“平均值”验收函数：

$$mf_{cu}-\lambda_1 Sf_{cu}=63.2-1.70\times 3.60=57.1(\text{MPa})$$

换一种形式的验收函数为：

$$mf_{cu}=63.2\text{MPa}$$

②最小值验收函数：

由实测的强度数找出最小值：

$$f_{cu,min}=58.0\text{MPa}$$

③评定：

“平均值”条件：

$$mf_{cu} - \lambda_1 \cdot Sf_{cu} = 57.1 > [mf_{cu} - \lambda \cdot Sf_{cu}] = 54.0(\text{MPa})$$

或

$$mf_{cu} = 63.2 > [mf_{cu}] = 60.1(\text{MPa})$$

最小值条件:

$$f_{cu,min} = 58.0 > 0.9f_{cu,k} = 54(\text{MPa})$$

检验结果表明,两个评定条件均满足要求,该批混凝土强度评定为合格。它所代表的这批混凝土的强度达到了 C60 级的质量要求。

**【例 22-8】** 某施工现场集中搅拌的 C20 级混凝土,共取得 18 组强度数据,列于表 22-32。请按标准差未知统计方法评定该批混凝土是否合格。

**解:**已知:$f_{cu,k} = 20\text{MPa}$,$n = 18$。

(1)计算实测强度的平均值($mf_{cu}$)及标准差($Sf_{cu}$)

$$mf_{cu} = \frac{1}{n}\sum_{i=1}^{n} f_{cu,i} = \frac{1}{18}(25 + 27 + \cdots + 21) = 23.3(\text{MPa})$$

$$Sf_{cu} = \sqrt{\frac{\sum_{i=1}^{n} f^2_{cu,i} - n(mf_{cu})^2}{n-1}} = \sqrt{\frac{(25^2 + 27^2 + \cdots + 21^2) - 18 \times 23.3^2}{18-1}} = 3.91(\text{MPa}) > 0.06 \times 20 = 1.2(\text{MPa})$$

**混凝土强度代表值 $f_{cu,i}$(MPa)** 表 22-32

| 序号 | 1 | 2 | 3 | 4 | 5 | 6 | 7 | 8 | 9 |
|---|---|---|---|---|---|---|---|---|---|
| $f_{cu,i}$ | 25.0 | 27.0 | 26.0 | 22.0 | 24.0 | 20.0 | 17.0 | 21.0 | 23.0 |
| 序号 | 10 | 11 | 12 | 13 | 14 | 15 | 16 | 17 | 18 |
| $f_{cu,i}$ | 29.0 | 30.0 | 18.0 | 27.0 | 28.0 | 22.0 | 20.0 | 19.0 | 21.0 |

故取用标准差 $Sf_{cu} = 3.91\text{MPa}$

(2)根据试件组数($n = 18$)选定合格判定系数

$$\lambda_1 = 1.65$$

$$\lambda_2 = 0.85$$

(3)计算检验界限

①"平均值"界限:

$$[mf_{cu} - \lambda_1 Sf_{cu}] = 0.9f_{cu,k} = 0.9 \times 20 = 18.0(\text{MPa})$$

或

$$[mf_{cu}] = 0.9f_{cu,k} + \lambda_1 Sf_{cu} = 0.9 \times 20 + 1.65 \times 3.91 = 24.5(\text{MPa})$$

②最小值验收界限:

$$[f_{cu,min}] = \lambda_2 f_{cu,k} = 0.85 \times 20 = 17.0(\text{MPa})$$

(4)计算验收函数及评定

①"平均值":

$$mf_{cu} - \lambda_1 Sf_{cu} = 23.3 - 1.65 \times 3.91 = 16.8 < [mf_{cu} - \lambda_1 Sf_{cu}] = 18(\text{MPa})$$

或

$$mf_{cu}=23.3<[mf_{cu}]=24.5(\text{MPa})$$

②最小值：

$$f_{cu,min}=17.0=[f_{cu,min}]=17.0(\text{MPa})$$

③评定：

检验结果表明，平均值条件不满足，最小值条件满足，所以该批混凝土评为不合格。即该批混凝土没有达到 C20 级的质量要求。

**【例 22-9】** 某构件厂生产一批混凝土桩，其混凝土强度等级为 C48，从该批混凝土中取得强度数据 12 组，见表 22-33。按标准未知统计方法来评定该批混凝土强度是否合格。

**混凝土强度代表值**(MPa) 表 22-33

| 序号 | 1 | 2 | 3 | 4 | 5 | 6 |
|---|---|---|---|---|---|---|
| $f_{cu,i}$ | 51.2 | 50.5 | 57.5 | 52.0 | 53.6 | 48.0 |
| 序号 | 7 | 8 | 9 | 10 | 11 | 12 |
| $f_{cu,i}$ | 47.5 | 49.0 | 53.3 | 50.3 | 58.0 | 59.0 |

(1)计算实测强度的平均值($mf_{cu}$)和标准差($Sf_{cu}$)

①平均值：

$$mf_{cu}=\frac{1}{n}\sum_{i=1}^{n}f_{cu,i}=\frac{1}{12}(51.2+50.5+\cdots+59)$$
$$=52.5(\text{MPa})$$

②标准差：

$$Sf_{cu}=\sqrt{\frac{\sum_{i=1}^{n}f_{cu,i}^{2}-n(m^{2}f_{cu})}{n-1}}$$
$$=\sqrt{\frac{(51.2^{2}+50.5^{2}+\cdots+59^{2})-12\times52.5^{2}}{12-1}}$$
$$=3.90(\text{MPa})$$

(2)根据试件组数 $n$ 选定合格判定系数

$$\lambda_1=1.70$$
$$\lambda_2=0.90$$

(3)计算验收界限

①平均值验收界限：

$$[mf_{cu}-\lambda_1Sf_{cu}]=0.9f_{cu,k}=0.9\times48=43.2(\text{MPa})$$

或

$$[mf_{cu}]=0.9f_{cu,k}+\lambda_1Sf_{cu}=0.9\times48+1.70\times3.90$$
$$=49.8(\text{MPa})$$

②最小值验收界限：

$$[f_{cu,min}]=\lambda_2f_{cu,k}=0.90\times48=43.2(\text{MPa})$$

(4)计算验收函数及评定

①“平均值”条件：

$$mf_{cu}-\lambda_1Sf_{cu}=52.5-1.70\times3.90$$
$$=45.9(\text{MPa})>[mf_{cu}-\lambda_1Sf_{cu}]$$

$$=43.2(\text{MPa})$$

或

$$mf_{cu}=52.5\text{MPa}>[mf_{cu}]=49.8\text{MPa}$$

②最小值条件:

$$f_{cu,min}=47.5\text{MPa}>[f_{cu,min}]=43.2\text{N/mm}^2$$

③评定:

检验结果表明,两项评定条件均满足要求,该批混凝土评为合格。即这批混凝土强度达到C48级的质量要求。

4.非统计方法

对零星生产的预制构件的混凝土或现场搅拌批量不大的混凝土,由于缺乏采用统计法评定的条件,可采用非统计法评定。

1)评定步骤

当采用非统计方法评定混凝土强度时,可按图22-5的步骤进行。

采用非统计方法评定时,其平均值和最小值的验收界限是固定值。对各种等级的混凝土都可事先计算出来备用。

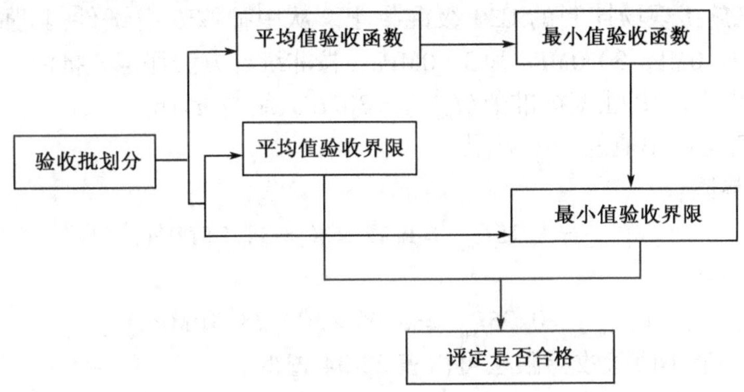


图22-5 非统计法的评定程序

2)合格评定条件

由试件组数少于10组的同一品种混凝土组成一个验收批,可采用非统计方法评定强度。其合格评定条件是同时满足如下两条要求:

平均值条件:

$$mf_{cu}\geq 1.15f_{cu,k} \tag{22-18}$$

最小值条件:

$$f_{cu,min}\geq 0.95f_{cu,k} \tag{22-19}$$

当一个验收批混凝土只有一组试件时,其强度代表值应不小于强度标准值($f_{cu,k}$)的115%,这样才能做到两个条件同时满足。

(1)与统计法一样,验收界限也有两个。

平均值验收界限为:

$$[mf_{cu}]=1.15f_{cu,k}$$

最小值验收界限为:

$$[f_{cu,min}]=0.95f_{cu,k}$$

与统计法不同的是验收界限与离散程度无关,而为一常数与对应等级的强度标准值($f_{cu,k}$)的乘积。因此,验收界限为固定值,可以列成表格(表22-34),在使用时直接查用。

非统计法评定的验收界限(MPa) 表22-34

| 强度等级 | C7.5 | C10 | C15 | C20 | C25 | C30 | C35 | C40 | C45 | C50 | C55 | C60 |
|---|---|---|---|---|---|---|---|---|---|---|---|---|
| ($mf_{cu}$) | 8.6 | 11.5 | 17.3 | 23.0 | 28.8 | 34.5 | 40.3 | 46.0 | 51.8 | 57.5 | 63.3 | 69.0 |
| ($f_{cu,k}$) | 7.1 | 9.5 | 14.3 | 19.0 | 23.8 | 28.5 | 33.3 | 38.0 | 42.8 | 47.5 | 52.3 | 57.0 |

(2)验收函数

非统计方法评定平均值的验收函数为验收批混凝土实测强度的算术平均值($mf_{cu}$);而最小值的验收函数为被验收批混凝土的实测强度中的最小值($f_{cu,min}$)。

(3)评定

当合格评定的平均值和最小值的验收函数均不小于相应的验收界限时,该批混凝土评为合格。即表明被验收批混凝土强度达到了所要求的强度等级。若其中有一个条件或两个条件的验收函数小于相应的验收界限时,则评为不合格。即表明被验收批的混凝土强度未达到所要求的强度等级。

3)非统计法评定实例

**【例22-10】** 某施工现场拌制的C30级混凝土。从中抽取6组试件,其强度为35.0MPa,32.0MPa,34.0MPa,27.0MPa,30.0MPa和34.0MPa。按非统计方法评定该批混凝土是否合格。

**解:**已知C30混凝土,其强度标准值($f_{cu,k}$) = 30MPa,组数 $n = 6$。

(1)计算平均值与最小值的验收界限

①平均值验收界限:

$$[mf_{cu}] = 1.15f_{cu,k} = 1.15 \times 30 = 34.5(\text{MPa})$$

②最小值验收界限:

$$[f_{cu,min}] = 0.95f_{cu,k} = 0.95 \times 30 = 28.5(\text{MPa})$$

这里的平均值和最小值验收界限也可由表22-34查得。

(2)计算验收函数

①平均值:

$$mf_{cu} = \frac{1}{n}\sum_{i=1}^{n} f_{cu,i} = \frac{1}{6}(35 + 32 + \cdots + 34)$$
$$= 32.0(\text{MPa})$$

②最小值:

$$[f_{cu,min}] = 27.0\text{MPa}$$

(3)检验结果评定

①平均值条件:

$$mf_{cu} = 32.0 < [m_{fcu}] = 34.5(\text{MPa})$$

②最小值条件:

$$f_{cu,min} = 27.0 < [f_{cu,min}] = 28.5(\text{MPa})$$

③评定:

检验结果表明,两个评定条件均未满足要求,该批混凝土评为不合格。即意味着这批混凝土的强度没有达到C30级的质量要求。

**【例22-11】** 某构件厂生产C28级混凝土。从中抽取5组试件,其强度为29.5MPa,

31.5MPa,35.0MPa,32.0MPa 和 34.0MPa。按非统计方法评定该批混凝土是否合格。

**解**:(1)计算验收界限

①平均值验收界限:

$$[mf_{cu}]=1.15f_{cu,k}=1.15\times 28.0=32.2(\text{MPa})$$

②最小值验收界限:

$$[f_{cu,min}]=0.95f_{cu,k}=0.95\times 28.0=26.6(\text{MPa})$$

这里的两个验收界限均可由表 22-35 查得。

(2)计算验收函数

①平均值:

$$mf_{cu}=\frac{1}{n}\sum_{i=1}^{n}f_{cu,i}=(29.5+31.5+\cdots+34.0)$$
$$=32.4(\text{MPa})$$

②最小值:

$$f_{cu,min}=29.5(\text{MPa})$$

(3)检验结果评定

①平均值条件:

$$mf_{cu}=32.4>[mf_{cu}]=32.2(\text{MPa})$$

②最小值条件:

$$f_{cu,min}=29.5>[f_{cu,min}]=26.6(\text{MPa})$$

③评定:

上述的检验结果表明,两个评定条件均满足要求,所以该批混凝土评为合格,即这批混凝土强度达到 C28 级的质量要求。

**【例 22-12】** 某施工现场偶尔预制一小批预制构件,设计混凝土强度等级 C20。共留取 4 组试件,强度代表值分别为 22.9MPa,20.1MPa,23.7MPa 和 21.0MPa。按非统计法评定该批混凝土是否合格。

**解**:(1)计算验收界限

$$[mf_{cu}]=1.15f_{cu,k}=1.15\times 20.0=23.0(\text{MPa})$$
$$[f_{cu,min}]=0.95f_{cu,k}=0.95\times 20.0=19.0(\text{MPa})$$

这两个验收界限也可由表 22-34 中查得。

(2)计算验收函数

①平均值:

$$mf_{cu}=\frac{1}{4}\sum_{i}^{n}f_{cu,i}=\frac{1}{4}(22.9+20.1+23.7+21.0)$$
$$=21.9(\text{MPa})$$

②最小值:

$$f_{cu,min}=20.1\text{MPa}$$

(3)检验评定结果

①平均值条件:

$$mf_{cu}=21.9<[mf_{cu}]=23.0(\text{MPa})$$

②最小值条件:

$$f_{cu,min}=20.1>[f_{cu,min}]=19.0(\text{MPa})$$

③评定：

检验结果表明，虽最小值条件满足，但平均值条件不满足。因此该批混凝土评为不合格。即这批混凝土的质量未达到 C20 等级的要求。由此可见，即使每组强度代表值都高于标准值，这批混凝土仍可能评为不合格，非统计法的合格条件，有时是比较苛刻的。

5. 强度检验评定总表

混凝土强度检验评定总表如表 22-35 所示，比较上述 3 种方法的应用条件、验收批构成、标准差计算、验收界限、验收函数和合格条件。由于以表格形式表达，比较集中简练，方便适用。

**混凝土强度检验评定总表**

表 22-35

| 评定方法 | 采用条件 | 验收批的样本容量 | 标准差 | 验收界限 |  | 验收函数 |  | 合格条件 |
|---|---|---|---|---|---|---|---|---|
|  |  |  |  | 平均值界限 | 最小值界限 | 平均值 | 最小值 |  |
| 标准差已知统计法 | 生产条件长期一致，强度变异性保持稳定 | 连续 3 组 | $\sigma_0=\frac{0.59}{m}\sum_{i=1}^{m}\Delta f_{cu,i}$ $(m\geqslant15)$ | $[mf_{uc}]=f_{cu,k}+0.7\sigma_0$ | $[f_{cu,min}]=\begin{cases}f_{cu,k}-0.7\sigma\\0.85f_{cu,k}(\leqslant C20)\\0.90f_{cu,k}(>C20)\end{cases}$ |  |  |  |
| 标准差未知统计法 | 生产条件和强度变异性有变化或无前期强度标准差 | 不少于 10 组 | $Sf_{cu}=\sqrt{\frac{\sum_{i=1}^{n}f_{cu,i}^2-n(mf_{cu})^2}{n-1}}$ $\geqslant0.06f_{cu,k}$ | $[mf_{cu}]=0.9f_{cu,k}+\lambda_1 Sf_{cu}$<br>$n$：10～14，15～24，≥25<br>$\lambda_1$：1.70，1.65，1.60 | $[f_{cu,min}]=\lambda_2 f_{cu,k}$<br>$n$：10～14，≥15<br>$\lambda_2$：0.90，0.85 | $mf_{cu}=\frac{\sum_{i=1}^{n}f_{cu,i}}{n}$ | $f_{cu,min}$ | $mf_{cu}\geqslant[mf_{cu}]$<br>$f_{cu,min}\geqslant[f_{cu,min}]$ |
| 非统计法 | 零星个别生产 | 少于 10 组 | — | $[m_{fcu}]=1.15f_{cu,k}$ | $[f_{cu,min}]=0.95f_{cu,k}$ |  |  |  |

6. 统计、评定记录

混凝土试件强度统计、评定记录见表 22-36。

**混凝土试块强度统计、评定记录**(建筑企业)

表 22-36

填报单位　　　　统计期　　　　年　月　日至　　　　年　月　日

工程名称：　　　　结构部位：　　　　强度等级：　　　　养护方法：

| 试块组 $n$ | 强度标准值 $f_{cu,k}$ (MPa) | 平均值 $mf_{cu}$(MPa) | 标准差 $Sf_{cu}$(MPa) | 最小值 $f_{cu,min}$ (MPa) | 合格判定系数 $\lambda_1$ $\lambda_2$ | 评定界限 (统计方法二) |  | 非统计方法 |  |
|---|---|---|---|---|---|---|---|---|---|
|  |  |  |  |  |  | $0.9f_{cu,k}$ | $mf_{cu}-\lambda_1 Sf_{cu}\lambda_2 f_{cu,k}$ | $0.95f_{cu,k}$ | $1.15f_{cu,k}$ |
|  |  |  |  |  |  |  |  |  |  |

| 每组强度值(MPa) |  |  |  |  |  |  |  |  |  | 计算公式 |
|---|---|---|---|---|---|---|---|---|---|---|
|  |  |  |  |  |  |  |  |  |  |  |
|  |  |  |  |  |  |  |  |  |  | 统计方法二 |
|  |  |  |  |  |  |  |  |  |  |  |
|  |  |  |  |  |  |  |  |  |  |  |
|  |  |  |  |  |  |  |  |  |  |  |
|  |  |  |  |  |  |  |  |  |  |  |
|  |  |  |  |  |  |  |  |  |  | 非统计方法 |
|  |  |  |  |  |  |  |  |  |  |  |

| 判定式 | 统计方法二 $n\geqslant10$<br>① $mf_{cu}-\lambda_1 Sf_{cu}\geqslant0.9f_{cu,k}$<br>② $f_{cu,min}\geqslant\lambda_2 f_{cu,k}$ | 非统计方法<br>① $mf_{cu}\geqslant1.15f_{cu,k}$<br>② $f_{cu,min}\geqslant0.95f_{cu,k}$ | 结论 |  |
|---|---|---|---|---|

注：统计方法即为标准未知统计法。

(1)首先确定单位工程中需统计评定的混凝土验收批，找出符合条件的各组试件强度值，分别填入表中。

(2)填写所有已知项目(如申报单位、工程名称、结构部位、强度等级、养护方法、试块组数、设计强度、评定公式等)。

(3)分别计算出该批混凝土试件强度平均值、标准差，查找出合格判断系数和批内混凝土试件强度最小值填入表内。

(4)计算出各评定数据并对混凝土试件强度进行判定，得出结论填入表中。

(5)条字、上报、存档。

(6)凡按验评标准进行强度统计达不到要求的，应有结构处理措施。需要检测的，应经法定检测单位检测并应征得设计人认可。检测、处理资料要存档。

## 六、混凝土生产质量水平

1. 生产质量水平

1)生产质量水平确定的目的

预制构件厂或施工单位生产的混凝土强度数据，经《混凝土强度检验评定标准》(GB/T 50107)标准的检验评定，分别按批定为“合格”或者“不合格”，但对该单位混凝土的生产质量，总体上却还没有一种客观评定的方法。因此，就不易进行不同生产时期的纵向比较或不同单位之间的横向比较。确定生产质量水平的更重要的目的是通过评定能得到混凝土生产质量的定量信息，从而可以采取针对性的措施，加强管理，按制质量，确保混凝土强度满足设计要求。因此，在混凝土强度检验评定标准《混凝土强度检验评定标准》(GB/T 50107)的附录三中，列入了相应的内容。

2)生产质量水平的等级

生产质量水平的确定与混凝土强度的评定不同，后者有“合格”和“不合格”，是一种合格性评定；而前者只是确定其“水平”。因此，没有“合格”与“不合格”之分，只有“优良”“一般”和“差”的区别。

质量水平属于“优良”的构件厂与施工单位，一般都有较健全的管理制度，并对混凝土的生产过程实行了有效的质量控制。

质量水平属于“一般”的构件厂和施工单位，一般是虽有质量管理制度，但对混凝土的生产过程质量管理不能持之以恒，时松时紧，全面质量管理制度未能很好地推行。

质量水平属于“差”的构件厂和施工单位，多是质量管理制度不健全，或执行制度不得力，未能推广全面质量管理。

由此，通过生产质量水平的确定，构件厂和施工单位可以明白自己的混凝土生产质量的水平，从而采取改进措施。

3)生产质量水平的评定条件

在《混凝土强度检验评定标准》(GB/T 50107)的附录三中给出了评定混凝土生产质量水平方法，如表22-37所示。

由表22-37看出，混凝土生产质量水平根据统计周期内混凝土强度标准差$\sigma$和试件强度不低于要求强度等级值的百分率$P$来评定。

对预制混凝土构件厂和预拌混凝土厂，其统计周期可取一个月；对在现场集中搅拌混凝土的施工单位，根据实际情况确定统计周期。

**混凝土生产质量水平** 表 22-37

| 生产质量水平 | | 优良 | | 一般 | | 差 | |
|---|---|---|---|---|---|---|---|
| 评定指标 | 混凝土强度等级 | 低于C20 | 不低于C20 | 低于C20 | 不低于C20 | 低于C20 | 不低于C20 |
| 混凝土强度标准差 $\sigma$(MPa) | 预拌混凝土和预制混凝土构件厂 | ≤3.0 | ≤3.5 | ≤4.0 | ≤5.0 | <4.0 | >5.0 |
| | 集中搅拌混凝土的施工现场 | ≤3.5 | ≤4.0 | >4.5 | ≤5.5 | >4.5 | >5.5 |
| 强度不低于要求强度等级的百分率(%) | 预拌混凝土厂和预制混凝土构件厂及集中搅拌混凝土的施工现场 | ≥95 | | >85 | | ≤85 | |

(1)统计周期内混凝土强度标准差按下式计算:

$$\sigma = \sqrt{\frac{\sum_{i=1}^{n} f_{cu,i}^{2} - n(\mu f_{cu})^{2}}{n-1}} \tag{22-20}$$

式中:$n$——统计周期内相同强度等级的混凝土试件组数,$n \geqslant 25$;

$f_{cu,i}$——统计周期内第 $i$ 组混凝土试件立方体抗压强度值(MPa);

$\mu f_{cu}$——统计周期内 $n$ 组混凝土试件立方体抗压强度的平均值(MPa)。

(2)统计周期内试件强度不低于规定强度等级的百分率,按下式计算:

$$P = \frac{N_0}{N} \times 100\% \tag{22-21}$$

式中:$P$——不低于规定强度等级的百分率(%);

$N_0$——统计周期内试件强度不低于要求强度等级值的组数。

4)盘内混凝土强度的变异系数

盘内混凝土强度的变异系数不宜大于5%,其值可按下列公式确定:

$$\delta_b = \frac{\sigma_b}{\mu f_{cu}} \times 100\% \tag{22-22}$$

式中:$\delta_b$——盘内混凝土强度的变异系数;

$\sigma_b$——盘内混凝土强度的标准差(MPa)。

5)盘内混凝土强度的标准差

盘内混凝土强度的标准差可按下列规定确定:

(1)在混凝土搅拌地点连续地从15盘混凝土中分别取样,每盘混凝土试样各成型一组试件,根据试件强度按下列公式计算:

$$\sigma_b = 0.04 \sum_{i=1}^{15} \Delta f_{cu,i} \tag{22-23}$$

式中:$\Delta f_{cu,i}$——第 $i$ 组三个试件强度中最大值与最小值之差(MPa)。

(2)当不能连续从15盘混凝土中取样时,盘内混凝土强度标准差可利用正常生产连续积累的强度资料进行统计,但试件组数不应少于30组,按下列公式计算:

$$\sigma_b = \frac{0.59}{n} \sum_{i=1}^{n} \Delta f_{cu,i} \tag{22-24}$$

式中:$n$——试件组数。

2. 确定混凝土生产质量水平的实例

【例22-13】 某预制构件厂某月内对强度等级C28的混凝土取样28组,如表22-38所示,评定其生产质量水平。

某月内各组混凝土强度值$f_{cu}$（MPa）　表22-38

| $i$ | 1 | 2 | 3 | 4 | 5 | 6 | 7 | 8 | 9 | 10 | 11 | 12 | 13 | 14 |
|---|---|---|---|---|---|---|---|---|---|---|---|---|---|---|
| $f_{cu,i}$ | 35.2 | 28.9 | 32.2 | 35.1 | 38.2 | 36.1 | 39.8 | 33.1 | 36.7 | 38.3 | 36.2 | 39.3 | 38.1 | 36.3 |
| $i$ | 15 | 16 | 17 | 18 | 19 | 20 | 21 | 22 | 23 | 24 | 25 | 26 | 27 | 28 |
| $f_{cu,i}$ | 27.3* | 37.2 | 34.2 | 33.2 | 40.1 | 39.1 | 37.2 | 30.3 | 35.2 | 28.9* | 32.2 | 40.4 | 33.7 | 36.2 |

注：表中带"*"为强度不足的强度等级值的数据。

**解**：(1)求平均值：

$$\mu f_{cu}=\frac{1}{28}\sum_{i=1}^{28}f_{cu,i}=35.3(\mathrm{MPa})$$

(2)求标准差：

$$\sigma=\sqrt{\frac{\sum_{i=1}^{28}f_{cu,i}^{2}-28\times35.3^{2}}{28-1}}=3.4(\mathrm{MPa})$$

(3)求百分率：

强度低于30MPa的共3组(表中带*符号者)，故$n_0=25$组，即：

$$P=\frac{n_0}{n}\times100\%=\frac{25}{28}\times100\%=89.3\%$$

(4)确定质量水平：

由标准差条件和百分率条件评定，该月混凝土生产质量水平为"一般"。

## 第四节　混凝土结构与构件非破损检验及评定

不破坏混凝土结构或试件，而通过测定与混凝土性能有关的物理量来推定混凝土或其结构强度、弹性模量及其他性能的测试技术，称为混凝土的非破损检验技术。当出现下列情况之一：缺乏同条件试块或标准试块数量不足，试块的质量缺乏代表性，试块的抗压试验不符合标准规定，对试块抗压强度测试结果有怀疑，因材料、施工不良而发生混凝土质量问题等，可采用非破损检验技术评定混凝土强度，并以此作为混凝土强度检验依据之一。因此，非破损检验技术在评定混凝土强度中有极其重要的实用价值。

### 一、非破损检验技术分类

混凝土非破损检验方法可分为表面硬度法、声学和超声波法、电磁法、辐射法及综合法等几大类(表22-39)。测定混凝土强度的局部破损法也可划入非破损检验法。

混凝土非破损检验法分类　表22-39

| 种类 | | | 测定内容 | 备注 |
|---|---|---|---|---|
| 混凝土非破损检验方法 | 表面硬度法 | 弹簧锤法<br>摆锤法<br>射球打击法 | 对混凝土表面进行打击，以测定凹痕的度、直径、面积等 | 近来已不大使用 |
| | | 回弹法 | 对混凝土表面进行打击，测定其反弹硬度 | 运用得最多 |

续上表

| 种类 | | | 测定内容 | 备注 |
|---|---|---|---|---|
| 混凝土非破损检验方法 | 声学和超声法 | 共振法 | 振动特性(振动弹性系数、泊桑比等)的测定,强度的测定 | |
| | | 超声波法<br>冲击波法<br>表面波法 | 测定混凝土的强度、内部缺陷;测定混凝土的厚度及振动弹性系数 | 采用超声法较多,冲击波法和表面波法未被采用 |
| | 综合法 | 超声法与回弹法 | 测定混凝土强度 | 能提高测试精度 |
| | | 超声法与声波衰减率法 | | 正处于研究阶段 |
| | | 振去弹性系数与对数衰减率法 | | 尚未使用 |
| | 电磁法 | 电磁感应法 | 测定钢筋位置、保护层厚度 | 使用很普通 |
| | | 微波吸收法 | 测定混凝土含水率 | 正处于研究阶段 |
| | 辐射法 | X 射线法<br>γ射线照相法<br>γ线辐射法 | 内部缺陷探伤,钢筋探测 | 因 X 射线和中子使用有限,故尚未实际使用 |
| | | 中子法 | 测定混凝土的含水率 | |
| 混凝土局部破损检验方法 | | 取芯法<br>拔出法<br>射钉枪法<br>温莎探针 | 混定混凝土强度 | 重新受到重视 |
| 其他方法 | | 声发射法 | 测定材料断裂情况 | |

## 二、回弹法检测混凝土抗压强度[《回弹法检测混凝土抗压强度技术规程》(JGJ/T 23)]

1. 适用范围

回弹法适用于工程结构普通混凝土抗压强度(以下简称“混凝土强度”)的检测。

当对结构的混凝土强度有检测要求时,可按本方法进行检测,检测结果可作为处理混凝土质量问题的一个依据。

本方法不适用于表层与内部质量有明显差异或内部存在缺陷的混凝土结构或构件的检测。

2. 基本原理

用一定冲击动能冲击混凝土表面,利用混凝土表面硬度与回弹值的函数关系来推算混凝土的强度。

3. 回弹仪的检定及保养

1)技术要求

(1)测定回弹值的仪器示值系统为指针直读式的混凝土回弹仪,其构造见图 22-6。

(2)回弹仪必须具有制造厂的产品合格证及检定单位的检定合格证,并应在回弹仪的明显位置上具有下列标志:名称、型号、制造厂名(或商标)、出厂编号、出厂日期和中国计量器具

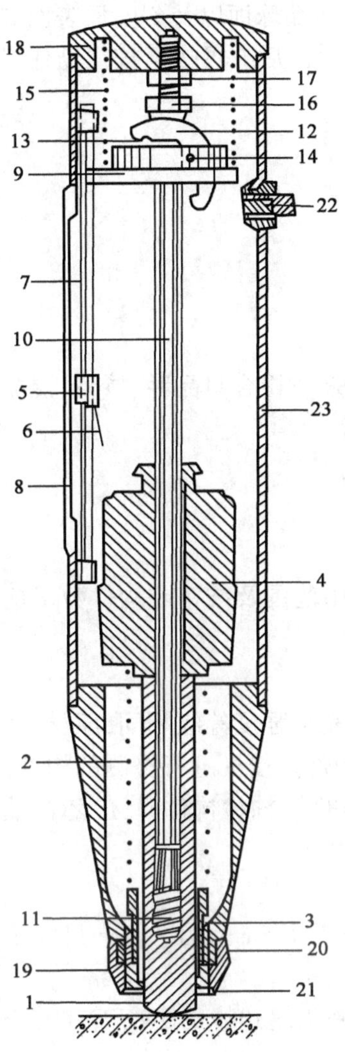


图 22-6　回弹仪构造

1-弹击杆;2-弹击拉弹;3-拉簧座;4-弹击重锤;5-指针块;6-指针片;7-指针轴;8-刻度尺;9-导向法兰;10-中心导杆;11-缓冲压簧;12-挂构;13-挂钩压簧;14-挂钩销子;15-压簧;16-调零螺丝;17-紧固螺母;18-尾盖;19-盖帽;20-卡环;21-密封毡圈;22-按钮;23-外壳

制造许可证标志 CMC 及许可证证号等。

(3)回弹仪应符合下列标准状态的要求:

①水平弹击时,弹击锤脱钩的瞬间,回弹仪的标准能量应为 2.207J。

②弹击锤与弹击杆碰撞的瞬间,弹击拉簧应处于自由状态,此时弹击锤起跳点应相应于指针指示刻度尺上“0”处。

③在洛氏硬度 HRC 为 60 ±2 的钢砧上,回弹仪的率定值应为 80 ±2。

(4)回弹仪使用时的环境温度应为 -4℃ ~40℃。

2)检定

(1)回弹仪具有下列情况之一时应送检定单位检定:

①新回弹仪启用前;

②起过检定有效期限(有效期为半年);

③累计弹击次数超过 6 000 次;

④经常规保养后钢砧率定值不合格;

⑤遭受严重撞击或其他损害。

(2)回弹仪应由法定部门并按照《回弹仪检定规程》(JJG 817)对回弹仪进行检定。

(3)回弹仪在工程检测前后,应在钢砧上作率定试验,并应符合本节二、3、1)、(3)条的规定。

(4)回弹仪率定试验宜在干燥、室温为 5℃ ~35℃ 的条件下进行。率定时,钢砧应稳固地平放在刚度大的物体上。测定回弹值时,取连续向下弹击 3 次的稳定回弹平均值。弹击杆应分 4 次旋转,每次旋转宜为 90°。弹击杆每旋转一次的率定平均值应为 80 ±2。

3)保养

(1)回弹仪具有下列情况之一时应进行常规保养:

①弹击超过 2 000 次;

②对检测值有怀疑时;

③在钢砧上的率定值不合格。

(2)常规保养应符合下列规定:

①使弹击锤脱钩后取出机芯,然后卸下弹击杆,取出里面的缓冲压簧,并取出弹击锤、弹击拉簧和拉簧座;

②机芯各零部件应进行清洗,重点清洗中心导杆、弹击锤和弹击杆的内孔和冲击面。清洗后应在中心导杆上薄薄涂抹钟表油,其他零部件均不得抹油。

③应清理机壳内壁,卸下刻度尺,并应检查指针,其摩擦力应为 0.5 ~0.8N。

④不得旋转尾盖上已定位紧固的调零螺丝;

⑤不得自制或更换零部件;

⑥保养后应按本节二、3、2)、(4)条的要求进行率定试验。

(3)回弹仪使用完毕后应使弹出杆伸出机壳,清除弹击杆、杆前端球面以及刻度尺表面和外壳上的污垢、尘土。回弹仪不用时,应将弹击杆压入仪器内,经弹击后方可按下按钮锁住机芯,将回弹仪装入仪器箱,平放在干燥阴凉处。

4. 检测技术

1)一般规定

(1)对结构或构件混凝土强度检测宜具有下列资料:

①工程名称及设计、施工、监理(或监督)和建设单位名称;

②结构或构件名称、外形尺寸、数量及混凝土强度等级;

③水泥品泥、强度等级、安定性、厂名,砂、石种类、粒径,外加剂或掺合料品种、掺量,混凝土配合比等;

④施工时材料计量情况,模板、浇筑、养护情况及成型日期等;

⑤必要的设计图纸和施工记录;

⑥检测原因。

(2)结构或构件混凝土强度检测可采用下列两种方式,其适用范围及结构或构件数量应符合下列规定:

①单个检测。适用于单个结构或构件的检测。

②批量检测。批量检测适用于在相同的生产工艺条件下,混凝土强度等级相同,原材料、配合比、成型工艺、养护条件基本一致且龄期相近的同类结构或构件。按批进行检测的构件,抽检数量不得少于同批构件总数的30%且构件数量不得少于10件。抽检构件时,应随机抽取并使所选构件具有代表性。

(3)每一结构或构件的测区应符合下列规定:

①每一结构或构件测区数不应少于10个,对某一方向尺寸小于4.5m且另一方向尺寸小于0.3m的构件,其测区数量可适当减少,但不应少于5个。

②相邻两测区的间距应控制在2m以内,测区离构件端部或施工缝边缘的距离不宜大于0.5m,且不宜小于0.2m。

③测区应选在使回弹仪处于水平方向检测混凝土浇筑侧面。当不能满足这一要求时,可使回弹仪处于非水平方向检测混凝土浇筑侧面、表面或底面。

④测区宜选在构件的两个对称可测面上,也可选在一个可测面上,且应均匀分布。在构件的重要部位及薄弱部位必须布置测区,并应避开预埋件。

⑤测区的面积不宜大于$0.04m^2$。

⑥检测面应为混凝土表面,并应清洁、平整,不应有疏松层、浮浆、油垢、涂层以及蜂窝、麻面,必要时可用砂轮清除疏松层和杂物,且不应有残留的粉末或碎屑。

⑦对弹击时产生颤动的薄壁、小型构件应进行固定。

(4)结构或构件的测区应标有清晰的编号,必要时应在记录纸上描述测区布置示意图和外观质量情况。

(5)当检测条件与测强曲线的适用条件有较大差异时,可采用同条件试件或钻取混凝土芯样进行修正,试件或钻取芯样数量不应少于6个。钻取芯样时每个部位应钻取一个芯样,计算时,测区混凝土强度换算值应乘以修正系数。

修正系数应按下列公式计算:

$$\eta = \frac{1}{n}\sum_{i=1}^{n}\frac{f_{cu,i}}{f_{fcu,i}^{c}} \tag{22-25}$$

或

$$\eta = \frac{1}{n}\sum_{i=1}^{n}\frac{f_{cor,i}}{f_{cu,i}^{c}} \tag{22-26}$$

式中：$\eta$——修正系数，精确到0.01；

$f_{cu,i}$——第 $i$ 个混凝土立方体试件（边长为150mm）的抗压强度值，精确到0.1MPa；

$f_{cor,i}$——第 $i$ 个混凝土芯样试件的抗压强度值，精确到0.1MPa；

$f_{cu,i}^{c}$——对应于第 $i$ 个试件或芯样部位回弹值和碳化深度值的混凝土强度换算值，可按本章附录1采用；

$n$——试件数。

（6）泵送混凝土制作的结构或构件的混凝土强度的检测应符合下列规定：

①当碳化深度值不大于2.0mm时，每一测区混凝土强度换算值应按本章附录2修正。

②当碳化深度值大于2.0mm时，可按本节二、4、1）（5）的规定进行检测。

2）回弹值测量

（1）检测时，回弹仪的轴线应始终垂直于结构或构件的混凝土检测面，缓慢施压，准确读数，快速复位。

（2）测点宜在测区范围内均匀分布，相邻两测点的净距不宜小于20mm；测点距外露钢筋、预埋件的距离不宜小于3.mm。测点不应在气孔或外露石子上，同一测点只应弹击一次。每一测区应记取16个回弹值，每测点的回弹值读数估读至1。

3）碳化深度值测量

（1）回弹值测量完毕后，应在有代表性的位置上测量碳化深度值，测点不应少于构件测区数的30%，取其平均值为该构件每测区的碳化深度值。当碳化深度值极差大于2.0mm时，应在每一测区测量碳化深度值。

（2）碳化深度值测量，可采用适当的工具在测区表面形成直径约15mm的孔洞，其深度应大于混凝土的碳化深度。孔洞中的粉末和碎屑应除净，并不得用水擦洗。同时，应采用浓度为1%的酚酞酒精溶液滴在孔洞内壁的边绝缘处，当已碳化与未碳化界线清楚时，再用深度测量工具测量已碳化与未碳化混凝土交界面到混凝土表面的垂直距离，测量不应少于3次，取其平均值。每次读数精确至0.5mm。

5.回弹值计算

（1）计算测区平均回弹值，应从该测区的16个回弹值中剔除3个最大值和3个最小值，余下的10个回弹值应按下式计算：

$$R_m = \frac{\sum_{i=1}^{10} R_i}{10} \tag{22-27}$$

式中：$R_m$——测区平均回弹值，精确至0.1；

$R_i$——第 $i$ 个测点的回弹值。

（2）非水平方向检测混凝土浇筑侧面时，应按下式修正：

$$R_m = R_{m\alpha} + R_{a\alpha} \tag{22-28}$$

式中：$R_{m\alpha}$——非水平状态检测时测区的平均回弹值，精确至0.1；

$R_{a\alpha}$——非水平状态检测时回弹值修正值，可按本章附录 3 采用。

(3)水平方向检测混凝土浇筑顶面或底面时，应按下列公式修正：

$$R_m = R_m^t + R_a^t \quad (22\text{-}29)$$

$$R_m = R_m^b + R_a^b \quad (22\text{-}30)$$

式中：$R_m^t$、$R_m^b$——水平方向检测混凝土浇筑表面、底面时，测区的平均回弹值，精确至 0.1；

$R_a^t$、$R_a^b$——混凝土浇筑表面、底面回弹值的修正，应按本章附录 4 采用。

(4)当检测时回弹仪为非水平方向且测试面为非混凝土的浇筑侧面时，应先按本章附录 3 对回弹值进行角度修正，再按本章附录 4 对修正后的值进行浇筑面修正。

6. 测强曲线

1)一般规定

(1)混凝土强度换算值可采用以下三类测强曲线计算：

①统一测强曲线。由全国具有代表性的材料、成型养护工艺配制的混凝土试件，通过试验所建立的曲线，称为统一测强曲线。

②地区测强曲线。由本地区常用的材料、成型养护工艺配制的混凝土试件，通过试验所建立的曲线，称为地区测强曲线。

③专用测强曲线。由与结构或构件混凝土相同的材料、成型养护工艺配制的混凝土试件，通过试验所建立的曲线，称为专用测强曲线。

(2)对有条件的地区和部门，应制定本地区的测强曲线或专用测强曲线，经上级主管部门组织审定和批准后实施。各检测单位应按专用测强曲线、地区测强曲线、统一测强曲线的次序选用测强曲线，称为专用测强曲线。

2)统一测强曲线

(1)符合下列条件的混凝土应采用本章附录 1 进行测区混凝土强度换算：

①普通混凝土采用的材料、拌和用水符合现行国家有关标准；

②不掺外加剂或仅掺非引气型外加剂；

③采用普通成型工艺；

④采用符合《混凝土结构工程施工质量验收规范》(GB 50204)规定的钢模、木模及其他材料制作的模板；

⑤自然养护或蒸气养护出池后经自然养护 7d 以上，且混凝土表层为干燥状态；

⑥龄期为 14～1 000d；

⑦抗压强度为 10～60MPa。

(2)制订测区混凝土强度换算表所依据的统一测强曲线，其强度误差值应符合下列规定：

①平均相对误差($\delta$)不应大于 ±15.0%；

②相对标准差($e_r$)不应大于 18.0%。

(3)当有下列情况之一时，测区混凝土强度值不得按本章附录 1 换算，但可制订专用测强曲线或通过试验进行修正，专用测强曲线的制定方法宜符合本章附录 5 的有关规定：

①粗集料最大粒径大于 60mm；

②特种成型工艺制作的混凝土；

③检测部位曲率半日径小于 250mm；

④潮湿或浸水混凝土。

(4)当构件混凝土抗压强度大于60MPa时,可采用标准能量大于2.207J的混凝土回弹仪,并应另行制订检测方法及专用测强曲线进行检测。

3)地区和专用测强曲线

(1)地区和专用测强曲线的强度误差值应符合下列规定:

①地区测强曲线。平均相对误差($\delta$)不应大于±14.0%;

相对标准差($e_r$)不应大于17.0%。

②专用测强曲线。平均相对误差($\delta$)不应大于±12.0%;

相对标准差($e_r$)不应大于14.0%。

③平均相对误差($\delta$)和相对标准差($e_r$)的计算应符合本章附录E的规定。

(2)地区和专用测强曲线应与制定该类测强曲线条件相同的混凝土相适应,不得超出该类测强曲线的适用范围。应经常抽取一定数量的同条件试件进行校核,当发现有显著差异时,应及时查找原因,并不得继续使用。

7.混凝土强度的计算

(1)结构或构件第$i$个测区混凝土强度换算值,可按本节二、5、所求得的平均回弹值($R_m$)及按本节二、4、3)、(2)条所求得的平均碳化深度值($dm$)由本章附录1查表得出,泵送混凝土还应按本节一、4、1)、(6)条计算。当有地区测强曲线或专用测强曲线时,混凝土强度换算值应按地区测强曲线或专用测强曲线换算得出。

(2)结构或构件的测区混凝土强度平均值可根据各测区的混凝土强度换算值计算。当测区数为10个及以上时,应计算强度标准差。平均值及标准差应按下列公式计算:

$$mf_{cu}^{c}=\frac{\sum_{i=1}^{n}f_{cu,i}^{c}}{m} \tag{22-31}$$

$$Sf_{cu}^{c}=\sqrt{\frac{\sum_{i=1}^{n}(f_{cu,i}^{c})^{2}-n(mf_{cu}^{c})^{2}}{n-1}} \tag{22-32}$$

式中:$mf_{cu}^{c}$——结构或构件测区混凝土强度换算值的平均值(MPa),精确至0.1MPa;

$n$——对于单个检测的构件,取一个构件的测区数;对批量检测的构件,取被抽检构件测区数之和;

$Sf_{cu}^{c}$——结构或构件测区混凝土强度换算值的标准差(MPa),精确至0.01MPa。

(3)结构或构件的混凝土强度推定值($f_{cu,e}$)应按下列公式确定:

①当该结构或构件测区数少于10个时:

$$f_{cu,e}=f_{cu,min}^{c} \tag{22-33}$$

式中:$f_{cu,min}^{c}$——构件中最小的测区混凝土强度换算修正。

②当该结构或构件的测区强度值中出现小于10.0MPa时:

$$f_{cu,e}<10.0\text{MPa} \tag{22-34}$$

③当该结构或构件测区数不少于10个或按批量检测时,应按下列公式计算:

$$f_{cu,e}=mf_{cu}^{c}-1.645Sf_{cu}^{c} \tag{22-35}$$

注:结构或构件的混凝土强度推定值是指相应于强度换算值总体分布中保证率不低于95%的结构或构件中的混凝土抗压强度值。

(4)对按批量检测的构件，当该批构件混凝土强度标准差出现下列情况之一时，则该批构件应全部按单个构件检测：

①当该批构件混凝土强度平均值小于25MPa时：

$$Sf_{\text{cu}}^{\text{c}}>4.5\text{MPa}$$

②当该批构件混凝土强度平均值不小于25MPa时：

$$Sf_{\text{cu}}^{\text{c}}>5.5\text{MPa}$$

(5)检测后应填写检测报告，并应符合本章附录6的规定。

## 【附录1】 测区混凝土强度换算表(附表22-1)

**测区混凝土强度换算表** 附表22-1

| 平均回弹值 $R_m$ | 测区混凝土强度换算值 $f_{\text{cu,i}}^{\text{c}}$(MPa) 平均碳化深度值 $d_m$(mm) | | | | | | | | | | | | |
|---|---|---|---|---|---|---|---|---|---|---|---|---|---|
| | 0 | 0.5 | 1.0 | 1.5 | 2.0 | 2.5 | 3.0 | 3.5 | 4.0 | 4.5 | 5.0 | 5.5 | ≥6.0 |
| 20.0 | 10.3 | 10.1 | — | — | — | — | — | — | — | — | — | — | — |
| 20.2 | 10.5 | 10.3 | 10.0 | — | — | — | — | — | — | — | — | — | — |
| 20.4 | 10.7 | 10.5 | 10.2 | — | — | — | — | — | — | — | — | — | — |
| 20.6 | 11.0 | 10.8 | 10.4 | 10.1 | — | — | — | — | — | — | — | — | — |
| 20.8 | 11.2 | 11.0 | 10.6 | 10.3 | — | — | — | — | — | — | — | — | — |
| 21.0 | 11.4 | 11.2 | 10.8 | 10.5 | 10.0 | — | — | — | — | — | — | — | — |
| 21.2 | 11.6 | 11.4 | 11.0 | 10.7 | 10.2 | — | — | — | — | — | — | — | — |
| 21.4 | 11.8 | 11.6 | 11.2 | 10.9 | 10.4 | 10.0 | — | — | — | — | — | — | — |
| 21.6 | 12.0 | 11.8 | 11.4 | 11.0 | 10.6 | 10.2 | — | — | — | — | — | — | — |
| 21.8 | 12.3 | 12.1 | 11.7 | 11.3 | 10.8 | 10.5 | 10.1 | — | — | — | — | — | — |
| 22.0 | 12.5 | 12.2 | 11.9 | 11.5 | 11.0 | 10.6 | 10.2 | — | — | — | — | — | — |
| 22.2 | 12.7 | 12.4 | 12.1 | 11.7 | 11.2 | 10.8 | 10.4 | 10.0 | — | — | — | — | — |
| 22.4 | 13.0 | 12.7 | 12.4 | 12.0 | 11.4 | 11.0 | 10.7 | 10.3 | 10.0 | — | — | — | — |
| 22.6 | 13.2 | 12.9 | 12.5 | 12.1 | 11.6 | 11.2 | 10.8 | 10.4 | 10.2 | — | — | — | — |
| 22.8 | 13.4 | 13.1 | 12.7 | 12.3 | 11.8 | 11.4 | 11.0 | 10.6 | 10.3 | — | — | — | — |
| 23.0 | 13.7 | 13.4 | 13.0 | 12.6 | 12.1 | 11.6 | 11.2 | 10.8 | 10.5 | 10.1 | — | — | — |
| 23.2 | 13.9 | 13.6 | 13.2 | 12.8 | 12.2 | 11.8 | 11.4 | 11.0 | 10.7 | 10.3 | 10.0 | — | — |
| 23.4 | 14.1 | 13.8 | 13.4 | 13.0 | 12.4 | 12.0 | 11.6 | 11.2 | 10.9 | 10.4 | 10.2 | — | — |
| 23.6 | 14.4 | 14.1 | 13.7 | 13.2 | 12.7 | 12.2 | 11.8 | 11.4 | 11.1 | 10.7 | 10.4 | 10.1 | — |
| 23.8 | 14.6 | 14.3 | 13.9 | 13.4 | 12.8 | 12.4 | 12.0 | 11.5 | 11.2 | 10.8 | 10.5 | 10.2 | — |
| 24.0 | 14.9 | 14.6 | 14.2 | 13.7 | 13.1 | 12.7 | 12.2 | 11.8 | 11.5 | 11.0 | 10.7 | 10.4 | 10.1 |
| 24.2 | 15.1 | 14.8 | 14.3 | 13.9 | 13.3 | 12.8 | 12.4 | 11.9 | 11.6 | 11.2 | 10.9 | 10.6 | 10.3 |
| 24.4 | 15.4 | 15.1 | 14.6 | 14.2 | 13.6 | 13.1 | 12.6 | 12.2 | 11.9 | 11.4 | 11.1 | 10.8 | 10.4 |
| 24.6 | 15.6 | 15.3 | 14.8 | 14.4 | 13.7 | 13.3 | 12.8 | 12.3 | 12.0 | 11.5 | 11.2 | 10.9 | 10.6 |
| 24.8 | 15.9 | 15.6 | 15.1 | 14.6 | 14.0 | 13.5 | 13.0 | 12.6 | 12.2 | 11.8 | 11.4 | 11.1 | 10.7 |
| 25.0 | 16.2 | 15.9 | 15.4 | 14.9 | 14.3 | 13.8 | 13.3 | 12.8 | 12.5 | 12.0 | 11.7 | 11.3 | 10.9 |
| 25.2 | 16.4 | 16.1 | 15.6 | 15.1 | 14.4 | 13.9 | 13.4 | 13.0 | 12.6 | 12.1 | 11.8 | 11.5 | 11.0 |

续上表

| 平均回弹值 $R_m$ | 测区混凝土强度换算值 $f^c_{cu,i}$(MPa) | | | | | | | | | | | | |
|---|---|---|---|---|---|---|---|---|---|---|---|---|---|
| | 平均碳化深度值 $d_m$(mm) | | | | | | | | | | | | |
| | 0 | 0.5 | 1.0 | 1.5 | 2.0 | 2.5 | 3.0 | 3.5 | 4.0 | 4.5 | 5.0 | 5.5 | ≥6.0 |
| 25.4 | 16.7 | 16.4 | 15.9 | 15.4 | 14.7 | 14.2 | 13.7 | 13.2 | 12.9 | 12.4 | 12.0 | 11.7 | 11.2 |
| 25.6 | 16.9 | 16.6 | 16.1 | 15.7 | 14.9 | 14.4 | 13.9 | 13.4 | 13.0 | 12.5 | 12.2 | 11.8 | 11.3 |
| 25.8 | 17.2 | 16.9 | 16.3 | 15.8 | 15.1 | 14.6 | 14.1 | 13.6 | 13.2 | 12.7 | 12.4 | 12.0 | 11.5 |
| 26.0 | 17.5 | 17.2 | 16.6 | 16.1 | 15.4 | 14.9 | 14.4 | 13.8 | 13.5 | 13.0 | 12.6 | 12.2 | 11.6 |
| 26.2 | 17.8 | 17.4 | 16.9 | 16.4 | 15.7 | 15.1 | 14.6 | 14.0 | 13.7 | 13.2 | 12.8 | 12.4 | 11.8 |
| 26.4 | 18.0 | 17.6 | 17.1 | 16.6 | 15.8 | 15.3 | 14.8 | 14.2 | 13.9 | 13.3 | 13.0 | 12.6 | 12.0 |
| 26.6 | 18.3 | 17.9 | 17.4 | 16.8 | 16.1 | 15.6 | 15.0 | 14.4 | 14.1 | 13.5 | 13.2 | 12.8 | 12.1 |
| 26.8 | 18.6 | 18.2 | 17.7 | 17.1 | 16.4 | 15.8 | 15.3 | 14.6 | 14.3 | 13.8 | 13.4 | 12.9 | 12.3 |
| 27.0 | 18.9 | 18.5 | 18.0 | 17.4 | 16.6 | 16.1 | 15.5 | 14.8 | 14.6 | 14.0 | 13.6 | 13.1 | 12.4 |
| 27.2 | 19.1 | 18.7 | 18.1 | 17.6 | 16.8 | 16.2 | 15.7 | 15.0 | 14.7 | 14.1 | 13.8 | 13.3 | 12.6 |
| 27.4 | 19.4 | 19.0 | 18.4 | 17.8 | 17.0 | 16.4 | 15.9 | 15.2 | 14.9 | 14.3 | 14.0 | 13.4 | 12.7 |
| 27.6 | 19.7 | 19.3 | 18.7 | 18.0 | 17.2 | 16.6 | 16.1 | 15.4 | 15.1 | 14.5 | 14.1 | 13.6 | 12.9 |
| 27.8 | 20.0 | 19.6 | 19.0 | 18.2 | 17.4 | 16.8 | 16.3 | 15.6 | 15.3 | 14.7 | 14.2 | 13.7 | 13.0 |
| 28.0 | 20.3 | 19.7 | 19.2 | 18.4 | 17.6 | 17.0 | 16.5 | 15.8 | 15.4 | 14.8 | 14.4 | 13.9 | 13.2 |
| 28.2 | 20.6 | 20.0 | 19.5 | 18.6 | 17.8 | 17.2 | 16.7 | 16.0 | 15.6 | 15.0 | 14.6 | 14.0 | 13.3 |
| 28.4 | 20.9 | 20.3 | 19.7 | 18.8 | 18.0 | 17.4 | 16.9 | 16.2 | 15.8 | 15.2 | 14.8 | 14.2 | 13.5 |
| 28.6 | 21.2 | 20.6 | 20.0 | 19.1 | 18.2 | 17.6 | 17.1 | 16.4 | 16.0 | 15.4 | 15.0 | 14.3 | 13.6 |
| 28.8 | 21.5 | 20.9 | 20.2 | 19.4 | 18.5 | 17.8 | 17.3 | 16.6 | 16.2 | 15.6 | 15.2 | 14.5 | 13.8 |
| 29.0 | 21.8 | 21.1 | 20.5 | 19.6 | 18.7 | 18.1 | 17.5 | 16.8 | 16.4 | 15.8 | 15.4 | 14.6 | 13.9 |
| 29.2 | 22.1 | 21.4 | 20.8 | 19.9 | 19.0 | 18.3 | 17.7 | 17.0 | 16.6 | 16.0 | 15.6 | 14.8 | 14.1 |
| 29.4 | 22.4 | 21.7 | 21.1 | 20.2 | 19.3 | 18.6 | 17.9 | 17.2 | 16.8 | 16.2 | 15.8 | 15.0 | 14.2 |
| 29.6 | 22.7 | 22.0 | 21.3 | 20.4 | 19.5 | 18.8 | 18.2 | 17.5 | 17.0 | 16.4 | 16.0 | 15.1 | 14.4 |
| 29.8 | 23.0 | 22.3 | 21.6 | 20.7 | 19.8 | 19.1 | 18.4 | 17.7 | 17.2 | 16.6 | 16.2 | 15.3 | 14.5 |
| 30.0 | 23.3 | 22.6 | 21.9 | 21.0 | 20.0 | 19.3 | 18.6 | 17.9 | 17.4 | 16.8 | 16.4 | 15.4 | 14.7 |
| 30.2 | 23.6 | 22.9 | 22.2 | 21.2 | 20.3 | 19.6 | 18.9 | 18.2 | 17.6 | 17.0 | 16.6 | 15.6 | 14.9 |
| 30.4 | 23.9 | 23.2 | 22.5 | 21.5 | 20.6 | 19.8 | 19.1 | 18.4 | 17.8 | 17.2 | 16.8 | 15.8 | 15.1 |
| 30.6 | 24.3 | 23.6 | 22.8 | 21.9 | 20.9 | 20.2 | 19.4 | 18.7 | 18.0 | 17.5 | 17.0 | 16.0 | 15.2 |
| 30.8 | 24.6 | 23.9 | 23.1 | 22.1 | 21.2 | 20.4 | 19.7 | 18.9 | 18.2 | 17.7 | 17.2 | 16.2 | 15.4 |
| 31.0 | 24.9 | 24.2 | 23.4 | 22.4 | 21.4 | 20.7 | 19.9 | 19.2 | 18.4 | 17.9 | 17.4 | 16.4 | 15.5 |
| 31.2 | 25.2 | 24.4 | 23.7 | 22.7 | 21.7 | 20.9 | 20.2 | 19.4 | 18.6 | 18.1 | 17.6 | 16.6 | 15.7 |
| 31.4 | 25.6 | 24.8 | 24.1 | 23.0 | 22.0 | 21.2 | 20.5 | 19.7 | 18.9 | 18.4 | 17.8 | 16.9 | 15.8 |
| 31.6 | 25.9 | 25.1 | 24.3 | 23.3 | 22.3 | 21.5 | 20.7 | 19.9 | 19.2 | 18.6 | 18.0 | 17.1 | 16.0 |
| 31.8 | 26.2 | 25.4 | 24.6 | 23.6 | 22.5 | 21.7 | 21.0 | 20.2 | 19.4 | 18.9 | 18.2 | 17.3 | 16.2 |
| 32.0 | 26.5 | 25.7 | 24.9 | 23.9 | 22.8 | 22.0 | 21.2 | 20.4 | 19.6 | 19.1 | 18.4 | 17.5 | 16.4 |
| 32.2 | 26.9 | 26.1 | 25.3 | 24.2 | 23.1 | 22.3 | 21.5 | 20.7 | 19.9 | 19.4 | 18.6 | 17.7 | 16.6 |

续上表

| 平均回弹值 $R_m$ | 测区混凝土强度换算值 $f^c_{cu,i}$(MPa) | | | | | | | | | | | | |
|---|---|---|---|---|---|---|---|---|---|---|---|---|---|
| | 平均碳化深度值 $d_m$(mm) | | | | | | | | | | | | |
| | 0 | 0.5 | 1.0 | 1.5 | 2.0 | 2.5 | 3.0 | 3.5 | 4.0 | 4.5 | 5.0 | 5.5 | ≥6.0 |
| 32.4 | 27.2 | 26.4 | 25.6 | 24.5 | 23.4 | 22.6 | 21.8 | 20.9 | 20.1 | 19.6 | 18.8 | 17.9 | 16.8 |
| 32.6 | 27.6 | 26.8 | 25.9 | 24.8 | 23.7 | 22.9 | 22.1 | 21.3 | 20.4 | 19.9 | 19.0 | 18.1 | 17.0 |
| 32.8 | 27.9 | 27.1 | 26.2 | 25.1 | 24.0 | 23.2 | 22.3 | 21.5 | 20.6 | 20.1 | 19.2 | 18.3 | 17.2 |
| 33.0 | 28.2 | 27.4 | 26.5 | 25.4 | 24.3 | 23.4 | 22.6 | 21.7 | 20.9 | 20.3 | 19.4 | 18.5 | 17.4 |
| 33.2 | 28.6 | 27.7 | 26.8 | 25.7 | 24.6 | 23.7 | 22.9 | 22.0 | 21.2 | 20.5 | 19.6 | 18.7 | 17.6 |
| 33.4 | 28.9 | 28.0 | 27.1 | 26.0 | 24.9 | 24.0 | 23.1 | 22.3 | 21.4 | 20.7 | 19.8 | 18.9 | 17.8 |
| 33.6 | 29.3 | 28.4 | 27.4 | 26.4 | 25.2 | 24.2 | 23.3 | 22.6 | 21.7 | 20.9 | 20.0 | 19.1 | 18.0 |
| 33.8 | 29.6 | 28.7 | 27.7 | 26.6 | 25.4 | 24.4 | 23.5 | 22.8 | 21.9 | 21.1 | 20.2 | 19.3 | 18.2 |
| 34.0 | 30.0 | 29.1 | 28.0 | 26.8 | 25.6 | 24.6 | 23.7 | 23.0 | 22.1 | 21.3 | 20.4 | 19.5 | 18.3 |
| 34.2 | 30.3 | 29.4 | 28.3 | 27.0 | 25.8 | 24.8 | 23.9 | 23.2 | 22.3 | 21.5 | 20.6 | 19.7 | 18.4 |
| 34.4 | 30.7 | 29.8 | 28.6 | 27.2 | 26.0 | 25.0 | 24.1 | 23.4 | 22.5 | 21.7 | 20.8 | 19.8 | 18.6 |
| 34.6 | 31.1 | 30.2 | 28.9 | 27.4 | 26.2 | 25.2 | 24.3 | 23.6 | 22.7 | 21.9 | 21.0 | 20.0 | 18.8 |
| 34.8 | 31.4 | 30.5 | 29.2 | 27.6 | 26.4 | 25.4 | 24.5 | 23.8 | 22.9 | 22.1 | 21.2 | 20.2 | 19.0 |
| 35.0 | 31.8 | 30.8 | 29.6 | 28.0 | 26.7 | 25.8 | 24.8 | 24.0 | 23.2 | 22.3 | 21.4 | 20.4 | 19.2 |
| 35.2 | 32.1 | 31.1 | 29.9 | 28.2 | 27.0 | 26.0 | 25.0 | 24.2 | 23.4 | 22.5 | 21.6 | 20.6 | 19.4 |
| 35.4 | 32.5 | 31.5 | 30.2 | 28.6 | 27.3 | 26.3 | 25.4 | 24.4 | 23.7 | 22.8 | 21.8 | 20.8 | 19.6 |
| 35.6 | 32.9 | 31.9 | 30.6 | 29.0 | 27.6 | 26.6 | 25.7 | 24.7 | 24.0 | 23.0 | 22.0 | 21.0 | 19.8 |
| 35.8 | 33.3 | 32.3 | 31.0 | 29.3 | 28.0 | 27.0 | 26.0 | 25.0 | 24.3 | 23.3 | 22.2 | 21.2 | 20.0 |
| 36.0 | 33.6 | 32.6 | 31.2 | 29.6 | 28.2 | 27.2 | 26.2 | 25.2 | 24.5 | 23.5 | 22.4 | 21.4 | 20.2 |
| 36.2 | 34.0 | 33.0 | 31.6 | 29.9 | 28.6 | 27.5 | 26.5 | 25.5 | 24.8 | 23.8 | 22.6 | 21.6 | 20.4 |
| 36.4 | 34.4 | 33.4 | 32.0 | 30.3 | 28.9 | 27.9 | 26.8 | 25.8 | 25.1 | 24.1 | 22.8 | 21.8 | 20.6 |
| 36.6 | 34.8 | 33.8 | 32.4 | 30.6 | 29.2 | 28.2 | 27.1 | 26.1 | 25.4 | 24.4 | 23.0 | 22.0 | 20.9 |
| 36.8 | 35.2 | 34.1 | 32.7 | 31.0 | 29.6 | 28.5 | 27.5 | 26.4 | 25.7 | 24.6 | 23.2 | 22.2 | 21.1 |
| 37.0 | 35.5 | 34.4 | 33.0 | 31.2 | 29.8 | 28.8 | 27.7 | 26.6 | 25.9 | 24.8 | 23.4 | 22.4 | 21.3 |
| 37.2 | 35.9 | 34.8 | 33.4 | 31.6 | 30.2 | 29.1 | 28.0 | 26.9 | 26.2 | 25.1 | 23.7 | 22.6 | 21.5 |
| 37.4 | 36.3 | 35.2 | 33.8 | 31.9 | 30.5 | 29.4 | 28.3 | 27.2 | 26.5 | 25.4 | 24.0 | 22.9 | 21.8 |
| 37.6 | 36.7 | 35.6 | 34.1 | 32.3 | 30.8 | 29.7 | 28.6 | 27.5 | 26.8 | 25.7 | 24.2 | 23.1 | 22.0 |
| 37.8 | 37.1 | 36.0 | 34.5 | 32.6 | 31.2 | 30.0 | 28.9 | 27.8 | 27.1 | 26.0 | 24.5 | 23.4 | 22.3 |
| 38.0 | 37.5 | 36.4 | 34.9 | 33.0 | 31.5 | 30.3 | 29.2 | 28.1 | 27.4 | 26.2 | 24.8 | 23.6 | 22.5 |
| 38.2 | 37.9 | 36.8 | 35.2 | 33.4 | 31.8 | 30.6 | 29.5 | 28.4 | 27.7 | 26.5 | 25.0 | 23.9 | 22.7 |
| 38.4 | 38.3 | 37.2 | 35.6 | 33.7 | 32.1 | 30.9 | 29.8 | 28.7 | 28.0 | 26.8 | 25.3 | 24.1 | 23.0 |
| 38.6 | 38.7 | 37.5 | 36.0 | 34.1 | 32.4 | 31.2 | 30.1 | 29.0 | 28.3 | 27.0 | 25.5 | 24.4 | 23.2 |
| 38.8 | 39.1 | 37.9 | 36.4 | 34.4 | 32.7 | 31.5 | 30.4 | 29.3 | 28.5 | 27.2 | 25.8 | 24.6 | 23.5 |
| 39.0 | 39.5 | 38.2 | 36.7 | 34.7 | 33.0 | 31.8 | 30.6 | 29.6 | 28.8 | 27.4 | 26.0 | 24.8 | 23.7 |
| 39.2 | 39.9 | 38.5 | 37.0 | 35.0 | 33.3 | 32.1 | 30.8 | 29.8 | 29.0 | 27.6 | 26.2 | 25.0 | 24.0 |

续上表

| 平均回弹值 $R_m$ | 测区混凝土强度换算值 $f_{cu,i}^{c}$(MPa) | | | | | | | | | | | | |
|---|---|---|---|---|---|---|---|---|---|---|---|---|---|
| | 平均碳化深度值 $d_m$(mm) | | | | | | | | | | | | |
| | 0 | 0.5 | 1.0 | 1.5 | 2.0 | 2.5 | 3.0 | 3.5 | 4.0 | 4.5 | 5.0 | 5.5 | ≥6.0 |
| 39.4 | 40.3 | 38.8 | 37.3 | 35.3 | 33.6 | 32.4 | 31.0 | 30.0 | 29.2 | 27.8 | 26.4 | 25.2 | 24.2 |
| 39.6 | 40.7 | 39.1 | 37.6 | 35.6 | 33.9 | 32.7 | 31.2 | 30.2 | 29.4 | 28.0 | 26.6 | 25.4 | 24.4 |
| 39.8 | 41.2 | 39.6 | 38.0 | 35.9 | 34.2 | 33.0 | 31.4 | 30.5 | 29.7 | 28.2 | 26.8 | 25.6 | 24.7 |
| 40.0 | 41.6 | 39.9 | 38.3 | 36.2 | 34.5 | 33.3 | 31.7 | 30.8 | 30.0 | 28.4 | 27.0 | 25.8 | 25.0 |
| 40.2 | 42.0 | 40.3 | 38.6 | 36.5 | 34.8 | 33.6 | 32.0 | 31.1 | 30.2 | 28.6 | 27.3 | 26.0 | 25.2 |
| 40.4 | 42.4 | 40.7 | 39.0 | 36.9 | 35.1 | 33.9 | 32.3 | 31.4 | 30.5 | 28.8 | 27.6 | 26.2 | 25.4 |
| 40.6 | 42.8 | 41.1 | 39.4 | 37.2 | 35.4 | 34.2 | 32.6 | 31.7 | 30.8 | 29.1 | 27.8 | 26.5 | 25.7 |
| 40.8 | 43.3 | 41.6 | 39.8 | 37.7 | 35.7 | 34.5 | 32.9 | 32.0 | 31.2 | 29.4 | 28.1 | 26.8 | 26.0 |
| 41.0 | 43.7 | 42.0 | 40.2 | 38.0 | 36.0 | 34.8 | 33.2 | 32.3 | 31.5 | 29.7 | 28.4 | 27.1 | 26.2 |
| 41.2 | 44.1 | 42.3 | 40.6 | 38.4 | 36.3 | 35.1 | 33.5 | 32.6 | 31.8 | 30.0 | 28.7 | 27.3 | 26.5 |
| 41.4 | 44.5 | 43.7 | 40.9 | 38.7 | 36.6 | 35.4 | 33.8 | 32.9 | 32.0 | 30.3 | 28.9 | 27.6 | 26.7 |
| 41.6 | 45.0 | 43.2 | 41.4 | 39.2 | 36.9 | 35.7 | 34.2 | 33.3 | 32.4 | 30.6 | 29.2 | 27.9 | 27.0 |
| 41.8 | 45.4 | 43.6 | 41.8 | 39.5 | 37.2 | 36.0 | 34.5 | 33.6 | 32.7 | 30.9 | 29.5 | 28.1 | 27.2 |
| 42.0 | 45.9 | 44.1 | 42.2 | 39.9 | 37.6 | 36.3 | 34.9 | 34.0 | 33.0 | 31.2 | 29.8 | 28.5 | 27.5 |
| 42.2 | 46.3 | 44.4 | 42.6 | 40.3 | 38.0 | 36.6 | 35.2 | 34.3 | 33.3 | 31.5 | 30.1 | 28.7 | 27.8 |
| 42.4 | 46.7 | 44.8 | 43.0 | 40.6 | 38.3 | 36.9 | 35.5 | 34.6 | 33.6 | 31.8 | 30.4 | 29.0 | 28.0 |
| 42.6 | 47.2 | 45.3 | 43.4 | 41.1 | 38.7 | 37.3 | 35.9 | 34.9 | 34.0 | 32.1 | 30.7 | 29.3 | 28.3 |
| 42.8 | 47.6 | 45.7 | 43.8 | 41.4 | 39.0 | 37.6 | 36.2 | 35.2 | 34.3 | 32.4 | 30.9 | 29.5 | 28.6 |
| 43.0 | 48.1 | 46.2 | 44.2 | 41.8 | 39.4 | 38.0 | 36.6 | 35.6 | 34.6 | 32.7 | 31.3 | 29.8 | 28.9 |
| 43.2 | 48.5 | 46.6 | 44.6 | 42.2 | 39.8 | 38.3 | 36.9 | 35.9 | 34.9 | 33.0 | 31.5 | 30.1 | 29.1 |
| 43.4 | 49.0 | 47.0 | 45.1 | 42.6 | 40.2 | 38.7 | 37.2 | 36.3 | 35.3 | 33.3 | 31.8 | 30.4 | 29.4 |
| 43.6 | 49.4 | 47.4 | 45.4 | 43.0 | 40.5 | 39.0 | 37.5 | 36.6 | 35.6 | 33.6 | 32.1 | 30.6 | 29.6 |
| 43.8 | 49.9 | 47.9 | 45.9 | 43.4 | 40.9 | 39.4 | 37.9 | 36.9 | 35.9 | 33.9 | 32.4 | 30.9 | 29.9 |
| 44.0 | 50.4 | 48.4 | 46.4 | 43.8 | 41.3 | 39.8 | 38.3 | 37.3 | 36.3 | 34.3 | 32.8 | 31.2 | 30.2 |
| 44.2 | 50.8 | 48.8 | 46.7 | 44.2 | 41.7 | 40.1 | 38.6 | 37.6 | 36.6 | 34.5 | 33.0 | 31.5 | 30.5 |
| 44.4 | 51.3 | 49.2 | 47.2 | 44.6 | 42.1 | 40.5 | 39.0 | 38.0 | 36.9 | 34.9 | 33.3 | 31.8 | 30.8 |
| 44.6 | 51.7 | 49.6 | 47.6 | 45.0 | 42.4 | 40.8 | 39.3 | 38.3 | 37.2 | 35.2 | 33.6 | 32.1 | 31.0 |
| 44.8 | 52.2 | 50.1 | 48.0 | 45.4 | 42.8 | 41.2 | 39.7 | 38.6 | 37.6 | 35.5 | 33.9 | 32.4 | 31.3 |
| 45.0 | 52.7 | 50.6 | 48.5 | 45.8 | 43.2 | 41.6 | 40.1 | 39.0 | 37.9 | 35.8 | 34.3 | 32.7 | 31.6 |
| 45.2 | 53.2 | 51.1 | 48.9 | 46.3 | 43.6 | 42.0 | 40.4 | 39.4 | 38.3 | 36.2 | 34.6 | 33.0 | 31.9 |
| 45.4 | 53.6 | 51.5 | 49.4 | 46.6 | 44.0 | 42.3 | 40.7 | 39.7 | 38.6 | 36.4 | 34.8 | 33.2 | 32.2 |
| 45.6 | 54.1 | 51.9 | 49.8 | 47.1 | 44.4 | 42.7 | 41.1 | 40.0 | 39.0 | 36.8 | 35.2 | 33.5 | 32.5 |
| 45.8 | 54.6 | 52.4 | 50.2 | 47.5 | 44.8 | 43.1 | 41.5 | 40.4 | 39.3 | 37.1 | 35.5 | 33.9 | 32.8 |
| 46.0 | 55.0 | 52.8 | 50.6 | 47.9 | 45.2 | 43.5 | 41.9 | 40.8 | 39.7 | 37.5 | 35.8 | 34.2 | 33.1 |
| 46.2 | 55.5 | 53.3 | 51.1 | 48.3 | 45.5 | 43.8 | 42.2 | 41.1 | 40.0 | 37.7 | 36.1 | 34.4 | 33.3 |

续上表

| 平均回弹值 $R_m$ | 测区混凝土强度换算值 $f^c_{cu,i}$ (MPa) | | | | | | | | | | | | |
|---|---|---|---|---|---|---|---|---|---|---|---|---|---|
| | 平均碳化深度值 $d_m$ (mm) | | | | | | | | | | | | |
| | 0 | 0.5 | 1.0 | 1.5 | 2.0 | 2.5 | 3.0 | 3.5 | 4.0 | 4.5 | 5.0 | 5.5 | ≥6.0 |
| 46.4 | 56.0 | 53.8 | 51.5 | 48.7 | 45.9 | 44.2 | 42.6 | 41.4 | 40.3 | 38.1 | 36.4 | 34.7 | 33.6 |
| 46.6 | 56.5 | 54.2 | 52.0 | 49.2 | 46.3 | 44.6 | 42.9 | 41.8 | 40.7 | 38.4 | 36.7 | 35.0 | 33.9 |
| 46.8 | 57.0 | 54.7 | 52.4 | 49.6 | 46.7 | 45.0 | 43.3 | 42.2 | 41.0 | 38.8 | 37.0 | 35.3 | 34.2 |
| 47.0 | 57.5 | 55.2 | 52.9 | 50.0 | 47.2 | 45.2 | 43.7 | 42.6 | 41.4 | 39.1 | 37.4 | 35.6 | 34.5 |
| 47.2 | 58.0 | 55.7 | 53.4 | 50.5 | 47.6 | 45.8 | 44.1 | 42.9 | 41.8 | 39.4 | 37.7 | 36.0 | 34.8 |
| 47.4 | 58.5 | 56.2 | 53.8 | 50.9 | 48.0 | 46.2 | 44.5 | 43.3 | 42.1 | 39.8 | 38.0 | 36.3 | 35.1 |
| 47.6 | 59.0 | 56.6 | 54.3 | 51.3 | 48.4 | 46.6 | 44.8 | 43.7 | 42.5 | 40.1 | 38.4 | 36.6 | 35.4 |
| 47.8 | 59.5 | 57.1 | 54.7 | 51.8 | 48.8 | 47.0 | 45.2 | 44.0 | 42.8 | 40.5 | 38.7 | 36.9 | 35.7 |
| 48.0 | 60.0 | 57.6 | 55.2 | 52.2 | 49.2 | 47.4 | 45.6 | 44.4 | 43.2 | 40.8 | 39.0 | 37.2 | 36.0 |
| 48.2 | — | 58.0 | 55.7 | 52.6 | 49.6 | 47.8 | 46.0 | 44.8 | 43.6 | 41.1 | 39.3 | 37.5 | 36.3 |
| 48.4 | — | 58.6 | 56.1 | 53.1 | 50.0 | 48.2 | 46.4 | 45.1 | 43.9 | 41.5 | 39.6 | 37.8 | 36.6 |
| 48.6 | — | 59.0 | 56.6 | 53.5 | 50.4 | 48.6 | 46.7 | 45.5 | 44.3 | 41.8 | 40.0 | 38.1 | 36.9 |
| 48.8 | — | 59.5 | 57.1 | 54.0 | 50.9 | 49.0 | 47.1 | 45.9 | 44.6 | 42.2 | 40.3 | 38.4 | 37.2 |
| 49.0 | — | 60.0 | 57.5 | 54.4 | 51.3 | 49.4 | 47.5 | 46.2 | 45.0 | 42.5 | 40.6 | 38.8 | 37.5 |
| 49.2 | — | — | 58.0 | 54.8 | 51.7 | 49.8 | 47.9 | 46.6 | 45.4 | 42.8 | 41.0 | 39.1 | 37.8 |
| 49.4 | — | — | 58.5 | 55.3 | 52.1 | 50.2 | 48.3 | 47.1 | 45.8 | 43.2 | 41.3 | 39.4 | 38.2 |
| 49.6 | — | — | 58.9 | 55.7 | 52.5 | 50.6 | 48.7 | 47.4 | 46.2 | 43.6 | 41.7 | 39.7 | 38.5 |
| 49.8 | — | — | 59.4 | 56.2 | 53.0 | 51.0 | 49.1 | 47.8 | 46.5 | 43.9 | 42.0 | 40.1 | 38.8 |
| 50.0 | — | — | 59.9 | 56.7 | 53.4 | 51.4 | 49.5 | 48.2 | 46.9 | 44.3 | 42.3 | 40.4 | 39.1 |
| 50.2 | — | — | — | 57.1 | 53.8 | 51.9 | 49.9 | 48.5 | 47.2 | 44.6 | 42.6 | 40.7 | 39.4 |
| 50.4 | — | — | — | 57.6 | 54.3 | 52.3 | 50.3 | 49.0 | 47.7 | 45.0 | 43.0 | 41.0 | 39.7 |
| 50.6 | — | — | — | 58.0 | 54.7 | 52.7 | 50.7 | 49.4 | 48.0 | 45.4 | 43.4 | 41.4 | 40.0 |
| 50.8 | — | — | — | 58.5 | 55.1 | 53.1 | 51.1 | 49.8 | 48.4 | 45.7 | 43.7 | 41.7 | 40.3 |
| 51.0 | — | — | — | 59.0 | 55.6 | 53.5 | 51.5 | 50.1 | 48.8 | 46.1 | 44.1 | 42.0 | 40.7 |
| 51.2 | — | — | — | 59.4 | 56.0 | 54.0 | 51.9 | 50.5 | 49.2 | 46.4 | 44.4 | 42.3 | 41.0 |
| 51.4 | — | — | — | 59.9 | 56.4 | 54.4 | 52.3 | 50.9 | 49.6 | 46.8 | 44.7 | 42.7 | 41.3 |
| 51.6 | — | — | — | — | 56.9 | 54.8 | 52.7 | 51.3 | 50.0 | 47.2 | 45.1 | 43.0 | 41.6 |
| 51.8 | — | — | — | — | 57.3 | 55.2 | 53.1 | 51.7 | 50.3 | 47.5 | 45.4 | 43.3 | 41.8 |
| 52.0 | — | — | — | — | 57.8 | 55.7 | 53.6 | 52.1 | 50.7 | 47.9 | 45.8 | 43.7 | 42.3 |
| 52.2 | — | — | — | — | 58.2 | 56.1 | 54.0 | 52.5 | 51.1 | 48.3 | 46.2 | 44.0 | 42.6 |
| 52.4 | — | — | — | — | 58.7 | 56.5 | 54.4 | 53.0 | 51.5 | 48.7 | 46.5 | 44.4 | 43.0 |
| 52.6 | — | — | — | — | 59.1 | 57.0 | 54.8 | 53.4 | 51.9 | 49.0 | 46.9 | 44.7 | 43.3 |
| 52.8 | — | — | — | — | 59.6 | 57.4 | 55.2 | 53.8 | 52.3 | 49.4 | 47.3 | 45.1 | 43.6 |
| 53.0 | — | — | — | — | 60.0 | 57.8 | 55.6 | 54.2 | 52.7 | 49.8 | 47.6 | 45.4 | 43.9 |
| 53.2 | — | — | — | — | — | 58.3 | 56.1 | 54.6 | 53.1 | 50.2 | 48.0 | 45.8 | 44.3 |

续上表

| 平均回弹值 $R_m$ | 测区混凝土强度换算值 $f^{c}_{cu,i}$(MPa) | | | | | | | | | | | | |
|---|---|---|---|---|---|---|---|---|---|---|---|---|---|
| | 平均碳化深度值 $d_m$(mm) | | | | | | | | | | | | |
| | 0 | 0.5 | 1.0 | 1.5 | 2.0 | 2.5 | 3.0 | 3.5 | 4.0 | 4.5 | 5.0 | 5.5 | ≥6.0 |
| 53.4 | — | — | — | — | — | 58.7 | 56.5 | 55.0 | 53.5 | 50.5 | 48.3 | 46.1 | 44.6 |
| 53.6 | — | — | — | — | — | 59.2 | 56.9 | 55.4 | 53.9 | 50.9 | 48.7 | 46.4 | 44.9 |
| 53.8 | — | — | — | — | — | 59.6 | 57.3 | 55.8 | 54.3 | 51.3 | 49.0 | 46.8 | 45.3 |
| 54.0 | — | — | — | — | — | — | 57.8 | 56.3 | 54.7 | 51.7 | 49.4 | 47.1 | 45.6 |
| 54.2 | — | — | — | — | — | — | 58.2 | 56.7 | 55.1 | 52.1 | 49.8 | 47.5 | 46.0 |
| 54.4 | — | — | — | — | — | — | 58.6 | 57.1 | 55.6 | 52.5 | 50.2 | 47.9 | 46.3 |
| 54.6 | — | — | — | — | — | — | 59.1 | 57.5 | 56.0 | 52.9 | 50.5 | 48.2 | 46.6 |
| 54.8 | — | — | — | — | — | — | 59.5 | 57.9 | 56.4 | 53.2 | 50.9 | 48.5 | 47.0 |
| 55.0 | — | — | — | — | — | — | 59.9 | 58.4 | 56.8 | 53.6 | 51.3 | 48.9 | 47.3 |
| 55.2 | — | — | — | — | — | — | — | 58.8 | 57.2 | 54.0 | 51.6 | 49.3 | 47.7 |
| 55.4 | — | — | — | — | — | — | — | 59.2 | 57.6 | 54.4 | 52.0 | 49.6 | 48.0 |
| 55.6 | — | — | — | — | — | — | — | 59.7 | 58.0 | 54.8 | 52.4 | 50.0 | 48.4 |
| 55.8 | — | — | — | — | — | — | — | — | 58.5 | 55.2 | 52.8 | 50.3 | 48.7 |
| 56.0 | — | — | — | — | — | — | — | — | 58.9 | 55.6 | 53.2 | 50.7 | 49.1 |
| 56.2 | — | — | — | — | — | — | — | — | 59.3 | 56.0 | 53.5 | 51.1 | 49.4 |
| 56.4 | — | — | — | — | — | — | — | — | 59.7 | 56.4 | 53.9 | 51.4 | 49.8 |
| 56.6 | — | — | — | — | — | — | — | — | — | 56.8 | 54.3 | 51.8 | 50.1 |
| 56.8 | — | — | — | — | — | — | — | — | — | 57.2 | 54.7 | 52.2 | 50.5 |
| 57.0 | — | — | — | — | — | — | — | — | — | 57.6 | 55.1 | 52.5 | 50.8 |
| 57.2 | — | — | — | — | — | — | — | — | — | 58.0 | 55.5 | 52.9 | 51.2 |
| 57.4 | — | — | — | — | — | — | — | — | — | 58.4 | 55.9 | 53.3 | 51.6 |
| 57.6 | — | — | — | — | — | — | — | — | — | 58.9 | 56.3 | 53.7 | 51.9 |
| 57.8 | — | — | — | — | — | — | — | — | — | 59.3 | 56.7 | 54.0 | 52.3 |
| 58.0 | — | — | — | — | — | — | — | — | — | 59.7 | 57.0 | 54.4 | 52.7 |
| 58.2 | — | — | — | — | — | — | — | — | — | — | 57.4 | 54.8 | 53.0 |
| 58.4 | — | — | — | — | — | — | — | — | — | — | 57.8 | 55.2 | 53.4 |
| 58.6 | — | — | — | — | — | — | — | — | — | — | 58.2 | 55.6 | 53.8 |
| 58.8 | — | — | — | — | — | — | — | — | — | — | 58.6 | 55.9 | 54.1 |
| 59.0 | — | — | — | — | — | — | — | — | — | — | 59.0 | 56.3 | 54.5 |
| 59.2 | — | — | — | — | — | — | — | — | — | — | 59.4 | 56.7 | 54.9 |
| 59.4 | — | — | — | — | — | — | — | — | — | — | 59.8 | 57.1 | 55.2 |
| 59.6 | — | — | — | — | — | — | — | — | — | — | — | 57.5 | 55.6 |
| 59.8 | — | — | — | — | — | — | — | — | — | — | — | 57.9 | 56.0 |
| 60.0 | — | — | — | — | — | — | — | — | — | — | — | 58.3 | 56.4 |

注:本表系按全国统一曲线测定。

## 【附录2】 泵送混凝土测区混凝土强度换算值的修正值(附表22-2)

泵送混凝土测区混凝土强度换算值的修正值　　附表22-2

| 碳化深度值(mm) | 抗压强度值(MPa) | | | | |
|---|---|---|---|---|---|
| 0,0.5,1.0 | $f_{cu}^{c}$(MPa) | ≤40.0 | 45.0 | 50.0 | 55.0~60.0 |
| | $K$(MPa) | +4.5 | +3.0 | +1.5 | 0.0 |
| 1.5,2.0 | $f_{cu}^{c}$(MPa) | ≤30.0 | 35.0 | 40.0~60.0 | |
| | $K$(MPa) | +3.0 | +1.5 | 0.0 | |

注:表中未列入的$f_{cu}^{c}$值可用内插法求得其修正值,精确至0.1MPa。

## 【附录3】 非水平状态检测时的回弹值修正值(附表22-3)

非水平状态检测时的回弹值修正值　　附表22-3

| $R_{m\alpha}$ | 检测角度(°) | | | | | | | |
|---|---|---|---|---|---|---|---|---|
| | 向上 | | | | 向下 | | | |
| | 90 | 60 | 45 | 30 | -30 | -45 | -60 | -90 |
| 20 | -6.0 | -5.0 | -4.0 | -3.0 | +2.5 | +3.0 | +3.5 | +4.0 |
| 21 | -5.9 | -4.9 | -4.0 | -3.0 | +2.5 | +3.0 | +3.5 | +4.0 |
| 22 | -5.8 | -4.8 | -3.9 | -2.9 | +2.4 | +2.9 | +3.4 | +3.9 |
| 23 | -5.7 | -4.7 | -3.9 | -2.9 | +2.4 | +2.9 | +3.4 | +3.9 |
| 24 | -5.6 | -4.6 | -3.8 | -2.8 | +2.3 | +2.8 | +3.3 | +3.8 |
| 25 | -5.5 | -4.5 | -3.8 | -2.8 | +2.3 | +2.8 | +3.3 | +3.8 |
| 26 | -5.4 | -4.4 | -3.7 | -2.7 | +2.2 | +2.7 | +3.2 | +3.7 |
| 27 | -5.3 | -4.3 | -3.7 | -2.7 | +2.2 | +2.7 | +3.2 | +3.7 |
| 28 | -5.2 | -4.2 | -3.6 | -2.6 | +2.1 | +2.6 | +3.1 | +3.6 |
| 29 | -5.1 | -4.1 | -3.6 | -2.6 | +2.1 | +2.6 | +3.1 | +3.6 |
| 30 | -5.0 | -4.0 | -3.5 | -2.5 | +2.0 | +2.5 | +3.0 | +3.5 |
| 31 | -4.9 | -4.0 | -3.5 | -2.5 | +2.0 | +2.5 | +3.0 | +3.5 |
| 32 | -4.8 | -3.9 | -3.4 | -2.4 | +1.9 | +2.4 | +2.9 | +3.4 |
| 33 | -4.7 | -3.9 | -3.4 | -2.4 | +1.9 | +2.4 | +2.9 | +3.4 |
| 34 | -4.6 | -3.8 | -3.3 | -2.3 | +1.8 | +2.3 | +2.8 | +3.3 |
| 35 | -4.5 | -3.8 | -3.3 | -2.3 | +1.8 | +2.3 | +2.8 | +3.3 |
| 36 | -4.4 | -3.7 | -3.2 | -2.2 | +1.7 | +2.2 | +2.7 | +3.2 |
| 37 | -4.3 | -3.7 | -3.2 | -2.2 | +1.7 | +2.2 | +2.7 | +3.2 |
| 38 | -4.2 | -3.6 | -3.1 | -2.1 | +1.6 | +2.1 | +2.6 | +3.1 |
| 39 | -4.1 | -3.6 | -3.1 | -2.1 | +1.6 | +2.1 | +2.6 | +3.1 |
| 40 | -4.0 | -3.5 | -3.0 | -2.0 | +1.5 | +2.0 | +2.5 | +3.0 |
| 41 | -4.0 | -3.5 | -3.0 | -2.0 | +1.5 | +2.0 | +2.5 | +3.0 |
| 42 | -3.9 | -3.4 | -2.9 | -1.9 | +1.4 | +1.9 | +2.4 | +2.9 |
| 43 | -3.9 | -3.4 | -2.9 | -1.9 | +1.4 | +1.9 | +2.4 | +2.9 |

续上表

| $R_{m\alpha}$ | 检测角度(°) | | | | | | | |
|---|---|---|---|---|---|---|---|---|
| | 向上 | | | | 向下 | | | |
| | 90 | 60 | 45 | 30 | -30 | -45 | -60 | -90 |
| 44 | -3.8 | -3.3 | -2.8 | -1.8 | +1.3 | +1.8 | +2.3 | +2.8 |
| 45 | -3.8 | -3.3 | -2.8 | -1.8 | +1.3 | +1.8 | +2.3 | +2.8 |
| 46 | -3.7 | -3.2 | -2.7 | -1.7 | +1.2 | +1.7 | +2.2 | +2.7 |
| 47 | -3.7 | -3.2 | -2.7 | -1.7 | +1.2 | +1.7 | +2.2 | +2.7 |
| 48 | -3.6 | -3.1 | -2.6 | -1.6 | +1.1 | +1.6 | +2.1 | +2.6 |
| 49 | -3.6 | -3.1 | -2.6 | -1.6 | +1.1 | +1.6 | +2.1 | +2.6 |
| 50 | -3.5 | -3.0 | -2.5 | -1.5 | +1.0 | +1.5 | +2.0 | +2.5 |

注:1. $R_{m\alpha}$ 小于20或大于50时,均分别按20或50查表。

2. 表中未列入的相应于 $R_{m\alpha}$ 的修正值 $R_{m\alpha}$,可用内插法求得,精确至0.1。

## 【附录4】 不同浇筑面的回弹值修正值(附表22-4)

不同浇筑面的回弹值修正值　　附表22-4

| $R_m^t$ 或 $R_m^b$ | 表面修正值 ($R_a^t$) | 底面修正值 ($R_a^b$) | $R_m^t$ 或 $R_m^b$ | 表面修正值 ($R_a^t$) | 底面修正值 ($R_a^b$) |
|---|---|---|---|---|---|
| 20 | +2.5 | -3.0 | 36 | +0.9 | -1.4 |
| 21 | +2.4 | -2.9 | 37 | +0.8 | -1.3 |
| 22 | +2.3 | -2.8 | 38 | +0.7 | -1.2 |
| 23 | +2.2 | -2.7 | 39 | +0.6 | -1.1 |
| 24 | +2.1 | -2.6 | 40 | +0.5 | -1.0 |
| 25 | +2.0 | -2.5 | 41 | +0.4 | -0.9 |
| 26 | +1.9 | -2.4 | 42 | +0.3 | -0.8 |
| 27 | +1.8 | -2.3 | 43 | +0.2 | -0.7 |
| 28 | +1.7 | -2.2 | 44 | +0.1 | -0.6 |
| 29 | +1.6 | -2.1 | 45 | 0 | -0.5 |
| 30 | +1.5 | -2.0 | 46 | 0 | -0.4 |
| 31 | +1.4 | -1.9 | 47 | 0 | -0.3 |
| 32 | +1.3 | -1.8 | 48 | 0 | -0.2 |
| 33 | +1.2 | -1.7 | 49 | 0 | -0.1 |
| 34 | +1.1 | -1.6 | 50 | 0 | 0 |
| 35 | +1.0 | -1.5 | | | |

注:1. $R_m^t$ 或 $R_m^b$ 小于20或大于50时,均分别按20或50查表。

2. 表中有关混凝土浇筑表面的修正系数,是指一般原浆抹面的修正值。

3. 表中有关混凝土浇筑底面的修正系数,是指构件底面与侧面采用同一类模板在正常浇筑情况下的修正值。

4. 表中未列入的相应于 $R_m^t$ 或 $R_m^b$ 的 $R_a^t$ 和 $R_a^b$ 值,可用内插法求得,精确至0.1。

## 【附录5】 专用测强曲线的制订方法

制订专用测强曲线的试件应与欲测结构或构件在原材料(含品种、规格)的成型工艺与养护方法等方面条件相同。

试件的制作、养护应符合下列规定:

(1)按最佳配合比设计5个强度等级,每一强度等级每一龄期制作6个150mm立方体试件,同一龄期试件宜在同一天内成型完毕。

(2)在成型后的第2天,应将试件移至与被测结构或构件相同的条件下养,试件拆模日期宜与结构或构件的拆模日期相同。

试件的测试应符合下列规定:

(1)到达龄期的试件表面应擦净,以浇筑侧面的两个相对面置于压力机的上下承压板之间,加压30~80kN(低强度试件取低值加压)。

(2)在试件保持30~80kN的压力下,用符合本节二、3、1)、(3)条规定的标准状态的回弹仪和本节二、3、2)、(1)条规定的操作方法,在试件的另外两个相对侧面上分别选择均匀分布的8个点按本节二、3、2)、(2)条的要求进行弹击。

(3)从每一试件的16个回弹值分别剔除其中3个最大值和3个最小值,然后再求余下的10个回弹值的平均值,计算精确至0.1,即得该试件的平均回弹值$R_m$。

(4)将试件加荷直至破坏,然后计算试件的抗压强度值$f_{cu}$(MPa),精确至0.1MPa。

专用测强曲线的计算应符合下列规定:

(1)专用测强曲线的回归方程式,应按每一试件求得的$R_m$和$f_{cu}$(MPa)数据,采用最小二乘法原理计算。

(2)回归方程宜采用下式:

$$f_{cu}^{c} = AR_{m}^{B} \qquad \text{附式(22-1)}$$

(3)用下式计算回归方程式的强度平均相对误差$\delta$和强度相对标准差$e_r$,当$\delta$和$e_r$均符合本节二、6、3)、(1)条规定时,即可报请上级主管部门审批。

$$\delta = \pm \frac{1}{n}\sum_{i=1}^{n}\left|\frac{f_{cu,i}}{f_{cu,i}^{c}} - 1\right| \times 100 \qquad \text{附式(22-2)}$$

$$e_r = \sqrt{\frac{1}{n-1}\sum_{i=1}^{n}\left(\frac{f_{cu,i}}{f_{cu,i}^{c}} - 1\right)^2} \times 100 \qquad \text{附式(22-3)}$$

式中:$\delta$——回归方程式的强度平均相对误差(%),精确至0.1;

$e_r$——回归方程式的强度相对标准差(%),精确至0.1;

$f_{cu,i}$——由第$i$个试件抗压试验得出的混凝土抗压强度值(MPa),精确至0.1MPa;

$f_{cu,i}^{c}$——由同一试件的平均回弹值$R_m$按回归方程式算出的混凝土的强度换算值(MPa),精确至0.1MPa;

$n$——制定回归方程式的试件数。

当需制定具有较宽龄期范围的专用测强曲线时,应在试验及回归分析时引入碳化深度变量,并求得碳化深度修正系数。

## 【附录6】 回弹法检测混凝土抗压强度报告(附表22-5)

**回弹法检测混凝土抗压强度报告** 附表22-5

编号(　　)第______号 第______页共______页

混凝土生产单位________ 委托单位________

输送方式________ 设计单位________

监理单位________ 监督单位________

工程名称________ 结构或构件名称________

施工日期________ 检测原因________

检测环境________ 检测依据________

回弹仪生产厂________ 回弹仪编号________

检测日期________ 回弹仪检定证号________

**检测结果**

| 构件 | | 混凝土抗压强度换算值(MPa) | | | 现龄期混凝土强度推定值(MPa) | 备注 |
|---|---|---|---|---|---|---|
| 名称 | 编号 | 平均值 | 标准差 | 最小值 | | |
| | | | | | | |
| | | | | | | |
| | | | | | | |
| | | | | | | |
| | | | | | | |

(有需要说明的问题或表格不够请续页)

批准:______ 审核:______

主检______ 上岗证书号______ 主检______ 上岗证书号______

出具报告日期______年______月______日 单位公章______

## 三、超声波法检测混凝土抗压强度和均匀性[《水工混凝土试验规程》(SL 352)]

1. 目的和适用范围

目的是现场实测超声波在混凝土中的传播速度(简称“波速”)推求结构混凝土强度。根据各测点强度的离散性,评定建筑物混凝土的均匀性。

本方法不宜用于抗压强度在45MPa以上或在超声传播方向上钢筋布置太密的混凝土。

2. 仪器设备

1)超声波检测仪

超声波检测仪的技术要求如下:

(1)所采用的混凝土超声波检测仪应通过技术鉴定,必须具有产品合格证和检定证。

(2)用于混凝土的超声波检测仪可分为下列两大类:

①模拟式。接收的信号为连续模拟量,可由时域波形信号测读声学参数。

②数字式。接收的信号转化为离散数字量,具有采集、储存数字信号、测读声学参数和对数字信号处理的智能化功能。

(3)所采用的超声波检测仪应符合现行行业标准《混凝土超声波检测仪》(JG/T 5004)的要求,并在计量检定有效期内使用。

(4)超声波检测仪应满足下列要求：

①具有波形清晰、显示稳定的示波装置；

②声时最小分度值为0.1μs；

③具有最小分度值为1dB的信号幅度调整系统；

④接收放大器频响范围10～50kHz，总增益不小于80dB，接收灵敏度（信噪比3∶1时）不大于50μV；

⑤电源电压波动范围在标称值±10%情况下能正常工作；

⑥连续正常工作时间不少于4h。

(5)模拟式超声波检测仪还应满足下列要求；

①具有手动游标和自动整形两种声时测读功能；

②数字显示稳定，声时调节在20～30μs范围内，连续静置1h数字变化不超过±0.2μs。

(6)数字式超声波检测仪还应满足下列要求：

①具有采集、储存数字信号并进行数据处理的功能；

②具有手动游标测读和自动测读两种方式；当自动测读时，在同一测试条件下，在1h内每5min测读一次声时值的差异不超过0.2μs；

③波形显示幅度分辨率应不低于1/256，并具有可显示、存储和输出打印数字化波形的功能，波形最大存储长度不宜小于4k bytes；

④自动测读方式下，在显示的波形上应有光标指示声时、波幅的测读位置；

⑤宜具有幅度谱分析功能（FFT功能）。

(7)超声波检测仪器使用时，环境温度为0℃～40℃。

2)换能器的技术要求

(1)常用换能器具有厚度振动方式和径向振动方式两种类型，可根据不同测试需要选用。

(2)厚度振动式换能器的频率宜采用20～250kHz。径向振动式换能器的频率宜采用20～60kHz，直径不宜大于32mm。当接收信号较弱时，宜选用带前置放大器的接收换能器。

(3)换能器的实测主频与标称频率相差应不大于±10%。对用于水中的换能器，其水密性应在1MPa水压下不渗漏。

(4)耦合介质。耦合介质可用黄油、浓机油、糨糊等。

3)校准和保养

(1)超声波检测仪的声时计量检验，应按“时—距”法测量空气中声速实测值$v^{\circ}$（本章附录7）并与按下列公式计算的空气中声速计算值$v_k$相比较，二者的相对误差不应超过±0.5%。

$$v_k = 331.4\sqrt{1 + 0.00367T_k} \tag{22-36}$$

式中：331.4——0℃时空气中的声速值（m/s）；

$v_k$——温度为$T_k$时空气中的声速计算值（m/s）；

$T_k$——测试时空气的温度（℃）。

(2)超声仪波幅计量检验。可将屏幕显示的首波幅度调至一定高度，然后把仪器衰减系统的衰减量增加或减少6dB，此时屏幕波幅高度应降低一半或升高一倍。

(3)检测时，应根据测试需要在仪器上配置合适的换能器和高频电缆线，并测定声时初读数$t_o$。检测过程中如更换换能器或高频电缆线，应重新测定$t_o$。

(4)超声波检测仪应定期保养。

3. 声学参数测量

1）一般规定

（1）检测前应取得下列有关资料：

①工程名称；

②检测目的与要求；

③混凝土原材料品种和规格；

④混凝土浇筑和养护情况；

⑤构件尺寸和配筋施工图或钢筋隐蔽图；

⑥构件外观质量及存在的问题。

（2）依据检测要求和测试操作条件，确定缺陷测试的部位（简称"测位"）。

（3）测位混凝土表面应清洁、平整，必要时可用砂轮磨平或用高强度的快凝砂浆抹平。抹平砂浆必须与混凝土黏结良好。

（4）在满足首波幅度测读精度的条件下，应选用较高频率的换能器。

（5）换能器应通过耦合介质与混凝土测试表面保持紧密结合，耦合层不得夹杂泥沙或空气。

（6）检测时应避免超声传播路径与附近钢筋轴线平行，如无法避免，应使两个换能器连线与该钢筋的最短距离不小于超声测距的1/6。

（7）检测中出现可疑数据时应及时查找原因，必要时进行复测校核或加密测点补测。

2）声学参数测量

（1）模拟式超声检测仪测量步骤

①检测之前应根据测距大小将仪器的发射电压调在某一档，并以扫描基线不产生明显噪声干扰为前提，将仪器"增益"调至较大位置保持不动。

②声时测量。应将发射换能器（简称"T换能器"）和接收换能器（简称"R换能器"）分别耦合在测位中的对应测点上。当首波幅度过低时可用"衰减器"调节至便于测读，再调节游标脉冲或扫描延时，使首波前沿基线弯曲的起始点对准游标脉冲前沿，读取声时值 $t_i$（读至0.1μs）。

③波幅测量。应保持换能器良好耦合状态下采用下列两种方法之一进行读取。

a. 刻度法。将衰减器固定在某一衰减位置，在仪器荧光屏上读取首波幅度的格数。

b. 衰减值法。采用衰减器将首波调至一定高度，读取衰减器上的dB值。

④主频测量。应先将游标脉冲调至首波前半个周期的波谷（或波峰），读取声时值 $t_1$（μs），再将游标脉冲调至相邻波谷（或波峰），读取声值 $t_2$（μs）按式（22-37）计算出该点（第 $i$ 点）第一个周期波的主频 $f_i$（精确至0.1kHz）。

$$f_i = \frac{1\ 000}{t_2 - t_1} \tag{22-37}$$

⑤在进行声学参数测量的同时，应注意观察接收信号的波形或包络线的形状，必要时进行描绘或拍照。

（2）数字式超声检测仪测量步骤

①检测之前根据测距大小和混凝土外观质量情况，将仪器的发射电压、采样频率等参数设置在某一档并保持不变。换能器与混凝土测试表面应始终保持良好的耦合状态。

②声学参数自动测读。停止采样后即可自动读取声时、波幅和主频值。当声时自动测读光标所对应的位置与首波前沿基线弯曲的起始点有差异或者波幅自动测读光标所对应的位置

与首波峰顶(或谷底)有差异时,应重新采样或改为手动游标读数。

③声学参数手动测量。先将仪器设置为手动判读状态,停止采样后,调节手动声时游标至首波前沿基线弯曲的起始位置,同时调节幅度游标使其与首波峰顶(或谷底)相切,读取声时和波幅值;再将声时光标分别调至首波及其相邻的波谷(或波峰),读取声时差值 $\Delta t$(μs),取 1 000/$\Delta t$即为首波的主频(kHz)。

④波形记录。对于有分析价值的波形,应予以存储。

3)混凝土声时值

混凝土声时值应按下式计算:

$$t_{ci} = t_i - t_o \text{或} t_{ci} = t_i - t_{oo} \tag{22-38}$$

式中:$t_{ci}$——第 $i$ 点混凝土声时值(μs);

$t_i$——第 $i$ 点测读声时值(μs);

$t_o$、$t_{oo}$——声时初读数(μs)。

当采用厚度振动式换能器时,$t_o$ 应参照仪器使用说明书的方法测得;当采用径向振动式换能器时,$t_{oo}$应按本章附录 8 规定的"时—距"法测得。

4)超声传播距离(简称"测距")测量

(1)当采用厚度振动式换能器对测时,宜用钢卷尺测量 T、R 换能器辐射面之间的距离。

(2)当采用厚度振动式换能器平测时,宜用钢卷尺测量 T、R 换能器内边缘之间的距离。

(3)当采用径向振动式换能器在钻孔或预埋管中检测时,宜用钢卷尺测量放置 T、R 换能器的钻孔或预埋管内边缘之间的距离。

(4)测距的测量误差应不大于 ±1%。

4. 试验步骤

试验步骤应按以下规定执行:

1)超声波检测仪零读数的校正应按以下步骤进行

(1)仪器零读数指的是当发、收换能器之间仅有耦合介质的薄膜时,仪器的时间读数,以 $t_o$ 表示。对于具有零校正回路的仪器,应按照仪器使用说明书,用仪器所附的标准棒在测量前校正好零读数,然后测量(此时仪器的读数已扣除零读数)。对于无零校正回路的仪器,应事先求得零读数值 $t_o$,从每次仪器读数中扣除 $t_o$。

(2)零读数可按下述方法求得:

以均质材料(如有机玻璃)棱柱体(或截成长度不等的两段),棱柱体的最小边长应大于换参器的直径。准确地测量纵方向尺寸 $d_1$ 和横方向尺寸 $d_2$,并用起声仪测读声波通过纵向和横向的时间 $t_1$ 和 $t_2$,$t_o$ 按式(22-39)计算:

$$t_o = \frac{d_1 t_2 - d_2 t_1}{d_1 - d_2} \quad (\mu s) \tag{22-39}$$

(3)求 $t_o$ 时,测量棱柱体的尺寸和测读声波通过的时间应在同一室温下进行,所用的耦合介质应与在建筑物上测量时所用者相同。

(4)若仪器附有经过标定传播时间 $t_1$ 的标准棒,测读通过标准棒的时间 $t_2$,则 $t_o = t_2 - t_1$。当仪器性能允许时,也可将发、收换能器辐射面隔着耦合介质薄膜相对地直接接触,读取这时的时间读数即得 $t_o$。更换换能器时应另求 $t_o$ 值。

2)建立强度—波速关系应按以下步骤进行

(1)试件以 3 个为一组,不少于 10 组。试件尺寸一般为 150mm × 150mm × 150mm。当集料最大粒径超过 40mm 时,试件尺寸不小于 200mm × 200mm × 200mm。试件的原材料、配合比、振捣方法、养护条件应与被测建筑物混凝土一致。为了使同一批试件的强度、波速在较大范围内变化,可采用以下两种方法:①如旨在检验建筑物混凝土强度时,可采用固定水泥、砂、石比例,使水灰比在一定范围内上下波动,在同一龄期测试;②如旨在了解混凝土硬化过程中强度的变化时,可采用固定混凝土的配合比和水灰比,在不同龄期进行测试。

(2)超声波测试,每个试件的测试位置如图 22-7 所示。在测点处涂上耦合介质,将换能器压紧在测点上,调整增益,使所有被测试件接收信号第一个半波的幅度降至相同的某一幅度,读取时间读数。每个试件以 5 点测值的算术平均值作为试件混凝土中超声传播时间 $t$ 的测量结果。尺寸测量:以不大于 1mm 的误差,沿超声传播方向测量试件各边长,取平均值作为传播距离 $L$。按式(22-40)计算波速:

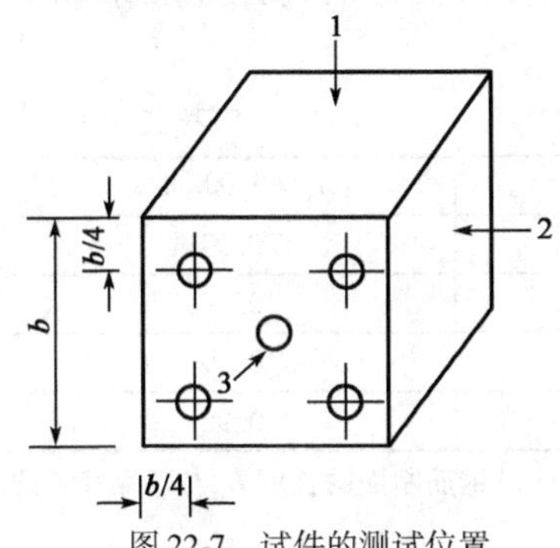

图 22-7　试件的测试位置

1-浇筑方向;2-抗压测试方向;3-超声测试方向

$$v = \frac{L}{t} \times 1\,000 \tag{22-40}$$

式中:$v$——超声波速度(km/s);

$L$——超声波在试件上的平均传播距离(m);

$t$——超声波在试件上的传播时间(μs)。

(3)抗压强度测试按有关规定执行。

(4)波速或强度均取一组 3 个试件测值的平均值作为一个数据,以强度为纵坐标,波速为横坐标,绘制强度—波速关系曲线。较精确的方法是:根据测数据,以最小二乘法计算出曲线的回归方程式。对于方程式的函数形式,推荐二次函数式(22-41)、指数函数式(22-42)和幂函数式(22-43)三种,可根据回归线的相关性和精度来选用:

$$f_{cc} = a + bv + cv^2 \tag{22-41}$$

$$f_{cc} = ae^{bv} \tag{22-42}$$

$$f_{cc} = av^{b} \tag{22-43}$$

式中:$f_{cc}$——混凝土强度(MPa);

$v$——超声波速(km/s);

$a$、$b$、$c$——方程式的系数,用最小二乘法统计算得。

3)现场测试应按以下规定执行

(1)在建筑物相对的两面均匀地划出网格,网格的交点即为测点。相对两测点的距离即为超声波的传播路径长度 $L$。此长度的测量误差应不超过 1%。网格的大小,即测点疏密,视建筑物尺寸、质量优劣和要求的测量精度而定。网格边长一般为 20 ~ 100cm。

(2)在测点处涂上耦合介质,将换能器压紧在相对的测点上。调整仪器增益,使接收信号第一个半波的幅度至某一幅度(与测试试件时同样大小),读取传播时间 $t$,按式(22-40)计算该点的波速。

注:1. 被测体与换能器接触处应平整光滑,若混凝土表面粗糙不平而又无法避开时,应将表面铲磨平整,或用适当材料(熟石膏或水泥浆等)填平、抹光。

2. 在测量过程中应注意波形的变化和波速的大小,如发现异常波形和过低的波速时,应反复测量并检查测点的平整程度和耦合是否良好。

3. 按比例绘制被测物体的图形及网格分布,将测得和波速标于图中的各测点处。在数值偏低的部位,可根据情况加密测点,再行测试。

5. 试验结果处理

试验结果处理应按以下规定执行。

(1)将现场测得波速加以必要的修正后,按强度—波速关系式(或曲线)换算出各测点处的混凝土强度。并按数理统计方法计算平均强度 $mf_{cc}$、标准差 $\sigma$ 和变异系数 $C_v$ 三个统计特征值,用以比较各部位混凝土的均匀性。

(2)钢筋对波速影响的修正应符合以下要求。

①钢筋垂直于传播路径(图 22-8),且钢筋排列较密的情况下,将测得的传播速度乘以修正系数(表 22-40),得混凝土的波速。

钢筋垂直于传播路径时的波速修正系数　　表 22-40

| $L_s/L$ | $v_c = 3.00$km/s | $v_c = 4.00$km/s | $v_c = 5.00$km/s |
|---|---|---|---|
| 1/12 | 0.96 | 0.97 | 0.99 |
| 1/10 | 0.95 | 0.97 | 0.99 |
| 1/8 | 0.94 | 0.96 | 0.99 |
| 1/6 | 0.92 | 0.95 | 0.98 |

注:$v_c$ 为混凝土波速,取附近无钢筋处实测得的波速平均值;$L_s/L$ 为传播路径中通过钢筋断面的长度 $L_s$ 与总路径 $L$ 之比,若探头正对钢筋,$L_s = \sum d$($d$ 为钢筋直径)。

②钢筋平行于传播路径(图 22-9)情况下,由测得的传播时间 $t$,按式(22-44)粗略计算混凝土波速。测量时,换能器宜离钢筋轴线远一些,以避免钢筋影响。避开钢筋影响的最短距离 $D_{min}$ 按式(22-45)计算。一般粗略估计,也可取 $D_{min} = 1/8 \sim 1/6$。

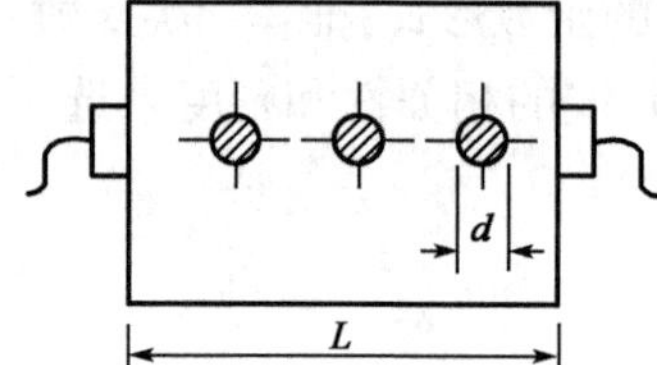


图 22-8　钢筋垂直于传播路径的测量

$L$-传播路径长度;$d$-钢筋直径

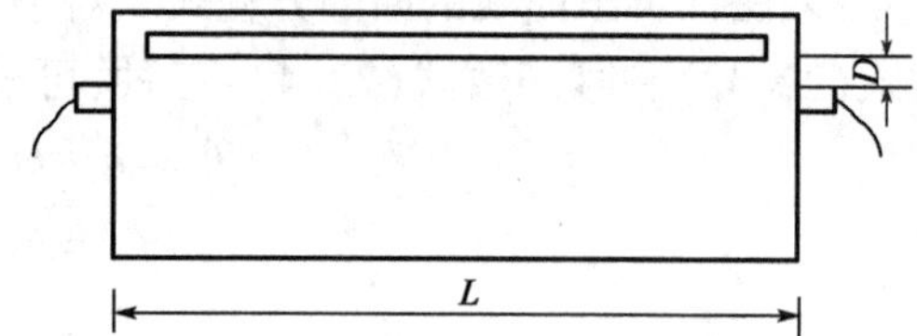


图 22-9　钢筋平行于传播路径的测量

$$v_c = \frac{2Dv_s}{\sqrt{4D^2 + (v_s t - L)^2}} \tag{22-44}$$

式中:$v_c$——混凝土波速(km/s);

$v_s$——钢筋中波速(km/s),随钢筋直径变化,通过试验求得或参考图 22-10 查得;

$D$——换能器边缘至钢筋的距离(km);

$L$——传播路径长度(km),即两换能器底面之间的直线距离。

$$D_{min} = \frac{1}{2}\sqrt{\frac{v_s - v_c}{v_s + v_c}} \tag{22-45}$$

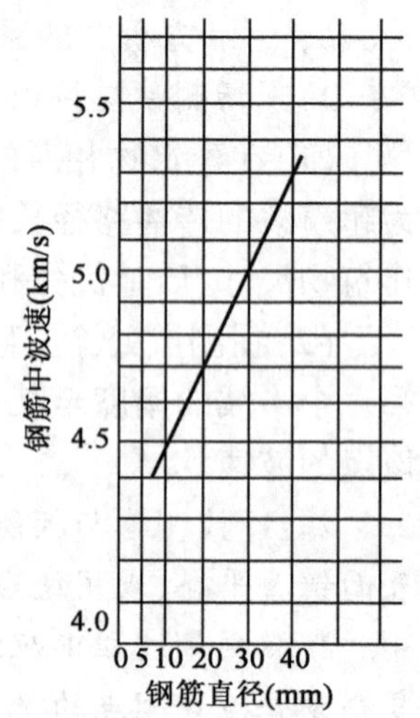


图 22-10　不同钢筋直径与波速的关系

(3)含水率和养护方法对波速影响的修正应符合以下要求:

①率定试件与被测建筑物混凝土养护条件不一致时,应对波速进行修正。修正值通过试验确定,也可参考表 22-41。

②率定试件与建筑物混凝土含水率不一致时,应对波速进行修正。一般当混凝土含量水率增大 1% 时,可近似认为波速也相应增

大1%。为进行这项修正，可从建筑物上取样，实测混凝土的含水率。

(4)测距修正系数宜通过对比试验确定。如难以确定，可参考表22-42。将测得的波速乘以修正系数。

不同养护条件下波速修正值(km/s)　　表22-41

| 混凝土强度(MPa) | 养护条件 | |
|---|---|---|
| | 水中养护 | 潮湿养护 |
| 35~45 | 0.20 | 0 |
| 25~35 | 0.25 | 0.05 |
| 15~25 | 0.30 | 0.10 |
| 10~15 | 0.33 | 0.15 |

注：1. 本表系以自然养护为标准，如采用水中或潮湿养护时，应将测得的波速减去表中相应值。
2. 自然养护指24h后脱模，洒水覆盖7d，然后在湿度为70%左右的空气中养护。
3. 潮湿养护指24h后脱模，然后在湿度为95%以上的空气中养护。
4. 水中养护指24h后脱模，然后在水中养护。

测距修正系数　　表22-42

| 测距(cm) | 15 | 50 | 100 | 200 | 300 | 400 | 500 |
|---|---|---|---|---|---|---|---|
| 修正系数 | 1.000 | 1.003 | 1.015 | 1.023 | 1.027 | 1.030 | 1.031 |

注：表中未列数值可用内插法求得。

## 【附录7】 测量空气声速进行声时计量校验

测试步骤：

取常用的厚度振动式换能器一对，接于超声仪器上，将两个换能器的辐射面相互对准，以间距为50mm、100mm、200mm…依次放置在空气中，在保持首波幅度一致的条件下，读取各间距所对应的声时值$t_1$、$t_2$、$t_3$、…、$t_n$。同时测量空气的温度$T_k$(读至0.5℃)。

测量时应注意下列事项：

(1)两换能器间距的测量误差应不大于±0.5%。

(2)换能器宜悬空相对放置，如附图22-1所示。若置于地板或桌面时，应在换能器下面垫以海绵或塑料泡沫并保持两个换能器的轴线重合及辐射面相互平行。

(3)测点数应不少于10个。

空气声速测量值计算。以测距$l$为纵坐标，以声时读数$t$为横坐标，绘制"时—矩"坐标图，如附图22-2所示，或用回归分析方法求出$l$与$t$之间的回归直线方程：

$$l = a + bt \qquad \text{附式(22-4)}$$

式中：$a$、$b$——为待求的回归系数。

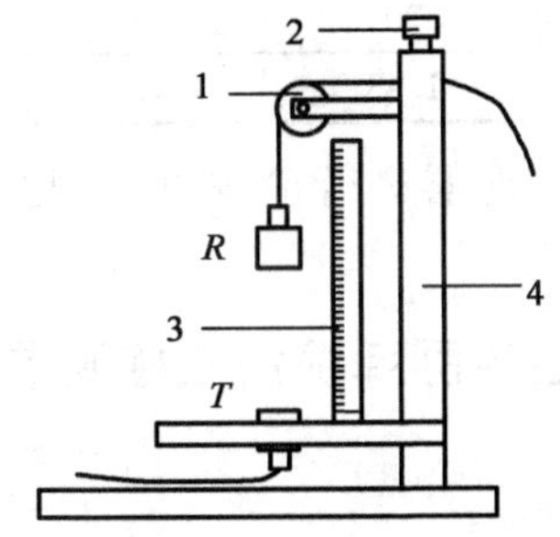


附图22-1　换能器悬挂装置示意图

1-定滑轮；2-螺栓；3-刻度尺；4-支架

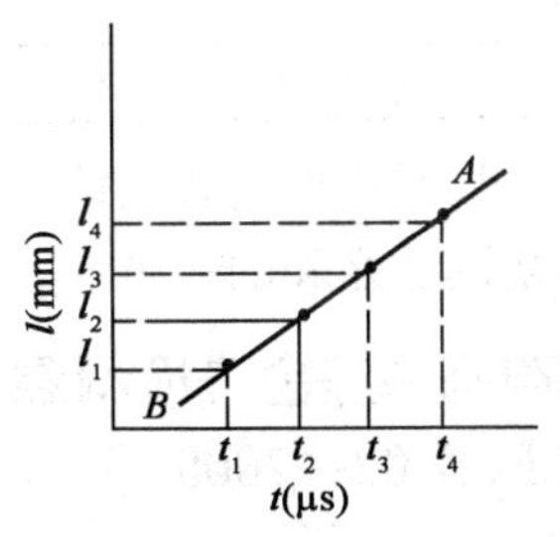


附图22-2　测空气声速的"时—距"图

坐标图中直线 $AB$ 的斜率“$\Delta l/\Delta t$”或回归直线方程的回归系数“$b$”即为空气声速的实测值 $v^{s}$（精确至0.1m/s）。

空气声速的标准值应按下式计算：

$$v^{c}=331.4\sqrt{1+0.00367T_{k}} \quad \text{附式(22-5)}$$

式中：$v^{c}$——空气声速的标准值（m/s）；

$T_{k}$——空气的温度（℃）。

空气声速实测值 $v^{s}$ 与空气声速标准值 $v^{c}$ 之间的相对误差 $e_{r}$ 应按下式计算：

$$e_{r}=\frac{v^{c}-v^{s}}{v^{c}}\times 100\% \quad \text{附式(22-6)}$$

通过附式(22-6)计算的相对误差 $e_{r}$ 应不大于 ±0.5%，否则仪器计时系统不正常。

## 【附录8】 径向振动式换能器声时初读数($t_{oo}$)的测量

将两个径向振动式换能器保持其轴线相互平行，置于清水中同一水平高度，两个换能器内边缘间距先后调节在 $l_{1}$（如200mm），$l_{2}$（如100mm），分别读取相应声时值 $t_{1}$、$t_{2}$。由仪器。由仪器、换能器及其高频电缆所产生的声时初读数 $t_{o}$ 应按下式计算：

$$t_{o}=\frac{l_{1}\times t_{2}-l_{2}\times t_{1}}{l_{1}-l_{2}} \quad \text{附式(22-7)}$$

用径向振动式换能器在钻孔中进行对测时，声时初读数应按下式计算：

$$t_{oo}=t_{o}+\frac{(d_{1}-d)}{v_{w}} \quad \text{附式(22-8)}$$

当用径向振动式换能器在预埋声测管中检测时，声时初读应按下式计算：

$$t_{oo}=t_{o}+\frac{d_{2}-d_{1}}{v_{g}}+\frac{d_{1}-d}{v_{w}} \quad \text{附式(22-9)}$$

式中：$t_{oo}$——钻孔或声测管中测试的声时初读数（μs）；

$t_{o}$——仪器设备的声时初读数（μs）；

$d$——径向振动式换能器直径（mm）；

$d_{1}$——钻的声测孔直径或预埋声测管的内径（mm）；

$d_{2}$——声测管的外径（mm）；

$v_{w}$——水的声速（km/s），按附表22-5取值；

$v_{g}$——预埋声测管所用材料的声速（km/s），用钢管时，$v_{g}=5.80$；用PVC管时，$v_{g}=2.35$。

水的声速　　附表22-6

| 水温度(℃) | 5 | 10 | 15 | 20 | 25 | 30 |
|---|---|---|---|---|---|---|
| 水声速(km/s) | 1.45 | 1.46 | 1.47 | 1.48 | 1.49 | 1.50 |

当采用一只厚度振动式换能器和一只径向振动式换能器进行检测时，声时初读数可取该两对换能器初读数之和的一半。

## 四、超声回弹综合法检测混凝土抗压强度[《超声回弹综合法检测混凝土强度技术规程》(CECS 02—2005)]

1.适用范围

本方法适用于工程结构普通混凝土抗压强度的检测。当对结构中的混凝土有强度检测要求时,可按本方法进行检测,并推定结构混凝土的强度,作为混凝土结构处理的一个依据。

2. 仪器设备

(1)混凝土回弹仪

混凝土回弹仪的技术要求、检定、保养等与本节二、3 节同。

(2)混凝土超声波检测仪

混凝土超声波检测仪的技术要求,换能器技术要求,标准和保养及声学参数的测量与本节三、2 和 3 节同。

3. 测区回弹值和声速值的测量及计算

1)一般规定

(1)测试前宜具备下列资料:

①工程名称和设计、施工、建设、委托单位名称;

②结构或构件名称、施工图纸和混凝土设计强度等级;

③水泥的品种、强度等级和用量,砂石的品种、粒径,外加剂或掺和料的品种、掺量和混凝土配合比等;

④模板类型,混凝土浇筑、养护情况和成型日期;

⑤结构或构件检测原因的说明。

(2)检测数量应符合下列规定:

①按单个构件检测时,应在构件上均匀布置测区,每个构件上测区数量不应少于 10 个;

②同批构件按批抽样检测时,构件抽样数不应少于同批构件的 30%,且不应少于 10 件;对一般施工质量的检测和结构性能的检测,可按照《建筑结构检测技术标准》(GB/T 50344)的规定抽样;

③对某一方向尺寸不大于 4.5m 且另一方向尺寸不大于 0.3m 的构件,其测区数量可适当减少,但不应少于 5 个。

(3)按批抽样检测时,符合下列条件的构件可作为同批构件:

①混凝土设计强度等级相同;

②混凝土原材料、配合比、成型工艺、养护条件和龄期基本相同;

③构件种类相同;

④施工阶段所处状态基本相同。

(4)构件的测区布置宜满足下列规定:

①在条件允许时,测区宜优先布置在构件混凝土浇筑方向的侧面;

②测区可在构件的两个对应面、相邻面或同一面上布置;

③测区宜均匀布置,相邻两测区的间距不宜大于 2m;

④测区应避开钢筋密集区和预埋件;

⑤测区尺寸宜为 200mm×200mm;采用平测时宜为 400mm×400mm;

⑥测试面应清洁、平整、干燥,不应有接缝、施工缝、饰面层、浮浆和油垢,并应避开蜂窝、麻面部位。必要时,可用砂轮片清除杂物和磨平不平整处,并擦净残留粉尘。

(5)结构或构件上的测区应编号,并记录测区位置和外观质量情况。

(6)对结构或构件的每一测区,应先进行回弹测试,后进行超声测试。

(7)计算混凝土抗压强度换算值时,非同一测区内的回弹值和声速值不得混用。

2）回弹测试及回弹值计算

（1）回弹测试时，应始终保持回弹仪的轴线垂直于混凝土测试面。宜首先选择混凝土浇筑方向的侧面进行水平方向测试。如不具备浇筑方向侧面水平测试的条件，可采用非水平状态测试，或测试混凝土浇筑的顶面或底面。

（2）测量回弹值应在构件测区内超声波的发射和接收面各弹击 8 点；超声波单面平测时，可在超声波的发射和接收测点之间弹击 16 点。每一测点的回弹值，测读精确度至 1。

（3）测点在测区范围内宜均匀布置，但不得布置在气孔或外露石子上。相邻两测点的间距不宜小于 30mm；测点距构件边缘或外露钢筋、铁件的距离不应小于 50mm，同一测点只允许弹击一次。

（4）测区回弹代表值应从该测区的 16 个回弹值中剔除 3 个较大值和 3 个较小值，根据其余 10 个有效回弹值按下列式计算：

$$R = \frac{1}{10}\sum_{i-1}^{10} R_i \qquad (22\text{-}46)$$

式中：$R$——测区回弹代表值，取有效测试数据的平均值，精确至 0.1；

$R_i$——第 $i$ 个测点的有效回弹值。

（5）非水平状态下测得的回弹值，应按下列公式修正：

$$R_a = R + R_{a\alpha} \qquad (22\text{-}47)$$

式中：$R_a$——修正后的测区回弹代表值；

$R_{a\alpha}$——测试角度为 $\alpha$ 时的测区回弹修正值，按表 22-43 的规定采用。

**非水平状态下测试时的回弹修正值 $R_{a\alpha}$** 表 22-43

| $R_{a\alpha}$ 测试角度 / $R$ | 回弹仪向上 α | | | | 回弹仪向下 α | | | |
|---|---|---|---|---|---|---|---|---|
| | +90° | +60° | +45° | +30° | -30° | -45° | -60° | -90° |
| 20 | -6.0 | -5.0 | -4.0 | -3.0 | +2.5 | +3.0 | +3.5 | +4.0 |
| 25 | -5.5 | -4.5 | -3.8 | -2.8 | +2.3 | +2.8 | +3.3 | +3.8 |
| 30 | -5.0 | -4.0 | -3.5 | -2.5 | +2.0 | +2.5 | +3.0 | +3.5 |
| 35 | -4.5 | -3.8 | -3.3 | -2.3 | +1.8 | +2.3 | +2.8 | +3.3 |
| 40 | -4.0 | -3.5 | -3.0 | -2.0 | +1.5 | +2.0 | +2.5 | +3.0 |
| 45 | -3.8 | -3.3 | -2.8 | -1.8 | +1.3 | +1.8 | +2.3 | +2.8 |
| 50 | -3.5 | -3.0 | -2.5 | -1.5 | +1.0 | +1.5 | +2.0 | +2.5 |

注：1. 当测试角度等于 0 时，修正值为 0；$R$ 小于 20 或大于 50 时，分别按 20 或 50 查表。

2. 表中未列数值，可采用内插法求得，精确至 0.1。

（6）在混凝土浇筑的顶面或底面测得的回弹值，应按下列公式修正：

$$R_a = R + (R_a^t + R_a^b) \qquad (22\text{-}48)$$

式中：$R_a^t$——测量混凝土浇筑顶面时的回弹修正值，按表 22-44 的规定采用；

$R_a^b$——测量混凝土浇筑底面时的回弹修正值，按表 22-44 的规定采用。

**测试混凝土浇筑顶面或底面的回弹修正值 $R_a^t$、$R_a^b$** 表 22-44

| 测试面 / $R$ 或 $R_a$ | 顶面 $R_a^t$ | 底面 $R_a^b$ |
|---|---|---|
| 20 | +2.5 | -3.0 |
| 25 | +2.0 | -2.5 |
| 30 | +1.5 | -2.0 |

续上表

| 测试面 / $R$ 或 $R_a$ | 顶面 $R_a^t$ | 底面 $R_a^b$ |
|---|---|---|
| 35 | +1.0 | -1.5 |
| 40 | +0.5 | -1.0 |
| 45 | 0 | -0.5 |
| 50 | 0 | 0 |

注:1. 当测试角度等于0时,修正值为0;$R$ 小于20或大于50时,分别按20或50查表。

2. 当先进行角度修正时,采用修正后的回弹代表 $R_a$。

3. 表中未列数值,可采用内插法求得,精确至0.1。

(7)测试时回弹仪处于非水平状态,同时测试面又非混凝土浇筑方向的侧面,则应对测得的回弹值先进行角度修正,然后对角度修正的值再进行顶面或底面修正。

3)超声测试及声速值计算

(1)超声测点应布置在回弹测试的同一测区内,每一测区布置3个测点。超声测试宜优先采用对测或角测,当被测构件不具备对测或角测条件时,可采用单面平测(本章附录10)。

(2)超声测试时,换能器辐射面应通过耦合介质与混凝土测试面良好耦合。

(3)声时测量应精确至0.1μs,超声测距测量应精确至1.0mm,且测量误差不应超过±1%。声速计算精确至0.01km/s。

(4)当在混凝土浇筑方向的侧面对测时,测区混凝土中声速代表值应根据该测区中3个测点的混凝土中声速值,按下列公式计算:

$$v=\frac{1}{3}\sum_{i=1}^{3}\frac{l_i}{t_i-t_o} \tag{22-49}$$

式中:$v$——测区混凝土中声速代表值(km/s);

$l_i$——第 $i$ 个测点的超声测距(mm),角测时测距按本章附录10第2节计算;

$t_i$——第 $i$ 个测点的声时读数(μs);

$t_o$——声时初读数(μs)。

(5)当在混凝土浇筑的顶面或底面测试时,测区声速代表值应按下列公式修正:

$$v_a=\beta\cdot v \tag{22-50}$$

式中:$v_a$——修正后的测区混凝土中声速代表值(km/s);

$\beta$——超声测试面的声速修正系数,在混凝土浇筑的顶面和底面对测或斜测时,$\beta$ = 1.034;在混凝土浇筑的顶面或底面平测时,测区混凝土中声速代表值应按本章附录10第2节计算和修正。

4. 结构混凝土强度推定

(1)本方法规定的强度换算方法适用于符合下列条件的普通混凝土:

①混凝土用水泥应符合现行国家标准《硅酸盐水泥、普通硅酸盐水泥》(GB 175)、《矿渣硅酸盐水泥、火山灰质硅酸盐水泥及粉煤灰硅酸盐水泥》(GB 1344)和《复合硅酸盐水泥》(GB 12958)的要求;

②混凝土用砂、石集料应符合现行行业标准《普通混凝土用砂石质量标准及检验方法》(JGJ 52—2012)的要求;

③可掺或不参矿物掺和料、外加剂、料煤灰、泵送剂;

④人工或一般机械搅拌的混凝土或泵送混凝土；

⑤自然养护；

⑥龄期 7 ~ 2 000d；

⑦混凝土强度 10 ~ 70MPa。

(2) 结构或构件中第 $i$ 个测区的混凝土抗压强度换算值，可按本节四、3、2) 和 3) 中的规定求得修正后的测区回弹代表值 $R_{ai}$ 和声速代表值 $v_{ai}$ 后，优先采用专用测强曲线或地区强曲线换算而得。

(3) 当无专用和地区测强曲线时，按本章附录 12 通过验证后，可按附录 11 规定的全国统一测区混凝土抗压强度换算表换算；也可按下列全国统一测区混凝土抗压强度换算式计算：

①当粗集料为卵石时：

$$f_{cu,i}^{c} = 0.005\,6 v_{ai}^{1.439} R_{ai}^{1.769} \tag{22-51}$$

②当粗集料为碎石时：

$$f_{cu,i}^{c} = 0.016\,2 v_{ai}^{1.656} R_{ai}^{1.410} \tag{22-52}$$

式中：$f_{cu,i}^{c}$——结构或构件第 $i$ 个测区混凝土抗压强度换算值（MPa），精确至 0.1MPa。

(4) 专用测强曲线或地区测强曲线应按本章附录 9 的规定制定，并经工程质量监督主管部门组织审定和批准实施，专用或地区测强曲线的抗压强度相对误差 $e_r$ 应符合下列规定：

①专用测强曲线相对误差 $e_r \leqslant 12\%$；

②地区测强曲线相对误差 $e_r \leqslant 14\%$；

其中，相对误差 $e_r$ 应按附式(22-12)计算。

(5) 当结构或构件中的测区数不少于 10 个时，各测区混凝土抗压强度换算值的平均值和标准差应按下列公式计算：

$$mf_{cu}^{c} = \frac{1}{n}\sum_{i-1}^{n} f_{ci,i}^{c} \tag{22-53}$$

$$sf_{cu}^{c} = \sqrt{\frac{\sum_{i-1}^{n} (f_{cu,i}^{c})^2 - n(mf_{cu}^{c})^2}{n-1}} \tag{22-54}$$

式中：$f_{cu,i}^{c}$——结构或构件第 $i$ 个测区的混凝土抗压强度换算值（MPa）；

$mf_{cu}^{c}$——结构或构件测区混凝土抗压强度换算值的平均值（MPa），精确至 0.01MPa；

$sf_{cu}^{c}$——结构或构件测区混凝土抗压强度换算值的标准差（MPa），精确至 0.01MPa；

$n$——测区数，对单个检测的构件，取一个构件的测区数；对批量检测的构件，取被抽检构件测区数的总和。

(6) 当结构或构件所采用的材料及其龄期与制定测强曲线所采用的材料及其龄期有较大的差异时，应采用同条件立方试件或从结构或构件测区中钻取的混凝土芯样试件的抗压强度进行修正。试件数量不应少于 4 个。此时，采用式(22-51)和式(22-52)计算测区混凝土抗压强度换算值应乘以下列修正系数 $\eta$。

①采用同条件立方体试件修正时：

$$\eta = \frac{1}{n}\sum_{i-1}^{n} \frac{f_{cu,i}^{o}}{f_{cu,i}^{c}} \tag{22-55}$$

②采用混凝土芯样试件修正时：

$$\eta = \frac{1}{n}\sum_{i=1}^{n} \frac{f_{cor,i}^{c}}{f_{cu,i}^{c}} \tag{22-56}$$

式中：$\eta$——修正系数，精确至小数点后两位；

$f^{c}_{cu,i}$——对应于第 $i$ 个立方体试件或芯样试件的混凝土抗压强度换算值（MPa），精确至0.1MPa；

$f^{o}_{cu,i}$——第 $i$ 个混凝土立方体（边长 150mm）试件的抗压强度实测值（MPa），精确至0.1MPa；

$f^{c}_{cor,i}$——第 $i$ 个混凝土芯样（$\phi$100 × 100mm）试件的抗压强度实测值（MPa），精确至0.1MPa；

$n$——试件数。

（7）结构或构件混凝土抗压强度推定值 $f_{cu,e}$，应按下列规定确定：

①当结构或构件的测区抗压强度换算值中出现小于 10.0MPa 的值时，该构件的混凝土抗压强度推定值 $f_{cu,e}$ 取小于 10MPa。

②当结构或构件中测区少于 10 个时：

$$f_{cu,e}=f^{c}_{cu,min} \tag{22-57}$$

式中：$f^{c}_{cu,min}$——结构或构件中最小的测区混凝土抗压强度换算值（MPa），精确至0.1MPa。

③当对构或构件中测区数不少于 10 个或按批量检测时：

$$f_{cu,e}=mf^{c}_{cu}-1.645sf^{c}_{cu} \tag{22-58}$$

（8）对按批量检测的构件，当一批构件的测区混凝土抗压强度标准差出现下列情况之一时，该批构件应全部按单个构件进行强度推定：

①一批构件的混凝土抗压强度平均值 $mf^{c}_{cu}<25.0$MPa，标准差 $sf^{c}_{cu}>4.5$MPa；

②一批构件的混凝土抗压强度平均值 $mf^{c}_{cu}>25.0\sim50.0$MPa，标准差 $sf^{c}_{cu}>5.50$MPa；

③一批构件的混凝土抗压强度平均值 $mf^{c}_{cu}>50.0$MPa，标准差 $sf^{c}_{cu}>6.50$MPa。

## 【附录9】 建立专用或地区混凝土强度曲线的基本要求

采用中型回弹仪，并应符合本节二、3 条中的各项要求。

采用低频超声波检测仪，并应符合本节三、3、1）条中的各项要求。

选用的换能器应符合本节三、2、2）条中的各项要求。

混凝土用水泥应符合《硅酸盐水泥、普通硅酸盐水泥》（GB 175）、《矿渣硅酸盐水泥、火山灰质硅酸盐水泥及粉煤灰硅酸盐水泥》（GB 1344）和《复合硅酸盐水泥》（GB 12958）的要求；混凝土用砂、石应符合《普通混凝土用砂石质量标准及检验方法》（GJ 52）的要求。

选用本地区常用水泥、粗集料、细集料，按常用配合比制作混混凝土强度等级为 C10 ~ C60 的、边长 150m 的立方体试件。

试件准备应按下列步骤进行：

（1）试模应采用符合相关标准要求的钢模；

（2）每一混凝土强度等级的试件数宜为 21 块，采用同一盘混凝土均匀装模振动成型；

（3）试件拆模后如采用自然养护，宜先放置在水池或湿砂堆中养护 7d，然后按“品”字形堆放在不受日晒雨淋处，以备在各龄期测试用；如采用蒸气养护，则试件的养护制度应与构件预设的养护制度相同；

（4）试件的测试龄期宜分为 7d、14d、28d、60d、90d、180d 和 365d；

（5）对同一强度等级的混凝土，在每个测试龄期测 3 个试件（一组）。

试件的测试应按下列步骤进行：

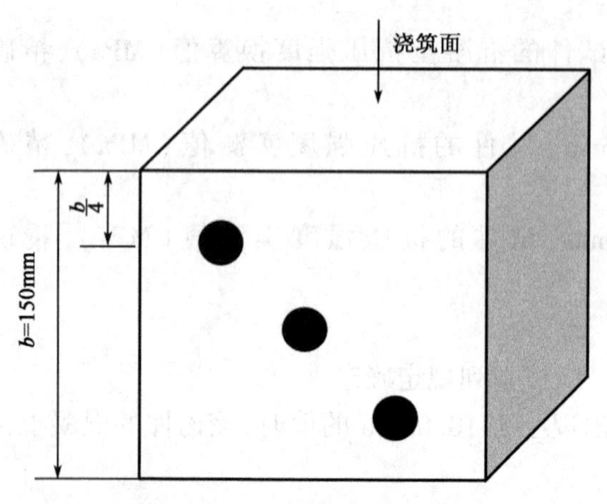

附图 22-3 声时测量测点布置示意

(1)整理条件。将被测试件4个浇筑侧面上的尘土、污物等擦拭干净,以同一强度等级混凝土的3个试件作为一组,依次编号。

(2)在试件测试面上标示超声测点。取试件浇筑方向的侧面为测试面,在两个相对测试面上分别画出相对应的3个测点,如附图22-3所示。

(3)测量试件的超声测距。采用钢卷尺或钢板尺,在两个超声测试面的两侧边缘处逐点测量两个测试面的垂直距离,取两边缘对应垂直距离的平均值作为测点的超声测距值 $l_1$、$l_2$、$l_3$。

(4)测量试件的声时值。在试件两个测试面的对应测点位置涂抹耦合介质,将一对发射和接收换能器耦合在对应测点上,并始终保持两个换能器的轴线在同一直线上。逐点测读声时读数 $t_1$、$t_2$、$t_3$,精确至0.1μs。

(5)计算声速值。分别计算3个测点的声速值 $v_i$。取3个测点声速的平均值作为该试件的混凝土中声速代表值 $v$,即

$$v=\frac{1}{3}\sum_{i=1}^{3}\frac{l_i}{t_i-t_o}\qquad\text{附式(22-10)}$$

式中:$v$——试件混凝土中声速值(km/s),精确至0.01km/s;

$l_i$——第 $i$ 个测点的超声测距(mm),精确至1mm;

$t_i$——第 $i$ 个测点混凝土中声时读数(μs),精确到0.1μs;

$t_o$——声时初读数(μs)。

(6)测量回弹值。应先将试件超声测试面的耦合介质擦拭干净,再置于压力机上下承压板之间,使另外一对侧面朝向便于回弹测试的方向,然后加压至30~50kN并保持此压力。分别在试件两个相对侧面上按本节四、3、2)、(1)条规定的水平测试方法各测8点回弹值,精确至1。剔除3个较大值和3个较小值,取余下10个有效回弹值的平均值作为该试件的回弹代表值 $R$,计算精确至0.1。

(7)抗压强度试验。回弹值测试完毕后,卸荷将回弹测试面放置在压力机承压板正中,按《普通混凝土力学性能试验方法标准》(GB/T 50081)的规定速度连续均匀加荷载至破坏。计算抗压强度实测值 $f_{cu}^{o}$,精确至0.1MPa;

测强曲线应按下列步骤进行计算:

(1)数据整理汇总。将各试件测试所得的声速值 $v$、回弹值 $R$ 和试件抗压强度实测值 $f_{cu}^{o}$ 汇总。

(2)回归分析。宜采用下列形式的回归方程计算:

$$f_{cu}^{c}=\alpha v^{b}R^{c}\qquad\text{附式(22-11)}$$

式中:$\alpha$——常数项;

$b$、$c$——回归系数;

$f_{cu}^{c}$——混凝土试件抗压强度换算值(MPa)。

(3)误差计算。测强曲线的相对误差 $e_r$ 应按下列公式计算:

$$e_r = \sqrt{\frac{\sum_{i=1}^{n}\left(\frac{f_{cu,i}^{o}}{f_{cu,i}^{c}} - 1\right)^2}{n}} \times 100\% \qquad 附式(22-12)$$

式中：$e_r$——相对误差；

$f_{cu,i}^{o}$——第 $i$ 个立方体试件的抗压强度实测值(MPa)；

$f_{cu,i}^{c}$——第 $i$ 个立方体试件按附式(22-11)计算的抗压强度换算值(MPa)。

回归方程式的误差如符合本节四、4、4)条的要求，则经有关部门批准后，可作为专用或地区测强曲线。

可根据回归方程式(22-11)，按系列回弹仪代表值和声速代表值计算出混凝土抗压强度换算值，列出"测区混凝土抗压强度换算表($f_{cu}^{c} - v_a - R_a$)"，供速查用。

测区混凝土抗压强度换算表只限于在建立测强曲线的立方体试件强度范围内使用，不得外延。

## 【附录 10】 超声波角测、平测和声速计算方法

(1)超声波角测方法

当结构或构件被测部位只有两个相邻表面可供检测时，可采用角测方法测量混凝土中声速。每个测区布置 3 个测点，换能器布置如附图 22-4 所示。

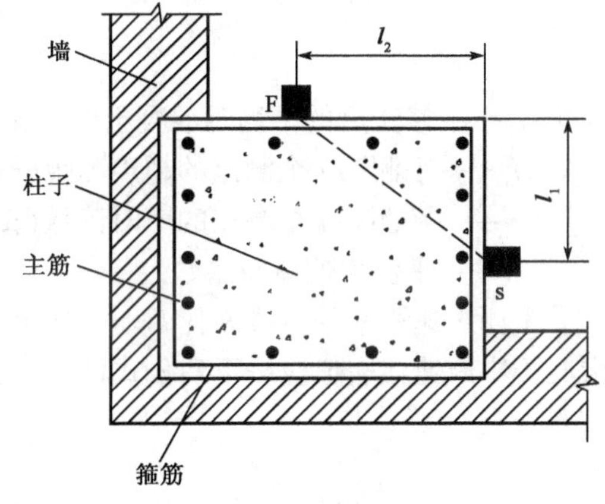

附图 22-4 超声波角测示意

布置超声角测点时，换能器中心与构件边缘的距离 $l_1$、$l_2$ 不宜小于 200mm。

角测时超声测距应按下列公式计算：

$$l_i = \sqrt{l_{1i}^2 + l_{2i}^2} \qquad 附式(22-13)$$

式中：$l_i$——角测第 $i$ 个测点换能器的超声测距(mm)；

$l_{1i}$、$l_{2i}$——角测第 $i$ 个测点换能器与构件边缘的距离(mm)。

角测时，混凝土中声速代表值应按下列公式计算：

$$v = \frac{1}{3}\sum_{i=1}^{3}\frac{l_i}{t_i - t_o} \qquad 附式(22-14)$$

式中：$v$——角测时混凝土中声速代表值(km/s)；

$t_i$——角测第 $i$ 个测点的声时读数(μs)；

$t_o$——声时初读数(μs)。

(2)超声波平测方法

当结构或构件被测部位只有一个表面可供检测时，可采用平测方法测量混凝土中声速。每个测区布置 3 个测点。换能器布置如附图 22-5 所示。

布置超声平测点时，宜使发射和接收换能器的连线与附近钢筋轴线成 40℃ ~50℃，超声测距 $l$ 宜采用 350 ~450mm。

宜采用同一构件的对测声速 $v_d$ 与平声速 $v_p$ 之比求得修正系数 $\lambda$ ($\lambda = v_d/v_p$)，对平测声速

进行修正。

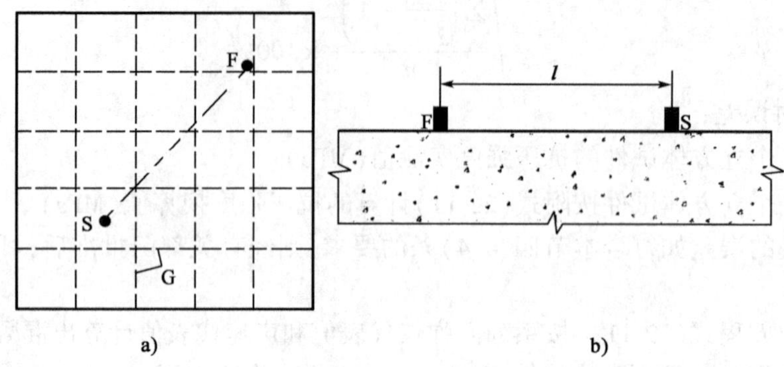


附图 22-5　超声波平测示意图

a)平面示意图;b)立面示意图

F-发射换能器;S-接收换能器;G-钢筋轴线

当被测结构或构件不具备对测与平测的对比条件时,宜选取有代表性的部位,以测距 $l=$ 200mm、250mm、300mm、350mm、400mm、450mm、500mm,逐点测读相应声时值 $t$,用回归分析方法求出直线方程 $l=a+bt$。以回归系数 $b$ 代替对测声速 $v_d$,再对各平测声速进行修正。

平测时,修正后的混凝土中声速代表值应按下列公式计算:

$$v_a=\frac{\lambda}{3}\sum_{i=1}^{3}\frac{l_i}{t_i-t_o}\qquad 附式(22\text{-}15)$$

式中:$v_a$——修正后的平测时混凝土中声速代值(km/s);

$l_i$——平测第 $i$ 个测点的超声测距(mm);

$t_i$——平测第 $i$ 个测点的声时读数(μs);

$\lambda$——平测声速修正系数。

平测声速可采用直线方程 $l=a+bt$,根据混凝土浇筑的顶面或底面平测数据求得,修正后混凝土中声速代表值应按下列公式计算:

$$v=\frac{\lambda\beta}{3}\sum_{i=1}^{3}\frac{l_i}{t_i-t_o}\qquad 附式(22\text{-}16)$$

式中:$\beta$——超声测试面的声速修正系数,顶面平测 $\beta=1.05$,底面平测 $\beta=0.95$。

## 【附录 11】　测区混凝土抗压强度换算表

(1)采用卵石的测区混凝土抗压强度换算,见附表 22-7。

**测区混凝土抗压强度换算表**(卵石)　　附表 22-7

| $f_{cu}^{c}$ $v_a$ / $R_a$ | 3.80 | 3.82 | 3.84 | 3.86 | 3.88 | 3.90 | 3.92 | 3.94 | 3.96 | 3.98 | 4.00 | 4.02 | 4.04 |
|---|---|---|---|---|---|---|---|---|---|---|---|---|---|
| 23.0 | — | — | 10.0 | 10.0 | 10.1 | 10.2 | 10.3 | 10.3 | 10.4 | 10.5 | 10.6 | 10.6 | 10.7 |
| 24.0 | 10.6 | 10.6 | 10.7 | 10.8 | 10.9 | 11.0 | 11.1 | 11.1 | 11.2 | 11.3 | 11.4 | 11.5 | 11.5 |
| 25.0 | 11.4 | 11.4 | 11.5 | 11.6 | 11.7 | 11.8 | 11.9 | 12.0 | 12.1 | 12.1 | 12.2 | 12.3 | 12.4 |
| 26.0 | 12.2 | 12.3 | 12.4 | 12.5 | 12.5 | 12.6 | 12.7 | 12.8 | 12.9 | 13.0 | 13.1 | 13.2 | 13.3 |
| 27.0 | 13.0 | 13.1 | 13.2 | 13.3 | 13.4 | 13.5 | 13.6 | 13.7 | 13.8 | 13.9 | 14.0 | 14.1 | 14.2 |
| 28.0 | 13.9 | 14.0 | 14.1 | 14.2 | 14.3 | 14.4 | 14.5 | 14.6 | 14.7 | 14.8 | 14.9 | 15.1 | 15.2 |

续上表

| $R_a$ \ $v_a$ ($f_{cu}^c$) | 3.80 | 3.82 | 3.84 | 3.86 | 3.88 | 3.90 | 3.92 | 3.94 | 3.96 | 3.98 | 4.00 | 4.02 | 4.04 |
|---|---|---|---|---|---|---|---|---|---|---|---|---|---|
| 29.0 | 14.8 | 14.9 | 15.0 | 15.1 | 15.2 | 15.3 | 15.4 | 15.6 | 15.7 | 15.8 | 15.9 | 16.0 | 16.1 |
| 30.0 | 15.7 | 15.8 | 15.9 | 16.0 | 16.2 | 16.3 | 16.4 | 16.5 | 16.6 | 16.8 | 16.9 | 17.0 | 17.1 |
| 31.0 | 16.6 | 16.7 | 16.9 | 17.0 | 17.1 | 17.3 | 17.4 | 17.5 | 17.6 | 17.8 | 17.9 | 18.0 | 18.2 |
| 32.0 | 17.6 | 17.7 | 17.8 | 18.0 | 18.1 | 18.2 | 18.4 | 18.5 | 18.7 | 18.8 | 18.9 | 19.1 | 19.2 |
| 33.0 | 18.6 | 18.7 | 18.8 | 19.0 | 19.1 | 19.3 | 19.4 | 19.6 | 19.7 | 19.8 | 20.0 | 20.1 | 20.3 |
| 34.0 | 19.6 | 19.7 | 19.9 | 20.0 | 20.2 | 20.3 | 20.5 | 20.6 | 20.8 | 20.9 | 21.1 | 21.2 | 21.4 |
| 35.0 | 20.6 | 20.8 | 20.9 | 21.1 | 21.2 | 21.4 | 21.5 | 21.7 | 21.9 | 22.0 | 22.2 | 22.3 | 22.5 |
| 36.0 | 21.7 | 21.8 | 22.0 | 22.1 | 22.3 | 22.5 | 22.6 | 22.8 | 23.0 | 23.1 | 23.3 | 23.5 | 23.6 |
| 37.0 | 22.7 | 22.9 | 23.1 | 23.2 | 23.4 | 23.6 | 23.8 | 23.9 | 24.1 | 24.3 | 24.5 | 24.6 | 24.8 |
| 38.0 | 23.8 | 24.0 | 24.2 | 24.4 | 24.6 | 24.7 | 24.9 | 25.1 | 25.3 | 25.5 | 25.7 | 25.8 | 26.0 |
| 39.0 | 24.9 | 25.1 | 25.3 | 25.5 | 25.7 | 25.9 | 26.1 | 26.3 | 26.5 | 26.7 | 26.9 | 27.1 | 27.2 |
| 40.0 | 26.1 | 26.3 | 26.5 | 26.7 | 26.9 | 27.1 | 27.3 | 27.5 | 27.7 | 27.9 | 28.1 | 28.3 | 28.5 |
| 41.0 | 27.3 | 27.5 | 27.7 | 27.9 | 28.1 | 28.3 | 28.5 | 28.7 | 28.9 | 29.1 | 29.3 | 29.6 | 29.8 |
| 42.0 | 28.4 | 28.7 | 28.9 | 29.1 | 29.3 | 29.5 | 29.7 | 30.0 | 30.2 | 30.4 | 30.6 | 30.8 | 31.1 |
| 43.0 | 29.7 | 29.9 | 30.1 | 30.3 | 30.6 | 30.8 | 31.0 | 31.2 | 31.5 | 31.7 | 31.9 | 32.2 | 32.4 |
| 44.0 | 30.9 | 31.1 | 31.3 | 31.6 | 31.8 | 32.1 | 32.3 | 32.5 | 32.8 | 33.0 | 33.2 | 33.5 | 33.7 |
| 45.0 | 32.1 | 32.4 | 32.6 | 32.9 | 33.1 | 33.4 | 33.6 | 33.9 | 34.1 | 34.3 | 34.6 | 34.8 | 35.1 |
| 46.0 | 33.4 | 33.7 | 33.9 | 34.2 | 34.4 | 34.7 | 34.9 | 35.2 | 35.4 | 35.7 | 36.0 | 36.2 | 36.5 |
| 47.0 | 34.7 | 35.0 | 35.2 | 35.5 | 35.8 | 36.0 | 36.3 | 36.6 | 36.8 | 37.1 | 37.4 | 37.6 | 37.9 |
| 48.0 | 36.0 | 36.3 | 36.6 | 36.8 | 37.1 | 37.4 | 37.7 | 37.9 | 38.2 | 38.5 | 38.8 | 39.1 | 39.3 |
| 49.0 | 37.4 | 37.6 | 37.9 | 38.2 | 38.5 | 38.8 | 39.1 | 39.4 | 39.6 | 39.9 | 40.2 | 40.5 | 40.8 |
| 50.0 | 38.7 | 39.0 | 39.3 | 39.6 | 39.9 | 40.2 | 40.5 | 40.8 | 41.1 | 41.4 | 41.7 | 42.0 | 42.3 |
| 51.0 | 40.1 | 40.4 | 40.7 | 41.0 | 41.3 | 41.6 | 41.9 | 42.2 | 42.5 | 42.9 | 43.2 | 43.5 | 43.8 |
| 52.0 | 41.5 | 41.8 | 42.1 | 42.4 | 42.8 | 43.1 | 43.4 | 43.7 | 44.0 | 44.4 | 44.7 | 45.0 | 45.3 |
| 53.0 | 42.9 | 43.2 | 43.6 | 43.9 | 44.2 | 44.6 | 44.9 | 45.2 | 45.5 | 45.9 | 46.2 | 46.5 | 46.9 |
| 54.0 | 44.4 | 44.7 | 45.0 | 45.4 | 45.7 | 46.1 | 46.4 | 46.7 | 47.1 | 47.4 | 47.8 | 48.1 | 48.5 |
| 55.0 | 45.8 | 46.2 | 46.5 | 46.9 | 47.2 | 47.6 | 47.9 | 48.3 | 48.6 | 49.0 | 49.3 | 49.7 | 50.0 |

| $R_a$ \ $v_a$ ($f_{cu}^c$) | 4.06 | 4.08 | 4.10 | 4.12 | 4.14 | 4.16 | 4.18 | 4.20 | 4.22 | 4.24 | 4.26 | 4.28 | 4.30 |
|---|---|---|---|---|---|---|---|---|---|---|---|---|---|
| 21.0 | — | — | — | — | — | — | — | — | — | — | — | — | 10.0 |
| 22.0 | 10.0 | 10.0 | 10.1 | 10.2 | 10.2 | 10.3 | 10.4 | 10.5 | 10.5 | 10.6 | 10.7 | 10.8 | 10.8 |
| 23.0 | 10.8 | 10.9 | 10.9 | 11.0 | 11.1 | 11.2 | 11.2 | 11.3 | 11.4 | 11.5 | 11.6 | 11.6 | 11.7 |
| 24.0 | 11.6 | 11.7 | 11.8 | 11.9 | 12.0 | 12.0 | 12.1 | 12.2 | 12.3 | 12.4 | 12.5 | 12.5 | 12.6 |
| 25.0 | 12.5 | 12.6 | 12.7 | 12.8 | 12.9 | 12.9 | 13.0 | 13.1 | 13.2 | 13.3 | 13.4 | 13.5 | 13.6 |
| 26.0 | 13.4 | 13.5 | 13.6 | 13.7 | 13.8 | 13.9 | 14.0 | 14.1 | 14.2 | 14.3 | 14.4 | 14.4 | 14.5 |
| 27.0 | 14.3 | 14.4 | 14.5 | 14.6 | 14.7 | 14.8 | 14.9 | 15.0 | 15.1 | 15.2 | 15.3 | 15.4 | 15.6 |

续上表

| $R_a$ \ $v_a$ ($f_{cu}^c$) | 4.06 | 4.08 | 4.10 | 4.12 | 4.14 | 4.16 | 4.18 | 4.20 | 4.22 | 4.24 | 4.26 | 4.28 | 4.30 |
|---|---|---|---|---|---|---|---|---|---|---|---|---|---|
| 28.0 | 15.3 | 15.4 | 15.5 | 15.6 | 15.7 | 15.8 | 15.9 | 16.0 | 16.1 | 16.3 | 16.4 | 16.5 | 16.6 |
| 29.0 | 16.2 | 16.4 | 16.5 | 16.6 | 16.7 | 16.8 | 16.9 | 17.1 | 17.2 | 17.3 | 17.4 | 17.5 | 17.6 |
| 30.0 | 17.3 | 17.4 | 17.5 | 17.6 | 17.7 | 17.9 | 18.0 | 18.1 | 18.2 | 18.4 | 18.5 | 18.6 | 18.7 |
| 31.0 | 18.3 | 18.4 | 18.5 | 18.7 | 18.8 | 18.9 | 19.1 | 19.2 | 19.3 | 19.5 | 19.6 | 19.7 | 19.9 |
| 32.0 | 19.3 | 19.5 | 19.6 | 19.7 | 19.9 | 20.0 | 20.2 | 20.3 | 20.4 | 20.6 | 20.7 | 20.9 | 21.0 |
| 33.0 | 20.4 | 20.6 | 20.7 | 20.9 | 21.0 | 21.1 | 21.3 | 21.4 | 21.6 | 21.7 | 21.9 | 22.0 | 22.2 |
| 34.0 | 21.5 | 21.7 | 21.8 | 22.0 | 22.1 | 22.3 | 22.4 | 22.6 | 22.8 | 22.9 | 23.1 | 23.2 | 23.4 |
| 35.0 | 22.7 | 22.8 | 23.0 | 23.1 | 23.3 | 23.5 | 23.6 | 23.8 | 24.0 | 24.1 | 24.3 | 24.4 | 24.6 |
| 36.0 | 23.8 | 24.0 | 24.2 | 24.3 | 24.5 | 24.7 | 24.8 | 25.0 | 25.2 | 25.4 | 25.5 | 25.7 | 25.9 |
| 37.0 | 25.0 | 25.2 | 25.4 | 25.5 | 25.7 | 25.9 | 26.1 | 26.2 | 26.4 | 26.6 | 26.8 | 27.0 | 27.2 |
| 38.0 | 26.2 | 26.4 | 26.6 | 26.8 | 27.0 | 27.1 | 27.3 | 27.5 | 27.7 | 27.9 | 28.1 | 28.3 | 28.5 |
| 39.0 | 27.4 | 27.6 | 27.8 | 28.0 | 28.2 | 28.4 | 28.6 | 28.8 | 29.0 | 29.2 | 29.4 | 29.6 | 29.8 |
| 40.0 | 28.7 | 28.9 | 29.1 | 29.3 | 29.5 | 29.7 | 29.9 | 30.1 | 30.3 | 30.5 | 30.8 | 31.0 | 31.2 |
| 41.0 | 30.0 | 30.2 | 30.4 | 30.6 | 30.8 | 31.0 | 31.3 | 31.5 | 31.7 | 31.9 | 32.1 | 32.3 | 32.6 |
| 42.0 | 31.3 | 31.5 | 31.7 | 32.0 | 32.2 | 32.4 | 32.6 | 32.8 | 33.1 | 33.3 | 33.5 | 33.8 | 34.0 |
| 43.0 | 32.6 | 32.8 | 33.1 | 33.3 | 33.5 | 33.8 | 34.0 | 34.2 | 34.5 | 34.7 | 34.9 | 35.2 | 35.4 |
| 44.0 | 34.0 | 34.2 | 34.4 | 34.7 | 34.9 | 35.2 | 35.4 | 35.7 | 35.9 | 36.2 | 36.4 | 36.6 | 36.9 |
| 45.0 | 35.3 | 35.6 | 35.8 | 36.1 | 36.4 | 36.6 | 36.9 | 37.1 | 37.4 | 37.6 | 37.9 | 38.1 | 38.4 |
| 46.0 | 36.7 | 37.0 | 37.3 | 37.5 | 37.8 | 38.1 | 38.3 | 38.6 | 38.8 | 39.1 | 39.4 | 39.6 | 39.9 |
| 47.0 | 38.2 | 38.4 | 38.7 | 39.0 | 39.3 | 39.5 | 39.8 | 40.1 | 40.4 | 40.6 | 40.9 | 41.2 | 41.5 |
| 48.0 | 39.6 | 39.9 | 40.2 | 40.5 | 40.7 | 41.0 | 41.3 | 41.6 | 41.9 | 42.2 | 42.5 | 42.7 | 43.0 |
| 49.0 | 41.1 | 41.4 | 41.7 | 42.0 | 42.3 | 42.6 | 42.8 | 43.1 | 43.4 | 43.7 | 44.0 | 44.3 | 44.6 |
| 50.0 | 42.6 | 42.9 | 43.2 | 43.5 | 43.8 | 44.1 | 44.4 | 44.7 | 45.0 | 45.3 | 45.6 | 45.9 | 46.3 |
| 51.0 | 44.1 | 44.4 | 44.7 | 45.0 | 45.4 | 45.7 | 46.0 | 46.3 | 46.6 | 46.9 | 47.3 | 47.6 | 47.9 |
| 52.0 | 45.6 | 46.0 | 46.3 | 46.6 | 46.9 | 47.3 | 47.6 | 47.9 | 48.3 | 48.6 | 48.9 | 49.2 | 49.6 |
| 53.0 | 47.2 | 47.5 | 47.9 | 48.2 | 48.6 | 48.9 | 49.2 | 49.6 | 49.9 | 50.2 | 50.6 | 50.9 | 51.3 |
| 54.0 | 48.8 | 49.1 | 49.5 | 49.8 | 50.2 | 50.5 | 50.9 | 51.2 | 51.6 | 51.9 | 52.3 | 52.6 | 53.0 |
| 55.0 | 50.4 | 50.8 | 51.1 | 51.5 | 51.8 | 52.2 | 52.6 | 52.9 | 53.3 | 53.7 | 54.0 | 54.4 | 54.7 |

| $R_a$ \ $v_a$ ($f_{cu}^c$) | 4.32 | 4.34 | 4.36 | 4.38 | 4.40 | 4.42 | 4.44 | 4.46 | 4.48 | 4.50 | 4.52 | 4.54 | 4.56 |
|---|---|---|---|---|---|---|---|---|---|---|---|---|---|
| 20.0 | — | — | — | — | — | — | — | — | — | — | — | — | 10.0 |
| 21.0 | 10.0 | 10.1 | 10.2 | 10.2 | 10.3 | 10.4 | 10.4 | 10.5 | 10.6 | 10.6 | 10.7 | 10.8 | 10.8 |
| 22.0 | 10.9 | 11.0 | 11.0 | 11.1 | 11.2 | 11.3 | 11.3 | 11.4 | 11.5 | 11.6 | 11.6 | 11.7 | 11.8 |
| 23.0 | 11.8 | 11.9 | 11.9 | 12.0 | 12.1 | 12.2 | 12.3 | 12.3 | 12.4 | 12.5 | 12.6 | 12.7 | 12.7 |
| 24.0 | 12.7 | 12.8 | 12.9 | 13.0 | 13.1 | 13.1 | 13.2 | 13.3 | 13.4 | 13.5 | 13.6 | 13.7 | 13.7 |

续上表

| $R_a$ \ $f_{cu}^c$ \ $v_a$ | 4.32 | 4.34 | 4.36 | 4.38 | 4.40 | 4.42 | 4.44 | 4.46 | 4.48 | 4.50 | 4.52 | 4.54 | 4.56 |
|---|---|---|---|---|---|---|---|---|---|---|---|---|---|
| 25.0 | 13.7 | 13.8 | 13.8 | 13.9 | 14.0 | 14.1 | 14.2 | 14.3 | 14.4 | 14.5 | 14.6 | 14.7 | 14.8 |
| 26.0 | 14.6 | 14.7 | 14.8 | 14.9 | 15.0 | 15.1 | 15.2 | 15.3 | 15.4 | 15.5 | 15.6 | 15.7 | 15.8 |
| 27.0 | 15.7 | 15.8 | 15.9 | 16.0 | 16.1 | 16.2 | 16.3 | 16.4 | 16.5 | 16.6 | 16.7 | 16.8 | 16.9 |
| 28.0 | 16.7 | 16.8 | 16.9 | 17.0 | 17.1 | 17.3 | 17.4 | 17.5 | 17.6 | 17.7 | 17.8 | 17.9 | 18.0 |
| 29.0 | 17.8 | 17.9 | 18.0 | 18.1 | 18.2 | 18.4 | 18.5 | 18.6 | 18.7 | 18.8 | 19.0 | 19.1 | 19.2 |
| 30.0 | 18.9 | 19.0 | 19.1 | 19.2 | 19.4 | 19.5 | 19.6 | 19.7 | 19.9 | 20.0 | 20.1 | 20.3 | 20.4 |
| 31.0 | 20.0 | 20.1 | 20.3 | 20.4 | 20.5 | 20.7 | 20.8 | 20.9 | 21.1 | 21.2 | 21.3 | 21.5 | 21.6 |
| 32.0 | 21.1 | 21.3 | 21.4 | 21.6 | 21.7 | 21.9 | 22.0 | 22.1 | 22.3 | 22.4 | 22.6 | 22.7 | 22.9 |
| 33.0 | 22.3 | 22.5 | 22.6 | 22.8 | 22.9 | 23.1 | 23.2 | 23.4 | 23.5 | 23.7 | 23.8 | 24.0 | 24.1 |
| 34.0 | 23.5 | 23.7 | 23.9 | 24.0 | 24.2 | 24.3 | 24.5 | 24.6 | 24.8 | 25.0 | 25.1 | 25.3 | 25.4 |
| 35.0 | 24.8 | 24.9 | 25.1 | 25.3 | 25.4 | 25.6 | 25.8 | 25.9 | 26.1 | 26.3 | 26.4 | 26.6 | 26.8 |
| 36.0 | 26.0 | 26.2 | 26.4 | 26.6 | 26.7 | 26.9 | 27.1 | 27.3 | 27.4 | 27.6 | 27.8 | 28.0 | 28.1 |
| 37.0 | 27.3 | 27.5 | 27.7 | 27.9 | 28.1 | 28.3 | 28.4 | 28.6 | 28.8 | 29.0 | 29.2 | 29.4 | 29.5 |
| 38.0 | 28.7 | 28.8 | 29.0 | 29.2 | 29.4 | 29.6 | 29.8 | 30.0 | 30.2 | 30.4 | 30.6 | 30.8 | 31.0 |
| 39.0 | 30.0 | 30.2 | 30.4 | 30.6 | 30.8 | 31.0 | 31.2 | 31.4 | 31.6 | 31.8 | 32.0 | 32.2 | 32.4 |
| 40.0 | 31.4 | 31.6 | 31.8 | 32.0 | 32.2 | 32.4 | 32.6 | 32.9 | 33.1 | 33.3 | 33.5 | 33.7 | 33.9 |
| 41.0 | 32.8 | 33.0 | 33.2 | 33.4 | 33.7 | 33.9 | 34.1 | 34.3 | 34.5 | 34.8 | 35.0 | 35.2 | 35.4 |
| 42.0 | 34.2 | 34.4 | 34.7 | 34.9 | 35.1 | 35.4 | 35.6 | 35.8 | 36.0 | 36.3 | 36.5 | 36.7 | 37.0 |
| 43.0 | 35.7 | 35.9 | 36.1 | 36.4 | 36.6 | 36.9 | 37.1 | 37.3 | 37.6 | 37.8 | 38.1 | 38.3 | 38.5 |
| 44.0 | 37.1 | 37.4 | 37.6 | 37.9 | 38.1 | 38.4 | 38.6 | 38.9 | 39.1 | 39.4 | 39.6 | 39.9 | 40.1 |
| 45.0 | 38.6 | 38.9 | 39.2 | 39.4 | 39.7 | 39.9 | 40.2 | 40.5 | 40.7 | 41.0 | 41.2 | 41.5 | 41.8 |
| 46.0 | 40.2 | 40.4 | 40.7 | 41.0 | 41.3 | 41.5 | 41.8 | 42.1 | 42.3 | 42.6 | 42.9 | 43.2 | 43.4 |
| 47.0 | 41.7 | 42.0 | 42.3 | 42.6 | 42.9 | 43.1 | 43.4 | 43.7 | 44.0 | 44.3 | 44.5 | 44.8 | 45.1 |
| 48.0 | 43.3 | 43.6 | 43.9 | 44.2 | 44.5 | 44.8 | 45.1 | 45.4 | 45.6 | 45.9 | 46.2 | 46.5 | 46.8 |
| 49.0 | 44.9 | 45.2 | 45.5 | 45.8 | 46.1 | 46.4 | 46.7 | 47.0 | 47.3 | 47.6 | 48.0 | 48.3 | 48.6 |
| 50.0 | 46.6 | 46.9 | 47.2 | 47.5 | 47.8 | 48.1 | 48.4 | 48.8 | 49.1 | 49.4 | 49.7 | 50.0 | 50.3 |
| 51.0 | 48.2 | 48.5 | 48.9 | 49.2 | 49.5 | 49.8 | 50.2 | 50.5 | 50.8 | 51.1 | 51.5 | 51.8 | 52.1 |
| 52.0 | 49.9 | 50.2 | 50.6 | 50.9 | 51.2 | 51.6 | 51.9 | 52.3 | 52.6 | 52.9 | 53.3 | 53.6 | 53.9 |
| 53.0 | 51.6 | 52.0 | 52.3 | 52.7 | 53.0 | 53.3 | 53.7 | 54.0 | 54.4 | 54.7 | 55.1 | 55.4 | 55.8 |
| 54.0 | 53.4 | 53.7 | 54.1 | 54.4 | 54.8 | 55.1 | 55.5 | 55.9 | 56.2 | 56.6 | 56.9 | 57.3 | 57.7 |
| 55.0 | 55.1 | 55.5 | 55.9 | 56.2 | 56.6 | 57.0 | 57.3 | 57.7 | 58.1 | 58.5 | 58.8 | 59.2 | 59.6 |

| $R_a$ \ $f_{cu}^c$ \ $v_a$ | 4.58 | 4.60 | 4.62 | 4.64 | 4.66 | 4.68 | 4.70 | 4.72 | 4.74 | 4.76 | 4.78 | 4.80 | 4.82 |
|---|---|---|---|---|---|---|---|---|---|---|---|---|---|
| 20.0 | 10.0 | 10.1 | 10.1 | 10.2 | 10.3 | 10.3 | 10.4 | 10.5 | 10.5 | 10.6 | 10.6 | 10.7 | 10.8 |
| 21.0 | 10.9 | 11.0 | 11.1 | 11.1 | 11.2 | 11.3 | 11.3 | 11.4 | 11.5 | 11.5 | 11.6 | 11.7 | 11.7 |
| 22.0 | 11.9 | 11.9 | 12.0 | 12.1 | 12.2 | 12.2 | 12.3 | 12.4 | 12.5 | 12.5 | 12.6 | 12.7 | 12.8 |

续上表

| $f_{cu}^{c}$ $R_a$ \ $v_a$ | 4.58 | 4.60 | 4.62 | 4.64 | 4.66 | 4.68 | 4.70 | 4.72 | 4.74 | 4.76 | 4.78 | 4.80 | 4.82 |
|---|---|---|---|---|---|---|---|---|---|---|---|---|---|
| 23.0 | 12.8 | 12.9 | 13.0 | 13.1 | 13.1 | 13.2 | 13.3 | 13.4 | 13.5 | 13.6 | 13.6 | 13.7 | 13.8 |
| 24.0 | 13.8 | 13.9 | 14.0 | 14.1 | 14.2 | 14.3 | 14.4 | 14.4 | 14.5 | 14.6 | 14.7 | 14.8 | 14.9 |
| 25.0 | 14.9 | 15.0 | 15.0 | 15.1 | 15.2 | 15.3 | 15.4 | 15.5 | 15.6 | 15.7 | 15.8 | 15.9 | 16.0 |
| 26.0 | 15.9 | 16.0 | 16.1 | 16.2 | 16.3 | 16.4 | 16.5 | 16.6 | 16.7 | 16.8 | 16.9 | 17.0 | 17.1 |
| 27.0 | 17.0 | 17.1 | 17.2 | 17.4 | 17.5 | 17.6 | 17.7 | 17.8 | 17.9 | 18.0 | 18.1 | 18.2 | 18.3 |
| 28.0 | 18.2 | 18.3 | 18.4 | 18.5 | 18.6 | 18.7 | 18.8 | 19.0 | 19.1 | 19.2 | 19.3 | 19.4 | 19.5 |
| 29.0 | 19.3 | 19.4 | 19.6 | 19.7 | 19.8 | 19.9 | 20.1 | 20.2 | 20.3 | 20.4 | 20.5 | 20.7 | 20.8 |
| 30.0 | 20.5 | 20.6 | 20.8 | 20.9 | 21.0 | 21.2 | 21.3 | 21.4 | 21.6 | 21.7 | 21.8 | 22.0 | 22.1 |
| 31.0 | 21.7 | 21.9 | 22.0 | 22.2 | 22.3 | 22.4 | 22.6 | 22.7 | 22.8 | 23.0 | 23.1 | 23.3 | 23.4 |
| 32.0 | 23.0 | 23.1 | 23.3 | 23.4 | 23.6 | 23.7 | 23.9 | 24.0 | 24.2 | 24.3 | 24.5 | 24.6 | 24.8 |
| 33.0 | 24.3 | 24.4 | 24.6 | 24.7 | 24.9 | 25.1 | 25.2 | 25.4 | 25.5 | 25.7 | 25.8 | 26.0 | 26.1 |
| 34.0 | 25.6 | 25.8 | 25.9 | 26.1 | 26.2 | 26.4 | 26.6 | 26.7 | 26.9 | 27.1 | 27.2 | 27.4 | 27.6 |
| 35.0 | 26.9 | 27.1 | 27.3 | 27.5 | 27.6 | 27.8 | 28.0 | 28.1 | 28.3 | 28.5 | 28.7 | 28.8 | 29.0 |
| 36.0 | 28.3 | 28.5 | 28.7 | 28.9 | 29.0 | 29.2 | 29.4 | 29.6 | 29.8 | 29.9 | 30.1 | 30.3 | 30.5 |
| 37.0 | 29.7 | 29.9 | 30.1 | 30.3 | 30.5 | 30.7 | 30.9 | 31.1 | 31.2 | 31.4 | 31.6 | 31.8 | 32.0 |
| 38.0 | 31.2 | 31.4 | 31.6 | 31.8 | 32.0 | 32.2 | 32.4 | 32.5 | 32.7 | 32.9 | 33.1 | 33.3 | 33.5 |
| 39.0 | 32.6 | 32.8 | 33.0 | 33.3 | 33.5 | 33.7 | 33.9 | 34.1 | 34.3 | 34.5 | 34.7 | 34.9 | 35.1 |
| 40.0 | 34.1 | 34.3 | 34.6 | 34.8 | 35.0 | 35.2 | 35.4 | 35.6 | 35.9 | 36.1 | 36.3 | 36.5 | 36.7 |
| 41.0 | 35.7 | 35.9 | 36.1 | 36.3 | 36.6 | 36.8 | 37.0 | 37.2 | 37.5 | 37.7 | 37.9 | 38.1 | 38.4 |
| 42.0 | 37.2 | 37.4 | 37.7 | 37.9 | 38.1 | 38.4 | 38.6 | 38.9 | 39.1 | 39.3 | 39.6 | 39.8 | 40.0 |
| 43.0 | 38.8 | 39.0 | 39.3 | 39.5 | 39.8 | 40.0 | 40.3 | 40.5 | 40.8 | 41.0 | 41.2 | 41.5 | 41.7 |
| 44.0 | 40.4 | 40.7 | 40.9 | 41.2 | 41.4 | 41.7 | 41.9 | 42.2 | 42.4 | 42.7 | 43.0 | 43.2 | 43.5 |
| 45.0 | 42.0 | 42.3 | 42.6 | 42.8 | 43.1 | 43.4 | 43.6 | 43.9 | 44.2 | 44.4 | 44.7 | 45.0 | 45.2 |
| 46.0 | 43.7 | 44.0 | 44.3 | 44.5 | 44.8 | 45.1 | 45.4 | 45.6 | 45.9 | 46.2 | 46.5 | 46.8 | 47.0 |
| 47.0 | 45.4 | 45.7 | 46.0 | 46.3 | 46.5 | 46.8 | 47.1 | 47.4 | 47.7 | 48.0 | 48.3 | 48.6 | 48.9 |
| 48.0 | 47.1 | 47.4 | 47.7 | 48.0 | 48.3 | 48.6 | 48.9 | 49.2 | 49.5 | 49.8 | 50.1 | 50.4 | 50.7 |
| 49.0 | 48.9 | 49.2 | 49.5 | 49.8 | 50.1 | 50.4 | 50.7 | 51.0 | 51.3 | 51.7 | 52.0 | 52.3 | 52.6 |
| 50.0 | 50.6 | 51.0 | 51.3 | 51.6 | 51.9 | 52.2 | 52.6 | 52.9 | 53.2 | 53.5 | 53.9 | 54.2 | 54.5 |
| 51.0 | 52.5 | 52.8 | 53.1 | 53.4 | 53.8 | 54.1 | 54.4 | 54.8 | 55.1 | 55.4 | 55.8 | 56.1 | 56.5 |
| 52.0 | 54.3 | 54.6 | 55.0 | 55.3 | 55.7 | 56.0 | 56.3 | 56.7 | 57.0 | 57.4 | 57.7 | 58.1 | 58.4 |
| 53.0 | 56.1 | 56.5 | 56.9 | 57.2 | 57.6 | 57.9 | 58.3 | 58.6 | 59.0 | 59.4 | 59.7 | 60.1 | 60.4 |
| 54.0 | 58.0 | 58.4 | 58.8 | 59.1 | 59.5 | 59.9 | 60.2 | 60.6 | 61.0 | 61.3 | 61.7 | 62.1 | 62.5 |
| 55.0 | 60.0 | 60.3 | 60.7 | 61.1 | 61.5 | 61.8 | 62.2 | 62.6 | 63.0 | 63.4 | 63.8 | 64.1 | 64.5 |

| $f_{cu}^{c}$ $R_a$ \ $v_a$ | 4.84 | 4.86 | 4.88 | 4.90 | 4.92 | 4.94 | 4.96 | 4.98 | 5.00 | 5.02 | 5.04 | 5.06 | 5.08 |
|---|---|---|---|---|---|---|---|---|---|---|---|---|---|
| 20.0 | 10.8 | 10.9 | 11.0 | 11.0 | 11.1 | 11.2 | 11.2 | 11.3 | 11.4 | 11.4 | 11.5 | 11.6 | 11.6 |

续上表

| $R_a$ \ $f_{cu}^c$ \ $v_a$ | 4.84 | 4.86 | 4.88 | 4.90 | 4.92 | 4.94 | 4.96 | 4.98 | 5.00 | 5.02 | 5.04 | 5.06 | 5.08 |
|---|---|---|---|---|---|---|---|---|---|---|---|---|---|
| 21.0 | 11.8 | 11.9 | 12.0 | 12.0 | 12.1 | 12.2 | 12.2 | 12.3 | 12.4 | 12.5 | 12.5 | 12.6 | 12.7 |
| 22.0 | 12.8 | 12.9 | 13.0 | 13.1 | 13.1 | 13.2 | 13.3 | 13.4 | 13.4 | 13.5 | 13.6 | 13.7 | 13.8 |
| 23.0 | 13.9 | 14.0 | 14.0 | 14.1 | 14.2 | 14.3 | 14.4 | 14.5 | 14.5 | 14.6 | 14.7 | 14.8 | 14.9 |
| 24.0 | 15.0 | 15.1 | 15.1 | 15.2 | 15.3 | 15.4 | 15.5 | 15.6 | 15.7 | 15.8 | 15.9 | 16.0 | 16.0 |
| 25.0 | 16.1 | 16.2 | 16.3 | 16.4 | 16.5 | 16.6 | 16.7 | 16.8 | 16.9 | 17.0 | 17.1 | 17.2 | 17.3 |
| 26.0 | 17.2 | 17.3 | 17.5 | 17.6 | 17.7 | 17.8 | 17.9 | 18.0 | 18.1 | 18.2 | 18.3 | 18.4 | 18.5 |
| 27.0 | 18.4 | 18.5 | 18.7 | 18.8 | 18.9 | 19.0 | 19.1 | 19.2 | 19.3 | 19.4 | 19.5 | 19.7 | 19.8 |
| 28.0 | 19.7 | 19.8 | 19.9 | 20.0 | 20.1 | 20.2 | 20.4 | 20.5 | 20.6 | 20.7 | 20.8 | 21.0 | 21.1 |
| 29.0 | 20.9 | 21.0 | 21.2 | 21.3 | 21.4 | 21.5 | 21.7 | 21.8 | 21.9 | 22.0 | 22.2 | 22.3 | 22.4 |
| 30.0 | 22.2 | 22.3 | 22.5 | 22.6 | 22.7 | 22.9 | 23.0 | 23.1 | 23.3 | 23.4 | 23.5 | 23.7 | 23.8 |
| 31.0 | 23.5 | 23.7 | 23.8 | 24.0 | 24.1 | 24.2 | 24.4 | 24.5 | 24.7 | 24.8 | 25.0 | 25.1 | 25.2 |
| 32.0 | 24.9 | 25.0 | 25.2 | 25.3 | 25.5 | 25.6 | 25.8 | 25.9 | 26.1 | 26.2 | 26.4 | 26.5 | 26.7 |
| 33.0 | 26.3 | 26.5 | 26.6 | 26.8 | 26.9 | 27.1 | 27.2 | 27.4 | 27.6 | 27.7 | 27.9 | 28.0 | 28.2 |
| 34.0 | 27.7 | 27.9 | 28.0 | 28.2 | 28.4 | 28.5 | 28.7 | 28.9 | 29.0 | 29.2 | 29.4 | 29.6 | 29.7 |
| 35.0 | 29.2 | 29.4 | 29.5 | 29.7 | 29.9 | 30.0 | 30.2 | 30.4 | 30.6 | 30.8 | 30.9 | 31.1 | 31.3 |
| 36.0 | 30.7 | 30.9 | 31.0 | 31.2 | 31.4 | 31.6 | 31.8 | 32.0 | 32.1 | 32.3 | 32.5 | 32.7 | 32.9 |
| 37.0 | 32.2 | 32.4 | 32.6 | 32.8 | 33.0 | 33.2 | 33.3 | 33.5 | 33.7 | 33.9 | 34.1 | 34.3 | 34.5 |
| 38.0 | 33.7 | 33.9 | 34.1 | 34.4 | 34.6 | 34.8 | 35.0 | 35.2 | 35.4 | 35.6 | 35.8 | 36.0 | 36.2 |
| 39.0 | 35.3 | 35.5 | 35.8 | 36.0 | 36.2 | 36.4 | 36.6 | 36.8 | 37.0 | 37.2 | 37.5 | 37.7 | 37.9 |
| 40.0 | 37.0 | 37.2 | 37.4 | 37.6 | 37.8 | 38.1 | 38.3 | 38.5 | 38.7 | 38.9 | 39.2 | 39.4 | 39.6 |
| 41.0 | 38.6 | 38.8 | 39.1 | 39.3 | 39.5 | 39.8 | 40.0 | 40.2 | 40.5 | 40.7 | 40.9 | 41.2 | 41.4 |
| 42.0 | 40.3 | 40.5 | 40.8 | 41.0 | 41.2 | 41.5 | 41.7 | 42.0 | 42.2 | 42.5 | 42.7 | 42.9 | 43.2 |
| 43.0 | 42.0 | 42.2 | 42.5 | 42.7 | 43.0 | 43.3 | 43.5 | 43.8 | 44.0 | 44.3 | 44.5 | 44.8 | 45.0 |
| 44.0 | 43.7 | 44.0 | 44.3 | 44.5 | 44.8 | 45.0 | 45.3 | 45.6 | 45.8 | 46.1 | 46.4 | 46.6 | 46.9 |
| 45.0 | 45.5 | 45.8 | 46.1 | 46.3 | 46.6 | 46.9 | 47.1 | 47.4 | 47.7 | 48.0 | 48.2 | 48.5 | 48.8 |
| 46.0 | 47.3 | 47.6 | 47.9 | 48.2 | 48.4 | 48.7 | 49.0 | 49.3 | 49.6 | 49.9 | 50.2 | 50.4 | 50.7 |
| 47.0 | 49.2 | 49.4 | 49.7 | 50.0 | 50.3 | 50.6 | 50.9 | 51.2 | 51.5 | 51.8 | 52.1 | 52.4 | 52.7 |
| 48.0 | 51.0 | 51.3 | 51.6 | 51.9 | 52.2 | 52.5 | 52.8 | 53.2 | 53.5 | 53.8 | 54.1 | 54.4 | 54.7 |
| 49.0 | 52.9 | 53.2 | 53.5 | 53.9 | 54.2 | 54.5 | 54.8 | 55.1 | 55.4 | 55.8 | 56.1 | 56.4 | 56.7 |
| 50.0 | 54.8 | 55.2 | 55.5 | 55.8 | 56.1 | 56.5 | 56.8 | 57.1 | 57.5 | 57.8 | 58.1 | 58.5 | 58.8 |
| 51.0 | 56.8 | 57.1 | 57.5 | 57.8 | 58.1 | 58.5 | 58.8 | 59.2 | 59.5 | 59.9 | 60.2 | 60.5 | 60.9 |
| 52.0 | 58.8 | 59.1 | 59.5 | 59.8 | 60.2 | 60.5 | 60.9 | 61.2 | 61.6 | 61.9 | 62.3 | 62.7 | 63.0 |
| 53.0 | 60.8 | 61.2 | 61.5 | 61.9 | 62.2 | 62.6 | 63.0 | 63.3 | 63.7 | 64.1 | 64.4 | 64.8 | 65.2 |
| 54.0 | 62.8 | 63.2 | 63.6 | 64.0 | 64.3 | 64.7 | 65.1 | 65.5 | 65.8 | 66.2 | 66.6 | 67.0 | 67.4 |
| 55.0 | 64.9 | 65.3 | 65.7 | 66.1 | 66.5 | 66.8 | 67.2 | 67.6 | 68.0 | 68.4 | 68.8 | 69.2 | 69.6 |

续上表

| $f_{cu}^{c}$ $v_a$ / $R_a$ | 5.10 | 5.12 | 5.14 | 5.16 | 5.18 | 5.20 | 5.22 | 5.24 | 5.26 | 5.28 | 5.30 | 5.32 | 5.34 |
|---|---|---|---|---|---|---|---|---|---|---|---|---|---|
| 20.0 | 11.7 | 11.8 | 11.8 | 11.9 | 12.0 | 12.0 | 12.1 | 12.2 | 12.2 | 12.3 | 12.4 | 12.4 | 12.5 |
| 21.0 | 12.7 | 12.8 | 12.9 | 13.0 | 13.0 | 13.1 | 13.2 | 13.3 | 13.3 | 13.4 | 13.5 | 13.5 | 13.6 |
| 22.0 | 13.8 | 13.9 | 14.0 | 14.1 | 14.2 | 14.2 | 14.3 | 14.4 | 14.5 | 14.5 | 14.6 | 14.7 | 14.8 |
| 23.0 | 15.0 | 15.1 | 15.1 | 15.2 | 15.3 | 15.4 | 15.5 | 15.6 | 15.6 | 15.7 | 15.8 | 15.9 | 16.0 |
| 24.0 | 16.1 | 16.2 | 16.3 | 16.4 | 16.5 | 16.6 | 16.7 | 16.8 | 16.9 | 17.0 | 17.1 | 17.2 | 17.2 |
| 25.0 | 17.3 | 17.4 | 17.5 | 17.6 | 17.7 | 17.8 | 17.9 | 18.0 | 18.1 | 18.2 | 18.3 | 18.4 | 18.5 |
| 26.0 | 18.6 | 18.7 | 18.8 | 18.9 | 19.0 | 19.1 | 19.2 | 19.3 | 19.4 | 19.5 | 19.7 | 19.8 | 19.9 |
| 27.0 | 19.9 | 20.0 | 20.1 | 20.2 | 20.3 | 20.4 | 20.6 | 20.7 | 20.8 | 20.9 | 21.0 | 21.1 | 21.2 |
| 28.0 | 21.2 | 21.3 | 21.4 | 21.6 | 21.7 | 21.8 | 21.9 | 22.0 | 22.2 | 22.3 | 22.4 | 22.5 | 22.6 |
| 29.0 | 22.6 | 22.7 | 22.8 | 22.9 | 23.1 | 23.2 | 23.3 | 23.5 | 23.6 | 23.7 | 23.8 | 24.0 | 24.1 |
| 30.0 | 24.0 | 24.1 | 24.2 | 24.4 | 24.5 | 24.6 | 24.8 | 24.9 | 25.0 | 25.2 | 25.3 | 25.5 | 25.6 |
| 31.0 | 25.4 | 25.5 | 25.7 | 25.8 | 26.0 | 26.1 | 26.2 | 26.4 | 26.5 | 26.7 | 26.8 | 27.0 | 27.1 |
| 32.0 | 26.8 | 27.0 | 27.2 | 27.3 | 27.5 | 27.6 | 27.8 | 27.9 | 28.1 | 28.2 | 28.4 | 28.5 | 28.7 |
| 33.0 | 28.4 | 28.5 | 28.7 | 28.8 | 29.0 | 29.2 | 29.3 | 29.5 | 29.6 | 29.8 | 30.0 | 30.1 | 30.3 |
| 34.0 | 29.9 | 30.1 | 30.2 | 30.4 | 30.6 | 30.7 | 30.9 | 31.1 | 31.2 | 31.4 | 31.6 | 31.8 | 31.9 |
| 35.0 | 31.5 | 31.6 | 31.8 | 32.0 | 32.2 | 32.4 | 32.5 | 32.7 | 32.9 | 33.1 | 33.3 | 33.4 | 33.6 |
| 36.0 | 33.1 | 33.3 | 33.4 | 33.6 | 33.8 | 34.0 | 34.2 | 34.4 | 34.6 | 34.8 | 34.9 | 35.1 | 35.3 |
| 37.0 | 34.7 | 34.9 | 35.1 | 35.3 | 35.5 | 35.7 | 35.9 | 36.1 | 36.3 | 36.5 | 36.7 | 36.9 | 37.1 |
| 38.0 | 36.4 | 36.6 | 36.8 | 37.0 | 37.2 | 37.4 | 37.6 | 37.8 | 38.0 | 38.2 | 38.5 | 38.7 | 38.9 |
| 39.0 | 38.1 | 38.3 | 38.5 | 38.7 | 39.0 | 39.2 | 39.4 | 39.6 | 39.8 | 40.0 | 40.3 | 40.5 | 40.7 |
| 40.0 | 39.8 | 40.1 | 40.3 | 40.5 | 40.7 | 41.0 | 41.2 | 41.4 | 41.7 | 41.9 | 42.1 | 42.3 | 42.6 |
| 41.0 | 41.6 | 41.9 | 42.1 | 42.3 | 42.6 | 42.8 | 43.0 | 43.3 | 43.5 | 43.8 | 44.0 | 44.2 | 44.5 |
| 42.0 | 43.4 | 43.7 | 43.9 | 44.2 | 44.4 | 44.7 | 44.9 | 45.2 | 45.4 | 45.7 | 45.9 | 46.2 | 46.4 |
| 43.0 | 45.3 | 45.5 | 45.8 | 46.0 | 46.3 | 46.6 | 46.8 | 47.1 | 47.3 | 47.6 | 47.9 | 48.1 | 48.4 |
| 44.0 | 47.2 | 47.4 | 47.7 | 48.0 | 48.2 | 48.5 | 48.8 | 49.0 | 49.9 | 49.6 | 49.8 | 50.1 | 50.4 |
| 45.0 | 49.1 | 49.3 | 49.6 | 49.9 | 50.2 | 50.5 | 50.7 | 51.0 | 51.3 | 51.6 | 51.9 | 52.1 | 52.4 |
| 46.0 | 51.0 | 51.3 | 51.6 | 51.9 | 52.2 | 52.5 | 52.8 | 53.0 | 53.3 | 53.6 | 53.9 | 54.2 | 54.5 |
| 47.0 | 53.0 | 53.3 | 53.6 | 53.9 | 54.2 | 54.5 | 54.8 | 55.1 | 55.4 | 55.7 | 56.0 | 56.3 | 56.6 |
| 48.0 | 55.0 | 55.3 | 55.6 | 55.9 | 56.3 | 56.6 | 56.9 | 57.2 | 57.5 | 57.8 | 58.1 | 58.5 | 58.8 |
| 49.0 | 57.1 | 57.4 | 57.7 | 58.0 | 58.3 | 58.7 | 59.0 | 59.3 | 59.6 | 60.0 | 60.3 | 60.6 | 61.0 |
| 50.0 | 59.1 | 59.5 | 59.8 | 60.1 | 60.5 | 60.8 | 61.1 | 61.5 | 61.8 | 62.2 | 62.5 | 62.8 | 63.2 |
| 51.0 | 61.2 | 61.6 | 61.9 | 62.3 | 62.6 | 63.0 | 63.3 | 63.7 | 64.0 | 64.4 | 64.7 | 65.1 | 65.4 |
| 52.0 | 63.4 | 63.7 | 64.1 | 64.5 | 64.8 | 65.2 | 65.5 | 65.9 | 66.3 | 66.6 | 67.0 | 67.3 | 67.7 |

续上表

| $v_a$ / $f_{cu}^{c}$ / $R_a$ | 5.10 | 5.12 | 5.14 | 5.16 | 5.18 | 5.20 | 5.22 | 5.24 | 5.26 | 5.28 | 5.30 | 5.32 | 5.34 |
|---|---|---|---|---|---|---|---|---|---|---|---|---|---|
| 53.0 | 65.5 | 65.9 | 66.3 | 66.7 | 67.0 | 67.4 | 67.8 | 68.2 | 68.5 | 68.9 | 69.3 | 69.7 | 70.0 |
| 54.0 | 67.7 | 68.1 | 68.5 | 68.9 | 69.3 | 69.7 | — | — | — | — | — | — | — |
| 55.0 | 70.0 | — | — | — | — | — | — | — | — | — | — | — | — |

注:1. 表中未列数值可采用内插法求得,精确至0.1MPa。

2. 表中 $v_a$(km/s)为修正后的测区声速代表值,$R_a$ 为修正后的测区回弹代表值。

3. 采用对测和角测时,表中 $v_a$ 用 $v$ 代替;当在侧面水平回弹时,表中 $R_a$ 用 $R$ 代替。

4. $f_{cu}^{c}$ 为测区混凝土抗压强度换算值。

(2)采用碎石的测区混凝土抗压强度换算,见附表22-8。

**测区混凝土抗压强度换算**(碎石)　　附表22-8

| $v_a$ / $f_{cu}^{c}$ / $R_a$ | 3.80 | 3.82 | 3.84 | 3.86 | 3.88 | 3.90 | 3.92 | 3.94 | 3.96 | 3.98 | 4.00 | 4.02 | 4.04 |
|---|---|---|---|---|---|---|---|---|---|---|---|---|---|
| 20.0 | 10.1 | 10.2 | 10.3 | 10.3 | 10.4 | 10.5 | 10.6 | 10.7 | 10.8 | 10.9 | 11.0 | 11.1 | 11.2 |
| 21.0 | 10.8 | 10.9 | 11.0 | 11.1 | 11.2 | 11.3 | 11.4 | 11.5 | 11.6 | 11.7 | 11.8 | 11.9 | 12.0 |
| 22.0 | 11.5 | 11.6 | 11.7 | 11.8 | 11.9 | 12.0 | 12.1 | 12.2 | 12.3 | 12.5 | 12.6 | 12.7 | 12.8 |
| 23.0 | 12.3 | 12.4 | 12.5 | 12.6 | 12.7 | 12.8 | 12.9 | 13.0 | 13.1 | 13.3 | 13.4 | 13.5 | 13.6 |
| 24.0 | 13.0 | 13.2 | 13.3 | 13.4 | 13.5 | 13.6 | 13.7 | 13.8 | 14.0 | 14.1 | 14.2 | 14.3 | 14.4 |
| 25.0 | 13.8 | 13.9 | 14.1 | 14.2 | 14.3 | 14.4 | 14.5 | 14.7 | 14.8 | 14.9 | 15.0 | 15.2 | 15.3 |
| 26.0 | 14.6 | 14.7 | 14.9 | 15.0 | 15.1 | 15.2 | 15.4 | 15.5 | 15.6 | 15.8 | 15.9 | 16.0 | 16.2 |
| 27.0 | 15.4 | 15.5 | 15.7 | 15.8 | 15.9 | 16.1 | 16.2 | 16.3 | 16.5 | 16.6 | 16.8 | 16.9 | 17.0 |
| 28.0 | 16.2 | 16.3 | 16.5 | 16.6 | 16.8 | 16.9 | 17.1 | 17.2 | 17.4 | 17.5 | 17.6 | 17.8 | 17.9 |
| 29.0 | 17.0 | 17.2 | 17.3 | 17.5 | 17.6 | 17.8 | 17.9 | 18.1 | 18.2 | 18.4 | 18.5 | 18.7 | 18.8 |
| 30.0 | 17.9 | 18.0 | 18.2 | 18.3 | 18.5 | 18.6 | 18.8 | 19.0 | 19.1 | 19.3 | 19.4 | 19.6 | 19.8 |
| 31.0 | 18.7 | 18.9 | 19.0 | 19.2 | 19.4 | 19.5 | 19.7 | 19.9 | 20.0 | 20.2 | 20.4 | 20.5 | 20.7 |
| 32.0 | 19.6 | 19.7 | 19.9 | 20.1 | 20.3 | 20.4 | 20.6 | 20.8 | 20.9 | 21.1 | 21.3 | 21.5 | 21.7 |
| 33.0 | 20.4 | 20.6 | 20.8 | 21.0 | 21.1 | 21.3 | 21.5 | 21.7 | 21.9 | 22.1 | 22.2 | 22.4 | 22.6 |
| 34.0 | 21.3 | 21.5 | 21.7 | 21.9 | 22.1 | 22.2 | 22.4 | 22.6 | 22.8 | 23.0 | 23.2 | 23.4 | 23.6 |
| 35.0 | 22.2 | 22.4 | 22.6 | 22.8 | 23.0 | 23.2 | 23.4 | 23.6 | 23.8 | 24.0 | 24.2 | 24.4 | 24.6 |
| 36.0 | 23.1 | 23.3 | 23.5 | 23.7 | 23.9 | 24.1 | 24.3 | 24.5 | 24.7 | 24.9 | 25.1 | 25.4 | 25.6 |
| 37.0 | 24.0 | 24.2 | 24.4 | 24.6 | 24.9 | 25.1 | 25.3 | 25.5 | 25.7 | 25.9 | 26.1 | 26.4 | 26.6 |
| 38.0 | 24.9 | 25.1 | 25.4 | 25.6 | 25.8 | 26.0 | 26.2 | 26.5 | 26.7 | 26.9 | 27.1 | 27.4 | 27.6 |
| 39.0 | 25.9 | 26.1 | 26.3 | 26.5 | 26.8 | 27.0 | 27.2 | 27.5 | 27.7 | 27.9 | 28.1 | 28.4 | 28.6 |
| 40.0 | 26.8 | 27.0 | 27.3 | 27.5 | 27.7 | 28.0 | 28.2 | 28.5 | 28.7 | 28.9 | 29.2 | 29.4 | 29.7 |
| 41.0 | 27.7 | 28.0 | 28.2 | 28.5 | 28.7 | 29.0 | 29.2 | 29.5 | 29.7 | 30.0 | 30.2 | 30.5 | 30.7 |
| 42.0 | 28.7 | 29.0 | 29.2 | 29.5 | 29.7 | 30.0 | 30.2 | 30.5 | 30.7 | 31.0 | 31.3 | 31.5 | 31.8 |
| 43.0 | 29.7 | 29.9 | 30.2 | 30.5 | 30.7 | 31.0 | 31.2 | 31.5 | 311.8 | 32.0 | 32.3 | 32.6 | 32.8 |
| 44.0 | 30.7 | 30.9 | 31.2 | 31.5 | 31.7 | 32.0 | 32.3 | 32.5 | 32.8 | 33.1 | 33.4 | 33.6 | 33.9 |
| 45.0 | 31.6 | 31.9 | 32.2 | 32.5 | 32.7 | 33.0 | 33.3 | 33.6 | 33.9 | 34.2 | 34.4 | 34.7 | 35.0 |

续上表

| $v_a$ / $f^c_{cu}$ / $R_a$ | 3.80 | 3.82 | 3.84 | 3.86 | 3.88 | 3.90 | 3.92 | 3.94 | 3.96 | 3.98 | 4.00 | 4.02 | 4.04 |
|---|---|---|---|---|---|---|---|---|---|---|---|---|---|
| 46.0 | 32.6 | 32.9 | 33.2 | 33.5 | 33.8 | 34.1 | 34.4 | 34.6 | 34.9 | 35.2 | 35.5 | 35.8 | 36.1 |
| 47.0 | 33.6 | 33.9 | 34.2 | 34.5 | 34.8 | 35.1 | 35.4 | 35.7 | 36.0 | 36.3 | 36.6 | 36.9 | 37.2 |
| 48.0 | 34.7 | 35.0 | 35.3 | 35.6 | 35.9 | 36.2 | 36.5 | 36.8 | 37.1 | 37.4 | 37.7 | 38.0 | 38.4 |
| 49.0 | 35.7 | 36.0 | 36.3 | 36.6 | 36.9 | 37.2 | 37.6 | 37.9 | 38.2 | 38.5 | 38.8 | 39.2 | 39.5 |
| 50.0 | 36.7 | 37.0 | 37.3 | 37.7 | 38.0 | 38.3 | 38.6 | 39.0 | 39.3 | 39.6 | 40.0 | 40.3 | 40.6 |
| 51.0 | 37.7 | 38.1 | 38.4 | 38.7 | 39.1 | 39.4 | 39.7 | 40.1 | 40.4 | 40.8 | 41.1 | 41.4 | 41.8 |
| 52.0 | 38.8 | 39.1 | 39.5 | 39.8 | 40.2 | 40.5 | 40.8 | 41.2 | 41.5 | 41.9 | 42.2 | 42.6 | 42.9 |
| 53.0 | 39.8 | 40.2 | 40.5 | 40.9 | 41.2 | 41.6 | 42.0 | 42.3 | 42.7 | 43.0 | 43.4 | 43.7 | 44.1 |
| 54.0 | 40.9 | 41.3 | 41.6 | 42.0 | 42.3 | 42.7 | 43.1 | 43.4 | 43.8 | 44.2 | 44.5 | 44.9 | 45.3 |
| 55.0 | 42.0 | 42.4 | 42.7 | 43.1 | 43.5 | 43.8 | 44.2 | 44.6 | 45.0 | 45.3 | 45.7 | 46.1 | 46.5 |

| $v_a$ / $f^c_{cu}$ / $R_a$ | 4.06 | 4.08 | 4.10 | 4.12 | 4.14 | 4.16 | 4.18 | 4.20 | 4.22 | 4.24 | 4.26 | 4.28 | 4.30 |
|---|---|---|---|---|---|---|---|---|---|---|---|---|---|
| 20.0 | 11.3 | 11.3 | 11.4 | 11.5 | 11.6 | 11.7 | 11.8 | 11.9 | 12.0 | 12.1 | 12.2 | 12.3 | 12.4 |
| 21.0 | 12.1 | 12.2 | 12.3 | 12.3 | 12.4 | 12.5 | 12.6 | 12.7 | 12.9 | 13.0 | 13.1 | 13.2 | 13.3 |
| 22.0 | 12.9 | 13.0 | 13.1 | 13.2 | 13.3 | 13.4 | 13.5 | 13.6 | 13.7 | 13.8 | 13.9 | 14.0 | 14.2 |
| 23.0 | 13.7 | 13.8 | 13.9 | 14.0 | 14.2 | 14.3 | 14.4 | 14.5 | 14.6 | 14.7 | 14.8 | 15.0 | 15.1 |
| 24.0 | 14.6 | 14.7 | 14.8 | 14.9 | 15.0 | 15.1 | 15.3 | 15.4 | 15.5 | 15.6 | 15.8 | 15.9 | 16.0 |
| 25.0 | 15.4 | 15.5 | 15.7 | 15.8 | 15.9 | 16.0 | 16.2 | 16.3 | 16.4 | 16.6 | 16.7 | 16.8 | 17.0 |
| 26.0 | 16.3 | 16.4 | 16.6 | 16.7 | 16.8 | 17.0 | 17.1 | 17.2 | 17.4 | 17.5 | 17.6 | 17.8 | 17.9 |
| 27.0 | 17.2 | 17.3 | 17.5 | 17.6 | 17.7 | 17.9 | 18.0 | 18.2 | 18.3 | 18.5 | 18.6 | 18.7 | 18.9 |
| 28.0 | 18.1 | 18.2 | 18.4 | 18.5 | 18.7 | 18.8 | 19.0 | 19.1 | 19.3 | 19.4 | 19.6 | 19.7 | 19.9 |
| 29.0 | 19.0 | 19.2 | 19.3 | 19.5 | 19.6 | 19.8 | 19.9 | 20.1 | 20.3 | 20.4 | 20.6 | 20.7 | 20.9 |
| 30.0 | 19.9 | 20.1 | 20.3 | 20.4 | 20.6 | 20.8 | 20.9 | 21.1 | 21.2 | 21.4 | 21.6 | 21.8 | 21.9 |
| 31.0 | 20.9 | 21.0 | 21.2 | 21.4 | 21.6 | 21.7 | 21.9 | 22.1 | 22.3 | 22.4 | 22.6 | 22.8 | 23.0 |
| 32.0 | 21.8 | 22.0 | 22.2 | 22.4 | 22.5 | 22.7 | 22.9 | 23.1 | 23.3 | 23.5 | 23.6 | 23.8 | 24.0 |
| 33.0 | 22.8 | 23.0 | 23.2 | 23.4 | 23.5 | 23.7 | 23.9 | 24.1 | 24.3 | 24.5 | 24.7 | 24.9 | 25.1 |
| 34.0 | 23.8 | 24.0 | 24.2 | 24.4 | 24.6 | 24.8 | 25.0 | 25.2 | 25.3 | 25.5 | 25.7 | 25.9 | 26.1 |
| 35.0 | 24.8 | 25.0 | 25.2 | 25.4 | 25.6 | 25.8 | 26.0 | 26.2 | 26.4 | 26.6 | 26.8 | 27.0 | 27.2 |
| 36.0 | 25.8 | 26.0 | 26.2 | 26.4 | 26.6 | 26.8 | 27.0 | 27.3 | 27.5 | 27.7 | 27.9 | 28.1 | 28.3 |
| 37.0 | 26.8 | 27.0 | 27.2 | 27.4 | 27.7 | 27.9 | 28.1 | 28.3 | 28.6 | 28.8 | 29.0 | 29.2 | 29.5 |
| 38.0 | 27.8 | 28.0 | 28.3 | 28.5 | 28.7 | 29.0 | 29.2 | 29.4 | 29.7 | 29.9 | 30.1 | 30.4 | 30.6 |
| 39.0 | 28.9 | 29.1 | 29.3 | 29.6 | 29.8 | 30.0 | 30.3 | 30.5 | 30.8 | 31.0 | 31.2 | 31.5 | 31.7 |
| 40.0 | 29.9 | 30.1 | 30.4 | 30.6 | 30.9 | 31.1 | 31.4 | 31.6 | 31.9 | 32.1 | 32.4 | 32.6 | 32.9 |
| 41.0 | 31.0 | 31.2 | 31.5 | 31.7 | 32.0 | 32.2 | 32.5 | 32.7 | 33.0 | 33.3 | 33.5 | 33.8 | 34.0 |
| 42.0 | 32.0 | 32.3 | 32.6 | 32.8 | 33.1 | 33.3 | 33.6 | 33.9 | 34.1 | 34.4 | 34.7 | 35.0 | 35.2 |
| 43.0 | 33.1 | 33.4 | 33.7 | 33.9 | 34.2 | 34.5 | 34.7 | 35.0 | 35.3 | 35.6 | 35.9 | 36.1 | 36.4 |
| 44.0 | 34.2 | 34.5 | 34.8 | 35.0 | 35.3 | 35.6 | 35.9 | 36.2 | 36.5 | 36.7 | 37.0 | 37.3 | 37.6 |
| 45.0 | 35.3 | 35.6 | 35.9 | 36.2 | 36.5 | 36.8 | 37.0 | 37.3 | 37.6 | 37.9 | 38.2 | 38.5 | 38.8 |

续上表

| $R_a$ \ $v_a$ ($f_{cu}^{c}$) | 4.06 | 4.08 | 4.10 | 4.12 | 4.14 | 4.16 | 4.18 | 4.20 | 4.22 | 4.24 | 4.26 | 4.28 | 4.30 |
|---|---|---|---|---|---|---|---|---|---|---|---|---|---|
| 46.0 | 36.4 | 36.7 | 37.0 | 37.3 | 37.6 | 37.9 | 38.2 | 38.5 | 38.8 | 39.2 | 39.4 | 39.7 | 40.0 |
| 47.0 | 37.5 | 37.8 | 38.1 | 38.5 | 38.8 | 39.1 | 39.4 | 39.7 | 40.0 | 40.3 | 40.6 | 41.0 | 41.3 |
| 48.0 | 38.7 | 39.0 | 39.3 | 39.6 | 39.9 | 40.3 | 40.6 | 40.9 | 41.2 | 41.5 | 41.9 | 42.2 | 42.5 |
| 49.0 | 39.8 | 40.1 | 40.5 | 40.8 | 41.1 | 41.4 | 41.8 | 42.1 | 42.4 | 42.8 | 43.1 | 43.4 | 43.8 |
| 50.0 | 41.0 | 41.3 | 41.6 | 42.0 | 42.3 | 42.6 | 43.0 | 43.3 | 43.7 | 44.0 | 44.4 | 44.7 | 45.0 |
| 51.0 | 42.1 | 42.5 | 42.8 | 43.2 | 43.5 | 43.8 | 44.2 | 44.5 | 44.9 | 45.3 | 45.6 | 46.0 | 46.3 |
| 52.0 | 43.3 | 43.6 | 44.0 | 44.3 | 44.7 | 45.1 | 45.4 | 45.8 | 46.1 | 46.5 | 46.9 | 47.2 | 47.6 |
| 53.0 | 44.5 | 44.8 | 45.2 | 45.6 | 45.9 | 46.3 | 46.7 | 47.0 | 47.4 | 47.8 | 48.1 | 48.5 | 48.9 |
| 54.0 | 45.7 | 46.0 | 46.4 | 46.8 | 47.2 | 47.5 | 47.9 | 48.3 | 48.7 | 49.1 | 49.4 | 49.8 | 50.2 |
| 55.0 | 46.8 | 47.2 | 47.6 | 48.0 | 48.4 | 48.8 | 49.2 | 49.6 | 49.9 | 50.3 | 50.7 | 51.1 | 51.5 |

| $R_a$ \ $v_a$ ($f_{cu}^{c}$) | 4.32 | 4.34 | 4.36 | 4.38 | 4.40 | 4.42 | 4.44 | 4.46 | 4.48 | 4.50 | 4.52 | 4.54 | 4.56 |
|---|---|---|---|---|---|---|---|---|---|---|---|---|---|
| 20.0 | 12.5 | 12.6 | 12.7 | 12.8 | 12.9 | 13.0 | 13.0 | 13.1 | 13.2 | 13.3 | 13.4 | 13.5 | 13.6 |
| 21.0 | 13.4 | 13.5 | 13.6 | 13.7 | 13.8 | 13.9 | 14.0 | 14.1 | 14.2 | 14.3 | 14.4 | 14.5 | 14.6 |
| 22.0 | 14.3 | 14.4 | 14.5 | 14.6 | 14.7 | 14.8 | 14.9 | 15.0 | 15.1 | 15.3 | 15.4 | 15.5 | 15.6 |
| 23.0 | 15.2 | 15.3 | 15.4 | 15.5 | 15.7 | 15.8 | 15.9 | 16.0 | 16.1 | 16.2 | 16.4 | 16.5 | 16.6 |
| 24.0 | 16.1 | 16.2 | 16.4 | 16.5 | 16.6 | 16.7 | 16.9 | 17.0 | 17.1 | 17.3 | 17.4 | 17.5 | 17.6 |
| 25.0 | 17.1 | 17.2 | 17.3 | 17.5 | 17.6 | 17.7 | 17.9 | 18.0 | 18.1 | 18.3 | 18.4 | 18.5 | 18.7 |
| 26.0 | 18.1 | 18.2 | 18.3 | 18.5 | 18.6 | 18.7 | 18.9 | 19.0 | 19.2 | 19.3 | 19.5 | 19.6 | 19.7 |
| 27.0 | 19.0 | 19.2 | 19.3 | 19.5 | 19.6 | 19.8 | 19.9 | 20.1 | 20.2 | 20.4 | 20.5 | 20.7 | 20.8 |
| 28.0 | 20.0 | 20.2 | 20.3 | 20.5 | 20.7 | 20.8 | 21.0 | 21.1 | 21.3 | 21.4 | 21.6 | 21.8 | 21.9 |
| 29.0 | 21.1 | 21.2 | 21.4 | 21.5 | 21.7 | 21.9 | 22.0 | 22.2 | 22.4 | 22.5 | 22.7 | 22.9 | 23.0 |
| 30.0 | 22.1 | 22.3 | 22.4 | 22.6 | 22.8 | 22.9 | 23.1 | 23.3 | 23.5 | 23.6 | 23.8 | 24.0 | 24.2 |
| 31.0 | 23.1 | 23.3 | 23.5 | 23.7 | 23.8 | 24.0 | 24.2 | 24.4 | 24.6 | 24.8 | 24.9 | 25.1 | 25.3 |
| 32.0 | 24.2 | 24.4 | 24.6 | 24.8 | 24.9 | 25.1 | 25.3 | 25.5 | 25.7 | 25.9 | 26.1 | 26.3 | 26.5 |
| 33.0 | 25.3 | 25.5 | 25.7 | 25.8 | 26.0 | 26.2 | 26.4 | 26.6 | 26.8 | 27.0 | 27.2 | 27.4 | 27.6 |
| 34.0 | 26.4 | 26.6 | 26.8 | 27.0 | 27.2 | 27.4 | 27.6 | 27.8 | 28.0 | 28.2 | 28.4 | 28.6 | 28.8 |
| 35.0 | 27.5 | 27.7 | 27.9 | 28.1 | 28.3 | 28.5 | 28.7 | 28.9 | 29.2 | 29.4 | 29.6 | 29.8 | 30.0 |
| 36.0 | 28.6 | 28.8 | 29.0 | 29.2 | 29.4 | 29.7 | 29.9 | 30.1 | 30.3 | 30.6 | 30.8 | 31.0 | 31.2 |
| 37.0 | 29.7 | 29.9 | 30.1 | 30.4 | 30.6 | 30.8 | 31.1 | 31.3 | 31.5 | 31.8 | 32.0 | 32.2 | 32.5 |
| 38.0 | 30.8 | 31.1 | 31.3 | 31.5 | 31.8 | 32.0 | 32.3 | 32.5 | 32.7 | 33.0 | 33.2 | 33.5 | 33.7 |
| 39.0 | 32.0 | 32.2 | 32.5 | 32.7 | 33.0 | 33.2 | 33.5 | 33.7 | 34.0 | 34.2 | 34.5 | 34.7 | 35.0 |
| 40.0 | 33.1 | 33.4 | 33.6 | 33.9 | 34.2 | 34.4 | 34.7 | 34.9 | 35.2 | 35.4 | 35.7 | 36.0 | 36.2 |
| 41.0 | 34.3 | 34.6 | 34.8 | 35.1 | 35.4 | 35.6 | 35.9 | 36.2 | 36.4 | 36.7 | 37.0 | 37.3 | 37.5 |
| 42.0 | 35.5 | 35.8 | 36.0 | 36.3 | 36.6 | 36.9 | 37.1 | 37.4 | 37.7 | 38.0 | 38.3 | 38.5 | 38.8 |
| 43.0 | 36.7 | 37.0 | 37.3 | 37.5 | 37.8 | 38.1 | 38.4 | 38.7 | 39.0 | 39.3 | 39.6 | 39.8 | 40.1 |
| 44.0 | 37.9 | 38.2 | 38.5 | 38.8 | 39.1 | 39.4 | 39.7 | 40.0 | 40.3 | 40.6 | 40.9 | 41.2 | 41.5 |
| 45.0 | 39.1 | 39.4 | 39.7 | 40.0 | 40.3 | 40.6 | 40.9 | 41.2 | 41.6 | 41.9 | 42.2 | 42.5 | 42.8 |

续上表

| $f_{cu}^{c}$ $v_a$ / $R_a$ | 4.32 | 4.34 | 4.36 | 4.38 | 4.40 | 4.42 | 4.44 | 4.46 | 4.48 | 4.50 | 4.52 | 4.54 | 4.56 |
|---|---|---|---|---|---|---|---|---|---|---|---|---|---|
| 46.0 | 40.4 | 40.7 | 41.0 | 41.3 | 41.6 | 41.9 | 42.2 | 42.5 | 42.9 | 43.2 | 43.5 | 43.8 | 44.1 |
| 47.0 | 41.6 | 41.9 | 42.2 | 42.6 | 42.9 | 43.2 | 43.5 | 43.9 | 44.2 | 44.5 | 44.8 | 45.2 | 45.5 |
| 48.0 | 42.9 | 43.2 | 43.5 | 43.8 | 44.2 | 44.5 | 44.8 | 45.2 | 45.5 | 45.8 | 46.2 | 46.5 | 46.9 |
| 49.0 | 44.1 | 44.5 | 44.8 | 45.1 | 45.5 | 45.8 | 46.2 | 46.5 | 46.9 | 47.2 | 47.5 | 47.9 | 48.2 |
| 50.0 | 45.4 | 45.7 | 46.1 | 46.4 | 46.8 | 47.1 | 47.5 | 47.9 | 48.2 | 48.6 | 48.9 | 49.3 | 49.6 |
| 51.0 | 46.7 | 47.0 | 47.4 | 47.8 | 48.1 | 48.5 | 48.8 | 49.2 | 49.6 | 49.9 | 50.3 | 50.7 | 51.0 |
| 52.0 | 48.0 | 48.3 | 48.7 | 49.1 | 49.5 | 49.8 | 50.2 | 50.6 | 50.9 | 51.3 | 51.7 | 52.1 | 52.5 |
| 53.0 | 49.3 | 49.7 | 50.0 | 50.4 | 50.8 | 51.2 | 51.6 | 52.0 | 52.3 | 52.7 | 53.1 | 53.5 | 53.9 |
| 54.0 | 50.6 | 51.0 | 51.4 | 51.8 | 52.2 | 52.5 | 52.9 | 53.3 | 53.7 | 54.1 | 54.5 | 54.9 | 55.3 |
| 55.0 | 51.9 | 52.3 | 52.7 | 53.1 | 53.5 | 53.9 | 54.3 | 54.7 | 55.1 | 55.6 | 56.0 | 56.4 | 56.8 |

| $f_{cu}^{c}$ $v_a$ / $R_a$ | 4.58 | 4.60 | 4.62 | 4.64 | 4.66 | 4.68 | 4.70 | 4.72 | 4.74 | 4.76 | 4.78 | 4.80 | 4.82 |
|---|---|---|---|---|---|---|---|---|---|---|---|---|---|
| 20.0 | 13.7 | 13.8 | 13.9 | 14.0 | 14.1 | 14.2 | 14.3 | 14.4 | 14.5 | 14.6 | 14.7 | 14.8 | 14.9 |
| 21.0 | 14.7 | 14.8 | 14.9 | 15.0 | 15.1 | 15.3 | 15.4 | 15.5 | 15.6 | 15.7 | 15.8 | 15.9 | 16.0 |
| 22.0 | 15.7 | 15.8 | 15.9 | 16.1 | 16.2 | 16.3 | 16.4 | 16.5 | 16.6 | 16.7 | 16.9 | 17.0 | 17.1 |
| 23.0 | 16.7 | 16.9 | 17.0 | 17.1 | 17.2 | 17.3 | 17.5 | 17.6 | 17.7 | 17.8 | 18.0 | 18.1 | 18.2 |
| 24.0 | 17.8 | 17.9 | 18.0 | 18.2 | 18.3 | 18.4 | 18.5 | 18.7 | 18.8 | 18.9 | 19.1 | 19.2 | 19.3 |
| 25.0 | 18.8 | 19.0 | 19.1 | 19.2 | 19.4 | 19.5 | 19.6 | 19.8 | 19.9 | 20.1 | 20.2 | 20.3 | 20.5 |
| 26.0 | 19.9 | 20.0 | 20.2 | 20.3 | 20.5 | 20.6 | 20.8 | 20.9 | 21.1 | 21.2 | 21.3 | 21.5 | 21.6 |
| 27.0 | 21.0 | 21.1 | 21.3 | 21.4 | 21.6 | 21.7 | 21.9 | 22.0 | 22.2 | 22.4 | 22.5 | 22.7 | 22.8 |
| 28.0 | 22.1 | 22.2 | 22.4 | 22.6 | 22.7 | 22.9 | 23.0 | 23.2 | 23.4 | 23.5 | 23.7 | 23.9 | 24.0 |
| 29.0 | 23.2 | 23.4 | 23.5 | 23.7 | 23.9 | 24.0 | 24.2 | 24.4 | 24.6 | 24.7 | 24.9 | 25.1 | 25.2 |
| 30.0 | 24.3 | 24.5 | 24.7 | 24.9 | 25.0 | 25.2 | 25.4 | 25.6 | 25.8 | 25.9 | 26.1 | 26.3 | 26.5 |
| 31.0 | 25.5 | 25.7 | 25.9 | 26.0 | 26.2 | 26.4 | 26.6 | 26.8 | 27.0 | 27.2 | 27.4 | 27.5 | 27.7 |
| 32.0 | 26.7 | 26.8 | 27.0 | 27.2 | 27.4 | 27.6 | 27.8 | 28.0 | 28.2 | 28.4 | 28.6 | 28.8 | 29.0 |
| 33.0 | 27.8 | 28.0 | 28.2 | 28.4 | 28.6 | 28.8 | 29.1 | 29.3 | 29.5 | 29.7 | 29.9 | 30.1 | 30.3 |
| 34.0 | 29.0 | 29.2 | 29.5 | 29.7 | 29.9 | 30.1 | 30.3 | 30.5 | 30.7 | 30.9 | 31.2 | 31.4 | 31.6 |
| 35.0 | 30.2 | 30.5 | 30.7 | 30.9 | 31.1 | 31.3 | 31.6 | 31.8 | 32.0 | 32.2 | 32.5 | 32.7 | 32.9 |
| 36.0 | 31.5 | 31.7 | 31.9 | 32.2 | 32.4 | 32.6 | 32.8 | 33.1 | 33.3 | 33.5 | 33.8 | 34.0 | 34.2 |
| 37.0 | 32.7 | 32.9 | 33.2 | 33.4 | 33.7 | 33.9 | 34.1 | 34.4 | 34.6 | 34.9 | 35.1 | 35.3 | 35.6 |
| 38.0 | 34.0 | 34.2 | 34.5 | 34.7 | 34.9 | 35.2 | 35.4 | 35.7 | 35.9 | 36.2 | 36.4 | 36.7 | 37.0 |
| 39.0 | 35.2 | 35.5 | 35.7 | 36.0 | 36.2 | 36.5 | 36.8 | 37.0 | 37.3 | 37.5 | 37.8 | 38.1 | 38.3 |
| 40.0 | 36.5 | 36.8 | 37.0 | 37.3 | 37.6 | 37.8 | 38.1 | 38.4 | 38.6 | 38.9 | 39.2 | 39.5 | 39.7 |
| 41.0 | 37.8 | 38.1 | 38.3 | 38.6 | 38.9 | 39.2 | 39.5 | 39.7 | 40.0 | 40.3 | 40.6 | 40.9 | 41.1 |
| 42.0 | 39.1 | 39.4 | 39.7 | 40.0 | 40.2 | 40.5 | 40.8 | 41.1 | 41.4 | 41.7 | 42.0 | 42.3 | 42.6 |
| 43.0 | 40.4 | 40.7 | 41.0 | 41.3 | 41.6 | 41.9 | 42.2 | 42.5 | 42.8 | 43.1 | 43.4 | 43.7 | 44.0 |
| 44.0 | 41.8 | 42.1 | 42.4 | 42.7 | 43.0 | 43.3 | 43.6 | 43.9 | 44.2 | 44.5 | 44.8 | 45.1 | 45.4 |
| 45.0 | 43.1 | 43.4 | 43.7 | 44.0 | 44.4 | 44.7 | 45.0 | 45.3 | 45.6 | 45.9 | 46.3 | 46.6 | 46.9 |

续上表

| $v_a$ / $f_{cu}^{c}$ / $R_a$ | 4.58 | 4.60 | 4.62 | 4.64 | 4.66 | 4.68 | 4.70 | 4.72 | 4.74 | 4.76 | 4.78 | 4.80 | 4.82 |
|---|---|---|---|---|---|---|---|---|---|---|---|---|---|
| 46.0 | 44.5 | 44.8 | 45.1 | 45.4 | 45.8 | 46.1 | 46.4 | 46.7 | 47.1 | 47.4 | 47.7 | 48.0 | 48.4 |
| 47.0 | 45.8 | 46.2 | 46.5 | 46.8 | 47.2 | 47.5 | 47.8 | 48.2 | 48.5 | 48.8 | 49.2 | 49.5 | 49.9 |
| 48.0 | 47.2 | 47.5 | 47.9 | 48.2 | 48.6 | 48.9 | 49.3 | 49.6 | 50.0 | 50.3 | 50.7 | 51.0 | 51.4 |
| 49.0 | 48.6 | 49.0 | 49.3 | 49.7 | 50.0 | 50.4 | 50.7 | 51.1 | 51.4 | 51.8 | 52.2 | 52.5 | 52.9 |
| 50.0 | 50.0 | 50.4 | 50.7 | 51.1 | 51.5 | 51.8 | 52.2 | 52.6 | 52.9 | 53.3 | 53.7 | 54.0 | 54.4 |
| 51.0 | 51.4 | 51.8 | 52.2 | 52.5 | 52.9 | 53.3 | 53.7 | 54.0 | 54.4 | 54.8 | 55.2 | 55.6 | 56.0 |
| 52.0 | 52.8 | 53.2 | 53.6 | 54.0 | 54.4 | 54.8 | 55.2 | 55.5 | 55.9 | 56.3 | 56.7 | 57.1 | 57.5 |
| 53.0 | 54.3 | 54.7 | 55.1 | 55.5 | 55.9 | 56.3 | 56.7 | 57.1 | 57.5 | 57.9 | 58.3 | 58.7 | 59.1 |
| 54.0 | 55.7 | 56.1 | 56.5 | 56.9 | 57.4 | 57.8 | 58.2 | 58.6 | 59.0 | 59.4 | 59.8 | 60.2 | 60.7 |
| 55.0 | 57.2 | 57.6 | 58.0 | 58.4 | 58.9 | 59.3 | 59.7 | 60.1 | 60.5 | 61.0 | 61.4 | 61.8 | 62.2 |

| $v_a$ / $f_{cu}^{c}$ / $R_a$ | 4.84 | 4.86 | 4.88 | 4.90 | 4.92 | 4.94 | 4.96 | 4.98 | 5.00 | 5.02 | 5.04 | 5.06 | 5.08 |
|---|---|---|---|---|---|---|---|---|---|---|---|---|---|
| 20.0 | 15.1 | 15.2 | 15.3 | 15.4 | 15.5 | 15.6 | 15.7 | 15.8 | 15.9 | 16.0 | 16.1 | 16.2 | 16.3 |
| 21.0 | 16.1 | 16.2 | 16.3 | 16.5 | 16.6 | 16.7 | 16.8 | 16.9 | 17.0 | 17.1 | 17.2 | 17.4 | 17.5 |
| 22.0 | 17.2 | 17.3 | 17.5 | 17.6 | 17.7 | 17.8 | 17.9 | 18.1 | 18.2 | 18.3 | 18.4 | 18.5 | 18.7 |
| 23.0 | 18.3 | 18.5 | 18.6 | 18.7 | 18.8 | 19.0 | 19.1 | 19.2 | 19.3 | 19.5 | 19.6 | 19.7 | 19.9 |
| 24.0 | 19.5 | 19.6 | 19.7 | 19.9 | 20.0 | 20.1 | 20.3 | 20.4 | 20.5 | 20.7 | 20.8 | 21.0 | 21.1 |
| 25.0 | 20.6 | 20.8 | 20.9 | 21.0 | 21.2 | 21.3 | 21.5 | 21.6 | 21.8 | 21.9 | 22.0 | 22.2 | 22.3 |
| 26.0 | 21.8 | 21.9 | 22.1 | 22.2 | 22.4 | 22.5 | 22.7 | 22.8 | 23.0 | 23.1 | 23.3 | 23.5 | 23.6 |
| 27.0 | 23.0 | 23.1 | 23.3 | 23.5 | 23.6 | 23.8 | 23.9 | 24.1 | 24.3 | 24.4 | 24.6 | 24.7 | 24.9 |
| 28.0 | 24.2 | 24.4 | 24.5 | 24.7 | 24.9 | 25.0 | 25.2 | 25.4 | 25.5 | 25.7 | 25.9 | 26.0 | 26.2 |
| 29.0 | 25.4 | 25.6 | 25.8 | 25.9 | 26.1 | 26.3 | 26.5 | 26.6 | 26.8 | 27.0 | 27.2 | 27.4 | 27.5 |
| 30.0 | 26.7 | 26.8 | 27.0 | 27.2 | 27.4 | 27.6 | 27.8 | 28.0 | 28.1 | 28.3 | 28.5 | 28.7 | 28.9 |
| 31.0 | 27.9 | 28.1 | 28.3 | 28.5 | 28.7 | 28.9 | 29.1 | 29.3 | 29.5 | 29.7 | 29.9 | 30.1 | 30.3 |
| 32.0 | 29.2 | 29.4 | 29.6 | 29.8 | 30.0 | 30.2 | 30.4 | 30.6 | 30.8 | 31.0 | 31.2 | 31.4 | 31.6 |
| 33.0 | 30.5 | 30.7 | 30.9 | 31.1 | 31.3 | 31.5 | 31.8 | 32.0 | 32.2 | 32.4 | 32.6 | 32.8 | 33.0 |
| 34.0 | 31.8 | 32.0 | 32.2 | 32.5 | 32.7 | 32.9 | 33.1 | 33.3 | 33.6 | 33.8 | 34.0 | 34.2 | 34.5 |
| 35.0 | 33.1 | 33.4 | 33.6 | 33.8 | 34.0 | 34.3 | 34.5 | 34.7 | 35.0 | 35.2 | 35.4 | 35.7 | 35.9 |
| 36.0 | 34.5 | 34.7 | 35.0 | 35.2 | 35.4 | 35.7 | 35.9 | 36.1 | 36.4 | 36.6 | 36.9 | 37.1 | 37.4 |
| 37.0 | 35.8 | 36.1 | 36.3 | 36.6 | 36.8 | 37.1 | 37.3 | 37.6 | 37.8 | 38.1 | 38.3 | 38.6 | 38.8 |
| 38.0 | 37.2 | 37.5 | 37.7 | 38.0 | 38.2 | 38.5 | 38.7 | 39.0 | 39.3 | 39.5 | 39.8 | 40.1 | 40.3 |
| 39.0 | 38.6 | 38.9 | 39.1 | 39.4 | 39.7 | 39.9 | 40.2 | 40.5 | 40.7 | 41.0 | 41.3 | 41.5 | 41.8 |
| 40.0 | 40.0 | 40.3 | 40.5 | 40.8 | 41.4 | 41.4 | 41.7 | 41.9 | 42.2 | 42.5 | 42.8 | 43.1 | 43.3 |
| 41.0 | 41.4 | 41.7 | 42.0 | 42.3 | 42.6 | 42.8 | 43.1 | 43.4 | 43.7 | 44.0 | 44.3 | 44.6 | 44.9 |
| 42.0 | 42.8 | 43.1 | 43.4 | 43.7 | 44.0 | 44.3 | 44.6 | 44.9 | 45.2 | 45.5 | 45.8 | 46.1 | 46.4 |
| 43.0 | 44.3 | 44.6 | 44.9 | 45.2 | 45.5 | 45.8 | 46.1 | 46.4 | 46.7 | 47.1 | 47.4 | 47.7 | 48.0 |
| 44.0 | 45.8 | 46.1 | 46.4 | 46.7 | 47.0 | 47.3 | 47.6 | 48.0 | 48.3 | 48.6 | 48.9 | 49.2 | 49.6 |
| 45.0 | 47.2 | 47.6 | 47.9 | 48.2 | 48.5 | 48.9 | 49.2 | 49.5 | 49.8 | 50.2 | 50.5 | 50.8 | 51.2 |

续上表

| $f_{cu}^{c}$ $v_a$ / $R_a$ | 4.84 | 4.86 | 4.88 | 4.90 | 4.92 | 4.94 | 4.96 | 4.98 | 5.00 | 5.02 | 5.04 | 5.06 | 5.08 |
|---|---|---|---|---|---|---|---|---|---|---|---|---|---|
| 46.0 | 48.7 | 49.0 | 49.4 | 49.7 | 50.1 | 50.4 | 50.7 | 51.1 | 51.4 | 51.8 | 52.1 | 52.4 | 52.8 |
| 47.0 | 50.2 | 50.6 | 60.9 | 51.2 | 51.6 | 51.9 | 52.3 | 52.6 | 53.0 | 53.3 | 53.7 | 54.0 | 54.4 |
| 48.0 | 51.7 | 52.1 | 52.4 | 52.8 | 53.2 | 53.5 | 53.9 | 54.2 | 45.6 | 55.0 | 55.3 | 55.7 | 56.0 |
| 49.0 | 53.3 | 53.6 | 54.0 | 54.4 | 54.7 | 55.1 | 55.5 | 55.8 | 56.2 | 56.6 | 56.9 | 57.3 | 57.7 |
| 50.0 | 54.8 | 55.2 | 55.5 | 55.9 | 56.3 | 56.7 | 57.1 | 57.4 | 57.8 | 58.2 | 58.6 | 59.0 | 59.4 |
| 51.0 | 56.3 | 56.7 | 57.1 | 57.5 | 57.9 | 58.3 | 58.7 | 59.1 | 59.5 | 59.9 | 60.3 | 60.6 | 61.0 |
| 52.0 | 57.9 | 58.3 | 58.7 | 59.1 | 59.5 | 59.9 | 60.3 | 60.7 | 61.1 | 61.5 | 61.9 | 62.3 | 62.7 |
| 53.0 | 59.5 | 59.9 | 60.3 | 60.7 | 61.1 | 61.5 | 61.9 | 62.4 | 42.8 | 63.2 | 63.6 | 64.0 | 64.4 |
| 54.0 | 61.1 | 61.5 | 61.9 | 62.3 | 62.8 | 63.2 | 63.6 | 64.0 | 64.5 | 64.9 | 65.3 | 65.7 | 66.2 |
| 55.0 | 62.7 | 63.1 | 63.5 | 64.0 | 64.4 | 64.8 | 65.3 | 65.7 | 66.1 | 66.6 | 67.0 | 67.5 | 67.9 |

| $f_{cu}^{c}$ $v_a$ / $R_a$ | 5.10 | 5.12 | 5.14 | 5.16 | 5.18 | 5.20 | 5.22 | 5.24 | 5.26 | 5.28 | 5.30 | 5.32 | 5.34 |
|---|---|---|---|---|---|---|---|---|---|---|---|---|---|
| 20.0 | 16.4 | 16.5 | 16.6 | 16.7 | 16.8 | 17.0 | 17.1 | 17.2 | 17.3 | 17.4 | 17.5 | 17.6 | 17.7 |
| 21.0 | 17.6 | 17.7 | 17.8 | 17.9 | 18.0 | 18.2 | 18.3 | 18.4 | 18.5 | 18.6 | 18.7 | 18.9 | 19.0 |
| 22.0 | 18.8 | 18.9 | 19.0 | 19.1 | 19.3 | 19.4 | 19.5 | 19.6 | 19.8 | 19.9 | 20.0 | 20.1 | 20.3 |
| 23.0 | 20.0 | 20.1 | 20.3 | 20.4 | 20.5 | 20.6 | 20.8 | 20.9 | 21.0 | 21.2 | 21.3 | 21.4 | 21.6 |
| 24.0 | 21.2 | 21.4 | 21.5 | 21.6 | 21.8 | 21.9 | 22.1 | 22.2 | 22.3 | 22.5 | 22.6 | 22.8 | 22.9 |
| 25.0 | 22.5 | 22.6 | 22.8 | 22.9 | 23.1 | 23.2 | 23.4 | 23.5 | 23.7 | 23.8 | 24.0 | 24.1 | 24.3 |
| 26.0 | 23.8 | 23.9 | 24.1 | 24.2 | 24.4 | 24.5 | 24.7 | 24.9 | 25.0 | 25.2 | 25.3 | 25.5 | 25.6 |
| 27.0 | 25.1 | 25.2 | 25.4 | 25.6 | 25.7 | 25.9 | 26.0 | 26.2 | 26.4 | 26.5 | 26.7 | 26.9 | 27.0 |
| 28.0 | 26.4 | 26.6 | 26.7 | 26.9 | 27.1 | 27.2 | 27.4 | 27.6 | 27.8 | 27.9 | 28.1 | 28.3 | 28.5 |
| 29.0 | 27.7 | 27.9 | 28.1 | 28.3 | 28.4 | 28.6 | 28.8 | 29.0 | 29.2 | 29.4 | 29.5 | 29.7 | 29.9 |
| 30.0 | 29.1 | 29.3 | 29.5 | 29.6 | 29.8 | 30.0 | 30.2 | 30.4 | 30.6 | 30.8 | 31.0 | 31.2 | 31.4 |
| 31.0 | 30.5 | 30.6 | 30.8 | 31.0 | 31.2 | 31.4 | 31.6 | 31.8 | 32.1 | 32.3 | 32.5 | 32.7 | 32.9 |
| 32.0 | 31.8 | 32.1 | 32.3 | 32.5 | 32.7 | 32.9 | 33.1 | 33.3 | 33.5 | 33.7 | 33.9 | 34.2 | 34.4 |
| 33.0 | 33.3 | 33.5 | 33.7 | 33.9 | 34.1 | 34.3 | 34.6 | 34.8 | 35.0 | 35.2 | 35.4 | 35.7 | 35.9 |
| 34.0 | 34.7 | 34.9 | 35.1 | 35.4 | 35.6 | 35.8 | 36.1 | 36.3 | 36.5 | 36.7 | 37.0 | 37.2 | 37.4 |
| 35.0 | 36.1 | 36.4 | 36.6 | 36.8 | 37.1 | 37.3 | 37.6 | 37.8 | 38.0 | 38.3 | 38.5 | 38.8 | 39.0 |
| 36.0 | 37.6 | 37.8 | 38.1 | 38.3 | 38.6 | 38.8 | 39.1 | 39.3 | 39.6 | 39.8 | 40.1 | 40.3 | 40.6 |
| 37.0 | 39.1 | 39.3 | 39.6 | 39.8 | 40.1 | 40.4 | 40.6 | 40.9 | 41.1 | 41.4 | 41.7 | 41.9 | 42.2 |
| 38.0 | 40.6 | 40.8 | 41.1 | 41.4 | 41.6 | 41.9 | 42.2 | 42.4 | 42.7 | 43.0 | 43.2 | 43.5 | 43.8 |
| 39.0 | 42.1 | 42.4 | 42.6 | 42.9 | 43.2 | 43.5 | 43.7 | 44.0 | 44.3 | 44.6 | 44.9 | 45.1 | 45.4 |
| 40.0 | 43.6 | 43.9 | 44.2 | 44.5 | 44.8 | 45.0 | 45.3 | 45.6 | 45.9 | 46.2 | 46.5 | 46.8 | 47.1 |
| 41.0 | 45.2 | 45.5 | 45.8 | 46.1 | 46.3 | 46.6 | 46.9 | 47.2 | 47.5 | 47.8 | 48.1 | 48.4 | 48.7 |
| 42.0 | 46.7 | 47.0 | 47.3 | 47.6 | 47.9 | 48.3 | 48.6 | 48.9 | 49.2 | 49.5 | 49.8 | 50.1 | 50.4 |
| 43.0 | 48.3 | 48.6 | 48.9 | 49.2 | 49.6 | 49.9 | 50.2 | 50.5 | 50.8 | 51.2 | 51.5 | 51.8 | 52.1 |
| 44.0 | 49.9 | 50.2 | 50.5 | 50.9 | 51.2 | 51.5 | 51.9 | 52.2 | 52.5 | 52.8 | 53.2 | 53.5 | 53.8 |
| 45.0 | 51.5 | 51.8 | 52.2 | 52.5 | 52.8 | 53.2 | 53.5 | 53.9 | 54.2 | 54.5 | 54.9 | 55.2 | 55.6 |

续上表

| $v_a$ / $f^c_{cu}$ / $R_a$ | 5.10 | 5.12 | 5.14 | 5.16 | 5.18 | 5.20 | 5.22 | 5.24 | 5.26 | 5.28 | 5.30 | 5.32 | 5.34 |
|---|---|---|---|---|---|---|---|---|---|---|---|---|---|
| 46.0 | 53.1 | 53.5 | 53.8 | 54.2 | 54.5 | 54.9 | 55.2 | 55.6 | 55.9 | 56.3 | 56.6 | 57.0 | 57.3 |
| 47.0 | 54.8 | 55.1 | 55.5 | 55.8 | 56.2 | 56.5 | 56.9 | 57.3 | 57.6 | 58.0 | 58.4 | 58.7 | 59.1 |
| 48.0 | 56.4 | 56.8 | 57.1 | 57.5 | 57.9 | 58.3 | 58.6 | 59.0 | 59.4 | 59.7 | 60.1 | 60.5 | 60.9 |
| 49.0 | 58.1 | 58.5 | 58.8 | 59.2 | 59.6 | 60.0 | 60.4 | 60.7 | 61.1 | 61.5 | 61.9 | 62.3 | 62.7 |
| 50.0 | 59.8 | 60.1 | 60.5 | 60.9 | 61.3 | 61.7 | 62.1 | 62.5 | 62.9 | 63.3 | 63.7 | 64.1 | 64.5 |
| 51.0 | 61.4 | 61.8 | 62.2 | 62.6 | 63.0 | 63.5 | 63.9 | 64.3 | 64.7 | 65.1 | 65.5 | 65.9 | 66.3 |
| 52.0 | 63.1 | 63.3 | 64.0 | 64.4 | 64.8 | 65.2 | 65.6 | 66.0 | 66.5 | 65.9 | 67.3 | 67.7 | 68.1 |
| 53.0 | 64.9 | 65.3 | 65.7 | 66.1 | 66.6 | 67.0 | 67.4 | 67.8 | 68.3 | 68.7 | 69.1 | 69.6 | 70.0 |
| 54.0 | 66.6 | 67.0 | 67.5 | 67.9 | 68.3 | 68.8 | 69.2 | 69.7 | — | — | — | — | — |
| 55.0 | 68.3 | 68.8 | 69.2 | 69.7 | — | — | — | — | — | — | — | — | — |

注:1. 表内未列数值可采用内插法算出,精确至0.1MRa。

2. 表中$v_a$(km/s)为修正后的测区声速代表值,$R_a$为修正后的测区回弹代表值。

3. 采用对测和角测时,表中$v_a$用$v$代替;当在侧面水平回弹时,表中$R_a$用$R$代替。

4. $f^c_{cu}$(MPa)为测区混凝土抗压强度换算值,也可按式(22-11)计算。

## 【附录12】 综合法测定混凝土强度曲线的验证方法

当缺少专用或地区测强曲线时,可采用本方法规定的全国统一测强曲线,但使用前应进行验证。

测强曲线可按下列方法进行验证:

(1)选用本地区常用的混凝土原材料,按最佳配合比配制强度等级为C15、C20、C30、C40、C50、C60的混凝土,制作边长为150mm的立方体试件各3组(共18组),7d潮湿养护后再用自然养护。

(2)采用符合本节二、3条各项要求的回弹仪和符合本节三、2条各项要求的超声波检测仪。

(3)按龄期为28d、60d和90d进行综合法测试和试件抗压试验。

(4)根据每个试件测得的回弹值$R_a$、声速值$v_a$,由附表22-7或附表22-8查出该试件的抗压强度换算值$f^c_{cu}$。

(5)将试件抗压试验所得的抗压强度实测值$f^c_{cu}$和按附表22-6或附表22-7查得的相应抗压强度换算值$f^c_{cu,i}$,代入附式(22-12)进行计算,如所得相对误差$e_r \leq 15\%$,则可使用本方法规定的全国统一测强曲线;如所得相对误差$e_r > 15\%$,则应另行建立专用或地区测强曲线。

## 【附录13】 用实测空气声速法校准超声仪

空气中声速的测试步骤如下:

取常用平面换能器一对,接于超声波仪器上,开机预热10min。在空气中将两个换能器的辐射面对准,依次改变两个换能器辐射面之间的距离$l$(如50mm、60mm、70mm、80mm、90mm、100mm、110mm、120mm…),在保持首波幅度一致的条件下,读取各间距所对应的声时值$t_1$、$t_2$、$t_3$、…、$t_n$。同时测量空气温度$T_k$,精确至0.5℃。

测量时应注意下列事项：

(1)两个换能器辐射面的轴线始终保持在同一直线上；

(2)换能器辐射面间距的测量误差不应超过 ±1%，且测量精度为 0.5mm；

(3)换能器辐射面宜悬空相对放置；若置于地板或桌面上，必须在换能器下面垫以吸声材料。

实测空气中声速可采用下列两种方法之一计算：

(1)以换能器辐射面间距为纵坐标，声时读数为横坐标，将各组数据点绘在直角坐标图上。穿越各点形成一直线，算出该直线的斜率，即为空气中声速实测值 $v_o$。

(2)以各测点的测距 $l$ 和对应的声时 $t$ 求回归直线方程 $l = a + bt$。回归系数 $b$ 便是空气中声速实测值 $v_o$。

空气中声速计算值 $v_k$ 可按式(22-36)求得。

空气中声速计算值 $v_k$ 与空气中声速实测值 $v_o$ 之间对误差 $e_r$，可按下式计算：

$$e_r = \frac{v_k - v_o}{v_k} \times 100\% \qquad \text{附式(22-17)}$$

按上式计算所得的 $e_r$ 值不应超过 ±0.5%。否则，应检查仪器各部位的连接后重测，或更换超声波检测仪。

## 【附录 14】 超声回弹综合法检测记录表(附表 22-9)

**超声回弹综合法检测记录表** 附表 22-9

工程名称：________________ 构件名称：________________

设　备：回弹仪_____；率定值_____；超声仪_____；换能器_____ kHz；$t_0$ _____；环境温度_______℃；

回弹测试面____；测试角度___°；超声测试方式：对测(侧，顶-底)；平测(侧，顶，底)；角测____

共　页第　页

| 构件编号 | 测区 | 测点回弹值 $R_i$ | | | | | | | | 测区回弹代表值 $R$ | 测点测距 $l_i$/声时 $t_i$ | | | 测区声速代表值 $v$ (km/s) | 备注 |
|---|---|---|---|---|---|---|---|---|---|---|---|---|---|---|---|
| | | 1 | 2 | 3 | 4 | 5 | 6 | 7 | 8 | | 1 | 2 | 3 | | |
| | 1 | | | | | | | | | | | | | | |
| | | | | | | | | | | | | | | | |
| | 2 | | | | | | | | | | | | | | |
| | | | | | | | | | | | | | | | |
| | 3 | | | | | | | | | | | | | | |
| | | | | | | | | | | | | | | | |
| | 4 | | | | | | | | | | | | | | |
| | | | | | | | | | | | | | | | |
| | 5 | | | | | | | | | | | | | | |
| | | | | | | | | | | | | | | | |
| | 6 | | | | | | | | | | | | | | |
| | | | | | | | | | | | | | | | |
| | 7 | | | | | | | | | | | | | | |
| | | | | | | | | | | | | | | | |
| | 8 | | | | | | | | | | | | | | |
| | | | | | | | | | | | | | | | |
| | 9 | | | | | | | | | | | | | | |
| | | | | | | | | | | | | | | | |
| | 10 | | | | | | | | | | | | | | |
| | | | | | | | | | | | | | | | |

复核：　　计算：　　记录：　　检验：　　测试日期：　年　月　日

## 【附录15】 结构混凝土抗压强度计算表（附表22-10）

结构混凝土抗压强度计算表　　附表22-10

构件名称和编号　　共　页　第　页

| 计算项目 | | 测区 | | | | | | | | | |
|---|---|---|---|---|---|---|---|---|---|---|---|
| | | 1 | 2 | 3 | 4 | 5 | 6 | 7 | 8 | 9 | 10 |
| 回弹值 | 测区代表值 | | | | | | | | | | |
| | 角度修正值 | | | | | | | | | | |
| | 角度修正后 | | | | | | | | | | |
| | 浇筑面修正值 | | | | | | | | | | |
| | 浇筑面修正后 | | | | | | | | | | |
| 声速值（km/s） | 测区代表值 | | | | | | | | | | |
| | 修正系数$\beta$、$\lambda$ | | | | | | | | | | |
| | 修正后的值 | | | | | | | | | | |
| 强度修正系数值$\eta$ | | | | | | | | | | | |
| 测区强度换算值（MPa） | | | | | | | | | | | |
| 强度推定值（MPa）<br>$n=$ | | $mf_{cu}^{c}=$　MPa | | | $sf_{cu}^{c}=$　MPa | | | $f_{cu,e}=$　MPa | | | |
| 使用的测区强度换算表 | | 规程，地区，专用 | | | | 备　注 | | | | | |

复核：　　计算：　　计算日期：　年　月　日

## 五、钻芯法检混凝土抗压强度[《钻芯法检测混凝土强度技术规程》（CECS 03）]

1.适用范围

本方法适用钻芯方法检测结构强度不大于80MPa的普通混凝土强度。

2.测试仪器

（1）钻取芯样及芯样加工的主要设备、仪器（表22-45）均应具有产品合格证。

取芯机及其配套设备　　表22-45

| 类　别 | 型　号 | 技术性能 | 生产厂 |
|---|---|---|---|
| 混凝土取芯机 | CZ-200型 | 三相电动动，功率为3kW；<br>钻头转速为450r/min和900r/min两级变速；<br>可进行水平及垂直角度的$\phi$150以内芯样的钻取工作 | 山东省烟台市第二机床附件厂 |
| | TXZ-83-1型 | 柴油机功率为5kW；<br>可进行垂直角度的$\phi$150以内芯样的钻取工作 | 南京交通试验仪器厂 |
| 切割机 | DQ-2型 | 自动，无级调速 | 江苏秦县石油化工机械厂 |
| | G-210型 | 半自动 | 北京特种工艺机械修造厂 |
| 金刚石钻头 | 公称直径（mm）<br>$\phi$150、$\phi$100、$\phi$75、$\phi$50 | | 北京人工晶体研究所 |
| 金刚石金属片 | 直径（mm）<br>$\phi$500、$\phi$600 | | 北京人工晶体研究所；上海珠宝玉器厂 |

(2)钻芯机应具有足够的刚度、操作灵活、固定和移动方便,并应有水冷却系统。

(3)钻取芯样时宜采用人造金刚石薄壁钻头。钻头胎体不得有肉眼可见的裂缝、缺边、少角、倾斜及喇叭口变形。

(4)锯切芯样时使用的锯切机和磨平芯样的磨平机,应具有冷却系统和牢固紧芯样的装置;配套使用的人造金刚石圆锯片应有足够的刚度。

(5)芯样宜采用补平装置(或研磨机)进行芯样端面加工。补平装置除应保证芯样的端面平整外,尚应保证芯样的端面与芯样轴线垂直。

(6)探测钢筋位置的定位仪,应适用于现场操作,最大探测深度不应小于60mm,探测位置偏差不宜大于±5mm。

3. 强度检测

1)一般规定

(1)从结构中钻取的混凝聚芯样应加工成符合规定的芯样试件。

(2)芯样试件混凝土的强度应通过对芯样试件施加作用力的试验方法确定。

(3)抗压试验的芯样试件宜使用标准芯样试件,其公称直径不宜小于集料最大粒径的3倍;也可采用小直径芯样试件,但其公称直径不应小于70mm且不得小于集料最大粒径的两倍。

(4)钻芯法可用于确定检测批或单个构件的混凝土强度推定值;也可用于钻芯修正方法修正间接强度检测方法得到的混凝土抗压强度换算值。

(5)芯样试件的混凝土抗压强度可按本章附录16测定。

2)钻芯确定混凝土强度推定值

(1)钻芯法确定检测批的混凝土强度推定值时,取样应遵守下列规定:

①芯样试件的数量应根据检测批的容量确定。标准芯样试件的最小样本量不宜少于15个,小直径芯样试件的最小样本量应适当增加。

②芯样应从检测批的结构构件中随机抽取,每个芯样应取自一个构件或结构的局部部位,且取芯样位置应符合本节五、3、4)、(2)条的要求。

(2)检测批混凝土强度的推定值应按下列方法确定:

①检测批的混凝土强度推定值应计算推定区间,推定区间的上取值和下取值按下式计算:

上限值:

$$f_{cu,e1} = f_{cu,cor,m} - k_1 S_{cor} \tag{22-59}$$

下限值:

$$f_{cu,e2} = f_{cu,cor,m} - k_2 S_{cor} \tag{22-60}$$

平均值:

$$f_{cu,cor,m} = \frac{\sum_{i-1}^{n} f_{cu,cor,i}}{n} \tag{22-61}$$

标准值:

$$S_{cor} = \sqrt{\frac{\sum_{i-1}^{n}(f_{cu,cor,i} - f_{cu,cor,m})^2}{n-1}} \tag{22-62}$$

式中：$f_{cu,cor,m}$——芯样试件的混凝土抗压强度平均值(MPa)，精确至0.1MPa；

$f_{cu,cor,i}$——单个芯样试件的混凝土抗压强度值(MPa)，精确至0.1MPa；

$f_{cu,e1}$——混凝土抗压强度推定上限值(MPa)，精确至0.1MPa；

$f_{cu,e2}$——混凝土抗压强度推定下限值(MPa)，精确至0.1MPa；

$k_1$、$k_2$——推定区间上限值系数和下限值系数，按本章附录17查得；

$S_{cor}$——芯样试件抗压强度样本的标准差(MPa)，精确至0.1MPa。

②$f_{cu,r1}$和$f_{cu,e2}$所构成推定区间的置信度宜为0.85，$f_{cu,r1}$与$f_{cu,e2}$之间的差值不宜大于5.0MPa和$0.10f_{cu,cor,m}$两者的较大值。

③宜以$f_{cu,r1}$作为检测批混凝土强度的推定值。

(3)钻芯确定检测批混凝土强度推定值时，可剔除芯样试件抗压强度样本中的异常值。剔除规则应按《数据的统计处理和解释　正态样本异常值的判断和处理》(GB/T 4883)的规定执行。当确有试验依据时，可对芯样试件抗压强度样本的标准差$S_{cur}$进行符合实际情况的修正或调整。

(4)钻芯确定单个构件的混凝土强度推定值时，有效芯样试件的数量不应少于3个；对于较小构件，有效芯样试件的数量不得少于2个。

(5)单个构件的混凝土强度推定值不再进行数据的舍弃，而应按有效芯样试件混凝土抗压强度值中的最小值确定。

3)钻芯修正方法

(1)对间接测强方法进行钻芯修正时，宜采用修正量的方法，也可采用其他形式修正方法。

(2)当采用修正量的方法时，芯样试件的数量和取芯位置应符合下列要求。

①标准芯样试件的数量不应少于6个，小直径芯样试件数量宜适当增加；

②芯样应从采用间接检测方法的结构构件中随机抽取，取芯位置应符合本节五、3、4)、(2)条的规定；

③当采用的间接检测方法为无损检测方法时，钻芯位置应与间接检测方法相应的测区重合；

④当采用的间接检测方法对结构构件有损伤时，钻芯位置应布置在相应测区的附近。

(3)钻芯修正后的换算强度可按下列公式计算：

$$f^{c}_{cu,i0}=f^{c}_{cu,i}+\Delta f \tag{22-63}$$

$$\Delta f=f_{cu,cor,m}-f^{c}_{cu,mj} \tag{22-64}$$

式中：$f^{c}_{cu,i0}$——修正后的换算强度；

$f^{c}_{cu,i}$——修正前的换算强度；

$\Delta f$——修正量；

$f^{c}_{cu,mj}$——所用间接检测方法对应芯样测区的换算强度的算术平均值。

(4)由钻芯修正方法确定检测批的混凝土强度推定值时，应采用修正后的样本算术平均值和标准差，并按本节五、3、2)、(2)和(3)条规定的方法确定。

4)芯样的钻取

(1)采用钻芯法检测结构混凝土强度前，宜具备下列资料：

①工程名称(或代号)及设计、施工、监理、建设单位名称；

②结构或构件种类、外形尺寸数量；

③设计混凝土强度等级；

④检测龄期，原材料（水泥品种、粗集料粒径等）和抗压强度试验报告；

⑤结构或构件质量状况和施工中存在问题的记录；

⑥有关的结构设计施工图等。

（2）芯样宜在结构或构件的下列部位钻取：

①结构或构件受力较小的部位；

②混凝土强度具有代表性的部位；

③便于钻芯机安放与操作的部位；

④避开主筋、预埋件和管线的位置业；

（3）钻芯机就位并安放平稳后，应将钻芯机固定。固定的方法应根据钻芯机的构造和施工现场的具体情况确定。

（4）钻芯机在未安装钻头之前，应先通电检查主轴旋转方向（三相电动机）。

（5）钻芯时用于冷却钻头和排除混凝土碎屑的冷却水的流量宜为 3～5L/min。

（6）钻取芯样时应控制进钻的速度。

（7）芯样应进行标记。当所取芯样高度和质量不能满足要求时，则应重新钻取芯样。

（8）芯样应采取保护措施，避免在运输和储存中损坏。

（9）钻芯后留下的孔洞应及时进行修补。

（10）在钻芯工作完毕后，应对钻芯机和芯样加工设备进行维修保养。

（11）钻芯操作应遵守国家有关安全生产和劳动保护的规定，并应遵守钻芯现场安全生产的有关规定。

5）芯样的加工和试件的技术要求

（1）抗压芯样试件的高度与直径之比（$H/d$）宜为 1.00。

（2）芯样试件内不宜含有钢筋。当不能满足此项要求时，抗压试件应符合下列要求：

①标准芯样试件，每个试件内最多只允许有两根直径小于 10mm 的钢筋；

②公称直径小于 100mm 的芯样试件，每个试件内最多只允许有一根直径小于 10mm 的钢筋；

③芯样内的钢筋应与芯样试件的轴线基本垂直并离开端面 10mm 以上。

（3）锯切后的芯样应进行端面处理，宜采取在磨平机上磨平端面的处理方法。承受轴向压力芯样试件的端面，也可采取下列处理方法：

①用环氧胶泥或聚合物水泥砂浆补平；

②抗压强度低于 40MPa 的芯样试件，可采用水泥砂浆、水泥净浆或聚合物水泥砂浆补平，补平层厚度不宜大于 5mm；也可采用硫磺胶泥补平，补平层厚度不宜大于 1.5mm。

（4）在试验前应按下列规定测量芯样试件的尺寸：

①平均直径用游标卡尺在芯样试件中部相互垂直的两个位置上测量，取测量的算术平均值作为芯样试件的直径，精确至 0.5mm；

②芯样试件高度用钢卷尺或钢板尺进行测量，精确至 1mm；

③垂直度用游标量角器测量芯样试件两个端面与母线的夹角，精确至 0.1°。

④平整度用钢板尺或角尺紧靠在芯样试件端面上，一面转动钢板尺，一面用塞尺测量钢板尺与芯样试件商面之间的缝隙；也可采用其他专用设备量测。

（5）芯样试件尺寸偏差及外观质量超过下列数值时，相应的测试数据无效：

①芯样试件的实际高径比($H/d$)小于要求高径比的0.95或大于1.05;

②沿芯样试件高度的任一直径与平均直径相差大于2mm;

③抗压芯样试件端面的不平整度在100mm长度内大于0.1mm;

④芯样试件端面与轴线的不垂直度大于1°。

⑤芯样有裂缝或有其他较大缺陷。

(6)芯样端面补平的操作步骤。

芯样端面的补平可采用硫磺胶泥(或硫磺)补平或水泥砂浆(或水泥净浆)补平。

①硫磺胶泥(或硫磺)补平

a. 补平前先将芯样端面污物清除干净,然后将芯样垂直地夹持在补平器的夹具中,并提升到一定高度,见图22-11。

b. 在补平器底盘上涂薄层矿物油或其他脱模剂,以防硫磺胶泥与底盘黏结。

c. 将硫磺胶泥置放于容器中加热溶化,待硫磺胶泥溶液由黄色变成棕色时(约150℃)倒入补平器底盘中,然后,转动手轮使芯样下移并与底盘接触。待硫磺胶泥凝固后,反向转动手轮,把芯样提起,打开夹具取出芯样。然后按上述步骤补平该芯样的另一端面。

补平器底盘内的机械加工表面平整度,要求每长100mm不超过0.5mm。

本法一般适用于自然干燥状态下抗压试验的芯样试件补平。

②水泥砂浆(或水泥净浆)补平

a. 补平前先将芯样端面的污物清除干净,然后将端面用水湿润。

b. 在平整度为每长100mm不超过0.05mm的钢板上涂一薄层矿物油或其他脱模剂,然后倒上适量水泥砂浆摊成薄层,稍许用力将芯样压入水泥砂浆之中,并应保持芯样与钢板垂直。待2h后,再补另一端面。仔细清除侧面多余水泥砂浆,在室内静放1d后送入养护室内养护。待补平材料强度不低于芯样强度时,方能进行抗压试验,见图22-12。

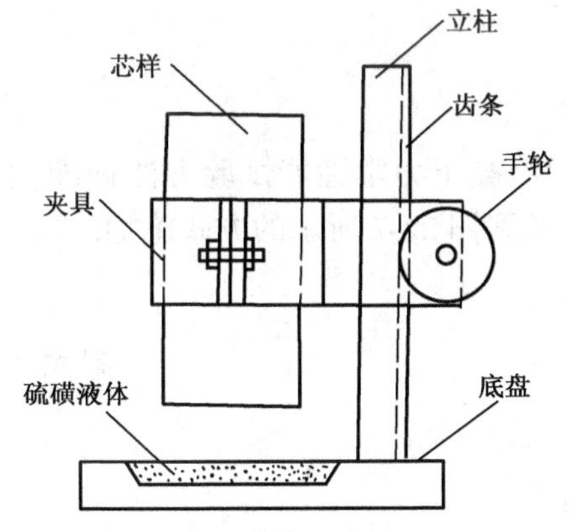

图22-11　硫磺胶泥补平示意图

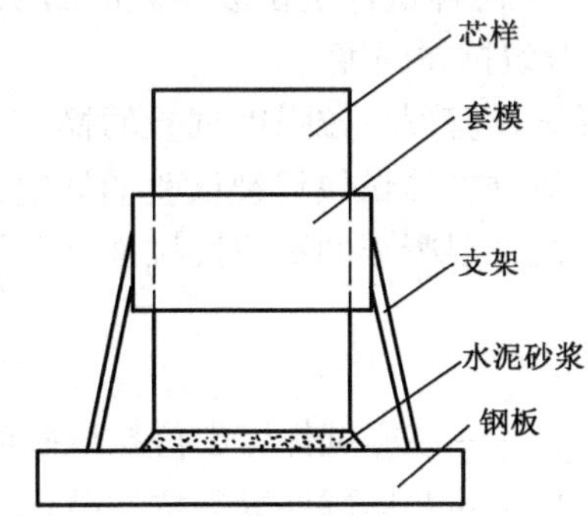

图22-12　水泥砂浆(或水泥净浆)补平示意图

本法一般适用于潮湿状态下抗压强度的芯样试件补平。

6)芯样试件的试验和抗压强度值的计算

(1)芯样试件应在自然干燥状态下进行抗压试验。

(2)当结构工作条件比较潮湿,需要确定潮湿状态下混凝土的强度时,芯样试件宜在20(±5)℃的清水中浸泡40~48h,从水中取出后立即进行试验。

(3)芯样试件抗压试验的操作应符合《普通混凝土力学性能试验方法标准》(GB/T 50081)中对立方体试块抗压试验的规定。

(4)混凝土的抗压强度值,应根据混凝土原材料和施工工艺通过试验确定,也可按本节五、3、6)、(5)条的规定确定。

(5)芯样试件的混凝土抗压强度值可按下式计算:

$$f_{cu,cor}=\frac{F_c}{A} \tag{22-65}$$

式中:$f_{cu,cor}$——芯样试件的混凝土抗压强度值(MPa);

$F_c$——芯样试件的抗压试验测得的最大压力(N);

$A$——芯样试件抗压截面面积($mm^2$)。

## 【附录 16】 混凝土抗拉强度测试方法

(1)轴心抗拉强度

承受轴向拉力的芯样试件,可用建筑结构胶在试件两个端面粘贴特制的钢卡具,两个钢卡具的平面板部分应平行,拉杆轴线应与芯样试件的轴线重合。

芯样试件的轴心抗拉强度试验应符合下列规定:

①拉杆与抗拉垫板之间宜为铰接或采取其他措施,消除拉杆轴线与试件轴线不重合带来的影响;

②拉杆轴线与芯样试件轴线重合度的偏差不应大于 1mm;

③加荷速度可参照《普通混凝土力学性能试验方法标准》(GB/T 50081)中其他试验方法的相关规定,加载方式如附图 22-6 所示。

承受轴向拉力芯样试件的混凝土轴心抗拉强度可按下式计算:

$$f_{t,cor}=\frac{F_t}{A_t}$$ 附式(22-18)

式中:$F_t$——芯样试件抗拉试验测得的最大拉力(N);

$A_t$——芯样试件抗拉破坏截面面积($mm^2$)。

(2)劈裂抗拉强度

芯样试件劈裂抗拉强度试验的操作应符合《普通混凝土力学性能试验方法标准》(GB/T 50081)中对立方体试块劈裂试验的规定,劈裂荷载可按附图 22-7 所示的方式施加。

芯样试件混凝土的劈裂抗拉强度可按下式计算:

$$f_{ets}=\frac{0.637F_{spl,cor}}{A_{ts}}$$ 附式(22-19)

式中:$F_{spl,cor}$——芯样试件劈裂抗拉试验测得的最大劈裂力(N);

$A_{ts}$——芯样试件劈裂抗拉破坏截面面积($mm^2$)。

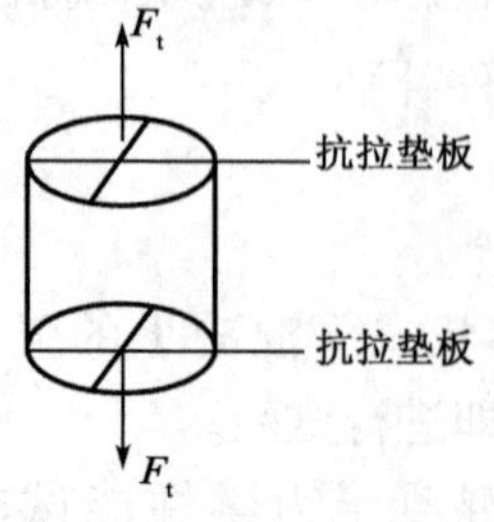


附图 22-6 轴心抗拉试验

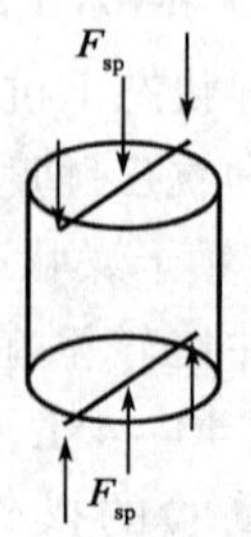


附图 22-7 劈裂抗拉试验

## 【附录 17】 推定区间系数表(附表 22-11)

在置信度 0.85 条件下,试件数与上限值系数、下限值系数的关系,见附表 22-11。

上、下 限 值 系 数　　附表 22-11

| 试件数 $n$ | $k_1(0.10)$ | $k_2(0.05)$ | 试件数 $n$ | $k_1(0.10)$ | $k_2(0.05)$ |
|---|---|---|---|---|---|
| 15 | 1.222 | 2.566 | 37 | 1.360 | 2.149 |
| 16 | 1.234 | 2.524 | 38 | 1.363 | 2.141 |
| 17 | 1.244 | 2.486 | 39 | 1.366 | 2.133 |
| 18 | 1.254 | 2.453 | 40 | 1.369 | 2.125 |
| 19 | 1.263 | 2.423 | 41 | 1.372 | 2.118 |
| 20 | 1.271 | 2.396 | 42 | 1.375 | 2.111 |
| 21 | 1.279 | 2.371 | 43 | 1.378 | 2.105 |
| 22 | 1.286 | 2.349 | 44 | 1.381 | 2.098 |
| 23 | 1.293 | 2.328 | 45 | 1.383 | 2.092 |
| 24 | 1.300 | 2.309 | 46 | 1.386 | 2.086 |
| 25 | 1.306 | 2.292 | 47 | 1.389 | 2.081 |
| 26 | 1.311 | 2.275 | 48 | 1.391 | 2.075 |
| 27 | 1.317 | 2.260 | 49 | 1.393 | 2.070 |
| 28 | 1.322 | 2.246 | 50 | 1.396 | 2.065 |
| 29 | 1.327 | 2.232 | 60 | 1.415 | 2.022 |
| 30 | 1.332 | 2.220 | 70 | 1.431 | 1.990 |
| 31 | 1.336 | 2.208 | 80 | 1.444 | 1.964 |
| 32 | 1.341 | 2.197 | 90 | 1.454 | 1.944 |
| 33 | 1.345 | 2.186 | 100 | 1.463 | 1.927 |
| 34 | 1.349 | 2.176 | 110 | 1.471 | 1.912 |
| 35 | 1.352 | 2.167 | 120 | 1.478 | 1.899 |
| 36 | 1.356 | 2.158 | | | |

## 【附录 18】 芯样抗压强度试验记录和钻芯法试验报告

(1)芯样抗压强度试验记录可按附表 22-12 采用。

芯样抗压强度试验记录　　附表 22-12

委托单位________________　试验编号________________
工程名称________________　委托编号________________
构件名称________________　取芯部位________________
取芯日期________________　试验日期________________

| | 名称 | 型号 | 编号 | 示值范围 | 分辨率 | 温度(℃) | 相对湿度(%) |
|---|---|---|---|---|---|---|---|
| 仪器设备及环境条件 | | | | | | | |
| | | | | | | | |
| 检测前后检查情况 | | | | 采用标准 | | | |
| 工程概况 | 混凝土设计强度等级 | | | | 粗集料品种、粒径 | | |
| | 施工单位 | | | | 施工日期 | | |

续上表

<table>
<tr><td rowspan="4">芯样钻取加工情况</td><td colspan="2">端面加工方法</td><td colspan="2"></td><td colspan="2">端面补平材料</td><td></td></tr>
<tr><td colspan="2">含水状态</td><td colspan="2"></td><td rowspan="3">芯样含有钢筋情况</td><td>数量</td><td></td></tr>
<tr><td colspan="2">外观描述</td><td colspan="2"></td><td>直径</td><td></td></tr>
<tr><td colspan="2">抗压试验龄期(d)</td><td colspan="2"></td><td>位置</td><td></td></tr>
<tr><td rowspan="2">芯样试件编号</td><td colspan="2">芯样尺寸(mm)</td><td rowspan="2">承压面积($mm^2$)</td><td rowspan="2">破坏荷载(kN)</td><td rowspan="2">抗压强度(MPa)</td><td rowspan="2">换算系数$\beta$</td><td rowspan="2">芯样换算强度(MPa)</td></tr>
<tr><td>平均直径</td><td>高度</td></tr>
<tr><td rowspan="5"></td><td></td><td></td><td></td><td></td><td></td><td></td><td></td></tr>
<tr><td></td><td></td><td></td><td></td><td></td><td></td><td></td></tr>
<tr><td></td><td></td><td></td><td></td><td></td><td></td><td></td></tr>
<tr><td></td><td></td><td></td><td></td><td></td><td></td><td></td></tr>
<tr><td></td><td></td><td></td><td></td><td></td><td></td><td></td></tr>
<tr><td colspan="4">结构混凝土强度推定值$f_{cu,e}$</td><td colspan="4">(MPa)</td></tr>
</table>

试验________　　计算________　　复核________

(2)钻芯法试验报告可按附表22-13采用。

**钻芯法试验报告**　　附表22-13

委托单位______________　报告编号______________

工程名称______________　委托编号______________

构件名称______________　试验编号______________

取芯部位______________　报告日期______________

<table>
<tr><td>混凝土设计强度等级</td><td colspan="2"></td><td>粗集料品种、粒径</td><td colspan="2"></td></tr>
<tr><td>施工单位</td><td colspan="2"></td><td>施工日期</td><td colspan="2"></td></tr>
<tr><td>芯样端面加工方法</td><td colspan="2"></td><td>芯样端面补平材料</td><td colspan="2"></td></tr>
<tr><td>芯样含水状态</td><td colspan="2"></td><td>外观描述</td><td colspan="2"></td></tr>
<tr><td>取芯日期</td><td colspan="2"></td><td>抗压龄期(d)</td><td colspan="2"></td></tr>
<tr><td>芯样试件编号</td><td>芯样抗压强度(MPa)</td><td>芯样强度换算系数$\beta$</td><td>芯样换算强度(MPa)</td><td>结构混凝土强度推定值(MPa)</td><td>备　注</td></tr>
<tr><td></td><td></td><td></td><td></td><td rowspan="5"></td><td rowspan="5"></td></tr>
<tr><td></td><td></td><td></td><td></td></tr>
<tr><td></td><td></td><td></td><td></td></tr>
<tr><td></td><td></td><td></td><td></td></tr>
<tr><td></td><td></td><td></td><td></td></tr>
<tr><td colspan="3">检测评定依据：</td><td colspan="3">试验意见：</td></tr>
</table>

试验________　　复核________　　技术负责人________　　单位(章)________

## 六、预埋拔出法检验混凝土抗压强度

预埋拔出试验法是对预先埋置在结构混凝土中的钢锚盘进行拉拔试验,并根据极限拉拔力算出结构混凝土的实际抗压强度。

1. 适用范围

本法适用于检测普通混凝土抗压强度。

2. 仪器及装置

(1)TYL 型拉拔试验仪,该仪器由驱动、施力和计量 3 种功能部件组成,如图 22-13 所示。

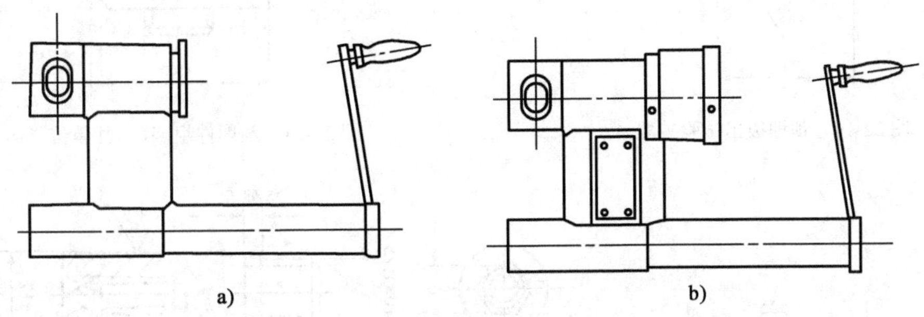


图 22-13　TYL 型拉拔仪

a)TYL-1 型;b)TYL-2 型

①最大拉拔力:不小于 60kN;

②工作行程:不小于 4mm;

③精确度:误差不小于 ±2%(FS);

④整机重:小于 5kg。

拉拔试验仪的读数应经过检定。在使用过程中,每半年至少检定一次,检定用的仪表应具有误差小于 0.5% 的精确度。

(2)拉拔装置。

预埋拔出试验装置包括钢质锚盘、锚盘拉杆和承力环,如图 22-14 所示。拔出装置布置的主要参数如下:

①拉杆直径:$d_1 = 10(\pm 0.1)$mm;

②锚盘直径:$d_2 = 25(\pm 0.1)$mm;

③锚盘埋深:$h = 25(\pm 0.2)$mm;

④承力环内径:$d_3 = 55(\pm 0.2)$mm。

承力环和锚盘应处于同一轴线。

(3)预埋件。

预埋件通常包括锚盘、定位杆、连接圆盘以及沉头螺钉,如图 22-15 所示。安装在钢板上的预埋件也可以不要连接圆盘。锚盘、定位杆和连接圆盘的尺寸分别见图 22-16a)、b)和 c)。

3. 测试方法

1)设计预埋点

(1)预埋件的布点数量和位置应根据测试目的以及结构物的形状和受力条件事先规划确定。对局部混凝土或单个构件进行强度检测时,至少应在测试范围内设置 5 个预埋点;当用以监控较大批量混凝土的质量时，每浇筑 $100m^3$ 混凝土至少须设置 10 个预埋点。

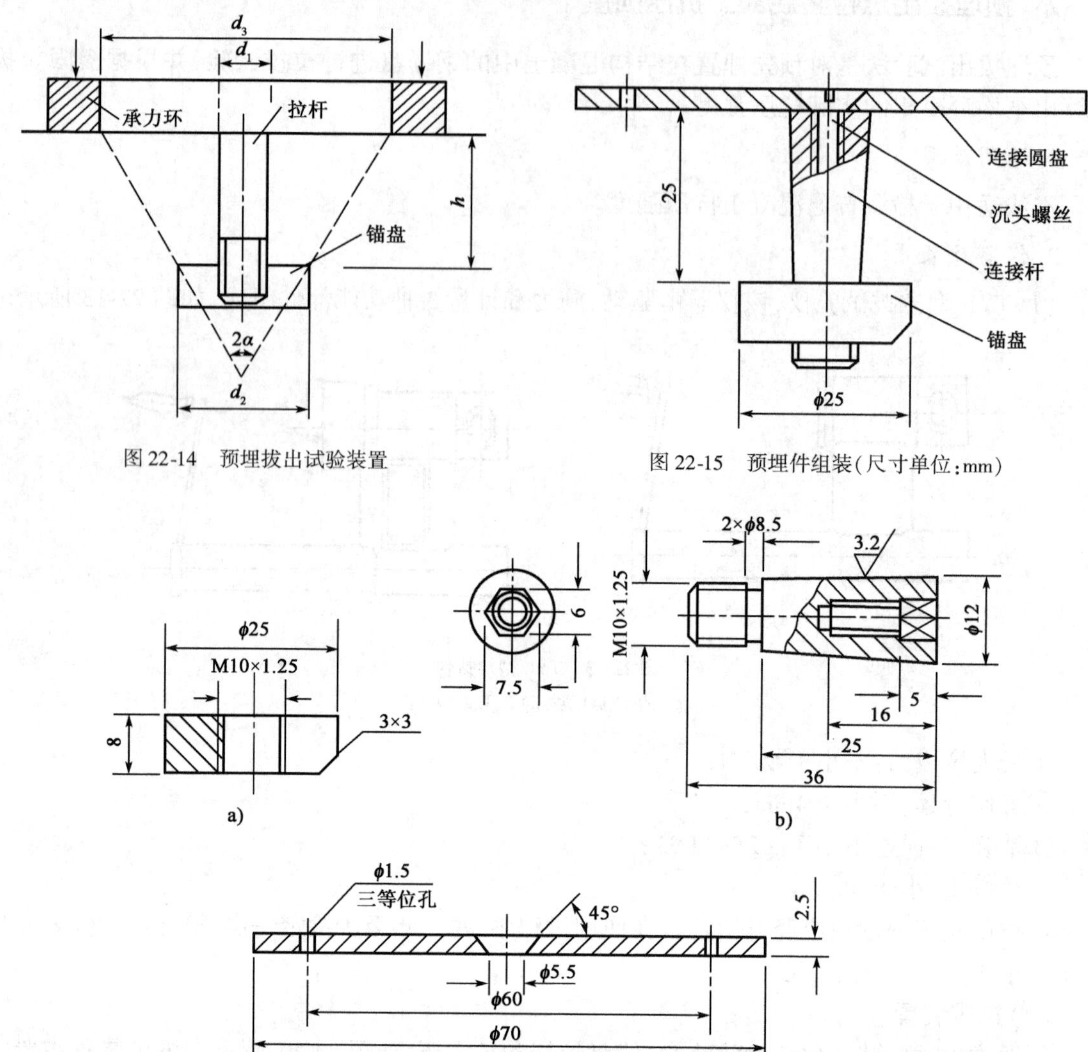


图 22-14　预埋拔出试验装置

图 22-15　预埋件组装(尺寸单位:mm)

图 22-16　预埋件尺寸(尺寸单位:mm)
a)锚盘;b)定位杆;c)连接圆盘

(2)预埋点相互之间距离不应小于 20mm，预埋点离混凝土边角间距离不应小于 100mm，预埋点部位的混凝土厚度不应小于 80mm，预埋件与钢筋边缘间的净距不应小于钢筋的直径。

2)安装预埋件

(1)将锚盘、定位杆和连接圆盘按图 22-16 组装成预埋件，在锚盘和定位杆外表涂上一层机油或其他隔离剂。

(2)在浇筑混凝土之前，将预埋件安装在模板内侧预先确定的部位。对于木模板，可利用铁钉将连接圆盘钉在木模板上，对于钢模板需在钢模板预先确定的位置钻 $\phi5.5$ 孔，利用沉头螺丝直接将定位杆连同锚盘固定在小孔内侧。

(3)检测顶面的混凝土强度，可以先将预埋件钉在与连接圆盘直径相同的圆木板上，等到混凝土浇筑完毕尚未凝结时，把预埋件插入混凝土，而让圆木块浮在混凝土表面。此时可以容许锚盘稍微倾斜(10℃以下),以利于混凝土中气泡排出。

3)拔出试验

预埋法拔出试验操作步骤如图22-17所示。

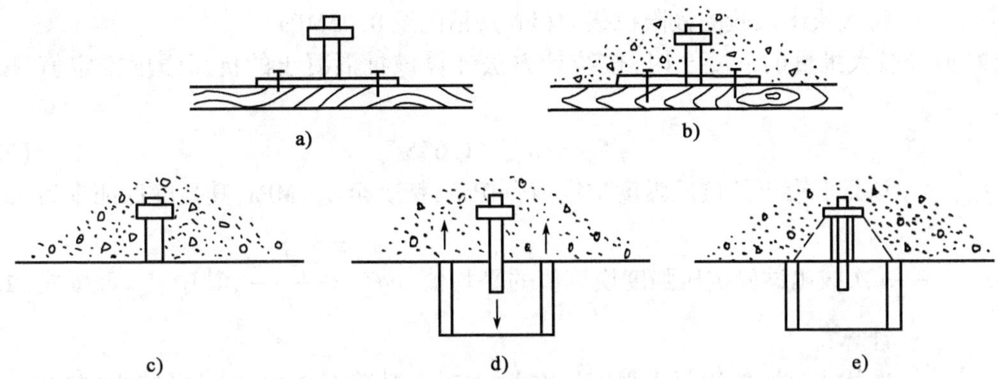


图22-17　预埋法拔出试验操作步骤

a)安装预埋件;b)浇筑混凝土;c)拆除连接件留下锚盘;d)接装拉杆施力抽拔;e)混凝土破损

(1)进行拉拔试验前,应把连接圆盘和定位杆拆除。为了避免由于混凝土强度较高拆卸困难,可在混凝土达到足够强度后,预行将定位杆旋松。

(2)将拉拔仪的拉杆一端穿过小孔旋入预埋的锚盘中,在拉杆外套上对准圆盘,把拉拔仪连接盘旋入拉杆的另一端。

(3)按逆时针方向摇动拉拔仪摇柄,直至3个螺钉头充分伸出,将拉拔仪的承力环扣在连接盘外,并使螺钉头纳入连接盘,旋转连接盘,使它与3个螺钉头套接。

(4)顺时针方向摇动拉拔仪摇把即可对锚盘施加拉拔。施加拉拔力应均匀、缓慢和连续,拉拔力增长速度控制在1kN/s左右为宜。

(5)当拉拔至油表指针刚开始回降或显示读数不再增加且混凝土尚未破裂之时,其峰值即为极限拉拔力。停止拉拔,记录极限拉拔力数值,然后回油卸载。

4. 混凝土抗压强度计算

混凝土立方体抗压强度$\overline{f^{c}_{cu}}$与极限拉拔力$F$之间的关系可按下式换算:

$$\overline{f^{c}_{cu}} = 1.3F - 4.8 \tag{22-66}$$

或

$$F = 3.7 + 0.77 f^{c}_{cu} \tag{22-67}$$

式中:$\overline{f^{c}_{cu}}$——混凝土抗压强度换算值(MPa),精确至0.1MPa;

$F$——极限拉拔力(kN),精确至0.05kN。

5. 混凝土抗压强度评定

(1)检测局部混凝土或单个构件混凝土的抗压强度推定值以强度换算值的平均值表示,按下式计算:

$$f_{uc,\bar{c}} = m f^{\bar{c}}_{cu} = \frac{\sum_{i-1}^{n} f^{\bar{c}}_{cu,i}}{n} \tag{22-68}$$

$$f^{\bar{c}}_{cu,i} = 1.3F_{i} - 4.8 \tag{22-69}$$

式中:$f_{cu,\bar{c}}$——被测混凝土抗压强度推定值(MPa),精确至0.1MPa;

$m f_{cu}^{\bar{c}}$——$n$次拔出试验抗压强度换算值的平均值(MPa),精确至0.1MPa;

$f_{cu,i}^{\bar{c}}$——每次拔出试验的抗压强度换算值(MPa),精确至0.1MPa;

$n$——同批检测拨出试验次数,$n=5\sim9$;

$F_i$——每次拔出试验的极限拉拔力(kN),精确至0.05MPa。

(2)监控较大批量的混凝土时,按统计方法计算该批混凝土的抗压强度推定值,按下式计算:

$$f_{cu,\bar{c}} = m f_{cu}^{\bar{c}} - 1.65 S f_{cu}^{\bar{c}} \tag{22-70}$$

式中:$f_{cu,\bar{c}}$——该批混凝土的抗压强度推定值(MPa),精确至0.1MPa,其强度保证率为95%;

$m f_{cu}^{\bar{c}}$——$n$次拔出试验抗压强度换算值的平均值,$m f_{cu}^{\bar{c}} = \frac{\sum_{i=1}^{n} f_{cu,i}^{\bar{c}}}{n}$,其中$f_{cu,i}^{\bar{c}}$可按式(22-71)计算;

$S f_{cu}^{\bar{c}}$——$n$次拔出试验的混凝土强度标准差(MPa),精确至0.01MPa,可按式(22-72)计算。

$$f_{cu,i}^{\bar{c}} = 1.3F_i - 4.8 \tag{22-71}$$

$$S f_{cu}^{\bar{c}} = \sqrt{\frac{\sum_{i=1}^{n} (f_{cu,i}^{\bar{c}})^2 - n \cdot (m f_{cu}^{\bar{c}})^2}{n-1}} \tag{22-72}$$

6.检测报告

检验报告应包括以下内容:

(1)被测结构混凝土的基本情况;

(2)预埋点的数量和位置;

(3)检测结构混凝土的抗压强度推定值;

(4)试验过程或破坏后出现的不正常情况。

## 七、后锚固法检测混凝土抗压强度[《后锚固检测混凝土技术规程》(JGJ/T 208)]

后锚固拔出(又称后装拔出)试验是在已硬化混凝土中钻孔,并用高级胶黏剂植入锚固件,待胶黏剂固化后进行拔出试验,根据拔出力来推定混凝土强度的方法。

1.适用范围

本方法适用后锚固检测普通混凝土抗压强度。

2.基本规定

(1)对新建工程,在正常情况下混凝土强度的检验与评定应按《混凝土结构工程施工质量验收规范》(GB 50204)及《混凝土强度检验评定标准》(GB/T 50107)执行。当需要推定既有建筑的混凝土强度时,可按本方法进行检测,检测结果可作为评价混凝土强度的依据。

(2)当混凝土表层与内部的质量有明显差异时,应将表层混凝土清除干净后方可进行检测。

(3)检测前宜具备下列资料:

①工程名称及建设单位,设计单位、施工单位和监理单位名称;

②被检测构件名称、混凝土设计强度等级及施工图纸;

③粗集料品种、最大粒径;

④混凝土浇筑和养护情况以及混凝土的龄期；

⑤混凝土试块强度资料以及相关的施工技术资料；

⑥检测原因。

(4)采用后锚固法进行检测的人员均应通过专项培训并考核合格。

(5)现场检测作业要遵守有关安全环保规定。

(6)有条件的单位或地区可制定专用测强曲线或地区测强曲线，计算混凝土强度换算值时应依次优先选用专用测强曲线、地区测强曲线和本方法统一测强曲线。专用和地区测强曲线的制定方法应符合本章附录 19 的规定。

3. 后锚固法试验装置

1)技术要求

(1)后锚固法试验装置应由拔出仪、锚固件、钻孔机、定位圆盘及反力支承圆环等组成。

(2)后锚固法试验装置应有产品合格证，拔出仪应具有法定计量机构的校准合格证书。

(3)后锚固法试验装置的反力支承圆环内径应为 120mm，外径应为 135mm，高度应为 50mm，上壁厚应为 15mm，允许误差均应为 ±0.1mm；锚固深度应为 30(±0.5)mm，锚固件(图 22-18)尺寸允许误差应为 ±0.1mm。反力支承圆环和锚固件应采用屈服强度不小于 355MPa 的金属材料制作。

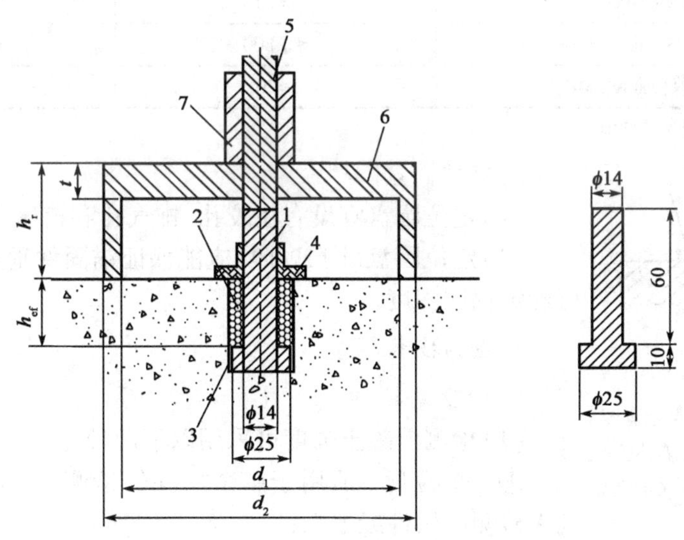


图 22-18　后锚固法试验装置示意图(mm)

1-锚固件；2-锚固胶；3-橡胶套；4-定位圆盘；5-拉杆；6-反力支承圆环；7-拔出仪；$d_1$-反力支承圆环内径；$d_2$-反力支承圆环外径；$h_r$-反力支承圆环高度；$t$-反力支承圆环上壁厚度；$h_{ef}$-锚固深度

2)拔出仪

(1)拔出仪应由加荷装置和测力装置两个部分组成。

(2)拔出仪应具备以下技术性能：

①工作最大拔出力应在额定拔出力的 20% ~80% 范围以内；

② 工作行程不应小于 6mm；

③允许示值误差应为仪器额定拔出力的 ±2%；

④测力装置应具有峰值保持功能。

(3)当遇有下列情况之一时,拔出仪应送法定计量机构校准:

①新拔出仪启用前;

②经维修后;

③出现异常时;

④超过校准有效期限(有效期限为一年);

⑤遭受严重撞击或其他损害。

3)钻孔机

(1)钻孔机可采用金刚石薄壁空心钻或冲击电锤。金刚石薄壁空心钻宜有水冷却装置。

(2)钻孔机宜有控制垂直度及深度的装置。

4)锚固胶

锚固胶性能指标应符合表22-46的规定。

锚固胶性能　表22-46

| 性能项目 | 性能要求 | 试验方法 |
|---|---|---|
| 抗拉强度(MPa) | ≥40 | GB/T 2567 |
| 受拉弹性模量(MPa) | ≥2 500 | |
| 伸长率(%) | ≥1.5 | |
| 抗拉强度(MPa) | ≥70 | GB/T 2567 |
| 混合后初黏度(23℃时)(MPa·s) | ≤1 800 | GB/T 22314 |
| 钢—钢拉伸剪切强度(MPa) | ≥20 | GB/T 2567 |

注:表中性能指标均为平均值。

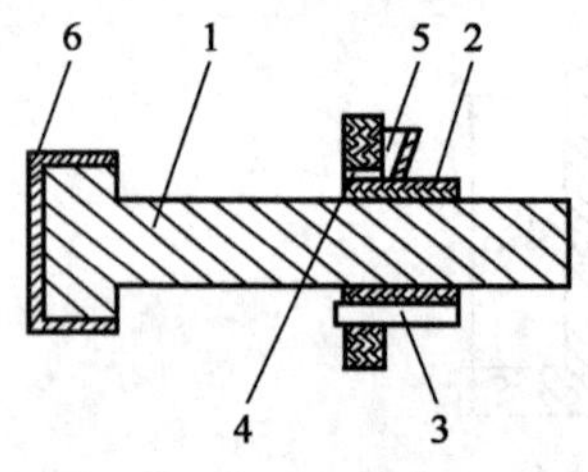


图22-19　定位圆盘安装示意图
1-锚固件;2-定位圆盘;3-圆盘注胶孔;4-圆盘排气孔;5-持压漏斗;6-橡胶套

5)定位圆盘

(1)定位圆盘宜设有注胶孔、排气孔和持压漏斗。

(2)定位圆盘(图22-19)应能保证锚固件垂直于混凝土表面并可确定锚固深度。

4. 检测技术

1)一般规定

(1)检测混凝土强度可采用以下两种方式:

①单个检测。适用于单个构件的检测,其检测结果不得扩大到未检测的构件或范围;

②抽样检测。同一检测批构件总数不应少于9个,否则应按单个检测。

(2)抽样检测时,应进行随机抽样,且抽测构件最小数量应符合表22-47的规定。

随机抽测构件最小数量　表22-47

| 同一检测批构件总数 | 9~15 | 16~25 | 26~50 | 51~90 | 91~150 |
|---|---|---|---|---|---|
| 抽测构件最小数量 | 3 | 5 | 8 | 13 | 20 |
| 同一检测批构件总数 | 151~280 | 281~500 | 501~1 200 | 1 201~3 200 | 3 201~10 000 |
| 抽测构件最小数量 | 32 | 50 | 80 | 125 | 200 |

(3)测点布置应符合下列规定:

①每一构件应均匀布置3个测点,最大拔出力或最小拔出力与中间值之差大于中间值的

15%时，应在最小拔出力测点附近再加测两个测点。

②测点应优先布置在混凝土浇筑侧面，混凝土浇筑侧面无法布置测点时，可在混凝土浇筑顶面布置测点，布置测点前，应清除混凝土表层浮浆。如混凝土浇筑面不平整时，应将测点部位混凝土打磨平整。

③相邻两测点的间距不应小于300mm，测点距构件边缘不应小于150mm。

④测点应避开接缝、蜂窝、麻面部位，且后锚固法破坏体破坏面无外露钢筋。

(4)测点应标有编号，必要时宜描绘测点布置的示意图。

2)钻孔

(1)在钻孔过程中，钻头应始终与混凝土表面保持垂直。

(2)成孔尺寸应符合下列规定：

①钻孔直径应为27(±1)mm；

②钻孔深度应为45(±5)mm。

3)清孔与锚固

(1)钻孔完毕后，应清除孔内粉尘。当采用金刚石薄壁空心钻钻孔时，应使孔壁清洁、干燥。

(2)应将定位圆盘与锚固件连接后注射锚固胶。待锚固胶固化后，方可进行拔出试验。

4)拔出试验

(1)拔出试验过程中，施加拔出力应边续、均匀，其速度应控制在0.5~1.0kN/s。

(2)施加拔出力至拔出仪测力装置读数不再增加为止，记录极限拔出力，精确至0.1kN。

(3)后锚固法试验时，应采取有效措施防止试验装置脱落。

(4)当后锚固法试验出现下列异常情况之一时，应作详细记录，并将该值舍去，在其附近补测一个测点。

①后锚固法破坏体呈非完整锥体破坏状态；

②后锚固法破坏体的锥体破坏面上，有显著影响检测精度的缺陷或异物；

③反力支承圆环外混凝土出现裂缝。

(5)后锚固法检测后，应及时对检测造成的构件破损部位进行有效修补。

5.混凝土强度推定

1)测点混凝土强度换算值

(1)当无专用测强曲线和地区测强曲线时，可采用本方法统一测强曲线式(22-73)或按本章附录20计算混凝土强度换算值。

$$f_{cu,i}^{c} = 2.1667P_i + 1.8288 \tag{22-73}$$

式中：$f_{cu,i}^{c}$——混凝土强度换算值(MPa)，精确至0.1MPa；

$P_i$——拔出力(kN)，精确至0.1kN。

(2)本方法统一测强曲线适用于符合下列条件的混凝土：

①符合普通混凝土用材料且集料为碎石，其最大粒径不大于40mm；

②抗压强度范围为10~80MPa；

③采用普通成型工艺；

④自然养护14d或蒸气养护出池后经自然养护7d以上。

2)钻芯修正

(1)当采用钻芯法修正时，钻取芯样应符合下列规定：

①符合同一检测批的被检测构件应采用同一修正量；

②同一检测批，若采用直径100mm(高径比1:1)混凝土芯样时，芯样试件的数量不应少于6个，若采用直径小于100mm(高径比1:1)的混凝土芯样时，芯样试件的直径不小于7mm，芯样试件的数量不应少于9个。

(2)钻芯法修正应采用修正量法。修正后测点混凝土强度换算值应按下式计算：

$$f^{c}_{cu,io} = f^{c}_{cu,i} + \Delta_f \tag{22-74}$$

$$\Delta_f = f^{c}_{cor,m} - f^{c}_{cu,mj} \tag{22-75}$$

$$f^{c}_{cor,m} = \frac{\sum_{i-1}^{n} f^{c}_{cor,i}}{n_1} \tag{22-76}$$

式中：$f^{c}_{cor,m}$——芯样试件混凝土强度换算值的平均值(MPa)，精确至0.1MPa；

$f^{c}_{cor,i}$——第$i$个芯样试件混凝土强度换算值(MPa)，精确至0.1MPa；

$f^{c}_{cu,mj}$——与钻芯部位相应的后锚固法测点混凝土强度换算值的平均值(MPa)，精确至0.1MPa；

$f^{c}_{cu,io}$——修正后测点混凝土强度换算值(MPa)，精确至0.1MPa；

$f^{c}_{cu,i}$——修正前测点混凝土强度换算值(MPa)，精确至0.1MPa；

$n_1$——芯样数量；

$\Delta_f$——修正量(MPa)，精确至0.1MPa。

(3)钻芯后，应及时对钻芯造成的构件破损部位进行有效修补。

3)单个检测

(1)单个构件的拔出力计算值确定应符合下列规定：

①当构件3个拔出力中的最大值和最小值与中间值之差均小于中间值的15%时，应取小值作为该构件拔出力计算值；

②当按本节七、4、1)、(3)条第①款加测时，加测的2个拔出力应和最小拔出力一起取平均值，再与前一次的拔出力中间值比较，取较小值作为该构件的拔出力计算值。

(2)板据单个构件拔出力计算值，应按本节七、5、1)、(1)条计算其强度换算值，并应将此强度换算值作为单个构件混凝土强度推定值。

4)抽样检测

(1)抽样检测时，应按本节七、5、1)、(1)条计算每个测点混凝土强度换算值。

(2)检测批混凝土的强度平均值、标准差，应按下式计算：

$$mf^{c}_{cu} = \frac{\sum_{i-1}^{n} f^{c}_{cu,i}}{n_2} \tag{22-77}$$

$$Sf^{c}_{cu} = \sqrt{\frac{\sum_{i-1}^{n} (f^{c}_{cu,i})^2 - n_2 (mf^{c}_{cu})^2}{n_2 - 1}} \tag{22-78}$$

式中：$f^{c}_{cu,i}$——第$i$个测点混凝土强度换算值(MPa)，精确至0.1MPa；

$mf^{c}_{cu}$——混凝土强度的平均值(MPa)，精确至0.1MPa；

$n_2$——检测批测点数之和；

$Sf^{c}_{cu}$——混凝土强度的标准差(MPa)，精确至0.01MPa。

(3)抽样检测混凝土强度推定值应按下式计算：

$$f^{c}_{cu,e} = mf^{c}_{cu} - 1.645Sf^{c}_{cu} \tag{22-79}$$

式中：$f^{c}_{cu,e}$——检测批混凝土强度推定值(MPa)，精确至0.1MPa。

(4)通过钻芯修正方法确定检测批的混凝土强度推定值时，应采用修正后的样本算术平均值和标准差，并按本节七、5、4)、(3)条规定的方法确定。

(5)抽样检测时，检测批混凝土强度标准差限值应控制在表22-48的范围内，否则，应按本节七、5、4)、(6)条的要求进行处理。

**检测批混凝土强度标准差限值** 表22-48

| 强度平均值(MPa) | 小于25 | 不小于25且不大于60 | 大于60且不大于80 |
|---|---|---|---|
| 强度标准差最大限值(MPa) | 4.5 | 5.5 | 6.5 |

(6)当不能满足本节七、5、4)、(5)条要求时，应在分析原因的基础上采取下列措施，并在检测报告中注明：

①应分析施工条件及检测结果，重新划分检测批；

②当采取上述措施仍不能满足要求或无条件采取上述措施时，宜按本节七、5、3)条提供单个检测的结果。

## 【附录19】 专用和地区测强曲线的制定方法

采用的后锚固法试验装置应符合第七、三节中的各项要求。

制定专用测强曲线的混凝土试块，应采用与被检测混凝土相同的原材料和成型养护工艺制作；制定地区测强曲线的混凝土试块，应采用本地区常用原材料和成型养护工艺制作。混凝土用水泥应符合《通用硅酸盐水泥》(GB 175)的规定，混凝土用砂、石应符合《普通混凝土用砂、石质量及检验方法标准》(JGJ 52)的规定，混凝土搅拌用水应符合《混凝土用水标准》(JGJ 63)的规定。

试块的制作和养护应符合下列规定：

(1)制定专用测强曲线时，应根据使用要求按最佳配合比设计不少于5个强度等级，每一强度等级每一龄期应制作不少于6组后锚固法试件，每组应由3个150mm立方体试块和至少可布置5个测点的混凝土试件组成。

(2)制定地区测强曲线时，应按最佳配合比设计不少于8个强度等级，每一强度等级每一龄期每一有代表性区域应制作不少于6组后锚固法试件，每组应由3个150mm立方体试块和至少可布置5个测点的混凝土试件组成。

(3)每组混凝土试件和相应的立方体试块应采用同批混凝土，同一龄期混凝土试件和立方体试块应在同一天内成型完毕。

(4)在成型后的第二天，应将立方体试块移至与混凝土试件相同的条件下养护，立方体试块拆模日期应与混凝土试件的拆模日期相同。

出试验应按下列规定进行：

(1)拔出试验测点宜布置在混凝土试件的浇筑侧面。

(2)在每一混凝土试件上应进行5个拔出试验，取平均值为该试件的拔出力计算值$P_m$，精确至0.1kN。

(3)同条件制作的3个150mm立方体试块，应按《普通混凝土力学性能试验方法标准》(GB/T 50081)进行立方体试块抗压强度试验，得到试块的立方体抗压强度值$f_{cu}$，精确至

0.1MPa。

专用和地区测强曲线的计算应符合下列规定：

(1)专用和地区测强曲线的归方程式，应按每一混凝土试件求得的拔出力和对应的立方体试块抗压强度值，采用最小二乘法原理计算。

(2)回归方程式可采用下式计算：

$$f_{cu}^{c}=A+BP_{m} \quad \text{附式(22-20)}$$

式中：$A$、$B$——回归系数。

(3)回归方程的平均相对误差$\delta$及相对标准差$e_r$，可按下列公式计算：

$$\delta=\pm\frac{1}{n}\sum_{i-1}^{n}\left|\frac{f_{cu,i}}{f_{cu,i}^{c}}-1\right|\times100\% \quad \text{附式(22-21)}$$

$$e_{r}=\sqrt{\frac{1}{n-1}\sum_{i-1}^{n}\left(\frac{f_{cu,i}}{f_{cu,i}^{c}}-1\right)^{2}}\times100\% \quad \text{附式(22-22)}$$

式中：$e_r$——回归方程式的强度相对标准差(%)，精确至0.1%；

$f_{cu,i}$——由第$i$个试块抗压试验得出的混凝土强度值(MPa)，精确至0.1MPa；

$f_{cu,i}^{c}$——对应于第$i$个试块按附式(22-20)计算的强度换算值(MPa)精确至0.1MPa；

$n$——制定回归方程式的数据数量；

$\delta$——回归方程式的强度平均相对误差(%)，精确至0.1%。

专用和地区测强曲线的强度误差符合下列规定：

(1)专用测强曲线。平均相对误差应为±10.0%，相对标准差不应大于12.0%；

(2)地区测强曲线。平均相对误差应为12.0%，相对标准差不应大于15.0%。

## 【附录20】 测点混凝土强度换算表

测点混凝土强度换算表见附表22-14。

**测点混凝土强度换算表** 附表22-14

| 拔出力(kN) | 强度换算值(MPa) | 拔出力(kN) | 强度换算值(MPa) | 拔出力(kN) | 强度换算值(MPa) | 拔出力(kN) | 强度换算值(MPa) |
|---|---|---|---|---|---|---|---|
| 3.8 | 10.1 | 6.6 | 16.1 | 9.4 | 22.2 | 12.2 | 28.3 |
| 4.0 | 10.5 | 6.8 | 16.6 | 9.6 | 22.6 | 12.4 | 28.7 |
| 4.2 | 10.9 | 7.0 | 17.0 | 9.8 | 23.1 | 12.6 | 29.1 |
| 4.4 | 11.4 | 7.2 | 17.4 | 10.0 | 23.5 | 12.8 | 29.6 |
| 4.6 | 11.8 | 7.4 | 17.9 | 10.2 | 23.9 | 13.0 | 30.0 |
| 4.8 | 12.2 | 7.6 | 18.3 | 10.4 | 24.4 | 13.2 | 30.4 |
| 5.0 | 12.7 | 7.8 | 18.7 | 10.6 | 24.8 | 13.4 | 30.9 |
| 5.2 | 13.1 | 8.0 | 19.2 | 10.8 | 25.2 | 13.6 | 31.3 |
| 5.4 | 13.5 | 8.2 | 19.6 | 11.0 | 25.7 | 13.8 | 31.7 |
| 5.6 | 14.0 | 8.4 | 20.0 | 11.2 | 26.1 | 14.0 | 32.2 |
| 5.8 | 14.4 | 8.6 | 20.5 | 11.4 | 26.5 | 14.2 | 32.6 |
| 6.0 | 14.8 | 8.8 | 20.9 | 11.6 | 27.0 | 14.4 | 33.0 |
| 6.2 | 15.3 | 9.0 | 21.3 | 11.8 | 27.4 | 14.6 | 33.5 |
| 6.4 | 15.7 | 9.2 | 21.8 | 12.0 | 27.8 | 14.8 | 33.9 |

续上表

| 拔出力 (kN) | 强度换算值 (MPa) | 拔出力 (kN) | 强度换算值 (MPa) | 拔出力 (kN) | 强度换算值 (MPa) | 拔出力 (kN) | 强度换算值 (MPa) |
|---|---|---|---|---|---|---|---|
| 15.0 | 34.3 | 20.4 | 46.0 | 25.8 | 57.7 | 31.2 | 69.4 |
| 15.2 | 34.8 | 20.6 | 46.5 | 26.0 | 58.2 | 31.4 | 69.9 |
| 15.4 | 35.2 | 20.8 | 46.9 | 26.2 | 58.6 | 31.6 | 70.3 |
| 15.6 | 35.6 | 21.0 | 47.3 | 26.4 | 59.0 | 31.8 | 70.7 |
| 15.8 | 36.1 | 21.2 | 47.8 | 26.6 | 59.5 | 32.0 | 71.2 |
| 16.0 | 36.5 | 21.4 | 48.2 | 26.8 | 59.9 | 32.2 | 71.6 |
| 16.2 | 36.9 | 21.6 | 48.6 | 27.0 | 60.3 | 32.4 | 72.0 |
| 16.4 | 37.4 | 21.8 | 49.1 | 27.2 | 60.8 | 32.6 | 72.5 |
| 16.6 | 37.8 | 22.0 | 49.5 | 27.4 | 61.2 | 32.8 | 72.9 |
| 16.8 | 38.2 | 22.2 | 49.9 | 27.6 | 61.6 | 33.0 | 73.3 |
| 17.0 | 38.7 | 22.4 | 50.4 | 27.8 | 62.1 | 33.2 | 73.8 |
| 17.2 | 39.1 | 22.6 | 50.8 | 28.0 | 62.5 | 33.4 | 74.2 |
| 17.4 | 39.5 | 22.8 | 51.2 | 28.2 | 62.9 | 33.6 | 74.6 |
| 17.6 | 40.0 | 23.0 | 51.7 | 28.4 | 63.4 | 33.8 | 75.1 |
| 17.8 | 40.4 | 23.2 | 52.1 | 28.6 | 63.8 | 34.0 | 75.5 |
| 18.0 | 40.8 | 23.4 | 52.5 | 28.8 | 64.2 | 34.2 | 75.9 |
| 18.2 | 41.3 | 23.6 | 53.0 | 29.0 | 64.7 | 34.4 | 76.4 |
| 18.4 | 41.7 | 23.8 | 53.4 | 29.2 | 65.1 | 34.6 | 76.8 |
| 18.6 | 42.1 | 24.0 | 53.8 | 29.4 | 65.5 | 34.8 | 77.2 |
| 18.8 | 42.6 | 24.2 | 54.3 | 29.6 | 66.0 | 35.0 | 77.7 |
| 19.0 | 43.0 | 24.4 | 54.7 | 29.8 | 66.4 | 35.2 | 78.1 |
| 19.2 | 43.4 | 24.6 | 55.1 | 30.0 | 66.8 | 35.4 | 78.5 |
| 19.4 | 43.9 | 24.8 | 55.6 | 30.2 | 67.3 | 35.6 | 79.0 |
| 19.6 | 44.3 | 25.0 | 56.0 | 30.4 | 67.7 | 35.8 | 79.4 |
| 19.8 | 44.7 | 25.2 | 56.4 | 30.6 | 68.1 | 36.0 | 79.8 |
| 20.0 | 45.2 | 25.4 | 56.9 | 30.8 | 68.6 | 36.2 | 80.3 |
| 20.2 | 45.6 | 25.6 | 57.3 | 31.0 | 69.0 | | |

## 八、射钉法检测混凝土抗压强度[水工混凝土试验规程(SL 352)]

1. 适用范围

一般适用于抗压强度为 10 ~ 50MPa 混凝土的现场检测。

2. 试验设备

1)射钉装置

(1)专用射钉仪。能以精确控制的能量把射钉射出,使射钉嵌入混凝土一定深度。

(2)射钉。合金钢钢钉,钉身应镀铬或镀锌。射钉长 75mm 左右,直径 4 ~ 7mm,其长度的变异系数应小于0.005。

(3)射钉弹。金属外壳,内装一定能量的火药。

2)量具

量具采用最小分度为0.02mm的游标卡尺。

3)测量基准板

测量基准板为中间有孔,厚度10mm的金属盖板。作为测量外露长度的基准面,外形尺寸参见图22-20。

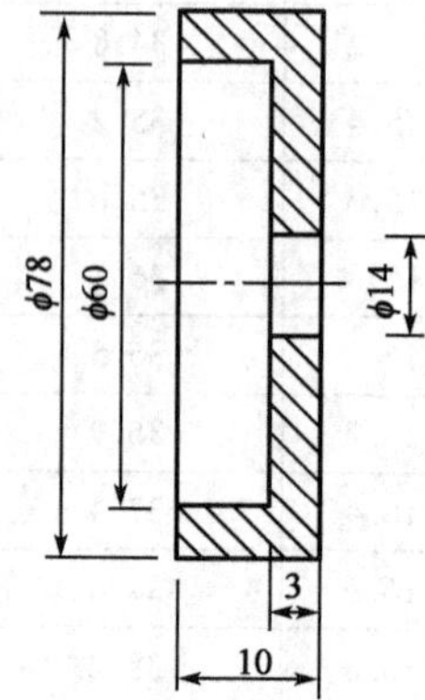


图22-20 测量基准板(尺寸单位:mm)

3.试验步骤

(1)当首次启用射钉装置时,首先应确定其标准状态。

①将一块型号为LY12的铝合金板平稳的置于坚实的地面。铝合金板面积不小于0.1m$^2$,厚度40mm以上且不小于射钉的最大射入深度。

②从所采用的一批射钉和射钉弹中各随机取出30枚,在铝合金板上向射钉30次。射钉间距不小30mm,射钉距铝合金板边缘距离不得小于20mm。

③量取各射钉外露长度$L_i$(准确至0.1mm)。

④按式(22-80)~式(22-82)计算平均外露长度$L_o$、外露长度标准差$S$及变异系数$C_v$,即:

$$L_o = \frac{\sum_{i-1}^{30} L_i}{30} \quad (\text{mm}) \tag{22-80}$$

$$S = \sqrt{\frac{\sum_{i-1}^{30}(L_i - L_o)^2}{30}} \quad (\text{mm}) \tag{22-81}$$

$$C_v = \frac{S}{L_o} \tag{22-82}$$

⑤若计算出的$C_v$值小于0.02时,表示该射钉装置的重复性能合格。将此时所获得的外露长度平均值$L_o$定为该装置的标准外露值。

(2)凡属于以下情况之一者均应复验射钉装置的标准外露值:

启用新购的同型号射钉和射钉弹前;

进行工程检测或试验前;

累计射钉达100次时。

①每次在铝合金板上复验标准外露长度时,射钉次数应不小于3次。

②当该次射钉外露长度平均值$L$满足下式时,可认为该装置仍处于标准状态:

$$\left|\frac{L_o - L}{L_o}\right| \leqslant 4\% \tag{22-83}$$

式中:$L_o$——标准外露值(mm);

$L$——复验时平均外露值(mm)。

③若不满足式(22-83),则应找出原因,重新检验。若仍不符合,则应将该射钉仪作为首次启用的新装置来重新确定标准状态。

(3)混凝土强度与射钉外露长度关系的标定应按以下步骤进行。

①为建立混凝土强度与射钉外露长度的关系,需制作一批大试件和同条件的小试件,分别

用于射钉和强度试验。试件的材料和养护条件与现场构筑物相同。大小试件的拌和、振捣和养护情况必须相同。大试件采用边长为400mm立方体。立方体的4个浇筑侧面用于射钉(也可采用其他形状尺寸的试件,如壁形试件)。小试件尺寸为边长150mm的立方体。大试件的每一浇注侧面与相应3个同条件小试件为一对应试验组,试验组不宜少于30组。标定用的试件应具有不同的强度,且有较大变化范围,至少应覆盖需检测的构筑物混凝土强度的变化范围。可采用改变水灰比或在不同龄期(不宜小于7d)进行试验两种方法来获得。

②测点布置在大试件的侧面,位置如图22-21所示,每个测试面布置5个射击点,为一试验组。试件平稳放置于坚硬平地上,使测试面向上。将射钉、射钉弹先后装入经检验为标准状态的射钉仪,按画定位置把射钉仪对准混凝土测试面射击点,射钉仪压紧在测试面上击发,将射钉射入混凝土。射钉嵌入不牢固者不得作为试验结果,应在附近补射。在射钉上套入测量基准板,以游标卡尺测量射钉外露尾端至基准面的垂直距离,并作记录。计算外露长度值时应加上基准板厚度。如果射钉周围有混凝土鼓起,应处理平整后再测量。

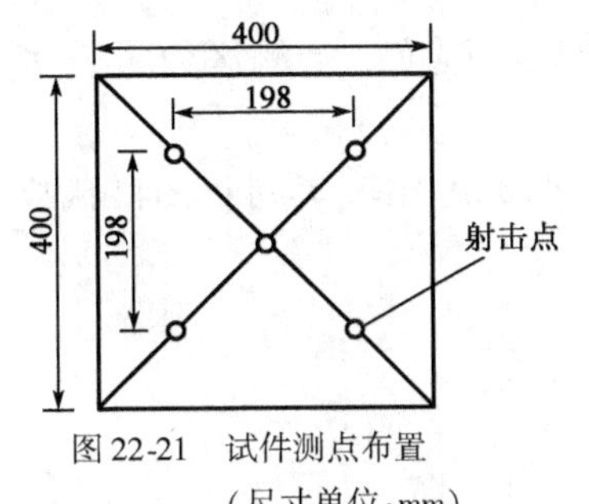

图22-21　试件测点布置
(尺寸单位:mm)

注:射钉与射钉弹型号应与所测混凝土抗压强度相配,射钉能射入混凝土,又外露一定长度。

③射钉试验后,应随即进行小试件的强度试验。试验按本章第三节二中的立方体试件的制作及强度试验的规定执行。

④检查每一试验组的5个射钉外露长度值的析差是否满足表22-49给出的容许极差。超出规定时,应将5个测值平均,剔除离平均值最远的那个测值,若所剩测值仍不满足,再按以上方法进行剔除。所剩测值满足极差要求且不少于3个。以满足极差要求测值的平均值作为该试验组的外露长度值$L_i$;与大试件对应的3个小试件的强度平均值为$mf_{cu}$。采用最小二乘法原理回归出曲线的方程式。回归线的精度应不大于两倍的剩余标准差。

⑤步骤④建立的关系曲线仅限于标定所使用的射钉装置,即一台射钉仪、一种型号射钉及射钉弹对应一条标定曲线。当被测混凝土与建立测强曲线混凝土在粗集料品种、强度、粒径及混凝土干湿状态等因素有较大差异时,应另建立条件相同的测强曲线,或采用在测点处钻取混凝土芯样进行强度试验的方法进行修正。

**外露长度的容许极差**(尺寸单位:mm)　　表22-49

| 材料 | | | 3个测值的容许极差 |
|---|---|---|---|
| 砂浆 | | | 6 |
| 混凝土 | 集料最大粒径 | 20 | 8 |
| | | 40 | 11 |
| | | 80 | 15 |
| | | 150 | 15 |

(4)现场测试。

①被测混凝土龄期不宜小于7d,所测结构混凝土厚度不得小于150mm。

②被测构件的测区数量及布置按测试目的和构件情况而定,但测区数不得少于3个。每个测区布置3个测点,测点位置宜布置在边长为200mm的等边三角形内。射钉之间距离不得小于140mm,射钉点与混凝土边缘相距不得小于100mm。测点表面必须平整。

③如果每个测区 3 个测值的极差超出表 22-49 的规定,应当补射第 4 个射钉,剔除离 4 个测值平均值最大的那个数据。若其余 3 个测值仍不能满足要求;再发射第 5 个射钉按上述方法进行处理。如果仍不满足要求,应重新选择测区进行试验。

4. 试验结果处理

试验结果处理应按以下规定执行。

(1)将满足极差规定的 3 个外露长度的平均值作为该测区的试验结果。按强度—外露长度的关系式换算出各测区的混凝土强度值。

(2)统计计算被测构件的平均强度,用以推定该构件混凝土现有强度。当测区数量较多时,可计算强度标准差和变异系数,以此评估构件强度均匀性。

注:射钉仪使用完毕之后,应将其拆卸,用汽油或柴油将各部件清洗干净,再用机油擦拭后复原。

5. 安全注意事项

试验过程中,应注意以下安全事项:

(1)操作人员应经过专门上岗培训。

(2)操作前应首先检查射钉仪是否有保险装置。

(3)发射时必须安装保护罩。

(4)必须先装射钉,后装子弹。若已装钉、弹而不拟发射时,应先卸弹后卸钉。

(5)射钉及子弹安装后管口向下,不得将射钉仪管口朝向人体,以防意外。

(6)混凝土表面不平整,保护罩不能贴紧表面时,不得匆忙发射,应当将表面处理平整,再发射。

(7)发射时,非操作人员不得靠近射击点。

(8)射钉弹放置和运输时,要妥善保管,不得靠近火源、受潮和受挤压。

## 九、非破损法与局部破损法的结合使用

如前所述,各种非破损测强方法都具有简便、易行、测试效率高、成本低等优点。但是非破损法测强是以混凝土抗压强度与某些物理量的相关性为基础的,这些相关性又通常受众多因素的影响。因此,非破损法测强结果的准确性往往受到怀疑。而局部破损法测强是以混凝土的局部破坏强度为基础的,其测值较为直观可靠。尤其是钻芯法已得到国际上的普遍承认。但是,由于局部破损法会造成结构或构件的局部破坏,其测点的数量受到严格的限制,不可能在整个结构上普遍使用,而且钻芯法成本也较高,因此,若能把钻芯法与非破损法结合起来,利用芯样试验的直观和准确性,来校正非破损检测的推定值,同时,利用非破损测强方法的简便易行,可在结构物上普遍布置测点的特点,来减少钻芯的数量,无疑是一个好办法。

要将这两种方法结合起来,必须解决以下两个问题:

(1)如何用芯样的抗压试验值校正超声声速或回弹值与强度的关系;

(2)如何按声速或回弹值的离散程度确定应钻芯样的个数。

我国在这方面虽然已有一些应用,但尚未开展较系统的研究。南斯拉夫标准中关于钻芯法与超声或回弹法结合使用的有关规定,可供参考。南斯拉夫国家标准规定,当钻芯法与超声或回弹法结合使用时,应先用超声或回弹仪在 30 个点上进行测定,并计算出它们的标准差,从而可看出该结构混凝土的质量均一性水平。然后根据标准差的大小,按表 22-50 的规定,决

定应钻取的芯样数量。其目的是既尽量减少钻芯数量,又使芯样能较确切地代表结构混凝土质量水平。

**超声、回弹与钻芯法结合使用时的取芯个数** 表 22-50

| 回弹值标准差(回弹值) | 声速值标准差(km/s) | 最少钻取芯样个数(个) |
| --- | --- | --- |
| ≤7 | ≤1.5 | 3 |
| 7.1~10 | 1.6~2.5 | 5 |
| 10.1~15 | 2.6~3.5 | 7 |
| ≥15 | ≥3.5 | 10 |

然后,按钻芯法的有关规定选择钻芯点,并在选定的钻芯点上用超声或回弹仪测定超声声速和回弹值。这些测值与相应的芯样抗压强度建立相关关系,作为校正源有"*R-N*""*R-C*""*R-N-C*"等关系的依据。

此后,即可用"超声"或"回弹"或"超声—回弹"综合法普测整个结构物,并根据校正后的关系推算混凝土的强度。

这一方法既提高了超声、回弹等非破损方法的可靠性,又减少了钻芯数量,是一种较好的方法。

## 十、结构混凝土强度非破损检验及评定方法

结构混凝土强度非破损检验方法目前常用的有回弹法和"超声—回弹"综合法。检验数量规定及试样测区要求见表 22-51。

**检验数量及测区要求** 表 22-51

| 检验对象 | 检验数量 | 测区要求 |
| --- | --- | --- |
| 检验评定单个的结构或构件 | 根据混凝土质量实际情况而定 | 每一试样的测区数应不少于10个;<br>测区的大小约为20cm×20cm;并按回弹法、超声法测试方法求出回弹值、声速值;<br>相邻两测区的间距不大于2m;<br>测区宜选在混凝土浇筑的侧面;<br>测区宜均匀分布,并宜避开混凝土内设置的钢筋和埋入铁件,但不宜布置在应力较大处;<br>测区表面应清洁、平整、干燥,不应有接缝、饰面粉刷层、浮浆、油垢以及蜂窝、麻面等 |
| 检验评定相同施工条件下,相当于同一验收批且龄期相近的同类或非同类的结构或构件 | 随机抽取不少于同类结构或构件总数的30% | |

注:1. 同一验收批,是指原材料和配合比基本一致的混凝土。
2. 同类的结构或构件,是配筋和外形尺寸基本相同或同一型号的屋架、柱梁、板、基础等。
3. 测区即为测试的区域,相当于一个检验试块。

结构或构件混凝土强度评定方法见表 22-52。

**强度评定方法** 表 22-52

| 试样混凝土强度平均值计算公式 | 结构或构件混凝土强度评定值 *R* 的取值 |
| --- | --- |
| 1. 按下式计算试样混凝土强度平均值:<br>$$\bar{R}=\frac{\sum_{i=1}^{n}R_{ni}}{n}$$<br>式中:$\bar{R}$——试样混凝土强度平均值(MPa),精确至0.1MPa;<br>$n$——对于单个评定的结构或构件,取一个试样的测区数;对于抽样评定(相同条件下的同类或非同类)的结构或构件,取各抽检试样测区数之和。<br>2. 按下列公式计算试样混凝土强度第一条件值和第二条件值: | 对于单个评定的结构或构件,试样混凝土强度评定值,即为单独结构或构件混凝土强度评定值,取式①或式②中的较低值; |

续上表

<table>
<tr><th>试样混凝土强度平均值计算公式</th><th>结构或构件混凝土强度评定值 R 的取值</th></tr>
<tr><td>

$$R_{n1} = 1.18(\bar{R} - K \cdot S_{n})$$

$$R_{n2} = 1.18R_{ni小}$$

式中：$R_{n1}$——试样混凝土强度第一条件值(MPa)，精确至 0.1MPa；<br>
$R_{n2}$——试样混凝土强度第二条件值(MPa)，精确至 0.1MPa；<br>
$S_{n}$——试样混凝土强度标准差(MPa)；按下列公式计算，精确至二位数；

$$S_{n} = \sqrt{\frac{\sum_{i=1}^{n}(R_{ni})^{2} - n(\bar{R}_{n})^{2}}{n-1}}$$

$R_{ni}$——对于单个评定的结构或构件，取一个试样中的最低测区混凝土强度值(MPa)；对于抽样评定的结构或构件，取各抽样中的最低测区混凝土强度值(MPa)；<br>
$K$——合格判定系数值；<br>
$n$——对于单个评定的结构或构件，取一个试样的测区数；对于抽样评定的结构或构件，取各抽检试样测区数之和。

<table>
<tr><td>n</td><td>10 ~ 14</td><td>15 ~ 24</td><td>≥25</td></tr>
<tr><td>K</td><td>1.70</td><td>1.65</td><td>1.60</td></tr>
</table>

</td><td>对于抽样评定的结构或构件，试样混凝土强度评定值，即为在相同施工条件下，相当于同一验收批且龄期相近的同类或非同类结构或构件混凝土强度评定值。取式①或式②中的较低值</td></tr>
</table>

注：以上引用《回弹法评定混凝土抗压强度堆程》(JGJ/T 23)。

# 第二十三章　混凝土预制构件质量的检验评定[1]

## 第一节　混凝土预制构件生产的基本要求及分类

### 一、基本要求

构件出池、起吊和预应力筋放松、张拉时混凝土的强度，必须符合设计要求及规范规定。设计如无要求时，均不得低于设计强度的70%。

预应力筋孔道灌浆的质量，应符合规范规定。

### 二、分类

根据构件的使用功能、构造特点及其生产工艺，划分四类：

(1)板类。板类包括各种空心楼板、大楼板、槽型板、楼梯、阳台和“T”形板以及薄壁空心构件(烟道、垃圾道)等。

(2)墙板类。墙板类包括内外墙板、挂壁板、内隔墙板、阳台隔板、条板、女儿墙板等。

(3)大型梁、柱类。大型梁、柱类包括各种预应力或非预应力大梁、吊车梁、基础梁、框架梁、天窗架、屋架、桁架、大型柱和基桩等。

(4)小型板、梁、柱类。小型板、梁、柱类包括盖沟板、跳槽板、栏板、窗台板、拱板、过梁、檀条及3m以内小型梁柱等品种。

## 第二节　构件检验的取样方法

成批生产的构件，应按同一工艺、正常生产的1 000件，但不超过3个月的同类型产品为1批(不足1 000件者亦为1批)，在每批中随机抽取一个构件作为试件进行检验。

当连续抽查10批，每批的结构性能均能符合本标准规定的要求时，对同一工艺、正常生产的构件，可改按2 000件，但亦不超过3个月的同类型产品为一批，在每批中仍随机抽取1个试件进行检验。

对设计成熟、生产数量较小的构件(如桁架等)，如采取加强材料和制作质量检验的措施，可仅做刚度、抗裂度、裂缝宽度检验。当采取上述措施并有可靠的实践经验时，亦可不作结构性能检验。

注：1.“同类型产品”是指同一钢种，同一混凝土强度等级，同一工艺和同一结构形式的构件。对同类型产品进行抽样检验时，试件宜从设计荷载最大，受力最不利或生产数量最多的构件中抽取。

---

[1]摘引自《混凝土结构试验方法标准》(GB/T 50152)和张应立主编《混凝土全过程质量管理手册》，人民交通出版社，2002年。

2."加强材料和制作质量检验的措施"包括下列内容:

(1)钢筋,进厂时按施工规范的规定进行检验合格后,在使用前,再对用作构件受力主筋的同批钢筋(不大于50kN)抽取一组试件,并检验合格(对逐盘检验的预应力钢丝及经冷拉而不利用强度的非预应力钢筋,可不再抽样检查)。

(2)受力主筋焊接接头的机械性能,应按施工规范的规定检验合格后,再抽取一组试件,并经检验合格。

(3)混凝土,应按每5m$^3$且不超过半个工作班生产的相同配合比的混凝土,留置一组试块。

(4)受力主筋焊接接头的外观质量、入模后的主筋保护层、张拉预应力值、构件的横截面尺寸等,应逐件检验合格。

## 第三节 构件检验项目及抽查数量

钢筋混凝土及预应力混凝土预制构件应按下列规定进行结构性能检验:钢筋混凝土构件,应进行强度、刚度和裂缝宽度检验;预应力混凝土构件,应进行强度、刚度和抗裂检验;使用阶段允许出现裂纹的预应力混凝土构件,尚须进行裂纹宽度检验。

预制混凝土构件结构性能检验的项目见表23-1;其结构性能检验的抽查数量见表23-2。

**预制混凝土构件结构性能检验的项目** 表23-1

| 序号 | 构件种类 | 检验项目 | 说明 |
|---|---|---|---|
| 1 | 钢筋混凝土构件 | 强度<br>刚度<br>裂缝 | 设计图纸对结构性能检验有专门要求时,应按设计要求进行检验;<br>预应力混凝土中的非预应力杆件,应按钢筋混凝土构件进行检验;<br>结构性能检验所需的数据,应由设计单位在图纸上注明;<br>强度试验是指破坏荷载试验;刚度试验是指在某荷载时的扰度;抗裂度是指第一次出现裂缝的荷载值,裂缝是指在某荷载时的裂缝宽度 |
| 2 | 预应力混凝土构件 | 强度<br>刚度<br>抗裂度和裂缝 | |

**预制混凝土构件结构性能检验的抽查数** 表23-2

| 序号 | 抽查方法 | 说明 |
|---|---|---|
| 1 | 成批生产的构件,同一工艺,同类型,每1 000件(但不超过3个月)为1批,每批抽查1件 | 同类产品是指同一钢种、同一混凝土强度等级、同一工艺和同一结构形式的构件;<br>对同类型产品进行抽样检验时,试件宜从设计荷载最大、受力最不利或生产数量最多的构件中抽取;<br>加强管理措施是指钢材焊接、水泥等原材料、钢筋骨架、预应力筋的预应力值、混凝土试件等均按规定经过检验;<br>进行结构性能检验时,混凝土强度应达到设计所要求的强度等级 |
| 2 | 连续抽查10批,每批的结构性能均符合要求时,对同一工艺正常生产的同一类型构件,或改按每2 000件(但不超过3个月)为1批,每批抽查1件 | |
| 3 | 设计成熟,生产数量较小(如桁架等)的,如采取加强管理措施,可仅做刚度、抗裂度和裂缝宽度检验,不作破坏性试验 | |
| 4 | 在有加强管理措施和有可靠实践经验时,亦可不作结构性能试验 | |

## 第四节 构件检验的基本装备

### 一、量测仪表

(1)混凝土结构试验用的量测仪表,应符合本节精度等级的规定,并应有主管计量部门定期检验的合格证书。

(2)各种位移量测仪表的精度、误差等应符合下列规定：

①钢直尺、千分表、百分表和大量程百分表的误差允许值应符合表23-3的规定。

②水准仪和经纬仪的精度分别不应低于三级精度($DS_3$)和二级精度($DS_2$)。

③位移传感器的准确度不应低于1.0级；位移传感器的指示仪表的最小分度值不宜大于所测总位移的1.0%，示值误差应为±1.0%F.S.。

④倾角仪的最小分度值不宜大于5″；电子倾角计的示值误差应为1.0%F.S.。

注：F.S.表示量测仪表的满量程。

**钢直尺、百分表、千分表、大量程百分表误差允许值** 表23-3

| 名称 | | 任意段示值误差(μm) | | | | 示值总误差值(μm) | | | | 回程误差(μm) | | | 示值变动性 |
|---|---|---|---|---|---|---|---|---|---|---|---|---|---|
| | | 分段(mm) | | | | 量程(mm) | | | | 量程(mm) | | | |
| | | 0.1 | 0.2 | 1.0 | 10.0 | $1.5\times10^n$ | $3\times10^n$ | $5\times10^n$ | $10\times10^n$ | $3\times10^n$ | $5\times10^n$ | $10\times10^n$ | (μm) |
| 钢直尺 | | — | — | ±50 | ±80 | ±100 | ±100 | ±150 | ±200 | | | | 0.3 |
| 百分表 | 新制的 | — | 3 | — | — | — | — | — | 5 | 2 | | | |
| | 已使用的 | — | 4 | — | — | — | — | — | 6 | 2.5 | | | 0.5 |
| 千分表 | 新制的 | 9 | — | 12 | — | — | 15 | 18 | 22 | 5 | | | 3 |
| | 已使用的 | — | — | 18 | — | — | 20 | 25 | 30 | — | | | 5 |
| 大量程百分表 | | — | — | 15 | — | — | 30 | 10 | 50 | 7 | 8 | 10 | 5 |

注：1.表中$n$为指数，千分表$n=-1$，百分表$n=0$，大量程百分表$n=1$，钢直尺$n=2$。

2.表中所列百分表的误差允许值是百分表的准确度等级为一级时的误差允许值。

(3)各种应变量测仪表的精度、误差等应分别满足下列规定：

①由符合上述规定的千分表、百分表和位移传感器等构成的应变量测装置，其标距误差应为±1.0%，最小分度值不宜大于被测总应变的1.0%。

②双杠杆应变计的示值误差和标距误差均应为±1.0%，最小分度值不宜大于被测总应变的2.0%。

③静态电阻应变仪的精度不应低于B级，最小分度值不宜大于$10\times10^{-6}$。

动态电阻应变仪的精度不应低于B级，基准量程不宜小于$200\times10^{-4}$，输出灵敏度不宜低于0.1mA/$10^{-6}$或0.1mV/$10^{-6}$，载波频率不宜低于10倍被测应变的频率。

电阻应变计的精度不应低于C级；对于疲劳试验精度不应低于B级。

(4)观测裂缝宽度的仪表，其最小分度值不宜大于0.05mm。

(5)各种力值量测仪表的精度、误差等应分别满足下列规定：

①弹簧式拉力、压力测力计的最小分度值不应大于2.0%F.S.，示值误差应为±1.5%。

②负荷传感器的精度不应低于C级，对于长期试验，精度不应低于B级；负荷传感器的指示仪表的最小分度值不宜大于被测力值总量的1.0%，示值误差应为±1.0%F.S.。

(6)各种记录仪表精度、误差等应分别满足下列规定：

①$X$-$Y$函数记录仪的准确度不应低于1.0级。

②光线示波器应符合相关规范的规定。

③笔式记录器的准确度不应低于1.0级。

④磁带记录器的信噪比应小于35dB，带速误差应为±0.7%，线性误差不应大于0.5%。

## 二、加载设备

(1)混凝土结构试验用的各种试验机应满足本节规定的精度等级要求，并应有主管计量部门定期检验的合格证书。经修理的试验机应重新检验，领取新的合格证书。当使用其他加载设备对试验结构构件施加荷载时，加载量误差应为 ±3.0%，对于现场试验的误差应为 ±5.0%。

(2)采用各种重物产生的重力做试验荷载时，称量重物的衡器示值误差应为 ±1.0%。重物应满足下列规定：

①对于吸水性重物，使用过程中应有防止这些重物含水率变化的措施，并应在试验结束后立即抽样复查加载量的准确性。

②铁块、混凝土块等块状重物应逐块或逐级分堆称量，最大块重应满足加载分级的需要，并不宜大于 25kg。

③红砖等小型块状材料，宜逐级分堆称量；对于块体大小均匀、含水率一致，又经抽样核实块重确系均匀的小型块材，可按平均块重计算加载量。

④散粒状材料应装袋或装入放在试验构件表面上的无底箱中，并逐级称量。

(3)采用静水压力作均布试验荷载时，水中不应含有泥沙等杂物，可采用水柱高度或精度不低于 1.0 级的水表计算加载量。

(4)采用气压作均布试验荷载时，充气胶囊不宜伸出试验结构构件的外边缘。确定加载量时，应考虑充气胶囊与结构表面接触的实际作用面积，按气囊中的气压值计算确定。

(5)采用千斤顶加载，宜按本节规定的力值量测仪表直接测定它的加载量。

当条件受到限制而需用油压表测定油压千斤顶的加载量时，油压表精度不应低于 1.5 级，并应对配套的千斤顶进行标定，绘出标定曲线，曲线的重复性误差应为 ±5%。

当采用相互并联的数个同规格液压加载器施加静荷载时，可只在一个加载器上测定作用力，并计算总的加载量。此时，各加载器的实测摩阻系数与平均值的偏差应为 ±2.0%，各加载器间的高差不应大于 5m。

(6)采用卷扬机、倒链等机具加载时，应采用串联在绳索中的力值量测仪表直接测定加载量，当绳索需通过导向轮或滑轮组对结构加载时，力值量测仪表宜串联在靠近试验结构一端的绳索中。

(7)加载用的各种试验机精度、误差等应分别满足下列规定：

①万能试验机、拉力试验机、压力试验机的精度不应低于二级。

②结构疲劳试验机静态测力误差应为 ±2%。

③电液伺服结构试验系统的荷载、位移量测误差应为 ±1.5% F.S.。

## 三、试验装置

(1)试验装置的设计和配置应满足下列要求：

①试验结构构件的跨度、支承方式、支撑条件和受力状态应符合设计计算简图，并且在整个试验过程中保持不变。

②试验装置不应分担试验结构构件承受的试验荷载，并且不应阻碍结构构件的变形自由发展。

③试验装置应有足够的刚度，最大试验荷载作用下应有足够的承载力(包括疲劳强度)和稳定性。

(2)试验结构构件的支座应分别按下列规定设置：

①单跨简支结构构件和连续梁的支座除一端支座应为固定铰支座外，其他支座应为滚动

铰支座；安装时，各支座轴线应彼此平行并垂直于试验结构构件的纵轴线，各支座轴线间的距离取为结构构件的试验跨度。

滚动铰支座和固定铰支座的构造分别如图23-1和图23-2所示；铰支座的长度不应小于试验结构构件在支承处的宽度，上垫板宽度 $c$ 宜与试验结构构件的设计支承长度一致，厚度不应小于 $c/6$，钢滚轴直径宜按表23-4取用。

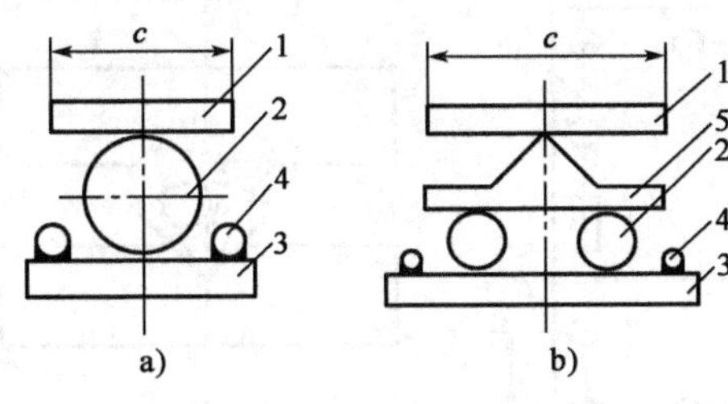


图23-1　滚动铰支座

a）滚轴式；b）刀口式

1-上垫板；2-钢滚轴；3-下垫板；4-限位钢筋；5-刀口式垫板

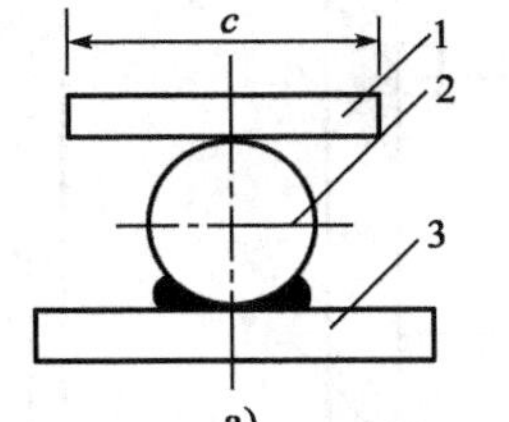


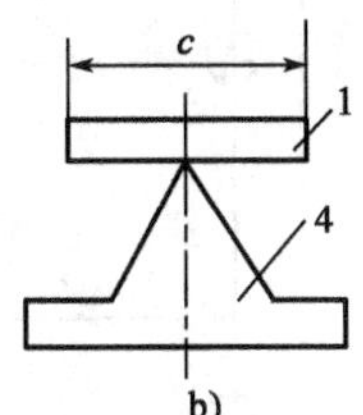


图23-2　固定铰支座

a）滚轴式；b）刀口式

1-上垫板；2-钢滚轴；3-下垫板；4-刀口式垫板

钢滚轴直径表　　　　表23-4

| 滚轴荷载（kN/mm） | 钢滚轴直径（mm） | 滚轴荷载（kN/mm） | 钢滚轴直径（mm） |
|---|---|---|---|
| <2.0 | 50 | 4.0～6.0 | 80～100 |
| 2.0～4.0 | 60～80 | | |

②悬臂梁的嵌固端支座宜按图23-3设置。上支座中心线和下支座中心线至梁端的距离应分别为设计嵌固长度 $c$ 的1/6和5/6，拉杆应有足够强度和刚度。

③四铁支承和四边简支支承双向板的支座应分别按图23-4和图23-5的形式设置。四边支承板的滚珠间距宜取板在支承处厚度 $h$ 的3～5倍。

④轴心受压和偏心受压力试验结构构件两端应分别设置刀口式支座（图23-6），刀口的长度不应小于试验结构构件截面宽度；安装时上下刀口应在同一平面内，刀口的中心线应垂直于试验结构构件发生纵向弯曲的所在平面，并应与试验机或荷载架的中心线重合；刀口中心线与试验结构构件截面形心间的距离应取为荷载偏心距 $e_0$。

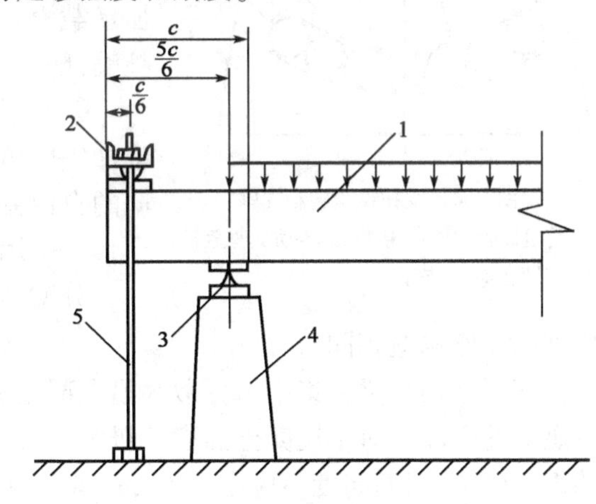


图23-3　嵌固端支座设置

1-试验构件；2-上支座刀口；3-下支座刀口；4-支墩；5-拉杆

当在压力试验机上进行短柱轴心受压强度试验时，若试验机上、下压板之一已有球铰，则短柱两端可不再设置刀口式支座。

对于双向偏心受压试验结构构件，两端应分别设置球型支座或双层正交刀口；球铰中心应与加载点重合，双层刀口的交点应落在加载点上。

⑤当采用偏心距加载方法进行受扭结构构件试验时，试验结构构件应架设在两个自由转动的支座上，转动支座的转动中心应与试验结构构件的转动中心重合（图23-7）；安装时，两支座的转动平面应彼此平行，并应垂直于试验结构构件的扭转轴。

（3）各种传递试验荷载的方法和装置应分别遵守下列规定：

①采用重物的重力作均布试验荷载时，重物在单向试验结构构件受荷面上应分堆堆放，沿试验结构构件跨度方向的每堆长度不应大于试验结构构件跨度的1/6；对于跨度为4m和4m以下的试验结构构件，每堆长度不应大于构件跨度的14倍；堆间宜留50~150mm的间隙。

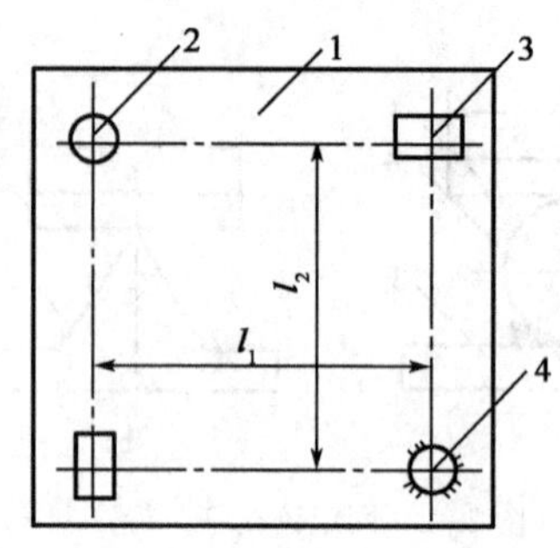


图23-4　四角支承板支座设置

1-试验板；2-滚珠；3-滚轴；4-固定滚珠

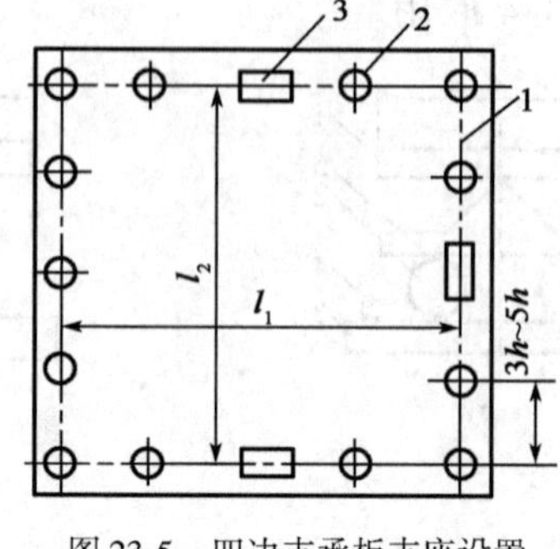


图23-5　四边支承板支座设置

1-试验板；2-滚珠；3-滚轴

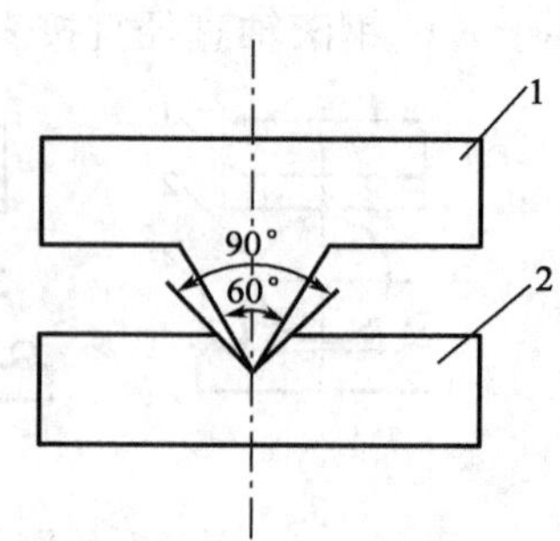


图23-6　受压构件的刀口式支座

1-刀口；2-刀口座

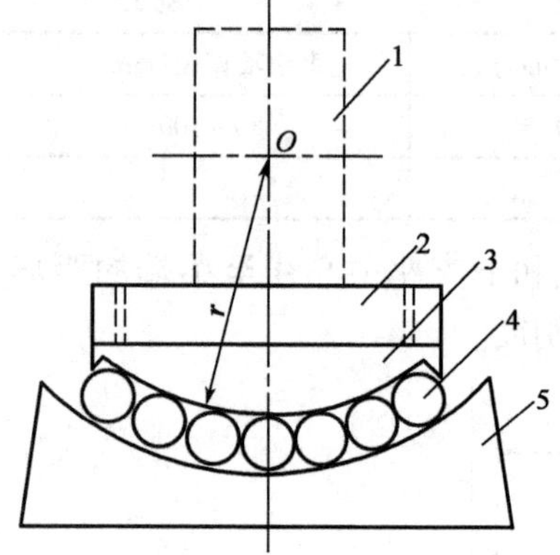


图23-7　受扭试验转动支座

1-受扭试验构件；2-垫板；3-转动支座盖板；4-滚轴；5-转动支座

对于双向受力板的试验，堆放重物的两个跨度方向上的每堆长度和间隙均应满足上述要求。

当采用装有散粒材料的无底箱子加载时，沿试验结构构件跨度方向放置的箱数不应少于两个。

②集中试验荷载作用点下的试验结构构件表面上，应设置足够厚度的钢垫板，钢垫板的面积应由混凝土局部受压承载力验算决定；对于柱等试验构件，必要时还可增设钢柱帽，防止柱端局部压坏。

③对于梁、桁架等简支试验结构构件，当采用千斤顶等施加集中荷载时，加载设备不应影响试验结构构件跨度方向的自由变形。

④采用分配梁传递试验荷载时，分配比例不宜大于4∶1。

分配梁应为单跨简支，其支座构造应和简支试验结构构件的支座构造相同。

⑤当采用卧梁将集中力分散为沿混凝土墙板的端截面长度方向的均布线荷载时，卧梁应有足够的刚度。对于混凝土强度等级为C20或C20以下的试验结构构件，工字形或箱形截面的钢制卧梁，截面高度不应小于$1.2a$；当在同一卧梁上作用一个以上相同的集中力时，集中力间距宜取$3a$，且不宜大于2m；当需要几种不同的线荷载时，卧梁应分段设置。

注：$a$为最外边一个集中作用点距试件端部的距离。

⑥采用杠杆施加试验荷载时，杠杆的三支点应明确，并应在一条直线上，杠杆的放大比不宜大于5。

(4)当试验V形折板等开口薄壁构件时，应设置专门的卡具。

(5)在试验平面外稳定性较差的屋架、桁架、薄腹梁等结构时，应按结构的实际工作条件设置平面外支撑(图23-8)。平面外支撑应有足够的刚度和承载力，且应可靠地锚固，并不应阻碍试验结构构件在平面内的变形发展。

(6)试验结构构件支座下的支墩和地基应分别符合下列规定：

①支墩和地基应有足够的刚度，在试验荷载作用下的总压缩变形不宜超过试验结构构件挠度的1/10；对于连续梁，四角支承和四边支承双向板等结构试验需要两个以上支墩时，各支墩的刚度应相同。

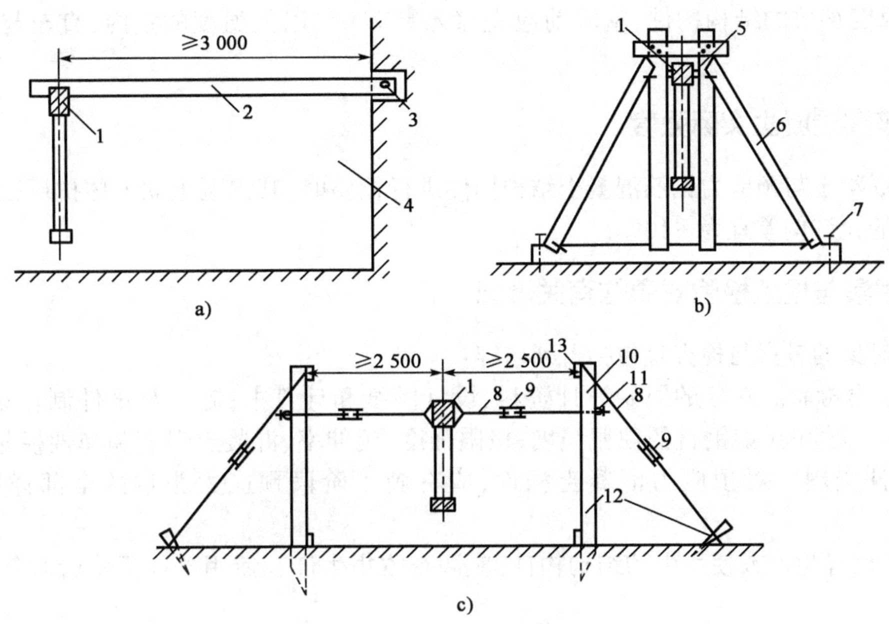


图 23-8 平面外支撑的设置（mm）

a）利用已建结构物作支撑；b）利用支撑作支撑；c）利用地锚作支撑

1-试验结构；2-横杆；3-梢连接，4-已建结构物；5-滚轴；6-支撑架；7-与地锚固件；8-钢绞线或钢筋；9-突缘螺钉；10-立柱；11-可调高度的柱节点；12-地锚；13-立柱间的纵向支撑

②单向简支试验结构构件的两个铰支试的高差应符合结构构件支座设计高差的要求，其偏差不宜大于试验结构构件跨度的1/200；双向板支墩在两个跨度方向的高度和偏差均应满足上述要求；连续梁各中间支墩应采用可调式支墩，并宜安装力值量测仪表，按支座反力的大小调节支墩高度。

## 第五节　构件检验前的准备工作

构件可以实物或模型进行检验。一般成批生产的构件应采用实物进行构验，大型构件可采用模型进行模拟检验。

构件检验前应做好下述准备工作。

### 一、制订检验计划

结构构件检验前应制订检验计划。检验计划应包括的内容有：概述；试验目的和要求；检验结构构件的设计和制作；检验构件的抽样；检验对象的考察和检查；检验结构构件的安装就位和检验装置；检验荷载、加载方法和加载设备；检验量测的内容、方法和测点仪表布置图；辅助检验的内容；安全与防护措施；检验进度计划；检验的组织；检验资料整理和数据分析的要求。

## 二、掌握天气情况

结构构件应在气温较稳定的环境下进行检验,不宜在0℃以下温度进行检验。对于在0℃以下温度存放的结构构件,检验前应先移入具有0℃以上温度的室内,直至与室温相同为止。

## 三、核实混凝土实际强度

钢筋混凝土与预应力钢筋混凝土结构构件进行检验时,其混凝土立方体抗压强度值与设计要求值的允许偏差宜为±10%。

## 四、考察与检查检验对象的有关情况

检验对象的考察与检查宜包括下列内容:

(1)收集检验。对象的原始设计资料、设计图纸和计算书;施工与试件制作记录;原材料的物理力学性能(如钢材的屈服强度、极限强度、延伸率、混凝土强度和弹性模量等)试验报告等文件资料。对预应力混凝土构件,应有施工阶段预应力张拉的全部详细数据与资料。

(2)对已经生产或使用中的结构构件,应调查收集生产和使用条件下检验对象的实际工作情况。

(3)对结构构件的跨度、截面、钢筋的位置、保护层厚度等实际尺寸及初始挠曲、变形、原始裂缝、包括预应力混凝土结构在预应力传递区段或预拉区的裂缝和缺陷等应进行详细量测,做出书面记录,绘制详图。需要时宜进行摄影或录像记录。对钢筋的位置、实际规格、尺寸和保护层厚度也可在检验结束后进行量测。

## 五、编制检验方案

构件检验前应编制检验方案。具体内容如下:

(1)按照设计要求的荷载组合选定加荷方法。当不能直接按设计要求布置荷载时,可采用等效荷载进行加荷(参见附录A)。用模型进行检验时,应根据检验条件与相似准则的要求进行模型设计,并确定各量测参数间的检验关系。

(2)根据结构检验内容的要求,选用适当的仪表并拟定仪表布置方案。

(3)根据加荷方案,进行构件检验所用的支座、台座与各加荷部件的细部结构设计。

(4)制订检验安全防护措施。

## 六、选定支承方式

构件静力检验时的放置方式,应尽可能与构件实际工作状态相一致。如有困难时可根据现场条件采取立式、卧式或在专门的台座上进行检验,如图23-9~图23-11所示。当构件采用卧式方法检验时应采取措施,减少构件自重弯矩与位移的摩擦影响。

板、梁和桁架等一般简支构件,试验时应一端采用铰支承,另一端采用滚动支承。铰支承可用三角形钢、半圆形钢或焊于钢板上的圆钢构成,滚动支承可采用圆钢如图23-12所示。各支座支承构件端部的长度,一般取设计支承长度的75%。对周边支承的构件。亦可参照上述原则沿构件支承方向设置支座。

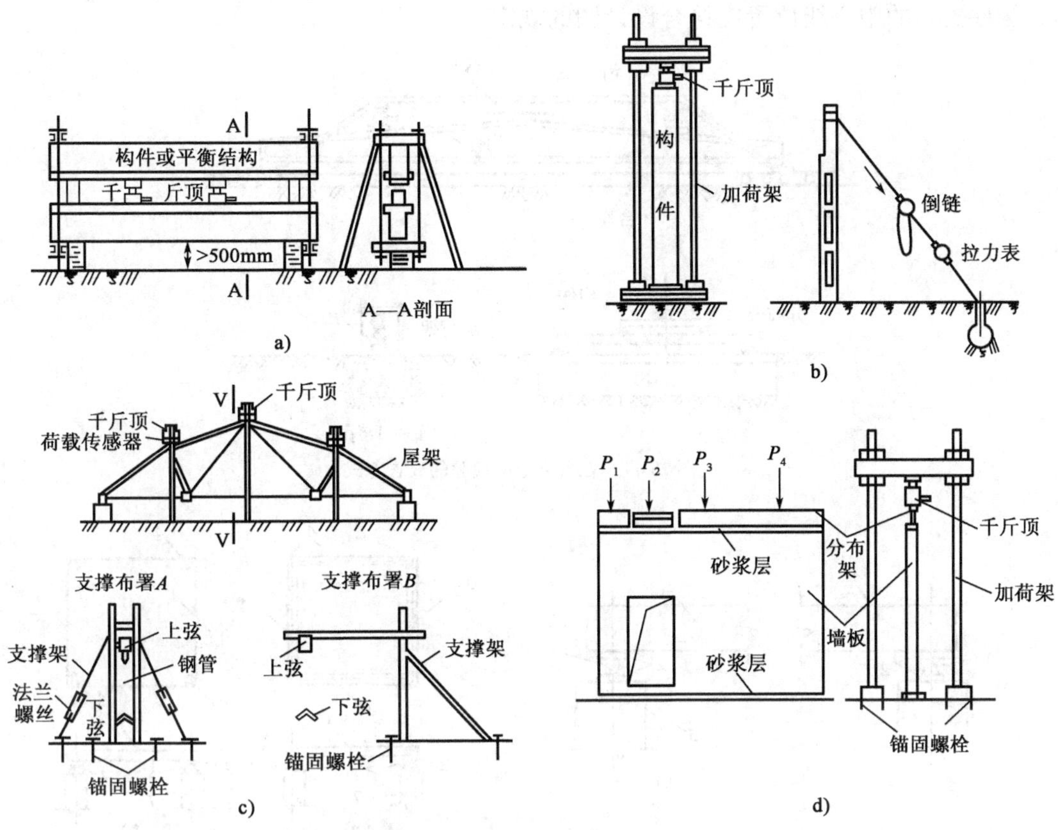


图 23-9 立式检验放置方式

a）梁的检验；b）柱的检验；c）屋架的检验；d）墙板的检验

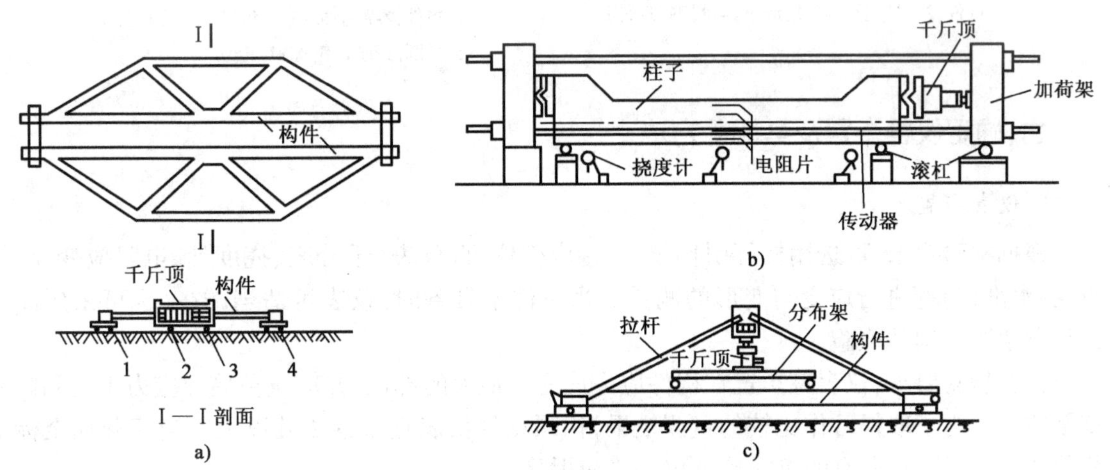


图 23-10 卧式检验放置方式

a）屋架的检验；b）柱的检验；c）板的检验

注：构件 1、2、3、4 为同一平面上的滚杠。

四边简支或四角简支的双向板，其支承方式应保证支承处构件能自由转动，支承间可以相对地水平移动，如图 23-13 所示。

为了保证支承面紧紧接触，钢垫板与构件垫板与支墩间宜铺砂浆垫平。

构件支承的中心线位置应符合设计图的规定。

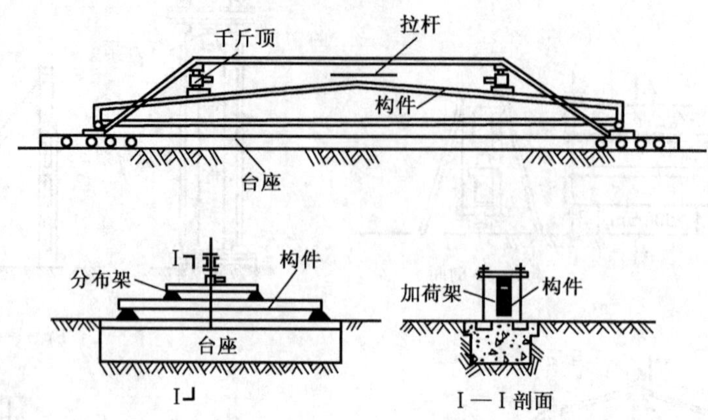


图 23-11　在台座上的检验的放置方式

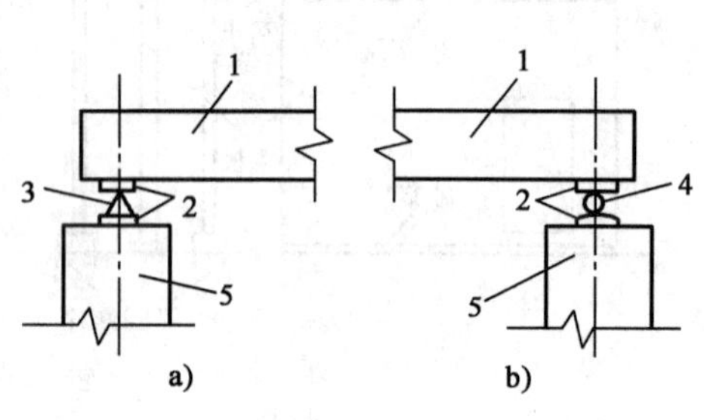


图 23-12　板、梁支承示意图

a)铰支承;b)滚动支承

1-构件;2-钢垫板;3-三角形钢;4-圆钢;5-支墩

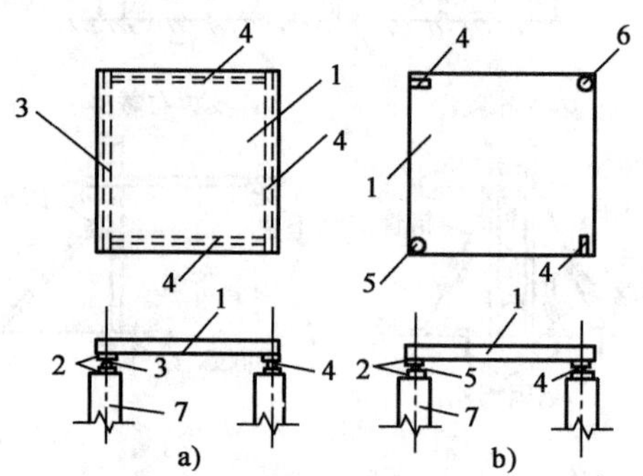


图 23-13　双向板支承示意图

a)四边支承;b)四角支承

1-构件;2-钢垫板;3-三角形钢;4-圆钢;

5-半圆形钢;6-钢球;7-支墩

## 七、确定仪表布置及其加荷方法

1. 仪表布置

根据检验要求,可选用杠杆引伸仪、手持应变仪、百分表(千分表、挠度计、电阻应变仪、倾角仪、水准仪)等进行应变与变形的测量。当条件不具备时,仪表可适当减少,也可采用简易量测方法进行构件检验。

根据检验要求,仪表宜布置在构件应力或变形最大的部位,并应避免局部应力干扰和阳光直接照射。为了取得可作比较的量测结果,相同点的仪表宜布置 2 处以上。当荷载加至标准荷载的 1.25 倍时,所有的机械传感仪表均应拆除。

1)构件变形量测仪表的布置原则

构件变形量测仪表的布置原则如图 23-14 所示。

(1)对于宽度不大于 1 000mm,跨度在 6m 以内的受弯构件和偏心受压构件,挠度量测仪表可沿跨长方向布置,测点不少于 3 处;跨长大于 6m 时,测点应适当增多。高跨比较大的桁架等构件在测定挠度的同时,尚应测定构件的水平位移与倾斜度。布置在构件支座处的仪表应特别注意消除支座沉降的影响。

(2)对于宽度大于1 000mm的受弯构件和偏心受压构件，挠度量测仪表一般沿构件两侧对称布置，测点不少于6处。对于跨度与宽度的平面比例小于2的空间薄壁或壳体结构构件，仪表应沿跨中或主曲率方向布置，任一方向的测点不得少于3处。

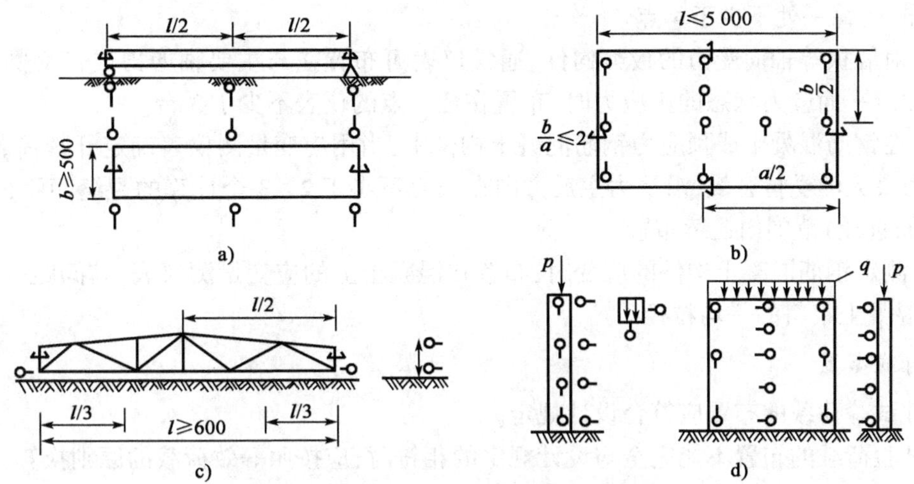


图23-14 构件变形量测仪表布置(尺寸单位:mm)

a)梁仪表布置;b)屋面板仪表布置;c)屋架仪表布置;d)墙板仪表布置

注:表示挠度测点;表示倾角测点。

(3)轴向受力的构件，仪表布置可参照上述要求进行。

(4)墙板等平板类构件检验时，应沿与主要轴向力相互成正交的两个方向布置变形量测仪表，以便测定平面内两个方向的变形。

2)变形和应变量测仪表的布置原则

变形和应变量测仪表的布置原则如图23-15所示。

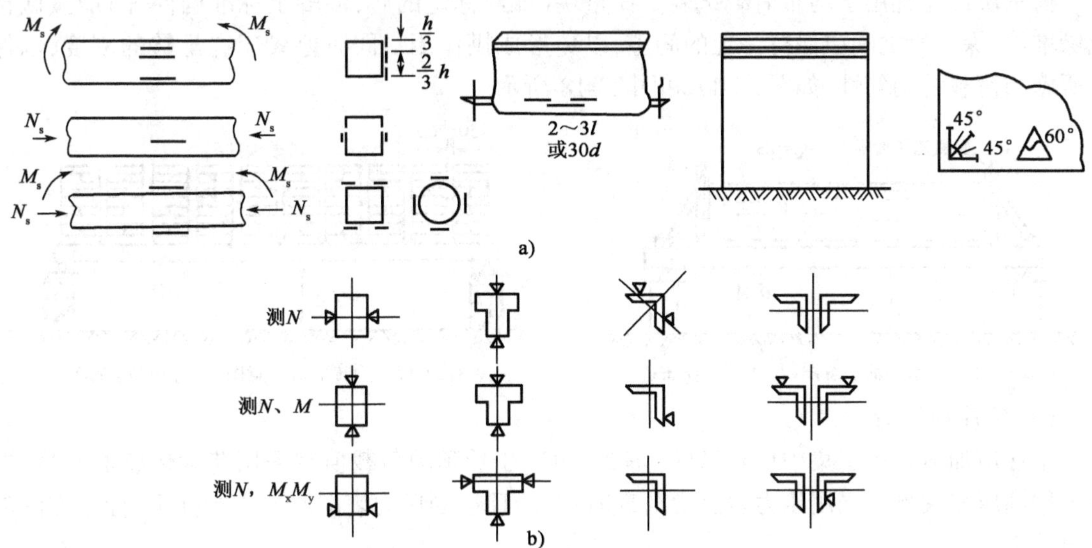


图23-15 测点布置示意图

a)杆件、墙板、梁测点布置;b)桁架杆件截面测点布置

$d$-主筋直径;—-应变测点;$l$-裂缝间距

(1)对于受弯构件,应在最大弯矩作用截面内,沿侧面梁高方向布置,每处不少于 3 点。

(2)对于轴向受力构件,应在平行于杆轴的两侧内相对布置,每处不少于 2 点。

(3)对于弯矩和轴向力共同作用的构件,应在弯矩最大的位置处平行于杆轴方向的 4 个侧面内布置,每一处不少于 4 点。

(4)对墙板等轴向受力的板类构件,通常仪表可布置在与主要轴向力成正交的两个方向上。当测定平面应力状态的主应力时,布置在任一点的仪表不少于 3 台。

(5)在钢筋混凝土或预应力钢筋混凝土构件中,当用应变量测仪表确定开裂荷载时,应在构件内力最大的受拉区域,沿受力主筋方向在长度不小于 2 ~ 3 个计算的裂缝间距(也不大于 30 倍主筋直径)范围内连续布置。

(6)测定钢筋混凝土构件的应变时,布置在混凝土上的应变量测仪表,其间距一般不小于 2 ~ 3 个混凝土集料的平均粒径。

2. 荷载布置

构件试验荷载的布置应符合设计规定。

当试验荷载的布置不能完全与设计规定的相符时,应按照等效荷载的原则换算,即使构件试验的内力图形与设计的内力图形相近似,并使控制截面的内力值相等,但应注意荷载布置改变后对构件其他部位的不利影响。

3. 加荷方法

加荷方法应根据荷载要求,构件类型及设备条件进行选择。

(1)水(或砂)加荷

水(或砂)加荷宜用于均布荷载试验。用水加荷时,必须用不渗漏的盛水容器,如图 23-16 所示。

(2)荷重块加荷

荷重块加荷宜用于均布荷载试验。荷重块(如经标定的砖、混凝土标准构件等)应按区格成垛堆放,垛与垛之间应保持一定的间隙,以免形成拱作用。同时垫梁应有足够的刚度,以保证所施加荷载的均匀性,如图 23-17 和图 23-18 所示。

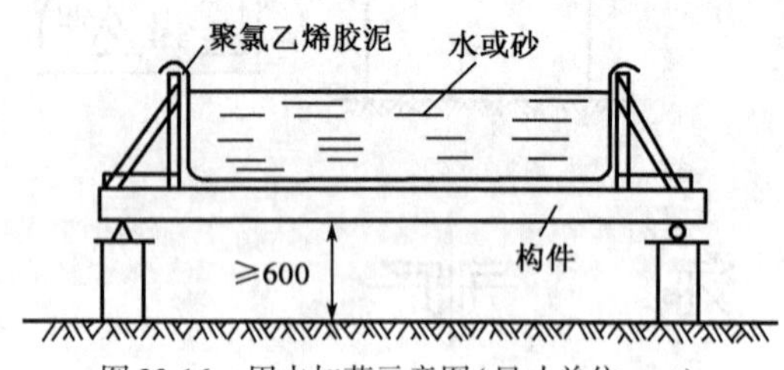


图 23-16　用水加荷示意图(尺寸单位:mm)

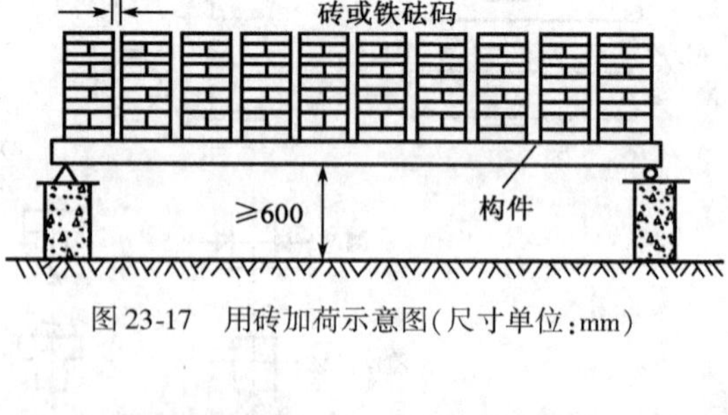

图 23-17　用砖加荷示意图(尺寸单位:mm)

(3)千斤顶加荷

千斤顶加荷宜用于集中荷载试验(图 23-19),千斤顶的荷载值宜采用荷载传感器测量,亦可采用油压表观测。当用压力表测定荷载时,千斤顶连同压力表应定期进行标定,标定方法参见附录 2。

(4)杠杆吊篮加荷

杠杆吊篮加荷可用于较小的集中荷载试验(图 23-20),杠杆的比例 $a:b$ 宜取 1:3 ~ 1:6。若有两个以上的吊篮,宜左右相间地悬挂在构件两侧。

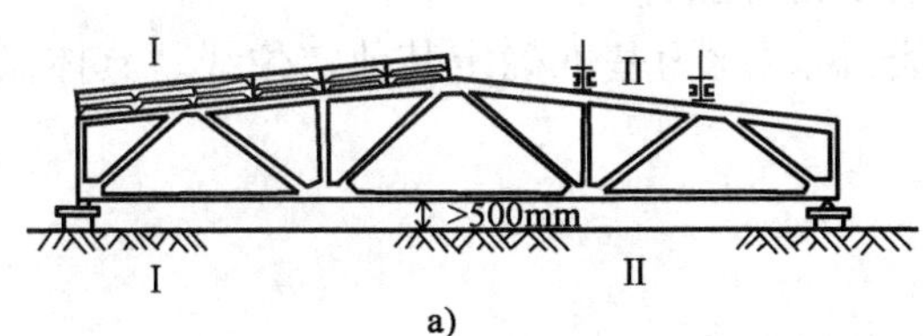


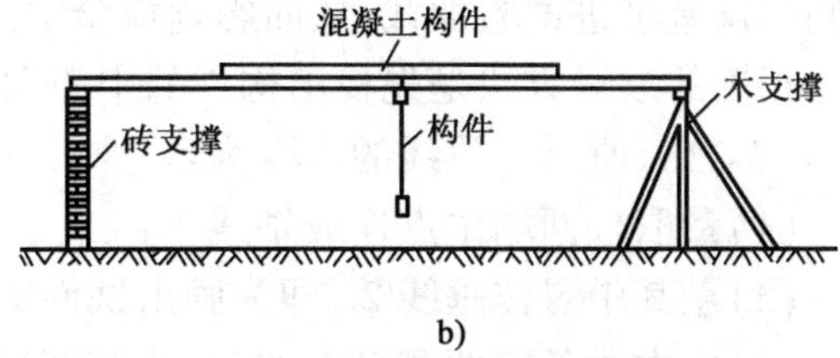


图 23-18 用构件加荷示意图

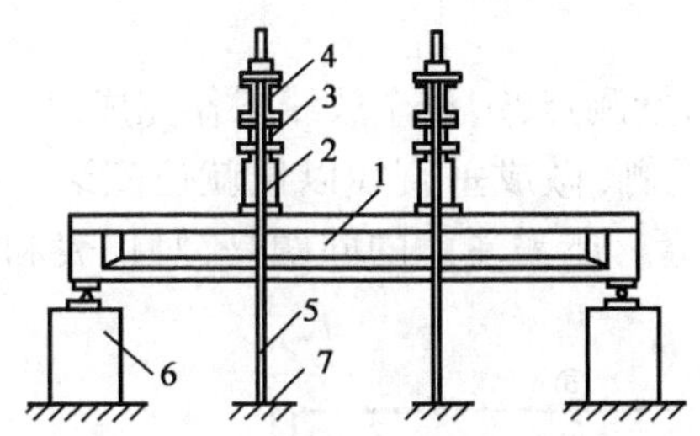

图 23-19 千斤顶加荷示意图

1-构件；2-千斤顶；3-荷载传感器；4-横梁；5-拉杆；6-支墩；7-试验台座或地锚

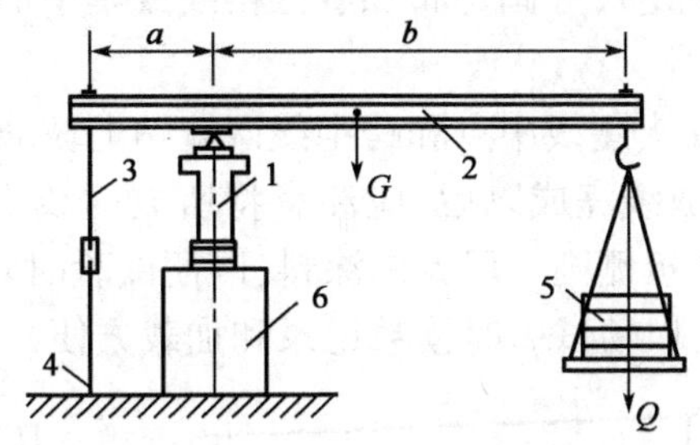

图 23-20 杠杆吊篮加荷示意图

1-构件；2-杠杆；3-拉杆；4-试验台座或地锚；5-荷重块；6-支墩；$G$-杠杆自重；$Q$-荷重块及吊篮重

（5）手动链式起重机（倒链）加荷

手动链式起重机（倒链）加荷可用于较大荷载试验。此时应采用测力计、荷载传感器、压力表测定荷载，如图 23-21 所示。

（6）其他加荷方法

梁或桁架可采用水平对顶的加荷方法，此时构件应垫平，且不可妨碍构件在水平方向的位移。梁亦可采用竖直对顶的加荷方法。当屋架仅做刚度、抗裂度、裂缝宽度检验时，可将两榀屋架并列，在其上堆放屋面板进行试验。

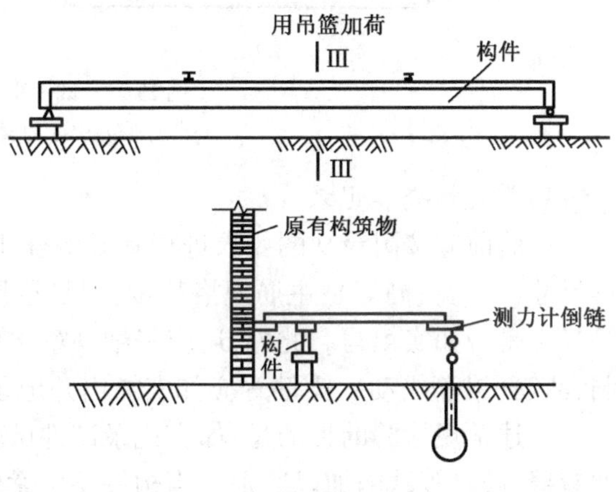


图 23-21 用测力计和倒链加荷示意图

构件检验前，应以不低于 20% 的标准荷载进行顶压，以便对整个加荷系统以仪表工作情况进行检查，同时对轴向受力的构件作用位置进行调整。预压正常时即可卸荷，并待构件变形恢复后，经过不少于 15min，开始记录仪表读数，并准备正式加荷。

## 八、构件刷白、放线及常规检查

1）构件刷白

试验前宜将试件表面刷白，并分格画线，分格大小可按构件尺寸确定。

2）构件放线

为了试验时能够准确控制跨度和加载位置等试验尺寸参数，试件应事先放线。放线的主要任务是定出构件的中线、支座线、加载线（集中加载位置或均布加载区格线）和仪表量测位置。

通常容易造成错误的是从构件两端向中间量取留边宽度来确定支座位置。这样做将构件的制作误差带进试验加载，从而影响检验结果，如图23-22a)所示。

正确的放线方法是先找出构件的中心和轴线，再以此为基准确定其他定位线。具体做法如图23-22b)所示。放线的步骤为：

(1)量取板两端中点连成轴线①；

(2)量其中点作垂线②，即为画出试件中线；

(3)由中线各向两侧量 $l_0/2$($l_0$ 为跨度)画出支座线③；

(4)量取规定尺寸画均布加载区格线或集中加载线④(四区格均布加载量 $l_0/4$，三分点加载量 $l_0/6$ 等)；

(5)最后在支座线中点和跨中线两侧贴上玻璃片作为量测点⑤，整个放线工作完成。

在板面上放线完成以后，应注意将所放的线引导到板侧，做成垂直线以便就位安装。当然，此时最好在板侧刷一层大白涂料，以便试验时观察裂缝。还需注意的问题是，对仪表和对区格进行编号，以便试验时读数记录和加载方便。

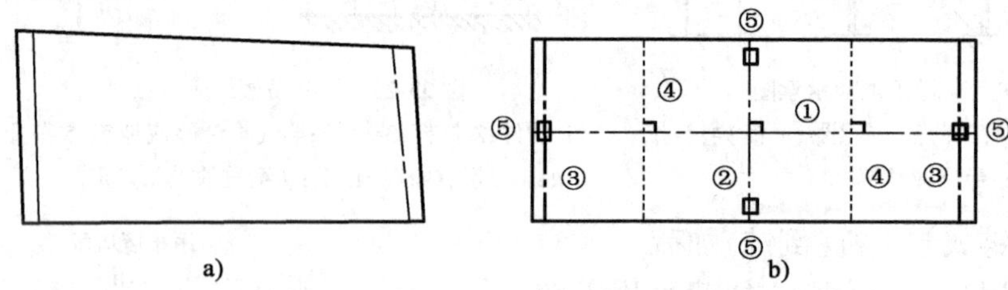


图23-22 试件放线和仪表布置示意图

a)制作偏差引起的误差；b)正确的放线程序

3)常规检查和记录

试验前应按附录9的要求进行常规检查并记录在试验报告上。检验内容包括：构件的外形尺寸(长、宽、高等)；主筋规格数量；保护层厚度；试件实际的混凝土强度值，并注意强度试验日志是否如实填写。此外，还应仔细观察试件的全部表面，所有的已有缺陷如裂缝、蜂窝、孔洞、活筋(锚筋松动)、露筋等应如实描出并记录下来。

上述常规检验的目的是：如实记录试件试验前的原始状态，以便与构件试验时因加载出现的裂缝、破碎等缺陷加以区别。当构件发生意外的破坏现象时，这些实测的原始数据也将提供重要的分析依据。可以设想，可不提前进行此类检验。一旦发生意外而须分析原因时，由于原始状态已丧失，将带来无可挽回的损失。

## 九、预加载和仪表调零

在试验正式开始之前要进行预压，也就是预加载。预加载的目的是：检验试验加载设备是否有效；支承系统是否平衡；量测仪表系统是否灵敏；指针方向是否正确；是否留有足够的量程等。预加载尽管简单，但如果缺此一项而留下隐患，在试验过程中一旦出现设备、支承、仪表上的问题，则因其原始状态已丧失(如已开裂、局部破碎等)，将造成无可挽回的损失。

预压荷载数值任意，但不能过大，以防止因预压而引起裂缝。这样的要求是为了使构件在预压时保持弹性受力，在预压荷载卸除后不影响试件的结构性能。预压荷载一般在达到检查试验装置工作正常的目的后即撤去。然后，将百分表或位移传感器调零，正式开始试验加载。

## 十、其他准备

(1)结构试验用的各类量测仪表的量程应满足结构构件最大测值的要求,最大测值不宜大于选用仪表最大量程的80%。

(2)试验结构构件、设备及量测仪表均应有防风、防雨、防晒和防摔等保护设施。

(3)预应力构件试验前应量测其反拱或起拱值,即用拉线直尺的方法量测。对板类构件而言,左右侧各量一次,并取其平均值,如图23-23所示。

图23-23 反拱和起拱的量测

a)反拱和起拱的量测;b)实测挠度的修正

# 第六节 结构构件的试验与检验

## 一、试验现场的分工组织

充分的准备工作,严密的现场分工,以及主检人员的清醒和果断是高质量完成试验检验的必要保证。

1. 试验分工

预制构件的结构性能试验检验一般由2~3个专职检验人员加上若干辅助人员组成。其中,起关键作用的是主检人员(负责人),构件结构性能试验检验应全权由主检人员负责。主检人员不仅应在试验现场全权指挥,事先还应做出试验检验方案。此试验方案由校核者进行复核并事先向全体检验人员交底,使所有的试验者都清楚试验步骤。

在构件厂的质量检验部门,应有两人或两人以上对结构性能试验比较清楚。这样就可以轮流担任主检人员和校核人员,起到技术把关的作用。只有一人决策而没有第二人从另一角度校核把关,检验结果的可靠性将会受到影响。

试验开始以后,主检人员和校核人员还通常兼任读数(百分表和荷载值)人员和观察(看裂缝和量裂缝宽度)人员。辅助人员主要进行加载:集中力加荷则有一个机械工开启油泵便可;如均布加载一般用4~6名工人(与加载区格数相等),负责在主检人员指挥下搬运加载物进行加载。

2. 现场组织

试验开始之前应制订一个周密而详尽的试验方案并明确分工,主要试验人员都应熟悉试验方案并明确自己在试验过程中的职责。所有试验过程中可能发生的问题和其他疑问均应在事先提出,并通过讨论予以解决。现场一般不再有讨论和加载计算,试验开始后只听主检人员一人指挥。出现意外情况时可以讨论,但由主检人员裁决并担负责任。即使发生差错,只要真实地记录试验现象和数据,事后也不难廓清纠正。

凭着经验或主观感觉试验,或边试验边安排下一步的做法十分有害。等矛盾在试验过程中暴露而急于讨论解决,处在现场十分混乱的情况下多半是要出差错的。因此,在没有完善方案、事先周密组织和充分准备的情况下不应仓促开始试验。

## 二、试验荷载和加载方法

1. 加载图式和加载方案

(1)试验结构构件宜采用与其实际工作状态相一致的正位试验。

当需要采用异位(卧位、反位)试验时,应防止试验结构构件在就位过程中产生裂缝及不可恢复的挠曲或其他附加变形,并应考虑构件自重的作用方向与实际作用方向不一致的影响。

(2)当屋架、桁架等结构仅作刚度、抗裂、裂缝宽度试验时,可采用两榀结构卧位对顶或平列正位,并安放屋面板或檩条和垂直支撑后进行加载试验。

(3)试验结构构件的加载图式应符合计算简图。当试验条件受限制时,可采用控制截面(或部位)上产生与某一相同作用效应的等效荷载进行加载,但应考虑等效荷载对结构构件试验结构的影响。

(4)当一种加载图式不能反映试验要求的几种极限状态时,应采用几种不同的加载图式分别在几个试验结构构件上进行试验。

如果在一种试验结构构件上做过第一种加载图式,试验后经采取措施能确保对第二种加载图式的试验结果不会带来影响时,可在同一试件上先后进行两种不同加载图式的试验。

(5)对试验结构构件施加荷载的装置和方法应根据结构构件的类型、加载图式及设备条件进行选择。

2. 试验荷载的确定

1)试验荷载值

在进行混凝土结构试验前,应根据试验要求分别确定下列试验荷载值:

(1)对结构构件的挠度、裂缝宽度试验,应确定正常使用极限状态试验荷载值,简称使用状态试验荷载值。

(2)对结构构件的抗裂试验,应确定开裂试验荷载值。

(3)对结构构件的承载力试验,应确定承载能力极限状态试验荷载值,简称承载力试验荷载值。

2)短期试验荷载值

试验结构构件的使用状态短期试验荷载值应按下列方法确定:

(1)检验性试验

结构构件使用状态短期试验荷载值应根据结构构件控制截面上的荷载短期效应组合的设计值 $S_s$ 和试验加载图式经换算确定。

荷载短期效应组合的设计值 $S_s$ 应按《建筑结构荷载规范》(GB 50009)计算确定,或由设计文件提供。

(2)研究性试验

结构构件的使用状态短期试验荷载值应根据结构构件控制截面上的正常使用极限状态短期内力计算值 $S_S^C$ 和试验加载图式经换算确定。

正常使用极限状态短期内力计算值可根据材料的实测强度和结构构件的几何参数实测值、结构构件的重要性系数、荷载分项系数,以及承载力检验系数允许值综合分析确定。

3)开裂试验荷载值

试验结构构件的开裂试验荷载计算值应根据结构构件的开裂内力计算值和试验加载图式经换算确定。其中,开裂内力应按下列方法计算:

(1)检验性试验

正截面抗裂检验的开裂内力应按下式计算:

$$S_{cr}^{c}=[\upsilon_{cr}]S_{s} \tag{23-1}$$

$$[\upsilon_{cr}]=0.95\frac{\sigma_{pc}+\gamma f_{tk}}{\sigma_{sc}} \tag{23-2}$$

式中:$S_{cr}^{c}$——正截面抗裂检验的开裂内力计算值(N/mm²);

$[\upsilon_{cr}]$——构件抗裂检验系数容许值;

$\sigma_{sc}$——荷载的短期效应组合下抗裂验算边缘的混凝土法向应力(N/mm²);

$\gamma$——受拉区混凝土塑性影响系数,应按《混凝土结构设计规范》(GB 50010)的有关规定取用;

$f_{tk}$——试验时的混凝土抗拉强度标准值(N/mm²),应根据设计的混凝土立方体抗压强度值按《混凝土结构设计规范》(GB 50010)规定的指标取用;

$\sigma_{pc}$——试验时在抗裂验算边缘的混凝土预压应力计算值(MPa),应按《混凝土结构设计规范》(GB 50010)的有关规定确定;计算预压应力值时, 混凝土的收缩、徐变引起的预应力损失值应考虑时间因素的影响;

$S_{s}$——荷载短期效应组合的设计值(N/mm²)。

(2)研究性试验

正截面抗裂试验的开裂内力应按下式计算:

轴心受拉构件:

$$N_{cr}^{c}=(f_{t}^{0}+\sigma_{pc})A_{0}^{0} \tag{23-3}$$

受弯构件:

$$M_{cr}^{c}=(\upsilon f_{t}^{0}+\sigma_{pc})W_{0}^{0} \tag{23-4}$$

偏心受拉和偏心受压构件:

$$N_{cr}^{c}=\frac{\upsilon f_{t}^{0}+\sigma_{pc}}{\dfrac{e_{0}}{W_{0}^{0}}\pm\dfrac{1}{A_{0}^{0}}} \tag{23-5}$$

式中:$N_{cr}^{c}$——轴心受拉、偏心受拉和偏心受压构件正截面开裂轴向力计算值(N/mm²);

$M_{cr}^{c}$——受弯构件正截面开裂弯矩计算值(N·m);

$A_{0}^{0}$——由实际几何尺寸计算的构件换算截面面积(mm²);

$W_{0}^{0}$——由实际几何尺寸计算的换算截面受拉边缘的弹性抵抗矩(N·m);

$e_{0}$——轴向力对截面重心的偏心矩(N·m);

$f_{t}^{0}$——混凝土的抗拉强度实测值(N/mm²)。

注:式(23-5)左边部分中,当轴向力为拉力时取正号;为压力时取负号。

4)承载力试验荷载值

试验结构构件的承载力试验荷载计算值应根据构件达到承载能力极限状态时的内力计算值和试验加载图式经换算确定。

结构构件达到承载能力极限状态时的内力计算值应按下列方法计算：

(1)检验性试验

①当按设计规范规定进行检验时,应按下式计算：

$$S_{u1}^{c}=\gamma_0[v_u]S \tag{23-6}$$

式中：$S_{u1}^{c}$——当按设计规范规定进行检验时,结构构件达到承载力极限状态时的内力计算值,也称承载力检验值(包括自重产生的内力)(MPa)；

$\gamma_0$——结构构件的重要性系数,应按《混凝土结构设计规范》(GB 50010)的有关规定取用；

$[v_u]$——结构构件承载力检验系数容许值,按《混凝土结构工程施工质量验收规范》(GB 50204)取用；

$S$——荷载效应组合的设计值(内力组合设计值)(MPa)。

②当设计要求按实配钢筋的构件承载力进行检验时应按下式计算：

$$S_{u2}^{c}=\gamma_n\eta[\gamma_u]S \tag{23-7}$$

$$\eta=\frac{R(f_c,f_s,A_s^a,\cdots)}{\gamma_0 S} \tag{23-8}$$

式中：$S_{u2}^{c}$——当设计要求按实配钢筋的构件承载力进行检验时,结构构件达到承载力极限状态时的内力计算值,也称承载力检验值(包括自重产生的内力)(MPa)；

$R(\cdot)$——按实配钢筋面积 $A_s^a$ 确定的构件承载力计算值(MPa)；

$\eta$——构件承载力检验的修正系数,按《混凝土结构设计规范》(GB 50010)有关规定取用。

(2)研究性试验

结构构件达到承载能力极限状态时的内力计算值,应根据材料的实测是强度、构件的实测几何参数按下式计算：

$$S_{u3}^{c}=R(f_c^0,f_s^0,a^0,\cdots) \tag{23-9}$$

5)试验结构构件的自重

试验结构构件的自重应按实尺寸与材料的自重确定或直接测定。常用材料的自重应按《建筑结构荷载规范》(GB 50009)的规定取用。

## 三、加载程序

(1)结构试验宜进行预加载,预加载值不宜超过结构构件开裂试验荷载计算值的70%。

(2)试验荷载应按下列规定分级加载和卸载：

①在达到使用状态短期试验荷载值前,每级加载值不宜大于使用状态短期试验荷载值的20%;超过使用状态短期试验荷载值后,每级加载值不宜大于使用状态短期试验荷载值的10%。

②对于研究性试验,加载达到开裂试验荷载计算值的 90% 后,每级加载值不宜大于使用状态短期试验荷载值的 5% 。

对于检验性试验,荷载接近抗裂检验荷载时,每级荷载不宜大于该荷载值的 5% 。

当试件开裂以后,每级加载值应恢复上述正常加载的有关规定。

③对于研究性试验,加载达到承载力试验荷载计算值的 90% 以后,每级加载值不宜大于使用状态短期试验荷载值的 5% 。

对于检验性试验,加载接近承载力检验荷载时,每级荷载不宜大于承载力检验荷载设计值的 5% 。

当采用液压加载时,可连续慢速加载直至构件破坏。

④每级卸载值可取为使用状态短期试验荷载值的 20% ~50% ;每级卸载后在构件上的试验荷载剩余值宜与加载时的某一荷载值相对应。

(3)每级加载或卸载后的荷载持续时间应符合下列规定:

①每级荷载加载或卸载后的持续时间不少于 10min,且宜相等。

②对变形和裂缝宽度的结构构件试验,在使用状态短期试验荷载作用下的持续时间不应少于 30min。

③对使用阶段不允许出现裂缝的结构构件的抗裂研究性试验,在开裂试验荷载计算值作用下的持续时间应为 30min;对检验性试验,在抗裂检验荷载作用下宜持续 10 ~15min。

如荷载达到开裂试验荷载计算值时试验结构构件已经出现裂缝,可不按上述规定持续作用。

④对新结构构件,跨度较大的屋架、桁架及薄腹梁等试验,在使用状态短期试验荷载作用下的持续时间不宜少于 12h。

(4)残余变形的量测应在经过下列加载或卸载程序和变形恢复持续时间后进行。

①按本节上述要求逐级加载至使用状态短期试验荷载值,并按本节规定持续一定时间,然后按规定卸载,全部卸载后还应经过变形恢复持续时间。

②变形恢复持续时间,对于一般结构构件为 45min,对于新结构构件和跨度较大的结构构件为 18h。

(5)当试验要求获得结构构件的承载力实测值和破坏特征时,应加载至试验结构构件破坏。

(6)试验结构构件的自重和作用在其上的加载设备的重力,应作为试验荷载的一部分。加载设备产生的重力应经实测,且不宜大于使用状态试验荷载的 20% 。

(7)施加于试验结构构件各个加载部位上的每级荷载,应按同一个比例加载和卸载。

(8)当试验要求在结构构件上按规定比例施加竖向和水平荷载时,试验开始施加水平荷载应考虑自重的影响,以保持要求的比例。

## 四、结构构件承载力检验确定

(1)对试验结构构件进行承载力试验时,在加载或持载过程中出现下列标志之一,即认为该结构构件已达到或超过承载能力极限状态。

①结构构件受力情况为轴心受拉、偏心受拉、受弯、大偏心受压时,其标志如下:

a. 对有明显物理流限的热轧钢筋,其受拉主钢筋应力达到屈服强度,受拉应变达到 0.01;对无明显物理流限的钢筋,其受拉主钢筋的受拉应变达到 0.01。

b. 受拉主钢筋拉断。

c. 受拉主钢筋处最大垂直裂缝宽度达到 1.5mm。

d. 挠度达到跨度的 1/50；对于悬壁结构，挠度达到悬臂长的 1/25。

e. 受压区混凝土压坏。

②结构构件受力情况为轴心受压或小偏心受压时，其标志是混凝土受压破坏。

③结构构件受力情况为受剪时，其标志如下：

a. 斜裂缝端部受压区混凝土剪压破坏。

b. 沿斜截面混凝土斜向受压破坏。

c. 沿斜截面撕裂形成斜拉破坏。

d. 箍筋或弯起钢筋与斜裂缝交会处的斜裂缝宽度达到 1.5mm。

④结构构件受力情况为上述 a. 和 c. 情况时，对于钢筋和混凝土黏结锚固，其标志是钢筋末端相对于混凝土的滑移值达到 0.2mm。

注：进行加载试验时，在试验荷载值不变的条件下，钢筋应变或挠度持续增加，表示钢筋已经屈服。

(2) 进行承载力试验时，应取首先达到本节所列的标志之一时的荷载值，包括利用自重和加载设备重力来确定结构构件的承载力实测值。

(3) 当在规定的荷载持续时间结束后出现本节所列的标志之一时，应以此时的荷载值作为试验结构构件极限荷载的实测值；当在加载过程中出现上述标志之一时，应取前一级荷载值作为结构构件的极限荷载实测值；当在规定的荷载持续时间内出现上述标志之一时，应取本级荷载值与前一级荷载的平均值作为极限荷载实测值。

注：当采用试验机或配有液压千斤顶的设备对受压构件加载时，应取整个破坏试验过程中所达到的最大荷载值作为极限荷载实测值。

## 五、构件检验荷载分级与持续时间

1. 荷载分级

构件应分级加荷。当荷载小于标准荷载时，每级荷载宜取标准荷载的 20%；当荷载超过标准荷载时，每级荷载宜取标准荷载的 10%；当荷载接近计算破坏荷载时，每级荷载应取标准荷载的 5%。

需检验抗裂度的构件，当荷载达到计算抗裂荷载的 80% 后，每级荷载应取标准荷载的 5%，一直加到裂缝出现。

2. 荷载持续时间

构件加荷中应尽量缩短加荷时间，一般每级加荷不宜超过 30min。每级荷载加毕后，宜持续 10～15min，再测读仪表并进行观察，观察时间一般不超过 15min。钢筋混凝土及预应力钢筋混凝土构件加荷至标准荷载时，恒载时间宜延长持续至 30min。在持续时间内，应仔细观察裂缝的出现和开展，在持续时间结束时，观测各项读数。大型构件根据需要恒载时间可延长为一昼夜。

## 六、构件强度检验

进行强度检验的构件在加荷过程中出现下列情况之一时，即认为该构件已处于破坏状态，此时所对应的荷载(包括自重与加荷设施重力)称为构件检验的破坏荷载。

(1)设置在构件上最大应力区域的仪表,在荷载不增加的情况下量测出连续不停地应变,则实测钢材中的应力达到屈服强度。当未设置测定应变的仪表时,可按构件的实测挠度达到或超过1/50跨度作为屈服的标志。

(2)钢筋混凝土或预应力混凝土构件中的受拉钢筋被拉断或从锚固区滑移拔出。

(3)钢筋混凝土或预应力钢筋混凝土构件上最大垂直裂缝,在受力主筋处的最大度达到如下数值:

$$\delta_{f.max}^{s} = 0.005(l_f^1 + l_f^2) \tag{23-10}$$

式中:$\delta_{f.max}^{s}$——构件破坏时的最大裂缝宽度(mm);

$l_f^1$、$l_f^2$——构件最大裂缝处左右两个裂缝间距的实测值,具体如图23-24所示。

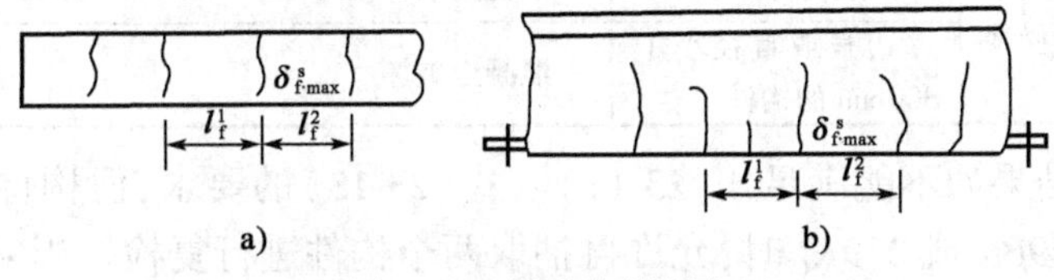


图23-24 梁垂直裂缝图

(4)钢筋混凝土、预应力钢筋混凝土构件,受压区混凝土破裂或出现平行于内力方向的微小裂缝。

(5)钢筋混凝土与预应力钢筋混凝土构件的斜截面破坏。

①斜裂缝发展至受压区,形成混凝土剪压破坏或者裂纹发展至受压区上表面形成斜拉破坏。

②由于箍筋或弯起钢筋的应力达到屈服强度,导致斜裂缝宽度达到1.5mm。

③斜截面的混凝土斜向受压破坏。

(6)钢筋混凝土和预应力钢筋混凝土的节点处裂缝过大或破碎。

(7)受压或受弯构件局部弯曲或整体往丧失稳定。

构件检验的破坏荷载与设计标准荷载的比值称为构件检验的强度安全系数,即:

$$K^{s} = \frac{q^{s}}{q} \tag{23-11}$$

构件检验的强度安全系数应满足如下要求:

$$K^{s} \geqslant \beta K \tag{23-12}$$

对于配有低碳冷拔钢丝的预应力钢筋混凝土构件,如构件实际的抗裂度 $K_f^s$ 高于强度设计安全系数 $K$ 时,构件检验的强度安全系数尚应满足如下要求:

$$K^{s} \geqslant \beta K_f^{s} \tag{23-13}$$

上述式中:$q$——设计采用的标准荷载(MPa);

$q^s$——构件检验的破坏荷载(MPa);

$K^s$——构件检验的强度安全系数;

$K_f^s$——构件实际的抗裂安全系数;

$\beta$——构件强度检验系数,见表23-5;

$K$——规范规定的强度设计安全系数。

构件强度检验系数$\beta$值　　表 23-5

| 构件种类 | 构件受力情况 | 构造特点 | 破坏情况 | $\beta$值 |
|---|---|---|---|---|
| 钢筋混凝土、预应力钢筋混凝土结构 | 受拉、受弯、偏心、受拉、大偏心受压 | 配有Ⅰ~Ⅳ级钢筋或同类冷强钢筋的构件 | 构件的裂缝达到规定的宽度或混凝土与钢筋同时达到破坏条件 | 1.10 |
| | | 配有低碳冷拔钢丝,碳素钢丝,Ⅴ级钢筋的构件 | 钢筋拉断 | 1.30 |
| | | | 钢筋从锚固区滑动,裂缝达到规定的宽度,混凝土与钢筋同时达到破坏条件 | 1.20 |
| | | 所有上述配筋的构件 | 混凝土破坏 | 1.25 |
| | | | 斜截面混凝土破坏 | 1.20 |
| | 中心受压、小偏心受压、局部受压 | 一般构件 | 混凝土破坏 | 1.25 |
| | | 边长或直径小于300mm的构件 | 混凝土破坏 | 1.30 |

构件强度检验结果如不能满足式(23-11)~式(23-13)的要求,但构件实际检验的强度安全系数$K^s$不低于$0.9\beta K$或$0.9K_f^s$时,允许再抽取两个构件进行复检。当复验后构件检验的强度安全系数$K^s$能满足如下要求时,仍可认为构件强度检验合格:

$$K^s \geqslant 0.9\beta K \tag{23-14}$$

$$K^s \geqslant 0.9\beta K_f^s \tag{23-15}$$

钢筋混凝土与预应力钢筋混凝土构件进行强度检验后,应测定构件的钢筋保护层厚度、钢筋位置,并记录破坏状态。必要时还应补充检验构件未破坏区中钢筋的物理力学性能。

## 七、构件抗裂度检验

进行抗裂安全系数检验的构件,在加荷过程中,当构件最大拉应力区出现第一条裂缝,或应变量测仪表的读数发生跳跃时的检验荷载(包括自重、加荷设施重)称为钢筋混凝土或预应力钢筋混凝土构件检验的开裂荷载。由于构件在检验过程中出现第一道裂缝(观测裂缝出现可采用放大镜)时的荷载不易确定,在通常情况下,可将构件出现第一批宽度不大于0.05mm裂缝(测量裂缝宽度可采用精度为0.5mm的刻度放大镜进行观测,判断破坏荷载的最大裂缝宽度亦可用塞尺等工具测量)时的荷载作为开裂荷载。也可参照荷载挠度曲线,根据荷载与挠度间显著丧失线性条件的情况,综合确定开裂荷载的数值。

构件检验的开裂荷载与设计标准荷载的比值称为预应力钢筋混凝土或钢筋混凝土构件检验的构件抗裂安全系数:

$$K_f^s = \frac{q_1^s}{q} \tag{23-16}$$

式中:$q_1^s$——构件检验的开裂荷载;

$q$——构件设计采用的标准荷载;

$K_f^s$——构件检验所得的抗裂安全系数。

普通钢筋混凝土构件检验的抗裂安全系数应满足如下要求:

$$K_f^s \geqslant K_f$$

预应力钢筋混凝土构件,如混凝土收缩徐变所引起的钢筋预应力损失尚未全部完成时,轴心受拉、偏心受拉、受弯等构件等实际检验的抗裂安全系数应满足如下要求：

$$K_f^s - \frac{CN_y^s\left[\frac{W_0}{A_0} \pm e_0\right]}{\left[M + \frac{W_0}{A_0}N\right]} \geqslant K_f \tag{23-17}$$

式中：$K_f$——规范规定的抗裂安全系数；

$N_y^s$——混凝土收缩、徐变引起的预应力损失，等于预应力钢筋截面与预应力损失值的乘积。预应力损失值按《混凝土结构设计规范》(GB 50010)计算，亦可参见表23-6；

$W_0$、$A_0$、$e_0$——构件换算截面的抵抗矩、面积和预应力合力至换算断面重心距离(cm)；

$M$、$N$——由标准荷载所引起的弯矩(构件中荷载产生的弯矩，与预加应力产生的弯矩方向同时取负号，相同时取正号)与轴向拉力(kN)；

$C$——混凝土收缩徐变程度的影响系数，取自表23-7。

**混凝土收缩、徐变引起的预应力损失值(MPa)** 表23-6

| 项次 | $\delta_h/R$ | 0.1 | 0.2 | 0.3 | 0.4 | 0.5 | 0.6 |
|---|---|---|---|---|---|---|---|
| 1 | 先张法 | 55 | 75 | 95 | 115 | 135 | 210 |
| 2 | 后张法 | 40 | 60 | 80 | 100 | 120 | 180 |

注：1. $\delta_h$ 为预应力钢筋合力点处混凝土的法向压力，此时预应力损失值应考虑混凝土预压的第一批损失；$R$ 为施加预应力时混凝土的强度。

2. 具体预应力损失值在高湿度条件下可降低50%；干燥条件下可增加20%～30%，设计应给定。

**混凝土收缩徐变程度影响系数 C** 表23-7

| 构件检验时距预应力钢筋在构件上张拉或放张完毕的天数(d) | 1 | 3 | 5 | 7 | 9 | 15 | 20 | 30 | 40 | 60 | 80 | >80 |
|---|---|---|---|---|---|---|---|---|---|---|---|---|
| C 值 | 0.96 | 0.9 | 0.85 | 0.8 | 0.75 | 0.63 | 0.55 | 0.42 | 0.33 | 0.2 | 0.1 | ～0 |

注：承受预应力超过120d预应力混凝土构件，检验时如考虑时间因素的影响，则检验结果应符合下式要求：

$$K_f^s \geqslant 0.95K_f^\alpha$$

式中：$K_f^s$——考虑时间因素影响的抗裂设计安全系数。

在计算 $K_f^\alpha$ 时，应将《混凝土结构设计规范》(GB 50010)中规定的混凝土收缩、徐变引起的预应力损失值乘以折算系数 $a$，即 $a = 4d/(120d + 3d)$，其中，$d$ 为构件承受预应力和加荷试验时的天数。

## 八、构件裂缝宽度检验

进行裂缝宽度检验的构件，在加荷过程中出现裂缝后，即应对裂缝情况进行观测，并记录在各级荷载作用下裂缝出现的位置、间距、展示宽度和高度，同时绘制构件裂缝分布图，具体图式如图23-25所示。

构件检验中，裂缝开展宽度的观测，一般用刻度值不大于0.1mm的刻度放大镜进行。量测裂缝宽度变化时，应将放大镜的观测位置，在构件受拉主筋位置上予以固定，以便得出连续观测结果，如图23-26所示。

构件裂缝的宏观观测可以采用裂缝观测卡进行估测，如图23-26所示。

当荷载(包括构件自重、加荷设施重)加到标准荷载时，恒载0.5h后，于构件受拉区的受力主筋处，量取两条最大垂直裂缝宽度的平均值；斜裂缝则在构件截面有效高度内，量取一条最大斜裂缝宽度，作为构件检验的短期最大裂缝宽度。

$\delta_{f}^{s}$　(mm)

| $P_{t}$ | 1 | 2 | 3 |
|---|---|---|---|
| 1 | 0.05 | 0.05 | — |
| 2 | 0.80 | 0.09 | — |
| 3 | 0.15 | 0.18 | 0.1 |
| 4 | 0.55 | 0.3 | 0.2 |
| 5 | 0.8 | 0.10 | 0.8 |

a)

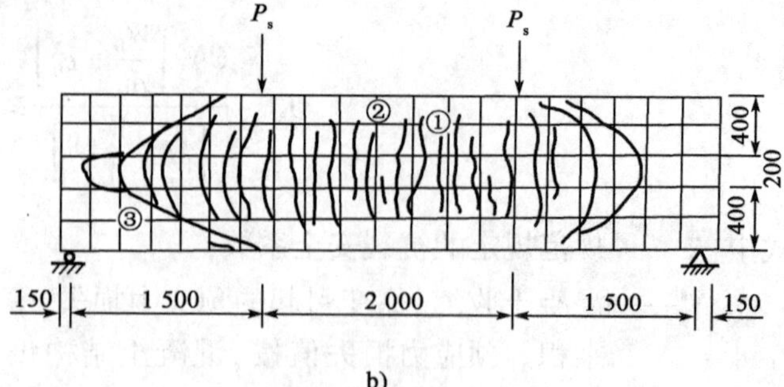


图 23-25　梁的裂缝示意图(尺寸单位：mm)

构件检验的短期最大垂直裂缝宽度应满足如下要求：

$$K_{c}f_{max}^{s} \leqslant f_{max} \tag{23-18}$$

式中：$K_c$——考虑荷载长期作用的裂缝宽度增大系数，其计算公式如下所示；

$f_{max}^{s}$——构件检验的短期最大裂缝宽度(mm)；

$f_{max}$——规范规定的最大裂缝宽度允许值(mm)，见附录6。

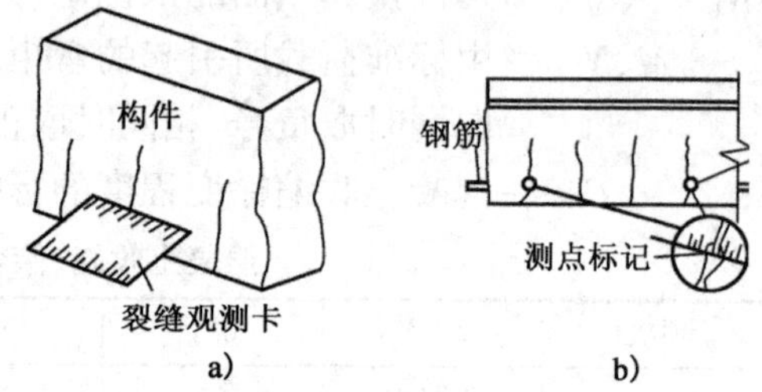


图 23-26　裂缝观测卡在梁上的应用

$$K_{c}=\frac{\theta q_{c}+q_{d}}{q_{c}+q_{d}}$$

式中：$q_c$——长期作用的标准荷载(MPa)；

$q_d$——短期作用的标准荷载(MPa)；

$\theta$——荷载长期作用系数，中心受拉构件取1.8，对受挠构件，受拉区与受压区含筋率相等时，取$\theta=1.6$；受压区含筋率为0时，取$\theta=2.0$。

当含筋率为中间值时，可以采用内插法求得，对于翼缘在受拉区的T形构件，$\theta$值应乘以1.2的系数。

## 九、构件刚度检验

构件刚度检验是检验结构抵抗变形的能力。刚度检验应在标准荷载作用下恒载30min后进行。通常用百分表、挠度计、水平仪等仪表进行观测，也可采用自制的简易装置统计测定挠度。其测量精度，应不小于计算挠度的5%。接近破坏阶段的挠度，可用水平仪或拉线等方法测量。试验时，应测量构件跨中位移和支座沉陷；对于宽度较大的构件，应在每一量测截面的两边或两肋布置测点，并取其测量结果的平均值作为该处的位移。

当试验荷载竖直向下作用时，跨中短期试验挠度值$f_{\alpha}^{s}$可按下列公式确定：

$$f_{\alpha}^{s}=f_{1}-\frac{f_{2}-f_{3}}{2}+f_{g} \tag{23-19}$$

式中：$f_1$——跨中的实测位移(mm)；

$f_2$、$f_3$——两端支座沉陷(mm)；

$f_g$——构件自重和加荷设备自重产生的跨中挠度。若试验中未能测得,可按下列公式近似确定:

$$f_g = \frac{M_g}{M_i} f_i$$

$M_i$、$f_i$——裂缝出现前试验荷载产生的中弯矩和实测挠度;

$M_g$——构件自重和加荷设备自重产生的跨中弯矩。

注:如试验采用等效荷载,则式中的 $f_\alpha^s$ 值应乘以修正系数 $C$。当设计为均布荷载,且试验用两个对称集中荷载代替时,对于四分点加荷,$C=0.9$;对于三分点加荷,$C=1.0$。

(1)用确定的跨中短期试验挠度值与设计规范的允许挠度比较,检验结果应符合下列公式的要求:

$$f_d^s \leqslant [f_d] \tag{23-20}$$

式中:$f_d^s$——在标准荷载作用下,短期试验挠度值;

$[f_d]$——短期允许挠度值(mm)。

短期允许挠度值$[f_d]$的换算公式如下:

$$[f_d] = \frac{M}{M_c\theta + M_d}[f_c] \tag{23-21}$$

式中:$M_c$——长期作用的标准荷载所产生的弯矩(N·m);

$M_d$——短期作用的标准荷载所产生的弯矩(N·m);

$M$——全部标准荷载所产生的弯矩,$M = M_c + M_d$;

$\theta$——荷载长期作用下的刚度降低系数,受弯构件按钢筋混凝土结构设计规范中规定取用;桁架近似取 $\theta = 2.0$;荷载长期作用下的刚度降低系数 $\theta$,应根据受压钢筋的配筋率 $\mu'(\mu' = A_1'/bh_0)$,按下列规定取用:当 $\mu' = 0$ 时,$\theta = 2.0$;当 $\mu' = \mu$ 时,$\theta = 1.6$($\mu$ 为受拉钢筋配筋率);当 $\mu'$为中间数值时,$\theta$ 按直线内插法取用(对于翼缘在受拉区的T形截面,$\theta$ 应增加20%);

$[f_c]$——长期允许挠度值,按《混凝土结构设计规范》(GB 50010)中的规定取用;在挠度验算中,如计算挠度值已减去构件制作时的预先拱值 $\Delta$ 或预加应力产生的使用阶段的反供值 $f_0$,则式中的$[f_c]$应分别改为$[f_c + \Delta]$或$[f_c + f_0]$。

(2)当设计要求按计算值进行检验或仅作刚度、抗裂度、裂缝宽度检验,检验结构应符合下列公式要求:

$$f_d^s \leqslant 1.2 f_d \tag{23-22}$$

式中:$f_d$——在标准荷载作用下短期计算挠度值(mm)。

同时,$f_d^s$还应符合式(23-20)的要求。

注:1. 在使用阶段允许出现的预应力混凝土构件,仅须符合式(23-20)的要求即可。

2. 直接承受重复荷载的钢筋混凝土受弯构件,当进行短期静力加荷试验时,$f_d$ 值应按短期静力荷载作用下的刚度值确定。

荷载长期作用后的受弯构件最大挠度计算值不应超过附录7的允许值。

## 十、构件检验的安全防护措施

构件检验时,必须设置安全防护措施,确保构件及其加荷系统具有足够的稳定性,并能承受全部检验荷载的冲击,且不得阻止构件在荷载作用平面的位移。

一般两支点的梁式构件,除设有横向支撑保证构件平面的稳定外,还可于构件跨长三分之一点,用以保证构件破坏时的安全。对柱或墙式构件,可于加荷架上设置留有一定的间隙的横向支点(图23-27),防止构件失稳时的侧向弯曲。

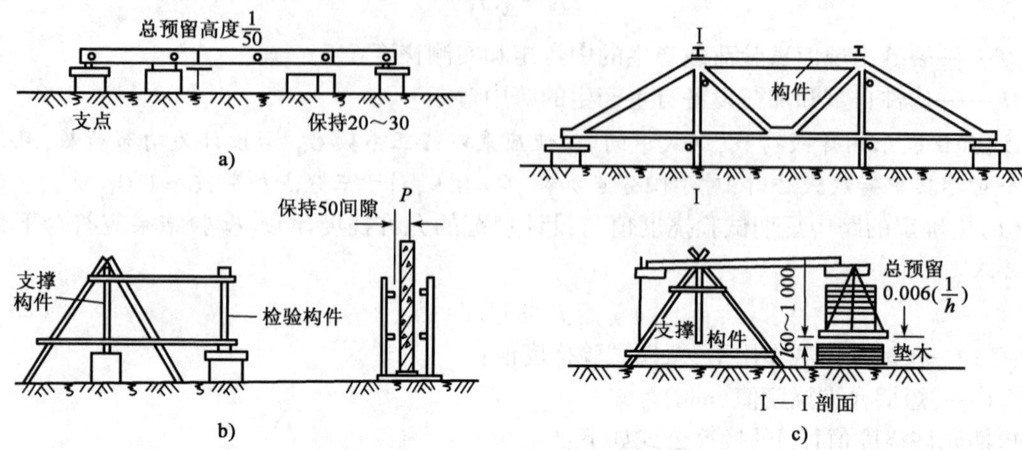


图23-27　构件安全防护措施示意图(尺寸单位:mm)

a)板的安全措施;b)梁和墙板安全措施;c)屋架安全措施

构件检验前应对参与检验的工作人员进行安全交底,并明确分工,当荷载将要加至构件破坏时,应特别注意监视各加荷设施的工作状态,确保人身安全。

## 第七节　构件检验结果的评定

构件经检验后,其结构静力性能如满足本章有关需要时,可以认为构件结构静力性能检验合格,检验结果应作为构件质量合格的重要依据。

新结构或采用新材料、新工艺生产的构件,经检验后其静力性能除满足要求外,尚应符合相应设计计算的各项要求。

以抗裂度控制的钢筋混凝土或预应力钢筋混凝土构件为例,当其强度、抗裂度分别符合规定后,挠度尚应满足如下要求,则认为构件结构静力性能符合要求。

$$0.9K_0 f_d \leqslant f \text{或} f_g$$

式中:$K_0$——考虑荷载长期作用影响的挠度增大系数,参见附表23-6;

$f_d$——构件在标准荷载作用下的短期检验挠度(mm);

$f$——规范规定的允许挠度或变形(mm),参见本章附录G;

$f_g$——构件自重和加荷设备自重产生的跨中挠度(mm)。

对没有特殊要求的一般钢筋混凝土和预应力钢筋混凝土构件,如强度符合规定,抗裂度、挠度与最大裂缝宽度均能满足如下要求时,构件仍允许用于工程,但生产单位应积极采取措施提高构件的质量。

$$1.05\left[K_f^s - \frac{CN_y^s\left(\frac{W_0}{A_0} \pm e_0\right)}{M + \frac{W_0}{A_0}N}\right] \geqslant K_f \tag{23-23}$$

$$0.85K_c f_d \leqslant f \tag{23-24}$$

或

$$0.85K_c f_d \frac{B_0}{B_f} \leqslant f \tag{23-25}$$

$$0.8K_c f^s_{max} \leqslant f_{max} \tag{23-26}$$

式中：$K_c$——规范规定的抗裂安全系数，参见附表 23-3；

$N^s_y$——混凝土收缩、徐变引起的预应力损失（MPa），等于预应力钢筋截面与预应力损失值的乘积；预应力损失值按《混凝土结构设计规范》（GB 50010）计算，亦可参见表 23-8；

$W_0$、$A_0$、$e_0$——构件换算截面的抵抗矩（kN·m）、面积（$cm^2$）和预应力合力至换算截面重心的距离（cm）；

$M$、$N$——由标准荷载所引起的弯矩（构件中荷载产生的弯矩，与预加应力产生的弯矩方向相同时取负号，相异时取正号）（kN·m）与轴向拉力（kN）；

$C$——混凝土收缩徐变程度的影响系数，按表 23-9 取值；

$B_0$——实测构件在标准荷载作用下的当量刚度，也可采用构件开裂后或与设计裂缝状态相对应的检验挠度（mm）；

$B_f$——实测构件出现裂缝后或与设计裂缝状态相对应的当量刚度，可取用标准荷载作用下的检验挠度（mm）；

$K^s_f$——构件实际的抗裂安全系数，参见附表 23-3；

$f^s_{max}$——构件检验的短期最大裂缝宽度（mm）；

$f_{max}$——规范规定的最大裂缝宽度允许值（mm），见本章附录 F。

**混凝土收缩、徐变引起的预应力损失值（MPa）** 表 23-8

| 项次 | $\delta_h/R$ | 0.1 | 0.2 | 0.3 | 0.4 | 0.5 | 0.6 |
|---|---|---|---|---|---|---|---|
| 1 | 先张法 | 55 | 75 | 95 | 115 | 135 | 210 |
| 2 | 后张法 | 40 | 60 | 80 | 100 | 120 | 180 |

注：1. $\delta_h$ 为预应力钢筋合力点处混凝土的法向压库和，此时预应力损失值应考虑混凝土预压前的第一批损失；$R$ 为施加预应力时混凝土的强度。

2. 具体预应力损失值在高湿条件下可降低 50%；干燥条件下可增加 20% ~ 30%，设计应给定。

**混凝土收缩徐变程度的影响系数 $C$** 表 23-9

| 构件检验时距预应力钢筋在构件上张拉或放张完毕的天数(d) | 1 | 3 | 5 | 7 | 9 | 15 | 20 | 30 | 40 | 60 | 80 | >80 |
|---|---|---|---|---|---|---|---|---|---|---|---|---|
| $C$ 值 | 0.96 | 0.9 | 0.85 | 0.8 | 0.75 | 0.63 | 0.55 | 0.42 | 0.33 | 0.2 | 0.1 | — |

注：承受预应力超过 120d 的预应力混凝土构件，检验时如考虑时间因素的影响，则检验结果应符合下式要求：

$$K^s_f \geqslant 0.95K^a_f$$

式中：$K^a_f$——考虑时间因素影响的抗裂设计安全系数。

在计算 $K^a_f$ 时，应将《混凝土结构设计规范》（GB 50010）中规定的混凝土收缩、徐变引起的预应力损失值乘以折算系数 $a$，即 $a = 4d/(120d + 3d)$，其中 $d$ 为构件承受预应力和加载试验时的天数。

构件经检验后如不符合上述要求时，认为构件静力性能不能满足使用要求，该批构件不允许按设计条件使用。

构件检验的原始数据、加荷简图、仪表布置、裂缝图以及构件结构静力性能检验评定结果等，均应按规定的格式（表 23-10）仔细填写，并作为技术资料归档保存。

**预制构件结构性能检验记录表**

表 23-10

编　　号

委托单位　　　　　　　　构件名称和型号　　　　　　　　生产日期　　　　　　　　试验日期

| 项目 | 外形尺寸（mm） | 保护层厚度（mm） | 主筋数量及规格 | 混凝土强度等级 | 标准荷载（MPa） | 检验指标 | | | |
|---|---|---|---|---|---|---|---|---|---|
| | | | | | | 强度 | 挠度（mm） | 抗裂度 | 裂缝宽度 |
| 设计 | | | | | | | | | |
| 实测 | | | | | | | | | |
| 加荷简图、仪表位置及编号 | | | | | | 裂缝情况及破坏等特性 | | | |

| 加荷 | | 荷载（MPa） | | 各测点位移（mm） | | | | | | | | | | | | 实测挠度（mm） | 最大裂缝宽度（mm） | | 备注 |
|---|---|---|---|---|---|---|---|---|---|---|---|---|---|---|---|---|---|---|---|
| 次数 | 时间 | 每级 | 累计 | 读数 | 差值 | 累计 | 读数 | 差值 | 累计 | 读数 | 差值 | 累计 | 读数 | 差值 | 累计 | | 侧 | 侧 | |
| | | | | | | | | | | | | | | | | | | | |
| | | | | | | | | | | | | | | | | | | | |
| | | | | | | | | | | | | | | | | | | | |
| | | | | | | | | | | | | | | | | | | | |
| | | | | | | | | | | | | | | | | | | | |
| | | | | | | | | | | | | | | | | | | | |
| 结论 | | | | | | | | | | | | | | | | | | | |

负责人　　　　　　　　校核　　　　　　　　记录

## 【附录 1】　结构强度检验等效荷载的确定

梁式构件强度检验时，根据构件构造情况可采用对称与非对称的集中力作为等效荷载进行加荷。对称集中荷载将扩大检验范围，便于观察构件受力后的变化情况，如附图 23-1 所示。

采用集中力作为等效荷载时，要注意构件的构造条件是否会因最大内力区范围过大，直接影响构件的承载性能，这在构件断面不等强时应特别注意。采用等效荷载进行检验时，对于剪跨较大的钢筋混凝土类构件，应注意使检验时的剪跨，尽量与设计剪跨相近。检验中所测得的构件挠度应根据实际设计的荷载简图进行调整。

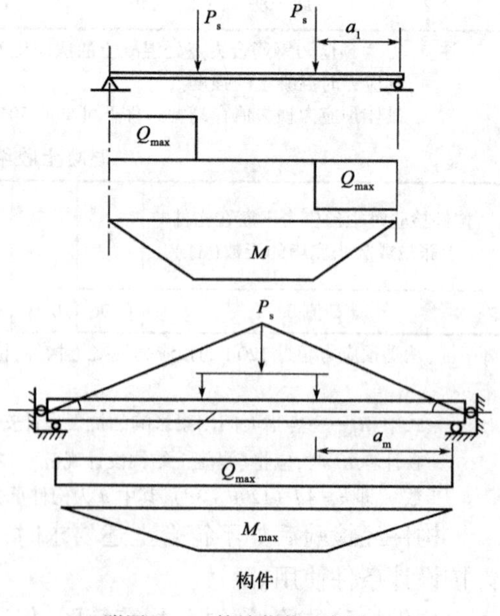

附图 23-1　等效荷载示意图

根据最大设计内力所确定的等效荷载可按下式求得：

$$P_s = Q_s = Q_{max}$$

$$M_s = M_{max}$$

$$\alpha = \frac{M_{max}}{Q_{max}} \qquad \text{附式（23-1）}$$

式中：$Q_{max}$、$M_{max}$——构件设计的最大剪力（kN）及弯矩（kN · m）；

$P_s$——等效集中荷载(kN),分级加荷时,在第一级加荷中应计入构件自重与加荷设施重的影响;

$\alpha$——等效集中荷载距支座的距离(cm)。

轴向受力的构件,当弯矩与轴向力同时作用时,也可按同样原则选用等效荷载,使构件在检验横向荷载的作用下,轴向力与弯矩同时达到设计状态。此时:

$$P_s = \frac{2M_{max}}{\alpha} \qquad \text{附式(23-2)}$$

$$Q_s = \tan\frac{P_s}{N_{max(min)}} \qquad \text{附式(23-3)}$$

## 【附录2】 加荷用油压千斤顶的标定

标定油压千斤顶时,可在试验机上并配合测力计进行,标定前应检查油压表油路与试验机压板位置是否正常,特别是油压表精度是否满足要求。当一切正常后可用油压千斤顶进行缓慢地加荷,操作时注意加荷平稳,表压控制准确。荷载可按标准荷载的20%进行分级,直压至标准荷载的200%为止,然后分五级卸荷。检定工作应反复进行3次,取其算术平均值作为标定结果。如没有测力计时,可按下述两个方法进行标定。

(1)按上述加荷顺序以压力机对油压千斤顶加荷,并测取各级荷载作用下压力表读数,则在外荷作用下压力表的读数检定结果可修正为:

$$P_T = \frac{2T}{A} - p_T^f \qquad \text{附式(23-4)}$$

式中:$T$——试验机示值荷载(MPa);

$A$——千斤顶活塞面积($cm^2$);

$p_T^f$——压力机压千斤顶时对应试验机示值荷载 $T$ 时,压力表的读数。

(2)按前述加荷等级用千斤顶对试验机加荷并读取油压表的读数,可得在试验机示值荷载 $T$ 作用下压力表读数的检定结果,即:

$$P_T = \frac{p_T^f + p_T^0}{2} \qquad \text{附式(23-5)}$$

式中:$p_T^0$——千斤顶压试验机时,试验机示值到达 $T$ 时之压力的读数。

## 【附录3】 构件检验用垫梁支座、滚轴与垫板的计算

通过垫梁以集中外力进行均布荷载加荷时,垫梁的长度应满足如下要求:

$$l \leqslant \sqrt[3]{\frac{100EJ}{\pi E_0 b}} \qquad \text{附式(23-6)}$$

$$l \geqslant \frac{1.2P_s}{bR_e} \qquad \text{附式(23-7)}$$

$$l \leqslant \frac{WR_g}{0.14P_s} \qquad \text{附式(23-8)}$$

式中:$EJ$——垫梁的刚度(mm);

$E_0$——构建的弹性模量(MPa);

$b$、$W$——垫梁的宽度(cm)与断面模数;

$R_e$、$R_g$——构件允许的局部挤压强度与垫梁材料的允许强度(MPa)。

如附图 23-2 所示,梁式构件在检验时,两支座均应做成可以转动的活动支承,支座支承长度可按下式求得:

$$I = \frac{P_s}{bR_a}(\text{cm}) \tag{附式(23-9)}$$

式中:$P_s$——最大检验荷载(kN);

$b$——构件支座宽度(cm);

$R_a$——支座材料的柱体强度(MPa)。

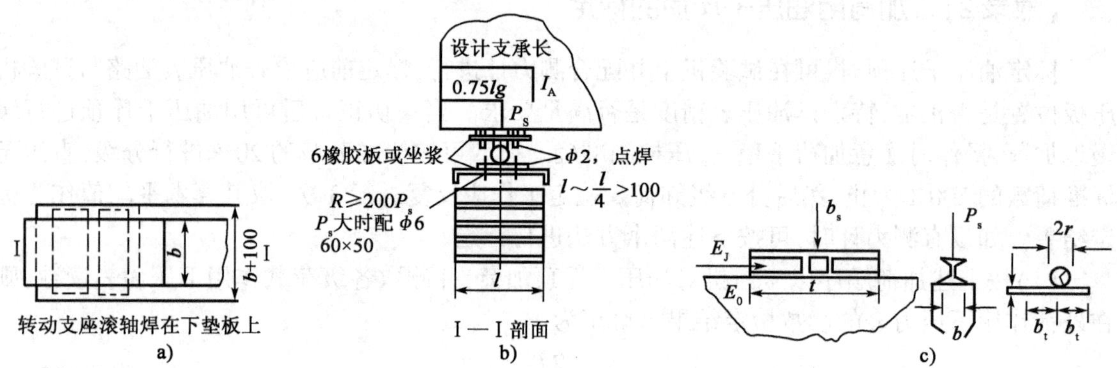


附图 23-2　滚动和活动支承示意图(尺寸单位:mm)

活动支座滚轴的接触半径,当充分考虑塑性发展条件时,按下式求得:

$$\gamma = 0.001\frac{P_s}{b}(\text{cm}) \tag{附式(23-10)}$$

构件支座上下垫板的厚度可按下式计算:

$$t = \frac{0.71P_s}{R_e b}\sqrt[3]{\frac{E_0}{E}} \tag{附式(23-11)}$$

式中:$E_0$——支承垫板下材料的弹性模量(MPa);

$E$——钢垫板的弹性模量(MPa);

$R_e$——垫板下材料的局部挤压强度(MPa);

$t$——垫板厚度(cm);

$\gamma$——滚轴半径(cm)。

按上述两式取用的滚轴半径与垫板厚度不应小于 10mm;当荷载作用于垫板中点时,垫板总长度不宜大于 12t。

## 【附录 4】　轴向受力构件检验前荷载作用位置的调整

进行柱子等轴向受力构件检验前,当荷载作用位置初步对正构件进行预压时,应通过加荷支座根据弯矩作用方向的应变仪表读数,反复进行荷载作用位置的调整,使构件两侧实测应变的比值满足下式的要求后再进行正式加荷检验。构件对边实测应变如附图 23-3 所示。

$$\frac{\varepsilon_1}{\varepsilon_2}=\frac{\dfrac{J_0}{A_0}+eC_1}{\dfrac{J_0}{A_0}-eC_2} \quad \text{附式(23-12)}$$

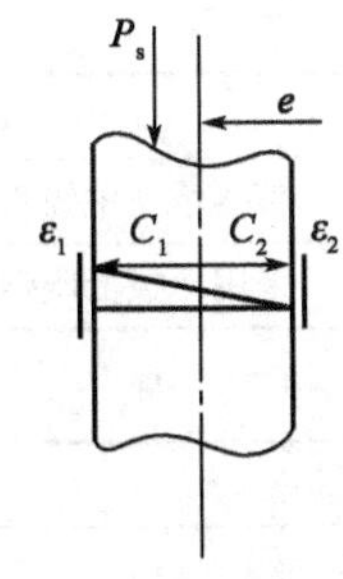

附图 23-3 构件对边实测应变图

式中：$J_0$、$A_0$——构件断面换算的惯性矩(kN·m)与面积($cm^2$)；

$e$——构件设计荷载对断面重心的偏心矩(kN·m)；

$C_1$——构件重心至应变 $\varepsilon_1$ 边的距离(cm)；

$C_2$——构件重心至应变 $\varepsilon_2$ 边的距离(cm)；

$\varepsilon_1$、$\varepsilon_2$——构件预压时两对边的实测应变，见附图 23-3。

## 【附录5】 钢筋混凝土、预应力钢筋混凝土构件的强度安全系数

钢筋混凝土及预应力钢筋混凝土结构构件的基本强度安全系数见附表 23-1。

**钢筋混凝土及预应力钢筋混凝土结构构件的基本强度安全系数** 附表 23-1

| 项次 | 受力特征 | 基本安全系数 | |
|---|---|---|---|
| | | 钢筋混凝土 | 预应力钢筋混凝土 |
| 1 | 轴向受拉、受弯、偏心受拉构件 | 1.40 | 1.50 |
| 2 | 轴心受压、偏心受压构件，斜截面受剪、受扭、局部承压 | 1.55 | |

钢筋混凝土及预应力钢筋混凝土结构构件的附加强度安全系数见附表 23-2。

**钢筋混凝土和预应力钢筋混凝土结构构件的附加强度安全系数** 附表 23-2

| 项次 | 选用条件 | | 附加安全系数 |
|---|---|---|---|
| 1 | 一般构件 | | 1.00 |
| 2 | 薄腹梁，直接承受重级工作制吊车的构件 | | 1.05 |
| 3 | 层架托架 | 钢筋混凝土下弦及钢丝、钢绞线的预应力混凝土拉杆 | 1.10 |
| | | 其他杆件 | 1.05～1.10 |
| 4 | 承受风载为主的高耸结构 | | 1.05～1.10 |
| 5 | 承受静水压力的水池等荷载变异较小的结构 | | 1.05～1.10 |
| 6 | 缺乏实际经验的新结构以及荷载变异较大的结构 | | 酌取大于 1.0 的数值 |

## 【附录6】 钢筋混凝土及预应力钢筋混凝土构件抗裂安全系数与钢筋混凝土构件最大裂缝宽度允许值

钢筋混凝土和预应力钢筋混凝土构件抗裂安全系数与钢筋混凝土构件最大裂缝宽度允许值参见附表 23-3 和附表 23-4。

**钢筋混凝土和预应力钢筋混凝土构件抗裂安全系数** 附表 23-3

| 项次 | 构件名称 | $K_f$ |
|---|---|---|
| 1 | 使用中一般要求不出现裂缝的钢筋混凝土构件 | 1.25 |
| 2 | 严格要求不出现裂缝的预应力钢筋混凝土构件(重级工作制吊车梁，采用碳素钢丝、刻痕钢丝、钢绞线配筋的构件等) | 1.25 |
| 3 | 一般要求不出现裂缝的预应力钢筋混凝土构件等 | 1.15 |
| 4 | 使用中允许出现裂缝的预应力钢筋混凝土构件 | 0.7 |

续上表

| 项次 | 构　件　名　称 | $K_f$ |
|---|---|---|
| 5 | 直接承受中级工作制吊车的预应力钢筋混凝土构件 | 1.16 |
| 6 | 采用冷拔低碳钢丝配筋的预应力钢筋混凝土构件 | 1.15～1.25 |

**钢筋混凝土构件最大裂缝宽度允许值**　附表 23-4

| 项次 | 构　件　名　称 | $f_{max}$ |
|---|---|---|
| 1 | 屋架、托架的受拉构件有害介质条件下工作的构件 | 0.15mm |
| 2 | 处于正常条件下的构件 | 0.2mm |

## 【附录7】　钢筋混凝土结构、预应力钢筋混凝土结构受弯构件的允许挠度和变形

钢筋混凝土结构、预应力钢筋混凝土结构受弯构件的允许挠度和变形参见附表 23-5。

**钢筋混凝土结构、预应力钢筋混凝土结构受弯构件的允许挠度和变形**　附表 23-5

| 项次 | 构　件　类　型 | | 允许挠度(以挠度 $l$ 计算) |
|---|---|---|---|
| 1 | 吊车梁 | 手动吊车 | $l/500$ |
| | | 电动吊车 | $l/600(750)$ |
| 2 | 层盖;楼盖及楼梯构件 | 当 $l<7$m 时 | $l/200(l/250)$ |
| | | 当 $7\leq l\leq 9$m 时 | $l/250(l/300)$ |
| | | 当 $l>9$m 时 | $l/300(l/400)$ |

注:1. 表中括号的数值适用于使用中对挠度有较高要求的构件。
　2. 悬臂构件的允许挠度值按表中相应数值乘以 2 取用。

## 【附录8】　构件相对刚度检验时的系数 $K_0$ 值

构件相对刚度检验时的系数 $K_0$ 见附表 23-6。

**构件相对刚度时的系数 $K_0$ 值**　附表 23-6

| 加荷方式 | $K_0$ |
|---|---|
| 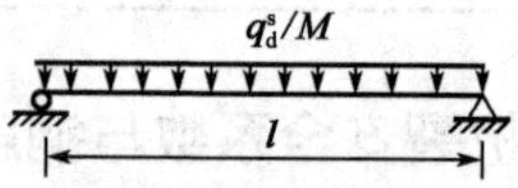 $q_d^s/M$ 均布荷载，跨度 $l$ | $\frac{5l^4}{384}$ |
| 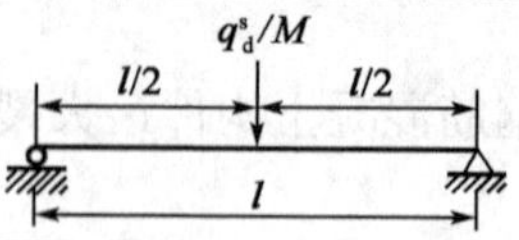 $q_d^s/M$ 跨中集中荷载，$l/2$，$l/2$，跨度 $l$ | $\frac{l^3}{48}$ |
| 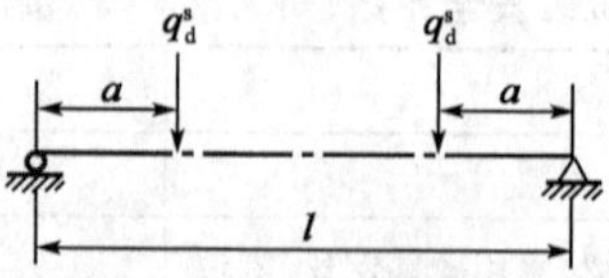 $q_d^s$，$q_d^s$ 两集中荷载，距支座 $a$，$a$，跨度 $l$ | $\frac{a^3}{24}\left(2\frac{l^2}{a^2}-4\right)$ |

注:其他荷载按一般材料力学主法求得。

## 【附录9】　常用试验记录表格

常用试验记录表格见附表 23-7 和附表 23-8。

**仪表测读数据记录表** 附表 23-7

试验日期________ 气候________ 温度________ 试件名称________ 试件编号________

| 荷载 | | | | 温度 | 测读时间 | 测点号： | | | | 测点号： | | | | 测点号： | | | | 测点号： | | | | 测点号： | | | | 备注 |
|---|---|---|---|---|---|---|---|---|---|---|---|---|---|---|---|---|---|---|---|---|---|---|---|---|---|---|
| | | | | | | 仪器号： | | | | 仪器号： | | | | 仪器号： | | | | 仪器号： | | | | 仪器号： | | | | |
| | | | | | | 特性： | | | | 特性： | | | | 特性： | | | | 特性： | | | | 特性： | | | | |
| 荷载级数 | 加载时间 | 加载值 | 累计值 | | | 读数 | 读数差 | 累计 | 换算 | 读数 | 读数差 | 累计 | 换算 | 读数 | 读数差 | 累计 | 换算 | 读数 | 读数差 | 累计 | 换算 | 读数 | 读数差 | 累计 | 换算 | |
| | | | | | | | | | | | | | | | | | | | | | | | | | | |
| | | | | | | | | | | | | | | | | | | | | | | | | | | |
| | | | | | | | | | | | | | | | | | | | | | | | | | | |
| | | | | | | | | | | | | | | | | | | | | | | | | | | |
| | | | | | | | | | | | | | | | | | | | | | | | | | | |
| | | | | | | | | | | | | | | | | | | | | | | | | | | |
| | | | | | | | | | | | | | | | | | | | | | | | | | | |
| | | | | | | | | | | | | | | | | | | | | | | | | | | |
| | | | | | | | | | | | | | | | | | | | | | | | | | | |
| | | | | | | | | | | | | | | | | | | | | | | | | | | |
| 加载示意图及仪表布置图 | | | | | | | | | | | | | | | | | | | | | | | | | | |

测读________ 记录________ 整理________ 校核________ 负责________

**裂 缝 记 录 表** 附表 23-8

试件名称________ 年 月 日

试件编号________ 第 页 共 页

| 裂缝编号 | | | | | | | | | | | | | 间距 | | 备注 |
|---|---|---|---|---|---|---|---|---|---|---|---|---|---|---|---|
| 时间 | 分级 | 累计 | 高度 | 宽度 | 高度 | 宽度 | 高度 | 宽度 | 高度 | 宽度 | 高度 | 宽度 | 编号 | 距离 | |
| | | | | | | | | | | | | | | | |
| | | | | | | | | | | | | | | | |
| | | | | | | | | | | | | | | | |
| | | | | | | | | | | | | | | | |
| | | | | | | | | | | | | | | | |
| | | | | | | | | | | | | | | | |
| | | | | | | | | | | | | | | | |
| | | | | | | | | | | | | | | | |
| | | | | | | | | | | | | | | | |
| | | | | | | | | | | | | | | | |
| | | | | | | | | | | | | | | | |
| 裂缝草图 | | | | | | | | | | | | | | | |

测读________ 记录________ 整理________ 校核________ 负责人________

## 【附录10】 结构构件检验报告

结构构件检验报告见附表23-9和附表23-10。

**结构构件检验原始报告记录表** 附表23-9

工程名称________

构件型号________

记录编号________ 检验日期________ 气温________ 天气________ 检验者________

| 加荷顺序 | 荷载 | | | 测点编号及仪表读数 | | | | | | 加荷简图及仪表位置、构件裂缝与破坏简图 |
|---|---|---|---|---|---|---|---|---|---|---|
| | 每级 | 累计 | 时间 | 读数 | 差值或换算 | 读数 | 差值或换算 | 读数 | 差值或换算 | |
| | | | | | | | | | | |
| | | | | | | | | | | |
| | | | | | | | | | | |
| | | | | | | | | | | |
| | | | | | | | | | | |
| | | | | | | | | | | |
| | | | | | | | | | | |
| | | | | | | | | | | |
| | | | | | | | | | | |
| | | | | | | | | | | |
| | | | | | | | | | | |
| | | | | | | | | | | |

**结构构件检验报告** 附表23-10

委 托 单 位______ 工程名称______ 构件名称型号及图号______ 检验日期______

构件生产日期______ 养护方法______ 水泥品种及用量______

| | 外观与外形检查 | 保护层厚度 | 主筋规格及强度 | 混凝土强度等级 | 荷载情况 | 抗裂度 | 挠度 | 裂缝宽度 | 附注 |
|---|---|---|---|---|---|---|---|---|---|
| 设计规定 | | | | | 标准 | | | | |
| | | | | | 破坏 | | | | |
| 实际检验 | | | | | 开裂 | | | | |
| | | | | | 破坏 | | | | |
| 检验评定 | | | | | | | | | |

检验者________ 校核者________ 负责人________

# 第二十四章　混凝土工程质量验收与评定

## 第一节　混凝土工程施工质量验收标准与规定

### 一、混凝土工程施工质量验收的标准

混凝土施工质量验收是工程建设质量控制的一个重要环节，按《建筑工程施工质量验收统一标准》(GB 50300)的要求，对混凝土施工质量验收实行“验评分离、强化验收、完善手段、过程控制”的原则。

1.混凝土工程质量验收的划分

混凝土工程质量验收应划分为单位(子单位)工程、分部(子分部)工程、分项工程和检验批。

1)分部工程的划分原则

(1)分部工程的划分应按专业性质、建筑部位确定。

(2)当分部工程较大或较复杂时，可按材料种类、施工特点、施工程序、专业系统及类别等划分为若干子分部工程。

2)分项工程的划分原则

分项工程应按主要工种、材料、施工工艺、设备类别等进行划分。分项工程可由一个或若干检验批组成，检验批可根据施工及质量扰制和专业验收需要按楼层、施工缝、变形缝等进行划分。

混凝土工程的分部(子分部)、分项(子分项)工程的划分，见表24-1。

2.混凝土工程质量验收

1)检验批的质量验收标准

检验批合格质量应符合下列规定：

(1)主控项目的质量经抽样检验合格。

(2)一般项目的质量经抽样检验合格。当采用计数检验时，除有专门要求外，一般项目的合格率达到80%及以上，且不得有严重缺陷。

(3)具有完整的施工操作依据和质量验收记录。

对验收合格的检验批，宜做出合格标志。

检验批是工程验收的最小单位，是分项工程乃至整个建筑工程质量验收的基础。

以上规定给出了检验批质量验收合格的条件；主控项目和一般项目检验均应合格，且资料完整。检验批验收合格后，在形成验收文件的同时宜做出合格标志，以利于施工现场管理和作为后续工序的条件。检验批的合格质量主要取决于主控项目和一般项目的检验结果。主控项目是对检验批的基本质量起决定性影响的检验项目，它的检验结果具有否决权，必须从严

要求。

对采用计数检验的一般项目,以前要求的全格点率为70%及以上,新规范提高了相应要求,通常为80%及以上,且在允许存在的20%以下的不合格点中不得有严重缺陷。

**混凝土分部分项工程的划分** 表24-1

| 序号 | 分部工程 | 子分部工程 | 分项工程 |
|---|---|---|---|
| 1 | 地基与基础 | 有支护土方 | 排桩、降水、排水沟、地下连续墙、锚杆、土钉墙、水泥土桩、沉井与沉箱、混凝土支撑 |
| | | 地基处理 | 灰土地基、砂和沙石地基、碎石三合土地基、土工合成材料地基、粉煤灰地基、重锤夯实地基、振冲地基、砂桩地基、预压地基、高压喷射注浆地基、土和灰土挤密桩地基、注桩地基、水泥粉煤灰碎石桩地基、夯实水泥土桩地基 |
| | | 桩基 | 锚杆静压桩及静力压桩、预应力离心管桩、钢筋混凝土预制桩、钢桩、混凝土灌注桩(成孔、钢筋笼、清孔、水下混凝土灌注) |
| | | 地下防水 | 防水混凝土、水泥砂浆防水层、卷材防水层、涂料防水层、金属板防水层、塑料板防水层、细部结构、喷锚支护、复合式衬砌、地下连续墙、盾构法隧道、渗排水、盲沟排水、隧道、坑道排水、预注浆、后注浆、衬砌裂缝注浆 |
| | | 混凝土基础 | 模板、钢筋、混凝土、后浇带混凝土、混凝土结构缝处理 |
| | | 劲钢(管)混凝土 | 劲钢(管)焊接、劲钢(管)与钢筋的连接、混凝土 |
| 2 | 主体结构 | 混凝土结构 | 模板、钢筋、混凝土、预应力混凝土、现浇结构、装配式结构 |
| | | 劲钢(管)混凝土结构 | 劲钢(管)焊接、螺栓连接、劲钢(管)与钢筋的连接、劲钢(管)制作、安装,混凝土 |

2)分项工程的质量验收标准

分项工程质量验收合格应符合下列规定:

(1)分项工程所含的检验批均应符合合格质量的规定。

(2)分项工程所含的检验批的质量验收记录应完整。

分项工程的验收在检验批的基础上进行。一般情况下,两者具有相同或相近的性质,只是批量的大小不同而已。因此,将有关的检验批汇集构成分项工程。分项工程合格质量的条件比较简单,只要构成分项工程的各检验批的验收资料文件完整,并且均已验收合格,则分项工程验收合格。

3)分部工程的质量验收标准

混凝土工程子分部工程质量验收合格应符合下列规定:

(1)混凝土分部(子分部)工程所含分项工程的质量均应验收合格。

(2)质量控制资料应完整。

(3)地基与基础、主体结构等分部工程的有关安全及功能的检验和抽样检测结果应符合有关规定。

(4)观感质量验收应符合要求。

分部工程的验收在其所含各分项工程验收的基础上进行。首先,分部工程的各分项工程必须已验收,且相应的质量控制资料文件必须完整,这是验收的基本条件。此外,分部工程的性质不尽相同,因此作为分部工程不能简单地组合而加以验收,尚须增加两项检查。

涉及安全和使用功能的地基基础、主体结构、有关安全及重要使用功能的安装分部工程应进行有关见证取样送样试验或抽样检测。关于观感质量验收,这类检查往往难以定量,只能以观察、触摸或简单量测的方式进行,并由各人的主观印象判断,检查结果并不给出"合格"或"不合格"的结论,而是综合给出质量评价。评价的结论为"好""一般""差"三种。对于"差"的检查点应通过返修处理等补救。

分部(子分部)工程质量应由总监理工程师(建设单位项目专业负责人)组织施工项目经理和有关勘察、设计单位项目负责人进行验收,并有记录。

4)单位(子单位)工程质量验收标准

单位(子单位)工程质量验收应符合下列规定:

(1)单位(子单位)工程所含分部(子分部)工程的质量均应验收合格。

(2)质量控制资料应完整。

(3)主要功能项目的抽查结果应符合相关专业质量验收规范的规定。

(4)观感质量验收应符合要求。

单位工程质量验收也称质量竣工验收,是混凝土工程投入使用前的最后一次验收。验收合格的条件有5个,除构成单位工程的各个分部工程应该合格,有关的资料文件应完整以外,还须进行以下3个方面的检查。

涉及安全和使用功能的分部工程应进行检验资料的复查,不仅要全面检查其完整性(不得有漏检缺项),而且对分部工程验收时补充进行的见证抽样检验报告也要复核。这种强化的手段体现了对安全和主要使用功能的重视。

此外,对主要使用功能还须进行抽查。使用功能的检查是对建筑工程和设备安装工程最终质量的综合检验,也是用户最为关心的内容。因此,在分项、分部工程验收合格的基础上,竣工验收时再作全面检查。抽查项目是在检查资料文件的基础上由参加验收的各方人员商定,并用计量、计数的抽样方法确定检查部位。检查要求按有关专业工厂施工质量验收标准的要求进行。

最后,还须由参加验收的各方人员共同进行观感质量检查。检查的方法、内容、结论等已在分部工程的相应部分中阐述,最后共同确定是否通过验收。

5)当混凝土工程质量不符合要求时,应按下列规定进行处理

(1)经返工重做或更换器具、设备的检验批,应重新进行验收。

(2)经有资质的单位检测鉴定能达到设计要求的检验批,应予以验收。

(3)经有资质的单位检测鉴定达不到设计要求,但经原设计单位核算认可能够满足结构安全和使用功能的检验批,可予以验收。

(4)经返修和加固处一的分项、分部工程,虽然改变外形尺寸但仍能满足安全使用要求可按技术处理方案和协商文件进行验收。

通过返修或加固处理仍不能满足安全使用要求的分部工程,单位(子单位)工程,严禁验收。

6)混凝土工程质量验收程序和组织

(1)检验批及分项工程应由监理工程师(建设单位项目负责人)组织施工单位项目专业质量(技术)负责人等进行验收。

(2)分部工程应由总监理工程师(建设单位项目负责人)组织施工单位项目负责人和技术、质量负责人等进行验收。地基与基础、主体结构分部工程的勘察、设计单位工程项目负责人和施工单位技术、质量部门负责人也应参加相关分部工程验收。

(3)单位工程完工后,施工单位应自行组织有关人员进行验收评定,并向建设单位提交工程验收报告。

(4)建设单位收到工程验收报告后,应由建设单位(项目)负责人组织施工(含分包单位)、设计、监理等单位(项目)负责人进行单位(子式程)工程验收。

(5)单位工程有分包单位施工时,分包单位对所承包的施工项目应按本标准规定的程序检查评定,总包单位应派人参加。分包工程完成后,应将工程有关资料交总包单位。

(6)当参加验收各方对工程质量验收意见不一致时,可请当地建设行政主管部门或工程质量监督机构协调处理。

(7)单位工程质量验收合格后,建设单位应在规定时间内,将工程竣工验收报告和有关部门文件,报建设行政管理部门备案。混凝土结构工程验收应符合表24-2的要求。

**混凝土结构工程验收内容** 表24-2

| 项次 | 项目 | 验收内容 |
| --- | --- | --- |
| 1 | 文件和记录 | 混凝土结构子分部施工质量验收时应提供下列文件和记录:<br>①设计变更文件;<br>②原材料出厂合格证和进场复验报告;<br>③钢筋接头的试验报告;<br>④混凝土工程施工记录;<br>⑤混凝土试件的性能实验报告;<br>⑥装配式预制构件的合格证和安装验收记录;<br>⑦预应力筋用锚具、连接器的合格证和进场复验报告;<br>⑧预应力筋安装、张拉及灌浆记录;<br>⑨隐蔽工程验收记录;<br>⑩分项工程验收记录;<br>⑪混凝土结构实体检验记录;<br>⑫工程的重大质量问题的处理方案和验收记录;<br>⑬其他必要的文件记录 |
| 2 | 合格规定 | 混凝土结构子分部施工质量验收时应符合下列规定:<br>①有关分项工程施工质量验收合格;<br>②应有完整的质量控制资料;<br>③观感质量验收合格;<br>④结构实体检验结果满足本规范的要求 |
| 3 | 质量不合要求的处理 | 当混凝土结构质量不符合要求时,应按下列规定进行处理:<br>①经返工、返修或更换构件、不合格的检验批,应重新进行验收;<br>②经有资质的检验单位检验鉴定达到设计要求的检验批,应予以验收;<br>③经有资质的检验单位检验鉴定达不到设计要求的检验批,经原设计单位核算并确认仍可满足结构安全和使用功能的检验批,可予以验收;<br>④经返修或加固处理能够满足结构安全和使用要求的分项工程,可根据技术处理方案和协商文件进行验收 |
| 4 | 文件存档 | 混凝土结构工程子分部工程施工质量验收合格后,应将所有的验收文件存档备案 |

## 二、混凝土工程施工质量验收的基本规定

1. 质量管理

混凝土结构施工现场质量管理应有相应的施工技术标准、健全的质量管理体系、施工质量控制和质量管理制度。

混凝土结构施工项目应有施工组织设计和施工技术方案，并经过审查批准。

2. 工程划分

混凝土结构子分部工程可根据结构的施工方案分为两类：现浇混凝土结构子分部工程和装配式混凝土结构子分部工程；根据结构的分类，还可以分为钢筋混凝土子分部工程和预应力混凝土结构子分部工程。

混凝土结构子分部工程可划分为模板、钢筋、预应力、混凝土、现浇结构和装配式结构等分项工程。

各分项工程可根据与施工方式相一致且便于控制施工质量的原则，将工作班、楼层、结构缝或施工段划分为若干检验批。

3. 验收顺序

对混凝土结构子分部工程的质量验收，应在钢筋、预应力、混凝土现浇结构或装配式结构等相关分项工程验收合格的基础上，进行质量控制资料检验及观感质量验收，并应对设计结构安全的材料、试件、施工工艺和结构的重要部位进行见证检验或结构实体检验。

分项工程的质量验收应在所含检验批验收合格的基础上，进行质量验收记录检查。

4. 检验批的质量验收

检验批的质量验收应包括如下内容：

(1)实物检查，按下列方式进行：

①对原材料、构配件和器具等产品的进场复验，应按进场的批次和产品的抽样检验方案执行。

②对混凝土强度、预制构件结构性能等，应按国家现行有关标准和《混凝土结构工程施工质量验收规范》(GB 5024)规定的抽样方案执行。

③对《混凝土结构工程施工质量验收规范》(GB 5024)中采用计数检验的项目，应按抽查总点数的合格点率进行检查。

(2)资料检查。资料检查包括原材料、构配件和器具等的产品合格证(中文质量合格证明文件、规格、型号及性能检测报告等)及现场复验报告、施工过程中重要工序的自检和交接检记录、抽样检验报告、见证检测报告、隐藏工程验收记录等。

检验批合格质量应符合下列规定：

①主控项目的质量经抽样检验合格。

②一般项目的质量经抽样检验合格。当采用计数检验时，除了有专门要求外，一般项目的合格点率应达到80%以上，且不得有严重缺陷。

③具有完整的施工操作依据和质量验收记录。对验收合格的检验批，宜做出合格标志。

检验批、分项工程、混凝土结构子分部工程的质量验收可分别按《混凝土结构工程施工质量验收规范》(GB 50204)(表24-3～表24-5)记录，质量验收程序和组织应符合《建筑工程施工质量验收统一标准》(GB 50300)的规定。

**检验批质量验收记录** 表 24-3

<table>
<tr><td colspan="2">工程名称</td><td></td><td>分项工程名称</td><td></td><td>验收部位</td><td></td></tr>
<tr><td colspan="2">施工单位</td><td></td><td>专业工长</td><td></td><td>项目经理</td><td></td></tr>
<tr><td colspan="2">分包单位</td><td></td><td>分包项目经理</td><td></td><td>施工班组长</td><td></td></tr>
<tr><td colspan="2">施工执行标准名称及编号</td><td colspan="5"></td></tr>
<tr><td colspan="2">检查项目</td><td>质量验收规范的规定</td><td colspan="2">施工单位检查评定记录</td><td colspan="2">监理(建设)单位验收记录</td></tr>
<tr><td rowspan="5">主控项目</td><td>1</td><td></td><td colspan="2"></td><td colspan="2" rowspan="10"></td></tr>
<tr><td>2</td><td></td><td colspan="2"></td></tr>
<tr><td>3</td><td></td><td colspan="2"></td></tr>
<tr><td>4</td><td></td><td colspan="2"></td></tr>
<tr><td>5</td><td></td><td colspan="2"></td></tr>
<tr><td rowspan="5">一般项目</td><td>1</td><td></td><td colspan="2"></td></tr>
<tr><td>2</td><td></td><td colspan="2"></td></tr>
<tr><td>3</td><td></td><td colspan="2"></td></tr>
<tr><td>4</td><td></td><td colspan="2"></td></tr>
<tr><td>5</td><td></td><td colspan="2"></td></tr>
<tr><td colspan="2">施工单位检查评定结果</td><td colspan="5">项目专业质量检查员 年 月 日</td></tr>
<tr><td colspan="2">监理(建设)单位验收结论</td><td colspan="5">监理工程师(建设单位项目专业技术负责人) 年 月 日</td></tr>
</table>

注:检验批的质量验收记录应由施工项目专业质量检查员填写,监理工程师(建设单位项目专业技术负责人)组织项目专业质量检查员等进行验收。本条给出的检验批质量验收记录表也可作为施工单位自行检查评定的记录表格。

**分项工程质量验收记录** 表 24-4

<table>
<tr><td colspan="2">工程名称</td><td></td><td>结构类型</td><td></td><td>检验批数</td><td></td></tr>
<tr><td colspan="2">施工单位</td><td></td><td>项目经理</td><td></td><td>项目技术负责人</td><td></td></tr>
<tr><td colspan="2">分包单位</td><td></td><td>分包单位负责人</td><td></td><td>分包项目经理</td><td></td></tr>
<tr><td>序号</td><td colspan="2">检验批部位、区段</td><td>施工单位检查评定结果</td><td colspan="3">监理(建设)单位验收结论</td></tr>
<tr><td>1</td><td colspan="2"></td><td></td><td colspan="3"></td></tr>
<tr><td>2</td><td colspan="2"></td><td></td><td colspan="3"></td></tr>
<tr><td>3</td><td colspan="2"></td><td></td><td colspan="3"></td></tr>
<tr><td>4</td><td colspan="2"></td><td></td><td colspan="3"></td></tr>
<tr><td>5</td><td colspan="2"></td><td></td><td colspan="3"></td></tr>
<tr><td>6</td><td colspan="2"></td><td></td><td colspan="3"></td></tr>
<tr><td>7</td><td colspan="2"></td><td></td><td colspan="3"></td></tr>
<tr><td>8</td><td colspan="2"></td><td></td><td colspan="3"></td></tr>
<tr><td></td><td colspan="2"></td><td></td><td colspan="3"></td></tr>
<tr><td colspan="2">检查结论</td><td colspan="2">项目专业技术负责人 年 月 日</td><td>验收结论</td><td colspan="2">监理工程师(建设单位项目专业技术负责人) 年 月 日</td></tr>
</table>

注:各分项工程质量应由监理工程师(建设单位项目专业技术负责人)组织项目专业技术负责人等进行验收。分项工程的质量验收在检验批验收合格的基础上进行。一般情况下,两者具有相同或相近的性质,只是批量大小可能存在差异,因此,分项工程质量验收记录是各检验批质量验收记录的汇总。

**混凝土结构子分部工程质量验收记录** 表 24-5

| 工程名称 | | 结构类别 | | 层　数 | |
|---|---|---|---|---|---|
| 施工单位 | | 技术部门负责人 | | 质量部门负责人 | |
| 分包单位 | | 分包单位负责人 | | 分包技术负责人 | |
| 序号 | 分项工程名称 | 检验批数 | 施工单位检查评定 | 验收意见 | |
| 1 | 钢筋分项工程 | | | | |
| 2 | 预应力分项工程 | | | | |
| 3 | 混凝土分项工程 | | | | |
| 4 | 现浇结构分项工程 | | | | |
| 5 | 装配式结构分项工程 | | | | |
| 质量控制资料 | | | | | |
| 结构实体检验报告 | | | | | |
| 观感质量验收 | | | | | |
| 验收单位 | 分包单位 | 项目经理 | | | 年　月　日 |
| | 施工单位 | 项目经理 | | | 年　月　日 |
| | 勘察单位 | 项目负责人 | | | 年　月　日 |
| | 设计单位 | 项目负责人 | | | 年　月　日 |
| | 监理(建设)单位 | 总监理工程师(建设单位项目专业负责人) | | | 年　月　日 |

注:1. 混凝土结构子分部工程质量应由总监理工程师(建设单位项目专业负责人)组织施工项目经理和有关勘察、设计单位项目负责人进行验收。

2. 模板在子分部工程验收时已不在结构中,且结构实体外观质量、尺寸偏差等项目的检验反映了模板工程的质量,因此,模板分项工程可不参与混凝土结构子分部工程质量的验收。

## 第二节　混凝土分项工程质量验收

### 一、一般规定

(1)结构构件的混凝土强度应按《混凝土强度检验评定标准》(GB/T 50107)的规定分批检验评定。

对采用蒸汽法养护的混凝土结构构件,其混凝土试件应先随同结构构件同条件蒸汽养护,再转入标准条件养护共28d。

当混凝土中掺用矿物掺和料时,确定混凝土强度时的龄期可按《粉煤灰混凝土应用技术规范》(GBJ 146)等的规定取值。

(2)检验评定混凝土强度用的混凝土试件的尺寸及强度的尺寸换算系数应按表24-6取用。其标准成型方法、标准养护条件及强度试验方法应符合普通混凝土力学性能试验方法标准的规定。

**混凝土试件尺寸及强度的尺寸换算系数** 表 24-6

| 集料最大粒径(mm) | 试件尺寸(mm × mm × mm) | 强度的尺寸换算系数 |
|---|---|---|
| ≤31.5 | 100 × 100 × 100 | 0.95 |
| ≤40 | 150 × 150 × 150 | 1.00 |
| ≤63 | 200 × 200 × 200 | 1.05 |

注:对强度等级为C60及以上的混凝土试件,其强度的尺寸换算系数可通过试验确定。

(3)结构构件拆模、出池、出厂、吊装、张拉、放张及施工期间临时负荷时的混凝土强度，应根据同条件养护的标准尺寸试件的混凝土强度确定。

(4)当混凝土试件强度评定不合要求时，可采用非破损或局部破损的检测方法，按国家现行有关标准的规定结构构件中的混凝土强度进行测定，并作为处理的依据。

(5)混凝土的冬期施工应符合《建筑工程冬期施工规程》(JGJ 104)和施工技术方案的规定。

## 二、主控项目

1. 原材料

(1)水泥进场时应对其品种、级别、包装或散装仓号、出厂日期等进行检查，并应对其强度、安定性及其他必要的性能指标进行检验，其质量必须符合《硅酸盐水泥、普通硅酸盐水泥》(GB 175)等的规定。

当在使用中对水泥质量有怀疑或水泥出厂超过三个月(快硬硅酸盐水泥超过一个月)时，应进行检验，并按复验结果使用。

钢筋混凝土结构、预应力混凝土结构中，严禁使用含氯化物的水泥。

检查数量：按同一生产厂家、同一等级、同一品种、同一批号且连续进场的水泥，袋装不超过200t为一批，散装不超过500t为一批，每批抽样不少于一次。

检验方法：检查产品合格证、出厂检验报告和进场复验报告。

(2)混凝土中掺用外加剂的质量及应用技术应符合《混凝土外加剂》(GB 8076)、《混凝土外加剂应用技术规范》(GB 50119)等和有关环境保护的规定。

预应力混凝土结构中，严禁使用含氯化物的外加剂。钢筋混凝土结构中，当使用含氯化物的外加剂时，混凝土中氯化物的总含量应符合《混凝土质量控制标准》(GB 50164)的规定。

检查数量：按进场的批次和产品的抽样检验方案确定。

检验方法：检查产品合格证、出厂检验报告和进场复验报告。

(3)混凝土中氯化物和碱的总含量应符合《混凝土结构设计规范》(GB 50010)和设计的要求。

检验方法：检查原材料试验报告和氯化物、碱的总含量计算书。

2. 配合比设计

混凝土应按国家现行标准《普通混凝土配合比设计规程》(JGJ 55)的有关规定，根据混凝土强度等级、耐久性和工作性等要求进行配合比设计。

对有特殊要求的混凝土，其配合比设计尚应符合国家现行有关标准的专门规定。

检验方法：检查配合比设计资料。

3. 混凝土施工

(1)结构混凝土的强度等级必须符合设计要求。用于检查结构构件混凝土强度的试件，应在混凝土的浇筑地点随机抽取。取样与试件留置应符合下列规定：

①每拌制100盘且不超过100$m^3$的同配合比的混凝土，取样不得少于一次。

②每工作班拌制的同一配合比的混凝土不足100盘时，取样不得少于一次。

③当一次连续浇筑超过1 000$m^3$时，同一配合比的混凝土每200$m^3$取样不得少于一次。

④每一楼层、同一配合比的混凝土，取样不得少于一次。

⑤每次取样应至少留置一组标准养护试件，同条件养护试件的留置组数应根据实际需要确定。

检验方法：检查施工记录及试件强度试验报程告。

(2)对有抗渗要求的混凝土结构，其混凝土试件应在浇筑地点随机取样。同一工程、同一配合比的混凝土，取样不应少于一次，留置组数可根据实际需要确定。

检验方法：检查试件抗渗试验报告。

(3)混凝土原材料每盘称量的偏差应符合表24-7的规定。

**原材料每盘称量的允许偏差** 表24-7

| 材料名称 | 允许偏差 | 材料名称 | 允许偏差 |
|---|---|---|---|
| 水泥、掺和料 | ±1% | 水、外加剂 | ±1% |
| 粗、细集料 | ±2% | | |

注：1. 各种衡器应定期校验，每次使用前应进行零点校核，保持计量准确。
2. 当遇雨天或含水率有显著变化时，应增加含水率检测次数，并及时调整水和集料的用量。

检查数量：每工作班抽查不应少于一次。

检验方法：复称。

(4)混凝土运输、浇筑及间歇的全部时间不应超过混凝土的初凝时间。同一施工段的混凝土应连续浇筑，并应在底层混凝土初凝之前将上一层混凝土浇筑完毕。

当底层混凝土初凝后浇筑上一层混凝土时，应按施工技术方案中对施工缝的要求进行处理。

检查数量：全数检查。

检验方法：观察，检查施工记录。

## 三、一般项目

1. 原材料

(1)混凝土中掺用矿物掺和料的质量应符合《用于水泥和混凝土中的粉煤灰》(GB/T 1596)等的规定。矿物掺和料的掺量应通过试验确定。

检查数量：按进场的批次和产品的抽样检验方案确定。

检验方法：检查出厂合格证和进场复验报告。

(2)普通混凝土所用的粗、细集料的质量应符合国家现行标准《普通混凝土用砂石质量及检验方法标准》(JGJ 52)的规定。

检查数量：按进场的批次和产品的抽样检验方案确定。

检验方法：检查进场复验报告。

①混凝土用的粗集料，其最大颗粒粒径不得超过构件截面最小尺寸的1/4，且不得超过钢筋最小净间距的3/4。

②对混凝土实心板，集料的最大粒径不宜超过极厚的1/3，且不得超过40mm。

(3)拌制混凝土宜采用饮用水。当采用其他水源时，水质应符合《混凝土拌和用水标准》(JGJ 63)的规定。

检查数量：同一水源检查不应少于一次。

检验方法:检查水质试验报告。

2. 配合比设计

(1)首次使用的混凝土配合比应进行开盘鉴定,其工作性能应满足设计配合比的要求。开始生产时应至少留置一组标准养护试件,作为验证配合比的依据。

检验方法:检查开盘鉴定资料和试件强度试验报告。

(2)混凝土拌制前,应测定砂、石含水率并根据测试结果调整材料用量,提出施工配合比。

检查数量:每工作班检查一次。

检验方法:检查含水率测试结果和施工配合比通知单。

3. 混凝土施工

(1)施工缝的位置应在混凝土浇筑前按设计要求和施工技术方案确定。施工缝的处理应按施工技术方案执行。

检查数量:全数检查。

检验方法:观察,检查施工记录。

(2)后浇带的留置位置应按设计要求和施工技术方案确定。后浇带混凝土浇筑应按施工技术方案进行。

检查数量:全数检查。

检验方法:观察,检查施工记录。

(3)混凝土浇筑完毕后,应按施工技术方案及时采取有效的养护措施,并应符合下列规定:

①应在浇筑完毕后的12h以内对混凝土加以覆盖并保湿养护。

②混凝土浇水养护的时间:对采用硅酸盐水泥、普通硅酸盐水泥或矿渣硅酸盐水泥拌制的混凝土,不得少于7d;对掺用缓凝型外加剂或有抗渗要求的混凝土,不得少于14d。

③浇水次数应能保持混凝土处于湿润状态,混凝土养护用水应与拌制用水相同。

④采用塑料布覆盖养护的混凝土,其敞露的全部表面应覆盖严密,并应保持塑料布内有凝结水。

⑤混凝土强度达到1.2MPa前,不得在其上踩踏或安装模板及支架。

a. 当日平均气温低于5℃时,不得浇水。

b. 当采用其他品种水泥时,混凝土的养护时间应根据所采用水泥的技术性能确定。

c. 混凝土表面不便浇水或使用塑料布时,宜涂刷养护剂。

d. 对大体积混凝土的养护,应根据气候条件按施工技术方案采取控温措施。

检查数量:全数检查。

检验方法:观察,检查施工记录。

## 第三节　现浇结构分项工程质量验收

现浇结构分项工程以模板、钢筋、预应力、混凝土4个分项工程为依托,是拆除模板后的混凝土结构实物外观质量、几何尺寸检验等一系列技术工作的总称。现浇结构分项工程可按楼层、结构缝或施工段划分检验批。

## 一、一般规定

1. 外观质量的缺陷

(1)现浇结构的外观质量缺陷，应由监理(建设)单位、施工单位等各方根据其对构性能和使用功能影响的严重程度，按表 24-8 确定。

现浇结构外观质量缺陷 表 24-8

<table>
<tr><th>名称</th><th>现 象</th><th colspan="2">严 重 缺 陷</th><th colspan="2">一 般 缺 陷</th></tr>
<tr><td>露筋</td><td>构件内钢筋未被混凝土包裹而外露</td><td colspan="2">纵向受力钢筋有露筋</td><td colspan="2">其他钢筋有少量露筋</td></tr>
<tr><td>蜂窝</td><td>混凝土表面缺少水泥砂浆而形成石子外露</td><td rowspan="6">构件主要受力部位</td><td>有蜂窝</td><td rowspan="6">其他部位有少量</td><td>蜂窝</td></tr>
<tr><td>孔洞</td><td>混凝土中孔穴深度和长度超过保护层厚度</td><td>有孔洞</td><td>孔洞</td></tr>
<tr><td>夹渣</td><td>混凝土中夹有杂物且深度超过保护层厚度</td><td>有夹渣</td><td>夹渣</td></tr>
<tr><td>疏松</td><td>混凝土中局部不密实</td><td>有疏松</td><td>疏松</td></tr>
<tr><td>裂缝</td><td>缝隙从混凝土表面延伸至混凝土内部</td><td>有影响结构性能或使用功能的裂缝</td><td>不影响结构性能或者使用功能的裂缝</td></tr>
<tr><td>连接部位缺陷</td><td>构件连接处混凝土缺陷及连接钢筋、连接件松动</td><td>连接部位有影响结构传力性能的缺陷</td><td>连接部位有基本不影响结构传力性能的缺陷</td></tr>
<tr><td>外形缺陷</td><td>缺棱掉角、棱角不直、翘曲不平、飞边凸肋等</td><td colspan="2">清水混凝土构件有影响使用功能或装饰效果的外形缺陷</td><td colspan="2">其他混凝土构件有不影响使用功能的外形缺陷</td></tr>
<tr><td>外表缺陷</td><td>构件表面麻面、掉皮、起砂、沾污等</td><td colspan="2">具有重要装饰效果的清水混凝土构件有外表缺陷</td><td colspan="2">其他混凝土构件有不影响使用功能的外表缺陷</td></tr>
</table>

(2)现浇结构拆模后，应由监理(建设)单位、施工单位对外观质量和尺寸偏差进行检查，作出记录，并应及时按施工技术方案对缺陷进行处理。

(3)对现浇结构外观质量的验收，采用检查缺陷，并对缺陷的性质和数量加以限制的方法进行。各种缺陷的数量限制可由各地根据实际情况做出具体规定。当外观质量缺陷的严重程度超过规范规定的一般缺陷时，可按严重缺陷处理。对于具有重要装饰效果的清水混凝土，考虑其装饰效果属于主要使用功能，故将其表面外形缺陷、外表缺陷确定为严重缺陷。

2. 外观质量验收

现浇结构拆模后，施工单位应先自检，然后再报监理单位验收。监理单位、施工单位对混凝土外观质量和尺寸偏差进行检查，并做出记录。施工单位应及时按施工技术方案对缺陷进行处理。对一般缺陷的规定如下：

(1)少量露筋，梁、柱非纵向受力钢筋的露筋长度一处不大于 10cm 中，累计不大于 20cm；基础、墙、板、非纵向受力钢筋的露筋长度一处不大于 20cm，累计不大于 40cm。

(2)少量蜂窝，梁、柱上的蜂窝面积一处不大于 $500cm^2$，累计不大于 $1\,000cm^2$；基础、墙、板上蜂窝面积一处不大于 $1\,000cm^2$，累计不大于 $2\,000cm^2$。

(3)少量孔洞,梁、柱上的孔洞面积一处不大于 $10cm^2$,累计不大于 $80cm^2$;基础、墙、板上的孔洞面积一处不大于 $100cm^2$,累计不大于 $200cm^2$。

(4)少量夹渣,夹渣层的深度不大于 5cm;梁、柱上的夹渣层长度一处不大于 5cm,不多于二处;基础、墙、板上的夹渣层长度一处不大于 20cm,不多于二处。

(5)少量疏松,梁、柱上的疏松面积一处不大于 $500cm^2$,累计不大于 $1\ 000cm^2$,基础、墙、板上的疏松面积一处不大于 $1\ 000cm^2$,累计不大于 $2\ 000cm^2$。

## 二、主控项目

1. 外观质量

现浇结构的外观质量不应有严重缺陷。对已经出现的严重缺陷,应由施工单位提出技术处理方案,并经监理(建设)单位认可后进行处理。对经处理的部位,应重新检查验收。

检查数量:全数检查。

检验方法:观察,检查技术处理方案。

2. 尺寸偏差

现浇结构不应有影响结构性能和使用功能的尺寸偏差。混凝土设备基础不应有影响结构性能和设备安装的尺寸偏差。

对超过尺寸允许偏差且影响结构性能和安装、使用功能的部位,应由施工单位提出技术处理方案,并经监理(建设)单位认可后进行处理。对经处理的部位,应重新检查验收。

检查数量:全数检查。

检验方法:量测,检查技术处理方案。

## 三、一般项目

1. 外观质量

现浇结构的外观质量不宜有一般缺陷。

对已经出现的一般缺陷,应由施工单位按技术处理方案进行处理,并重新检查验收。

检查数量:全数检查。

检验方法:观察,检查技术处理方案。

2. 尺寸偏差

现浇结构和混凝土设备基础拆模后的尺寸偏差应符合表 24-9 和表 24-10 的规定。

**现浇结构尺寸允许偏差和检验方法** 表 24-9

<table>
<tr><th colspan="3">项　目</th><th>允许偏差(mm)</th><th>检 验 方 法</th></tr>
<tr><td rowspan="4">轴线位置</td><td colspan="2">基础</td><td>15</td><td rowspan="4">金属直尺检查</td></tr>
<tr><td colspan="2">独立基础</td><td>10</td></tr>
<tr><td colspan="2">墙、柱、梁</td><td>8</td></tr>
<tr><td colspan="2">剪力墙</td><td>5</td></tr>
<tr><td rowspan="3">垂直度</td><td rowspan="2">层高</td><td>≤5m</td><td>8</td><td>经纬仪或吊线、金属直尺检查</td></tr>
<tr><td>>5m</td><td>10</td><td>经纬仪或吊线、金属直尺检查</td></tr>
<tr><td colspan="2">全高(H)</td><td>H/1 000 且≤30</td><td>经纬仪、金属直尺检查</td></tr>
</table>

续上表

| 项　　目 | | 允许偏差(mm) | 检　验　方　法 |
|---|---|---|---|
| 高程 | 层高 | ±10 | 水准仪或拉线、金属直尺检查 |
| | 全高 | ±30 | |
| 截面尺寸 | | +8，-5 | 金属直尺检查 |
| 电梯井 | 井筒长、宽对定位中心线 | ±25,0 | 金属直尺检查 |
| | 井筒全高($H$)垂直度 | $H$/1 000 且≤30 | 经纬仪、金属直尺检查 |
| 表面平整度 | | 8 | 2m 靠尺和塞尺检查 |
| 预埋设施中心线位置 | 预埋件 | 10 | 金属直尺检查 |
| | 预埋螺栓 | 5 | |
| | 预埋管 | 5 | |
| 预留洞中心线位置 | | 15 | 金属直尺检查 |

注：检查轴线、中心线位置时，应沿纵、横两个方向量测，并取其中的较大值。

**混凝土设备基础尺寸允许偏差和检验方法**　　表 24-10

| 项　　目 | | 允许偏差(mm) | 检　验　方　法 |
|---|---|---|---|
| 坐标位置 | | 20 | 金属直尺检查 |
| 不同平面的高程 | | 0，-20 | 水准仪或拉线、金属直尺检查 |
| 平面外形尺寸 | | ±20 | 金属直尺检查 |
| 凸台上平面外形尺寸 | | 0，-20 | 金属直尺检查 |
| 凹穴尺寸 | | ±20,0 | 金属直尺检查 |
| 平面水平度 | 每米 | 5 | 水平尺、塞尺检查 |
| | 全长 | 10 | 水准仪或拉线、金属直尺检查 |
| 垂直度 | 每米 | 5 | 经纬仪或吊线、金属直尺检查 |
| | 全高 | 10 | |
| 预埋地脚螺栓 | 高程(顶部) | ±20,0 | 水准仪或拉线、金属直尺检查 |
| | 中心距 | ±2 | 金属直尺检查 |
| 预埋地脚螺栓孔 | 中心线位置 | 10 | 金属直尺检查 |
| | 深度 | ±20,0 | 金属直尺检查 |
| | 孔垂直度 | 10 | 吊线、金属直尺检查 |
| 预埋活动地脚螺栓锚板 | 高程 | ±20,0 | 水准仪或拉线、金属直尺检查 |
| | 中心线位置 | 5 | 金属直尺检查 |
| | 带槽锚板平整度 | 5 | 金属直尺、塞尺检查 |
| | 带螺纹孔锚板平整度 | 2 | 金属直尺、塞尺检查 |

注：检查坐标、中心线位置时，应沿纵、横两个方向量测，并取其中的较大值。

检查数量：按楼层、结构缝或施工段划分检验批。在同一检验批内，对梁、柱和独立基础，应抽查构件数量的10%，且不少于3件；对墙和板，应按有代表性的自然间抽查10%，且不少于3间；对大空间结构，墙可按相邻轴线间高度5m左右划分检查面，板可按纵、横轴线划分检查面，抽查10%，且均不少于3面；对电梯井，应全数检查。对设备基础，应全数检查。

## 四、结构实体检验

1. 结构实体检验范围、要求及目的

对涉及混凝土结构安全的重要部位应进行结构实体检验。结构实体检验应在监理工程师(建设单位项目专业技术负责人)见证下,由施工项目技术负责人组织实施。承担结构实体检验的试验室应具有相应的资质。

根据国家标准《建筑工程施工质量验收统一标准》(GB 50300)规定的原则,在混凝土结构子分部工程验收前应进行结构实体检验。结构实体检验的范围仅限于涉及安全的柱、墙、梁等结构构件的重要部位。结构实体检验采用由各方参与的见证抽样形式以保证检验结果的公正性。

对结构实体进行检验,并不是在子分部工程验收前的重新检验,而是在相应分项工程验收合格、过程控制使质量得到保证的基础上,对重要项目进行验证性检查。其目的是为了加强混凝土结构的施工质量验收,真实地反映混凝土强度及受力钢筋位置等质量指标,确保结构安全。

2. 结构实体检验的内容

结构实体检验的内容包括混凝土强度、钢筋保护层厚度以及合同约定的项目。必要时可检验其他项目。

考虑目前的检测手段,并控制检验工作量,结构实体检验主要对混凝土强度、重要结构构件的钢筋保护层厚度两个项目进行。当工程合同有约定时,可根据合同确定其他检验项目和相应的检验方法、检验数量、合格条件,但其要求不得低于规范的规定。当有专门要求时,也可以进行其他项目的检验,但应由合同做出相应的规定。

3. 结构实体混凝土强度的检验方法

在混凝土浇筑地点制备并以结构实体同条件养护的试件强度为依据。

对混凝土强度的检验,也可根据合同的约定,采用非破损或局部破损的检测方法,按国家现行有关标准的规定进行。

4. 混凝土强度的合格判定

当同条件养护试件强度的检验结果符合《混凝土强度检验评定标准》(GB/T 50107)的有关规定时,混凝土强度应判为合格。

试验研究和工程调查表明,与结构实体混凝土组成成分、养护条件相同的试件,其强度可作为检验结构实体混凝土强度的依据。规范给出了利用同条件养护试件强度判定结构实体混凝土强度合格与否的一般方法。同条件养护试件强度的判定,仍按《混凝土强度检验评定标准》(GB/T 50107)的有关规定执行。

5. 结构实体检验的问题处理

当未取得同条件养护试件强度、同条件养护试件强度被判为不合格或钢筋保护厚度不满足要求时,应委托具有相应资质等级的检验机构按国家有关标准规定进行检测。

随着检测技术的发展,已有相当多的方法可以检测混凝土强度和钢筋保护层厚度。实际应用时,可根据现行国家有关标准采用回弹法、超声回弹综合法、钻芯法、后装拔出法等检测混凝土强度,可优先选择非破损检测方法,以减少检测工作量,必要时可辅以局部破损检测方法。

当采用局部破损检验方法时，检验完成后应及时修补，以免影响结构性能及使用功能。必要时，可根据实际情况和合同的规定，进行实体的结构性能检验。

## 五、钢筋保护层厚度及检验

1. 钢筋保护层厚度检验的结构部位和构件数量

(1)检验部位的选定。钢筋保护层厚度检验的结构部位，应由监理(建设)、施工等各方根据结构构件的重要性共同选定。

(2)抽样检验数量。对梁类、板类构件，应各抽取构件数量的2%且少于5个构件进行检验；当有悬挑构件时，抽取的构件中悬挑梁类、板类构件所占比例均不宜小于50%。

2. 检验范围

对选定的梁类构件，应对全部纵向受力钢筋的保护层厚度进行检验；对选定的板类构件，应抽取不少于6根纵向钢筋的保护层厚度进行检验。对每根钢筋，应在有代表性的部位测量一点。

对结构实体钢筋保护层厚度的检验，其检验范围主要是钢筋位置可能显著影响结构构件承载力和耐久性的构件和部位，如梁、板类构件的纵向受力钢筋。悬臂构件上部受力钢筋移位可能严重削弱结构构件的承载力，故更应重视对悬臂构件受力钢筋保护层厚度的检验。

“有代表性的部位”是指该处钢筋保护层厚度可能对构件承载或耐久性有显著影响的部位。对梁柱节点等钢筋密集的部位，检验存在困难，在抽取钢筋进行检测时可避开这种部位。

对板类构件，应按有代表性的自然间抽查。对大空间结构的板，可先按纵、横轴线划分检查面，然后抽查。

3. 钢筋保护层厚度的检验方法

可采用非破损或局部破损的方法，也可采用非破损方法或局部破损方法进行校准。当采用非破损方法检验时，所使用的检测仪器应经过计量检验，检测操作应符合相应规程的规定。钢筋保护层厚度检验的检测误差不应大于1mm。

保护层厚度的检验，可根据具体情况，采用保护层厚度测定仪器量测，或局部开槽钻孔测定，但应及时修补。

4. 钢筋保护层厚度的允许偏差

纵向受力钢筋保护厚度的允许偏差，对梁类构件为+10mm或-7mm；对板类构件为+8mm或-5mm。

考虑施工扰动等不利因素的影响，结构实体钢筋保护层厚度检验时，其允许偏差在钢筋安装允许偏差的基础作了适当调整。

5. 验收合格规定

对梁、板类构件纵向受力钢筋的保护层厚度应分别进行验收。结构实体钢筋保护层厚度验收合格应符合下列规定：

(1)当全部钢筋保护层厚度检验的合格点率为90%及以上时，钢筋保护层厚度的检验结果应判为合格。

(2)当全部钢筋保护层厚度检验的合格点率小于90%但不小于80%,可再抽取相同数量的构件进行检验;当按两次抽样总数和计算的合格点率为90%及以上时,钢筋保护层厚度的检验结果仍应判为合格。

(3)每次抽样检验结果中不合格点的最大偏差均不应大于上述4中规定的允许偏差的1.5倍。

## 六、结构实体检验用同条件养护试件强度检验

1. 同条件养护试件的留置方式和取样数量

(1)同条件养护试件所对应的结构构件或部位,应由监理(建设)、施工等各方共同选定。

(2)对混凝土结构工程中的各混凝土强度等级,均应留置同条件养护试件。

(3)同一强度等级的同条件养护试件,其留置的数量应根据混凝土工程量和重要性确定,不宜少于10组,且不应少于3组。

(4)同条件养护试件拆模后,应放置在靠近相应结构构件或结构部位的适当位置,并应采取相同的养护方法。

同条件养护试件应由各方在混凝土浇筑入模处见证取样。同一强度等级的同条件养护试件的留置数量不宜少于10组,以构成按统计方法评定混凝土强度的基本条件;留置数量不应少于3组,是为了按非统计方法评定混凝土强度时,有足够的代表性。

2. 试件的强度试验

同条件养护试件应在达到等效养护龄期时进行强度试验。等效养护龄期应根据同条件养护试件强度与在标准养护条件下28d龄期试件强度相等的原则确定。

同条件养护混凝土试件与结构混凝土的组成成分、养护条件等相同,可较好地反映结构混凝土的强度。由于同条件养护的温度、湿度与标准养护条件存在差异,等效养护龄期并不一定要28d,具体龄期可由试验研究确定。

3. 同条件自然养护试件的等效养护龄期及相应的试件强度

(1)等效养护龄期。等效养护龄期可取日平均温度逐日累计达到600℃时所对应的龄期,0℃及以下的龄期不计入;等效养护龄期不应小于14d,也不宜大于60d。

(2)同条件养护试件的强度代表值。同条件养护试件的强度代表值应根据强度试验结果按《混凝土强度检验评定标准》(GB/T 50107)的规定确定后,乘以折算系数取用;折算系数宜取为1.10,也可根据当地的试验统计结果作适当调整。

试验研究表明,通常条件下,当逐日累计养护温度达到600℃时,由于基本反映了养护温度对混凝土强度增长的影响,同条件养护试件强度与标准养护条件下28d龄期的试件强度之间有较好的对应关系。当气温为0℃及以下时,不考虑混凝土强度的增长,与此对应的养护时间不计入等效养护龄期。当养护龄期小于14d时,混凝土强度尚处于增长期;当养护龄期超过60d时,混凝土强度增长缓慢,故等效养护龄期的范围宜取为14~60d。

结构实体混凝土强度通常低于标准养护条件下的混凝土强度,这主要是由于同条件养护试件养护条件与标准养护条件的差异,包括温度、湿度等条件的差异。同条件养护试件检验时,可将同组试件的强度代表值乘以折算系数1.10,按《混凝土强度检验评定标准》(GB/T 50107)评定。折算系数1.10主要是考虑实际混凝土结构及同条件养护试件可能失水等不利

于强度增长的因素，经试验研究及工程调查而确定的。各地区也可根据当地的试验统计结果对折算系数作适当的调整，但需增大折算系数时应持谨慎态度。

冬期施工、人工加热养护的结构构件的等效养护龄期，可按结构构件的实际养护条件，由监理(建设)、施工等各方根据规范的相关规定共同确定。

在冬期施工条件下，或出于缩短养护期的需要，可对结构构件采取人工加热养护。此时，同条件养护试件的留置方式和取样数量仍按本节1中的规定确定，其等效养护龄期可根据结构构件的实际养护条件和当地实践经验(包括试验研究结果)，由监理(建设)、施工等各方根据本节2中的规定共同确定。

## 第四节　预制构件的质量检验

### 一、一般规定

(1)预制构件应进行结构性能检验，结构性能检验不合格的预制构件不得用于混凝土结构。

装配式结构的结构性能主要取决于预制构件的结构性能和连接质量。因此，应按规范规定对预制构件进行结构性能检验，合格后方能用于工程。

(2)叠合结构中预制构件的叠合面应符合设计要求。预制底部构件与后浇混凝土层的连接质量对叠合结构的受力性能有重要影响，叠合面应按设计要求进行处理。

(3)装配式结构外观质量、尺寸偏差的验收及对缺陷的处理应按对现浇结构分项工程的相应规定执行。

(4)预应力筋张拉机具设备及仪表，应定期维护和校验。张拉设备应配套标定，并配套使用。张拉设备的标定期限不应超过半年。当在使用过程中出现反常现象时或在千斤顶检修后，应重新标定。

(5)在浇筑混凝土之前，应进行预应力隐蔽工程验收，其内容包括：

①预应力筋的品种、规格、数量、位置等。

②预应力筋锚具和连接器的品种、规格、数量、位置等。

③预留孔道的规格、数量、位置、形状及灌浆孔、排气兼泌水管等。

④锚固区局部加强构造等。

### 二、主控项目

(1)预制构件应在明显部位标明生产单位、构件型号、生产日期和质量验收标志。构件上的预埋件、插筋和预留孔洞的规格、位置和数量应符合标准图或设计的要求。

检查数量：全数检查。

检验方法：观察。

(2)预制构件的外观质量不应有严重缺陷、对已经出现的严重缺陷，应按技术处理方案进行处理，并重新检查验收。

检查数量：全数检查。

检查方法：观察，检验技术处理方案。

(3)预制构件不应有影响结构性能和安装、使用功能的尺寸偏差。对超过尺寸允许偏差且影响结构性能的安装、使用功能的部位，应按技术处理方案进行处理，并重新检查验收。

检查数量：全数检查。

检验方法：量测，检查技术处理方案。

## 三、一般项目

(1)预制构件的外观质量不宜有一般缺陷。对已经出现的一般缺陷，应按技术处理方案进行处理，并重新检查验收。

检查数量：全数检查。

检验方法：观察，检查技术处理方案。

(2)预制构件的尺寸偏差应符合表24-11的规定。

检查数量：同一工作班生产的同类型构件，抽查5%且不少于3件。

**预制构件尺寸的允许偏差及检验方法** 表24-11

| 项目 | | 允许偏差(mm) | 检验方法 |
|---|---|---|---|
| 长度 | 板、梁 | +10，-5 | 金属直尺检查 |
| | 柱 | +5，-10 | |
| | 墙板 | ±5 | |
| | 薄腹梁、桁架 | +15，-10 | |
| 宽度、高(厚)度 | 板、梁、柱、墙板、薄腹梁、桁架 | ±5 | 金属直尺量一端及中部，取其中较大值 |
| 侧向弯曲 | 梁、柱、板 | L/750且≤20 | 拉线、金属直尺量最大侧向弯曲处 |
| | 墙板、薄腹梁、桁架 | L/1 000且≤20 | |
| 预埋件 | 中心线位置 | 10 | 金属直尺检查 |
| | 螺栓位置 | 5 | |
| | 螺栓外露长度 | +10，-5 | |
| 预留孔 | 中心线位置 | 5 | 金属直尺检查 |
| 预留洞 | 中心线位置 | 15 | 金属直尺检查 |
| 主筋保护层厚度 | 板 | +5，-3 | 金属直尺或保护层厚度测定仪式量测 |
| | 梁、柱、墙板、薄腹梁、桁架 | +10，-5 | |
| 对角线差 | 板、墙板 | 10 | 金属直尺量两个对角线 |
| 表面平整度 | 板、墙板、柱、梁 | 5 | 2m靠尺和塞尺检查 |
| 预应力构件预留孔道位置 | 梁、墙板、薄腹梁、桁架 | 3 | 金属直尺检查 |
| 翘曲 | 板 | L/750 | 调平尺在两端量测 |
| | 墙板 | L/1 000 | |

注：1. L为构件长度(mm)。

2. 检查中心线、螺栓和孔道位置时，应沿纵、横两个方向量测，并取其中的较大值。

3. 对形状复杂或特殊要求的构件，其尺寸偏差应符合标准图设计的要求。

(3)灌浆用水泥浆的水灰比不应大于0.45，搅拌后3h泌水率不宜大于3%。泌水应能在全部重新被水泥浆吸收。

检查数量：同一配合比检查一次。

检验方法：检查水泥浆性能试验报告。

(4)灌浆用水泥浆的抗压强度不应小于30MPa。抗压强度为一组试件的平均值,当一组实践中抗压强度最大值或最小值与平均值相差超过20%时,应取中间4个试件强度的平均值。

检查数量:工作班留置一组边长为70.7mm的立方体试件。一组试件由6个试件组成,试件应标准养护28d。

## 第五节　混凝土结构工程质量验收与鉴定

### 一、一般规定

1.混凝土强度检验评定依据

结构构件的混凝土强度按《混凝土强度检验评定标准》(GB/T 50107)的规定分批检验说评定。

当混凝土中掺用矿物掺和料时,由于其强度增长较慢,以28d为验收龄期可能不合适,此时可按《粉煤灰混凝土应用技术规范》(GB/T 50146)、《粉煤灰在混凝土和砂浆中应用技术规程》(JGJ 28)等的规定确定验收龄期。

对采用蒸汽法养护的混凝土结构构件,其混凝土试件应先随同结构构件同条件蒸汽养护,再转入标准条件养护共28d。

2.不同试件尺寸的强度换算

检验评定混凝土强度用的混凝土试件的尺寸及强度的尺寸换算系数应按表24-12取用;其标准成型方法、标准养护条件及强度试验方法应符合普通混凝土力学性能试验方法标准规定。

**混凝土试件尺寸及强度的尺寸换算系数**　　表24-12

| 集料最大粒径(mm) | 试件尺寸(mm×mm×mm) | 强度的尺寸换算系数 |
|---|---|---|
| ≤31.5 | 100×100×100 | 0.95 |
| ≤40 | 150×150×150 | 1.00 |
| ≤63 | 200×200×200 | 1.05 |

注:对强度等级为C60及以上的混凝土试件,其强度的尺寸换算系数可通过试验确定。

3.结构构件拆模、出池、吊装时混凝土强度的确定

结构构件拆模、出池、出厂、吊装、张拉、放张及施工期间临时负荷时的混凝土强度,应根据同条件养护的标准尺寸试件的混凝土强度确定。

由于同条件养护试件具有与结构混凝土相同的原材料、配合比和养护条件,能有效代表结构混凝土的实际质量。在施工过程中,根据同条件养护试件的强度来确定结构构件拆模、出池、出厂、吊装、张拉、放张及施工期间临时负荷时的混凝土强度,是行之有效的方法。

4.非正常验收

当混凝土试件强度评定不合格时,可采用非破损或局部破损的检测方法,按现行国家有关标准的规定对结构构件中的混凝土强度进行推定,并作为处理的依据。

当混凝土试件强度评定不合格时,可根据国家现行有关标准采用回弹法、超声回弹综合法、钻芯法、后装拔出法等推定结构的混凝土强度。应指出,通过检测得到的推定强度可作为

判断结构是否需要处理的依据。

5. 混凝土的冬期施工

混凝土的冬期施工应符合国家现行标准《建筑工程冬期施规程》(JGJ 104)和施工技术方案的规定。室外日平均气温连续5d稳定低于5℃时，混凝土分项工程应采取冬期施工措施。

## 二、外观质量与尺寸偏差

详见本章第三节二和三所述。

## 三、混凝土结构子分部工程验收

1. 混凝土结构子分部工程施工质量验收文件和记录

(1)设计变更文件。

(2)原材料出厂合格证和进场复验报告。

(3)钢筋接头的试验报告。

(4)混凝土工程施工记录。

(5)混凝土试件的性能试验报告。

(6)装配式结构预制构件的合格证和安装验收记录。

(7)预应力筋用锚具、连接器的合格证和进场复验报告。

(8)预应力筋安装、张拉及灌浆记录。

(9)隐蔽工程验收记录。

(10)分项工程验收记录。

(11)混凝土结构实体检验记录。

(12)工程的重大质量问题的处理方案和验收记录。

(13)其他必要的文件和记录。

以上列出了混凝土结构子分部工程施工质量验收时应提供的主要文件和记录，反映了从基本的检验批开始，贯彻于整个施工过程的质量控制结果，落实了过程控制的基本原则，是确保工程质量的重要证据。

2. 混凝土结构子分部工程施工质量验收合格标准规定

(1)有关分项工程施工质量验收合格。

(2)应有完整的质量控制资料。

(3)观感质量验收合格。

(4)结构实体检验结果满足规范的要求。

3. 混凝土结构施工质量不符合要求的处理规定

(1)经返工、返修或更换构件、部件的检验批，应重新进行验收。

(2)经有资质的检测单位检测鉴定达到设计要求的检验批应予以验收。

(3)经有资质的检测单位检测鉴定达不到设计要求，但经原设计单位核算并确认仍可满足结构安全和使用功能的检验批，可予以验收。

(4)经返修或加固处理能够满足结构安全使用要求的分项工期，可根据技术处理方案和协商文件进行验收。

4. 文件备案

混凝土结构工程子分部工程施工质量验收合格后,应将所有的验收文件存档备案。

此规定不仅是为了落实在设计使用年限内的责任,而且在有必要进行维护、修理、检测、加固或改变使用功能时,可以提供有效的依据。

## 四、混凝土强度评定

混凝土强度评定详见本书第二十二章第三节。

# 第二十五章　混凝土质量缺陷的防治与修补

在混凝土工程施工中，通常由于对质量重视不够和违反操作规程，造成混凝土结构构件产生各种缺陷，如麻面、孔洞、露筋、缝隙、夹层、裂缝及强度不足等。为确保结构使用寿命与安全，必须采取措施加以修补。

## 第一节　外 部 缺 陷

混凝土质量出现的外部缺陷主要有麻面、蜂窝、露筋、孔洞、裂缝及夹层等。

### 一、麻面

麻面是指混凝土表面上呈现出无数像绿豆般大小的不规则的小凹点，但无钢筋出露的现象，小凹点的直径通常不大于5mm。产生的原因和防治及修补方法列于表25-1。

**混凝土麻面的原因和防治方法**　　表25-1

| 序号 | 原　因 | 预 防 方 法 | 修 补 方 法 |
| --- | --- | --- | --- |
| 1 | 模板表面粗糙、不平滑 | 模板表面应平滑 | 混凝土表面的麻面，对结构无大影响，通常不作处理。如需处理，方法如下：<br>①用稀草酸溶液将该脱模剂油点或污点用毛刷洗净，于修补前用水湿透；<br>②修补用的水泥品种必须与原混凝土一致，砂子为细砂，粒径最大不宜超过1mm；<br>③水泥砂浆配合比为1:2～1:2.5，由于数量不多，可用人工在小灰桶中拌匀，随拌随用；<br>④按照漆工刮腻子的方法，将砂浆用刮刀压入麻点内，随即刮平；<br>⑤修补完成后，即用草帘或草席进行保温养护；<br>⑥表面作粉刷的不可修补 |
| 2 | 浇筑前没有在模板上洒水湿润，或湿润不足；浇筑时混凝土的水分被模板吸去 | 浇筑前，不论是哪种模型，均需浇水湿润，但不得积水 | |
| 3 | 涂在钢模板上的油质脱模剂过厚，液体残留在模板上 | 胶模剂涂擦要均匀，模板有凹陷时，注意将积水拭干 | |
| 4 | 使用旧模板，板面残浆未清理，或清理不彻底 | 旧模板残浆必须清理干净。在拆模时即拆即清，较易清理 | |
| 5 | 新拌混凝土浇筑入模后，停留时间过长，振捣时已有部分凝结 | 新拌混凝土必须按水泥或外加剂的性质，在初凝前振捣 | |
| 6 | 混凝土不严密振捣或振捣不足，气泡未完全排出，有部分留在模板表面 | 应按第三章第五节“人工捣固”的要求，将气泡排出 | |
| 7 | 模板拼缝漏浆，构件表面浆少，或成为凹点，或成为若断若续的凹线 | 浇筑前先检查模板拼缝，对可能漏浆的缝，设法封嵌 | |
| 8 | 振捣后未很好养护 | 按第三章第七节所述方法加强养护 | |

### 二、蜂窝

蜂窝是指混凝土表面无水泥浆，形成数量或多或少的窟窿，大小如蜂窝，形状不规则，集料间有空隙，石子出露深度大于5mm，深度不露主筋。混凝土蜂窝产生的原因和防治的措施及修补方法列于表25-2。

混凝土蜂窝产生的原因和防治方法　　表 25-2

| 序号 | 原　因 | 预 防 方 法 | 修 补 方 法 |
|---|---|---|---|
| 1 | 配合比设计不准确,砂浆少,石子多 | 配合比设计的砂率不宜少 | 如系小蜂窝,应按以下方法修补:<br>①将修补部分的软弱部分凿去,用高压水及钢丝刷将基层冲洗干净;<br>②修补用的水泥应与原混凝土的一致;砂子用中粗砂;<br>③水泥砂浆的配合比为1:2或1:3,应搅拌均匀;<br>④按照抹灰的操作方法,用抹子将砂浆压入蜂窝内,刮平;在棱角部位用靠尺将棱角取直;<br>⑤修补完成后即用草帘或草席进行保湿养护。<br>较大蜂窝的修补方法:<br>应凿去蜂窝处薄弱松散部分及突出集料颗粒,用钢丝刷或压力水洗刷干净后,支模,用细石混凝土(比原强度高一级)仔细填塞捣实,修补完后同样用草帘等进行保湿养护。<br>较深蜂窝的修补方法:<br>清除困难并影响承载力时,可埋压浆管、排水管,表面抹砂浆或浇筑混凝土封闭后,进行水泥压浆处理(见本章第一节七“防水工程补漏”) |
| 2 | 搅拌用水过少 | 用水量如少于表 1-44 的标准,应掺用减水剂;<br>计量器具应定期检查 | |
| 3 | 混凝土搅拌时间不足,新拌混凝土未拌匀造成砂子与石子分离 | 搅拌时间应足够;<br>防止传动皮带打滑,降低搅拌速度 | |
| 4 | 运输工具漏浆或运输时或浇筑时发生离析 | 注意运输工具完好性,防止漏浆;<br>按图 25-11 ~ 图 25-14 操作 | |
| 5 | 浇筑时正铲投料,人为造成离析 | 严格实行反铲投料 | |
| 6 | 浇筑混凝土没有采用带浆法下料或赶浆法捣固 | 严格执行带浆法下料和赶浆法捣固,注意混凝土密实的 5 点表现(见第三章五节“人工捣固”所述) | |
| 7 | 模板缝隙不严,水泥浆流失,加之振捣过度 | 浇筑前必须检查和嵌填模板拼缝,并浇水润湿;<br>浇筑过程中,有专人巡视模板质量情况 | |
| 8 | 钢筋较密,使用的混凝土坍落度过小 | 选择配合比时应选取适宜的坍落度;<br>采用加焊刀片的插入式振捣器振动;<br>斜插振捣棒振动 | |
| 9 | 基础、柱、墙根部下层台阶未留间隙就继续灌上层混凝土,根部砂浆从下部漏出 | 注意按操作要求施工 | |
| 10 | 深基础等工程下料未使用串桶,石子、砂浆分离 | 按图 4-4 操作 | |
| 11 | 使用干硬性泥土,但振捣不足 | 捣振工具的性能必须与混凝土的工作相适应,参阅本章第一节五 | |

## 三、露筋

露筋是指主筋没有被混凝土包裹而外露,或在混凝土孔洞中露出钢筋的缺陷。露筋属于严重的质量事故,其产生原因和预防及修补方法如表 25-3 所示。

混凝土露筋的原因和防治方法　　表 25-3

| 序号 | 原　因 | 预 防 方 法 | 修 补 方 法 |
|---|---|---|---|
| 1 | 漏放保护层垫块或垫块位移,钢筋紧贴模板,致使保护层厚度不够 | 浇筑混凝土前应检查垫块情况 | 表面露筋:用钢丝刷或压力水洗刷干净后,在表面抹1:2或1:2.5 水泥砂浆,使充满露筋部分,再抹平;<br>露筋较准安:凿去薄弱混凝土和突出集料颗粒,洗刷干净后,用比原强度高一级的细石混凝土填塞并压实 |
| 2 | 保护层外的混凝土漏振或振捣不密实 | 严格按操作要求振捣密实 | |
| 3 | 模板湿润不够,吸水过多造成掉角 | 做好模板湿润程度的检查 | |

## 四、孔洞

孔洞是指混凝土结构内存在着空隙,局部或全部的没有混凝土,或混凝土表面有超过保护层厚度,但不超过截面尺寸1/3的缺陷。孔洞亦属严重的质量事故。蜂窝现象较为严重时,就发展成孔洞。其原因和防治及修补方法如表25-4所示。

**混凝土孔洞的原因和防治方法** 表25-4

<table>
<tr><th>序号</th><th>原 因</th><th>预 防 方 法</th><th>修 补 方 法</th></tr>
<tr><td>1</td><td>浇筑混凝土时投料距离过于高远,又没有采取防止离析的有效措施</td><td>浇筑高度不宜超过2m;<br>参照表25-10～表25-16的浇灌方法</td><td rowspan="6">①将混凝土孔洞周围的疏混凝土及浆膜凿除,如图25-1a)上部向外上斜,下部方正水平;<br>②用高压水及钢丝刷将基层冲洗干净;修补前用湿麻袋或湿棉纱头填满,使旧混凝土内表面充分湿润;<br>③水灰比可控制在0.5以内;<br>④修补用的水泥品种应与原混凝土的一致,细石混凝土强度等级应比原等级高一级;<br>⑤如条件许可,可用喷射混凝土修补;<br>⑥通常是按图25-1b)安装模板及浇筑;<br>⑦为减小新旧混凝土之间的孔隙,混凝土可加微量膨胀剂;<br>⑧浇筑时,外部应比修补部位稍高;<br>⑨修补部分达到构件设计强度时,将外面凿平;<br>⑩分层捣实以免新旧混凝土接触面上出现裂缝</td></tr>
<tr><td>2</td><td>搅拌机卸料人吊斗或小车时,或运输过程中有离析,运至现场未重新搅拌</td><td>参照图25-11～图25-14的方法;<br>浇筑前检查吊斗或小车内混凝土有无离析</td></tr>
<tr><td>3</td><td>钢筋较密集,粗集料被卡在钢筋上,加上振捣不足或漏振</td><td>搅拌站要按配合比规定的规格使用粗集料;<br>若为较大构件,振捣时专人在模板外用木敲打,协助振捣;<br>构件的节点、柱的牛腿、桩尖或桩顶、有抗剪筋的吊环等处钢筋较密,应特别注意捣实</td></tr>
<tr><td>4</td><td>采用干硬性混凝土而又振捣不足</td><td>加强振捣;<br>模板四周,用人工协助捣实;如为预制构件,在钢模周边用抹子插捣</td></tr>
<tr><td>5</td><td>混凝土捣空,砂浆严重分离,石子成堆,砂石和水泥分离</td><td>对捣固作业加强指导、检查</td></tr>
<tr><td>6</td><td>混凝土受冻,泥块、杂物掺入</td><td>采限防冻措施,防止泥块、杂物掺入</td></tr>
</table>

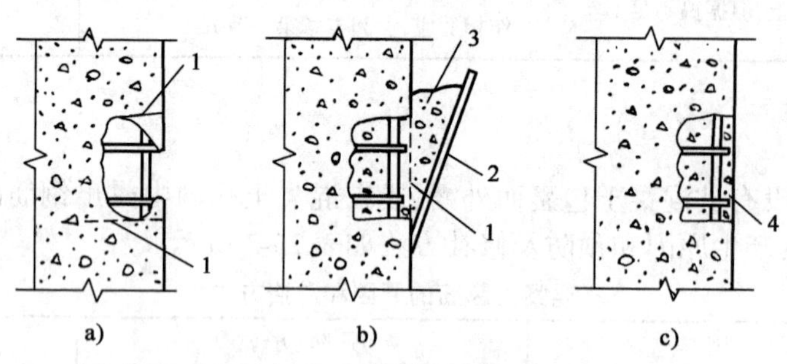


图25-1 混凝土外部空洞的修补

a)空洞;b)模板及浇筑;c)凿除

1-旧混凝土凿除线;2-模板;3-掺微量膨胀剂的混凝土;4-待新浇混凝土达到设计强度后凿平

## 五、裂缝

裂缝有在施工过程中出现,也有在承受荷载后出现的。在施工过程中出现裂缝的原因及预防方法如表25-5所示。裂缝的修补方法(适用于施工中和承受荷载后出现的裂缝),如

表25-6所示。

混凝土裂缝的产生原因及预防方法　　表25-5

| 序号 | 原　因 | 预 防 方 法 |
| --- | --- | --- |
| 1 | 混凝土养护不及时,因曝晒或风大,水分蒸发过快,出现的塑性收缩裂缝 | ①成型后立即进行覆盖养护;<br>②表面要求光滑,可采用架空措施进行覆盖养护 |
| 2 | 混凝土塑性过大,成型后发生沉陷不均,出现的塑性沉陷裂缝 | ①配合比设计时,水灰比不宜过大;<br>②搅拌时,严格控制用水量 |
| 3 | 配合比设计不当引起的干缩裂缝 | 水灰比不宜过大,水泥用量不宜过多,灰集比不宜过大 |
| 4 | 集料级配不良,又未及时养护引起的干缩裂缝 | 集料级配中,细颗粒不宜偏多,注意及时养护 |
| 5 | 混凝土浇筑后,模板就形或沉陷,构件在制作过程中或拆模时受到剧烈振动 | ①浇筑过程应有专人检查模板及支撑;<br>②拆模时,尤其是使用吊车拆大模析时,必须按规程顺序进行,不能强拆 |
| 6 | 构件进行堆放、搬运、安装时支承点、吊点位置不当,或受到碰撞,或构件反放; | 在技术人员的指导下选择支承点和吊点位,不得碰撞或将构件反放 |
| 7 | 钢筋被踩踏、错位 | 采取直接防止钢筋被踩踏措施 |
| 8 | 外荷载直接应力过大 | 减小外荷载直接应力 |
| 9 | 结构次应力(按常规理论计算与实际出入,如桁架节点、吊车梁端头、薄壳边缘效应、预应力构件放张)较大 | 理论计算一定要符合实际情况 |
| 10 | 结构变形(温度、湿度变化,混凝土收缩、膨胀、徐变,地基不均匀沉降) | 可将裂缝处用压缩空气或钢丝刷吹(或刷)干净表面油污,用丙酮或甲苯去垢 |

混凝土裂缝的修补方法　　表25-6

| 裂缝种类 | 修 补 方 法 |
| --- | --- |
| 微细裂缝(宽度小于0.5mm) | ①用注射器将环氧树脂溶液黏结剂或甲凝溶液黏结剂注入裂缝内(黏结剂配制方法见表25-7);<br>②注射时宜在干燥、有阳光的环境下进行,裂缝部位应干燥,可用喷灯或电风筒吹干,在缝内湿气逸出后进行;<br>③注射时,从裂缝的下端开始,针头应插入缝内,缓慢注入;使黏结剂在缝内向上填充,缝内空气向上逸出 |
| 浅裂缝(沉度小于10mm) | ①顺裂缝走向用小凿刀将裂缝外部扩凿成V形,宽约5~6mm,沉度等于原裂缝;<br>②用毛刷将V形槽内颗粒及粉尘清除,用喷灯或电风筒吹干;<br>③用漆工刮刀或抹灰工小抹刀将环氧树脂胶泥(配制方法见表25-7)压填在V形槽上,反复搓动,务使紧密黏结;<br>④缝面按需要做成与构件面齐平,或稍为突出成弧形 |
| 深裂缝 | 将微细裂缝和浅裂缝两种措施合并使用,如图25-2所示:<br>①先将裂缝面凿成V形槽,深约5~10mm;<br>②按上述方法进行清理、吹干;<br>③先用微细裂缝的修补方法向深缝内注入环氧或甲凝黏结剂,填补深裂缝;<br>④上部开凿的槽坑按浅裂缝补方法压填环氧胶泥黏结剂;<br>⑤如需防水,可以在裂缝面上做一层或三层做法的环氧树脂玻璃布防水层 |

续上表

| 裂缝种类 | 修补方法 |
|---|---|
| 外荷载引起裂缝 | 钢筋应力较高(缝宽0.2mm时应力可达180~250MPa),影响结构的强度和刚度,应作加固处理。可对板加厚,对梁在梁一侧或两侧加大截面,作钢筋混凝土围套,或围以钢板套箍再抹钢丝网水泥砂将封闭 |
| 结构变形变化引起裂缝 | 温度、湿度变化、收缩、徐变等结构变形变化引起的裂缝,使构件中应力松弛,对承载能力无多大影响,可采用水泥砂浆抹面、涂防腐蚀涂料、环氧胶泥等进行表面封闭 |
| 有整体结构、防水和防渗要求的结构裂缝 | 应根据裂缝宽度采用水泥压力灌浆或化学注浆(环氧浆液、甲凝、丙凝、氰凝等)方法进行裂缝修补,或表面封闭与注浆同时使用 |

注:混凝土修补后,砂浆或混凝土表面应根据气温情况,适当浇水或覆盖养护,以保证强度发展和新老混凝土的结合。

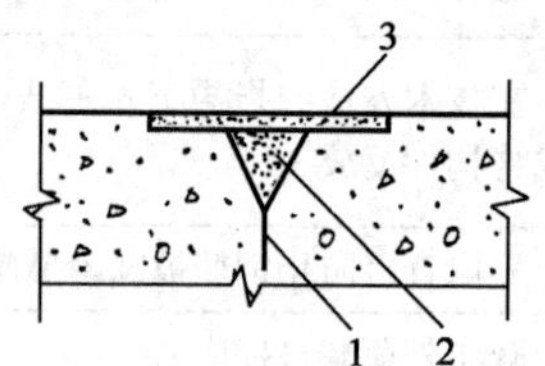


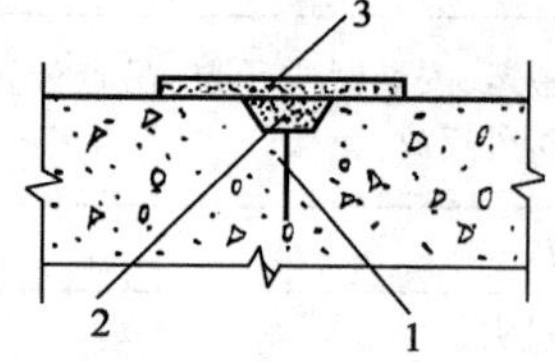


图25-2　深裂缝的修补

1-低稠度、无填充料环氧树脂黏结剂;2-环氧胶泥;3-环氧树脂玻璃布(一布或三层做法)

**填补混凝土裂缝的黏结剂的配制方法**　　表25-7

| 黏结剂名称 | 配合比 | | 配制方法 |
|---|---|---|---|
| | 材料名称 | 质量比(%) | |
| 环氧黏结液 | E型环氧树脂 | 100 | ①先用稀释剂(丙酮或二甲苯)将环氧树脂稀释成能注射的溶液;<br>②使用前方可加入固化剂(乙二胺);<br>③黏结剂的结硬时间与固化剂的用量与气温有关,可通过试验决定;可按进度用量分批配制 |
| | 丙酮或二甲苯 | 1~10 | |
| | 乙二胺 | 6~10 | |
| | E型环氧树脂 | 100 | ①先用稀释剂稀释环氧树脂,均匀后再加入填充料(水泥或石英粉),拌成胶泥;<br>②使用前加入固化剂,拌匀;<br>③一次配制不宜过多,按第30~40min的需要量配制,以免固化失效 |
| | 丙酮或二甲苯 | 1~10 | |
| | 乙二胺 | 6~10 | |
| | 水泥或石英粉 | 150~250 | |
| 甲凝黏结液 | 甲基丙烯酸甲酯 | 100 | ①甲基丙烯酸甲酯、醋酸乙烯、对甲苯亚磺酸宜选用新出厂的产品,如出厂期过久,应在使用前提纯;<br>②其混合顺序按配合比序号进行,在灌缝、注射前方可加入促凝剂N,N′-二甲基苯胺;<br>③甲凝黏结剂在10℃~15℃温度下,固化时间为4~6h |
| | 醋酸乙稀 | 18 | |
| | 过氧化二甲苯酰 | 1.5 | |
| | 对甲苯亚磺酸盐 | 1.0 | |
| | N,N′-二甲基苯胺 | 1.0 | |

## 六、缝隙及夹层

缝隙及夹层是指整体性的混凝土内成层存在松散混凝土层及夹杂物,将结构分隔成几个不相联结的部位,直接影响混凝土结构的强度,危害较大。产生的原因和防治及修补方法如表25-8所示。

**混凝土缝隙及夹层的产生原因和防治方法** 表 25-8

| 序号 | 原　因 | 预防方法 | 修补方法 |
|---|---|---|---|
| 1 | 施工缝停置过久,没有按规定清除茬口杂物 | 施工缝不宜停置过久;如过久,应将接茬口凿至全部裸露新茬;<br>参照表 3-21 的规定处理施工缝 | ①如夹层较小,缝隙不大,可先将夹杂物清出,按表 25-6 的方法处理;<br>②如夹层较大,应先做好必要的支撑,清除各种荷载,安装好模板,将该部位混凝土及夹层凿除;视其性质,如属孔洞类,则按图 25-1 的方法处理,如属深裂缝,则按图 25-2 的方法处理,或在表面封闭后进行压浆处理(见本章第一节七"防水工程补漏"部分) |
| 2 | 浇筑混凝土施工缝,留茬或接茬时捣固不足 | 留茬、接茬的捣固工作,必须按规程先捣固距茬口 200 ~ 300mm 的部位,然后捣固接缝处;<br>清理旧茬口软弱部位时,清除工作宁多勿少,软弱部分尽量清掉 | |
| 3 | 浇筑大面积楼板或其他构筑物,要停歇时被其他工种的杂物(木屑、锯末、焊屑、泥沙)掺入,继续浇筑时未作处理 | 停歇后继续继筑,虽未超出施工缝停歇时间,亦应参照施工缝的要求进行检查 | |
| 4 | 出现砂子窝未及时处理 | 出现砂子窝应及时处理 | |
| 5 | 混凝土浇筑高度过大,未设串桶,溜槽 | 应来取防止离析的措施 | |
| 6 | 底层交接处未灌接缝砂浆层 | 按要求灌接缝砂浆层 | |

## 七、防水工程补漏

防水混凝土结构出现孔洞、裂缝等缺陷,不仅影响混凝土结构的强度、耐久性等,还影响结构的漏水或渗水等质量问题。因此,对防水混凝土结构,还必须做好防渗漏处理。

防水工程补漏,按使用补漏方法和修补材料的不同,分为刚性防水补漏、压力灌浆补漏及防水卷材贴面法补漏 3 种。使用的材料有水泥砂浆(或混凝土)、防水砂浆、化学浆液、沥青、卷材等。堵漏时,可根据结构使用要求,漏水情况及严重程度、工地材料、设备条件等,因工程制宜,采用单一或综合的方法。

1. 刚性防水补漏

刚性防水补漏适于一般地下结构,如地下室、储水池、基础坑、沟道等的孔洞修补、较宽裂缝漏水及大面积渗漏水;具有方法简单、修补快速、补漏效果好、适应性强等优点。

补漏前,应先查清渗漏的原因及部位,漏水情形(孔洞还是裂缝漏水)和水压大小,然后根据不同情况,采取不同的方法进行修补。补漏的一般原则是:逐级把大漏变小漏,片漏变孔漏,使漏水集中于一点或数点,最后堵塞点漏。

1)孔洞漏水的处理

对一般孔洞漏水,可先将漏水处的松散部分及污物清除,并洗刷干净。用防水剂拌制的速凝水泥胶浆,捏成与孔洞大小接近的锥形小团,待其将凝固之际,迅速用力堵塞于孔眼处,并向孔壁四周挤压,使与孔壁紧密结合,当孔洞与水压较大时,可凿到基础垫层,在其底铺碎石,上盖一层油毡,中间开一小孔,然后将胶皮管插入小孔中,用胶浆或干硬性混凝土将管四周封严,使漏水集中于胶皮管流出,如图 25-3a)所示。待胶浆(混凝土)达到一定强度后,再将胶皮管拔出,按上述方法堵塞胶皮管留下的孔眼。

2)裂缝漏水的处理

对一般裂缝漏水,应先将裂缝部位剔成"八"字形边坡的沟槽,深约 30mm,宽约 15mm,冲刷干净后,将水泥胶浆捻成条形,待胶浆要凝固时,迅速堵于沟槽中并挤压密实。裂缝漏水的水压较大时,可按图25-3c)所示进行。在凿开裂缝的沟底上嵌一小绳,绳长15~20cm;裂缝较长时,则分段进行,段间留2cm空隙。把将凝固的胶浆堵压于放绳的沟槽内,并迅速压实,然后抽出小绳再压实一次,使漏水顺绳孔于溢流口流出。按此法堵完整段裂缝,最后再按孔洞漏水堵塞预留的溢流口。

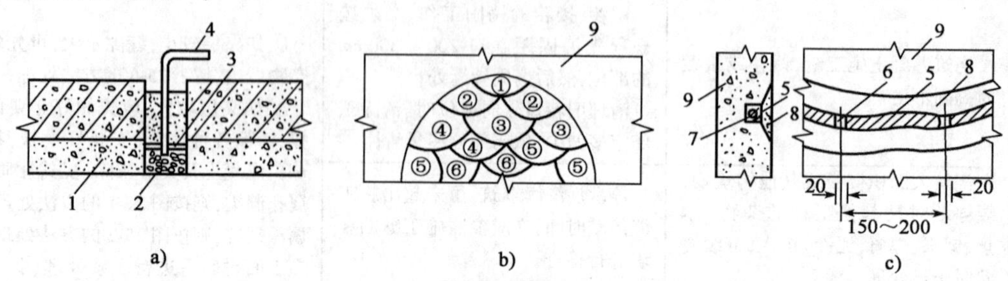


图25-3　孔洞及裂缝漏水修补方法(mm)

a)下管堵洞法;b)逐块堵洞法;c)下线补漏法

1-原垫层;2-碎石层;3-油毡一层;4-胶皮管;5-填水泥胶浆;6-预留溢流口;7-绳孔;8-素灰、水泥砂浆各一层;9-墙面;①、②、…、⑥-堵塞顺序

孔洞和裂缝漏水堵塞完后,宜在表面加抹一层水泥净浆和一层砂浆保护。当渗漏面积较大时,在堵完孔洞和裂缝漏水后,还应将整个结构表面凿毛、洗净、湿润,采用刚性防水层作法,进行全面处理,或在结构物净空允许情况下,在内部表面浇捣一层6~10cm厚的细石防水混凝土内套,伸缩缝处设橡胶(或塑料)伸缩片。当处于有利地形条件时,亦可采用降水法或排水法作为补漏的辅助措施。

3)速凝水泥胶浆的配制

可用表25-9所列各种防水剂掺入水泥砂浆(或混凝土)中配成。工地常用的为硅酸钠类防水剂(即通常所称二矾、三矾、四矾、五矾防水剂),它是以水玻璃为主要成分,加入各种矾配制面成,有成品出售价。硅酸钠类防水剂原材料组成和配合比见表25-10。现场配制时,先将水加热到100℃,然后将表25-10所列矾剂按比例倒入水中继续加热,不断搅拌,待全部溶化后,冷却至30℃~40℃,再将该溶液倒入已量好的水玻璃中搅拌均匀,0.5h后即可使用。配好的防水剂相对密度为1.5左右,不用时应密闭封存,置于阴凉处,以免水分蒸发。配制时要戴口罩、手套,以防中毒。根据天津市建筑材料科学研究所试验结果,采用二矾配制的防腐水砂浆,与三矾、四矾、五矾配制的防水砂浆比较,其性能无多大区别,故当材料不齐时,亦可采用二矾防水剂,代替三矾、四矾和五矾防水剂使用。

**常用防水剂性能、用途**　　表25-9

| 名　称 | 性　能 | 用　途 | 出厂价(元/kg) | 产　地 |
|---|---|---|---|---|
| 新建牌防水剂(又名硅酸钠防水剂、防水药水) | 系硅酸钠类防水剂,为绿色液体,相对密度为1.36,与水泥拌和能迅速凝结形成胶膜,阻止外来水浸入和制止漏水外冒 | 适用于水池、水塔、油库、地下室、屋面和各种砖与混凝土结构的防水和堵漏 | 0.16 | 天津新建防水剂厂 |
| 防水浆 | 具有速凝、密实、早强、耐压、防水、抗渗、抗冻等作用 | 配制防水砂浆和混凝土,用于屋面、地下室、水池、水塔等工程的防水及修补 | 1.40 | 上海油毡厂 |

续上表

| 名　称 | 性　能 | 用　途 | 出厂价（元/kg） | 产　地 |
|---|---|---|---|---|
| 避水浆 | 系几种金属皂配制而成的乳白色浆状液体，掺入水泥后生成不溶性物质，堵塞其毛细孔道，或形成憎水薄膜，提高不透水性 | 适用于工业或民用建筑屋面、地下室、水池、水塔等的防水抹面或配成防水混凝土 | 0.35 | 上海油毡厂 |
| 红星牌Q型防水剂（又名速凝剂） | 系绿色油状液体，具有速凝作用，使砂浆紧密结合，堵塞毛细孔道和外来水浸入 | 适用于水池、水塔、油库、地下室、桥梁、堤坝、屋面等工程防水 | 0.45 | 湖南邵阳红星化工厂 |
| 氯化铁防水剂 | 深棕色液体，呈酸性，相对密度不小于1.30，掺入水泥拌和物中能增加密实性，提高强度、抗渗、抗油、抗冻、抗腐，并对水泥有促凝作用，能降低泌水性，改善和易性 | 配制防水砂浆和混凝土，用于地下室、水池、水塔、设备基础等刚性防水，及地下和潮湿环境下砖与混凝土结构的防水 | 0.33 | 山东济南向阳化工二厂 |
| 防水粉 | 与水泥混合凝结在一起形成坚韧而有弹性的物质，封闭水泥孔隙和毛细通路，阻止水渗透，并有一定耐酸碱作用 | 配制防水砂浆与混凝土，用于屋面、地下工程、桥梁、水池、水塔等防水工程 | 0.60 | 河北吴桥县防水粉化工厂 |
| 有机硅建筑防水剂 | 防水（潮）剂中含有极性基团，与水泥（或石灰）砂浆水化后生成的氢氧化钙相互吸附化合，在砂浆孔隙中形成阻碍水分渗透的憎水薄膜，起到阻水作用 | 掺入砂浆、灰浆、混凝土中作防水剂 | 2.00 | 天津油漆厂 |
| 2号有机硅防潮剂 | | | 8.60 | 上海树脂厂等 |

水泥胶浆配制时，先将硅酸钠类防水剂与水按60:40（质量比）配成促凝剂水溶液，然后将该溶液倒入42.5级普通水泥中搅拌均匀（水泥:防水剂溶液 = 1:0.5 ~ 1:1.0）即可使用。根据试验，此胶浆开始凝结时间为25 ~ 45s，允许操作时间为25 ~ 40s。配制防水砂浆时，防水剂加入量为水泥质量的3%。

**硅酸钠类防水剂原材料组成和配合比**（质量计）　　表25-10

| 材料名称 | 硅酸钠（水玻璃）$Na_2SiO_3$ | 硫酸铝钾（明矾）$KAl(SO_4)_2$ | 硫酸铜（胆矾、蓝矾）$CuSO_4 \cdot 5H_2O$ | 硫酸亚铁（绿矾）$FeSO_4 \cdot 7H_2O$ | 重铬酸钾（红矾钾）$K_2Cr_2O_7 \cdot 2H_2O$ | 硫酸铬钾（铬钾矾、紫矾）$KCr(SO_4)_2 \cdot 12H_2O$ | 水 $H_2O$ |
|---|---|---|---|---|---|---|---|
| 五矾防水剂 | 400 | 1 | 1 | 1 | 1 | 1 | 60 |
| 四矾防水剂 | 720 | 5 | 5 | 1 | 1 | | 400 |
| 四矾防水剂 | 360 | 2.5 | 2.5 | 1 | 0.5 | | 200 |
| 四矾防水剂 | 400 | 1.25 | 1.25 | 1.25 | | 1.25 | 60 |
| 四矾防水剂 | 400 | 1 | 1 | | 1 | 1 | 60 |
| 四矾防水剂 | 400 | 1 | | 1 | 1 | 1 | 60 |
| 三矾防水剂 | 400 | 1.66 | 1.66 | 1.66 | | | 60 |
| 二矾防水剂 | 400 | | 1 | | 1 | | 60 |
| 二矾防水剂 | 442 | | 2.87 | | 1 | | 221 |
| 颜色 | 无色 | 白色 | 水蓝色 | 蓝绿色 | 橙红色 | 深柴红色 | 无色 |

注：硫酸铜、重路酸钾均用三级化学试剂，水玻璃相对密度为1.63。

2. 压力灌浆补漏

1)水泥(或水玻璃水泥浆)压力灌浆补漏

水泥(或水玻璃水泥浆)压力灌浆补漏适用于一般地下结构修补较深较大的孔洞及裂缝宽度大于0.5mm的裂缝漏水。具有施工操作和使用材料简单,补漏效果好,黏结强度高,对结构可兼起补强作用等优点。

补漏前先查明漏水位部分,将易于脱落的混凝土清除,用水或压缩空气冲洗缝隙或用钢丝刷仔细刷洗,务必把料屑石渣清理干净,然后保持潮湿。清理基础时必须使地下水或地表水降低至灌浆处高程以下,并保持该水位至浇筑后24h。每个孔洞都要凿成斜形,避免有死角,以便浇筑混凝土(图25-4)。然后根据漏水量,在漏水部位凿孔眼,用1:2.5水泥砂浆或高于原设计强度一级的混凝土固定必须数量的排水(气)管及浇筑管,并封闭管口四周,使水流集中于排水管排出。当沿裂缝漏水时,应沿裂缝铺设排水间层(砾石间层或绳索间层等)或用镀锌铁皮作排水暗沟,然后在排水间层中固定灌注管,排水间层外面再用高强快硬的砂浆或混凝土封闭。

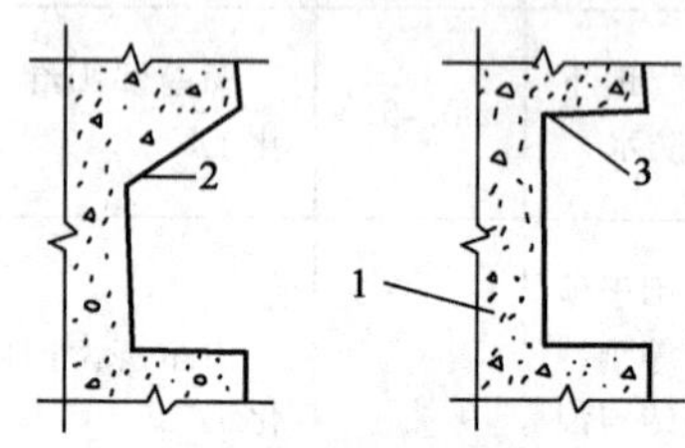

图25-4　孔洞开凿形式

1-构件剖面;2-孔洞处凿成斜形;3-死角

浇筑管距离根据混凝土(或砌体)内孔洞大小情况确定,一般为0.5~1.5m;埋入深度根据结构厚度及时裂缝渗透程度而定,厚度为5~50cm时,应超过裂缝20cm。浇筑管一般使用直径19~25mm的短管,遇强渗漏水时,则采用直径50~75mm的钢管。

当水流全部被浇筑管截取,管周及裂缝封闭砂浆具有足够的强度时,一般在补填的混凝土凝结2d(即相当于强度1.2~1.8MPa后),即可开始用砂浆输送泵压浆。压浆次序应先内后外,自下往上地逐渐进行,以利于灰浆处内往外,自下往上流动,避免缝内空气被灰浆堵住。操作时,先开泵压到规定值,然后停泵,让灰浆慢慢渗入,待表压下降到一定数值(一般为0.1~0.2MPa)时,二次开泵升压到规定值,如此往返进行,直至压力稳定在规定的压浆值,不再下降时为止。当压力撤除,漏水和渗水现象完全消除,即认为该处浇筑完毕,可移至下一管孔进行压注。压浆完毕2~3d后割除管子,剩余的管孔以砂浆填补。

压浆设备可用手压泵或电动压浆泵、空气压缩机等。压浆时使用的压力,取决于缺陷程度、种类、加固部位的多孔性和结构厚度。位于地下水位以下的结构,使用压力应超过静水压力,可高至0.6~0.8MPa;较薄的(15~20cm以下)板壁使用压力不宜超过0.3~0.4MPa;对梁、柱及其他混凝土结构灌浆时,压力一般可取0.4~0.6MPa;对易变形的砖石结构,则为0.1~0.3MPa。

灌浆用的水泥浆,水灰比可用2:1,1:1,0.75:1;0.5:1等,水泥用不低于42.5级普通水泥。当孔隙较大时,可在水泥浆中掺入适量细砂或其他惰性材料。水泥浆在浇筑时应经常搅拌。浇筑水玻璃水泥浆的配合比为1:1.15,1:1.5等。水玻璃相对密度为1.15。

2)环氧树脂注浆补漏

环氧注浆方法可用于各种结构(包括有振动、高温、腐蚀性介质作用的结构)修补0.1mm以上的裂缝,除此,还可用于混凝土结构补强加固和黏结断裂构件,具有不受结构形状限制、黏结强度高、质量可靠、施工工艺简单、成本较低等优点。但本法只适用于修补干燥裂缝,不能直接用于补漏。

(1)注浆原材料要求及配合比

环氧注浆材料是由6101号(E-44)环境树脂、邻苯二甲酸二丁酯、二甲苯、乙二胺及粉料等在冷状态下配制面成。施工参考配合比见表25-11。配制时可将环氧树脂、邻苯甲酸二丁酯、二甲苯按比例称量,放置在一容器内,于20℃~40℃条件下混合均匀后加入乙二胺,再搅拌均匀即可使用,配制量以1h内使用毕为宜。

**环氧树脂胶泥、浆液施工配合比及技术性能** 表25-11

| 配合比(质量计) | | | | | 硬化时间(h) | 与混凝土黏结力(MPa) | 抗拉强度(MPa) | 备注 |
|---|---|---|---|---|---|---|---|---|
| 环氧树脂 | 邻苯二甲酸二丁酯 | 二甲苯(或丙酮) | 乙二胺 | 粉料 | | | | |
| 100 | 10 | — | 10~12 | 50~100 | 12~24 | 27~50 | 50 | 嵌缝,固定注浆嘴 |
| 100 | 10 | 30~40 | 8~12 | 25~45 | 12~24 | — | — | 涂面和粘贴玻璃布用 |
| 100 | 20 | — | 14~15 | 100~150 | — | — | — | 抹面胶泥 |
| 100 | 10 | 40~60 | 8 | — | — | — | — | 注射或毛笔涂刷浆液 |
| 100 | 10 | 40~50 | 8~12 | — | 12~24 | 27~30 | 50 | 注浆用浆液 |

注:环氧树脂是主剂,邻苯二甲酸二丁酯为增塑剂,二甲苯为稀释剂(用量视缝宽大小),乙二胺为固化剂(乙二胺用量可视环境温度和施工操作具体情况增减)。

(2)注浆工具设备的选用

修补工具可根据裂缝宽度大小,选用毛笔、注射器、刮刀或压力灌浆泵。一般缝宽1.5~2mm时,用注射器浇筑较为方便;较宽裂缝宜用刮刀填塞胶泥;修补微细裂缝,则用毛笔涂刷较好;当渗漏面积较大时,宜用环氧胶泥涂抹表面的方法:当裂缝较细、较深、结构本身需补强时,则应采用压力灌浆泵注浆方法。

(3)表面处理

补漏前,应将混凝土裂缝处用压缩空气或钢丝刷吹(或刷)干净,表面油污用丙酮或甲苯擦去。较宽裂缝宜凿成"⊔"形凹槽,然后进行充分干燥。对潮湿裂缝应抽水降低地面水位后,再进行自然干燥或用喷灯烘烤。

(4)布注浆嘴

注浆前,沿裂缝长用环氧腻子固定注浆嘴,注浆嘴用$\phi12$薄壁钢管制成,一端带细丝扣连以活接头。注浆嘴间距(一般垂直缝或斜缝)为40~50cm;水平缝为20~30cm,纵横交错处及端部均应设置,贯通缝则在两面交错设置。裂缝表面应刮环氧腻子或涂环氧树脂进行封闭,宽度一般为10~15cm。待腻子或浆液凝固后,通风试气,观察通顺情况,气压保持0.2~0.4MPa,在封闭带及注浆嘴四周涂肥皂检查,如出现泡沫,表示漏气,应再次封闭。

(5)注浆

注浆(灌浆)设备包括空气压缩机、注浆罐、注浆嘴、阀门等。环氧注浆工艺流程见图25-5,操作工序见图25-6。

①表面处理。用钢丝刷将混凝土表面的灰尘、浮渣及散层仔细清除,严重者用丙酮擦洗,使裂缝处保持干净。

②布嘴。嘴子应选择裂缝实宽处进行黏合。嘴子之间的距离,应视裂缝大小、结构形式而定,一般为30~60cm,水平裂缝则可适当缩小。裂缝纵横交错时,交叉处必须加设嘴子;裂缝的端部均应设嘴子;贯通缝也必须在两面设嘴子,且交错进行。

③封闭。工序见图25-7,环氧腻子配方见表25-12。

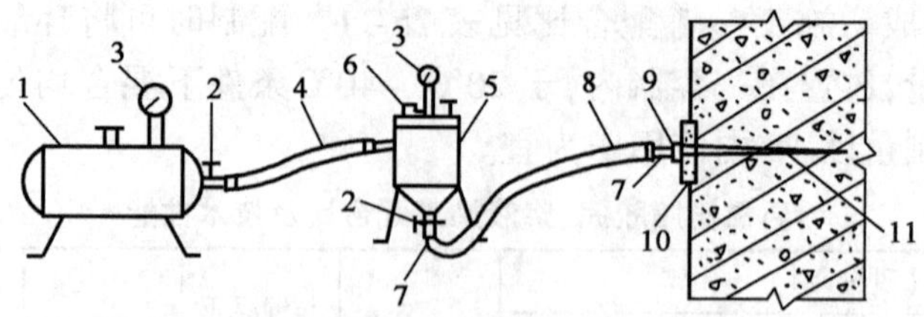


图 25-5　环氧注浆设备及工艺

1-空气压缩机；2-阀门；3-压力表；4-高压风管；5-注浆罐；6-进浆罐口；7-活接头；8-高压塑料透明管；9-注浆嘴；10-环氧封闭带；11-混凝土结构裂缝

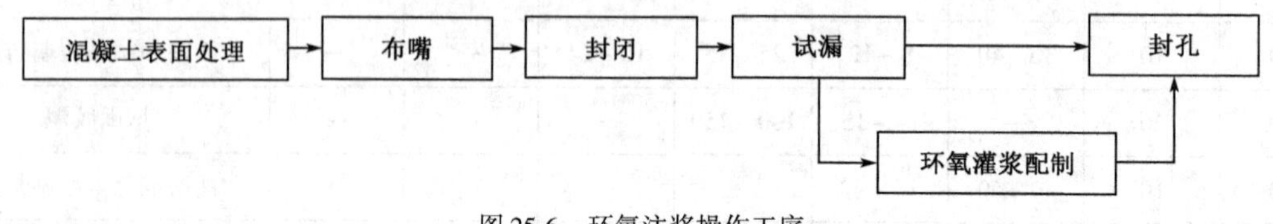


图 25-6　环氧注浆操作工序

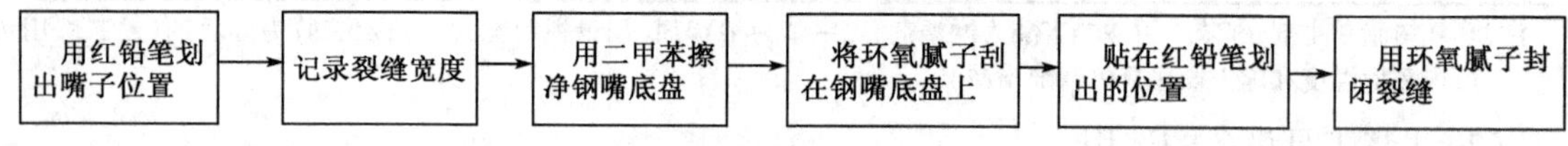


图 25-7　封闭

**布嘴和封闭用环氧腻子配方**　　表 25-12

| 材料名称 | 规格 | 质量比 |
|---|---|---|
| 环氧树脂 | 6101 | 100 |
| 邻苯二甲酸二酯 | 工业 | 30 |
| 乙二胺 | 试剂 | 8～10 |
| 滑石粉或水泥 | — | 300～350 |

④试漏。环氧腻子干固后（20℃气温时约 36h）进行试漏防止跑浆，见图 25-8。

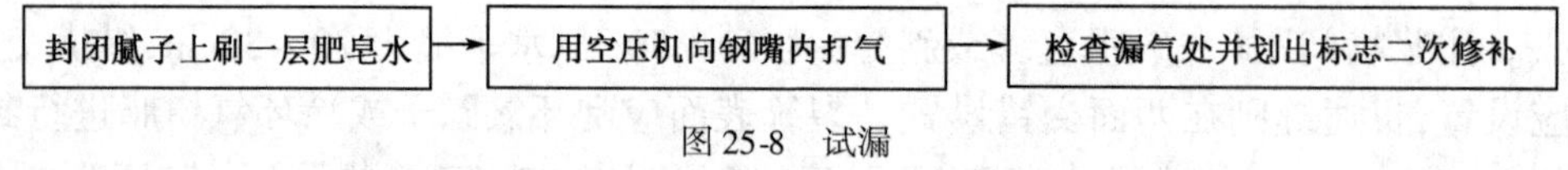


图 25-8　试漏

（6）注浆与封闭

注浆时，先将配好的注浆液倒入罐内，旋紧罐口，将活接头接在浆嘴上，开动空气压缩机调至适当压力（一般 0.2～0.5MPa），打开阀门，压缩空气即将浆液压入缝中，经过 3～4min，待浆液从邻近注浆嘴冒出后，即可用木塞将第一个注浆嘴封闭，然后按同样操作方法，依次灌注第二、第三…直到最后一个。浇筑次序：竖缝由下而上，横缝为由一端向另一端进行，为做到连续注浆，应预配适量不加硬化剂的浆液，随注浆随加入乙二胺，拌匀随时使用。注浆压力，对一般较宽的缝宜用 0.15～0.25MPa，细缝宜用 0.3～0.4MPa，注浆完毕应应及时用压缩空气将压浆罐和注浆中残留的浆液吹净，并以丙酮冲洗管路及使用工具，环氧黏补剂在常温（20℃～25℃）经 24h 即可硬化，注浆嘴在浆液硬化约 12～24h 后，打下来可以再用，见图 25-9。

混凝土裂缝注浆后，一般经过 7d 龄期方可使用。

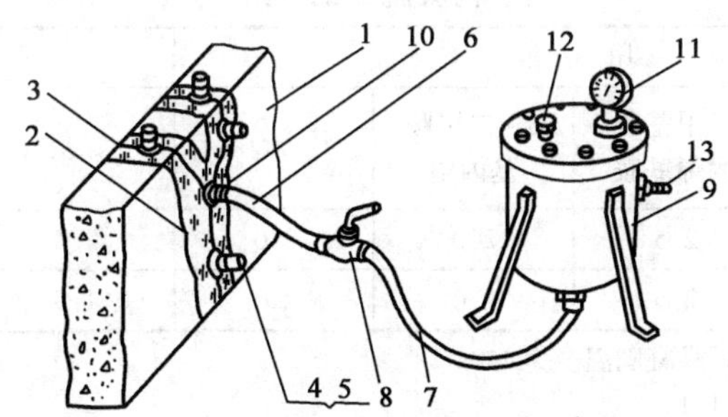

图 25-9　注(灌)浆操作示意图

1-混凝土构件;2-裂缝;3-封闭层;4-钢嘴;5-水塞;6-有机透明管;7-高压胶管;8-钢芯截门;9-压浆罐;10-绑扎铁丝;11-空气压力表;12-进料杯;13-气嘴

3)丙凝化学注浆补漏

丙凝化学注浆适用于泵房、水坝、水池、隧道、岩基等工程堵水、补漏、防渗。它是以丙烯酰胺为主剂的4种化学材料,按一定的配合比加水配成甲、乙两种组分,分别用两种等量容器同时等压等量喷射混合的方法,合成丙凝浆液,注入补漏部位。这种注浆材料的特点是:①将液点度低(几乎与水相同),渗透性好,能注入0.1mm以下的细裂缝中,可在水压和十分潮湿情况下凝聚;②凝结时间可随配比准确地控制在数秒或几小时内,可在水速大,水量大的情况下迅速凝结;③抗渗性好,丙凝胶的抗渗系数为 $2\times10^{-10}$cm/s,几乎是不透水的,凝胶形成后在水中稍微膨胀(膨胀率为5%~8%),干缩后遇水还可膨胀,能长期确保良好的堵水性能;④丙凝胶不溶于水、煤油、汽油和苯等有机溶剂,能耐酸、碱、细菌的侵蚀,亦不受大气条件的影响;⑤具有一定的强度和较好的弹性和可变性。

(1)注浆原材料要求

丙凝化学注浆材料性能及特征见表25-13。施工参考配合比见表25-14。丙凝注浆工艺及设备见图25-10。

**丙凝化学材料性能及特征**　　表25-13

| 液别 | 名　称 | 分　子　式 | 作　用 | 外　观 | 储存与使用须知 |
|---|---|---|---|---|---|
| 甲液材料 | 丙烯酰胺 | $CH_2{=}CHC(=O)NH_2$（原图：$CH_2{=}CHC$，上接 O，下接 $2NH_2$） | 主剂 | 白色或浅黄色鳞状结晶 | 易吸潮,易聚合于30℃以下,干燥阴凉地方可长期储存 |
| | 二甲基双丙烯酰胺 | $H_2C(NHC(=O)CH=CH_2)_2$ | 交联剂 | 白色粉末 | 在干燥阴凉处可长期储存 |
| | β-二甲胺基丙腈 | $(CH_3)NCH_2CH_2CN$ | 还原剂 | 无色透明或淡黄色液体 | 在干燥阴凉处可长期储存,稍有腐蚀性 |
| 乙液材料 | 过硫酸铵 | $(CH_4)_2S_2O_8$ | 氧化剂 | 白色粉末 | 易吸潮,易分解,在干燥阴凉处储存 |

**丙凝施工配合比** 表25-14

| 项次 | 甲液 | | | | 乙液 | | 凝结时间(min) |
|---|---|---|---|---|---|---|---|
| | 丙烯酰胺 | 二甲基双丙烯酰胺 | β-二甲胺基丙腈 | 水 | 过硫酸铵 | 水 | |
| 1 | 47 | 2.5 | 2.0 | 220 | 2.0 | 220 | 3 |
| 2 | 47 | 2.5 | 2.0 | 220 | 1.5 | 220 | 5 |

注:1. 配制环境温度为23℃,丙凝凝固温度为45℃。
2. 甲液与乙液混合比例为1:1。
3. 丙凝胶抗压强度为10~60kPa;抗拉强度为20~40kPa。
4. 抗压极限变形30%~50%;抗拉极限变形20%~40%。

配合比的选择与施工温度、凝固时间等因素有关,施工前应先进行试配,以选定适合施工环境及需要的凝固时间。

促进丙凝胶凝结快的措施有:①加氨水,使水的pH值大于3;②用三乙醇胺代替β-二甲胺基丙腈,但三乙醇胺用量不大于2.5%;③提高水温到40℃左右;④加大过硫酸铵用量,但不大于1%。

使丙凝胶延缓凝结的措施有:①加铁氰化钾(掺量在万分之几即可);②降低水温;③β-二甲胺基丙腈用量减少,但应不少于0.6%;④减少过硫酸铵用量(但最少不应少于0.5%左右)。

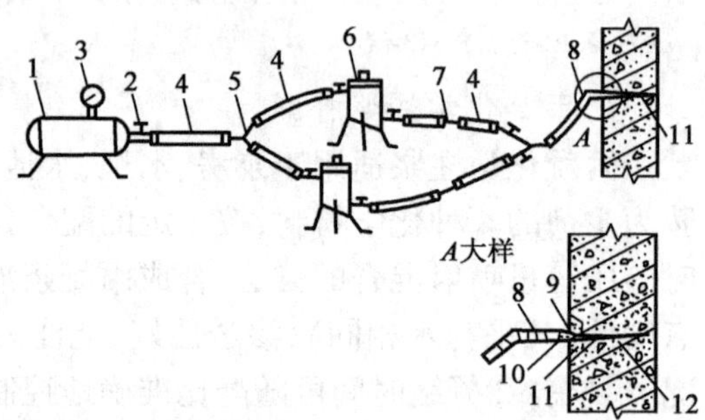

图25-10 丙凝注浆工艺及设备

1-空气压缩机;2-阀门;3-压力表;4-高压风管(可用$\phi 8$氧气带);5-三通;6-密闭储浆罐;7-连接管;8-高压塑料透明管;9-注浆嘴;10-活接头;11-环氧树脂封闭裂缝;12-混凝土裂缝

一般配成10%的丙凝溶液作为标准溶液,应用时视具体情况,可作适当调整,其变化范围为7%~15%。

(2)丙凝浆液的配制

甲液系将称好的丙烯酰胺、二甲基双丙烯酰胺、β-二甲胺基丙腈,加水搅拌均匀即成。乙液系将称好的过硫酸铵加水搅拌均匀即成。

(3)注浆方法

丙凝注浆前,对裂缝漏水部位的处理及注浆嘴的埋设要求与环氧树脂注浆相同。

丙凝注浆工艺流程见图25-10。注浆时,先把配好的甲、乙两液等量分别倒入甲、乙两储浆罐内,旋紧罐口,将活接头接在注浆嘴上,开动空气压缩机,压缩空气即进入密闭储浆罐,对甲乙两液加压,打开储浆罐阀门,压缩空气即将甲乙两液同时等量随输液管送到混合管,通过注浆嘴压入缝内。注浆压力一般为50~200kPa,可根据浆液入缝流动情况随时调整。

丙凝注浆的缺点是材料来源较为困难。近年有利用丙凝水溶液配制丙凝水泥浆、水泥砂浆或混凝土进行堵漏,大大增加丙凝胶的强度(抗压强度可达8~10MPa),并且仍能保持丙凝的基本特性,成本亦可大大降低。

4)甲凝化学注浆补漏

甲凝化学注浆材料是以甲基丙烯酸甲酯为主体加入增塑剂、亲水剂、引发剂、促凝剂和除氧剂等配制而成。甲凝黏度比水还略低,表面张力为$23\times10^{-5}$MPa,等于水的1/3,有良好的渗透性,能浇筑0.03mm的混凝土细裂缝。同时胶结牢固,与构件黏结强度较高,并能任意控制凝结时间,在几分钟至数小时内聚合成坚硬稳固的凝胶。甲凝具有对光和许多化学试剂的稳定性,耐老化、耐冲击,能抗水、抗酸和碱的侵蚀。适用于裂缝补强和岩石地基灌浆工作,甲凝结水,不宜直接用于堵漏止水或在十分潮湿的情况下使用。

甲凝浆液组成的材料要求和施工参考配合比见表25-15。甲凝的力学性能见表25-16。

**甲凝注浆材料的组成与配合比** 表25-15

| 材料名称 | 作用 | 状态 | 配合比 | | | | | |
|---|---|---|---|---|---|---|---|---|
| | | | 1号 | 2号 | 3号 | 4号 | 5号 | 6号 |
| 甲基丙烯酸甲酯 | 主剂 | 无色液体 | 100 | 100 | 100 | 100 | 100 | 100 |
| 甲基丙烯酸丁酯(或醋酸乙烯) | 增塑剂 | — | 25(10~20) | 30 | 25 | — | — | — |
| 乙酸乙烯酯 | 增塑剂 | — | — | — | — | — | 15 | |
| 丙烯腈 | 增塑剂 | 无色液体 | — | — | — | 15 | — | 15 |
| 甲基丙烯酸 | 亲水剂 | 无色液体 | 0~20 | — | — | 3.0 | 0.5 | 3.0 |
| 过氧化二苯甲酰 | 引发剂 | 白色细晶粒 | 1~1.5 | 1.2 | 1.0 | 1.5 | 1.0 | 1.54 |
| 二甲基苯胺 | 促凝剂 | 无色油状液体 | 0.5~2.0 | 1.2 | 0.5~1.0 | 1.5 | 0.5 | 1.0 |
| 对甲苯亚磺酸 | 抗氧剂 | 白色结晶 | 1.0 | 1.2 | 0.5 | 0.5 | 0.5 | — |
| 焦性没食子酸 | 缓凝剂 | — | 0~0.1 | — | — | — | — | — |
| 水杨酸 | 解热剂 | 白色粉末 | — | 1.0 | 1.0 | — | 1.0 | 1.0 |
| 铁氰化钾 | 抑制剂 | 赤褐色粉末 | — | — | — | 0.3 | 0.03 | |

注:1.配合比中材料如为固体,以质量(g)计,如为液体,以体积(mL)计。

2.促凝剂、抗氧剂、缓凝剂用量可根据需要的适用期调整。

3.丙烯腈可用邻苯二甲酸二丁酯代替,二甲基苯胺可用二乙基苯胺代替。

**甲凝注浆材料的主要技术性能** 表25-16

| 抗压强度(MPa) | 抗拉强度(MPa) | 弯曲强度(MPa) | 与混凝土黏结的抗拉强度(MPa) | | 与混凝土黏结的抗剪强度(MPa) | 灌入湿裂缝中的抗拉强度(MPa) | 灌入湿裂缝中的抗剪强度(MPa) | 耐化学性 |
|---|---|---|---|---|---|---|---|---|
| | | | 7d | 28d | | | | |
| 63.5~120 | 21~70 | 80~140 | 1~1.5 | 2~3 | 3.5 | 2 | 3.3 | 耐酸耐碱耐汽油等 |

注:有水的裂缝表面附着一层淤泥,经风干后黏结抗拉强度为0.4MPa

甲凝浆液的配制方法为:先量取甲基丙烯酸甲酯、甲基丙烯酸丁酯、甲其丙烯酸,加入过氧化二苯甲酰,对甲苯亚磺酸和焦性没食子酸,待完全溶解后,再加入二甲基苯胺。

甲凝浆液的适用时间随温度升高而缩短,当10℃以下时,可灌注60~90min;10℃以上时,适用时间缩短。放入适量焦性没食子酸作缓凝剂,可延长甲凝的适用时间;同时控制促凝剂及缓凝剂用量,也可控制浆液的适用期。

注浆嘴埋设及裂缝漏水部位的处理与环氧树脂注浆相同。缺乏设备时,亦可用兽医用的注射器代替手压泵灌注。

5)氰凝化学注浆补漏

氰凝(又称聚氨酯防水材料)的主要成分是低分子量聚氨酯。它是以过量的多异氰酸酯(常用的有甲苯二异氰酸酯TDI或二苯甲烷二异氰酸酯MDI)与聚醚树脂产生反应的产物,通常称为预聚体(其技术性能见表25-17)。预聚体再同增塑体、溶剂、催化剂、表面活性剂、泡沫稳定剂、填充剂等配制成氰凝浆液。这种注浆材料的特点是:①当浆液没有同水接触时,不发生化学反应,是稳定的,可较长时间在密封情况下保存;②聚合速度快,遇水后立即反应,黏度逐渐增大,生成不溶于水的凝结体,由于水是反应的组成部分,注浆时浆液不会被水冲淡或流失;③浆液遇水反应时,放出二氧化碳气体,使浆液膨胀,向四周参透扩散,产生二次渗透现象,比其他化学浆液有较大的渗透半径和凝固体积比,凝胶有较高的抗压强度,堵水效果显著;④单液灌浆,设备简单,使用方便。因此氰凝是目前国内外新发展的效率较高的灌浆补漏材料之一,广泛用于地下工程,如地下室、隧道、地下铁道、大坝、蓄水池、油井等的防水补漏和建筑物的地基加固、土壤稳定等方面。

**氰凝注浆材料各种预聚体的技术性能** 表25-17

| 性 能 | MN-69 | TN-46 | TN-47 | TN-52 | TN-53 |
|---|---|---|---|---|---|
| 外观 | 棕黑色半透明液体 | 棕红色透明液体 | 黄色透明液体 | 淡黄色透明液体 | 黄色透明液体 |
| 相对密度 | 1.088～1.125 | 1.051～1.112 | 1.045～1.110 | 1.057～1.125 | 1.036～1.086 |
| 黏度($10^{-3}$Pa·s) | 100～800 | 10～100 | 6～30 | 6～50 | 12～76 |
| 凝胶时间 | 几分～几十分 | 几秒～十几分 | 几秒～十几分 | 几秒～十几分 | 几秒～十几分 |
| 固结砂时膨胀比 | 1～6 | 6～9 | 6～9 | 6～9 | 6～9 |
| 固结砂的抗拉强度(MPa) | 6～8 | — | 3～4 | 3～4 | 5～6 |
| 固结物的抗渗性(MPa) | >0.4 | >0.9 | >0.9 | >0.9 | — |

氰凝浆液原材料组成和配合比见表25-18。

**氰凝浆液施工配合比** 表25-18

| 材料名称 | 作用 | 规格 | 质量比 | 材料名称 | 作用 | 规格 | 质量比 |
|---|---|---|---|---|---|---|---|
| 预聚体 | 主剂 | MN-69号 | 100 | 邻苯二甲酸二丁酯 | 增塑剂 | 工业 | 10 |
| 硅油 | 泡沫稳定剂 | 201-50号 | 1 | 丙酮 | 稀释剂 | 工业 | 5～20 |
| 吐温 | 乳化剂 | 80号 | 1 | 三乙胺 | 催化剂 | 试剂 | 0.7～3 |

注:1. 预聚体由甲苯二异氰酸酯TDI与聚醚树脂按1:1～1:4的比例反应而成。

2. 如凝结太快,可加入少量的对甲苯磺酰氯作为缓凝剂。

3. 丙酮加入量视裂缝大小而定,用量多可灌性提高,浆液强度降低。

4. 三乙胺加入量视需胶凝时间而定,用量多,胶凝时间缩短。

氰凝浆液配制时,先将甲苯二异氰酸酯(TDI)或二苯基甲烷二异氰酸酯(MDI)和邻苯二甲酸二丁酯先后加到带有液封的三口瓶中,在剧烈搅拌情况下,慢慢加入聚醚(放热反应),继续搅拌,反应温度控制在40℃～50℃,定时取样分析NCO含量,当NCO百分含量的分析值接近或达到终点理论值时(反应时间约2～6h,MDI系统较慢,约7～8h)即为聚合,然后降温出料。所得预聚体保存于密封干燥的容器中。静置24h后,再按表25-18的次序,分别称量,投入容器内(最后加入催化剂)搅拌均匀即成。灌浆时可直接使用,配制好的浆液应避免与水接触。

注浆工艺与环氧树脂基本相同。注浆嘴间距为1m左右,混凝土表面涂刷两遍预聚体作封闭层,埋管(或浆嘴)用水玻璃拌1:2水泥砂浆进行稳固和封闭,对于大股涌水,在涌水口一侧上方打深孔布嘴。把水从钻孔中引出,然后在下方钻孔布注浆嘴。灌浆控制压力一般应大于地下水压力。

3. 防水卷材贴面法补漏

防水卷材贴面法适用于修补一般屋面和地下结构卷材防水层的局部渗漏水。目前工程中常用的中、高档防水卷材有石油沥青纸胎油毡(简称油毡)、油纸;聚乙烯防水卷材和橡胶三元乙丙防水卷材等。防水卷材贴面法补漏一般是找出漏水部位,将该部分卷材分层去掉,再逐层补贴卷材,见图25-11a),最后再加贴1～2层油毡盖住。对屋面卷材防水层,因气泡破裂漏水,可将气泡处呈十字形割开,清除污物后,再用热沥青胶黏牢,在上面加贴1~2层油毡盖住。一般地下结构物孔洞渗漏水,宜在迎水部位挖开,表面清理干净后抹面,再分层铺贴油毡。对结构物裂缝或伸缩缝漏水,可在裂缝外壁沿裂缝加铺卷材防水层,如图25-11b)所示。在地下结构物内部净空允许的情况下,亦可在结构物内部加铺聚氯乙烯防水卷材或石油沥青油纸防水层,再作混凝土或半砖(外抹面)保护墙。铺贴防水层时,均应保持干燥状态。卷材边部要用沥青胶黏牢封严,不得有张口或空隙。

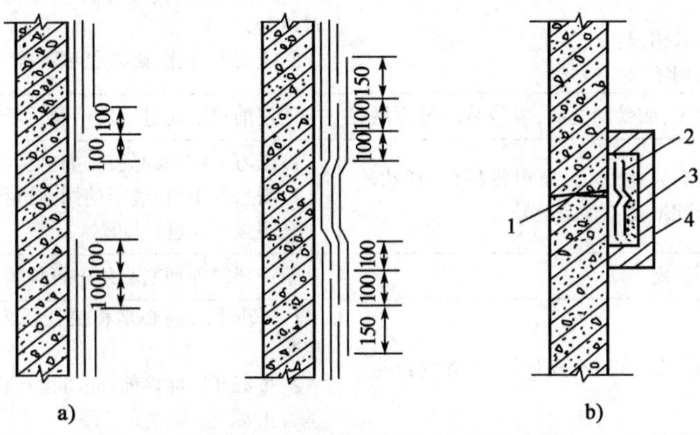


图25-11 结构外壁(平面)卷材贴面补漏(mm)

1-裂缝或伸缩缝;2-贴沥青玻璃布或再生橡胶油毡;3-沥青麻丝;4-砖保护墙,外部黏土回填夯实

## 第二节 内部缺陷

混凝土质量的内部缺陷主要有空鼓或石窝、强度不足等。

### 一、空鼓或石窝

空鼓通常出现在预埋钢板的下面;石窝大多出现在大体积混凝土工程。通常是在拆模板、在清理软弱部位或进行钻孔检查时发现。其原因和防治及修补方法如表25-19所示。

混凝土空鼓或石窝的原因及防治方法　　表25-19

| 序号 | 原　因 | 预 防 方 法 | 修 补 方 法 |
|---|---|---|---|
| 1 | 浇灌预埋钢板混凝土时,钢板底部未饱满,形成空鼓 | 如预埋钢板不大,浇筑时用钢棒将混凝土尽量压入钢板底部,浇筑后用敲击法检查;<br>如预埋钢板较大,可在钢板上开几个小孔排除空气,亦可作观察孔 | 在板外挖小槽坑,将混凝土压入,直至饱满、无空鼓声为止;<br>如钢板较大或估计空鼓较严重,可在钢板上钻孔,按二次灌浆法将混凝土压入 |
| 2 | 用皮带机、斜槽浇筑混凝土,末端没有串筒或挡板,用人工浇筑,没有反铲下料 | 参照图25-11~图25-14的正确方法操作;<br>人工操作应坚持反铲下料 | 严重时应会同设计部门共同处理;<br>按本章第一节七"压力灌浆法将混凝土压入"部分 |

### 二、强度不足

混凝土强度不足是质量上的大问题。判定强度不足应反复检验,除按立方体试件外,还可进行回弹仪检验,或割取试块检验。整体现浇结构的处理方法必须由设计部门决定。通常有

3 种处理方法：一是强度等级欠量不大，可以先降级使用，待龄期较长，混凝土强度发展后，再按原标准使用；二是强度等级相差较大，在结构上采取加强措施；三是发现较早、影响较大的，应推倒重来。强度不足的原因及预防措施见表 25-20，预制构件可进行结构性能强度检验。

**混凝土强度不足的原因及预防措施** 表 25-20

| 序号 | 原 因 | 预 防 措 施 |
|---|---|---|
| 1 | 砂石、水泥等未作严格鉴定，影响了配合比设计的正确性；<br>配合比设计计算错误；<br>套用配合比选用不当 | 1. 凡混凝土配合比设计，原材料必须符合质量标准，并经过试配；<br>2. 施工配合比，必须经试验确定 |
| 2 | 水泥出厂期过长，或受潮变质，或袋装质量不足 | 使用前对水泥进行质量及重量的检查 |
| 3 | 使用过程中集料发生变化，如粗集料针、片状较多，粗、细集料级配不良或含泥量较多 | 1. 已习惯使用的集料，如能保持质量的，可不检验；<br>2. 新品种集料，应于使用前进行检验；<br>3. 粗集料应进行筛洗 |
| 4 | 外加剂质量不稳定 | 新进场的外加剂必须进行检验、试配，与基准混凝土对比 |
| 5 | 搅拌机内残浆过多，或传动皮带打滑，影响转速 | 1. 每班下班前必须将搅拌机内外用水冲洗干净，机内无积浆；<br>2. 每班开始搅拌前，先将搅拌机空转一次，检查传动系统是否正常 |
| 6 | 搅拌时间不足或搅拌时颠倒加料顺序 | 1. 提高操作人员责任感；<br>2. 有条件的采用稠度控制仪等自动控制装置 |
| 7 | 用水量过大，或砂、石含水率未调整，或水箱定量器失灵 | 同序号 6 |
| 8 | 秤具或秤量斗损坏，不准确，或以质量折合体积比 | 1. 保持秤具及秤量斗的清洁；<br>2. 除定期检查秤具外，搅拌工亦应在暂停生产空隙进行检查；<br>3. 发现使用体积比变化后应及时纠正 |
| 9 | 运输工具漏浆，或经过运输后严重离析 | 1. 上班时应先检查运输工具；<br>2. 运输道路尽量平整，降低运输工具的振动性 |
| 10 | 振捣不够密实 | 振捣时要达到第三章第五节“人工捣固”的要求 |
| 11 | 试件制作不符合要求 | 按规定制作试件 |
| 12 | 试件未进行标准养护 | 试件应分标准养护和同条件养护两种 |
| 13 | 检验设备不准确 | 1. 检验设备应定期校检；<br>2. 检验人员应按检验规程操作 |
| 14 | 养护不良 | 对混凝土必须要求进行妥善养护 |

# 参 考 文 献

[1] 杨伯科. 混凝土实用新技术手册[M]. 长春:吉林科学技术出版社,1998.

[2] 李继业,刘福胜. 新型混凝土实用技术手册[M]. 北京:化学工业出版社,2005.

[3] 徐羽白. 新型混凝土工程施工工艺[M]. 北京:化学工业出版社,2004.

[4] 魏尚义. 混凝土工[M]. 北京:中国城市出版社,2004.

[5] 曹文达. 袖珍混凝土工技术手册[M]. 北京:金盾出版社,2008.

[6] 北京土木建筑学会. 混凝土工[M]. 北京:中国计划出版社,2006.

[7] 王华生,赵慧如. 混凝土工程便携手册[M]. 北京:机械工业出版社,2005.

[8] 李立权. 混凝土工手册[M]. 北京:中国建筑工业出版社,1990.

[9] 朱宏军,程海丽,姜德民. 特种混凝土和新型混凝土[M]. 北京:化学工业出版社,2004.

[10] 铁道科学研究院. 铁路混凝土工程施工技术指南[M]. 北京:中国铁道出版社,2005.

[11] 杨建华. 混凝土工(初级)[M]. 北京:机械工业出版社,2005.

[12] 黄爱清. 混凝土工(中级)[M]. 北京:机械工业出版社,2006.

[13] 杨澄宇. 混凝土工(高级)[M]. 北京:机械工业出版社,2006.

[14] 迟培云,吕平,周宗辉. 现代混凝土技术[M]. 上海:同济大学出版社,1999.

[15] 张应立. 现代混凝土配合比设计手册(第2版)[M]. 北京:人民交通出版社,2013.

[16] 张应立. 混凝土全过程质量管理手册[M]. 北京:人民交通出版社,2002.